汉阿英法德意日韩葡俄西对照

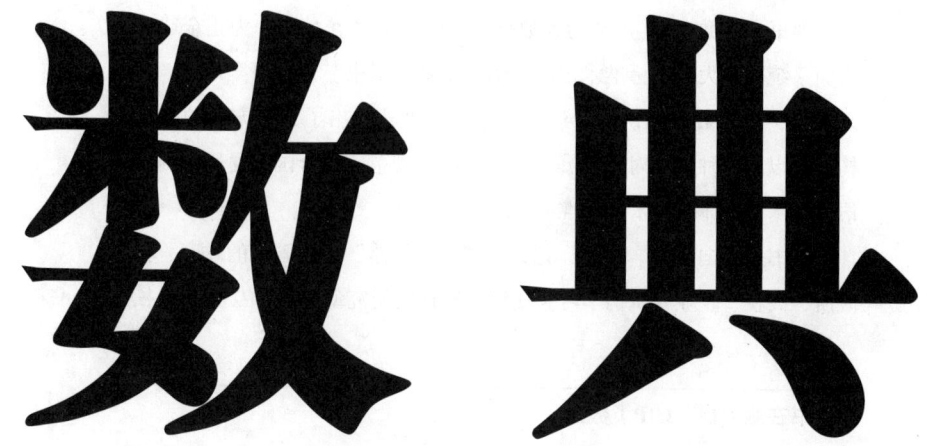

数典

大数据标准术语体系

大数据战略重点实验室　编

总主编　连玉明

科学出版社

北京

内 容 简 介

本书名《数典》，定义为大数据标准术语体系，是迄今为止全球首部全面系统研究大数据标准术语的多语种专业工具书。该书以全球语境和未来视角，对大数据知识体系进行了全面梳理，提出了九个方面的术语架构，并以十一种语言对照编纂，形成了统一规范、符合国际通用规则的多语种学术话语体系和术语标准体系。

本书是面向国内、国外，尤其是"一带一路"沿线国家的政府、科研院所、高校、企业等机构学习和使用大数据的研究型多语种专业工具书。

图书在版编目（CIP）数据

数典：大数据标准术语体系：汉、阿、英、法、德、意、日、韩、葡、俄、西对照 / 连玉明主编 . —北京：科学出版社，2020.5

　ISBN 978-7-03-064782-5

Ⅰ.①数… Ⅱ.①连… Ⅲ.①数据处理—名词术语—汉、阿、英、法、德、意、日、韩、葡、俄、西 Ⅳ.①TP274-61

中国版本图书馆CIP数据核字（2020）第055533号

责任编辑：闫向东、孙莉、赵越
责任印制：肖兴 / 封面设计：吕丽梅

科 学 出 版 社 出版
北京东黄城根北街16号
邮政编码：100717

http://www.sciencep.com

北京汇瑞嘉合文化发展有限公司印刷
科学出版社发行 各地新华书店经销
*

2020年5月第 一 版　　开本：787×1092　1/16
2020年5月第一次印刷　　印张：144
字数：4140 000

定价：980.00 元

《数典》编纂委员会

V

｜推荐语｜

联合国教科文组织国际工程科技知识中心

人类社会正进入以大数据为标志的新时代。这个新时代不仅意味着丰富的物质资源、快捷和多样化的信息服务，还包含区别于物质资源的数据价值发现和价值转换，以及由大数据带来的社会、经济和文化领域的深刻变革。在海量数据增长的背后，人类获取知识的能力正在重构。我们需要通过一系列大数据知识工程，深化大数据聚合及大数据创新知识服务，在更广泛的领域推动和引领大数据研究走向大知识应用，进一步增进大数据社会福祉。正是在这个意义上，全球首部多语种《数典》的出版具有非常重要的价值。

《数典》开创性地提供了汉语、阿拉伯语、英语、法语、德语、意大利语、日语、韩语、葡萄牙语、俄语和西班牙语十一种语言文字的对照，以全球语境和未来视角，对大数据知识体系进行了全面梳理。基于大数据标准术语知识导航式的交流互鉴，让不同国度和文化背景的人们都能对大数据概念有充分的理解和认知。这种工程化的研究与应用，不但能够支撑知识传播的效果、范围和层次，而且能够促进科学研究、企业创新、教育培训中的合作和交流。

联合国教科文组织国际工程科技知识中心（IKCEST）成立以来，致力于建设一个全球性的工程科技综合知识中心，并依托大数据技术的应用，为发展中国家工程科技人员提供知识服务。贵州是中国首个国家大数据综合试验区，在大数据工程科技领域的新技术、新业态、新模式研究和应用中，做出了很多卓有成效的工作，尤其是这部覆盖联合国官方语言《数典》的出版，让我们看到了数谷贵阳的国际化和工程创新能力。

春秋战国时期是中华文明发展历程中最光辉灿烂的时期之一，那时科技突破、知识大量释出，与当今世界何其相似。我们身处在这千载难逢的大时代，没有理由不拥抱它，并与之共舞。大数据是最具全球语境、历史语境和未来语境特征的共同财富，从这个意义上说，这部《数典》的出版，就不仅仅是一部工具书，更是从大数据时代迈向大知识时代的基石之一。

2020年3月29日

|推荐语|

全国科学技术名词审定委员会

从人类结绳记事、肘尺丈量、甲骨刻字开始，规则和标准就已经产生了。中国古代的"车同轨、书同文"，现代工业的规模化大生产，都是标准化的生动实践。没有公认的标准，人类任何科学发明、技术进步和知识文化都不可能实现交流和传承。随着时代的发展，术语已经成为标准的重要组成部分。一个新兴领域的标准研究往往也是从术语开始的。

由于文化习惯的差异、技术研发的差别，大数据在发展应用中正面临着不同步、不统一、难交流、难互促的问题。解决这个问题的关键在于规则和标准，首要的就是建立一套大数据术语体系。这正是《数典》研究"心向往之"的事情。因为，在大数据发展中主导标准制定，掌握标准话语权，不仅能够引领新一轮科技革命和产业变革的发展方向，而且也将在发展中占领制高点。

综观当今世界，没有一个国家能像中国这样将发展大数据上升为国家战略，并持续深入推动。这使得我国在大数据发展规划布局、政策支持、资金投入、技术研发、创新创业等方面均走在了世界前列。中国大数据发展具有独特优势。这种优势就表现在以贵州，尤其是贵阳为代表的一批持续推动大数据战略行动实践的"先发"地区。作为我国第一个大数据综合试验区，贵州在大数据发展的理论创新、政策创新、实践创新、标准创新方面先行先试，取得了一系列重大成果。这些成果，以摆在我们面前的这部《数典》为代表，为我国主导推动大数据术语研究奠定了坚实基础。这部整合全国力量、集成全球资源研发编撰的《数典》，是我国主导推动大数据标准术语研究的一个标志性成果，获得了联合国教科文组织国际工程科技知识中心的认可和推荐，从而在全球范围内更具话语价值。

标准助推创新发展，标准引领时代进步。期待大数据标准术语体系研究，助力"数字中国"建设，助推全球数字经济发展。

2020年3月15日

序

《数典》编纂委员会主任　赵德明

历史的长河以时间为轴，文明的进步以典籍为纲。大约在3000年前，人们将中国上古历史进行汇编，形成了中国最早的一部历史文献总集——《尚书》；大约在2000年前，在对生命现象的长期观察、大量的临床实践以及简单的解剖学知识的基础上，人们编写了中国最早的医学典籍——《黄帝内经》；大约在1900年前，人们编写了中国第一部系统分析汉字字形和考究字源的字书，也是最早真正意义上的字典——《说文解字》，归类方法一直延续至今；大约在1300年前，以记载药物形态、产地为主，兼述药效、别名的典籍——《新修本草》问世，成为了世界上最早由政府颁布的药典。回眸有文字记载以来的人类发展历程，这些记录了各个领域标准的书籍，在传播信息、传递秩序、传输价值、传承文明的过程中发挥了极为重要的作用，对中华文明乃至世界文明都产生了深远影响。

凡百工作，首重定名。"一门科学提出的每一种新见解都包含着这门科学的术语的革命。"学术的发展、知识的分享，一个重要的前提就是规范表达。当前，以互联网、大数据、人工智能为代表的新一代信息技术蓬勃发展，对各国经济发展、社会进步、人民生活带来重大而深远的影响，我们正进入万物皆可数化、一切皆可连接、计算无处不在的数字时代，探讨数字经济发展、数字政府建设、数字社会治理、数字文明进步将会成为未来发展的趋势。推动企业之间、政府部门之间、地区之间、国家之间加强合作、深化交流，共同把握好数字化、网络化、智能化发展机遇，处理好大数据发展在法律、安全、政府治理等方面挑战，需要在各行业、各方面、各领域架起沟通的桥梁，形成公认共用的话语系统，这其中构建大数据领域的标准术语体系尤为重要。

《数典》正在朝着这个方向不断努力，这部著作以全球语境和未来视角，运用国际规范术语进行表述，对大数据知识体系进行了全面梳理，更加突出系统性、专业性、科学性、前瞻性、开放性，构建起了一个融通中外、凝聚共识的标准术语体系，是以理论创新引领规则创新、标准创新、实践创新的积极探索，是在贵阳贵安这个国家级大数据产业发展集聚区孕育出的智慧成果，为我们更好地认识大数据、发展大数据提供了全新的工具。正如任何新生事物一样，《数典》不可能一问世便尽善尽美，需要根据实践的反馈不断地完善和丰富。我们希望这一荧荧之光激荡起全球大数据发展创新烈火，共同燃亮世界数字文明的更美好未来！

2020年3月25日

前言

大数据战略重点实验室主任　连玉明

数典一词是由《数典》编纂委员会主任赵德明首次提出，定义为大数据标准术语体系。这是贵阳大数据发展理论创新和实践创新的产物，是国家大数据（贵州）综合试验区又一重大标志性成果，也是迄今为止全球首部全面系统研究大数据标准术语的多语种专业工具书。

《数典》是大数据战略重点实验室继块数据、数权法、主权区块链之后又一具有前瞻性、原创性的理论成果。《数典》以全球语境和未来视角，对大数据知识体系进行了全面梳理，提出了涵盖大数据基础、大数据战略、大数据技术、大数据经济、大数据金融、大数据治理、大数据标准、大数据安全和大数据法律在内的九个方面的术语架构，并以汉、阿、英、法、德、意、日、韩、葡、俄、西等十一种语言对照编纂，形成了统一规范、符合国际通用规则的多语种学术话语体系和术语标准体系，对提升中国大数据的国际话语权和规则制定权，加快大数据知识国际传播和普及应用，促进全球大数据发展具有现实而深远的意义。

如果说，块数据、数权法、主权区块链的研究是引领大数据发展实践的理论创新，那么，《数典》的编纂则是顺应大数据发展趋势的规则创新和标准创新。《数典》的编纂是一项跨学科、专业化、开放型研究，是大数据战略重点实验室联合国内外数十家专业机构和数百位专家学者共同努力和集体智慧的结晶。数典工程已获得联合国教科文组织国际工程科技知识中心的认可和推荐，同步研究开发的"数字丝绸之路大数据多语种翻译服务平台"和"数典云平台"正成为一个开源开放动态数据库和世界通用语言的全球开放平台，对促进"一带一路"建设和推动构建人类命运共同体具有积极影响。

大数据是一个前沿领域，大数据发展永无止境。尽管我们做出一些努力，但仍处于探索之中。这种探索是初步的、粗糙的，甚至是有缺陷的，还有很多需要不断改进和完善的地方。但我们将不畏艰辛，勇于前行，以更加务实、专业和科学的精神，把更好的"答卷"交给读者。

2020年3月8日

凡　例

一

1.1　本书名《数典》，定义为大数据标准术语体系。

1.2　本书的编纂是大数据战略重点实验室联合国内外数十家专业机构和数百位专家学者共同努力和集体智慧的结晶，是跨学科、专业化、开放型的一项大数据理论研究创新实践。

1.3　本书是迄今为止全球首部全面系统研究大数据标准术语的多语种专业工具书，涵盖大数据基础、大数据战略、大数据技术、大数据经济、大数据金融、大数据治理、大数据标准、大数据安全和大数据法律九个方面的术语架构，收录5692条大数据标准术语，形成了统一规范、符合国际通用规则的多语种学术话语体系和术语标准体系。

1.4　本书选词聚焦科学引文索引（SCI）、社会科学引文索引（SSCI）、工程索引（EI）和科学技术会议录索引（ISTP）四大权威检索数据库，并结合中国知网知识发现网络平台中的大数据相关文献资料，构建《数典》基础语料库，同时以专家研究成果为参考，力求词目的准确性、科学性和实用性。

二

2.1　本书立足大数据知识体系，研究形成"955N"逻辑框架。全书由9编构成，每编5章，每章5节，每节有若干个词目。

2.2　本书中的词目按照其所在编、章、节的位置进行编码，原则和示例如下：

词目类别	编码原则	编码示例
编词目	编序号	1
章词目	编序号．章序号	1.1
节词目	编序号．章序号．节序号	1.1.1
节内词目	编序号＋章序号＋节序号＋节内排序	11101

2.3　本书中的每个词目都以汉语、阿拉伯语、英语、法语、德语、意大利语、日语、韩语、葡萄牙语、俄语、西班牙语11种语言文字对照方式呈现。汉语排在第一位，10种外语译文按照各语种英语名称的首字母音序排列，顺序依次为阿拉伯语、英语、法语、德语、意大利语、日语、韩语、葡萄牙语、俄语、西班牙语。

三

3.1 本书由大数据战略重点实验室与中译语通科技股份有限公司合作开展10种外文翻译和审校工作。同时，北京语智云帆科技有限公司、上海文策翻译有限公司、深圳比蓝翻译有限公司参与10种外文翻译，以力求翻译的规范性、科学性和权威性。

3.2 本书严格按照《GB/T 19363.1-2003 翻译服务规范 第1部分：笔译》《GB/T 19682-2005 翻译服务译文质量要求》等相关国家标准开展审定工作，保证审定译文忠实原文、用词准确、拼写正确、语言通顺，确保译文术语与索引排序有标准，本土化特色词有依据，学术性独创词有考究，疑问疑难词表述更准确，政治把握无偏差。

四

4.1 本书的部分科技类词目中的可省略词置于"（）"内，如"核心对象（表）精简隔离存储"。

4.2 本书的部分科技类词目的常用缩略名添加在"（）"中，如"第五代移动通信技术（5G技术）""互联网协议第六版（IPv6）"。

4.3 本书依据行业标准和国际通用习惯，少量收入科技类字母词，如"3A 革命""ET 大脑"。

4.4 本书标准类词目由文号加标准名称构成，如"《GB/T 35295—2017 信息技术大数据术语》"。

4.5 本书专著类词目在结尾用"（）"标注国别和作者，如"《第三次浪潮》（〔美〕阿尔文·托夫勒)"。

4.6 本书全英文缩写词在"（）"内补充中文说明，如 SDAP（面向地球物理海洋学领域的科学大数据分析平台）。

4.7 本书政策法规类词目在词目前或词目后的"（）"内补充说明，避免同名文件混淆，如"《信息安全综合战略》（日本）""《非个人数据自由流动条例》（欧盟，2018年）"。

4.8 本书外来词的翻译，阿拉伯语、法语、德语、意大利语、日语、韩语、葡萄牙语、俄语、西班牙语9个语种参考英语译法。关于国际上通行的英文名称，其他外文采用其主流媒体和民众广泛接受的名称。

4.9 为便于查询和阅读，标准类词目的外文以正体书写。

五

5.1 本书依据《GB/T 4880.1—2005 语种名称代码 第1部分：2字母代码》，在每个词目前均冠以其语言代码，即阿拉伯语 [ar]、英语 [en]、法语 [fr]、德语 [de]、意大利语 [it]、日语 [jp]、韩语 [kr]、葡萄牙语 [pt]、俄语 [ru]、西班牙语 [es]。使用者可根据语言代码快速辨识该词目译文所属语种。

5.2 本书中每个词目均有其唯一的词目编码。不同母语的使用者均可根据索引中的词目编码快速在正文中查找到该词目。

5.3 本书词目排列遵循"领域聚合"的原则，使用者可通过查找某一词目快速在其所处编章节中获取该领域的相关术语。

5.4 本书正文每页书眉内容为当前页行首词和末尾词对应编码。使用者可根据索引中词目编码，通过页眉快速查找到对应词目。

5.5 本书在切口设置查询色块，按照音序顺序梯度排列。使用者可根据目录中的章词目编码，通过色块查找所需领域相关术语。

5.6 本书附有汉语索引，按汉语拼音排序，以数字和英文字母起首的词目统一排在汉字起首的词目之后。汉语使用者可通过汉语索引查找相应词目所对应的编码。

5.7 本书分别附有阿拉伯语、英语、法语、德语、意大利语、日语、韩语、葡萄牙语、俄语、西班牙语索引。外语使用者可通过相应语种索引查找词目的编码，快速在正文中找到该词目。

5.8 阿拉伯语索引按阿文字母表，以实际出现的字母顺序进行排列。为方便查询，首词一般不带冠词使用，确实需要使用时，词目排序不考虑冠词。

5.9 英语、法语、德语、意大利语、葡萄牙语、俄语、西班牙语的索引按拉丁字母顺序排列。以数字起首的词目统一排在以字母起首的词目之后。

5.10 日语索引按罗马音表的顺序排列，韩语索引按辅音字母表的顺序排列，以数字和英文字母起首的词目统一排在以日文和韩文起首的词目之后。

六

6.1 本书获得了联合国教科文组织国际工程科技知识中心的认可和推荐。

6.2 本书基于大数据标准术语研究开发"数字丝绸之路大数据多语种翻译服务平台"和"数典云平台"。

6.3 本书所有词均可通过上述平台进行多语种搜索和查询。

总目录

大数据标准术语体系
目录

大数据标准术语体系

0 大数据

1 大数据基础

1.1　数据科学

[ar]		علم البيانات
[en]	**Data Science**	
[fr]	**Science des données**	
[de]	**Datenwissenschaft**	
[it]	**Scienza dei dati**	
[jp]	データサイエンス	
[kr]	데이터 과학	
[pt]	**Ciência de Dados**	
[ru]	**Наука о данных**	
[es]	**Ciencia de Datos**	

. . . .

1.1.1　数学应用

[ar]		تطبيق رياضي
[en]	**Mathematical Application**	
[fr]	**Application mathématique**	
[de]	**Mathematische Anwendung**	
[it]	**Applicazione matematica**	
[jp]	**数学応用**	
[kr]	**수학 응용**	
[pt]	**Aplicação Matemática**	
[ru]	**Математическое применение**	
[es]	**Aplicación Matemática**	

11102　映射

[ar]		تطبيق منعكس
[en]	mapping	
[fr]	cartographie	
[de]	Mapping	
[it]	mappatura	
[jp]	マッピング	
[kr]	매핑	
[pt]	mapeamento	
[ru]	отображение	
[es]	mapeo	

11101　集合

[ar]		مجموعة
[en]	set	
[fr]	set	
[de]	Set	
[it]	set	
[jp]	セット	
[kr]	세트	
[pt]	conjunto	
[ru]	набор	
[es]	conjunto	

11103　数系

[ar]		نظام العد
[en]	numeral system	
[fr]	système de numération	
[de]	Zahlensystem	
[it]	sistema numerico	
[jp]	命数法	
[kr]	기수법	
[pt]	sistema de numeração	
[ru]	система счисления	
[es]	sistema de numeración	

1.1

11104 组合数学
[ar] رياضيات تركيبية
[en] combinatorics
[fr] mathématiques combinatoires
[de] Kombinatorische Mathematik
[it] matematica combinatoria
[jp] 組合せ数学
[kr] 조합 이론
[pt] matemática combinatória
[ru] комбинаторика
[es] combinatoria

11105 图论
[ar] نظرية الرسم البياني
[en] graph theory
[fr] théorie des graphes
[de] Graphentheorie
[it] teoria dei grafi
[jp] グラフ理論
[kr] 그래프 이론
[pt] teoria gráfica
[ru] теория графов
[es] teoría de grafos

11106 行列式
[ar] محدّد
[en] determinant
[fr] déterminant
[de] Determinante
[it] determinante
[jp] 決定要因
[kr] 행렬식
[pt] determinante
[ru] определитель
[es] determinante

11107 线性方程组
[ar] نظام المعادلات الخطية
[en] system of linear equations
[fr] système d'équations linéaires
[de] lineares Gleichungssystem

[it] sistema di equazioni lineari
[jp] 線形方程式系
[kr] 연립 일차 방정식
[pt] sistema de equações lineares
[ru] система линейных уравнений
[es] sistema de ecuaciones lineales

11108 矩阵
[ar] مصفوفة
[en] matrix
[fr] matrice
[de] Matrix
[it] matrice
[jp] マトリックス
[kr] 행렬
[pt] matriz
[ru] матрица
[es] matriz

11109 向量空间
[ar] فضاء متجهي
[en] vector space
[fr] espace vectoriel
[de] Vektorraum
[it] spazio vettore
[jp] ベクトル空間
[kr] 벡터 공간
[pt] espaço vetorial
[ru] векторное пространство
[es] espacio vectorial

11110 递归论
[ar] نظرية عودية تدريجية
[en] recursion theory
[fr] théorie de la récursivité
[de] Rekursionstheorie
[it] teoria della ricorsività
[jp] 再帰理論
[kr] 재귀 이론
[pt] teoria da recursão
[ru] рекурсивная теория

1.1

[es] teoría recursiva

11111　模型论
[ar]　نظرية النموذج
[en] model theory
[fr] théorie des modèles
[de] Modelltheorie
[it] teoria del modello
[jp] モデル理論
[kr] 모형 이론
[pt] teoria de modelos
[ru] теория моделей
[es] teoría de modelos

11112　激活函数
[ar]　دالة التفعيل
[en] activation function
[fr] fonction d'activation
[de] Aktivierungsfunktion
[it] funzione di attivazione
[jp] 活性化関数
[kr] 활성화 함수
[pt] função de ativação
[ru] функция активации
[es] función de activación

11113　范畴
[ar]　فئة
[en] category
[fr] catégorie
[de] Kategorie
[it] categoria
[jp] カテゴリー
[kr] 범주
[pt] categoria
[ru] категория
[es] categoría

11114　计算数学
[ar]　رياضيات حسابية
[en] computational mathematics

[fr] mathématiques computationnelle
[de] Computermathematik
[it] matematica computazionale
[jp] 計算数学
[kr] 계산 수학
[pt] matemática computacional
[ru] вычислительная математика
[es] matemáticas computacionales

11115　计算几何
[ar]　هندسة حسابية
[en] computational geometry
[fr] géométrie de calcul
[de] algorithmische Geometrie
[it] geometria computazionale
[jp] 計算幾何学
[kr] 계산 기하학
[pt] geometria computacional
[ru] вычислительная геометрия
[es] geometría computacional

11116　数论
[ar]　نظرية الإعداد
[en] number theory
[fr] théorie des nombres
[de] Zahlentheorie
[it] teoria dei numeri
[jp] 数論
[kr] 수론
[pt] teoria dos números
[ru] теория чисел
[es] teoría de los números

11117　迭代法
[ar]　طريقة تكرارية
[en] iterative method
[fr] méthode itérative
[de] iterative Methode
[it] metodo iterativo
[jp] 反復法
[kr] 반복법

[pt] método iterativo

[ru] итерационный метод

[es] método iterativo

11118　牛顿法

[ar]　　طريقة نيوتن

[en]　Newton's method

[fr]　méthode de Newton

[de]　Newton-Verfahren

[it]　metodo di Newton

[jp]　ニュートン法

[kr]　뉴턴법

[pt]　método de Newton

[ru]　метод Ньютона

[es]　método de Newton

11119　离散数学

[ar]　　رياضيات متقطعة

[en]　discrete mathematics

[fr]　mathématiques discrètes

[de]　diskrete Mathematik

[it]　matematica discreta

[jp]　離散数学

[kr]　이산 수학

[pt]　matemática discreta

[ru]　дискретная математика

[es]　matemáticas discretas

11120　数值代数

[ar]　　جبر عددي

[en]　numerical algebra

[fr]　algèbre numérique

[de]　numerische Algebra

[it]　algebra numerica

[jp]　数値代数

[kr]　수치 대수

[pt]　álgebra numérica

[ru]　числовая алгебра

[es]　álgebra numérica

1.1.2　统计数理

[ar]　　الرياضيات الإحصائية

[en]　**Statistical Mathematics**

[fr]　**Mathématiques statistiques**

[de]　**Statistische Mathematik**

[it]　**Matematica statistica**

[jp]　**統計数理**

[kr]　**통계 수학**

[pt]　**Matemática Estatística**

[ru]　**Статистические приложения математики**

[es]　**Matemáticas Estadísticas**

11201　概率

[ar]　　احتمالية

[en]　probability

[fr]　probabilité

[de]　Wahrscheinlichkeit

[it]　probabilità

[jp]　確率

[kr]　확률

[pt]　probabilidade

[ru]　вероятность

[es]　probabilidad

11202　概率分布

[ar]　　توزيع الاحتمالات

[en]　probability distribution

[fr]　distribution de probabilité

[de]　Wahrscheinlichkeitsverteilung

[it]　distribuzione di probabilità

[jp]　確率分布

[kr]　확률 분포

[pt]　distribuição de probabilidade

[ru]　распределение вероятностей

[es]　distribución de probabilidad

11203　大数律

[ar]　　قانون البيانات الضخمة

[en]　law of large numbers

[fr]　loi des grands nombres

[de] Gesetz der großen Zahlen

[it] legge dei grandi numeri

[jp] 大数の法則

[kr] 대수의 법칙

[pt] lei de grandes números

[ru] закон больших чисел

[es] ley de los grandes números

11204 条件期望

[ar] توقع شرطي

[en] conditional expectation

[fr] espérance conditionnelle

[de] bedingter Erwartungswert

[it] aspettativa condizionale

[jp] 条件付期待値

[kr] 조건부 기댓값

[pt] expectativa condicional

[ru] условное ожидание

[es] expectativas condicionales

11205 随机过程

[ar] عملية عشوائية

[en] stochastic process

[fr] processus stochastique

[de] stochastischer Prozess

[it] processo stocastico

[jp] 確率過程

[kr] 추계 과정 (확률 과정)

[pt] processo estocástico

[ru] случайный процесс

[es] proceso estocástico

11206 总体

[ar] إجمالي

[en] population

[fr] population

[de] Population

[it] popolazione

[jp] 母集団

[kr] 총체

[pt] população

[ru] генеральная совокупность

[es] población

11207 样本

[ar] عينة

[en] sample

[fr] échantillon

[de] Probe

[it] campione

[jp] サンプル

[kr] 샘플

[pt] amostra

[ru] образец

[es] muestra

11208 抽样

[ar] أخذ العينات

[en] sampling

[fr] échantillonnage

[de] Probenahme

[it] campionamento

[jp] サンプリング

[kr] 샘플링

[pt] amostragem

[ru] выборка

[es] muestreo

11209 描述统计

[ar] إحصائيات وصفية

[en] descriptive statistics

[fr] statistiques descriptives

[de] diskriptive Statistik

[it] statistica descrittiva

[jp] 記述統計

[kr] 기술 통계

[pt] estatísticas descritivas

[ru] описательная статистика

[es] estadística descriptiva

11210 推断统计

[ar] إحصائيات استنتاجية

1.1

[en] inferential statistics
[fr] inférence statistique
[de] Inferenzstatistik
[it] statistica inferenziale
[jp] 推計統計
[kr] 추리 통계
[pt] estatística inferencial
[ru] выведенная статистика
[es] estadística inferencial

11211 参数估计
[ar] تقدير المعلمة
[en] parameter estimation
[fr] estimation de paramètres
[de] Parameterschätzung
[it] stima dei parametri
[jp] パラメータ推定
[kr] 모수추정
[pt] estimativa de parâmetros
[ru] оценка параметров
[es] estimación de parámetros

11212 假设检验
[ar] اختبار الفرضية
[en] hypothesis testing
[fr] test d'hypothèse
[de] Hypothesentest
[it] verifica di ipotesi
[jp] 仮説検定
[kr] 가설 검정
[pt] teste de hipóteses
[ru] проверка гипотезы
[es] pruebas de hipótesis

11213 序贯分析
[ar] تحليل تسلسلي
[en] sequential analysis
[fr] analyse séquentielle
[de] sequentielle Analyse
[it] analisi sequenziale
[jp] 逐次分析

[kr] 순차 분석
[pt] análise sequencial
[ru] последовательный анализ
[es] análisis secuencial

11214 回归分析
[ar] تحليل التراجع
[en] regression analysis
[fr] analyse de régression
[de] Regressionsanalyse
[it] analisi della regressione
[jp] 回帰分析
[kr] 회귀 분석
[pt] análise de regressão
[ru] регрессионный анализ
[es] análisis de la regresión

11215 方差分析
[ar] تحليل التفاوت
[en] analysis of variance (ANOVA)
[fr] analyse de la variance
[de] Varianzanalyse
[it] analisi della varianza
[jp] 分散分析
[kr] 분산 분석
[pt] análise de variância
[ru] дисперсионный анализ
[es] análisis de varianza

11216 相关分析
[ar] تحليل الارتباط
[en] correlation analysis
[fr] analyse de corrélation
[de] Korrelationsanalyse
[it] analisi di correlazione
[jp] 相関分析
[kr] 상관 분석
[pt] análise de correlação
[ru] корреляционный анализ
[es] análisis de correlación

11217　主成分分析

[ar]　تحليل العنصر الرئيسي

[en]　principal component analysis (PCA)

[fr]　analyse des composantes principales

[de]　Hauptkomponentenanalyse

[it]　analisi dei componenti principali

[jp]　主成分分析

[kr]　주성분 분석

[pt]　análise de componentes principais

[ru]　анализ главных компонентов

[es]　análisis de componentes principales

11218　非参数统计

[ar]　إحصاء غير معلمي

[en]　nonparametric statistics

[fr]　statistiques non paramétriques

[de]　nichtparametrische Statistik

[it]　statistica nonparametrica

[jp]　ノンパラメトリック統計

[kr]　비모수 통계

[pt]　estatísticas não paramétricas

[ru]　непараметрическая статистика

[es]　estadísticas no paramétricas

11219　贝叶斯统计

[ar]　إحصائيات بايزي

[en]　Bayesian statistics

[fr]　statistiques bayésiennes

[de]　Bayessche Statistik

[it]　statistica bayesiana

[jp]　ベイズ統計

[kr]　베이즈 통계

[pt]　estatísticas Bayesianas

[ru]　Байесовская статистика

[es]　estadísticas bayesianas

11220　时间序列分析

[ar]　تحليل السلاسل الزمنية

[en]　time series analysis

[fr]　analyse des séries chronologiques

[de]　Zeitreihenanalyse

[it]　analisi delle serie storiche

[jp]　時系列分析

[kr]　시계열 분석

[pt]　análise de séries cronológicas

[ru]　анализ временных рядов

[es]　análisis de series temporales

11221　高维统计

[ar]　إحصائيات عالية الأبعاد

[en]　high-dimensional statistics

[fr]　statistique en grande dimension

[de]　hochdimensionale Statistik

[it]　statistica ad alta dimensione

[jp]　高次元統計

[kr]　고차원 통계

[pt]　estatísticas de alta dimensão

[ru]　высокоразмерная статистика

[es]　estadísticas de alta dimensión

1.1.3　数据运筹

[ar]　**علم قرار البيانات**

[en]　**Data and Decision Analytics**

[fr]　**Analyse des données et des décisions**

[de]　**Daten- und Entscheidungsanalyse**

[it]　**Analisi dei dati e delle decisioni**

[jp]　**データに基づく意思決定**

[kr]　**데이터 기반의 응용 결정**

[pt]　**Análise de Dados e Decisão**

[ru]　**Аналитика данных и решений**

[es]　**Análisis de Datos y Decisiones**

11301　最优化

[ar]　استمثال

[en]　optimization

[fr]　optimisation

[de]　Optimierung

[it]　ottimizzazione

[jp]　最適化

[kr]　최적화

[pt]　otimização

[ru]　оптимизация

1.1

[es] optimización

11302 组合最优化

[ar] استمثال تركيبي

[en] combinatorial optimization

[fr] optimisation combinatoire

[de] kombinatorische Optimierung

[it] ottimizzazione combinatoria

[jp] 組合せの最適化

[kr] 결합 최적화

[pt] otimização combinatorial

[ru] комбинаторная оптимизация

[es] optimización combinatoria

11303 图和网络优化

[ar] استمثال الرسم البياني والشبكات

[en] graph and network optimization

[fr] optimisation de graphe et de réseau

[de] Grafik- und Netzwerkoptimierung

[it] ottimizzazione di grafici e reti

[jp] グラフとネットワークの最適化

[kr] 그래프 및 네트워크 최적화

[pt] otimização de gráficos e redes

[ru] оптимизация графов и сетей

[es] optimización de gráficos y redes

11304 凸优化

[ar] استمثال محدب

[en] convex optimization

[fr] optimisation convexe

[de] konvexe Optimierung

[it] ottimizzazione convessa

[jp] 凸最適化

[kr] 콘벡스 최적화

[pt] otimização convexa

[ru] выпуклая оптимизация

[es] optimización convexa

11305 鲁棒优化

[ar] استمثال متين

[en] robust optimization

[fr] optimisation robuste

[de] Robuste Optimierung

[it] ottimizzazione robusta

[jp] ロバスト最適化

[kr] 강건 설계

[pt] otimização robusta

[ru] робастная оптимизация

[es] optimización robusta

11306 线性规划

[ar] تخطيط خطي

[en] linear programming

[fr] programmation linéaire

[de] lineare Programmierung

[it] programmazione lineare

[jp] 線型計画法

[kr] 선형 계획

[pt] programação linear

[ru] линейное программирование

[es] programación lineal

11307 非线性规划

[ar] تخطيط غير خطي

[en] nonlinear programming

[fr] programmation non linéaire

[de] nichtlineare Programmierung

[it] programmazione non lineare

[jp] 非線形計画法

[kr] 비선형 계획

[pt] programação não linear

[ru] нелинейное программирование

[es] programación no lineal

11308 整数规划

[ar] تخطيط عدد صحيح

[en] integer programming

[fr] programmation entière

[de] ganzzahlige Programmierung

[it] programmazione di numeri interi

[jp] 整数計画法

[kr] 정수 계획

[pt] programação inteira
[ru] целочисленное программирование
[es] programación en enteros

11309 多目标规划
[ar] تخطيط متعدد الأهداف
[en] multi-objective programming
[fr] programmation multi-objectif
[de] Multi-Ziel-Programmierung
[it] programmazione multi-obiettivi
[jp] 多目的プログラミング
[kr] 다중 목표 계획
[pt] programação de muilti objetivos
[ru] многоцелевое программирование
[es] programación multi-objetiva

11310 动态规划
[ar] تخطيط ديناميكي
[en] dynamic programming
[fr] programmation dynamique
[de] dynamische Programmierung
[it] programmazione dinamica
[jp] 動的プログラミング
[kr] 동적 계획
[pt] programação dinâmica
[ru] динамическое программирование
[es] programación dinámica

11311 运输问题
[ar] مشكلة النقل
[en] transportation problem
[fr] problème de transport
[de] Transportproblem
[it] problema di trasporto
[jp] 輸送問題
[kr] 운송 문제
[pt] problema de transporte
[ru] транспортная задача
[es] problema de transporte

11312 无约束问题
[ar] مشكلة البرمجة غير الخطية بدون قيود
[en] unconstrained problem
[fr] problème sans contrainte
[de] ungezwungenes Problem
[it] problema senza vincoli
[jp] 無制約問題
[kr] 무제약 문제
[pt] problema irrestrito
[ru] задача без ограничений
[es] problema sin restricciones

11313 约束极值问题
[ar] مشكلة القيم المتطرفة المقيدة
[en] constrained extreme-value problem
[fr] problème de valeur extrême sous contrainte
[de] eingeschränktes Extremwertproblem
[it] problema di valore estremo vincolato
[jp] 制約付き極値問題
[kr] 제약 극값 문제
[pt] problema restrito de valor extremo
[ru] экстремальная задача с ограничениями
[es] problema de valores extremos restringidos

11314 背包问题
[ar] مسألة حقيبة الظهر
[en] knapsack problem
[fr] problème de havresac
[de] Rucksackproblem
[it] problema dello zaino
[jp] ナップサック問題
[kr] 배낭 문제
[pt] "problema da mochila" (knapsack problem)
[ru] задача о рюкзаке
[es] problema de la mochila (Knapsack)

11315 搜索论
[ar] نظرية البحث

[en] search theory
[fr] théorie de recherche
[de] Suchtheorie
[it] teoria della ricerca
[jp] サーチ理論
[kr] 검색 이론
[pt] teoria da pesquisa
[ru] теория поиска
[es] teoría de búsqueda

11316 排队论
[ar] نظرية الاصطفاف
[en] queuing theory
[fr] théorie des files d'attente
[de] Warteschlangentheorie
[it] teoria delle code
[jp] 待ち行列理論
[kr] 대기 이론
[pt] teoria das filas
[ru] теория очередей
[es] teoría de colas

11317 库存论
[ar] نظرية المخزون
[en] inventory theory
[fr] théorie d'inventaire
[de] Inventurtheorie
[it] teoria delle scorte
[jp] 在庫理論
[kr] 재고 조사 이론
[pt] teoria do inventário
[ru] теория запасов
[es] teoría de inventario

11318 对策论
[ar] نظرية اللعبة
[en] game theory
[fr] théorie des jeux
[de] Spieltheorie
[it] teoria dei giochi
[jp] ゲーム理論

[kr] 게임 이론
[pt] teoria dos jogos
[ru] теория игр
[es] teoría de juegos

11319 决策论
[ar] نظرية صنع القرار
[en] decision theory
[fr] théorie de la décision
[de] Entscheidungstheorie
[it] teoria della decisione
[jp] 決定理論
[kr] 결정이론
[pt] teoria da decisão
[ru] теория принятия решений
[es] teoría de la decisión

11320 数据化决策
[ar] صنع القرار القائم على البيانات
[en] datamized decision-making
[fr] prise de décision selon les données
[de] datengestützte Entscheidungsfindung
[it] processo decisionale digitalizzato
[jp] データ駆動型の意志決定
[kr] 데이터화 의사 결정
[pt] tomada de decisão com base em dados
[ru] датафицированное решение
[es] toma de decisiones basada en datos

1.1.4 社会计算
[ar] الحوسبة الاجتماعية
[en] **Social Computing**
[fr] **Analyse du comportement social**
[de] **Soziales Computing**
[it] **Analisi del comportamento sociale**
[jp] **ソーシャルコンピューティング**
[kr] **소셜 컴퓨팅**
[pt] **Análise do Comportamento Social**
[ru] **Социальные вычисления**
[es] **Computación Social**

11401　社会数据

[ar]　بيانات اجتماعية

[en]　social data

[fr]　données sociales

[de]　soziale Daten

[it]　dati sociali

[jp]　ソーシャルデータ

[kr]　소셜 데이터

[pt]　dados sociais

[ru]　социальные данные

[es]　datos sociales

11402　计算社会科学

[ar]　علم اجتماعي حسابي

[en]　computational social science

[fr]　sciences sociales computionnelles

[de]　Computersozialwissenschaften

[it]　scienza sociale computazionale

[jp]　計算社会科学

[kr]　계산 사회 과학

[pt]　ciências sociais computacionais

[ru]　вычислительная общественная наука

[es]　ciencias sociales computacionales

11403　社会网络分析

[ar]　تحليل الشبكة الاجتماعية

[en]　social network analysis

[fr]　analyse des réseaux sociaux

[de]　soziale Netzwerkanalyse

[it]　analisi di social network

[jp]　ソーシャルネットワーク分析

[kr]　소셜 네트워크 분석

[pt]　análise de redes sociais

[ru]　анализ социальной сети

[es]　análisis de redes sociales

11404　社会控制论

[ar]　علم الضبط الاجتماعي

[en]　sociocybernetics

[fr]　cybernétique sociale

[de]　Soziokybernetik

[it]　sociocibernetica

[jp]　ソーシャルサイバネティックス

[kr]　사회 통제론

[pt]　sociocibernética

[ru]　социальная кибернетика

[es]　sociocibernética

11405　无标度网络

[ar]　شبكة خالية من التدرج

[en]　scale-free network

[fr]　réseau sans échelle

[de]　skalierungsfreies Netzwerk

[it]　rete a invarianza di scala

[jp]　スケールフリー・ネットワーク

[kr]　무척도 네트워크

[pt]　redes sem escala

[ru]　безмасштабная сеть

[es]　redes sin escala

11406　强弱关系

[ar]　علاقات قوية وضعيفة

[en]　strong and weak ties

[fr]　liens forts et faibles

[de]　starke und schwache Bindungen

[it]　legami forti e deboli

[jp]　強いつながりと弱いつながり

[kr]　강약관계

[pt]　laços fortes e fracos

[ru]　сильные и слабые связи

[es]　lazos fuertes y débiles

11407　结构洞

[ar]　ثقوب هيكلية

[en]　structural hole

[fr]　trous structurels

[de]　strukturelles Loch

[it]　buco strutturale

[jp]　構造的空隙

[kr]　구조적 공백

[pt]　buracos estruturais

[ru]　структурные отверстия

1.1

1.1

[es] agujero estructural

11408 信息级联

[ar] شلال المعلومات

[en] information cascade

[fr] cascades d'information

[de] Informationskaskaden

[it] cascata di informazioni

[jp] 情報カスケード

[kr] 정보 직렬

[pt] cascatas de informações

[ru] информационные каскады

[es] cascadas de información

11409 基于行动者的模拟方法

[ar] طريقة مستندة إلى الوكيل

[en] agent-based modeling (ABM)

[fr] modélisation basée sur agent

[de] agentenbasierte Modellierung

[it] modello basato sull'agente

[jp] エージェントベースのモデリング

[kr] 에이전트 기반 모델링

[pt] modelagem baseada em agentes

[ru] агентное моделирование

[es] modelización basada en agentes

11410 社会学互联网实验

[ar] سوسيولوجيا الإنترنت

[en] sociological analysis based on cyber user data

[fr] analyse sociologique des données des cyber-utilisateurs

[de] auf Cyber-Benutzerdaten basierende soziologische Analyse

[it] analisi sociologica sui dati cyber-utenti

[jp] インターネットにおける社会学的考察

[kr] 사회학 인터넷 실험

[pt] análise sociológica de dados de utilizadores cibernéticos

[ru] социологический анализ на основе киберданных пользователей

[es] análisis sociológicos a partir de datos de usuarios cibernéticos

11411 情感分析

[ar] تحليل العاطفة

[en] sentiment analysis

[fr] analyse des émotions

[de] Stimmungsanalyse

[it] analisi delle emozioni

[jp] 感情分析

[kr] 감정 분석

[pt] análise de emoções

[ru] анализ эмоций

[es] análisis de emociones

11412 观点挖掘

[ar] كشف عن الرأي

[en] opinion mining

[fr] minage d'opinion

[de] Meinung-Ausforschung

[it] estrazione di opinioni

[jp] オピニオンマイニング

[kr] 오피니언 마이닝

[pt] mineração de opiniões

[ru] майнинг мнений

[es] minería de opiniones

11413 社团挖掘算法

[ar] خوارزمية كشف المجتمع

[en] community mining algorithm

[fr] algorithme de minage communautaire

[de] Community-Mining-Algorithmus

[it] algoritmo di estrazione della comunità

[jp] コミュニティマイニングアルゴリズム

[kr] 커뮤니티 마이닝 알고리즘

[pt] algoritmo de mineração de comunidade

[ru] алгоритм майнинга сообщества

[es] algoritmo de minería de comunidades

11414 社会行为分析

[ar] تحليل السلوك الاجتماعي

[en] analysis of social behavior
[fr] analyse du comportement social
[de] Analyse des Sozialverhaltens
[it] analisi del comportamento sociale
[jp] 社会的行動の分析
[kr] 사회 행위 분석
[pt] análise do comportamento social
[ru] анализ социального поведения
[es] análisis del comportamiento social

11415 意图推理
[ar] استنتاج النية
[en] intent inference
[fr] inférence d'intention
[de] Intensionskonklusion
[it] deduzione intenzionale
[jp] 意図推論
[kr] 의도 추리
[pt] inferência de intenção
[ru] умозаключение на основе анализа
намерений
[es] inferencia de intención

11416 社交软件
[ar] برامج التواصل الاجتماعي
[en] social software
[fr] application de réseau social
[de] soziale Software
[it] software sociale
[jp] ソーシャルソフトウェア
[kr] 소셜 소프트웨어
[pt] software social
[ru] социальное программное обеспечение
[es] software social

11417 社会媒体
[ar] وسائل اجتماعية
[en] social media
[fr] médias sociaux
[de] soziale Medien
[it] social media

[jp] ソーシャルメディア
[kr] 소셜 미디어
[pt] meios de comunicação sociais
[ru] социальные медиа
[es] medios de comunicación sociales

11418 数据新闻
[ar] أخبار البيانات
[en] data news
[fr] journalisme basé sur les données
[de] Datenjournalismus
[it] notizie basate sui dati
[jp] データニュース
[kr] 데이터 뉴스
[pt] notícia basiada com dados
[ru] новости на основе данных
[es] noticias basadas en datos

11419 谷歌趋势
[ar] اتجاهات جوجل
[en] Google Trends
[fr] Google Tendances
[de] Google Trends
[it] Tendenza Google
[jp] グーグルトレンド
[kr] 구글 추세
[pt] Tendências do Google
[ru] Тренды Google
[es] Tendencias de Google

11420 百度指数
[ar] مؤشر بايدو
[en] Baidu Index
[fr] indice de Baidu
[de] Baidu Index
[it] indice Baidu
[jp] 百度(バイドウ)指数
[kr] 바이두 지수
[pt] Índice da Baidu
[ru] Индекс Baidu
[es] Índice de Baidu

1.1

1.1.5 复杂理论

[ar] نظرية التعقيد

[en] **Complexity Theory**

[fr] **Théorie de la complexité**

[de] **Komplexitätstheorie**

[it] **Teoria della complessità**

[jp] **複雑性理論**

[kr] **복잡성 이론**

[pt] **Teoria de Complexidade**

[ru] **Теория сложности**

[es] **Teoría de la Complejidad**

11501 复杂网络

[ar] شبكة معقدة

[en] complex network

[fr] réseau complexe

[de] komplexes Netzwerk

[it] rete complessa

[jp] 複雑ネットワーク

[kr] 복잡계 네트워크

[pt] rede complexa

[ru] сложная сеть

[es] red compleja

11502 耗散结构理论

[ar] نظرية الهيكل التبديدي

[en] theory of dissipative structure

[fr] théorie des structures dissipatives

[de] Theorie dissipativer Strukturen

[it] teoria della struttura dissipativa

[jp] 散逸構造理論

[kr] 산일 구조 이론

[pt] teoria de estrutura dissipativa

[ru] теория диссипативной структуры

[es] teoría de la estructura disipativa

11503 协同学

[ar] تآزرية

[en] synergetics

[fr] théorie synergétique

[de] Synergetik

[it] sinergia

[jp] シナジェティクス

[kr] 협동학

[pt] sinergética

[ru] синергетика

[es] sinergética

11504 超循环理论

[ar] نظرية الدوران الفائقة

[en] hypercycle theory

[fr] théorie de l'hypercycle

[de] Hyperzyklustheorie

[it] teoria dell'iperciclo

[jp] ハイパーサイクル理論

[kr] 하이퍼사이클 이론

[pt] teoria do hiperciclo

[ru] теория гиперциклов

[es] teoría del hiperciclo

11505 突变论

[ar] نظرية الكارثة

[en] catastrophe theory

[fr] théorie des mutations

[de] Mutationstheorie

[it] teoria delle catastrofi

[jp] カタストロフィー理論

[kr] 돌변론

[pt] teoria da catástrofe

[ru] мутационная теория

[es] teoría de la mutación

11506 混沌理论

[ar] نظرية اللانظام

[en] chaos theory

[fr] théorie du chaos

[de] Chaostheorie

[it] teoria del caos

[jp] カオス理論

[kr] 카오스 이론

[pt] teoria do caos

[ru] теория хаоса

[es] teoría del caos

11507 分形理论

[ar] نظرية كسورية

[en] fractal theory

[fr] théorie fractale

[de] Fraktaltheorie

[it] teoria frattale

[jp] フラクタル理論

[kr] 프랙탈 이론

[pt] teoria fractal

[ru] теория фракталов

[es] teoría fractal

11508 元胞自动机理论

[ar] نظرية الجهاز الذاتي للخلية المستقلة

[en] cellular automata theory

[fr] théorie des automates cellulaires

[de] Theorie der zellulären Automaten

[it] teoria degli automi cellulari

[jp] セル・オートマトン理論

[kr] 셀룰러 오토마타 이론

[pt] teoria dos autómatos celulares

[ru] теория клеточных автоматов

[es] teoría de autómata celular

11509 暗数据

[ar] بيانات مظلمة

[en] dark data

[fr] données sombres

[de] Dunkle Daten

[it] dati oscuri

[jp] ダークデータ

[kr] 다크 데이터

[pt] dados escuros

[ru] темные данные

[es] datos oscuros

11510 不确定性原理

[ar] مبدأ عدم اليقين

[en] uncertainty principle

[fr] principe d'incertitude

[de] Heisenbergsche Unschärferelation

[it] principio di incertezza

[jp] 不確定性原理

[kr] 불확정성 원리

[pt] princípio da incerteza

[ru] принцип неопределенности

[es] principio de incertidumbre

11511 隐秩序

[ar] ترتيب خفي

[en] implicate order

[fr] ordre caché

[de] implizite Reihenfolge

[it] ordine implicito

[jp] 内在秩序

[kr] 내재 질서

[pt] ordem implícita

[ru] скрытый порядок

[es] orden implicado

11512 黑天鹅事件

[ar] حادثة البجعة السوداء

[en] black swan event

[fr] cygne noir

[de] der Schwarze Schwan

[it] teoria del cigno nero

[jp] ブラックスワンイベント

[kr] 블랙 스완 사건

[pt] evento cisne negro

[ru] событие «черный лебедь»

[es] suceso del cisne negro

11513 无边界猜想

[ar] تخمين بلا حدود

[en] no-boundary proposal

[fr] proposition sans limite

[de] No-Boundary-Vorschlag

[it] proposta senza confini

[jp] 無境界仮説

[kr] 무경계 제안

[pt] proposta sem fronteiras

[ru] предположение о Вселенной «без границ»

[es] propuesta sin límites

11514 复杂适应系统

[ar] نظام التكيف المعقد

[en] complex adaptive system

[fr] système adaptatif complexe

[de] komplexes adaptives System

[it] sistema adottivo complesso

[jp] 複雑適応系

[kr] 복잡 적응계

[pt] sistema adaptativo complexo

[ru] сложная адаптивная система

[es] sistema adaptativo complejo

11515 自适应主体

[ar] كائن مكيف

[en] adaptive subject

[fr] sujet adaptatif

[de] adaptive Körper

[it] soggetto adattivo

[jp] 自己適応主体

[kr] 자기 적응 주체

[pt] sujeito adaptável

[ru] адаптивный предмет

[es] sujeto adaptativo

11516 多体系统

[ar] نظام متعدد الأجسام

[en] many-body system

[fr] système multicorps

[de] Vielteilchensystem

[it] sistema multi-corpi

[jp] 多体システム

[kr] 다체계 시스템

[pt] sistema de multi corpos

[ru] многочастичная система

[es] sistema de muchos cuerpos

11517 涌现

[ar] انبثاق

[en] emergence

[fr] émergence

[de] Emergenz

[it] emergenza

[jp] 出現

[kr] 출현

[pt] emergência

[ru] появление

[es] emergencia

11518 集群创新

[ar] ابتكار عنقودي

[en] cluster innovation

[fr] innovation en grappe

[de] Cluster-Innovation

[it] innovazione cluster

[jp] クラスターイノベーション

[kr] 클러스터 혁신

[pt] pólo de inovação

[ru] кластерная инновация

[es] innovación de clúster

11519 遍历树

[ar] شجرة اجتياز

[en] tree traversal

[fr] traversée d'arbre

[de] Traversierungsbaum

[it] attraversamento di un albero binario

[jp] 木の走査

[kr] 트리 순회

[pt] travessia de árvore

[ru] обход дерева

[es] recorrido de árboles

11520 沙堆实验

[ar] تجربة كومة الرمال

[en] Abelian sandpile model

[fr] modèle du tas de sable

[de] Abelsches Sandhaufenmodell

[it] modello della pila di sabbia abeliano

[jp] 砂山模型

[kr] 아벨리안 모래쌓기 모형

[pt] modelo de pilhas de areia

[ru] модель «абелева куча песка»

[es] modelo abeliano de pilas de arena

1.1

[ar]	شبكة الحاسوب
[en]	**Computer Network**
[fr]	**Réseau informatique**
[de]	**Computernetzwerk**
[it]	**Rete di computer**
[jp]	**コンピュータネットワーク**
[kr]	**컴퓨터 네트워크**
[pt]	**Rede de Computadores**
[ru]	**Компьютерная сеть**
[es]	**Red de Computadoras**

1.2.1　信息通信

[ar]	**الاتصالات المعلوماتية**
[en]	**Information Communication**
[fr]	**Communication d'information**
[de]	**Informationskommunikation**
[it]	**Comunicazione delle informazioni**
[jp]	**情報通信**
[kr]	**정보 통신**
[pt]	**Comunicação de Informações**
[ru]	**Информационная связь**
[es]	**Comunicación de Información**

12101　数据传输

[ar]	نقل البيانات
[en]	data transmission
[fr]	transmission de données
[de]	Datenübertragung
[it]	trasmissione dei dati
[jp]	データ伝送
[kr]	데이터 전송
[pt]	transmissão de dados
[ru]	передача данных
[es]	transmisión de datos

12102　数据包

[ar]	حزمة بيانات
[en]	data package
[fr]	paquet de données
[de]	Datenpaket
[it]	pacchetto dei dati
[jp]	データパッケージ
[kr]	데이터 패킷
[pt]	pacote de dados
[ru]	пакет данных
[es]	paquete de datos

12103　网络时延

[ar]	زمن تأخير الشبكة
[en]	network delay
[fr]	retard de réseau
[de]	Netzwerkverzögerung
[it]	ritardo di rete
[jp]	ネットワーク遅延
[kr]	네트워크 지연
[pt]	atraso na rede
[ru]	задержка сети
[es]	retardo de red

12104 网络拥塞

[ar] ازدحام الشبكة

[en] network congestion

[fr] congestion du réseau

[de] Netzüberlastung

[it] congestione di rete

[jp] ネットワック輻輳

[kr] 네트워크 혼잡

[pt] congestionamento de rede

[ru] перегрузка сети

[es] congestión de red

12105 传输介质

[ar] ناقل معلومات الشبكة

[en] transmission medium

[fr] véhicule de transmission

[de] Übertragungsmedium

[it] mezzo di trasmissione

[jp] 伝送媒体

[kr] 전송 매체

[pt] meio de transmissão

[ru] среда передачи

[es] medio de transmisión

12106 无线传输

[ar] نقل لاسلكي للمعلومات

[en] wireless transmission

[fr] transmission sans fil

[de] drahtlose Übertragung

[it] trasmissione senza fili

[jp] 無線伝送

[kr] 무선 송신

[pt] transmissão sem fios

[ru] беспроводная передача

[es] transmisión inalámbrica

12107 多路复用

[ar] إرسال متعدد المتقابل

[en] multiplexing

[fr] multiplexage

[de] Multiplexverfahren

[it] multiplazione

[jp] 多重化

[kr] 다중화

[pt] multiplexação

[ru] мультиплексирование

[es] multiplexación

12108 数据调制与编码

[ar] تعديل البيانات وترميزها

[en] data modulation and encoding

[fr] modulation et encodage de données

[de] Datenmodulation und Codierung

[it] modulazione e codifica dei dati

[jp] データ変調と符号化

[kr] 데이터 변제 및 코딩

[pt] modulação e codificação de dados

[ru] модуляция и кодирование данных

[es] modulación y codificación de datos

12109 数据通信接口

[ar] واجهة اتصال البيانات

[en] data communication interface

[fr] interface de communication de données

[de] Datenkommunikationsschnittstelle

[it] interfaccia di comunicazione dati

[jp] データ通信インターフェース

[kr] 데이터 통신 인터페이스

[pt] interface de comunicação de dados

[ru] интерфейс передачи данных

[es] interfaz de comunicación de datos

12110 数据链路控制

[ar] تحكم في ارتباط البيانات

[en] data link control

[fr] contrôle de liaison de données

[de] Datenverbindungskontrolle

[it] controllo del collegamento dati

[jp] データリンクコントロール

[kr] 데이터 링크 제어

[pt] controlo de ligação de dados

[ru] управление каналом передачи данных

1.2

[es] control de enlace de datos

12111　宽带接入网
[ar] شبكة التشغيل للنطاق العريض
[en] broadband access network
[fr] réseau d'accès à large bande
[de] Breitband-Zugangsnetz
[it] rete di accesso a banda larga
[jp] ブロードバンドアクセスネットワーク
[kr] 브로드밴드 액세스 네트워크
[pt] rede de acesso à banda larga
[ru] сеть широкополосного доступа
[es] red de acceso de banda ancha

12112　路由选择
[ar] اختيار الراوتر
[en] route selection
[fr] sélection de route
[de] Routenauswahl
[it] selezione del percorso
[jp] ルート選択
[kr] 경로 배정
[pt] seleção de roteamento
[ru] выбор маршрута
[es] selección de ruta

12113　网络协议
[ar] اتفاقية الإنترنت
[en] network protocol
[fr] protocole réseau
[de] Netzwerkprotokoll
[it] protocollo di rete
[jp] ネットワークプロトコル
[kr] 네트워크 협약
[pt] protocolo de rede
[ru] сетевой протокол
[es] protocolo de red

12114　互联网协议第六版(IPv6)
[ar] جيل جديد من اتفاقية الإنترنت (IPv6)
[en] Internet Protocol version 6 (IPv6)

[fr] Protocole Internet version 6 (IPv6)
[de] Internet Protocol Version 6
[it] protocollo Internet versione 6 (IPv6)
[jp] 次世代インターネットプロトコルバージョン 6（IPv6）
[kr] 차세대 인터넷 프로토콜 버전 6(IPv6)
[pt] protocolo da Internet versão 6 (IPv6)
[ru] интернет-протокол версии 6
[es] Protocolo de Internet versión 6

12115　网络协议工程
[ar] مشروع اتفاقية الإنترنت
[en] network protocol engineering
[fr] ingénierie de protocole réseau
[de] Netzwerkprotokoll-Engineering
[it] ingegneria del protocollo di rete
[jp] ネットワークプロトコルエンジニアリング
[kr] 네트워크 협약 공사
[pt] engenharia de protocolo de redes
[ru] проектирование сетевых протоколов
[es] ingeniería de protocolos de redes

12116　网络计算模式
[ar] نمط الحوسبة الشبكية
[en] network computing model
[fr] mode informatique en réseau
[de] Netzwerk-Computing-Modus
[it] modalità di calcolo di rete
[jp] ネットワークコンピューティングモード
[kr] 네트워크 컴퓨팅 모드
[pt] modo de computação em rede
[ru] модель сетевых вычислений
[es] modo de computación en red

12117　广域网
[ar] شبكة واسعة النطاق
[en] wide area network (WAN)
[fr] réseau étendu
[de] Weitverkehrsnetz

1.2

[it] rete geografica

[jp] 広域ネットワーク

[kr] 광역 통신망

[pt] rede de alargada

[ru] глобальная сеть

[es] red de área amplia

12118 城域网

[ar] شبكة المناطق الحضرية

[en] metropolitan area network (MAN)

[fr] réseau d'agglomération

[de] Metropolitan Area Network

[it] rete in area metropolitana

[jp] メトロポリタンエリアネットワーク

[kr] 도시권 통신망

[pt] rede de área metropolitana

[ru] городская сеть

[es] red de área metropolitana

12119 因特网

[ar] إنترنت

[en] Internet

[fr] Internet

[de] Internet

[it] Internet

[jp] インターネット

[kr] 인터넷

[pt] Internet

[ru] Интернет

[es] Internet

12120 网络互连

[ar] ترابط الشبكات

[en] Internetworking

[fr] interconnexion de réseaux

[de] Internetworking

[it] Internetworking

[jp] インターネットワーキング

[kr] 인터넷워킹

[pt] Internetworking

[ru] межсетевое взаимодействие

[es] interconexión de redes

12121 网络工程

[ar] مشروع الشبكات

[en] network engineering

[fr] ingénierie de réseau

[de] Netzwerkengineering

[it] ingegneria di rete

[jp] ネットワークエンジニアリング

[kr] 네트워크 엔지니어링

[pt] engenharia de rede

[ru] сетевая инженерия

[es] ingeniería de redes

12122 光模块

[ar] وحدة مبرمجة ضوئية

[en] optical module

[fr] module optique

[de] optisches Modul

[it] modulo ottico

[jp] 光モジュール

[kr] 광원 모듈

[pt] módulo óptico

[ru] оптический модуль

[es] módulo óptico

12123 大规模天线阵列

[ar] صف الهوائيات واسع النطاق

[en] massive multiple-input multiple-output (MIMO)

[fr] entrées multiples et sorties multiples massives

[de] massive Mehrfacheingabe-Mehrfachausgabe

[it] massicce entrate mutiple e uscite multiple

[jp] 大規模 MIMO

[kr] 대량 다중입출력 (Massive MIMO)

[pt] MIMO de larga escala

[ru] массивный множественный ввод и вывод

[es] entrada múltiple y salida múltiple masivas

12124 增强型移动宽带
[ar] نطاق عريض متنقل معزز
[en] enhanced mobile broadband (eMBB)
[fr] haut débit mobile amélioré
[de] erweitertes mobiles Breitband
[it] banda larga mobile avanzata
[jp] 高度モバイルブロードバンド
[kr] 향상된 모바일 브로드밴드
[pt] banda larga móvel aplimorada
[ru] расширенный мобильный широкополосный доступ
[es] banda ancha móvil mejorada

12125 大连接物联网
[ar] اتصالات كبيرة الحجم من نوع الآلة واتصالات معززة من نوع الآلة
[en] massive machine-type communication & enhanced machine-type communication (mMTC & eMTC)
[fr] Internet des objets à communication massive (mMTC et eMTC)
[de] massive Maschinentyp-Kommunikation & Erweiterte Maschinentyp-Kommu-nikation
[it] comunicazione tra macchine di tipo massivo & comunicazione tra macchine di tipo avanzato
[jp] mMTC・eMTC
[kr] 대규모 사물 통신 및 향상된 기계형 통신
[pt] comunicações massivas de tipo-máquina e tipo-máquina melhorado
[ru] связь для ультрамассового межмашинного обмена данными
[es] comunicaciones masivas y mejoradas de tipo de máquina

12126 低时延高可靠通信
[ar] اتصالات موثوقة سريعة الاستجابة

[en] ultra-reliable & low-latency communication (URLLC)
[fr] communication ultra-fiable à faible latence
[de] extrem zuverlässige und latenzarme Kommunikation
[it] comunicazione ultra-affidabili a bassa latenza
[jp] 高信頼・低遅延通信
[kr] 초고신뢰 저지연 통신
[pt] comunicação de baixa latência e ultraconfiável
[ru] сверхнадежная связь с низкой задержкой
[es] comunicaciones ultra confiables de baja latencia

1.2.2 计算机体系
[ar] نظام الحاسوب
[en] **Computer System**
[fr] **Système informatique**
[de] **Computersystem**
[it] **Sistema informatico**
[jp] **コンピュータシステム**
[kr] **컴퓨터 시스템**
[pt] **Sistema do Computador**
[ru] **Компьютерная система**
[es] **Sistema Informático**

12201 数字计算机
[ar] حاسوب رقمي
[en] digital computer
[fr] ordinateur numérique
[de] digitaler Computer
[it] computer digitale
[jp] デジタルコンピュータ
[kr] 디지털 컴퓨터
[pt] computador digital
[ru] цифровой компьютер
[es] computadora digital

12202　模拟计算机

[ar]　حاسوب تناظري

[en]　analog computer

[fr]　ordinateur analogique

[de]　analoger Computer

[it]　computer analogico

[jp]　アナログコンピュータ

[kr]　아날로그 컴퓨터

[pt]　computador analógico

[ru]　аналоговый компьютер

[es]　computadora analógica

12203　混合计算机

[ar]　حاسوب هجين

[en]　hybrid computer

[fr]　ordinateur hybride

[de]　Hybridcomputer

[it]　computer ibrido

[jp]　ハイブリッドコンピュータ

[kr]　혼성 컴퓨터

[pt]　computador híbrido

[ru]　гибридный компьютер

[es]　computadora híbrida

12204　专用计算机

[ar]　حاسوب لأغراض معينة

[en]　special-purpose computer

[fr]　ordinateur à usage spécifique

[de]　Spezialcomputer

[it]　computer specializzato

[jp]　専用コンピュータ

[kr]　전용 컴퓨터

[pt]　computador de utilização específica

[ru]　специализированный компьютер

[es]　computadora de propósito específico

12205　通用计算机

[ar]　حاسوب متعدد الأغراض

[en]　general-purpose computer

[fr]　ordinateur universel

[de]　Allzweckcomputer

[it]　computer multiuso

[jp]　汎用コンピュータ

[kr]　범용 컴퓨터

[pt]　computador de aplicação geral

[ru]　универсальный компьютер

[es]　computadora de propósito general

12206　工作站

[ar]　محطة العمل

[en]　work station

[fr]　station de travail

[de]　Arbeitsstation

[it]　stazione di lavoro

[jp]　ワークステーション

[kr]　워크스테이션

[pt]　posto de trabalho

[ru]　рабочая станция

[es]　estación de trabajo

12207　数字信号处理器

[ar]　معالج الإشارة الرقمية

[en]　digital signal processor

[fr]　processeur de signal numérique

[de]　digitaler Signalprozessor

[it]　processore di segnale digitale

[jp]　デジタル信号プロセッサー

[kr]　디지털 신호 처리기

[pt]　processador de sinal digital

[ru]　цифровой сигнальный процессор

[es]　procesador de señales digitales

12208　移动式计算机

[ar]　حاسوب محمول

[en]　portable computer

[fr]　ordinateur portable

[de]　tragbarer Computer

[it]　computer portatile

[jp]　ポータブルコンピュータ

[kr]　휴대용 컴퓨터

[pt]　computador portátil

[ru]　портативный компьютер

1.2

1.2

[es] computadora portátil

12209 大型计算机

[ar] حاسوب كبير

[en] mainframe computer

[fr] ordinateur central

[de] Großcomputerrx

[it] mainframe computer o sistema centrale

[jp] メインフレーム

[kr] 대형 컴퓨터

[pt] computador central de processamento

[ru] универсальная вычислительная машина

[es] computadora central

12210 巨型计算机

[ar] حاسوب ضخم

[en] supercomputer

[fr] superordinateur

[de] Supercomputer

[it] supercomputer

[jp] スーパーコンピュータ

[kr] 슈퍼 컴퓨터

[pt] supercomputador

[ru] суперкомпьютер

[es] supercomputadora

12211 过程控制计算机

[ar] حاسوب التحكم في العمليات

[en] process control computer

[fr] ordinateur de contrôle de processus

[de] Prozessleitrechner

[it] sistema di controllo di processo

[jp] プロセス制御コンピュータ

[kr] 공정 제어용 컴퓨터

[pt] computador de controlo de processo

[ru] компьютер для управления процессом

[es] computadora de control de procesos

12212 指令系统

[ar] نظام التعليمات

[en] instruction system

[fr] système d'instruction

[de] Befehlssatz

[it] sistema di istruzioni

[jp] 命令システム

[kr] 명령 시스템

[pt] sistema de instruções

[ru] система команд

[es] sistema de instrucciones

12213 中央处理器

[ar] وحدة المعالجة المركزية

[en] central processing unit (CPU)

[fr] unité centrale de traitement

[de] Hauptprozessor

[it] unità centrale di elaborazione

[jp] 中央処理装置

[kr] 중앙 처리 장치

[pt] unidade central de processamento

[ru] центральный процессор

[es] unidad de procesamiento central

12214 计算机系统结构

[ar] هيكل نظام الحاسوب

[en] computer system architecture

[fr] architecture informatique

[de] Computersystemarchitektur

[it] struttura del computer

[jp] コンピュータアーキテクチャ

[kr] 컴퓨터 시스템 아키텍처

[pt] arquitetura de computadores

[ru] архитектура компьютерной системы

[es] arquitectura de computadoras

12215 存储系统

[ar] نظام التخزين

[en] storage system

[fr] système de stockage

[de] Speichersystem

[it] sistema di memorizzazione

[jp] ストレージシステム

[kr] 저장 시스템

[pt] sistema de armazenamento

[ru] система хранения

[es] sistema de almacenamiento

12216　高性能计算

[ar] حوسبة عالية الأداء

[en] high-performance computing

[fr] informatique à haute performance

[de] Hochleistung-Computing

[it] calcolo ad elevate prestazioni

[jp] 高性能コンピューティング

[kr] 고성능 컴퓨팅

[pt] computação de alto desempenho

[ru] высокопроизводительные вычисления

[es] computación de alto rendimiento

12217　并行处理系统

[ar] نظام المعالجة المتوازية

[en] parallel processing system

[fr] système de traitement parallèle

[de] Parallelverarbeitungssystem

[it] sistema di elaborazione parallela

[jp] 並列処理システム

[kr] 병렬 처리 시스템

[pt] sistema de processamento paralelo

[ru] система параллельной обработки

[es] sistema de procesamiento en paralelo

12218　分布式处理系统

[ar] نظام المعالجة الموزعة

[en] distributed processing system

[fr] système de traitement distribué

[de] verteiltes Verarbeitungssystem

[it] sistema di elaborazione distribuita

[jp] 分散処理システム

[kr] 분산형 처리 시스템

[pt] sistema de processamento distribuído

[ru] распределенная система обработки

[es] sistema de procesamiento distribuido

12219　开放系统

[ar] نظام مفتوح

[en] open system

[fr] système ouvert

[de] offenes System

[it] sistema aperto

[jp] オープンシステム

[kr] 오픈 시스템

[pt] sistema aberto

[ru] открытая система

[es] sistema abierto

12220　计算机系统可靠性

[ar] اعتمادية نظام الحاسوب

[en] computer system reliability

[fr] fiabilité de système informatique

[de] Zuverlässigkeit des Computersystems

[it] affidabilità del sistema informatico

[jp] コンピュータシステムの信頼性

[kr] 컴퓨터 시스템 신뢰도

[pt] confiabilidade do sistema de computador

[ru] надежность компьютерной системы

[es] fiabilidad de sistema informático

12221　计算机性能评价

[ar] تقييم أداء الحاسوب

[en] computer performance evaluation

[fr] évaluation de performance informatique

[de] Bewertung der Computerleistung

[it] valutazione delle prestazioni del computer

[jp] コンピュータ性能評価

[kr] 컴퓨터 성능 평가

[pt] avaliação do desempenho do computador

[ru] оценка производительности компьютера

[es] evaluación del rendimiento de computadora

1.2.3　计算机软件

[ar] برامج الحاسوب

[en] **Computer Software**
[fr] **Logiciel**
[de] **Computersoftware**
[it] **Software del computer**
[jp] **コンピュータソフトウェア**
[kr] **컴퓨터 소프트웨어**
[pt] **Software de Computador**
[ru] **Компьютерное программное обеспечение**
[es] **Software Informático**

12301 软件语言
[ar] لغة البرامج
[en] software language
[fr] langage logiciel
[de] Software-Sprache
[it] linguaggio del software
[jp] ソフトウェア言語
[kr] 소프트웨어 언어
[pt] linguagem de software
[ru] язык программного обеспечения
[es] lenguaje de software

12302 程序
[ar] برنامج
[en] program
[fr] programme
[de] Programm
[it] programma
[jp] プログラム
[kr] 프로그램
[pt] programa
[ru] программа
[es] programa

12303 软件方法学
[ar] علم منهج البرامج
[en] software methodology
[fr] méthodologie logicielle
[de] Software-Methodik
[it] metodologia del software

[jp] ソフトウェア開発方法論
[kr] 소프트웨어 방법론
[pt] metodologia de software
[ru] методология программного обеспечения
[es] metodología de software

12304 结构化方法
[ar] أسلوب مهيكل
[en] structured method
[fr] méthode structurée
[de] strukturierte Methode
[it] metodo strutturato
[jp] 構造化方法
[kr] 구조화 방법
[pt] método estruturado
[ru] структурированный метод
[es] método estructurado

12305 面向数据结构方法
[ar] طريقة هيكلة البيانات
[en] data structure-oriented method
[fr] méthode orientée vers la structure de données
[de] datenstrukturorientierte Methode
[it] programmazione delle strutture dati
[jp] データ構造指向の方法
[kr] 데이터 구조 지향적 방법
[pt] método orientado à estrutura de dados
[ru] ориентированный на структуру данных метод
[es] método orientado a la estructura de datos

12306 软件工程
[ar] هندسة البرامج
[en] software engineering
[fr] génie logiciel
[de] Softwaretechnik
[it] ingegneria del software
[jp] ソフトウェア工学
[kr] 소프트웨어 공학

[pt] engenharia de software

[ru] программная инженерия

[es] ingeniería de software

12307 软件生命周期

[ar] دورة حياة البرامج

[en] software lifecycle

[fr] cycle de vie du logiciel

[de] Software-Lebenszyklus

[it] ciclo di vita del software

[jp] ソフトウェアライフサイクル

[kr] 소프트웨어 라이프 사이클

[pt] ciclo de vida do software

[ru] жизненный цикл программного
обеспечения

[es] ciclo de vida de software

12308 软件开发模型

[ar] نموذج تطوير البرامج

[en] software development model

[fr] modèle de développement logiciel

[de] Software-Entwicklungsmodell

[it] modello di sviluppo del software

[jp] ソフトウェア開発モデル

[kr] 소프트웨어 개발 모델

[pt] modelo de desenvolvimento de software

[ru] модель разработки программного
обеспечения

[es] modelo de desarrollo de software

12309 需求分析

[ar] تحليل الاحتياجات

[en] requirement analysis

[fr] analyse des besoins

[de] Anforderungsanalyse

[it] analisi dei requisiti

[jp] 要求分析

[kr] 수요 분석

[pt] análise de requisitos

[ru] анализ требований

[es] análisis de requisitos

12310 软硬件协同设计

[ar] تصميم منسق للبرامج والوحدات الحاسوبية

[en] software-hardware co-design

[fr] co-conception matériel-logiciel

[de] Co-Design von Software und Hardware

[it] coprogettazione di hardware e software

[jp] ハードウェアとソフトウェアの協調設
計

[kr] 소프트웨어와 하드웨어 협동 디자인

[pt] co-design de sistemas hardware-software

[ru] совместный дизайн аппаратно-
программного обеспечения

[es] diseño conjunto de hardware y software

12311 程序编码

[ar] ترميز البرامج

[en] program coding

[fr] codage de programme

[de] Programmcodierung

[it] codificazione di programma

[jp] プログラムコーディング

[kr] 프로그램 코딩

[pt] codificação de programa

[ru] кодирование программы

[es] codificación de programas

12312 软件测试

[ar] اختبار البرامج

[en] software testing

[fr] test de logiciel

[de] Softwaretest

[it] test del software

[jp] ソフトウェアテステト

[kr] 소프트웨어 테스트

[pt] teste de software

[ru] тестирование программного
обеспечения

[es] pruebas de software

12313 软件维护

[ar] صيانة البرامج

1.2

[en] software maintenance
[fr] maintenance logicielle
[de] Softwarewartung
[it] manutenzione del software
[jp] ソフトウェアメインテナンス
[kr] 소프트웨어 유지 보수
[pt] manutenção do software
[ru] сопровождение программного
обеспечения
[es] mantenimiento de software

12314 软件项目管理
[ar] إدارة مشاريع البرامج
[en] software project management
[fr] gestion de projet logiciel
[de] Software-Projektmanagement
[it] gestione di progetti software
[jp] ソフトウェアプロジェクト管理
[kr] 소프트웨어 프로젝트 관리
[pt] gestão de projetos de software
[ru] управление программными проектами
[es] gestión de proyectos de software

12315 软件系统
[ar] نظام البرامج
[en] software system
[fr] système logiciel
[de] Softwaresystem
[it] sistema software
[jp] ソフトウェアシステム
[kr] 소프트웨어 시스템
[pt] sistema de software
[ru] система программного обеспечения
[es] sistema de software

12316 操作系统
[ar] نظام التشغيل
[en] operating system
[fr] système d'exploitation
[de] Betriebssystem
[it] sistema operativo

[jp] オペレーティングシステム
[kr] 운영 시스템
[pt] sistema operativo
[ru] операционная система
[es] sistema operativo

12317 语言处理系统
[ar] نظام معالجة اللغات
[en] language processing system
[fr] système de traitement de langue
[de] Sprachverarbeitungssystem
[it] sistema di elaborazione del linguaggio
[jp] 言語処理システム
[kr] 언어 처리 시스템
[pt] sistema de processamento da linguagem
[ru] система языковой обработки
[es] sistema de procesamiento de lenguajes

12318 数据库系统
[ar] نظام قاعدة البيانات
[en] database system
[fr] système de base de données
[de] Datenbanksystem
[it] sistema di database
[jp] データベースシステム
[kr] 데이터베이스 시스템
[pt] sistema da base de dados
[ru] система баз данных
[es] sistema de base de datos

12319 分布式软件系统
[ar] نظام البرامج الموزعة
[en] distributed software system
[fr] système logiciel distribué
[de] verteiltes Softwaresystem
[it] sistema distribuito
[jp] 分散ソフトウェアシステム
[kr] 분산형 소프트웨어 시스템
[pt] sistema de software distribuído
[ru] распределенная система программного
обеспечения

[es] sistema de software distribuido

12320　人机交互系统

[ar] نظام تفاعلي بين الإنسان والآلة

[en] human-machine interaction system

[fr] système interactif homme-machine

[de] Mensch-Maschine-Interaktionssystem

[it] interazione uomo-macchina

[jp] ヒューマンマシンインタラクションシ
ステム

[kr] 인간-기계 대화 시스템

[pt] sistema interativo homem-máquina

[ru] человеко-машинная интерактивная
система

[es] sistema interactivo hombre-máquina

12321　人机界面

[ar] واجهة الإنسان والآلة

[en] human-machine interface

[fr] interface homme-machine

[de] Mensch-Maschine-Schnittstelle

[it] interfaccia uomo-macchina

[jp] ヒューマンマシンインターフェース

[kr] 인간-기계 인터페이스

[pt] interface homem-máquina

[ru] человеко-машинный интерфейс

[es] interfaz hombre-máquina

12322　机器语言

[ar] لغة الآلة

[en] machine language

[fr] langage machine

[de] Maschinensprache

[it] linguaggio macchina

[jp] 機械語

[kr] 기계 언어

[pt] linguagem da máquina

[ru] машинный язык

[es] lenguaje de máquina

1.2.4　计算机硬件

[ar] وحدات الحاسوب

[en] **Computer Hardware**

[fr] **Matériel informatique**

[de] **Computerhardware**

[it] **Hardware del computer**

[jp] **コンピュータハードウェア**

[kr] **컴퓨터 하드웨어**

[pt] **Hardware do Computador**

[ru] **Компьютерное аппаратное
обеспечение**

[es] **Hardware Informático**

12401　半导体集成电路

[ar] دائرة متكاملة لشبه الموصلة

[en] semiconductor integrated circuit

[fr] circuit intégré à semi-conducteur

[de] integrierte Halbleiterschaltung

[it] circuito integrato a semiconduttore

[jp] 半導体集積回路

[kr] 반도체 집적 회로

[pt] circuito integrado semicondutor

[ru] полупроводниковая интегральная
схема

[es] circuito integrado de semiconductor

12402　微处理器

[ar] معالج دقيق

[en] microprocessor

[fr] microprocesseur

[de] Mikroprozessor

[it] microprocessore

[jp] マイクロプロセッサ

[kr] 마이크로 프로세서

[pt] microprocessador

[ru] микропроцессор

[es] microprocesador

12403　微控制器

[ar] جهاز التحكم الدقيق

[en] microcontroller

1.2

[fr] microcontrôleur
[de] Mikrokontroller
[it] microcontrollore
[jp] マイクロコントローラ
[kr] 마이크로 컨트롤러
[pt] microcontrolador
[ru] микроконтроллер
[es] microcontrolador

12404 半导体存储器芯片
[ar] رقاقة خازن شبه الموصلة
[en] semiconductor memory chip
[fr] puce de mémoire à semi-conducteur
[de] Halbleiterspeicher-Chip
[it] chip di memoria a semiconduttore
[jp] 半導体メモリチップ
[kr] 반도체 메모리 칩
[pt] chipe de memória semicondutora
[ru] чип полупроводниковой памяти
[es] chip de memoria de semiconductor

12405 神经网络芯片
[ar] رقاقة الشبكة العصبونية
[en] neural network chip
[fr] puce de réseau neuronal
[de] Chip für neuronales Netz
[it] chip di rete neurale
[jp] ニューラルネットワークチップ
[kr] 신경망 칩
[pt] chipe de rede neural
[ru] чип нейронной сети
[es] chip de redes neuronales

12406 人工智能芯片
[ar] رقاقة الذكاء الاصطناعي
[en] artificial intelligence chip
[fr] puce d'intelligence artificielle
[de] Chip für künstliche Intelligenz
[it] chip di intelligenza artificiale
[jp] 人工知能チップ
[kr] 인공지능 칩

[pt] chipe de inteligência artificial
[ru] чип искусственного интеллекта
[es] chip de inteligencia artificial

12407 智能安全芯片
[ar] رقاقة ذكية آمنة
[en] intelligent security chip
[fr] puce intelligente pour la sécurité
[de] Chip für Intelligente Sicherheit
[it] chip intelligente per la sicurezza
[jp] インテリジェントセキュリティチップ
[kr] 스마트 보안 칩
[pt] chipe inteligente de segurança
[ru] интеллектуальный чип для безопасности
[es] chip inteligente para la seguridad

12408 模拟电路
[ar] دارة مقلدة
[en] analog circuit
[fr] circuit analogique
[de] analoge Schaltung
[it] circuito analogico
[jp] アナログ回路
[kr] 아날로그 회로
[pt] circuito analógico
[ru] аналоговая схема
[es] electrónica analógica

12409 逻辑部件
[ar] مكونات منطقية
[en] logic unit
[fr] élément logique
[de] Logikkomponent
[it] unità logica
[jp] 論理回路
[kr] 논리 연산 장치
[pt] circuito lógico
[ru] логический блок
[es] circuito lógico

1.2

12410 计算机存储设备

[ar] خازن الحاسوب

[en] computer storage device

[fr] dispositif de stockage informatique

[de] Computer-Speichergerät

[it] dispositivo di memorizzazione del computer

[jp] コンピュータ記憶装置

[kr] 컴퓨터 저장 장치

[pt] dispositivo de armazenamento do computador

[ru] компьютерное устройство хранения

[es] dispositivo de almacenamiento de computadora

12411 磁存储器

[ar] خازن مغناطيسي

[en] magnetic storage

[fr] stockage magnétique

[de] magnetischer Speicher

[it] memoria magnetica

[jp] 磁気抵抗メモリ

[kr] 자기 저장 장치

[pt] armazenamento magnético

[ru] магнитный накопитель

[es] memoria magnético

12412 光存储器

[ar] خازن ضوئي

[en] optical storage

[fr] stockage optique

[de] optischer Speicher

[it] memoria ottica

[jp] 光メモリ

[kr] 광메모리

[pt] armazenamento óptico

[ru] оптический накопитель

[es] memoria óptica

12413 外存储子系统

[ar] نظام الخازن الخارجي الفرعي

[en] external storage subsystem

[fr] sous-système de stockage externe

[de] Subsystem für externen Speicher

[it] sottosistema di memorizzazione esterna

[jp] 外部記憶サブシステム

[kr] 외부저장 서브 시스템

[pt] subsistema de armazenamento externo

[ru] подсистема внешнего хранения

[es] subsistema de almacenamiento externo

12414 输入设备

[ar] جهاز الدخل

[en] input device

[fr] dispositif d'entrée

[de] Eingabegerät

[it] dispositivo input

[jp] 入力装置

[kr] 입력 장치

[pt] dispositivo de entrada

[ru] устройство ввода

[es] dispositivo de entrada

12415 输出设备

[ar] جهاز الخرج

[en] output device

[fr] dispositif de sortie

[de] Ausgabegerät

[it] dispositivo output

[jp] 出力装置

[kr] 출력 장치

[pt] dispositivo de saída

[ru] устройство вывода

[es] dispositivo de salida

12416 终端设备

[ar] معدات طرفية

[en] terminal device

[fr] équipement terminal

[de] Endgerät

[it] apparecchiature terminali

[jp] 端末機器

[kr] 단말 장치

[pt] equipamento terminal

[ru] терминальное устройство

[es] equipo terminal

12417 可穿戴设备

[ar] جهاز قابل للارتداء

[en] wearable device

[fr] appareil portable

[de] tragbares Gerät

[it] dispositivo indossabile

[jp] ウェアラブルデバイス

[kr] 웨어러블 디바이스

[pt] dispositivo vestível

[ru] носимое устройство

[es] dispositivo portátil

12418 计算机工程设计

[ar] صميم هندسي للحاسوب

[en] computer engineering and design

[fr] ingénierie et conception informatiques

[de] Computertechnik und Design

[it] ingegneria e progettazione informatica

[jp] コンピュータ工学と設計

[kr] 컴퓨터 엔지니어링과 디자인

[pt] engenharia e design de computadores

[ru] компьютерная инженерия и дизайн

[es] diseño de ingeniería informática

12419 计算机制造

[ar] تصنيع بمساعدة الحاسوب

[en] computer manufacturing

[fr] fabrication assistée par ordinateur

[de] Computerherstellung

[it] manifattura di computer

[jp] コンピュータ生産

[kr] 컴퓨터 제조

[pt] manufatura auxiliada por computador

[ru] компьютерное производство

[es] fabricación de computadoras

12420 计算机硬件可靠性

[ar] اعتمادية المعدات الحاسوبية

[en] computer hardware reliability

[fr] fiabilité de matériel informatique

[de] Zuverlässigkeit der Computerhardware

[it] affidabilità hardware del computer

[jp] コンピュータハードウェアの信頼性

[kr] 컴퓨터 하드웨어 신뢰도

[pt] fiabilidade do hardware do computador

[ru] надежность компьютерного аппаратного обеспечения

[es] fiabilidad del hardware informático

1.2.5 先进网络

[ar] الشبكة المتقدمة

[en] **Advanced Network**

[fr] **Réseau avancé**

[de] **Fortgeschrittenes Netzwerk**

[it] **Rete avanzata**

[jp] **先進的ネットワーク**

[kr] **선진 네트워크**

[pt] **Rede Avançada**

[ru] **Продвинутая сеть**

[es] **Red Avanzada**

12501 网络体系结构

[ar] هيكل نظام الشبكة

[en] network architecture

[fr] architecture de réseau

[de] Netzwerkarchitektur

[it] struttura della rete

[jp] ネットワークアーキテクチャ

[kr] 네트워크 아키텍처

[pt] arquitetura de rede

[ru] сетевая архитектура

[es] arquitectura de red

12502 移动互联网

[ar] إنترنت متنقل

[en] mobile Internet

[fr] Internet mobile

[de] mobiles Internet

[it] Internet mobile

[jp] モバイルインターネット

[kr] 모바일 인터넷

[pt] Internet móvel

[ru] мобильный Интернет

[es] Internet móvil

12503 泛在无线网络

[ar] شبكة لاسلكية معممة

[en] ubiquitous wireless network

[fr] réseau sans fil omniprésent

[de] allgegenwärtiges drahtloses Netzwerk

[it] rete wireless onnipresente

[jp] ユビキタス無線 LAN

[kr] 유비쿼터스 무선 네트워크

[pt] rede sem fios omnipresente

[ru] вездесущая беспроводная сеть

[es] red inalámbrica ubicua

12504 天地一体化信息网络

[ar] شبكة المعلومات المتكاملة الفضائية ـ الأرضية

[en] Space-ground Integrated Information Network

[fr] Réseau d'information d'intégration espace-sol

[de] Raum-Boden-Integrationsinformations-netz

[it] rete di informazione integrata spazio-terra

[jp] 天地一体化情報ネットワーク

[kr] 천지일체화 정보 네트워크

[pt] Rede de Informações de Integração Espaço-Terreno

[ru] Наземно-космическая интегрированная информационная сеть

[es] Red de Información de Integración Espacio-Tierra

12505 天基信息网

[ar] شبكة المعلومات الفضائية

[en] space-based information network

[fr] réseau d'information basé sur l'espace

[de] raumbasiertes Informationsnetz

[it] rete di informazioni spaziate

[jp] 宇宙ベースの情報ネットワーク

[kr] 공간 기반 정보 네트워크

[pt] rede de informações espaçadas

[ru] космическая информационная сеть

[es] red de información basada en el espacio

12506 未来互联网

[ar] إنترنت مستقبلي

[en] future Internet

[fr] futur Internet

[de] zukünftiges Internet

[it] Internet futuro

[jp] 未来のインターネット

[kr] 미래 인터넷

[pt] Internet futura

[ru] Интернет будущего

[es] Internet del futuro

12507 移动通信网

[ar] شبكة الاتصالات المتنقلة

[en] mobile communication network

[fr] réseau de communication mobile

[de] Mobilfunknetz

[it] rete di comunicazione mobile

[jp] 移動体通信ネットワーク

[kr] 모바일 통신 네트워크

[pt] rede de comunicações móveis

[ru] сеть мобильной связи

[es] red de comunicación móvil

12508 空天信息网络

[ar] شبكة المعلومات الفضائية

[en] air-space information network

[fr] réseau d'informations espace-ciel

[de] Luft-Raum-Informationsnetz

1.2

[it] rete di informazione spazio-cielo

[jp] スペース・スカイ情報ネットワーク

[kr] 공간·지상 일체화 정보 네트워크

[pt] rede de informações espaço-aérea

[ru] сеть воздушно-космической информации

[es] red de información del cielo-espacio

12509 千兆宽带网络

[ar] شبكة عريضة النطاق بحجم غيغابايت

[en] gigabit broadband network

[fr] réseau à haut débit gigabit

[de] Gigabit-Breitbandnetz

[it] rete a banda ultralarga

[jp] ギガビットブロードバンドネットワーク

[kr] 기가비트 브로드밴드 네트워크

[pt] rede de banda larga gigabit

[ru] гигабитная широкополосная сеть

[es] red de banda ancha de gigabit

12510 虚拟专用网络

[ar] شبكة خاصة افتراضية

[en] virtual private network (VPN)

[fr] réseau privé virtuel

[de] virtuelles privates Netzwerk

[it] rete privata virtuale

[jp] 仮想プライベートネットワーク

[kr] 가상 사설 통신망

[pt] rede virtual privada

[ru] виртуальная частная сеть

[es] red privada virtual

12511 确定性网络

[ar] شبكة حتمية

[en] deterministic networking (DetNet)

[fr] réseau déterministe

[de] deterministisches Netzwerk

[it] rete deterministica

[jp] 確定的ネットワーク

[kr] 디터미니스틱 네트워크

[pt] rede determinística

[ru] детерминированная сеть

[es] red determinística

12512 低功耗无线网络

[ar] شبكة لاسلكية منخفضة القدرة

[en] low-power wireless network

[fr] réseau sans fil à basse consommation

[de] Niedrigenergieweitverkehrnetzwerk

[it] rete wireless a basso consumo

[jp] 低消費電力無線ネットワーク

[kr] 저출력 무선 네트워크

[pt] rede sem fios de baixa potência

[ru] беспроводная сеть с низким энергопотреблением

[es] red inalámbrica de bajo consumo de energía

12513 无源光纤网络

[ar] شبكة الألياف البصرية السلبية

[en] passive optical network (PON)

[fr] réseau optique passif

[de] passives optisches Netzwerk

[it] rete ottica passiva

[jp] 受動光ネットワーク

[kr] 수동 광 네트워크

[pt] rede ótica passiva

[ru] пассивная оптическая сеть

[es] red óptica pasiva

12514 弹性覆盖网络

[ar] شبكة التغطية المرنة

[en] resilient overlay network

[fr] réseau de superposition résilient

[de] belastbares Overlay-Netzwerk

[it] rete overlay resiliente

[jp] 柔軟性オーバーレイ・ネットワーク

[kr] 유연성 오버레이 네트워크

[pt] rede de sobreposição resiliente

[ru] эластичная наложенная сеть

[es] red superpuesta elástica

12515 互联网信息平台

[ar] منصة معلومات الإنترنت

[en] Internet information platform

[fr] plate-forme d'informations d'Internet

[de] Internet-Informationsplattform

[it] piattaforma di informazione Internet

[jp] インターネット情報プラットフォーム

[kr] 인터넷 정보 플랫폼

[pt] plataforma de informações da Internet

[ru] интернетная информационная платформа

[es] plataforma de información de Internet

12516 5W通信要求

[ar] متطلبات الاتصالات 5W

[en] 5W (whoever, wherever, whenever, whomever, whatever) goals in communication

[fr] exigences de communication 5W (qui que ce soit, où que ce soit, quand que ce soit, avec qui que ce soit, quoi que ce soit)

[de] 5W-Kommunikationsforderungen (Jeder kann mit jedem in jeder Form, zu jeder Zeit und an jedem Ort kommunizieren)

[it] regola delle 5W nelle comunicazioni (chiunque può comunicare con qualsiasi persona sotto qualsiasi forma, in ogni momento e in ogni luogo)

[jp] 5W（誰でも、どこでも、いつでも、誰にでも、何でも）通信要求

[kr] 5W 통신 요구

[pt] Quem, Onde, Quando e o Que quer que seja

[ru] цель коммуникации 5W (whoever, wherever, whenever, whomever, whatever)

[es] requisitos de comunicación accesible (cualquiera puede comunicarse con cualquier persona en cualquier forma, en cualquier momento, y en cualquier lugar)

12517 数据网

[ar] شبكة البيانات

[en] data network

[fr] réseau de données

[de] Datennetzwerk

[it] rete dei dati

[jp] データネットワーク

[kr] 데이터 네트워크

[pt] rede de dados

[ru] сеть передачи данных

[es] red de datos

12518 数据交换平台

[ar] منصة تبادل البيانات

[en] data exchange platform

[fr] plate-forme d'échange de données

[de] Datenaustauschplattform

[it] piattaforma di scambio dati

[jp] データ交換プラットフォーム

[kr] 데이터 교환 플랫폼

[pt] plataforma de intercâmbio de dados

[ru] платформа обмена данными

[es] plataforma de intercambio de datos

12519 网络虚拟化

[ar] افتراض الشبكة

[en] network virtualization

[fr] virtualisation de réseau

[de] Netzwerk-Virtualisierung

[it] virtualizzazione della rete

[jp] ネットワークの仮想化

[kr] 네트워크 가상화

[pt] virtualização de rede

[ru] виртуализация сети

[es] virtualización de red

12520 光传输网

[ar] شبكة النقل الضوئي

[en] optical transmission network

[fr] réseau de transmission optique

[de] optisches Übertragungsnetz

[it] rete di trasmissione ottica

[jp] 光伝送ネットワーク

[kr] 광 전송 네트워크

[pt] rede de transmissão ótica

[ru] оптическая сеть передачи

[es] red de transmisión óptica

12521 窄带物联网

[ar] إنترنت الأشياء ضيق النطاق

[en] narrowband Internet of Things

[fr] Internet des objets à bas débit

[de] Schmalband-IoT

[it] Internet delle cose a banda stretta

[jp] ナローバンドIoT

[kr] 협대역 사물 인터넷

[pt] Internet das coisas da banda estreita

[ru] узкополосный Интернет вещей

[es] Internet de las cosas de banda estrecha

12522 第五代移动通信技术（5G技术）

[ar] الجيل الخامس من تكنولوجيا الاتصالات المتنقلة

[en] 5th generation of mobile technologies (5G technologies)

[fr] la 5ᵉ génération des réseaux mobiles (technologie 5G)

[de] Mobilfunknetze der 5. Generation (5G-Technik)

[it] tecnologie di telefonia mobile di quinta generazione (5G tecnologie)

[jp] 第5世代移動通信システム（5G）

[kr] 제5 세대 모바일 통신 기술(5G기술)

[pt] redes móveis de 5ª geração (tecnologia 5G)

[ru] мобильные сети 5-го поколения

(технология 5G)

[es] tecnología de la quinta generación (5G) de comunicaciones móviles

12523 多输入多输出技术

[ar] تكنولوجيا متعددة الإدخال والإخراج

[en] multiple-input multiple-output (MIMO) technology

[fr] entrées multiples et sorties multiples

[de] Multi-Input- und Multi-Output-Technologie

[it] tecnologia delle entrate multiple e delle uscite multiple

[jp] 多入力多出力（MIMO）技術

[kr] 다중입출력(MIMO) 기술

[pt] múltiplas entradas e múltiplas saídas

[ru] технология с множественным входом и множественным выходом

[es] tecnología de múltiple entrada y múltiple salida

12524 标识解析技术

[ar] تكنولوجيا تحليل العلامة

[en] identity resolution technology

[fr] technologie de résolution d'identité

[de] Identitätsauflösungstechnologie

[it] tecnologia della risoluzione di identità

[jp] 標識解析技術

[kr] 표식 해석 기술

[pt] tecnologia de resolução de identidade

[ru] технология распознавания личности

[es] tecnología de resolución de identidades

1.3 算法科技

[ar] العلوم والتكنولوجيا المحركة بالخوارزمية

[en] Algorithm-Driven Technology

[fr] Technologie pilotée par algorithme

[de] Algorithmische Technologie

[it] Tecnologia dell'algoritmo

[jp] アルゴリズム技術

[kr] 알고리즘 과학기술

[pt] Tecnologia Orientada por Algoritmos

[ru] Технология, управляемая алгоритмом

[es] Tecnología Basada en Algoritmos

1.3.1 计算思维

[ar] التفكير الحوسبي

[en] Computational Thinking

[fr] Pensée informatique

[de] Rechnerisches Denken

[it] Pensiero computazionale

[jp] コンピューテーショナル思考

[kr] 컴퓨팅 사고

[pt] Pensamento Computacional

[ru] Вычислительное мышление

[es] Pensamiento Computacional

13101 算法正确性

[ar] صحة الخوارزمية

[en] correctness of algorithm

[fr] exactitude de l'algorithme

[de] Richtigkeit des Algorithmus

[it] correttezza dell'algoritmo

[jp] アルゴリズムの正確性

[kr] 알고리즘 정확성

[pt] exatidão de algoritmo

[ru] правильность алгоритма

[es] exactitud del algoritmo

13102 算法分析

[ar] تحليل الخوارزمية

[en] algorithm analysis

[fr] analyse d'algorithme

[de] Algorithmus-Analyse

[it] analisi dell'algoritmo

[jp] アルゴリズム分析

[kr] 알고리즘 분석

[pt] análise de algoritmo

[ru] анализ алгоритма

[es] análisis de algoritmos

13103 有效算法

[ar] خوارزمية فعالة

[en] effective algorithm

[fr] algorithme efficace

[de] effektiver Algorithmus

[it] algoritmo efficace

[jp] 有効アルゴリズム

[kr] 효과적 알고리즘

[pt] algoritmo eficaz

[ru] эффективный алгоритм

[es] algoritmo eficiente

13104 近似算法

[ar] خوارزمية تقريبية

[en] approximation algorithm

[fr] algorithme d'approximation

[de] Approximationsalgorithmus

[it] algoritmo di approssimazione

[jp] 近似アルゴリズム

[kr] 근사 알고리즘

[pt] algoritmo de aproximação

[ru] приближенный алгоритм

[es] algoritmo de aproximación

13105 并行算法

[ar] خوارزمية متوازية

[en] parallel algorithm

[fr] algorithme parallèle

[de] paralleler Algorithmus

[it] algoritmo parallelo

[jp] 並列アルゴリズム

[kr] 병렬 알고리즘

[pt] algoritmo paralelo

[ru] параллельный алгоритм

[es] algoritmo paralelo

13106 概率算法

[ar] خوارزمية احتمالية

[en] probabilistic algorithm

[fr] algorithme de probabilité

[de] Wahrscheinlichkeitsalgorithmus

[it] algoritmo probabilistico

[jp] 確率的アルゴリズム

[kr] 확률 알고리즘

[pt] algoritmo probabilístico

[ru] вероятностный алгоритм

[es] algoritmo probabilístico

13107 组合算法

[ar] خوارزمية تركيبية

[en] combinatorial algorithm

[fr] algorithme combinatoire

[de] kombinatorischer Algorithmus

[it] algoritmo combinatorio

[jp] 組合せアルゴリズム

[kr] 조합 알고리즘

[pt] algoritmos combinatoriais

[ru] комбинаторный алгоритм

[es] algoritmo combinatorio

13108 排序算法

[ar] خوارزمية ترتيبية

[en] sorting algorithm

[fr] algorithme de tri

[de] Sortieralgorithmus

[it] algoritmo di ordinamento

[jp] ソートアルゴリズム

[kr] 정렬 알고리즘

[pt] algoritmo de ordenação

[ru] алгоритм сортировки

[es] algoritmo de ordenamiento

13109 图论算法

[ar] خوارزية قائمة على نظرية الرسم البياني

[en] algorithm on graph theory

[fr] algorithme de la théorie des graphes

[de] Algorithmus zur Graphentheorie

[it] algoritmo sulla teoria dei grafi

[jp] グラフ理論のアルゴリズム

[kr] 그래프 이론 알고리즘

[pt] algoritmo de teoria dos gráfos

[ru] алгоритм теории графов

[es] algoritmo basado en la teoría de grafos

13110 穷举法

[ar] طريقة سردية

[en] enumeration method

[fr] méthode de dénombrement

[de] Aufzählungsmethode

[it] metodo di enumerazione

[jp] 列挙法

[kr] 조사 방법

[pt] método de enumeração

[ru] метод перечисления

1.3

[es] método de enumeración

13111 递推法

[ar] طريقة الاستنتاج التدريجى

[en] recurrence method

[fr] récursivité

[de] rekursive Methode

[it] metodo di ricorrenza

[jp] 回帰法

[kr] 재귀법

[pt] método de recorrência

[ru] рекуррентный метод

[es] método de recurrencia

13112 分治法

[ar] طريقة التفكيك

[en] divide-and-conquer algorithm

[fr] algorithme « diviser pour régner »

[de] geteilte Herrschungs-Verfahren

[it] algoritmo divide et impera

[jp] 分割統治法

[kr] 분할 정복 알고리즘

[pt] método de "dividir e conquistar"

[ru] алгоритм «разделяй и властвуй»

[es] algoritmo divide y vencerás

13113 递归法

[ar] طريقة المعاودة

[en] recursion method

[fr] récursion

[de] periodische Methode

[it] metodo ricorsivo

[jp] 再帰法

[kr] 회귀법

[pt] método recursivo

[ru] рекурсивный метод

[es] método recursivo

13114 贪婪法

[ar] خوارزمية جشعة

[en] greedy algorithm

[fr] algorithme glouton

[de] gieriger Algorithmus

[it] algoritmo greedy

[jp] 貪欲法

[kr] 탐욕 알고리즘

[pt] algoritmo guloso

[ru] жадный алгоритм

[es] algoritmo voraz

13115 回溯法

[ar] طريقة الاسترجاع

[en] backtracking method

[fr] retour en arrière

[de] Zurückverfolgungsmethode

[it] metodo di backtracking

[jp] バックトラッキング

[kr] 백트래킹 방법

[pt] backtracking

[ru] обратный алгоритм

[es] vuelta atrás

13116 动态规划法

[ar] طريقة التخطيط الديناميكي

[en] dynamic programming method

[fr] méthode de programmation dynamique

[de] dynamische Programmiermethode

[it] metodo di programmazione dinamica

[jp] 動的計画法

[kr] 동적 계획법

[pt] método de programação dinâmica

[ru] метод динамического программирования

[es] método de planificación dinámica

13117 启发式优化

[ar] استمثال موجه

[en] heuristic optimization

[fr] optimisation heuristique

[de] heuristische Optimierung

[it] ottimizzazione euristica

[jp] 発見的最適化

1.3

[kr] 계발식 최적화

[pt] otimização heurística

[ru] эвристическая оптимизация

[es] optimización heurística

13118　遗传优化

[ar] استمثال وراثي

[en] genetic optimization algorithm

[fr] optimisation génétique

[de] genetische Optimierung

[it] ottimizzazione genetica

[jp] 遺伝的最適化

[kr] 유전자 최적화

[pt] otimização genética

[ru] генетическая оптимизация

[es] algoritmo optimización genética

13119　蚁群优化

[ar] استمثال على غرار عائلة النمل

[en] ant colony optimization algorithm

[fr] optimisation des colonies de fourmis

[de] Optimierung der Ameisenkolonie

[it] ottimizzazione delle colonie di formiche

[jp] 蟻コロニー最適化

[kr] 개미 집단 최적화

[pt] otimização de colónias de formigas

[ru] оптимизация колонии муравьев

[es] algoritmo optimización de colonias de hormigas

13120　备忘录法

[ar] طريقة المذكرة

[en] memorandum algorithm

[fr] méthode de mémorandum

[de] Memo-Methode

[it] memotecnica

[jp] 備忘録法

[kr] 메모 알고리즘

[pt] método de memorando

[ru] алгоритм меморандума

[es] algoritmo Memo

13121　分支界限法

[ar] طريقة الحدود الفرعية

[en] branch and bound method

[fr] séparation et évaluation

[de] Verzweigungs- und Schrankemethode

[it] metodo branch and bound

[jp] 分枝限定法

[kr] 분기 한정법

[pt] método branch-and-bound

[ru] метод ветвей и границ

[es] método de ramificación y poda

13122　时间空间权衡

[ar] موازنة زمكانية

[en] space-time tradeoff

[fr] compromis temps-espace

[de] Zeit-Raum-Kompromiss

[it] compromesso spazio-temporale

[jp] 時間と空間のトレードオフ

[kr] 시간과 공간의 균형

[pt] trade-off espaço-tempo

[ru] пространственно-временной компромисс

[es] situación compromiso espacio-tiempo

1.3.2　算法设计

[ar] **تصميم الخوارزمية**

[en] **Algorithm Design**

[fr] **Conception d'algorithme**

[de] **Algorithmusdesign**

[it] **Progettazione dell'algoritmo**

[jp] **アルゴリズムデザイン**

[kr] **알고리즘 디자인**

[pt] **Projeto de Algoritmo**

[ru] **Разработка алгоритма**

[es] **Diseños de Algoritmos**

13201　算法

[ar] خوارزمية

[en] algorithm

[fr] algorithme

[de] Algorithmus

[it] algoritmo

[jp] アルゴリズム

[kr] 알고리즘

[pt] algoritmo

[ru] алгоритм

[es] algoritmo

13202 因子分析

[ar] تحليل العوامل

[en] factor analysis (FA)

[fr] analyse factorielle

[de] Faktoranalyse

[it] analisi fattoriale

[jp] 因子分析

[kr] 인자 분석

[pt] análise fatorial

[ru] факторный анализ

[es] análisis de factores

13203 独立成分分析

[ar] تحليل العناصر المستقلة

[en] independent component analysis (ICA)

[fr] analyse en composantes indépendantes

[de] Unabhängige Komponentenanalyse

[it] analisi delle componenti indipendenti

[jp] 独立成分分析

[kr] 독립 성분 분석

[pt] análise de componentes independentes

[ru] анализ независимых компонент

[es] análisis de componentes independientes

13204 奇异值分解

[ar] تفريق القيمة الفردية

[en] singular value decomposition (SVD)

[fr] décomposition de valeurs singulières

[de] Singulärwertzerlegung

[it] decomposizione del valore singolare

[jp] 特異値分解

[kr] 특이값 분해

[pt] decomposição em valor singular

[ru] сингулярное разложение

[es] descomposición en valores singulares

13205 MDS算法

[ar] خوارزمية MDS

[en] multidimensional scaling (MDS) algorithm

[fr] positionnement multidimensionnel

[de] MDS-Algorithmus (Multidimensionale Skalierung)

[it] algoritmo di MDS (scaling multidimensionale)

[jp] MDSアルゴリズム

[kr] 다차원 척도 구성법

[pt] algoritmo escalamento multidimensional

[ru] алгоритм многомерного масштабирования

[es] algoritmo de MDS (escalado multidimensional)

13206 t-SNE非线性降维算法

[ar] خوارزمية t-SNE للحد من الأبعاد غير الخطية

[en] t-distributed stochastic neighbor embedding (t-SNE) nonlinear dimensionality reduction algorithm

[fr] t-SNE (intégration de voisins stochastiques distribués en t) : algorithme de réduction de dimension non linéaire

[de] t-SNE (ein nichtlinearer Dimensionsre-duktionsalgorithmus)

[it] t-SNE algoritmo di riduzione della dimensionalità non lineare

[jp] t 分布型確率的近傍埋め込み法

[kr] t-분포 확률적 임베딩(t-SNE) 비선형 차원 축소 알고리즘

[pt] algoritmo de redução de dimensionalidade não linear (t-SNE)

[ru] стохастическое вложение соседей с t-распределением: алгоритм нелинейного уменьшения

1.3

размерности

[es] t-SNE (incrustación de vecinos estocásticos distribuido): algoritmo de reducción de dimensionalidad no lineal

13207 分类树

[ar] شجرة التصنيف

[en] classification tree

[fr] arbre de classification

[de] Klassifikationsbaum

[it] albero di classificazione

[jp] 分類木

[kr] 분류 트리

[pt] árvore de classificação

[ru] классификационное дерево

[es] árbol de clasificación

13208 回归树

[ar] شجرة الانحدار

[en] regression tree

[fr] arbre de régression

[de] Regressionsbaum

[it] albero di regressione

[jp] 回帰木

[kr] 회귀 트리

[pt] árvore de regressão

[ru] дерево регрессии

[es] árbol de regresión

13209 贝叶斯分类算法

[ar] خوارزمية تصنيف بايزي

[en] Bayesian classifier

[fr] classification bayésienne

[de] Bayes-Klassifikator

[it] classificatore bayesiano

[jp] ナイーブベイズ分類アルゴリズム

[kr] 나이브 베이즈 알고리즘

[pt] classificação bayesiana

[ru] наивный байесовский классификатор

[es] clasificador bayesiano

13210 支持向量机

[ar] آلة دعم المتجهات

[en] support vector machine

[fr] machine à vecteurs de support

[de] Stützvektormaschine

[it] macchine a vettori di supporto

[jp] サポートベクターマシン

[kr] 서포트 벡터 머신

[pt] máquina de vetor de suporte

[ru] машина опорных векторов

[es] máquina de vectores de soporte

13211 模糊分类

[ar] تصنيف غامض

[en] fuzzy classification

[fr] classification floue

[de] Fuzzy-Klassifikation

[it] classificazione sfocata

[jp] ファジー分類

[kr] 퍼지 분류

[pt] classificação difusa

[ru] нечеткая классификация

[es] clasificación difusa

13212 随机森林

[ar] غابة عشوائية

[en] random forest

[fr] forêt aléatoire

[de] zufälliger Wald

[it] foresta casuale

[jp] ランダムフォレスト

[kr] 랜덤 포레스트

[pt] floresta aleatória

[ru] случайный лес

[es] bosque aleatorio

13213 k-近邻法

[ar] طريقة أقرب جار -k

[en] k-nearest neighbor (KNN) algorithm

[fr] méthode des k plus proches voisins

[de] k-Nächste-Nachbarn-Algorithmus

[it] algoritmo di k-nearest neighbors

[jp] k 近傍法

[kr] k-최근접 이웃 알고리즘

[pt] k-nearest neighbor

[ru] метод k-ближайших соседей

[es] k-vecino más próximo

13214 Boosting算法

[ar] خوارزمية Boosting

[en] boosting algorithm

[fr] algorithme de boosting

[de] Boosting-Algorithmus

[it] algoritmo di boosting

[jp] ブースティングアルゴリズム

[kr] 부스팅 알고리즘

[pt] algoritmo Boosting

[ru] алгоритм бустинга

[es] algoritmo de Boosting

13215 集成学习算法

[ar] خوارزمية التعلم التكاملي

[en] ensemble learning algorithm

[fr] apprentissage d'ensemble

[de] Ensemble-Lernalgorithmus

[it] Apprendimento ensemble

[jp] アンサンブル学習

[kr] 앙상블 학습 알고리즘

[pt] algoritmo aprendizagem conjunta

[ru] алгоритм совместного обучения

[es] algoritmo de aprendizaje conjunto

13216 神经网络算法

[ar] خوارزمية الشبكة العصبونية

[en] neural network algorithm

[fr] algorithme de réseau de neurones

[de] Neuronetzwerk-Algorithmus

[it] algoritmo di rete neurale

[jp] ニューラルネットワークアルゴリズム

[kr] 신경망 알고리즘

[pt] algoritmo de rede neural

[ru] алгоритм нейронной сети

[es] algoritmo de redes neuronales

13217 遗传算法

[ar] خوارزمية وراثية

[en] genetic algorithm

[fr] algorithme génétique

[de] genetischer Algorithmus

[it] algoritmo genetico

[jp] 遺伝的アルゴリズム

[kr] 유전 알고리즘

[pt] algoritmo genético

[ru] генетический алгоритм

[es] algoritmo genético

13218 分层聚类算法

[ar] خوارزمية التجميع التسلسلي

[en] hierarchical clustering algorithm

[fr] algorithme de regroupement hiérarchique

[de] hierarchischer Clustering-Algorithmus

[it] algoritmo di raggruppamento gerarchico

[jp] 階層的クラスタリングアルゴリズム

[kr] 계층적 군집 분석

[pt] algoritimo de agrupamento hierárquico

[ru] алгоритм иерархической кластеризации

[es] algoritmo de agrupamiento jerárquico

13219 K均值聚类

[ar] K-Means تجميع

[en] K-means clustering

[fr] regroupement K-Means

[de] K-Means-Clustering

[it] raggruppamento di K-Means

[jp] K 平均法

[kr] K-평균 군집화

[pt] agrupamento K-means

[ru] кластеризация методом K-средних

[es] agrupamiento de K-Means

13220 均值漂移聚类

[ar] تجميع تحويل المعدل

1.3

49

[en] mean shift clustering

[fr] regroupement de décalage moyen

[de] Mean Shift-Clustering

[it] raggruppamento dei turni medi

[jp] 平均値シフトクラスタリング

[kr] 편균점 이동 클러스터링

[pt] agrupamento de deslocamento médio

[ru] кластеризация среднего сдвига

[es] agrupamiento por desplazamiento medio

13221 DBSCAN聚类

[ar] تجميع مكاني قائم على الكثافة DBSCAN

[en] density-based spatial clustering of applications with noise (DBSCAN)

[fr] DBSCAN (regroupement spatial basé sur la densité des applications avec bruit)

[de] DBSCAN-Clustering (Dichtebasierte räumliche Clusteranalyse mit Rauschen)

[it] raggruppamento DBSCAN (densità a base di clustering spaziale di applicazioni con rumore)

[jp] DBSCANクラスタリング

[kr] 밀도 기반의 공간적 군집화

[pt] agrupamento espacial de aplicativos com ruído baseado em densidade (DBSCAN)

[ru] основанная на плотности пространственная кластеризация приложений с шумом

[es] DBSCAN (agrupamiento espacial basado en la densidad de aplicaciones con ruido)

13222 EM聚类

[ar] تجميع تحقيق أقصى قدر للتوقع EM

[en] expectation maximization (EM) clustering

[fr] regroupement de maximisation des attentes

[de] EM-Clustering (Expectation-Maximization-Clustering)

[it] Raggruppamento di massimizzazione

d'aspettazione

[jp] EMクラスタリング

[kr] 기대값 최대화 클러스터링

[pt] agrupamento esperança-maximização (EM)

[ru] основанная на максимизации ожидания кластеризация

[es] agrupamiento EM (maximización de las expectativas)

13223 凝聚层次聚类

[ar] تكتل تسلسلي تجميعي

[en] agglomerative hierarchical clustering

[fr] regroupement hiérarchique agglomératif

[de] agglomerative hierarchische Clusterbildung

[it] raggruppamento gerarchico agglomerativo

[jp] 凝集型階層的クラスタリング

[kr] 응집형 계층적 클러스터링

[pt] agrupamento hierárquico aglomerado

[ru] агломерационная иерархическая кластеризация

[es] agrupamiento jerárquico aglomerativo

13224 图团体检测

[ar] كشف مجموعة الرسوم البيانية

[en] graph community detection

[fr] détection de communauté dans les graphes

[de] Graph-Community-Erkennung

[it] rilevamento della comunità del grafico

[jp] グラフコミュニティ検出

[kr] 그래프 커뮤니티 검출

[pt] detecção de comunidade gráfica

[ru] обнаружение сообщества графов

[es] detección de comunidad de grafos

13225 关联规则

[ar] قواعد الترابط

[en] association rule

[fr] règles d'association

[de] Assoziationsregel

[it] regole di associazione

[jp] 関連付けルール

[kr] 연관성 규칙

[pt] algoritmo de associação

[ru] правила ассоциации

[es] reglas de asociación

1.3.3　计算理论

[ar] نظرية الحوسبة

[en] **Theory of Computation**

[fr] **Théorie de calcul**

[de] **Theorie der Berechnung**

[it] **Teoria di computazione**

[jp] **計算理論**

[kr] **계산 이론**

[pt] **Teoria da Computação**

[ru] **Теория вычислений**

[es] **Teoría de la Computación**

13301　图灵机

[ar] آلة تورنغ

[en] Turing machine

[fr] machine de Turing

[de] Turing-Maschine

[it] macchina di Turing

[jp] チューリング・マシン

[kr] 튜링 기계

[pt] máquina de Turing

[ru] машина Тьюринга

[es] máquina de Turing

13302　香农定理

[ar] نظرية شانون

[en] Shannon's information theory

[fr] théorie de l'information de Shannon

[de] Shannon-Hartley-Gesetz

[it] teoria dell'informazione di Shannon

[jp] シャノンの情報理論

[kr] 샤논의 정리

[pt] teoria da informação de Shannon

[ru] теория информации Шеннона

[es] Teoría de la información de Shannon

13303　冯·诺依曼架构

[ar] هيكل فون نيومان

[en] John von Neumann architecture

[fr] architecture de John von Neumann

[de] John von Neumann-Architektur

[it] architettura di John von Neumann

[jp] ノイマン型コンピュータ

[kr] 존폰 노이만 아키텍처

[pt] arquitetura John von Neumann

[ru] архитектура фон Неймана

[es] arquitectura John von Neumann

13304　计算能力

[ar] قدرة الحوسبة

[en] computing power

[fr] puissance de calcul

[de] Rechenleistung

[it] capacità di computazione

[jp] 計算能力

[kr] 처리 능력

[pt] capacidade de computação

[ru] вычислительная мощность

[es] potencia de computación

13305　计算复杂性理论

[ar] نظرية التعقيد الحوسبي

[en] computational complexity theory

[fr] théorie de la complexité du calcul

[de] Theorie der rechnerischen Komplexität

[it] teoria dellla complessità computazionale

[jp] 計算複雑性理論

[kr] 계산 복잡도 이론

[pt] teoria da complexidade computacional

[ru] теория сложности вычислений

[es] teoría de la complejidad computacional

13306 可计算性理论
[ar] نظرية قابلية الحوسبة
[en] computability theory
[fr] théorie de calculabilité
[de] Berechenbarkeitstheorie
[it] teoria di calcolabilità
[jp] 計算可能性理論
[kr] 계산 가능성 이론
[pt] teoria de computabilidade
[ru] теория вычислимости
[es] teoría de la computabilidad

13307 自动机理论
[ar] نظرية الجهاز الذاتي
[en] automata theory
[fr] théorie des automates
[de] Automatentheorie
[it] teoria degli automi
[jp] オートマトン理論
[kr] 자동 장치 이론
[pt] teoria dos autómatos
[ru] теория автоматов
[es] teoría de autómatas

13308 形式语言理论
[ar] نظرية اللغة الصورية
[en] formal language theory
[fr] théorie des langages formels
[de] Theorie der formalische Sprache
[it] teoria del linguaggio formale
[jp] 形式言語理論
[kr] 형식 언어 이론
[pt] teoria formal da linguagem
[ru] теория формальных языков
[es] teoría del lenguaje formal

13309 丘奇—图灵论题
[ar] أطروحة تشيوتشى ـ تورنغ
[en] Church-Turing thesis
[fr] thèse de Church-Turing
[de] Church-Turing-These

[it] tesi di Church-Turing
[jp] チャーチ＝チューリングのテーゼ
[kr] 처치-튜링 명제
[pt] tese de Church-Turing
[ru] тезис Черча-Тьюринга
[es] Tesis de Church-Turing

13310 可计算函数
[ar] دالة قابلية للحوسبة
[en] computable function
[fr] fonction calculable
[de] berechenbare Funktion
[it] funzione calcolabile
[jp] 計算可能関数
[kr] 계산 가능한 함수
[pt] função computável
[ru] вычислимая функция
[es] función computable

13311 递归函数
[ar] دالة تكرارية
[en] recursive function
[fr] fonction récursive
[de] rekursive Funktion
[it] funzione ricorsiva
[jp] 再帰関数
[kr] 재귀함수
[pt] função recursiva
[ru] рекурсивная функция
[es] función recursiva

13312 可判定性
[ar] قابلية للتقدير
[en] decidability
[fr] décidabilité
[de] Entscheidbarkeit
[it] decidibilità
[jp] 決定可能性
[kr] 판정 가능성
[pt] decidibilidade
[ru] разрешимость

[es] decidibilidad

13313 可归约性

[ar] قابلية لتحويل سؤال إلى سؤال آخر

[en] reducibility

[fr] réductibilité

[de] Reduzierbarkeit

[it] riducibilità

[jp] 還元性

[kr] 정복가능성

[pt] redutibilidade

[ru] сводимость

[es] reducibilidad

13314 停机问题

[ar] قضية التوقف

[en] halting problem

[fr] problème de l'arrêt

[de] Halteproblem

[it] problema della terminazione

[jp] 停止性問題

[kr] 정지 문제

[pt] problema de parada

[ru] проблема остановки

[es] problema de la parada

13315 波斯特对应问题

[ar] قضية بوست للتناظر

[en] Post correspondence problem

[fr] problème de correspondance de Post

[de] Postsches Korrespondenzproblem

[it] problema della corrispondenza di Post

[jp] ポストの対応問題

[kr] 포스트 대응 문제

[pt] problema da correspondência de Post

[ru] проблема соответствий Поста

[es] problema de correspondencia de Post

13316 时间复杂性

[ar] تعقيد زمني

[en] time complexity

[fr] complexité temporelle

[de] Zeitkomplexität

[it] complessità temporale

[jp] 時間複雑性

[kr] 시간 복잡도

[pt] complexidade de tempo

[ru] сложность времени

[es] complejidad de tiempo

13317 空间复杂性

[ar] تعقيد فضائي

[en] space complexity

[fr] complexité spatiale

[de] Raumkomplexität

[it] complessità spaziale

[jp] 空間複雑性

[kr] 공간 복잡도

[pt] complexidade de espaço

[ru] сложность пространства

[es] complejidad de espacio

13318 多项式谱系

[ar] نسب متعدد الحدود

[en] polynomial hierarchy

[fr] hiérarchie polynomiale

[de] Polynom-Hierarchie

[it] gerarchia polinomiale

[jp] 多項式階層

[kr] 다항식 계층

[pt] hierarquia polinomial

[ru] полиномиальная иерархия

[es] jerarquía polinómica

13319 NP完全性理论

[ar] نظرية اكتمال NP

[en] theory of NP-completeness

[fr] NP-complétude

[de] NP-Vollständigkeitstheorie

[it] teoria NP-completo

[jp] NP 完全性の理論

[kr] NP 완전성 이론

1.3

[pt] perfeição NP

[ru] NP-полная задача

[es] teoría de NP-completo

13320　正则语言

[ar] لغة سوية

[en] regular language

[fr] langage rationnel

[de] reguläre Sprache

[it] linguaggio regolare

[jp] 正規言語

[kr] 정규 언어

[pt] linguagem regular

[ru] регулярный язык

[es] lenguaje regular

13321　上下文无关语言

[ar] لغة خالية من السياق

[en] context-free language

[fr] langage sans contexte

[de] kontextfreie Sprache

[it] linguaggio senza contesto

[jp] 文脈自由言語

[kr] 문맥 자유 언어

[pt] linguagem livre de contexto

[ru] контекстно-свободный язык

[es] lenguaje sin contexto

13322　有穷自动机

[ar] جهاز ذاتي محدود

[en] finite automaton

[fr] automate fini

[de] endlicher Automat

[it] automa finito

[jp] 有限オートマトン

[kr] 유한 오토머턴

[pt] autómato finito

[ru] конечный автомат

[es] autómata finito

13323　下推自动机

[ar] جهاز ذاتي مضغوط إلى الأسفل

[en] pushdown automaton

[fr] automate à pile

[de] Pushdown-Automat

[it] automa a spinta

[jp] プッシュダウンオートマトン

[kr] 푸시다운 오토머턴

[pt] autómato com pilha

[ru] магазинный автомат

[es] autómata con pila

1.3.4　先进计算

[ar] الحوسبة المتقدمة

[en] **Advanced Computing**

[fr] **Informatique avancée**

[de] **Fortgeschrittenes Computing**

[it] **Elaborazione avanzata**

[jp] **先進的コンピューティング**

[kr] **선진 컴퓨팅**

[pt] **Computação Avançada**

[ru] **Продвинутые вычисления**

[es] **Computación Avanzada**

13401　边缘计算

[ar] حوسبة حدية

[en] edge computing

[fr] informatique en périphérie

[de] Edge-Computing

[it] elaborazione ai margini della rete

[jp] エッジコンピューティング

[kr] 엣지 컴퓨팅

[pt] computação de borda

[ru] периферийные вычисления

[es] computación de perímetro

13402　雾计算

[ar] حوسبة ضبابية

[en] fog computing

[fr] informatique en brouillard

[de] Fog-Computing

[it] fog computing

[jp] フォグコンピューティング

[kr] 포그 컴퓨팅

[pt] computação em névoa

[ru] туманные вычисления

[es] computación de niebla

13403 海计算

[ar] حوسبة بحرية

[en] sea computing

[fr] informatique en mer

[de] Sea-Computing

[it] sea computing

[jp] シーコンピューティング

[kr] 시(SEA) 컴퓨팅

[pt] computação de mar-nuvem

[ru] морские вычисления

[es] computación del mar

13404 移动云计算

[ar] حوسبة سحابية متنقلة

[en] mobile cloud computing

[fr] informatique en nuage mobile

[de] mobiles Cloud Computing

[it] mobile cloud computing

[jp] モバイルクラウドコンピューティング

[kr] 모바일 클라우드 컴퓨팅

[pt] computação em nuvem móvel

[ru] мобильные облачные вычисления

[es] computación en la nube móvil

13405 人本计算

[ar] حوسبة إنسانية

[en] human-based computation

[fr] calcul basé sur l'homme

[de] menschbasierte Berechnung

[it] calcolo basato sull'uomo

[jp] ヒューマンコンピューテーション

[kr] 인간 기반 연산

[pt] computação basiada em humanos

[ru] человеко-ориентированные вычисления

[es] computación basada en humanos

13406 智能计算

[ar] حوسبة ذكية

[en] intelligent computing

[fr] informatique intelligente

[de] intelligentes Computing

[it] elaborazione intelligente

[jp] インテリジェントコンピューティング

[kr] 스마트 컴퓨팅

[pt] computação inteligente

[ru] интеллектуальные вычисления

[es] computación inteligente

13407 认知计算

[ar] حوسبة معرفية

[en] cognitive computing

[fr] informatique cognitive

[de] kognitives Computing

[it] informatica cognitiva

[jp] コグニティブ・コンピューティング

[kr] 인식 컴퓨팅

[pt] computação cognitiva

[ru] когнитивные вычисления

[es] computación cognitiva

13408 类脑计算

[ar] حوسبة شبيهة بالدماغ

[en] brain-inspired computing

[fr] informatique inspirée du cerveau

[de] gehirninspiriertes Computing

[it] computing ispirato ai meccanismi di funzionamento biologico del cervello

[jp] 脳型コンピューティング

[kr] 뇌모방 컴퓨팅

[pt] computação inspirada no cérebro

[ru] мозгоподобные вычисления

[es] computación inspirada en el cerebro

13409 集群计算

[ar] حوسبة عنقودية

[en] cluster computing
[fr] informatique en grappes
[de] Cluster-Computing
[it] computer cluster
[jp] クラスターコンピューティング
[kr] 클러스터 컴퓨팅
[pt] computaão de agrupamento
[ru] кластерные вычисления
[es] computación clúster

13410 网格计算
[ar] حوسبة شبكية
[en] grid computing
[fr] informatique en grilles
[de] Grid-Computing
[it] sistemi grid
[jp] グリッドコンピューティング
[kr] 그리드 컴퓨팅
[pt] computação em grade
[ru] сетевые вычисления
[es] computación grid

13411 服务计算
[ar] حوسبة خدمية
[en] service computing
[fr] informatique orienté vers le service
[de] Service-Computing
[it] computing di servizio
[jp] サービスコンピューティング
[kr] 서비스 컴퓨팅
[pt] computação de serviço
[ru] сервисные вычисления
[es] computación de servicios

13412 普适计算
[ar] حوسبة منتشرة
[en] pervasive computing
[fr] informatique omniprésente
[de] pervasives Computing
[it] computazione ubiqua o calcolo ubiquo
[jp] パーベイシブコンピューティング

[kr] 편재형 컴퓨팅
[pt] computação ubíqua
[ru] всепроникающие вычисления
[es] computación penetrante

13413 异构计算
[ar] حوسبة غير متجانسة
[en] heterogeneous computing
[fr] informatique hétérogène
[de] heterogenes Computing
[it] calcolo eterogeneo
[jp] ヘテロジニアス・コンピューティング
[kr] 이질적 컴퓨팅
[pt] computação reconfigurável
[ru] гетерогенные вычисления
[es] computación heterogénea

13414 可重构计算
[ar] حوسبة قابلة لإعادة التشكيل
[en] reconfigurable computing
[fr] informatique reconfigurable
[de] rekonfigurierbares Computing
[it] calcolo riconfigurabile
[jp] 再構成可能コンピューティング
[kr] 재배열 컴퓨팅
[pt] reconfigurable computing
[ru] реконфигурируемые вычисления
[es] computación reconfigurable

13415 泛在计算
[ar] حوسبة معممة
[en] ubiquitous computing
[fr] informatique ubiquitaire
[de] allgegenwärtiges Computing
[it] informatica onnipresente
[jp] ユビキタスコンピューティング
[kr] 유비쿼터스 컴퓨팅
[pt] computação omnipresente
[ru] вездесущие вычисления
[es] computación ubicua

13416 并行计算

[ar] حوسبة متوازية

[en] parallel computing

[fr] informatique parallèle

[de] paralleles Computing

[it] calcolo parallelo

[jp] 並列計算

[kr] 병렬 컴퓨팅

[pt] computação paralela

[ru] параллельные вычисления

[es] computación paralela

13417 透明计算

[ar] حوسبة شفافة

[en] transparent computing

[fr] informatique transparente

[de] transparentes Computing

[it] computing trasparente

[jp] 透明計算

[kr] 투명 컴퓨팅

[pt] computação transparente

[ru] прозрачные вычисления

[es] computación transparente

13418 E级超算

[ar] حوسبة فائقة بدرجة E

[en] exascale computing

[fr] informatique exascale

[de] exascales Computing

[it] calcolo exascale

[jp] エクサスケールコンピューティング

[kr] 엑스케일 컴퓨팅

[pt] computação à exaescala

[ru] вычисления экзафлопсного уровня

[es] computación a exaescala

13419 粒计算

[ar] حوسبة حبيبية

[en] granular computing

[fr] informatique granulaire

[de] granulares Computing

[it] calcolo granulare

[jp] グラニュラーコンピューティング

[kr] 입자 컴퓨팅

[pt] computação granular

[ru] гранулированные вычисления

[es] computación granular

1.3.5 计算架构

[ar] هيكل الحوسبة

[en] **Computing Architecture**

[fr] **Architecture informatique**

[de] **Computing-Architektur**

[it] **Architettura computazionale**

[jp] **コンピューティングアーキテクチャ**

[kr] **컴퓨팅 아키텍처**

[pt] **Arquitectura de Computação**

[ru] **Вычислительная архитектура**

[es] **Arquitectura de Computadora**

13501 新摩尔定律

[ar] قانون مور الجديد

[en] new Moore's law

[fr] nouvelle loi de Moore

[de] neues Mooresches Gesetz

[it] nuova legge di Moore

[jp] 新しいムーアの法則

[kr] 신 무어의 법칙

[pt] nova lei de Moore

[ru] новый закон Мура

[es] la nueva ley de Moore

13502 计算技术

[ar] تكنولوجيا الحوسبة

[en] computing technology

[fr] technologie informatique

[de] Computertechnologie

[it] tecnologia dell'informazione

[jp] コンピューティング技術

[kr] 컴퓨팅 기술

[pt] tecnologia computacional

[ru] вычислительные технологии

[es] tecnología de computación

13503 三维堆叠

[ar] تكديس ثلاثية الأبعاد

[en] 3D stacking

[fr] empilement 3D

[de] 3D-Stapelung

[it] accatastamento 3D

[jp] ３次元積層

[kr] 3D스태킹

[pt] 3D empilhamento

[ru] 3D штабелирование

[es] apilado tridimensional

13504 器件技术

[ar] تكنولوجيا المكونات

[en] component technology

[fr] technologie de composants

[de] Komponententechnologie

[it] tecnologia dei componenti

[jp] コンポーネントテクノロジー

[kr] 요소 기술

[pt] tecnologia dos componentes

[ru] компонентные технологии

[es] tecnología de componentes

13505 部件技术

[ar] تكنولوجيا المكونات

[en] module technology

[fr] technologie de modules

[de] Moduletechnologie

[it] tecnologia dei moduli

[jp] 部品技術

[kr] 모듈 기술

[pt] tecnologia de módulos

[ru] модульная технология

[es] tecnología de módulos

13506 系统架构

[ar] هيكل النظام

[en] system architecture

[fr] architecture du système

[de] Systemarchitektur

[it] architettura di sistema

[jp] システムアーキテクチャ

[kr] 시스템 아키텍처

[pt] arquitetura do sistema

[ru] системная архитектура

[es] arquitectura del sistema

13507 互联架构

[ar] هيكل مترابط

[en] interconnection-oriented architecture

[fr] architecture orientée vers l'interconnexion

[de] Verbindungsorientierte Architektur

[it] architettura orientata all'interconnessione

[jp] 相互接続アーキテクチャ

[kr] 상호 연결 지향 아키텍처

[pt] arquitectura orientada à interconexão

[ru] архитектура, ориентированная на взаимосвязь

[es] arquitectura orientada a la interconexión

13508 存储架构

[ar] هيكل التخزين

[en] storage architecture

[fr] architecture de stockage

[de] Speicherarchitektur

[it] architettura di memorizzazione

[jp] ストレージアーキテクチャ

[kr] 저장 아키텍처

[pt] arquitetura de armazenamento de dados

[ru] архитектура хранения

[es] arquitectura de almacenamiento

13509 GPU芯片

[ar] رقاقة GPU

[en] graphics processing unit (GPU) chip

[fr] puce graphique

[de] GPU-Chip (Graphen-Verarbeitung-Einheit-Chip)

[it] chip di unità di elaborazione grafica

[jp] GPUチップ

[kr] 그래픽 처리 장치(GPU) 칩

[pt] chipe de Unidade de Processamento Gráfico (GPU)

[ru] чип GPU (графический процессор)

[es] chip GPU (unidad de procesamiento de gráficos)

13510　FPGA芯片

[ar] رقاقة FPGA

[en] field programmable gate array (FPGA) chip

[fr] puce FPGA (field programmable gate array)

[de] FPGA-Chip (Im-Feld-Programmierbare-Gatter-Anordnung-Chip)

[it] chip di FGPA (gate array programmabile su campo)

[jp] FPGAチップ

[kr] 칩현장 프로그래머블 게이트 어레이 (FPGA)칩

[pt] chipe de Arranjo de Portas Programáveis em Campo (FPGA)

[ru] чип FPGA (программируемые пользователем вентильные матрицы)

[es] chip FPGA (matriz de puertas lógicas programable en campo)

13511　DSP芯片

[ar] رقاقة DSP

[en] digital signal process (DSP) chip

[fr] puce DSP (Digital Signal Process)

[de] DSP-Chip (Digitale-Signale-Verarbeitung-Chip)

[it] chip di DSP (Digital Signal Process)

[jp] DSPチップ

[kr] 디지털 신호 처리(DSP)칩

[pt] chipe de Processamento Digital de Sinal (DSP)

[ru] чип DSP (цифровая обработка сигналов)

[es] chip DSP (procesamiento digital de señales)

13512　AI ASIC芯片

[ar] رقاقة AI ASIC

[en] application-specific integrated circuit (ASIC) chip

[fr] puce d'IA ASIC (Application-Specific Integrated Circuit)

[de] AI ASIC-Chip (KI-Applikation-Spezifische-Integrierte-Schaltung-Chip)

[it] chip di AI ASIC (Application-Specific Integrated Circuit)

[jp] AI　ASICチップ

[kr] 주문형 반도체(AI ASIC)칩

[pt] chipe de Inteligente Artificial dos circuitos integrados de aplicação especifica (AI CIAE Chips)

[ru] чип AI ASIC (специализированная интегральная схема)

[es] chip ASIC (circuito integrado de aplicación específica) para IA

13513　高速非易失性内存

[ar] ذاكرة عالية السرعة غير القابلة للنسيان

[en] fast non-volatile memory

[fr] mémoire non volatile rapide

[de] schneller nichtflüchtiger Speicher

[it] memoria veloce non volatile

[jp] 高速不揮発性メモリ

[kr] 고속 비휘발성 메모리

[pt] memória não volátil rápida

[ru] быстродействующая энергонезависимая память

[es] memoria rápida no volátil

13514　数据处理单元

[ar] وحدة معالجة البيانات

[en] data processing unit

[fr] unité de traitement de données

[de] Datenverarbeitungseinheit

[it] unità di elaborazione dei dati

[jp] データ処理ユニット

[kr] 데이터 처리 유닛

[pt] unidade de processamento de dados

[ru] блок обработки данных

[es] unidad de procesamiento de datos

13515 数据存储单元

[ar] وحدة تخزين البيانات

[en] data storage unit

[fr] unité de stockage de données

[de] Datenspeichereinheit

[it] unità di memorizzazione dei dati

[jp] データ保存ユニット

[kr] 데이터 저장 유닛

[pt] unidade de depósito de banco de dados

[ru] блок хранения данных

[es] unidad de almacenamiento de datos

13516 数据交换单元

[ar] وحدة تبادل البيانات

[en] data exchange unit

[fr] unité d'échange de données

[de] Datenaustauscheinheit

[it] unità di scambio dei dati

[jp] データ交換ユニット

[kr] 데이터 교환 유닛

[pt] unidade de intercâmbio de dados

[ru] блок обмена данными

[es] unidad de intercambio de datos

13517 内存计算

[ar] حوسبة الذاكرة

[en] in-memory computing

[fr] calcul en mémoire

[de] In-Memory-Computing

[it] elaborazione di memoria

[jp] インメモリーコンピューティング

[kr] 메모리 컴퓨팅

[pt] computação em memória

[ru] вычисления в памяти

[es] computación en memoria

13518 存算一体化

[ar] تكامل التخزين ـ الحوسبة

[en] processing-in-memory

[fr] traitement en mémoire

[de] Im-Speicher-Verarbeitung

[it] elaborazione in memoria

[jp] インメモリープロセッシング

[kr] 스토리지 컴퓨팅 일체화

[pt] processamento em memoria

[ru] обработки в памяти

[es] procesamiento en memoria

13519 哈佛架构

[ar] هيكل هارفارد

[en] Harvard architecture

[fr] architecture de Harvard

[de] Harvard-Architektur

[it] architettura Harvard

[jp] ハーバード・アーキテクチャ

[kr] 하버드 아키텍처

[pt] arquitectura Harvard

[ru] Гарвардская архитектура

[es] arquitectura Harvard

13520 开放分布式计算架构

[ar] هيكل الحوسبة المفتوحة والموزعة

[en] open distributed computing architecture

[fr] architecture informatique distribuée ouverte

[de] offene verteilte Computing-Architektur

[it] architettura di calcolo a distribuzione aperta

[jp] オープン分散コンピューティングアーキテクチャ

[kr] 분산된 개방식 컴퓨팅 아키텍처

[pt] arquitectura da computação distribuída aberta

[ru] открытая распределенная

вычислительная архитектура

[es] arquitectura de computación distribuida y abierta

13521 非冯·诺依曼架构

[ar] هيكل غير فون نيومان

[en] non-John von Neumann architecture

[fr] architecture non John von Neumann

[de] Non-John-von-Neumann-Architektur

[it] architettura non-John von Neumann

[jp] 非ノイマン型コンピュータ

[kr] 비존폰 노이만 아키텍처

[pt] arquitetura não-John von Neumann

[ru] не-фон-Неймановская архитектура

[es] arquitectura no John von Neumann

13522 移动计算架构

[ar] هيكل الحوسبة المتنقلة

[en] mobile computing architecture

[fr] architecture informatique mobile

[de] Mobile-Computing-Architektur

[it] architettura di mobile computing

[jp] モバイルコンピューティングアーキテクチャ

[kr] 모바일 컴퓨팅 아키텍처

[pt] arquitetura para computação móvel

[ru] архитектура мобильных вычислений

[es] arquitectura de computación móvil

13523 开放系统体系结构

[ar] هيكل منظومي للنظام المفتوح

[en] open system architecture

[fr] architecture de système ouvert

[de] offene Systemarchitektur

[it] struttura di sistema aperto

[jp] オープンシステムアーキテクチャ

[kr] 오픈 시스템 아키텍처

[pt] arquitectura do sistema aberto

[ru] открытая системная архитектура

[es] arquitectura de sistema abierto

13524 软件定义体系结构

[ar] هيكل منظومي لتعريف البرامج

[en] software-defined architecture

[fr] architecture définie par logiciel

[de] Software-definierte Architektur

[it] struttura definita dal software

[jp] ソフトウェア定義アーキテクチャ

[kr] 소프트웨어 기반 아키텍처

[pt] arquitetura definida por software

[ru] программно-определяемая архитектура

[es] arquitectura definida por software

13525 可扩展模式

[ar] نمط قابل للتوسع

[en] scalable mode

[fr] mode évolutif

[de] skalierbarer Modus

[it] modalità scalabile

[jp] スケーラブルモード

[kr] 확장 가능 모드

[pt] modo escalável

[ru] масштабируемая модель

[es] modo escalable

13526 分层架构

[ar] هيكل طبقي

[en] layered architecture

[fr] architecture en couches

[de] geschichtete Architektur

[it] architettura a strati

[jp] レイヤードアーキテクチャー

[kr] 레이어드 아키텍처

[pt] arquitetura em camadas

[ru] многоуровневая архитектура

[es] arquitectura en capas

13527 SOA架构

[ar] هيكل SOA

[en] service-oriented architecture (SOA)

1.3

[fr] architecture orientée vers les services

[de] SOA-Architektur (Serviceorientierte
      Architektur)

[it] architettura orientata ai servizi

[jp] サービス指向アーキテクチャ

[kr] 서비스 지향 아키텍처

[pt] arquitetura orientada a serviços (SOA)

[ru] сервисно-ориентированная
      архитектура

[es] arquitectura orientada a servicios (AOS)

1.3

[en] Computational Intelligence
[fr] Intelligence informatique
[de] Computing-Intelligenz
[it] Intelligenza computazionale
[jp] 計算知能
[kr] 계산 지능
[pt] Inteligência Computacional
[ru] Вычислительный интеллект
[es] Inteligencia Computacional

1.4.1 知识工程

[ar] هندسة المعرفة
[en] Knowledge Engineering
[fr] Ingénierie des connaissances
[de] Wissensenginering
[it] Ingegneria della conoscenza
[jp] 知識工学
[kr] 지식 공사
[pt] Engenharia de Conhecimentos
[ru] Инженерия знаний
[es] Ingeniería de Conocimientos

14101 知识图谱

[ar] أطلس معرفي
[en] knowledge graph
[fr] graphique des connaissances
[de] Wissensgraph
[it] grafico della conoscenza
[jp] 知識グラフ
[kr] 지식 그래프
[pt] gráfico de conhecimentos
[ru] граф знаний
[es] grafo de conocimientos

14102 语义网络

[ar] شبكة دلالية
[en] semantic network
[fr] réseau sémantique
[de] semantisches Netzwerk
[it] rete semantica
[jp] 意味ネットワーク
[kr] 의미망
[pt] rede semântica
[ru] семантическая сеть
[es] red semántica

14103 元知识

[ar] معرفة وصفية
[en] meta-knowledge
[fr] méta-connaissance
[de] Meta-Wissen
[it] meta-conoscenza
[jp] メタ知識
[kr] 메타 지식
[pt] metaconhecimentos
[ru] метазнание
[es] metaconocimiento

14104 知识发现

[ar] اكتشاف معرفي

[en] knowledge discovery

[fr] découverte des connaissances

[de] Wissensentdeckung

[it] scoperta della conoscenza

[jp] 知識発見

[kr] 지식 발견

[pt] descoberta de conhecimentos

[ru] обнаружение знаний

[es] descubrimiento de conocimiento

14105 知识表示

[ar] تعبير معرفي

[en] knowledge representation

[fr] représentation des connaissances

[de] Wissensrepräsentation

[it] rappresentazione della conoscenza

[jp] 知識表現

[kr] 지식 표현

[pt] representação de conhecimentos

[ru] представление знаний

[es] representación del conocimiento

14106 知识管理

[ar] إدارة معرفية

[en] knowledge management

[fr] gestion des connaissances

[de] Wissensmanagement

[it] gestione della conoscenza

[jp] 知識管理

[kr] 지식 관리

[pt] gestão ds conhecimentos

[ru] управление знаниями

[es] gestión de conocimientos

14107 专家系统

[ar] نظام الخبراء

[en] expert system

[fr] système expert

[de] Expertensystem

[it] sistema esperto

[jp] エキスパートシステム

[kr] 전문가 시스템

[pt] sistema especialista

[ru] экспертная система

[es] sistema experto

14108 知识工程师

[ar] مهندس المعرفة

[en] knowledge engineer

[fr] ingénieur des connaissances

[de] Wissensingenieur

[it] ingegnere della conoscenza

[jp] 知識エンジニア

[kr] 지식 엔지니어

[pt] engenheiro de conhecimentos

[ru] инженер по знаниям

[es] ingeniero de conocimientos

14109 知识系统开发者

[ar] مطور نظام المعرفة

[en] knowledge system developer

[fr] développeur de système de connaissances

[de] Entwickler von Wissenssystemen

[it] sviluppatore del sistema di conoscenza

[jp] 知識システム開発者

[kr] 지식 시스템 개발자

[pt] desenvolvedor de sistemas de conhecimentos

[ru] разработчик системы знаний

[es] desarrollador de sistemas de conocimientos

14110 知识用户

[ar] مستخدم المعرفة

[en] knowledge user

[fr] utilisateur des connaissances

[de] Wissensnutzer

[it] utente della conoscenza

[jp] 知識ユーザー

[kr] 지식 사용자

[pt] usuário de conhecimentos

[ru] пользователь знаний

[es] usuario de conocimientos

14111 领域工程师

[ar] مهندس المجال

[en] domain engineer

[fr] ingénieur de domaine

[de] Domäneningenieur

[it] ingegnere di dominio

[jp] ドメインエンジニア

[kr] 도메인 엔지니어

[pt] engenheiro do domínio

[ru] инженер домена

[es] ingeniero de dominios

14112 设计知识建模

[ar] نمذجة المعرفة التصميمية

[en] design knowledge modeling

[fr] modélisation des connaissances pour la conception technique

[de] Wissensmodellierung für Ingenieurdesign

[it] modellazione della conoscenza per la progettazione ingegneristica

[jp] デザインの知識モデリング

[kr] 디자인 지식 모델링

[pt] modelagem de conhecimentos para projetos de engenharia

[ru] моделирование знаний для инженерного проектирования

[es] modelización de conocimientos para el diseño de ingeniería

14113 启发式规则

[ar] قواعد موجهة

[en] heuristic rule

[fr] règle heuristique

[de] heuristische Regel

[it] regola euristica

[jp] 発見的規則

[kr] 계발식 규칙

[pt] regra heurística

[ru] эвристические правила

[es] regla heurística

14114 知识库

[ar] قاعدة المعرفة

[en] knowledge base

[fr] base de connaissances

[de] Wissensbasis

[it] base di conoscenza

[jp] 知識ベース

[kr] 지식 베이스

[pt] base de conhecimentos

[ru] база знаний

[es] base de conocimientos

14115 知识产业

[ar] صناعة المعرفة

[en] knowledge industry

[fr] industrie des connaissances

[de] Wissensindustrie

[it] industria della conoscenza

[jp] 知識産業

[kr] 지식 산업

[pt] indústria de conhecimentos

[ru] индустрия знаний

[es] sector de conocimientos

14116 知识编辑器

[ar] محرّر المعرفة

[en] knowledge editor

[fr] éditeur de connaissances

[de] Wissenseditor

[it] editor di conoscenza

[jp] 知識エディタ

[kr] 지식 에디터

[pt] editor de conhecimentos

[ru] редактор знаний

[es] editor de conocimientos

1.4

14117　众包

[ar]　تعهيد جماعي

[en]　crowdsourcing

[fr]　production participative

[de]　Crowdsourcing

[it]　crowd-sourcing

[jp]　クラウドソーシング

[kr]　크라우드 소싱

[pt]　crowdsourcing

[ru]　краудсорсинг

[es]　crowdsourcing

14118　概念图

[ar]　مخطط مفهومي

[en]　concept map

[fr]　carte conceptuelle

[de]　Konzeptkarte

[it]　mappa concettuale

[jp]　概念図

[kr]　개념도

[pt]　mapa conceitual

[ru]　диаграмма связей

[es]　mapa conceptual

14119　知识共享

[ar]　تشارك المعرفة

[en]　knowledge sharing

[fr]　partage des connaissances

[de]　Wissen-Sharing

[it]　condivisione della conoscenza

[jp]　知識共有

[kr]　지식 공유

[pt]　partilha de conhecimentos

[ru]　совместное использование знаний

[es]　intercambio de conocimientos

14120　知识建模

[ar]　نمذجة المعرفة

[en]　knowledge modeling

[fr]　modélisation des connaissances

[de]　Wissensmodellierung

[it]　modellizzazione della conoscenza

[jp]　知識モデリング

[kr]　지식 모델링

[pt]　modelagem de conhecimentos

[ru]　моделирование знаний

[es]　modelización de conocimientos

14121　知识网格

[ar]　شبكة المعرفة

[en]　knowledge grid

[fr]　grille de connaissances

[de]　Wissensraster

[it]　griglia di conoscenza

[jp]　知識グリッド

[kr]　지식 그리드

[pt]　rede de conhecimentos

[ru]　сетка знаний

[es]　red de conocimientos

14122　语义搜索

[ar]　بحث دلالي

[en]　semantic search

[fr]　recherche sémantique

[de]　semantische Suche

[it]　ricerca semantica

[jp]　セマンティック検索

[kr]　어의 검색

[pt]　pesquisa semântica

[ru]　семантический поиск

[es]　búsqueda semántica

1.4.2　机器学习

[ar]　تعلم الآلة

[en]　**Machine Learning**

[fr]　**Apprentissage automatique**

[de]　**Maschinelles Lernen**

[it]　**Apprendimento automatico**

[jp]　機械学習

[kr]　머신 러닝

[pt]　**Aprendizagem Automática**

[ru]　**Машинное обучение**

[es] **Aprendizaje Automático**

14201 深度学习

[ar] تعلم عميق

[en] deep learning

[fr] apprentissage profond

[de] tiefes Lernen

[it] apprendimento profondo

[jp] 深層学習

[kr] 딥 러닝

[pt] aprendizagem profunda

[ru] глубокое обучение

[es] aprendizaje profundo

14202 监督学习

[ar] تعلم تحت إشراف

[en] supervised learning

[fr] apprentissage supervisé

[de] überwachtes Lernen

[it] apprendimento supervisionato

[jp] 教師あり学習

[kr] 지도형 기계 학습

[pt] aprendizagem supervisionada

[ru] контролируемое обучение

[es] aprendizaje supervisado

14203 无监督学习

[ar] تعلم بدون إشراف

[en] unsupervised learning

[fr] apprentissage non supervisé

[de] unbeaufsichtigtes Lernen

[it] apprendimento senza supervisione

[jp] 教師なし学習

[kr] 비지도형 기계 학습

[pt] aprendizagem não supervisionada

[ru] неконтролируемое обучение

[es] aprendizaje sin supervisión

14204 强化学习

[ar] تعلم معزز

[en] reinforcement learning

[fr] apprentissage par renforcement

[de] bestärkendes Lernen

[it] apprendimento intensivo

[jp] 強化学習

[kr] 강화형 기계 학습

[pt] aprendizagem por reforço

[ru] интенсивное обучение

[es] aprendizaje por refuerzo

14205 联邦学习

[ar] تعلم فدرالي

[en] federated learning (FL)

[fr] apprentissage fédéré

[de] föderiertes Lernen

[it] apprendimento federato

[jp] フェデレーションランニング

[kr] 연합 학습

[pt] aprendizagem federada

[ru] федеративное обучение

[es] aprendizaje federado

14206 对抗学习

[ar] تعلم مقاومي

[en] adversarial learning

[fr] formation contradictoire

[de] gegnerisches Training

[it] apprendimento contraddittorio

[jp] 敵対的学習

[kr] 적대적 학습

[pt] aprendizagem de máquina contraditório

[ru] состязательное обучение

[es] formación adversaria

14207 多层感知器

[ar] جهاز الاستشعار متعدد الطبقات

[en] multilayer perceptron (MLP)

[fr] perceptron multicouche

[de] mehrschichtiges Perceptron

[it] percettrone multistrato

[jp] 多層パーセプトロン

[kr] 다계층 퍼셉트론

[pt] percpetron multicamadas

[ru] многослойный персептрон

[es] perceptrón multicapa

14208 生物信息学

[ar] علم المعلومات الحيوية

[en] bioinformatics

[fr] bioinformatique

[de] Bioinformatik

[it] bioinformatica

[jp] 生命情報科学

[kr] 생물 정보학

[pt] bioinformática

[ru] биоинформатики

[es] bioinformática

14209 集体智能

[ar] ذكاء جماعي

[en] collective intelligence

[fr] intelligence collective

[de] kollektive Intelligenz

[it] intelligenza collettiva

[jp] 集団的知性

[kr] 집단지성

[pt] inteligência colectiva

[ru] коллективный разум

[es] inteligencia colectiva

14210 全基因组关联分析

[ar] تحليل مترابط لمجموعة كاملة الجينوم

[en] genome-wide association study

[fr] étude d'association pangénomique

[de] genomweite Assoziationsstudie

[it] studio di associazione su tutto il genoma

[jp] ゲノムワイド関連解析

[kr] 전장 유전체 연관 분석

[pt] análise de associação genômica ampla

[ru] исследование геномной ассоциации

[es] estudio de asociación del genoma completo

14211 人工生命

[ar] حياة اصطناعية

[en] artificial life

[fr] vie artificielle

[de] künstliches Leben

[it] vita artificiale

[jp] 人工生命

[kr] 인공 생명

[pt] vida artificial

[ru] искусственная жизнь

[es] vida artificial

14212 归纳学习

[ar] تعلم استقرائي

[en] inductive learning

[fr] apprentissage inductif

[de] induktives Lernen

[it] apprendimento induttivo

[jp] 帰納学習

[kr] 귀납적 학습

[pt] aprendizagem indutiva

[ru] индуктивное обучение

[es] aprendizaje inductivo

14213 决策树学习

[ar] تعلم شجرة القرار

[en] decision tree learning

[fr] apprentissage par arbre de décision

[de] Entscheidungsbaum-Lernen

[it] apprendimento dell'albero delle decisioni

[jp] 決定木学習

[kr] 결정 트리 학습법

[pt] aprendizagem da árvore da decisão

[ru] изучение дерева решений

[es] aprendizaje basado en árboles de decisión

14214 类比学习

[ar] تعلم التشابهات

[en] learning by analogy

[fr] apprentissage par analogie

[de] Analogielernen

[it] apprendimento per analogia

[jp] 類推による学習

[kr] 유추학습

[pt] aprendizagem por analogia

[ru] обучение по аналогии

[es] aprendizaje por analogía

14215 解释学习

[ar] تعلم تفسيري

[en] explanation-based learning

[fr] apprentissage basé sur l'explication

[de] erklärungsbasiertes Lernen

[it] apprendimento basato sulle spiegazioni

[jp] 説明ベースの学習

[kr] 설명 기초 학습

[pt] aprendizagem baseada em explicação

[ru] обучение на основе объяснений

[es] aprendizaje basado en explicaciones

14216 神经网络学习

[ar] تعلم الشبكة العصبونية

[en] neural network learning

[fr] apprentissage des réseaux de neurones

[de] Neuronetzwerk-Lernen

[it] apprendimento della rete neurale

[jp] ニューラルネットワーク学習

[kr] 신경망 학습

[pt] aprendizagem em redes neurais

[ru] обучение нейронной сети

[es] aprendizaje de redes neuronales

14217 联想网络

[ar] شبكة ترابطية

[en] associative network

[fr] réseau associatif

[de] assoziatives Netzwerk

[it] rete associativa

[jp] 連想ネットワーク

[kr] 연상 네트워크

[pt] rede associativa

[ru] ассоциативная сеть

[es] red asociativa

14218 自适应学习

[ar] تعلم تكيفي

[en] adaptive learning

[fr] apprentissage adaptatif

[de] adaptives Lernen

[it] apprendimento adattivo

[jp] 自己適応学習

[kr] 적응형 학습

[pt] aprendizagem adaptativa

[ru] адаптивное обучение

[es] aprendizaje adaptativo

14219 M-P模型

[ar] نموذج M-P

[en] McCulloch-Pitts (M-P) model

[fr] modèle M-P (McCulloch-Pitts)

[de] M-P-Modell (McCulloch-Pitts-Modell)

[it] modello M-P (McCulloch-Pitts)

[jp] マカロック・ピッツモデル

[kr] 맥컬록-피트(M-P) 신경 모형

[pt] modelo M-P (McCulloch-Pitts)

[ru] модель Маккаллока-Питтса (М-П)

[es] Modelo M-P (McCulloch-Pitts)

14220 连接机制学习

[ar] تعلم ترابطي

[en] connectionist learning

[fr] apprentissage connexionniste

[de] verbindungsorientiertes Lernen

[it] apprendimento di meccanismo connessioni

[jp] コネクショニスト学習

[kr] 연결주의 학습

[pt] aprendizagem conexionista

[ru] обучение по соединению

[es] aprendizaje conexionista

1.4

14221 迁移学习
[ar] تعلم النقل
[en] transfer learning
[fr] apprentissage par transfert
[de] Transfer-Lernen
[it] apprendimento di trasferimento
[jp] 転移学習
[kr] 전이 학습
[pt] transferência de aprendizagem
[ru] трансферное обучение
[es] aprendizaje por transferencia

14222 主动学习
[ar] تعلم ذاتي
[en] active learning
[fr] apprentissage actif
[de] aktives Lernen
[it] apprendimento attivo
[jp] 能動学習
[kr] 능동적 학습
[pt] aprendizagem ativa
[ru] активное обучение
[es] aprendizaje activo

14223 演化学习
[ar] تعلم تطوري
[en] evolutional learning
[fr] apprentissage évolutif
[de] evolutionäres Lernen
[it] apprendimento evolutivo
[jp] 進化学習
[kr] 진화학습
[pt] aprendizagem evolutiva
[ru] эволюционное обучение
[es] aprendizaje evolutivo

14224 权衰减过程
[ar] عملية توهين الحقوق
[en] weight decay process
[fr] processus de décroissance du poids
[de] Gewichtungsabnahme-Prozess

[it] processo di riduzione del peso
[jp] 重み減衰プロセス
[kr] 가중 감쇄 과정
[pt] processo de decaimento de direito
[ru] процесс снижения веса
[es] proceso de decaimiento de pesos

14225 自然梯度
[ar] تدرج طبيعي
[en] natural gradient
[fr] gradient naturel
[de] natürlicher Gradient
[it] gradiente naturale
[jp] 自然勾配
[kr] 자연 경사
[pt] gradiente natural
[ru] естественный градиент
[es] gradiente natural

14226 认知机
[ar] آلة معرفية
[en] cognitron
[fr] cognitron
[de] Cognitron
[it] cognitron
[jp] コグニトロン
[kr] 인식기
[pt] cognitron
[ru] когнитрон
[es] cognitron

14227 模糊神经网络
[ar] شبكة عصبونية غامضة
[en] fuzzy neural network
[fr] réseau de neurones flou
[de] Fuzzy-Neuonetzwerk
[it] rete neurale fuzzy
[jp] ファジーニューラルネットワーク
[kr] 퍼지 신경망
[pt] rede neural difusa
[ru] нечеткая нейронная сеть

[es] red neuronal difusa

14228 高斯分布

[ar] توزيع غاوسي

[en] Gaussian distribution

[fr] distribution gaussienne

[de] Gauß-Verteilung

[it] distribuzione gaussiana

[jp] ガウス分布

[kr] 가우시안 분포

[pt] chamada distribuição gaussiana

[ru] распределение Гаусса

[es] distribución Gaussiana

1.4.3 虚拟现实

[ar] الواقع الافتراضي

[en] **Virtual Reality**

[fr] **Réalité virtuelle**

[de] **Virtuelle Realität**

[it] **Realtà virtuale**

[jp] **バーチャル・リアリティ**

[kr] **가상적인 현실**

[pt] **Realidade Virtual**

[ru] **Виртуальная реальность**

[es] **Realidad Virtual**

14301 增强现实

[ar] واقع معزز

[en] augmented reality (AR)

[fr] réalité augmentée

[de] erweiterte Realität

[it] realtà aumentata

[jp] 拡張現実

[kr] 증강 현실

[pt] realidade aumentada

[ru] дополненная реальность

[es] realidad aumentada

14302 混合现实

[ar] واقع مختلط

[en] mixed reality (MR)

[fr] réalité mixte

[de] gemischte Realität

[it] realtà ibrida

[jp] 複合現実

[kr] 융합 현실

[pt] realidade mexida

[ru] смешанная реальность

[es] realidad mixta

14303 智能感知搜索

[ar] بحث استشعاري ذكي

[en] intellisense search

[fr] recherche intellisense

[de] Intellisense-Suche

[it] ricerca di intellisense

[jp] インテリセンス検索

[kr] 인텔리센스 검색

[pt] pesquisa intellisense

[ru] интеллектуальный сенсорный поиск

[es] búsqueda intellisense

14304 近眼显示

[ar] مبين قرب العين

[en] near-to-eye display

[fr] affichage proche de l'œil

[de] augennahe Anzeige

[it] visualizzazione vicina agli occhi

[jp] 接眼ディスプレイ

[kr] 근안 디스플레이

[pt] visor near-to-eye

[ru] дисплей-очки

[es] visualización próxima al ojo

14305 渲染处理

[ar] تصيير

[en] rendering

[fr] rendu photoréaliste

[de] Rendering

[it] trattamento del rendering

[jp] レンダリング処理

[kr] 렌더링

1.4

[pt] renderização
[ru] визуализация
[es] renderización

14306　感知交互
[ar] تفاعل حسي
[en] perception and interaction
[fr] perception et interaction
[de] Perzeption und Interaktion
[it] interazione percettiva
[jp] センシングと相互作用
[kr] 감지 상호 작용
[pt] interação de sensores
[ru] восприятие и взаимодействие
[es] detección e interacción

14307　内容制作
[ar] إنتاج المحتوى
[en] content creation
[fr] création de contenu
[de] Inhaltserstellung
[it] creazione di contenuti
[jp] コンテンツ作成
[kr] 내용 작성
[pt] criação de conteúdo
[ru] создание контента
[es] creación de contenido

14308　视场角
[ar] زاوية مجال الرؤية
[en] field of view (FOV)
[fr] champ de vision
[de] Sichtfeld
[it] campo visivo
[jp] 視野角
[kr] 관측 시야
[pt] campo de visão
[ru] поле зрения
[es] campo de visión

14309　角分辨率
[ar] استبانة زاوية
[en] angular resolution
[fr] pixels par degré
[de] Winkelauflösung
[it] risoluzione angolare
[jp] 角解像度
[kr] 각도 분해능
[pt] pixels por grau
[ru] угловое разрешение
[es] resolución angular

14310　光波导
[ar] دليل موجي ضوئي
[en] optical waveguide
[fr] guide à onde optique
[de] optischer Wellenleiter
[it] guida d'onda ottica
[jp] 光導波路
[kr] 광도파로
[pt] guia de ondas óptico
[ru] оптический волновод
[es] guía de onda óptica

14311　变焦显示
[ar] عرض التزويم
[en] varifocal display
[fr] affichage à focale variable
[de] Zoom-Anzeige
[it] tracciamento oculare
[jp] 焦点可変ディスプレイ
[kr] 주밍 디스플레이
[pt] visualização de distância focal variável
[ru] варифокальный дисплей
[es] visualización de distancia focal variable

14312　虚拟化身
[ar] تجسيد افتراضي
[en] avatar
[fr] avatar
[de] Avatar

1.4

[it] avatar
[jp] アバター
[kr] 가상적 변신
[pt] avatar
[ru] аватар
[es] avatar

14313 场景重构
[ar] إعادة بناء المشهد
[en] scenario reconstruction
[fr] reconstruction de scénario
[de] Szenariorekonstruktion
[it] ricostruzione di scenari
[jp] シナリオ再構築
[kr] 시나리오 재구성
[pt] reconstrução do cenário
[ru] реконструкция сценария
[es] reconstrucción de escenarios

14314 全景拍摄
[ar] تصوير بانورامي
[en] pan-shot
[fr] prise de vue panoramique
[de] Panorama-Aufnahme
[it] pan-shot
[jp] パノラマ撮影
[kr] 전경 촬영
[pt] filmagem panorâmica
[ru] панорамирование
[es] fotografía panorámica

14315 全景声采集
[ar] جمع صوتي للمشهد البانورامي
[en] panoramic sound acquisition
[fr] acquisition de son panoramique
[de] Panorama-Schallerfassung
[it] acquisizione del suono panoramico
[jp] パノラマサウンドの採集
[kr] 파노라믹 사운드 수집
[pt] aquisição de som panorâmica
[ru] получение панорамного звука

[es] adquisición de sonido panorámica

14316 拼接缝合
[ar] تراكب وتقفيل
[en] stitching technology
[fr] technologie d'assemblage
[de] VR-Nähtechnik
[it] tecnologia di cucitura VR
[jp] ステッチング
[kr] VR 스티칭 기술
[pt] tecnologia de costura VR
[ru] технология сшивания
[es] tecnología de costura para RV

14317 多感官交互
[ar] تفاعل متعدد الحواس
[en] multi-sensory interaction
[fr] interaction multisensorielle
[de] multisensorische Interaktion
[it] interazione multisensoriale
[jp] 多感覚相互作用
[kr] 다중 감각 상호 작용
[pt] interação multisensorial
[ru] мультисенсорное взаимодействие
[es] interacción multisensorial

14318 追踪定位
[ar] تتبع وتحديد المواقع
[en] tracking and positioning
[fr] suivi et positionnement
[de] Verfolgung und Positionierung
[it] tracciamento e posizionamento
[jp] 追跡と測位
[kr] 위치 추적
[pt] rastreamento e posicionamento
[ru] отслеживание и позиционирование
[es] seguimiento y localización

14319 多通道交互
[ar] تفاعل متعدد القنوات
[en] multi-modal interaction

1.4

[fr] interaction multimodale

[de] multimodale Interaktion

[it] interazione multicanale

[jp] マルチモーダル相互作用

[kr] 다중 채널 상호 작용

[pt] interação multicanal

[ru] мультимодальное взаимодействие

[es] interacción multimodal

14320 人体骨骼点跟踪

[ar] تتبع نقطي للهيكل العظمي البشري

[en] human skeleton tracking

[fr] suivi du squelette humain

[de] Verfolgung des menschlichen Skeletts

[it] inseguimento dello scheletro umano

[jp] 人体骨格追跡

[kr] 인체 골격 추적

[pt] rastreamento de esqueleto humano

[ru] отслеживание человеческого скелета

[es] seguimiento de esqueleto humano

14321 浸入式声场

[ar] مجال صوتي غاطس

[en] immersive sound field

[fr] champ sonore immersif

[de] immersives Schallfeld

[it] campo sonoro immersivo

[jp] 没入型音場

[kr] 이머시브 사운드 필드

[pt] campo sonoro imersivo

[ru] иммерсивное звуковое поле

[es] campo sonoro inmersivo

14322 眼球追踪

[ar] تعقب بمقلة

[en] eye tracking

[fr] oculométrie

[de] Blickverfolgung

[it] oculometria

[jp] アイトラッキング

[kr] 아이 트래킹

[pt] rastreamento ocular

[ru] отслеживание глаз

[es] seguimiento de los ojos

14323 触觉反馈

[ar] ردود الفعل اللمسية

[en] haptic feedback

[fr] retour haptique

[de] haptisches Feedback

[it] feedback tattile

[jp] 触覚フィードバック

[kr] 촉각 피드백

[pt] feedback háptica

[ru] тактильная отдача

[es] retroalimentación háptica

14324 语音交互

[ar] تفاعل صوتي

[en] voice interaction

[fr] interaction vocale

[de] Sprachinteraktion

[it] interazione vocale

[jp] 音声対話

[kr] 음성 인터랙션

[pt] interação por voz

[ru] голосовое взаимодействие

[es] interacción de voz

14325 手部交互

[ar] تفاعل يدوي

[en] hand gesture interaction

[fr] interaction gestuelle de la main

[de] Handgeste-Interaktion

[it] interazione gesto della mano

[jp] ハンドジェスチャインタラクション

[kr] 핸드 터치모션 인터랙션

[pt] interacção por meio de gestos de mãos

[ru] взаимодействие при помощи жестов рук

[es] interacción de gestos de las manos

14326 位姿追踪

[ar] متابعة الوضعية

[en] pose tracking

[fr] suivi de position

[de] Pose-Tracking

[it] tracciamento di posa

[jp] ポーズ追跡

[kr] 포즈 추적

[pt] rastreamento de pose

[ru] отслеживание позиций

[es] seguimiento de poses

14327 场景定位重建

[ar] إعادة بناء مواقع المشهد

[en] scenario positioning and reconstruction

[fr] paramètre et reconstruction de scénario

[de] Szenarioeinstellung und -rekonstruktion

[it] impostazione e ricostruzione di scenari

[jp] シナリオの設定と再建

[kr] 시나리오 포지셔닝 재구축

[pt] reconstrução de posicionamento do cenário

[ru] постановка сценария и реконструкция

[es] configuración y reconstrucción de escenarios

14328 场景分割识别

[ar] تجزئة المشهد وتحديده

[en] scenario segmentation and identification

[fr] segmentation et identification de scénario

[de] Szenariosegmentierung und -identifika-tion

[it] segmentazione e identificazione di scenari

[jp] シナリオの分割と識別

[kr] 시나리오 분할 식별

[pt] identificação e segmentação do cenário

[ru] сегментация и идентификация сценария

[es] segmentación e identificación de

escenarios

14329 全视角传输

[ar] نقل زاوية النظر الكاملة

[en] dead-zone-free transmission

[fr] transmission sans zone morte

[de] Vollbildübertragung

[it] trasmissione a 360 gradi

[jp] 全視角伝送

[kr] 전시각 전송

[pt] transmissão de visualização completa

[ru] свободная передача в мертвой зоне

[es] transmisión sin zonas muertas

14330 渲染计算

[ar] حوسبة مصيرة

[en] rendering computing

[fr] calcul de rendu

[de] Rendering-Berechnung

[it] elaborazione del rendering

[jp] レンダリングコンピューティング

[kr] 렌더링 컴퓨팅

[pt] computação de renderização

[ru] вычисление визуализации

[es] computación de renderización

14331 渲染优化

[ar] استمثال مصير

[en] rendering optimization

[fr] optimisation de rendu

[de] Rendering-Optimierung

[it] ottimizzazione del rendering

[jp] レンダリングの最適化

[kr] 렌더링 최적화

[pt] otimização de renderização

[ru] оптимизация визуализации

[es] optimización de renderización

14332 多分辨率渲染

[ar] تصيير قدرة التبين المتعددة

[en] multi-resolution rendering

1.4

[fr] rendu à multirésolution

[de] Multi-Bildauflösungs-Rendering

[it] rendering multi-risoluzione

[jp] 多重解像度レンダリング

[kr] 멀티 해상도 렌더링

[pt] renderização de multi-resolução

[ru] визуализация с множественным разрешением

[es] renderización de resoluciones múltiples

14333 硬件加速渲染

[ar] تسريع عملية تصيير الوحدات الحاسوبية

[en] hardware-accelerated rendering

[fr] rendu par accélération matérielle

[de] Hardwarebeschleunigung fürs Rendering

[it] accelerazione hardware per il rendering

[jp] ハードウェア加速レンダリング

[kr] 하드웨어 가속 렌더링

[pt] aceleração de renderização de hardware

[ru] аппаратное ускорение для визуализации

[es] aceleración de hardware para renderización

1.4.4 智能机器人

[ar] روبوت ذكي

[en] **Intelligent Robot**

[fr] **Robot intelligent**

[de] **Intelligenter Roboter**

[it] **Robot intelligente**

[jp] 知能ロボット

[kr] 스마트 로봇

[pt] **Robô Inteligente**

[ru] **Интеллектуальный робот**

[es] **Robot Inteligente**

14401 机器人传感器

[ar] أجهزة استشعار الروبوت

[en] robot sensor

[fr] capteur de robot

[de] Robotersensor

[it] sensore robot

[jp] ロボットセンサー

[kr] 로봇 센서

[pt] sensor robótico

[ru] датчик робота

[es] sensor de robot

14402 机器人效应器

[ar] مستجيب الروبوت

[en] robot effector

[fr] effecteur de robot

[de] Roboter-Effektor

[it] effettore robot

[jp] ロボットエフェクター

[kr] 로봇 이펙터

[pt] efetor do robô

[ru] эффектор робота

[es] efector de robot

14403 机器人处理器

[ar] معالج الروبوت

[en] robot processor

[fr] processeur de robot

[de] Roboterprozessor

[it] processore robot

[jp] ロボットプロセッサー

[kr] 로봇 프로세서

[pt] processador robótico

[ru] процессор робота

[es] procesador de robot

14404 机器人运动学

[ar] علم حركة الروبوت

[en] robot kinematics

[fr] cinématique de robot

[de] Roboterkinematik

[it] cinematica robotica

[jp] ロボット運動学

[kr] 로봇 운동학

[pt] cinemática do robô

[ru] кинематика робота

[es] cinemática de robot

14405 机器人路径规划

[ar] تخطيط مسار الروبوت

[en] robot path planning

[fr] planification de chemins de robot

[de] Roboter-Bahnplanung

[it] pianificazione del percorso di robot

[jp] ロボット経路計画

[kr] 로봇 항해 계획

[pt] planeamento de caminhos para robô

[ru] планирование пути робота

[es] planificación de rutas de robot

14406 机器人轨迹规划

[ar] تخطيط مسار الروبوت

[en] robot trajectory planning

[fr] planification de trajectoires de robot

[de] Roboter-Flugbahnplanung

[it] pianificazione della traiettoria di robot

[jp] ロボット軌道計画

[kr] 로봇 귀적 계획

[pt] planeamento de trajetória do robô

[ru] планирование траектории робота

[es] planificación de trayectorias de robot

14407 神经动力学

[ar] ديناميك الأعصاب

[en] neurodynamics

[fr] neurodynamique

[de] Neurodynamik

[it] neurodinamica

[jp] 神経力学

[kr] 신경 동역학

[pt] neurodinâmica

[ru] нейродинамика

[es] neurodinámica

14408 机器人控制

[ar] تحكم في الروبوت

[en] robot control

[fr] contrôle de robot

[de] Robotersteuerung

[it] controllo robot

[jp] ロボット制御

[kr] 로봇 제어

[pt] controlo robótico

[ru] управление роботом

[es] control de robot

14409 机器人学的雅可比公式

[ar] مصوفة جاكوبى لعلم الروبوت

[en] Jacobian matrix

[fr] matrice Jacobienne de robotique

[de] Jacobi-Matrix für Robotik

[it] formula Jacobian di robot

[jp] ロボット学のヤコビアン

[kr] 로봇의 야코비 행렬식

[pt] Jacobiano do robô

[ru] Якобиан для робототехники

[es] Jacobiano de robótica

14410 机器人感知

[ar] استشعار الروبوت

[en] robot perception

[fr] perception de robot

[de] Roboter-Perzeption

[it] percezione robot

[jp] ロボット知覚

[kr] 로봇 감지

[pt] percepção robótica

[ru] восприятие робота

[es] detección de robot

14411 机器人视觉自联想

[ar] تداعي فكري ذاتي لحاسة بصر الروبوت

[en] robot visual auto-association

[fr] auto-association visuelle de robot

[de] Roboter visuelle Auto-Assoziation

[it] auto-associazione visuale robot

[jp] ロボットの視覚的自動連想

[kr] 로봇 시각 자동 연상

[pt] auto-relacionamento visual do robô
[ru] визуальная автоассоциация робота
[es] asociación automática visual de robot

14412 图像理解

[ar] إدراك الصورة
[en] image understanding
[fr] compréhension de l'image
[de] Bildverständnis
[it] comprensione dell'immagine
[jp] 画像理解
[kr] 이미지 이해
[pt] entendimento de imagem
[ru] понимание изображений
[es] comprensión de imágenes

14413 计算机视觉

[ar] حاسة بصر الحاسوب
[en] computer vision
[fr] vision informatique
[de] maschinelles Sehen
[it] visione di computer
[jp] コンピュータビジョン
[kr] 컴퓨터 비전
[pt] visão computacional
[ru] компьютерное зрение
[es] visión de computadora

14414 生物特征识别

[ar] تعرف على الخواص الحيوية
[en] biometrics
[fr] identification biométrique
[de] biometrische Identifizierung
[it] identificazione biometrica
[jp] 生体認証
[kr] 생물 특징 식별
[pt] identificação biométrica
[ru] биометрическая идентификация
[es] identificación biométrica

14415 运动检测

[ar] كشف الحركة
[en] motion detection
[fr] détection de mouvement
[de] Bewegungserkennung
[it] rilevazione di movimento
[jp] 動作検知
[kr] 운동 검측
[pt] detecção de movimento
[ru] определение движения
[es] detección de movimiento

14416 人脸识别

[ar] تعرف على الوجه
[en] face recognition
[fr] reconnaissance faciale
[de] Gesichtserkennung
[it] riconoscimento facciale
[jp] 顔認識
[kr] 안면인식
[pt] detecção facial
[ru] распознавание лица
[es] reconocimiento facial

14417 语音合成

[ar] تركيب صوتي
[en] voice synthesis
[fr] synthèse vocale
[de] Sprachsynthese
[it] sintesi vocale
[jp] 音声合成
[kr] 음성 합성
[pt] síntese de voz
[ru] синтез голоса
[es] síntesis de habla

14418 类人型机器人

[ar] روبوت شبيه الإنسان
[en] humanoid robot
[fr] robot humanoïde
[de] humanoider Roboter

1.4

[it] robot umanoide
[jp] 人型ロボット
[kr] 인간형 로봇
[pt] robô humanoide
[ru] человекообразный робот
[es] robot humanoide

14419 类脑智能机器人
[ar] روبوت ذكي شبيه بالدماغ
[en] robot with brain-inspired intelligence
[fr] robot à intelligence inspirée du cerveau
[de] Roboter mit gehirninspirierter Intelligenz
[it] robot con l'intelligenza ispirata ai meccanismi di funzionamento biologico del cervello
[jp] 脳型知能のロボット
[kr] 뇌형 스마트 로봇
[pt] robô com inteligência brain-like
[ru] мозгоподобный интеллектуальный робот
[es] robot con inteligencia cerebral

14420 协作机器人
[ar] روبوت تعاوني
[en] collaborative robot
[fr] cobotique
[de] kollaborativer Roboter
[it] robot collaborativo
[jp] 協働ロボット
[kr] 협동 로봇
[pt] robô colaborativo
[ru] коллаборативный робот
[es] robot colaborativo

14421 多机器人系统
[ar] نظام متعدد الروبوتات
[en] multi-robot system
[fr] système multi-robot
[de] Mehrroboter-System
[it] sistema multi-robot

[jp] マルチロボットシステム
[kr] 멀티 로봇 시스템
[pt] sistema multi-robô
[ru] мультироботная система
[es] sistema de multi-robot

14422 机器人编程语言
[ar] لغة برمجة الروبوت
[en] robot programming language
[fr] langage de programmation de robot
[de] Roboter-Programmiersprache
[it] linguaggio di programmazione di robot
[jp] ロボットプログラミング言語
[kr] 로봇 프로그래밍 언어
[pt] linguagem de programação em robótica
[ru] язык программирования роботов
[es] lenguaje de programación de robot

1.4.5 类脑科学
[ar] العلوم شبه الدماغية
[en] **Brain-Inspired Science**
[fr] **Science inspirée du cerveau**
[de] **Gehirninspirierte Wissenschaft**
[it] **Scienza ispirata ai meccanismi di funzionamento biologico del cervello**
[jp] 脳型科学
[kr] 뇌모방 과학
[pt] **Ciência Brain-Like**
[ru] **Мозгоподобная наука**
[es] **Ciencia Inspirada en el Cerebro**

14501 神经计算
[ar] حوسبة عصبونية
[en] neural computing
[fr] calcul neuronal
[de] neuronales Computing
[it] computing neurale
[jp] 神経計算
[kr] 신경 컴퓨팅
[pt] neurociência computacional
[ru] нейронные вычисления

[es] computación neuronal

14502　人工神经网络

[ar] شبكة عصبونية اصطناعية

[en] artificial neural network

[fr] réseau de neurones artificiels

[de] künstliches Neuronetzwerk

[it] rete neurale artificiale

[jp] 人工神経ネットワーク

[kr] 인공 신경망

[pt] rede neural artificial

[ru] искусственная нейронная сеть

[es] red neuronal artificial

14503　反传学习

[ar] تعلم الانتشار الخلفي

[en] backpropagation learning

[fr] apprentissage par réseaux à rétropropagation

[de] Rückpropagierungslernen

[it] apprendimento di backpropagazione

[jp] 誤差逆伝播法学習

[kr] 역전파 학습

[pt] aprendizagem de retropropagação

[ru] обратное обучение

[es] aprendizaje de retropropagación

14504　霍普菲尔德神经网络

[ar] شبكة هوبفيلد العصبونية

[en] Hopfield neural network

[fr] réseau de neurones de Hopfield

[de] Hopfield-Neuronetzwerk

[it] rete neurale di Hopfield

[jp] ホップフィールド・ニューラルネットワーク

[kr] 홉필드 신경망

[pt] rede neutral Hopfield

[ru] нейронная сеть Хопфилда

[es] red de Hopfield

14505　自适应神经网络

[ar] شبكة عصبونية تكيفية

[en] adaptive neural network

[fr] carte auto-adaptative

[de] adaptives Neuronetzwerk

[it] rete neurale adattativa

[jp] 自己適応神経ネットワーク

[kr] 자기 적응 신경망

[pt] rede neural adaptativa

[ru] самоадаптивная нейронная сеть

[es] red neuronal adaptativo

14506　自组织神经网络

[ar] شبكة عصبونية ذاتية التنظيم

[en] self-organizing neural network

[fr] carte auto-organisatrice

[de] selbstorganisierendes Neuronetzwerk

[it] mappa auto-organizzante

[jp] 自己組織化マップ

[kr] 자기 조직 신경망

[pt] rede neural auto-organizada

[ru] самоорганизующаяся нейронная сеть

[es] red neuronal autoorganizada

14507　玻耳兹曼机

[ar] آلة بولتزمان

[en] Boltzmann machine

[fr] machine de Boltzmann

[de] Boltzmann-Maschine

[it] macchina di Boltzmann

[jp] ボルツマンマシン

[kr] 볼츠만 머신

[pt] máquinas de Boltzmann

[ru] машина Больцмана

[es] máquina de Boltzmann

14508　适应谐振理论

[ar] نظرية الرنين التكيفي

[en] adaptive resonance theory

[fr] théorie de la résonance adaptative

[de] adaptive Resonanztheorie

1.4

[it] teoria della risonanza adattativa

[jp] 適応共鳴理論

[kr] 적응적 공명 이론

[pt] teoria da ressonância adaptativa

[ru] теория адаптивного резонанса

[es] teoría de la resonancia adaptativa

14509 联想记忆

[ar] ذاكرة التداعي الفكري

[en] associative memory

[fr] mémoire associative

[de] assoziatives Gedächtnis

[it] memoria associativa

[jp] 連想記憶

[kr] 연상 기억

[pt] memória associativa

[ru] ассоциативная память

[es] memoria asociativa

14510 小脑网络模型

[ar] نموذج الشبكة المخيخية

[en] cerebellar network model

[fr] modèle de réseau cérébelleux

[de] Kleinhirn-Netzwerk-Modell

[it] modello di rete cerebellare

[jp] 小脳ネットワークモデル

[kr] 소뇌 네트워크 모형

[pt] modelo de rede de cerebelo

[ru] модель мозжечковой сети

[es] modelo de red cerebelosa

14511 卷积网络

[ar] شبكة عصبونية تلافيفية

[en] convolutional network

[fr] réseau convolutionnel

[de] Faltungsnetzwerk

[it] rete convoluzionale

[jp] 畳み込みネットワーク

[kr] 콘볼루션 네트워크

[pt] rede convolucional

[ru] сверточная сеть

[es] red convolucional

14512 全局逼近定理

[ar] نظرية التقريب والتغليب

[en] universal approximation theorem

[fr] théorème d'approximation universel

[de] universeller Approximationssatz

[it] teorema di approssimazione universale

[jp] 普遍性近似定理

[kr] 시벤코 정리

[pt] teorema da aproximação universal

[ru] универсальная теорема
аппроксимации

[es] teorema de aproximación universal

14513 生物脑模拟系统

[ar] نظام محاكاة الدماغ البيولوجي

[en] brain simulation system

[fr] système de simulation biologique du
cerveau

[de] biologisches Gehirnsimulationssystem

[it] sistema di simulazione del cervello
biologico

[jp] 生体脳シミュレーションシステム

[kr] 생물학적 두뇌 시뮬레이션 시스템

[pt] sistema biológico de simulação cerebral

[ru] система моделирования
биологического мозга

[es] sistema de simulación del cerebro
biológico

14514 人类脑图谱

[ar] أطلس الدماغ البشري

[en] human brain atlas

[fr] atlas du cerveau humain

[de] menschliche Hirnkartierung

[it] atlante del cervello umano

[jp] 人間脳図譜

[kr] 인간 브레인 아틀라스

[pt] atlas computadorizado do cérebro
humano

1.4

[ru] атлас мозга человека

[es] atlas del cerebro humano

14515 脑模型

[ar] نموذج الدماغ

[en] brain model

[fr] modèle du cerveau

[de] Gehirnmodell

[it] modello del cervello

[jp] ブレインモデル

[kr] 뇌 모델

[pt] modelo de cérebro

[ru] модель мозга

[es] modelo cerebral

14516 脑神经计算

[ar] حوسبة العصب الدماغي

[en] neuromorphic computing

[fr] calcul neuromorphique

[de] neuromorphes Computing

[it] simulazione computerizzata del nervo cranico

[jp] 脳神経計算

[kr] 뇌신경 컴퓨팅

[pt] simulação do nervo craniano assistida por computador

[ru] нейроморфные вычисления

[es] simulación asistida por computadora de nervios craneales

14517 认知功能模拟

[ar] محاكاة الوظيفة المعرفية

[en] simulation of cognitive function

[fr] simulation de la fonction cognitive

[de] Simulation der kognitiven Funktion

[it] simulazione della funzione cognitiva

[jp] 認知機能シミュレーション

[kr] 인지 기능 시뮬레이션

[pt] simulação da função cognitiva

[ru] моделирование когнитивной функции

[es] simulación de la función cognitiva

14518 神经形态芯片

[ar] رقاقة التكوين العصبوني

[en] neuromorphic chip

[fr] puce neuromorphique

[de] Neuromorphi-Chip

[it] chip neuromorfi

[jp] ニューロモーフィック・チップ

[kr] 뉴로모픽 칩

[pt] chipe neuromórfico

[ru] нейроморфный чип

[es] chip neuromórfico

14519 类脑处理器

[ar] معالج شبيه بالدماغ

[en] brain-inspired processor

[fr] processeur inspiré du cerveau

[de] gehirninspirierter Prozessor

[it] processore ispirato ai meccanismi di funzionamento biologico del cervello

[jp] 脳型プロセッサ

[kr] 뇌모방 프로세서

[pt] processador brain-like

[ru] мозгоподобный процессор

[es] procesador inspirado en el cerebro

14520 脑机融合

[ar] اندماج بين الدماغ والحاسوب

[en] brain-computer fusion

[fr] fusion cerveau-ordinateur

[de] Gehirn-Computer-Fusion

[it] fusione cervello-computer

[jp] ブレインマシン融合

[kr] 뇌-컴퓨터 융합

[pt] fusão cérebro-computador

[ru] мозг-компьютерное объединение

[es] fusión cerebro-computadora

14521 混合智能

[ar] ذكاء هجين

[en] hybrid intelligence

[fr] intelligence hybride

1.4

[de] hybride Intelligenz

[it] intelligenza ibrida

[jp] ハイブリッド知能

[kr] 하이브리드 지능

[pt] inteligência híbrida

[ru] гибридный интеллект

[es] inteligencia híbrida

14522 神经微电路

[ar] دائرة عصبونية دقيقة

[en] neural microcircuit

[fr] microcircuit neuronal

[de] neuronale Mikroschaltung

[it] microcircuiti neurali

[jp] 神経超小型回路

[kr] 신경 초소형 회로

[pt] microcircuito neural

[ru] нейронные микросхемы

[es] microcircuitos neuronales

1.4

[ar] فلسفة البيانات

[en] **Data Philosophy**

[fr] **Philosophie des données**

[de] **Datenphilosophie**

[it] **Filosofia dei dati**

[jp] データ哲学

[kr] 데이터 철학

[pt] **Filosofia de Dados**

[ru] **Философия данных**

[es] **Filosofía de Datos**

1.5.1 数化万物

[ar] بياناتي كل الموجودات

[en] **Big Data Makes a Smarter World**

[fr] **Les données changent le monde**

[de] **Daten verändern die Welt**

[it] **Digitalizzazione di tutte le cose**

[jp] 万物がデータと化する

[kr] 만물 데이터화

[pt] **Os Dados Mudam o Mundo**

[ru] **Большие данные создают умный мир**

[es] **Big Data Cambia el Mundo**

15101 数据人

[ar] رجل بياناتي

[en] data man

[fr] homme de données

[de] Daten-Person

[it] data man

[jp] データマン

[kr] 데이터 인간

[pt] homem dos dados

[ru] человек данных

[es] hombre digitalizado

15102 基因人

[ar] رجل محرّر جينيا

[en] gene-edited man

[fr] homme à gène modifié

[de] Gen-bearbeitete Person

[it] uomo geneticamente modificato

[jp] ゲノム編集人間

[kr] 유전자 편집된 인간

[pt] homem editado genético

[ru] генетически модифицированный человек

[es] humano editado genéticamente

15103 数字身份

[ar] هوية رقمية

[en] digital identity

[fr] identité numérique

[de] digitale Identität

[it] identità digitale

[jp] デジタルアイデンティティ

[kr] 디지털 신분

[pt] identidade digital

[ru] цифровая идентификация

[es] identidad digital

15104 重混

[ar] إعادة الخلط

[en] remixing

[fr] remixage

[de] Remixen

[it] rimescolamento

[jp] リミックス

[kr] 리믹싱

[pt] remixagem

[ru] смешивание

[es] remezcla

15105 云脑时代

[ar] عصر الدماغ السحابي

[en] cloud brain age

[fr] ère cerveau-nuage

[de] Ära des Cloudhirns

[it] era del cervello cloud

[jp] クラウドブレイン時代

[kr] 클라우드 브레인 시대

[pt] era de cérebro em nuvem

[ru] эра облачного мозга

[es] era de cerebro en la nube

15106 镜像世界

[ar] عالم مرآوي

[en] mirror world

[fr] monde-miroir

[de] Spiegelwelt

[it] mondo specchio

[jp] 鏡像世界

[kr] 미러 월드

[pt] mundo de espelhamento

[ru] зеркальный мир

[es] mundo espejo

15107 平行空间

[ar] أكوان متوازية

[en] parallel space

[fr] univers parallèle

[de] Paralleluniversum

[it] universi paralleli

[jp] 並行空間

[kr] 평행 공간

[pt] universos paralelos

[ru] параллельное пространство

[es] espacios paralelos

15108 天机芯片

[ar] رقاقة تيانجي

[en] Tianjic chip

[fr] puce Tianjic

[de] Tianjic-Chip

[it] chip Tianjic

[jp] 「天機芯」チップ

[kr] 텐지 칩

[pt] chipe de Tianji

[ru] чип Тяньцзик

[es] chip de Tianjic

15109 GRID网格力量

[ar] قوة شبكة GRID

[en] Great Global Grid

[fr] Grande Grille Globale

[de] Großes Globales Netzwerk

[it] Great Global Grid

[jp] グレートグローバルグリッド

[kr] GRID 그리드 역량

[pt] Grande Rede Global: O Poder de Grid

[ru] Великая глобальная сеть

[es] Gran Red Global

15110 实时映射

[ar] تطبيق في الوقت الحقيقي

[en] real-time mapping

[fr] cartographie en temps réel

[de] Echtzeit-Mapping

[it] mappatura in tempo reale

[jp] リアルタイムマッピング

[kr] 실시간 매핑

[pt] mapeamento em tempo real

[ru] отображение в реальном времени

1.5

[es] mapeo en tiempo real

15111 一体化感知检测

[ar] اختبار الإدراك الحسي التكاملي

[en] integrated sensing and detection

[fr] perception et détection intégrées

[de] integrierte Erfassung und Erkennung

[it] percezione e rilevamento integrati

[jp] 一体化感知検出

[kr] 일체화 감지 검측

[pt] percepção e detecção integradas

[ru] интегрированное зондирование и обнаружение

[es] percepción y detección integradas

15112 EPC系统

[ar] نظام EPC

[en] electronic product code (EPC) system

[fr] système EPC (code de produit électronique)

[de] EPC-System (Electronischer-Produkt-scode-System)

[it] sistema di EPC (codice prodotto elettronico)

[jp] EPCシステム

[kr] EPC 시스템

[pt] sistema de Código Electrónico dos Produtos

[ru] система электронного кода продукта

[es] sistema de código electrónico de los productos

15113 无线多媒体传感网

[ar] شبكة الاستشعار اللاسلكية المتعددة الوسائط

[en] wireless multimedia sensor network

[fr] réseau de capteurs multimédia sans fil

[de] drahtloses Multimedia-Sensornetzwerk

[it] rete di sensori multimediali senza fili

[jp] 無線マルチメディアセンサーネットワーク

[kr] 무선 멀티 미디어 센서 네트워크

[pt] rede de sensores multimédia sem fios

[ru] беспроводная мультимедийная сенсорная сеть

[es] red de sensores inalámbricos multimedia

15114 多智能体

[ar] نظام حوسبي متآلف من عدة كيانات ذكية

[en] multi-agent

[fr] multi-agent

[de] Multiintelligenter-Agent

[it] multi-agente

[jp] マルチエージェント

[kr] 다중 에이전트

[pt] multi-agente

[ru] многоагентная система

[es] multiagente

15115 数字媒体

[ar] وسائل الإعلام الرقمية

[en] digital media

[fr] médias numériques

[de] digitale Medien

[it] media digitali

[jp] デジタルメディア

[kr] 디지털 미디어

[pt] média digital

[ru] цифровые медиа

[es] medios digitales

15116 泛化传播

[ar] انتشار معمّم

[en] pan-communication

[fr] pan-communication

[de] Pan-Kommunikation

[it] pan comunicazione

[jp] 汎化コミュニケーション

[kr] 일반화 전파

[pt] pan-comunicação

[ru] всеобщая коммуникация

[es] pan-comunicación

15117　全息展现

[ar]　عرض ثلاثي الأبعاد

[en]　holographic display

[fr]　affichage holographique

[de]　holographische Anzeige

[it]　display olografico

[jp]　ホログラフィックディスプレイ

[kr]　홀로그래픽 디스플레이

[pt]　exibição holográfica

[ru]　голографический дисплей

[es]　visualización holográfica

15118　商务智能

[ar]　ذكاء تجاري

[en]　business intelligence

[fr]　intelligence d'affaires

[de]　Business Intelligence

[it]　intelligenza commerciale

[jp]　ビジネスインテリジェンス

[kr]　비즈니스 인텔리전스

[pt]　inteligência de negócios

[ru]　бизнес-аналитика

[es]　inteligencia empresarial

15119　虚拟实验室

[ar]　مختبر افتراضي

[en]　virtual laboratory

[fr]　laboratoire virtuel

[de]　virtuelles Labor

[it]　laboratorio virtuale

[jp]　仮想ラボ

[kr]　가상 실험실

[pt]　laboratório virtual

[ru]　виртуальная лаборатория

[es]　laboratorio virtual

15120　数字化学习

[ar]　تعلم رقمي

[en]　digital learning

[fr]　apprentissage numérique

[de]　digitales Lernen

[it]　apprendimento digitale

[jp]　デジタルラーニング

[kr]　디지털 학습

[pt]　aprendizagem digital

[ru]　цифровое обучение

[es]　aprendizaje digital

15121　数字记忆

[ar]　ذاكرة رقمية

[en]　digital memory

[fr]　mémoire numérique

[de]　digitale Speicherung

[it]　memoria digitale

[jp]　デジタル記憶

[kr]　디지털 메모리

[pt]　memória digital

[ru]　цифровая память

[es]　memoria digital

1.5.2　数据伦理

[ar]　أخلاقيات البيانات

[en]　**Data Ethics**

[fr]　**Éthique des données**

[de]　**Datenethik**

[it]　**Etica dei dati**

[jp]　**データ倫理**

[kr]　**데이터 윤리**

[pt]　**Ética dos Dados**

[ru]　**Этика данных**

[es]　**Ética de Datos**

15201　算法歧视

[ar]　تمييز خوارزمي

[en]　algorithm discrimination

[fr]　discrimination algorithmique

[de]　algorithmische Diskriminierung

[it]　discriminazione dell'algoritmo

[jp]　アルゴリズム差別

[kr]　알고리즘 차별화

[pt]　discriminação algorítmica

[ru]　дискриминация агонизма

[es] discriminación de algoritmos

15202 全景监狱

[ar] بانوبتيكون

[en] panopticon

[fr] panoptique

[de] Panoptikum

[it] panopticon

[jp] パノプティコン

[kr] 팬옵티콘

[pt] prisão panorâmica

[ru] паноптикум

[es] panóptico

15203 机器人三原则

[ar] مبادئ الروبوتات الثلاثة

[en] three laws of robotics

[fr] Trois lois de la robotique

[de] Robotergesetze

[it] Tre leggi della robotica

[jp] ロボット工学三原則

[kr] 로봇 3 원칙

[pt] Três Leias da Robótica

[ru] три закона робототехники

[es] tres leyes de la robótica

15204 生态神学

[ar] علم اللاهوت البيئي

[en] ecological theology

[fr] théologie écologique

[de] ökologische Theologie

[it] teologia ecologica

[jp] エコ神学

[kr] 생태 신학

[pt] teologia ecológica

[ru] экологическое богословие

[es] teología ecológica

15205 数据平权

[ar] سواسية في حقوق البيانات

[en] equal rights to data

[fr] égalisation des droits sur les données

[de] Datensgleichberechtigung

[it] equalizzazione dei diritti sui dati

[jp] データ権利平等化

[kr] 데이터 사용 권리 평등화

[pt] equalização de direitos de dados

[ru] выравнивание прав на данные

[es] ecualización de los derechos relativos a los datos

15206 数据中立性

[ar] حيادية البيانات

[en] data neutrality

[fr] neutralité des données

[de] Datenneutralität

[it] neutralità dei dati

[jp] データの中立性

[kr] 데이터 중립성

[pt] neutralidade de dados

[ru] нейтральность данных

[es] neutralidad de datos

15207 数据僵尸

[ar] غيبوبة البيانات

[en] data zombie

[fr] zombie de données

[de] Datenzombie

[it] dati zombie

[jp] データゾンビ

[kr] 데이터 좀비

[pt] zumbi de dados

[ru] зомби данных

[es] datos zombi

15208 算法权力缠斗

[ar] تشابك في قوة الخوارزمية

[en] agonism derived from algorithmic power

[fr] agonisme avec la puissance algorithmique

[de] algorithmischer Agonismus

[it] agonismo del potere dell'algoritmo

[jp] アルゴリズムパワーとの闘技
[kr] 알고리즘 파워 아고니즘
[pt] luta de poderes algonrítmicos
[ru] агонизм из-за алгоритмической
мощности
[es] agonismo derivado del poder de los
algoritmos

15209 基因编辑
[ar] تحرير جيني
[en] gene editing
[fr] édition génomique
[de] Gen-Bearbeitung
[it] editing genico
[jp] ゲノム編集
[kr] 유전자 편집
[pt] edição genética
[ru] редактирование генов
[es] edición de genes

15210 无害原则
[ar] مبدأ عديم الأذى
[en] principle of non-maleficence
[fr] principe de non-malfaisance
[de] Prinzip der Harmlosigkeit
[it] principio di non maleficenza
[jp] 無害原則
[kr] 무해 원칙
[pt] princípio da não-maleficência
[ru] принцип «не навреди»
[es] principio de no maleficencia

15211 道德算法
[ar] خوارزمية خيرية
[en] ethical algorithm
[fr] algorithme éthique
[de] ethischer Algorithmus
[it] algoritmo etico
[jp] エシカルアルゴリズム
[kr] 윤리적 알고리즘
[pt] algoritmo ético

[ru] этический алгоритм
[es] algoritmo ético

15212 符号认知主义
[ar] سيميانية معرفية
[en] cognitive semiotics
[fr] sémiotique cognitive
[de] semiologischer Kognitivismus
[it] semiotica cognitiva
[jp] 記号認知主義
[kr] 부호 인지 주의
[pt] semiótica cognitiva
[ru] когнитивная семиотика
[es] semiótica cognitiva

15213 虚拟人格
[ar] شخصية افتراضية
[en] virtual personality
[fr] personnalité virtuelle
[de] virtuelle Persönlichkeit
[it] personalità virtuale
[jp] 仮想人格
[kr] 가상적 인격
[pt] personalidade virtual
[ru] виртуальная личность
[es] personalidad virtual

15214 匿名数据
[ar] بيانات مجهولة
[en] anonymous data
[fr] données anonymes
[de] anonyme Daten
[it] dati anonimi
[jp] 匿名データ
[kr] 익명 데이터
[pt] dados anónimos
[ru] анонимные данные
[es] datos anónimos

15215 数据信任服务器
[ar] خادم بيانات الثقة

1.5

89

[en] data trust server

[fr] serveur de confiance des données

[de] Datenvertrauensserver

[it] server di fiducia dei dati

[jp] データ信頼サーバー

[kr] 데이터 신뢰 서버

[pt] servidor de confiança de dados

[ru] сервер доверия данных

[es] servidor de confianza de datos

15216 过滤泡沫现象

[ar] ظاهرة الرغوة المرشحة

[en] filter bubble

[fr] bulle de filtres

[de] Filterblase

[it] filtraggio di bolla

[jp] フィルターバブル現象

[kr] 필터 버블 현상

[pt] fenômeno "Filtro Bolha"

[ru] явление «пузырь фильтра»

[es] filtro burbuja

15217 去匿名化

[ar] إزالة الهوية المجهولة

[en] de-anonymization

[fr] désanonymisation

[de] De-Anonymisierung

[it] de-anonimizzazione

[jp] 非匿名化

[kr] 익명화 해제

[pt] desanonimização

[ru] деанонимизация

[es] desanonimización

15218 伦理数据管理协议

[ar] بروتوكول إدارة البيانات الأخلاقية

[en] ethical data management protocol

[fr] protocole de gestion éthique des données

[de] ethisches Datenmanagement-Protokoll

[it] protocollo di gestione dei dati etici

[jp] 倫理データ管理プロトコル

[kr] 윤리 데이터 관리 협약

[pt] protocolo de gestão de dados éticos

[ru] протокол управления этическими данными

[es] protocolo de gestión de datos éticos

15219 欧洲健康电子数据库

[ar] قاعدة بيانات الصحة الإلكترونية الأوروبية

[en] European Health for All database

[fr] Base de données européenne Santé pour tous

[de] Europäische Datenbank „Gesundheit für alle"

[it] Database europeo sulla salute per tutti

[jp] 欧州健康データベース

[kr] 유럽 건강 전자 데이터베이스

[pt] Base de Dados "European Health for All"

[ru] Европейская база данных «Здоровье для всех»

[es] Base de datos europea Salud para Todos

15220 开放式机器人伦理倡导

[ar] مبادرة أخلاق الروبوت المفتوح

[en] Open Roboethics initiative (ORi)

[fr] Initiative ouverte de l'éthique de robot

[de] offene Roboethik-Initiative

[it] iniziativa della roboetica aperta

[jp] 開放式ロボット学イニシアティブ

[kr] 오픈 로봇윤리 이니셔티브

[pt] iniciativa aberta roboética

[ru] инициатива «Открытая Робоэтика»

[es] Iniciativa Abierta de Ética Robótica

15221 《人工智能设计的伦理准则》

[ar] قواعد أخلاقية لتصميم الذكاء الاصطناعي

[en] Ethically Aligned Design

[fr] Conception conforme à l'éthique

[de] Ethisch Ausgerichtetes KI-Design

[it] Normativa Etica per il Design di Intelligenza Artificiale

[jp] 「人工知能のデザインに関する倫理規則」

[kr] <인공지능 디자인의 윤리 준칙>

[pt] Design Alinhado Eticamente de Inteligência Artificial

[ru] Этически обоснованное проектирование искусственного интеллекта

[es] Diseño Alineado Éticamente

1.5.3 数据文化

[ar] ثقافة البيانات

[en] **Data Culture**

[fr] **Culture des données**

[de] **Datenkultur**

[it] **Cultura dei dati**

[jp] **データカルチャー**

[kr] **데이터 문화**

[pt] **Cultura de Dados**

[ru] **Культура данных**

[es] **Cultura de Datos**

15301 数字素养

[ar] مؤهلات رقمية

[en] digital literacy

[fr] connaissance numérique

[de] digitale Kompetenz

[it] alfabetizzazione digitale

[jp] デジタルリテラシー

[kr] 디지털 소양

[pt] alfabetização digital

[ru] цифровая грамотность

[es] alfabetización digital

15302 计算文化

[ar] ثقافة حوسبية

[en] computational culture

[fr] culture informatique

[de] Computerkultur

[it] cultura computazionale

[jp] 計算文化

[kr] 계산 문화

[pt] cultura computacional

[ru] вычислительная культура

[es] cultura computacional

15303 痛客大赛

[ar] مسابقة الباحث عن مواضع الشكوى

[en] Pain-point Seeker Contest

[fr] Concours de recherche des problèmes sociaux

[de] Schmerzpunkt-Sucher-Wettbewerb

[it] Concorso per cercatori di pain-point

[jp] ペインポイントシーカーコンテスト

[kr] 페인 포인트 시커 대회

[pt] Concurso de Apanhadores de Pain-Point

[ru] Конкурс искателей болевых точек

[es] Concurso de Búsqueda de Temas Sensibles

15304 数目字管理

[ar] إدارة الأعداد

[en] mathematical management

[fr] gérabilité mathématique

[de] mathematische Verwaltbarkeit

[it] gestibilità matematica

[jp] 数字的管理

[kr] 수리적 관리

[pt] gestão matemática

[ru] управление цифрами

[es] gestión matemática

15305 创客

[ar] مبتكر

[en] maker

[fr] maker

[de] Macher

[it] creatore

[jp] メイカーズ

[kr] 메이커

[pt] maker

[ru] новатор

[es] emprendedor

15306 众创

[ar] ابتكار جماهيري

[en] mass innovation

[fr] innovation et entrepreneuriat de masse

[de] Masseninnovation (Innovation und Existenzgründung durch breiteste Volksmassen)

[it] innovazione di massa

[jp] クラウドイノベーション

[kr] 대중 창업

[pt] inovação em massa

[ru] массовые инновации

[es] innovación masivo

15307 众扶

[ar] دعم جماهيري

[en] collective support

[fr] soutien collectif

[de] kollektive Unterstützung

[it] supporto collettivo

[jp] クラウドサポーティング

[kr] 일괄 지원

[pt] apoio coletivo

[ru] коллективная поддержка

[es] apoyo colectivo

15308 开源文化

[ar] ثقافة مفتوحة المصدر

[en] open-source culture

[fr] culture de la source ouverte

[de] Open-Source-Kultur

[it] cultura di sorgente aperta

[jp] オープンソース文化

[kr] 오픈 소스 문화

[pt] cultura da fonte aberta

[ru] культура с открытым исходным кодом

[es] cultura de código abierto

15309 DevOps理念

[ar] مفهوم DevOps

[en] DevOps concept

[fr] concept DevOps

[de] DevOps-Gedanke

[it] concetto DevOps

[jp] DevOps 理念

[kr] DevOps 이념

[pt] conceito de DevOps

[ru] концепция DevOps

[es] Concepto de DevOps

15310 数字王阳明资源库全球共享平台

[ar] منصة التشارك العالمي الرقمي لموارد ثقافة وانغ يانغ مينغ

[en] Digital Wang Yangming Resource Base Global Sharing Platform

[fr] Plate-forme mondiale de partage des ressources culturelles numérisées de Wang Yangming

[de] Digitale globale Sharing-Plattform für Wang Yangming-Kulturressourcen

[it] Piattaforma di condivisione globale digitale per le risorse di Wang Yangming

[jp] 王陽明デジタルデータベースシェアリングプラットフォーム

[kr] 디지털 왕양명 자원 데이터베이스 글로벌 공유 플랫폼

[pt] Plataforma Compartilhada Global de Base de Recursos Digitais de Wang Yangming

[ru] Платформа глобального совместного использования цифровых ресурсов культуры имени Ван Янмина

[es] Plataforma de Uso Compartido Global Digital de Recursos Culturales de Wang Yangming

15311 文化组学

[ar] علم المجموعة الثقافية

[en] culturomics

[fr] culturomique

[de] Culturomics

[it] culturomica

[jp] カルチャーゲノミクス

[kr] 컬처로믹스

[pt] dados sem fronteiras

[ru] культураномика

[es] cultura genómica

15312 数据无边界

[ar] بيانات لاحدودية

[en] data without boundaries

[fr] données sans frontières

[de] Daten ohne Grenzen

[it] dati senza confini

[jp] 境界線無しのデータ

[kr] 데이터 무경계

[pt] multidimensionalidade de dados

[ru] данные без границ

[es] datos sin fronteras

15313 数据群落

[ar] مجموعة البيانات

[en] data community

[fr] regroupement des données

[de] Daten-Community

[it] comunità dei dati

[jp] データコミュニティ

[kr] 데이터 클러스터링

[pt] ansiedade dos dados

[ru] сообщество данных

[es] comunidad de datos

15314 数据焦虑

[ar] قلق بياناتي

[en] data anxiety

[fr] anxiété liées aux données

[de] Datenangst

[it] ansia dei dati

[jp] データによる不安感

[kr] 데이터 불안감

[pt] percepção do número

[ru] тревога данных

[es] ansiedad de datos

15315 数觉

[ar] شعور غامض بالعدد

[en] perception of numbers

[fr] perception du nombre

[de] Wahrnehmung von Zahlen

[it] percezione del numero

[jp] 数字知覚

[kr] 숫자 지각

[pt] multidimensionalidade

[ru] восприятие числа

[es] percepción de número

15316 多维性

[ar] تعددية الأبعاد

[en] multidimensionality

[fr] multidimensionalité

[de] Multidimensionalität

[it] multidimensionalità

[jp] 多次元性

[kr] 다차원성

[pt] a civilização da empatia: a corrida à consciência global em um mundo em crise

[ru] многомерность

[es] multidimensionalidad

15317 同理心文明

[ar] حضارة التعاطف

[en] empathic civilization

[fr] civilisation de l'empathie

[de] empathische Zivilisation

[it] civiltà empatica

[jp] 共感文明

[kr] 감정 이입의 문명

[pt] valor partilhado

[ru] эмпатическая цивилизация

[es] civilización empática

1.5

15318 共享价值观

[ar]   قيمة تشاركية

[en] shared value

[fr] valeur partagée

[de] Sharing-Wertanschauung

[it] valore condiviso

[jp] 共有価値感

[kr] 공유 가치관

[pt] contratos de dados

[ru] система ценности совместного
      использования

[es] valor compartido

15319 数据契约

[ar]   عقود البيانات

[en] data contract

[fr] contrats de données

[de] Datenvertrag

[it] contratti sui dati

[jp] データ契約

[kr] 데이터 계약

[pt] digitalização de personalidade

[ru] контракты по данным

[es] contratos de datos

15320 人格数据化

[ar]   بياناتي الشخصية

[en] personality datamation

[fr] numérisation de personnalité

[de] Datenisierung der Persönlichkeit

[it] digitalizzazione della personalità

[jp] 人格のデータ化

[kr] 인격 데이터화

[pt] digitalização de personalidade

[ru] оцифровка человеческой личности

[es] digitalización de la personalidad

1.5.4 大数据论

[ar]   نظرية البيانات الضخمة

[en] **Big Data Theory**

[fr] **Théorie des mégadonnées**

[de] **Big Data-Theorie**

[it] **Teoria dei Big Data**

[jp] **ビッグデータ理論**

[kr] **빅데이터 이론**

[pt] **Teoria de Big Data**

[ru] **Теория больших данных**

[es] **Teoría de Big Data**

15401 《第三次浪潮》(〔美〕阿尔文·托夫勒)

[ar]   الموجة الثالثة (ألفين توفلر، الولايات المتحدة)

[en] The Third Wave (Alvin Toffler, USA)

[fr] La troisième vague (Alvin Toffler, États-
      Unis)

[de] Die dritte Welle (Alvin Toffler, USA)

[it] La terza ondata (Alvin Toffler, US)

[jp] 「第三の波」（アルビン・トフラー、ア
      メリカ）

[kr] <제 3 의 물결>([미국] 앨빈 토플러)

[pt] A Terceira Onda (Alvin Toffler, EUA)

[ru] Третья волна (Элвин Тоффлер, США)

[es] La tercera ola (Alvin Toffler, EE.UU.)

15402 《时间简史》(〔英〕斯蒂芬·威廉·霍金)

[ar]   تاريخ موجز للزمن (هوكينج، إنجليزي)

[en] A Brief History of Time: From the Big
      Bang to Black Holes (Stephen William
      Hawking, UK)

[fr] Une brève histoire du temps : Du big
      bang aux trous noirs (Stephen William
      Hawking, Royaume-Uni)

[de] Eine kurze Geschichte der Zeit (Stephen
      William Hawking, UK)

[it] Dal big bang ai buchi neri: Breve storia del
      tempo (Stephen William Hawking, UK)

[jp] 「ホーキング、宇宙を語る：ビッグバン
      からブラックホールまで」（スティー
      ブン・ウィリアム・ホーキング）

[kr] <짧고 쉽게 쓴 ‘시간의 역사’ >([영국]스
      티븐 윌리엄 호킹)

[pt] Uma Breve História do Tempo: Do Big
      Bang aos Buracos Negros (Stephen

William Hawking, Reino Unido)

[ru] Краткая история времени. От большого взрыва до черных дыр (Стивен Уильям Хокинг, Великобритания)

[es] Breve historia del tiempo: del Big Bang a los agujeros negros (Stephen William Hawking, Reino Unido)

15403 《数字化生存》(〔美〕尼古拉·尼葛洛庞帝)

[ar] وجود رقمي (نيكولاس نغروبونتي ، الولايات المتحدة)

[en] Being Digital (Nicholas Negroponte, USA)

[fr] L'Homme numérique : Comment le multimédia et les autoroutes de l'information vont changer votre vie (Nicholas Negroponte, États-Unis)

[de] Digital Sein (Nicholas Negroponte, USA)

[it] Essere digitale (Nicholas Negroponte, US)

[jp] 「ビーイング・デジタル - ビットの時代」（ニコラス・ネグロポンテ、アメリカ）

[kr] <디지털 생존>([미국]니콜라스 네그로폰테)

[pt] Vida Digital (Nicholas Negroponte, EUA)

[ru] Быть цифровым (Николас Негропонте, США)

[es] Ser digital (Nicholas Negroponte, EE.UU.)

15404 《数据挖掘：概念与技术》(〔美〕韩家炜，米什莱恩·坎伯)

[ar] استخراج البيانات: المفاهيم والتكنولوجيا (جياوي هان ، ميشلين كامبر ، الولايات المتحدة)

[en] Data Mining: Concepts and Techniques (Jiawei Han & Micheline Kamber, USA)

[fr] Datamining : Concepts et techniques (Jiawei Han, Micheline Kamber, États-Unis)

[de] Data-Mining: Konzepte und Techniken (Jiawei Han, Micheline Kamber, USA)

[it] Estrazione dei dati: Concepts and Techniques (Jiawei Han, Micheline Kamber, US)

[jp] 「データマイニング：概念と技法」（仮訳）（Jiawei Han, Micheline Kamber、アメリカ）

[kr] <데이터 마이닝: 개념과 기술>([미국] 한지아웨이, 미쉘린 캠버)

[pt] Mineração de dados: Conceitos e Técnicas (Jiawei Han, Micheline Kamber, EUA)

[ru] Интеллектуальный анализ данных: концепции и методы (Джиавей Хан, Мишлин Камбер, США)

[es] Minería de datos: conceptos y técnicas (Jiawei Han, Micheline Kamber, EE.UU.)

15405 未来三部曲(《必然》《失控》《科技想要什么》) (〔美〕凯文·凯利)

[ar] ثلاثية المستقبل: الحتمية الخارجة عن نطاق السيطرة: البيولوجيا الجديدة للآلات والأنظمة الاجتماعية والعالم الاقتصادي وما تريده العلوم والتكنولوجيا (كيفن كيلي، الولايات المتحدة)

[en] The Future Trilogy — The Inevitable: Understanding the 12 Technological Forces That Will Shape Our Future; Out of Control: The New Biology of Machines, Social Systems, and the Economic World; What Technology Wants (Kevin Kelly, USA)

[fr] « Trilogie du futur » : L'inévitable (The Inevitable); Hors de contrôle : La nouvelle biologie de machines, les systèmes sociaux et le monde économique; Ce que veut la technologie

(Kevin Kelly, États-Unis)

[de] Trilogie der Zukunft: Das Unvermeidliche, Außer Kontrolle: Die neue Biologie von Maschinen, sozialen Systemen und der Wirtschaftswelt, Was die Technologie will (Kevin Kelly, USA)

[it] Trilogia del futuro: L'inevitabile: Le tendenze tecnologiche che rivoluzioneranno il nostro futuro, Out of Control: La nuova biologia delle macchine, dei sistemi sociali e dell'economia globale, Quello che vuole la tecnologia (Kevin Kelly, US)

[jp] 「未来の三部作：『必然』、『制御不能：機械による新しい生物学、社会システムと経済の世界』、『どのような技術が欲しいか』」（仮訳）(Kevin Kelly、アメリカ)

[kr] 미래삼부작(<인에비터블 미래의 정체><통제 불능> <기술의 충격>)([미국]케빈 켈리)

[pt] Trilogia do Futuro: O inevitável; Fora de controlo: a nova biologia de máquinas, sistema sociais e o mundo, e o mundo económico; O que a tecnologia quer (Kevin Kelly, EUA)

[ru] Трилогия будущего — Неизбежное, Вне контроля и Какие технологии нужны (Кевин Келли, США)

[es] La trilogía del futuro: Lo inevitable: Entender las 12 fuerzas tecnológicas que configurarán nuestro futuro; Fuera de Control: La nueva biología de las máquinas, los sistemas sociales y el mundo de la economía; ¿Qué es lo que quiere la tecnología? (Kevin Kelly, EE.UU.)

15406 《奇点临近》（〔美〕雷·库兹韦尔）

[ar] التفرد قريب: عندما يتجاوز البشر علم الأحياء (راي كورزوي ، الولايات المتحدة)

[en] The Singularity Is Near: When Humans Transcend Biology (Ray Kurzweil, USA)

[fr] La singularité est proche : Quand les humains transcendent la biologie (Ray Kurzweil, États-Unis)

[de] Die Singularität ist nahe: Wenn Menschen die Biologie überwinden (Ray Kurzweil, USA)

[it] La singolarità è vicina: Quando gli esseri umani trascendono la biologia (Ray Kurzwei, US)

[jp] 「シンギュラリティは近い」（レイ・カーツワイル、アメリカ)

[kr] <특이점이 온다>([미국]레이 커주와일)

[pt] A Singularidade Está Próxima: Quando os Humanos Transcendem a Biologia (Ray Kurzweil, EUA)

[ru] Сингулярность близка: когда люди выходят за пределы биологии (Рэй Курцвейл, США)

[es] La singularidad está cerca: Cuando los humanos transcendamos la biología (Ray Kurzweil, EE.UU.)

15407 《算法导论》（〔美〕托马斯·科尔曼）

[ar] مقدمة في الخوارزميات (توماس هـ. كورمين ، الولايات المتحدة)

[en] Introduction to Algorithms (Thomas H. Cormen, USA)

[fr] Introduction à l'algorithmique(Thomas H. Cormen, États-Unis)

[de] Einführung in Algorithmen (Thomas H. Cormen, USA)

[it] Introduzione agli algoritmi (Thomas H. Cormen, US)

[jp] 「アルゴリズムイントロダクション」（仮訳）(Thomas H. Cormen、アメリカ)

[kr] <알고리즘 개론>([미국]톰슨 H. 코먼)

[pt] Introdução aos Algoritmos(Thomas H. Cormen, EUA)

[ru] Алгоритмы: Вводный курс (Томас X.

Кормен, США)

[es] Introducción a los algoritmos (Thomas H. Cormen, EE.UU.)

15408 《大数据时代》(〔英〕维克托·迈尔-舍恩伯格、〔英〕肯尼斯·库克耶)

[ar] عصر البيانات الضخمة: فيكتور ماير شونبرجر وكينيث كوكير (بريطانيا)

[en] Big Data: A Revolution That Will Transform How We Live, Work, and Think (Viktor Mayer-Schönberger & Kenneth Cukier, UK)

[fr] Mégadonnées : Une révolution qui transformera notre façon de vivre, de travailler et de penser (Viktor Mayer-Schönberger, Kenneth Cukier, Royaume-Uni)

[de] Big Data: Eine Revolution, die unser Leben, Arbeiten und Denken verändern wird (Viktor Mayer-Schönberger, Kenneth Cukier, UK)

[it] Big Data: una rivoluzione che trasformerà il modo in cui viviamo, lavoriamo e pensiamo (Viktor Mayer-Schönberger, Kenneth Cukier, UK)

[jp] 「ビッグデータの革命：我々の生きかた、働きかたそして考えかたを変える」（仮訳）（Viktor Mayer-Schönberger, Kenneth Cukier、イギリス）

[kr] <빅데이터가 만드는 세상>([영국]빅토어 마이어 쇤베르거, 케네스 쿠키어)

[pt] Big Data: uma revolução que transformará como vivemos, trabalhamos e pensamos (Viktor Mayer-Schönberger, Kenneth Cukier, Reino Unido)

[ru] Большие данные: революция, которая изменит то, как мы живем, работаем и мыслим (Виктор Майер-Шенбергер, Кеннет Кукье, Великобритания)

[es] Big Data: Una revolución que transformará la forma en que vivimos,

trabajamos y pensamos (Viktor Mayer-Schönberger, Kenneth Cukier, Reino Unido)

15409 《人工智能：一种现代的方法》(〔美〕斯图尔特·罗素 等)

[ar] ذكاء اصطناعي: نهج حديث (ستيوارت روسيل وغيره، الولايات المتحدة)

[en] Artificial Intelligence: A Modern Approach (Stuart J. Rossell et al., USA)

[fr] Intelligence artificielle : Une approche moderne (Stuart J. Rossell et al., États-Unis)

[de] Künstliche Intelligenz: Ein moderner Ansatz (Stuart J. Rossell et al., USA)

[it] Intelligenza artificiale: Un approccio moderno (Stuart J. Rossell, US)

[jp] 「エージェントアプローチ人工知能」（仮訳）（Stuart J. Rossell 他、アメリカ）

[kr] <인공지능: 현대적 접근 방식>([미국]스튜어트 러셀 등)

[pt] Inteligência Artificial: Uma Abordagem Moderna (Stuart J. Rossell, EUA)

[ru] Искусственный интеллект. Современный подход (Стюарт Дж. Рассел и др., США)

[es] Inteligencia Artificial: Un Enfoque Moderno (Stuart J. Rossell y otros, EE.UU.)

15410 简史三部曲(《人类简史》《未来简史》《今日简史》) (〔以色列〕尤瓦尔·赫拉利)

[ar] ثلاثية التاريخ الموجز (يوفال هيرالي، إسرائيل)

[en] The Brief History Trilogy — Sapiens: A Brief History of Humankind; Homo Deus: A Brief History of Tomorrow; 21 Lessons for the 21st Century (Yuval Noah Harari, Israel)

[fr] « Trilogie de brèves histoires » : Sapiens : Une brève histoire de l'humanité, Homo

1.5

Deus : Une brève histoire de l'avenir, 21 leçons pour le XXIe siècle (Yuval Noah Harari, Israël)

[de] Makro-historische Trilogie (Sapiens: Eine kurze Geschichte der Menschheit, Homo Deus: Eine kurze Geschichte von morgen, 21 Lektionen für das 21. Jahrhundert) (Yuval Noah Harari, Israel)

[it] Trilogia macro-storica (Sapiens: Breve storia dell'umanità, Homo Deus: breve storia del futuro, 21 lezioni per il 21° secolo) (Yuval Noah Harari, Israele)

[jp] 「ユヴァル・ノア・ハラリ三部作シリーズ」（『サピエンス全史 文明の構造と人類の幸福』『ホモ・デウス テクノロジーとサピエンスの未来』『21 Lessons 21世紀の人類のための21の思考』）（ユヴァル・ノア・ハラリ、イスラエル）

[kr] 간사삼부작(<사피엔스> <호모 데우스> <21 세기를 위한 21 가지 제언>)([이스라엘]유발 하라리)

[pt] Trilogia Macro-histórica Sapiens: Uma Breve História da Humanidade; Homo Deus: Uma Breve História do Amanhã; 21 Lições para o Século XXI (Yuval Noah Harari, Israel)

[ru] Трилогия краткой истории — Сапиенсы: Краткая история человечества; Хомо Деус: краткая история будущего; 21 урок для XXI века (Юваль Ной Харари, Израиль)

[es] La trilogía macrohistórica: Sapiens: De animales a dioses: Una breve historia de la humanidad; Homo Deus: Breve historia del mañana; 21 lecciones para el siglo XXI (Yuval Noah Harari, Israel)

15411 《衡量数字经济：一个新的视角》（经济合作与发展组织）

[ar] قياس الاقتصاد الرقمي: منظور جديد (منظمة التعاون الاقتصادي والتنمية)

[en] Measuring the Digital Economy — A New Perspective (OECD)

[fr] Mesurer l'économie numérique : Un nouveau regard (OCDE)

[de] Messung der digitalen Wirtschaft: Eine neue Perspektive (OECD)

[it] Misurare l'economia digitale: Una nuova prospettiva

[jp] 「デジタル経済の測定：新たな見通し」(OECD)

[kr] <디지털 경제 가능: 새로운 시각>(경제 협력 개발 기구)

[pt] Medindo a economia digital: uma perspetiva nova (OECD)

[ru] Измерение цифровой экономики: новая перспектива (ОЭСР)

[es] Medición de la Economía Digital: una nueva perspectiva (OCDE)

15412 《爆发：大数据时代预见未来的新思维》（〔美〕艾伯特·拉斯洛·巴拉巴西）

[ar] انفجار: تفكير جديد للتنبؤ بالمستقبل في عصر البيانات الضخمة (ألبرت لازلو باراباسي ، الولايات المتحدة)

[en] Bursts: The Hidden Pattern behind Everything We Do (Albert-László Barabási, USA)

[fr] Rafales : Le modèle caché derrière tout ce que nous faisons (Albert-László Barabási, États-Unis)

[de] Bursts: Das verborgene Muster hinter allem, was wir tun (Albert-László Barabási, USA)

[it] Bursts: Il modello nascosto dietro a tutto ciò che facciamo (Albert-László Barabási, US)

[jp] 「バースト! 人間行動を支配するパターン」（アメリカ、アルバート・ラズロ・バラバシ）

[kr] <버스트: 인간의 행동속에 숨겨진 법칙>([미국]앨버트 라슬로 바라바시)

[pt] Explosões: o Padrão Oculto por trás de Tudo o que Fazemos (Albert-László Barabási, EUA)

[ru] Взрывы: скрытый образец позади всего мы делаем (Альберт-Ласло Барабаси, США)

[es] Explosiones: El patrón oculto detrás de todo lo que hacemos (Albert-László Barabási, EE.UU.)

15413 《计算机科学概论》(〔美〕J.格伦·布鲁克希尔 等)

[ar] نظرية عامة لعلوم الكمبيوتر (جلين غلين بروكشير، الولايات المتحدة)

[en] Computer Science: An Overview (J. Glenn Brookshear et al., USA)

[fr] Informatique : Un aperçu (J. Glenn Brookshear et al., États-Unis)

[de] Informatik: Ein Überblick (J. Glenn Brookshear et al., USA)

[it] Informatica: Una panoramica generale (J. Glenn Brookshear, US)

[jp] 「入門コンピュータ科学：ITを支える技術と理論の基礎知識」（アメリカ、J. Glenn Brookshear 他）

[kr] <컴퓨터 과학 총론>([미국] J.글렌 브룩셔 등)

[pt] Ciência da Computação. Uma Visão Abrangente (J. Glenn Brookshear, etc. EUA)

[ru] Введение в компьютерные науки (Дж. Гленн Брукшир и др., США)

[es] Introducción a la computación (J. Glenn Brookshear y otros, EE.UU.)

15414 《计算社会学》(〔美〕马修·萨尔加尼克)

[ar] علم اجتماعي في العصر الحوسبي (ماثيو.سالجانيك، الولايات المتحدة)

[en] Bit by Bit: Social Research in the Digital Age (Matthew J. Salganik, USA)

[fr] Bit par bit : La recherche sociale à l'ère numérique (Matthew J. Salganik, États-Unis)

[de] Stück für Stück: Sozialforschung im digitalen Zeitalter (Matthew J. Salganik, USA)

[it] Bit by Bit: Ricerca sociale nell'era digitale (Matthew J. Salganik, US)

[jp] 「ビット・バイ・ビットーデジタル社会調査入門」（アメリカ、マシュー・J.サルガニック）

[kr] <컴퓨팅 사회학>([미국]매튜 살가닉)

[pt] Pouco a Pouco: Investigação Social na Era Digital (Matthew J. Salganik, EUA)

[ru] Постепенно: социальные исследования в эпоху цифровых технологий (Мэтью Дж. Салганик, США)

[es] De A Poco: La Investigación Social En La Era Digital (Matthew J. Salganik, EE.UU.)

15415 《大数据经济学》(〔中〕徐晋)

[ar] اقتصاديات البيانات الضخمة (شوجين، الصين)

[en] Big Data Economics (Xu Jin, China)

[fr] Économie des mégadonnées (Xu Jin, Chine)

[de] Big Data-Ökonomie (Xu Jin, China)

[it] Economia di Big Data (Xu Jin, Cina)

[jp] 「ビッグデータ経済学」（仮訳）（徐晋、中国）

[kr] <빅데이터 경제학>([중국]쉬진)

[pt] Economia de Big Data (Xu Jin, China)

[ru] Экономика больших данных (Сюй Цзинь, Китай)

[es] Economía de Big Data (Xu Jin, China)

15416 数字文明三部曲(《块数据》《数权法》《主权区块链》) (〔中〕大数据战略重点实验室)

[ar] ثلاثية الحضارة الرقمية (بيانات قطعية، قانون

1.5

الحقوق الرقمية، سلسلة الكتل السيادية) (مختبر
المحاور لاستراتيجية البيانات الضخمة، الصين)

[en] The Digital Civilization Trilogy — Block
Data; Data Rights Law; Sovereignty
Blockchain (Key Laboratory of Big Data
Strategy, China)

[fr] « Trilogie de la civilisation numérique » :
Données en blocs, Loi sur le droit
des données, Chaîne de blocs de
souveraineté (Laboratoire clé de la
stratégie des mégadonnées, Chine)

[de] Drei repräsentative Werke zur digitalen
Zivilisation: Blockdaten, Datenschutz-
recht, Souveränitätsblockkette (Schlüs-
sellabor für Big Data-Strategie, China)

[it] Trilogia sulla civiltà digitale: Blocco
data, Legge sui diritti dei dati, Catena di
blocco di sovranità (Laboratorio chiave
della strategia di Big Data, Cina)

[jp] 「デジタル文明三部作」(「ブロックデー
タ」、「データ主体権利法」、「主権ブロッ
クチェーン」)(中国ビッグデータ戦略
重点実験室)

[kr] 디지털 문명 삼부작(<블록 데이터> <수
권법> <주권 블록체인>) ([중국]빅데이
터 전략 중점실험실)

[pt] Trilogia da Civilização: Dados de
Blocos, Lei de Direito de Dados,
Soberano de Blockchain (Laboratório
Chave de Estratégia de Big Data, China)

[ru] Три репрезентативные работы по
цифровой цивилизации — Блок
данных; Закон о правах на данные;
Блокчейн суверенитета (Ключевая
лаборатория стратегии больших
данных, Китай)

[es] La trilogía de la civilización digital:
Datos en bloque, la Ley de derechos de
Datos, Cadena de bloques de soberanía
(Laboratorio Clave de Estrategia de Big
Data, China)

15417 《大数据》(〔中〕涂子沛)

[ar] بيانات ضخمة (توزي بي، الصين)

[en] The Big Data Revolution (Tu Zipei,
China)

[fr] La révolution des mégadonnées (Tu
Zipei, Chine)

[de] Die Big Data-Revolution (Tu Zipei,
China)

[it] La Rivoluzione di Big Data (Tu Zipei,
Cina)

[jp] 「ビッグデータ」(仮訳)(塗子沛、中国)

[kr] <빅데이터>([중국]투쯔페이)

[pt] a Revolução de Big Data (Tu Zipei,
China)

[ru] Революция больших данных (Ту
Цзыпэй, Китай)

[es] La revolución de Big Data (Tu Zipei,
China)

15418 《大数据时代的国家治理》(〔中〕陈潭
等)

[ar] حوكمة وطنية في عصر البيانات الضخمة (تشن تان
وآخرون، الصين)

[en] State Governance in the Big Data Age
(Chen Tan et al., China)

[fr] Gouvernance d'État à l'ère des
mégadonnées (Chen Tan et al., Chine)

[de] Nationales Regieren im Big Data-Zeit-
alter (Chen Tan et al., China)

[it] Governance nazionale nell'era di Big
Data (Chen Tan, et al, Cina)

[jp] 「ビッグデータ時代の国家統治」(仮訳)
(陳潭ほか、中国)

[kr] <빅데이터 시대의 국가 거버넌스>([중
국]천탄 등)

[pt] Governação Nacional na Era de Big
Data (Chen Tan, etc. China)

[ru] Национальное управление в эпоху
больших данных (Чэнь Тань и др.,
Китай)

[es] Gobernanza nacional en la era de Big

Data (Chen Tan y otros, China)

15419 《智能时代：大数据与智能革命重新定义未来》（〔中〕吴军）

[ar] عصر الذكاء: البيانات الضخمة والثورة الذكية تعيد تعريف المستقبل (وو جون، الصين)

[en] Age of Intelligence: How Big Data and Intelligence Revolution Remake the Future (Wu Jun, China)

[fr] Ère intelligente : Les mégadonnées et la révolution intelligente redéfinissent l'avenir (Wu Jun, Chine)

[de] Intelligentes Zeitalter: Big Data und intelligente Revolution definieren die Zukunft neu (Wu Jun, China)

[it] Epoca intelligente: Big Data e rivoluzione intelligente ridefiniscono il futuro (Wu Jun, Cina)

[jp] 「人工知能時代：ビッグデータとAI革命で未来が再定義される」（仮訳）（呉軍、中国）

[kr] <지능적 시대:빅데이터와 스마트 혁명으로 미래를 다시 정의>([중국]우쥔)

[pt] Era Inteligente: Big Data e Revolução Inteligente Redefinir o Futuro (Wu Jun, China)

[ru] Интеллектуальная эпоха: большие данные и интеллектуальная революция переопределяют будущее (У Цзюнь, Китай)

[es] Era Inteligente: Big Data y la revolución inteligente redefinen el Futuro (Wu Jun, China)

15420 《大数据导论》（〔中〕梅宏）

[ar] مقدمة في البيانات الضخمة (مي هونغ، الصين)

[en] Introduction to Big Data (Mei Hong, China)

[fr] Introduction aux mégadonnées (Mei Hong, Chine)

[de] Einführung in Big Data (Mei Hong, China)

[it] Introduzione di Big Data (Mei Hong, Cina)

[jp] 「ビッグデータ・イントロダクション」（仮訳）（梅宏、中国）

[kr] <빅데이터 개론>([중국]메이훙)

[pt] Introdução ao Big Data (Mei Hong, China)

[ru] Введение в большие данные (Мэй Хун, Китай)

[es] Introducción a Big Data (Mei Hong, China)

15421 《漏洞》（〔中〕齐向东）

[ar] ثغرة (تشي شيانغ دونغ، الصين)

[en] Vulnerability (Qi Xiangdong, China)

[fr] Vulnérabilité (Qi Xiangdong, Chine)

[de] Sicherheitslücke (Qi Xiangdong, China)

[it] Vulnerabilità (Qi Xiangdong, Cina)

[jp] 「セキュリティホール」（仮訳）（斉向東、中国）

[kr] <버그>([중국]치샹둥)

[pt] Vulnerabilidade (Qi Xiangdong, China)

[ru] Уязвимость (Ци Сяндун, Китай)

[es] Vulnerabilidad (Qi Xiangdong, China)

1.5.5 大数据史

[ar] تاريخ البيانات الضخمة

[en] **Big Data History**

[fr] **Histoire des mégadonnées**

[de] **Big Data-Historie**

[it] **Storia di Big Data**

[jp] **ビッグデータの歴史**

[kr] **빅데이터 역사**

[pt] **Histórico de Big Data**

[ru] **История больших данных**

[es] **Historia de Big Data**

15501 埃尼阿克

[ar] إينياك- أول حاسوب إلكتروني يستخدم للأغراض العامة

1.5

[en] Electronic Numerical Integrator and
Computer (ENIAC)

[fr] Intégrateur et ordinateur électronique
numérique

[de] Elektronischer numerischer Integrator
und Computer

[it] Integratore numerico elettronico e
computer

[jp] ENIAC

[kr] 에니악

[pt] Computador e Integrador Numérico
Eletrónico

[ru] Электронный числовой интегратор и
вычислитель

[es] ENIAC (Computador e integrador
numérico electrónico)

15502 深蓝计算机

[ar] حاسوب أزرق داكن

[en] Deep Blue

[fr] Deep Blue

[de] Deep Blue

[it] Deep Blue

[jp] ディープ・ブルー

[kr] 딥 블루

[pt] Azul Profundo

[ru] компьютер Deep Blue

[es] Deep Blue

15503 IEEE第 8 届国际可视化学术会议

[ar] مؤتمر دولي ثامن IEEE للعلوم المرئية

[en] IEEE Visualization'97 Conference

[fr] 8ᵉ édition de la Conférence internationale
de l'IEEE sur la visualisation de
l'information

[de] IEEE Internationale Konferenz zur
Informationsvisualisierung 1997 (IEEE:
Institut für Elektrotechnik und Elektro-
nik)

[it] L'ottava Conferenza internazionale
di IEEE sulla visualizzazione di

informazione

[jp] IEEE 第 8 回国際可視化学術会議

[kr] IEEE제 8 회 국제 가시화 학술 회의

[pt] VIII Conferência Internacional da IEEE
sobre Visualização de Informação

[ru] Восьмая Международная конференция
IEEE по визуализации информации

[es] la Octava Conferencia de IEEE sobre
Visualización de la Información

15504 Hadoop生态系统

[ar] نظام بيئي Hadoop

[en] Hadoop ecosystem

[fr] écosystème Hadoop

[de] Hadoop-Ökosystem

[it] ecosistema Hadoop

[jp] Hadoopエコシステム

[kr] Hadoop 생태계

[pt] ecossistema Hadoop

[ru] экосистема Hadoop

[es] Ecosistema Hadoop

15505 谷歌流感趋势预测

[ar] تنبؤ باتجاهات الإنفلونز لجوجل

[en] Google Flu Trends

[fr] Tendances de la grippe Google

[de] Google Grippe-Trends

[it] Google Flu Trends

[jp] グーグルインフルトレンド

[kr] 구글 독감 트렌드

[pt] Google Flu Trends

[ru] Прогноз по Google Flu Trends

[es] Tendencias de la Gripe de Google

15506 詹姆士·格雷

[ar] جيمس جراي

[en] James Gray

[fr] James Gray

[de] James Gray

[it] James Gray

[jp] ジェームス・グレイ

[kr] 제임스 그레이

[pt] James Gray

[ru] Джеймс Грей

[es] James Gray

15507 《大数据：创新、竞争和生产力的下一个新领域》（麦肯锡全球研究院）

[ar] بيانات ضخمة: مجال جديد في ظل الابتكار والمنافسة والقوى المنتجة (معهد ماكينزي العالمى للبحوث)

[en] Big Data: The Next Frontier for Innovation, Competition and Productivity (McKinsey Global Institute)

[fr] Mégadonnées : la prochaîne frontière pour l'innovation, la concurrence et la productivité (McKinsey Global Institute)

[de] Big Data: Die nächste Grenze für Innovation, Wettbewerb und Produktivität (McKinsey Global Institute)

[it] Big Data: la nuova frontiera per innovazione, concorrenza e produttività (McKinsey Global Institute)

[jp] 「ビッグデータ：イノベーション、競争、生産性の次のフロンティア」（マッキンゼーグローバル研究所）

[kr] <빅데이터: 혁신, 경쟁, 생산성을 위한 차세대 프런티어>(맥킨지 글로벌 연구소)

[pt] Big Data: The Next Frontier for Innovation, Competition & Productivity (Instituto McKinsey Global)

[ru] Большие данные: следующий рубеж для инноваций, конкуренции и производительности (Глобальный институт McKinsey)

[es] Big Data: la próxima frontera para la innovación, la competición y la productividad (McKinsey Global Institute)

15508 《大数据，大影响》（瑞士达沃斯召开的世界经济论坛）

[ar] بيانات ضخمة وتأثيرات كبيرة (منتدى دافوس للاقتصاد العالمي بسويرا)

[en] Big Data, Big Impact (World Economic Forum in Davos)

[fr] Mégadonnées, méga-impact (Forum économique mondial tenu à Davos en Suisse)

[de] Big Data, große Wirkung (Weltwirtschaftsforum in Davos, Schweiz)

[it] Big Data, Big impact (Forum economico mondiale a Davos, Svizzera)

[jp] 「ビッグデータ、ビッグインパクト」（ダボスで開催される2019年世界経済フォーラム（WEF年次総会）

[kr] <빅데이터, 빅 임팩트>(스위스 다보스 세계경제포럼)

[pt] Big Data, Grande Impacto (Forum Económico Mundial, Suíça)

[ru] Большие данные, большое влияние (Всемирный экономический форум в Давосе)

[es] Big Data, Gran Impacto (Foro Económico Mundial de Davos, Suiza)

15509 《大数据研究和发展倡议》（美国）

[ar] مبادرة البحث والتطوير للبيانات الضخمة (الولايات المتحدة)

[en] Big Data Research and Development Initiative (USA)

[fr] Initiative de recherche et de développement sur les mégadonnées (États-Unis)

[de] Big Data-Forschungs- und Entwicklungsinitiative (USA)

[it] Ricerca e sviluppo iniziativo di Big Data (US)

[jp] 「ビッグデータ研究開発イニシアチブ」（アメリカ）

[kr] <빅데이터 연구와 발전 이니셔티브>(미국)

[pt] Big Data Research and Development
Initiative (EUA)

[ru] Инициатива по исследованию и
развитию больших данных (США)

[es] Iniciativa de investigación y desarrollo
de Big Data (EE.UU.)

15510 第 424 次香山科学会议（中国）

[ar] الدورة ال 424 من مؤتمر شيانغشان للعلوم (الصين)

[en] The 424th Session of Xiangshan Science
Conferences (China)

[fr] 424ᵉ session de la Conférence
scientifique de Xiangshan (Chine)

[de] 424. Sitzung der Xiangshan Wissen-
schaftlichen Konferenz (China)

[it] La 424° sessione della conferenza
scientifica di Xiangshan (Cina)

[jp] 第 424 回香山科学会議（中国）

[kr] 제 424 차 샹산과학회의(중국)

[pt] A 424ª Sessão da Conferência Científica
de Xiangshan (China)

[ru] 424-я Научная конференция в
Сяншане (Китай)

[es] la 424ª Sesión de la Conferencia de
Ciencia de Xiangshan (China)

15511 《开放数据白皮书》（英国）

[ar] كتاب أبيض للبيانات المفتوحة (بريطانيا)

[en] Open Data White Paper (UK)

[fr] Livre blanc sur les données ouvertes
(Royaume-Uni)

[de] Weißbuch über Open Data (UK)

[it] Libro bianco sui dati aperti (UK)

[jp] 「オープンデータ白書」（イギリス）

[kr] <오픈 데이터 백서>(영국)

[pt] Livro Branco sobre Dados Abertos
(Reino Unido)

[ru] Белая книга открытых данных
(Великобритания)

[es] Libro Blanco de datos abiertos (Reino
Unido)

15512 《大数据促发展：挑战与机遇》（联合国）

[ar] تنمية مدفوعة بالبيانات الضخمة: تحديات وفرص
(الأمم المتحدة)

[en] Big Data for Development:
Opportunities and Challenges (UN)

[fr] Mégadonnées pour le développement :
opportunités et défis (ONU)

[de] Big Data für die Entwicklung: Chancen
und Herausforderungen (UN)

[it] Big Data per lo sviluppo: opportunità e
sfide (ONU)

[jp] 「Big Data for Development: Opportunities
& Challenges」（国連）

[kr] <빅데이터는 발전을 추진한다: 도전과
기회>(유엔)

[pt] Big Data para o Desenvolvimento:
Oportunidades e Desafios (ONU)

[ru] Большие данные для развития:
возможности и вызовы (ООН)

[es] Big Data para el desarrollo:
oportunidades y desafíos (Naciones
Unidas)

15513 爱沙尼亚数字公民计划

[ar] برنامج المواطنة الرقمية الإستونية

[en] e-Residency (Estonia)

[fr] Résidence électronique (Estonie)

[de] e-Residency (Estland)

[it] Residenza digitale (Estonia)

[jp] エストニアe-Residencyプログラム

[kr] 에스토니아 디지털 공민 계획

[pt] Residência electrónica (Estônia)

[ru] Цифровое резидентство (Эстония)

[es] Residencia digital (Estonia)

15514 中国国际大数据产业博览会

[ar] معرض الصين الدولي لصناعات البيانات الضخمة

[en] China International Big Data Industry
Expo

[fr] Salon international de l'industrie des
mégadonnées de Chine

1.5

[de] Internationale Fachmesse für Big Data in China

[it] China international Big Data industry Expo

[jp] 中国国際ビッグデータ産業博覧会

[kr] 중국 국제 빅데이터 산업 박람회

[pt] Expo Internacional da Indústria de Big Data da China

[ru] Китайская международная выставка индустрии больших данных

[es] Exposición Industrial de Big Data Internacional de China

15515 《促进大数据发展行动纲要》(中国)

[ar] منهاج تنفيذي لتعزيز تطور البيانات الضخمة (الصين)

[en] Action Plan for Promoting Big Data Development (China)

[fr] Plan d'action pour la promotion du développement des mégadonnées (Chine)

[de] Aktionsplan zur Förderung der Entwicklung von Big Data (China)

[it] Piano d'azione per la promozione dello sviluppo di Big Data (Cina)

[jp] 「ビッグデータ発展促進行動要綱」(中国)

[kr] <빅데이터 발전을 촉진하는 행동 개요>(중국)

[pt] Action Plan for Promoting Big Data Development (China)

[ru] План действий по содействию развитию больших данных (Китай)

[es] Plan de acción para promover el desarrollo de Big Data (China)

15516 国家大数据(贵州)综合试验区

[ar] منطقة تجريبية عامة وطنية (قويتشو) للبيانات الضخمة

[en] National Big Data (Guizhou) Comprehensive Pilot Zone

[fr] Zone pilote nationale des mégadonnées

(Guizhou)

[de] Nationale umfassende (Guizhou) Pilotzone von Big Data

[it] Zona pilota integrata (Guizhou) di Big Data nazionale

[jp] 国家ビックデータ(貴州)総合試験区

[kr] 국가 빅데이터(구이저우) 종합 실험구

[pt] Zona Piloto Abrangente Nacional de Big Data(Guizhou)

[ru] Национальная пилотная зона больших данных (Гуйчжоу)

[es] Zona Piloto Integral Nacional de Big Data (Guizhou)

15517 阿尔法狗围棋机器人

[ar] روبوت أرفجو لويتشي

[en] AlphaGo

[fr] AlphaGo

[de] AlphaGo

[it] AlphaGo

[jp] AlphaGo

[kr] 알파고

[pt] AlphaGo

[ru] AlphaGo

[es] AlphaGo

15518 机器人索菲亚

[ar] روبوت صوفيا

[en] Sophia the robot

[fr] Sophia le robot

[de] Roboter Sophia

[it] Robot Sofia

[jp] ロボットソフィア

[kr] 로봇 소피아

[pt] robô Sophia

[ru] робот София

[es] robot Sofia

15519 "数字一带一路"国际科学计划会议

[ar] مؤتمر عالمي للبرنامج العلمي لـ"الحزام والطريق الرقمي"

[en] Digital Belt and Road Initiative Meeting

[fr] Conférence internationale sur l'initiative « la Ceinture et la Route numériques »

[de] Internationale Konferenz der „Digitaler Gürtel und Digitale Straße"-Initiative

[it] Conferenza di una Cintura e una Via digitale

[jp] 「デジタル一帯一路」国際科学計画会議

[kr] '디지털 일대일로' 국제 과학 행동 계획 회의

[pt] Conferência da Faixa e Rota Digital

[ru] Международная конференция «Цифровой пояс и путь»

[es] Conferencia de la Franja y la Ruta Digital

15520　阿联酋"人工智能国家部长"

[ar] وزير للذكاء الاصطناعي للإمارات العربية المتحدة

[en] Minister of State for Artificial Intelligence (UAE)

[fr] ministre d'État de l'intelligence artificielle (EAU)

[de] Staatsminister für künstliche Intelligenz (VAE)

[it] ministro statale per l'intelligenza artificiale di UAE

[jp] アラブ首長国連邦「人工知能国務大臣」

[kr] 아랍 에미리트 연합 '인공지능 국가 부장'

[pt] Ministro de Estado da Inteligência Artificial dos Emirados Árabes Unidos

[ru] Государственный министр по искусственному интеллекту (ОАЭ)

[es] Ministro de Estado de Inteligencia Artificial (los EAU)

15521　《一般数据保护条例》(欧盟)

[ar] لائحة لحماية البيانات العامة(الاتحاد الأوروبي)

[en] General Data Protection Regulation (EU)

[fr] Règlement général sur la protection des données (UE)

[de] Allgemeine Datenschutzverordnung (EU)

[it] Regolamento generale sulla protezione dei dati (UE)

[jp] 「EU 一般データ保護規則」（EU）

[kr] <일반 개인 정보 보호법>(유럽 연합)

[pt] O Regulamento Geral sobre a Proteção de Dados (UE)

[ru] Общий регламент защиты персональных данных (ЕС)

[es] Reglamento general de protección de datos (UE)

2 大数据战略

2.1 互联网

[ar] الإنترنت

[en] Internet

[fr] Internet

[de] Internet

[it] Internet

[jp] インターネット

[kr] 인터넷

[pt] Internet

[ru] Интернет

[es] Internet

2.1.1 全球化网络

[ar] شبكة العولمة

[en] **Global Network**

[fr] **Réseau mondial**

[de] **Globales Netzwerk**

[it] **Rete globale**

[jp] グローバルネットワーク

[kr] 글로벌 네트워크

[pt] **Rede Global**

[ru] **Глобальная сеть**

[es] **Red Global**

21101　电子数字计算机

[ar] حاسوب رقمي إلكتروني

[en] electronic digital computer

[fr] ordinateur numérique électronique

[de] elektronischer digitaler Computer

[it] computer digitale elettronico

[jp] 電子デジタルコンピュータ

[kr] 전자 디지털 컴퓨터

[pt] computador digital eletrónico

[ru] электронный цифровой компьютер

[es] computadora digital electrónico

21102　局域网

[ar] شبكة محلية

[en] local area network (LAN)

[fr] réseau local

[de] lokales Netzwerk

[it] rete locale

[jp] ローカルエリアネットワーク

[kr] 로컬 네트워크

[pt] rede de área local

[ru] локальная сеть

[es] red de área local

21103　阿帕网

[ar] شبكة مشاريع البحوث المتقدمة

[en] Advanced Research Projects Agency (ARPA) Network

[fr] Réseau de l'Agence des projets de recherche avancée

[de] ARPA-Netzwerk

[it] Rete di agenzia per i progetti di ricerca avanzata

[jp] ARPANET

[kr] 아르파넷

[pt] Rede da Agência para Projetos de

Pesquisa Avançada

[ru] Сеть Управления перспективных исследовательских проектов Министерства обороны США

[es] Red de la Agencia de Proyectos de Investigación Avanzados

21104 美国国家科学基金网

[ar] شبكة الصندوق الأمريكي القومي للعلوم

[en] National Science Foundation Network (USA)

[fr] Réseau de la Fondation nationale pour la science (États-Unis)

[de] Nationales Netzwerk für Wissenschaftsstifung (USA)

[it] Rete della fondazione nazionale per la scienza (US)

[jp] 全米科学財団ネットワーク

[kr] 국립과학재단망(미국)

[pt] Fundação Nacional de Ciência (EUA)

[ru] Сеть Национального научного фонда (США)

[es] Red de la Fundación Nacional para la Ciencia (EE.UU.)

21105 关键信息基础设施

[ar] بنية تحتية للمعلومات المحورية

[en] critical information infrastructure

[fr] infrastructure d'information critique

[de] Schlüsselinformationsinfrastruktur

[it] infrastruttura di informazione critica

[jp] 重要情報インフラ

[kr] 핵심정보 인프라

[pt] infraestrutura de informações críticas

[ru] критическая информационная инфраструктура

[es] infraestructura de información crítica

21106 信息高速公路

[ar] طريق سريع للمعلومات

[en] information highway

[fr] autoroute de l'information

[de] Informationsautobahn

[it] autostrada dell'informazione

[jp] 情報ハイウェイ

[kr] 정보 고속도로

[pt] auto-estrada de informação

[ru] информационная магистраль

[es] autopista de la información

21107 根域名服务器

[ar] خادم اسم الجذر

[en] root name server

[fr] serveur racine de noms

[de] Root-Nameserver

[it] root name server

[jp] ルートネームサーバー

[kr] 루트 네임 서버

[pt] servidor-raiz

[ru] корневой сервер доменных имен

[es] servidor de nombres raíz

21108 互联网骨干直联点

[ar] نقطة اتصال مباشر للعمود الفقري للإنترنت

[en] Internet backbone direct access point

[fr] point de connexion directe de dorsale Internet

[de] direkter Internet-Backbone-Verbindungspunkt

[it] punto di connessione diretta dorsale Internet

[jp] インターネットバックボーンの直接連結点

[kr] 인터넷 백본 직접연결점

[pt] ponto de conexão direta da espinha dorsal da Internet

[ru] точки прямого подключения к магистрали Интернета

[es] Punto de conexión directa a la red troncal de Internet

21109 国际出口带宽

[ar] عرض النطاق للتصدير الدولي

[en] international Internet bandwidth

[fr] bande passante internationale

[de] internationale Internetbandbreite

[it] larghezza di banda di esportazione internazionale

[jp] 国際輸出带域幅

[kr] 국제 수출 대역폭

[pt] largura de banda da exportação internacional

[ru] пропускная способность международной интернет-связи

[es] ancho de banda de exportación internacional

21110 新一代信息技术

[ar] جيل جديد من تكنولوجيا المعلومات

[en] new-generation information technology

[fr] nouvelle génération de technologies de l'information

[de] Informationstechnik neuer Generation

[it] nuova generazione di tecnologia dell'informazione

[jp] 次世代情報技術

[kr] 차세대 정보 기술

[pt] nova geração de tecnologia da informação

[ru] новое поколение информационных технологий

[es] tecnología de la información de nueva generación

21111 云计算

[ar] حوسبة سحابية

[en] cloud computing

[fr] informatique en nuage

[de] Cloud-Computing

[it] cloud computing

[jp] クラウドコンピューティング

[kr] 클라우드 컴퓨팅

[pt] computação em nuvem

[ru] облачные вычисления

[es] computación en la nube

21112 物联网

[ar] إنترنت الأشياء

[en] Internet of Things (IoT)

[fr] Internet des objets

[de] Internet der Dinge

[it] Internet delle cose

[jp] モノのインターネット

[kr] 사물 인터넷

[pt] Internet das Coisas

[ru] Интернет вещей

[es] Internet de las cosas

21113 智能终端

[ar] نهاية طرفية ذكية

[en] intelligent terminal

[fr] terminal intelligent

[de] intelligentes Terminal

[it] terminale intelligente

[jp] インテリジェント端末

[kr] 스마트 단말

[pt] terminal inteligente

[ru] умный терминал

[es] terminal inteligente

21114 3A革命

[ar] ثورة 3A: أتمتة مصنع، أتمتة المكاتب وأتمتة المنزل

[en] 3A revolution: factory automation, office automation and home automation

[fr] Révolution 3A : automatisation d'usine, automatisation de bureautique et automatisation de domotique

[de] 3A-Revolution (Fabrikautomation, Büroautomation und Heimautomation)

[it] Rivoluzione 3A: automazione industriale, automazione degli uffici e automazione domotica

[jp] 3A 革命

2.1

[kr] 공장 자동화, 사무실 자동화, 주택 자동
화(3A)혁명

[pt] revolução 3A: automatização de
fábrica, automatização de escritório e
automatização residencial

[ru] революция 3A: автоматизация
производства, автоматизация офиса и
автоматизация дома

[es] la Revolución 3A: automatización de
fábricas, automatización de oficinas y
automatización doméstica

21115 3C革命

[ar] ثورة 3C: الكمبيوتر، التحكم والاتصالات

[en] 3C revolution: computer, control and
communication

[fr] Révolution 3C : ordinateur, contrôle et
communication

[de] 3C-Revolution (Computer, Kontrolle
und Kommunikation)

[it] Rivoluzione 3C: computer, controllo e
comunicazione

[jp] 3C 革命

[kr] 컴퓨터, 제어, 커뮤니케이션(3C)혁명

[pt] revolução 3C:computador,controlo e
comunicação

[ru] революция 3К: компьютер, контроль и
коммуникация

[es] la Revolución 3C: computadora, control
y comunicación

21116 5G革命

[ar] ثورة 5G

[en] 5G revolution

[fr] Révolution 5G

[de] Revolution der fünften Generation

[it] Rivoluzione 5G

[jp] 5G 革命

[kr] 5G혁명

[pt] revolução 5G

[ru] революция 5G: связь пятого

поколения

[es] la Revolución 5G

21117 太空互联网

[ar] إنترنت الفضاء

[en] space Internet

[fr] Internet de l'espace

[de] Raum-Internet

[it] Internet spaziale

[jp] 宇宙インターネット

[kr] 우주 인터넷

[pt] Internet no espaço

[ru] космический Интернет

[es] Internet del espacio

21118 空基互联网平台

[ar] منصة الإنترنت الفضائية

[en] space-based Internet platform

[fr] plate-forme Internet basée sur l'espace

[de] weltraumgestützte Internetplattform

[it] piattaforma Internet basata sullo spazio

[jp] 宇宙ベースのインターネットプラット
フォーム

[kr] 공간 기반 인터넷 플랫폼

[pt] plataforma da Internet baseada no espaço

[ru] космическая интернет-платформа

[es] plataforma de Internet basada en el
espacio

21119 网络经济

[ar] اقتصاد الشبكة

[en] network economy

[fr] économie des réseaux

[de] Netzwerkökonomie

[it] economia di rete

[jp] ネットワーク経済

[kr] 네트워크 경제

[pt] economia de rede

[ru] сетевая экономика

[es] economía en red

21120 空间复用技术

[ar] تقنية تعدد الإرسال الفضائي

[en] spatial multiplexing

[fr] multiplexage spatial

[de] räumliches Multiplexing

[it] multiplazione spaziale

[jp] 空間多重化技術

[kr] 공간 다중화

[pt] multiplexação espacial

[ru] пространственное мультиплексирование

[es] multiplexación espacial

2.1.2 信息社会

[ar] **مجتمع المعلومات**

[en] **Information Society**

[fr] **Société de l'information**

[de] **Informationsgesellschaft**

[it] **Società dell'informazione**

[jp] **情報化社会**

[kr] **정보 사회**

[pt] **Sociedade da Informação**

[ru] **Информационное общество**

[es] **Sociedad de la Información**

21201 信息垄断

[ar] احتكار المعلومات

[en] information monopoly

[fr] monopole de l'information

[de] Informationsmonopol

[it] monopolio dell'informazione

[jp] 情報独占

[kr] 정보 독점

[pt] monopólio da informação

[ru] информационная монополия

[es] monopolio de información

21202 数字鸿沟

[ar] فجوة رقمية

[en] digital divide

[fr] fracture numérique

[de] digitale Kluft

[it] divario digitale

[jp] 情報格差

[kr] 정보 격차

[pt] fosso digital

[ru] цифровой разрыв

[es] brecha digital

21203 信任鸿沟

[ar] فجوة الثقة

[en] trust gap

[fr] écart de confiance

[de] Vertrauenslücke

[it] divario di fiducia

[jp] 信頼格差

[kr] 신뢰 격차

[pt] fosso de confiança

[ru] разрыв доверия

[es] brecha de confianza

21204 网络即传媒

[ar] شبكة بمثابة الوسائط الإعلامية

[en] Internet as a Network of Communication

[fr] réseau en tant que média

[de] Internet als Kommunikationsnetzwerk

[it] rete come media

[jp] メディアとしてのネットワーク

[kr] 네트워크 즉 미디어

[pt] Rede como Média

[ru] Интернет как сеть коммуникации

[es] Internet como Medio de Comunicación

21205 地球村

[ar] قرية عالمية

[en] global village

[fr] village planétaire

[de] Globales Dorf

[it] vilaggio globale

[jp] 地球村

[kr] 지구촌

[pt] aldeia global

[ru] глобальная деревня

[es] aldea global

21206　三元世界

[ar] عالم ثلاثي القطبية يتكون من ثلاثة أبعاد للجيولوجيا والإنسانية والمعلومات

[en] ternary world (consisted of physical space, human space and information space)

[fr] monde ternaire composé des trois dimensions de la géologie, de l'humanité et de l'information

[de] aus drei Dimensionen von Geologie, Menschlichkeit und Information bestehende Ternäre Welt

[it] mondo ternario (costruito da tre dimensioni di geologia, umanità e informazione)

[jp] 三元世界(地理・人文・情報)

[kr] 삼원의 세계

[pt] mundo em três dimensões

[ru] троичный мир (состоящий из трех измерений геологии, человечества и информации)

[es] palabra ternaria que consiste en tres dimensiones de geología, humanidad e información

21207　轻装信息化

[ar] معلوماتية خفيفة الوزن

[en] lightweight informatization

[fr] information légère

[de] leichte Informatisierung

[it] informazioni leggere

[jp] ライトウェイト情報化

[kr] 경량 정보화

[pt] informatização leve

[ru] легковесная информатизация

[es] información ligera

21208　信息生产力

[ar] إنتاجية المعلومات

[en] information productivity

[fr] productivité de l'information

[de] Informationsproduktivität

[it] produttività delle informazioni

[jp] 情報生産力

[kr] 정보 생상력

[pt] produtividade da informação

[ru] производительность информации

[es] productividad de la información

21209　数字化企业

[ar] مؤسسة رقمية

[en] digital enterprise

[fr] entreprise numérique

[de] digitales Unternehmen

[it] impresa digitale

[jp] デジタル化企業

[kr] 디지털화 기업

[pt] empresas digitais

[ru] цифровое предприятие

[es] empresa digital

21210　价值交换

[ar] تبادل القيمة

[en] exchange of value

[fr] échange de valeur

[de] Austausch von Wert

[it] scambio di valore

[jp] 価値交換

[kr] 가치 교환

[pt] intercâmbio do valor

[ru] обмен ценностями

[es] intercambio de valor

21211　双花问题

[ar] إنفاق مزدوج

[en] double-spending

[fr] double dépense

[de] doppelte Ausgaben

2.1

[it] problema di doppia spesa
[jp] 二重払い問題
[kr] 이중 사용 문제
[pt] gasto duplo
[ru] двойная трата
[es] doble gasto

21212 数字生态系统

[ar] نظام البيئة الرقمية
[en] digital ecosystem
[fr] écosystème numérique
[de] digitales Ökosystem
[it] ecosistema digitale
[jp] デジタルエコシステム
[kr] 디지털 생태계
[pt] ecossistema digital
[ru] цифровая экосистема
[es] ecosistema digital

21213 数字化生存

[ar] بقاء رقمي
[en] digital subsistence
[fr] existence numérique
[de] digitale Existenz
[it] sussistenza digitale
[jp] ビーイング・デジタル
[kr] 디지털화 생존
[pt] subsistência digital
[ru] цифровая жизнь
[es] subsistencia digital

21214 数字原住民

[ar] متأصل البيانات
[en] digital natives
[fr] enfant du numérique
[de] digitale Eingeborene
[it] nativi digitali
[jp] デジタル原住民
[kr] 디지털 원주민
[pt] nativos digitais
[ru] цифровые аборигены

[es] nativos digitales

21215 多中心耗散结构

[ar] هيكل تبديد متعدد المراكز
[en] multi-center dissipative structure
[fr] structure dissipative multicentrique
[de] multizentrische dissipative Struktur
[it] struttura dissipativa di multicentro
[jp] 多中心散逸構造
[kr] 멀티센터 산일 구조
[pt] sistema dissipativo multicêntrica
[ru] многоцентровая диссипативная структура
[es] estructura disipativa multicéntrica

21216 网络中立

[ar] حيادية الشبكة
[en] network neutrality
[fr] neutralité du réseau
[de] Netzneutralität
[it] neutralità della rete
[jp] ネットワーク中立性
[kr] 네트워크 중립
[pt] neutralidade da rede
[ru] сетевой нейтралитет
[es] neutralidad de red

21217 网络赋权

[ar] تمكين الشبكة
[en] network empowerment
[fr] autonomisation par le réseau
[de] Netzwerk-Ermächtigung
[it] abilitazione della rete
[jp] ネットワークエンパワーメント
[kr] 네트워크 권한 부여
[pt] capacidação na Internet
[ru] расширение возможностей сети
[es] empoderamiento en la red

21218 信息数字化

[ar] رقمنة المعلومات

2.1

[en] information digitization
[fr] numérisation de l'information
[de] Digitalisierung von Informationen
[it] digitalizzazione delle informazioni
[jp] 情報のデジタル化
[kr] 정보 디지털화
[pt] digitalização da informação
[ru] оцифровка информации
[es] digitalización de información

21219 三网融合
[ar] اندماج الشبكات الثلاث
[en] triple-network convergence
[fr] convergence des trois réseaux
[de] Integration von drei Netzwerken (Telekommunikation, Computernetzwerk und Kabelfernsehen)
[it] convergenza su tre reti
[jp] トリプルネットワークの融合
[kr] 3 망 융합
[pt] convergência de rede tripla
[ru] слияние трех сетей
[es] convergencia de redes triples

21220 智能互联网
[ar] إنترنت ذكي
[en] smart Internet
[fr] Internet intelligent
[de] intelligentes Internet
[it] Internet intelligente
[jp] スマートインターネット
[kr] 스마트 인터넷
[pt] Internet inteligente
[ru] умный Интернет
[es] Internet inteligente

2.1.3 互联网 +
[ar] الإنترنت +
[en] **Internet Plus**
[fr] **Internet Plus**
[de] **Internet Plus**

[it] **Internet Plus**
[jp] インターネットプラス
[kr] 인터넷 +
[pt] **Internet Plus**
[ru] **Интернет Плюс**
[es] **Internet Plus**

21301 创新驱动
[ar] تحريك إبداعي
[en] innovation-driven
[fr] développement par l'innovation
[de] Innovationsgetrieben
[it] guidata dall'innovazione
[jp] イノベーション駆動
[kr] 혁신 구동
[pt] motriz da inovação
[ru] активация инновационной деятельности
[es] impulsado por la innovación

21302 数字转型
[ar] تحول رقمي
[en] digital transformation
[fr] transformation numérique
[de] digitale Transformation
[it] trasformazione digitale
[jp] デジタルトランスフォーメーション
[kr] 디지털화 전형
[pt] transformação digital
[ru] цифровое преобразование
[es] transformación digital

21303 多屏时代
[ar] عصر متعدد الشاشات
[en] multi-screen era
[fr] ère multi-écrans
[de] Multi-Screen-Ära
[it] era multischermo
[jp] マルチスクリーン時代
[kr] 멀티스크린 시대
[pt] era multi-tela

[ru] многоэкранная эпоха

[es] era multipantalla

21304　TMT产业

[ar] صناعة التكنولوجيا والإعلام والاتصالات

[en] technology, media and telecom (TMT) industry

[fr] industrie TMT (technologies, médias et télécommunications)

[de] Technologie-, Medien- und Telekommunikationsindustrie

[it] settori di tecnologia, media e telecomunicazione (TMT)

[jp] TMT 産業

[kr] TMT 산업

[pt] indústria de tecnologia, média e telecomunicações

[ru] сектор технологий, медиа и телекоммуникаций

[es] sectores de tecnología, medios y telecomunicaciones

21305　智能制造 2025

[ar] صنع ذكي 2025

[en] Intelligent Manufacturing 2025

[fr] Fabrication intelligente 2025

[de] Intelligente Fertigung 2025

[it] Produzione intelligente 2025

[jp] インテリジェント製造 2025

[kr] 스마트 제조 2025

[pt] Fabricação Inteligente 2025

[ru] Интеллектуальное производство 2025

[es] Manufactura Inteligente 2025

21306　全渠道销售模式

[ar] نمط التسويق متعدد القنوات

[en] omni-channel retailing

[fr] commerce de détail omnicanal

[de] Alle-Kanäle-Vertriebsmodell

[it] vendita al dettaglio omnicanale

[jp] オムニチャネル販売モデル

[kr] 다채널 소매업 모델

[pt] venda omni-channel

[ru] омниканальная модель торговли

[es] comercio minorista omnicanal

21307　无界零售

[ar] تجارة التجزئة اللاحدودية

[en] unbounded retail

[fr] vente au détail sans limite

[de] unbegrenzter Einzelhandel

[it] vendita al dettaglio illimitata

[jp] 無境界小売

[kr] 무경계 소매

[pt] venda a retalho ilimitada

[ru] неограниченная розничная торговля

[es] comercio minorista sin límites

21308　跨境电商

[ar] تجارة إلكترونية عابرة للحدود

[en] cross-border e-commerce

[fr] commerce électronique transfrontalier

[de] grenzüberschreitender E-Commerce

[it] commercio elettronico transfrontaliero

[jp] 越境 EC

[kr] 크로스보더 전자상거래

[pt] comércio electrónico transfronteiriço

[ru] трансграничная электронная торговля

[es] comercio electrónico transfronterizo

21309　智慧供应链

[ar] سلسلة التزويد الذكية

[en] intelligent supply chain

[fr] chaîne d'approvisionnement intelligente

[de] intelligente Lieferkette

[it] catena di approvvigionamento intelligente

[jp] スマートサプライチェーン

[kr] 스마트 공급 사슬

[pt] cadeia de fornecimento inteligente

[ru] интеллектуальная цепочка поставок

[es] cadena de suministro inteligente

2.1

21310 消费互联网

[ar] إنترنت الاستهلاك

[en] consumer Internet

[fr] Internet de consommation

[de] konsumentenorientuertes Internet

[it] Internet delle cose di consumo

[jp] 消費インターネット

[kr] 소비 인터넷

[pt] Internet das coisas do consumidor

[ru] Интернет для потребителей

[es] Internet de consumo

21311 云商业

[ar] تجارة سحابية

[en] business in cloud

[fr] commerce en nuage

[de] Cloud-Commerce

[it] commercio nel cloud

[jp] クラウドビジネス

[kr] 클라우드 비즈니스

[pt] negócio na nuvem

[ru] облачный бизнес

[es] comercio en la nube

21312 O2O线上线下一体化

[ar] توحيد ما على الإنترنت وما غير متصل به

[en] Online to Offline

[fr] En ligne à hors ligne

[de] Online to Offline

[it] Online To Offline

[jp] O2Oオンライン・ツー・オフライン

[kr] O2O 온라인 및 오프라인 일체화

[pt] uniformização O2O de Online para Offline

[ru] интеграция онлайн и оффлайн

[es] en línea a fuera de línea

21313 移动电子商务

[ar] تجارة إلكترونية متنقلة

[en] mobile e-commerce

[fr] commerce électronique mobile

[de] mobiler E-Commerce

[it] e-commerce mobile

[jp] モバイルEコマース

[kr] 모바일 전자상거래

[pt] comércio electrónico móvel

[ru] мобильная электронная коммерция

[es] comercio electrónico móvil

21314 "云端制"组织

[ar] منظمات قائمة على نظام السحابة

[en] cloud-centric organization

[fr] organisation centrée sur le nuage

[de] Cloud-zentrierte Organisation

[it] organizzazione cloud-centrico

[jp] 「クラウドセントリック」組織

[kr] '클라우드 중심' 조직

[pt] organização "Concentração na Nuvem"

[ru] облако-ориентированная организация

[es] organización de nube céntrica

21315 电子政务

[ar] شؤون حكومية إلكترونية

[en] e-government

[fr] administration électronique

[de] elektronische Regierungsangelegenheiten

[it] affari governativi elettronici

[jp] 電子政務

[kr] 전자 정무

[pt] governação eletrónica

[ru] электронные правительственные услуги

[es] servicios gubernamentales electrónicos

21316 远程医疗

[ar] تطبيب عن بعد

[en] telemedicine

[fr] télémédecine

[de] Fernmedizin

[it] telemedicina

[jp] 遠隔医療

[kr] 원격 의료
[pt] telemedicina
[ru] телемедицина
[es] telemedicina

21317　在线教育
[ar] تعليم عبر الإنترنت
[en] online education
[fr] éducation en ligne
[de] Online-Bildung
[it] formazione online
[jp] オンライン教育
[kr] 온라인 교육
[pt] educação online
[ru] онлайн-образование
[es] educación en línea

21318　能源互联网
[ar] إنترنت الطاقة
[en] energy Internet
[fr] Internet de l'énergie
[de] Energie-Internet
[it] Internet dell'energia
[jp] エネルギーインターネット
[kr] 에너지 인터넷
[pt] Internet da energia
[ru] энергетический Интернет
[es] Internet de la energía

21319　UGC模式
[ar] نمط UGC
[en] user-generated content (UGC) model
[fr] modèle UGC (contenu généré par l'utilisateur)
[de] UGC-Modell (Nutzererzeugter-Inhalt-Modell)
[it] modello di contenuto generato dagli utenti
[jp] UGCモデル
[kr] 사용자 생성 콘텐츠(UGC) 모델
[pt] modelo de conteúdo gerado pelo usuário

[ru] модель пользовательского контента
[es] modelo de contenido generado por el usuario

21320　PGC盈利模式
[ar] نموذج PGC لكسب الربح
[en] professionally-generated content (PGC) profit model
[fr] modèle de profit PGC (contenu généré par les professionnels)
[de] PGC-Gewinnmodell (Gewinnmodell für professionell erstellte Inhalte)
[it] modello di profitto PGC
[jp] PGC 収益モデル
[kr] PGC 수익 모드
[pt] modelo de lucro para o conteúdo gerado pelo profissional
[ru] модель прибыли для профессионально сгенерированного контента
[es] modelo de beneficio para contenido generado profesionalmente

21321　OTT业务
[ar] أعمال OTT
[en] over-the-top (OTT) service
[fr] service par contournement
[de] OTT-Geschäft
[it] servizio over-the-top
[jp] OTT 事業
[kr] OTT 업무
[pt] serviços OTT
[ru] OTT-услуги
[es] servicio OTT

2.1.4　网络强国
[ar] دولة قوية الشبكة
[en] **Cyber Power**
[fr] **Cyberpuissance**
[de] **Starke Internetnation**
[it] **Potenza di rete**
[jp] **インターネット強国**

[kr] 사이버 강국
[pt] **Poder Cibernético**
[ru] **Киберсила**
[es] **Potencias Cibernéticas**

21401 全球脉动
[ar] نبض عالمي
[en] Global Pulse
[fr] initiative Global Pulse
[de] Globaler Puls
[it] Impulso globale
[jp] グローバルパルス
[kr] 글로벌 펄스
[pt] Pulso Mundial
[ru] Глобальный пульс
[es] Pulso Global

21402 数字地球
[ar] أرض رقمية
[en] Digital Earth
[fr] Terre numérique
[de] Digitale Erde
[it] terra digitale
[jp] デジタル地球
[kr] 디지털 지구
[pt] terra digital
[ru] Цифровая Земля
[es] Tierra Digital

21403 数字中国
[ar] الصين الرقمية
[en] Digital China
[fr] Chine numérique
[de] Digitales China
[it] Cina digitale
[jp] デジタル中国
[kr] 디지털 중국
[pt] China Digital
[ru] Цифровой Китай
[es] China Digital

21404 宽带中国
[ar] الصين عريضة الشبكة
[en] Broadband China Strategy
[fr] stratégie « Chine à haut débit »
[de] Breitband-China-Strategie
[it] Cina banda larga
[jp] ブロードバンド中国
[kr] 광대역 중국
[pt] Banda Larga da China
[ru] Стратегия «Широкополосный Китай»
[es] Estrategia de Banda Ancha China

21405 电信普遍服务
[ar] خدمة عامة للاتصالات
[en] universal telecommunication service
[fr] service de télécommunication universel
[de] universeller Telekommunikationsdienst
[it] servizio universale di telecomunicazione
[jp] 電気通信サービス
[kr] 보편적 통신 서비스
[pt] serviço universal de telecomunicação
[ru] универсальные телекоммуникационные услуги
[es] servicios universales de telecomunicaciones

21406 自主可控战略
[ar] استراتيجية السيطرة الذاتية
[en] self-reliance strategy
[fr] stratégie d'autosuffisance
[de] Selbstständigkeitsstrategie
[it] strategia di autosufficienza
[jp] 自主制御可能戦略
[kr] 자주 제어가능 전략
[pt] estratégia de autoconfiança
[ru] стратегия самообеспечения
[es] estrategia autónoma y controlable

21407 国家基础数据资源库(中国)
[ar] قاعدة موارد البيانات الأساسية الوطنية (الصين)
[en] national basic data repository (China)

[fr] base de ressources des données
fondamentales (Chine)

[de] Nationales Basisdatenachiv (China)

[it] base di risorse dei dati fondamentali
nazionali (Cina)

[jp] 国家インフラデータベース(中国)

[kr] 국가 기초 빅데이터베이스(중국)

[pt] base nacional dos recursos de dados
básicos (China)

[ru] национальная база основных данных
(Китай)

[es] repositorio nacional de datos básicos
(China)

21408 国家空间数据基础设施

[ar] بنية تحتية للبيانات الفضائية الوطنية

[en] national spatial data infrastructure
(NSDI)

[fr] infrastructure nationale des données
spatiales

[de] Nationale Geodateninfrastruktur

[it] infrastruttura di dati spaziali nazionali

[jp] 国家空間データインフラストラクチャ

[kr] 국가 공간 데이터 인프라

[pt] infraestrutura nacioanl dos dados
espaciais

[ru] национальная инфраструктура
пространственных данных

[es] infraestructura nacional de datos
espaciales

21409 全光网 2.0

[ar] شبكات بصرية كلية 2.0

[en] Optical Networking 2.0

[fr] Réseau optique 2.0

[de] Optische Vernetzung 2.0

[it] Rete ottica 2.0

[jp] 光ネットワーク 2.0 時代

[kr] 전광전송망 2.0

[pt] Rede Óptica 2.0

[ru] Оптическая сеть 2.0

[es] Red Óptica 2.0

21410 网络空间国际战略(美国)

[ar] استراتيجية دولية للفضاء السيبراني (الولايات
المتحدة)

[en] International Strategy for Cyberspace
(USA)

[fr] Stratégie internationale sur le
cyberespace (États-Unis)

[de] Internationale Strategie für den Cyber-
space (USA)

[it] Strategia internazionale per il cyber-
spazio (US)

[jp] サイバー空間の国際戦略(アメリカ)

[kr] <사이버 공간 국제 전략>(미국)

[pt] Estratégia Internacional para o
Ciberespaço (EUA)

[ru] Международная стратегия
киберпространства (США)

[es] Estrategia Internacional para el
Ciberespacio (EE.UU.)

21411 数字包容计划(英国)

[ar] برنامج الشمول الرقمي(بريطانيا)

[en] Digital Inclusion Programme (UK)

[fr] Programme d'inclusion numérique
(Royaume-Uni)

[de] Programm für Digitale Inklusivität (UK)

[it] Programma di inclusione digitale (UK)

[jp] デジタルインクルージョンプログラム
(イギリス)

[kr] 디지털 포용 정책(영국)

[pt] programa de inclusão digital (Reino
Unido)

[ru] Программа цифрового включения
(Великобритания)

[es] Programa de Inclusión Digital (Reino
Unido)

21412 全民信息技术(英国)

[ar] تكنولوجيا المعلومات لعامة الشعب (بريطانيا)

[en] IT for all (UK)

[fr] Technologie de l'information pour tous
      (Royaume-Uni)

[de] IT für alle (UK)

[it] IT per tutti (UK)

[jp] 全民IT（イギリス）

[kr] 전민 정보기술(영국)

[pt] TI para todos (Reino Unido)

[ru] ИТ для всех (Великобритания)

[es] TI para todos (Reino Unido)

21413 网业分离（英国）

[ar] فصل الشبكة عن الأعمال (بريطانيا)

[en] separation of telecommunication
      networks (UK)

[fr] séparation des réseaux de
      télécommunication (Royaume-Uni)

[de] Trennung der Netzwerkinfrastruktur
      vom Netzwerkgeschäft (UK)

[it] separazione delle reti di
      telecomunicazione (UK)

[jp] 通信用と業務用のネットワークとの分
      割(イギリス)

[kr] 통신용과 업무용 네트워크의 분리(영국)

[pt] separação de redes de telecomunicações
      (Reino Unido)

[ru] сепарация телекоммуникационных
      сетей (Великобритания)

[es] separación funcional de redes de
      telecomunicaciones (Reino Unido)

21414 云计算行动计划（德国）

[ar] خطة عمل الحوسبة السحابية (ألمانيا)

[en] Cloud Computing Action Program
      (Germany)

[fr] Plan d'action pour l'informatique en
      nuage (Allemagne)

[de] Aktionsprogramm Cloud Computing
      (Deutschland)

[it] Programma d'azione per il cloud
      computing (Germania)

[jp] クラウドコンピューティング行動計画
      （ドイツ）

[kr] 클라우드 컴퓨팅 행동 계획(독일)

[pt] Programa de Ação de Computação em
      Nuvem (Alemanha)

[ru] Программа действий по облачным
      вычислениям (Германия)

[es] Plan de Acción de Computación en la
      Nube (Alemania)

21415 电子欧洲（欧盟）

[ar] أوروبا الإلكترونية (الاتحاد الأوروبي)

[en] Digital Europe Programme (EU)

[fr] Programme pour une Europe numérique
      (UE)

[de] Programm „Digitales Europa" (EU)

[it] Programma Europa digitale (UE)

[jp] デジタル・ヨーロッパプログラム(EU)

[kr] 디지털 유럽 계획(유럽 연합)

[pt] Programa Europa Digital (UE)

[ru] Программа «Цифровая Европа» (ЕС)

[es] Programa Europa Digital (UE)

21416 欧洲地平线

[ar] أفق أوروبا

[en] Horizon Europe Initiative

[fr] Horizon Europe

[de] Horizont Europa

[it] Orizzonte Europa

[jp] ホライズン・ヨーロッパ

[kr] 지평선 유럽 이니셔티브(유럽 연합)

[pt] Horizonte Europa

[ru] Программа «Горизонт Европа»

[es] Iniciativa de Horizonte Europa

21417 移动黑点（澳大利亚）

[ar] نقطة سوداء متحركة (أستراليا)

[en] Mobile Black Spot Program (Australia)

[fr] Programme « Point noir mobile »
      (Australie)

[de] Mobiler schwarzer Fleck (Australien)

[it] Programma Black spot (Australia)

[jp] モバイルブラックスポット(オースト
ラリア)

[kr] 모바일 블랙 스팟 프로그램(오스트레일
리아)

[pt] Programa Ponto Preto Móvel (Austrália)

[ru] Программа Mobile Black Spot
(Австралия)

[es] Programa de Punto Negro Móvil
(Australia)

21418　数字印度

[ar] الهند الرقمية

[en] Digital India Programme

[fr] Inde numérique

[de] Digitales Indien-Programm

[it] India digitale

[jp] デジタルインド

[kr] 디지털 인디아

[pt] Índia Digital

[ru] Программа «Цифровая Индия»

[es] India digital

21419　数字加拿大 150 计划

[ar] خطة 150 لكندا الرقمية

[en] Digital Canada 150 Strategy

[fr] Canada numérique 150

[de] Digital Canada 150

[it] Canada digitale 150

[jp] デジタルカナダ 150

[kr] 디지털 캐나다 150 프로젝트

[pt] Canadá Digital 150

[ru] Стратегия «Цифровая Канада 150»

[es] Estrategia de Canadá Digital 150

21420　高度信息网络社会(日本)

[ar] مجتمع شبكة المعلومات والاتصالات المتقدمة
(اليابان)

[en] advanced information and
telecommunications network society
(e-Japan, u-Japan, i-Japan)

[fr] société avancée des réseaux
d'information et de télécommunications
(Japon)

[de] Gesellschaft für fortgeschrittene Infor-
mations- und Telekommunikationsnetze
(e-Japan, u-Japan, i-Japan) (Japan)

[it] società di informazione e
telecomunicazione (Giappone)

[jp] 高度情報通信ネットワーク社会(日本)

[kr] 고도 정보 통신 네트워크 사회(일본)

[pt] sociedade de Informações avançadas e
rede de telecomunicações (Japão)

[ru] общество передовых
информационных и
телекоммуникационных сетей
(Япония)

[es] Sociedad de las Redes de Información y
Telecomunicaciones Avanzadas (Japón)

21421　U型网络构建(新加坡)

[ar] بناء شبكة من نوع u (سنغافورة)

[en] building of ubiquitous network
(Singapore)

[fr] construction d'un réseau ubiquitaire
(Singapour)

[de] Aufbau des U-förmigen Netzwerks (Sin-
gapur)

[it] costruzione di reti a forma di U
(Singapore)

[jp] Ｕ字型ネットワーク構築(シンガポー
ル)

[kr] u형 네트워크 구축(싱가포르)

[pt] criação de U-Net (Singapura)

[ru] формирование повсеместной сети
(Сингапур)

[es] construcción de red ubicua (Singapur)

21422　Internet.org计划

[ar] برنامج Internet.org

[en] Internet.org Initiative

[fr] Projet Internet.org

[de] Plan von Internet.org
[it] cellulare Internet.org
[jp] Internet.org 計画
[kr] 인터넷닷오그 프로젝트
[pt] plano Internet.org
[ru] план Internet.org
[es] plan de Internet.org

21423 谷歌气球
[ar] بالون جوجل
[en] Project Loon (Google)
[fr] Projet « Loon » de Google
[de] Projekt Loon (Google)
[it] Progetto Loon
[jp] プロジェクト ルーン
[kr] 프로젝트 룬
[pt] Google Balloon
[ru] Проект Loon (Google)
[es] Proyecto Loon (Google)

21424 空白频谱
[ar] طيف أبيض
[en] White Spaces
[fr] Espace blanc
[de] Leerraum-Spektrum
[it] Fascia bianca
[jp] ホワイトスペース
[kr] 화이트스페이스
[pt] Espectro em Branco
[ru] Пустые частоты
[es] Espacio en Blanco

21425 全球WiFi热点网络
[ar] شبكة عالمية لهوت سبوت الواي فاي
[en] global WiFi hotspot network
[fr] réseau hotspot mondial
[de] globales WiFi-Hotspot-Netzwerk
[it] rete globale di hotspot WiFi
[jp] グローバルWiFiホットスポットネットワーク
[kr] 글로벌 WiFi 핫스팟 네트워크

[pt] rede global de hotspot Wi-Fi
[ru] глобальная сеть беспроводного доступа
[es] red global de puntos de acceso Wi-Fi

2.1.5 网络空间
[ar] الفضاء السيبراني
[en] **Cyberspace**
[fr] **Cyberespace**
[de] **Cyberspace**
[it] **Cyber-spazio**
[jp] サイバー空間
[kr] 사이버 공간
[pt] **Ciberespaço**
[ru] **Киберпространство**
[es] **Ciberespacio**

21501 第五疆域
[ar] الإقليم الخامس
[en] the fifth territory
[fr] cinquième territoire
[de] das fünfte Territorium
[it] quinto territorio
[jp] 第五域
[kr] 제 5 강역
[pt] quinto território (território digital)
[ru] пятая территория
[es] el quinto territorio

21502 网络空间命运共同体
[ar] مجتمع المصير المشترك للفضاء السيبراني
[en] community with a shared future in cyberspace
[fr] communauté de destin commun dans le cyberespace
[de] Schicksalsgemeinschaft mit einer geteilten Zukunft im Cyberspace
[it] comunità di futuro condiviso nel cyber-spazio
[jp] サイバー空間における運命共同体
[kr] 사이버 공간 운명 공동체

[pt] comunidade de destino compartilhado
no ciberespaço

[ru] сообщество с единой судьбой в
киберпространстве

[es] comunidad de futuro compartido en
ciberespacio

21503　国家网络空间安全战略(中国)

[ar] استراتيجية الأمن الوطني للفضاء السيبراني (الصين)

[en] National Cyberspace Security Strategy
(China)

[fr] Stratégie nationale de sécurité de
cyberespace (Chine)

[de] Nationale Cyberspace-Sicherheitsstra-
tegie (China)

[it] Strategia nazionale di sicurezza del
cyber-spazio (Cina)

[jp] 国家サイバー空間セキュリティ戦略
(中国)

[kr] 국가 사이버 안보 전략(중국)

[pt] Estratégia Nacional de Segurança
Ciberespacial (China)

[ru] Национальная стратегия безопасности
киберпространства (Китай)

[es] Estrategia Nacional de Seguridad de
Ciberespacio (China)

21504　网络空间国际合作战略(中国)

[ar] استراتيجية التعاون الدولي للفضاء السيبراني (الصين)

[en] International Strategy of Cooperation on
Cyberspace (China)

[fr] Stratégie de coopération internationale
sur le cyberespace (Chine)

[de] Internationale Strategie der Zusammen-
arbeit im Cyberspace (China)

[it] Strategia internazionale di cooperazione
sul cyber-spazio (Cina)

[jp] サイバー空間の国際協力戦略(中国)

[kr] 사이버 공간 국제 협력 전략(중국)

[pt] Estratégia Internacional da Cooperação
no Ciberespaço (China)

[ru] Стратегия международного
сотрудничества в киберпространстве
(Китай)

[es] Estrategia Internacional de Cooperación
de Ciberespacio (China)

21505　信息安全国际准则

[ar] قواعد دولية لأمن المعلومات

[en] international principles for information
security

[fr] règle internationale de sécurité de
l'information

[de] internationale Grundsätze für Informa-
tionssicherheit

[it] principi internazionali per la sicurezza
delle informazioni

[jp] 情報セキュリティに関する国際規範

[kr] 정보 보안 국제규약

[pt] código internacional para segurança da
informação

[ru] правила поведения в области
обеспечения международной
информационной безопасности

[es] principios internacionales para la
seguridad de la información

21506　世界互联网大会(中国)

[ar] مؤتمر عالمي للإنترنت (الصين)

[en] World Internet Conference (China)

[fr] Conférence mondiale sur Internet (Chine)

[de] Welt-Internet-Konferenz (China)

[it] Conferenza mondiale su Internet (Cina)

[jp] 世界インターネット大会(中国)

[kr] 세계 인터넷 대회(중국)

[pt] Conferência Mundial da Internet (China)

[ru] Всемирная конференция по
управлению Интернетом (Китай)

[es] Congreso Mundial de Internet (China)

21507　联合国互联网治理论坛

[ar] منتدى حوكمة الإنترنت

[en] Internet Governance Forum (UN)

[fr] Forum des Nations Unies sur la gouvernance de l'Internet (ONU)

[de] Internet Governance Forum (UN)

[it] Internet Governance Forum (ONU)

[jp] インターネットガバナンスフォーラム

[kr] 유엔 인터넷 거버넌스 포럼

[pt] Fórum de Governação da Internet (ONU)

[ru] Форум по вопросам управления Интернетом (ООН)

[es] Foro de Gobernanza de Internet (ONU)

21508 联合国信息社会世界峰会

[ar] قمة عالمية لمجتمع المعلومات (الأمم المتحدة)

[en] World Summit on the Information Society (UN)

[fr] Sommet mondial sur la Société de l'Information (ONU)

[de] Weltgipfel zur Informationsgesellschaft (UN)

[it] Summit mondiale sulla società dell'informazione (ONU)

[jp] 世界情報社会サミット

[kr] 유엔 정보 사회 세계 정상회의

[pt] Cimeira Mundial sobre Sociedade da Informação (ONU)

[ru] Всемирный саммит по информационного общества (ООН)

[es] Cumbre Mundial de la Sociedad de la Información (ONU)

21509 全球互联网治理联盟

[ar] اتحاد عالمي لحوكمة الإنترنت

[en] Global Internet Governance Alliance

[fr] Alliance globale pour la gouvernance de l'Internet

[de] Global Internet Governance Alliance

[it] Global Internet Governance Alliance

[jp] グローバルインターネットガバナンス連盟

[kr] 글로벌 인터넷 거버넌스 연맹

[pt] Aliança Global de Governação da Internet

[ru] Глобальный альянс по управлению Интернетом

[es] Alianza de Gobernanza de Internet Global

21510 塔林手册

[ar] دليل تالين

[en] Tallinn Manual

[fr] Manuel de Tallinn

[de] Tallinn Handbuch

[it] Manuale di Tallinn

[jp] タリンマニュアル

[kr] 탈린 매뉴얼

[pt] Manual Tallinn

[ru] Таллиннское руководство

[es] Manual de Tallinn

21511 国家网络空间协调员

[ar] منسق الأمن السيبراني الوطني

[en] national cybersecurity coordinator

[fr] coordinateur de la cybersécurité

[de] nationaler Cyberspace-Koordinator

[it] coordinatore nazionale di cyber-sicurezza

[jp] 国家サイバー空間コーディネーター

[kr] 국가 사이버 공간 코디네이터

[pt] coordenador da cibersegurança nacional

[ru] национальный координатор по вопросам кибербезопасности

[es] coordinador nacional de ciberseguridad

21512 跨境陆地光缆

[ar] كابل الألياف الضوئية عبر الحدود البرية

[en] land-based cross-border optical fiber cable

[fr] câble terrestre transfrontalier à fibre optique

[de] grenzüberschreitendes landbasiertes Glasfaserkabel

[it] cavo in fibra ottica transfrontaliero terrestre

[jp] 越境陸上ファイバーケーブル
[kr] 크로스보더 육지 광케이블
[pt] cabo de fibra óptica transfronteiriço baseada em terra
[ru] наземный трансграничный волоконно-оптический кабель
[es] cable de fibra óptica terrestre transfronterizo

21513 全球信息基础设施
[ar] بنية تحتية عالمية للمعلومات
[en] global information infrastructure
[fr] infrastructure d'information mondiale
[de] globale Informationsinfrastruktur
[it] infrastruttura informativa globale
[jp] 世界情報インフラ
[kr] 글로벌 정보 인프라
[pt] infraestrutura de informações globais
[ru] глобальная информационная инфраструктура
[es] infraestructura de información global

21514 互联网关键资源管理体系
[ar] نظام إدارة الموارد الهامة على الإنترنت
[en] Internet critical resource management system
[fr] système de gestion des ressources clés d'Internet
[de] Managementsystem wichtiger Internet-ressourcen
[it] sistema di gestione delle risorse chiave su Internet
[jp] インターネット重要資源管理システム
[kr] 인터넷 핵심 자원 관리 체계
[pt] sistema da gestão para recurso-chave da Internet
[ru] система управления критическими интернет-ресурсами
[es] sistema de gestión de recursos clave de Internet

21515 关键信息基础设施保护制度
[ar] نظام حماية البنية التحتية للمعلومات الهامة
[en] critical information infrastructure protection mechanism
[fr] mécanisme de protection d'infrastructure clé d'information
[de] System zum Schutz kritischer Informationsinfrastrukturen
[it] meccanismo di protezione di infrastruttura di informazione critica
[jp] 重要な情報インフラ保護制度
[kr] 핵심정보 인프라 보호 제도
[pt] mecanismo de proteção da infraestrutura de informações críticas
[ru] механизм защиты критической информационной инфраструктуры
[es] mecanismo de protección de infraestructuras de información críticas

21516 数据跨境流动管理
[ar] إدارة متنقلة للبيانات العابرة للحدود
[en] management of cross-border data transfer
[fr] gestion du transfert de données transfrontalier
[de] grenzüberschreitendes Datenflussmanagement
[it] gestione del trasferimento transfrontaliero dei dati
[jp] データ越境移転管理
[kr] 데이터 크로스보더 이전 관리
[pt] gestão da transferência transfronteiriça de dados
[ru] управление трансграничной передачей данных
[es] gestión de la transferencia transfronteriza de datos

21517 网络空间对话协商机制
[ar] آلية الحوار والتشاور في الفضاء السيبراني
[en] dialog and consultation mechanism on cyberspace

2.1

[fr] mécanisme de dialogue et de consultation sur le cyberespace

[de] Dialog- und Konsultationsmechanismus zum Cyberspace

[it] meccanismo di dialogo e consultazione sul cyber-spazio

[jp] サイバー空間の対話交渉メカニズム

[kr] 사이버 공간 대화 협상 메커니즘

[pt] mecanismo de diálogo e consulta no ciberespaço

[ru] механизм диалога и консультаций по вопросам киберпространства

[es] mecanismos de diálogo y consulta en ciberespacio

21518 网络空间国际反恐公约

[ar] اتفاقية دولية لمكافحة الإرهاب في الفضاء السيبراني

[en] international convention against terrorism in cyberspace

[fr] convention internationale contre le terrorisme dans le cyberespace

[de] internationale Konvention gegen den Terrorismus im Cyberspace

[it] convenzione internazionale contro il terrorismo nel cyber-spazio

[jp] サイバー空間の国際テロ対策公約

[kr] 사이버 공간 국제 반테러 공약

[pt] convenção internacional contra o terrorismo no ciberespaço

[ru] международная конвенция о борьбе с терроризмом в киберпространстве

[es] convención internacional contra el terrorismo de ciberespacio

21519 网络空间国际规则体系

[ar] نظام القواعد الدولية للفضاء السيبراني

[en] system of international cyberspace rules

[fr] système international des règles sur le cyberespace

[de] internationales Regelwerk im Cyber-space

[it] sistema internazionale di regole nel cyber-spazio

[jp] サイバー空間の国際規則体系

[kr] 사이버 공간 국제 규칙 시스템

[pt] regulação internacional do ciberespaço

[ru] система международных правил в киберпространстве

[es] sistema internacional de reglas de ciberespacio

21520 网络空间新型大国关系

[ar] علاقات جديدة النمط للدول الكبرى في الفضاء السيبراني

[en] new model of major-country relations in cyberspace

[fr] nouveau modèle de relation entre les grandes nations dans le cyberespace

[de] neue Beziehungen mit den Großmächten im Cyberspace

[it] nuovo modello di relazioni informatiche tra i principali paesi

[jp] サイバー空間の新たな大国関係

[kr] 사이버 공간 신형 대국 관계

[pt] novo relacionamento dos países grandes no ciberespaço

[ru] новая модель отношений между основными странами в киберпространстве

[es] nuevo modelo de relaciones cibernéticas entre potencias

2.2 块数据

[ar] بيانات الكتلة

[en] **Block Data**

[fr] **Données en bloc**

[de] **Blockdaten**

[it] **Dati di blocco**

[jp] ブロックデータ

[kr] 블록 데이터

[pt] **Dados de Bloco**

[ru] **Блок данных**

[es] **Datos en Bloque**

2.2.1 数据引力波

[ar] موجات جاذبية البيانات

[en] **Data Gravitational Wave**

[fr] **Onde gravitationnelle de données**

[de] **Daten-Gravitationswellen**

[it] **Onde gravitazionali dei dati**

[jp] データ重力波

[kr] 데이터 중력파

[pt] **Ondas Gravitacionais de Dados**

[ru] **Гравитационные волны данных**

[es] **Ondas Gravitatorias de Datos**

22101 海量数据

[ar] بيانات هائلة

[en] massive data

[fr] données massives

[de] massive Daten

[it] dati massicci

[jp] 大量データ

[kr] 대량 데이터

[pt] dados em massa

[ru] массив данных

[es] datos masivos

22102 数据宇宙

[ar] كون البيانات

[en] data universe

[fr] univers de données

[de] Datenuniversum

[it] universo dei dati

[jp] データ宇宙

[kr] 데이터 우주

[pt] universo dos dados

[ru] космос данных

[es] universo de datos

22103 数据界

[ar] مجال البيانات

[en] data nature

[fr] nature des données

[de] Datenwelt

[it] natura dei dati

[jp] データネーチャー

[kr] 데이터계

[pt] natureza dos dados

[ru] круг данных

[es] comunidad de datos

2.2

22104 数据爆炸

[ar] انفجار البيانات

[en] data explosion

[fr] explosion des données

[de] Datenexplosion

[it] esplosione dei dati

[jp] データ爆発

[kr] 데이터 폭증

[pt] explosão de dados

[ru] взрыв данных

[es] explosión de datos

22105 数据涟漪

[ar] تموج البيانات

[en] data ripple

[fr] ondulation de données

[de] Datenrippel

[it] ondulazione dei dati

[jp] データリップル

[kr] 데이터 리플

[pt] ondulação dos dados

[ru] пульсация данных

[es] onda de datos

22106 复杂数据类型

[ar] نوع البيانات المعقدة

[en] complex data type

[fr] type de données complexe

[de] komplexer Datentyp

[it] tipo di dati complessi

[jp] 複雑データ類型

[kr] 복잡한 데이터 유형

[pt] tipos de dados complexos

[ru] сложный тип данных

[es] tipo de datos complejos

22107 大数据 4V 特征

[ar] خصائص أربع V للبيانات الضخمة (الحجم والتنوع والتباين والوضوح)

[en] 4V's of big data (volume, variety, velocity and veracity)

[fr] caractéristiques 4V des mégadonnées (volume, variété, vélocité et véracité)

[de] 4V-Eigenschaften von Big Data (Volumen, Vielfalt, Geschwindigkeit und Wahrhaftigkeit)

[it] caratteristiche 4V dei Big Data

[jp] ビッグデータの「4V」

[kr] 빅데이터 4V 특징

[pt] 4V do big data (volume, variedade, velocidade, e veracidade)

[ru] 4 свойства больших данных (объем, разнообразие, скорость и достоверность)

[es] características 4V de Big Data (Volumen, Variedad, Velocidad y Veracidad)

22108 多维变量

[ar] متغير متعدد الأبعاد

[en] multidimensional variable

[fr] variable multidimensionnelle

[de] mehrdimensionale Variante

[it] variabile multidimensionale

[jp] 多次元変数

[kr] 다원변량

[pt] variável multidimensional

[ru] многомерная переменная

[es] variable multidimensional

22109 数据质点

[ar] جسيم بياناتي

[en] data mass

[fr] point de données

[de] Datenpunkt

[it] punto dati

[jp] データポイント

[kr] 데이터 질점

[pt] pontos de dados em massa

[ru] точечная масса данных

[es] punto de datos

22110 数据颗粒
[ar] حبيبة بياناتية
[en] data particle
[fr] particule de données
[de] Datenpartikel
[it] particella dei dati
[jp] データ粒子
[kr] 데이터 입자
[pt] partícula de dados
[ru] частица данных
[es] partícula de datos

22111 流数据
[ar] بيانات متدفقة
[en] stream data
[fr] données de flux
[de] Stream-Daten
[it] flusso dei dati
[jp] ストリームデータ
[kr] 스트림 데이터
[pt] dados de fluxo
[ru] потоковые данные
[es] datos de flujo

22112 数据场
[ar] حقل البيانات
[en] data field
[fr] champ de données
[de] Datenfeld
[it] campo dati
[jp] データフィールド
[kr] 데이터 필드
[pt] campo de dados
[ru] поле данных
[es] campo de datos

22113 数据空间
[ar] مساحة البيانات
[en] data space
[fr] espace de données
[de] Datenraum

[it] spazio dati
[jp] データ空間
[kr] 데이터 공간
[pt] espaço de dados
[ru] пространство данных
[es] espacio de datos

2.2

22114 数据能力
[ar] قدرة البيانات
[en] data capability
[fr] capacité de données
[de] Datenkapazität
[it] capacità dei dati
[jp] データ能力
[kr] 데이터 기능
[pt] capacidade de dados
[ru] возможности обработки данных
[es] capacidad de datos

22115 数据规模
[ar] حجم البيانات
[en] data size
[fr] taille de données
[de] Datengröße
[it] dimensione dei dati
[jp] データサイズ
[kr] 데이터 규모
[pt] tamanho dos dados
[ru] размер данных
[es] magnitud de datos

22116 数据还原
[ar] استعادة البيانات
[en] data restoration
[fr] restauration des données
[de] Datenwiederherstellung
[it] ripristino dei dati
[jp] データ復旧
[kr] 데이터 복구
[pt] restauração de dados
[ru] восстановление данных

2.2

[es] restauración de datos

22117 数据洞察

[ar] بصيرة البيانات

[en] data insight

[fr] aperçu des données

[de] Daten-Einblick

[it] comprensione dei dati

[jp] データ洞察

[kr] 데이터 통찰

[pt] percepção de dados

[ru] понимание данных

[es] observación precisa de datos

22118 数据驱动

[ar] تحريك البيانات

[en] data-driven

[fr] développement par les données

[de] Datengetrieben

[it] guidato dai dati

[jp] データ駆動

[kr] 데이터 구동

[pt] orientado por dados

[ru] дата-ориентированная сила

[es] impulsado por datos

22119 数据思维

[ar] تفكير البيانات

[en] data thinking

[fr] réflexion basée sur les données

[de] datenbasiertes Denken

[it] pensiero dei dati

[jp] データ思考

[kr] 데이터 사유

[pt] raciocínio de dados

[ru] дата-ориентированное мышление

[es] pensamiento de datos

22120 计算主义

[ar] نزعة حوسبية

[en] computationalism

[fr] computationalisme

[de] Computationalismus

[it] computazionalismo

[jp] 計算主義

[kr] 계산주의

[pt] computacionalismo

[ru] компьютеризм

[es] computacionalismo

2.2.2 数据价值链

[ar] سلسلة قيمة البيانات

[en] **Data Value Chain**

[fr] **Chaîne de valeur des données**

[de] **Daten-Wertschöpfungskette**

[it] **Catena del valore dei dati**

[jp] **データバリューチェーン**

[kr] **데이터 가치 사슬**

[pt] **Cadeia de Valor de Dados**

[ru] **Цепочка создания ценности данных**

[es] **Cadena de Valor de Datos**

22201 虚拟价值链

[ar] سلسلة القيم الافتراضية

[en] virtual value chain

[fr] chaîne de valeur virtuelle

[de] virtuelle Wertschöpfungskette

[it] catena del valore virtuale

[jp] 仮想バリューチェーン

[kr] 가상적 가치 사슬

[pt] cadeia de valor virtual

[ru] виртуальная цепочка создания ценности

[es] cadena de valor virtual

22202 企业信息价值链模型

[ar] نموذج سلسلة قيمة لمعلومات المؤسسة

[en] enterprise information value chain model

[fr] modèle de chaîne de valeur de l'information d'entreprise

[de] Modell der Wertschöpfungskette für Unternehmensinformationen

[it] modello di catena del valore delle informazioni aziendali

[jp] 企業情報バリューチェーンモデル

[kr] 기업 정보 가치 사슬 모델

[pt] modelo de cadeia de valor da informação empresarial

[ru] модель цепочки создания ценности информации предприятий

[es] modelo de cadena de valor de la información empresarial

22203 价值网理论

[ar] نظرية شبكة القيمة

[en] value network theory

[fr] théorie de réseau de valeur

[de] Wertnetzwerktheorie

[it] teoria della rete di valore

[jp] 価値ネットワーク理論

[kr] 가치망 이론

[pt] teoria da rede de valor

[ru] теория сетей создания ценности

[es] teoría de red de valor

22204 全球价值链理论

[ar] نظرية سلسلة القيمة العالمية

[en] global value chain theory

[fr] théorie de chaîne de valeur mondiale

[de] Theorie der globalen Wertschöpfungskette

[it] teoria della catena globale di valore

[jp] グローバルバリューチェーン理論

[kr] 글로벌 가치 사슬 이론

[pt] teoria da cadeia de valor global

[ru] теория глобальной цепочки создания ценности

[es] teoría de cadena de valor global

22205 城市价值链理论

[ar] نظرية سلسلة القيمة الحضرية

[en] city value chain theory

[fr] théorie de chaîne de valeur urbaine

[de] Theorie der städtischen Wertschöpfungskette

[it] teoria della catena urbana di valore

[jp] 都市バリューチェーン理論

[kr] 도시 가치 사슬 이론

[pt] teoria da cadeia de valor urbana

[ru] теория городской цепочки создания ценности

[es] teoría de cadena de valor urbana

22206 数据资源

[ar] موارد البيانات

[en] data resource

[fr] ressource de données

[de] Datenressource

[it] risorsa dei dati

[jp] データ資源

[kr] 데이터 자원

[pt] recurso de dados

[ru] ресурсы данных

[es] recurso de datos

22207 数据资产

[ar] أصول البيانات

[en] data asset

[fr] actif de données

[de] Datenbestand

[it] data asset

[jp] データ資産

[kr] 데이터 자산

[pt] ativo de dados

[ru] активы данных

[es] activo de datos

22208 数据价值

[ar] قيمة البيانات

[en] data value

[fr] valeur de données

[de] Datenwert

[it] valore dei dati

[jp] データ価値

2.2

[kr] 데이터 가치
[pt] valor dos dados
[ru] ценность данных
[es] valor de datos

22209 梅特卡夫定律
[ar] قانون ميتكالف
[en] Metcalfe's law
[fr] loi de Metcalfe
[de] Metcalfesches Gesetz
[it] legge di Metcalfe
[jp] メトカーフの法則
[kr] 메트컬프의 법칙
[pt] Lei de Metcalfe
[ru] закон Меткалфа
[es] ley de Metcalfe

22210 海量数据市场
[ar] سوق البيانات الهائلة
[en] data-rich market
[fr] marché de données massives
[de] datenreicher Markt
[it] mercato di dati enormi
[jp] 大量データ市場
[kr] 대량 데이터 시장
[pt] mercados de vasto de volume de dados
[ru] рынок с массивом данных
[es] mercados ricos en datos

22211 开放数据运动
[ar] حركة البيانات المفتوحة
[en] open data movement
[fr] mouvement d'ouverture de données
[de] „Offene Daten"-Bewegung
[it] movimento dei dati aperti
[jp] オープンデータ運動
[kr] 데이터 개방 운동
[pt] movimento de dados abertos
[ru] движение открытых данных
[es] movimiento de datos abiertos

22212 数据科学家
[ar] عالم البيانات
[en] data scientist
[fr] scientifique de données
[de] Datenwissenschaftler
[it] scienziato dei dati
[jp] データ科学者
[kr] 데이터 과학자
[pt] cientista de dados
[ru] ученый по данным
[es] científico de datos

22213 首席数据官
[ar] مسؤول أول للبيانات
[en] chief data officer (CDO)
[fr] directeur de données
[de] Chief Data Officer
[it] chief data officer
[jp] 最高データ責任者
[kr] 데이터 최고 책임자
[pt] diretor de dados
[ru] главный специалист по данным
[es] director de datos

22214 用户价值
[ar] قيمة المستخدم
[en] user value
[fr] valeur d'utilisateur
[de] Benutzerwert
[it] valore utente
[jp] ユーザー価値
[kr] 사용자 가치
[pt] valor do usuário
[ru] пользовательская ценность
[es] valor de un "Usuario"

22215 高价值数据集
[ar] مجموعة بيانات عالية القيمة
[en] high value dataset
[fr] jeu de données de grande valeur
[de] hochwertiger Datensatz

[it] dataset di alto valore
[jp] 高価値データセット
[kr] 고가치 데이터 세트
[pt] conjunto de dados de alto valor
[ru] набор ценных данных
[es] conjunto de datos de alto valor

22216 大数据全产业链
[ar] سلسلة صناعة كاملة للبيانات الضخمة
[en] big data full industry chain
[fr] chaîne industrielle complète de mégadonnées
[de] Big Data vollständige Industriekette
[it] catena industriale completa dei Big Data
[jp] ビッグデータ全産業チェーン
[kr] 빅데이터 전 산업 사슬
[pt] cadeia de produção completa de big data
[ru] полная отраслевая цепочка больших данных
[es] cadena completa industrial de Big Data

22217 大数据全服务链
[ar] سلسلة خدمة كاملة للبيانات الضخمة
[en] big data full service chain
[fr] chaîne de services complète de mégadonnées
[de] Big Data vollständige Servicekette
[it] catena di servizio completa dei Big Data
[jp] ビッグデータ全サービスチェーン
[kr] 빅데이터 전 서비스 체인
[pt] cadeia de serviço completa de big data
[ru] полная сервисная цепь больших данных
[es] cadena completa de servicios de Big Data

22218 帕累托最优
[ar] أمثلية باريتو
[en] Pareto optimality
[fr] optimum de Pareto
[de] Pareto-Optimalität

[it] ottimo paretiano o efficienza paretiana
[jp] パレート最適
[kr] 파레토 최적
[pt] óptimo de Pareto
[ru] оптимальность по Парето
[es] eficiencia de Pareto

22219 KANO模型
[ar] نموذج KANO
[en] KANO model
[fr] modèle KANO
[de] KANO-Modell (Noriaki KANO-Modell)
[it] modello di KANO
[jp] 狩野モデル
[kr] 카노 모델
[pt] modelo KANO
[ru] модель КАНО
[es] modelo de KANO

22220 公共服务模块化供给
[ar] توفير الوحدات المبرمجة من الخدمات العامة
[en] modular provision of public services
[fr] prestation modulaire de services publics
[de] modulare Erbringung öffentlicher Dienstleistungen
[it] fornitura modulare di servizi pubblici
[jp] 公共サービスのモジュール式提供
[kr] 공공 서비스 모듈화 공급
[pt] provisão modular de serviços públicos
[ru] модульное предоставление государственных услуг
[es] prestación modular de servicios públicos

2.2.3 数字竞争力
[ar] قدرة التنافس الرقمية
[en] **Digital Competitiveness**
[fr] **Compétitivité numérique**
[de] **Digitale Wettbewerbsfähigkeit**
[it] **Competitività digitale**
[jp] デジタル競争力
[kr] 디지털 경쟁력

[pt] **Competitividade Digital**

[ru] **Цифровая конкурентоспособность**

[es] **Competitividad Digital**

22301 中国数谷

[ar] وادي الصين للبيانات الضخمة - غوييانغ

[en] China Data Valley

[fr] Vallée des mégadonnées de Chine

[de] Chinas Big Data Valley

[it] Valle cinese di Big Data

[jp] 中国ビッグデータバレー

[kr] 중국 데이터 밸리

[pt] Vale de Big Data da China

[ru] Долина данных Китая

[es] Valle de Datos de China

22302 国家自主创新示范区

[ar] منطقة نموذجية وطنية للابتكار المستقل

[en] national innovation demonstration zone

[fr] zone nationale de démonstration de l'innovation

[de] nationale Innovationsdemonstrations-zone

[it] zona modello nazionale per l'innovazione

[jp] 国家自主的イノベーションモデル区

[kr] 국가 자주 혁신 시범구

[pt] zona demonstrativa nacional de inovação

[ru] национальная инновационная демонстрационная зона

[es] zona nacional de demostración de innovación

22303 开放式国家创新试验验证平台（中国）

[ar] منصة وطنية مفتوحة لتجربة الابتكار والتحقق منه (الصين)

[en] open national innovative test and validation platform (China)

[fr] plate-forme nationale ouverte de vérification des essais d'innovation (Chine)

[de] offene nationale Plattform für Innovati-

onsversuche und -überprüfungen (China)

[it] piattaforma aperta di sperimentazione e verifica dell'innovazione nazionale (Cina)

[jp] 開放式国家イノベーション試験・検証プラットフォーム（中国）

[kr] 개방식 국가 혁신 실험 검증 플랫폼(중국)

[pt] plataforma aberta nacional de verificação e ensaio para inovação (China)

[ru] открытая национальная инновационная платформа для тестирования и проверки (Китай)

[es] plataforma nacional abierta de ensayos y verificación de innovación (China)

22304 国家政府信息开放统一平台（中国）

[ar] منصة وطنية مفتوحة للبيانات الحكومية (الصين)

[en] national platform for open government data (China)

[fr] plate-forme nationale ouverte pour les données gouvernementales (Chine)

[de] offene nationale Plattform für Regierungsdaten (China)

[it] piattaforma aperta nazionale per il governance di Big Data (Cina)

[jp] 国家政府情報公開プラットフォーム（中国）

[kr] 국가 정부 정보 개방 통일 플랫폼(중국)

[pt] plataforma aberta nacional dos dados govermentais (China)

[ru] национальная платформа открытых правительственных данных (Китай)

[es] plataforma nacional abierta de datos de gobierno (China)

22305 数据应用能力

[ar] قدرة على تطبيق البيانات

[en] data application capability

[fr] capacité d'application des données

[de] Datenanwendungskompozitent

[it] capacità di applicazione dei dati

[jp] データ応用能力

[kr] 데이터 응용 능력

[pt] capacidade de aplicação de dados

[ru] возможность применения данных

[es] capacidad de aplicación de datos

22306 数据场景方案

[ar] خطة مشهد البيانات

[en] data scenario solution

[fr] solution de scénario de données

[de] Datenszenario-Lösung

[it] soluzione di scenario di dati

[jp] データシナリオソリューション

[kr] 데이터 시나리오 방안

[pt] solução de cenário de dados

[ru] решение сценария данных

[es] solución de escenario de datos

22307 开源数据运动

[ar] حركة البيانات مفتوحة المصدر

[en] open-source movement

[fr] mouvement de l'ouverture de sources

[de] Open Source-Bewegung

[it] movimento di risorse aperte

[jp] 「オープンソース」運動

[kr] 오픈 소스 운동

[pt] movimento de "Código Aberto"

[ru] движение за открытые исходные тексты

[es] movimiento de código abierto

22308 数据科学素养

[ar] مؤهلات علم البيانات

[en] data science literacy

[fr] connaissance en science des données

[de] Datenwissenschaftskompetenz

[it] alfabetizzazione scientifica dei dati

[jp] データに関する科学リテラシー

[kr] 데이터 과학 소양

[pt] alfabetização em ciências dos dados

[ru] научная грамотность в области

данных

[es] alfabetización en ciencia de datos

22309 高性能计算战略

[ar] استراتيجية الحوسبة عالية الأداء

[en] high-performance computing strategy

[fr] stratégie du calcul à haute performance

[de] Hochleistungs-Computing-Strategie

[it] strategia computing ad alta prestazione

[jp] 高性能計算戦略

[kr] 고성능 컴퓨팅 전략

[pt] estratégia de computação de alto desempenho

[ru] стратегия высокопроизводительных вычислений

[es] estrategia de computación de alto rendimiento

22310 数字文化大国

[ar] قوة الثقافة الرقمية

[en] country with a strong digital culture

[fr] grand pays de la culture numérique

[de] digitale Kulturmacht

[it] potere della cultura digitale

[jp] デジタル文化大国

[kr] 디지털 문화 대국

[pt] país grande da cultura digital

[ru] крупная страна в области цифровой культуры

[es] potencia de la cultura digital

22311 政府数字创新服务能力

[ar] قدرة خدمة الابتكار الرقمي للحكومة

[en] government capability for digital service innovation

[fr] capacité du gouvernement en service d'innovation numérique

[de] innovative Funktionen für digitale Regierungsservice

[it] capacità innovativa di servizi digitali governativi

[jp] 政府のデジタルイノベーションサービス機能

[kr] 정부 데이터 혁신 서비스 능력

[pt] capacidade inovadora de serviços digitais do governo

[ru] потенциал правительства в инновациях цифровых услуг

[es] capacidad de servicios digitales innovadores de gobierno

22312　数字化服务标准

[ar] معايير الخدمات الرقمية

[en] digital service standard

[fr] norme de service numérique

[de] digitale Servicenormen

[it] standard di servizio digitale

[jp] デジタル化サービス基準

[kr] 디지털화 서비스 표준

[pt] padrão de serviço digital

[ru] стандарт цифровых услуг

[es] estándar de servicios digitales

22313　数字技能合作伙伴关系

[ar] علاقات الشراكة القائمة على المهارات الرقمية

[en] digital skills partnership

[fr] partenariat de compétences numériques

[de] Partnerschaft für digitale Kompetenzen

[it] partenariato per le competenze digitali

[jp] デジタルスキルパートナーシップ

[kr] 디지털 스킬 협력 동반자 관계

[pt] parceria de habilidades digitais

[ru] партнерство по цифровым навыкам

[es] colaboración en habilidades digitales

22314　数字学院

[ar] أكاديمية رقمية

[en] digital academy

[fr] académie numérique

[de] Digitale Akademie

[it] accademia digitale

[jp] デジタルアカデミー

[kr] 디지털 아카데미

[pt] academia digital

[ru] цифровая академия

[es] academia digital

22315　数据科技校园

[ar] حرم جامعي لتكنولوجيا البيانات

[en] data technology campus

[fr] campus de technologie des données

[de] Datentechnologie-Campus

[it] campus di tecnologia dei dati

[jp] データテクノロジーキャンパス

[kr] 데이터 테크놀로지 캠퍼스

[pt] campus de tecnologia de dados

[ru] кампус информационных технологий

[es] campus de tecnología de datos

22316　数据科学加速器

[ar] معجل تكنولوجيا البيانات

[en] data science accelerator

[fr] accélérateur de science des données

[de] Datentechnologie-Beschleuniger

[it] acceleratore di tecnologia dei dati

[jp] データ科学加速器

[kr] 데이터 과학 가속기

[pt] acelerador de tecnologia de dados

[ru] ускоритель информационных технологий

[es] acelerador de tecnología de datos

22317　关键生产要素

[ar] عوامل رئيسية للإنتاج

[en] key factor of production

[fr] facteurs clés de production

[de] Schlüsselfaktoren der Produktion

[it] fattori chiavi di produzione

[jp] 主要な生産要素

[kr] 핵심 생산 요소

[pt] fatores principais de produção

[ru] ключевые факторы производства

[es] factores clave de la producción

22318 主导技术群落

[ar] مجتمع فني ريادي

[en] dominant technical community

[fr] communauté des techniques dominantes

[de] dominante technische Gemeinschaft

[it] comunità tecnica dominante

[jp] 主導技術コミュニティ

[kr] 선도 기술 커뮤니티

[pt] comunidade técnica dominante

[ru] доминирующее техническое сообщество

[es] comunidad técnica dominante

22319 大数据发展指数

[ar] مؤشر تطور البيانات الضخمة

[en] big data development index

[fr] indice de développement de mégadonnées

[de] Big Data-Entwicklungsindex

[it] indice di sviluppo di Big Data

[jp] ビッグデータ発展指数

[kr] 빅데이터 발전 지수

[pt] índice de desenvolvimento de big data

[ru] индекс развития больших данных

[es] índice de desarrollo de Big Data

22320 数据生产总值

[ar] ناتج إجمالي للبيانات

[en] gross data product

[fr] produit de données brut

[de] Bruttoinlandsprodukt von Daten

[it] prodotto interno lordo dei dati

[jp] データ総生産

[kr] 데이터 생산 총액

[pt] Produto Bruto de Dados

[ru] валовой продукт данных

[es] Producto de Datos Brutos

2.2.4 激活数据学

[ar] علم بيانات التنشيط

[en] **Activation Dataology**

[fr] **Datalogie d'activation**

[de] **Aktivierungsdatenswissenschaft**

[it] **Scienza dei dati di attivazione**

[jp] **アクティベーションデータ学**

[kr] **활성화 데이터학**

[pt] **Ciência de Datalogia de Activação**

[ru] **Наука об активации данных**

[es] **Ciencia de Activación de Datos**

22401 抽象化数据

[ar] بيانات مجردة

[en] abstract data

[fr] données abstraites

[de] abstrakte Daten

[it] dati astratti

[jp] 抽象データ

[kr] 추상적 데이터

[pt] dado abstrato

[ru] абстрактные данные

[es] datos abstractos

22402 数据结构化

[ar] هيكلة البيانات

[en] data structuring

[fr] structuration des données

[de] Datenstrukturierung

[it] strutturazione dei dati

[jp] データ構造化

[kr] 데이터 구조화

[pt] estruturação de dados

[ru] структурирование данных

[es] estructurado de datos

22403 小数据

[ar] بيانات صغيرة

[en] small data

[fr] minidonnées

[de] kleine Daten

[it] small data

[jp] スモールデータ

[kr] 스몰 데이터

[pt] microdados
[ru] небольшие данные
[es] microdatos

22404 慢数据

[ar] بيانات بطيئة
[en] slow data
[fr] données lentes
[de] langsame Daten
[it] slow data
[jp] スローデータ
[kr] 슬로우 데이터
[pt] dados lentos
[ru] медленные данные
[es] datos lentos

22405 点数据

[ar] بيانات موزعة
[en] point data
[fr] données dispersées
[de] Punktdaten
[it] dati puntuali
[jp] ポイントデータ
[kr] 포인트 데이터
[pt] dados de ponto
[ru] точечные данные
[es] datos de puntos

22406 条数据

[ar] بيانات مترابطة
[en] strip data
[fr] données en bande
[de] Strip-Daten
[it] segmentazione di dati
[jp] ストリップデータ
[kr] 스트립 데이터
[pt] dados de faixa
[ru] данные полосы
[es] datos de tiras

22407 块数据模型

[ar] نموذج بيانات كتلة
[en] block data model
[fr] modèle de données en bloc
[de] Blockdatenmodell
[it] modello di dati di blocco
[jp] ブロックデータモデル
[kr] 블록 데이터 모형
[pt] modelo de dados de bloco
[ru] блочная модель данных
[es] modelo de datos de bloque

22408 数据自激活

[ar] تفعيل ذاتي للبيانات
[en] data self-activation
[fr] auto-activation des données
[de] Daten-Selbstaktivierung
[it] auto-attivazione dei dati
[jp] データの自己活性化
[kr] 데이터 자기 활성화
[pt] auto-ativação de dados
[ru] самоактивация данных
[es] activación automática de datos

22409 数据自流程

[ar] سريان العمل الذاتى للبيانات
[en] data self-process
[fr] auto-traitement des données
[de] Daten-Selbstprozess
[it] auto-elaborazione dei dati
[jp] データの自己処理
[kr] 데이터 자기 프로세스
[pt] auto-processo de dados
[ru] самостоятельный процесс обработки данных
[es] proceso automático de datos

22410 数据自适应

[ar] تكيف ذاتي للبيانات
[en] data self-adaption
[fr] adaptation des données

[de] Daten-Selbstanpassung

[it] auto-adattamento dei dati

[jp] データの自己適応

[kr] 데이터 자기 적응화

[pt] auto-adaptação de dados

[ru] самоадаптация данных

[es] adaptación automática de datos

22411　数据自组织

[ar] تنظيم ذاتي للبيانات

[en] data self-organization

[fr] auto-organisation des données

[de] Daten-Selbstorganisation

[it] auto-organizzazione dei dati

[jp] データの自己組織化

[kr] 데이터 자기 조직화

[pt] auto-organização de dados

[ru] самоорганизация данных

[es] organización automática de datos

22412　显性数据

[ar] بيانات متبينة

[en] explicit data

[fr] données explicites

[de] explizite Daten

[it] dati espliciti

[jp] 明示的なデータ

[kr] 명시적 데이터

[pt] dados explícitos

[ru] явные данные

[es] datos explícitos

22413　隐性数据

[ar] بيانات ضمنية

[en] implicit data

[fr] données implicites

[de] implizite Daten

[it] dati impliciti

[jp] 暗黙的なデータ

[kr] 암시적 데이터

[pt] dados implícitos

[ru] неявные данные

[es] datos implícitos

22414　数据搜索

[ar] بحث عن البيانات

[en] data search

[fr] recherche de données

[de] Datensuche

[it] ricerca dei dati

[jp] データサーチ

[kr] 데이터 검색

[pt] pesquisa de dados

[ru] поиск данных

[es] búsqueda de datos

22415　关联融合

[ar] تواصل وانصهار

[en] association and fusion

[fr] association et fusion

[de] Assoziation und Fusion

[it] associazione e fusione

[jp] 連関融合

[kr] 관련 융합

[pt] associação e fusão

[ru] объединение и слияние

[es] asociación y fusión

22416　热点减量化

[ar] تخفيض النقطة الساخنة

[en] hotspot reduction

[fr] réduction de hotspot

[de] Hotspot-Reduzierung

[it] riduzione dell'hotspot

[jp] ホットスポット減量化

[kr] 핫스팟 감소

[pt] redução de hotspot

[ru] уменьшение горячей точки

[es] reducción de puntos de acceso

22417　群体智能

[ar] ذكاء اصطناعي جماعي

2.2

[en] swarm intelligence
[fr] intelligence en essaim
[de] kollektive Intelligenz
[it] intelligenza sciamante
[jp] 群知能
[kr] 군집지능
[pt] inteligência de agrupamento
[ru] роевой интеллект
[es] inteligencia de enjambre

22418 离散解构
[ar] هيكل مفكّك
[en] discrete destructure
[fr] déconstruction discrète
[de] diskrete Struktur
[it] struttura discreta
[jp] 離散構造
[kr] 이산형 구조 분해
[pt] estrutura discreta
[ru] дискретная структура
[es] estructura discreta

22419 数字全息重构
[ar] إعادة البناء الثلاثية الأبعاد الرقمية
[en] digital holographic reconstruction
[fr] reconstruction holographique numérique
[de] digitale holographische Rekonstruktion
[it] ricostruzione olografica digitale
[jp] デジタルホログラフィック再構築
[kr] 디지털 홀로그래픽 재구성
[pt] reconstrução holográfica digital
[ru] цифровая голографическая
реконструкция
[es] reconstrucción holográfica digital

22420 数据拥堵
[ar] ازدحام البيانات
[en] data congestion
[fr] encombrement des données
[de] Datenüberlastung
[it] congestione dei dati

[jp] データ輻輳
[kr] 데이터 혼잡
[pt] congestionamento de dados
[ru] скопление данных
[es] congestión de datos

22421 超临界状态
[ar] حالة حرجة زائدة
[en] supercritical state
[fr] état supercritique
[de] überkritischer Zustand
[it] stato supercritico
[jp] 超臨界状態
[kr] 초임계 상태
[pt] estado supercrítico
[ru] сверхкритическое состояние
[es] estado supercrítico

2.2.5 数字生态圈
[ar] دائرة البيئة الرقمية
[en] **Digital Ecosystem**
[fr] **Écosystème numérique**
[de] **Digitales Ökosystem**
[it] **Ecosistema digitale**
[jp] **デジタルエコシステム**
[kr] **디지털 생태계**
[pt] **Ecossistema Digital**
[ru] **Цифровая экосистема**
[es] **Ecosistema Digital**

22501 万物皆数
[ar] كل الموجودات هي الأعداد
[en] All Is Number
[fr] Tout est nombre
[de] Alles ist Nummer
[it] Tutto è dati
[jp] 万物は数なり
[kr] 만물 숫자
[pt] Todas as Coisas São Números
[ru] Всё есть данные
[es] Todo Son Datos

22502 数据赋能

[ar] تمكين البيانات

[en] data empowerment

[fr] renforcement par les données

[de] Datenbefähigung

[it] abilitazione dei dati

[jp] データエンパワーメント

[kr] 데이터 권한 부여

[pt] capacitação de dados

[ru] расширение возможностей данных

[es] empoderamiento de datos

22503 数据共生

[ar] تعايش البيانات

[en] data symbiosis

[fr] symbiose des données

[de] Datensymbiose

[it] simbiosi dei dati

[jp] データ共生

[kr] 데이터 공생

[pt] simbiose de dados

[ru] совместное существование данных

[es] simbiosis de datos

22504 数据协同

[ar] تعاون البيانات

[en] data collaboration

[fr] synergie des données

[de] Datensynergie

[it] collaborazione dei dati

[jp] データ協同

[kr] 데이터 공동 작업

[pt] colaboração de dados

[ru] взаимодействие данных

[es] colaboración de datos

22505 数据迁移

[ar] ترحيل البيانات

[en] data migration

[fr] migration des données

[de] Datenmigration

[it] migrazione dei dati

[jp] データ移行

[kr] 데이터 마이그레이션

[pt] migração de dados

[ru] перенос данных

[es] migración de datos

22506 数据融合

[ar] دمج البيانات

[en] data fusion

[fr] fusion des données

[de] Datenfusion

[it] fusione dei dati

[jp] データ融合

[kr] 데이터 융합

[pt] fusão de dados

[ru] слияние данных

[es] fusión de datos

22507 数据群聚

[ar] تجميع البيانات

[en] data clustering

[fr] mise en grappe de données

[de] Daten-Clustering

[it] raggruppamento dei dati

[jp] データクラスタリング

[kr] 데이터 군집화

[pt] agrupamento de dados

[ru] кластеризация данных

[es] aglomeración de datos

22508 大数据技术生态体系

[ar] نظام بيئي لتكنولوجيا البيانات الضخمة

[en] big data technology ecosystem

[fr] écosystème de technologie de mégadonnées

[de] Big Data-Technologie-Ökosystem

[it] ecosistema di tecnologia dei Big Data

[jp] ビッグデータ技術エコシステム

[kr] 빅데이터 기술 생태 체계

[pt] ecossistema de tecnologias de big data

2.2

[ru] техническая экосистема больших данных

[es] ecosistema de tecnologías de Big Data

22509 大数据创新生态体系

[ar] نظام بيئي ابتكاري للبيانات الضخمة

[en] big data innovation ecosystem

[fr] écosystème d'innovation de mégadonnées

[de] Big Data-Innovation-Ökosystem

[it] ecosistema innovativo dei Big Data

[jp] ビッグデータイノベーション・エコシステム

[kr] 빅데이터 혁신 생태 체계

[pt] ecossistema de inovações de big data

[ru] инновационная экосистема больших данных

[es] ecosistema de innovación de Big Data

22510 大数据应用协同创新网络

[ar] شبكة الابتكار التعاونية التطبيقية للبيانات الضخمة

[en] collaborative and innovative network for big data application

[fr] réseau d'innovation commune pour l'application de mégadonnées

[de] synergistisches und innovatives Netz-werk für Big Data-Anwendungen

[it] rete collaborativa ed innovativa per l'applicazione dei Big Data

[jp] ビッグデータ応用協同イノベーションネットワーク

[kr] 빅데이터 응용 협동 혁신 네트워크

[pt] rede colaborativa e inovadora para aplicação de big data

[ru] совместная инновационная сеть для приложений больших данных

[es] red colaborativa e innovadora para la aplicación de Big Data

22511 国家大数据综合试验区(中国)

[ar] منطقة تجريبية وطنية عامة للبيانات الضخمة(الصين)

[en] national big data comprehensive pilot zone (China)

[fr] zone pilote nationale de mégadonnées (Chine)

[de] nationale umfassende Big Data-Pilot-zone (China)

[it] zona pilota nazionale integrata dei Big Data (Cina)

[jp] 国家ビッグデータ総合試験区(中国)

[kr] 국가 빅데이터 종합 실험구(중국)

[pt] zona abrangente nacional de teste de big data (China)

[ru] национальная комплексная экспериментальная зона больших данных (Китай)

[es] zona nacional de pruebas integral de Big Data (China)

22512 国家级大数据产业基地

[ar] قاعدة وطنية لصناعة البيانات الضخمة

[en] national big data industry base

[fr] base nationale de l'industrie de mégadonnées

[de] nationale Big Data-Industriebasis

[it] base industriale nazionale dei Big Data

[jp] 国家レベルビッグデータ産業基地

[kr] 국가급 빅데이터 산업 기지

[pt] base nacional da indústria de big data

[ru] национальная отраслевая база больших данных

[es] base nacional del sector de Big Data

22513 国家大数据新型工业化示范基地

[ar] قاعدة نموذجية وطنية للتصنيع الحديث الطراز للبيانات الضخمة

[en] national demonstration base of big data industrialization

[fr] base nationale de démonstration de la nouvelle industrialisation de mégadonnées

[de] nationale neue Demonstrationsbasis für

Big Data Industrialisierung
[it] base di modello dell'industrializzazione nazionale dei Big Data
[jp] 国家ビッグデータ工業化モデル基地
[kr] 국가 빅데이터 신형 산업화 시범 기지
[pt] base demonstrativa nacional da industrialização de big data
[ru] национальная демонстрационная база индустриализации больших данных
[es] base nacional de demostración de industrialización de Big Data

22514　国际开源社区
[ar] مجتمع دولي مفتوح المصدر
[en] international open-source community
[fr] communauté internationale open source
[de] internationale Open Source-Community
[it] comunità internazionale di risorsa aperta
[jp] 国際的オープンソースコミュニティ
[kr] 국제 오픈 소스 커뮤니티
[pt] comunidade de código aberto internacional
[ru] международное сообщество открытого исходного текста
[es] comunidad internacional de código abierto

22515　数据进化论
[ar] نظرية التطور للبيانات
[en] theory of data evolution
[fr] évolutionnisme de données
[de] Datenevolution
[it] evoluzione dei dati
[jp] データ進化論
[kr] 데이터 진화론
[pt] evolução dos dados
[ru] эволюция данных
[es] evolución de datos

22516　机器人
[ar] روبوت

[en] robot
[fr] robot
[de] Roboter
[it] robot
[jp] ロボット
[kr] 로봇
[pt] robô
[ru] робот
[es] robot

2.2

22517　技术元素
[ar] عناصر تقنية
[en] technium
[fr] technium
[de] technische Elemente
[it] technium
[jp] テクニウム
[kr] 테크늄
[pt] technium
[ru] техниум
[es] elemento técnico

22518　组合进化
[ar] تطور تكتلي
[en] combined evolution
[fr] évolution combinatoire
[de] kombinierte Evolution
[it] evoluzione combinata
[jp] 組合せ進化
[kr] 조합 진화
[pt] evolução combinatória
[ru] комбинированная эволюция
[es] evolución combinada

22519　数字重组产业
[ar] صناعة إعادة الهيكلة الرقمية
[en] digitally restructured industry
[fr] industrie de la restructuration numérique
[de] digitale Umstrukturierungsbranche
[it] settore della ristrutturazione digitale
[jp] デジタル再編産業

[kr] 디지털 산업 재구성

[pt] indústria de reestruturação digital

[ru] индустрия цифровой
реструктуризации

[es] industria reestructuradora digital

22520　生态契约

[ar] عقد بيئي

[en] ecological contract

[fr] contrat écologique

[de] ökologischer Vertrag

[it] contratto ecologico

[jp] グリーン契約

[kr] 생태 계약

[pt] eco-contrato

[ru] экологический договор

[es] contrato ecológico

22521　生态运营平台

[ar] منصة التشغيل البيئية

[en] ecological operation platform

[fr] plate-forme d'opération écologique

[de] ökologische Betriebsplattform

[it] piattaforma operativa ecologica

[jp] 生態運用プラットフォーム

[kr] 생태 운영 플랫폼

[pt] plataforma de operação ecológica

[ru] экологическая операционная
платформа

[es] plataforma de operaciones ecológicas

22522　重新域定

[ar] إعادة تحديد المجال

[en] redomained

[fr] changement de domaine

[de] neue Erklärung der Herrschaft

[it] ridominato

[jp] 再ドメイン化

[kr] 도메인 정의 리세팅

[pt] redominado

[ru] переопределение домена

[es] reasignado a dominio

2.3 主权区块链

[ar] سلسلة الكتل السيادية

[en] **Sovereignty Blockchain**

[fr] **Chaîne de blocs de souveraineté**

[de] **Souveränitätsblockchain**

[it] **Catena di blocco sovrano**

[jp] **主権ブロックチェーン**

[kr] **주권 블록체인**

[pt] **Blockchain Soberano**

[ru] **Суверенный блокчейн**

[es] **Cadena de Bloques Soberana**

2.3.1 区块链

[ar] سلسلة الكتلة

[en] **Blockchain**

[fr] **Chaîne de blocs**

[de] **Blockchain**

[it] **Catena di blocco**

[jp] **ブロックチェーン**

[kr] **블록체인**

[pt] **Blockchain**

[ru] **Блокчейн**

[es] **Cadena de Bloques**

23101 分布式数据库系统

[ar] نظام قاعدة البيانات الموزعة

[en] distributed database system

[fr] système de base de données distribuée

[de] verteiltes Datenbanksystem

[it] sistema di database distribuito

[jp] 分散データベースシステム

[kr] 분산형 데이터베이스 시스템

[pt] sistema de base de dados distribuído

[ru] распределенная база данных

[es] sistema distribuido de bases de datos

23102 不可能三角

[ar] مثلث مستحيل

[en] impossible trinity

[fr] impossible trinité

[de] unmögliche Dreifaltigkeit

[it] trilemma

[jp] 国際金融のトリレンマ

[kr] 삼위일체 불가능이론

[pt] trilema impossível

[ru] невозможная троица

[es] trinidad imposible

23103 哈希函数

[ar] دالة تجزئة هاشي

[en] hash function

[fr] fonction de hachage

[de] Hash-Funktion

[it] funzione di hash

[jp] ハッシュ関数

[kr] 해시 함수

[pt] função hash

[ru] хэш-функция

[es] función hash

23104　分布式账本技术

[ar] تقنية الدفتر الموزعة

[en] distributed ledger technology

[fr] technologie de registres distribués

[de] verteilte Ledger-Technologie

[it] tecnologia di contabilità distribuita

[jp] 分散型台帳技術

[kr] 분산형 장부 기술

[pt] tecnologia de contabilidade distribuída

[ru] технология распределенной книги

[es] tecnología de registro distribuido

23105　非对称加密算法

[ar] خوارزمية التشفير غير المتوازن

[en] asymmetric encryption algorithm

[fr] algorithme de chiffrement asymétrique

[de] asymmetrischer Verschlüsselungsalgo-
rithmus

[it] algoritmo di crittografia asimmetrica

[jp] 非対称暗号化アルゴリズム

[kr] 비대칭 암호화 알고리즘

[pt] algoritmo de criptografia assimétrica

[ru] алгоритм асимметричного
шифрования

[es] algoritmo de encriptación asimétrico

23106　智能合约

[ar] عقد ذكي

[en] smart contract

[fr] contrat intelligent

[de] intelligenter Vertrag

[it] contratto intelligente

[jp] スマート契約

[kr] 스마트 계약

[pt] contrato inteligente

[ru] умный контракт

[es] contrato inteligente

23107　P2P动态组网

[ar] شبكات ديناميكية P2P

[en] P2P dynamic networking

[fr] réseau dynamique P2P

[de] Peer-to-Peer dynamische Vernetzung

[it] rete dinamica P2P

[jp] P2P 動的ネットワーキング

[kr] P2P 동적 네트워킹

[pt] rede dinâmica P2P

[ru] динамическая сеть P2P

[es] conexión en redes dinámicas P2P

23108　Merkle树

[ar] شجرة Merkle

[en] Merkle tree

[fr] arbre de Merkle

[de] Merkle-Baum

[it] albero Merkle

[jp] マークル木

[kr] 머클트리

[pt] árvore Merkle

[ru] дерево Меркла

[es] árbol de Merkle

23109　数字时间戳技术

[ar] تكنولوجيا الختم الزمني الرقمي

[en] digital timestamping technology

[fr] technologie d'horodatage numérique

[de] digitale Zeitstempelung

[it] marcatura temporale digitale

[jp] デジタルタイムスタンプ技術

[kr] 디지털 타임스탬핑 기술

[pt] tecnologia de selos temporais digitais

[ru] цифровая метка времени

[es] tecnología de marcado digital de tiempo

23110　去中心化

[ar] لامركزية

[en] decentralization

[fr] décentralisation

[de] Dezentralisierung

[it] decentramento

[jp] 分散化

[kr] 탈중앙화

[pt] descentralização

[ru] децентрализация

[es] descentralización

23111 开放性

[ar] انفتاح

[en] openness

[fr] ouverture

[de] Offenheit

[it] apertura

[jp] 開放性

[kr] 개방성

[pt] abertura

[ru] открытость

[es] apertura

23112 可追溯

[ar] قابلية التعقب

[en] traceability

[fr] traçabilité

[de] Rückverfolgbarkeit

[it] tracciabilità

[jp] トレーサビリティ

[kr] 추적 가능

[pt] rastreabilidade

[ru] прослеживаемость

[es] trazabilidad

23113 匿名性

[ar] إخفاء الهوية

[en] anonymity

[fr] anonymat

[de] Anonymität

[it] anonimia

[jp] 匿名性

[kr] 익명성

[pt] anonimato

[ru] анонимность

[es] anonimato

23114 互联链

[ar] سلسلة مترابطة

[en] interchain

[fr] interchaîne

[de] Interchain

[it] intercatena

[jp] インターチェーン

[kr] 인터 체인

[pt] intercadeia

[ru] интерчейн

[es] intercadena

23115 区块链安全机制

[ar] آلية الأمن لسلسلة الكتلة

[en] blockchain security mechanism

[fr] mécanisme de sécurité de chaîne de blocs

[de] Blockchain-Sicherheitsmechanismus

[it] meccanismo di sicurezza di catena di blocco

[jp] ブロックチェーンセキュリティメカニズム

[kr] 블록체인 보안 메커니즘

[pt] mecanismo do protocolo de segurança de blockchain

[ru] механизм безопасности блокчейна

[es] mecanismo de seguridad de cadena de bloques

23116 绳网结构

[ar] هيكل حبلي

[en] chain-net structure

[fr] structure chaîne-réseau

[de] Kettennetzstruktur

[it] struttura catena-rete

[jp] ロープネット構造

[kr] 로프네트 구조

[pt] estrutura da corda

[ru] структура цепей-сетей

[es] estructura de cadena-red

2.3

2.3

23117　共识机制

[ar] آلية التوافق

[en] consensus mechanism

[fr] mécanisme de consensus

[de] Konsensmechanismus

[it] meccanismo di consenso

[jp] 共通認識メカニズム

[kr] 콘센서스 메커니즘

[pt] mecanismo de consenso

[ru] механизм консенсуса

[es] mecanismo de consenso

23118　数据一致性

[ar] تناسق البيانات

[en] data consistency

[fr] cohérence des données

[de] Datenkonsistenz

[it] coerenza dei dati

[jp] データの一致性

[kr] 데이터 일관성

[pt] consistência de dados

[ru] согласованность данных

[es] coherencia de datos

23119　互操作

[ar] تشغيل متبادل

[en] interoperability

[fr] interopérabilité

[de] Interoperabilität

[it] interoperabilità

[jp] 相互運用性

[kr] 상호 운용

[pt] interoperabilidade

[ru] совместимость

[es] interoperabilidad

23120　区块链即服务

[ar] سلسلة الكتلة كخدمة

[en] Blockchain as a Service (BaaS)

[fr] chaîne de blocs en tant que service

[de] Blockchain als Dienstleistung

[it] catena di blocco come servizio

[jp] サービスとしてのブロックチェーン

[kr] 블록체인 즉 서비스

[pt] blockchain como um serviço

[ru] Блокчейн как услуга

[es] cadena de bloques como servicio

23121　跨链技术

[ar] تكنولوجيا عابرة سلاسل الكتل

[en] cross-chain technology

[fr] technologie d'échange entre les chaînes

[de] kettenübergreifende Technologie

[it] tecnologia cross-chain

[jp] クロスチェーン技術

[kr] 크로스 체인 테크놀로지

[pt] tecnologia de cadeia cruzada

[ru] перекрестная технология

[es] tecnología de cadena cruzada

2.3.2　区块链监管

[ar] **الإشراف على سلسلة الكتلة**

[en] **Blockchain Regulation**

[fr] **Surveillance des chaînes de blocs**

[de] **Blockchain-Regulierung**

[it] **Normativa della catena di blocchi**

[jp] **ブロックチェーン監督管理**

[kr] **블록체인 감독 관리**

[pt] **Regulamento de Blockchain**

[ru] **Регулирование блокчейна**

[es] **Regulación de Cadena de Bloques**

23201　公有链

[ar] سلسلة الكتلة العامة

[en] public blockchain

[fr] chaîne de blocs publique

[de] öffentliche Blockchain

[it] catena di blocchi pubblica

[jp] パブリックブロックチェーン

[kr] 퍼블릭체인

[pt] blockchain pública

[ru] публичный блокчейн

[es] cadena de bloques pública

23202 私有链

[ar] سلسلة الكتلة الخاصة

[en] private blockchain

[fr] chaîne de blocs privée

[de] private Blockchain

[it] blockchain privata

[jp] プライベートブロックチェーン

[kr] 프라이빗체인

[pt] blockchain privado

[ru] приватный блокчейн

[es] cadena de bloques privada

23203 联盟链

[ar] سلسلة الاتحاد

[en] alliance chain

[fr] chaîne d'alliance

[de] Allianzkette

[it] catena di alleanze

[jp] 連盟チェーン

[kr] 연맹 체인

[pt] cadeia de aliança

[ru] блокчейн-консорциум

[es] cadena de alianza

23204 侧链协议

[ar] بروتوكول السلسلة الجانبية

[en] sidechain protocol

[fr] protocole de sidechain

[de] Sidechain-Protokoll

[it] protocollo di sidechain

[jp] サイドチェーンプロトコル

[kr] 사이드 체인 협약

[pt] protocolo de sidechain

[ru] протокол боковой цепи

[es] protocolo de cadena lateral

23205 双向锚定

[ar] رسو ثنائي الاتجاه

[en] two-way peg

[fr] ancrage bidirectionnel

[de] Zweiwege-Verankerung

[it] piolo a due vie

[jp] 双方向ペグ

[kr] 양방향 정착

[pt] pino bidirecional

[ru] двухсторонний колышек

[es] anclaje bidireccional

23206 法链

[ar] سلسلة الحقوق

[en] lawchain

[fr] chaîne de loi

[de] rechtliche Kette

[it] catena della legge

[jp] ローチェーン

[kr] 파렌

[pt] blockchain sob supervisão governamental

[ru] блокчейн для хранения доказательств

[es] cadena legal

23207 以链治链

[ar] إدارة سلسلة الكتلة بنفسها

[en] blockchain-managed blockchain

[fr] chaîne de blocs gérée par chaîne de blocs

[de] Blockchain-verwaltete Blockchain

[it] catena di blocchi gestita da catena di blocco

[jp] ブロックチェーンによるブロックチェーンガバナンス

[kr] 체인은 체인으로 관리

[pt] blockchain gerido por blockchain

[ru] блокчейн, управляемый блокчейном

[es] cadena de bloques manejada por cadena de bloques

23208 全球区块链委员会

[ar] مجلس عالمي لسلسلة الكتل

[en] Global Blockchain Council

[fr] Conseil mondial de la chaîne de blocs
[de] Globaler Blockchain-Rat
[it] Consiglio globale della catena di blocchi
[jp] グローバルブロックチェーン委員会
[kr] 글로벌 블록체인 위원회
[pt] Conselho Global de Blockchain
[ru] Глобальный блокчейн-совет
[es] Consejo Global de Cadena de Bloques

23209　R3CEV区块链联盟（美国）
[ar] اتحاد سلسلة R3CEV (الولايات المتحدة)
[en] R3CEV Blockchain Alliance (USA)
[fr] Alliance de chaîne de blocs de R3CEV (États-Unis)
[de] R3CEV Blockchain-Allianz (USA)
[it] Alleanza di catena di blocchi R3CEV (US)
[jp] R3CEVブロックチェーン連盟（アメリカ）
[kr] R3CEV 블록체인 연맹(미국)
[pt] Aliança de Blockchain R3CEV (EUA)
[ru] Блокчейн-консорциум R3CEV (США)
[es] Alianza de Cadena de Bloques R3CEV (EE.UU.)

23210　商业区块链存证
[ar] محفوظات لسلسلة الكتلة التجارية
[en] blockchain-based evidence for business
[fr] preuve basée sur les chaînes de blocs pour le commerce
[de] blockchainbasierter Beweis für Geschäft
[it] prova di catena di blocchi commerciale
[jp] ビジネスブロックチェーン証拠保全
[kr] 비즈니스 블록체인 기반 증거 보존
[pt] evidências de blockchain para os negócios
[ru] доказательство бизнеса на основе блокчейна
[es] evidencia de cadena de bloques para comercios

23211　电子合同区块链存证
[ar] محفوظات لسلسلة الكتلة للعقد الإلكتروني
[en] blockchain-based evidence for e-contract
[fr] preuve basée sur les chaînes de blocs pour le contrat électronique
[de] blockchainbasierter Beweis für E-Vertrag
[it] prova di contratti elettronici di catena di blocchi
[jp] 電子契約ブロックチェーン証拠保全
[kr] 전자 계약 블록체인 기반 증거 보존
[pt] certificados de blockchain para contratos digitais
[ru] доказательство для электронных контрактов на основе блокчейна
[es] evidencia de cadena de bloques de contratos electrónicos

23212　中国分布式总账基础协议联盟
[ar] اتحاد صيني للبروتوكول الأساسي للدفتر العام الموزع
[en] China Ledger
[fr] Alliance China Ledger
[de] China Ledger
[it] Alleanza China Ledger
[jp] 中国分散式総勘定元帳基礎協議連盟
[kr] 중국 분산형 원장 기초 협약 연맹
[pt] Aliança China Ledger
[ru] Альянс China Ledger
[es] Alianza de China Ledger

23213　中国区块链研究联盟
[ar] اتحاد صيني لدراسة سلسلة الكتلة
[en] China Blockchain Research Alliance (CBRA)
[fr] Alliance de recherche sur la chaîne de blocs en Chine
[de] China Blockchain Research Alliance
[it] Unione di ricerca sulla catena di blocchi della Cina
[jp] 中国ブロックチェーン研究連盟
[kr] 중국 블록체인 연구 연맹

[pt] Aliança de Pesquisa de Blockchain da China

[ru] Китайский альянс по исследованию блокчейна

[es] Alianza para Investigación de Cadena de Bloques de China

23214 金融区块链联盟（中国）

[ar] اتحاد سلسلة الكتلة المالي (الصين)

[en] Financial Blockchain Alliance (China)

[fr] Alliance de chaîne de blocs financière (Chine)

[de] Finanzielle Blockchain-Allianz (China)

[it] Unione per la catena di blocchi finanziaria (Cina)

[jp] 金融ブロックチェーン連盟（中国）

[kr] 금융 블록체인 연맹(중국)

[pt] Aliança Financeira de Blockchain (China)

[ru] Финансовый блокчейн-альянс (Китай)

[es] Alianza para Cadena de Bloques en Finanzas (China)

23215 创世区块

[ar] كتلة التكوين

[en] genesis block

[fr] bloc de genèse

[de] Genesis-Block

[it] blocco di genesi

[jp] ジェネシスブロック

[kr] 제네시스 블록

[pt] bloco de génese

[ru] блок генезиса

[es] bloque génesis

23216 区块链反腐

[ar] سلسلة الكتلة لمكافحة الفساد

[en] blockchain-based integrity solution

[fr] anti-corruption par chaîne de blocs

[de] blockchainbasierte Korruptionsbekämp-fung

[it] anti-corruzione della catena di blocchi

[jp] ブロックチェーンの腐敗防止

[kr] 블록체인 부패 방지

[pt] anticorrupção de blockchain

[ru] противодействие коррупции при помощи блокчейна

[es] anticorrupción de cadena de bloques

23217 区块链电子合同

[ar] عقد إلكتروني لسلسلة الكتلة

[en] blockchain e-contract

[fr] contrat électronique de chaîne de blocs

[de] Blockchain-E-Vertrag

[it] contratto elettronico di catena di blocchi

[jp] ブロックチェーン電子契約

[kr] 블록체인 전자 계약서

[pt] contrato eletrónico de blockchain

[ru] электронный договор на блокчейне

[es] contrato electrónico de cadena de bloques

23218 巴比特

[ar] بابيت

[en] www.8btc.com

[fr] www.8btc.com

[de] www.8btc.com

[it] www.8btc.com

[jp] バビット

[kr] 배빗

[pt] Babbitt

[ru] www.8btc.com

[es] www.8btc.com

23219 布比区块链

[ar] سلسلة كتلة بوبي

[en] Bubi blockchain

[fr] chaîne de blocs de Bubi

[de] Bubbe-Blockchain

[it] catena di blocchi di Bubi

[jp] Bubiブロックチェーン

[kr] 부비 블록체인

2.3

[pt] Blockchain Bubbe

[ru] блокчейн Bubi

[es] cadena de bloques Bubi

23220　结绳成网理论

[ar]　　　　　　　　　نظرية ربط العقدة الحبلية للشبكة

[en] knot theory

[fr] théorie des nœuds

[de] Knotentheorie

[it] teoria dei nodi

[jp] 結び目理論

[kr] 매듭 이론

[pt] teoria de nós de Blockchain

[ru] теория узлов

[es] teoría de nudos

2.3.3　数字法币

[ar]　　　　　　　　عملة فيات الرقمية

[en] **Digital Fiat Currency**

[fr] **Monnaie fiduciaire numérique**

[de] **Digitale Fiat-Währung**

[it] **Moneta digitale legale**

[jp] デジタル不換紙幣

[kr] 디지털 명목 화폐

[pt] **Moeda Digital**

[ru] **Цифровая фиатная валюта**

[es] **Moneda Digital Fiduciaria**

23301　信用货币

[ar]　　　　　　　　عملة ائتمانية

[en] credit money

[fr] monnaie de crédit

[de] Kreditgeld

[it] moneta di credito

[jp] 信用貨幣

[kr] 신용 화폐

[pt] moeda e crédito

[ru] кредитные деньги

[es] dinero de crédito

23302　电子货币

[ar]　　　　　　　　عملة إلكترونية

[en] electronic currency

[fr] monnaie électronique

[de] elektronische Währung

[it] moneta elettronica

[jp] 電子マネー

[kr] 전자 화폐

[pt] moeda eletrónica

[ru] электронная валюта

[es] moneda electrónica

23303　数字货币

[ar]　　　　　　　　عملة رقمية

[en] digital currency

[fr] monnaie numérique

[de] digitale Währung

[it] moneta digitale

[jp] デジタル通貨

[kr] 디지털 화폐

[pt] moeda digital

[ru] цифровая валюта

[es] moneda digital

23304　比特币

[ar]　　　　　　　　بيتكوين

[en] Bitcoin

[fr] Bitcoin

[de] Bitcoin

[it] Bitcoin

[jp] ビットコイン

[kr] 비트코인

[pt] Bitcoin

[ru] биткоин

[es] Bitcoin

23305　比特币挖矿机

[ar]　　　　　　　　آلة التعدين بيتكوين

[en] Bitcoin mining computer

[fr] mineur de Bitcoin

[de] Bitcoin-Mining-Computer

[it] computer per Bitcoin mining

[jp] ビットコイン採掘機

[kr] 비트코인 채굴기

[pt] computador para mineração de bitcoins

[ru] компьютер для майнинга биткоинов

[es] computadora para la minería de Bitcoin

23306 中央银行数字货币

[ar] عملة رقمية للبنك المركزي الصيني

[en] central bank digital currency (CBDC)

[fr] monnaie numérique de la banque centrale

[de] Digitale Währung der Zentralbank

[it] moneta digitale della banca centrale

[jp] 中央銀行デジタル通貨

[kr] 중앙 은행 디지털 화폐

[pt] moeda digital do banco central

[ru] цифровая валюта центрального банка

[es] moneda digital del banco central

23307 数字货币银行

[ar] بنك العملة الرقمية

[en] cryptocurrency bank

[fr] banque de monnaie numérique

[de] Kryptowährungsbank

[it] banca di moneta digitale

[jp] デジタル通貨銀行

[kr] 디지털 화폐 은행

[pt] banco de criptomoeda

[ru] криптовалютный банк

[es] banco en criptomonedas

23308 石油币（委内瑞拉）

[ar] بترو - كوين (فنزويلا)

[en] Petro Coin (Venezuela)

[fr] Petro (Vénézuela)

[de] Petro (Venezuela)

[it] Petro Coin (Venezuela)

[jp] ペトロ (ベネズエラ)

[kr] 페트로 코인(베네수엘라)

[pt] Petro Coin (Venezuela)

[ru] нефтекоин (Венесуэла)

[es] Petro (Venezuela)

23309 国家数字货币“Estcoin”计划（爱沙尼亚）

[ar] خطة عملة رقمية وطنية "Estcoin" (إستونيا)

[en] National Cryptocurrency Estcoin (Estonia)

[fr] Projet national de la monnaie numérique « Estcoin » (Estonie)

[de] Nationale Kryptowährung Estcoin (Estland)

[it] Criptovaluta nazionale Estcoin (Estonia)

[jp] 国家暗号通貨エストコインプロジェクト（エストニア）

[kr] 국가 디지털 화폐 '에스트코인(Estcoin)' 계획(에스토니아)

[pt] Criptomoeda Nacional Estcoin (Estónia)

[ru] Национальная криптовалюта Estcoin (Эстония)

[es] Criptomoneda Nacional Estcoin (Estonia)

23310 电子克朗（瑞典）

[ar] كرونة الإلكترونية (السويد)

[en] e-Krona (Sweden)

[fr] e-Krona (Suède)

[de] e-Krona (Schweden)

[it] e-Krona (Svezia)

[jp] e-Krona （スウェーデン）

[kr] 이크로나(스웨덴)

[pt] E-coroas (Suécia)

[ru] электронная крона (Швеция)

[es] e-Krona (Suecia)

23311 伊朗国家加密货币计划

[ar] خطة إيرانية وطنية للعملة المشفرة

[en] National Cryptocurrency Plan (Iran)

[fr] Projet national de crypto-monnaie (Iran)

[de] Nationaler Kryptowährungsplan (Iran)

[it] Piano nazionale di criptovaluta (Iran)

2.3

[jp] イラン国家暗号通貨計画
[kr] 이란 국가 암호 화폐 계획
[pt] Plano Nacional de Criptomoeda (Irã)
[ru] Национальный план криптовалюты
　　　(Иран)
[es] Plan Nacional de Criptomonedas (Irán)

23312 天秤币

[ar] عملة ليبرا
[en] Libra
[fr] Libra
[de] Libra
[it] Libra
[jp] リブラ
[kr] 리브라
[pt] Libra
[ru] Либра
[es] Libra

23313 以太坊

[ar] إيثيريوم
[en] Ethereum
[fr] Ethereum
[de] Ethereum
[it] Ethereum
[jp] イーサリアム
[kr] 이더리움
[pt] Ethereum
[ru] Эфириум
[es] Ethereum

23314 超主权数字货币

[ar] عملة رقمية فوق السيادة
[en] super-sovereign digital currency
[fr] monnaie numérique supersouveraine
[de] super-souveräne digitale Währung
[it] moneta digitale supersovrana
[jp] 超国家デジタル通貨
[kr] 초주권 디지털 화폐
[pt] moeda digital super-soberana
[ru] суперсуверенная цифровая валюта

[es] moneda digital súper soberana

23315 跨境支付系统

[ar] نظام الدفع عبر الحدود
[en] cross-border payment system
[fr] système de paiement transfrontalier
[de] grenzüberschreitendes Zahlungssystem
[it] sistema di pagamento transfrontaliero
[jp] クロスボーダー決済システム
[kr] 국경간 결제 시스템
[pt] sistema de pagamento transfronteiriço
[ru] трансграничная платежная система
[es] sistema de pagos transfronterizos

23316 全球支付体系

[ar] نظام الدفع العالمي
[en] global payment system
[fr] système de paiement global
[de] globales Zahlungssystem
[it] sistema di pagamento globale
[jp] グローバル決済システム
[kr] 글로벌 결제 시스템
[pt] sistema de pagamento global
[ru] глобальная платежная система
[es] sistema de pagos globales

23317 RSCoin系统

[ar] نظام RSCoin
[en] RSCoin system
[fr] Système RSCoin
[de] RSCoin-System
[it] Sistema RSCoin
[jp] RSCoinシステム
[kr] RSCoin 시스템
[pt] sistema de RSCoin
[ru] система RSCoin
[es] sistema de RSCoin

23318 可编程货币

[ar] عملة قابلة للبرمجة
[en] programmable money

[fr] monnaie programmable

[de] programmierbares Geld

[it] moneta programmabile

[jp] プログラム可能な通貨

[kr] 프로그래밍 가능 화폐

[pt] moeda programável

[ru] программируемые деньги

[es] dinero programable

23319　可编程金融

[ar] مالية قابلة للبرمجة

[en] programmable finance

[fr] finance programmable

[de] programmierbare Finanz

[it] finanza programmabile

[jp] プログラム可能な金融

[kr] 프로그래밍 가능 금융

[pt] finança programável

[ru] программируемые финансы

[es] finanzas programables

23320　数字资产交易平台

[ar] منصة التداول للأصول الرقمية

[en] digital asset trading platform

[fr] plate-forme de trading d'actifs numériques

[de] Handelsplattform für digitale Vermö-genswerte

[it] piattaforma di operazione dei beni digitali

[jp] デジタル資産取引プラットフォーム

[kr] 디지털 자산 거래 플랫폼

[pt] plataforma de transação de ativos digitais

[ru] платформа для торговли цифровыми активами

[es] plataforma de intercambio de activos digitales

23321　数字票据交易平台

[ar] منصة التداول للفاتورة الرقمية

[en] digital bill trading platform

[fr] plate-forme de trading d'effets numériques

[de] Handelsplattform für digitale Rechnun-gen

[it] piattaforma di trading di fatture digitali

[jp] デジタル手形取引プラットフォーム

[kr] 디지털 어음 거래 플랫폼

[pt] plataforma de transação de contas digitais

[ru] платформа для торговли цифровыми документами

[es] plataforma de intercambio de facturas digitales

23322　简单支付验证

[ar] تحقق من الدفع المبسط

[en] simplified payment verification

[fr] vérification de paiement simplifiée

[de] vereinfachte Zahlungsüberprüfung

[it] verifica di pagamento semplificato

[jp] 簡易決済検証

[kr] 간소화 결제 검증

[pt] verificação do pagamento simplificado

[ru] упрощенная проверка оплаты

[es] verificación de pagos simplificados

23323　网络财产

[ar] ممتلكات الشبكة

[en] network property

[fr] propriété numérique

[de] Netzwerkeigentum

[it] proprietà di rete

[jp] ネット財産

[kr] 네트워크 자산

[pt] propriedade de rede

[ru] сетевая собственность

[es] propiedad de red

23324　硬件钱包

[ar] محفظة الأجهزة

[en] hardware wallet
[fr] portefeuille physique
[de] Hardware-Geldbeutel
[it] portafogli hardware
[jp] ハードウェアウォレット
[kr] 하드웨어 지갑
[pt] carteiras de hardware
[ru] аппаратные кошельки
[es] billetera de hardware

23325　区块链IPO
[ar] سلسلة الكتلة IPO
[en] blockchain IPO
[fr] offre publique initiale de chaîne de blocs
[de] Blockchain-IPO
[it] catena di blocco IPO
[jp] ブロックチェーンIPO
[kr] 블록체인 IPO
[pt] blockchain IPO
[ru] первичное публичное размещение на блокчейне
[es] oferta pública inicial (OPI) de cadena de bloques

2.3.4　信用社会
[ar] مجتمع ائتماني
[en] **Credit Society**
[fr] **Société de crédit**
[de] **Kreditgesellschaft**
[it] **Società di credito**
[jp] **信用社会**
[kr] **신용 사회**
[pt] **Sociedade de Crédito**
[ru] **Кредитное общество**
[es] **Sociedad de Crédito**

23401　信任半径
[ar] نصف قطر الثقة
[en] radius of trust
[fr] rayon de confiance
[de] Zuverlässigkeitsradius

[it] raggio di fiducia
[jp] 信頼半径
[kr] 신뢰의 범위
[pt] raio de confiança
[ru] радиус доверия
[es] radio de confianza

23402　库拉圈
[ar] حركة كولا
[en] Kula ring
[fr] Kula
[de] Kula-Ring
[it] anello Kula
[jp] クラリング
[kr] 쿨라링
[pt] circuito Kula
[ru] кольцо Кула
[es] anillo Kula

23403　信任网络
[ar] شبكة الثقة
[en] trust network
[fr] réseau de confiance
[de] Zuverlässigkeitsnetz
[it] rete fiduciaria
[jp] 信頼ネットワーク
[kr] 신뢰네트워크
[pt] rede de confiança
[ru] сеть доверия
[es] red de confianza

23404　去信任架构
[ar] هيكل إزالة الثقة المتبادلة
[en] detrust architecture
[fr] architecture sans confiance
[de] Detrusting-Architektur
[it] architettura negativa
[jp] 非信頼アーキテクチャ
[kr] 비신뢰 아키텍처
[pt] estrutura de indigno de confiança
[ru] архитектура отсутствия доверия

[es] modelo trustless (sin confianza)

23405 拜占庭将军问题

[ar] مسألة الجنرال البيزنطي

[en] Byzantine Generals Problem

[fr] problème des généraux byzantins

[de] Byzantinischer Fehler

[it] problema dei generali bizantini

[jp] ビザンチン将軍問題

[kr] 비잔틴 장군 문제

[pt] Problema dos Generais Bizantinos

[ru] Проблема византийских генералов

[es] Problema de los Generales Bizantinos

23406 信用数据大厦

[ar] صرح بيانات الائتمان

[en] credit data building

[fr] construction de données de crédit

[de] Kreditdatenerstellung

[it] costruzione dei dati di credito

[jp] 信用データビル

[kr] 신용 데이터 빌딩

[pt] construção de dados de crédito

[ru] создание кредитных данных

[es] elaboración de datos de crédito

23407 算法信任

[ar] اعتمادية خوارزمية

[en] algorithm trust

[fr] confiance basée sur l'algorithme

[de] Algorithmus-Zuverlässigkeit

[it] fiducia dell'algoritmo

[jp] アルゴリズム信頼

[kr] 알고리즘 신뢰

[pt] confiança do algoritmo

[ru] алгоритм доверия

[es] algoritmo de confianza

23408 信任机器

[ar] آلة الثقة

[en] trust machine

[fr] machine de confiance

[de] Zuverlässigkeitsmaschine

[it] macchina di fiducia

[jp] 信頼マシン

[kr] 신뢰 기계

[pt] máquina de confiança

[ru] доверенная машина

[es] máquina de confianza

23409 信任转移

[ar] نقل الثقة

[en] trust transfer

[fr] transfert de confiance

[de] Zuverlässigkeitsübertragung

[it] trasferimento di fiducia

[jp] 信頼移転

[kr] 신뢰 전이

[pt] transferência de confiança

[ru] передача доверия

[es] transferencia de confianza

23410 可编程社会

[ar] مجتمع قابل للبرمجة

[en] programmable society

[fr] société programmable

[de] programmierbare Gesellschaft

[it] società programmabile

[jp] プログラム可能な社会

[kr] 프로그래밍 가능 사회

[pt] sociedade programável

[ru] программируемое общество

[es] sociedad programable

23411 区块链社会

[ar] مجتمع سلسلة الكتلة

[en] blockchain society

[fr] société de chaîne de blocs

[de] Blockchain-Gesellschaft

[it] società di catena di blocco

[jp] ブロックチェーン社会

[kr] 블록체인 사회

[pt] sociadade de blockchain

[ru] общество блокчейна

[es] sociedad de cadena de bloques

23412 币天销毁

[ar] تدمير عملة البيتكوين

[en] bitcoin days destroyed

[fr] jours de bitcoin détruits

[de] Bitcoin-Tage-Vernichtung

[it] bitcoin days destroyed

[jp] ビットコイン・デイズ・デストロイド

[kr] 비트코인 데이즈 소멸(BDD)

[pt] dia do Bitcoin destruído

[ru] уничтоженные дни биткойн

[es] días de Bitcoin destruidos

23413 可信金融网络

[ar] شبكة مالية معتمدة

[en] trusted financial network

[fr] réseau financier de confiance

[de] zuverlässiges Finanznetzwerk

[it] rete finanziaria affidabile

[jp] 信頼できる金融ネットワーク

[kr] 신뢰 기반 금융 네트워크

[pt] rede confiável financeira

[ru] доверенная финансовая сеть

[es] red financiera de confianza

23414 区块链鉴证

[ar] مصادقة سلسلة الكتلة

[en] blockchain authentication

[fr] authentification par chaîne de blocs

[de] Blockchain-Authentifizierung

[it] autenticazione di catena di blocco

[jp] ブロックチェーン認証

[kr] 블록체인 인증

[pt] autenticação de blockchain

[ru] аутентификация блокчейна

[es] autenticación de cadena de bloques

23415 加密信用

[ar] ائتمانات مشفرة

[en] crypto credit

[fr] crédit chiffré

[de] Krypto-Kredit

[it] credito cittografico

[jp] 暗号クレジット

[kr] 크립토 크레딧

[pt] créditos criptografados

[ru] криптокредиты

[es] créditos criptográficos

23416 网络化诚信

[ar] أمانة شبكية

[en] networked integrity

[fr] confiance interconnectée

[de] vernetzte Integrität

[it] integrità in rete

[jp] ネット化信用

[kr] 네트워크화 신용

[pt] integridade em rede

[ru] целостность сети

[es] integridad en red

23417 公证人机制

[ar] آلية كاتب العدل

[en] notary scheme

[fr] mécanisme notarial

[de] Notarsystem

[it] schemi notarili

[jp] 公証人メカニズム

[kr] 공증인 메커니즘

[pt] esquema de notarização

[ru] нотариальные схемы

[es] esquemas notariales

23418 区块链自治组织

[ar] منظمة ذاتية لامركزية على سلسلة الكتلة

[en] decentralized autonomous organization (DAO) on the blockchain

[fr] organisation autonome décentralisée

basée sur la chaîne de blocs

[de] blockchainbasierte dezentralisierte auto-
nome Organisation

[it] organizzazione autonoma decentralizzata
di catena di blocco

[jp] ブロックチェーン自律型組織

[kr] 블록체인 자율적 조직

[pt] organização autónoma descentralizada
de blockchain

[ru] децентрализованная автономная
организация на блокчейне

[es] organización autónoma descentralizada
en la cadena de bloques

23419　区块链自治公司

[ar] شركة ذاتية لامركزية على سلسلة الكتلة

[en] decentralized autonomous corporation
(DAC) on the blockchain

[fr] entreprise autonome décentralisée basée
sur la chaîne de blocs

[de] blockchainbasierte dezentralisierte auto-
nome Gesellschaft

[it] società autonoma decentralizzata di
catena di blocco

[jp] ブロックチェーン自律型会社

[kr] 블록체인 자율적 기업

[pt] corporação autónoma descentralizada de
blockchain

[ru] децентрализованная автономная
корпорация на блокчейне

[es] corporación autónoma descentralizada
en la cadena de bloques

23420　区块链社区

[ar] مجتمع سلسلة الكتلة

[en] blockchain community

[fr] communauté de chaîne de blocs

[de] Blockchain-Community

[it] comunità di catena di blocco

[jp] ブロックチェーンコミュニティ

[kr] 블록체인 커뮤니티

[pt] comunidade de blockchain

[ru] сообщество блокчейна

[es] comunidad de cadena de bloques

23421　信用中国网

[ar] شبكة الائتمان الصينى

[en] creditchina.gov.cn

[fr] creditchina.gov.cn

[de] creditchina.gov.cn

[it] creditchina.gov.cn

[jp] 信用中国ウェブサイト

[kr] 신용 중국망

[pt] creditchina.gov.cn

[ru] creditchina.gov.cn

[es] creditchina.gov.cn

2.3.5　秩序互联网

[ar] الإنترنت النظامي

[en] **Internet of Order**

[fr] **Internet d'ordre**

[de] **Internet der Ordnung**

[it] **Ordine Internet**

[jp] **秩序あるインターネット**

[kr] **질서 인터넷**

[pt] **Ordem da Internet**

[ru] **Упорядоченный Интернет**

[es] **Internet de Orden**

23501　全球治理观

[ar] مفهوم الحوكمة العالمية

[en] views on global governance

[fr] vision de la gouvernance mondiale

[de] Konzept der globalen Governance

[it] visione di governance globale

[jp] グローバルガバナンスビュー

[kr] 글로벌 거버넌스관

[pt] visão de governação global

[ru] взгляд на глобальное управление

[es] punto de vista de gobernanza global

23502　数字文明

[ar]　حضارة رقمية

[en]　digital civilization

[fr]　civilisation numérique

[de]　digitale Zivilisation

[it]　civiltà digitale

[jp]　デジタル文明

[kr]　디지털 문명

[pt]　civilização digital

[ru]　цифровая цивилизация

[es]　civilización digital

23503　数字秩序

[ar]　نظام رقمي

[en]　digital order

[fr]　ordre numérique

[de]　digitale Ordnung

[it]　ordine digitale

[jp]　デジタル秩序

[kr]　디지털 질서

[pt]　ordem digital

[ru]　цифровой порядок

[es]　orden digital

23504　《联合国与全球经济治理决议》

[ar]　قرار الأمم المتحدة والحوكمة الاقتصادية العالمية

[en]　The United Nations in Global Economic Governance (Resolution 67/289)

[fr]　Les Nations Unies dans la gouvernance économique mondiale (Résolution 67/289)

[de]　Die Vereinten Nationen in weltwirtschaftlicher Governance (Resolution 67/289)

[it]　Risoluzione delle nazioni unite e la governance economica globale

[jp]　「国連グローバル経済ガバナンス決議」

[kr]　<유엔과 글로벌 경제 거버넌스 결의>

[pt]　ONU na Resolução da Governação Económica Global (Resolução 67/289)

[ru]　Организация Объединенных Наций в глобальном экономическом управлении (Резолюция 67/289)

[es]　Resolución de gobernanza económica global de las Naciones Unidas (Resolución 67/289)

23505　全球公域

[ar]　مجالات عامة عالمية

[en]　global commons

[fr]　patrimoine mondial

[de]　globales Öffentliches

[it]　global commons

[jp]　グローバル・コモンズ

[kr]　글로벌 코먼즈

[pt]　comuns globais

[ru]　глобальное общее пространство

[es]　patrimonio mundial

23506　大科学时代

[ar]　عصر العلوم الكبرى

[en]　era of big science

[fr]　ère de la grande science

[de]　Ära der Großforschung

[it]　era della mega scienza

[jp]　巨大科学の時代

[kr]　대과학 시대

[pt]　era da Big Science

[ru]　эра большой науки

[es]　era de la megaciencia

23507　世界账本

[ar]　دفتر الحسابات العالمي

[en]　World Wide Ledger (WWL)

[fr]　Registre mondial

[de]　Weltweiter Ledger

[it]　Libro mastro mondiale

[jp]　ワールドワイドレジャー

[kr]　월드 와이드 원장

[pt]　World Wide Ledger

[ru]　Всемирная книга учета

[es]　Libro Mayor Mundial

23508　互联网全球治理法治化

[ar]　سيادة القانون للحوكمة العالمية للإنترنت

[en]　rule of law for global governance of Internet

[fr]　législation de la gouvernance mondiale de l'Internet

[de]　Legalisierung der globalen Governance des Internets

[it]　legalizzazione per la governance globale di Internet

[jp]　インターネットのグローバルガバナンス法治化

[kr]　인터넷 글로벌 거버넌스 법치화

[pt]　legalização para governação global da Internet

[ru]　верховенство закона в глобальном управлении Интернетом

[es]　regulación jurídica para gobernanza global de Internet

23509　区块链技术标准

[ar]　معيار تقنية سلسلة الكتلة

[en]　blockchain technical standard

[fr]　norme technique de chaîne de blocs

[de]　technischer Standard von Blockchain

[it]　standard tecnico di catena di blocco

[jp]　ブロックチェーン技術標準

[kr]　블록체인 기술 표준

[pt]　padrão técnica de blockchain

[ru]　технический стандарт блокчейна

[es]　normativas técnicas de cadena de bloques

23510　信息互联网

[ar]　إنترنت المعلومات

[en]　Internet of Information

[fr]　Internet de l'information

[de]　Informations Internet

[it]　Internet di informazione

[jp]　情報インターネット

[kr]　정보 인터넷

[pt]　Internet da Informação

[ru]　Интернет информации

[es]　Internet de la Información

23511　价值互联网

[ar]　إنترنت القيمة

[en]　Internet of Value

[fr]　Internet de valeur

[de]　Internet des Wertes

[it]　Internet di valore

[jp]　価値インターネット

[kr]　가치 인터넷

[pt]　Internet do valor

[ru]　Интернет ценностей

[es]　Internet del Valor

23512　数据博弈论

[ar]　نظرية لعبة البيانات

[en]　data game theory

[fr]　théorie des jeux des données

[de]　Datenspieltheorie

[it]　teoria dei giochi di dati

[jp]　データゲーム理論

[kr]　데이터 게임 이론

[pt]　teoria dos jogos de dados

[ru]　теория игр данных

[es]　teoría de juegos de datos

23513　代码即法律

[ar]　رمز هو قانون

[en]　Code Is Law

[fr]　code en tant que loi

[de]　Code ist Gesetz

[it]　Codice è la legge

[jp]　法律としてのコード

[kr]　코드 즉 법률

[pt]　código é lei

[ru]　Код есть закон

[es]　El Código Es Ley

2.3

23514 去中心化自治组织

[ar] منظمة ذاتية الحكم اللامركزية

[en] decentralized autonomous organization

[fr] organisation autonome décentralisée

[de] dezentralisierte autonome Organisation

[it] organizzazione autonoma decentralizzata

[jp] 分散型自治組織

[kr] 탈중앙화 자치 조직

[pt] organização autónoma descentralizada

[ru] децентрализованная автономная
организация

[es] organización autónoma descentralizada

23515 数字包容战略

[ar] استراتيجية الشمول الرقمي

[en] Digital Inclusion Strategy

[fr] stratégie d'inclusion numérique

[de] Strategie der Regierung für digitale In-
klusion

[it] strategia di inclusione digitale

[jp] デジタルインクルージョン戦略

[kr] 디지털 포용 전략

[pt] estratégia de inclusão digital

[ru] стратегия цифровой доступности

[es] Estrategia de Inclusión Digital

23516 数字政府伙伴关系

[ar] علاقات الشراكة بين الحكومات الرقمية

[en] digital government partnership

[fr] partenariat du gouvernement numérique

[de] digitale Regierungspartnerschaft

[it] partenariato governativo digitale

[jp] デジタル政府パートナーシップ

[kr] 디지털 정부 파트너십

[pt] parceria governamental digital

[ru] цифровое государственное
партнерство

[es] asociación de gobierno digital

23517 整体政府

[ar] حكومة متكاملة

[en] whole of government

[fr] gouvernement d'ensemble

[de] Einheits-Regierung

[it] governo integrale

[jp] 政府の全体

[kr] 통합형 정부

[pt] todos os níveis do governo

[ru] целостное правительство

[es] gobierno integral

23518 链上治理

[ar] حوكمة على السلسلة

[en] on-chain governance

[fr] gouvernance par la chaîne de blocs

[de] Onchain-Regulierung

[it] governance su catena

[jp] オンチェーンガバナンス

[kr] 온체인 거버넌스

[pt] governação onchain

[ru] ончейн-управление

[es] gobierno en cadena

23519 多利益攸关方模式

[ar] نموذج تعدد الأطراف للمصالح

[en] multi-stakeholderism

[fr] modèle multipartite

[de] Multi-Interessenträger-Modus

[it] modello di multi-stakeholder

[jp] 複数の利害関係者モデル

[kr] 멀티스테이크홀더 모델

[pt] modelo de múltiplas parte interessadas

[ru] модель с участием многих
заинтересованных сторон

[es] modelo de varias partes interesadas

23520 大数据全治理链

[ar] سلسلة الحوكمة الشاملة للبيانات الضخمة

[en] big data full governance chain

[fr] chaîne de gouvernance complète des
mégadonnées

[de] vollständige Big Data-Regulierungskette

[it] catena di governance completa dei Big Data

[jp] ビッグデータフルガバナンスチェーン

[kr] 빅데이터 전체 관리 체인

[pt] cadeia de governação completa de big data

[ru] полная цепочка управления большими данными

[es] cadena de gobernanza completa de Big Data

2.3

[ar] الذكاء الاصطناعي

[en] **Artificial Intelligence**

[fr] **Intelligence artificielle**

[de] **Künstliche Intelligenz**

[it] **Intelligenza artificiale**

[jp] 人工知能

[kr] 인공지능

[pt] **Inteligência Artificial**

[ru] **Искусственный интеллект**

[es] **Inteligencia Artificial**

2.4.1 群智开放

[ar] الذكاء الجماعي المفتوح المصدر

[en] Crowd Intelligence

[fr] Stade de l'intelligence en essaim

[de] Öffnung der kollektiven Intelligenz

[it] Apertura dell'intelligenza sciamante

[jp] 群知能開放

[kr] 군지 (群智) 개방

[pt] Código Aberto de Inteligência de Agrupamento

[ru] Роевой интеллект с открытым исходным кодом

[es] Inteligencia de Enjambre

24101 新一代人工智能

[ar] جيل جديد من الذكاء الاصطناعي

[en] new-generation artificial intelligence

[fr] intelligence artificielle de nouvelle génération

[de] künstliche Intelligenz der neuen Generation

[it] intelligenza artificiale di nuova generazione

[jp] 次世代人工知能

[kr] 차세대 인공지능

[pt] inteligência artificial de nova geração

[ru] искусственный интеллект нового поколения

[es] inteligencia artificial de nueva generación

24102 弱人工智能

[ar] ذكاء اصطناعي ضعيف

[en] weak artificial intelligence

[fr] intelligence artificielle étroite

[de] schwache KI

[it] intelligenza artificiale debole

[jp] 弱いAI

[kr] 약한 인공지능

[pt] inteligência artificial fraca

[ru] узкий искусственный интеллект

[es] inteligencia artificial débil

24103 强人工智能

[ar] ذكاء اصطناعي قوي

[en] strong artificial intelligence

[fr] intelligence artificielle forte

[de] starke KI

[it] intelligenza artificiale forte
[jp] 強いAI
[kr] 강한 인공지능
[pt] inteligência artificial forte
[ru] сильный искусственный интеллект
[es] inteligencia artificial fuerte

24104　超级人工智能
[ar] ذكاء اصطناعي فائق
[en] super artificial intelligence
[fr] superintelligence artificielle
[de] super KI
[it] super intelligenza artificiale
[jp] スーパー人工知能
[kr] 슈퍼 인공지능
[pt] super inteligência artificial
[ru] искусственный суперинтеллект
[es] súper inteligencia artificial

24105　符号主义学派
[ar] مذهب رمزي
[en] school of symbolicism
[fr] école de symbolisme
[de] Schule der Symbolik
[it] scuola di simbolismo
[jp] 記号主義学派
[kr] 명목주의 학파
[pt] escola de simbolismo
[ru] школа символизма
[es] escuela del simbolismo

24106　连接主义学派
[ar] مذهب ترابطي
[en] school of connectionism
[fr] école de connexionnisme
[de] Schule des Konnektivismus
[it] scuola di connessionismo
[jp] コネクショニズム学派
[kr] 연결주의 학파
[pt] escola do conexionismo
[ru] школа коннекционизма

[es] escuela del conexionismo

24107　行为主义学派
[ar] مذهب سلوكي
[en] school of actionism
[fr] école de béhaviorisme
[de] Schule des Behaviorismus
[it] scuola di comportamentismo
[jp] 行動主義学派
[kr] 행동주의 학파
[pt] escola do behaviorismo
[ru] школа бихевиоризма
[es] escuela del conductismo

24108　达特茅斯会议
[ar] مؤتمر دارتموث
[en] Dartmouth Workshop
[fr] conférence de Dartmouth
[de] Dartmouth Workshop
[it] conferenza di Dartmouth
[jp] ダートマス会議
[kr] 다트먼스 회의
[pt] Workshop de Dartmouth
[ru] Дартмутский семинар
[es] Conferencia de Dartmouth

24109　图灵测试
[ar] اختبار تورنغ
[en] Turing test
[fr] test de Turing
[de] Turing-Test
[it] test di Turing
[jp] チューリング・テスト
[kr] 튜링 테스트
[pt] Teste de Turing
[ru] тест Тьюринга
[es] prueba de Turing

24110　日本第5代机
[ar] الجيل الخامس من الحواسيب اليابانية
[en] Fifth Generation Computer Systems

2.4

(Japan)

[fr] système informatique de 5ᵉ génération (Japon)

[de] Computersysteme der fünften Generation (Japan)

[it] sistemi informatici di quinta generazione (Giappone)

[jp] 第五世代コンピュータ（日本）

[kr] 일본 5 세대 컴퓨터 시스템

[pt] sistemas de computação da quinta geração do Japão

[ru] Компьютерные системы пятого поколения (Япония)

[es] Quinta Generación de Computadoras (Japón)

24111 逻辑运算

[ar] عملية حسابية منطقية

[en] logical operation

[fr] opération logique

[de] logische Operation

[it] operazione logica

[jp] 論理的演算

[kr] 논리 연산

[pt] operação lógica

[ru] логическая операция

[es] operación lógica

24112 演绎推理

[ar] منطق استنتاجي

[en] deductive reasoning

[fr] raisonnement déductif

[de] deduktive Argumentation

[it] ragionamento deduttivo

[jp] 演繹的推論

[kr] 연역 추리

[pt] raciocínio dedutivo

[ru] дедуктивное мышление

[es] razonamiento deductivo

24113 三段论

[ar] قياس منطقي ثلاثي

[en] syllogism

[fr] syllogisme

[de] Syllogismus

[it] sillogismo

[jp] 三段論法

[kr] 삼단 논법

[pt] silogismo

[ru] силлогизм

[es] silogismo

24114 逻辑编程语言

[ar] لغة البرمجة المنطقية

[en] logic programming language

[fr] langage de programmation logique

[de] logische Programmiersprache

[it] linguaggio di programmazione logica

[jp] 論理プログラミング言語

[kr] 논리 프로그래밍 언어

[pt] linguagem da programação lógica

[ru] язык логического программирования

[es] lenguaje de programación lógica

24115 深度学习算法

[ar] خوارزمية التعلم العميق

[en] deep learning algorithm

[fr] algorithme d'apprentissage profond

[de] Deep-Learning-Algorithmus

[it] algoritmo di apprendimento profondo

[jp] 深層学習アルゴリズム

[kr] 딥 러닝 알고리즘

[pt] algoritmo de aprendizagem profunda

[ru] алгоритм глубокого обучения

[es] algoritmo de aprendizaje profundo

24116 强化学习算法

[ar] خوارزمية التعلم المعزز

[en] reinforcement learning algorithm

[fr] algorithme d'apprentissage par renforcement

[de] Verstärkungslernen-Algorithmus

[it] algoritmo di apprendimento intensivo

[jp] 強化学習アルゴリズム

[kr] 강화 학습 알고리즘

[pt] algoritmo de aprendizagem por reforço

[ru] алгоритм обучения с подкреплением

[es] algoritmo de aprendizaje por refuerzo

24117 迁移学习算法

[ar] خوارزمية تعلم النقل

[en] transfer learning algorithm

[fr] algorithme d'apprentissage par transfert

[de] Transfer-Lernen-Algorithmus

[it] algoritmo di apprendimento di trasferimento

[jp] 転移学習アルゴリズム

[kr] 전이 학습 알고리즘

[pt] algoritmo de transferência de aprendizagem

[ru] алгоритм обучения с переносом

[es] algoritmo de aprendizaje por transferencia

24118 跨界融合

[ar] اندماج عابر الحدود

[en] cross-sectoral integration

[fr] intégration transfrontalière

[de] grenzüberschreitende Integration

[it] integrazione transfrontaliera

[jp] クロスボーダー融合

[kr] 크로스보더 융합

[pt] integração transfronteiriça

[ru] трансграничная интеграция

[es] integración intersectorial

24119 人机协同

[ar] تفاعل بين الانسان والآلة

[en] human-machine coordination

[fr] coordination homme-machine

[de] Mensch-Maschine-Koordination

[it] coordinamento uomo-macchina

[jp] ヒューマンマシンコーディネーション

[kr] 인간-기계 협동

[pt] coordenação homem-máquina

[ru] человеко-машинная координация

[es] coordinación persona-máquina

24120 自主操控

[ar] تحكم مستقل

[en] autonomous control

[fr] contrôle autonome

[de] autonome Steuerung

[it] controllo autonomo

[jp] 自主制御

[kr] 자율 제어

[pt] controlo autónomo

[ru] автономный контроль

[es] control autónomo

2.4.2 技术奇点

[ar] النقاط المفردة التكنولوجية

[en] **Technological Singularity**

[fr] **Singularité technologique**

[de] **Technologische Singularität**

[it] **Singolarità tecnologica**

[jp] **技術的特異点**

[kr] **기술 특이점**

[pt] **Singularidade Tecnológica**

[ru] **Технологическая сингулярность**

[es] **Singularidad Tecnológica**

24201 通用目的技术

[ar] تكنولوجيا الأغراض العامة

[en] general-purpose technology (GPT)

[fr] technologie à usage général

[de] Allzweck-Technologie

[it] tecnologia per tutti gli usi

[jp] 汎用目的技術

[kr] 다목적 기술

[pt] tecnologia de uso geral

[ru] технологии общего назначения

[es] tecnología de uso general

2.4

24202 人工智能技术

[ar] تكنولوجيا الذكاء الاصطناعي

[en] artificial intelligence (AI) technology

[fr] technologie d'intelligence artificielle

[de] KI-Technik

[it] tecnologia di intelligenza artificiale

[jp] 人工知能技術

[kr] 인공지능 기술

[pt] tecnologia de inteligência artificial

[ru] технологии искусственного интеллекта

[es] tecnología de inteligencia artificial

24203 自学习系统

[ar] نظام التعلم الذاتي

[en] self-learning system

[fr] système d'auto-apprentissage

[de] selbstlernendes System

[it] sistema di auto-apprendimento

[jp] 自己学習システム

[kr] 자체 학습 시스템

[pt] sistema de auto-aprendizagem

[ru] система самообучения

[es] sistema de autoaprendizaje

24204 赫布理论

[ar] نظرية هوبو

[en] Hebbian theory

[fr] théorie de Hebb

[de] Hebbsche Theorie

[it] teoria Hebbian

[jp] ヘッブの法則

[kr] 헤비안 이론

[pt] teoria Hebbiana

[ru] теория Хебба

[es] teoría Hebbiana

24205 知识计算引擎与知识服务技术

[ar] محرك الحوسبة المعرفية و تقنية الخدمة المعرفية

[en] knowledge computing engine and knowledge service technology

[fr] moteur informatique de connaissances et technologie de service de connaissances

[de] Wissenscomputer-Engine und Wissensdiensttechnologie

[it] motore di knowledge computing e tecnologia dei servizi di conoscenza

[jp] 知識計算エンジンと知識サービス技術

[kr] 지식 컴퓨팅 엔진과 지식 서비스 기술

[pt] motor de computação de conhecimentos e tecnologia de serviço de conhecimentos

[ru] система вычислительных знаний и технологии услуг в области знаний

[es] tecnología de motores de computación del conocimiento y servicios del conocimiento

24206 跨媒体分析推理技术

[ar] تكنولوجيا التحليل والاستنباط عبر الوسائط

[en] cross-media analysis and reasoning technology

[fr] technologie d'analyse et de raisonnement cross-média

[de] medienübergreifende Analyse- und Argumentationstechnologie

[it] tecnologia di analisi e ragionamento cross-mediale

[jp] クロスメディア分析推論技術

[kr] 크로스 미디어 분석 추리 기술

[pt] tecnologia de análise e raciocínio de diversos meios

[ru] технологии кросс-медийного анализа и рассуждения

[es] tecnología de análisis y razonamiento entre medios distintos

24207 群体智能关键技术

[ar] تكنولوجيا محورية للذكاء الجماعي

[en] swarm intelligence-based key technology

[fr] technologie clé de l'intelligence en essaim

[de] Schlüsseltechnologien der Schwarmin-

telligenz

[it] tecnologia chiave dell'intelligenza dello sciame

[jp] 群知能のコア技術

[kr] 군집지능 핵심기술

[pt] tecnologias principais de inteligência de agrupamento

[ru] ключевые технологии на основе роевого интеллекта

[es] tecnologías clave de inteligencia de enjambre

24208 混合增强智能新架构和新技术

[ar] هياكل وكنولوجيا حديثة للذكاء المعزز الهجين

[en] new architecture and technology for hybrid-augmented intelligence

[fr] nouvelles architectures et technologies pour l'intelligence hybride augmentée

[de] neue Architekturen und Technologien für erweiterte Hybrid-Intelligenz

[it] architettura e tecnologia nuova per intelligenza ibrida-aumentata

[jp] ハイブリッド拡張知能の新しいアーキテクチャとテクノロジー

[kr] 하이브리드 증강 지능 신 아키텍처 및 신 기술

[pt] arquitecturas e tecnologias novas para inteligência híbrido-aumentada

[ru] новые архитектуры и технологии для гибридно-расширенного интеллекта

[es] nuevas arquitecturas y tecnologías para la inteligencia híbrida aumentada

24209 自主无人系统的智能技术

[ar] تكنولوجيا ذكية للأنظمة غير المأهولة المستقلة

[en] smart technology for unmanned autonomous system

[fr] technologie intelligente pour le système autonome sans pilote

[de] intelligente Technologie für unbemannte Autonomie

[it] tecnologia intelligente per sistema autonomo

[jp] 自主無人システムのスマート技術

[kr] 자율 무인 시스템의 스마트 기술

[pt] tecnologia inteligente para autónomo não tripulado

[ru] умные технологии для беспилотной автономной системы

[es] tecnología inteligente para sistemas autónomos no tripulados

24210 虚拟现实智能建模技术

[ar] تكنولوجيا النمذجة الذكية للواقع الافتراضي

[en] intelligent modeling technology of virtual reality

[fr] technologie de modélisation intelligente de la réalité virtuelle

[de] intelligente Modellierungstechnologie der Virtuellen Realität

[it] tecnologia di modellazione intelligente della realtà virtuale

[jp] バーチャルリアリティ知能モデリング技術

[kr] 가상 현실 스마트 모델링 기술

[pt] tecnologia de modelagem inteligente da realidade virtual

[ru] технологии интеллектуального моделирования виртуальной реальности

[es] tecnología de modelización inteligente de realidad virtual

24211 机器人汽车

[ar] سيارة روبوت

[en] robot vehicle

[fr] véhicule robot

[de] Roboterfahrzeug

[it] veicolo robot

[jp] ロボット自動車

[kr] 로봇 차량

[pt] veículo robótico

2.4

[ru] робот-машина

[es] vehículo robótico

24212 博弈

[ar] لعبة

[en] game

[fr] jeu

[de] Spiel

[it] gioco

[jp] ゲーム

[kr] 게임

[pt] jogos

[ru] игра

[es] juego

24213 垃圾信息过滤

[ar] تصفية المعلومات المزعجة

[en] spam filtering

[fr] filtrage spam

[de] Spam-Filterung

[it] filtro antispam

[jp] スパムフィルタリング

[kr] 스팸 차단

[pt] filtragem de spam

[ru] фильтрация спама

[es] filtrado de spam

24214 后勤规划

[ar] تخطيط لوجستي

[en] logistics planning

[fr] planification de logistique

[de] Logistikplanung

[it] pianificazione logistica

[jp] ロジスティックプランニング

[kr] 지원 계획

[pt] planeamento logístico

[ru] планирование логистики

[es] planificación logística

24215 机器人技术

[ar] تكنولوجيا الروبوت

[en] robot technology

[fr] technologie robotique

[de] Robotertechnik

[it] tecnologia robot

[jp] ロボット技術

[kr] 로봇 기술

[pt] tecnologia robótica

[ru] робототехника

[es] tecnología de robots

24216 机器翻译

[ar] ترجمة آلية

[en] machine translation

[fr] traduction automatique

[de] Maschinenübersetzung

[it] traduzione automatica

[jp] 機械翻訳

[kr] 기계 번역

[pt] tradução automática

[ru] машинный перевод

[es] traducción automática

24217 空间人工智能技术

[ar] تكنولوجيا الذكاء الاصطناعي الفضائي

[en] spatial AI technology

[fr] technologie spatiale basée sur l'intelligence artificielle

[de] räumliche KI-Technik

[it] tecnologia ai spaziale

[jp] 空間人工知能技術

[kr] 공간 인공지능 기술

[pt] tecnologia espacial de inteligência artificial

[ru] пространственные технологии искусственного интеллекта

[es] tecnología de inteligencia artificial espacial

24218 深度语音识别技术

[ar] تكنولوجيا عميقة للتعرف على الكلام

[en] deep speech recognition technology

[fr] technique de reconnaissance vocale «
Deep Speech »

[de] tiefe Spracherkennungstechnik

[it] tecnica di riconoscimento vocale
profondo

[jp] 深層音声認識技術

[kr] 딥 음성 인식 기술

[pt] técnica de reconhecimento de voz
profundo

[ru] технологии глубокого обучения для
распознавания речи

[es] tecnología de reconocimiento profundo
de voz

24219 大规模图像识别竞赛

[ar] حوسبة إدراكية عبر الوسائط الإعلامية

[en] ImageNet Large Scale Visual
Recognition Challenge (ILSVRC)

[fr] Compétition ImageNet de
reconnaissance visuelle à grande échelle

[de] ImageNet - Herausforderung für visuelle
Erkennung in großem Maßstab

[it] Sfida di riconoscimento visivo su larga
scala ImageNet

[jp] 大規模画像認識のコンテスト

[kr] 대규모 영상 식별 경기

[pt] desafio de reconhecimento visual em
larga escala

[ru] Кампания по широкомасштабному
распознаванию образов в ImageNet

[es] Competencia de Reconocimiento Visual
a Gran Escala de ImageNet

24220 跨媒体感知计算

[ar] حوسبة المعرفية عبر الوسائط

[en] cross-media cognitive computing

[fr] informatique cognitive cross-média

[de] medienübergreifendes kognitives Com-
puting

[it] computing cognitivo cross-mediale

[jp] クロスメディアコグニティブコン

ピューティング

[kr] 크로스 미디어 감지 컴퓨팅

[pt] computação cognitiva de diversos meios

[ru] кросс-медийные когнитивные
вычисления

[es] computación cognitiva entre medios
distintos

24221 高级机器学习

[ar] تعلم الآلة المتقدمة

[en] advanced machine learning

[fr] apprentissage automatique avancé

[de] fortgeschrittenes maschinelles Lernen

[it] apprendimento automatico avanzato

[jp] 高級機械学習

[kr] 고급 머신 러닝

[pt] aprendizagem de máquina avançada

[ru] продвинутое машинное обучение

[es] aprendizaje automático avanzado

24222 混合增强计算

[ar] حوسبة معززة هجينة

[en] hybrid-augmented computing

[fr] informatique hybride augmentée

[de] erweitertes Hybridcomputing

[it] computing ibrido-aumentato

[jp] ハイブリッド拡張コンピューティング

[kr] 하이브리드 증강 컴퓨팅

[pt] computação híbrido-aumentada

[ru] гибридно-дополненные вычисления

[es] computación híbrida aumentada

24223 量子智能计算

[ar] حوسبة كمومية ذكية

[en] quantum intelligence computing

[fr] informatique quantique intelligente

[de] intelligentes Quantencomputing

[it] computing quantistico intelligente

[jp] 量子知能コンピューティング

[kr] 양자 지능 컴퓨팅

[pt] computação inteligente quântica

2.4

173

[ru] интеллектуальные квантовые
вычисления

[es] computación cuántica inteligente

24224　混合增强智能

[ar] ذكاء معزز الهجين

[en] hybrid-augmented intelligence

[fr] intelligence hybride augmentée

[de] erweiterte Hybrid-Intelligenz

[it] intelligenza ibrida-aumentata

[jp] ハイブリッド拡張知能

[kr] 하이브리드 증강 지능

[pt] inteligência híbrido-aumentada

[ru] гибридно-расширенный интеллект

[es] inteligencia híbrida aumentada

24225　自主智能系统

[ar] نظام ذكي مستقل

[en] autonomous intelligent system

[fr] système intelligent autonome

[de] autonomes intelligentes System

[it] sistema intelligente di auto-sufficienza

[jp] 自主知能システム

[kr] 자율 스마트 시스템

[pt] sistema inteligente autónomo

[ru] автономная интеллектуальная система

[es] sistema inteligente autónomo

2.4.3　脑机接口

[ar] **واجهة دماغ الكمبيوتر**

[en] **Brain-Computer Interface**

[fr] **Interface cerveau-ordinateur**

[de] **Gehirn-Computer-Schnittstelle**

[it] **Interfaccia cervello-computer**

[jp] **ブレイン・マシン・インターフェース**

[kr] **뇌-컴퓨터 인터페이스**

[pt] **Interface Cérebro-Computador**

[ru] **Мозг-компьютерный интерфейс**

[es] **Interfaz Cerebro-Ordenador**

24301　高端芯片

[ar] رقاقة عالية المستوى

[en] high-end chip

[fr] puce haut de gamme

[de] High-End-Chip

[it] chip di fascia alta

[jp] ハイエンドチップ

[kr] 하이엔드 칩

[pt] chipe de alta qualidade

[ru] чип высокого класса

[es] chip de alta calidad

24302　元器件

[ar] مكونات كهرلكترونية

[en] component

[fr] composant

[de] Komponente

[it] componenti

[jp] コンポーネント

[kr] 부품

[pt] componentes

[ru] составные части

[es] componente

24303　细胞自动机

[ar] جهاز ذاتى للخلية

[en] cellular automaton

[fr] automate cellulaire

[de] zellularer Automat

[it] automa cellulare

[jp] セルオートマトン

[kr] 셀룰러 오토마톤

[pt] autómato celular

[ru] клеточный автомат

[es] autómata celular

24304　人工脑

[ar] دماغ اصطناعي

[en] artificial brain

[fr] cerveau artificiel

[de] künstliches Gehirn

[it] cervello artificiale

[jp] 人工頭脳

[kr] 인공 두뇌

[pt] cérebro artificial

[ru] искусственный мозг

[es] cerebro artificial

24305 数字生命

[ar] حياة رقمية

[en] digital life

[fr] vie numérique

[de] digitales Leben

[it] vita digitale

[jp] デジタルライフ

[kr] 디지털 라이프

[pt] vida digital

[ru] цифровая жизнь

[es] vida digital

24306 数字生态环境

[ar] بيئة إيكولوجية الرقمية

[en] digital ecology and environment

[fr] environnement écologique numérique

[de] digitale Ökologie und digitales Umfeld

[it] ambiente ecologico digitale

[jp] デジタルエコ環境

[kr] 디지털 생태 환경

[pt] ambiente ecológico digital

[ru] цифровая экология и окружающая
среда

[es] entorno ecológico digital

24307 进化机器人

[ar] روبوت تطوري

[en] evolutionary robot

[fr] robot évolutif

[de] evolutionärer Roboter

[it] robot evolutivo

[jp] 進化ロボット

[kr] 진화 로봇

[pt] robô evolucionário

[ru] эволюционный робот

[es] robot evolutivo

24308 虚拟生物

[ar] مخلوقات افتراضية

[en] virtual creature

[fr] créature virtuelle

[de] virtuelle Kreatur

[it] creatura virtuale

[jp] 仮想生物

[kr] 가상 생물

[pt] criatura virtual

[ru] виртуальное существо

[es] criatura virtual

24309 进化算法

[ar] خوارزمية تطورية

[en] evolutionary algorithm

[fr] algorithme évolutif

[de] evolutionärer Algorithmus

[it] algoritmo evolutivo

[jp] 進化的アルゴリズム

[kr] 진화 알고리즘

[pt] algoritmo evolucionário

[ru] эволюционный алгоритм

[es] algoritmo evolucionario

24310 人工智能原始创新

[ar] ابتكارات أصلية للذكاء الاصطناعي

[en] original innovation in AI

[fr] innovation originale en intelligence
artificielle

[de] ursprüngliche Innovation in KI

[it] innovazione originale nell'intelligenza
artificiale

[jp] 人工知能のオリジナルイノベーション

[kr] 인공지능 원시적 혁신

[pt] inovações originais em inteligência
artificial

[ru] оригинальные инновации
искусственного интеллекта

2.4

[es] innovación original en inteligencia artificial

24311 人工智能基础理论
[ar] نظرية أساسية للذكاء الاصطناعي
[en] basic AI theory
[fr] théorie de base de l'intelligence artificielle
[de] grundlegende KI-Theorie
[it] teoria di base dell'intelligenza artificiale
[jp] 人工知能の基礎理論
[kr] 인공지능 기초 이론
[pt] teoria básica da inteligência artificial
[ru] базовая теория искусственного интеллекта
[es] teoría básica de la inteligencia artificial

24312 人工智能关键设备
[ar] معدات رئيسية للذكاء الاصطناعي
[en] key AI equipment
[fr] équipement clé de l'intelligence artificielle
[de] Schlüsselausrüstung der KI
[it] attrezzatura chiave dell'intelligenza artificiale
[jp] 人工知能の核心設備
[kr] 인공지능 핵심 설비
[pt] equipamento essencial de inteligência artificial
[ru] ключевое оборудование искусственного интеллекта
[es] equipos clave de inteligencia artificial

24313 人工智能重大产品
[ar] منتجات رئيسية للذكاء الاصطناعي
[en] major AI product
[fr] produit majeur de l'intelligence artificielle
[de] Hauptprodukt der KI
[it] prodotto principale dell'intelligenza artificiale

[jp] 人工知能の重要製品
[kr] 인공지능 중요 제품
[pt] produto principal de inteligência artificial
[ru] основной продукт искусственного интеллекта
[es] producto principal de inteligencia artificial

24314 人工智能基础材料
[ar] مواد أساسية للذكاء الاصطناعي
[en] basic AI material
[fr] matériaux de base de l'intelligence artificielle
[de] Grundstoffe der KI
[it] materiale di base dell'intelligenza artificiale
[jp] 人工知能の基礎材料
[kr] 인공지능 기초 재료
[pt] materiais básicos de inteligência artificial
[ru] основные материалы искусственного интеллекта
[es] materiales básicos de inteligencia artificial

24315 全球AI顶级人才全景图
[ar] بانوراما المواهب العالمية من الدرجة الأولى للذكاء الاصطناعي
[en] global top AI talents panorama
[fr] panorama mondial des meilleurs talents d'intelligence artificielle
[de] Panorama für globales KI-Top-Talent
[it] panorama globale dei migliori talenti dell'AI
[jp] 世界 AIトップクラス人材のパノラマ
[kr] 글로벌 인공지능 고급 인재 파노라마
[pt] panorama global dos principais talentos da inteligência artificial
[ru] глобальная панорама лучших талантов ИИ

[es] panorama de los principales talentos globales de inteligencia artificial

24316　AI人才储备

[ar] احتياطي المواهب للذكاء الاصطناعي

[en] AI talents reserve

[fr] réserve de talents d'intelligence artificielle

[de] KI-Talentreserve

[it] riserva di talenti AI

[jp] AI 人材予備

[kr] 인공지능 인재 비축

[pt] reserva de talentos inteligência artificial

[ru] резерв талантов ИИ

[es] reserva de talentos de inteligencia artificial

24317　人工智能标准体系

[ar] نظام قياسي للذكاء الاصطناعي

[en] AI standards system

[fr] système normatif de l'intelligence artificielle

[de] KI-Normenssystem

[it] sistema standard per l'intelligenza artificiale

[jp] 人工知能の標準システム

[kr] 인공지능 표준 체계

[pt] sistema padrão de inteligência artificial

[ru] система стандартов в области искусственного интеллекта

[es] sistema estándar de inteligencia artificial

24318　人工智能公共专利池

[ar] مجمع براءات الاختراع العام للذكاء الاصطناعي

[en] open AI patent pool

[fr] pool de brevets ouverts en intelligence artificielle

[de] öffentlicher Patentpool für KI

[it] pool di brevetti pubblici di intelligenza artificiale

[jp] 人工知能公共特許プール

[kr] 인공지능 공공 특허풀

[pt] reservatório de patentes públicas de inteligência artificial

[ru] открытый патентный пул искусственного интеллекта

[es] banco de patentes públicos de inteligencia artificial

24319　人工智能测试平台

[ar] منصة اختبار للذكاء الاصطناعي

[en] AI testing platform

[fr] plate-forme de test de l'intelligence artificielle

[de] KI-Testplattform

[it] piattaforma di test per l'intelligenza artificiale

[jp] 人工知能テスティングプラットフォーム

[kr] 인공지능 테스트 플랫폼

[pt] plataforma de teste para inteligência artificial

[ru] тестовая платформа для искусственного интеллекта

[es] plataforma de pruebas para inteligencia artificial

24320　人工智能准则（IBM）

[ar] قاعدة الذكاء الاصطناعي (IBM)

[en] AI Ethics (IBM)

[fr] Critère d'intelligence artificielle (IBM)

[de] KI-Richtlinien (IBM)

[it] Criterio di intelligenza artificiale (IBM)

[jp] 人工知能ガイドライン(IBM)

[kr] 인공지능 준칙(IBM)

[pt] critério de inteligência artificial (IBM)

[ru] Критерий искусственного интеллекта (IBM)

[es] Criterios de Inteligencia Artificial (IBM)

2.4.4　智能应用

[ar] التطبيقات الذكية

2.4

[en] **Smart Application**
[fr] **Application intelligente**
[de] **Intelligente Anwendung**
[it] **Applicazione intelligente**
[jp] 知能応用
[kr] 스마트 응용
[pt] **Aplicação Inteligente**
[ru] **Интеллектуальное приложение**
[es] **Aplicación Inteligente**

24401 智能社会
[ar] مجتمع ذكي
[en] smart society
[fr] société intelligente
[de] intelligente Gesellschaft
[it] società intelligente
[jp] スマート社会
[kr] 스마트 사회
[pt] sociedade inteligente
[ru] интеллектуальное общество
[es] sociedad inteligente

24402 智能服务
[ar] خدمة ذكية
[en] smart service
[fr] service intelligent
[de] intelligenter Service
[it] servizio intelligente
[jp] スマートサービス
[kr] 스마트 서비스
[pt] serviço inteligente
[ru] интеллектуальные услуги
[es] servicio inteligente

24403 社会治理智能化
[ar] تحول ذكي للحوكمة الاجتماعية
[en] smart social governance
[fr] gouvernance sociale intelligente
[de] intelligente soziale Governance
[it] governance sociale intelligente
[jp] ソーシャルガバナンスの知能化

[kr] 사회 거버넌스 지능화
[pt] inteligência de governação social
[ru] интеллектуальное социальное управление
[es] gobernanza social inteligente

24404 智能经济
[ar] اقتصاد ذكي
[en] smart economy
[fr] économie intelligente
[de] intelligente Wirtschaft
[it] economia intelligente
[jp] インテリジェントエコノミー
[kr] 스마트 경제
[pt] economia inteligente
[ru] интеллектуальная экономика
[es] economía inteligente

24405 智能企业
[ar] مؤسسة ذكية
[en] smart enterprise
[fr] entreprise intelligente
[de] intelligentes Unternehmen
[it] impresa intelligente
[jp] スマート企業
[kr] 스마트 기업
[pt] empresa inteligente
[ru] интеллектуальное предприятие
[es] empresa inteligente

24406 产业智能化升级
[ar] ترقية التحول الذكي للصناعة
[en] industrial upgrade driven by intelligent technology
[fr] montée en gamme industrielle orientée vers l'intelligence
[de] intelligenzorientierte industrielle Aktualisierung
[it] aggiornamento industriale orientato all'intelligenza
[jp] 産業知能化アップグレード

2.4

[kr] 산업 지능화 업그레이드

[pt] melhoria da inteligência industrial

[ru] интеллектуальная индустриальная модернизация

[es] actualización industrial orientada a la inteligencia

24407 人工智能产业链

[ar] سلسلة صناعية للذكاء الاصطناعي

[en] AI industry chain

[fr] chaîne industrielle d'intelligence artificielle

[de] industrielle Kette der KI

[it] catena industriale di intelligenza artificiale

[jp] 人工知能産業チェーン

[kr] 인공지능 산업 사슬

[pt] cadeia industrial de inteligência artificial

[ru] производственная цепочка искусственного интеллекта

[es] cadena industrial de inteligencia artificial

24408 人工智能新兴产业

[ar] صناعة ناشئة في الذكاء الاصطناعي

[en] emerging AI industry

[fr] industrie émergente d'intelligence artificielle

[de] aufstrebende Industrie der KI

[it] industria emergente nell'intelligenza artificiale

[jp] 人工知能新興産業

[kr] 인공지능 신흥 산업

[pt] indústria emergente em inteligência artificial

[ru] развивающаяся индустрия искусственного интеллекта

[es] sector emergente de inteligencia artificial

24409 智能化生产

[ar] إنتاج ذكي

[en] intelligent production

[fr] production intelligente

[de] intelligente Produktion

[it] produzione intellettuale

[jp] 知能化生産

[kr] 지능화 생산

[pt] produção intelectual

[ru] интеллектуальное производство

[es] producción intelectual

24410 人工智能生产要素模型

[ar] نموذج العوامل الإنتاجية للذكاء الاصطناعى

[en] AI production factor model

[fr] modèle de facteur de production de l'intelligence artificielle

[de] Modell des KI-Produktionsfaktors

[it] modello di fattore di produzione dell'intelligenza artificiale

[jp] 人工知能生産要素モデル

[kr] 인공지능 생산 요소 모형

[pt] modelo de fator de produção de inteligência artificial

[ru] модель фактора производства искусственного интеллекта

[es] modelo de factores de producción de inteligencia artificial

24411 计算芯片

[ar] رقاقة الحوسبة

[en] computing chip

[fr] puce informatique

[de] Chip für Computing

[it] chip del computing

[jp] コンピューティングチップ

[kr] 컴퓨팅 칩

[pt] chipe de computação

[ru] вычислительный чип

[es] chip de computación

24412 算法模型

[ar] نموذج الخوارزمية

[en] algorithm model

2.4

[fr] modèle d'algorithme
[de] Algorithmus-Modell
[it] modello di algoritmo
[jp] アルゴリズムモデル
[kr] 알고리즘 모형
[pt] modelo algorítmico
[ru] модель алгоритма
[es] modelo de algoritmo

24413 类脑智能
[ar] ذكاء اصطناعي شبيه بالدماغ
[en] brain-inspired intelligence
[fr] intelligence inspirée du cerveau
[de] gehirninspirierte Intelligenz
[it] intelligenza ispirata dal cervello
[jp] 脳型知能
[kr] 뇌 흡사 지능
[pt] inteligência brain-like
[ru] мозгоподобный интеллект
[es] inteligencia inspirada en el cerebro

24414 智能制造装备
[ar] أجهزة التصنيع الذكي
[en] intelligent manufacturing equipment
[fr] équipement pour la fabrication intelligente
[de] intelligente Fertigungsanlage
[it] apparecchiature di produzione intelligente
[jp] 知能製造装備
[kr] 스마트 제조 장비
[pt] equipamento de fabricação inteligente
[ru] интеллектуальное производственное оборудование
[es] equipos de fabricación inteligente

24415 认知与智能服务
[ar] خدمات معرفية وذكية
[en] cognitive computing and intelligent service
[fr] informatique cognitive et service intelligent
[de] kognitiver und intelligenter Service
[it] servizi cognitivi e intelligenti
[jp] 認知と知能サービス
[kr] 인식 및 지능 서비스
[pt] serviços cognitivos e inteligentes
[ru] когнитивные и интеллектуальные услуги
[es] servicios cognitivos e inteligentes

24416 脑机协同
[ar] تآزر بين الدماغ والحاسوب
[en] brain-computer synergy
[fr] synergie cerveau-ordinateur
[de] Gehirn-Computer-Synergie
[it] sinergia cervello-computer
[jp] ブレインマシン共同作用
[kr] 뇌-컴퓨터 시너지
[pt] sinergia cérebro-computador
[ru] мозг-компьютерное взаимодействие
[es] sinergia cerebro-computadora

24417 多Agent系统
[ar] نظام متعدد الوكالات Agent
[en] multi-agent system (MAS)
[fr] système multi-agents
[de] Multi-Agent-System
[it] sistema multi-agente
[jp] マルチエージェントシステム
[kr] 멀티 에이전트 시스템
[pt] sistema multiagente
[ru] многоагентная система
[es] sistema multiagente

24418 并发约束模型
[ar] نموذج القيد المتزامن
[en] concurrent constraint model
[fr] modèle de contrainte coïncidente
[de] gleichzeitiges Constraints-Modell
[it] modello di vincolo concorrente
[jp] 並列制約モデル

[kr] 동시 발생 제약 모델
[pt] modelo de restrição concorrente
[ru] модель параллельных ограничений
[es] modelo de restricciones concurrentes

24419　谷歌机器学习产业化
[ar] تحول صناعي لتعلم آلة جوجل
[en] extensive application of machine learning in Google products
[fr] industrialisation de l'apprentissage automatique de Google
[de] Industrialisierung von Google-machinelles-Lernen
[it] industrializzazione di apprendimento automatico di Google
[jp] グーグル機械学習産業化
[kr] 구글 머신 러닝 산업화
[pt] industrialização da aprendizagem de máquina do Google
[ru] индустриализация машинного обучения Google
[es] industrialización de aprendizaje automático de Google

24420　百度深度学习实验室
[ar] مختبر بايدو للتعلم العميق
[en] Baidu's Institute of Deep Learning
[fr] Institut d'apprentissage profond de Baidu
[de] Baidus Institut für Deep Learning
[it] Istituto di apprendimento approfondito di Baidu
[jp] 百度（バイドウ）深層学習実験室
[kr] 바이두 딥 러닝 실험실
[pt] instituto de aprendizagem profunda da Baidu
[ru] Институт глубокого обучения Baidu
[es] Instituto de Aprendizaje Profundo de Baidu

2.4.5　人脑计划
[ar] مشروع الدماغ البشري
[en] Human Brain Project
[fr] Projet du cerveau humain
[de] Human Brain-Projekt
[it] Progetto del cervello umano
[jp] ヒューマンブレインプロジェクト
[kr] 인간 대뇌 프로젝트
[pt] Projeto do Cérebro Humano
[ru] Проект человеческого мозга
[es] Proyecto del Cerebro Humano

24501　人工智能开放平台（中国）
[ar] منصة مفتوحة للذكاء الاصطناعي (الصين)
[en] Artificial Intelligence Open Platform (China)
[fr] Plate-forme ouverte d'intelligence artificielle (Chine)
[de] Offene Plattform für künstliche Intelligenz (China)
[it] Piattaforma aperta dell'intelligenza artificiale (Cina)
[jp] 人工知能開放プラットフォーム（中国）
[kr] 인공지능 개방형 플랫폼(중국)
[pt] Plataforma Aberta de Inteligência Artificial (China)
[ru] Открытая платформа искусственного интеллекта (Китай)
[es] Plataforma Abierta de Inteligencia Artificial (China)

24502　智能化基础设施体系（中国）
[ar] نظام البنية التحتية الذكي (الصين)
[en] Intelligent Infrastructure System (China)
[fr] système d'infrastructure intelligente (Chine)
[de] Intelligentes Infrastruktursystem (China)
[it] Sistema di infrastruttura intelligente (Cina)
[jp] 知能化インフラシステム（中国）
[kr] 지능화 인프라 시스템(중국)

2.4

[pt] Sistema de Infraestrutura Inteligente (China)

[ru] Интеллектуальная инфраструктурная система (Китай)

[es] Sistema de Infraestructuras Inteligentes (China)

24503 新一代人工智能发展规划(中国)

[ar] خطة تطوير الذكاء الاصطناعي من الجيل الجديد (الصين)

[en] New-generation Artificial Intelligence Development Plan (China)

[fr] Planification de développement de l'intelligence artificielle de nouvelle génération (Chine)

[de] Entwicklungsplan für künstliche Intelligenz der neuen Generation (China)

[it] Piano di sviluppo dell'intelligenza artificiale di nuova generazione (Cina)

[jp] 次世代人工知能発展計画(中国)

[kr] 차세대 인공지능 발전 계획(중국)

[pt] Plano de Desenvolvimento de Inteligência Artificial da Nova Geração (China)

[ru] Программа развития искусственного интеллекта нового поколения (Китай)

[es] Plan de Desarrollo de Inteligencia Artificial de Nueva Generación (China)

24504 下一代网络安全解决方案(中国)

[ar] خطة حل الأمن السيبراني للجيل القادم (الصين)

[en] Next-generation Cybersecurity Solution (China)

[fr] solution de cybersécurité de nouvelle génération (Chine)

[de] Cybersicherheitslösung der nächsten Generation (China)

[it] Soluzione di sicurezza informatica di prossima generazione (Cina)

[jp] 次世代サイバーセキュリティソリューション(中国)

[kr] 후대 네트워크 보안 해결 방안(중국)

[pt] Solução de Cibersegurança de Próxima Geração (China)

[ru] Решения кибербезопасности следующего поколения (Китай)

[es] Solución de Ciberseguridad de Próxima Generación (China)

24505 新一代人工智能创新发展试验区(中国)

[ar] منطقة تجريبية لتطوير ابتكار الذكاء الاصطناعي للجيل الجديد (الصين)

[en] Pilot Zone of New-generation Artificial Intelligence Innovation and Development (China)

[fr] zone pilote de développement innovant de l'intelligence artificielle de nouvelle génération (Chine)

[de] Pilotzone für innovative Entwicklung künstlicher Intelligenz neuer Generation (China)

[it] Nuova zona pilota di sviluppo innovativo di intelligenza artificiale (Cina)

[jp] 次世代人工知能イノベーション発展試験区(中国)

[kr] 차세대 인공지능 혁신 발전 실험구(중국)

[pt] Nova Zona-Piloto de Desenvolvimento Inovador de Inteligência Artificial (China)

[ru] Новая пилотная зона инновационного развития искусственного интеллекта (Китай)

[es] Zona Piloto de Desarrollo Innovador de Inteligencia Artificial de Nueva Generación (China)

24506 世界人工智能大会(中国)

[ar] مؤتمر عالمي للذكاء الاصطناعي (الصين)

[en] World Artificial Intelligence Conference (China)

[fr] Conférence mondiale de l'intelligence artificielle (Chine)

[de] Weltkonferenz für künstliche Intelligenz (China)

[it] Conferenza mondiale dell'intelligenza artificiale (Cina)

[jp] 世界人工知能大会(中国)

[kr] 세계 인공지능 대회(중국)

[pt] Conferência Mundial de Inteligência Artificial (China)

[ru] Всемирная конференция по искусственному интеллекту (Китай)

[es] Congreso Mundial de Inteligencia Artificial (China)

24507 欧盟人工智能需求平台

[ar] منصة الطلب على الذكاء الاصطناعي للاتحاد الأوروبي

[en] The European Artificial Intelligence-on-demand-platform

[fr] plate-forme européenne d'intelligence artificielle à la demande

[de] Die europäische Nachfrageplattform für künstliche Intelligenz

[it] piattaforma di domanda di intelligenza artificiale

[jp] EU 人工知能需要プラットフォーム

[kr] 유럽 연합 인공지능 수요 플랫폼

[pt] Plataforma Europeia de Demanda de Inteligência Artificial

[ru] Европейская платформа искусственного интеллекта по запросу

[es] Plataforma Europea de Demanda de Inteligencia Artificial

24508 机器人学(欧盟)

[ar] علم الروبوت (الاتحاد الأوروبي)

[en] Robotics (EU)

[fr] robotique (UE)

[de] Robotik (EU)

[it] Robotica (UE)

[jp] ロボット工学(EU)

[kr] 로봇 공학(유럽 연합)

[pt] robóticas (UE)

[ru] Робототехника (ЕС)

[es] Robótica (UE)

24509 数字培训(欧盟)

[ar] خطة عمل التعليم الرقمي (الاتحاد الأوروبي)

[en] Digital Education Action Plan (EU)

[fr] Plan d'action pour l'éducation numérique (UE)

[de] Aktionsplan für digitale Ausbildung (EU)

[it] Piano d'azione per l'istruzione digitale (UE)

[jp] デジタル教育行動計画 (EU)

[kr] 디지털 교육(유럽 연합)

[pt] Plano de Ação para Educação Digital (UE)

[ru] План действий в области цифрового образования (ЕС)

[es] Plan de Acción de Educación Digital (UE)

24510 数字技能和就业联盟(欧盟)

[ar] اتحاد المهارات والوظائف الرقمية (الاتحاد الأوروبي)

[en] Digital Skills and Jobs Coalition (EU)

[fr] coalition pour les compétences et l'emploi numériques (UE)

[de] Koalition für digitale Kompetenzen und Arbeitsplätze (EU)

[it] Coalizione per le competenze e professioni digitali (UE)

[jp] デジタルスキルとジョブ連合 (EU)

[kr] 디지털 스킬 및 일자리 연합(유럽 연합)

[pt] Aliança de Competências Digitais e Emprego (UE)

[ru] Коалиция по цифровым навыкам и рабочим местам (ЕС)

[es] Coalición para las Capacidades y los Empleos Digitales (UE)

24511 欧盟人工智能战略

[ar] استراتيجية الذكاء الاصطناعي (الاتحاد الأوروبي)

[en] Artificial Intelligence Strategy (EU)

[fr] Stratégie pour l'intelligence artificielle (UE)

[de] Strategie für künstliche Intelligenz (EU)

[it] Strategia di intelligenza artificiale (UE)

[jp] 欧州連合人工知能戦略

[kr] 유럽 연합 인공지능 전략

[pt] estratégia de inteligência artificial (UE)

[ru] Стратегия искусственного интеллекта (ЕС)

[es] Estrategia de Inteligencia Artificial (UE)

24512 《国家人工智能研究与发展战略规划》(美国)

[ar] خطة استراتيجية وطنية للبحث والتطوير في مجال الذكاء الاصطناعي (الولايات المتحدة)

[en] National Artificial Intelligence R&D Strategic Plan (USA)

[fr] Plan stratégique national de recherche et de développement en intelligence artificielle (États-Unis)

[de] Nationaler F&E-Strategieplan für künstliche Intelligenz (USA)

[it] Piano strategico nazionale di ricerca e sviluppo dell'intelligenza artificiale (US)

[jp] 「人工知能研究開発戦略計画」（アメリカ）

[kr] <국가 인공지능 연구 및 발전 전략 계획>(미국)

[pt] Plano Estratégico Nacional de Pesquisa e Desenvolvimento em Inteligência Artificial (EUA)

[ru] Национальный стратегический план исследований и разработок в области искусственного интеллекта (США)

[es] Plan Estratégico Nacional de I+D de Inteligencia Artificial (EE.UU.)

24513 人工智能领导力(美国)

[ar] قيادة الذكاء الاصطناعي (الولايات المتحدة)

[en] leadership in artificial intelligence (USA)

[fr] leadership en intelligence artificielle (États-Unis)

[de] Künstliche Intelligenz gestützte Führung (USA)

[it] leadership dell'intelligenza artificiale (US)

[jp] 米国AIイニシアティブ

[kr] 인공지능 리더십(미국)

[pt] liderança em inteligência artificial (EUA)

[ru] лидерство в области искусственного интеллекта (США)

[es] liderazgo de inteligencia artificial (EE. UU.)

24514 《信息与智能系统核心计划》(美国)

[ar] خطة أساسية للمعلومات والأنظمة الذكية (الولايات المتحدة)

[en] Information and Intelligent Systems (IIS): Core Programs (USA)

[fr] Systèmes d'information et d'intelligence : programmes de base (États-Unis)

[de] Informations- und Intelligenzsysteme: Kernprogramme (USA)

[it] Sistemi di informazione e intelligenza (IIS): Programmi Principali (US)

[jp] 「情報とインテリジェンスシステムコアプログラム」（アメリカ）

[kr] <정보와 지능 시스템 핵심 계획>(미국)

[pt] Programas Principais: Sistemas da Informação e Inteligência (EUA)

[ru] Информационная интеллектуальная система (ИИС): основные программы (США)

[es] Sistemas de Información e Inteligencia: Programas Centrales (EE.UU.)

24515 《国家机器人 2.0》(美国)

[ar] مبادرة وطنية للروبوتات 2.0 (الولايات المتحدة)

[en] National Robotics Initiative 2.0 (USA)

[fr] Initiative nationale robotique 2.0 (États-Unis)

[de] Nationale Robotik-Initiative 2.0 (USA)

[it] Iniziativa nazionale della Robotica 2.0 (US)

[jp] 「国家ロボットイニシアティブ 2.0」(アメリカ)

[kr] <국가 로봇 2.0>(미국)

[pt] Iniciativa Nacional de Robótica 2.0 (EUA)

[ru] Национальная робототехническая инициатива 2.0 (США)

[es] Iniciativa de Robótica Nacional 2.0 (EE. UU.)

24516 《人工智能领域行动》(英国)

[ar] استراتيجية صناعية:حركة الذكاء الاصطناعي (بريطانيا)

[en] Industrial Strategy: Artificial Intelligence Sector Deal (UK)

[fr] Stratégie industrielle : Plan d'action du secteur de l'intelligence artificielle (Royaume-Uni)

[de] Industriestrategie: Aktionsplan im KI-Bereich (UK)

[it] Strategia industriale: Attività del settore dell'intelligenza artificiale (UK)

[jp] 「人工知能分野行動」(イギリス)

[kr] <인공지능 분야별 합의>(영국)

[pt] Estratégia Industrial: Acordo do Setor de Inteligência Artificial (Reino Unido)

[ru] Промышленная стратегия: сделки в сфере искусственного интеллекта (Великобритания)

[es] Estrategia Industrial: Acuerdo de Sectores de Inteligencia Artificial (Reino Unido)

24517 《超智能社会 5.0》(日本)

[ar] مجتمع فائق الذكاء 5.0 (اليابان)

[en] Super Smart Society: Society 5.0 (Japan)

[fr] Société superintelligente 5.0 (Japon)

[de] Supersmart Gesellschaft: Gesellschaft 5.0 (Japan)

[it] Società super-intelligente 5.0 (Giappone)

[jp] 「ソサエティー 5.0」(日本)

[kr] <초지능 사회 5.0>(일본)

[pt] Sociedade Super Inteligente 5.0 (Japão)

[ru] Суперумное общество 5.0 (Япония)

[es] Sociedad Superinteligente 5.0 (Japón)

24518 人工智能威胁论

[ar] نظرية تهديد الذكاء الاصطناعي

[en] threat of AI

[fr] menace de l'intelligence artificielle

[de] Bedrohung durch KI

[it] minaccia di intelligenza artificiale

[jp] 人工知能脅威論

[kr] 인공지능 위협론

[pt] ameaça de inteligência artificial

[ru] угроза искусственного интеллекта

[es] amenaza de inteligencia artificial

24519 新一代人工智能治理

[ar] جيل جديد من تكنولوجيا حوكمة الذكاء الاصطناعي

[en] new-generation AI governance

[fr] gouvernance par l'intelligence artificielle de nouvelle génération

[de] KI-Regulierung der neuen Generation

[it] governance dell'intelligenza artificiale di nuova generazione

[jp] 次世代人工知能ガバナンス

[kr] 차세대 인공지능 거버넌스

[pt] governação de inteligência artificial da nova geração

[ru] управление с помощью искусственного интеллекта нового поколения

[es] gobernanza de la inteligencia artificial de nueva generación

2.4

2.5 量子信息科学

[ar] علم المعلومات الكمومية

[en] **Quantum Information Science**

[fr] **Science de l'information quantique**

[de] **Quanteninformationswissenschaft**

[it] **Scienza dell'informazione quantistica**

[jp] 量子情報科学

[kr] 양자 정보 과학

[pt] **Ciência da Informação Quântica**

[ru] **Квантовая информатика**

[es] **Ciencia de la Información Cuántica**

2.5.1 量子科技革命

[ar] ثورة العلوم والتكنولوجيا الكمومية

[en] **Quantum Revolution**

[fr] **Révolution de la technologie quantique**

[de] **Revolution in der Quantentechnologie**

[it] **Rivoluzione della tecnologia quantistica**

[jp] 量子テクノロジー革命

[kr] 양자 과학 기술 혁명

[pt] **Revolução de Tecnologia Quântica**

[ru] **Квантовая технологическая революция**

[es] **Revolución de la Tecnología Cuántica**

25101 普朗克量子假设

[ar] فرضية بلانك الكمومية

[en] Planck's quantum hypothesis

[fr] hypothèse quantique de Planck

[de] Plancksche Quantenhypothese

[it] ipotesi quantistica di Planck

[jp] プランクの量子仮説

[kr] 플랑크의 양자 가설

[pt] hipótese quântica de Planck

[ru] квантовая гипотеза Планка

[es] hipótesis cuántica de Planck

25102 波函数

[ar] دالة موجية

[en] wave function

[fr] fonction d'onde

[de] Wellenfunktion

[it] funzione d'onda

[jp] 波動関数

[kr] 파동 함수

[pt] função de onda

[ru] волновая функция

[es] función de onda

25103 薛定谔的猫

[ar] قطة شرودنجر

[en] Schrodinger's cat

[fr] chat de Schrödinger

[de] Schrödingers Katze

[it] il gatto di Schrodinger

[jp] シュレーディンガーの猫

[kr] 슈뢰딩거의 고양이

[pt] Gato de Schrodinger

[ru] кот Шредингера

[es] gato de Schrodinger

25104 量子

[ar] كم

[en] quantum

[fr] quantum

[de] Quantum

[it] quanto

[jp] 量子

[kr] 양자

[pt] quantum

[ru] квант

[es] cuanto

25105 量子力学

[ar] ميكانيكا الكم

[en] quantum mechanics

[fr] mécanique quantique

[de] Quantenmechanik

[it] meccanica quantistica

[jp] 量子力学

[kr] 양자 역학

[pt] mecânica quântica

[ru] квантовая механика

[es] mecánica cuántica

25106 量子引力

[ar] جاذبية كمومية

[en] quantum gravity

[fr] gravité quantique

[de] Quantengravitation

[it] gravità quantistica

[jp] 量子重力

[kr] 양자 중력

[pt] gravitação quântica

[ru] квантовая гравитация

[es] gravedad cuántica

25107 引力波

[ar] موجة ثقالية

[en] gravitational wave

[fr] onde gravitationnelle

[de] Gravitationswelle

[it] onda gravitazionale

[jp] 重力波

[kr] 중력파

[pt] onda gravitacional

[ru] гравитационная волна

[es] onda gravitatoria

25108 量子效应

[ar] تأثير الكم

[en] quantum effect

[fr] effet quantique

[de] Quanteneffekt

[it] effetto quantistico

[jp] 量子効果

[kr] 양자 효과

[pt] efeito quântico

[ru] квантовый эффект

[es] efecto cuántico

25109 量子不可克隆定理

[ar] نظرية عدم استنساخ الكم

[en] quantum no-cloning theorem

[fr] théorème d'impossibilité du clonage quantique

[de] No-Cloning-Theorem

[it] teorema di non-cloning quantistico

[jp] 量子複製不可能定理

[kr] 양자 복제 불가능 정리

[pt] teorema de não-clonagem

[ru] теорема об отсутствии квантового клонирования

[es] teorema sin clonación

25110 量子相变

[ar] انتقال المرحلة الكمومية

[en] quantum phase transition

2.5

[fr] transition de phase quantique

[de] Quantenphasenübergang

[it] transizione di fase quantistica

[jp] 量子相転移

[kr] 양자 상전

[pt] transição de fase quântica

[ru] квантовый фазовый переход

[es] transición de fase cuántica

25111 量子密码学

[ar] علم تشفير الكم

[en] quantum cryptography

[fr] cryptographie quantique

[de] Quantenkryptographie

[it] crittografia quantistica

[jp] 量子暗号

[kr] 양자 암호학

[pt] criptografia quântica

[ru] квантовая криптография

[es] criptografía cuántica

25112 圈量子引力理论

[ar] جاذبية كمومية حلقية

[en] loop quantum gravity

[fr] gravitation quantique à boucles

[de] Loop-Quantengravitationstheorie

[it] ciclo di gravità quantistica

[jp] ループ量子重力理論

[kr] 루프 양자 중력 이론

[pt] gravidade quântica em laços

[ru] теория о петлевой квантовой гравитации

[es] gravedad cuántica en bucle

25113 量子跃迁

[ar] انتقال الكم

[en] quantum transition

[fr] saut quantique

[de] Quantensprung

[it] transizione quantistica

[jp] 量子遷移

[kr] 양자 전이

[pt] transição quântica

[ru] квантовый переход

[es] transición cuántica

25114 量子隧穿效应

[ar] تأثير نفق الكم

[en] quantum tunneling effect

[fr] effet tunnel quantique

[de] Quantentunneleffekt

[it] effetto di tunneling quantistico

[jp] 量子トンネル効果

[kr] 양자 터널 효과

[pt] efeito do tunelamento quântico

[ru] квантовый туннельный эффект

[es] efecto túnel cuántico

25115 量子自旋霍尔效应

[ar] تأثير هول الكمي

[en] quantum spin Hall effect

[fr] effet Hall quantique de spin

[de] Quantenspin-Hall-Effekt

[it] effetto spin-Hall quantistico

[jp] 量子スピンホール効果

[kr] 양자 스핀 홀 효과

[pt] estado Hall de spin quântico

[ru] квантовый спиновый эффект Холла

[es] efecto espín-Hall cuántico

25116 天使粒子

[ar] جسيمات الملاك

[en] angel particle

[fr] particule d'ange

[de] Engelspartikel

[it] particella di angelo

[jp] マヨラナ粒子

[kr] 엔젤 파티클

[pt] partícula anjo

[ru] частица ангела

[es] partícula de ángel

2.5

25117 拓扑量子场论

[ar] نظرية مجال الكم الطوبولوجي

[en] topological quantum field theory (TQFT)

[fr] théorie quantique des champs topologique

[de] topologische Quantenfeldtheorie

[it] teoria dei campi quantistici topologici

[jp] 位相的場の理論

[kr] 위상 양자장론

[pt] teoria topológica dos campos quânticos

[ru] топологическая квантовая теория поля

[es] teoría topológica cuántica de campo

25118 平行宇宙

[ar] كون متواز

[en] parallel universe

[fr] univers parallèle

[de] Paralleluniversum

[it] universo parallelo

[jp] 並行宇宙

[kr] 평행 우주

[pt] universo paralelo

[ru] параллельная вселенная

[es] universos paralelos

25119 量子信息技术

[ar] تكنولوجيا المعلومات الكمومية

[en] quantum information technology

[fr] technologie de l'information quantique

[de] Quanteninformationstechnologie

[it] tecnologia dell'informazione quantistica

[jp] 量子情報技術

[kr] 양자 정보 기술

[pt] tecnologia da informação quântica

[ru] квантовые информационные технологии

[es] tecnología de información cuántica

25120 《量子宣言》(欧盟)

[ar] بيان الكم (الاتحاد الأوروبي)

[en] Quantum Manifesto (EU)

[fr] Manifeste quantique (UE)

[de] Quantenmanifest (EU)

[it] Manifesto quantistico (UE)

[jp] 「量子マニフェスト」（EU）

[kr] <양자 선언>(유럽 연합)

[pt] Manifesto Quântico (UE)

[ru] Квантовый манифест (ЕС)

[es] Manifiesto Cuántico (UE)

25121 《量子信息科学国家战略》(美国)

[ar] استراتيجية وطنية لعلوم المعلومات الكمية (الولايات المتحدة)

[en] National Strategic Overview for Quantum Information Science (USA)

[fr] Stratégie nationale pour la science de l'information quantique (États-Unis)

[de] Nationaler strategischer Überblick über die Quanteninformationswissenschaft (USA)

[it] Panoramica strategica nazionale per la scienza dell'informazione quantistica (US)

[jp] 「国家量子情報科学戦略の展望」（アメリカ）

[kr] <양자 정보 과학 국가 전략>(미국)

[pt] Visão Estratégica Nacional da Ciência da Informação Quântica (EUA)

[ru] Национальный стратегический обзор в области квантовой информатики (США)

[es] Visión General de Estrategia Nacional sobre la Ciencia de la Información Cuántica (EE.UU.)

25122 《国家量子计划法》(美国)

[ar] قانون مبادرة الكم الوطنية (الولايات المتحدة)

[en] National Quantum Initiative Act (USA)

[fr] Loi sur l'initiative quantique nationale (États-Unis)

[de] Verordnung der Nationalen Initiative

2.5

über Quantumtechnologie (USA)

[it] Legge nazionale sull'iniziativa quantistica (US)

[jp] 「国家量子イニシアティブ法」（アメリカ）

[kr] <국가 양자 계획법>(미국)

[pt] Lei Nacional da Iniciativa Quântica (EUA)

[ru] Закон о Национальной квантовой Инициативе (США)

[es] Acta Nacional de la Iniciativa Cuántica (EE.UU.)

2.5

25123　《量子技术计划》（英国）

[ar] برنامج تكنولوجيا الكم الوطنية (بريطانيا)

[en] National Quantum Technologies Programme (UK)

[fr] Programme national des technologies quantiques (Royaume-Uni)

[de] Nationales Quantentechnologie-Programm (UK)

[it] Programma nazionale di tecnologia quantistica (UK)

[jp] 「国家量子技術プログラム」（イギリス）

[kr] <양자 기술 계획>(영국)

[pt] Programa Nacional de Tecnologias Quânticas (Reino Unido)

[ru] Национальная программа развития квантовых технологий (Великобритания)

[es] Programa Nacional de Tecnologías Cuánticas (Reino Unido)

25124　量子调控与量子信息国家重点研发计划（中国）

[ar] مشروع وطني محوري للبحث والتطوير في مجال التحكم الكمّي والمعلومات الكمية (الصين)

[en] National Key Research and Development Project of Quantum Control and Quantum Information (China)

[fr] Projet national clé de recherche et de

développement du contrôle quantique et de l'information quantique (Chine)

[de] Nationales Schlüsselforschungs- und Entwicklungsprojekt für Quantenkontrolle und Quanteninformation (China)

[it] Progetto nazionale di ricerca e sviluppo chiave per il controllo e l'informazione quantistica (Cina)

[jp] 量子制御と量子情報に関する国家重点研究開発計画（中国）

[kr] 양자 조정 및 양자 정보 국가 중점 연구 개발 계획(중국)

[pt] Projeto Nacional de Pesquisa e Desenvolvimento Chave de Controlo Quântico e Informação Quântica (China)

[ru] Национальный ключевой проект исследований и разработок по квантовому контролю и квантовой информации (Китай)

[es] Proyecto Clave Nacional de Investigación y Desarrollo de Control Cuántico e Información Cuántica (China)

2.5.2　量子计算

[ar] حوسبة الكم

[en] **Quantum Computing**

[fr] **Informatique quantique**

[de] **Quanten-Computing**

[it] **Computing quantistico**

[jp] **量子コンピューティング**

[kr] **양자 컴퓨팅**

[pt] **Computação Quântica**

[ru] **Квантовые вычисления**

[es] **Computación Cuántica**

25201　量子比特

[ar] بتة كمومية

[en] quantum bit

[fr] bit quantique

[de] Quantenbit

[it] quantum bit

[jp] 量子ビット

[kr] 큐비트

[pt] bit quântico

[ru] квантовый бит

[es] bit cuántico

25202　量子态

[ar] حالة الكم

[en] quantum state

[fr] état quantique

[de] Quantenzustand

[it] stato quantistico

[jp] 量子状態

[kr] 양자 상태

[pt] estado quântico

[ru] квантовое состояние

[es] estado cuántico

25203　量子处理器

[ar] معالج الكم

[en] quantum processor

[fr] processeur quantique

[de] Quantenprozessor

[it] processore quantistico

[jp] 量子プロセッサ

[kr] 양자 프로세서

[pt] processador quântico

[ru] квантовый процессор

[es] procesador cuántico

25204　量子计算机

[ar] حاسوب الكم

[en] quantum computer

[fr] ordinateur quantique

[de] Quantencomputer

[it] computer quantistico

[jp] 量子コンピュータ

[kr] 양자 컴퓨터

[pt] computador quântico

[ru] квантовый компьютер

[es] computadora cuántico

25205　量子编码

[ar] ترميز كمي

[en] quantum coding

[fr] codage quantique

[de] Quantencodierung

[it] codifica quantistica

[jp] 量子符号化

[kr] 양자 코딩

[pt] programação quântica

[ru] квантовое кодирование

[es] codificación cuántica

25206　量子算法软件

[ar] برنامج خوارزمية الكم

[en] quantum algorithm software

[fr] logiciel d'algorithme quantique

[de] Quantenalgorithmus-Software

[it] software di algoritmo quantistico

[jp] 量子アルゴリズムソフトウェア

[kr] 양자 알고리즘 소프트웨어

[pt] software de algoritmo quântico

[ru] программное обеспечение квантового алгоритма

[es] software de algoritmo cuántico

25207　量子相干性

[ar] تماسك الكم

[en] quantum coherence

[fr] cohérence quantique

[de] Quantenkohärenz

[it] coerenza quantistica

[jp] 量子コヒーレンス

[kr] 양자 결맞음

[pt] coerência quântica

[ru] квантовая когерентность

[es] coherencia cuántica

25208　舒尔算法

[ar] خوارزمية شوور

[en] Shor's algorithm

[fr] algorithme de Shor

2.5

[de] Shor-Algorithmus
[it] algoritmo di Shor
[jp] ショアのアルゴリズム
[kr] 쇼어 알고리즘
[pt] Algoritmo do Shor
[ru] алгоритм Шора
[es] algoritmo de Shor

25209　Grover算法
[ar] خوارزمية غروفر
[en] Grover's algorithm
[fr] algorithme de Grover
[de] Grovers Algorithmus
[it] algoritmo di Grover
[jp] グローバーのアルゴリズム
[kr] 그로버(Grover) 알고리즘
[pt] Algoritmo de Grover
[ru] алгоритм Гровера
[es] Algoritmo de Grover

25210　量子模拟
[ar] محاكاة الكم
[en] quantum simulation
[fr] simulation quantique
[de] Quantensimulation
[it] simulazione quantistica
[jp] 量子シミュレーション
[kr] 양자 시뮬레이션
[pt] simulação quântica
[ru] квантовое моделирование
[es] simulación cuántica

25211　量子游走
[ar] مشي الكم
[en] quantum walk
[fr] promenade quantique
[de] Quantenwanderung
[it] passeggiata quantistica
[jp] 量子ウォーク
[kr] 양자 걸음
[pt] caminhada quântica

[ru] квантовая прогулка
[es] caminata cuántica

25212　量子霸权
[ar] تفوق الكم
[en] quantum supremacy
[fr] suprématie quantique
[de] Quantenüberlegenheit
[it] supremazia quantistica
[jp] 量子超越性
[kr] 양자 우월성
[pt] supremacia quântica
[ru] квантовое превосходство
[es] supremacía cuántica

25213　量子傅立叶变换
[ar] تحويل فورييه الكم
[en] quantum Fourier transform (QFT)
[fr] transformation de Fourier
[de] Quanten-Fourier-Transformation
[it] trasformazione quantistica di Fourier
[jp] 量子フーリエ変換
[kr] 양자 푸리에 변환
[pt] transformada quântica de Fourier
[ru] квантовое преобразование Фурье
[es] transformación de Fourier cuántica

25214　人工智能实验室（谷歌）
[ar] مختبر الذكاء الاصطناعي (غوغل)
[en] Artificial Intelligence Laboratory (Google)
[fr] laboratoire d'intelligence artificielle (Google)
[de] Labor für künstliche Intelligenz (Google)
[it] laboratorio di intelligenza artificiale (Google)
[jp] AIラボ（グーグル）
[kr] 인공지능 실험실(구글)
[pt] Laboratório de Inteligência Artificial (Google)
[ru] Лаборатория искусственного

интеллекта (Google)

[es] Laboratorio de Inteligencia Artificial
(Google)

25215 开源量子计算软件平台(谷歌)

[ar] منصة برامج الحوسبة الكمية بالمصدر المفتوح
(جوجل)

[en] OpenFermion (Google)

[fr] OpenFermion : le package de chimie
à source ouverte pour les ordinateurs
quantiques (Google)

[de] OpenFermion (Google)

[it] OpenFermion: il pacchetto di chimica di
risorsa aperta per i computer quantistici
(Google)

[jp] オープンソースの量子化学計算ソフト
ウェアプラットフォーム(グーグル)

[kr] 오픈 소스 양자 컴퓨팅 소프트웨어 플랫
폼(구글)

[pt] Fermião Aberta: O Pacote de Química
de Software Aberto para Computador
Quântico (Google)

[ru] Программная платформа для
квантовых вычислений OpenFermion
(Google)

[es] OpenFermion: plataforma de software de
computación cuántica de código abierto
(Google)

25216 量子计算实验室(阿里巴巴)

[ar] مختبر الحوسبة الكمومية (علي بابا)

[en] Quantum Computing Laboratory
(Alibaba)

[fr] laboratoire d'informatique quantique
(Alibaba)

[de] Quantencomputerlabor (Alibaba)

[it] laboratorio di computing quantistico
(Alibaba)

[jp] 量子計算実験室(アリババ)

[kr] 양자 컴퓨팅 실험실(알리바바)

[pt] Laboratório de Computação Quântica

(Alibaba)

[ru] Квантовая вычислительная
лаборатория (Alibaba)

[es] Laboratorio de Computación Cuántica
(Alibaba)

25217 量子计算云平台(阿里巴巴)

[ar] منصة سحابية للحوسبة الكومية(علي بابا)

[en] Quantum Computing Cloud Platform
(Alibaba)

[fr] plate-forme de nuage d'informatique
quantique (Alibaba)

[de] Quanten-Computing-Cloud-Plattform
(Alibaba)

[it] Piattaforma di cloud computing
quantistico (Alibaba)

[jp] 量子コンピューティングクラウドプ
ラットフォーム(アリババ)

[kr] 양자 컴퓨팅 클라우드 플랫폼(알리바바)

[pt] plataforma de computação quântica de
nuvem (Alibaba)

[ru] Облачная платформа для квантовых
вычислений (Alibaba)

[es] Plataforma de Nube de Computación
Cuántica (Alibaba)

25218 离子阱量子计算

[ar] حوسبة كمومية عالية أيونية

[en] trapped ion quantum computing

[fr] informatique quantique à ions piégés

[de] Ionenfalle-Quantencomputing

[it] computing quantistico delle trappole
ioniche

[jp] イオントラップ型量子コンピューティ
ング

[kr] 이온 트랩 양자 컴퓨팅

[pt] computação quântica de íons presos

[ru] квантовые вычисления с ионными
ловушками

[es] computación cuántica con iones
atrapados

2.5

25219 半导体量子计算技术

[ar] تكنولوجيا الحوسبة الكمومية لأشباه الموصلات

[en] semiconductor quantum computing technology

[fr] technologie d'informatique quantique à semi-conducteur

[de] Halbleiter-Quantencomputertechnologie

[it] tecnologia di computing quantistica a semiconduttore

[jp] 半導体量子コンピューティング技術

[kr] 반도체 양자 컴퓨팅 기술

[pt] tecnologia de computação quântica de semicondutores

[ru] полупроводниковые технологии квантовых вычислений

[es] tecnología de computación cuántica empleando los puntos cuánticos semiconductores

25220 拓扑量子计算

[ar] حوسبة كمومية طوبولوجية

[en] topological quantum computing

[fr] informatique quantique topologique

[de] topologisches Quantencomputing

[it] computing quantistico topologico

[jp] トポロジカル量子コンピューティング

[kr] 토폴로지 양자 컴퓨팅

[pt] computação quântica topológica

[ru] топологические квантовые вычисления

[es] computación cuántica topológica

25221 超导量子比特技术(IBM)

[ar] تقنية بيت فائقة التوصيل (IBM)

[en] superconducting qubit technology (IBM)

[fr] technologie de bit quantique supraconducteur (IBM)

[de] supraleitende Qubit-Technologie (IBM)

[it] tecnologia di qubit superconduttori (IBM)

[jp] 超伝導量子ビット技術(IBM)

[kr] 초전도 양자 큐비트 기술(IBM)

[pt] tecnologia Qubit supercondutora (IBM)

[ru] технология сверхпроводящих кубитов (IBM)

[es] tecnología de Qubits superconductores (IBM)

25222 HiQ量子云平台(华为)

[ar] منصة سحابة الكم HIQ (هواوي)

[en] HiQ Quantum Cloud Platform (Huawei)

[fr] plate-forme de nuage quantique HiQ (Huawei)

[de] HiQ Quantum Cloud-Plattform (Huawei)

[it] piattaforma di cloud quantistico HiQ (Huawei)

[jp] HiQ 量子コンピューティングソフトウェアのクラウドサービスプラットフォーム(ファーウェイ)

[kr] HiQ 양자 클라우드 플랫폼(화웨이)

[pt] plataforma de nuvem quântica HiQ (Huawei)

[ru] Облачная квантовая платформа HiQ (Huawei)

[es] Plataforma en la Nube HiQ Cuántica (Huawei)

2.5.3 量子测量

[ar] قياس الكم

[en] **Quantum Measurement**

[fr] **Mesure quantique**

[de] **Quantenmessung**

[it] **Misurazione quantistica**

[jp] **量子測定**

[kr] **양자 계측**

[pt] **Medição Quântica**

[ru] **Квантовое измерение**

[es] **Medición Cuántica**

25301 传感测量技术

[ar] تكنولوجيا الاستشعار والقياس

[en] sensing and measurement technology

[fr] technologie de détection et de mesure

[de] Sensor- und Messtechnik
[it] tecnologia di rilevamento e misurazione
[jp] センシングと計測技術
[kr] 센싱 계측 기술
[pt] tecnologia de sensor de medição
[ru] сенсорные и измерительные технологии
[es] tecnología de detección y medición

25302 量子体系能级结构
[ar] هيكل مستوى طاقة النظام الكمومي
[en] energy-level structure of a quantum system
[fr] structure de niveau d'énergie de système quantique
[de] Energieniveaustruktur des Quantensystems
[it] struttura del livello di energia del sistema quantistico
[jp] 量子系エネルギー準位構造
[kr] 양자 시스템 에너지 라벨 구조
[pt] estrutura do nível energético do sistema quântico
[ru] структура уровня энергии квантовой системы
[es] estructura de niveles de energía de sistema cuántico

25303 量子纠缠
[ar] تشابك الكم
[en] quantum entanglement
[fr] enchevêtrement quantique
[de] Quantenverschränkung
[it] aggrovigliamento quantistico
[jp] 量子もつれ
[kr] 양자 얽힘 현상
[pt] entrelaçamento quântico
[ru] квантовая запутанность
[es] enredo cuántico

25304 量子叠加
[ar] تراكب الكم
[en] quantum superposition
[fr] superposition quantique
[de] Quantenüberlagerung
[it] sovrapposizione quantistica
[jp] 量子重ね合わせ
[kr] 양자 중첩
[pt] sobreposição quântica
[ru] квантовая суперпозиция
[es] superposición cuántica

25305 冷原子干涉
[ar] تدخل الذرة الباردة
[en] cold atom interferometry
[fr] interférence des atomes refroidis
[de] Kaltatominterferometrie
[it] interferenza degli atomi freddi
[jp] 冷却原子干渉
[kr] 냉원자 간섭
[pt] interferência do átomos frios
[ru] интерферометрия на технологии охлажденных атомов
[es] interferencia de átomos fríos

25306 热原子自旋
[ar] دوران ذاتى للذرة الحارة
[en] hot atom spin
[fr] spin atomique thermique
[de] Spin des heißen Atoms
[it] rotazione atomica termica
[jp] サーマルアトミスピン
[kr] 열원자 스핀
[pt] rotação de átomo térmica
[ru] вращение горячего атома
[es] espín de atómicos térmicos

25307 电子自旋
[ar] دوران ذاتي إلكتروني
[en] electron spin
[fr] spin de l'électron

2.5

195

[de] Elektronenspin

[it] rotazione elettronica

[jp] 電子スピン

[kr] 전자 스핀

[pt] spin eletrónico

[ru] вращение электрона

[es] espín de electrónicos

25308 核磁共振

[ar] رنين مغناطيسي نووي

[en] nuclear magnetic resonance

[fr] résonance magnétique nucléaire

[de] Kernspinresonanz

[it] risonanza magnetica nucleare

[jp] 核磁気共鳴

[kr] 핵자기 공명

[pt] ressonância magnética nuclear

[ru] ядерный магнитный резонанс

[es] resonancia magnética nuclear

25309 单光子探测

[ar] اكتشاف توفون مفرد

[en] single photon detection

[fr] détection de photon unique

[de] Einzelphotonendetektion

[it] rilevazione di singolo fotone

[jp] 単一光子検出

[kr] 단일 광자 검출

[pt] detecção de fóton único

[ru] обнаружение одиночных фотонов

[es] detección de un solo fotón

25310 量子惯性导航

[ar] ملاحة بالقصور الذاتي الكمومي

[en] quantum inertial navigation

[fr] navigation inertielle quantique

[de] Quantenträgheitsnavigation

[it] navigazione inerziale quantistica

[jp] 量子慣性ナビゲーション

[kr] 양자 관성 네비게이션

[pt] navegação inercial quântica

[ru] квантовая инерциальная навигация

[es] navegación inercial cuántica

25311 量子磁场测量

[ar] قياس المجال المغناطيسي الكمومي

[en] quantum magnetic-field measurement

[fr] mesure de champ magnétique quantique

[de] Quantenmagnetfeldmessung

[it] misura del campo magnetico a base quantistica

[jp] 量子磁場測定

[kr] 양자 자기장 계측

[pt] medição do campo magnético quântico

[ru] квантовое измерение магнитного поля

[es] medición de campos magnéticos basada en medios cuánticos

25312 量子重力测量

[ar] قوة الجاذبية الكمومية

[en] quantum gravity measurement

[fr] mesure de gravité quantique

[de] Quantengravitationsmessung

[it] misurazione della gravità quantistica

[jp] 量子重力測定

[kr] 양자 중력 계측

[pt] medição da gravitação quântica

[ru] квантовое измерение гравитации

[es] medición de la gravedad cuántica

25313 量子目标识别

[ar] تعرف على هدف الكم

[en] quantum target recognition

[fr] reconnaissance de cible quantique

[de] Quantenzielerkennung

[it] riconoscimento del bersaglio quantistico

[jp] 量子標的識別

[kr] 양자 표적 식별

[pt] reconhecimento do objectivo quântico

[ru] квантовое распознавание цели

[es] reconocimiento de objetivos cuánticos

25314 量子时间基准
[ar] مرجع الوقت الكمومي
[en] quantum time reference
[fr] référence de temps quantique
[de] Quantenzeitreferenz
[it] riferimento temporale quantistico
[jp] 量子時間参照
[kr] 양자 시간 기준
[pt] referência do tempo quântico
[ru] квантовая временная привязка
[es] referencia de tiempo cuántica

25315 新型量子测量传感设备
[ar] جهاز القياس والاستشعار الحديث للكم
[en] new quantum sensor
[fr] nouveau capteur quantique
[de] neuer Quantensensor
[it] nuovo sensore quantistico
[jp] 新型量子センサー
[kr] 신형 양자 계측 센서
[pt] novo sensor quântico
[ru] новый квантовый датчик
[es] nuevo sensor cuántico

25316 核磁共振陀螺
[ar] جيروسكوب الرنين المغناطيسي النووي
[en] nuclear magnetic resonance gyroscope
[fr] gyroscope de résonance magnétique nucléaire
[de] Kernspinresonanz-Gyroskop
[it] giroscopio di risonanza magnetica nucleare
[jp] 核磁気共鳴ジャイロスコープ
[kr] 핵자기 공명 자이로스코프
[pt] giroscópio da ressonância magnética nuclear
[ru] гироскоп ядерного магнитного резонанса
[es] giróscopo de resonancia magnética nuclear

25317 SERF陀螺仪
[ar] جيروسكوب SERF
[en] SERF gyroscope
[fr] gyroscope SERF
[de] SERF-Gyroskop
[it] giroscopio SERF
[jp] SERFジャイロスコープ
[kr] SERF 자이로스코프
[pt] Giroscópio SERF
[ru] гироскоп SERF
[es] giróscopo SERF

25318 单光子检测
[ar] اختبار فوتون مفرد
[en] single photon test
[fr] test de photon unique
[de] Einzelphotonentest
[it] test di fotone singolo
[jp] 単一光子テスト
[kr] 단일 광자 검측
[pt] teste de fóton único
[ru] однофотонное обнаружение
[es] prueba de un solo fotón

25319 磁场检测精度世界纪录(美国)
[ar] رقم قياسي عالمي لدقة اكتشاف المجال المغناطيسي (الولايات المتحدة)
[en] world record for magnetic field testing accuracy (USA)
[fr] record mondial de précision de test de champ magnétique (États-Unis)
[de] Weltrekord für die Genauigkeit des Magnetfeldtests (USA)
[it] record mondiale dell'accuratezza dei test sui campi magnetici (US)
[jp] 磁場計測精度の世界記録(アメリカ)
[kr] 자기장 검측 정확도 세계 기록(미국)
[pt] recorde mundial para precisão do teste de campo magnético (EUA)
[ru] мировой рекорд по точности измерения магнитного поля (США)

2.5

[es] récord mundial de precisión de las pruebas de campo magnético (EE.UU.)

25320 重力探测灵敏度世界纪录（美国）

[ar] سجل عالمي لكشف الجاذبية الكمية (الولايات المتحدة)

[en] world record for quantum gravity detection sensitivity (USA)

[fr] record mondial de sensibilité de détection de gravité (États-Unis)

[de] Weltrekord für Quantengravitationser-kennungsempfindlichkeit (USA)

[it] record mondiale di sensibilità di rilevamento gravità (US)

[jp] 重力検出感度の世界記録（アメリカ）

[kr] 중력 검측 감도 세계 기록(미국)

[pt] recorde mundial de sensibilidade à detecção de gravidade quântica (EUA)

[ru] мировой рекорд по чувствительности к измерению квантовой гравитации (США)

[es] récord mundial de la sensibilidad de detección de gravedad cuántica (EE.UU)

25321 量子纠缠雷达（美国）

[ar] رادار التشابك الكمي (الولايات المتحدة)

[en] quantum radar (USA)

[fr] radar à enchevêtrement quantique (États-Unis)

[de] Quantenverschränkungsradar (USA)

[it] radar di aggrovigliamento quantistico (US)

[jp] 量子もつれレーダー（アメリカ）

[kr] 양자 얽힘 레이더(미국)

[pt] radar de entrelaçamento quântico (EUA)

[ru] квантовый радар (США)

[es] radar de enredo cuántico (EE.UU.)

25322 锶原子晶格光钟（美国）

[ar] ساعة السترونتيوم الضوئية الشبكية (الولايات المتحدة)

[en] strontium optical lattice clock (USA)

[fr] horloge à réseau optique au strontium (États-Unis)

[de] Strontium Optische Gitteruhr (USA)

[it] orologio a reticolo ottico d'atomi di stronzio (US)

[jp] ストロンチウム光格子時計（アメリカ）

[kr] 스트론튬 격자 시계(미국)

[pt] relógio de estrutura óptica de atômico de estrôncio (EUA)

[ru] стронциевые атомные часы с оптической решеткой (США)

[es] reloj de red óptica de estroncio (EE.UU.)

25323 冷原子喷泉钟（中国）

[ar] ساعة نافورة الذرة الباردة (الصين)

[en] cold atomic fountain clock (China)

[fr] Horloge de fontaine des atomes refroidis (Chine)

[de] Kaltes-Atom-Brunnenuhr (China)

[it] orologio della fontana d'atomi ultrafreddi (Cina)

[jp] 冷却原子ビーム打ち上げ時計（中国）

[kr] 냉원자 분수 시계(중국)

[pt] relógio de fonte atómica fria (China)

[ru] холодные атомные часы на основе фонтана (Китай)

[es] reloj de fuente atómica fría (China)

2.5.4 量子通信

[ar] اتصالات الكم

[en] **Quantum Communication**

[fr] **Communication quantique**

[de] **Quantenkommunikation**

[it] **Comunicazione quantistica**

[jp] **量子通信**

[kr] **양자 통신**

[pt] **Comunicação Quântica**

[ru] **Квантовая связь**

[es] **Comunicación Cuántica**

25401 量子隐形传态

[ar] تحريك غير مرئي للكم

[en] quantum teleportation

[fr] téléportation quantique

[de] Quantenteleportation

[it] teletrasporto quantistico

[jp] 量子テレポーテーション

[kr] 양자 전송

[pt] teletransporte quântico

[ru] квантовая телепортация

[es] teletransportación cuántica

25402 量子秘钥分发

[ar] توزيع مفتاح الكم

[en] quantum key distribution (QKD)

[fr] distribution quantique de clé

[de] Quantenschlüsselverteilung

[it] distribuzione delle chiavi quantistiche

[jp] 量子鍵配布

[kr] 양자 암호 키 분배

[pt] distribuição de chave quântica

[ru] квантовое распределение ключей

[es] distribución de claves cuánticas

25403 量子密码通信

[ar] اتصالات تشفير الكم

[en] quantum cryptography communication

[fr] communication de cryptographie quantique

[de] Quantenkryptographie-Kommunikation

[it] comunicazione di crittografia quantistica

[jp] 量子暗号通信

[kr] 양자 암호 통신

[pt] teletransporte quântico

[ru] квантово-криптографическая связь

[es] comunicación de criptografía cuántica

25404 量子密集编码

[ar] ترميز مكثف للكم

[en] quantum dense coding

[fr] codage dense quantique

[de] Quantendichte-Codierung

[it] codifica quantistica densa

[jp] 量子高密度符号化

[kr] 양자 밀집 코딩

[pt] programação densa quântica

[ru] квантовое плотное кодирование

[es] codificación densa cuántica

25405 点对点安全量子通信

[ar] اتصال الكم الآمن من نقطة إلى نقطة

[en] point-to-point secure quantum communication

[fr] communication quantique sécurisée point-à-point

[de] sichere Punkt-zu-Punkt-Quantenkommunikation

[it] comunicazione quantitistica sicura punto a punto

[jp] P2P 安全量子通信

[kr] 점 대 점 보안 양자 통신

[pt] comunicação quântica com segurança peer-to-peer

[ru] двухточечная безопасная квантовая связь

[es] comunicación cuántica segura de punto a punto

25406 光纤量子通信

[ar] اتصالات كمومية عبر الألياف الضوئية

[en] fiber quantum communication

[fr] communication quantique par fibre optique

[de] Faserquantenkommunikation

[it] comunicazione quantistica in fibra

[jp] 光ファイバー量子通信

[kr] 광섬유 양자 통신

[pt] comunicação quântica de fibra

[ru] волоконно-квантовая связь

[es] comunicación cuántica de fibra

2.5

25407 星地量子通信
- [ar] اتصالات كمومية من الأقمار الصناعية إلى الأرض
- [en] satellite-to-ground quantum communication
- [fr] communication quantique satellite-sol
- [de] Satellit-zu-Boden-Quantenkommunikation
- [it] comunicazione quantistica satellite-terra
- [jp] 衛星・地上間での量子通信
- [kr] 우주 양자 통신
- [pt] comunicação quântica satélite-terra
- [ru] квантовая связь спутник-земля
- [es] comunicación cuántica de satélite a tierra

25408 自由空间量子通信网络
- [ar] شبكة اتصالات الكم للفضاء الحر
- [en] free-space quantum communication network
- [fr] réseau de communication quantique en espace libre
- [de] Freiraum-Quantenkommunikationsnetz
- [it] rete di comunicazione quantistica a spazio libero
- [jp] 自由空間量子通信ネットワーク
- [kr] 자유 공간 양자 통신 네트워크
- [pt] rede de comunicação quântica de espaço livre
- [ru] квантовая сеть связи в свободном пространстве
- [es] red de comunicación cuántica en el espacio libre

25409 超密编码协议
- [ar] اتفاقية تشفير فائق الكثافة
- [en] super-dense coding protocol
- [fr] protocole de codage super-dense
- [de] Superdichte-Codierung-Protokoll
- [it] protocollo di codifica superdensa
- [jp] 超高密度符号化プロトコル
- [kr] 초 밀집 코딩 협약
- [pt] protocolo de codificação superdensa
- [ru] протокол сверхплотного кодирования
- [es] protocolo de codificación superdensa

25410 隐形传态协议
- [ar] اتفاقية التحريك غير المرئي
- [en] teleportation protocol
- [fr] protocole de téléportation
- [de] Teleportationsprotokoll
- [it] protocollo di teletrasporto
- [jp] テレポーテーションプロトコル
- [kr] 순간 이동 협약
- [pt] protocolo de teletransporte
- [ru] протокол телепортации
- [es] protocolo de teletransportación

25411 光子系统量子纠缠现象(法国)
- [ar] تشابك كمي في أنظمة الألياف الضوئية (فرنسا)
- [en] quantum entanglement in photon system (France)
- [fr] enchevêtrement quantique entre deux photons (France)
- [de] Quantenverschränkung des Photonensystems (Frankreich)
- [it] aggrovigliamento quantistico di sistema fotone (Francia)
- [jp] 光子系の量子もつれ(フランス)
- [kr] 광자 시스템 양자 얽힘 현상(프랑스)
- [pt] emaranhamento quântico do sistema de fótons (França)
- [ru] квантовая запутанность фотонной системы (Франция)
- [es] enredo cuántico del sistema de fotones (Francia)

25412 墨子号量子科学实验卫星(中国)
- [ar] قمر صناعي موزي لتجربة العلوم الكمومية (الصين)
- [en] Mozi QUESS (China)
- [fr] satellite quantique Mozi (Chine)
- [de] Mozi QUESS (China)
- [it] Mozi QUESS (Cina)

2.5

[jp] 量子科学実験衛星「墨子号」（中国）

[kr] 묵자호 양자 과학 실험 위성(중국)

[pt] Mozi QUESS (China)

[ru] спутник квантовой связи «Мо-цзы» (Китай)

[es] Satélite de Experimentos Cuánticos a Escala Espacial de Micio (China)

25413 《实用化量子密钥分发BB84 协议》（美国）

[ar] بروتوكول BB84 للتوزيع العملي لمفاتيح الكم (الولايات المتحدة)

[en] Practical Quantum Key Distribution Based on BB84 Protocol (USA)

[fr] Protocole BB84 (États-Unis)

[de] BB84-Protokoll basierte praktische Quantenschlüsselverteilung (USA)

[it] Protocollo BB84 di distribuzione pratica di chiave quantistca (US)

[jp] 「BB84 プロトコルに基づく実用的な量子鍵配布」（アメリカ）

[kr] <실용적 양자 암호 키 분배 BB84 협약>(미국)

[pt] Distribuição Prática de Chaves Quânticas Baseada no Protocolo BB84 (EUA)

[ru] Практическое распределение квантовых ключей на основе протокола BB84 (США)

[es] Distribución Práctica de Claves Cuánticas Basada en el Protocolo BB84 (EE.UU.)

25414 多强度诱骗态调制方案(中国)

[ar] مشروع تضمين حالة التدليل المتعدد الشدة (الصين)

[en] Multi-intensity Decoy State Modulation Scheme (China)

[fr] schéma de modulation d'état de leurre à multi-intensité (Chine)

[de] Modulationsschema der Täuschung von mehrfachen Intensivitäten (China)

[it] schema di modulazione dello stato dell'esca multi-intensità (Cina)

[jp] マルチ強度デコイ状態変調方式(中国)

[kr] 다중강도 기만상태 변조방안(중국)

[pt] Esquema de Modulação de Estado de Chamariz de Intensidades Variadas (China)

[ru] Схема многоуровневой модуляции состояния приманки (Китай)

[es] Esquema de Modulación de Estado de Señuelo de Varias Intensidades (China)

25415 量子保密通信实验网(美国)

[ar] شبكة تجربة الاتصالات الآمنة (الولايات المتحدة)

[en] Quantum Secure Communication Experiment Network (USA)

[fr] réseau d'expérimentation de communication quantique sécurisée (États-Unis)

[de] Experiment-Netzwerk für Sichere Kommunikation durch Quantenschlüsselverteilung (USA)

[it] rete di prova di comunicazione a crittografia quantistica (US)

[jp] 量子安全通信実験ネットワーク(アメリカ)

[kr] 양자 암호 통신 실험망(미국)

[pt] rede experimental da comunicação quântica segura (EUA)

[ru] Экспериментальная сеть защищенной квантовой связи (США)

[es] Red de Experimentos de Comunicación Segura de Cuantos (EE.UU.)

25416 商用QKD线路建设计划（美国）

[ar] خطة إنشاء خط QKD التجاري (الولايات المتحدة)

[en] Commercial Quantum Key Distribution Protected Network (USA)

[fr] réseau commercial de distribution quantique de clé (États-Unis)

[de] Aufbau des geschützten kommerziellen

2.5

QKD-Netzwerks (USA)

[it] piano di rete commerciale della costruzione di distribuzione chiave quantistica (US)

[jp] 商業量子鍵配送ネットワーク建設プラン（アメリカ）

[kr] <상용 양자 암호 키 분배(QKD) 네트워크 배치 계획>(미국)

[pt] Rede Protegida para Distribuição de Chave Quântica Comercial (EUA)

[ru] Коммерческая защищенная сеть распределения квантовых ключей (США)

[es] Red Comercial Protegida de Distribución Cuántica de Claves (EE.UU.)

25417 东京量子保密通信试验床网络（日本）

[ar] شبكة سرير اختبار الاتصال لاحتجاب كوانتا في طوكيو (اليابان)

[en] Tokyo QKD Network (Japan)

[fr] réseau de banc d'essai de distribution quantique de clé de Tokyo (Japon)

[de] Testbett-Netzwerk für QKD Tokyo (Japan)

[it] peti di testbed di comunicazione a crittografia quantistica di Tokyo (Giappone)

[jp] 東京 QKDテストベッドネットワーク（日本）

[kr] 동경 양자 암호 키 분배 테스트베드 네트워크(일본)

[pt] QKD rede de Tóquio (Japão)

[ru] Сеть испытательного стенда распределения квантовых ключей Токио (Япония)

[es] Red de Pruebas QKD de Tokio (Japón)

25418 量子保密通信测试网络（英国）

[ar] شبكة الاتصالات الآمنة الكم (بريطانيا)

[en] Quantum Secure Communications (UK)

[fr] réseau de communication quantique sécurisée (Royaume-Uni)

[de] Testnetz für QKD (UK)

[it] rete di prova di comunicazione a crittografia quantistica (UK)

[jp] 量子安全通信ネットワーク（イギリス）

[kr] 양자 암호 통신 테스트 네트워크(영국)

[pt] rede de comunicação quântica segura (Reino Unido)

[ru] Сеть защищенной квантовой связи (Великобритания)

[es] Red de Comunicaciones Cuánticas Seguras (Reino Unido)

25419 量子保密通信"京沪干线"技术验证与应用示范项目（中国）

[ar] مشروع نموذجي لتصديق وتطبيق "خط بكين - شانغهاي" لاتصالات الكم السرية (الصين)

[en] Technical Verification and Application Demonstration Project for the Beijing-Shanghai Quantum Communication Network (China)

[fr] projet de démonstration de vérification et d'application de la technologie de communication quantique sécurisée Pékin-Shanghai (Chine)

[de] Pilotprojekt zu Überprüfung und Anwendung für QKD auf der Hauptstrecke Beijing-Shanghai (China)

[it] progetto modello di applicazione e verifica tecnica per la rete di comunicazione a crittografia quantistica Pechino-Shanghai (Cina)

[jp] 北京・上海間量子暗号通信幹線の技術検証と応用モデルプロジェクト（中国）

[kr] 양자 암호 통신 '베이징-상하이 통신망' 기술 검증 및 응용 시범 프로젝트(중국)

[pt] Projecto Demonstrativo de Verficação e Aplicação Técnica para Rede da Comunicação Quântica Secura Beijing-Xangai (China)

[ru] Демонстрационный проект

технической проверки и применения
для квантовой сети связи Пекин-
Шанхай (Китай)

[es] Proyecto de Verificación Técnica y
Demostración de Aplicaciones para la
Red de Comunicación Cuántica Beijing-
Shanghai (China)

25420 基于量子密码的安全通信工程(欧盟)

[ar] مشروع اتصال أمن على تشفير الكم (الاتحاد
الأوروبي)

[en] Secure Communication Based on
Quantum Cryptography (EU)

[fr] communication sécurisée basée sur la
cryptographie quantique (UE)

[de] Auf Quantenkryptographie basierende
Sichere Kommunikation (EU)

[it] comunicazione sicura basata sulla
crittografia quantistica (UE)

[jp] 量子暗号化(EU)に基づく安全な通信エ
ンジニアリング(EU)

[kr] 양자 암호 기반 보안 통신 프로젝트(유
럽 연합)

[pt] Comunicação Segura Baseada em
Criptografia Quântica (UE)

[ru] Безопасное общение на основе
квантовой криптографии (ЕС)

[es] Comunicación Segura Basada en la
Criptografía Cuántica (UE)

25421 量子通信技术标准化

[ar] توحيد تكنولوجيا اتصالات الكم

[en] standardization of quantum
communication technology

[fr] normalisation de technologie de
communication quantique

[de] Normung der Quantenkommunikations-
technologie

[it] standardizzazione della tecnologia di
comunicazione quantistica

[jp] 量子通信技術の標準化

[kr] 양자 통신 기술 표준화

[pt] padronização da tecnologia de
comunicação quântica

[ru] стандартизация технологий квантовой
связи

[es] normalización de la tecnología de
comunicación cuántica

2.5.5 量子互联网

[ar] إنترنت الكم

[en] **Quantum Internet**

[fr] **Internet quantique**

[de] **Quanten-Internet**

[it] **Internet quantistico**

[jp] **量子インターネット**

[kr] **양자 인터넷**

[pt] **Internet Quântica**

[ru] **Квантовый Интернет**

[es] **Internet Cuántico**

25501 信任点网络

[ar] شبكة نقطة الثقة

[en] trust-node network

[fr] réseau des nœuds de confiance

[de] Vertrauensknoten-Netzwerk

[it] rete del punto di fiducia

[jp] 信頼ノードネットワーク

[kr] 신뢰 포인트 네트워크

[pt] rede de ponto de confiança

[ru] сеть точек доверия

[es] red de puntos de confianza

25502 可信中继器网络

[ar] شبكة المرحل الموثوق بها

[en] trusted-repeater network

[fr] réseau des répéteurs de confiance

[de] zuverlässiges Repeater-Netzwerk

[it] rete di ripetitore affidabile

[jp] 信頼できる中継機ネットワーク

[kr] 전용 중계기 네트워크

[pt] rede de repetidor confiável

2.5

[ru] доверенная сеть повторителей

[es] red de repetidores de confianza

25503 准备和测量阶段

[ar] مرحلة التحضير والقياس

[en] preparedness and measurement

[fr] réception et mesurage du réseau quantique

[de] Bereitschaft und Messung

[it] accettazione e misurazione della rete quantistica

[jp] 準備と測定段階

[kr] 준비 및 계측 단계

[pt] fase de preparação e medição

[ru] подготовка и измерение

[es] etapa de preparación y medición

25504 量子纠缠配送网络

[ar] شبكة توزيع التشابك الكمي

[en] entanglement distribution network

[fr] réseau de distribution d'enchevêtrement quantique

[de] Quantenverschränkungsverteilungsnetz

[it] rete di distribuzione dell'aggrovigliamento quantistico

[jp] 量子もつれ配送ネットワーク

[kr] 양자 얽힘 배송 네트워크

[pt] rede de distribuição de entrelaçamento quântico

[ru] распределительная сеть с квантовой запутанностью

[es] red de distribución de enredo cuántico

25505 量子记忆网络

[ar] شبكة الذاكرة الكمومية

[en] quantum memory network

[fr] réseau de mémoire quantique

[de] Quantenspeicher-Netzwerk

[it] rete di memoria quantistica

[jp] 量子記憶ネットワーク

[kr] 양자 메모리 네트워크

[pt] rede de memória quântica

[ru] сеть с квантовой памятью

[es] red de memoria cuántica

25506 数码元容错的量子计算机

[ar] حاسوب كمومي للتسامح مع خطأ العنصر الرقمي

[en] few-qubit fault tolerant quantum computer

[fr] ordinateur quantique à tolérance aux fautes de peu de bits quantiques

[de] fehlertoleranter Quantencomputer für digitale Elemente

[it] computer quantistico a tolleranza d'errore dell'elemento digitale

[jp] デジタルエレメントのフォールトトレラントの量子コンピュータ

[kr] 디지털 요소 고장 허용의 양자 컴퓨터

[pt] computador quântico tolerante a falhas de elemento digital

[ru] малокубитный отказоустойчивый квантовый компьютер

[es] computadora cuántica tolerante a fallos de elementos digitales

25507 量子计算网络

[ar] شبكة الحوسبة الكمومية

[en] quantum computing network

[fr] réseau d'informatique quantique

[de] Quantencomputernetzwerk

[it] rete informatica quantistica

[jp] 量子計算ネットワーク

[kr] 양자 컴퓨팅 네트워크

[pt] rede de computação quântica

[ru] сеть квантовых вычислений

[es] red de computación cuántica

25508 量子混沌

[ar] فوضى الكم

[en] quantum chaos

[fr] chaos quantique

[de] Quantenchaos

[it] caos quantistico

[jp] 量子カオス

[kr] 양자 카오스

[pt] caos quântico

[ru] квантовый хаос

[es] caos cuántico

25509 量子抗性密码系统

[ar] نظام تشفير مقاوم الكم

[en] quantum-resistant cryptography system

[fr] système de cryptographie post-quantique

[de] quantenresistentes Kryptografiesystem

[it] sistema di crittografia quantistica resistente

[jp] 耐量子暗号システム

[kr] 양자 저항성 암호 시스템

[pt] sistema de criptografia com resistência quântica

[ru] квантово-стойкая криптографическая система

[es] sistema de criptografía resistente a ataques cuánticos

25510 量子时钟网络

[ar] شبكة الساعة الكمومية

[en] quantum clock network

[fr] réseau d'horloge quantique

[de] Quantenuhr-Netzwerk

[it] rete di orologio quantistico

[jp] 量子時計ネットワーク

[kr] 양자 시계 네트워크

[pt] rede do relógio quântico

[ru] сеть квантовых часов

[es] red de relojes cuánticos

25511 后量子密码学

[ar] علم تشفير ما بعد الكم

[en] post-quantum cryptography

[fr] cryptographie post-quantique

[de] Post-Quanten-Kryptographie

[it] crittografia post-quantistica

[jp] ポスト量子暗号

[kr] 양자 내성 암호학

[pt] criptografia pós-quântica

[ru] постквантовая криптография

[es] criptografía postcuántica

25512 抗量子计算密码学术会议

[ar] مؤتمر أكاديمي لعلم تشفير الحوسبة الكمومية المضادة

[en] International Conference on Post-Quantum Cryptography

[fr] Conférence internationale sur la cryptographie post-quantique

[de] Internationale Konferenz zur quanten-resistenten Kryptographie

[it] Conferenza internazionale della crittografia post-quantistica

[jp] 耐量子暗号国際会議

[kr] 양자 내성 암호 학술대회

[pt] Conferência Internacional sobre Criptografia Pós-Quântica

[ru] Международный семинар по постквантовой криптографии

[es] Conferencia Internacional sobre Criptografía Postcuántica

25513 量子互联网实验

[ar] تجربة إنترنت الكم

[en] Quantum Internet Experiment

[fr] expérience d'Internet quantique

[de] Quanten-Internet-Experiment

[it] esperimento d'Internet quantistico

[jp] 量子インターネット実験

[kr] 양자 인터넷 실험

[pt] Experimento da Internet Quântica

[ru] Эксперимент по квантовому Интернету

[es] Experimento de Internet Cuántico

25514 《泛欧量子安全互联网规划》

[ar] خطة أمان الكم لعموم أوروبا

2.5

[en] Pan-European Quantum Security
Internet Plan

[fr] Plan paneuropéen d'Internet quantique
sécurisé

[de] Paneuropäischer Internet-Plan für Quan-
tensicherheit

[it] Programmazione paneuropea d'Internet
per la sicurezza quantistica

[jp] 「汎欧州量子セキュリティインター
ネット計画」

[kr] <범유럽 양자 보안 인터넷 계획>

[pt] Plano de segurança da Internet quântica
pan-europeia

[ru] Общеевропейский интернет-план по
квантовой безопасности

[es] Plan de Internet Paneuropeo de
Seguridad Cuántica

25515 量子通信网络基础设施

[ar] بنية تحتية لشبكة الاتصالات الكمية

[en] quantum communication network
infrastructure

[fr] infrastructure du réseau de
communication quantique

[de] Quantenkommunikationsnetz-infrastruk-
tur

[it] infrastruttura della rete di comunicazione
quantistica

[jp] 量子通信ネットワークインフラ

[kr] 양자 통신 네트워크 인프라

[pt] Infraestrutura da Rede de Comunicação
Quântica

[ru] квантовая коммуникационная сетевая
инфраструктура

[es] infraestructura de redes de
comunicaciones cuánticas

25516 QKD组网验证

[ar] تحقق من شبكة QKD

[en] QKD Networking Verification

[fr] vérification du réseau de distribution

quantique de clé

[de] QKD-Netzwerküberprüfung

[it] verifica delle reti QKD

[jp] 量子鍵配送ネットワーキング検証

[kr] 양자 암호 키 분배(QKD) 네트워킹 인증

[pt] Verificação de rede QKD

[ru] проверка сети распределения
квантовых ключей

[es] Verificación de Redes de QKD

25517 量子抗性数字签名

[ar] توقيع رقمي لمقاومة الكم

[en] quantum-resistant code signing

[fr] signature numérique post-quantique

[de] quantenresistente Codesignierung

[it] firma digitale resistente ai quanti

[jp] 耐量子コード署名

[kr] 양자 저항성 디지털 서명

[pt] serviço de assinatura de código resistente
a quantum

[ru] подпись квантово-устойчивого кода

[es] firma de código resistente a ataques
cuánticos

25518 量子三进制数位

[ar] جسيم ثلاثي الوضعيات

[en] Qutrit

[fr] qutrit

[de] Qutrit

[it] Qutrit

[jp] 量子キュートリット

[kr] 양자 삼진법 단위

[pt] Trit Quântico

[ru] Кутрит

[es] Qutrit

25519 中国量子通信产业联盟

[ar] اتحاد صناعة اتصالات الكم

[en] Quantum Communication Industry
Alliance

[fr] Alliance de l'industrie de communication

quantique de Chine

[de] Allianz der chinesischen Quantenkom-
munikationsbranche

[it] Alleanza dell'industria di comunicazione
quantistica della Cina

[jp] 中国量子通信産業連盟

[kr] 중국 양자 통신 산업 연맹

[pt] Aliança da Indústria de Comunicação
Quântica

[ru] Альянс индустрии квантовой связи
Китая

[es] Alianza Industrial de las Comunicaciones
Cuánticas de China

25520 新型量子互联网实验

[ar] اختبار الإنترنت الكمومية الجديدة

[en] new quantum Internet experiment

[fr] expérience d'un nouvel Internet
quantique

[de] neues Quanten-Internet-Experiment

[it] nuovo esperimento d'Internet quantistico

[jp] 新型量子インターネット実験

[kr] 신형 양자 인터넷 실험

[pt] novo experimento da Internet quântica

[ru] новый эксперимент по квантовому
интернету

[es] nuevo experimento de Internet cuántico

2.5

3 大数据技术

[ar]   تكنولوجيا البيانات الضخمة

[en] **Big Data Technology**

[fr] **Technologie des mégadonnées**

[de] **Big Data-Technologie**

[it] **Tecnologia di Big Data**

[jp] **ビッグデータ技術**

[kr] **빅데이터 기술**

[pt] **Tecnologia de Big Data**

[ru] **Технология больших данных**

[es] **Tecnología de Big Data**

[ar] الحصول على البيانات الضخمة
[en] **Big Data Acquisition**
[fr] **Acquisition des mégadonnées**
[de] **Big Data-Erfassung**
[it] **Acquisizione di Big Data**
[jp] **ビッグデータ取得**
[kr] **빅데이터 획득**
[pt] **Aquisição de Big Data**
[ru] **Сбор больших данных**
[es] **Adquisición de Big Data**

3.1.1　数据化

[ar] البياناتي
[en] **Datamation**
[fr] **Datalisation**
[de] **Datenisierung**
[it] **Datalizzazione**
[jp] **データ化**
[kr] **데이터화**
[pt] **Digitalização**
[ru] **Цифровизация**
[es] **Datalización**

31101　数据映射

[ar] رسم خريطة البيانات
[en] data mapping
[fr] cartographie des données
[de] Datenspiegelung
[it] mappatura dei dati
[jp] データマッピング
[kr] 데이터 매핑
[pt] mapeamento de dados
[ru] отображение данных
[es] mapeo de datos

31102　信息

[ar] معلومات
[en] information
[fr] information
[de] Information
[it] informazione
[jp] 情報
[kr] 정보
[pt] informação
[ru] информация
[es] información

31103　信息熵

[ar] إنتروبيا المعلومات
[en] information entropy
[fr] entropie de Shannon
[de] Informationsentropie
[it] entropia di informazione
[jp] 情報エントロピー
[kr] 정보 엔트로피
[pt] entropia de informações
[ru] информационная энтропия
[es] entropía de información

31104 信息量

[ar] كمية المعلومات

[en] information quantity

[fr] quantité d'informations

[de] Informationsmenge

[it] quantità di informazione

[jp] 情報量

[kr] 정보량

[pt] quantidade de informações

[ru] количество информации

[es] cantidad de información

31105 信源

[ar] مصدر المعلومات

[en] information source

[fr] source d'information

[de] Informationsquelle

[it] fonte di informazione

[jp] 情報源

[kr] 정보원

[pt] fonte de informação

[ru] источник информации

[es] fuente de información

31106 信源编码

[ar] ترميز المصدر

[en] source coding

[fr] codage de source

[de] Quellcode

[it] codifica di fonte d'informazione

[jp] 情報源符号化

[kr] 정보원 부호화

[pt] codificação de fonte

[ru] исходное кодирование

[es] codificación de fuente

31107 信息传递

[ar] نقل المعلومات

[en] information transfer

[fr] transmission d'information

[de] Informationsübertragung

[it] trasferimento di informazione

[jp] 情報伝達

[kr] 정보 전달

[pt] transferência de informação

[ru] передача информации

[es] transferencia de información

31108 率失真理论

[ar] نظرية معدل التشويه

[en] rate distortion theory

[fr] théorie de la distorsion de débit

[de] Ratenverzerrungstheorie

[it] teoria della distorsione dei tassi

[jp] レート歪み理論

[kr] 부호율-변형 이론

[pt] teoria de distorção da taxa

[ru] теория скорости искажения

[es] teoría de la distorsión de tasas

31109 信息提取

[ar] استخراج المعلومات

[en] information extraction

[fr] extraction d'informations

[de] Informationsextraktion

[it] estrazione di informazione

[jp] 情報抽出

[kr] 정보 추출

[pt] extração de informações

[ru] извлечение информации

[es] extracción de información

31110 信道

[ar] قناة المعلومات

[en] channel

[fr] canal de communication

[de] Kanal

[it] canale

[jp] チャンネル

[kr] 채널

[pt] canais de comunicação

[ru] канал информации

[es] canal

31111 数字化

[ar] رقمنة

[en] digitization

[fr] numérisation

[de] Digitalisierung

[it] digitalizzazione

[jp] デジタル化

[kr] 디지털화

[pt] digitalização

[ru] оцифровка

[es] digitalización

31112 模数转换

[ar] تحويل الإشارة التناظرية إلى الإشارة الرقمية

[en] analog-to-digital conversion

[fr] conversion analogique-numérique

[de] Analog-Digital-Wandlung

[it] conversione analogico-digitale

[jp] アナログ・デジタル変換

[kr] 아날로그-디지털 변환

[pt] conversor analógico-digital

[ru] аналого-цифровое преобразование

[es] conversión de analógico al digital

31113 模拟信号

[ar] إشارة تناظرية

[en] analog signal

[fr] signal analogique

[de] Analogsignal

[it] segnale analogico

[jp] アナログシグナル

[kr] 아날로그 신호

[pt] sinal analógico

[ru] аналоговый сигнал

[es] señal analógica

31114 数字信号

[ar] إشارة رقمية

[en] digital signal

[fr] signal numérique

[de] Digitalsignal

[it] segnale digitale

[jp] デジタル信号

[kr] 디지털 신호

[pt] sinal digital

[ru] цифровой сигнал

[es] señal digital

31115 数据建模

[ar] نمذجة البيانات

[en] data modeling

[fr] modélisation des données

[de] Datenmodellierung

[it] modellizzazione dei dati

[jp] データモデリング

[kr] 데이터 모델링

[pt] modelagem de dados

[ru] моделирование данных

[es] modelización de datos

31116 物理模型

[ar] نموذج فيزيائي

[en] physical model

[fr] modèle physique

[de] physikalisches Modell

[it] modello fisico

[jp] 物理モデル

[kr] 물리적 모형

[pt] modelo físico

[ru] физическая модель

[es] modelo físico

31117 黑箱模型

[ar] نموذج الصندوق الأسود

[en] black box model

[fr] modèle de boîte noire

[de] Schwarze-Kiste-Modell

[it] modello di scatola nera

[jp] ブラックボックスモデル

[kr] 블랙박스 모델

[pt] modelo caixa preta
[ru] модель «черного ящика»
[es] modelo de caja negra

31118　动态模型

[ar] نموذج ديناميكي
[en] dynamic model
[fr] modèle dynamique
[de] dynamisches Modell
[it] modello dinamico
[jp] 動的モデル
[kr] 동적 모형
[pt] modelo dinâmico
[ru] динамическая модель
[es] modelo dinámico

31119　数字仿真

[ar] محاكاة رقمية
[en] digital simulation
[fr] simulation numérique
[de] digitale Simulation
[it] simulazione digitale
[jp] デジタルシミュレーション
[kr] 디지털 시뮬레이션
[pt] simulação digital
[ru] цифровое моделирование
[es] simulación digital

31120　数字孪生

[ar] توأم رقمي
[en] digital twin
[fr] jumeau numérique
[de] digitale Zwillinge
[it] gemelli digitali
[jp] デジタルツイン
[kr] 디지털 트윈
[pt] gêmeos digitais
[ru] цифровой двойник
[es] gemelos digitales

31121　全维空间

[ar] مساحة كاملة الأبعاد
[en] full-dimensional space
[fr] espace de pleine dimension
[de] volldimensionaler Raum
[it] spazio di tutte le dimensioni
[jp] 全次元空間
[kr] 전방위 공간
[pt] espaço totalmente dimensional
[ru] полноразмерное пространство
[es] espacio omnidimensional

3.1.2　数据感知

[ar] **استشعار البيانات**
[en] **Data Perception**
[fr] **Perception des données**
[de] **Datenbewusstsein**
[it] **Percezione dei dati**
[jp] **データ感知**
[kr] **데이터 감지**
[pt] **Sensibilização dos Dados**
[ru] **Восприятие данных**
[es] **Percepción de Datos**

31201　感知机

[ar] آلة الاستشعار
[en] perceptron
[fr] perceptron
[de] Perzeptron
[it] percettrone
[jp] パーセプトロン
[kr] 퍼셉트론
[pt] perceptron
[ru] персептрон
[es] perceptrón

31202　无线传感网络

[ar] شبكة الاستشعار اللاسلكية
[en] wireless sensor network
[fr] réseau de capteurs sans fil
[de] drahtloses Sensornetzwerk

[it] rete di sensori senza fili

[jp] 無線センサーネットワーク

[kr] 무선 센서 네트워크

[pt] rede de sensores sem fio

[ru] беспроводная сенсорная сеть

[es] red de sensores inalámbricos

31203　智能移动终端

[ar] محطة طرفية ذكية متنقلة

[en] smart mobile terminal

[fr] terminal mobile intelligent

[de] intelligentes mobiles Terminal

[it] terminale mobile intelligente

[jp] スマートモバイル端末

[kr] 스마트 모바일 단말

[pt] terminal móvel inteligente

[ru] умный мобильный терминал

[es] terminal móvil inteligente

31204　机器感知

[ar] استشعار الآلة

[en] machine perception

[fr] perception par ordinateur

[de] Maschinenperzeption

[it] percezione automatica

[jp] 機械知覚

[kr] 머신 감지

[pt] percepção de máquina

[ru] машинное восприятие

[es] percepción de máquinas

31205　群智感知

[ar] استشعار الذكاء الجماعي

[en] swarm intelligence perception

[fr] perception par intelligence en essaim

[de] Schwarmintelligenz-Perzeption

[it] percezione di intelligenza sciamante

[jp] 群知能の感知

[kr] 군집 지능 감지

[pt] percepção de inteligência de agrupamento

[ru] восприятие роевого интеллекта

[es] percepción de la inteligencia de enjambre

31206　多模态感知

[ar] استشعار متعدد الأنماط

[en] multimodal perception

[fr] perception multimodale

[de] multimodale Perzeption

[it] percezione multimodello

[jp] マルチモーダル感知

[kr] 멀티 모델 감지

[pt] percepção multimodal

[ru] мультимодальное восприятие

[es] percepción multimodal

31207　传感网

[ar] شبكة الاستشعار

[en] sensor network

[fr] réseau de capteurs

[de] Sensornetzwerk

[it] rete di sensore

[jp] センサネットワーク

[kr] 센서 네트워크

[pt] rede de sensores

[ru] сенсорная сеть

[es] red de sensores

31208　机器视觉

[ar] حاسة النظر الآلي

[en] machine vision

[fr] vision par ordinateur

[de] maschinelles Sehen

[it] visione di macchina

[jp] 機械視覚

[kr] 머신 비전

[pt] visão de máquina

[ru] машинное зрение

[es] visión de máquina

31209　机器听觉

[ar] 　　　　　　　　حاسة السمع الآلي

[en] machine hearing

[fr] audition par ordinateur

[de] maschinelles Hören

[it] udito di macchina

[jp] 機械聴覚

[kr] 머신 청각

[pt] audição de máquina

[ru] машинный слух

[es] oído de máquina

31210　机器嗅觉

[ar] 　　　　　　　　حاسة الشم الآلي

[en] machine olfaction

[fr] olfaction par ordinateur

[de] maschineller Geruch

[it] olfatto di macchina

[jp] 機械嗅覚

[kr] 머신 후각

[pt] olfato de máquina

[ru] машинное обоняние

[es] olfato de máquina

31211　机器味觉

[ar] 　　　　　　　حاسة التذوق الآلية

[en] machine taste

[fr] goût par ordinateur

[de] maschineller Geschmack

[it] gusto di macchina

[jp] 機械味覚

[kr] 머신 미각

[pt] paladar de máquina

[ru] машинный вкус

[es] gusto de máquina

31212　机器触觉

[ar] 　　　　　　　　حاسة اللمس الآلي

[en] machine touch

[fr] haptique par ordinateur

[de] maschinelles Tasten

[it] tocco di macchina

[jp] 機械触覚

[kr] 머신 촉각

[pt] tacto da máquina

[ru] машинное прикосновение

[es] toque de máquina

31213　传感器

[ar] 　　　　　　　جهاز الاستشعار

[en] sensor

[fr] capteur

[de] Sensor

[it] sensore

[jp] センサー

[kr] 센서

[pt] sensores

[ru] датчик

[es] sensor

31214　多传感器信息融合

[ar] دمج المعلومات المنقولة من عدة أجهزة الاستشعار

[en] multi-sensor information fusion

[fr] fusion d'informations multi-capteurs

[de] Multisensor-Informationsfusion

[it] fusione di informazione multisensore

[jp] マルチセンサー情報融合

[kr] 다중 센서 데이터 융합

[pt] fusão de informações multi-sensor

[ru] мультисенсорное слияние информации

[es] fusión de información de varios sensores

31215　射频识别

[ar] 　　　　　　تحديد الترددات الراديوية

[en] radio frequency identification (RFID)

[fr] identification par radiofréquence

[de] Radiofrequenz-Identifikation

[it] identificazione a radiofrequenza

[jp] ラジオ周波数識別

[kr] 무선인식

[pt] identificação por radiofrequência

[ru] радиочастотная идентификация

[es] identificación por radiofrecuencia

31216 电子标签

[ar] علامة إلكترونية

[en] electronic tag

[fr] étiquette électronique

[de] elektronisches Etikett

[it] etichetta elettronica

[jp] 電子タグ

[kr] 전자 라벨

[pt] etiqueta digital

[ru] электронная метка

[es] etiqueta electrónica

31217 条形码

[ar] رمز شريطي

[en] barcode

[fr] code à barres

[de] Barcode

[it] codice a barre

[jp] バーコード

[kr] 바코드

[pt] código de barras

[ru] штрихкод

[es] código de barras

31218 二维码

[ar] رمز الاستجابة السريعة

[en] QR code

[fr] code QR

[de] QR-Code

[it] codice QR

[jp] QRコード

[kr] QR코드

[pt] código de código bidimensional

[ru] QR-код

[es] código QR

31219 激光雷达

[ar] رادار الليزر

[en] lidar

[fr] LiDAR

[de] Lidar

[it] lidar

[jp] ライダー

[kr] 라이다

[pt] lidar

[ru] лазерный радар

[es] LiDAR

31220 全球卫星定位系统

[ar] نظام تحديد المواقع العالمي

[en] Global Positioning System (GPS)

[fr] Système de positionnement global

[de] Globales Positionierungssystem

[it] Sistema di posizionamento globale

[jp] 全地球測位システム

[kr] 글로벌 포지셔닝 시스템

[pt] Sistema de Posicionamento Global

[ru] Глобальная система позиционирования

[es] Sistema de Posicionamiento Global

31221 北斗卫星导航系统

[ar] نظام بيدو للملاحة عبر الأقمار الصناعية

[en] BeiDou Navigation Satellite System

[fr] Système de navigation par satellite Beidou

[de] Beidou Satelliten-Navigationssystem

[it] Sistema satellitare di navigazione Beidou

[jp] 北斗衛星測位システム

[kr] 베이더우 위성 항법 시스템

[pt] Sistema de Satélites de Navegação BeiDou

[ru] Навигационная спутниковая система «Бэйдоу»

[es] Sistema de Navegación por Satélites Beidou

3.1

31222　声呐定位

[ar]　　　　　　　　　　　　　تحديد الموضع بالسونار

[en]　sonar positioning

[fr]　positionnement du sonar

[de]　Sonarpositionierung

[it]　posizionamento del sonar

[jp]　ソナー定位

[kr]　소나 포지셔닝

[pt]　posicionamento por sonar

[ru]　позиционирование сонара

[es]　posicionamiento por sónar

3.1.3　数据采集

[ar]　　　　　　　　　　　　　جمع البيانات

[en]　**Data Collection**

[fr]　**Collecte des données**

[de]　**Datensammlung**

[it]　**Raccolta dei dati**

[jp]　**データ収集**

[kr]　**데이터 수집**

[pt]　**Recolha de Dados**

[ru]　**Сбор данных**

[es]　**Recogida de Datos**

31301　数据源

[ar]　　　　　　　　　　　　　مصدر البيانات

[en]　data source

[fr]　source de données

[de]　Datenquelle

[it]　fonte dei dati

[jp]　データソース

[kr]　데이터 송신부

[pt]　fonte de dados

[ru]　источник данных

[es]　fuente de datos

31302　表层网数据

[ar]　　　　　　　　　　　بيانات الشبكة السطحية

[en]　surface web data

[fr]　données du web surfacique

[de]　Surface-Web-Daten

[it]　dati surface web

[jp]　表層ウェブデーター

[kr]　표층 웹 데이터

[pt]　dados da Internet superficial

[ru]　данные Видимой сети

[es]　datos de web superficial

31303　深网数据

[ar]　　　　　　　　　　بيانات شبكية غير مرئية

[en]　deep web data

[fr]　données du web profond

[de]　Deep-Web-Daten

[it]　dati deep web

[jp]　深層ウェブデータ

[kr]　딥 웹 데이터

[pt]　dados da Internet superficial

[ru]　данные Глубокой сети

[es]　datos de web profundo

31304　企业数据

[ar]　　　　　　　　　　　　بيانات المؤسسة

[en]　corporate data

[fr]　données d'entreprise

[de]　Unternehmensdaten

[it]　dati aziendali

[jp]　企業データ

[kr]　기업 데이터

[pt]　dados corporativos

[ru]　корпоративные данные

[es]　datos empresariales

31305　政府数据

[ar]　　　　　　　　　　　　بيانات الحكومة

[en]　government data

[fr]　données gouvernementales

[de]　Regierungsdaten

[it]　dati governativi

[jp]　政府データ

[kr]　정부 데이터

[pt]　dados do governo

[ru]　правительственные данные

[es] datos de gobiernos

31306 物联网数据

[ar] بيانات إنترنت الأشياء

[en] IoT data

[fr] données de l'Internet des objets

[de] IoT-Daten

[it] dati IoT

[jp] IoTデータ

[kr] 사물 인터넷 데이터

[pt] dados da Internet das Coisas

[ru] данные Интернета вещей

[es] datos de Internet de las Cosas

31307 互联网数据

[ar] بيانات الإنترنت

[en] Internet data

[fr] données d'Internet

[de] Internet-Daten

[it] dati Internet

[jp] インターネットデータ

[kr] 인터넷 데이터

[pt] dados da Internet

[ru] интернет-данные

[es] datos de Internet

31308 日志

[ar] يوميات

[en] logging

[fr] journal

[de] Protokoll

[it] log

[jp] ログ

[kr] 로깅

[pt] Log de dados

[ru] ведение дневника

[es] registro

31309 电子邮件

[ar] بريد إلكتروني

[en] e-mail

[fr] courriel

[de] E-Mail

[it] email

[jp] 電子メール

[kr] 이메일

[pt] correio electrónico

[ru] электронная почта

[es] correo electrónico

31310 XML文件

[ar] ملف XML

[en] XML document

[fr] fichier XML

[de] XML-Datei

[it] documento XML

[jp] XMLドキュメント

[kr] 확장성 생성 언어(XML) 파일

[pt] documento XML

[ru] XML-файл

[es] documentos de XML

31311 实时多媒体

[ar] وسائط متعددة في الوقت الحقيقي

[en] real-time multimedia

[fr] multimédia en temps réel

[de] Echtzeit-Multimedia

[it] multimedia in tempo reale

[jp] リアルタイムマルチメディア

[kr] 실시간 멀티미디어

[pt] multimédia em tempo real

[ru] мультимедиа в реальном времени

[es] multimedia en tiempo real

31312 即时消息

[ar] أخبار لحظية

[en] instant messaging

[fr] messagerie instantanée

[de] Sofortnachricht

[it] messaggio instantaneo

[jp] インスタントメッセージング

[kr] 인스턴트 메시징

3.1

[pt] mensagem instantâneo
[ru] обмен мгновенными сообщениями
[es] mensajería instantánea

31313 点击流数据
[ar] بيانات تدفق النقر
[en] clickstream data
[fr] données de flux de clics
[de] Clickstream-Daten
[it] dati clickstream
[jp] クリックストリーム データ
[kr] 클릭스트림 데이터
[pt] dados clickstream
[ru] сведения о посещениях
[es] datos de flujo de clics

31314 地理数据
[ar] بيانات جغرافية
[en] geographic data
[fr] données géographiques
[de] Geografische Daten
[it] dati geografici
[jp] 地理データ
[kr] 지리적 데이터
[pt] dados geográficos
[ru] географические данные
[es] datos geográficos

31315 时空大数据
[ar] بيانات ضخمة زمكانية
[en] spatial-temporal big data
[fr] mégadonnées espace-temps
[de] Raumzeit-Big Data
[it] Big Data spazio-temporali
[jp] オミックス ビッグデータ
[kr] 시공간 빅데이터
[pt] big data espaço-temporal
[ru] пространственно-временные большие
данные
[es] Big Data espacial-temporal

31316 ETL工具
[ar] أداة ETL
[en] ETL (extraction transformation loading)
tools
[fr] outil ETL
[de] ETL (Extraktion, Transformation, Ver-
ladung) Werkzeug
[it] ETL (estrazione, trasformazione,
caricamento)
[jp] ETL
[kr] 추출·변환·로딩(ETL)
[pt] ferramenta ETL
[ru] инструмент ETL (извлечение,
преобразование, загрузка)
[es] ETL (extracción, transformación y carga
de datos)

31317 数据抽取
[ar] استخراج البيانات
[en] data extraction
[fr] extraction de données
[de] Datenextraktion
[it] estrazione dei dati
[jp] データ抽出
[kr] 데이터 추출
[pt] extração de dados
[ru] извлечение данных
[es] extracción de datos

31318 全量抽取
[ar] استخراج كامل
[en] full extraction
[fr] extraction complète
[de] vollständige Extraktion
[it] estrazione completa
[jp] 全量抽出
[kr] 전수 추출
[pt] extração completa
[ru] полная добыча
[es] extracción completa

31319 增量抽取
[ar] استخراج تزايدي
[en] incremental extraction
[fr] extraction incrémentale
[de] inkrementale Extraktion
[it] estratto incrementale
[jp] 増分抽出
[kr] 증분 추출
[pt] extratção incremental
[ru] дополнительная добыча
[es] extracto incremental

31320 触发器
[ar] زناد
[en] trigger
[fr] déclencheur
[de] Auslöser
[it] grilletto
[jp] トリガー
[kr] 트리거
[pt] acionador
[ru] триггер
[es] activador

31321 搜索引擎
[ar] محرك البحث
[en] search engine
[fr] moteur de recherche
[de] Suchmaschine
[it] motore di ricerca
[jp] 検索エンジン
[kr] 검색 엔진
[pt] motor de pesquisa
[ru] поисковая система
[es] motor de búsqueda

31322 网络爬虫
[ar] عنكبوب الشبكة
[en] web crawler
[fr] robot d'indexation
[de] Webcrawler

[it] crawler di rete
[jp] ウェブクローラー
[kr] 웹 크롤러
[pt] rastreador da rede
[ru] поисковый робот
[es] rastreador web

31323 互联网探针
[ar] مسبار الإنترنت
[en] NET Probe
[fr] sonde d'Internet
[de] NET Probe
[it] sonda net
[jp] インターネットプローブ
[kr] 넷 프로브
[pt] sonda da Internet
[ru] сетевой зонд
[es] Sonda NET

31324 数据加载
[ar] عملية التحميل للبيانات
[en] data loading
[fr] chargement de données
[de] Laden von Daten
[it] caricamento dei dati
[jp] データローディング
[kr] 데이터 로딩
[pt] carregamento de dados
[ru] загрузка данных
[es] carga de datos

31325 数据检索
[ar] استرجاع البيانات
[en] data retrieval
[fr] recherche de données
[de] Datenrecherche
[it] ricerca dei dati
[jp] データ検索
[kr] 데이터 검색
[pt] recuperação de dados
[ru] поиск данных

221

[es] búsqueda de datos

31326 抓包

[ar] التقاط الحزمة

[en] packet capture

[fr] capture de paquets

[de] Ressorcenzusammenlegung

[it] libpcap

[jp] パケットキャプチャ

[kr] 패킷 캡쳐

[pt] captura de pacotes

[ru] библиотека захвата пакетов

[es] captura de paquetes

31327 统一资源定位符

[ar] موقع صفحات الويب

[en] uniform resource locator (URL)

[fr] localisateur uniforme de ressources

[de] einheitlicher Ressourcenanzeiger

[it] uniform resource locator

[jp] 統一資源位置指定子

[kr] 정보 자원 위치 지정자

[pt] localizador de recursos uniforme

[ru] унифицированный указатель ресурсов

[es] localizador uniforme de recursos

31328 简易信息聚合

[ar] ملخص معلومات مواقع الإنترنت

[en] really simple syndication (RSS)

[fr] syndication réellement simple

[de] wirklich einfache Syndikation

[it] really simple syndication

[jp] RSS

[kr] 초간편 배급

[pt] Really Simple Syndication

[ru] очень простая синдикация

[es] sindicación realmente simple

31329 遥感图像识别

[ar] تعرف عن الصور بالاستشعار عن بعد

[en] remote sensing image recognition

[fr] reconnaissance d'image de télédétection

[de] Fernerkundung-Bilderkennung

[it] identificazione dell'immagine di telerilevamento

[jp] リモートセンシング画像認識

[kr] 원격탐지 이미지 식별

[pt] reconhecimento em imagem de sensoriamento remoto

[ru] распознавание изображений с помощью дистанционного зондирования

[es] reconocimiento de imágenes con detección remota

31330 生物信号数据采集

[ar] جمع بيانات الإشارات الحيوية

[en] biosignal data acquisition

[fr] acquisition de données de biosignal

[de] Biosignal-Datensammlung

[it] acquisizione di dati biosegnali

[jp] 生体信号データ収集

[kr] 생체 신호 데이터 수집

[pt] aquisição de dados de sinais biológicos

[ru] сбор данных биосигналов

[es] adquisición de datos de señales biológicas

3.1.4 数据抓取

[ar] التقاط البيانات

[en] **Data Capture**

[fr] **Capture des données**

[de] **Datenerfassung**

[it] **Captazione dei dati**

[jp] **データキャプチャ**

[kr] **데이터 캡쳐**

[pt] **Captura de Dados**

[ru] **Захват данных**

[es] **Captura de Datos**

31401 Phoenix项目

[ar] مشروع Phoenix

[en] Phoenix Project
[fr] projet Phoenix
[de] Phönix Projekt
[it] progetto Phoenix
[jp] Phoenixプロジェクト
[kr] 피닉스 프로젝트
[pt] Projeto Phoenix
[ru] Проект «Феникс»
[es] Proyecto Phoenix

31402 Presto引擎

[ar] محرك Presto
[en] Presto engine
[fr] moteur Presto
[de] Presto Engine
[it] motore Presto
[jp] Prestoエンジン
[kr] 프레스토 엔진
[pt] motor do Presto
[ru] движок Presto
[es] motor Presto

31403 Shark工具

[ar] أداة Shark
[en] Shark tool
[fr] outil Shark
[de] Shark Werkzeug
[it] strumento Shark
[jp] Sharkツール
[kr] 샤크 툴
[pt] ferramenta Shark
[ru] инструмент Shark
[es] herramienta Shark

31404 Impala项目

[ar] مشروع Impala
[en] Impala project
[fr] projet Impala
[de] Impala Projekt
[it] progetto Impala
[jp] Impalaプロジェクト

[kr] 임플라 프로젝트
[pt] projeto Impala
[ru] Проект «Импала»
[es] proyecto Impala

31405 Apache Drill引擎

[ar] محرك Apache Drill
[en] Apache Drill engine
[fr] moteur Apache Drill
[de] Apache Drill Engine
[it] motore Apache Drill
[jp] Apache Drillエンジン
[kr] 아파치 드릴 엔진
[pt] motor Apache Drill
[ru] движок Apache Drill
[es] motor Apache Drill

31406 Nutch引擎

[ar] محرك Nutch
[en] Nutch engine
[fr] moteur Nutch
[de] Nutch Engine
[it] motore Nutch
[jp] Nutchエンジン
[kr] 너치 엔진
[pt] motor Nutch
[ru] движок Nutch
[es] motor Nutch

31407 Lucene搜索库

[ar] قاعدة البحث Lucene
[en] Lucene search base
[fr] base de recherche Lucene
[de] Lucene search base
[it] database di ricerca Lucene
[jp] Lucene 検索データベース
[kr] 루씬 베이스
[pt] base de dados de pesquisa Lucene
[ru] поисковая библиотека Lucene
[es] buscar en la base de datos de Lucene

3.1

31408 Apache Solr服务器

[ar] خادم Apache Solr

[en] Apache Solr server

[fr] serveur Apache Solr

[de] Apache Solr Server

[it] server Apache Solr

[jp] Apache Solrサーバー

[kr] 아파치 솔라 서버

[pt] servidor Apache Solr

[ru] сервер Apache Solr

[es] servidor Apache Solr

31409 Solr服务器

[ar] خادم Solr

[en] Solr server

[fr] serveur Solr

[de] Solr Server

[it] server Solr

[jp] Solrサーバー

[kr] 솔라 서버

[pt] servidor Solr

[ru] сервер Solr

[es] servidor Solr

31410 ElasticSearch服务器

[ar] خادم ElasticSearch

[en] ElasticSearch server

[fr] serveur ElasticSearch

[de] ElasticSearch Server

[it] server ElasticSearch

[jp] ElasticSearchサーバー

[kr] 엘라스틱 서치 서버

[pt] servidor ElasticSearch

[ru] сервер ElasticSearch

[es] servidor ElasticSearch

31411 Sphinx引擎

[ar] محرك Sphinx

[en] Sphinx engine

[fr] moteur Sphinx

[de] Sphinx Engine

[it] motore Sphinx

[jp] Sphinxエンジン

[kr] 스핑크스 엔진

[pt] motor do Sphinx

[ru] движок Sphinx

[es] motor Sphinx

31412 SenseiDB引擎

[ar] محرك SenseiDB

[en] SenseiDB engine

[fr] moteur SenseiDB

[de] SenseiDB Engine

[it] motore SenseiDB

[jp] SenseiDBエンジン

[kr] 센세 DB 엔진

[pt] motor do SenseiDB

[ru] движок SenseiDB

[es] motor SenseiDB

31413 Facebook Scribe系统

[ar] نظام Facebook Scribe

[en] Facebook Scribe system

[fr] système Scribec de Facebook

[de] Facebook Scribe System

[it] sistema Facebook Scribe

[jp] Facebook Scribeシステム

[kr] 페이스북 스크라이브 시스템

[pt] sistema Facebook Scribe

[ru] система Facebook Scribe

[es] sistema Facebook Scribe

31414 Flume系统

[ar] نظام Flume

[en] Flume system

[fr] système Flume

[de] Flume System

[it] sistema Flume

[jp] Flumeシステム

[kr] 플룸 시스템

[pt] sistema Flume

[ru] система Flume

[es] sistema Flume

31415　Logstash引擎

[ar] محرك Logstash

[en] Logstash engine

[fr] moteur Logstash

[de] Logstash Engine

[it] motore Logstash

[jp] Logstashエンジン

[kr] 로그스태시 엔진

[pt] motor Logstash

[ru] движок Logstash

[es] motor Logstash

31416　Kibana平台

[ar] منصة Kibana

[en] Kibana platform

[fr] plate-forme Kibana

[de] Kibana Plattform

[it] piattaforma Kibana

[jp] Kibanaプラットフォーム

[kr] 키바나 플랫폼

[pt] plataforma Kibana

[ru] платформа Kibana

[es] plataforma Kibana

31417　Scrapy框架

[ar] إطار Scrapy

[en] Scrapy framework

[fr] infrastructure Scrapy

[de] Scrapy Rahmenstruktur

[it] architettura Scrapy

[jp] Scrapyフレームワーク

[kr] 스크래피 아키텍처

[pt] estrutura Scrapy

[ru] фреймворк Scrapy

[es] marco Scrapy

31418　Larbin工具

[ar] أداة Larbin

[en] Larbin tool

[fr] outil Larbin

[de] Larbin Werkzeug

[it] strumento Larbin

[jp] Larbinツール

[kr] 라빈 툴

[pt] ferramentas Larbin

[ru] инструмент Larbin

[es] herramienta Larbin

31419　Apache Chukwa平台

[ar] منصة Apache Chukwa

[en] Apache Chukwa platform

[fr] plate-forme Apache Chukwa

[de] Apache Chukwa Plattform

[it] piattaforma Apache Chukwa

[jp] Apache Chukwaプラットフォーム

[kr] 아파치 척와 플랫폼

[pt] plataforma Apache Chukwa

[ru] платформа Apache Chukwa

[es] plataforma Apache Chukwa

31420　Wireshark软件

[ar] برنامج Wireshark

[en] Wireshark software

[fr] logiciel Wireshark

[de] Wireshark Software

[it] software Wireshark

[jp] Wiresharkソフトウェア

[kr] 와이어샤크 소프트웨어

[pt] software Wireshark

[ru] программа Wireshark

[es] software Wireshark

31421　Sniffer软件

[ar] برنامج Sniffer

[en] Sniffer software

[fr] logiciel Sniffer

[de] Sniffer Software

[it] software Sniffer

[jp] Snifferソフトウェア

[kr] 스니퍼 소프트웨어

[pt] software Sniffer
[ru] программа Sniffer
[es] software Sniffer

3.1.5 数据结构

[ar] هياكل البيانات
[en] **Data Structure**
[fr] **Structure des données**
[de] **Datenstruktur**
[it] **Struttura dei dati**
[jp] **データ構造**
[kr] **데이터 구조**
[pt] **Estrutura de Dados**
[ru] **Структура данных**
[es] **Estructura de Datos**

31501 结构化数据
[ar] بيانات مهيكلة
[en] structured data
[fr] données structurées
[de] strukturierte Daten
[it] dati strutturati
[jp] 構造化データ
[kr] 구조화 데이터
[pt] dados estruturados
[ru] структурированные данные
[es] datos estructurados

31502 非结构化数据
[ar] بيانات غير مهيكلة
[en] unstructured data
[fr] données non structurées
[de] unstrukturierte Daten
[it] dati non strutturati
[jp] 非構造化データ
[kr] 비구조화 데이터
[pt] dados não estruturados
[ru] неструктурированные данные
[es] datos no estructurados

31503 半结构化数据
[ar] بيانات شبه هيكلية
[en] semi-structured data
[fr] données semi-structurées
[de] semistrukturierte Daten
[it] dati semi-strutturati
[jp] 半構造化データ
[kr] 반구조화 데이터
[pt] dados semiestruturados
[ru] полуструктурированные данные
[es] datos semiestructurados

31504 离散数据
[ar] بيانات منفصلة
[en] discrete data
[fr] données discrètes
[de] diskrete Daten
[it] dati discreti
[jp] 離散データ
[kr] 이산형 데이터
[pt] dados discretos
[ru] дискретные данные
[es] datos discretos

31505 连续数据
[ar] بيانات مستمرة
[en] continuous data
[fr] données continues
[de] kontinuierliche Daten
[it] dati continui
[jp] 連続データ
[kr] 연속형 데이터
[pt] dados contínuos
[ru] непрерывные данные
[es] datos continuos

31506 数值型数据
[ar] بيانات عددية
[en] numerical data
[fr] données numériques
[de] numerische Daten

[it] dati numerici
[jp] 数値型データ
[kr] 수치형 데이터
[pt] dados numéricos
[ru] числовые данные
[es] datos numéricos

31507 整型数据
[ar] بيانات متكاملة
[en] integral data
[fr] données intégrées
[de] integrale Daten
[it] dati integrali
[jp] 整数データ
[kr] 정수형 데이터
[pt] dados integrais
[ru] интегральные данные
[es] datos integrales

31508 浮点型数据
[ar] بيانات النقطة العائمة
[en] floating-point data
[fr] données en virgule flottante
[de] Gleitkommadaten
[it] dati in virgola mobile
[jp] 浮動小数点データ
[kr] 부동소수점 데이터
[pt] dados de pontos flutuantes
[ru] данные с плавающей запятой
[es] datos de coma flotante

31509 文本数据
[ar] بيانات نصية
[en] text data
[fr] données de texte
[de] Textdaten
[it] dati di testo
[jp] テキストデータ
[kr] 텍스트 데이터
[pt] dados de texto
[ru] текстовые данные

[es] datos de textos

31510 图像数据
[ar] بيانات صورية
[en] image data
[fr] données d'image
[de] Bilddaten
[it] dati di immagine
[jp] 画像データ
[kr] 그래프 데이터
[pt] dados de imagem
[ru] данные изображения
[es] datos de imágenes

31511 时变数据
[ar] بيانات متغيرة مع مرور الوقت
[en] time-varying data
[fr] données variant dans le temps
[de] zeitvariable Daten
[it] dati variabili nel tempo
[jp] 時変データ
[kr] 시간 가변성 데이터
[pt] dados variáveis no tempo
[ru] изменяющиеся во времени данные
[es] datos que varían con el tiempo

31512 异构数据
[ar] بيانات غير متجانسة
[en] heterogeneous data
[fr] données hétérogènes
[de] heterogene Daten
[it] dati eterogenei
[jp] 異種データ
[kr] 이종 데이터
[pt] dados heterogêneos
[ru] разнородные данные
[es] datos heterogéneos

31513 数据元素
[ar] عناصر البيانات
[en] data element

3.1

[fr] élément de données
[de] Datenelement
[it] element di dati
[jp] データ要素
[kr] 데이터 요소
[pt] elementos de dados
[ru] элемент данных
[es] elemento de datos

31514 数据项
[ar] بنود معالجة البيانات
[en] data item
[fr] molécule de données
[de] Datenwort
[it] voce dati
[jp] データアイテム
[kr] 데이터 항목
[pt] item de dados
[ru] реквизит данных
[es] ítem de datos

31515 数据对象
[ar] أهداف البيانات
[en] data object
[fr] objet de données
[de] Datenobjekt
[it] oggetto dei dati
[jp] データオブジェクト
[kr] 데이터 대상
[pt] objeto de dados
[ru] объект данных
[es] objeto de datos

31516 存储结构
[ar] هيكل التخزين
[en] storage structure
[fr] structure de stockage
[de] Speicherstruktur
[it] struttura dei dati
[jp] ストレージ構造
[kr] 스토리지 구조

[pt] estrutura de armazenamento dados
[ru] структура хранилища данных
[es] estructura de almacenamiento de datos

31517 逻辑结构
[ar] هيكل منطقي
[en] logical structure
[fr] structure logique
[de] logische Struktur
[it] struttura logica
[jp] 論理構造
[kr] 논리 구조
[pt] estrutura lógica
[ru] логическая структура
[es] estructura lógica

31518 物理结构
[ar] هيكل فيزيائي
[en] physical structure
[fr] structure physique
[de] physische Struktur
[it] struttura fisica
[jp] 物理的構造
[kr] 물리적 구조
[pt] estrutura física
[ru] физическая структура
[es] estructura física

31519 线性结构
[ar] هيكل خطي
[en] linear structure
[fr] structure linéaire
[de] lineare Struktur
[it] struttura lineare
[jp] 線形構造
[kr] 선형 구조
[pt] estrutura linear
[ru] линейная структура
[es] estructura lineal

31520 非线性结构

[ar] هيكل غير خطي

[en] nonlinear structure

[fr] structure non linéaire

[de] nichtlineare Struktur

[it] struttura non lineare

[jp] 非線形構造

[kr] 비선형 구조

[pt] estrutura não linear

[ru] нелинейная структура

[es] estructura no lineal

3.1

3.2 大数据管理

[ar] إدارة البيانات الضخمة

[en] **Big Data Management**

[fr] **Gestion des mégadonnées**

[de] **Big Data-Management**

[it] **Gestione di Big Data**

[jp] **ビッグデータ管理**

[kr] **빅데이터 관리**

[pt] **Gestão de Big Data**

[ru] **Управление большими данными**

[es] **Gestión de Big Data**

3.2.1 数据组织

[ar] تنظيم البيانات

[en] Data Organization

[fr] Organisation des données

[de] Datenorganisation

[it] Organizzazione dei dati

[jp] データ組織

[kr] 데이터 조직

[pt] Organização de Dados

[ru] Организация данных

[es] Organización de datos

32101 逻辑数据模型

[ar] نموذج البيانات المنطقية

[en] logical data model

[fr] modèle de données logiques

[de] logisches Datenmodell

[it] modello dei dati logici

[jp] 論理データモデル

[kr] 논리 데이터 모델

[pt] modelo de dados lógicos

[ru] модель логических данных

[es] modelo de datos lógicos

32102 物理数据

[ar] بيانات فيزيائية

[en] physical data

[fr] données physiques

[de] physische Daten

[it] dati fisici

[jp] 物理データ

[kr] 물리 데이터

[pt] dados físicos

[ru] физические данные

[es] datos físicos

32103 元数据

[ar] بيانات وصفية

[en] metadata

[fr] métadonnées

[de] Metadaten

[it] metadata

[jp] メタデータ

[kr] 메타데이터

[pt] metadados

[ru] метаданные

[es] metadatos

32104 冗余

[ar] زائد عن الحاجة

[en] redundancy

[fr] redondance

[de] Redundanz

[it] ridondanza

[jp] 冗長性

[kr] 여분

[pt] redundância

[ru] избыточность

[es] redundancia

32105 数据存储介质

[ar] وسيط تخزين البيانات

[en] data storage medium

[fr] support de stockage de données

[de] Datenspeichermedium

[it] supporto di memorizzazione dei dati

[jp] データ記憶媒体

[kr] 데이터 저장 매체

[pt] suporte de armazenamento de dados

[ru] носитель данных

[es] medio de almacenamiento de datos

32106 随机访问存储器

[ar] ذاكرة الوصول العشوائي

[en] random access memory (RAM)

[fr] mémoire vive

[de] Direktzugriffsspeicher

[it] memoria ad accesso casuale

[jp] ランダムアクセスメモリ

[kr] 랜덤 엑세스 액세스

[pt] memória de acesso aleatório

[ru] память с произвольным доступом

[es] memoria de acceso aleatorio

32107 磁记录设备

[ar] أجهزة التسجيل المغناطسية

[en] magnetic recording equipment

[fr] équipement d'enregistrement magnétique

[de] magnetisches Aufzeichnungsgerät

[it] apparecchio di registrazione magnetico

[jp] 磁気記録装置

[kr] 자기 기록 장치

[pt] equipamento para gravação magnética

[ru] аппаратура магнитной записи

[es] equipos de grabación magnética

3.2

32108 移动存储器

[ar] خازن متنقل

[en] mobile storage

[fr] stockage mobile

[de] mobiler Speicher

[it] archiviazione mobile

[jp] モバイルストレージ

[kr] 모바일 저장 장치

[pt] armazenamento móvel

[ru] мобильная система хранения

[es] dispositivo de almacenamiento móvil

32109 铺瓦式写记录

[ar] تكنولوجيا الارتقاء بالكثافة المغناطسية

[en] shingled write recording

[fr] enregistrement en mosaïque

[de] geschuppte Schreibaufnahme

[it] registrazione piastrellata

[jp] 瓦書き記録方式

[kr] 기와식 기록

[pt] gravação escrita em forma de telhas

[ru] черепичная написанная запись

[es] grabación de escritura escalonada

32110 叠瓦式磁记录

[ar] تكنولوجيا التخزين المغناطسي الحديث

[en] shingled magnetic recording

[fr] enregistrement magnétique en bardeaux

[de] geschuppte magnetische Aufnahme

[it] registrazione magnetica a strati

[jp] シングル磁気記録方式

[kr] 중첩 기와식 자기기록

[pt] gravação magnética em forma de telhas

[ru] черепичная магнитная запись

[es] grabación magnética escalonada

32111 非易失内存

[ar] ذاكرة غير قابلة للفقد

[en] non-volatile memory

[fr] mémoire non volatile

[de] nichtflüchtiger Speicher

[it] memoria non volatile

[jp] 不揮発性メモリ

[kr] 비휘발성 내장 메모리

[pt] armazenamento não volátil

[ru] энергонезависимая память

[es] memoria no volátil

32112 闪存

[ar] ذاكرة وميضية

[en] flash memory

[fr] mémoire flash

[de] Flash-Speicher

[it] memoria flash

[jp] フラッシュメモリー

[kr] 플래시 메모리

[pt] memória flash

[ru] флэш-память

[es] memoria flash

32113 云存储

[ar] تخزين سحابي

[en] cloud storage

[fr] stockage en nuage

[de] Cloud-Speicherung

[it] archiviazione di dati online

[jp] クラウドストレージ

[kr] 클라우드 스토리지

[pt] armazenamento em nuvem

[ru] облачное хранилище

[es] almacenamiento en la nube

32114 分布式文件系统

[ar] نظام الملفات الموزعة

[en] distributed file system

[fr] système de fichiers distribué

[de] verteiltes Dateisystem

[it] sistema distribuito di file

[jp] 分散ファイルシステム

[kr] 분산형 파일 시스템

[pt] sistema de arquivos distribuídos

[ru] распределенная файловая система

[es] sistema de archivos distribuidos

32115 网络文件系统

[ar] نظام ملفات الشبكة

[en] network file system (NFS)

[fr] système de fichiers en réseau

[de] Netzwerk-Dateisystem

[it] network file system

[jp] ネットワーク・ファイル・システム

[kr] 네트워크 파일 시스템

[pt] Network File System

[ru] сетевая файловая система

[es] sistema de archivos de red

32116 Andrew文件系统

[ar] نظام ملفات أندرو

[en] Andrew file system (AFS)

[fr] système de fichiers d'Andrew

[de] Andrew-Dateisystem

[it] Andrew file system

[jp] Andrewファイルシステム

[kr] 앤드루 파일 시스템

[pt] sistema de arquivo Andrew

[ru] файловая система Andrew

[es] sistema de archivos de Andrew

32117 KASS分布式文件系统

[ar] نظام الملفات الموزعة KASS

[en] Kosmos distributed file system (KFS)

[fr] système de fichier KASS

[de] Kosmos verteiltes Dateisystem

[it] sistema di file a KASS

[jp] KASS 分散ファイルシステム

[kr] KASS 분산형 파일 시스템

[pt] sistema de arquivo KASS

[ru] распределенная файловая система Kosmos

[es] sistema de archivos distribuidos KASS

32118 统一名字空间

[ar] فضاء الاسم الموحد

[en] unified namespace

[fr] espace de noms unifié

[de] einheitlicher Nameraum

[it] spazio dei nomi unificato

[jp] 統一の名前空間名

[kr] 통일 네임 스페이스

[pt] espaço para nome unificado

[ru] единое пространство имен

[es] espacio de nombres unificado

32119 锁管理机制

[ar] آلية الإدارة المحكمة

[en] lock management mechanism

[fr] mécanisme de gestion des verrous

[de] Lock-Management-Mechanismus

[it] meccanismo di gestione dei blocchi

[jp] ロック管理メカニズム

[kr] 잠금 관리 메커니즘

[pt] mecanismo de gestão de bloqueio

[ru] механизм управления замком

[es] mecanismo de gestión de bloqueos

32120 副本管理机制

[ar] آلية إدارة النسخ المتماثلة

[en] replica management mechanism

[fr] mécanisme de gestion de répliques

[de] Duplikat-Verwaltungsmechanismus

[it] meccanismo di gestione delle repliche

[jp] レプリカ管理メカニズム

[kr] 부본 관리 메커니즘

[pt] mecanismo de gestão de réplicas

[ru] механизм управления репликами

[es] mecanismo de gestión de réplicas

3.2

3.2.2 数据存储

[ar] تخزين البيانات

[en] **Data Storage**

[fr] **Stockage des données**

[de] **Datenspeicherung**

[it] **Memoria dei dati**

[jp] **データストレージ**

[kr] **데이터 저장**

[pt] **Armazenamento de Dados**

[ru] **Хранение данных**

[es] **Almacenamiento de Datos**

32201 数据类型

[ar] نوع البيانات

[en] data type

[fr] type de données

[de] Datentyp

[it] tipo dei dati

[jp] データタイプ

[kr] 데이터 유형

[pt] tipo de dados

[ru] тип данных

[es] tipo de datos

32202 简单图

[ar] رسم بياني بسيط

[en] simple graph

[fr] carte simple

[de] einfaches Diagramm

[it] grafico semplice

[jp] 単純グラフ

[kr] 심플 그래프

[pt] gráfico simples

[ru] простой график

[es] gráfico simple

32203 标签图

[ar] خريطة العلامة

[en] labelled graph

[fr] carte de libellés

[de] beschriftetes Diagramm

[it]	mappa delle etichette	
[jp]	ラベルマップ	
[kr]	레이블 맵	
[pt]	mapa etiquetas	
[ru]	помеченный граф	
[es]	mapa de etiquetas	

32204 属性图

[ar]		رسم بياني للسمات
[en]	property graph	
[fr]	carte d'attributs	
[de]	Eigenschaftsdiagramm	
[it]	mappa degli attributi	
[jp]	属性マップ	
[kr]	속성 맵	
[pt]	mapa de atributos	
[ru]	атрибутированный граф	
[es]	mapa de atributos	

32205 索引

[ar]		فهرس
[en]	index	
[fr]	index	
[de]	Index	
[it]	indice	
[jp]	インデックス	
[kr]	색인	
[pt]	índice	
[ru]	индекс	
[es]	índice	

32206 哈希索引

[ar]		بحث هاشي
[en]	hash index	
[fr]	index de hachage	
[de]	Hash-Index	
[it]	indice hash	
[jp]	ハッシュインデックス	
[kr]	해시 색인	
[pt]	índice hash	
[ru]	хэш-индекс	

[es]	índice de hash	

32207 有序索引

[ar]		فهرس مرتب
[en]	ordered index	
[fr]	index ordonné	
[de]	geordneter Index	
[it]	indice ordinato	
[jp]	順序付けされたインデックス	
[kr]	순서적 색인	
[pt]	índice ordenado	
[ru]	упорядоченный индекс	
[es]	índice ordenado	

32208 B树

[ar]		شجرة B
[en]	B-tree	
[fr]	arbre B	
[de]	B-Baum	
[it]	B-albero	
[jp]	B 木	
[kr]	B 트리	
[pt]	árvore B	
[ru]	B-дерево	
[es]	árbol-B	

32209 跳跃表

[ar]		قائمة التخطي
[en]	skiplist	
[fr]	liste à enjambements	
[de]	Skipliste	
[it]	elenco di salto	
[jp]	スキップリスト	
[kr]	스킵리스트	
[pt]	skiplist	
[ru]	список с пропусками	
[es]	lista por saltos	

32210 日志合并树

[ar]		شجرة دمج هيكل اليوميات
[en]	log-structured merge-tree (LSM tree)	

[fr] arbre de fusion à structure de journal
[de] Protokollzusammenführungs-Baum
[it] LSM-albero
[jp] ログ構造化マジーツリー
[kr] 로그 구조 병합 트리
[pt] árvore de mesclagem estruturada por log
[ru] журнально-структурованное дерево
со слиянием
[es] computación tolerante a fallos

32211 前缀树
[ar] شجرة البادئة
[en] prefix tree
[fr] arbre de préfixes
[de] Präfixbaum
[it] albero dei prefissi
[jp] トライ木
[kr] 프리픽스 트리
[pt] árvore de prefixos
[ru] префиксное дерево
[es] árbol de prefijos

32212 存在索引
[ar] فهرس وجود
[en] presence index
[fr] indice de présence
[de] Anwesenheitsindex
[it] indice di presenza
[jp] プレゼンスインデックス
[kr] 프레즌스 인덱스
[pt] índice de presença
[ru] индекс присутствия
[es] índice de presencia

32213 布隆过滤器
[ar] مصفي بلوم
[en] Bloom filter
[fr] filtre de Bloom
[de] Bloom-Filter
[it] filtro Bloom
[jp] ブルームフィルタ

[kr] 블룸 필터
[pt] Filtros de Bloom
[ru] фильтр Блума
[es] filtro de Bloom

32214 数据布局
[ar] تخطيط البيانات
[en] data layout
[fr] disposition des données
[de] Datenlayout
[it] layout dei dati
[jp] データレイアウト
[kr] 데이터 배치
[pt] disposição de dados
[ru] расположение данных
[es] distribución de datos

32215 键值存储
[ar] تخزين القيمة الأساسية
[en] key-value store
[fr] magasin clé-valeur
[de] Schlüsselwertspeicherung
[it] memoria di valore chiave
[jp] キーバリューストア
[kr] 키-값 스토어
[pt] armazenamento do valor-chave
[ru] хранилище «ключ-значение»
[es] almacenamiento de clave-valor

32216 列存储
[ar] تخزين أفقي
[en] column storage
[fr] stockage en colonne
[de] Spaltenspeicherung
[it] memoria di colonne
[jp] 列指向ストレージ
[kr] 컬럼 저장
[pt] armazenamento colunar
[ru] колонное хранилище
[es] almacenamiento de columnas

3.2

3.2

32217　文档存储

[ar] تخزين الملف

[en] document storage

[fr] stockage de fichiers

[de] Dokumentenspeicherung

[it] memoria dei documenti

[jp] ドキュメントストア

[kr] 파일 저장

[pt] armazenamento de documentos

[ru] хранение файлов

[es] almacenamiento de documentos

32218　无结构文档存储

[ar] تخزين الملف غير المهيكل

[en] unstructured document storage

[fr] stockage de fichiers non structuré

[de] unstrukturierte Dokumentenspeicherung

[it] memoria di documenti non strutturati

[jp] 非構造化ドキュメントストア

[kr] 비구조적 파일 저장

[pt] armazenamento de documentos não estruturados

[ru] неструктурированное хранилище документов

[es] almacenamiento de documentos no estructurados

32219　XML文档存储

[ar] تخزين ملفات XML

[en] XML file saving

[fr] stockage de fichiers XML

[de] XML-Dateispeicherung

[it] memoria di documenti XML

[jp] XMLドキュメントストア

[kr] 확장성 생성 언어(XML) 파일 저장

[pt] armazenamento de documentos XML

[ru] хранение XML-файлов

[es] almacenamiento de documentos de XML

32220　JSON文档存储

[ar] تخزين الوثائق JSON

[en] JSON file saving

[fr] stockage de fichiers JSON

[de] JSON-Dateispeicherung

[it] memoria di documenti JSON

[jp] JSONドキュメントストア

[kr] JSON 파일 저장

[pt] armazenamento de documentos JSON

[ru] хранение JSON-файлов

[es] almacenamiento de documentos de JSON

32221　图存储

[ar] تخزين الرسم البياني

[en] graph storage

[fr] stockage graphique

[de] Grafikspeicherung

[it] memoria dei grafici

[jp] 画像保存

[kr] 그래프 저장

[pt] armazenamento de gráficos

[ru] хранилище графиков

[es] almacenamiento de gráficos

32222　存储数据模型

[ar] نموذج البيانات المخزونة

[en] storage data model

[fr] modèle de données de stockage

[de] Datenspeicherungmodell

[it] modello dei dati di memorizzazione

[jp] データストレージモデル

[kr] 스토리지 데이터 모형

[pt] modelo de armazenamento de dados

[ru] модель хранения данных

[es] modelo de datos de almacenamiento

32223　层次模型

[ar] نموذج هرمي

[en] hierarchical model

[fr] modèle hiérarchique

[de] hierarchisches Modell

[it] modello gerarchico

[jp] 階層モデル
[kr] 계층 모형
[pt] modelo hierárquico
[ru] иерархическая модель
[es] modelo jerárquico

32224　网状模型

[ar] نموذج شبكي
[en] network model
[fr] modèle de réseau
[de] Netzwerkmodell
[it] modello di rete
[jp] ネットワークモデル
[kr] 네트워크 모델
[pt] modelo de rede
[ru] сетевая модель
[es] modelo de red

32225　关系模型

[ar] نموذج علائقي
[en] relationship model
[fr] modèle relationnel
[de] relationales Modell
[it] modello relazionale
[jp] 関係モデル
[kr] 관계 모형
[pt] modelo relacional
[ru] реляционная модель
[es] modelo relacional

32226　键值数据模型

[ar] نموذج بيانات القيمة الأساسية
[en] key-value data model
[fr] modèle de données clé-valeur
[de] Schlüsselwert-Datenmodell
[it] modello dei dati valore chiave
[jp] キーバリューデータモデル
[kr] 키-값 데이터 모형
[pt] modelo de dados do valor-chave
[ru] модель данных «ключ-значение»
[es] modelo de datos de clave-valor

32227　文档模型

[ar] نموذج الملف
[en] document model
[fr] modèle de fichier
[de] Dokumentmodell
[it] modello di documento
[jp] ドキュメントモデル
[kr] 파일 모형
[pt] modelo de documento
[ru] файловая модель
[es] modelo de documento

32228　图模型

[ar] نموذج الرسم البياني
[en] graph model
[fr] modèle graphique
[de] Graphmodell
[it] modello grafico
[jp] グラフモデル
[kr] 그래프 모형
[pt] modelo gráfico
[ru] графовая модель
[es] modelo de gráficos

3.2.3　数据库

[ar] قاعدة البيانات
[en] **Database**
[fr] **Base de données**
[de] **Datenbank**
[it] **Database dei dati**
[jp] **データベース**
[kr] **데이터베이스**
[pt] **Base de Dados**
[ru] **База данных**
[es] **Base de Datos**

32301　关系数据库

[ar] قاعدة البيانات العلائقية
[en] relational database
[fr] base de données relationnelle
[de] relationale Datenbank

3.2

3.2

[it] database relazionale

[jp] リレーショナルデータベース

[kr] 관계형 데이터베이스

[pt] base de dados relacional

[ru] реляционная база данных

[es] base de datos relacional

32302 非关系数据库

[ar] قاعدة البيانات غير العلائقية

[en] non-relational database

[fr] base de données non relationnelle

[de] NoSQL Datenbank

[it] database non-relazionale

[jp] 非リレーショナルデータベース

[kr] 비관계형 데이터베이스

[pt] base de dados não relacional

[ru] нереляционная база данных

[es] base de datos no relacional

32303 键值存储数据库

[ar] قاعدة بيانات القيمة الأساسية

[en] key-value database

[fr] base de données clé-valeur

[de] Schlüsselwert-Datenbank

[it] database di valore chiave

[jp] キーバリューデータベース

[kr] 키-값 저장 데이터베이스

[pt] base de dados do chave-valor

[ru] база данных «ключ-значение»

[es] base de datos de clave-valor

32304 列族数据库

[ar] قاعدة بيانات لعائلة العمود

[en] column family database

[fr] base de données orientée colonnes

[de] Spaltenfamiliendatenbank

[it] database della famiglia di colonne

[jp] カラムファミリーデータベース

[kr] 컬럼 패밀리 데이터베이스

[pt] base de dados da família de colunas

[ru] база данных семейства столбцов

[es] base de datos de familia en columna

32305 文档数据库

[ar] قاعدة البيانات للملفات

[en] document database

[fr] base de données de fichier

[de] Dokumentsdatenbank

[it] database dei documenti

[jp] ドキュメントデータベース

[kr] 문서 데이터베이스

[pt] base de dados de documentos

[ru] база данных файлов

[es] base de datos de documentos

32306 图数据库

[ar] قاعدة الرسوم البيانية

[en] graph database

[fr] base de données graphique

[de] Graphdatenbank

[it] database grafico

[jp] グラフデータベース

[kr] 그래프 데이터베이스

[pt] base de dados gráfico

[ru] графовая база данных

[es] base de datos de gráficos

32307 NewSQL数据库

[ar] قاعدة بيانات NewSQL

[en] NewSQL database

[fr] base de données NewSQL

[de] NewSQL Datenbank

[it] database NewSQL

[jp] NewSQLデータベース

[kr] NewSQL 데이터베이스

[pt] base de dados NewSQL

[ru] база данных NewSQL

[es] base de datos de NewSQL

32308 分布式数据库

[ar] قاعدة البيانات الموزعة

[en] distributed database

[fr] base de données distribuée

[de] verteilte Datenbank

[it] database distribuito

[jp] 分散データベース

[kr] 분산형 데이터베이스

[pt] base de dados distribuído

[ru] распределенная база данных

[es] base de datos distribuida

32309 并行数据库

[ar] قاعدة البيانات الموازية

[en] parallel database

[fr] base de données parallèle

[de] Parallele Datenbank

[it] database parallelo

[jp] 並列データベース

[kr] 병렬 데이터베이스

[pt] base de dados paralelo

[ru] параллельная база данных

[es] base de datos paralela

32310 云数据库

[ar] مستودع البيانات السحابية

[en] cloud database

[fr] base de données de nuage

[de] Cloud-Datenbank

[it] cloud database

[jp] クラウドデータベース

[kr] 클라우드 데이터베이스

[pt] base de dados na nuvem

[ru] облачная база данных

[es] base de datos en la nube

32311 数据仓库

[ar] مستودع البيانات

[en] data warehouse

[fr] entrepôt de données

[de] Daten-Lager

[it] magazzino dei dati

[jp] データ倉庫

[kr] 데이터 창고

[pt] armazém de dados

[ru] хранилище данных

[es] almacén de datos

32312 数据湖泊

[ar] بحيرة البيانات

[en] data lake

[fr] lac de données

[de] Datensee

[it] lago dei dati

[jp] データレーク

[kr] 데이터 레이크

[pt] lago de dados

[ru] озеро данных

[es] lago de datos

32313 CAP原则

[ar] مبدأ CAP (الاتساق والتوافر ومقاومة التقسيم)

[en] CAP (consistency, availability and partition resistance) principle

[fr] principe CAP (cohérence, disponibilité et résistance de partition)

[de] CAP (Konsistenz, Verfügbarkeit und Partitionsbeständigkeit) Prinzip

[it] principio di CAP (coerenza, disponibilità e resistenza alle partizioni)

[jp] CAP 定理

[kr] 일관성, 가용성, 파티션 허용성(CAP) 원칙

[pt] princípio de CAP

[ru] теорема CAP (согласованность, доступность и устойчивость к разделению)

[es] principio CAP (consistencia, disponibilidad y tolerancia de partición)

32314 BASE理论

[ar] نظرية BASE (المتوفرة أساسا والمرنة والمتناسقة في النهاية)

[en] BASE (basically available, soft state, eventual consistency) theory

[fr] Théorie BASE (fondamentalement
disponible, état souple, cohérence
éventuelle)

[de] BASE (grundsätzliche Verfügbarkeit,
weicher Zustand, endgültige Konsistenz)
Theorie

[it] teoria BASE (fondamentalmente
disponibile, stato morbido, consistenza
eventuale)

[jp] BASEセオリー

[kr] 가용성, 독립성, 일관성(BASE) 이론

[pt] teoria de BASE

[ru] теория BASE (базовая доступность,
неустойчивое состояние,
согласованность в конечном счете)

[es] teoría BASE (básicamente disponible,
estado flexible, consistencia eventual)

32315　MySQL数据库

[ar] قاعدة البيانات MySQL

[en] MySQL database

[fr] base de données MySQL

[de] MySQL Datenbank

[it] database MySQL

[jp] MySQLデータベース

[kr] 마이에스큐엘 (MySQL) 데이터베이스

[pt] base de dados MySQL

[ru] база данных MySQL

[es] base de datos de MySQL

32316　Redis数据库

[ar] قاعدة البيانات Redis

[en] Redis database

[fr] base de données Redis

[de] Redis Datenbank

[it] database Redis

[jp] Redisデータベース

[kr] 레디스 (Redis) 데이터베이스

[pt] base de dados Redis

[ru] база данных Redis

[es] base de datos de Redis

32317　Hbase数据库

[ar] قاعدة البيانات Hbase

[en] Hbase database

[fr] base de données Hbase

[de] Hbase Datenbank

[it] database Hbase

[jp] Hbaseデータベース

[kr] 에이치베이스(Hbase) 데이터베이스

[pt] base de dados Hbase

[ru] база данных Hbase

[es] base de datos de Hbase

32318　MongoDB数据库

[ar] قاعدة البيانات MongoDB

[en] MongoDB

[fr] base de données MongoDB

[de] MongoDB Datenbank

[it] database MongoDB

[jp] MongoDBデータベース

[kr] 몽고(Mongo) 데이터베이스

[pt] base de dados MongoDB

[ru] база данных MongoDB

[es] base de datos de MongoDB

32319　GraphDB数据库

[ar] قاعدة البيانات GraphDB

[en] GraphDB

[fr] base de données GraphDB

[de] GraphDB Datenbank

[it] Database GraphDB

[jp] GraphDBデータベース

[kr] Graph데이터베이스

[pt] base de dados GraphDB

[ru] база данных GraphDB

[es] base de datos de GraphDB

32320　Amazon RDS数据库

[ar] قاعدة الأمازون Amazom RDS

[en] Amazon RDS database

[fr] base de données Amazon RDS

[de] Amazon RDS Datenbank

[it] database Amazon RDS
[jp] Amazon RDSデータベース
[kr] 아마존 관계형 데이터베이스
[pt] base de dados Amazon RDS
[ru] база данных Amazon RDS
[es] base de datos de Amazon RDS

32321 数据库索引
[ar] فهرس قاعدة البيانات
[en] database index
[fr] index de base de données
[de] Datenbankindex
[it] indice di database
[jp] データベースインデックス
[kr] 데이터베이스 색인
[pt] índice de base de dados
[ru] индекс базы данных
[es] índice de bases de datos

32322 分布式查询
[ar] استعلام موزع
[en] distributed query
[fr] requête distribuée
[de] verteilte Abfrage
[it] ricerca distribuita
[jp] 分散クエリ
[kr] 분산 질의
[pt] consulta distribuída
[ru] распределенный запрос
[es] consulta distribuida

3.2.4 管理系统
[ar] نظام الإدارة
[en] **Management System**
[fr] **Système de gestion**
[de] **Managementssystem**
[it] **Sistema di gestione**
[jp] **管理システム**
[kr] 관리 시스템
[pt] **Sistema de Gestão**
[ru] **Система управления**

[es] **Sistema de Gestión**

32401 加速比
[ar] نسبة تسريع
[en] speedup ratio
[fr] ratio d'accélération
[de] Beschleunigungsverhältnis
[it] rapporto di accelerazione
[jp] スピードアップ比
[kr] 가속율
[pt] rácio de aceleração
[ru] коэффициент ускорения
[es] razón de aceleración

32402 扩展比
[ar] نسبة التوسع
[en] expansion ratio
[fr] ration d'extension
[de] Expansionsverhältnis
[it] rapporto di espansione
[jp] 拡大率
[kr] 확장율
[pt] rácio de expansão
[ru] коэффициент расширения
[es] razón de expansión

32403 集中式体系架构
[ar] هيكل النظام الممركز
[en] centralized architecture
[fr] architecture centralisée
[de] zentralisierte Architektur
[it] architettura centralizzata
[jp] 集中型アーキテクチャ
[kr] 집중식 아키텍처
[pt] arquitectura centralizada
[ru] централизованная архитектура
[es] arquitectura centralizada

32404 客户—服务器体系架构
[ar] بنية خادم العميل
[en] client-server architecture

3.2

[fr] architecture client-serveur

[de] Client-Server-Architektur

[it] architettura cliente-server

[jp] クライアントサーバーアーキテクチャ

[kr] 클라이언트-서버 아키텍처

[pt] arquitectura de cliente-servidor

[ru] клиент-серверная архитектура

[es] arquitectura cliente-servidor

32405　并行数据库体系架构

[ar] هيكل نظام العميل ـ الخادم

[en] parallel database architecture

[fr] architecture de base de données parallèle

[de] parallele Datenbankarchitektur

[it] archittetura di database parallelo

[jp] 並列データベースアキテクチャ

[kr] 병렬 데이터베이스 아키텍처

[pt] estrutura do sistema do banco de dados paralelo

[ru] архитектура параллельной базы данных

[es] arquitectura de base de datos paralela

32406　IO并行

[ar] موازية IO

[en] IO parallel

[fr] E/S parallèles

[de] parallele Ein- und Ausgabe

[it] IO parallelo

[jp] IO 並列

[kr] IO병렬

[pt] IO paralela

[ru] параллельный ввод-вывод

[es] entrada y salida (E/S) paralelas

32407　并行查询

[ar] بحث متواز

[en] parallel query

[fr] requête parallèle

[de] parallele Abfrage

[it] ricerca parallela

[jp] 並列クエリ

[kr] 병렬 질의

[pt] consulta paralela

[ru] параллельный запрос

[es] consulta en paralelo

32408　缓存一致性

[ar] تماسك ذاكرة التخزين المؤقت

[en] cache coherence

[fr] cohérence de cache

[de] Cache-Kohärenz

[it] coerenza di cache

[jp] キャッシュコヒーレンス

[kr] 캐시 일관성

[pt] coerência de cache

[ru] согласованность кэша

[es] coherencia de caché

32409　共享型锁

[ar] قفل تشاركي

[en] shared lock

[fr] verrou partagé

[de] Share-Lock

[it] blocco condiviso

[jp] 共有型ロック

[kr] 공유 잠금

[pt] bloqueio partilhada

[ru] совместно-используемый замок

[es] cerradura compartida

32410　独占锁

[ar] قفل حصري

[en] exclusive lock

[fr] verrou exclusif

[de] Exklusive-Lock

[it] blocco esclusivo

[jp] 排他ロック

[kr] 전용 잠금

[pt] bloqueio exclusivo

[ru] эксклюзивный замок

[es] cerradura exclusiva

32411 分布式数据库体系架构

[ar] هيكل قاعدة البيانات الموزعة

[en] distributed database architecture

[fr] architecture de base de données distribuée

[de] verteilte Datenbankarchitektur

[it] architettura di database distribuito

[jp] 分散データベースアーキテクチャー

[kr] 분산형 데이터베이스 체계 아키텍처

[pt] arquitetura de banco de dados distribuído

[ru] архитектура распределенной базы данных

[es] arquitectura de base de datos distribuida

32412 局部事务

[ar] شؤون جزئية

[en] local transaction

[fr] transaction locale

[de] lokale Transaktion

[it] transazione locale

[jp] ローカルトランザクション

[kr] 지역 트랜잭션

[pt] transação local

[ru] локальная транзакция

[es] transacción local

32413 全局事务

[ar] شؤون كلية

[en] global transaction

[fr] transaction globale

[de] globale Transaktion

[it] transazione globale

[jp] グローバルトランザクション

[kr] 전역 트랜잭션

[pt] transação global

[ru] глобальная транзакция

[es] transacción global

32414 事务管理器

[ar] مدير الشؤون

[en] transaction manager

[fr] gestionnaire de transactions

[de] Transaktionsmanager

[it] gestore delle transazioni

[jp] トランザクションマネージャ

[kr] 트랜잭션 매니저

[pt] gestor de transações

[ru] менеджер транзакций

[es] gestor de transacciones

32415 事务协调器

[ar] منسق الشؤون

[en] transaction coordinator

[fr] coordinateur de transactions

[de] Transaktionskoordinator

[it] coordinatore delle transazioni

[jp] トランザクションコーディネーター

[kr] 트랜잭션 코디네이터

[pt] coordenador de transações

[ru] координатор транзакций

[es] coordinador de transacciones

32416 单一锁管理

[ar] إدارة قفل مفرد

[en] single lock management

[fr] gestion à verrou unique

[de] Single-Lockverwaltung

[it] gestione di blocco singolo

[jp] 単一ロック管理

[kr] 단일 잠금 관리

[pt] gestão de chave única

[ru] управление одним замком

[es] gestión de bloqueo único

32417 分布式锁管理

[ar] إدارة القفل الموزعة

[en] distributed lock management

[fr] gestion à verrou distribuée

[de] verteilte Lockverwaltung

[it] gestione di blocchi distribuiti

[jp] 分散ロック管理

[kr] 분산 잠금 관리

[pt] gestão distribuída de bloqueio

[ru] управление распределенной блокировкой

[es] gestión de bloqueos distribuidos

32418 异构分布式数据库系统

[ar] نظام قواعد البيانات الموزعة وغير المتجانسة

[en] heterogeneous distributed database system

[fr] système de base de données distribuée hétérogène

[de] heterogenes verteiltes Datenbanksystem

[it] sistema di database distribuito eterogeneo

[jp] 異種分散型データベースシステム

[kr] 이기종 분산형 데이터베이스 시스템

[pt] sistema de base de dados distribuída heterogêneo

[ru] гетерогенная распределенная система баз данных

[es] sistema de bases de datos distribuido heterogéneo

32419 多数据库系统

[ar] نظام متعدد قواعد البيانات

[en] multi-database system

[fr] système multi-base de données

[de] Multidatenbanksystem

[it] sistema multi-database

[jp] マルチデータベースシステム

[kr] 다중 데이터베이스 시스템

[pt] sistema de base de dados diversa

[ru] система с несколькими базами данных

[es] sistema de múltiples bases de datos

32420 目录系统

[ar] نظام الفهرس

[en] catalog system

[fr] système de catalogue

[de] Katalogsystem

[it] sistema di catalogo

[jp] カタログシステム

[kr] 목록 시스템

[pt] sistema de catálogo

[ru] система каталогов

[es] sistema de catálogo

32421 轻量级目录访问协议

[ar] بروتوكول الوصول إلى الفهرس خفيف الوزن

[en] lightweight directory access protocol

[fr] protocole léger d'accès aux répertoires

[de] leichtgewichtiges Verzeichniszugriffs-protokoll

[it] protocollo di accesso alla directory leggero

[jp] ライトウェイト ディレクトリ アクセス プロトコル

[kr] 경량 목록 방문 협약

[pt] protocolo de acesso aos diretórios leves

[ru] облегченный протокол доступа к службам каталогов

[es] protocolo ligero de acceso a directorios

3.2.5 数据中心

[ar] مركز البيانات

[en] **Data Center**

[fr] **Centre de données**

[de] **Datenzentrum**

[it] **Centro dei dati**

[jp] **データセンター**

[kr] **데이터 센터**

[pt] **Centro de Dados**

[ru] **Центр обработки данных**

[es] **Centro de Datos**

32501 国家超算中心

[ar] مركز وطني للحوسبة الفائقة

[en] National SuperComputer Center

[fr] Centre national de superordinateurs

[de] Nationales Supercomputing-Zentrum

[it] Centro nazionale di supercomputing

[jp] 国家スーパーコンピューティングセンター

[kr] 국가 슈퍼 컴퓨팅 센터

[pt] Centro Nacional de Supercomputação

[ru] Национальный суперкомпьютерный центр

[es] Centro Nacional de Supercomputación

32502　互联网数据中心

[ar] مركز بيانات الإنترنت

[en] Internet data center (IDC)

[fr] centre de données d'Internet

[de] Internet-Datenzentrum

[it] centro dei dati Internet

[jp] インターネットデータセンター

[kr] 인터넷 데이터 센터

[pt] centro de dados da Internet

[ru] центр обработки интернет-данных

[es] centro de datos de Internet

32503　绿色数据中心

[ar] مركز البيانات الخضراء

[en] green data center

[fr] centre de données vert

[de] ökologisches Datenzentrum

[it] centro dei dati verdi

[jp] グリーンデータセンター

[kr] 그린 데이터 센터

[pt] centro de dados verdes

[ru] экологический центр обработки данных

[es] centro de datos ecológico

32504　数据灾备中心

[ar] مركز التعافي من كوارث البيانات

[en] data disaster recovery and backup center

[fr] centre de récupération des données en cas de sinistre

[de] Datenkatastrophen- und -backup-System

[it] centro di ripristino di emergenza dei dati

[jp] データ災害復旧センター

[kr] 데이터 백업 및 재해복구 센터

[pt] centro de cópia de segurança e

recuperação de desastre dos dados

[ru] центр аварийного восстановления данных

[es] centro de recuperación de desastres de datos

32505　模块化数据中心

[ar] مركز البيانات النمطية

[en] modular data center

[fr] centre de données modulaire

[de] modulares Datenzentrum

[it] centro dei dati modulari

[jp] モジュラーデータセンター

[kr] 모듈형 데이터 센터

[pt] centro de dados modular

[ru] модульный центр обработки данных

[es] centro de datos modular

32506　机房建设

[ar] بناء غرفة الحواسيب

[en] computer room construction

[fr] construction de salle informatique

[de] Computerraumbau

[it] costruzione della sala di computer

[jp] コンピュータ室建設

[kr] 전산실 구축

[pt] construção da sala de informática

[ru] строительство компьютерного зала

[es] construcción de sala de computadoras

32507　服务器

[ar] خادم

[en] server

[fr] serveur

[de] Server

[it] server

[jp] サーバー

[kr] 서버

[pt] servidor

[ru] сервер

[es] servidor

3.2

3.2

32508　数据库服务器
- [ar]　خادم قاعدة البيانات
- [en]　database server
- [fr]　serveur de base de données
- [de]　Datenbankserver
- [it]　server di database
- [jp]　データベースサーバー
- [kr]　데이터베이스 서버
- [pt]　servidor de base de dados
- [ru]　сервер базы данных
- [es]　servidor de bases de datos

32509　Web服务器
- [ar]　خادم Web
- [en]　Web server
- [fr]　serveur Web
- [de]　Web Server
- [it]　server Web
- [jp]　Webサーバー
- [kr]　웹(Web) 서버
- [pt]　servidor Web
- [ru]　веб-сервер
- [es]　servidor web

32510　应用服务器
- [ar]　خادم التطبيق
- [en]　application server
- [fr]　serveur d'application
- [de]　Anwendungsserver
- [it]　server delle applicazioni
- [jp]　アプリケーションサーバー
- [kr]　애플리케이션 서버
- [pt]　servidor de aplicação
- [ru]　сервер приложений
- [es]　servidor de aplicaciones

32511　文件服务器
- [ar]　خادم الملفات
- [en]　file server
- [fr]　serveur de fichiers
- [de]　Dateiserver

- [it]　server di documenti
- [jp]　ファイルサーバー
- [kr]　파일 서버
- [pt]　servidor de arquivos
- [ru]　файловый сервер
- [es]　servidor de archivos

32512　仓库规模计算机
- [ar]　حاسوب بحجم المستودع
- [en]　warehouse-scale computer
- [fr]　ordinateur à l'échelle de l'entrepôt
- [de]　Computer im Lagermaßstab
- [it]　computer su scala di magazzino
- [jp]　倉庫規模のコンピュータ
- [kr]　창고형 컴퓨터
- [pt]　computador de escala-armazém
- [ru]　компьютерный центр складского масштаба
- [es]　computadora de escala de almacén

32513　高性能计算机
- [ar]　حاسوب فائق الأداء
- [en]　high-performance computer
- [fr]　superordinateur
- [de]　Hochleistungscomputer
- [it]　computer di prestazioni elevate
- [jp]　高性能コンピュータ
- [kr]　고성능 컴퓨터
- [pt]　supercomputador
- [ru]　высокопроизводительный компьютер
- [es]　computadora de alto rendimiento

32514　数据中心交换机
- [ar]　جهاز تبادل لمركز البيانات
- [en]　data center switch
- [fr]　commutateur de centre de données
- [de]　Datenzentrumsschalter
- [it]　scambiatore di centro data
- [jp]　データセンタースイッチ
- [kr]　데이터 센터 스위치
- [pt]　comutador de centro dos dados
- [ru]　коммутатор центра обработки данных

[es] interruptor de centro de datos

32515 冷却系统

[ar] نظام التبريد

[en] cooling system

[fr] système de refroidissement

[de] Kühlsystem

[it] sistema di raffreddamento

[jp] 冷却システム

[kr] 냉각 장치

[pt] sistema de refrigeração

[ru] система охлаждения

[es] sistema de refrigeración

32516 不间断电源

[ar] إمدادات الطاقة غير المنقطعة

[en] uninterruptible power supply

[fr] alimentation sans interruption

[de] unterbrechungsfreie Stromversorgung

[it] alimentazione elettrica non interrompibile

[jp] 無停電電源

[kr] 무정전 전원 장치

[pt] fonte de alimentação ininterrupta

[ru] бесперебойный источник питания

[es] fuente de alimentación ininterrumpible

32517 电源分配单元

[ar] وحدة توزيع مصدر الطاقة الكهربائية

[en] power distribution unit (PDU)

[fr] unité de distribution d'énergie

[de] Stromverteilungseinheit

[it] unità di distribuzione dell'alimentazione

[jp] 配電ユニット

[kr] 전원 배분기

[pt] unidade de distribuição de energia

[ru] блок распределения питания

[es] unidad de distribución de energía

32518 数据中心网络拓扑

[ar] طوبولوجيا شبكة مركز البيانات

[en] data center network topology

[fr] topologie de réseau de centre de données

[de] Datenzentrum-Netzwerktopologie

[it] topologia di rete di centro data

[jp] データセンターネットワークトポロジー

[kr] 데이터 센터 네트워크 토폴로지

[pt] topologia de rede do centro de dados

[ru] топология сети центра обработки данных

[es] topología de red de centro de datos

32519 功率利用率

[ar] عامل انتفاع القدرة

[en] power usage effectiveness (PUE)

[fr] indicateur d'efficacité énergétique

[de] Effektivität des Stromverbrauchs

[it] efficienza energetica

[jp] 電力使用効率

[kr] 전력 사용 효율

[pt] eficácia de uso de energia

[ru] эффективность использования электроэнергии

[es] eficiencia de uso de la energía

32520 企业平均数据中心效率

[ar] فعالية مركز البيانات المتوسطة للمؤسسة

[en] corporate average data center efficiency (CADE)

[fr] efficacité moyenne des centres de données d'entreprise

[de] durchschnittliche Datenzentrumseffizienz des Unternehmens

[it] efficienza media di centro data aziendale

[jp] 企業の平均的なデータセンター効率性

[kr] 기업 평균 데이터 센터 효율

[pt] eficiência média corporativa do centro de dados

[ru] эффективность корпоративного центра обработки данных

[es] eficiencia media de centro de datos corporativo

3.3　大数据处理

[ar]　　معالجة البيانات الضخمة

[en]　**Big Data Processing**

[fr]　**Traitement des mégadonnées**

[de]　**Big Data-Verarbeitung**

[it]　**Elaborazione dei Big Data**

[jp]　**ビッグデータ処理**

[kr]　**빅데이터 처리**

[pt]　**Processamento de Big Data**

[ru]　**Обработка больших данных**

[es]　**Procesamiento de Big Data**

· ·

3.3.1　数据加工

[ar]　　معالجة البيانات

[en]　**Data Processing**

[fr]　**Traitement des données**

[de]　**Datenverarbeitung**

[it]　**Elaborazione dei dati**

[jp]　**データ加工**

[kr]　**데이터 처리**

[pt]　**Processamento de Dados**

[ru]　**Обработка данных**

[es]　**Procesamiento de Datos**

33101　数据审计

[ar]　　تدقيق البيانات

[en]　data audit

[fr]　audit des données

[de]　Datenprüfung

[it]　controllo dei dati

[jp]　データ監査

[kr]　데이터 회계 감사

[pt]　auditoria de dados

[ru]　аудит данных

[es]　auditoría de datos

33102　数据整理

[ar]　　ترتيب البيانات

[en]　data tidying

[fr]　rangement des données

[de]　Dateneinordnung

[it]　riordino dei dati

[jp]　データ整理

[kr]　데이터 정리

[pt]　arrumação de dados

[ru]　приведение в порядок данных

[es]　organización de datos

33103　数据清洗

[ar]　　تطهير البيانات

[en]　data cleansing

[fr]　nettoyage des données

[de]　Datenbereinigung

[it]　pulizia dei dati

[jp]　データクレンジング

[kr]　데이터 클리닝

[pt]　limpeza de dados

[ru]　очистка данных

[es]　limpieza de datos

33104 数据集成

[ar] تكامل البيانات

[en] data integration

[fr] intégration des données

[de] Datenintegration

[it] integrazione dei dati

[jp] データ統合

[kr] 데이터 통합

[pt] integração de dados

[ru] интеграция данных

[es] integración de datos

33105 数据转换

[ar] تحويل الأشكال التعبيرية للبيانات

[en] data conversion

[fr] conversion des données

[de] Datenkonvertierung

[it] conversione dei dati

[jp] データ変換

[kr] 데이터 전환

[pt] conversão de dados

[ru] конверсия данных

[es] conversión de datos

33106 数据脱敏

[ar] تبييض البيانات

[en] data masking

[fr] masquage des données

[de] Datendesensibilisierung

[it] mascheramento dei dati

[jp] データマスキング

[kr] 데이터 마스킹

[pt] mascaramento de dados

[ru] маскировка данных

[es] enmascaramiento de datos

33107 数据标注

[ar] تعليق توضيحي للبيانات

[en] data annotation

[fr] annotation des données

[de] Datenanmerkung

[it] annotazione dei dati

[jp] データ注釈

[kr] 데이터 주석화

[pt] anotação da data

[ru] аннотация данных

[es] anotación de datos

33108 数据排序

[ar] فرز البيانات

[en] data sorting

[fr] tri des données

[de] Datensortierung

[it] ordinamento dei dati

[jp] データの並べ替え

[kr] 데이터 정렬

[pt] classificação de dados

[ru] сортировка данных

[es] ordenación de datos

33109 数据归约

[ar] حد من حجم البيانات

[en] data reduction

[fr] réduction des données

[de] Datenreduktion

[it] riduzione dei dati

[jp] データ縮約

[kr] 데이터 축소

[pt] redução de dados

[ru] сжатие данных

[es] reducción de datos

33110 数据质量

[ar] جودة البيانات

[en] data quality

[fr] qualité des données

[de] Datenqualität

[it] qualità dei dati

[jp] データ品質

[kr] 데이터 품질

[pt] qualidade dos dados

[ru] качество данных

3.3

[es] calidad de datos

33111 原始数据

[ar] بيانات خام

[en] raw data

[fr] données brutes

[de] Rohdaten

[it] dati originali

[jp] 生データ

[kr] 원시 데이터

[pt] dados brutos

[ru] необработанные данные

[es] datos en bruto

33112 脏数据

[ar] بيانات قذرة

[en] dirty data

[fr] données douteuses

[de] schmutzige Daten

[it] dati sporchi

[jp] ダーティなデータ

[kr] 오손 데이터

[pt] dados sujos

[ru] грязные данные

[es] datos sucios

33113 乱数据

[ar] بيانات عشوائية

[en] chaotic data

[fr] données chaotiques

[de] Chaosdaten

[it] dati caotici

[jp] カオスデータ

[kr] 카오스 데이터

[pt] dados caos

[ru] хаотичные данные

[es] datos de caos

33114 缺失值

[ar] قيمة مفقودة

[en] missing value

[fr] valeur manquante

[de] fehlender Wert

[it] valore mancante

[jp] 欠損値

[kr] 결측값

[pt] valor ausente

[ru] недостающее значение

[es] valor faltante

33115 异常值

[ar] قيمة شاذة

[en] outlier

[fr] valeur anormale

[de] Ausreißer

[it] valore anomalo

[jp] 外れ値

[kr] 이상치

[pt] valor aberrante

[ru] случайное значение

[es] valor atípico

33116 冗余数据

[ar] بيانات زائدة

[en] redundant data

[fr] données redondantes

[de] redundante Daten

[it] dati ridondanti

[jp] 冗長データ

[kr] 중복 데이터

[pt] dados de redundância

[ru] избыточные данные

[es] datos redundantes

33117 噪声数据

[ar] بيانات الضوضاء

[en] noisy data

[fr] données bruyantes

[de] Rauschdaten

[it] dati rumorosi

[jp] ノイズの多いデータ

[kr] 잡음 데이터

[pt] dados acústicos
[ru] шумные данные
[es] datos ruidosos

33118 干净数据
[ar]   بيانات نظيفة
[en] clean data
[fr] données propres
[de] saubere Daten
[it] dati puliti
[jp] クリーンデータ
[kr] 클린 데이터
[pt] dados limpos
[ru] чистые данные
[es] datos limpios

33119 整齐数据
[ar]   بيانات مرتبة
[en] tidy data
[fr] données rangées
[de] eingeordnete Daten
[it] dati ordinati
[jp] 整然データ
[kr] 정연 데이터
[pt] dados organizados
[ru] аккуратные данные
[es] datos organizados

3.3.2 处理框架
[ar]   إطار المعالجة
[en] **Processing Framework**
[fr] **Infrastructure de traitement**
[de] **Verarbeitungsrahmen**
[it] **Struttura di elaborazione**
[jp] 処理フレームワー
[kr] 처리 프레임
[pt] **Quadro de Processamento**
[ru] **Фреймворк обработки**
[es] **Marco de Procesamiento**

33201 Hadoop框架
[ar]   إطار Hadoop
[en] Hadoop framework
[fr] infrastructure Hadoop
[de] Hadoop Rahmen
[it] struttura Hadoop
[jp] Hadoopフレームワーク
[kr] 하둡(Hadoop) 프레임
[pt] quadro Hadoop
[ru] фреймворк Hadoop
[es] marco Hadoop

33202 Hadoop MapReduce框架
[ar]   إطار Hadoop MapReduce
[en] Hadoop MapReduce framework
[fr] infrastructure Hadoop MapReduce
[de] Hadoop MapReduce-Rahmen
[it] struttura Hadoop MapReduce
[jp] Hadoop MapReduceフレームワーク
[kr] 하둡 맵리듀스(Hadoop MapReduce)
      프레임
[pt] quadro Hadoop MapReduce
[ru] фреймворк Hadoop MapReduce
[es] marco Hadoop MapReduce

33203 Dryad分布式计算框架
[ar]   إطار الحوسبة الموزعة Dryad
[en] Dryad distributed computing framework
[fr] infrastructure informatique distribuée
      Dryade
[de] Dryad verteilter Computingsrahmen
[it] struttura di computing distribuito Dryad
[jp] Dryad 分散コンピューティングフレー
      ムワーク
[kr] 드아이(Dryad) 분산 컴퓨팅 프레임
[pt] quadro de computação distribuída Dryad
[ru] распределенная вычислительный
      фреймворк Dryad
[es] marco de computación distribuida Dryad

3.3

33204 Tez计算框架

[ar] إطار الحوسبة Tez

[en] Tez computing framework

[fr] infrastructure informatique Tez

[de] Tez Computingsrahmen

[it] struttura di computing Tez

[jp] Tezコンピューティングフレームワーク

[kr] 테즈(Tez) 컴퓨팅 프레임

[pt] quadro de computação Tez

[ru] вычислительный фреймворк Tez

[es] marco computacional Tez

33205 Pregel计算框架

[ar] إطار الحوسبة Pregel

[en] Pregel computing framework

[fr] infrastructure informatique Pregel

[de] Pregel Computingsrahmen

[it] struttura di computing Pregel

[jp] Pregelコンピューティングフレームワーク

[kr] 프레젤컴퓨팅(Pregel) 컴퓨팅 프레임

[pt] quadro de computação Pregel

[ru] вычислительный фреймворк Pregel

[es] marco de computación Pregel

33206 Giraph计算框架

[ar] إطار الحوسبة Giraph

[en] Giraph computing framework

[fr] infrastructure informatique Giraph

[de] Giraph Computingsrahmen

[it] struttura di computing Giraph

[jp] Giraphコンピューティングフレームワーク

[kr] 지라프(Giraph) 컴퓨팅 프레임

[pt] quadro de computação Giraph

[ru] вычислительный фреймворк Giraph

[es] marco de procesamiento de gráficos Giraph

33207 Hama框架

[ar] إطار Hama

[en] Hama framework

[fr] infrastructure Hama

[de] Hama Rahmen

[it] struttura Hama

[jp] Hamaフレームワーク

[kr] 하마(Hama) 프레임

[pt] quadro Hama

[ru] фреймворк Hama

[es] marco Hama

33208 PowerGraph计算框架

[ar] إطار الحوسبة PowerGraph

[en] PowerGraph computing framework

[fr] infrastructure informatique PowerGraph

[de] PowerGraph Computingsrahmen

[it] struttura di computing PowerGraph

[jp] PowerGraphコンピューティングフレームワーク

[kr] 파워 그래프(PowerGraph) 컴퓨팅 프레임

[pt] quadro de computação PowerGraph

[ru] вычислительный фреймворк PowerGraph

[es] marco de computación PowerGraph

33209 Storm计算框架

[ar] إطار الحوسبة Storm

[en] Storm computing framework

[fr] infrastructure informatique Apache Storm

[de] Storm Computingsrahmen

[it] struttura di computing Storm

[jp] Apache Stormコンピューティングフレームワーク

[kr] 스톰(Storm) 컴퓨팅 프레임

[pt] quadro de computação Storm

[ru] вычислительный фреймворк Storm

[es] marco de computación Storm

33210 Storm Trident方式

[ar] طريقة Storm Trident

[en] Storm Trident
[fr] mode Trident de Storm
[de] Storm Trident Modus
[it] metodo Storm Trident
[jp] Storm Trident 方式
[kr] 스톰 트라이던트(Storm Trident) 방식
[pt] Strom Trident
[ru] способ обработки Storm Trident
[es] modo de Storm Trident

33211　Spark Streaming框架

[ar] إطار Spark Streaming
[en] Spark Streaming framework
[fr] infrastructure Spark Streaming
[de] Spark Streaming Rahmen
[it] struttura Spark Streaming
[jp] Spark Streamingフレームワーク
[kr] 스파그 스트리밍(Spark Streaming) 프
레임
[pt] quadro Spark Streaming
[ru] фреймворк Spark Streaming
[es] marco de Spark Streaming

33212　Samza框架

[ar] إطار Samza
[en] Samza framework
[fr] Infrastructure Apache Samza
[de] Samza Rahmen
[it] struttura Samza
[jp] Samzaフレームワーク
[kr] 삼자(Samza) 프레임
[pt] quadro Samza
[ru] фреймворк Samza
[es] marco Samza

33213　MillWheel处理系统

[ar] نظام معالجة MillWheel
[en] MillWheel processing system
[fr] système de traitement MillWheel
[de] MillWheel Verarbeitungssystem
[it] sistema di elaborazione MillWheel

[jp] MillWheel 処理システム
[kr] 밀월(MillWheel) 처리 시스템
[pt] sistema de processamento MillWheel
[ru] система обработки MillWheel
[es] sistema de procesamiento MillWheel

33214　Heron计算框架

[ar] إطار الحوسبة Heron
[en] Heron computing framework
[fr] infrastructure informatique Heron
[de] Heron Computingsrahmen
[it] struttura di computing Heron
[jp] Heronコンピューティングフレーム
ワーク
[kr] 헤론(Heron) 컴퓨팅 프레임
[pt] quadro de computação Heron
[ru] вычислительный фреймворк Heron
[es] marco de computación Heron

33215　Gearpump计算框架

[ar] إطار الحوسبة Gearpump
[en] Gearpump computing framework
[fr] infrastructure informatique Gearpump
[de] Gearpump Computingsrahmen
[it] struttura di computing Gearpump
[jp] Gearpumpコンピューティングフレー
ムワーク
[kr] 키어펌프(Gearpump) 컴퓨팅 프레임
[pt] quadro de computação Gearpump
[ru] вычислительный фреймворк
Gearpump
[es] marco de computación Gearpump

33216　Apex处理框架

[ar] إطار معالجة Apex
[en] Apex processing framework
[fr] infrastructure de traitement Apex
[de] Apex Verarbeitungsrahmen
[it] struttura di elaborazione Apex
[jp] Apex 処理フレームワーク
[kr] 아펙스(Apex) 처리 프레임

3.3

[pt] quadro de processamento Apex
[ru] фреймворк обработки Apex
[es] marco de procesamiento Apex

33217 Druid计算框架

[ar] إطار الحوسبة Druid
[en] Druid computing framework
[fr] infrastructure informatique Druid
[de] Druid Computingsrahmen
[it] struttura di computing di Druid
[jp] Druidコンピューティングフレームワーク
[kr] 드루이드(Druid) 컴퓨팅 프레임워크
[pt] quadro de computação Druid
[ru] вычислительный фреймворк Druid
[es] marco de computación Druid

33218 Percolator框架

[ar] إطارPercolator
[en] Percolator framework
[fr] infrastructure Percolator
[de] Percolator Rahmen
[it] struttura Percolator
[jp] Percolatorフレームワーク
[kr] 퍼콜레이터(Percolator) 프레임
[pt] quadro Percolator
[ru] фреймворк Percolator
[es] marco de Percolator

33219 Kineograph框架

[ar] إطار Kineograph
[en] Kineograph framework
[fr] infrastructure Kineograph
[de] Kineograph Rahmen
[it] struttura Kineograph
[jp] Kineographフレームワーク
[kr] 키네오그래프(Kineograph) 프레임
[pt] quadro Kineograph
[ru] фреймворк Kineograph
[es] marco Kineograph

33220 Galaxy框架

[ar] إطار Galaxy
[en] Galaxy framework
[fr] infrastructure Galaxy
[de] Galaxy Rahmen
[it] struttura Galaxy
[jp] Galaxyフレームワーク
[kr] 갤럭시(Galaxy) 프레임
[pt] quadro Galaxy
[ru] фреймворк Galaxy
[es] marco Galaxy

33221 Spark框架

[ar] إطار Spark
[en] Spark framework
[fr] infrastructure Spark
[de] Spark Rahmen
[it] struttura Spark
[jp] Sparkフレームワーク
[kr] 스파크(Spark) 프레임
[pt] quadro Spark
[ru] фреймворк Spark
[es] marco Spark

33222 Flink框架

[ar] إطار Flink
[en] Flink framework
[fr] infrastructure Flink
[de] Flink Rahmen
[it] struttura Flink
[jp] Flinkフレームワーク
[kr] 플린크(Flink) 프레임
[pt] quadro Flink
[ru] фреймворк Flink
[es] marco Flink

3.3.3 编程模型

[ar] نموذج البرمجة
[en] **Programming Model**
[fr] **Modèle de programmation**
[de] **Programmiermodell**

3.3

[it] **Modello di programmazione**
[jp] プログラミングモデル
[kr] 프로그래밍 모형
[pt] **Modelo de Programação**
[ru] **Модель программирования**
[es] **Modelo de Programación**

33301 指令式编程

[ar] برمجة أمرية
[en] imperative programming
[fr] programmation impérative
[de] imperative Programmierung
[it] programmazione imperativa
[jp] 命令型プログラミング
[kr] 명령형 프로그래밍
[pt] programação imperativa
[ru] императивное программирование
[es] programación imperativa

33302 声明式编程

[ar] برمجة تصريحية
[en] declarative programming
[fr] programmation déclarative
[de] deklarative Programmierung
[it] programmazione dichiarativa
[jp] 宣言型プログラミング
[kr] 선언형 프로그래밍
[pt] programação declarativa
[ru] декларативное программирование
[es] programación declarativa

33303 逻辑编程

[ar] برمجة منطقية
[en] logic programming
[fr] programmation logique
[de] logische Programmierung
[it] programmazione logica
[jp] 論理プログラミング
[kr] 논리형 프로그래밍
[pt] programação lógica
[ru] логическое программирование

[es] programación lógica

33304 函数式编程

[ar] برمجة الدالة
[en] functional programming
[fr] programmation fonctionnelle
[de] funktionale Programmierung
[it] programmazione funzionale
[jp] 関数型プログラミング
[kr] 함수형 프로그래밍
[pt] programação funcional
[ru] функциональное программирование
[es] programación funcional

33305 汇编语言

[ar] لغة التجميع
[en] assembly language
[fr] langage assembleur
[de] Assemblersprache
[it] linguaggio assemblatore
[jp] アセンブリ言語
[kr] 어셈블리 언어
[pt] línguagem de montagem
[ru] язык ассемблера
[es] lenguaje ensamblador

33306 计算机高级语言

[ar] لغة الحاسوب المتطورة
[en] advanced computer language
[fr] langage informatique avancé
[de] fortgeschrittene Computersprache
[it] linguaggio informatico avanzato
[jp] コンピュータ高級言語
[kr] 컴퓨터 고급 언어
[pt] linguagem avançada de computador
[ru] высокоуровневый язык
программирования
[es] lenguaje avanzado de computadora

33307 编程语言

[ar] لغة البرمجة

[en] programming language
[fr] langage de programmation
[de] Programmiersprache
[it] linguaggio di programmazione
[jp] プログラミング言語
[kr] 프로그래밍 언어
[pt] linguagem de programação
[ru] язык программирования
[es] lenguaje de programación

33308 R语言

[ar] لغة R
[en] R language
[fr] langage R
[de] R Sprache
[it] linguaggio R
[jp] R 言語
[kr] R 프로그래밍 언어
[pt] linguagem R
[ru] язык программирования R
[es] R (lenguaje de programación)

33309 Python语言

[ar] لغة Python
[en] Python language
[fr] langage Python
[de] Python Sprache
[it] linguaggio Python
[jp] Python 言語
[kr] 파이썬(Python) 언어
[pt] linguagem Python
[ru] язык программирования Python
[es] Python (lenguaje de programación)

33310 Java语言

[ar] لغة Java
[en] Java language
[fr] langage Java
[de] Java Sprache
[it] linguaggio Java
[jp] Java 言語

[kr] 자바(Java) 언어
[pt] linguagem Java
[ru] язык программирования Java
[es] Java (lenguaje de programación)

33311 Julia语言

[ar] لغة Julia
[en] Julia language
[fr] langage Julia
[de] Julia Sprache
[it] linguaggio Julia
[jp] Julia 言語
[kr] 줄리아(Julia) 언어
[pt] linguagem Julia
[ru] язык программирования Julia
[es] Julia (lenguaje de programación)

33312 Go语言

[ar] لغة Go
[en] Go language
[fr] langage Go
[de] Go Sprache
[it] linguaggio Go
[jp] Go 言語
[kr] 고(Go) 언어
[pt] linguagem Golang
[ru] язык программирования Go
[es] Go (lenguaje de programación)

33313 Scala语言

[ar] لغة Scala
[en] Scala language
[fr] langage Scala
[de] Scala Sprache
[it] linguaggio Scala
[jp] Scala 言語
[kr] 스칼라(Scala) 언어
[pt] linguagem Scala
[ru] язык программирования Scala
[es] Scala (lenguaje de programación)

33314 SQL语言

[ar] لغة SQL

[en] SQL language

[fr] langage SQL

[de] SQL Sprache

[it] linguaggio SQL

[jp] SQL 言語

[kr] 구조화 질의(SQL) 언어

[pt] linguagem SQL

[ru] язык программирования SQL

[es] SQL (lenguaje de programación)

33315 实时处理

[ar] حوسبة في الوقت الحقيقي

[en] real-time processing

[fr] traitement en temps réel

[de] Echtzeitverarbeitung

[it] elaborazione in tempo reale

[jp] リアルタイム処理

[kr] 실시간 처리

[pt] computação em tempo real

[ru] обработка в реальном времени

[es] sistema de tiempo real

33316 离线计算

[ar] حوسبة دون اتصال

[en] offline computing

[fr] calcul hors ligne

[de] Offline-Computing

[it] computing offline

[jp] オフライン計算

[kr] 오프라인 컴퓨팅

[pt] cálculo offline

[ru] оффлайн вычисления

[es] cálculo sin conexión

33317 批处理

[ar] معالجة بالجملة

[en] batch processing

[fr] traitement par lots

[de] Batchverarbeitung

[it] elaborazione batch

[jp] バッチ処理

[kr] 일괄 처리

[pt] processamento em lote

[ru] пакетный процесс

[es] procesamiento por lotes

33318 流处理

[ar] معالجة التدفق

[en] stream processing

[fr] traitement de flux

[de] Stromverarbeitung

[it] elaborazione del flusso

[jp] ストリーム処理

[kr] 스트림 처리

[pt] processamento de fluxo

[ru] обработка потока

[es] procesamiento de flujos

33319 交互式处理

[ar] معالجة تفاعلية

[en] interactive processing

[fr] traitement interactif

[de] interaktive Verarbeitung

[it] elaborazione interattiva

[jp] インタラクティブ処理

[kr] 대화형 처리

[pt] processamento interactivo

[ru] интерактивная обработка

[es] procesamiento interactivo

33320 图处理

[ar] معالجة الرسم البياني

[en] graph processing

[fr] traitement graphique

[de] Grafikverarbeitung

[it] elaborazione grafica

[jp] 画像処理

[kr] 그래프 처리

[pt] processamento gráfico

[ru] обработка графиков

3.3

[es] procesamiento de gráficos

3.3.4 数据计算

[ar] حوسبة البيانات
[en] **Data Computing**
[fr] **Informatique des données**
[de] **Daten-Computing**
[it] **Computing dei dati**
[jp] **データコンピューティング**
[kr] **데이터 컴퓨팅**
[pt] **Computação de Dados**
[ru] **Вычисление данных**
[es] **Computación de Datos**

33401 并行处理

[ar] معالجة متوازية
[en] parallel processing
[fr] traitement parallèle
[de] Parallelverarbeitung
[it] elaborazione parallela
[jp] 並列処理
[kr] 병렬 처리
[pt] processamento paralelo
[ru] параллельная обработка
[es] procesamiento en paralelo

33402 分布式处理

[ar] معالجة موزعة
[en] distributed processing
[fr] traitement distribué
[de] verteilte Verarbeitung
[it] elaborazione distribuita
[jp] 分散処理
[kr] 분산 처리
[pt] processamento distribuído
[ru] распределенная обработка
[es] procesamiento distribuido

33403 整体同步并行计算模型

[ar] نموذج الحوسبة الكاملة المتزامنة والمتوازية
[en] bulk synchronous parallel (BSP)

computing model
[fr] modèle de calcul parallèle et synchrone en bloc
[de] massensynchrones paralleles Computing-Modell
[it] modello BSP (bulk synchronous parallel computing model)
[jp] バルク同期並列コンピューティングモデル
[kr] 전체 동시병렬 컴퓨팅 모델
[pt] modelo de computação paralela síncrona em massa
[ru] объемная синхронная параллельная вычисленная модель
[es] modelo de computación paralela sincrónica masiva

33404 LogP模型

[ar] نموذج LogP
[en] LogP model
[fr] modèle LogP
[de] LogP Modell
[it] modello LogP
[jp] LogPモデル
[kr] LogP 모델
[pt] modelo LogP
[ru] модель LogP
[es] modelo LogP

33405 控制流图

[ar] رسم التحكم في تدفق البيانات
[en] control flow graph (CFG)
[fr] graphe de flux de contrôle
[de] Kontrollflussdiagramm
[it] diagramma di flusso di controllo
[jp] 制御フローグラフ
[kr] 제어 흐름 그래프
[pt] gráfico de fluxo de controlo
[ru] график потока управления
[es] gráfico de flujo de control

33406 数据流图
[ar] رسم تدفق البيانات
[en] data flow diagram (DFD)
[fr] diagramme de flux de données
[de] Datenflussdiagramm
[it] diagramma di flusso dei dati
[jp] データフローグラフ
[kr] 데이터 흐름 그래프
[pt] diagrama de fluxo de dados
[ru] диаграммы потоков данных
[es] diagrama de flujo de datos

33407 指令流
[ar] تدفق التعليمات
[en] instruction flow
[fr] flux d'instructions
[de] Anweisungsfluss
[it] flusso di istruzioni
[jp] 命令フロー
[kr] 명령 흐름
[pt] fluxo de instruções
[ru] поток инструкций
[es] flujo de instrucciones

33408 数据流
[ar] تدفق البيانات
[en] data flow
[fr] flux de données
[de] Datenfluss
[it] flusso dei dati
[jp] データフロー
[kr] 데이터 흐름
[pt] fluxo de dados
[ru] поток данных
[es] flujo de datos

33409 控制流
[ar] تدفق التحكم
[en] control flow
[fr] flux de contrôle
[de] Kontrollfluss

[it] flusso di controllo
[jp] 制御フロー
[kr] 제어 흐름
[pt] fluxo de controlo
[ru] поток управления
[es] flujo de control

33410 拓扑
[ar] طوبولوجيا
[en] topology
[fr] topologie
[de] Topologie
[it] topologia
[jp] 位相幾何学
[kr] 토폴로지
[pt] topologia
[ru] топология
[es] topología

33411 任务调度
[ar] جدول المهمة
[en] task scheduling
[fr] distribution des tâches
[de] Aufgabenplanung
[it] pianificazione delle attività
[jp] タクススケジューリング
[kr] 작업 스케줄링
[pt] agendamento de tarefas
[ru] планирование задач
[es] programación de tareas

33412 数据调度
[ar] جدولة البيانات
[en] data scheduling
[fr] distribution des données
[de] Datenplanung
[it] pianificazione dei dati
[jp] データスケジューリング
[kr] 데이터 스케줄링
[pt] programação de dados
[ru] планирование данных

[es] programación de datos

33413　流处理容错

[ar] تسامح مع خطأ معالجة التدفق

[en] fault tolerance of stream processing

[fr] tolérance aux pannes du traitement de flux

[de] Fehlertoleranz der Stromverarbeitung

[it] tolleranza ai guasti dell'elaborazione del flusso

[jp] ストリーム処理のフォールトトレランス

[kr] 스트림 처리 고장 허용

[pt] tolerância a falhas do processamento de fluxo

[ru] отказоустойчивость потоковой обработки

[es] tolerancia a fallos del procesamiento de flujos

33414　图结构

[ar] هيكل الرسم البياني

[en] graph structure

[fr] structure graphique

[de] Graphenstruktur

[it] struttura del grafico

[jp] 画像構造

[kr] 그래프 구조

[pt] estrutura de gráfico

[ru] структура графа

[es] estructura de gráficos

33415　图划分

[ar] تقسيم الرسم البياني

[en] graph partition

[fr] partition graphique

[de] Graphpartitionierung

[it] partizione grafica

[jp] 画像分割

[kr] 그래프 분할

[pt] divisão de gráfico

[ru] разбиение графа

[es] partición de grafos

33416　接口服务

[ar] خدمات الواجهة

[en] interface service

[fr] service d'interface

[de] Schnittstellenservice

[it] servizi di interfaccia

[jp] インターフェースサービス

[kr] 인터페이스 서비스

[pt] serviços da interface

[ru] интерфейсные услуги

[es] servicios de interfaz

33417　Gephi工具

[ar] أداة Gephi

[en] Gephi tool

[fr] Gephi

[de] Gephi Werkzeug

[it] strumento Gephi

[jp] Gephiツール

[kr] 게파이(Gephi) 툴

[pt] ferramenta Gephi

[ru] инструмент Gephi

[es] herramienta de Gephi

33418　Splunk工具

[ar] أداة Splunk

[en] Splunk tool

[fr] Splunk

[de] Splunk Werkzeug

[it] strumento Splunk

[jp] Splunkツール

[kr] 스플링크(Splunk) 툴

[pt] ferramenta Splunk

[ru] инструмент Splunk

[es] herramienta de Splunk

33419　Apache Pig平台

[ar] منصة Apache Pig

[en] Apache Pig platform

[fr] plate-forme Apache Pig

[de] Apache Pig Plattform

[it] piattaforma Apache Pig

[jp] Apache Pigプラットフォーム

[kr] 아파치 피그(Apache Pig) 플랫폼

[pt] plataforma Apache Pig

[ru] платформа Apache Pig

[es] plataforma de Apache Pig

33420 Apache Mahout项目

[ar] مشروع Apache Mahout

[en] Apache Mahout project

[fr] projet Apache Mahout

[de] Apache Mahout Projekt

[it] progetto Apache Mahout

[jp] Apache Mahoutプロジェクト

[kr] 아파치 마하웃(Apache Mahout) 프로젝트

[pt] projeto Apache Mahout

[ru] проект Apache Mahout

[es] proyecto de Apache Mahout

3.3.5 数据治理

[ar] حوكمة البيانات

[en] **Data Governance**

[fr] **Gouvernance des données**

[de] **Datenregulierung**

[it] **Governance dei dati**

[jp] **データガバナンス**

[kr] **데이터 거버넌스**

[pt] **Governação de Dados**

[ru] **Управление данными**

[es] **Gobernanza de Datos**

33501 数据架构

[ar] هيكل البيانات

[en] data architecture

[fr] architecture de données

[de] Datenarchitektur

[it] architettura dei dati

[jp] データアーキテクチャ

[kr] 데이터 아키텍처

[pt] arquitetura de dados

[ru] архитектура данных

[es] arquitectura de datos

33502 流程架构

[ar] هيكل سريان العمل

[en] process architecture

[fr] architecture de processus

[de] Prozessarchitektur

[it] architettura di processo

[jp] プロセスアーキテクチャ

[kr] 프로세스 아키텍처

[pt] arquitectura de processos

[ru] архитектура процесса

[es] arquitectura de procesos

33503 业务架构

[ar] هيكل الأعمال

[en] business structure

[fr] architecture d'affaires

[de] Geschäftsstruktur

[it] struttura del business

[jp] 事業構造

[kr] 업무 아키텍처

[pt] estrutura de negócios

[ru] структура бизнеса

[es] arquitectura de negocios

33504 应用架构

[ar] هيكل التطبيق

[en] application architecture

[fr] architecture d'application

[de] Anwendungsarchitektur

[it] architettura dell'applicazione

[jp] アプリケーションアーキテクチャ

[kr] 응용 아키텍처

[pt] arquitetura de aplicação

[ru] архитектура приложения

[es] arquitectura de aplicaciones

3.3

33505 技术架构

[ar] هيكل التقنية

[en] technical architecture

[fr] architecture de technique

[de] technische Architektur

[it] architettura tecnica

[jp] 技術アーキテクチャ

[kr] 기술 아키텍처

[pt] arquitectura técnica

[ru] техническая архитектура

[es] arquitectura técnica

33506 价值链分析

[ar] تحليل سلسلة القيمة

[en] value chain analysis

[fr] analyse de chaîne de valeur

[de] Analyse der Wertschöpfungskette

[it] analisli di catena di valore

[jp] バリューチェーン分析

[kr] 가치 사슬 분석

[pt] análise de cadeia do valor

[ru] анализ цепочки создания стоимости

[es] análisis de cadena de valor

33507 数据交付架构

[ar] هيكل تسليم البيانات

[en] data delivery architecture

[fr] architecture de livraison de données

[de] Datenlieferungsarchitektur

[it] architettura di consegna dei dati

[jp] データ配信アーキテクチャ

[kr] 데이터 전달 아키텍처

[pt] arquitetura de entrega de dados

[ru] архитектура доставки данных

[es] arquitectura de entrega de datos

33508 数据仓库架构

[ar] هيكل مستودع البيانات

[en] data warehouse architecture

[fr] architecture d'entrepôt de données

[de] Datenlagersarchitektur

[it] architettura di magazzino dei dati

[jp] データ倉庫アーキテクチャ

[kr] 데이터 창고 아키텍처

[pt] arquitetura de armazém de dados

[ru] архитектура хранилища данных

[es] arquitectura de almacén de datos

33509 数据集成架构

[ar] هيكل تكامل البيانات

[en] data integration architecture

[fr] architecture d'intégration de données

[de] Datenintegrationsarchitektur

[it] architettura di integrazione dei dati

[jp] データ統合アーキテクチャ

[kr] 데이터 통합 아키텍처

[pt] arquitetura de integração de dados

[ru] архитектура интеграции данных

[es] arquitectura de integración de datos

33510 内容管理架构

[ar] إطار إدارة المحتوى

[en] content management framework

[fr] architecture de gestion de contenu

[de] Inhaltsmanagementsarchitektur

[it] architettura di gestione dei contenuti

[jp] コンテンツ管理アーキテクチャ

[kr] 콘텐츠 관리 아키텍처

[pt] quadro de gestão de conteúdos

[ru] фреймворк управления содержимым

[es] marco de gestión de contenido

33511 元数据架构

[ar] هيكل البيانات الوصفية

[en] metadata architecture

[fr] architecture de métadonnées

[de] Metadatenarchitektur

[it] architettura dei metadati

[jp] メタデータアーキテクチャ

[kr] 메타데이터 아키텍처

[pt] arquitetura de metadados

[ru] архитектура метаданных

[es] arquitectura de metadatos

[ru] технические метаданные

[es] metadatos técnicos

33512 数据模型标准

[ar] معيار نموذج البيانات

[en] data model standard

[fr] normes de modèle de données

[de] Datenmodellnormen

[it] standard del modello dei dati

[jp] データモデルス標準

[kr] 데이터 모델 표준

[pt] padrões de modelos de dados

[ru] стандарты модели данных

[es] estándares de modelos de datos

33513 系统生命周期模板

[ar] قالب لدورة حياة النظام

[en] System Development Life Cycle (SDLC) template

[fr] modèle de cycle de vie de système

[de] Vorlage des Systemlebenszyklus

[it] Modello del ciclo di vita di sviluppo del sistema

[jp] システムライフサイクルのテンプレート

[kr] 시스템 라이프 사이클 모델

[pt] Modelo de Ciclo de Vida de Desenvolvimento do Sistema

[ru] шаблон жизненного цикла разработки системы

[es] plantilla de ciclo de vida del desarrollo de sistemas

33514 技术元数据

[ar] بيانات وصفية الفنية

[en] technical metadata

[fr] métadonnées techniques

[de] technische Metadaten

[it] metadati tecnici

[jp] 技術メタデータ

[kr] 기술 메타데이터

[pt] metadados técnicos

33515 业务元数据

[ar] بيانات وصفية للأعمال

[en] business metadata

[fr] métadonnées d'affaires

[de] Geschäftsmetadaten

[it] metadati del business

[jp] ビジネスメタデータ

[kr] 업무 메타데이터

[pt] metadados de negócios

[ru] бизнес-метаданные

[es] metadatos de negocios

33516 元数据管理策略

[ar] هيكل البيانات الوصفية

[en] metadata management strategy

[fr] stratégie de gestion des métadonnées

[de] Strategie für Metadatenmanagement

[it] strategia di gestione dei metadati

[jp] メタデータ管理戦略

[kr] 메타데이터 관리 계획

[pt] estratégia de gestão de metadados

[ru] стратегия управления метаданными

[es] estrategia de gestión de metadatos

33517 语义等效

[ar] تكافؤ دلالي

[en] semantic equivalence

[fr] équivalence sémantique

[de] semantische Äquivalenz

[it] equivalenza semantica

[jp] 意味的等価

[kr] 의미 효과 동등

[pt] equivalência semântica

[ru] семантическая эквивалентность

[es] equivalencia semántica

33518 主数据

[ar] بيانات رئيسية

3.3

[en] master data
[fr] données de référence
[de] Stammdaten
[it] dati anagrafici
[jp] マスターデータ
[kr] 마스터 데이터
[pt] dados mestres
[ru] основные данные
[es] datos maestros

33519 主数据管理
[ar] إدارة البيانات الرئيسية
[en] master data management
[fr] gestion des données de référence
[de] Stammdatenmanagement
[it] gestione dei dati anagrafici
[jp] マスターデータ管理
[kr] 마스터 데이터 관리
[pt] gestão de dados mestres
[ru] управление основными данными
[es] gestión de datos maestros

33520 客户流失管理
[ar] معالجة ظاهرة تسرب العملاء
[en] customer churn management
[fr] gestion de perte de clientèle
[de] Kundenabwanderungsmanagement
[it] gestione dell'andamento di cliente
[jp] 顧客流失管理
[kr] 고객 이탈 관리
[pt] gestão de rotatividade dos clientes
[ru] управление оттоком клиентов
[es] gestión de rotación de clientes

33521 风险管理
[ar] إدارة المخاطر
[en] risk management
[fr] gestion des risques
[de] Risikomanagement
[it] gestione di rischio
[jp] リスク管理

[kr] 리스크 관리
[pt] gestão de riscos
[ru] управление рисками
[es] gestión de riesgos

33522 客户细分
[ar] تجزئة فئات العملاء
[en] customer segmentation
[fr] segmentation de clientèle
[de] Kundensegmentierung
[it] segmentazione di cliente
[jp] 顧客セグメンテーション
[kr] 고객 세분화
[pt] segmentação do cliente
[ru] сегментация клиентов
[es] segmentación de clientes

33523 次优报价
[ar] عرض شبه أمثل
[en] second best offer
[fr] deuxième meilleure offre
[de] zweitbestes Angebot
[it] seconda migliore offerta
[jp] セカンドベスト見積
[kr] 세컨드 베스트 오퍼
[pt] segunda melhor oferta
[ru] второе лучшее предложение
[es] segunda mejor oferta

33524 偏好管理
[ar] إدارة التفضيل
[en] preference management
[fr] gestion de préférence
[de] Präferenzmanagement
[it] gestione delle preferenze
[jp] プリファレンス管理
[kr] 선호 관리
[pt] gestão de preferências
[ru] управление предпочтениями
[es] gestión de preferencias

33525 生命周期管理服务

[ar] خدمة إدارة دورة الحياة

[en] lifecycle management service

[fr] service de gestion de cycle de vie

[de] Lebenszyklusmanagement-Service

[it] servizio di gestione del ciclo di vita

[jp] ライフサイクル管理サービス

[kr] 라이프 사이클 관리 서비스

[pt] serviço de gestão de ciclo de vida

[ru] служба управления жизненным циклом

[es] servicio de gestión de ciclo de vida

33526 层次结构和关系服务

[ar] هيكل طبقي وخدمة علائقية

[en] hierarchical structure and relationship service

[fr] structure hiérarchique et service de relation

[de] hierarchische Struktur und Beziehungs-service

[it] struttura gerarchica e servizio di relazioni

[jp] 階層構造と関係サービス

[kr] 계층 구조와 관계 서비스

[pt] estrutura hierárquica e serviço de relacionamento

[ru] иерархический фреймворк и служба отношений

[es] estructura jerárquica y servicio de relaciones

33527 主数据事件管理服务

[ar] خدمة إدارية لحوادث البيانات الرئيسية

[en] master data event management service

[fr] service de gestion d'événements de données de référence

[de] Stammdaten-Ereignisverwaltungsdienst

[it] servizio di gestione degli eventi dati anagrafici

[jp] マスタデータイベント管理サービス

[kr] 마스터 데이터 사건 관리 서비스

[pt] serviço de gestão de eventos de dados mestres

[ru] служба управления событиями основных данных

[es] servicio de gestión de eventos de datos maestros

33528 数据精确性

[ar] دقة البيانات

[en] data accuracy

[fr] précision des données

[de] Datengenauigkeit

[it] accuratezza dei dati

[jp] データ正確性

[kr] 데이터 정확성

[pt] precisão dos dados

[ru] точность данных

[es] precisión de datos

33529 数据完整性

[ar] تكامل البيانات

[en] data integrity

[fr] intégrité des données

[de] Datenintegrität

[it] integrità dei dati

[jp] データ完全性

[kr] 데이터 완전성

[pt] integridade dos dados

[ru] целостность данных

[es] integridad de datos

33530 数据时效性

[ar] تقادم للبيانات

[en] data timeliness

[fr] actualité des données

[de] Datenaktualität

[it] tempestività dei dati

[jp] データ時効性

[kr] 데이터 실효성

[pt] actualidade dos dados

3.3

[ru] своевременность данных

[es] puntualidad de datos

33531　实体同一性

[ar] تماثل الكيان

[en] entity identity

[fr] identité d'entité

[de] Identität der Entität

[it] identità dell'entità

[jp] 実体同一性

[kr] 실체 동일성

[pt] identidade da entidade

[ru] идентификация сущностей

[es] identidad de entidades

3.3

3.4 大数据分析

[ar] تحليل البيانات الضخمة
[en] **Big Data Analytics**
[fr] **Analyses des mégadonnées**
[de] **Big Data-Analyse**
[it] **Analisi dei Big Data**
[jp] ビッグデータ分析
[kr] 빅데이터 분석
[pt] **Análise de Big Data**
[ru] **Анализ больших данных**
[es] **Análisis de Big Data**

3.4.1 大数据统计分析

[ar] التحليل الإحصائي للبيانات الضخمة
[en] **Big Data Statistical Analytics**
[fr] **Analyse statistique des mégadonnées**
[de] **Statistische Big Data-Analyse**
[it] **Analisi statistica di Big Data**
[jp] ビッグデータ統計分析
[kr] 빅데이터 통계 분석
[pt] **Análise Estatística de Big Data**
[ru] **Статистический анализ больших данных**
[es] **Análisis Estadístico de Big Data**

34101 因果推断

[ar] استدلال سببي
[en] causal inference
[fr] inférence causale
[de] kausale Folgerung
[it] inferenza causale
[jp] 因果推論
[kr] 인과 추론
[pt] inferência causal
[ru] причинно-следственный вывод
[es] inferencia causal

34102 采样分析

[ar] تحليل العينات
[en] sampling analysis
[fr] analyse d'échantillons
[de] Stichprobenanalyse
[it] analisi di campionamento
[jp] サンプリング分析
[kr] 표집 분석
[pt] análise das amostragem
[ru] анализ семплирования
[es] análisis de muestreo

34103 相关系数

[ar] معامل الارتباط
[en] correlation coefficient
[fr] coefficient de corrélation
[de] Korrelationskoeffizient
[it] coefficiente di correlazione
[jp] 相関係数
[kr] 상관 계수
[pt] coeficiente de correlação
[ru] коэффициент корреляции
[es] coeficiente de correlación

34104　互信息

[ar]　معلومات متبادلة

[en]　mutual information

[fr]　informations mutuelles

[de]　Transinformation

[it]　informazione reciproca

[jp]　相互情報

[kr]　상호 정보량

[pt]　informação mútua

[ru]　взаимная информация

[es]　información mutua

34105　最大信息系数

[ar]　معامل المعلومات الأقصى

[en]　maximal information coefficient (MIC)

[fr]　coefficient d'information maximal

[de]　maximaler Informationskoeffizient

[it]　coefficiente di informazione massima

[jp]　最大情報係数

[kr]　최대 정보 계수

[pt]　coeficiente de informação máximo

[ru]　максимальный информационный коэффициент

[es]　coeficiente de máxima información

34106　距离相关系数

[ar]　معامل ارتباط المسافة

[en]　distance correlation coefficient

[fr]　coefficient de corrélation de distance

[de]　Entfernungskorrelationskoeffizient

[it]　coefficiente di correlazione di distanza

[jp]　距離相関係数

[kr]　거리 상관 계수

[pt]　coeficiente de corelação da distância

[ru]　коэффициент корреляции расстояний

[es]　coeficiente de correlación de distancia

34107　因果图

[ar]　رسم بياني سببي

[en]　cause and effect matrix

[fr]　diagramme de cause et effet

[de]　Ursache-Wirkungs-Matrix

[it]　matrice di causa e di effetto

[jp]　因果関係図

[kr]　인과도

[pt]　matriz de causa e efeito

[ru]　матрица причин и следствий

[es]　diagrama de causa-efecto

34108　RCM模型

[ar]　نموذج سببي لروبين

[en]　Rubin causal model (RCM)

[fr]　modèle causal de Neyman-Rubin

[de]　RCM-Modell (Rubin Kausalmodell)

[it]　modello causale Rubin

[jp]　RCMモデル

[kr]　루빈의 인과(RCM) 모형

[pt]　modelo causal de Rubin(RCM)

[ru]　причинно-следственная модель Рубина

[es]　modelo causal de Rubin

34109　因果图模型

[ar]　نموذج الرسم السببي

[en]　cause and effect matrix model

[fr]　modèle de diagramme de cause et effet

[de]　Ursache-Wirkungs-Matrixmodell

[it]　modello a matrice di causa ed effetto

[jp]　因果関係図モデル

[kr]　인과도 모형

[pt]　modelo de matriz de causa e efeito

[ru]　матрица причинно-следственных связей

[es]　modelo de diagrama de causa-efecto

34110　辛普森悖论

[ar]　مفارقة سيمبسون

[en]　Simpson's paradox

[fr]　paradoxe de Simpson

[de]　Simpsonsches Paradoxon

[it]　paradosso Simpson

[jp]　シンプソンのパラドックス

3.4

[kr] 심슨의 역설
[pt] paradoxo de Simpson
[ru] парадокс Симпсона
[es] Paradoja de Simpson

34111 采样

[ar] أخذ العينات
[en] sampling
[fr] échantillonnage
[de] Probenahme
[it] campionamento
[jp] サンプリング
[kr] 표집
[pt] amostragem
[ru] семплирование
[es] muestreo

34112 随机模拟

[ar] محاكاة عشوائية
[en] stochastic simulation
[fr] simulation stochastique
[de] stochastische Simulation
[it] simulazione stocastica
[jp] 確率論的シミュレーション
[kr] 랜덤 모의
[pt] simulação estocástica
[ru] стохастическое моделирование
[es] simulación estocástica

34113 蒙特卡罗模拟

[ar] محاكاة مونت كارلو
[en] Monte Carlo simulation
[fr] simulation de Monte Carlo
[de] Monte-Carlo-Simulation
[it] simulazione Monte Carlo
[jp] モンテカルロシミュレーション
[kr] 몬테카를로 시뮬레이션
[pt] simulação de Monte Carlo
[ru] симуляция Монте-Карло
[es] Método de Monte Carlo

34114 逆变换采样法

[ar] طريقة أخذ عكسي للبيانات
[en] inverse transform sampling
[fr] échantillonnage par transformée inverse
[de] Inversionsmethode
[it] campionamento di trasformazioni inverse
[jp] 逆関数サンプリング法
[kr] 역변환 표집 방법
[pt] amostragem por transformação inversa
[ru] обратное преобразование семплирования
[es] muestreo de transformada inversa

34115 拒绝采样

[ar] رفض أخذ العينة
[en] rejection sampling
[fr] échantillonnage de rejet
[de] Ablehnungsprobenahme
[it] campionamento dei rifiuti
[jp] 棄却サンプリング
[kr] 가각 표집
[pt] amostragem de rejeição
[ru] отказ от семплирования
[es] muestreo de rechazo

34116 重要性采样

[ar] أخذ العينات ذات الأهمية
[en] importance sampling
[fr] échantillonnage préférentiel
[de] Wichtigkeitsprobenahme
[it] campionamento di importanza
[jp] 重要度サンプリング
[kr] 중요도 표집
[pt] amostragem de importância
[ru] семплирование по важности
[es] muestreo de importancia

34117 马尔科夫链蒙特卡罗方法

[ar] طريقة مونت كارلو وسلسلة ماركوف
[en] Markov chain Monte Carlo (MCMC)

3.4

method

[fr] méthode Monte Carlo par chaîne de Markov

[de] Markov-Ketten-Monte-Carlo-Verfahren

[it] metodo Monte Carlo sulla catena Markov

[jp] マルコフ連鎖モンテカルロ法

[kr] 마르코프 연쇄 몬테칼로 방법

[pt] Monte Carlo via Cadeias de Markov

[ru] метод Монте-Карло с целями Маркова

[es] Método de Monte Carlo por cadenas de Markov

34118 布丰投针实验

[ar] اختبار ابرة بوفون

[en] Buffon's needle experiment

[fr] expérience de l'aiguille de Buffon

[de] Buffonsches Nadelproblem

[it] esperimento dell'ago di Buffon

[jp] ビュフォンの針実験

[kr] 뷔퐁의 바늘실험

[pt] testes da agulha de Buffon

[ru] игольчатый метод Буффона

[es] experimento de la Aguja de Buffon

34119 Metropolis算法

[ar] Metropolis خوارزمية

[en] Metropolis algorithm

[fr] algorithme de Metropolis

[de] Metropolis-Algorithmus

[it] algoritmo Metropolis

[jp] メトロポリスアルゴリズム

[kr] 메트로폴리스(Metropolis) 알고리즘

[pt] algoritmo Metropolis

[ru] алгоритм Metropolis

[es] Algoritmo Metropolis

34120 Metropplis-Hasting算法

[ar] Metropplis-Hasting خوارزمية

[en] Metropolis-Hastings algorithm

[fr] algorithme de Metropolis-Hastings

[de] Metropolis-Hastings-Algorithmus

[it] algoritmo Metropolis-Hastings

[jp] メトロポリス・ヘイスティングスアルゴリズム

[kr] 메트로폴리스-해스팅스(Metropplis-Hasting) 알고리즘

[pt] algoritmo Metropolis-Hastings

[ru] алгоритм Metropolis-Hasting

[es] Algoritmo Metropolis-Hasting

34121 吉布斯采样

[ar] أخذ العينات عن طريقة جبيس

[en] Gibbs sampling

[fr] échantillonnage de Gibbs

[de] Gibbs-Sampling

[it] campionamento Gibbs

[jp] ギブスサンプリング

[kr] 깁스 샘플링

[pt] amostragem de Gibbs

[ru] семплирование по Гиббсу

[es] muestreo de Gibbs

3.4.2 大数据机器学习

[ar] تعلم آلة البيانات الضخمة

[en] **Big Data Machine Learning**

[fr] **Apprentissage automatique des mégadonnées**

[de] **Big Data-Maschinenlernen**

[it] **Apprendimento automatico dei Big Data**

[jp] ビッグデータ機械学習

[kr] 빅데이터 머신 러닝

[pt] **Aprendizagem Automática de Big Data**

[ru] **Машинное обучение больших данных**

[es] **Aprendizaje de Máquinas de Big Data**

34201 描述性分析

[ar] تحليل وصفي

[en] descriptive analysis

[fr] analyse descriptive

[de] deskriptive Analyse

[it] analisi descrittiva

[jp] 記述分析

[kr] 묘사적 분석

[pt] análise descritiva

[ru] описательный анализ

[es] análisis descriptivo

34202 预测性分析

[ar] تحليل متوقع

[en] predictive analysis

[fr] analyse prédictive

[de] prädiktive Analyse

[it] analisi predittiva

[jp] 予測分析

[kr] 예측성 분석

[pt] análise preditiva

[ru] прогнозный анализ

[es] análisis predictivo

34203 深度学习分析

[ar] تحليل التعلم العميق

[en] deep learning analysis

[fr] analyse d'apprentissage profond

[de] Analyse des tiefen Lernens

[it] analisi di apprendimento approfondito

[jp] 深層学習分析

[kr] 딥 러닝 분석

[pt] análise de aprendizagem profunda

[ru] анализ глубокого обучения

[es] análisis de aprendizaje profundo

34204 强化学习分析

[ar] تحليل التعلم المعزز

[en] reinforcement learning analysis

[fr] analyse d'apprentissage par renforcement

[de] Analyse des intensiven Lernens

[it] analisi dell'apprendimento intensivo

[jp] 強化学習分析

[kr] 강화 학습 분석

[pt] análise de aprendizagem por reforço

[ru] анализ интенсивного обучения

[es] análisis de aprendizaje de refuerzo

34205 聚类分析

[ar] تحليل عنقودي

[en] cluster analysis

[fr] analyse par regroupement

[de] Clusteranalyse

[it] analisi a grappolo

[jp] クラスター分析

[kr] 클러스터 분석

[pt] análise de agrupamento

[ru] кластерный анализ

[es] análisis de clúster

34206 矩阵分解

[ar] تجزئة مصفوفة

[en] matrix decomposition

[fr] décomposition matricielle

[de] Matrixzerlegung

[it] decomposizione di matrice

[jp] 行列分解

[kr] 행렬 분해

[pt] decomposição de matriz

[ru] разложение матриц

[es] factorización de matriz

34207 并行逻辑回归

[ar] استرداد منطقي متواز

[en] parallel logistic regression

[fr] régression logistique parallèle

[de] parallele logische Regression

[it] regressione logistica parallela

[jp] 並列ロジスティック回帰分析

[kr] 병렬 로지스틱 회귀

[pt] regressão logística paralela

[ru] параллельная логистическая регрессия

[es] regresión logística paralela

3.4

34208　并行支持向量机

[ar]　حاسوب الكمية المتجهة الداعمة المتوازية

[en]　parallel support vector machine

[fr]　machine à vecteur de support parallèle

[de]　Parallel-Support-Vektor-Maschine

[it]　macchina vettoriale di supporto parallelo

[jp]　並列サポートベクターマシン

[kr]　병렬 서포트 벡터 머신

[pt]　máquina de vetores de suporte paralelo

[ru]　параллельная опорная векторная
　　　машина

[es]　máquina de vectores de soporte paralelo

34209　排序学习

[ar]　تعلم بطريقة الفرز

[en]　learning to rank

[fr]　apprentissage de tri

[de]　Sortierlernen

[it]　apprendimento di ordinamento

[jp]　ランク学習

[kr]　랭크 러닝

[pt]　aprendizagem a classificar

[ru]　обучение упорядочению

[es]　aprendizaje de clasificación

34210　分布式排序学习算法

[ar]　خوارزمية تعلم الفرز الموزعة

[en]　distributed sorting algorithm

[fr]　algorithme de tri distribué

[de]　verteilter Sortierlernen-Algorithmus

[it]　algoritmo di ordinamento distribuito

[jp]　分散式ソートアルゴリズム

[kr]　분산형 랭크 러닝 알고리즘

[pt]　algoritmo de classificação distribuída

[ru]　алгоритм распределенной сортировки

[es]　algoritmo de clasificación distribuido

34211　在线排序学习

[ar]　تعلم بطريقة الفرز في الإنترنت

[en]　online learning to rank

[fr]　apprentissage de tri en ligne

[de]　Online-Sortierlernen

[it]　apprendimento online per classificare

[jp]　オンラインランク学習

[kr]　온라인 랭크 러닝

[pt]　aprendizagem online a classificar

[ru]　онлайн обучение ранжированию

[es]　aprendizaje de clasificación en línea

34212　在线梯度下降

[ar]　انحدار تدريجي على الإنترنت

[en]　online gradient descent

[fr]　descente de gradient en ligne

[de]　Online-Gradientenabfall

[it]　discesa gradiente online

[jp]　オンライン勾配降下

[kr]　온라인 경사 하강

[pt]　gradiente descendente online

[ru]　градиентный спуск онлайн

[es]　descenso por gradiente en línea

34213　反向传播神经网络

[ar]　شبكة عصبونية للانتشار العكسي

[en]　backpropagation neural network

[fr]　réseau de neurones à rétropropagation

[de]　rückpropagierendes Neuronetzwerk

[it]　rete neurale di propagazione inversa

[jp]　誤差逆伝播法ニューラルネットワーク

[kr]　역전파 신경망

[pt]　rede neural de retropropagação

[ru]　обратное распространение нейронной
　　　сети

[es]　red neuronal de retropropagación

34214　深度置信网络

[ar]　شبكة الثقة العميقة

[en]　deep belief network

[fr]　réseau de croyances profondes

[de]　tiefglaubwürdiges Netzwerk

[it]　rete di credenze profonde

[jp]　深層信頼ネットワーク

[kr]　딥 빌리프 네트워크

[pt] rede de crenças profundas

[ru] сеть глубоких убеждений

[es] red de creencia profunda

34215 卷积神经网络

[ar] شبكة عصبونية تلافيفية

[en] convolutional neural network

[fr] réseau de neurones à convolution

[de] faltendes Neuronetzwerk

[it] rete neurale convoluzionale

[jp] 畳みニューラルネットワーク

[kr] 나선형 신경 네트워크

[pt] rede neural convolucional

[ru] сверточная нейронная сеть

[es] red neuronal convolucional

34216 递归神经网络

[ar] شبكة عصبونة متكررة

[en] recursive neural network

[fr] réseau de neurones récurrents

[de] wiederkehrendes Neuronetzwerk

[it] rete neutrale ricorrente

[jp] 再帰型ニューラルネットワーク

[kr] 재귀 신경 네트워크

[pt] rede neura recorrente

[ru] рецидивирующая нейронная сеть

[es] red neuronal recurrentes

34217 值函数估计

[ar] تقييم دالة القمة

[en] value-function estimation

[fr] estimation de la fonction valeur

[de] Wert-Funktionsschätzung

[it] stima della funzione valore

[jp] 値関数推定

[kr] 가치 함수 추정

[pt] estimação de função de valor

[ru] оценка функции-значения

[es] estimación de función de valor

34218 有模型学习

[ar] تعلم منمذج

[en] model-based learning

[fr] apprentissage basé sur un modèle

[de] modellbasiertes Lernen

[it] apprendimento basato sui modelli

[jp] モデルありの学習

[kr] 모델 기반 학습

[pt] aprendizagem baseada em modelos

[ru] модельное обучение

[es] aprendizaje basado en modelos

34219 无模型学习

[ar] تعلم غير منمذج

[en] model-free learning

[fr] apprentissage sans modèle

[de] modellfreies Lernen

[it] apprendimento senza modello

[jp] モデルなしの学習

[kr] 모델 없는 학습

[pt] aprendizagem sem modelo

[ru] безмодельное обучение

[es] aprendizaje sin modelos

34220 深度Q网络模型

[ar] نموذج شبكة Q العميق

[en] deep Q network model

[fr] modèle de réseau Q profond

[de] tiefes Q-Netzwerkmodell

[it] modello di rete Q profondo

[jp] ディープQネットワークモデル

[kr] 심층 Q네트워크 모델

[pt] modelo de rede Q profunda

[ru] модель глубокой Q-сети

[es] modelo de redes de Q de aprendizaje profundo

34221 深度策略梯度方法

[ar] طريقة التدرج التكتيكى العميق

[en] deep policy gradient algorithm

[fr] méthode du gradient de stratégie de

3.4

profondeur

[de] Tiefenstrategie-Gradientenmethode

[it] metodo del gradiente di strategia
profonda

[jp] 深層方策勾配法

[kr] 심층 전략 그레디언트 방법

[pt] método do gradiente de estratégia de
profundidade

[ru] метод градиента глубокой стратегии

[es] método de gradiente de estrategia de
profundidad

3.4.3　数据可视化分析

[ar] التحليل المرئي للبيانات

[en] **Data Visualization Analytics**

[fr] **Analyse des données par visualisation**

[de] **Datenvisualisierungsanalyse**

[it] **Analisi della visualizzazione dei dati**

[jp] データ可視化分析

[kr] 데이터 시각화 분석

[pt] **Análise de Visualização de Dados**

[ru] **Анализ визуализации данных**

[es] **Análisis de Visualización de Datos**

34301　数据可视化

[ar] مرئية بياناتية

[en] data visualization

[fr] visualisation des données

[de] Datenvisualisierung

[it] visualizzazione dei dati

[jp] データ可視化

[kr] 데이터 시각화

[pt] visualização de dados

[ru] визуализация данных

[es] visualización de datos

34302　科学可视化

[ar] مرئية علمية

[en] scientific visualization

[fr] visualisation scientifique

[de] wissenschaftliche Visualisierung

[it] visualizzazione scientifica

[jp] 科学的可視化

[kr] 과학적 가시화

[pt] visualização científica

[ru] научная визуализация

[es] visualización científica

34303　信息可视化

[ar] مرئية معلوماتية

[en] information visualization

[fr] visualisation de l'information

[de] Informationsvisualisierung

[it] visualizzazione delle informazioni

[jp] 情報可視化

[kr] 정보 시각화

[pt] visualização de informações

[ru] визуализация информации

[es] visualización de información

34304　可视化分析学

[ar] علم تحليل مرئي

[en] visual analytics

[fr] analyse visualisée

[de] visualisierte Analytik

[it] analitica visualizzata

[jp] 可視化分析学

[kr] 시각화 분석학

[pt] analítica visualizada

[ru] визуализированная аналитика

[es] análisis visualizados

34305　流场可视化

[ar] مرئية مجال التدفق

[en] flow visualization

[fr] visualisation de flux

[de] Strömungsvisualisierung

[it] visualizzazione del flusso

[jp] 流れの可視化

[kr] 흐름 가시화

[pt] visualização de fluxo

[ru] визуализация поля потока

[es] visualización de flujos

34306　网络态势可视化

[ar] مرئية وضع الشبكة

[en] network situation visualization

[fr] visualisation de situation du réseau

[de] Netzwerksituationsvisualisierung

[it] visualizzazione della situazione di rete

[jp] ネットワーク可視化

[kr] 네트워크 상황 가시화

[pt] visualização de situação da rede

[ru] визуализация сетевой ситуации

[es] visualización de la situación de la red

34307　体可视化

[ar] مرئية الحجم

[en] volume visualization

[fr] visualisation de volume

[de] Volumenvisualisierung

[it] visualizzazione del volume

[jp] ボリューム可視化

[kr] 볼륨 가시화

[pt] visualização de volume

[ru] визуализация объема

[es] visualización de volumen

34308　视觉编码

[ar] ترميز بصري

[en] visual coding

[fr] codage visuel

[de] visuelle Codierung

[it] codifica visiva

[jp] 視覚符号化

[kr] 시각적 부호

[pt] codificação visual

[ru] визуальное кодирование

[es] codificación visual

34309　全息影像

[ar] صورة ثلاثية الأبعاد

[en] holographic image

[fr] image holographique

[de] holographisches Bild

[it] immagine olografica

[jp] ホログラフィック映像

[kr] 홀로 그래피

[pt] imagem holográfica

[ru] голографическое изображение

[es] imagen holográfica

34310　思维导图

[ar] خريطة ذهنية

[en] mind map

[fr] carte heuristique

[de] Mind Map

[it] mappa mentale

[jp] マインドマップ

[kr] 마인드맵

[pt] mapa mental

[ru] карта разума

[es] mapa mental

34311　标签云

[ar] سحابة العلامة

[en] word cloud

[fr] nuage d'étiquittes

[de] Wordcloud

[it] nuvole di etichette

[jp] ワードクラウド

[kr] 워드 클라우드

[pt] nuvens de palavras

[ru] облака слов

[es] nubes de palabras

34312　节点链接法

[ar] طريقة ربط العقدة

[en] node link method

[fr] méthode de liaison de nœuds

[de] Knotenverbindungsmethode

[it] metodo di collegamento di nodi

[jp] ノードリンク方式

[kr] 점 연결 방법

3.4

[pt] método de ligação entre nós diversos
[ru] метод соединения узлов
[es] método de enlace de nodo

34313 弧长链接图
[ar] رسم الوصلة الطويلة نصف القوسية
[en] arc diagram
[fr] diagramme en arcs
[de] Bogendiagramm
[it] diagramma ad arco
[jp] アーク図
[kr] 아크 다이어그램
[pt] diagrama de arco
[ru] дуговая диаграмма
[es] diagrama de arco

34314 流式地图
[ar] خريطة التدفق
[en] flow map
[fr] carte de flux
[de] Flusskarte
[it] mappa di flusso
[jp] フローマップ
[kr] 흐름 맵
[pt] mapa de fluxo
[ru] карта потока
[es] mapa de flujo

34315 密度图
[ar] رسم بياني للكثافة
[en] density plot
[fr] histogramme de densité
[de] Dichtekarte
[it] istogramma di densità
[jp] 密度マップ
[kr] 밀도 플롯
[pt] mapa de densidade
[ru] карта плотности
[es] histograma de densidad

34316 堆积图
[ar] رسم بياني متراكم
[en] stack plot
[fr] histogramme empilé
[de] Stackdiagramm
[it] istogramma impilato
[jp] 積み上げグラフ
[kr] 시스택 그라프
[pt] gráfico de colunas empilhadas
[ru] стековый график
[es] histograma apilado

34317 时空立方体
[ar] مكعب زمكاني
[en] space-time cube
[fr] cube espace-temps
[de] Raumzeit-Kubik
[it] cubo spazio-temporale
[jp] 時空間キューブ
[kr] 시공간 입방체
[pt] cubo tempo-espacial
[ru] пространственно-временной куб
[es] cubo de espacio-tiempo

34318 三维散点图
[ar] مخطط النقاط المبعثرة الثلاثية الأبعاد
[en] three-dimensional scatter plot
[fr] nuage de points en trois dimensions
[de] 3D-Streudiagramm
[it] grafico a dispersione tridimensionale
[jp] 3 次元散布図
[kr] 3D 산점도
[pt] gráfico de dispersão tridimensional
[ru] трехмерная диаграмма рассеяния
[es] gráfica de dispersión 3D

34319 平行坐标
[ar] إحداثيات موازية
[en] parallel coordinates
[fr] coordonnée parallèle
[de] parallele Koordinate

[it] coordinata parallela

[jp] 平行座標

[kr] 평행 좌표

[pt] coordenada paralela

[ru] параллельная координата

[es] coordenada paralela

34320 三维地图

[ar] خريطة ثلاثية الأبعاد

[en] 3D map

[fr] carte 3D

[de] 3D-Karte

[it] mappa 3D

[jp] 3Dマップ

[kr] 3D 지도

[pt] mapa em 3D

[ru] трехмерная карта

[es] mapa 3D

3.4.4 文本大数据分析

[ar] تحليل البيانات النصية الضخمة

[en] **Text Big Data Analytics**

[fr] **Analyse des mégadonnées de texte**

[de] **Big Data-Analyse von Text**

[it] **Analisi testuale dei Big Data**

[jp] **テキストのビッグデータ分析**

[kr] **텍스트 빅데이터 분석**

[pt] **Análise de Big Data de Texto**

[ru] **Анализ больших данных текста**

[es] **Análisis de Big Data de Textos**

34401 语料库

[ar] قاعدة المواد اللغوية

[en] corpus

[fr] corpus

[de] Korpus

[it] corpo

[jp] コーパス

[kr] 말뭉치

[pt] corpus

[ru] лингвистический корпус

[es] corpus lingüístico

34402 自动分词

[ar] فصل تلقائي للكلمات الصينية

[en] automatic segmentation

[fr] segmentation automatique

[de] automatische Segmentierung

[it] segmentazione automatica

[jp] 自動セグメンテーション

[kr] 자동 분할

[pt] segmentação automática

[ru] автоматическая сегментация слов

[es] segmentación automática

34403 文本表示

[ar] تعبير نصي

[en] text representation

[fr] représentation de texte

[de] Textdarstellung

[it] rappresentazione del testo

[jp] テキスト表示

[kr] 텍스트 표현

[pt] representação de texto

[ru] текстовое представление

[es] representación de textos

34404 分布语义假设

[ar] فرضية الدلالة الموزعة

[en] distributional semantics hypothesis

[fr] hypothèse de sémantique distributionnelle

[de] verteilte semantische Hypothese

[it] ipotesi di semantica distributiva

[jp] 分布意味論の仮説

[kr] 분산 의미론 가설

[pt] hipótese semântica distributiva

[ru] гипотеза распределенной семантики

[es] hipótesis de semántica distribuida

34405 隐性语义索引

[ar] فهرسة دلالية ضمنية

3.4

[en] latent semantic indexing

[fr] indexation de sémantique latente

[de] latenter Semantik-Index

[it] indicizzazione semantica latente

[jp] 潜在的意味索引

[kr] 잠재 의미 색인

[pt] indexação semântica latente

[ru] скрытое семантическое индексирование

[es] Indexación Semántica Latente

34406 隐含狄利克雷分析

[ar] تحليلات ديريتشليت الضمنية

[en] latent Dirichlet allocation (LDA)

[fr] allocation de Dirichlet latente

[de] latente Dirichlet-Zuordnung

[it] allocazione latente di Dirichlet

[jp] 潜在的ディリクレ配分法

[kr] 잠재 디리클레 할당

[pt] alocação de Dirichlet latente

[ru] скрытое распределение Дирихле

[es] Asignación Latente de Dirichlet

34407 神经网络概念语言模型

[ar] نموذج اللغة المفهومية للشبكة العصبونية

[en] neural network language model

[fr] modèle de langage de réseau de neurones

[de] Sprachmodell des neuronalen Netzwerks

[it] modello di linguaggio di rete neurale

[jp] ニューラルネットワーク言語モデル

[kr] 신경망 언어 모델

[pt] modelo de linguagem de rede neural

[ru] языковая модель нейронной сети

[es] modelo de lenguaje de redes neuronales

34408 词级模型

[ar] نموذج مستوى الكلمة

[en] word-level model

[fr] modèle de niveau de mot

[de] Wortebene-Modell

[it] modello del livello di parole

[jp] 単語レベルモデル

[kr] 단어 레벨 모델(SOW) 모드

[pt] modelo de nível de palavras

[ru] модель на уровне слов

[es] modelo de nivel de palabras

34409 词袋模型

[ar] نموذج حقيبة الكلمات

[en] bag-of-words model

[fr] modèle de sac de mot

[de] Wörtersack-Modell

[it] modello della borsa di parole

[jp] 単語袋詰めモデル

[kr] 단어 주머니 모델(BOW) 모드

[pt] modelo saco-de-palavras

[ru] модель мешка слов

[es] modelo de "bolsa de palabras"

34410 TF-IDF算法

[ar] خوارزمية TF-IDF

[en] TF-IDF (term frequency-inverse document frequency) algorithm

[fr] algorithme TF-IDF (fréquence de terme/fréquence inverse de document)

[de] TF-IDF-Algorithmus (Suchwortdichte-inverse Dokumenthäufigkeit-Algorithmus)

[it] algoritmo TF-IDF

[jp] TF-IDFアルゴリズム

[kr] 단어 빈도-역문서 빈도(TF-IDF) 알고리즘

[pt] algoritmo TF-IDF (frequência do termo-frequência inversa do documento)

[ru] алгоритм TF-IDF (частота словаобратная – частота документа)

[es] algoritmo TF-IDF (frecuencia de término-frecuencia inversa de documento)

34411 词义消歧

[ar] تحديد معنى الكلمة من خلال السياق

[en] word sense disambiguation (WSD)

[fr] désambiguïsation lexicale

[de] Wortsinn-Disambiguierung

[it] disambiguazione del senso di parole

[jp] 語義曖昧性解消

[kr] 단어 의미 중의성 해소

[pt] desambiguação

[ru] разрешение лексической
многозначности

[es] desambiguación del significado de
palabras

34412 文本匹配

[ar] مطابقة النصوص

[en] text matching

[fr] correspondance de texte

[de] Text-Matching

[it] concordanza del testo

[jp] テキストマッチング

[kr] 텍스트 일치

[pt] correspondência de texto

[ru] сопоставление текста

[es] concordancia de textos

34413 BM25 函数

[ar] دالة BM25

[en] BM25 function

[fr] fonction BM25

[de] BM25 Funktion

[it] funzione BM25

[jp] BM25 関数

[kr] BM25 함수

[pt] função BM25

[ru] функция BM25

[es] función de BM25

34414 查询似然模型

[ar] استعلام النماذج الاحتمالية

[en] query likelihood model (QLM)

[fr] modèle vraisemblance de la requête

[de] Abfragewahrscheinlichkeitsmodell

[it] modello della probabilità di query

[jp] クエリ尤度モデル

[kr] 라이클리후드 조회 모형

[pt] consulta do modelo probabilístico

[ru] модель вероятности запроса

[es] modelo de probabilidad de consultas

34415 学习排序算法

[ar] خوارزمية ترتيب التعلم

[en] learning-to-rank (LTR) algorithm

[fr] algorithme d'apprentissage de tri

[de] Sortierlernen-Algorithmus

[it] algoritmo di ordinamento e
apprendimento

[jp] 学習ソートアルゴリズム

[kr] 러닝 랭크 알고리즘

[pt] algoritmo de aprendizagem de
classificação

[ru] алгоритм обучения упорядочению

[es] algoritmo de aprendizaje de clasificación

34416 文本生成

[ar] توليد النص

[en] text generation

[fr] génération de texte

[de] Texterzeugung

[it] generazione di testo

[jp] テキスト生成

[kr] 텍스트 생성

[pt] geração de texto

[ru] генерация текста

[es] generación de textos

34417 自然语言生成

[ar] توليد اللغة الطبيعية

[en] natural language generation

[fr] génération de langage naturel

[de] Erzeugung natürlicher Sprache

[it] generazione del linguaggio naturale

[jp] 自然言語生成

[kr] 자연 언어 생성

[pt] geração de linguagem natural

[ru] генерация естественного языка

[es] generación de lenguajes naturales

34418 Seq2Seq模型

[ar]   نموذج Seq2Seq

[en] Seq2Seq model

[fr] modèle Seq2Seq

[de] Seq2Seq-Modell

[it] modello Seq2Seq

[jp] Seq2Seqモデル

[kr] Seq2Seq 모형

[pt] modelo Seq2Seq

[ru] модель Seq2Seq

[es] modelo Seq2Seq

34419 文本聚类

[ar]   تراسل بين الإنسان والآلة

[en] text clustering

[fr] regroupement de texte

[de] Text-Clustering

[it] raggruppamento di testi

[jp] テキストクラスタリング

[kr] 문건 클러스터

[pt] agrupamento de textos

[ru] кластеризация текста

[es] agrupamiento de textos

34420 人机对话

[ar]   حوار بين الإنسان والآلة

[en] human-machine dialog

[fr] dialogue homme-machine

[de] Mensch-Maschine-Dialog

[it] dialogo uomo-macchina

[jp] ヒューマン・マシン対話

[kr] 인간-기계 대화

[pt] diálogo homem-máquina

[ru] человеко-машинный диалог

[es] diálogo persona-máquina

34421 知识计算

[ar]   حوسبة المعارف

[en] knowledge computing

[fr] informatique de connaissances

[de] Wissensdaten-Computing

[it] informatica della conoscenza

[jp] 知識コンピューティング

[kr] 지식 컴퓨팅

[pt] computação do conhecimento

[ru] вычисления знаний

[es] computación de conocimientos

34422 知识抽取

[ar]   استخراج المعارف

[en] knowledge extraction

[fr] extraction de connaissances

[de] Wissensextraktion

[it] estrazione della conoscenza

[jp] 知識抽出

[kr] 지식 추출

[pt] extração de conhecimento

[ru] извлечение знаний

[es] extracción de conocimientos

34423 知识推理

[ar]   استنتاج المعارف

[en] knowledge inference

[fr] inférence de connaissances

[de] Wissensschlussfolgerung

[it] inferenza della conoscenza

[jp] 知識推論

[kr] 지식 추리

[pt] inferência de conhecimento

[ru] умозаключение на основе знаний

[es] inferencia de conocimientos

3.4.5 社会媒体分析

[ar]   تحليل وسائل التواصل الاجتماعي

[en] **Social Media Analytics**

[fr] **Analyse des réseaux sociaux**

[de] **Analyse der sozialen Medien**

[it] Analisi social media
[jp] ソーシャルメディア分析
[kr] 사회 매체 분석
[pt] Análise de Meios de Comunicação Sociais
[ru] Анализ социальных медиа
[es] Análisis de Medios de Comunicación Sociales

34501 小世界网络

[ar] شبكات العالم الصغير
[en] small-world network
[fr] réseau « petit monde »
[de] Netzwerk kleiner Welt
[it] rete del piccolo mondo
[jp] スモールワールドネットワーク
[kr] 작은 세계 네트워크
[pt] redes de pequeno mundo
[ru] сеть малого мира
[es] red de mundo pequeño

34502 网络排序

[ar] فرز الشبكة
[en] network sorting
[fr] tri de réseau
[de] Netzwerksortierung
[it] ordinamento di rete
[jp] ネットワークソーティング
[kr] 네트워크 배열
[pt] classificação de rede
[ru] сетевая сортировка
[es] clasificación de redes

34503 度

[ar] درجة
[en] degree
[fr] degré
[de] Grad
[it] grado
[jp] 度
[kr] 도

[pt] degrau
[ru] градус
[es] grado

34504 距离中心度

[ar] بعد عن الدرجة المركزية
[en] closeness centrality
[fr] centralité selon la distance
[de] Entfernungszentralität
[it] centralità della distanza
[jp] 距離中心性
[kr] 거리 중심도
[pt] centralidade de distância
[ru] центральность по близости
[es] centralidad de distancia

34505 介数中心度

[ar] درجة مركزية طيفية
[en] betweenness centrality
[fr] centralité selon l'intermédiarité
[de] Intermediationszentralität
[it] centralità intermedia
[jp] 媒介中心性
[kr] 개수 중심성
[pt] centralidade de de betweenness
[ru] центральность по посредничеству
[es] centralidad de intermediación

34506 谱中心度

[ar] تحليل الوصلات
[en] spectral centrality
[fr] centralité selon l'importance
[de] Spektrum-Zentralität
[it] centralità spettrale
[jp] スペクトル中心性
[kr] 스펙트럼의 중심성
[pt] centralidade espectral
[ru] спектральная центральность
[es] centralidad espectral

3.4

34507　链接分析

- [ar]　　تحليل الارتباط
- [en]　link analysis
- [fr]　analyse de lien
- [de]　Link-Analyse
- [it]　analisi di collegamento
- [jp]　リンク分析
- [kr]　링크 분석
- [pt]　análise de ligação
- [ru]　анализ ссылок
- [es]　análisis de enlaces

34508　PageRank算法

- [ar]　　خوارزمية PageRank
- [en]　PageRank algorithm
- [fr]　algorithme PageRank
- [de]　PageRank-Algorithmus
- [it]　algoritmo PageRank
- [jp]　PageRankアルゴリズム
- [kr]　PageRank 알고리즘
- [pt]　algoritmo PageRank
- [ru]　алгоритм PageRank
- [es]　algoritmo PageRank

34509　边介数指数

- [ar]　　مؤشر البينية الحافة
- [en]　edge betweenness index
- [fr]　indice d'intermédiarité de bord
- [de]　Kanten-Intermediations-Index
- [it]　indice tra i margini
- [jp]　エッジ媒介指数
- [kr]　변 개수 지수
- [pt]　índice betweenness de borda
- [ru]　индекс граничной промежуточности
- [es]　índice de intermediación

34510　雅卡尔指数

- [ar]　　مؤشر جاكار
- [en]　Jaccard index
- [fr]　indice de Jaccard
- [de]　Jaccard-Index

- [it]　indice Jaccard
- [jp]　ジャッカード係数
- [kr]　자카드 지수
- [pt]　índice Jaccard
- [ru]　индекс Жаккарда
- [es]　índice Jaccard

34511　桥接性指数

- [ar]　　مؤشر التوصيلية القنطرية
- [en]　bridging index
- [fr]　indice de pontage
- [de]　Überbrückungsindex
- [it]　indice ponte
- [jp]　ブリッジング指数
- [kr]　브리지 지수
- [pt]　índice de bridging
- [ru]　индекс моста
- [es]　índice de crédito puente

34512　网络聚类

- [ar]　　تجميع الشبكات
- [en]　network clustering
- [fr]　regroupement de réseau
- [de]　Netzwerk-Clustering
- [it]　raggruppamento di rete
- [jp]　ネットワーククラスタリング
- [kr]　네트워크 클러스터
- [pt]　cluster na rede
- [ru]　кластеризация сети
- [es]　agrupamiento de red

34513　网络划分

- [ar]　　تقسيم الشبكات
- [en]　network partition
- [fr]　partition de réseau
- [de]　Netzwerkpartitionierung
- [it]　partizione di rete
- [jp]　ネットワークパーティション
- [kr]　네트워크 구분
- [pt]　divisão de redes
- [ru]　раздел сети

[es] partición de red

34514 网络表示学习

[ar] تعلم التمثيل على الشبكة

[en] network representation learning

[fr] apprentissage par représentation de réseau

[de] Netzwerkdarstellungs-Lernen

[it] apprendimento della rappresentazione in rete

[jp] ネットワーク表現学習

[kr] 네트워크 즉 러닝

[pt] aprendizagem de representação de rede

[ru] обучение представлению сети

[es] aprendizaje de representaciones de red

34515 信息传播模型

[ar] نموذج نقل المعلومات

[en] information transmission model

[fr] modèle de transmission de l'information

[de] Informationsübertragungsmodell

[it] modello di trasmissione delle informazioni

[jp] 情報伝達モデル

[kr] 정보 전파 모형

[pt] modos de transmissão de dados

[ru] модель передачи информации

[es] modelo de transmisión de información

34516 基于位置的社交网络

[ar] شبكات التواصل الاجتماعى حسب المواقع

[en] location-based social network

[fr] réseau social basé sur l'emplacement

[de] ortsbezogene soziale Netzwerke

[it] reti sociali basate su locazione

[jp] ロケーションベースのソーシャルネットワーク

[kr] 위치에 근거한 소셜네트워크

[pt] redes sociais baseadas em localização

[ru] локационные социальные сети

[es] redes sociales basadas en la ubicación

34517 兴趣点推荐

[ar] ترشيح النقاط المثيرة للاهتمام

[en] point-of-interest recommendation

[fr] recommandation de point d'intérêt

[de] interessebasierende Empfehlung

[it] raccomandazione sul punto di interesse

[jp] 関心のあるポイントの推薦

[kr] 흥취 포인트 추천

[pt] recomendação de pontos de interesse

[ru] рекомендация по интересам

[es] recomendación de puntos de interés

34518 搜索广告

[ar] بحث عن الإعلانات

[en] search engine advertising

[fr] publicité payante dans un moteur de recherche

[de] Suchwerbung

[it] pubblicità su motore di ricerca

[jp] 検索連動型広告

[kr] 검색 광고

[pt] publicidade em motor de pesquisa

[ru] поисковая реклама

[es] publicidad en búsqueda

34519 信息流广告

[ar] إعلانات تدفق الأخبار

[en] news feed advertising

[fr] publicité dans un flux d'actualités

[de] Newsfeed-Anzeige

[it] pubblicità del flusso informativo

[jp] ニュースフィード広告

[kr] 정보의 흐름 광고

[pt] publicidade de Feed de notícias

[ru] реклама в ленте новостей

[es] publicidad en canales de noticias

34520 社交广告

[ar] إعلان التواصل الاجتماعي

[en] social media advertising

[fr] publicité dans un réseau social

3.4

[de] soziale Werbung

[it] pubblicità sociale

[jp] ソーシャル広告

[kr] 소셜 광고

[pt] publicidade de média social

[ru] социальная реклама

[es] publicidad de redes sociales

34521 社交网络服务

[ar] خدمة شبكات التواصل الاجتماعي

[en] social networking service

[fr] service de réseautage social

[de] sozialer Netzwerkdienst

[it] servizio di social network

[jp] ソーシャルネットワークサービス

[kr] 소셜 네트워크 서비스

[pt] serviço de média social

[ru] служба социальной сети

[es] servicios de redes sociales

34522 搜索广告排名算法

[ar] خوارزمية البحث عن ترتيب الإعلانات

[en] ranking algorithm for search engine
      advertising

[fr] algorithme de classement de publicité
      dans un moteur de recherche

[de] Algorithmus für das Ranking der Such-
      werbung

[it] algoritmo di posizionamento di
      pubblicità su motore di ricerca

[jp] 検索連動型広告のランキングアルゴリ
      ズム

[kr] 검색 광고 랭킹 알고리즘

[pt] algoritmo de classificação de publicidade
      em motor de pesquisa

[ru] алгоритм поискового рекламного
      рейтинга

[es] algoritmo de clasificación de publicidad
      en búsqueda

34523 精准用户画像

[ar] صورة دقيقة للمستخدم

[en] accurate user persona

[fr] profilage précis d'utilisateur

[de] präzises Benutzerprofil

[it] ritratto preciso dell'utente

[jp] 精密ユーザーペルソナ

[kr] 정밀화 사용자 화상

[pt] retrato preciso do usário

[ru] точный портрет пользователя

[es] perfil preciso del usuario

3.4

3.5 科学大数据

[ar] البيانات العلمية الضخمة

[en] **Scientific Big Data**

[fr] **Mégadonnées scientifiques**

[de] **Wissenschaftliche Big Data**

[it] **Big Data scientifici**

[jp] 科学ビッグデータ

[kr] 과학 빅데이터

[pt] **Big Data Científico**

[ru] **Большие научные данные**

[es] **Big Data Científicos**

3.5.1 数据密集型科学

[ar] علوم مكثفة البيانات

[en] **Data-Intensive Science**

[fr] **Science à forte intensité de données**

[de] **Datenintensive Wissenschaft**

[it] **Scienza ad alta intensità dei dati**

[jp] データ集約型科学

[kr] 데이터 밀집형 과학

[pt] **Ciência Intensiva de Dados**

[ru] **Наукоемкая наука**

[es] **Ciencia de Datos Intensivos**

35101 大科学装置

[ar] منشآت علمية عظمى

[en] big science facility

[fr] grande installation scientifique

[de] Anlage der Großforschung

[it] attrezzatura di mega scienza

[jp] 巨大科学装置

[kr] 빅 사이언스 장치

[pt] instalações de Big Science

[ru] Большой научный объект

[es] instalaciones de megaciencia

35102 大规模传感器网络

[ar] شبكة واسعة النطاق لأجهزة الاستشعار

[en] large-scale sensor network

[fr] réseau de capteurs à grande échelle

[de] großes Sensornetzwerk

[it] rete di sensori su larga scala

[jp] 大規模センサーネットワーク

[kr] 빅 스케일 센서 네트워크

[pt] redes de sensores de larga escala

[ru] крупномасштабная сенсорная сеть

[es] red de sensores a gran escala

35103 500 米口径球面射电望远镜

[ar] تلسكوب راديوي كروي عيار 500 متر

[en] Five-hundred-meter Aperture Spherical Radio Telescope (FAST)

[fr] Radiotélescope sphérique de 500 mètres d'ouverture

[de] Sphärisches Radioteleskop mit einer Apertur von 500 Meter

[it] Radiotelescopio sferico con apertura di cinquecento metri

[jp] 500 メートル球面電波望遠鏡

[kr] 500 미터 구경의 구면 전파망원경

[pt] FAST: Rádiotelescópio Esférico de 500 metros de Abertura

[ru] сферический радиотелескоп с пятисотметровой апертурой

[es] FAST: un radiotelescopio esférico de quinientos metros de apertura

35104 大型巡天望远镜

[ar] تلسكوب مسح الفضاء الكبير

[en] large synoptic survey telescope (LSST)

[fr] Grand télescope d'étude synoptique

[de] Large Synoptic Survey Telescope

[it] telescopio per indagini sinottiche di grandi dimensioni

[jp] 大型シノプティック・サーベイ望遠鏡

[kr] 대형 전천 탐색 망원경

[pt] grande telescópio de rastreio sinóptico

[ru] большой синоптический обзорный телескоп

[es] telescopio de levantamiento sinóptico grande

35105 全球海洋观测网计划

[ar] برنامج الشبكة العالمية لرصد المحيطات

[en] Array for Real-time Geostrophic Oceanography (ARGO)

[fr] Réseau pour l'océanographie géostrophique en temps réel

[de] Netz für geostrophische Ozeanographie in Echtzeit

[it] Matrice per oceanografia geostrofica in tempo reale

[jp] 全海洋高度国際監視システム

[kr] 전지구 해양 실시간 감시망 구축 프로그램

[pt] programa de Rede de Observação do Oceano Global

[ru] Массив для геострофической океанографии в реальном времени

[es] Red de Oceanografía Geostrófica en Tiempo Real

35106 希格斯玻色子发现

[ar] اكتشاف جسيم هيغر بوسون

[en] discovery of Higgs boson

[fr] découverte du boson de Higgs

[de] Higgs-Boson-Entdeckung

[it] scoperta del bosone di Higgs

[jp] ヒッグス粒子の発見

[kr] 힉스입자의 발견

[pt] descoberta do Bóson Higgs

[ru] открытие бозона Хиггса

[es] descubrimiento del bosón de Higgs

35107 全球综合对地观测系统

[ar] نظام عالمي عام لرصد الأرض

[en] Global Earth Observation System of Systems (GEOSS)

[fr] Système mondial de systèmes d'observation de la Terre

[de] Globales Erdbeobachtungssystem

[it] Sistema compressivo di osservazione globale della terra

[jp] 全球地球観測システム

[kr] 글로벌 종합적 전지구관측 시스템

[pt] Sistema Global dos Sistemas de Observação da Terra

[ru] Глобальная система изучения Земли

[es] Sistema de Sistemas de Observación Mundial de la Tierra

35108 谷歌地球引擎

[ar] محرك جوجل إيرث

[en] Google Earth engine

[fr] moteur Google Earth

[de] Google Earth Engine

[it] Google Earth Engine

[jp] グーグルアースエンジン

[kr] 구글 어스

[pt] motor Google Earth

[ru] движок Google Earth

[es] motor del Google Earth

3.5

35109　澳大利亚地球科学"数据立方体"

[ar]　علوم الأرض الأسترالية "مكعب بيانات"

[en]　Australian Geoscience Data Cube (AGDC)

[fr]　Cube australien de données de géoscience

[de]　Australischer Geowissenschaftlicher „Data-Cube"

[it]　Cubo dei dati di geoscienza australiano

[jp]　オーストラリア「サイバーセキュリティ戦略」

[kr]　오스트레일리아 지구 과학 '데이터 큐브'

[pt]　Cubo de Dados de Geociências Australiano

[ru]　Австралийский куб геонаучных данных

[es]　Cubo de Datos de Geociencia Australiano

35110　人类基因组计划

[ar]　مشروع الجينوم البشري

[en]　Human Genome Project (HGP)

[fr]　Projet du génome humain

[de]　Humangenomprojekt

[it]　Progetto genoma umano

[jp]　ヒトゲノム計画

[kr]　인류 게놈 프로젝트

[pt]　Projeto Genoma Humano

[ru]　Проект «Геном человека»

[es]　Proyecto del Genoma Humano

35111　阵列射电望远镜

[ar]　تلسكوب راديوي مصفوف

[en]　Square Kilometer Array (SKA) Project

[fr]　Réseau d'un kilomètre carré

[de]　Quadratkilometer-Array-Projekt

[it]　Square Kilometer Array

[jp]　スクエア・キロメートル・アレイ

[kr]　대형 전파 망원경

[pt]　Matriz Quilometrica Quadrada

[ru]　Антенная решетка в квадратный километр

[es]　Proyecto de Matriz de Kilómetros Cuadrados

35112　大型强子对撞机

[ar]　مصادم هادرون الكبير

[en]　Large Hadron Collider (LHC)

[fr]　Grand collisionneur d'hadrons

[de]　Großer Hadron-Collider

[it]　Large Hadron Collider

[jp]　大型ハドロン衝突型加速器

[kr]　대형 강입자 충돌기

[pt]　Grande Colisor de Hádrons

[ru]　Большой адронный коллайдер

[es]　Gran Colisionador de Hadrones

35113　灾害风险综合研究计划

[ar]　خطة الدراسة الشاملة لمخاطر الكوارث

[en]　Integrated Research on Disaster Risk (IRDR)

[fr]　Recherche intégrée sur les risques de catastrophes naturelles

[de]　Integrierte Forschung zum Katastrophenrisiko

[it]　Ricerca integrata sul rischio di catastrofi

[jp]　災害リスク総合研究プログラム

[kr]　재해 리스크 종합 연구 계획

[pt]　Pesquisa Integrada em Riscos de Desastres

[ru]　Комплексное исследование риска бедствий

[es]　Programa de Investigación Integral de Riesgo de Desastres

35114　世界数据系统

[ar]　نظام البيانات العالمي

[en]　World Data System (WDS)

[fr]　Système mondiale de données

[de]　Weltdatensystem

[it]　Sistema dei dati mondiali

[jp]　世界データシステム

3.5

[kr] 세계 데이터 시스템

[pt] Sistema de Dados Mundial

[ru] Мировая система данных

[es] Sistema Mundial de Datos

35115 全球蛋白质数据库

[ar] بنك بيانات البروتين العالمي

[en] Worldwide Protein Data Bank (wwPDB)

[fr] Base de données mondiale sur les protéines

[de] Weltweite Proteindatenbank

[it] Worldwide Protein Data Bank

[jp] 国際蛋白質構造データバンク

[kr] 글로벌 단백질 데이터베이스

[pt] Banco Mundial de Dados de Proteínas

[ru] Всемирный банк протеиновых данных

[es] Banco de Datos de Proteínas

35116 众源地理数据

[ar] بيانات جغرافية مقدمة من قبل جمهور المتطوعين

[en] volunteered geographic information (VGI)

[fr] information géographique volontaires

[de] Freiwillig erhobene geographische Informationen

[it] Informazioni geografiche volontarie

[jp] クラウドソーシング・ジオグラフィデータ

[kr] 클라우드 소싱 지리 데이터

[pt] Informação Geográfica Voluntária

[ru] добровольная географическая информация

[es] información geográfica voluntaria

35117 银河星系标注平台

[ar] منصة العنونة لنظام نهر المجرة

[en] Galaxy Zoo

[fr] GalaxyZoo

[de] GalaxyZoo Plattform

[it] GalaxyZoo

[jp] 銀河記注ラットフォーム

[kr] 갤럭시 주석 플랫폼

[pt] GalaxyZoo

[ru] Galaxy Zoo

[es] Galaxy Zoo

35118 长期生态学研究网络

[ar] شبكة البحوث البيئية الطويلة الأمد

[en] Long-term Ecological Research (LTER) Network

[fr] Réseau mondial de recherche écologique à long terme

[de] Netzwerk der langfristigen ökologischen Forschung

[it] Rete di ricerca ecologica a lungo termine

[jp] 長期生態学研究(LTER)ネットワーク

[kr] 장기적 생태학 연구 네트워크

[pt] Rede de Pesquisa Ecológica de Longo Prazo

[ru] Сеть долгосрочных экологических исследований

[es] Red de Investigación Ecológica a Largo Plazo

35119 英国环境变化监测网络

[ar] الشبكة البريطانية لرصد التغيرات البيئية

[en] Environmental Change Network (UK)

[fr] Réseau de changement environnemental (Royaume-Uni)

[de] Netzwerk für Umweltveränderungen (UK)

[it] Environmental Change Network (UK)

[jp] イギリス環境変化監視ネットワーク

[kr] 영국 환경 변화 감측 네트워크

[pt] Rede de Mudança Ambiental (Reino Unido)

[ru] Сеть по изменению окружающей среды (Великобритания)

[es] Red de Cambio Medioambiental (Reino Unido)

3.5

35120 中国生态系统研究网络

[ar] شبكة دراسة النظام الإيكولوجي (الصين)

[en] Ecosystem Research Network (China)

[fr] Réseau chinois de recherche sur les écosystèmes (Chine)

[de] Netzwerk für Ökosystemforschung (China)

[it] Rete di ricerca ecosistema (Cina)

[jp] 中国生態システム研究ネットワーク

[kr] 중국 생태 시스템 연구 네트워크

[pt] rede de pesquisa em ecossistemas (China)

[ru] Сеть исследований экосистем (Китай)

[es] Red de Investigación de Ecosistemas (China)

35121 美国国家生态观测网络

[ar] الشبكة الأمريكية الوطنية لرصد التغيرات البيئية

[en] National Ecological Observation Network (USA)

[fr] Réseau national d'observation écologique (États-Unis)

[de] Nationales Netzwerk für ökologische Beobachtung (USA)

[it] Rete nazionale di osservazione ecologica (US)

[jp] アメリカ生態学観測ネットワーク

[kr] 미국 국가 생태 관측 네트워크

[pt] rede nacional de observatórios ecológicos (EUA)

[ru] Национальная сеть экологических наблюдений (США)

[es] Red Nacional de Observación Ecológica (EE.UU.)

35122 澳大利亚生态观测研究网络

[ar] الشبكة الأسترالية لرصد ودراسة التغيرات البيئية

[en] Terrestrial Ecosystem Research Network (Australia)

[fr] Réseau australien de recherche sur les écosystèmes terrestres

[de] Netzwerk für terrestrische Ökosystem-forschung (Australien)

[it] Rete australiana della ricerca di ecosistema terrestre

[jp] オーストラリア陸域生態系研究ネットワーク

[kr] 오스트레일리아 생태 관측 연구 네트워크

[pt] Rede Australiana de Pesquisa em Ecossistemas Terrestres

[ru] Сеть исследований наземных экосистем (Австралия)

[es] Red Australiana de Investigación del Ecosistema Terrestre

35123 全球生物多样性信息网络

[ar] شبكة المعلومات العالمية عن التنوع الحيوي

[en] Global Biodiversity Information Facility (GBIF)

[fr] Centre d'information mondial sur la biodiversité

[de] Netzwerk der globalen Biodiversitätsin-formationen

[it] Global Biodiversity Information Facility

[jp] 地球規模生物多様性情報機構

[kr] 글로벌 생물 다양성 정보 네트워크

[pt] Sistema Global de Informação sobre A Biodiversidade

[ru] Глобальная информационная система по биоразнообразию

[es] Infraestructura Mundial de Información en Biodiversidad

35124 澳大利亚生物多样性信息系统

[ar] نظام معلومات التنوع البيولوجي الأسترالي

[en] Atlas of Living Australia

[fr] Atlas of Living Australia

[de] Atlas des Lebens in Australien

[it] Atlas of Living Australia

[jp] オーストラリア生物多様性データベース

[kr] 오스트레일리아 생물 다양성 정보시스템

[pt] Atlas of Living Austrália

3.5

[ru] Атлас жизни Австралии

[es] Sistema de Información de Biodiversidad de Australia

35125 美国标本数字化平台

[ar] المنصة الرقمية الأمريكية للعينات

[en] Integrated Digitalized Biocollections (USA)

[fr] Integrated Digitalized Biocollections (États-Unis)

[de] Integrierte Digitalisierte Biokollektionen (USA)

[it] Biocollezioni digitali integrate (US)

[jp] 米国標本デジタル化プラットフォーム

[kr] 표본 디지털 플랫폼(미국)

[pt] Plataforma Integrada de Biocolheitas Digitalizadas (EUA)

[ru] Интегрированная оцифрованная биоколлекция (США)

[es] Colecciones Biológicas Digitalizadas Integradas (EE.UU.)

35126 美国"地球立方体"项目

[ar] مشروع "المكعب الأرضي" الأمريكي

[en] EarthCube Project (USA)

[fr] EarthCube (États-Unis)

[de] EarthCube-Projekt (USA)

[it] Progetto EarthCube (US)

[jp] 米国「アースキューブ」プロジェクト

[kr] 미국 '어스큐브' 프로젝트

[pt] Projeto Earthcube (EUA)

[ru] Проект EarthCube (США)

[es] Proyecto EarthCube (EE.UU.)

35127 欧盟"活地球模拟器"项目

[ar] مشروع الاتحاد الأوروبي" لمحاكي الأرض الحية "

[en] Living Earth Simulator Project (EU)

[fr] Living Earth Simulator (UE)

[de] Living Earth Simulator-Projekt (EU)

[it] Progetto Living Earth Simulator (UE)

[jp] EU「生きる地球シミュレーター」プロ

ジェクト

[kr] 유럽 연합 '리빙어스 시뮬레이터' 프로젝트

[pt] Projecto de Simulador Living Earth (UE)

[ru] Проект «Симулятор живой Земли» (ЕС)

[es] Proyecto Living Earth Simulator (UE)

35128 "数字丝路"国际科学计划

[ar] خطة علمية دولية لـ "طريق الحرير الرقمي"

[en] Digital Belt and Road (DBAR) Program Science Plan

[fr] Projet scientifique international de l'initiative « la Ceinture et la Route numériques »

[de] Wissenschaftsplan für den Programm der digitalen Seidenstraßen

[it] Piano scientifico di Via della Seta digitale

[jp] 「デジタルシルクロード」国際科学計画

[kr] '디지털 실크로드' 국제 과학 행동 계획

[pt] Programa Internacional de Ciência da Faixa e Rota Digital

[ru] Научная программа «Цифровой пояс и путь»

[es] Plan Científico Internacional de la Ruta de la Seda Digital

35129 玻璃地球计划

[ar] خطة الكرة الأرضية الزجاجية

[en] Glass Earth Program

[fr] Glass Earth

[de] Glas-Erde Plan

[it] Progetto Glass Earth

[jp] ガラス地球計画

[kr] 유리 지구 계획

[pt] Projeto Terra de Vidro

[ru] Проект Glass Earth

[es] Tierra de Cristal

35130 全球微生物菌种资源目录国际合作计划

[ar] برنامج التعاون الدولي لموارد السلالة البكتيرية للأحياء المجهرية

[en] Global Catalogue of Microorganism (GCM)

[fr] Catalogue mondial des micro-organismes

[de] Globaler Katalog von Mikroorganismen

[it] Progetto microbioma della Terra

[jp] 微生物グローバルカタログに関する国際協力計画

[kr] 글로벌 미생물 균종자원 목록 국제 협력 계획

[pt] Programa de Cooperação Internacional de Catálogo de Microorganismos Globais

[ru] Глобальный электронный каталог микроорганизмов

[es] Catálogo Global de Microorganismos

35131 模式微生物基因组测序、数据挖掘及功能解析全球合作计划

[ar] برنامج تعاوني عالمي حول تسلسل اختبار جينات الأحياء المجهرية النموذجية واستخراج البيانات والتحليل الوظائفي

[en] Global Catalogue of Microorganisms 10K Type Strain Sequencing Project

[fr] Projet de coopération internationale sur le séquençage de 10 mille souches dans le cadre du Catalogue mondial des micro-organismes

[de] Globaler Katalog des Stammsequenzie-rungsprojekts von 10K-Typ-Mikroorga-nismen

[it] Catalogo globale dei microrganismi di progetto di sequenziamento di tipo 10K

[jp] 微生物ゲノムシーケンシング、データマイニング及び機能解析における国際協力計画

[kr] 모델 미생물 게놈 배열 순서 테스트 및

데이터 마이닝과 기능 분석 글로벌 협력 계획

[pt] Projeto Global de Sequenciação de Deformação de Catálogo de Microrganismos de Tipo 10K

[ru] Проект глобального каталога микроорганизмов по секвенированию 10 тысяч видов штаммов

[es] Proyecto Global de Secuenciación de Deformación de Catálogo de Microorganismos de Tipo 10K

3.5.2 第四范式

[ar] النموذج الرابع

[en] **The Fourth Paradigm**

[fr] **Quatrième paradigme**

[de] **Das Vierte Paradigma**

[it] **Quarto paradigma**

[jp] **第 4 パラダイム**

[kr] **제 4 의 패러다임**

[pt] **Quarta Paradigma**

[ru] **Четвертая парадигма**

[es] **El Cuarto Paradigma**

35201 科学数据

[ar] بيانات علمية

[en] scientific data

[fr] données scientifiques

[de] wissenschaftliche Daten

[it] dati scientifici

[jp] 科学データ

[kr] 과학 데이터

[pt] dados científicos

[ru] научные данные

[es] datos científicos

35202 科学发现

[ar] اكتشاف علمي

[en] scientific discovery

[fr] découverte scientifique

[de] wissenschaftliche Entdeckung

3.5

[it] scoperta scientifica

[jp] 科学的発見

[kr] 과학 발견

[pt] descoberta científica

[ru] научное открытие

[es] descubrimiento científico

35203 科学知识大数据

[ar] بيانات ضخمة للمعارف العلمية

[en] big data on scientific knowledge

[fr] mégadonnées des connaissances
scientifiques

[de] Big Data zu wissenschaftlichen Kennt-
nissen

[it] Big Data delle conoscenze scientifiche

[jp] 科学知識ビッグデータ

[kr] 과학지식 빅데이터

[pt] big data sobre conhecimentos científicos

[ru] большие данные о научных знаниях

[es] Big Data de conocimientos científicos

35204 科学活动大数据

[ar] بيانات ضخمة للأنشطة العلمية

[en] big data on scientific activity

[fr] mégadonnées des activités scientifiques

[de] Big Data zu wissenschaftlichen Aktivi-
täten

[it] Big Data sulle attività scientifiche

[jp] 科学活動ビッグデータ

[kr] 과학활동 빅데이터

[pt] big data nas actividades científicas

[ru] большие данные о научной
деятельности

[es] Big Data de actividades científicas

35205 数据密集型科学范式

[ar] نموذج علمي للبيانات المكثفة

[en] data-intensive scientific paradigm

[fr] paradigme scientifique à forte intensité
de données

[de] datenintensives wissenschaftliches Para-

digma

[it] paradigma scientifico ad alta intensità
dei dati

[jp] データ集約型科学パラダイム

[kr] 데이터 밀집형 과학 범식

[pt] paradigma científico com utilização
intensiva de dados

[ru] наукоемкая научная парадигма

[es] paradigma de ciencia de datos intensivos

35206 实验科学范式

[ar] نموذج العلوم التجريبية

[en] experimental science paradigm

[fr] paradigme de science expérimentale

[de] Paradigma der Experimentalwissen-
schaft

[it] paradigma della scienza sperimentale

[jp] 実験科学のパラダイム

[kr] 실험 과학 범식

[pt] paradigma da ciência experimental

[ru] парадигма экспериментальной науки

[es] paradigma de ciencia experimental

35207 理论科学范式

[ar] نموذج العلوم النظرية

[en] theoretical science paradigm

[fr] paradigme de science théorique

[de] Paradigma der theoretischen Wissen-
schaft

[it] paradigma della scienza teorica

[jp] 理論科学のパラダイム

[kr] 이론 과학 범식

[pt] paradigma de ciência teórica

[ru] парадигма теоретической науки

[es] paradigma de ciencia teórica

35208 计算科学范式

[ar] نموذج العلوم الحوسبية

[en] computational science paradigm

[fr] paradigme de science informatique

[de] Paradigma der Computerwissenschaft

[it] paradigma della scienza computazionale
[jp] 計算科学のパラダイム
[kr] 컴퓨팅 과학 범식
[pt] paradigma de ciência da computação
[ru] парадигма вычислительной науки
[es] paradigma de ciencia computacional

35209 数据洪流
[ar] طوفان البيانات
[en] data deluge
[fr] déluge de données
[de] Datenflut
[it] diluvio dei dati
[jp] データの奔流
[kr] 데이터 폭주
[pt] dilúvio de dados
[ru] поток данных
[es] diluvio de datos

35210 科学共同体
[ar] مجتمع علمي مشترك
[en] scientific community
[fr] communauté scientifique
[de] Wissenschaftsgemeinschaft
[it] comunità scientifica
[jp] 科学共同体
[kr] 과학 공동체
[pt] comunidade científica
[ru] научное сообщество
[es] comunidad científica

35211 知识共同体
[ar] مجتمع معرفي مشترك
[en] Common Body of Knowledge
[fr] tronc commun de connaissances
[de] Wissensgemeinschaft
[it] comunità della conoscenza
[jp] 知識共同体
[kr] 지식 공동체
[pt] Comunidade do Conhecimento
[ru] Единый свод знаний

[es] Comunidad de Conocimientos

35212 格雷法则
[ar] قانون جريشام
[en] Gresham's Law
[fr] loi de Gresham
[de] Greshams Gesetz
[it] legge di Gresham
[jp] グレシャムの法則
[kr] 그레셤의 법칙
[pt] Lei de Gresham
[ru] Закон Грешама
[es] Ley de Gresham

35213 科学计算
[ar] حوسبة علمية
[en] scientific computing
[fr] informatique scientifique
[de] wissenschaftliches Computing
[it] computing scientifico
[jp] 科学計算
[kr] 과학 컴퓨팅
[pt] computação científica
[ru] научные вычисления
[es] computación científica

35214 数据资源池
[ar] مجمع موارد البيانات
[en] data resource pool
[fr] pool de ressources de données
[de] Datenressourcenpool
[it] pool di risorse dei dati
[jp] データリソースプール
[kr] 데이터 리소스 풀
[pt] reservatório de recursos de dados
[ru] пул ресурсов данных
[es] banco de recursos de datos

35215 数据科学合作网络
[ar] شبكة التعاون في العلوم البياناتية
[en] data science collaboration network

3.5

[fr] réseau de collaboration scientifique basée sur les données

[de] datenwissenschaftliches Kollaborations-netzwerk

[it] rete di collaborazione per la scienza dei dati

[jp] データ科学協力ネットワーク

[kr] 데이터 과학 협력 네트워크

[pt] rede de colaboração em ciência da informação

[ru] сеть сотрудничества по науке о данных

[es] red de colaboración de ciencia de datos

35216　国际分布式数据集

[ar] مجموعة البيانات الموزعة الدولية

[en] international distributed data set

[fr] jeu de données distribuées international

[de] internationaler verteilter Datensatz

[it] set internazionale di dati distribuiti

[jp] 国際分散データセット

[kr] 국제 분산형 데이터세트

[pt] base de dados distribuída internacional

[ru] международный распределенный набор данных

[es] conjunto internacional de datos distribuidos

35217　数据内容不可重复性

[ar] محتويات البيانات غير القابلة للتكرار

[en] non-repeatability of data content

[fr] non-répétabilité du contenu des données

[de] Nichtwiederholbarkeit von Dateninhal-ten

[it] irripetibilità del contenuto dei dati

[jp] データコンテンツの非再現性

[kr] 데이터 콘텐츠 비중복성

[pt] irrepetibilidade do conteúdo dos dados

[ru] неповторимость содержания данных

[es] no repetibilidad del contenido de datos

35218　数据高度不确定性

[ar] عدم اليقين العالي للبيانات

[en] high uncertainty of data

[fr] incertitude élevée des données

[de] hohe Datenunsicherheit

[it] incertezza elevata dei dati

[jp] データの高度不確定性

[kr] 데이터 고도 불확실정

[pt] elevada incerteza dos dados

[ru] высокая неопределенность данных

[es] alta incertidumbre de datos

35219　数据高维特性

[ar] خصائص عالية الأبعاد للبيانات

[en] high dimensionality of data

[fr] dimensionnalité élevée des données

[de] hohe Dimensionalität der Daten

[it] dimensionalità elevata dei dati

[jp] データの高度維持性

[kr] 데이터 고차원 특성

[pt] alta dimensionalidade dos dados

[ru] высокая размерность данных

[es] alta dimensionalidad de datos

35220　数据计算复杂性

[ar] تعقيد الحوسبة البياناتية

[en] complexity of data computation

[fr] complexité de calcul des données

[de] Komplexität der Datenberechnung

[it] complessità di computing dei dati

[jp] データ計算の複雑性

[kr] 데이터 컴퓨팅 복잡성

[pt] complexidade computacional dos dados

[ru] сложность вычислений данных

[es] complejidad computacional de datos

35221　时空连续性

[ar] استمرارية زمكانية

[en] time and space continuity

[fr] continuité temporelle et spatiale

[de] Raumzeit-Kontinuität

3.5

[it] continuità temporale e spaziale
[jp] 時空連続性
[kr] 시공간 연속성
[pt] continuidade temporal e unidade espacial
[ru] пространственно-временная непрерывность
[es] continuidad de espacio-tiempo

35222 谱段多维性
[ar] طيفية متعددة الأبعاد
[en] spectral multidimensionality
[fr] multidimensionnalité spectrale
[de] spektrale Multidimensionalität
[it] multidimensionnalità spettrale
[jp] スペクトル多次元性
[kr] 스펙트럼의 다차원성
[pt] multidimensionalidade espectral
[ru] спектральная многомерность
[es] multidimensionalidad espectral

35223 维数灾难
[ar] كارثة البعد
[en] curse of dimensionality
[fr] malédiction de la dimensionnalité
[de] Fluch der Dimensionalität
[it] disastro della dimensionalità
[jp] 次元の呪い
[kr] 차원 재난
[pt] maldição da dimensionalidade
[ru] проклятие размерности
[es] maldición de dimensionalidad

35224 规模动态化
[ar] ديناميكية النطاق
[en] scale dynamics
[fr] dynamique de dimension
[de] Dynamisierung der Skalierung
[it] scala dinamica
[jp] スケールダイナミック
[kr] 스케일 다이내믹
[pt] escala dinâmica
[ru] масштабная динамика
[es] dinámica de escala

35225 流水线管理
[ar] إدارة الخطوط المتصلة
[en] pipeline management
[fr] gestion de pipeline
[de] Fliessband-Management
[it] gestione della pipeline
[jp] パイプライン管理
[kr] 파이프라인 관리
[pt] gestão de linha de produção
[ru] управление трубопроводом
[es] gestión del flujo de proceso

35226 统一访问
[ar] وصول موحد
[en] unified access
[fr] accès unifié
[de] einheitlicher Zugang
[it] acesso unificato
[jp] 統一アクセス
[kr] 통일 액세스
[pt] acesso unificado
[ru] единый доступ
[es] acceso unificado

3.5.3 技术开源
[ar] تكنولوجيا مفتوحة المصدر
[en] Technology Open Source
[fr] Technologie à source ouverte
[de] Technische Open Source
[it] Tecnologia di risorsa aperta
[jp] 技術オープンソース
[kr] 테크놀로지 오픈 소스
[pt] Tecnologia de Código Aberto
[ru] Технология с открытым исходным кодом
[es] Código Abierto de Tecnología

35301 超大规模关系数据管理

[ar] إدارة البيانات العلائقية فائقة النطاق

[en] management of hyperscale relational data

[fr] gestion des données relationnelles d'HyperScale

[de] Management von hyperscalen relationalen Daten

[it] gestione dei dati relazionali iperscalari

[jp] 超大規模関係データの管理

[kr] 하이퍼스케일 관계형 데이터 관리

[pt] geração de dados relacionais em hipre escala

[ru] управление гипермасштабными реляционными данными

[es] gestión de datos relacionales a hiperescala

35302 多源数据关联和知识发现

[ar] اكتشاف العلاقات البينية ومعرفة البيانات متعددة المصادر

[en] multi-source data association and knowledge discovery

[fr] association des données à multisources et découverte de connaissances

[de] Multi-Source-Datenassoziation und Wissensentdeckung

[it] associazione di dati multi-risorse e scoperta della conoscenza

[jp] マルチソースのデータ関連付けと知識発見

[kr] 멀티 소스 데이터 연결 및 지식 발견

[pt] associação de dados de recursos múltiplos e descoberta de conhecimento

[ru] связь между данными различных источников и обнаружение знаний

[es] asociación de datos de múltiples fuentes y descubrimiento de conocimiento

35303 大数据融合技术

[ar] تكنولوجيا دمج البيانات الضخمة

[en] big data fusion technology

[fr] technologie de fusion des mégadonnées

[de] Big Data-Fusion-Technologie

[it] tecnologia di fusione di Big Data

[jp] ビッグデータ融合技術

[kr] 빅데이터 융합 기술

[pt] tecnologia de fusão de big data

[ru] технология объединения больших данных

[es] tecnología de fusión de Big Data

35304 天—空—地多尺度观测技术

[ar] تكنولوجيا الرصد المتعدد المعايير للسماء ـ الفضاء ـ الأرض

[en] space-air-ground multi-scale observation technology

[fr] technologie d'observation intégrée ciel-espace-sol

[de] integrierte Raum-Luft-Boden-Beobachtungstechnologie

[it] tecnologia di osservazione integrata cielo-spazio-terrestre

[jp] 宇宙ー空ー地上多次元観測技術

[kr] 우주-공중-지상 멀티스케일 관측 기술

[pt] tecnologia de observação integrada céu-espaço-terra

[ru] интегрированная технология наблюдения «небо-космос-земля»

[es] tecnología de observación integrada de cielo-espacio-tierra

35305 公民科学

[ar] علم المواطن

[en] citizen science

[fr] science des citoyens

[de] Bürgerwissenschaft

[it] scienza dei cittadini

[jp] 市民科学

[kr] 공민 과학

[pt] ciência cidadã

[ru] гражданская наука

3.5

[es] ciencia ciudadana

35306 科研众筹

[ar] تمويل جماعي للبحث العلمي

[en] scientific research crowdfunding

[fr] financement participatif de recherche scientifique

[de] Massenfinanzierung für wissenschaftliche Forschung

[it] finanziamento collettivo per ricerca scientifica

[jp] 科学研究クラウドファンディング

[kr] 과학 연구 크라우드 펀딩

[pt] financiamento colaborativo da pesquisa ciêntífica

[ru] краудфандинг научных исследований

[es] micromecenazgo de investigación científica

35307 ROOT（欧洲核子研究中心(CERN)开发的开源软件）

[ar] البرامج المفتوحة المصدر التي تم تطويرها من قبل مركز البحوث الأوروبي للنواة ROOT

[en] ROOT (an object-oriented program and library developed by CERN)

[fr] ROOT (programme informatique de programmation développé par le CERN)

[de] ROOT (ein von CERN entwickeltes Objekt-orientiertes Programm)

[it] ROOT (software di risorsa aperta sviluppato da CERN)

[jp] ルート（欧州原子核研究機構(CERN)によって開発されたオープンソースソフトウェア）

[kr] 유럽입자물리연구소 개발한 오픈 소스 소프트웨어(ROOT)

[pt] ROOT(software aberto desenvolvido pelo Centro Europeu de Pesquisa Nuclear)

[ru] программа ROOT (пакет объектно-ориентированных программ и

библиотек, разработанных в Европейском центре ядерных исследований)

[es] ROOT (software de código abierto desarrollado por el CERN)

35308 AstroML（面向天文领域的机器学习和数据挖掘算法包）

[ar] حزمة خوارزمية للتعلم الآلي واكتشاف البيانات لعلم الفلك AstroML

[en] AstroML (machine learning for astrophysics)

[fr] AstroML (Apprentissage automatique pour l'astrophysique)

[de] AstroML (Maschinelles Lernen für die Astrophysik)

[it] AstroML (Apprendimento automatico per astrofisica e packaging algoritmo di estrazione dei dati)

[jp] AstroML（天文分野向け機械学習とデータマイニングアルゴリズムパッケージ）

[kr] 천문영역 지향 머신 러닝 및 데이터 마이닝 알고리즘 패키지(AstroML)

[pt] AstroML (Estuda de Máquia para Astrofísica)

[ru] пакет алгоритмов AstroML (для машинного обучения и интеллектуального анализа данных в области астрофизики)

[es] AstroML (aprendizaje de máquinas y paquete de algoritmo de minería de datos para astrofísica)

35309 SDAP（面向地球物理海洋学领域的科学大数据分析平台）

[ar] منصة تحليل البيانات الضخمة لعلوم المحيطات الجيوفيزيائية SDAP

[en] SDAP (Science Data Analytics Platform)

[fr] SDAP (Plate-forme d'analyse des données scientifiques)

[de] SDAP (Analyseplattform der wissen-
schaftlichen Big Data für die Geophysik
und Ozeanologie)

[it] SDAP (Piattaforma di analisi dei dati
scientifici per oceanografia geofisica)

[jp] SDAP（地球物理海洋分野における科
学ビックデータの分析プラットフォー
ム）

[kr] 지구물리해양학 지향 과학 빅데이터 분
석 플랫폼(SDAP)

[pt] SDAP(Plataforma Analistica de Ciência
de Big Data)

[ru] SDAP (платформа для анализа
научных больших данных в области
морской геофизики)

[es] SDAP (Plataforma Científica de
Análisis del Big Data para Oceanografía
Geofísica)

35310 DeepVariant（可将基因组信息转换
成图像进行分析）

[ar] إمكان تحويل المعلومات الجينية إلى صور للتحليل
DeepVariant

[en] DeepVariant (an analysis pipeline that
uses a deep neural network to call
genetic variants from next-generation
DNA sequencing data)

[fr] DeepVariant (pipeline d'analyse
employant un réseau de neurones
profond pour identifier des variantes
génétiques à partir de données de
séquençage d'ADN de nouvelle
génération)

[de] DeepVariant (Eine Analysepipeline, die
ein tiefes neuronales Netzwerk ver-
wendet, um genetische Varianten aus
DNA-Sequenzierungsdaten der nächsten
Generation aufzurufen.)

[it] DeepVariant (convertire le informazioni
genomiche in immagini per l'analisi)

[jp] DeepVariant（ゲノム情報を画像に転

換して分析可能）

[kr] 게놈 정보 이미지화 분석 가능

[pt] DeepVariant (transforma informações
genéticas ao gráfico)

[ru] DeepVariant (инструмент для
преобразования геномных данных в
изображения)

[es] DeepVariant (Una tubería analítica que
aprovecha una red neuronal avanzada
para recuperar variantes genéticas de
los datos de secuenciación de ADN de
próxima generación)

35311 地球大数据挖掘分析系统

[ar] نظام تحليل البيانات للأرض الكبيرة

[en] Big Earth Data Miner

[fr] système de minage des mégadonnées
terrestres

[de] Erde-Big Data-Miner

[it] sistema di estrazione e analisi di Big
Data della Terra

[jp] 地球ビッグデータのマイニング・分析
システム

[kr] 지구 빅데이터 마이닝 분석 시스템

[pt] Mineiro de Dados do Big Earth

[ru] Аналитическая система извлечения
больших данных Земли

[es] Minería de Datos de la Tierra

35312 融合资源保存代理系统

[ar] نظام الوكالة لتخزين الموارد الاندماجية

[en] Storage Resource Broker (SRB)

[fr] courtier en ressources de stockage

[de] Speicherungsressourcen-Agentur

[it] broker di risorse di archiviazione

[jp] ストレージリソースブローカー

[kr] 융합 자원 저장 대리 시스템

[pt] Resource Broker Armazenamento

[ru] Брокер ресурсов хранения

[es] Almacenamiento de Recursos Broker
(SRB)

35313　iRODS软件

[ar]　نظام البيانات الموجه نحو القاعدة المتكاملة iRODS

[en]　Integrated Rule-oriented Data System (iRODS)

[fr]　système de données orienté par les règles intégrées

[de]　Integriertes regelorientiertes Datensystem

[it]　Software iRODS (sistema integrato di dati orientato alle regole)

[jp]　iRODSソフトウェア

[kr]　통합 규칙 기반 데이터 시스템(iRODS) 소프트웨어

[pt]　software iRODS

[ru]　Интегрированная система данных, ориентированная на правила

[es]　iRODS (Sistema Integrado de Datos Orientado a Reglas)

35314　SciDB系统

[ar]　نظام SciDB

[en]　SciDB system

[fr]　système SciDB

[de]　SciDB System

[it]　sistema SciDB

[jp]　SciDBシステム

[kr]　SciDB 시스템

[pt]　sistema SciDB

[ru]　система SciDB

[es]　sistema SciDB

35315　Hama系统

[ar]　نظام Hama

[en]　Hama system

[fr]　système Hama

[de]　Hama System

[it]　sistema Hama

[jp]　Hamaシステム

[kr]　하마(Hama) 시스템

[pt]　sistema Hama

[ru]　система Hama

[es]　sistema Hama

35316　SkyServer系统

[ar]　نظام SkyServer

[en]　SkyServer system

[fr]　système SkyServer

[de]　SkyServer System

[it]　sistema SkyServer

[jp]　SkyServer システム

[kr]　스카이 서버(SkyServer) 시스템

[pt]　sistema SkyServer

[ru]　система SkyServer

[es]　sistema SkyServer

35317　科学数据索引

[ar]　فهرس البيانات العلمية

[en]　Scientific Data Index (SDI)

[fr]　Index de données scientifiques

[de]　Index der wissenschaftlichen Daten

[it]　Indice dei dati scientifici

[jp]　科学データインデックス

[kr]　과학 데이터 색인

[pt]　Índice dos Dados Científicos

[ru]　Индекс научных данных

[es]　índice de datos científicos

35318　科学大数据管理系统

[ar]　نظام إدارة البيانات العلمية الضخمة

[en]　Big Scientific Data Management (BigSDM)

[fr]　système de gestion des mégadonnées scientifiques

[de]　Managementsystem der wissenschaftlichen Big Data

[it]　sistema di gestione di Big Data scientifici

[jp]　科学ビッグデータ管理システム

[kr]　과학 빅데이터 관리 시스템

[pt]　Sistema de Gestão de Big Data Científico

[ru]　Система управления научными

3.5

данными

[es] Sistema de Gestión de Big Data Científicos

35319 《大教堂与集市》（〔美〕埃里克·史蒂文·雷蒙德）

[ar] الكاتدرائية والبازار(أريك ستيفن ريموند، الولايات المتحدة)

[en] The Cathedral and the Bazaar (Eric S. Raymond, USA)

[fr] La cathédrale et le bazar (Eric S. Raymond, États-Unis)

[de] Die Kathedrale und der Basar (Eric S. Raymond, US)

[it] La cattedrale e il bazar (Eric S. Raymond, USA)

[jp] 「伽藍とバザール」（エリック・レイモンド、アメリカ）

[kr] <성당과 시장>[미국]에릭 스티븐 레이몬

[pt] A Catedral e o Bazar (Eric S. Raymond, EUA)

[ru] Собор и Базар (Эрик С. Рэймонд., США)

[es] La Catedral y el Bazar (Eric S. Raymond, EE.UU.)

35320 大教堂模式

[ar] نمط الكاتدرائية

[en] Cathedral model

[fr] modèle de cathédrale

[de] Kathedralenmodell

[it] modello cattedrale

[jp] カセドラルモデル

[kr] 바자 모델

[pt] modelo catedral

[ru] Соборная модель

[es] modelo de catedral

35321 市集模式

[ar] نمط البازار

[en] Bazaar model

[fr] modèle de bazar

[de] Basarsmodell

[it] modello bazar

[jp] バザールモデル

[kr] 바자르 모드

[pt] modelo de bazar

[ru] Базарная модель

[es] modelo de bazar

35322 Apache社区

[ar] مجتمع Apache

[en] Apache community

[fr] communauté Apache

[de] Apache-Community

[it] comunità Apache

[jp] Apacheコミュニティ

[kr] 아파치 커뮤니티

[pt] comunidade Apache

[ru] сообщество Apache

[es] comunidad Apache

35323 Google Source社区

[ar] مجتمع Google Source

[en] Google Source community

[fr] communauté Google Source

[de] Google Source-Community

[it] comunità Google Source

[jp] Google ソースコミュニティ

[kr] 구글 소스 커뮤니티

[pt] comunidade Google Source

[ru] сообщество Google Source

[es] comunidad Google Source

35324 REEF（微软Hadoop开发者平台）

[ar] منصة مطور Hadoop لميكروسوفت REEF

[en] Retainable Evaluator Execution Framework (REEF)

[fr] REEF (plate-forme de Microsoft pour les développeurs d'Hadoop)

[de] REEF (Hadoop-Entwicklerplattform der Microsoft)

[it] REEF (Piattaforma Hadoop di Microsoft per sviluppatori)

[jp] REEF（マイクロソフトのHadoop 開発者向けプラットフォーム）

[kr] 마이크로소프트 하둡(Hadoop) 개발자 플랫폼(REEF)

[pt] REEF (plataforma de programador Hadoop de Microsoft)

[ru] фреймворк REEF

[es] REEF (plataforma de desarrollador de Microsoft Hadoop)

35325 开源中国社区

[ar] مجتمع الصين مفتوح المصدر

[en] Open Source China (OSCHINA) Community

[fr] communauté OSCHINA

[de] Open Source China-Community

[it] Comunità cinese di risorsa aperta

[jp] オープンソース中国コミュニティ

[kr] 오픈 소스 중국 커뮤니티

[pt] Comunidade da Software Aberto da China

[ru] Сообщество Open Source China

[es] Comunidad de Código Abierto de China

35326 阿里云开发者社区

[ar] مجتمع المطورين لسحابة علي بابا

[en] Alibaba Cloud Developer Community

[fr] centre de développeurs de nuage d'Alibaba

[de] Alibaba Cloud-Entwickler-Community

[it] Comunità di Sviluppatori di Alibaba Cloud

[jp] アリババクラウド開発者コミュニティ

[kr] 알리바바 클라우드 개발자 커뮤니티

[pt] Centro de programador da Alibaba Nuvem

[ru] Сообщество разработчиков облачных технологий Alibaba

[es] Centro de desarrolladores de Alibaba Cloud

35327 百度AI开发者社区

[ar] مجتمع المطورين بايدو AI

[en] Baidu AI Developer Community

[fr] communauté des développeurs d'intelligence artificielle de Baidu

[de] Baidu KI-Entwickler-Community

[it] Comunità di Sviluppatori AI di Baidu

[jp] 百度（バイドゥ）AI 開発者コミュニティ

[kr] 바이두 인공지능 개발자 커뮤니티

[pt] Comunidade de programadores de Intelegência Artificial da Baidu

[ru] Сообщество разработчиков Baidu AI

[es] Comunidad de Desarrolladores de Inteligencia Artificial de Baidu

35328 微信开放社区

[ar] مجتمع مفتوح لويتشات

[en] WeChat Open Community

[fr] communauté ouverte WeChat

[de] WeChat offene Community

[it] Comunità aperta WeChat

[jp] ウィーチャットオープンコミュニティ

[kr] 위챗 오픈 커뮤니티

[pt] Comunidade aberta WeChat

[ru] Открытое сообщество WeChat

[es] comunidad abierta de WeChat

3.5.4 **科学数据管理**

[ar] **إدارة البيانات العلمية**

[en] **Research Data Management**

[fr] **Gestion des données scientifiques**

[de] **Management wissenschaftlicher Daten**

[it] **Gestione dei dati scientifici**

[jp] **科学データ管理**

[kr] **과학 데이터 관리**

[pt] **Gestão de Dados Científicos**

[ru] **Управление научными данными**

[es] **Gestión de Datos Científicos**

35401 科研数据管理计划
[ar] خطة إدارة البيانات للبحوث العلمية
[en] data management plan (DMP)
[fr] plan de gestion de données
[de] Forschungsdatenmanagementsplan
[it] piano di gestione dei dati
[jp] 科学研究データ管理計画
[kr] 과학연구 데이터 관리 계획
[pt] plano de gestão de dados
[ru] план управления данными
[es] plan de gestión de datos de investigación

35402 科研数据管理
[ar] إدارة بيانات البحوث
[en] research data management (RDM)
[fr] gestion des données de recherche
[de] Forschungsdatensmanagement
[it] gestione dei dati di ricerca
[jp] 科学研究データ管理
[kr] 과학연구 데이터 관리
[pt] gestão de dados de pesquisa científica
[ru] управление данными исследований
[es] gestión de datos de investigación

35403 数据监护
[ar] مراقبة البيانات
[en] data curation
[fr] surveillance des données
[de] Datenkuration
[it] cura dei dati
[jp] データのキュレーション
[kr] 데이터 큐레이션
[pt] curadoria de dados
[ru] курация данных
[es] custodia de datos

35404 数据归档
[ar] أرشفة البيانات
[en] data archiving
[fr] archivage des données
[de] Datenarchivierung

[it] archiviazione dei dati
[jp] データのアーカイブ
[kr] 데이터 아카이빙
[pt] arquivamento de dados
[ru] архивация данных
[es] archivado de datos

35405 共享管理
[ar] إدارة تشاركية
[en] sharing management
[fr] gestion du partage
[de] Sharing-Management
[it] gestione condivisa
[jp] 共有管理
[kr] 공유 관리
[pt] gestão partilhada
[ru] управление совместным
использованием
[es] gestión del uso compartido

35406 开放科学
[ar] علوم مفتوحة
[en] open science
[fr] science ouverte
[de] offene Wissenschaft
[it] scienza aperta
[jp] オープンサイエンス
[kr] 개방 과학
[pt] ciência aberta
[ru] открытая наука
[es] ciencia abierta

35407 FAIR原则
[ar] مبدأ FAIR
[en] FAIR (findable, accessible, interoperable and reusable) principles
[fr] principes FAIR (trouvable, accessible, interopérable, réutilisable)
[de] FAIR (auffindbar, zugänglich, interoperabel, wiederverwendbar) Prinzipien
[it] principi di FAIR (trovabile, accessabile,

interoperabile, riutilizzabile)

[jp] FAIR 原則

[kr] 발견 가능, 접근 가능, 교환 가능, 재사용
가능(FAIR)원칙

[pt] princípios de FAIR

[ru] принципы FAIR (обнаружимость,
доступность, совместимость,
переиспользуемость)

[es] principios FAIR (localizables, accesibles,
interoperables, reutilizables)

35408　FAIR化的元数据

[ar] بيانات وصفية يمكن العثور عليها ويمكن الوصول
إليها وقابلة للتشغيل المتبادل وقابلة لإعادة الاستخدام
FAIR

[en] FAIR metadata

[fr] métadonnées FAIR

[de] FAIR-Metadaten

[it] metadati FAIR

[jp] FAIRメタデータ

[kr] FAIR 메타데이터

[pt] FAIR metadados

[ru] метаданные FAIR

[es] metadatos de FAIR

35409　FAIR化有限开放数据

[ar] بيانات مفتوحة محدودة FAIR

[en] FAIR data with restricted access

[fr] données FAIR à ouverture limitée

[de] begrenzt offene FAIR-Daten

[it] dati aperti limitati FAIR

[jp] FAIR 限定オープンデータ

[kr] FAIR 제한 공공 데이터

[pt] FAIR dados abertos limitados

[ru] ограничено открытые данные FAIR

[es] datos de acceso restringido de FAIR

35410　FAIR化开放数据

[ar] بيانات مفتوحة FAIR

[en] FAIR data with open access

[fr] données FAIR ouvertes

[de] offene FAIR-Daten

[it] dati aperti FAIR

[jp] FAIRオープンデータ

[kr] FAIR 공공 데이터

[pt] FAIR dados abertos

[ru] открытые данные FAIR

[es] datos accesibles de FAIR

35411　强制性数据汇交制度

[ar] نظام الترتيب والتسليم الإلزامي للبيانات

[en] mandatory data exchange mechanism

[fr] mécanisme d'échange de données
obligatoire

[de] obligatorischer Datenaustauschmecha-
nismus

[it] meccanismo obbligatorio di scambio dei
dati

[jp] 強制的データ交換制度

[kr] 강제적 데이터 교환 메커니즘

[pt] mecanismo obrigatório de troca de dados

[ru] механизм обязательного обмена
данными

[es] mecanismo obligatorio de intercambio
de datos

35412　数据联盟专项交换机制

[ar] آلية التبادل الخاصة باتحاد البيانات

[en] data alliance's special exchange
mechanism

[fr] mécanisme d'échange spécifique de
l'alliance des données

[de] besonderer Austauschmechanismus der
Datenallianz

[it] meccanismo di scambio speciale di
alleanza dei dati

[jp] データ連盟専門交換メカニズム

[kr] 데이터 연맹 전문 항목 교환 메커니즘

[pt] mecanismo especial de intercâmbio da
aliança de dados

[ru] механизм специального обмена
данными между альянсами

3.5

[es] mecanismo especial de intercambio de la Alianza de Datos

35413 申请审核数据开放机制

[ar] آلية تدقيق طلب موافقة انفتاح البيانات

[en] application and approval mechanism for open data

[fr] mécanisme d'approbation de demande de l'ouverture des données

[de] Antrag- und Genehmigungsmechanismus für offene Daten

[it] meccanismo di apertura per applicazione ed audit dei dati

[jp] データ申請・審査のオープンメカニズム

[kr] 데이터 신청 및 심사 공개 메커니즘

[pt] mecanismo aberto para aplicação de dados e auditoria de dados

[ru] механизм открытия рассмотренных данных

[es] mecanismo abierto para datos de aplicación y de auditoría

35414 积分制数据开放共享推广机制

[ar] آلية ترويج انفتاح وتشارك البيانات بناء على نظام النقاط

[en] mechanism for promoting the opening and sharing of point-based data

[fr] mécanisme de promotion de l'ouverture et du partage des données basées sur des points accumulés

[de] Förderungsmechanismus der Öffnung und des Sharings punktbasierter Daten

[it] meccanismo a punti per la promozione dell'apertura e la condivisione dei dati

[jp] ポイント制に基づくデータのオープン・共有の推進メカニズム

[kr] 누적제 데이터 공개 공유 보급 메커니즘

[pt] mecanismo para promoção da abertura e partilha dos dados baseados em pontos

[ru] механизм распространения

интегрирующей системы открытия и совместного использования данными

[es] mecanismo para promover la apertura y el uso compartido de datos basados en puntos

35415 社会力量数据分享参与机制

[ar] آلية مشاركة القوى الاجتماعية في تشارك البيانات

[en] mechanism for public participation in data sharing

[fr] mécanisme de participation du public au partage des données

[de] Beteiligungsmechanismus der Öffentlichkeit am Datensharing

[it] meccanismo per la partecipazione pubblica alla condivisione dei dati

[jp] 社会構成員のデータ共有参加メカニズム

[kr] 사회력 데이터 공유 참여 메커니즘

[pt] mecanismo de participação do público no partilha de dados

[ru] механизм общественного участия в обмене данными

[es] mecanismo de participación pública en el intercambio de datos

35416 科学数据开放注册平台

[ar] منصة تسجيل البيانات العلمية المفتوحة

[en] registration platform for open scientific data

[fr] plate-forme d'enregistrement ouvert de données scientifiques

[de] offene Registrierungsplattform der wissenschaftlichen Daten

[it] piattaforma di registrazione aperta dei dati scientifici

[jp] 科学データ公開登録プラットフォーム

[kr] 과학 데이터 공개 등록 플랫폼

[pt] plataforma de registo aberto dos dados científicos

[ru] открытая регистрационная платформа

научных данных

[es] plataforma de registro abierta de datos científicos

35417 开放获取目录数据知识库

[ar] وصول مفتوح إلى قاعدة المعارف للبيانات المفهرسة

[en] open-access network

[fr] base de connaissances de données de catalogue à accès ouvert

[de] Offener Zugang zum Verzeichnisdaten-archiv

[it] accesso aperto all'archivio di indice dei dati

[jp] オープンアクセスディレクトリデータベース

[kr] 목록 데이터 저장소 개방

[pt] repositório de dados do directório de acesso aberto

[ru] хранилище данных каталога открытого доступа

[es] repositorio de datos de directorios de acceso abierto

35418 个人基因项目全球网络

[ar] شبكة عالمية لمشروع الجينات الشخصية

[en] The Global Network of Personal Genome Projects

[fr] Réseau mondial des projets de génome personnel

[de] Globales Netzwerk Persönlicher Genom-projekte

[it] Rete globale di progetti di genoma personale

[jp] 個人ゲノムプロジェクトのグローバルネットワーク

[kr] 개인 유전자 프로젝트의 글로벌 네트워크

[pt] Rede Global do Projeto Genoma Pessoal

[ru] Глобальная сеть персональных геномных проектов

[es] Red Global de Proyectos de Genoma Personal

35419 科学数据开放存储与服务平台

[ar] منصة الخدمات والتخزين المفتوحة للبيانات العلمية

[en] scientific data open storage and service platform

[fr] plate-forme de services et de stockage ouvert des données scientifiques

[de] offene Speicherungs- und Dienstleis-tungsplattform für wissenschaftliche Daten

[it] piattaforma di servizio ed archiviazione aperta dei dati scientifici

[jp] 科学データのオープンストレージおよびサービスプラットフォーム

[kr] 과학 데이터 오픈 메모리 및 서비스 플랫폼

[pt] plataforma de serviços e armazenamento aberto dos dados científicos

[ru] открытая платформа для хранения и обслуживания научных данных

[es] plataforma abierta de servicios y almacenamiento de datos científicos

35420 开放光谱数据库

[ar] قاعدة بيانات الأطياف المفتوحة

[en] open spectral database

[fr] base de données ouverte des spectres

[de] offener Zugang zum Spektrumarchiv

[it] database aperta degli spettri

[jp] オープンスベクトルデーターベース

[kr] 분광 데이터베이스 개방

[pt] acesso aberto para repositório de directório

[ru] база данных спектра открытого доступа

[es] acceso abierto al repositorio de directorios

35421 耶鲁大学社会和政策研究开放数据知识库

[ar] قاعدة البيانات المفتوحة للبحوث الاجتماعية والسياسية لجامعة ييل

3.5

[en] ISPS Data Archive of Yale University

[fr] Archives de données ISPS de l'Université de Yale

[de] Open Data Repository des Instituts für soziale und politische Studien an der Yale Universität

[it] Deposito dei dati aperti dell'instituto per studi sociali e politico presso Università Yale

[jp] イェール大学の社会及び政策研究に関するオープンデータベース

[kr] 예일대학 사회와 정책 연구 공개 데이터 저장소

[pt] Repositório de Dados Abertos da Instituição de Estudos Sociais e de Políticas da Universidade de Yale

[ru] Открытое хранилище данных Института социальных и политических исследований при Йельском университете

[es] Repositorio de Datos Abiertos del Instituto de Estudios Sociales y Políticos de la Universidad de Yale

35422 社会科研数据存档

[ar] أرشيف بيانات العلوم الاجتماعية

[en] Social Science Data Archive (SSDA)

[fr] Archives de données des sciences sociales

[de] Sozialwissenschaftliches Datenarchiv

[it] Archivio dei dati della ricerca sociale

[jp] 社会科学研究データアーカイブ

[kr] 사회 과학연구 데이터 보존

[pt] Arquivo de Dados de Ciências Sociais

[ru] Архив данных социальных наук

[es] Archivos de Datos de Ciencias Sociales

35423 蛋白质数据库

[ar] قاعدة بيانات البروتين

[en] protein database

[fr] base de données sur les protéines

[de] Protein-Datenbank

[it] database di proteina

[jp] 蛋白質構造のデータベース

[kr] 단백질 데이터베이스

[pt] base de dados de proteínas

[ru] база данных белков

[es] base de datos de proteínas

35424 北京大学开放研究数据平台

[ar] منصة البيانات البحثية المفتوحة لجامعة بكين

[en] Peking University Open Research Data Platform

[fr] plate-forme ouverte de données de recherches de l'Université de Pékin

[de] Offene Forschungsdatenplattform der Peking Universität

[it] piattaforma dei dati della ricerca aperta dell'Università di Pechino

[jp] 北京大学オープンリサーチデータプラットフォーム

[kr] 베이징대학교 공개 연구 데이터 플랫폼

[pt] Plataforma de Pesquisa Aberta de Dados da Universidade de Pequim

[ru] Открытая платформа исследовательских данных при Пекинском университете

[es] Plataforma de Datos para Investigación Abierta de la Universidad de Pekín

35425 科研数据知识库

[ar] قاعدة المعارف لبيانات البحوث العلمية والتكنولوجية

[en] research data repository (RDR)

[fr] base de connaissances de données scientifiques

[de] Forschungsdatenarchiv

[it] deposito dei dati di ricerca

[jp] 科学研究データリポジトリ

[kr] 과학연구 데이터 저장소

[pt] repositório de dados de pesquisa

[ru] хранилище данных исследований

[es] repositorio de datos de investigación

3.5

35426 数字资源唯一标识符

[ar] محدد التمييز الوحيد للموارد الرقمية

[en] digital object identifier (DOI)

[fr] identificateur d'objet numérique

[de] einziger Identifikator der digitalen Datenressorcen

[it] identificatore unico di oggetto digitale

[jp] デジタルオブジェクト識別子

[kr] 디지털 객체 식별자

[pt] identificador de objeto digital

[ru] цифровой идентификатор объекта

[es] identificador de objeto digital

35427 Dryad数据知识库

[ar] قاعدة المعارف البياناتية Dryad

[en] Dryad Digital Repository

[fr] base de connaissance de données Dryad

[de] Dryad Datenarchiv

[it] repository digitale Dryad

[jp] Dryadデータリポジトリ

[kr] Dryad 데이터 저장소

[pt] Repositório Digital Dryad

[ru] Хранилище данных Dryad

[es] Repositorio Digital de Dryad

35428 Figshare数据知识库

[ar] قاعدة المعارف البياناتية Figshare

[en] Figshare Digital Repository

[fr] base de connaissance de données Figshare

[de] Figshare Datenarchiv

[it] repository digitale Figshare

[jp] Figshareデータリポジトリ

[kr] Figshare 데이터 저장소

[pt] Repositório de Dados Figshare

[ru] Хранилище данных Figshare

[es] Repositorio de Datos de Figshare

35429 数据出版

[ar] نشر البيانات

[en] data publishing

[fr] publication des données

[de] Veröffentlichung von Daten

[it] pubblicazione dei dati

[jp] データの出版

[kr] 데이터 출판

[pt] publicação de dados

[ru] публикация данных

[es] publicación de datos

35430 开放获取

[ar] وصول مفتوح إلى البيانات

[en] open access

[fr] accès ouvert

[de] offener Zugang

[it] accesso aperto

[jp] オープンアクセス

[kr] 오픈 액세스

[pt] acesso aberto

[ru] открытый доступ

[es] acceso abierto

35431 科学数据重用

[ar] إعادة استخدام البيانات العلمية

[en] reuse of scientific data

[fr] réutilisation des données scientifiques

[de] Wiederverwendung wissenschaftlicher Daten

[it] riutilizzo dei dati scientifici

[jp] 科学データの再利用

[kr] 과학 데이터 재사용

[pt] reuso de dados científicos

[ru] повторное использование научных данных

[es] reutilización de datos científicos

35432 科学数据长期保存

[ar] تخزين البيانات العلمية على المدى الطويل

[en] long-term storage of scientific data

[fr] stockage à long terme des données scientifiques

[de] Langzeitspeicherung wissenschaftlicher

3.5

Daten

[it] memorizzazione a lungo termine dei dati scientifici

[jp] 科学データの長期保存

[kr] 과학 데이터 장기 저장

[pt] armazenamento ao longo prazo dos dados científicos

[ru] долгосрочное хранение научных данных

[es] almacenamiento de datos científicos a largo plazo

35433 科学数据质量评价

[ar] تقييم جودة البيانات العلمية

[en] scientific data quality evaluation

[fr] évaluation de la qualité des données scientifiques

[de] Bewertung der wissenschaftlichen Datenqualität

[it] valutazione di qualità dei dati scientifici

[jp] 科学データの品質評価

[kr] 과학 데이터 품질 평가

[pt] avaliação da qualidade de dados científicos

[ru] оценка качества научных данных

[es] evaluación de la calidad de datos científicos

35434 科学数据引用标准

[ar] معايير اقتباس البيانات العلمية

[en] scientific data citation standard

[fr] norme de citation des données scientifiques

[de] Zitiernormen für wissenschaftliche Daten

[it] standard di citazione dei dati scientifici

[jp] 科学データの引用基準

[kr] 과학 데이터 인용 표준

[pt] padrões da citação dos dados científicos

[ru] стандарты цитирования научных данных

[es] normas de cita de datos científicos

35435 科学数据开放出版平台

[ar] منصة النشر المفتوح للبيانات العلمية

[en] scientific data open access and publishing platform

[fr] plate-forme d'accès et de publication ouverts des données scientifiques

[de] offener Zugang- und Veröffentlichungs-plattform für wissenschaftliche Daten

[it] piattaforma di pubblicazione e ad accesso aperto dei dati scientifici

[jp] 科学データのオープンアクセスおよび公開プラットフォーム

[kr] 과학 데이터 공개 출판 플랫폼

[pt] plataforma de publicação e acesso aberto para os dados científicos

[ru] открытая платформа публикации научных данных

[es] plataforma de publicación y acceso abierto a datos científicos

35436 可信存储库

[ar] مستودع معتمد

[en] trusted repository

[fr] base de connaissances fiable

[de] zuverlässiges Archiv

[it] repertorio attendibile

[jp] 信頼できるリポジトリ

[kr] 신뢰 저장소

[pt] repositório confiável

[ru] доверенное хранилище

[es] repositorio de confianza

35437 科学数据生命周期模型

[ar] نموذج دورة حياة البيانات العلمية

[en] scientific data lifecycle model

[fr] modèle de cycle de vie de données scientifiques

[de] Modell des wissenschaftlichen Datenle-benszyklus

3.5

[it] modello di ciclo di vita dei dati scientifici

[jp] 科学データライフサイクルモデル

[kr] 과학 데이터 라이프 사이클 모델

[pt] Modelo do Ciclo de Vida dos Dados Científicos

[ru] модель жизненного цикла научных данных

[es] modelo de ciclo de vida de datos científicos

35438 《中国科学数据》

[ar] البيانات العلمية الصينية

[en] China Scientific Data

[fr] Données scientifiques de Chine

[de] Chinas wissenschaftliche Daten

[it] Dati scientifici della Cina

[jp] 「中国科学データ」

[kr] <중국 과학 데이터>

[pt] Dados Científicos da China

[ru] Китайские научные данные

[es] Datos Científicos de China

35439 国际科学数据委员会

[ar] مجلس عالمي للبيانات العلمية

[en] Committee on Data for Science and Technology (CODATA)

[fr] Comité pour les données scientifiques et technologiques

[de] Ausschuss für Daten der Wissenschaft und Technologie

[it] Comitato sui dati per la scienza e tecnologia

[jp] 国際科学技術データ委員会

[kr] 국제 과학 기술 데이터 위원회

[pt] Comité de Dados para Ciência e Tecnologia

[ru] Комитет по данным для науки и техники

[es] Comité de Datos para Ciencia y Tecnología

3.5.5 科学数据行动

[ar] حركة البيانات العلمية

[en] Scientific Data Movement

[fr] Action concernant les données scientifiques

[de] Aktion wissenschaftlicher Daten

[it] Movimento dei dati scientifici

[jp] 科学データ行動

[kr] 과학 데이터 행동

[pt] Movimento dos Dados Científicos

[ru] Движение научных данных

[es] Movimiento de Datos Científicos

35501 科学数据共享工程

[ar] مشروع مشاركة البيانات العلمية

[en] scientific data sharing project

[fr] projet de partage des données scientifiques

[de] Projekt zum Sharing wissenschaftlicher Daten

[it] progetto di condivisione dei dati scientifici

[jp] 科学データ共有プロジェクト

[kr] 과학 데이터 공유 프로젝트

[pt] projecto da partilha de dados científicos

[ru] проект совместного использования научными данными

[es] proyecto de uso compartido de datos científicos

35502 美国"从大数据到知识"计划

[ar] البرنامج الأمريكي للبيانات الضخمة إلى المعرفة

[en] Big Data to Knowledge (USA)

[fr] Projet « Des mégadonnées aux connaissances » (États-Unis)

[de] Von Big Data zu Wissen (USA)

[it] Dai Big Data alla conoscenza (US)

[jp] アメリカ「ビッグデータから知識へ」計画

[kr] 미국 '빅데이터로 부터 지식까지' 프로젝트

[pt] projeto do Big Data aos Conhecimentos (EUA)

3.5

[ru] План «От больших данных к знаниям» (США)

[es] De Big Data al Conocimiento (EE.UU.)

35503 英国"科研数据之春"计划
[ar] البرنامج البريطاني لربيع بيانات البحوث العلمية
[en] Research Data Spring (UK)
[fr] Projet « Printemps des données de recherche » (Royaume-Uni)
[de] Frühling der Forschungsdaten (UK)
[it] Progetto di primavera sui dati di ricerca (UK)
[jp] イギリス「科学研究データの春」計画
[kr] 영국 '과학 연구 데이터의 봄' 프로젝트
[pt] programa da Primavera de Dados de Pesquisa (Reino Unido)
[ru] План «Весна исследований данных» (Великобритания)
[es] programa de Primavera de Datos de Investigación (Reino Unido)

35504 澳大利亚"大数据知识发现"项目
[ar] المشروع الأسترالي لاكتشاف البيانات الضخمة
[en] Big Data Knowledge Discovery Project (Australia)
[fr] Projet « Découverte des connaissances des mégadonnées » (Australie)
[de] Big Data-Wissensentdeckungsprojekt (Australien)
[it] Progetto di scoperta della conoscenza di Big Data (Australia)
[jp] オーストラリア「ビッグデータ知識発見」プロジェクト
[kr] 오스트레일리아 '빅데이터 지식 발견' 프로젝트
[pt] projeto "Big Data KnowledgeDiscovery" (Austrália)
[ru] Проект «Открытие больших данных» (Австралия)
[es] Proyecto de Descubrimiento del Conocimiento del Big Data (Australia)

35505 欧洲开放科学云计划
[ar] الخطة السحابية الأوروبية للعلوم المفتوحة
[en] European Open Science Cloud
[fr] Projet « Nuage européen pour la science ouverte »
[de] Europäische Open Science Cloud
[it] European Open Science Cloud
[jp] 欧州オープンサイエンスクラウド計画
[kr] 유럽 오픈 사이언스 클라우드 프로그램
[pt] projeto Nuvem Europeia para Ciência Aberta
[ru] Программа «Европейское открытое научное облако»
[es] Nube Europea de Ciencia Abierta

35506 中国"科学大数据工程"计划
[ar] برنامج مشروع البيانات الضخمة العلمية (الصين)
[en] Big Scientific Data Programme (China)
[fr] Projet de mégadonnées scientifiques (Chine)
[de] Projekt „Wissenschaftliche Big Data" (China)
[it] Progetto di Big Data scientifico (Cina)
[jp] 「科学ビッグデータプロジェクト」計画 (中国)
[kr] '과학 빅데이터 공사' 프로그램(중국)
[pt] Projeto Big Data Científico (China)
[ru] Программа «Научные большие данные» (Китай)
[es] Proyecto Científico de Big Data de China (China)

35507 地球大数据科学工程(中国)
[ar] هندسة علوم البيانات الضخمة للكرة الأرضية (الصين)
[en] Big Earth Data Science Engineering Project (China)
[fr] Projet de mégadonnées sur la planète (Chine)
[de] Wissenschaftliches Ingenieurprojekt Erde-Big Data (China)

[it] Progetto scientifico di Big Data della terra (Cina)

[jp] 地球ビッグデータ科学工程（中国）

[kr] 지구 빅데이터 과학 프로젝트(중국)

[pt] Projeto Científico Big Data Terra (China)

[ru] Научный проект «Большие данные о Земле» (Китай)

[es] Proyecto de Ingeniería de Ciencia de Big Data de la Tierra (China)

35508 科研数据基础设施

[ar] بنية تحتية لبيانات البحوث العلمية

[en] research data infrastructure (RDI)

[fr] Infrastructure de données de recherche

[de] Forschungsdateninfrastrukturen

[it] infrastruttura dei dati di ricerca

[jp] 科学研究データ基盤

[kr] 과학연구 데이터 인프라

[pt] infraestrutura de dados de pesquisa

[ru] инфраструктура данных исследований

[es] infraestructuras de datos de investigación

35509 欧洲科研基础设施战略论坛

[ar] المنتدى الأوروبي حول استراتيجية البنية التحتية للبحوث العلمية

[en] European Strategy Forum for Research Infrastructure (ESFRI)

[fr] Forum stratégique européen sur les infrastructures de recherche

[de] Europäisches Strategieforum für Forschungsinfrastruktur

[it] Forum strategico europeo per le infrastrutture di ricerca

[jp] 欧州科学研究基盤戦略フォーラム

[kr] 유럽 과학 연구 인프라 전략 포럼

[pt] Fórum Estratégico Europeu para as Infraestruturas de Pesquisa

[ru] Европейский стратегический форум по исследовательской инфраструктуре

[es] Foro Estratégico Europeo sobre Infraestructuras de Investigación

35510 澳大利亚"协作科研基础设施战略"

[ar] استراتيجية البنية التحتية للبحوث التعاونية الوطنية الأسترالية

[en] National Collaborative Research Infrastructure Strategy (Australia)

[fr] Stratégie nationale d'infrastructure de recherches concertées (Australie)

[de] Nationale Kollaborative Forschungsinfrastrukturstrategie (Australien)

[it] Strategia nazionale australiana delle infrastrutture di ricerca collaborativa

[jp] オーストラリア「国家共同研究インフラ戦略」

[kr] 오스트레일리아 '과학 연구 인프라 협력 전략'

[pt] Estratégia Colaborativa para Infraestruturas de Pesquisa (Austrália)

[ru] Национальная стратегия совместной исследовательской инфраструктуры (Австралия)

[es] Estrategia de Infraestructura de Investigación Colaborativa Nacional (Australia)

35511 科学数据联盟

[ar] اتحاد البيانات العلمية

[en] Research Data Alliance (RDA)

[fr] Alliance de données de recherche

[de] Forschungsdatenallianz

[it] Alleanza dei dati di ricerca

[jp] 研究データ連盟

[kr] 과학 데이터 연맹

[pt] Aliança de Dados de Pesquisa

[ru] Альянс исследовательских данных

[es] Alianza de Datos de Investigación

35512 科学数据引用

[ar] اقتباس البيانات العلمية

[en] scientific data citation

[fr] citation de données scientifiques

[de] Zitat der wissenschaftlichen Daten

3.5

[it] citazione dei dati scientifici

[jp] 科学データの引用

[kr] 과학 데이터 인용

[pt] citação dos dados científicos

[ru] цитирование научных данных

[es] cita de datos científicos

35513 科学数据知识库

[ar] مستودع البيانات العلمية

[en] Research Data Repository

[fr] registre de base de connaissances de données de recherche (re3data)

[de] Wissenschaftliches Datenarchiv

[it] repertorio dei dati scientifici

[jp] 科学データリポジトリ

[kr] 과학 데이터 저장소

[pt] repositório de dados científicos

[ru] Хранилище исследовательских данных

[es] repositorio de datos científicos

35514 泛欧洲协作数据基础设施

[ar] بنية تحتية للبيانات التعاونية لعموم أوروبا

[en] EUDAT Collaborative Data Infrastructure

[fr] infrastructure paneuropéenne de données de recherches EUDAT

[de] Paneuropäische kollaborative Dateninfrastruktur

[it] infrastruttura paneuropea della collaborazione dei dati

[jp] 全欧州共同データ基盤

[kr] 범유럽 협력 데이터 인프라

[pt] Infra-Estrutura de Dados Colaborativos Pan-Europeus

[ru] Общеевропейская совместная инфраструктура данных

[es] Infraestructura Paneuropea de Datos Colaborativos

35515 国家科研数据服务

[ar] خدمة بيانات البحوث العلمية الوطنية

[en] national research data service

[fr] service national de données de recherches

[de] nationaler Forschungsdatendienst

[it] servizio nazionale dei dati su ricerca

[jp] 国家科学研究データサービス

[kr] 국가 과학연구 데이터 서비스

[pt] serviço nacional dos dados de pesquisa

[ru] национальная служба исследовательских данных

[es] servicio nacional de datos de investigación

35516 美国科研数据服务

[ar] خدمة بيانات البحوث العلمية الأمريكية

[en] National Data Service (USA)

[fr] National Data Service (États-Unis)

[de] Nationaler Forschungsdatendienst (USA)

[it] Servizio dei dati di ricerca (US)

[jp] 国立データサービス（アメリカ）

[kr] 미국 과학 연구 데이터 서비스

[pt] Serviço Nacional de Dados (EUA)

[ru] Национальная служба данных (США)

[es] Servicio Nacional de Datos (EE.UU.)

35517 英国科研数据服务

[ar] خدمة بيانات البحوث العلمية البريطانية

[en] UK Data Service

[fr] UK Data Service

[de] Forschungsdatendienst UK

[it] Servizio UK dei dati di ricerca

[jp] 英国研究データサービス

[kr] 영국 과학연구 데이터 서비스

[pt] Serviço de Dados do Reino Unido

[ru] Служба данных Великобритании

[es] Servicio de Datos del Reino Unido

35518 加拿大科研数据中心

[ar] مركز بيانات البحوث العلمية الكندية

3.5

[en] The Research Data Centres (RDC) Program (Canada)

[fr] Research Data Centers Program (Canada)

[de] Das Programm für Forschungsdatenzentrum (Kanada)

[it] Centro dei dati di ricerca (Canada)

[jp] カナダ調査データセンター

[kr] 캐나다 과학연구 데이터 센터

[pt] Centro de Dados de Pesquisa do Canadá

[ru] Центр исследовательских данных (Канада)

[es] Programa de Centro de Datos de Investigación (Canadá)

35519 荷兰科研数据服务

[ar] خدمة بيانات البحوث العلمية الهولندية

[en] Data Archiving and Networked Service (the Netherlands)

[fr] Data Archiving and Networked Service (Pays-Bas)

[de] Datenarchivierung und Netwerkservice der Niederlande (Niederlande)

[it] Archiviazione dei dati e servizio di rete (Olanda)

[jp] オランダのデータアーカイブおよびネットワークサービス

[kr] 네덜란드 과학연구 데이터 서비스

[pt] Arquivamento de Dados e Serviços de Rede (Países Baixos)

[ru] Служба архивации и сети данных (Нидерланды)

[es] Archivo de Datos y Servicio en Red de los Países Bajos

35520 瑞典科研数据服务

[ar] خدمة بيانات البحوث العلمية السويدية

[en] National Data Service (Sweden)

[fr] National Data Service (Suède)

[de] Nationaler Forschungsdatendienst (Schweden)

[it] Servizio nazionale dei dati di ricerca

(Svezia)

[jp] スウェーデンナショナルデータサービス

[kr] 스웨덴 과학연구 데이터 서비스

[pt] Serviço Nacional de Dados (Suécia)

[ru] Национальная служба данных (Швеция)

[es] Servicio Nacional de Datos (Suecia)

35521 美国数据长期保存项目

[ar] المشروع الأمريكي لحفظ البيانات طويل الأجل

[en] Data Conservancy Project (USA)

[fr] Data Conservancy project (États-Unis)

[de] Data Conservancy-Projekt (USA)

[it] Progetto di conservazione dei dati (US)

[jp] 米国データ長期保護プロジェクト

[kr] 미국 데이터 장기 저장 프로젝트

[pt] projeto de conservação de dados (EUA)

[ru] Проект сохранения данных (США)

[es] Proyecto de Conservación de Datos (EE. UU.)

35522 澳大利亚高性能计算设施项目

[ar] المشروع الأسترالي للتجهيزات الحوسبية عالية الأداء

[en] National Computational Infrastructure (Australia)

[fr] National Computational Infrastructure (Australie)

[de] Nationale Berechnungsinfrastruktur (Australien)

[it] Infrastruttura computazionale nazionale (Australia)

[jp] オーストラリア高性能計算施設プロジェクト

[kr] 오스트레일리아 고성능 컴퓨팅 시설 프로젝트

[pt] Infraestrutura Computacional Nacional (Austrália)

[ru] Национальная вычислительная инфраструктура (Австралия)

3.5

[es] Infraestructura Computacional Nacional (Australia)

35523 澳大利亚科研数据发现系统
[ar] النظام الأسترالي لاكتشاف بيانات البحوث العلمية
[en] Research Data Australia
[fr] Research Data Australia
[de] Forschungsdaten Australien
[it] Ricerca australiana dei dati
[jp] リサーチデータオーストラリア
[kr] 오스트레일리아 과학연구 데이터 발견 시스템
[pt] Research Data Austrália
[ru] Австралийская система исследовательских данных

[es] Datos de investigación de Australia

35524 欧洲开放项目
[ar] مشروع الانفتاح الأوروبي
[en] European Open Up Project
[fr] Projet européen Open Up
[de] Europäisches Open-Up-Projekt
[it] Progetto Open Up europeo
[jp] 欧州オープンアッププロジェクト
[kr] 유럽 오픈 업 프로젝트
[pt] Projeto Europeu de Abertura
[ru] Европейский проект Open Up
[es] proyecto europeo Open Up

4 大数据经济

[ar]   اقتصاد البيانات الضخمة

[en]   **Big Data Economy**

[fr]   **Économie des mégadonnées**

[de]   **Big Data-Wirtschaft**

[it]   **Economia dei Big Data**

[jp]   **ビッグデータ経済**

[kr]   **빅데이터 경제**

[pt]   **Economia de Big Data**

[ru]   **Экономика больших данных**

[es]   **Economía de Big Data**

4.1 数据资本论

[ar] رأسمالية البيانات

[en] **Data Capitalism**

[fr] **Capitalisme de données**

[de] **Datenkapitalismus**

[it] **Capitalismo dei dati**

[jp] **データ資本主義**

[kr] **데이터 자본론**

[pt] **Capitalismo de Dados**

[ru] **Капитализм данных**

[es] **Capitalismo de Datos**

4.1.1 数据资本

[ar] رأس مال البيانات

[en] **Data Capital**

[fr] **Capital de données**

[de] **Datenkapital**

[it] **Capitale dei dati**

[jp] **データ資本**

[kr] **데이터 자본**

[pt] **Capital de Dados**

[ru] **Капитал данных**

[es] **Capital de Datos**

41101 资源数据化

[ar] بياناتي الموارد

[en] datamation of resources

[fr] datalisation de ressources

[de] datenbasierte Ressourcen

[it] digitalizzazione delle risorse

[jp] 資源のデジタル化

[kr] 자원 데이터화

[pt] digitalização de recursos

[ru] цифровизация ресурсов

[es] digitalización de recursos

41102 累进式数据共享授权

[ar] تفويض تشارك البيانات التراكمية

[en] progressive data-sharing mandate

[fr] autorisation du partage progressif de données

[de] Autorisierung des progressiven Daten-sharings

[it] autorizzazione alla condivisione progressiva dei dati

[jp] 累進型データ共有の権限認可

[kr] 점진적인 데이터 공유 수권

[pt] autorização da partilha progressiva de dados

[ru] авторизация прогрессивного совместного использования данными

[es] autorización progresiva de intercambio de datos

41103 索洛余量

[ar] احتياط صولو

[en] Solow residual

[fr] résidu de Solow

[de] Solow-Residuum

[it] residuo Solow

4.1

[jp] ソロー残差
[kr] 솔로우 잔차
[pt] Resíduo de Solow
[ru] остаток Солоу
[es] Solow residual

41104　规模效应
[ar] تفاعل حجمي
[en] scale effect
[fr] effet d'échelle
[de] Skaleneffekt
[it] effetto scala
[jp] スケール効果
[kr] 축척 효과
[pt] efeito de escala
[ru] эффект масштаба
[es] efecto de escala

41105　网络效应
[ar] تفاعل شبكي
[en] network effect
[fr] effet de réseau
[de] Netzwerk-Effekt
[it] effetto di rete
[jp] ネットワーク効果
[kr] 네트워크 효과
[pt] efeito de rede
[ru] сетевой эффект
[es] efecto de red

41106　反馈效应
[ar] تفاعل استرجاعي
[en] feedback effect
[fr] rétroaction
[de] Feedback-Effekt
[it] effetto di feedback
[jp] フィードバック効果
[kr] 피드백 효과
[pt] efeito de feedback
[ru] эффект обратной связи
[es] efecto de retroalimentación

41107　一般数据
[ar] بيانات عامة
[en] general data
[fr] données générales
[de] allgemeine Daten
[it] dati generali
[jp] 一般データ
[kr] 일반 데이터
[pt] dados gerais
[ru] общие данные
[es] datos generales

41108　数字数据
[ar] بيانات رقمية
[en] digital data
[fr] données numériques
[de] digitale Daten
[it] dati digitali
[jp] デジタルデータ
[kr] 디지털 데이터
[pt] dados digitais
[ru] цифровые данные
[es] datos digitales

41109　全球互联网协议流量
[ar] تدفق اتفاق الإنترنت العالمي
[en] global IP traffic
[fr] trafic IP global
[de] globaler IP-Verkehr
[it] traffico IP globale
[jp] 世界IPトラフィック量
[kr] 글로벌 인터넷 협약 트래픽
[pt] tráfego global de dados de protocolos TCP/IP
[ru] мировой IP-трафик
[es] tráfico IP a nivel mundial

41110　数据资产管理
[ar] إدارة أصول البيانات
[en] data asset management (DAM)
[fr] gestion des actifs de données

[de] Verwaltung der Datenbeständen
[it] gestione dei dati asset
[jp] データ資産管理
[kr] 데이터 자산 관리
[pt] gestão de ativos de dados
[ru] управление ресурсами данных
[es] gestión de activos de datos

[ru] операция с активами данных
[es] operación de activos de datos

41114 数据资产收益最大化
[ar] تعظيم مردودات أصول البيانات
[en] profit maximization of data asset
[fr] maximisation de bénéfice des actifs de données
[de] Gewinnmaximierung der Datenbeständen
[it] massimizzazione del profitto dei dati asset
[jp] データ資産の収益最大化
[kr] 데이터 자산 수익 최대화
[pt] maximização do lucro de ativos de dados
[ru] максимизация прибыли активов данных
[es] maximización del rendimiento de activos de datos

41111 数据资产治理
[ar] حوكمة أصول البيانات
[en] data asset governance
[fr] gouvernance des actifs de données
[de] Regulierung der Datenbeständen
[it] governance dei dati asset
[jp] データ資産ガバナンス
[kr] 데이터 자산 거버넌스
[pt] governação de ativos de dados
[ru] управление активами данных
[es] gobernanza de activos de datos

41112 数据资产应用
[ar] تطبيق أصول البيانات
[en] data asset application
[fr] application des actifs de données
[de] Anwendung der Datenbeständen
[it] applicazione dei dati asset
[jp] データ資産応用
[kr] 데이터 자산 응용
[pt] aplicação de ativos de dados
[ru] применение активов данных
[es] aplicación de activos de datos

41115 数字内容管理
[ar] إدارة المحتوى الرقمي
[en] digital content management
[fr] gestion de contenu numérique
[de] digitales Inhaltsmanagement
[it] gestione dei contenuti digitali
[jp] デジタルコンテンツ管理
[kr] 디지털 콘텐츠 관리
[pt] gestão de conteúdo digital
[ru] управление цифровым содержанием
[es] gestión del contenido digital

41113 数据资产运营
[ar] تشغيل أصول البيانات
[en] data asset operation
[fr] exploitation des actifs de données
[de] Operation der Datenbeständen
[it] operazione dei dati asset
[jp] データ資産運用
[kr] 데이터 자산 운영
[pt] operação de ativos de dados

41116 数据资源描述框架
[ar] إطار وصفي لموارد البيانات
[en] Data Resource Description Framework (RDF)
[fr] cadre de description des ressources de données
[de] Datenressourcen-Beschreibungsrahmen
[it] struttura di descrizione delle risorse dei dati

[jp] データ資源記述のフレームワーク

[kr] 데이터 리소스 디스크립션 프레임워크

[pt] modelo de dados Resource Description
Framework

[ru] фреймворк описания ресурсов данных

[es] Marco de Descripción de Recursos

41117 都柏林核心元数据集

[ar] مجموعة دبلين للبيانات الوصفية الأساسية

[en] Dublin Core Metadata Element Set
(DCMES)

[fr] Ensemble des éléments de métadonnées
Dublin Core

[de] Dublin Core Metadata Element Set

[it] Dublin Core Metadata Element Set

[jp] ダブリン・コアメタデータ要素セット

[kr] 더블린 코어 메타데이터 세트

[pt] Dublin Core Metadata Element Set

[ru] Дублинский базовый набор элементов
метаданных

[es] Conjunto de Elementos de Metadatos
Básicos de Dublin Core

41118 数据资产开发

[ar] تطوير أصول البيانات

[en] data asset development

[fr] développement des actifs de données

[de] Entwicklung der Datenbeständen

[it] sviluppo dei dati asset

[jp] データ資産開発

[kr] 데이터 자산 개발

[pt] desenvolvimento de ativos de dados

[ru] разработка активов данных

[es] desarrollo de activos de datos

41119 数字权利管理

[ar] إدارة الحقوق الرقمية

[en] digital rights management

[fr] gestion des droits numériques

[de] Management von digitalen Rechten

[it] gestione dei diritti digitali

[jp] デジタル権利管理

[kr] 디지털 권리 관리

[pt] gestão de direitos digitais

[ru] управление цифровыми правами

[es] gestión de derechos digitales

41120 数据资产登记确权

[ar] تسجيل واعتماد أصول البيانات

[en] data asset registration and right
verification

[fr] enregistrement et validation des droits
des actifs de données

[de] Registrierung und Validierung von Rech-
ten an Datenbeständen

[it] registrazione e approvazione delle
risorse dei dati

[jp] データ資産の登録と承認

[kr] 데이터 자산 등록 인정

[pt] registro e aprovação de ativos de dados

[ru] регистрация информационных
активов и подтверждение права

[es] registro y aprobación de activos de datos

41121 数据资产整合

[ar] إعادة هيكلة أصول البيانات

[en] data asset integration

[fr] intégration des actifs de données

[de] Integration der Datenbeständen

[it] integrazione dei dati asset

[jp] データ資産統合

[kr] 데이터 자산 통합

[pt] integração de ativos de dados

[ru] интеграция активов данных

[es] integración de activos de datos

41122 数据资产质量

[ar] جودة أصول البيانات

[en] data asset quality

[fr] qualité des actifs de données

[de] Qualität der Datenbeständen

[it] qualità dei dati asset

[jp] データ資産品質

[kr] 데이터 자산 품질

[pt] qualidade de ativos de dados

[ru] качество активов данных

[es] calidad de activos de datos

41123 数据资产评估

[ar] تقييم أصول البيانات

[en] data asset assessment

[fr] évaluation des actifs de données

[de] Bewertung der Datenbeständen

[it] valutazione dei dati asset

[jp] データ資産評価

[kr] 데이터 자산 평가

[pt] avaliação de ativos de dados

[ru] оценка активов данных

[es] evaluación de activos de datos

41124 数据资产整合开放平台

[ar] منصة مفتوحة لإعادة هيكلة أصول البيانات

[en] data asset integration and opening platform

[fr] plate-forme ouverte d'intégration des actifs de données

[de] Integrations- und Öffnungsplattform für Datenbeständen

[it] piattaforma aperta d'integrazione dei dati asset

[jp] データ資産統合オープンプラットフォーム

[kr] 데이터 자산 통합 오픈 플랫폼

[pt] plataforma aberta de integração de ativos de dados

[ru] открытая платформа интеграции активов данных

[es] plataforma abierta de integración de activos de datos

41125 数据资产审计服务

[ar] خدمات المراجعة لأصول البيانات

[en] data asset audit service

[fr] service d'audit des actifs de données

[de] Auditionsservice für Datenbeständen

[it] servizio di audit dei dati asset

[jp] データ資産監査サービス

[kr] 데이터 자산 회계 검사 서비스

[pt] serviço de auditoria de ativos de dados

[ru] служба аудита активов данных

[es] servicio de auditoría de activos de datos

41126 数据资产安全服务

[ar] خدمات حماية أمن أصول البيانات

[en] data asset security service

[fr] services de sécurité des actifs de données

[de] Sicherheitsservice für Datenbeständen

[it] servizio di sicurezza dei dati asset

[jp] データ資産セキュリティサービス

[kr] 데이터 자산 보안 서비스

[pt] serviços de segurança de ativos de dados

[ru] служба безопасности активов данных

[es] servicios de seguridad de activos de datos

41127 数据资产二次加工

[ar] معالجة لاحقة ثانوية لأصول البيانات

[en] secondary processing of data asset

[fr] transformation secondaire des actifs de données

[de] Sekundärverarbeitung der Datenbeständen

[it] elaborazione secondaria dei dati asset

[jp] データ資産二次加工

[kr] 데이터 2 차 가공

[pt] processamento secundário de ativos de dados

[ru] вторичная обработка активов данных

[es] procesamiento secundario de activos de datos

41128 数据资本化

[ar] رسملة البيانات

[en] data capitalization

4.1

[fr] capitalisation des données

[de] Datenkapitalisierung

[it] capitalizzazione dei dati

[jp] データの資本化

[kr] 데이터 자본화

[pt] capitalização de dados

[ru] капитализация данных

[es] capitalización de datos

41129 数据资本时代

[ar] عصر رأسمال البيانات

[en] era of data capitalism

[fr] ère du capitalisme des données

[de] Zeitalte des Datenkapitalismus

[it] era del capitalismo dei dati

[jp] データ資本時代

[kr] 데이터 자본 시대

[pt] era do capitalismo de big data

[ru] эпоха капитализма данных

[es] era del capitalismo de Big Data

4.1.2 数据生产力

[ar] إنتاجية البيانات

[en] **Data Productivity**

[fr] **Productivité des données**

[de] **Datenproduktivität**

[it] **Produttività dei dati**

[jp] **データ生産力**

[kr] **데이터 생산력**

[pt] **Produtividade dos Dados**

[ru] **Производительность данных**

[es] **Productividad de Datos**

41201 数据力

[ar] قوة البيانات

[en] data power

[fr] puissance de données

[de] Datenleistung

[it] potenza dei dati

[jp] データパワー

[kr] 데이터 파워

[pt] potência de dados

[ru] мощность данных

[es] poder de datos

41202 数据关系

[ar] علاقات البيانات

[en] data relationship

[fr] relation de données

[de] Datenbeziehungen

[it] relazioni dei dati

[jp] データ関係

[kr] 데이터 관계

[pt] relações de dados

[ru] отношения данных

[es] relaciones de datos

41203 数据劳动

[ar] عمالة البيانات

[en] data labor

[fr] travail lié aux données

[de] Datenarbeit

[it] lavoro dei dati

[jp] データ労働

[kr] 데이터 노동

[pt] mão-de-obra de dados

[ru] труд данных

[es] labor de datos

41204 数字技术

[ar] تكنولوجيا رقمية

[en] digital technology

[fr] technologie numérique

[de] digitale Technologie

[it] tecnologia digitale

[jp] デジタル技術

[kr] 디지털 기술

[pt] tecnologia digital

[ru] цифровая технология

[es] tecnología digital

41205　新实体经济

[ar]　اقتصاد حقيقي حديث

[en]　new real economy

[fr]　nouvelle économie réelle

[de]　neue Realwirtschaft

[it]　nuova economia reale

[jp]　新型実体経済

[kr]　신실물 경제

[pt]　nova economia real

[ru]　новая реальная экономика

[es]　nueva economía real

41206　新智能经济

[ar]　اقتصاد ذكي حديث

[en]　new intelligent economy

[fr]　nouvelle économie intelligente

[de]　neue intelligente Wirtschaft

[it]　nuova economia intelligente

[jp]　新型スマートエコノミー

[kr]　신스마트 경제

[pt]　nova economia inteligente

[ru]　новая интеллектуальная экономика

[es]　nueva economía inteligente

41207　企业无边界

[ar]　مؤسسة بلا حدود

[en]　enterprise without borders

[fr]　entreprise sans frontières

[de]　Unternehmen ohne Grenzen

[it]　impresa senza frontiere

[jp]　企業のボーダーレス化

[kr]　기업 무경계

[pt]　empresa sem fronteiras

[ru]　предприятие без границ

[es]　empresas sin fronteras

41208　零边际成本

[ar]　تكلفة حدية صفرية

[en]　zero marginal cost

[fr]　coût marginal zéro

[de]　Null-Grenzkosten

[it]　costo marginale zero

[jp]　限界費用ゼロ

[kr]　한계비용 제로

[pt]　custo marginal zero

[ru]　нулевые предельные издержки

[es]　coste marginal cero

41209　极致生产力

[ar]　إنتاجية قصوى

[en]　extreme productivity

[fr]　productivité extrême

[de]　extreme Produktivität

[it]　produttività estrema

[jp]　究極の生産力

[kr]　극도의 생산성

[pt]　produtividade extrema

[ru]　экстремальная производительность

[es]　productividad extrema

41210　生产全球化

[ar]　عولمة الإنتاج

[en]　globalization of production

[fr]　production mondialisée

[de]　Produktionsglobalisierung

[it]　globalizzazione della produzione

[jp]　生産のグローバル化

[kr]　생산 세계화

[pt]　globalização da produção

[ru]　глобализация производства

[es]　globalización de la producción

41211　交换平面化

[ar]　تسطيح عملية التبادل

[en]　flat exchange

[fr]　échange plat

[de]　Austauschplanarisierung

[it]　scambio flat

[jp]　交換フラット化

[kr]　교환 평면화

[pt]　troca plana

[ru]　обмен на плоских электронных

4.1

устройствах

[es] intercambio plano

41212 分配公平化

[ar] توزيع عادل

[en] fair distribution

[fr] distribution équitable

[de] gerechte Verteilung

[it] equa distribuzione

[jp] 分配の公平化

[kr] 분배 공정화

[pt] distribuição justa

[ru] справедливое распределение

[es] distribución justa

41213 消费多元化

[ar] تنويع الاستهلاك

[en] diversified consumption

[fr] consommation diversifiée

[de] Konsumsdiversifizierung

[it] diversificazione dei consumi

[jp] 消費の多元化

[kr] 소비 다원화

[pt] diversificação de consumo

[ru] диверсификация потребления

[es] diversificación de consumo

41214 块数据经济

[ar] اقتصاد بيانات الكتلة

[en] block data economy

[fr] économie de données en bloc

[de] Blockdatenwirtschaft

[it] economia dei dati di blocco

[jp] ブロックデータ経済

[kr] 블록 데이터 경제

[pt] economia de dados de bloco

[ru] экономия блока данных

[es] economía de datos de bloque

41215 主控式创新

[ar] ابتكار سائد

[en] dominant innovation

[fr] innovation dominante

[de] dominante Innovation

[it] innovazione dominante

[jp] 自己主導的イノベーション

[kr] 지배적 혁신

[pt] inovação dominante

[ru] доминирующие инновации

[es] innovación dominante

41216 预测型制造

[ar] صناعة تنبوية

[en] predictive manufacturing

[fr] fabrication prévisionnelle

[de] vorausschauende Fertigung

[it] produzione predittiva

[jp] 予測型製造

[kr] 예측적 제조

[pt] fabricação preditiva

[ru] прогнозирующее производство

[es] fabricación predictiva

41217 务联网(IoS)

[ar] إنترنت الخدمات

[en] Internet of Services (IoS)

[fr] Internet des services

[de] Internet der Dienstleistung

[it] Servizio di Internet

[jp] サービスのインターネット

[kr] 서비스 인터넷

[pt] Internet dos Serviços

[ru] Интернет услуг

[es] Internet de Servicios

41218 无忧生产

[ar] إنتاج خال من القلق

[en] worry-free production

[fr] production sans souci

[de] sorgenfreie Produktion

[it] produzione senza preoccupazioni

[jp] 安心生産

[kr] 안심 생산

[pt] produção livre de preocupações

[ru] беззаботное производство

[es] producción sin preocupaciones

41219 制造信息化指数

[ar] مؤشر المعلوماتية للتصنيع

[en] IT-based Manufacturing Index

[fr] indice d'informatisation de la fabrication

[de] Index der Fertigungsinformatisierung

[it] indice di informatizzazione della produzione

[jp] 製造情報化指数

[kr] 제조 정보화 지수

[pt] Índice de Informatização de Fabricação

[ru] индекс информатизации производства

[es] Índice de Informatización de la Fabricación

41220 制造企业关键工序数控率

[ar] معدل التحكم الرقمي في العمليات الأساسية للمؤسسة الإنتاجية

[en] key process numerical control rate for manufacturer

[fr] taux de commande numérique des processus clés des entreprises de fabrication

[de] Schlüsselrate für die numerische Prozesskontrolle für Hersteller

[it] tasso di controllo numerico di processo chiave per imprese manifatturiere

[jp] 製造企業の主要工程数値制御率

[kr] 제조 기업 핵심 공정 수치 제어율

[pt] taxa de controle numérico do processo chave para fabricantes

[ru] скорость цифрового управления ключевыми процессами для производителей

[es] tasa de control numérico de procesos clave para fabricantes

41221 离散制造业信息化水平

[ar] مستوى معلوماتية قطاع التصنيع المتباعد

[en] informatization level of discrete manufacturing

[fr] niveau d'informatisation de la fabrication discrète

[de] Informatisierungsstand der diskreten Fertigung

[it] livello informativo della produzione discreta

[jp] 離散的製造業の情報化レベル

[kr] 이산 제조업 정보화 수준

[pt] nível de informatização da manufatura discreta

[ru] информационный уровень дискретного производства

[es] nivel de información de la fabricación discreta

41222 规模以上制造企业网络化率

[ar] معدل تبادل المعلومات عبر الإنترنت لمؤسسة التصنيع فوق الحجم المعين

[en] networking rate of manufacturing enterprises above designated size

[fr] taux de cybérisation des grandes entreprises industrielles

[de] Vernetzungsrate der produzierenden Unternehmen über der angegebenen Größe

[it] tasso di collegamento in rete delle imprese manifatturiere oltre la dimensione designata

[jp] 一定規模以上の製造企業のネットワーク化率

[kr] 규모 이상 제조 기업 네트워크율

[pt] taxa de utilização de rede de empresas manufatureiras acima da escala

[ru] сетевой уровень производственных предприятий выше установленного размера

[es] tasa de conexión a red de empresas

4.1

manufactureras mayores que el tamaño
designado

41223 数字泰勒主义

[ar] منهج تايلور الرقمي

[en] digital Taylorism

[fr] taylorisme numérique

[de] digitaler Taylorismus

[it] taylorismo digitale

[jp] デジタルテイラーイズム

[kr] 디지털 테일러리즘

[pt] Taylorismo digital

[ru] цифровой Тейлоризм

[es] Taylorismo digital

41224 知识雇员

[ar] عامل المعرفة

[en] knowledge worker

[fr] travailleur de la connaissance

[de] Wissensarbeiter

[it] lavoratore della conoscenza

[jp] 知識労働者

[kr] 지식 근로자

[pt] trabalhador do conhecimento

[ru] работник сферы знаний

[es] trabajador del conocimiento

41225 单人公司

[ar] شركة الشخص الواحد

[en] one-person company (OPC)

[fr] entreprise unipersonnelle

[de] Einpersonunternehmen

[it] impresa individuale

[jp] 一人会社

[kr] 일인 회사

[pt] empresa de pessoa única

[ru] компания из одного человека

[es] empresa de una persona

41226 机器人税

[ar] ضريبة الروبوت

[en] robot tax

[fr] taxe sur les robots

[de] Robotersteuer

[it] tassa robot

[jp] ロボット税

[kr] 로봇세

[pt] impostos sobre robô

[ru] налог на роботов

[es] impuesto sobre robots

41227 全民基本收入

[ar] دخل أساسي لعامة الشعب

[en] universal basic income

[fr] revenu de base universel

[de] universelles Grundeinkommen

[it] reddito di base universale

[jp] ユニバーサル・ベーシックインカム

[kr] 전민 기본 소득

[pt] rendimento básico universal

[ru] универсальный базовый доход

[es] renta básica universal

41228 分配正义

[ar] عدالة التوزيع

[en] distributive justice

[fr] justice distributive

[de] Verteilungsgerechtigkeit

[it] giustizia distributiva

[jp] 分配の正義

[kr] 분배 공정성

[pt] justiça distributiva

[ru] справедливость системы
распределения

[es] justicia distributiva

41229 零工经济

[ar] اقتصاد العمل الحر

[en] gig economy

[fr] économie des petits boulots

[de] Gig-Economie

[it] economia dei concerti

[jp] ギグエコノミー
[kr] 긱 경제
[pt] economia gig
[ru] гиг-экономика
[es] economía gig

4.1.3 数据交易

[ar] تبادل البيانات
[en] **Data Trading**
[fr] **Commerce des données**
[de] **Daten-Transaktion**
[it] **Scambio dei dati**
[jp] **データ取引**
[kr] **데이터 거래**
[pt] **Transação de Dados**
[ru] **Торговля данными**
[es] **Intercambio de Datos**

41230 数据工厂

[ar] مصنع البيانات
[en] data factory
[fr] usine de données .
[de] Datenfabrik
[it] fabbrica dei dati
[jp] データ工場
[kr] 데이터 공장
[pt] fábrica de dados
[ru] фабрика данных
[es] fábrica de datos

41301 数据商品

[ar] سلع بياناتية
[en] data product
[fr] produit de données
[de] Datenprodukt
[it] prodotto dei dati
[jp] データ商品
[kr] 데이터 상품
[pt] produto de dados
[ru] продукт данных
[es] producto de datos

41231 稠密市场

[ar] سوق كثيفة
[en] dense market
[fr] marché à forte teneur
[de] dichter Markt
[it] mercato denso
[jp] 密集市場
[kr] 밀집한 시장
[pt] mercado denso
[ru] плотный рынок
[es] mercado espeso

41302 数据价格

[ar] سعر البيانات
[en] data price
[fr] prix de données
[de] Datenpreis
[it] prezzo dei dati
[jp] データ価格
[kr] 데이터 가격
[pt] preço dos dados
[ru] цена данных
[es] precio de datos

41232 数字服务公司

[ar] شركة الخدمات الرقمية
[en] digital service provider
[fr] prestataire de service numérique
[de] Anbieter der digitaleren Dienstleistung
[it] impresa di servizi digitali
[jp] デジタルサービス会社
[kr] 디지털 서비스 회사
[pt] fornecedor de serviços digitais
[ru] поставщик цифровых услуг
[es] proveedor de servicios digitales

41303 数据定价标准

[ar] معيار تسعير البيانات
[en] data pricing standard
[fr] norme de tarification de données
[de] Datenpreisstandard

4.1

4.1

[it] standard di prezzo dei dati
[jp] データ定価基準
[kr] 데이터 가격 확정 표준
[pt] padrão de precificação de dados
[ru] стандарт ценообразования на данные
[es] estándar de fijación de precios de datos

41304 数字服务

[ar] خدمات رقمية
[en] digital service
[fr] service numérique
[de] digitale Dienstleistung
[it] servizio digitale
[jp] デジタルサービス
[kr] 디지털 서비스
[pt] serviço digital
[ru] цифровые услуги
[es] servicio digital

41305 数字商店

[ar] متجر رقمي
[en] digital store
[fr] magasin numérique
[de] digitales Kaufhaus
[it] negozio digitale
[jp] デジタルストア
[kr] 디지털 스토어
[pt] loja digital
[ru] цифровой магазин
[es] tienda digital

41306 数据使用价值

[ar] قيمة استخدام البيانات
[en] use value of data
[fr] valeur d'usage des données
[de] Datennutzungswert
[it] valore di utilizzo dei dati
[jp] データ使用価値
[kr] 데이터 사용 가치
[pt] valor de utilização dos dados
[ru] ценность использования данных

[es] valor de uso de datos

41307 数据交换价值

[ar] قيمة تبادل البيانات
[en] exchange value of data
[fr] valeur d'échange des données
[de] Datenaustauschwert
[it] valore di scambio dei dati
[jp] データ交換価値
[kr] 데이터 교환 가치
[pt] valor de troca de dados
[ru] стоимость обмена данными
[es] valor de intercambio de datos

41308 数据流通

[ar] تداول البيانات
[en] data circulation
[fr] circulation des données
[de] Datenumlauf
[it] circolazione dei dati
[jp] データ流通
[kr] 데이터 유통
[pt] circulação de dados
[ru] циркуляция данных
[es] circulación de datos

41309 数据交易中介

[ar] وكالة تداول البيانات
[en] data trading agency
[fr] agence d'échange de données
[de] Datenhandelsagentur
[it] intermedia di scambio dei dati
[jp] データ取引の仲介
[kr] 데이터 거래 중개
[pt] agência intermediária de comércio de dados
[ru] агентство по торговле данными
[es] agencia de intercambio de datos

41310 大数据交易所

[ar] بورصة البيانات الضخمة

[en] big data exchange center
[fr] bourse de mégadonnées
[de] Big Data-Börse
[it] borsa di Big Data
[jp] ビッグデータ取引所
[kr] 빅데이터 거래소
[pt] centro de transações de big data
[ru] центр обмена большими данными
[es] intercambio de Big Data

41311 贵阳大数据交易所
[ar] بورصة قوييانغ للبيانات الضخمة
[en] Global Big Data Exchange (GBDEx)
[fr] Bourse internationale de mégadonnées de Guiyang
[de] Globale Big Data-Börse Guiyang
[it] Borsa di Big Data Guiyang
[jp] 「貴陽ビックデータ取引所」
[kr] 구이양 빅데이터 거래소
[pt] Centro de Transações de Big Data de Guiyang
[ru] Гуйянский центр обмена большими данными
[es] Bolsa Global de Big Data en Guiyang

41312 数据资产加工服务
[ar] خدمات معالجة أصول البيانات
[en] data asset processing service
[fr] service de transformation des actifs de données
[de] Verarbeitungsservice für Datenbeständen
[it] servizi di elaborazione di bene dei dati
[jp] データ資産加工サービス
[kr] 데이터 자산 가공 서비스
[pt] serviços de processamento de ativos de dados
[ru] услуги по обработке активов данных
[es] servicios de procesamiento de activos de datos

41313 数据"聚通用"
[ar] وضع فتح البيانات الحكومية: التجميع ، التداول ، الاستخدام (قوييانغ ، جمهورية الصين الشعبية)
[en] Government Data Aggregation, Circulation and Utilization (Guiyang, China)
[fr] mode d'ouverture des données gouvernementales : collection, circulation, utilisation (Guiyang, Chine)
[de] Öffnungsmodus für Regierungsdaten: Aggregation, Verbreitung, Nutzung (Guiyang, China)
[it] modalità di apertura dei dati governativi: aggregazione, circolazione, utilizzo (Guiyang, Cina)
[jp] データの「収集・流通・使用」（中国貴陽）
[kr] 데이터 '집합·유통·활용' (중국 구이양)
[pt] Modo de Abertura de Dados Governamentais: Agregação, Circulação, Utilização (Guiyang, China)
[ru] Агрегирование, распространение и использование правительственных данных (Гуйян, Китай)
[es] Modo de Apertura de Datos Públicos: Agregación, Circulación, Utilización (Guiyang, China)

41314 数据资产交易
[ar] معاملات أصول البيانات
[en] data asset trading
[fr] commerce des actifs de données
[de] Transaktion der Datenbeständen
[it] scambio di bene dei dati
[jp] データ資産取引
[kr] 데이터 자산 거래
[pt] transação de ativos de dados
[ru] торговля активами данных
[es] transacción de activos de datos

41315 Open API模式
[ar] نمط Open API
[en] open application-programming interface

4.1

(API) model
[fr] mode Open API
[de] Open API-Modell
[it] modalità API aperta
[jp] Open APIモデル
[kr] Open API 모드
[pt] modelo Open API
[ru] модель «открытый программный интерфейс приложения»
[es] modelo de interfaz de programación de aplicaciones abierta

41316 数据多方合作模式
[ar] نمط التعاون متعدد الأطراف للبيانات
[en] multi-party data cooperation mode
[fr] mode de coopération multipartite de données
[de] mehrseitiger Daten-Kooperationsmodus
[it] modalità di cooperazione multipartitica dei dati
[jp] データの多者間協力モード
[kr] 데이터 다자간 협력 모드
[pt] modo de cooperação multilateral de dados
[ru] модель многопартийного сотрудничества данных
[es] modo de cooperación de multipartida de datos

41317 数据运营体系
[ar] نظام تشغيل البيانات
[en] data operation system
[fr] système d'exploitation des données
[de] Datenoperationssystem
[it] sistema operativo dei dati
[jp] データ運用システム
[kr] 데이터 운영 시스템
[pt] sistema de operação de dados
[ru] система обработки данных
[es] sistema de operaciones de datos

41318 数据资产定价
[ar] تسعير أصول البيانات
[en] data asset pricing
[fr] tarification des actifs de données
[de] Preisgestaltung der Datenbeständen
[it] prezzatura di bene dei dati
[jp] データ資産の価格決定
[kr] 데이터 자산 가격 확정
[pt] precificação de ativos de dados
[ru] ценообразование активов данных
[es] fijación de precios de activos de datos

41319 数据价值密度
[ar] كثافة قيمة البيانات
[en] data value density
[fr] densité de la valeur des données
[de] Datenwertdichte
[it] densità del valore dei dati
[jp] データ価値密度
[kr] 데이터 가치 밀도
[pt] densidade de valor de dados
[ru] плотность значений данных
[es] densidad de valor de datos

41320 数据价值结构
[ar] هيكل قيمة البيانات
[en] data value structure
[fr] structure de la valeur des données
[de] Datenwertstruktur
[it] struttura del valore dei dati
[jp] データ価値構造
[kr] 데이터 가치 구조
[pt] estrutura de valor de dados
[ru] структура значений данных
[es] estructura de valor de datos

4.1.4 数字合作
[ar] التعاون الرقمي
[en] **Digital Cooperation**
[fr] **Coopération numérique**
[de] **Digitale Zusammenarbeit**

[it] **Cooperazione digitale**

[jp] デジタル協力

[kr] 디지털 협력

[pt] **Cooperação Digital**

[ru] **Цифровое сотрудничество**

[es] **Cooperación Digital**

41401 大数据陷阱

[ar] فخ البيانات الضخمة

[en] big data trap

[fr] piège de mégadonnées

[de] Big Data-Falle

[it] trappola di Big Data

[jp] ビッグデータトラップ

[kr] 빅데이터 함정

[pt] armadilha para big data

[ru] ловушка больших данных

[es] trampa de Big Data

41402 普惠经济

[ar] اقتصاد معمم الأفضليات

[en] inclusive economy

[fr] économie inclusive

[de] inklusive Wirtschaft

[it] economia inclusiva

[jp] 包摂的な経済

[kr] 혜택 보편화 경제

[pt] economia inclusiva

[ru] инклюзивная экономика

[es] economía inclusiva

41403 强互惠理论

[ar] نظرية الترفع عن المصالح المتبادلة

[en] strong reciprocity theory

[fr] théorie de forte réciprocité

[de] starke Gegenseitigkeitstheorie

[it] teoria di reciprocità forte

[jp] 強互惠理論

[kr] 강호혜 이론

[pt] teoria da reciprocidade forte

[ru] теория сильной взаимности

[es] teoría de la reciprocidad fuerte

41404 强互惠行为

[ar] سلوك الترفع عن المصالح المتبادلة

[en] strong reciprocity behavior

[fr] comportement forte réciprocité

[de] starkes Gegenseitigkeitsverhalten

[it] comportamento di reciprocità forte

[jp] 強互惠行為

[kr] 강호혜 행위

[pt] reciprocidade forte

[ru] поведение сильной взаимности

[es] reciprocidad fuerte

41405 合作秩序

[ar] نظام التعاون

[en] cooperative order

[fr] ordre coopératif

[de] Kooperationsordnung

[it] ordine cooperativo

[jp] 協力秩序

[kr] 협력 질서

[pt] ordem cooperativa

[ru] порядок сотрудничества

[es] orden cooperativo

41406 合作制度论

[ar] نظرية نظام التعاون

[en] cooperative systems theory

[fr] théorie de système coopératif

[de] Kooperationsystemstheorie

[it] teoria dei sistemi cooperativi

[jp] 協力システム理論

[kr] 협력 제도론

[pt] teoria dos sistemas cooperativos

[ru] теория систем сотрудничества

[es] teoría de los sistemas cooperativos

41407 合作组织论

[ar] نظرية التنظيم التعاوني

[en] cooperative organization theory

[fr] théorie d'organisation coopérative

[de] Kooperationsorganisationstheorie

[it] teoria dell'organizzazione cooperativa

[jp] 協力組織論

[kr] 협력 조직론

[pt] teoria de organização cooperativa

[ru] теория организаций сотрудничества

[es] teoría de las organizaciones cooperativas

41408 合作剩余分配

[ar] توزيع تعاوني للأرباح المتبقية

[en] distribution of cooperative surplus

[fr] allocation du surplus coopératif

[de] Verteilung des kooperativen Überschusses

[it] assegnazione cooperative del surplus

[jp] 協力余剰配分

[kr] 협력 잉여 분배

[pt] distribuição do excedente cooperativa

[ru] распределение излишков сотрудничества

[es] asignación de excedentes cooperativos

41409 数字经济跨境投资

[ar] استثمار عبر حدود في الاقتصاد الرقمي

[en] cross-border investment in digital economy

[fr] investissement transfrontalier dans l'économie numérique

[de] grenzüberschreitende Investitionen in die digitale Wirtschaft

[it] investimenti transfrontalieri nell'economia digitale

[jp] デジタル経済の越境投資

[kr] 디지털 경제 크로스보더 투자

[pt] investimento transfronteiriço na economia digital

[ru] трансграничные инвестиции в цифровую экономику

[es] inversión transfronteriza en economía digital

41410 数字技术能力

[ar] قدرة التكنولوجيا الرقمية

[en] digital technology capability

[fr] capacité d'utilisation de technologie numérique

[de] Digitaltechnik-Fähigkeit

[it] capacità di tecnologia digitale

[jp] デジタル技術能力

[kr] 디지털 기술 능력

[pt] capacidade de tecnologia digital

[ru] цифровой технологический потенциал

[es] capacidad de tecnología digital

41411 国际标准化合作

[ar] تعاون دولي في مجال التوحيد القياسي

[en] international standardization cooperation

[fr] coopération internationale de la normalisation

[de] internationale Normungskooperation

[it] cooperazione della standardizzazione internazionale

[jp] 国際標準化協力

[kr] 국제 표준화 협력

[pt] cooperação internacional de padronização

[ru] международное сотрудничество в области стандартизации

[es] cooperación internacional de normalización

41412 互信互认机制

[ar] آلية الثقة والاعتراف المتبادلة

[en] mutual trust and mutual recognition mechanism

[fr] mécanisme de confiance et reconnaissance mutuelles

[de] Mechanismus für gegenseitiges Vertrauen und gegenseitige Anerkennung

[it] meccanismo di fiducia reciproca e di riconoscimento reciproco

[jp] 相互信頼と相互承認のメカニズム

[kr] 상호 신뢰 및 승인 메커니즘

[pt] mecanismo da confiança mútua e do reconhecimento mútuo

[ru] механизм взаимного доверия и взаимного признания

[es] mecanismo de confianza mutua y reconocimiento mutuo

41413 全球数字合作机制

[ar] آلية عالمية للتعاون الرقمي

[en] mechanism for global digital cooperation

[fr] mécanismes de coopération numérique mondiale

[de] Mechanismus für globale digitale Zusammenarbeit

[it] meccanismo per la cooperazione digitale globale

[jp] グローバルデジタル協力メカニズム

[kr] 글로벌 디지털 협력 메커니즘

[pt] mecanismos de cooperação digital global

[ru] механизм глобального цифрового сотрудничества

[es] mecanismos para la cooperación digital global

41414 《全球数字合作承诺》

[ar] التزام عالمي بالتعاون الرقمي

[en] Global Commitment for Digital Cooperation

[fr] Engagement international de la coopération numérique

[de] Globales Engagement für digitale Zusammenarbeit

[it] Impegno globale per la cooperazione digitale

[jp] 「デジタル協力のためのグローバルコミットメント」

[kr] <글로벌 디지털 협력 승낙>

[pt] Compromisso Global para a Cooperação Digital

[ru] Глобальное обязательство по цифровому сотрудничеству

[es] Compromiso Global sobre Cooperación Digital

41415 数字公共产品

[ar] سلع عامة رقمية

[en] digital public goods

[fr] biens publics numériques

[de] digitale öffentliche Güter

[it] prodotti pubblici digitali

[jp] デジタル公共製品

[kr] 디지털 공공 제품

[pt] bens públicos digitais

[ru] цифровые общественные товары

[es] bienes públicos digitales

41416 数字化机遇

[ar] فرصة رقمية

[en] digital opportunity

[fr] opportunité numérique

[de] digitale Gelegenheit

[it] opportunità digitale

[jp] デジタルチャンス

[kr] 디지털화 기회

[pt] oportunidade digital

[ru] цифровые возможности

[es] oportunidad digital

41417 全球性数字技术服务平台

[ar] منصة الخدمات العالمية للتكنولوجيا الرقمية

[en] global digital technology service platform

[fr] plate-forme mondiale de services de technologie numérique

[de] globale Serviceplattform für digitale Technologie

[it] piattaforma globale di servizi tecnologici digitali

[jp] グローバルデジタル技術サービスプラットフォーム

[kr] 글로벌 디지털 기술 서비스 플랫폼

[pt] plataforma de serviços de tecnologia digital global

[ru] глобальная платформа цифровых технологических услуг

[es] plataforma de servicios global para la tecnología digital

41418 数字人权规则

[ar] قواعد حقوق الإنسان الرقمية

[en] rule for digital human rights

[fr] règles du droit humain numérique

[de] Regeln für digitale Menschenrechte

[it] regole per i diritti umani digitali

[jp] デジタル人権規則

[kr] 디지털 인권 규칙

[pt] regras para direitos humanos digitais

[ru] правила для цифровых прав человека

[es] reglas relativas a los derechos humanos digitales

41419 人工智能系统合规性监控和认证

[ar] رصد وتصديق مدى استيفاء نظام الذكاء الاصطناعي للشروط المعتمدة

[en] AI system compliance monitoring and certification

[fr] Surveillance et certification de la conformité du système d'intelligence artificielle

[de] Übereinstimmungsüberwachung und -zertifizierung des Künstlichen-Intelligenz-Systems

[it] monitoraggio e certificazione della conformità del sistema dell'intelligenza artificiale

[jp] 人工知能システムのコンプライアンスモニタリングと認証

[kr] 인공지능 시스템 컴플라이언스 모니터링 및 인증

[pt] certificação e monitoramento de conformidade do sistema de inteligência artificial

[ru] мониторинг и сертификация соответствия системы искусственного интеллекта

[es] monitorización y certificación del cumplimiento de sistemas de inteligencia artificial

41420 自主智能系统透明和无偏见标准原则

[ar] مبدأ معايير شفافية وعدم التعصب للنظام الذكي المستقل

[en] principle of transparency and unbiased standard for autonomous intelligent system

[fr] principes et normes de transparence et d'impartialité pour les systèmes intelligents autonomes

[de] Grundsatz der Transparenz und unvoreingenommenen Normen für autonome intelligente Systeme

[it] principio di trasparenza e standard imparziali per i sistemi intelligenti autonomi

[jp] 自主知能システムの透明性と無偏見に関する基準原則

[kr] 자율 스마트 시스템 투명 및 무편견 표준 원칙

[pt] princípio de transparência e padrões imparciais para sistemas inteligentes autônomos

[ru] принцип прозрачности и объективных стандартов для интеллектуальных автономных систем

[es] principio estándar de transparencia e imparcialidad para sistemas inteligentes autónomos

41421 《全球数字信任与安全承诺》

[ar] تعهد عالمي الثقة والأمن الرقميين

[en] Global Commitment on Digital Trust and Security

[fr] Engagement international de la

confiance et la sécurité numériques

[de] Globales Engagement für digitales Ver-
trauen und Sicherheit

[it] Impegno globale sulla fiducia e sicurezza
digitale

[jp] 「デジタル信頼性と安全性に関するグ
ローバル・コミットメント」

[kr] <글로벌 디지털 신뢰 및 보안 보증>

[pt] Compromisso Global sobre Confiança e
Segurança Digital

[ru] Глобальные обязательства по
цифровому доверию и безопасности

[es] Compromiso Global sobre Confianza y
Seguridad Digital

41422 数字稳定性

[ar] استقرارية رقمية

[en] digital stability

[fr] stabilité numérique

[de] digitale Stabilität

[it] stabilità digitale

[jp] デジタル安定性

[kr] 디지털 안정성

[pt] estabilidade digital

[ru] цифровая стабильность

[es] estabilidad digital

41423 贡献者许可协议

[ar] اتفاقية ترخيص المساهم

[en] Contributor License Agreement (CLA)

[fr] contrat de licence de contributeur

[de] Lizenzvereinbarung für Mitwirkende

[it] accordo di licenza di contributore

[jp] 貢献者ライセンス契約

[kr] 기고자 허락 협약

[pt] Contrato de Licença de Colaborador

[ru] Лицензионное соглашение участника

[es] Acuerdo de Licencia de Contribuyente

41424 算法交易系统

[ar] نظام التعامل الخوارزمي

[en] algorithmic trading system

[fr] système de trading algorithmique

[de] algorithmisches Handelssystem

[it] sistema algoritmico di scambio

[jp] アルゴリズム取引システム

[kr] 알고리즘 거래 시스템

[pt] sistema de negociação algorítmica

[ru] алгоритмическая торговая система

[es] sistema de comercio algorítmico

4.1.5 共享价值

[ar] القيمة التشاركية

[en] **Sharing Value**

[fr] **Valeur partagée**

[de] **Sharing-Wert**

[it] **Valore condiviso**

[jp] **共有価値**

[kr] **공유 가치**

[pt] **Valor Partilhado**

[ru] **Ценность совместного
использования**

[es] **Valor Compartido**

41501 价值

[ar] قيمة

[en] value

[fr] valeur

[de] Wert

[it] valore

[jp] 価値

[kr] 가치

[pt] valor

[ru] ценность

[es] valor

41502 交换价值

[ar] تبادل القيمة

[en] value of exchange

[fr] valeur d'échange

[de] Tauschwert

[it] valore di scambio

4.1

[jp] 交換価値
[kr] 교환 가치
[pt] valor de troca
[ru] меновая стоимость
[es] valor de cambio

41503 使用价值
[ar] قيمة الاستخدام
[en] value of use
[fr] valeur d'usage
[de] Nutzwert
[it] valore d'uso
[jp] 使用価値
[kr] 사용 가치
[pt] valor de uso
[ru] ценность использования
[es] valor de uso

41504 价值创造
[ar] توليد القيمة
[en] value creation
[fr] création de valeur
[de] Wertschöpfung
[it] creazione di valore
[jp] 価値創造
[kr] 가치 창출
[pt] criação do valor
[ru] создание ценности
[es] creación de valor

41505 价值分配
[ar] توزيع القيمة
[en] value distribution
[fr] distribution de valeur
[de] Werteverteilung
[it] distribuzione di valore
[jp] 価値分配
[kr] 가치 분배
[pt] distribuição do valor
[ru] распределение стоимости
[es] distribución de valores

41506 劳动价值论
[ar] نظرية قيمة العمل
[en] labor theory of value
[fr] valeur-travail
[de] Arbeitswerttheorie
[it] teoria del valore-lavoro
[jp] 労働価値論
[kr] 노동 가치설
[pt] teoria do valor-trabalho
[ru] трудовая теория стоимости
[es] teoría del valor de trabajo

41507 边际效用价值论
[ar] نظرية المنفعة الحدية للقيمة
[en] marginal utility theory
[fr] marginalisme
[de] Grenznutzentheorie
[it] teoria dell'utilità marginale
[jp] 限界効用価値説
[kr] 한계 효용 가치론
[pt] teoria do valor da utilidade marginal
[ru] теория предельной полезности
[es] teoría de la utilidad marginal de valor

41508 均衡价值论
[ar] نظرية التوازن العام
[en] general equilibrium theory
[fr] équilibre général
[de] allgemeine Wertgleichgewichtstheorie
[it] teoria dell'equilibrio economico generale
[jp] 一般均衡理論
[kr] 균형 가치론
[pt] teoria do equilíbrio de preço
[ru] теория общего равновесия
[es] teoría general del equilibrio

41509 剩余价值
[ar] فائض القيمة
[en] surplus value
[fr] valeur résiduelle
[de] Mehrwert

[it] valore surplus
[jp] 剰余価値
[kr] 잉여 가치
[pt] mais-valia
[ru] прибавочная стоимость
[es] valor del excedente

41510 共享价值理论
[ar] نظرية القيمة التشاركية
[en] theory of the value of sharing
[fr] théorie de valeur partagée
[de] Sharing-Werttheorie
[it] teoria di valore condiviso
[jp] 共有価値理論
[kr] 공유 가치 이론
[pt] teoria do valor partilhado
[ru] теория ценности совместного использования
[es] teoría del valor compartido

41511 共享行为
[ar] سلوك تشاركي
[en] sharing behavior
[fr] comportement de partage
[de] Sharing-Verhalten
[it] comportamento condiviso
[jp] 共有行動
[kr] 공유 행위
[pt] comportamento de partilha
[ru] поведение совместного использования
[es] comportamiento de compartición

41512 使用权共享
[ar] تشارك حقوق الاستخدام
[en] use right sharing
[fr] partage de droit d'utilisation
[de] Nutzungsrecht-Sharing
[it] condivisione dei diritti di utilizzo
[jp] 使用権共有
[kr] 사용권 공유
[pt] partilha dos direitos de utilização

[ru] обмен правами на использование
[es] compartición del derecho de uso

41513 信任机制
[ar] آلية الثقة
[en] trust mechanism
[fr] mécanisme de confiance
[de] Vertrauensmechanismus
[it] meccanismo di fiducia
[jp] 信頼メカニズム
[kr] 신뢰 메커니즘
[pt] mecanismo de confiança
[ru] механизм доверия
[es] mecanismo de confianza

41514 共享系统
[ar] نظام المشاركة
[en] shared system
[fr] système de partage
[de] Sharing-System
[it] sistema condiviso
[jp] 共有システム
[kr] 공유 제도
[pt] sistema partilhado
[ru] система совместного использования
[es] sistema de compartición

41515 原始价格
[ar] سعر أصلي
[en] original price
[fr] prix d'origine
[de] Originalpreis
[it] prezzo originale
[jp] 元の価格
[kr] 오리지널 가격
[pt] preço original
[ru] первоначальная цена
[es] precio original

41516 共享中间成本
[ar] تشارك في التكلفة الوسطية

4.1

[en] intermediate cost in sharing
[fr] coût intermédiaire partagé
[de] Sharing-Zwischenkosten
[it] costo intermedio in condivisione
[jp] 中間費用の共有
[kr] 중간 원가 공유
[pt] custo intermediário partilhado
[ru] промежуточные расходы по совместному использованию
[es] coste intermedio compartido

41517 预期价值
[ar] قيمة متوقعة
[en] expected value (EV)
[fr] valeur attendue
[de] erwarteter Wert
[it] valore atteso
[jp] 期待値
[kr] 기대 가치
[pt] valor esperado
[ru] ожидаемая стоимость
[es] valor esperado

41518 共享价值供给
[ar] تشارك في تزويد القيمة
[en] creation of sharing value
[fr] offre de valeur partagée
[de] Sharing-Wertschöpfung
[it] fornitura di valore condiviso
[jp] 共有価値の供給
[kr] 공유 가치 공급
[pt] fornecimento de valor partilhado
[ru] поставка ценности совместного использования
[es] aportación de valor compartido

41519 产权变革
[ar] تغيير حقوق الملكية
[en] reform of property rights
[fr] réforme du droit de propriété
[de] Eigentumsrechtsreform

[it] riforma dei diritti di proprietà
[jp] 財産権の変革
[kr] 재산권 변혁
[pt] reforma dos direitos de propriedade
[ru] реформа прав собственности
[es] reforma de derechos de propiedad

41520 消费者剩余
[ar] فائض المستهلك
[en] consumer surplus
[fr] surplus de consommateur
[de] Konsumentenrente
[it] surplus di consumatore
[jp] 消費者余剰
[kr] 소비자 잉여
[pt] excedente do consumidor
[ru] потребительский излишек
[es] excedente del consumidor

41521 新型竞争范式
[ar] نمط المنافسة الحديث
[en] new competition paradigm
[fr] nouveau paradigme de concurrence
[de] neues Wettbewerbsparadigma
[it] nuovo paradigma della concorrenza
[jp] 新型競争パラダイム
[kr] 신형 경쟁 패러다임
[pt] novo paradigma de competição
[ru] новая парадигма соревнования
[es] nuevo paradigma de competencia

41522 弥补市场失灵
[ar] تعويض فشل السوق
[en] offset market failure
[fr] compensation de la défaillance du marché
[de] Marktversagensausgleich
[it] compensazione del fallimento del mercato
[jp] 市場の機能不全の補正
[kr] 시장 실패 보완

[pt] compensar a deficiência do mercado

[ru] компенсировать сбои в рыночном механизме

[es] fallo de mercado por descompensación

41523 利他文化

[ar] ثقافة إيثارية

[en] altruistic culture

[fr] culture altruiste

[de] altruistische Kultur

[it] cultura altruistica

[jp] 利他文化

[kr] 이타적 문화

[pt] cultura altruísta

[ru] альтруистическая культура

[es] cultura altruista

41524 集约文化

[ar] ثقافة تكثيفية

[en] intensive culture

[fr] culture intensive

[de] intensive Kultur

[it] cultura intensiva

[jp] 集約文化

[kr] 집약 문화

[pt] cultura intensiva

[ru] интенсивная культура

[es] cultura intensiva

41525 众创文化

[ar] ثقافة الابتكار الجماهيري

[en] mass entrepreneurship culture

[fr] culture de l'entrepreneuriat de masse

[de] Kultur des Massenunternehmertums

[it] cultura dell'imprenditoria di massa

[jp] 「衆創」文化

[kr] 대중 창신 문화

[pt] cultura do empreendedorismo em massa

[ru] культура массового предпринимательства

[es] cultura del emprendimiento masivo

41526 多元文化

[ar] تعددية ثقافية

[en] multiculturalism

[fr] multiculture

[de] Multikulturalismus

[it] multicultura

[jp] 多元文化

[kr] 다원 문화

[pt] multiculturalismo

[ru] мультикультурализм

[es] multicultura

41527 和合文化

[ar] ثقافة التناغم والانسجام

[en] harmony culture

[fr] culture d'harmonie

[de] Kultur der Harmonie

[it] cultura di armonia

[jp] 和合文化

[kr] 화합 문화

[pt] cultura de harmonia

[ru] гармоничная культура

[es] cultura de armonía

4.1

[ar]　الاقتصاد الرقمي

[en]　**Digital Economy**

[fr]　**Économie numérique**

[de]　**Digitale Wirtschaft**

[it]　**Economia digitale**

[jp]　デジタル経済

[kr]　디지털 경제

[pt]　**Economia Digital**

[ru]　**Цифровая экономика**

[es]　**Economía Digital**

4.2.1　产业数字化

[ar]　رقمنة الصناعة

[en]　**Industrial Digitization**

[fr]　**numérisation industrielle**

[de]　**Industrielle Digitalisierung**

[it]　**digitalizzazione industriale**

[jp]　産業デジタル化

[kr]　산업 디지털화

[pt]　**Digitalização Industrial**

[ru]　**Оцифровка промышленности**

[es]　**Digitalización Industrial**

42101　数字化赋能

[ar]　تمكين رقمي

[en]　digital empowerment

[fr]　autonomisation numérique

[de]　digitale Befähigung

[it]　abilitazione digitale

[jp]　デジタル化エンパワーメント

[kr]　디지털화 권한 부여

[pt]　capacitação digital

[ru]　расширение цифровых возможностей

[es]　empoderamiento digital

42102　产业数字化联盟

[ar]　اتحاد رقمي للصناعة

[en]　Industrial Digitization Alliance

[fr]　Alliance de la numérisation industrielle

[de]　Allianz für industrielle Digitalisierung

[it]　Alleanza per la digitalizzazione industriale

[jp]　産業デジタル化連盟

[kr]　산업 디지털화 연맹

[pt]　Aliança da Digitalização Industrial

[ru]　Альянс оцифровки промышленности

[es]　Alianza por la Digitalización Industrial

42103　数字化助手

[ar]　معاون رقمي

[en]　digital assistant

[fr]　assistant numérique

[de]　digitaler Assistent

[it]　assistente digitale

[jp]　デジタルアシスタント

[kr]　디지털화 어시스턴트

[pt]　assistente digital

[ru]　цифровой помощник

[es]　asistente digital

42104 公共服务数字化工程

[ar] هندسة رقمية للخدمة العامة

[en] Public Service Digitization Program

[fr] Projet de numérisation du service public

[de] Digitaltechnik für Zivildienst

[it] Ingegneria digitale di servizio pubblico

[jp] 公共サービスデジタルエンジニアリング

[kr] 공공 서비스 디지털화 공사

[pt] Engenharia Digital de Serviços Públicos

[ru] Цифровая программа публичных услуг

[es] Ingeniería de Digitalización de Servicios Públicos

42105 产业互联网

[ar] إنترنت صناعي

[en] industrial Internet

[fr] Internet industriel

[de] industrielles Internet

[it] Internet industriale

[jp] 産業インターネット

[kr] 산업 인터넷

[pt] Internet Industrial

[ru] промышленный Интернет

[es] Internet industrial

42106 智能制造

[ar] تصنيع ذكي

[en] intelligent manufacturing

[fr] fabrication intelligente

[de] intelligente Fertigung

[it] produzione intelligente

[jp] インテリジェント製造

[kr] 스마트 제조

[pt] fabricação inteligente

[ru] интеллектуальное производство

[es] fabricación inteligente

42107 制造业数字化转型

[ar] تحول رقمي للصناعة

[en] digital transformation in the manufacturing industry

[fr] transformation numérique de l'industrie de fabrication

[de] digitale Transformation im verarbeitenden Gewerbe

[it] trasformazione digitale nel settore manifatturiero

[jp] 製造業のデジタルトランスフォーメーション

[kr] 제조업 디지털 전환

[pt] transformação digital da indústria de manufatura

[ru] цифровое преобразование в обрабатывающей промышленности

[es] transformación digital en el sector manufacturero

42108 智能终端产业

[ar] صناعة المحطة الطرفية الذكية

[en] intelligent terminal industry

[fr] industrie des terminaux intelligents

[de] intelligente Terminalindustrie

[it] industria dei terminali intelligenti

[jp] インテリジェント端末産業

[kr] 스마트 단말 산업

[pt] indústria de terminais inteligentes

[ru] индустрия интеллектуальных терминалов

[es] sector terminales inteligentes

42109 新型显示产业

[ar] صناعة العرض الحديثة

[en] new display industry

[fr] nouvelle industrie des écrans

[de] neue Display-Industrie

[it] industria nuova espositiva

[jp] 新型ディスプレイ産業

[kr] 신형 디스플레이 산업

[pt] nova indústria de displays

[ru] новая индустрия дисплеев

4.2

[es] nuevo sector de la visualización

42110 智能传感产业

[ar] صناعة الاستشعار الذكية

[en] intelligent sensing industry

[fr] industrie de la détection intelligente

[de] intelligente Sensorindustrie

[it] industria di rilevamento intelligente

[jp] インテリジェントセンシング産業

[kr] 스마트 센싱 산업

[pt] indústria de sensores inteligentes

[ru] интеллектуальная сенсорная
индустрия

[es] sector de la detección inteligente

42111 移动通信芯片

[ar] رقاقة الاتصالات المتنقلة

[en] mobile communication chip

[fr] puce de communication mobile

[de] Mobilkommunikationschip

[it] chip di comunicazione mobile

[jp] モバイル通信チップ

[kr] 모바일 통신 칩

[pt] chipe de comunicação móvel

[ru] чип мобильной связи

[es] chip de comunicaciones móviles

42112 半导体存储器

[ar] خازن شبه موصل

[en] semiconductor memory

[fr] mémoire à semi-conducteur

[de] Halbleiterspeicher

[it] memoria a semiconduttore

[jp] 半導体メモリ

[kr] 반도체 메모리

[pt] memória semicondutora

[ru] полупроводниковая память

[es] memoria de semiconductor

42113 图像处理芯片

[ar] رقاقة معالجة الصور

[en] image processing chip

[fr] puce de traitement d'image

[de] Bildverarbeitungschip

[it] chip di elaborazione delle immagini

[jp] 画像処理チップ

[kr] 그래프 처리 칩

[pt] chipe para processamento de imagem

[ru] чип обработки изображений

[es] chip de procesamiento de imágenes

42114 智能传感器

[ar] مستشعر ذكي

[en] intelligent sensor

[fr] capteur intelligent

[de] intelligenter Sensor

[it] sensore intelligente

[jp] インテリジェントセンサー

[kr] 스마트 센서

[pt] sensor inteligente

[ru] интеллектуальный датчик

[es] sensor inteligente

42115 智能控制器

[ar] جهاز التحكم الذكي

[en] intelligent controller

[fr] contrôleur intelligent

[de] intelligenter Kontroller

[it] controllo intelligente

[jp] インテリジェントコントローラー

[kr] 스마트 컨트롤러

[pt] controlador inteligente

[ru] интеллектуальный контроллер

[es] controlador inteligente

42116 工业控制操作系统

[ar] نظام التحكم والتشغيل للصناعة

[en] industrial control operating system

[fr] système d'exploitation de contrôle
industriel

[de] Industriesteuerungsbetriebssystem

[it] sistema operativo di controllo industriale

[jp] 産業用制御オペレーティングシステム
[kr] 산업 제어 운영 시스템
[pt] sistema operacional de controlo industrial
[ru] операционная система промышленного контроля
[es] sistema operativo de control industrial

42117　嵌入式软件

[ar] برامج غاطسة
[en] embedded software
[fr] logiciel embarqué
[de] eingebettete Software
[it] software incorporato
[jp] 埋め込みソフトウェア
[kr] 임베디드 소프트웨어
[pt] software incorporado
[ru] встроенное программное обеспечение
[es] software integrado

42118　中国制造 2025

[ar] صنع صيني 2025
[en] Made in China 2025
[fr] Fabriqué en Chine 2025
[de] Die chinesische Fertigungsindustrie bis zum Jahr 2025
[it] Made in China 2025
[jp] 中国製造 2025
[kr] 중국 제조 2025
[pt] Fabricado na China 2025
[ru] Сделано в Китае 2025
[es] Hecho en China 2025

42119　工业 4.0

[ar] صناعة 4.0
[en] Industry 4.0
[fr] Industrie 4.0
[de] Industrie 4.0
[it] Industria 4.0
[jp] インダストリー 4.0
[kr] 산업 4.0

[pt] Indústria 4.0
[ru] Индустрия 4.0
[es] Industria 4.0

42120　欧洲工业数字化战略

[ar] استراتيجية الاتحاد الأوروبي لرقمنة الصناعة
[en] Digitizing European Industry Initiative (DEI)
[fr] Stratégie de numérisation de l'industrie européenne
[de] Strategie zur Digitalisierung der europäischen Industrie
[it] Strategia per la digitalizzazione dell'industria europea
[jp] 欧州産業デジタル化戦略
[kr] 유럽 산업 디지털화 전략
[pt] Estratégia de Digitalização da Indústria Europeia
[ru] Инициатива оцифровки европейской промышленности
[es] Iniciativa de la Digitalización de la Industria Europea

4.2.2　数字产业化

[ar] التصنيع الرقمي
[en] **Digital Industrialization**
[fr] **Industrialisation numérique**
[de] **Digitale Industrialisierung**
[it] **Industrializzazione digitale**
[jp] **デジタル産業化**
[kr] **디지털 산업화**
[pt] **Industrialização Digital**
[ru] **Цифровая индустриализация**
[es] **Industrialización Digital**

42201　数字化供应链

[ar] سلسلة التوريد الرقمية
[en] digital supply chain
[fr] chaîne d'approvisionnement numérique
[de] digitale Lieferkette
[it] catena di fornitura digitale

[jp] デジタル化サプライチェーン

[kr] 디지털화 공급 사슬

[pt] cadeia de suprimentos digital

[ru] цифровая цепочка поставок

[es] cadena de suministro digital

42202 数字产业链

[ar] سلسلة الصناعة الرقمية

[en] digital industry chain

[fr] chaîne industrielle numérique

[de] digitale Industriekette

[it] catena industriale digitale

[jp] デジタル産業チェーン

[kr] 디지털 산업 사슬

[pt] cadeia da indústria digital

[ru] цепочка цифровой индустрии

[es] cadena de la industria digital

42203 数据化企业

[ar] مؤسسة بياناتية

[en] data-powered enterprise

[fr] entreprise numérisée

[de] datenbasiertes Unternehmen

[it] impresa dati-pilotata

[jp] データ化企業

[kr] 데이터화 기업

[pt] empresa digital

[ru] датафикационное предприятие

[es] empresa empoderada por datos

42204 信息通信产业

[ar] صناعة المعلومات والاتصالات

[en] information and communication industry

[fr] industrie de l'information et des communications

[de] Informations- und Kommunikations-industrie

[it] industria dell'informazione e delle comunicazioni

[jp] 情報通信産業

[kr] 정보 통신 산업

[pt] setor da informação e comunicação

[ru] информационно-коммуникационная индустрия

[es] sector de la información y las comunicaciones

42205 电子信息制造业

[ar] صناعة المعلومات الإلكترونية

[en] electronic information manufacturing industry

[fr] industrie de fabrication de l'information électronique

[de] Fertigungsindustrie für elektronische Informationen

[it] industria manifatturiera dell'informazione elettronica

[jp] 電子情報製造業

[kr] 전자 정보 제조업

[pt] indústria manufatureira de informação digital

[ru] промышленность по производству электронной информации

[es] sector de la fabricación de información electrónica

42206 电信业

[ar] قطاع الاتصالات

[en] telecommunications industry

[fr] télécommunications

[de] Telekommunikationsindustrie

[it] industria di telecomunicazione

[jp] 電気通信業

[kr] 전기 통신업

[pt] indústria de telecomunicações

[ru] телекоммуникационная индустрия

[es] sector de las telecomunicaciones

42207 软件和信息技术服务业

[ar] قطاع الخدمات للبرامج و تكنولوجيا المعلومات

[en] software and IT service industry

[fr] industrie de logiciel et de service

informatique

[de] Software- und IT-Dienstleistungsbranche

[it] industria del software e dei servizi IT

[jp] ソフトウェアと情報技術サービス業

[kr] 소프트웨어 및 정보기술 서비스업

[pt] setor de serviços de software e tecnologia da informação

[ru] индустрия услуг программного обеспечения и информационных технологий

[es] servicios de software y tecnología de información

42208 数字技术经济范式创新体系

[ar] نظام إبداعي للنموذج الاقتصادي للتكنولوجيا الرقمية

[en] innovation system of digital techno-economic paradigm

[fr] système d'innovation du paradigme techno-économique numérique

[de] Innovationssystem des digitalen techno-ökonomischen Paradigmas

[it] sistema di innovazione del paradigma tecnico-economico digitale

[jp] デジタル技術経済パラダイムの革新システム

[kr] 디지털 기술 경제 패러다임 혁신 체계

[pt] sistema de inovação de paradigma tecno-económico digital

[ru] инновационная система цифровой технико-экономической парадигмы

[es] sistema de innovación del paradigma tecnoeconómico digital

42209 数字产业

[ar] صناعة رقمية

[en] digital industry

[fr] industrie numérique

[de] digitale Industrie

[it] industria digitale

[jp] デジタル産業

[kr] 디지털 산업

[pt] indústria digital

[ru] цифровая индустрия

[es] industria digital

42210 数字产业集群

[ar] مجموعة الصناعة الرقمية

[en] digital industry cluster

[fr] regroupement de l'industrie numérique

[de] Cluster der digitalen Industrie

[it] raggruppamento dell'industria digitale

[jp] デジタル産業クラスター

[kr] 디지털 산업 클러스터

[pt] agrupamento da indústria digital

[ru] кластер цифровой индустрии

[es] clúster de la industria digital

42211 模块化设计

[ar] تصميم الوحدات المبرمجة

[en] modular design

[fr] conception modulaire

[de] modulares Design

[it] design modulare

[jp] モジュール化設計

[kr] 모듈화 디자인

[pt] design modular

[ru] модульная конструкция

[es] diseño modular

42212 柔性化制造

[ar] تصنيع ناعم

[en] flexible manufacturing

[fr] fabrication flexible

[de] flexible Fertigung

[it] produzione flessibile

[jp] フレキシブル生産

[kr] 유연 생산

[pt] sistema flexível de manufatura

[ru] гибкое проектирование

[es] fabricación flexible

4.2

42213 定制化服务

[ar] خدمة مخصصة حسب الطلب

[en] customized service

[fr] service personnalisé

[de] maßgeschneiderter Service

[it] servizio personalizzato

[jp] カスタマイズサービス

[kr] 맞춤형 서비스

[pt] serviços personalizados

[ru] индивидуальная услуга

[es] servicio personalizado

42214 数字化工厂

[ar] مصنع رقمي

[en] digital factory (DF)

[fr] usine numérique

[de] digitale Fabrik

[it] fabbrica digitale

[jp] デジタル化工場

[kr] 디지털화 공장

[pt] fábrica digitalizada

[ru] цифровая фабрика

[es] fábrica digital

42215 信息产业化

[ar] تصنيع المعلومات

[en] information industrialization

[fr] industrialisation de l'information

[de] Informationsindustrialisierung

[it] industrializzazione dell'informazione

[jp] 情報産業化

[kr] 정보 산업화

[pt] industialização da informação

[ru] информационная индустриализация

[es] industrialización de la información

42216 数字内容产业

[ar] صناعة المحتوى الرقمي

[en] digital content industry

[fr] industrie du contenu numérique

[de] Industrie für digitale Inhalte

[it] industria dei contenuti digitali

[jp] デジタルコンテンツ産業

[kr] 디지털 콘텐츠 산업

[pt] indústria de conteúdo digital

[ru] индустрия цифрового контента

[es] industria del contenido digital

42217 数字娱乐

[ar] ترفيه رقمي

[en] digital entertainment

[fr] divertissement numérique

[de] digitale Unterhaltung

[it] intrattenimento digitale

[jp] デジタルエンターテインメント

[kr] 디지털 엔터테인먼트

[pt] entretenimento digital

[ru] цифровое развлечение

[es] entretenimiento digital

42218 数字游戏

[ar] ألعاب رقمية

[en] digital game

[fr] jeu numérique

[de] digitales Spiel

[it] gioco digitale

[jp] デジタルゲーム

[kr] 디지털 게임

[pt] jogo digital

[ru] цифровая игра

[es] juego digital

42219 数字出版

[ar] نشر رقمي

[en] digital publishing

[fr] édition numérique

[de] digitale Veröffentlichung

[it] editoria digitale

[jp] デジタル出版

[kr] 디지털 출판

[pt] publicação digital

[ru] цифровая публикация

[es] publicación digital

42220 数字典藏
[ar] وثائق نفيسة محفوظة عن طريق رقمي
[en] digital collection
[fr] collections numériques
[de] digitale Sammlung
[it] collezione digitale
[jp] デジタルコレクション
[kr] 디지털 집합
[pt] coleções digitais
[ru] цифровая коллекция
[es] colecciones digitales

42221 数字表演
[ar] استعراض رقمي
[en] digital performance
[fr] mise en scène numérisée
[de] digitale Aufführung
[it] interpretazione digitale
[jp] デジタルパフォーマンス
[kr] 디지털 퍼포먼스
[pt] espetáculo digital
[ru] цифровое исполнение
[es] rendimiento digital

4.2.3 数字乡村
[ar] الريف الرقمي
[en] **Digital Countryside**
[fr] **Zone rurale numérisée**
[de] **Digitale Landschaft**
[it] **Campagna digitale**
[jp] デジタル農村
[kr] 디지털 마을
[pt] **Campo Digital**
[ru] **Цифровая сельская местность**
[es] **Zona Rural Digital**

42301 数字农业
[ar] زراعة رقمية
[en] digital farming

[fr] agriculture numérique
[de] digitale Landwirtschaft
[it] agricoltura digitale
[jp] デジタル農業
[kr] 디지털 농업
[pt] agricultura digital
[ru] цифровое сельское хозяйство
[es] agricultura digital

42302 精准农业
[ar] زراعة دقيقة
[en] precision agriculture
[fr] agriculture de précision
[de] präzise Landwirtschaft
[it] agricoltura mirata
[jp] 精密農業
[kr] 정밀 농업
[pt] agricultura de precisão
[ru] точное сельское хозяйство
[es] agricultura de precisión

42303 智慧农业
[ar] زراعة ذكية
[en] smart farming
[fr] agriculture intelligente
[de] intelligente Landwirtschaft
[it] agricoltura intelligente
[jp] スマート農業
[kr] 스마트 농업
[pt] agricultura inteligente
[ru] умное сельское хозяйство
[es] agricultura inteligente

42304 数字创意农业
[ar] زراعة رقمية إبداعية
[en] innovative digital farming
[fr] agriculture créative numérique
[de] digitale kreative Landwirtschaft
[it] agricoltura creativa digitale
[jp] デジタルクリエイティブ農業
[kr] 디지털 창의 농업

[pt] agricultura criativa digital
[ru] цифровое креативное сельское хозяйство
[es] agricultura creativa digital

42305 数字乡村战略
[ar] استراتيجية الريف الرقمي
[en] digital countryside strategy
[fr] stratégie de la numérisation de la zone rurale
[de] digitale Dorfstrategie
[it] strategia per la campagna digitale
[jp] デジタル農村戦略
[kr] 디지털 마을 전략
[pt] Estratégia de Campo Digital
[ru] стратегия цифровой деревни
[es] estrategia de zona rural digital

42306 农业大数据
[ar] بيانات ضخمة زراعية
[en] big data in agriculture
[fr] mégadonnées en agriculture
[de] Landwirtschaft-Big Data
[it] Big Data in agricoltura
[jp] 農業ビッグデータ
[kr] 농업 빅데이터
[pt] big data da agricultura
[ru] большие данные в сельском хозяйстве
[es] Big Data en agricultura

42307 农业物联网
[ar] إنترنت الأشياء الزراعي
[en] IoT in agriculture
[fr] Internet des objets en agriculture
[de] landwirtschaftliches IoT
[it] Internet delle cose in agricoltura
[jp] 農業 IoT
[kr] 농업 사물 인터넷
[pt] Internet das Coisas da agricultura
[ru] Интернет вещей в сфере сельского хозяйства
[es] Internet de las Cosas en agricultura

42308 农业大脑
[ar] دماغ زراعي
[en] agricultural brain
[fr] « cerveau agricole »
[de] landwirtschaftliches Gehirn
[it] cervello agricolo
[jp] 農業ブレイン
[kr] 농업 브레인
[pt] cérebro agrícola
[ru] сельскохозяйственный мозг
[es] cerebro agrícola

42309 农业机器人
[ar] روبوت زراعي
[en] agricultural robot
[fr] robot agricole
[de] landwirtschaftlicher Roboter
[it] robot agricolo
[jp] 農業ロボット
[kr] 농업 로봇
[pt] robô agrícola
[ru] сельскохозяйственный робот
[es] robot agrícola

42310 数字农民
[ar] مزارع رقمي
[en] digital farmer
[fr] agriculteur numérique
[de] digitaler Bauer
[it] contadini digitali
[jp] デジタル農民
[kr] 디지털 농민
[pt] camponês digital
[ru] цифровой фермер
[es] agricultor digital

42311 农村电商
[ar] تجارة إلكترونية ريفية
[en] rural e-commerce
[fr] commerce électronique dans les zones rurales

[de] ländlicher E-Commerce

[it] e-commerce rurale

[jp] 農村Eコマース

[kr] 농촌 전자상거래

[pt] comércio electrónico rural

[ru] сельская электронная коммерция

[es] comercio electrónico rural

42312 淘宝村

[ar] قرية تاوباو

[en] Taobao village

[fr] village de Taobao

[de] Taobao-Dorf

[it] villaggio Taobao

[jp] タオバオ村

[kr] 타오바오촌

[pt] aldeias Taobao

[ru] деревня Taobao

[es] aldea Taobao

42313 智慧农机

[ar] آلات زراعية ذكية

[en] smart farm machinery

[fr] machine agricole intelligente

[de] intelligente landwirtschaftliche Maschinen

[it] macchina agricola intelligente

[jp] スマート農業機械

[kr] 스마트 농업 기계

[pt] maquinaria agrícola inteligente

[ru] умная сельскохозяйственная машина

[es] maquinaria agrícola inteligente

42314 智慧灌溉

[ar] ري ذكي

[en] smart irrigation

[fr] irrigation intelligente

[de] intelligente Bewässerung

[it] irrigazione intelligente

[jp] スマート灌漑

[kr] 스마트 관개

[pt] irrigação inteligente

[ru] умное орошение

[es] regadío inteligente

42315 智慧渔业

[ar] قطاع الثروة السمكية الذكية

[en] smart fishery

[fr] pêche intelligente

[de] intelligente Fischerei

[it] pesca intelligente

[jp] スマート漁業

[kr] 스마트 어업

[pt] pesca inteligente

[ru] умное рыболовство

[es] pesca inteligente

42316 智慧种业

[ar] قطاع البذور الذكي

[en] smart seed industry

[fr] filière des semences intelligente

[de] intelligente Saatgutindustrie

[it] settore delle sementi intelligenti

[jp] スマート種子産業

[kr] 스마트 재배 농업

[pt] indústria inteligente de sementes

[ru] умная семенная индустрия

[es] sector inteligente de las semillas

42317 智慧畜牧

[ar] قطاع الثروة الحيوانية الذكي

[en] smart husbandry

[fr] élevage intelligent

[de] intelligente Tierhaltung

[it] allevamento intelligente

[jp] スマート牧畜

[kr] 스마트 목축

[pt] pecuária inteligente

[ru] умное животноводство

[es] cría inteligente de ganado

4.2

4.2

42318 冷链全产业链

[ar] سلسلة لوجستية كاملة لسلسلة التبريد

[en] integrated cold chain logistics

[fr] chaîne complète de la logistique de la chaîne du froid

[de] integrierte Kühlkettenlogistik

[it] catena intera della logistica della catena del freddo

[jp] コールドチェーン物流のフルチェーン

[kr] 콜드체인 전 산업 사슬

[pt] cadeia completa de logísticas de cadeia de frio

[ru] интегрированная логистика «холодовой цепи»

[es] cadena completa de la logística de cadena de frío

42319 村村通

[ar] مشروع تمديد مرافق البنية التحتية إلى كل قرية

[en] rural infrastructure upgrade initiative

[fr] projet de modernisation des infrastructures rurales

[de] Initiative zur Verbesserung der ländlichen Infrastruktur

[it] iniziativa di aggiornamento delle infrastrutture rurali

[jp] 「村々通」（中国農村部のインフラ向上を目的とするプロジェクト）

[kr] 마을 통신 전면보급

[pt] iniciativa de melhorias na infraestrutura rural

[ru] инициатива модернизации сельской инфраструктуры

[es] iniciativa de actualización de infraestructuras rurales

42320 中国数字乡村发展联盟

[ar] اتحاد صيني للتنمية الريفية الرقمية

[en] China Digital Rural Development Alliance

[fr] Alliance de développement de la numérisation des zones rurales de Chine

[de] Digitale Ländliche Entwicklungsallianz China

[it] Alleanza dello sviluppo digitale rurale della Cina

[jp] 中国デジタル農村発展連盟

[kr] 중국 디지털 마을 발전 연맹

[pt] Aliança Chinesa de Desenvolvimento Digital da Zona Rural

[ru] Альянс развития цифровой деревни Китая

[es] Alianza de Desarrollo Rural Digital de China

42321 全国信息进村入户总平台

[ar] منصة عامة وطنية لإيصال المعلومات إلى كل قرية و كل عائلة

[en] National Platform for Promoting Information Service in Rural Areas

[fr] plate-forme nationale de promotion des services d'information dans les zones rurales

[de] Nationale Plattform zur Förderung von Informationsservice in ländlichen Gebieten

[it] piattaforma nazionale per la promozione di servizi di informazione nelle zone rurali

[jp] 農村向け情報サービスプラットフォーム

[kr] 전국적 정보화 추진 종합 플랫폼

[pt] Plataforma Nacional de Serviços de Informação em Áreas Rurais

[ru] Национальная платформа продвижения информационных услуг в сельской местности

[es] Plataforma Nacional para la Promoción de Servicios de Información en Áreas Rurales

4.2.4 工业互联网

[ar] **الإنترنت الصناعي**

[en] **Industrial Internet**

[fr] **Internet industriel**

[de] **Industrielles Internet**

[it] Internet industriale
[jp] 産業インターネット
[kr] 산업 인터넷
[pt] Internet Industrial
[ru] Промышленный Интернет
[es] Internet Industrial

42401 网络化协同

[ar] تنسيق شبكي
[en] networked collaboration
[fr] coordination en réseau
[de] vernetzte Koordination
[it] collaborazione in rete
[jp] ネットワーク化協同
[kr] 네트워크화 협동
[pt] colaboração em rede
[ru] сетевое сотрудничество
[es] colaboración en red

42402 个性化定制

[ar] تصنيع مخصص حسب الطلب
[en] personalized customization
[fr] personnalisation
[de] maßgeschneiderte Fertigung
[it] personalizzazione
[jp] 個性化カスタマイズ
[kr] 개성화 제작
[pt] personalização
[ru] персональный заказ
[es] personalización a medida

42403 服务化延伸

[ar] توسيع نطاق الخدمة
[en] service-oriented extension
[fr] extension de service
[de] Service-Erweiterung
[it] estensione del servizio
[jp] サービス化拡張
[kr] 서비스화 확대
[pt] extensão orientada para o serviço
[ru] расширение услуг

[es] extensión de servicios

42404 服务型制造

[ar] صناعة موجهة للخدمة
[en] service-oriented manufacturing
[fr] fabrication orientée vers le service
[de] serviceorientierte Fertigung
[it] produzione orientata al servizio
[jp] サービス指向製造
[kr] 서비스형 제조
[pt] fabricação orientada a serviços
[ru] сервисно-ориентированное производство
[es] fabricación orientada a los servicios

42405 云制造

[ar] تصنيع سحابي
[en] cloud manufacturing
[fr] fabrication en nuage
[de] Cloud-Fertigung
[it] produzione di cloud
[jp] クラウド製造
[kr] 클라우드 제조
[pt] fabricação na nuvem
[ru] облачное производство
[es] fabricación en la nube

42406 车联网

[ar] إنترنت المركبات
[en] Internet of Vehicles (IoV)
[fr] Internet des véhicules
[de] Internet der Fahrzeuge
[it] Internet di veicoli
[jp] 車のインターネット
[kr] 자동차 인터넷
[pt] Internet dos Veículos
[ru] Интернет транспортных средств
[es] Internet de Vehículos

42407 智能穿戴

[ar] أجهزة ذكية قابلة للارتداء

[en] intelligent wearable
[fr] technologie mettable
[de] intelligentes Tragbares
[it] indossabile intelligente
[jp] スマートウェア
[kr] 스마트 웨어러블
[pt] peças vestíveis inteligentes
[ru] интеллектуальные носимые
устройства
[es] vestimentas inteligentes

42408 智能网联汽车
[ar] اتصال عضوي بين إنترنت السيارة الذكية
[en] intelligent connected vehicle (ICV)
[fr] véhicule intelligent connecté
[de] intelligentes vernetztes Fahrzeug
[it] veicolo connesso intelligente
[jp] インテリジェントコネクテッド・カー
[kr] 스마트 커넥티드 카
[pt] veículo conectado inteligente
[ru] умный подключенный к Интернету
автомобиль
[es] vehículo conectado inteligente

42409 商品再流通
[ar] إعادة ترويج البضائع
[en] recirculation of goods
[fr] remise en circulation des marchandises
[de] Umlauf von Waren
[it] ricircolo delle merci
[jp] 商品の再流通
[kr] 제품 재유통
[pt] recirculação de mercadorias
[ru] рециркуляция товаров
[es] recirculación de mercancías

42410 智能无人机
[ar] طائرة مسيّرة ذكية
[en] intelligent unmanned aerial vehicle
[fr] drone intelligent
[de] intelligente Drohnen

[it] droni intelligenti
[jp] インテリジェントドローン
[kr] 스마트 드론
[pt] drones inteligentes
[ru] интеллектуальный беспилотный
летательный аппарат
[es] drones inteligentes

42411 4K电视
[ar] تلفاز 4K
[en] 4K TV
[fr] téléviseur 4K
[de] 4K-Fernseher
[it] 4K televisione
[jp] 4Kテレビ
[kr] 4K 텔레비전
[pt] televisão 4K
[ru] 4K-телевидение
[es] Televisión 4K

42412 近场通信
[ar] اتصالات منطقة الاقتراب
[en] near-field communication (NFC)
[fr] communication en champ proche
[de] Nahfeldkommunikation
[it] comunicazione di campo vicino
[jp] 近距離無線通信
[kr] 근거리 통신
[pt] comunicação por campo de proximidade
[ru] связь ближнего поля
[es] Comunicación de campo próximo

42413 智能制造单元
[ar] وحدة التصنيع الذكي
[en] intelligent manufacturing unit
[fr] unité de fabrication intelligente
[de] intelligente Fertigungseinheit
[it] unità di produzione intelligente
[jp] インテリジェント製造ユニット
[kr] 스마트 제조 유닛
[pt] unidade de fabricação inteligente

[ru] интеллектуальное производственное
устройство

[es] unidad de fabricación inteligente

42414 智能生产线

[ar] خط الإنتاج الذكي

[en] intelligent production line

[fr] ligne de production intelligente

[de] intelligente Produktionslinie

[it] linea di produzione intelligente

[jp] インテリジェント生産ライン

[kr] 스마트 생산 라인

[pt] linha de produção inteligente

[ru] интеллектуальная производственная
линия

[es] línea de producción inteligente

42415 智能工厂

[ar] مصنع ذكي

[en] intelligent factory

[fr] usine intelligente

[de] intelligente Fabrik

[it] fabbrica intelligente

[jp] スマート工場

[kr] 스마트 공장

[pt] fábrica inteligente

[ru] умная фабрика

[es] planta inteligente

42416 无人工厂

[ar] مصنع ذاتي التشغيل

[en] unmanned factory

[fr] usine automatique

[de] unbemannte Fabrik

[it] fabbrica senza pilota

[jp] 無人工場

[kr] 무인 공장

[pt] fábrica não tripulada

[ru] беспилотная фабрика

[es] fábrica completamente automatizada

42417 数字化车间

[ar] ورشة رقمية

[en] digital workshop

[fr] atelier numérique

[de] digitale Werkstatt

[it] officina digitale

[jp] デジタル化ワークショップ

[kr] 디지털화 플랜트

[pt] oficina digital

[ru] цифровой цех

[es] taller digital

42418 无人车间

[ar] ورشة عمل ذاتية التشغيل

[en] unmanned workshop

[fr] atelier automatique

[de] unbemannte Werkstatt

[it] officina senza pilota

[jp] 無人ワークショップ

[kr] 무인 플랜트

[pt] oficina não tripulada

[ru] беспилотный цех

[es] taller completamente automatizado

42419 时间敏感网络

[ar] شبكات حساسة للوقت

[en] time-sensitive networking (TSN)

[fr] réseautage sensible au temps

[de] zeitsensitive Vernetzung

[it] rete sensibile al tempo

[jp] 時間依存ネットワーク

[kr] 시간 민감형 네트워킹

[pt] rede sensível ao tempo

[ru] чувствительная ко времени сеть

[es] redes sensibles al tiempo

42420 全球质量溯源体系

[ar] نظام عالمي لتتبع الجودة

[en] global quality tracking system (GQTS)

[fr] Système global du suivi de la qualité

[de] globales Qualitätsverfolgungssystem

4.2

[it] sistema globale di rintracciamento
qualità
[jp] グローバル品質追跡システム
[kr] 글로벌 품질 추적 시스템
[pt] Sistema de Norma Global para
Rastreamento
[ru] глобальная система отслеживания
качества
[es] sistema global de seguimiento de la
calidad

4.2.5 共享型经济

[ar] الاقتصاد التشاركي
[en] **Sharing Economy**
[fr] **Économie de partage**
[de] **Sharing-Wirtschaft**
[it] **Economia condivisa**
[jp] **共有経済**
[kr] **공유형 경제**
[pt] **Economia Partilhada**
[ru] **Экономика совместного
использования**
[es] **Economía Compartida**

42501 共享型资源

[ar] موارد تشاركية
[en] shared resource
[fr] ressource partagée
[de] Sharing-Ressource
[it] risorse condivise
[jp] 共有型資源
[kr] 공유형 자원
[pt] recursos partilhados
[ru] ресурс совместного использования
[es] recursos compartidos

42502 闲置资源

[ar] موارد مهملة
[en] idle resource
[fr] ressource inactive
[de] ungenutzte Ressourcen

[it] risorse inattive
[jp] アイドル・リソース
[kr] 유휴 자원
[pt] recursos ociosos
[ru] незадействованные ресурсы
[es] recursos inactivos

42503 产能供给池

[ar] مجمع إمداد طاقة الإنتاج
[en] production capacity supply pool
[fr] pool de capacité d'approvisionnement
[de] Kapazitätsversorgungspool
[it] pool di approvvigionamento di capacità
[jp] 生産能力供給プール
[kr] 생산능력 공급풀
[pt] piscina de oferta da capacidade produção
[ru] пул поставки производительности
производства
[es] conjunto de suministro de capacidad

42504 服务需求池

[ar] مجمع الاحتياجات الخدمية
[en] service demand pool
[fr] pool de demande de service
[de] Service-Nachfragespool
[it] pool di richieste di servizi
[jp] サービス需要プール
[kr] 서비스 수요풀
[pt] piscina de demanda de serviço
[ru] пул спроса на услуги
[es] conjunto de demanda de servicios

42505 产品服务系统

[ar] نظام خدمة المنتج
[en] product-service system
[fr] système produit-service
[de] Produktservicesystem
[it] sistema di servizio di prodotto
[jp] 製品サービスシステム
[kr] 제품 서비스 시스템
[pt] sistema produto-serviço

[ru] система «продукт-сервис»

[es] sistema producto-servicio

42506 再分配市场

[ar] أسواق إعادة التوزيع

[en] redistribution market

[fr] marché de redistribution

[de] Umverteilungsmarkt

[it] mercato di ridistribuzione

[jp] 再分配市場

[kr] 재분배 시장

[pt] mercado de redistribuição

[ru] рынок перераспределения

[es] mercado de redistribución

42507 协同式生活方式

[ar] نمط الحياة التعاونية

[en] collaborative lifestyle

[fr] mode de vie collaboratif

[de] synergistische Lebensstil

[it] stile di vita collaborativo

[jp] 協同型ライフスタイル

[kr] 협력적 생활 방식

[pt] estilo de vida colaborativo

[ru] совместный образ жизни

[es] estilo de vida colaborativo

42508 共享平台

[ar] منصة تشاركية

[en] shared platform

[fr] plate-forme de partage

[de] Sharing-Plattform

[it] piattaforma condivisa

[jp] 共有プラットフォーム

[kr] 공유 플랫폼

[pt] plataforma partilhada

[ru] платформа для совместного
использования

[es] plataforma de uso compartido

42509 私有公用

[ar] ساحة عامة مملوكة للقطاع الخاص

[en] privately owned public space (POPS)

[fr] espace public à propriété privée

[de] öffentlicher Raum in Privatbesitz

[it] spazio pubblico di proprietà privata

[jp] 私有物の公用

[kr] 민간 소유의 공개공지

[pt] espaço público de propriedade privada

[ru] публичное пространство в частной
собственности

[es] espacio público de propiedad privada

42510 使用权共享市场

[ar] سوق تشارك حقوق الاستخدام

[en] use right sharing market

[fr] marché de partage de droit d'usage

[de] Nutzungsrechtssharingsmarkt

[it] mercato di condivisione dei diritti di
utilizzo

[jp] 使用権共有市場

[kr] 사용권 공유 시장

[pt] mercado de partilha dos direitos de
utilização

[ru] рынок совместного использования
прав использования

[es] mercado de uso compartido de derecho
de uso

42511 非排他性复用

[ar] إعادة استخدام الغير

[en] non-exclusive multiplexing

[fr] multiplexage non-exclusif

[de] nichtexklusives Multiplexing

[it] multiplazione non esclusiva

[jp] 非排他的多重化

[kr] 비배타성 재사용

[pt] multiplexação não exclusivo

[ru] неисключительное
мультиплексирование

[es] multiplexación no exclusiva

4.2

42512　以租代买

[ar]　استئجار بدلًا عن الامتلاك

[en]　rent-to-own

[fr]　location avec option d'achat

[de]　Mietkauf

[it]　affittare a riscatto

[jp]　購入オプション付きのリース

[kr]　구매 대신 임차

[pt]　alugar em vez de comprar

[ru]　аренда с правом выкупа

[es]　alquiler en lugar de comprar

42513　重资产分享

[ar]　تشارك المال الملموس

[en]　heavy asset sharing

[fr]　partage des actifs lourds

[de]　Schwervermögen-Sharing

[it]　condivisione di bene pesante

[jp]　過大資産共有

[kr]　중자산 공유

[pt]　partilhade ativos pesados

[ru]　совместное использование тяжелых активов

[es]　uso compartido de activos pesados

42514　协同消费

[ar]　استهلاك تعاوني

[en]　collaborative consumption

[fr]　consommation collaborative

[de]　synergistischer Konsum

[it]　consumo collaborativo

[jp]　協同型消費

[kr]　협동 소비

[pt]　consumo colaborativo

[ru]　совместное потребление

[es]　consumo colaborativo

42515　共享经济价值链

[ar]　سلسلة القيمة الاقتصادية التشاركية

[en]　value chain of sharing economy

[fr]　chaîne de valeur de l'économie de partage

[de]　Wertschöpfungskette der Sharing-Wirtschaft

[it]　catena di valore di economia condivisa

[jp]　共有経済のバリューチェーン

[kr]　공유 경제 가치 사슬

[pt]　cadeia de valores da economia partilhada

[ru]　стоимостная цепочка экономики совместного использования

[es]　cadena de valor en la economía compartida

42516　信用经济

[ar]　اقتصاد ائتماني

[en]　credit economy

[fr]　économie de crédit

[de]　Kreditwirtschaft

[it]　economia creditizia

[jp]　信用経済

[kr]　신용 경제

[pt]　economia de crédito

[ru]　кредитная экономика

[es]　economía de crédito

42517　共享经济业务模式

[ar]　نموذج الأعمال الاقتصادية التشاركية

[en]　sharing economy business model

[fr]　modèle commercial de l'économie de partage

[de]　Geschäftsmodell der Sharing-Wirtschaft

[it]　modalità di affari economici condivisi

[jp]　共有経済のビジネスモデル

[kr]　공유 경제 업무 모드

[pt]　modelo de negócios da economia partilhada

[ru]　бизнес-модель экономики совместного использования

[es]　modelo de negocio en la economía compartida

42518　有偿分享模式

[ar]　نمط المشاركة المدفوعة

[en] paid sharing model
[fr] partage payant
[de] bezahlter Sharing-Modus
[it] modalità di condivisione a pagamento
[jp] 有料共有モデル
[kr] 유료 공유 모드
[pt] modelo de partilha remunerada
[ru] модель платного обмена
[es] compartición de pagos

42519 对等分享模式
[ar] نمط المشاركة المتناظرة
[en] peer-to-peer sharing model
[fr] partage en pair à pair
[de] Peer-to-Peer-Sharing-Modus
[it] modalità di condivisione tra pari
[jp] ピア対ピアの共有モデル
[kr] 피어투피어 공유 모드
[pt] modo de partilhapar-a-par
[ru] модель пирингового обмена
[es] compartición de homólogos

42520 劳务分享模式
[ar] نمط تشارك العمل
[en] labor-sharing model
[fr] partage du travail
[de] Arbeitsteilung-Modus
[it] modalità di condivisione del lavoro
[jp] 労働共有モデル
[kr] 노무 공유 모드
[pt] modelo de partilha do trabalho
[ru] модель разделения труда
[es] compartición de trabajo

42521 共享出行
[ar] سفر تشاركي
[en] shared mobility
[fr] voyage de partage
[de] Sharing-Reise
[it] viaggio condiviso
[jp] 共有移動

[kr] 공유 출행
[pt] viagem partilhada
[ru] совместно-используемый транспорт
[es] viaje compartido

42522 共享住宿
[ar] سكن تشاركي
[en] shared accommodation
[fr] logement de partage
[de] Sharing-Unterkunft
[it] alloggio condiviso
[jp] 共有宿泊
[kr] 공유 숙박
[pt] alojamento partilhado
[ru] совместно-используемое жилье
[es] acomodación compartida

42523 共享办公
[ar] مكتب تشاركي
[en] shared office
[fr] bureau de partage
[de] Sharing-Büro
[it] ufficio condiviso
[jp] 共有オフィス
[kr] 공유 오피스
[pt] escritório partilhado
[ru] совместно-используемый офис
[es] oficina compartida

42524 优步
[ar] يوبوه Uber
[en] Uber
[fr] Uber
[de] Uber
[it] Uber
[jp] Uber
[kr] 우버
[pt] Uber
[ru] Uber
[es] Uber

42525　爱彼迎

[ar] أربينغ

[en] AirBed and Breakfast (Airbnb)

[fr] Airbnb

[de] Airbnb

[it] Airbnb

[jp] Airbnb

[kr] 에어비앤비

[pt] Airbnb

[ru] Airbnb

[es] Airbnb

4.2

4.3　场景大数据

[ar]　البيانات الضخمة للمشهد

[en]　**Scenario Big Data**

[fr]　**Mégadonnées dans les scénarios**

[de]　**Szenario-Big Data**

[it]　**Scenario Big Data**

[jp]　シナリオビッグデータ

[kr]　시나리오 빅데이터

[pt]　**Cenário de Big Data**

[ru]　**Большие данные в различных сценариях**

[es]　**Big Data de Escenarios**

· ·

4.3.1　场景应用

[ar]　تطبيق المشهد

[en]　**Scenario Application**

[fr]　**Application dans les scénarios**

[de]　**Szenario-Anwendung**

[it]　**Applicazione scenario**

[jp]　シナリオ応用

[kr]　시나리오 응용

[pt]　**Aplicação do Cenário**

[ru]　**Приложение сценария**

[es]　**Aplicación de Escenarios**

43101　场景

[ar]　مشهد

[en]　scenario

[fr]　scénario

[de]　Szenario

[it]　scenario

[jp]　シナリオ

[kr]　시나리오

[pt]　cenário

[ru]　сценарий

[es]　escenario

43102　场景化

[ar]　استنادًا إلى المشهد

[en]　scenario-based

[fr]　mise en situation

[de]　Szenariobasierung

[it]　basato su scenari

[jp]　シナリオ化

[kr]　시나리오화

[pt]　cenarização

[ru]　сценализация

[es]　basado en escenarios

43103　场景体验

[ar]　تجربة المشهد

[en]　scenario experience

[fr]　expérience de scénario

[de]　Szenario-Erfahrung

[it]　esperienza di scenari

[jp]　シナリオ体験

[kr]　시나리오 체험

[pt]　experiência do cenário

[ru]　опыт сценария

[es]　experiencia de escenarios

43104 体验层次

[ar] مستوى التجربة

[en] experience level

[fr] niveau d'expérience

[de] Erfahrungsebene

[it] livello di esperienza

[jp] 体験レベル

[kr] 체험 레벨

[pt] nível de experiência

[ru] уровень опыта

[es] nivel de experiencia

43105 情感连接

[ar] ترابط عاطفي

[en] emotional connection

[fr] lien émotionnel

[de] emotionale Bindung

[it] connessione emotiva

[jp] エモーショナルコネクション

[kr] 감정 연결

[pt] conexão emocional

[ru] эмоциональная связь

[es] conexión emocional

43106 社群动力学

[ar] ديناميات المجتمع

[en] community dynamics

[fr] dynamique communautaire

[de] Community-Dynamik

[it] dinamica di comunità

[jp] コミュニティ動力学

[kr] 군락 동태학

[pt] dinâmica da comunidade

[ru] динамика сообщества

[es] dinámicas comunitarias

43107 实体场景

[ar] مشهد مادي

[en] physical scenario

[fr] scénario réel

[de] physisches Szenario

[it] scena fisica

[jp] 実体シナリオ

[kr] 실물 시나리오

[pt] cenário físico

[ru] реальный сценарий

[es] escenario físico

43108 虚拟场景

[ar] مشهد افتراضي

[en] virtual scenario

[fr] scénario virtuel

[de] virtuelles Szenario

[it] scenario virtuale

[jp] 仮想シナリオ

[kr] 가상 시나리오

[pt] cenário virtual

[ru] виртуальный сценарий

[es] escenario virtual

43109 移动场景时代

[ar] عصر المشهد المتحرك

[en] age of mobile scenario

[fr] ère de scénario mobile

[de] Zeitalte des mobilen Szenarios

[it] era dello scenario mobile

[jp] モバイルシナリオ時代

[kr] 모바일 시나리오 시대

[pt] era do cenário móvel

[ru] эпоха мобильного сценария

[es] era de escenarios móviles

43110 高度数字化场景

[ar] مشهد عالي الرقمنة

[en] highly digitized scenario

[fr] scénario hautement numérisé

[de] hochdigitalisiertes Szenario

[it] scenario altamente digitalizzato

[jp] 高度デジタル化シナリオ

[kr] 고도 디지털화 시나리오

[pt] cenário altamente digitalizado

[ru] сильно оцифрованный сценарий

[es] escenario de alta digitalización

43111 场景技术力量

[ar] قوة تقنية المشهد

[en] technological force of scenario

[fr] puissance de la technologie de mise en situation

[de] technologische Stärke des Szenarios

[it] forza tecnologica basata su scenari

[jp] シナリオ技術力

[kr] 시나리오 기반 기술력

[pt] força da tecnologia de cenário

[ru] технологическая сила сценария

[es] robustez de la tecnología basada en escenarios

43112 空间信息流

[ar] تدفق المعلومات الفضائية

[en] spatial information flow

[fr] flux d'information dans l'espace

[de] räumlicher Informationsfluss

[it] flusso di informazioni spaziali

[jp] 空間情報フロー

[kr] 공간정보 흐름

[pt] fluxo de informação espacial

[ru] пространственный информационный поток

[es] flujo de información espacial

43113 场景驱动力模型

[ar] نموذج القوة الدافعة للمشهد

[en] scenario driving force model

[fr] modèle conduit par le scénario

[de] Szenariotriekraftsmodell

[it] modello della forza stimolata da scenario

[jp] シナリオ駆動力モデル

[kr] 시나리오 구동력 모델

[pt] modelo de força motriz do cenário

[ru] модель движущей силы сценария

[es] modelo de fuerzas impulsora de escenarios

43114 场景力

[ar] قوة المشهد

[en] scenario creation capability

[fr] capacité de création de scénario

[de] Szenarioskapazität

[it] forza di scenari

[jp] シナリオ力

[kr] 시나리오 창조력

[pt] força de cenário

[ru] возможность создания сценария

[es] capacidad de escenarios

43115 场景赋能

[ar] تمكين المشهد

[en] scenario empowerment

[fr] autonomisation par le scénario

[de] Szenario-Befähigung

[it] abilitazione di scenari

[jp] シナリオのエンパワーメント

[kr] 시나리오 권한 부여

[pt] empoderamento do cenário

[ru] расширение возможностей сценария

[es] empoderamiento de escenarios

43116 场景实验室

[ar] مختبر المشهد

[en] scenario laboratory

[fr] laboratoire de scénario

[de] Szenario-Labor

[it] laboratorio di scenari

[jp] シナリオ実験室

[kr] 시나리오 실험실

[pt] laboratório do cenário

[ru] сценарная лаборатория

[es] laboratorio de escenarios

43117 迭代算法

[ar] خوارزمية تكرارية

[en] iterative algorithm

[fr] algorithme itératif

[de] iterativer Algorithmus

[it] algoritmo iterativo

[jp] 反復アルゴリズム

[kr] 반복 알고리즘

[pt] algoritimo iterativo

[ru] итерационный алгоритм

[es] algoritmo iterativo

43118　实时计算匹配供需

[ar] حساب فوري لمطابقة العرض والطلب

[en] real-time calculation for matching of supply and demand

[fr] calcul en temps réel pour l'adéquation de l'offre et de la demande

[de] Echtzeitberechnung zur Abstimmung von Angebot und Nachfrage

[it] computing in tempo reale per l'abbinamento di domanda e offerta

[jp] 供給と需要のマッチングのためのリアルタイム計算

[kr] 공급 및 수요 실시간 컴퓨팅 및 정합

[pt] cálculo em tempo real para a correspondência entre a oferta e a procura

[ru] расчет в реальном времени для согласования спроса и предложения

[es] cálculo en tiempo real de la correspondencia entre oferta y demanda

43119　图谱关系

[ar] علاقات محددة بالخريطة

[en] mapping relationship

[fr] cartographie des relations

[de] Mapping-Beziehungen

[it] relazioni di mappatura

[jp] マッピング関係

[kr] 매핑 관계

[pt] relacionamentos de mapeamento

[ru] картографические отношения

[es] relaciones de mapeo

43120　感觉模仿

[ar] محاكاة الشعور

[en] feeling imitation

[fr] imitation de sensation

[de] Gefühlsnachahmung

[it] imitazione di sentimento

[jp] 感覚模倣

[kr] 감각 모방

[pt] imitação de sentimentos

[ru] подражание на основе чувств

[es] imitación de sensaciones

43121　小数据现象

[ar] ظاهرة البيانات الصغيرة

[en] small-data phenomenon

[fr] phénomène de minidonnées

[de] Kleine-Daten-Phänomen

[it] fenomeno di small data

[jp] スモールデータ現象

[kr] 스몰 데이터 현상

[pt] fenômeno de pequenos dados

[ru] феномен малых данных

[es] fenómeno de datos pequeños

43122　终极场景

[ar] مشهد نهائي

[en] ultimate scenario

[fr] scénario ultime

[de] ultimatives Szenario

[it] scenario finale

[jp] 究極のシナリオ

[kr] 최종 시나리오

[pt] cenário final

[ru] окончательный сценарий

[es] escenario definitivo

4.3.2　场景产业化

[ar] تصنيع المشهد

[en] **Scenario Industrialization**

[fr] **Industrialisation du scénario**

[de] **Szenario-Industrialisierung**

[it] Industrializzazione scenario
[jp] シナリオ産業化
[kr] 시나리오 산업화
[pt] Industrialização de Cenários
[ru] Индустриализация сценария
[es] Industrialización de Escenarios

43201　场景经济范式

[ar] نموذج الاقتصاد للمشهد
[en] scenario-based economic paradigm
[fr] paradigme économique basé sur un scénario
[de] szenariobasiertes wirtschaftliches Paradigma
[it] paradigma economico basato su scenari
[jp] シナリオ経済パラタイム
[kr] 시나리오 경제 패러다임
[pt] paradigma da economia de cenário
[ru] основанная на сценарии экономическая парадигма
[es] paradigma de economía basada en escenarios

43202　场景商业

[ar] تجارة المشهد
[en] scenario-based business
[fr] commerce basé sur un scénario
[de] szenariobasiertes Geschäft
[it] affari basati su scenari
[jp] シナリオビジネス
[kr] 시나리오 비즈니스
[pt] comércio baseado em cenários
[ru] основанный на сценарии бизнес
[es] comercio basado en escenarios

43203　场景红利

[ar] علاوة المشهد
[en] scenario bonus
[fr] bonus de scénario
[de] Szenariobonus
[it] bonus di scenari

[jp] シナリオボーナス
[kr] 시나리오 보너스
[pt] bônus do cenário
[ru] бонус сценария
[es] bono de escenarios

43204　产品即场景

[ar] منتجات هى مشهد
[en] Product as a Scenario
[fr] produit en tant que scénario
[de] Produkt als Szenario
[it] Prodotto come scenario
[jp] シナリオとしての製品
[kr] 제품 즉 시나리오
[pt] Produto como Cenário
[ru] Продукт как сценарий
[es] Producto como Escenario

43205　分享即获取

[ar] مشاركة هى كسب
[en] Sharing Is Gaining
[fr] Partager, c'est gagner
[de] Sharing bringt Gewinn
[it] Condivisione è acquisizione
[jp] 共有イコール獲得
[kr] 분배 즉 획득
[pt] Partilha é Ganha
[ru] Обмен как приобретение
[es] Compartir es Ganar

43206　流行即流量

[ar] انتشار مؤد للتدفق
[en] Popularity Brings Traffic
[fr] La popularité apporte le trafic
[de] Popularität bringt Besucheraufkommen
[it] Popolarità porta traffico
[jp] 流行イコールトラフィック
[kr] 유행 즉 유량
[pt] Popularidade Traz Tráfego
[ru] Популярность как трафик
[es] Popularidad Atrae Tráfico

4.3

43207 场景通信

[ar] اتصالات بين مشاهد

[en] scenario-based communication

[fr] communications de scénario

[de] Szenariokommunikation

[it] comunicazione di scenari

[jp] シナリオ通信

[kr] 시나리오 통신

[pt] comunicação do cenário

[ru] связи сценария

[es] comunicaciones de escenarios

43208 场景社交

[ar] تواصل اجتماعى بين المشاهد

[en] scenario-based socializing

[fr] relation sociale basée sur un scénario

[de] szenariobasierte gesellschaftliche Interaktion

[it] socializzazione basata su scenari

[jp] シナリオ社交

[kr] 시나리오 소셜 활동

[pt] socialização baseada em cenário

[ru] основанное на сценарии общение

[es] socialización basada en escenarios

43209 直播平台

[ar] منصة البث المباشر

[en] live streaming platform

[fr] plate-forme de diffusion en direct

[de] Live-Streaming-Plattform

[it] piattaforma di streaming diretto

[jp] ライブストリーミングプラットフォーム

[kr] 생방송 플랫폼

[pt] plataforma de transmissão ao vivo

[ru] платформа потоковой передачи

[es] plataforma de transmisión en directo

43210 用户制作的内容

[ar] محتوى ينتجه المستخدم

[en] user-generated content (UGC)

[fr] contenu généré par utilisateur

[de] nutzererzeugter Inhalt

[it] contenuto generato dall'utente

[jp] ユーザー生成コンテンツ

[kr] 사용자 제작 콘텐츠

[pt] conteúdo gerado pelo usuário

[ru] сгенерированный пользователем контент

[es] contenido generado por los usuarios

43211 专业生产的娱乐内容

[ar] محتوى ترفيهي مهني

[en] professionally generated entertainment content

[fr] contenu de divertissement généré par professionnel

[de] professionell erstellter Unterhaltungsinhalt

[it] contenuto di intrattenimento professionalmente generato

[jp] プロ生産エンターテイメントコンテンツ

[kr] 전문적 엔터테인먼트 콘텐츠

[pt] conteúdo de entretenimento gerado profissionalmente

[ru] профессионально сгенерированный развлекательный контент

[es] contenido de entretenimiento generado profesionalmente

43212 达人经济孵化器

[ar] حاضنة اقتصاد المتفوقين

[en] key opinion leader (KOL) incubator

[fr] Incubateur d'économie des talents

[de] Inkubator für Talentökonomie

[it] incubatrice economica di influencer

[jp] ベテラン経済インキュベーター

[kr] 탤런트 경제 인큐베이터

[pt] incubadora da economia talentosa

[ru] инкубатор экономики талантов

[es] incubadora de la economía del talento

43213 支付场景

[ar] مشهد الدفع

[en] payment scenario

[fr] scénario de paiement

[de] Zahlungsszenario

[it] scenario di pagamento

[jp] 支払シナリオ

[kr] 결제 시나리오

[pt] cenário de pagamento

[ru] сценарий оплаты

[es] escenario de pago

43214 全渠道链接

[ar] وصلات كاملة القنوات

[en] omni-channel link

[fr] lien omnicanal

[de] Alle-Kanäle-Links

[it] collegamento omnicanale

[jp] オムニチャネルリンクス

[kr] 전 채널 링크

[pt] conexão omni-canal

[ru] омниканальные связи

[es] enlaces de omnicanal

43215 CPS广告

[ar] إعلان CPS

[en] cost-per-sale advertising

[fr] publicité au coût par vente

[de] Kosten-per-Verkauf-Anzeige

[it] pubblicità costo pagato per ogni vendita

[jp] CPS 広告

[kr] CPS 광고

[pt] publicidade custo por venda

[ru] реклама CPS

[es] anuncio de costo por venta

43216 在线数据

[ar] بيانات على الإنترنت

[en] online data

[fr] données en ligne

[de] Online-Daten

[it] dati online

[jp] オンラインデータ

[kr] 온라인 데이터

[pt] dados online

[ru] онлайн-данные

[es] datos en línea

43217 用户品牌控制权

[ar] حق التميز للمستخدم

[en] user brand control right

[fr] droit de contrôle d'utilisateur sur la marque

[de] Benutzerkontrolle über die Marke

[it] diritto di controllo del marchio dell'utente

[jp] ユーザーブランド制御権

[kr] 사용자 브랜드 제어권

[pt] direito de controlo da marca do usuário

[ru] право управления брендом пользователей

[es] derecho de control de la marca de usuario

43218 客户关系管理系统

[ar] نظام إدارة علاقات العملاء

[en] customer relationship management (CRM) system

[fr] système de gestion de la relation client

[de] System des Kundenbeziehungsmanagements

[it] sistema di gestione delle relazioni con i clienti

[jp] 顧客関係管理システム

[kr] 고객 관계 관리 시스템

[pt] Sistema de Gestão do Relacionamento com o Cliente

[ru] система управления взаимоотношениями с клиентами

[es] sistema de gestión de las relaciones con los clientes

4.3

43219 自媒体

[ar] وسائل الإعلام الذاتية

[en] We-Media

[fr] média individuel

[de] Selbstmedien

[it] media individuale

[jp] パーソナルメディア

[kr] 자매체

[pt] Média Particular

[ru] Мы-медиа

[es] We-Media

43220 消费商

[ar] تاجر المستهلكات

[en] prosumer

[fr] prosommateur

[de] Prosumer

[it] proconsumatore

[jp] プロシューマー

[kr] 프로슈머

[pt] prossumidor

[ru] просьюмер

[es] prosumidor

43221 顾客需求链

[ar] سلسلة الطلب للعملاء

[en] customer demand chain

[fr] chaîne de demande de client

[de] Kundennachfragekette

[it] catena di esigenza di clienti

[jp] 顧客需要チェーン

[kr] 고객 수요 사슬

[pt] cadeia de demanda dos clientes

[ru] цепочка клиентского спроса

[es] cadena de demanda de cliente

4.3.3 平台经济

[ar] اقتصاد المنصة

[en] **Platform Economy**

[fr] **Économie de plate-forme**

[de] **Plattformwirtschaft**

[it] **Economia della piattaforma**

[jp] **プラットフォーム経済**

[kr] **플랫폼 경제**

[pt] **Economia de Plataforma**

[ru] **Экономика платформы**

[es] **Economía de Plataformas**

43301 平台经济体

[ar] اقتصاديات المنصة

[en] platform economies

[fr] économies basée sur la plate-forme

[de] Plattformwirtschaftsformen

[it] economie di piattaforma

[jp] プラットフォーム経済体

[kr] 플랫폼 경제체

[pt] economias de plataforma

[ru] экономики платформ

[es] economías de plataformas

43302 自由连接体

[ar] أفراد ومنظمات متعددي المطابقة العاملين لحسابهم الخاص

[en] multi-matching freelance individuals and organizations

[fr] individu ou organisation libre à multi-correspondants

[de] Multi-Matching-Freiberufler und -Organisation

[it] individui e organizzazioni di freelance multi-abbinamenti

[jp] 自由連結体

[kr] 자유 연결체

[pt] organizações e indivíduos freelancers com várias correspondências

[ru] свободно-подключенные единицы

[es] individuos y organizaciones de enlace libre

43303 网络外部性

[ar] عوامل خارجية للشبكة

[en] network externality

[fr] externalité du réseau

[de] Netzwerkexternalität

[it] esternalità di rete

[jp] ネットワークの外部性

[kr] 네트워크 외부성

[pt] externalidade em rede

[ru] внешность сети

[es] externalidad de red

43304 三元闭包

[ar] إغلاق ثلاثي

[en] triadic closure

[fr] fermeture triadique

[de] Triadic Closure

[it] chiusura triadica

[jp] トライアディック閉鎖

[kr] 삼자간 완결 구조

[pt] fechamento Triádico

[ru] триодное закрытие

[es] cierre triádico

43305 平台战略

[ar] استراتيجية المنصة

[en] platform strategy

[fr] stratégie de plate-forme

[de] Plattform-Strategie

[it] strategia della piattaforma

[jp] プラットフォーム戦略

[kr] 플랫폼 전략

[pt] estratégia de plataforma

[ru] стратегия платформы

[es] estrategia de plataformas

43306 社群反馈回路

[ar] حلقات ردود فعل المجتمع

[en] community feedback loop

[fr] boucle de rétroaction de la communauté

[de] Community-Feedback-Schleifen

[it] ciclo di feedback dalla comunità

[jp] コミュニティフィードバックループ

[kr] 커뮤니티 피드백 회로

[pt] loops de feedback da comunidade

[ru] петли обратной связи от сообщества

[es] bucles de retroalimentación comunitaria

43307 核心交互

[ar] تفاعل محوري

[en] core interaction

[fr] interaction de base

[de] Kerninteraktion

[it] interazione nucleare

[jp] コアインタラクション

[kr] 핵심 상호 작용

[pt] interação principal

[ru] взаимодействие между основными элементами

[es] interacción central

43308 端到端原则

[ar] مبدأ طرف إلى طرف

[en] end-to-end principle

[fr] principe de bout en bout

[de] End-to-End-Prinzip

[it] principio da estremità a estremità

[jp] エンド・ツー・エンドの原則

[kr] 엔드 투 엔드 원칙

[pt] princípio de ponta-a-ponta

[ru] сквозной принцип

[es] principio de extremo a extremo

43309 模块化

[ar] نمطية

[en] modularization

[fr] modularité

[de] Modularisierung

[it] modularità

[jp] モジュール化

[kr] 모듈화

[pt] modulização

[ru] модуляризация

[es] modularidad

4.3

43310　平台化交易

[ar]　　　　　　　　　　　معاملة على المنصة

[en]　platform-based transaction

[fr]　transaction basée sur la plate-forme

[de]　plattformbasierte Transaktion

[it]　transazione basata su piattaforma

[jp]　プラットフォームベースの取引

[kr]　플랫폼 기반 거래

[pt]　transação baseada em plataforma

[ru]　основанная на платформе транзакция

[es]　transacción basada en plataformas

43311　平台式就业

[ar]　　　　　　　　　　　توظيف على المنصة

[en]　platform-based employment

[fr]　emploi basé sur la plate-forme

[de]　plattformbasierte Beschäftigung

[it]　occupazione basata su piattaforma

[jp]　プラットフォームベースの就職・採用

[kr]　플랫폼 기반 취업

[pt]　emprego baseado em plataforma

[ru]　основанное на платформе
трудоустройство

[es]　empleos basados en plataformas

43312　人人经济

[ar]　　　　　　　　　　　اقتصاد الجميع

[en]　everyone-to-everyone (E2E) economy

[fr]　économie de chacun

[de]　E2E-Wirtschaft

[it]　economia di tutti

[jp]　E2E 経済

[kr]　E2E 경제

[pt]　economia para todos

[ru]　экономика типа «каждый-каждому»

[es]　Economía de Todos

43313　平台生态系统

[ar]　　　　　　　　　　　نظام بيئي للمنصة

[en]　platform ecosystem

[fr]　écosystème de plate-forme

[de]　Plattform-Ökosystem

[it]　ecosistema della piattaforma

[jp]　プラットフォームエコシステム

[kr]　플랫폼 생태계

[pt]　ecossistema de plataforma

[ru]　экосистема платформы

[es]　ecosistema de plataformas

43314　平台开放

[ar]　　　　　　　　　　　انفتاح المنصة

[en]　platform openness

[fr]　ouverture de plate-forme

[de]　Plattform-Offenheit

[it]　apertura della piattaforma

[jp]　プラットフォームオープン

[kr]　플랫폼 공개

[pt]　abertura da plataforma

[ru]　открытость платформы

[es]　apertura de plataformas

43315　平台治理

[ar]　　　　　　　　　　　إدارة المنصة

[en]　platform governance

[fr]　gouvernance de plate-forme

[de]　Plattform-Governance

[it]　governance della piattaforma

[jp]　プラットフォームガバナンス

[kr]　플랫폼 거버넌스

[pt]　governação de plataforma

[ru]　управление платформой

[es]　gobernanza de plataformas

43316　平台生命周期

[ar]　　　　　　　　　　　دورة حياة المنصة

[en]　platform lifecycle

[fr]　cycle de vie de plate-forme

[de]　Plattform-Lebenszyklus

[it]　ciclo di vita della piattaforma

[jp]　プラットフォームライフサイクル

[kr]　플랫폼 라이프 사이클

[pt]　ciclo de vida da plataforma

[ru] жизненный цикл платформы

[es] ciclo de vida de plataformas

43317 相邻平台

[ar] منصة متجاورة

[en] adjacent platform

[fr] plate-forme adjacente

[de] angrenzende Plattform

[it] piattaforma adiacente

[jp] 隣接プラットフォーム

[kr] 인접 플랫폼

[pt] plataforma adjacente

[ru] соседняя платформа

[es] plataforma adyacente

43318 匹配质量

[ar] جودة التطابق

[en] match quality

[fr] qualité correspondante

[de] Anpassungsqualität

[it] qualità di abbinamento

[jp] 品質マッチ

[kr] 품질 매칭

[pt] qualidade da correspondência

[ru] качество соответствия

[es] calidad de coincidencia

43319 市场集合体

[ar] تجمعات السوق

[en] market entities

[fr] agrégation du marché

[de] Markteinheiten

[it] aggregazione del mercato

[jp] 市場集合体

[kr] 시장 집합체

[pt] agregação de mercado

[ru] субъекты рынка

[es] conglomerado de mercados

43320 平台包络

[ar] غلاف المنصة

[en] platform envelopment

[fr] enveloppement de plate-forme

[de] Plattform-Umhüllung

[it] avvolgimento della piattaforma

[jp] プラットフォーム包囲

[kr] 플랫폼 흡수

[pt] envelopamento da plataforma

[ru] окружение платформы

[es] envolvimiento de plataformas

43321 中介重构

[ar] إعادة هيكلة الوسائط

[en] reintermediation

[fr] reconstruction des intermédiaires

[de] intermediäre Refaktorierung

[it] ricostruzione intermedio

[jp] 仲介再構築

[kr] 중개 재구성

[pt] reconstrução intermediária

[ru] посреднический рефакторинг

[es] refactorización de intermediarios

43322 价值单元

[ar] وحدة القيمة

[en] value unit

[fr] unité de valeur

[de] Werteinheit

[it] unità di valore

[jp] 価値単位

[kr] 가치 유닛

[pt] unidade de valor

[ru] единица стоимости

[es] unidad de valor

43323 万物在线

[ar] كل الموجودات متصلة بالإنترنت

[en] Internet Connects the World

[fr] Tout est lié par Internet

[de] Alles ist online

[it] Internet connette tutto

[jp] 万物オンライン(Androidスマホアプリ

の一つ）

[kr] 만물 온라인

[pt] Internet Liga Tudo

[ru] Интернет связывает мир

[es] Internet Conecta Todo

43324 数据核爆

[ar] انفجار البيانات

[en] massive data explosion

[fr] explosion massive des données

[de] massive Datenexplosion

[it] esplosione massiccia dei dati

[jp] 大規模なデータ爆発

[kr] 데이터 핵폭발

[pt] explosão maciça de dados

[ru] массивный взрыв данных

[es] explosión masiva de datos

4.3.4 数据中台

[ar] منصة المعالجة الوسيطة للبيانات

[en] **Data Middle Office**

[fr] **Suivi de marché de données**

[de] **Daten-Operationsbüro**

[it] **Ufficio centrale dei dati**

[jp] **データミドルオフィス**

[kr] **데이터 미들 오피스**

[pt] **Plataforma Intermédia de Dados**

[ru] **Средний офис данных**

[es] **Oficina de Operaciones de Datos**

43401 城市即平台

[ar] مدينة هي منصة

[en] City as a Platform (CaaP)

[fr] ville en tant que plate-forme

[de] Stadt als Plattform

[it] Città come piattaforma

[jp] プラットフォームとしての都市

[kr] 도시 즉 플랫폼

[pt] Cidade como Plataforma

[ru] Город как платформа

[es] Ciudad como Plataforma

43402 政府即平台

[ar] حكومة هي منصة

[en] Government as a Platform (GaaP)

[fr] gouvernement en tant que plate-forme

[de] Regierung als Plattform

[it] Governo come piattaforma

[jp] プラットフォームとしての政府

[kr] 정부 즉 플랫폼

[pt] Governo como Plataforma

[ru] Правительство как платформа

[es] Gobierno como Plataforma

43403 市民即用户

[ar] مواطن هو مستخدم

[en] Citizen as a User

[fr] citoyen en tant qu'utilisateur

[de] Bürger als Benutzer

[it] Cittadino come utente

[jp] ユーザーとしての市民

[kr] 시민 즉 사용자

[pt] Cidadão como Usário

[ru] Гражданин как пользователь

[es] Ciudadano como Usuario

43404 连接即服务

[ar] اتصال هو خدمة

[en] Connectivity as a Service (CaaS)

[fr] connectivité en tant que service

[de] Verbindung als Dienstleistung

[it] Connettività come servizio

[jp] 接続イコールサービス

[kr] 연결 즉 서비스

[pt] Conectividade como Serviço

[ru] Подключение как услуга

[es] Conectividad como Servicio

43405 数据资产化

[ar] أصولية البيانات

[en] data assetization

[fr] capitalisation des données

[de] Assetisierung der Daten

4.3

[it] capitalizzazione dei dati

[jp] データ資産化

[kr] 데이터 자산화

[pt] ativação de dados

[ru] превращение данных в активы

[es] conversión de datos en activos

43406 服务产品化

[ar] تحويل الخدمة إلى الإنتاج

[en] service productization

[fr] productisation des services

[de] Produktisierung der Dienstleistung

[it] prodottizzazione di servizio

[jp] サービス製品化

[kr] 서비스 상품화

[pt] produtização de serviços

[ru] продуктизация услуг

[es] conversión de servicios en productos

43407 平台智能化

[ar] تحول ذكي للمنصة

[en] platform digitalization

[fr] numérisation des plates-formes

[de] Intelligentisierung der Plattform

[it] digitalizzazione della piattaforma

[jp] プラットフォーム知能化

[kr] 플랫폼 지능화

[pt] inteligencialização de plataformas

[ru] интеллектуализация платформы

[es] inteligencia de plataformas

43408 创新敏捷化

[ar] سرعة ابتكار

[en] innovation agility

[fr] agilité d'innovation

[de] Agilitisierung der Innovation

[it] agilità dell'innovazione

[jp] イノベーション俊敏化

[kr] 혁신 민첩화

[pt] agilização da inovação

[ru] быстрая инновация

[es] agilidad de la innovación

43409 数据API服务

[ar] خدمة API للبيانات

[en] data application programming interface (API) service

[fr] service d'interface de programmation d'applications

[de] API-Dienstleistung der Daten (Dienstleistung der Programmierschnittstelle für Datenanwendung)

[it] servizio API dei dati

[jp] データAPIサービス

[kr] 데이터 API 서비스

[pt] serviço de dados API

[ru] служба интерфейса программирования приложений данных

[es] servicio de interfaz de programación de aplicaciones de datos

43410 分布式智能

[ar] ذكاء موزع

[en] distributed intelligence

[fr] intelligence distribuée

[de] verteilte Intelligenz

[it] intelligenza distribuita

[jp] 分散知能

[kr] 분산형 지능

[pt] inteligência artificial distribuída

[ru] распределенный интеллект

[es] inteligencia distribuida

43411 多中台协同

[ar] تنسيق منصات المعالجة الوسيطة

[en] multiple middle office collaboration

[fr] collaboration des suivis de marché

[de] Multi-Operationsbüro-Synergie

[it] collaborazione di uffici centrali multipli

[jp] 複数のミドルオフィスの協同

[kr] 다중 미들 오피스 협력

[pt] colaboração de escritórios intermediários

4.3

múltiplos
[ru] многократное сотрудничество средних
офисов
[es] colaboración de varias oficinas de
operaciones

43412 海量服务随需调用
[ar] استخدام الخدمة الضخمة حسب الطلب
[en] on-demand massive service
[fr] services massifs à la demande
[de] massiver nachfrageorientierter Service
[it] servizio enorme su richesta
[jp] オンデマンドの大規模なサービス
[kr] 대량 서비스의 수요 지향적 배정
[pt] serviço em massa sob demanda
[ru] массивные услуги по требованию
[es] servicio masivo bajo demanda

43413 模组化中台
[ar] منصة المعالجة الوسيطة لمجموع الوحدات المبرمجة
[en] modular middle office
[fr] suivi de marché modulaire
[de] modulares Operationsbüro
[it] ufficio centrale modulare
[jp] モジュラーミドルオフィス
[kr] 모듈식의 미들 오피스
[pt] escritório intermediário modular
[ru] модульный средний офис
[es] oficina de operaciones modular

43414 AI中台
[ar] منصة المعالجة الوسيطة AI
[en] AI middle office
[fr] suivi de marché d'intelligence artificielle
[de] KI-Operationsbüro
[it] AI ufficio centrale
[jp] AIミドルオフィス
[kr] AI 미들 오피스
[pt] Escritório Intermediário de Inteligência
Artificial
[ru] средний офис ИИ

[es] oficina de operaciones de inteligencia
artificial

43415 应用中台
[ar] منصة المعالجة الوسيطة للتطبيق
[en] application middle office
[fr] suivi de marché d'application
[de] Applikations-Operationsbüro
[it] ufficio centrale dell'applicazione
[jp] アプリケーションミドルオフィス
[kr] 애플리케이션 미들 오피스
[pt] escritório intermediário de aplicativos
[ru] средний офис приложения
[es] oficina de operaciones de aplicaciones

43416 海量微服务
[ar] خدمات ميكروية هائلة
[en] massive microservice
[fr] microservices massifs
[de] massive Microservices
[it] microservizi enormi
[jp] 大規模なマイクロサービス
[kr] 대량 마이크로 서비스
[pt] microserviços em massa
[ru] массивный микросервис
[es] microservicios masivos

43417 综合移动入口
[ar] مدخل متنقل متكامل
[en] integrated mobile entry
[fr] entrée mobile intégrée
[de] integrierter mobiler Zugang
[it] ingresso mobile integrato
[jp] 総合移動入り口
[kr] 종합적 모바일 엔트리
[pt] entrada móvel integrada
[ru] комплексный мобильный вход
[es] entrada móvil integrada

43418 数据模型
[ar] نموذج البيانات

[en] data model

[fr] modèle de données

[de] Datenmodell

[it] modello dei dati

[jp] データモデル

[kr] 데이터 모델

[pt] modelo de dados

[ru] модель данных

[es] modelo de datos

43419 数据服务

[ar] خدمة البيانات

[en] data service

[fr] service de données

[de] Datenservice

[it] servizio dei dati

[jp] データサービス

[kr] 데이터 서비스

[pt] serviço de dados

[ru] служба данных

[es] servicio de datos

43420 数据开发

[ar] تطوير البيانات

[en] data development

[fr] développement de données

[de] Datenentwicklung

[it] sviluppo dei dati

[jp] データの開発

[kr] 데이터 개발

[pt] desenvolvimento de dados

[ru] разработка данных

[es] desarrollo de datos

43421 数据共享体系

[ar] نظام تشارك البيانات

[en] data sharing system

[fr] système de partage de données

[de] Datensharingsystem

[it] sistema di condivisione dei dati

[jp] データ共有体系

[kr] 데이터 공유 시스템

[pt] sistema de partilha de dados

[ru] система совместного использования данными

[es] sistema de intercambio de datos

4.3.5 经济大脑

[ar] الدماغ الاقتصادي

[en] **Economic Brain**

[fr] **Cerveau économique**

[de] **Wirtschaftliches Gehirn**

[it] **Cervello economico**

[jp] 経済ブレイン

[kr] 경제 브레인

[pt] **Cérebro Económico**

[ru] **Экономический мозг**

[es] **Cerebro Económico**

43501 经济地图

[ar] خريطة اقتصادية

[en] economic map

[fr] carte économique

[de] Wirtschaftskarte

[it] mappa economica

[jp] 経済地図

[kr] 경제 지도

[pt] mapa económico

[ru] экономическая карта

[es] mapa económico

43502 经济全景透视

[ar] بانوراما اقتصادية

[en] economic panorama

[fr] panorama économique

[de] Wirtschaftspanorama

[it] panorama economico

[jp] 経済パノラマ

[kr] 경제 파라노마

[pt] panorama económico

[ru] экономическая панорама

[es] panorama económico

43503 市场监管信息化
[ar] معلوماتية لتنظيم السوق
[en] IT-based market regulation
[fr] informatisation de la régulation du marché
[de] Informatisierung der Marktregulierung
[it] informatizzazione della regolamentazione del mercato
[jp] 市場監督管理の情報化
[kr] 시장 규제 정보화
[pt] informatização da fiscalização do mercado
[ru] информатизация регулирования рынка
[es] informatización de la regulación de mercados

43504 企业信息库数据
[ar] بيانات قاعدة معلومات المؤسسة
[en] data in enterprise information database
[fr] données dans la base de données d'information d'entreprise
[de] Daten in der Unternehmensdatenbank
[it] dati nel database di informazioni aziendali
[jp] 企業情報データベース
[kr] 기업 정보 데이터 베이스
[pt] dados no base de dados de informações empresariais
[ru] данные в информационной базе данных предприятий
[es] datos en base de datos de información corporativa

43505 企业服务平台
[ar] منصة خدمة المؤسسة
[en] enterprise service platform
[fr] plate-forme de services aux entreprises
[de] Plattform für Unternehmensdienstleis-tungen
[it] piattaforma di servizi aziendali
[jp] 企業サービスプラットフォーム

[kr] 기업 서비스 플랫폼
[pt] plataforma de serviços empresariais
[ru] платформа обслуживания предприятий
[es] plataforma de servicios para empresas

43506 精准招商
[ar] جذب الاستثمار المستهدف
[en] precision investment attraction
[fr] attraction d'investissement ciblé
[de] präzise Investitionsakquisierung
[it] investimento mirato
[jp] 精確投資誘致
[kr] 정밀화 투자 유치
[pt] atração de investimento de precisão
[ru] точное привлечение инвестиции
[es] atracción de inversión de precisión

43507 行业大数据
[ar] بيانات ضخمة صناعية
[en] industry big data
[fr] mégadonnées de l'industrie
[de] Industrie-Big Data
[it] Big Data del settore
[jp] 業界のビッグデータ
[kr] 산업 빅데이터
[pt] big data industrial
[ru] индустриальные большие данные
[es] Big Data industrial

43508 城市大数据
[ar] بيانات كبرى حضرية
[en] urban big data
[fr] mégadonnées urbaines
[de] städtische Big Data
[it] Big Data urbano
[jp] シティビッグデータ
[kr] 도시 빅데이터
[pt] big data urbano
[ru] городские большие данные
[es] Big Data urbano

43509　全产业链人工智能决策体系

[ar]　نظام الذكاء الاصطناعي لصنع القرار للسلسلة
الصناعية الكاملة

[en]　AI decision system for the whole
industry chain

[fr]　Système de décision de la chaîne
industrielle complète basé sur
l'intelligence artificielle

[de]　KI-Entscheidungssystem für die gesamte
Industriekette

[it]　sistema decisionale dell'intelligenza
artificiale per l'intera catena industriale

[jp]　全産業チェーンにおけるAI 意思決定シ
ステム

[kr]　전 산업 사슬 인공지능 결책 시스템

[pt]　sistema de decisão por inteligência
artificial para toda a cadeia da indústria

[ru]　система принятия решений
искусственного интеллекта для всей
цепочки промышленности

[es]　sistema de decisión mediante
inteligencia artificial para la cadena
completa industrial

43510　企业数字服务及成果

[ar]　خدمات رقمية للشركات والنتائج

[en]　enterprise digital service and result

[fr]　résultats et services numériques
d'entreprise

[de]　digitale Unternehmensdienstleistungen
und Ergebnisse

[it]　servizi e risultati digitali aziendali

[jp]　企業のデジタルサービス及び成果

[kr]　기업 디지털 서비스 및 성과

[pt]　serviços e resultados digitais da empresa

[ru]　корпоративные цифровые услуги и
результаты

[es]　servicios y resultados digitales
corporativos

43511　数字经济体系

[ar]　نظام اقتصادي رقمي

[en]　digital economy system

[fr]　système économique numérique

[de]　digitales Wirtschaftssystem

[it]　sistema economico digitale

[jp]　デジタルエコノミーシステム

[kr]　디지털 경제 체계

[pt]　sistema económico digital

[ru]　всеобщая цифровая экономическая
система

[es]　sistema económico digital

43512　传统产业数字化转型

[ar]　تحول رقمي للصناعات التقليدية

[en]　digital transformation of traditional
industry

[fr]　transformation numérique de l'industrie
traditionnelle

[de]　digitale Transformation der traditionel-
len Industrie

[it]　trasformazione digitale dell'industria
tradizionale

[jp]　伝統産業のデジタルトランザクション

[kr]　전통적 산업의 디지털화 전환

[pt]　transformação digital da indústria
tradicional

[ru]　цифровое преобразование
традиционных индустрий

[es]　transformación digital de la industria
tradicional

43513　创新孵化

[ar]　حضانة الابتكار

[en]　innovation incubation

[fr]　incubation d'innovation

[de]　Innovationsinkubation

[it]　incubazione dell'innovazione

[jp]　イノベーションインキュベーション

[kr]　혁신 부화

[pt]　icubação de inovações

[ru] инновационная инкубация

[es] incubación de la innovación

43514 数字化生态体系

[ar] نظام بيئي رقمي

[en] overall digital ecosystem

[fr] écosystème numérique

[de] digitales Ökosystem

[it] ecosistema digitalizzato

[jp] デジタル化エコシステム

[kr] 디지털화 생태 체계

[pt] ecossistema digital

[ru] цифровая экосистема

[es] ecosistema digital integral

43515 应用支撑平台

[ar] منصة الدعم للتطبيق

[en] application support platform

[fr] plate-forme de soutien d'application

[de] Applikationunterstützungsplattform

[it] piattaforma di supporto dell'applicazione

[jp] アプリケーションサポートプラット
フォーム

[kr] 응용 지원 플랫폼

[pt] plataforma de suporte a aplicativos

[ru] платформа при поддержке
приложений

[es] plataforma de soporte de aplicaciones

43516 智能平台

[ar] منصة ذكية

[en] intelligent platform

[fr] plate-forme intelligente

[de] intelligente Plattform

[it] piattaforma intelligente

[jp] インテリジェントプラットフォーム

[kr] 스마트 플랫폼

[pt] plataforma inteligente

[ru] интеллектуальная платформа

[es] plataforma inteligente

43517 数据资源平台

[ar] منصة موارد البيانات

[en] data resource platform

[fr] plate-forme de ressources de données

[de] Datenressourcenplattform

[it] piattaforma di risorse dei dati

[jp] データリソースプラットフォーム

[kr] 데이터 자원 플랫폼

[pt] plataforma de recursos de dados

[ru] платформа ресурсов данных

[es] plataforma de recursos de datos

43518 一体化计算平台

[ar] قاعدة حاسوبية متكاملة

[en] integrated computing platform (ICP)

[fr] plates-formes informatiques intégrées

[de] integrierte Computerplattformen

[it] piattaforme informatiche integrate

[jp] 一体化コンピューティングのプラット
フォーム

[kr] 일체화 컴퓨팅 플랫폼

[pt] plataformas integradas de computação

[ru] интегрированная вычислительная
платформа

[es] plataformas integradas de computación

43519 视频AI能力开放

[ar] فتح قدرة الذكاء الاصطناعي للفيديو

[en] open access to video AI capability

[fr] ouverture de capacité visuelle de
l'intelligence artificielle

[de] offener Zugang zur Kapazität der Video-
KI

[it] apertura delle capacità video AI

[jp] ビデオ向けのAI 開放

[kr] 비디오 AI능력 공개

[pt] abertura de capacidade de inteligência
artificial de vídeo

[ru] открытый доступ к возможностям ИИ
видео

[es] acceso abierto a la capacidad de

inteligencia artificial para vídeos

43520 开源计算平台开放

[ar] فتح منصة الحوسبة مفتوحة المصدر

[en] open access to open-source computing platforms

[fr] ouverture de plate-forme informatique à source ouverte

[de] offener Zugang zur Open Source-Computing-Plattform

[it] apertura della piattaforma di computing di risorsa aperta

[jp] オープンソースコンピューティングプラットフォームの開放

[kr] 오픈 소스 컴퓨팅 플랫폼 공개

[pt] abertura da plataforma de computação do recurso aberto

[ru] открытый доступ к вычислительным платформам с открытым исходным кодом

[es] acceso abierto a la plataforma de computación de código abierto

43521 搜索服务开放

[ar] خدمة البحث المفتوحة

[en] open access to search service

[fr] ouverture de service de recherche

[de] OpenSearch

[it] apertura di servizio di ricerca

[jp] 検索サービスの一般公開

[kr] 검색 서비스 공개

[pt] OpenSearch

[ru] открытый доступ к поисковым услугам

[es] acceso abierto al servicio de búsqueda

4.3

4.4 数字减贫

[ar] تخفيف حدة الفقر عن طريقة رقمية

[en] Poverty Reduction Through Digital Technology

[fr] Réduction de la pauvreté par la technologie numérique

[de] Armutsminderung durch digitale Technologie

[it] Riduzione digitale della povertà

[jp] デジタル貧困削減

[kr] 디지털 빈곤 감축

[pt] Redução da Pobreza Digital

[ru] Цифровое снижение уровня бедности

[es] Reducción de la Pobreza con Tecnología Digital

4.4.1 数字机会均等化

[ar] معادلة الفرص الرقمية

[en] Equalization of Digital Opportunity

[fr] Égalisation des opportunités numériques

[de] Ausgleich der digitalen Gelegenheiten

[it] Equalizzaione delle opportunità digitali

[jp] デジタルチャンスの均等化

[kr] 디지털 기회 균등화

[pt] Oportunidades Digitais Equitativas

[ru] Выравнивание цифровых возможностей

[es] Ecualización de las Oportunidades Digitales

44101 全球数字机遇

[ar] فرص رقمية عالمية

[en] global digital opportunity

[fr] opportunités numériques mondiales

[de] globale digitale Gelegenheiten

[it] opportunità digitali globali

[jp] グローバルデジタルチャンス

[kr] 글로벌 디지털 찬스

[pt] oportunidades globais digitais

[ru] глобальные цифровые возможности

[es] oportunidades digitales globales

44102 数字基础设施

[ar] بنية تحتية رقمية

[en] digital infrastructure

[fr] infrastructure numérique

[de] digitale Infrastruktur

[it] infrastruttura digitale

[jp] デジタルインフラ

[kr] 디지털 인프라

[pt] infraestrutura digital

[ru] цифровая инфраструктура

[es] infraestructura digital

44103 新一代信息基础设施建设工程

[ar] جيل جديد من مشروع إنشاء البنية التحتية المعلوماتية

[en] Next-generation Information Infrastructure Construction Project

[fr] Projet de construction d'infrastructure d'information de nouvelle génération

[de] Bauprojekt für Informationsinfrastruktur der nächsten Generation

[it] Progetto di costruzione dell'infrastruttura di informazioni di prossima generazione

[jp] 次世代情報インフラ構築プロジェクト

[kr] 차세대 정보 인프라 구축 공사

[pt] Projeto de Construção de Infraestrutura de Informação da Novageração

[ru] Проект строительства информационной инфраструктуры нового поколения

[es] Proyecto de Construcción de Infraestructuras de Información de Nueva Generación

44104 互联网交换中心

[ar] مركز التبادل للإنترنت

[en] Internet exchange point (IXP)

[fr] point d'échange Internet

[de] Internet-Wechselstellen

[it] punti di interscambio

[jp] インターネット相互接続点

[kr] 인터넷 교환 센터

[pt] ponto de troca de Internet

[ru] обменный пункт в Интернете

[es] puntos de intercambio de Internet

44105 数字盲区

[ar] بقعة عمياء رقمية

[en] digital blind spot

[fr] zone morte numérique

[de] digitale blinde Flecken

[it] punti ciechi digitali

[jp] デジタル盲点

[kr] 디지털 맹점

[pt] pontos cegos digitais

[ru] цифровая слепая зона

[es] puntos ciegos digitales

44106 数字化门槛

[ar] عتبة رقمية

[en] digital threshold

[fr] seuil numérique

[de] digitale Schwelle

[it] soglia digitale

[jp] デジタル化の敷居

[kr] 디지털화 진입 장벽

[pt] limiar digital

[ru] цифровой порог

[es] umbral digital

44107 网盲

[ar] أمية سيبرانية

[en] cyber illiterate

[fr] illectronisme

[de] Cyber-Analphabeten

[it] cyber-analfabetico

[jp] ネット音痴

[kr] 넷맹

[pt] analfabetismo cibernético

[ru] кибернеграмотность

[es] analfabeto cibernético

44108 互联网普及率

[ar] معدل انتشار الإنترنت

[en] Internet penetration rate

[fr] taux de couverture d'Internet

[de] Internet-Durchdringungsrate

[it] tasso di penetrazione di Internet

[jp] インターネット普及率

[kr] 인터넷 보급률

[pt] taxa de penetração da Internet

[ru] уровень проникновения Интернета

[es] tasa de penetración de Internet

44109 互联网可及性数字红利

[ar] أرباح رقمية قابلة للحصول للإنترنت

[en] Internet accessibility-generated digital dividend

[fr] dividende numérique de l'accessibilité d'Internet

[de] digitale Dividende der Internet-Zugänglichkeit

[it] dividendo digitale sull'accessabilità di

4.4

Internet

[jp] インターネットアクセスによるデジタルボーナス

[kr] 인터넷 접근성 디지털 배당

[pt] dividendo digital da acessibilidade da Internet

[ru] цифровой дивиденд интернет-доступа

[es] dividendo digital por acceso a Internet

44110　非数字配套机制

[ar] آلية مطابقة غير رقمية

[en] analog complement

[fr] mécanisme de correspondance non-numérique

[de] nichtdigitaler Matching-Mechanismus

[it] meccanismo di abbinamento non digitale

[jp] 非デジタルマッチングメカニズム

[kr] 비디지털 매칭 메커니즘

[pt] mecanismo de matching não digital

[ru] механизм нецифрового сопоставления

[es] mecanismo correspondiente no digital

44111　数字身份证

[ar] بطاقة الهوية الرقمية

[en] digital ID card

[fr] carte d'identité numérique

[de] digitaler Personalausweis

[it] carta d'identità digitale

[jp] デジタルIDカード

[kr] 디지털 신분증

[pt] carteira de identidade digital

[ru] цифровое удостоверение личности

[es] tarjeta de identificación digital

44112　无障碍数字技术

[ar] تكنولوجيا رقمية متاحة

[en] accessible digital technology

[fr] technologie numérique accessible

[de] freizugängliche digitale Technologie

[it] tecnologia digitale accessibile

[jp] 無障害デジタル技術

[kr] 무장애 디지털 기술

[pt] tecnologia digital acessível

[ru] доступная цифровая технология

[es] tecnología digital accesible

44113　技术性失业

[ar] بطالة تكنولوجية

[en] technological unemployment

[fr] chômage technique

[de] technologische Arbeitslosigkeit

[it] disoccupazione tecnologica

[jp] 技術的失業

[kr] 기술성 실업

[pt] desemprego tecnológico

[ru] технологическая безработица

[es] desempleo tecnológico

44114　多语言原则

[ar] مبدأ متعدد اللغات

[en] multilingual principle

[fr] principe multilingue

[de] mehrsprachiges Prinzip

[it] principio di multilingua

[jp] 多言語の原則

[kr] 다중 언어 원칙

[pt] princípio multilingue

[ru] многоязычный принцип

[es] principio multilingüe

44115　全球企业注册倡议

[ar] مبادرة عالمية لتسجيل المؤسسات

[en] Global Enterprise Registration Initiative

[fr] Initiative mondiale d'enregistrement des entreprises

[de] globale Unternehmensregistrierungs-initiative

[it] Iniziativa di registrazione delle imprese globali

[jp] 「グローバル企業登録イニシアティブ」

[kr] 글로벌 기업 등록 이니셔티브

[pt] Iniciativa de Registo das Empresas Globais

[ru] Инициатива по регистрации глобальных предприятий

[es] Iniciativa de Registro de Empresas Global

44116 数字负担能力

[ar] قدرة التحمل الرقمية

[en] digital affordability

[fr] abordabilité numérique

[de] digitale Erschwinglichkeit

[it] convenienza digitale

[jp] デジタル負担能力

[kr] 디지털 부담 능력

[pt] acessibilidade digital

[ru] цифровая доступность

[es] asequibilidad digital

44117 数字普惠水平

[ar] مستوى تعميم الأفضليات الرقمي

[en] digital inclusion level

[fr] niveau d'inclusion numérique

[de] digitales Inklusionsniveau

[it] livello di inclusione digitale

[jp] デジタル包摂のレベル

[kr] 디지털 혜택 보편화 수준

[pt] nível de inclusão digital

[ru] уровень цифровой общедоступности

[es] nivel de inclusión digital

44118 《全球信息社会宪章》

[ar] ميثاق أوكيناوا بشأن مجتمع المعلومات العالمي

[en] Okinawa Charter on Global Information Society

[fr] Charte d'Okinawa sur la société mondiale de l'information

[de] Okinawa-Charta zur globalen Informationsgesellschaft

[it] Carta di Okinawa sulla società dell'informazione globale

[jp] 「グローバルな情報社会に関する沖縄憲章」

[kr] <글로벌 정보 사회 제도>

[pt] Carta de Okinawa sobre a Sociedade Global de Informação

[ru] Окинавская хартия глобального информационного общества

[es] Carta de Okinawa sobre la Sociedad de Información Global

44119 《连通 2020 目标议程》

[ar] جدول أعمال 2020 المتصل

[en] Connect 2020 Agenda

[fr] Programme Connect 2020

[de] Vernetzung-2020-Agenda

[it] Agenda di connettere 2020

[jp] 「コネクト 2020 アジェダ」

[kr] <2020 목표 의정 연결>

[pt] Agenda Conectar 2020

[ru] Повестка дня Connect 2020

[es] Agenda Conectar 2020

44120 可持续发展"数据全球行动计划"

[ar] خطة العمل العالمية لبيانات التنمية المستدامة

[en] Global Action Plan for Sustainable Development Data

[fr] Plan d'action mondial concernant les données du développement durable

[de] Globaler Aktionsplan für Daten zur nachhaltigen Entwicklung

[it] Piano d'azione globale dei dati per lo sviluppo sostenibile

[jp] 持続可能な開発「データの世界行動計画」

[kr] 지속 발전 가능한 '데이터 글로벌 행동 계획'

[pt] Plano de Ação Global de Dados para Desenvolvimento Sustentável

[ru] Глобальный план действий для данных по устойчивому развитию

[es] Plan de Acción Global para Datos de Desarrollo Sostenible

4.4

4.4.2　减贫合作

[ar]　التعاون لتخفيف حدة الفقر

[en]　Cooperation in Poverty Reduction

[fr]　Coopération sur la réduction de la pauvreté

[de]　Zusammenarbeit zur Armutsminderung

[it]　Cooperazione per la riduzione della povertà

[jp]　貧困削減協力

[kr]　빈곤 감축 합력

[pt]　Cooperação Para Redução da Pobreza

[ru]　Сотрудничество по снижению уровня бедности

[es]　Cooperación para la Reducción de la Pobreza

44201　开发式减贫机制

[ar]　آلية لتخفيف حدة الفقر القائمة على التنمية

[en]　development-oriented poverty reduction mechanism

[fr]　mécanisme de réduction de la pauvreté basé sur le développement

[de]　entwicklungsbasierter Mechanismus zur Armutsminderung

[it]　meccanismo di riduzione della povertà basato sullo sviluppo

[jp]　開発ベースの貧困削減メカニズム

[kr]　개발식 빈곤 감축 메커니즘

[pt]　mecanismo de redução da pobreza baseada no desenvolvimento

[ru]　основанный на развитии механизм снижения уровня бедности

[es]　mecanismo de reducción de la pobreza basado en el desarrollo

44202　合作减贫框架

[ar]　إطار تعاوني لتخفيف حدة الفقر

[en]　cooperative poverty reduction framework

[fr]　cadre coopératif de la réduction de la

pauvreté

[de]　Rahmen für die kooperative Armutsminderung

[it]　struttura cooperativa per la riduzione della povertà

[jp]　貧困削減協力フレームワーク

[kr]　협력적 빈곤 감축 프레임

[pt]　estrutura cooperativa da redução da pobreza

[ru]　фреймворк сотрудничества по снижению уровня бедности

[es]　marco de reducción cooperativa de la pobreza

44203　国际开发援助体系

[ar]　نظام المساعدة الإنمائية الدولية

[en]　international development assistance system

[fr]　système d'aide internationale au développement

[de]　internationales Entwicklungshilfesystem

[it]　sistema di assistenza allo sviluppo internazionale

[jp]　国際開発支援システム

[kr]　국제 개발 지원 시스템

[pt]　sistema de assistência à cooperação de desenvolvimento internacional

[ru]　международная система содействия развитию

[es]　sistema de asistencia al desarrollo internacional

44204　减贫交流合作平台

[ar]　منصة التعاون والتبادل لتخفيف حدة الفقر

[en]　exchange and cooperation platform for poverty reduction

[fr]　plate-forme d'échange et de coopération pour la réduction de la pauvreté

[de]　Austausch- und Kooperationsplattform zur Armutsminderung

[it]　piattaforma di comunicazione e

cooperazione per la riduzione di povertà

[jp] 貧困削減における交流・協力のプラットフォーム

[kr] 빈곤 감축 교류와 협력 플랫폼

[pt] plataforma de intercâmbio e cooperação para redução da pobreza

[ru] платформа обмена и сотрудничества по снижению уровня бедности

[es] plataforma de intercambio y cooperación para la reducción de la pobreza

---

44205 大数据扶贫监测平台

[ar] منصة مراقبة مساعدة الفقراء عبر البيانات الضخمة

[en] big data-based monitoring platform for poverty alleviation

[fr] plate-forme de surveillance de réduction de la pauvreté par les mégadonnées

[de] Big Data-Überwachungsplattform zur Armenhilfe

[it] piattaforma di monitoraggio dei dati di alleviamento della povertà

[jp] ビッグデータ貧困救済監視測定プラットフォーム

[kr] 빅데이터 빈곤구제 모니터링 플랫폼

[pt] plataforma de monitoramento de big data para alívio da pobreza

[ru] платформа мониторинга данных по поддержке малоимущих людей

[es] plataforma de monitorización de datos sobre el alivio de la pobreza

---

44206 扶贫数据共享交换机制

[ar] آلية تشارك وتبادل البيانات لمساعدة الفقراء

[en] poverty alleviation data sharing and exchange mechanism

[fr] mécanisme de partage et d'échange des données sur la réduction de la pauvreté

[de] Mechanismus für Sharing und Austausch der Daten zur Armenhilfe

[it] meccanismo di condivisione e scambio dei dati di alleviamento di povertà

[jp] 貧困救済データの共有と交換のメカニズム

[kr] 빈곤구제 데이터 공유 교환 메커니즘

[pt] mecanismo de partilha e troca de dados para o alívio à pobreza

[ru] механизм совместного использования данными по поддержке малоимущих людей

[es] mecanismo de uso compartido e intercambio de datos sobre el alivio de la pobreza

---

44207 减贫项目援助

[ar] مساعدات مشاريع تخفيف حدة الفقر

[en] poverty reduction aid

[fr] aide à la réduction de la pauvreté

[de] Hilfe zur Armutsminderung

[it] assistenza al progetto di riduzione della povertà

[jp] 貧困削減プロジェクトへの援助

[kr] 빈곤 감축 프로그램 지원

[pt] assistência para redução da pobreza

[ru] помощь в снижении уровня бедности

[es] ayuda para la reducción de la pobreza

44208 减贫援外培训

[ar] تدريب المساعدات الخارجية لتخفيف حدة الفقر

[en] foreign aid training for poverty reduction

[fr] formation d'aide à l'étranger pour la réduction de la pauvreté

[de] Auslandshilfetraining zur Armutsminderung

[it] formazione di aiuti esteri per la riduzione della povertà

[jp] 貧困削減の対外援助訓練

[kr] 빈곤 감축 대외 지원 교육

[pt] curso de formação de assistência aos países estrangeiros para redução da pobreza

[ru] обучение помощи иностранным государствам в снижении уровня

4.4

бедности
- [es] formación de ayuda extranjera para la reducción de la pobreza

44209　区域贫困治理能力
- [ar] قدرة إقليمية على مكافحة الفقر
- [en] regional poverty governance capacity
- [fr] capacité de gouvernance régionale de la pauvreté
- [de] regionale Armutsbekämpfungsfähigkeit
- [it] capacità di governance della povertà regionale
- [jp] 地域貧困ガバナンス能力
- [kr] 구역 빈곤 거버넌스 능력
- [pt] capacidade regional de combate à pobreza
- [ru] региональная способность управления бедностью
- [es] capacidad de gobernanza de la pobreza regional

44210　区域减贫交流机制
- [ar] آلية التبادل الإقليمي للحد من الفقر
- [en] regional poverty reduction exchange mechanism
- [fr] mécanisme d'échange régional sur la réduction de la pauvreté
- [de] Mechanismus für Regionalen Armutsminderungsaustausch
- [it] meccanismo di scambio regionale per la riduzione della povertà
- [jp] 地域貧困削減における交流メカニズム
- [kr] 구역 빈곤 감축 교류 메커니즘
- [pt] mecanismo regional de intercâmbio de redução da pobreza
- [ru] региональный механизм обмена в снижении уровня бедности
- [es] mecanismo de intercambio para la reducción de la pobreza regional

44211　多部门综合扶贫
- [ar] مساعدة شاملة للفقراء بالقطاعات المتعددة
- [en] multi-sectoral comprehensive poverty alleviation
- [fr] lutte multisectorielle contre la pauvreté
- [de] sektorübergreifende umfassende Armenhilfe
- [it] alleviamento compressivo multisettoriale della povertà
- [jp] 多部門での総合貧困救済
- [kr] 다부문 종합 빈곤구제
- [pt] alívio multissetorial da probreza
- [ru] многоотраслевая комплексная поддержка малоимущих людей
- [es] alivio de la pobreza multisectorial integral

44212　参与式扶贫
- [ar] مشاركة في مساعدة الفقراء
- [en] participatory poverty alleviation
- [fr] lutte participative contre la pauvreté
- [de] partizipative Armenhilfe
- [it] alleviamento partecipativo della povertà
- [jp] 参加型貧困救済
- [kr] 참여식 빈곤구제
- [pt] alívio à pobreza participativo
- [ru] поддержка малоимущих людей при участии всех сторон
- [es] alivio participativo de la pobreza

44213　小额信贷扶贫
- [ar] مساعدة الفقراء عبر التمويل الصغير
- [en] poverty alleviation through microfinance
- [fr] lutte contre la pauvreté à l'aide du microcrédit
- [de] Armenhilfe durch Mikrofinanzierung
- [it] alleviamento della povertà attraverso la microfinanza
- [jp] 小額融資貧困救済
- [kr] 소액 신용 대출 빈곤구제
- [pt] alívio da pobreza por meio de microcrédito

[ru] поддержка малоимущих людей через
микрокредитование

[es] alivio de la pobreza mediante la
microfinanza

44214 东西部协作减贫

[ar] حد من الفقر بالتعاون بين الشرق والغرب

[en] poverty reduction cooperation between
the eastern and western regions

[fr] coordination est-ouest sur la réduction
de la pauvreté

[de] Ost-West-Zusammenarbeit zur Armuts-
minderung

[it] collaborazione est-ovest sulla riduzione
della povertà

[jp] 東西部協力による貧困削減

[kr] 동서부 빈곤 감축 협력

[pt] cooperação entre leste e oeste no alívio
da pobreza

[ru] сотрудничество между Востоком и
Западом в снижении уровня бедности

[es] colaboración este-oeste para la reducción
de la pobreza

44215 多方协作产业扶贫

[ar] صناعة تعاون متعددة الأطراف لمساعدة الفقراء

[en] multi-party cooperation on poverty
alleviation through industrial
development

[fr] lutte multipartite contre la pauvreté par
le développement industriel

[de] parteiübergreifende Zusammenarbeit zur
Armenhilfe durch industrielle Entwick-
lung

[it] cooperazione multiparte sulla riduzione di
povertà attraverso lo sviluppo industriale

[jp] 多方面協力の産業による貧困救済

[kr] 다자간 산업 빈곤구제 협력

[pt] cooperação multilateral no alívio da
pobreza através do desenvolvimento
industrial

[ru] многостороннее сотрудничество в
поддержке малоимущих людей путем
промышленного развития

[es] alivio de la pobreza mediante el
desarrollo industrial de colaboración
entre múltiples interesados

44216 中国扶贫国际论坛

[ar] منتدى الصين الدولي لمساعدة الفقراء

[en] China Poverty Reduction International
Forum

[fr] Forum international sur la réduction de
la pauvreté de Chine

[de] Internationales Forum zur Armenhilfe in
China

[it] Forum internazionale di alleviamento di
povertà di Cina

[jp] 中国貧困撲滅国際フォーラム

[kr] 중국 빈곤구제 국제 포럼

[pt] Fórum Internacional para Redução da
Pobreza da China

[ru] Международный форум по поддержке
малоимущих людей Китая

[es] Foro Internacional para el Alivio de la
Pobreza de China

44217 "一带一路"减贫国际合作论坛

[ar] منتدى "الحزام والطريق" للتعاون الدولي في مجال
الحد من الفقر

[en] Belt and Road Forum for International
Cooperation in Poverty Reduction

[fr] Forum sur la coopération internationale
de la réduction de la pauvreté dans le
cadre de l'initiative « la Ceinture et la
Route »

[de] „Gürtel und Straße"-Forum für interna-
tionale Zusammenarbeit bei der Armuts-
minderung

[it] Forum di una Cintura e una Via per
la cooperazione internazionale nella
riduzione della povertà

4.4

[jp] 「一帯一路」貧困撲滅国際協力フォーラム

[kr] '일대일로' 빈곤 감축 국제 협력 포럼

[pt] Fórum da "Faixa e Rota"para Cooperação Internacional em Redução da Pobreza

[ru] Международный форум по сотрудничеству в снижении уровня бедности в рамках инициативы «Один пояс, один путь»

[es] Foro de la Franja y la Ruta para la Cooperación Internacional por la Reducción de la Pobreza

44218 中国—东盟社会发展与减贫年度论坛

[ar] منتدى التنمية الاجتماعية والحد من الفقر بين الصين - الآسيان

[en] China-ASEAN Forum on Social Development and Poverty Reduction

[fr] Forum Chine-ASEAN sur le développement social et la réduction de la pauvreté

[de] China-ASEAN-Forum für soziale Entwicklung und Armutsminderung

[it] Forum Cina-ASEAN sullo sviluppo sociale e la riduzione della povertà

[jp] 中国－ASEAN 社会発展・貧困撲滅フォーラム

[kr] 중국-동남아 국가 연합 사회 발전과 빈곤 감축 연간 포럼

[pt] Fórum China-ASEAN para Desenvolvimento Social e Redução da Pobreza

[ru] Форум по социальному развитию и снижению уровня бедности Китай-АСЕАН

[es] Foro sobre Desarrollo Social y Reducción de la Pobreza China-ASEAN

44219 中非合作论坛—减贫与发展会议

[ar] منتدى التعاون الصيني الأفريقي لتخفيف حدة الفقر والتنمية

[en] FOCAC Africa-China Poverty Reduction and Development Conference

[fr] Conférence Afrique-Chine sur la réduction de la pauvreté et le développement

[de] Forum für chinesisch-afrikanische Zusammenarbeit-Konferenz zu Armutsbekämpfung und Entwicklung

[it] Forum di Cooperazione Cina-Africa-Conferenza sulla riduzione della povertà e sullo sviluppo

[jp] 中国・アフリカ協力フォーラム－貧困削減と発展会議

[kr] 중국-아프리카 협력포럼 — 빈곤 감축 및 발전 회의

[pt] Conferência para Redução da Pobreza e Desenvolvimento-FOCAC

[ru] Заседание Форума по китайско-африканскому сотрудничеству относительно вопросов развития и снижения уровня бедности

[es] Conferencia África-China para la Reducción de la Pobreza y el Desarrollo, FOCAC

44220 东盟+3 村官交流项目

[ar] مشروع تبادل مسؤولي قرى الآسيان + 3

[en] ASEAN+3 Village Leaders Exchange Program

[fr] Programme d'échange des responsables de villages « ASEAN+3 »

[de] „ASEAN plus 3" Dorfbeamte-Austauschprogramm

[it] Programma di comunicazione di funzionari rurali di ASEAN plus 3

[jp] ASEAN＋3 「村官」交流プログラム

[kr] 동남아 국가 연합+3 촌관(村官) 교류 프로젝트

[pt] programa de intercâmbio dos oficiais de aldeias ASEAN+3

[ru] Программа обмена между служащими

4.4

деревень АСЕАН+3

[es] Programa de Intercambio de Líderes de Comunidades de ASEAN+3

4.4.3 精准扶贫

[ar] مساعدة الفقراء بتدابير مستهدفة

[en] **Targeted Poverty Alleviation**

[fr] **Assistance ciblée aux démunis**

[de] **Präzise Armenhilfe**

[it] **Alleviamento mirato alla povertà**

[jp] 的確な貧困救済

[kr] 정밀화 빈곤구제

[pt] **Alívio da Pobreza com Precisão**

[ru] **Адресная поддержка малоимущих людей**

[es] **Alivio Preciso de la Pobreza**

44301 产业扶贫

[ar] مساعدة الفقراء بالصناعة

[en] poverty alleviation through industrial development

[fr] lutte contre la pauvreté par industrie

[de] Armenhilfe durch die Industrie

[it] alleviamento della povertà attraverso industria

[jp] 産業面からの貧困救済

[kr] 산업 빈곤구제

[pt] alívio da pobreza industrial

[ru] поддержка малоимущих людей путем развития промышленности

[es] alivio de la pobreza mediante el desarrollo industrial

44302 转移就业扶贫

[ar] مساعدة الفقراء عن طريق إعادة النقل والتوظيف

[en] poverty alleviation through re-employment

[fr] lutte contre la pauvreté par relocalisation et réemploi

[de] Armenhilfe durch Umsiedlung und Wie-derbeschäftigung

[it] alleviamento della povertà attraverso trasferimento e reimpiego

[jp] 転業による貧困救済

[kr] 취업 전이 빈곤구제

[pt] alívio da pobreza através de realocação e reemprego

[ru] поддержка малоимущих людей путем трансформации трудоустройства

[es] alivio de la pobreza mediante la reubicación y la nueva contratación

44303 资产收益扶贫

[ar] مساعدة الفقراء عن طريق الدخل من الأصول

[en] poverty alleviation through income from asset

[fr] lutte contre la pauvreté par revenu des actifs

[de] Armenhilfe durch Vermögenserlös

[it] alleviamento della povertà attraverso reddito da beni

[jp] 資産収益面からの貧困救済

[kr] 자산 수익 빈곤구제

[pt] alívio da pobreza através do rendimento de ativos

[ru] поддержка малоимущих людей за счет доходов от активов

[es] alivio de la pobreza mediante los ingresos de los activos

44304 消费扶贫

[ar] مساعدة الفقراء عبر الاستهلاك

[en] poverty alleviation through consumption

[fr] lutte contre la pauvreté par consommation

[de] Armenhilfe durch Konsum

[it] alleviamento della povertà attraverso consumo

[jp] 消費面からの貧困救済

[kr] 소비 빈곤구제

[pt] alívio da pobreza através do consumo

[ru] поддержка малоимущих людей путем

4.4

развития потребления

[es] alivio de la pobreza mediante el
consumo

44305 金融扶贫

[ar] مساعدة الفقراء عن طريق التمويل

[en] poverty alleviation through finance

[fr] lutte contre la pauvreté par financement

[de] Armenhilfe durch Finanzierung

[it] alleviamento della povertà attraverso
finanziamento

[jp] 金融面からの貧困救済

[kr] 금융 빈곤구제

[pt] alívio da pobreza através da finanças

[ru] поддержка малоимущих людей путем
финансового развития

[es] alivio de la pobreza con productos
financieros

44306 易地搬迁脱贫

[ar] تخلص من الفقر عن طريق الانتقال

[en] poverty elimination through relocation

[fr] éradication de la pauvreté par
relocalisation

[de] Armutsbeseitigung durch Umsiedlung

[it] alleviamento della povertà attraverso
trasferimento

[jp] 移住・転居による貧困脱却

[kr] 타지방 빈곤 퇴치

[pt] alívio da pobreza através da realocação

[ru] ликвидация бедности путем
переселения

[es] mitigación de la pobreza mediante la
reubicación

44307 生态扶贫

[ar] مساعدة الفقراء عن طريق تحسين البيئة

[en] poverty alleviation through ecological
conservation

[fr] lutte contre la pauvreté par le
développement écologique

[de] Armenhilfe durch ökologische Entwick-
lung

[it] alleviamento ecologico della povertà

[jp] 生態保護面からの貧困救済

[kr] 생태 빈곤구제

[pt] alívio da pobreza ecológica

[ru] поддержка малоимущих людей путем
экологического развития

[es] alivio de la pobreza mediante la
conservación ecológica

44308 教育扶贫

[ar] مساعدة الفقراء عن طريق التعليم

[en] poverty alleviation through education

[fr] lutte contre la pauvreté par éducation

[de] Armenhilfe durch Bildung

[it] alleviamento della povertà attraverso
educazione

[jp] 教育面からの貧困救済

[kr] 교육 기반 빈곤구제

[pt] alívio da pobreza através da educação

[ru] поддержка малоимущих людей путем
развития образования

[es] alivio de la pobreza mediante la
educación

44309 健康扶贫

[ar] مساعدة الفقراء عن طريق العناية الصحية

[en] poverty alleviation through health
promotion

[fr] lutte contre la pauvreté par le
développement de la santé public

[de] Armenhilfe durch Entwicklung der
öffentlichen Gesundheit

[it] alleviamento sanitario della povertà

[jp] 健康面からの貧困救済

[kr] 건강 빈곤구제

[pt] apoio público à saúde dos pobres

[ru] поддержка малоимущих людей в
сфере здравоохранения

[es] apoyo sanitario a la población pobre

44310 互联网+精准扶贫

[ar] إنترنت + مساعدة مستهدفة للفقراء

[en] Internet Plus targeted poverty alleviation

[fr] assistance ciblée aux démunis par Internet Plus

[de] präzise „Internet plus"-Armenhilfe

[it] Internet plus mirato all'alleviamento di povertà

[jp] インターネットプラスの的確な貧困救済

[kr] 인터넷+정밀화 빈곤구제

[pt] alívio da pobreza com precisão através da Internet Plus

[ru] точная поддержка малоимущих людей «Интернет Плюс»

[es] alivio de la pobreza orientada en Internet Plus

44311 贫困现象全要素分析

[ar] تحليل عامل إجمالي للفقر

[en] total-factor analysis of poverty

[fr] analyse complète des facteurs de la pauvreté

[de] Gesamtfaktoranalyse der Armut

[it] analisi fattoriale totale della povertà

[jp] 貧困現象の全要素分析

[kr] 빈곤 현상 요소 분석

[pt] análise fatorial total da pobreza

[ru] общефакторный анализ бедности

[es] análisis de factores totales de la pobreza

44312 贫困主因集

[ar] مجموعة الأسباب الرئيسية للفقر

[en] set of major causes of poverty

[fr] ensemble des causes principales de la pauvreté

[de] Hauptursachen für Armut

[it] insieme delle principali cause di povertà

[jp] 貧困主因セット

[kr] 빈곤 주요소

[pt] conjunto das causas principais da pobreza

[ru] сбор основных причин бедности

[es] conjunto de las causas principales de la pobreza

44313 靶向扶贫

[ar] مساعدة مستهدفة للفقراء

[en] targeted poverty alleviation

[fr] lutte ciblée contre la pauvreté

[de] gezielte Armenhilfe

[it] alleviamento mirato della povertà

[jp] ターゲティング貧困救済

[kr] 타깃형 빈곤구제

[pt] alívio da pobreza direcionado

[ru] целевая поддержка малоимущих людей

[es] reducción de la pobreza con orientación

44314 扶贫开发识别

[ar] تحديد التوجهات السياسية الخاصة لمساعدة الفقراء

[en] identification of development-oriented poverty alleviation

[fr] identification de lutte contre la pauvreté orientée vers le développement

[de] Identifizierung von entwicklungsorientierter Armenhilfe

[it] identificazione d'alleviamento della povertà orientato allo sviluppo

[jp] 貧困救済開発における識別

[kr] 빈곤구제 개발 식별

[pt] identificação ao desenvolvimento de alivio à pobreza

[ru] идентификация поддержки малоимущих людей, ориентированной на развитии

[es] identificación de alivio de la pobreza orientada al desarrollo

44315 扶贫瞄准

[ar] استهداف مساعدة الفقراء

[en] poverty alleviation targeting

[fr] ciblage de réduction de la pauvreté

[de] Armenhilfe-Zielrichtung

4.4

[it] mira d'alleviamento della povertà

[jp] 貧困救済ターゲティング

[kr] 빈곤구제 조준

[pt] mira no alivio à pobreza

[ru] прицеливание поддержки малоимущих людей

[es] orientación al alivio de la pobreza

44316 扶贫对象数据库

[ar] قاعدة بيانات لمساعدة الفقراء المستهدفين

[en] database of people in poverty

[fr] base de données des personnes en situation précaire

[de] Datenbank der Armenhilfszielgruppe

[it] database di persone d'alleviamento della povertà

[jp] 貧困救済対象データベース

[kr] 빈곤구제 대상 데이터베이스

[pt] banco de dados dos alvos de redução da pobreza

[ru] база данных объектов по поддержке малоимущих людей

[es] base de datos de objetivos de alivio de la pobreza

44317 扶贫干部数据库

[ar] قاعدة بيانات الكوادر لمساعدة الفقراء

[en] database of poverty alleviation officials

[fr] base de données des responsables de la lutte contre la pauvreté

[de] Datenbank der Beamten zur Armenhilfe

[it] database di funzionari d'alleviamento della povertà

[jp] 貧困救済幹部データベース

[kr] 빈곤구제 임원 데이터베이스

[pt] banco de dados dos funcionários dedicados ao alívio da pobreza

[ru] база данных кадров по поддержке малоимущих людей

[es] base de datos de funcionarios asignados para el alivio de la pobreza

44318 网络扶贫行动计划

[ar] خطة العمل لمساعدة الفقراء على الإنترنت

[en] Internet-based Poverty Alleviation Action Plan

[fr] Plan d'action de réduction de la pauvreté par Internet

[de] Aktionsplan zur Armenhilfe im Netzwerk

[it] Piano d'azione d'Internet per alleviamento della povertà

[jp] ネットワーク貧困救済行動計画

[kr] 네트워크 빈곤구제 행동 계획

[pt] Plano de Ação para Alívio da Pobreza através da Rede

[ru] План действий по поддержке малоимущих людей с помощью сети

[es] Plan de Acción de Alivio de la Pobreza en la Red

44319 精准扶贫大数据国家标准

[ar] معايير وطنية لمساعدة الفقراء من خلال البيانات الضخمة

[en] national standard for targeted poverty alleviation through big data

[fr] normes nationales des mégadonnées pour l'assistance ciblée aux démunis

[de] nationale Big Data-Normen für präzise Armutsbekämpfung

[it] standard nazionali per alleviamento mirato alla povertà attraverso Big Data

[jp] 的確な貧困救済の国家基準

[kr] 정밀화 빈곤구제 빅데이터 국가 표준

[pt] Padrões Nacionais para Alívio da Pobreza com Precisão através de big data

[ru] национальные стандарты для адресной поддержки малоимущих людей посредством больших данных

[es] normas nacionales para el alivio de la pobreza mediante Big Data

44320 大数据精准扶贫应用平台

[ar] منصة تطبيق مساعدة الفقراء للبيانات الضخمة

[en] platform for targeted poverty alleviation through big data

[fr] plate-forme d'application des mégadonnées pour l'assistance ciblée aux démunis

[de] Big Data-Anwendungsplattform für präzise Armutsbekämpfung

[it] piattaforma applicativa di Big Data per alleviamento mirato alla povertà

[jp] ビッグデータ特定貧困救済 プラット フォーム

[kr] 빅데이터 정밀화 빈곤구제 응용 플랫폼

[pt] Plataforma de Aplicativos de Big Data para Alívio da Pobreza com Precisão

[ru] платформа приложений для адресной поддержки малоимущих людей на основе больших данных

[es] plataforma de aplicaciones para el alivio de la pobreza de precisión de Big Data

44321 全国扶贫信息网络系统

[ar] شبكة معلومات وطنية لمساعدة الفقراء

[en] nationwide information network for poverty alleviation

[fr] réseau national d'information sur la lutte contre la pauvreté

[de] nationales Informationsnetz zur Armen- hilfe

[it] sistema di informazione nazionale per alleviamento della povertà

[jp] 全国貧困救済情報ネットワーク

[kr] 전국 빈곤구제 정보 네트워크 시스템

[pt] sistema de rede nacional de informações para o alívio da pobreza

[ru] общенациональная информационная сеть по поддержке малоимущих людей

[es] red nacional de información para el alivio de la pobreza

44322 扶贫开发大数据平台

[ar] منصة تطوير البيانات الضخمة لمساعدة الفقراء

[en] big data platform for development- oriented poverty alleviation

[fr] plate-forme de mégadonnées pour la lutte contre la pauvreté orientée vers le développement

[de] Big Data-Plattform zur entwicklungs- orientierten Armenhilfe

[it] piattaforma di Big Data per lo sviluppo di alleviamento della povertà

[jp] 貧困救済開発ビッグデータプラット フォーム

[kr] 빈곤구제 개발 빅데이터 플랫폼

[pt] Plataforma de Big Data para Desenvolvimento de Alívio da Pobreza

[ru] платформа больших данных для развития поддержки малоимущих людей

[es] plataforma de Big Data del desarrollo para el alivio de la pobreza

4.4.4 数字化转型

[ar] التحول الرقمي

[en] **Digital Transformation**

[fr] **Transformation numérique**

[de] **Digitale Transformation**

[it] **Trasformazione digitale**

[jp] デジタル化モデル転換

[kr] 디지털화 전환

[pt] **Transformação Digital**

[ru] **Цифровое преобразование**

[es] **Transformación Digital**

44401 电商扶贫工程

[ar] مشروع مساعدة الفقراء عبر التجارة الإلكترونية

[en] project of poverty alleviation through e-commerce

[fr] projet de lutte contre la pauvreté par le commerce électronique

[de] E-Commerce-Projekt zur Armenhilfe

4.4

[it] progetto di e-commerce per alleviamento della povertà

[jp] Eコマースによる貧困救済プロジェクト

[kr] 전자상거래 빈곤구제 프로젝트

[pt] projeto de alívio da pobreza através do comércio electrónico

[ru] проект по поддержке малоимущих людей посредством электронной торговли

[es] proyecto de alivio de la pobreza mediante comercio electrónico

44402 电子商务进农村综合示范

[ar] نموذج شامل لدخول التجارة الإلكترونية إلى المناطق الريفية

[en] comprehensive demonstration of e-commerce in rural areas

[fr] démonstration complète du commerce électronique dans les zones rurales

[de] umfassende Demonstration des E-Commerce in ländlichen Gebieten

[it] modello complessivo di e-commerce nell'area rurale

[jp] 農村進出のEコマース総合モデル

[kr] 전자상거래 농촌 진입 종합 시범

[pt] demonstração geral do ingresso do comércio electrónico na zona rural

[ru] комплексная демонстрация электронной коммерции в сельской местности

[es] demostración integral de comercio electrónico en zonas rurales

44403 电商扶贫示范网店

[ar] متجر إلكتروني نموذجي لمساعدة الفقراء

[en] model online store for poverty alleviation through e-commerce

[fr] boutique de démonstration en ligne pour lutte contre la pauvreté par le commerce électronique

[de] Online-Shops zur Demonstration der Armenhilfe im E-Commerce

[it] negozi modello di e-commerce per alleviamento della povertà

[jp] Eコマース貧困貧困救済モデルオンラインストア

[kr] 전자상거래 빈곤구제 시범 온라인 스토어

[pt] loja online demosntrativa de combate à pobreza através do comércio electrónico

[ru] интернет-магазины демонстрации поддержки малоимущих людей посредством электронной торговли

[es] tiendas en línea de demostración del alivio de la pobreza mediante comercio electrónico

44404 电商创业脱贫带头人

[ar] قائد ريادة الأعمال عبر التجارة الإلكترونية لمساعدة الفقراء

[en] pacesetter in poverty elimination through e-commerce startup

[fr] pionnier de l'entrepreneuriat dans lutte contre la pauvreté par le commerce électronique

[de] Leiter der Armutsbeseitigung im Bereich E-Commerce-Unternehmertum

[it] leader di e-commerce per eliminazione della povertà

[jp] Eコマース起業貧困脱却先導者

[kr] 전자상거래 창업 빈곤 퇴치 대표자

[pt] líder do start-up de combate à pobreza através do comércio electrónico

[ru] лидер в области ликвидации бедности в сфере электронной коммерции

[es] líder para la mitigación de la pobreza mediante el emprendimiento en comercio electrónico

44405 农村青年电商培育工程

[ar] برنامج تدريب شباب الريف للتجارة الإلكترونية

[en] Rural Youth E-Commerce Training
Program

[fr] Programme de formation sur le
commerce électronique pour les jeunes
des zones rurales

[de] E-Commerce-Schulungsprogramm für
Jugendliche im ländlichen Raum

[it] Programma di formazione per
e-commerce ai giovani rurali

[jp] 農村青年Eコマース育成プログラム

[kr] 농촌 청년 전자상거래 교육 프로젝트

[pt] Programa de Formação em Comércio
Eletrónico Para Jovens Rurais

[ru] Учебная программа по электронной
торговле среди сельской молодежи

[es] Programa de formación en comercio
electrónico para jóvenes de entornos
rurales

44406　电商助残扶贫行动

[ar] حركة مساعدة الفقراء من ذوي الاحتياجات الخاصة
عبر التجارة الإلكترونية

[en] poverty alleviation through e-commerce
for people with disabilities

[fr] lutte contre la pauvreté et aide aux
handicapés par le commerce électronique

[de] Armen- und Behindertenhilfe durch E-
Commerce

[it] alleviamento della povertà ai diversamente
abili attraverso e-commerce

[jp] Eコマースによる障害者扶助・貧困救
済行動

[kr] 전자상거래 장애인 빈곤구제 행동

[pt] ação de combate à pobreza e apoio aos
portadores de deficiência através do
comércio electrónico

[ru] действия по поддержке малоимущих
людей в помощи инвалидам путем
развития электронной коммерции

[es] alivio de la pobreza mediante comercio
electrónico

44407　消费扶贫体验活动

[ar] حركة تجربة مساعدة الفقراء عبر الاستهلاك

[en] experience of poverty alleviation
through consumption

[fr] consommation expérientielle pour la
lutte contre la pauvreté

[de] Erfahrung der Armenhilfe durch Kon-
sum

[it] esperienza di alleviamento della povertà
attraverso consumo

[jp] 消費による貧困救済の体験活動

[kr] 소비 빈곤구제 체험 활동

[pt] atividades de experiência de alívio da
pobreza através do consumo

[ru] мероприятие по опыту поддержки
малоимущих людей путем развития
потребления

[es] experiencia de alivio de la pobreza
mediante el consumo

44408　O2O双线扶贫模式

[ar] مساعدة الفقراء على نمط O2O مزدوج الخط

[en] O2O poverty alleviation mode

[fr] mode de lutte contre la pauvreté en ligne
à hors ligne

[de] O2O-Armutsbekämpfungsmodus

[it] O2O modalità di alleviamento della
povertà

[jp] O2O 貧困救済モード

[kr] O2O 이중 빈곤구제 모델

[pt] modelo O2O para alívio da pobreza

[ru] модель поддержки малоимущих
людей O2O

[es] modo de alivio de la pobreza O2O

44409　阿里巴巴"千县万村"计划

[ar] خطة "ألف محافظة وعشرة آلاف قرية" لعلي بابا

[en] Alibaba's 1,000 Counties & 100,000
Villages Program

[fr] Programme des 1.000 districts et 100.000
villages d'Alibaba

[de] Alibabas Programm für 1.000 Landkreise und 100.000 Dörfer

[it] Programma di 1.000 distretti e 100.000 vilaggi di Alibaba

[jp] アリババ「千県万村」計画

[kr] 알리바바 '천현만촌' 계획

[pt] Programa de 1.000 Concelhos e 100.000 Aldeias de Alibaba

[ru] План Alibaba «1000 округов и 100 000 деревень»

[es] Programa de 1.000 condados y 100.000 aldeas de Alibaba

44410 苏宁电商扶贫"双百计划"

[ar] مساعدة الفقراء "الخطة المئوية المزدوجة" بواسطة سونينغ في مجال التجارة الإلكترونية

[en] Suning's "Double Hundred" E-commerce Program for Poverty Alleviation

[fr] « Plan Double Cent » de Suning E-commerce pour la lutte contre la pauvreté

[de] Armenhilfe „Doppelt-Hundert-Plan" von Suning E-Commerce

[it] Piano di doppio cento per alleviamento della povertà attraverso e-commerce di Suning

[jp] 蘇寧 E コマース貧困救済「ダブル 100 計画」

[kr] 쑤닝 전자상거래 빈곤구제 '쌍백 계획'

[pt] Plano de Alívio da Pobreza "Cem Voluntários-Cem Famílias Pobres" da Suning E-Commerce

[ru] План по поддержке малоимущих людей «Двойные сотни» электронной коммерции компании «Сунин»

[es] "Plan Doble Cien" para el alivio de la pobreza por Suning E-commerce

44411 SHE CAN 女企业家数字化赋能项目

[ar] مشروع تمكين رقمي لسيدات الأعمال SHE CAN

[en] SHE CAN Women Entrepreneurs Digital Empowerment Project

[fr] Projet « SHE CAN » d'autonomisation numérique des entrepreneuses

[de] „SHE CAN" - Digitales Befähigungsprojekt für Unternehmerinnen

[it] Progetto SHE CAN di abilitazione digitale delle imprenditrici

[jp] 「SHE CAN 女性企業家のデジタルエンパワーメントプロジェクト」

[kr] SHE CAN 여성 기업가 디지털화 임파워먼트 프로젝트

[pt] Projeto de Empoderamento Digital Para Empreendedoras She Can

[ru] Проект по расширению прав и возможностей женщин-предпринимателей SHE CAN

[es] Proyecto de empoderamiento de mujeres emprendedoras: Ella Puede

44412 数字人才

[ar] أكفاء في المجال الرقمي

[en] digital talents

[fr] talents numériques

[de] digitale Talente

[it] talenti digitali

[jp] デジタル人材

[kr] 디지털 인재

[pt] talentos digitais

[ru] цифровые таланты

[es] talentos digitales

44413 数字素养项目

[ar] مشروع المؤهلات الرقمية

[en] Digital Literacy Project

[fr] Projet d'alphabétisation numérique

[de] Projekt zur Digitalenkompetenz

[it] Progetto di alfabetizzazione digitale

[jp] デジタルリテラシープロジェクト

[kr] 디지털 소양 프로젝트

[pt] Projeto de Alfabetização Digital

[ru] Проект «Цифровая грамотность»

[es] Proyecto de Alfabetización Digital

44414 老年人连通计划

[ar] مبادرة ربط الإنترنت بالمسنين

[en] Online Initiative for the Elderly

[fr] Initiative en ligne pour les personnes âgées

[de] Online-Initiative für ältere Menschen

[it] Iniziativa online per anziani

[jp] 高齢者向けオンラインイニシアチブ

[kr] 노인 연결 계획

[pt] Iniciativa Online para os Idosos

[ru] Онлайн-инициатива для пожилых людей

[es] Iniciativa en Línea para Personas Mayores

44415 数字工厂项目

[ar] مشروع المصنع الرقمي

[en] Digital Factory Project

[fr] Projet d'usine numérique

[de] Digitales Fabrikprojekt

[it] Progetto di fabbrica digitale

[jp] 工場デジタル化プロジェクト

[kr] 디지털 공장 프로젝트

[pt] Projeto de Fábrica Digital

[ru] Проект «Цифровая фабрика»

[es] Proyecto de Fábrica Digital

44416 美国"21 世纪技能框架"

[ar] إطار مهارات القرن الحادي والعشرين (الولايات المتحدة)

[en] 21st Century Skills Framework (USA)

[fr] cadre des compétences du 21ème siècle (États-Unis)

[de] Kompetenzrahmen des 21. Jahrhunderts (USA)

[it] Struttura delle abilità nel 21° secolo (US)

[jp] アメリカ「21 世紀のスキルフレームワーク」

[kr] 미국 '21 세기 기능 프레임'

[pt] Quadro de Competências do Século XXI (EUA)

[ru] Фреймворк навыков 21-го века (США)

[es] Marco de Referencia de las Habilidades del Siglo XXI (EE.UU.)

44417 教育与培训 2020（ET 2020）

[ar] تعليم وتدريب 2020 (ET 2020)

[en] "Education and Training 2020" (ET 2020)

[fr] Éducation et formation 2020 (ET 2020)

[de] Bildung und Ausbildung 2020 (ET 2020)

[it] Istruzione e Formazione 2020 (ET 2020)

[jp] 「教育と訓練 2020(ET 2020)」

[kr] 교육과 양성 2020(ET 2020)

[pt] Educação e Formação 2020 (ET 2020)

[ru] Образование и обучение 2020 (ET 2020)

[es] Educación y Formación 2020 (ET 2020)

44418 《教育信息化"十三五"规划》

[ar] خطة التنمية الوطنية لتكنولوجيا المعلومات والاتصالات في التعليم خلال فترة الخطة الخمسية الثالثة عشرة (2016-2020)

[en] National Development Plan for ICT in Education during the 13th Five-Year Plan Period (2016–2020)

[fr] 13ᵉ plan quinquennal sur l'information de l'éducation (2016-2020)

[de] Nationaler Entwicklungsplan für Bildungsinformatisierung während des 13. Fünfjahresplanzeitraums (2016-2020)

[it] 13° piano quinquennale per lo sviluppo di ICT educazione (2016-2020)

[jp] 「教育情報化『第 13 次 5 カ年計画』」

[kr] <교육 정보화 '제 13 차 5 개년' 계획>

[pt] Plano Nacional de Desenvolvimento para as TIC na Educação durante o Período do 13° Plano Quinquenal (2016-2020)

[ru] План образования в период 13-й

4.4

пятилетки (2016–2020 гг.)

[es] El XIII Plan Quinquenal sobre la Informatización de la Educación (2016-2020)

44419 《国际图书馆协会和机构联合会数字素养宣言》

[ar] بيان مؤهلات رقمية لجمعيات المكتبات والاتحاد الدولي

[en] International Federation of Library Associations (IFLA) Statement on Digital Literacy

[fr] Déclaration de la Fédération internationale des associations de bibliothécaires et des bibliothèques (IFLA) sur l'alphabétisation numérique

[de] Manifest für digitale Kompetenz der Internationalen Vereinigung Bibliothekarischer Verbände und Einrichtungen (IFLA)

[it] Manifesto per le biblioteca digitali della federazione internazionale delle associazioni e le istituzioni bibliotecarie

[jp] 「国際図書館連盟電子図書館声明」

[kr] <국제 도서관 협회와 기구 연합회 디지털 소양 선언>

[pt] Declaração de Alfabetização Digital da Federação Internacional de Associações e Instituições de Bibliotecas

[ru] Декларация о цифровой грамотности Международной федерации библиотечных ассоциаций и учреждений

[es] Manifiesto de la Federación Internacional de Asociaciones de Bibliotecas sobre las Bibliotecas Digitales

44420 英国联合信息系统委员会

[ar] لجنة نظم المعلومات المتكاملة لبريطانيا

[en] Joint Information Systems Committee (UK)

[fr] Comité mixte des systèmes d'information

(Royaume-Uni)

[de] Ausschuss für gemeinsame Informationssysteme (UK)

[it] Comitato congiunto dei sistemi di informazione (UK)

[jp] 英国情報システム合同委員会

[kr] 영국 연합 정보시스템 위원회

[pt] Conselho de Sistemas de Informação Conjunta (Reino Unido)

[ru] Объединенный комитет по информационным системам (Великобритания)

[es] Comité Conjunto de Sistemas de Información (Reino Unido)

44421 《数字素养：NMC地平线项目战略简报》

[ar] مؤهلات رقمية: موجز استراتيجي لمشروع الأفق NMC

[en] Digital Literacy: An NMC Horizon Project Strategic Brief

[fr] Alphabétisation numérique : un bref aperçu stratégique sur le projet d'Horizon du Consortium des Nouveaux Médias

[de] Digitale Kompetenz: Ein strategischer Auftrag für das NMC Horizont-Projekt

[it] Istruzione Digitale: Riassunto strategico del progetto NMC orizzonte

[jp] 「デジタル・リテラシー：NMCホライズン・プロジェクトレポート」

[kr] <디지털 소양: NMC 지평선 프로젝트 전략 브리핑>

[pt] Alfabetização Digital: Resumo Estratégico do Projeto Horizonte NMC

[ru] Цифровая грамотность: стратегический бюллетень проекта NMC Horizon

[es] Alfabetización Digital: un Resumen Estratégico del Proyecto NMC Horizon

4.4.5 社会扶贫体系

[ar] نظام المشاركة الاجتماعية لمساعدة الفقراء

[en] Social Poverty Alleviation System

[fr] Système social de la lutte contre la pauvreté

[de] System der sozialen Armenhilfe

[it] Sistema di partecipazione sociale all'alleviamento della povertà

[jp] 社会的貧困救済システム

[kr] 사회 빈곤구제 시스템

[pt] Sistema Social de Alívio da Pobreza

[ru] Система социального участия в поддержке малоимущих людей

[es] Sistema de Participación Social en el Alivio de la Pobreza

44501 社会扶贫

[ar] مشاركة اجتماعية لمساعدة الفقراء

[en] social poverty alleviation

[fr] participation sociale à la lutte contre la pauvreté

[de] soziale Teilhabe an der Armenhilfe

[it] partecipazione sociale all'alleviamento della povertà

[jp] 社会的貧困救済

[kr] 사회 빈곤구제

[pt] alívio da pobreza social

[ru] социальное участие в поддержке малоимущих людей

[es] participación social en el alivio de la pobreza

44502 定点扶贫

[ar] مساعدة مستهدفة للفقراء

[en] fixed-point poverty alleviation

[fr] lutte ciblée contre la pauvreté

[de] gezielte Armenhilfe

[it] alleviamento classificato della povertà

[jp] ターゲティング貧困救済

[kr] 지정 빈곤구제

[pt] combate à pobreza direcionada

[ru] точечная поддержка малоимущих людей

[es] alivio de la pobreza de punto fijo

44503 长效扶贫

[ar] مساعدة مستدامة الفاعلية للفقراء

[en] long-term poverty alleviation

[fr] lutte contre la pauvreté à effet permanent

[de] langfristige Armenhilfe

[it] alleviamento della povertà a lungo termine

[jp] 長期的かつ効果的な貧困救済

[kr] 효과 장기화 빈곤구제

[pt] alívio da pobreza a longo prazo

[ru] долгосрочная поддержка малоимущих людей

[es] alivio de la pobreza a largo plazo

44504 力防返贫

[ar] منع الأسر الفقيرة من العودة إلى الفقر

[en] prevention of falling back into poverty

[fr] prévention du retour à la pauvreté

[de] Verhinderung der Zurückkehrung in die Armut

[it] impedire alle famiglie povere di tornare alla povertà

[jp] 再貧困化防止

[kr] 재차 빈곤 방지

[pt] prevenção do retorno à pobreza da família pobre

[ru] предотвращение возврата в бедность

[es] prevenir que los hogares con menos recursos regresen a la pobreza

44505 新型经营主体

[ar] كيان تجاري حديث

[en] new business entity

[fr] nouvelle entité commerciale

[de] neue Geschäftseinheit

[it] nuova entità commerciale

[jp] 新型事業主体

4.4

[kr] 신형 경영 주체

[pt] nova entidade comercial

[ru] субъекты нового бизнеса

[es] nueva entidad de negocio

44506 扶贫主体能力培育

[ar] تأهيل القدرة الرئيسية لمساعدة الفقراء

[en] building the capacity of the poor for poverty alleviation

[fr] développement de la capacité de bénéficiaire de la lutte contre la pauvreté

[de] Selbstkompetenzaufbau von Zielgruppe der Armutskämpfung

[it] coltivazione di capacità della forza principale per alleviamento di povertà

[jp] 貧困救済主体の能力育成

[kr] 빈곤구제 주체 능력 육성

[pt] cultivo de capacidade das forças principais para o alívio da pobreza

[ru] подготовка способности субъектов поддержки малоимущих людей

[es] cultivo de la capacidad de la fuerza mayor para la reducción de la pobreza

44507 双重网络嵌入机理

[ar] آلية تضمين الشبكة المزدوجة

[en] dual network embedding mechanism

[fr] mécanisme d'intégration dans les réseaux social et industriel

[de] Dual-Netzwerk-Einbettungsmechanis-mus

[it] meccanismo di incorporamento della doppia rete

[jp] ダブルネットワークの埋め込みメカニズム

[kr] 이중 네트워크 임베딩 메커니즘

[pt] mecanismo de incorporação de rede dupla

[ru] механизм двойного сетевого встраивания

[es] mecanismo de incrustación de red dual

44508 社会弱关系外部帮扶

[ar] مساعدة خارجية على أساس العلاقات الاجتماعية الضعيفة

[en] external support based on weak social tie

[fr] soutien externe basé sur le lien social faible

[de] externe Unterstützung auf der Grundlage schwacher sozialer Bindungen

[it] sostegno esterno dal rapporto sociale leggero

[jp] 弱い社会関係による外部扶助

[kr] 약한 사회 관계 기반 외부 지원

[pt] apoio externo baseado em laços sociais fracos na rede

[ru] внешняя поддержка, основанная на слабых социальных связях

[es] ayuda externa basada en lazos sociales débiles

44509 社会强关系资金扶助

[ar] تقديم الدعم المالي على أساس العلاقات الاجتماعية القوية

[en] financial support based on strong social tie

[fr] soutien financier basé sur le lien social solide

[de] finanzielle Unterstützung auf der Grund-lage starker sozialer Bindungen

[it] sostegno finanziario dal rapporto sociale forte

[jp] 強い社会関係による資金援助

[kr] 강한 사회 관계 기반 자금 지원

[pt] apoio de fundos baseado em laços sociais fortes na rede

[ru] финансовая поддержка на основе прочных социальных связей

[es] apoyo mediante fondos basado en lazos sociales fuertes

44510 基层贫困治理

[ar] معالجة مشكلة الفقر على مستوى الشريحة

الاجتماعية الدنيا

[en] poverty governance at community level

[fr] gouvernance de la pauvreté aux échelons de base

[de] Armutsbekämpfung auf Gemeindeebene

[it] governance di povertà a livello di comunità

[jp] 末端貧困ガバナンス

[kr] 기층 빈곤 거버넌스

[pt] governação da pobreza no nível de comunidade

[ru] управление бедностью на низовом уровне

[es] gobernanza de la pobreza a nivel comunitario

44511 文化服务体系供给

[ar] عرض نظام الخدمة الثقافية

[en] cultural service system supply

[fr] soutien au système de service culturel

[de] Angebot an kulturellen Dienstleistungs-systemen

[it] fornitura di servizi culturali

[jp] 文化サービスシステムの供給

[kr] 문화 서비스 체계 공급

[pt] fornecimento de sistema de serviço cultural

[ru] предложение системы культурного обслуживания

[es] suministro del sistema de servicios culturales

44512 扶贫众筹

[ar] تمويل جماعي لمساعدة الفقراء

[en] poverty alleviation crowdfunding

[fr] financement participatif pour la lutte contre la pauvreté

[de] Massenfinanzierung zur Armenhilfe

[it] crowdfunding per alleviamento della povertà

[jp] 貧困救済クラウドファンディング

[kr] 빈곤구제 크라우드 펀딩

[pt] financiamento colaborativo para o alívio à pobreza

[ru] краудфандинг для поддержки малоимущих людей

[es] micomecenazgo para el alivio de la pobreza

44513 扶贫公益超市

[ar] سوبر ماركت خيري لمساعدة الفقراء

[en] poverty alleviation supermarket

[fr] supermarché pour la lutte contre la pauvreté

[de] Armenhilfe-Supermarkt

[it] supermercato non-profit per alleviamento della povertà

[jp] 貧困救済公益スーパー

[kr] 빈곤구제 공익 마트

[pt] supermercado de alivio à pobreza sem fins lucrativos

[ru] благотворительный супермаркет для поддержки малоимущих людей

[es] supermercado para el alivio de la pobreza

44514 扶贫社会效应债券

[ar] سندات الأثر الاجتماعي لمساعدة الفقراء

[en] social impact bond for poverty alleviation

[fr] obligations à effet social pour la lutte contre la pauvreté

[de] soziale Folgenbindungen zur Armenhilfe

[it] obbligazioni d'impatto sociale per alleviamento della povertà

[jp] 貧困救済のためのソーシャルインパクトボンド

[kr] 빈곤구제 사회적 임팩트 채권

[pt] vínculos de impacto social para o alívio da pobreza

[ru] облигация социальных эффектов для поддержки малоимущих людей

4.4

[es] bonos de impacto social del alivio de la pobreza

44515 易地扶贫搬迁专项柜台债券

[ar] سندات طاولة خاصة لمساعدة الفقراء عن طريق الانتقال

[en] over-the-counter bond for poverty alleviation relocation projects

[fr] obligations spéciales pour la lutte contre la pauvreté par relocalisation

[de] spezielle Gegenanleihen zur Armenhilfe durch Umsiedlung

[it] obbligazioni speciali per alleviamento della povertà attraverso il rilocalizzazione

[jp] 移住・転居による貧困救済プロジェクトの特別カウンター債券

[kr] 빈곤층 이주 지원 전문 타지방 이주 빈곤구제전문 카운터 채권

[pt] obrigações especiais de balcão para o alívio da pobreza através da realocação

[ru] облигация специального прилавка для поддержки малоимущих людей посредством переселения

[es] bonos especiales de mostrador para el alivio de la pobreza a través de la reubicación

44516 中国扶贫志愿服务促进会

[ar] جمعية صينية تعزيز الخدمة التطوعية لمساعدة الفقراء

[en] China Poverty-Alleviation Promotion of Volunteer Service

[fr] Conseil chinois pour la promotion des services bénévoles pour la lutte contre la pauvreté

[de] Chinesischer Förderungsverband für freiwilliges Service zur Armenhilfe

[it] Servizio di volontariato per la promozione di alleviamento della povertà di Cina

[jp] 中国貧困者支援ボランティアサービス促進会

[kr] 중국 빈곤구제자원봉사촉진회

[pt] Conselho Chinês para Promoção do Serviço Voluntário de Alívio da Pobreza

[ru] Ассоциация содействия волонтерам в поддержке малоимущих людей в Китае

[es] Promoción del Servicio Voluntario para el Alivio de la Pobreza de China

44517 社会扶贫网

[ar] شبكة المشاركة الاجتماعية لمساعدة الفقراء

[en] Social Participation in Poverty Alleviation and Development of China

[fr] réseau de participation sociale à la lutte contre la pauvreté

[de] Soziale Teilname an der Armutskämpfung und Entwicklung von China

[it] Rete di partecipazione sociale all'alleviamento della povertà

[jp] 社会貧困救済ネットワーク

[kr] 사회빈곤구제넷

[pt] Participação Social em Alívio da Pobreza e Desenvolvimento da China

[ru] Сеть социального участия в поддержке малоимущих людей и развитии Китая

[es] Red de Participación Social en el Alivio de la Pobreza

44518 精准扶贫码

[ar] رمز المساعدة المستهدفة للفقراء

[en] targeted poverty alleviation code

[fr] code de l'assistance ciblée aux démunis

[de] Kodes für präzise Armenhilfe

[it] codice di alleviamento mirato alla povertà

[jp] 的確貧困救済コード

[kr] 정밀화 빈곤구제 코드

[pt] código de alívio da pobreza com precisão

[ru] код адресной поддержки малоимущих людей

[es] código del alivio de la pobreza de precisión

44519 网络扶贫应用

[ar] تطبيق مساعدة الفقراء على الإنترنت

[en] Internet access for poverty alleviation

[fr] application de lutte contre la pauvreté par Internet

[de] Internetzugang zur Armutsbekämpfung

[it] applicazione dell'alleviamento della povertà su Internet

[jp] 貧困救済のためのネットワーク運用

[kr] 네트워크 빈곤구제 응용

[pt] aplicativo do alívio da pobreza na rede

[ru] доступ к Интернету для поддержки малоимущих людей

[es] aplicación del alivio de la pobreza en la red

44520 平安银行水电扶贫模式

[ar] نمط بنك بينج آن لمساعدة الفقراء من خلال توفير الطاقة الكهرمائية

[en] Ping An Bank's hydropower-based poverty alleviation model

[fr] modèle de lutte contre la pauvreté de la Ping An Bank axé sur l'hydroélectricité

[de] Wasserkraftorientiertes Modell zur Armenhilfe (Ping'an-Bank)

[it] modello di alleviamento della povertà orientato all-energia idroelettrica di Ping An Bank

[jp] 中国平安銀行水力発電による貧困救済モデル

[kr] 핑안 은행 수력발전 빈곤구제 모델

[pt] modelo de redução da pobreza orientado para energia e água do Banco PingAn

[ru] модель поддержки малоимущих людей в сфере гидроэнергетики Банка Пиньянь

[es] modelo del alivio de la pobreza del Banco Ping-An basado en el desarrollo de la energía hidroeléctrica

4.4

4.5　数字丝绸之路

[ar] طريق الحرير الرقمي

[en] **Digital Silk Road**

[fr] **Route de la soie numérique**

[de] **Digitale seidenstraße**

[it] **Via della Seta digitale**

[jp] **デジタルシルクロード**

[kr] **디지털 실크로드**

[pt] **Rota da seda Digital**

[ru] **Цифровой Шелковый путь**

[es] **Ruta de la Seda Digital**

4.5.1　数字包容性

[ar] الشمولية الرقمية

[en] **Digital Inclusion**

[fr] **Inclusion numérique**

[de] **Digitale Inklusivität**

[it] **Inclusione digitale**

[jp] **デジタル包括性**

[kr] **디지털 포용성**

[pt] **Inclusividadedigital**

[ru] **Цифровая инклюзивность**

[es] **Inclusión Digital**

45101　信息丝绸之路

[ar] طريق الحرير المعلوماتي

[en] information Silk Road

[fr] route de la soie de l'information

[de] Informationsseidenstraße

[it] via della seta informatica

[jp] 情報シルクロード

[kr] 정보 실크로드

[pt] Rota da Seda de informação

[ru] информационный Шелковый путь

[es] Ruta de la Seda de la información

45102　网上丝绸之路

[ar] طريق الحرير الإلكتروني

[en] electronic Silk Road

[fr] route de la soie électronique

[de] elektronische Seidenstraße

[it] via della seta elettronica

[jp] インターネットシルクロード

[kr] 온라인 실크로드

[pt] Rota da Seda online

[ru] сетевой Шелковый путь

[es] Ruta de la Seda electrónica

45103　ECI跨境电商连接指数

[ar] مؤشر اتصال التجارة الإلكترونية عبر الحدود ECI

[en] E-commerce Connectivity Index (ECI)

[fr] Indice de connectivité du commerce électronique transfrontalier

[de] E-Commerce-Konnektivitätsindex

[it] Indice di connettività di e-commerce

[jp] ECI 越境電子商取引コネクティビティ・インデックス

[kr] ECI 크로스 전자상거래 연결 지수

[pt] Índice de Conectividade do Comércio Eletrónico Transfronteiriço

[ru] Индекс подключения к трансграничной электронной торговле

[es] Índice de Conectividad de Comercio Electrónico

45104 数字经济政策制定方式

[ar] أساليب وضع سياسات الاقتصاد الرقمي

[en] method of digital economic policy making

[fr] méthodes d'élaboration des politiques économiques numériques

[de] Festlegungsmethoden der digitalen Wirtschaftspolitik

[it] metodi di elaborazione delle politiche economiche digitali

[jp] デジタル経済政策の作成方法

[kr] 디지털 경제 정책 제정 방식

[pt] métodos de formulação de políticas económicas digitais

[ru] образ формирования цифровой экономической политики

[es] métodos de elaboración de políticas de economía digital

45105 新全球化

[ar] عولمة حديثة

[en] new globalization

[fr] nouvelle mondialisation

[de] neue Globalisierung

[it] nuova globalizzazione

[jp] 新しいグローバル化

[kr] 신 글로벌화

[pt] nova globalização

[ru] новая глобализация

[es] nueva globalización

45106 农产品配送网络化转型

[ar] نمط تحول شبكة توزيع للمنتجات الزراعية

[en] transformation towards networked agricultural product distribution

[fr] informatisation de la distribution des produits agricoles

[de] Umgestaltung des Vertriebsnetzes für landwirtschaftliche Erzeugnisse

[it] trasformazione della rete di distribuzione di prodotti agricoli

[jp] 農産物配送ネットワーキングモデル転換

[kr] 농산물 배송 네트워킹 전환

[pt] transformação da rede de distribuição de produtos agrícolas

[ru] преобразование сбыта сельскохозяйственной продукции к сети

[es] transformación de red de distribución de productos agrícolas

45107 数字化技能培训

[ar] تدريب المهارات الرقمية

[en] digital skill training

[fr] formation sur les compétences numériques

[de] digitales Kompetenztraining

[it] formazione sulle competenze digitali

[jp] デジタル化スキルトレーニング

[kr] 디지털화 스킬 교육

[pt] treinamento de habilidades digitais

[ru] обучение цифровым навыкам

[es] formación en habilidades digitales

45108 数字技术能力建设

[ar] بناء قدرة التكنولوجيا الرقمية

[en] digital technology capability building

[fr] construction de la capacité numérique

[de] Aufbau digitaler Technologie-Kapazität

[it] sviluppo delle capacità tecnologiche digitali

[jp] デジタル技術能力の構築

[kr] 디지털 기술 능력 구축

[pt] capacitação em tecnologia digital

[ru] строительство способности потенциала цифровых технологий

4.5

[es] desarrollo de capacidades de tecnología digital

45109 消费者需求驱动生产
[ar] إنتاج مدفوع بطلب المستهلكين
[en] consumer demand-driven manufacturing
[fr] fabrication axée sur la demande des consommateurs
[de] Konsumentennachfrage getriebene Fertigung
[it] produzione guidata dalla domanda dei consumatori
[jp] 消費者需要駆動型の生産
[kr] 소비자 수요 구동 생산
[pt] produção motivada pela demanda do consumidor
[ru] ориентированное на потребительский спрос производство
[es] fabricación impulsada por la demanda de los consumidores

45110 赋能电子商务合作
[ar] تمكين التعاون في مجال التجارة الإلكترونية
[en] e-commerce cooperation empowerment
[fr] coopération sur l'autonomisation du commerce électronique
[de] Befähigung der E-Commerce-Zusammenarbeit
[it] cooperazione di abilitazione e-commerce
[jp] Eコマース協力のエンパワメント
[kr] 전자상거래 협력 권한 부여
[pt] empoderamento da cooperação em comércio eletrónico
[ru] расширение возможностей сотрудничества в области электронной коммерции
[es] cooperación empoderadora en comercio electrónico

45111 深层次神经网络翻译系统
[ar] نظام الترجمة للشبكة العصبية العميقة

[en] deep neural machine translation (NMT) system
[fr] traduction automatique neuronale profonde
[de] tiefes neuronales maschinelles Übersetzungssystem
[it] sistema di traduzione automatica neurale profonda
[jp] 深層神経機械翻訳システム
[kr] 심층 신경 네트워크 번역 시스템
[pt] Sistema de Tradução Automática Neural de Nível Profundo
[ru] система машинного перевода на основе нейронной сети
[es] sistema de traducción automática neuronal profunda

45112 信息通信基础
[ar] أساس تكنولوجيا الاتصالات والمعلومات
[en] foundation of information and communications technology (ICT foundation)
[fr] base des technologies de l'information et des communications
[de] Basis für Informations- und Kommunikationstechnologie
[it] fondamento della tecnologia dell'informazione e della comunicazione
[jp] 情報通信技術の基盤
[kr] 정보 통신 기초
[pt] baseda tecnologia de informação e comunicação
[ru] основа информационных и коммуникационных технологий
[es] fundamento de tecnología de la información y las comunicaciones

45113 信息通信应用
[ar] تطبيق تكنولوجيا الاتصالات والمعلومات
[en] application of information and communications technology (ICT application)

[fr] application des technologies de l'information et des communications

[de] Anwendung der Informations- und Kommunikationstechnologie

[it] applicazione delle tecnologie dell'informazione e della comunicazione

[jp] 情報通信技術の応用

[kr] 정보 통신 응용

[pt] aplicação da tecnologia de informação e comunicação

[ru] приложение информационных и коммуникационных технологий

[es] aplicación de tecnología de la información y las comunicaciones

---

45114 国际通信互联互通

[ar] تواصل الاتصالات الدولية

[en] international communication connectivity

[fr] interconnectivité de communication internationale

[de] internationale Kommunikationskonnektivität

[it] connetività di comunicazione internazionale

[jp] 国際通信の相互接続

[kr] 국제 통신 상호 연결

[pt] interconexãoda comunicação internacional

[ru] взаимосвязанность международных коммуникаций

[es] conectividad para comunicaciones internacionales

45115 标准化助推国际减贫扶贫共享行动

[ar] حركة المشاركة الدولية لمساعدة الفقراء ومكافحة الفقر من خلال توحيد قياسي

[en] Standardization Initiative for Fostering International Sharing of Experiences in Poverty Reduction and Alleviation

[fr] normalisation de la promotion internationale de la réduction de la pauvreté et de la lutte contre la pauvreté

[de] Normungsinitiative zur Förderung des internationalen Erfahrungsaustauschs im Bereich der Armutsminderung und Armenhilfe

[it] azione standardizzata della promozione per la riduzione e l'alleviamento internazionale della povertà

[jp] 標準化による国際貧困削減・救済の共同推進活動による

[kr] 표준화 국제 빈곤 감축, 빈곤구제 공유 행동

[pt] Iniciativa de Padronização para Promover o Compartilhamento Internacional de Experiências em Redução E Alívio da Pobreza

[ru] Инициатива по стандартизации для содействия международному обмену опытом в области снижения уровня бедности и поддержки малоимущих людей

[es] Acción Compartida Internacional para la Reducción y el Alivio de la Pobreza mediante Normalización

---

45116 新亚欧大陆桥经济走廊

[ar] ممر اقتصادي للجسر الأرضي الأوراسي الجديد

[en] New Eurasia Land Bridge Economic Corridor

[fr] nouveau couloir économique du Pont terrestre eurasiatique

[de] Neuer eurasischer Kontinentalbrücke-Wirtschaftskorridor

[it] nuovo corridoio economico dell'Eurasia Land Bridge

[jp] 新型ユーラシアランドブリッジ経済回廊

[kr] 신 구아대륙 경제 회랑

[pt] Novo Corredor Económico da Ponte Continental Ásia-Europa

[ru] Экономический коридор Нового евразийского континентального моста

4.5

405

[es] Corredor Económico del Nuevo Puente Intercontinental de Eurasia

45117　全球基础设施互联互通联盟

[ar] اتحاد عالمي لتوصيل البنية التحتية

[en] Global Infrastructure Connectivity Alliance

[fr] Alliance de l'interconnectivité des infrastructures mondiales

[de] Globale Allianz für Infrastrukturkonnektivität

[it] Alleanza per la connettività dell'infrastruttura globale

[jp] グローバル・インフラ連結性同盟

[kr] 글로벌 인프라 상호 연결 연합

[pt] Aliança Global de Conectividade em Infraestrutura

[ru] Альянс по глобальной взаимосвязанности инфраструктуры

[es] Alianza Global para la Conectividad de Infraestructuras

4.5.2　数字经济体

[ar] اقتصاديات رقمية

[en] **Digital Economies**

[fr] **Économies numériques**

[de] **Digitale Wirtschaften**

[it] **Economie digitali**

[jp] **デジタル経済体**

[kr] **디지털 경제체**

[pt] **Economias Digitais**

[ru] **Цифровые экономики**

[es] **Economías Digitales**

45201　跨境电子商务综合通关提速工程

[ar] مشروع تسريع التخليص الجمركي للتجارة الإلكترونية عبر الحدود

[en] Comprehensive Customs Clearance Acceleration Project for Cross-Border E-Commerce

[fr] Projet d'accélération du dédouanement

du commerce électronique transfrontalier

[de] Umfassendes Projekt zur Beschleunigung der Zollabfertigung des grenzüberschreitenden E-Commerce

[it] Progetto di accelerazione per lo sdoganamento complessivo dell'e-commerce transfrontaliero

[jp] 越境Eコマース総合通関促進プロジェクト

[kr] 크로스보더 전자상거래 종합 통관 가속화 공사

[pt] Projeto Abrangente de Aceleração do Desembaraço Aduaneiro para Comércio Electrónico Transfronteiriço

[ru] Проект по комплексному таможенному оформлению трансграничной электронной торговли

[es] Proyecto Acelerado de Despacho de Aduanas Completo para Comercio Electrónico Transfronterizo

45202　跨境移动电子商务

[ar] تجارة إلكترونية متنقلة عبر الحدود

[en] cross-border mobile e-commerce

[fr] commerce électronique mobile transfrontalier

[de] grenzüberschreitender mobiler E-Commerce

[it] e-commerce mobile transfrontaliero

[jp] 越境モバイルeコマース

[kr] 크로스보더 모바일 전자상거래

[pt] comércio electrónico transfronteiriço móvel

[ru] трансграничная мобильная электронная коммерция

[es] comercio electrónico móvil transfronterizo

45203　跨境电商出口渗透

[ar] ولوج مجال تجارة التصدير الإلكترونية عبر الحدود

[en] cross-border e-commerce export penetration

[fr] modernisation technologique de l'exportation de commerce électronique transfrontalier

[de] grenzüberschreitende Durchdringung des E-Commerce-Exports

[it] penetrazione transfrontaliera delle esportazioni di e-commerce

[jp] 越境Eコマース輸出浸透

[kr] 크로스보더 전자상거래 수출 침투

[pt] penetração da exportação do comércio electrónico transfronteiriço

[ru] трансграничное проникновение экспорта электронной коммерции

[es] penetración de la exportación de comercio electrónico transfronterizo

45204 买家地域扁平化

[ar] تسطيح إقليمي للمشتري

[en] flattened buyer experience

[fr] consommation à barrière aplanie

[de] abgeflachte Regionale Differenz der Käufer

[it] esperienza di acquirente per gli affari territorialmente illimitati

[jp] バイヤー地域のフラット化

[kr] 구매자 지역 편평화

[pt] ampliação das regiões de compras dos compradores

[ru] плоский опыт покупателя

[es] experiencia de comprador para negocios territorialmente ilimitados

45205 阿里巴巴经济体

[ar] مجموعة اقتصادية لعلي بابا

[en] Alibaba Economy

[fr] Économie d'Alibaba

[de] Alibaba Wirtschaft

[it] Gruppo economico Alibaba

[jp] アリババ経済体

[kr] 알리바바 경제체

[pt] Economia Alibaba

[ru] Экономика Alibaba

[es] Economía Alibaba

45206 国际消费类电子产品展览会

[ar] معرض دولي للمنتجات الإلكترونية الاستهلاكية

[en] Consumer Electronics Show (CES)

[fr] salon de l'électronique de consommation

[de] Internationale Unterhaltungselektronik-Messe

[it] Fiera internazionale di prodotti di consumo electronici

[jp] 国際コンシューマ・エレクトロニクス展

[kr] 국제 전자제품 박람회

[pt] Exposição Internacional de Electrónicos de Consumo

[ru] Международная выставка потребительской электроники

[es] Feria de Electrónica de Consumo

45207 世界海关组织

[ar] منظمة الجمارك العالمية

[en] World Customs Organization (WCO)

[fr] Organisation mondiale des douanes

[de] Weltzollorganisation

[it] Organizzazione mondiale delle dogane

[jp] 世界税関機構

[kr] 세계 세관 기구

[pt] Organização Mundial das Alfândegas

[ru] Всемирная таможенная организация

[es] Organización Mundial de Aduanas

45208 供应资源全球化

[ar] عولمة موارد التوريد

[en] globalization of supplied resource

[fr] mondialisation des ressources fournies

[de] Globalisierung der zur Verfügung ge-stellten Ressourcen

[it] globalizzazione di risorse fornite

4.5

[jp] サプライリソースのグローバル化

[kr] 공급 자원 세계화

[pt] globalização de recursos fornecidos

[ru] глобализация поставляемых ресурсов

[es] globalización de recursos suministrados

45209 丝路基金

[ar] صندوق طريق الحرير

[en] Silk Road Fund

[fr] Fonds de la Route de la soie

[de] Seidenstraßen-Fonds

[it] Fondo Via della Seta

[jp] シルクロードファンド

[kr] 실크로드 기금

[pt] Fundo da Rota da Seda

[ru] Фонд Шелкового пути

[es] Fondo de la Ruta de la Seda

45210 中国—东盟海上合作基金

[ar] صندوق التعاون البحري بين الصين والآسيان

[en] China-ASEAN Maritime Cooperation Fund

[fr] Fonds de coopération maritime Chine-ASEAN

[de] China-ASEAN Fonds für maritime Kooperation

[it] Fondo di cooperazione marittima Cina-ASEAN

[jp] 中国－ ASEAN 海上協力基金

[kr] 중국-동남아 국가 연합 해상 협력 기금

[pt] Fundo de Cooperação Marítima China-ASEAN

[ru] Фонд морского сотрудничества Китай-АСЕАН

[es] Fondo de Cooperación Marítima China-ASEAN

45211 中国—中东欧投资合作基金

[ar] صندوق التعاون الاستثماري بين الصين - وسط وشرق أوروبا

[en] China-Central and Eastern Europe

Investment Cooperation Fund

[fr] Fonds de coopération pour l'investissement Chine-Europe centrale et orientale

[de] Investitions-Kooperationsfonds zwischen China und Mittel- und Osteuropa

[it] Fondo di cooperazione per investimenti Cina-Europa centrale e orientale

[jp] 中国－中東欧投資協力基金

[kr] 중국-중동부 유럽 투자 협력 기금

[pt] Fundo de Cooperação para Investimentos China-Europa Central e Oriental

[ru] Фонд инвестиционного сотрудничества Китая и стран Центральной и Восточной Европы

[es] Fondo de Cooperación e Inversión de China-Europa Central y Oriental

45212 中国—欧亚经济合作基金

[ar] صندوق التعاون الاقتصادي الصيني - الأوراسي

[en] China-Eurasian Economic Cooperation Fund

[fr] Fonds de coopération économique Chine-Eurasie

[de] China-Eurasischer wirtschaftlicher Kooperationsfonds

[it] Fondo di cooperazione economico Cina-Eurasian

[jp] 中国－ユーラシア経済協力基金

[kr] 중국-유라시아 경제 협력 기금

[pt] Fundo de Cooperação Económica China-Eurásia

[ru] Китайско-Евразийский фонд экономического сотрудничества

[es] Fondo de Cooperación Económica China-Eurasia

45213 全球生产和贸易服务协同生态

[ar] إيكولوجية التضافر بين خدمات الإنتاج والتجارة العالمية

[en] global production and trade service in

synergy

[fr] écosystème mondial de la synergie entre la production et le service commercial

[de] globale Produktions- und Handelsdienstleistungen in Synergie

[it] produzione globale e servizi commerciali in sinergia

[jp] 世界生産・貿易サービスシナジェティク生態

[kr] 글로벌 생산과 무역 서비스 협동 생태

[pt] sinergia global de produção e serviços comerciais

[ru] глобальные производственные и торговые услуги в синергии

[es] producción global y servicios de comercio en sinergia

45214 "数字丝绸之路"经济合作试验区

[ar] منطقة تجريبية للتعاون الاقتصادي في إطار "طريق الحرير الرقمي"

[en] "Digital Silk Road" Economic Cooperation Pilot Zone

[fr] zone pilote de la coopération économique de « la Route de la soie numérique »

[de] Digitale Seidenstraßenpilotzone für wirtschaftliche Zusammenarbeit

[it] zona pilota della Via della Seta digitale per la cooperazione economica

[jp] 「デジタルシルクロード」経済協力試験区

[kr] '디지털 실크로드' 경제 협력 시험구

[pt] Zona-Piloto da Rota da Seda Digital para Cooperação Económica

[ru] Пилотная зона экономического сотрудничества в рамках «Цифрового Шелкового пути»

[es] Zona Piloto de la Ruta de la Seda Digital para la Cooperación Económica

45215 信息基础设施发展水平指数

[ar] مؤشر مستوى تطور البنية التحتية للمعلومات

[en] Information Infrastructure Development Index (IIDI)

[fr] indice de développement de l'infrastructure de l'information

[de] Entwicklungsindex der Informationsinfrastruktur

[it] indice di sviluppo dell'infrastruttura di informazione

[jp] 情報インフラ発展レベル指数

[kr] 정보 인프라 발전 수준 지수

[pt] Índice de Desenvolvimento da Infraestrutura de Informação

[ru] Индекс развития информационной инфраструктуры

[es] Índice de Desarrollo de Infraestructuras de Información

45216 美国国际数据公司"信息社会指数"

[ar] مؤشر مجتمع المعلومات لمؤسسة المعلومات الدولية الأمريكية

[en] International Data Corporation's Information Society Index

[fr] Indice de la société de l'information de l'International Data Corporation

[de] Informationsgesellschaftsindex der International Data Corporation

[it] Indice della società dell'informazione di International Data Corporation

[jp] インターナショナルデータグループ（IDG）の「情報社会インデックス」

[kr] 미국국제데이터회사 '정보 사회 지수'

[pt] Índice da Sociedade de Informação da Corporação Internacional de Dados dos EUA

[ru] Индекс информационного общества International Data Corporation

[es] Índice de la Sociedad de la Información de la Corporación Internacional de Datos

4.5

4.5

45217 澳大利亚"信息经济办公室指数"

[ar] مؤشر مكتب الاقتصاد المعلوماتي الأسترالي

[en] National Office for the Information
Economy Index (Australia)

[fr] Indice de l'Office national pour
l'économie de l'information(Australie)

[de] Nationales Amt für den Index der Infor-
mationswirtschaft (Australien)

[it] Indice dell'ufficio nazionale australiano
per l'economia dell'informazione

[jp] オーストラリア「情報経済指数」

[kr] 오스트레일리아 '정보 경제 오피스 지수'

[pt] Índice de Economia da Informação do
Escritório Nacional (Austrália)

[ru] Индекс национального офиса
информационной экономики
(Австралия)

[es] Índice de la Oficina Nacional de
Economía de la Información (Australia)

45218 俄罗斯联邦各地区信息化建设评估指
标体系

[ar] نظام مؤشر التقييم للبناء المعلوماتي في مناطق
مختلفة من الاتحاد الروسي

[en] evaluation index system for
informatization in various regions of the
Russian Federation

[fr] système d'indice pour l'évaluation de
l'informatisation dans les régions de la
Fédération de Russie

[de] Bewertungsindex-System für Informati-
sierung in verschiedenen Regionen der
Russischen Föderation

[it] sistema di indice di valutazione per la
costruzione di informazioni in varie
regioni della federazione russa

[jp] ロシア連邦各地域における情報化建設
のための評価指標システム

[kr] 러시아 연방 지역별 정보화 건설 평가 지
표 체계

[pt] sistema de índices de avaliação para

construção de informatização em regiões
da República Federativa Russa

[ru] рейтинг информатизации субъектов
Российской федерации

[es] sistema de índices de evaluación para
elaboración de información en distintas
regiones de la Federación Rusa

45219 韩国"信息化指数"

[ar] مؤشر المعلوماتية لكوريا الجنوبية

[en] Informatization Index (South Korea)

[fr] Indice de l'informatisation (Corée)

[de] Informatisierungsindex (Korea)

[it] Indice di Informatizzazione (Corea del
Sud)

[jp] 韓国「情報化指数」

[kr] 한국 '정보화 지수'

[pt] Índice de Informatização (Coreia do Sul)

[ru] Индекс информатизации (Южная
Корея)

[es] Índice de Informatización (Corea del Sur)

45220 世界经济论坛网络就绪指数

[ar] مؤشر جاهزية شبكة المنتدى الاقتصادي العالمي

[en] World Economic Forum's Networked
Readiness Index (NRI)

[fr] Indice de préparation du réseau du
Forum économique mondial

[de] Netzwerk-Bereitschaftsindex des Welt-
wirtschaftsforums

[it] Network Readiness Index del Forum
economic mondiale

[jp] 世界経済フォーラムネットワーク成熟
度指数

[kr] 세계경제포럼 네트워크 준비 지수

[pt] Índice de Prontidão da Rede do Fórum
Económico Mundial

[ru] Индекс сетевой готовности Мирового
экономического форума

[es] Índice de Preparación de Internet del
Foro Económico Mundial

45221 国际电信联盟信息化发展指数

[ar] مؤشر تنمية معلومات الاتحاد الدولي للاتصالات

[en] Information Development Index (IDI) of International Telecommunication Union (ITU)

[fr] Indice de développement de l'information de l'Union internationale des télécommunications

[de] Informatisierungsentwicklungsindex der Internationalen Fernmeldeunion

[it] Indice di sviluppo di informazione dell'unione internazionale delle telecomunicazioni

[jp] 国際電気通信連合のICT 開発指標

[kr] 국제 전기 통신 연합 정보화 발전 지수

[pt] Índice de Desenvolvimento da Informação da União Internacional das Telecomunicações

[ru] Индекс информационного развития Международного союза электросвязи

[es] Índice de Desarrollo de Información de la Unión Internacional de Telecomunicaciones

4.5.3 智慧互通

[ar] التواصل الذكي

[en] **Intelligent Connectivity**

[fr] **Interconnectivité intelligente**

[de] **Intelligente Konnektivität**

[it] **Connettività intelligente**

[jp] **インテリジェントな接続**

[kr] **지능형 연결**

[pt] **Conectividade Inteligente**

[ru] **Интеллектуальная связь**

[es] **Conectividad Inteligente**

45301 移动互联消费者群组识别

[ar] تحديد هوية مجموعة مستهلكي الإنترنت عبر الهاتف النقال

[en] mobile Internet consumer group identification

[fr] identification du groupe de consommateurs de l'Internet mobile

[de] Identifizierung der mobilen Internetskonsumentengruppen

[it] identificazione del gruppo di consumatori Internet mobile

[jp] モバイルインターネット消費者グループの識別

[kr] 모바일 인터넷 컨슈머 그룹 식별

[pt] Identificação de grupo de consumidores de Internet móvel

[ru] идентификация группы потребителей мобильного Интернета

[es] identificación de grupos de consumidores de Internet móvil

45302 快递网络

[ar] شبكة التسليم السريع

[en] express delivery network

[fr] réseau d'express

[de] Express-Netzwerk

[it] rete di spedizione accelerata

[jp] エクスプレスネットワーク(配送会社名)

[kr] 택배 네트워크

[pt] Rede do Correio Expresso

[ru] сеть экспресс-доставки

[es] red de transporte exprés

45303 数字中枢eHub

[ar] محور إلكتروني eHub

[en] eHub

[fr] eHub

[de] eHub

[it] eHub

[jp] eハブ

[kr] 디지털 허브 eHub

[pt] eHub

[ru] цифровой центр eHub

[es] eHub

45304　多语建站

[ar]　بناء مواقع متعددة اللغات

[en]　multilingual website building

[fr]　construction de site Web multilingue

[de]　mehrsprachige Website-Erstellung

[it]　costruzione di siti web multilingue

[jp]　多言語サイトの構築

[kr]　다중 언어 웹사이트 구축

[pt]　criação de sites multilíngues

[ru]　создание многоязычных сайтов

[es]　construcción de sitios web multilingües

45305　全球人群定向库

[ar]　مكتبة استهداف الجمهور العالمي

[en]　global audience targeting repository

[fr]　base de données de ciblage d'audience mondiale

[de]　globales Zielgruppenausrichtungsachiv

[it]　libreria globale per pubblico mirato

[jp]　グローバルオーディエンスターゲティングライブラリ

[kr]　글로벌 오디언스 타깃팅 라이브러리

[pt]　base de dados de segmentação por público-alvo global

[ru]　ориентированное на глобальную аудиторию хранилище

[es]　biblioteca global de orientación a públicos

45306　信息驿站

[ar]　محطة المعلومات

[en]　information station

[fr]　station d'information

[de]　Informationsstation

[it]　stazione di informazione

[jp]　情報ステーション

[kr]　정보 스테이션

[pt]　estação de informação

[ru]　информационная станция

[es]　estación de información

45307　"一带一路"空间信息走廊

[ar]　ممر المعلومات الفضائية لـ"الحزام والطريق"

[en]　Belt and Road spatial information corridor

[fr]　couloir d'information spatiale dans le cadre de l'initiative « la Ceinture et la Route »

[de]　„Gürtel und Straße"-Geodatenkorridor

[it]　corridoio di informazione spaziale di una Cintura e una Via

[jp]　「一帯一路」空間情報回廊

[kr]　'일대일로' 공간정보회랑

[pt]　corredor de informação espacial sob a Iniciativa "Faixa e Rota"

[ru]　пространственно-информационный коридор «Один пояс, один путь»

[es]　corredor de información espacial de la Franja y la Ruta

45308　国家卫星系统建设

[ar]　بناء نظام الأقمار الصناعية الوطنية

[en]　development of the national satellite system

[fr]　construction du système national de satellites

[de]　Aufbau des nationalen Satellitensystems

[it]　costruzione del sistema satellitare nazionale

[jp]　国家衛星システム構築

[kr]　국가 인공 위성 시스템 구축

[pt]　construção do sistema nacional de satélites

[ru]　развитие национальной спутниковой системы

[es]　construcción de sistemas de satélites nacionales

45309　宽带通信卫星网络

[ar]　شبكة الأقمار الصناعية للاتصالات ذات النطاق العريض

[en]　broadband communication satellite

network
- [fr] réseau de satellites de communication à haut débit
- [de] Breitband-Kommunikationssatelliten-netz
- [it] rete satellitare di comunicazione a banda larga
- [jp] ブロードバンド衛星通信ネットワーク
- [kr] 광대역 통신 위성 네트워크
- [pt] rede de satélite de comunicação da banda larga
- [ru] спутниковая сеть широкополосной связи
- [es] red de satélites de comunicaciones de banda ancha

45310 导航卫星增强系统
- [ar] نظام تعزيز الأقمار الصناعية للملاحة
- [en] navigation satellite augmentation system
- [fr] système de renforcement des satellites de navigation
- [de] Navigationssatelliten-Erweiterungssys-tem
- [it] sistema di potenziamento satellitare di navigazione
- [jp] 衛星航法補強システム
- [kr] 항행 위성 증강 시스템
- [pt] sistema reforçado de navegação via satélite
- [ru] расширенная спутниковая навигационная система
- [es] sistema de aumento de satélites de navegación

45311 综合地球观测系统
- [ar] نظام الرصد الشامل للكرة الأرضية
- [en] integrated earth observation system
- [fr] système intégré d'observation de la Terre
- [de] integriertes Erdbeobachtungssystem
- [it] sistema integrato di osservazione della terra

- [jp] 総合地球観測システム
- [kr] 종합 지구 관측 시스템
- [pt] sistema integrado de observação da terra
- [ru] интегрированная система наблюдения Земли
- [es] sistema integrado de observación de la Tierra

45312 数据采集卫星星座
- [ar] أبراج الأقمار الصناعية لجمع البيانات
- [en] data acquisition satellite cluster
- [fr] constellation de satellites de collecte de données
- [de] Datenerfassungssatelliten-Cluster
- [it] cluster satellitare di acquisizione dati
- [jp] （データ）情報収集衛星クラスター
- [kr] 데이터 수집 위성군
- [pt] constelação de satélites para aquisição de dados
- [ru] спутниковый кластер сбора данных
- [es] constelación de satélites de adquisición de datos

45313 分布式卫星应用中心
- [ar] مركز تطبيقات الأقمار الصناعية الموزعة
- [en] distributed satellite application center
- [fr] centre d'application de satellites distribué
- [de] Anwendungszentrum für verteilte Satel-liten
- [it] centro di applicazioni di satelliti distribuiti
- [jp] 分散型衛星運用センター
- [kr] 분산형 위성 응용센터
- [pt] centro de aplicação de satélite distribuído
- [ru] распределенный спутниковый прикладной центр
- [es] centro de aplicaciones de satélites distribuidos

4.5

413

45314 空间信息服务平台
- [ar] منصة خدمة المعلومات الفضائية
- [en] spatial information service platform
- [fr] plate-forme de service d'information spatiale
- [de] Service-Plattform der räumlichen Information
- [it] piattaforma di servizi di informazione spaziale
- [jp] 空間情報サービスプラットフォーム
- [kr] 공간정보 서비스 플랫폼
- [pt] plataforma de serviço da informação espacial
- [ru] пространственная информационная сервисная платформа
- [es] plataforma de servicios de información espacial

45315 空间信息共享服务网络
- [ar] شبكة الخدمات التشاركية للمعلومات الفضائية
- [en] spatial information sharing service network
- [fr] réseau de service partagé de l'information spatiale
- [de] Sharing-Service-Netzwerk für räumliche Information
- [it] rete di servizio condiviso per informazione spaziale
- [jp] 空間情報共有サービスネットワーク
- [kr] 공간정보 공유 서비스 네트워크
- [pt] rede de serviço para partilha de informação espacial
- [ru] сервисная сеть обмена пространственной информацией
- [es] red de servicios de uso compartido de información espacial

45316 天空海立体化海上空间信息服务体系
- [ar] نظام خدمات المعلومات البحري مجسم النمط
- [en] space-air-sea 3D maritime spatial information service system
- [fr] système de service d'information spatiale maritime ciel-espace-mer
- [de] Raum-Luft-Meer maritime 3D-Service-system für räumliche Information
- [it] sistema di servizi di informazione spaziale marittima 3D cielo-spazio-mare
- [jp] 宇宙ー空ー海立体化海上空間情報サービスシステム
- [kr] 우주-공중-해상 입체화 해상 공간정보 서비스 시스템
- [pt] sistema de serviço de informações espaciais, marítimas e aéreas ao mar
- [ru] система информационного обслуживания трехмерного пространства «небо-космос-земля»
- [es] sistema de servicios de información del espacio marítimo cielo-espacio-mar

45317 航空物流空间信息服务示范
- [ar] نموذج خدمة المعلومات لخدمات لوجستية الطيران
- [en] air logistics spatial information service demonstration
- [fr] démonstration de service d'information spatiale de la logistique aérienne
- [de] Demonstration des räumlichen Informationsservices der Luftlogistik
- [it] dimostrazione di servizio di informazione spaziale di logistica aerea
- [jp] 航空物流空間情報サービスモデル
- [kr] 항공 물류 공간정보 서비스 시범
- [pt] demonstração do serviço de informação espacial à logística aérea
- [ru] демонстрация обслуживания пространственной информации воздушной логистики
- [es] demostración de servicio de información espacial para logística aérea

45318 "空间信息+"产业生态圈
- [ar] المعلومات الفضائية + المحيط الأيكولوجي الصناعي

[en] Spatial Information Plus industry ecosphere

[fr] écosystème industrielle « Information spatiale Plus »

[de] „Räumliche Information plus" Industrie-ökosphäre

[it] Ecosfera industriale di informazione spaziale più

[jp] 「空間情報プラス」産業生態圏

[kr] '공간정보+' 산업 생태계

[pt] ecosfera da indústria "Informação Espacial Plus"

[ru] экосистема индустрии «Пространственная информация Плюс»

[es] ecosfera de sectores de Información Espacial Plus

45319 空间信息服务企业

[ar] مؤسسات خدمة المعلومات الفضائية

[en] spatial information service enterprise

[fr] prestataire de service d'informations spatiales

[de] Unternehmen für räumlichen Informa-tionsservice

[it] imprese di servizi di informazione spaziale

[jp] 空間情報サービス企業

[kr] 공간정보 서비스 기업

[pt] empresas de serviço de informação espacial

[ru] предприятия по обслуживанию пространственной информации

[es] empresas de servicios de información espacial

45320 21 世纪海上丝绸之路空间信息产业合作

[ar] تعاون في مجال صناعة المعلومات الفضائية لطريق الحرير البحري في القرن الحادي والعشرين

[en] 21st-century Maritime Silk Road spatial information industry cooperation

[fr] Coopération de l'industrie de l'information spatiale dans le cadre de la Route de la soie maritime du 21ᵉ siècle

[de] Industriezusammenarbeit der räumlichen Information der martimen Seidenstraße des 21. Jahrhunderts

[it] Cooperazione dell'industria di informazione spaziale della via della seta marittima del 21° secolo

[jp] 21 世紀海上シルクロード空間情報産業協力

[kr] 21 세기 해상 실크로드 공간정보 산업 협력

[pt] Cooperação da Indústria de Informação Espacial na Rota da Seda Marítima do Século XXI

[ru] сотрудничество в сфере пространственной информации в рамках «Морского Шелкового пути XXI века»

[es] cooperación de sectores de la información espacial en la Ruta de la Seda Marítima del siglo XXI

4.5.4 新贸易革命

[ar] الثورة التجارية الجديدة

[en] **New Trade Revolution**

[fr] **Nouvelle révolution commerciale**

[de] **Neue Handelsrevolution**

[it] **Nuova rivoluzione commerciale**

[jp] **新貿易革命**

[kr] **신무역 혁명**

[pt] **Revolução do Novo Comécio**

[ru] **Новая торговая революция**

[es] **Nueva Revolución Comercial**

45401 世界电子贸易平台

[ar] منصة التجارة الإلكترونية العالمية

[en] Electronic World Trade Platform (eWTP)

[fr] Plate-forme mondiale du commerce électronique

[de] Elektronische Welthandelsplattform

4.5

[it] Piattaforma di commercio mondiale elettronico

[jp] 世界電子取引プラットフォーム

[kr] 세계 전자 무역 플랫폼

[pt] Plataforma Eletrónica de Comércio Mundial

[ru] Всемирная электронная торговая платформа

[es] Plataforma Mundial de Comercio Electrónico

45402 eWTP试验区

[ar] منطقة اختبار eWTP

[en] eWTP pilot zone

[fr] zone pilote eWTP

[de] Pilotzone der elektronischen Welthandelsplattform

[it] zona pilota di eWTP

[jp] eWTP 試験区

[kr] eWTP 실험구

[pt] zona experimental eWTP

[ru] пилотная зона eWTP

[es] zona piloto eWTP

45403 国际超级物流枢纽

[ar] محور لوجستي دولي فائق

[en] international super logistics hub

[fr] super plate-forme logistique internationale

[de] internationaler Super-Logistik-Knotenpunkt

[it] hub internazionale di super logistica

[jp] 国際スーパーロジスティクスハブ

[kr] 국제 슈퍼 물류 허브

[pt] centro internacional de super logística

[ru] международный центр суперлогистики

[es] superconcentrador logístico internacional

45404 全球速卖通

[ar] اكسبريس علي

[en] AliExpress

[fr] AliExpress

[de] AliExpress

[it] AliExpress

[jp] AliExpress(アリエクスプレス)

[kr] 알리익스프레스

[pt] AliExpress

[ru] AliExpress

[es] AliExpress

45405 菜鸟海外仓

[ar] مستودع خارجي لتساينياو

[en] Cainiao's overseas warehouse

[fr] entrepôt étranger de Cainiao

[de] Überseelager von Cainiao

[it] magazzino estero di Cainiao

[jp] 「菜鳥(cainiao)」の海外倉庫

[kr] 차이니아오 해외 창고

[pt] armazém ultramarina do CaiNiao

[ru] зарубежный склад Цайняо

[es] almacenes de Cainiao en el extranjero

45406 采购碎片化

[ar] تجزئة المشتريات

[en] fragmented procurement

[fr] approvisionnement fragmenté

[de] fragmentierte Beschaffung

[it] frammentazione di acquisti

[jp] 調達の破片化

[kr] 구매 조각화

[pt] compra fragmentada

[ru] фрагментированные закупки

[es] adquisiciones fragmentadas

45407 贸易服务集约

[ar] خدمة التداول التجاري التكثيفي

[en] intensive trade service

[fr] service commercial intensif

[de] intensiver Handelsservice

[it] servizio di commercio intensivo

[jp] 貿易サービスの集約

[kr] 무역 서비스 집약

[pt] serviço intensivo de comércio

[ru] интегрированная услуга торговли

[es] servicio de comercio intensivo

45408 跨境B2B电商平台

[ar] منصة التجارة الإلكترونية بين الأعمال عبر الحدود

[en] cross-border business-to-business (B2B) e-commerce platform

[fr] plate-forme de commerce électronique B2B transfrontalier

[de] grenzüberschreitende B2B-E-Commerce-Plattform

[it] piattaforma transfrontaliero di e-commerce B2B

[jp] 越境 B2B Eコマースプラットフォーム

[kr] 크로스보더 B2B 전자상거래 플랫폼

[pt] plataforma de comércio electrónico transfronteiriço B2B

[ru] трансграничная платформа электронной коммерции B2B

[es] plataforma de comercio electrónico B2B transfronteriza

45409 贸易全链路线上化

[ar] تداول عبر إنترنت

[en] online full-link trading

[fr] mise en ligne de la chaîne commerciale complète

[de] vollständige Online-Handelsverbindung

[it] commercio online all-link

[jp] 貿易全リンクオンライン化

[kr] 무역 풀체인 온라인화

[pt] negociação online all-link

[ru] онлайн-торговля по всем ссылкам

[es] comercio en línea hacia todos los enlaces

45410 免费验货权益

[ar] حقوق التفتيش المجاني

[en] free inspection rights

[fr] droit de vérification des marchandises

gratuit

[de] Recht auf kostlose Inspektion

[it] diritti di ispezione gratuita

[jp] 無料検品権利

[kr] 무료 화물 검사 권익

[pt] direitos de livre inspecção de mercadorias

[ru] право бесплатной проверки товаров

[es] derechos de inspección gratuita de mercancías

45411 信用保障服务

[ar] خدمة ضمان الائتمان

[en] credit guarantee service

[fr] service de garantie de crédit

[de] Kreditgarantie-Service

[it] servizio di garanzia del credito

[jp] 信用保証サービス

[kr] 신용 보장 서비스

[pt] serviço de garantia de crédito

[ru] обслуживание кредитных гарантий

[es] servicio de garantía de crédito

45412 信用保障极速贷

[ar] قروض سريعة مضمونة بالائتمان

[en] credit-guaranteed express loan

[fr] prêt express garanti par crédit

[de] kreditgarantierte Expressdarlehen

[it] prestiti espressi garantiti da crediti

[jp] 信用保証エクスプレスローン

[kr] 신용 보장 급속 대출

[pt] empréstimos expressos garantidos por crédito

[ru] экспресс-кредиты с кредитными гарантиями

[es] préstamos exprés con garantía de crédito

45413 超级信用证

[ar] خطاب الاعتماد الفائق

[en] super L/C

[fr] super-lettre de crédit

4.5

[de] Superakkreditiv
[it] super L/C
[jp] スーパー信用状
[kr] 슈퍼 신용장
[pt] super carta de crédito
[ru] супер L/C
[es] súper carta de crédito

45414 虚拟子账户管理体系
[ar] نظام إدارة الحساب الفرعي الافتراضي
[en] virtual sub-account management system
[fr] système de gestion de sous-compte virtuel
[de] virtuelles Unterkontenmanagementssystem
[it] sistema di gestione dei conti secondari virtuali
[jp] 仮想サブアカウント管理システム
[kr] 가상 서브 계정 관리 시스템
[pt] sistema de gestão de subconta virtual
[ru] система управления виртуальными субсчетами
[es] sistema de gestión de subcuentas virtuales

45415 贸易全流程在线化
[ar] تداول عبر إنترنت كامل العملية
[en] full-process online trade
[fr] mise en ligne du processus commercial complet
[de] vollständiger Online-Prozess des Handels
[it] commercio online a processo completo
[jp] 貿易全プロセスオンライン化
[kr] 무역 전체 프로세스 온라인화
[pt] negociação online de processo completo
[ru] онлайн-торговля по всему процессу
[es] comercio de proceso completo en línea

45416 电商全链路解决方案
[ar] حلول الارتباط الكامل للتجارة الإلكترونية

[en] e-commerce full-link solution
[fr] solution de la chaîne complète du commerce électronique
[de] komplette E-Commerce-Kettenlösung
[it] soluzione di processo completo di e-commerce
[jp] Eコマースフルリンク解決案
[kr] 전자상거래 풀체인 해결 방안
[pt] solução da cadeia completa para comércio electrónico
[ru] разрешение на уровне полной цепочки электронной торговли
[es] solución de enlaces completos de comercio electrónico

45417 全内容链条支撑
[ar] دعم سلسلة المحتوى الكامل
[en] full-content chain support
[fr] soutien de la chaîne complète de contenu
[de] Unterstützung der vollinhaltlichen Kette
[it] supporto completo della catena di contenuti
[jp] フルコンテンツのチェーンサポート
[kr] 전체 콘텐츠 사슬 지지
[pt] suporte à cadeia de conteúdo completo
[ru] поддержка цепочки полного контента
[es] soporte para la cadena completa de contenido

45418 泛内容业务国际化
[ar] تدويل أعمال المضمونات المعممة
[en] ubiquitous content business internationalization
[fr] internationalisation des affaires centrées sur le contenu
[de] allgegenwärtige Internationalisierung des Content-Geschäfts
[it] internazionalizzazione di affari di pan contenuto
[jp] 汎コンテンツ業務国際化
[kr] 범 콘텐츠 업무 국제화

[pt] internacionalização de negócios pan-conteúdo

[ru] интернационализация бизнеса вездесущего контента

[es] internacionalización de negocios de pan-contenido

45419　电子商务合作

[ar] تعاون في مجال التجارة الإلكترونية

[en] e-commerce cooperation

[fr] coopération du commerce électronique

[de] E-Commerce-Zusammenarbeit

[it] cooperazione e-commerce

[jp] Eコマース協力

[kr] 전자상거래 협력

[pt] cooperação de comércio electrónico

[ru] сотрудничество в области электронной коммерции

[es] cooperación en comercio electrónico

45420　跨境贸易便利化

[ar] تسهيل التجارة عبر الحدود

[en] cross-border trade facilitation

[fr] facilitation du commerce transfrontalier

[de] Erleichterung des grenzüberschreitenden Handels

[it] agevolazione dei commerci transfrontalieri

[jp] 越境貿易の利便化

[kr] 크로스보더 무역 편리화

[pt] facilitação do comércio transfronteiriço

[ru] упрощение процедур трансграничной торговли

[es] facilitación del comercio transfronterizo

45421　无纸化通关

[ar] تخليص جمركي بدون أوراق

[en] paperless customs clearance

[fr] dédouanement sans papier

[de] papierlose Zollabfertigung

[it] sdoganamento senza carta

[jp] ペーパーレス通関

[kr] 전자문서화 통관

[pt] desembaraço aduaneiro online

[ru] безбумажное таможенное оформление

[es] despacho de aduanas sin papel

45422　电子交易单据

[ar] وثيقة معاملات إلكترونية

[en] electronic transaction document

[fr] document de transaction électronique

[de] elektronischer Transaktionsbeleg

[it] documento elettronico di transazione

[jp] 電子取引文書

[kr] 전자 거래 증빙

[pt] comprovante digital de transação

[ru] электронный документ транзакции

[es] documento de transacción electrónica

45423　数字认证互认

[ar] اعتراف متبادل بالمصادقة الرقمية

[en] mutual recognition of digital certificates

[fr] reconnaissance mutuelle de l'authentification numérique

[de] gegenseitige Anerkennung der digitalen Authentifizierung

[it] riconoscimento reciproco dell'autenticazione digitale

[jp] デジタル認証の相互承認

[kr] 디지털 상호 인증

[pt] reconhecimento mútuo de autenticação digital

[ru] взаимное признание цифровых сертификатов

[es] reconocimiento mutuo de la autenticación digital

45424　国际电子商务税收

[ar] ضرائب التجارة الإلكترونية الدولية

[en] international taxation on e-commerce

[fr] taxation du commerce électronique international

4.5

[de] internationale Besteuerung des E-Commerce

[it] fiscalità internazionale di e-commerce

[jp] Eコマースの国際課税

[kr] 국제 전자상거래 세수

[pt] tributação internacional do comércio eletrónico

[ru] международное налогообложение электронной коммерции

[es] fiscalidad internacional sobre el comercio electrónico

4.5.5 "一带一路"政策生态

[ar] البيئة السياسية لـ "الحزام والطريق"

[en] **Belt and Road Policy Ecology**

[fr] **Écologie politique de l'initiative « la Ceinture et la Route »**

[de] **„Gürtel und Straße"-Politikökologie**

[it] **Ecologia politica di una Cintura e una Via**

[jp] 「一带一路」政策生態

[kr] '일대일로' 정책 생태

[pt] **Ecologia da Política da "Faixa e Rota"**

[ru] **Экосистема политики «Один пояс, один путь»**

[es] **Ecología de Políticas de la Iniciativa de la Franja y la Ruta**

45501 《推动丝绸之路经济带和 21 世纪海上丝绸之路能源合作愿景与行动》

[ar] رؤية وعمل لتعزيز التعاون في مجال الطاقة في الحزام الاقتصادي لطريق الحرير وطريق الحرير البحري في القرن الحادي والعشرين

[en] Vision and Actions on Energy Cooperation in Jointly Building Silk Road Economic Belt and 21st-Century Maritime Silk Road

[fr] Coopération énergétique pour construire la Ceinture économique de La Route de la soie et la Route de la soie maritime du 21ᵉ siècle — Perspectives et actions

[de] Vision und Aktion zur Förderung der Energiezusammenarbeit des Wirtschaftsgürtels der Seidenstraße und der maritimen Seidenstraße des 21. Jahrhunderts

[it] Visione ed azione per la promozione congiunta della cooperazione di energia della zona economica della Via di Seta e la Via di Seta Marittima del 21° secolo

[jp] 「シルクロード経済ベルトと 21 世紀海上シルクロード構想におけるエネルギー分野の協力に関するビジョンと行動」

[kr] <실크로드 경제벨트와 21 세기 해상 실크로드 에너지 협력 추진을 위한 비전과 행동>

[pt] Visão e Ações para promoçãode cooperação de energia da Faixa Económica da Rota da Seda e da Rota da Seda Marítima do Século XXI

[ru] Видение и действия в области энергетического сотрудничества по совместному строительству «Экономического пояса Шелкового пути» и «Морского Шелкового пути XXI века»

[es] Visión y Acciones de la Cooperación Energética de la Franja Económica de la Ruta de la Seda y la Ruta de la Seda Marítima del Siglo XXI

45502 《推动共建丝绸之路经济带和 21 世纪海上丝绸之路的愿景与行动》

[ar] رؤية وعمل لتعزيز التنمية المشتركة للحزام الاقتصادي لطريق الحرير وطريق الحرير البحري في القرن الحادي والعشرين

[en] Vision and Actions on Jointly Building Silk Road Economic Belt and 21st-Century Maritime Silk Road

[fr] Construire conjointement la Ceinture économique de la Route de la soie et la Route de la soie maritime du 21ᵉ siècle

— Perspectives et actions

[de] Vision und Aktion zur Förderung des gemeinsamen Aufbaus des Wirtschaftsgürtels der Seidenstraße und der maritimen Seidenstraße des 21. Jahrhunderts

[it] Visione ed azione per la promozione congiunta della costruzione della zona economica della Via di Seta e la Via di Seta Marittima del 21° secolo

[jp] 「シルクロード経済ベルトと 21 世紀海上シルクロードの共同建設推進のビジョンと行動」

[kr] <실크로드 경제벨트와 21 세기 해상 실크로드 공동 건설 추진을 위한 비전과 행동>

[pt] Visão e Ações para Implantação Conjunta da Faixa Económica da Rota da Seda e da Rota da Seda Marítima do Século XXI

[ru] Видение и действия по совместному строительству «Экономического пояса Шелкового пути» и «Морского Шелкового пути XXI века»

[es] Visión y Acciones sobre la Construcción Conjunta de la Franja Económica de la Ruta de la Seda y la Ruta de la Seda Marítima del siglo XXI

45503 《关于推进国际产能和装备制造合作的指导意见》

[ar] آراء توجيهية بشأن تعزيز الطاقة الإنتاجية الدولية والتعاون في تصنيع المعدات

[en] Guidelines on Promoting International Cooperation in Production Capacity and Equipment Manufacturing

[fr] Remarques sur la promotion de la coopération internationale en matière de la capacité de production et de l'industrie équipementière

[de] Leitlinien zur Förderung der internationalen Zusammenarbeit in Produktions-

kapazität und Anlagenbau

[it] Linea guida per la promozione della cooperazione internazionale di capacità produttiva e manifattura di attrezzatura

[jp] 「生産能力・設備製造分野における国際協力の推進 に関する指導意見」

[kr] <국제 산업 에너지 및 장비 제조 협력 추진에 관한 지도 의견>

[pt] Orientação para Promover a Cooperação Internacional em Capacidade Produtiva e Fabricação de Equipamentos

[ru] Руководящие мнения по развитию международного сотрудничества в области производственных мощностей и производства оборудования

[es] Directrices para la Promoción de la Cooperación Internacional para la Capacidad de Producción y la Fabricación de Equipos

45504 《"一带一路"数字经济国际合作倡议》

[ar] مبادرة التعاون الدولي للاقتصاد الرقمي في إطار "الحزام والطريق"

[en] Belt and Road Digital Economy International Cooperation Initiative

[fr] Initiative sur la coopération internationale en matière de l'économie numérique dans le cadre de l'initiative « la Ceinture et la Route »

[de] Initiative zur internationalen Zusammenarbeit im Bereich der „Gürtel und Straße" digitalen Wirtschaft

[it] Iniziativa di cooperazione internazionale sull'economia digitale di una Cintura e una Via (2016-2020)

[jp] 「『一带一路』デジタル経済国際協力イニシアティブ」

[kr] <'일대일로' 디지털 경제 국제 협력 제안>

[pt] Iniciativa deCooperação Internacional em Economia Digital da "Faixa e Rota"

[ru] Инициатива по международному сотрудничеству в цифровой экономике в рамках «Один пояс, один путь»

[es] Iniciativa de Cooperación Internacional de la Economía Digital de la Franja y la Ruta

45505 《关于推进绿色"一带一路"建设的指导意见》

[ar] آراء إرشادية بشأن تعزيز بناء "الحزام والطريق" الأخضر

[en] Guidance on Promoting Green Belt and Road

[fr] Remarques sur la promotion de la construction de « la Ceinture et la Route » verte

[de] Leitlinien zur Förderung des Aufbaus vom ökologischen „Gürtel und Straße"

[it] Linea guida per la promozione di una Cintura e una Via verde

[jp] 「グリーン『一帯一路』構築推進に関する指導意見」

[kr] <친환경 '일대일로' 구축 추진에 관한 지도 의견>

[pt] Orientação para Promoção da Construção da "Faixa e Rota" Verde

[ru] Руководящие мнения по продвижению «Зеленого Пояса и пути»

[es] Directrices para la Promoción de la Franja y la Ruta Verdes

45506 《"一带一路"文化发展行动计划（2016–2020 年）》

[ar] خطة عمل التنمية الثقافية لـ"الحزام والطريق" (2016-2020)

[en] Ministry of Culture's Action Plan on Belt and Road Culture Development (2016–2020)

[fr] Plan d'action sur le développement culturel dans le cadre de l'initiative « la Ceinture et la Route » (2016-2020)

[de] „Gürtel und Straße"-Aktionsplan des Kulturministeriums für die kulturelle Entwicklung (2016-2020)

[it] Piano d'azione del ministero della cultura per lo sviluppo culturale di una Cintura e una Via (2016-2020)

[jp] 「『一帯一路』文化発展行動計画(2016 ～ 2020 年)」

[kr] <'일대일로' 문화 발전 행동 계획(2016-2020 년)>

[pt] Plano de Ação do Ministério da Cultura para o Desenvolvimento Cultural da "Faixa e Rota "(2016-2020)

[ru] План действий Министерства культуры по культурному развитию в рамках инициативы «Один пояс, один путь» (2016–2020 гг.)

[es] Plan de Acciones del Ministerio de Cultura para el Desarrollo Cultural de la Franja y la Ruta (2016-2020)

45507 《中医药"一带一路"发展规划（2016–2020 年）》

[ar] خطة تطوير لـ"الحزام والطريق" للطب الصيني التقليدي (2016-2020)

[en] Belt and Road Development Plan for Traditional Chinese Medicine (2016–2020)

[fr] Plan du développement de la médecine traditionnelle chinoise dans le cadre de l'initiative « la Ceinture et la Route » (2016-2020)

[de] „Gürtel und Straße"-Entwicklungsplan der traditionellen chinesischen Medizin und Arznei (2016-2020)

[it] Piano di sviluppo della medicina tradizionale cinese di una Cintura e una Via (2016-2020)

[jp] 「中国医薬『一帯一路』発展計画(2016 ～ 2020 年)」

[kr] <중의약 발전 계획(2016-2020 년)>

[pt] Plano de Desnvolvimento da Medicina Tradicional Chinesa da"Faixa e Rota"(2016-2020)

[ru] План развития традиционной китайской медицины в рамках инициативы «Один пояс, один путь» (2016–2020 гг.)

[es] Plan de Desarrollo de la Franja y la Ruta de la Medicina Tradicional China (2016-2020)

45508 《共建"一带一路"倡议：进展、贡献与展望》

[ar] مبادرة البناء المشترك لـ"الحزام والطريق": التقدمات والمساهمات والتوقعات

[en] The Belt and Road Initiative: Progress, Contributions and Prospects

[fr] L'initiative « la Ceinture et la Route » : progrès, contributions et perspectives

[de] „Gürtel und Straße"-Initiative: Fort-schritte, Beiträge und Perspektiven

[it] Iniziativa di una Cintura e una Via: progressi, contributi e prospettive

[jp] 「『一带一路』共同構想の進展、貢献と展望」

[kr] <'일대일로' 공동 건설 이니셔티브: 진전, 공헌, 전망>

[pt] Iniciativa "Faixa e Rota": Progresso, Contribuição e Prospectiva

[ru] Инициатива «Один пояс, один путь»: прогресс, вклад и перспективы

[es] Iniciativa de la Construcción de la Franja y la Ruta: Progreso, Contribuciones y Perspectivas

45509 《"一带一路"建设海上合作设想》

[ar] تصور التعاون البحري في مبادرة"الحزام والطريق"

[en] Vision for Maritime Cooperation under the Belt and Road Initiative

[fr] La Ceinture et la Route : conception et vision de la coopération maritime

[de] „Gürtel und Straße"-Vision für maritime Zusammenarbeit

[it] Visione per la cooperazione marittima nell'ambito dell'iniziativa di una Cintura e una Via

[jp] 「『一带一路』建設海上協力構想」

[kr] <'일대일로' 해상 협력 구축 구상>

[pt] Visão sobre o Desenvolvimento de Cooperação Marítima da "Faixa e Rota"

[ru] Концепция сотрудничества на море в рамках инициативы «Один пояс, один путь»

[es] Idea de Construcción de la Cooperación Marítima de la Franja y la Ruta

45510 《"一带一路"融资指导原则》

[ar] مبادئ توجيهية لتمويل "الحزام والطريق"

[en] Guiding Principles on Financing the Development of the Belt and Road

[fr] Principes d'orientation sur le financement du développement de « la Ceinture et la Route »

[de] „Gürtel und Straße"-Leitprinzipien für-Finanzierung

[it] Linea guida sul finanziamento dello sviluppo di una Cintura e una Via

[jp] 「『一带一路』融資指導原則」

[kr] <'일대일로' 융자 지도 원칙>

[pt] Princípios Orientadores sobre o Financiamento do Desenvolvimento da "Faixa e Rota"

[ru] Руководящие принципы финансирования в рамках инициативы «Один пояс, один путь»

[es] Principios Rectores para la Financiación de la Franja y la Ruta

45511 《"一带一路"生态环境保护合作规划》

[ar] خطة التعاون البيئي لمبادرة "الحزام والطريق"

[en] The Belt and Road Ecological and Environmental Cooperation Plan

4.5

[fr] Plan de coopération écologique et environnemental de « la Ceinture et la Route »

[de] „Gürtel und Straße"-Zusammenarbeits-plan für ökologischen Umweltschutz

[it] Piano di cooperazione ecologica ed ambientale di una Cintura e una Via

[jp] 「『一帯一路』生態環境保全協力計画」

[kr] <'일대일로' 생태 환경 보호 협력 계획>

[pt] Plano de Cooperação Ecológica e Ambiental da "Faixa e Rota"

[ru] План сотрудничества области экологии и охраны окружающей среды в рамках инициативы «Один пояс, один путь»

[es] Plan de Cooperación Ecológica y Ambiental de la Franja y la Ruta

45512 《共建"一带一路"：理念实践与中国的贡献》

[ar] بناء مشترك في"الحزام والطريق": الرؤية والممارسة والمساهمة الصينية

[en] Building the Belt and Road: Concept, Practice and China's Contribution

[fr] Construction conjointe de « la Ceinture et la Route » : conception, pratique et contribution chinoise

[de] „Gürtel und Straße"-Initiative: Konzept, Praxis und Chinas Beitrag

[it] Costruzione di una Cintura e una Via: Concetto, pratica e contributo della Cina

[jp] 「『一帯一路』共同建設：理念、実践と中国の貢献」

[kr] <'일대일로' 공동 건설: 이념 실천, 중국의 공헌>

[pt] Construir a "Faixa e Rota": Conceito, Prática e Contribuição da China

[ru] Совместное строительство «Одного пояса, одного пути»: идея, практика и вклад Китая

[es] Construcción de la Franja y la Ruta:

prácticas de conceptos y contribuciones de China

45513 《共同推进"一带一路"建设农业合作的愿景与行动》

[ar] رؤية وعمل للتعزيز المشترك في التعاون الزراعي بمبادرة "الحزام والطريق"

[en] Vision and Action on Jointly Promoting Agricultural Cooperation on the Belt and Road

[fr] La Ceinture et la Route : conception et vision de la coopération agricole

[de] Vision und Aktion zur gemeinsamen Förderung der landwirtschaftlichen Zu-sammenarbeit in der „Gürtel und Stra-ße"-Initiative

[it] Aspettativa ed azione per la promozione congiunta della cooperazione agricola di una Cintura e una Via

[jp] 「『一帯一路』農業建設協力推進のビジョンと行動」

[kr] <'일대일로' 농업 협력 건설 공동 추진을 위한 비전과 행동>

[pt] Orientação da Agência de Correios do Estado sobre a Promoção do Desenvolvimento da Indústria Postal da "Faixa e Rota"

[ru] Видение и действия по совместному развитию сельскохозяйственного сотрудничества в рамках инициативы «Один пояс, один путь»

[es] Visión y Acciones sobre la Promoción Conjunta de la Construcción de Cooperación Agrícola de la Franja y la Ruta

45514 《国家邮政局关于推进邮政业服务"一带一路"建设的指导意见》

[ar] إرشادات توجيهية صادرة من مكتب البريد الوطني بشأن تعزيز الخدمة البريدية من أجل بناء "الحزام والطريق"

[en] Guidelines of the State Post Bureau

on Promoting the Development of the Postal Services to Facilitate the Belt and Road Initiative

[fr] Remarques de l'Office national des postes sur la promotion du service postal pour la construction de « la Ceinture et la Route »

[de] Leitlinien des Staatlichen Postamtes zur Förderung der Entwicklung des „Gürtel und Straße"-Postservices

[it] Linea guida dell'amministrazione postale statale sulla promozione dello sviluppo dell' industria postale per una Cintura e una Via

[jp] 「『一带一路』建設における郵政業サービスの推進に関する国家郵便局の指導意見」

[kr] <국가 우체국 우정 업무 서비스 '일대일로' 건설 추진에 관한 지도 의견>

[pt] Visão e Ações para Promover Conjuntamente o Desenvolvimento de Cooperação Agrícola da "Faixa e Rota"

[ru] Руководящие мнения Государственного почтового бюро по содействию развитию почтовой промышленности в рамках инициативы «Один пояс, один путь»

[es] Opiniones Orientadoras del Buró Estatal Postal sobre la Promoción del Desarrollo del Sector Postal para Facilitar la Iniciativa de la Franja y la Ruta

45515 《"丝绸之路经济带"建设与"光明之路"新经济政策对接合作规划》

[ar] خطة التلاقح لبناء "الحزام الاقتصادي لطريق الحرير" مع "طريق برايت" للسياسة الاقتصادية الجديدة

[en] Plan for Coordinating the Building of the Silk Road Economic Belt with Kazakhstan's "Bright Road" New Economic Policy

[fr] Plan de coordination de la construction de « la Ceinture économique de la Route de la soie » avec la nouvelle politique économique du Kazakhstan, « Voie vers l'avenir »

[de] Plan zur Koordinierung des Baus des Seidenstraße-Wirtschaftsgürtels und Kooperation mit der neuen Wirtschaftspolitik Bright Road Kasachstan

[it] Piano per coordinamento della costruzione della cintura economica della Via della Seta e la Via luminosa Kazakistan con la nuova politica economica

[jp] 「『シルクロード経済帯』建設及び『ブライトロード』新経済政策の連結協力計画」

[kr] <'실크로드 경제벨트' 건설과 '광명지로' 신 경제 정책 도킹 협력 기획>

[pt] Plano de Combinaçãoda Criação da Faixa Económica da Rota da Seda com a Nova Política Económica do Cazaquistão

[ru] План координации строительства «Экономического пояса Шелкового пути» и новой экономической политики Казахстана «Нурлы Жол»

[es] Plan para la Coordinación de la construcción de la Franja Económica de la Ruta de la Seda con la nueva política económica de Kazajistán de "Camino Brillante"

45516 《"一带一路"国家关于加强会计准则合作的倡议》

[ar] مبادرة تعزيز التعاون في مجال المعايير المحاسبية بين الدول المشاركة في مبادرة "الحزام والطريق"

[en] Initiative on Promoting Accounting Standards Cooperation among Participating Countries of the Belt and Road Initiative

4.5

[fr] Initiative sur la promotion de la coopération en matière de la normalisation comptable entre les pays participants à l'initiative « la Ceinture et la Route »

[de] Initiative zur Förderung der Zusammen-arbeit der „Gürtel und Straße"-Teilneh-merländer im Bereich Rechnungsle-gungsnormen

[it] Iniziativa per la promozione di cooperazione di principi contabili tra i paesi partecipanti di una Cintura e una Via

[jp] 「『一帯一路』国家による会計基準協力に関するイニシアティブ」

[kr] <'일대일로' 국가 회계 기준 협력 강화에 관한 이니셔티브>

[pt] Iniciativa sobre a Promoção da Cooperação em Normas Contabilísticas entre os Países Participantes da "Faixa e Rota"

[ru] Инициатива по содействию сотрудничеству в области стандартов бухгалтерского учета между странами вдоль «Одного пояса, одного пути»

[es] Iniciativa para la Promoción de la Cooperación para la Normalización Contable entre los Países Participantes en la Iniciativa de la Franja y la Ruta

45517 《工业和信息化部关于工业通信业标准化工作服务于"一带一路"建设的实施意见》

[ar] آراء تنفيذية صادرة من وزارة الصناعة وتكنولوجيا المعلومات بشأن التوحيد القياسي لقطاع الاتصالات الصناعية لخدمة بناء "الحزام والطريق"

[en] Opinions of the Ministry of Industry and Information Technology on Promoting Standardization in Industrial Communication Industry to Promote the Construction of the Belt and Road

[fr] Avis du Ministère de l'industrie et de l'informatisation en matière de la mise en œuvre de la normalisation de l'industrie et de la communication au service de la construction de « la Ceinture et de la Route »

[de] Umsetzungsgutachten des Ministeriums für Industrie- und Informatisierungs-technologie zur Normung der Industrie für industrielle Kommunikation für den „Gürtel und Straße"-Aufbau

[it] Opinioni di implementazione del ministero dell'industria e della tecnologia dell'informazione sulla standardizzazione d'industria di comunicazione industriale al servizio di costruzione di una Cintura e una Via

[jp] 「工業情報化部による『一帯一路』建設における工業通信業標準化作業の実施意見」

[kr] <공업정보화부 산업 통신업 표준화 업무의 '일대일로' 건설 적용에 관한 실시 의견>

[pt] Opiniões do Ministério da Indústria e Tecnologia da Informação sobre a Padronização da Indústria e Comunicação a serviço da Construção da "Faixa e Rota"

[ru] Мнения Министерства промышленности и информатизации КНР о продвижении стандартизации в отрасли промышленных коммуникаций для содействия строительству «Одного пояса, одного пути»

[es] Opiniones de Implementación del Ministerio de Industria y Tecnología de la Información sobre la Normalización del Sector de las Comunicaciones Industriales que Presta Servicio a la Construcción de la Franja y la Ruta

45518 《关于开展支持中小企业参与"一带一路"建设专项行动的通知》

[ar] إشعار بشأن إطلاق حملة خاصة لدعم الشركات الصغيرة والمتوسطة للمشاركة في مبادرة "الحزام والطريق"

[en] Notice on Launching a Special Campaign to Support Small- and Medium-Sized Enterprises' Participation in the Belt and Road Construction

[fr] Avis sur le lancement d'une campagne ciblée pour aider les petites et moyennes entreprises à participer à l'initiative « la Ceinture et la Route »

[de] Bekanntmachung des Ministeriums für Industrie und Informationstechnik und des China-Rates zur Förderung des internationalen Handels über die Einleitung einer Sonderaktion zur Unterstützung kleiner und mittlerer Unternehmen bei der Teilnahme an der „Gürtel und Straße"-Initiative

[it] Avviso dello svolgimento della campagna speciale per sostenere la partecipazione dell'imprese piccole e medie all'iniziativa di una Cintura e una Via

[jp] 「『一带一路』建設における中小企業の参加を支援する特別行動の展開に関する通知」

[kr] <중소기업의 '일대일로' 건설 참여 지지의 전문 프로젝트 전개에 관한 통지>

[pt] Aviso para a Promoção do Comércio Internacional sobre o Lançamento de Uma Campanha Especial para Apoiar Pequenas e Médias Empresas a Participar na Iniciativa "Faixa e Rota"

[ru] Уведомление о проведении специального действия по поддержке малых и средних предприятий для участия в строительстве «Одного пояса, одного пути»

[es] Aviso del Ministerio de Industria y Tecnología de la Información y el Consejo de China para la Promoción del Comercio Internacional sobre el Lanzamiento de una Campaña Especial para Apoyar a la Participación de Empresas Pequeñas y Medianas en la Iniciativa de la Franja y la Ruta

45519 《中国保监会关于保险业服务"一带一路"建设的指导意见》

[ar] آراء توجيهية للجنة التأمين الصينية بشأن توفير خدمة قطاع التأمين لبناء "الحزام والطريق"

[en] Guidelines of the China Insurance Regulatory Commission on Promoting the Development of Insurance Industry for the Building of the Belt and Road

[fr] Remarques de la Commission de contrôle des assurances de Chine sur les services d'assurances pour la construction de « la Ceinture et la Route »

[de] Leitlinien der Chinesischen Versicherungsaufsichtskommission für Dienstleistungen der Versicherungswirtschaft für den „Gürtel und Straße"-Aufbau

[it] Linea guida della Commissione di regolamentazione delle assicurazioni della Cina sulla costruzione d'industria di assicurazione al servizio di una Cintura e una Via

[jp] 「中国保険監督管理委員会による保険業サービス『一带一路』建設に関する指導意見」

[kr] <중국 보감회 보험업 업무 '일대일로' 건설에 관한 지도 의견>

[pt] Orientações da Comissão Reguladora do Banco e Seguro sobre os Serviços da Indústria Seguradora para a Construção da "Faixa e Rota"

[ru] Руководящие указания Китайской комиссии по регулированию

страхования о содействии
развитию страховой индустрии для
строительства «Одного пояса, одного
пути»

[es] Opiniones Orientadoras de la Comisión
Reguladora de Seguros de China sobre
los Servicios del Sector de los Seguros
para la Construcción de la Franja y la
Ruta

45520 《税务总局关于落实"一带一路"发展
战略要求　做好税收服务与管理工作
的通知》

[ar] إشعار المصلحة العامة للضرائب بشأن القيام
بفعالية بخدمة وإدارة الضرائب لتنفيذ المتطلبات
الاستراتيجية التنموية لـ "الحزام والطريق"

[en] Notice of the State Taxation
Administration on Materializing the
Belt and Road Initiative and Providing
Effective Taxation Service and
Administration

[fr] Avis de l'Administration nationale pour
les affaires fiscales sur la mise en œuvre
de l'initiative « la Ceinture et la Route »
et sur la gestion efficace du service et de
l'administration fiscaux

[de] Bekanntmachung der Staatlichen Steuer-
verwaltung über die wirksame Durchfüh-
rung des Steuerservices und -verwaltung
zur Umsetzung der Entwicklungsstrate-
gie für die „Gürtel und Straße"-Initiative

[it] Avviso dell'Amministrazione statale
della fiscalità sull'attuazione del sevizio
e gestione fiscale secondo la richiesta
strategica dello sviluppo di una Cintura e
una Via

[jp] 「国家税務総局による『一帯一路』発展
戦略実行のための税収サービス及び管
理業務に関する通知」

[kr] <세무 총국 '일대일로' 발전 전략 실행,
세수 업무 및 관리 업무 최적화에 관한

통지>

[pt] Aviso da Administração Estatal
Tributária sobre Implementação do
Plano de Ação da Iniciativa "Faixa e
Rota" e Condução Efectiva do Serviço e
Administração Tributária

[ru] Уведомление Государственной
налоговой администрации Китая
о реализации Плана действий по
инициативе «Один пояс, один путь»
и обеспечении эффективной работы
в сфере налогового обслуживания и
управления

[es] Aviso de la Administración Tributaria
del Estado sobre la Implementación del
Plan de Acción de la Iniciativa de la
Franja y la Ruta y el Funcionamiento
Eficaz de la Administración y el Servicio
Tributarios

45521 《最高人民法院关于人民法院为"一带
一路"建设提供司法服务和保障的若干
意见》

[ar] آراء محكمة الشعب العليا لمحاكم الشعب المحلية
بشأن توفير الخدمات والضمانات القضائية لبناء
"الحزام والطريق"

[en] Supreme People's Court's Opinions
on the People's Courts' Providing of
Judicial Services and Guarantee for the
Construction of the Belt and Road

[fr] Remarques de la Cour populaire suprême
sur la mise à disposition des services et
garanties judiciaires pour la construction
de « la Ceinture et de la Route » par les
cours populaires

[de] Stellungnahme des Obersten Volks-
gerichtshofs zur Bereitstellung von
Gerichtsservice und Garantie der Volks-
gerichte für den „Gürtel und Straße"-
Aufbau

[it] Opinioni della Corte popolare suprema

4.5

sulla fornitura di servizi giudiziari e misure di garanzia per la costruzione di una Cintura e una Via

[jp] 「最高人民法院による人民法院が『一帯一路』建設に司法サービス及び保障を提供することに関する若干の意見」

[kr] <최고인민법원 인민 법원의 '일대일로' 건설 사법 서비스 및 보장 제공에 관한 약간 의견>

[pt] Opiniões do Tribunal Supremo Popular sobre Prestação dos Serviços e ApoiosJudiciários por Tribunais Populares para a Construção da "Faixa e Rota"

[ru] Мнения Верховного народного суда Китая о предоставлении народными судами судебных услуг и гарантий для строительства «Одного пояса, одного пути»

[es] Opiniones Varias del Tribunal Popular Supremo sobre la Prestación de Servicios Judiciales y Salvaguardas para la Construcción de la Franja y la Ruta por Parte de los Tribunales Populares

45522 《"一带一路"体育旅游发展行动方案（2017–2020 年）》

[ar] خطة العمل لتطوير السياحة الرياضية لـ"الحزام والطريق" (2017-2020)

[en] On Development of Belt and Road Sports Tourism (2017–2020)

[fr] Plan d'action sur le développement du tourisme sportif dans le cadre de l'initiative « la Ceinture et la Route » (2017-2020)

[de] Aktionsplan zur Entwicklung des „Gürtel und Straße"-Sport-Tourismus (2017-2020)

[it] Piano d'azione per lo sviluppo del turismo sportivo di una Cintura e una Via (2017-2020)

[jp] 「『一帯一路』体育観光発展行動プラン（2017 ～ 2020 年）」

[kr] <'일대일로' 스포츠 관광 발전 행동 방안 (2017-2020 년)>

[pt] Plano de Ação para o Desenvolvimento do Turismo Desportivo da "Faixa e Rota" (2017-2020)

[ru] План действий по развитию спортивного туризма в рамках инициативы «Один пояс, один путь» (2017–2020 гг.)

[es] Plan de Acción de Desarrollo del Turismo Deportivo para el Proyecto de la Franja y la Ruta (2017-2020)

4.5

45523 《关于推进丝绸之路经济带创新驱动发展试验区建设若干政策意见》

[ar] آراء سياسية بشأن تعزيز بناء المناطق التجريبية للتنمية المدفوعة بالابتكار للحزام الاقتصادي لطريق الحرير

[en] Policy Measures on Promoting the Construction of the Pilot Zone for Innovation-Driven Development along the Silk Road Economic Belt

[fr] Opinions politiques sur la promotion de la construction de la zone pilote du développement conduit par l'innovation le long de la Ceinture économique de la Route de la soie

[de] Politische Stellungnahm zur Förderung des Aufbaus der Pilotzone für innova-tionsgetriebene Entwicklung entlang des Wirtschaftsgürtels der Seidenstraße

[it] Opinioni sulle politiche per la promozione della costruzione della zona pilota per lo sviluppo guidato dall'innovazione di Cintura eonomica di Via della Seta

[jp] 「シルクロード経済ベルト・イノベーション駆動型発展試験区の建設推進に関わる若干の問題意見」

[kr] <실크로드 경제벨트 혁신 구동 발전 실

험구 구축 추진에 관한 약간 정책 의견>

[pt] Opiniões Políticas sobre a Promoção da Construção da Zona Piloto para o Desenvolvimento Motivado pela Inovação ao Longo da Faixa Económica da Rota da Seda

[ru] Политические меры о содействии строительству пилотной зоны развития по инновационному пути «Экономического пояса Шелкового пути»

[es] Opiniones Varias sobre Políticas Relacionadas con la Promoción de la Construcción de la zona piloto para el Desarrollo basado en la Innovación a lo largo del Cinturón Económico de la Ruta de la Seda

45524 《关于建立"一带一路"国际商事争端解决机制和机构的意见》

[ar] آراء بشأن إنشاء آلية ومؤسسات تسوية المنازعات التجارية الدولية لبناء "الحزام والطريق"

[en] Opinion Concerning the Establishment of the Belt and Road International Commercial Dispute Resolution Mechanism and Institutions

[fr] Remarques sur la mise en place du mécanisme et des institutions de règlement des différends commerciaux internationaux dans le cadre de l'initiative « la Ceinture et la Route »

[de] Stellungnahme zur Einrichtung des internationalen „Gürtel und Straße"-Handelsstreitbeilegungsmechanismus und -institutionen

[it] Opinione sulla costituzione di meccanismo e istituto per risoluzione di controversie commerciali internazionali di una Cintura e una Via

[jp] 「『一带一路』国際商事紛争解決メカニズムと機構の設立に関する意見」

[kr] <'일대일로' 국제 비즈니스 분쟁 해결 메커니즘 및 기구 구축에 관한 의견>

[pt] Opiniões sobre o Estabelecimento do Mecanismo e Instituições Internacionais para Resolução de Conflitos Comerciais da "Faixa e Rota"

[ru] Мнения о создании механизма и учреждений по урегулированию международных коммерческих споров в рамках инициативы «Один пояс, один путь»

[es] Opinión sobre el Establecimiento del Mecanismo y las Instituciones para la Resolución de Disputas Comerciales Internacionales Relativas a la Franja y la Ruta

45525 《推进"一带一路"贸易畅通合作倡议》

[ar] مبادرة تسيير التعاون التجاري على "الحزام والطريق"

[en] Initiative on Promoting Unimpeded Trade Cooperation along the Belt and Road

[fr] Initiative sur la promotion de la coopération en matière de la facilitation du commerce dans le cadre de l'initiative « la Ceinture et la Route »

[de] Initiative zur Förderung der ungehinderten „Gürtel und Straße"-Handelszusammenarbeit

[it] Iniziativa sulla promozione della cooperazione commerciale senza ostacoli di una Cintura e una Via

[jp] 「『一带一路』貿易円滑化協力推進イニシアティブ」

[kr] <'일대일로' 무역 소통 협력 추진 이니셔티브>

[pt] Iniciativa de Promoção da Cooperação do Comércio Desimpedido ao longo da "Faixa e Rota"

[ru] Инициатива по содействию

беспрепятственному торговому
сотрудничеству в рамках инициативы
«Один пояс, один путь»

[es] Iniciativa para la Promoción de la Libre
Cooperación Comercial a lo largo de la
Franja y la Ruta

4.5

5 大数据金融

[ar] مالية البيانات الضخمة

[en] **Big Data Finance**

[fr] **Finance des mégadonnées**

[de] **Big Data-Finanz**

[it] **Finanza di Big Data**

[jp] **ビッグデータ金融**

[kr] **빅데이터 금융**

[pt] **Finanças de Big Data**

[ru] **Финансы больших данных**

[es] **Finanzas de Big Data**

5.1 金融科技创新

[ar]   ابتكار العلوم والتكنولوجيا المالية

[en] **Fintech Innovation**

[fr] **Innovation fintech**

[de] **FinTech-Innovation**

[it] **Innovazione di fintech**

[jp] **フィンテックイノベーション**

[kr] **핀테크 혁신**

[pt] **Inovação da Tecnologia Financeira**

[ru] **Инновации финансовых технологий**

[es] **Innovación Tecnofinanciera**

5.1.1 金融科技战略

[ar]   إستراتيجيات التكنولوجيا المالية

[en] **Fintech Strategies**

[fr] **Stratégie fintech**

[de] **FinTech-Strategien**

[it] **Strategie di fintech**

[jp] **フィンテック戦略**

[kr] **핀테크 전략**

[pt] **Estratégia da Tecnologia Financeira**

[ru] **Стратегия финансовых технологий**

[es] **Estrategias Tecnofinancieras**

51101 《巴厘金融科技议程》（世界银行）

[ar]   أجندة بالي فينتك (البنك الدولي)

[en] The Bali Fintech Agenda (World Bank)

[fr] Programme Fintech de Bali (Banque mondiale)

[de] Bali FinTech Agenda (Weltbank)

[it] Agenda sul fintech di Bali (Banca mondiale)

[jp] 「バリ・フィンテック・アジェンダ」（世界銀行）

[kr] <발리 핀테크 아젠다>(세계 은행)

[pt] Agenda de Bali Fintech (Banco Mundial)

[ru] Балийская повестка дня в области финансовых технологий (Всемирный банк)

[es] Agenda de Bali sobre Tecnofinanzas (Banco Mundial)

51102 《全球普惠金融指数报告》（世界银行）

[ar]   تقرير حول المؤشر المالي العالمي المعمم للأفضليات (البنك الدولي)

[en] The Global Findex Database (World Bank)

[fr] Base de données Global Findex (Banque mondiale)

[de] Globale Findex-Datenbank (Weltbank)

[it] Database Findex globale (Banca mondiale)

[jp] 「グローバル・フィンデックス・データベース」（世界銀行）

[kr] <글로벌 핀덱스 보고>(세계 은행)

[pt] Global Findex Database (Banco Mundial)

[ru] База данных Global Findex (Всемирный банк)

[es] La Base de Datos Global Findex (Banco Mundial)

51103 《金融科技行动计划》（欧盟）

[ar] خطة العمل للعلوم والتكنولوجيا المالية (الاتحاد الأوروبي)

[en] Fintech Action Plan (EU)

[fr] Plan d'action Fintech (UE)

[de] FinTech-Aktionsplan (EU)

[it] Piano d'azione Fintech (UE)

[jp] 「フィンテック行動計画」（EU）

[kr] <핀테크 실행 계획>(유럽 연합)

[pt] Plano de Ação sobre Fintech (UE)

[ru] План действий финансовых технологий (ЕС)

[es] Plan de Acción de Tecnofinanza (UE)

51104 《欧洲区块链伙伴关系宣言》

[ar] إعلان بشأن إقامة علاقات شراكة لسلسلة الكتلة الأوروبية

[en] European Blockchain Partnership Declaration

[fr] Déclaration sur le Partenariat européen pour les chaînes de blocs

[de] Erklärung zur europäischen Blockchain-Partnerschaft

[it] Dichiarazione del Partenariato europeo di catena di blocco

[jp] 「欧州のブロックチェーン協定宣言」

[kr] <유럽 블록체인 파트너십>

[pt] Declaração de Parceria Blockchain Europeia

[ru] Декларация о создании Европейского партнерства в сфере блокчейн-технологий

[es] Declaración de Asociación Europea para Cadena de Bloques

51105 《金融科技路线图》（欧洲银行管理局）

[ar] خارطة الطريق للعلوم والتكنولوجيا المالية (الهيئة المصرفية الأوروبية)

[en] Roadmap on Fintech (EBA)

[fr] Feuille de route sur les fintech (Autorité bancaire européenne)

[de] FinTech-Roadmap (Europäische Bankenaufsichtsbehörde)

[it] Tabella di Marcia su fintech (Autorità bancaria europea)

[jp] 「フィンテック ロードマップ」（欧州銀行監督機構）

[kr] <핀테크 로드 맵>(유럽 은행 관리국)

[pt] Roteiro para as FinTech (EBA)

[ru] Дорожная карта по финансовым технологиям (Европейский банковский орган)

[es] Hoja de Ruta sobre Tecnofinanza (Autoridad Bancaria Europea)

51106 《金融科技（FinTech）发展规划（2019–2021 年）》（中国）

[ar] خطة التنمية (FINTECH) للعلوم والتكنولوجيا المالية (2019-2021) (الصين)

[en] Fintech Development Plan (2019–2021) (China)

[fr] Plan de développement fintech (2019-2021) (Chine)

[de] FinTech-Entwicklungsplan (2019-2021) (China)

[it] Piano di sviluppo fintech(2019-2021) (Cina)

[jp] 「フィンテック開発計画(2019 ～ 2021 年)」（中国）

[kr] <핀 테 크(FinTech) 발 전 기 획(2019-2021 년)>(중국)

[pt] Plano de Desenvolvimento de Fintech (2019-2021) (China)

[ru] План развития финансовых технологий (2019–2021 гг.) (Китай)

[es] Plan de Desarrollo de Tecnofinanza (2019-2021) (China)

51107 《关于促进互联网金融健康发展的指导意见》（中国）

[ar] آراء توجيهية بشأن تعزيز التنمية الصحية لعملية التمويل الشبكي (الصين)

[en] Guiding Opinions on Promoting the Healthy Development of Internet Finance (China)

[fr] Remarques sur la promotion du développement sain de la cyberfinance (Chine)

[de] Leitlinien zur Förderung einer gesunden Entwicklung der Internetfinanzierung (China)

[it] Linea guida sulla promozione di sviluppo sano di finanza Internet (Cina)

[jp]「インターネット金融の健全な発展の促進に関する指導意見」（中国）

[kr] <인터넷 금융의 건전한 발전 촉진에 관한 지도 의견>(중국)

[pt] Opiniões Orientadoras sobre a Promoção do Desenvolvimento Saudável do Financiamento na Internet (China)

[ru] Руководящие мнения по содействию здоровому развитию интернет-финансов (Китай)

[es] Opiniones Orientadoras sobre la Promoción del Desarrollo Saludable de las Finanzas en Internet (China)

51108 《金融业标准化体系建设发展规划（2016–2020)》（中国）

[ar] خطة التنمية لبناء وتطوير نظام التوحيد القياسي لقطاع التمويل(2016-2020) (الصين)

[en] Development Plan for the Standardization System for the Financial Sector (2016–2020) (China)

[fr] Plan de développement pour la construction du système de normalisation du secteur financier (2016-2020) (Chine)

[de] Entwicklungsplan für den Aufbau des Normungssystems fürs Finanzwesen (2016-2020) (China)

[it] Piano di sviluppo per la costituzione del sistema di standardizzazione del settore finanziario (2016-2020) (Cina)

[jp]「金融業標準化体系建設の発展計画（2016～2020 年)」（中国）

[kr] <금융업 표준화 시스템 건설 발전 계획 (2016-2020)>(중국)

[pt] Plano de Desenvolvimento para a Construção do Sistema de Padronização para o Setor Financeiro (2016-2020) (China)

[ru] План развития системы стандартизации для финансового сектора (2016–2020 гг.) (Китай)

[es] Plan de Desarrollo para Constituir el Sistema de Normalización del Sector Financiero (2016-2020) (China)

51109 《银行业数据共享与数据开发计划》（英国）

[ar] خطة تبادل البيانات المصرفية وتطوير البيانات (بريطانيا)

[en] Data Sharing and Development Plan for Banks (UK)

[fr] Plan de partage et de développement des données bancaires (Royaume-Uni)

[de] Datensharing- und Datenentwicklungs-plan für Banken (UK)

[it] Piano di condivisione e sviluppo dei dati dell'industria bancaria (UK)

[jp]「銀行業界のデータ共有と開発計画」（イギリス）

[kr] <은행업 데이터 공유와 데이터 개발 계획>(영국)

[pt] Plano da Partilha e Desenvolvimento dos Dados para os Bancos (Reino Unido)

[ru] План совместного использования и развития данных для банков (Великобритания)

[es] Plan del Intercambio y Desarrollo de Datos para Bancos (Reino Unido)

51110 《金融科技产业战略》（英国）

[ar] استراتيجية صناعة العلوم والتكنولوجيا المالية (بريطانيا)

[en] Fintech Sector Strategy (UK)

[fr] Stratégie sectorielle fintech du gouvernement (Royaume-Uni)

[de] FinTech-Branchenstrategie (UK)

[it] Strategia dell'industria fintech (UK)

[jp] 「フィンテック戦略」（イギリス）

[kr] <핀테크 산업 전략>(영국)

[pt] Estratégia Setorial de Fintech (Reino Unido)

[ru] Стратегия сектора финансовых технологий (Великобритания)

[es] Estrategia para el Sector Tecnofinanciero (Reino Unido)

51111 《金融科技创新策略》（英国）

[ar] استراتيجية ابتكار العلوم والتكنولوجيا المالية (بريطانيا)

[en] Financial Technology Innovation Strategy (UK)

[fr] Stratégie d'innovation en fintech (Royaume-Uni)

[de] Finanztechnologische Innovationsstrategie (UK)

[it] Strategia dell'innovazione fintech (UK)

[jp] 「フィンテックイノベーション戦略」（イギリス）

[kr] <핀테크 혁신 대책>(영국)

[pt] Estratégia de Inovação em Tecnologia Financeira (Reino Unido)

[ru] Стратегия инноваций финансовых технологий (Великобритания)

[es] Estrategia de Innovación de Tecnofinanzas (Reino Unido)

51112 《金融科技未来：英国作为全球金融科技领导者》（英国）

[ar] مستقبل العلوم والتكنولوجيا المالية: بريطانيا بصفتها رائدة العلوم والتكنولوجيا المالية العالمية (بريطانيا)

[en] FinTech Futures: The UK as a World Leader in Financial Technologies (UK)

[fr] Avenir fintech : Royaume-Uni en

tant que leader mondial des jintech (Royaume-Uni)

[de] FinTech-Zukunft: UK als Weltmarktführer für Finanztechnologien (UK)

[it] Futuro di fintech: il Regno Unito come leader mondiale della tecnologia finanziaria (UK)

[jp] 「FinTechの将来：金融技術の世界的リーダーとしての英国」（イギリス）

[kr] <핀테크 미래: 영국-글로벌 핀테크 선도자>(영국)

[pt] Futuro das Fintechs: O Reino Unido como Líder Mundial em Tecnologias Financeiras (Reino Unido)

[ru] Будущее Финтеха: Великобритания как мировой лидер в области финансовых технологий (Великобритания)

[es] Futuro de Empresas de Tecnofinanzas: el Reino Unido como Líder Mundial de Tecnofinanzas (Reino Unido)

51113 《金融科技监管框架》（美国）

[ar] إطار الرقابة على العلوم والتكنولوجيا المالية (الولايات المتحدة)

[en] Fintech Regulatory Framework (USA)

[fr] Cadre réglementaire des fintech (États-Unis)

[de] Aufsichtssrahmen für FinTech (USA)

[it] Struttura di supervisione fintech (US)

[jp] 「フィンテック規制フレーム」（アメリカ）

[kr] <핀테크 감독 관리 프레임>(미국)

[pt] Quadro Regulatório de Fintech (EUA)

[ru] Структура регулирования финансовых технологий (США)

[es] Marco de Regulación de Tecnofinanzas (EE.UU.)

51114 《金融科技框架白皮书》（美国）

[ar] كتاب أبيض لإطار العلوم والتكنولوجيا المالية (الولايات المتحدة)

[en] A Framework for FinTech (USA)

[fr] Un cadre pour les fintech (États-Unis)

[de] Weißbuch des FinTech-Rahmens (USA)

[it] Libro bianco di struttura di fintech (US)

[jp] 「フィンテックフレームワーク」（アメリカ）

[kr] <핀테크 프레임 백서>(미국)

[pt] Livro de Capa Branca sobre o Quadro para Fintech (EUA)

[ru] Структура финансовых технологий (США)

[es] Libro Blanco del Marco de Tecnofinanzas (EE.UU.)

51115 《金融科技保护法》（美国）

[ar] قانون حماية التكنولوجيا المالية (الولايات المتحدة)

[en] Financial Technology Protection Act (USA)

[fr] Loi sur la protection des fintech (États-Unis)

[de] FinTech-Schutzgesetz (USA)

[it] Legge sulla protezione di fintech (US)

[jp] 「フィンテック保護法」（アメリカ）

[kr] <금융 과학 기술 보호법>(미국)

[pt] Lei de Proteção de Fintech (EUA)

[ru] Закон о защите финансовых технологий (США)

[es] Ley de Protección de Tecnofinanzas (EE. UU.)

51116 《支持联邦银行系统负责任的创新》（美国）

[ar] دعم الابتكار المسؤول في النظام المصرفي الفيدرالي (الولايات المتحدة)

[en] Supporting Responsible Innovation in the Federal Banking System: An OCC Perspective (USA)

[fr] Soutien à l'innovation responsable du système bancaire fédéral : une perspective du Bureau du contrôleur de la monnaie (États-Unis)

[de] Unterstützung verantwortungsbewusster Innovationen im föderalen Bankensystem: eine OCC-Perspektive (USA)

[it] Sostegno dell'innovazione responsabile del sistema bancario federale (US)

[jp] 「連邦銀行制度における責任あるイノベーション 支援: OCC の観点」（アメリカ）

[kr] <연방은행 시스템 책임적 혁신 지원>(미국)

[pt] Apoio à Inovação com Responsabilidades no Sistema Federal Bancário:Uma Perspectiva OCC (EUA)

[ru] Поддержка ответственных инноваций в федеральной банковской системе: перспектива OCC (США)

[es] Apoyo a la Innovación Responsable en el Sistema Federal de la Banca: una Perspectiva OCC (EE.UU.)

51117 《金融科技产业发展战略》（新加坡）

[ar] استراتيجية تطوير صناعة العلوم والتكنولوجيا المالية (سنغافورة)

[en] Development Strategy of Financial Technology Industry (Singapore)

[fr] Stratégie de développement de l'industrie fintech (Singapour)

[de] Entwicklungsstrategie der FinTech-Industrie (Singapur)

[it] Strategia di sviluppo dell'industria fintech (Singapore)

[jp] 「フィンテック産業発展戦略」（シンガポール）

[kr] <핀테크 산업 발전 전략>(싱가포르)

[pt] Estratégia de Desenvolvimento da Indústria de Fintech (Cingapura)

[ru] Стратегия развития индустрии финансовых технологий (Сингапур)

[es] Estrategia de Desarrollo del Sector Tecnofinanciero (Singapur)

5.1

51118 《加密钱包服务监管计划》（日本）

[ar] خطة الرقابة على خدمة المحفظة المشفرة (اليابان)

[en] Regulation for Crypto Wallet Service (Japan)

[fr] Règlement pour les services de portefeuille cryptographique (Japon)

[de] Reguliereungsplan für Crypto-Geldbeutel-Service (Japan)

[it] Piano di supervisione per servizio di portafoglio crittografico(Giappone)

[jp] 暗号化ウォレットサービス規制（日本）

[kr] <비밀 지갑 서비스 감독 관리 계획>(일본)

[pt] Regulamento para Serviços de Carteira Criptografada (Japão)

[ru] План регулирования услуг Crypto Wallet (Япония)

[es] Reglamento sobre Servicios de Criptomonedero (Japón)

51119 《数字货币交易新规》（澳大利亚）

[ar] لوائح جديدة لتجارة العملات الرقمية (أستراليا)

[en] New Regulation for Digital Currency Exchanges (Australia)

[fr] Nouveau règlement pour les échanges de devises numériques (Australie)

[de] Neue Handelsregelung für digitale Währung (Australien)

[it] Regolamento nuovo per gli scambi di moneta digitale (Australia)

[jp] 「デジタル通貨取引の新たな規制標準」（オーストラリア）

[kr] <디지털 화폐 거래 신규>(오스트레일리아)

[pt] Novo Regulamento para Transaçõesde Moeda Digital (Austrália)

[ru] Новые правила обмена цифровых валют (Австралия)

[es] Nuevo Reglamento para Intercambios de Monedas Digitales (Australia)

51120 《G20 数字普惠金融高级原则》

[ar] مبادئ G20 رفيعة المستوى للمالية المعممة للأفضليات الرقمية

[en] G20 High-Level Principles for Digital Financial Inclusion

[fr] Principes avancés du G20 en matière de finance inclusive numérique

[de] G20 hochrangige Grundsätze für digitales inklusives Finanzwesen

[it] G20 Principi inclusivi di alto livello per finanza digitale

[jp] 「デジタル金融包摂に関するG20 ハイレベル原則」

[kr] <G20 디지털 혜택 보편화 금융 고급 원칙>

[pt] Princípios de Alto Nível de Financiamento Inclusivo Digital de G20

[ru] Принципы высокого уровня цифровой финансовой инклюзивность «Группы двадцати»

[es] Principios de Alto Nivel del G20 para la Inclusión Financiera Digital

51121 《数字普惠金融：新型政策与方法》

[ar] مالية معممة للأفضليات الرقمية: سياسات وأساليب جديدة

[en] Digital Financial Inclusion: Emerging Policy Approaches

[fr] Finance inclusive numérique : Nouvelles politiques et approches

[de] Digitales inklusives Finanzwesen: Neue Politik und Ansätze

[it] Inclusione finanziaria digitale: politiche e approcci nuovi

[jp] 「デジタル金融包摂：新たな政策と方法」

[kr] <디지털 혜택 보편화 금융: 신형 정책과 방법>

[pt] Financiamento Inclusivo Digital: Abordagens Políticas Emergentes

[ru] Цифровая финансовая инклюзивность:

новые политики и подходы

[es] Inclusión Financiera Digital: Enfoques de Políticas Emergentes

51122 《G20政策指引：数字化与非正规经济》

[ar] دليل سياسي لـ G20: الرقمنة والاقتصاد غير النظامي

[en] G20 Policy Guide: Digitization and Informality

[fr] Guide des politique du G20 : Numérisation et économie informelle

[de] G20-Politiksanweisung: Digitalisierung und informelle Wirtschaft

[it] G20 guida politica: digitalizzazione e informalità

[jp] 「G20 ポリシーガイド：デジタル化と非公式経済」

[kr] <G20 정책 가이드: 디지털화 및 비정규 경제>

[pt] Guia Política de G20: Digitalização e Economia Informal

[ru] Руководство по политике «Группы двадцати»: оцифровка и неформальность экономики

[es] Guía de Políticas del G20: Digitalización e Informalidad

51123 《为妇女推出数字金融解决方案》

[ar] حلول مالية رقمية للنهوض بالمشاركة الاقتصادية للمرأة

[en] Digital Financial Solutions to Advance Women's Economic Participation

[fr] Solutions de finance numérique pour les femmes

[de] Digitale Finanzlösungen zur Förderung der wirtschaftlichen Teilhabe von Frauen

[it] Soluzione finanziaria digitale per promuovere la partecipazione economica delle donne

[jp] 「女性のためのデジタル金融ソリューション」

[kr] <여성 대상 디지털 금융 해결 방안 공연>

[pt] Soluções Digitais Financeiras para Promover a Participação Económica das Mulheres

[ru] Цифровые финансовые решения для расширения участия женщин в экономике

[es] Soluciones Financieras Digitales para el Avance de la Participación Económica de la Mujer

51124 《金融教育国家战略高级原则》

[ar] مبادئ عليا للاستراتيجية الوطنية للتعليم المالي

[en] High-Level Principles on National Strategies for Financial Education

[fr] Principes de haut niveau sur les stratégies nationales pour l'éducation financière

[de] Hochrangige Grundsätze zu nationalen Strategien für die finanzielle Bildung

[it] Pincipio di livello alto sulla strategia nazionale dell'educazione finanziaria

[jp] 「金融教育のための国家戦略に関するハイレベル原則」

[kr] <금융 교육 국가 전략 고급 원칙>

[pt] Princípios de Alto Nível sobre Estratégias Nacionais de Educação Financeira

[ru] Принципы высокого уровня национальных стратегий финансового образования

[es] Principios de Alto Nivel sobre las Estrategias Nacionales para la Educación Financiera

5.1.2　金融生态系统

[ar] النظام البيئي المالي

[en] **Financial Ecosystem**

[fr] **Écosystème financier**

[de] **Finanzielles Ökosystem**

[it] **Ecosistema finanziario**

[jp] 金融エコシステム
[kr] 금융 생태계
[pt] Ecossistema Financeiro
[ru] Финансовая экосистема
[es] Ecosistema Financiero

51201 金融电子化

[ar] حوسبة مالية
[en] financial computerization
[fr] informatisation de la finance
[de] finanzielle Computerisierung
[it] informatizzazione finanziaria
[jp] 金融電子化
[kr] 금융 전자화
[pt] computarização financeira
[ru] финансовая электронизация
[es] informatización financiera

51202 互联网金融

[ar] مالية الإنترنت
[en] Internet finance
[fr] cyberfinance
[de] Internet-Finanzierung
[it] finanza Internet
[jp] インターネットファイナンス
[kr] 인터넷 금융
[pt] finança na Internet
[ru] Интернет-финансы
[es] finanzas en Internet

51203 金融科技

[ar] علوم وتكنولوجيا مالية
[en] financial technology (Fintech)
[fr] Fintech
[de] Finanztechnologie
[it] Fintech
[jp] フィンテック
[kr] 핀테크
[pt] tecnologia financeira
[ru] финансовые технологии
[es] tecnofinanza

51204 传统金融机构智慧化

[ar] حكمة المؤسسات المالية التقليدية
[en] application of smart technology in traditional financial institutions
[fr] intellectualisation des institutions financières traditionnelles
[de] Anwendung intelligenter Technologien in traditionellen Finanzinstituten
[it] intellettualizzazione delle istituzioni finanziarie tradizionali
[jp] 伝統的金融機構のスマート化
[kr] 전통적 금융기구의 지능화
[pt] intelectualização das instituições financeiras tradicionais
[ru] применение интеллектуальных технологий в традиционных финансовых учреждениях
[es] digitalización de las instituciones financieras tradicionales

51205 互联网企业金融创新

[ar] ابتكار مالي لمؤسسات شبكة الإنترنت
[en] financial innovation for Internet enterprises
[fr] innovation financière des entreprises d'Internet
[de] Finanzinnovation für Internetunternehmen
[it] innovazione finanziaria per le imprese Internet
[jp] インターネット企業の金融革新
[kr] 인터넷 기업 금융 혁신
[pt] inovação financeira das empresas da Internet
[ru] финансовые инновации для интернет-предприятий
[es] innovación financiera para empresas en Internet

51206 金融场景

[ar] مشهد مالي

[en] financial scenario

[fr] scénario financier

[de] finanzielles Szenario

[it] scenario finanziario

[jp] 金融シナリオ

[kr] 금융 시나리오

[pt] cenário financeiro

[ru] финансовый сценарий

[es] escenario financiero

51207 金融用户画像

[ar] صورة المستخدم المالي

[en] financial user persona

[fr] porfilage de l'utilisateur financier

[de] finanzielles Benutzerprofil

[it] ritratto dell'utente finanziario

[jp] 金融ユーザーのペルソナ

[kr] 금융 사용자 화상

[pt] retrato do utilizador financeiro

[ru] персоны финансовых пользователей

[es] perfil del usuario financiero

51208 精准营销

[ar] تسويق مستهدف

[en] precision marketing

[fr] marketing ciblé

[de] präzisises Marketing

[it] commercializzazione mirata

[jp] 的確マーケティング

[kr] 정밀화 마케팅

[pt] marketing de precisão

[ru] точный маркетинг

[es] mercadotecnia de precisión

51209 风险管控

[ar] إدارة المخاطر والسيطرة عليها

[en] risk management and control

[fr] gestion et contrôle des risques

[de] Risikomanagement und -kontrolle

[it] gestione e controllo di rischio

[jp] リスク管理とコントロール

[kr] 리스크 관리 및 제어

[pt] controlo e gestão de riscos

[ru] управление и контроль рисков

[es] control y gestión de riesgos

51210 运营优化

[ar] استخدام أمثل للعملية التشغيلية

[en] operation optimization

[fr] optimisation d'opération

[de] Betriebsoptimierung

[it] ottimizzazione dell'operazione

[jp] 運用の最適化

[kr] 운영 최적화

[pt] otimização de operação

[ru] оптимизация операции

[es] optimización de operaciones

51211 市场预测

[ar] توقعات السوق

[en] market forecast

[fr] prévisions du marché

[de] Marktprognose

[it] previsione di mercato

[jp] 市場予測

[kr] 시장 예측

[pt] previsão de mercado

[ru] прогноз рынка

[es] previsión de mercados

51212 信用创造

[ar] خلق الائتمان

[en] credit creation

[fr] création de crédit

[de] Kreditschaffung

[it] creazione di credito

[jp] 信用創造

[kr] 신용 창조

[pt] criação de crédito

[ru] создание кредита

[es] creación de crédito

5.1

5.1

51213 信息披露透明度
[ar] شفافية إفشاء المعلومات
[en] transparency of information disclosure
[fr] transparence de la divulgation d'information
[de] Transparenz der Informationsoffenle-gung
[it] trasparenza della divulgazione delle informazioni
[jp] 情報開示の透明性
[kr] 정보 공표 투명도
[pt] transparência da divulgação de informações
[ru] прозрачность раскрытия информации
[es] transparencia de la revelación de información

51214 自金融
[ar] مالية ذاتية
[en] self-finance
[fr] autofinancement
[de] Selbst-Finanzierung
[it] autofinanza
[jp] 自己金融
[kr] 자기 금융
[pt] auto-finanças
[ru] самофинансирование
[es] autofinanciamiento

51215 替代金融
[ar] مالية بديلة
[en] alternative finance
[fr] finance alternative
[de] alternative Finanzierung
[it] finanza alternativa
[jp] 代替金融
[kr] 대체적 금융
[pt] financiamento alternativo
[ru] альтернативные финансы
[es] finanzas alternativas

51216 金融包容性
[ar] شمولية مالية
[en] financial inclusion
[fr] inclusion de la finance
[de] Inklusivität der Finanz
[it] inclusione finanziaria
[jp] 金融包摂
[kr] 금융 포용성
[pt] inclusão financeira
[ru] финансовая инклюзивность
[es] inclusión financiera

51217 金融技术化
[ar] تقنية مالية
[en] financial technicalization
[fr] technicisation de la finance
[de] Technisierung der Finanz
[it] tecnicizzazione finanziaria
[jp] 金融技術化
[kr] 금융 기술화
[pt] tecnologização financeira
[ru] основанные на технологиях финансовые услуги
[es] tecnificación financiera

51218 金融数据化
[ar] بياناتي المالية
[en] financial datamation
[fr] datalisation de la finance
[de] Datenisierung der Finanz
[it] datalizzazione finanziaria
[jp] 金融のデータ化
[kr] 금융 데이터화
[pt] datalização financeira
[ru] цифровизация финансовых услуг
[es] automatización de datos financieros

51219 金融场景化
[ar] خدمات مالية على المشهد
[en] scenario-based finance
[fr] mise en situation de la finance

[de] szenariobasierte Finanz
[it] finanza basata su scenari
[jp] 金融のシナリオ化
[kr] 시나리오 기반 금융
[pt] cenarização de serviços financeiros
[ru] финансовые услуги в различных сценариях
[es] finanzas basadas en escenarios

51220 金融模块化
[ar] نمطية التمويل
[en] modularity of financial service
[fr] modularisation de la finance
[de] Modularisierung der Finanzdienstleis-tung
[it] modularizzazione finanziaria
[jp] 金融のモジュール化
[kr] 금융 모듈화
[pt] modularidade de finança
[ru] модуляризация финансовых услуг
[es] modularidad de las finanzas

51221 金融平台化
[ar] منصة مالية
[en] financial platformization
[fr] plateformisation de la finance
[de] Plattformisierung der Finanz
[it] piattaformizzazione finanziaria
[jp] 金融のプラットフォーム化
[kr] 금융 플랫포마제이션
[pt] plataformatização financeira
[ru] основанные на платформе финансовые услуги
[es] plataformización financiera

5.1.3 金融科技应用
[ar] تطبيق العلوم والتكنولوجيا المالية
[en] **Fintech Application**
[fr] **Application fintech**
[de] **FinTech-Anwendung**
[it] **Applicazione di fintech**

[jp] フィンテックの応用
[kr] 핀테크 응용
[pt] **Aplicação da Tecnologia Financeira**
[ru] **Применение финансовых технологий**
[es] **Aplicación de Tecnofinanza**

51301 新型交易技术
[ar] تكنولوجيا التداول الجديدة
[en] new trading technology
[fr] nouvelle technologie de trading
[de] neue Handelstechnologie
[it] nuova tecnologia commerciale
[jp] 新型取引技術
[kr] 신형 거래 기술
[pt] nova tecnologia de transações
[ru] новые технологии транзакций
[es] nueva tecnología comercial

51302 数据优先化
[ar] إعطاء الأسبقية للبيانات
[en] data prioritization
[fr] hiérarchisation des données
[de] Datenpriorisierung
[it] prioritizzazione dei dati
[jp] データ優先化
[kr] 데이터 우선순위
[pt] priorização dos dados
[ru] приоритизация данных
[es] priorización de datos

51303 渠道网络化
[ar] قنوات شبكية
[en] channel networking
[fr] mise en réseau des canaux
[de] Kanalvernetzung
[it] networking di canali
[jp] チャネルネットワーク化
[kr] 채널 네트워킹
[pt] interligação dos canais
[ru] объединение каналов в сеть

[es]　redes de canales

51304　金融云

[ar]　سحابة مالية

[en]　financial cloud

[fr]　nuage financier

[de]　Finanz-Cloud

[it]　cloud finanziario

[jp]　金融クラウド

[kr]　금융 클라우드

[pt]　nuvem financeira

[ru]　финансовое облако

[es]　nube financiera

51305　行为生物识别技术

[ar]　تكنولوجيا التمييز للحيوية السلوكية

[en]　behavioral biometrics

[fr]　biométrie comportementale

[de]　Verhaltensbiometrie

[it]　biometria comportamentale

[jp]　行動生体認証技術

[kr]　행동 바이오 인식 기술

[pt]　técnicas biométricas de comportamento

[ru]　поведенческая биометрия

[es]　biometría de comportamiento

51306　网络身份认证体系

[ar]　نظام مصادقة هوية الشبكة

[en]　network identity authentication system

[fr]　système d'authentification d'identité numérique

[de]　Netzwerkidentitätsauthentifizierungssystem

[it]　sistema di autenticazione dell'identità Internet

[jp]　ネットワークID 認証システム

[kr]　네트워크 신분 인증 시스템

[pt]　sistema de autenticação de identidade online

[ru]　система аутентификации сетевой идентичности

[es]　sistema de autenticación de identidades en la red

51307　金融行业分布式架构

[ar]　بنية موزعة للقطاع المالي

[en]　distributed architecture in the financial industry

[fr]　architecture distribuée de l'industrie financière

[de]　verteilte Architektur in der Finanzbranche

[it]　architettura distribuita nel settore finanziario

[jp]　金融業界の分散アーキテクチャ

[kr]　금융업 분산형 아키텍처

[pt]　arquitectura distribuída na indústria financeira

[ru]　распределенная архитектура в финансовой индустрии

[es]　arquitectura distribuida en el sector financiero

51308　可信云

[ar]　سحابة موثوقة

[en]　trusted cloud

[fr]　nuage de confiance

[de]　zuverlässige Cloud

[it]　cloud affidabile

[jp]　信頼できるクラウド

[kr]　신뢰 클라우드

[pt]　nuvem confiável

[ru]　доверенное облако

[es]　nube de confianza

51309　云交易

[ar]　معاملات سحابية

[en]　cloud transaction

[fr]　trading en nuage

[de]　Cloud-Transaktion

[it]　transazione cloud

[jp]　クラウド取引

[kr] 클라우드 거래
[pt] transação em nuvem
[ru] облачная транзакция
[es] transacción en la nube

51310　监管科技
[ar] مراقبة العلوم والتكنولوجيا
[en] supervisory technology (SupTech)
[fr] technologie de gestion de la conformité réglementaire
[de] Überwachungstechnik
[it] tecnologia di regolamentazione
[jp] 規制テクノロジー
[kr] 레그테크
[pt] tecnologia supervisória
[ru] регуляторные технологии
[es] tecnología de supervisión

51311　算法信用
[ar] ائتمان ناتج عن الخوارزمية
[en] algorithm-generated credit
[fr] crédit généré par algorithme
[de] algorithmische Gutschrift
[it] credito generato dall'algoritmo
[jp] アルゴリズム信用
[kr] 알고리즘 신용
[pt] crédito gerado por algoritmo
[ru] сгенерированный алгоритмом кредит
[es] crédito generado por algoritmos

51312　自动化交易
[ar] معاملات آلية
[en] automated trading
[fr] trading automatisé
[de] automatisierter Handel
[it] transazione automatizzata
[jp] 自動化取引
[kr] 자동화 거래
[pt] transação automatizada
[ru] автоматическая транзакция
[es] comercio automatizado

51313　合同自动化
[ar] أتمتة العقد
[en] contract automation
[fr] automatisation de contrat
[de] Vertragsautomatisierung
[it] automazione di contratto
[jp] 契約自動化
[kr] 계약 자동화
[pt] automatização de contratos
[ru] автоматизация контрактов
[es] gestión automática de contratos

51314　能识别商业模式
[ar] نمط تجاري ملموس وقابل للتمييز
[en] recognizable business model
[fr] modèle d'affaires tangible et réalisable
[de] greifbares und erreichbares Geschäftsmodell
[it] modello di business tangibile e realizzabile
[jp] 認識可能なビジネスモデル
[kr] 비즈니스 모델 식별 가능
[pt] modelo de negócio tangível e realizável
[ru] распознаваемая бизнес-модель
[es] modelo de negocio tangible y alcanzable

51315　可感知经济因素
[ar] عامل اقتصادي محسوس
[en] perceived economic factor
[fr] facteur économique perceptible
[de] wahrgenommener wirtschaftlicher Faktor
[it] fattore economico percepito
[jp] 感知可能な経済的要因
[kr] 감지 가능한 경제적 요소
[pt] factor económico percebido
[ru] воспринимаемый экономический фактор
[es] factor económico percibido

51316　可感知有用性

[ar]　استفادة محسوسة

[en]　perceived usefulness

[fr]　utilité perceptible

[de]　wahrgenommene Nutzbarkeit

[it]　utilità percepita

[jp]　感知可能な有用性

[kr]　유용성 감지 가능

[pt]　utilidade percebida

[ru]　воспринимаемая полезность

[es]　utilidad percibida

51317　可感知信任度

[ar]　ثقة محسوسة

[en]　perceived trust

[fr]　confiance perceptible

[de]　wahrgenommenes Vertrauen

[it]　fiducia percepita

[jp]　感知可能な信頼度

[kr]　신뢰도 감지 가능

[pt]　confiança percebida

[ru]　воспринимаемое доверие

[es]　confianza percibida

51318　数据密集型产业

[ar]　صناعة البيانات التكثيفية

[en]　data-rich industry

[fr]　industrie à forte intensité de données

[de]　datenintensive Industrie

[it]　industria ad alta intensità dei dati

[jp]　データ集約型産業

[kr]　데이터 밀집형 산업

[pt]　indústria de dados intensivos

[ru]　цифроемкие индустрии

[es]　industria de uso intensivo de datos

51319　数据管理平台

[ar]　منصة إدارة البيانات

[en]　data management platform (DMP)

[fr]　plate-forme de gestion des données

[de]　Datenmanagementsplattform

[it]　piattaforma della gestione dei dati

[jp]　データ管理プラットフォーム

[kr]　데이터 관리 플랫폼

[pt]　plataforma de gestão de dados

[ru]　платформа управления данными

[es]　plataforma de gestión de datos

51320　数据标签

[ar]　علامة البيانات

[en]　data label

[fr]　étiquette de données

[de]　Datenetikett

[it]　etichetta dei dati

[jp]　データラベル

[kr]　데이터 레이블

[pt]　etiqueta de dados

[ru]　метка данных

[es]　etiqueta de datos

51321　大数据征信

[ar]　خدمات ائتمانية للبيانات الضخمة

[en]　big data-based credit investigation

[fr]　vérification de crédit par mégadonnées

[de]　Big Data-Bonitätsprüfung

[it]　valutazione di credito con Big Data

[jp]　ビッグデータ信用調査

[kr]　빅데이터 신용 조회

[pt]　investigação de crédito de big data

[ru]　кредитное расследование на основе больших данных

[es]　Investigación crediticia con Big Data

51322　封闭流程+大数据

[ar]　عملية مغلقة + بيانات ضخمة

[en]　closed process plus big data

[fr]　circuit fermé + mégadonnées

[de]　geschlossener Prozess plus Big Data

[it]　processo chiuso + Big Data

[jp]　閉鎖系プロセス+ビッグデータ

[kr]　폐쇄 절차+빅데이터

[pt]　processo fechado + big data

[ru] закрытый процесс плюс большие данные

[es] proceso cerrado + Big Data

51323 移动支付技术

[ar] تقنية الدفع بأجهزة الاتصال المحمولة

[en] mobile payment technology

[fr] technologie de paiement mobile

[de] mobile Zahlungstechnologie

[it] tecnologia di pagamento mobile

[jp] モバイル決済技術

[kr] 모바일 결제 기술

[pt] tecnologia de pagamento móvel

[ru] технология мобильных платежей

[es] tecnología de pagos móviles

51324 智能金融

[ar] مالية ذكية

[en] intelligent finance

[fr] finance intelligente

[de] intelligente Finanz

[it] finanza intelligente

[jp] インテリジェント金融

[kr] 스마트 금융

[pt] finanças inteligentes

[ru] интеллектуальные финансы

[es] finanzas inteligentes

5.1.4 金融科技支撑

[ar] **دعم العلوم والتكنولوجيا المالية**

[en] **Fintech Support**

[fr] **Soutien fintech**

[de] **FinTech-Unterstützung**

[it] **Supporto di fintech**

[jp] **フィンテック支援**

[kr] **핀테크 지원**

[pt] **Suporte da Tecnologia Financeira**

[ru] **Поддержка финансовых технологий**

[es] **Soporte de Tecnofinanzas**

51401 金融科技应用理论

[ar] نظرية تطبيق العلوم والتكنولوجيا المالية

[en] Fintech applied theory

[fr] théorie d'application fintech

[de] FinTech-Angewandungstheorie

[it] teoria applicata di fintech

[jp] フィンテック応用理論

[kr] 핀테크 응용 이론

[pt] teoria aplicada da tecnologia financeira

[ru] прикладная теория финансовых технологий

[es] teoría aplicada tecnofinanciera

51402 金融科技孵化平台

[ar] منصة حضانة العلوم والتكنولوجيا المالية

[en] Fintech incubation platform

[fr] plate-forme d'incubation fintech

[de] FinTech-Inkubationsplattform

[it] piattaforma di incubazione di fintech

[jp] フィンテックインキュベーションプラットフォーム

[kr] 핀테크 인큐베이션 플랫폼

[pt] plataforma incubadora da tecnologia financeira

[ru] инкубационная платформа финансовых технологий

[es] plataforma de incubación de tecnofinanzas

51403 金融科技企业

[ar] مؤسسات العلوم والتكنولوجيا المالية

[en] Fintech enterprise

[fr] entreprise fintech

[de] FinTech-Unternehmen

[it] imprese fintech

[jp] フィンテック企業

[kr] 핀테크 기업

[pt] empresas de tecnologia financeira

[ru] предприятия финансовых технологий

[es] empresas tecnofinancieras

51404 金融科技产业链

[ar] سلسلة الصناعة للعلوم والتكنولوجيا المالية

[en] Fintech industry chain

[fr] chaîne industrielle fintech

[de] FinTech-Industriekette

[it] catena industriale di fintech

[jp] フィンテック産業チェーン

[kr] 핀테크 산업 사슬

[pt] cadeia produtiva da tecnologia financeira

[ru] отраслевая цепочка финансовых технологий

[es] cadena del sector tecnofinanciero

51405 金融法治体系

[ar] نظام سيادة القانون المالي

[en] financial law system

[fr] système légal financier

[de] finanzielles Rechtssystem

[it] sistema del diritto finanziario

[jp] 金融法治体系

[kr] 금융 법치 체계

[pt] sistema jurídico financeiro

[ru] система финансового права

[es] sistema de leyes financieras

51406 金融信用信息基础数据库

[ar] قاعدة البيانات الأساسية لمعلومات الائتمان المالي

[en] basic database of financial credit information

[fr] base de données élémentaires d'informations du crédit financier

[de] Basisdatenbank für finanzielle Kredit-informationen

[it] database delle informazioni sul credito finanziario

[jp] 金融信用情報の基本データベース

[kr] 금융 신용 정보 기초 데이터베이스

[pt] base de dados da informação de crédito financeiro

[ru] основная база данных финансово-кредитной информации

[es] base de datos básica de información de crédito financiero

51407 信用信息主体权益保护

[ar] حماية حقوق ركيزة المعلومات الائتمانية

[en] protection of credit information subjects' rights and interests

[fr] protection des droits et intérêts des sujets des informations du crédit

[de] Schutz der Rechte und Interessen der Kreditinformationsträger

[it] protezione dei diritti dei soggetti delle informazioni di credito

[jp] 信用情報主体の権益保護

[kr] 신용 정보 주체 권익 보호

[pt] proteção de direitos do sujeito das informações de crédito

[ru] защита прав и интересов субъектов кредитной информации

[es] protección de derechos de los sujetos de información de crédito

51408 金融消费者权益保护

[ar] حماية حقوق ومصالح المستهلك المالي

[en] protection of financial consumers' rights and interests

[fr] protection des droits et intérêts des consommateurs financiers

[de] Schutz der Rechte und Interessen der Finanzkonsumenten

[it] protezione dei diritti e degli interessi dei consumatori finanziari

[jp] 金融消費者の権利保護

[kr] 금융 소비자 권익 보호

[pt] protecção dos direitos e interesses do consumidor financeiro

[ru] защита прав и интересов потребителей финансовых услуг

[es] protección de los derechos e intereses del consumidor financiero

51409 金融科技标准体系
[ar] نظام قياسي للتكنولوجيا المالية
[en] Fintech standards system
[fr] système des normes fintech
[de] FinTech-Normenssystem
[it] sistema standard di fintech
[jp] フィンテック標準システム
[kr] 핀테크 표준 체계
[pt] sistema padrão da tecnologia financeira
[ru] стандартная система финансовых технологий
[es] sistema estándar tecnofinanciero

51410 金融科技创新全球化
[ar] عولمة ابتكار العلوم والتكنولوجيا المالية
[en] globalization of Fintech innovation
[fr] mondialisation de l'innovation fintech
[de] Globalisierung der FinTech-Innovation
[it] globalizzazione di innovazione di fintech
[jp] フィンテックイノベーションのグローバル化
[kr] 핀테크 혁신 글로벌화
[pt] globalização da inovação da tecnologia financeira
[ru] глобализация финтех-инноваций
[es] globalización de la innovación tecnofinanciera

51411 金融科技市场
[ar] سوق التكنولوجيا المالية
[en] Fintech market
[fr] marché fintech
[de] FinTech-Markt
[it] mercato fintech
[jp] フィンテック市場
[kr] 핀테크 시장
[pt] mercado da tecnologia financeira
[ru] рынок финансовых технологий
[es] mercado tecnofinanciero

51412 银行科技系统
[ar] نظام التكنولوجيا المصرفية
[en] banking technology system
[fr] système de technologies bancaires
[de] Bank-Tech-System
[it] sistema tecnologico bancario
[jp] 銀行テクノロジーシステム
[kr] 은행 과학기술 시스템
[pt] sistema de tecnologia bancária
[ru] система банковских технологий
[es] sistema de tecnología bancaria

51413 银行开放式应用系统
[ar] نظام التطبيق المصرفي المفتوح
[en] open banking application system
[fr] système ouvert d'application bancaire
[de] offenes Banking-Anwendungssystem
[it] sistema aperto di applicazione bancario
[jp] オープンバンキングの応用システム
[kr] 오픈 뱅킹 응용 시스템
[pt] sistema de aplicativo bancário aberto
[ru] открытая прикладная банковская система
[es] sistema abierto de aplicación de banca

51414 金融科技研发创新大赛
[ar] مسابقة البحث والتطوير للعلوم والتكنولوجيا المالية
[en] Fintech R&D innovation competition
[fr] concours d'innovation de R&D fintech
[de] Innovationswettbewerb in F&E von Fintech
[it] competizione dell'innovazione sulla ricerca e sviluppo di fintech
[jp] フィンテック研究開発イノベーションコンペティション
[kr] 핀테크 연구 개발 혁신 대회
[pt] competição de inovação sobre P&D da tecnologia financeira
[ru] конкурс инновационных разработок финансовых технологий
[es] competición en la innovación e I+D de

5.1

tecnofinanzas

51415 数据银行

[ar]   بنك المعلومات

[en] data bank

[fr] base de données

[de] Daten-Banking

[it] banca dei dati

[jp] データバンク

[kr] 데이터 뱅크

[pt] banco de dados

[ru] банк данных

[es] banco de datos

51416 用户知识网络

[ar]   شبكة معرفية للمستخدمين

[en] user knowledge network

[fr] réseau de connaissances des utilisateurs

[de] Benutzer-Wissensnetzwerk

[it] rete di conoscenza dell'utente

[jp] ユーザーの知識ネットワーク

[kr] 사용자 지식 네트워크

[pt] rede de conhecimento de usuários

[ru] сеть знаний пользователей

[es] red de conocimientos de usuarios

51417 用户关系网络

[ar]   شبكة علائقية المستخدمين

[en] user relationship network

[fr] réseau de relation des utilisateurs

[de] Benutzer-Beziehungsnetzwerk

[it] rete di relazione degli utenti

[jp] ユーザーの対人関係ネットワーク

[kr] 사용자 관계 네트워크

[pt] rede de usuário

[ru] сеть пользовательских отношений

[es] red de usuarios

51418 金融业务海量资料标签

[ar]   علامة المواد الهائلة للأعمال المالية

[en] massive data label for financial business

[fr] étiquette de données massives pour les opérations financières

[de] massive Datenetikett für Finanzgeschäfte

[it] etichetta enorme dei dati per le attività finanziarie

[jp] 金融ビジネス向けの大規模データラベル

[kr] 금융업무 대량 데이터 레이블

[pt] etiqueta dos dados em massa dos negócios financeiros

[ru] метка данных массивов финансового бизнеса

[es] etiqueta de datos masivos para negocios financieros

51419 普惠性交易基础设施

[ar]   بنية تحتية تعاملية معممة الأفضليات

[en] inclusive trading infrastructure

[fr] infrastructure commerciale inclusive

[de] inklusive Handelsinfrastruktur

[it] infrastruttura commerciale inclusiva

[jp] 包括的取引インフラ

[kr] 혜택 보편적 거래 인프라

[pt] infraestrutura de negociação inclusiva

[ru] инклюзивная инфраструктура трансакций

[es] infraestructura de comercio inclusiva

51420 智能化客户流量入口

[ar]   مدخل تدفق ذكي للعملاء

[en] intelligent customer traffic entry

[fr] entrée intelligente du trafic de la clientèle

[de] intelligenter Kundenverkehrseingang

[it] accesso intelligente al traffico dei clienti

[jp] インテリジェントな顧客トラフィックエントリ

[kr] 지능화 고객 트래픽 입구

[pt] entrada inteligente de tráfego de clientes

[ru] интеллектуальный ввод трафика

клиентов

[es] entrada inteligente de tráfico de cliente

51421 信用数据DNA

[ar] بيانات ائتمانية DNA

[en] credit data DNA

[fr] ADN des données de crédit

[de] Kreditdaten DNA

[it] DNA dei dati di credito

[jp] 信用データDNA

[kr] 신용 데이터 DNA

[pt] DNA de dados de crédito

[ru] ДНК кредитных данных

[es] ADN de datos de crédito

5.1.5 金融科技赋能

[ar] تمكين العلوم والتكنولوجيا المالية

[en] **Fintech Empowerment**

[fr] **Autonomisation fintech**

[de] **FinTech-Befähigung**

[it] **Abilitazione fintech**

[jp] **フィンテックのエンパワメント**

[kr] **핀테크 임파워먼트**

[pt] **Capacitação da Tecnologia Financeira**

[ru] **Активация финансовых технологий**

[es] **Habilitación de Tecnofinanzas**

51501 全生命周期综合金融服务

[ar] خدمات مالية عامة ذات دورة حياة كاملة

[en] full-lifecycle integrated financial service

[fr] services financiers intégrés tout au long de la vie d'entreprise

[de] integrierte Finanzdienstleistungen über den gesamten Lebenszyklus

[it] servizi finanziari integrati per l'intero ciclo di vita

[jp] フルライフサイクル総合金融サービス

[kr] 풀 라이프 사이클 종합 금융 서비스

[pt] serviços financeiros integrados de ciclo de vida completo

[ru] интегрированные финансовые услуги

полного жизненного цикла

[es] servicios financieros integrados de ciclo de vida completo

51502 场景金融服务

[ar] خدمات مالية للمشهد

[en] scenario-based financial service

[fr] service financier basé sur un scénario

[de] szenariobasierte Finanzdienstleistungen

[it] servizio finanziario basato su scenari

[jp] シナリオ金融サービス

[kr] 시나리오 기반 금융 서비스

[pt] serviço de finança no cenário

[ru] основанные на сценарии финансовые услуги

[es] servicios financieros basados en escenarios

51503 在线信贷

[ar] تسليف عبر الإنترنت

[en] online loan

[fr] crédit en ligne

[de] Online-Darlehen

[it] crediti online

[jp] オンラインローン

[kr] 온라인 신용 대출

[pt] crédito online

[ru] онлайн-кредиты

[es] créditos en línea

51504 全景化个人金融信息服务

[ar] خدمة المعلومات المالية الشخصية البانورامية

[en] panoramic personal financial information service

[fr] service panoramique d'informations financières personnelles

[de] panoramischer persönlicher Finanzinfor-mationsdienst

[it] servizio panoramico di informazioni finanziarie personali

[jp] パノラマ化個人金融情報サービス

[kr] 파노라마식 개인 금융 정보 서비스

[pt] serviço panorâmico de informações financeiras pessoais

[ru] панорамные услуги персональной финансовой информации

[es] servicio panorámico de información financiera personal

51505 人力资本金融化

[ar] إدارة رأس المال البشري على النظام التمويلي

[en] financialization of human capital

[fr] financiarisation du capital humain

[de] Finanzialisierung des Humankapitals

[it] finanziarizzazione del capitale umano

[jp] 人的資本の金融化

[kr] 인력 자본 금융화

[pt] financeirização do capital humano

[ru] финансиализация человеческого капитала

[es] financiarización del capital humano

51506 个人信用管理平台

[ar] منصة إدارة الائتمان الشخصي

[en] personal credit management platform

[fr] plate-forme de gestion de crédit personnel

[de] Management-Plattform für persönliche Kredite

[it] piattaforma di gestione di credito personale

[jp] 個人信用管理プラットフォーム

[kr] 개인 신용 관리 플랫폼

[pt] plataforma de gestão de crédito pessoal

[ru] платформа управления персональными кредитами

[es] plataforma de gestión de crédito personal

51507 金融产品线上社会化营销

[ar] تسويق اجتماعي عبر الإنترنت للمنتجات المالية

[en] online social marketing of financial products

[fr] marketing social en ligne des produits financiers

[de] Online-Sozial-Marketing für Finanzprodukt

[it] commercializzazione sociale online di prodotti finanziari

[jp] 金融商品のオンラインソーシャルマーケティング

[kr] 금융 상품 온라인 소셜 마케팅

[pt] marketing social dos produtos financeiros online

[ru] онлайн социальный маркетинг финансовых продуктов

[es] mercadotecnia social en línea de productos financieros

51508 定制化金融服务

[ar] خدمات مالية خصوصية

[en] customized financial service

[fr] service financier personnalisé

[de] maßgeschneiderte Finanzdienstleistung

[it] servizio finanziario personalizzato

[jp] カスタマイズ金融サービス

[kr] 맞춤형 금융 서비스

[pt] serviço personalizado financeiro

[ru] индивидуальные финансовые услуги

[es] servicio financiero personalizado

51509 小微金融服务

[ar] خدمات مالية للشركات الصغيرة والمتناهية الصغر

[en] financial service for micro and small enterprises

[fr] services financiers les micro et petites entreprises

[de] Finanzdienstleistung für Klein- und Mikrounternehmen

[it] servizio di finanza micra e piccola

[jp] 小規模・マイクロ(企業)金融サービス

[kr] 영세금융 서비스

[pt] serviço financeiro pequeno e micro

[ru] финансовые услуги для микро-и

малых предприятий

[es] servicios de micro y pequeñas finanzas

51510 普惠信贷服务

[ar] خدمة تسليف معممة الأفضليات

[en] inclusive credit service

[fr] service de crédit inclusif

[de] inklusive Kreditdienstleistung

[it] servizi di credito inclusivi

[jp] 包摂的なクレジットサービス

[kr] 혜택 보편화 신용대출 서비스

[pt] serviço de crédito inclusivo

[ru] инклюзивные кредитные услуги

[es] servicios de crédito inclusivos

51511 智能投顾业务模式

[ar] نمط الأعمال الذكية لتقديم الاستشارات الاستثمارية

[en] business model of robo-advisors for investment

[fr] modèle économique du robot-conseiller en gestion d'actifs

[de] Geschäftsmodell vom Robo-Berater für das Investmentgeschäft

[it] modalità operativa di robo-advisor per gli investimenti

[jp] ロボアドバイザービジネスモデル

[kr] 스마트 투자 상담 비즈니스 모델

[pt] consultor robótico para negócios de investimento

[ru] бизнес-модель робота-консультанта по инвестиционной деятельности

[es] asesor robótico para negocios de inversión

51512 场景支付

[ar] دفع قائم على المشهد

[en] scenario-based payment

[fr] paiement dans les scénarios

[de] szenariobasierte Zahlung

[it] pagamento a scenario

[jp] シナリオ決済

[kr] 시나리오 결제

[pt] pagamento no cenário

[ru] основанная на сценарии оплата

[es] pago de escenarios

51513 农业金融创新服务

[ar] خدمات مبتكرة للمالية الزراعية

[en] agricultural finance innovation service

[fr] service innovant pour le financement agricole

[de] Innovationsdienstleistungen im Bereich Agrarfinanzierung

[it] servizi innovati della finanza agricola

[jp] 農業金融革新サービス

[kr] 농업 금융 혁신 서비스

[pt] serviço de inovação de finanças agrícolas

[ru] инновационные услуги по финансированию сельского хозяйства

[es] servicios innovados de finanzas para agricultura

51514 农业产业链融资

[ar] تمويل سلسلة للقطاع الزراعي

[en] agricultural industry chain financing

[fr] financement de la chaîne industrielle agricole

[de] Agrarindustrieketten-Finanzierung

[it] finanziamento della catena del settore agricolo

[jp] 農村産業チェーン融資

[kr] 농업 산업 사슬 융자

[pt] financiamento da cadeia da indústria agrícola

[ru] финансирование цепи сельскохозяйственной промышленности

[es] financiación de la cadena del sector agrícola

51515 个人金融服务风控系统

[ar] نظام مراقبة مخاطر الخدمات المالية الشخصية

5.1

[en] risk control system for personal financial service

[fr] système de contrôle des risques pour le service financier personnel

[de] Risikokontrollsystem für persönliche Finanzdienstleistungen

[it] sistema di controllo di rischio per servizi finanziari personali

[jp] 個人金融サービスのリスク管理システム

[kr] 개인 금융 서비스 리스크 제어 시스템

[pt] sistema de controlo de riscos para serviços financeiros pessoais

[ru] система контроля рисков персонального финансового обслуживания

[es] sistema de control de riesgos para servicios de finanzas personales

51516 企业客户信贷风险防控

[ar] وقاية من مخاطر التسليف لعملاء المنشآت والتحكم فيها

[en] prevention and control of credit risk for corporate clients

[fr] prévention et contrôle des risques de crédit pour les entreprises clients

[de] Prävention und Kontrolle des Kreditrisikos für Firmenkunden

[it] prevenzione e controllo di rischio di credito per i clienti aziendali

[jp] 法人顧客信用リスク予防・管理

[kr] 기업 고객 신용대출 리스크 예방 및 제어

[pt] prevenção e controlo de riscos de crédito para clientes empresariais

[ru] предотвращение и контроль кредитного риска для корпоративных клиентов

[es] prevención y control del riesgo crediticio para clientes corporativos

51517 反洗钱工具

[ar] أدوات مكافحة غسل الأموال

[en] anti-money laundering instrument

[fr] instruments de lutte contre le blanchiment d'argent

[de] Instrumente zur Bekämpfung der Geldwäsche

[it] strumenti di antiriciclaggio

[jp] マネーロンダリング防止ツール

[kr] 자금세탁 방지 도구

[pt] ferramentas anti-lavagem de dinheiro

[ru] инструменты по борьбе с отмыванием денег

[es] instrumentos contra el blanqueo de dinero

51518 全天候金融服务

[ar] خدمات مالية طوال الوقت

[en] 24/7 financial service

[fr] service financier 24/24

[de] Finanzdienstleistungen rund um die Uhr

[it] servizi finanziari 24/7

[jp] 24 時間金融サービス

[kr] 전천후 금융 서비스

[pt] Serviços Financeiros 24/7

[ru] круглосуточные финансовые услуги

[es] servicios financieros a toda hora

51519 供应链融资

[ar] تمويل سلسلة التوريد

[en] supply chain financing

[fr] financement de la chaîne d'approvisionnement

[de] Lieferkette-Finanzierung

[it] finanziamento di catena di approvvigionamento

[jp] サプライチェーン融資

[kr] 공급사슬 융자

[pt] financiamento da cadeia de fornecimentos

[ru] финансирование цепочки поставок

[es] financiación para la cadena de suministro

51520 供应链互信机制

[ar] آلية الثقة المتبادلة لسلسلة التوريد

[en] supply chain mutual trust mechanism

[fr] mécanisme de confiance mutuelle de la chaîne d'approvisionnement

[de] Mechanismus für gegenseitiges Vertrauen in die Lieferkette

[it] meccanismo di fiducia reciproca di catena di approvvigionamento

[jp] サプライチェーン相互信頼メカニズム

[kr] 공급사슬 상호 신뢰 메커니즘

[pt] mecanismo de confiança mútua da cadeia de fornecimentos

[ru] механизм взаимного доверия в цепочке поставок

[es] mecanismo de confianza mutua en la cadena de valor

51521 数字资产转移

[ar] نقل الأصول الرقمية

[en] digital asset transfer

[fr] transfert d'actifs numériques

[de] Übertragung digitaler Vermögenswerte

[it] trasferimento di beni digitali

[jp] デジタル資産移転

[kr] 디지털 자산 전이

[pt] transferência de ativos digitais

[ru] передача цифровых активов

[es] transferencia de activos digitales

5.2　金融科技服务

[ar] خدمة العلوم والتكنولوجيا المالية
[en] Fintech Service
[fr] Service fintech
[de] FinTech-Service
[it] Servizio fintech
[jp] フィンテックサービス
[kr] 핀테크 서비스
[pt] Serviço da Tecnologia Financeira
[ru] Услуги финансовых технологий
[es] Servicio Tecnofinanciero

5.2.1　第三方支付

[ar] الدفع من الطرف الثالث
[en] Third-Party Payment
[fr] Tiers payant
[de] Zahlung durch Dritte
[it] Pagamento della terza parte
[jp] 第三者決済
[kr] 제 3 자 결제
[pt] Facilitador de Pagamentos
[ru] Сторонний платеж
[es] Pago por Terceros

52101　自动取款机

[ar] جهاز الصراف الآلي
[en] automated teller machine (ATM)
[fr] distributeur de billets
[de] Geldautomat
[it] bancomat
[jp] 現金自動預け払い機 (ATM)
[kr] 자동인출기
[pt] caixa automática
[ru] банкомат
[es] cajero automático

52102　POS机

[ar] آلة POS
[en] point-of-sales (POS) machine
[fr] machine de point de vente
[de] POS-Maschine
[it] macchina punto di vendita
[jp] POSマシン
[kr] POS단말기
[pt] máquina de ponto de venda
[ru] POS-терминал
[es] máquinas punto de venta

52103　支付业务许可证

[ar] تصريح ممارسة عمليات الدفع
[en] payment service provider (PSP) license
[fr] permis d'exploitation dans le secteur du paiement
[de] Zahlungsgeschäftslizenz
[it] licenza commerciale di pagamento
[jp] 決済業務許可証
[kr] 결제 업무 허가증
[pt] licença de pagamento
[ru] лицензия поставщика платежных услуг
[es] licencia de pagos

52104 支付平台
[ar] منصة الدفع
[en] payment platform
[fr] plate-forme de gestion de paiement
[de] Zahlungsplattform
[it] piattaforma di pagamento
[jp] 決済プラットフォーム
[kr] 결제 플랫폼
[pt] plataforma de pagamento
[ru] платежная платформа
[es] plataforma de pagos

52105 网上支付
[ar] دفع عبر الإنترنت
[en] online payment
[fr] paiement en ligne
[de] Onlinebezahlung
[it] pagamento online
[jp] オンライン決済
[kr] 온라인 결제
[pt] pagamento online
[ru] онлайн-платеж
[es] pago en línea

52106 支付网关
[ar] بوابة الدفع
[en] payment gateway
[fr] passerelle de paiement
[de] Zahlungs-Gateway
[it] gateway di pagamento
[jp] 決済ゲートウェイ
[kr] 결제 게이트웨어
[pt] gateway de pagamento
[ru] платежный шлюз
[es] pasarela de pagos

52107 账户支付
[ar] دفع عبر الحساب الشخصي
[en] account payment
[fr] paiement par compte virtuel
[de] Kontozahlung

[it] pagamento conto
[jp] アカウント決済
[kr] 계좌 지불
[pt] pagamento por conta
[ru] оплата счета
[es] pago en cuenta

52108 电子支付
[ar] دفع إلكتروني
[en] e-payment
[fr] paiement électronique
[de] Elektronische Zahlung
[it] pagamento elettronico
[jp] 電子マネーによる支払い
[kr] 전자 지불
[pt] pagamento electrónico
[ru] электронный платеж
[es] pago electrónico

52109 银行卡收单
[ar] إيصال استلام البطاقة البنكية
[en] bank card acquiring business
[fr] règlement bancaire contre les reçus de carte bancaire
[de] Bankkartenakquisitionsgeschäft
[it] servizio di acquisizione di carta bancaria
[jp] クレジットカード決済
[kr] 은행카드 영수증 획득
[pt] serviço de aceitação de cartão bancário
[ru] услуга эквайринга банковских карт
[es] servicio de adquisición de tarjetas bancarias

52110 互联网支付
[ar] دفع عبر الإنترنت
[en] Internet payment
[fr] paiement sur Internet
[de] Internet-Zahlung
[it] pagamento via Internet
[jp] インターネット決済
[kr] 인터넷 결제

[pt] pagamento pela Internet

[ru] интернет-платеж

[es] pago por Internet

52111 移动支付

[ar] دفع عبر الهاتف النقال

[en] mobile payment

[fr] paiement mobile

[de] Mobile-Zahlung

[it] pagamento mobile

[jp] モバイル決済

[kr] 모바일 결제

[pt] pagamento móvel

[ru] мобильный платеж

[es] pago móvil

52112 预付卡支付

[ar] دفع ببطاقة مسبقة الدفع

[en] prepaid card payment

[fr] paiement par carte prépayée

[de] Zahlung mit Guthabenkarte

[it] pagamento con scheda prepagata

[jp] プリペイドカード決済

[kr] 선불 신용카드 결제

[pt] pagamento com cartão pré-pago

[ru] предоплата картой

[es] pago con tarjeta de prepago

52113 电话支付

[ar] دفع عبر الهاتف الرقمي

[en] telephone payment

[fr] paiement par téléphone

[de] telefonische Zahlung

[it] pagamento via telefono

[jp] 電話決済

[kr] 전화 결제

[pt] pagamento via telefone

[ru] оплата по телефону

[es] pago por teléfono

52114 数字电视支付

[ar] دفع عبر التلفاز الرقمي

[en] payment on TV

[fr] paiement par télévision

[de] Zahlung im Fernsehen

[it] pagamento in televisione digitale

[jp] デジタルテレビ決済

[kr] 디지털 텔레비전 결제

[pt] pagamento em TV digital

[ru] оплата по телевизору

[es] pago por televisión digital

52115 二维码支付

[ar] دفع من خلال رمز الاستجابة السريعة

[en] QR code payment

[fr] paiement par code QR

[de] Zahlung per QR-Code

[it] pagamento via codice QR

[jp] QRコード決済

[kr] QR코드 결제

[pt] pagamento por código bidimensional QR

[ru] оплата по QR-коду

[es] pago mediante código QR

52116 指纹支付

[ar] دفع من خلال بصمات الأصابع

[en] fingerprint payment

[fr] paiement par empreinte digitale

[de] Zahlung per Fingerabdruck

[it] pagamento delle impronte digitali

[jp] 指紋決済

[kr] 지문 결제

[pt] pagamento por impressão digital

[ru] оплата по отпечатку пальца

[es] pago con huellas digitales

52117 人脸识别支付

[ar] دفع من خلال تكنولوجيا التعرف على الوجه

[en] face recognition payment

[fr] paiement par reconnaissance faciale

[de] Zahlung per Gesichtserkennung

[it] pagamento con riconoscimento facciale

[jp] 顔認証決済

[kr] 안면인식 결제

[pt] pagamento por detecção facial

[ru] оплата с помощью распознавания
лица

[es] pago mediante reconocimiento facial

52118 虹膜支付

[ar] دفع من خلال بصمة العين

[en] iris payment

[fr] paiement par iris

[de] Iriszahlung

[it] pagamento con iride

[jp] 虹彩認証決済

[kr] 홍채 결제

[pt] pagamento por íris

[ru] оплата по радужной оболочке глаза

[es] pago mediante iris

52119 电子结算

[ar] تسوية إلكترونية

[en] e-settlement

[fr] règlement électronique

[de] elektronische Abrechnung

[it] liquidazione elettronica

[jp] 電子決済

[kr] 전자 결제

[pt] liquidação electrónica

[ru] электронный расчет

[es] liquidación electrónica

52120 贝宝

[ar] باي بال

[en] PayPal

[fr] PayPal

[de] PayPal

[it] Paypal

[jp] ペイパル

[kr] 페이팔

[pt] PayPal

[ru] PayPal

[es] PayPal

52121 支付宝

[ar] علي باي

[en] Alipay

[fr] Alipay

[de] Alipay

[it] Alipay

[jp] アリペイ

[kr] 알리페이

[pt] Alipay

[ru] Alipay

[es] Alipay

52122 反洗钱

[ar] مكافحة غسل الأموال

[en] anti-money laundering

[fr] lutte contre le blanchiment d'argent

[de] Geldwäschebekämpfung

[it] antiriciclaggio

[jp] マネーロンダリング防止

[kr] 자금세탁 방지

[pt] anti-lavagem de dinheiro

[ru] борьба с обмыванием денег

[es] prevención del blanqueo de dinero

52123 自动清算所系统

[ar] نظام غرفة المقاصة الآلية

[en] automated clearing house

[fr] système automatisé de chambre de
compensation

[de] automatisierte Clearingstelle

[it] clearing house automatizzato

[jp] 自動クリアリングハウスシステム

[kr] 자동 결제소 시스템

[pt] Câmara de Compensação Automatizada

[ru] автоматизированная клиринговая
палата

[es] cámara de compensación automatizada

5.2

5.2.2 网络借贷

[ar] الإقراض على الإنترنت

[en] online lending

[fr] prêt en ligne

[de] Online-Ausleihe

[it] prestito online

[jp] ソーシャルレンディング

[kr] 인터넷 대출

[pt] empréstimos online

[ru] онлайн-кредитование

[es] préstamo en línea

52201 点对点网络借款

[ar] إقراض P2P

[en] peer-to-peer lending

[fr] emprunt en ligne en pair à pair

[de] Peer-To-Peer-Internetsausleihe

[it] prestito P2P

[jp] P2P

[kr] P2P 인터넷 대출

[pt] peer-to-peer

[ru] кредитование peer-to-peer

[es] préstamo en red entre iguales

52202 保兑仓融资

[ar] تمويل مستودع مؤكد

[en] confirming storage financing

[fr] financement par confirmation bancaire d'entrepôt

[de] Finanzierung der bestätigten Lagerung

[it] finanziamento dello stoccaggio garantito

[jp] 確認倉庫ファインナンス

[kr] 확인 창고 융자

[pt] financiamento de armazém garantido

[ru] финансирование подтвержденного хранения

[es] financiación de almacenamiento fiscal

52203 融通仓融资

[ar] تمويل FTW

[en] FTW financing

[fr] financement pour la finance, le logistique et l'entrepôt

[de] Finanzierung der Finanzverkehr und -lagerung

[it] finanziamento FTW

[jp] 金融流通倉庫融資

[kr] 융통창 융자

[pt] financiamento FTW (Finance-Transportation Warehouse)

[ru] финансирование FTW

[es] financiación FTW

52204 应收账款融资

[ar] تمويل حسابات القبض

[en] accounts receivable financing

[fr] financement des comptes clients

[de] Finanzierung durch Forderungen

[it] finanziamento crediti

[jp] 売掛債権融資

[kr] 매출채권 융자

[pt] financiamento de contas a receber

[ru] финансирование дебиторской задолженности

[es] financiación basada en cuentas por cobrar

52205 Zopa平台

[ar] منصة Zopa

[en] Zopa platform

[fr] plate-forme Zopa

[de] Zopa Plattform

[it] piattaforma Zopa

[jp] 「Zopa プラットフォーム」(P2Pソーシャルレンディングプラットフォームの名称)

[kr] 조파(Zopa) 플랫폼

[pt] plataforma Zopa

[ru] платформа Zopa

[es] plataforma de Zopa

52206 Prosper平台

[ar] منصة Prosper

[en] Prosper platform

[fr] plate-forme Prosper

[de] Prosper Plattform

[it] piattaforma Prosper

[jp] 「Prosperプラットフォーム」（P2Pソー
シャルレンディングプラットフォーム
の名称）

[kr] 프로스퍼(Prosper) 플랫폼

[pt] plataforma Prosper

[ru] платформа Prosper

[es] plataforma de Prosper

52207 Lending Club平台

[ar] منصة نادي الإقراض Lending Club

[en] Lending Club platform

[fr] plate-forme Lending Club

[de] Lending Club Plattform

[it] Piattaforma Lending Club

[jp] 「Lending Clubフラットフォーム」
（P2Pソーシャルレンディングプラット
フォームの名称）

[kr] 렌딩 클럽(Lending Club) 플랫폼

[pt] plataforma Lending Club

[ru] платформа Lending Club

[es] plataforma de Lending Club

52208 Kiva机构

[ar] هيئة Kiva

[en] non-profit organization Kiva

[fr] institute Kiva

[de] Kiva (Eine gemeinnützige private Mik-
rofinanzinstitution)

[it] istituzione Kiva

[jp] 「Kiva 機構」（P2Pソーシャルレンディ
ングプラットフォームの名称）

[kr] 키바(Kiva) 기구

[pt] plataforma Kiva

[ru] некоммерческая организация Кива

[es] instituto Kiva

52209 纯线上模式

[ar] نمط أونلاين خالص

[en] pure online mode

[fr] mode en ligne unique

[de] reiner Online-Modus

[it] modalità online pura

[jp] 単純オンラインモード

[kr] 퓨어 온라인 모드

[pt] modo inteiramente online

[ru] чистая онлайн-модель

[es] modo en línea puro

52210 债权转让模式

[ar] نمط التنازل عن حقوق الدائنين

[en] creditors' right transfer mode

[fr] mode de transfert de créance

[de] Übertragungsmodus von Gläubigerrech-
ten

[it] modalità trasferimento dei diritti di
creditori

[jp] 債権譲渡モデル

[kr] 채권 양도 모드

[pt] transferência de direitos dos credores

[ru] модель передачи прав кредиторов

[es] modo de transferencia de derechos de
acreedores

52211 担保模式

[ar] نمط الضمان

[en] guarantee mode

[fr] mode de garantie

[de] Garantiemodus

[it] modalità di garanzia

[jp] 保証モード

[kr] 담보 모드

[pt] modo de garantia

[ru] гарантийная модель

[es] modo de garantía

52212 小贷平台模式

[ar] نمط منصة تقديم القروض الصغيرة

5.2

[en] small loan platform mode
[fr] mode de plate-forme de petit crédit
[de] Plattformmodus für Mikrokredit
[it] modalità di piattaforma di piccolo prestito
[jp] 小額ローンのプラットフォームモデル
[kr] 소액대출 플랫폼 모드
[pt] modelo de plataforma para pequenos empréstimos
[ru] модель платформы микрокредита
[es] modo de plataforma para pequeños préstamos

52213 纯平台模式
[ar] نمط المنصة الخالصة
[en] pure platform mode
[fr] mode de plate-forme unique
[de] reiner Plattformmodus
[it] modalità di piattaforma pura
[jp] 単純プラットフォームモデル
[kr] 퓨어 플랫폼 모드
[pt] modo inteiramente em plataforma
[ru] модель чистой платформы
[es] modo de plataforma puro

52214 数据网贷
[ar] إقراض عبر الإنترنت على أساس تحليل البيانات
[en] data-based online loan service
[fr] service de prêt basé sur les données
[de] datenbasierter Online-Kreditdienst
[it] servizio di prestito online basato sui dati
[jp] 「数拠網貸」（ネットローンのプラットフォームの名称）
[kr] 데이터 기반 인터넷 대출
[pt] serviço de empréstimo baseado em dados
[ru] онлайн-кредитование на основе данных
[es] servicio de crédito basado en datos

52215 网贷指数
[ar] مؤشر إقراض عبر الإنترنت
[en] online lending index
[fr] indice des prêts P2P
[de] Online-Kreditindex
[it] indice dei prestiti P2P
[jp] ネットローンインデックス
[kr] 인터넷 대출 지수
[pt] índice de empréstimos P2P
[ru] индекс онлайн-кредитования
[es] índice de préstamo P2P

52216 网络借贷信息中介机构
[ar] مؤسسات الوساطة لتقديم معلومات الإقراض عبر الإنترنت
[en] online lending information intermediary
[fr] infomédiaire sur les prêts P2P
[de] Vermittler von Online-Kreditinformationen
[it] intermediari informativi di prestiti P2P
[jp] ネットローン情報仲介業者
[kr] 인터넷 대출 정보 중개소
[pt] intermediários de informação de empréstimos peer to peer
[ru] посредник информации онлайн-кредитования
[es] intermediarios de información de préstamos P2P

52217 风险准备金
[ar] احتياطي المخاطر
[en] reserve for risks
[fr] provisions pour risque
[de] Risikoreserve
[it] riserva di rischio
[jp] リスク準備金
[kr] 리스크 준비금
[pt] provisões para risco
[ru] резервный фонд на риски
[es] reservas de riesgo

52218　金融脱媒

[ar] تخطي الوساطة المالية

[en] financial disintermediation

[fr] désintermédiation financière

[de] finanzielle Disintermediation

[it] disintermediazione finanziaria

[jp] 金融機関離れ

[kr] 금융 탈중개화

[pt] desintermediação financeira

[ru] финансовая дезинтермедиация

[es] desintermediación financiera

52219　破产隔离

[ar] حصانة الإفلاس

[en] bankruptcy remote

[fr] mise à l'abri de la faillite

[de] Insolvenz-Insolation

[it] isolamento di fallimento

[jp] 倒産隔離

[kr] 파산격리

[pt] falência-remota

[ru] дистанционное банкротство

[es] aislamiento del riesgo de quiebra

5.2.3　众筹融资

[ar] **التمويل الجماعي**

[en] **Crowdfunding & Financing**

[fr] **Financement participatif**

[de] **Massenfinanzierung**

[it] **Crowdfunding**

[jp] **クラウドファンディング融資**

[kr] **크라우드 펀딩 융자**

[pt] **Financiamento Colaborativo**

[ru] **Финансирование путем краудфандинга**

[es] **Financiación de Micromecenazgo**

52301　众筹

[ar] تمويل جماعي

[en] crowdfunding

[fr] financement communautaire

[de] Massenfinanzierung

[it] crowdfunding

[jp] クラウドファンディング

[kr] 크라우드 펀딩

[pt] financiamento colaborativo

[ru] краудфандинг

[es] micromecenazgo

52302　众筹平台

[ar] منصة تمويل جماعي

[en] crowdfunding platform

[fr] plate-forme de financement participatif

[de] Massenfinanzierung-Plattform

[it] piattaforma di crowdfunding

[jp] クラウドファンディングプラットフォーム

[kr] 크라우드 펀딩 플랫폼

[pt] plataforma de financiamento colaborativo

[ru] краудфандинговая платформа

[es] plataforma de micromecenazgo

52303　线上融资

[ar] تمويل عبر الإنترنت

[en] online financing

[fr] financement en ligne

[de] Online-Finanzierung

[it] finanziamento online

[jp] オンライン融資

[kr] 온라인 융자

[pt] financiamento online

[ru] онлайн-финансирование

[es] financiación en línea

52304　捐赠型众筹

[ar] تمويل جماعي قائم على التبرع

[en] donation-based crowdfunding

[fr] financement participatif basé sur la donation

[de] spendenbasiertes Massenfinanzierung

[it] crowdfunding basato sulla donazione

[jp] 寄付型クラウドファンディング
[kr] 기부형 크라우드 펀딩
[pt] financiamneto colectivo baseado na doação
[ru] краудфандинг на основе пожертвований
[es] micromecenazgo basado en donativos

52305 预售型众筹

[ar] تمويل جماعي سابق البيع
[en] pre-sale crowdfunding
[fr] financement participatif basé sur la pré-vente
[de] Massenfinanzierung vor dem Verkauf
[it] crowdfunding basato sulla prevendita
[jp] 先行販売型クラウドファンディング
[kr] 예매형 크라우드 펀딩
[pt] financiamento colaborativo de pré-venda
[ru] предпродажный краудфандинг
[es] micromecenazgo basado en preventas

52306 股权型众筹

[ar] تمويل جماعي لحقوق الأسهم
[en] equity-based crowdfunding
[fr] financement participatif basé sur l'équité
[de] aktienbasiertes Massenfinanzierung
[it] crowdfunding basato sulle azioni
[jp] 株式投資型クラウドファンディング
[kr] 지분형 크라우드 펀딩
[pt] financiamento colaborativo de investimento
[ru] краудфандинг на основе прав акционеров
[es] micromecenazgo basado en equidades

52307 债权型众筹

[ar] تمويل جماعي لحقوق الدائنين
[en] debt-based crowdfunding
[fr] financement participatif basé sur la dette
[de] schuldenbasiertes Massenfinanzierung
[it] crowdfunding basato sul credito

[jp] 債権型クラウドファンディング
[kr] 채권형 크라우드 펀딩
[pt] financiamento colaborativo baseado em dívida
[ru] краудфандинг на основе прав кредиторов
[es] micromecenazgo basado en derecho de crédito

52308 收益共享

[ar] تقاسم الإيرادات
[en] revenue sharing
[fr] partage des revenus
[de] Gewinn-Sharing
[it] condivisione dei ricavi
[jp] 収益の共有
[kr] 수익 공유
[pt] partilha de receitas
[ru] совместное использование доходов
[es] compartición de beneficios

52309 实物融资

[ar] تمويل عيني
[en] in-kind funding
[fr] financement en nature
[de] Sachfinanzierung
[it] finanziamento in natura
[jp] 現物融資
[kr] 실물 융자
[pt] financiamento em espécie
[ru] финансирование в натуральной форме
[es] financiación de especies

52310 混合模式

[ar] نمط مختلط
[en] hybrid model
[fr] modèle hybride
[de] Hybrid-Modus
[it] modelli ibridi
[jp] 混合モデル
[kr] 하이브리드 모델

[pt] modelos híbridos

[ru] гибридные модели

[es] modos híbridos

52311 PIPRs众筹

[ar] تمويل جماعي PIPRs

[en] private issuers publicly raising (PIPRs)

[fr] financement participatif PIPRs

[de] PIPRs Massenfinanzierung

[it] crowdfunding di PIPRs

[jp] PIPRsクラウドファンディング

[kr] PIPRs 크라우드 펀딩

[pt] financiamento colaborativo PIPRs

[ru] краудфандинг PIPRs

[es] micromecenazgo PIPRs

52312 Title III众筹

[ar] تمويل جماعي Title III

[en] Title III crowdfunding

[fr] financement participatif title III

[de] Title III Massenfinanzierung

[it] crowfunding Title III

[jp] Title IIIクラウドファンディング

[kr] Title III 크라우드 펀딩

[pt] financiamento colaborativo Título III

[ru] краудфандинг Title III

[es] micromecenazgo Title III

52313 注册式众筹

[ar] تمويل جماعي مستند إلى التسجيل

[en] Regulation Crowdfunding

[fr] financement participatif basé sur l'inscription

[de] Registrierungsbasiertes Massenfinanzie-rung

[it] crowdfunding basato sulla registrazione

[jp] 登録式クラウドファンディング

[kr] 등기식 크라우드 펀딩

[pt] Financiamento Colaborativo Baseado em Registro

[ru] краудфандинг, основанный на регулировании

[es] micromecenazgo basado en el registro

52314 JOBS法案

[ar] قانون JOBS

[en] Jumpstart Our Business Startups Act (JOBS Act)

[fr] Jumpstart Our Business Startups Act

[de] JOBS-Gesetz

[it] Legge JOBS

[jp] JOBS 法

[kr] JOBS법안

[pt] Lei do Impulsionamento dos Nossos Negócios Startups

[ru] закон JOBS Act

[es] Ley JOBS (Reactivar nuestra creación de empresas)

52315 蓝天法案

[ar] قانون السماء الزرقاء

[en] Blue Sky Law

[fr] loi Blue Sky

[de] Blau-Himmel-Gesetz

[it] Legge di Cielo Azzurro

[jp] ブルースカイ法

[kr] 블루스카이법

[pt] Lei de Céu Azul

[ru] закон «голубого неба»

[es] Ley de Cielo Azul

52316 Kickstarter平台

[ar] منصة Kickstarter

[en] Kickstarter platform

[fr] plate-forme Kickstarter

[de] Kickstarter Plattform

[it] piattaforma Kickstarter

[jp] Kickstarterプラットフォーム

[kr] 킥 스타터(Kickstarter) 플랫폼

[pt] plataforma Kickstarter

[ru] платформа Kickstarter

[es] plataforma de Kickstarter

52317 IndieGoGo平台
- [ar] منصة IndieGoGo
- [en] IndieGoGo platform
- [fr] plate-forme IndieGoGo
- [de] IndieGoGo Plattform
- [it] piattaforma IndieGoGo
- [jp] IndieGoGoプラットフォーム
- [kr] 인디고고(IndieGoGo) 플랫폼
- [pt] plataforma IndieGoGo
- [ru] платформа IndieGoGo
- [es] plataforma de IndieGoGo

52318 投资者俱乐部
- [ar] نادي المستثمرين
- [en] FundersClub
- [fr] FundersClub
- [de] FundersClub
- [it] Club investitori
- [jp] 投資者クラブ
- [kr] 투자자 클럽
- [pt] Clube do Investidor
- [ru] Клуб инвесторов
- [es] FundersClub

52319 金融错配
- [ar] عدم توافق مالي
- [en] financial mismatch
- [fr] inadéquation financière
- [de] finanzielle Inkongruenz
- [it] discrepanza finanziaria
- [jp] 金融ミスマッチ
- [kr] 금융 미스매치
- [pt] incompatibilidade financeira
- [ru] финансовое несоответствие
- [es] desajuste financiero

52320 直接融资
- [ar] تمويل مباشر
- [en] direct financing
- [fr] financement direct
- [de] direkte Finanzierung
- [it] finanziamento diretto
- [jp] 直接融資
- [kr] 직접 융자
- [pt] financiamento direto
- [ru] прямое финансирование
- [es] financiación directa

5.2.4 小微金融
- [ar] المالية الصغيرة والمتناهية الصغر
- [en] **Finance for Micro and Small Enterprises**
- [fr] **Microfinance**
- [de] **Finanzierung für Klein- und Mikronunternehmen**
- [it] **piccola e micro finanza**
- [jp] **小規模・マイクロファイナンス**
- [kr] **영세금융**
- [pt] **Micro e Pequenas Finanças**
- [ru] **Финансы для микро-и малых предприятий**
- [es] **Micro y Pequeñas Finanzas**

52401 小微企业
- [ar] منشأة صغيرة ومتناهية الصغر
- [en] micro and small enterprise (MSE)
- [fr] micro et petite entreprises
- [de] Klein- und Mikrounternehmen
- [it] piccola e micro impresa
- [jp] 小企業・零細企業
- [kr] 영세 기업
- [pt] micro e pequena empresa
- [ru] микро-и малые предприятия
- [es] microempresas y pequeñas empresas

52402 小微贷款
- [ar] قروض صغيرة ومتناهية الصغر
- [en] loan for micro and small enterprises
- [fr] petit crédit et microcrédit
- [de] Darlehen für Klein- und Mikrounternehmen
- [it] piccolo e micro credito

[jp] 小企業・零細企業向けローン

[kr] 영세 대출

[pt] micro e pequeno empréstimo

[ru] кредит для микро-и малых предприятий

[es] micropréstamos y pequeños préstamos

52403 小额信贷

[ar] تمويلات صغيرة الحجم

[en] small loan

[fr] microfinance

[de] Mikrokredit

[it] piccolo credito

[jp] 小額貸出

[kr] 소액 신용 대출

[pt] microcrédito

[ru] микрофинансирование

[es] microcrédito

52404 小微支行

[ar] فروع البنك الصغيرة والمتناهية الصغر

[en] bank branch for micro and small enterprises

[fr] succursales bancaires pour les micro et petite entreprises

[de] Bankfilialen für Mikro- und Nanokredit

[it] piccole e micro filiali bancarie

[jp] 小企業・零細企業向け銀行支店

[kr] 영세 은행 지점

[pt] micro e pequenas agências bancárias

[ru] отделения банков для микро-и малых предприятий

[es] sucursales de bancos para micropréstamos y pequeños préstamos

52405 微众银行

[ar] بنك وي

[en] WeBank

[fr] WeBank

[de] WeBank

[it] WeBank

[jp] ウィーバンク(ネット銀行名)

[kr] 위뱅크(WeBank)

[pt] WeBank

[ru] WeBank

[es] WeBank

52406 网络小贷

[ar] قروض صغيرة عبر الإنترنت

[en] online small loan

[fr] petit crédit en ligne

[de] Online-Mikrokredit

[it] piccolo credito online

[jp] 小額ネットローン

[kr] 인터넷 소액 대출

[pt] pequeno empréstimo online

[ru] онлайн-малый кредит

[es] microcrédito en línea

52407 电商小贷

[ar] قروض صغيرة عبر منصة التجارة الإلكترونية

[en] e-commerce small loan

[fr] petit crédit pour le commerce électronique

[de] E-Commerce-Mikrokredit

[it] piccolo credito di e-commerce

[jp] 小額Eコマースローン

[kr] 전자상거래 소액 대출

[pt] empréstimos de microcrédito no comércio electrónico

[ru] малый кредит для электронной коммерции

[es] microcrédito de comercio electrónico

52408 第三方支付小贷

[ar] قروض صغيرة مدفوعة من قبل الطرف الثالث

[en] small loan from third-party payment service providers

[fr] petit crédit proposé par le prestataire du service de tiers payant

[de] Zahltagdarlehen von einem Drittanbieter für Zahlungsservice

5.2

[it] piccolo credito pagato dalla terza parte

[jp] 決済による小額ローン

[kr] 제 3 자 결제 소액 대출

[pt] pagamento de microcrédito por terceiros

[ru] малый кредит от сторонних поставщиков платежных услуг

[es] microcrédito proporcionado por tercero para pagos

52409 第三方小贷

[ar] قروض صغيرة لصالح الطرف الثالث

[en] third-party small loan

[fr] petit crédit proposé par la tierce personne

[de] Mikrokredit von Drittanbietern

[it] piccolo credito della terza parte

[jp] サードパーティローン

[kr] 제 3 자 소액 대출

[pt] microcrédito de terceiros

[ru] сторонний малый кредит

[es] microcrédito de terceros

52410 P2P网络贷款

[ar] قرض P2P على الإنترنت

[en] P2P online loan

[fr] prêt en ligne P2P

[de] P2P-Online-Darlehen

[it] credito P2P

[jp] P2Pレンディング

[kr] P2P 인터넷 대출

[pt] empréstimo P2P

[ru] онлайн-кредит P2P

[es] préstamo P2P

52411 非P2P网络小贷

[ar] قروض صغيرة عبر الشبكة غير P2P

[en] non-P2P online small loan

[fr] microfinance en ligne non P2P

[de] Nicht-P2P-Online-Mikrokredit

[it] piccoli crediti di Internet non P2P

[jp] P2P 以外のネットワーク小額融資

[kr] 비 P2P 인터넷 소액 대출

[pt] microfinanças de rede não P2P

[ru] онлайн-малый кредит не-P2P

[es] microfinanciación de redes no P2P

52412 商业银行电商小贷

[ar] قروض صغيرة لبنك التجارة من منصة التجارة الإلكترونية

[en] e-commerce small loan from commercial banks

[fr] petit crédit pour le commerce électronique proposé par les banques commerciales

[de] Mikro E-Commerce-Kredite von einer Geschäftsbank

[it] piccoli crediti di e-commerce dalla banca commerciale

[jp] 商業銀行のEコマース小額ローン

[kr] 상업은행 전자상거래 소액 대출

[pt] microcrédito de bancos comerciais para comércio eletrónico

[ru] малый кредит электронной коммерции от коммерческих банков

[es] microcréditos de comercio electrónico de banco comercial

52413 全球小微金融奖

[ar] جائزة عالمية لممولي المنشآت الصغيرة

[en] Global SME Finance Awards

[fr] Prix mondial de financement des PME

[de] Globaler Mikrofinanzpreis

[it] Premio globale di microfinanza

[jp] グローバルマイクロファイナンス賞

[kr] 글로벌 영세금융 어워즈

[pt] Prêmio de Microfinança Global

[ru] Глобальная финансовая премия для микро-и малых предприятий

[es] Premio Global de Financiación a las Pymes

52414 第三代小微贷款技术

[ar] تكنولوجيا القروض للمنشآت الصغيرة للجيل الثالث

52415 ▸ 52419

[en] third-generation loan technology for micro and small enterprises
[fr] technologie de petit crédit de microcrédit de 3ᵉ génération
[de] Klein- und Mikrokredittechnologie dritter Generation
[it] la terza generazione della tecnologia creditizia per le piccole e micro imprese
[jp] 第三世代小企業・零細企業向けローン技術
[kr] 제 3 대 영세 대출 기술
[pt] terceira geração da tecnologia de empréstimos de microcréditos
[ru] кредитная технология третьего поколения для микро-и малых предприятий
[es] tecnología de la tercera generación crediticia de préstamos para microempresas y pequeñas empresas

52415 IPC模式
[ar] نمط IPC
[en] inter-process communication (IPC)
[fr] communication inter-processus
[de] Prozessübergreifende Kommunikation
[it] modalità IPC
[jp] IPCモデル
[kr] IPC 모델(프로세스 간 통신 모델)
[pt] Comunicação entre Processos
[ru] модель межпроцессного взаимодействия
[es] comunicación entre procesos

52416 信贷工厂
[ar] مصنع التسليف
[en] credit factory
[fr] usine de crédit
[de] Kreditfabrik-Modus
[it] fabbrica di credito
[jp] クレジットファクトリー
[kr] 신용대출 공장
[pt] fábrica de crédito
[ru] кредитная фабрика
[es] fábrica de crédito

52417 Kabbage公司
[ar] شركة Kabbage
[en] Kabbage Inc.
[fr] Société Kabbage
[de] Kabbage (eine Kreditplattform für Kleinunternehmen)
[it] Impresa Kabbage
[jp] Kabbage 会社
[kr] 캐비지 회사
[pt] empresa Kabbage
[ru] компания Kabbage
[es] plataforma Kabbage

52418 微粒贷
[ar] تسليف معروف بـ وي لي داي
[en] Weilidai
[fr] Weilidai
[de] Weilidai
[it] Weilidai
[jp] 微粒貸（ネット銀行の金融商品の一つ）
[kr] 웨이리다이(微粒貸: 인터넷 은행의 금융 상품 명칭)
[pt] o microcrédito Weilidai
[ru] Weilidai
[es] Weilidai

52419 蚂蚁金服
[ar] مجموعة النملة للخدمات المالية
[en] Ant Financial Services Group
[fr] Ant Financial Service Group
[de] Ant Financial Service Group
[it] Gruppo di sevizi finanziari della formica
[jp] 「蚂蚁金服」（アント・フィナンシャルサービスグループ）
[kr] 앤트 파이낸셜 서비스
[pt] Ant Financial Services Group
[ru] Группа Ant Financial Services

5.2

471

[es] Ant Financial, la filial financiera de
Alibaba

52420 中国小额信贷机构联席会

[ar] اجتماع مشترك لمؤسسات التمويل الصغير الصينية

[en] China Microfinance Institution
Association

[fr] Association chinoise des institutions de
microfinance

[de] Verband der chinesischen Mikrofinanz-
institutionen

[it] Associazione delle Istituzioni dei Piccoli
Crediti della Cina

[jp] 中国小額融資機構連盟

[kr] 중국소액신용대출기관협회

[pt] Associação de Entidades de Micro e
Pequenas Finanças da China

[ru] Ассоциация микрофинансовых
организаций Китая

[es] Asociación de Institutos de
Microfinanzas de China

52421 全国中小企业股份转让系统

[ar] نظام صيني للتنازل عن حصص الأسهم للشركات
المتوسطة والصغيرة

[en] National SME Share Transfer System

[fr] Système national de cession d'actions
des petites et moyennes entreprises

[de] Nationales System zur Übertragung von
KMU-Anteilen

[it] Sistema nazionale di trasferimento delle
azioni per le PMI

[jp] 全国中小企業株式讓渡システム

[kr] 전국 중소기업 주식양도 시스템

[pt] Sistema Nacional de Transferência de
Ações para Pequenas e Médias Empresas

[ru] Национальная система передачи
акций малого и среднего
предпринимательства

[es] Sistema Nacional de Transferencia de
Compartición para Pymes

5.2.5 金融信息服务

[ar] خدمة المعلومات المالية

[en] Financial Information Service

[fr] Service d'informations financières

[de] Finanzinformationsservice

[it] Servizio di informazione finanziaria

[jp] 金融情報サービス

[kr] 금융 정보 서비스

[pt] Serviço da Informação Financeira

[ru] Услуги финансовой информации

[es] Servicio de Información Financiera

52501 金融全球化

[ar] عولمة مالية

[en] financial globalization

[fr] mondialisation financière

[de] finanzielle Globalisierung

[it] globalizzazione finanziaria

[jp] 金融グローバル化

[kr] 금융 글로벌화

[pt] globalização financeira

[ru] финансовая глобализация

[es] globalización financiera

52502 金融信息

[ar] معلومات مالية

[en] financial information

[fr] information financière

[de] Finanzinformation

[it] informazioni finanziarie

[jp] 金融情報

[kr] 금융 정보

[pt] informação financeira

[ru] финансовая информация

[es] información financiera

52503 金融信息服务提供商

[ar] مزود خدمة المعلومات المالية

[en] financial information service provider

[fr] prestataire de services d'informations
financières

[de] Anbieter von Finanzinformationsdiens-
ten

[it] fornitore di servizi di informazione
finanziaria

[jp] 金融情報サービスプロバイダー

[kr] 금융 정보 서비스 제공업체

[pt] fornecedor dos serviços da informação
financeira

[ru] поставщик услуг финансовой
информации

[es] proveedor de servicios de información
financiera

52504 金融信息服务业

[ar] صناعة خدمة المعلومات المالية

[en] financial information service industry

[fr] secteur de services d'informations
financières

[de] Finanzinformationen-Dienstleistungs-
branche

[it] settore dei servizi di informazione
finanziaria

[jp] 金融情報サービス業

[kr] 금융 정보 서비스업

[pt] indústria dos serviços da informação
financeira

[ru] сфера услуг финансовой информации

[es] sector de servicios de información
financiera

52505 金融中介

[ar] وساطة مالية

[en] financial intermediary

[fr] intermédiaire financier

[de] Finanzvermittler

[it] intermediario finanziario

[jp] 金融仲介

[kr] 금융중개기관

[pt] intermediação financeira

[ru] финансовый посредник

[es] intermediario financiero

52506 金融信息服务牌照

[ar] رخصة خدمة المعلومات المالية

[en] financial information service license

[fr] licence de service d'informations
financières

[de] Lizenz für Finanzinformationsdiensten

[it] licenza di servizio di informazioni
finanziarie

[jp] 金融情報サービスライセンス

[kr] 금융 정보 서비스 라이센스

[pt] licença do serviço da informação
financeira

[ru] лицензия на предоставление
финансовой информации

[es] licencia de servicios de información
financiera

52507 跨境金融区块链服务平台

[ar] منصة خدمة سلسلة الكتلة المالية العابرة الحدود

[en] cross-border financial blockchain service
platform

[fr] plate-forme de service transfrontalier de
chaîne de blocs financière

[de] grenzüberschreitende finanzielle Block-
chain-Serviceplattform

[it] piattaforma di servizi di catena di blocco
finanziaria transfrontaliera

[jp] 越境金融ブロックチェーンサービスプ
ラットフォーム

[kr] 크로스보더 금융 블록체인 서비스 플랫
폼

[pt] plataforma de serviço financeiro
transfronteiriço de blockchain

[ru] платформа услуг блокчейна
трансграничных финансов

[es] plataforma de servicios de cadena de
bloques financieros transfronterizos

52508 互联网金融门户

[ar] بوابة مالية للانترنت

[en] Internet finance portal

5.2

[fr] portail de cyberfinance
[de] Internet-Finanzportal
[it] portale di finanza Internet
[jp] インターネット金融ポータル
[kr] 인터넷 금융 포털
[pt] portal para finança na Internet
[ru] портал интернет-финансов
[es] portal de finanzas en Internet

52509 金融信息服务产业集群
[ar] مجموعة صناعة خدمات المعلومات المالية
[en] financial information service industry cluster
[fr] regroupement industriel des services d'informations financières
[de] Cluster für Finanzinformationsdienste
[it] cluster del settore dei servizi di informazione finanziaria
[jp] 金融情報サービス産業クラスター
[kr] 금융 정보 서비스 산업 클러스터
[pt] agrupamento industrial dos serviços da informação financeira
[ru] кластер индустрии финансовых информационных услуг
[es] clúster del sector de servicios de información financiera

52510 国际金融信息服务产业基地
[ar] قاعدة صناعة خدمات المعلومات المالية الدولية
[en] International Financial Information Service Industry Base
[fr] base industrielle internationale des services d'informations financières
[de] Internationale Basis der Finanzinforma-tionsdienste
[it] base del settore di servizi di informazione finanziaria internazionale
[jp] 国際金融情報サービス産業基地
[kr] 국제금융정보서비스산업단지
[pt] Base Internacional de Indústria de Serviços de Infromações Financeiras

[ru] Международная база индустрий финансовых информационных услуг
[es] base del sector de servicios de información financiera internacional

52511 汤森路透
[ar] طومسون رويترز
[en] Thomson Reuters
[fr] Thomson Reuters
[de] Thomson Reuters
[it] Thomson Reuters
[jp] トムソン・ロイター
[kr] 톰슨 로이터
[pt] Thomson Reuters
[ru] Thomson Reuters
[es] Thomson Reuters

52512 彭博终端
[ar] نهاية طرفية بيانية بلومبرغ
[en] Bloomberg terminal
[fr] terminal Bloomberg
[de] Bloomberg Terminal
[it] terminale di Bloomberg
[jp] 「ブルームバーグプロフェッショナルサービス」
[kr] 블룸버그 터미널
[pt] terminal Bloomberg
[ru] терминал Блумберг
[es] terminal Bloomberg

52513 新华08金融信息平台
[ar] منصة الخدمات المالية من شينخوا 08
[en] xinhua08.com (a financial information platform)
[fr] xinhua08.com (plate-forme de services financiers)
[de] xinhua08.com (eine Finanzinformations-plattform)
[it] piattaforma delle informazioni finanziarie Xinhua 08
[jp] 「新華08」(金融情報プラットフォーム)

[kr] 신화 08 금융 정보 플랫폼

[pt] Xinhua08.com (plataforma de informação financeira)

[ru] xinhua08.com (платформа финансовых информации)

[es] Xinhua 08 (plataforma de informaciones financieras)

52514　万得资讯

[ar] معلومات وانده

[en] Wind

[fr] Wind

[de] Wind

[it] Wind

[jp] 「万得インフォーメーション」（金融情報プラットフォーム）

[kr] 윈드 인포메이션

[pt] Wind

[ru] Wind

[es] Wind

52515　金融数据中心

[ar] مركز البيانات المالية

[en] financial data center

[fr] centre de données financières

[de] Finanzdatenzentrum

[it] centro dei dati finanziari

[jp] 金融データセンター

[kr] 금융 데이터 센터

[pt] centro de dados financeiros

[ru] центр обработки финансовых данных

[es] centro de datos financieros

52516　信息披露

[ar] كشف عن المعلومات

[en] information disclosure

[fr] divulgation d'informations

[de] Offenlegung von Informationen

[it] rilevazione delle informazioni

[jp] 情報開示

[kr] 정보 공표

[pt] divulgação de informação

[ru] раскрытие информации

[es] revelación de información

52517　中国—东盟金融信息服务平台

[ar] منصة خدمات المعلومات المالية بين الصين - آسيان

[en] China-ASEAN Financial Information Service Platform

[fr] Plate-forme de services d'informations financières Chine-ASEAN

[de] Plattform für Finanzinformationsservice zwischen China und der ASEAN

[it] Piattaforma di servizio di informazione finanziaria Cina-ASEAN

[jp] 中国ー ASEAN 金融情報サービスプラットフォーム

[kr] 중국-동남아 국가 연합 금융 정보 서비스 플랫폼

[pt] Plataforma de Serviço de Informações Financeiras China-ASEAN

[ru] Платформа услуг финансовой информации Китай-АСЕАН

[es] Plataforma de Servicios de Información Financiera China-ASEAN

52518　金融超市

[ar] سوبر ماركت مالي

[en] financial supermarket

[fr] supermarché financier

[de] finanzieller Supermarkt

[it] supermercato finanziario

[jp] ファイナンススーパーマーケット

[kr] 금융 마트

[pt] FinSupermarket

[ru] финансовый супермаркет

[es] supermercado financiero

[ar]   ابتكار النمط المالي
[en] Financial Model Innovation
[fr] Innovation de modèle financier
[de] Innovation von Finanzmodus
[it] Innovazione del modello finanziario
[jp] 金融モデルの革新
[kr] 금융 모델 혁신
[pt] Inovação do Modelo Financeiro
[ru] Инновации финансовой модели
[es] Innovación en Modelos Financieros

5.3.1 平台金融

[ar]   منصة المالية
[en] **Platform Finance**
[fr] **Finance sur plate-forme**
[de] **Plattform-Finanz**
[it] **Finanziamento della piattaforma**
[jp] **プラットフォームファイナンス**
[kr] **플랫폼 금융**
[pt] **Finanças de Plataformas**
[ru] **Финансовая платформа**
[es] **Finanzas en Plataformas**

53101 第三方网络平台

[ar]   منصة شبكية للطرف الثالث
[en] third-party network platform
[fr] plate-forme de tierce personne
[de] Netzwerkplattform eines Drittanbieters
[it] piattaforma Internet della terza parte
[jp] 第三者ネットワーク・プラットフォーム
[kr] 제 3 자 네트워크 플랫폼
[pt] plataforma online terceirizada
[ru] сторонняя сетевая платформа
[es] plataforma de red de terceros

53102 类金融业务

[ar]   أعمال شبه مالية
[en] quasi-financial business
[fr] opération quasi-financière
[de] quasi-finanzielles Geschäft
[it] affari quasi finanziari
[jp] 準金融事業
[kr] 준금융업무
[pt] negócios quase-financeiros
[ru] квази-финансовый бизнес
[es] negocio cuasifinanciero

53103 网络借贷平台

[ar]   منصة الإقراض عبر الإنترنت
[en] online lending platform
[fr] plate-formes de prêt P2P
[de] Online-Darlehensplattformen
[it] piattaforma di prestito P2P
[jp] P2P レンディングプラットフォーム
[kr] 네트워크 대출 플랫폼
[pt] plataformas de empréstimo peer to peer
[ru] сетевая кредитная платформа
[es] plataformas de préstamo P2P

53104 芝麻信用

[ar] ‫انتمان نشه ما‬

[en] Zhima Credit

[fr] Sésame crédit

[de] Sesam-Kredit

[it] Credito Sesame

[jp] セサミクレジット

[kr] 세서미 크레딧

[pt] Crédito de Gergelim (produto da Ant Financial Service)

[ru] кредитный рейтинг Zhima Credit

[es] Crédito Sésamo

53105 社会价值链

[ar] ‫سلسلة القيمة الاجتماعية‬

[en] social value chain

[fr] chaîne de valeur sociale

[de] soziale Wertschöpfungskette

[it] catena del valore sociale

[jp] ソーシャルバリューチェーン

[kr] 사회 가치사슬

[pt] cadeia de valor social

[ru] социальная цепочка создания стоимости

[es] cadena de valor social

53106 信息货币化

[ar] ‫تسييل المعلومات‬

[en] information monetization

[fr] monétisation de l'information

[de] Monetarisierung von Informationen

[it] monetizzazione delle informazioni

[jp] 情報の貨幣化(データマネタイゼーション)

[kr] 정보 화폐화

[pt] monetização de dados

[ru] монетизация информации

[es] monetización de información

53107 表内外投资

[ar] ‫استثمار داخل وخارج الميزانية العمومية‬

[en] on- and off-balance-sheet investment

[fr] investissement dans le bilan et hors bilan

[de] Investitionen in und außerhalb der Bilanz

[it] investimento in bilancio e fuori bilancio

[jp] オン＆オフ・バランスシート投資

[kr] 대차대조표 내외 투자

[pt] investimentos interiores e exteriores da folha do balanço

[ru] балансовые и внебалансовые инвестиции

[es] inversión en balance y fuera de balance

53108 风险防控主体责任

[ar] ‫مسؤولية رئيسية عن الوقاية من المخاطر والسيطرة عليها‬

[en] primary responsibility for risk prevention and control

[fr] responsabilité première de la prévention et du contrôle des risques

[de] Verantwortung des Hauptorgans fürRisikoprävention und -kontrolle

[it] responsabilità primaria per la prevenzione e il controllo dei rischi

[jp] リスク予防と管理の主体責任

[kr] 리스크 예방 및 제어 주체 책임

[pt] responsabilidade primária pela prevenção e controlo de riscos

[ru] основная ответственность за предотвращение и контроль рисков

[es] responsabilidad principal de la prevención y el control de riesgos

53109 保证保险

[ar] ‫تأمين مضمون‬

[en] bond insurance

[fr] assurance de garantie

[de] Garantie-Versicherung

[it] assicurazione di fideiussione

[jp] 保証保険

[kr] 보증보험

5.3

[pt] seguro-caução

[ru] страхование облигаций

[es] seguro de garantía

53110 自主风控原则

[ar] مبدأ التحكم الذاتي للمخاطر

[en] autonomous risk control principle

[fr] principe de maîtrise des risques autonome

[de] Prinzip der autonomen Risikokontrolle

[it] principio di controllo del rischio autonomo

[jp] 自主的リスク管理原則

[kr] 자율 리스크 제어 원칙

[pt] princípio autónomo de controlo de risco

[ru] принцип автономного управления рисками

[es] principio de control autónomo de riesgos

53111 动态评估风控模型

[ar] نموذج التحكم في المخاطر من خلال التقييم الديناميكي

[en] dynamic assessment model for financial risk control

[fr] modèle d'évaluation dynamique pour le contrôle des risques financiers

[de] dynamisches Bewertungs für die finan-zielle Risikokontrolle

[it] modello di valutazione dinamica per il controllo di rischio finanziario

[jp] リスク管理動的評価モデル

[kr] 동적 리스크 제어 평가 모델

[pt] modelo dinâmico de avaliação para controlo de risco financeiro

[ru] динамическая модель оценки для контроля рисков

[es] modelo de evaluación dinámica para el control de riesgos financieros

53112 客户身份意愿真实性

[ar] مصداقية هوية العميل وإرادته

[en] authenticity of customer identity and will

[fr] authenticité de l'identité et de la volonté du client

[de] Wahrhaftigkeit der Kundenidentität und -wille

[it] veridicità dell'identità e volontà del cliente

[jp] 顧客アイデンティティと意志の真実性

[kr] 고객 신분 염원 진실성

[pt] veracidade da identidade do cliente e vontade

[ru] правдивость идентификации и намерений клиентов

[es] veracidad de la identidad y la voluntariedad del cliente

53113 新增授信客户风险评估

[ar] تقييم المخاطر للعميل الجديد الحاصل على الدعم المالي

[en] risk assessment for new credit customers

[fr] évaluation des risques des nouveaux clients pour l'octroi de crédit

[de] Risikobewertung für neue Kreditkunden

[it] valutazione del rischio per i nuovi clienti della concessione di crediti

[jp] 新規与信顧客に対するリスク評価

[kr] 신규 여신 고객 리스크 평가

[pt] avaliação de risco para novos clientes de concessão de crédito

[ru] оценка рисков с новым кредитным рейтингом клиентов

[es] evaluación de riesgos para clientes nuevos de concesión de créditos

53114 产融结合生态

[ar] إيكولوجيا الجمع بين الصناعة والمالية

[en] ecology of industry-finance integration

[fr] écologie de combinaison entre l'industrie et la finance

[de] Ökologie der Kombination von Industrie

und Finanz
[it] ecologia della combinazione tra industria e finanza
[jp] 産業・金融業融合の生態
[kr] 산업과 금융 통합 생태
[pt] ecossistema da combinação entre indústria e finanças
[ru] экология финансово-промышленной интеграции
[es] ecología de la combinación entre industria y finanzas

53115 国家融资担保基金
[ar] صندوق وطني لضمان التمويل
[en] national financing guarantee fund
[fr] fonds national de garantie de financement
[de] nationaler Finanzierungsgarantiefonds
[it] fondi garantiti da finanziamento nazionale
[jp] 国家融資担保基金
[kr] 국가 융자담보기금
[pt] Fundo Nacional da Garantia de Financiamento
[ru] фонд гарантирования национального финансирования
[es] fondo nacional de garantía financiera

53116 浏览器数字证书
[ar] شهادة المتصفح الرقمية
[en] browser digital certificate
[fr] certificat numérique de navigateur
[de] digitales Zertifikat des Browsers
[it] certificato digitale del browser
[jp] ブラウザのデジタル証明書
[kr] 웹 브라우저 디지털 증명서
[pt] certificado digital do navegador
[ru] цифровой сертификат браузера
[es] certificado digital de navegador

53117 USBKey数字证书
[ar] شهادة USBKey الرقمية
[en] USBKey digital certificate
[fr] certificat numérique clé USB
[de] USBKey digitales Zertifikat
[it] certificazione digitale USBKey
[jp] USBKeyデジタル証明書
[kr] USB키 디지털 증명서
[pt] Certificado digital de Chave USB
[ru] цифровой сертификат USBKey
[es] Certificado Digital USB Clave

53118 动态口令卡验证机制
[ar] آلية توثيق بطاقة كلمة المرور الديناميكية
[en] dynamic code verification (DCV) card
[fr] mécanisme de vérification par carte de mot de passe dynamique
[de] dynamischer Passwortkarten-Überprü-fungsmechanismus
[it] meccanismo di verifica di carta di password dinamico
[jp] 動的コード検証メカニズム
[kr] 동적 패스워드 인증 메커니즘
[pt] mecanismo de verificação por cartão de senha descartável
[ru] механизм подтверждения с динамическим верификационным кодом
[es] mecanismo de verificación de tarjeta de contraseña dinámica

53119 手机短信密码验证
[ar] تحقق من كلمة المرور من خلال الرسائل القصيرة للهاتف المحمول
[en] SMS code verification
[fr] vérification du mot de passe par SMS
[de] SMS-Passwortbestätigung
[it] verifica password SMS
[jp] SMS 認証
[kr] 휴대폰 메시지 코드 인증
[pt] verificação de senha por SMS

479

[ru] подтверждение паролей по CMC
[es] verificación de contraseña mediante SMS

53120 跨平台支付网关
[ar] بوابة الدفع الشبكية العابرة المنصة
[en] cross-platform gateway payment (CPPG)
[fr] passerelle de paiement cross-platform
[de] plattformübergreifendes Zahlungs-Gate-way
[it] gateway di pagamento multipiattaforma
[jp] クロスプラットフォーム決済ゲートウェイ
[kr] 크로스 플랫폼 결제 게이트웨이
[pt] Gateway de Pagamento de Multiplataforma
[ru] кроссплатформенный платежный шлюз
[es] pasarela de pagos entre plataformas distintas

53121 CA认证中心
[ar] مركز توثيق CA
[en] certificate authority (CA) center
[fr] centre de l'autorité de certification
[de] Zertifizierungsstelle
[it] centro di autorità certificativa
[jp] 認証局
[kr] CA인증센터
[pt] Autoridade de Certificação
[ru] центр сертификации
[es] centro de autoridad de certificación

5.3.2 供应链金融
[ar] مالية سلسلة التوريد
[en] Supply Chain Finance
[fr] Finance de chaîne d'approvisionnement
[de] Lieferkette-Finanz
[it] Finanza della catena di approvvigionamento
[jp] サプライチェーンファイナンス

[kr] 공급 사슬 금융
[pt] Françasda Cadeia de Suprimentos
[ru] Финансы цепочки поставок
[es] Finanzas de la Cadena de Suministro

53201 供应链融资银行
[ar] بنك تمويل سلسلة التوريد
[en] supply chain financing bank
[fr] banque de financement pour la chaîne d'approvisionnement
[de] Lieferkettenfinanzierungsbank
[it] banca di finanziamento di catena di approvvigionamento
[jp] サプライチェーン融資銀行
[kr] 공급 사슬 융자 은행
[pt] banco de financiamento da cadeia de suprimentos
[ru] банк финансирования цепочки поставок
[es] banco de financiación para la cadena de suministro

53202 定额不限次网上小额贷款
[ar] قروض محددة متكررة صغيرة على الإنترنت
[en] unlimited online small loans with fixed quota
[fr] petit prêt en ligne illimité avec quota fixe
[de] mehrmaliger Online-Mikrokredit mit fester Quote
[it] prestito piccolo online illimitato con quota fissa
[jp] 定額付きの無制限小規模ローン
[kr] 정액 무제한 온라인 소액 대출
[pt] Empréstimos de microcréditos online ilimitados com valor fixo
[ru] безлимитные онлайн-малые кредиты с фиксированной квотой
[es] microcréditos en línea ilimitados con cuota fija

53203 信贷台账系统
[ar] نظام قائمة الحسابات للتسليف
[en] credit ledger system
[fr] système de comptabilité de crédit
[de] Kredithauptbuchssystem
[it] sistema di contabilità del credito
[jp] クレジット台帳システム
[kr] 신용 대출 장부 시스템
[pt] sistema de contabilidade de crédito
[ru] система кредитного учета
[es] sistema de contabilidad de crédito

53204 分布式支付
[ar] دفع موزع
[en] distributed payment
[fr] paiement distribué
[de] verteilte Zahlung
[it] pagamento distribuito
[jp] 分散型決済
[kr] 분산형 결제
[pt] pagamento distribuído
[ru] распределенный платеж
[es] pago distribuido

53205 预付账款融资模式
[ar] نمط تمويل بالحسابات المدفوعة مسبقا
[en] prepayment financing model
[fr] financement par prépaiement
[de] Finanzierungsmodus der Vorauszahlung
[it] finanziamento con pagamento anticipato
[jp] プリペイドファイナンスモデル
[kr] 선불금 융자방식
[pt] financiamento de pré-pagamento
[ru] модель финансирования авансовых платежей
[es] modelo de financiación de prepago de cuentas

53206 动产质押融资模式
[ar] نمط تمويل برهن الأملاك المنقولة
[en] movable property pledge financing model

[fr] financement par nantissement de biens meubles
[de] Finanzierungsmodus der Verpfändung von Mobilien
[it] modello di finanziamento di pegno di proprietà mobile
[jp] 動産担保融資モデル
[kr] 동산 저당 융자방식
[pt] modelo de bens móveis como garantia financeira
[ru] модель финансирования залога движимого имущества
[es] modelo de financiación de hipoteca mobiliaria

53207 供应链管理信息技术支撑体系
[ar] نظام دعم تكنولوجيا المعلومات لإدارة سلسلة التوريد
[en] supporting system of information technology for supply chain management
[fr] système de soutien informatique à la gestion de la chaîne d'approvisionnement
[de] Unterstützungssystem für die Informationstechnik zur Verwaltung der Lieferkette
[it] sistema di sostegno della tecnologia dell'informazione di gestione della catena di approvvigionamento
[jp] サプライチェーン管理情報技術支援システム
[kr] 공급 사슬 관리 정보 기술 지원 체계
[pt] sistema de suporte à tecnologia de informação para o gestão da cadeia de suprimentos
[ru] система поддержки информационных технологий для управления цепочками поставок
[es] sistema de apoyo a la tecnología de la información para la gestión de la cadena de valor

5.3

5.3

53208 供应链金融信息平台

[ar] منصة المعلومات المالية لسلسلة التوريد

[en] supply chain finance (SCF) information platform

[fr] plate-forme d'informations financières de chaîne d'approvisionnement

[de] Informationsplattform für Lieferkette-Finanz

[it] piattaforma di informazione della catena di approvvigionamento finanziario

[jp] サプライチェーンファイナンス情報プラットフォーム

[kr] 공급 사슬 금융 정보 플랫폼

[pt] plataforma de informação financeirada cadeia de suprimentos

[ru] платформа финансовой информации о цепочках поставок

[es] plataforma de información para las Finanzas de la Cadena de Suministro

53209 供应链金融交易透明度

[ar] شفافية المعاملات المالية لسلسلة التوريد

[en] transparency of supply chain finance (SCF) transactions

[fr] transparence des transactions de finance de chaîne d'approvisionnement

[de] Transparenz der Transaktion in der Lieferkette-Finanz

[it] trasparenza delle transazioni della catena di approvvigionamento finanziario

[jp] サプライチェーンファイナンス透明度

[kr] 공급 사슬 금융 거래 투명도

[pt] transparência de transação financeira da cadeia de suprimentos

[ru] прозрачность цепочки поставок транзакций

[es] transparencia en las transacciones en las Finanzas de la Cadena de Suministro

53210 开放式供应链金融平台

[ar] منصة مالية لسلسلة التوريد المفتوحة

[en] open platform for supply chain finance (SCF)

[fr] plate-forme ouverte de finance de chaîne d'approvisionnement

[de] offene Plattform für Lieferkette-Finanz

[it] piattaforma aperta della catena di approvvigionamento finanziario

[jp] 開放式サプライチェーンファイナンスプラットフォーム

[kr] 개방형 공급 사슬 금융 플랫폼

[pt] plataforma aberta financeira da cadeia do fornecimento

[ru] финансовая платформа открытой цепочки поставок

[es] plataforma financiera para la cadena de suministro abierta

53211 供应链金融可信任环境

[ar] بيئة موثوقة لمالية سلسلة التوريد

[en] trusted environment for supply chain finance (SCF)

[fr] environnement fiable pour la finance de chaîne d'approvisionnement

[de] zuverlässige Umgebung für Lieferkette-Finanz

[it] ambiente affidabile della catena di approvvigionamento finanziario

[jp] 信頼できるサプライチェーンファイナンス環境

[kr] 공급 사슬 금융 신뢰 가능 환경

[pt] ambiente financeiro confiável da cadeia de suprimentos

[ru] надежная среда для финансирования цепочки поставок

[es] entorno de confianza para las Finanzas de la Cadena de Suministro

53212 供应链一体化解决方案

[ar] حلول تكاملية لسلسلة التوريد

[en] supply chain integrated solution

[fr] solution intégrale pour la chaîne

d'approvisionnement
[de] Integrationslösung für Lieferkette
[it] soluzione di integrazione della catena di approvvigionamento
[jp] サプライチェーン一括金融ソリューション
[kr] 공급 사슬 일체화 해결방안
[pt] solução integrada da cadeia de suprimentos
[ru] решение по интеграции цепочки поставок
[es] solución de integración de la cadena de suministro

53213 应收账款质押
[ar] رهن الأرصدة الواجب قبضها
[en] accounts receivable pledging
[fr] nantissement de créance
[de] Verpfändung von Forderungen
[it] impegno di crediti
[jp] 売掛債権担保
[kr] 매출채권 질권
[pt] penhora de contas a receber
[ru] залог дебиторской задолженности
[es] hipoteca de cuentas por cobrar

53214 应收账款池融资
[ar] تمويل مجمع الأرصدة الواجب قبضها
[en] accounts receivable pool financing
[fr] financement des comptes débiteurs
[de] Finanzierung auf Basis des Forderungspools
[it] finanziamento basato sul pool di crediti
[jp] 売掛債権プール融資
[kr] 매출채권 풀 융자
[pt] financiamento baseado na piscina de contas a receber
[ru] финансирование на основе пула дебиторской задолженности
[es] financiación de cuentas agrupadas por cobrar

53215 标准仓单质押
[ar] رهن وثيقة المستودع القياسي
[en] standard warehouse receipt pledging
[fr] nantissement de récépissé d'entreposage standard
[de] Verpfändung von Normen-Lagerschein
[it] pegno della ricevuta di magazzino standard
[jp] 標準倉荷証券の質入
[kr] 표준 창고 증권 질권
[pt] recibo de armazém padrão como garantia
[ru] залог стандартной складской расписки
[es] hipoteca de recibo de depósito estándar

53216 订单融资+保理融资
[ar] تمويل بالطلبيات +تمويل بخصم العوملة
[en] purchase order financing & factoring
[fr] financement de commande + financement d'affacturage
[de] Auftragsfinanzierung & Factoringsfinanzierung
[it] finanziamento ordini + finanziamento factoring
[jp] オーダーファイナンス+ファクタリングファイナンス
[kr] 오더 융자+팩토링 융자
[pt] financiamento de encomendas + financiamento de factoring
[ru] финансирование заказов плюс факторинговое финансирование
[es] financiación de pedidos y financiación mediante factoraje

53217 国内信用证项下打包贷款
[ar] قروض تعبئة بموجب خطابات اعتماد محلية
[en] packing loan under domestic L/C
[fr] crédit à l'emballage dans le cadre de la lettre de crédit domestique
[de] verpackte Darlehen unter inländischem Akkreditiv
[it] prestito di pacchetto sotto L/C domestico

5.3

[jp] 国内信用状の下でのバッキングローン

[kr] 내국 신용장 패킹 대출

[pt] empréstimo integrado sob carta de crédito doméstica

[ru] оформление кредита в счет внутреннего аккредитива

[es] préstamo de paquete bajo carta de crédito doméstica

53218　租赁保理

[ar] خصم عوملة للخدمات التأجيرية

[en] leasing and factoring

[fr] location et affacturage

[de] Leasing und Factoring

[it] leasing e factoring

[jp] リースとファクタリング

[kr] 임대 팩토링

[pt] locação e factoring

[ru] лизинг и факторинг

[es] arrendamiento financiero y factoraje

53219　车载信息系统保单

[ar] خطاب الضمان لنظام المعلومات المحمولة

[en] insurance policy for in-vehicle information system

[fr] police d'assurance pour le système informatique embarqué de véhicule

[de] Versicherungsschein für das on-Board-Autoinformationssystem

[it] polizza per sistema informativo veicolo

[jp] 車載情報システムのポリシー

[kr] 차내 정보시스템 보험 증권

[pt] apólice de seguro do sistema de informação do veículo

[ru] страховой полис бортовой информационной системы

[es] póliza de sistemas de información en vehículos

53220　电商企业供应链金融产品

[ar] منتجات مالية لسلسلة الإمداد لشركات التجارة

الإلكترونية

[en] supply chain financial products for e-commerce enterprises

[fr] produit financier de chaîne d'approvisionnement pour les entreprises de commerce électronique

[de] Lieferkettenfinanzprodukt für E-Commerce-Unternehmens

[it] prodotto finanziario della catena di approvvigionamento dell'impresa e-commerce

[jp] Eコマース企業サプライチェーン金融商品

[kr] 전자상거래 기업 공급 사슬 금융 상품

[pt] produtos financeiros da cadeia de suprimeto para empresas de comércio electrónico

[ru] финансовые продукты цепочки поставок для предприятий электронной коммерции

[es] producto financiero para la cadena de suministro corporativa mediante comercio electrónico

5.3.3　物联网金融

[ar] تمويل إنترنت الأشياء

[en] **IoT Finance**

[fr] **Finance de l'Internet des objets**

[de] **IoT-Finanz**

[it] **Finanza IoT**

[jp] **IoT 金融**

[kr] **사물 인터넷 금융**

[pt] **Finanças da Internet das Coisas**

[ru] **Финансы Интернета вещей**

[es] **Finanzas de Internet de las Cosas**

53301　物联网银行

[ar] بنك إنترنت الأشياء

[en] Banking of Things (BoT)

[fr] banque basée sur Internet des objets

[de] Bank der Dinge

[it] Banca delle cose
[jp] IoT 銀行
[kr] 사물 인터넷 은행
[pt] Banco da Internet das Coisas
[ru] банк-интернет вещей
[es] banco de las cosas conectadas

53302 客观信用体系
[ar] نظام الائتمان الموضوعي
[en] objective credit system
[fr] système de crédit objectif
[de] objektives Kreditsystem
[it] sistema di credito oggettivo
[jp] 客観的な信用システム
[kr] 객관적 신용 체계
[pt] sistema de crédito objectivo
[ru] объективная кредитная система
[es] sistema de crédito objetivo

53303 物联网监控
[ar] رصد إنترنت الأشياء
[en] IoT monitoring
[fr] surveillance par Internet des objets
[de] IoT-Überwachung
[it] monitoraggio IoT
[jp] IoT 監視
[kr] 사물 인터넷 모니터링
[pt] monitoramento da Internet das coisas
[ru] мониторинг Интернета вещей
[es] monitoreo de Internet de las Cosas

53304 动产质押品识别跟踪系统
[ar] نظام التمييز والتتبع للأملاك المنقولة المرهونة
[en] movable property pledge identification and tracking system
[fr] système d'identification et de suivi des biens meubles nantis
[de] Identifizierungs- und Verfolgungssystem für Verpfändungsmobilien
[it] sistema di identificazione e tracciamento di pegno di proprietà mobile

[jp] 動産質の識別と追跡システム
[kr] 동산 저당품 식별 및 추적 시스템
[pt] sistema de identificação e rastreamento dos bens móveis garantidos
[ru] система идентификации и отслеживания залога движимого имущества
[es] sistema de identificación y seguimiento de objetivos de hipoteca mobiliaria

53305 重力传感器
[ar] حساس الجاذبية
[en] gravity sensor
[fr] capteur de gravité
[de] Schwerkraft-Sensor
[it] sensore di gravità
[jp] 重力センサー
[kr] 중력 센서
[pt] sensor de gravidade
[ru] датчик силы тяжести
[es] sensor de gravedad

53306 电子围栏
[ar] سياج إلكتروني
[en] electronic fence
[fr] clôture électronique
[de] elektronischer Zaun
[it] recinto elettronico
[jp] 電気柵
[kr] 전자 울타리
[pt] cerca electrónica
[ru] электронный забор
[es] barrera electrónica

53307 物联网感知仓库
[ar] مستودع استشعاري لانترنت الأشياء
[en] warehouse based on IoT perception technology
[fr] entrepôt basé sur Internet des objets
[de] IoT-basiertes Lager
[it] magazzino abilitato IoT

5.3

[jp] IoT 感知倉庫

[kr] 사물 인터넷 감지 창고

[pt] armazém baseada com Internet das coisas

[ru] склад с поддержкой Интернета вещей

[es] almacén basado en Internet de las Cosas

53308 大宗商品仓单交易

[ar] معاملات السلع الأساسية بموجب مستندات المستودع

[en] commodity warehouse receipt transaction

[fr] transaction de récépissé d'entreposage de stock en vrac

[de] Massengut-Lagerscheinstransaktion

[it] transazione di ricevuta di magazzino di merci

[jp] コモディティの倉荷証券取引

[kr] 벌크 상품 창고 증권 거래

[pt] transação de recibo de depósito de mercadorias

[ru] сделка со складской распиской крупнооптовых товаров

[es] transacción de recibo de depósito de productos genéricos

53309 货物质押系统

[ar] نظام رهن البضائع

[en] goods pledge system

[fr] système de mise en gage de marchandises

[de] Warenpfandsystem

[it] sistema di garanzia di merci

[jp] 貨物質入システム

[kr] 화물 질권 시스템

[pt] sistema de penhor das mercadorias

[ru] система залога товаров

[es] sistema de hipoteca de bienes

53310 感知支付

[ar] دفع استشعاري

[en] contactless payment

[fr] paiement sans contact

[de] kontaktlose Zahlung

[it] pagamento senza contatti

[jp] 感知決済

[kr] 비접촉식 결제

[pt] pagamento sem contato

[ru] бесконтактный платеж

[es] pago sin contacto

53311 交互式智能RFID标签

[ar] علامة RFID الإلكترونية التفاعلية الذكية

[en] interactive smart RFID tag

[fr] étiquette de radio-identification intelligente interactive

[de] interaktives intelligentes RFID-Etikett

[it] etichetta intelligente RFID interattiva

[jp] インタラクティブなスマートRFIDタグ

[kr] 대화형 스마트 RFID 라벨

[pt] etiquetas inteligentes interactivas da RFID

[ru] интерактивные смарт-метки RFID

[es] etiquetas RFID inteligentes interactivas

53312 RFID物流信息化管理

[ar] إدارة RFID المعلومية اللوجستية

[en] RFID-based logistics information management

[fr] gestion informatique de logistique par la radio-identification

[de] RFID-basiertes Logistikinformatisie-rungsmanagement

[it] gestione delle informazioni logistiche basate su RFID

[jp] RFID 物流情報化管理

[kr] RFID 물류 정보화 관리

[pt] gestão de informações de logística baseada em RFID

[ru] информационное управление логистикой на основе RFID

[es] gestión de la información de logística basada en RFID

53313 条码物流信息化管理

[ar] إدارة معلوماتية لوجستية للرمز الشريطي

[en] barcode-based logistics information management

[fr] gestion informatique de logistique par le code à barres

[de] Barcode-basiertes Logistikinformatisie-rungsmanagement

[it] gestione delle informazioni logistiche di codici a barre

[jp] バーコードによる物流情報化管理

[kr] 바코드 물류 정보화 관리

[pt] gestão informatizadade logística por código de barras

[ru] информационное управление логистикой на основе штрих-кода

[es] gestión de la información de logística mediante códigos de barras

53314 二维码物流信息化管理

[ar] إدارة معلوماتية لوجستيكية لرمز الاستجابة السريعة

[en] QR code-based logistics information management

[fr] gestion informatique de logistique par le code QR

[de] QR-Code-basiertes Logistikinformati-sierungsmanagement

[it] gestione delle informazioni logistiche del codice QR

[jp] QRコードによる物流情報化管理

[kr] QR코드 물류 정보화 관리

[pt] gestão informatizada de logística por código bidimensional

[ru] информационное управление логистикой на основе QR-кода

[es] gestión de información logística mediante códigos QR

53315 动产无遗漏环节监管

[ar] رقابة على كافة الحلقات المعنية بالأملاك المنقولة

[en] IoT-based all-encompassing supervision of movable property

[fr] supervision complète des biens meubles basée sur Internet des objets

[de] IoT-basierte umfassende Überwachung von beweglichen Vermögensgegenstän-den

[it] supervisione di processi completi di proprietà mobile

[jp] IoTベースの動産の包括的な監督

[kr] IoT 기반한 동산의 보관적 감독 관리

[pt] monitoramento abrangente dos bens móveis

[ru] всеобъемлющий надзор за движимым имуществом на основе Интернета вещей

[es] supervisión completa basada en Internet de las cosas de propiedades móviles

53316 动产不动产属性

[ar] هوية الأملاك المنقولة والأملاك الثابتة

[en] IoT-facilitated pledge over movable property

[fr] propriété immeuble des biens meubles

[de] IoT-basierte Immobilien-Eigenschaft des Mobilarvermögens zur Verpfändung

[it] immobilità di proprietà mobile

[jp] 動産の不動産属性

[kr] 동산의 부동산 속성

[pt] natureza de bens imóveis atribuídas aos bens móveis

[ru] залог движимого имущества при поддержке Интернета вещей

[es] hipoteca de propiedades móviles

53317 物联网动产质押融资

[ar] تمويل برهن الأملاك المنقولة على إنترنت الأشياء

[en] IoT-enabled financing with pledged movable property

[fr] financement par mise en gage de biens meubles par Internet des objets

[de] IoT-unterstützte Finanzierung mit dem

verpfändeten Mobilarvermögen

[it] impegno di proprietà mobile IoT

[jp] IoT 動産担保融資

[kr] 사물 인터넷 동산 저당 융자

[pt] garantia de propriedade móvel da Internet das coisas

[ru] финансирование с использованием заложенного движимого имущества через Интернет вещей

[es] finanza de hipotecas mobiliarias de Internet de las cosas

53318 远程金融结算

[ar] تسوية مالية عن بعد

[en] remote financial settlement

[fr] règlement financier à distance

[de] Fernfinanzabrechnung

[it] liquidazione finanziario a distanza

[jp] 遠隔金融決済

[kr] 원격 금융 결제

[pt] liquidação financeira remota

[ru] дистанционный финансовый расчет

[es] liquidación financiera remota

53319 金融物联网

[ar] إنترنت الأشياء المالي

[en] financial IoT

[fr] Internet des objets financier

[de] finanzielles IoT

[it] IoT finanziaria

[jp] 金融 IoT

[kr] 금융 사물 인터넷

[pt] Internet das coisas financeira

[ru] финансовый Интернет вещей

[es] Internet de las cosas financiera

53320 物联网投资

[ar] استثمار عبر إنترنت الأشياء

[en] IoT investment

[fr] investissement basé sur Internet des objets

[de] IoT-Investition

[it] investimento IoT

[jp] IoT 投資

[kr] 사물 인터넷 투자

[pt] investimento na Internet das coisas

[ru] инвестиции Интернета вещей

[es] inversión en Internet de las cosas

53321 物联网保险

[ar] تأمين عبر إنترنت الأشياء

[en] IoT insurance

[fr] assurance basée sur Internet des objets

[de] IoT-Versicherung

[it] assicurazione IoT

[jp] IoT 保険

[kr] 사물 인터넷 보험

[pt] seguro da Internet das coisas

[ru] страхование Интернета вещей

[es] seguros para Internet de las cosas

53322 物联网典当

[ar] رهان عبر إنترنت الأشياء

[en] IoT-enabled pawn business

[fr] mise en gage basée sur Internet des objets

[de] IoT-Pfand

[it] pegno aziendale abilitato all'IoT

[jp] IoT 抵当

[kr] 사물 인터넷 전당

[pt] negócio de penhor habilitado para Internet das coisas

[ru] ломбардный бизнес в Интернете вещей

[es] negocios de empeños basados en Internet de las cosas

53323 非标仓单流通性

[ar] سيولية مستندات المستودع غير القياسية

[en] liquidity of non-standard warehouse receipts

[fr] liquidité de récépissé d'entreposage non standard

5.3

[de] Liquidität des nicht standardmäßigen Lagerscheins

[it] liquidità della ricevuta di magazzino non standard

[jp] 非標準倉荷証券流動性

[kr] 비표준창고증권의 유통성

[pt] liquidez do recibo de armazém fora do padrão

[ru] ликвидность нестандартной складской расписки

[es] liquidez de recibos de depósito no estándar

53324 单证化融资

[ar] تمويل وثائقي

[en] documentation-based financing

[fr] financement basé sur la documentation

[de] dokumentbasierte Finanzierung

[it] finanziamento documentario

[jp] 文書化融資

[kr] 도큐먼트 기반 융자

[pt] documentalização de financiamento

[ru] основанное на документах финансирование

[es] financiación documental

53325 单证化投融资

[ar] استثمار وتمويل وثائقي

[en] documentation-based investment and financing

[fr] investissement et financement basés sur la documentation

[de] dokumentbasierte Investition und Finan-zierung

[it] investimento e finanziamento documentario

[jp] 文書化投資融資

[kr] 도큐먼트 투자 및 융자

[pt] documentalização de investimento e financiamento

[ru] основанное на документах

инвестирование и финансирование

[es] inversión y financiación documentales

53326 物联网仓单投融资平台

[ar] منصة الاستثمار والتمويل بوجب مستندات المستودع على إنترنت الأشياء

[en] IoT warehouse receipt investment and financing platform

[fr] plate-forme d'investissement et de financement de récépissé d'entreposage basée sur Internet des objets

[de] Plattform für IoT-Lagerscheinbasierte Investition und Finanzierung

[it] piattaforma di investimento e finanziamento scorte di magazzino IoT

[jp] IoT 倉荷証券投資融資プラットフォーム

[kr] 사물 인터넷 창고 증권 투자 및 융자 플랫폼

[pt] plataforma de investimento e financiamento de recibo de armazém da Internet das coisas

[ru] инвестиционная и финансовая платформа складской расписки в Интернете вещей

[es] plataforma de inversión y financiación de recibos de depósito de Internet de las cosas

53327 产业物联网金融

[ar] مالية إنترنت الأشياء الصناعية

[en] industrial IoT finance

[fr] finance basée sur Internet des objets industriel

[de] Industrielle IoT-Finanz

[it] finanza industriale IoT

[jp] 産業 IoT 金融

[kr] 산업 사물 인터넷 금융

[pt] finança da Internet das coisas industrial

[ru] промышленные финансы Интернета вещей

5.3

[es] finanzas de Internet de las cosas industrial

53328　OBD车载监控系统
[ar] ‏نظام الرصد المحمول (OBD)‏
[en] on-board diagnostics (OBD) monitoring system
[fr] système de diagnostic de bord
[de] OBD-Überwachungssystem
[it] sistema di sorveglianza e controllo della sicurezza
[jp] OBD 車載監視システム
[kr] 자기 진단 장치(OBD) 차량용 모니터링 시스템
[pt] sistema de monitoramento de veículos OBD
[ru] система бортовой диагностики автомобиля
[es] sistema de diagnóstico a bordo

5.3.4　互联网消费金融
[ar] ‏المالية الاستهلاكية عبر الإنترنت‏
[en] **Internet-Based Consumer Finance**
[fr] **Finance de la consommation basée sur Internet**
[de] **Internetbasierte Konsumentenfinanz**
[it] **Finanza di consumo basata su Internet**
[jp] **インターネットベースの消費金融**
[kr] **인터넷 소비 금융**
[pt] **Finança de Consumidores Baseada na Internet**
[ru] **Потребительское интернет-финансирование**
[es] **Finanzas de Consumo Basado en Internet**

53401　消费金融公司
[ar] ‏شركة التمويل للغرض الاستهلاكي‏
[en] consumer finance company
[fr] société de crédit à la consommation

[de] Konsumentenfinanzunternehmen
[it] società di finanziamento al consumo
[jp] 消費金融会社
[kr] 소비 금융 회사
[pt] empresa de financiamento ao consumidor
[ru] потребительская финансовая компания
[es] empresa financiera de consumo

53402　消费贷款
[ar] ‏قروض استهلاكية‏
[en] consumer loan
[fr] crédit consommation
[de] Konsumentenkredit
[it] prestito al consumo
[jp] 消費ローン
[kr] 소비자 대출
[pt] crédito direito ao consumidor
[ru] потребительский кредит
[es] préstamo de consumo

53403　电子渠道及互联网金融统一服务平台
[ar] ‏منصة الخدمة الموحدة للقناة الإلكترونية ومالية الإنترنت‏
[en] unified service platform for electronic channel and Internet finance
[fr] plate-forme de service unifiée pour le canal électronique et la cyberfinance
[de] einheitliche Serviceplattform für elektronische Kanal- und Internetfinanzierung
[it] piattaforma unita di servizio per canale elettronica e finanza informatica
[jp] Eチャンネル及びインタネット金融統一サービスプラットフォーム
[kr] 전자 채널 및 인터넷 금융 통합 서비스 플랫폼
[pt] plataforma de serviços unificada para canais de comércio electrónico e financiamentos na Internet
[ru] единая сервисная платформа для

электронных каналов и интернет-
финансов
[es] plataforma unificada de servicios para
canales electrónicos y finanzas basadas
en Internet

53404 农业产业链线上金融产品
[ar] منتج مالي عبر الإنترنت لسلسلة التصنيع الزراعي
[en] online financial product for the
agricultural industry chain
[fr] produit financier en ligne de la chaîne
industrielle agricole
[de] Online-Finanzprodukt der landwirt-
schaftlichen Industriekette
[it] prodotto finanziario online della catena
industriale agricola
[jp] 農業産業チェーンオンライン金融産品
[kr] 농업 산업 사슬 온라인 금융 상품
[pt] produto financeiro online da cadeia
industrial agrícola
[ru] финансовый онлайн-продукт
сельскохозяйственной промышленной
цепи
[es] producto financiero en línea de la cadena
de la industria agrícola

53405 小额贷款公司
[ar] شركة التمويل للقروض الصغيرة
[en] small loan company
[fr] société de petit prêt
[de] Unternehmen für Mikrokredit
[it] società di prestiti piccoli
[jp] 小額ローン会社
[kr] 소액 대출 회사
[pt] empresa de microcrédito
[ru] небольшая кредитная компания
[es] empresa de pequeños préstamos

53406 金融租赁公司
[ar] شركة التأجير المالي
[en] financial leasing company

[fr] société de location financière
[de] Finanzleasingsunternehmen
[it] società di leasing finanziario
[jp] 金融リース会社
[kr] 금융 리스 회사
[pt] empresa de locação financeira
[ru] финансовая лизинговая компания
[es] empresa de arrendamiento financiero

53407 融资租赁公司
[ar] شركة التأجير التمويلي
[en] financing leasing company
[fr] société de financement et de location
[de] Finanzierungsleasingsunternehmen
[it] società di leasing finanziario
[jp] ファイナンスリース会社
[kr] 융자 리스 회사
[pt] empresa de locação de financiamento
[ru] финансовая лизинговая компания
[es] empresa de arrendamiento de
financiación

53408 汽车金融公司
[ar] شركة تمويل السيارات
[en] auto finance company
[fr] société financière automobile
[de] Autofinanzierungsunternehmen
[it] società di finanziamento auto
[jp] 自動車金融会社
[kr] 자동차 금융 회사
[pt] empresa de finança automóvel
[ru] автофинансовая компания
[es] compañía de financiamiento de
automóviles

53409 风险损失吸收机制
[ar] آلية امتصاص خسائر المخاطر
[en] risk loss absorption mechanism
[fr] mécanisme d'absorption de perte de
risque
[de] Risikoverlust-Absorptionsmechanismus

5.3

[it] meccanismo di assorbimento delle perdite di rischio

[jp] リスク損失吸収メカニズム

[kr] 리스크 손실 흡수 메커니즘

[pt] mecanismo de absorção de perda de risco

[ru] механизм поглощения риска

[es] mecanismo de absorción de pérdidas por riesgos

53410 自助式动产质押登记平台

[ar] منصة التسجيل الذاتي للأملاك المنقولة المرهونة

[en] self-service movable property pledge registration platform

[fr] plate-forme en libre-service d'enregistrement de gage de biens meubles

[de] Selbstbedienungsplattform für die Registrierung von Verpfändung von Mobilien

[it] piattaforma di registrazione dell'impegno di beni mobili "fai da te"

[jp] セルフサービス式動産担保登録プラットフォーム

[kr] 셀프식 동산 질권 등록 플랫폼

[pt] plataforma de autoatendimento de registro de penhor de propriedade móvel

[ru] платформа самообслуживания для регистрации залога движимого имущества

[es] plataforma de registro de hipoteca mobiliaria en régimen de autoservicio

53411 自助式权利质押登记平台

[ar] منصة التسجيل الذاتي للحقوق المرهونة

[en] self-service rights pledge registration platform

[fr] plate-forme en libre-service d'enregistrement des droits nantis et engagés

[de] Selbstbedienungsplattform für die Registrierung von Rechtsverpfändung

[it] piattaforma di registrazione dell'impegno dei diritti"fai da te"

[jp] セルフサービス式権利担保登録プラットフォーム

[kr] 셀프식 권리 질권 등록 플랫폼

[pt] plataforma de autoatendimento de registo baseada em penhor de direitos

[ru] платформа самообслуживания для регистрации залога прав

[es] plataforma de registro de hipoteca de derechos en régimen de autoservicio

53412 非诉第三方纠纷解决机制

[ar] آلية طرف ثالث غير متقاضية لتسوية المنازعات

[en] non-litigation third-party dispute resolution mechanism

[fr] mécanisme de règlement des différends par tiers non contentieux

[de] nicht-rechtsstreitiger Beilegungsmechanismus der Dritte-Seite-Streitigkeit

[it] meccanismo di risoluzione delle controversie di terzi parti non contenziosi

[jp] 代替紛争解決メカニズム

[kr] 비소송 제 3 자 분쟁 해결 메커니즘

[pt] mecanismo não litigioso de terceiros para resolução de disputas

[ru] внесудебный сторонний механизм разрешения споров

[es] mecanismo de resolución de disputas de terceros sin litigio

53413 消费金融公司股权多样化

[ar] تنوع حقوق الأسهم لشركة المالية الاستهلاكية

[en] equity diversification of consumer finance company

[fr] diversification des actions d'une société de crédit à la consommation

[de] Diversifizierung des Eigenkapitals der Konsumentenfinanzunternehmen

[it] diversificazione azionaria della società

di finanziamento al consumo

[jp] 消費者金融会社の株式の多様化

[kr] 소비 금융 회사 주주 권리의 다양화

[pt] diversificação patrimonial da empresa financeira ao consumidor

[ru] диверсификация прав акционеров потребительских финансовых компаний

[es] diversificación de recursos propios de empresa financiera de consumo

53414 资产损失准备充足率

[ar] نسبة كفاية الاحتياطيات لتعويض خسائر الأصول

[en] adequacy ratio of asset loss reserve

[fr] taux d'adéquation de la provision pour perte d'actifs

[de] angemessene Reservequote der Risiko-rücklage

[it] coefficiente di adeguatezza della perdita di attività

[jp] 資産損失引当金比率

[kr] 자신 손실 준비 충족률

[pt] taxa de adequação da provisão para perda de ativos

[ru] коэффициент достаточности обеспечения потерь активов

[es] razón de adecuación de la provisión de pérdidas de activos

53415 消费贷款利率风险定价

[ar] تسعير فائدة القروض الاستهلاكية حسب المخاطر

[en] risk-based pricing of interest rates in consumer loans

[fr] tarification du risque de taux d'intérêt sur le crédit consommation

[de] risikobasierte Preisgestaltung der Zins-sätze für Konsumentenkredite

[it] prezzi del rischio di tasso di interesse sui prestiti al consumo

[jp] 消費金利のリスクプライシング

[kr] 소비 대출 이율 리스크 정가

[pt] preço de risco de taxa de juros de empréstimos ao consumidor

[ru] риск-ориентированное определение процентных ставок по потребительским кредитам

[es] fijación de precio en base al riesgo de la tasa de interés del préstamo de consumo

53416 金融消费满意度

[ar] درجة الرضاء عن الاستهلاك المالي

[en] financial consumer satisfaction

[fr] satisfaction de consommation financière

[de] Zufriedenheit der Finanzkonsumenten

[it] soddisfazione dei consumi finanziari

[jp] 金融消費満足度

[kr] 금융 소비자 만족도

[pt] satisfação do consumo financeiro

[ru] удовлетворенность потребителей финансовых услуг

[es] satisfacción del consumidor financiero

53417 专利权质押融资

[ar] تمويل بموجب رهن براءة الاختراع

[en] patent pledge financing

[fr] financement par nantissement de brevets

[de] Patentpfandfinanzierung

[it] finanziamento in garanzia di brevetti

[jp] 特許権担保融資

[kr] 특허권 질권 융자

[pt] financiamento de penhor de patente

[ru] финансирование патентного залога

[es] financiación de hipoteca de patentes

53418 庞氏骗局模式

[ar] مخطط بونزي

[en] Ponzi scheme

[fr] système de Ponzi

[de] Ponzi-Schema

[it] schema Ponzi

[jp] ポンジスキーム

[kr] 폰지 사기 모델

5.3

[pt] Esquema Ponzi
[ru] схема Понци
[es] Esquema Ponzi

53419 资金池模式
[ar] نمط مجمع الأموال
[en] cash pooling
[fr] modèle de pool de fonds
[de] Cash-Pooling
[it] modalità di cash pooling
[jp] 資金プールモデル
[kr] 자금 풀 모델
[pt] modelo de centralização de saldos
[ru] модель объединения денежных средств
[es] agrupación de fondos

53420 网络交易平台资金托管
[ar] صندوق وصاية منصة التعامل عبر الإنترنت
[en] fund custody of online trading platform
[fr] garde des fonds de la plate-forme de trading en ligne
[de] Fondstreuhandschaft der Online-Handelsplattform
[it] custodia di fondi della piattaforma di commercio online
[jp] オンライン取引プラットフォームの資金保管
[kr] 네트워크 거래 플랫폼 자금 예탁
[pt] custódia de fundos da plataforma de negociação on-line
[ru] хранение фонда платформы сетевых транзакций
[es] custodia de fondos de plataformas de comercio en línea

53421 个人征信业务牌照
[ar] رخصة تشغيل معلومات الائتمان الشخصية
[en] license for personal credit information operations
[fr] licence d'exploitation de vérification de crédit personnel
[de] Lizenz für persönliche Bonitätsprüfung
[it] certificato dell'operazione di informazione di credito personale
[jp] 個人信用情報運用ライセンス
[kr] 개인 신용조회 업무 라이센스
[pt] certificado de operação de informações de crédito pessoal
[ru] лицензия на осуществление операций с кредитной информацией физических лиц
[es] licencia de calificación de crédito personal

5.3.5 社交金融
[ar] تمويل التواصل الاجتماعي
[en] **Social Finance**
[fr] **Finance sociale**
[de] **Finanz in Sozialem Netzwerk**
[it] **Finanza sociale**
[jp] **ソーシャルファイナンス**
[kr] **소셜 금융**
[pt] **Finanças Sociais**
[ru] **Социальные финансы**
[es] **Finanzas Sociales**

53501 社交网络+支付
[ar] شبكات التواصل الاجتماعي + عمليات الدفع
[en] social network plus payment
[fr] réseau social + paiement
[de] soziale Netzwerke plus Bezahlung
[it] social network + pagamento
[jp] ソーシャルネットワーク+ペイメント
[kr] 소셜 네트워크+결제
[pt] rede social+pagamento
[ru] социальная сеть плюс оплата
[es] red social + pago

53502 支付+社交网络
[ar] عملية دفع +شبكة التواصل الاجتماعي
[en] payment plus social network

[fr] paiement + réseau social
[de] Zahlung plus Soziale Netzwerke
[it] pagamento + social network
[jp] 決済＋ソーシャルネットワーク
[kr] 결제+소셜 네트워크
[pt] pagamento + rede social
[ru] оплата плюс социальная сеть
[es] pago + red social

53503 手机银行数字证书
[ar] شهادة رقمية للمصرف المحمول
[en] mobile banking digital certificate
[fr] certificat numérique de la banque mobile
[de] digitales Zertifikat für mobiles Banking
[it] certificato digitale di mobile banking
[jp] モバイルバンキングのデジタル証明書
[kr] 모바일 뱅크 디지털 증명서
[pt] certificado digital de banco móvel
[ru] цифровой сертификат мобильного банкинга
[es] certificado digital de banca móvil

53504 零售类贷款信贷资产证券化
[ar] توريق الأصول الائتمانية لقروض تجارة التجزئة
[en] securitization of credit asset for retail loan
[fr] titrisation des actifs de crédit pour les prêts aux particuliers
[de] Verbriefung des Kreditvermögens für Privatkundendarlehen
[it] cartolarizzazione di attività creditizie per prestiti al dettaglio
[jp] 小売りローンのクレジット資産の証券化
[kr] 리테일 대출 신용대출 자산 증권화
[pt] securitização dos activos de crédito para empréstimo por retalho
[ru] секьюритизация кредитных активов розничного кредита
[es] titularización de crédito de préstamo para minoristas

53505 消费信用信息平台
[ar] منصة معلومات الائتمان الاستهلاكي
[en] consumer credit information platform
[fr] plate-forme d'informations sur le crédit de la consommation
[de] Plattform für Konsumentenkreditinformation
[it] piattaforma d'informazione sul credito al consumo
[jp] 消費信用情報プラットフォーム
[kr] 소비 신용 정보 플랫폼
[pt] plataforma de informações de crédito de consumidor
[ru] информационная платформа по потребительским кредитам
[es] plataforma de información de créditos de consumos

53506 金融消费者教育
[ar] تثقيف المستهلك المالي
[en] financial consumer education
[fr] éducation du consommateur financier
[de] Aufklärung der Finanzkonsumenten
[it] educazione di consumatore finanziario
[jp] 金融消費者教育
[kr] 금융 소비자 교육
[pt] educação do consumidor financeiro
[ru] обучение финансовых потребителей
[es] educación del consumidor financiero

53507 信贷风险识别
[ar] تحديد المخاطر الائتمانية
[en] credit risk identification
[fr] identification du risque de crédit
[de] Identifizierung des Kreditrisikos
[it] identificazione del rischio di credito
[jp] 信用リスクの識別
[kr] 신용대출 리스크 식별
[pt] identificação de risco de crédito
[ru] идентификация кредитного риска
[es] identificación de riesgos crediticios

5.3

53508 AA制付款

[ar] نظام التشارك في تسوية الحساب

[en] split-the-bill

[fr] chacun payant son écot

[de] getrennte Bezahlung

[it] pagare alla romana

[jp] 割り勘

[kr] 더치페이

[pt] pagamento separado em média

[ru] заплатить пополам

[es] pagar a medias

53509 情景转账

[ar] تحويل قائم على المشهد

[en] scenario-based money transfer

[fr] virement basé sur un scénario

[de] szenariobasierte Überweisung

[it] trasferimento basato su scenari

[jp] シナリオベース振替

[kr] 시나리오 기반 대체

[pt] transferência baseada em cenários

[ru] основанный на сценарии денежный перевод

[es] transferencia basada en escenarios

53510 关系羊群

[ar] قطيع علائقي

[en] relational herding

[fr] comportement grégaire basé sur les relations

[de] Beziehungsschwarm

[it] gregge di relazione

[jp] 関係の群れ

[kr] 관계 누적 효과

[pt] manada relacional

[ru] стадные отношения

[es] comportamiento de manada

53511 芝麻签证报告

[ar] تقرير تأشيرة تشه ما

[en] Zhima credit report for visa application

[fr] demande de VISA par sesame credit

[de] Visumantrag mit Sesam-Kreditpunkt

[it] applicazione basata su crediti personali

[jp] 芝麻信用証明書（アリペイ）

[kr] 쯔마 싱용 비자 보고

[pt] relatório do visto de crédito de gergelim

[ru] Отчет Zhima Credit для оформления визы

[es] solicitud de visado mediante los puntos de Crédito Sésamo

53512 微信红包

[ar] عيدية ويتشات

[en] WeChat red packet

[fr] paquet rouge WeChat

[de] WeChat roter Umschlag

[it] busta rossa WeChat

[jp] ウィーチャットラッキーマネー

[kr] 위챗 홍바오(紅包)

[pt] envelope vermelho WeChat

[ru] красный конверт WeChat

[es] sobre rojo de WeChat

53513 辛迪加模式

[ar] نموذج النقابة

[en] syndicate model

[fr] syndicat

[de] Syndikat-Modus

[it] modello di sindacato

[jp] シンジケートモデル

[kr] 신디케이트 모델

[pt] modelo de Syndicate

[ru] синдикатная модель

[es] modelo sindicado

53514 LendIt峰会

[ar] قمة LendIt

[en] LendIt Summit

[fr] Sommet Fintech de LendIt

[de] LendIt-Gipfel

[it] Summit di LendIt

[jp] LendIt Fintech
[kr] 렌딧 정상 회의
[pt] Cimeira LendIt
[ru] Саммит LendIt
[es] Cumbre de LendIt

53515　社交基金

[ar] صندوق التواصل الاجتماعي
[en] social fund
[fr] fonds social
[de] Sozialfonds
[it] fondo sociale
[jp] ソーシャルファンド
[kr] 소셜 펀드
[pt] fundo social
[ru] социальный фонд
[es] fondo social

53516　社交性投资者

[ar] مستثمر على شبكة التواصل الاجتماعي
[en] social investor
[fr] investisseur social
[de] netzwerkbasierter Investor
[it] investitore basato su sociale media
[jp] ソーシャルネットワークを利用する投資家
[kr] 사회적 투자자
[pt] investidor baseado em médias sociais
[ru] социальный инвестор
[es] inversor basado en la media social

53517　聪明的贝塔

[ar] بيتا الذكية
[en] Smart Beta
[fr] stratégie Smart Beta
[de] Smart Beta
[it] Smart Beta
[jp] スマートベータ
[kr] 스마트 베타
[pt] Beta Inteligente
[ru] Умная Бета

[es] Beta inteligente

53518　前海微众银行

[ar] بنك جيا هي وي جونغ بشنجن
[en] Qianhai WeBank
[fr] Shenzhen Qianhai Weizhong Bank
[de] Shenzhen Qianhai WeBank
[it] Banca di Shenzhen Qianhai Weizhong
[jp] 前海微衆銀行（中国深セン）
[kr] 치엔하이 위뱅크(前海微众银行)
[pt] Banco Qianhai Weizhong
[ru] Qianhai WeBank
[es] Banco de Qianhai WeBank

53519　大数据信用评级

[ar] تصنيف ائتماني للبيانات الضخمة
[en] big data credit rating
[fr] notation de crédit basée sur les mégadonnées
[de] Big Data-Bonität
[it] valutazione di credito di Big Data
[jp] ビッグデータ信用格付け
[kr] 빅데이터 신용 등급 평가
[pt] avaliação de crédito por big data
[ru] кредитный рейтинг больших данных
[es] evaluación de crédito con Big Data

53520　小存小贷

[ar] ودائع صغيرة وقروض صغيرة
[en] small deposit and small loan
[fr] petit dépôt et petit emprunt
[de] Mikrodeposit und -kredit
[it] piccolo deposito e piccolo prestito
[jp] 小額預金及び小額融資
[kr] 소액 예금 및 소액 대출
[pt] Pequeno Depósito e Pequeno Empréstimo
[ru] небольшой депозит и малый кредит
[es] microdepósitos y microcréditos

5.3

53521　共享金融　　　　　　　　　　　　[jp]　共有ファイナンス

　[ar]　　　　　　　　　　　مالية تشاركية　　　　[kr]　공유 금융

　[en]　sharing finance　　　　　　　　　　[pt]　finanças patilhadas

　[fr]　finance partagée　　　　　　　　　　[ru]　совместно используемые финансы

　[de]　Sharing Finanz　　　　　　　　　　　[es]　finanzas compartidas

　[it]　finanza condivisa

5.4 金融体系创新

[en] Financial System Innovation

[fr] Innovation du système financier

[de] Finanzsystemsinnovation

[it] Innovazione del sistema finanziario

[jp] 金融システム革新

[kr] 금융 시스템 혁신

[pt] Inovação no Sistema Financeiro

[ru] Инновации в финансовой системе

[es] Innovación de Sistemas Financieros

5.4.1 现代金融服务体系

[ar] نظام الخدمات المالية الحديثة

[en] Modern Financial Service System

[fr] Système de service financier moderne

[de] Modernes Finanzdienstleistungssystem

[it] Moderno sistema di servizi finanziari

[jp] 現代金融サービスシステム

[kr] 현대 금융 서비스 시스템

[pt] Sistema de Serviço Financeiro Moderno

[ru] Современная система финансовых услуг

[es] Sistema de Servicios Financieros Modernos

54101 替代支付

[ar] دفع بديل

[en] alternative payment

[fr] paiement alternatif

[de] alternative Zahlung

[it] pagamento alternativo

[jp] 代替決済

[kr] 대체 결제

[pt] pagamento alternativo

[ru] альтернативный платеж

[es] pago alternativo

54102 无缝支付

[ar] دفع سلس

[en] seamless payment

[fr] paiement sans intermédiaire

[de] nahtlose Zahlung

[it] pagamento in tempo reale

[jp] シームレス決済

[kr] 심리스 결제

[pt] pagamento disponível para vários terminais

[ru] бесшовные платежи

[es] pago instantáneo

54103 支付标记化技术

[ar] تكنولوجيا تزميع عملية الدفع

[en] tokenized payment technology

[fr] technologie de jeton de paiement de sécurité

[de] Zahlungstokenisierungstechnologie

[it] tecnologia di tokenizzazione di pagamenti

[jp] 決済トークン化技術
[kr] 결제 토큰화 기술
[pt] tecnologia de tokenização de pagamento
[ru] технология токенизации оплаты
[es] tecnología de tokenización de pagos

54104 条码支付互联互通技术
[ar] تكنولوجيا تواصل دفع الرمز الشريطي
[en] barcode payment interconnection technology
[fr] technologie d'interconnexion de paiement par code à barres
[de] Barcode-Zahlung-Konnektivitätstechnologie
[it] tecnologia di interconnessione di pagamento con codice a barre
[jp] バーコード決済の相互連結技術
[kr] 바코드 결제 상호 연결 기술
[pt] tecnologia de interconexão de pagamento com código de barras
[ru] технология взаимосвязи оплаты штрих-кода
[es] tecnología de interconexión de pagos mediante códigos de barras

54105 全渠道金融服务
[ar] خدمة مالية لمتعددة القنوات
[en] omnichannel financial service
[fr] service financier omnicanal
[de] Alle-Kanäle-Finanzdienstleistung
[it] servizio finanziario omnicanale
[jp] オムニチャネルファイナンスサービス
[kr] 전채널 금융 서비스
[pt] serviço financeiro omni-canal
[ru] омниканальные финансовые услуги
[es] servicio financiero omnicanal

54106 电子银行
[ar] بنك إلكتروني
[en] e-banking
[fr] banque électronique

[de] Online-Banking
[it] banca elettronica
[jp] 電子銀行
[kr] 전자 은행
[pt] banco eletrónico
[ru] электронный банкинг
[es] banca electrónica

54107 数字银行
[ar] بنك رقمي
[en] digital banking
[fr] banque numérique
[de] Digitales Banking
[it] banca digitale
[jp] デジタルバンキング
[kr] 디지털 은행
[pt] banco digital
[ru] цифровой банкинг
[es] banca digital

54108 远程开户
[ar] فتح الحساب عن بعد
[en] remote account opening
[fr] ouverture de compte à distance
[de] Fernkontoeröffnung
[it] apertura di conto a distanza
[jp] 遠隔口座開設
[kr] 원격 계좌 개설
[pt] abertura de conta remota
[ru] дистанционное открытие счета
[es] apertura de cuenta remota

54109 在线金融超市
[ar] سوبرماركت المالية على الإنترنت
[en] online financial supermarket
[fr] supermarché financier en ligne
[de] Online-Finanzsupermarkt
[it] supermercato finanziario online
[jp] オンライン金融スーパー
[kr] 온라인 금융 마트
[pt] supermercado financeiro online

[ru] финансовый супермаркет онлайн

[es] supermercado financiero en línea

54110 智慧银行

[ar] بنك ذكي

[en] smart banking

[fr] services bancaires intelligents

[de] intelligentes Banking

[it] banca intelligente

[jp] スマートバンキング

[kr] 스마트 뱅킹

[pt] banco inteligente

[ru] умный банкинг

[es] banca inteligente

54111 智能金融服务

[ar] خدمة مالية ذكية

[en] intelligent financial service

[fr] service financier intelligent

[de] intelligente Finanzdienstleistung

[it] servizio finanziario intelligente

[jp] インテリジェント金融サービス

[kr] 스마트 금융 서비스

[pt] serviço financeiro inteligente

[ru] интеллектуальные финансовые услуги

[es] servicio financiero inteligente

54112 智慧网点

[ar] موقع الشبكة الذكية

[en] smart outlet

[fr] point de vente intelligent

[de] intelligente Stelle

[it] punto di vendita intelligente

[jp] スマート営業拠点

[kr] 스마트 아웃렛

[pt] agência bancária inteligente

[ru] умная сеть

[es] puntos inteligentes bancarios

54113 智能坐席

[ar] آلية محادثة ذكية

[en] robocall

[fr] service client intelligent

[de] Robocall

[it] centralina automatica

[jp] ロボコール

[kr] 스마트 콜센터

[pt] chamada de robôs

[ru] автообзвон

[es] robollamada

54114 金融多媒体数据处理能力

[ar] قدرة على معالجة البيانات المتعددة الوسائط المالية

[en] multimedia financial data processing capacity

[fr] capacité de traitement des données multimédias financières

[de] Verarbeitungsfähigkeit der Multimedia-Finanzdaten

[it] capacità di elaborazione dei dati multimediali finanziari

[jp] 金融マルチメディアデータ処理能力

[kr] 금융 멀티미디어 데이터 처리 능력

[pt] capacidade de processamento dos dados da multimédia financeira

[ru] возможность обработки финансовых мультимедийных данных

[es] capacidad de procesamiento de datos multimedia financieros

54115 轻型化金融服务模式

[ar] نموذج الخدمة المالية الخفيفة

[en] light financial service model

[fr] modèle de service financier léger

[de] leichter Finanzdienstleistungsmodus

[it] modello di servizio finanziario leggero

[jp] 軽量化ファイナンシャルサービスモデル

[kr] 라이트 금융 서비스 모델

[pt] modelo de serviço financeiro leve

[ru] легкая модель финансового обслуживания

5.4

[es] modo ligero de servicios financieros

54116　互联网保险

[ar] تأمين على الإنترنت

[en] Internet insurance

[fr] assurance Internet

[de] Internet-Versicherung

[it] assicurazione Internet

[jp] インターネット保険

[kr] 인터넷 보험

[pt] seguro da Internet

[ru] интернет-страхование

[es] seguros en Internet

54117　精准催收

[ar] تحصيل مستهدف للديون

[en] precision debt collection

[fr] recouvrement des créances ciblé

[de] präzises Inkasso

[it] recupero crediti di precisione

[jp] 精密な債務回収

[kr] 정밀화 재무 징수

[pt] cobrança de débito com precisão

[ru] точный сбор долгов

[es] cobro de deudas de precisión

54118　智能化定损

[ar] آلية تحقق ذكي من حجم الخسائر

[en] intelligent loss assessment

[fr] évaluation des pertes intelligente

[de] intelligente Schadenbewertung

[it] valutazione intelligente delle perdite

[jp] インテリジェントな損失評価

[kr] 지능화 손실 평가

[pt] avaliação inteligente de perdas

[ru] интеллектуальная оценка потерь

[es] evaluación inteligente de pérdidas

54119　数字化核赔

[ar] آلية تحقق رقمي لحجم التعويضات

[en] digital claims assessment

[fr] évaluation des revendications numériques

[de] digitale Schadenersatzschätzung

[it] valutazione dei reclami digitali

[jp] デジタルクレームアセスメント

[kr] 디지털화 배상 평가

[pt] avaliação digital de reivindicações

[ru] цифровая оценка возмещения

[es] evaluación de reclamaciones digitales

54120　数字信托

[ar] ائتمان رقمي

[en] digital trust

[fr] fiducie numérique

[de] digitale Treuhandschaft

[it] fiducia digitale

[jp] デジタル信託

[kr] 디지털 신탁

[pt] confiança digital

[ru] цифровое доверие

[es] fondo de confianza digital

54121　互联网基金销售

[ar] تسويق الصناديق عبر الإنترنت

[en] fund sales on Internet

[fr] ventes de fonds sur Internet

[de] Fondsverkäufe im Internet

[it] vendita di fondi su Internet

[jp] インターネットでのファンド販売

[kr] 인터넷 기금 판매

[pt] vendas dos fundos pela Internet

[ru] продажа фонда в Интернете

[es] venta de fondos en Internet

54122　机器人理财

[ar] إدارة الأموال من خلال الروبوت

[en] robo-advisory service

[fr] robot-conseiller financier

[de] Robo-Finanzierungsberater

[it] consulente finanziaria robot

[jp] ロボによる資産運用

[kr] 로봇 재테크

[pt] robô conselheiro de gestão patrimonial

[ru] услуги робота-консультанта

[es] asesor robótico para gestión de la riqueza

54123　移动理财

[ar] تطبيق منصة Android لإدارة الأموال

[en] mobile wealth management

[fr] gestion financière mobile

[de] mobile Vermögensverwaltung

[it] gestione patrimoniale mobile

[jp] モバイル資産運用

[kr] 모바일 재테크

[pt] gestão de patrimonial móvel

[ru] мобильное управление финансами

[es] gestión de la riqueza móvil

54124　智能投顾

[ar] مستشار ذكي للاستثمار

[en] robo-advisor for investment

[fr] robot-conseiller

[de] Robo-Finanzierungsberater für Investitionen

[it] robo-advisor per gli investimenti

[jp] ロボアドバイザー

[kr] 스마트 투자 고문

[pt] consultor robótico para investimento

[ru] робо-консультант по инвестициям

[es] asesor robótico para inversión

54125　智能投研

[ar] دراسة ذكية للاستثمار

[en] intelligent investment research

[fr] recherche financière intelligente

[de] intelligente Investitionsforschung und -entwicklung

[it] ricerca e sviluppo intelligenti

[jp] インテリジェント投資研究

[kr] 스마트 투자 연구

[pt] pesquisa e desenvolvimento Inteligente

do serviço de investimento

[ru] интеллектуальные инвестиционные исследования

[es] investigación y desarrollo inteligentes

54126　场景化理财

[ar] تمويل قائم على المشهد

[en] scenario-based wealth management service

[fr] gestion financière basée sur un scénario

[de] szenariobasierte Finanzierung

[it] gestione finanziaria basata su scenari

[jp] シナリオ化資産運用

[kr] 시나리오화 재테크

[pt] finança de cenarização

[ru] услуги по управлению состояниями на основе сценариев

[es] gestión de la riqueza basada en escenarios

54127　互联网票据理财

[ar] إدارة الأموال بموجب السندات التجارية عبر الإنترنت

[en] on-bill financing via Internet

[fr] gestion financière des effets sur Internet

[de] Internet-Rechnungsfinanzierung

[it] gestione finanziaria di cambiale via Internet

[jp] インターネット上での証券式資産運用

[kr] 인터넷 어음 재테크

[pt] financiamento de facturas via Internet

[ru] управление финансами с помощью интернет-квитанций

[es] gestión de la riqueza de billetes por Internet

5.4.2　数字普惠金融体系

[ar] النظام المالي الرقمي المعمم الأفضليات

[en] **Digital Financial Inclusion System**

[fr] **Système financier inclusif numérique**

[de] **Digitales Finanzinklusionssystem**

[it] Sistema di inclusione finanziaria digitale
[jp] デジタル・包摂的金融システム
[kr] 디지털 혜택 보편화 금융 시스템
[pt] Sistema de Finanças Inclusivas Digitais
[ru] **Цифровая инклюзивная финансовая система**
[es] **Sistema de Financiación Inclusiva Digital**

54201 数字普惠金融
[ar] مالية رقمية معممة للأفضليات
[en] digital financial inclusion
[fr] finance inclusive numérique
[de] digitales inklusives Finanzwesen
[it] inclusione finanziaria digitale
[jp] デジタル・包摂的金融
[kr] 디지털 혜택 보편화 금융
[pt] finanças inclusivas digitais
[ru] цифровая финансовая инклюзивность
[es] financiación inclusiva digital

54202 金融排斥
[ar] استبعاد مالي
[en] financial exclusion
[fr] exclusion financière
[de] finanzielle Ausgrenzung
[it] esclusione finanziaria
[jp] 金融排除
[kr] 금융 소외
[pt] exclusão financeira
[ru] финансовое исключение
[es] exclusión financiera

54203 金融歧视
[ar] تمييز مالي
[en] financial discrimination
[fr] discrimination financière
[de] finanzielle Diskriminierung
[it] discriminazione finanziaria

[jp] 金融差別
[kr] 금융 차별화
[pt] discriminação financeira
[ru] финансовая дискриминация
[es] discriminación financiera

54204 信贷障碍
[ar] موانع ائتمانية
[en] credit barrier
[fr] obstacle à la demande de prêt
[de] Kreditschranke
[it] barriera di credito
[jp] クレジット障壁
[kr] 신용 대출 장벽
[pt] barreira de empréstimo
[ru] кредитный барьер
[es] barrera para crédito

54205 服务网点互通性
[ar] تبادلية مواقع شبكية
[en] interoperability of service outlets
[fr] interopérabilité des points de service
[de] Interoperabilität der Servicestellen
[it] interoperabilità dei punti di servizi
[jp] サービス拠点の相互運用性
[kr] 서비스 아웃렛 상호 연통
[pt] interoperabilidade de postos de serviço
[ru] совместимость точек обслуживания
[es] interoperabilidad de puntos de servicios

54206 跨运行商交易
[ar] معاملة عبر عدة مشغّلين
[en] cross-operator transaction
[fr] transaction trans-opérateur
[de] betreiberübergreifende Transaktion
[it] transizione tra operatori
[jp] クロスオペレータ取引
[kr] 크로스 오퍼레이터 거래
[pt] transação multioperadora
[ru] кросс-операторская транзакция
[es] transacción entre operadores distintos

54207 政府转移支付数字化

[ar] رقمنة مدفوعات النقل الحكومي

[en] digitization of government transfer payment

[fr] numérisation du paiement de transfert gouvernemental

[de] Digitalisierung der staatlichen Überweisung

[it] digitalizzazione del pagamento tramite bonifico pubblico

[jp] 政府移転支出のデジタル化

[kr] 정부 전이 결제 디지털화

[pt] digitalização do pagamento por transferência governamental

[ru] оцифровка государственного трансфертного платежа

[es] digitalización de los pagos por transferencia del gobierno

54208 非现金化收付

[ar] دفع وتحصيل غير نقدي

[en] non-cash payment

[fr] règlement sans espèce

[de] bargeldlose Zahlung

[it] pagamento non cash

[jp] キャッシュレス決済

[kr] 무현금 입출금

[pt] pagamento não em dinheiro

[ru] безналичный расчет

[es] pago sin efectivo

54209 零售支付系统基础设施现代化

[ar] تحديث البنية التحتية لنظام الدفع لتجارة التجزئة

[en] modernization of the retail payment system infrastructure

[fr] modernisation de l'infrastructure du système de paiement de détail

[de] Modernisierung der Infrastruktur des Massenzahlungssystems

[it] ammodernamento dell'infrastruttura del sistema di pagamento al dettaglio

[jp] 小売決済システムインフラの近代化

[kr] 리테일 결제 시스템 인프라 현대화

[pt] modernização da infraestrutura do sistema de pagamento retalhista

[ru] модернизация инфраструктуры розничной платежной системы

[es] modernización de la infraestructura de sistemas de pago minoristas

54210 数字金融服务消费者保护框架

[ar] إطار حماية مستهلك الخدمة المالية الرقمية

[en] consumer protection framework in digital financial service

[fr] cadre de protection des consommateurs pour les services financiers numériques

[de] Konsumentenschutzrahmen für digitale Finanzdienstleistungen

[it] struttura di protezione dei consumatori per i servizi finanziari digitali

[jp] デジタル金融サービス消費者保護枠組み

[kr] 디지털 금융 서비스 소비자 보호 프레임

[pt] estrutura de proteção ao consumidor para serviços financeiros digitais

[ru] структура защиты потребителей в сфере цифровых финансовых услуг

[es] marco de protección del consumidor de servicios financieros digitales

54211 金融素养

[ar] مؤهلات مالية

[en] financial literacy

[fr] connaissance financière

[de] finanzielle Kompetenz

[it] conoscenza finanziaria

[jp] 金融リテラシー

[kr] 금융 소양

[pt] literacia financeira

[ru] финансовая грамотность

[es] educación financiera

5.4

54212 金融能力

[ar] إمكانيات مالية

[en] financial capability

[fr] capacité financière

[de] finanzielle Fähigkeit

[it] capacità finanziaria

[jp] 金融ケイパビリティ

[kr] 금융 능력

[pt] capacidade financeira

[ru] финансовая способность

[es] capacidad financiera

54213 金融服务不足群体

[ar] مجموعة مستضعفة في مجال الخدمات المالية

[en] financially underserved group

[fr] groupe financièrement oublié

[de] finanziell unterversorgte Gruppe

[it] gruppo privo di servizi finanziari

[jp] 金融サービスへのアクセス欠如のグループ

[kr] 금융 서비스 소외 계층

[pt] grupo carente dos serviços financeiros

[ru] необеспеченная финансовыми услугами группа

[es] grupo financiero infra atendido

54214 非正规经济参与者

[ar] مشاركون في اقتصاد غير نظامي

[en] participant in informal economy

[fr] participant de l'économie informelle

[de] informeller wirtschaftlicher Teilnehmer

[it] attore economico informale

[jp] 非公式経済の参加者

[kr] 비정규 경제 참여자

[pt] participante de economia informal

[ru] неформальный экономический участник

[es] participante económico informal

54215 客户尽职调查

[ar] تقصى شديد الحرص للعملاء

[en] customer due diligence

[fr] procédures de vigilance à l'égard de la clientèle

[de] Due-Diligence-Prüfung der Kunden

[it] diligenza dovuta del cliente

[jp] 顧客デューデリジェンス

[kr] 고객확인제도

[pt] devida diligência do cliente

[ru] надлежащая проверка клиентов

[es] diligencia debida del cliente

54216 数字身份证明系统

[ar] نظام تحديد الهوية الرقمية

[en] digital identification system

[fr] système d'identification numérique

[de] digitales Identifikationssystem

[it] sistema di identificazione digitale

[jp] デジタル身分証明システム

[kr] 디지털 신분 인증 시스템

[pt] sistema de identificação digital

[ru] система цифровой идентификации

[es] sistema de identificación digital

54217 验明身份发展计划

[ar] مبادرة تدقيق الهوية لغرض التنمية

[en] Identification for Development (ID4D) Initiative

[fr] Initiative Identification pour le développement

[de] Entwicklungsplan der Identifikation

[it] Identificazione per lo sviluppo

[jp] 世界銀行のID4D（Identification for Development）プロジェクト

[kr] 신분 확인 발전 계획

[pt] Projeto de Desenvolvimento para Verificação de Identificação

[ru] Инициатива «Идентификация для развития»

[es] Iniciativa de Desarrollo de la Verificación de Identidad

54218 信用信息共享

[ar] تشارك المعلومات الائتمانية

[en] credit information sharing

[fr] partage d'information du crédit

[de] Kreditinformation-Sharing

[it] condivisione delle informazioni di credito

[jp] 信用情報の共有

[kr] 신용 정보 공유

[pt] compartilhamento de informações de crédito

[ru] совместное использование кредитной информации

[es] uso compartido de información de crédito

54219 数字化支付体系

[ar] نظام الدفع الرقمي

[en] digital payment system

[fr] système de paiement numérique

[de] digitales Zahlungssystem

[it] sistema di pagamento digitale

[jp] デジタル化決済システム

[kr] 디지털화 결제 시스템

[pt] sistema de pagamento digital

[ru] цифровая платежная система

[es] sistema de pago digital

54220 线上小微融资

[ar] تمويل للمنشآت الصغيرة عبر الإنترنت

[en] online financing for micro and small enterprises

[fr] petit et micro financement en ligne

[de] Online-Finanzierung für Klein- und Mikrounternehmen

[it] piccoli finanziamenti e microfinanziamenti online

[jp] オンライン少額・マイクロファイナンス

[kr] 온라인 소액 융자

[pt] micro e pequeno financiamento on-line

[ru] онлайн-финансирование для микро и малых предприятий

[es] pequeña y microfinanciación en línea

54221 数字化小额理财

[ar] إدارة رقمية للأموال صغيرة الحجم

[en] digital micro-wealth management

[fr] gestion financière numérique de petite somme

[de] digitale Mikro-Vermögensverwaltung

[it] gestione digitale di microfinanza

[jp] デジタル化小額資産運用

[kr] 디지털화 소액 재테크

[pt] gestão digital de micro-riquezas

[ru] цифровое управление финансами в незначительной сумме

[es] gestión de la micro riqueza digital

54222 小额保险

[ar] تأمين الأموال صغيرة الحجم

[en] microinsurance

[fr] micro-assurance

[de] Mikroversicherung

[it] microassicurazione

[jp] 小額保険

[kr] 소액 보험

[pt] microsseguros

[ru] микрострахование

[es] microseguro

54223 数字化信用评分

[ar] تصنيف ائتماني رقمي

[en] digital credit scoring

[fr] score de crédit numérisé

[de] digitale Kreditbewertung

[it] punteggio del credito digitale

[jp] デジタル化信用スコアリング

[kr] 디지털화 신용 평가

[pt] pontuação de crédito digital

[ru] цифровой кредитный скоринг

[es] puntuación crediticia digital

5.4

54224 农村合作金融

[ar] تمويل تعاوني ريفي
[en] rural cooperative finance
[fr] finance coopérative rurale
[de] ländliche Genossenschaftsfinanzierung
[it] finanza cooperativa rurale
[jp] 農村協力金融
[kr] 농촌 협력 금융
[pt] finanças cooperativas da zona rural
[ru] сельское кооперативное
финансирование
[es] finanzas cooperativas rurales

54225 信用信息共享交换平台

[ar] منصة التشارك والتبادل للمعلومات الائتمانية
[en] credit information sharing and exchange
platform
[fr] plate-forme d'échange et de partage des
informations du crédit
[de] Austausch- und Sharingskreditinforma-
tionsplattform
[it] piattaforma di condivisione e scambio di
informazioni creditizie
[jp] 信用情報の共有・交換プラットフォーム
[kr] 신용 정보 공유 교환 플랫폼
[pt] plataforma de partilha e troca de
informações de crédito
[ru] платформа для совместного
использования кредитной
информации
[es] plataforma de uso compartido e
intercambio de información de crédito

54226 特殊消费者群体金融服务权益

[ar] حقوق الخدمات المالية لمجموعة المستهلكين ذوي
الاحتياجات الخاصة
[en] financial service rights and interests of
special consumer groups
[fr] droits et intérêts des services financiers
pour les groupes particuliers de
consommateurs

[de] Finanzdienstleistungsrechte und -inter-
essen besonderer Konsumentengruppen
[it] diritti di servizio finanziario e interessi
di gruppi speciali di consumatori
[jp] 特別消費者団体の金融サービスの権利
[kr] 스페셜 소비자 단체 금융 서비스 권익
[pt] direitos e interesses de serviços
financeiros de grupos especiais de
consumidores
[ru] интересы и права на финансовые
услуги особых групп потребителей
[es] derechos e intereses de grupos de
consumidores especiales sobre servicios
financieros

54227 金融监管差异化激励机制

[ar] آلية تحفيزية متباينة لنظام الرقابة المالية
[en] differentiated incentives for financial
regulation
[fr] incitations différenciées pour la
régulation financière
[de] differenzierte Anreize für Finanzregulie-
rung
[it] incentivi differenziati per la supervisione
finanziaria
[jp] 金融規制に差別化されたインセンティ
ブメカニズム
[kr] 금융 모니터링 차별화 격려 메커니즘
[pt] incentivos diferenciados para
regulamentação financeira
[ru] механизм дифференцированных
стимулов для финансового
регулирования
[es] incentivos para la diferenciación en la
regulación financiera

54228 不良贷款容忍度

[ar] درجة تحمل القروض المتعثرة
[en] tolerance for non-performing loans
[fr] tolérance au prêt non performant
[de] Toleranz für schleichte Kredits

5.4

[it] tolleranza sui i crediti in sofferenza

[jp] 不良債権に対する容認度

[kr] 부실 대출 수용범위

[pt] tolerância de mau crédito

[ru] толерантность к невозвратным
кредитам

[es] tolerancia al crédito moroso

5.4.3 绿色金融体系

[ar] النظام المالي الأخضر

[en] **Green Financial System**

[fr] **Système financier vert**

[de] **Ökologisches Finanzsystem**

[it] **Sistema finanziario verde**

[jp] **グリーン金融システム**

[kr] **녹새 금융 시스템**

[pt] **Sistema de Finanças Verdes**

[ru] **Зеленая финансовая система**

[es] **Sistema Financiero Ecológico**

54301 绿色金融

[ar] تمويل أخضر

[en] green finance

[fr] finance verte

[de] ökologische Finanz

[it] finanza verde

[jp] グリーン金融

[kr] 녹새 금융

[pt] finanças verdes

[ru] зеленые финансы

[es] finanzas ecológicas

54302 绿色债券

[ar] سندات خضراء

[en] green bond

[fr] obligation verte

[de] ökologische Anleihe

[it] obbligazione verde

[jp] グリーン債権

[kr] 녹새 채권

[pt] título verde

[ru] зеленая облигация

[es] bono ecológico

54303 绿色发展基金

[ar] صندوق التنمية الخضراء

[en] green development fund

[fr] fondation au service du développement
vert

[de] chinesische ökologische Entwicklungs-
stiftung

[it] China green fondazione

[jp] グリーン発展基金

[kr] 녹새 발전 기금

[pt] Fundo Nacional de Desenvolvimento
Verde

[ru] фонд зеленого развития

[es] Fundación China Verde

54304 绿色保险

[ar] تأمين أخضر

[en] green insurance

[fr] assurance verte

[de] ökologische Versicherung

[it] assicurazione verde

[jp] グリーン保険

[kr] 녹새보험

[pt] seguros verdes

[ru] зеленое страхование

[es] seguro ecológico

54305 碳金融

[ar] تمويل منخفض الانبعاث الكربوني

[en] carbon finance

[fr] finance du carbone

[de] Kohlenstoff-Finanz

[it] finanziamento del carbonio

[jp] カーボンファイナンス

[kr] 탄소 금융

[pt] finanças de carbono

[ru] углеродные финансы

[es] finanzas del carbono

54306 巨灾债券

[ar] سندات الكوارث المروعة

[en] catastrophe bond

[fr] obligation de catastrophe

[de] Katastrophenanleihe

[it] obbligazione catastrofe

[jp] キャットボンド

[kr] 재양 채권

[pt] título de catástrofe

[ru] катастрофная облигация

[es] bono de catástrofe

54307 巨灾保险

[ar] تأمين ضد الكوارث المروعة

[en] catastrophe insurance

[fr] assurance de catastrophe

[de] Katastrophenversicherung

[it] assicurazione catastrofe

[jp] 異常災害保険

[kr] 재양 보험

[pt] seguros de catástrofe

[ru] страхование от катастроф

[es] seguro de desastres

54308 天气衍生品

[ar] تأمين خاص ضد مخاطر مترتبة على تغيرات طقسية

[en] weather derivatives

[fr] produit dérivé climatique

[de] Wetterderivate

[it] derivati meteorologici

[jp] 天候デリバティブ

[kr] 기상 파생물

[pt] derivados do tempo

[ru] страховые производные продукты погоды

[es] derivados del tiempo meteorológico

54309 绿色股票指数

[ar] مؤشر الأسهم الخضراء

[en] green stock index

[fr] indice d'actions vertes

[de] ökologischer Aktienindex

[it] indice azionario verde

[jp] グリーン株券指数

[kr] 녹새 증권 지수

[pt] índice de ações verdes

[ru] индекс зеленых акций

[es] índices de acciones ecológicas

54310 绿色债券指数

[ar] مؤشر السندات الخضراء

[en] green bond index

[fr] indice d'obligations vertes

[de] ökologischer Anleihenindex

[it] indice delle obbligazioni verdi

[jp] グリーン債権指数

[kr] 녹새 채권 지수

[pt] índice de título verde

[ru] индекс зеленых облигаций

[es] índice de bonos ecológicos

54311 银行绿色评价机制

[ar] آلية التقييم الخضراء للبنك

[en] green bank appraisal mechanism

[fr] mécanisme d'évaluation écologique de la banque

[de] ökologischer Bewertungsmechanismus der Bank

[it] meccanismo di valutazione verde delle banche

[jp] 銀行グリーン評価メカニズム

[kr] 은행 녹새 평가 메커니즘

[pt] mecanismo de avaliação verde do banco

[ru] зеленый механизм оценки банков

[es] mecanismo de evaluación verde para bancos

54312 绿色信贷

[ar] انتمان أخضر

[en] green credit

[fr] crédit vert

[de] ökologischer Kredit

[it] credito verde
[jp] グリーンクレジット
[kr] 녹새 신용대출
[pt] crédito verde
[ru] зеленый кредит
[es] crédito ecológico

54313 绿色信贷业绩评价

[ar] تقييم أداء الائتمان الأخضر

[en] performance evaluation of green credit
[fr] évaluation de performances du crédit vert
[de] Leistungsbewertung von ökologischem Kredit
[it] valutazione delle prestazioni del credito verde
[jp] グリーンクレジット業績評価
[kr] 녹새 신용대출 업적 평가
[pt] avaliação de desempenho do crédito verde
[ru] оценка успехов зеленого кредита
[es] evaluación del rendimiento de crédito ecológico

54314 绿色信贷资产证券化

[ar] توريق الأصول للائتمان الأخضر

[en] securitization of green credit assets
[fr] titrisation des actifs du crédit vert
[de] Verbriefung ökologisches Kredits
[it] cartolarizzazione assicurata da crediti verdi
[jp] グリーンクレジット資産の証券化
[kr] 녹새 신용대출 자산 증권화
[pt] securitização de activos de crédito verde
[ru] секьюритизация зеленых кредитных средств
[es] conversión de crédito ecológico en valores basada en activos

54315 贷款人环境法律责任

[ar] مسؤولية قانونية خاصة ببيئية للمقرض

[en] lender's environmental liability
[fr] responsabilité juridique environnementale du débiteur
[de] Umwelthaftung des Kreditnehmers
[it] responsabilità ambientale del prestatore
[jp] 貸手の環境法的責任
[kr] 대부인 환경 법률 책임
[pt] responsabilidade ambiental do credor legal
[ru] экологическая ответственность кредиторов
[es] responsabilidad ambiental del prestamista

54316 绿色融资渠道

[ar] قناة التمويل الأخضر

[en] green financing channel
[fr] canal de financement vert
[de] ökologischer Finanzierungskanal
[it] canale di finanziamento verde
[jp] グリーンファイナンスチャネル
[kr] 녹새 융자 채널
[pt] canal do financiamento verde
[ru] зеленый канал финансирования
[es] canal de financiación ecológico

54317 碳排放权

[ar] حق تصريف الانبعاثات الكربونية

[en] carbon emission right
[fr] droit d'émission de carbone
[de] Kohlenstoffemissionsrecht
[it] diritto di emissione di carbonio
[jp] CO_2 排出権
[kr] 탄소 배출권
[pt] direito de emissão de carbono
[ru] право на выбросы углерода
[es] sumidero de carbono

54318 排污权

[ar] حق تصريف الملوثات

[en] emission right

5.4

[fr] droit d'émission de matières polluantes
[de] Emissionsrecht
[it] diritto di inquinamento
[jp] 排出権
[kr] 오염배출권
[pt] direitos de poluição
[ru] право на выбросы
[es] sumidero de contaminantes

54319 节能量
[ar] نسبة توفير الطاقة
[en] energy savings
[fr] droit à l'énergie
[de] Energieeinsparung
[it] quantità del risparmio energetico
[jp] 省エネの数量
[kr] 에너지 절약량
[pt] direito de consumo de energia
[ru] объем энергосбережения
[es] ahorro energético

54320 水权
[ar] حق المياه
[en] water right
[fr] droit à l'eau
[de] Wasserrecht
[it] diritto idrico
[jp] 水利権
[kr] 용수권
[pt] direitos da água
[ru] право на воду
[es] derecho al agua

54321 碳排放权交易市场
[ar] سوق تبادل حق تصريف الانبعاثات الكربونية
[en] carbon emission trading market
[fr] marché des quotas d'émission de carbone
[de] Kohlenstoffemissionshandelsmarkt
[it] mercato di scambio delle emissioni di carbonio

[jp] CO₂排出取引市場
[kr] 탄소 배출권 거래 시장
[pt] mercado de comércio de emissões de carbono
[ru] рынок торговли правами на выбросы углерода
[es] mercado de sumidero de carbono

54322 碳定价中心
[ar] مركز تسعير الانبعاثات الكربونية
[en] carbon pricing center
[fr] centre de tarification du carbone
[de] Zentrum zur Preisgestaltung des Kohlenstoffes
[it] centro tariffario sul carbonio
[jp] カーボンプライシングセンター
[kr] 탄소 정가 센터
[pt] centro de preços de carbono
[ru] центр оценки углерода
[es] centro de fijación de precios del carbono

54323 碳期权
[ar] حقوق الخيار للانبعاثات الكربونية
[en] carbon option
[fr] option carbone
[de] Kohlenstoffoptionen
[it] opzioni di carbonio
[jp] カーボンオプション
[kr] 탄소 선물 옵션
[pt] opções de carbono
[ru] опцион углерода
[es] opciones sobre el carbono

54324 碳租赁
[ar] تأجير الانبعاثات الكربونية
[en] carbon leasing
[fr] location carbone
[de] Kohlenstoffmieten
[it] locazione di carbonio
[jp] カーボンリース
[kr] 탄소 리스

[pt] arrendamento de carbono

[ru] аренда углерода

[es] alquiler de carbono

54325 碳债券

[ar] سندات الانبعاثات الكربونية

[en] carbon bond

[fr] obligation carbone

[de] Kohlenstoffbindungen

[it] obbligazione di carbonio

[jp] カーボン債券

[kr] 탄소 채권

[pt] bônus de carbono

[ru] облигация углерода

[es] bonos de carbono

54326 碳资产证券化

[ar] توريق أصول الانبعاثات الكربونية

[en] carbon asset securitization

[fr] titrisation des actifs carbone

[de] Verbriefung von Kohlenstoffaktiva

[it] cartolarizzazione delle attività di
carbonio

[jp] カーボンアセットの証券化

[kr] 탄소 자산 증권화

[pt] securitização de ativos de carbono

[ru] секьюритизация углеродных активов

[es] titularización de activos de carbono

54327 碳基金

[ar] صندوق الانبعاثات الكربونية

[en] carbon fund

[fr] fonds carbone

[de] Kohlenstoff-Fonds

[it] fondo di carbonio

[jp] カーボンファンド

[kr] 탄소 기금

[pt] fundo de carbono

[ru] фонд углерода

[es] fondo de carbono

54328 碳金融产品和衍生工具

[ar] منتجات ومشتقات مالية للانبعاثات الكربونية

[en] carbon financial products and derivatives

[fr] produits financiers et dérivés du carbone

[de] Finanzprodukt und -derivat aus Kohlen-
stoff

[it] prodotti finanziari e derivati di carbonio

[jp] カーボンの金融製品と派生ツール

[kr] 탄소 금융 상품 및 파생 도구

[pt] produtos financeiros e derivados de
carbono

[ru] углеродные финансовые продукты и
производные инструменты

[es] productos y derivados financieros del
carbono

54329 环境权益交易市场

[ar] سوق تداول لحق البيئة

[en] trading market for environmental rights
and interests

[fr] marché des droits et intérêts à
l'environnement

[de] Handelsmarkt für Umweltrecht

[it] mercato commerciale di diritti e interessi
ambientali

[jp] 環境権取引市場

[kr] 환경 권익 거래 시장

[pt] mercado de comércio para os direitos
ambientais

[ru] рынок торговли экологическими
правами и интересами

[es] mercado de derechos medioambientales

54330 跨行政区域排污权交易

[ar] تداول عابر المناطق الإدارية لحق تصريف الملوثات

[en] emission trading across administrative
divisions

[fr] trading des droits d'émission de matières
polluantes entre les zones administratives

[de] Verwaltungsregionsübergreifender Emis-
sionsrechtshandel

5.4

[it] operazione dei diritti di inquinamento tra le divisioni amministrative

[jp] 多行政部門間の汚染排出権取引

[kr] 다행정구역 오염배출권 거래

[pt] comércio de direitos de emissão de poluentes entre divisões administrativas

[ru] торговля правами на выбросы через административные подразделения

[es] comercialización de sumidero de contaminantes entre divisiones administrativas

54331 排污权交易市场

[ar] سوق تداول حق تصريف الملوثات

[en] emission trading market

[fr] marché des droits d'émission de matières polluantes

[de] Emissionsrechtshandelsmarkt

[it] mercato commerciale dei diritti di emissione

[jp] 排出権取引市場

[kr] 오염배출권 거래 시장

[pt] mercado de transação de direitos de poluição

[ru] рынок торговли правами на выбросы

[es] mercado de sumidero de contaminantes

54332 节能量交易市场

[ar] سوق تداول الطاقة الفائضة

[en] energy savings trading market

[fr] marché des droits à l'énergie

[de] Energiesparungshandelsmarkt

[it] mercato commerciale della quantità del risparmio energico

[jp] 省エネ取引市場

[kr] 에너지 절약량 거래 시장

[pt] mercado de comércio do direito de consumo de energia

[ru] рынок торговли энергосбережением

[es] mercado de ahorro energético

54333 水权交易市场

[ar] سوق تبادل حق المياه

[en] water right trading market

[fr] marché des droits à l'eau

[de] Wasserrechtshandelsmarkt

[it] mercato commerciale dei diritti idrici

[jp] 水利権の取引市場

[kr] 용수권 거래 시장

[pt] mercado de comércio de direitos da água

[ru] рынок торговли правами на воду

[es] mercado de derecho al agua

54334 绿色资产融资租赁

[ar] تأجير تمويلي للأصول الخضراء

[en] financial leasing of green assets

[fr] financement et location des actifs verts

[de] Finanzierung und Verpachtung von ökologischem Vermögen

[it] leasing e finanza delle attività verdi

[jp] グリーン資産の金融リース

[kr] 녹색 자산 융자 리스

[pt] locação financeira de activos verdes

[ru] финансовый лизинг зеленых активов

[es] arrendamiento financiero de activo ecológico

5.4.4 去中心化金融体系

[ar] النظام المالي اللامركزي

[en] **Decentralized Financial System**

[fr] **système financier décentralisé**

[de] **Dezentralisiertes Finanzsystem**

[it] **Sistema finanziario decentralizzato**

[jp] **分散型金融システム**

[kr] **탈중앙화 금융 시스템**

[pt] **Sistema Financeiro Descentralizado**

[ru] **Децентрализованная финансовая система**

[es] **Sistema Financiero Descentralizado**

54401 去中介化

[ar] إلغاء الوساطة

[en] disintermediation
[fr] désintermédiation
[de] Deintermediation
[it] disintermediazione
[jp] 仲介機関離れ
[kr] 탈중개화
[pt] desintermediação
[ru] освобождение от посредников
[es] desintermediación

54402 自融资
[ar] تمويل ذاتي
[en] self-financing
[fr] autofinancement
[de] Selbstfinanzierung
[it] autofinanziamento
[jp] 自己融資
[kr] 자기 융자
[pt] autofinanciamento
[ru] самофинансирование
[es] autofinanciación

54403 去中心化金融
[ar] تمويل لامركزي
[en] decentralized finance (DeFi)
[fr] finance décentralisée
[de] dezentralisierte Finanz
[it] finanza decentralizzata
[jp] 分散型金融
[kr] 탈중앙화 금융
[pt] finanças descentralizadas
[ru] децентрализованные финансы
[es] finanzas descentralizadas

54404 非人格化交易
[ar] تداول عدم الشخصية
[en] impersonal transaction
[fr] transaction impersonnelle
[de] unpersönliche Transaktion
[it] transazione impersonale
[jp] 非人格化取引

[kr] 비인격화 거래
[pt] transação impessoal
[ru] безличная сделка
[es] transacción impersonal

54405 替代信用模式
[ar] نمط الائتمان البديل
[en] alternative credit model
[fr] modèle de crédit alternatif
[de] alternativer Kreditmodus
[it] modello di credito alternativo
[jp] 代替信用モデル
[kr] 대안 신용 모델
[pt] modelo de crédito alternativo
[ru] альтернативная модель кредитования
[es] modo de crédito alternativo

54406 非集中清算式货币
[ar] عملة المقاصة اللامركزية
[en] currency for non-central clearing
[fr] monnaie de compensation décentralisée
[de] Währung für nicht zentrale Verrechnung
[it] moneta di compensazione decentralizzata
[jp] 分散型決済通貨
[kr] 분산형 청산 화폐
[pt] moeda compensadora descentralizada
[ru] валюта нецентрализованного клиринга
[es] moneda de tipo de liquidación descentralizada

54407 不平等金融服务
[ar] خدمات مالية غير متكافئة
[en] unequal financial services
[fr] service financier inégal
[de] ungleiche Finanzdienstleistung
[it] servizio finanziario disuguale
[jp] 不平等金融サービス
[kr] 불평등 금융 서비스
[pt] serviços financeiros desiguais
[ru] неравные финансовые услуги

5.4

[es] servicio financiero desigual

54408　金融审查

[ar] مراجعة مالية

[en] financial review

[fr] inspection financière

[de] Finanzüberprüfung

[it] revisione finanziaria

[jp] 金融審査

[kr] 금융 심사

[pt] revisão financeira

[ru] финансовая инспекция

[es] revisión financiera

54409　稳定币

[ar] عملة مستقرة

[en] stablecoin

[fr] stable coin

[de] stabile Münze

[it] moneta stabile

[jp] ステーブルコイン

[kr] 스테이블 코인

[pt] moeda estável

[ru] стейблкоин

[es] moneda estable

54410　去中心化交易所

[ar] بورصة لامركزية

[en] decentralized exchange (DEX)

[fr] plate-forme d'échanges décentralisés

[de] dezentralisierte Börse

[it] scambi decentralizzati

[jp] 分散型取引所

[kr] 탈중앙화 거래소

[pt] centro de transação descentralizada

[ru] децентрализованная биржа

[es] bolsas descentralizados

54411　去中心化借贷

[ar] إقراض لامركزي

[en] decentralized lending

[fr] crédit décentralisé

[de] dezentralisiertes Darlehen

[it] prestito decentralizzato

[jp] 分散型レンディング

[kr] 탈중앙화 대차

[pt] empréstimos descentralizados

[ru] децентрализованное кредитование

[es] préstamos descentralizados

54412　代币化

[ar] عملة ترميزية

[en] tokenization

[fr] tokenisation

[de] Tokenisierung

[it] tokenizzazione

[jp] トークナイゼーション

[kr] 토큰화

[pt] tokenização

[ru] токенизация

[es] tokenización

54413　自动化财富管理平台

[ar] منصة الإدارة الآلية للثروات

[en] automated wealth management platform

[fr] plate-forme automatique de gestion de patrimoine

[de] automatisierte Vermögensverwaltungs-plattform

[it] piattaforma automatizzata di gestione patrimoniale

[jp] 自動化財産管理プラットフォーム

[kr] 자동화 재산 관리 플랫폼

[pt] plataforma automatizada de gestão de patrimônio

[ru] автоматизированная платформа управления активами

[es] plataforma automatizada de gestión de la riqueza

54414　社群式交易平台

[ar] منصة التداول الاجتماعي

[en] social trading platform
[fr] plate-forme de trading social
[de] soziale Handelsplattform
[it] piattaforma di social-trading
[jp] コミュニティ式取引プラットフォーム
[kr] 소셜 트레이딩 플랫폼
[pt] plataforma de negociação social
[ru] платформа сделки сообщества
[es] plataforma de transacción social

54415 零售交易平台
[ar] منصة المعاملات بالتجزئة
[en] retail algorithmic trading platform
[fr] plate-forme de vente au détail basée sur l'algorithme
[de] Einzelhandelsplattform
[it] piattaforma di commercio al dettaglio
[jp] 小売取引プラットフォーム
[kr] 리테일 거래 플랫폼
[pt] comércio algorítmico por retalho
[ru] платформа розничной сделки
[es] plataforma de transacción minorista

54416 金融民主化
[ar] دمقرطة التمويل
[en] financial democracy
[fr] démocratisation de la finance
[de] Demokratisierung der Finanz
[it] democratizzazione finanziaria
[jp] 金融の民主化
[kr] 금융 민주화
[pt] democratização das finanças
[ru] демократизация финансов
[es] democratización de las finanzas

54417 淡中心化
[ar] مركزية مخففة
[en] less-centralized regulation
[fr] centralisation à faible degré
[de] Minder-Zentralisierung
[it] decentralizzazione

[jp] 多元化
[kr] 탈중앙화
[pt] menos-centralização
[ru] менее централизованное регулирование
[es] menos-centralización

54418 回应性监管方式
[ar] أساليب الرقابة التجاوبية
[en] responsive regulatory approach
[fr] régulation réactive
[de] reagible Regulierungsmethode
[it] approccio reattivo di supervisione
[jp] 即応型規制方式
[kr] 반응형 감독 관리 방식
[pt] método regulador responsivo
[ru] метод отзывчивого регулирования
[es] enfoque regulador responsivo

54419 科技金融生态圈
[ar] دائرة إيكولوجية للمالية التكنولوجية
[en] TechFin ecosystem
[fr] écosystème fintech
[de] TechFin-Ökosystem
[it] ecosistema fintech
[jp] 科学技術金融エコシステム
[kr] 테크핀 생태계
[pt] ecossistema da tecnologia financeira
[ru] техфин-экосистема
[es] ecosistema tecnofinanciero

5.4.5 金融科技产业生态
[ar] أيكولوجيا التمويل في مجال العلوم والتكنولوجيا
[en] **Fintech Industry Ecosystem**
[fr] **Écosystème industriel fintech**
[de] **Ökosystem der FinTech-Industrie**
[it] **Ecosistema del settore fintech**
[jp] **フィンテック産業エコシステム**
[kr] **핀테크 산업생태**
[pt] **Ecossistema da Indústria da Tecnologia Financeira**

5.4

[ru] Экосистема отрасли финтеха

[es] Ecosistema del Sector Tecnofinanciero

54501 科技信贷

[ar] ائتمان في مجال العلوم والتكنولوجيا

[en] Fintech credit

[fr] crédit fintech

[de] FinTech Kredit

[it] credito fintech

[jp] 科学技術クレジット

[kr] 핀테크 신용대출

[pt] crédito da tecnologia financeira

[ru] кредит финтеха

[es] crédito tecnofinanciero

54502 科技信贷专业化标准

[ar] معيار تخصصي لائتمان العلوم والتكنولوجيا

[en] specialized standard for Fintech credit

[fr] norme professionnelle pour le crédit fintech

[de] spezialisierter Standard für FinTech-Kredite

[it] standard professionale di credito fintech

[jp] 科学技術クレジットの専門規格

[kr] 핀테크 신용대출 전문화 표준

[pt] padrão especializado para crédito da tecnologia financeira

[ru] специализированный стандарт для кредита финтеха

[es] estándar especializado para crédito tecnofinanciero

54503 科技直接融资体系

[ar] نظام التمويل المباشر في مجال العلوم والتكنولوجيا

[en] Fintech direct financing system

[fr] système de financement direct aux fintech

[de] FinTech-Direktfinanzierungssystem

[it] sistema di finanziamento diretto fintech

[jp] 科学技術直接融資システム

[kr] 핀테크 직접 융자 시스템

[pt] sistema de financiamento directo da tecnologia financeira

[ru] система прямого финансирования финтеха

[es] sistema directo para tecnofinancieras

54504 风投创投网络

[ar] شبكة استثمار المخاطر وتمويل الشركة الإبداعية

[en] venture capital network

[fr] réseau de capital-risque

[de] Risikokapital-Netzwerk

[it] rete di capitale di rischio

[jp] ベンチャーキャピタルネットワーク

[kr] 벤처 캐피털 네트워크

[pt] rede de capital de risco

[ru] сеть венчурного капитала

[es] red de inversión de emprendimiento y de riesgo

54505 科技保险

[ar] تأمين العلوم والتكنولوجيا

[en] insurance for technology companies

[fr] assurance pour l'innovation scientifique et technologique

[de] Versicherung für Technologieunternehmen

[it] assicurazione della scienza e tecnologia

[jp] 科学技術保険

[kr] 과학기술 보험

[pt] seguros para ciência etecnologia

[ru] страхование технологических компаний

[es] seguros para ciencia y tecnología

54506 科技担保

[ar] ضمان العلوم والتكنولوجيا

[en] guarantee for technology companies

[fr] garantie pour les entreprises d'innovation scientifique et technologique

[de] Garantie für Technologieunternehmen

[it] garanzia della scienza e tecnologia

[jp] 科学技術の保証

[kr] 과학기술 담보

[pt] garantia para ciência etecnologia

[ru] гарантия технологических компаний

[es] garantía para ciencia y tecnología

54507 科技再担保

[ar] إعادة ضمان العلوم والتكنولوجيا

[en] reguarantee for technology companies

[fr] regarantie fintech

[de] Rückversicherung für Technologieunternehmen

[it] ri-garanzia della scienza e tecnologia

[jp] 科学技術再保証

[kr] 과학기술 재담보

[pt] re-garantia da tecnologia financeira

[ru] повторная гарантия технологических компаний

[es] regarantía para ciencia y tecnología

54508 信用增级机制

[ar] آلية تعزيز الائتمان

[en] credit enhancement mechanism

[fr] mécanisme d'amélioration du crédit

[de] Kreditverbesserungsmechanismus

[it] meccanismo di rafforzamento del credito

[jp] 信用補強メカニズム

[kr] 신용 보장 메커니즘

[pt] mecanismo de melhoria de crédito

[ru] механизм повышения кредитного рейтинга

[es] mecanismo de fortalecimiento del crédito

54509 生态资本

[ar] رأس المال البيئي

[en] ecological capital

[fr] capital écologique

[de] ökologisches Kapital

[it] capitale ecologico

[jp] 生態資本

[kr] 생태 자본

[pt] capital ecológico

[ru] экологический капитал

[es] capital ecológico

54510 保险科技

[ar] علوم وتكنولوجيا التأمين

[en] InsurTech

[fr] assurtech

[de] Versicherungstechnik

[it] Insurtech

[jp] インシュアテック

[kr] 인슈테크

[pt] tecnologia de seguro

[ru] страховой финтех

[es] tecnología de seguros

54511 科技信贷风险补偿资金

[ar] مال لتعويض مخاطر الائتمان في العلوم والتكنولوجيا

[en] Fintech credit risk compensation fund

[fr] fonds d'indemnités de risque de crédit fintech

[de] FinTech-Kreditrisikokompensationsfonds

[it] fondo di compensazione del rischio di credito fintech

[jp] 科学技術信用リスク補償資金

[kr] 핀테크 신용대출 리스크 보상금

[pt] fundo de compensação dos riscos de crédito da tecnologia financeira

[ru] фонд компенсации кредитного риска финтеха

[es] fondo de compensación de riesgos de crédito tecnofinanciero

54512 中小微企业政策性融资担保基金

[ar] صندوق ضمان التمويل السياسي للمنشآت المتوسطة والصغيرة والمتناهية الصغر

[en] policy-directed financing guarantee fund for micro, small and medium-sized

5.4

enterprises

[fr] fonds de garantie pour le financement politique aux micro, petites et moyennes entreprises

[de] politische Garantiefonds für Mikro-, Klein- und Mittelunternehmen

[it] fondo di garanzia del finanziamento di politiche per micro, piccole e medie imprese

[jp] 中小・零細企業向けの政策融資保証基金

[kr] 중소기업·영세기업 정책성 융자 보증 기금

[pt] fundo de garantia de financiamento de políticas para micro, pequenas e médias empresas

[ru] фонд гарантированного политикой финансирования для микро-, малых и средних предприятий

[es] fondo de garantía de financiación de políticas para micro, pequeñas y medianas empresas

54513 科技金融服务平台

[ar] منصة الخدمات المالية للعلوم والتكنولوجيا

[en] TechFin service platform

[fr] plate-forme de service fintech

[de] TechFin-Service-Plattform

[it] piattaforma di servizio fintech

[jp] 科学技術金融サービスプラットフォーム

[kr] 테크핀 서비스 플랫폼

[pt] plataforma de serviço da tecnologia financeira

[ru] сервисная платформа финтеха

[es] plataforma de servicios para empresas tecnofinancieras

54514 政府性创业投资基金

[ar] صندوق حكومي للاستثمار في ريادة الأعمال

[en] government-sponsored venture capital fund

[fr] fonds pour l'innovation et l'industrie créé par le gouvernement

[de] staatlich geförderter Risikokapitalfonds

[it] fondo sponsorizzato dal governo per start-up

[jp] 政府起業投資基金

[kr] 정부 창업 투자 기금

[pt] fundo de capital de risco patrocinado pelo governo

[ru] фонд венчурного капитала при поддержке правительства

[es] fondo de capital riesgo del gobierno

54515 投贷联动

[ar] عمل مشترك بين الاستثمار والإقراض

[en] investment-loan linkage

[fr] liaison investissement-prêt

[de] Verknüpfung von Investitionskrediten

[it] collegamento prestito-investimento

[jp] 投資-ローンの連動

[kr] 투자 및 대출 연동

[pt] ligação entre investimento e empréstimo

[ru] инвестиционно-кредитная связь

[es] vinculación inversión-préstamo

54516 天使投资风险补偿政策

[ar] سياسة تيانشي بشأن تعويض المخاطر الاستثمارية

[en] angel investment risk compensation policy

[fr] politique de compensation des risques liés aux investissements providentiels

[de] Risikokompensationspolitik für Unternehmensengel

[it] politica di compensazione del rischio di investimento angel

[jp] エンジェル投資リスク補償ポリシー

[kr] 엔젤 투자 리스크 보상 정책

[pt] política de compensação de risco de Investimento Anjo

[ru] политика компенсации риска ангельских инвестиций

[es] política de compensación de riesgos de inversor ángel

54517 创新创业债

[ar] سندات الابتكار وريادة الأعمال

[en] innovation and entrepreneurship corporate bond

[fr] obligations d'innovation et d'entrepreneuriat

[de] Unternehmensanleihen für Innovation und Unternehmertum

[it] obbligazioni societarie per l'innovazione e l'imprenditorialità

[jp] イノベーション創業債券

[kr] 혁신, 창업 채무

[pt] títulos de inovações e empreendedorismo

[ru] инновационные и предпринимательские облигации

[es] bonos corporativos de la innovación y el emprendimiento

54518 开发性金融

[ar] تمويل تطويري

[en] development-oriented finance

[fr] finance orientée vers le développement

[de] Entwicklungsfinanzierung

[it] finanza allo sviluppo

[jp] 開発型金融

[kr] 개발 지향형 금융

[pt] financiamento para desenvolvimento

[ru] развитие-ориентированные финансы

[es] finanzas del desarrollo

54519 Fintech区域合作框架

[ar] إطار التعاون الإقليمي Fintech

[en] Fintech regional cooperation framework

[fr] cadre de coopération régionale de fintech

[de] Rahmen für die regionale Zusammen-arbeit im Bereich FinTech

[it] struttura di cooperazione regionale fintech

[jp] フィンテック地域協力の枠組み

[kr] Fintech 구역 협력 프레임

[pt] estrutura de cooperação regional da Fintech

[ru] рамки регионального сотрудничества по финансовым технологиям

[es] marco de cooperación regional de Fintech

54520 金融科技研发投入

[ar] استثمار في البحث والتطوير للعلوم والتكنولوجيا المالية

[en] Fintech R&D investment

[fr] investissement aux recherches et au développement fintech

[de] F&E-Investition in FinTech

[it] investimento per la ricerca e sviluppo di fintech

[jp] フィンテックの研究開発投資

[kr] 핀테크 연구 개발 투자

[pt] investimento do P&D da tecnologia financeira

[ru] инвестиции в исследования и разработки финтеха

[es] inversión de I+D en tecnofinanzas

54521 企业信用培育

[ar] تنشئة ائتمان المؤسسة

[en] enterprise credit cultivation

[fr] développement du crédit d'entreprise

[de] Unternehmenskreditkultivierung

[it] coltivazione del credito d'impresa

[jp] 企業信用育成

[kr] 기업 신용 육성

[pt] cultivo de crédito para empresas

[ru] кредитование предприятий

[es] cultivo de crédito corporativo

54522 科技担保融资服务

[ar] خدمات الضمان والتمويل للعلوم والتكنولوجيا

[en] technology-driven guarantee and

5.4

financing service

[fr] services de garantie et de financement pour l'innovation scientifique et technologique

[de] Garantie- und Finanzierungsdienstleistungen für Technologien

[it] servizio di garanzia e finanziamento per la scienza e tecnologia

[jp] 科学技術保証融資サービス

[kr] 과학기술 담보 융자 서비스

[pt] garantia e serviços financeiros para tecnologias

[ru] обслуживание гарантий и финансирования финтеха

[es] servicios de financiación para garantía de ciencias y tecnologías

54523 信贷专营机构培育

[ar] تنشئة الهيئات الائتمانية المتخصصة

[en] cultivation of credit franchise

[fr] développement de franchise de crédit

[de] Förderung von Kreditinstituten

[it] coltivazione di franchising di credito

[jp] クレジット専門機関の育成

[kr] 신용대출 전문 기구 육성

[pt] cultivo de instituição especializada em crédito

[ru] развитие специализированных кредитных организаций

[es] desarrollo de franquicias de crédito

54524 银企交流公共服务平台

[ar] منصة الخدمة العامة لحركة التبادل بين البنوك والمؤسسات

[en] public service platform for bank-enterprise communication

[fr] plate-forme de service public pour la communication banque-entreprise

[de] öffentliche Serviceplattform für den Austausch zwischen Banken und Unternehmen

[it] piattaforma pubblica per lo scambio tra banche e imprese

[jp] 銀行ー企業間交流の公共サービスプラットフォーム

[kr] 은행-기업 교류 공공 서비스 플랫폼

[pt] plataforma de serviço público para intercâmbio entre banco e empresa

[ru] платформа социальных услуг для обмена между банками и предприятиями

[es] plataforma de servicios públicos para intercambios banca-empresa

54525 金融科技中心城市

[ar] مدينة مركزية للعلوم والتكنولوجيا المالية

[en] Fintech hub city

[fr] ville centrale fintech

[de] FinTech Hub City

[it] città centrale di fintech

[jp] フィンテック中心都市

[kr] 핀테크 중심 도시

[pt] cidade central de tecnologia financeira

[ru] городской финтех-центр

[es] ciudad centrada en tecnofinanzas

5.5 金融科技监管

[ar] الرقابة على العلوم والتكنولوجيا المالية

[en] Fintech Regulation

[fr] Régulation fintech

[de] FinTech-Regulierung

[it] Supervisione di fintech

[jp] フィンテック規制

[kr] 핀테크 감독 관리

[pt] Regulação da Tecnologia Financeira

[ru] Регулирование финтеха

[es] Supervisión de Tecnofinanza

5.5.1 金融科技风险识别

[ar] تمييز مخاطر العلوم والتكنولوجيا المالية

[en] Fintech Risk Identification

[fr] Identification des risques fintech

[de] Identifizierung von FinTech-Risiken

[it] Identificazione del rischio di fintech

[jp] フィンテックのリスク識別

[kr] 핀테크 리스크 식별

[pt] Identificação dos Riscos da Tecnologia Financeira

[ru] Идентификация рисков финтеха

[es] Identificación de Riesgos de Tecnofinanza

55101 信用风险

[ar] مخاطر الائتمان

[en] credit risk

[fr] risque de crédit

[de] Kreditrisiko

[it] rischio di credito

[jp] 信用リスク

[kr] 신용 리스크

[pt] risco de crédito

[ru] кредитный риск

[es] riesgo de créditos

55102 市场风险

[ar] مخاطر السوق

[en] market risk

[fr] risque de marché

[de] Marktrisiko

[it] rischio di mercato

[jp] 市場リスク

[kr] 시장 리스크

[pt] risco de mercado

[ru] рыночный риск

[es] riesgo de mercado

55103 操作风险

[ar] مخاطر التشغيل

[en] operational risk

[fr] risque opérationnel

[de] Betriebsrisiko

[it] rischio operativo

[jp] オペレーショナルリスク

[kr] 조작 리스크

[pt] risco operacional

[ru] операционный риск

[es] riesgo de operación

55104 政策风险

[ar] مخاطر السياسات

[en] political risk

[fr] risque politique

[de] Politik-Risiko

[it] rischio politico

[jp] 政策リスク

[kr] 정책 리스크

[pt] risco das políticas

[ru] политический риск

[es] riesgo de políticas

55105 管理风险

[ar] مخاطر إدارية

[en] management risk

[fr] risque de gestion

[de] Management-Risiko

[it] rischio di gestione

[jp] 管理リスク

[kr] 관리 리스크

[pt] risco de gestão

[ru] риск управления

[es] riesgo de gestión

55106 清算风险

[ar] مخاطر التسوية

[en] settlement risk

[fr] risque de règlement

[de] Abwicklungsrisiko

[it] rischio di liquidazione

[jp] 決済リスク

[kr] 결제 리스크

[pt] risco de liquidação

[ru] расчетный риск

[es] riesgo de liquidación

55107 数据风险

[ar] مخاطر البيانات

[en] data risk

[fr] risque de données

[de] Datenrisiko

[it] rischio dei dati

[jp] データリスク

[kr] 데이터 리스크

[pt] risco de dados

[ru] риск данных

[es] riesgo de datos

55108 税务风险

[ar] مخاطر ضرائبية

[en] taxation risk

[fr] risque fiscal

[de] Steuerrisiko

[it] rischio fiscale

[jp] 税務リスク

[kr] 세무 리스크

[pt] risco tributário

[ru] налоговый риск

[es] riesgo fiscal

55109 货币风险

[ar] مخاطر العملة

[en] currency risk

[fr] risque de change

[de] Währungsrisiko

[it] rischio valutario

[jp] 通貨リスク

[kr] 통화 리스크

[pt] risco monetário

[ru] валютный риск

[es] riesgo de monedas

55110 权益风险

[ar] مخاطر الحقوق

[en] equity risk

[fr] risque lié aux actions

[de] Aktienrisiko

[it] rischio azionario

[jp] エクイティ・リスク

[kr] 권익 리스크

5.5

[pt] risco patrimonial

[ru] денежный риск

[es] riesgo de derechos e intereses

55111 汇率风险

[ar] مخاطر سعر الصرف

[en] exchange risk

[fr] risque de devise

[de] Wechselkusrisiko

[it] rischio di cambio

[jp] 為替リスク

[kr] 환리스크

[pt] risco cambial

[ru] валютный риск

[es] riesgo de tasa de divisas

55112 利率风险

[ar] مخاطر معدل الفائدة

[en] interest rate risk

[fr] risque de taux d'intérêt

[de] Zinsrisiko

[it] rischio del tasso d'interesse

[jp] 金利リスク

[kr] 이율 리스크

[pt] risco de taxa de juro

[ru] процентный риск

[es] riesgo de tasa de interés

55113 技术风险

[ar] مخاطر تقنية

[en] technical risk

[fr] risque technique

[de] Technisches Risiko

[it] rischio tecnico

[jp] 技術リスク

[kr] 기술 리스크

[pt] risco tecnológico

[ru] технический риск

[es] riesgo técnico

55114 法律风险

[ar] مخاطر قانونية

[en] legal risk

[fr] risque juridique

[de] Rechtliches Risiko

[it] rischio legale

[jp] 法的リスク

[kr] 법률 리스크

[pt] risco jurídico

[ru] юридический риск

[es] riesgo de leyes

55115 流动性风险

[ar] مخاطر السيولة

[en] liquidity risk

[fr] risque de liquidité

[de] Liquiditätsrisiko

[it] rischio di liquidità

[jp] 流動性リスク

[kr] 유동성 리스크

[pt] risco de liquidez

[ru] риск ликвидности

[es] riesgo de liquidez

55116 混业经营风险

[ar] مخاطر التشغيل المختلط

[en] risk of mixed operations

[fr] risque d'opération mixte

[de] Mischbetriebsrisiko

[it] rischio di gestione mista

[jp] ミクス経営リスク

[kr] 혼합 경영 리스크

[pt] risco de operação mista

[ru] риск смешанной операции

[es] riesgo de operación mixta

55117 系统金融风险

[ar] مخاطر مالية منهجية

[en] systemic financial risk

[fr] risque financier systématique

[de] systematisches Finanzrisiko

5.5

[it] rischio finanziario sistematico
[jp] 体系的金融リスク
[kr] 시스템 금융 리스크
[pt] risco sistemático financeiro
[ru] систематический финансовый риск
[es] riesgo financiero sistemático

55118　非系统性金融风险

[ar] مخاطر مالية غير منهجية
[en] non-systemic financial risk
[fr] risque financier non-systématique
[de] nichtsystematisches Finanzrisiko
[it] rischio finanziario nonsistematico
[jp] 非体系的金融リスク
[kr] 비시스템적 금융 리스크
[pt] risco não sistemático em finanças
[ru] несистематический финансовый риск
[es] riesgo no sistemático en finanzas

55119　"大而不能倒"风险

[ar] تجنب خطر إفلاس الشركات العملاقة
[en] too-big-to-fail risk
[fr] risque de « trop grand pour faire faillite »
[de] Risiko von „Zu groß, um nicht zu scheitern"
[it] rischio "troppo-grande-per-fallire"
[jp] 「大きすぎて潰せない」リスク
[kr] '대마불사' 리스크
[pt] risco "Grande Demais para Falir"
[ru] риск мнения «слишком большие, чтобы обанкротиться»
[es] riesgo de "demasiado grandes para fracasar"

55120　影子银行

[ar] بنك الظل
[en] shadow banking
[fr] finance de l'ombre
[de] Schattenbanken
[it] banca ombra
[jp] シャドー・バンキング

[kr] 그림자 금융
[pt] banco de sombra
[ru] теневой банк
[es] banca en la sombra

55121　区块链泡沫

[ar] فقاعة سلسلة الكتلة
[en] blockchain bubble
[fr] bulle de chaîne de blocs
[de] Blockchain-Schaum
[it] bolla di catena di blocco
[jp] ブロックチェーンバブル
[kr] 블록체인 거품
[pt] bolha de blockchain
[ru] пузырь блокчейна
[es] burbuja de cadenas de bloques

55122　新型庞氏骗局

[ar] سلسلة بونزي الجديدة
[en] new Ponzi scheme
[fr] nouveau système de Ponzi
[de] neues Ponzi-Schema
[it] nuovo schema ponzi
[jp] 新型ポンジスキーム
[kr] 신형 폰지 사기
[pt] novo esquema Ponzi
[ru] «схема Понци» нового типа
[es] nuevo esquema Ponzi

55123　网络洗钱

[ar] غسل الأموال عبر الإنترنت
[en] online money laundering
[fr] blanchiment d'argent en ligne
[de] Online-Geldwäsche
[it] riciclaggio di denaro online
[jp] オンラインマネーロンダリング
[kr] 온라인 돈세탁
[pt] lavagem de dinheiro online
[ru] отмывание денег в Интернете
[es] blanqueo de dinero en línea

55124 网络诈骗
[ar] احتيال الإنترنت
[en] Internet fraud
[fr] fraude sur Internet
[de] Internet-Betrug
[it] truffa online
[jp] ネット詐欺
[kr] 인터넷 사기
[pt] fraude na Internet
[ru] интернет-мошенничество
[es] fraude en Internet

55125 集资诈骗
[ar] احتيال جمع المال
[en] fundraising fraud
[fr] fraude au financement participatif
[de] Massenfinanzierung-Betrug
[it] truffa via crowdfunding
[jp] クラウドファンディング詐欺
[kr] 자금 모집 사기
[pt] fraude de angariação do fundo
[ru] мошенничество посредством краудфандинга
[es] fraude de micromecenazgo

55126 贷款诈骗
[ar] احتيال الإقراض
[en] loan fraud
[fr] fraude au prêt
[de] Kredit-Betrug
[it] frode creditizia
[jp] ローン詐欺
[kr] 대출 사기
[pt] fraude de empréstimo
[ru] мошенничество посредством кредитования
[es] fraude crediticio

55127 金融腐败
[ar] فساد مالي
[en] financial corruption

[fr] corruption financière
[de] finanzielle Korruption
[it] corruzione finanziaria
[jp] 金融腐敗
[kr] 금융 부패
[pt] corrupção financeira
[ru] финансовая коррупция
[es] corrupción financiera

55128 恐怖融资
[ar] تمويل الإرهاب
[en] terrorist financing
[fr] financement du terrorisme
[de] Terrorismusfinanzierung
[it] finanziamento del terrorismo
[jp] テロ融資
[kr] 테러리즘 융자
[pt] financiamento do terrorismo
[ru] финансирование терроризма
[es] financiación terrorista

55129 非法集资
[ar] جمع المال بطريقة غير شرعية
[en] illegal fundraising
[fr] collecte de fonds illégale
[de] illegales Fundraising
[it] raccolta illegale di fondi
[jp] 違法な資金集め
[kr] 불법 자금 모집
[pt] angariação do fundo ilegal
[ru] незаконный сбор средств
[es] reunión ilegal de fondos

55130 高杠杆融资
[ar] تمويل عالي نسبة المرابعة
[en] highly leveraged financing
[fr] financement à fort effet de levier
[de] hoch verschuldete Finanzierung
[it] leva finanziaria
[jp] ハイレバレッジドファイナンス
[kr] 하이 레버리지 융자

[pt] financiamento altamente alavancado
[ru] финансирование с высокой долей заемных средств
[es] financiación de alto apalancamiento

55131 线上非法融资
[ar] تمويل غير قانوني عبر الإنترنت
[en] online illegal financing
[fr] financement illégal en ligne
[de] illegale Online-Finanzierung
[it] finanziamento illegale online
[jp] オンライン違法融資
[kr] 온라인 불법 융자
[pt] financiamento ilegal online
[ru] незаконное финансирование онлайн
[es] financiación ilegal en línea

55132 虚拟货币骗局
[ar] احتيال العملة الافتراضية
[en] virtual currency scam
[fr] escroquerie de monnaie virtuelle
[de] virtueller Währungsbetrug
[it] truffa valuta virtuale
[jp] 仮想通貨詐欺
[kr] 가상 화폐 사기
[pt] golpe de moeda virtual
[ru] мошенничество посредством виртуальной валюты
[es] estafa de moneda virtual

55133 期限错配
[ar] عدم تطابق النضج
[en] maturity mismatch
[fr] décalage des échéances
[de] Laufzeitinkongruenz
[it] discrepanza di maturità
[jp] 期限ミスマッチ
[kr] 만기 불일치
[pt] desfasamento entre prazos de vencimento
[ru] несоответствие сроков погашения

[es] desajuste de madurez

55134 暴力催收
[ar] تحصيل الديون بعنف
[en] violent debt collection
[fr] recouvrement de créance par violence
[de] Inkasso mit Gewalt
[it] recupero di crediti con violenza
[jp] 暴力的債務回収
[kr] 폭력 채무 징수
[pt] cobrança de dívidas com violência
[ru] взыскание долгов с применением насилия
[es] cobro de deudas con violencia

55135 内幕交易
[ar] تداولات غير شفافة
[en] insider trading
[fr] délit d'initié
[de] Insiderhandel
[it] insider trading
[jp] インサイダー取引
[kr] 내부자 거래
[pt] operação de iniciados
[ru] инсайдерская торговля
[es] abuso de información privilegiada

55136 非法交易
[ar] معاملة غير قانونية
[en] illegal transaction
[fr] transaction illégale
[de] illegale Transaktion
[it] transazione illegale
[jp] 違法取引
[kr] 불법 매매
[pt] transação ilegal
[ru] незаконная сделка
[es] transacción ilegal

55137 私募拆分
[ar] تقسيم الاكتتاب الخاص

[en] private placement split

[fr] partage de placement privé

[de] Teilung von Privatplatzierung

[it] operazioni di collocamento privato

[jp] 私募の分割

[kr] 사모펀드 분할

[pt] divisão de capital privado

[ru] частное размещение сплит

[es] división de colocación privada

55138 监管套利

[ar] مراجحة تنظيمية

[en] regulatory arbitrage

[fr] arbitrage réglementaire

[de] regulatorische Arbitrage

[it] arbitraggio regolamentale

[jp] 規制逃れ

[kr] 규제 차익 거래

[pt] arbitragem regulatória

[ru] регулирующий арбитраж

[es] arbitraje regulatorio

55139 金融危机

[ar] أزمة مالية

[en] financial crisis

[fr] crise financière

[de] Finanzkrise

[it] crisi finanziaria

[jp] 金融危機

[kr] 금융 위기

[pt] crise financeira

[ru] финансовый кризис

[es] crisis financiera

55140 金融逆向选择风险

[ar] مخاطر مالية للاختيار السلبي

[en] financial risk of adverse selection

[fr] risque financier d'antisélection

[de] finanzielles Risiko einer negativen Se-
lektion

[it] rischio finanziario di selezione avversa

[jp] 金融の逆選択リスク

[kr] 금융 시장 역선택 리스크

[pt] risco financeiro da seleção adversa

[ru] финансовый риск неблагоприятного
отбора

[es] riesgo financiero de la selección adversa

5.5.2 金融科技风险防控

[ar] الوقاية من مخاطر العلوم والتكنولوجيا المالية
والسيطرة عليها

[en] **Fintech Risk Prevention and Control**

[fr] **Prévention et contrôle des risques
fintech**

[de] **Prävention und Kontrolle von
FinTech-Risiken**

[it] **Prevenzione e controllo dei rischi
fintech**

[jp] **フィンテックのリスクリスク予防・抑制**

[kr] **핀테크 리스크 방지 및 제어**

[pt] **Prevenção e Controlo dos Riscos da
Tecnologia Financeira**

[ru] **Предотвращение и контроль рисков
финтеха**

[es] **Prevención y Control de Riesgos de
Tecnofinanza**

55201 智能风控

[ar] سيطرة ذكية على المخاطر

[en] intelligent risk control

[fr] contrôle des risques intelligent

[de] intelligente Risikokontrolle

[it] controllo intelligente del rischio

[jp] インテリジェントリスクガバナンス

[kr] 스마트 리스크 제어

[pt] controlo de risco inteligente

[ru] интеллектуальный контроль рисков

[es] control inteligente de riesgos

55202 穿透式监管

[ar] إشراف اختراقي

[en] penetrating supervision

[fr] régulation perçante
[de] durchdringende Aufsicht
[it] supervisione penetrante
[jp] 浸透式監督管理
[kr] 침투식 감독 관리
[pt] monitoramento penetrante
[ru] проникающий надзор
[es] supervisión penetrante

55203 金融业务风险防控体系
[ar] نظام الوقاية من مخاطر الأعمال المالية والسيطرة عليها
[en] financial business risk prevention and control system
[fr] système de prévention et de contrôle des risques des opérations financières
[de] Präventions- und Kontrollsystem von Finanzgeschäftsrisiken
[it] sistema di prevenzione e controllo del rischio finanziario delle imprese
[jp] 金融ビジネスのリスク防止および制御システム
[kr] 금융업무 리스크 예방 및 제어 시스템
[pt] sistema de controlo e prevenção de riscos dos negócios financeiros
[ru] система предотвращения и контроля финансовых бизнес-рисков
[es] sistema de control y prevención de riesgos para negocios financieros

55204 金融业务风险防控数据指标
[ar] مؤشر بيانات الوقاية من مخاطر الأعمال المالية والسيطرة عليها
[en] financial business risk prevention and control data indicators
[fr] indice de prévention et de contrôle des risques des opérations financières
[de] Präventions- und Kontrollesindikator von Finanzgeschäftsrisiken
[it] indicatori di prevenzione e di controllo dei dati di rischio finanziario

[jp] 金融ビジネスのリスク防止および制御データの指標
[kr] 금융업무 리스크 예방 및 제어 데이터 지표
[pt] indicadores de dados sobre controlo e prevenção de riscos dos negócios financeiros
[ru] показатели по предотвращению и контролю финансовых бизнес-рисков
[es] indicadores de datos de control y prevención de riesgos para negocios financieros

55205 金融业务风险防控分析模型
[ar] نموذج تحليلي للوقاية من مخاطر الأعمال المالية والسيطرة عليها
[en] financial business risk prevention and control analysis model
[fr] modèle d'analyse de prévention et de contrôle des risques des opérations financières
[de] Präventions- und Kontrolleanalysemodell von Finanzgeschäftsrisiken
[it] modello di prevenzione e di analisi dei rischi finanziari
[jp] 金融ビジネスのリスク防止および制御分析モデル
[kr] 금융업무 리스크 예방 및 제어 분석 모델
[pt] modelo analisador de controlo e prevenção de riscos dos negócios financeiros
[ru] аналитический модель предотвращения и контроля финансовых бизнес-рисков
[es] modelo de análisis de control y prevención de riesgos para negocios financieros

55206 金融业务风险处置
[ar] معالجة مخاطر الأعمال المالية

[en] financial business risk disposition

[fr] traitement des risques des opérations financières

[de] Behandlung von Finanzgeschäftsrisiken

[it] gestione del rischio finanziario

[jp] 金融ビジネスのリスク管理

[kr] 금융업무 리스크 처리

[pt] gestão de risco dos negócios financeiros

[ru] распределение финансовых бизнес-рисков

[es] gestión de riesgos para negocios financieros

[de] Notfallreaktion gegen finanzielle Geschäftsrisiken

[it] risposta di emergenza al rischio finanziario

[jp] 金融ビジネスリスクの緊急対応

[kr] 금융업무 리스크 응급 처리

[pt] resposta de emergência de riscos dos negócios financeiros

[ru] экстренное реагирование на финансовые бизнес-риски

[es] respuesta de emergencia frente a riesgos para negocios financieros

---

55207 金融业务可疑交易自动化拦截

[ar] اعتراض آلي للمعاملات المشبوهة في الأعمال المالية

[en] automatic interception of suspicious transactions in financial business

[fr] interception automatique de transactions suspectes des opérations financières

[de] automatisches Abfangen verdächtiger Transaktionen im Finanzgeschäft

[it] intercettazione automatica di transazioni sospette nel settore finanziario

[jp] 金融ビジネスにおける不審取引の自動傍受

[kr] 금융업무 혐의 거래 자동화 차단

[pt] intercepção automática das transações suspeitosas dos negócios financeiros

[ru] автоматический перехват подозрительной транзакции в финансовом бизнесе

[es] intercepción automática de transacciones sospechosas en negocios financieros

55208 金融业务风险应急处置

[ar] إيجاد حلول فورية للمخاطر المالية

[en] financial business risk emergency response

[fr] réponse d'urgence aux risques des opérations financières

55209 金融风险监控平台

[ar] منصة مراقبة المخاطر المالية

[en] financial risk monitoring platform

[fr] plate-forme de surveillance des risques financiers

[de] Überwachungsplattform für Finanzrisiken

[it] piattaforma di monitoraggio del rischio finanziario

[jp] 金融リスク監視プラットフォーム

[kr] 금융 리스크 모니터링 플랫폼

[pt] plataforma de monitoramento dos riscos financeiros

[ru] платформа мониторинга финансовых рисков

[es] plataforma de monitoreo de riesgos financieros

55210 金融业务安全监测防护

[ar] رصد وحماية أمن الأعمال المالية

[en] financial business security monitoring and protection

[fr] surveillance et protection de la sécurité des opérations financières

[de] Überwachung und Schutz der Finanzgeschäftssicherheit

[it] monitoraggio e protezione della sicurezza finanziaria

5.5

[jp] 金融ビジネスのセキュリティの監視と保護

[kr] 금융업 보안 감시 및 방호

[pt] monitoramento e protecção da segurança dos negócios financeiros

[ru] мониторинг и защита безопасности финансового бизнеса

[es] monitoreo y protección de la seguridad en el negocio financiero

55211 金融业务风险信息披露

[ar] كشف عن بيانات مخاطر الأعمال المالية

[en] financial business risk information disclosure

[fr] divulgation d'information sur les risques des opérations financières

[de] Offenlegung von Finanzgeschäftsrisiko-informationen

[it] divulgazione di informazioni sui rischi dei business finanziari

[jp] 金融ビジネスリスク情報の開示

[kr] 금융업무 리스크 정보 공표

[pt] divulgação da informação de riscos dos negócios financeiros

[ru] раскрытие информации о финансовых бизнес-рисках

[es] revelación de información de riesgos para negocios financieros

55212 金融业务风险信息共享

[ar] تعميم معلومات مخاطر الأعمال المالية

[en] financial business risk information sharing

[fr] partage d'information sur les risques des opérations financières

[de] Sharing von Finanzeschäftsrisikoinfor-mationen

[it] condivisione di informazioni sui rischi dei business finanziari

[jp] 金融ビジネスリスク情報の共有

[kr] 금융업무 리스크 정보 공유

[pt] partilha da informação de riscos dos negócios financeiros

[ru] совместное использование информации о финансовых бизнес-рисках

[es] uso compartido de información de riesgos para negocios financieros

55213 金融风险交叉感染

[ar] عدوى متقاطع للمخاطر المالية

[en] cross-infection of financial risks

[fr] infection croisée des risques financiers

[de] Kreuzinfektion des finanziellen Risikos

[it] infezione incrociata del rischio finanziario

[jp] 金融リスクの交差感染

[kr] 금융 리스크 교차 감염

[pt] infecção cruzada do risco financeiro

[ru] перекрестное заражение финансовых рисков

[es] infección cruzada de riesgos financieros

55214 金融网络安全风险管控

[ar] إدارة مخاطر أمن الشبكة المالية

[en] financial network security risk management

[fr] contrôle des risques de sécurité du réseau financier

[de] Sicherheitsrisikomanagement des Finanznetzwerks

[it] gestione del rischio di sicurezza della rete finanziaria

[jp] 金融ネットワークのセキュリティ・リスク管理

[kr] 금융 네트워크 보안 리스크 관리 및 제어

[pt] gestão de riscos para segurança da rede financeira

[ru] управление рисками безопасности финансовой сети

[es] gestión de riesgos para la seguridad en

redes financieras

55215 金融业关键软硬信息基础设施

[ar] بنية تحتية للمعلومات الرئيسية للبرامج والوحدات الحاسوبية للقطاع المالي

[en] critical soft and hard information infrastructure in the financial industry

[fr] infrastructure clé des informations pour le secteur financier

[de] wichtigste Software- und Hardwarein-formationsinfrastruktur der Finanzbran-che

[it] infrastruttura informativa chiave per il settore finanziario

[jp] 金融業界の重要なソフト・ハード情報インフラストラクチャ

[kr] 금융업 핵심 소프트웨어 및 하드웨어 정보 인프라

[pt] infraestrutura de informação chave para a indústria financeira

[ru] ключевая информационная инфраструктура для программного и аппаратного обеспечения в финансовой индустрии

[es] infraestructura de información clave para el sector financiero

55216 金融网络安全应急管理体系

[ar] نظام إدارة طوارئ أمن شبكة المالية

[en] emergency management system for financial network security

[fr] système de gestion des urgences de sécurité du réseau financier

[de] Notfallmanagementsystem für die Si-cherheit des Finanznetzwerks

[it] sistema di gestione delle emergenze di sicurezza della rete finanziaria

[jp] 金融ネットワークセキュリティ緊急対応管理システム

[kr] 금융 네트워크 보안 응급 관리 시스템

[pt] sistema de gestão da emergência para

segurança da rede financeira

[ru] система экстренного управления безопасностью финансовой сети

[es] sistema de gestión de emergencias de seguridad en redes financieras

55217 金融业灾难备份系统

[ar] نظام النسخ الاحتياطي لمواجهة كوارث القطاع المالي

[en] disaster backup system for the financial industry

[fr] système de sauvegarde en cas de sinistre de l'industrie financière

[de] Katastrophenschutz-Datensicherungs-system der Finanzbranche

[it] sistema di backup delle catastrofi del settore finanziario

[jp] 金融業界の災害バックアップシステム

[kr] 금융업 재해 백업 시스템

[pt] sistema de cópia de segurança e recuperação de desastres da indústria financeira

[ru] система аварийного резервного копирования в финансовой индустрии

[es] sistema de copias de seguridad para casos de desastre en el sector financiero

55218 金融业信息系统业务连续性

[ar] استمرارية أعمال نظام المعلومات في القطاع المالي

[en] business continuity of information system in the financial industry

[fr] continuité des opérations du système d'information de l'industrie financière

[de] Geschäftskontinuität des Informations-systems in der Finanzbranche

[it] continuità operativa del sistema di informazione nel settore finanziario

[jp] 金融業界における情報システムの事業継続性

[kr] 금융업 정보시스템 업무 연속성

[pt] continuidade de negócios do sistema de

5.5

informação da indústria financeira

[ru] непрерывность бизнеса информационной системы в финансовой индустрии

[es] continuidad de negocio de los sistemas de información en el sector financiero

55219 金融网络安全态势感知平台

[ar] منصة إدراك الوضع الأمني للشبكة المالية

[en] financial network security situation awareness platform

[fr] plate-forme de perception des situations sécuritaires du réseau financier

[de] Situationserkennungsplattform der Finanznetzwerkssicherheit

[it] piattaforma di consapevolezza situazionale della sicurezza della rete finanziaria

[jp] 金融ネットワークのセキュリティ態勢感知プラットフォーム

[kr] 금융 네트워크 보안 상황 감지 플랫폼

[pt] plataforma de sensibilização situacional para segurança da rede financeira

[ru] платформа восприятия ситуаций безопасности финансовой сети

[es] plataforma de concienciación situacional de seguridad en redes financieras

55220 金融业网络攻击溯源

[ar] تتبع مصدر الهجمات الإلكترونية في القطاع المالي

[en] source-tracing of financial cyber-attack

[fr] retour sur trace des cyberattaques de l'industrie financière

[de] Rückverfolgung der Cyberangriffe in der Finanzbranche

[it] rintracciamento della fonte degli attacchi informatici nel settore finanziario

[jp] 金融業界におけるサイバー攻撃の追跡

[kr] 금융업 사이버 공격 근원 추적

[pt] rastreamento a fonte dos ciberataques na indústria financeira

[ru] отслеживание источников кибератак в финансовой индустрии

[es] búsqueda del origen de los ataques cibernéticos en el sector financiero

55221 金融信息泄露

[ar] تسرب المعلومات المالية

[en] financial information leakage

[fr] fuite d'information financière

[de] Verrat der Finanzinformation

[it] divulgazione di informazioni finanziarie

[jp] 金融情報の漏洩

[kr] 금융 정보 유출

[pt] vazamento da informação financeira

[ru] раскрытие финансовой информации

[es] fuga de información financiera

55222 金融信息滥用

[ar] إساءة استخدام المعلومات المالية

[en] financial information abuse

[fr] abus d'information financière

[de] Missbrauch der Finanzinformation

[it] abuso di informazioni finanziarie

[jp] 金融情報の濫用

[kr] 금융 정보 남용

[pt] abuso da informação financeira

[ru] злоупотребление финансовой информацией

[es] abuso de información financiera

55223 金融信息安全防护

[ar] حماية أمن المعلومات المالية

[en] financial information security

[fr] protection de la sécurité des informations financières

[de] Schutz der Finanzinformationssicherheit

[it] protezione della sicurezza delle informazioni finanziarie

[jp] 金融情報セキュリティ保護

[kr] 금융 정보 보안 방호

[pt] proteção da segurança da informação

financeira

[ru] защита финансовой информации

[es] protección de la seguridad de la
información financiera

55224 金融信息安全内部审计

[ar] مراجعة داخلية لأمن المعلومات المالية

[en] internal audit of financial information
security

[fr] audit interne de la sécurité des
informations financières

[de] interne Revision der Finanzinforma-
tionssicherheit

[it] audit interno della sicurezza delle
informazioni finanziarie

[jp] 金融情報セキュリティの内部監査

[kr] 금융 정보 보안 내부 심사

[pt] audição interna da segurança da
informação financeira

[ru] внутренний аудит безопасности
финансовой информации

[es] auditoría interna de la seguridad de la
información financiera

55225 金融信息安全风险评估

[ar] تقييم مخاطر أمن المعلومات المالية

[en] financial information security risk
assessment

[fr] évaluation des risques de la sécurité des
informations financières

[de] Risikobewertung der Finanzinforma-
tionssicherheit

[it] valutazione del rischio per la sicurezza
delle informazioni finanziarie

[jp] 金融情報セキュリティリスク評価

[kr] 금융 정보 보안 리스크 평가

[pt] avaliação de risco da segurança da
informação financeira

[ru] оценка рисков безопасности
финансовой информации

[es] evaluación de riesgos para la seguridad

de la información financiera

55226 身份数据资产安全

[ar] أمن أصول بيانات الهوية

[en] identity data asset security

[fr] sécurité des actifs de données d'identité

[de] Vermögenssicherheit bezüglich Identität

[it] sicurezza delle risorse dei dati di identità

[jp] アイデンティティデータ資産セキュリ
ティ

[kr] 신분 데이터 자산 보안

[pt] segurança de ativos de dados de
identidade

[ru] безопасность активов
идентификационных данных

[es] seguridad de activos de datos de
identidad

55227 财产数据资产安全

[ar] أمن أصول البيانات الملكية

[en] property data asset security

[fr] sécurité des actifs de données de
patrimoine

[de] Vermögenssicherheit bezüglich Eigen-
tums

[it] sicurezza delle risorse dei dati di
proprietà

[jp] 財産データー資産セキュリティ

[kr] 재산 데이터 자산 보안

[pt] segurança de dados de patrimônio

[ru] безопасность активов данных об
имуществе

[es] seguridad de activos de datos de
propiedades

55228 账户数据资产安全

[ar] أمن أصول بيانات الحسابات

[en] account data asset security

[fr] sécurité des actifs de données de compte

[de] Vermögenssicherheit bezüglich Kontos

[it] sicurezza dei dati asset

5.5

[jp] アカウントデータ資産のセキュリティ
[kr] 계정 데이터 자산 보안
[pt] segurança de ativos de dados da conta
[ru] безопасность активов учетной записи
[es] seguridad de activos de datos de cuentas

55229 信用数据资产安全

[ar] أمن أصول بيانات الائتمان
[en] credit data asset security
[fr] sécurité des actifs de données de crédit
[de] Vermögenssicherheit bezüglich Kredits
[it] sicurezza dei dati asset di credito
[jp] 信用データ資産のセキュリティ
[kr] 신용 데이터 자산 보안
[pt] segurança de ativos de dados de crédito
[ru] безопасность активов кредитных данных
[es] seguridad de activos de datos de crédito

55230 交易数据资产安全

[ar] أمن أصول بيانات المعاملة
[en] transaction data asset security
[fr] sécurité des actifs de données de transaction
[de] Vermögenssicherheit bezüglich Transaktion
[it] sicurezza dei dati asset di transazione
[jp] 取引データ資産のセキュリティ
[kr] 거래 데이터의 자산 보안
[pt] segurança de ativos de dados da transação
[ru] безопасность активов данных о транзакциях
[es] seguridad de activos de datos de transacciones

55231 金融消费者保护

[ar] حماية المستهلك المالي
[en] financial consumer protection
[fr] protection du consommateur financier
[de] finanzieller Konsumentenschutz

[it] protezione dei consumatori finanziari
[jp] 金融消費者保護
[kr] 금융 소비자 보호
[pt] proteção do consumidor financeiro
[ru] защита финансовых потребителей
[es] protección del consumidor financiero

55232 金融高频数据

[ar] بيانات مالية عالية التردد
[en] high-frequency financial data
[fr] données financières à haute fréquence
[de] Hochfrequenz-Finanzdaten
[it] dati finanziari ad alta frequenza
[jp] 高頻度の金融データ
[kr] 금융 고주파 데이터
[pt] dados financeiros de alta frequência
[ru] высокочастотные финансовые данные
[es] datos financieros de alta frecuencia

55233 金融城域网

[ar] شبكة المنطقة الحضرية المالية
[en] financial metropolitan area network
[fr] réseau d'agglomération financier
[de] Finanzmetropolennetz
[it] rete finanziaria di area metropolitana
[jp] 金融城域ネットワーク(メトロポリタンエリアネットワーク)
[kr] 금융 도시권 통신망
[pt] rede de área metropolitana financeira
[ru] финансовая городская вычислительная сеть
[es] red de área metropolitana financiera

55234 新技术金融应用风险防范

[ar] وقاية من مخاطر تطبيقات التكنولوجيا المالية الجديدة
[en] risk prevention for use of new technology in financial sector
[fr] prévention des risques pour l'application financière des nouvelles technologies
[de] Risikoprävention für den Einsatz neuer Technologien im Finanzsektor

[it] prevenzione dei rischi per l'applicazione finanziaria delle nuove tecnologie

[jp] 金融における新技術応用のリスク防止

[kr] 신기술 금융 응용 리스크 경비

[pt] prevenção de riscos para aplicação financeira de novas tecnologias

[ru] предотвращение рисков применения новых технологий в финансовой области

[es] prevención de riesgos de aplicaciones financieras de las nuevas tecnologías

55235 新技术金融应用风险拨备资金

[ar] اعتماد احتياطي ضد مخاطر تطبيقات التكنولوجيا المالية الجديدة

[en] risk reserve for use of new technology in financial sector

[fr] fonds de provisionnement contre les risques pour l'application financière des nouvelles technologies

[de] Risikovorsorgefonds für den Einsatz neuer Technologien im Finanzsektor

[it] fondo di copertura del rischio per l'applicazione finanziaria di nuove tecnologie

[jp] 金融における新技術応用のリスク準備引当金

[kr] 신기술 금융 응용 리스크 비상금

[pt] fundo de provisão de riscos para aplicação financeira de novas tecnologias

[ru] резервный фонд на риски применения новых технологий в финансовой области

[es] provisión para riesgos de aplicaciones financieras de las nuevas tecnologías

55236 新技术金融应用风险保险计划

[ar] خطة تأمين ضد مخاطر تطبيقات التكنولوجيا المالية الجديدة

[en] insurance scheme for use of new technology in financial sector

[fr] régime d'assurance contre les risques pour l'application financière des nouvelles technologies

[de] Risikoversicherungssystem für den Einsatz neuer Technologien im Finanzsektor

[it] sistema di assicurazione dei rischi per l'applicazione finanziaria delle nuove tecnologie

[jp] 金融における新技術応用のリスク保険計画

[kr] 신기술 금융 응용 리스크 보험 계획

[pt] plano de seguro de risco para aplicação financeira de novas tecnologias

[ru] план страхования рисков применения новых технологий в финансовой области

[es] esquema de seguros contra riesgos para aplicaciones financieras de las nuevas tecnologías

55237 新技术金融应用风险应急处置

[ar] إيجاد حلول فورية لمخاطر التكنولوجيا المالية الجديدة

[en] risk emergency response for use of new technology in financial sector

[fr] réponse d'urgence aux risques de l'application financière des nouvelles technologies

[de] Risiko-Notfallmaßnahmen für den Einsatz neuer Technologien im Finanzsektor

[it] risposta di emergenza a rischio per l'applicazione finanziaria di nuove tecnologie

[jp] 金融における新技術応用のリスク緊急対応

[kr] 신기술 금융 리스크 응급 처치

[pt] resposta a riscos emergentes para aplicação financeira de novas tecnologias

[ru] экстренное реагирование на риски применения новых технологий в финансовой области

[es] respuesta de emergencia a riesgos de

5.5

aplicaciones financieras de las nuevas
tecnologías

55238 欺诈识别

[ar] كشف الاحتيال

[en] fraud detection

[fr] détection de fraude

[de] Betrugsentdeckung

[it] intercettazione di frodi

[jp] 詐欺判別

[kr] 사기 식별

[pt] detecção de fraudes

[ru] обнаружение мошенничества

[es] detección de fraudes

55239 数字金融反欺诈

[ar] مكافحة الاحتيال في المالية الرقمية

[en] fraud detection of digital finance

[fr] anti-fraude de la finance numérique

[de] Betrugsbekämpfung in Digitalfinanz

[it] rilevazione di frodi finanziarie digitali

[jp] デジタル金融詐欺対策

[kr] 디지털 금융 안티 사기

[pt] anti-fraude financeira digital

[ru] обнаружение цифрового финансового
мошенничества

[es] lucha contra fraude financiero digital

55240 消费金融反欺诈

[ar] مكافحة الاحتيال في المالية الاستهلاكية

[en] fraud detection of consumer finance

[fr] anti-fraude du crédit à la consommation

[de] Betrugsbekämpfung in Konsumfinanzie-
rung

[it] rilevazione di frodi finanziarie verso
consumatori

[jp] 消費金融詐欺対策

[kr] 소비 금융 안티 사기

[pt] anti-fraude financeira do consumo

[ru] обнаружение потребительского
финансового мошенничества

[es] lucha contra fraude financiero al
consumidor

5.5.3 金融科技监管制度

[ar] الرقابة على العلوم والتكنولوجيا المالية

[en] **Fintech Regulatory System**

[fr] **Système de régulation fintech**

[de] **FinTech-Regulierungssystem**

[it] **Sistema di vigilanza nel settore
finanziario**

[jp] **フィンテック監督管理制度**

[kr] **핀테크 감독 관리 제도**

[pt] **Sistema Regulador da Tecnologia
Financeira**

[ru] **Система регулирования финтеха**

[es] **Sistema de Supervisión de
Tecnofinanzas**

55301 数字化监管协议

[ar] اتفاقية الرقابة الرقمية

[en] digital regulatory agreement

[fr] accord de réglementation numérique

[de] digitale Regulierungsvereinbarung

[it] accordo normativo digitale

[jp] デジタル化管理契約

[kr] 디지털화 감독 관리 협약

[pt] acordo de regulamentação digital

[ru] цифровое регулирующее соглашение

[es] acuerdo de supervisión digital

55302 金融科技风险管控制度

[ar] نظام إدارة مخاطر العلوم والتكنولوجيا المالية
والسيطرة عليها

[en] Fintech risk management system

[fr] système de gestion des risques fintech

[de] FinTech-Risikomanagementsystem

[it] sistema di gestione del rischio nel settore
finanziario

[jp] フィンテックのリスク管理制度

[kr] 핀테크 리스크 관리 및 제어 제도

[pt] sistema de gestão de riscos da tecnologia

financeira

[ru] система управления рисками финтеха

[es] sistema de gestión de riesgos de tecnofinanzas

55303　金融业务风险监测预警机制

[ar] آلية الرصد والإنذار المبكر لمخاطر الأعمال المالية

[en] financial business risk monitoring and early warning mechanism

[fr] mécanisme de surveillance et d'alerte des risques liés aux opérations financières

[de] Überwachungs- und Frühwarnmechanismus der Finanzgeschäftsrisiken

[it] monitoraggio del rischio nel settore finanziario e meccanismo di allarme tempestivo

[jp] 金融業務のリスク監視と早期警告メカニズム

[kr] 금융업무 리스크 감시 및 조기 경보 메커니즘

[pt] mecanismo de alerta precoce e monitoramento de riscos dos negócios financeiros

[ru] механизм мониторинга финансовых рисков и раннего предупреждения

[es] mecanismo de advertencia temprana y monitoreo de riesgos para negocios financieros

55304　金融业务风险预警干预机制

[ar] آلية التدخل والإنذار المبكر لمخاطر الأعمال المالية

[en] financial business risk early warning and intervention mechanism

[fr] mécanisme d'alerte et d'intervention des risques liés aux opérations financières

[de] Frühwarn- und Interventionsmechanismus der Finanzgeschäftsrisiken

[it] meccanismo di allarme tempestivo e di intervento per rischi nel settore finanziario

[jp] 金融業務リスク早期警告および介入メカニズム

[kr] 금융업무 리스크 조기 경보 및 개입 메커니즘

[pt] mecanismo de alerta precoce e intervenção de riscos dos negócios financeiros

[ru] механизм раннего предупреждения и вмешательства финансовых бизнес-рисков

[es] mecanismo de advertencia temprana e intervención de riesgos para negocios financieros

55305　金融业务动态风险计量评分体系

[ar] نظام معايرة وتقييم للمخاطر الديناميكية للأعمال المالية

[en] dynamic risk scoring system for financial business

[fr] système de notation des risques dynamiques liés aux opérations financières

[de] dynamisches Risiko-Wertungssystem des Finanzgeschäfts

[it] sistema di valutazione dinamica del rischio per le attività finanziarie

[jp] 金融業務動的リスク評価システム

[kr] 금융업무 동적 리스크 계측 평가 시스템

[pt] sistema de avaliação dinâmica dos riscos para negócios financeiros

[ru] динамическая система оценки финансовых бизнес-рисков

[es] sistema de puntuación de medición de riesgos dinámicos para negocios financieros

55306　金融业务分级分类风控规则

[ar] قواعد السيطرة على مخاطر تصنيف الأعمال المالية

[en] rules for control of financial business risks by level and by type

[fr] règles de contrôle des risques liés aux opérations financières par classification

et par hiérarchisation

[de] Abgestufte und klassifizierte Kontroll-
regeln der Finanzgeschäftsrisiken

[it] regole di controllo del rischio livellate e
classificate per le attività finanziarie

[jp] 金融業務グレーディング・類別 リスク
管理規制

[kr] 금융업무 등급별 및 종류별 리스크 제어
규칙

[pt] regras do controlo de riscos nivelados e
classificados para negócios financeiros

[ru] классифицированные правила
контроля финансовых бизнес-рисков

[es] reglas de control de riesgos calificados y
clasificados para negocios financieros

55307　金融业务风险联防联控机制

[ar] آلية الوقاية والتحكم المشتركة لمخاطر الأعمال
المالية

[en] joint prevention and control mechanism
for financial business risks

[fr] mécanisme de prévention et de contrôle
conjoints des risques liés aux opérations
financières

[de] gemeinsamer Präventions- und Kontroll-
mechanismus für finanzielle Geschäfts-
risiken

[it] meccanismo congiunto di prevenzione e
controllo del rischio finanziario

[jp] 金融業務リスクの共同防止および制御
メカニズム

[kr] 금융업무 리스크 공동 예방 및 제어 메
커니즘

[pt] mecanismo de prevenção e controlo
conjunto de riscos dos negócios
financeiros

[ru] механизм совместного
предотвращения и контроля
финансовых бизнес-рисков

[es] mecanismo de prevención y control
conjuntos de riesgos para negocios

financieros

55308　金融信息全生命周期管理制度

[ar] نظام إدارة دورة حياة كاملة للمعلومات المالية

[en] system for full-lifecycle management of
financial information

[fr] système de gestion de cycle de
vie complet pour les informations
financières

[de] Managementsystem für den gesamten
Lebenszyklus von Finanzinformationen

[it] gestione del ciclo di vita delle
informazioni finanziarie

[jp] 金融情報フルライフサイクル管理制度

[kr] 금융 정보 풀 라이프 사이클 관리 제도

[pt] sistema de gestão do cíclo de vida
completo para informação financeira

[ru] система управления полным
жизненным циклом финансовой
информации

[es] sistema de gestión del ciclo de vida
completo de la información financiera

55309　金融信息全生命周期标准规范

[ar] مواصفات قياسية لدورة حياة كاملة للمعلومات المالية

[en] standard for full-lifecycle management
of financial information

[fr] norme de cycle de vie complet des
informations financières

[de] Standardspezifikation für den gesamten
Lebenszyklus von Finanzinformationen

[it] specifica standard per l'intero ciclo di
vita delle informazioni finanziarie

[jp] 金融情報フルライフサイクル標準規範

[kr] 금융 정보 풀 라이프 사이클 표준 규범

[pt] especificação padrão para o cíclo de vida
completo da informação financeira

[ru] стандарт управления полным
жизненным циклом финансовой
информации

[es] especificaciones estándar del ciclo

5.5

de vida completo de la información financiera

55310 金融科技行业准则

[ar] قواعد مهنية لقطاع العلوم والتكنولوجيا المالية

[en] Fintech industry guidelines

[fr] directives industrielles fintech

[de] Richtlinien der FinTech-Industrie

[it] linea guida del settore fintech

[jp] フィンテック業界ガイドライン

[kr] 핀테크 업계 준칙

[pt] directrizes da indústria da tecnologia financeira

[ru] отраслевые правила по финансовым технологиям

[es] directrices del sector tecnofinanciero

55311 金融科技监管标准化体系

[ar] نظام تقييس عملية الرقابة على العلوم والتكنولوجيا المالية

[en] standardization system of Fintech regulation

[fr] système de normalisation de la régulation fintech

[de] Normungssystem der FinTech-Regulierung

[it] sistema di supervisone standardizzata nel settore finanziario

[jp] フィンテック監督管理標準システム

[kr] 핀테크 감독 관리 표준화 시스템

[pt] sistema de padronização da regulação da tecnologia financeira

[ru] система стандартизации регулирования финтеха

[es] sistema de normalización de la supervisión de tecnofinanzas

55312 金融数据标准化法律制度

[ar] أنظمة وقوانين خاصة بالتوحيد القياسي للبيانات المالية

[en] legal system for financial data standardization

[fr] système juridique pour la normalisation des données financières

[de] Rechtssystem für die Normung von Finanzdaten

[it] sistema giuridico per la standardizzazione dei dati finanziari

[jp] 金融データ標準化の法制度

[kr] 금융 데이터 표준화 법률 제도

[pt] sistema legal de padronização dos dados financeiros

[ru] правовая система стандартизации финансовых данных

[es] sistema legal para la normalización de datos financieros

55313 监管科技协同合作制度

[ar] نظام التعاون والتنسيق في الرقابة العلمية والتكنولوجية

[en] SupTech collaboration system

[fr] système de collaboration en matière de la technologie de gestion de la conformité réglementaire

[de] Koordinierungssystem für Überwachungstechnik

[it] sistema di collaborazione di SupTech

[jp] レグテック共同協力制度

[kr] 레그테크 협동 협력 제도

[pt] sistema de colaboração na tecnologia supervisória

[ru] система содействия и сотрудничества в области регуляторных технологий

[es] sistema de colaboración conjunta de SupTech

55314 互联网金融监管制度

[ar] نظام الرقابة على مالية الإنترنت

[en] Internet finance regulatory system

[fr] système de régulation de la cyberfinance

[de] Internet-Finanzregulierungssystem

[it] sistema di regolamentazione di finanza Internet

5.5

[jp] インターネット金融規制システム

[kr] 인터넷 금융 감독 관리 제도

[pt] sistema regulador das finanças na Internet

[ru] система регулирования интернет-финансов

[es] sistema de supervisión de finanzas en Internet

55315 网络准备金制度

[ar] نظام مال احتياطي على الإنترنت

[en] Internet-based reserve system

[fr] système de réserves sur Internet

[de] Internetbasiertes Reservesystem

[it] sistema di riserva basato su Internet

[jp] インターネット予備金制度

[kr] 인터넷 비상금 제도

[pt] sistema de reserva baseado na Internet

[ru] система резервного фонда сети

[es] sistema de reservas basado en Internet

55316 合格投资者制度

[ar] نظام المستثمر المؤهل

[en] accredited investor system

[fr] système d'investisseurs accrédités

[de] System des Akkreditierten Anleger

[it] sistema di investitore accreditato

[jp] 適格投資家制度

[kr] 적격 투자자 제도

[pt] sistema do investidor credenciado

[ru] система аккредитованных инвесторов

[es] sistema de inversores cualificados

55317 客户资金第三方存管制度

[ar] نظام إيداع أموال العملاء في الطرف الثالث

[en] third-party depository system for client funds

[fr] système de dépôt tierce-partie des fonds de client

[de] Drittverwahrungssystem für Kundengelder

[it] sistema di deposito contoterzi per

finanziamenti a clienti

[jp] 顧客資金の第三者保管制度

[kr] 고객 자금 제 3 자 저축 및 관리 제도

[pt] sistema do depositário da terceira parte para os fundos do cliente

[ru] сторонняя депозитарная система для клиентских средств

[es] sistema de depósito de terceros para fondos de clientes

55318 安全电子交易协议

[ar] اتفاقية المعاملات الإلكترونية الآمنة

[en] secure electronic transaction (SET) protocol

[fr] protocole transactionnel électronique sécurisé

[de] Protokoll der sicheren elektronischen Transaktion

[it] protocollo di transazione elettronica sicura

[jp] セキュアエレクトロニックトランザクションプロトコル

[kr] 안전한 전자 거래 프로토콜

[pt] protocolo de transação electrónica segura

[ru] протокол безопасных электронных транзакций

[es] protocolo de transacciones electrónicas seguras

55319 客户交易结算资金第三方存管制度

[ar] نظام إيداع أرصدة تسوية معاملات العملاء في الطرف الثالث

[en] third-party depository system for client transaction settlement funds

[fr] système de dépôt tierce-partie des fonds de règlement de transaction de client

[de] Drittverwahrungssystem für Debitorentransaktionsausgleichsfonds

[it] sistema di deposito contoterzi per liquidazione dei clienti

[jp] 顧客取引決済資金の第三者保管制度
[kr] 고객 거래 결산 자금 제 3 자 관리 제도
[pt] sistema do depositório da terceira
　　 parte para os fundos de liquidação da
　　 transação do cliente
[ru] сторонняя депозитарная система для
　　 расчетов по клиентским операциям
[es] sistema de depósito de terceros para
　　 fondos de liquidación de transacciones
　　 de clientes

5.5.4　金融科技监管体系

[ar] **الرقابة على العلوم والتكنولوجيا المالية**
[en] **Fintech Regulatory Architecture**
[fr] **Architecture de régulation fintech**
[de] **FinTech-Regulierungsarchitektur**
[it] **Controllo del fintech**
[jp] **フィンテック監督管理体系**
[kr] **핀테크 감독 관리 시스템**
[pt] **Estrutura Reguladora da Tecnologia
　　 Financeira**
[ru] **Архитектура регулирования
　　 финансовых технологий**
[es] **Sistema de Supervisión de
　　 Tecnofinanzas**

55401　金融监管框架

[ar] إطار الرقابة المالية
[en] financial regulatory framework
[fr] infrastructure de régulation financière
[de] Finanzregulierungsrahmen
[it] stuttura di vigilanza finanziaria
[jp] 金融規制の枠組み
[kr] 금융 감독 관리 프레임
[pt] enquadramento regulador financeiro
[ru] механизм финансового регулирования
[es] marco de supervisión financiera

55402　金融科技监管机构

[ar] هيئة رقابية على العلوم والتكنولوجيا المالية
[en] Fintech regulator

[fr] institution régulatrice fintech
[de] FinTech-Regulierungsinstitution
[it] regolatore del fintech
[jp] フィンテック監督管理機関
[kr] 핀테크 감독 관리 기구
[pt] instituição reguladora da tecnologia
　　 financeira
[ru] регулятор финансовых технологий
[es] organizaciones de supervisión
　　 tecnofinanciera

55403　金融科技治理体系

[ar] نظام حوكمة العلوم والتكنولوجيا المالية
[en] Fintech governance system
[fr] système de gouvernance fintech
[de] FinTech-Governance-System
[it] sistema di governance fintech
[jp] フィンテックガバナンスシステム
[kr] 핀테크 거버넌스 시스템
[pt] sistema de governação da tecnologia
　　 financeira
[ru] система управления финансовыми
　　 технологиями
[es] sistema de gobernanza de tecnofinanzas

55404　金融科技法律约束

[ar] قيود قانونية للعلوم والتكنولوجيا المالية
[en] legal provisions on Fintech
[fr] contrainte juridique fintech
[de] FinTech-Rechtseinschränkung
[it] vincolo legale di fintech
[jp] フィンテック法的制約
[kr] 핀테크 법률적 제약
[pt] contrangimento do direito da tecnologia
　　 financeira
[ru] правовые ограничения финансовых
　　 технологий
[es] restricción legal de tecnofinanzas

55405　金融科技行政监管

[ar] رقابة إدارية على العلوم والتكنولوجيا المالية

[en] Fintech administrative regulation
[fr] régulation administrative fintech
[de] FinTech-Verwaltungsvorschrift
[it] supervisione amministrativa fintech
[jp] フィンテック行政規制
[kr] 핀테크 행정적 감독
[pt] regulação administrativa da tecnologia financeira
[ru] административное регулирование финансовых технологий
[es] supervisión administrativa de tecnofinanza

55406 金融科技行业自律

[ar] انضباطات ذاتية لقطاع العلوم والتكنولوجيا المالية
[en] self-regulation for the Fintech industry
[fr] autorégulation de l'industrie fintech
[de] FinTech-Selbstregulierung
[it] autoregolamentazione del settore fintech
[jp] フィンテック業界自律
[kr] 핀테크 업계 자율
[pt] autoregulação industrial da tecnologia financeira
[ru] саморегулирование отрасли финансовых технологий
[es] autorregulación del sector tecnofinanciero

55407 金融科技机构内控

[ar] رقابة داخلية على مؤسسات العلوم والتكنولوجيا المالية
[en] internal control of Fintech institutions
[fr] contrôle interne de l'institution fintech
[de] interne Kontrolle der FinTech-Institution
[it] controllo interno di sistema fintech
[jp] フィンテック機関の内部統制
[kr] 핀테크 기구 내부 제어
[pt] controlo interno da instituição da tecnologia financeira
[ru] внутренний контроль учреждения финансовых технологий

[es] control interno de las instituciones tecnofinancieras

55408 金融科技社会监督

[ar] رقابة اجتماعية على العلوم والتكنولوجيا المالية
[en] social supervision of Fintech
[fr] surveillance publique des Fintech
[de] öffentliche Aufsicht über FinTech
[it] supervisione pubblica di fintech
[jp] フィンテックの社会的監視
[kr] 핀테크 사회적 감독
[pt] fiscalização pública da tecnologia financeira
[ru] общественный контроль финансовых технологий
[es] vigilancia pública de tecnofinanzas

55409 监管沙盒模式

[ar] نمط الرقابة على العلبة الرملية
[en] regulatory sandbox model
[fr] mode de régulation sandbox
[de] regulativer Sandkiste-Modus
[it] modalità sandbox di vigilanza
[jp] 規制サンドボックスモード
[kr] 규제 샌드박스 모델
[pt] modelo regulador sandbox
[ru] модель «регулятивная песочница»
[es] modelo de sandbox regulatorio

55410 分业监管模式

[ar] نمط رقابي حسب التصنيف القطاعى
[en] separate regulatory model
[fr] mode de supervision séparée
[de] separater Regulierungsmodus
[it] modello di supervisione separata
[jp] 事業別監視モード
[kr] 업계별 감독 관리 모델
[pt] modelo regulador separado
[ru] модель раздельного регулирования
[es] modelo de supervisión separada

5.5

55411　统一监管模式
- [ar] نمط الرقابة الموحدة
- [en] unified regulatory model
- [fr] mode de supervision unifiée
- [de] einheitliches Regulierungsmodus
- [it] modello normativo unificato
- [jp] 統合規制モデル
- [kr] 통일 감독 관리 모델
- [pt] modelo regulador unificado
- [ru] модель единого регулирования
- [es] modelo unificado de supervisión

55412　双峰监管模式
- [ar] نمط رقابي بالقمتين التوأمين
- [en] twin peaks model
- [fr] mode de « twin peaks »
- [de] Doppelgipfel-Modus
- [it] modello a cime gemelle
- [jp] ツインピークスモデル
- [kr] 트윈 픽스 모델
- [pt] modelo regulador financeiro twin peaks
- [ru] модель «Твин Пикс»
- [es] modelo de supervisión de picos gemelos

55413　金融科技功能监管
- [ar] رقابة وظائفية للعلوم والتكنولوجيا المالية
- [en] supervision on Fintech functions
- [fr] régulation des fonctions fintech
- [de] FinTech-Funktionsregulierung
- [it] supervisione della funzione di fintech
- [jp] フィンテック機能の監督管理
- [kr] 핀테크 기능 감독 관리
- [pt] regulação das funções da tecnologia financeira
- [ru] надзор за функциями финансовых технологий
- [es] supervisión del funcionamiento tecnofinanciero

55414　金融科技行为监管
- [ar] رقابة سلوكية للعلوم والتكنولوجيا المالية
- [en] supervision on Fintech behavior
- [fr] régulation des actions fintech
- [de] FinTech-Verhaltensregulierung
- [it] supervisione di comportamento fintech
- [jp] フィンテック行動の監督管理
- [kr] 핀테크 행위 감독 관리
- [pt] regulação do comportamento da tecnologia financeira
- [ru] надзор за поведением финансовых технологий
- [es] supervisión del comportamiento tecnofinanciero

55415　金融科技服务监管
- [ar] رقابة خدمية للعلوم والتكنولوجيا المالية
- [en] supervision on Fintech services
- [fr] régulation des services fintech
- [de] FinTech-Serviceregulierung
- [it] supervisione del servizio fintech
- [jp] フィンテックサービスの監督管理
- [kr] 핀테크 서비스 감독 관리
- [pt] regulação do serviço de tecnologia financeira
- [ru] надзор за услугами финансовых технологий
- [es] supervisión de servicios tecnofinancieros

55416　金融科技技术监管
- [ar] رقابة تقنية للعلوم والتكنولوجيا المالية
- [en] supervision on Fintech technology
- [fr] régulation des techniques fintech
- [de] FinTech-Technikregulierung
- [it] supervisione tecnica di fintech
- [jp] フィンテック技術の監督管理
- [kr] 핀테크 기술 감독 관리
- [pt] regulação técnica da tecnologia financeira
- [ru] надзор за финансовыми технологиями на техническом уровне
- [es] supervisión técnica tecnofinanciera

5.5

55417 金融科技机构监管
[ar] رقابة مؤسسية العلوم والتكنولوجيا المالية
[en] supervision on Fintech institutions
[fr] régulation des institutions fintech
[de] FinTech-Institutionsregulierung
[it] supervisione sulle instituzioni fintech
[jp] フィンテック機関の監督管理
[kr] 핀테크 기구 감독 관리
[pt] regulação institucional da tecnologia financeira
[ru] надзор за учреждениями финансовых технологий
[es] supervisión de las instituciones tecnofinancieras

55418 资本充足性监管
[ar] رقابة على الكفاية الرأسمالية
[en] capital adequacy supervision
[fr] régulation de l'adéquation des fonds
[de] Regulierung der Kapitaladäquanz
[it] controllo dell'adeguatezza patrimoniale
[jp] 資本充足性の監督管理
[kr] 자본 적정성 감독 관리
[pt] supervisão de adequação de capital
[ru] надзор за достаточностью капитала
[es] supervisión de la adecuación de capital

55419 清偿能力监管
[ar] رقابة على قدرة وفاء الدين
[en] solvency supervision
[fr] régulation de la solvabilité
[de] Solvenzregulierung
[it] verifica della solvibilità
[jp] 決済能力の監督管理
[kr] 청산 능력 감독 관리
[pt] supervisão da solvência
[ru] надзор за платежеспособностью
[es] supervisión de solvencia

55420 经营业务监管
[ar] رقابة على سير تشغيل الأعمال
[en] supervision on business operation
[fr] régulation des opérations commerciales
[de] Geschäftsregulierung
[it] controllo aziendale
[jp] 経営業務の監督管理
[kr] 경영업무 감독 관리
[pt] supervisão de negócios
[ru] надзор за операциями бизнеса
[es] supervisión de operaciones comerciales

55421 贷款集中程度监管
[ar] رقابة على درجة تركيز الإقراض
[en] supervision on loan concentration
[fr] régulation du taux de concentration des prêts
[de] Kreditkonzentrationsregulierung
[it] controllo della concentrazione dei prestiti
[jp] ローン集中度の監督管理
[kr] 대출 집중도 감독 관리
[pt] supervisão da concentração de empréstimos
[ru] надзор за концентрацией кредита
[es] supervisión de la concentración de créditos

55422 外汇业务风险监管
[ar] رقابة على مخاطر الأعمال المتعلقة بالعملات الأجنبية
[en] supervision on foreign exchange risks
[fr] régulation des risques de change
[de] Devisenrisikosregulierung
[it] sistema di controllo del rischio di cambio
[jp] 為替リスクの監督管理
[kr] 외환 업무 리스크 감독 관리
[pt] supervisão do risco cambial
[ru] надзор за валютным риском
[es] supervisión del riesgo de intercambio de divisas

55423 金融衍生工具监管

[ar] رقابة على الأدوات المشتقة المالية

[en] supervision on financial derivatives

[fr] régulation des dérivés financiers

[de] Finanzderivatenregulierung

[it] controllo dei derivati finanziari

[jp] 金融デリバティブの規制

[kr] 금융 파생 도구 감독 관리

[pt] regulação dos derivativos financeiros

[ru] надзор за производными
финансовыми инструментами

[es] supervisión de los derivados financieros

55424 反洗钱监管

[ar] رقابة على عملية مكافحة غسل الأموال

[en] anti-money laundering supervision

[fr] régulation de la lutte contre le
blanchiment d'argent

[de] Geldwäschebekämpfungsregulierung

[it] controllo antiriciclaggio

[jp] マネーロンダリング防止監督

[kr] 자금세탁 방지 감독 관리

[pt] supervisão de anti-lavagem do dinheiro

[ru] надзор за отмыванием денег

[es] supervisión contra el blanqueo de dinero

55425 金融监管科技

[ar] علوم وتكنولوجيا للرقابة المالية

[en] supervisory technology in financial
sector

[fr] technologie de gestion de la conformité
réglementaire financière

[de] Finanzüberwachungstechnik

[it] tecnologia di supervisione finanziaria

[jp] 金融規制テクノロジー

[kr] 금융 감독 관리 과학기술

[pt] tecnologia supervisória em sector
financeiro

[ru] надзорные технологии в области
финансов

[es] tecnología de supervisión en el sector
financiero

55426 金融合规科技

[ar] علوم وتكنولوجيا مالية معتمدة

[en] regulatory technology in financial sector

[fr] technologie de conformité financière

[de] Finanzregulierungstechnik

[it] tecnologia di conformità finanziaria

[jp] 金融コンプライアンス技術

[kr] 금융 준법 과학기술

[pt] tecnologia da regulatória em sector
financeiro

[ru] регулирующие технологии в области
финансов

[es] RegTech, la tecnología reguladora en el
sector financiero

55427 分工型金融监管体制

[ar] نظام الرقابة المالية حسب تقسيم العمل

[en] specialized financial regulatory system

[fr] système de régulation financière
distribuée

[de] verteiltes Finanzregulierungssystem

[it] sistema di supervisione finanziaria
distribuita

[jp] 分業型金融監督管理体制

[kr] 분업형 금융 감독 관리 시스템

[pt] sistema de regulação de finanças
distribuídas

[ru] распределенная система финансового
регулирования

[es] sistema de supervisión financiera con
división laboral

55428 集权型金融监管体制

[ar] نظام الرقابة المالية السلطوية

[en] centralized financial regulatory system

[fr] système de régulation financière
centralisée

[de] zentralisiertes Finanzregulierungssystem

[it] sistema centralizzato di supervisione

finanziaria

[jp] 集権型金融監督管理体制

[kr] 집권형 금융 감독 관리 시스템

[pt] sistema centralizado de regulação
financeira

[ru] централизованная система
финансового регулирования

[es] sistema de supervisión financiera
centralizado

55429 跨国型金融监管体制

[ar] نظام الرقابة المالية عبر الحدود

[en] transnational financial regulatory system

[fr] système de régulation financière
internationale

[de] transnationales Finanzregulierungssys-
tem

[it] sistema di vigilanza finanziaria
transnazionale

[jp] 多国間協力型金融監督管理体制

[kr] 다국적 금융 감독 관리 시스템

[pt] sistema de regulação financeira
transnacional

[ru] транснациональная система
финансового регулирования

[es] sistema de supervisión financiera
transnacional

55430 单线多头监管体制

[ar] نظام رقابة موحدة الخط ومتعددة الأطراف

[en] centralized regulation system with
multiple regulators

[fr] système de régulation centralisée et prise
en charge par plusieurs institutions

[de] zentralisierte Regulierungssystem

[it] sistema di supervisione centralizzata di
istituti finanziari

[jp] 中央集権の複数機関による金融監督体
制

[kr] 집중 규제 및 복수 기관 금융 감독 관리
시스템

[pt] sistema de regulação centralizado com
múltiplos reguladores

[ru] система финансового регулирования,
выполненного центральными
органами

[es] sistema de supervisión centralizada en
instituciones financieras

55431 双线多头监管体制

[ar] نظام رقابة ثنائية الخط و متعددة الأطراف

[en] dual regulation systems with multiple
regulators

[fr] système de régulation à deux niveaux et
prise en charge par plusieurs institutions

[de] Zweileitungs-Multiregulierungssystem

[it] sistema multi-regolatore a due linee

[jp] 中央・地方レベルの複数機関による金
融監督体制

[kr] 이중 규제 및 복수 기관 금융 감독 관리
시스템

[pt] sistema de dupla regulação com
múltiplos reguladores

[ru] система финансового регулирования,
выполненного центральными и
региональными органами

[es] sistema de multi-supervisión de dos
líneas

5.5.5　金融科技国际监管

[ar] الرقابة الدولية للعلوم والتكنولوجيا المالية

[en] **Fintech International Regulation**

[fr] **Régulation internationale fintech**

[de] **Internationale FinTech-Aufsicht**

[it] **Controllo internazionale nel settore
fintech**

[jp] **フィンテック国際規制**

[kr] **핀테크 국제 감독 관리**

[pt] **Regulação Internacional da
Tecnologia Financeira**

[ru] **Международное регулирование
финансовых технологий**

[es] **Supervisión Internacional de Tecnofinanzas**

[es] colaboración internacional de tecnofinanzas

55501 国际金融治理

[ar] حوكمة مالية دولية

[en] international financial governance

[fr] gouvernance financière internationale

[de] internationale Finanz-Regulierung

[it] governance finanziaria internazionale

[jp] 国際金融ガバナンス

[kr] 국제 금융 거버넌스

[pt] governação financeira internacional

[ru] международное финансовое управление

[es] gobernanza financiera internacional

55502 国际金融监管

[ar] رقابة مالية دولية

[en] international financial supervision

[fr] régulation financière internationale

[de] internationale Finanzaufsicht

[it] vigilanza finanziaria internazionale

[jp] 国際金融監督管理

[kr] 국제 금융 감독 관리

[pt] supervisão financeira internacional

[ru] международное финансовое регулирование

[es] supervisión financiera internacional

55503 金融科技国际协作

[ar] تعاون دولي في مجال العلوم والتكنولوجيا المالية

[en] Fintech international collaboration

[fr] collaboration internationale fintech

[de] internationale FinTech-Zusammenarbeit

[it] collaborazione internazionale di fintech

[jp] フィンテックの国際協力

[kr] 핀테크 국제 협력

[pt] colaboração internacional da tecnologia financeira

[ru] международное сотрудничество в области финансовых технологий

55504 金融科技国际交流

[ar] تبادل دولي في مجال العلوم والتكنولوجيا المالية

[en] Fintech international exchange

[fr] échange international fintech

[de] internationaler FinTech-Austausch

[it] comunicazione internazionale di fintech

[jp] フィンテックの国際交流

[kr] 핀테크 국제 교류

[pt] intercâmbio internacional da tecnologia financeira

[ru] международный обмен в области финансовых технологий

[es] mercado internacional de tecnofinanzas

55505 金融稳定理事会

[ar] مجلس الاستقرار المالي

[en] Financial Stability Board (FSB)

[fr] Conseil de stabilité financière

[de] Finanzstabilitätsausschuss

[it] Consiglio per la stabilità finanziaria

[jp] 金融安定理事会

[kr] 금융안정위원회

[pt] Conselho de Estabilidade Financeira

[ru] Совет по финансовой стабильности

[es] Consejo de Estabilidad Financiera

55506 国际清算银行

[ar] بنك التسويات الدولية

[en] Bank for International Settlements (BIS)

[fr] Banque des règlements internationaux

[de] Bank für Internationalen Zahlungsausgleich

[it] Banca della liquidazione internazionale

[jp] 国際決済銀行

[kr] 국제결제은행

[pt] Banco de Compensações Internacionais

[ru] Банк международных расчетов

[es] Banco de Pagos Internacionales

5.5

55507 巴塞尔银行监管委员会

[ar] لجنة بازل للرقابة المصرفية

[en] Basel Committee on Banking
Supervision (BCBS)

[fr] Comité de Bâle sur le contrôle bancaire

[de] Basler Ausschuss für Bankenaufsicht

[it] Il Comitato di Basilea per la supervisione
bancaria

[jp] バーゼル銀行監督委員会

[kr] 바젤은행감독위원회

[pt] Comité de Supervisão Bancária da
Basileia

[ru] Базельский комитет по банковскому
надзору

[es] Comité de Supervisión Bancaria de
Basilea

55508 国际保险监督官协会

[ar] رابطة دولية لمشرفي التأمين

[en] International Association of Insurance
Supervisors (IAIS)

[fr] Association internationale des
contrôleurs d'assurances

[de] Internationale Vereinigung der Versiche-
rungsinspektoren

[it] Associazione internazionale dei
supervisori assicurativi

[jp] 保険監督者国際機構

[kr] 국제보험감독기관협회

[pt] Associação Internacional de
Supervisores de Seguros

[ru] Международная ассоциация
страховых надзоров

[es] Asociación Internacional de Supervisores
de Seguros

55509 国际证监会组织

[ar] منظمة دولية لهيئات تنظيم الأوراق المالية

[en] International Organization of Securities
Commissions (IOSCO)

[fr] Organisation internationale des
commissions de valeurs

[de] Internationale Organisation der Wert-
papierkommissionen

[it] Organizzazione internazionale delle
commissioni sui valori mobiliari

[jp] 証券監督者国際機構

[kr] 국제증권감독기구

[pt] Organização Internacional de Comissões
de Valores Mobiliários

[ru] Международная организация
комиссий по ценным бумагам

[es] Organización Internacional de
Comisiones de Valores

55510 环球同业银行金融电讯协会

[ar] جمعية الاتصالات المالية العالمية بين البنوك

[en] Society for Worldwide Interbank
Financial Telecommunications (SWIFT)

[fr] Société pour la télécommunication
financière interbancaire mondiale

[de] Gesellschaft für weltweite Interbanken-
Finanztelekommunikation

[it] Società per le telecomunicazioni
finanziarie interbancarie mondiali

[jp] 国際銀行間通信協会

[kr] 스위프트(SWIFT)(세계 은행 간 금융 데
이터 통신 협회)

[pt] Sociedade de Telecomunicações
Financeiras Interbancárias Mundiais

[ru] Общество всемирных межбанковских
финансовых каналов связи

[es] Sociedad para las Comunicaciones
Interbancarias y Financieras Mundiales

55511 支付与市场基础设施委员会

[ar] لجنة البنية التحتية للدفع والسوق

[en] Committee on Payments and Market
Infrastructures (CPMI)

[fr] Comité sur les paiements et les
infrastructures de marché

[de] Ausschuss für Zahlungen und Marktinf-

rastrukturen

[it] Commissione per i pagamenti e le infrastrutture di mercato

[jp] 決済と市場インフラ委員会

[kr] 결제 및 시장 인프라 위원회

[pt] Comité de Sistemas de Pagamentos e Infraestruturas de Mercado

[ru] Комитет по платежам и рыночным инфраструктурам

[es] Comité de Pagos en Infraestructuras de Mercado

55512 反洗钱金融行动特别工作组

[ar] فرقة العمل الخاصة بمكافحة غسل الأموال

[en] Financial Action Task Force on Money Laundering (FATF)

[fr] Groupe d'action financière

[de] Arbeitsgruppe für finanzielle Maßnahmen gegen Geldwäsche

[it] Gruppo di azione finanziaria antiriciclaggio

[jp] マネーロンダリングに関する金融活動作業部会

[kr] 국제 자금 세탁 방지 기구

[pt] Grupo de Ação Financeira sobre Lavagem de Dinheiro

[ru] Группа разработки финансовых мер борьбы с отмыванием денег

[es] Grupo de Trabajo de Acción Financiera contra el Blanqueo de Dinero

55513 国务院金融稳定发展委员会

[ar] لجنة التنمية المستقرة المالية بمجلس الدولة الصيني

[en] Financial Stability and Development Committee under the State Council

[fr] Comité relevant du Conseil des Affaires d'Etat pour la stabilité et le développement financiers

[de] Ausschuss für Finanzstabilität und Entwicklung unter dem Staatsrat

[it] Comitato per la stabilità e lo sviluppo

finanziario del Consiglio di stato

[jp] 国務院金融安定発展委員会

[kr] 국무원금융안정발전위원회

[pt] Comité de Estabilidade e Desenvolvimento Financeiro do Conselho de Estado

[ru] Совет по финансовой стабильности и развитию при Государственном совете КНР

[es] Comité de Desarrollo y Estabilidad Financiera de Consejo de Estado

55514 全国互联网金融工作委员会

[ar] لجنة العمل لمالية الإنترنت في عموم البلاد

[en] Countrywide Internet Finance Committee (CIFC)

[fr] Comité de travail national sur la finance sur Internet

[de] Nationaler Arbeitsausschuss für Internetfinanz

[it] Comitato di lavoro per le finanze nazionali su Internet

[jp] 中国インターネット金融実行委員会

[kr] 전국인터넷금융업무위원회

[pt] Comité Nacional de Trabalho de Finanças da Internet

[ru] Национальный комитет по интернетфинансам

[es] Comité Nacional de Finanzas de Internet

55515 中国银行业监督管理委员会

[ar] لجنة الرقابة والإدارة الصينية للقطاع المصرفي

[en] China Banking Regulatory Commission (CBRC)

[fr] Commission de supervision bancaire de Chine

[de] Die Chinesische Bankenaufsichtskommission

[it] Commissione di supervisione bancaria cinese

[jp] 中国銀行監督管理委員会

5.5

[kr] 중국은행업감독관리위원회

[pt] Comissão Reguladora Bancária da China

[ru] Комиссия по регулированию банковской деятельности Китая

[es] Comisión de Regulación Bancaria de China

55516 中国证券监督管理委员会

[ar] لجنة الرقابة والإدارة الصينية للاوراق المالية

[en] China Securities Regulatory Commission (CSRC)

[fr] Commission de réglementation des valeurs mobilières de Chine

[de] Die Chinesische Wertpapieraufsichts-kommission

[it] Commissione di supervisione di valori mobiliari della Cina

[jp] 中国証券監督管理委員会

[kr] 중국증권감독관리위원회

[pt] Comissão Reguladora de Valores Mobiliários da China

[ru] Комиссия по регулированию ценных бумаг Китая

[es] Comisión de Regulación de Valores de China

55517 中国互联网金融协会

[ar] رابطة وطنية صينية لمالية الإنترنت

[en] National Internet Finance Association of China (NIFA)

[fr] Association nationale de la finance sur Internet de Chine

[de] Verband der nationalen Internet-Finanz Chinas

[it] National Internet Finance Association of China

[jp] 中国インターネット金融協会

[kr] 중국인터넷금융협회

[pt] Associação Nacional de Finanças da Internet da China

[ru] Национальная ассоциация интернет-финансов Китая

[es] Asociación Nacional de Finanzas en Internet de China

55518 跨国银行监管

[ar] رقابة مصرفية عبر الحدود

[en] regulation for transnational banks

[fr] régulation des banques multinationales

[de] transnationale Bankenaufsicht

[it] supervisione bancaria transnazionale

[jp] 多国籍銀行の監督管理

[kr] 다국적 은행 감독 관리

[pt] regulação do banco transnacional

[ru] регулирование деятельности транснациональных банков

[es] supervisión de las bancas transnacionales

55519 国际银行清盘监管

[ar] رقابة على تصفية البنك الدولي

[en] international bank liquidation regulation

[fr] régulation de liquidation des banques multinationales

[de] internationale Bankenliquidationsauf-sicht

[it] controllo per la liquidazione di istituti bancari internazionali

[jp] 国際銀行の清算規制

[kr] 국제 은행 청산 감독 관리

[pt] regulação de liquidação para os bancos internacionais

[ru] регулирование ликвидации международных банков

[es] supervisión de la liquidación de bancos internacionales

55520 国际金融监管组织监管合作

[ar] تعاون رقابي للمنظمات الدولية للرقابة المالية

[en] regulatory cooperation between international financial regulators

[fr] coopération réglementaire entre les organisations internationales de

régulation financière

[de] regulatorische Zusammenarbeit interna-
tionaler Finanzaufsichtsorganisationen

[it] cooperazione internazionali degli organi
di vigilanza finanziaria

[jp] 国際金融規制機関による規制協力

[kr] 국제 금융 감독 관리 기구 감독 관리 협
력

[pt] cooperação regulatória de organizações
internacionais de regulação financeira

[ru] регулятивное сотрудничество
международных организаций
финансового регулирования

[es] cooperación de supervisión entre
organizaciones reguladoras financieras
internacionales

55521 国际性金融监管组织合作

[ar] تعاون دولي بين المنظمات الرقابية المالية

[en] international cooperation between
financial regulators

[fr] coopération internationale entre les
organisations de régulation financière

[de] Zusammenarbeit internationaler Finanz-
aufsichtsorganisationen

[it] cooperazione tra organizzazioni
internazionali di supervisione finanziaria

[jp] 金融規制機関の国際協力

[kr] 국제적 금융 감독 관리 기구 협력

[pt] cooperação de organizações
internacionais de regulação financeira

[ru] международное сотрудничество
организаций финансового
регулирования

[es] cooperación entre organizaciones
reguladoras financieras internacionales

55522 区域性金融监管国家合作

[ar] تعاون الرقابة المالية بين الدول الاقليمية

[en] regional cooperation in financial
regulation

[fr] coopération régionale entre les États en
matière de régulation financière

[de] nationale Zusammenarbeit bei der regio-
nalen Finanzregulierung

[it] cooperazione nazionale di controllo
finanziario regionale

[jp] 地域的金融規制における国家間協力

[kr] 지역적 금융 감독 관리 국가 협력

[pt] cooperação internacional em
regulamentação financeira regional

[ru] региональное сотрудничество в
финансовом регулировании

[es] cooperación nacional para la supervisión
financiera regional

5.5

6 大数据治理

6.1　治理科技

[ar] الحوكمة العلمية والتكنولوجية

[en] **Governance Technology**

[fr] **Technologie de gouvernance**

[de] **Governance-Technologie**

[it] **GovTech**

[jp] **ガバナンステクノロジー**

[kr] **거버넌스 테크놀로지**

[pt] **Tecnologia de Governação**

[ru] **Технология управления**

[es] **Tecnología de Gobernanza**

. . . .

6.1.1　数据开放共享

[ar] انفتاح البيانات وتشاركها

[en] **Data Openness and Sharing**

[fr] **Ouverture et partage des données**

[de] **Datenöffnung und -sharing**

[it] **Apertura e condivisione dei dati**

[jp] **データの開放と共有**

[kr] **데이터 공개 공유**

[pt] **Abertura e Partilha de Dados**

[ru] **Открытие и совместное использование данных**

[es] **Accesibilidad e Intercambio de Datos**

61101　数据透明化

[ar] شفافية البيانات

[en] data transparency

[fr] transparence des données

[de] Datentransparenz

[it] trasparenza dei dati

[jp] データの透明化

[kr] 데이터 투명화

[pt] transparência dos dados

[ru] прозрачность данных

[es] transparencia de datos

61102　数据割据

[ar] انفصالية البيانات

[en] data separationism

[fr] séparation des données

[de] Datentrennungismus

[it] separazione dei dati

[jp] データ分離

[kr] 데이터 분리

[pt] separação de dados

[ru] сепаратизм данных

[es] separación de datos

61103　数据孤岛

[ar] جزيرة منعزلة للبيانات

[en] data island

[fr] îlot de données

[de] Dateninsel

[it] isolated data island

[jp] データの孤島

[kr] 데이터 아일랜드

[pt] ilha de dados

[ru] остров данных

[es] isla de datos

6.1

61104 数据垄断

[ar] احتكار البيانات

[en] data monopoly

[fr] monopolisation de données

[de] Datenmonopol

[it] monopolio dei dati

[jp] データ独占

[kr] 데이터 독점

[pt] monopólio de dados

[ru] монополия данных

[es] monopolio de datos

61105 数据差异化

[ar] تمايز البيانات

[en] data differentiation

[fr] différenciation de données

[de] Datendifferenzierung

[it] differenziazione dei dati

[jp] データの差別化

[kr] 데이터 차별화

[pt] diferenciação entre dados

[ru] дифференциация данных

[es] diferenciación de datos

61106 数据开放边界

[ar] حدود انفتاح البيانات

[en] boundary of data openness

[fr] limite de l'ouverture des données

[de] Grenze der Datenöffnung

[it] confine dell'apertura dei dati

[jp] データ開放境界

[kr] 데이터 공개 경계

[pt] limite de abertura de dados

[ru] граница открытости данных

[es] límites de apertura de datos

61107 政府数据开放共享

[ar] انفتاح وتشارك البيانات الحكومية

[en] open and shared government data

[fr] ouverture et partage des données
gouvernementales

[de] offener Austausch von Regierungsdaten

[it] condivisione aperta dei dati governativi

[jp] 政府データの開放共有

[kr] 정부 데이터 공개 및 공유

[pt] partilha e abertura de dados do governo

[ru] открытие и совместное использование
правительственных данных

[es] apertura y uso compartido de datos del
gobierno

61108 政府信息

[ar] معلومات حكومية

[en] government information

[fr] information gouvernementale

[de] Regierungsinformation

[it] informazioni governative

[jp] 政府情報

[kr] 정부 정보

[pt] informação do governo

[ru] правительственная информация

[es] información del gobierno

61109 政府信息公开

[ar] كشف عن المعلومات الحكومية

[en] government information disclosure

[fr] divulgation d'information
gouvernementale

[de] Offenlegung der Regierungsinformation

[it] apertura di informazioni governative

[jp] 政府情報の公開

[kr] 정부 정보 공개

[pt] publicação de informações
governamentais

[ru] раскрытие правительственной
информации

[es] divulgación de información del gobierno

61110 政府信息公开平台

[ar] منصة الكشف عن المعلومات الحكومية

[en] government information disclosure
platform

[fr] plate-forme de divulgation d'information
gouvernementale

[de] Offenlegungsplattform der Regierungs-
information

[it] piattaforma aperta di informazioni
governative

[jp] 政府情報の公開プラットフォーム

[kr] 정부 정보 공개 플랫폼

[pt] plataforma de publicação de informações
do governo

[ru] платформа раскрытия
правительственной информации

[es] plataforma de divulgación de
información del gobierno

61111　政府信息公开目录

[ar] دليل الكشف عن المعلومات الحكومية

[en] government information disclosure
directory

[fr] répertoire de divulgation d'information
gouvernementale

[de] Verzeichnis zur Offenlegung der Regie-
rungsinformation

[it] elenco aperto di informazioni
governative

[jp] 政府情報の公開目録

[kr] 정부 정보 공개 목록

[pt] diretório de publicação de informações
do governo

[ru] каталог раскрытой правительственной
информации

[es] directorio de divulgación de información
del gobierno

61112　开放数据

[ar] بيانات مفتوحة

[en] open data

[fr] données ouvertes

[de] offene Daten

[it] dati aperti

[jp] オープンデータ

[kr] 오픈 데이터

[pt] dados abertos

[ru] открытые данные

[es] datos abiertos

61113　开放数据标准

[ar] معيار البيانات المفتوحة

[en] open data standard

[fr] norme de données ouvertes

[de] Datenöffnungsstandard

[it] standard dei dati aperti

[jp] オープンデータ標準

[kr] 오픈 데이터 표준

[pt] padrão dos dados abertos

[ru] стандарт открытых данных

[es] norma de datos abiertos

61114　数据开放

[ar] انفتاح البيانات

[en] open access to data

[fr] ouverture de données

[de] Datenöffnung

[it] apertura dei dati

[jp] データ開放

[kr] 데이터 공개

[pt] abertura de dados

[ru] открытие данных

[es] apertura de datos

61115　政府数据开放

[ar] انفتاح البيانات الحكومية

[en] open government data

[fr] ouverture des données gouvernementales

[de] Regierungsdatenöffnung

[it] apertura dei dati governativi

[jp] 政府データの公開

[kr] 정부 데이터 공개

[pt] abertura de dados do governo

[ru] открытие правительственных данных

[es] apertura de datos del gobierno

6.1

61116 政府数据开放目录
- [ar] دليل انفتاح البيانات الحكومية
- [en] directory of open government data
- [fr] répertoire des données gouvernementales ouvertes
- [de] Verzeichnis der Regierungsdatenöffnung
- [it] elenco dei dati aperti governativi
- [jp] 政府データの公開目録
- [kr] 정부 데이터 공개 목록
- [pt] diretório de abertura de dados do governo
- [ru] каталог открытых правительственных данных
- [es] directorio de datos abiertos del gobierno

61117 政府数据开放平台
- [ar] منصة انفتاح البيانات الحكومية
- [en] open government data (OGD) platform
- [fr] plate-forme d'ouverture des données gouvernementales
- [de] Plattform der Regierungsdatenöffnung
- [it] piattaforma dei dati aperti governativi
- [jp] 政府データの公開プラットフォーム
- [kr] 정부 데이터 공개 플랫폼
- [pt] plataforma de abertura de dados do governo
- [ru] платформа открытых правительственных данных
- [es] plataforma de apertura de datos del gobierno

61118 政府数据共享
- [ar] تشارك البيانات الحكومية
- [en] shared government data
- [fr] partage des données gouvernementales
- [de] Sharing von Regierungsdaten
- [it] condivisione dei dati governativi
- [jp] 政府データの共有
- [kr] 정부 데이터 공유
- [pt] partilha de dados do governo
- [ru] совместное использование

правительственных данных
- [es] uso compartido de datos del gobierno

61119 政府数据共享平台
- [ar] منصة تشاركية للبيانات الحكومية
- [en] platform for shared government data
- [fr] plate-forme de partage de données gouvernementales
- [de] Sharingplattform von Regierungsdaten
- [it] piattaforma di condivisione dei dati governativi
- [jp] 政府データの共有プラットフォーム
- [kr] 정부 데이터 공유 플랫폼
- [pt] plataforma de patilha de dados do governo
- [ru] платформа для совместного использования правительственных данных
- [es] plataforma de uso compartido de datos del gobierno

61120 商业数据
- [ar] بيانات تجارية
- [en] business data
- [fr] données commerciales
- [de] Geschäftsdaten
- [it] dati commerciali
- [jp] ビジネスデータ
- [kr] 상업 데이터
- [pt] dados comerciais
- [ru] бизнес-данные
- [es] datos comerciales

61121 公共数据
- [ar] بيانات عامة
- [en] public data
- [fr] données publiques
- [de] Öffentliche Daten
- [it] dati pubblici
- [jp] 公開データ
- [kr] 공개 데이터

6.1

[pt] dados públicos
[ru] общедоступные данные
[es] datos públicos

61122 非公共数据
[ar] بيانات غير عامة
[en] non-public data
[fr] données non publiques
[de] Nichtöffentliche Daten
[it] dati non pubblici
[jp] 非公開データ
[kr] 비공개 데이터
[pt] dados não públicos
[ru] непубличные данные
[es] datos no públicos

61123 数据分享
[ar] تشارك البيانات
[en] data sharing
[fr] partage de données
[de] Daten-Sharing
[it] condivisione dei dati
[jp] データシェア
[kr] 데이터 공유
[pt] partilha de dados
[ru] обмен данными
[es] intercambio de datos

61124 数据再使用
[ar] إعادة استخدام البيانات
[en] data reuse
[fr] réutilisation des données
[de] Datenwiederverwendung
[it] riutilizzo dei dati
[jp] データの再利用
[kr] 데이터 재사용
[pt] reutilização de dados
[ru] повторное использование данных
[es] reutilización de datos

61125 数据经纪商
[ar] وسيط البيانات
[en] data broker
[fr] courtier en données
[de] Datenmakler
[it] broker dei dati
[jp] データブローカー
[kr] 데이터 중개인
[pt] corretor de dados
[ru] брокер данных
[es] bróker de datos

61126 数据融合开放
[ar] اندماج وانفتاح البيانات
[en] data fusion and open access
[fr] fusion et ouverture des données
[de] Datenfusion und -öffnung
[it] fusione e apertura dei dati
[jp] データの融合と開放
[kr] 데이터 융합 공개
[pt] abertura e fusão de dados
[ru] слияние и открытие данных
[es] fusión y acceso de datos

61127 无差别式开放
[ar] انفتاح غير تفاضلي
[en] undifferentiated access
[fr] ouverture non discriminatoire
[de] undifferenzierte Öffnung
[it] apertura indifferenziata
[jp] 無差別的開放
[kr] 무차별 공개
[pt] abertura indiferenciada
[ru] недифференцированная открытость
[es] acceso no diferenciado

61128 契约式开放
[ar] انفتاح تعاقدي
[en] contractual access
[fr] ouverture contractuelle
[de] vertragliche Öffnung

6.1

[it] apertura contrattuale

[jp] 契約上の開放

[kr] 계약식 공개

[pt] abertura contratual

[ru] договорная открытость

[es] acceso contractual

61129 数据自治开放模式

[ar] نمط الانفتاح والحوكمة الذاتية للبيانات

[en] self-governing data openness model

[fr] mode de gestion autonome de l'ouverture des données

[de] selbstverwaltendes Datenöffnungsmodus

[it] modello di apertura autonoma dei dati

[jp] データの自治開放モデル

[kr] 데이터 자율 공개 모델

[pt] modelo de abertura dos dados autónomos

[ru] самоуправляемая модель открытости данных

[es] modelo de apertura autogobernada de datos

61130 政府数据一站式开放

[ar] انفتاح الوقفة الواحدة للبيانات الحكومية

[en] one-stop open access to government data

[fr] données gouvernementales ouvertes à guichet unique

[de] One-Stop-Öffnung der Regierungsdaten

[it] dati governativi aperti unificati

[jp] 政府データのワンストップ公開

[kr] 정부 데이터 원스톱식 공개

[pt] abertura de dados governamentais do modo Balcão Único

[ru] единые открытые правительственные данные

[es] la apertura de ventanilla única de datos del gobierno

61131 数据有偿开放

[ar] انفتاح مدفوع للبيانات

[en] paid open data

[fr] ouverture payante des données

[de] bezahlte Datenöffnung

[it] dati aperti a pagamento

[jp] データの有料開放

[kr] 데이터 유료 공개

[pt] abertura de dados remunerada

[ru] платные открытые данные

[es] apertura pagada de datos

61132 数据共享协议

[ar] اتفاقية تشارك البيانات

[en] data sharing protocol

[fr] protocole de partage de données

[de] Datensharingprotokoll

[it] protocollo di condivisione dei dati

[jp] データ共有プロトコル

[kr] 데이터 공유 협약

[pt] protocolo de partilha de dados

[ru] протокол совместного использования данных

[es] protocolo de compartición de datos

6.1.2　治理科技体系

[ar] **نظام حوكمة التكنولوجيا**

[en] **Governance Technology System**

[fr] **Système GovTech**

[de] **GovTech-System**

[it] **Sistema GovTech**

[jp] **ガバナンステクノロジーシステム**

[kr] **거버넌스 테크놀로지 시스템**

[pt] **Sistema de Tecnologia de Governação Científica**

[ru] **Техническая система по управлению**

[es] **Sistema de Tecnología de Gobernanza**

61201 技术治理

[ar] حوكمة التكنولوجيا

[en] technology governance

[fr] gouvernance technologique

[de] Technologie-Governance

6.1

[it] governance di tecnologia

[jp] 技術ガバナンス

[kr] 기술 거버넌스

[pt] governação com tecnologias

[ru] управление технологиями

[es] gobernanza técnica

61202 治理技术

[ar] تكنولوجيا الحوكمة

[en] governance technology

[fr] technique de gouvernance

[de] Governance-Technik

[it] tecniche di governance

[jp] ガバナンス技術

[kr] 거버넌스 기술

[pt] tecnologia de governação

[ru] технологии управления

[es] técnicas de gobernanza

61203 社会技术

[ar] تكنولوجيا اجتماعية

[en] social technology

[fr] technologie sociale

[de] soziale Technologie

[it] tecnologia sociale

[jp] 社会技術

[kr] 사회 기술

[pt] tecnologia social

[ru] социальные технологии

[es] tecnología social

61204 自然技术

[ar] تكنولوجيا طبيعية

[en] natural technology

[fr] technologie naturelle

[de] natürliche Technologie

[it] tecnologia naturale

[jp] 自然技術

[kr] 자연 기술

[pt] tecnologia natural

[ru] природные технологии

[es] tecnología natural

61205 网格化管理

[ar] إدارة الخلايا الشبكية

[en] grid-based management

[fr] gestion en mode grille

[de] gerasterte Verwaltung

[it] gestione su griglie

[jp] グリッド化管理

[kr] 그리드 관리

[pt] gestão em GRID

[ru] управление на основе сетки

[es] gestión de enrejado

61206 网络化治理

[ar] حوكمة شبكية

[en] networked governance

[fr] gouvernance en mode réseau

[de] vernetzte Governance

[it] governance in rete

[jp] ネット化ガバナンス

[kr] 네트워크화 거버넌스

[pt] governação em rede

[ru] сетевое управление

[es] gobernanza de enrejado

61207 科层制行政管理技术

[ar] تكنولوجيا الإدارة الحكومية البيروقراطية

[en] technology facilitating multi-level administration

[fr] techniques de gestion administrative bureaucratique

[de] Technologie für die Verwaltung auf mehreren Ebenen

[it] tecniche burocratiche di gestione amministrativa

[jp] 官僚性行政管理技術

[kr] 요식 체계 행정 관리 기술

[pt] tecnologias de gestão administrativa burocrática

[ru] технология для многоуровневого

администрирования

[es] técnicas burocráticas de gestión
      administrativa

61208 技术极权

[ar] شمولية تكنولوجية

[en] technological totalitarianism

[fr] totalitarisme technologique

[de] technologischer Totalitarismus

[it] totalitarismo tecnologico

[jp] 技術全体主義

[kr] 기술 전체주의

[pt] totalitarismo tecnológico

[ru] технологический тоталитаризм

[es] totalitarismo de tecnología

61209 治理理念

[ar] فلسفة الحوكمة

[en] governance philosophy

[fr] philosophie de gouvernance

[de] Governance-Philosophie

[it] concetto di governance

[jp] ガバナンスの理念

[kr] 거버넌스 이념

[pt] filosofia de governação

[ru] философия управления

[es] filosofía de gobernanza

61210 治理手段

[ar] وسائل الحوكمة

[en] means of governance

[fr] moyen de gouvernance

[de] Mittel der Regierungsführung

[it] modalità di governance

[jp] ガバナンスの手段

[kr] 거버넌스 수단

[pt] meios de governação

[ru] средства управления

[es] medios de gobernanza

61211 知识技术

[ar] تكنولوجيا معرفية

[en] knowledge technology

[fr] technologie des connaissances

[de] Wissenstechnologie

[it] knowledge technology

[jp] 知識技術

[kr] 지식 기술

[pt] tecnologia do conhecimento

[ru] технология знаний

[es] tecnología de conocimientos

61212 操作技术

[ar] تكنولوجيا التشغيل

[en] operational technology

[fr] technologie opérationnelle

[de] Betriebstechnik

[it] tecnologia operativa

[jp] オペレーション技術

[kr] 운영 기술

[pt] tecnologia operacional

[ru] операционные технологии

[es] tecnología operativa

61213 数字信息技术

[ar] تكنولوجيا المعلومات الرقمية

[en] digital information technology

[fr] technologie de l'information numérique

[de] digitale Informationstechnik

[it] tecnologia dell'informazione digitale

[jp] デジタル情報技術

[kr] 디지털 정보 기술

[pt] tecnologia da informação digital

[ru] цифровая информационная
      технология

[es] tecnología de la información digital

61214 网格化服务管理技术

[ar] تكنولوجيا الإدارة للخلايا الشبكية

[en] gridded service management technique

[fr] technique de gestion des services en

mode grille

[de] gerasterte Servicemanagement-Technologie

[it] tecnologia di gestione del servizio su griglie

[jp] グリッド化サービス管理技術

[kr] 그리드 서비스 관리 기술

[pt] tecnologia de gestão de serviços em GRID

[ru] технология управления на основе сетки

[es] técnica de gestión de servicios de enrejado

61215 社会化物业服务技术

[ar] تكنولوجيا الخدمات العقارية الاجتماعية

[en] technique facilitating socialized property management

[fr] technique de gestion de la propriété socialisée

[de] Technik zur Förderung des sozialisierten Immobilienmanagements

[it] tecnologia di gestione della proprietà pubblica

[jp] 社会化不動産管理サービス技術

[kr] 사회화 부동산 관리 서비스 기술

[pt] tecnologia socializada de gestão da propriedade

[ru] технология обобществленного управления недвижимостью

[es] técnica de gestión socializada de propiedades

61216 专业化社会工作技术

[ar] تكنولوجيا الأعمال الاجتماعية المتخصصة

[en] technology facilitating specialized social work

[fr] technique spécialisée pour le travail social

[de] Technik zur Förderung der professionellen Sozialarbeit

[it] tecnologia specializzata per il lavoro sociale

[jp] 専門的社会工作技術

[kr] 전문화 사회 업무 기술

[pt] tecnologias especializadas de trabalho social

[ru] технология для выполнения специализированной социальной работы

[es] técnicas especializadas de trabajo social

61217 民主化协商参与技术

[ar] تكنولوجيا المشاركة والتشاور الديمقراطي

[en] technology facilitating democratic consultation and participation

[fr] technique de participation et de consultation démocratisées

[de] Technik zur Förderung der demokratischen Konsultation und Öffentlichkeitsbeteiligung

[it] tecnologia per la partecipazione e la consultazione del pubblico

[jp] 民主化協議参与技術

[kr] 민주화 협상 참여 기술

[pt] tecnologia para a participação e consulta do público

[ru] технология для демократического участия и консультаций

[es] técnica de la participación y las consultas democratizadas

61218 无缝隙政府理论

[ar] نظرية الحكومة غير الملحومة

[en] seamless government theory

[fr] théorie du service public à guichet unique

[de] Theorie der nahtlose Regierung

[it] teoria del seamless government

[jp] シームレス政府理論

[kr] 심리스 정부 이론

[pt] teoria governo integrado

[ru] теория бесшовного правительства

[es] teoría del gobierno sin fisuras

61219 万米单元网格化管理模式

[ar] نمط إدارة الخلايا الشبكية على نطاق عشرة آلاف متر مربع

[en] 10,000m^2-grid-based urban management model

[fr] modèle de gestion en mode grille basé sur les unités de 10 000m^2

[de] städtischer Zehntausend-Meter-gerasterter Managementsmodus

[it] modello di gestione della rete con celle da diecimila metri

[jp] １万メートルを単元とするグリッド化都市管理モデル

[kr] 만미터 유닛 그리드 관리 모델

[pt] modelo básico de gestão de área urbana em GRID de dez mil metros

[ru] городская базовая модель управления ячейками сетки на десять тысяч квадратных метров

[es] Modelo de gestión básica de redes urbanas de distribución a diez mil metros cuadrados

61220 精细化治理

[ar] حوكمة تكثيفية

[en] refined governance

[fr] gouvernance fine

[de] verfeinerte Governance

[it] governance prudente

[jp] 精細化ガバナンス

[kr] 정밀화 거버넌스

[pt] governação fina

[ru] тщательное управление

[es] gestión con delicadeza

6.1.3 块数据组织

[ar] بيانات الكتلة منظمات

[en] **Block Data Organization**

[fr] **Organisation de données en bloc**

[de] **Blockdatenorganisation**

[it] **Organizzazione dei dati di blocco**

[jp] **ブロックデータ組織**

[kr] **블록 데이터 조직**

[pt] **Organização de Dados de Bloco**

[ru] **Блочная организация данных**

[es] **Organización de Datos de Bloque**

61301 平台型组织

[ar] منظمة المنصة

[en] platform-oriented organization

[fr] organisation axée sur plate-forme

[de] plattformorientierte Organisation

[it] organizzazione orientata alla piattaforma

[jp] プラットフォーム型組織

[kr] 플랫폼형 조직

[pt] organização orientada pela plataforma

[ru] платформенно-ориентированная организация

[es] organización orientada a las plataformas

61302 学习型组织

[ar] منظمة موجهة نحو التعلم

[en] learning-oriented organization

[fr] organisation axée sur apprentissage

[de] lernenorientierte Organisation

[it] organizzazione orientata all'apprendimento

[jp] 学習型組織

[kr] 학습형 조직

[pt] organização orientada pela aprendizagem

[ru] учебно-ориентированная организация

[es] organización orientada al aprendizaje

61303 扁平化组织

[ar] منظمة مسطحة

[en] flat organization

[fr] organisation horizontale

[de] horizontale Organisation

[it] organizzazione piatta

[jp] フラット化組織

[kr] 편평화 조직

[pt] organização plana

[ru] плоская организация

[es] organización plana

61304 共享型组织

[ar] منظمة تشاركية

[en] sharing organization

[fr] organisation de partage

[de] Sharing-Organisation

[it] organizzazione condivisa

[jp] 共有組織

[kr] 공유형 조직

[pt] organização partilhada

[ru] совместно используемая организация

[es] organización compartida

61305 生态型组织

[ar] منظمة بيئية

[en] ecological model for organization

[fr] organisation axée sur un écosystème

[de] ökologische Organisation

[it] organizzazione ecologica

[jp] グリーン組織

[kr] 생태형 조직

[pt] organização em ecologia

[ru] экологическая модель для организации

[es] organización ecológica

61306 智能组织

[ar] منظمة ذكية

[en] intelligent organization

[fr] organisation intelligente

[de] intelligente Organisation

[it] organizzazione intelligente

[jp] インテリジェント組織

[kr] 스마트 조직

[pt] organização inteligente

[ru] интеллектуальная организация

[es] organización inteligente

61307 无边界组织

[ar] منظمة بلا حدود

[en] boundaryless organization

[fr] organisation sans limites

[de] grenzenlose Organisation

[it] organizzazione senza confini

[jp] 無境界組織

[kr] 무경계 조직

[pt] organização sem fronteiras

[ru] безграничная организация

[es] organización sin límites

61308 敏捷组织

[ar] منظمة رشيقة

[en] agile organization

[fr] organisation habile

[de] agile Organisation

[it] organizzazione agile

[jp] アジャイル型組織

[kr] 애자일 조직

[pt] organização ágil

[ru] проворная организация

[es] organización ágil

61309 云组织

[ar] منظمة سحابية

[en] cloud organization

[fr] organisation en nuage

[de] Cloud-Organisation

[it] organizzazione cloud

[jp] クラウド組織

[kr] 클라우드 조직

[pt] organização em nuvem

[ru] облачная организация

[es] organización en la nube

61310 内部创业

[ar] ريادة الأعمال الداخلية

[en] internal entrepreneurship

[fr] intrapreneuriat
[de] Intrapreneurship
[it] imprenditorialità interna
[jp] 社内起業
[kr] 내부 창업
[pt] Intra-empreendedorismo
[ru] интрапренерство
[es] intraemprendimiento

61311 组织信息成本
[ar] تكاليف المؤسسة للحصول على المعلومات
واستخدامها
[en] organizations' information cost
[fr] coût d'information sur l'organisation
[de] Organisationsinformationskosten
[it] costi dell'organizzazione per
informazioni
[jp] 組織情報コスト
[kr] 조직 정보 비용
[pt] custo de informações de organização
[ru] стоимость получения и использования
информации для организаций
[es] costo de información de la organización

61312 授权成本
[ar] تكلفة التفويض
[en] authorization cost
[fr] coût d'autorisation
[de] Autorisierungskosten
[it] costi di autorizzazione
[jp] 権限認可コスト
[kr] 허가 비용
[pt] custo de autorização
[ru] стоимость авторизации
[es] costo de la autorización

61313 员工创客化
[ar] ابتكارية الموظف
[en] entrepreneurial employee
[fr] employé entrepreneur
[de] Pro-Macher-Mitarbeiter

[it] impiegato professionista
[jp] 社員の創客化(社員メーカー化)
[kr] 사원 챵커(创客) 화
[pt] empregado inventor
[ru] предприимчивый сотрудник
[es] empleado emprendedor

61314 组织虚拟化
[ar] افتراضية التنظيمات
[en] organizational virtualization
[fr] virtualisation de l'organisation
[de] Organisationsvirtualisierung
[it] virtualizzazione della struttura
[jp] 組織の仮想化
[kr] 조직 가상화
[pt] virtualização da organização
[ru] виртуализация организации
[es] virtualización de la organización

61315 虚拟组织网络
[ar] شبكة المؤسسة الافتراضية
[en] virtual enterprise network (VEN)
[fr] réseau des organisations virtuelles
[de] virtuelles Unternehmensnetzwerk
[it] rete aziendale virtuale
[jp] 仮想組織ネットワーク
[kr] 가상적 조직 네트워크
[pt] rede de organizações virtuais
[ru] сеть виртуального предприятия
[es] red corporativa virtual

61316 自组织化管理
[ar] إدارة التنظيم الذاتي
[en] self-organizing management
[fr] gestion auto-organisée
[de] selbstorganisierendes Management
[it] gestione autoorganizzativa
[jp] 自己組織化管理
[kr] 자기 조직화 관리
[pt] gestão auto-organizada
[ru] самоорганизующийся менеджмент

[es] gestión auto organizada

61317 泛组织协同

[ar] تعاون تنظيمي انتشاري
[en] pan-organizational collaboration
[fr] collaboration panorganisationnelle
[de] Pan-Organisation-Koordination
[it] collaborazione pan organizzativa
[jp] 汎組織全体のコラボレーション
[kr] 범조직적 협동
[pt] colaborações pan-organizacionais
[ru] общеорганизационное сотрудничество
[es] colaboración de pan-organización

61318 平台领导力

[ar] قدرة على قيادة المنصة
[en] platform leadership
[fr] leadership de la plate-forme
[de] Plattformführung
[it] leadership della piattaforma
[jp] プラットフォームリーダーシップ
[kr] 플랫폼 리더십
[pt] liderança de plataforma
[ru] руководство платформы
[es] liderazgo de plataformas

61319 组织价值

[ar] قيمة تنظيمية
[en] organization value
[fr] valeur organisationnelle
[de] Organisationswert
[it] valore della struttura
[jp] 組織価値
[kr] 조직 가치
[pt] valor da organização
[ru] ценность организации
[es] valor organizacional

61320 轻管理

[ar] إدارة خفيفة
[en] light management

[fr] gestion modérée
[de] Leichtmanagement
[it] gestione leggera
[jp] 適度管理
[kr] 라이트 관리
[pt] gestão leve
[ru] упрощенное управление
[es] gestión ligera

6.1.4 数字孪生城市

[ar] المدن التوأمية الرقمية
[en] Digital Twin Cities
[fr] Villes jumelles numériques
[de] Digitale Zwillinge-Städte
[it] Città digitali gemellate
[jp] デジタルツインシティ
[kr] 디지털 트윈 시티
[pt] Cidades Gêmeas Digitais
[ru] Цифровые близнецы городов
[es] Ciudades Gemelas Digitales

61401 可视可控

[ar] قابلية للرؤية والسيطرة
[en] visible and controllable
[fr] visualisable et contrôlable
[de] sichtbar und kontrollierbar
[it] visibilmente controllabile
[jp] 可視化・制御可能
[kr] 가시화·가통제
[pt] controlável e visuável
[ru] визуально управляемый
[es] controlable y visual

61402 泛在高速

[ar] سريع وواسع الانتشار
[en] ubiquitous and high-speed information infrastructure
[fr] infrastructure informatique ubiquitaire à haut débit
[de] allgegenwärtig hohe Geschwindigkeit
[it] infrastruttura delle informazioni

onnipresenti ad alta velocità

[jp] 広汎高速的

[kr] 유비쿼터스와 하이 스피드

[pt] infraestrutura informática ubíqua e de alta velocidade

[ru] вездесущая и высокоскоростная информационная инфраструктура

[es] infraestructuras de informaciones ubicuas y de alta velocidad

61403 天地一体

[ar] تكامل فضائي - أرضي

[en] space-ground integrated network

[fr] réseau intégral espace-sol

[de] Raum-Boden-Integration

[it] integrazione spazio-terra

[jp] 天地一体

[kr] 천지일체

[pt] rede integrada de espaço-terreno

[ru] интегрированная информационная сеть «космос-земля»

[es] red integrada espacio-tierra

61404 随需调度

[ar] جدولة حسب الطلب

[en] on-demand scheduling

[fr] planification à la demande

[de] nachfrageorientierte Planung

[it] programmazione su richiesta

[jp] 需要に応じて調達を行う

[kr] 온 디맨드 스케줄링

[pt] agendamento conforme demanda

[ru] планирование по требованию

[es] programación bajo demanda

61405 数据全域标识

[ar] علامة البيانات شاملة النطاق

[en] all-domain digital tag

[fr] identification globale des données

[de] globale Identifizierung von Daten

[it] identificazione globale dei dati

[jp] データの全域標識

[kr] 데이터 전체적 확인

[pt] rotulagem global dos dados

[ru] глобальная идентификация данных

[es] identificación global de datos

61406 状态精准感知

[ar] استشعار مضبوط للوضعيات

[en] accurate status awareness

[fr] perception précise de l'état

[de] präzise Statuserkennung

[it] rilevamento accurato dello stato

[jp] 状態の精確感知

[kr] 상태 정밀 감지

[pt] detecção precisa de estado

[ru] точное определение состояния

[es] detección precisa de estado

61407 数据实时分析

[ar] تحليلات فورية للبيانات

[en] real-time data analysis

[fr] analyse des données en temps réel

[de] Echtzeit-Datenanalyse

[it] analisi dei dati in tempo reale

[jp] リアルタイムデータ分析

[kr] 데이터 실시간 분석

[pt] análise de dados em tempo real

[ru] аналитика данных в реальном времени

[es] análisis de datos en tiempo real

61408 模型科学决策

[ar] صنع القرار العلمي القائم على النموذج

[en] model-based scientific decision-making

[fr] prise de décision scientifique basée sur un modèle

[de] modellbasierte wissenschaftliche Entscheidungsfindung

[it] strategia scientifica di decisione basata su modelli

[jp] モデルベースの科学的意思決定

[kr] 모델 기반 과학적 결책

[pt] deliberações científicas baseadas em modelos

[ru] основанное на модели научно обоснованное решение

[es] toma de decisiones científicas basada en modelos

61409 智能精准执行

[ar] تنفيذ دقيق ذكي

[en] intelligent precision execution

[fr] exécution de précision intelligente

[de] intelligente Präzisionsausführung

[it] esecuzione di precisione intelligente

[jp] インテリジェント精確実行

[kr] 스마트 정밀 집행

[pt] execução precisa inteligente

[ru] интеллектуальное точное исполнение

[es] ejecución inteligente de precisión

61410 数据闭环赋能体系

[ar] نظام تمكين بيانات الحلقة المغلقة

[en] closed-loop data empowerment system

[fr] système d'autonomisation des données en boucle fermée

[de] Daten-Befähigungssystem mit geschlossenem Regelkreis

[it] sistema di abilitazione dei dati ad anello chiuso

[jp] データクローズドループエンパワーメントシステム

[kr] 데이터 폐루프 권한 부여 시스템

[pt] Sistema de Empoderamento de Dados de Ciclo Fechado

[ru] система расширения возможностей передачи данных с обратной связью

[es] sistema de empoderamiento de datos en bucle cerrado

61411 虚拟映射对象

[ar] هدف التطبيق الافتراضي

[en] virtual mapping object

[fr] objet de la cartographie virtuelle

[de] virtuelles Mapping-Objekt

[it] oggetto di mappatura virtuale

[jp] 仮想マッピング対象

[kr] 가상적 매핑 대상

[pt] mapeamento virtual de objeto-relacional

[ru] виртуальный отображаемый объект

[es] objeto de mapeo virtual

61412 智能操控体

[ar] نظام التحكم الذكي

[en] intelligent controllable facility

[fr] installation intelligente

[de] intelligentes Steuerungssystem

[it] strutture intelligenti

[jp] インテリジェント操作体

[kr] 스마트 퍼실리티

[pt] instalações inteligentes

[ru] интеллектуальное управляемое устройство

[es] instalaciones inteligentes

61413 城市全要素数字虚拟化

[ar] افتراضية رقمية لجميع العناصر الحضرية

[en] urban total-factor digitalization and virtualization

[fr] virtualisation et numérisation de l'ensemble des facteurs urbains

[de] digitale Virtualisierung der städtischen Gesamtfaktoren

[it] virtualizzazione digitale a fattore totale urbano

[jp] 都市全要素のデジタル仮想化

[kr] 도시 전체 요소 디지털 가상화

[pt] virtualização digital dos fatores completos urbanos

[ru] общефакторная цифровизация и виртуализация города

[es] virtualización digital de factores totales urbanos

6.1

61414 城市全状态实时可视化

[ar] مرئية فورية للأوضاع الكاملة الحضرية

[en] real-time, full-state urban visualization

[fr] visualisation en temps réel de la situation urbaine globale

[de] echtzeitige Visualisierung des städtischen Gesamtzustands

[it] visualizzazione urbana in tempo reale ed a stato completo

[jp] 都市全状態のリアルタイム可視化

[kr] 도시 전체 상태 실시간 가시화

[pt] visualização em tempo real do estado completo da cidade

[ru] полная визуализация состояния города в режиме реального времени

[es] visualización urbana de estado completo en tiempo real

61415 城市管理决策智能化

[ar] تحول ذكي لصنع القرار بشأن الإدارة الحضرية

[en] intelligent decision-making in urban management

[fr] incorporation d'intelligence dans la prise de décision de la gestion urbaine

[de] intelligente Entscheidungsfindung im Stadtmanagement

[it] processo decisionale intelligente nella gestione urbana

[jp] 都市管理意思決定インテリジェント化

[kr] 도시 관리 결책 지능화

[pt] intelectualização de deliberações em gestão urbana

[ru] интеллектуальная поддержка принятия решений в городском управлении

[es] toma de decisiones inteligente en la gestión urbana

61416 地理信息

[ar] معلومات جغرافية

[en] geographic information

[fr] informations géographiques

[de] geografische Information

[it] informazione geografica

[jp] 地理情報

[kr] 지리 정보

[pt] informação geográfica

[ru] географическая информация

[es] información geográfica

61417 语义建模

[ar] نمذجة دلالية

[en] semantic modeling

[fr] modélisation sémantique

[de] semantische Modellierung

[it] modellazione semantica

[jp] 語彙モデリング

[kr] 어의 모델링

[pt] modelagem semântica

[ru] семантическое моделирование

[es] modelización semántica

61418 新型测绘技术

[ar] تكنولوجيا حديثة للقياس والرسم

[en] new surveying and mapping technology

[fr] nouvelle technologie d'arpentage et de cartographie

[de] neue Vermessungs- und Kartentechnologie

[it] nuova tecnologia di rilevamento e mappatura

[jp] 新型測量・写像技術

[kr] 신형 측량 제도 기술

[pt] tecnologia nova de levantamento topográfico

[ru] новые геодезические и картографические технологии

[es] nueva tecnología de análisis y trazado de mapas

61419 标识感知技术

[ar] تكنولوجيا الاستشعار عن العلامات التعريفية

[en] tag sensing technology
[fr] technologie de percption d'étiquette
[de] Etiketterkennungstechnologie
[it] tecnologia del rilevamento tag
[jp] ラベル感知技術
[kr] 표시 감지 기술
[pt] tecnologia de detecção de rotulagem
[ru] технология распознавания меток
[es] tecnología de detección de etiquetas

61420 协同计算技术
[ar] تكنولوجيا الحوسبة التعاونية
[en] collaborative computing technology
[fr] technologie informatique collaborative
[de] synergistische Computingtechnologie
[it] tecnologia informatica collaborativa
[jp] 協働型コンピューティング技術
[kr] 협동 컴퓨팅 기술
[pt] tecnologia de computação colaborativa
[ru] технология совместной работы
[es] tecnología de computación colaborativa

61421 全要素数字表达技术
[ar] تكنولوجيا التعبير الرقمي لجميع العناصر
[en] total-factor digital representation technology
[fr] technologie de représentation numérique de l'ensemble des facteurs
[de] Total-Factor-Digital-Repräsentationstechnologie
[it] tecnologia di rappresentazione digitale a fattore totale
[jp] 全要素デジタル表現技術
[kr] 전체 요소 디지털 표현 기술
[pt] tecnologia de representação digital de fatores completos
[ru] технология общефакторного цифрового представления
[es] tecnología de representación digital de factores totales

61422 模拟仿真技术
[ar] تكنولوجيا المحاكاة والتقليد
[en] simulation technology
[fr] technologie de simulation
[de] Simulationstechnik
[it] tecnica di simulazione
[jp] シミュレーション技術
[kr] 시뮬레이션 기술
[pt] tecnologia de simulação
[ru] техника моделирования
[es] técnica de simulación

61423 虚实交互
[ar] تفاعل بين الكيانيين الافتراضي والواقعي
[en] virtual reality interaction
[fr] interaction en réalité virtuelle
[de] Interaktion zwischen virtueller und realer Welt
[it] interazione della realtà virtuale
[jp] 仮想現実の相互作用
[kr] 가상과 현실의 상호 작용
[pt] interação entre realidade e virtualidade
[ru] взаимодействие виртуальной реальности
[es] interacción en realidad virtual

61424 软件定义
[ar] تعريف البرامج
[en] software-defined
[fr] défini par logiciel
[de] Softwaredefiniert
[it] definizione software
[jp] ソフトウェア定義
[kr] 소프트웨어 정의
[pt] definido por software
[ru] программно-определяемое всё
[es] definido por software

61425 数字虚拟映像空间
[ar] فضاء تصويري للافتراضية الرقمية
[en] digital virtual image space

573

6.1

[fr] espace virtuelle d'image numérique

[de] digitaler virtueller Bildraum

[it] spazio di immagine virtuale digitale

[jp] デジタル仮想化映像空間

[kr] 디지털 가상 이미지 공간

[pt] espaço de imagem virtual digital

[ru] пространство цифрового виртуального изображения

[es] espacio de imágenes virtuales digitales

6.1.5 共享型社会

[ar] المجتمع التشاركي

[en] **Sharing Society**

[fr] **Société de partage**

[de] **Sharing Gesellschaft**

[it] **Società condivisa**

[jp] **共有型社会**

[kr] **공유형 사회**

[pt] **Sociedade Partilhada**

[ru] **Совместно используемое общество**

[es] **Sociedad Basada en la Compartición**

61501 认知盈余

[ar] فائض معرفي

[en] cognitive surplus

[fr] surplus cognitif

[de] kognitiver Überschuss

[it] surplus cognitivo

[jp] 知力余剰

[kr] 인식적 잉여

[pt] excedente cognitivo

[ru] когнитивный избыток

[es] excedente cognitivo

61502 集体智慧

[ar] ذكاء جماعي

[en] collective wisdom

[fr] intelligence collective

[de] kollektive Intelligenz

[it] intelligenza collettiva

[jp] 集団的知能

[kr] 집단지성

[pt] inteligência colectiva

[ru] коллективный разум

[es] sabiduría colectiva

61503 纳什均衡

[ar] توازن ناش

[en] Nash equilibrium

[fr] équilibre de Nash

[de] Nash-Gleichgewicht

[it] equilibrio di Nash

[jp] ナッシュ均衡

[kr] 내쉬균형

[pt] Equilíbrio de Nash

[ru] равновесие Нэшу

[es] equilibrio de Nash

61504 社会共享发展范式

[ar] نموذج تنموي تشاركي اجتماعي

[en] paradigm of development for all

[fr] paradigme de partage du développement social

[de] Paradigma der gesellschaftliche Sharing-Entwicklung

[it] paradigma sociale di sviluppo condiviso

[jp] 社会共有発展パラダイム

[kr] 사회 공유 발전 패러다임

[pt] paradigma de desenvolvimento compartilhado social

[ru] парадигма развития для всех

[es] paradigma social de desarrollo compartido

61505 多元共治

[ar] حوكمة مشتركة متعددة عناصر

[en] joint governance with multiple participants

[fr] co-gouvernance multipartite

[de] gemeinsame Governance mit mehreren Teilnehmern

[it] co-governance composito di

multisoggetto
[jp] 多主体の共同ガバナンス
[kr] 다자간 공동 거버넌스
[pt] gorvenança populista
[ru] мульти-субъектное совместное управление
[es] gobernanza conjunta de varios sujetos

61506 共商共治
[ar] تشاور وحوكمة مشتركة
[en] joint governance through consultation
[fr] consultation et gouvernance conjointes
[de] gemeinsame Konsultation und Verwaltung
[it] discussione e co-governance
[jp] 共同協商・共同ガバナンス
[kr] 공동 상의, 공동 관리
[pt] discussão e co-governação
[ru] совместные консультации и совместное управление
[es] debate y gobernanza conjuntos

61507 共建共享
[ar] بناء وحوكمة مشتركة
[en] joint contribution and shared benefits
[fr] co-construction et partage
[de] gemeinsame Konstruktion und Nutzung
[it] co-costruzione e condivisione
[jp] 共同建設・共有
[kr] 공유 건설, 공동 향유
[pt] co-construção e compartilhamento
[ru] совместное строительство и совместное использование
[es] construcción compartida y uso compartido

61508 协同治理
[ar] حوكمة تعاونية
[en] collaborative governance
[fr] gouvernance concertée
[de] synergistische Regulierung

[it] governance collaborativa
[jp] 協同ガバナンス
[kr] 협동 거버넌스
[pt] governação colaborativa
[ru] коллаборативное управление
[es] gobernanza colaborativa

61509 参与式治理
[ar] حوكمة متشاركة
[en] participatory governance
[fr] gouvernance participative
[de] partizipative Regulierung
[it] governance participativa
[jp] 参加型ガバナンス
[kr] 참여식 거버넌스
[pt] governação participativa
[ru] партисипативное управление
[es] gobernanza participativa

61510 多利益攸关方治理
[ar] حوكمة أصحاب المصلحة المتعددين
[en] multi-stakeholder governance
[fr] gouvernance multipartite
[de] Multi-Teilhaber-Regulierung
[it] governance di multi-stakeholder
[jp] マルチステークホルダーガバナンス
[kr] 다중 이해관계자 거버넌스
[pt] governação de múltiplas partes interessadas
[ru] многостороннее управление
[es] gobernanza de varias partes interesadas

61511 多中心治理
[ar] حوكمة متعددة المراكز
[en] polycentric governance
[fr] gouvernance multicentrique
[de] Multi-Zentren-Regulierung
[it] governance multicentrica
[jp] マルチセンターガバナンス
[kr] 다중심 거버넌스
[pt] governação policêntrica

6.1

[ru] полицентричное управление

[es] gobernanza multicéntrico

61512 多层级治理

[ar] حوكمة متعددة المستويات

[en] multi-level governance

[fr] gouvernance à multi-niveaux

[de] Multi-Schichten-Regulierung

[it] governance multilivello

[jp] マルチレベルガバナンス

[kr] 멀티레벨 거버넌스

[pt] governação multinível

[ru] многоуровневое управление

[es] gobernanza multinivel

61513 契约合作

[ar] تعاون تعاقدي

[en] contractual cooperation

[fr] coopération contractuelle

[de] vertragliche Zusammenarbeit

[it] cooperazione contrattuale

[jp] 契約上の協力

[kr] 계약 협력

[pt] cooperação contratual

[ru] договорное сотрудничество

[es] cooperación contractual

61514 网络协作

[ar] تعاون شبكي

[en] web collaboration

[fr] collaboration en ligne

[de] Web-Zusammenarbeit

[it] collaborazione Internet

[jp] ネット上の協力

[kr] 네트워크 협력

[pt] colaboração na web

[ru] веб-сотрудничество

[es] colaboración en web

61515 多元协作制衡

[ar] تنسيق تعاوني متعدد العناصر

[en] multi-party collaboration and check-and-balance

[fr] frein et contrepoids multicoordonnés

[de] mehrseitige koordinierte Gewaltenteilung

[it] vincoli ed equilibri multicoordinati

[jp] 多主体の協力と抑制均衡

[kr] 다차원 협력 규제

[pt] controlo e equilíbrio multicolaborativo

[ru] многоначальная коллаборация и сдержки и противовесы

[es] colaboración y balanceo de varios sujetos

61516 生活共同体

[ar] مجتمع حياتي مشترك

[en] living community

[fr] communauté de vie

[de] Lebensgemeinschaft

[it] comunità vivente

[jp] 生活共同体

[kr] 생활 공동체

[pt] comunidade de vida

[ru] живое сообщество

[es] comunidad de vida

61517 众享生活圈

[ar] حلقة حياتية تشاركية

[en] sharing-oriented urban community

[fr] cercle de vie commun

[de] Sharing-Lebenskreis

[it] circolo di vita condiviso

[jp] 共有生活圏

[kr] 대중 공유 생활권

[pt] círculo de vida compartilhada

[ru] общий жизненный круг

[es] ciclo de vida compartido

61518 用户零距离

[ar] تصفير مسافة مع المستخدمين

[en] zero distance to user

[fr] distance zéro avec les utilisateurs

[de] Null-Abstand zu den Benutzern

[it] distanza zero dagli utenti

[jp] ユーザーとゼロ距離

[kr] 사용자 밀착

[pt] sem distância aos usuários

[ru] нулевое расстояние до пользователей

[es] distancia cero con los usuarios

61519　共享交换

[ar] تبادل تشاركي

[en] sharing and exchange

[fr] partage et échange

[de] Sharing und Austausch

[it] condivisione e scambio

[jp] 共有と交換

[kr] 공유 교환

[pt] transação patilhada

[ru] совместное использование и обмен

[es] uso compartido e intercambio

61520　主体多元

[ar] تنوع موضوعي

[en] multiple participants

[fr] diversité des sujets

[de] Vielfalt der Subjekte

[it] diversità dei soggetti

[jp] 主体多元化

[kr] 주체 다원화

[pt] diversidade de sujeitos

[ru] предметное разнообразие

[es] diversidad de sujetos

61521　互动协作

[ar] تعاون تفاعلي

[en] interactive collaboration

[fr] collaboration interactive

[de] interaktive Zusammenarbeit

[it] collaborazione interattiva

[jp] 対話型協力

[kr] 인터랙티브 협력

[pt] colaboração interactiva

[ru] интерактивное взаимодействие

[es] colaboración interactiva

61522　资源共享

[ar] تشارك الموارد

[en] resource sharing

[fr] partage de ressources

[de] Ressourcen-Sharing

[it] condivisione di risorse

[jp] 資源共有

[kr] 자원 공유

[pt] compartilhamento de recursos

[ru] совместное использование ресурсов

[es] uso compartido de recursos

61523　公共价值

[ar] قيمة عامة

[en] public value

[fr] valeur publique

[de] öffentlicher Wert

[it] valore pubblico

[jp] 公共価値

[kr] 공공 가치

[pt] valor público

[ru] общественная ценность

[es] valor público

6.1

6.2　数字政府

[ar]　الحكومة الرقمية

[en]　**Digital Government**

[fr]　**Gouvernement numérique**

[de]　**Digitale Regierung**

[it]　**Governo digitale**

[jp]　**デジタル政府**

[kr]　**디지털 정부**

[pt]　**Governo Digital**

[ru]　**Цифровое правительство**

[es]　**Gobierno Digital**

6.2.1　**数字政府战略**

[ar]　استراتيجية الحكومة الرقمية

[en]　**Digital Government Strategy**

[fr]　**Stratégie du gouvernement numérique**

[de]　**Digitale Regierungsstrategie**

[it]　**Strategia del governo digitale**

[jp]　**デジタル政府戦略**

[kr]　**디지털 정부 전략**

[pt]　**Estratégia de Governo Digital**

[ru]　**Стратегия цифрового правительства**

[es]　**Estrategia de Gobierno Digital**

62101　开放政府

[ar]　حكومة مفتوحة

[en]　open government

[fr]　gouvernement ouvert

[de]　offene Regierung

[it]　governo aperto

[jp]　オープン政府

[kr]　오픈 정부

[pt]　Governo Aberto

[ru]　открытое правительство

[es]　gobierno abierto

62102　电子政府

[ar]　حكومة إلكترونية

[en]　electronic government (e-government)

[fr]　e-gouvernement

[de]　elektronische Regierung (E-Regierung)

[it]　e-government

[jp]　電子政府

[kr]　전자 정부

[pt]　governo electrónico

[ru]　электронное правительство

[es]　gobierno electrónico (e-gobierno)

62103　电子政府行动计划

[ar]　خطة عمل الحكومة الالكترونية

[en]　E-Government Action Plan

[fr]　plan d'action de l'e-gouvernement

[de]　E-Regierungsaktionsplan

[it]　piano d'azione e-government

[jp]　電子政府行動計画

[kr]　전자 정부 행동 계획

[pt]　plano de ação para o serviços governamentais eletrônicos

[ru] План действий электронного
правительства

[es] plan de acción de gobierno electrónico

62104 智慧政府

[ar] حكومة ذكية

[en] smart government

[fr] gouvernement intelligent

[de] intelligente Regierung

[it] governo intelligente

[jp] スマート政府

[kr] 스마트 정부

[pt] governo inteligente

[ru] умное правительство

[es] gobierno inteligente

62105 虚拟政府

[ar] حكومة افتراضية

[en] virtual government

[fr] gouvernement virtuel

[de] virtuelle Regierung

[it] governo virtuale

[jp] 仮想政府

[kr] 가상정부

[pt] governo virtual

[ru] виртуальное правительство

[es] gobierno virtual

62106 平台政府

[ar] حكومة المنصة

[en] platform government

[fr] gouvernement sur la plate-forme

[de] Plattform-Regierung

[it] governo della piattaforma

[jp] プラットフォーム政府

[kr] 플랫폼 정부

[pt] governo de plataforma

[ru] правительство платформы

[es] gobierno de plataformas

62107 云端政府

[ar] حكومة سحابية

[en] cloud government

[fr] gouvernement en nuage

[de] Cloud-Regierung

[it] governo cloud

[jp] クラウド政府

[kr] 클라우드 정부

[pt] governo em nuvem

[ru] облачное правительство

[es] gobierno en la nube

62108 开源政府

[ar] حكومة مفتوحة المصدر

[en] open-source government

[fr] gouvernement à source ouverte

[de] Open Source-Regierung

[it] governo di risorsa aperta

[jp] オープンソース政府

[kr] 오픈 소스 정부

[pt] governo de recursos abertos

[ru] правительство с открытым исходным
кодом

[es] gobierno de código abierto

62109 移动政务

[ar] حكومة متنقلة

[en] mobile government (m-government)

[fr] m-gouvernement

[de] mobile Regierung

[it] governo mobile

[jp] モバイル政府

[kr] 모바일 정무

[pt] serviços governamentais móveis

[ru] мобильное правительство

[es] gobierno móvil

62110 移动政务策略

[ar] استراتيجية الشؤون الحكومية المتنقلة

[en] mobile government strategy

[fr] stratégie du m-gouvernement

[de] mobile Regierungsstrategie

[it] strategia mobile per il governo federale

[jp] モバイル政府ストラテジー

[kr] 모바일 정무 책략

[pt] estratégia de serviços governamentais móveis

[ru] стратегия мобильного правительства

[es] estrategia del gobierno móvil

62111 政府数字战略（英国）

[ar] استراتيجية الحكومة الرقمية (بريطانيا)

[en] Government Digital Strategy (UK)

[fr] Stratégie numérique du gouvernement (Royaume-Uni)

[de] Regierungsdigitalstrategie (UK)

[it] Strategia digitale del governo (UK)

[jp] 政府デジタル戦略（イギリス）

[kr] 정부 디지털 전략(영국)

[pt] Estratégia Digital do Governo (Reino Unido)

[ru] Цифровая стратегия правительства (Великобритания)

[es] Estrategia Digital Gubernamental (Reino Unido)

62112 数字政府即平台行动计划（英国）

[ar] خطة العمل للحكومة الرقمية كالمنصة (بريطانيا)

[en] Government as a Platform (UK)

[fr] Gouvernement en tant que plate-forme (Royaume-Uni)

[de] Regierung als Plattform (UK)

[it] Piano d'azione del governo digitale come piattaforma (UK)

[jp] 「プラットフォームとしての行政」推進計画 (イギリス)

[kr] 디지털 정부 즉 플랫폼 행동 계획(영국)

[pt] Governo Digital como Plataforma (Reino Unido)

[ru] Цифровое правительство как платформа (Великобритания)

[es] Plan de Acción del Gobierno Digital como Plataforma (Reino Unido)

62113 数字政府战略（美国）

[ar] استراتيجية الحكومة الرقمية (الولايات المتحدة)

[en] Digital Government Strategy (USA)

[fr] Stratégie de numérisation du gouvernement (États-Unis)

[de] Digitale Regierungsstrategie (USA)

[it] Strategia del governo digitale (US)

[jp] デジタル政府戦略（アメリカ）

[kr] 디지털 정부 전략(미국)

[pt] Estratégia de Governo Digital (EUA)

[ru] Стратегия цифрового правительства (США)

[es] Estrategia de Gobierno Digital (EE.UU.)

62114 智慧政府实施计划（韩国）

[ar] خطة تنفيذية للحكومة الذكية (كوريا الجنوبية)

[en] Smart Government Plan (South Korea)

[fr] Plan du gouvernement intelligent (Corée du Sud)

[de] Intelligenter Regierungsplan (Südkorea)

[it] Piano di governo intelligente (Corea del Sud)

[jp] スマート政府実施計画（韓国）

[kr] 스마트 정부 실시 계획(한국)

[pt] Plano de Governo Inteligente (Coreia do Sul)

[ru] План умного правительства (Южная Корея)

[es] Plan de Gobierno Inteligente (Corea del Sur)

62115 "政府 3.0 时代"计划（韩国）

[ar] خطة "الحكومة 3.0" (كوريا الجنوبية)

[en] Government 3.0 (South Korea)

[fr] Gouvernement 3.0 (Corée du Sud)

[de] Regierung 3.0 (Südkorea)

[it] Governo 3.0 (Corea del Sud)

[jp] 「政府 3.0」（韓国）

[kr] '정부 3.0 시대' 계획(한국)

[pt] Governo 3.0 (Coreia do Sul)

[ru] Правительство 3.0 (Южная Корея)

[es] Gobierno 3.0 (Corea del Sur)

62116 2025 政府数字转型战略（澳大利亚）

[ar] استراتيجية 2025 التحول الرقمي الحكومي (أستراليا)

[en] 2025 Government Digital Transformation Strategy (Australia)

[fr] Stratégie de transformation numérique du gouvernement 2025 (Australie)

[de] Strategie für die digitale Transformation der Regierung von 2025 (Australien)

[it] Strategia della trasformazione digitale del governo 2025 (Autralia)

[jp] 2025 政府デジタルモデル転換戦略（オーストラリア）

[kr] 2025 정부 디지털 전형 전략(오스트레일리아)

[pt] 2025 Estratégia da Transformação Digital do Governo (Austrália)

[ru] Стратегия цифрового преобразования правительства до 2025 года (Австралия)

[es] Estrategia de Transformación Digital del Gobierno 2025 (Australia)

62117 iN2015 计划（新加坡）

[ar] خطة iN2015 (سنغافورة)

[en] Intelligent Nation 2015 (Singapore)

[fr] Intelligent Nation 2015 (Singapour)

[de] Intelligente Nation 2015 (Singapur)

[it] Nazione intelligente 2015 (Singapore)

[jp] インテリジェント・ネイション 2015（シンガポール）

[kr] iN2015 계획(싱가포르)

[pt] Nação Inteligente 2015 (Singapura)

[ru] Интеллектуальная нация 2015 (Сингапур)

[es] Nación Inteligente 2015 (Singapur)

62118 i-Japan战略

[ar] استراتيجية i-Japan

[en] i-Japan Strategy

[fr] Stratégie i-Japan

[de] i-Japan Strategie

[it] Strategia i-Japan

[jp] i-Japan 戦略 2015

[kr] i-Japan전략

[pt] Estratégia i-Japão

[ru] Стратегия «i-Japan»

[es] Estrategia i-Japón

62119 国际数字政府学会

[ar] جمعية علمية دولية للحكومة الرقمية

[en] Digital Government Society (DGS)

[fr] Société du gouvernement numérique

[de] Digitale Regierungsgesellschaft

[it] Società Internazionale di governo digitale

[jp] 国際デジタル政府学会

[kr] 국제 디지털 정부 학회

[pt] Associação dos Governos Digitais Internacional

[ru] Общество цифрового правительства

[es] Sociedad para el Gobierno Digital

6.2.2 数字政府架构

[ar] هيكل الحكومة الرقمية

[en] **Digital Government Architecture**

[fr] **Architecture du gouvernement numérique**

[de] **Digitale Regierungsarchitektur**

[it] **Struttura del governo digitale**

[jp] **デジタル政府枠組み**

[kr] **디지털 정부 아키텍처**

[pt] **Arquitetura do Governo Digital**

[ru] **Архитектура цифрового правительства**

[es] **Arquitectura de Gobierno Digital**

62201 政务网

[ar] موقع الشؤون الحكومية

[en] government services website

[fr] site Web des affaires administratives

[de] Website für Regierungsangelegenheiten

[it] sito web dei servizi governativi

[jp] 政務サイト

[kr] 정무 서비스망

[pt] site de serviços gvernamentais

[ru] веб-сайт правительственных услуг

[es] sitio web de servicios del gobierno

62202 政务内网

[ar] شبكة إلكترونية داخلية للشؤون الحكومية

[en] government services intranet

[fr] intranet des affaires administratives

[de] Intranet für Regierungsangelegenheiten

[it] rete interna dei servizi governativi

[jp] 政務イントラネット

[kr] 정무 랜

[pt] intranet de serviços governamentais

[ru] интранет правительственных услуг

[es] intranet de servicios del gobierno

62203 政务外网

[ar] شبكة إلكترونية خارجية للشؤون الحكومية

[en] government services extranet

[fr] extranet des affaires administratives

[de] Extranet für Regierungsangelegenheiten

[it] rete esterna dei servizi governativi

[jp] 政務エクストラネット

[kr] 정무 광역 통신망

[pt] extranet de serviços governamentais

[ru] экстрасеть правительственных услуг

[es] extranet de servicios del gobierno

62204 政务专网

[ar] شبكة خاصة للشؤون الحكومية

[en] government services private network

[fr] réseau spécial des affaires administratives

[de] exklusives Netzwerk für Regierungsan-gelegenheiten

[it] rete privata dei servizi governativi

[jp] 政務プライベートネットワーク

[kr] 정무 전용 네트워크

[pt] rede privada de serviços governamentais

[ru] частная сеть правительственных услуг

[es] red privada de servicios del gobierno

62205 网上政务服务平台

[ar] منصة الشؤون الحكومية على الإنترنت

[en] online government services platform

[fr] plate-forme des affaires administratives en ligne

[de] Online-Plattform für Regierungsdienst-leistung

[it] piattaforma dei servizi governativi online

[jp] オンライン政務サービスプラット フォーム

[kr] 온라인 정무 서비스 플랫폼

[pt] plataforma de serviços governamentais online

[ru] онлайн-платформа правительственных услуг

[es] plataforma de servicios del gobierno en línea

62206 政务热线

[ar] خط ساخن للشؤون الحكومية

[en] government services hotline

[fr] ligne directe des affaires administratives

[de] Hotline für Regierungsangelegenheiten

[it] linea verde dei servizi governativi

[jp] 政務ホットライン

[kr] 정무 핫라인

[pt] número de telefone para serviços governamentais

[ru] горячая линия правительственных услуг

6.2

6.2

[es] línea de ayuda de servicios del gobierno

62207 政务云

[ar] سحابة الشؤون الحكومية

[en] government services cloud

[fr] nuage des affaires administratives

[de] Cloud von Regierungsangelegenheiten

[it] cloud dei servizi governativi

[jp] 政務クラウド

[kr] 정무 클라우드

[pt] serviços governamentais em nuvem

[ru] облако правительственных услуг

[es] nube de servicios gubernamentales

62208 政务大数据

[ar] بيانات ضخمة للشؤون الحكومية

[en] big data of government services

[fr] mégadonnées des affaires administratives

[de] Big Data von Regierungsangelegenheiten

[it] Big Data dei servizi governativi

[jp] 政務ビックデータ

[kr] 정무 빅데이터

[pt] big data para serviços governamentais

[ru] большие данные правительственных услуг

[es] Big Data de servicios gubernamentales

62209 可信电子证照系统

[ar] نظام ترخيص إلكتروني موثوق

[en] trusted electronic license system (ELS)

[fr] Système de gestion des licences électroniques fiables

[de] zuverlässiges elektronisches Lizenzsystem

[it] sistema di licenza elettronica affidabile

[jp] 信頼できる電子証明書システム

[kr] 신뢰 전자 증명사진 시스템

[pt] Sistema de Licença Electrónicas Confiáveis

[ru] надежная система электронной

лицензии

[es] sistema electrónico de licencias de confianza

62210 非税支付平台

[ar] منصة الدفع اللاضريبية

[en] non-tax payment platform

[fr] plate-forme de paiement non fiscal

[de] Plattform für steuerfreie Zahlungen

[it] piattaforma di pagamento esentasse

[jp] 非税決済プラットフォーム

[kr] 세외부담 결제 플랫폼

[pt] plataforma de pagamento não fiscal

[ru] платформа неналоговых платежей

[es] plataforma de pago no tributario

62211 移动政务应用平台

[ar] منصة تطبيقات للشؤون الحكومية المتنقلة

[en] mobile government application platform

[fr] plate-forme d'application du m-gouvernement

[de] mobile Regierungsangelegenheiten-Applikationsplattform

[it] piattaforma mobile di applicazioni governative

[jp] モバイル政務アプリのプラットフォーム

[kr] 모바일 정무 응용 플랫폼

[pt] plataforma de aplicativos para serviços governamentais móveis

[ru] прикладная платформа мобильного правительства

[es] plataforma de aplicaciones móvil de servicios gubernamentales

62212 智能客服平台

[ar] منصة خدمة ذكية للعملاء

[en] smart customer service platform

[fr] plate-forme de service client intelligente

[de] intelligente Kundendienstplattform

[it] piattaforma di assistenza cliente

intelligente
[jp] スマートカスタマーサービスプラット
フォーム
[kr] 스마트 고객 서비스 플랫폼
[pt] plataforma inteligente de atendimento ao
cliente
[ru] умная платформа обслуживания
клиентов
[es] plataforma inteligente de servicios al
cliente

62213 社会治理大数据库
[ar] قاعدة البيانات الضخمة للحوكمة الاجتماعية
[en] big data repository for social governance
[fr] base de mégadonnées pour la
gouvernance sociale
[de] Big Data-Datenbank für Soziale Regu-
lierung
[it] database di governance sociale
[jp] 社会ガバナンスのビッグデータベース
[kr] 사회 거버넌스 빅데이터 베이스
[pt] base de big data da governação social
[ru] база больших данных для социального
управления
[es] base de datos de Big Data de gobernanza
social

62214 网格化综合治理平台
[ar] منصة الحوكمة الشاملة للخلايا الشبكية
[en] grid-based integrated governance
platform
[fr] plate-forme de gouvernance en mode
grille
[de] umfassende gerasterte Regulierungs-
plattform
[it] piattaforma di governance su griglia
completa
[jp] グリッド化総合ガバナンスプラット
フォーム
[kr] 그리드 종합 거버넌스 플랫폼
[pt] plataforma de governação abrangente

em GRID
[ru] комплексная платформа управления
на основе сетки
[es] plataforma de gobernanza integral de
enrejado

62215 政务信息资源体系
[ar] نظام موارد معلومات الشؤون الحكومية
[en] government services information
resource system
[fr] système de ressources d'informatisation
administrative
[de] Regierungsinformationssystem
[it] sistema di risorse di informazione
governativo
[jp] 政務情報資源システム
[kr] 정무 정보 자원 시스템
[pt] sistema de recursos de informação
governamental
[ru] система информационных ресурсов
правительственных услуг
[es] sistema de recursos de informaciones de
servicios gubernamentales

62216 政务公开信息化
[ar] معلوماتية للشؤون الحكومية المفتوحة
[en] open government information
[fr] informatisation et gestion ouverte des
affaires administratives
[de] Informatisierung der Offenlegung der
Regierungsangelegenheiten
[it] informazione di servizi pubblici aperti
[jp] 政務公開の情報化
[kr] 정무 공개 정보화
[pt] informatização da abertura de serviços
governamentais
[ru] информатизация открытых
правительственных услуг
[es] informatización de divulgación de
servicios gubernamentales

62217 政务服务事项目录

[ar] دليل مواضيع الخدمة للشؤون الحكومية

[en] government services catalog

[fr] répertoire des services administratifs

[de] Verzeichnis der Regierungsdiestleistung

[it] elenco dei servizi governativi

[jp] 政務サービスの目録

[kr] 정무 서비스 사항 목록

[pt] diretório de serviços governamentais

[ru] каталог правительственных услуг

[es] directorio de servicios gubernamentales

62218 政务数据资源

[ar] موارد بيانات الشؤون الحكومية

[en] data resource of government services

[fr] ressources de données des affaires administratives

[de] Datenressouce der Regierungsangele-genheiten

[it] dati dei servizi governativi

[jp] 政務データ資源

[kr] 정무 데이터 자원

[pt] recursos de dados de serviços governamentais

[ru] ресурсы данных правительственных услуг

[es] recursos de datos de servicios gubernamentales

62219 政务大数据资源池

[ar] مجمع الموارد للبيانات الضخمة للشؤون الحكومية

[en] resource pool of government services big data

[fr] pool de ressources de mégadonnées des affaires administratives

[de] Big Data-Ressourcenpool der Regie-rungsangelegenheiten

[it] pool di risorse di servizi pubblici Big Data

[jp] 政務ビックデータリソースプール

[kr] 정무 빅데이터 자원 풀

[pt] banco de big data de serviços governamentais

[ru] ресурсный пул больших данных правительственных услуг

[es] reserva de recursos de Big Data de servicios gubernamentales

62220 政务服务流程再造

[ar] إعادة تشكيل عمليات الشؤون الحكومية

[en] re-engineering of government services process

[fr] réorganisation des procédures de services administratifs

[de] Umgestaltung des Prozesses der Regie-rungsdienstleistung

[it] ricostituzione del processo di servizi governativi

[jp] 政務サービスプロセスのリエンジニアリング

[kr] 정무 서비스 프로세스 재편

[pt] reengenharia do procedimento de serviços governamentais

[ru] реорганизация процессов правительственных услуг

[es] rediseño del proceso de servicios gubernamentales

6.2.3 智慧治理

[ar] الحوكمة الذكية

[en] **Smart Governance**

[fr] **Gouvernance intelligente**

[de] **Intelligente Governance**

[it] **Governance intelligente**

[jp] **スマートガバナンス**

[kr] **스마트 거버넌스**

[pt] **Governação Inteligente**

[ru] **Умное управление**

[es] **Gobernanza Inteligente**

62301 国家治理大数据中心（中国）

[ar] مركز البيانات الضخمة للحوكمة الوطنية (الصين)

[en] National Governance Big Data Center
(China)

[fr] Centre de mégadonnées pour la
gouvernance nationale (Chine)

[de] Nationales Big Data-Governancezen-
trum (China)

[it] Centro di Big Data di controllo nazionale
(Cina)

[jp] 国家ガバナンスビッグデータセンター
(中国)

[kr] 국가 거버넌스 빅데이터 센터(중국)

[pt] Centro Nacional da governação com Big
Data (China)

[ru] Центр больших данных
национального управления (Китай)

[es] Centro Nacional de Big Data de
Gobernanza (China)

62302 智慧善治

[ar] حوكمة ذكية رشيدة

[en] intelligent good governance

[fr] bonne gouvernance intelligente

[de] intelligente schöne Governance

[it] amministrazione intelligente

[jp] スマートグッドガバナンス

[kr] 스마트 굿 거버넌스

[pt] boa governação inteligente

[ru] интеллектульное эффективное
управление

[es] buena gobernanza inteligente

62303 智慧感知

[ar] استشعار ذكي

[en] intelligent sensing

[fr] détection intelligente

[de] intelligente Abtastung

[it] rilevamento intelligente

[jp] スマート感知

[kr] 스마트 감지

[pt] percepção inteligente

[ru] умное зондирование

[es] detección inteligente

62304 云治理

[ar] حوكمة سحابية

[en] cloud governance

[fr] gouvernance en nuage

[de] Cloud-Governance

[it] governance del cloud

[jp] クラウドガバナンス

[kr] 클라우드 거버넌스

[pt] governaça em nuvem

[ru] облачное управление

[es] gobernanza en la nube

62305 精准治理

[ar] حوكمة مستهدفة

[en] precision governance

[fr] gouvernance ciblée

[de] präzise Governance

[it] governance di precisione

[jp] 精密ガバナンス

[kr] 정밀화 거버넌스

[pt] governação com precisão

[ru] точное управление

[es] gobernanza de precisión

62306 信息共享率

[ar] معدل تشارك المعلومات

[en] information sharing rate

[fr] taux de partage d'informations

[de] Informationsaustauschrate

[it] tasso di condivisione delle informazioni

[jp] 情報共有率

[kr] 정보 공유율

[pt] taxa de compartilhamento de
informações

[ru] доля совместного использования
информации

[es] tasa de uso compartido de información

62307　政府数据开放运动

[ar]　حركة انفتاح البيانات الحكومية

[en]　open government data initiative

[fr]　initiative d'ouverture des données
　　　gouvernementales

[de]　Initiative der Regierungsdatenöffnung

[it]　iniziativa sull'apertura dei dati
　　　governativi

[jp]　政府データ公開キャンペーン

[kr]　정부 데이터 공개 계획

[pt]　campanha de abertura de dados
　　　governamentais

[ru]　инициатива по открытию
　　　правительственных данных

[es]　iniciativa de datos abiertos del gobierno

62308　智慧动员

[ar]　تعبئة ذكية

[en]　smart mobilization

[fr]　mobilisation intelligente

[de]　intelligente Mobilisierung

[it]　mobilitazione intelligente

[jp]　スマート動員

[kr]　스마트 동원

[pt]　mobilização inteligente

[ru]　умная мобилизация

[es]　movilización inteligente

62309　数字福建

[ar]　مقاطعة فوجيان الرقمية

[en]　Digital Fujian

[fr]　Fujian numérique

[de]　Digital Fujian

[it]　Fujian digitale

[jp]　デジタル福建

[kr]　디지털 푸젠

[pt]　Fujian Digital

[ru]　Цифровая Фуцзянь

[es]　Fujian digital

62310　云上贵州

[ar]　مقاطعة قويتشو على السحاب

[en]　Guizhou-Cloud Big Data

[fr]　Guizhou-Cloud Big Data

[de]　Guizhou-Cloud Big Data

[it]　Guizhou-Cloud Big Data

[jp]　クラウド貴州

[kr]　클라우드 구이저우

[pt]　plataforma Big Data Guizhou em Nuvem

[ru]　Облачные большие данные Гуйчжоу

[es]　Guizhou-Cloud Big Data

62311　社会和云

[ar]　منصة سحابية للحوكمة الاجتماعية (قويانغ، الصين)

[en]　Social Governance Cloud Platform
　　　(Guiyang, China)

[fr]　plate-forme en nuage pour la
　　　gouvernance sociale (Guiyang, Chine)

[de]　Cloud-Plattform für soziale Governance
　　　(Guiyang, China)

[it]　Piattaforma cloud di governance sociale
　　　(Guiyang, Cina)

[jp]　「社会とクラウド」（ビックデータガバナ
　　　ンスクラウドプラットフォーム）（中国
　　　貴陽）

[kr]　소셜 클라우드(중국 구이양)

[pt]　plataforma de governação Sociadade de
　　　Nuvem Harmoniosa (Guiyang, China)

[ru]　Облачная платформа социального
　　　управления (Гуйян, Китай)

[es]　Plataforma en la nube del gobierno
　　　social (Guiyang, China)

62312　一网通办

[ar]　إتمام جميع الإجراءات اللازمة عبر شبكة واحدة

[en]　all-in-one government services platform

[fr]　plate-forme de services administratifs à
　　　guichet unique

[de]　All-in-One-Plattform für Regierungsser-
　　　vice

[it]　piattaforma di servizi governativi "one-

6.2

network"

[jp] オールインワンの政府サービスプラットフォーム

[kr] 온라인 원스톱 정무처리 서비스

[pt] plataforma de serviços integrados do governo tudo-em-um

[ru] комплексная платформа правительственных услуг

[es] plataforma de servicios del gobierno todo en uno

62313 数据驱动决策

[ar] صنع القرار القائم على البيانات

[en] data-driven decision-making

[fr] prise de décision basée sur les données

[de] datengetriebene Entscheidungsfindung

[it] processo decisionale basato sui dati

[jp] データ駆動の意思決定

[kr] 데이터 부팅 의사 결정

[pt] deliberações baseada em dados

[ru] принятие решений на основе данных

[es] toma de decisiones basada en datos

62314 场景化服务

[ar] خدمة مشهدية

[en] scenario-based services

[fr] service basé sur un scénario

[de] szenariobasierte Dienstleistung

[it] servizio basato su scenari

[jp] シナリオ化サービス

[kr] 시나리오화 서비스

[pt] serviço de cenarização

[ru] основанные на сценарии услуги

[es] servicios basados en escenarios

62315 指尖式服务

[ar] خدمات نقرة واحدة

[en] service at your fingertips

[fr] service à portée de main

[de] Fingerspitzen-Dienstleistung

[it] servizio a portata di mano

[jp] タッチ式サービス

[kr] 터치형 서비스

[pt] serviço de fácil alcance

[ru] услуга в вашем распоряжении

[es] servicios fácilmente accesibles

62316 智慧化服务

[ar] خدمة ذكية

[en] intelligent services

[fr] service intellectualisé

[de] intelligente Dienstleistung

[it] servizio smart

[jp] インテリジェントなサービス

[kr] 스마트화 서비스

[pt] serviços inteligentes

[ru] интеллектуальные услуги

[es] servicios inteligentes

62317 个性化服务

[ar] خدمة متفردة

[en] personalized services

[fr] service personnalisé

[de] personalisierte Dienstleistung

[it] servizio personalizzato

[jp] 個性化サービス

[kr] 개성화 서비스

[pt] serviço personalizado

[ru] персонализированные услуги

[es] servicios personalizados

62318 精准化服务

[ar] خدمة مستهدفة

[en] precision services

[fr] service ciblé

[de] präzise Dienstleistung

[it] servizio di precisione

[jp] 精密化サービス

[kr] 정밀화 서비스

[pt] serviços com precisão

[ru] точные услуги

[es] servicios de precisión

62319 O2O审批模式

[ar] نمط اعتماد O2O

[en] O2O approval model

[fr] approbation en ligne à hors ligne

[de] O2O-Zulassungsmodell

[it] approvazione O2O

[jp] O2O 承認モード

[kr] O2O 승인 모델

[pt] aprovação O2O

[ru] модель утверждения O2O

[es] modo de aprobación O2O

62320 互联网全球治理体系

[ar] نظام الحوكمة العالمية للإنترنت

[en] global Internet governance system

[fr] système de gouvernance mondiale d'Internet

[de] globales Internet-Governance-System

[it] sistema globale di goverance di Internet

[jp] インターネットグローバルガバナンスシステム

[kr] 인터넷 글로벌 거버넌스 시스템

[pt] Sistema da governação Global da Internet

[ru] глобальная система управления Интернетом

[es] sistema de gobernanza global de Internet

6.2.4 智慧政务

[ar] الشؤون الحكومية الذكية

[en] **Smart Government Services**

[fr] **Affaires administratives intelligentes**

[de] **Intelligente Regierungsangelegenheiten**

[it] **Servizi governativi intelligenti**

[jp] **スマート政務**

[kr] **스마트 정무**

[pt] **Serviços Governamentais Inteligentes**

[ru] **Умные правительственные услуги**

[es] **Servicios Gubernamentales Inteligentes**

62401 政务互联网思维

[ar] تفكير الشبكة الإلكترونية للشؤون الحكومية

[en] e-government thinking

[fr] esprit Internet des affaires administratives

[de] Internetdenken über Regierungsangelegenheiten

[it] pensieri di Internet ai servizi governativi

[jp] 政務のインターネット思考

[kr] 정무 인터넷 사유

[pt] pensamento da Internet em serviços governamentais

[ru] мышление электронного правительства

[es] concepto de servicios gubernamentales en Internet

62402 数字政务

[ar] شؤون حكومية رقمية

[en] digital government services

[fr] affaires administratives numériques

[de] digitale Regierungsangelegenheiten

[it] servizi governativi digitali

[jp] デジタル政務

[kr] 디지털 정무

[pt] serviços governamentais digitais

[ru] цифровые правительственные услуги

[es] servicios gubernamentales digitales

62403 智能政务

[ar] شؤون حكومية ذكية

[en] intelligent government services

[fr] affaires administratives smart

[de] intelligente Regierungsangelegenheiten

[it] servizi governativi intelligenti

[jp] インテリジェント政務

[kr] 스마트 정무

[pt] serviços governamentais inteligentes

[ru] интеллектуальные правительственные услуги

[es] servicios gubernamentales inteligentes

6.2

6.2

62404　政务超市
[ar]　سوبرماركت للشؤون الحكومية
[en]　government services supermarket
[fr]　supermarché des affaires administratives
[de]　Regierungsangelegenheiten-Supermarkt
[it]　supermercato di servizi governativi
[jp]　政務スーパー
[kr]　정무 마트
[pt]　supermercado de serviços governamentais
[ru]　супермаркет правительственных услуг
[es]　supermercado de servicios gubernamentales

62405　政务中台
[ar]　منصة المعالجة الوسيطة للشؤون الحكومية
[en]　government services middle office
[fr]　suivi de marché des affaires administratives
[de]　Operationsbüro der Regierungsangelegenheiten
[it]　ufficio centrale dei servizi governativi
[jp]　政務ミドルオフィス
[kr]　정무 미들 오피스
[pt]　escritório central de serviços governamentais
[ru]　центральный офис правительственных услуг
[es]　oficina de operaciones de servicios gubernamentales

62406　"最多跑一次"改革
[ar]　إصلاح بـ"مراجعة واحدة على الأكثر"
[en]　reform towards one-stop government services
[fr]　réforme « guichet unique »
[de]　„Höchstens Einmal"-Reform
[it]　riforma "China speed"
[jp]　「一回の行政手続」改革
[kr]　'원스톱' 개혁

[pt]　reforma conseguir tudo por uma vez só
[ru]　реформа «оформление всех процедур за одно посещение»
[es]　reforma hacia un servicio gubernamental de "resolver de una sola vez"

62407　网上办事大厅
[ar]　قاعة إتمام الإجراءات على الإنترنت
[en]　online service hall
[fr]　plate-forme des services publics en ligne
[de]　Online-Servicehalle
[it]　assistenza online
[jp]　オンラインサービスセンター
[kr]　온라인 서비스 플랫폼
[pt]　salão de serviços online
[ru]　зал обслуживания онлайн
[es]　sitio de web de servicios gubernamentales

62408　不见面审批
[ar]　اعتماد عبر الإنترنت دون المقابلة
[en]　online approval
[fr]　approbation en ligne
[de]　Online-Genehmigung
[it]　approvazione online
[jp]　オンライン認可
[kr]　온라인 심사
[pt]　aprovação online
[ru]　онлайн-утверждение
[es]　aprobación en línea

62409　一窗受理
[ar]　قبول المستندات عبر نافذة واحدة
[en]　single-window processing
[fr]　traitement de dossier à guichet unique
[de]　Annahme und Bearbeitung nur an einem Schalter
[it]　accettazione in uno sportello
[jp]　ワンストップサービス
[kr]　원스톱 접수
[pt]　admissão em um balcão só

[ru] прием в одном окне

[es] aceptación de la ventanilla única

62410 证照分离

[ar] فصل تصريح الأعمال عن الرخصة التجارية

[en] reform to separate all operating permits from the business license

[fr] séparation des permis et des licences commerciales

[de] Trennung von Erlaubnissen und Gewerbeanmeldung

[it] separazione dei permessi dalle licenze commerciali

[jp] 営業許可証と関連許認可証明書の分離

[kr] 사업자 등록증과 경영허가증 분리

[pt] reforma de separação entre Alvarás e Outras Licenças Autorizadas

[ru] реформа по отделения всех разрешений на эксплуатацию от бизнес-лицензии

[es] separación de permisos y licencias de negocios

62411 网上中介服务超市

[ar] سوبرماركت الخدمات الوسيطة على الإنترنت

[en] online supermarket for intermediary services

[fr] supermarché des services intermédiaires en ligne

[de] Online-Vermittlungsdienst Supermarkt

[it] supermercato di servizi di intermediazione online

[jp] オンライン仲介サービススーパー

[kr] 온라인 중개 서비스 플랫폼

[pt] supermercado de serviços intermediários online

[ru] онлайн супермаркет посреднических услуг

[es] supermercado de servicios intermediarios en línea

62412 全国一体化在线政务服务平台

[ar] منصة النظام الأساسي المتكامل للشؤون الحكومية عبر الإنترنت

[en] nationwide online platform for government services

[fr] plate-forme nationale de services administratifs en ligne

[de] nationale integrierte Plattform für On-line-Regierungsservice

[it] piattaforma nazionale integrata di servizi governativi online

[jp] 全国一体化オンライン政務サービスプラットフォーム

[kr] 전국 일체화 온라인 정부 서비스 플랫폼

[pt] Plataforma Nacional Integrada de Serviços Governamentais Online

[ru] национальная интегрированная онлайн-платформа правительственных услуг

[es] plataforma nacional integrada en línea de servicios gubernamentales

62413 证照电子化

[ar] تحول إلكتروني لتصريح الأعمال والرخصة التجارية

[en] electronic license and permit

[fr] certificat électronique

[de] elektronische Zertifikate

[it] certificato elettronico

[jp] 証明書電子化

[kr] 증빙서류 전자화

[pt] digitalização de alvarás e licenças

[ru] электронные лицензии и разрешения

[es] permisos y licencias de negocios electrónicos

62414 网络问政

[ar] استطلاع الرأي العام عبر الإنترنت

[en] online participation in political affairs

[fr] consultation politique en ligne

[de] Online-Teilnahme an politischen Angelegenheiten

6.2

[it] regolamento della rete

[jp] 網絡問政（政務オンラインコンサルティング）

[kr] 온라인 정무 컨설팅

[pt] consulta política online

[ru] онлайн политическое участие

[es] consultas políticas en línea

62415 网络执政

[ar] ممارسة الحكم عبر الإنترنت

[en] network-based governance

[fr] gouvernance en ligne

[de] netzwerkbasierte Governance

[it] governance basata sulla rete

[jp] オンラインガバナンス

[kr] 온라인 정무 수행

[pt] governação em redes

[ru] управление на базе сети

[es] gobernanza basada en línea

62416 电子选举

[ar] تصويت إلكتروني

[en] e-voting

[fr] élection électronique

[de] elektronische Abstimmung

[it] elezione elettronica

[jp] 電子選挙

[kr] 전자 선거

[pt] voto eletrónico

[ru] электронное голосование

[es] votación electrónica

62417 电子包容

[ar] شمول إلكتروني

[en] e-inclusion

[fr] inclusion électronique

[de] E-Inclusion

[it] e-inclusion

[jp] e-インクルージョン

[kr] 전자 통합

[pt] inclusão electrónica

[ru] электронное включение

[es] e-inclusión

62418 网上信访

[ar] تقديم الشكاوى والعرائض عبر الإنترنت

[en] online petition

[fr] pétition en ligne

[de] Online-Petition

[it] petizione online

[jp] オンライン陳情

[kr] 온라인 민원

[pt] petição online

[ru] онлайн-петиция

[es] petición en línea

62419 互联网+政务服务

[ar] إنترنت + شؤون حكومية

[en] Internet Plus government services

[fr] services administratifs Internet Plus

[de] Internet plus Regierungsdienstleistung

[it] Internet plus per i servizi governativi

[jp] インターネットプラス政務サービス

[kr] 인터넷+정무 서비스

[pt] Internet Plus Seviços Govermentais

[ru] правительственные услуги «Интернет Плюс»

[es] servicios gubernamentales en Internet Plus

62420 融媒体

[ar] وسائل الإعلام المندمجة

[en] media convergence

[fr] Convergence des médias

[de] Medienkonvergenz

[it] convergenza dei media

[jp] 融媒体（メディア融合）

[kr] 융복합 미디어

[pt] convergência midiática

[ru] медиаконвергенция

[es] convergencia mediática

6.2.5 智慧监督

[ar] الإشراف الذكي

[en] Intelligent Supervision

[fr] supervision intelligente

[de] Intelligente Aufsicht

[it] Supervisione intelligente

[jp] スマート監督

[kr] 스마트 감독

[pt] Supervisão Inteligente

[ru] Разумный надзор

[es] Supervisión Inteligente

62501 智能防控

[ar] آلية الوقاية والسيطرة الذكية

[en] intelligent prevention and control

[fr] prévention et contrôle intelligents

[de] intelligente Prävention und Kontrolle

[it] prevenzione e controllo intelligenti

[jp] インテリジェント防止と制御

[kr] 스마트 예방 통제

[pt] prevenção e controlo inteligentes

[ru] интеллектуальная профилактика и контроль

[es] prevención y control inteligentes

62502 大数据预警系统

[ar] نظام الإنذار المبكر للبيانات الضخمة

[en] big data-based early warning system

[fr] système d'alerte basé sur les mégadonnées

[de] Big Data-Frühwarnsystem

[it] sistema di allarme tempestivo di Big Data

[jp] ビッグデータ早期警報システム

[kr] 빅데이터 경보 시스템

[pt] sistema de alerta de big data

[ru] система раннего предупреждения на основе больших данных

[es] sistema de advertencia temprana de Big Data

62503 信用监管

[ar] رقابة ائتمانية

[en] credit regulation

[fr] régulation du crédit

[de] Kreditkontrolle

[it] supervisione del credito

[jp] 信用監督

[kr] 신용 감독 관리

[pt] regulação de crédito

[ru] регулирование кредитного рейтинга

[es] regulación crediticia

62504 信用大数据

[ar] بيانات ضخمة للائتمان

[en] big data of credit information

[fr] mégadonnées du crédit

[de] Kredit-Big Data

[it] credito Big Data

[jp] クレジットビッグデータ

[kr] 신용 빅데이터

[pt] big data em crédito

[ru] большие данные о кредитном рейтинге

[es] Big Data de crédito

62505 诚信上链

[ar] نزاهة على سلسلة الكتلة

[en] on-chain integrity

[fr] intégrité sur la chaîne de blocs

[de] Onchain-Bonität

[it] integrità sulla catena

[jp] 信用オンチェーン

[kr] 신용 온체인

[pt] integridade na cadeia

[ru] кредитный рейтинг в цепи

[es] integridad en cadena

62506 全国信用信息共享平台

[ar] منصة وطنية لتشارك المعلومات الائتمانية

[en] National Credit Information Sharing Platform (NCISP)

6.2

[fr] Plate-forme nationale de partage d'informations sur le crédit

[de] Nationale Kreditinformation-Sharing-Plattform

[it] Piattaforma nazionale di condivisione delle informazioni sul credito

[jp] 全国信用情報共有プラットフォーム

[kr] 국가 신용 정보 공유 플랫폼

[pt] Plataforma Nacional de Compartilhamento de Informações sobre Crédito

[ru] Национальная платформа совместного использования кредитной информации

[es] Plataforma Nacional de Información Compartida sobre Crédito

62507 网上举报

[ar] إبلاغ عبر الإنترنت

[en] online reporting

[fr] signalement des infractions en ligne

[de] Online-Berichterstattung

[it] denuncia online

[jp] オンライン告発

[kr] 온라인 신고

[pt] denúncia online

[ru] онлайн-разоблачение

[es] denuncias en línea

62508 权力数据化

[ar] رقمنة السلطة

[en] datamation of power

[fr] datalisation du pouvoir

[de] Machtdigitalisierung

[it] digitalizzazione del potere

[jp] 権力のデジタル化

[kr] 파워 데이터화

[pt] digitalização de poder

[ru] цифровизация власти

[es] datalización del poder

62509 数字足迹

[ar] أثر رقمي

[en] digital footprint

[fr] empreinte numérique

[de] digitaler Fußspur

[it] impronta digitale

[jp] デジタルフットプリント

[kr] 디지털 발자국

[pt] pegada digital

[ru] цифровой след

[es] huella digital

62510 技术反腐

[ar] مكافحة الفساد التقنية

[en] technology-aided anti-corruption efforts

[fr] anti-corruption par la technologie

[de] technische Korruptionsbekämpfung

[it] anti-corruzione tecnica

[jp] 技術による腐敗対策

[kr] 기술 부패 방지

[pt] anticorrupção tecnologia

[ru] противодействие коррупции в техническом уровне

[es] anticorrupción técnica

62511 电子督查系统

[ar] نظام التفتيش الإلكتروني

[en] electronic supervision (e-supervision) system

[fr] système de supervision électronique

[de] elektronisches Überwachungssystem

[it] sistema di e-supervisione

[jp] 電子監督システム

[kr] 온라인 감독 시스템

[pt] sistema de supervisão digital

[ru] система электронного наблюдения

[es] sistema de supervisión electrónica

62512 "双随机一公开"监管平台

[ar] منصة الرقابة بـ"أخذ عينة التفتيش واختيار المفتش بصورة عشوائية وإعلان نتائج التفتيش للجميع"

[en] platform for oversight through random
selection of both inspectors and entities
and public release of results

[fr] plate-forme de contrôle sur échantillon
basé sur sur le tirage au sort de
l'entreprise et du contrôleur et sur la
publication immédiate des résultats de
l'examen et du traitement

[de] „Zufällig ausgewählte Inspektoren,
zufällig ausgewählte Stellen und Inspek-
tionsergebnisveröffentlichung"-Überwa-
chungsplattform

[it] piattaforma di controllo di entità
selezionate a caso e pubblicazione dei
risultati delle ispezioni

[jp] 「双無作為、一公開((検査対象を無作
為抽出し、法執行・検査員を無作為選
任して派遣し、検査および処置の結果
を速やかに公開すること))」式監督管
理プラットフォーム

[kr] '임의 추출 검사, 검사 결과 공개' 감독
관리 플랫폼

[pt] plataforma de supervisão por meio de
inspeção por inspetores selecionados
aleatoriamente de entidades selecionadas
aleatoriamente e divulgação pública dos
resultados da inspeção

[ru] платформа надзора посредством
инспекции случайно выбранными
инспекторами случайно выбранных
объектов и публичного обнародования
результатов инспекции

[es] plataforma de supervisión mediante
la inspección por parte de inspectores
seleccionados aleatoriamente de
entidades seleccionadas aleatoriamente
y publicación de los resultados de las
inspecciones

62513 "互联网+督查"平台

[ar] منصة "شبكة الإنترنت + التفتيش"

[en] Internet Plus Inspection platform

[fr] plate-forme d'inspection Internet Plus

[de] „Internet plus Überwachungs"-Plattform

[it] piattaforma d'ispezione basata
su"Internet plus"

[jp] 「インターネット＋監督検査」プラット
フォーム

[kr] '인터넷+감독 검사' 플랫폼

[pt] plataforma Inspetoria da Internet Plus

[ru] платформа «Интернет Плюс
Инспекция»

[es] plataforma de inspección en Internet
Plus

62514 全链条监督

[ar] إشراف على السلسلة الكاملة

[en] full-chain supervision

[fr] supervision de la chaîne entière

[de] Vollkette-Überwachung

[it] supervisione a catena completa

[jp] フルチェーン監督

[kr] 온체인 감독 검사

[pt] supervisão de toda a cadeia

[ru] контроль во всех звеньях

[es] supervisión de la cadena completa

62515 浙里督

[ar] منصة شبكة الإنترنت + التفتيش لمقاطعة تشجيانغ

[en] Zhelidu, Internet Plus Inspection
Platform of Zhejiang Province

[fr] plate-forme d'inspection Internet Plus de
la province du Zhejiang

[de] Internet plus Inspektionsplattform der
Provinz Zhejiang

[it] Piattaforma di ispezione Internet plus
della provincia dello Zhejiang

[jp] 浙里督(浙江省政府のインターネット
＋観察プラットフォーム)

[kr] 저리두(저장성 종합형 인터넷+감독 플
랫폼)

[pt] plataforma de inspecção da Internet plus

da província de Zhejiang

[ru] Чжэлиду, Платформа провинции Чжэцзян «Интернет Плюс Инспекция»

[es] Zhelidu, plataforma de inspección de Internet Plus de la provincia de Zhejiang

62516 数据铁笼

[ar] قفص حديدي بياناتي (قوييانغ ، الصين)

[en] data cage (Guiyang, China)

[fr] cage en données (Guiyang, Chine)

[de] Datenkäfig (Guiyang, China)

[it] Gabbia dati (Guiyang, Cina)

[jp] データケージ(中国貴陽)

[kr] 데이터 케이지(중국 구이양)

[pt] gaiola de dados (Guiyang, China)

[ru] клетка данных (Гуйян, Китай)

[es] jaula de datos (Guiyang, China)

62517 "数智督查"云平台

[ar] منصة سحابية ل"المراقبة الذكية للبيانات" (قوييانغ ، الصين)

[en] Digital Intelligent Inspection Cloud Platform (Guiyang, China)

[fr] plate-forme d'inspection en nuage intelligente et numérique (Guiyang, Chine)

[de] „Digitale intelligente Überwachung"-Cloud-Plattform (Guiyang, China)

[it] Piattaforma cloud "controllo dell' intelligenza digitale" (Guiyang, Cina)

[jp] 「デジタルインテリジェンス監督管理」クラウドプラットフォーム(中国貴陽)

[kr] '데이터 감독 검사' 클라우드 플랫폼(중국 구이양)

[pt] Plataforma Nuvem de Inspeção de Inteligência Digital (Guiyang, China)

[ru] Облачная платформа «Цифровая интеллектуальная инспекция» (Гуйян, Китай)

[es] Plataforma en la Nube de Inspección mediante inteligencia Digital (Guiyang, China)

62518 掌上督办

[ar] إشراف ومتابعة عبر الهاتف المحمول

[en] portable supervision app

[fr] application mobile de supervision

[de] mobiler Überwachungsassistent

[it] assistente di supervisione portatile

[jp] 掌上の監督(パータル監督アプリ)

[kr] 온라인 감독

[pt] aplicativo de Supervisão Portátil

[ru] приложение для портативного надзора

[es] aplicación para supervisión portátil

62519 精准监督

[ar] إشراف مستهدف

[en] precision supervision

[fr] supervision ciblée

[de] präzise Überwachung

[it] supervisione di precisione

[jp] 精密監督

[kr] 정밀화 감독

[pt] supervisão com precisão

[ru] точный надзор

[es] supervisión de precisión

62520 远程监督

[ar] إشراف عن بعد

[en] remote supervision

[fr] supervision à distance

[de] Fernüberwachung

[it] controllo a distanza

[jp] 遠隔監督

[kr] 원격 감독

[pt] supervisão remota

[ru] удаленный надзор

[es] supervisión remota

6.3　智能城市

[ar] المدينة الذكية

[en] **Intelligent City**

[fr] **Ville intellectualisée**

[de] **Intelligente Stadt**

[it] **Città intelligente**

[jp] **インテリジェントシティ**

[kr] **스마트 시티**

[pt] **Cidade Inteligente**

[ru] **Интеллектуальный город**

[es] **Ciudad con Inteligencia**

6.3.1　智能设施

[ar] المرافق الذكية

[en] **Intelligent Facility**

[fr] **Installation intelligente**

[de] **Intelligente Einrichtungen**

[it] **Strutture intelligenti**

[jp] **インテリジェントシティ**

[kr] **스마트 시설**

[pt] **Instalações Inteligentes**

[ru] **Интеллектуальные объекты**

[es] **Instalaciones Inteligentes**

63101　智慧城市

[ar] مدينة ذكية

[en] smart city

[fr] ville intelligente

[de] intelligente Stadt (Smart City)

[it] città intelligente

[jp] スマートシティ

[kr] 스마트 시티

[pt] cidade inteligente

[ru] умный город

[es] ciudad inteligente

63102　数字城市

[ar] مدينة رقمية

[en] digital city

[fr] ville numérique

[de] digitale Stadt

[it] città digitale

[jp] デジタルシティ

[kr] 디지털 시티

[pt] cidade digital

[ru] цифровой город

[es] ciudad digital

63103　数字城市规划

[ar] تخطيط حضري رقمي

[en] digital urban planning

[fr] urbanisme numérique

[de] digitale Stadtplanung

[it] pianificazione urbana digitale

[jp] デジタル都市計画

[kr] 디지털 시티 계획

[pt] planejamento urbano digital

[ru] цифровое городское планирование

[es] planificación urbana digital

63104 城市大脑

[ar] دماغ حضري

[en] city brain

[fr] cerveau urbain

[de] Stadt-Gehirn

[it] citybrain

[jp] シティブレイン

[kr] 시티 브레인

[pt] cérebro urbano

[ru] городской мозг

[es] cerebro de ciudad

63105 城市超脑

[ar] دماغ حضري فائق

[en] iFlytek Super Brain

[fr] super-cerveau urbain

[de] Stadt-Supergehirn

[it] super citybrain

[jp] シティスーパーブレイン

[kr] 시티 슈퍼 브레인

[pt] super-cérebro urbano

[ru] Городской супермозг

[es] supercerebro de ciudad

63106 ET大脑

[ar] دماغ ET

[en] ET brain

[fr] cerveau ET

[de] ET Gehirn

[it] cervello ET

[jp] ETブレイン

[kr] ET 브레인

[pt] Cerébro ET

[ru] мозг ET

[es] cerebro ET

63107 ET城市大脑

[ar] دماغ حضري ET

[en] ET city brain

[fr] cerveau urbain ET

[de] ET Stadt-Gehirn

[it] cervello urbano ET

[jp] ETシティブレイン

[kr] ET 시티 브레인

[pt] Cerébro Urbano ET

[ru] городской мозг ET

[es] cerebro urbano ET

63108 ET工业大脑

[ar] دماغ صناعي ET

[en] ET industrial brain

[fr] cerveau industriel ET

[de] ET Industrie-Gehirn

[it] cervello industriale ET

[jp] ET 工業ブレイン

[kr] ET 산업 브레인

[pt] Cerébro Industrial ET

[ru] промышленный мозг ET

[es] cerebro industrial ET

63109 ET农业大脑

[ar] دماغ زراعي ET

[en] ET agricultural brain

[fr] cerveau agricole ET

[de] ET Landwirtschaft-Gehirn

[it] cervello agricolo ET

[jp] ET 農業ブレイン

[kr] ET 농업 브레인

[pt] Cerébro Agrícola ET

[ru] сельскохозяйственный мозг ET

[es] cerebro agrícola ET

63110 ACE王牌计划

[ar] خطة بايدو الماسية ACE

[en] Baidu's ACE Plan — autonomous driving, connected road and efficient city

[fr] Plan ACE de Baidu

[de] Baidus ACE Plan (autonomes Fahren, vernetzte Straße und effiziente Stadt)

[it] programma ACE di Baidu (guida autonoma, strade collegate e città efficienti)

[jp] 「エースACEプラン」（オートノマスド
ライビング、コネクテッドロード、エ
フィシエントシティー）

[kr] ACE 킹카드 계획

[pt] Plano ACE da Baidu: Autónomo de
Condução, Estrada Connectada e Cidade
Efectiva

[ru] План ACE (автономное вождение,
соединенная дорога и эффективный
город) Baidu

[es] Plan ACE de Baidu: conducción
autónoma, carretera conectada y ciudad
eficiente

63111　百度AI CITY

[ar] بايدو AI CITY

[en] Baidu's AI CITY

[fr] AI CITY de Baidu

[de] Baidu KI STADT

[it] Baidu AI CITY

[jp] 百度（バイドゥ）AI CITY

[kr] 바이두 인공지능 시티

[pt] Cidade de Inteligência Artificial da
Baidu

[ru] ИИ-город Baidu

[es] Baidu AI CITY

63112　城市神经系统

[ar] جهاز عصبي حضري

[en] urban nervous system

[fr] système de neurones urbain

[de] städtisches Nervensystem

[it] sistema nervoso urbano

[jp] 都市神経系統

[kr] 도시 신경 시스템

[pt] sistema nervoso urbano

[ru] городская нервная система

[es] sistema nervioso urbano

63113　数字底座

[ar] قاعدة رقمية

[en] digital base

[fr] base numérique

[de] digitale Basis

[it] base digitale

[jp] デジタルベース

[kr] 디지털 베이스

[pt] base digital

[ru] цифровая база

[es] base digital

63114　城市数据中台

[ar] منصة المعالجة الوسيطة للبيانات الحضرية

[en] urban data middle office

[fr] suivi de marché des données urbaines

[de] Operationsbüro der städtischen Daten

[it] ufficio centrale dei dati urbani

[jp] 都市データミドルオフィス

[kr] 도시 데이터 미들 오피스

[pt] escritório central de dados urbanos

[ru] центральный офис городских данных

[es] oficina de operaciones de datos urbanos

63115　城市时空大数据平台

[ar] منصة البيانات الضخمة الحضرية الزمكانية

[en] urban spatiotemporal big data platform

[fr] plate-forme de mégadonnées spatio-
temporelles urbaines

[de] städtische raum-zeitliche Big Data-Platt-
form

[it] piattaforma di Big Data spazio-temporali
urbani

[jp] 都市時空間情報ビッグデータプラット
フォーム

[kr] 도시 시공간 빅데이터 플랫폼

[pt] plataforma de big data urbano espaço-
temporal

[ru] городская платформа
пространственно-временная больших
данных

[es] plataforma de Big Data espacio-temporal
urbana

6.3

63116 泛智能化市政设施

[ar] مرافق بلدية ذكية عامة

[en] ubiquitous intelligent municipal facilities

[fr] installation municipale pan-intelligente

[de] allgegenwärtige intelligente kommunale Einrichtungen

[it] infrastruttura municipale pan intelligenti

[jp] 汎スマート化都市施設

[kr] 일반화 지능화 도시 시설

[pt] infraestruturas municipais pan-inteligentes

[ru] полноинтеллектуальные муниципальные объекты

[es] instalaciones municipales con inteligencia ubicua

63117 泛智能化城市部件

[ar] مرافق حضرية ذكية عامة

[en] ubiquitous intelligent urban components

[fr] infrastructure urbaine pan-intelligente

[de] allgegenwärtige intelligente städtische Infrastruktur

[it] componenti urbani pan intelligenti

[jp] 汎スマート化都市インフラ

[kr] 일반화 지능화 도시 부품

[pt] infraestruturas urbanas pan-inteligentes

[ru] полноинтеллектуальный городской компонент

[es] infraestructura urbana con inteligencia ubicua

63118 新型测绘设施

[ar] تجهيزات رفع مساحي جديدة

[en] new surveying and mapping facilities

[fr] nouvelle installation d'arpentage et de cartographie

[de] neue Vermessungs- und Kartierungsanlagen

[it] nuove strutture di rilevamento e mappatura

[jp] 新型マッピング施設

[kr] 신형 측량 제도 시설

[pt] novas instalações de levantamento topográfico

[ru] новые геодезические и картографические объекты

[es] nuevas instalaciones de análisis y trazado de mapas

63119 城市地理信息

[ar] معلومات جغرافية حضرية

[en] urban geographic information

[fr] information géographique urbaine

[de] städtische geografische Informationen

[it] informazioni geografiche urbane

[jp] 都市地理情報

[kr] 도시 지리 정보

[pt] informação geográfica urbana

[ru] городская географическая информация

[es] información geográfica urbana

63120 城市实景三维数据

[ar] بيانات ثلاثية الأبعاد للمشهد الحقيقي في المناطق الحضرية

[en] 3D cityscape data

[fr] données 3D de l'espace réel urbain

[de] städtische Liveaction-3D-Daten

[it] dati 3D della realtà urbana

[jp] 都市ストリートビュー 3Dデータ

[kr] 도시 실경 3D 데이터

[pt] dados 3D de imagem real da cidade

[ru] городские трехмерные данные реального мира

[es] datos 3D del mundo real urbano

63121 城市规划仿真

[ar] محاكاة التخطيط الحضري

[en] urban planning simulation

[fr] simulation de planification urbaine

[de] Stadtplanungssimulation

[it] simulazione di pianificazione urbana

[jp] 都市計画シミュレーション

[kr] 도시 계획 시뮬레이션

[pt] simulação de planejamento urbano

[ru] симулятор городского планирования

[es] simulación de planificación urbana

63122　城市空间信息模型

[ar] نموذج المعلومات المكانية الحضرية

[en] urban spatial information model

[fr] modèle d'informations spatiales urbaines

[de] städtisches räumliches Informationsmodell

[it] modello di informazione spaziale urbana

[jp] 都市空間情報モデル

[kr] 도시 공간정보 모형

[pt] modelo de informação de espaço urbano

[ru] модель городской пространственной информации

[es] modelo de información espacial urbana

63123　城市更新

[ar] تجديد حضري

[en] urban renewal

[fr] renouvellement urbain

[de] Stadterneuerung

[it] rinnovo urbano

[jp] 都市更新

[kr] 도시 리뉴얼

[pt] renovação urbana

[ru] обновление городов

[es] renovación urbana

63124　城市体检

[ar] فحص طبي حضري

[en] city health examination

[fr] examen de santé urbaine

[de] Stadtgesundheitsuntersuchung

[it] esame di salute urbano

[jp] 都市健康診断

[kr] 도시 검사

[pt] checkup urbano

[ru] городское обследование

[es] revisión de la salud de una ciudad

63125　城市画像

[ar] صورة حضرية

[en] visualized urban data

[fr] portrait urbain

[de] Stadtprofil

[it] ritratto urbano

[jp] 都市ペルソナ

[kr] 도시 화상

[pt] retrato da cidade

[ru] визуализированные городские данные

[es] perfil de ciudad

63126　数字规划

[ar] تخطيط رقمي

[en] digital planning

[fr] planification numérique

[de] digitale Planung

[it] pianificazione digitale

[jp] デジタル計画

[kr] 디지털 계획

[pt] planejamento digital

[ru] цифровое планирование

[es] planificación digital

63127　城市规划信息系统

[ar] نظام معلومات التخطيط الحضري

[en] urban planning information system (UPIS)

[fr] système d'informations de planification urbaine

[de] Stadtplanungsinformationssystem

[it] sistema informativo di pianificazione urbana

[jp] 都市計画情報システム

[kr] 도시 계획 정보시스템

[pt] Sistema de Informação de Planejamento Urbano

[ru] информационная система городского

6.3

планирования

[es] sistema de información de planificación urbana

63128 多规合一协同信息平台

[ar] منصة معلومات تعاونية موحدة لعدة قنوات

[en] information platform for collaborative planning

[fr] plate-forme d'informations en collaboration de plusieurs planifications

[de] synergistische Informationsplattform mit integrierter Mehrfachplanung

[it] piattaforma collaborativa con pianificazione multipla integrata

[jp] 多計画合一協同情報プラットフォーム

[kr] 다중 계획 합일 협동 정보 플랫폼

[pt] plataforma de informação colaborativa com planejamento múltiplo integrado

[ru] совместная информационная платформа с интегрированным множественным планированием

[es] plataforma de información con planificación múltiple y una integrada

63129 城市智能感知

[ar] استشعار ذكي حضري

[en] urban smart sensing

[fr] détection urbaine intelligente

[de] städtische intelligente Abtastung

[it] rilevamento intelligente urbano

[jp] 都市スマートセンシング

[kr] 도시 지능 감지

[pt] percepção de cidade inteligente

[ru] городское интеллектуальное зондирование

[es] detección inteligente urbana

63130 云边协同计算

[ar] حوسبة الحافة السحابية التعاونية

[en] edge-cloud collaborative computing

[fr] informatique collaborative nuage-bord

[de] synergistisches Edge-Cloud-Computing

[it] cloud-edge e collaborative computing

[jp] クラウドエッジ協同コンピューティング

[kr] 클라우드-엣지 협동 컴퓨팅

[pt] computação colobarativa em nuvem de borda

[ru] облачные и граничные совместные вычисления

[es] computación colaborativa perímetro-nube

63131 数字城市规建管智能审批平台

[ar] منصة التدقيق والموافقة الذكية لحلقات التخطيط والتعمير والإدارة للمدينة الرقمية

[en] intelligent approval platform for digital urban planning, construction and administration

[fr] plate-forme d'approbation intelligente pour la planification, la construction et l'administration urbaines numériques

[de] intelligente Genehmigungsplattform für digitale Stadtplanung, Bau und Regulierung

[it] piattaforma di approvazione intelligente per la pianificazione, costruzione e amministrazione urbana digitali

[jp] デジタル都市計画・建設・管理インテリジェント審査プラットフォーム

[kr] 디지털 시티 기획, 건설, 관리 스마트 심사 허가 플랫폼

[pt] plataforma de aprovação inteligente para planejamento, construção e administração urbana digital

[ru] интеллектуальная платформа утверждения для цифрового городского планирования, строительства и администрирования

[es] plataforma de aprobación inteligente para la planificación, construcción y administración de urbana digital

6.3.2 智能交通

[ar] المواصلات الذكية

[en] **Intelligent Transportation**

[fr] **Transport intelligent**

[de] **Intelligenter Verkehr**

[it] **Trasporto intelligente**

[jp] インテリジェント交通

[kr] 스마트 교통

[pt] **Transporte Inteligente**

[ru] **Интеллектуальный транспорт**

[es] **Transporte Inteligente**

63201 网约车

[ar] خدمة حجز سيارة الأجرة عبر الإنترنت

[en] online car-hailing service

[fr] réservation de VTC en ligne

[de] Online-Autoruf

[it] servizio online di prenotazione taxi

[jp] ネット配車

[kr] 온라인 카 헤일링

[pt] táxi por Internet

[ru] онлайн-услуги вызова такси

[es] servicio de transporte a particulares a través de aplicación móvil

63202 智慧海事

[ar] شؤون بحرية ذكية

[en] smart maritime affairs

[fr] affaire maritime intelligente

[de] intelligente Schifffahrt

[it] affari marittimi intelligenti

[jp] スマート海事

[kr] 스마트 해사

[pt] assuntos marítimos inteligentes

[ru] умные морские дела

[es] asuntos marítimos inteligentes

63203 智慧港口

[ar] ميناء ذكي

[en] smart port

[fr] port intelligent

[de] intelligenter Hafen

[it] porto intelligente

[jp] スマート港湾

[kr] 스마트 항구

[pt] porto inteligente

[ru] умный порт

[es] puerto inteligente

63204 智慧航空

[ar] طيران ذكي

[en] smart aviation

[fr] aviation intelligente

[de] intelligente Luftfahrt

[it] aviazione intelligente

[jp] スマート航空

[kr] 스마트 항공

[pt] aviação inteligente

[ru] умная авиация

[es] aviación inteligente

63205 智慧公路

[ar] طرق عمومية ذكية

[en] smart highway

[fr] autoroute intelligente

[de] intelligente Autobahn

[it] autostrada intelligente

[jp] スマートハイウエイ

[kr] 스마트 도로

[pt] rodovia inteligente

[ru] умное шоссе

[es] carretera inteligente

63206 智慧物流

[ar] لوجستية ذكية

[en] intelligent logistics

[fr] logistique intelligente

[de] intelligente Logistik

[it] logistica intelligente

[jp] スマート物流

[kr] 스마트 물류

[pt] logística inteligente

6.3

[ru] интеллектуальная логистика

[es] logística inteligente

63207 智能配送

[ar] توصيل ذكي

[en] intelligent delivery

[fr] livraison intelligente

[de] intelligente Lieferung

[it] distribuzione intelligente

[jp] インテリジェント配達

[kr] 스마트 배송

[pt] entrega inteligente

[ru] интеллектуальная доставка

[es] entrega inteligente

63208 智慧出行

[ar] مواصلات ذكية

[en] smart mobility

[fr] mobilité intelligente

[de] intelligente Mobilität

[it] mobilità intelligente

[jp] スマート移動

[kr] 스마트 모빌리티

[pt] mobilidade inteligente

[ru] умный транспорт

[es] movilidad inteligente

63209 智慧治堵

[ar] معالجة ذكية للازدحام المروري

[en] smart traffic congestion control

[fr] système intelligent pour réduire les
embouteillages

[de] intelligente Verkehrssteuerung

[it] controllo intelligente del traffico

[jp] スマートな交通渋滞対策

[kr] 스마트 교통 체증 관리

[pt] controlo inteligente de congestionamento
de tráfego

[ru] интеллектуальное управление
пробками

[es] control inteligente de la congestión del

tráfico

63210 智慧公交

[ar] مواصلات عامة ذكية

[en] smart public transportation

[fr] transports publics intelligents

[de] intelligenter öffentlicher Verkehr

[it] trasporto pubblico intelligente

[jp] スマートな公共交通機関

[kr] 스마트 버스

[pt] transporte público inteligente

[ru] умный общественный транспорт

[es] transporte público inteligente

63211 智能汽车

[ar] سيارة ذكية

[en] intelligent vehicle

[fr] automobile intelligent

[de] intelligentes Fahrzeug

[it] veicolo intelligente

[jp] インテリジェント自動車

[kr] 스마트 자동차

[pt] veículo inteligente

[ru] интеллектуальный автомобиль

[es] vehículo inteligente

63212 智能停车

[ar] وقوف ذكي للسيارة

[en] smart parking

[fr] parking intelligent

[de] intelligentes Parken

[it] parcheggio intelligente

[jp] スマート駐車

[kr] 스마트 주차

[pt] estacionamento inteligente

[ru] умная парковка

[es] estacionamiento inteligente

63213 智能出租车

[ar] سيارة أجرة ذكية

[en] intelligent taxi

[fr] taxi intelligent

[de] intelligentes Taxi

[it] taxi intelligente

[jp] スマートタクシー

[kr] 스마트 택시

[pt] táxi inteligente

[ru] интеллектуальное такси

[es] taxi inteligente

63214　自主驾驶

[ar] قيادة ذاتية للسيارة

[en] autonomous driving

[fr] pilotage automatique

[de] autonomes Fahren

[it] guida autonoma

[jp] 自主運転

[kr] 자율 주행

[pt] condução autónoma

[ru] автономное вождение

[es] conducción autónoma

63215　电子警察

[ar] شرطي إلكتروني

[en] intelligent traffic monitoring system

[fr] système de surveillante intelligent du trafic

[de] E-Polizeisystem

[it] polizia elettronica

[jp] 電子警察

[kr] 전자 경찰

[pt] Polícia electrónica

[ru] интеллектуальная система мониторинга дорожного движения

[es] policía electrónica

63216　车载传感器

[ar] مستشعر السيارة

[en] in-vehicle sensor

[fr] capteur à bord

[de] Fahrzeugsensor

[it] sensore per veicolo

[jp] 車載センサー

[kr] 차량 센서

[pt] sensor de veículos

[ru] датчик температуры воздуха в автомобиле

[es] sensor para vehículos

63217　车载导航系统

[ar] نظام الملاحة المحمول

[en] automotive navigation system

[fr] système de navigation à bord

[de] Auto-Navigationssystem

[it] sistema di navigazione automobilistica

[jp] カーナビゲーションシステム

[kr] 차량 탑재 내비게이션 시스템

[pt] sistema de navegação automotiva

[ru] автомобильная навигационная система

[es] sistema de navegación para vehículos

63218　自动车辆控制

[ar] تحكم أوتوماتيكي في السيارة

[en] automatic vehicle control

[fr] contrôle automatique de véhicule

[de] automatische Fahrzeugsteuerung

[it] controllo automatico del veicolo

[jp] 自動車両制御

[kr] 무인 차량 제어

[pt] controlo automático de veículo

[ru] автоматический контроль за транспортным средством

[es] control automático de vehículos

63219　FLIR智能交通系统

[ar] نظام النقل الذكي FLIR

[en] FLIR Intelligent Transportation Systems (ITS)

[fr] système de transport intelligent FLIR

[de] FLIR Intelligentes Verkehrssystem

[it] Sistemi di trasporto intelligente FLIR

[jp] FLIRインテリジェント交通システム

6.3

[kr] FLIR 스마트 교통 시스템
[pt] sistemas FLIR do transporte inteligente
[ru] Интеллектуальные транспортные системы FLIR
[es] Sistemas de tráfico inteligente FLIR

63220　智慧交通系统
[ar] نظام المواصلات الذكية
[en] smart transportation system
[fr] système de transport intelligent
[de] intelligentes Transportsystem
[it] sistema di trasporto intelligente
[jp] スマート交通システム
[kr] 스마트 교통 시스템
[pt] sistema de transporte inteligente
[ru] умная транспортная система
[es] sistema de tráfico inteligente

63221　道路传感系统
[ar] نظام استشعار لظروف الطريق
[en] road sensor system
[fr] système de sondage de route
[de] Straßenerfassungssystem
[it] sistema di monitoraggio e rilevazione del traffico
[jp] ロードセンシングシステム
[kr] 도로 감지 시스템
[pt] sistema de sensor de estrada
[ru] система дорожного зондирования
[es] sistema de detección de la carretera

63222　交通诱导系统
[ar] نظام التوجيه المروري
[en] traffic guidance system
[fr] système de guidage de trafic
[de] Verkehrsleitsystem
[it] sistema di gestione automatica del traffico
[jp] 交通誘導システム
[kr] 교통 가이드 시스템
[pt] sistema de Guia de tráfegos

[ru] система управления транспортом
[es] sistema de orientación del tráfico

63223　电子不停车收费系统
[ar] نظام التحصيل الإلكتروني بدون توقف
[en] electronic toll collection (ETC)
[fr] système de télépéage
[de] elektronische Mauterhebung
[it] sistema di pedaggio elettronico
[jp] 電子料金自動収受システム
[kr] 전자 자동 요금 징수 시스템
[pt] sistema de cobrança electrónica de pedágio
[ru] система автоматического сбора пошлин
[es] sistema de cobro de peaje electrónico

63224　智能交通控制系统
[ar] نظام تحكم ذكي لحركة المرور
[en] intelligent traffic control system
[fr] système intelligent de contrôle du trafic
[de] intelligentes Verkehrssteuerungssystem
[it] sistema di controllo del traffico intelligente
[jp] インテリジェント交通管制システム
[kr] 스마트 교통 제어 시스템
[pt] sistema de controlo de tráfego inteligente
[ru] интеллектуальная система управления движением
[es] sistema de control de tráfico inteligente

63225　智能交通分析系统
[ar] نظام تحليل ذكي لحركة المرور
[en] intelligent transportation analysis system
[fr] système intelligent d'analyse du trafic
[de] intelligentes Transportanalysesystem
[it] sistema di analisi di trasporto intelligente
[jp] インテリジェント交通分析システム
[kr] 스마트 교통 분석 시스템
[pt] sistema de análise de tráfego inteligente
[ru] интеллектуальная система анализа

6.3

перевозок

[es] sistema de análisis de tráfico inteligente

63226 智能车路协同系统

[ar] نظام تنسيقي ذكي للمركبات والطرق

[en] intelligent vehicle infrastructure
cooperative system (IVICS)

[fr] système intelligent de coordination
d'infrastructure et de véhicules

[de] synergistisches System für intelligente
Fahrzeuginfrastruktur

[it] sistemi cooperativi per infrastrutture di
veicoli intelligenti

[jp] インテリジェント路車協調システム

[kr] 지능형 교통 인프라 시스템

[pt] Sistemas Cooperativos Inteligentes
entreInfraestrutura e Veículos

[ru] интеллектуальные кооперативные
системы транспортных средств и
инфраструктур

[es] sistemas cooperativos de infraestructuras
para vehículos inteligentes

6.3.3 智能建筑

[ar] **المباني الذكية**

[en] **Intelligent Building**

[fr] **Bâtiment intelligent**

[de] **Intelligentes Gebäude**

[it] **Edificio intelligente**

[jp] **インテリジェント建築**

[kr] **스마트 건축**

[pt] **Edifício Inteligente**

[ru] **Интеллектуальное здание**

[es] **Edificio Inteligente**

63301 绿色建筑

[ar] مبنى أخضر

[en] green building

[fr] éco-construction

[de] ökologisches Gebäude

[it] edificio verde

[jp] グリーン建築

[kr] 친환경 건축

[pt] edifício verde

[ru] зеленое здание

[es] edificio ecológico

63302 智慧楼宇

[ar] مبنى ذكي

[en] smart building

[fr] bâtiment smart

[de] intelligentes Gebäude

[it] edificio intelligente

[jp] スマートビル

[kr] 스마트 빌딩

[pt] edifício inteligente

[ru] умное здание

[es] edificio inteligente

63303 智慧物业

[ar] إدارة ذكية للعقارات

[en] smart property management

[fr] gestion intelligente de propriété

[de] intelligente Immobilienverwaltung

[it] gestione intelligente della proprietà

[jp] スマートプロパティ管理

[kr] 스마트 주택 관리

[pt] gestão inteligente de propriedades

[ru] умное управление недвижимостью

[es] gestión inteligente de propiedades

63304 智能家居

[ar] منزل ذكي

[en] smart home

[fr] maison intelligente

[de] intelligentes Haus

[it] casa intelligente

[jp] スマートホーム

[kr] 스마트 홈

[pt] lar inteligente

[ru] умный дом

[es] hogar inteligente

6.3

63305 智能门禁

[ar] بطاقة ذكية لمرور الباب

[en] smart access control

[fr] contrôle d'accès intelligent

[de] intelligente Zugangskontrolle

[it] controllo di accesso intelligente

[jp] インテリジェント出入管理

[kr] 스마트 출입 관리

[pt] controlo de acesso predial inteligente

[ru] умное управление доступом

[es] control de accesos inteligente

63306 智能水气

[ar] نظام ذكي لإمداد المياه والغاز الطبيعى

[en] smart water and gas supply

[fr] alimentation intelligente en eau et en gaz

[de] intelligente Wasser- und Gasversorgung

[it] fornitura intelligente di acqua e gas

[jp] インテリジェント水・ガス供給

[kr] 스마트 용수 공급 및 가스 공급

[pt] abastecimento inteligente de água e gás

[ru] умное водо-и газоснабжение

[es] suministro de agua y gas inteligente

63307 智能供电

[ar] نظام ذكي لإمداد التيار الكهربائي

[en] intelligent power supply

[fr] alimentation électrique intelligente

[de] intelligente Stromversorgung

[it] alimentazione intelligente

[jp] インテリジェント電力供給

[kr] 스마트 전력 공급

[pt] alimentação inteligente de energia

[ru] интеллектуальное электроснабжение

[es] fuente de alimentación inteligente

63308 智能停车库

[ar] موقف ذكي للسيارات

[en] smart parking garage

[fr] garage intelligent

[de] intelligentes Parkhaus

[it] garage intelligente

[jp] インテリジェント駐車場

[kr] 스마트 주차장

[pt] garagem inteligente

[ru] умный гараж

[es] garaje inteligente

63309 智能人体区位判断

[ar] تحديد ذكي لموقع جسم الإنسان

[en] intelligent human position detection

[fr] localisation intelligente des objets étrangers sur le corps humain

[de] intelligente Personenpositionierung

[it] localizzazione intelligente di persone

[jp] インテリジェント人体位置探知

[kr] 지능적 체위 탐지

[pt] detecção inteligente de posição humana

[ru] интеллектуальное определение положения человека

[es] detección inteligente de la posición de humanos

63310 建筑信息模型

[ar] نموذج معلومات البناء

[en] building information modeling

[fr] modèle d'information du bâtiment

[de] Modellierung von Gebäudeinformationen

[it] modellizzazione delle informazioni di costruzione

[jp] 建物情報モデル

[kr] 건물 정보 모델

[pt] modelação da informação da construção

[ru] информационное моделирование зданий

[es] modelización de informaciones de edificios

63311 建筑设备自动化

[ar] أتمتة تجهيزات البناء

[en] building automation

[fr] automatisation des équipements dans le

bâtiment
[de] Gebäudeautomation
[it] automazione degli edifici
[jp] ビルディングオートメーション
[kr] 건물 설비 자동화
[pt] automação predial
[ru] автоматизация зданий
[es] automatización de edificios

63312　家庭信息化平台
[ar] منصة المعلوماتية المنزلية
[en] home network platform
[fr] plate-forme d'information du ménage
[de] Familieninformatisierungsplattform
[it] piattaforma di informazione familiare
[jp] 家庭情報化プラットフォーム
[kr] 가정 정보화 플랫폼
[pt] plataforma informática da família
[ru] семейная информационная платформа
[es] plataforma de información familiar

63313　智能建筑综合布线系统
[ar] نظام ذكي عام لتمديد خطوط المبني
[en] premises distribution system for intelligent buildings
[fr] système de câblage intégré du bâtiment intelligent
[de] intelligentes Gebäude mit integriertem Schaltungssystem
[it] sistema intelligente di edificio con cablaggio integrato
[jp] インテリジェントビル総合配線システム
[kr] 스마트 건축 종합 배선
[pt] sistema para fiação integrada de edifício inteligente
[ru] система комплексной проводки для интеллектуального здания
[es] sistema de cableado integrado de edificio inteligente

63314　智能小区防盗报警系统
[ar] نظام إنذار ذكي ضد السرقة للأحياء السكنية
[en] smart neighborhood anti-theft alarm system
[fr] système d'alarme antivol du quartier intelligent
[de] intelligentes Wohnbezirksdiebstahl-warnanlagesystem
[it] sistema di allarme antifurto per quartiere intelligente
[jp] スマート住宅団地盗難防止アラームシステム
[kr] 스마트 주거 단지 도난 방지 경보
[pt] sistema de alarme anti-roubo de conjunto habitacional inteligente
[ru] сигнализационная система умного микрорайона
[es] sistema de alarma antirrobo en vecindario inteligente

63315　射频识别应用系统
[ar] نظام التطبيق لتمييز تردد الراديو
[en] RFID application system
[fr] système d'application de l'identification par radiofréquence
[de] RFID-Anwendungssystem
[it] sistema d' identificazione a radiofrequenza
[jp] ラジオ周波識別応用システム
[kr] 무선주파수 인식 응용 시스템
[pt] sistema de aplicação RFID
[ru] прикладная система радиочастотной идентификации
[es] sistema de aplicaciones RFID

63316　智能建筑管理系统
[ar] نظام إدارة ذكي للمبنى
[en] system integration of sub-systems in an intelligent building
[fr] système de gestion du bâtiment intelligent

6.3

[de] intelligentes Gebäudemanagementsystem

[it] sistema di gestione intelligente degli edifici

[jp] インテリジェントビルマネジメントシステム

[kr] 스마트 건축 관리 시스템

[pt] sistema inteligente de gestão predial

[ru] система интеграции из подсистем в «интеллигентном» здании

[es] sistema de gestión de edificios inteligentes

63317 智慧楼宇管控系统

[ar] نظام إشراف وتحكم ذكي للعمارة

[en] control system in a smart building

[fr] système de gestion et de contrôle du bâtiment smart

[de] Smart-Gebäudemanagementsystem

[it] sistema di gestione intelligente dei palazzi

[jp] スマートビルマネジメントシステム

[kr] 스마트 빌딩 관리 및 제어 시스템

[pt] sistema de gestão de prédios inteligentes

[ru] контрольная система в умном здании

[es] sistema de gestión y control de edificios inteligentes

63318 建筑设备管理系统

[ar] نظام إدارة تجهيزات المباني

[en] building management system (BMS)

[fr] système de gestion des équipements dans le bâtiment

[de] Gebäudeanlagenmanagementsystem

[it] sistema di controllo e gestione per edifici

[jp] ビルディングマネジメントシステム

[kr] 건축 설비 관리 시스템

[pt] Sistema da Gestão Predial

[ru] система управления зданиями

[es] sistema de gestión de edificios

63319 智能小区管理系统

[ar] نظام ذكي لإدارة الأحياء السكنية

[en] smart neighborhood management system

[fr] système de gestion du quartier intelligent

[de] intelligentes Wohnbezirksmanagementsystem

[it] sistema di gestione intelligente di quartiere

[jp] インテリジェント住宅管理システム

[kr] 스마트 주거 단지 관리 시스템

[pt] sistema de gestão de conjunto habitacional inteligente

[ru] система управления умным микрорайоном

[es] sistema de gestión de vecindarios inteligentes

63320 智能建筑设计标准

[ar] معايير تصميم ذكي للمبنى

[en] standard for design of intelligent buildings

[fr] norme de conception du bâtiment intelligent

[de] Designnormen für intelligentes Gebäude

[it] standard progettuali per edificio intelligente

[jp] インテリジェントビル設計基準

[kr] 스마트 건축 디자인 표준

[pt] padrões de projeto para edifícios inteligentes

[ru] стандарт проектирования интеллектуального здания

[es] normativas de diseño para edificios inteligentes

6.3.4 智能环保

[ar] النظام الذكي لحماية البيئة

[en] **Intelligent Environmental Protection**

[fr] **Protection de l'environnement intelligente**

[de] **Intelligenter Umweltschutz**

[it] **Protezione ambientale intelligente**
[jp] インテリジェントな環境保護
[kr] 스마트 환경보호
[pt] **Proteção Ambiental Inteligente**
[ru] **Интеллектуальная охрана окружающей среды**
[es] **Protección Medioambiental Inteligente**

63401 智慧气象

[ar] نظام ذكي الأرصاد الجوية
[en] smart weather service
[fr] météorologie intelligente
[de] intelligente Meteorologie
[it] meteorologia intelligente
[jp] スマート気象
[kr] 스마트 기상
[pt] meteorologia inteligente
[ru] умная метеорология
[es] meteorología inteligente

63402 智慧能源

[ar] نظام ذكي للطاقة
[en] smart energy service
[fr] énergie intelligente
[de] intelligente Energie
[it] energia intelligente
[jp] スマートエネルギー
[kr] 스마트 에너지
[pt] energia inteligente
[ru] умная энергия
[es] energía inteligente

63403 智慧水务

[ar] نظام ذكي لإمداد المياه
[en] smart water management
[fr] gestion intelligente de l'eau
[de] intelligentes Wassermanagement
[it] gestione intelligente dell'acqua
[jp] スマート水管理
[kr] 스마트 물 관리 업무

[pt] gestão inteligente da água
[ru] умное управление водным хозяйством
[es] gestión inteligente del agua

63404 智能电网

[ar] شبكة كهربائية ذكية
[en] smart grid
[fr] réseau électrique intelligent
[de] intelligentes Stromnetz
[it] rete elettrica intelligente
[jp] スマートグリッド
[kr] 스마트 전력망
[pt] rede de electricidade inteligente
[ru] умная электросеть
[es] red eléctrica inteligente

63405 智慧水厂

[ar] محطة ذكية لمعالجة المياه
[en] intelligent water treatment plant
[fr] usine de traitement d'eau intelligente
[de] intelligentes Wasserwerk
[it] impianto di trattamento delle acque intelligente
[jp] スマート水工場
[kr] 스마트 정수장
[pt] estação de tratamento de água inteligente
[ru] интеллектуальная водопроводная станция
[es] planta de tratamiento inteligente de aguas

63406 智能回收机

[ar] آلة ذكية لإعادة التدوير
[en] smart recycling machine
[fr] machine de recyclage intelligente
[de] intelligente Wiederverwendungsmaschine
[it] macchina di riciclaggio intelligente
[jp] スマート回収機
[kr] 스마트 회수기
[pt] máquina de reciclagem inteligente

6.3

[ru] умный утилизатор

[es] máquina de reciclaje inteligente

63407 智能风电场

[ar] محطة ذكية لتوليد الكهرباء بالرياح

[en] intelligent wind farm

[fr] parc éolien intelligent

[de] intelligenter Windkraftswerk

[it] parco eolico intelligente

[jp] インテリジェント風力発電所

[kr] 스마트 풍력 발전소

[pt] parque eólico inteligente

[ru] интеллектуальная ветровая электростанция

[es] parque eólico inteligente

63408 智能光伏发电站

[ar] محطة كهروضوئية ذكية

[en] intelligent photovoltaic power station

[fr] centrale photovoltaïque intelligente

[de] intelligentes Photovoltaik-Kraftwerk

[it] centrale elettrica fotovoltaica intelligente

[jp] インテリジェント太陽光発電所

[kr] 스마트 태양광 발전소

[pt] central fotovoltaica inteligente

[ru] интеллектуальная фотоэлектрическая электростанция

[es] central eléctrica fotovoltaica inteligente

63409 智能垃圾分类

[ar] نظام ذكي لتصنيف المخلفات

[en] smart garbage sorting

[fr] tri des déchets intelligent

[de] intelligente Mülltrennung

[it] raccolta differenziata intelligente

[jp] スマートゴミ分別

[kr] 스마트 쓰레기 분류

[pt] triagem de resíduos inteligente

[ru] умная сортировка отходов

[es] calificación inteligente de residuos

63410 互联网种树

[ar] تشجير عبر الإنترنت

[en] tree-planting via Internet

[fr] plantation d'arbres par Internet

[de] Baumpflanzschema via Internet

[it] rimboschimento via Internet

[jp] インターネットによる植樹

[kr] 인터넷 식림

[pt] iniciativa plantação-árvore através da Internet

[ru] схема посадки деревьев через Интернет

[es] esquema de plantación de árboles por Internet

63411 智慧储能

[ar] تكنولوجيا تخزين ذكي للطاقة

[en] intelligent energy storage

[fr] gestion intelligente de l'énergie

[de] intelligente Energiespeicherung

[it] accumulo di energia intelligente

[jp] スマートエネルギー貯蔵

[kr] 스마트 에너지 축적

[pt] armazenamento inteligente de energia

[ru] интеллектуальное накопление энергии

[es] almacenamiento inteligente de energía

63412 智慧用能

[ar] نظام ذكي لاستخدام الطاقة

[en] intelligent energy consumption

[fr] consommation énergétique intelligente

[de] intelligenter Energieverbrauch

[it] consumo di energia intelligente

[jp] スマートエネルギー消費

[kr] 스마트 에너지 사용

[pt] consumo inteligente de energia

[ru] интеллектуальное использование энергии

[es] consumo inteligente de energía

63413 生态环境监测网络

[ar] شبكة رصد البيئة الأيكولوجية

[en] environment monitoring network

[fr] réseau de surveillance de l'environnement écologique

[de] Überwachungsnetzwerk der ökologischen Umwelt

[it] rete di monitoraggio ambientale ecologico

[jp] 生態環境モニタリングネットワーク

[kr] 생태 환경 모니터링 네트워크

[pt] rede de monitoramento ambiental ecológico

[ru] сеть мониторинга окружающей среды

[es] red de monitoreo del entorno ecológico

63414 污染源全生命周期管理

[ar] إدارة دورة الحياة الكاملة لمصدر التلوث

[en] full-lifecycle management of pollution sources

[fr] gestion du cycle de vie complet des sources de pollution

[de] vollständiges Lebenszyklus-Management der Verschmutzungsquelle

[it] gestione completa del ciclo di vita delle fonti di inquinamento

[jp] 汚染源のフルライフサイクル管理

[kr] 오염원 풀 라이플 사아클 관리

[pt] gestão do ciclo de vida completo da fonte de poluição

[ru] управление полным жизненным циклом источника загрязнения

[es] gestión del ciclo de vida completo de las fuentes de contaminación

63415 智能化业务环境监督管理平台

[ar] منصة الرقابة والإدارة الذكية لبيئة الأعمال

[en] intelligent platform for environment supervision and management

[fr] plate-forme intelligente de supervision de la gestion de l'environnement

[de] intelligente Plattform für die Umweltüberwachung und -verwaltung

[it] piattaforma di supervisione e gestione dell'ambiente aziendale intelligente

[jp] インテリジェント事業環境監督管理プラットフォーム

[kr] 스마트화 업무 환경 감독 관리 플랫폼

[pt] plataforma de gestão e supervisão inteligente do ambiente

[ru] интеллектуальная платформа надзора и управления природоохраной

[es] plataforma inteligente de gestión y supervisión del entorno empresarial

63416 环境信息智能分析系统

[ar] نظام تحليل ذكي للمعلومات البيئية

[en] intelligent analysis system of environmental information

[fr] système d'analyse intelligent des informations sur l'environnement

[de] intelligentes Analysesystem für Umweltinformation

[it] sistema intelligente di analisi di informazione ambientale

[jp] インテリジェント環境情報分析システム

[kr] 환경 정보 지능적 분석 시스템

[pt] sistema de Análise Inteligente da Informação Ambiental

[ru] интеллектуальная система анализа экологической информации

[es] sistema de análisis inteligente de información medioambiental

63417 环境质量管理公共服务系统

[ar] نظام الخدمة العامة لإدارة الجودة البيئية

[en] public service system for environmental quality management

[fr] système de services publics pour la gestion de la qualité environnementale

[de] öffentliches Dienstleistungssystem für

das Umweltqualitätsmanagement
[it] sistema di servizio pubblico per la gestione della qualità ambientale
[jp] 環境品質管理の公共サービスシステム
[kr] 환경 품질 관리 공공 서비스 시스템
[pt] sistema dos serviços públicos para gestão da qualidade ambiental
[ru] система общественного обслуживания для управления качеством окружающей среды
[es] sistema de servicios públicos para la gestión de la calidad medioambiental

63418　企业污染物排放在线监测系统
[ar] نظام المراقبة على الإنترنت لتصريف ملوثات الشركات
[en] online monitoring system of pollutant emission by enterprises
[fr] système de surveillance en ligne des émissions par les entreprises de matières polluantes
[de] Online-Überwachungssystem für Schadstoffemission von Unternehmen
[it] sistema di monitoraggio online delle emissioni inquinanti da parte delle imprese
[jp] 企業汚染物排出オンラインモニタリングシステム
[kr] 기업 오염물 배출 온라인 모니터링 시스템
[pt] sistema de monitorização online das emissões de poluentes pelas empresas
[ru] система онлайнового контроля выбросов загрязняющих веществ предприятиями
[es] sistema de monitoreo en línea de emisiones contaminantes por parte de empresas

63419　全过程智能水务管理系统
[ar] نظام ذكي لإدارة المياه بكامل الحلقات

[en] full-process intelligent water management system
[fr] système intelligent de gestion complète de l'eau
[de] vollständiges intelligentes Wassermanagementsystem
[it] sistema completo di gestione intelligente dell'acqua
[jp] 全過程インテリジェント水管理システム
[kr] 전과정 스마트 물관리 시스템
[pt] sistema de gestão inteligente de água para o processo pleno
[ru] интеллектуальная система управления водным хозяйством полного цикла
[es] sistema inteligente de gestión del agua del proceso completo

63420　饮用水安全电子监控系统
[ar] نظام المراقبة الإلكترونية لسلامة مياه الشرب
[en] electronic water safety monitoring system
[fr] système de surveillance électronique de la sécurité de l'eau potable
[de] elektronisches Überwachungssystem für Trinkwassersicherheit
[it] sistema di monitoraggio elettronico per la sicurezza dell'acqua portatile
[jp] 飲用水安全電子監視システム
[kr] 식수 안전 전자 모니터링 시스템
[pt] sistema de monitoramento electrónico para segurança da água potável
[ru] электронная система контроля безопасности питьевой воды
[es] sistema de monitorización electrónica de la calidad del agua potable

63421　环境大数据
[ar] بيانات ضخمة بيئية
[en] big data of environment
[fr] mégadonnées de l'environnement

[de] Umwelt-Big Data

[it] Big Data per l'ambiente

[jp] 環境ビッグデータ

[kr] 환경 빅데이터

[pt] big data ambiental

[ru] экологические большие данные

[es] Big Data del medio ambiente

63422 环保大数据

[ar] بيانات ضخمة لحماية البيئة

[en] big data of environmental protection

[fr] mégadonnées liées à la protection de l'environnement

[de] Umweltschutz-Big Data

[it] Big Data per la protezione ambientale

[jp] 環境保護ビッグデータ

[kr] 환경 보호 빅데이터

[pt] big data relacionado à protecção ambiental

[ru] большие данные по охране окружающей среды

[es] Big Data de la protección medioambiental

63423 水文大数据

[ar] بيانات ضخمة للهيدرولوجية

[en] big data of hydrology

[fr] mégadonnées hydrologiques

[de] Hydrologie-Big Data

[it] Big Data idrologici

[jp] 水文ビッグデータ

[kr] 수문 빅데이터

[pt] big data hidrológico

[ru] гидрологические большие данные

[es] Big Data de hidrología

63424 能源大数据

[ar] بيانات ضخمة للطاقة

[en] big data of energy

[fr] mégadonnées de l'énergie

[de] Energie-Big Data

[it] Big Data per l'energia

[jp] エネルギービッグデータ

[kr] 에너지 빅데이터

[pt] big data de energia

[ru] энергетические большие данные

[es] Big Data de energía

63425 矿业大数据

[ar] بيانات ضخمة للتعدين

[en] big data of mining

[fr] mégadonnées de l'industrie minière

[de] Bergbau-Big Data

[it] Big Data per industria mineraria

[jp] 鉱業ビッグデータ

[kr] 광업 빅데이터

[pt] big data de mineração

[ru] большие данные горной промышленности

[es] Big Data de minería

6.3.5 智能安防

[ar] نظام حماية الأمن الذكي

[en] **Smart Security**

[fr] **Système de sécurité intelligente**

[de] **Intelligentes Sicherheitsschutzsystem**

[it] **Sistema di salvaguardia intelligente**

[jp] **インテリジェント安全保護システム**

[kr] **스마트 보안**

[pt] **Sistema de Salvaguarda Inteligente**

[ru] **Интеллектуальная система безопасности**

[es] **Sistema Inteligente de Protección de Seguridad**

63501 治安防控

[ar] حفظ وضبط الأمن والنظام

[en] public security management

[fr] prévention et gestion des risques en sécurité civile

[de] Prävention und Kontrolle von Risiken der öffentlichen Sicherheit

[it] prevenzione e controllo dei rischi di pubblica sicurezza

[jp] 治安リスクの防止と管理

[kr] 치안 리스크 예방·통제

[pt] prevenção e controlo de riscos de segurança pública

[ru] предотвращение и контроль рисков общественной безопасности

[es] prevención y control de la seguridad pública

63502 平安城市

[ar] مدينة آمنة

[en] safe city

[fr] ville sûre

[de] sichere Stadt

[it] città sicura

[jp] 平安都市

[kr] 안전 도시

[pt] cidade segura

[ru] безопасный город

[es] ciudad segura

63503 雪亮工程

[ar] مشروع جماهيري لحفظ وضبط الأمن والنظام

[en] Xueliang ("Sharp Eye") Rural Security Project

[fr] projet Xueliang de sécurité des zones rurales

[de] Ländliches Sicherheitsprojekt Xueliang („Scharfes Auge")

[it] Progetto"Snow Brightness"

[jp] 雪亮プロジェクト

[kr] 쉐량(雪亮) 프로젝트

[pt] Projeto Xueliang

[ru] проект по обеспечению безопасности «Xueliang» (острый глаз)

[es] Xueliang, proyecto de vigilancia de seguridad en zonas rurales

63504 天网工程

[ar] مشروع سكاينيت

[en] Tianwang ("Skynet") Project

[fr] projet Skynet (système de surveillance)

[de] Skynet-Projekt

[it] Progetto Skynet

[jp] 天網プロジェクト

[kr] 스카이넷 프로젝트

[pt] Projeto Skynet

[ru] Проект «Tianwang» (небесная сеть)

[es] Proyecto de Skynet, un sistema de monitoreo

63505 公共舆情监测

[ar] مراقبة الرأي العام

[en] public opinion monitoring

[fr] surveillance de l'opinion publique

[de] Überwachung der öffentlichen Meinung

[it] monitoraggio dell'opinione pubblica

[jp] 世論の統計・把握

[kr] 공공 여론 모니터링

[pt] monitoramento da opinião pública

[ru] мониторинг общественного мнения

[es] monitoreo de la opinión pública

63506 公共安全大数据

[ar] بيانات ضخمة للسلامة العامة

[en] big data of public security

[fr] mégadonnées de sécurité publique

[de] Big Data der öffentlichen Sicherheit

[it] Big Data della sicurezza pubblica

[jp] 公衆安全のビッグデータ

[kr] 공공 안전 빅데이터

[pt] big data de segurança pública

[ru] большие данные общественной безопасности

[es] Big Data de seguridad pública

63507 公共安全风险防控

[ar] وقاية وسيطرة على مخاطر السلامة العامة

[en] public security risk prevention and

control

[fr] prévention et gestion des risques en sécurité publique

[de] Prävention und Kontrolle von Risiken der öffentlichen Sicherheit

[it] prevenzione e controllo dei rischi di sicurezza pubblica

[jp] 公衆安全リスクの予防と管理

[kr] 공공 안전 리스크 예방 및 제어

[pt] prevenção e controlo de riscos à segurança pública

[ru] предотвращение и контроль рисков общественной безопасности

[es] prevención y control de riesgos para la seguridad pública

63508 城市生态安全

[ar] أمن بيئة إيكولوجية حضرية

[en] urban ecological security

[fr] sécurité écologique urbaine

[de] städtische ökologische Sicherheit

[it] sicurezza ecologica urbana

[jp] 都市生態の安全

[kr] 도시 생태 안전

[pt] segurança ecologica urbana

[ru] городская экологическая безопасность

[es] seguridad ecológica urbana

63509 智慧食药

[ar] رقابة ذكية لسلامة الغذاء والدواء

[en] smart supervision of food and drug safety

[fr] surveillance intelligente de la sécurité sanitaire des aliments et des médicaments

[de] intelligente Überwachung der Lebensmittel- und Arzneimittelsicherheit

[it] cibo e farmaci intelligenti

[jp] スマート食品と医薬品

[kr] 스마트 식약

[pt] supervisão inteligente da segurança de

alimentos e medicamentos

[ru] разумный надзор за безопасностью пищевых продуктов и лекарств

[es] supervisión inteligente de la seguridad de alimentos y medicamentos

63510 食品药品安全大数据

[ar] بيانات ضخمة لسلامة الغذاء والدواء

[en] big data of food and drug safety

[fr] mégadonnées sur la sécurité sanitaire des aliments et des médicaments

[de] Big Data zur Lebensmittel- und Arzneimittelsicherheit

[it] Big Data della sicurezza alimentare e farmaceutica

[jp] 食品・医薬品安全のビッグデータ

[kr] 식품, 약품 안전 빅데이터

[pt] big data da segurança dos alimentos e dos medicamentos

[ru] большие данные о безопасности пищевых продуктов и лекарств

[es] Big Data de la seguridad de alimentos y medicamentos

63511 智慧食品安全监管平台

[ar] منصة الرقابة الذكية لسلامة الأغذية

[en] smart platform for food safety supervision

[fr] plate-forme intelligente de supervision de la sécurité alimentaire

[de] intelligente Plattform für die Überwachung der Lebensmittelsicherheit

[it] piattaforma di supervisione della sicurezza alimentare intelligente

[jp] スマート食品安全のモニタリングプ ラットフォーム

[kr] 스마트 식품 안전 감독 관리 플랫폼

[pt] plataforma inteligente de supervisão de segurança de alimentos

[ru] умная платформа контроля за безопасностью пищевых продуктов

6.3

[es] plataforma inteligente de supervisión de la seguridad alimentaria

63512　食品安全追溯系统
[ar] نظام تتبع سلامة الأغذية
[en] food traceability system
[fr] système de traçage de la sécurité alimentaire
[de] Rückverfolgungssystem der Lebensmittelsicherheit
[it] sistema di tracciabilità della sicurezza alimentare
[jp] 食品安全追跡システム
[kr] 식품 안전 추적 시스템
[pt] sistema de rastreabilidade da segurança alimentar
[ru] система отслеживания безопасности пищевых продуктов
[es] sistema de trazabilidad de la seguridad alimentaria

63513　射频识别标签
[ar] علامة تحديد التردد الراديوي
[en] RFID label
[fr] étiquette d'identification par radiofréquence
[de] RFID-Etikett
[it] etichetta RFID (di identificazione a radiofrequenza)
[jp] RFIDタグ
[kr] 무선 인식 라벨
[pt] etiqueta de identificação por radiofrequência
[ru] табличка радиочастотной идентификации
[es] etiqueta para identificación por radiofrecuencia

63514　政府应急管理平台
[ar] منصة إدارة حكومية للطوارئ
[en] government emergency management platform
[fr] plate-forme gouvernementale de gestion des urgences
[de] Notfallmanagementplattform der Regierung
[it] piattaforma di gestione delle emergenze del governo
[jp] 政府の緊急時対応管理プラットフォーム
[kr] 정부 응급 관리 플랫폼
[pt] plataforma de gestão de emergências do governo
[ru] правительственная платформа управления чрезвычайными ситуациями
[es] plataforma de gestión de emergencias del gobierno

63515　移动应急指挥平台
[ar] منصة قيادة متنقلة لمواجهة الطوارئ
[en] mobile emergency command platform
[fr] plate-forme mobile de commandement en cas d'urgence
[de] mobile Notfallkommandoplattform
[it] piattaforma di comando di emergenza mobile
[jp] モバイル緊急時指揮プラットフォーム
[kr] 모바일 응급 지휘 플랫폼
[pt] plataforma móvel de comando de emergência
[ru] мобильная система командования в чрезвычайных ситуациях
[es] plataforma de comando de emergencia móvil

63516　数字地震应急救灾
[ar] نظام إغاثة رقمية لكارثة الزلزال
[en] digital earthquake emergency relief
[fr] secours d'urgence numérique en cas de tremblement de terre
[de] digitale Erdbebenhilfe

[it] soccorso di emergenza digitale per terremoti

[jp] デジタル地震応急対策

[kr] 디지털 지진재해 응급 구조

[pt] resposta de emergência digital após terremoto

[ru] экстренная помощь в случае землетрясения при помощи цифровых технологий

[es] asistencia de emergencia digital de sismos

63517 地理信息系统(GIS)

[ar] نظام المعلومات الجغرافية GIS

[en] geographic information system (GIS)

[fr] système d'information géographique

[de] geografisches Informationssystem

[it] sistema di informazione geografica GIS

[jp] GIS 地理情報システム

[kr] GIS 지리 정보시스템

[pt] sistema de informação geográfica

[ru] географическая информационная система

[es] sistema de información geográfica

63518 情指联动指挥系统

[ar] نظام تكاملي استخباري – قيادي

[en] intelligence-based policing command system

[fr] système de commandement avec la coordination renseignement-commande

[de] nachrichtenbasiertes Polizeibefehlssystem

[it] sistema di comando di reazioni a catena

[jp] 情報指揮連動システム

[kr] 정보-명령 연동 지휘 시스템

[pt] sistema de comando de ligação de inteligência-comando

[ru] оперативная система взаимодействия разведки и командования

[es] sistema de comando de vigilancia basado

en inteligencia

63519 合成作战指挥系统

[ar] نظام قيادة مركّبة لمكافحة الجرائم

[en] joint operations command system

[fr] système de commande d'opération intégrée

[de] kollaboratives Kampfkommandosystem

[it] sistema di comando di conflitto sintetizzato

[jp] 合成作戦指揮システム

[kr] 합성 작전 지휘 시스템

[pt] sistema de comando do combate sintético

[ru] совместная оперативная система диспетчерования

[es] sistema de comando de combate sintético

63520 防灾减灾预报预警信息平台

[ar] منصة معلومات للتنبؤ والإنذار المبكر لوقاية الكوارث وتقليل خسائرها

[en] forecast and early warning platform for disaster prevention and mitigation

[fr] plate-forme d'alarme et de prévision pour la prévention et la réduction des catastrophes naturelles

[de] Vorhersage- und Frühwarnplattform für Katastrophenschutz und -minderung

[it] piattaforma di informazione per prevenzione, attenuazione, previsione e allarme tempestivo di disastro

[jp] 災害防止・災害軽減・予報警報情報プラットフォーム

[kr] 재해 방지 조기경보 플랫폼

[pt] plataforma de informação para prevenção, mitigação, previsão e alerta de desastres

[ru] информационная платформа для предотвращения стихийных бедствий, смягчения их последствий,

прогнозирования и раннего
предупреждения

[es] plataforma de información para

prevención, mitigación, pronóstico y
alertas tempranas de desastres

6.4　智慧社会

[ar]　المجتمع الذكي

[en]　**Smart Society**

[fr]　**Société intelligente**

[de]　**Intelligente Gesellschaft**

[it]　**Società intelligente**

[jp]　**スマート社会**

[kr]　**스마트 사회**

[pt]　**Sociedade Inteligente**

[ru]　**Умное общество**

[es]　**Sociedad Inteligente**

6.4.1　智慧医疗

[ar]　الرعاية الصحية الذكية

[en]　**Smart Healthcare**

[fr]　**Médecine intelligente**

[de]　**Intelligente Gesundheitsversorgung**

[it]　**Assistenza sanitaria intelligente**

[jp]　**スマート医療**

[kr]　**스마트 의료**

[pt]　**Cuidados de Saúde Inteligentes**

[ru]　**Умное здравоохранение**

[es]　**Servicio Médico Inteligente**

64101　人口健康信息平台

[ar]　منصة معلومات صحة السكان

[en]　population health information platform

[fr]　plate-forme d'information sur la santé de la population

[de]　Informationsplattform zur Bevölkerungsgesundheit

[it]　piattaforma di informazione sulla salute della popolazione

[jp]　人口健康情報プラットフォーム

[kr]　인구 건강 정보 플랫폼

[pt]　plataforma de informação de saúde da população

[ru]　информационная платформа для мониторинга здоровья населения

[es]　plataforma de información sanitaria de la población

64102　临床辅助决策支持系统

[ar]　نظام دعم اتخاذ القرار الإضافي السريري

[en]　clinical decision support system (CDSS)

[fr]　Système d'aide à la décision clinique

[de]　klinisches Entscheidungsunterstützungssystem

[it]　sistema di supporto nelle decisioni cliniche

[jp]　臨床意思決定支援システム

[kr]　임상 의사 결정 지원 시스템

[pt]　sistema de apoio à decisão clínica

[ru]　система поддержки клинических решений

[es]　sistema de soporte a las decisiones clínicas

64103　智能化医疗系统

[ar]　نظام ذكي للرعاية الصحية

[en]　intelligent medical service system

[fr] système médical intelligent

[de] intelligentes medizinisches System

[it] sistema sanitario intelligente

[jp] インテリジェント医療システム

[kr] 지능화 의료 시스템

[pt] sistema de saúde inteligente

[ru] интеллектуальная система здравоохранения

[es] sistema médico inteligente

64104 家庭健康系统

[ar] نظام الرعاية الصحية العائلية

[en] home health system

[fr] système de santé familiale

[de] Familiengesundheitssystem

[it] sistema di salute familiare

[jp] 家族健康システム

[kr] 가정 건강 시스템

[pt] sistema de saúde da família

[ru] система семейного здоровья

[es] sistema de salud familiar

64105 健康医疗大数据

[ar] بيانات ضخمة للرعاية الصحية

[en] healthcare big data

[fr] mégadonnées des soins médicaux

[de] Gesundheitswesen-Big Data

[it] Big Data di assistenza sanitaria

[jp] 健康医療ビッグデータ

[kr] 건강 의료 빅데이터

[pt] big data do serviço de saúde

[ru] большие данные здравоохранения

[es] Big Data de la salud

64106 基因检测大数据

[ar] بيانات ضخمة للاختبارات الجينية

[en] genetic testing big data

[fr] mégadonnées de l'identification génétique

[de] Gentest-Big Data

[it] Big Data di test genetici

[jp] 遺伝子検査ビッグデータ

[kr] 유전자 검측 빅데이터

[pt] big data dos testes genéticos

[ru] больших данных генетического тестирования

[es] Big Data de pruebas genéticas

64107 数字医院

[ar] مستشفى رقمي

[en] digital hospital

[fr] hôpital numérique

[de] digitales Krankenhaus

[it] ospedale digitale

[jp] デジタル病院

[kr] 디지털 병원

[pt] hospital digital

[ru] цифровая больница

[es] hospital digital

64108 智慧医院

[ar] مستشفى ذكي

[en] smart hospital

[fr] hôpital intelligent

[de] intelligentes Krankenhaus

[it] ospedale intelligente

[jp] スマート病院

[kr] 스마트 병원

[pt] hospital inteligente

[ru] умная больница

[es] hospital inteligente

64109 共享医院

[ar] مستشفى تشاركي

[en] shared hospital

[fr] hôpital partagé

[de] Sharing-Krankenhaus

[it] ospedale condiviso

[jp] 共有病院

[kr] 공유 병원

[pt] hospital partilhado

[ru] совместно используемая больница

[es] hospital compartido

64110 互联网医疗

[ar] نظام الرعاية الصحية على الإنترنت

[en] Internet healthcare

[fr] médecine en ligne

[de] Internet-Gesundheitswesen

[it] assistenza sanitaria su Internet

[jp] インターネット医療

[kr] 인터넷 의료

[pt] serviços de saúde na Internet

[ru] интернет-здравоохранение

[es] salud basada en Internet

64111 数字化医生

[ar] طبيب رقمي

[en] digital doctor

[fr] médecin numérique

[de] digitaler Arzt

[it] medico digitale

[jp] デジタル化ドクター

[kr] 디지털화 의사

[pt] médico digital

[ru] цифровой доктор

[es] médico digital

64112 电子病历

[ar] سجل طبي إلكتروني

[en] electronic medical record (EMR)

[fr] dossier médical électronique

[de] elektronische Krankengeschichte

[it] cartella clinica elettronica

[jp] 電子カルテ

[kr] 온라인 병력

[pt] histórico de saúde digital

[ru] электронная медицинская карта

[es] registro médico electrónico

64113 电子处方

[ar] وصفة طبية إلكترونية

[en] e-prescription

[fr] prescription électronique

[de] elektronisches Rezept

[it] prescrizione elettronica

[jp] 電子処方箋

[kr] 온라인 처방

[pt] prescrição digital

[ru] электронный рецепт

[es] receta electrónica

64114 电子健康档案

[ar] ملفات صحية إلكترونية

[en] electronic health record (EHR)

[fr] dossier de santé électronique

[de] elektronische Patientenakte

[it] archivio clinico elettronico

[jp] 電子健康記録

[kr] 전자 건강 기록

[pt] registro eletrónico de saúde

[ru] электронная медицинская история

[es] registro electrónico de salud

64115 居民健康卡

[ar] بطاقة الرعاية الصحية

[en] health card for residents

[fr] carte de santé de résident

[de] Bewohnersgesundheitskarte

[it] tessera sanitaria per residenti

[jp] 住民健康カード

[kr] 주민 건강 카드

[pt] cartão de saúde para os residentes

[ru] карточка здоровья для жителей

[es] tarjeta de salud para residentes

64116 精准医疗

[ar] علاج مستهدف

[en] precision medicine

[fr] médecine ciblée

[de] präzise Medizin

[it] medicina di precisione

[jp] 精密医療

[kr] 정밀화 의료

6.4

[pt] medicina de precisão

[ru] точная медицина

[es] tratamiento médico de precisión

64117 在线接诊

[ar] استقبال المريض للعلاج على الإنترنت

[en] online medical consultation

[fr] téléconsultation

[de] Online-ärztliche Beratung

[it] consulenza medica online

[jp] オンライン診察

[kr] 온라인 진료 상담

[pt] consulta médica online

[ru] медицинская консультация онлайн

[es] repuesta a las consultas de pacientes en línea

64118 互联网健康咨询

[ar] استشارة صحية عبر الإنترنت

[en] health consultation on Internet

[fr] conseil médical en ligne

[de] Online-Gesundheitsberatung

[it] consultazione di salute su Internet

[jp] インターネット上での健康相談

[kr] 인터넷 건강 문의

[pt] consulta de saúde pela Internet

[ru] консультация здравоохранения в Интернете

[es] consultas médicas en Internet

64119 网上预约分诊

[ar] حجز موعد طبي وترتيب عملية علاجية عبر الإنترنت

[en] online appointment and triage

[fr] prise de rendez-vous et tirage médical en ligne

[de] Online-Triage und -Reservation

[it] appuntamento online per il triage

[jp] 治療のネット予約・受付

[kr] 온라인 예약 진료 배정

[pt] marcação e triagem online

[ru] онлайн бронирование и сортировка

[es] cita médica para triaje en línea

64120 大数据病源追踪

[ar] تتبع مسببات مرضية حسب البيانات الضخمة

[en] big data-enabled epidemic tracking

[fr] traçage de source de maladie par les mégadonnées

[de] auf Big Data basierende Krankheits-quelleverfolgung

[it] tracciamento della malattia via Big Data

[jp] ビッグデータによる感染症の追跡調査

[kr] 빅데이터 질병 원인 추적

[pt] rastreamento de epidemias ativado por big data

[ru] отслеживание эпидемий на основе больших данных

[es] seguimiento de orígenes de epidemias basado en Big Data

64121 数字病理图像分析

[ar] تحليل رقمي لصورة الباثولوجيا

[en] analysis of digital pathological images

[fr] analyse graphique numérique de la pathologie

[de] Analyse des digitalen pathologischen Portraits

[it] analisi dell'immagine della patologia digitale

[jp] デジタル病理画像解析

[kr] 디지털 병리 화상 해석

[pt] Análise Digital de Imagens em Patologia

[ru] анализ цифровых патологических изображений

[es] análisis de imágenes de patología digital

6.4.2 智慧人社

[ar] النظام الذكي لإدارة الموارد البشرية والضمان الاجتماعي

[en] **Smart Social Services**

[fr] **Service social intelligent**

[de] **Intelligente Humanressourcen und**

soziale Sicherheit

[it] Servizi sociali intelligenti

[jp] スマート人社（中国の人的資源と社会保障部門の略称）

[kr] 스마트 사회 서비스

[pt] Serviços Inteligetes de Previdência Social

[ru] Умные социальные услуги

[es] Servicios Sociales Inteligentes

64201 互联网＋人社

[ar] إنترنت + إدارة الموارد البشرية والضمان الاجتماعي

[en] Internet Plus Human Resources and Social Security Initiative

[fr] initiative « ressources humaines et protection sociale Internet Plus »

[de] „Internet plus" Initiative für Humanressourcen und soziale Sicherheit

[it] risorse umane e sicurezza sociale nell'Internet plus

[jp] インターネットプラス人社

[kr] 인터넷+인력자원 및 사회보장

[pt] Iniciativa da Internet Plus Recursos Humanos e Previdência Social

[ru] Инициатива «Интернет Плюс» в области трудовых ресурсов и социального обеспечения

[es] recursos humanos y seguridad social en Internet Plus

64202 人社系统信息化

[ar] معلوماتية نظام إدارة الموارد البشرية والضمان الاجتماعي

[en] application of information technology in the social services system

[fr] Informatisation du système des ressources humaines et de la protection sociale

[de] Informatisierung des Systems der Humanressourcen und der sozialen Sicher-

heit

[it] informatizzazione del sistema di risorse umane e di sicurezza sociale

[jp] 人社システム情報化

[kr] 인력자원 및 사회보장 시스템 정보화

[pt] informatização do sistema de recursos humanos e previdência social

[ru] информатизация системы трудовых ресурсов и социального обеспечения

[es] informatización del sistema de recursos humanos y seguridad social

64203 社保卡持卡人员基础信息库

[ar] بنك المعلومات الأساسية لحامل بطاقة الضمان الاجتماعي

[en] basic information database for social security card holders

[fr] base de données d'informations sur les titulaires de la carte de la protection sociale

[de] Basisinformationsdatenbank für Inhaber von Sozialversicherungskarten

[it] database di informazione di base per titolari di tessera di sicurezza sociale

[jp] 社会保険カード所持者の基本情報データベース

[kr] 사회보장 카드 소유자 기초 정보 데이터베이스

[pt] banco de dados de informações básicas para titulares de cartão de previdência social

[ru] база данных основной информации владельцев карт социального обеспечения

[es] base de datos de información básica para titulares de tarjetas de seguridad social

64204 人社电子档案袋

[ar] محفظة إلكترونية لإدارة الموارد البشرية والضمان الاجتماعي

[en] e-portfolio of the Ministry of Human

6.4

Resources and Social Security

[fr] portefolio électronique du Ministère des Ressources humaines et de la Protection sociale

[de] E-Portfolio des Ministeriums für Humanressourcen und soziale Sicherheit

[it] e-portfolio del ministero delle risorse umane e della sicurezza sociale

[jp] 人社電子プロフィール

[kr] 인력자원 및 사회보장 전자 파일

[pt] portfólio eletrónico do administração de recursos humanos e previdência social

[ru] электронный портфель Министерства трудовых ресурсов и социального обеспечения

[es] archivos electrónicos de recursos humanos y seguridad social

64205 人社信用体系

[ar] نظام الائتمان للموارد البشرية والضمان الاجتماعي

[en] credit system of human resources and social security

[fr] système de crédit en matière des ressources humaines et de la protection sociale

[de] Kreditsystem für Humanressourcen und soziale Sicherheit

[it] sistema di credito delle risorse umane e sicurezza sociale

[jp] 人社信用システム

[kr] 인력자원 및 사회보장 신용 시스템

[pt] sistema de crédito de recursos humanos e previdência social

[ru] кредитная система трудовых ресурсов и социального обеспечения

[es] sistema de crédito de recursos humanos y seguridad social

64206 网上维权

[ar] حماية الحقوق عبر الإنترنت

[en] online rights protection

[fr] défense des droits en ligne

[de] Online-Rechtsschutz

[it] protezione dei diritti online

[jp] オンライン権利保護

[kr] 온라인 권익 보호

[pt] proteção de direitos online

[ru] защита прав онлайн

[es] protección de derechos en línea

64207 网上调解仲裁

[ar] نظام توسط وتحكيم عبر الإنترنت

[en] online mediation and arbitration

[fr] médiation et arbitrage en ligne

[de] Online-Mediation und Schiedsgerichtsbarkeit

[it] mediazione e arbitrato online

[jp] ネット調停・仲裁

[kr] 온라인 조정 중재

[pt] mediação e arbitragem online

[ru] онлайн-посредничество и арбитраж

[es] mediación y arbitraje en línea

64208 网上职业培训

[ar] تدريب مهني عبر الإنترنت

[en] online vocational training

[fr] formation professionnelle en ligne

[de] Online-Berufsausbildung

[it] formazione professionale online

[jp] オンライン職業訓練

[kr] 온라인 직업 훈련

[pt] formação profissional online

[ru] профессиональное онлайн-обучение

[es] formación vocacional en línea

64209 网上人才绿色通道

[ar] قناة خضراء لاستخدام الأكفاء على الإنترنت

[en] online green channel for talents

[fr] passage vert en ligne pour les talents

[de] Online-Grünkanal für Talente

[it] canale verde per talenti online

[jp] 人材のオンライングリーンチャンネル

[kr] 온라인 인재 녹색 채널

[pt] canal verde online para talentos

[ru] зеленый канал для талантов онлайн

[es] canal verde para talentos en línea

64210 网上劳动用工备案平台

[ar] منصة تسجيل العمالة على الإنترنت

[en] online platform for employment registration

[fr] plate-forme en ligne pour l'inscription à l'emploi

[de] Online-Plattform zur Stellenregistrierung

[it] piattaforma online per la registrazione dell'impiego

[jp] オンライン雇用就労登記プラットフォーム

[kr] 온라인 근로자 고용 등록 플랫폼

[pt] plataforma online para registro de emprego

[ru] онлайн-платформа для регистрации занятости

[es] plataforma en línea para registros de empleo

64211 网上参保证明

[ar] شهادة الاشتراك في التأمين على الإنترنت

[en] online insurance certificate

[fr] certificat d'assurance en ligne

[de] Online-Versicherungsschein

[it] certificato assicurativo online

[jp] オンライン保険加入証明書

[kr] 온라인 보험 가입 증명

[pt] certificado eletrônico de particpação de previdência social

[ru] онлайн страховой сертификат

[es] certificado de seguro en línea

64212 全民参保精准识别

[ar] مراجعة دقيقة لقاعدة بيانات جميع المشتركين في الضمان الاجتماعي

[en] accurate identification for universal social insurance coverage

[fr] identification précise de la participation universelle à l'assurance sociale

[de] präzise Identifizierung der allgemeinen Teilnahme an der Sozialversicherung

[it] identificazione accurata della previdenza sociale nazionale

[jp] 国民皆保険に対する的確な識別

[kr] 전민 보험 가입 정밀 식별

[pt] identificação precisa da participação universal na previdência social

[ru] точная идентификация универсального участия в социальном страховании

[es] identificación precisa de la participación universal en seguros sociales

64213 医保智能监控

[ar] نظام رقابة ذكية للتأمين الصحي

[en] intelligent monitoring for medical insurance

[fr] surveillance intelligente de l'assurance médicale

[de] intelligente Überwachung für Kranken-versicherung

[it] monitoraggio intelligente per l'assicurazione medica

[jp] 医療保険のインテリジェントモニタリング

[kr] 의료 보험 스마트 감독 관리

[pt] monitoramento inteligente para seguro médico

[ru] интеллектуальный мониторинг медицинского страхования

[es] monitoreo inteligente de seguros médicos

64214 劳动保障智能监察

[ar] نظام ذكي لمراقبة التأمين العمالي

[en] smart supervision of labor protection

[fr] surveillance intelligente pour la

protection du travail

[de] intelligente Überwachung für Arbeits-
sicherheit

[it] monitoraggio intelligente per la
sicurezza sul lavoro

[jp] 労働保障のインテリジェント監督

[kr] 근로 보장 지능형 감독 관리

[pt] monitoramento inteligente para proteção
do trabalho

[ru] интеллектуальный мониторинг
охраны труда

[es] monitoreo inteligente de la seguridad en
el trabajo

64215 网上购药结算支持

[ar] دعم تسوية حساب الأدوية عبر الإنترنت

[en] online pharmacy payment support

[fr] soutien au règlement de la vente des
médicaments en ligne

[de] Abrechnungsunterstützung des Online-
Arzneimittelseinkaufs

[it] supporto per il pagamento di farmaci
online

[jp] 薬品のオンライン購入決済サポート

[kr] 온라인 약물 구매 결산 지지

[pt] suporte online para liquidação de compra
de medicamentos

[ru] поддержка фармацевтических
расчетов онлайн

[es] soporte de liquidación de adquisición
farmacéutica en línea

64216 人力资源市场供求信息监测

[ar] رصد معلومات العرض والطلب لسوق الموارد
البشرية

[en] human resource supply-and-demand
information monitoring

[fr] suivi de l'information sur l'offre et la
demande du marché des ressources
humaines

[de] Überwachung von Angebots- und Nach-

fragedaten für den Personalmarkt

[it] monitoraggio delle informazioni sulla
domanda e sull'offerta per il mercato
delle risorse umane

[jp] 人的資源市場供給情報モニタリング

[kr] 인력자원 시장 공급 수요 정보 모니터링

[pt] monitoramento de informações de oferta
e demanda para o mercado de recursos
humanos

[ru] информационный мониторинг спроса
и предложения на рынке кадров

[es] monitoreo de la información de oferta
y demanda del mercado de los recursos
humanos

64217 就医一卡通

[ar] بطاقة طبية شاملة لجميع الحلقات

[en] all-in-one healthcare card

[fr] carte médicale multifonctionnelle

[de] All-in-One-Medizinkarte

[it] tessera sanitaria

[jp] オールインワンの医療カード

[kr] 통합 의료 카드

[pt] cartão médico tudo-em-um

[ru] медицинская карта «все в одном»

[es] tarjeta médica todo en uno

64218 失业预警

[ar] إنذار مبكر للبطالة

[en] unemployment early warning

[fr] alerte au chômage

[de] Frühwarnung vor Arbeitslosigkeit

[it] preallarme di disoccupazione

[jp] 失業予測警報

[kr] 실업 경보

[pt] alerta do desemprego

[ru] раннее предупреждение о безработице

[es] advertencia temprana de desempleo

64219 网上社会保险服务

[ar] خدمة التأمين الاجتماعي عبر الإنترنت

[en] online social insurance service

[fr] service d'assurance sociale en ligne

[de] Online-Sozialversicherungsdienst

[it] servizio di previdenza sociale online

[jp] オンライン社会保険サービス

[kr] 온라인 사회 보험 서비스

[pt] serviço de seguro social online

[ru] онлайн-услуги социального страхования

[es] servicio de seguros sociales en línea

64220 就业精准扶持

[ar] دعم مستهدف للتوظيف

[en] targeted employment assistance

[fr] soutien ciblé à l'emploi

[de] präzise Beschäftigungsunterstützung

[it] sostegno mirato all'occupazione

[jp] 的確な就業支援

[kr] 취업 정밀화 지원

[pt] suporte preciso ao emprego

[ru] адресная поддержка в трудоустройстве

[es] soporte de precisión al empleo

6.4.3 智慧文教

[ar] **الثقافة والتعليم الذكي**

[en] **Smart Culture and Education**

[fr] **Culture et éducation intelligentes**

[de] **Intelligente Kultur und Bildung**

[it] **Cultura e istruzione intelligenti**

[jp] **スマート文化・教育**

[kr] **스마트 문화 교육**

[pt] **Cultura e Educação Inteligente**

[ru] **Умная культура и образование**

[es] **Cultura y Educación Inteligentes**

64301 按需学习

[ar] تعلم حسب الطلب

[en] learning on demand

[fr] apprentissage à la demande

[de] Lernen auf Nachfrage

[it] apprendimento su richiesta

[jp] オンデマンドラーニング

[kr] 온 디맨드 러닝

[pt] aprendizagem conforme demanda

[ru] обучение по требованию

[es] aprendizaje bajo demanda

64302 微课程

[ar] محاضرات مصغرة

[en] micro lecture

[fr] micro-cours

[de] Mikrovortrag

[it] micro-lezione

[jp] マイクロレクチャー

[kr] 마이크로 커리큘럼

[pt] micra aula

[ru] микролекция

[es] micro curso

64303 慕课

[ar] دورات تدريبية مجانية مفتوحة واسعة الانتشار عبر الإنترنت

[en] MOOC

[fr] MOOC

[de] MOOC

[it] MOOC

[jp] ムーク（大規模公開オンライン講座）

[kr] 무크(慕课: 온라인 공개 수업)

[pt] MOOC

[ru] MOOC

[es] MOOC

64304 翻转课堂

[ar] حجرة درس مقلوبة

[en] flipped classroom

[fr] classe inversée

[de] umgedrehter Kurs

[it] classe capovolta

[jp] 反転授業

[kr] 역진행 수업

[pt] aula invertida

[ru] перевернутый класс

6.4

[es] curso invertido

64305 数字图书馆

[ar] مكتبة رقمية

[en] digital library

[fr] bibliothèque numérique

[de] digitale Bibliothek

[it] biblioteca digitale

[jp] デジタルライブラリー

[kr] 디지털 도서관

[pt] biblioteca digital

[ru] цифровая библиотека

[es] biblioteca digital

64306 数字档案馆

[ar] دار محظوظات رقمية

[en] digital archives

[fr] archives numériques

[de] digitales Archiv

[it] archivi digitali

[jp] デジタルアーカイブ

[kr] 디지털 기록 서류 보관소

[pt] arquivos digitais

[ru] цифровые архивы

[es] archivos digitales

64307 数字博物馆

[ar] متحف رقمي

[en] digital museum

[fr] musée numérique

[de] digitales Museum

[it] museo digitale

[jp] デジタルミュージアム

[kr] 디지털 박물관

[pt] museu digital

[ru] цифровой музей

[es] museo digital

64308 数字探究实验室

[ar] مختبر التحقيق الرقمي

[en] inquiry-oriented digital laboratory

[fr] laboratoire d'exploration numérique

[de] digitales Untersuchungslabor

[it] laboratorio d'indagine digitale

[jp] デジタル探究実験室

[kr] 디지털 탐구 실험실

[pt] laboratório de investigação digital

[ru] цифровая лаборатория,
ориентированная на научное
изыскание

[es] laboratorio de investigación digital

64309 智慧校园

[ar] حرم الجامعة الرقمي

[en] smart campus

[fr] campus intelligent

[de] intelligenter Campus

[it] campus intelligente

[jp] スマートキャンパス

[kr] 스마트 컴퍼스

[pt] campus inteligente

[ru] умный кампус

[es] campus inteligente

64310 无线校园

[ar] حرم الجامعة المزودة بالشبكة اللاسلكية

[en] wireless campus

[fr] campus sans fil

[de] drahtloser Campus

[it] campus senza fili

[jp] 無線キャンパス

[kr] 무선 캠퍼스

[pt] campus wireless

[ru] беспроводной кампус

[es] campus inalámbrico

64311 智慧教室

[ar] حجرة درس ذكية

[en] smart classroom

[fr] salle de classe intelligente

[de] intelligentes Klassenzimmer

[it] aula intelligente

[jp] スマート教室
[kr] 스마트 교실
[pt] sala de aula inteligente
[ru] умная аудитория
[es] aula inteligente

64312 智慧课堂
[ar] محاضرات ذكية
[en] smart class
[fr] classe intelligente
[de] intelligente Klasse
[it] classe intelligente
[jp] スマート授業
[kr] 스마트 수업
[pt] aula inteligente
[ru] умный класс
[es] clase inteligente

64313 在线课堂
[ar] محاضرات على الإنترنت
[en] online classroom
[fr] classe en ligne
[de] Online-Klassenzimmer
[it] aula online
[jp] オンライン教室
[kr] 온라인 수업
[pt] sala de aula online
[ru] онлайн-класс
[es] clase en línea

64314 互联网教育
[ar] تعليم عبر الإنترنت
[en] Internet education
[fr] éducation en ligne
[de] Internet-Bildung
[it] educazione su Internet
[jp] インターネット教育
[kr] 인터넷 교육
[pt] educação pela Internet
[ru] интернет-образование
[es] educación en Internet

64315 远程教育
[ar] تعليم عن بعد
[en] distance education
[fr] formation à distance
[de] Fernbildung
[it] educazione a distanza
[jp] 遠隔教育
[kr] 원격 교육
[pt] educção à distância
[ru] дистанционное обучение
[es] educación a distancia

64316 泛在教育
[ar] تعليم معمّم
[en] ubiquitous education
[fr] éducation omniprésente
[de] allgegenwärtige Bildung
[it] educazione omnipresente
[jp] ユビキタス教育
[kr] 유비쿼터스 교육
[pt] educação ubíqua
[ru] вездесущее образование
[es] educación ubicua

64317 智慧教学
[ar] تعليم ذكي
[en] smart teaching
[fr] enseignement intelligent
[de] intelligentes Unterrichten
[it] insegnamento intelligente
[jp] スマート教育
[kr] 스마트 교수 학습
[pt] educação inteligente
[ru] умное обучение
[es] docencia inteligente

64318 智慧学习
[ar] دراسة ذكية
[en] smart learning
[fr] apprentissage intelligent
[de] intelligentes Lernen

6.4

[it] apprendimento intelligente
[jp] スマート学習
[kr] 스마트 러닝
[pt] aprendizagem inteligente
[ru] умное обучение
[es] aprendizaje inteligente

64319 交互式学习

[ar] تعلم تفاعلي
[en] interactive learning
[fr] apprentissage interactif
[de] interaktives Lernen
[it] apprendimento interattivo
[jp] インタラクティブ学習
[kr] 상호작용적 학습
[pt] aprendizagem interativa
[ru] интерактивное обучение
[es] aprendizaje interactivo

64320 电子书包

[ar] حقيبة مدرسية إلكترونية
[en] e-schoolbag
[fr] cartable électronique
[de] elektronische Schultasche
[it] zainetto elettronico
[jp] 電子ランドセル
[kr] 전자 책가방
[pt] mochila digital
[ru] электронная школьная сумка
[es] mochila escolar electrónica

64321 教学机器人

[ar] روبوت تعليمي
[en] robot teacher
[fr] robot-enseignant
[de] Roboterlehrer
[it] insegnante robot
[jp] ロボット教師
[kr] 로봇교사
[pt] professor robô
[ru] учитель-робот

[es] maestro robótico

64322 终身电子学籍档案

[ar] أرشيف هوية طلابية إلكترونية على مدى الحياة
[en] electronic permanent student record
[fr] dossier électronique d'inscription scolaire à vie
[de] lebenslanges elektronisches Schulzuge-hörigkeitsachiv
[it] registro d'iscrizione scolastica elettrico a vita
[jp] 終身電子学籍プロフィール
[kr] 평생 전자 학적 파일
[pt] registro eletrónico de matrícula escolar vitalícia
[ru] пожизненная электронная запись о зачислении в школу
[es] registro electrónico de matrículas escolares de toda la vida

64323 网络文凭

[ar] شهادة تخرج شبكية
[en] online diploma
[fr] diplôme en ligne
[de] Online-Diplom
[it] diploma online
[jp] オンライン卒業証書
[kr] 온라인 학력증서
[pt] diploma online
[ru] онлайн-диплом
[es] diploma en línea

6.4.4 智慧安居

[ar] الإسكان الذكي
[en] **Smart Housing**
[fr] **Logement intelligent**
[de] **Intelligentes Wohnen**
[it] **Casa intelligente**
[jp] スマート住宅
[kr] 스마트 하우스
[pt] **Habitação Inteligente**

[ru] **Умное жилье**

[es] **Vivienda Inteligente**

64401 智慧家庭

[ar] أسرة ذكية

[en] home automation

[fr] maison intelligente

[de] intelligenter Haushalt

[it] domotica

[jp] ホームオートメーション

[kr] 스마트 홈

[pt] casa inteligente

[ru] домашняя автоматизация

[es] automatización doméstica

64402 数字家庭

[ar] أسرة رقمية

[en] digital home

[fr] maison numérique

[de] digitaler Haushalt

[it] casa digitale

[jp] デジタルホーム

[kr] 디지털 홈

[pt] casa digital

[ru] цифровой дом

[es] hogar digital

64403 智能服务机器人

[ar] روبوت خدمة ذكية

[en] smart service robot

[fr] robot de service intelligent

[de] intelligenter Serviceroboter

[it] robot di servizio intelligente

[jp] スマートサービスロボット

[kr] 스마트 서비스 로봇

[pt] robô inteligente de serviços

[ru] робот интеллектуальных услуг

[es] robot de servicio inteligente

64404 智能灯光控制

[ar] نظام تحكم ذكي للإضاءة

[en] smart lighting control

[fr] commande d'éclairage intelligente

[de] intelligente Lichtsteuerung

[it] controllo intelligente dell'illuminazione

[jp] スマート照明制御

[kr] 스마트 조명 제어

[pt] controlo inteligente de iluminação

[ru] интеллектуальное управление освещением

[es] control inteligente de la iluminación

64405 智能电器控制

[ar] نظام تحكم ذكي للأجهزة الكهربائية

[en] smart electrical apparatus control

[fr] commande des électroménagers intelligente

[de] intelligente elektrische Gerätesteuerung

[it] controllo intelligente degli apparecchi elettrici

[jp] スマート家電制御

[kr] 스마트 가전 제어

[pt] controlo inteligente de aparelhos elétricos

[ru] интеллектуальное управление бытовой техникой

[es] control inteligente de aparatos eléctricos

64406 安防监控系统

[ar] نظام مراقبة الأمن

[en] security surveillance and control system

[fr] système de surveillance et de contrôle de la sécurité

[de] Sicherheitsüberwachungs- und -kontroll-system

[it] sistema di controllo e sorveglianza della sicurezza

[jp] セキュリティ監視システム

[kr] 보안 모니터링 시스템

[pt] sistema de vigilância e controlo de segurança

[ru] система наблюдения и контроля

6.4

безопасности

[es] sistema de control y vigilancia de la
seguridad

64407 虹膜识别门禁

[ar] بطاقة مرور الباب عبر بصمة العين

[en] iris recognition access control

[fr] contrôle d'accès par iris

[de] Zugangskontrolle mit Iriserkennung

[it] controllo di accesso con riconoscimento
dell'iride

[jp] 虹彩認証出入管理

[kr] 홍채 인식 출입 관리

[pt] controlo de acesso por reconhecimento
de íris

[ru] контроль доступа по радужной
оболочке глаза

[es] puerta de reconocimiento de iris

64408 烟感探测器

[ar] مكشاف الدخان

[en] smoke detector

[fr] détecteur de fumée

[de] Rauchmelder

[it] rilevatore di fumo

[jp] 煙センサー

[kr] 연기 감지기

[pt] detector de fumo

[ru] детектор дыма

[es] detector de humo

64409 游戏化设计

[ar] تصميمات لوعبية

[en] gamification design

[fr] conception ludique

[de] Gamifizierung von Design

[it] progettazione della gamificazione

[jp] ゲーミフィケーションデザイン

[kr] 게임화 디자인

[pt] desenho de gamificação

[ru] дизайн геймификации

[es] diseño de gamificación

64410 智能厨房

[ar] مطبخ ذكي

[en] smart kitchen

[fr] cuisine intelligente

[de] intelligente Küche

[it] cucina intelligente

[jp] スマートキッチン

[kr] 스마트 주방

[pt] cozinha inteligente

[ru] умная кухня

[es] cocina inteligente

64411 智能卫浴

[ar] حمام ذكي

[en] smart bathroom

[fr] salle de bain intelligente

[de] intelligentes Badezimmer

[it] bagno intelligente

[jp] スマートバスルーム

[kr] 스마트 욕실

[pt] banheiro inteligente

[ru] умная ванная

[es] baño inteligente

64412 无线安防探测系统

[ar] نظام حفظ ومراقبة لاسلكي للأمن

[en] wireless security and surveillance system

[fr] système de sécurité et de surveillance
sans fil

[de] drahtloses Sicherheits- und Überwa-
chungssystem

[it] sistema di sicurezza e sorveglianza senza
fili

[jp] 無線セキュリティ感知システム

[kr] 무선 보안 탐측 시스템

[pt] sistema de segurança e vigilância sem
fio

[ru] беспроводная система безопастности
и наблюдения

[es] sistema inalámbrico de seguridad y vigilancia

64413 环境辅助生活技术

[ar] تكنولوجيا تكوين بيئة سريعة الاستجابة وصالحة للمعيشة

[en] ambient assisted living technology

[fr] technologie d'assistance à l'autonomie à domicile

[de] Technologie des umgebungunterstützten Wohnens

[it] tecnologia per gli ambienti di vita assistita

[jp] AAL 技術（アンビエントアシストリビング技術）

[kr] 환경 보조 생활 기술

[pt] tecnologia auxiliada para ambiente do cotidiano

[ru] технология обеспечения дома престарелых

[es] tecnología de vida asistida entorno ambiental

64414 地板跌倒报警器

[ar] جهاز الإنذار للوقوع على الأرض

[en] fall alarm

[fr] alarme de chute

[de] Sturzalarm

[it] allarme di caduta

[jp] 転倒検知警報装置

[kr] 낙상 경보기

[pt] alarme detecção de queda

[ru] сигнализация о падении

[es] alarma de caída

64415 分布式居家行为传感网络

[ar] شبكة الاستشعار الموزعة لسلوكيات الإقامة

[en] distributed home behavior sensor network

[fr] réseau distribué de capteurs de comportement à domicile

[de] verteiltes Heimverhalten-Sensornetzwerk

[it] rete distribuita di sensori di comportamento domestico

[jp] 分散型在宅行動センサーネットワーク

[kr] 분산형 재택 행위 센서 네트워크

[pt] rede de sensores de casa distribuída

[ru] распределенная сеть датчиков домашнего поведения

[es] red distribuida de sensores de comportamiento doméstico

64416 智能家具

[ar] أثاث ذكي

[en] smart furniture

[fr] meuble intelligent

[de] intelligentes Möbel

[it] mobili intelligenti

[jp] インテリジェント家具

[kr] 스마트 가구

[pt] móveis inteligentes

[ru] умная мебель

[es] mobiliario inteligente

64417 智能洁具

[ar] أدوات صحية ذكية

[en] smart sanitary ware

[fr] appareil sanitaire intelligent

[de] intelligente Sanitärarmaturen

[it] sanitari intelligenti

[jp] インテリジェント衛生陶器

[kr] 스마트 청결용품

[pt] louças sanitárias inteligentes

[ru] умная сантехника

[es] material sanitario inteligente

64418 健康监控器具

[ar] جهاز مراقبة الوضع الصحي

[en] health monitoring device

[fr] appareil de surveillance de santé

[de] Gesundheitsüberwachungsgerät

6.4

[it] dispositivo di monitoraggio della salute
[jp] 健康モニタリングデバイス
[kr] 건강 모니터링 기구
[pt] dispositivo de monitoramento de saúde
[ru] устройство контроля здоровья
[es] dispositivo de monitoreo de la salud

64419 家庭服务机器人
[ar] روبوتات الخدمة المنزلية
[en] household service robot
[fr] robot de service du foyer
[de] Haushaltsdienst-Robot
[it] robot domestico
[jp] 家庭用サービスロボット
[kr] 홈서비스 로봇
[pt] robôs domésticos
[ru] робот бытового обслуживания
[es] robótica para servicio doméstico

64420 智能小家电
[ar] جهاز كهربائي صغير ذكي
[en] smart small appliance
[fr] petit électroménager intelligent
[de] intelligentes kleines Elektrogerät
[it] piccolo elettrodomestico intelligente
[jp] スマート小型家電
[kr] 스마트 소형 가전
[pt] aparelho pequeno inteligente
[ru] умная бытовая техника
[es] pequeños aparatos inteligentes

6.4.5 智慧养老
[ar] **النظام الذكي لرعاية المسنين**
[en] **Smart Elderly Care**
[fr] **Service aux personnes âgées intelligent**
[de] **Intelligente Altenpflege**
[it] **Assistenza intelligente agli anziani**
[jp] **スマート養老**
[kr] **스마트 양로**
[pt] **Cuidado de Idosos Inteligente**

[ru] **Умный уход за пожилыми людьми**
[es] **Cuidado Inteligente a Personas Mayores**

64501 远程监护
[ar] مراقبة ورعاية عن بعد
[en] telemonitoring
[fr] télésurveillance médicale
[de] Fernüberwachung
[it] monitoraggio a distanza
[jp] 遠隔モニタリング
[kr] 원격 모니터링
[pt] monitoramento remoto
[ru] удаленное видеонаблюдение
[es] monitoreo remoto

64502 无介入看护
[ar] رعاية بدون تدخل
[en] non-interventional care
[fr] soin sans intervention
[de] nicht-interventionelle Betreuung
[it] cure non interventistiche
[jp] 無介入介護
[kr] 무개입 간호
[pt] cuidados não interventivos
[ru] неинтервенционная помощь
[es] cuidado no intervencional

64503 养老管家
[ar] نظام رعاية وإشراف المسنين
[en] elderly care app
[fr] application mobile pour le bien-être des personnes âgées
[de] Altenpflege-Haushälter (App)
[it] applicazione per l'assistenza agli anziani a domicilio
[jp] 養老管家（APP）
[kr] 양로 집사(APP)
[pt] aplicativo de cuidado a idosos
[ru] приложение по уходу за пожилыми
[es] una aplicación para el cuidado de

personas mayores

64504 "互联网+"养老
- [ar] إنترنت + رعاية المسنين
- [en] Internet Plus elderly care
- [fr] service aux personnes âgées Internet Plus
- [de] „Internet plus"Altenpflege
- [it] assistenza agli anziani basata sull'Internet plus
- [jp] 「インターネット＋」養老
- [kr] '인터넷+' 양로
- [pt] cuidado de idosos pela Internet Plus
- [ru] уход за пожилыми людьми «Интернет Плюс»
- [es] cuidado de personas mayores en Internet Plus

64505 智能看护
- [ar] رعاية ذكية
- [en] smart care
- [fr] soin intelligent
- [de] intelligente Pflege
- [it] cura intelligente
- [jp] スマート介護
- [kr] 스마트 간호
- [pt] cuidado inteligente
- [ru] умная забота
- [es] cuidado inteligente

64506 远程关爱
- [ar] رعاية عن بعد
- [en] remote care
- [fr] soin à distance
- [de] Fernpflege
- [it] assistenza a distanza
- [jp] 遠隔ケア
- [kr] 원격 케어(플랫폼 명칭)
- [pt] cuidado remoto
- [ru] дистанционная забота
- [es] cuidado remoto

64507 居家看护
- [ar] رعاية منزلية
- [en] home care
- [fr] soin à domicile
- [de] Heimpflege
- [it] cure domiciliari
- [jp] 在宅介護
- [kr] 재택 간호
- [pt] assistência médica domiciliar
- [ru] домашний уход
- [es] cuidado doméstico

64508 居家网络信息服务
- [ar] خدمة معلوماتية منزلية عبر شبكة الإنترنت
- [en] home network information service
- [fr] service de réseau d'information domestique
- [de] Heim-Internetsinformationsdienst
- [it] servizio informazioni sulla rete domestica
- [jp] ホームネットワーク情報サービス
- [kr] 홈 네트워크 정보 서비스
- [pt] serviço informático da rede domiciliar
- [ru] информационная услуга домашней сети
- [es] servicio de información en red doméstica

64509 医养结合
- [ar] اندماج بين الرعايتين الطبية والصحية
- [en] combination of medical and health care
- [fr] combinaison des services médicaux et des services aux personnes âgées
- [de] Kombination der medizinischen und gesundheitlichen Versorgung
- [it] combinazione di assistenza medica e sanitaria
- [jp] 医療と介護の連携
- [kr] 의료 양로 결합
- [pt] combinação de cuidados médicos e de saúde
- [ru] сочетание медицинской помощи и

6.4

здравоохранения

[es] combinación de cuidados sanitarios y
médicos

64510 智慧养老院

[ar] دار الرعاية الذكية للمسنين

[en] smart nursing home

[fr] maison de retraite intelligente

[de] intelligentes Pflegeheim

[it] casa di cura intelligente

[jp] スマート老人ホーム

[kr] 스마트 양로원(플랫폼 명칭)

[pt] lar inteligente de idosos

[ru] умный дом престарелых

[es] residencia inteligente

64511 虚拟养老院

[ar] دار الرعاية الافتراضية للمسنين

[en] virtual nursing home

[fr] maison de retraite virtuelle

[de] virtuelles Pflegeheim

[it] casa di cura virtuale

[jp] 仮想老人ホーム

[kr] 가상 양로원(플랫폼 명칭)

[pt] lar de idosos virtual

[ru] виртуальный дом престарелых

[es] residencia virtual

64512 居家养老服务网络

[ar] شبكة الخدمة المنزلية لرعاية المسنين

[en] home-based elderly care service network

[fr] réseau de service domestique aux
personnes âgées

[de] Altenpflege-Netzwerk zu Hause

[it] rete di assistenza domiciliare per anziani

[jp] 在宅養老サービスネットワーク

[kr] 재택 양로 서비스 네트워크

[pt] rede de serviço da assistência domiciliar
para os idosos

[ru] сеть обслуживания престарелых на
дому

[es] red de servicios para el cuidado
doméstico de personas mayores

64513 智慧健康养老服务网络

[ar] شبكة الخدمة الذكية للرعاية الصحية للمسنين

[en] intelligent healthcare and elderly care
service network

[fr] réseau de service médical et de service
aux personnes âgées intelligents

[de] Intelligentes Netzwerk für Gesundheits-
und Alterpflegeservice

[it] rete intelligente di assistenza sanitaria e
di assistenza agli anziani

[jp] スマート健康管理・高齢者介護のサー
ビスネットワーク

[kr] 스마트 건강 양로 서비스 네트워크

[pt] rede inteligente de serviços de saúde e
assistência a idosos

[ru] интеллектуальная сеть
здравоохранения и обслуживания
престарелых

[es] red inteligente de servicios para la
atención sanitaria y el cuidado de
personas mayores

64514 护理机器人

[ar] روبوت التمريض

[en] Ri-Man

[fr] robot humanoïde Ri-Man

[de] RI-MAN-Roboter

[it] Robot infermieristico Ri-Man

[jp] 介護ロボット

[kr] 간호 로봇

[pt] robô de cuidado Ri-Man

[ru] робот для кормления Ri-Man

[es] robot de cuidado

64515 陪聊机器人

[ar] روبوت الدردشة

[en] Chatbot

[fr] dialogueur

[de] Chatbot

[it] Chatbot

[jp] チャットボット

[kr] 챗봇

[pt] Chatbots

[ru] чат-бот

[es] bot de charla

64516 便携式健康监测设备

[ar] أجهزة محمولة للمراقبة الصحية

[en] portable health monitoring equipment

[fr] équipement de surveillance de santé portable

[de] tragbares Gesundheitsüberwachungsgerät

[it] apparecchiatura portatile di monitoraggio sanitario

[jp] 携帯式健康モニタリング装置

[kr] 휴대용 건강 모니터링 설비

[pt] equipamento portátil para monitoramento de saúde

[ru] портативное устройство для мониторинга здоровья

[es] equipos portátiles de monitoreo de la salud

64517 自助式健康检测设备

[ar] أجهزة الاختبارات الطبية ذاتية الخدمة

[en] self-service health testing equipment

[fr] équipement d'examen de santé en libre-service

[de] Selbstbedienungs-Gesundheitstestsgerät

[it] apparecchiatura di collaudo sanitario "fai da te"

[jp] セルフサービス式健康診断装置

[kr] 셀프 건강 검진 설비

[pt] equipamento de teste de saúde de autoatendimento

[ru] медицинское устройство самообслуживания

[es] equipos de pruebas de salud en régimen de autoservicio

64518 智能养老监护设备

[ar] جهاز المراقبة الذكي لرعاية المسنين

[en] intelligent elderly care monitoring equipment

[fr] équipement intelligent de surveillance médicale des personnes âgées

[de] intelligente Überwachungsgeräte für die Altenpflege

[it] apparecchiatura di monitoraggio intelligente per l'assistenza agli anziani

[jp] インテリジェントな高齢者介護装置

[kr] 스마트 양로 모니터링 설비

[pt] equipamento inteligente de monitoramento para os idosos

[ru] интеллектуальное устройство для наблюдения за пожилыми людьми

[es] equipos inteligentes de monitoreo para el cuidado de personas mayores

64519 为老服务商

[ar] مزوّد خدمة رعاية المسنين

[en] elderly care service provider

[fr] prestataire de service aux personnes âgées

[de] Altenpflegedienstleister

[it] fornitore di servizi di assistenza agli anziani

[jp] 高齢者向けサービス業者

[kr] 노인 서비스 업자

[pt] prestador de serviços de apoio e assistência aos idosos

[ru] поставщик услуг по уходу за пожилыми людьми

[es] proveedor de servicios de cuidados para personas mayores

64520 整合照料

[ar] نظام عناية معاد الهيكلة

[en] integrated care

6.4

[fr] soin intégré

[de] integrierte Pflege

[it] assistenza integrata

[jp] 統合的なケア

[kr] 통합 케어

[pt] cuidado integrado

[ru] комплексный уход

[es] cuidado integrado

6.4

6.5 全球网络治理

[ar] حوكمة الشبكة العالمية

[en] Global Network Governance

[fr] Gouvernance du réseau mondial

[de] Globale Netzwerk-Governance

[it] Gestione della rete globale

[jp] グローバルネットワークガバナンス

[kr] 글로벌 네트워크 거버넌스

[pt] Governação Global da Internet

[ru] Управление глобальной сетью

[es] Gobernanza de las Redes Globales

6.5.1 网络社群

[ar] الفئات الاجتماعية الشبكية

[en] Network Community

[fr] Cybercommunauté

[de] Netzwerk-Community

[it] Comunità di rete

[jp] ネットワークコミュニティ

[kr] 네트워크 커뮤니티

[pt] Rede-Comunidade

[ru] Сетевое сообщество

[es] Comunidad de Red

65101 网络社交

[ar] تواصل اجتماعي عبر الإنترنت

[en] networked social interaction

[fr] interaction sociale en ligne

[de] vernetzte soziale Interaktion

[it] interazione sociale in rete

[jp] ネット社交

[kr] 인터넷 소셜 활동

[pt] interação social em rede

[ru] сетевое социальное взаимодействие

[es] interacción social en la red

65102 网络社群营销

[ar] تسويق شبكي عبر الفئات الاجتماعية

[en] online community marketing

[fr] marketing communautaire en ligne

[de] Online-Community-Marketing

[it] commercio comunitario online

[jp] ネットワークコミュニティマーケティング

[kr] 네트워크 커뮤니티 마케팅

[pt] marketing da comunidade online

[ru] интернет-маркетинг сообщества

[es] mercadotecnia en comunidades en red

65103 虚拟人物

[ar] شخصية افتراضية

[en] virtual character

[fr] personnage virtuel

[de] virtueller Charakter

[it] personaggio virtuale

[jp] 仮想人物

[kr] 가상 인물

[pt] personagem virtual

[ru] виртуальный персонаж

[es] carácter virtual

65104　在线社区

[ar]　مجمعات سكنية شبكية

[en]　online community

[fr]　communauté en ligne

[de]　Online-Community

[it]　comunità online

[jp]　オンラインコミュニティー

[kr]　온라인 커뮤니티

[pt]　comunidade online

[ru]　онлайн-сообщество

[es]　comunidad en línea

65105　多元化身份认证体系

[ar]　نظام متعدد العناصر لتوثيق الهوية

[en]　diversified identity authentication system

[fr]　système d'authentification d'identité diversifiée

[de]　diversifiziertes Identitätsauthentifizie-rungssystem

[it]　sistema di autenticazione delle identità multiple

[jp]　多様化 ID 認証システム

[kr]　다원화 신분 인증 시스템

[pt]　sistema diversificado de autenticação de identidade

[ru]　диверсифицированная система аутентификации личности

[es]　sistema de autenticación de identidades diversificadas

65106　点对点网络

[ar]　شبكة ند للند

[en]　peer-to-peer network

[fr]　réseau en pair à pair

[de]　Peer-To-Peer

[it]　reti punto-punto

[jp]　P2P（ピアツーピア）ネットワーク

[kr]　P2P 네트워크

[pt]　Internet peer-to-peer

[ru]　одноранговая сеть

[es]　red entre iguales

65107　信用信息共享应用

[ar]　تطبيق تشارك المعلومات الائتمانية

[en]　shared credit information application

[fr]　application du partage d'information du crédit

[de]　Sharingsanwendung von Kreditinforma-tion

[it]　applicazione della condivisione delle informazioni sul credito

[jp]　信用情報の共有応用

[kr]　신용 정보 공유 응용

[pt]　aplicação de compartilhamento de informações de crédito

[ru]　совместное использование кредитной информации

[es]　plataforma de uso compartido de información de crédito

65108　密码边界

[ar]　حدود التشفير

[en]　cryptographic boundary

[fr]　limite cryptographique

[de]　Kryptographische Grenze

[it]　confine crittografico

[jp]　暗号化境界

[kr]　암호 경계

[pt]　limite criptográfico

[ru]　криптографическая граница

[es]　límite de contraseñas

65109　可信第三方

[ar]　طرف ثالث موثوق

[en]　trusted third party (TTP)

[fr]　tierce personne fiable

[de]　zuverlässiger Dritter

[it]　terza parte affidabile

[jp]　信頼できるサードパーティ

[kr]　제 3 신뢰 기관

[pt]　terceira parte confiável

[ru]　доверенная третья сторона

[es]　tercero de confianza

6.5

65110　数据新鲜性
[ar]　　نضارة البيانات
[en]　data freshness
[fr]　fraîcheur de données
[de]　Datenaktualität
[it]　aggiornamento dei dati
[jp]　データの鮮度
[kr]　데이터 신선성
[pt]　frescura de dados
[ru]　свежесть данных
[es]　frescura de datos

65111　排序融合算法
[ar]　　خوارزمية الفرز الاندماجي
[en]　rank aggregation algorithm
[fr]　algorithme d'hiérarchisation intégrée
[de]　Algorithmus zur Rangaggregation
[it]　algoritmo di ordinamento
[jp]　ランク・集約アルゴリズム
[kr]　정렬 융합 알고리즘
[pt]　algoritmo de agregação de posições
[ru]　алгоритм агрегирования рангов
[es]　algoritmo de agregación de rangos

65112　社会网络
[ar]　　شبكة اجتماعية
[en]　social network
[fr]　réseau social
[de]　soziales Netzwerk
[it]　rete sociale
[jp]　ソーシャルネットワーク
[kr]　소셜 네트워크
[pt]　rede social
[ru]　социальная сеть
[es]　red social

65113　对等共创生产
[ar]　　إنتاج الابتكار المشترك المتناظر
[en]　peer production
[fr]　co-production par les pairs
[de]　Peer-Produktion

[it]　coproduzione tra pari
[jp]　ピアプロダクション
[kr]　피어투피어 생산
[pt]　produção entre homólogos
[ru]　одноранговое производство
[es]　producción de pares

65114　技术社群
[ar]　　تجمعات اجتماعية تقنية
[en]　technical community
[fr]　communauté technique
[de]　technische Gemeinschaft
[it]　comunità tecnica
[jp]　技術コミュニティ
[kr]　기술 커뮤니티
[pt]　comunidade tecnologia
[ru]　техническое сообщество
[es]　comunidad técnica

65115　流量红利
[ar]　　أرباح التدفق
[en]　traffic bonus
[fr]　bonus de trafic
[de]　Verkehrsbonus
[it]　dividendo sul traffico
[jp]　トラフィックによるボーナス
[kr]　트래픽 보너스
[pt]　bônus de tráfego de média
[ru]　бонус трафика
[es]　bonos de tráfico

65116　脏话打分系统
[ar]　　نظام وضع علامة على الألفاظ الخادشة للحياء
[en]　Conversation AI
[fr]　système de détection des gros mots dans les conversations
[de]　Gesprächs-KI Google
[it]　Conversazione AI
[jp]　汚い言葉スコアリングシステム
[kr]　대화 평가 시스템
[pt]　Conversa de Inteligência Artificial

6.5

[ru] Разговорный искусственный
интеллект

[es] inteligencia artificial conversacional

65117 统一码联盟

[ar] اتحاد يونيكود

[en] Unicode Consortium

[fr] Consortium Unicode

[de] Unicode-Konsortium

[it] Consorzio unicode

[jp] ユニコードコンソーシアム

[kr] 통일 코드 연합

[pt] aliança Unicode Consortium

[ru] Консорциум Юникода

[es] Consorcio Unicode

65118 知识型社群

[ar] تجمعات معرفية

[en] knowledge community

[fr] communauté du savoir

[de] Wissensgemeinschaft

[it] comunità della conoscenza

[jp] 知識型コミュニティ

[kr] 지식형 커뮤니티

[pt] comunidade de conhecimentos

[ru] сообщество знаний

[es] comunidad de conocimiento

65119 行业垂直社群

[ar] تجمعات مهنية رأسية

[en] industry vertical community

[fr] communauté verticale d'industrie

[de] vertikale Branche-Gemeinschaft

[it] comunità verticale di settore

[jp] 業界別の縦型コミュニティ

[kr] 업계 전문 커뮤니티

[pt] comunidade industrial vertical

[ru] отраслевое вертикальное сообщество

[es] comunidad vertical de sectores

65120 社群经济

[ar] اقتصاد التجمعات الاجتماعية

[en] community economy

[fr] économie communautaire

[de] Community-Wirtschaft

[it] economia della comunità

[jp] コミュニティ経済

[kr] 커뮤니티 경제

[pt] economia comunitária

[ru] экономика сообщества

[es] economía comunitaria

65121 虚拟法庭

[ar] محكمة افتراضية

[en] virtual court

[fr] tribunal virtuel

[de] virtuelles Gericht

[it] tribunale virtuale

[jp] 仮想法廷

[kr] 가상 법정

[pt] tribunal virtual

[ru] виртуальный суд

[es] tribunal virtual

65122 法律体验社区

[ar] تجمعات قانونية تجربية

[en] legal service-equipped community

[fr] service juridique communautaire

[de] Rechtserfahrung-Gemeinschaft

[it] comunità di esperienza legale

[jp] 法律サービス体験型コミュニティ

[kr] 법률 체험 커뮤니티

[pt] comunidade de experiência jurídica

[ru] местное сообщество, представляющее
услуги юридического характера

[es] comunidad de experiencia legal

6.5.2 网络行为

[ar] سلوك الشبكة

[en] **Internet Behavior**

[fr] **Comportement sur Internet**

[de] **Internet-Verhalten**
[it] **Comportamento su Internet**
[jp] **インターネット上の行為**
[kr] **인터넷 행위**
[pt] **Comportamento na Internet**
[ru] **Поведение в Интернете**
[es] **Comportamiento en Internet**

65201 网民

[ar] رواد موقع الإنترنت
[en] netizen
[fr] internaute
[de] Netizen
[it] cittadini del cyberspazio
[jp] ネチズン
[kr] 네티즌
[pt] internautas
[ru] пользователь сети
[es] internauta

65202 网络身份

[ar] هوية الشبكة
[en] network identity (network ID)
[fr] identité numérique
[de] Netzwerk-Identität
[it] identità di rete
[jp] ネットワークID
[kr] 네트워크 신분
[pt] identidade na Internet
[ru] сетевой идентификатор
[es] identidad en la red

65203 网红

[ar] نجم الشبكة الاجتماعية
[en] social media influencer
[fr] influenceur
[de] sozialer Beeinflusser
[it] influencer
[jp] ネット有名人
[kr] 왕홍(网红)
[pt] influenciador de média social

[ru] влиятельные лица в социальных сетях
[es] influente en redes sociales

65204 网络成瘾

[ar] إدمان الإنترنت
[en] Internet addiction
[fr] cyberdépendance
[de] Internetsucht
[it] dipendenza da Internet
[jp] ネット中毒
[kr] 인터넷 중독
[pt] vício na Internet
[ru] интернет-зависимость
[es] adicción a Internet

65205 回音室效应

[ar] تأثير غرفة الصدى
[en] echo chamber effect
[fr] effet de chambre d'écho
[de] Echokammer-Effekt
[it] effetto camera dell'eco
[jp] エコーチャンバー効果
[kr] 반향실 효과
[pt] efeito da câmara de eco
[ru] эффект эхо-камеры
[es] efecto de cámara ecoica

65206 网络新型犯罪

[ar] جريمة سيبرانية حديثة الشكل
[en] new cybercrime
[fr] nouvelle cybercriminalité
[de] neue Internetkriminalität
[it] nuovo crimine informatico
[jp] 新型ネット犯罪
[kr] 신형 사이버 범죄
[pt] novo crime cibernético
[ru] новая киберпреступность
[es] nuevo crimen cibernético

65207 网络传销

[ar] تسويق هرمي على الإنترنت

6.5

[en] online pyramid scheme
[fr] vente pyramidale en ligne
[de] Online-Schneeballsystem
[it] schema piramidale online
[jp] オンラインマルチ商法
[kr] 온라인 다단계 마케팅
[pt] esquema de pirâmide online
[ru] схема онлайн-пирамиды
[es] esquema piramidal en línea

65208 网络脆弱性

[ar] ضعف الإنترنت
[en] network vulnerability
[fr] vulnérabilité de réseau
[de] Netzwerkanfälligkeit
[it] vulnerabilità della rete
[jp] ネットワークの脆弱性
[kr] 네트워크 취약성
[pt] vulnerabilidade de rede
[ru] сетевая уязвимость
[es] vulnerabilidad de red

65209 支付标记化

[ar] ترميز عملية الدفع
[en] payment tokenization
[fr] tokenisation de paiement
[de] Zahlungstokenisierung
[it] tokenizzazione del pagamento
[jp] 決済のトークン化
[kr] 결제 토큰화
[pt] tokenização de pagamento
[ru] токенизация платежа
[es] tokenización de pagos

65210 敏感信息全生命周期管理

[ar] نظام إدارة دورة حياة كاملة للمعلومات الحساسة
[en] full-lifecycle management of sensitive information
[fr] gestion du cycle de vie complet des informations sensibles
[de] vollständiges Lebenszyklus-Manage-

ment sensibler Informationen
[it] gestione completa del ciclo di vita delle informazioni sensibili
[jp] 機密情報ライフサイクル管理
[kr] 민감 정보 풀 라이프 사이클 관리
[pt] gestão do ciclo de vida completo de informações sensíveis
[ru] управление полным жизненным циклом чувствительной информации
[es] gestión de la información sensible del ciclo de vida completo

65211 安全可控身份认证

[ar] نظام مأمون وممكن ضبطه لتوثيق الهوية
[en] secure and controllable identity authentication
[fr] authentification d'identité sécurisée et contrôlable
[de] sichere und kontrollierbare Identitätsauthentifizierung
[it] autenticazione sicura e controllabile dell'identità
[jp] 安全制御可能なID 認証
[kr] 안전 및 통제 가능 신분 인증
[pt] autenticação de identidade segura e controlável
[ru] безопасная и контролируемая идентификация
[es] autenticación de identidad segura y controlable

65212 小世界现象

[ar] ظاهرة العالم الصغير
[en] small-world phenomenon
[fr] phénomène du petit monde
[de] Kleine-Welt-Phänomen
[it] fenomeno small-world
[jp] スモールワールド現象
[kr] 작은 세계 현상
[pt] fenômeno do Mundo Pequeno
[ru] явление маленького мира

6.5

[es] fenómeno de mundo pequeño

65213 拍卖理论

[ar] نظرية المزاد

[en] auction theory

[fr] théorie des enchères

[de] Auktionstheorie

[it] teoria delle aste

[jp] オークション理論

[kr] 경매 이론

[pt] Teoria do Leilão

[ru] теория аукциона

[es] teoría de subastas

65214 人脸识别线下支付安全应用

[ar] تطبيق مأمون لعملية الدفع بتقنية التعرف على الوجه

[en] secure application of face recognition in offline payment

[fr] application de paiement sécurisé hors ligne par reconnaissance faciale

[de] Sicherheitsapplikation der Gesichts-erkennung bei Offline-Zahlungen

[it] applicazione di sicurezza del riconoscimento facciale nel pagamento offline

[jp] 顔認証オフライン決済安全アプリ

[kr] 안면 인식 오프라인 결제 안전적 응용

[pt] aplicação de segurança do detecção facial no pagamento offline

[ru] безопасное использование распознавания лиц в оффлайн-платежах

[es] aplicaciones de seguridad del reconocimiento facial en pagos sin conexión

65215 虚拟运营商

[ar] مشغل اقتراضي للشبكة

[en] virtual network operator (VNO)

[fr] opérateur virtuel

[de] virtueller Netzbetreiber

[it] operatore di rete virtuale

[jp] 仮想ネットワークオペレータ

[kr] 가상 오퍼레이터

[pt] operador rede virtual

[ru] виртуальный оператор сети

[es] operador de red virtual

65216 网络安全防护意识与能力

[ar] وعي بأهمية حماية الأمن السيبراني والقدرة عليها

[en] cybersecurity awareness and ability

[fr] conscience et capacité de protection de la cybersécurité

[de] Bewusstsein und Fähigkeit des Cyber-sicherheitsschutzes

[it] consapevolezza e capacità di protezione della sicurezza informatica

[jp] サイバーセキュリティ意識と防御の能力

[kr] 네트워크 안전 보호 의식과 능력

[pt] consciência e capacidade de proteção da cibersegurança

[ru] осведомленность и способность по обеспечению кибербезопасности

[es] concienciación y capacidad de protección para la ciberseguridad

65217 数字痕迹

[ar] آثار رقمية

[en] digital trace

[fr] trace numérique

[de] digitale Spuren

[it] tracce digitali

[jp] データトレース

[kr] 디지털 흔적

[pt] traços digitais

[ru] цифровые следы

[es] rastros digitales

65218 键击行动主义

[ar] نزعة النقرة على المفتاح

[en] clicktivism

6.5

[fr] clictivisme
[de] Clicktivismus
[it] cliccativismo
[jp] クリックティビズム
[kr] 클릭티비즘
[pt] Cliquetivismo
[ru] кликтивизм
[es] clictivismo

65219 在线争议解决
[ar] تسوية المنازعات على الإنترنت
[en] online dispute resolution (ODR)
[fr] résolution des différends en ligne
[de] Online-Streitbeilegung
[it] risoluzione delle controversie online
[jp] オンライン紛争解決
[kr] 온라인 분쟁 해결
[pt] resolução de disputas online
[ru] урегулирование споров в режиме онлайн; онлайн-урегулирование споров
[es] resolución de disputas en línea

6.5.3 网络文化
[ar] ثقافة الإنترنت
[en] **Internet Culture**
[fr] **Cyberculture**
[de] **Internet-Kultur**
[it] **Cultura di Internet**
[jp] **ネット文化**
[kr] **인터넷 문화**
[pt] **Cultura da Internet**
[ru] **Интернет-культура**
[es] **Cultura de Internet**

65301 泛在媒体
[ar] وسائل الإعلام في كل مكان
[en] ubiquitous media
[fr] média omniprésent
[de] allgegenwärtige Medien
[it] media omnipresente

[jp] ユビキタスメディア
[kr] 유비쿼터스 매체
[pt] mídia ubíqua
[ru] вездесущие СМИ
[es] medios ubicuos

65302 机器创作
[ar] ابتكار الآلة
[en] machine creation
[fr] création assistée par ordinateur
[de] maschinengestützte Schöpfung
[it] creazione assistita da macchina
[jp] 機械創作
[kr] 기계 창조
[pt] criação automática
[ru] творчество с участием машины
[es] creación asistida por máquinas

65303 媒体内容智慧化生产
[ar] إنتاج ذكي لمحتوى الوسائل الإعلامية
[en] intelligent production of media content
[fr] production intelligente de contenu médiatique
[de] intelligente Produktion von Medieninhalten
[it] produzione intelligenti di contenuti multimediali
[jp] メディアコンテンツのインテリジェント生産
[kr] 미디어 콘텐츠 지능화 생산
[pt] produção inteligente de conteúdos midiáticos
[ru] интеллектуальное производство медиаконтента
[es] producción de contenido multimedia inteligente

65304 网络直播
[ar] بث شبكي مباشر
[en] live streaming
[fr] diffusion en direct en ligne

[de] Live-Streaming
[it] streaming in diretta
[jp] ライブストリーミング
[kr] 온라인 생방송
[pt] transmissão ao vivo
[ru] прямой эфир
[es] transmisión en vivo

65305 网络手游
[ar] ألعاب الجوال على الإنترنت
[en] online mobile game
[fr] jeu mobile en ligne
[de] Online-Handyspiel
[it] gioco mobile online
[jp] オンラインモバイルゲーム
[kr] 온라인 모바일 게임
[pt] jogo online para telemóvel
[ru] мобильные онлайн-игры
[es] juego para móviles en línea

65306 网络动漫
[ar] رسوم متحركة على الإنترنت
[en] online animation
[fr] animation en ligne
[de] Online-Anime
[it] animazione online
[jp] ネットワークアニメーション
[kr] 온라인 애니메이션
[pt] animação na rede
[ru] сетевая анимация
[es] animación en línea

65307 网络音乐
[ar] موسيقى على الإنترنت
[en] online music
[fr] musique en ligne
[de] Online-Musik
[it] musica online
[jp] ネット音楽
[kr] 온라인 뮤직
[pt] música online

[ru] онлайн-музыка
[es] música en línea

65308 网络视频
[ar] فيديو على الإنترنت
[en] online video
[fr] vidéo en ligne
[de] Online-Video
[it] video online
[jp] ネット動画
[kr] 온라인 동영상
[pt] vídeo online
[ru] онлайн-видео
[es] vídeo en línea

65309 网络短信产品和服务
[ar] منتجات وخدمات للرسالة القصيرة على الإنترنت
[en] online short message product and service
[fr] produit et service de SMS en ligne
[de] Online-SMS-Produkt und Service
[it] prodotto e servizio di SMS online
[jp] オンラインショートメッセージ製品と
サービス
[kr] 온라인 메시지 제품과 서비스
[pt] produto e serviço online de mensagens
curtas
[ru] онлайн-услуги коротких сообщений
[es] productos y servicios de mensajes cortos
en línea

65310 网络文化产业
[ar] صناعة ثقافة الإنترنت
[en] Internet culture industry
[fr] industrie de cyberculture
[de] Internet-Kulturindustrie
[it] industria della cultura di Internet
[jp] ネット文化産業
[kr] 인터넷 문화 산업
[pt] setor de cultura da Internet
[ru] индустрия интернет-культуры
[es] sector de cibercultura

6.5

65311　网络二次创作

[ar] إبداع ثانوي على الإنترنت

[en] online secondary creation

[fr] recréation en ligne

[de] Online-Sekundäre-Schöpfung

[it] creazione secondaria online

[jp] ネット二次創作

[kr] 네트워크 2 차 창작

[pt] criação secundária online

[ru] вторичное создание онлайн

[es] adaptación en red

65312　网络视听经营服务

[ar] خدمة مزاولة الأعمال البصرية والسمعية على الإنترنت

[en] online audiovisual operating service

[fr] service d'exploitation audiovisuelle en ligne

[de] Netzwerk audiovisueller Betrieb

[it] servizio operativo audiovisivo online

[jp] ネット視聴覚コンテンツ経営サービス

[kr] 네트워크 시청 프로그램 마케팅 서비스

[pt] serviço de operações audiovisuais na rede

[ru] онлайновое аудиовизуальное обслуживание

[es] servicio de operaciones audiovisuales en la red

65313　网络流行语

[ar] تعابير شائعة على الإنترنت

[en] network buzzword

[fr] terme en vogue en ligne

[de] Netzwerk-Schlagwort

[it] gergo online

[jp] ネット流行語

[kr] 네트워크 유행어

[pt] chavões de rede

[ru] сетевые модные слова

[es] jerga de Internet

65314　草根文化

[ar] ثقافة شعبية

[en] grassroots culture

[fr] culture populaire

[de] Graswurzelkultur

[it] cultura della gente comune

[jp] 「草の根」文化

[kr] 소민 문화

[pt] cultura grassroots

[ru] массовая культура

[es] cultura de base

65315　互动仪式链

[ar] سلسلة الطقوس التفاعلية

[en] interaction ritual chain

[fr] chaîne rituel-interaction

[de] Interaktionsritualketten

[it] catene rituali interattivi

[jp] 相互行為儀式の連鎖

[kr] 상호작용 의례 사슬

[pt] Cadeias de Interação Ritual

[ru] цепь ритуального взаимодействия

[es] cadenas rituales de interacción

65316　网络迷因

[ar] ميم الإنترنت

[en] Internet meme

[fr] mème Internet

[de] Internetphänomen

[it] meme online

[jp] インターネット・ミーム

[kr] 인터넷 밈

[pt] Meme da Internet

[ru] интернет-мем

[es] meme en Internet

65317　网络公关

[ar] علاقات عامة على الإنترنت

[en] online public relations

[fr] relation publique en ligne

[de] Online-Öffentlichkeitsarbeit

[it] pubbliche relazioni online

[jp] オンライン広報

[kr] 네트워크 대중 홍보

[pt] relações públicas na rede

[ru] онлайн связи с общественностью

[es] relaciones públicas en la red

65318 网络推手

[ar] انتهازي الشبكة

[en] Internet marketer

[fr] cyberpromoteur

[de] Web-Marketer

[it] promotore online

[jp] ウェブハイパー

[kr] 인터넷 마켓터

[pt] hiper web

[ru] интернетовский маркетер

[es] ciberpromotor

65319 统一数据字典

[ar] معجم البيانات الموحد

[en] unified data dictionary

[fr] dictionnaire de données unifié

[de] einheitliches Datenwörterbuch

[it] dizionario dei dati unificati

[jp] 統一データ辞書

[kr] 통일 데이터 사전

[pt] dicionário de dados unificado

[ru] единый словарь данных

[es] diccionario de datos unificados

65320 数字版权

[ar] حقوق التأليف الرقمية

[en] digital copyright

[fr] droit d'auteur numérique

[de] digitales Urheberrecht

[it] diritto d'autore digitale

[jp] デジタル著作権

[kr] 디지털 저작권

[pt] direitos autorais digitais

[ru] авторское право в цифровом

пространстве

[es] copyright digital

65321 虚拟在场

[ar] وجود افتراضي

[en] virtual presence

[fr] présence virtuelle

[de] virtuelle Präsenz

[it] presenza virtuale

[jp] 仮想プレゼンス

[kr] 가상 출석

[pt] presença virtual

[ru] виртуальное присутствие

[es] presencia virtual

65322 契约行为

[ar] سلوك تعاقدي

[en] contractual behavior

[fr] comportement contractuel

[de] Vertragsverhalten

[it] comportamento contrattuale

[jp] 契約上の行為

[kr] 계약 행위

[pt] comportamento contratual

[ru] договорное поведение

[es] comportamiento contractual

65323 行为智能体

[ar] كائن ذكي سلوكي

[en] behavioral agent

[fr] agent comportemental

[de] Verhaltensmittel

[it] agente comportamentale

[jp] 行動エージェント

[kr] 행위 에이전트

[pt] agente comportamental

[ru] поведенческий агент

[es] agente conductual de computación

65324 信息网络传播权

[ar] حق النشر عبر شبكة المعلومات

6.5

[en] right to information dissemination through network

[fr] droit de diffusion de l'information en ligne

[de] Internet-Informationsverbreitungsrecht

[it] diritto alla diffusione attraverso la rete

[jp] 情報ネットワーク配布権

[kr] 정보 네트워크 홍보 전파권

[pt] direito de disseminação de informação através da rede

[ru] право на распространение информации через сеть

[es] derecho a la divulgación mediante redes

65325 网络意见领袖

[ar] قائد الرأي على الإنترنت

[en] Internet opinion leader

[fr] leader d'opinion sur Internet

[de] Internetschlüsselmeinungsführer

[it] opinion leader online

[jp] インターネットキーオピニオンリーダー

[kr] 인터넷 오피니언 리더

[pt] líder de opinião chave da Internet

[ru] лидер общественного мнения в интернете

[es] líder de opinión en Internet

65326 议题网络

[ar] شبكة قضايا مطروحة

[en] issue network

[fr] réseau de sujets de discussion

[de] Themennetz

[it] rete a tema

[jp] イシュー・ネットワーク

[kr] 이슈 네트워크

[pt] rede de assuntos

[ru] эмиссионная сеть

[es] red de temas

65327 网络舆情引导

[ar] توجيه الرأي العام على الإنترنت

[en] network public opinion guidance

[fr] orientation d'opinion publique en ligne

[de] Anleitung der öffentlichen Meinung im Internet

[it] guida dell'opinione pubblica online

[jp] ネットの世論誘導

[kr] 네트워크 여론 유도

[pt] orientação da opinião pública da rede

[ru] управление общественным мнением в интернете

[es] orientación de la opinión pública en la red

65328 网络伦理

[ar] أخلاقيات الإنترنت

[en] Internet ethics

[fr] cyberéthique

[de] Internet-Ethik

[it] etica online

[jp] インターネット倫理

[kr] 인터넷 윤리

[pt] ética na Internet

[ru] интернет-этика

[es] ética en Internet

65329 网络文明建设

[ar] بناء حضارة الشبكة

[en] build a sound environment in cyberspace

[fr] édification de la civilisation en ligne

[de] Aufbau der Netzwerk-Zivilisation

[it] costruzione di civiltà online

[jp] ネット文明建設

[kr] 네트워크 문명 건설

[pt] construção de civilização na rede

[ru] создание здорового киберпространства

[es] construcción de civilización en Internet

6.5

65330　良好网络生态

[ar]　　　　　　　　　　　بيئة شبكية صحية

[en]　healthy cyberspace ecology

[fr]　cyberespace sain

[de]　Gesunde Netzwerkökologie

[it]　ecologia della buona rete

[jp]　良好なネットワーク生態

[kr]　양호 네트워크 생태

[pt]　ecologia saudável da rede

[ru]　здоровая экология в
　　　　киберпространстве

[es]　ecología de redes saludables

6.5.4　网络传播

[ar]　　　　　أنشطة نشر المعلومات عبر الإنترنت

[en]　**Internet Communication**

[fr]　**Cybercommunication**

[de]　**Internet-Kommunikation**

[it]　**Comunicazione Internet**

[jp]　**インターネット通信**

[kr]　**네트워크 전파**

[pt]　**Comunicação na Internet**

[ru]　**Интернет-общение**

[es]　**Comunicación en Internet**

65401　微信

[ar]　　　　　　　　　　　ويشات

[en]　WeChat

[fr]　WeChat

[de]　WeChat

[it]　WeChat

[jp]　ウィーチャット

[kr]　위챗

[pt]　WeChat

[ru]　Вичат

[es]　WeChat

65402　微博

[ar]　　　　　　　　　　　ويبو

[en]　Weibo

[fr]　Weibo

[de]　Weibo

[it]　Weibo

[jp]　ウェイボー

[kr]　웨이보

[pt]　Weibo

[ru]　Микроблог

[es]　Weibo

65403　博客

[ar]　　　　　　　　　　　مدوّنة

[en]　blog

[fr]　blog

[de]　Blog

[it]　blog

[jp]　ブログ

[kr]　블로그

[pt]　Blog

[ru]　блог

[es]　blog

65404　维基百科

[ar]　　　　　　　　　　　ويكيبيديا

[en]　Wikipedia

[fr]　Wikipédia

[de]　Wikipedia

[it]　Wikipedia

[jp]　ウィキペディア

[kr]　위키백과

[pt]　Wikipédia

[ru]　Википедия

[es]　Wikipedia

65405　公众号

[ar]　　　　　　　　　　　حساب رسمي

[en]　official account

[fr]　compte officiel

[de]　offizielles Konto

[it]　conto ufficiale

[jp]　公式アカウント

[kr]　공식 계정

[pt]　Conta Oficial

6.5

[ru] официальный аккаунт

[es] cuenta oficial

65406 小程序

[ar] تطبيقات صغيرة

[en] applet

[fr] applets

[de] Applets

[it] mini-programma

[jp] ミニプログラム

[kr] 애플릿

[pt] Applet

[ru] апплет

[es] applet

65407 全球互通微波访问

[ar] بينيّة تشغيلية عالمية للولوج بالموجات الدقيقة

[en] Worldwide Interoperability for Microwave Access (WiMax)

[fr] interopérabilité mondiale des accès d'hyperfréquences

[de] Weltweite Interoperabilität für den Mikrowellenzugang

[it] Worldwide Interoperability for Microwave Access

[jp] ワイマックス

[kr] 와이맥스

[pt] Interoperabilidade Mundial para Acesso de Micro-Ondas

[ru] Глобальная совместимость для микроволнового доступа

[es] interoperabilidad global para acceso mediante microondas

65408 谷歌

[ar] جوجل

[en] Google

[fr] Google

[de] Google

[it] Google

[jp] グーグル

[kr] 구글

[pt] Google

[ru] Google

[es] Google

65409 脸书

[ar] فيسبوك

[en] Facebook

[fr] Facebook

[de] Facebook

[it] Facebook

[jp] フェイスブック

[kr] 페이스북

[pt] Facebook

[ru] Facebook

[es] Facebook

65410 推特

[ar] تغريد

[en] Twitter

[fr] Twitter

[de] Twitter

[it] Twitter

[jp] ツイッター

[kr] 트위터

[pt] Twitter

[ru] Twitter

[es] Twitter

65411 照片墙

[ar] إنستغرام

[en] Instagram

[fr] Instagram

[de] Instagram

[it] Instagram

[jp] インスタグラム

[kr] 인스타그램

[pt] Instagram

[ru] Instagram

[es] Instagram

6.5

65412 同班同学

[ar] أوكيسنيكي

[en] Odnoklassniki

[fr] Odnklassniki

[de] Odnoklassniki

[it] Odnklassniki

[jp] オドノクラスニキ

[kr] 오드노클라스니키

[pt] Odnklassniki

[ru] Одноклассники

[es] Odnklassniki

65413 米西

[ar] ميشي

[en] Mixi

[fr] Mixi

[de] Mixi

[it] Mixi

[jp] ミクシィ

[kr] 믹시

[pt] MiXi

[ru] Mixi

[es] Mixi

65414 赛博空间

[ar] فضاء إلكتروني

[en] cyberspace

[fr] cyberespace

[de] Cyberspace

[it] cyberspazio

[jp] サイバースペース

[kr] 사이버 공간

[pt] ciberespaço

[ru] киберпространство

[es] ciberespacio

65415 互动群落

[ar] تجمعات تفاعلية

[en] interactive community

[fr] communauté interactive

[de] interaktive Gemeinschaft

[it] comunità interattiva

[jp] インタラクティブなコミュニティ

[kr] 인터랙티브 커뮤니티

[pt] comunidade interactiva

[ru] интерактивное сообщество

[es] comunidad interactiva

65416 社区网络论坛

[ar] منتدى شبكة التجمعات السكنية

[en] community network forum

[fr] forum communautaire

[de] Community-Netzwerk-Forum

[it] forum della comunità in rete

[jp] コミュニティネットワークフォーラム

[kr] 커뮤니티 네트워크 포럼

[pt] fórum da rede comunitária

[ru] форум сети сообщества

[es] foro de redes comunitarias

65417 媒体大脑

[ar] دماغ وسائل الإعلام

[en] Media Brain (Xinhua News Agency)

[fr] Cerveau Média

[de] Medienhirn

[it] Cervello mediatico

[jp] メディアブレイン

[kr] 미디어 브레인

[pt] Mídia Cérebro

[ru] Медиа-мозг

[es] Cerebro Mediático

65418 交互式传播

[ar] تواصل تفاعلي

[en] interactive communication

[fr] communication interactive

[de] interaktive Kommunikation

[it] comunicazione interattiva

[jp] インタラクティブコミュニケーション

[kr] 대화식 전파

[pt] comunicação interactiva

[ru] интерактивное общение

6.5

[es] comunicación interactiva

[es] transmisión en vivo de asuntos del gobierno

65419 微传播

[ar] وسائل نشر المعلومات على أساس وسائط الإعلام الشخصية

[en] micro communication

[fr] micro-communication

[de] Mikrokommunikation

[it] microcomunicazione

[jp] マイクロコミュニケーション

[kr] 마이크로 전파

[pt] micropropagação

[ru] микрокоммуникация

[es] microcomunicación

6.5.5 网络空间秩序

[ar] نظام الفضاء السيبراني

[en] **Order in Cyberspace**

[fr] **Ordre dans le cyberespace**

[de] **Cyberspace-Ordnung**

[it] **Ordine nel cyber-spazio**

[jp] **サイバー空間秩序**

[kr] **사이버 공간 질서**

[pt] **Ordem no Ciberespaço**

[ru] **Порядок в киберпространстве**

[es] **Orden en el Ciberespacio**

65420 弹幕互动

[ar] تعليقات تفاعلية على محتويات الفيديو

[en] danmaku interaction

[fr] interaction par danmaku

[de] Bulletscreen-Interaktion

[it] interazione su danmaku

[jp] 弾幕で交流を行う

[kr] 실시간 댓글 소통

[pt] interação danmaku

[ru] данмаку взаимодействие

[es] interacción Danmaku

65501 数字外交

[ar] دبلوماسية رقمية

[en] digital diplomacy

[fr] diplomatie numérique

[de] digitale Diplomatie

[it] diplomazia digitale

[jp] デジタル外交

[kr] 디지털 외교

[pt] diplomacia digital

[ru] цифровая дипломатия

[es] diplomacia digital

65421 政务网络直播

[ar] بث مباشر للشؤون الحكومية

[en] live streaming of government services

[fr] diffusion en direct des affaires administratives

[de] Live-Streaming der Regierungsangele-genheiten

[it] streaming in diretta di servizi governativi

[jp] 政務ライブストリーミング

[kr] 정무 인터넷 생방송

[pt] transmissão ao vivo de serviços governamentais

[ru] прямая трансляция правительственных услуг

65502 网络政治

[ar] سياسة سيبرانية

[en] cyberpolitics

[fr] cyberpolitique

[de] Cyberpolitik

[it] cyber-politica

[jp] ネット政治

[kr] 사이버 정치

[pt] ciberpolítica

[ru] киберполитика

[es] política cibernética

65503 代码政治
[ar] سياسة الكود
[en] code politics
[fr] politique de code
[de] Code-Politik
[it] politica dei codici
[jp] コード政治
[kr] 코드 정치
[pt] política de código
[ru] политика кодекса
[es] políticas de código

65504 数字民主
[ar] ديمقراطية رقمية
[en] digital democracy
[fr] démocratie numérique
[de] digitale Demokratie
[it] democrazia digitale
[jp] デジタル民主
[kr] 디지털 민주
[pt] democracia digital
[ru] цифровая демократия
[es] democracia digital

65505 数字公共外交
[ar] دبلوماسية عامة رقمية
[en] digital public diplomacy
[fr] diplomatie publique numérique
[de] digitale öffentliche Diplomatie
[it] diplomazia pubblica digitale
[jp] デジタル公共外交
[kr] 디지털 공공 외교
[pt] diplomacia pública digital
[ru] цифровая публичная дипломатия
[es] diplomacia pública digital

65506 网络主权
[ar] سيادة سيبرانية
[en] cyber sovereignty
[fr] cybersouveraineté
[de] Cyber-Souveränität

[it] sovranità informatica
[jp] サイバー主権
[kr] 사이버 주권
[pt] soberania cibernética
[ru] киберсуверенитет
[es] soberanía cibernética

65507 国家数据主权
[ar] سيادة البيانات الوطنية
[en] national data sovereignty
[fr] souveraineté des données nationales
[de] nationale Datensouveränität
[it] sovranità nazionale dei dati
[jp] 国家データの主権
[kr] 국가 데이터 주권
[pt] soberania nacional dos dados
[ru] национальный суверенитет данных
[es] soberanía nacional de datos

65508 网络空间风险挑战
[ar] تحديات مخاطر يواجهها الفضاء السيبراني
[en] cyberspace risk challenge
[fr] défi du cyberespace
[de] Herausforderung der Cyberspace-Risiken
[it] sfida al rischio del cyber-spazio
[jp] サイバー空間のリスクチャレンジ
[kr] 사이버 공간 리스크 도전
[pt] desafio de risco do ciberespaço
[ru] риск и вызов в киберпространстве
[es] desafío de los riesgos en el ciberespacio

65509 网络空间敌对行动和侵略行径
[ar] أعمال عدائية وأعمال عدوانية في الفضاء السيبراني
[en] hostilities and acts of aggression in cyberspace
[fr] hostilité et acte d'agression dans le cyberespace
[de] Feindseligkeiten und Aggressionen im Cyberspace
[it] ostilità e atti di aggressione nel cyber-

6.5

spazio
[jp] サイバー空間の敵対行為と侵略行動
[kr] 사이버 공간 적대 행동과 침략 행위
[pt] hostilidades e atos de agressão no ciberespaço
[ru] враждебные и агресивные действия в киберпространстве
[es] hostilidad y agresiones en el ciberespacio

65510 网络空间军备竞赛
[ar] سباق التسلح في الفضاء السيبراني
[en] arms race in cyberspace
[fr] course aux armements dans le cyberespace
[de] Cyberspace-Wettrüsten
[it] corsa agli armamenti nel cyber-spazio
[jp] サイバー空間の軍備競争
[kr] 사이버 공간 군비 경쟁
[pt] corrida armamentista no ciberespaço
[ru] гонка вооружений в киберпространстве
[es] carrera armamentística en el ciberespacio

65511 网络空间军事冲突
[ar] نزاعات مسلّحة في الفضاء السيبراني
[en] armed conflict in cyberspace
[fr] conflit armé dans le cyberespace
[de] bewaffnete Konflikte im Cyberspace
[it] conflitti armati nel cyber-spazio
[jp] サイバー空間の軍事衝突
[kr] 사이버 공간 군사 충돌
[pt] conflito militar no ciberespaço
[ru] вооруженные конфликты в киберпространстве
[es] conflictos armados en el ciberespacio

65512 网络空间争端
[ar] نزاعات الفضاء السيبراني
[en] cyberspace dispute
[fr] différend dans le cyberespace
[de] Cyberspace-Streitigkeiten

[it] controversie sul cyber-spazio
[jp] サイバー空間の紛争
[kr] 사이버 공간 분쟁
[pt] disputa no ciberespaço
[ru] споры о киберпространстве
[es] disputas en el ciberespacio

65513 网络安全问题政治化
[ar] تسييس قضية الأمن السيبراني
[en] politicization of cybersecurity
[fr] politisation du problème de la cybersécurité
[de] Politisierung des Cybersicherheitsproblems
[it] politicizzazione del problema della sicurezza informatica
[jp] サイバーセキュリティ問題の政治化
[kr] 사이버 안전 문제 정치화
[pt] politização da questão da cibersegurança
[ru] политизация вопроса кибербезопасности
[es] politización de las cuestiones de ciberseguridad

65514 信息通信技术产品和服务供应链安全
[ar] أمن سلسلة التوريد للمنتجات والخدمات الخاصة بتكنولوجيا الاتصالات والمعلومات
[en] security for ICT product and service supply chain
[fr] sécurité de la chaîne d'approvisionnement de produit et de service de la technologie de l'information et des communications
[de] Sicherheit der Lieferkette für IKT-Produkte und -Dienstleistungen
[it] sicurezza della catena di fornitura per prodotti e servizi ICT
[jp] 情報通信技術製品とサービスサプライチェーンセキュリティ
[kr] 정보 통신 기술 제품과 서비스 공급 체인 안전

[pt] segurança de cadeia de suprimentos dos serviços e produtos de tecnologia da informação e comunicação

[ru] безопасность цепи поставок продуктов и услуг информационно-коммуникационных технологий

[es] seguridad de la cadena de suministros para productos y servicios de TIC

65515 网络空间国际规则制定

[ar] إعداد القواعد الدولية للفضاء السيبراني

[en] international rulemaking for cyberspace

[fr] élaboration de règles internationales pour le cyberespace

[de] internationale Regelsetzung für den Cyberspace

[it] regolamentazione internazionale per il cyber-spazio

[jp] サイバー空間に関する国際規則の制定

[kr] 사이버 공간 국제 규칙 제정

[pt] regulamentação internacional para ciberespaço

[ru] международное нормотворчество для киберпространства

[es] definición de reglas internacionales para el ciberespacio

65516 全球网络基础设施建设

[ar] بناء البنية التحتية للشبكة العالمية

[en] global network infrastructure construction

[fr] construction de cyberinfrastructure mondiale

[de] Aufbau der globalen Netzwerkinfrastruktur

[it] costruzione di infrastrutture per la rete globale

[jp] グローバルネットインフラ整備

[kr] 글로벌 네트워크 인프라 구축

[pt] construção de infraestrutura de rede global

[ru] построение глобальной сетевой инфраструктуры

[es] construcción de infraestructuras globales de red

65517 数据安全国际合作

[ar] تعاون دولي في مجال حماية أمن البيانات

[en] international cooperation in data security

[fr] coopération internationale en matière de sécurité de données

[de] internationale Datensicherheitszusammenarbeit

[it] cooperazione internazionale in materia di sicurezza dei dati

[jp] データセキュリティにおける国際協力

[kr] 데이터 안전 국제 협력

[pt] cooperação internacional de matéria de segurança dos dados

[ru] международное сотрудничество в области безопасности данных

[es] cooperación internacional en seguridad de datos

65518 跨境光缆

[ar] كابل الألياف الضوئية عبر الحدود

[en] cross-border optical fiber cable

[fr] câble de fibre optique transfrontalier

[de] grenzüberschreitendes Glasfaserkabel

[it] cavo in fibra ottica transfrontaliera

[jp] 越境光ファイバーケーブル

[kr] 크로스보더 광케이블

[pt] cabo de fibra óptica transfronteiriço

[ru] трансграничный волоконно-оптический кабель

[es] cable de fibra óptica transfronteriza

65519 国际海底光缆

[ar] كابل الألياف الضوئية البحرية العالمي

[en] international submarine cable

[fr] câble de fibre optique international sous-marin

6.5

[de] internationales Unterseekabel
[it] cavo sottomarino internazionale
[jp] 国際海底ケーブル
[kr] 국제 해저 케이블
[pt] cabo submarino internacional
[ru] международный подводный кабель
[es] cable submarino internacional

65520 全球网络空间治理体系
[ar] نظام حوكمة الفضاء السيبراني العالمي
[en] global cyberspace governance system
[fr] système de gouvernance du cyberespace mondial
[de] globales Cyberspace-Governance-System
[it] sistema globale di gestione del cyber-spazio
[jp] グローバルサイバー空間ガバナンスシステム
[kr] 글로벌 네트워크 공간 거버넌스 체계
[pt] sistema de governança global do ciberespaço
[ru] глобальная система управления киберпространством
[es] sistema de gobernanza del ciberespacio global

65521 无授权搭线窃听
[ar] تنصت غير مصرح به على المكالمات الهاتفية
[en] unauthorized wiretapping
[fr] écoutes téléphoniques sans autorisation
[de] unbefugtes Abhören
[it] intercettazione non autorizzata
[jp] 無許可回線盗聴
[kr] 무허가 도청
[pt] escutas telefónicas não autorizadas
[ru] несанкционированное прослушивание
[es] escuchas telefónicas sin autorización

65522 网络空间数据法律保护
[ar] حماية قانونية لبيانات الفضاء السيبراني

[en] legal protection of data in cyberspace
[fr] protection juridique des données dans le cyberespace
[de] Datenrechtsschutz im Cyberspace
[it] protezione legale dei dati nel cyber-spazio
[jp] サイバー空間データの法的保護
[kr] 사이버 공간 데이터 법률 보호
[pt] proteção legal de dados no ciberespaço
[ru] правовая защита данных в киберпространстве
[es] protección legal de datos en el ciberespacio

65523 《日内瓦原则宣言》
[ar] إعلان مبادئ جنيف
[en] Geneva Declaration of Principles
[fr] Déclaration de principes de Genève
[de] Genfer Grundsatzerklärung
[it] Dichiarazione dei principi di Ginevra
[jp] 「ジュネーブ基本宣言」
[kr] <제네바 원칙 선언>
[pt] Declaração de Princípios de Genebra
[ru] Женевская декларация принципов
[es] Declaración de Principios de Ginebra

65524 《信息社会突尼斯议程》
[ar] أجندة تونس لمجتمع المعلومات
[en] Tunis Agenda for the Information Society
[fr] Agenda de Tunis pour la société de l'information
[de] Tunis Agenda für die Informationsge-sellschaft
[it] Agenda di Tunisia per la società informatica
[jp] 「情報社会に関するチュニスアジェンダ」
[kr] <정보 사회 튀니지 어젠다>
[pt] Agenda de Tunes para a Sociedade Informática

6.5

[ru] Тунисская программа для
информационного общества

[es] Agenda de Túnez para la Sociedad de la
Información

65525 《互联网合作的未来——蒙得维的亚
声明》

[ar] مستقبل التعاون في مجال الإنترنت ـ بيان مونتيفيديو

[en] Montevideo Statement on the Future of
Internet Cooperation

[fr] Déclaration de Montevideo sur l'avenir
de la coopération pour l'Internet

[de] Erklärung von Montevideo zur Zukunft
der Internet-Zusammenarbeit

[it] Dichiarazione di Montevideo sul futuro
della cooperazione su Internet

[jp] 「今後のインターネット協力体制に関
するモンテビデオ声明」

[kr] <인터넷 협력의 미래 ― 몬테비디오 성
명>

[pt] Declaração de Montevidéu sobre o
Futuro da Cooperação na Internet

[ru] Заявление Монтевидео о будущем
сотрудничестве в сфере Интернета

[es] Declaración de Montevideo sobre el
Futuro de la Cooperación en Internet

6.5

7 大数据标准

[ar] معايير البيانات الضخمة

[en] **Big Data Standards**

[fr] **Normes des mégadonnées**

[de] **Big Data-Normen**

[it] **Standard di Big Data**

[jp] **ビッグデータ標準**

[kr] **빅데이터 표준**

[pt] **Padrões de Big Data**

[ru] **Стандарты больших данных**

[es] **Normas de Big Data**

7.1 标准化基础

[ar] أسس التوحيد القياسي

[en] **Standardization Basics**

[fr] **Base de normalisation**

[de] **Normungsbasis**

[it] **Base di standardizzazione**

[jp] 標準化基礎

[kr] 표준화 기초

[pt] **Base de Padronização**

[ru] **Основы стандартизации**

[es] **Base de Normalización**

7.1.1 标准化战略

[ar] استراتيجية التوحيد القياسي

[en] **Standardization Strategy**

[fr] **stratégie de normalisation**

[de] **Normungsstrategie**

[it] **Strategia della standardizzazione**

[jp] 標準化戦略

[kr] 표준화 전략

[pt] **Estratégia Padronizada**

[ru] **Стратегия стандартизации**

[es] **Estrategia de Normalización**

71101 中国标准 2035

[ar] معايير الصين 2035

[en] China Standards 2035

[fr] Normes chinoises 2035

[de] China Normen 2035

[it] Standard Cina 2035

[jp] 中国標準 2035

[kr] 중국 표준 2035

[pt] Normas da China 2035

[ru] Стандарты Китая 2035

[es] Estándares de China 2035

71102 《欧洲标准化联合倡议》

[ar] مبادرة مشتركة للتوحيد القياسي الأوروبى

[en] Joint Initiative on Standardization (EU)

[fr] Initiative européenne conjointe pour la normalisation (UE)

[de] Gemeinsame Normungsinitiative (EU)

[it] Iniziativa congiunta sulla standardizzazione (UE)

[jp] 「標準化に関する共同イニシアチブ」（EU）

[kr] <유럽 표준화 공동 이니셔티브>

[pt] Iniciativa Conjunta em Matéria de Normalização (UE)

[ru] Совместная инициатива по стандартизации (EC)

[es] Iniciativa Europea de Normalización (UE)

71103 标准化支持欧洲工业数字化行动

[ar] عمل دعم رقمنة الصناعة الأوروبية بالتوحيد القياسي

[en] standardization in support to the Digitizing European Industry initiative

[fr] atelier sur la normalisation en soutien à la numérisation de l'industrie européenne

[de] Normung zur Unterstützung der Digita-
lisierung der europäischen Industrie

[it] standardizzazione al sostegno della
digitalizzazione dell'industria europea

[jp] 標準化による欧州産業デジタル化の支
援活動

[kr] 표준화에 의한 유럽 산업디지털화 지원
행동

[pt] Ação padronizada de apoio à
digitalização industrial na Europa

[ru] Стандартизация в поддержке
инициативы по оцифровке
европейской промышленности

[es] Iniciativa de digitalización de la industria
europea apoyada por la normalización

71104 《美国标准战略》

[ar] استراتيجية المعايير الأمريكية

[en] United States Standards Strategy (USSS)

[fr] Stratégie de la normalisation des États-
Unis

[de] USA-Normungsstrategie

[it] Strategia di standard degli Stati Uniti

[jp] 「米国標準化戦略」

[kr] <미국 표준 전략>

[pt] Estratégia de Padrões dos Estados
Unidos

[ru] Стратегия стандартизации США

[es] Estrategia de Estándares de los EE.UU.

71105 国际标准跟踪战略

[ar] استراتيجية المعايير الدولية للتتبع

[en] international standards tracking strategy

[fr] stratégie de suivi des normes
internationales

[de] internationale Strategie für Standards-
nachverfolgung

[it] strategia di monitoraggio degli standard
internazionali

[jp] 国際標準の追跡戦略

[kr] 국제 표준 추적 전략

[pt] estratégia de padrões internacionais para
rastreamento

[ru] стратегия международных стандартов
для отслеживания

[es] estrategia de estándares internacionales
para el seguimiento

71106 《国家标准基本法》(韩国)

[ar] قانون أساسي للمعايير الوطنية (كوريا الجنوبية)

[en] Framework Act on National Standards
(South Korea)

[fr] Loi-cadre sur les normes nationales
(Corée du Sud)

[de] Rahmengesetz über nationale Normen
(Südkorea)

[it] Atto fondamentale sugli standard
nazionali (Corea del Sud)

[jp] 「国家標準基本法」(韓国)

[kr] <국가 표준 기본법>(한국)

[pt] Lei-Estrutura sobre Padrões Nacionais
(Coreia do Sul)

[ru] Рамочный закон о национальных
стандартах (Южная Корея)

[es] Acto Marco de Estándares Nacionales
(Corea del Sur)

71107 日本标准化专项国家战略

[ar] استراتيجية وطنية خاصة بالتوحيد القياسي الياباني

[en] Special National Strategies for
Standardization (Japan)

[fr] Stratégie nationale spéciale pour la
normalisation (Japon)

[de] Nationale Sonderstrategie für Normung
(Japan)

[it] Strategia nazionale speciale per la
normativa (Giappone)

[jp] 日本標準化戦略

[kr] 일본 표준화 전문 국가 전략

[pt] Estratégia Nacional Especial de
Padronização (Japão)

[ru] Специальные национальные стратегии

по стандартизации (Япония)

[es] Estrategia nacional especial de
normalización (Japón)

71108 日本国际标准综合战略

[ar] استراتيجية يابانية شاملة للمعايير الدولية

[en] Integrated Strategy for International
Standards (Japan)

[fr] Stratégie globale des normes
internationales (Japon)

[de] Integrierte Strategie für internationale
Normen (Japan)

[it] Strategia globale per gli standard
internazionali (Giappone)

[jp] 日本国際標準総合戦略

[kr] 일본 국제 표준 종합 전략

[pt] Estratégia Abrangente de Normas
Internacionais (Japão)

[ru] Комплексная стратегия
международных стандартов (Япония)

[cs] Estrategia integral de estándares
internacionales (Japón)

71109 日本标准化官民战略

[ar] استراتيجية حكومية وشعبية للتوحيد القياسي الياباني

[en] Strategy for the Government-Public
Coordination in Standardization (Japan)

[fr] Stratégie officielle et civile pour la
normalisation (Japon)

[de] Strategie für offizielle und zivile Koor-
dinierung in Normung (Japan)

[it] Strategia ufficiale e civile
standardizzazione (Giappone)

[jp] 官民の標準化戦略（日本）

[kr] 일본 표준화 정부 및 민간 전략

[pt] Estratégia de Padronização para
Autoridade e Civil (Japão)

[ru] Стратегия для государственно-
общественной координации в
стандартизации (Япония)

[es] Estrategia oficial y civil de

normalización (Japón)

71110 《俄罗斯联邦国家标准化体系发展构想
2020》

[ar] تصور 2020 للاتحاد الروسى بشأن تطوير نظام
التوحيد القياسي الوطني

[en] The Concept of the Development of the
National System of Standardization of
the Russian Federation for the Period
Until 2020

[fr] Concept de développement 2020 du
système national de normalisation de la
Fédération de Russie

[de] Entwicklungskonzept des Nationalen
Normungssystems der Russischen Föde-
ration 2020

[it] Concetto di sviluppo di sistema
nazionale di standardizzazione della
Federazione Russa fino al 2020

[jp] 「ロシア連邦国家標準化体系発展構想
2020」

[kr] <러시아 연방 국가 표준화 시스템 발전
구상 2020>

[pt] Conceito de Desenvolvimento do
Sistema Nacional de Padronização da
Federação Russa 2020

[ru] Концепция развития национальной
системы стандартизации Российской
Федерации на период до 2020 года

[es] El concepto de desarrollo del sistema
nacional de normalización de la
Federación de Rusia en el período hasta
2020

71111 国际标准化战略

[ar] استراتيجية عالمية للتوحيد القياسي

[en] international standardization strategy

[fr] stratégie de normalisation internationale

[de] internationale Normungsstrategie

[it] strategia di standardizzazione
internazionale

7.1

[jp] 国際標準化戦略
[kr] 국제 표준화 전략
[pt] estratégia internacional de padronização
[ru] международная стратегия
стандартизации
[es] estrategia de normalización internacional

71112 世界标准强国
[ar] قوة عظمى للتوحيد القياسي
[en] a world leader in standardization
[fr] grand pays des normes
[de] Weltstandard-Großmacht
[it] paese leader mondiale nella
standardizzazione
[jp] 世界標準の強国
[kr] 세계 표준 강국
[pt] potência mundial em padrões
[ru] держава в области стандартов
[es] líder mundial en normalización

71113 对标达标行动
[ar] عملية التحليل والوصول حسب المعايير القياسية
[en] benchmarking achievement action
[fr] campagne d'alignement et de respect
aux normes
[de] Benchmarking-Aktion
[it] azione di allineamento e raggiungimento
degli standard
[jp] 基準合致・基準達成行動
[kr] 벤치마킹 목표달성 계획
[pt] ação de alinhamento e padronização
[ru] мероприятие по достижению
эталонного тестирования
[es] acción de alinearse y cumplir con los
estándares

71114 "标准化+"行动
[ar] عملية "التوحيد القياسي +"
[en] Standardization Plus action
[fr] campagne « Normalisation Plus »
[de] „Normung plus"-Aktion

[it] azione di standardizzazione plus
[jp] 「標準化プラス」行動
[kr] '표준화+' 계획
[pt] ação de Padronização Plus
[ru] акция «Стандартизация Плюс»
[es] acción de "Normalización Plus"

71115 标准提档升级工程
[ar] مشروع الارتقاء بمستوى المعايير القياسية
[en] standards upgrade project
[fr] projet de mise à niveau des normes
[de] Normen-Upgrade-Projekt
[it] progetto di aggiornamento standard
[jp] 基準アップグレードプロジェクト
[kr] 표준 업그레이드 프로젝트
[pt] projeto de atualização dos padrões
[ru] проект обновления стандартов
[es] proyecto de actualización estándar

71116 新产业新动能标准领航工程
[ar] مشروع ريادي للتوحيد القياسى للصناعة والطاقة
الحديثتين
[en] fast-track standardization project for
emerging industries
[fr] projet pilote de normalisation pour les
industries émergeantes
[de] Normen-Pilotprojekt für neue Industrie
und neue Energie
[it] progetto pilota standard per la nuova
industria e la nuova energia
[jp] 新産業の標準パイロットプロジェクト
[kr] 신산업, 신에너지 표준 선도 프로젝트
[pt] projeto piloto de padrão das novas
indústrias
[ru] пилотный проект по стандартам в
области новой индустрии
[es] proyecto piloto estándar para industrias
emergidas

71117 国内外标准互认工程
[ar] مشروع الاعتراف المتبادل بالمعايير القياسية

الصينية والدولية

[en] domestic & foreign standards mutual recognition project

[fr] projet de reconnaissance mutuelle des normes nationales et étrangères

[de] Projekt der gegenseitigen Anerkennung chinesischer und internationaler Normen

[it] progetto di riconoscimento reciproco degli standard cinesi e internazionali

[jp] 国内外標準相互承認プロジェクト

[kr] 국내외 표준 상호 인정 프로젝트

[pt] projecto do reconhecimento mútuo entre os padrões chineses e internacionais

[ru] проект по взаимному признанию отечественных и иностранных стандартов

[es] proyecto de reconocimiento mutuo de estándares domésticos y extranjeros

71118　标准化法治建设

[ar] بناء حكم القانون للتوحيد القياسي

[en] legal system building for standardization

[fr] construction du système légal de la normalisation

[de] normierte rechtsstaatliche Konstruktion

[it] costruzione standardizzata dello stato di diritto

[jp] 標準化に関する法整備

[kr] 표준화 법치 건설

[pt] construção do sistema jurídico de padronização

[ru] построение системы права по стандартизации

[es] construcción normalizada para las reglas de la ley

71119　大数据标准体系

[ar] نظام المعايير القياسية للبيانات الضخمة

[en] big data standards system

[fr] système normatif des mégadonnées

[de] Big Data-Normensystem

[it] sistema standard di Big Data

[jp] ビッグデータ標準システム

[kr] 빅데이터 표준 시스템

[pt] sistema de padrão de big data

[ru] система стандартов в области больших данных

[es] sistema estándar de Big Data

71120　标准信息网络平台

[ar] منصة شبكية للمعلومات الخاصة بالمعايير القياسية

[en] online platform for information on standards

[fr] plate-forme en ligne d'information sur les normes

[de] Online-Plattform für Normensinforma-tionen

[it] piattaforma della rete di informazione standard

[jp] 基準情報のオンラインプラットフォーム

[kr] 표준 정보 네트워크 플랫폼

[pt] plataforma de rede de informações padronizadas

[ru] онлайн-платформа информации стандартов

[es] plataforma de red de información estándar

71121　新一代信息技术标准化工程

[ar] مشروع التوحيد القياسي للجيل الجديد من تكنولوجيا المعلومات

[en] new-generation IT standardization project

[fr] projet de normalisation des technologies de l'information de nouvelle génération

[de] IT-Normungsprojekt neuer Generation

[it] progetto di standardizzazione IT di nuova generazione

[jp] 次世代情報技術標準化プロジェクト

[kr] 차세대 정보 기술 표준화 프로젝트

[pt] projeto de padronização de tecnologia da

informação de nova geração

[ru] проект стандартизации информационных технологий нового поколения

[es] proyecto de normalización de las TI de nueva generación

71122 标准孵化工程中心

[ar] مركز مشروع الاحتضان القياسي

[en] Incubation Center for Standards

[fr] centre d'incubation des normes

[de] Normen-Inkubationszentrum

[it] Centro di ingegneria standard di incubazione

[jp] 標準孵化工学センター

[kr] 표준 인큐베이팅 프로젝트 센터

[pt] Centro de Engenharia Incubadora de Padrões

[ru] Инкубационный центр стандартов

[es] Centro de Ingeniería para la Incubación Estándar

71123 新一代信息技术共性基础标准

[ar] معايير أساسية عامة للجيل الجديد من تكنولوجيا المعلومات

[en] general basic standard for next-generation IT

[fr] normes de base commune pour les technologies de l'information de nouvelle génération

[de] Gemeinsamkeitsnormen für IT neuer Generation

[it] standard di base comuni per l'IT di nuova generazione

[jp] 次世代情報技術の共通の基本標準

[kr] 차세대 정보 기술 공통성 기초 표준

[pt] padrões básicos comuns para a tecnologia da informação da próxima geração

[ru] общие базовые стандарты для информационных технологий нового

поколения

[es] estándares básicos comunes para las TI de nueva generación

71124 新一代信息技术兼容性标准

[ar] معايير توافقية للجيل الجديد من تكنولوجيا المعلومات

[en] standard for compatibility between next-generation IT products and services

[fr] normes de compatibilité pour les technologies de l'information de nouvelle génération

[de] Kompatibilitätsnormen für IT neuer Generation

[it] standard di compatibilità per l'IT di nuova generazione

[jp] 次世代の情報技術互換性標準

[kr] 차세대 정보 기술 호환성 표준

[pt] padrões compatíveis para a tecnologia da informação da próxima geração

[ru] стандарты на совместимость информационных и технологических продуктов и услуг нового поколения

[es] estándares de compatibilidad para las TI de nueva generación

71125 平台型开源软件

[ar] برامج فتح المصدر على شكل المنصة

[en] platform open-source software

[fr] logiciel open source de plate-forme

[de] plattformbasierte Open Source-Software

[it] software opensource di tipo piattaforma

[jp] プラットフォーム型オープンソースソフトウェア

[kr] 플랫폼형 오픈 소스 소프트웨어

[pt] software de plataforma de recursos abertos

[ru] программное обеспечение с открытым исходным кодом на платформе

[es] software de código abierto para plataformas

7.1.2 标准化发展规划

[ar] خطة تطوير المعايير القياسية

[en] Standardization Development Plans

[fr] Planification de développement de la normalisation

[de] Normungsentwicklungsplan

[it] Piano di sviluppo standardizzato

[jp] 「標準化」発展計画

[kr] 표준화 발전 계획

[pt] Plano de Desenvolvimento Padronizado

[ru] План развития стандартизации

[es] Plan de Desarrollo de la Normalización

71201 《ISO 2016–2020 战略规划》

[ar] خطة استراتيجية ISO 2016-2020

[en] ISO Strategy 2016–2020

[fr] Stratégie de l'ISO 2016-2020

[de] ISO-Strategie 2016-2020

[it] ISO Strategia 2016-2020

[jp] 「ISO 戦略 2016-2020」

[kr] <ISO 2016-2020 전략 계획>

[pt] Planeamento Estratégico de ISO 2016-2020

[ru] Стратегия ISO на 2016–2020 годы

[es] Estrategia de ISO 2016-2020

71202 《ISO 2016–2020 发展中国家行动规划》

[ar] خطة العمل للبلدان النامية ISO 2016-2020

[en] ISO Action Plan for Developing Countries 2016–2020

[fr] Plan d'action de l'ISO pour les pays en développement 2016-2020

[de] ISO-Aktionsplan für Entwicklungsländer 2016-2020

[it] ISO Piano d'azione per i paesi in via di sviluppo 2016-2020

[jp] 「ISO 2016-2020 発展途上国アクションプラン」

[kr] <ISO 2016-2020 개발도상국 행동 계획>

[pt] Plano de Ação de ISO 2016-2020 para os países em desenvolvimento

[ru] План действий ISO для развивающихся стран на 2016–2020 годы

[es] Plan de Acción para Países en Desarrollo de ISO 2016-2020

71203 《国家标准化体系建设发展规划（2016–2020 年）》（中国）

[ar] خطة بناء وتنمية نظام التقييس الوطني (2016-2020) (الصين)

[en] Plan for the National Standardization System Building and Development (2016–2020) (China)

[fr] Plan de développement pour la construction du système de normalisation national (2016-2020) (Chine)

[de] Entwicklungsplan für den Bau nationalcs Normungssystems (2016-2020) (China)

[it] Piano di sviluppo della costruzione del sistema di standardizzazione nazionale (2016-2020) (Cina)

[jp] 国家標準化体系建設発展計画（2016~2020）（中国）

[kr] 국제 표준화 시스템 구축 발전 계획 (2016-2020 년)(중국)

[pt] Planeamento Nacional de Desenvolvimento da Construção do Sistema de Padronização (2016-2020) (China)

[ru] План развития национальной системы стандартизации (2016–2020 гг.) (Китай)

[es] Plan de Desarrollo de la Construcción de un Sistema Nacional de Normalización (2016-2020) (China)

71204 《"十三五"国家战略性新兴产业标准化发展规划》（中国）

[ar] الخطة الخمسية الثالثة عشرة لتنمية الصناعة الحديثة

القياسية في استراتيجية الدولة (الصين)

[en] Development Plan for Standardization in National Strategic Emerging Industries During the 13th Five-Year Plan Period (China)

[fr] Plan national de développement pour la normalisation stratégique des industries émergentes au cours du 13ᵉ plan quinquennal (Chine)

[de] Entwicklungsplan für Normung in nationalen strategischen aufstrebenden Industrien während des 13. Fünfjahres-planzeitraums (China)

[it] XIII piano quinquennale-piano di sviluppo per la standardizzazione dell'industria strategica emergente (Cina)

[jp] 「『第 13 次 5 カ年計画』国家戦略的新興産業標準化開発計画」（中国）

[kr] '제 13 차 5 개년 계획' 전략적 신흥산업 표준화 발전 계획(중국)

[pt] Plano Nacional de Desenvolvimento para a Padronização das Indústrias Emergentes Estratégicas do 13º Plano Quinquenal (China)

[ru] План развития стандартизации для национальных стратегических развивающихся отраслей в период 13-ой пятилетки (Китай)

[es] El XIII Plan Quinquenal de Desarrollo para la Normalización del Sectores Emergentes Estratégicos (China)

71205 《国家标准基本计划》（韩国）

[ar] خطة أساسية لوضع المقاييس الوطنية (كوريا الجنوبية)

[en] Basic Plans for National Standards (South Korea)

[fr] Plan de base pour les normes nationales (Corée du Sud)

[de] Grundplan für nationale Normung (Süd-

korea)

[it] Piano di base per gli standard nazionali (Corea del Sud)

[jp] 「国家標準基本計画」（韓国）

[kr] <국가 표준 기본 계획>(한국)

[pt] Planos Básicos para Padrões Nacionais(Coreia do Sul)

[ru] Основные планы по национальным стандартам (Южная Корея)

[es] Planes Básicos sobre Estándares Nacionales (Corea del Sur)

71206 《德国工业 4.0 标准化路线图》

[ar] خارطة الطريق الألمانية للتوحيد القياسي 4.0 للصناعة

[en] German Standardization Roadmap Industry 4.0

[fr] Feuille de route allemande de la normalisation de l'Industrie 4.0

[de] Deutsche Industrie 4.0 Normung-Road-map

[it] Roadmap di standardizzazione dell'industria tedesca 4.0

[jp] 「ドイツの標準化ロードマップインダストリー 4.0」

[kr] <독일 산업 4.0 표준화 로드맵>

[pt] Roteiro Padronizado da Indústria Alemã 4.0

[ru] Дорожная карта Германии по стандартизации Индустрии 4.0

[es] Hoja de Ruta de Normalización de la Industria 4.0 de Alemania

71207 《科研与技术发展框架规划》（欧盟）

[ar] خطة إطارية للبحث العلمي وتطوير التكنولوجيا (الاتحاد الأوروبي)

[en] Framework Programme for Research and Technological Development (EU)

[fr] Programme-cadre pour le développement des recherches scientifiques et des technologies (UE)

[de] Rahmenprogramm für Forschung und technologische Entwicklung (EU)

[it] Piano quadro per la ricerca e lo sviluppo tecnologico (UE)

[jp] 「研究・技術開発枠組計画」（EU）

[kr] <과학 연구와 기술 발전 프레임 계획>(유럽 연합)

[pt] Programa-Estrutura para Pesquisa e Desenvolvimento Tecnológico (UE)

[ru] Рамочная программа исследований и технологического развития (ЕС)

[es] Programa Marco para la Investigación y el Desarrollo Tecnológico (UE)

71208 集成电路关键技术和共性基础标准

[ar] معايير أساسية للتكنولوجيا المحورية وخواصها المشتركة للدائرة المتكاملة

[en] key technical and general basic standards for integrated circuits

[fr] normes sur les techniques clés et la base commune de circuit intégré

[de] Schlüsseltechnologie- und Gemeinsamkeitsnormen für integrierte Schaltkreise

[it] standard di tecnologie chiave e di base comune per circuiti integrati

[jp] 集積回路のコア技術と共通基本規格

[kr] 직접회로 핵심기술 및 공통성 기초 표준

[pt] padrões de tecnologias chaves e fundações comuns para o circuito integrado

[ru] стандарты ключевых технологий и общих базов в области интегральных микросхем

[es] estándares tecnologías clave y fundamentos comunes para circuitos integrados

71209 高性能电子元器件关键技术和共性基础标准

[ar] مقاييس أساسية للتكنولوجيا المحورية للمكونات الإلكترونية العالية الأداء وخواصها المشتركة

[en] key technical and general basic standards for high-performance electronic components

[fr] normes sur les techniques clés et la base commune de composant électronique à haute performance

[de] Schlüsseltechnologie- und Gemeinsamkeitsnormen für elektronische Hochleistungskomponenten

[it] standard di tecnologie chiave e di base comune per componenti elettronici ad alte prestazioni

[jp] 高性能電子部品のコア技術と共通基本規格

[kr] 고성능 전자 부품 핵심기술과 공통성 기초 표준

[pt] padrões de tecnologias chaves e fundações comuns para componentes eletrónicos de alto desempenho

[ru] стандарты ключевых технологий и общих базов в области высокопроизводительных электронных компонентов

[es] estándares tecnologías clave y fundamentos comunes para componentes electrónicos de alto rendimiento

71210 新型显示关键技术和共性基础标准

[ar] معايير أساسية للتكنولوجيا المحورية لأجهزة العرض الحديثة وخواصها المشتركة

[en] key technical and general basic standards for new display technology

[fr] normes sur les techniques clés et la base commune de nouvelle technologie d'affichage

[de] Schlüsseltechnologie- und Gemeinsamkeitsnormen für neue Anzeigen

[it] standard di tecnologie chiave e di base comune per i nuovi display

[jp] 新型ディスプレイのコア技術と共通基本規格

7.1

[kr] 신형 디스플레이 핵심기술과 공통성 기초 표준

[pt] padrões de tecnologias chaves e fundações comuns para novos monitores

[ru] стандарты ключевых технологий и общих базов в области нового дисплея

[es] estándares tecnologías clave y fundamentos comunes para la nueva visualización

71211 智能终端关键技术和共性基础标准

[ar] معايير أساسية للتكنولوجيا المحورية للطرفيات الذكية وخواصها المشتركة

[en] key technical and general basic standards for intelligent terminals

[fr] normes sur les techniques clés et la base commune de terminal intelligent

[de] Schlüsseltechnologie- und Gemeinsamkeitsnormen für intelligente Endgeräte

[it] standard di tecnologie chiave e di base comune per terminali intelligenti

[jp] インテリジェント端末のコア技術と共通基本規格

[kr] 스마트 단말 핵심기술과 공통성 기초 표준

[pt] padrões de tecnologias chaves e fundações comuns para terminais inteligentes

[ru] стандарты ключевых технологий и общих базов в области интеллектуального терминала

[es] estándares tecnologías clave y fundamentos comunes para los terminales inteligentes

71212 卫星导航关键技术和共性基础标准

[ar] معايير أساسية للتكنولوجيا المحورية لنظام الملاحة عبر الأقمار الصناعية وخواصها المشتركة

[en] key technical and general basic standards for satellite navigation

[fr] normes sur les techniques clés et la base commune de navigation par satellite

[de] Schlüsseltechnologie- und Gemeinsamkeitsnormen für Satellitennavigation

[it] standard di tecnologie chiave e di base comune per la navigazione satellitare

[jp] 衛星ナビゲーションのコア技術と共通基本基準

[kr] 위성 항법 핵심기술과 공통성 기초 표준

[pt] padrões de tecnologias chaves e fundações comuns para a navegação por satélite

[ru] стандарты ключевых технологий и общих базов в области спутниковой навигации

[es] estándares tecnologías clave y fundamentos comunes para la navegación por satélite

71213 操作系统关键技术和共性基础标准

[ar] معايير أساسية للتكنولوجيا المحورية لنظام التشغيل وخواصها المشتركة

[en] key technical and general basic standards for operating systems

[fr] normes sur les techniques clés et la base commune de système d'exploitation

[de] Schlüsseltechnologie- und Gemeinsamkeitsnormen für Betriebssystem

[it] standard di tecnologie chiave e di base comune per il sistema operativo

[jp] オペレーティングシステムのコア技術と共通基本基準

[kr] 오퍼레이팅 시스템 핵심기술과 공통성 기초 표준

[pt] padrões de tecnologias chaves e fundações comuns para o sistema operacional

[ru] стандарты ключевых технологий и общих базов в области операционной системы

[es] estándares tecnologías clave y fundamentos comunes para sistemas operativos

71214 人机交互关键技术和共性基础标准
[ar] معايير أساسية للتكنولوجيا المحورية لنظام التفاعل
بين الإنسان والآلة وخواصها المشتركة
[en] key technical and general basic standards
for human-machine interaction
[fr] normes sur les techniques clés et la base
commune d'interaction homme-machine
[de] Schlüsseltechnologie- und Gemeinsam-
keitsnormen für Mensch-Maschine-
Interaktion
[it] standard di tecnologie chiave e di
base comune per l'interazione uomo-
macchina
[jp] マンマシンインターフェースのコア技
術と共通基本標準
[kr] 인간-기계 대화 핵심기술과 공통성 기초
표준
[pt] padrões de tecnologias chaves e
fundações comuns para a interação
homem-máquina
[ru] стандарты ключевых технологий
и общих базов в области
взаимодействия человека с машиной
[es] estándares tecnologías clave y
fundamentos comunes para la interacción
persona-máquina

71215 分布式存储关键技术和共性基础标准
[ar] معايير أساسية للتكنولوجيا المحورية لنظام التخزين
الموزع وخواصها المشتركة
[en] key technical and general basic standards
for distributed storage
[fr] normes sur les techniques clés et la base
commune de stockage distribué
[de] Schlüsseltechnologie- und Gemeinsam-
keitsnormen für dezentrale Speicherung
[it] standard di tecnologie chiave e di base
comune per memorizzazione distribuita
[jp] 分散型ストレージのコア技術と共通の
基本標準
[kr] 분산형 저장 핵심기술과 공통성 기초 표준

[pt] padrões de tecnologias chaves
e fundações comuns para o
armazenamento distribuído
[ru] стандарты ключевых технологий
и общих базов в области
распределенного хранения
[es] estándares tecnologías clave y
fundamentos comunes para el
almacenamiento distribuido

71216 物联网关键技术和共性基础标准
[ar] معايير أساسية للتكنولوجيا المحورية لإنترنت الأشياء
وخواصها المشتركة
[en] key technical and general basic standards
for Internet of Things
[fr] normes sur les techniques clés et la base
commune d'Internet des objets
[de] Schlüsseltechnologie- und Gemeinsam-
keitsnormen für Internet der Dinge
[it] standard di tecnologie chiave e di base
comune per l'Internet delle cose
[jp] IoTコア技術と共通基本基準
[kr] 사물 인터넷 핵심기술과 공통성 기초 표
준
[pt] padrões de tecnologias chaves e
fundações comuns para a Internet das
Coisas
[ru] стандарты ключевых технологий и
общих базов в области Интернета
вещей
[es] estándares tecnologías clave y
fundamentos comunes para la Internet
de las cosas

71217 云计算关键技术和共性基础标准
[ar] معايير أساسية للتكنولوجيا المحورية للحوسبة
السحابية وخواصها المشتركة
[en] key technical and general basic standards
for cloud computing
[fr] normes sur les techniques clés et la base
commune d'informatique en nuage

7.1

7.1

[de] Schlüsseltechnologie- und Gemeinsam-
keitsnormen für Cloud-Computing

[it] standard di tecnologie chiave e di base
comune per il cloud computing

[jp] クラウドコンピューティングのコア技
術と共通基本標準

[kr] 클라우드 컴퓨팅 핵심기술과 공통성 기
초 표준

[pt] padrões de tecnologias chaves e
fundações comuns para a computação
em nuvem

[ru] стандарты ключевых технологий
и общих базов в области облачных
вычислений

[es] estándares tecnologías clave y fundamentos
comunes para la computación en la nube

71218 大数据关键技术和共性基础标准

[ar] معايير أساسية للتكنولوجيا المحورية لنظام البيانات
الضخمة وخواصها المشتركة

[en] key technical and general basic standards
for big data

[fr] normes sur les techniques clés et la base
commune de mégadonnées

[de] Schlüsseltechnologie- und Gemeinsam-
keitsnormen für Big Data

[it] standard di tecnologie chiave e di base
comune per i Big Data

[jp] ビッグデータコア技術と共通基本標準

[kr] 빅데이터 핵심기술과 공통성 기초 표준

[pt] padrões de tecnologias chaves e
fundações comuns para o big data

[ru] стандарты ключевых технологий
и общих базов в области больших
данных

[es] estándares tecnologías clave y
fundamentos comunes para Big Data

71219 智慧城市关键技术和共性基础标准

[ar] معايير أساسية للتكنولوجيا المحورية لبناء المدينة
الذكية وخواصها المشتركة

[en] key technical and general basic standards
for smart city building

[fr] normes sur les techniques clés et la base
commune de ville smart

[de] Schlüsseltechnologie- und Gemeinsam-
keitsnormen für Smart City

[it] standard di tecnologie chiave e di base
comune per la città intelligente

[jp] スマートシティのコア技術と共通基本
標準

[kr] 스마트 시티 핵심기술과 공통성 기초 표준

[pt] padrões de tecnologias chaves e
fundações comuns para cidades
inteligentes

[ru] стандарты ключевых технологий и
общих базов в области умного города

[es] estándares tecnologías clave y
fundamentos comunes para las ciudades
inteligentes

71220 数字家庭关键技术和共性基础标准

[ar] معايير أساسية للتكنولوجيا المحورية للأسرة الرقمية
وخواصها المشتركة

[en] key technical and general basic standards
for digital home

[fr] normes sur les techniques clés et la base
commune de maison numérique

[de] Schlüsseltechnologie- und Gemeinsam-
keitsnormen für digitalen Haushalt

[it] standard di tecnologie chiave e di base
comune per la casa digitale

[jp] デジタルホームのコア技術と共通基礎
標準

[kr] 디지털 가정 핵심기술과 공통성 기초 표준

[pt] padrões de tecnologias chaves e
fundações comuns para a família digital

[ru] стандарты ключевых технологий и
общих базов в области цифрового
дома

[es] estándares tecnologías clave y
fundamentos comunes para el hogar digital

7.1

71221 电子商务关键技术和共性基础标准

[ar] معايير أساسية للتكنولوجيا المحورية للتجارة الإلكترونية وخواصها المشتركة

[en] key technical and general basic standards for e-commerce

[fr] normes sur les techniques clés et la base commune de commerce électronique

[de] Schlüsseltechnologie- und Gemeinsam-keitsnormen für E-Commerce

[it] standard di tecnologie chiave e di base comune per e-commerce

[jp] Eコマースのコア技術と共通基礎標準

[kr] 전자상거래 핵심기술과 공통성 기초 표준

[pt] padrões de tecnologias chaves e fundações comuns para o comércio electrónico

[ru] стандарты ключевых технологий и общих базов в области электронной коммерции

[es] estándares tecnologías clave y fundamentos comunes para el comercio electrónico

71222 电子政务关键技术和共性基础标准

[ar] معايير أساسية للتكنولوجيا المحورية للشؤون الحكومية الإلكترونية وخواصها المشتركة

[en] key technical and general basic standards for e-government

[fr] normes sur les techniques clés et la base commune d'administration électronique

[de] Schlüsseltechnologie- und Gemeinsam-keitsnormen für E-Governement

[it] standard di tecnologie chiave e di base comune per il governo elettronico

[jp] 電子政務のコア技術と共通基礎標準

[kr] 전자 정무 핵심기술과 공통성 기초 표준

[pt] padrões de tecnologias chaves e fundações comuns para a governação electrónica

[ru] стандарты ключевых технологий и общих базов в области электронных

правительственных услуг

[es] estándares tecnologías clave y fundamentos comunes para los asuntos del gobierno electrónicos

71223 新一代移动通信关键技术和共性基础标准

[ar] معايير أساسية للتكنولوجيا الحيوية لجيل جديد من الاتصالات المحمولة وخواصها المشتركة

[en] key technical and general basic standards for next-generation mobile communication

[fr] normes sur les techniques clés et la base commune de communication mobile de nouvelle génération

[de] Schlüsseltechnologie- und Gemeinsam-keitsnormen für die Mobilkommunika-tion der neuen Generation

[it] standard di tecnologie chiave e di base comune per la comunicazione mobile di nuova generazione

[jp] 次世代モバイル通信のコア技術と共通基本標準

[kr] 차세대 모바일 통신 핵심기술과 공통성 기초 표준

[pt] padrões de tecnologias chaves e fundações comuns para a comunicação móvel da próxima geração

[ru] стандарты ключевых технологий и общих базов в области мобильной связи нового поколения

[es] estándares tecnologías clave y fundamentos comunes para las comunicaciones móviles de nueva generación

71224 超宽带通信关键技术和共性基础标准

[ar] معايير أساسية للتكنولوجيا المحورية للاتصالات الفائقة النطاق العريض وخواصها المشتركة

[en] key technical and general basic standards for ultra-wideband (UWB)

communication

[fr] normes sur les techniques clés et la base commune de communication sur bande ultralarge

[de] Schlüsseltechnologie- und Gemeinsamkeitsnormen für Ultra-Breitband-Kommunikation

[it] standard di tecnologie chiave e di base comune per la comunicazione a banda ultra larga

[jp] UBM 通信のコア技術と共通基本標準

[kr] 초광대역통신 핵심기술과 공통성 기초의 표준

[pt] padrões de tecnologias chaves e fundações comuns para comunicaçõse de banda ultra-larga

[ru] стандарты ключевых технологий и общих базов в области сверхширокополосной связи

[es] estándares tecnologías clave y fundamentos comunes para para comunicaciones de banda ultraancha

71225　个人信息保护关键技术和共性基础标准

[ar] معايير أساسية للتكنولوجيا المحورية لنظام حماية المعلومات الشخصية وخواصها المشتركة

[en] key technical and general basic standards for personal information protection

[fr] normes sur les techniques clés et la base commune de protection d'informations personnelles

[de] Schlüsseltechnologie- und Gemeinsamkeitsnormen für personenbezogenen Datenschutz

[it] standard di tecnologie chiave e di base comune per la protezione di informazione personale

[jp] 個人情報保護用コア技術と共通基本標準

[kr] 개인 정보 보호 핵심기술과 공통성 기초 표준

[pt] padrões de tecnologias chaves e fundações comuns para a proteção de informações pessoais

[ru] стандарты ключевых технологий и общих базов в области защиты личной информации

[es] estándares tecnologías clave y fundamentos comunes para la protección de información personal

71226　网络安全审查关键技术和共性基础标准

[ar] معايير أساسية للتكنولوجيا المحورية لمراجعة الأمن السيبراني وخواصها المشتركة

[en] key technical and general basic standards for cybersecurity review

[fr] normes sur les techniques clés et la base commune d'examen de la cybersécurité

[de] Schlüsseltechnologie- und Gemeinsamkeitsnormen für Cybersicherheitsprüfung

[it] standard di tecnologie chiave e di base comune per la sicurezza informatica

[jp] サイバーセキュリティ審査のコア技術と共通基礎標準

[kr] 네트워크 보안 심사 핵심기술과 공통성 기초 표준

[pt] padrões de tecnologias chaves e fundações comuns para revisão da segurança cibernética

[ru] стандарты ключевых технологий и общих базов в области рассмотрения кибербезопасности

[es] estándares tecnologías clave y fundamentos comunes para la revisión de la ciberseguridad

7.1.3　标准化机制创新

[ar] ابتكار آلية للتوحيد القياسي

[en] **Innovation in Standardization Mechanism**

[fr] **Innovation du mécanisme de**

normalisation

[de] Normierte Mechanismusinnovation

[it] Innovazione del meccanismo
standardizzato

[jp] 標準化メカニズムの革新

[kr] 표준화 메커니즘 혁신

[pt] Inovação de Mecanismos de
Padronização

[ru] Инновации механизма
стандартизации

[es] Innovación de Mecanismos de
Normalización

71301 标准化教育及标准化意识培训计划
（欧洲）

[ar] خطة التدريب على التعليم القياسي ووعي التوحيد
القياسي (أوروبا)

[en] programmes for education in
standardization/training and awareness
on standardization (Europe)

[fr] programme d'éducation et de formation
de conscience de la normalisation
(Europe)

[de] Ausbildungsprogramm der Normungs-
bildung und Normungsbewusstsein
(Europa)

[it] piano per l'educazione alla normazione
e alla formazione alla consapevolezza
(Europa)

[jp] 標準化教育及び意識育成計画（ヨー
ロッパ）

[kr] 표준화 교육 및 표준화 마인드 양성 계
획(유럽)

[pt] programa para a educação de
padronização e formação de consciência
de padronização (Europa)

[ru] программа по обучению в области
стандартизации и подготовке уровня
знаний о стандартизации (Европа)

[es] programa de educación en normalización
y formación de concienciación en

normalización (Europa)

71302 国家公共机关标准化意识

[ar] وعي التوحيد القياسي للأجهزة العامة الوطنية

[en] awareness of standardization in
government organs

[fr] conscience du service public de la
normalisation

[de] Normungsbewusstsein der staatlichen
öffentlichen Behörden

[it] consapevolezza alla normazione degli
organi pubblici nazionali

[jp] 国家公的機関の標準化認識

[kr] 국가 공공 기관 표준화 마인드

[pt] consciência de padronização das
autoridades públicas nacionais

[ru] сознание национальных
общественных органов о
стандартизации

[es] concienciación de normalización en las
entidades públicas nacionales

71303 专门标准工作组

[ar] فريق عمل خاص للتوحيد القياسي

[en] ad-hoc working group on standardization

[fr] groupe de travail spécial de la
normalisation

[de] Arbeitsgruppe für Sondernormen

[it] gruppo di lavoro specifico per la
normazione

[jp] 専門的標準化ワーキンググループ

[kr] 전문적 표준 워킹그룹

[pt] grupo de trabalho de padronização ad
hoc

[ru] специальная рабочая группа по
стандартизации

[es] grupo de trabajo especial para la
normalización

71304 标准化研发体系

[ar] نظام البحث والتطوير للتوحيد القياسي

[en] standardization R&D system

[fr] système de recherches et de développement de la normalisation

[de] Normungsforschungs- und -entwicklungssystem

[it] sistema standardizzato di ricerca e di sviluppo

[jp] 標準化研究開発システム

[kr] 표준화 연구 개발 시스템

[pt] sistema de P&D de padronização

[ru] система исследований и разработок по стандартизации

[es] sistema de I+D de la normalización

71305　标准化统筹协调机制

[ar] آلية التخطيط والتنسيق للتوحيد القياسي

[en] planning and coordination mechanism for standardization

[fr] mécanisme de planification et de coordination pour la normalisation

[de] Normungsplanungs- und -koordinierungsmechanismus

[it] meccanismo standardizzato di pianificazione e di coordinamento

[jp] 標準化企画調整メカニズム

[kr] 표준화 기획 조정 메커니즘

[pt] mecanismo de planejamento e coordenação para a padronização

[ru] механизм планирования и координации по вопросам стандартизации

[es] mecanismo de planificación y coordinación para la normalización

71306　强制性国家标准管理体制

[ar] آلية إدارة المعايير القياسية الوطنية الإلزامية

[en] management system of mandatory national standards

[fr] mécanisme de gestion des normes nationales obligatoires

[de] Managementssystem der nationalen obligatorischen Normen

[it] meccanismo di gestione obbligatoria delle norme nazionali

[jp] 強制的国家標準管理体制

[kr] 강제적 국가 표준 관리 메커니즘

[pt] sistema obrigatório de gestão de padrões nacionais

[ru] механизм управления обязательными государственными стандартами

[es] régimen de gestión de estándares nacionales obligatorios

71307　推荐性标准管理体制

[ar] نظام إدارة المعايير القياسية الموصى بها

[en] management system of recommended standards

[fr] mécanisme de gestion des normes recommandées

[de] Managementssystem der empfohlenen Normen

[it] meccanismo di gestione standard raccomandato

[jp] 勧告基準管理体制

[kr] 추천성 표준 관리 시스템

[pt] sistema de gestões de padrões recomendadas

[ru] механизм управления рекомендуемыми стандартами

[es] régimen de gestión de estándares recomendados

71308　标准化联席会议制度

[ar] نظام الاجتماع المشترك للتوحيد القياسي

[en] joint conference mechanism for standardization

[fr] mécanisme de conférence conjointe pour la normalisation

[de] gemeinsames Konferenzsystem für Normung

[it] meccanismo congiunto di conferenza standardizzata

[jp] 標準化合同会議制度

[kr] 표준화 연석회의 제도

[pt] sistema de conferências conjuntas para a padronização

[ru] механизм совместной конференции по вопросам стандартизации

[es] sistema de conferencia conjunta para la normalización

71309　区域性标准化协作机制

[ar] آلية تعاون إقليمي للتوحيد القياسي

[en] regional coordination mechanism for standardization

[fr] mécanisme de coordination régionale pour la normalisation

[de] regionaler Normungskooperationsmechanismus

[it] meccanismo di coordinamento regionale per la standardizzazione

[jp] 地域的標準化協力メカニズム

[kr] 지역적 표준화 협력 메커니즘

[pt] mecanismo de coordenação regional para a padronização

[ru] региональный координационный механизм по вопросам стандартизации

[es] mecanismo de coordinación regional para la normalización

71310　地方政府标准化协调推进机制

[ar] آلية تنسيق وتعزيز للحكومات المحلية بشأن التوحيد القياسي

[en] coordination and promotion mechanism of local governments for standardization

[fr] mécanisme de coordination et promotion des autorités locales pour la normalisation

[de] Normungskoordinierungs- und -förder-mechanismus der lokalen Regierungen

[it] meccanismo di coordinamento e promozione tra i governi locali per la standardizzazione

[jp] 地方政府標準化協調推進メカニズム

[kr] 지방 정부 표준화 조정 및 추진 메커니즘

[pt] mecanismo de coordenação e promoção de padronização do governo local

[ru] механизм координации и продвижения местных органов власти по вопросам стандартизации

[es] mecanismo de coordinación y promoción de los gobiernos locales para la normalización

71311　科技、专利、标准同步研发模式

[ar] نمط البحث والتطوير التزامني للعلوم والتكنولوجيا وبراءات الاختراع والمعايير القياسية

[en] technology-patent-standard synchronous R&D model

[fr] mode de recherches et de développement synchrones « technologie-brevet-norme »

[de] synchroner Forschung- und Entwicklungsmodus von „Technologie-Patent-Normen“

[it] modello sincrono di ricerca e sviluppo di tecnologia, brevetto e standard

[jp] 「科学技術・特許・標準」同時研究開発モデル

[kr] 과학, 특허, 표준 연구개발 동기화 모델

[pt] modelo síncrono de P&D "Tecnologia, Patente e Padrão"

[ru] синхронная модель исследований и разработок «технология, патент и стандарт»

[es] modelo de I+D sincrónico de tecnología-patente-estándar

71312　军民融合标准化工作机制

[ar] آلية العمل لدمج التوحيد القياسي العسكري والمدني

[en] mechanism for integration between military and civilian standards

[fr] mécanisme d'intégration des normes

militaro-civile

[de] militärisch-ziviler Integralnormungsme-
chanismus

[it] meccanismo di normazione della fusione
militare-civile

[jp] 軍民融合標準化メカニズム

[kr] 군민융합 표준화 업무 메커니즘

[pt] mecanismo de padronização da fusão
militar-civil

[ru] механизм стандартизации военно-
гражданского взаимодействия

[es] mecanismo de normalización de la
fusión civil-militar

71313 标准化多元投入机制

[ar] آلية تعددية المداخل للتوحيد القياسي

[en] multi-source funding mechanism for
standardization

[fr] mécanisme d'investissement diversifié à
la normalisation

[de] Finanzierungsmechanismus für die Nor-
mung aus mehreren Quellen

[it] meccanismo di input multiplo per la
normazione

[jp] 標準化多元投入メカニズム

[kr] 표준화 다원 투입 메커니즘

[pt] mecanismos de múltiplos investimentos
para a padronização

[ru] механизм финансирования по
стандартизации с использованием
многих источников

[es] mecanismo de participación múltiple
para la normalización

71314 标准化服务业

[ar] قطاع الخدمات القياسي

[en] service industry for standardization

[fr] service de normalisation

[de] Dienstleistungsindustrie für die Nor-
mung

[it] industria dei servizi standardizzata

[jp] 標準化サービス業

[kr] 표준화 서비스업

[pt] indústria de serviços para a padronização

[ru] сервисная индустрия по
стандартизации

[es] sector de servicios para la normalización

71315 国家信息安全标准化公共服务平台
（中国）

[ar] منصة الخدمات العامة لتقييس أمن المعلومات
الوطنية (الصين)

[en] public service platform for national
information security standardization
(China)

[fr] plate-forme de services publics sur
la normalisation de la sécurité de
l'informations nationale (Chine)

[de] nationale gemeinnützige Plattform zur
Informationssicherheitsnormung (China)

[it] piattaforma di servizio pubblico
nazionale per la normazione della
sicurezza dell'informazione (Cina)

[jp] 国家情報セキュリティ標準化の公共
サービスプラットフォーム（中国）

[kr] 국가 정보 보안 표준화 공공 서비스 플
랫폼(중국)

[pt] plataforma de serviços públicos para a
padronização da segurança informática
nacional (China)

[ru] национальная платформа социальных
услуг по вопросам стандартизации
информационной безопасности (Китай)

[es] plataforma de servicios públicos para la
normalización nacional de la seguridad
de la información (China)

71316 国产软硬件互操作公共服务平台

[ar] منصة الخدمات العامة للتشغيل البيني للبرامج
والوحدات الحاسوبية الصينية الصنع

[en] public service platform for
interoperability of China-made software

and hardware

[fr] plate-forme de services publics sur l'interopérabilité du matériel et du logiciel fabriqués en Chine

[de] gemeinnützige Plattform für Interoperabilität von in China hergestellter Software und Hardware

[it] piattaforma di servizio pubblico per l'interfunzionamento di software e hardware fabbricati in Cina

[jp] 中国製のソフトウェア・ハードウェア相互操作公共サービスプラットフォーム

[kr] 국산 소프트웨어와 하드웨어 상호 운용 공공 서비스 플랫폼

[pt] plataforma de serviços públicos para a interoperabilidade de software e hardware da China

[ru] платформа социальных услуг по вопросам взаимодействия программного и аппаратного обеспечения китайского производства

[es] plataforma de servicios públicos para la interoperabilidad de software y hardware hechos en China

71317 数据共享公共服务平台

[ar] منصة الخدمات العامة لتشارك البيانات

[en] public service platform for data sharing

[fr] plate-forme de services publics sur le partage de données

[de] gemeinnützige Plattform für Datensharing

[it] piattaforma di servizio pubblico per la condivisione dei dati

[jp] データ共有の公共サービスプラットフォーム

[kr] 데이터 공유 공공 서비스 플랫폼

[pt] plataforma de serviços públicos para a partilha de dados

[ru] платформа социальных услуг по

совместному использованию данных

[es] plataforma de servicios públicos para el uso compartido de datos

71318 软件产品与系统检测公共服务平台

[ar] منصة الخدمات العامة للبرمجيات واختبار الأنظمة

[en] public service platform for software products and system testing

[fr] plate-forme de services publics sur les tests de système et de produit logiciel

[de] gemeinnützige Plattform für Softwareprodukte und Systemtests

[it] piattaforma di servizio pubblico per prodotti software e test di sistema

[jp] ソフトウェア商品とシステム検測公共サービスプラットフォーム

[kr] 소프트웨어 제품과 시스템 검측 공공 서비스 플랫폼

[pt] plataforma de serviços públicos para produtos de software e testes de sistema

[ru] платформа социальных услуг в области программных обеспечений и системного тестирования

[es] plataforma de servicios públicos para productos de software y ensayos de sistemas

71319 信息技术服务公共平台

[ar] منصة عامة لخدمة تكنولوجيا المعلومات

[en] public platform for information technology service

[fr] plate-forme publique de service informatique

[de] öffentliche Plattform für Informationstechnikservice

[it] piattaforma pubblica per il servizio di tecnologia dell'informazione

[jp] 情報技術サービス公共プラットフォーム

[kr] 정보 기술 서비스 공공 플랫폼

[pt] plataforma púbica para serviços da

7.1

tecnologia da informação

[ru] платформа социальных услуг для информационных технологий

[es] plataforma pública para servicios de tecnología informativa

71320 云服务安全公共服务平台

[ar] منصة الخدمات العامة لأمن الخدمة السحابية

[en] public service platform for cloud service security

[fr] plate-forme de services publics sur la sécurité des services en nuage

[de] gemeinnützige Plattform für Cloud-Service-Sicherheit

[it] piattaforma di servizio pubblico per la sicurezza del servizio cloud

[jp] クラウドサービスセキュリティ公共サービスプラットフォーム

[kr] 클라우드 서비스 보안 공공 서비스 플랫폼

[pt] plataforma de serviços públicos para segurança de serviços da nuvem

[ru] платформа социальных услуг в области безопасности облачной услуги

[es] plataforma de servicios públicos para la seguridad de servicios en la nube

71321 办公系统安全公共服务平台

[ar] منصة الخدمات العامة لأمن النظام المكتبي

[en] public service platform for office system security

[fr] plate-forme de services publics sur la sécurité des systèmes de bureau

[de] gemeinnützige Plattform für Bürosystemsicherheit

[it] piattaforma di servizio pubblico per la sicurezza del sistema di ufficio

[jp] オフィスシステムセキュリティ公共サービスプラットフォーム

[kr] 오피스 시스템 보안 공공 서비스 플랫폼

[pt] plataforma de serviços públicos para a segurança do sistema de escritório

[ru] платформа социальных услуг в области безопасности офисной системы

[es] plataforma de servicios públicos para la seguridad de sistemas ofimáticos

71322 国家网络安全审查技术标准体系(中国)

[ar] نظام قياسي وطني لتكنولوجيا مراجعة الأمن السيبراني (الصين)

[en] national technical standards system for cybersecurity review (China)

[fr] système de normes des techniques d'examen pour la cybersécurité nationale (Chine)

[de] Normensystem der nationalen Cyber-sicherheitsüberprüfungstechnologie (China)

[it] sistema standard di tecnologia di revisione della cybersicurezza nazionale (Cina)

[jp] 国家サイバーセキュリティ審査技術標準体系(中国)

[kr] 국가 사이버 보안 심사 기술 표준 체계 (중국)

[pt] sistema do padrão de tecnologia da revisão de cibersegurança nacional (China)

[ru] система технических стандартов рассмотрения национальной кибербезопасности (Китай)

[es] sistema estándar de la tecnología de revisión l de la ciberseguridad nacional (China)

71323 国家智能制造标准体系建设指南(中国)

[ar] دليل بناء نظام التقييس للصناعة الذكية الوطنية (الصين)

[en] Guidelines on the Development of National Standards for Intelligent Manufacturing (China)

[fr] Guide pour la construction du système de normes nationales de la fabrication intelligente (Chine)

[de] Konstruktionsanleitung für das nationale intelligente Fertigungsnormensystem (China)

[it] Guida alla creazione di un sistema standard nazionale di intelligente manufacturing (Cina)

[jp] 国家インテリジェント製造標準体系建設指南（中国）

[kr] 국가 스마트 제조 표준 시스템 구축 가이드라인(중국)

[pt] Guia Nacional da Construção do Sistema do Padrão da Fabricação Inteligente (China)

[ru] Руководство по созданию Национальной системы стандартов интеллектуального производства (Китай)

[es] Guía de construcción del sistema de estándares nacionales de fabricación inteligente (China)

7.1.4　标准化组织

[ar] منظمات التوحيد القياسي

[en] **Standardization Organizations**

[fr] **organisation de normalisation**

[de] **Normungsorganisation**

[it] **Organizzazione standardizzata**

[jp] **標準化機構**

[kr] **표준화 조직**

[pt] **Organização de Padronização**

[ru] **Организация по стандартизации**

[es] **Organización de la Normalización**

71401　国际标准化组织

[ar] منظمة دولية للمعايير

[en] International Organization for Standardization (ISO)

[fr] Organisation internationale de normalisation

[de] Internationale Organisation für Normung

[it] Organizzazione internazionale per la normazione

[jp] 国際標準化機構

[kr] 국제표준화기구

[pt] Organização Internacional de Normalização

[ru] Международная организация по стандартизации

[es] Organización Internacional de Normalización

71402　数据管理和交换分技术委员会

[ar] لجنة فرعية لإدارة البيانات وتبادلها

[en] Data Management and Interchange Subcommittee (ISO/IEC JTC1/SC32)

[fr] Sous-Comité de Gestion et échange de données

[de] Unterausschuss für Datenmanagement und -austausch

[it] Sottocomitato per la gestione e l'interscambio dei dati

[jp] データ管理・交換技術委員会分会

[kr] 데이터 관리와 교환 분과기술위원회

[pt] Sub-Comissão de Gestão e Intercâmbio de Dados

[ru] Технический подкомитет «Управление и обмен данными»

[es] Subcomité de Gestión e Intercambio de Datos

71403　大数据工作组

[ar] فريق عمل للبيانات الضخمة

[en] Big Data Working Group (ISO/IEC JTC1/WG9)

[fr] Groupe de travail sur Mégadonnées

[de] Big Data-Arbeitsgruppe

[it] Gruppo di lavoro di Big Data

[jp] ビッグデータワーキンググループ

[kr] 빅데이터 워킹그룹

7.1

[pt] Grupo de Trabalho de Big Data

[ru] Рабочая группа по большим данным

[es] Grupo de Trabajo de Big Data

71404 国际电工委员会

[ar] لجنة كهرتقنية دولية

[en] International Electrotechnical Commission (IEC)

[fr] Commission électrotechnique internationale

[de] Internationale Elektrotechnische Kommission

[it] Commissione elettrotecnica internazionale

[jp] 国際電気標準会議

[kr] 국제전기기술위원회

[pt] Comissão Eletrotecnologia Internacional

[ru] Международная электротехническая комиссия

[es] Comisión Electrotécnica Internacional

71405 国际电信联盟电信标准局

[ar] مكتب تقييس الاتصالات التابع للاتحاد الدولي للاتصالات

[en] Telecommunication Standardization Sector of the International Telecommunication Union (ITU-T)

[fr] Secteur de la normalisation des télécommunications de l'Union internationale des télécommunications

[de] Abteilung für Fernmeldenormen der Internationalen Fernmeldeunion

[it] Settore di normazione dell'Unione Internazionale delle telecomunicazioni

[jp] 国際電気通信連合の電気通信標準化部門

[kr] 국제전기통신연합

[pt] Setor de Normatização das Telecomunicações da União Internacional das Telecomunicações

[ru] Сектор стандартизации электросвязи

Международного союза электросвязи

[es] Sector de Normalización de Telecomunicaciones de la Unión Internacional de Telecomunicaciones

71406 欧洲标准化委员会

[ar] لجنة أوروبية للتوحيد القياسي

[en] European Committee for Standardization (CEN)

[fr] Comité Européen de Normalisation

[de] Europäisches Komitee für Normung

[it] Comitato europeo di normalizzazione

[jp] 欧州標準化委員会

[kr] 유럽표준화위원회

[pt] Comissão Europeia de Normalização

[ru] Европейский комитет по стандартизации

[es] Comité Europeo de Normalización

71407 欧洲电工标准化委员会

[ar] لجنة كهربائيين أوروبيين للتوحيد القياسي

[en] European Committee for Electrotechnical Standardization (CENELEC)

[fr] Comité Européen de Normalisation Électrotechnique

[de] Europäisches Komitee für elektrotechnische Normung

[it] Comitato europeo di normazione elettrotecnica

[jp] 欧州電気標準化委員会

[kr] 유럽전기표준화위원회

[pt] Comissão Europeia de Normalização Electrotecnologia

[ru] Европейский комитет по электротехнической стандартизации

[es] Comité Europeo de Normalización Electrotécnica

71408 欧洲电信标准学会

[ar] جمعية علمية أوروبية لتقييس الاتصالات

[en] European Telecommunications Standards

7.1

Institute (ETSI)

[fr] Institut européen des normes de
télécommunications

[de] Europäisches Institut für Telekommuni-
kationsnormen

[it] Istituto europeo per le norme di
telecomunicazione

[jp] 欧州電気通信標準化機構

[kr] 유럽전기통신표준화기구

[pt] Instituto de Normalização das
Telecomunicações Europeias

[ru] Европейский институт
телекоммуникационных стандартов

[es] Instituto Europeo de Normas de
Telecomunicaciones

71409 美国标准学会

[ar] جمعية علمية أمريكية للتقييس

[en] American National Standards Institute
(ANSI)

[fr] Institut national de normalisation
américain

[de] Amerikanisches nationales Normeninsti-
tut

[it] Istituto degli standard nazionali
americani

[jp] 米国国家規格協会

[kr] 미국표준협회

[pt] Instituto da Padronização Americana

[ru] Американский национальный
институт стандартов

[es] Instituto Nacional Americano de
Normalización

71410 美国机械工程师协会

[ar] جمعية أمريكية للمهندسين الميكانيكيين

[en] American Society of Mechanical
Engineers (ASME)

[fr] Société américaine des ingénieurs en
mécanique

[de] Amerikanische Gesellschaft der Maschi-

nenbauingenieure

[it] Associazione americana degli ingegneri
meccanici

[jp] アメリカ機械学会

[kr] 미국기계학회

[pt] Sociedade Americana de Engenheiros
Mecânicos

[ru] Американское общество инженеров-
механиков

[es] Sociedad Americana de Ingenieros
Mecánicos

71411 美国材料与试验协会

[ar] جمعية أمريكية للمواد والاختبار

[en] American Society for Testing and
Materials (ASTM)

[fr] Société américaine pour les essais et les
matériaux

[de] Amerikanische Gesellschaft für Prüfung
und Materialien

[it] American Society for Testing and
Materials

[jp] 米国試験材料学会

[kr] 미국재료시험협회

[pt] Sociedade Americana de Ensaios e
Materiais

[ru] Американское общество по
испытаниям и материалам

[es] Sociedad Americana para Pruebas y
Materiales

71412 英国标准协会

[ar] جمعية بريطانية للتقييس

[en] British Standards Institution (BSI)

[fr] Organisme de normalisation britannique

[de] Britische Normungsinstitution

[it] Gruppo BSI

[jp] 英国規格協会

[kr] 영국표준협회

[pt] Instituto de Normas Britânicas

[ru] Британский институт стандартов

[es] Instituto Británico de Normalización

71413 德国标准化协会

[ar] جمعية ألمانية للتقييس

[en] German Institute for Standardization (DIN)

[fr] Institut allemand de normalisation

[de] Deutsches Institut für Normung

[it] Istituto tedesco per la standardizzazione

[jp] ドイツ規格協会

[kr] 독일표준화협회

[pt] Associação de Padronização da Alemanha

[ru] Немецкий институт по стандартизации

[es] Instituto Alemán de Normalización

71414 瑞典标准化委员会

[ar] لجنة سويدية للتقييس

[en] Swedish Institute for Standard (SIS)

[fr] Institut suédois de normalisation

[de] Schwedisches Institut für Normung

[it] Istituto svedese per gli standard

[jp] スウェーデン標準化委員会

[kr] 스웨덴표준화위원회

[pt] Instituto Sueco de Normas

[ru] Шведский институт стандартов

[es] Instituto Sueco de Normalización

71415 日本工业标准调查会

[ar] لجنة يابانية للمعايير الصناعية

[en] Japanese Industrial Standards Committee (JISC)

[fr] Comité japonais des normes industrielles

[de] Japanisches Komitee für Industrienor-men

[it] Comitato giapponese per gli standard industriali

[jp] 日本産業標準調査会

[kr] 일본공업표준조사회

[pt] Comissão Japonesa de Normas

Industriais

[ru] Японский комитет промышленных стандартов

[es] Comité Japonés de Normas Industriales

71416 日本规格协会

[ar] جمعية يابانية للمواصفات

[en] Japanese Standards Association (JSA)

[fr] Association japonaise de normalisation

[de] Japanische Normungsgesellschaft

[it] Associazione giapponese degli standard

[jp] 日本規格協会

[kr] 일본규격협회

[pt] Associação de Padrões Japoneses

[ru] Японская ассоциация стандартов

[es] Asociación Japonesa de Normalización

71417 法国标准化协会

[ar] جمعية فرنسية للتقييس

[en] French Standardization Association (AFNOR)

[fr] Association française de normalisation

[de] Französische Normungsgesellschaft

[it] Associazione francese di normazione

[jp] フランス標準化協会

[kr] 프랑스표준화협회

[pt] Associação Francesa de Normalização

[ru] Французская ассоциация по стандартизации

[es] Asociación Francesa de Normalización

71418 加拿大标准委员会

[ar] لجنة كندية للمعايير

[en] Standards Council of Canada (SCC)

[fr] Conseil canadien des normes

[de] Kanadischer Normenausschuß

[it] Comitato canadese di normazione

[jp] カナダ規格審議会

[kr] 캐나다표준화위원회

[pt] Conselho de Normas do Canadá

[ru] Совет по стандартам Канады

[es] Consejo de Normas de Canadá

71419　太平洋地区标准大会

[ar] مؤتمر منطقة المحيط الهادئ للمعايير

[en] Pacific Area Standards Congress (PASC)

[fr] Congrès des normes de la région du Pacifique

[de] Pazifischer Normungskongress

[it] Congresso degli standard dell'Area Pacifica

[jp] 太平洋地域標準会議

[kr] 태평양지역표준회위

[pt] Congresso de Normas da Área do Pacífico

[ru] Конгресс по стандартизации стран Тихоокеанского региона

[es] Congreso de Normas del Área del Pacífico

71420　泛美技术标准委员会

[ar] لجنة التقييس التقني لعموم أمريكا

[en] Pan American Standards Commission (COPANT)

[fr] Commission panaméricaine de normalisation technique

[de] Panamerikanischer Normenausschuß

[it] Comitato Panamericano degli standard

[jp] アメリカ標準化委員会

[kr] 범미국표준화위원회

[pt] Comissão Pan-Americana de Normas tecnologias

[ru] Панамериканская комиссия по стандартам

[es] Comisión Panamericana de Normas Técnicas

71421　非洲地区标准化组织

[ar] منظمة افريقية للتوحيد القياسي

[en] African Regional Standards Organization (ARSO)

[fr] Organisation africaine de normalisation

[de] Afrikanische Organisation für Normung

[it] Organizzazione africana per la standardizzazione

[jp] アフリカ標準化機構

[kr] 아프리카지역표준기구

[pt] Organização Regional Africana de Normalização

[ru] Африканская региональная организация по стандартизации

[es] Organización Regional Africana de Normalización

71422　阿拉伯标准化与计量组织

[ar] منظمة عربية للمواصفات والمقاييس

[en] Arab Standardization and Metrology Organization (ASMO)

[fr] Organisation arabe pour la normalisation et la métrologie

[de] Arabische Organisation für Normung und Metrologie

[it] Organizzazione araba per la standardizzazione e la metrologia

[jp] アラブの標準化と計量組織

[kr] 아라비아 표준화 및 계량 기구

[pt] Organização Árabe para a Normalização e Metrologia

[ru] Арабская организация по стандартизации и метрологии

[es] Organización Árabe de Normalización y Metrología

71423　独联体跨国标准化、计量与认证委员会

[ar] لجنة المواصفات والمقاييس والتوثيق العابرة الحدود لرابطة الدول المستقلة

[en] Euro-Asian Council for Standardization, Metrology and Certification (EASC)

[fr] Conseil euro-asiatique de normalisation, métrologie et certification

[de] Euro-asiatischer zwischenstaatlicher Ausschuß für Normung, Metrologie und

7.1

Zertifizierung

[it] Consiglio euroasiatico per normazione, metrologia e certificazione

[jp] 独立国家共同体国際標準化、計量と認証委員会

[kr] 독립국가연합 표준화, 계량과 인증 위원회

[pt] Conselho Euro-Asiático para a Metrologia, Normalização e Certificação

[ru] Евроазиатский совет по стандартизации, метрологии и сертификации

[es] Consejo Euroasiático de Normalización, Metrología y Certificación

71424 中华人民共和国国家标准化管理委员会

[ar] لجنة إدارة التقييس الوطني لجمهورية الصين الشعبية

[en] Standardization Administration of the People's Republic of China (SAC)

[fr] Administration de la normalisation de la Chine

[de] Staatliche Kommission für Normungs-verwaltung der Volksrepublik China

[it] Amministrazione della standardizzazione della Repubblica Popolare Cinese

[jp] 中華人民共和国国家標準化管理局

[kr] 중화인민공화국국가표준화관리위원회

[pt] Administração de Padronização da República Popular da China

[ru] Управление по стандартизации Китайской Народной Республики

[es] Administración de Normalización de la República Popular China

71425 中国标准化协会

[ar] جمعية صينية للتقييس

[en] China Association for Standardization (CAS)

[fr] Association chinoise de la normalisation

[de] Chinesischer Normungsverein

[it] Associazione cinese della

standardizzazione

[jp] 中国標準化協会

[kr] 중국표준화협회

[pt] Associação de Normalização da China

[ru] Китайская ассоциация по стандартизации

[es] Asociación China de Normalización

71426 全国信息化和工业化融合管理标准化技术委员会(中国)

[ar] لجنة تقنية التقييس الوطني للإدارة الاندماجية في المعلوماتية والتصنيع (الصين)

[en] National Technical Committee of Integration of Informatization and Industrialization Management Standardization (China)

[fr] Comité technique national en matière de l'intégration de gestion de l'informatisation et de l'industrialisation de l'administration de normalisation (Chine)

[de] Nationaler Technischer Normenaus-schuß des integrierten Managements von Informatisierung und Industrialisierung (China)

[it] Comitato tecnico nazionale di integrazione degi standard per la gestione della informazione e dell'industrializzazione (Cina)

[jp] 中国情報化・産業化統合管理標準化技術委員会(中国)

[kr] 정보화와 공업화 융합 관리 표준화 기술위원회(중국)

[pt] Comissão Tecnologia Nacional de Padronização da Gestão Integrada da Informatização e Industrialização (China)

[ru] Всекитайский технический комитет по стандартизации управления интеграцией информатизации и индустриализации (Китай)

[es] Comité Nacional Técnico de Integración de Normalización de la Gestión de la Informatización y la Industrialización (China)

[ru] **Международная деятельность по стандартизации**

[es] **Actividades Internacionales de Normalización**

71427 全国信息技术标准化技术委员会

[ar] لجنة تقنية التقييس الوطني لتكنولوجيا المعلومات

[en] China National Information Technology Standardization (NITS) Technical Committee

[fr] Comité technique national en matière de la normalisation des technologies de l'information

[de] Nationaler Technischer Normenausschuß der Informationstechnik (China)

[it] Comitato di normazione della tecnologia dell'informazione di Cina

[jp] 中国情報技術標準化技術委員会

[kr] 중국정보기술표준화기술위원회

[pt] Comissão Nacional de Normalização da Tecnologia da Informação da China

[ru] Всекитайский технический комитет по стандартизации информационных технологий

[es] Comité Técnico Nacional de Normalización de la Tecnología de la Información

7.1.5 国际标准化活动

[ar] أنشطة التقييس الدولية

[en] **International Standardization Activities**

[fr] **Activités de la normalisation internationale**

[de] **Internationale Normungsaktivität**

[it] **Attività di standardizzazione internazionale**

[jp] 国際標準化活動

[kr] 국제 표준화 행사

[pt] **Atividades de Padronização Internacional**

71501 国际标准化组织大会

[ar] مؤتمر منظمة التقييس الدولية

[en] ISO meeting

[fr] Conférence de l'Oragnisation internationale de la normalisation

[de] ISO-Konferenz

[it] conferenza ISO

[jp] 国際標準化機構大会

[kr] 국제 표준화 기구 대회

[pt] reunião da ISO

[ru] заседание ISO

[es] Reunión de Organización Internacional de Normalización

71502 国际标准化组织参与成员国

[ar] دول أعضاء مشاركة في منظمة التقييس الدولية

[en] ISO participating member

[fr] pays participant de l'Oragnisation internationale de la normalisation

[de] ISO-Teilnehmerlände

[it] membri partecipanti ISO

[jp] 国際標準化機構の参加メンバー

[kr] 국제 표준화 기구 회원국

[pt] países membros da ISO

[ru] комитет-член ISO

[es] Miembro participante de Organización Internacional de Normalización

71503 国际标准化组织观察者

[ar] مراقب منظمة التقييس الدولية

[en] ISO observer

[fr] observateur de l'Oragnisation internationale de la normalisation

[de] ISO-Beobachter

[it] osservatore ISO

[jp] 国際標準化機構のオブザーバー

7.1

[kr] 국제 표준화 기구 옵서버
[pt] observador da ISO
[ru] член-корреспондент ISO
[es] Observador de Organización
Internacional de Normalización

71504 国际标准化组织一般性成员国
[ar] دول أعضاء مشاركة عامة في منظمة التقييس الدولية
[en] ISO general member
[fr] membre général de l'Oragnisation
internationale de la normalisation
[de] ISO-Generalmitglied
[it] membri generali ISO
[jp] 国際標準化機構の一般会員
[kr] 국제 표준화 기구 일반 회원국
[pt] membros gerais da ISO
[ru] член-абонент ISO
[es] Miembro general de Organización
Internacional de Normalización

71505 标准化组织中央管理机构官员或委员
[ar] مسؤول أو عضو الهيئات الإدارية المركزية لمنظمة
التقييس
[en] official or committee member of
the central management body of
standardization organization
[fr] officiel ou membre de l'organe central
de l'organisation de la normalisation
[de] Beamter oder Ausschussmitglied der
zentralen Regulierungsbehörde der Nor-
mungsorganisation
[it] funzionario o commissario dell'agenzia
di gestione centrale dell'organizzazione
di normazione
[jp] 標準化機構中央事務局の要員・委員
[kr] 표준화 조직 중앙 관리 기구 관리자, 위
원
[pt] oficiais ou membros da entidade
administrativa central da ISO
[ru] должностное лицо или член комитета
центрального регулирующего органа

организации по стандартизации
[es] funcionario o miembro del comité
de la agencia reguladora central de
organización de normalización

71506 标准化组织技术机构负责人
[ar] مسؤول الهيئة التقنية لمنظمة التقييس
[en] technical director of standardization
organization
[fr] directeur technique de l'organisation de
la normalisation
[de] technischer Direktor der Normungsorga-
nisation
[it] direttore tecnico dell'organizzazione di
normazione
[jp] 標準化機構技術事務局責任者
[kr] 표준화 조직 기술 기구 책임자
[pt] responsável do departamento técnico da
ISO
[ru] технический директор организации по
стандартизации
[es] director técnico de organización de
normalización

71507 标准化组织技术机构秘书处
[ar] سكرتارية الهيئة التقنية لمنظمة التقييس
[en] technical secretariat of standardization
organization
[fr] secrétariat technique de l'organisation de
la normalisation
[de] technisches Sekretariat der Normungs-
organisation
[it] segreteria tecnica dell'organizzazione di
normazione
[jp] 標準化機構技術事務局
[kr] 표준화 조직 기술 기구 비서처
[pt] secretariado do departamento técnico da
ISO
[ru] технический секретариат организации
по стандартизации
[es] secretaría técnica de organización de

normalización

71508 工作组召集人或注册专家
[ar] منظم فريق العمل أو خبير مسجل
[en] working group convener or registered expert
[fr] organisateur du groupe de travail ou expert inscrit
[de] Arbeitsgruppenleiter oder eingetragener Sachverständiger
[it] convocatore o esperto registrato del gruppo di lavoro
[jp] ワーキングチームの招集者または登録専門家
[kr] 워킹그룹 모집자, 등록 전문가
[pt] convocador de grupo de trabalho ou especialista registado
[ru] организатор рабочей группы или зарегистрированный эксперт
[es] convocante o experto registrado de grupo de trabajo

71509 国际标准新工作项目提案
[ar] مقترحات حول مشاريع أعمال جديدة للمعايير الدولية
[en] new work item proposal for international standard
[fr] proposition d'un nouveau projet de travail sur une norme internationale
[de] neuer Arbeitsvorschlag für internationale Normen
[it] proposta per progetto nuovo di normazione internazionale
[jp] 国際標準に関する新プロジェクト提案
[kr] 국제 표준 신규 업무 프로젝트 제안
[pt] proposta de novos projetos de trabalho de padrão internacional
[ru] предложение нового рабочего проекта по международному стандарту
[es] propuesta de nuevo proyecto de trabajo sobre estándar internacional

71510 新技术工作领域提案
[ar] مقترحات حول مجالات أعمال التكنولوجيا الحديثة
[en] proposal for new field of technical activity
[fr] proposition d'un nouveau domaine de travail technique
[de] Vorschlag für neuen technischen Arbeitsbereich
[it] proposta su una nuova area di lavoro tecnica
[jp] 新技術応用分野に関する提案
[kr] 신기술 업무 영역 제안
[pt] proposta sobre área de trabalho da nova tecnologia
[ru] предложение об области применения новых технологий
[es] propuesta de nueva área de trabajo técnico

71511 国际标准文件投票和评议
[ar] تصويت على الوثائق القياسية الدولية وتقييمها
[en] voting and commenting on international standardization documents
[fr] vote et délibération sur un document de la normalisation internationale
[de] Abstimmung und Kommentierung des internationalen Normungsdokuments
[it] votazione e commentazione di documenti di normazione internazionali
[jp] 国際標準化文書に関する投票とコメント
[kr] 국제 표준 문서 투표와 논평
[pt] votação e avaliação do documento de padronização internacional
[ru] голосование и комментирование международного документа по стандартизации
[es] votación y comentario sobre documento de normas internacionales

7.1

71512 标准制订与修订权

[ar] حق إعداد المعايير القياسية وتعديلها

[en] right to standards formulation and revision

[fr] droits de formulation et de révision de norme

[de] Normenformulierungs- und Änderungs-rechte

[it] diritto di formulazione e revisione

[jp] 基準制定と改正権

[kr] 표준 제정 및 수정권

[pt] direito de formulação e de revisão dos padrões

[ru] права на разработку и пересмотр стандартов

[es] derechos de formulación y revisión de estándares

71513 《标准联通共建"一带一路"行动计划（2018–2020 年）》

[ar] خطة العمل حول استحداث وسائل الاتصال الرامية الى بناء مشترك لـ"الحزام والطريق" (2018-2020)

[en] Action Plan on Belt and Road Standard Connectivity (2018–2020)

[fr] Plan d'action sur la connectivité des normes dans le cadre de « la Ceinture et la Route » (2018-2020)

[de] Aktionsplan der „Gürtel und Straße"-Normenskonnektivität (2018-2020)

[it] Piano d'azione per la costruzione congiunta di"One Belt One Road" (2018-2020)

[jp] 「標準聯通建設共建『一帯一路』行動計画 (2018 ～ 2020)」

[kr] '일대일로' 표준연결 공동건설 행동 계획 (2018-2020 년)

[pt] Plano de Ação para a Conectividade de Padrões na "Faixa e Rota" (2018-2020)

[ru] План действий по стандартному подключению инициативы «Один пояс, один путь» (2018–2020 гг.)

[es] Plan de acción de la conectividad estándar para la Franja y la Ruta (2018-2020)

71514 中英标准化合作委员会会议

[ar] اجتماع لجنة التعاون الصينية البريطانية للتوحيد القياسي

[en] China-UK Standardization Cooperation Commission Meeting

[fr] Réunion de la Commission de coopération sino-britannique sur la normalisation

[de] Konferenz der Kommission für Zu-sammenarbeit zwischen China und dem Vereinigten Königreich im Bereich der Normung

[it] Conferenza della commissione di cooperazione per la standardizzazione Cina-Regno Unito

[jp] 中英標準化協力委員会会議

[kr] 중국-영국 표준화 협력 위원회 회의

[pt] Reunião da Comissão de Cooperação de Padronização China-Reino Unido

[ru] Заседание китайско-британской комиссии по сотрудничеству в области стандартизации

[es] Reunión de la Comisión de Cooperación Chino-Británica sobre Normalización

71515 中德城市间标准化合作论坛

[ar] منتدى التعاون بين المدن الصينية الألمانية للتوحيد القياسي

[en] Sino-German City-to-City Standardization Cooperation Seminar

[fr] Séminaire de coopération sino-allemande sur la normalisation au niveau des villes

[de] Chinesisch-deutsches Forum zur inter-städtischen Normungszusammenarbeit

[it] Seminario sino-tedesco sulla cooperazione per la standardizzazione tra le città

[jp] 中独都市間標準化協力フォーラム

[kr] 중국-독일 도시간 표준화 협력 포럼

[pt] Fórum de Cooperação de Padronização Intermunicpal Sino-Alemão

[ru] Китайско-немецкий семинар по стандартизации между городами

[es] Seminario de Cooperación Chino-Alemana para la Estandarización de Ciudad a Ciudad

71516 国际标准化会议基地

[ar] قاعدة المؤتمر العالمي للتوحيد القياسي

[en] International Standardization Conference Base

[fr] Base de conférence sur la normalisation internationale

[de] Basis der Internationalen Normungskonferenz

[it] Base di conferenza internazionale sulla normazione

[jp] 国際標準化会議の拠点

[kr] 국제 표준화 회의 기지

[pt] Base da Conferência de Padronização Internacional

[ru] База международной конференции по стандартизации

[es] Base dela Conferencia Internacional de Normalización

71517 南亚标准化合作会议

[ar] مؤتمر تعاون جنوب آسيا للتوحيد القياسي

[en] South Asia Standardization Cooperation Conference

[fr] Conférence de coopération sur la normalisation de l'Asie du Sud

[de] Südasiatische Konferenz für Normungszusammenarbeit

[it] Conferenza di cooperazione per la standardizzazione dell'Asia meridionale

[jp] 南アジア標準化協力会議

[kr] 남아시아 표준화 협력 회의

[pt] Conferência de Cooperação para a Padronização do Sul Asiático

[ru] Конференция по сотрудничеству в области стандартизации в Южной Азии

[es] Conferencia de Cooperación para la Estandarización en el Sur de Asia

71518 物联网参考架构国际标准项目（中国）

[ar] مشروع قياسي دولي للهيكل المرجعي لانترنت الأشياء (الصين)

[en] Internet of Things Reference Architecture Project (China)

[fr] Projet d'architecture référentielle de l'Internet des objets (Chine)

[de] IoT-Referenzarchitekturprojekt für internationale Normung (China)

[it] Progetto di standard internazionale per architettura di Internet delle cose (IoTRA) (Cina)

[jp] IoT 参照アーキテクチャ国際基準プログラム（中国）

[kr] 사물 인터넷 참고 아키텍처 국제 표준 프로젝트(중국)

[pt] Projeto de Padronização Internacional de Arquitetura de Referência à Internet das Coisas (China)

[ru] Проект эталонной архитектуры Интернета вещей (Китай)

[es] Proyecto de arquitectura de referencia de Internet de las Cosas (China)

71519 云计算参考架构国际标准项目（中国）

[ar] مشروع قياسي دولي للهيكل المرجعي للحوسبة السحابية (الصين)

[en] Cloud Computing Reference Architecture Project (China)

[fr] Projet d'architecture référentielle de l'informatique en nuage (Chine)

[de] Cloud-Computing-Referenzarchitekturprojekt für internationale Normung (China)

[it] Progetto di standard internazionale per

architettura di Cloud Computing (Cina)

[jp] クラウドコンピューティングアーキテ
クチャ国際標準プロジェクト（中国）

[kr] 클라우드 컴퓨팅 참고 아키텍처 국제 표
준 프로젝트(중국)

[pt] Projeto de Padronização Internacional de
Arquitetura de Referência à Computação
em Nuvem (China)

[ru] Проект эталонной архитектуры
облачных вычислений (Китай)

[es] Proyecto de arquitectura de referencia de
computación en la nube (China)

71520 《美国参加ISO国际标准活动程序》

[ar] إجراءات المشاركة الأمريكية في أنشطة التقييس
ISO الدولي

[en] Procedures for US Participation in the
International Standards Activities of ISO

[fr] Procédures pour la participation
des États-Unis aux activités de la
normalisation internationale de
l'Organisation internationale de
normalisation

[de] ANSI-Verfahren für die Teilnahme der
USA an den ISO-internationalen Nor-
mungsaktivitäten

[it] Procedura di standard internazionale
per la partecipazione degli Stati Uniti
all'attività di standard internazionali ISO

[jp] 「ISO 国際標準化活動への米国参加手
順」

[kr] <미국 ISO 참가 국제 표준 활동 프로세
스>

[pt] Procedimentos para a Participação
dos EUA nas Atividades de Padrões
Internacionais da ISO

[ru] Процедуры участия США в
деятельности международных
стандартов ISO

[es] Procedimientos ANSI para la
Participación de EE.UU. en

las Actividades de Estándares
Internacionales de la Organización
Internacional de Normalización

71521 《JIS与国际标准整合化工作的原则》

[ar] مبادئ العمل للدمج بين JIS والمعايير الدولية

[en] Principles for the Integration of JIS and
International Standards

[fr] Principes d'intégration de normes
industrielles japonaise et les normes
internationales

[de] JIS-Prinzipien für die Integration von
JIS und internationalen Normen

[it] Principi JIS per l'integrazione di JIS e
gli standard internazionali

[jp] 「JISと国際規格との整合化の手引き」

[kr] <JIS와 국제 표준 통합화 업무 원칙>

[pt] Princípios para a Integração do JIS e
padronizações internacionais

[ru] Принципы интеграции JIS и
международных стандартов

[es] Principios para la Integración de JIS y
Estándares Internacionales

71522 英国BS标准与国际标准同步政策

[ar] سياسة التزامن بين المعايير البريطانية BS والمعايير
الدولية

[en] Synchronization Policy for British
Standards and International Standards

[fr] politique de synchronisation des
normes britanniques et des normes
internationales

[de] Synchronisationsrichtlinie britischer und
internationaler Normen

[it] Politica di sincronizzazione degli
standard britannici e degli standard
internazionali

[jp] イギリス規格と国際規格の同期化政策

[kr] 영국 BS표준과 국제 표준 동기 정책

[pt] Política de Sincronização entre Normas
Britânicas e Normas Internacionais

[ru] политика синхронизации британских
стандартов и международных
стандартов

[es] política de sincronización de estándares
británicos y estándares internacionales

71523 国家标准、欧洲标准与国际标准一体
化政策(德国)

[ar] سياسة التكامل بين المعايير الوطنية والأوروبية
والدولية (ألمانيا)

[en] Policy of Integrating National, European
and International Standards (Germany)

[fr] politique d'intégration des
normes nationales, européennes et
internationales (Allemagne)

[de] Integrationspolitik für nationale, euro-
päische und internationale Normen
(Deutschland)

[it] politica d'integrazione di standard
nazionali, europei e internazionali
(Germania)

[jp] 国家標準・欧州標準・国際標準の一体
化政策(ドイツ)

[kr] 국가표준, 유럽표준과 국제표준 통합 정
책(독일)

[pt] Política da Integração dos Padrões
Nacionais, Padrões Europeus e Padrões
Internacionais (Alemanha)

[ru] Политика интеграции национальных
стандартов, европейских стандартов
и международных стандартов
(Германия)

[es] política de integración de estándares
nacionales, estándares europeos y
estándares internacionales (Alemania)

71524 《国际标准化政策原则》(欧盟)

[ar] مبادئ وسياسة التقييس الدولي (الاتحاد الأوربي)

[en] European Policy Principles on
International Standardization (EU)

[fr] Principes de la politique européenne
relative à la normalisation internationale
(UE)

[de] Europäische Grundsätze über die inter-
nationale Normungspolitik (EU)

[it] Principio politico sulla normazione
internazionale (UE)

[jp] 「国際標準化政策原則」(EU)

[kr] <국제 표준화 정책 원칙>(유럽 연합)

[pt] Princípios Políticos Europeus sobre a
Padronização Internacional (UE)

[ru] Принципы европейской политики
в области международной
стандартизации (ЕС)

[es] Principios Europeos de Política sobre la
Normalización Internacional (UE)

[ar]　المصطلحات القياسية

[en]　**Standard Terminology**

[fr]　**Terminologie des normes**

[de]　**Standardterminologie**

[it]　**Terminologia standard**

[jp]　**標準用語**

[kr]　**표준 전문용어**

[pt]　**Terminologia Normalizada**

[ru]　**Стандартная терминология**

[es]　**Terminología de Normas**

7.2.1　大数据术语

[ar]　مصطلحات البيانات الضخمة

[en]　**Big Data Terminology**

[fr]　**Terminologie des mégadonnées**

[de]　**Big Data-Terminologie**

[it]　**Terminologia dei Big Data**

[jp]　**ビッグデータ用語**

[kr]　**빅데이터 전문용어**

[pt]　**Terminologia de Big Data**

[ru]　**Терминология больших данных**

[es]　**Terminología de Big Data**

72101　大数据参考体系结构

[ar]　بنية النظام المرجعي للبيانات الضخمة

[en]　big data reference architecture

[fr]　architecture des référentiels des mégadonnées

[de]　Big Data-Referenzarchitektur

[it]　struttura di riferimento per Big Data

[jp]　ビッグデータ参照アーキテクチャ

[kr]　빅데이터 참고체계 아키텍처

[pt]　arquitetura de referência de big data

[ru]　эталонная архитектура больших данных

[es]　arquitectura de referencia de Big Data

72102　系统协调者

[ar]　منسّق الأنظمة

[en]　system orchestrator

[fr]　coordinateur du système

[de]　System-Koordinator

[it]　coordinatore di sistema

[jp]　システムコーディネーター

[kr]　시스템 조정자

[pt]　coordenador do sistema

[ru]　системный координатор

[es]　coordinador de sistemas

72103　数据提供者

[ar]　مزوّد البيانات

[en]　data provider

[fr]　fournisseur de données

[de]　Datenanbieter

[it]　fornitore dei dati

[jp]　データプロバイダー

[kr]　데이터 제공자

[pt]　fornecedor de dados

[ru]　поставщик данных

[es] proveedor de datos

72104 大数据应用提供者

[ar] مزوّد تطبيق البيانات الضخمة

[en] big data application provider

[fr] fournisseur d'application de
mégadonnées

[de] Big Data-Anwendungsanbieter

[it] fornitore di applicazione di Big Data

[jp] ビッグデータアプリのプロバイダー

[kr] 빅데이터 응용 제공자

[pt] fornecedor de aplicativos de big data

[ru] поставщик приложений больших
данных

[es] proveedor de aplicaciones de Big Data

72105 大数据框架提供者

[ar] مزوّد إطار البيانات الضخمة

[en] big data framework provider

[fr] fournisseur d'infrastructure de
mégadonnées

[de] Big Data-Rahmensanbieter

[it] fornitore di struttura di Big Data

[jp] ビッグデータフレームワークプロバイ
ダー

[kr] 빅데이터 프레임워크 제공자

[pt] fornecedor de estrutura de big data

[ru] поставщик фреймворка больших
данных

[es] proveedor de marcos de trabajo de Big
Data

72106 数据消费者

[ar] مستهلك البيانات

[en] data consumer

[fr] consommateur de données

[de] Datenkonsumenten

[it] consumatore dei dati

[jp] データ消費者

[kr] 데이터 소비자

[pt] consumidor de dados

[ru] потребитель данных

[es] consumidores de datos

72107 基础设施框架

[ar] إطار البنية التحتية

[en] infrastructure framework

[fr] cadre d'infrastructure

[de] Infrastrukturrahmen

[it] struttura infrastrutturale

[jp] インフラフレームワーク

[kr] 인프라 프레임

[pt] estrutura de infraestrutura

[ru] фреймворк инфраструктуры

[es] marco de referencia de infraestructuras

72108 数据平台框架

[ar] إطار منصة البيانات

[en] data platform framework

[fr] cadre de plate-forme de données

[de] Datenplattformrahmen

[it] struttura della piattaforma dei dati

[jp] データプラットフォームフレームワーク

[kr] 데이터 플랫폼 프레임워크

[pt] estrutura de plataforma de dados

[ru] фреймворк платформы данных

[es] marco de referencia de plataforma de
datos

72109 消息/通信框架

[ar] إطار الرسائل / الاتصالات

[en] message/communication framework

[fr] cadre de message/communication

[de] Nachrichten- /Kommunikationsrahmen

[it] struttura messaggi/comunicazione

[jp] メッセージ/ 通信フレームワーク

[kr] 통신 프레임워크

[pt] estrutura de mensagem/comunicação

[ru] фреймворк сообщений/коммуникаций

[es] marco de referencia de mensajes/
comunicaciones

7.2

72110 资源管理框架

[ar] إطار إدارة الموارد

[en] resource management framework

[fr] cadre de gestion des ressources

[de] Rahmen für Ressourcenmanagement

[it] struttura di gestione delle risorse

[jp] リソース管理フレームワーク

[kr] 자원 관리 프레임워크

[pt] estrutura de gestão de recursos

[ru] фреймворк управления ресурсами

[es] marco de referencia de gestión de recursos

72111 大数据工程化

[ar] هندسة البيانات الضخمة

[en] big data engineering

[fr] ingénierie des mégadonnées

[de] Engineering von Big Data

[it] ingegnerizzazione di Big Data

[jp] ビッグデータエンジニアリング

[kr] 빅데이터 엔지니어링

[pt] engenharia de big data

[ru] инженерия больших данных

[es] ingeniería de Big Data

72112 计算可移植性

[ar] قابلية النقل الحوسبي

[en] computational portability

[fr] portabilité de calcul

[de] rechnerische Portabilität

[it] trasportabilità computazionale

[jp] 計算上の移植性

[kr] 컴퓨팅 이식성

[pt] portabilidade computacional

[ru] вычислительная переносимость

[es] portabilidad informática

72113 可伸缩流处理

[ar] معالجة التدفق القابلة للتمدد

[en] scalable stream processing

[fr] traitement évolutif de flux

[de] skalierbare Stream-Verarbeitung

[it] elaborazione flussi scalabili

[jp] スケーラブルストリーム処理

[kr] 스케일러블 데이터 스트림 처리

[pt] processamento escalável em stream

[ru] масштабируемая обработка потока

[es] procesamiento de flujos escalable

72114 可伸缩数据存储

[ar] تخزين البيانات القابلة للتمدد

[en] scalable data storage

[fr] stockage évolutif de données

[de] skalierbare Datenspeicherung

[it] memorizzazione dei dati scalabili

[jp] スケーラブルデータストア

[kr] 스케일러블 데이터 저장

[pt] armazenamento escaláveis de dados

[ru] масштабируемое хранилище данных

[es] almacenes de datos escalables

72115 集群管理

[ar] إدارة عنقودية

[en] cluster management

[fr] gestion de regroupement

[de] Cluster-Verwaltung

[it] gestione cluster

[jp] クラスター管理

[kr] 클러스터 관리

[pt] gestão de agrupamento

[ru] управление кластером

[es] gestión de clústeres

72116 软件定义存储

[ar] تخزين تعريف البرامج

[en] software defined storage

[fr] stockage défini par logiciel

[de] softwaredefinierte Speicherung

[it] memorizzazione definita dal software

[jp] ソフトウェア定義ストレージ

[kr] 소프트웨어 정의 저장

[pt] armazenamento definido por software

[ru] программно-определяемое хранилище

[es] almacenamiento definido por software

72117 软件定义网络

[ar] شبكة تعريف البرامج

[en] software defined network (SDN)

[fr] réseau défini par logiciel

[de] softwaredefiniertes Netzwerk

[it] networking definito dal software

[jp] ソフトウェア定義ネットワーク

[kr] 소프트웨어 정의 네트워킹

[pt] rede definida por software

[ru] программно-определяемая сеть

[es] redes definidas por software

72118 网络功能虚拟化

[ar] افتراضية وظائف الشبكة

[en] network function virtualization

[fr] virtualisation des fonctions réseau

[de] Netzwerkfunktionsvirtualisierung

[it] virtualizzazione delle funzioni di rete

[jp] ネットワーク機能の仮想化

[kr] 네트워크 기능 가상화

[pt] virtualização de funções da Internet

[ru] виртуализация сетевых функций

[es] virtualización de funciones de red

72119 本地虚拟化

[ar] افتراضية محلية

[en] native virtualization

[fr] virtualisation locale

[de] lokale Virtualisierung

[it] virtualizzazione nativa

[jp] ネイティブ仮想化

[kr] 네이티브 가상화

[pt] virtualização nativa

[ru] местная виртуализация

[es] virtualización nativa

72120 主机虚拟化

[ar] افتراضية المضيف

[en] host virtualization

[fr] virtualisation de serveur hôte

[de] Host-Virtualisierung

[it] virtualizzazione host

[jp] ホスト仮想化

[kr] 호스트형 가상화

[pt] virtualização de host

[ru] виртуализация хоста

[es] virtualización de computadora central

72121 容器式虚拟化

[ar] افتراضية الحاوية

[en] containerized virtualization

[fr] virtualisation conteneurisée

[de] containerisierte Virtualisierung

[it] virtualizzazione containerizzata

[jp] コンテナ型仮想化

[kr] 컨테이너형 가상화

[pt] virtualização na forma de contêiner

[ru] контейнерная виртуализация

[es] virtualización basada en contenedores

7.2.2 云计算术语

[ar] **مصطلحات الحوسبة السحابية**

[en] **Cloud Computing Terminology**

[fr] **Terminologie de l'informatique en nuage**

[de] **Cloud-Computing-Terminologie**

[it] **Terminologia di cloud computing**

[jp] **クラウドコンピューティング用語**

[kr] **클라우드 컴퓨팅 전문용어**

[pt] **Terminologia de Computação em Nuvem**

[ru] **Терминология облачных вычислений**

[es] **Terminología de la Computación en la Nube**

72201 云服务客户

[ar] عملاء الخدمة السحابية

[en] cloud service customer

[fr] client de services en nuage

[de] Cloud-Service-Kunde

[it] cliente del servizio cloud

[jp] クラウドサービス顧客

[kr] 클라우드 서비스 고객

[pt] clientes de serviços em nuvem

[ru] клиент облачных услуг

[es] cliente de servicios en la nube

72202　云服务合作者

[ar] شريك خدمة سحابية

[en] cloud service partner

[fr] partenaire de services en nuage

[de] Cloud-Service-Partner

[it] partner del servizio cloud

[jp] クラウドサービスパートナー

[kr] 클라우드 서비스 협력자

[pt] parceiro de serviços de nuvem

[ru] партнер облачных услуг

[es] socio de servicios en la nube

72203　云服务提供者

[ar] مزوّد الخدمات السحابية

[en] cloud service provider

[fr] prestataire de services en nuage

[de] Cloud-Service-Anbieter

[it] fornitore del servizio cloud

[jp] クラウドサービスプロバイダー

[kr] 클라우드 서비스 제공자

[pt] fornecedores de serviços em nuvem

[ru] поставщик облачных услуг

[es] proveedores de servicios en la nube

72204　可度量的服务

[ar] خدمة قابلة للقياس

[en] measured service

[fr] service mesurable

[de] messbarer Service

[it] servizio misurabile

[jp] 計測可能なサービス

[kr] 계측 가능 서비스

[pt] serviço medível

[ru] измеримое обслуживание

[es] servicio mensurable

72205　多租户

[ar] تكنولوجيا متعددة الإيجار

[en] multi-tenancy

[fr] copropriété

[de] Mandantenfähigkeit

[it] multi-utenti

[jp] マルチテナンシー

[kr] 멀티테넌시

[pt] multi-inquilino

[ru] множественная аренда

[es] multitenencia

72206　按需自服务

[ar] خدمة ذاتية حسب الحاجة

[en] on-demand self-service

[fr] libre service sur le besoin

[de] Selbstbedienung auf Nachfrage

[it] servizio fai da te su richiesta

[jp] オンデマンド・セルフサービス

[kr] 온 디맨드 셀프 서비스

[pt] auto-atendimento conforme demanda

[ru] самообслуживание по требованию

[es] autoservicio bajo demanda

72207　资源池化

[ar] تجميع الموارد

[en] resource pooling

[fr] mise en commun des ressources

[de] Ressorcenzusammenlegung

[it] pooling di risorse

[jp] リソースプーリング

[kr] 리소스 풀링

[pt] agrupamento de recursos

[ru] объединение ресурсов

[es] agrupación de recursos

72208 云能力

[ar] قدرة سحابية

[en] cloud capabilities

[fr] capacité du nuage

[de] Cloud-Kapazität

[it] capacità del cloud

[jp] クラウド機能

[kr] 클라우드 능력

[pt] capacidade da nuvem

[ru] облачные возможности

[es] capacidad en la nube

72209 云应用能力

[ar] قدرة التطبيق السحابي

[en] cloud application capabilities

[fr] capacité d'application de nuage

[de] Cloud-Anwendungsfähigkeit

[it] funzionalità dell'applicazione cloud

[jp] クラウド応用機能

[kr] 클라우드 응용 능력

[pt] capacidade de aplicativos em nuvem

[ru] возможности облачных приложений

[es] capacidad de aplicaciones en la nube

72210 云基础设施能力

[ar] قدرة البنية التحتية السحابية

[en] cloud infrastructure capabilities

[fr] capacité d'infrastructure de nuage

[de] Kapazität der Cloud-Infrastruktur

[it] capacità di infrastruttura cloud

[jp] クラウドインフラス機能

[kr] 클라우드 인프라 능력

[pt] capacidade de infraestrutura em nuvem

[ru] возможности облачной
инфраструктуры

[es] capacidad de infraestructuras en la nube

72211 云平台能力

[ar] قدرة المنصة السحابية

[en] cloud platform capability

[fr] capacité de plate-forme de nuage

[de] Kapazität der Cloud-Plattform

[it] funzionalità della piattaforma cloud

[jp] クラウドプラットフォーム機能

[kr] 클라우드 플랫폼 능력

[pt] capacidade da plataforma em nuvem

[ru] возможности облачной платформы

[es] capacidad de plataformas en la nube

72212 通信即服务

[ar] اتصالات كخدمة

[en] Communication as a Service (CaaS)

[fr] Communication en tant que service

[de] Kommunikation als Service

[it] Comunicazione come servizio

[jp] サービスとしての通信

[kr] 통신 즉 서비스

[pt] Comunicação como Serviço

[ru] Коммуникация как услуга

[es] Comunicación como Servicio

72213 计算即服务

[ar] حوسبة كخدمة

[en] Computing as a Service (CompaaS)

[fr] Informatique en tant que service

[de] Computing als Service

[it] Computing come servizio

[jp] サービスとしてのコンピューティング

[kr] 컴퓨팅 즉 서비스

[pt] Computação como Serviço

[ru] Вычисления как услуга

[es] Computación como Servicio

72214 数据存储即服务

[ar] تخزين البيانات كخدمة

[en] Data Storage as a Service (DSaaS)

[fr] Stockage de données en tant que service

[de] Datenspeicherung als Service

[it] Memorizzazione dei dati come servizio

[jp] サービスとしてのデータストア

[kr] 데이터 저장 즉 서비스

[pt] Armazenamento de Dados como Serviço

7.2

[ru] Хранение данных как услуга

[es] Almacenamiento de Datos como Servicio

72215 基础设施即服务

[ar] بنية تحتية كخدمة

[en] Infrastructure as a Service (IaaS)

[fr] Infrastructure en tant que service

[de] Infrastruktur als Service

[it] Infrastruttura come servizio

[jp] サービスとしてのインフラストラクチャ

[kr] 인프라 즉 서비스

[pt] Infraestrutura como Serviço

[ru] Инфраструктура как услуга

[es] Infraestructura como Servicio

72216 网络即服务

[ar] شبكة كخدمة

[en] Network as a Service (NaaS)

[fr] Réseau en tant que service

[de] Netzwerk als Service

[it] Network come servizio

[jp] サービスとしてのネットワーク

[kr] 네트워크 즉 서비스

[pt] Rede como Serviço

[ru] Сеть как услуга

[es] Red como Servicio

72217 平台即服务

[ar] منصة كخدمة

[en] Platform as a Service (PaaS)

[fr] Plate-forme en tant que service

[de] Plattform als Service

[it] Piattaforma come servizio

[jp] サービスとしてのプラットフォーム

[kr] 플랫폼 즉 서비스

[pt] Plataforma como Serviço

[ru] Платформа как услуга

[es] Plataforma como Servicio

72218 软件即服务

[ar] برامج كخدمة

[en] Software as a Service (SaaS)

[fr] Logiciel en tant que service

[de] Software als Service

[it] Software come servizio

[jp] サービスとしてのソフトウェア

[kr] 소프트웨어 즉 서비스

[pt] Software como Serviço

[ru] Программное обеспечение как услуга

[es] Software como Servicio

72219 云审计者

[ar] مدقق سحابي

[en] cloud auditor

[fr] auditeur de nuage

[de] Cloud-Auditor

[it] auditore cloud

[jp] クラウド監査員

[kr] 클라우드 감사원

[pt] auditor de nuvem

[ru] облачный аудитор

[es] auditor en la nube

72220 云应用可移植性

[ar] قابلية النقل للتطبيق السحابي

[en] cloud application portability

[fr] portabilité d'application de nuage

[de] Portabilität von Cloud-Applikation

[it] trasportabilità delle applicazioni cloud

[jp] クラウドアプリケーションの移植性

[kr] 클라우드 응용 이식성

[pt] portabilidade de aplicativos em nuvem

[ru] переносимость облачных приложений

[es] portabilidad de aplicaciones en la nube

72221 云数据可移植性

[ar] قابلية النقل للبيانات السحابية

[en] cloud data portability

[fr] portabilité de données de nuage

[de] Portabilität von Cloud-Daten

[it] trasportabilità dei dati cloud
[jp] クラウドデータの移植性
[kr] 클라우드 데이터 이식성
[pt] portabilidade de dados em nuvem
[ru] переносимость облачных данных
[es] portabilidad de datos en la nube

72222 云部署模型

[ar] نموذج التخطيط السحابي
[en] cloud deployment model
[fr] modèle de déploiement de nuage
[de] Modell für Cloud-Disposition
[it] modello di implementazione cloud
[jp] クラウド展開モデル
[kr] 클라우드 배치 모델
[pt] modelo de implanmentação em nuvem
[ru] модель развертывания облака
[es] modelo de implementación en la nube

7.2.3 人工智能术语

[ar] **مصطلحات الذكاء الاصطناعي**
[en] **Artificial Intelligence Terminology**
[fr] **Terminologie de l'intelligence artificielle**
[de] **Terminologie der künstlichen Intelligenz**
[it] **Terminologia dell'intelligenza artificiale**
[jp] 人工知能用語
[kr] 인공지능 전문용어
[pt] **Terminologia de Inteligência Artificial**
[ru] **Терминология искусственного интеллекта**
[es] **Terminología de Inteligencia Artificial**

72301 搜索空间

[ar] فضاء بحثي
[en] search space
[fr] espace de recherche

[de] Such-Raum
[it] spazio di ricerca
[jp] サーチスペース
[kr] 검색 공간
[pt] espaço de busca
[ru] поисковое пространство
[es] espacio de búsqueda

72302 问题空间

[ar] فضاء المشكلة
[en] problem space
[fr] espace de problème
[de] Problem-Raum
[it] spazio problematico
[jp] 問題空間
[kr] 문제 공간
[pt] espaço de problema
[ru] проблемное пространство
[es] espacio de problemas

72303 解空间

[ar] فضاء الحل
[en] solution space
[fr] espace de solution
[de] Lösung-Raum
[it] spazio delle soluzioni
[jp] ソリューションスペース
[kr] 솔루션 공간
[pt] espaço de solução
[ru] пространство решений
[es] espacio de soluciones

72304 搜索树

[ar] شجرة البحث
[en] search tree
[fr] arbre de recherche
[de] Such-Baum
[it] albero di ricerca
[jp] サーチツリー
[kr] 검색 트리
[pt] árvore de busca

[ru] дерево поиска

[es] árbol de búsquedas

72305 深度优先搜索

[ar] بحث تفضيلي عميق

[en] depth-first search

[fr] recherche en profondeur d'abord

[de] Tiefe-Prioritätssuche

[it] ricerca prioritaria di profondità

[jp] 深さ優先検索

[kr] 딥 우선 검색

[pt] busca em profundidade-primeiro

[ru] поиск преимущественно в глубину

[es] búsqueda de profundidad en primer lugar

72306 宽度优先搜索

[ar] بحث تفضيلي واسع

[en] breadth-first search

[fr] recherche en largeur d'abord

[de] Breite-Prioritätssuche

[it] ricerca prioritaria di larghezza

[jp] 幅優先検索

[kr] 와이드 우선 검색

[pt] busca em largura-primeiro

[ru] поиск преимущественно в ширину

[es] búsqueda de amplitud en primer lugar

72307 启发式搜索

[ar] بحث إلهامي

[en] heuristic search

[fr] recherche heuristique

[de] heuristische Suche

[it] ricerca euristica

[jp] 啓発的検索

[kr] 휴리스틱 검색

[pt] busca heurística

[ru] эвристический поиск

[es] investigación heurística

72308 最佳优先搜索

[ar] بحث تفضيلي أمثل

[en] best-first search

[fr] recherche best-first

[de] Best-Prioritätssuche

[it] ricerca prioritaria di migliore risultato

[jp] 最適優先検索

[kr] 최적 우선 검색

[pt] busca em qualidade-primeira

[ru] поиск в первую очередь

[es] búsqueda de mejor en primer lugar

72309 剪枝

[ar] تشذيب

[en] pruning

[fr] élagage

[de] Beschneidung

[it] potatura

[jp] 剪定

[kr] 프루닝

[pt] poda

[ru] обрезка

[es] poda

72310 问题求解

[ar] استفسار حلول المشكلة

[en] problem solving

[fr] résolution de problème

[de] Problemelösung

[it] risoluzione dei problemi

[jp] 問題解決

[kr] 문제 해결

[pt] resolução de problemas

[ru] решение проблем

[es] solución de problemas

72311 模式识别

[ar] تعرف على الأنماط

[en] pattern recognition

[fr] reconnaissance de formes

[de] Mustererkennung

[it] riconoscimento del modello
[jp] パターン識別
[kr] 패턴 인식
[pt] reconhecimento de modelos
[ru] распознавание образов
[es] reconocimiento de patrones

72312 自学习
[ar] تعلم ذاتي
[en] self-learning
[fr] auto-apprentissage
[de] Selbstlernen
[it] auto-apprendimento
[jp] 自己学習
[kr] 자가 학습
[pt] auto-aprendizagem
[ru] самообучение
[es] autoaprendizaje

72313 学习策略
[ar] تكتيك تعلمي
[en] learning strategy
[fr] stratégie d'apprentissage
[de] Lernstrategie
[it] strategia di apprendimento
[jp] 学習方略
[kr] 학습 전략
[pt] estratégia de aprendizagem
[ru] стратегия обучения
[es] estrategia de aprendizaje

72314 概念聚类
[ar] تجميع مفاهيمي
[en] conceptual clustering
[fr] regroupement conceptuel
[de] Konzeptionsclustering
[it] raggruppamento concettuale
[jp] 概念的なクラスタリング
[kr] 컨셉 클러스터
[pt] agrupamento conceitual
[ru] концептуальная кластеризация

[es] clusterización conceptual

72315 机器发现
[ar] اكتشاف آلي
[en] machine discovery
[fr] découverte automatique
[de] Maschinenentdeckung
[it] scoperta automatica
[jp] 機械発見
[kr] 머신 디스커버리
[pt] descoberta máquina
[ru] машинное открытие
[es] descubrimiento de máquinas

72316 认知科学
[ar] علوم معرفية
[en] cognitive science
[fr] science cognitive
[de] Kognitionswissenschaft
[it] scienza cognitiva
[jp] 認知科学
[kr] 인식 과학
[pt] ciência cognitiva
[ru] когнитивная наука
[es] ciencia cognitiva

72317 概念描述
[ar] وصف المفهوم
[en] concept description
[fr] description de conception
[de] Konzeptbeschreibung
[it] descrizione concettuale
[jp] 概念記述
[kr] 개념 기술
[pt] descrição conceitual
[ru] концептуальное описание
[es] descripción conceptual

72318 概念泛化
[ar] تعميم المفاهيم
[en] concept generalization

[fr] généralisation de conception

[de] Verallgemeinerung des Konzepts

[it] generalizzazione di concetto

[jp] 概念の一般化

[kr] 개념 일반화

[pt] generalização de conceito

[ru] обобщение понятий

[es] generalización de conceptos

72319 概念确认

[ar] تأكيد المفهوم

[en] concept identification

[fr] identification du conception

[de] Konzeptbestätigung

[it] conferma di concetto

[jp] 概念の確認

[kr] 개념 확인

[pt] identificação de conceito

[ru] подтверждение понятий

[es] identificación de conceptos

72320 连接科学

[ar] علوم التوصيل

[en] connection science

[fr] science de la connexion

[de] Verbindungswissenschaft

[it] scienza delle connessioni

[jp] 接続科学

[kr] 연결 과학

[pt] ciência de conexão

[ru] наука о соединении

[es] ciencia de conexión

72321 亚符号表示

[ar] تمثيل شبه رمزي

[en] sub-symbolic representation

[fr] représentation sous-symbolique

[de] sub-symbolische Darstellung

[it] rappresentazione sub-simbolica

[jp] サブシンボル表示

[kr] 서브심볼 표시

[pt] representação sub-simbólica

[ru] субсимвольное представление

[es] representación subsimbólica

7.2.4 机器人术语

[ar] مصطلحات الروبوت

[en] **Robot Terminology**

[fr] **Terminologie de la robotique**

[de] **Roboter-Terminologie**

[it] **Terminologia robotica**

[jp] **ロボット用語**

[kr] **로봇 전문용어**

[pt] **Terminologia Robótica**

[ru] **Терминология роботов**

[es] **Terminología de Robots**

72401 机器人装置

[ar] جهاز الروبوت

[en] robotic device

[fr] appareil robotisé

[de] Robotergerät

[it] dispositivo di robotica

[jp] ロボット装置

[kr] 로봇 장치

[pt] dispositivo robótico

[ru] роботизированное устройство

[es] dispositivo robótico

72402 协作操作

[ar] ممارسة تعاونية

[en] collaborative operation

[fr] opération conjointe

[de] kollaborativer Betrieb

[it] operazione collaborativa

[jp] 協働操作

[kr] 협동 조작

[pt] operação colaborativa

[ru] совместная операция

[es] operación colaborativa

72403 机器人致动器

[ar] مشغل الروبوت

[en] robot actuator

[fr] actionneur de robot

[de] Roboterbetätiger

[it] attuatore robotico

[jp] ロボット駆動装置

[kr] 로봇 액추에이터

[pt] atuador do robô

[ru] привод робота

[es] accionador de robots

72404 机器人合作

[ar] تعاون الروبوت

[en] robot cooperation

[fr] coopération des robots

[de] Roboterkooperation

[it] cooperazione robot

[jp] ロボット協力

[kr] 로봇 협력

[pt] cooperação do robô

[ru] сотрудничество роботов

[es] cooperación de robots

72405 末端执行器

[ar] مستجيب نهائي

[en] end-effector

[fr] effecteur terminal

[de] Endeffektor

[it] end-effector

[jp] エンドエフェクター

[kr] 엔드 이펙터

[pt] end-efetor

[ru] концевой эффектор

[es] actuador final

72406 全向移动机构

[ar] آلية متنقلة لكل الاتجاهات

[en] omni-directional mobile mechanism

[fr] mécanisme mobile omnidirectionnel

[de] omnidirektionaler mobiler Mechanismus

[it] meccanismo mobile omnidirezionale

[jp] 全方向移動メカニズム

[kr] 전방향의 이동 메커니즘

[pt] mecanismo de móvel omnidirecional

[ru] всенаправленный мобильный механизм

[es] mecanismo móvil omnidireccional

72407 位姿

[ar] وضعية

[en] pose

[fr] pose

[de] Pose

[it] posa

[jp] ポーズ

[kr] 포즈

[pt] localização e pose

[ru] поза

[es] pose

72408 指令位姿

[ar] وضعية القيادة

[en] command pose

[fr] pose de commande

[de] Kommando-Pose

[it] posa di comando

[jp] 指令ポーズ

[kr] 명령어 포즈

[pt] pose de comando

[ru] командная поза

[es] pose de comando

72409 编程位姿

[ar] وضعية البرمجة

[en] programmed pose

[fr] pose de programmation

[de] Programmierpose

[it] posa di programmazione

[jp] プログラミングポーズ

[kr] 프로그래밍 포즈

[pt] pose de programação

7.2

[ru] программная поза

[es] pose de programación

72410 实到位姿

[ar] وضعية البلوغ

[en] attained pose

[fr] pose atteinte

[de] erreichte Pose

[it] posa raggiunta

[jp] 到達ポーズ

[kr] 달성 포즈

[pt] pose alcançada

[ru] фактическая поза

[es] pose obtenida

72411 限定空间

[ar] فضاء محدود

[en] restricted space

[fr] espace restreint

[de] eingeschränkter Raum

[it] spazio limitato

[jp] 限定空間

[kr] 제한 공간

[pt] espaço restrito

[ru] ограниченное пространство

[es] espacio restringido

72412 任务程序

[ar] إجراءات المهمة

[en] task program

[fr] programme de tâche

[de] Aufgabenprogramm

[it] programma di attività

[jp] タスクプログラム

[kr] 태스크 프로그램

[pt] programa de tarefas

[ru] целевая программа

[es] programa de tareas

72413 控制程序

[ar] إجراءات التحكم

[en] control program

[fr] programme de contrôle

[de] Steuerungsprogramm

[it] programma di controllo

[jp] 制御プログラム

[kr] 제어 프로그램

[pt] programa de controlo

[ru] управляющая программа

[es] programa de control

72414 机器人语言

[ar] لغة الروبوت

[en] robot language

[fr] langage de robot

[de] Robotersprache

[it] linguaggio robotico

[jp] ロボット言語

[kr] 로봇 언어

[pt] linguagem robótica

[ru] язык роботов

[es] lenguaje de robots

72415 限位装置

[ar] جهاز تحديد الموقع

[en] limiting device

[fr] dispositif de limitation

[de] Abstandhaltungsgerät

[it] dispositivo di ingabbiamento

[jp] ケージング装置

[kr] 제한 장치

[pt] dispositivo de enjaulamento

[ru] ограничивающее устройство

[es] dispositivo de enjaulado

72416 位姿准确性漂移

[ar] زحزحة دقة الوضعية

[en] drift of pose accuracy

[fr] dérive de la précision de pose

[de] Drift der Posengenauigkeit

[it] deriva dell'accuratezza della posa

[jp] ポーズ精度のドリフト

7.2

[kr] 포즈 정확성 드리프트
[pt] mudança da precisão de pose
[ru] дрейф точности позы
[es] deriva de la precisión de la pose

72417 位姿重复性漂移
[ar] زحزحة تكرارية الوضعية
[en] drift of pose repeatability
[fr] dérive de la répétabilité de pose
[de] Drift der Posenwiederholbarkeit
[it] deriva della ripetibilità della posa
[jp] ポーズ繰返し精度のドリフト
[kr] 포즈 중복성 드리프트
[pt] mudança repetitiva de pose
[ru] дрейф повторяемости позы
[es] deriva de la repetibilidad de la pose

72418 路径准确度
[ar] دقة المسار
[en] path accuracy
[fr] précision de chemin
[de] Pfadgenauigkeit
[it] precisione del percorso
[jp] パス精度
[kr] 경로 정확도
[pt] precisão de caminho
[ru] точность пути
[es] precisión de rutas

72419 路径重复性
[ar] تكرارية المسار
[en] path repeatability
[fr] répétabilité de chemin
[de] Pfadwiederholbarkeit
[it] ripetibilità del percorso
[jp] パスの繰返し精度
[kr] 경로 중복성
[pt] repetibilidade de caminho
[ru] повторяемость пути
[es] repetibilidad de rutas

72420 路径速度准确度
[ar] دقة سرعة المسار
[en] path velocity accuracy
[fr] précision de la vitesse de chemin
[de] Pfadgeschwindigkeitsgenauigkeit
[it] precisione della velocità del percorso
[jp] パス速度精度
[kr] 경로 속도 정확도
[pt] precisão de velocidade de caminho
[ru] точность скорости пути
[es] repetibilidad de velocidades de rutas

72421 静态柔顺性
[ar] ليونة هادئة
[en] static compliance
[fr] flexibilité statique
[de] statische Flexibilität
[it] flessibilità statica
[jp] 静的柔軟性
[kr] 정적 유연성
[pt] flexibilidade estática
[ru] статическая податливость
[es] conformidad estática

72422 行走面
[ar] سطح المشي
[en] travel surface
[fr] surface de déplacement
[de] Lauffläche
[it] superficie di corsa
[jp] 走行面
[kr] 활주면
[pt] superfície de corrida
[ru] поверхность переноса
[es] superficie de viaje

72423 航位推算法
[ar] طريقة حساب لمواقع واتجاهات الملاحة
[en] dead reckoning
[fr] navigation à l'estime
[de] Koppelnavigation-Algorithmus

7.2

[it] navigazione stimata

[jp] 推測航法

[kr] 데드 레커닝

[pt] estimação de navegação

[ru] метод счисления пути

[es] navegación por estima

72424 传感器融合

[ar] دمج أجهزة الاستشعار

[en] sensor fusion

[fr] fusion des capteurs

[de] Sensorfusion

[it] fusione dei sensori

[jp] センサー・フュージョン

[kr] 센서 퓨전

[pt] fusão de sensores

[ru] сочетание датчиков

[es] fusión de sensores

72425 环境认知

[ar] معرفة بيئية

[en] environmental cognition

[fr] connaissance de l'environnement

[de] Umgebungserkennung

[it] cognizione ambientale

[jp] 環境認知

[kr] 환경 인지

[pt] conhecimento ambiental

[ru] экологическое познание

[es] cognición medioambiental

72426 态势感知

[ar] معرفة ظرفية

[en] situation awareness

[fr] perception de la situation

[de] Situationswahrnehmung

[it] percezione della situazione

[jp] 状況認識

[kr] 상황 감지

[pt] consciência situacional

[ru] восприятие ситуации

[es] percepción de la situación

72427 自然语言理解

[ar] تفهم اللغة الطبيعية

[en] natural-language understanding

[fr] compréhension du langage naturel

[de] Verständnis der natürlichen Sprache

[it] comprensione del linguaggio naturale

[jp] 自然言語理解

[kr] 자연어 이해

[pt] compreensão da linguagem natural

[ru] понимание естественного языка

[es] comprensión del lenguaje natural

72428 结构化环境

[ar] بيئة مهيكلة

[en] structured environment

[fr] environnement structuré

[de] strukturierte Umgebung

[it] ambiente strutturato

[jp] 構造化環境

[kr] 구조화 환경

[pt] ambiente estruturado

[ru] структурированная среда

[es] entorno estructurado

72429 非结构化环境

[ar] بيئة غير مهيكلة

[en] unstructured environment

[fr] environnement non structuré

[de] unstrukturierte Umgebung

[it] ambiente non strutturato

[jp] 非構造化環境

[kr] 비구조화 환경

[pt] ambiente não estruturado

[ru] неструктурированная среда

[es] entorno no estructurado

7.2.5 物联网术语

[ar] مصطلحات إنترنت الأشياء

[en] **IoT Terminology**

[fr] Terminologie de l'Internet des objets

[de] IoT-Terminologie

[it] Terminologia IoT

[jp] IoT 用語

[kr] 사물 인터넷 전문용어

[pt] Terminologia da Internet das Coisas

[ru] Терминология Интернета вещей

[es] Terminología de Internet de las Cosas

72501 物联网概念模型

[ar] نموذج مفاهيمي لإنترنت الأشياء

[en] IoT concept model

[fr] modèle conceptuel de l'Internet des objets

[de] IoT-Konzeptmodell

[it] modello concettuale IoT

[jp] IoTコンセプトモデル

[kr] 사물 인터넷 컨셉 모델

[pt] modelo de conceito da Internet das Coisas

[ru] концептуальная модель Интернета вещей

[es] modelo de concepto de Internet de las Cosas

72502 物联网参考体系结构

[ar] بنية النظام المرجعي لإنترنت الأشياء

[en] IoT reference architecture

[fr] architecture référentielle de l'Internet des objets

[de] IoT-Referenzarchitektur

[it] architettura di riferimento IoT

[jp] IoT 参照アーキテクチャ

[kr] 사물 인터넷 참고 아키텍처

[pt] arquitetura de Referência da Internet das Coisas

[ru] эталонная архитектура Интернета вещей

[es] arquitectura de referencia de Internet de las Cosas

72503 物联网应用系统参考体系结构

[ar] بنية النظام المرجعي لتطبيق إنترنت الأشياء

[en] IoT application system reference architecture

[fr] architecture référentielle de système d'application de l'Internet des objets

[de] Referenzarchitektur für IoT-Anwendungssysteme

[it] architettura di riferimento del sistema applicativo IoT

[jp] IoT 応用システム参照アーキテクチャ

[kr] 사물 인터넷 응용 시스템 참고 아키텍처

[pt] arquitetura de referência do sistema de aplicativos da Internet das Coisas

[ru] эталонная архитектура прикладной системы Интернета вещей

[es] arquitectura de referencia de sistemas de aplicaciones de Internet de las Cosas

72504 物联网通信参考体系结构

[ar] بنية النظام المرجعي لاتصالات إنترنت الأشياء

[en] IoT communication reference architecture

[fr] architecture référentielle de communication de l'Internet des objets

[de] Referenzarchitektur für IoT-Kommunikation

[it] architettura di riferimento della comunicazione IoT

[jp] IoT 通信参照アーキテクチャ

[kr] 사물 인터넷 통신 참고 아키텍처

[pt] arquitetura de referência de comunicação da Internet das Coisas

[ru] эталонная архитектура связи Интернета вещей

[es] arquitectura de referencia de comunicaciones para Internet de las Cosas

72505 物联网信息参考体系结构

[ar] بنية النظام المرجعي لمعلومات إنترنت الأشياء

7.2

[en] IoT information reference architecture

[fr] architecture référentielle d'information de l'Internet des objets

[de] Referenzarchitektur für IoT-Information

[it] architettura dell'informazione IoT

[jp] IoT 情報参照アーキテクチャ

[kr] 사물 인터넷 정보 참고 아키텍처

[pt] arquitetura de referência de informações da Internet das Coisas

[ru] эталонная архитектура информации Интернета вещей

[es] arquitectura de información de Internet de las Cosas

72506 物联网功能参考结构

[ar] بنية النظام المرجعي لوظائف إنترنت الأشياء

[en] IoT functional reference model

[fr] architecture référentielle de fonction de l'Internet des objets

[de] Referenzarchitektur für IoT-Funktionen

[it] struttura di riferimento della funzione IoT

[jp] IoT 機能参照アーキテクチャ

[kr] 사물 인터넷 기능 참고 아키텍처

[pt] arquitetura de referência da função Internet das Coisas

[ru] эталонная архитектура функций Интернета вещей

[es] arquitectura de referencia de funciones de Internet de las Cosas

72507 应用系统参考体系结构接口

[ar] واجهة بنية النظام المرجعي لنظام التطبيق

[en] application system reference architecture interface

[fr] interface d'architecture référentielle de système d'application

[de] Schnittstelle der Anwendungssystemsreferenzarchitektur

[it] interfaccia dell'architettura di riferimento del sistema applicativo

[jp] 応用システム参照アーキテクチャインターフェース

[kr] 애플리케이션 시스템 참고 아키텍처 인터페이스

[pt] interface de arquitetura de referência do sistema de aplicativos

[ru] интерфейс эталонной архитектуры прикладной системы

[es] interfaz de arquitectura de referencia de sistema de aplicaciones

72508 通信参考体系结构接口

[ar] واجهة بنية النظام المرجعي للاتصالات

[en] communication reference architecture interface

[fr] interface d'architecture référentielle de communication

[de] Schnittstelle der Kommunikationsreferenzarchitektur

[it] interfaccia dell'architettura di riferimento della comunicazione

[jp] 通信参照アーキテクチャインターフェース

[kr] 통신 참고 아키텍처 인터페이스

[pt] interface de arquitetura de referência de comunicação

[ru] интерфейс эталонной архитектуры связи

[es] interfaz de arquitectura de referencia de comunicaciones

72509 信息参考体系结构接口

[ar] واجهة بنية النظام المرجعي للمعلومات

[en] information reference architecture interface

[fr] interface d'architecture référentielle d'information

[de] Schnittstelle der Informationsreferenzarchitektur

[it] interfaccia della struttura di riferimento delle informazioni

[jp] 情報参照アーキテクチャインターフェイス

[kr] 정보 참고 아키텍처 인터페이스

[pt] interface de arquitetura de referência de informações

[ru] интерфейс эталонной архитектуры информации

[es] interfaz de arquitectura de referencia de información

72510 物联网安全

[ar] أمن إنترنت الأشياء

[en] IoT security

[fr] sécurité de l'Internet des objets

[de] IoT-Sicherheit

[it] sicurezza IoT

[jp] IoTセキュリティ

[kr] 사물 인터넷 보안

[pt] Segurança da Internet das Coisas

[ru] безопасность Интернета вещей

[es] seguridad de Internet de las Cosas

72511 物联网安全管理

[ar] إدارة أمن إنترنت الأشياء

[en] IoT security management

[fr] gestion de la sécurité de l'Internet des objets

[de] IoT-Sicherheitsmanagement

[it] gestione della sicurezza IoT

[jp] IoTセキュリティ管理

[kr] 사물 인터넷 보안 관리

[pt] gestão de segurança da Internet das coisas

[ru] управление безопасностью Интернета вещей

[es] gestión de la seguridad de Internet de las Cosas

72512 物联网安全等级保护

[ar] حماية مصنفة لأمن إنترنت الأشياء

[en] classified protection of IoT security

[fr] protection hiérarchisée de la sécurité de l'Internet des objets

[de] klassifizierter IoT-Sicherheitsschutz

[it] protezione riservata della sicurezza IoT

[jp] IoTセキュリティ分類保護

[kr] 사물 인터넷 보안 등급 보호

[pt] proteção classificada da segurança da Internet das Coisas

[ru] классифицированная защита безопасности Интернета вещей

[es] protección clasificada de la seguridad de Internet de las Cosas

72513 感知控制域

[ar] نطاق السيطرة الإدراكية

[en] perceptual control domain

[fr] domaine de contrôle perceptif

[de] Perzeptionskontrolldomäne

[it] dominio di controllo percettivo

[jp] 感知制御ドメイン

[kr] 감지 제어 도메인

[pt] domínio de controlo do sensor

[ru] домен перцептивного контроля

[es] dominio de control perceptual

72514 目标对象域

[ar] نطاق غاية مستهدفة

[en] target object domain

[fr] domaine d'objet ciblé

[de] Zielobjektdomäne

[it] dominio obbiettivo

[jp] 目標対象ドメイン

[kr] 타깃 대상 도메인

[pt] domínio de objeto-alvo

[ru] домен целевого объекта

[es] dominio de objetos objetivo

72515 用户域

[ar] نطاق المستخدم

[en] user domain

[fr] domaine d'utilisateur

[de] Benutzerdomäne

[it] dominio utente

[jp] ユーザードメイン

[kr] 사용자 도메인

[pt] domínio de usuário

[ru] пользовательский домен

[es] dominio de usuario

72516 运维管控域

[ar] نطاق تحكم في عمليتي التشغيل والصيانة

[en] operations and maintenance (O&M) control domain

[fr] domaine de contrôle d'opération et de maintien

[de] Operations- und Wartungskontrolldomäne

[it] dominio di controllo O&M

[jp] O&M 管理ドメイン

[kr] 운영 관리 및 제어 도메인

[pt] domínio de controlo de operação e manutenção

[ru] домен управления эксплуатации и технического обслуживания

[es] dominio de control de operaciones y mantenimiento

72517 资源交换域

[ar] نطاق تبادل الموارد

[en] resource exchange domain

[fr] domaine d'échange de ressources

[de] Ressourcentauschdomäne

[it] dominio di scambio di risorse

[jp] リソース交換ドメイン

[kr] 자원 교환 도메인

[pt] domínio de transação de recursos

[ru] домен обмена ресурсами

[es] dominio de intercambio de recursos

72518 服务提供域

[ar] نطاق تزويد الخدمة

[en] service provider domain

[fr] domaine de prestataire de services

[de] Dienstanbieterdomäne

[it] dominio del fornitore di servizi

[jp] サービス提供ドメイン

[kr] 서비스 제공 도메인

[pt] domínio do fornecedor de serviços

[ru] домен поставщика услуг

[es] dominio de proveedor de servicios

72519 物联网服务

[ar] خدمة إنترنت الأشياء

[en] IoT service

[fr] service de l'Internet des objets

[de] IoT-Service

[it] servizio IoT

[jp] IoTサービス

[kr] 사물 인터넷 서비스

[pt] serviços Internet das Coisas

[ru] услуги Интернета вещей

[es] servicio de Internet de las Cosas

72520 物联网应用

[ar] تطبيق إنترنت الأشياء

[en] IoT application

[fr] application de l'Internet des objets

[de] IoT-Anwendung

[it] applicazione IoT

[jp] IoTアプリケーション

[kr] 사물 인터넷 응용

[pt] aplicação da Internet das Coisas

[ru] приложение Интернета вещей

[es] aplicación de Internet de las Cosas

7.3　国家标准

[ar]　　　　　　　　　　　　　　　المعايير الوطنية

[en] **National Standards**

[fr] **Normes nationales**

[de] **Nationale Normen**

[it] **Standard nazionali**

[jp] 国家基準

[kr] 국가 표준

[pt] **Padrões Nacionais**

[ru] **Государственные стандарты**

[es] **Normas Nacionales**

7.3.1　基础标准

[ar]　　　　　　　　المعايير الأساسية

[en] **Basic Standards**

[fr] **Normes de base**

[de] **Grundnormen**

[it] **Standard di base**

[jp] **基本基準**

[kr] **기초 표준**

[pt] **Padrões Básicos**

[ru] **Базовые стандарты**

[es] **Normas Básicas**

73101　《GB/T 35295-2017 信息技术 大数据术语》

[ar]　　تكنولوجيا المعلومات - البيانات الضخمة - المصطلحات GB/T 35295-2017

[en] GB/T 35295-2017 Information technology — Big data — Terminology

[fr] GB/T 35295-2017 Technologies de l'information — Mégadonnées — Terminologie

[de] GB/T 35295-2017 Informationstechnik - Big Data - Terminologie

[it] GB/T 35295-2017 IT — Big Data —

Terminologia

[jp] 「GB/T 35295-2017 情報技術－ビッグデーター専門用語」

[kr] <GB/T 35295-2017 정보기술 빅데이터 전문용어>

[pt] GB/T 35295-2017 Tecnologia da Informação - Big Data - Terminologia

[ru] GB/T 35295-2017 Информационные технологии. Большие данные. Терминология

[es] GB/T 35295-2017 Tecnología de la Información. Big Data. Terminología

73102　《20190851-T-469 信息技术 人工智能术语》

[ar]　　تكنولوجيا المعلومات - الذكاء الاصطناعي - المصطلحات 20190851-T-469

[en] 20190851-T-469 Information technology — Artificial intelligence — Terminology

[fr] 20190851-T-469 Technologies de l'information — Intelligence artificielle — Terminologie

[de] 20190851-T-469 Informationstechnik - Künstliche Intelligenz - Terminologie

7.3

[it] 20190851-T-469 IT — Intelligenza artificiale — Terminologia

[jp] 「20190851-T-469 情報技術－人工知能－専門用語」

[kr] <20190851-T-469 정보기술 인공지능 전문용어>

[pt] 20190851-T-469 Tecnologia da Informação - Inteligência Artificial - Terminologia

[ru] 20190851-T-469 Информационные технологии. Искусственный интеллект. Терминология

[es] 20190851-T-469 Tecnología de la Información. Inteligencia Artificial. Terminología

73103 《GB/T 38247-2019 信息技术 增强现实 术语》

[ar] تكنولوجيا المعلومات - الواقع المعزز - المصطلحات GB/T 38247-2019

[en] GB/T 38247-2019 Information technology — Augmented reality — Terminology

[fr] GB/T 38247-2019 Technologies de l'information — Réalité augmentée — Terminologie

[de] GB/T 38247-2019 Informationstechnik - Erweiterte Realität - Terminologie

[it] GB/T 38247-2019 IT — Realtà aumentata — Terminologia

[jp] 「GB/T 38247-2019 情報技術－拡張現実－専門用語」

[kr] <GB/T 38247-2019 정보기술 증강현실 전문용어>

[pt] GB/T 38247-2019 Tecnologia da Informação - Realidade Aumentada - Terminologia

[ru] GB/T 38247-2019 Информационные технологии. Дополненная реальность. Терминология

[es] GB/T 38247-2019 Tecnología de la

Información. Realidad Aumentada. Terminología

73104 《20190805-T-469 信息技术 计算机视觉 术语》

[ar] تكنولوجيا المعلومات - رؤية الكمبيوتر - المصطلحات 20190805-T-469

[en] 20190805-T-469 Information technology — Computer vision — Terminology

[fr] 20190805-T-469 Technologies de l'information — Vision par ordinateur — Terminologie

[de] 20190805-T-469 Informationstechnik - Computervision - Terminologie

[it] 20190805-T-469 IT — visione artificiale — Terminologia

[jp] 「20190805-T-469 情報技術－コンピュータビジョン－専門用語」

[kr] <20190805-T-469 정보기술 컴퓨터 비전 전문용어>

[pt] 20190805-T-469 Tecnologia da Informação - Visão por Computador - Terminologia

[ru] 20190805-T-469 Информационные технологии. Компьютерное зрение. Терминология

[es] 20190805-T-469 Tecnología de la Información. Visión por Computador. Terminología

73105 《20173817-T-469 信息技术 穿戴式设备术语》

[ar] تكنولوجيا المعلومات - الأجهزة الصالحة للارتداء - المصطلحات 20173817-T-469

[en] 20173817-T-469 Information technology — Wearable device — Terminology

[fr] 20173817-T-469 Technologies de l'information — Appareils portables — Terminologie

[de] 20173817-T-469 Informationstechnik - Terminologie des tragbaren Gerätes

[it] 20173817-T-469 IT — Dispositivo indossabile — Terminologia

[jp] 「20173817-T-469 情報技術－ウェアラブルデバイス－専門用語」（意見募集）

[kr] <20173817-T-469 정보기술 웨어러블 디바이스 전문용어>

[pt] 20173817-T-469 Tecnologia da Informação - Dispositivo Vestível - Terminologia

[ru] 20173817-T-469 Информационные технологии. Носимое устройство. Терминология

[es] 20173817-T-469 Tecnología de la Información. Terminología de Dispositivos Vestibles

73106 《GB/T 33847-2017 信息技术 中间件术语》

[ar] تكنولوجيا المعلومات - البرمجيات الوسطية والمصطلحات GB/T 33847-2017

[en] GB/T 33847-2017 Information technology — Middleware terminology

[fr] GB/T 33847-2017 Technologies de l'information — Terminologie de l'intergiciel

[de] GB/T 33847-2017 Informationstechnik - Terminologie der Mittelteile

[it] GB/T 33847-2017 IT — Middlew — Terminologia

[jp] 「GB/T 33847-2017 情報技術－ミドルウェア－専門用語」

[kr] <GB/T 33847-2017 정보기술 미들웨어 전문용어>

[pt] GB/T 33847-2017 Tecnologia da Informação-Terminologia de Middlewares

[ru] GB/T 33847-2017 Информационные технологии. Терминология программного обеспечения промежуточного слоя

[es] GB/T 33847-2017 Tecnología de

la Información. Terminología de Interlogical

73107 《GB/T 32626-2016 信息技术 网络游戏 术语》

[ar] تكنولوجيا المعلومات - ألعاب شبكية - المصطلحات GB/T 32626-2016

[en] GB/T 32626-2016 Information technology — Online game — Vocabulary

[fr] GB/T 32626-2016 Technologies de l'information — Jeux en ligne — Vocabulaire

[de] GB/T 32626-2016 Informationstechnik - Onlinespiel - Terminologie

[it] GB/T 32626-2016 IT — Gioco online — Vocabolario

[jp] 「GB/T 32626-2016 情報技術－オンラインゲーム－専門用語」

[kr] <GB/T 32626-2016 정보기술 온라인게임 전문용어>

[pt] GB/T 32626-2016 Tecnologia da Informação - Jogos Online - Terminologia

[ru] GB/T 32626-2016 Информационные технологии. Онлайн-игры. Терминология

[es] GB/T 32626-2016 Tecnología de la Información. Juegos en Línea. Terminología

73108 《GB/T 5271.1-2000 信息技术 词汇 第1部分：基本术语》

[ar] تكنولوجيا المعلومات – المفردات - الجزء الأول: المصطلحات الأساسية GB/T 5271.1-2000

[en] GB/T 5271.1-2000 Information technology — Vocabulary — Part 1: Fundamental terms

[fr] GB/T 5271.1-2000 Technologies de l'information — Vocabulaire — Partie 1 : termes fondamentaux

[de] GB/T 5271.1-2000 Informationstechnik - Terminologie - Teil 1: Grundbegriff

[it] GB/T 5271.1-2000 IT — Vocabolario — Parte 1: Termini fondamentali

[jp] 「GB/T 5271.1-2000 情報技術－用語－第1部：基本専門用語」

[kr] <GB/T 5271.1-2000 정보기술 용어 제1 부분: 기본 전문용어>

[pt] GB/T 5271.1-2000 Tecnologia da Informação - Vocabulário - Parte 1: Termos Fundamentais

[ru] GB/T 5271.1-2000 Информационные технологии. Словарь. Часть 1. Основные термины

[es] GB/T 5271.1-2000 Tecnología de la Información. Vocabulario. Parte 1: Términos Fundamentales

73109 《20170573-T-469 信息安全技术 术语》

[ar] تكنولوجيا أمن المعلومات ـ المصطلحات 20170573-T-469

[en] 20170573-T-469 Information security technology — Glossary

[fr] 20170573-T-469 Technologie de la sécurité de l'information — Glossaire

[de] 20170573-T-469 Informationssicherheitstechnik - Terminologie

[it] 20170573-T-469 Tecnologia di sicurezza informatica — Glossario

[jp] 「20170573-T-469 情報セキュリティ技術－専門用語」

[kr] <20170573T-T469 정보 보안 기술 전문용어>

[pt] 20170573-T-469 Tecnologia de Segurança da Informação - Terminologia

[ru] 20170573-T-469 Технологии информационной безопасности. Терминология

[es] 20170573-T-469 Tecnología de

Seguridad de la Información. Glosario

73110 《GB/T 35589-2017 信息技术 大数据 技术参考模型》

[ar] تكنولوجيا المعلومات ـ البيانات الضخمة ـ النموذج المرجعي التقني GB/T 35589-2017

[en] GB/T 35589-2017 Information technology — Big data — Technical reference model

[fr] GB/T 35589-2017 Technologies de l'information — Mégadonnées — Modèle référentiel technique

[de] GB/T 35589-2017 Informationstechnik - Big Data - Technisches Referenzmodell

[it] GB/T 35589-2017 Tecnologia dell'informazione — Big Data — Modello tecnico di riferimento

[jp] 「GB/T 35589-2017 情報技術－ビッグデーター技術参照モデル」

[kr] <GB/T 35589-2017 정보기술 빅데이터 기술 참고 모델>

[pt] GB/T 35589-2017 Tecnologia da Informação - Big Data - Técnico Modelo Referencial

[ru] GB/T 35589-2017 Информационные технологии. Большие данные. Техническая эталонная модель

[es] GB/T 35589-2017 Tecnología de la Información. Big Data. Modelo de Referencia Técnica

73111 《20171083-T-469 信息技术 大数据 接口基本要求》

[ar] تكنولوجيا المعلومات ـ البيانات الضخمة ـ المتطلبات الأساسية للواجهة 20171083-T-469

[en] 20171083-T-469 Information technology — Big data — Interface basic requirements

[fr] 20171083-T-469 Technologies de l'information — Mégadonnées — Exigence de base pour l'interface

[de] 20171083-T-469 Informationstechnik - Big Data - Grundlegende Anforderungen an Schnittstelle

[it] 20171083-T-469 Tecnologia dell'informazione — Big Data — Struttura dell'interfaccia basata sulla struttura di riferimento

[jp] 「20171083-T-469 情報技術－ビッグデーターインターフェースに対する基本要求」

[kr] <20171083-T-469 정보기술 빅데이터 인터페이스 기본요구>

[pt] 20171083-T-469 Tecnologia da Informação - Big Data - Requerimentos Básicos de Interface

[ru] 20171083-T-469 Информационные технологии. Большие данные. Основные требования к интерфейсу

[es] 20171083-T-469 Tecnología de la Información. Big Data. Requisitos Básicos a Interfaces

73112 《20171083-T-469 信息技术 大数据 工业应用参考架构》

[ar] تكنولوجيا المعلومات - البيانات الضخمة - الهيكل المرجعي للتطبيقات الصناعية 20173819-T-469

[en] 20173819-T-469 Information technology — Big data — Industrial application reference architecture

[fr] 20173819-T-469 Technologies de l'information — Mégadonnées — Architecture référentielle des applications industrielles

[de] 20173819-T-469 Informationstechnik - Big Data - Referenzarchitektur für industrielle Anwendungen

[it] 20173819-T-469 IT — Big Data — Architettura di riferimento di applicazione industriale

[jp] 「20173819-T-469 情報技術－ビッグデーター産業応用参照アーキテク

チャ」

[kr] <20173819-T-469 정보기술 빅데이터 산업 응용 참고 아키텍처>

[pt] 20173819-T-469 Tecnologia da Informação - Big Data - Arquitectura de Referência de Aplicações Industriais

[ru] 20173819-T-469 Информационные технологии. Большие данные. Эталонная архитектура промышленного применения

[es] 20173819-T-469 Tecnología de la Información. Big Data. Arquitectura de Referencia para Aplicaciones Industriales

73113 《GB/T 32399-2015 信息技术 云计算 参考架构》

[ar] تكنولوجيا المعلومات - الحوسبة السحابية - الهيكل المرجعي GB/T 32399-2015

[en] GB/T 32399-2015 Information technology — Cloud computing — Reference architecture

[fr] GB/T 32399-2015 Technologies de l'information — Informatique en nuage — Architecture référentielle , adoption de normes)

[de] GB/T 32399-2015 Informationstechnik - Cloud Computing - Referenzarchitektur

[it] GB/T 32399-2015 IT — Cloud computing — Architettura di riferimento

[jp] 「GB/T 32399-2015 情報技術－クラウドコンピューティング－参照アーキテクチャ」

[kr] <GB/T 32399-2015 정보기술 클라우드 컴퓨팅 참고 아키텍처>

[pt] GB/T 32399-2015 Tecnologia da Informação - Computação em Nuvem - Arquitectura de Referências

[ru] GB/T 32399-2015 Информационные технологии. Облачные вычисления. Эталонная архитектура

7.3

[es] GB/T 32399-2015 Tecnología de la Información. Computación en la Nube. Arquitectura de Referencia

73114 《20190847-T-469 信息技术 云计算 云际计算参考架构》

[ar] تكنولوجيا المعلومات ـ الحوسبة السحابية ـ الهيكل المرجعي للحوسبة السحابية المشتركة 20190847-T-469

[en] 20190847-T-469 Information technology — Cloud computing — Reference architecture of joint cloud computing

[fr] 20190847-T-469 Technologies de l'information — Informatique en nuage — Architecture référentielle de l'informatique en nuage associé

[de] 20190847-T-469 Informationstechnik - Cloud Computing - Referenzarchitektur des gemeinsamen Cloud Computing

[it] 20190847-T-469 IT — Cloud computing — Architettura di riferimento del cloud computing congiunto

[jp] 「20190847-T-469 情報技術－クラウドコンピューティング－共同クラウドコンピューティングリファレンスアーキテクチャ」

[kr] <20190847-T-469 정보기술 클라우드 컴퓨팅 클라우드 컴퓨팅 참고 아키텍처>

[pt] 20190847-T-469 Tecnologia da Informação - Computação em Nuvem - Arquitectura de Referência de Computação em Nuvem Conjunta

[ru] 20190847-T-469 Информационные технологии. Облачные вычисления. Эталонная архитектура совместных облачных вычислений

[es] 20190847-T-469 Tecnología de la Información. Computación en la Nube. Arquitectura de Referencia de la Computación Conjunta en la Nube

73115 《GB/T 35301-2017 信息技术 云计算 平台即服务（PaaS）参考架构》

[ar] تكنولوجيا المعلومات ـ الحوسبة السحابية ـ الهيكل المرجعي للمنصة كالخدمة (PaaS) GB/T 35301-2017

[en] GB/T 35301-2017 Information technology — Cloud computing — Platform as a Service (PaaS) reference architecture

[fr] GB/T 35301-2017 Technologies de l'information — Informatique en nuage — Architecture référentielle de la plate-forme en tant que service , adoption de normes

[de] GB/T 35301-2017 Informationstechnik - Cloud Computing - Referenzarchitektur für Plattform als Service (PaaS)

[it] GB/T 35301-2017 IT — Cloud computing — Architettura di riferimento piattaforma come servizio

[jp] 「GB/T 35301-2017 情報技術－クラウドコンピューティング－サービスとしてのプラットフォーム（PaaS）参照アーキテクチャ」

[kr] <GB/T 35301-2017 정보기술 클라우드 컴퓨팅 플랫폼 즉 서비스(PaaS) 참고 아키텍처>

[pt] GB/T 35301-2017 Tecnologia da Informação - Arquitectura de Referência da Plataforma como Serviço (PaaS)

[ru] GB/T 35301-2017 Информационные технологии. Облачные вычисления. Платформа как услуга (PaaS). Эталонная архитектура

[es] GB/T 35301-2017 Tecnología de la Información. Computación en la Nube. Arquitectura de Referencia de Plataforma como Servicio

73116 《20173824-T-469 信息技术 区块链和
分布式账本技术 参考架构》

[ar] تكنولوجيا المعلومات ـ سلسلة الكتل وتقنية محفظة
ليدجر ـ الهيكل المرجعي 20173824-T-469

[en] 20173824-T-469 Information technology
— Blockchain and distributed ledger
technology — Reference architecture

[fr] 20173824-T-469 Technologies de
l'information — Technologies de la
chaîne de blocs et du registre distribué
— Architecture référentielle

[de] 20173824-T-469 Informationstechnik -
Blockchain und verteiltes Ledger-Tech-
nik - Referenzarchitektur

[it] 20173824-T-469 IT — catena di blocco
e tecnologia di libro mastro distribuito
— Architettura di riferimento

[jp] 「20173824-T-469 情報技術－ブロック
チェーンと分散型台帳技術－参照アー
キテクチャ」

[kr] <20173824-T-469 정보기술 블록체인
과 분산형 장부 기술 참고 아키텍처>

[pt] 20173824-T-469 Tecnologia da
Informação - Blockchain e Tecnologia de
Contabilidade Distribuída - Arquitectura
de Referência

[ru] 20173824-T-469 Информационные
технологии. Технология блокчейна
и распределенной книги. Эталонная
архитектура

[es] 20173824-T-469 Tecnología de la
Información. Tecnología de Cadena
de Bloques y de Registro Distribuido.
Arquitectura de Referencia

73117 《20190810-T-469 信息技术 存储管理
第 2 部分：通用架构》

[ar] تكنولوجيا المعلومات ـ إدارة نظام التخزين ـ الجزء
الثاني: هيكل عام 20190810-T-469

[en] 20190810-T-469 Information technology
— Storage management — Part 2:

Common architecture

[fr] 20190810-T-469 Technologies de
l'information — Gestion du stockage —
Partie 2 : architecture commune

[de] 20190810-T-469 Informationstechnik
- Speicherungsmanagement - Teil 2: All-
gemeine Architektur

[it] 20190810-T-469 IT — Gestione dello
stoccaggio — Parte 2: Architettura
comune

[jp] 「20190810-T-469 情報技術－ストレー
ジ管理－第 2 部: 共通アーキテクチャ」

[kr] <20190810-T-469 정보기술 저장 관리
제 2 부분: 범용 아키텍처>

[pt] 20190810-T-469 Tecnologia da
Informação - Gestão de Armazenamento
- Parte 2: Arquitectura Comum

[ru] 20190810-T-469 Информационные
технологии. Управление хранением.
Часть 2. Универсальная архитектура

[es] 20190810-T-469 Tecnología
de la Información. Gestión del
Almacenamiento. Parte 2: Arquitectura
Común

73118 《20173836-T-469 信息技术 远程运维
技术参考模型》

[ar] تكنولوجيا المعلومات ـ تشغيل وصيانة عن بعد ـ
النموذج المرجعي التقني 20173836-T-469

[en] 20173836-T-469 Information technology
— Remote operation and maintenance
— Technical reference model

[fr] 20173836-T-469 Technologie de
l'information — Opération à distance —
Modèle référentiel technique

[de] 20173836-T-469 Informationstechnik
- Fernoperation und -wartung - Techni-
sches Referenzmodell

[it] 20173836-T-469 IT — Gestione a
distanza — Modello di riferimento
tecnico

7.3

[jp] 「20173836-T-469 情報技術－遠隔運用・保守－技術参照モデル」

[kr] <20173836-T-469 정보기술 원격 조작 기술 참고 모델>

[pt] 20173836-T-469 Tecnologia da Informação - Operação Remota - Modelo de Referência Tecnologia

[ru] 20173836-T-469 Информационные технологии. Дистанционная эксплуатация и обслуживание. Техническая эталонная модель

[es] 20173836-T-469 Tecnología de la Información. Funcionamiento Remoto. Modelo de Referencia Técnica

73119 《GB/T 35279-2017 信息安全技术 云计算安全参考架构》

[ar] تكنولوجيا أمن المعلومات ـ الهيكل المرجعي لأمن الحوسبة السحابية GB/T 35279-2017

[en] GB/T 35279-2017 Information security technology — Security reference architecture of cloud computing

[fr] GB/T 35279-2017 Technologie de la sécurité de l'information — Architecture référentielle de la sécurité de l'informatique en nuage , adoption de normes

[de] GB/T 35279-2017 Informationssicher-heitstechnik - Sicherheitsreferenzarchi-tektur für Cloud Computing

[it] GB/T 35279-2017 Tecnologia di sicurezza informatica — Architettura di riferimento di sicurezza del cloud computing

[jp] 「GB/T 35279-2017 情報セキュリティ技術－クラウドコンピューティングセキュリティリ参照アーキテクチャ」

[kr] <GB/T 35279-2017 정보 보안 기술 클라우드 컴퓨팅 보안 참고 아키텍처>

[pt] GB/T 35279-2017 Tecnologia de Segurança da informação - Arquitectura

de Referência da Segurança de Computação em Nuvem

[ru] GB/T 35279-2017 Технология информационной безопасности. Эталонная архитектура безопасности облачных вычислений

[es] GB/T 35279-2017 Tecnología de la Información. Arquitectura de Referencia de Seguridad para la Computación en la Nube

73120 《GB/Z 29830.1-2013 信息技术 安全技术 信息技术安全保障框架 第 1 部分：综述和框架》

[ar] تكنولوجيا المعلومات ـ تكنولوجيا الأمان ـ إطار ضمان أمن تكنولوجيا المعلومات ـ الجزء الأول: ملخّص وإطار العمل GB/Z 29830.1-2013

[en] GB/Z 29830.1-2013 Information technology — Security technology — A framework for IT security assurance — Part 1: Overview and framework

[fr] GB/Z 29830.1-2013 Technologies de l'information — Technologies de la sécurité — Un cadre pour l'assurance de la sécurité informatique — Partie 1 : aperçu et cadre , adoption de normes

[de] GB/Z 29830.1-2013 Informationstech-nik - Sicherheitstechnik - Rahmen der Gewährleistung der IT-Sicherheit - Teil 1: Überblick und Rahmen

[it] GB/Z 29830.1-2013 IT — Tecnologia di sicurezza — struttura per l'assicurazione della sicurezza IT — Parte 1: Panoramica e struttura

[jp] 「GB/Z 29830.1-2013 情報技術－セキュリティ技術－情報技術セキュリティ保障フレームワーク－第 1 部：概要とフレームワーク」

[kr] <GB/Z 29830.1-2013 정보기술 안전기술 정보 기술 안전 보장 프레임워크 제 1 부분: 총론과 프레임워크>

[pt] GB/Z 29830.1-2013 Tecnologia da Informação - Tecnologia de Segurança - Estrutura de garantia de Segurança IT - Parte 1: Visão Geral e Estrutura (Vigente, Adoção de Padrões)

[ru] GB/Z 29830.1-2013 Информационные технологии. Технологии безопасности. Фреймворк обеспечения безопасности информационных технологий. Часть 1. Обзор и фреймворк

[es] GB/Z 29830.1-2013 Tecnología de la Información. Tecnología de la Seguridad. Marco de Referencia para el Aseguramiento de la Seguridad en TI. Parte 1: Descripción General y Marco de Referencia

73121 《SJ/T 11676-2017 信息技术 元数据属性》

[ar] تكنولوجيا المعلومات ـ سمات البيانات الوصفية SJ/T 11676-2017

[en] SJ/T 11676-2017 Information technology — Metadata attributes

[fr] SJ/T 11676-2017 Technologies de l'information — attributs des métadonnées

[de] SJ/T 11676-2017 Informationstechnik - Metadatenattribute

[it] SJ/T 11676-2017 Tecnologia dell'informazione — Attributi dei metadati

[jp] 「SJ/T 11676-2017 情報技術－メタデータの属性」

[kr] <SJ/T 11676-2017 정보기술 메타데이터 속성>

[pt] SJ/T 11676-2017 Tecnologia da Informação - Atributos de Metadados

[ru] SJ/T 11676-2017 Информационные технологии. Атрибуты метаданных

[es] SJ/T 11676-2017 Tecnología de la

Información. Atributos de Metadatos

73122 《GB/T 26816-2011 信息资源核心元数据》

[ar] بيانات وصفية أساسية لموارد المعلومات GB/T 26816-2011

[en] GB/T 26816-2011 Information resource core metadata

[fr] GB/T 26816-2011 Métadonnées de base des ressources d'information

[de] GB/T 26816-2011 Kernmetadaten der Informationsressource

[it] GB/T 26816-2011 Metadati principali di risorse informative

[jp] 「GB/T 26816-2011 情報資源コアメタデータ」

[kr] <GB/T 26816-2011 정보 자원 핵심 메타데이터>

[pt] GB/T 26816-2011 Metadados Centrais dos Recursos Informáticos

[ru] GB/T 26816-2011 Основные метаданные информационных ресурсов

[es] GB/T 26816-2011 Metadatos Básicos de Recursos de Información

73123 《20100028-T-241 电子文件通用元数据规范》

[ar] مواصفات البيانات الوصفية العامة للملفات الإلكترونية 20100028-T-241

[en] 20100028-T-241 Specifications for the generic metadata of electronic records

[fr] 20100028-T-241 Spécifications relatives aux métadonnées générales des enregistrements électroniques

[de] 20100028-T-241 Spezifikationen für die allgemeinen Metadaten von elektronischen Aufzeichnungen

[it] 20100028-T-241 Specifiche per i metadati generici dei record elettronici

[jp] 「20100028-T-241 電子書類汎用メタ

データ仕様」

[kr] <20100028-T-241 전자 파일 통용 메타
데이터 규범>

[pt] 20100028-T-241 Especificações para
os Metadados Genéricos de Registros
Eletrónicos

[ru] 20100028-T-241 Спецификация общих
метаданных электронных документов

[es] 20100028-T-241 Especificaciones de
Metadatos Genéricos para Registros
Electrónicos

73124 《GB/T 30522-2014 科技平台 元数据
标准化基本原则与方法》

[ar] منصة العلوم والتكنولوجيا - المبادئ والأساليب
الأساسية لتقييس البيانات الوصفية
GB/T 30522-2014

[en] GB/T 30522-2014 Science and
technology infrastructure — Metadata
standardization principle and method

[fr] GB/T 30522-2014 Infrastructure
scientifique et technologique — Principe
et méthode de normalisation des
métadonnées

[de] GB/T 30522-2014 Wissenschafts- und
Techniksplattform - Grundprinzipien
und Methoden der Metadatennormung

[it] GB/T 30522-2014 Infrastruttura scientifica
e tecnologica — Principio e metodo di
standardizzazione dei metadati

[jp] 「GB/T 30522-2014 科学技術プラット
フォームーメタデータ基準化の基本原
則と方法」

[kr] <GB/T 30522-2014 과학기술 플랫폼
메타데이터 표준화 기본 원칙과 방법>

[pt] GB/T 30522-2014 Infraestrutura
Científica e Tecnologia - Princípios e
Métodos Básicos da Padronização dos
Metadados

[ru] GB/T 30522-2014 Научно-
технологическая инфраструктура.

Основные принципы и метод
стандартизации метаданных

[es] GB/T 30522-2014 Infraestructura de
Ciencia y Tecnología. Principio y Método
de Normalización de Metadatos

73125 《GB/T 30881-2014 信息技术 元数据
注册系统(MDR)模块》

[ar] تكنولوجيا المعلومات - الوحدات المبرمجة لنظام
تسجيل البيانات الوصفية
GB/T 30881-2014 (MDR)

[en] GB/T 30881-2014 Information
technology — Metadata registries
(MDR) Modules

[fr] GB/T 30881-2014 Technologies
de l'information — Registres des
métadonnées (MDR) Modules

[de] GB/T 30881-2014 Informationstechnik
- Modul des Metadatenregistrierungssys-
tems (MDR)

[it] GB/T 30881-2014 Tecnologia
dell'informazione — Registri metadati
(MDR) Moduli

[jp] 「GB/T 30881-2014 情報技術ーメタ
データ登録簿(MDR)モジュール」

[kr] <GB/T 30881-2014 정보기술 메타데이
터 등록 시스템(MDR) 모듈>

[pt] GB/T 30881-2014 Tecnologia da
Informação - O Sistema de Registos dos
Metadados (MDR) Módulos

[ru] GB/T 30881-2014 Информационные
технологии. Реестры метаданных
(MDR) Модули

[es] GB/T 30881-2014 Tecnología de la
Información. Registros de Metadatos
Módulos

73126 《GB/T 36478.3-2019 物联网 信息交
换和共享 第 3 部分：元数据》

[ar] إنترنت الأشياء ـ تبادل معلومات وتشاركها - الجزء
الثالث: البيانات الوصفية GB/T 36478.3-2019

[en] GB/T 36478.3-2019 Internet of things — Information sharing and exchanging — Part 3: Metadata

[fr] GB/T 36478.3-2019 Internet des objets — Partage et échange d'informations — Partie 3 : Métadonnées

[de] GB/T 36478.3-2019 Internet der Dinge - Informationsaustausch und -sharing - Teil 3: Metadaten

[it] GB/T 36478.3-2019 Internet delle cose — Condivisione e scambio di informazioni — Parte 3: Metadati

[jp] 「GB/T 36478.3：2019 IoT －情報交換と共有－第3部：メタデータ」

[kr] <GB/T 36478.3-2019 사물 인터넷 정보 교환과 공유 제3부분: 메타데이터>

[pt] GB/T 36478.3-2019 Internet das Coisas - Partilha e Transação de Informações - Parte 3: MetaDados

[ru] GB/T 36478.3-2019 Интернет вещей. Обмен информацией и ее совместное использование. Часть 3. Метаданные

[es] GB/T 36478.3-2019 Internet de las Cosas. Compartición e Intercambio de Información. Parte 3: Metadatos

73127 《GB/T 16684-1996 信息技术 信息交换用数据描述文卷规范》

[ar] تكنولوجيا المعلومات - مواصفات ملفات البيانات الموصوفة عبر تبادل المعلومات GB/T 16684-1996

[en] GB/T 16684-1996 Information technology — Specification for a data descriptive file for information interchange

[fr] GB/T 16684-1996 Technologies de l'information — Spécifications d'un fichier descriptif de données pour l'échange d'informations

[de] GB/T 16684-1996 Informationstechnik - Spezifikation für Datenbeschreibungs-

datei im Informationsaustausch

[it] GB/T 16684-1996 IT — specifica del documento descrittivo dei dati per scambio di informazioni

[jp] 「GB/T 16684-1996 情報技術－情報交換用データの記述ファイルの仕様」

[kr] <GB/T 16684-1996 정보기술 정보 교환용 데이터 기술 파일 규범>

[pt] GB/T 16684-1996 Tecnologia da Informação - Especificação do Ficheiro Descritivo dos Dados para Intercâmbio de Informação

[ru] GB/T 16684-1996 Информационные технологии. Спецификация описательных файлов данных для обмена информацией

[es] GB/T 16684-1996 Tecnología de la Información. Especificación de un Archivo Descriptivo de Datos para Intercambio de Información

73128 《GB/T 32627-2016 信息技术 地址数据描述要求》

[ar] تكنولوجيا المعلومات - متطلبات وصف البيانات العنوانية GB/T 32627-2016

[en] GB/T 32627-2016 Information technology — Description requirement for address data

[fr] GB/T 32627-2016 Technologies de l'information — Exigence de description des données d'adresse

[de] GB/T 32627-2016 Informationstechnik - Anforderungen an Beschreibung der Adressdaten

[it] GB/T 32627-2016 Tecnologia dell'informazione — Requisito descrittivo per i dati d'indirizzo

[jp] 「GB/T 32627-2016 情報技術－アドレスデータ記述の要求事項」

[kr] <GB/T 32627-2016 정보기술 주소 데이터 기술 요구>

7.3

[pt] GB/T 32627-2016 Tecnologia da Informação - Requisito da Descrição para os Dados de Endereço

[ru] GB/T 32627-2016 Информационные технологии. Требование к описанию адресных данных

[es] GB/T 32627-2016 Tecnología de la Información. Requisitos de Descripción de Datos de Direcciones

73129 《20171084-T-469 信息技术 大数据 大数据系统基本要求》

[ar] تكنولوجيا المعلومات ـ البيانات الضخمة ـ المتطلبات الأساسية للنظام 20171084-T-469

[en] 20171084-T-469 Information technology — Big data — Basic requirements for big data systems

[fr] 20171084-T-469 Technologies de l'information — Mégadonnées — Exigence de base pour les systèmes de mégadonnées

[de] 20171084-T-469 Informationstechnik - Big Data - Grundlegende Anforderungen an Big Data-Systeme

[it] 20171084-T-469 Tecnologia dell'informazione — Big Data — Requisiti di base per sistemi Big Data

[jp] 「20171084-T-469 情報技術－ビッグデーター ビッグデータシステムに関する要求事項」

[kr] <20171084-T-469 정보기술 빅데이터 빅데이터 시스템 통용 규범>

[pt] 20171084-T-469 Tecnologia da Informação - Big Data - Requisitos Genéricos para Sistemas de Big Data

[ru] 20171084-T-469 Информационные технологии. Большие данные. Основные требования к системам больших данных

[es] 20171084-T-469 Tecnología de la Información. Big Data. Requisitos Básicos para Sistemas de Big Data

73130 《20171081-T-469 信息技术 大数据 存储与处理系统功能测试规范》

[ar] تكنولوجيا المعلومات ـ البيانات الضخمة ـ مواصفات الاختبار الوظيفي لأنظمة التخزين والمعالجة 20171081-T-469

[en] 20171081-T-469 Information technology — Big data — Functional testing specification for storage and processing systems

[fr] 20171081-T-469 Technologies de l'information — Mégadonnées — Exigence d'essai fonctionnel des systèmes de stockage et de traitement

[de] 20171081-T-469 Informationstechnik - Big Data - Spezifikation für Funktions- prüfung von Speicherungs- und Ver- arbeitungssystem

[it] 20171081-T-469 Tecnologia dell'informazione — Big Data — Requisiti di test funzionali per i sistemi di stoccaggio e processing

[jp] 「20171081-T-469 情報技術－ビッグデーター 保存と処理システム機能テスト規範」

[kr] <20171081-T-469 정보기술 빅데이터 저장과 처리 시스템 기능 테스트 규범>

[pt] 20171081-T-469 Tecnologia da Informação - Big Data - Requisitos de Teste Funcional para Sistemas de Armazenamento e Processamento

[ru] 20171081-T-469 Информационные технологии. Большие данные. Спецификация функционального тестирования систем хранения и обработки

[es] 20171081-T-469 Tecnología de la Información. Big Data. Especificaciones de Pruebas Funcionales para Sistemas de Almacenamiento y Procesamiento

7.3

73131 《GB/T 37721-2019 信息技术 大数据
分析系统功能要求》

[ar] تكنولوجيا المعلومات ـ المتطلبات الوظيفية لنظام
تحليل البيانات الضخمة GB/T 37721-2019

[en] GB/T 37721-2019 Information
technology — Functional requirements
for big data analytic systems

[fr] GB/T 37721-2019 Technologies de
l'information — Exigence fonctionnelles
pour les systèmes d'analyse des
mégadonnées

[de] GB/T 37721-2019 Informationstechnik
- Grundlegende Anforderungen an die
Funktion des Big Data-Analysesystems

[it] GB/T 37721-2019 Tecnologia
dell'informazione — Requisiti funzionali
di base per sistemi di analisi di Big Data

[jp] 「GB/T 37721-2019 情報技術－ビッグ
データ分析システム基本機能的要求」

[kr] <GB/T 37721-2019 정보기술 빅데이터
분석 시스템 기능 요구>

[pt] GB/T 37721-2019 Tecnologia da
Informação - Requisitos Funcionais
Básicos para Sistemas Analíticos de Big
Data

[ru] GB/T 37721-2019 Информационные
технологии. Большие данные.
Функциональные требования к
аналитическим системам

[es] GB/T 37721-2019 Tecnología de la
Información. Requisitos Funcionales
Básicos para Sistemas de Análisis de Big
Data

73132 《20171065-T-469 信息技术 大数据 分
析系统功能测试要求》

[ar] تكنولوجيا المعلومات ـ متطلبات الاختبار الوظيفي
لنظام تحليل البيانات الضخمة 20171065-T-469

[en] 20171065-T-469 Information technology
— Big data — Functional testing
requirements for analytic system

[fr] 20171065-T-469 Technologies de
l'information — Mégadonnées —
Exigence d'essai fonctionnel des
systèmes d'analyse

[de] 20171065-T-469 Informationstechnik -
Big Data - Anforderungen an die Funk-
tionsprüfung von Analysensystem

[it] 20171065-T-469 Tecnologia
dell'informazione — Big Data —
Requisiti di test funzionali per il sistema
analitico

[jp] 「20171065-T-469 情報技術－ビッグ
データ分析システム機能テストに関す
る要求事項」

[kr] <20171065-T-469 정보기술 빅데이터 분
석 시스템 기능 테스트 요구>

[pt] 20171065-T-469 Tecnologia da
Informação - Big Data - Requisitos de
Teste Funcional para Sistema Analítico

[ru] 20171065-T-469 Информационные
технологии. Большие данные.
Требования к функциональному
тестированию аналитической системы

[es] 20171065-T-469 Tecnología de la
Información. Big Data. Requisitos de
Pruebas Funcionales para un Sistema de
Análisis

73133 《20171066-T-469 信息技术 大数据计
算系统通用要求》

[ar] تكنولوجيا المعلومات ـ البيانات الضخمة ـ المتطلبات
العامة لنظام الحوسبة 20171066-T-469

[en] 20171066-T-469 Information technology
— General requirements for big data
computing systems

[fr] 20171066-T-469 Technologies de
l'information — Exigence générale
relative aux systèmes informatiques de
mégadonnées

[de] 20171066-T-469 Informationstechnik -
Allgemeine Anforderungen an Big Data-

7.3

Computing-System

[it] 20171066-T-469 Tecnologia dell'informazione — Big Data Requisiti generali per i sistemi di computing

[jp] 「20171066-T-469 情報技術－ビッグデーターコンピューティングシステムに関する要求事項」

[kr] <20171066-T-469 정보기술 빅데이터 컴퓨팅 시스템 통용 요구>

[pt] 20171066-T-469 Tecnologia da Informação - Big Data Requisitos Básicos de desempenho para a Plataforma de Computação Fundamental Orientada ao Aplicativo

[ru] 20171066-T-469 Информационные технологии. Общие требования к вычислительным системам больших данных

[es] 20171066-T-469 Tecnología de la Información. Requisitos Generales para Sistemas de Computación de Big Data

73134 《GB/T 37737-2019 信息技术 云计算 分布式块存储系统总体技术要求》

[ar] تكنولوجيا المعلومات ـ الحوسبة السحابية ـ المتطلبات الفنية العامة لنظام تخزين الكتلة الموزعة GB/T 37737-2019

[en] GB/T 37737-2019 Information technology — Cloud computing — General technique requirements of distributed block storage system

[fr] GB/T 37737-2019 Technologies de l'information — Informatique en nuage — Exigence technique générale des systèmes de stockage en bloc distribué

[de] GB/T 37737-2019 Informationstechnik - Cloud Computing - Allgemeine technische Anforderungen an verteiltes Blockspeichersystem

[it] GB/T 37737-2019 Tecnologia dell'informazione — Cloud computing

— Requisiti tecnici generali di sistemi stoccaggio a blocchi distribuito

[jp] 「GB/T 37737-2019 情報技術－クラウドコンピューティング－分散型ブロックストレージシステムに関する一般技術的要求事項」

[kr] <GB/T 37737-2019 정보기술 클라우드 컴퓨팅 분산형 블록 스토리지 시스템 종합 기술 요구>

[pt] GB/T 37737-2019 Tecnologia da Informação - Computação em Nuvem - Requisitos Técnicos Gerais do Sistema de Armazenamento em Bloco Distribuído

[ru] GB/T 37737-2019 Информационные технологии. Облачные вычисления. Общие технические требования к распределенной блочной системе хранения

[es] GB/T 37737-2019 Tecnología de la información. Computación en la Nube. Requisitos Generales para un Sistema de Almacenamiento en Bloques Distribuidos

73135 《20171072-T-469 信息技术 手势交互 系统 第 1 部分：通用技术要求》

[ar] تكنولوجيا المعلومات ـ نظام تفاعل الإيماءات – الجزء الأول: المتطلبات الفنية العامة 20171072-T-469

[en] 20171072-T-469 Information technology — Gesture interaction system — Part 1: General technical requirements

[fr] 20171072-T-469 Technologies de l'information — Système d'interaction de gestes — Partie 1 : exigence technique générale

[de] 20171072-T-469 Informationstechnik - Gesteninteraktionssystem - Teil 1: Allgemeine technische Anforderungen

[it] 20171072-T-469 Tecnologia

dell'informazione — Sistema di interazione di gesti — Parte 1: Requisiti tecnici generali

[jp] 「20171072-T-469 情報技術－ジェスチャーインタラクションシステムー第 1 部：一般技術的要求事項」

[kr] <20171072-T-469 정보기술 제스처 인터랙티브시스템 제 1 부분: 범용 기술 요구>

[pt] 20171072-T-469 Tecnologia da Informação - Sistema de Interação Gestual - Seção 1: Requisitos de Tecnologia Geral

[ru] 20171072-T-469 Информационные технологии. Система взаимодействия жестами. Часть 1. Общие технические требования

[es] 20171072-T-469 Tecnología de la Información. Sistema de Interacción mediante Gestos. Parte 1: Requisitos Técnicos Generales

73136 《GB/T 17142-2008 信息技术 开放系统互连 系统管理综述》

[ar] تكنولوجيا المعلومات - ربط الأنظمة المفتوحة – ملخّص الوسائل الإدارية للنظام GB/T 17142-2008

[en] GB/T 17142-2008 Information technology — Open systems interconnection — Systems management overview

[fr] GB/T 17142-2008 Technologies de l'information — Interconnexion de systèmes ouverts — Aperçu de la gestion de système

[de] GB/T 17142-2008 Informationstechnik - Offene Systemkopplung - Übersicht über die Systemverwaltung

[it] GB/T 17142-2008 Tecnologia dell'informazione — Interconnessione di sistemi aperti — Panoramica sulla

gestione dei sistemi

[jp] 「GB/T 17142-2008 情報技術ー開放型システム間相互接続ーシステムマネジメント概要」

[kr] <GB/T 17142-2008 정보기술 개방 시스템 상호 연결 시스템 관리 총론>

[pt] GB/T 17142-2008 Tecnologia da Informação - Interligação dos Sistemas Abertos - Visão Geral da Gestão dos Sistemas

[ru] GB/T 17142-2008 Информационные технологии. Взаимосвязь открытых систем. Обзор управления системами

[es] GB/T 17142-2008 Tecnología de la Información. Interconexión de Sistemas Abiertos. Descripción General de la Gestión de Sistemas

73137 《20192140-T-469 物联网 边缘计算 第 1 部分：通用要求》

[ar] تكنولوجيا المعلومات ـ الحوسبة الحدية ـ الجزء الأول: متطلبات عامة 20192140-T-469

[en] 20192140-T-469 Information technology — Edge computing — Part 1: General requirements

[fr] 20192140-T-469 Technologies de l'information — Informatique en périphérie — Partie 1 : exigence générale

[de] 20192140-T-469 Informationstechnik - Edge Computing - Teil 1: Allgemeine Anforderungen

[it] 20192140-T-469 Internet delle cose — Edge computing — Parte 1: Requisiti generali

[jp] 「20192140-T-469 IoT エッジコンピューティング 第 1 部：共通要求事項」

[kr] <20192140-T-469 사물 인터넷 엣지 컴퓨팅 제 1 부분: 통용 요구>

[pt] 20192140-T-469 Tecnologia da Informação - Computação na Borda -

7.3

Seção 1: Requisitos Gerais

[ru] 20192140-T-469 Интернет вещей. Периферийные вычисления. Часть 1. Общие требования

[es] 20192140-T-469 Internet de las Cosas. Computación en el Perímetro. Parte 1: Requisitos Generales

73138 《20174080-T-469 物联网 信息共享和交换平台通用要求》

[ar] إنترنت الأشياء - المتطلبات العامة لمنصة تشارك وتبادل المعلومات 20174080-T-469

[en] 20174080-T-469 Internet of things — General requirements for information sharing and interchange platform

[fr] 20174080-T-469 Internet des objets — Exigence générale pour la plate-forme de partage et d'échange d'informations

[de] 20174080-T-469 Internet der Dinge - Allgemeine Anforderungen an Plattform für Informationssharing und -austausch

[it] 20174080-T-469 Internet delle cose — requisiti generali per piattaforma di condivisione e scambio di informazione

[jp] 「20174080-T-469 IoT －情報共有と交換プラットフォームの共通要求事項」

[kr] <20174080-T-469 사물 인터넷 정보 공유와 교환 플랫폼 통용 요구>

[pt] 20174080-T-469 Internet das Coisas - Requisitos Gerais de Plataforma para Partilha e Intercâmbios de Informações

[ru] 20174080-T-469 Интернет вещей. Общие требования к платформе обмена информацией и ее совместному использованию

[es] 20174080-T-469 Internet de las Cosas. Requisitos Generales de la Plataforma de Intercambio y Uso Compartido de Información

73139 《GB/T 36478.2-2018 物联网 信息交换和共享 第 2 部分：通用技术要求》

[ar] إنترنت الأشياء - تشارك وتبادل المعلومات - الجزء الثاني: المتطلبات الفنية العامة GB/T 36478.2-2018

[en] GB/T 36478.2-2018 Internet of things — Information sharing and exchanging — Part 2: General technical requirements

[fr] GB/T 36478.2-2018 Internet des objets — Partage et échange d'informations — Partie 2 : exigence technique générale

[de] GB/T 36478.2-2018 Internet der Dinge - Informationsaustausch und -sharing - Teil 2: Allgemeine technische Anforderungen

[it] GB/T 36478.2-2018 Internet delle Cose — Condivisione e scambio di informazioni — Parte 2: Requisiti tecnici generali

[jp] 「GB/T 36478.2-2018 IoT －情報交換と共有－第 2 部: 共通技術の要求事項」

[kr] <GB/T 36478.2-2018 사물 인터넷 정보 교환과 공유 제 2 부분: 통용 기술 요구>

[pt] GB/T 36478.2-2018 Internet das Coisas - Partilha e Transação de Informações - Parte 2: Requisitos Técnicos Gerais

[ru] GB/T 36478.2-2018 Интернет вещей. Обмен информацией и ее совместное использование. Часть 2. Общие технические требования

[es] GB/T 36478.2-2018 Internet de las Cosas. Compartición e Intercambio de Informaciones. Parte 2: Requisitos Generales

73140 《20190841-T-469 信息技术 大数据 面向分析的数据存储与检索技术要求》

[ar] تكنولوجيا المعلومات - البيانات الضخمة - المتطلبات الفنية لتخزين واسترجاع البيانات الموجهة نحو التحليل 20190841-T-469

7.3

[en] 20190841-T-469 Information technology — Big data — Technical requirements for analysis-oriented data storage and retrieval

[fr] 20190841-T-469 Technologies de l'information — Mégadonnées — Exigence technique pour le stockage et la récupération de données à des fins d'analyse

[de] 20190841-T-469 Informationstechnik - Big Data - Technische Anforderungen an analyseorientierte Datenspeicherung und -abfrage

[it] 20190841-T-469 Tecnologia dell'informazione — Big Data — Requisiti tecnici per stoccaggio e recupero dei dati orientati all'analisi

[jp] 「20190841-T-469 情報技術－ビッグデーター分析向けデータ記憶と検索の技術的要求事項」

[kr] <20190841-T-469 정보기술 빅데이터 분석 지향 데이터의 저장과 검색 기술 요구>

[pt] 20190841-T-469 Tecnologia da Informação - Big Data - Requisitos Técnicos de Armazenamento e Recuperação de Dados para Análises

[ru] 20190841-T-469 Информационные технологии. Большие данные. Технические требования к хранению и поиску ориентированных на анализ данных

[es] 20190841-T-469 Tecnología de la Información. Big Data. Requisitos Técnicos para el Almacenamiento y la Búsqueda de Datos Orientados al Análisis

73141 《GB/T 34950-2017 非结构化数据管理系统参考模型》

[ar] مواصفات تمثيل البيانات غير المهيكلة ـ نموذج مراجع لنظام الإدارة GB/T 34950-2017

[en] GB/T 34950-2017 Reference model of unstructured data management system

[fr] GB/T 34950-2017 Modèle référentiel d'un système de gestion de données non structurées

[de] GB/T 34950-2017 Referenzmodell eines unstrukturierten Datenmanagementssystems

[it] GB/T 34950-2017 Modello di riferimento del sistema di gestione dei dati non strutturati

[jp] 「GB/T 34950-2017 非構造化データ管理システム参考モデル」

[kr] <GB/T 34950-2017 비구조화 데이터 관리 시스템 참고모델>

[pt] GB/T 34950-2017 Modelo de Referência do Sistema de Gestão dos Dados Desestruturados

[ru] GB/T 34950-2017 Эталонная модель неструктурированной системы управления данными

[es] GB/T 34950-2017 Modelo de Referencia de Sistemas de Gestión de Datos No Estructurados

73142 《GB/T 18142-2017 信息技术 数据元素值表示 格式记法》

[ar] تكنولوجيا المعلومات ـ تمثيل قيم عناصر البيانات ـ طريقة التدوين النسقي GB/T 18142-2017

[en] GB/T 18142-2017 Information technology — Representation of data elements values — Notation of the format

[fr] GB/T 18142-2017 Technologies de l'information — Représentation des valeurs des éléments de données — Notation du format

[de] GB/T 18142-2017 Informationstechnik - Darstellung von Datenelementwerten - Notation des Formats

[it] GB/T 18142-2017 Tecnologia

dell'informazione — Rappresentazione dei valori degli elementi dei dati — Notazione del formato

[jp] 「GB/T 18142-2017 情報技術－データ要素値表示－フォーマット表記法」

[kr] <GB/T 18142-2017 정보기술 데이터 요소값 표시 서식 표기범>

[pt] GB/T 18142-2017 Tecnologia da Informação - Representação dos Valores dos Metadados - Notação do Formato

[ru] GB/T 18142-2017 Информационные технологии. Представление значений элементов данных. Обозначение формата

[es] GB/T 18142-2017 Tecnología de la Información. Representación de Valores de Elementos de Datos. Notación del Formato

73143 《GB/T 31916.1-2015 信息技术 云数据存储和管理 第 1 部分：总则》

[ar] تكنولوجيا المعلومات ـ تخزين البيانات السحابية وإدارتها ـ الجزء الأول: المبادىء العامة GB/T 31916.1-2015

[en] GB/T 31916.1-2015 Information technology — Cloud data storage and management — Part 1: General

[fr] GB/T 31916.1-2015 Technologies de l'information — Stockage et gestion des données en nuage — Partie 1 : Dispositions générales

[de] GB/T 31916.1-2015 Informationstechnik - Cloud-Datenspeicherung und -verwaltung - Teil 1: Allgemeines

[it] GB/T 31916.1-2015 Tecnologia dell'informazione — Cloud stoccaggio e gestione dei dati — Parte 1: Generale

[jp] 「GB/T 31916.1-2015 情報技術－クラウドデータの記憶とマネジメント－第 1 部: 総則」

[kr] <GB/T 31916.1-2015 정보기술 클라우

드 데이터 저장과 관리 제 1 부분: 총칙>

[pt] GB/T 31916.1-2015 Tecnologia da Informação - Armazenamento e Gestão dos Dados em Nuvem - Parte 1: Gerais

[ru] GB/T 31916.1-2015 Информационные технологии. Облачное хранение данных и их управление. Часть 1. Общие положения

[es] GB/T 31916.1-2015 Tecnología de la Información. Almacenamiento y Gestión de Datos en la Nube. Parte 1: Generalidad

73144 《GB/T 37736-2019 信息技术 云计算 云资源监控通用要求》

[ar] تكنولوجيا المعلومات ـ الحوسبة السحابية ـ المتطلبات العامة لمراقبة الموارد السحابية GB/T 37736-2019

[en] GB/T 37736-2019 Information technology — Cloud computing — General requirements of cloud resource monitoring

[fr] GB/T 37736-2019 Technologies de l'information — Informatique en nuage — Exigence générale en matière de surveillance des ressources en nuage

[de] GB/T 37736-2019 Informationstechnik - Cloud Computing - Allgemeine Anforderungen an Überwachung von Cloud-Ressourcen

[it] GB/T 37736-2019 Tecnologia dell'informazione — Cloud computing — Requisiti generali di monitoraggio delle risorse cloud

[jp] 「GB/T 37736-2019 情報技術－クラウドコンピューティング クラウドリソースのモニタリングに関する一般要求事項」

[kr] <GB/T 37736-2019 정보기술 클라우드 컴퓨팅 클라우드 리소스 모니터링 통용요구>

[pt] GB/T 37736-2019 Tecnologia da Informação - Computação em Nuvem - Requisitos Gerais de Monitoramento de Recursos em Nuvem

[ru] GB/T 37736-2019 Информационные технологии. Облачные вычисления. Общие требования к мониторингу облачных ресурсов

[es] GB/T 37736-2019 Tecnología de la Información. Computación en la Nube. Requisitos Generales del Monitoreo de Servicios en la Nube

73145 《GB/T 36326-2018 信息技术 云计算 云服务运营通用要求》

[ar] تكنولوجيا المعلومات - الحوسبة السحابية - المتطلبات العامة لتشغيل الخدمات السحابية GB/T 36326-2018

[en] GB/T 36326-2018 Information technology — Cloud computing — General operational requirements of cloud service

[fr] GB/T 36326-2018 Technologies de l'information — Informatique en nuage — Exigence opérationnelle générale du service de nuage

[de] GB/T 36326-2018 Informationstechnik - Cloud Computing - Allgemeine betrieb-liche Anforderungen an Cloud-Service

[it] GB/T 36326-2018 Tecnologia dell'informazione — Cloud computing — Requisiti operativi generali del servizio cloud

[jp] 「GB/T 36326-2018 情報技術－クラウドコンピューティング－クラウドサービス運営の一般要求事項」

[kr] <GB/T 36326-2018 정보기술 클라우드 컴퓨팅 클라우드 서비스 운영 통용 요구>

[pt] GB/T 36326-2018 Tecnologia da Informação - Computação em Nuvem - Requisitos Gerais da Operação do

Serviço em Nuvem

[ru] GB/T 36326-2018 Информационные технологии. Облачные вычисления. Общие эксплуатационные требования облачной услуги

[es] GB/T 36326-2018 Tecnología de la Información. Computación en la Nube. Requisitos Operativos Generales de Servicios en la Nube

73146 《GB/T 37741-2019 信息技术 云计算 云服务交付要求》

[ar] تكنولوجيا المعلومات - الحوسبة السحابية - متطلبات تقديم خدمة الحوسبة السحابية GB/T 37741-2019

[en] GB/T 37741-2019 Information technology — Cloud computing — Cloud service delivery requirements

[fr] GB/T 37741-2019 Technologies de l'information — Informatique en nuage — Exigence de prestation de service de nuage

[de] GB/T 37741-2019 Informationstechnik - Cloud Computing - Anforderungen an Bereitstellung von Cloud-Service

[it] GB/T 37741-2019 Tecnologia dell'informazione — Cloud computing — Requisiti di sevizio Cloud per distribuzione

[jp] 「GB/T 37741-2019 情報技術－クラウドコンピューティング－クラウドサービスの配信要求事項」

[kr] <GB/T 37741-2019 정보기술 클라우드 컴퓨팅 클라우드 서비스 전달 요구>

[pt] GB/T 37741-2019 Tecnologia da informação - Computação em nuvem - Requisitos de entrega de serviços em nuvem

[ru] GB/T 37741-2019 Информационные технологии. Облачные вычисления. Требования к предоставлению

7.3

облачных услуг

[es] GB/T 37741-2019 Tecnología de la Información. Computación en la Nube. Requisitos de Entrega de Servicios en la Nube

7.3.2 技术标准

[ar] المعايير التقنية

[en] **Technical Standards**

[fr] **Normes techniques**

[de] **Technische Normen**

[it] **Standard tecnici**

[jp] **技術基準**

[kr] **기술 표준**

[pt] **Padrões Técnicos**

[ru] **Технические стандарты**

[es] **Normas Técnicas**

73201 《20180974-T-604 数据采集软件的性能及校准方法》

[ar] وظائف برمجيات جمع البيانات ووسائل التدقيق
20180974-T-604

[en] 20180974-T-604 Performance and calibration methods for data acquisition software

[fr] 20180974-T-604 Performance et méthodes d'étalonnage des logiciels de collecte de données

[de] 20180974-T-604 Leistungs- und Kalibrierungsmethoden für Datenerfassungssoftware

[it] 20180974-T-604 Metodi di prestazione e calibrazione per acquisizione data software

[jp] 「20180974-T-604 データ収集ソフトウェアの性能及び校正方法」

[kr] <20180974-T-604 데이터 수집 소프트웨어 성능 및 교정 방법>

[pt] 20180974-T-604 Desempenho e Método de Calibração para Software de Aquisição de Dados

[ru] 20180974-T-604 Характеристики программного обеспечения для сбора данных и методы их калибровки

[es] 20180974-T-604 Métodos de Rendimiento y Calibración para Software de Adquisición de Datos

73202 《20180973-T-604 用于数据采集和分析的监测和测量系统的性能要求》

[ar] متطلبات وظائف أنظمة المراقبة والقياس لجمع البيانات وتحليلها 20180973-T-604

[en] 20180973-T-604 Performance requirements of monitoring and measuring systems used for data collection and analysis

[fr] 20180973-T-604 Exigence de performance de système de surveillance et de mesure pour la collecte et l'analyse de données

[de] 20180973-T-604 Leistungsanforderungen an Überwachungs- und Messsysteme zur Datenerfassung und -analyse

[it] 20180973-T-604 Requisiti di prestazione dei sistemi di monitoraggio e misurazione utilizzati per la raccolta e l'analisi dei dati

[jp] 「20180973-T-604 データ収集と分析向けモニタリング・測定システムの性能に関する要求事項」

[kr] <20180973-T-604 데이터 수집과 분석에 적용하는 모니터링과 측정 시스템의 성능 요구>

[pt] 20180973-T-604 Requisitos de Desempenho de Sistemas de Monitoramento e Medição Aplicados para Coleção e Análise de Dados

[ru] 20180973-T-604 Требования к эксплуатационным характеристикам систем мониторинга и измерений, используемых для сбора и анализа данных

[es] 20180973-T-604 Requisitos de Rendimiento para Sistemas de Monitorización y Medida Utilizados para la Recopilación y el Análisis de Datos

73203　《20174084-T-469 信息技术 自动识别和数据采集技术 数据载体标识符》

[ar] تكنولوجيا المعلومات – تكنولوجيا التعرف الآلي وجمع البيانات-علامات تمييز ناقلات البيانات 20174084-T-469

[en] 20174084-T-469 Information technology — Automatic identification and data capture techniques — Data carrier identifiers

[fr] 20174084-T-469 Technologies de l'information — Techniques d'identification et de collecte automatiques de données — Identificateurs de véhicule de données

[de] 20174084-T-469 Informationstechnik - Automatische Identifizierungs- und Datenerfassungstechnik - Datenträger-kennungen

[it] 20174084-T-469 IT — Identificazione automatica e tecniche di acquisizione dei dati — Identificatori del vettore dei dati

[jp] 「20174084-T-469 情報技術－自動認識及びデータ収集技術－データキャリア識別子」

[kr] <20174084-T-469 정보기술 자동 인식과 데이터 수집 기술 데이터 케리어 표시부호>

[pt] 20174084-T-469 Tecnologia da Informação - Tecnologias de Identificação Automática e Captura de Dados - Rótulos de Portador de Dados

[ru] 20174084-T-469 Информационные технологии. Методы автоматической идентификации и сбора данных. Идентификаторы носителей данных

[es] 20174084-T-469 Tecnología de la Información. Técnicas de Identificación Automática y Captura de Datos. Identificadores para Portadores de Datos

73204　《20181941-T-604 智能制造 工业数据采集规范》

[ar] تصنيع ذكي ـ مواصفات جمع البيانات الصناعية 20181941-T-604

[en] 20181941-T-604 Intelligent manufacturing — Industrial data collection specification

[fr] 20181941-T-604 Fabrication intelligente — Spécifications de collecte de données industrielles

[de] 20181941-T-604 Intelligente Fertigung - Spezifikation für industrielle Datenerfassung

[it] 20181941-T-604 Fabbricazione intelligente — specifica di raccolta di data industriale

[jp] 「20181941-T-604 知能製造－工業データ収集規範」

[kr] <20181941-T-604 스마트 제조 산업 데이터 수집 규범>

[pt] 20181941-T-604 Fabricação Inteligente - Especificação de Coleção de Dados Industriais

[ru] 20181941-T-604 Интеллектуальное производство. Спецификация сбора промышленных данных

[es] 20181941-T-604 Fabricación Inteligente. Especificación de la Recopilación de Datos Industriales

73205　《20184722-T-469 工业物联网 数据采集结构化描述规范》

[ar] إنترنت الأشياء الصناعية- مواصفات الوصف المهيكل لعملية جمع البيانات 20184722-T-469

[en] 20184722-T-469 Industrial Internet of Things — Specification of structured

description for data acquisition

[fr] 20184722-T-469 Internet des objets industriels — Spécifications descriptives de structuration de la collecte de données

[de] 20184722-T-469 Industrielles IoT - Spezifikation für Beschreibung der Datenerfassungsstrukturierung

[it] 20184722-T-469 Internet delle cose industriale — Specifica della descrizione strutturata per l'acquisizione dei dati

[jp] 「20184722-T-469 産業用 IoT ーデータ収集構造化記述規範」

[kr] <20184722-T-469 산업 사물 인터넷 데이터 수집 구조화 기술 규범>

[pt] 20184722-T-469 Internet das Coisas Industrial - Especificação de Descrição Estruturada para Aquisição de Dados

[ru] 20184722-T-469 Промышленный Интернет вещей. Спецификация структурированного описания для сбора данных

[es] 20184722-T-469 Internet de las Cosas Industrial. Especificación de la Descripción Estructurada para la Adquisición de Datos

73206 《GB/T 37722-2019 信息技术 大数据存储与处理系统功能要求》

[ar] تكنولوجيا المعلومات ـ المتطلبات الوظيفية لنظام تخزين ومعالجة البيانات الضخمة GB/T 37722-2019

[en] GB/T 37722-2019 Information technology — Technical requirements for big data storage and processing systems

[fr] GB/T 37722-2019 Technologies de l'information — Exigence fonctionnelle pour le système de stockage et de traitement de mégadonnées

[de] GB/T 37722-2019 Informationstechnik - Anforderungen an Funktion des Big

Data-Speicherung- und -verarbeitungssystems

[it] GB/T 37722-2019 IT — Requisiti tecnici per i sistemi di stoccaggio ed elaborazione di Big Data

[jp] 「GB/T 37722-2019 情報技術ービッグデータ保存・処理システムのための機能的要求」

[kr] <GB/T 37722-2019 정보기술 빅데이터 저장과 처리 시스템 기능 요구>

[pt] GB/T 37722-2019 Tecnologia da Informação - Requisitos Funcionais para Sistemas de Armazenamento e Processamento de Big Data

[ru] GB/T 37722-2019 Информационные технологии. Технические требования к системам хранения и обработки больших данных

[es] GB/T 37722-2019 Tecnología de la Información. Requisitos Técnicos para Sistemas de Almacenamiento y Procesamiento de Big Data

73207 《GB/T 31916.3-2018 信息技术 云数据存储和管理 第 3 部分：分布式文件存储应用接口》

[ar] تكنولوجيا المعلومات ـ تخزين البيانات السحابية وإدارتها – الجزء الثالث: واجهة تطبيق تخزين الملفات الموزعة GB/T 31916.3-2018

[en] GB/T 31916.3-2018 Information technology — Cloud data storage and management — Part 3: Distributed file storage application interface

[fr] GB/T 31916.3-2018 Technologies de l'information — Stockage et gestion de données en nuage — Partie 3 : interface d'application de stockage de fichiers distribués

[de] GB/T 31916.3-2018 Informationstechnik - Cloud-Datenspeicherung und -verwaltung - Teil 3: Schnittstelle für verteilte

Dateispeicherungsanwendungen

[it] GB/T 31916.3-2018 Tecnologia dell'informazione — stoccaggio e gestione dei dati Cloud — Parte 3: Interfaccia dell'applicazione di stoccaggio documenti distribuiti

[jp] 「GB/T 31916.3-2018 情報技術－クラウドデータの保存と管理－第 3 部：分散型ファイルのストレージアプリケーションインタフェース」

[kr] <GB/T 31916.3-2018 정보기술 클라우드 데이터 저장과 관리 제 3 부분: 분산형 파일 저장 응용 인터페이스>

[pt] GB/T 31916.3-2018 Tecnologia da Informação - Armazenamento e Gestão dos Dados em Nuvem - Parte 3: Interface de Aplicação para Armazenamento do Ficheiro Distribuído

[ru] GB/T 31916.3-2018 Информационные технологии. Облачное хранилище данных и управление ими. Часть 3. Интерфейс приложения хранилища распределенных файлов

[es] GB/T 31916.3-2018 Tecnología de la Información. Almacenamiento y Gestión de Datos en la Nube. Parte 3: Interfaz de Aplicación de Almacenamiento de Archivos Distribuidos

73208 《GB/T 28821-2012 关系数据管理系统技术要求》

[ar] متطلبات فنية لنظام إدارة البيانات العلائقية
GB/T 28821-2012

[en] GB/T 28821-2012 Technical requirements for relational database management system

[fr] GB/T 28821-2012 Exigence technique pour le système de gestion de base de données relationnelle

[de] GB/T 28821-2012 Technische Anforderungen ans relationale Datenbankver-

waltungssystem

[it] GB/T 28821-2012 Requisiti tecnici del sistema per gestione di database relazionali

[jp] 「GB/T 28821-2012 関係データ管理システムの技術的要求事項」

[kr] <GB/T 28821-2012 관계형 데이터베이스 관리 시스템 기술 요구>

[pt] GB/T 28821-2012 Requisitos Técnicos do Sistema de Gestão da Base dos Dados Relacionais

[ru] GB/T 28821-2012 Технические требования к системе управления реляционными базами данных

[es] GB/T 28821-2012 Requisitos Técnicos de Sistemas de Gestión de Bases de Datos Relacionales

73209 《GB/T 32630-2016 非结构化数据管理系统技术要求》

[ar] متطلبات فنية لنظام إدارة البيانات غير المهيكلة
GB/T 32630-2016

[en] GB/T 32630-2016 Technical requirements for unstructured data management system

[fr] GB/T 32630-2016 Exigence technique pour le système de gestion des données non structurées

[de] GB/T 32630-2016 Technische Anforderungen an unstrukturiertes Datenmanagementssystem

[it] GB/T 32630-2016 Requisiti tecnici per sistema di gestione dei dati non strutturato

[jp] 「GB/T 32630-2016 非構造化データ管理システムの技術的要求事項」

[kr] <GB/T 32630-2016 비구조화 데이터 관리 시스템 기술 요구>

[pt] GB/T 32630-2016 Requisitos Técnicos para o Sistema da Gestão dos Dados Não Estruturados

[ru] GB/T 32630-2016 Технические требования к неструктурированной системе управления данными

[es] GB/T 32630-2016 Requisitos Técnicos para Sistemas de Gestión de Datos No Estructurados

73210 《GA/T 754-2008 电子数据存储介质复制工具要求及检测方法》

[ar] متطلبات وطرق الاختبار لأدوات النسخ ووسائط تخزين البيانات الإلكترونية GA/T 754-2008

[en] GA/T 754-2008 Requirement and testing method for clone tools for electronic data-storage media

[fr] GA/T 754-2008 Exigences et méthodes d'essai de l'outil de réplication de véhicule de stockage de données électroniques

[de] GA/T 754-2008 Anforderungen und Prüfverfahren des Vervielfältigungs-werkzeugs für elektronisches Datenspei-cherungsmedium

[it] GA/T 754-2008 Requisiti e metodo di prova di strumento elettronico di duplicazione di stoccaggio dei dati

[jp] 「GA/T 754-2008 電子データ記憶媒体複製ツールの要求事項及びテスト方法」

[kr] <GA/T 754-2008 전자 데이터 저장 매체 복사 수단 요구 및 검측 방법>

[pt] GA/T 754-2008 Os Requisitos e Método de Teste da Ferramenta Duplicadora para Intermediário de Armazenamento dos Dados Eléctricos

[ru] GA/T 754-2008 Требования к инструментам дублирования электронного носителя информации и метод их испытания

[es] GA/T 754-2008 Requisitos y Método de Prueba de Herramientas de Duplicación de Almacenamiento de Datos Electrónicos

73211 《SJ/T 11528-2015 信息技术 移动存储 存储卡通用规范》

[ar] تكنولوجيا المعلومات - التخزين المحمول - المواصفات العامة لبطاقات التخزين SJ/T 11528-2015

[en] SJ/T 11528-2015 Information technology — Mobile storage — General specification for memory cards

[fr] SJ/T 11528-2015 Technologies de l'information — Stockage mobile — Spécifications générales de carte mémoire

[de] SJ/T 11528-2015 Informationstechnik - Mobile Speicherung - Allgemeine Spezi-fikation für Speicherkarten

[it] SJ/T 11528-2015 Tecnologia dell'informazione — stoccaggio mobile — Specifiche generali delle schede di memoria

[jp] 「SJ/T 11528-2015 情報技術ーモバイルストレージーメモリカードの共通規範」

[kr] <SJ/T 11528-2015 정보기술 모바일 저장 메모리 카드 통용 규범>

[pt] SJ/T 11528-2015 Tecnologia da Informação - Armazenamento Móvel - Especificação Geral de Cartões de Memória

[ru] SJ/T 11528-2015 Информационные технологии. Мобильное хранение. Общие правила карт памяти

[es] SJ/T 11528-2015 Tecnología de la Información. Almacenamiento Móvil. Especificaciones Generales de las Tarjetas de Memoria

73212 《GA/T 1139-2014 信息安全技术 数据库扫描产品安全技术要求》

[ar] تكنولوجيا أمن المعلومات - المتطلبات الفنية لأمن منتجات مسح قواعد البيانات GA/T 1139-2014

[en] GA/T 1139-2014 Information security technology — Security technical

requirements for database scanning products

[fr] GA/T 1139-2014 Technologie de sécurité de l'information — Exigence technique de sécurité des produits d'analyse de base de données

[de] GA/T 1139-2014 Informationssicherheitstechnik - Technische Sicherheitsanforderungen an Datenbankabtastungsprodukte

[it] GA/T 1139-2014 Tecnologia di sicurezza dell'informazione — Requisiti tecnici di sicurezza per i prodotti di scansione di database

[jp] 「GA/T 1139-2014 情報セキュリティ技術－データベーススキャン製品のセキュリティに関する技術的要求事項」

[kr] <GA/T 1139-2014 정보 보안 기술 데이터베이스 제품 스캐닝 보안 기술 요구>

[pt] GA/T 1139-2014 Tecnologia de Segurança de Informação - Requisito de Tecnologia de Segurança para Produtos de Digitalização de Base de Dados

[ru] GA/T 1139-2014 Технологии информационной безопасности. Технические требования безопасности к продуктам сканирования баз данных

[es] GA/T 1139-2014 Tecnología de la Seguridad de la Información. Requisitos Técnicos de Seguridad para Productos de Análisis de Bases de Datos

73213 《GA/T 913-2019 信息安全技术 数据库安全审计产品安全技术要求》

[ar] تكنولوجيا أمن المعلومات ـالمتطلبات الفنية لسلامة المنتجات الخاصة بمراجعة أمن قاعدة البيانات GA/T 913-2019

[en] GA/T 913-2019 Information security technology — Security technical requirements for database security auditing products

[fr] GA/T 913-2019 Technologie de sécurité de l'information — Exigence technique de sécurité pour les produits d'audit de sécurité de base de données

[de] GA/T 913-2019 Informationssicherheitstechnik - Technische Sicherheitsanforderungen an Datenbanksicherheitsprüfprodukte

[it] GA/T 913-2019 Tecnologia di sicurezza dell'informazione — Requisiti tecnici di sicurezza per prodotti di controllo di sicurezza di database

[jp] 「GA/T 913-2019 情報セキュリティ技術－データベースセキュリティ監査製品のセキュリティに関する技術的要求事項」

[kr] <GA/T 913-2019 정보 보안 기술 데이터베이스 보안 감사 제품 보안 기술 요구>

[pt] GA/T 913-2019 Tecnologia de Segurança da Informação - Requisito Técnico de Segurança para os Produtos Auditores da Segurança da Base de Dados

[ru] GA/T 913-2019 Технологии информационной безопасности. Технические требования безопасности к продуктам аудита по безопасности баз данных

[es] GA/T 913-2019 Tecnología de la Seguridad de la Información. Requisitos Técnicos de Seguridad para Productos de Auditoría de Seguridad de Bases de Datos

73214 《GB/T 20273-2019 信息安全技术 数据库管理系统安全技术要求》

[ar] تكنولوجيا أمن المعلومات ـ المتطلبات الفنية لسلامة نظام إدارة قواعد البيانات GB/T 20273-2019

[en] GB/T 20273-2019 Information security technology — Security technical requirements for database management

system

[fr] GB/T 20273-2019 Technologie de sécurité de l'information — Exigence technique de sécurité du système de gestion de bases de données

[de] GB/T 20273-2019 Informationssicherheitstechnik - Sicherheitstechnische Anforderungen an Datenbankmanagementsystem

[it] GB/T 20273-2019 Tecnologia di sicurezza dell'informazione — Requisiti tecnici di sicurezza per il sistema di gestione del database

[jp] 「GB/T 20273-2019 情報セキュリティ技術－データベースマネジメントシステムのためのセキュリティに関する技術的要求事項」

[kr] <GB/T 20273-2019 정보 보안 기술 데이터베이스 관리 시스템 보안 기술 요구>

[pt] GB/T 20273-2019 Tecnologia de Segurança da Informação - Requisitos Técnicos de Segurança para o Sistema de Gestão de Base de Dados

[ru] GB/T 20273-2019 Технологии информационной безопасности. Технические требования безопасности к системе управления базами данных

[es] GB/T 20273-2019 Tecnología de la Seguridad de la Información. Requisitos Técnicos de Seguridad para un Sistema de Gestión de Bases de Datos

73215 《GB/T 30994-2014 关系数据库管理系统检测规范》

[ar] مواصفات الاختبار لنظام إدارة قاعدة البيانات العلائقية GB/T 30994-2014

[en] GB/T 30994-2014 Testing specification for relational database management system

[fr] GB/T 30994-2014 Spécifications d'essai pour le système de gestion de base de

données relationnelle

[de] GB/T 30994-2014 Testspezifikation für relationales Datenbankmanagementsystem

[it] GB/T 30994-2014 Specificazione di test per sistema di gestione del database relazionale

[jp] 「GB/T 30994-2014 関係データベース管理システムテスト規範」

[kr] <GB/T 30994-2014 관계형 데이터베이스 관리 시스템 검측 규범>

[pt] GB/T 30994-2014 Especificação de Testes para o Sistema de Gestão de Base de Dados Relacional

[ru] GB/T 30994-2014 Спецификация тестирования системы управления реляционными базами данных

[es] GB/T 30994-2014 Especificación de Pruebas de Sistemas de Gestión de Bases de Datos Relacionales

73216 《GB/T 31500-2015 信息安全技术 存储介质数据恢复服务要求》

[ar] تكنولوجيا أمن المعلومات - متطلبات خدمة استعادة البيانات لوسائط التخزين GB/T 31500-2015

[en] GB/T 31500-2015 Information security technology — Requirement of data recovery service for storage media

[fr] GB/T 31500-2015 Technologie de sécurité de l'information — Exigence de service de récupération de données depuis le véhicule de stockage

[de] GB/T 31500-2015 Informationssicherheitstechnik - Anforderung an Datenwiederherstellungsservice für Speichermedien

[it] GB/T 31500-2015 Tecnologia di sicurezza dell'informazione — Requisiti del servizio di recupero dei dati per i supporti di memorizzazione

[jp] 「GB/T 31500-2015 情報セキュリティ

技術－記憶媒体データ復旧サービスの
要求事項」

[kr] <GB/T 31500-2015 정보 보안 기술 저장
매체 데이터 복원 서비스 요구>

[pt] GB/T 31500-2015 Tecnologia de
Segurança da Informação - Requisito de
Serviço de Recuperação de Dados para
Intermediário de Armazenamento

[ru] GB/T 31500-2015 Технологии
информационной безопасности.
Требования к услугам восстановления
данных носителей

[es] GB/T 31500-2015 Tecnología de la
Seguridad de la Información. Requisitos
del Servicio de Recuperación de Datos
para Soportes de Almacenamiento

73217 《GB/T 34977-2017 信息安全技术 移
动智能终端数据存储安全技术要求与
测试评价方法》

[ar] تكنولوجيا أمن المعلومات ـ المتطلبات الفنية ووسائل
الاختبار والتقييم لأمن تخزين بيانات المحطة الطرفية
الذكية المحمولة GB/T 34977-2017

[en] GB/T 34977-2017 Information security
technology — Security technology
requirements and testing and evaluation
approaches for data storage of mobile
intelligent terminals

[fr] GB/T 34977-2017 Technologie de sécurité
de l'information — Exigence technique de
sécurité et méthodes d'essai et d'évaluation
du stockage de données sur le terminal
intelligent mobile

[de] GB/T 34977-2017 Informationssicher-
heitstechnik - Sicherheitstechnische
Anforderungen sowie Test- und Be-
wertungsansätze für Datenspeicherung
mobiler intelligenter Endgeräte

[it] GB/T 34977-2017 Tecnologia di
sicurezza dell'informazione — Requisiti
della tecnologia di sicurezza e approcci di

prova e valutazione per stoccaggio dei dati
di terminali mobili intelligenti

[jp] 「GB/T 34977-2017 情報セキュリティ
技術－モバイルインテリジェント端末
のデータ記憶セキュリティの技術的要
求事項とテスト・評価方法」

[kr] <GB/T 34977-2017 정보 보안 기술 모
바일 스마트 단말기 데이터 저장 보안 기
술 요구 및 테스트 평가 방법>

[pt] GB/T 34977-2017 Tecnologia de
Segurança da Informação - Requisitos da
Tecnologia de Segurança e Métodos de
Testes e Avaliação para Armazenamento
de Dados de Terminais Inteligentes
Móveis

[ru] GB/T 34977-2017 Технологии
информационной безопасности.
Технические требования безопасности
к хранению данных мобильных
интеллектуальных терминалов и
методы их тестирования и оценки

[es] GB/T 34977-2017 Tecnología de la
Seguridad de la Información. Requisitos
de Tecnología de Seguridad y Enfoques
de Pruebas y Evaluación para el
Almacenamiento de Datos de Terminales
Móviles Inteligentes

73218 《GB/T 16611-2017 无线数据传输收
发信机通用规范》

[ar] مواصفات عامة لجهاز إرسال واستقبال البيانات
الراديوية GB/T 16611-2017

[en] GB/T 16611-2017 General specification
for radio data transmission transceiver

[fr] GB/T 16611-2017 Spécifications générales
d'émetteur-récepteur de transmission de
données par radio

[de] GB/T 16611-2017 Allgemeine Spezi-
fikation für Funkdatenübertragungs-
Transceiver

[it] GB/T 16611-2017 Specifiche generali

7.3

per ricetrasmettitore di trasmissione dati
radio

[jp] 「GB/T 16611-2017 無線データ伝送用
送受信機の共通規範」

[kr] <GB/T 16611-2017 무선 데이터 전송
트랜스시버 통용 규범>

[pt] GB/T 16611-2017 Especificação Geral
para Transceptor da Transmissão dos
Dados de Rádio

[ru] GB/T 16611-2017 Общие правила
приемопередатчика радиопередачи
данных

[es] GB/T 16611-2017 Especificación
General para Transceptores de
Transmisión de Datos de Radio

73219 《GB/T 11598-1999 提供数据传输业
务的公用网之间的分组交换信令系统》

[ar] نظام التبادل المجمع للمعلومات والأوامر فيما بين
الشبكات العامة التي تقدم خدمة نقل البيانات
GB/T 11598-1999

[en] GB/T 11598-1999 Packet-switched
signaling system between public
networks providing data transmission
services

[fr] GB/T 11598-1999 Système de signalisation
à commutation de paquets entre les
réseaux publics fournissant des services de
transmission de données

[de] GB/T 11598-1999 Paketvermitteltes
Signalisierungssystem zwischen öffent-
lichen Netzen, die Datenübertragungs-
service bereitstellen

[it] GB/T 11598-1999 Sistema di
segnalazione a commutazione di
pacchetto tra reti pubbliche che
forniscono servizi di trasmissione dei
dati

[jp] 「GB/T 11598-1999 データ伝送業務を提
供するパブリッシングネットワーク間
のパケット交換信号システム」

[kr] <GB/T 11598-1999 데이터 전송 서비
스를 제공하는 공중망 간의 패킷 교환 신
호 시스템>

[pt] GB/T 11598-1999 Sistema Sinalizador
sobre Comutação de Pacotes entre as
Redes públicas na Prestação dos Serviços
da Transmissão dos Dados

[ru] GB/T 11598-1999 Система
сигнализации с коммутацией пакетов
между сетями общего пользования,
предоставляющими услуги передачи
данных

[es] GB/T 11598-1999 Sistema de Señalización
por Conmutación de Paquetes entre
Redes Públicas que Prestan Servicios de
Transmisión de Datos

73220 《20130061-T-469 农机物联网数据传
输与交换标准》

[ar] معايير نقل وتبادل بيانات إنترنت الأشياء للآلات
الزراعية 20130061-T-469

[en] 20130061-T-469 Sensing data
transportation & exchanging standard
for IoT of agriculture machinery

[fr] 20130061-T-469 Normes de transfert et
d'échange de données sur l'Internet des
objets en matière de machine agricole

[de] 20130061-T-469 Datenübertragungs- und
Austauschnormen für Internet der Dinge von
Landwirtschaftsmaschinen

[it] 20130061-T-469 Norme di trasporto e
scambio dei dati per IoT di macchine
agricole

[jp] 「20130061-T-469 農業機械 IoTにおけ
るデータ伝送・交換基準」

[kr] <20130061-T-469 농업 기계 사물 인터
넷 데이터 전송 및 교환 기준>

[pt] 20130061-T-469 Padrão de Transmissão
e Transação de Dados Internet das
Coisas de Máquinas Agrícolas

[ru] 20130061-T-469 Норма передачи и

7.3

обмена данными Интернета вещей сельскохозяйственной техники

[es] 20130061-T-469 Estándar de Transporte e Intercambio de Datos Detectados por Sensores para Internet de las Cosas en Maquinaria Agrícola

73221 《GB/T 37025-2018 信息安全技术 物联网数据传输安全技术要求》

[ar] تكنولوجيا أمن المعلومات ـ المتطلبات الفنية لأمن نقل بيانات إنترنت الأشياء GB/T 37025-2018

[en] GB/T 37025-2018 Information security technology — Security technical requirements of data transmission for Internet of things

[fr] GB/T 37025-2018 Technologie de sécurité de l'information — Exigence technique de sécurité de la transmission de données sur l'Internet des objets

[de] GB/T 37025-2018 Informationssicher- heitstechnik - Sicherheitstechnische Anforderungen an Datenübertragung per Internet der Dinge

[it] GB/T 37025-2018 Tecnologia di sicurezza dell'informazione — Requisiti tecnici di sicurezza per la trasmissione di dati per Internet delle Cose

[jp] 「GB/T 37025-2018 情報セキュリティ技術－IoTデータ伝送セキュリティの技術的要求事項」

[kr] <GB/T 37025-2018 정보 보안 기술 사물 인터넷 데이터 전송 보안 기술 요구>

[pt] GB/T 37025-2018 Tecnologia de Segurança da Informação - Requisitos Técnicos de Segurança da Transmissão de Dados para Internet das Coisas

[ru] GB/T 37025-2018 Технологии информационной безопасности. Технические требования безопасности к передаче данных Интернета вещей

[es] GB/T 37025-2018 Tecnología de

Seguridad de la Información. Requisitos Técnicos de Seguridad para la Transmisión de Datos de Internet de las Cosas

73222 《GB/T 14805.1-2007 行政、商业和运输业电子数据交换(EDIFACT)应用级语法规则(语法版本号：4, 语法发布号：1)第 1 部分：公用的语法规则》

[ar] تبادل البيانات الإلكترونية في قطاعات الإدارة والتجارة والنقل(EDIFACT) على القواعد النحوية التطبيقية (رقم نسخة القواعد النحوية: 4، رقم إصدار القواعد النحوية: 1) الجزء الأول: القواعد النحوية العامة GB/T 14805.1-2007

[en] GB/T 14805.1-2007 Electronic data interchange for administration, commerce and transport (EDIFACT) — Application level syntax rules (Syntax version number: 4, Syntax release number: 1) — Part 1: Syntax rules common to all parts

[fr] GB/T 14805.1-2007 Échange de données informatisées pour l'administration, le commerce et les transports (EDIFACT) — Règles de syntaxe au niveau de l'application (numéro de version de la syntaxe : 4 numéro de publication de la syntaxe : 1) — Partie 1 : règles de syntaxe communes à toutes les parties

[de] GB/T 14805.1-2007 Elektronischer Datenaustausch in Verwaltung, Handel und Verkehr (EDIFACT) - Syntaxregeln auf Anwendungsebene (Syntaxversions- nummer: 4, Syntaxfreigabenummer: 1) - Teil 1: Gemeinsame Syntaxregeln für alle Teile

[it] GB/T 14805.1-2007 Interscambio dei dati elettronici per amministrazione, commercio e trasporti (EDIFACT) — Regole di sintassi a livello di applicazione (versione di sintassi n.: 4, rilascio di sintassi n.: 1) — Parte 1:

7.3

Regole comuni di sintassi a tutte le parti

[jp] 「GB/T 14805.1-2007 行政、商業及び輸送業における電子データ交換(EDIFACT)－業務レベル構文規則(構文バージョン番号: 4,構文公布番号: 1)－第1部: 共通構文規則」

[kr] <GB/T 14805.1-2007 행정, 상업과 운송업 전자 데이터 교환(EDIFACT) 응용 문법 규칙(문법 버전 번호: 4. 문법 발표 번호: 1) 제1부분: 공용 문법 규칙>

[pt] GB/T 14805.1-2007 Intercâmbio dos Dados Eléctricos sobre a Administração, Comércio e Transporte (EDIFACT) - Regras Sintácticas do Nível Aplicável (Número da Versão de Sintaxe: 4, Número do Lançamento de Sintaxe: 1) - Parte 1: Regras Sintácticas Comuns para Todas as Partes

[ru] GB/T 14805.1-2007 Обмен электронными данными в области администрации, торговли и транспорта (EDIFACT). Синтаксические правила уровня приложения (№ версии синтаксиса: 4. № выпуска синтаксиса: 1). Часть 1. Общие синтаксические правила

[es] GB/T 14805.1-2007 Intercambio Electrónico de Datos para la Administración, el Comercio y el Transporte. Reglas Sintácticas de Nivel de Aplicación (Número de Versión de Sintaxis: 4; Número de Compilación de Sintaxis: 1). Parte 1: Reglas Sintácticas Comunes a Todas las Partes

73223 《GB/T 14805.2-2007 行政、商业和运输业电子数据交换(EDIFACT)应用级语法规则(语法版本号: 4,语法发布号: 1)第2部分: 批式电子数据交换专用的语法规则》

[ar] تبادل البيانات الإلكترونية في قطاعات الإدارة

والتجارة والنقل(EDIFACT) على القواعد النحوية التطبيقية (رقم نسخة القواعد النحوية: 4، رقم إصدار القواعد النحوية: 1) الجزء الثاني: القواعد النحوية الخاصة بتبادل البيانات الإلكترونية بالدفعة

GB/T 14805.2-2007

[en] GB/T 14805.2-2007 Electronic data interchange for administration, commerce and transport (EDIFACT) — Application level syntax rules (Syntax version number: 4, Syntax release number: 1) — Part 2: Syntax rules specific to batch EDI

[fr] GB/T 14805.2-2007 Échange de données informatisées pour l'administration, le commerce et les transports (EDIFACT) — Règles de syntaxe au niveau de l'application (numéro de version de la syntaxe : 4 numéro de publication de la syntaxe : 1) — Partie 2 : règles de syntaxe spécifiques à l'EDI par lots

[de] GB/T 14805.2-2007 Elektronischer Datenaustausch in Verwaltung, Handel und Verkehr (EDIFACT) - Syntaxregeln auf Anwendungsebene (Syntaxversionsnummer: 4, Syntaxfreigabenummer: 1) - Teil 2: Spezifische Syntaxregeln für Batch-EDI

[it] GB/T 14805.2-2007 Interscambio di dati elettronici per amministrazione, commercio e trasporti (EDIFACT) — Regole di sintassi a livello di applicazione (versione di sintassi n.: 4, rilascio di sintassi n.: 1) — Parte 2: Regole specifiche di sintassi per batch EDI

[jp] 「GB/T 14805.2-2007 行政、商業及び輸送業における電子データ交換(EDIFACT)－業務レベル構文規則(構文バージョン番号: 4,構文公布番号: 1)－第2部: バッチEDI用構文規則」

[kr] <GB/T 14805.2-2007 행정, 상업과 운

송업 전자 데이터 교환(EDIFACT) 응용
문법 규칙(문법 버전 번호: 4. 문법 발표
번호: 1) 제 2 부분: 배치 전자 데이터 교
환 전용 문법 규칙>

[pt] GB/T 14805.2-2007 Intercâmbio dos
Dados Eléctricos sobre Administração,
Comércio e Transporte (EDIFACT) -
Regras Sintácticas do Nível Aplicável
(Número da Versão de Sintaxe: 4,
Número do Lançamento de Sintaxe: 1)
- Parte 2: Regras Sintácticas Específicas
para IDE de Séries

[ru] GB/T 14805.2-2007 Обмен
электронными данными в
области администрации, торговли
и транспорта (EDIFACT).
Синтаксические правила уровня
приложения (№ версии синтаксиса:
4. № выпуска синтаксиса: 1).
Часть 2. Синтаксические правила,
специфичные для пакетного обмена
электронными данными

[es] GB/T 14805.2-2007 Intercambio
Electrónico de Datos para la
Administración, el Comercio y el
Transporte. Reglas Sintácticas de Nivel
de Aplicación (Número de Versión de
Sintaxis: 4; Número de Compilación de
Sintaxis: 1). Parte 2: Reglas Sintácticas
Específicas de Intercambio Electrónico
de Datos por Lotes

73224 《GB/T 14805.3-2007 行政、商业和运
输业电子数据交换(EDIFACT)应用级
语法规则(语法版本号:4, 语法发布号:
1)第 3 部分: 交互式电子数据交换专
用的语法规则》

[ar] تبادل البيانات الإلكترونية في قطاعات الإدارة
والتجارة والنقل (EDIFACT) على القواعد النحوية
التطبيقية (رقم نسخة القواعد النحوية:4، رقم إصدار
القواعد النحوية:1) الجزء الثالث: القواعد الخاصة

بتبادل البيانات الإلكترونية التفاعلية
GB/T 14085.3-2007

[en] GB/T 14805.3-2007 Electronic
data interchange for administration,
commerce and transport (EDIFACT) —
Application level syntax rules (Syntax
version number: 4, Syntax release
number: 1) — Part 3: Syntax rules
specific to interactive EDI

[fr] GB/T 14805.3-2007 Échange de données
informatisées pour l'administration, le
commerce et les transports (EDIFACT)
— Règles de syntaxe au niveau de
l'application (numéro de version de la
syntaxe : 4 numéro de publication de
la syntaxe : 1) — Partie 3 : règles de
syntaxe spécifiques à l'EDI par lots

[de] GB/T 14805.3-2007 Elektronischer
Datenaustausch in Verwaltung, Handel
und Verkehr (EDIFACT) - Syntaxregeln
auf Anwendungsebene (Syntaxversions-
nummer: 4, Syntaxfreigabenummer: 1)
- Teil 3: Spezifische Syntaxregeln für
interaktives EDI

[it] GB/T 14805.3-2007 Interscambio di
dati elettronici per amministrazione,
commercio e trasporti (EDIFACT)
— Regole di sintassi a livello di
applicazione (versione di sintassi n.:
4, rilascio di sintassi n.: 1) — Parte 3:
Regole specifiche di sintassi per EDI
interattivo

[jp] 「GB/T 14805.3-2007 行政、商業及び
輸送業電子データ交換(EDIFACT)－業
務レベル構文規則(構文バージョン番
号: 4，構文公布番号: 1)－第 3 部:
対話形 EDI 用構文規則」

[kr] <GB/T 14805.3-2007 행정, 상업과 운
송업 전자 데이터 교환(EDIFACT) 응용
문법 규칙(문법 버전 번호: 4. 문법 발표
번호: 1) 제 3 부분: 대화형 전자 데이터

교환 전용 문법 규칙>

[pt] GB/T 14805.3-2007 Intercâmbio dos Dados Eléctricos sobre a Administração, Comércio e Transporte (EDIFACT) - Regras Sintácticas do Nível Aplicável (Número da Versão de Sintaxe: 4, Número do Lançamento de Sintaxe: 1) - Parte 3: Regra Sintácticas Específicas de Transaçãos de Dados Electrónicos Interativos (Tipo de Mensagem: Controlo)

[ru] GB/T 14805.3-2007 Обмен электронными данными в области администрации, торговли и транспорта (EDIFACT). Синтаксические правила уровня приложения (№ версии синтаксиса: 4. № выпуска синтаксиса: 1). Часть 3. Синтаксические правила, специфичные для интерактивного обмена электронными данными

[es] GB/T 14805.3-2007 Intercambio Electrónico de Datos para la Administración, el Comercio y el Transporte. Reglas Sintácticas de Nivel de Aplicación (Número de Versión de Sintaxis: 4; Número de Compilación de Sintaxis: 1). Parte 3: Reglas Sintácticas Específicas de Intercambio Electrónico de Datos Interactivo

73225 《GB/T 14805.4-2007 行政、商业和运输业电子数据交换(EDIFACT)应用级语法规则(语法版本号：4，语法发布号：1)第4部分：批式电子数据交换语法和服务报告报文(报文类型为CONTRL)》

[ar] تبادل البيانات الإلكترونية في قطاعات الإدارة والتجارة والنقل (EDIFACT) على القواعد النحوية التطبيقية (رقم نسخة القواعد النحوية:4؛ رقم إصدار القواعد النحوية:1) الجزء الرابع: القواعد النحوية لتبادل البيانات

الإلكترونية بالدفعة ونص تقرير خدمي (فئة: نص التقرير CONTRL)

GB/T 14805.4-2007

[en] GB/T 14805.4-2007 Electronic data interchange for administration, commerce and transport (EDIFACT) — Application level syntax rules (Syntax version number: 4, Syntax release number: 1) — Part 4: Syntax and service report message for batch EDI (Message type — CONTRL)

[fr] GB/T 14805.4-2007 Échange de données informatisées pour l'administration, le commerce et les transports (EDIFACT) — Règles de syntaxe au niveau de l'application (numéro de version : 4. numéro de publication : 1) — Partie 4 : Message de rapport de syntaxe et de service pour l'échange de données électroniques par lots (type de message : CONTRL)

[de] GB/T 14805.4-2007 Elektronischer Datenaustausch in Verwaltung, Handel und Verkehr (EDIFACT) - Syntaxregeln auf Anwendungsebene (Syntaxversionsnummer: 4, Syntaxfreigabenummer: 1) - Teil 4: Syntax- und Serviceberichtsnachricht für Batch-EDI (Nachrichtentyp: CONTRL)

[it] GB/T 14805.4-2007 Interscambio di dati elettronici per amministrazione, commercio e trasporti (EDIFACT) — Regole di sintassi a livello di applicazione (versione di sintassi n.: 4, rilascio di sintassi n.: 1) — Parte 4: Messaggio di sintassi e report di servizio per EDI batch (Tipo di messaggio CONTRL)

[jp] 「GB/T 14805.4-2007 行政、商業及び輸送業における電子データ交換(EDIFACT)－業務レベル構文規則(構

文バージョン番号：4，構文公布番号：1）－第4部：バッチEDI用構文 およびサービス報告メッセージ（メッセージ種別－CONTRL）」

[kr] <GB/T 14805.4-2007 행정, 상업과 운송업 전자 데이터 교환(EDIFACT) 응용 문법 규칙(문법 버전 번호: 4. 문법 발표 번호: 1) 제 4 부분: 배치 전자 데이터 교환 문법과 서비스 보고 문서(보고 문서 유형 CONTRL>

[pt] GB/T 14805.4-2007 Intercâmbio dos Dados Eléctricos sobre a Administração, Comércio e Transporte (EDIFACT) - Regras Sintácticas do Nível Aplicável (Número da Versão de Sintaxe: 4, Número do Lançamento de Sintaxe: 1) - Parte 4: Relatório sobre Sintaxe e Serviços do IDE de Séries (Tipo de Mensagem: Controlo)

[ru] GB/T 14805.4-2007 Обмен электронными данными в области администрации, торговли и транспорта (EDIFACT). Синтаксические правила уровня приложения (№ версии синтаксиса: 4. № выпуска синтаксиса: 1). Часть 4. Синтаксис и служебное отчетное сообщение для пакетного обмена электронными данными (Тип сообщения: CONTRL)

[es] GB/T 14805.4-2007 Intercambio Electrónico de Datos para la Administración, el Comercio y el Transporte. Reglas Sintácticas de Nivel de Aplicación (Número de Versión de Sintaxis: 4; Número de Compilación de Sintaxis: 1). Parte 4: Sintaxis y Mensajes de Notificación de Servicios para Intercambio Electrónico de Datos por Lotes (Tipo de Mensaje: CONTRL)

73226 《GB/T 14805.5-2007 行政、商业和运输业电子数据交换（EDIFACT）应用级语法规则（语法版本号:4,语法发布号：1)第 5 部分：批式电子数据交换安全规则（真实性、完整性和源抗抵赖性）》

[ar] تبادل البيانات الإلكترونية في قطاعات الإدارة والتجارة والنقل (EDIFACT) على القواعد النحوية التطبيقية (رقم نسخة القواعد النحوية:4، رقم إصدار القواعد النحوية:1) الجزء الخامس: قواعد سلامة تبادل البيانات الإلكترونية بالدفعة (أصالة وسلامة وعدم التنصل من الأصل)
GB/T 14805.5-2007

[en] GB/T 14805.5-2007 Electronic data interchange for administration, commerce and transport (EDIFACT) — Application level syntax rules (Syntax version number: 4, Syntax release number: 1) — Part 5: Security rules for batch EDI (Authenticity, integrity and non-repudiation of origin)

[fr] GB/T 14805.5-2007 Échange de données informatisées pour l'administration, le commerce et les transports (EDIFACT) — Règles de syntaxe au niveau de l'application Règles de syntaxe au niveau de l'application (numéro de version : 4. numéro de publication : 1) — Partie 5 : Règles de sécurité pour l'échange de données électroniques par lots (authenticité, intégrité et non-répudiation de l'origine)

[de] GB/T 14805.5-2007 Elektronischer Datenaustausch in Verwaltung, Handel und Verkehr (EDIFACT) - Syntaxregeln auf Anwendungsebene (Syntaxversions-nummer: 4, Syntaxfreigabenummer: 1) - Teil 5: Sicherheitsregeln für Batch-EDI (Authentizität, Integrität und Quellwi-derstands-Bestreibarkeit)

[it] GB/T 14805.5-2007 Interscambio di dati elettronici per amministrazione,

7.3

commercio e trasporti (EDIFACT) — Regole di sintassi a livello di applicazione (versione di sintassi n.: 4, rilascio di sintassi n.: 1) — Parte 5: Regole di sicurezza per EDI batch (autenticità, integrità e non ripudio dell'origine)

[jp] 「GB/T 14805.5-2007 行 政、商 業 及 び 輸送業における電子データ交換 (EDIFACT)－業務レベル構文規則(構 文バージョン番号: 4, 構文公布番号: 1) －第 5 部： バッチ EDI 用セキュリティ 規則(真実性、完全性および発生源否 認不可性)」

[kr] <GB/T 14805.5-2007 행정, 상업과 운송 업 전자 데이터 교환(EDIFACT) 응용 문법 규칙(문법 버전 번호: 4. 문법 발표 번호: 1) 제 5 부분: 배치 전자 데이터 교환 보안 규칙 (진실성, 완전성과 발생원부인 불가성)>

[pt] GB/T 14805.5-2007 Intercâmbio dos Dados Eléctricos sobre a Administração, Comércio e Transporte (EDIFACT) - Regras Sintácticas do Nível Aplicável (Número da Versão de Sintaxe: 4, Número do Lançamento de Sintaxe: 1) - Parte 5: Regras de Segurança do IDE de Séries (Autenticidade, Integridade e Não Repudiação da Origem)

[ru] GB/T 14805.5-2007 Обмен электронными данными в области администрации, торговли и транспорта (EDIFACT). Синтаксические правила уровня приложения (№ версии синтаксиса: 4. № выпуска синтаксиса: 1). Часть 5. Правила безопасности для пакетного обмена электронными данными (подлинность, целостность и неоспоримость происхождения)

[es] GB/T 14805.5-2007 Intercambio Electrónico de Datos para la Administración, el Comercio y el

Transporte. Reglas Sintácticas de Nivel de Aplicación (Número de Versión de Sintaxis: 4; Número de Compilación de Sintaxis: 1). Parte 5: Reglas de Seguridad para Intercambio Electrónico de Datos por Lotes (Autenticidad, Integridad y No Repudiado del Origen)

73227 《GB/T 14805.6-2007 行政、商业和运 输业电子数据交换(EDIFACT)应用级 语法规则(语法版本号：4, 语法发布号： 1)第 6 部分：安全鉴别和确认报文(报 文类型为AUTACK)》

[ar] تبادل البيانات الإلكترونية في قطاعات الإدارة والتجارة والنقل (EDIFACT)على القواعد النحوية التطبيقية (رقم نسخة القواعد النحوية:4، رقم إصدار القواعد النحوية:1) الجزء السادس: التمييز والتأكيد المأمونين لصحة نص التقرير (فئة:AUTACK) GB/T 14805.6-2007

[en] GB/T 14805.6-2007 Electronic data interchange for administration, commerce and transport (EDIFACT) — Application level syntax rules (Syntax version number: 4, Syntax release number: 1) — Part 6: Secure authentication and acknowledgment message (Message type — AUTACK)

[fr] GB/T 14805.6-2007 Échange de données informatisées pour l'administration, le commerce et les transports (EDIFACT) — Règles de syntaxe au niveau de l'application Règles de syntaxe au niveau de l'application (numéro de version : 4. numéro de publication : 1) — Partie 6 : Authentification sécurisée et message d'accusé de réception (type de message : AUTACK)

[de] GB/T 14805.6-2007 Elektronischer Datenaustausch in Verwaltung, Handel und Verkehr (EDIFACT) - Syntaxregeln auf Anwendungsebene (Syntaxversions-

nummer: 4, Syntaxfreigabenummer: 1)
- Teil 6: Sichere Textauthentifizierung und
-bestätigung (Texttyp - AUTACK)

[it] GB/T 14805.6-2007 Interscambio di
dati elettronici per amministrazione,
commercio e trasporti (EDIFACT)
— Regole di sintassi a livello di
applicazione (versione di sintassi
n.: 4, rilascio di sintassi n.: 1) —
Parte 6: Messaggio di autenticazione
e riconoscimento sicuro (tipo di
messaggio-AUTACK)

[jp] 「GB/T 14805.6-2007 行政、商業及
び輸送業における電子データ交換
(EDIFACT)－業務レベル構文規則(構
文バージョン番号: 4，構文公布番号:
1)－第 6 部: セキュア認証と承認メッ
セージ(メッセージ種別－AUTACK)」

[kr] <GB/T 14805.6-2007 행정, 상업과 운
송업 전자 데이터 교환(EDIFACT)응용
문법 규칙(문법 버전 번호: 4. 문법 발표
번호: 1) 제 6 부분: 보안 인증과 보고 문
서 확인(보고 문서 종류 AUTACK)>

[pt] GB/T 14805.6-2007 Intercâmbio dos
Dados Eléctricos sobre Administração,
Comércio e Transporte (EDIFACT) -
Regras Sintácticas do Nível Aplicável
(Número da Versão de Sintaxe: 4,
Número do Lançamento de Sintaxe:
1) - Parte 6:Autenticação Segura e
Reconhecimento da Mensagem (Tipo de
Mensagem: AUTACK)

[ru] GB/T 14805.6-2007 Обмен
электронными данными в
области администрации, торговли
и транспорта (EDIFACT).
Синтаксические правила уровня
приложения (№ версии синтаксиса:
4. № выпуска синтаксиса: 1). Часть
6: Безопасная аутентификация и
подтверждение сообщения (тип

сообщения: AUTACK)

[es] GB/T 14805.6-2007 Intercambio
Electrónico de Datos para la
Administración, el Comercio y el
Transporte. Reglas Sintácticas de Nivel
de Aplicación (Número de Versión de
Sintaxis: 4; Número de Compilación
de Sintaxis: 1). Parte 6: Autenticación
Segura y Mensaje de Confirmación (Tipo
de Mensaje: AUTACK)

73228 《GB/T 14805.7-2007 行政、商业和运
输业电子数据交换(EDIFACT)应用级
语法规则(语法版本号:4, 语法发布号:
1)第 7 部分: 批式电子数据交换安全
规则(保密性)》

[ar] تبادل البيانات الإلكترونية في قطاعات الإدارة
والتجارة والنقل (EDIFACT) على القواعد النحوية
(رقم نسخة القواعد النحوية:4، رقم إصدار القواعد
النحوية:1) الجزء السابع: قواعد أمن تبادل البيانات
الإلكترونية (السرية) بالدفعة
GB/T 14805.7-2007

[en] GB/T 14805.7-2007 Electronic
data interchange for administration,
commerce and transport (EDIFACT) —
Application level syntax rules (Syntax
version number: 4, Syntax release
number: 1) — Part 7: Security rules for
batch EDI (Confidentiality)

[fr] GB/T 14805.7-2007 Échange de données
informatisées pour l'administration, le
commerce et les transports (EDIFACT)
— Règles de syntaxe au niveau de
l'application Règles de syntaxe au
niveau de l'application (numéro de
version : 4. numéro de publication : 1)
— Partie 7 : Règles de sécurité pour
l'échange de données électroniques par
lot (confidentialité)

[de] GB/T 14805.7-2007 Elektronischer
Datenaustausch in Verwaltung, Handel

und Verkehr (EDIFACT) - Syntaxregeln auf Anwendungsebene (Syntaxversions- nummer: 4, Syntaxfreigabesnummer: 1) - Teil 7: Sicherheitsregeln für Batch-EDI (Vertraulichkeit)

[it] GB/T 14805.7-2007 Interscambio di dati elettronici per amministrazione, commercio e trasporti (EDIFACT) — Regole di sintassi a livello di applicazione (versione di sintassi n.: 4, rilascio di sintassi n.: 1) — Parte 7: Regole di sicurezza per EDI batch (Riservatezza)

[jp] 「GB/T 14805.7-2007 行政、商業及び輸送業における電子データ交換（EDIFACT）－業務レベル構文規則（構文バージョン番号: 4，構文公布番号: 1）－第 7 部: バッチ EDI 用セキュリティ規則（機密性）」

[kr] <GB/T 14805.7-2007 행정, 상업과 운송업 전자 데이터 교환(EDIFACT) 응용 문법 규칙(문법 버전 번호: 4. 문법 발표 번호: 1) 제 7 부분: 배치 전자 데이터 교환 보안 규칙(기밀성)>

[pt] GB/T 14805.7-2007 Intercâmbio dos Dados Eléctricos sobre a Administração, Comércio e Transporte (EDIFACT) - Regras Sintácticas do Nível Aplicável (Número da Versão de Sintaxe: 4, Número do Lançamento de Sintaxe: 1) - Parte 7: Regras de Segurança do IDE de Séries (Confidencialidade)

[ru] GB/T 14805.7-2007 Обмен электронными данными в области администрации, торговли и транспорта (EDIFACT). Синтаксические правила уровня приложения (№ версии синтаксиса: 4. № выпуска синтаксиса: 1). Часть 7. Правила безопасности пакетного обмена электронными данными

(конфиденциальность)

[es] GB/T 14805.7-2007 Intercambio Electrónico de Datos para la Administración, el Comercio y el Transporte. Reglas Sintácticas de Nivel de Aplicación (Número de Versión de Sintaxis: 4; Número de Compilación de Sintaxis: 1). Parte 7: Reglas de Seguridad para Intercambio Electrónico de Datos por Lotes (Confidencialidad)

73229 《GB/T 12054-1989 数据处理 转义序列的登记规程》

[ar] معالجة البيانات ـ إجراءات التسجيل لتسلسل الهروب GB/T 12054-1989

[en] GB/T 12054-1989 Data processing — Procedure for registration of escape sequences

[fr] GB/T 12054-1989 Traitement de données — Procédure d'enregistrement de séquence d'échappement

[de] GB/T 12054-1989 Datenverarbeitung - Verfahren zur Registrierung von Escape- Sequenzen

[it] GB/T 12054-1989 Elaborazione dei dati — Procedura per la registrazione di sequenze di escape

[jp] 「GB/T 12054-1989 データ処理－エスケープシーケンスの登録手順」

[kr] <GB/T 12054-1989 데이터 처리 이스케이프 시퀀스 등록 규정>

[pt] GB/T 12054-1989 Processamento dos Dados - Procedimentos para Registro das Sequências de Escape

[ru] GB/T 12054-1989 Обработка данных. Процедура регистрации экранированных последовательностей

[es] GB/T 12054-1989 Procesamiento de Datos. Procedimiento para el Registro de Secuencias de Escape

73230 《GB/T 12118-1989 数据处理词汇 第
21 部分：过程计算机系统和技术过程
间的接口》

[ar] مفردات معالجة البيانات ـ الجزء الـ21 : الواجهة بين
نظام الكمبيوتر العملي والعملية التقنية
GB/T 12118-1989

[en] GB/T 12118-1989 Data processing
— Vocabulary — Part 21: Interfaces
between process computer systems and
technical processes

[fr] GB/T 12118-1989 Traitement de
données — Vocabulaire — Partie 21 :
Interfaces entre le système informatique
de processus et le processus technique

[de] GB/T 12118-1989 Datenverarbeitung
- Terminologie - Teil 21: Schnittstellen
zwischen Prozessrechnersystemen und
technischen Prozessen

[it] GB/T 12118-1989 Elaborazione dei dati.
Vocabolario — Parte 21: Interfacce tra
sistemi informatici di processo e processi
tecnici

[jp] 「GB/T 12118-1989 データ処理－用語
－第 21 部：プロセスコンピュータシ
ステムと技術プロセス間のインター
フェース」

[kr] <GB/T 12118-1989 데이터 처리 용어
제 21 부분: 프로세스 컴퓨터 시스템과
기술 과정 간의 인터페이스>

[pt] GB/T 12118-1989 Processamento dos
Dados - Vocabulário - Parte 21: Interface
entre Sistema de Computador de
Processamento e Processamento Técnico

[ru] GB/T 12118-1989 Обработка данных.
Словарь. Часть 21. Интерфейсы
между процессными компьютерными
системами и техническими
процессами

[es] GB/T 12118-1989 Procesamiento de
Datos. Vocabulario. Parte 21: Interfaces
entre Sistemas de Ordenadores de

Procesamiento y Procesos Técnicos

73231 《GB/T 15278-1994 信息处理 数据加
密 物理层互操作性要求》

[ar] معالجة المعلومات ـ تشفير البيانات ـ متطلبات قابلية
التشغيل البيني للطبقة المادية GB/T 15278-1994

[en] GB/T 15278-1994 Information
processing — Data encipherment
— Physical layer interoperability
requirement

[fr] GB/T 15278-1994 Traitement
d'information — Chiffrement de
données — Exigence d'interopérabilité
de la couche physique

[de] GB/T 15278-1994 Informationsver-
arbeitung - Datenverschlüsselung -
Anforderungen an Interoperabilität auf
physischer Schicht

[it] GB/T 15278-1994 Elaborazione delle
informazioni — Crittografia dei dati —
Requisiti di interoperabilità del livello fisico

[jp] 「GB/T 15278-1994 情報処理－データ
暗号－物理層相互運用性の要求事項」

[kr] <GB/T 15278-1994 정보 처리 데이터
암호화 물리층 상호운영성에 관한 요구>

[pt] GB/T 15278-1994 Processamento de
Informação - Encriptação dos Dados
- Requisito da Interoperabilidade na
Camada Física

[ru] GB/T 15278-1994 Обработка
информации. Шифрование данных.
Требования к интероперабельности
физического уровня

[es] GB/T 15278-1994 Procesamiento
de Información. Cifrado de Datos.
Requisitos de Interoperabilidad de la
Capa Física

73232 《GB/T 5271.22-1993 数据处理词汇
第 22 部分：计算器》

[ar] مفردات معالجة البيانات ـ الجزء الـ22 : الآلات

7.3

الحاسبة GB/T 5271.22-1993

[en] GB/T 5271.22-1993 Data processing — Vocabulary — Section 22: Calculators

[fr] GB/T 5271.22-1993 Traitement de données — Vocabulaire — Partie 22 : Calculatrice

[de] GB/T 5271.22-1993 Datenverarbeitung - Terminologie - Abschnitt 22: Taschenrechner

[it] GB/T 5271.22-1993 Elaborazione dei dati — Vocabolario — Sezione 22: Calcolatrice

[jp] 「GB/T 5271.22-1993 データ処理用語－第 22 部：計算機」

[kr] <GB/T 5271.22-1993 데이터 처리 용어 제 22 부분:계산기>

[pt] GB/T 5271.22-1993 Processamento de Dados - Vocabulário - Seção 22: Calculadoras

[ru] GB/T 5271.22-1993 Обработка данных. Словарь. Часть 22. Калькуляторы

[es] GB/T 5271.22-1993 Procesamiento de Datos. Vocabulario. Sección 22: Calculadoras

73233 《GB/T 5271.18-2008 信息技术 词汇 第 18 部分：分布式数据处理》

[ar] تكنولوجيا المعلومات – المفردات - الجزء الـ18 : معالجة البيانات الموزعة GB/T 5271.18-2008

[en] GB/T 5271.18-2008 Information technology — Vocabulary — Part 18: Distributed data processing

[fr] GB/T 5271.18-2008 Technologies de l'information — Vocabulaire — Partie 18 : Traitement de données distribué

[de] GB/T 5271.18-2008 Informationstechnik - Terminologie - Teil 18: Dezentrale Datenverarbeitung

[it] GB/T 5271.18-2008 Tecnologia dell'informazione — Vocabolario — Parte 18: Elaborazione dei dati distribuiti

[jp] 「GB/T 5271.18-2008 情報技術－用語 －第 18 部：分散型データ処理」

[kr] <GB/T 5271.18-2008 정보기술 용어 제 18 부분: 분산형 데이터 처리>

[pt] GB/T 5271.18-2008 Tecnologia da Informação - Vocabulário - Parte 18: Processamento de Dados Distribuídos

[ru] GB/T 5271.18-2008 Информационные технологии. Словарь. Часть 18. Распределенная обработка данных

[es] GB/T 5271.18-2008 Tecnología de la Información. Vocabulario. Parte 18: Procesamiento de Datos Distribuidos

73234 《GB/T 5271.2-1988 数据处理词汇 第 2 部分：算术和逻辑运算》

[ar] مفردات معالجة البيانات الجزء الثاني: الرياضيات والعملية الحسابية المنطقية GB/T 5271.2-1988

[en] GB/T 5271.2-1988 Data processing — Vocabulary — Section 2: Arithmetic and logic operations

[fr] GB/T 5271.2-1988 Traitement de données — Vocabulaire — Partie 2 : Opération arithmétique et logique

[de] GB/T 5271.2-1988 Datenverarbeitung - Terminologie - Abschnitt 02: Arithmetische und logische Operationen

[it] GB/T 5271.2-1988 Elaborazione dei dati — Vocabolario — Sezione 2: Operazioni aritmetiche e logiche

[jp] 「GB/T 5271.2-1988 データ処理用語－第 2 部：算術と論理演算」

[kr] <GB/T 5271.2-1988 데이터 처리 용어 제 2 부분: 산술과 논리 연산>

[pt] GB/T 5271.2-1988 Processamento de Dados - Vocabulário - Seção 02: Operações Aritméticas e Lógicas

[ru] GB/T 5271.2-1988 Обработка данных. Словарь. Часть 2. Арифметические и логические операции

[es] GB/T 5271.2-1988 Procesamiento

de Datos. Vocabulario. Sección 02:
Operaciones Aritméticas y Lógicas

73235 《GB/T 5271.10-1986 数据处理词汇
第 10 部分：操作技术和设施》

[ar] كلمات معالجة البيانات الجزء العاشر: تكنولوجيا
التشغيل والمنشآت GB/T 5271.10-1986

[en] GB/T 5271.10-1986 Data processing —
Vocabulary — Section 10: Operating
techniques and facilities

[fr] GB/T 5271.10-1986 Traitement de
données — Vocabulaire — Partie 10 :
Techniques et installations d'exploitation

[de] GB/T 5271.10-1986 Datenverarbeitung
- Terminologie - Abschnitt 10: Betriebs-
technik und -anlage

[it] GB/T 5271.10-1986 Elaborazione dei
dati — Vocabolario — Sezione 10:
Tecniche e strutture operative

[jp] 「GB/T 5271.10-1986 データ処理用語
－第 10 部：オペレーション技術と施
設」

[kr] <GB/T 5271.10-1986 데이터 처리 용어
제 10 부분 운영 기술과 시설>

[pt] GB/T 5271.10-1986 Processamento
de Dados - Vocabulário - Seção 10:
Instalações e Tecnologias Operacionais

[ru] GB/T 5271.10-1986 Обработка данных.
Словарь. Часть 10. Методы и средства
работы

[es] GB/T 5271.10-1986 Procesamiento
de Datos. Vocabulario. Sección 10:
Técnicas Operativas e Instalaciones

73236 《GB/T 10092-2009 数据的统计处理
和解释 测试结果的多重比较》

[ar] عمليات الإحصاء والمعالجة والتفسير للبيانات -
المقارنة المتعددة لنتائج الاختبار
GB/T 10092-2009

[en] GB/T 10092-2009 Statistical
interpretation of data — Multiple

comparison for test results

[fr] GB/T 10092-2009 Interprétation
statistique de données — Comparaison
multiple des résultats d'essai

[de] GB/T 10092-2009 Statistische Bearbei-
tung und Interpretation von Daten -
Mehrfachvergleich für Testergebnisse

[it] GB/T 10092-2009 Interpretazione
statistica dei dati — Confronto multiplo
per risultati di test

[jp] 「GB/T 10092-2009 データの統計処理
と解釈－テスト結果の多重比較」

[kr] <GB/T 10092-2009 데이터 통계 처리
와 설명 테스트 결과 다중 비교>

[pt] GB/T 10092-2009 Interpretção
Estatística dos Dados - Comparação
Multípla dos Resultados de Teste

[ru] GB/T 10092-2009 Статистическая
интерпретация данных и ее обработка.
Многократное сравнение результатов
испытаний

[es] GB/T 10092-2009 Interpretación
Estadística de Datos. Comparaciones
Múltiples para Resultados de Pruebas

73237 《GB/T 4087-2009 数据的统计处理和
解释 二项分布可靠度单侧置信下限》

[ar] عمليات الإحصاء والمعالجة والتفسير للبيانات،
الحد الأدنى للثقة الأحادية الجانب لاعتمادية التوزيع
الثنائي GB/T 4087-2009

[en] GB/T 4087-2009 Statistical
interpretation of data — One-sided
confidence lower limit of reliability for
binomial distribution

[fr] GB/T 4087-2009 Interprétation
statistique de données — Limite
inférieure de fiabilité de la confiance
unilatérale pour la distribution binomiale

[de] GB/T 4087-2009 Statistische Bearbei-
tung und Interpretation von Daten -
Untergrenze der einseitigen Zuverlässig-

7.3

keit der Binomialverteilung

[it] GB/T 4087-2009 Interpretazione statistica dei dati — Limite inferiore di affidabilità unilaterale per la distribuzione binomiale

[jp] 「GB/T 4087-2009 データの統計処理と解釈ー二項分布信頼度片側信頼下限」

[kr] <GB/T 4087-2009 데이터 통계 처리와 설명 이항 분포 신뢰도 단측 신뢰 하한>

[pt] GB/T 4087-2009 Interpretação Estatística dos Dados - Limite Inferior de Confiança Unilateralde de Confiabilidade para Distribuição Binomial

[ru] GB/T 4087-2009 Статистическая интерпретация данных и ее обработка. Односторонний достоверный нижний предел надежности для биномиального распределения

[es] GB/T 4087-2009 Interpretación Estadística de Datos. Límite Inferior de Confianza Unilateral de la Fiabilidad en una Distribución Binomial

73238 《GB/T 4089-2008 数据的统计处理和解释 泊松分布参数的估计和检验》

[ar] عمليات الإحصاء والمعالجة والتفسير للبيانات، التقدير والاختبار لبراميترات التوزيع بقانون بواسون GB/T 4089-2008

[en] GB/T 4089-2008 Statistical interpretation of data — Estimation and hypothesis test of parameter in Poisson distribution

[fr] GB/T 4089-2008 Interprétation statistique de données — Évaluation et test d'hypothèse de paramètre suivant la loi de Poisson

[de] GB/T 4089-2008 Statistische Bearbeitung und Interpretation von Daten - Schätzung und Hypothesentest von Parametern in der Poisson-Verteilung

[it] GB/T 4089-2008 Interpretazione

statistica dei dati — Test di stima e ipotesi di parametro nella distribuzione di Poisson

[jp] 「GB/T 4089-2008 データの統計処理と解釈ーポアソン分布パラメータの推定と検定」

[kr] <GB/T 4089-2008 데이터의 통계 처리와 설명 푸아송 분포 파라미터 추정과 검증>

[pt] GB/T 4089-2008 Interpretação Estatística dos Dados - Avaliação e Teste dos Parâmetros de Distribuição Poisson

[ru] GB/T 4089-2008 Статистическая интерпретация данных и ее обработка. Оценка и проверка параметра распределения Пуассона

[es] GB/T 4089-2008 Interpretación Estadística de Datos. Estimación y Prueba de Hipótesis de Parámetros en una Distribución de Poisson

73239 《GB/T 22281.2-2011 机器的状态监测和诊断 数据处理、通信和表达 第 2 部分：数据处理》

[ar] مراقبة وتشخيص حالات الآلات ـ معالجة البيانات والاتصالات والتمثيل- الجزء الثاني: معالجة المعلومات GB/T 22281.2-2011

[en] GB/T 22281.2-2011 Condition monitoring and diagnostics of machines — Data processing, communication and presentation — Part 2: Data processing

[fr] GB/T 22281.2-2011 Surveillance et diagnostic de l'état de machine — Traitement, communication et présentation de données — Partie 2 : Traitement de données

[de] GB/T 22281.2-2011 Maschinenzustandsüberwachung und -diagnose - Datenverarbeitung, Kommunikation und Ausdruck - Teil 2: Datenverarbeitung

[it] GB/T 22281.2-2011 Monitoraggio di

condizioni e diagnostica di macchine — elaborazione, comunicazione e presentazione dei dati — Parte 2: elaborazione dei dati

[jp] 「GB/T 22281.2-2011 機械の状態監視と診断－データ処理、通信及び表現－第 2 部: データ処理」

[kr] <GB/T 22281.2-2011 기계 상태 모니터링과 진단 데이터 처리, 통신과 표현 제 2 부분: 데이터 처리>

[pt] GB/T 22281.2-2011 Monitoramento e Diagnósticos de Condição das Máquinas - Processamento, Comunicação e Apresentação de Dados, - Parte 2: Processamento de Dados

[ru] GB/T 22281.2-2011 Мониторинг состояния и диагностика машин. Обработка, передача и представление данных. Часть 2. Обработка данных

[es] GB/T 22281.2-2011 Monitoreo y Diagnóstico de Estado para Máquinas. Procesamiento, Comunicación y Presentación de Datos. Parte 2: Procesamiento de Datos

73240 《GB/T 25742.2-2013 机器状态监测与诊断 数据处理、通信与表示 第 2 部分: 数据处理》

[ar] مراقبة وتشخيص حالات الآلات ـ معالجة البيانات والاتصالات والتمثيل- الجزء الثاني: معالجة المعلومات GB/T 25742.2-2013

[en] GB/T 25742.2-2013 Condition monitoring and diagnostics of machines — Data processing, communication and presentation — Part 2: Data processing

[fr] GB/T 25742.2-2013 Surveillance et diagnostic de l'état de machine — Traitement, communication et présentation de données — Partie 2 : Traitement de données

[de] GB/T 25742.2-2013 Maschinenzu-

standsüberwachung und -diagnose - Datenverarbeitung, Kommunikation und Präsentation - Teil 2: Datenverarbeitung

[it] GB/T 25742.2-2013 Monitoraggio di condizioni e diagnostica di macchine — elaborazione, comunicazione e presentazione dei dati — Parte 2: elaborazione dei dati

[jp] 「GB/T 25742.2-2013 機械の状態監視と診断－ データ処理、通信と表示－第 2 部: データ処理」

[kr] <GB/T 25742.2-2013 기계 상태 모니터링과 진단 데이터 처리, 통신과 표시 제 2 부분: 데이터 처리>

[pt] GB/T 25742.2-2013 Monitoramento e Diagnósticos de Condição das Máquinas - Processamento, Comunicação e Apresentação de Dados, - Parte 2: Processamento de Dados

[ru] GB/T 25742.2-2013 Мониторинг состояния и диагностика машин. Обработка, передача и представление данных. Часть 2. Обработка данных

[es] GB/T 25742.2-2013 Monitoreo y Diagnóstico de Estado para Máquinas. Procesamiento, Comunicación y Presentación de Datos. Parte 2: Procesamiento de Datos

73241 《GB/T 29765-2013 信息安全技术 数据备份与恢复产品技术要求与测试评价方法》

[ar] تكنولوجيا أمن المعلومات ـ المتطلبات الفنية ووسائل الاختبار والتقييم لمنتجات النسخ الاحتياطي للبيانات واستعادتها GB/T 29765-2013

[en] GB/T 29765-2013 Information security technology — Technical requirement and testing and evaluating method for data backup and recovery products

[fr] GB/T 29765-2013 Technologie de sécurité de l'information — Exigence

7.3

technique et méthode d'essai et d'évaluation de produit de sauvegarde et de récupération de données

[de] GB/T 29765-2013 Informationssicherheitstechnik - Technische Anforderungen sowie Test- und Bewertungsmethode für Datensicherungs- und Wiederherstellungsprodukte

[it] GB/T 29765-2013 Tecnologia di sicurezza dell'informazione — requisiti tecnici e metodo di prova e valutazione per i prodotti di backup e recupero dei dati

[jp] 「GB/T 29765-2013 情報セキュリティ技術ーデータバックアップと復旧製品の技術的要求事項とテスト評価方法」

[kr] <GB/T 29765-2013 정보 보안 기술 데이터 백업과 제품 복원 기술 요구와 테스트 평가 방법>

[pt] GB/T 29765-2013 Tecnologia de Segurança da Informação - Método de Avaliação de Requisitos Técnicos e de Testes para os Produtos de Cópia e Recuperação dos Dados

[ru] GB/T 29765-2013 Технологии информационной безопасности. Технические требования продуктов резервного копирования и восстановления данных и методы их тестирования и оценки

[es] GB/T 29765-2013 Tecnología de la Seguridad de la Información. Requisitos Técnicos y Método de Pruebas y Evaluación de Productos de Copia de Seguridad y Recuperación de Datos

73242 《GB/T 29766-2013 信息安全技术 网站数据恢复产品技术要求与测试评价方法》

[ar] تكنولوجيا أمن المعلومات ـ المتطلبات الفنية ووسائل الاختبار والتقييم لمنتجات استعادة بيانات المواقع
GB/T 29766-2013

[en] GB/T 29766-2013 Information security technology — Technical requirement and testing and evaluating approaches of website data recovery products

[fr] GB/T 29766-2013 Technologie de sécurité de l'information — Exigence technique et méthode d'essai et d'évaluation de produit de récupération de données de site Web

[de] GB/T 29766-2013 Informationssicherheitstechnik - Technische Anforderungen sowie Test- und Bewertungsansätze für Produkte zur Wiederherstellung von Website-Daten

[it] GB/T 29766-2013 Tecnologia di sicurezza informatica — requisiti tecnici e prove e approcci di valutazione dei prodotti per recupero dei dati di siti

[jp] 「GB/T 29766-2013 情報セキュリティ技術ーウェブサイトデータ復旧製品の技術的要求事項とテスト評価方法」

[kr] <GB/T 29766-2013 정보 보안 기술 웹사이트 데이터 제품 복원 기술 요구와 테스트 평가 방법>

[pt] GB/T 29766-2013 Tecnologia de Segurança da Informação - Método de Avaliação de Requisitos Técnicos e de Testes para os Produtos de Recuperação de Dados de Website

[ru] GB/T 29766-2013 Технологии информационной безопасности. Технические требования продуктов восстановления данных на веб-сайте и методы их тестирования и оценки

[es] GB/T 29766-2013 Tecnología de la Seguridad de la Información. Requisitos Técnicos y Enfoques de Pruebas y Evaluación de Productos de Copia de Seguridad y Recuperación de Datos de Sitios Web

73243 《GB/T 29360-2012 电子物证数据恢复检验规程》

[ar] إجراءات فحص استعادة البيانات المادية الإلكترونية
GB/T 29360-2012

[en] GB/T 29360-2012 Technical specification for data recovery of electronic forensic

[fr] GB/T 29360-2012 Spécifications techniques de récupération de données forensiques électroniques

[de] GB/T 29360-2012 Technische Spezifikation für die Datenwiederherstellung in der elektronischen Forensik

[it] GB/T 29360-2012 Specificazione tecnica per recupero dei dati forense elettronico

[jp] 「GB/T 29360-2012 電子証拠データ復旧の検証規程」

[kr] <GB/T 29360-2012 전자 물증 데이터 복원 점검 규정>

[pt] GB/T 29360-2012 Especificação para Recuperação dos Dados das Provas Forenses Electrónicas

[ru] GB/T 29360-2012 Техническая спецификация восстановления данных электронной криминалистики

[es] GB/T 29360-2012 Especificaciones Técnicas para la Recuperación de Datos Forenses Electrónicos

73244 《YD/T 2393-2011 第三方灾难备份数据交换技术要求》

[ar] متطلبات فنية لتبادل بيانات النسخ الاحتياطي من
الكوارث للطرف الثالث YD/T 2393-2011

[en] YD/T 2393-2011 Technical requirement for data exchange between third party disaster recovery center and production systems

[fr] YD/T 2393-2011 Exigence technique d'échange de données entre le centre de reprise après sinistre de tierce personne et le système de production

[de] YD/T 2393-2011 Technische Anforderungen an Datenaustausch zwischen Datennotfallbackupzentrum des Drittanbieters

[it] YD/T 2393-2011 Requisiti tecnici per scambio dei dati tra centro di ripristino di emergenza di terze parti e sistemi di produzione

[jp] 「YD/T 2393-2011 第三者災害バックアップデータ交換の技術的要求事項」

[kr] <YD/T 2393-2011 제 3 자 재해 백업 데이터 교환 기술 요구>

[pt] YD/T 2393-2011 Requisitos Técnicos para Transação de Dados entre os Sistemas de Produção e o Centro de Recuperação de Desastres de Terceiros

[ru] YD/T 2393-2011 Технические требования к обмену данными между сторонним центром аварийного восстановления и производственными системами

[es] YD/T 2393-2011 Requisitos Técnicos para el Intercambio de Datos entre Centros de Recuperación en Caso de Desastre de Terceros y Sistemas de Producción

73245 《YD/T 2705-2014 持续数据保护(CDP)灾备技术要求》

[ar] متطلبات فنية للحماية المستمرة للبيانات (CDP)
والنسخ الاحتياطي من الكوارث YD/T 2705-2014

[en] YD/T 2705-2014 Technical requirement for continuous data protection (CDP) in disaster and backup system

[fr] YD/T 2705-2014 Exigence technique de protection continue de données dans le système de secours et de sauvegarde

[de] YD/T 2705-2014 Technische Anforderungen an kontinuierlichen Datenschutz im Notfall-Backup-System

7.3

[it] YD/T 2705-2014 Requisiti tecnici per protezione continua dei dati (CDP) in caso di disastro e sistema di backup

[jp] 「YD/T 2705-2014 継続的データ保護 (CDP)の災害復旧技術の要求事項」

[kr] <YD/T 2705-2014 데이터 지속 보호 (CDP) 재해 지원 기술 요구>

[pt] YD/T 2705-2014 Requisitos Técnicos para a Proteção Contínua de Dados (CDP) em Sistemas de Desastre e Backup

[ru] YD/T 2705-2014 Технические требования к непрерывной защите данных (CDP) в системе аварийного восстановления и резервного копирования

[es] YD/T 2705-2014 Requisitos Técnicos para la Protección Continua de Datos en Sistemas de Respaldo y Recuperación en Caso de Desastre

73246 《YD/T 2915-2015 集中式远程数据备份技术要求》

[ar] متطلبات فنية للنسخ الاحتياطي المتمركز للبيانات عن بعد YD/T 2915-2015

[en] YD/T 2915-2015 Technical requirement for centralized remote data backup

[fr] YD/T 2915-2015 Exigence technique de sauvegarde centralisée de données à distance

[de] YD/T 2915-2015 Technische Anforderungen an zentrale Fern-Datensicherung

[it] YD/T 2915-2015 Requisiti tecnici per il backup centralizzato dei dati remoti

[jp] 「YD/T 2915-2015 集中型遠隔データバックアップの技術的要求事項」

[kr] <YD/T 2915-2015 집중식 원격 데이터 백업 기술 요구>

[pt] YD/T 2915-2015 Requisitos Técnicos para Backup Remoto Centralizado de Dados

[ru] YD/T 2915-2015 Технические

требования к централизованному удаленному резервному копированию данных

[es] YD/T 2915-2015 Requisitos Técnicos para las Copias de Seguridad de Datos Remotas Centralizadas

73247 《YD/T 2916-2015 基于存储复制技术的数据灾备技术要求》

[ar] متطلبات فنية لنسخ البيانات الاحتياطي من الكوارث على أساس تكنولوجيا التخزين والاستنساخ YD/T 2916-2015

[en] YD/T 2916-2015 Technical requirement for disaster recovery based on storage replication

[fr] YD/T 2916-2015 Exigence technique de reprise après sinistre basée sur la réplication du stockage

[de] YD/T 2916-2015 Technische Anforderungen an speicherung- und wiederherstellungsbasierte Notfalldatensicherung

[it] YD/T 2916-2015 Requisiti tecnici per il ripristino di emergenza basato sulla replica stoccaggio

[jp] 「YD/T 2916-2015 保存と複製技術に基づくデータ災害復旧の技術的要求事項」

[kr] <YD/T 2916-2015 저장 복제 기술 기반 데이터 재해 지원 기술 요구>

[pt] YD/T 2916-2015 Requisitos Técnicos para Recuperação de Desastres de Dados com Base na Replicação de Armazenamento

[ru] YD/T 2916-2015 Технические требования к аварийному восстановлению данных на основе репликации хранилища

[es] YD/T 2916-2015 Requisitos Técnicos para la Recuperación en Caso de Desastre Basada en la Replicación de Almacenamiento

7.3

73248 《GB/T 36092-2018 信息技术 备份存
储 备份技术应用要求》

[ar] تكنولوجيا المعلومات - التخزين الاحتياطي -
المتطلبات لتطبيق تقنية إعداد النسخ الاحتياطي
GB/T 36092-2018

[en] GB/T 36092-2018 Information
technology — Backup storage —
Requirement of data backup technology
application

[fr] GB/T 36092-2018 Technologie de
l'information — Stockage de sauvegarde
— Exigence d'application de la
technologie de sauvegarde de données

[de] GB/T 36092-2018 Informationstechnik
- Sicherungsspeicher - Anforderungen
an die Anwendung der Datensicherungs-
technik

[it] GB/T 36092-2018 Tecnologia
dell'informazione — backup stoccaggio
— Requisiti d'applicazione per
tecnologia di backup dei dati

[jp] 「GB/T 36092-2018 情報技術－バック
アップストレージ－バックアップ技術
運用要求事項」

[kr] <GB/T 36092-2018 정보기술 백업 저
장 백업 기술 응용 요구>

[pt] GB/T 36092-2018 Tecnologia da
Informação - Armazenamento de Backup
- Requisitos da Aplicação da Tecnologia
de Backup

[ru] GB/T 36092-2018 Информационные
технологии. Резервное хранение.
Требования к применению технологии
резервного копирования данных

[es] GB/T 36092-2018 Tecnología de
la Información. Almacenamiento
de Respaldo. Requisitos para las
Aplicaciones de Tecnologías de Copias
de Seguridad de Datos

73249 《GB/T 34982-2017 云计算数据中心
基本要求》

[ar] متطلبات أساسية لمركز بيانات الحوسبة السحابية
GB/T 34982-2017

[en] GB/T 34982-2017 Cloud computing data
center basic requirement

[fr] GB/T 34982-2017 Exigence de base du
centre de données de l'informatique en
nuage

[de] GB/T 34982-2017 Grundvoraussetzung
für Cloud Computing-Datenzentrum

[it] GB/T 34982-2017 Requisiti di base del
centro di data per il cloud computing

[jp] 「GB/T 34982-2017 クラウドコン
ピューティングデータセンターの基本
要求事項」

[kr] <GB/T 34982-2017 클라우드 데이터
센터 기본 요구>

[pt] GB/T 34982-2017 Requisito Básico do
Centro da Computação em Nuvem

[ru] GB/T 34982-2017 Основные
требования центра обработки данных
облачных вычислений

[es] GB/T 34982-2017 Requisitos Básicos
para Centros de Datos de Computación
en la Nube

73250 《GB/T 37779-2019 数据中心能源管
理体系实施指南》

[ar] تعليمات تنفيذية لنظام إدارة الطاقة بمركز البيانات
GB/T 37779-2019

[en] GB/T 37779-2019 Implementation
guidance for energy management system
in data centers

[fr] GB/T 37779-2019 Directives de mise en
œuvre du système de gestion d'énergie
dans un centre de données

[de] GB/T 37779-2019 Implementierungs-
leitfaden für Energiemanagementsystem
im Datenzentrum

[it] GB/T 37779-2019 Linee guida per

l'implementazione del sistema di gestione dell'energia nel centrodati

[jp] 「GB/T 37779-2019 データセンターに おけるエネルギーマネジメントシステ ム実装ガイドライン」

[kr] <GB/T 37779-2019 데이터 센터 에너 지 관리 시스템 실시 가이드라인>

[pt] GB/T 37779-2019 Guia de Implementação para o Sistema de Gestão de Energia em Centros de Dados

[ru] GB/T 37779-2019 Руководство по внедрению системы энергоменеджмента в центрах обработки данных

[es] GB/T 37779-2019 Orientación para la Implementación de Sistemas de Gestión Energética en Centros de Datos

73251 《YD/T 3291-2017 数据中心预制模块 总体技术要求》

[ar] متطلبات فنية العامة للوحدات المبرمجة السابقة التجهيز لمركز البياناتYD/T 3291-2017

[en] YD/T 3291-2017 Technical specification on prefabricated module in data center

[fr] YD/T 3291-2017 Spécifications techniques de module préfabriqué dans un centre de données

[de] YD/T 3291-2017 Allgemeine technische Anforderungen an vorgefertigte Module im Datenzentrum

[it] YD/T 3291-2017 Specifiche tecniche sul modulo prefabbricato del centro dati

[jp] 「YD/T 3291-2017 データセンターにお けるプレハブモジュールの一般技術的 要求事項」

[kr] <YD/T 3291-2017 데이터 센터 조립식 모듈 전체 기술 요구>

[pt] YD/T 3291-2017 Especificações Tecnologias Gerais do Módulo Pré-fabricado no Centro de Dados

[ru] YD/T 3291-2017 Общая спецификация

сборного модуля в центре обработки данных

[es] YD/T 3291-2017 Especificaciones Técnicas de los Módulos Prefabricados en Centros de Datos

73252 《GB/T 33136-2016 信息技术服务 数 据中心服务能力成熟度模型》

[ar] خدمات تكنولوجيا المعلومات – نموذج درجة النضوج للقدرة الخدمية لمركز البيانات GB/T 33136-2016

[en] GB/T 33136-2016 Information technology service — Service capability maturity model of data center

[fr] GB/T 33136-2016 Service de technologie de l'information — Modèle de maturité de la capacité de service du centre de données

[de] GB/T 33136-2016 Informationstechnik-service - Reifegradmodell der Service-fähigkeit des Datenzentrums

[it] GB/T 33136-2016 Servizio tecnologico informatico — Modello di maturità della capacità di servizio del centro dati

[jp] 「GB/T 33136-2016 情報技術サービス ーデータセンターサービス能力成熟度 モデル」

[kr] <GB/T 33136-2016 정보기술 서비스 데이터 센터 서비스 능력 성숙도 모델>

[pt] GB/T 33136-2016 Serviços da Tecnologia da Informação - Modelo de Maturidade da Capacidade de Serviço do Centro de Dados

[ru] GB/T 33136-2016 Информационно технологические сервисы. Модель зрелости сервисных возможностей центра обработки данных

[es] GB/T 33136-2016 Servicio de Tecnología de la Información. Modelo de Madurez de Capacidades para Centros de Datos

73253 《20171055-T-339 互联网数据中心
(IDC)总体技术要求》

[ar] متطلبات فنية عامة لمركز بيانات الإنترنت(IDC)
20171055-T-339

[en] 20171055-T-339 Telecommunication
Internet data center (IDC) technology
specification

[fr] 20171055-T-339 Spécifications
techniques de centre de données de
l'Internet

[de] 20171055-T-339 Allgemeine technische
Anforderungen an Internet-Datenzent-
rum für Telekommunikation

[it] 20171055-T-339 Specifiche tecniche del
centro dati Internet (IDC)

[jp] 「20171055-T-339 インターネットデー
タセンター (IDC)一般技術的要求事項」

[kr] <20171055-T-339 인터넷 데이터 센터
(IDC) 전체 기술 요구>

[pt] 20171055-T-339 Especificação Geral
da Tecnologia do Centro de Dados da
Internet para Telecomunicações

[ru] 20171055-T-339 Центр обработки
интернет-данных (IDC). Общие
технические требования

[es] 20171055-T-339 Especificación
Tecnológica de Centro de Datos de
Internet de Telecomunicaciones

73254 《20171054-T-339 互联网数据中心
(IDC)技术要求及分级分类准则》

[ar] متطلبات فنية وقواعد التصنيف الخاصة لمركز
بيانات الإنترنت 20171054-T-339

[en] 20171054-T-339 Classful Technology
Specification of IDC

[fr] 20171054-T-339 Spécifications
techniques de classification de centre de
données de l'Internet

[de] 20171054-T-339 Technische Anforde-
rungen und Klassifizierungskriterien für
Internet-Datenzentrum (IDC)

[it] 20171054-T-339 Specificazione
tecnologica di classificazione di IDC di
centro di dati Internet

[jp] 「20171054-T-339 インターネットデー
タセンター (IDC)技術的要求事項及び
ランク分け・分類準則」

[kr] <20171054-T-339 인터넷 데이터 센터
(IDC) 기술 요구 및 분급 분류 준칙>

[pt] 20171054-T-339 Requisito de
Tecnologia e Especificação de
classificação do Centro de Dados da
Internet

[ru] 20171054-T-339 Центр обработки
интернет-данных (IDC).
Технические требования и критерии
классификации

[es] 20171054-T-339 Especificación
Tecnología Basada en Clases de Centros
de Datos de Internet

73255 《DL/T 1757-2017 电子数据恢复和销
毁技术要求》

[ar] متطلبات فنية لاستعادة البيانات الإلكترونية وتدميرها
DL/T 1757-2017

[en] DL/T 1757-2017 Electronic data
recovery and destruction technical
requirement

[fr] DL/T 1757-2017 Exigence technique
de récupération et de destruction de
données électroniques

[de] DL/T 1757-2017 Technische Anforde-
rungen an Wiederherstellung und Zer-
störung elektronischer Daten

[it] DL/T 1757-2017 Requisiti tecnici per
recupero e distruzione dei dati elettronici

[jp] 「DL/T 1757-2017 電子データの復旧と
破棄の技術的要求事項」

[kr] <DL/T 1757-2017 전자 데이터 복원과
소각 기술 요구>

[pt] DL/T 1757-2017 Requisitos
Técnicospara a Recuperação e

7.3

Destruição de Dadoseléctrónicos

[ru] DL/T 1757-2017 Технические
требования к восстановлению и
уничтожению электронных данных

[es] DL/T 1757-2017 Requisitos Técnicos
de la Recuperación y Destrucción
Electrónica de Datos

73256 《GA/T 1143-2014 信息安全技术 数据
销毁软件产品安全技术要求》

[ar] تكنولوجيا أمن المعلومات ـ المتطلبات الفنية لسلامة
برمجيات تدمير البيانات GA/T 1143-2014

[en] GA/T 1143-2014 Information security
technology — Security technical
requirement for data destruction software
products

[fr] GA/T 1143-2014 Technologie de
sécurité de l'information — Exigence
technique de sécurité de produit logiciel
de destruction de données

[de] GA/T 1143-2014 Informationssicher-
heitstechnik - Sicherheitstechnische
Anforderungen an Softwareprodukte zur
Datenvernichtung

[it] GA/T 1143-2014 Tecnologia di sicurezza
dell'informazione — Requisiti tecnici
di sicurezza per i prodotti software di
distruzione dei dati

[jp] 「GA/T 1143-2014 情報セキュリティ技
術－データ破棄ソフトウェア製品のセ
キュリティに関する技術的要求事項」

[kr] <GA/T 1143-2014 정보 보안 기술 데이터
소각 소프트웨어 제품 보안 기술 요구>

[pt] GA/T 1143-2014 Tecnologia de Segurança
da Informação - Requisito Técnico de
Segurança para os Produtos Software de
Destruição dos Dados

[ru] GA/T 1143-2014 Технологии
информационной безопасности.
Технические требования безопасности
программных продуктов уничтожения

данных

[es] GA/T 1143-2014 Tecnología de la
Seguridad de la Información. Requisitos
Técnicos de Seguridad para Productos
de Software de Destrucción de Datos

73257 《GB/T 34945-2017 信息技术 数据溯
源描述模型》

[ar] تكنولوجيا المعلومات ـ تعقب مصادر البيانات ـ
نموذج الوصف GB/T 34945-2017

[en] GB/T 34945-2017 Information
technology — Data provenance
descriptive model

[fr] GB/T 34945-2017 Technologies de
l'information — Modèle descriptif de la
provenance de données

[de] GB/T 34945-2017 Informationstechnik -
Beschreibungsmodell für Datenrückver-
folgbarkeit

[it] GB/T 34945-2017 Tecnologia
dell'informazione — Modello descrittivo
di provenienza dei dati

[jp] 「GB/T 34945-2017 情報技術－データ
由来記述モデル」

[kr] <GB/T 34945-2017 정보기술 데이터
유래 기술모델>

[pt] GB/T 34945-2017 Tecnologia da
Informação - Modelo Descritivo da
Rastreabilidade de Dados

[ru] GB/T 34945-2017 Информационные
технологии. Описательная модель для
происхождения данных

[es] GB/T 34945-2017 Tecnología de la
Información. Modelo Descriptivo de
Origen de Datos

73258 《GB/T 35319-2017 物联网 系统接口
要求》

[ar] إنترنت الأشياء ـ متطلبات واجهة النظام
GB/T 35319-2017

[en] GB/T 35319-2017 Internet of Things —

System interface requirement

[fr] GB/T 35319-2017 Internet des objets — Exigence d'interface de système

[de] GB/T 35319-2017 Internet der Dinge - Anforderung an Systemschnittstelle

[it] GB/T 35319-2017 Internet delle cose — Requisiti di interfaccia di sistema

[jp] 「GB/T 35319-2017 IoT －システムインターフェースの要求事項」

[kr] <GB/T 35319-2017 사물 인터넷 시스템 인터페이스 요구>

[pt] GB/T 35319-2017 Internet das Coisas - Requisitos de Interface do Sistema

[ru] GB/T 35319-2017 Интернет вещей. Требования к интерфейсу системы

[es] GB/T 35319-2017 Internet de las cosa. Requisitos de Interfaces de Sistema

73259 《GB/T 32908-2016 非结构化数据访问接口规范》

[ar] مواصفات واجهة الوصول للبيانات غير المهيكلة GB/T 32908-2016

[en] GB/T 32908-2016 Unstructured data access interface specification

[fr] GB/T 32908-2016 Spécifications d'interface d'accès aux données non structurées

[de] GB/T 32908-2016 Spezifikation der un-strukturierten Datenzugriffsschnittstelle

[it] GB/T 32908-2016 Specifiche dell'interfaccia di accesso ai dati non strutturati

[jp] 「GB/T 32908-2016 非構造化データアクセスインタフェース規範」

[kr] <GB/T 32908-2016 비구조화 데이터 액세스 인테페이스 규범>

[pt] GB/T 32908-2016 Especificação de Interface para Acesso aos Dados Desestruturados

[ru] GB/T 32908-2016 Спецификация интерфейса доступа к

неструктурированным данным

[es] GB/T 32908-2016 Especificación de Interfaz de Accesos a Datos No Estructurados

73260 《20192144-T-469 物联网 系统互操作性 第 1 部分：框架》

[ar] إنترنت الأشياء ـقابلية التشغيل البيني - الجزء الأول: الإطار 20192144-T-469

[en] 20192144-T-469 Internet of Things (IoT) — Interoperability for Internet of Things systems — Part 1: Framework

[fr] 20192144-T-469 Internet des objets — Interopérabilité des systèmes de l'Internet des objets — Partie 1 : Cadre

[de] 20192144-T-469 Internet der Dinge - Interoperabilität des Systems - Teil 1: Rahmen

[it] 20192144-T-469 Internet delle cose — Interoperabilità per i sistemi — Parte 1: struttura

[jp] 「20192144-T-469 IoT －システム相互運用性 第 1 部：フレームワーク」

[kr] <20192144-T-469 사물 인터넷 시스템 상호 운영성 제 1 부분: 프레임워크>

[pt] 20192144-T-469 Internet das Coisas (IoT) - Interoperalidade de Sistemas - Seção 1: Estrutura

[ru] 20192144-T-469 Интернет вещей. Интероперабельность систем. Часть 1. Фреймворк

[es] 20192144-T-469 Internet de las Cosas. Interoperabilidad para Sistemas de Internet de las Cosas. Parte 1: Marco de Referencia

73261 《20152348-T-339 智慧城市 跨系统交互 第 1 部分：总体框架》

[ar] مدينة ذكية ـ تفاعل عابر الأنظمة - الجزء الأول: الإطار العام 20152348-T-339

[en] 20152348-T-339 Smart city — Cross-

7.3

system interaction — Part 1: Overall
framework

[fr] 20152348-T-339 Ville smart —
Interaction entre systèmes — Partie 1 :
Cadre général

[de] 20152348-T-339 Smart City - Sys-
temübergreifende Interaktion - Teil 1:
Gesamtrahmen

[it] 20152348-T-339 Città intelligente —
interazione cross-system — Parte 1:
Struttura generale

[jp] 「20152348-T-339 スマートシティーク
ロスシステムインタラクション一第 1
部：全体的な枠組」

[kr] <20152348-T-339 스마트 시티 크로스
시스템 인터랙션 제 1 부분: 총체적 프레
임워크>

[pt] 20152348-T-339 Cidade Inteligente
- Interaçuão entre Sistemas - Parte 1:
Estrutura Global

[ru] 20152348-T-339 Умный город.
Межсистемное взаимодействие. Часть
1. Общий фреймворк

[es] 20152348-T-339 Ciudad Inteligente.
Interacción entre Sistemas. Parte 1:
Marco de Referencia General

7.3.3 管理标准

[ar] معايير الإدارة

[en] **Management Standards**

[fr] **Normes de gestion**

[de] **Management-Normen**

[it] **Standard di gestione**

[jp] **管理基準**

[kr] **관리 표준**

[pt] **Padrão de Gestão**

[ru] **Стандарты управления**

[es] **Normas de Gestión**

73301 《GB/T 35119-2017 产品生命周期数
据管理规范》

[ar] مواصفات إدارة البيانات الخاصة بدورة حياة المنتج
GB/T 35119-2017

[en] GB/T 35119-2017 Specification for data
management in product lifecycle

[fr] GB/T 35119-2017 Spécifications de
gestion des données dans le cycle de vie
de produit

[de] GB/T 35119-2017 Spezifikation für
Datenmanagement im Produktlebenszy-
klus

[it] GB/T 35119-2017 Specifiche per la
gestione dei dati nel ciclo di vita del
prodotto

[jp] 「GB/T 35119-2017 製品ライフサイク
ルデータ管理規範」

[kr] <GB/T 35119-2017 제품 라이프 사이
클 데이터 관리 규범>

[pt] GB/T 35119-2017 Especificação para
Gestão de Dados no Ciclo de Vida do
Produto

[ru] GB/T 35119-2017 Спецификация
управления данными в жизненном
цикле продукта

[es] GB/T 35119-2017 Especificación de la
Gestión de Datos Durante el Ciclo de
Vida de Producto

73302 《GB/T 36073-2018 数据管理能力成
熟度评估模型》

[ar] نموذج تقييم درجة النضوج لقدرة إدارة البيانات
GB/T 36073-2018

[en] GB/T 36073-2018 Data management
capability maturity assessment model

[fr] GB/T 36073-2018 Modèle d'évaluation
de la maturité de la capacité de gestion
des données

[de] GB/T 36073-2018 Bewertungsmodell
für Reifegrad der Datenmanagements-
funktion

[it] GB/T 36073-2018 Modello di valutazione della maturità della capacità di gestione dei dati

[jp] 「GB/T 36073-2018 データ管理能力成熟度評価モデル」

[kr] <GB/T 36073-2018 데이터 관리 능력 성숙도 평가 모델>

[pt] GB/T 36073-2018 Modelo de Avaliação para Maturidade da Capacidade de Gestão de Dados

[ru] GB/T 36073-2018 Модель оценки зрелости возможностей управления данными

[es] GB/T 36073-2018 Modelo de Evaluación de Madurez de Capacidades de Gestión de Datos

73303 《GB/Z 18219-2008 信息技术 数据管理参考模型》

[ar] تكنولوجيا المعلومات - النموذج المرجعي لإدارة البيانات GB/Z 18219-2008

[en] GB/Z 18219-2008 Information technology — Reference model of data management

[fr] GB/Z 18219-2008 Technologies de l'information — Modèle référentiel de la gestion des données

[de] GB/Z 18219-2008 Informationstechnik - Referenzmodell des Datenmanagements

[it] GB/Z 18219-2008 Tecnologia dell'informazione — Modello di riferimento per la gestione dei dati

[jp] 「GB/Z 18219-2008 情報技術－データ管理リファレンスモデル」

[kr] <GB/Z 18219-2008 정보기술 데이터 관리 참고 모델>

[pt] GB/Z 18219-2008 Tecnologia da Informação - Modelo de Referência de Gestão de Dados

[ru] GB/Z 18219-2008 Информационные технологии. Эталонная модель управления данными

[es] GB/T 18219-2008 Tecnología de la Información. Modelo de Referencia para Gestión de Datos

73304 《20182302-T-469 物联网 感知控制设备接入 第 2 部分：数据管理要求》

[ar] إنترنت الأشياء - الوصول إلى أجهزة الاستشعار والتحكم –الجزء الثاني- متطلبات إدارة البيانات 20182302-T-469

[en] 20182302-T-469 Internet of Things — Access of sensing and controlling device — Part 2: Data management requirements

[fr] 20182302-T-469 Internet des objets — Accès aux dispositifs de perception et de contrôle — Partie 2 : Exigence de gestion des données

[de] 20182302-T-469 Internet der Dinge - Zugang zu Erfassungs- und Steuergeräten - Teil 2: Anforderungen an Datenmanagement

[it] 20182302-T-469 Internet delle cose — Accesso ai dispositivi di sensing e controllo — Parte 2: Requisiti di gestione dei dati

[jp] 「20182302-T-469 IoT －感知・制御デバイスのアクセス－第二部分：データ管理の要求事項」

[kr] <20182302-T-469 사물 인테넷 감지 제어 장치의 접속 제 2 부분: 데이터 관리 요구>

[pt] 20182302-T-469 Internete das Coisas - Acesso a Dispositivos Sensores e Controladores - Parte 2 : Requisitos de Gestão de Dados

[ru] 20182302-T-469 Интернет вещей. Доступ к чувствительным и контролирующим устройствам. Часть 2. Требования к управлению данными

[es] 20182302-T-469 Internet de las Cosas.

Acceso de los Dispositivos de Detección y Control. Parte 2: Requisitos de Gestión de Datos

73305 《GB/T 34960.5-2018 信息技术服务 治理 第 5 部分：数据治理规范》

[ar] خدمات تكنولوجيا المعلومات ـ الحوكمة ـ الجزء الخامس: مواصفات حوكمة البيانات GB/T 34960.5-2018

[en] GB/T 34960.5-2018 Information technology service — Governance — Part 5: Specification of data governance

[fr] GB/T 34960.5-2018 Service des technologies de l'information — Gouvernance — Partie 5 : Spécifications de gouvernance des données

[de] GB/T 34960.5-2018 Informationstechnikservice - Regulierung - Teil 5: Spezifikation der Daten-Regulierung

[it] GB/T 34960.5-2018 Servizio tecnologico informatico — Governo — Parte 5: Specifiche dei dati di gestione

[jp] 「GB/T 34960.5-2018 情報技術サービスーガバナンスー第 5 部：データガバナンス規範」

[kr] <GB/T 34960.5-2018 정보기술 서비스 거버넌스 제 5 부분: 데이터 거버넌스 규범>

[pt] GB/T 34960.5-2018 Serviço da Tecnologia da Informação - Governação - Parte 5: Especificação da Governação de Dados

[ru] GB/T 34960.5-2018 Информационно-технологические услуги. Управление. Часть 5. Спецификация управления данными

[es] GB/T 34960.5-2018 Servicio de Tecnología de la Información. Gobernanza. Parte 5: Especificaciones de Gobernanza de Datos

73306 《20173825-T-469 信息技术服务 数据资产 管理要求》

[ar] تكنولوجيا المعلومات ـ أصول البيانات الخدمية ـ متطلبات الإدارة 20173825-T-469

[en] 20173825-T-469 Information technology service — Data asset — Management requirements

[fr] 20173825-T-469 Service de technologies de l'information — Actifs de données — Exigence de gestion

[de] 20173825-T-469 Informationstechnik - Datengut - Anforderungen an das Management

[it] 20173825-T-469 Tecnologia dell'informazione — data asset — Parte 1: Specificazione di gestione

[jp] 「20173825-T-469 情報技術ーサービス データ資産ー管理要求事項」

[kr] <20173825-T-469 정보기술 서비스 데이터 자산 관리 요구>

[pt] 20173825-T-469 Tecnologia da Informação - Ativo de Dados - Especificação de Gestão

[ru] 20173825-T-469 Информационно-технологические услуги. Актив данных. Требования управления

[es] 20173825-T-469 Tecnología de la Información. Activo de Datos. Parte 1: Especificación de Gestión

73307 《GB/T 36329-2018 信息技术 软件资产管理 授权管理》

[ar] تكنولوجيا المعلومات ـ إدارة أصول البرمجيات ـ إدارة التفويضات GB/T 36329-2018

[en] GB/T 36329-2018 Information technology — Software asset management — Entitlement management

[fr] GB/T 36329-2018 Technologies de l'information — Gestion des actifs logiciels — Gestion des droits

[de] GB/T 36329-2018 Informationstechnik - Software Asset Management - Berechtigungsverwaltung

[it] GB/T 36329-2018 Tecnologia dell'informazione — Gestione delle risorse software — Gestione dei diritti

[jp] 「GB/T 36329-2018 情報技術－ソフトウェア資産管理－承認管理」

[kr] <GB/T 36329-2018 정보기술 소프트웨어 자산 관리 수권 관리>

[pt] GB/T 36329-2018 Tecnologia da Informação - Gestão de Ativo de Software - Gestão de Autorização

[ru] GB/T 36329-2018 Информационные технологии. Управление программными активами. Управление авторизацией

[es] GB/T 36329-2018 Tecnología de la Información. Gestión de Activos de Software. Gestión de Licencias

73308 《GB/T 36328-2018 信息技术 软件资产管理 标识规范》

[ar] تكنولوجيا المعلومات ـ إدارة أصول البرمجيات ـ مواصفات العلامات التعريفية GB/T 36328-2018

[en] GB/T 36328-2018 Information technology — Software asset management — Identification specification

[fr] GB/T 36328-2018 Technologies de l'information — Gestion des actifs logiciels — Spécifications d'identification

[de] GB/T 36328-2018 Informationstechnik - Software Asset Management - Identifikationsspezifikation

[it] GB/T 36328-2018 Tecnologia dell'informazione — Gestione di risorse software — Specificazione d'identificazione

[jp] 「GB/T 36328-2018 情報技術－ソフトウェア資産管理－識別規則」

[kr] <GB/T 36328-2018 정보기술 소프트웨어 자산 관리 표시 규범>

[pt] GB/T 36328-2018 Tecnologia da Informação - Gestão dos Ativos de Software - Especificação de IRotulagem

[ru] GB/T 36328-2018 Информационные технологии. Управление программными активами. Спецификация идентификации

[es] GB/T 36328-2018 Tecnología de la Información. Gestión de Activos de Software. Especificación de Identificación

73309 《GB/T 26236.1-2010 信息技术 软件资产管理 第 1 部分：过程》

[ar] تكنولوجيا المعلومات ـ إدارة أصول البرمجيات ـ الجزء الأول: العمليات GB/T 26236.1-2010

[en] GB/T 26236.1-2010 Information technology — Software asset management — Part 1: Processes

[fr] GB/T 26236.1-2010 Technologies de l'information — Gestion des actifs logiciels — Partie 1 : Processus

[de] GB/T 26236.1-2010 Informationstechnik - Software Asset Management - Teil 1: Prozesse

[it] GB/T 26236.1-2010 Tecnologia dell'informazione — Gestione di risorse software — Parte 1: Processi

[jp] 「GB/T 26236.1-2010 情報技術－ソフトウェア資産管理－第 1 部: プロセス」

[kr] <GB/T 26236.1-2010 정보기술 소프트웨어 자산 관리 제 1 부분: 과정>

[pt] GB/T 26236.1-2010 Tecnologia da Informação - Gestão dos Ativo de Software - Parte 1: Processos

[ru] GB/T 26236.1-2010 Информационные технологии. Управление

7.3

программными активами. Часть 1.
Процессы

[es] GB/T 26236.1-2010 Tecnología de la
Información. Gestión de Activos de
Software. Parte 1: Procesos

73310 《SJ/T 11622-2016 信息技术 软件资产
管理 实施指南》

[ar] تكنولوجيا المعلومات ـ إدارة أصول البرمجيات ـ
SJ/T 11622-2016 التعليمات التنفيذية

[en] SJ/T 11622-2016 Information technology
— Software asset management —
Implementation guide

[fr] SJ/T 11622-2016 Technologies de
l'information — Gestion des actifs
logiciels — Guide d'application

[de] SJ/T 11622-2016 Informationstechnik
- Software Asset Management - Imple-
mentierungshandbuch

[it] SJ/T 11622-2016 IT — Software
gestione patrimoniale — Guida
all'implementazione

[jp] 「SJ/T 11622-2016 情報技術－ソフト
ウェア資産管理－実施ガイドライン」

[kr] <SJ/T 11622-2016 정보기술 소프트웨
어 자산 관리 실시 가이드라인>

[pt] SJ/T 11622-2016 Tecnologia da
Informação - Gestão de Ativo de
Software - Guia de Implementação

[ru] SJ/T 11622-2016 Информационные
технологии. Управление
программными активами. Руководство
по внедрению

[es] SJ/T 11622-2016 Tecnología de la
Información. Gestión de Activos de
Software. Guía de Implementación

73311 《20171082-T-469 信息技术 大数据 分
类指南》

[ar] تكنولوجيا المعلومات ـ لبيانات الضخمة ـ دليل
تصنيف البيانات 20171082-T-469

[en] 20171082-T-469 Information technology
— Big data — Guide for data
classification

[fr] 20171082-T-469 Technologies de
l'information — Mégadonnées — Guide
de classification de données

[de] 20171082-T-469 Informationstechnik
- Big Data - Leitfaden zur Datenklassi-
fizierung

[it] 20171082-T-469 IT — Big Data —
Guida per la classificazione dei dati

[jp] 「20171082-T-469 情報技術－ビッグ
データ－分類ガイドライン」

[kr] <20171082-T-469 정보기술 빅데이터
분류 가이드라인>

[pt] 20171082-T-469 Tecnologia da
Informação - Big Data - Guia de
Classificação de Dados

[ru] 20171082-T-469 Информационные
технологии. Большие данные.
Руководство по классификации
данных

[es] 20171082-T-469 Tecnología de la
Información. Big Data. Guía para la
Clasificación de Datos

73312 《GB/T 36962-2018 传感数据分类与
代码》

[ar] تصنيف وترميز البيانات الاستشعارية
GB/T 36962-2018

[en] GB/T 36962-2018 Classification and
codes for sensing data

[fr] GB/T 36962-2018 Classification et
codes de perception de données

[de] GB/T 36962-2018 Klassifizierung und
Codierung der Datenerfassung

[it] GB/T 36962-2018 Classificazione e
codici per data sensing

[jp] 「GB/T 36962-2018　センサーデータ
の分類とコード」

[kr] <GB/T 36962-2018 감지 데이터 분류

7.3

와 코드>

[pt] GB/T 36962-2018 Classificação e Códigos de Dados de Sensoriamento

[ru] GB/T 36962-2018 Классификация и коды данных зондирования

[es] GB/T 36962-2018 Clasificación y Códigos para Datos Detectados por Sensores

73313 《GB/T 36344-2018 信息技术 数据质量评价指标》

[ar] تكنولوجيا المعلومات ـ مؤشرات تقييم جودة البيانات GB/T 36344-2018

[en] GB/T 36344-2018 Information technology — Evaluation indicators for data quality

[fr] GB/T 36344-2018 Technologies de l'information — Indices d'évaluation de la qualité des données

[de] GB/T 36344-2018 Informationstechnik - Bewertungsindikatoren für Datenqualität

[it] GB/T 36344-2018 IT — Indicatori di valutazione per la qualità dei dati

[jp] 「GB/T 36344-2018 情報技術－データ品質評価指標」

[kr] <GB/T 36344-2018 정보기술 데이터 품질 평가 지표>

[pt] GB/T 36344-2018 Tecnologia da Informação - Indicadores de Avaliação da Qualidade dos Dados

[ru] GB/T 36344-2018 Информационные технологии. Показатели оценки качества данных

[es] GB/T 36344-2018 Servicio de Tecnología de la Información. Indicadores de Evaluación de la Calidad de los Datos

73314 《GB/T 25000.12-2017 系统与软件工程 系统与软件质量要求和评价 (SQuaRE) 第12部分：数据质量模型》

[ar] مشروع الأنظمة وهندسة البرمجيات ـ متطلبات جودة الأنظمة والبرامج وتقييمها (SQuaRE) الجزء الـ12: نموذج جودة البيانات GB/T 25000.12-2017

[en] GB/T 25000.12-2017 Systems and software engineering — Systems and software quality requirement and evaluation (SQuaRE) — Part 12: Data quality model

[fr] GB/T 25000.12-2017 Ingénierie des systèmes et du logiciel — Exigence de qualité et d'évaluation des systèmes et du logiciel (SQuaRE) — Partie 12 : Modèle de qualité des données

[de] GB/T 25000.12-2017 System- und Soft-ware-Engineering - Anforderung und Bewertung der System- und Software-Qualität (SQuaRE) - Teil 12: Datenqua-litätsmodell

[it] GB/T 25000.12-2017 Sistemi e ingegneria di software — Requisiti e valutazione della qualità di sistemi e di software (SQuaRE) — Parte 12: Modello di qualità dei dati

[jp] 「GB/T 25000.12-2017 システムとソフトウェア工学－システム及びソフトウェア製品の品質要求及び評価 (SQuaRE)－第12部: データ品質モデル」

[kr] <GB/T 25000.12-2017 시스템과 소프트웨어 공학 시스템과 소프트웨어 품질 요구와 평가(SQuaRE) 제12부분: 데이터 품질 모델>

[pt] GB/T 25000.12-2017 Sistema e Engenharia de Software - Requisitos de Qualidade e Avaliação dos Sistemas e Software (SQuaRE) - Parte 12: Modelo da Qualidade dos Dados

[ru] GB/T 25000.12-2017 Системы и программная инженерия. Требования к качеству систем и программного

7.3

обеспечения и их оценка (SQuaRE). Часть 12. Модель качества данных

[es] GB/T 25000.12-2017 Ingeniería de Sistemas y de Software. Requisitos y Evaluación de Calidad de Sistemas y Software. Parte 12: Modelo de Calidad de Datos

73315 《YD/T 2252-2011 网络与信息安全风险评估服务能力评估方法》

[ar] وسائل تقييم مخاطر أمن الشبكات والمعلومات ووسائل تقييم القدرة الخدمية YD/T 2252-2011

[en] YD/T 2252-2011 Evaluation criteria of service capability for network and information security risk assessment

[fr] YD/T 2252-2011 Critères d'évaluation de la capacité d'évaluation des risques liés à la sécurité des réseaux et de l'information

[de] YD/T 2252-2011 Prüfungsmethode für Bewertungsservicefähigkeit des Netzwerk- und Informationssicherheitsrisikos

[it] YD/T 2252-2011 Criteri di valutazione della capacità di servizio per la valutazione di rischio per la sicurezza delle reti e delle informazioni

[jp] 「YD/T 2252-2011 ネットワークと情報セキュリティのリスク評価サービス能力に対する評価方法」

[kr] <YD/T 2252-2011 네트워크와 정보 보안 리스크 평가 서비스 능력 평가 방법>

[pt] YD/T 2252-2011 Critérios de Avaliação da Capacidade de Serviço para a Avaliação de Riscos de Segurança de Redes e Informações

[ru] YD/T 2252-2011 Критерии оценки возможностей обслуживания для оценки рисков безопасности сети и информации

[es] YD/T 2252-2011 Criterios de Evaluación de Capacidad de Servicios para la

Evaluación de Riesgos de Seguridad para Redes e Información

73316 《GB/T 37988-2019 信息安全技术 数据安全能力成熟度模型》

[ar] تكنولوجيا أمن المعلومات ـ نموذج درجة نضوج قدرة أمن المعلومات GB/T 37988-2019

[en] GB/T 37988-2019 Information security technology — Data security capability maturity model

[fr] GB/T 37988-2019 Technologie de la sécurité de l'information — Modèle de maturité de la capacité de sécurité des données

[de] GB/T 37988-2019 Informationssicherheitstechnik - Reifegradmodell der Datensicherheitsfähigkeit

[it] GB/T 37988-2019 IT di sicurezza — Maturità della capacità di sicurezza dei dati

[jp] 「GB/T 37988-2019 情報セキュリティ技術－データセキュリティ能力成熟度モデル」

[kr] <GB/T 37988-2019 정보 보안 기술 데이터 보안 능력 성숙도 모델>

[pt] GB/T 37988-2019 Tecnologia de Segurança da Informação - Modelo de maturidade da Capacidade de Segurança de Dados

[ru] GB/T 37988-2019 Технологии информационной безопасности. Модель зрелости возможностей защиты данных

[es] GB/T 37988-2019 Tecnología de Seguridad de la Información. Modelo de Madurez de las Capacidades de Seguridad de Datos

73317 《GB/T 35274-2017 信息安全技术 大数据服务安全能力要求》

[ar] تكنولوجيا أمن المعلومات ـ متطلبات القدرة الخدماتية

GB/T 35274-2017 المأمونة للبيانات الضخمة

[en] GB/T 35274-2017 Information security technology — Security capability requirement for big data services

[fr] GB/T 35274-2017 Technologie de la sécurité de l'information — Exigence de capacité de sécurité pour les services de mégadonnées

[de] GB/T 35274-2017 Informationssicher-heitstechnik - Anforderung an Sicher-heitkompetenz des Big Data-Services

[it] GB/T 35274-2017 Tecnologia di sicurezza dell'informazione — Requisiti di capacità di sicurezza per i servizi di Big Data

[jp] 「GB/T 35274-2017 情報セキュリティ技術－ビッグデータサービスセキュリティ能力の要求事項」

[kr] <GB/T 35274-2017 정보 보안 기술 빅 데이터 서비스 보안 능력 요구>

[pt] GB/T 35274-2017 Tecnologia de Segurança da Informação - Requisitos de Capacidade de Segurança para os Serviços de Big Data

[ru] GB/T 35274-2017 Технологии информационной безопасности. Требования к возможностям безопасности для услуг больших данных

[es] GB/T 35274-2017 Tecnología de la Seguridad de la Información. Requisitos de Capacidades de Seguridad para Servicios de Big Data

73318 《20173857-T-469 信息安全技术 信息安全风险评估规范》

[ar] تكنولوجيا أمن المعلومات ـ مواصفات تقييم المخاطر لأمن المعلومات 20173857-T-469

[en] 20173857-T-469 Information security technology — Risk assessment specification for information security

[fr] 20173857-T-469 Technologie de la sécurité de l'information — Spécifiche de l'évaluation des risques de la sécurité de l'information

[de] 20173857-T-469 Informationssicher-heitstechnik - Risikobewertungsspezi-fikation für Informationssicherheit

[it] 20173857-T-469 IT di sicurezza — Specifiche di valutazione del rischio per la sicurezza delle informazioni

[jp] 「20173857-T-469 情報セキュリティ技術－情報セキュリティリスク評価規範」

[kr] <20173857-T-469 정보 보안 기술 정보 보안 리스크 평가 규범>

[pt] 20173857-T-469 Tecnologia de Segurança da Informação - Especificação de Avaliação de Riscos para Segurança da Informação

[ru] 20173857-T-469 Технологии информационной безопасности. Спецификация оценки рисков информационной безопасности

[es] 20173857-T-469 Tecnología de la Seguridad de la Información. Especificación de la Evaluación de Riesgos para la Seguridad de la Información

73319 《20173587-T-469 信息安全技术 关键信息基础设施安全检查评估指南》

[ar] تكنولوجيا أمن المعلومات ـ دليل تفتيش سلامة البنية التحتية للمعلومات الأساسية وتقييمها 20173587-T-469

[en] 20173587-T-469 Information security technology — Guide to security inspection and evaluation of critical information infrastructure

[fr] 20173587-T-469 Technologie de la sécurité de l'information — Guide d'inspection et d'évaluation de la

7.3

sécurité de l'infrastructure critique de l'information critique

[de] 20173587-T-469 Informationssicher-heitstechnik - Leitfaden zur Sicherheits-überprüfung und -bewertung der Schlüs-selinformationsinfrastruktur

[it] 20173587-T-469 IT di sicurezza — Guida all'ispezione di sicurezza e valutazione dell'infrastruttura di informazione critica

[jp] 「20173587-T-469 情報セキュリティ技術－重要情報インフラセキュリティ検査と評価ガイドライン」（意見募集）

[kr] <20173587-T-469 정보 보안 기술 핵심 정보 인프라 안전 검사 평가 가이드라인>

[pt] 20173587-T-469 Tecnologia de Segurança da Informação - Guia para Inspeção e Avaliação de Segurança de Infraestrutura de Informações Críticas

[ru] 20173587-T-469 Технологии информационной безопасности. Руководство по проверке и оценке безопасности критической информационной инфраструктуры

[es] 20173587-T-469 Tecnología de la Seguridad de la Información. Guía de Inspección de la Seguridad y Evaluación de Infraestructuras de Información Críticas

73320 《GB/T 31509-2015 信息安全技术 信息安全风险评估实施指南》

[ar] تكنولوجيا أمن المعلومات – التعليمات التنفيذية لتقييم مخاطر أمن المعلومات GB/T 31509-2015

[en] GB/T 31509-2015 Information security technology — Guide of implementation for information security risk assessment

[fr] GB/T 31509-2015 Technologie de la sécurité de l'information — Guide d'application de l'évaluation des risques de sécurité de l'information

[de] GB/T 31509-2015 Informationssicher-heitstechnik - Leitfaden zur Implementie-rung der Bewertung des Informationssi-cherheitsrisikos

[it] GB/T 31509-2015 IT di sicurezza — Guida all'implementazione per la valutazione del rischio di sicurezza delle informazioni

[jp] 「GB/T 31509-2015 情報セキュリティ技術－情報セキュリティリスク評価実施ガイドライン」

[kr] <GB/T 31509-2015 정보 보안 기술 정보 보안 리스크 평가 실시 가이드라인>

[pt] GB/T 31509-2015 Tecnologia de Segurança da Informação - Guia da Implementação para Avaliação dos Riscos da Segurança da Informação

[ru] GB/T 31509-2015 Технологии информационной безопасности. Руководство по оценке рисков информационной безопасности

[es] GB/T 31509-2015 Tecnología de Seguridad de la Información. Guía de Implementación de la Evaluación de Riesgos para la Seguridad de la Información

73321 《GB/T 30271-2013 信息安全技术 信息安全服务能力评估准则》

[ar] تكنولوجيا أمن المعلومات - معايير تقييم القدرة الخدماتية المأمونة للمعلومات GB/T 30271-2013

[en] GB/T 30271-2013 Information security technology — Assessment criteria for information security service capability

[fr] GB/T 30271-2013 Technologie de la sécurité de l'information — Critères d'évaluation de la capacité de service de la sécurité de l'information

[de] GB/T 30271-2013 Informationssicher-heitstechnik - Bewertungskriterien für

Informationssicherheitsservicefähigkeit

[it] GB/T 30271-2013 Tecnologia di
sicurezza dell'informazione — Criteri di
valutazione delle capacità di servizio di
sicurezza delle informazioni

[jp] 「GB/T 30271-2013 情報セキュリティ
技術－情報セキュリティサービス能力
の評価準則」

[kr] <GB/T 30271-2013 정보 보안 기술 정
보 보안 서비스 능력 평가 준칙>

[pt] GB/T 30271-2013 Tecnologia de
Segurança da Informação - Critério de
Avaliação para Capacidade de Serviços
sobre Segurança da Informação

[ru] GB/T 30271-2013 Технологии
информационной безопасности.
Критерии оценки возможностей
услуги информационной
безопасности

[es] GB/T 30271-2013 Tecnología de la
Seguridad de la Información. Criterios de
Evaluación de Capacidades de Servicios
de Seguridad de la Información

73322 《GB/T 30273-2013 信息安全技术 信
息系统安全保障通用评估指南》

[ar] تكنولوجيا أمن المعلومات ـ دليل التقييم العام لضمان
سلامة نظام المعلومات GB/T 30273-2013

[en] GB/T 30273-2013 Information security
technology — Common methodology
for information systems security
assurance evaluation

[fr] GB/T 30273-2013 Technologie
de la sécurité de l'information
— Méthodologie commune pour
l'évaluation de l'assurance de la sécurité
des systèmes d'information

[de] GB/T 30273-2013 Informationssicher-
heitstechnik - Allgemeine Methode zur
Bewertung der Sicherheitsgarantie des
Informationssystems

[it] GB/T 30273-2013 IT di sicurezza
— Metodologia comune per la
valutazione della sicurezza dei sistemi
d'informazione

[jp] 「GB/T 30273-2013 情報セキュリティ
技術－情報システムセキュリティ保障
の共通評価指南」

[kr] <GB/T 30273-2013 정보 보안 기술 정
보시스템 안전 보장 통용 평가 가이드라
인>

[pt] GB/T 30273-2013 Tecnologia de
Segurança da Informação - Metodologia
Comum de Avaliação para Garantia de
Segurança dos Sistemas da Informação

[ru] GB/T 30273-2013 Технологии
информационной безопасности.
Общее руководство по оценке
обеспечения безопасности
информационных систем

[es] GB/T 30273-2013 Tecnología de
la Seguridad de la Información.
Metodología Común para la Evaluación
del Aseguramiento de la Seguridad de
Sistemas de Información

73323 《GB/T 20009-2019 信息安全技术 数
据库管理系统安全评估准则》

[ar] تكنولوجيا أمن المعلومات ـ معايير التقييم لسلامة
نظام إدارة قواعد البيانات GB/T 20009-2019

[en] GB/T 20009-2019 Information security
technology — Security evaluation
criteria for database management system

[fr] GB/T 20009-2019 Technologie de la
sécurité de l'information — Critères
d'évaluation de sécurité d'un système de
gestion de bases de données

[de] GB/T 20009-2019 Informationssicher-
heitstechnik - Sicherheitsbewertungskri-
terien für Datenbankverwaltungssystem

[it] GB/T 20009-2019 IT di sicurezza —
Criteri di valutazione della sicurezza per

il sistema digestione di database

[jp] 「GB/T 20009-2019 情報セキュリティ技術－データベースマネジメントシステムのセキュリティ評価準則」

[kr] <GB/T 20009-2019 정보 보안 기술 데이터베이스 관리 시스템 안전 평가 준칙>

[pt] GB/T 20009-2019 Tecnologia de Segurança da Informação - Critérios de Avaliação de Segurança para o Sistema de Gestão de Base de Dados

[ru] GB/T 20009-2019 Технологии информационной безопасности. Критерии оценки безопасности системы управления базами данных

[es] GB/T 20009-2019 Tecnología de la Seguridad de la Información. Criterios de Evaluación del Sistema de Gestión de Bases de Datos

73324 《GB/T 36639-2018 信息安全技术 可信计算规范 服务器可信支撑平台》

[ar] تكنولوجيا أمن المعلومات ـ مواصفات الحوسبة الموثوقة ـ منصة الدعم الموثوقة للخادم GB/T 36639-2018

[en] GB/T 36639-2018 Information security technology — Trusted computing specification — Trusted support platform for server

[fr] GB/T 36639-2018 Technologie de la sécurité de l'information — Spécifications d'informatique fiable — Plate-forme d'assistance fiable pour serveur

[de] GB/T 36639-2018 Informationssicherheitstechnik - Zuverlässige Computing-Spezifikation - Zuverlässige Unterstützungsplattform für Server

[it] GB/T 36639-2018 Tecnologia di sicurezza dell'informazione — Specifiche di computing affidabile — Piattaforma di supporto affidabile per

server

[jp] 「GB/T 36639-2018 情報セキュリティ技術－信頼できるコンピューティング規範－サーバー信頼できるサポートプラットフォーム」

[kr] <GB/T 36639-2018 정보 보안 기술 신뢰 컴퓨팅 규범 서버 신뢰 지원 플랫폼>

[pt] GB/T 36639-2018 Tecnologia de Segurança da Informação - Especificação de Computação Confiável - Plataforma de Suporte Confiável para Servidor

[ru] GB/T 36639-2018 Технологии информационной безопасности. Спецификация доверенных вычислений. Платформа надежной поддержки сервера

[es] GB/T 36639-2018 Tecnología de Seguridad de la Información. Especificación de Sistemas de Computación de Confianza. Plataforma de Soporte de Confianza para Servidores

73325 《GB/T 29829-2013 信息安全技术 可信计算密码支撑平台功能与接口规范》

[ar] تكنولوجيا أمن المعلومات ـ مواصفات الوظائف والواجهة لمنصة الدعم المشفر للحوسبة الموثوقة GB/T 29829-2013

[en] GB/T 29829-2013 Information security techniques — Functionality and interface specification of cryptographic support platform for trusted computing

[fr] GB/T 29829-2013 Technologie de la sécurité de l'information — Spécifications de fonctionnalité et d'interface d'une plate-forme d'assistance cryptographique pour l'informatique fiable

[de] GB/T 29829-2013 Informationssicherheitstechnik - Funktionalität und Schnittstellenspezifikation der kryptografischen Unterstützungsplattform für zuverlässi-

ges Computing

[it] GB/T 29829-2013 Tecnologia di sicurezza dell'informazione — Funzionalità e specifiche dell'interfaccia della piattaforma di supporto crittografico per il computing affidabile

[jp] 「GB/T 29829-2013　情報セキュリティ技術－信頼できるコンピューティング暗号サポートプラットフォーム機能とインターフェース規範」

[kr] <GB/T 29829-2013 정보 보안 기술 신뢰 컴퓨팅 비밀번호 지원 플랫폼 기능과 인터페이스 규범>

[pt] GB/T 29829-2013 Tecnologia de Segurança da Informação - Especificação de Interface e funções da Plataforma de Suporte Criptográfico para Computação Confiável

[ru] GB/T 29829-2013 Технологии информационной безопасности. Функциональные возможности и спецификация интерфейса платформы криптографической поддержки для доверенных вычислений

[es] GB/T 29829-2013 Técnicas de Seguridad de la Información. Especificación de Funcionalidad e Interfaz de una Plataforma de Soporte Criptográfico para Computación de Confianza

73326 《GB/T 20269-2006 信息安全技术 信息系统安全管理要求》

[ar] تكنولوجيا أمن المعلومات ـ متطلبات إدارة سلامة نظام المعلومات GB/T 20269-2006

[en] GB/T 20269-2006 Information security technology — Information system security management requirement

[fr] GB/T 20269-2006 Technologie de la sécurité de l'information — Exigence de gestion de la sécurité du système d'information

[de] GB/T 20269-2006 Informationssicherheitstechnik - Anforderung an das Management der Sicherheit des Informationssystems

[it] GB/T 20269-2006 Tecnologia dell'informazione di sicurezza — Requisiti di gestione della sicurezza dei sistema di informazione

[jp] 「GB/T 20269-2006 情報セキュリティ技術－情報システムセキュリティマネジメントの要求事項」

[kr] <GB/T 20269-2006 정보 보안 기술 정보시스템 보안 관리 요구>

[pt] GB/T 20269-2006 Tecnologia de Segurança da Informação - Requisitos da Gestão da Segurança do Sistema Informático

[ru] GB/T 20269-2006 Технологии информационной безопасности. Требования к управлению безопасностью информационных систем

[es] GB/T 20269-2006 Tecnología de la Seguridad de la Información. Requisitos para la Gestión de la Seguridad de Sistemas de Información

73327 《GB/T 36626-2018 信息安全技术 信息系统安全运维管理指南》

[ar] تكنولوجيا أمن المعلومات ـ دليل إدارة عمليات التشغيل والصيانة لسلامة نظام المعلومات GB/T 36626-2018

[en] GB/T 36626-2018 Information security technology — Management guide for secure operation and maintenance of information systems

[fr] GB/T 36626-2018 Technologie de la sécurité de l'information — Guide de gestion pour l'opération et le maintien sécurisés des systèmes d'information

[de] GB/T 36626-2018 Informationssicherheitstechnik - Leitlinien für das Manage-

7.3

ment der Operation und Wartung der Sicherheit des Informationssystems

[it] GB/T 36626-2018 Tecnologia di sicurezza dell'informazione — Guida alla gestione per funzionamento e manutenzione sicura dei sistemi di informazione

[jp] 「GB/T 36626-2018 情報セキュリティ技術－情報システムの安全的な運用・保守のためのマネジメントガイドライン」

[kr] <GB/T 36626-2018 정보 보안 기술 정보시스템 안전 운영 관리 가이드라인>

[pt] GB/T 36626-2018 Tecnologia de Segurança da Informação - Guia de Gestão para Operação e Manutenção Seguras de Sistemas de Informação

[ru] GB/T 36626-2018 Технологии информационной безопасности. Руководство по управлению безопасной эксплуатацией и обслуживанием информационных систем

[es] GB/T 36626-2018 Tecnología de la Seguridad de la Información. Guía de Gestión para las Operaciones Seguras y el Mantenimiento de Sistemas de Información

73328 《GB/T 30285-2013 信息安全技术 灾难恢复中心建设与运维管理规范》

[ar] تكنولوجيا أمن المعلومات ـ مواصفات إدارة عمليات البناء والتشغيل والصيانة لمركز التعافي من الكوارث GB/T 30285-2013

[en] GB/T 30285-2013 Information security technology — Construction and maintenance management specifications of disaster recovery center

[fr] GB/T 30285-2013 Technologie de la sécurité de l'information — Spécifications de gestion de la

construction, de l'opération et du maintien de centre de reprise après sinistre

[de] GB/T 30285-2013 Informationssicherheitstechnik - Spezifikation für Bau und Operations- und Wartungsmanagement des Wiederherstellungszentrums im Notfall

[it] GB/T 30285-2013 Tecnologia di sicurezza dell'informazione — specifiche sulla costruzione e gestione del centro di recupero di emergenza

[jp] 「GB/T 30285-2013 情報セキュリティ技術－ディザスタ リカバリセンターの建設とメンテナンスマネジメント規範」

[kr] <GB/T 30285-2013 정보 보안 기술 재해 복구 센터 구축과 운영 관리 규범>

[pt] GB/T 30285-2013 Tecnologia de Segurança da Informação - Especificações da Construção e Gestão,de Operação e Manutenção do Centro de Recuperação do Desastre

[ru] GB/T 30285-2013 Технологии информационной безопасности. Спецификация управления строительством и эксплуатацией центра аварийного восстановления

[es] GB/T 30285-2013 Tecnología de la Seguridad de la Información. Especificaciones para la Construcción y la Gestión Sostenida de Centros de Recuperación de Desastres

73329 《GB/T 35287-2017 信息安全技术 网站可信标识技术指南》

[ar] تكنولوجيا أمن المعلومات ـ دليل تقنيات تحديد العلامة الموثوقة للمواقع الشبكية GB/T 35287-2017

[en] GB/T 35287-2017 Information security technology — Guidelines of trusted

identity technology for website

[fr] GB/T 35287-2017 Technologie de la
sécurité de l'information — Guide
technique des technologies d'identité
fiable pour le site Web

[de] GB/T 35287-2017 Informationssicher-
heitstechnik - Richtlinien für zuverlässi-
ge Website-Identitifizierungstechnologie

[it] GB/T 35287-2017 Tecnologia di
sicurezza dell'informazione — Linee
guida per la tecnologia dell'identità
affidabile per i siti

[jp] 「GB/T 35287-2017 情報セキュリティ
技術ーウェブサイトトラスティッドア
イデンティティ技術ガイドライン」

[kr] <GB/T 35287-2017 정보 보안 기술 웹사이
트 신뢰 식별 기술 가이드라인>

[pt] GB/T 35287-2017 Tecnologia de
Segurança da Informação - Guia de
Tecnologia de Rotulagem de Autentidade
de Website

[ru] GB/T 35287-2017 Технологии
информационной безопасности.
Техническое руководство по надежной
идентификации веб-сайта

[es] GB/T 35287-2017 Tecnología de
Seguridad de la Información. Directrices
de Tecnologías de Identidad de
Confianza para Sitios Web

73330 《20173590-T-469 信息安全技术 社交
网络平台信息标识规范》

[ar] تكنولوجيا أمن المعلومات ـ مواصفات تحديد علامة
المعلومات لمنصات مواقع التواصل الاجتماعي
20173590-T-469

[en] 20173590-T-469 Information security
technology — Social network platform
information identification specification

[fr] 20173590-T-469 Technologie de
la sécurité de l'information —
Spécifications d'identification des

informations des plate-formes de réseau
social

[de] 20173590-T-469 Informationssicher-
heitstechnik - Spezifikation für Infor-
mationsidentifizierung auf Plattformen
sozialer Netzwerke

[it] 20173590-T-469 Tecnologia
dell'informazione di sicurezza — Norme
di identificazione della piattaforma di
social network

[jp] 「20173590-T-469 情報セキュリティ技
術ーソーシャルネットワークプラット
フォームにおける情報識別規範」

[kr] <20173590-T-469 정보 보안 기술 소셜
네트워크 플랫폼 정보 식별 규범>

[pt] 20173590-T-469 Tecnologia de
Segurança da Informação - Especificação
de Rotulagem de Informações de
Plataforma da Rede Social

[ru] 20173590-T-469 Технологии
информационной безопасности.
Спецификация идентификации
информации платформы социальной
сети

[es] 20173590-T-469 Tecnología de
la Seguridad de la Información.
Especificación de la Identificación de
Información de Plataformas de Redes
Sociales

73331 《GB/T 25068.1-2012 信息技术 安全
技术 IT网络安全 第 1 部分：网络安全
管理》

[ar] تكنولوجيا المعلومات ـ تقنية حماية الأمن ـ أمن
شبكة تكنولوجيا المعلومات ـ الجزء الأول: إدارة أمن
الشبكة GB/T 25068.1-2012

[en] GB/T 25068.1-2012 Information
technology — Security techniques —
IT network security — Part 1: Network
security management

[fr] GB/T 25068.1-2012 Technologies

de l'information — Technologie
de la sécurité — Sécurité du réseau
informatique — Partie 1 : Gestion de la
sécurité du réseau

[de] GB/T 25068.1-2012 Informationstech-
nik - Sicherheitstechnik - IT-Netzwerksi-
cherheit - Teil 1: Netzwerksicherheits-
management

[it] GB/T 25068.1-2012 Tecnologia
dell'informazione — Tecniche di
sicurezza — Sicurezza di rete IT —
Parte 1: Gestione di sicurezza della rete

[jp] 「GB/T 25068.1-2012 情報技術 － セ
キュリティ技術－ ITサイバーセキュリ
ティー第 1 部： サイバーセキュリティ
マネジメント」

[kr] <GB/T 25068.1-2012 정보기술 보안기
술 IT 네트워크 보안 제 1 부분: 네트워크
보안 관리>

[pt] GB/T 25068.1-2012 Tecnologia da
Informação -Tecnologias de Segurança
- Segurança das Redes TI - Parte 1:
Gestão da Segurança da Rede

[ru] GB/T 25068.1-2012 Информационные
технологии. Технологии
безопасности. Кибербезопасность
информационных технологий. Часть
1. Управление безопасностью сети

[es] GB/T 25068.1-2012 Tecnología de la
Información. Técnicas de Seguridad.
Seguridad en Redes de Tecnología de
Información. Parte 1: Gestión de la
Seguridad de Red

73332 《20130334-T-469 信息安全技术 网络
安全管理支撑系统技术要求》

[ar] تكنولوجيا أمن المعلومات - وإدارة سلامة الشبكات
والمتطلبات الفنية لنظام الدعم 469-T-20130334

[en] 20130334-T-469 Information security
technology — Technical requirements for
cybersecurity management support system

[fr] 20130334-T-469 Technologie de la
sécurité de l'information — Exigence
technique relative au système
d'assistance pour la gestion de la
cybersécurité

[de] 20130334-T-469 Informationssicher-
heitstechnik - Technische Anforderungen
an Unterstützungssystem für Cybersi-
cherheitsmanagement

[it] 20130334-T-469 Tecnologia di sicurezza
dell'informazione — Requisiti tecnici
per il sistema di supporto alla gestione
della sicurezza dell'informazione

[jp] 「20130334-T-469 情報セキュリティ
技術－サイバーセキュリティマネジメ
ントサポートシステムのための技術的
要求事項」

[kr] <20130334-T-469 정보 보안 기술 정보
네트워크 보안 관리 지원시스템 플랫폼
기술 요구>

[pt] 20130334-T-469 Tecnologia de
Segurança da Informação - Requisitos
Técnicos para o Sistema de Suporte ao
Gestão de Cibersegurança

[ru] 20130334-T-469 Технологии
информационной безопасности.
Технические требования к
системе поддержки управления
кибербезопасностью

[es] 20130334-T-469 Tecnología de la
Seguridad de la Información. Requisitos
Técnicos del Sistema de Soporte para la
Gestión de la Ciberseguridad

73333 《GB/T 18336.3-2015 信息技术 安全
技术 信息技术安全评估准则 第 3 部
分：安全保障组件》

[ar] تكنولوجيا المعلومات ـ تقنية حماية الأمن ـ معايير
التقييم لأمن تكنولوجيا المعلومات ـ الجزء الثالث:
وحدات الضمان الأمني 18336.3-2015 GB/T

[en] GB/T 18336.3-2015 Information

technology — Security techniques — Evaluation criteria for IT security — Part 3: Security assurance components

[fr] GB/T 18336.3-2015 Technologies de l'information — Technologie de la sécurité — Critères d'évaluation de la sécurité des technologies de l'information — Partie 3 : composants d'assurance de sécurité

[de] GB/T 18336.3-2015 Informationstechnik - Sicherheitstechnik - Bewertungskriterien für die IT-Sicherheit - Teil 3: Komponenten der Sicherheitsgarantie

[it] GB/T 18336.3-2015 Tecnologia dell'informazione — Tecniche di sicurezza — Criteri di valutazione per sicurezza IT — Parte 3: Componenti di garanzia della sicurezza

[jp] 「GB/T 18336.3-2015 情報技術－セキュリティ技術－情報技術セキュリティ評価基準－第3部: セキュリティ保障コンポーネント」

[kr] <GB/T 18336.3-2015 정보기술 보안기술 정보기술 보안 평가 준칙 제 3 부분: 안전 보장 컴포넌트>

[pt] GB/T 18336.3-2015 Tecnologia da Informação - Tecnologias de Segurança - Critério de Avaliação para a Segurança da Tecnologia da Informação - Parte 3: Componentes da Garantia de Segurança

[ru] GB/T 18336.3-2015 Информационные технологии. Технологии безопасности. Критерии для оценки безопасности информационных технологий. Часть 3. Компоненты обеспечения безопасности

[es] GB/T 18336.3-2015 Tecnología de la Información. Técnicas de Seguridad: Criterios de Evaluación de la Seguridad en Tecnología de Información. Parte 3. Componentes de Aseguramiento de la

Seguridad

73334 《20173818-T-469 信息技术 大数据 系统运维与管理功能要求》

[ar] تكنولوجيا المعلومات ـ البيانات الضخمة ـ المتطلبات الوظيفية لعمليات التشغيل والإدارة والصيانة للأنظمة 20173818-T-469

[en] 20173818-T-469 Information technology — Big data — Functional requirement for system operation and management

[fr] 20173818-T-469 Technologies de l'information — Mégadonnées — Exigence fonctionnelle d'opération, de maintien et de gestion du système

[de] 20173818-T-469 Informationstechnik - Big Data - Funktionale Anforderungen an Systemsoperation und -wartung und Management

[it] 20173818-T-469 Tecnologia dell'informazione — Big Data — Requisiti per il funzionamento e la gestione di sistema (In corso di approvazione)

[jp] 「20173818-T-469 情報技術－ビッグデーターシステム運用・保守と管理機能要求」

[kr] <20173818-T-469 정보기술 빅데이터 시스템 운영과 관리 기능 요구>

[pt] 20173818-T-469 Tecnologia da Informação - Big Data - Requisitos Funcionais para a Gestão, Operação e Manutenção dos Sistemas

[ru] 20173818-T-469 Информационные технологии. Большие данные. Функциональные требования к эксплуатации, обслуживанию и управлению системой

[es] 20173818-T-469 Tecnología de la Información. Big Data. Requisitos Funcionales para el Uso y la Gestión del Sistema

7.3

73335 《YD/T 2727-2014 互联网数据中心运维管理技术要求》

[ar] متطلبات فنية لعمليات إدارة وتشغيل مركز بيانات
الإنترنت YD/T 2727-2014

[en] YD/T 2727-2014 Technical requirement for operations and maintenance management of Internet data center

[fr] YD/T 2727-2014 Exigence technique d'opération, de maintien et de gestion de centre de données de l'Internet

[de] YD/T 2727-2014 Technische Anforderungen an Operations- und Wartungsmanagement des Internet-Datenzentrums

[it] YD/T 2727-2014 Requisiti tecnici per le operazioni e la gestione della manutenzione del centro di dati di Internet

[jp] 「YD/T 2727-2014 インターネットデータセンター運用・保守管理の技術的要求事項」

[kr] <YD/T 2727-2014 인터넷 데이터 센터 운영 관리 기술 요구>

[pt] YD/T 2727-2014 Requisitos Técnicos para Gestão de Operações e manutenção do Centro de Dados na Internet

[ru] YD/T 2727-2014 Технические требования к управлению эксплуатацией и техническим обслуживанием интернет-центра обработки данных

[es] YD/T 2727-2014 Requisitos Técnicos para la Gestión de Operación y Mantenimiento de Centros de Datos de Internet

73336 《GB/T 28827.1-2012 信息技术服务运行维护 第 1 部分：通用要求》

[ar] خدمات تكنولوجيا المعلومات - عمليتا التشغيل
والصيانة – الجزء الأول: متطلبات عامة
GB/T 28827.1-2012

[en] GB/T 28827.1-2012 Information

technology service — Operations and maintenance — Part 1: General requirement

[fr] GB/T 28827.1-2012 Service informatique — Opération et maintien — Partie 1 : Exigence générale

[de] GB/T 28827.1-2012 Informationstechnischer Service - Operation und Wartung - Teil 1: Allgemeine Anforderungen

[it] GB/T 28827.1-2012 Servizio di IT — gestione e manutenzione — Parte 1: Requisiti generali

[jp] 「GB/T 28827.1-2012 情報技術サービスー運用と保守ー第 1 部：共通要求」

[kr] <GB/T 28827.1-2012 정보기술 서비스 운영 유지 제 1 부분: 통용 요구>

[pt] GB/T 28827.1-2012 Serviço da Tecnologia da Informação - Operação e Manutenção - Parte 1: Requisitos Gerais

[ru] GB/T 28827.1-2012 Информационно-технологические услуги. Эксплуатация и техническое обслуживание. Часть 1. Общие требования

[es] GB/T 28827.1-2012 Servicio de Tecnología de la Información. Operación y Mantenimiento. Parte 1: Requisitos Generales

73337 《YD/T 1926.2-2009 IT运维服务管理技术要求 第 2 部分：管理服务定义》

[ar] متطلبات فنية لإدارة خدمة التشغيل والصيانة - الجزء
الثاني: تعريف الخدمة الإدارية
YD/T 1926.2-2009

[en] YD/T 1926.2-2009 IT operations and maintenance service management technical specification — Part 2: Managed service definition

[fr] YD/T 1926.2-2009 Exigence technique de service d'opération et de maintien — Partie 2 : Définition du service de gestion

[de] YD/T 1926.2-2009 Technische Spezifikation für das IT-Operations- und Wartungsservice-Management - Teil 2: Definition des Managementsservices

[it] YD/T 1926.2-2009 Specifiche tecnica per la gestione dei servizi IT e assistenza tecnica — Parte 2: definizione del servizio gestito

[jp] 「YD/T 1926.2-2009 IT 運用・保守サービス管理のための技術的要求事項－第 2 部：管理サービスの定義」

[kr] <YD/T 1926.2-2009 IT 운영 서비스 관리 기술 요구 제 2 부분: 관리 서비스 정의>

[pt] YD/T 1926.2-2009 Especificações Tecnologias de Gestão de Serviços de Operaão e Manutenção de IT - Parte 2: Definição de Serviço de Gestão

[ru] YD/T 1926.2-2009 Технические требования к управлению эксплуатацией и техническим обслуживанием информационных технологий. Часть 2. Определения по обслуживанию управления

[es] YD/T 1926.2-2009 Especificaciones Técnicas de la Gestión de Servicios de Operación y Mantenimiento de Tecnología de Información. Parte 2: Definición de Servicios de Gestión

73338 《GB/T 24405.1-2009 信息技术 服务 管理 第 1 部分：规范》

[ar] تكنولوجيا المعلومات ـ إدارة الخدمات ـ الجزء الأول: المواصفات GB/T 24405.1-2009

[en] GB/T 24405.1-2009 Information technology — Service management — Part 1: Specification

[fr] GB/T 24405.1-2009 Technologies de l'information — Gestion des services — Partie 1 : Spécifications

[de] GB/T 24405.1-2009 Informationstechnik - Servicemanagement - Teil 1: Spezifikation

[it] GB/T 24405.1-2009 Tecnologia dell'informazione — Gestione di servizi — Parte 1: Norme

[jp] 「GB/T 24405.1-2009 情報技術－サービス管理－第 1 部：規範」

[kr] <GB/T 24405.1-2009 정보기술 서비스 관리 제 1 부분: 규범>

[pt] GB/T 24405.1-2009 Tecnologia da Informação - Gestão de Serviços - Parte 1: Especificação

[ru] GB/T 24405.1-2009 Информационные технологии. Управление услугами. Часть 1. Спецификация

[es] GB/T 24405.1-2009 Servicio de Tecnología de la Información. Gestión de Servicios. Parte 1: Especificación

73339 《GB/T 34960.1-2017 信息技术服务 治理 第 1 部分：通用要求》

[ar] خدمة تكنولوجية المعلومات ـ الحوكمة ـ الجزء الأول: متطلبات عامة GB/T 34960.1-2017

[en] GB/T 34960.1-2017 Information technology service — Governance — Part 1: General requirement

[fr] GB/T 34960.1-2017 Service des technologies de l'information — Gouvernance — Partie 1 : Exigence générale

[de] GB/T 34960.1-2017 Informationstechnikservice - Regulierung - Teil 1: Allgemeine Anforderungen

[it] GB/T 34960.1-2017 Servizio di IT — Gestione — Parte 1: Requisiti generali

[jp] 「GB/T 34960.1-2017 情報技術サービス－管理－第 1 部：共通要求事項」

[kr] <GB/T 34960.1-2017 정보기술 서비스 거버넌스 제 1 부분: 통용 요구>

[pt] GB/T 34960.1-2017 Serviço da Tecnologia da Informação - Governação

- Parte 1: Requisitos Gerais

[ru] GB/T 34960.1-2017 Информационно-технологические услуги. Управление. Часть 1. Общие требования

[es] GB/T 34960.1-2017 Servicio de Tecnología de la Información. Gobernanza. Parte 1: Requisitos Generales

73340 《SJ/T 11693.1-2017 信息技术服务 服务管理 第 1 部分：通用要求》

[ar] خدمة التكنولوجية المعلومات ـ الإدارة الخدماتية ـ الجزء الأول: متطلبات عامة SJ/T 11693.1-2017

[en] SJ/T 11693.1-2017 Information technology service — Service management — Part 1: General requirement

[fr] SJ/T 11693.1-2017 Service des technologies de l'information — Gestion des services — Partie 1 : Exigence générale

[de] SJ/T 11693.1-2017 Informationstechnikservice - Servicemanagement - Teil 1: Allgemeine Anforderungen

[it] SJ/T 11693.1-2017 Servizio di IT — Gestione servizi — Parte 1: Requisiti generali

[jp] 「SJ/T 11693.1-2017 情報技術サービスーサービス管理－第 1 部：共通要求事項」

[kr] <SJ/T 11693.1-2017 정보기술 서비스 서비스 관리 제 1 부분: 통용 요구>

[pt] SJ/T 11693.1-2017 Serviço de Tecnologia da Informação - Gestão de Serviços - Parte 1: Requisitos Gerais

[ru] SJ/T 11693.1-2017 Информационно-технологические услуги. Управление услугами. Часть 1. Общие требования

[es] SJ/T 11693.1-2017 Servicio de Tecnología de la Información. Gestión de Servicios.

Parte 1: Requisitos Generales

73341 《GB/T 36463.1-2018 信息技术服务 咨询设计 第 1 部分：通用要求》

[ar] خدمة تكنولوجية المعلومات ـ أعمال الاستشارة والتصميم الجزء الثاني: متطلبات عامة GB/T 36463.1-2018

[en] GB/T 36463.1-2018 Information technology service — Consulting and design — Part 1: General requirement

[fr] GB/T 36463.1-2018 Service des technologies de l'information — Conseil et conception — Partie 1 : Exigence générale

[de] GB/T 36463.1-2018 Informationstechnikservice - Beratung und Entwurf - Teil 1: Allgemeine Anforderungen

[it] GB/T 36463.1-2018 Servizio di IT — Consulenza e progettazione — Parte 1: Requisiti generali

[jp] 「GB/T 36463.1-2018 情報技術サービスーコンサルティングとデザインー第 1 部：共通要求事項」

[kr] <GB/T 36463.1-2018 정보기술 서비스 컨설팅 디자인 제 1 부분: 통용 요구>

[pt] GB/T 36463.1-2018 Serviço de Tecnologia da Informação - Consultoria e Concepção - Parte 1: Requisitos Gerais

[ru] GB/T 36463.1-2018 Информационно-технологические услуги. Консалтинг и проектирование. Часть 1. Общие требования

[es] GB/T 36463.1-2018 Servicio de Tecnología de la Información. Consultoría y Diseño. Parte 1: Requisitos Generales

73342 《GB/T 37961-2019 信息技术服务 服务基本要求》

[ar] خدمة تكنولوجية المعلومات ـ المتطلبات الخدمية الأساسية GB/T 37961-2019

[en] GB/T 37961-2019 Information

technology service — Basic
requirements for service

[fr] GB/T 37961-2019 Service des
technologies de l'information —
Exigence de base pour le service

[de] GB/T 37961-2019 Informationstechnik-
service - Grundlegende Anforderungen
an Service

[it] GB/T 37961-2019 Servizio di IT —
Requisiti base per il servizio

[jp] 「GB/T 37961-2019 情報技術サービス
ーサービス共通要求事項」

[kr] <GB/T 37961-2019 정보기술 서비스
서비스 기본 요구>

[pt] GB/T 37961-2019 Serviço de Tecnologia
da Informação - Requisitos Básicos para
Serviço

[ru] GB/T 37961-2019 Информационно-
технологические услуги. Основные
требования к услугам

[es] GB/T 37961-2019 Servicio de
Tecnología de la Información. Requisitos
Básicos del Servicio

73343 《20173830-T-469 信息技术服务 外包
第 6 部分：服务需方通用要求》

[ar] خدمة تكنولوجيا المعلومات - الاستعانة بمصادر
المقاولة الخارجية الجزء السادس: المتطلبات العامة
لزبائن الخدمة 20173830-T-469

[en] 20173830-T-469 Information technology
service — Outsourcing — Part 6:
General specification for client

[fr] 20173830-T-469 Service des
technologies de l'information — Sous-
traitance — Partie 6 : Exigence générale
pour le client

[de] 20173830-T-469 Informationstechnik-
service - Auslagerung - Teil 6: Allgemei-
ne Anforderungen an Servicenachfrage-
seite

[it] 20173830-T-469 Servizio di IT —

Esternalizzazione — Parte 6: Normativa
per cliente

[jp] 「20173830-T-469 情報技術サービスー
アウトソーシングー第 6 部：クライア
ントの共通要求事項」

[kr] <20173830-T-469 정보기술 서비스 아
웃소싱 제 6 부분: 서비스 수요자 통용
요구>

[pt] 20173830-T-469 Serviço de Tecnologia
da Informação - Terceirização - Seção 6:
Especificação geral para clientes

[ru] 20173830-T-469 Информационно-
технологические услуги. Аутсорсинг.
Часть 6. Общие требования
потребителей услуг

[es] 20173830-T-469 Servicio de Tecnología
de la Información. Subcontratación.
Parte 6: Especificación General para el
Cliente

73344 《GB/T 34941-2017 信息技术服务 数
字化营销服务 程序化营销技术要求》

[ar] خدمة تكنولوجيا المعلومات - الخدمة التسويقية
الرقمية - المتطلبات الفنية للتسويق المبرمج
GB/T 34941-2017

[en] GB/T 34941-2017 Information
technology service — Digitized
marketing — Programmatic marketing
technology requirement

[fr] GB/T 34941-2017 Service des
technologies de l'information —
Marketing numérisé — Exigence
technique du marketing programmatique

[de] GB/T 34941-2017 Informationstech-
nikservice - Digitalisiertes Marketing -
Technische Anforderungen an program-
matisches Marketing

[it] GB/T 34941-2017 Servizio di IT —
commercio digitale — Requisiti tecnici
di marketing digitale

[jp] 「GB/T 34941-2017 情報技術サービス

7.3

ーデジタル化マーケティングサービス
ープログラマティック・マーケティン
グの技術的要求事項」

[kr]　<GB/T 34941-2017 정보기술 서비스
디지털화 마케팅 서비스 프로세스화 마
케팅 기술 요구>

[pt]　GB/T 34941-2017 Serviço da Tecnologia
da Informação - Serviços de Marketing
Digitalizado - Requisitos Técnicos de
Marketing Programático

[ru]　GB/T 34941-2017 Информационно-
технологические услуги.
Оцифрованный маркетинг.
Технические требования по
программному маркетингу

[es]　GB/T 34941-2017 Servicio de
Tecnología de la Información.
Mercadotecnia Digitalizada. Requisitos
de Tecnología de Mercadotecnia
Programática

73345　《SJ/T 11674.2-2017 信息技术服务 集
成实施 第 2 部分：项目实施规范》

[ar]　خدمة تكنولوجيا المعلومات ـ التنفيذ المتكامل، الجزء
الثاني: المواصفات التنفيذية للمشروع
SJ/T 11674.2-2017

[en]　SJ/T 11674.2-2017 Information
technology services — Integrated
implementation — Part 2: Project
implementation specification

[fr]　SJ/T 11674.2-2017 Services des
technologies de l'information —
Application intégrée — Partie 2 :
Spécifications d'application du projet

[de]　SJ/T 11674.2-2017 Informationstechnik-
service - Integrierte Implementierung
- Teil 2: Spezifikation der Projektimple-
mentierung

[it]　SJ/T 11674.2-2017 Servizio di IT —
Implementazione integrata — Parte
2: Specifiche di implementazione del

progetto

[jp]　「SJ/T 11674.2-2017 情報技術サービス
ー統合的実施ー第 2 部：プロジェクト
実施規範」

[kr]　<SJ/T 11674.2-2017 정보기술 서비스
집합 실시 제 2 부분: 프로젝트 실시 규
범>

[pt]　SJ/T 11674.2-2017 Serviços
de Tecnologia da Informação -
Implementação Integrada - Parte 2:
Especificação de Implementação do
Projeto

[ru]　SJ/T 11674.2-2017 Информационно-
технологические услуги. Комплексное
внедрение. Часть 2. Спецификация
реализации проекта

[es]　SJ/T 11674.2-2017 Tecnología de
la Información. Implementación
Integrada. Parte 2: Especificación de la
Implementación de Proyectos

73346　《20171070-T-469 信息技术服务 服务
安全规范》

[ar]　خدمة تكنولوجية للمعلومات ـ مواصفات السلامة
الخدمية 20171070-T-469

[en]　20171070-T-469 Information technology
service — Service security specification

[fr]　20171070-T-469 Service des
technologies de l'information —
Spécifications de sécurité du service

[de]　20171070-T-469 Informationstechnik-
service - Spezifikation für Servicesicher-
heit

[it]　20171070-T-469 Servizio di IT —
Norme di sicurezza del servizio

[jp]　「20171070-T-469 情報技術サービスー
サービスセキュリティ規範」

[kr]　<20171070-T-469 정보기술 서비스 서
비스 안전 규범>

[pt]　20171070-T-469 Serviço de Tecnologia
informática - Especificação de Segurança

de Serviço

[ru] 20171070-T-469 Информационно-
технологические услуги.
Спецификация безопасности услуг

[es] 20171070-T-469 Servicio de Tecnología
de la Información. Especificación de
Seguridad de Servicios

73347 《SJ/T 11684-2018 信息技术服务 信息
系统服务监理规范》

[ar] خدمة تكنولوجيا المعلومات ـ مواصفات خدمة
الإشراف على نظام معلومات SJ/T 11684-2018

[en] SJ/T 11684-2018 Information technology
service — Information system service
surveillance specification

[fr] SJ/T 11684-2018 Service des
technologies de l'information —
Spécifications de surveillance du service
de système d'information

[de] SJ/T 11684-2018 Informationstechnik-
service - Überwachungsspezifikation für
Informationssystemservice

[it] SJ/T 11684-2018 Servizio di ITt —
Normativa sulla sorveglianza del
servizio del sistema di informazione

[jp] 「SJ/T 11684-2018 情報技術サービス
ー情報システムサービス監督管理規
則」

[kr] <SJ/T 11684-2018 정보기술 서비스 정
보시스템 서비스 감독 관리 규범>

[pt] SJ/T 11684-2018 Serviço de Tecnologia
da Informação - Especificação de
Vigilância de Serviço do Sistema de
Informação

[ru] SJ/T 11684-2018 Информационно-
технологические услуги.
Спецификация надзора за услугами
информационных систем

[es] SJ/T 11684-2018 Servicio de Tecnología
de la Información. Especificaciones de
Supervisión de Servicios de Sistemas de

Información

73348 《GB/T 19668.1-2014 信息技术服务 监
理 第 1 部分：总则》

[ar] خدمة تكنولوجية المعلومات ـ الإشراف ـ الجزء
الأول: القواعد العامةGB/T 19668.1-2014

[en] GB/T 19668.1-2014 Information
technology service — Surveillance —
Part 1: General rules

[fr] GB/T 19668.1-2014 Service des
technologies de l'information —
Surveillance — Partie 1 : Dispositions
générales

[de] GB/T 19668.1-2014 Informations-
technikservice - Überwachung - Teil 1:
Allgemeine Regeln

[it] GB/T 19668.1-2014 Servizio di
tecnologia dell'informazione —
Sorveglianza — Parte 1: Regole generali

[jp] 「GB/T 19668.1-2014 情報技術サービ
スー監督管理ー第 1 部：総則」

[kr] <GB/T 19668.1-2014 정보기술 서비스
감독 감리 제 1 부분: 총칙>

[pt] GB/T 19668.1-2014 Serviço da
Tecnologia da Informação - Fiscalização
- Parte 1: Regras Gerais

[ru] GB/T 19668.1-2014 Информационно-
технологические услуги. Надзор.
Часть 1. Общие правила

[es] GB/T 19668.1-2014 Servicio de
Tecnología de la Información.
Supervisión. Parte 1: Generalidad

73349 《GB/T 29264-2012 信息技术服务 分
类与代码》

[ar] خدمة تكنولوجية المعلومات ـ التصنيف والترميز
GB/T 29264-2012

[en] GB/T 29264-2012 Information
technology service — Classification and
code

[fr] GB/T 29264-2012 Service des

technologies de l'information —
Classification et code

[de] GB/T 29264-2012 Informationstechnik-
service - Klassifizierung und Code

[it] GB/T 29264-2012 Servizio di IT —
Classificazione e codici

[jp] 「GB/T 29264-2012 情報技術サービス
ー分類とコード」

[kr] <GB/T 29264-2012 정보기술 서비스
분류와 코드>

[pt] GB/T 29264-2012 Serviço da Tecnologia
da Informação - Classificação e Código

[ru] GB/T 29264-2012 Информационно-
технологические услуги.
Классификация и код

[es] GB/T 29264-2012 Servicio de
Tecnología de la Información.
Clasificación y Código

73350 《GB/T 33850-2017 信息技术服务 质
量评价指标体系》

[ar] خدمة تكنولوجية المعلومات ـ نظام مؤشرات تقييم
جودة الخدمة GB/T 33850-2017

[en] GB/T 33850-2017 Information
technology service — Evaluation
indicator system for service quality

[fr] GB/T 33850-2017 Service des
technologies de l'information —
Système d'indice d'évaluation de la
qualité du service

[de] GB/T 33850-2017 Informationstechnik-
service - Bewertungsindikatorsystem für
die Dienstqualität

[it] GB/T 33850-2017 Servizio di IT —
Indicatore di valutazione della qualità
del servizio

[jp] 「GB/T 33850-2017 情報技術サービス
ー品質評価指標体系」

[kr] <GB/T 33850-2017 정보기술 서비스
품질 평가 지표 시스템>

[pt] GB/T 33850-2017 Serviço da Tecnologia

da Informação - Sistema dos Indicatores
de Avaliação de Qualidade de Serviço

[ru] GB/T 33850-2017 Информационно-
технологические услуги. Система
показателей оценки качества
обслуживания

[es] GB/T 33850-2017 Servicio de
Tecnología de la Información. Sistema
de Indicadores de Evaluación de la
Calidad del Servicio

73351 《GB/T 37696-2019 信息技术服务 从
业人员能力评价要求》

[ar] خدمة تكنولوجية المعلومات ـ متطلبات تقييم
القدرةعلى الأعمال GB/T 37696-2019

[en] GB/T 37696-2019 Information
technology service — Requirements for
capability evaluation of practitioners

[fr] GB/T 37696-2019 Service des
technologies de l'information —
Exigence d'évaluation de la capacité des
praticiens

[de] GB/T 37696-2019 Informationstechnik-
service - Anforderungen an die Fähig-
keitsbewertung von Praktikern

[it] GB/T 37696-2019 Servizio di IT —
Requisiti per la valutazione delle
capacità degli operatori

[jp] 「GB/T 37696-2019 情報技術サービス
ー従業者能力評価要求事項」

[kr] <GB/T 37696-2019 정보기술 서비스
종사자 능력 평가 요구>

[pt] GB/T 37696-2019 Serviço de
Tecnologia da Informação - Requisitos
para Avaliação da Capacidade dos
Trabalhadores no Ramo

[ru] GB/T 37696-2019 Информационно-
технологические услуги. Требования
к оценке способностей работников

[es] GB/T 37696-2019 Servicio de
Tecnología de la Información. Requisitos

para la Evaluación de Capacidad de
Profesionales

73352 《SJ/T 11691-2017 信息技术服务 服务
级别协议指南》

[ar] خدمة تكنولوجية المعلومات ـ دليل اتفاقية تصنيف
الخدمات 2017- SJ/ T 11691

[en] SJ/T 11691-2017 Information
technology service — Guide of service
level agreement

[fr] SJ/T 11691-2017 Service des
technologies de l'information — Guide
d'accord sur les niveaux de service

[de] SJ/T 11691-2017 Informationstechnik-
service - Leitlinien für Vereinbarung des
Servicelevels

[it] SJ/T 11691-2017 Servizio di IT — guida
per l'accordo sul livello di servizio

[jp] 「SJ/T 11691-2017 情報技術サービス
ーサービスレベル協議ガイドライン」

[kr] <SJ/T 11691-2017 정보기술 서비스 서
비스 등급 협약 가이드라인>

[pt] SJ/T 11691-2017 Serviço de Tecnologia
da Informação - Guia sobre Acordo de
Nível de Serviço

[ru] SJ/T 11691-2017 Информационно-
технологические услуги. Руководство
по соглашению об уровне сервиса

[es] SJ/T 11691-2017 Servicio de Tecnología
de la Información. Guía de Acuerdos de
Niveles de Servicio

7.3.4 安全标准

[ar] معايير الأمن والسلامة

[en] Security Standards

[fr] Normes de sécurité

[de] Sicherheitsnormen

[it] Standard di sicurezza

[jp] セキュリティ基準

[kr] 보안 표준

[pt] Padrão de Segurança

[ru] Стандарты безопасности

[es] Normas de Seguridad

73401 《20173820-T-469 信息技术 大数据 工
业产品核心元数据》

[ar] تكنولوجيا المعلومات ـ البيانات الضخمة ـ
البيانات الوصفية المحورية للمنتجات الصناعية
20173820-T-469

[en] 20173820-T-469 Information technology
— Big data — Core metadata for
industrial product

[fr] 20173820-T-469 Technologies de
l'information — Mégadonnées —
Métadonnées de base pour les produits
industriels

[de] 20173820-T-469 Informationstechnik -
Big Data - Kernmetadaten der Industrie-
produkte

[it] 20173820-T-469 Tecnologia
dell'informazione — Big Data —
Metadati di base per prodotti industriali

[jp] 「20173820-T-469 情報技術ービッグ
データー産業製品コアメタデータ」

[kr] <20173820-T-469 정보기술 빅데이터
산업제품 핵심 메타데이터>

[pt] 20173820-T-469 Tecnologia da
Informação - Big Data - Metadados
Núcleo para Produtos Industriais

[ru] 20173820-T-469 Информационные
технологии. Большие данные.
Основные метаданные для
промышленного продукта

[es] 20173820-T-469 Tecnología de la
Información. Big Data. Metadatos
Básicos para Productos Industriales

73402 《GB 4943.1-2011 信息技术设备 安全
第 1 部分：通用要求》

[ar] سلامة المعدات وتكنولوجيا المعلومات الجزء الأول:
متطلبات عامة 2011-GB 4943.1

[en] GB 4943.1-2011 Information technology

equipment — Safety — Part 1: General requirements

[fr] GB 4943.1-2011 Matériel informatique — Sécurité — Partie 1 : Exigence générale

[de] GB 4943.1-2011 Informationstechnische Ausrüstung - Sicherheit - Teil 1: Allgemeine Anforderungen

[it] GB 4943.1-2011 Apparecchiatura per tecnologia dell'informazione — Sicurezza — Parte 1: Requisiti generali

[jp] 「GB 4943.1-2011 情報技術装置－セキュリティー第 1 部：共通要求事項」

[kr] <GB 4943.1-2011 정보기술 설비 보안 제 1 부분: 통용 요구>

[pt] GB 4943.1-2011 Equipamento da Tecnologia da Informação - Segurança - Parte 1: Requisitos Gerais

[ru] GB 4943.1-2011 Информационно-технологическое оборудование. Безопасность. Часть 1. Общие требования

[es] GB 4943.1-2011 Equipos de Tecnología de la Información. Seguridad. Parte 1: Requisitos Generales

73403 《GB 4943.23-2012 信息技术设备 安全 第 23 部分：大型数据存储设备》

[ar] السلامة للمعدات وتكنولوجيا المعلومات الجزء الـ23: أجهزة تخزين البيانات الضخمة GB 4943.23-2012

[en] GB 4943.23-2012 Information technology equipment — Safety — Part 23: Large data storage equipment

[fr] GB 4943.23-2012 Matériel informatique — Sécurité — Partie 23 : Équipement massif de stockage de données

[de] GB 4943.23-2012 Informationstechnische Ausrüstung - Sicherheit - Teil 23: Ausrüstung für Speicherung großer Datenmengen

[it] GB 4943.23-2012 Apparecchiatura per tecnologia dell'informazione — Sicurezza — Parte 23: Apparecchiatura per memorizzazione dei dati di grandi dimensioni

[jp] 「GB 4943.23-2012 情報技術装置－セキュリティー第 23 部：大型データ記憶装置」

[kr] <GB 4943.23-2012 정보기술 설비 보안 제 23 부분: 대형 데이터 저장 설비>

[pt] GB 4943.23-2012 Equipamento da Tecnologia da Informação - Segurança - Parte 23: Equipamento Grande de Armazenamento dos Dados

[ru] GB 4943.23-2012 Информационно-технологическое оборудование. Безопасность. Часть 23. Большое оборудование для хранения данных

[es] GB 4943.23-2012 Equipos de Tecnología de la Información. Seguridad. Parte 23: Grandes Equipos de Almacenamiento de Datos

73404 《20192221-T-469 空间数据与信息传输系统 邻近-1 空间链接协议 物理层》

[ar] أنظمة نقل البيانات والمعلومات الفضائية - بروتوكول الارتباطات المكانية - الاقتراب - الطبقة الفيزيائية 20192221-T-469

[en] 20192221-T-469 Space data and information transfer systems — Proximity-1 space link protocol — Physical layer

[fr] 20192221-T-469 Systèmes de transfert d'informations et de données spatiales — Protocole de liaison spatiale Proximité-1 — Couche physique

[de] 20192221-T-469 Raumdaten- und Informationsübertragungssysteme - Proximity-1-Raumverbindungsprotokoll - Physikalische Schicht

[it] 20192221-T-469 Sistemi di trasferimento

di informazioni dati spaziali —
prossimità-1 protocollo di collegamento
spaziale e livello fisico

[jp] 「20192221-T-469 空間データと情報伝
送システムー近傍領域通信 -1 スペー
スリンクプロトコルー物理層」

[kr] <20192221-T-469 공간 데이터와 정보
전송 시스템 근접-1 공간 링크 협약 물리
층>

[pt] 20192221-T-469 Sistema de Transmissão
de Dados e Informações Espaciais -
Proximidade-1 Protocolo de Conexão
Espacial - Camada Física

[ru] 20192221-T-469 Системы передачи
космических данных и информации.
Протокол космической связи
Proximity-1. Физический слой

[es] 20192221-T-469 Sistemas de
Transmisión de Información y Datos
Espaciales. Protocolo del Enlace
Espacial Proximidad-1. Capa Física

73405 《YD/T 3399-2018 电信互联网数据中
心(IDC)网络设备测试方法》

[ar] وسائل اختبار الأجهزة الشبكية لمركز البيانات
الاتصالية للانترنت (IDC)
YD/T 3399-2018

[en] YD/T 3399-2018 Telecom Internet data
center (IDC) network equipment test
method

[fr] YD/T 3399-2018 Méthode
d'essai d'équipement réseau d'un
centre de données d'Internet de
télécommunications

[de] YD/T 3399-2018 IDC-Testmethode
(Telecom Internet Data Center) für Netz-
werkgeräte

[it] YD/T 3399-2018 Centro dati
Internet (IDC) Metodo di prova delle
apparecchiature di rete

[jp] 「YD/T 3399-2018 テレコムインター

ネットデータセンター（IDC）ネット
ワーク装置のテスト方法」

[kr] <YD/T 3399-2018 통신 인터넷 데이터
센터(IDC) 네트워크 설비 테스트 방법>

[pt] YD/T 3399-2018 Método de Teste de
Equipamento de Rede do Centro de
Dados da Internet de Telecomunicações

[ru] YD/T 3399-2018 Метод тестирования
сетевого оборудования Центра
телекоммуникационных интернет-
данных

[es] YD/T 3399-2018 Método de Prueba de
Equipos de Redes para un Centro de
Datos de Telecomunicaciones de Internet

73406 《YD/T 1765-2008 通信安全防护名词
术语》

[ar] مصطلحات خاصة بحماية أمن الاتصالات
YD/T 1765-2008

[en] YD/T 1765-2008 Noun terms in
communication safety and protection

[fr] YD/T 1765-2008 Termes relatifs
à la protection de la sécurité des
communications

[de] YD/T 1765-2008 Substantivbegriffe für
Schutz der Kommunikationssicherheit

[it] YD/T 1765-2008 Terminologia su
sicurezza e protezione delle comunicazioni

[jp] 「YD/T 1765-2008 通信セキュリティと
保護の名詞専門用語」

[kr] <YD/T 1765-2008 통신 안전 방호 전문
용어>

[pt] YD/T 1765-2008 Termos Substantivos
em Garantia de Segurança da
Comunicação

[ru] YD/T 1765-2008 Номенклатурные
термины в области безопасности и
защиты связи

[es] YD/T 1765-2008 Términos Nominales
sobre Seguridad y Protección de las
Comunicaciones

7.3

73407 《GB/T 28181-2016 公共安全视频监
控联网系统信息传输、交换、控制技
术要求》

[ar] متطلبات فنية لعمليات النقل والتبادل والتحكم في
المعلومات لنظام شبكات رقابة الأمن العام عبر
الفيديوهات GB/T 28181-2016

[en] GB/T 28181-2016 Technical
requirements for information transport,
switch and control in video surveillance
network system for public security

[fr] GB/T 28181-2016 Exigence technique
de transport, d'échange et de contrôle
des informations du système de réseau
de vidéosurveillance pour la sécurité
publique

[de] GB/T 28181-2016 Technische Anforde-
rungen an Informationstransport, -ver-
mittlung und -steuerung des Videoüber-
wachungsnetzwerks für die öffentliche
Sicherheit

[it] GB/T 28181-2016 Requisiti tecnici per il
trasporto, lo scambio e il controllo delle
informazioni nel sistema di reti di video
sorveglianza per la sicurezza pubblica

[jp] 「GB/T 28181-2016 公共安全のビデオ
監視ネットワークシステムにおける情
報伝送、交換及びコントロールのため
の技術的要求事項」

[kr] <GB/T 28181-2016 공공 안전 영상 모
니터링 네트워크 시스템 정보 전송, 교
환, 통제 기술 요구>

[pt] GB/T 28181-2016 Requisitos Técnicos
para Transmissão, comutação e Controlo
de Informações em Sistemas de Rede de
Vigilância por Vídeo para a Segurança
Pública

[ru] GB/T 28181-2016 Технические
требования к передаче, коммутации и
управлению информацией в сетевой
системе видеонаблюдения для
общественной безопасности

[es] GB/T 28181-2016 Requisitos Técnicos
para el Transmisión, el Intercambio y el
Control de la Información en Sistemas
de Redes de Video Vigilancia para
Seguridad Pública

73408 《YD/T 2399-2012 M2M应用通信协
议技术要求》

[ar] متطلبات فنية لبروتوكول تطبيق الاتصالات
YD/T 2399-2012 M2M

[en] YD/T 2399-2012 Technical requirement
of M2M service communication protocol

[fr] YD/T 2399-2012 Exigence technique de
protocole de communication de service
M2M

[de] YD/T 2399-2012 Technische Anforde-
rungen an M2M Dienstkommunikations-
protokoll

[it] YD/T 2399-2012 Requisiti tecnici del
protocollo di comunicazione del servizio
M2M

[jp] 「YD/T 2399-2012 M2M 応用通信協議
の技術的要求事項」

[kr] <YD/T 2399-2012 M2M 응용 통신 협
약 기술 요구>

[pt] YD/T 2399-2012 Requisitos Técnicos do
Protocolo de Comunicação de Serviço
M2M

[ru] YD/T 2399-2012 Технические
требования к прикладному протоколу
связи M2M

[es] YD/T 2399-2012 Requisitos Técnicos
del Protocolo de Comunicaciones de
Servicios Máquina a Máquina

73409 《YD/T 2305-2011 统一通信中即时通
信及语音通信相关接口技术要求》

[ar] متطلبات فنية للواجهات المتعلقة بالاتصال الفوري
والاتصال الصوتي لنظام الاتصالات الموحدة
YD/T 2305-2011

[en] YD/T 2305-2011 Technical requirement

for interfaces of instant communication and voice communication for unified communications

[fr] YD/T 2305-2011 Exigence technique d'interfaces de communication instantanée et de communication vocale dans les communications unifiées

[de] YD/T 2305-2011 Technische Anforderung an Schnittstellen der Sofort- und Sprachkommunikation für Vereinigte Kommunikation

[it] YD/T 2305-2011 Requisiti tecnici per le interfacce di comunicazione istantanea e comunicazione vocale per comunicazioni unificate

[jp] 「YD/T 2305-2011 ユニファイドコミュニケーションにおける即時通信及び音声通信のインターフェースの技術的要求事項」

[kr] <YD/T 2305-2011 통일 통신 중 실시간 통신 및 음성 통신 관련 인터페이스 기술 요구>

[pt] YD/T 2305-2011 Requisito Técnico para Interfaces de Comunicação Instantânea e Comunicação de Voz nas Comunicações Unificadas

[ru] YD/T 2305-2011 Техническое требование к интерфейсам мгновенной связи и голосовой связи в унифицированных коммуникаций

[es] YD/T 2305-2011 Requisitos Técnicos para Interfaces de Comunicaciones Instantáneas y de Voz para Comunicaciones Unificadas

73410 《YD/T 2707-2014 互联网主机网络安全属性描述格式》

[ar] صيغة وصف الصفات الأمنية لشبكة مضيف الإنترنت YD/T 2707-2014

[en] YD/T 2707-2014 Host network security attribute description format

[fr] YD/T 2707-2014 Format de description des attributs de la sécurité du réseau hôte

[de] YD/T 2707-2014 Beschreibungsformat für Host-Netzwerksicherheitsattribut

[it] YD/T 2707-2014 descrizione degli attributi di sicurezza per Internet host

[jp] 「YD/T 2707-2014 インターネットホストコンピュータのサイバーセキュリティ属性記述フォーマット」

[kr] <YD/T 2707-2014 인터넷 호스트 네트워크 보안 속성 기술 서식>

[pt] YD/T 2707-2014 Formato Descritivo do Atributo de Segurança da Rede de Host da Internet

[ru] YD/T 2707-2014 Формат описания атрибутов безопасности хост-сети

[es] YD/T 2707-2014 Formato de la Descripción de Atributos de Seguridad para Redes de Computadora Central

73411 《YD/T 1613-2007 公众IP网络安全要求——安全框架》

[ar] متطلبات أمن سيبراني IP العامة – الإطار الأمني YD/T 1613-2007

[en] YD/T 1613-2007 Security requirement for public IP network security architecture

[fr] YD/T 1613-2007 Cadre de sécurité pour l'architecture de la sécurité du réseau IP public

[de] YD/T 1613-2007 Sicherheitsanforderungen an öffentliche IP-Netzwerke - Sicherheitsarchitektur

[it] YD/T 1613-2007 Requisiti di sicurezza per l'architettura di sicurezza di network IP pubblica

[jp] 「YD/T 1613-2007 パブリックIPサイバーセキュリティ要求—セキュリティフレームワーク」

[kr] <YD/T 1613-2007 공중 IP 네트워크 보안 요구 ― 보안 프레임워크>

[pt] YD/T 1613-2007 Requisitos de Segurança para a Rede IP Pública - Arquitetura de Segurança

[ru] YD/T 1613-2007 Требования к безопасности общедоступной IP-сети. Фреймворк безопасности

[es] YD/T 1613-2007 Requisitos de Seguridad para Arquitecturas de Seguridad de Redes Protocolo de Internet Públicas

73412 《GB/T 36959-2018 信息安全技术 网络安全等级保护测评机构能力要求和评估规范》

[ar] تكنولوجيا أمن المعلومات ـ متطلبات إمكانيات هيئات الاختبار والتقييم للحماية المصنفة للأمن السيبراني ومواصفات تقييمها GB/T 36959-2018

[en] GB/T 36959-2018 Information security technology — Capability requirement and evaluation specification for assessment organization of classified protection of cybersecurity

[fr] GB/T 36959-2018 Technologie de la sécurité de l'information — Exigence de capacité et Spécifications d'évaluation pour l'organisation de l'évaluation de la protection hiérarchisée de la cybersécurité

[de] GB/T 36959-2018 Informationssicherheitstechnik - Fähigkeitsanforderungen und Bewertungsspezifikation für Bewertungsorganisation des klassifizierten Schutzes der Cybersicherheit

[it] GB/T 36959-2018 Tecnologia di sicurezza dell'informazione — valutazione e requisiti per gli strumenti di verifica della protezione classificata della sicurezza dell'informazione

[jp] 「GB/T 36959-2018 情報セキュリティ技術－サイバーセキュリティ等級保護のテスト・評価機構の能力要求事項と評価規範」

[kr] <GB/T 36959-2018 정보 보안 기술 네트워크 보안 등급 보호 테스트 기구 능력 요구와 평가 규범>

[pt] GB/T 36959-2018 Tecnologia de Segurança de Informação - Requisitos de Capacidade e Especificação de Avaliação para as Instituições de Avaliação de Proteção Classificada de Cibersegurança

[ru] GB/T 36959-2018 Технологии информационной безопасности. Требования к возможностям и спецификация оценки для организации оценки секретной защиты кибербезопасности

[es] GB/T 36959-2018 Tecnología de Seguridad de la Información. Requisitos de Capacidad y Especificación de la Evaluación para la Organización de la Evaluación de la Protección Clasificada de Ciberseguridad

73413 《GB/T 28449-2018 信息安全技术 网络安全等级保护测评过程指南》

[ar] تكنولوجيا أمن المعلومات ـ دليل عملية الاختبار والتقييم للحماية المصنفة للأمن السيبراني GB/T 28449-2018

[en] GB/T 28449-2018 Information security technology — Testing and evaluation process guide for classified protection of cybersecurity

[fr] GB/T 28449-2018 Technologie de la sécurité de l'information — Guide de procédure d'essai et d'évaluation de la protection hiérarchisée de la cybersécurité

[de] GB/T 28449-2018 Informationssicherheitstechnik - Leitfaden für Test- und Bewertungsverfahren zum klassifizierten Schutz der Cybersicherheit

[it] GB/T 28449-2018 Tecnologia di

sicurezza dell'informazione — Guida a
processo di prova e valutazione per la
protezione classificata di sicurezza della
rete

[jp] 「GB/T 28449-2018 情報セキュリティ
技術－サイバーセキュリティ等級保護
のテスト及び評価プロセス指南」

[kr] <GB/T 28449-2018 정보 보안 기술 네
트워크 보안 등급 보호 테스트 과정 가이
드라인>

[pt] GB/T 28449-2018 Tecnologia de
Segurança da Informação - Guia sobre
Processos de Avaliação para a Protecção
Classificada da Cibersegurança

[ru] GB/T 28449-2018 Технологии
информационной безопасности.
Руководство по процессу
тестирования и оценки для секретной
защиты кибербезопасности

[es] GB/T 28449-2018 Tecnología de la
Seguridad de la Información. Guía
de Procesos de Evaluación y Pruebas
para la Protección Clasificada de la
Ciberseguridad

73414 《YD/T 2392-2011 IP存储网络安全测
试方法》

[ar] طرق اختبار أمن سيبراني تخزين IP
YD/T 2392-2011

[en] YD/T 2392-2011 Test methods of IP
storage network security

[fr] YD/T 2392-2011 Méthode d'essai de la
sécurité du réseau IP de stockage

[de] YD/T 2392-2011 Testmethoden für die
IP-Speichernetzwerksicherheit

[it] YD/T 2392-2011 verifica della sicurezza
della Storage Area Network IP

[jp] 「YD/T 2392-2011 IPストレージサイ
バーセキュリティのテスト方法」

[kr] <YD/T 2392-2011 IP저장 네트워크 보
안 테스트 방법>

[pt] YD/T 2392-2011 Métodos de Teste de
Segurança de Rede de Armazenamento
IP

[ru] YD/T 2392-2011 Методы испытаний
безопасности сети хранения IP

[es] YD/T 2392-2011 Métodos de Prueba
para la Seguridad de Redes de
Almacenamiento Protocolo de Internet

73415 《20190910-T-469 信息安全技术 网络
安全漏洞标识与描述规范》

[ar] تكنولوجيا أمن المعلومات ـ مواصفات تحديد
ووصف ثغرات الأمن السيبراني
20190910-T-469

[en] 20190910-T-469 Information
security technology — Vulnerability
identification and description
specification

[fr] 20190910-T-469 Technologie de
la sécurité de l'information —
Spécifications d'identification et de
description de la vulnérabilité du réseau

[de] 20190910-T-469 Informationssicher-
heitstechnik - Spezifikation zur Identi-
fizierung und Beschreibung von Cyber-
sicherheitsanfälligkeiten

[it] 20190910-T-469 Tecnologia di sicurezza
dell'informazione — specificazione
di identificazione e descrizione della
vulnerabilità

[jp] 「20190910-T-469 情報セキュリティ技
術－サイバーセキュリティ脆弱性識別
と記述規範」

[kr] <20190910-T-469 정보 보안 기술 네트
워크 보안 버그 표시와 기술 규범>

[pt] 20190910-T-469 Tecnologia
de Segurança da Informação -
Especificação de Rotulagem e Descrição
de Vulnerabilidade

[ru] 20190910-T-469 Технологии
информационной безопасности.

7.3

Спецификация идентификации и описания уязвимости кибербезопасности

[es] 20190910-T-469 Tecnología de la Seguridad de la Información. Especificación de la Identificación y Descripción de Vulnerabilidades

73416 《GB/T 36643-2018 信息安全技术 网络安全威胁信息格式规范》

[ar] تكنولوجيا أمن المعالومات ـ مواصفات صيغة المعلومات المهددة للأمن السيبراني GB/T 36643-2018

[en] GB/T 36643-2018 Information security technology — Cyber security threat information format

[fr] GB/T 36643-2018 Technologie de la sécurité de l'information — Format de l'information sur les menaces de la cybersécurité

[de] GB/T 36643-2018 Informationssicher-heitstechnik - Formatspezifikation für Cybersicherheits- bedrohungsinforma-tionen

[it] GB/T 36643-2018 Tecnologia di sicurezza dell'informazione — Specifiche sulla minaccia alla sicurezza dell'informazione

[jp] 「GB/T 36643-2018 情報セキュリティ技術－サイバーセキュリティ脅威情報フォーマット規範」

[kr] <GB/T 36643-2018 정보 보안 기술 네트워크 보안 위협 정보 서식 규범>

[pt] GB/T 36643-2018 Tecnologia de Segurança da Informação - Especificação de Formato de Informação sobre a Ameaça à Cibersegurança

[ru] GB/T 36643-2018 Технологии информационной безопасности. Спецификация по формату информации об угрозе

кибербезопасности

[es] GB/T 36643-2018 Tecnología de Seguridad de la Información. Formato de Información sobre Amenazas Frente a la Ciberseguridad

73417 《GB/T 32924-2016 信息安全技术 网络安全预警指南》

[ar] تكنولوجيا أمن المعلومات ـ دليل الإنذار المفكر للأمن السيبراني GB/T 32924-2016

[en] GB/T 32924-2016 Information security technology — Guideline for cyber security warning

[fr] GB/T 32924-2016 Technologies de la sécurité de l'information — Guide d'alerte de la cybersécurité

[de] GB/T 32924-2016 Informationssicher-heitstechnik - Richtlinie für Cybersicher-heitsvorwarnung

[it] GB/T 32924-2016 Tecnologia di sicurezza dell'informazione — Linee guida per gli avvisi di sicurezza dell'informazione

[jp] 「GB/T 32924-2016 情報セキュリティ技術－サイバーセキュリティ警告ガイドライン」

[kr] <GB/T 32924-2016 정보 보안 기술 네트워크 보안 조기 경고 가이드라인>

[pt] GB/T 32924-2016 Tecnologia de Segurança da Informação - Guia para Alerta da Cibersegurança

[ru] GB/T 32924-2016 Технологии информационной безопасности. Руководство по раннему предупреждению о кибербезопасности

[es] GB/T 32924-2016 Tecnología de Seguridad de la Información. Directrices sobre Advertencias de Ciberseguridad

73418 《GB/T 36635-2018 信息安全技术 网络安全监测基本要求与实施指南》

[ar] تكنولوجيا أمن المعلومات ـ المتطلبات الأساسية والتعليمات التنفيذية لمراقبة الأمن السيبراني GB/T 36635-2018

[en] GB/T 36635-2018 Information security technology — Basic requirement and implementation guide of network security monitoring

[fr] GB/T 36635-2018 Technologie de la sécurité de l'information — Exigence de base et guide d'application de la surveillance de la cybersécurité

[de] GB/T 36635-2018 Informationssicher-heitstechnik - Grundlegende Anforderun-gen und Implementierungsleitlinien für Überwachung der Netzwerksicherheit

[it] GB/T 36635-2018 Tecnologia di sicurezza dell'informazione — Requisiti di base e guida all'implementazione del monitoraggio di sicurezza della rete

[jp] 「GB/T 36635-2018 情報セキュリティ技術－サイバーセキュリティ監視のための基本要求事項と実施ガイドライン」

[kr] <GB/T 36635-2018 정보 보안 기술 네트워크 보안 모니터링 기본 요구와 실시 가이드라인>

[pt] GB/T 36635-2018 Tecnologia de Segurança da Informação - Guia de Implementação e Requisitos Básicos de Monitoramento de Segurança da Internet

[ru] GB/T 36635-2018 Технологии информационной безопасности. Основные требования к мониторингу кибербезопасности и руководство по их реализации

[es] GB/T 36635-2018 Tecnología de Seguridad de la Información. Requisitos Básicos y Guía de Implementación de Monitoreo de Ciberseguridad

73419 《20173860-T-469 信息技术 安全技术 网络安全 第 2 部分：网络安全设计和实现指南》

[ar] تكنولوجيا المعلومات ـ تكنولوجيا جماية الأمن ـ الأمن السيبراني – الجزء الثاني: تعليمات خاصة بالتصميم والتنفيذ للأمن السيبراني 20173860-T-469

[en] 20173860-T-469 Information technology — Security techniques — Network security — Part 2: Guidelines for the design and implementation of network security

[fr] 20173860-T-469 Technologies de l'information — Technologie de la sécurité — Cybersécurité — Partie 2 : Guide de conception et de réalisation de la cybersécurité

[de] 20173860-T-469 Informationstechnik - Sicherheitstechnik - Netzwerksicher-heit - Teil 2: Leitlinien für Entwurf und Implementierung der Netzwerksicherheit

[it] 20173860-T-469 Tecnologie dell'informazione — Tecniche di sicurezza — network sicurezza — Parte 2: Linea guida per la progettazione e l'implementazione sicurezza della rete

[jp] 「20173860-T-469 情報技術－セキュリティ技術－サイバーセキュリティー第 2 部：サイバーセキュリティデザインと実施ガイドライン」（意見募集）

[kr] <20173860-T-469 정보기술 보안기술 네트워크 보안 제 2 부분: 네트워크 보안 디자인과 실현 가이드라인>

[pt] 20173860-T-469 Tecnologia da Informação - Tecnologia de Segurança - Segurança da Rede - Seção 2: Guia para Desenho e Implementação de Segurança da Rede

[ru] 20173860-T-469 Информационные технологии. Технологии безопасности. Кибербезопасность. Часть 2. Руководство по разработке и

7.3

внедрению кибербезопасности

[es] 20173860-T-469 Tecnología de la Información. Técnicas de Seguridad. Ciberseguridad. Parte 2: Directrices para el Diseño y la Implementación de Ciberseguridad

73420 《GB/T 25068.2-2012 信息技术 安全技术 IT网络安全 第 2 部分：网络安全体系结构》

[ar] تكنولوجيا المعلومات – تكنولوجيا حماية الأمن - أمن شبكة - IT الجزء الثاني: بنية نظام الأمن السيبراني GB/T 25068.2-2012

[en] GB/T 25068.2-2012 Information technology — Security techniques — IT network security — Part 2: Network security architecture

[fr] GB/T 25068.2-2012 Technologies de l'information — Technologie de la sécurité — Sécurité du réseau informatique — Partie 2 : Architecture de la cybersécurité

[de] GB/T 25068.2-2012 Informationstechnik - Sicherheitstechnik - IT-Netzwerksicherheit - Teil 2: Netzwerksicherheitsarchitektur

[it] GB/T 25068.2-2012 Tecnologia dell'informazione — Tecniche di sicurezza — Sicurezza di network IT — Parte 2: Architettura della sicurezza in rete

[jp] 「GB/T 25068.2-2012 情報技術 － セキュリティ技術－ ITサイバーセキュリティー第 2 部： サイバーセキュリティ体系構造」

[kr] <GB/T 25068.2-2012 정보기술 보안기술 IT네트워크 보안 제 2 부분: 네트워크 보안 시스템 아키텍처>

[pt] GB/T 25068.2-2012 Tecnologia da Informação -Tecnologias de Segurança - Segurança da Rede TI - Parte 2:

Arquitectura da Segurança da Rede

[ru] GB/T 25068.2-2012 Информационные технологии. Технологии безопасности. Кибербезопасность информационных технологий. Часть 2. Архитектура системы кибербезопасности

[es] GB/T 25068.2-2012 Tecnología de la Información. Técnicas de Seguridad. Ciberseguridad de Tecnología e Información. Parte 2: Arquitectura de Ciberseguridad

73421 《GB/T 33131-2016 信息安全技术 基于IPSec的IP存储网络安全技术要求》

[ar] تكنولوجيا أمان المعلومات ـ المتطلبات الفنية لشبكة تخزين IP القائمة على أساس IPSec GB/T 33131-2016

[en] GB/T 33131-2016 Information security technology — Specification for IP storage network security based on IPSec

[fr] GB/T 33131-2016 Technologie de la sécurité de l'information — Spécifications de sécurité du réseau IP de stockage basée sur IPSec

[de] GB/T 33131-2016 Informationssicherheitstechnik - Technische Anforderung an die auf IPSec basierende IP-Speichernetzwerksicherheit

[it] GB/T 33131-2016 Tecnologia di sicurezza dell'informazione — Norme sulla sicurezza della rete di stoccaggio IP basata su IPSec

[jp] 「GB/T 33131-2016 情報セキュリティ技術－ IPSecに基づくIPストレージサイバーセキュリティの技術的要求事項」

[kr] <GB/T 33131-2016 정보 보안 기술 IPSec 기반 IP 저장 네트워크 보안 기술 요구>

[pt] GB/T 33131-2016 Tecnologia de

Segurança da Informação - Especificação para a Segurança das Redes do Armazenamento IP Baseado em IPSec

[ru] GB/T 33131-2016 Технологии информационной безопасности. Технические требования по безопасности сети хранения IP на основе IPSec

[es] GB/T 33131-2016 Tecnología de Seguridad de la Información. Especificación de la Seguridad de Red de Almacenamiento Protocolo de Internet Basada en la Seguridad de Protocolo de Internet

73422 《YD/T 2251-2011 国家网络安全应急处理平台安全信息获取接口要求》

[ar] متطلبات خاصة بواجهة الحصول على المعلومات الأمنية لمنصة مواجهة الطوارئ الخاصة بالأمن السيبراني الوطني YD/T 2251-2011

[en] YD/T 2251-2011 National network security emergency response platform interface specification for security information access interface

[fr] YD/T 2251-2011 Spécifications d'interface d'accès aux informations de sécurité de la plate-forme nationale de réponse aux urgences de cybersécurité

[de] YD/T 2251-2011 Anforderung an Sicherheitsinformationzugriffsschnittstelle der nationalen Notfallreaktionsplattform für Netzwerksicherheit

[it] YD/T 2251-2011 Specificazione dell'interfaccia della piattaforma di risposta all'emergenza di sicurezza della rete nazionale per l'interfaccia di accesso alle informazioni di sicurezza

[jp] 「YD/T 2251-2011 国家サイバーセキュリティ緊急対応プラットフォームにおけるセキュリティ情報獲得インターフェース要求事項」

[kr] <YD/T 2251-2011 국가 네트워크 보안 응급 처리 플랫폼 보안 정보 액세스 인터페이스 요구>

[pt] YD/T 2251-2011 Especificação da Interface da Plataforma de Resposta a Emergências de Segurança de Rede Nacional para a Interface de Acesso a Informações de Segurança

[ru] YD/T 2251-2011 Требования к интерфейсам на Национальной платформе реагирования на чрезвычайные ситуации в сети для доступа к информации о безопасности

[es] YD/T 2251-2011 Especificaciones de Interfaces de Plataformas de Respuesta en Caso de Emergencia de Ciberseguridad Nacional para Interfaces de Acceso a Información de Seguridad

73423 《GB/T 33852-2017 基于公用电信网的宽带客户网络服务质量技术要求》

[ar] متطلبات فنية لجودة الخدمة لشبكة عملاء النطاق العريض القائمة على شبكة الاتصالات العامة GB/T 33852-2017

[en] GB/T 33852-2017 QoS technical requirements for broadband customer network based on telecommunication network

[fr] GB/T 33852-2017 Exigence technique de qualité de service de réseau pour les clients du reseau à large bande basé sur le réseau de télécommunications public

[de] GB/T 33852-2017 QoS-technische Anforderungen an das auf öffentlichem Telekommunikationsnetz basierende Breitband-Kundennetz

[it] GB/T 33852-2017 Requisiti tecnici QoS per rete di clienti a banda larga basata su rete pubblica di telecomunicazione

[jp] 「GB/T 33852-2017 公衆通信網に基づくブロードバンドユーザーネット

7.3

ワークサービス品質に関する技術的要
求事項」

[kr] <GB/T 33852-2017 공중 통신망 기반
광대역 고객 네트워크 서비스 품질 기술
요구>

[pt] GB/T 33852-2017 Requisitos Técnicos
de Qualidade de Serviço para Rede de
Clientes de Banda Larga com Base em
Rede Pública de Telecomunicações

[ru] GB/T 33852-2017 Технические
требования к качеству обслуживания
для широкополосной абонентской
сети на основе общедоступной
телекоммуникационной сети

[es] GB/T 33852-2017 Requisitos Técnicos
de Calidad del Servicio (CdS) para
Redes de Banda Ancha para Clientes
Basadas en Redes Públicas de
Telecomunicaciones

73424 《GB/T 28517-2012 网络安全事件描
述和交换格式》

[ar] صيغة الوصف والتبادل للحوادث المتعلقة بالأمن
السيبراني GB/T 28517-2012

[en] GB/T 28517-2012 Network incident
object description and exchange format

[fr] GB/T 28517-2012 Format de description
et d'échange des incidents de la
cybersécurité

[de] GB/T 28517-2012 Beschreibungs- und
Austauschformat des Netzwerkvorfall-
objekts

[it] GB/T 28517-2012 interchange format e
descrizione di un incidente di sicurezza
della rete

[jp] 「GB/T 28517-2012 サイバーセキュリ
ティ事件の記述と交換フォーマット」

[kr] <GB/T 28517-2012 네트워크 보안 사
건 기술과 교환 서식>

[pt] GB/T 28517-2012 Descrição e Formas
de Intercâmbios sobre Incidentes da

Segurança de Rede

[ru] GB/T 28517-2012 Описание
инцидентов кибербезопасности и
формат обмена

[es] GB/T 28517-2012 Descripción y
Formato de Intercambio de Objetos de
Incidencia de Red

73425 《GB/T 37973-2019 信息安全技术 大
数据安全管理指南》

[ar] تكنولوجيا أمن المعلومات ـ دليل إدارة أمن البيانات
الضخمة GB/T 37973-2019

[en] GB/T 37973-2019 Information security
technology — Big data security
management guide

[fr] GB/T 37973-2019 Technologie de la
sécurité de l'information — Guide de
gestion de la sécurité des mégadonnées

[de] GB/T 37973-2019 Informationssicher-
heitstechnik - Leitfaden zum Big Data-
Sicherheitsmanagement

[it] GB/T 37973-2019 Tecnologia di
sicurezza dell'informazione — Guida
alla gestione della sicurezza di Big Data

[jp] 「GB/T 37973-2019 情報セキュリティ
技術ービッグデータセキュリティマネ
ジメントガイドライン」

[kr] <GB/T 37973-2019 정보 보안 기술 빅
데이터 보안 관리 가이드라인>

[pt] GB/T 37973-2019 Tecnologia de
Segurança da Informação - Guia para a
Gestão de Segurança de Big Data

[ru] GB/T 37973-2019 Технологии
информационной безопасности.
Руководство по управлению
безопасностью больших данных

[es] GB/T 37973-2019 Tecnología de
Seguridad de la Información. Guía de
Gestión de la Seguridad para Big Data

7.3

73426 《GB/T 37373-2019 智能交通 数据安
全服务》

[ar] قطاع النقل الذكي ـ خدمة حماية أمن البيانات
GB/T 37373-2019

[en] GB/T 37373-2019 Intelligent transport
— Data security service

[fr] GB/T 37373-2019 Transport intelligent
— Service de sécurité des données

[de] GB/T 37373-2019 Intelligenter Verkehr
- Datensicherheitsservice

[it] GB/T 37373-2019 Trasporto intelligente
— Servizio di sicurezza dei dati

[jp] 「GB/T 37373-2019 インテリジェント
交通ーデータセキュリティサービス」

[kr] <GB/T 37373-2019 스마트 교통 데이
터 보안 서비스>

[pt] GB/T 37373-2019 Transporte Inteligente
- Serviço de Segurança de Dados

[ru] GB/T 37373-2019 Интеллектуальный
транспорт. Услуга защиты данных

[es] GB/T 37373-2019 Tráfico Inteligente.
Servicio de Seguridad de Datos

73427 《GB/T 35273-2017 信息安全技术 个
人信息安全规范》

[ar] تكنولوجيا أمن المعلومات ـ مواصفات سلامة
المعلومات الشخصية GB/T 35273-2017

[en] GB/T 35273-2017 Information security
technology — Personal information
security specification

[fr] GB/T 35273-2017 Technologie
de la sécurité de l'information
— Spécifications de sécurité des
informations personnelles

[de] GB/T 35273-2017 Informationssicher-
heitstechnik - Sicherheitsspezifikation
für persönliche Informationen

[it] GB/T 35273-2017 Tecnologia di
sicurezza dell'informazione —
Specificazione di sicurezza delle
informazioni personali

[jp] 「GB/T 35273-2017 情報セキュリティ
技術ー個人情報セキュリティ規範」

[kr] <GB/T 35273-2017 정보 보안 기술 개
인 정보 보안 규범>

[pt] GB/T 35273-2017 Tecnologia de
Segurança da Informação - Especificação
da Segurança de Informação Pessoal

[ru] GB/T 35273-2017 Технологии
информационной безопасности.
Спецификация по безопасности
личной информации

[es] GB/T 35273-2017 Tecnología
de Seguridad de la Información.
Especificaciones de Seguridad de la
Información Personal

73428 《20180840-T-469 信息安全技术 个人
信息安全影响评估指南》

[ar] تكنولوجيا أمن المعلومات ـ دليل تقييم الانعكاسات
السلبية على أمن المعلومات الشخصية
20180840-T-469

[en] 20180840-T-469 Information security
technology — Security impact
assessment guide of personal information

[fr] 20180840-T-469 Technologie de la
sécurité de l'information — Guide
d'évaluation de l'impact sur la sécurité
des informations personnelles

[de] 20180840-T-469 Informationssicher-
heitstechnik - Leitfaden zur Sicherheits-
folgenabschätzung von persönlichen
Informationen

[it] 20180840-T-469 Tecnologia di sicurezza
dell'informazione — Guida alla
valutazione dell'impatto della sicurezza
delle informazioni personali

[jp] 「20180840-T-469 情報セキュリティ技
術ー個人情報セキュリティ影響評価ガ
イドライン」

[kr] <20180840-T-469 정보 보안 기술 개인
정보 보안 영향 평가 가이드라인>

7.3

[pt] 20180840-T-469 Tecnologia de Segurança da Informação - Guia para a Avaliação de Impacto de Segurança às Informações Pessoais

[ru] 20180840-T-469 Технологии информационной безопасности. Руководство по оценке воздействия на безопасность личной информации

[es] 20180840-T-469 Tecnología de Seguridad de la Información. Guía de Evaluación del Impacto de la Seguridad para Información Personal

73429 《GB/T 37964-2019 信息安全技术 个人信息去标识化指南》

[ar] تكنولوجيا أمن المعلومات - دليل إزالة علامة التميز للمعلومات الشخصية GB/T 37964-2019

[en] GB/T 37964-2019 Information security technology — Guide for de-identifying personal information

[fr] GB/T 37964-2019 Technologie de la sécurité de l'information — Guide d'anonymisation des informations personnelles

[de] GB/T 37964-2019 Informationssicher-heitstechnik - Leitfaden zur De-Iden-tifizierung persönlicher Informationen

[it] GB/T 37964-2019 Tecnologia dell'informazione di sicurezza — Guida alla de-identificazione delle informazioni personali

[jp] 「GB/T 37964-2019 情報セキュリティ技術－個人情報非特定化ガイドライン」

[kr] <GB/T 37964-2019 정보 보안 기술 개인 정보 비표시화 가이드라인>

[pt] GB/T 37964-2019 Tecnologia de Segurança da Informação - Guia de Desindentificação de Informações Pessoais

[ru] GB/T 37964-2019 Технологии

информационной безопасности. Руководство по деидентификации личной информации

[es] GB/T 37964-2019 Tecnología de Seguridad de la Información. Guía de Anonimización de la Información Personal

73430 《GA/T 1537-2018 信息安全技术 未成年人移动终端保护产品测评准则》

[ar] تكنولوجيا أمن المعلومات – مبادئ التحديد والتقييم لمنتجات حماية النهاية الطرفية المحمولة للقاصرين GA/T 1537-2018

[en] GA/T 1537-2018 Information security technology — Testing and evaluation criteria for mobile terminal products for protecting minors

[fr] GA/T 1537-2018 Technologie de la sécurité de l'information — Critères d'essai et d'évaluation des terminaux mobiles pour la protection des mineurs

[de] GA/T 1537-2018 Informationssicher-heitstechnik - Prüf- und Bewertungskri-terien für mobile Endgeräte zum Jugend-schutz

[it] GA/T 1537-2018 Tecnologia di sicurezza dell'informazione — Criteri di prova e valutazione per prodotti terminali mobili per protezione di minori

[jp] 「GA/T 1537-2018 情報セキュリティ技術－未成年向けモバイル端末保護製品のテスト・評価準則」

[kr] <GA/T 1537-2018 정보 보안 기술 미성년자 모바일 단말기 보호 제품 테스트 준칙>

[pt] GA/T 1537-2018 Tecnologia de Segurança da Informação. - Critério de Testes e Avaliação sobre Produtos de Proteção de Terminais Móveis dos Menores

[ru] GA/T 1537-2018 Технологии

информационной безопасности.
Критерии тестирования и оценки
мобильных терминальных продуктов
для защиты несовершеннолетних

[es] GA/T 1537-2018 Tecnología de la
Seguridad de la Información. Criterios
de Prueba y Evaluación de Productos de
Terminales Móviles para la Protección
de Menores

73431 《YD/T 2361-2011 移动用户个人信息
管理业务终端设备测试方法》

[ar] وسائل اختبار الأجهزة الطرفية الخاصة بالأعمال
الإدارية للمعلومات الشخصية لمستخدم الاتصالات
المحمولة YD/T 2361-2011

[en] YD/T 2361-2011 Test method for mobile
personal information management
service terminal

[fr] YD/T 2361-2011 Méthode d'essai des
terminaux mobiles de service de gestion
des informations personnelles

[de] YD/T 2361-2011 Testverfahren für
Endgerät des Managementsservices für
personenbezogene Informationen mobi-
ler Kunden

[it] YD/T 2361-2011 Metodologie per
terminale mobile di servizio e gestione
delle informazioni personali

[jp] 「YD/T 2361-2011 モバイルユーザー個
人情報管理端末のテスト方法」

[kr] <YD/T 2361-2011 모바일 사용자 개인
정보 관리 업무 단말기 설비 테스트 방법>

[pt] YD/T 2361-2011 Método de Teste de
Terminais Prestadores de Serviço de
Gestão de Informações dos Usuários
Móveis

[ru] YD/T 2361-2011 Метод испытания
мобильного терминала управления
персональной информацией

[es] YD/T 2361-2011 Método de Prueba
para Terminales Móviles de Servicios de

Gestión de la Información Personal

73432 《20182200-T-414 互动广告 第6部分:
用户数据保护要求》

[ar] إعلان تفاعلي - الجزء السادس: متطلبات حماية
بيانات المستخدم 20182200-T-414

[en] 20182200-T-414 Interactive advertising
— Part 6: Audience data protection
requirement

[fr] 20182200-T-414 Publicité interactive
— Partie 6 : Exigence de protection des
données d'utilisateur

[de] 20182200-T-414 Interaktive Werbung -
Teil 6: Anforderungen an den Schutz von
Benutzerdaten

[it] 20182200-T-414 Pubblicità interattiva
— Parte 6: Requisiti di protezione dei
dati dell'utente

[jp] 「20182200-T-414 インタラクティブ広
告ー第6部: ユーザーデータ保護のた
めの要求事項」

[kr] <20182200-T-414 인터렉티브 광고 제
6 부분: 사용자 데이터 보호 요구>

[pt] 20182200-T-414 Publicidade Interativa
- Seção 6: Requisitos de Proteção de
Dados de Usários

[ru] 20182200-T-414 Интерактивная
реклама. Часть 6. Требования к
защите данных пользователей

[es] 20182200-T-414 Publicidad Interactiva.
Parte 6: Requisitos de la Protección de
Datos de Público

73433 《YD/T 3082-2016 移动智能终端上的
个人信息保护技术要求》

[ar] متطلبات فنية لحماية المعلومات الشخصية على
المحطات الذكية المتنقلة YD/T 3082-2016

[en] YD/T 3082-2016 Technical requirement
of user information protection on smart
mobile terminal

[fr] YD/T 3082-2016 Exigence technique de

7.3

protection des informations personnelles sur
un terminal mobile intelligent

[de] YD/T 3082-2016 Technische Anforde-
rungen an den Schutz von Benutzer-
informationen auf intelligenten mobilen
Endgeräten

[it] YD/T 3082-2016 Requisiti tecnici di
protezione d'informazioni di utenti su
terminale mobile intelligente

[jp] 「YD/T 3082-2016 モバイルスマートデ
バイスにおける個人情報保護のための
技術的要求事項」

[kr] <YD/T 3082-2016 모바일 스마트 단말
기 개인 정보 보호 기술 요구>

[pt] YD/T 3082-2016 Requisitos Técnicos de
Proteção de Informações do Usuário no
Terminal Inteligente Móvel

[ru] YD/T 3082-2016 Технические
требования к защите личной
информации на интеллектуальном
мобильном терминале

[es] YD/T 3082-2016 Requisitos Técnicos
de la Protección de la Información de
los Usuarios en Terminales Móviles
Inteligentes

73434 《YD/T 2127.3-2010 移动Web服务网
络身份认证技术要求 第 3 部分：网络
身份联合框架》

[ar] متطلبات فنية لتوثيق هوية شبكة خدمات الويب
المتنقلة – الجزء الثالث: الإطار المشترك للهوية
الشبكية YD/T 2127.3-2010

[en] YD/T 2127.3-2010 Technical
requirement for mobile Web services
network identity authentication — Part 3:
Network identity federation framework

[fr] YD/T 2127.3-2010 Exigence technique
d'authentification d'identité dans le
réseau de service Web mobile — Partie
3 : Cadre de fédération de l'identité
numérique

[de] YD/T 2127.3-2010 Technische Anfor-
derungen an Identitätsauthentifizierun im
mobilen Webservice-Netzwerkg - Teil 3:
Gemeinsamer Rahmen für Internet-ID

[it] YD/T 2127.3-2010 Requisiti tecnici per
l'autenticazione dell'identità network dei
servizi mobili di rete — Part 3: struttura
congiunta d'identità network

[jp] 「YD/T 2127.3-2010 モバイルWebサー
ビスネットワークID 認証のための技術
的要求事項－第 3 部： オンラインID 連
携フレームワーク」

[kr] <YD/T 2127.3-2010 모바일 Web 서비스
네트워크 신분 인증 기술 요구 제 3 부분:
네트워크 신분 연합 프레임워크>

[pt] YD/T 2127.3-2010 Requisitos Técnicos
para Autenticação de Identidade
Ciberespacial de Serviços Web Móveis -
Parte 3: Estrutura Conjunta da Identidade
Ciberespacial

[ru] YD/T 2127.3-2010 Технические
требования по аутентификации
сети мобильных веб-услуг. Часть
3. Совместная архитектура сетевой
личности

[es] YD/T 2127.3-2010 Requisitos Técnicos
para la Autenticación de Identidades de
la Red de Servicios web móviles. Parte
3: Marco de Federación de Identidad de
Red

73435 《GB/T 31501-2015 信息安全技术 鉴
别与授权 授权应用程序判定接口规
范》

[ar] تكنولوجيا أمن المعلومات ـ التمييز والتفويض ـ
مواصفات الواجهة لتقدير تفويضات البرامج التطبيقية
GB/T 31501-2015

[en] GB/T 31501-2015 Information security
technology — Authentication and
authorization — Specification for
authorization application programming

decision interface

[fr] GB/T 31501-2015 Technologie
de la sécurité de l'information —
Authentification et autorisation —
Spécifications d'interface de décision
de programmation de l'application
d'autorisation

[de] GB/T 31501-2015 Informationssi-
cherheitstechnik - Authentifizierung
und Autorisierung - Spezifikation für
Schnittstelle der Autorisierungsanwen-
dungsprogrammentscheidung

[it] GB/T 31501-2015 Tecnologia di
sicurezza dell'informazione —
Autenticazione e autorizzazione —
Specifiche per l'interfaccia di decisione
di programmazione d'applicazione
dell'autorizzazione

[jp] 「GB/T 31501-2015 情報セキュリティ
技術－鑑別と認証－認証アプリケー
ション判定インタフェース規範」

[kr] <GB/T 31501-2015 정보 보안 기술 감
별과 수권 수권 응용 프로그램 인터페이
스 판정 규범>

[pt] GB/T 31501-2015 Tecnologia de
Segurança da Informação - Autenticação
e Autorização - Especificação para
a Autorização das Aplicações na
Programação de Decisão de Interface

[ru] GB/T 31501-2015 Технологии
информационной безопасности.
Аутентификация и авторизация.
Спецификация по интерфейсам
определения авторизованной
прикладной программы

[es] GB/T 31501-2015 Tecnología de
la Seguridad de la Información.
Autenticación y Autorización.
Especificación de la Interfaz de Toma
de Decisiones de Programación de
Aplicaciones de Autorización

73436 《GB/T 33863.8-2017 OPC统一架构
第 8 部分：数据访问》

[ar] هيكل OPC الموحد ـ الجزء الثامن: الوصول إلى
البيانات GB/T 33863.8-2017

[en] GB/T 33863.8-2017 OPC unified
architecture — Part 8: Data access

[fr] GB/T 33863.8-2017 Architecture unifiée
OPC — Partie 8 : Accès aux données

[de] GB/T 33863.8-2017 OPC Einheitliche
Architektur - Teil 8: Datenzugriff

[it] GB/T 33863.8-2017 Architettura
unificata OPC — Parte 8: Accesso ai dati

[jp] 「GB/T 33863.8-2017 OPC 統合アーキ
テクチャ－第 8 部：データアクセス」

[kr] <GB/T 33863.8-2017 OPC 통일 아키
텍처 제 8 부분: 데이터 액세스>

[pt] GB/T 33863.8-2017 Arquitetura
Unificada OPC - Parte 8: Acesso a
Dados

[ru] GB/T 33863.8-2017 Унифицированная
архитектура OPC. Часть 8. Доступ к
данным

[es] GB/T 33863.8-2017 Arquitectura
Unificada OPC. Parte 8: Acceso a Datos

73437 《GB/Z 28828-2012 信息安全技术 公
共及商用服务信息系统个人信息保护
指南》

[ar] تكنولوجيا أمان المعلومات – تعليمات حماية
المعلومات الشخصية ضمن نظام المعلومات للخدمات
العامة والتجارية GB/Z 28828-2012

[en] GB/Z 28828-2012 Information
security technology — Guideline for
personal information protection within
information system for public and
commercial service

[fr] GB/Z 28828-2012 Technologie de la
sécurité de l'information — Guide de
protection des informations personnelles
dans le système d'information des
services publics et commerciaux

[de] GB/Z 28828-2012 Informationssicher-
heitstechnik - Leitlinie zum Schutz
personenbezogener Daten im Informa-
tionssystem für öffentlichen und kom-
merziellen Service

[it] GB/Z 28828-2012 Tecnologia di
sicurezza dell'informazione —
Linea guida per la protezione delle
informazioni personali all'interno del
sistema di informazione per servizi
pubblici e commerciali

[jp] 「GB/Z 28828-2012 情報セキュリティ
技術－公共及びビジネスサービス情
報システムの個人情報保護ガイドライ
ン」

[kr] <GB/Z 28828-2012 정보 보안 기술 공
용 및 상업용 서비스 정보시스템 개인 정
보 보호 가이드라인>

[pt] GB/Z 28828-2012 Tecnologia de
Segurança da Informação - Guia para
a Proteção de Informações Pessoais no
Sistema de Informações para Serviços
Comerciais e Públicos

[ru] GB/Z 28828-2012 Технологии
информационной безопасности.
Руководство по защите личной
информации в информационной
системе для общественных и
коммерческих услуг

[es] GB/Z 28828-2012 Tecnología de
Seguridad de la Información. Directrices
para la Protección de Información
Personal en un Sistema de Información
para Servicios Públicos y Comerciales

73438 《YD/T 2781-2014 电信和互联网服务
用户个人信息保护 定义及分类》

[ar] اتصالات وخدمة الإنترنت ـ حماية المعلومات
الشخصية للمستخدم ـ التعريف والتصنيف
YD/T 2781-2014

[en] YD/T 2781-2014 Telecom and Internet

service — User personal information
protection — Definition and category

[fr] YD/T 2781-2014 Services de
télécommunications et d'Internet —
Protection des informations personnelles
d'utilisateur — Définitions et catégories

[de] YD/T 2781-2014 Telekommunikations-
und Internetdienst - Schutz persönlicher
Benutzerdaten - Definition und Katego-
rie

[it] YD/T 2781-2014 Servizio di
telecomunicazione e Internet —
Protezione delle informazioni personali
dell'utente — Definizione e categoria

[jp] 「YD/T 2781-2014 テレコムとインター
ネットサービスーユーザー個人情報保
護ー定義及び分類」

[kr] <YD/T 2781-2014 전기 통신과 인터넷
서비스 사용자 개인 정보 보호 정의 및
분류>

[pt] YD/T 2781-2014 Serviço de
Telecomunicações e Internet - Proteção
de Informações Pessoais de Usuários -
Definição e Categoria

[ru] YD/T 2781-2014 Телекоммуникация
и интернет-услуги. Защита
личной информации пользователя.
Определение и классификация

[es] YD/T 2781-2014 Servicio de
Telecomunicaciones e Internet.
Protección de la Información Personal
de los Usuarios. Definición y Categoría

73439 《GM/T 0001.1-2012 祖冲之序列密码
算法：第 1 部分：算法描述 》

[ar] خوارزمية تشفير متسلسلة ZUC الجزء الأول:
GM/T 0001.1-2012 وصف الخوارزمية

[en] GM/T 0001.1-2012 ZUC stream cipher
algorithm — Part 1: Description of the
algorithm

[fr] GM/T 0001.1-2012 Algorithme de

chiffrement de flux ZUC — Partie 1 : Description de l'algorithme

[de] GM/T 0001.1-2012 Algorithmus zur Verschlüsselung von ZUC-Streams - Teil 1: Beschreibung des Algorithmus

[it] GM/T 0001.1-2012 Algoritmo crittografico del flusso ZUC — Parte 1: Descrizione dell'algoritmo

[jp] 「GM/T 0001.1-2012 ZUCストリーム暗号アルゴリズム一第 1 部：アルゴリズム記述」

[kr] <GM/T 0001.1-2012 조충지 스트림 암호 알고리즘: 제 1 부분: 알고리즘 기술>

[pt] GM/T 0001.1-2012 Algoritmo de Cifra de Fluxo ZUC - Parte 1: Descrição do Algoritmo

[ru] GM/T 0001.1-2012 Алгоритм поточного шифрования ZUC. Часть 1. Описание алгоритма

[es] GM/T 0001.1-2012 Algoritmo de Cifrado de Flujo ZUC. Parte 1: Descripción del Algoritmo

73440 《GM/T 0003.1-2012 SM2 椭 圆 曲 线 公钥密码算法 第 1 部分：总则》

[ar] خوارزمية تشفير المفتاح العام SM2 على شكل المنحني الإهليلجي الجزء الأول: مبادئ عامة GM/T 0003.1-2012

[en] GM/T 0003.1-2012 Public key cryptographic algorithm SM2 based on elliptic curves — Part 1: General

[fr] GM/T 0003.1-2012 Algorithme cryptographique à clé publique SM2 basé sur des courbes elliptiques — Partie 1 : Dispositions générales

[de] GM/T 0003.1-2012 Auf elliptischen Kurven basierendder kryptographischer Algorithmus mit öffentlichem Schlüssel - Teil 1: Allgemeines

[it] GM/T 0003.1-2012 Algoritmo crittografico a chiave pubblica SM2

basato su curve ellittiche — Parte 1: Generale

[jp] 「GM/T 0003.1-2012 SM2 楕円曲線公開鍵暗号アルゴリズム一第 1 部：総則」

[kr] <GM/T 0003.1-2012 SM2 타원 곡선 공개 키 암호화 알고리즘 제 1 부분: 총칙>

[pt] GM/T 0003.1-2012 Algoritmo Criptográfico de Chave Pública SM2 com Base em Curvas Elípticas - Parte 1: Regras Gerais

[ru] GM/T 0003.1-2012 Криптографический алгоритм с открытым ключом SM2 на основе эллиптических кривых. Часть 1. Общие положения

[es] GM/T 0003.1-2012 Algoritmo Criptográfico de Cave Pública SM2 Basado en Curvas Elípticas. Parte 1: Generalidad

73441 《GM/T 0024-2014 SSL VPN 技术规范》

[ar] GM/T 0024-2014 SSL VPN مواصفات فنية

[en] GM/T 0024-2014 SSL VPN specification

[fr] GM/T 0024-2014 Spécifications de technique VPN SSL

[de] GM/T 0024-2014 SSL VPN-Spezifikation

[it] GM/T 0024-2014 Specificazione SSL VPN

[jp] 「GM/T 0024-2014 SSL VPN 技術規範」

[kr] <GM/T 0024-2014 SSL VPN 기술 규범>

[pt] GM/T 0024-2014 Especificação Tecnologias de VPN SSL

[ru] GM/T 0024-2014 Техническая спецификация SSL VPN

[es] GM/T 0024-2014 Especificaciones de Red Privada Virtual (RPV) de Capa de Puertos Seguros

7.3

73442 《GM/T 0023-2014 IPSec VPN 网关
产品规范》

[ar]　　　　　IPSec VPN مواصفات منتجات البوابة
GM/T 0023-2014

[en]　GM/T 0023-2014 IPSec VPN gateway
product specification

[fr]　GM/T 0023-2014 Spécifications de
produit de passerelle VPN IPSec

[de]　GM/T 0023-2014 IPSec VPN Gateway
Produktspezifikation

[it]　GM/T 0023-2014 Specificazione
prodotto gateway IPSec VPN

[jp]　「GM/T 0023-2014 IPSec VPN ゲート
ウェイ製品仕様」

[kr]　<GM/T 0023-2014 IPSec VPN 게이트
웨이 제품 규범>

[pt]　GM/T 0023-2014 Especificação do
Produto de Gateway VPN IPSec

[ru]　GM/T 0023-2014 Спецификация
шлюзового продукта IPSec VPN

[es]　GM/T 0023-2014 Especificaciones de
Productos de Pasarela de Acceso de Red
Privada Virtual (RPV) de Seguridad de
Protocolo de Internet

73443 《GM/T 0020-2012 证书应用综合服务
接口规范》

[ar]　　مواصفات واجهة الخدمة المتكاملة لتطبيق الشهادات
GM/T 0020-2012

[en]　GM/T 0020-2012 Certificate application
integrated service interface specification

[fr]　GM/T 0020-2012 Spécifications
d'interface de service intégrée de
l'application de certificat

[de]　GM/T 0020-2012 Spezifikation der
Schnittstelle zum Universalservice für
Zertifikatsanwendung

[it]　GM/T 0020-2012 Specificazione
dell'interfaccia di servizio integrata
dell'applicazione di certificato

[jp]　「GM/T 0020-2012 証明書応用総合サー

ビスインターフェース規範」

[kr]　<GM/T 0020-2012 인증서 응용 종합
서비스 인터페이스 규범>

[pt]　GM/T 0020-2012 Especificação da
Interface de Serviço Integrada da
Aplicação de Certificado

[ru]　GM/T 0020-2012 Спецификация
интегрированного сервисного
интерфейса приложения сертификата

[es]　GM/T 0020-2012 Especificaciones de
la Interfaz de Servicios Integrados de
Aplicaciones de Certificados

73444 《GM/T 0015-2012 基于SM2 密码算
法的数字证书格式规范》

[ar]　مواصفات صيغة الشهادة الرقمية القائمة على أساس
خوارزمية تشفير SM2
GM/T 0015-2012

[en]　GM/T 0015-2012 Digital certificate
format based on SM2 algorithm

[fr]　GM/T 0015-2012 Spécifications de
format de certificat numérique basé sur
l'algorithme cryptographique SM2

[de]　GM/T 0015-2012 Auf SM2-Verschlüsse-
lungsalgorithmus basierende Spezifika-
tion des Formats von digitalem Zertifikat

[it]　GM/T 0015-2012 Certificato digitale
basato sull'algoritmo SM2

[jp]　「GM/T 0015-2012 SM2 暗号アルゴリ
ズムに基づくデジタル証明書フォー
マット仕様」

[kr]　<GM/T 0015-2012 SM2 암호 알고리즘
기반 디지털 인증서 서식 규범>

[pt]　GM/T 0015-2012 Formato de Certificado
Digital Baseado no Algoritmo SM2

[ru]　GM/T 0015-2012 Спецификация
формата цифрового сертификата на
основе криптографического алгоритма
SM2

[es]　GM/T 0015-2012 Formato de Certificado
Digital Basado en el Algoritmo SM2

73445 《GM/T 0014-2012 数字证书认证系统
密码协议规范》

[ar] مواصفات بروتوكول تشفير نظام توثيق الشهادة
الرقمية GM/T 0014-2012

[en] GM/T 0014-2012 Digital certificate
authentication system cryptography
protocol specification

[fr] GM/T 0014-2012 Spécifications de
protocole de cryptographie du système
d'authentification par certificat
numérique

[de] GM/T 0014-2012 Spezifikation für
Kryptoprotokoll über digitales Zertifika-
tauthentifizierungssystem

[it] GM/T 0014-2012 Specificazione del
protocollo di crittografia del sistema di
autenticazione con certificato digitale

[jp] 「GM/T 0014-2012 デジタル証明書認証
システム暗号協議規範」

[kr] <GM/T 0014-2012 디지털 인증서 인증
시스템 암호 협약 규범>

[pt] GM/T 0014-2012 Especificação do
Protocolo de Criptografia do Sistema de
Autenticação de Certificado Digital

[ru] GM/T 0014-2012 Спецификация
криптографического протокола
системы аутентификации цифровых
сертификатов

[es] GM/T 0014-2012 Especificaciones
de la Criptografía de Sistemas de
Autenticación de Certificados Digitales

73446 《GM/T 0009-2012 SM2 密码算法使
用规范》

[ar] مواصفات تطبيق خوارزمية التشفير SM2
GM/T 0009-2012

[en] GM/T 0009-2012 SM2 cryptography
algorithm application specification

[fr] GM/T 0009-2012 Spécifications
d'application de l'algorithme de
cryptographie SM2

[de] GM/T 0009-2012 Spezifikation der An-
wendung von SM2-Krypto-Algorithmus

[it] GM/T 0009-2012 normativa sulle
informazioni di criptaggio dell'algoritmo
SM2

[jp] 「GM/T 0009-2012 SM2 暗号アルゴリ
ズム使用規範」

[kr] <GM/T 0009-2012 SM2 암호 알고리즘
사용 규범>

[pt] GM/T 0009-2012 Especificação de
Aplicação do Algoritmo de Criptografia
SM2

[ru] GM/T 0009-2012 Спецификация
применения криптографического
алгоритма SM2

[es] GM/T 0009-2012 Especificaciones de la
Aplicación del Algoritmo Criptográfico
SM2

73447 《GM/T 0008-2012 安全芯片密码检测
准则》

[ar] مواصفات اختبار تشفير الرقاقة الآمنة IC
GM/T 0008-2012

[en] GM/T 0008-2012 Cryptography test
criteria for security IC

[fr] GM/T 0008-2012 Critères d'essai
cryptographique de puce pour la sécurité

[de] GM/T 0008-2012 Testkriterien für Si-
cherheit-IC-Kryptographie

[it] GM/T 0008-2012 Criteri di test di
crittografia per IC di sicurezza

[jp] 「GM/T 0008-2012 セキュリティチップ
暗号テスト準則」

[kr] <GM/T 0008-2012 보안 칩 암호 검측
준칙>

[pt] GM/T 0008-2012 Critérios de Teste de
Criptografia para Segurança IC

[ru] GM/T 0008-2012 Критерий проверки
криптографии для безопасной
интегральной микросхемы

[es] GM/T 0008-2012 Criterios de Prueba

7.3

7.3

de Criptografía para Chip de Circuito
Integrado de Seguridad

73448 《GM/T 0006-2012 密码应用标识规
范》

[ar] مواصفات محددة لتطبيق التشفير
GM/T 0006-2012

[en] GM/T 0006-2012 Cryptographic
application identifier criterion
specification

[fr] GM/T 0006-2012 Spécifications
d'identificateur de l'application
cryptographique

[de] GM/T 0006-2012 Spezifikation für
Kennzeichnung der kryptografischen
Anwendung

[it] GM/T 0006-2012 Specifiche di
identificazione dell'applicazione
crittografica

[jp] 「GM/T 0006-2012 暗号応用の標識規
則」

[kr] <GM/T 0006-2012 암호 응용 표시 규
범>

[pt] GM/T 0006-2012 Especificação de
Rotulagem de Aplicação Criptográfica

[ru] GM/T 0006-2012 Спецификация
критерия идентификации
криптографического приложения

[es] GM/T 0006-2012 Especificación de
los Criterios de Identificadores de
Aplicaciones Criptográficas

73449 《GB/T 25056-2018 信息安全技术 证
书认证系统密码及其相关安全技术规
范》

[ar] تكنولوجيا أمن المعلومات ـ تشفير نظام توثيق
الشهادات ومواصفات تكنولوجيا الأمن ذات الصلة
GB/T 25056-2018

[en] GB/T 25056-2018 Information
security technology — Specifications
of cryptography and related security

technology for certificate authentication
system

[fr] GB/T 25056-2018 Technologie
de la sécurité de l'information —
Spécifications de cryptographie et
de technologie de sécurité concernée
pour le système d'authentification par
certificat

[de] GB/T 25056-2018 Informationssicherheits-
technik - Spezifikationen der Kryptografie
und zugehörigen Sicherheitstechnik für
Zertifikat-Authentifizierungssystem

[it] GB/T 25056-2018 Tecnologia di
sicurezza dell'informazione —
Specificazioni di crittografia e tecnologia
relativa di sicurezza per il sistema
certificato di autenticazione

[jp] 「GB/T 25056-2018 情報セキュリティ
技術－証明書認証システムの暗号及び
関係セキュリティ技術規範」

[kr] <GB/T 25056-2018 정보 보안 기술 인
증서 인증 시스템 암호 및 관련 보안 기
술 규범>

[pt] GB/T 25056-2018 Tecnologia
de Segurança da Informação -
Especificações Tecnologias da
Criptografia e Tecnologia Relativa de
Segurança para Sistema da Autenticação
de Certificado

[ru] GB/T 25056-2018 Технологии
информационной безопасности.
Техническая спецификация
криптографии системы
аутентификации сертификата и
связанной технологии безопасности

[es] GB/T 25056-2018 Tecnología de
la Seguridad de la Información.
Especificaciones de Criptografía y
Tecnología de Seguridad Relacionada
para Sistemas de Autenticación de
Certificados

73450 《GB/T 35275-2017 信息安全技术 SM2 密码算法加密签名消息语法规范》

[ar] تكنولوجيا أمن المعلومات – القواعد النحوية للرسالة الموقَّعة المشفرة بخوارزمية التشفير SM2
GB/T 35275-2017

[en] GB/T 35275-2017 Information security technology — SM2 cryptographic algorithm encrypted signature message syntax specification

[fr] GB/T 35275-2017 Technologie de la sécurité de l'information — Spécifications de syntaxe du message de signature chiffrée par algorithme cryptographique SM2

[de] GB/T 35275-2017 Informationssicherheitstechnik - Syntaxspezifikation für verschlüsselte Signaturnachrichten mit SM2-Verschlüsselungsalgorithmus

[it] GB/T 35275-2017 Tecnologia di sicurezza dell'informazione — Normativa sulle informazioni di criptaggio dell'algoritmo SM2

[jp] 「GB/T 35275-2017 情報セキュリティ技術ー SM2 暗号アルゴリズムによる暗号化された署名メッセージの構文規則」

[kr] <GB/T 35275-2017 정보 보안 기술 SM2 암호 알고리즘 암호화 사인 정보 문법 규범>

[pt] GB/T 35275-2017 Tecnologia de Segurança da Informação - Especificação Sinática de Mensagem de Assinatura Encriptada do Algoritmo Criptográfico SM2

[ru] GB/T 35275-2017 Технологии информационной безопасности. Спецификация синтаксиса шифрованного сообщения подписи криптографического алгоритма SM2

[es] GB/T 35275-2017 Tecnología de la Seguridad de la Información. Especificación de la Sintaxis de Mensajes de Firma Cifrada para Algoritmos Criptográficos SM2

73451 《GB/T 37033.3-2018 信息安全技术 射频识别系统密码应用技术要求 第 3 部分：密钥管理技术要求》

[ar] تكنولوجيا أمن المعلومات - المتطلبات الفنية لتطبيق تشفير نظام تحديد التردد الرادي الجزء الثالث: المتطلبات الفنية لإدارة المفتاح المشفر
GB/T 37033.3-2018

[en] GB/T 37033.3-2018 Information security technology — Technical requirement for cryptographic application for radio frequency identification systems — Part 3: Technical requirement for key management

[fr] GB/T 37033.3-2018 Technologies de la sécurité de l'information — Exigence technique d'application cryptographique des systèmes d'identification par radiofréquence — Partie 3 : Exigence technique de gestion des clés

[de] GB/T 37033.3-2018 Informationssicherheitstechnik - Technische Anforderungen an kryptografische Anwendungen im Radiofrequenz-Identifikationssysteme - Teil 3: Technische Anforderungen an Schlüsselverwaltung

[it] GB/T 37033.3-2018 Tecnologia di sicurezza dell'informazione — Requisiti tecnici per l'applicazione crittografica per i sistemi di identificazione a radiofrequenza — Parte 3: Requisiti tecnici la gestione della chiave

[jp] 「GB/T 37033.3-2018 情報セキュリティ技術ー RFIDシステム暗号適用の技術的要求ー第 3 部: 秘密鍵管理の技術的要求事項」

[kr] <GB/T 37033.3-2018 정보 보안 기술

7.3

주파수 인식 시스템 암호 응용 기술 요구
제 3 부분: 암호 키 관리 기술 요구>

[pt] GB/T 37033.3-2018 Tecnologia de
Segurança da Informação - Requisitos
Técnicos de Aplicação Criptográfica
para Sistemas de Identificação por
Radiofrequência - Parte 3: Requisitos
Técnicos para Gestão de Chaves
Criptográficas

[ru] GB/T 37033.3-2018 Технологии
информационной безопасности.
Технические требования к
криптографическому приложению
в системах радиочастотной
идентификации. Часть 3. Технические
требования к управлению ключами

[es] GB/T 37033.3-2018 Tecnología
de Seguridad de la Información.
Requisitos Técnicos para Aplicaciones
Criptográficas para Sistemas de
Identificación por Radiofrecuencia. Parte
3: Requisitos Técnicos para la Gestión
de Claves

73452 《GB/T 17964-2008 信息安全技术 分
组密码算法的工作模式》

[ar] تكنولوجيا أمن المعلومات - النموذج التشغيلي
لخوارزمية التشفير المجمّع 17964-2008 GB/T

[en] GB/T 17964-2008 Information
technology — Security techniques —
Modes of operation for a block cipher

[fr] GB/T 17964-2008 Technologie de la
sécurité de l'information — Techniques
de sécurité — Modes d'opération pour
un chiffrement par bloc

[de] GB/T 17964-2008 Informationssicher-
heitstechnik - Betriebsmodell für Grup-
penchiffre - Algorithmus

[it] GB/T 17964-2008 Tecnologia
dell'informazione — Tecniche di
sicurezza — Modalità di funzionamento

per un codice a blocchi

[jp] 「GB/T 17964-2008 情報セキュリティ
技術－ブロック暗号アルゴリズムの作
動モード」

[kr] <GB/T 17964-2008 정보 보안 기술 블
록 암호 알고리즘 작동 모델>

[pt] GB/T 17964-2008 Tecnologia da
Informação - Tecnologias de Segurança
- Modos da Operação para Uma Cifra de
Bloco

[ru] GB/T 17964-2008 Технологии
информационной безопасности.
Режимы работы блочных
криптографических алгоритмов

[es] GB/T 17964-2008 Tecnología de la
Información. Técnicas de Seguridad.
Modos de Funcionamiento para un
Cifrador de Bloques

73453 《GB/T 37092-2018 信息安全技术 密
码模块安全要求》

[ar] تكنولوجيا أمن المعلومات - متطلبات سلامة تشفير
الوحدات المبرمجة 37092-2018 GB/T

[en] GB/T 37092-2018 Information security
technology — Security requirement for
cryptographic modules

[fr] GB/T 37092-2018 Technologie
de la sécurité de l'information —
Exigence de sécurité pour les modules
cryptographiques

[de] GB/T 37092-2018 Informationssicher-
heitstechnik - Sicherheitsanforderungen
an kryptografische Module

[it] GB/T 37092-2018 Tecnologia di
sicurezza dell'informazione — Requisiti
di sicurezza per moduli crittografici

[jp] 「GB/T 37092-2018 情報セキュリティ
技術－暗号モジュールセキュリティ要
求事項」

[kr] <GB/T 37092-2018 정보 보안 기술 암
호 모듈 보안 요구>

[pt] GB/T 37092-2018 Tecnologia de Segurança da Informação - Requisitos de Segurança para Módulos Criptográficos

[ru] GB/T 37092-2018 Технологии информационной безопасности. Требования по безопасности криптографических модулей

[es] GB/T 37092-2018 Tecnología de la Seguridad de la Información. Requisitos de Seguridad para Módulos Criptográficos

73454 《20173869-T-469 信息安全技术 密码模块安全检测要求》

[ar] تكنولوجيا أمن المعلومات - متطلبات اختبار الأمن للوحدات المبرمجة المشفرة 20173869-T-469

[en] 20173869-T-469 Information security technology — Security test requirement for cryptographic modules

[fr] 20173869-T-469 Technologie de la sécurité de l'information — Exigence d'essai de sécurité pour les modules cryptographiques

[de] 20173869-T-469 Informationssicherheitstechnik - Sicherheitstestanforderungen an kryptografische Module

[it] 20173869-T-469 Tecnologia dell'informazione di sicurezza — Requisiti dei test di sicurezza per i moduli crittografici

[jp] 「20173869-T-469 情報セキュリティ技術－暗号モジュールセキュリティテストのための要求事項」

[kr] <20173869-T-469 정보 보안 기술 암호 모듈 보안 검측 요구>

[pt] 20173869-T-469 Tecnologia de Segurança da Informação - Requisitos de Testes de Segurança para Módulos Criptográficos

[ru] 20173869-T-469 Технологии информационной безопасности.

Требования по тестированию безопасности криптографических модулей

[es] 20173869-T-469 Tecnología de la Seguridad de la Información. Requisitos de las Pruebas de Seguridad para Módulos Criptográficos

73455 《GA/T 1545-2019 信息安全技术 智能密码钥匙安全技术要求》

[ar] تكنولوجيا أمن المعلومات ـ المتطلبات الفنية لسلامة المفتاح الذكي المشفر GA/T 1545-2019

[en] GA/T 1545-2019 Information security technology — Security technical requirement for smart tokens

[fr] GA/T 1545-2019 Technologie de la sécurité de l'information — Exigence technique de sécurité pour les clés de chiffrement intelligents

[de] GA/T 1545-2019 Informationssicherheitstechnik - Sicherheitstechnische Anforderungen an intelligenten Kryptoschlüssel

[it] GA/T 1545-2019 Tecnologia di sicurezza dell'informazione — Requisiti tecnici di sicurezza per token intelligenti

[jp] 「GA/T 1545-2019 情報セキュリティ技術－スマート暗号鍵のセキュリティに関する技術的要求事項」

[kr] <GA/T 1545-2019 정보 보안 기술 스마트 암호 키 보안 기술 요구>

[pt] GA/T 1545-2019 Tecnologia de Segurança da Informação - Requisito Técnico de Segurança para Cifra Inteligente

[ru] GA/T 1545-2019 Технологии информационной безопасности. Технические требования по безопасности смарт-токенов

[es] GA/T 1545-2019 Tecnología de la Seguridad de la Información. Requisitos

7.3

7.3

Técnicos de Seguridad para Tokens
Inteligentes

73456 《GB/T 15852.1-2008 信息技术 安全
技术 消息鉴别码 第 1 部分：采用分组
密码的机制》

[ar] تكنولوجيا المعلومات - تكنولوجيا حماية الأمن - رمز
تحديد الرسالة – الجزء الأول: آلية تبنى التشفير
المجمّع GB/T 15852.1-2008

[en] GB/T 15852.1-2008 Information technology
— Security techniques — Message
authentication codes (MACs) — Part 1:
Mechanisms using a block cipher

[fr] GB/T 15852.1-2008 Technologies de
l'information — Technologie de la
sécurité — Codes d'authentification
de message — Partie 1 : Mécanisme
utilisant un chiffrement par bloc

[de] GB/T 15852.1-2008 Informationstech-
nik - Sicherheitstechnik - Nachrichten-
authentifizierungscodes (MACs) - Teil
1: Mechanismus unter Verwendung der
Gruppenverschlüsselung

[it] GB/T 15852.1-2008 Tecnologia
dell'informazione — Tecniche di
sicurezza — Codici di autenticazione dei
messaggi — Parte 1: Meccanismi con
utilizzo di codice a blocchi

[jp] 「GB/T 15852.1-2008 情報技術－セ
キュリティ技術－メッセージ認証コー
ド－第 1 部：ブロック暗号を利用する
メカニズム」

[kr] <GB/T 15852.1-2008 정보기술 보안기
술 정보 식별 코드 제 1 부분: 블록 암호
적용 메커니즘>

[pt] GB/T 15852.1-2008 Tecnologia da
Informação -Tecnologia de Segurança -
Códigos da Autenticação de Mensagem
(MACs) - Parte 1: Mecanismo da Cifra
de Bloco

[ru] GB/T 15852.1-2008 Информационные
технологии. Технологии
безопасности. Коды аутентификации
сообщений. Часть 1. Механизмы
использования блочных шифров

[es] GB/T 15852.1-2008 Tecnología de la
Información. Técnicas de Seguridad.
Códigos de Autenticación de Mensajes.
Parte 1: Mecanismos Utilizando un
Cifrador de Bloques

73457 《20141156-T-469 信息技术 安全技术
密钥管理 第 1 部分：框架》

[ar] تكنولوجيا المعلومات - تكنولوجيا الأمن - إدارة
المفتاح المشّفر– الجزء الأول: الإطار
20141156-T-469

[en] 20141156-T-469 Information technology
— Security techniques — Key
management — Part 1: Framework

[fr] 20141156-T-469 Technologies de
l'information — Technologie de la
sécurité — Gestion des clés — Partie 1 :
Cadre

[de] 20141156-T-469 Informationstechnik -
Sicherheitstechnik - Schlüsselverwaltung
- Teil 1: Rahmen

[it] 20141156-T-469 Tecnologie informative
— Tecniche di sicurezza — Gestione
delle chiavi — Parte 1: Struttura

[jp] 「20141156-T-469　情報技術－セキュ
リティ技術－秘密鍵マネジメント－第
1 部：フレームワーク」

[kr] <20141156-T-469 정보기술 보안기술
암호 키 관리 제 1 부분: 프레임워크>

[pt] 20141156-T-469 Tecnologia da
Informação - Tecnologias de Segurança -
Gestão de Chaves - Parte 1: Estrutura

[ru] 20141156-T-469 Информационные
технологии. Технологии
безопасности. Управление ключами.
Часть 1. Фреймворк

[es] 20141156-T-469 Tecnología de la

Información. Técnicas de seguridad. Gestión de Claves. Parte 1: Marco de Referencia

73458 《GB/T 16264.8-2005 信息技术 开放系统互连 目录 第 8 部分:公钥和属性证书框架》

[ar] تكنولوجيا المعلومات - تواصل النظم المفتوحة - الفهرس – الجزء الثامن - إطار المفتاح العام وشهادة الهوية GB/T 16264.8-2005

[en] GB/T 16264.8-2005 Information technology — Open systems interconnection — Directory — Part 8: Public-key and attribute certificate frameworks

[fr] GB/T 16264.8-2005 Technologies de l'information — Interconnexion de systèmes ouverts — Annuaire — Partie 8 : Cadres de clé publique et de certificat d'attribut

[de] GB/T 16264.8-2005 Informationstechnik - Vernetzung offener Systeme - Verzeichnis - Teil 8: Rahmen für Zertifikate mit öffentlichen Schlüsseln und Attributen

[it] GB/T 16264.8-2005 Tecnologia dell'informazione — Interconnessione di sistemi aperti — Elenco — Part 8: Struttura di certificati di chiave pubblica e attribuzione

[jp] 「GB/T 16264.8-2005 情報技術－開放型システム間相互接続－目次－第8部公開鍵と属性証明書フレームワーク」

[kr] <GB/T 16264.8-2005 정보기술 공개 시스템 상호 연결 목록 제 8 부분: 공개 키와 속성 인증서 프레임워크>

[pt] GB/T 16264.8-2005 Tecnologia da Informação - Interligação dos Sistemas Abertos - O Directório - Parte 8: Estrutura sobre Certificado de Chave Pública e de Atributo

[ru] GB/T 16264.8-2005 Информационные

технологии. Взаимодействие открытых систем. Каталог. Часть 8. Фреймворк открытых ключей и атрибутов

[es] GB/T 16264.8-2005 Tecnología de la Información. Interconexión de Sistemas Abiertos. El Directorio. Parte 8: Marco de Referencia con Clave Pública y Certificados de Atributos

73459 《GB/T 30998-2014 信息技术 软件安全保障规范》

[ar] تكنولوجيا المعلومات - مواصفات ضمان أمن البرمجيات GB/T 30998-2014

[en] GB/T 30998-2014 Information technology — Software safety assurance specification

[fr] GB/T 30998-2014 Technologies de l'information — Spécifications d'assurance de la sécurité de logiciel

[de] GB/T 30998-2014 Informationstechnik - Software-Sicherheitsspezifikation

[it] GB/T 30998-2014 Tecnologia dell'informazione — Norme di garanzia della sicurezza del software

[jp] 「GB/T 30998-2014 情報技術－ソフトウェアセキュリティ保障規範」

[kr] <GB/T 30998-2014 정보기술 소프트웨어 보안 보장 규범>

[pt] GB/T 30998-2014 Tecnologia da Informação - Especificação da Garantia de Segurança de Software

[ru] GB/T 30998-2014 Информационные технологии. Спецификация обеспечения безопасности программного обеспечения

[es] GB/T 30998-2014 Servicio de Tecnología de la Información. Especificación del Aseguramiento de la Seguridad del Software

7.3

73460 《GB/T 28452-2012 信息安全技术 应
用软件系统通用安全技术要求》

[ar] تكنولوجيا أمن المعلومات ـ المتطلبات الفنية لسلامة
نظام البرامج التطبيقية GB/T 28452-2012

[en] GB/T 28452-2012 Information security
technology — Common security
technique requirement for application
software system

[fr] GB/T 28452-2012 Technologie de la
sécurité de l'information — Exigence de
technologie de la sécurité générale pour
le système de logiciel d'application

[de] GB/T 28452-2012 Informationssicher-
heitstechnik - Universale sicherheits-
technische Anforderungen an Anwen-
dungssoftwaresysteme

[it] GB/T 28452-2012 Tecnologia di
sicurezza dell'informazione — Requisiti
tecnici comuni di sicurezza per il sistema
software applicativo

[jp] 「GB/T 28452-2012 情報セキュリティ
技術－アプリケーションシステムの共
通セキュリティに関する技術的要求事
項」

[kr] <GB/T 28452-2012 정보 보안 기술 응
용 소프트웨어 시스템 통용 보안 기술 요
구>

[pt] GB/T 28452-2012 Tecnologia de
Segurança da Informação - Requisito
Comum das Tecnologias de Segurança
para Sistema de Software da Aplicação

[ru] GB/T 28452-2012 Технологии
информационной безопасности.
Общие технические требования к
безопасности системы прикладных
программных обеспечений

[es] GB/T 28452-2012 Tecnología de la
Seguridad de la Información. Requisitos
Comunes de Técnicas de Seguridad para
Sistemas de Software de Aplicaciones

73461 《GA/T 711-2007 信息安全技术 应用
软件系统安全等级保护通用技术指南》

[ar] تكنولوجيا أمن المعلومات ـ دليل التكنولوجيا العامة
لحماية تصنيف سلامة نظام البرامج التطبيقية
GA/T 711-2007

[en] GA/T 711-2007 Information security
technology — Common technique guide
of security classification protection for
application software system

[fr] GA/T 711-2007 Technologie de la
sécurité de l'information — Guide
technique général de protection
hiérarchisée de la sécurité pour le
système de logiciel d'application

[de] GA/T 711-2007 Informationssicherheits-
technik - Gemeinsamer Leitfaden zum
klassifizierten Schutz der Sicherheit der
Anwendungssoftwaresysteme

[it] GA/T 711-2007 Tecnologia di sicurezza
dell'informazione — Guida tecnica
comune per protezione di classificazione
di sicurezza per sistema software
applicativo

[jp] 「GA/T 711-2007 情報セキュリティ技
術－アプリケーションシステムセキュ
リティランク保護のための共通技術指
南」

[kr] <GA/T 711-2007 정보 보안 기술 응용
소프트웨어 보안 등급 보호 통용 기술 가
이드라인>

[pt] GA/T 711-2007 Tecnologia de
Segurança da Informação - Guia
Comum de Tecnologia da Proteção da
Classificação de Segurança do Sistema
de Aplicação Software

[ru] GA/T 711-2007 Технологии
информационной безопасности.
Общее руководство по технике
защиты классификации безопасности
системы прикладных программных
обеспечений

[es] GA/T 711-2007 Tecnología de la
Seguridad de la Información. Guía de
Técnicas Comunes de Protección de la
Clasificación de Seguridad para Sistemas
de Software de Aplicaciones

7.3.5 应用标准

[ar] معايير التطبيق

[en] **Application Standards**

[fr] **Normes d'application**

[de] **Anwendungsnormen**

[it] **Standard di applicazione**

[jp] アプリケーション標準仕様

[kr] 응용 표준

[pt] **Padrões de Aplicação**

[ru] **Стандарты на применение**

[es] **Normas de Aplicaciones**

73501 《20171067-T-469 信息技术 大数据 政务数据开放共享 第 1 部分：总则》

[ar] تكنولوجيا المعلومات ـ البيانات الضخمة ـ الانفتاح والتشارك لبيانات الشؤون الحكومية الجزء الأول: مبادئ عامة 20171067-T-469

[en] 20171067-T-469 Information technology — Big data — Government data opening and sharing — Part 1: General principles

[fr] 20171067-T-469 Technologies de l'information — Mégadonnées — Ouverture et partage des données gouvernementales — Partie 1 : Dispositions générales

[de] 20171067-T-469 Informationstechnik - Big Data - Öffnung und Sharing von Regierungsdaten - Teil 1: Allgemeine Grundsätze

[it] 20171067-T-469 Tecnologia dell'informazione — Big Data — Apertura e condivisione dei data — Parte 1: Principi generali

[jp] 「20171067-T-469 情報技術－ビッグデーター政府データー公開と共有－第

1 部：総則」

[kr] <20171067-T-469 정보기술 빅데이터 정무데이터 공개 공유 제 1 부분: 총칙>

[pt] 20171067-T-469 Tecnologia da Informação - Big Data - Abertura e partilha de Dados do Governo - Parte 1: Princípios Gerais

[ru] 20171067-T-469 Информационные технологии. Большие данные. Открытие и совместное использование правительственных данных. Часть 1. Общие принципы

[es] 20171067-T-469 Tecnología de la Información. Big Data. Accesibilidad y Compartición de Datos del Gobierno. Parte 1: Generalidad

73502 《20171068-T-469 信息技术 大数据 政务数据开放共享 第 2 部分：基本要求》

[ar] تكنولوجيا المعلومات ـ البيانات الضخمة ـ الجزء الثاني: المتطلبات الأساسية لانفتاح وتشارك لبيانات الشؤون الحكومية 20171068-T-469

[en] 20171068-T-469 Information technology — Big data — Government data opening and sharing — Part 2: Basic requirement

[fr] 20171068-T-469 Technologies de l'information — Mégadonnées — Ouverture et partage des données gouvernementales — Partie 2 : Exigence fondamentale

[de] 20171068-T-469 Informationstechnik - Big Data - Öffnung und Sharing von Regierungsdaten - Teil 2: Grundlegende Anforderungen

[it] 20171068-T-469 Tecnologia dell'informazione — Big Data — Apertura e condivisione dei data — Parte 2: requisiti di base per i dati governativi

[jp] 「20171068-T-469 情報技術－ビッグデーター政府データー公開と共有 第 2 部：基本要求事項」

[kr] <20171068-T-469 정보기술 빅데이터 정무데이터 공개 공유 제 2 부분: 기본 요구>

[pt] 20171068-T-469 Tecnologia da Informação - Big Data - Abertura e partilha de Dados do Governo - Parte 2: Requisitos Básicos

[ru] 20171068-T-469 Информационные технологии. Большие данные. Открытие и совместное использование правительственных данных. Часть 2. Основные требования

[es] 20171068-T-469 Tecnología de la Información. Big Data. Accesibilidad y Compartición de Datos del Gobierno. Parte 2: Requisitos Básicos

73503 《20171069-T-469 信息技术 大数据 政务数据开放共享 第 3 部分: 开放程度评价》

[ar] تكنولوجيا المعلومات - البيانات الضخمة ـالانفتاح والتشارك لبيانات الشؤون الحكومية- الجزء الثالث: تقييم درجة الانفتاح 20171069-T-469

[en] 20171069-T-469 Information technology — Big data — Government data opening and sharing — Part 3: Open degree evaluation

[fr] 20171069-T-469 Technologies de l'information — Mégadonnées — Ouverture et partage des données gouvernementales — Partie 3 : Évaluation de niveau d'ouverture

[de] 20171069-T-469 Informationstechnik - Big Data - Öffnung und Sharing von Regierungsdaten - Teil 3: Bewertung des Offenheitsgrades

[it] 20171067-T-469 Tecnologia dell'informazione — Big Data — Apertura e condivisione dei data — Parte 3: Valutazione dell'apertura

[jp] 「20171069-T-469 情報技術－ビッグデーター政府データー公開と共有－第 3 部: 公開度評価」

[kr] <20171069-T-469 정보기술 빅데이터 공개 공유 제 3 부분: 공개 정도 평가>

[pt] 20171069-T-469 Tecnologia da Informação - Big Data - Abertura e Partilha de Dados do Governo - Parte 3: Avaliação de Nível de Abertura

[ru] 20171069-T-469 Информационные технологии. Большие данные. Открытие и совместное использование правительственных данных. Часть 3. Оценка открытости

[es] 20171069-T-469 Tecnología de la Información. Big Data. Accesibilidad y Compartición de Datos del Gobierno. Parte 3: Evaluación de la Accesibilidad

73504 《GB/T 18794.6-2003 信息技术 开放系统互连 开放系统安全框架 第 6 部分: 完整性框架》

[ar] تكنولوجيا المعلومات - تواصل النظم المفتوحة - الإطار الأمني للنظم المفتوحة - الجزء السادس: الإطار الكلي GB/T 18794.6-2003

[en] GB/T 18794.6-2003 Information technology — Open Systems Interconnection — Security frameworks for open systems — Part 6: Integrity framework

[fr] GB/T 18794.6-2003 Technologies de l'information — Interconnexion de systèmes ouverts — Cadre de sécurité pour les systèmes ouverts — Partie 6 : Cadre d'intégrité

[de] GB/T 18794.6-2003 Informationstechnik - Interconnection des Open Systems - Sicherheitsrahmen für offene Systeme - Teil 6: Integritätsrahmen

[it] GB/T 18794.6-2003 Tecnologia dell'informazione — Interconnessione

di sistemi aperti — Strutture di sicurezza per sistemi aperti — Parte 6: Struttura Integrità

[jp] 「GB/T 18794.6-2003 情報技術－開放型システム間相互接続－開放型システムセキュリティフレームワーク－第6部: 完全性フレームワーク」

[kr] <GB/T 18794.6-2003 정보기술 공개 시스템 상호 연결 공개 시스템 보안 프레임워크 제6부분: 완전성 프레임워크>

[pt] GB/T 18794.6-2003 Tecnologia da Informação - Interligação dos Sistemas Abertos - Estrutura de Segurança para Os Sistemas Abertos - Part 6: Estrutura de Integridade

[ru] GB/T 18794.6-2003 Информационные технологии. Соединение открытых систем. Фреймворк безопасности для открытых систем. Часть 6. Фреймворк целостности

[es] GB/T 18794.6-2003 Tecnología de la Información. Interconexión de Sistemas Abiertos. Marco de Referencia de Seguridad para Sistemas Abiertos. Parte 6: Marco de Referencia de Integridad

73505 《GB/T 36343-2018 信息技术 数据交易服务平台 交易数据描述》

[ar] تكنولوجيا المعلومات - منصة خدمات معاملات البيانات - وصف صفقة البيانات
GB/T 36343-2018

[en] GB/T 36343-2018 Information technology — Data transaction service platform — Transaction data description

[fr] GB/T 36343-2018 Technologies de l'information — Plate-forme de services de trading de données — Description des données de trading

[de] GB/T 36343-2018 Informationstechnik - Plattform für Datentransaktionsservice - Beschreibung der Geschäftsdaten

[it] GB/T 36343-2018 Tecnologia dell'informazione — Piattaforma di servizi di transazione dati — Descrizione dei dati di transazione

[jp] 「GB/T 36343-2018 情報技術－データ取引サービスプラットフォーム－取引データ記述」

[kr] <GB/T 36343-2018 정보기술 데이터 거래 서비스 플랫폼 거래 데이터 기술>

[pt] GB/T 36343-2018 Tecnologia da Informação - Plataforma de Serviço de Transação de Dados - Descrição dos Dados Negociados

[ru] GB/T 36343-2018 Информационные технологии. Платформа услуг для транзакций данных. Описание данных транзакций

[es] GB/T 36343-2018 Tecnología de la Información. Plataforma de Servicios de Transacciones de Datos. Descripción de Datos de Transacciones

73506 《JR/T 0016-2014 期货交易数据交换协议》

[ar] بروتوكول الصفقة الآجلة للبيانات
JR/T 0016-2014

[en] JR/T 0016-2014 Futures trading data exchange protocol

[fr] JR/T 0016-2014 Protocole d'échange de données d'opération à terme

[de] JR/T 0016-2014 Protokoll über Austausch von Terminkontraktsdaten

[it] JR/T 0016-2014 Protocollo di scambio dei dati di commerci futuri

[jp] 「JR/T 0016-2014 先物取引データ交換プロトコル」

[kr] <JR/T 0016-2014 선물 거래 데이터 교환 협약>

[pt] JR/T 0016-2014 Protocolo de Transação de Dados de Futuros

[ru] JR/T 0016-2014 Протокол обмена

7.3

данными по торговле фьючерсами

[es] JR/T 0016-2014 Protocolo de Intercambio de Datos para el Contrato de Futuros

73507 《JR/T 0022-2014 证券交易数据交换协议》

[ar] بروتوكول تبادل بيانات تعامل الأوراق المالية JR/T 0022-2014

[en] JR/T 0022-2014 Securities trading exchange protocol

[fr] JR/T 0022-2014 Protocole d'échange de données d'opération boursière

[de] JR/T 0022-2014 Protokoll für Austausch von Börsenhandelsdaten

[it] JR/T 0022-2014 Protocollo di scambio dei dati di borsa

[jp] 「JR/T 0022-2014 証券取引データ交換プロトコル」

[kr] <JR/T 0022-2014 증권 거래 데이터 교환 협약>

[pt] JR/T 0022-2014 Protocolo de Transação de Dados de Negociação de Valores

[ru] JR/T 0022-2014 Протокол обмена данными по торговле ценными бумагами

[es] JR/T 0022-2014 Protocolo de Intercambio de Datos de Bolsa de Valores

73508 《20141727-T-469 跨境电子商务交易服务规范》

[ar] مواصفات الخدمة لمعاملات التجارة الإلكترونية العابرة الحدود 20141727-T-469

[en] 20141727-T-469 Service specification for cross-border electronic commerce transactions

[fr] 20141727-T-469 Spécifications de service pour les transactions de commerce électronique transfrontalier

[de] 20141727-T-469 Spezifikation für Han-

delsservice im grenzüberschreitenden elektronischen Geschäftsverkehr

[it] 20141727-T-469 Specificazione del servizio per le transazioni transfrontaliere di commercio elettronico

[jp] 「20141727-T-469 越境電子商取引サービス規範」

[kr] <20141727-T-469 크로스보더 전자상거래 서비스 규범>

[pt] 20141727-T-469 Especificação de Serviço para Transações de Comércio Electrónico Transfronteiriço

[ru] 20141727-T-469 Спецификация услуг для трансграничных транзакций электронной коммерции

[es] 20141727-T-469 Especificación de Servicios para Transacciones de Comercio Electrónico Transfronterizas

73509 《20190857-T-469 跨境电子商务 产品追溯信息共享指南》

[ar] تجارة إلكترونية عابرة الحدود – التعليمات الخاصة بتشارك معلومات تتبع مصادر المنتجات 20190857-T-469

[en] 20190857-T-469 Cross-border e-commerce — Guideline for sharing of products traceability information

[fr] 20190857-T-469 Commerce électronique transfrontalier — Guide de partage d'informations sur la traçabilité des produits

[de] 20190857-T-469 Grenzüberschreitender elektronischer Geschäftsverkehr - Leit-linien für das Sharing von Informationen zur Rückverfolgbarkeit von Produkten

[it] 20190857-T-469 E-commerce transfrontaliero — Linea guida per la condivisione delle informazioni di tracciabilità di prodotti

[jp] 「20190857-T-469 越境電子商取引ー製品追跡情報共有ガイドライン」

[kr] <20190857-T-469 크로스보더 전자상거래 제품 추적 정보 공유 가이드라인>

[pt] 20190857-T-469 Comércio Elétrico Transfronteiriço - Guia de Partilha de Informações de Rastreabilidade de Produtos

[ru] 20190857-T-469 Трансграничная электронная коммерция. Руководство по обмену информацией о прослеживаемости продуктов

[es] 20190857-T-469 Comercio Electrónico Transfronterizo. Directriz para el Uso Compartido de la Información sobre Trazabilidad de Productos

73510 《20154004-T-469 电子商务数据交易平台数据接口规范》

[ar] مواصفات واجهة البيانات لمنصة صفقة بيانات التجارة الإلكترونية 20154004-T-469

[en] 20154004-T-469 Data interface specification for e-commerce data transaction platform

[fr] 20154004-T-469 Spécifications d'interface de données de la plate-forme de trading de données de commerce électronique

[de] 20154004-T-469 Spezifikation für Datenschnittstelle der E-Commerce-Datentransaktionsplattform

[it] 20154004-T-469 Specificazione dell'interfaccia di data per la piattaforma di transazione dei dati e-commerce

[jp] 「20154004-T-469 電子商データ取引プラットフォームにおけるデータインターフェース規範」

[kr] <20154004-T-469 전자상거래 데이터 거래 플랫폼 데이터 인터페이스 규범>

[pt] 20154004-T-469 Especificação da Interface de Dados da Plataforma de Transações de Dados de Comércio Electrónico

[ru] 20154004-T-469 Спецификация интерфейса по данным для платформ транзакций данных электронной коммерции

[es] 20154004-T-469 Especificación de Interfaces de Datos para una Plataforma de Transacciones de Datos de Comercio Electrónico

73511 《GB/T 31782-2015 电子商务可信交易要求》

[ar] متطلبات المعاملات الموثوقة للتجارة الإلكترونية GB/T 31782-2015

[en] GB/T 31782-2015 Electronic commerce trusted trading requirements

[fr] GB/T 31782-2015 Exigence relative aux transactions fiables de commerce électronique

[de] GB/T 31782-2015 Anforderungen an den zuverlässigen Handel im elektronischen Geschäftsverkehr

[it] GB/T 31782-2015 Requisiti per transazioni sicure nel commercio elettronico

[jp] 「GB/T 31782-2015 電子商取引信頼できる取引要求事項」

[kr] <GB/T 31782-2015 전자상거래 신뢰거래 요구>

[pt] GB/T 31782-2015 Requisitos para a Transacção Confiável do Comércio Electrónico

[ru] GB/T 31782-2015 Требования к доверительным транзакциям электронной коммерции

[es] GB/T 31782-2015 Requisitos para el Intercambio Comercial de Confianza en Comercio Electrónico

73512 《20184856-T-469 电子商务交易产品图像展示规范》

[ar] مواصفات عرض صور منتجات التجارة الإلكترونية 20184856-T-469

821

[en] 20184856-T-469 Specification for e-commerce transaction image display

[fr] 20184856-T-469 Spécifications d'affichage des images de produit de transaction de commerce électronique

[de] 20184856-T-469 Spezifikation für Anzeige von E-Commerce-Transaktionsbildern

[it] 20184856-T-469 Specifiche delle immagini dei prodotti nell' e-commerce (in corso di revisione)

[jp] 「20184856-T-469 電子商取引製品の画像表示規範」

[kr] <20184856-T-469 전자상거래 제품 이미지 전시 규범>

[pt] 20184856-T-469 Especificação para Exibição de Imagem de Produtos Transacionados por Comércio Eléctrico

[ru] 20184856-T-469 Спецификация воспроизведения изображений транзакционных продуктов для электронной коммерции

[es] 20184856-T-469 Especificación de la Visualización de Imágenes de Transacciones de Comercio Electrónico

73513 《GB/T 37538-2019 电子商务交易产品质量网上监测规范》

[ar] مواصفات المراقبة عبر الانترنت على جودة السلع المباعة عبر التجارة الإلكترونية GB/T 37538-2019

[en] GB/T 37538-2019 Specification for online monitoring of e-commerce transacting commodity

[fr] GB/T 37538-2019 Spécifications de surveillance en ligne de la qualité de produit de transaction de commerce électronique

[de] GB/T 37538-2019 Spezifikation für Online-Überwachung von E-Commerce-Transaktionsprodukten

[it] GB/T 37538-2019 Specificazione per il monitoraggio online dei prodotti di transazione e-commerce

[jp] 「GB/T 37538-2019 電子商取引製品品質のオンラインモニタリング規範」

[kr] <GB/T 37538-2019 전자상거래 제품 품질 온라인 모니터링 규범>

[pt] GB/T 37538-2019 Especificação para Monitoramento Online de Produtos Transacionados de Comércio Electrónico

[ru] GB/T 37538-2019 Спецификация онлайн-мониторинга качества транзакционных продуктов для электронной коммерции

[es] GB/T 37538-2019 Especificación de la Monitoreo en Línea de Productos Genéricos de Transacción de Comercio Electrónico

73514 《GB/T 37550-2019 电子商务数据资产评价指标体系》

[ar] نظام مؤشرات التقييم لأصول بيانات التجارة الإلكترونية GB/T 37550-2019

[en] GB/T 37550-2019 E-commerce data asset evaluation index system

[fr] GB/T 37550-2019 Système d'indices d'évaluation des actifs de données de commerce électronique

[de] GB/T 37550-2019 Indexsystem zur Bewertung von E-Commerce-Datengut

[it] GB/T 37550-2019 Indice di valutazione dei data asset e-commerce

[jp] 「GB/T 37550-2019 Eコマースデータ資産評価指標体系」

[kr] <GB/T 37550-2019 전자상거래 데이터 자산 평가 지표 체계>

[pt] GB/T 37550-2019 Sistema de Índice de Avaliação de Ativo de Dados do Comércio Electrónico

[ru] GB/T 37550-2019 Система индексов оценки информационных активов для

электронной коммерции

[es] GB/T 37550-2019 Sistema de Índice de Evaluación de Activos de Datos de Comercio Electrónico

73515 《20182117-T-469 电子商务交易产品可追溯性控制点及评价指标》

[ar] نقاط التحكم القابلة للتتبع والتقييم للمنتجات المباعة عبر التجارة الإلكترونية 20182117-T-469

[en] 20182117-T-469 Traceability control points and evaluation criteria for e-commerce transaction product

[fr] 20182117-T-469 Points de contrôle de la traçabilité et critères d'évaluation pour le produit de transaction de commerce électronique

[de] 20182117-T-469 Kontrollpunkte für Rückverfolgbarkeit und Bewertungskri-terien für E-Commerce-Transaktionspro-dukte

[it] 20182117-T-469 Punti di controllo della tracciabilità e criteri di valutazione per i prodotti di e-commerce

[jp] 「20182117-T-469 電子商取引製品トレーサビリティの制御ポイント及び評価指標」

[kr] <20182117-T-469 전자상거래 제품 추적성 제업 포인트 및 평가 지표>

[pt] 20182117-T-469 Pontos Crítico de Controlo de Rastreabilidade e Critérios de Avaliação para Produtos Negociados por Comércio Eletrónico

[ru] 20182117-T-469 Контрольные точки прослеживаемости и индексы оценки транзакционных продуктов для электронной коммерции

[es] 20182117-T-469 Puntos de Control de la Trazabilidad y Criterios de Evaluación para Productos de Transacciones de Comercio Electrónico

73516 《GB/T 36318-2018 电子商务平台数据开放 总体要求》

[ar] انفتاح بيانات منصة التجارة الإلكترونية ـ المتطلبات العامة GB/T 36318-2018

[en] GB/T 36318-2018 Data openness for e-commerce platform — General requirement

[fr] GB/T 36318-2018 Ouverture des données de la plate-forme de commerce électronique — Exigence générale

[de] GB/T 36318-2018 Datenöffnung auf E-Commerce-Plattform - Allgemeine Anforderungen

[it] GB/T 36318 2018 Apertura dei dati per piattaforme di e-commerce — Requisiti generali

[jp] 「GB/T 36318：2018 Eコマースプラットフォームにおけるデータの公開――一般要求事項」

[kr] <GB/T 36318-2018 전자상거래 플랫폼 데이터 공개 총체 요구>

[pt] GB/T 36318-2018 Abertura de Dados para a Plataforma de Comércio Eletrónico - Requisito Geral

[ru] GB/T 36318-2018 Открытие данных платформы электронной коммерции. Общее требование

[es] GB/T 36318-2018 Apertura de Datos para Plataformas de Comercio Electrónico. Requisitos Generales

73517 《20192100-T-469 政务服务平台接入规范》

[ar] مواصفات الوصول إلى منصة الخدمات الإدارية الحكومية 20192100-T-469

[en] 20192100-T-469 Access specifications of government administrative service platform

[fr] 20192100-T-469 Spécifications d'accès à la plate-forme de services administratifs

[de] 20192100-T-469 Zugriffsspezifikationen

7.3

für Regierungsserviceplattform

[it] 20192100-T-469 Specifiche di accesso a piattaforme di servizio governance

[jp] 「20192100-T-469 政務サービスプラットフォームアクセス規範」

[kr] <20192100-T-469 정무 서비스 플랫폼 액세스 규범>

[pt] 20192100-T-469 Especificação de Acesso a Plataforma de Serviço Governamental

[ru] 20192100-T-469 Спецификация доступа к платформе административных услуг правительства

[es] 20192100-T-469 Especificaciones de Acceso de la Plataforma de Servicios Administrativos del Gobierno

73518 《GB/T 36622.1-2018 智慧城市 公共信息与服务支撑平台 第1部分：总体要求》

[ar] مدينة ذكية ـ منصة دعم المعلومات والخدمات العامة
ـ الجزء الأول: المتطلبات العامة
GB/T 36622.1-2018

[en] GB/T 36622.1-2018 Smart city — Support platform for public information and service — Part 1: General requirement

[fr] GB/T 36622.1-2018 Ville smart — Plate-forme de soutien à l'information et aux services publics — Partie 1 : Exigence générale

[de] GB/T 36622.1-2018 Smart City - Unterstützungsplattform für öffentliche Informationen und Service - Teil 1: Allgemeine Anforderungen

[it] GB/T 36622.1-2018 Città intelligente — Piattaforma di supporto per informazioni e servizi pubblici — Parte 1: Requisiti generali

[jp] 「GB/T 36622.1-2018 スマートシティー

公共情報とサービスサポートプラットフォームー第1部: 一般要求事項」

[kr] <GB/T 36622.1-2018 스마트 시티 공공 정보와 서비스 지원 플랫폼 제1부분: 총체 요구>

[pt] GB/T 36622.1-2018 Cidade Inteligente - Plataforma de Suporte a Informações e Serviços Públicos - Parte 1: Requisitos Gerais

[ru] GB/T 36622.1-2018 Умный город. Платформа поддержки общественной информации и услуг. Часть 1. Общие требования

[es] GB/T 36622.1-2018 Ciudad Inteligente. Plataforma de Soporte para Información y Servicios Públicos. Parte 1: Requisitos Generales

73519 《GB/T 34077.1-2017 基于云计算的电子政务公共平台管理规范 第1部分：服务质量评估》

[ar] مواصفات إدارية للمنصة العامة للشؤون الحكومية
الإلكترونية القائمة على الحوسبة السحابية ـ الجزء
الأول: تقييم جودة الخدمة GB/T 34077.1-2017

[en] GB/T 34077.1-2017 Management specification of electronic government common platform based on cloud computing — Part 1: Evaluation specification for service quality

[fr] GB/T 34077.1-2017 Spécifications de gestion de la plate-forme publique du gouvernement électronique basée sur l'informatique en nuage — Partie 1 : Spécifications d'évaluation de la qualité de service

[de] GB/T 34077.1-2017 Verwaltungsspezifikation für die auf Cloud Computing basierende öffentliche Plattform des elektronischen Regierungsservices - Teil 1: Bewertung der Servicequalität

[it] GB/T 34077.1-2017 Specifiche sulla

gestione di piattaforma pubbliche di e-government basate su cloud computing — Parte 1: Norme di valutazione della qualità del servizio

[jp] 「GB/T 34077.1-2017 クラウドコンピューティングに基づく電子政務パブリックプラットフォーム管理規範－第1部：サービス品質評価」

[kr] <GB/T 34077.1-2017 클라우드 컴퓨팅 기반 전자 정무 공용 플랫폼 관리 규범 제 1 부분: 서비스 품질 평가>

[pt] GB/T 34077.1-2017 Especificação de Gestão da Plataforma Comum do Serviços Governamentais Eletrónicos Baseado na Computação em Nuvem - Parte 1: Avaliação de Qualidade de Serviço

[ru] GB/T 34077.1-2017 Управленческая спецификация общей платформы для электронного правительства на основе облачных вычислений. Часть 1. Оценка качества услуг

[es] GB/T 34077.1-2017 Especificación de la Gestión de la Plataforma Electrónica de Asuntos del Gobierno Común Basada en Computación en la Nube. Parte 1: Especificación de Evaluación de la Calidad de Servicio

73520 《GB/T 34078.1-2017 基于云计算的电子政务公共平台总体规范 第 1 部分：术语和定义》

[ar] مواصفات عامة للمنصة العامة للشؤون الحكومية الإلكترونية القائمة على الحوسبة السحابية ـ الجزء الأول: المصطلحات والتعاريف GB/T 34078.1-2017

[en] GB/T 34078.1-2017 General specification of electronic government common platform based on cloud computing — Part 1: Terminology and definition

[fr] GB/T 34078.1-2017 Spécifications générales de plate-forme publique du gouvernement électronique basée sur l'informatique en nuage — Partie 1 : Terminologie et définition

[de] GB/T 34078.1-2017 Allgemeine Spezifikation für die auf Cloud Computing basierende öffentliche Plattform des elektronischen Regierungsservices - Teil 1: Terminologie und Definition

[it] GB/T 34078.1-2017 Specifiche generali di piattaforma pubbliche di e-government basate su cloud computing — Parte 1: Terminologia e definizione

[jp] 「GB/T 34078.1-2017 クラウドコンピューティングに基づく電子政務パブリックプラットフォーム全体規範－第1部：専門用語と定義」

[kr] <GB/T 34078.1-2017 클라우드 컴퓨팅 기반 전자 정무 공용 플랫폼 총체 규범 제 1 부분: 전문용어와 정의>

[pt] GB/T 34078.1-2017 Especificação Geral da Plataforma Comum de Serviços Governamentais Eletrónicos Baseada na Computação em Nuvem - Parte 1: Terminologia e Definição

[ru] GB/T 34078.1-2017 Общие спецификации для общей платформы электронного правительства на основе облачных вычислений. Часть 1. Терминология и определения

[es] GB/T 34078.1-2017 Especificación General de la Plataforma Electrónica de Asuntos del Gobierno Común Basada en Computación en la Nube. Parte 1: Terminología y Definición

73521 《20132196-T-339 基于云计算的电子政务公共平台服务规范 第 1 部分：服务分类与编码》

[ar] مواصفات الخدمة للمنصة العامة للشؤون الحكومية

الإلكترونية القائمة على الحوسبة السحابية ـ الجزء
الأول: تصنيف وترميز الخدمة
20132196-T-339

[en] 20132196-T-339 Service specification of electronic government common platform based on cloud computing — Part 1: Service catalog and coding

[fr] 20132196-T-339 Spécifications de service de la plate-forme publique du gouvernement électronique basée sur l'informatique en nuage — Partie 1 : Catalogue et codage de services

[de] 20132196-T-339 Leistungsbeschreibung für die auf Cloud Computing basierende öffentliche Plattform des elektronischen Regierungsservices - Teil 1: Leistungs-katalog und Codierung

[it] 20132196-T-339 Specifiche generali di piattaforma pubbliche di e-government basate sul cloud computing — Parte 1: Catalogo dei servizi e codifica

[jp] 「20132196-T-339 クラウドコンピューティングに基づく電子政務パブリックプラットフォームサービス規範　第1部：サービスの分類とコーディング」

[kr] <20132196-T-339 클라우드 컴퓨팅 기반 전자 정무 시스템 공공 플랫폼 서비스 규범 제1 부분: 서비스 분류와 코딩>

[pt] 20132196-T-339 Especificação de Serviço da Plataforma Comum de Serviços Governamentais Eletrónicos com Base na Computação em Nuvem - Parte 1: Classificação e codificação de Serviço

[ru] 20132196-T-339 Спецификация услуг общей платформы для электронного правительства на основе облачных вычислений. Часть 1. Каталог услуг и кодирование

[es] 20132196-T-339 Especificación de Servicios para una Plataforma Común

de Asuntos del Gobierno Electrónico Basada en Computación en la Nube. Parte 1: Catálogo y Codificación de Servicios

73522 《20180019-T-469 数字化城市管理信息系统 智能井盖基础信息》

[ar] نظام المعلومات الإدارية للمدينة الرقمية ـ المعلومات الأساسية للغطاء الذكي 20180019-T-469

[en] 20180019-T-469 Information system for digitized supervision and management of city — Basic information of intelligent manhole covers

[fr] 20180019-T-469 Services d'installations publiques urbaines — Informations de base sur les plaques d'égout intelligentes

[de] 20180019-T-469 Digitalisiertes Stadtver-waltungsinformationssystem - Grund-legende Informationen über intelligente Kanalabdeckung

[it] 20180019-T-469 Sistema informatico per la supervisione e gestione digitalizzate della citta — Informazioni di base sui tombini intelligenti

[jp] 「20180019-T-469 デジタル化都市管理情報システムーインテリジェントマンホールカバーの基礎情報」

[kr] <20180019-T-469 디지털화 시티 관리 정보시스템 스마트 맨홀 커버 기본 정보>

[pt] 20180019-T-469 Cidade Digital Sistema de Informações Adminisrativas - Informação Básica da Tampa de Poço Inteligente

[ru] 20180019-T-469 Информационная система для коммунальных услуг города на основе цифровых технологий. Основные сведения об интеллектуальных крышках канализационных люков

[es] 20180019-T-469 Servicio de Instalaciones Públicas Urbanas.

Información Básica de Tapas Inteligentes para Pozos de Registro

73523 《GB/T 20533-2006 生态科学数据元数据》
[ar] GB/T 20533-2006 بيانات وصفية لعلم البيئة
[en] GB/T 20533-2006 Metadata for ecological data
[fr] GB/T 20533-2006 Métadonnées des données écologiques
[de] GB/T 20533-2006 Metadaten der ökologischen Daten
[it] GB/T 20533-2006 Metadati per dati ecologici
[jp] 「GB/T 20533-2006 生態科学データのメタデータ」
[kr] <GB/T 20533-2006 생태 과학 데이터 메타데이터>
[pt] GB/T 20533-2006 Metadados para Dados Ecológicos
[ru] GB/T 20533-2006 Метаданные для данных экологических наук
[es] GB/T 20533-2006 Metadatos para Datos Ecológicos

73524 《GB/T 12460-2006 海洋数据应用记录格式》
[ar] صيغة سجل تطبيق بيانات المحيطات GB/T 12460-2006
[en] GB/T 12460-2006 Application formats for oceanographic data records
[fr] GB/T 12460-2006 Format d'application pour les enregistrements de données océanographiques
[de] GB/T 12460-2006 Aufzeichnungsformat für Anwendung ozeanografischer Daten
[it] GB/T 12460-2006 Modelli di registrazione dei dati oceanografici
[jp] 「GB/T 12460-2006 海洋データ応用記録フォーマット」
[kr] <GB/T 12460-2006 해양 데이터 응용 기록 서식>
[pt] GB/T 12460-2006 Formatos de Registro sobre a Aplicação de Dados Oceanográficos
[ru] GB/T 12460-2006 Форматы записи об использовании океанографических данных
[es] GB/T 12460-2006 Formatos de Aplicación para Registros de Datos Oceanográficos

73525 《LY/T 2921-2017 林业数据质量 基本要素》
[ar] جودة بيانات الأعمال التحريجية - العناصر الأساسية LY/T 2921-2017
[en] LY/T 2921-2017 Forestry data quality — Base elements
[fr] LY/T 2921-2017 Qualité des données forestières — Éléments de base
[de] LY/T 2921-2017 Qualität der Forstdaten - Basiselemente
[it] LY/T 2921-2017 Qualità dei dati forestali — Elementi di base
[jp] 「LY/T 2921-2017 林業データ品質 基本要素」
[kr] <LY/T 2921-2017 임업 데이터 품질 기본 요소>
[pt] LY/T 2921-2017 Qualidade dos Dados Florestais - Elementos Básicos
[ru] LY/T 2921-2017 Качество данных лесного хозяйства. Базовые элементы
[es] LY/T 2921-2017 Calidad de Datos de Silvicultura. Elementos Básicos

73526 《GB/T 24874-2010 草地资源空间信息共享数据规范》
[ar] مواصفات بيانات المعلومات المتشاركة لموارد المراعي GB/T 24874-2010
[en] GB/T 24874-2010 Data standard for spatial information sharing of grassland resource

7.3

[fr] GB/T 24874-2010 Spécifications de données pour le partage d'informations spatiales des ressources herbagères

[de] GB/T 24874-2010 Datennormen für die gemeinsame Nutzung von Geodaten über Grünlandressourcen

[it] GB/T 24874-2010 condivisione delle informazioni sugli spazi occupati da pascoli

[jp] 「GB/T 24874-2010 草地資源の空間情報共有データ規範」

[kr] <GB/T 24874-2010 초지 자원 공간정보 공유 데이터 규범>

[pt] GB/T 24874-2010 Especificação de Dados para a Informação Compartilhada do espaço dos Recursos de Pastagem

[ru] GB/T 24874-2010 Нормы обмена данными пространственной информации о пастбищных ресурсах

[es] GB/T 24874-2010 Estándar de Datos para Uso Compartido de Información Espacial de Recursos de Pastos

73527 《20160504-T-524 能源互联网数据平台技术规范》

[ar] مواصفات فنية لمنصة بيانات انترنت الطاقة 20160504-T-524

[en] 20160504-T-524 Technical specifications for data platform of energy Internet

[fr] 20160504-T-524 Spécifications techniques de plate-forme de données de l'Internet d'énergie

[de] 20160504-T-524 Technische Spezifikation zur Datenplattform im Energie-Internet

[it] 20160504-T-524 Specificazione tecnica per la piattaforma dei dati d'Internet di energia

[jp] 「20160504-T-524 エネルギーインターネットデータプラットフォーム技術規範」

[kr] <20160504-T-524 에너지 인터넷 데이터 플랫폼 기술 규범>

[pt] 20160504-T-524 Especificações Tecnologias da Plataforma de Dados da Internet de Energia

[ru] 20160504-T-524 Технические спецификации платформы данных для энергетического Интернета

[es] 20160504-T-524 Especificaciones Técnicos de la Plataforma de Datos para Internet de la Energía

73528 《JT/T 1206-2018 长江航运信息系统数据交换共享规范》

[ar] نظام معلومات ملاحة نهر اليانغتسي - مواصفات تبادل وتشارك البيانات 2018-1206 JT/T

[en] JT/T 1206-2018 Yangtze River shipping information system — Specifications for data exchanging and sharing

[fr] JT/T 1206-2018 Système d'information sur le transport par eau du fleuve Yangtze — Spécifications d'échange et de partage de données

[de] JT/T 1206-2018 Yangtse Fluss-Schiff-fahrtsinformationssystem - Spezifikation für Datenaustausch und -sharing

[it] JT/T 1206-2018 informazioni sul trasporto via nave sul fiume Azzurro — Normativa su scambio e condivisione dei dati

[jp] 「JT/T 1206-2018 揚子江水上輸送システム データ交換共有規範」

[kr] <JT/T 1206-2018 창강 운송 정보시스템 데이터 교환 공유 규범>

[pt] JT/T 1206-2018 Sistema de Informações de Transporte Marítimo do Rio Yangtze — Especificações para Transação e Partilha de Dados

[ru] JT/T 1206-2018 Спецификация обмена и совместного использования данных информационной системы о

судоходстве по реке Янцзы

[es] JT/T 1206-2018 Sistema de Información de Envíos por el Río Yangtsé. Especificaciones para el Intercambio y el Uso Compartido de Datos

73529 《20102365-T-449 粮食物流数据元 仓储业务基础数据元》

[ar] عناصر بيانات لوجستيات الحبوب ـ عناصر البيانات الأساسية لأعمال التخزين 20102365-T-449

[en] 20102365-T-449 Grain logistics data elements — Storage business basic data elements

[fr] 20102365-T-449 Éléments de données de la logistique des céréales — Éléments de données de base de l'activité de stockage

[de] 20102365-T-449 Getreidelogistik-Daten-elemente - Grunddatenelemente für Lagergeschäft

[it] 20102365-T-449 Elementi dei dati di logistica dei cereali — dati base dell'attività di stoccaggio

[jp] 「20102365-T-449 食糧物流データ要素－倉庫業務の基本データ要素」

[kr] <20102365-T-449 식량 물류 데이터 셀-창고 저장 업무 기초 데이터 셀>

[pt] 20102365-T-449 Metadados de Logística de Grãos - Metadados Básicos de Negócio de Armazenamento

[ru] 20102365-T-449 Элементы данных зерновой логистики. Элементы базовых данных о бизнес-хранилище

[es] 20102365-T-449 Elementos de Datos para Logística de Grano. Elementos de Datos Básicos para el Negocio del Almacenamiento

73530 《YC/T 451.2-2012 烟草行业数据中心人力资源数据元 第 2 部分：代码集》

[ar] عناصر بيانات الموارد البشرية لمركز بيانات قطاع

صناعة التبغ ـ الجزء الثاني: مجموعة الأكواد YC/T 451.2-2012

[en] YC/T 451.2-2012 Data elements for human resource of tobacco industry data center — Part 2: Code set

[fr] YC/T 451.2-2012 Éléments de données des ressources humaines du centre de données de l'industrie du tabac — Partie 2 : Jeu de codes

[de] YC/T 451.2-2012 Datenelemente der Personalressourcen des Datenzentrums der Tabakindustrie - Teil 2: Codesatz

[it] YC/T 451.2-2012 Dati sulle risorse umane in centro dati dell'industria del tabacco — Parte 2: elenco di codici

[jp] 「YC/T 451.2-2012 たばこ産業データセンター人的資源データ要素－第 2 部：コードセット」

[kr] <YC/T 451.2-2012 연초업 데이터 센터 인적 자원 데이터 셀 제 2 부분: 코드 세트>

[pt] YC/T 451.2-2012 MetaDados para Recursos Humanos do Centro de Dados da Indústria do Tabaco - Parte 2: Conjunto de Códigos

[ru] YC/T 451.2-2012 Элементы данных о людских ресурсах от центра обработки и хранения данных о табачной промышленности. Часть 2. Набор кодов

[es] YC/T 451.2-2012 Elementos de Datos para Recursos Humanos del Centro de Datos del Sector del Tabaco. Parte 2: Juego de Códigos

73531 《GB/T 19114.32-2008 工业自动化系统与集成 工业制造管理数据：资源应用管理 第 32 部分：资源应用管理数据的概念模型》

[ar] نظام أتمتة الصناعة وتكاملها ـ البيانات الإدارية لقطاع التصنيع: إدارة تطبيق الموارد ـ الجزء الـ: 32

829

النموذج المفهومي للبيانات الإدارية لتطبيق الموارد
GB/T 19114.32-2008

[en] GB/T 19114.32-2008 Industrial automation systems and integration — Industrial manufacturing management data: Resource usage management — Part 32: Conceptual model for resources usage management data

[fr] GB/T 19114.32-2008 Système et intégration d'automatisation industrielle — Données de gestion de fabrication industrielle : Gestion de l'utilisation des ressources — Partie 32 : Modèle conceptuel pour les données de gestion de l'utilisation des ressources

[de] GB/T 19114.32-2008 Industrielle Auto-matisierungssysteme und -integration - Daten zum industriellen Fertigungs-management: Ressourcenverbrauchs-management - Teil 32: Konzeptmodell für Daten zum Ressourcenverbrauchs-management

[it] GB/T 19114.32-2008 Sistemi e integrazione di automazione industriale — Dati di gestione di produzione industriale: Gestione dell'utilizzo di risorse — Parte 32: Modello concettuale per i dati di gestione dell'utilizzo di risorse

[jp] 「GB/T 19114.32-2008 産業オートメーションシステム及びその統合－産業製造管理データ：資源運用管理－第32部：資源運用管理データのコンセプトモデル」

[kr] <GB/T 19114.32-2008 산업 자동화 시스템과 집적 산업 제조 관리 데이터: 자원 응용 관리 제 32 부분: 자원 응용 관리 데이터 컨셉 모델>

[pt] GB/T 19114.32-2008 Sistema e Integração da Automatização Industrial - Dados de Gestão da Fabricação

Industrial: Gestão da Uso dos Recursos - Parte 32: Modelo Conceptual para os Dados da Gestão da Aplicação dos Recursos

[ru] GB/T 19114.32-2008 Системы промышленной автоматизации и их интеграция. Управленческая информация о промышленном изготовлении: управление использованием ресурсов. Часть 32. Концептуальная модель для данных об управлении использованием ресурсов

[es] GB/T 19114.32-2008 Sistemas de Automatización Industrial e Integración. Datos de Gestión de Fabricación Industrial. Gestión de Uso de Recursos. Parte 32: Modelo Conceptual de Datos de Gestión del Uso de Recursos

73532 《GB/T 28441-2012 车载导航电子地图数据质量规范》

[ar] مواصفات جودة بيانات خريطة الملاحة الإلكترونية المحمولة GB/T 28441-2012

[en] GB/T 28441-2012 Data quality specification for navigation electronic map in vehicle

[fr] GB/T 28441-2012 Spécifications de qualité des données de la carte électronique de navigation à bord

[de] GB/T 28441-2012 Spezifikation der Datenqualität für elektronische Naviga-tionskarte im Fahrzeug

[it] GB/T 28441-2012 Specifiche sulla qualità dei dati per mappe elettroniche di navigazione su veicolo

[jp] 「GB/T 28441-2012 カーナビゲーションにおける電子マップデータ品質規範」

[kr] <GB/T 28441-2012 차량 탑재 내비게이션 전자 지도 데이터 품질 규범>

[pt] GB/T 28441-2012 Especificação de Qualidade dos Dados de Mapa Eletrônico para a Navegação em Veículos

[ru] GB/T 28441-2012 Спецификация качества данных для бортовой навигационной электронной карты в автомобиле

[es] GB/T 28441-2012 Especificación de Calidad de Datos para Mapas Electrónicos de Navegación para Vehículos

73533 《20190963-T-469 消费品安全大数据系统通用结构规范》

[ar] مواصفات الهيكل العام لنظام البيانات الضخمة الخاصة بسلامة المنتجات الاستهلاكية
20190963-T-469

[en] 20190963-T-469 General structure specification for big data system of consumer product safety

[fr] 20190963-T-469 Spécifications de structure générale du système de mégadonnées de la sécurité des produits de consommation

[de] 20190963-T-469 Allgemeine Struktur- spezifikation für das Big Data-System zur Konsumentenproduktensicherheit

[it] 20190963-T-469 Specifiche generali con sistema Big Data per la sicurezza dei beni di consumo

[jp] 「20190963-T-469 消費者製品安全ビッグデータシステムの共通構造規範」

[kr] <20190963-T-469 소비품 안전 빅데이터 시스템 통용 구조 규범>

[pt] 20190963-T-469 Especificação de Estrutura Geral para o Sistema de Big Data de Segurança de Produtos de Consumo

[ru] 20190963-T-469 Общая спецификация структуры системы больших данных

о безопасности потребительских товаров

[es] 20190963-T-469 Especificación de la Estructura General para Sistemas de Big Data sobre Seguridad de Productos de Consumo

73534 《GB/T 21715.4-2011 健康信息学 患者健康卡数据 第4部分：扩展临床数据》

[ar] علم المعلومات الصحية ـ بيانات البطاقة الصحية للمرضى ـ الجزء الرابع: البيانات السريرية الموسعة
GB/T 21715.4-2011

[en] GB/T 21715.4-2011 Health informatics — Patient healthcard data — Part 4: Extended clinical data

[fr] GB/T 21715.4-2011 Informatique de santé — Données sur la santé du patient — Partie 4 : Données cliniques étendues

[de] GB/T 21715.4-2011 Gesundheitsinfor- matik - Daten der Patientenkarte - Teil 4: Erweiterte klinische Daten

[it] GB/T 21715.4-2011 Informatica per la salute — Dati sulla tessera sanitaria del paziente — Parte 4: Dati clinici estesi

[jp] 「GB/T 21715.4-2011 健康情報学ー患者の健康カードデーター第4部：拡張医療データ」

[kr] <GB/T 21715.4-2011 의료 정보학 환자 건강 카드 데이터 제4 부분: 임상 데이터 확장>

[pt] GB/T 21715.4-2011 Informática de Saúde - Dados do Cartão de Saúde dos Pacientes - Parte 4: Dados Clínicos Amplificados

[ru] GB/T 21715.4-2011 Медицинская информатика. Данные медицинской карты пациента. Часть 4. Расширение клинических данных

[es] GB/T 21715.4-2011 Informática de Salud. Datos de Tarjetas de Salud de

Pacientes. Parte 4: Datos Clínicos
Ampliados

73535 《GB/T 36351.2-2018 信息技术 学习、
教育和培训 教育管理数据元素 第 2 部
分：公共数据元素》

[ar] تكنولوجيا المعلومات - التعلم والتعليم والتدريب
- عناصر بيانات الإدارة التعليمية - الجزء الثاني:
عناصر البيانات العامة GB/T 36351.2-2018

[en] GB/T 36351.2-2018 Information
technology — Learning, education and
training — Educational management
data elements — Part 2: Common data
elements

[fr] GB/T 36351.2-2018 Technologies
de l'information — Apprentissage,
éducation et formation — Éléments de
données de gestion de l'éducation —
Partie 2 : Éléments de données communs

[de] GB/T 36351.2-2018 Informationstech-
nik - Lernen, Bildung und Ausbildung -
Datenelemente für Bildungsmanagement
- Teil 2: Öffentliche Datenelemente

[it] GB/T 36351.2-2018 Tecnologia
dell'informazione — Apprendimento,
istruzione e formazione — Elementi dei
dati di gestione dell'istruzione — Parte
2: Elementi dei dati comuni

[jp] 「GB/T 36351.2-2018 情報技術－学習、
教育と研修－教育管理データ要素－第
2 部：共通データ要素」

[kr] <GB/T 36351.2-2018 정보기술 학습,
교육과 훈련 교육 관리 데이터 요소 제 2
부분: 공공 데이터 요소>

[pt] GB/T 36351.2-2018 Tecnologia da
Informação - Aprendizagem, Educação
e Formação - Elementos de Dados de
Gestão Educacional - Parte 2: Elementos
de Dados Públicos

[ru] GB/T 36351.2-2018 Информационные
технологии. Обучение, образование
и подготовка. Элементы данных об
управлении в области образования.
Часть 2. Элементы общих данных

[es] GB/T 36351.2-2018 Tecnología de la
Información. Aprendizaje, Educación
y Formación. Elementos de Datos de
Gestión Educativa. Parte 2: Elementos
Comunes de Datos

7.4　国际标准

[ar] 　　　　　　　　　　　　المعايير الدولية
[en]　**International Standards**
[fr]　**Normes internationales**
[de]　**Internationale Normen**
[it]　**Standard internazionali**
[jp]　**国際基準**
[kr]　**국제 표준**
[pt]　**Padrões Internacionais**
[ru]　**Международные стандарты**
[es]　**Normas Internacionales**

7.4.1　国际标准化组织相关标准

[ar]　**المواصفات المعنية للمنظمة الدولية للتوحيد القياسي**
[en]　**ISO Standards**
[fr]　**Normes de l'Organisation internationale de normalisation**
[de]　**ISO-Normen**
[it]　**Standard ISO**
[jp]　**国際標準化機構の諸規格**
[kr]　**국제 표준화 기구 관련 표준**
[pt]　**Padrões da ISO**
[ru]　**Стандарты Международной организации по стандартизации**
[es]　**Normas de la Organización Internacional de Normalización**

74101　《ISO/IEC 29100-2011 信息技术 安全技术 隐私保护框架》

[ar]　تكنولوجيا المعلومات ـ تكنولوجيا حماية الأمن ـ إطار حماية الخصوصية ISO/IEC 29100:2011

[en]　ISO/IEC 29100:2011 Information technology — Security techniques — Privacy framework

[fr]　ISO/IEC 29100:2011 Technologies de l'information — Techniques de sécurité — Cadre privé

[de]　ISO/IEC 29100:2011 Informationstechnik - Sicherheitstechnik - Rahmen des Datenschutzes

[it]　ISO/IEC 29100:2011 IT — Tecniche di sicurezza — Tutela della privacy

[jp]　「ISO/IEC 29100:2011 情報技術－セキュリティ技術－プライバシー保護フレームワーク」

[kr]　<ISO/IEC 29100:2011 정보기술 보안 기술 프라이버시 보호 프레임워크>

[pt]　ISO/IEC 29100:2011 Tecnologia da Informação - Tecnologias de Segurança - Estrutura de Privacidade

[ru]　ISO/IEC 29100:2011 Информационные технологии. Методы и средства обеспечения безопасности. Фреймворк конфиденциальности

[es]　ISO/IEC 29100:2011 Tecnología de la Información. Técnicas de Seguridad. Marco de Referencia de Privacidad

74102 《ISO/IEC 29191-2012 信息技术 安全技术 部分匿名、部分不可链接的身份验证要求》

[ar] تكنولوجيا المعلومات - تكنولوجيا حماية الأمن - المتطلبات الخاصة بإثبات بعض الهويات المجهولة الاسم وغير قابلة للوصل

ISO/IEC 29191:2012

[en] ISO/IEC 29191:2012 Information technology — Security techniques — requirements for partially anonymous, partially unlinkable authentication

[fr] ISO/IEC 29191:2012 Technologies de l'information — Techniques de sécurité — Exigences pour l'authentification partiellement anonyme, partiellement non reliable

[de] ISO/IEC 29191:2012 Informationstechnik - Sicherheitstechnik - Anforderungen an teilweise anonyme bzw. teilweise nichtverbindbare Identitätsauthentifizierung

[it] ISO/IEC 29191:2012 IT — Tecniche di sicurezza — Requisiti per l'autenticazione parzialmente anonima, parzialmente non tracciabile

[jp] 「ISO/IEC 29191:2012 情報技術－セキュリティ技術－部分匿名、部分リンク不可のID 認証要求」

[kr] <ISO/IEC 29191:2012 정보기술 보안기술 부분 익명, 부분 연결 불가한 신분 인증 요구>

[pt] ISO/IEC 29191:2012 Tecnologia da Informação - Tecnologias de Segurança - Requisitos para Autenticação Parcialmente Anônima e Parcialmente Impossível de Vincular

[ru] ISO/IEC 29191:2012 Информационные технологии. Методы и средства обеспечения безопасности. Требования к частично анонимной, частично несцепляемой

аутентификации

[es] ISO/IEC 29191:2012 Tecnología de la Información. Técnicas de Seguridad. Requisitos para la Autenticación Parcialmente Anónima, Parcialmente No Vinculable

74103 《ISO/IEC 29101-2013 信息技术 安全技术 隐私保护体系结构框架》

[ar] تكنولوجيا المعلومات - تكنولوجيا الأمن - الإطار الهيكلي لنظام حماية الخصوصية

ISO/IEC 29101:2013

[en] ISO/IEC 29101:2013 Information technology — Security techniques — Privacy architecture framework

[fr] ISO/IEC 29101:2013 Technologies de l'information — Techniques de sécurité — Architecture de référence de la protection de la vie privée

[de] ISO/IEC 29101:2013 Informationstechnik - Sicherheitstechnik - Architektursrahmen des Datenschutzes

[it] ISO/IEC 29101:2013 ITT — Tecniche di sicurezza — Struttura per il sistema di tutela della privacy

[jp] 「ISO/IEC 29101:2013 情報技術－セキュリティ技術－プライバシー保護アーキテクチャフレームワーク」

[kr] <ISO/IEC 29101:2013 정보기술 보안기술 프라이버시 보호 아키텍처 프레임 워크>

[pt] ISO/IEC 29101:2013 Tecnologia da Informação - Tecnologias de Segurança - Estrutura do Sistema de Proteção de Privacidade

[ru] ISO/IEC 29101:2013 Информационные технологии. Методы и средства обеспечения безопасности. Фреймворк для обеспечения конфиденциальности

[es] ISO/IEC 29101:2013 Tecnología de la

Información. Técnicas de Seguridad.
Marco de Referencia de la Arquitectura
de Privacidad

74104 《ISO/IEC 27018-2014 信息技术 安全
技术 可识别个人信息（PII）处理者在
公有云中保护PII的实践指南》

[ar]   تكنولوجيا المعلومات - تكنولوجيا الأمن - التعليمات
التنفيذية لعملية حماية PII في الحوسبة السحابية
العامة التي يقوم بها معالج المعلومات الشخصية
الممكن تمييزها (PII)
ISO/IEC 27018:2014

[en]   ISO/IEC 27018:2014 Information
technology — Security techniques
— Code of practice for protection of
personally identifiable information (PII)
in public clouds acting as PII processors

[fr]   ISO/IEC 27018:2014 Technologies de
l'information — Techniques de sécurité
— Code de bonne pratique pour la
protection des informations personnelles
identifiables (PII) dans l'information
en nuage public agissant comme
processeurs de PII

[de]   ISO/IEC 27018:2014 Informationstech-
nik - Sicherheitstechnik - Verhaltens-
kodex für Datenbenutzer zum Schutz
personenbezogener Daten (PII) in den
als PII-Prozessoren fungierenden öffent-
lichen Clouds

[it]   ISO/IEC 27018:2014 Tecnologia
dell'informazione — Tecniche di
sicurezza — Codice di condotta
per la protezione di informazioni di
identificazione personale (PII) in cloud
pubblici che agiscono come processori
PII

[jp]   「ISO/IEC 27018:2014 情報技術－セ
キュリティ技術－パブリッククラウド
におけるPII（個人を特定できる情報）
プロセッサーのPII 保護の実践ガイド

ライン」

[kr]   <ISO/IEC 27018:2014 정보기술 보안
기술 공용 클라우드에서 개인 정보(PII)
식별 가능 처리자의 PII 보호 실천 가이
드라인>

[pt]   ISO/IEC 27018:2014 Tecnologia da
Informação - Tecnologias de Segurança
- Código de Prática para Proteção de
Informações Pessoais Identificáveis (PII)
Atuando como Processadores de PII em
Nuvens Públicas

[ru]   ISO/IEC 27018:2014 Информационные
технологии. Методы и средства
обеспечения безопасности. Свод
правил по защите персональных
данных (PII) в среде публичного
облака, действующего как PII
процессора

[es]   ISO/IEC 27018:2014 Tecnología de la
Información. Técnicas de Seguridad.
Código de Prácticas de Protección de
Información de Identificación Personal
en Nubes Públicas que Actúan como
Procesadores de Información de
Identificación Personal

74105 《ISO/IEC 29190-2015 信息技术 安全
技术 隐私保护能力评估模型》

[ar]   تكنولوجيا المعلومات - تكنولوجيا الأمن - نموذج
تقييم القدرة على حماية الخصوصية
ISO/IEC 29190:2015

[en]   ISO/IEC 29190:2015 Information
technology — Security techniques —
Privacy capability assessment model

[fr]   ISO/IEC 29190:2015 Technologies de
l'information — Techniques de sécurité
— Modèle d'évaluation de l'aptitude à
la confidentialité

[de]   ISO/IEC 29190:2015 Informationstechnik
- Sicherheitstechnik - Bewertungsmodell der
Datenschutzfähigkeit

7.4

[it] ISO/IEC 29190:2015 IT — Tecniche di sicurezza — Modello di valutazione di capacità di tutela della privacy

[jp] 「ISO/IEC 29190:2015 情報技術 ー セキュリティ技術ープライバシー保護能力評価モデル」

[kr] <ISO/IEC 29190:2015 정보기술 보안기술 프라이버시 보호 능력 평가 모델>

[pt] ISO/IEC 29190:2015 Tecnologia da Informação - Tecnologias de Segurança - Modelo de Avaliação de Capacidade de Proteção de Privacidade

[ru] ISO/IEC 29190:2015 Информационные технологии. Методы и средства обеспечения безопасности. Модель оценки способности обеспечить конфиденциальность

[es] ISO/IEC 29190:2015 Tecnología de la Información. Técnicas de Seguridad. Modelo de Evaluación de Capacidades de Protección de Privacidad

74106 《ISO/IEC 2382-2015 信息技术 词汇》

[ar] تكنولوجيا المعلومات ـ المفردات
ISO/IEC 2382:2015

[en] ISO/IEC 2382:2015 Information technology — Vocabulary

[fr] ISO/IEC 2382:2015 Technologies de l'information — Vocabulaire

[de] ISO/IEC 2382:2015 Informationstechnik - Terminologie

[it] ISO/IEC 2382:2015 Tecnologia dell'informazione — Vocabolario

[jp] 「ISO/IEC 2382:2015 情報技術ー用語」

[kr] <ISO/IEC 2382:2015 정보기술 용어>

[pt] ISO/IEC 2382:2015 Tecnologia da Informação - Vocabulário

[ru] ISO/IEC 2382:2015 Информационные технологии. Словарь

[es] ISO/IEC 2382:2015 Tecnología de la Información. Vocabulario

74107 《ISO/IEC 20546 信息技术 大数据 概述和术语》

[ar] تكنولوجيا المعلومات ـ البيانات الضخمة ـ اللمحات
العامة والمصطلحات ISO/IEC 20546

[en] ISO/IEC 20546 Information technology — Big data — Overview and vocabulary

[fr] ISO/IEC 20546 Technologies de l'information — Mégadonnées — Vue d'ensemble et vocabulaire

[de] ISO/IEC 20546 Informationstechnik - Big Data - Übersicht und Begriffe

[it] ISO/IEC 20546 IT — Big Data — Panoramica e terminologia

[jp] 「ISO/IEC 20546 情報技術ービッグデーター概要と専門用語」

[kr] <ISO/IEC 20546 정보기술 빅데이터 약술과 전문용어>

[pt] ISO/IEC 20546 Tecnologia da Informação - Big Data - Visão Geral e Terminologia

[ru] ISO/IEC 20546 Информационные технологии. Обзор больших данных и словарь

[es] ISO/IEC 20546 Tecnología de la Información. Big Data. Descripción General y Vocabulario

74108 《ISO/IEC 20547-1 信息技术 大数据 参考架构 第 1 部分：框架与应用》

[ar] تكنولوجيا المعلومات ـ الهيكل المرجعى للبيانات
الضخمة ـ الجزء الأول: الإطار والتطبيق
ISO/IEC 20547-1

[en] ISO/IEC 20547-1 Information technology — Big data reference architecture — Part 1: Framework and application process

[fr] ISO/IEC 20547-1 Technologies de l'information — Architecture de référence des mégadonnées — Partie 1 : Cadre méthodologique et processus d'application

[de] ISO/IEC 20547-1 Informationstechnik - Big Data-Referenzarchitektur - Teil 1: Rahmen und Anwendung

[it] ISO/IEC 20547-1 Tecnologia dell'informazione — Architettura di riferimento per Big Data — Parte 1: Struttura e processo applicativo

[jp] 「ISO/IEC 20547-1 情報技術－ビッグデーター参照アーキテクチャー第1部: フレームワークと適用」

[kr] <ISO/IEC 20547-1 정보기술 빅데이터 참고 아키텍처 제1부분: 프레임워크와 응용>

[pt] ISO/IEC 20547-1 Tecnologia da Informação - Arquitetura de Referência de Big Data - Parte 1: Estrutura e Processo de Aplicação

[ru] ISO/IEC 20547-1 Информационные технологии. Эталонная структура больших данных. Часть 1. Фреймворк и прикладной процесс

[es] ISO/IEC 20547-1 Tecnología de la Información. Arquitectura de Referencia de Big Data. Parte 1: Marco de Referencia y Proceso de Aplicaciones

74109 《ISO/IEC 20547-2 信息技术 大数据 参考架构 第2部分：用例和需求》

[ar] تكنولوجيا المعلومات ـ البيانات الضخمة ـ الإطار المرجعى للبيانات الضخمة ـ الجزء الثاني : الأمثلة التطبيقية والاحتياجات 2-20547 ISO/IEC

[en] ISO/IEC 20547-2 Information technology — Big data reference architecture — Part 2: Use cases and derived requirements

[fr] ISO/IEC 20547-2 Technologies de l'information — Architecture de référence des mégadonnées — Partie 2 : Cas pratiques et exigences dérivées

[de] ISO/IEC 20547-2 Informationstechnik - Big Data-Referenzarchitektur - Teil 2:

Anwendungsfälle und abgeleitete Anforderungen

[it] ISO/IEC 20547-2 Tecnologia dell'informazione — Architettura di riferimento per Big Data — Parte 2: casi d'uso e requisiti derivati

[jp] 「ISO/IEC 20547-2 情報技術－ビッグデーター参照アーキテクチャー第2部: 用例と需要」

[kr] <ISO/IEC 20547-2 정보기술 빅데이터 참고 아키텍처 제2부분: 용례와 수요>

[pt] ISO/IEC 20547-2 Tecnologia da Informação - Arquitetura de Referência de Big Data - Parte 2: Usos de Casos e Requisitos Derivados

[ru] ISO/IEC 20547-2 Информационные технологии. Эталонная структура больших данных. Часть 2. Прецеденты использования и производные требования

[es] ISO/IEC 20547-2 Tecnología de la Información. Arquitectura de Referencia de Big Data. Parte 2: Casos de Uso y Requisitos Derivados

74110 《ISO/IEC 20547-3 信息技术 大数据 参考架构 第3部分：参考架构》

[ar] تكنولوجيا المعلومات ـ الهيكل المرجعي للبيانات الضخمة ـ الجزء الثالث: الهيكل المرجعي ISO/IEC 20547-3

[en] ISO/IEC 20547-3 Information technology — Big data reference architecture — Part 3: Reference architecture

[fr] ISO/IEC 20547-3 Technologies de l'information — Architecture de référence des mégadonnées — Partie 3 : Architecture de référence

[de] ISO/IEC 20547-3 Informationstechnik - Big Data-Referenzarchitektur - Teil 3: Referenzarchitektur

7.4

[it] ISO/IEC 20547-3 Tecnologia dell'informazione — Architettura di riferimento per Big Data — Parte 3: Architettura di riferimento

[jp] 「ISO/IEC 20547-3 情報技術－ビッグデーター参照アーキテクチャー第 3 部: 参照アーキテクチャ」

[kr] <ISO/IEC 20547-3 정보기술 빅데이터 참고 아키텍처 제 3 부분: 참고 아키텍처>

[pt] ISO/IEC 20547-3 Tecnologia da Informação - Arquitetura de Referência de Big Data - Parte 3: Arquitetura de Referência

[ru] ISO/IEC 20547-3 Информационные технологии. Эталонная структура больших данных. Часть 3. Эталонная архитектура

[es] ISO/IEC 20547-3 Tecnología de la Información. Arquitectura de Referencia de Big Data. Parte 3: Arquitectura de Referencia

74111 《ISO/IEC 20547-4 信息技术 大数据 参考架构 第 4 部分: 安全和隐私》

[ar] تكنولوجيا المعلومات ـ الهيكل المرجعي للبيانات الضخمة ـ الجزء الرابع: الأمان والخصوصية ISO/IEC 20547-4

[en] ISO/IEC 20547-4 Information technology — Big data reference architecture — Part 4: Security and privacy

[fr] ISO/IEC 20547-4 Technologies de l'information — Architecture de référence des mégadonnées — Partie 4 : Sécurité et Confidentialité

[de] ISO/IEC 20547-4 Informationstechnik - Big Data-Referenzarchitektur - Teil 4: Sicherheit und Datenschutz

[it] ISO/IEC 20547-4 Tecnologia dell'informazione — Architettura di

riferimento per Big Data — Parte 4: Sicurezza e privacy

[jp] 「ISO/IEC 20547-4 情報技術－ビッグデーター参照アーキテクチャー第 4 部: セキュリティとプライバシー」

[kr] <ISO/IEC 20547-4 정보기술 빅데이터 참고 아키텍처 제 4 부분: 보안과 프라이버시>

[pt] ISO/IEC 20547-4 Tecnologia da Informação - Arquitetura de Referência de Big Data - Parte 4: Segurança e Privacidade

[ru] ISO/IEC 20547-4 Информационные технологии. Эталонная структура больших данных. Часть 4. Безопасность и конфиденциальность

[es] ISO/IEC 20547-4 Tecnología de la Información. Arquitectura de Referencia de Big Data. Parte 4: Seguridad y Privacidad

74112 《ISO/IEC 20547-5 信息技术 大数据 参考架构 第 5 部分: 标准路线图》

[ar] تكنولوجيا المعلومات – الهيكل المرجعى للبيانات الضخمة ـ الجزء الـ5: خارطة الطريق القياسية ISO/IEC 20547-5

[en] ISO/IEC 20547-5 Information technology — Big data reference architecture — Part 5: Standards roadmap

[fr] ISO/IEC 20547-5 Technologies de l'information — Architecture de référence des mégadonnées — Partie 5 : Feuille de route pour les normes

[de] ISO/IEC 20547-5 Informationstechnik - Big Data-Referenzarchitektur - Teil 5: Normen-Roadmap

[it] ISO/IEC 20547-5 Tecnologia dell'informazione — Architettura di riferimento per Big Data — Parte 5: Roadmap standard

[jp] 「ISO/IEC 20547-5 情報技術－ビッグ

7.4

データー参照アーキテクチャー第 5 部:
標準ロードマップ」

[kr] <ISO/IEC 20547-5 정보기술 빅데이터
참고 아키텍처 제 5 부분: 표준 로드맵>

[pt] ISO/IEC 20547-5 Tecnologia da
Informação - Arquitetura de Referência
de Big Data - Parte 5: Roteiro
Padronizado

[ru] ISO/IEC 20547-5 Информационные
технологии. Эталонная структура
больших данных. Часть 5. Дорожная
карта стандартов

[es] ISO/IEC 20547-5 Tecnología de la
Información. Arquitectura de Referencia
de Big Data. Parte 5: Hoja de Ruta
Normativa

74113 《ISO/IEC 27045 信息技术 大数据安
全与隐私 过程》

[ar] عمليات حماية أمن البيانات الضخمة والخصوصية
ISO/IEC 27045

[en] ISO/IEC 27045 Information technology
— Big data security and privacy —
Processes

[fr] ISO/IEC 27045 Technologies de
l'information — Sécurité et confidentialité
des mégadonnées — Processus

[de] ISO/IEC 27045 Informationstechnik
- Big Data-Sicherheit und Datenschutz-
prozess

[it] ISO/IEC 27045 Tecnologia
dell'informazione — Processi di
sicurezza e privacy di Big Data

[jp] 「ISO/IEC 27045 ビッグデータセキュリ
ティとプライバシープロセス」

[kr] <ISO/IEC 27045 빅데이터 보안과 프라
이버시 과정>

[pt] ISO/IEC 27045 Tecnologia da
Informação - Processos de Privacidade
e Segurança de Big Data

[ru] ISO/IEC 27045 Процессы

обеспечения безопасности и защиты
конфиденциальности больших
данных

[es] ISO/IEC 27045 Tecnología de la
Información. Procesos de la Seguridad y
la Privacidad de Big Data

74114 《ISO/IEC 29134-2017 信息技术 安全
技术 隐私影响评定指南》

[ar] تكنولوجيا المعلومات ـ تكنولوجيا الأمن ـ دليل تقييم
تأثيرات الخصوصية ISO/IEC 29134:2017

[en] ISO/IEC 29134:2017 Information
technology — Security techniques
— Guidelines for privacy impact
assessment

[fr] ISO/IEC 29134:2017 Technologies de
l'information — Techniques de sécurité
— Lignes directrices pour l'évaluation
d'impacts sur la vie privée

[de] ISO/IEC 29134:2017 Informationstech-
nik - Sicherheitstechnik - Leitfaden zur
Folgenabschätzung von Datenschutz

[it] ISO/IEC 29134:2017 Tecnologia
dell'informazione — Tecniche di
sicurezza — Linee guida per la
valutazione dell'impatto sulla privacy

[jp] 「ISO/IEC 29134:2017 情 報 技 術 ー セ
キュリティ技術ープライバシー影響評
価ガイドライン」

[kr] <ISO/IEC 29134:2017 정보기술 보안기
술 프라이버시 영향 판정 가이드라인>

[pt] ISO/IEC 29134:2017 Tecnologia da
Informação - Tecnologias de Segurança
- Guia para Avaliação de Impacto na
Privacidade

[ru] ISO/IEC 29134:2017 Информационные
технологии. Методы и средства
обеспечения безопасности.
Руководящие указания по оценке
воздействия на конфиденциальность

[es] ISO/IEC 29134:2017 Tecnología de la

7.4

Información. Técnicas de Seguridad. Directrices para la Evaluación del Impacto de la Privacidad

74115 《ITU-T X.1601-2015 云计算安全框架》

[ar] إطار أمني للحوسبة السحابية
ITU-T X.1601:2015

[en] ITU-T X.1601:2015 Security framework for cloud computing

[fr] ITU-T X.1601:2015 Cadre de sécurité applicable à l'informatique en nuage

[de] ITU-T X.1601:2015 Sicherheitsrahmen für Cloud-Computing

[it] ITU-T X.1601:2015 Struttura di sicurezza per cloud computing

[jp] 「ITU-T X.1601:2015 クラウドコンピューティングセキュリティフレームワーク」

[kr] <ITU-T X.1601:2015 클라우드 컴퓨팅 보안 프레임워크>

[pt] ITU-T X.1601:2015 Estrutura de Segurança de Computação em Nuvem

[ru] ITU-T X.1601:2015 Фреймворк безопасности облачных вычислений

[es] ITU-T X.1601:2015 Marco de Referencia de Seguridad para la Nube

74116 《ITU-T Y.2060-2012 物联网综述》

[ar] ملخص عن إنترنت الأشياء
ITU-T Y.2060:2012

[en] ITU-T Y.2060:2012 Overview of the Internet of things

[fr] ITU-T Y.2060:2012 Présentation générale de l'Internet des objets

[de] ITU-T Y.2060:2012 Überblick über IoT

[it] ITU-T Y.2060:2012 Internet delle cose : una panoramica

[jp] 「ITU-T Y.2060:2012 IoT 概説」

[kr] <ITU-T Y.2060:2012 사물 인터넷 총론>

[pt] ITU-T Y.2060:2012 Visão Geral da

Internet das Coisas

[ru] ITU-T Y.2060:2012 Обзор Интернета вещей

[es] ITU-T Y.2060:2012 Descripción General de Internet de las Cosas

74117 《ITU-T Y.2063-2012 物联网框架》

[ar] إطار إنترنت الأشياء ITU-T Y.2063:2012

[en] ITU-T Y.2063:2012 Framework of the web of things

[fr] ITU-T Y.2063:2012 Cadre applicable au web des objets

[de] ITU-T Y.2063:2012 Rahmen des IoT

[it] ITU-T Y.2063:2012 Struttura di Internet delle cose

[jp] 「ITU-T Y.2063:2012 IoTフレームワーク」

[kr] <ITU-T Y.2063:2012 사물 인터넷 프레임워크>

[pt] ITU-T Y.2063:2012 Estrutura da Internet das Coisas

[ru] ITU-T Y.2063:2012 Фреймворк Интернета вещей

[es] ITU-T Y.2063:2012 Marco de Referencia de Internet de las Cosas

74118 《ITU-T Y.2069-2012 物联网的术语和定义》

[ar] مصطلحات وتعاريف لانترنت الأشياء
ITU-T Y.2069:2012

[en] ITU-T Y.2069:2012 Terms and definitions for the Internet of things

[fr] ITU-T Y.2069:2012 Termes et définitions applicables à l'Internet des objets

[de] ITU-T Y.2069:2012 Begriffe und Definitionen des IoT

[it] ITU-T Y.2069:2012 Termini e definizioni per Internet delle cose

[jp] 「ITU-T Y.2069:2012 IoTの専門用語と定義」

[kr] <ITU-T Y.2069:2012 사물 인터넷의 전

문용어와 정의>

[pt] ITU-T Y.2069:2012 Termos e definições para Internet das Coisas

[ru] ITU-T Y.2069:2012 Терминология и определения Интернета вещей

[es] ITU-T Y.2069:2012 Términos y Definiciones de Internet de las Cosas

74119 《ITU-T Y.3500-2014 信息技术 云计算 概述和词汇》

[ar] تكنولوجيا المعلومات – الحوسبة السحابية ـ اللمحة العامة والمفردات ITU-T Y.3500:2014

[en] ITU-T Y.3500:2014 Information technology — Cloud computing — Overview and vocabulary

[fr] ITU-T Y.3500:2014 Technologies de l'information — Informatique en nuage — Présentation générale et vocabulaire

[de] ITU-T Y.3500:2014 Informationstechnik - Cloud Computing - Überblick und Terminologie

[it] ITU-T Y.3500:2014 Tecnologia dell'informazione — Cloud computing — Panoramica e terminologia

[jp] 「ITU-T Y.3500:2014 情報技術ークラウドコンピューティング 概要と用語」

[kr] <ITU-T Y.3500:2014 정보기술 클라우드 컴퓨팅 약술과 용어>

[pt] ITU-T Y.3500:2014 Tecnologia da Informação - Computação em Nuvem - Visão Geral e Vocabulário

[ru] ITU-T Y.3500:2014 Информационные технологии. Облачные вычисления. Обзор и словарь

[es] ITU-T Y.3500:2014 Tecnología de la Información. Computación en la nube. Descripción General y Vocabulario

74120 《ITU-T Y.3601 大数据 数据交换框架与需求》

[ar] بيانات ضخمة ـ إطار تبادل البيانات ومتطلباتها

ITU-TY.3601

[en] ITU-T Y.3601 Big data — Framework and requirements for data exchange

[fr] ITU-T Y.3601 Mégadonnées — Cadre et exigences pour l'échange de données

[de] ITU-T Y.3601 Big Data - Rahmen und Anforderungen an Datenaustausch

[it] ITU-T Y.3601 Big Data — Struttura e requisiti per lo scambio dei dati

[jp] 「ITU-T Y.3601 ビッグデーターデータ交換フレームワークと需要」

[kr] <ITU-T Y.3601 빅데이터 데이터 교환 프레임워크와 수요>

[pt] ITU-T Y.3601 Big Data - Estrutura e Requisitos para a Transação de Dados

[ru] ITU-T Y.3601 Большие данные. Фреймворк и требования для обмена данными

[es] ITU-T Y.3601 Big Data. Marco de Referencia y Requisitos para el Intercambio de Datos

74121 《ITU-T Y.3600-2015 大数据 云计算为基础的要求和能力》

[ar] بيانات ضخمة ـ المتطلبات والإمكانيات للبيانات الضخمة المستندة إلى الحوسبة السحابية

ITU-T Y.3600:2015

[en] ITU-T Y.3600:2015 Big data — Cloud computing based requirements and capabilities

[fr] ITU-T Y.3600:2015 Mégadonnées — Exigences et capacités basées sur l'informatique en nuage

[de] ITU-T Y.3600:2015 Big Data - Cloud Computingbasierte Anforderungen und Fähigkeiten

[it] ITU-T Y.3600:2015 Requisiti e capacità basati su Big Data — Cloud computing

[jp] 「ITU-T Y.3600:2015 ビッグデータークラウドコンピューティングに基づく要求事項と能力」

7.4

[kr] <ITU-T Y.3600:2015 빅데이터 클라우드 컴퓨팅 기반의 요구와 능력>

[pt] ITU-T Y.3600:2015 Big Data - Requisitos e Capacidades Baseados na Computação em Nuvem

[ru] ITU-T Y.3600:2015 Большие данные. Требования и возможности на основе облачных вычислений

[es] ITU-T Y.3600:2015 Big Data. Requisitos y Capacidades Basadas en la Computación en la Nube

74122 《ITU-T SERIES Y.SUPP 40-2016 大数据标准化路线图》

[ar] خارطة الطريق لتقييس البيانات الضخمة ITU-T SERIES Y.SUPP 40:2016

[en] ITU-T SERIES Y.SUPP 40:2016 Big data standardization roadmap

[fr] ITU-T SERIES Y.SUPP 40:2016 Feuille de route de normalisation des mégadonnées

[de] ITU-T SERIES Y.SUPP 40:2016 Roadmap zur Big Data-Normung

[it] ITU-T SERIES Y.SUPP 40:2016 Roadmap standard dei Big Data

[jp] 「ITU-T SERIES Y SUPP 40:2016 ビッグデータ標準化ロードマップ」

[kr] <ITU-T SERIES Y.SUPP 40:2016 빅데이터 표준화 로드맵>

[pt] ITU-T SERIES Y SUPP 40:2016 Roteiro de Padronização de Big Data

[ru] ITU-T SERIES Y.SUPP 40:2016 Дорожная карта стандартизации для больших данных

[es] ITU-T SERIES Y.SUPP 40:2016 Hoja de Ruta de la Normalización de Big Data

74123 《ITU-T Y.4114-2017 大数据的具体要求和物联网的能力》

[ar] متطلبات محددة للبيانات الضخمة وإمكانيات إنترنت الأشياء ITU-T Y.4114:2017

[en] ITU-T Y.4114:2017 Specific requirement and capabilities of the Internet of things for big data

[fr] ITU-T Y.4114:2017 Exigences et capacités spécifiques de l'Internet des objets pour les mégadonnées

[de] ITU-T Y.4114:2017 Spezifische Anfor- derungen an Big Data und Fähigkeiten des IoT

[it] ITU-T Y.4114:2017 Requisiti e capacità specifici di Internet delle cose per i Big Data

[jp] 「ITU-T Y.4114:2017 ビッグデータに関する具体的要求事項とIoTの能力」

[kr] <ITU-T Y.4114:2017 빅데이터 구체적 요구와 사물 인터넷 능력>

[pt] ITU-T Y.4114:2017 Requisitos Específicos e Capacidades da Internet das Coisas para Big Data

[ru] ITU-T Y.4114:2017 Определенные требования и возможности Интернета вещей для больших данных

[es] ITU-T Y.4114:2017 Requisitos y Capacidades Específicos de Internet de las Cosas para Big Data

7.4.2 欧洲标准化组织相关标准

[ar] المعايير المعتمدة من قبل اللجنة الأوروبية للتوحيد القياسي

[en] **Standards of European Standardization Organizations**

[fr] **Normes des organisations de normalisation européennes**

[de] **Normen des Europäischen Komitees für Normung**

[it] **Standard del comitato europeo per la Standard del comitato europeo per la standardizzazione**

[jp] **欧州標準化機構の諸規格標準**

[kr] **유럽 표준화 기구 관련 표준**

[pt] **Normas Relativas do Comissão**

Europea de Normalização

[ru] Стандарты Европейских

организаций по стандартизации

[es] Normas de las Organizaciones de

Normalización Europeas

74201 《EN ISO/IEC 27000-2018 信息技术
安全技术 信息安全管理系统 概述和词
汇》

[ar] تكنولوجيا المعلومات ـ تكنولوجيا الأمن – نظام إدارة
أمن المعلومات – اللمحة العامة والمفردات
EN ISO/IEC 27000:2018

[en] EN ISO/IEC 27000:2018 Information
technology — Security techniques
— Information security management
systems — Overview and vocabulary

[fr] EN ISO/IEC 27000:2018 Technologies
de l'information — Techniques de
sécurité — Systèmes de management
de la sécurité de l'information — Vue
d'ensemble et vocabulaire

[de] EN ISO/IEC 27000:2018 Informations-
technik - IT-Sicherheitsverfahren - Infor-
mationssicherheitsmanagementsystem -
Überblick und Terminologie

[it] EN ISO/IEC 27000:2018 Tecnologia
dell'informazione — Tecniche di
sicurezza — Sistemi di gestione
della sicurezza delle informazioni —
Panoramica e vocabolario

[jp] 「EN ISO/IEC 27000:2018 情報技術ーセ
キュリティ技術ー情報セキュリティマ
ネジメントシステムー概説と用語」

[kr] <EN ISO/IEC 27000:2018 정보기술 보안
기술 정보 보안 관리 시스템 약술과 용어>

[pt] EN ISO/IEC 27000:2018 Tecnologia da
Informação - Tecnologia de Segurança
- Sistema de Gestão de Segurança da
Informação - Visão Geral e Volcabulário

[ru] EN ISO/IEC 27000:2018
Информационные технологии.

Методы и средства обеспечения
безопасности. Системы управления
информационной безопасностью.
Обзор и словарь

[es] EN ISO/IEC 27000:2018 Tecnología de
la Información. Técnicas de Seguridad.
Sistemas de Gestión de la Seguridad de
la Información. Descripción General y
Vocabulario

74202 《EN ISO/IEC 27001-2017 信息技术
安全技术 信息安全管理体系要求》

[ar] تكنولوجيا المعلومات ـ تكنولوجيا الأمن - المتطلبات
الخاصة بنظام إدارة أمن المعلومات
EN ISO/IEC 27001:2017

[en] EN ISO/IEC 27001:2017 Information
technology — Security techniques
— Information security management
systems — Requirements

[fr] EN ISO/IEC 27001:2017 Technologies
de l'information — Techniques de
sécurité — Systèmes de management de
la sécurité de l'information — Exigences

[de] EN ISO/IEC 27001:2017 Informations-
technik - IT-Sicherheitsverfahren - Infor-
mationssicherheitsmanagementsystem -
Anforderungen

[it] EN ISO/IEC 27001:2017 Tecnologia
dell'informazione — Tecniche di
sicurezza — Sistemi di gestione della
sicurezza delle informazioni — Requisiti

[jp] 「EN ISO/IEC 27001:2017 情報技術ーセ
キュリティ技術ー情報セキュリティマ
ネジメントシステム要求事項」

[kr] <EN ISO/IEC 27001:2017 정보기술 보
안기술 정보 보안 관리 체계 요구>

[pt] EN ISO/IEC 27001:2017 Tecnologia
da Informação - Ténica de Segurança
- Sistema de Gestão de Segurança da
Informação - Requisitos

[ru] EN ISO/IEC 27001:2017

7.4

Информационные технологии.
Методы и средства обеспечения
безопасности. Системы управления
информационной безопасностью.
Требования

[es] EN ISO/IEC 27001:2017 Tecnología de
la Información. Técnicas de Seguridad.
Sistemas de Gestión de la Seguridad de
la Información. Requisitos

74203 《EN ISO/IEC 27002-2017 信息技术
安全技术 信息安全控制规范》

[ar] تكنولوجيا المعلومات - تكنولوجيا الأمن - قواعد
تحكم أمن المعلومات
EN ISO/IEC 27002:2017

[en] EN ISO/IEC 27002:2017 Information
technology — Security techniques —
Code of practice for information security
controls

[fr] EN ISO/IEC 27002:2017 Technologies
de l'information — Techniques de
sécurité — Code de bonne pratique
pour le management de la sécurité de
l'information

[de] EN ISO/IEC 27002:2017 Informations-
technik - IT-Sicherheitsverfahren - Ver-
haltenskodex für Informationssicher-
heitskontrolle

[it] EN ISO/IEC 27002:2017 Tecnologia
dell'informazione — Tecniche di
sicurezza — Specificazione per controlli
di sicurezza di informazione

[jp] 「EN ISO/IEC 27002:2017 情報技術ーセ
キュリティ技術ー情報セキュリティコ
ントロール規範」

[kr] <EN ISO/IEC 27002:2017 정보기술 보
안기술 정보 보안 제어 규범>

[pt] EN ISO/IEC 27002:2017 Tecnologia
da Informação - Ténica de Segurança -
Especificação de Prática para Controlo
de Segurança de Informação

[ru] EN ISO/IEC 27002:2017
Информационные технологии.
Методы и средства обеспечения
безопасности. Свод правил по
контролю информационной
безопасности

[es] EN ISO/IEC 27002:2017 Tecnología de
la Información. Técnicas de Seguridad.
Código de Prácticas para los Controles
de Seguridad de la Información

74204 《EN ISO/IEC 27038-2016 信息技术
安全技术 数字编辑规范》

[ar] تكنولوجيا المعلومات - تكنولوجيا الأمن - مواصفات
التحرير الرقمي EN ISO/IEC 27038:2016

[en] EN ISO/IEC 27038:2016 Information
technology — Security techniques —
Specification for digital redaction

[fr] EN ISO/IEC 27038:2016 Technologies
de l'information — Techniques de
sécurité — Spécifications pour la
rédaction numérique

[de] EN ISO/IEC 27038:2016 Informations-
technik - IT-Sicherheitsverfahren - Spe-
zifikation für digitales Schwärzen

[it] EN ISO/IEC 27038:2016 IT — Tecniche
di sicurezza — Norme per la redazione
digitale

[jp] 「EN ISO/IEC 27038:2016 情報技術ーセ
キュリティ技術ーデジタルリダクショ
ン規範」

[kr] <EN ISO/IEC 27038:2016 정보기술 보
안기술 디지털 편집 규범>

[pt] EN ISO/IEC 27038:2016 Tecnologia
da Informação - Ténica de Segurança -
Especificação de Redação Digital

[ru] EN ISO/IEC 27038:2016
Информационные технологии.
Методы и средства обеспечения
безопасности. Требования и методы
электронного цензурирования

[es] EN ISO/IEC 27038:2016 Tecnología de la Información. Técnicas de Seguridad. Especificación para la Censura Digital

74205 《EN ISO/IEC 27040-2016 信息技术 安全技术 存储安全》

[ar] تكنولوجيا المعلومات- تكنولوجيا الأمن - أمن التخزينEN ISO/IEC 27040:2016

[en] EN ISO/IEC 27040:2016 Information technology — Security techniques — Storage security

[fr] EN ISO/IEC 27040:2016 Technologies de l'information — Techniques de sécurité — Sécurité de stockage

[de] EN ISO/IEC 27040:2016 Informations-technik - IT-Sicherheitsverfahren - Spei-chersicherheit

[it] EN ISO/IEC 27040:2016 IT — Tecniche di sicurezza — Sicurezza di stoccaggio

[jp] 「EN ISO/IEC 27040:2016 情報技術－セキュリティ技術－記憶セキュリティ」

[kr] <EN ISO/IEC 27040:2016 정보기술 보안기술 저장 안전>

[pt] EN ISO/IEC 27040:2016 Tecnologia da Informação - Ténica de Segurança - Segurança de Armazenamento

[ru] EN ISO/IEC 27040:2016 Информационные технологии. Методы и средства обеспечения безопасности. Безопасность хранения

[es] EN ISO/IEC 27040:2016 Tecnología de la Información. Técnicas de Seguridad. Seguridad del Almacenamiento

74206 《EN ISO/IEC 27041-2016 信息技术 安全技术 确保事件调查方法的适用性 和充分性的指南》

[ar] تكنولوجيا المعلومات والأمن- دليل ضمان صلاحية و كفاية وسائل التحقيق فى الحادث EN ISO/IEC 27041:2016

[en] EN ISO/IEC 27041:2016 Information

technology — Security techniques — Guidance on assuring suitability and adequacy of incident investigative method

[fr] EN ISO/IEC 27041:2016 Technologies de l'information — Techniques de sécurité — Guide de la garantie d'aptitude à l'emploi et d'adéquation des méthodes d'investigation sur incident

[de] EN ISO/IEC 27041:2016 Informations-technik - IT-Sicherheitsverfahren - Leit-faden zur Sicherung der Eignung und Angemessenheit von Vorfall-Untersu-chungsmethoden

[it] EN ISO/IEC 27041:2016 IT — Tecniche di sicurezza — linee guida per garantire l'idoneità e l'adeguatezza del metodo investigativo sugli incidenti

[jp] 「EN ISO/IEC 27041:2016 情報技術－セキュリティ技術－事件調査方法の適切性と適合性を保証するためのガイドライン」

[kr] <EN ISO/IEC 27041:2016 정보기술 보안기술 사건 조사방법의 적합성과 타당성 확보 가이드라인>

[pt] EN ISO/IEC 27041:2016 Tecnologia da Informação - Ténica de Segurança - Guia para Assegurar a Adequação e Conveniência de Método de Investigação de Incidentes

[ru] EN ISO/IEC 27041:2016 Информационные технологии. Методы и средства обеспечения безопасности. Руководство по предоставлению гарантий пригодности и адекватности методов расследования инцидентов

[es] EN ISO/IEC 27041:2016 Tecnología de la Información. Técnicas de Seguridad. Directrices para Garantizar la Aplicabilidad y Adecuación del Método

7.4

de Investigación de Incidentes

74207 《EN ISO/IEC 27042-2016 信息技术
安全技术 数字证据分析和解释的指
南》

[ar] تكنولوجيا المعلومات تكنولوجيا الأمان- دليل تحليل
وتفسير الدلائل الرقمية
EN ISO/IEC 27042:2016

[en] EN ISO/IEC 27042:2016 Information
technology — Security techniques
— Guidelines for the analysis and
interpretation of digital evidence

[fr] EN ISO/IEC 27042:2016 Technologies
de l'information — Techniques de
sécurité — Lignes directrices pour
l'analyse et l'interprétation des preuves
numériques

[de] EN ISO/IEC 27042:2016 Informations-
technik - IT-Sicherheitsverfahren - Leit-
faden für die Analyse und Interpretation
digitaler Beweismittel

[it] EN ISO/IEC 27042:2016 IT — Tecniche
di sicurezza — Linea guida per l'analisi
e l'interpretazione delle prove digitali

[jp] 「EN ISO/IEC 27042:2016 情報技術－セ
キュリティ技術－デジタルエビデンス
の分析解釈のガイドライン」

[kr] <EN ISO/IEC 27042:2016 정보기술 보
안기술 디지털 증거 분석 및 설명의 가이
드라인>

[pt] EN ISO/IEC 27042:2016 Tecnologia
da Informação - Ténica de Segurança
- Guia para Análise e Interpretação de
Prova Digital

[ru] EN ISO/IEC 27042:2016
Информационные технологии.
Методы и средства обеспечения
безопасности. Руководство по
анализу и интерпретации цифровых
доказательств

[es] EN ISO/IEC 27042:2016 Tecnología

de la Información. Técnicas de
Seguridad. Directrices para el Análisis
y la Interpretación de las Evidencias
Electrónicas

74208 《EN ISO/IEC 27043-2016 信息技术
安全技术 事故调查的原则与程序》

[ar] تكنولوجيا المعلومات ـ تكنولوجيا الأمن - مبادئ
وإجراءات التحقيق في الحوادث المتعلقة بتكنولوجيا
الأمن EN ISO/IEC 27043:2016

[en] EN ISO/IEC 27043:2016 Information
technology — Security techniques —
Incident investigation principles and
processes

[fr] EN ISO/IEC 27043:2016 Technologies
de l'information — Techniques de
sécurité — Principes et processus
d'investigation sur incident

[de] EN ISO/IEC 27043:2016 Informations-
technik - IT-Sicherheitsverfahren -
Grundsätze und Prozesse für die Unter-
suchung von Vorfällen

[it] EN ISO/IEC 27043:2016 Tecnologia
dell'informazione — Tecniche di
sicurezza — Principi e processi di
indagine su incidenti

[jp] 「EN ISO/IEC 27043:2016 情報技術－セ
キュリティ技術－事故調査の原則とプ
ロセス」

[kr] <EN ISO/IEC 27043:2016 정보기술 보
안기술 사고 조사 원칙과 절차>

[pt] EN ISO/IEC 27043:2016 Tecnologia
da Informação - Ténica de Segurança -
Pincípios e Processos de investigação de
incidentes

[ru] EN ISO/IEC 27043:2016
Информационные технологии.
Методы и средства обеспечения
безопасности. Принципы и процессы
расследования инцидентов

[es] EN ISO/IEC 27043:2016 Tecnología de

la Información. Técnicas de Seguridad. Principios y Procesos de Investigación de Incidentes

74209 《EN ISO/IEC 30121-2016 信息技术 数字取证风险框架治理》

[ar] تكنولوجيا المعلومات – معالجة إطار مخاطر تناول الأدلة الرقمية EN ISO/IEC 30121:2016

[en] EN ISO/IEC 30121:2016 Information technology — Governance of digital forensic risk framework

[fr] EN ISO/IEC 30121:2016 Technologies de l'information — Gouvernance du cadre de risque forensique numérique

[de] EN ISO/IEC 30121:2016 Informations-technik - Leitfaden für die Betriebsfüh-rung digitaler Forensik

[it] EN ISO/IEC 30121:2016 IT — Gestione dei rischi nelle investigazioni digitali

[jp] 「EN ISO/IEC 30121:2016 情報技術－デ ジタルフォレンジックリスクフレーム ワークガバナンス」

[kr] <EN ISO/IEC 30121:2016 정보기술 디 지털 증거 수집 리스크 프레임워크 거버 넌스>

[pt] EN ISO/IEC 30121:2016 Tecnologia da Informação - Governação Estruturada de Riscos de Forense Digital

[ru] EN ISO/IEC 30121:2016 Информационные технологии. Управление цифровыми криминалистическими рисками

[es] EN ISO/IEC 30121:2016 Tecnología de la Información. Gobernanza del Marco de Riesgo de la Investigación Digital

74210 《EN ISO/IEC 15438-2010 信息技术 自动识别和数据捕获技术》

[ar] تكنولوجيا المعلومات ـ تكنولوجيا التعرف الآلي والتقاط البيانات EN ISO/IEC 15438:2010

[en] EN ISO/IEC 15438:2010 Information

technology — Automatic identification and data capture techniques

[fr] EN ISO/IEC 15438:2010 Technologies de l'information — Techniques automatiques d'identification et de capture des donnée

[de] EN ISO/IEC 15438:2010 Informations-technik - Automatische Identifikations-und Datenerfassungstechnik

[it] EN ISO/IEC 15438:2010 IT — Tecniche di identificazione automatica e acquisizione dei dati

[jp] 「EN ISO/IEC 15438:2010 情報技術－自 動認識とデータ取得技術」

[kr] <EN ISO/IEC 15438:2010 정보기술 자 동인식과 데이터 캡쳐 기술>

[pt] EN ISO/IEC 15438:2010 Tecnologia da Informação - Tecnologia de Identificação Automática e Captura de Dados

[ru] EN ISO/IEC 15438:2010 Информационные технологии. Методы автоматической идентификации и сбора данных

[es] EN ISO/IEC 15438:2010 Tecnología de la Información. Técnicas de Identificación Automática y de Captura de Datos

74211 《BS ISO/IEC 29147-2018 信息技术 安全技术 漏洞公告》

[ar] تكنولوجيا المعلومات- تكنولوجيا الأمن - بيان الثغرات الأمنية BS ISO/IEC 29147:2018

[en] BS ISO/IEC 29147:2018 Information technology — Security techniques — Vulnerability disclosure

[fr] BS ISO/IEC 29147:2018 Technologies de l'information — Techniques de sécurité — Divulgation de vulnérabilité

[de] BS ISO/IEC 29147:2018 Informations-technik - Sicherheitstechnik - Offenle-

7.4

gung von Sicherheitslücken

[it] BS ISO/IEC 29147:2018 IT — Tecniche di sicurezza — pubblicazione della vulnerabilità

[jp] 「BS ISO/IEC 29147:2018 情報技術ーセキュリティ技術ー脆弱性開示」

[kr] <BS ISO/IEC 29147:2018 정보기술 보안기술 버그 공고>

[pt] BS ISO/IEC 29147:2018 Tecnologia da Informação - Tecnologias de Segurança - Anúncio de Vulnerabilidade

[ru] BS ISO/IEC 29147:2018 Информационные технологии. Методы и средства обеспечения безопасности. Раскрытие уязвимости

[es] BS ISO/IEC 29147:2018 Tecnología de la Información. Técnicas de Seguridad. Divulgación de la Vulnerabilidad

74212 《BS ISO/IEC 21964-1-2018 信息技术 数据载体的破坏 原理与定义》

[ar] تكنولوجيا المعلومات ـ تدمير ناقل البيانات ـ المبادئ والتعريفات BS ISO/IEC 21964-1:2018

[en] BS ISO/IEC 21964-1:2018 Information technology — Destruction of data carriers — Principles and definitions

[fr] BS ISO/IEC 21964-1:2018 Technologies de l'information — Destruction de véhicules de données — Partie 1 : Principes et concepts

[de] BS ISO/IEC 21964-1:2018 Informationstechnik - Zerstörung von Datenträgern - Grundsätze und Definitionen

[it] BS ISO/IEC 21964-1:2018 IT — Distruzione dei supporti dei dati — Principi e definizioni

[jp] 「BS ISO/IEC 21964-1:2018 情報技術ーデータキャリアの破壊ー原理と定義」

[kr] <BS ISO/IEC 21964-1:2018 정보기술 데이터 저장 장치의 파괴 원리와 정의>

[pt] BS ISO/IEC 21964-1:2018 Tecnologia da

Informação - Destruição de Portadores de Dados - Princípios de Definições

[ru] BS ISO/IEC 21964-1:2018 Информационные технологии. Уничтожение носителей данных. Принципы и определения

[es] BS ISO/IEC 21964-1:2018 Tecnología de la Información. Destrucción de Portadores de Datos. Principios y Definiciones

74213 《BS ISO/IEC 21964-2-2018 信息技术 数据载体的破坏 数据载体销毁设备要求》

[ar] تكنولوجيا المعلومات ـ تدمير ناقل البيانات ـ التطلبات الخاصة بجهاز تدمير ناقل البيانات BS ISO/IEC 21964-2:2018

[en] BS ISO/IEC 21964-2:2018 Information technology — Destruction of data carriers — requirements for equipment for destruction of data carriers

[fr] BS ISO/IEC 21964-2:2018 Technologies de l'information — Destruction de véhicules de données — Partie 2 : Exigences aux machines de destruction de véhicules de données

[de] BS ISO/IEC 21964-2:2018 Informationstechnik - Zerstörung von Datenträgern - Anforderungen an Geräte zur Zerstörung von Datenträgern

[it] BS ISO/IEC 21964-2:2018 IT — Distruzione dei supporti dei dati — Requisiti delle apparecchiature per la distruzione dei supporti dei dati

[jp] 「BS ISO/IEC 21964-2:2018 情報技術ーデータキャリアの破壊ーデータキャリア破棄デバイスの要求事項」

[kr] <BS ISO/IEC 21964-2:2018 정보기술 데이터 저장 장치의 파괴 데이터 저장 장치 소각 설비 요구>

[pt] BS ISO/IEC 21964-2:2018 Tecnologia da Informação - Destruição de

Portadores de Dados - Requisitos para
Equipamentos à Destruição de Portador
de Dados

[ru] BS ISO/IEC 21964-2:2018
Информационные технологии.
Уничтожение носителей данных.
Требования к оборудованию для
уничтожения носителей данных

[es] BS ISO/IEC 21964-2:2018 Tecnología
de la Información. Destrucción de
Portadores de Datos. Requisitos
sobre los Equipos de Destrucción de
Portadores de Datos

74214 《BS ISO/IEC 21964-3-2018 信息技术
数据载体的破坏 数据载体的破坏过程》

[ar] تكنولوجيا المعلومات ـ تدمير ناقل البيانات ـ عملية
تدمير ناقل البيانات
BS ISO/IEC 21964-3:2018

[en] BS ISO/IEC 21964-3:2018 Information
technology — Destruction of data
carriers — Process of destruction of data
carriers

[fr] BS ISO/IEC 21964-3:2018 Technologies
de l'information — Destruction de
véhicules de données — Partie 3:
Processus de destruction des supports de
données

[de] BS ISO/IEC 21964-3:2018 Informa-
tionstechnik - Zerstörung von Daten-
trägern - Prozess der Zerstörung von
Datenträgern

[it] BS ISO/IEC 21964-3:2018 IT —
Distruzione di supporti dei dati —
Processo di distruzione di supporti dei dati

[jp] 「BS ISO/IEC 21964-3:2018 情報技術ー
データキャリアの破壊ーデータキャリ
アの破壊プロセス」

[kr] <BS ISO/IEC 21964-3:2018 정보기술
데이터 저장 장치의 파괴 데이터 저장 장
치의 파괴 과정>

[pt] BS ISO/IEC 21964-3:2018 Tecnologia
da Informação - Destruição de
Portadores de Dados - Processo de
Destruição de Portadores de Dados

[ru] BS ISO/IEC 21964-3:2018
Информационные технологии.
Уничтожение носителей данных.
Процесс уничтожения носителей
данных

[es] BS ISO/IEC 21964-3:2018 Tecnología
de la Información. Destrucción de
Portadores de Datos. Proceso de
Destrucción de Portadores de Datos

74215 《BS ISO/IEC 19941-2017 信息技术
云计算 互操作性和可移植性》

[ar] تكنولوجيا المعلومات ـ الحوسبة السحابية ـ قابلية
التشغيل البيني والنقل
BS ISO/IEC 19941:2017

[en] BS ISO/IEC 19941:2017 Information
technology — Cloud computing —
Interoperability and portability

[fr] BS ISO/IEC 19941:2017 Technologies
de l'information — Informatique en
nuage — Interopérabilité et portabilité

[de] BS ISO/IEC 19941:2017 Informations-
technik - Cloud Computing - Interopera-
bilität und Portabilität

[it] BS ISO/IEC 19941:2017 IT — Cloud
computing — Interoperabilità e
trasportabilità

[jp] 「BS ISO/IEC 19941:2017 情報技術ーク
ラウドコンピューティングー相互運用
性と移植性」

[kr] <BS ISO/IEC 19941:2017 정보기술 클
라우드 컴퓨팅 상호 운용성과 이식성>

[pt] BS ISO/IEC 19941:2017 Tenologia da
Informação - Computação em Nuvem -
Interoperalidade e Portabilidade

[ru] BS ISO/IEC 19941:2017
Информационные технологии.

7.4

Облачные вычисления. Интероперабельность и переносимость

[es] BS ISO/IEC 19941:2017 Tecnología de la Información. Computación en la Nube. Interoperabilidad y Portabilidad

74216 《BS PD ISO/IEC TR 38505-2-2018 信息技术 IT的治理 数据的治理》

[ar] تكنولوجيا المعلومات – حوكمة - IT حوكمة البيانات BS PD ISO/IEC TR 38505-2:2018

[en] BS PD ISO/IEC TR 38505-2-2018 Information technology — Governance of IT — Governance of data

[fr] BS PD ISO/IEC TR 38505-2:2018 Technologies de l'information — Gouvernance des technologies de l'information — Partie 2: Implications de l'ISO/IEC 38505-1 pour la gestion des données

[de] BS PD ISO/IEC TR 38505-2:2018 Informationstechnik - IT-Governance - Daten-Regulierung

[it] BS PD ISO/IEC TR 38505-2:2018 IT — Governance dell'IT — Governance dei dati

[jp] 「BS PD ISO/IEC TR 38505-2:2018 情報技術－ ITガバナンストーデータガバナンス」

[kr] <BS PD ISO/IEC TR 38505-2:2018 정보기술 IT 거버넌스 데이터 거버넌스>

[pt] BS PD ISO/IEC TR 38505-2:2018 Tecnologia da Informação - Governação de IT - Governação de Dados - Gestão de Dados

[ru] BS PD ISO/IEC TR 38505-2:2018 Информационные технологии. Управление ИТ. Управление данными

[es] BS PD ISO/IEC TR 38505-2:2018 Tecnología de la Información. Gobernanza de Tecnología de

Información. Gobernanza de Datos

74217 《BS ISO/IEC 19944-2017 信息技术 云计算 云服务和设备:数据流、数据类别和数据使用》

[ar] تكنولوجيا المعلومات - الحوسبة السحابية - الخدمات السحابية والأجهزة: تدفق البيانات وأنواعها ووسائل استخدامها BS ISO/IEC 19944:2017

[en] BS ISO/IEC 19944:2017 Information technology — Cloud computing — Cloud services and devices: Data flow, data categories and data use

[fr] BS ISO/IEC 19944:2017 Technologies de l'information — Informatique en nuage — Services et dispositifs en nuage : Débits, catégories et utilisation des données

[de] BS ISO/IEC 19944:2017 Informations-technik - Cloud Computing - Cloud-Service und -Geräte: Datenfluss, Datenkategorie und Datennutzung

[it] BS ISO/IEC 19944:2017 IT — Cloud computing — Servizi e dispositivi cloud: flussi, categorie e utilizzi dei dati

[jp] 「BS ISO/IEC 19944:2017 情報技術 － クラウドコンピューティングークラウドサービスとデバイス:データフロー、データ類別及びデータ使用」

[kr] <BS ISO/IEC 19944:2017 정보기술 클라우드 컴퓨팅 클라우드 서비스와 설비: 데이터 흐름, 데이터 종류와 데이터 사용>

[pt] BS ISO/IEC 19944:2017 Tecnologia da Informação - Computação em Nuvem - Serviço e Dispositivo de Nuvem: Fluxo de Dados, Categoria de Dados e Uso de Dados

[ru] BS ISO/IEC 19944:2017 Информационные технологии. Облачные вычисления. Облачные услуги и устройства: поток данных,

7.4

категории данных и использование данных

[es] BS ISO/IEC 19944:2017 Tecnología de la Información. Computación en la Nube. Servicios y Dispositivos en la Nube: Flujo de Datos, Categorías de Datos y Uso de Datos

74218 《BS ISO/IEC 29151-2017 信息技术 安全技术 个人识别信息保护业务守则》

[ar] تكنولوجيا المعلومات ـ تكنولوجيا الأمن ـ قواعد أعمال حماية المعلومات الشخصية الممكن تمييزها BS ISO/IEC 29151:2017

[en] BS ISO/IEC 29151:2017 Information technology — Security techniques — Code of practice for personally identifiable information protection

[fr] BS ISO/IEC 29151:2017 Technologies de l'information — Techniques de sécurité — Code de bonne pratique pour la protection des données à caractère personnel

[de] BS ISO/IEC 29151:2017 Informations-technik - Sicherheitstechnik - Verhal-tenskodex für persönlichen Identitäts-datenschutz

[it] BS ISO/IEC 29151:2017 IT — Tecniche di sicurezza — Codice di condotta per la protezione delle informazioni personali identificabili

[jp] 「BS ISO/IEC 29151:2017 情報技術ーセキュリティ技術ー個人識別情報保護業務規則」

[kr] <BS ISO/IEC 29151:2017 정보기술 보안기술 개인 식별 정보 보호 업무 수칙>

[pt] BS ISO/IEC 29151:2017 Tecnologia da Informação - Tecnologia de Segurança - Código de Atividade para a Protecção de Informação Pessoal Identificável

[ru] BS ISO/IEC 29151:2017

Информационные технологии. Методы и средства обеспечения безопасности. Свод правил по защите идентифицирующей личность информации

[es] BS ISO/IEC 29151:2017 Tecnología de la Información. Técnicas de Seguridad. Código de Práctica para la Protección de Información de Identificación Personal

74219 《BS IEC 62243-2005 与所有试验环境有关的人工智能交换和服务》

[ar] معايير التبادل والخدمة للذكاء الاصطناعي المعتمدة على جميع البيئات الاختبارية BS IEC 62243:2005

[en] BS IEC 62243:2005 Artificial intelligence exchange and service tie to all test environments (AI-ESTATE)

[fr] BS IEC 62243:2005 Échange et services d'intelligence artificielle liés à tous les environnements d'essai

[de] BS IEC 62243:2005 Austausch und Ser-vice der künstlichen Intelligenz an alle Testumgebungen

[it] BS IEC 62243:2005 Scambio e servizio di intelligenza artificiale relativi a tutti gli ambienti di prova

[jp] 「BS IEC 62243:2005 全てのテスト環境に関する人工知能交換及びサービス」

[kr] <BS IEC 62243:2005 실험 환경 관련 인공지능 교환 및 서비스>

[pt] BS IEC 62243:2005 Intercâmbio e Serviço de Inteligência Artificial Relacionados com Todos os Ambientes de Testes

[ru] BS IEC 62243:2005 Связь обмена и услуг искусственного интеллекта со всеми тестовыми средами

[es] BS IEC 62243:2005 Enlace de Intercambios y Servicios de Inteligencia Artificial con Todos los Entornos de Prueba

74220 《BS ISO/IEC 29161-2016 信息技术 数据结构 物联网的唯一标识》

[ar] تكنولوجيا المعلومات - بنية البيانات - علامة وحيدة لإنترنت الأشياء BS ISO/IEC 29161:2016

[en] BS ISO/IEC 29161:2016 Information technology — Data structure — Unique identification for the Internet of Things

[fr] BS ISO/IEC 29161:2016 Technologies de l'information — Structure de données — Identification unique pour l'Internet des Objets

[de] BS ISO/IEC 29161:2016 Informations-technik - Datenarchitektur - Einzige Identifikation für das IoT

[it] BS ISO/IEC 29161:2016 IT — Struttura dei dati — Identificazione unica per l'Internet delle cose

[jp] 「BS ISO/IEC 29161:2016 情報技術 － データ構造－ IoTのユニーク識別」

[kr] <BS ISO/IEC 29161:2016 정보기술 데이터 구조 사물 인터넷 유일 표시>

[pt] BS ISO/IEC 29161:2016 Tecnologia da Informação - Estrutura de Dados - Rotulagem Única da Internet das Coisas

[ru] BS ISO/IEC 29161:2016 Информационные технологии. Структура данных. Уникальная идентификация для Интернета вещей

[es] BS ISO/IEC 29161:2016 Tecnología de la Información. Estructura de Datos. Identificación Única para Internet de las Cosas

74221 《BS PD ISO/IEC TR 22417-2017 信息技术 物联网 物联网用例》

[ar] تكنولوجيا المعلومات - إنترنت الأشياء - الأمثلة التطبيقية لانترنت الأشياء BS PD ISO/IEC TR 22417:2017

[en] BS PD ISO/IEC TR 22417:2017 Information technology — Internet of Things (IoT) — IoT use cases

[fr] BS PD ISO/IEC TR 22417:2017 Technologies de l'information — Internet des Objets — Cas d'utilisation de l'Internet des Objets

[de] BS PD ISO/IEC TR 22417:2017 Infor-mationstechnik - Internet der Dinge (IoT) - IoT-Anwendungsfälle

[it] BS PD ISO/IEC TR 22417:2017 IT — Internet delle cose — Casi d'uso

[jp] 「BS PD ISO/IEC TR 22417:2017 情報技術－ IoT － IoT 用例」

[kr] <BS PD ISO/IEC TR 22417:2017 정보 기술 사물 인터넷 사물 인터넷 용례>

[pt] BS PD ISO/IEC TR 22417:2017 Tecnologia da Informação - Internet das Coisas (IoT) - Casos de uso da Internet das Coisas

[ru] BS PD ISO/IEC TR 22417:2017 Информационные технологии. Интернет вещей. Прецеденты использования Интернета вещей

[es] BS PD ISO/IEC TR 22417:2017 Tecnología de la Información. Internet de las Cosas. Casos de Uso de Internet de las Cosas

74222 《BS PD ISO/IEC TR 29181-9-2017 信息技术 未来网络 问题陈述和要求 万物联网》

[ar] تكنولوجيا المعلومات - شبكة الجيل اللاحق - عرض المشاكل ومتطلبات العرض – إنترنت BS PD ISO/IEC TR 29181:9-2017

[en] BS PD ISO/IEC TR 29181-9:2017 Information technology — Future network — Problem statement and requirements — Networking of everything

[fr] BS PD ISO/IEC TR 29181-9:2017 Technologies de l'information — Réseaux du futur — Énoncé du problème et exigences — Partie 9: Réseautique

universelle

[de] BS PD ISO/IEC TR 29181-9:2017
Informationstechnik - Zukunftsnetzwerk
- Problemstellung und Anforderungen -
Vernetzung von Allem

[it] BS PD ISO/IEC TR 29181-9:2017
IT — Rete del futuro — requisiti e
problematiche dell'Internet delle cose

[jp] 「BS PD ISO/IEC TR 29181-9:2017 情報
技術－フューチャーネットワーク―問
題陳述と要求事項」

[kr] <BS PD ISO/IEC TR 29181-9:2017 정
보기술 미래 네트워크 문제 진술과 요구
만물 네트워킹>

[pt] BS PD ISO/IEC TR 29181-9:2017
Tecnologia da Informação - Rede Futura
- Descriçãoe Requisitos de Problemas e
- Ligar Tudo à Rede

[ru] BS PD ISO/IEC TR 29181-9:2017
Информационные технологии. Сети
будущего. Формулировка проблем и
требований. Создание сети «Всё»

[es] BS PD ISO/IEC TR 29181-9:2017
Tecnología de la Información. Red del
Futuro. Declaración y Requisitos de
Problemas. Interconexión del Todo en Red

74223 《BS ISO/IEC 18013-1-2018 信息技术
个人证件 符合ISO的驾驶执照 物理特
性和基本数据集》

[ar] تكنولوجيا المعلومات ـ بطاقة الهوية الشخصية ـ
رخصة القيادة المتطابقة مع معايير ـ ISO الخواص
الفيزيائية ومجموعة البيانات الأساسية
BS ISO/IEC 18013-1:2018

[en] BS ISO/IEC 18013-1:2018 Information
technology — Personal identification —
ISO-compliant driving licence — Physical
characteristics and basic data set

[fr] BS ISO/IEC 18013-1:2018 Technologies
de l'information — Identification
des personnes — Permis de conduire

conforme à l'ISO — Partie 1 :
Caractéristiques physiques et jeu de
données de base

[de] BS ISO/IEC 18013-1:2018 Informa-
tionstechnik - Personenausweis - ISO-
konformer Führerschein - Physikalische
Eigenschaften und Grunddatensatz

[it] BS ISO/IEC 18013-1:2018 Tecnologia
dell'informazione — Identificazione
personale — Patente di guida conforme
a ISO — Caratteristiche fisiche e set dei
dati di base

[jp] 「BS ISO/IEC 18013-1:2018 情報技術―
個人証明書― ISOに合致する運転免許
証―物理的特性と基本データセット」

[kr] <BS ISO/IEC 18013-1:2018 정보기술
개인 증명서 ISO에 부합하는 운전 면허
증 물리 특성과 기본 데이터 세트>

[pt] BS ISO/IEC 18013-1:2018 Tecnologia
da Informação - Identidade Pessoal -
Carta de Condução Cmpatível com ISO
- Características Físicas e Conjuntode
Dados Básicos

[ru] BS ISO/IEC 18013-1:2018
Информационные технологии.
Идентификация личности.
Водительские права в соответствии
с ISO. Физические характеристики и
набор базовых данных

[es] BS ISO/IEC 18013-1:2018 Tecnología
de la Información. Identificación
Personal. Permiso de Conducción
conforme a Organización Internacional
de Normalización. Características Físicas
y Conjunto de Datos Básicos

74224 《BS PD ISO/IEC TS 22237-6-2018 信
息技术 数据中心设施和基础设施 安全
系统》

[ar] تكنولوجيا المعلومات ـ المرافق والبنية التحتية لمركز
البيانات ونظام الأمن

7.4

BS PD ISO/IEC TS 22237-6:2018

[en] BS PD ISO/IEC TS 22237-6:2018
Information technology — Data centre
facilities and infrastructures — Security
systems

[fr] BS PD ISO/IEC TS 22237-6:2018
Technologies de l'information —
Installation et infrastructures de centres
de traitement de données — Systèmes de
sécurité

[de] BS PD ISO/IEC TS 22237-6:2018
Informationstechnik - Anlagen und In-
frastruktur des Datenzentrums - Sicher-
heitssystem

[it] BS PD ISO/IEC TS 22237-6:2018
Tecnologia dell'informazione —
Strutture e infrastrutture per centro dei
dati — Sistemi di sicurezza

[jp] 「BS PD ISO/IEC TS 22237-6:2018 情報
技術－データセンター施設とインフラ
ーセキュリティシステム」

[kr] <BS PD ISO/IEC TS 22237-6:2018 정
보기술 데이터 센터 시설과 인프라 보안
시스템>

[pt] BS PD ISO/IEC TS 22237-6:2018
Tecnologia de Informação - Instalações
e Infraestruturas de Centro de Dados -
Sistema de Segurança

[ru] BS PD ISO/IEC TS 22237-6:2018
Информационные технологии.
Объекты и инфраструктура центров
обработки данных. Системы
безопасности

[es] BS PD ISO/IEC TS 22237-6:2018
Tecnología de la Información.
Instalaciones e Infraestructuras de
Centros de Datos. Sistemas de Seguridad

74225 《BS PD ISO/IEC TS 22237-1-2018 信
息技术 数据中心设施和基础设施 一般
概念》

[ar] تكنولوجيا المعلومات ـ المرافق والبنية التحتية لمركز
البيانات ـ المفاهيم العامة

BS PD ISO/IEC TS 22237-1:2018

[en] BS PD ISO/IEC TS 22237-1:2018
Information technology — Data centre
facilities and infrastructures — General
concepts

[fr] BS PD ISO/IEC TS 22237-1:2018
Technologies de l'information —
Installation et infrastructures de centres
de traitement de données — Partie 1 :
Concepts généraux

[de] BS PD ISO/IEC TS 22237-1:2018 In-
formationstechnik - Anlagen und Infra-
struktur des Datenzentrums - Allgemeine
Begriffe

[it] BS PD ISO/IEC TS 22237-1:2018
Tecnologia dell'informazione —
Strutture e infrastrutture per centro dei
dati — Concetti generali

[jp] 「BS PD ISO/IEC TS 22237-1:2018 情報
技術－データセンター施設とインフラ
ー一般概念」

[kr] <BS PD ISO/IEC TS 22237-1:2018 정
보기술 데이터 센터 시설과 인프라 일반
개념>

[pt] BS PD ISO/IEC TS 22237-1:2018
Tecnologia da Informação - Instalações
e Infraestruturas de Centro de Dados -
Conceito Geral

[ru] BS PD ISO/IEC TS 22237-1:2018
Информационные технологии.
Объекты и инфраструктура центров
обработки данных. Общие понятия

[es] BS PD ISO/IEC TS 22237-1:2018
Tecnología de la Información.
Instalaciones e Infraestructuras de
Centros de Datos. Conceptos Generales

74226 《DIN 66274-2-2012 信息技术 互联网
接入 第 2 部分:分类》

[ar] تكنولوجيا المعلومات - الوصول إلى الإنترنت -
الجزء الثاني: تصنيف DIN 66274-2:2012

[en] DIN 66274-2:2012 Information
technology — Internet accesses — Part
2: Classification

[fr] DIN 66274-2:2012 Technologies de
l'information — Accès à Internet —
Partie 2 : Classification

[de] DIN 66274-2:2012 Informationstechnik
- Internetzugänge - Teil 2: Klassifikation

[it] DIN 66274-2:2012 IT — Accesso a
Internet — Parte 2: Classificazione

[jp] 「DIN 66274-2:2012 情報技術－イン
ターネットアクセス－第 2 部: 分類」

[kr] <DIN 66274-2:2012 정보기술 인터넷
액세스 제 2 부분: 분류>

[pt] DIN 66274-2:2012 Tecnologia
Dainformação - Acesso à Internet -
Seção 2: Classificação

[ru] DIN 66274-2:2012 Информационные
технологии. Доступ в Интернет. Часть
2. Классификация

[es] DIN 66274-2:2012 Tecnología de la
Información. Accesos a Internet. Parte 2:
Clasificación

74227 《DIN 16587-2016 信息技术 自动识别
和信息采集技术 数据矩阵矩形扩展》

[ar] تكنولوجيا المعلومات - تكنولوجيا التمييز الآلي
وجمع البيانات - توسيع مصفوفة البيانات على الشكل
المستطيل DIN 16587:2016

[en] DIN 16587:2016 Information technology
— Automatic identification and data
capture techniques — Data matrix
rectangular extension

[fr] DIN 16587:2016 Technologies
de l'information — Techniques
d'identification et de capture de données
automatiques — Extension rectangulaire

de matrice de données

[de] DIN 16587:2016 Informationstech-
nik - Automatische Identifikation und
Datenerfassungsverfahren - Rechteckige
Erweiterung des Data Matrix Codes

[it] DIN 16587:2016 IT — Tecniche di
identificazione automatica e acquisizione
dei dati — Estensione rettangolare Data
Matrix

[jp] 「DIN 16587:2016 情報技術－自動認識
及び情報収集技術－データマトリック
ス矩形拡張」

[kr] <DIN 16587:2016 정보기술 자동 인식
과 정보 수집 기술 데이터 메트릭스 확
장>

[pt] DIN 16587:2016 Tecnologia
Dainformação - Tecnologia de
Identificação Automática e de Captura de
Dados - Extensão Retangular de Matrix de
Dados

[ru] DIN 16587:2016 Информационные
технологии. Методы автоматической
идентификации и сбора данных.
Прямоугольное расширение матрицы
данных

[es] DIN 16587:2016 Tecnología de la
Información. Técnicas de Identificación
y Captura de Datos Automáticas.
Extensión Rectangular de la Matriz de
Datos

7.4.3 美国标准化组织相关标准

[ar] المعتمدة من قبل اللجنة الأمريكية للتوحيد القياسي

[en] **American National Standards
Institute Standards**

[fr] **Normes des organisations de
normalisation américaines**

[de] **Normen des Amerikanischen
Nationalen Normungsinstituts**

[it] **Standard correlati dell'Istituto degli
standard nazionali US**

[jp] 米国国家規格協会の関連規格

[kr] 미국 표준화 기구 관련 표준

[pt] Normas Relativas do Instituto de Padronização Americano

[ru] Стандарты Американского национального института стандартов

[es] Normas del Instituto Nacional Americano de Normalización

74301 《ANSI/INCITS/ISO/IEC 2382-2015 信息技术 词汇》

[ar] تكنولوجيا المعلومات – المفردات
ANSI/INCITS/ISO/IEC 2382:2015

[en] ANSI/INCITS/ISO/IEC 2382:2015 Information technology — Vocabulary

[fr] ANSI/INCITS/ISO/IEC 2382:2015 Technologies de l'information — Vocabulaire

[de] ANSI/INCITS/ISO/IEC 2382:2015 Informationstechnik - Terminologie

[it] ANSI/INCITS/ISO/IEC 2382:2015 Tecnologia dell'informazione — Vocabolario

[jp] 「ANSI/INCITS/ISO/IEC 2382:2015 情報技術 用語」

[kr] <ANSI/INCITS/ISO/IEC 2382:2015 정보기술 용어>

[pt] ANSI/INCITS/ISO/IEC 2382:2015 Tecnologia da Informação - Volcabulário

[ru] ANSI/INCITS/ISO/IEC 2382:2015 Информационные технологии. Словарь

[es] ANSI/INCITS/ISO/IEC 2382:2015 Tecnología de la Información. Vocabulario

74302 《ANSI/IEEE 1232-2010 依靠所有试验环境的人工智能交换和服务标准》

[ar] معايير التبادل والخدمة للذكاء الاصطناعي المعتمدة على جميع البيئات الاختبارية

ANSI/IEEE 1232-2010

[en] ANSI/IEEE 1232-2010 Artificial intelligence exchange and service tie to all test environments (AI-ESTATE)

[fr] ANSI/IEEE 1232-2010 Échange et service d'intelligence artificielle liés à tous les environnements d'essai

[de] ANSI/IEEE 1232-2010 Normen für KI-Austausch und -Service an allen Testumgebungen

[it] ANSI/IEEE 1232-2010 Standard su scambio e servizio di intelligenza artificiale connesso con tutti gli ambienti di test

[jp] 「ANSI/IEEE 1232-2010 全てのテスト環境に基づく人工知能交換及びサービス基準」

[kr] <ANSI/IEEE 1232-2010 실험 환경 기반 인공지능 교환과 서비스 표준>

[pt] ANSI/IEEE 1232-2010 Normas de Intercâmbio e Serviço de Inteligência Artificial Relacionadas com Todos os Ambientes de Testes

[ru] ANSI/IEEE 1232-2010 Связь обмена и услуг искусственного интеллекта со всеми испытательными средами

[es] ANSI/IEEE 1232-2010 Enlace de Intercambios y Servicios de Inteligencia Artificial con Todos los Entornos de Prueba

74303 《ANSI/INCITS/ISO/IEC 2382-28-1995 信息处理系统 词汇 第 28 部分: 人工智能 基本概念和专家系统》

[ar] تكنولوجيا المعلومات - المفردات - الجزء الـ28: الذكاء الاصطناعي - المفاهيم الأساسية ونظام الخبراء
ANSI/INCITS/ISO/IEC 2382-28:1995

[en] ANSI/INCITS/ISO/IEC 2382-28:1995 Information technology — Vocabulary — Part 28: Artificial intelligence — Basic concepts and expert systems

[fr] ANSI/INCITS/ISO/IEC 2382-28:1995
Technologies de l'information —
Vocabulaire — Partie 28 : Intelligence
artificielle — Concepts de base et
système d'experts

[de] ANSI/INCITS/ISO/IEC 2382-28:1995
Informationstechnik - Terminologie -
Teil 28: Künstliche Intelligenz - Grund-
begriffe und Expertensysteme

[it] ANSI/INCITS/ISO/IEC 2382-28:1995
IT — Vocabolario — Parte 28:
Intelligenza artificiale — Concetti di
base ed expert system

[jp] 「ANSI/INCITS/ISO/IEC 2382-28:1995
情報処理システムー用語ー第 28 部：
人工知能ー基本概念とエキスパートシ
ステム」

[kr] <ANSI/INCITS/ISO/IEC 2382-28:1995
정보 처리 시스템 용어 제 28 부분: 인공
지능 기본 개념과 전문가 시스템>

[pt] ANSI/INCITS/ISO/IEC 2382-28:1995
Sistema da Informação - Volcabulário
- Seção 28: Inteligência Artificial -
Conceito Básica e Sistemas Especialistas

[ru] ANSI/INCITS/ISO/IEC 2382-28:1995
Информационные технологии.
Словарь. Часть 28. Искусственный
интеллект. Базовые понятия и
экспертные системы

[es] ANSI/INCITS/ISO/IEC 2382-28:1995
Tecnología de la Información.
Vocabulario. Parte 28: Inteligencia
Artificial. Conceptos Básicos y Sistemas
Expertos

74304 《ANSI ISO/IEC 2382-28-1995　信
息技术 词表 第 28 部分:人工智能
INCITS采纳的基本概念和专家系统》

[ar] تكنولوجيا المعلومات - المفردات - الجزء الـ28:
الذكاء الاصطناعي - المفاهيم الأساسية ونظم الخبراء
المعتمدة من قبل INCITS

ANSI ISO/IEC 2382-28:1995

[en] ANSI ISO/IEC 2382-28:1995
Information technology — Vocabulary
— Part 28: Artificial intelligence —
Basic concepts and expert systems
adopted by INCITS

[fr] ANSI ISO/IEC 2382-28:1995
Technologies de l'information —
Vocabulaire — Partie 28 : Intelligence
artificielle — Concepts de base et
système d'experts adoptés par INCITS

[de] ANSI ISO/IEC 2382-28:1995 Informa-
tionstechnik - Terminologie - Teil 28:
Künstliche Intelligenz - Die von INCITS
angenommenen Grundbegriffe und Ex-
pertensysteme

[it] ANSI ISO/IEC 2382-28:1995 IT —
Vocabolario — Parte 28: Intelligenza
artificiale — Concetti di base ed expert
system adottati da INCITS

[jp] 「ANSI ISO/IEC 2382-28:1995 情報技術
ー用語ー 第 28 部：人工知能 INCITSが
採用する基本概念及びエキスパートシ
ステム」

[kr] <ANSI ISO/IEC 2382-28:1995 정보기술
용어 제 28 부분: 인공지능 INCITS에서
채택하는 기본 개념과 전문가 시스템>

[pt] ANSI ISO/IEC 2382-28:1995 Tecnologia
da Informação - Volcabulário - Seção 28:
Inteligência Artificial - Conceito Básico
e Sistema Especialista Adoptados por
INCITS

[ru] ANSI ISO/IEC 2382-28:1995
Информационные технологии. Словарь.
Часть 28. Искусственный интеллект.
Базовые понятия и экспертные системы,
принятые INCITS

[es] ANSI ISO/IEC 2382-28:1995 Tecnología
de la Información. Vocabulario.
Parte 28: Inteligencia Artificial.
Conceptos Básicos y Sistemas Expertos

7.4

Adoptados por el Comité Internacional de Estándares de Tecnología de la Información

74305 《ANSI INCITS 475-2011 信息技术 光纤通道 互联网路由选择》

[ar] تكنولوجيا المعلومات ـ قناة الألياف الضوئية ـ اختيار جهاز التوجيه للإنترنت
ANSI INCITS 475:2011

[en] ANSI INCITS 475-2011 Information technology — Fibre channel — Inter-fabric routing (FC-IFR)

[fr] ANSI INCITS 475-2011 Technologies de l'information — Canal à fibre optique — Routage interréseau

[de] ANSI INCITS 475-2011 Informations-technik - Fibre Channel - Inter-Fabric-Routing

[it] ANSI INCITS 475-2011 IT — canale a fibra ottica — Inter-Routing

[jp] 「ANSI INCITS 475-2011 情報技術 ― ファイバーチャネル―ファブリック間ルーティング」

[kr] <ANSI INCITS 475-2011 정보기술 파이버 채널 인터넷 루트 선택>

[pt] ANSI INCITS 475-2011 Tecnologia da Informação - Canal de Fibra Óptica - Roteamento Inter -Fabric

[ru] ANSI INCITS 475-2011 Информационные технологии. Волоконно-оптический канал. Маршрутизация межматрицы

[es] ANSI INCITS 475-2011 Tecnología de la Información. Canal de Fibra. Enrutamiento entre Tejidos

74306 《ANSI/IEEE 1016-2009 信息技术标准 系统设计 软件设计说明》

[ar] معايير تكنولوجيا المعلومات ـ تصميم النظام ـ دليل تصميم البرمجيات ANSI/IEEE 1016-2009

[en] ANSI/IEEE 1016-2009 Standard for

information technology — Systems design — Software design descriptions

[fr] ANSI/IEEE 1016-2009 Normes pour les technologies de l'information — Conception de système — Description de conception de logiciels

[de] ANSI/IEEE 1016-2009 Normen für Informationstechnik - Systemdesign - Beschreibung des Softwaredesigns

[it] ANSI/IEEE 1016-2009: Standard per la IT — Progettazione di sistemi — Descrizioni della progettazione di software

[jp] 「ANSI/IEEE 1016-2009 情報技術基準―システムデザイン―ソフトウェアデザイン説明」

[kr] <ANSI/IEEE 1016-2009 정보기술 표준 시스템 디자인 소프트웨어 디자인 설명>

[pt] ANSI/IEEE 1016-2009 Padrão de Tecnologia da Informação - Sistema de Desenho - Descrição de Software de Desenho

[ru] ANSI/IEEE 1016-2009 Стандарты информационных технологий. Проектирование систем. Описания проектирования программного обеспечения

[es] ANSI/IEEE 1016-2009 Norma para Tecnología de la Información. Diseño de Sistemas. Descripciones de Diseño de Software

74307 《ANSI/IEEE 2003-2003 信息技术标准 测量与POSIX标准相符合的试验方法规范和试验方法执行要求和指南》

[ar] معيار تكنولوجيا المعلومات ـ مواصفات قياس وسائل الاختبار المتطابقة مع معيار POSIX والمتطلبات والتعليمات التنفيذية الخاصة بوسائل الاختبار المذكورة أعلاه ANSI/IEEE 2003-2003

[en] ANSI/IEEE 2003-2003 Standard

for Information technology —
Requirements and guidelines for
test methods specifications and test
method implementations for measuring
conformance to POSIX standard

[fr] ANSI/IEEE 2003-2003 Normes pour
les technologies de l'information —
Exigence et guide sur les spécifications et
applications de la méthode d'essai pour le
mesurage conforme aux normes POSIX

[de] ANSI/IEEE 2003-2003 Normen für
Informationstechnik - Anforderungen
und Richtlinien für Spezifikation und
Implementierung von Testmethoden zur
Messung nach den POSIX-Normen

[it] ANSI/IEEE 2003-2003 Standard per la
IT — Requisiti e linee guida per norme
e implementazioni di metodi di prova
per valutare la conformità agli standard
POSIX

[jp] 「ANSI/IEEE 2003-2003 情報技術基準
測定とPOSIX 基準に適合したテスト方
法規範及びテスト方法実行要求事項と
指南」

[kr] <ANSI/IEEE 2003-2003 정보기술 표준
측정과 POSIX 표준에 부합하는 실험 방
법 규범과 실험 방법 집행 요구와 가이드
라인>

[pt] ANSI/IEEE 2003-2003 Padrão de
Tecnologia da Informação - Requisitos
e Guias para Especificações de Método
de Testes e Implementação de Método
de Teste para Medição de Conformidade
com os Padrões POSIX

[ru] ANSI/IEEE 2003-2003 Стандарты
информационных технологий.
Требования и руководство по
спецификации тестовых методов
и реализации тестовых методов
для определения их соответствие
стандартам POSIX

[es] ANSI/IEEE 2003-2003 Norma para
Tecnología de la Información. Requisitos
y Directrices para la Especificación de
Métodos de Prueba y la Implementación
de Métodos de Prueba para la
Conformidad de Mediciones con los
Estándares de Interfaz de Sistema
Operativo Portátil

74308 《ANSI/INCITS/ISO/IEC 13888-1-
2009 信息技术 安全技术 不可否认性
第 1 部分：总论》

[ar] تكنولوجيا المعلومات- تكنولوجيا الأمن- رفض إنكار
الهوية - الجزء الأول: ملخص عام
ANSI/INCITS/ISO/IEC 13888-1:2009

[en] ANSI/INCITS/ISO/IEC 13888-1:2009
Information technology — Security
techniques — Non-repudiation — Part 1:
General

[fr] ANSI/INCITS/ISO/IEC 13888-
1:2009 Technologies de l'information
— Techniques de sécurité — Non-
répudiation — Partie 1 : Dispositions
générales

[de] ANSI/INCITS/ISO/IEC 13888-1:2009
Informationstechnik - Sicherheitstechnik
- Unleugbarkeit - Teil 1: Allgemeines

[it] ANSI/INCITS/ISO/IEC 13888-1:2009
IT — Tecniche di sicurezza — Non
ripudio — Parte 1: Generale

[jp] 「ANSI/INCITS/ISO/IEC 13888-1:2009
情報技術・セキュリティ技術ー否認不
可性ー第 1 部：総論」

[kr] <ANSI/INCITS/ISO/IEC 13888-
1:2009 정보기술 보안기술 부인 불가성
제 1 부분: 총론>

[pt] ANSI/INCITS/ISO/IEC 13888-1:2009
Tecnologia da Informação - Tecnologias
de Segurança - Não Repudiação - Seção
1: Geral

[ru] ANSI/INCITS/ISO/IEC 13888-1:2009

7.4

Информационные технологии. Методы и средства обеспечения безопасности. Неопровержение. Часть 1. Общие положения

[es] ANSI/INCITS/ISO/IEC 13888-1:2009 Tecnología de la Información. Técnicas de Seguridad. No Repudio. Parte 1: Generalidad

74309 《ANSI/UL 60950-1-2011 信息技术设备安全标准 安全性 第 1 部分：一般要求》

[ar] معايير سلامة الأجهزة التقنية المعلوماتية - مواصفات الأمان - الجزء الأول: المتطلبات العامة ANSI/UL 60950-1-2011

[en] ANSI/UL 60950-1-2011 Standard for safety for information technology equipment — Safety — Part1: General requirements

[fr] ANSI/UL 60950-1-2011 Normes de sécurité pour les équipements informatiques — Sécurité — Partie 1 : Exigence générale

[de] ANSI/UL 60950-1-2011 Sicherheits-norm für Geräte der Informationstechnik - Sicherheit - Teil 1: Allgemeine Anfor-derungen

[it] ANSI/UL 60950-1-2011 Standard per la sicurezza per apparecchiatura tecnologica dell'informazione — Sicurezza — Parte1: Requisiti generali

[jp] 「ANSI/UL 60950-1-2011 情報技術デバイスセキュリティ基準ー安全性ー第 1 部：共通要求事項」

[kr] <ANSI/UL 60950-1-2011 정보기술 설비 보안 표준 안전성 제 1 부분: 일반 요구>

[pt] ANSI/UL 60950-1-2011 Padrão de Segurança para Equipamentos de Tecnologia de Informação - Segurança - Seção 1: Requisitos Gerais

[ru] ANSI/UL 60950-1-2011 Стандарты

по безопасности оборудования информационных технологий. Безопасность. Часть 1. Общие требования

[es] ANSI/UL 60950-1-2011 Norma para Seguridad de Equipos de Tecnología de la Información Seguridad. Parte 1: Requisitos Generales

74310 《ANSI/INCITS/ISO/IEC 29500-1-2009 信息技术 文档描述和处理语言 办公开放XML文档格式 第 1 部分：基本知识和标记语言参照》

[ar] تكنولوجيا المعلومات- لغة الوصف ومعالجة الملف - صيغة ملفXML المكتبي المفتوح - الجزء الأول: مراجع المعارف الأساسية ولغات ترميز نص الانترنت ANSI/INCITS/ISO/IEC 29500-1:2009

[en] ANSI/INCITS/ISO/IEC 29500-1:2009 Information technology — Document description and processing languages — Office open XML file formats — Part 1: Fundamentals and markup language reference

[fr] ANSI/INCITS/ISO/IEC 29500-1:2009 Technologies de l'information — Langages de description et de traitement de fichier — Format de fichier Open XML d'Office — Partie 1 : Principes de base et référence du langage de balisage

[de] ANSI/INCITS/ISO/IEC 29500-1:2009 Informationstechnik - Dokumentbe-schreibung und Verarbeitungssprachen - Office Open XML-Dateiformate - Teil 1: Grundkenntnisse und Referenz zu Aufzeichnungssprache

[it] ANSI/INCITS/ISO/IEC 29500-1:2009 Tecnologia dell'informazione — Descrizione documento e lingua di elaborazione — Formato aperto XML di ufficio — Part 1: riferimento di

fondamenti e linguaggio markup

[jp] 「ANSI/INCITS/ISO/IEC 29500-1:2009 情報技術－ファイル記述と処理言語－オフィスオープンXMLファイルフォーマット－第1部：基本知識とマークアップ言語リファレンス」

[kr] <ANSI/INCITS/ISO/IEC 29500-1:2009 정보기술 파일 기술과 처리 언어 오피스 오픈 XML 파일 서식 제 1 부분: 기본 지식과 표기 언어 참고>

[pt] ANSI/INCITS/ISO/IEC 29500-1:2009 Tecnologia da Informação - Descrição de documentos e Línguas de Processamento - Formato de Ficheiro de Office Aberto XML - Seção1: Fundamentais e Referência de Marcas de Língua

[ru] ANSI/INCITS/ISO/IEC 29500-1:2009 Информационные технологии. Языки описание и обработки документов. Форматы файлов Office Open XML. Часть1. Базовые понятия и справочник по языку разметки

[es] ANSI/INCITS/ISO/IEC 29500-1:2009 Tecnología de la Información. Descripción de Documentos e Idiomas de Procesamiento. Formatos de Archivo de Lenguaje Extensible de Marcado (XML) Abiertos de Office. Parte 1: Fundamentos y Referencia del Lenguaje de Marcas

74311 《ANSI INCITS 378-2009 信息技术 数据交换用指纹匹配格式 》

[ar] تكنولوجيا المعلومات- صيغة مواءمة البصمات لغرض تبادل المعلومات ANSI INCITS 378-2009

[en] ANSI INCITS 378-2009 Information technology — Finger minutiae format for data interchange

[fr] ANSI INCITS 378-2009 Technologies de l'information — Format d'empreintes

digitales pour l'échange des données

[de] ANSI INCITS 378-2009 Informationstechnik - Finger-Minutiae-Format für Datenaustausch

[it] ANSI INCITS 378-2009 Tecnologia dell'informazione — formato di minuzie informatico per interscambio dei dati

[jp] 「ANSI INCITS 378-2009 情報技術－データ交換用指紋マッチングフォーマット」

[kr] <ANSI INCITS 378-2009 정보기술 데이터 교환용 지문 매칭 서식>

[pt] ANSI INCITS 378-2009 Tecnologia da Informação - Formato de Correspondência de Impressões Digitais para Intercâmbio de Dados

[ru] ANSI INCITS 378-2009 Информационные технологии. Формат шаблона отпечатка пальца для обмена данными

[es] ANSI INCITS 378-2009 Tecnología de la Información. Puntos Característicos de las Huellas Digitales para el Intercambio de Datos

74312 《IEEE 802.11v-2011 信息技术 系统间通讯和信息交换 局域网和城域网 详细要求 第 11 部分：无线局域网媒体访问控制(MAC)和物理层(PHY)规范 修改件 8:IEEE 802.11 无线网管理》

[ar] تكنولوجيا المعلومات ـ الاتصالات وتبادل المعلومات بين الأنظمة ـ الشبكة المحلية والشبكة الحضرية ـ المتطلبات المفصلة ـ الجزء الـ11: مواصفات التحكم في الوصول إلى وسائل الإعلام للشبكة المحلية اللاسلكية (MAC) والطبقة الفزيائية (PHY) - الوثيقة المعدلة الـ8 802.11 مواصفات إدارة الشبكة اللاسلكية IEEE 802.11v-2011

[en] IEEE 802.11v-2011 Information technology — Telecommunications and information exchange between systems — Local and metropolitan area networks — Specific requirements —

7.4

Part 11: wireless LAN medium access control (MAC) and physical layer (PHY) specifications — Amendment 8: IEEE 802.11 wireless network management

[fr] IEEE 802.11v-2011 Technologies de l'information — Télécommunications et échange d'information entre systèmes — Réseaux local et métropolitain — Exigences spécifiques — Partie 11 : Spécifications de contrôle d'accès au support et de la couche physique du réseau sans fil — Amendement 8 : Gestion de réseau sans fil IEEE 802.11

[de] IEEE 802.11v-2011 Informationstechnik - Telekommunikation und Informations-austausch zwischen Systemen - Lokale und städtische Netze - Spezifische An-forderungen - Teil 11: Spezifikationen für die Medienzugriffskontrolle des drahtlosen lokalen Netzwerks (MAC) und die physi-kalische Schicht (PHY) - Revidierung 8: IEEE 802.11 WiFi-Management

[it] IEEE 802.11v-2011 Tecnologia dell'informazione — Telecomunicazioni e scambio di informazioni tra sistemi — Reti locali e metropolitane — Requisiti specifici — Parte 11: Specificazioni del controllo di accesso media (MAC) e del livello fisico (PHY) senza fili — Modifica 8: IEEE 802.11 gestione di rete senza fili

[jp] 「IEEE 802.11v-2011 情報技術－システム間通信と情報交換－ローカルエリアネットワークとメトロポリタンエリアネットワークー詳細な要求事項－第 11 部: 無線 Lan 媒体アクセス制御 (MAC) と物理層 (PHY) 規範－修正案 8: IEEE 802.11 無線ネットワーク管理」

[kr] <IEEE 802.11v-2011 정보기술 시스템 간의 통신과 정보 교환 근거리 통신망과 도시권 통신망 세부적 요구 제 11 부분: 무선랜 매체 액세스 제어(MAC)와 물리

층(PHY)규범 수정본 8: IEEE 802.11 무선 네트워크 관리>

[pt] IEEE 802.11v-2011: Tecnologia da informação - Troca de telecomunicações e de informações entre sistemas - Redes locais e intermunicipais - Requisitos específicos - Parte 11: Especificações de controlo de acesso pela média (MAC) a LAN sem fio e camada física (PHY) - Alteração 8: IEEE 802.11 Gestão de rede sem fio

[ru] IEEE 802.11v-2011 Информационные технологии. Телекоммуникация и обмен информацией между системами. Локальные и общегородские сети. Специфические требования. Часть 11. Управление доступом к беспроводной локальной сети (MAC) и протокол физического уровня (PHY). Поправка 8: Управление беспроводной сетью IEEE 802.11

[es] IEEE 802.11v-2011 Tecnología de la Información. Telecomunicaciones e Intercambio de Información entre Sistemas. Redes de Área Local y Metropolitana. Requisitos Específicos. Parte 11: Especificaciones del Control de Acceso a medio de Red de Área Local Inalámbrica y la Capa Física. Enmienda 8: IEEE 802.11 Gestión de Redes Inalámbricas

74313 《ANSI ISO/IEC 11179-4-1995 信息技术 数据元素的规范和标准化 第 4 部分：INCITS采纳的数据定义公式化规则与指南》

[ar] تكنولوجيا المعلومات ـ مواصفات عناصر البيانات وتقييسها–الجزء الرابع: القواعد والتعليمات الخاصة بقولبة تعريفات البيانات المعتمدة من قبل INCITS ANSI ISO/IEC 11179-4:1995

[en] ANSI ISO/IEC 11179-4:1995

Information technology — Specification and standardization of data elements — Part 4: Rules and guidelines for the formulation of data definitions adopted by INCITS

[fr] ANSI ISO/IEC 11179-4:1995 Technologies de l'information — Spécifications et normalisation d'éléments de données — Partie 4 : Règles et guide pour la formulation des définitions de données adoptées par INCITS

[de] ANSI ISO/IEC 11179-4:1995 Informationstechnik - Spezifikation und Normung von Datenelementen - Teil 4: Die von INCITS angenommenen Regeln und Richtlinien für Formulierung der Datendefinition

[it] ANSI ISO/IEC 11179-4:1995 Tecnologia dell'informazione — Specificazione e standardizzazione degli elementi dei dati — Parte 4: Regole e linee guida per la formulazione delle definizioni dei dati adottata da INCITS

[jp] 「ANSI ISO/IEC 11179-4:1995 情報技術－データ要素の規範と標準化－第4部 INCITSが採用するデータ定義の公式化規則と指南」

[kr] <ANSI ISO/IEC 11179-4:1995 정보기술 데이터 요소의 규범과 표준화 제4부분: INCITS 채택의 데이터 정의 공식화 규칙과 가이드라인>

[pt] ANSI ISO/IEC 11179-4:1995 Tecnologia da Informação - Especificação e Padronização de Elementos de Dados - Seção 4: Critérios e Guia Formulada para a Definição de Dados Adotadas por INCITS

[ru] ANSI ISO/IEC 11179-4:1995 Информационные технологии. Спецификация и стандартизация элементов данных. Часть 4. Правила

и руководство по формулированию определений данных, принятых INCITS

[es] ANSI ISO/IEC 11179-4:1995 Tecnología de la Información. Especificación y Estandarización de Elementos de Datos. Parte 4: Reglas y Directrices para la Formación de Definiciones de Datos Adoptadas por el Comité Internacional de Estándares de Tecnología de la Información

74314 《ASME Y14.41-2012 数字化产品定义数据实施规程》

[ar] قواعد تنفيذية للبيانات التعريفية للمنتجات الرقمية ASME Y14.41-2012

[en] ASME Y14.41-2012 Digital product definition data practices

[fr] ASME Y14.41-2012 Pratiques de données de définition des produit numérique

[de] ASME Y14.41-2012 Praktiken für digitale Produktdefinitionsdaten

[it] ASME Y14.41-2012 Pratiche relative ai dati per la definizione di prodotto digitale

[jp] 「ASME Y14.41-2012 デジタル化製品定義データ実施規程」

[kr] <ASME Y14.41-2012 디지털화 제품 정의 데이터 실시 규정>

[pt] ASME Y14.41-2012 Regras de implementação para dados de definição de produtos digitais

[ru] ASME Y14.41-2012 Порядок обращения с данными для определения цифровых продуктов

[es] ASME Y14.41-2012 Prácticas de Datos par Definición de Productos Digitales

7.4.4 日本标准化组织相关标准

[ar] المعايير المعتمدة من قبل اللجنة اليابانية للتوحيد القياسي

863

[en] **Japanese Standards Association Standards**

[fr] **Normes de l'Association japonaise de normalisation**

[de] **Normen der Japanischen Normungsorganisation**

[it] **Standard della Japanese Standards Association**

[jp] **日本規格協会（JSA）の諸規格**

[kr] **일본 표준화 기구 관련 표준**

[pt] **Normas Relacionadas da Associação de Normalização Japonesa**

[ru] **Стандарты Японской ассоциации стандартов**

[es] **Normas de la Asociación Japonesa de Normalización**

74401 《JIS Q27000-2019 信息技术 安全技术 信息安全管理系统 概述和词表》

[ar] تكنولوجيا المعلومات ـ تكنولوجيا الأمن ـ نظام إدارة أمن المعلومات ـ لمحة عامة ومفردات
JIS Q27000:2019

[en] JIS Q27000:2019 Information technology — Security techniques — Information security management systems — Overview and vocabulary

[fr] JIS Q27000:2019 Technologies de l'information — Techniques de sécurité — Système de gestion de la sécurité de l'information — Présentation générale et vocabulaire

[de] JIS Q27000:2019 Informationstechnik - Sicherheitstechnik - Informationssicher-heitsmanagementsystem - Überblick und Terminologie

[it] JIS Q27000:2019 Tecnologia dell'informazione — Tecniche di sicurezza — Sistemi di gestione della sicurezza delle informazioni — Panoramica e vocabolario

[jp] 「JIS Q27000:2019 情報技術－セキュ

リティ技術－情報セキュリティマネジメントシステム－用語」

[kr] <JIS Q27000:2019 정보기술 보안기술 정보 보안 관리 시스템 요람과 용어리스트>

[pt] JIS Q27000:2019 Tecnologia da Informação - Tecnologias de Segurança - Sistemas de Gestão de Segurança da Informação - Visão Geral e Vocabulário

[ru] JIS Q27000:2019 Информационные технологии. Методы и средства обеспечения безопасности. Системы управления информационной безопасностью. Общий обзор и словарь

[es] JIS Q27000:2019 Tecnología de la Información. Técnicas de seguridad. Sistemas de Gestión de la Seguridad de la Información. Descripción General y Vocabulario

74402 《JIS X6256-2019 信息技术 信息交换和存储用数字记录介质 长期数据存储用光盘寿命评估试验方法》

[ar] تكنولوجيا المعلومات ـ الوسيط التسجيلي الرقمي لتبادل وتخزين المعلومات ـ طريقة التقييم والاختبار لعمر القرص المدمج الطويل الخازن للبيانات لأمد طويل JIS X6256:2019

[en] JIS X6256:2019 Information technology — Digitally recorded media for information interchange and storage — Test method for the estimation of lifetime of optical disks for long-term data storage

[fr] JIS X6256:2019 Technologies de l'information — Support numériquement enregistré pour l'échange et le stockage d'informations — Méthode d'essai pour l'évaluation de la durée de vie des disques optiques à l'usage de stockage de données à long terme

[de] JIS X6256:2019 Informationstechnik - Digitale Aufnahmemedien zum Informa-

tionensaustausch und -speicherung - Prüf-
verfahren zur Schätzung der Lebensdauer
von CD-ROM für Langzeitspeicherung
von Daten

[it] JIS X6256:2019 Tecnologia
dell'informazione — Supporti registrati
digitalmente per lo scambio e la
memorizzazione di informazioni —
Metodo di prova per la stima della durata
dei dischi ottici per la memorizzazione
dei dati a lungo termine

[jp] 「JIS X6256:2019 情報技術－情報交換
及び保存用のデジタル記録媒体－長期
データ保存用光ディスク媒体の寿命推
定のための試験方法」

[kr] <JIS X6256:2019 정보기술 정보 교환과
저장용 디지털 기록 매체 장기간 데이터
저장용 시디롬의 수명 평가 시험 방법>

[pt] JIS X6256:2019 Tecnologia da Informação
- Intermediário de Registro Digital para
Troca e Armazenamento de Informações
- Método de Teste para Avaliação da
Vida Útil dos Discos Ópticos para
Armazenamento de Dados a Longo Prazo

[ru] JIS X6256:2019 Информационные
технологии. Записанные
цифровым способом носители для
обмена и хранения информации.
Тестовый метод оценки срока
службы оптических дисков для
долговременного хранения данных

[es] JIS X6256:2019 Tecnología de la
Información. Soportes Registrados
Digitalmente para el Intercambio y el
Almacenamiento de la Información.
Método de Prueba para la Estimación de
la Duración de Discos Ópticos para el
Almacenamiento de Datos a Largo Plazo

74403 《JIS Q27006-2018 信息技术 安全技术
信息安全管理系统审核和认证的机构
要求》

[ar] تكنولوجيا المعلومات ـ تكنولوجيا الأمن ـ المتطلبات
الخاصة بالهيئات المسؤولة عن التدقيق والتوثيق
لنظام إدارة أمن المعلومات JIS Q27006:2018

[en] JIS Q27006:2018 Information
technology — Security techniques —
requirements for bodies providing audit
and certification of information security
management systems

[fr] JIS Q27006:2018 Technologies de
l'information — Techniques de sécurité
— Exigence d'organismes procédant à
l'audit et à la certification des systèmes
de gestion de la sécurité de l'information

[de] JIS Q27006:2018 Informationstechnik -
Sicherheitstechnik - Anforderungen an
Prüfung- und Zertifizierungsstellen für
Informationssicherheitsmanagement-
system

[it] JIS Q27006:2018 Tecnologia
dell'informazione — Tecniche di
sicurezza — Requisiti per gli organismi
che forniscono audit e certificazione dei
sistemi di gestione della sicurezza delle
informazioni

[jp] 「JIS Q27006:2018 情報技術－セキュ
リティ技術－情報セキュリティマネジ
メントシステムの審査及び認証を行う
機関に対する要求事項」

[kr] <JIS Q27006:2018 정보기술 보안기술
정보 보안 관리 시스템 심사와 인증 기구
요구>

[pt] JIS Q27006:2018 Tecnologia da
Informação - Tecnologias de Segurança
- Requisitos para organizações de
inspeção e certificação de Sistemas de
Gestão de Segurança da Informação

[ru] JIS Q27006:2018 Информационные
технологии. Методы и средства

7.4

обеспечения безопасности. Требования к органам, осуществляющим аудит и сертификацию систем управления информационной безопасностью

[es] JIS Q27006:2018 Tecnología de la Información. Técnicas de Seguridad. Requisitos para Entidades que Prestan Servicios de Auditoría y Certificación de Sistemas de Gestión de la Seguridad de la Información

74404 《JIS X0510-2018 信息技术 自动识别和数据捕获技术 QR码条形码符号规范》

[ar] تكنولوجيا المعلومات ـ تكنولوجيا التمييز الآلي والتقاط البيانات ـ مواصفات الرمز الشريطي QR JIS X0510:2018

[en] JIS X0510:2018 Information technology — Automatic identification and data capture techniques — QR code bar code symbology specification

[fr] JIS X0510:2018 Technologies de l'information — Techniques automatiques d'identification et de capture des données — Spécifications de symbologie des codes à barres et des codes QR

[de] JIS X0510:2018 Informationstechnik - Automatische Identifikations- und Datenerfassungstechnik - Spezifikation der QR-Code-Strichcode-Symbologie

[it] JIS X0510:2018 Tecnologia dell'informazione — Tecniche di identificazione automatica e acquisizione dati — Specificazione simbologia codice a bar QR Code

[jp] 「JIS X0510:2018 情報技術－自動認識及びデータ取得技術－ QRコードバーコードシンボル体系仕様」

[kr] <JIS X0510-2018 정보기술 자동 식별과 데이터 캡쳐 기술 QR코드 바코드 부

호 규범>

[pt] JIS X0510:2018 Tecnologia da Informação - Tecnologias de Identificação Automática e Captura de Dados - Especificação de Simbologia de Código de Barra e de QR

[ru] JIS X0510:2018 Информационные технологии. Методы автоматической идентификации и сбора данных. Спецификация символики штрихового кода QR-кода

[es] JIS X0510:2018 Tecnología de la Información. Técnicas de Identificación Automática y Captura de Datos. Especificación de la Simbología de Códigos de Barras para Códigos QR

74405 《JIS X0532-1-2018 信息技术 自动识别和数据捕获技术 唯一标识 第 1 部分：个别运输单位》

[ar] تكنولوجيا المعلومات ـ تكنولوجيا التمييز الآلي والتقاط البيانات ـ العلامة الوحيدة الجزء الأول: وحدة النقل الفردي JIS X0532-1:2018

[en] JIS X0532-1:2018 Information technology — Automatic identification and data capture techniques — Unique identification — Part 1: Individual transport units

[fr] JIS X0532-1:2018 Technologies de l'information — Techniques automatiques d'identification et de capture des données — Identification unique — Partie 1 : Unité de transport individuelle

[de] JIS X0532-1:2018 Informationstechnik - Automatische Identifikations- und Datenerfassungstechnik - Einzige Identifikation - Teil 1: Einzeltransporteinheiten

[it] JIS X0532-1:2018 Tecnologia dell'informazione — Tecniche di

identificazione automatica e acquisizione dei dati — Identificazione unica — Parte 1: Unità di trasporto individuale

[jp] 「JIS X0532-1:2018 情報技術－自動認識及びデータ取得技術－ユニーク識別－第1部: 個々の輸送単位」

[kr] <JIS X0532-1:2018 정보기술 자동 식별과 데이터 캡쳐 기술 유일 표시 제1부분: 개별 운송 기관>

[pt] JIS X0532-1:2018 Tecnologia da Informação - Tecnologias de Identificação Automática e Captura de Dados - Rotulagem Única - Parte 1: Unidades de Transporte Individuais

[ru] JIS X0532-1:2018 Информационные технологии. Методы автоматической идентификации и сбора данных. Уникальная идентификация. Часть 1. Индивидуальные транспортные единицы

[es] JIS X0532-1:2018 Tecnología de la Información. Técnicas de Identificación Automática y Captura de Datos. Identificación Única. Parte 1: Unidades de Transporte Individuales

74406 《JIS X0532-2-2018 信息技术 自动识别和数据捕获技术 唯一标识 第2部分：登记程序》

[ar] تكنولوجيا المعلومات ـ تكنولوجيا التمييز الآلي والتقاط البيانات ـ العلامة الوحيدة ـ الجزء الثاني: إجراءات التسجيل JIS X0532-2:2018

[en] JIS X0532-2:2018 Information technology — Automatic identification and data capture techniques — Unique identification — Part 2: Registration procedures

[fr] JIS X0532-2:2018 Technologies de l'information — Techniques automatiques d'identification et de capture des données — Identification

unique — Partie 2 : Procédure d'enregistrement

[de] JIS X0532-2:2018 Informationstechnik - Automatische Identifikations- und Datenerfassungstechnik - Einzige Identifikation - Teil 2: Registrierungsverfahren

[it] JIS X0532-2:2018 Tecnologia dell'informazione — Tecniche di identificazione automatica e acquisizione dei dati — Identificazione unica — Parte 2: Procedure di registrazione

[jp] 「JIS X0532-2:2018 情報技術－自動認識及びデータ取得技術－ユニーク識別－第2部: 登録手順」

[kr] <JIS X0532-2:2018 정보기술 자동 식별과 데이터 캡쳐 기술 유일 표시 제2부분: 등록 절차>

[pt] JIS X0532-2:2018 Tecnologia da Informação - Tecnologias de Identificação Automática e Captura de Dados - Rotulagem Única - Parte 2: Procedimentos de Registro

[ru] JIS X0532-2:2018 Информационные технологии. Методы автоматической идентификации и сбора данных. Уникальная идентификация. Часть 2. Процедуры регистрации

[es] JIS X0532-2:2018 Tecnología de la Información. Técnicas de Identificación Automática y Captura de Datos. Identificación Única. Parte 2: Procedimientos de Registro

74407 《JIS X0532-3-2018 信息技术 自动识别和数据捕获技术 唯一标识 第3部分：通用规则》

[ar] تكنولوجيا المعلومات ـ تكنولوجيا التعرف التلقائي والتقاط البيانات ـ العلامة الوحيدة ـ الجزء الثالث: قواعد عامة JIS X0532-3:2018

[en] JIS X0532-3:2018 Information technology — Automatic identification

7.4

and data capture techniques — Unique
identification — Part 3: Common rules

[fr] JIS X0532-3:2018 Technologies
de l'information — Techniques
automatiques d'identification et de
capture des données — Identification
unique — Partie 3 : Règles générales

[de] JIS X0532-3:2018 Informationstechnik
- Automatische Identifikations- und Daten-
erfassungstechnik - Einzige Identifikation -
Teil 3: Allgemeine Regeln

[it] JIS X0532-3:2018 Tecnologia
dell'informazione — Tecniche di
identificazione automatica e acquisizione
dei dati — Identificazione unica — Parte
3: Regole comuni

[jp] 「JIS X0532-3:2018 情報技術－自動認
識及びデータ取得技術－ユニーク識別
－第 3 部：共通規則」

[kr] <JIS X0532-3-:2018 정보기술 자동 식
별과 데이터 캡쳐 기술 유일 표시 제 3
부분: 통용 규칙>

[pt] JIS X0532-3:2018 Tecnologia
da Informação - Tecnologias de
Identificação Automática e Captura de
Dados - Rotulagem Única - Parte 3:
Regras Comuns

[ru] JIS X0532-3:2018 Информационные
технологии. Методы автоматической
идентификации и сбора данных.
Уникальная идентификация. Часть 3.
Общие правила

[es] JIS X0532-3:2018 Tecnología de la
Información. Técnicas de Identificación
Automática y Captura de Datos.
Identificación Única. Parte 3: Reglas
Comunes

74408 《JIS X0532-4-2018 信息技术 自动识
别和数据捕获技术 唯一标识 第 4 部
分：单个产品和产品包》

[ar] تكنولوجيا المعلومات ـ تكنولوجيا التمييز الآلي
والتقاط البيانات العلامة الوحيدة ـ الجزء الرابع:
المنتجات الفردية وحزمة المنتجات
JIS X0532-4:2018

[en] JIS X0532-4:2018 Information
technology — Automatic identification
and data capture techniques — Unique
identification — Part 4: Individual
products and product packages

[fr] JIS X0532-4:2018 Technologies
de l'information — Techniques
automatiques d'identification et de
capture des données — Identification
unique — Partie 4 : Produit individuel et
paquet de produits

[de] JIS X0532-4:2018 Informationstechnik
- Automatische Identifikations- und
Datenerfassungstechnik - Einzige Identi-
fikation - Teil 4: Einzelprodukt und
Produktpaket

[it] JIS X0532-4:2018 Tecnologia
dell'informazione — Tecniche di
identificazione automatica e acquisizione
dei dati — Identificazione unica — Parte
4: singoli prodotti e pacchetti di prodotti

[jp] 「JIS X0532-4:2018 情報技術－自動認
識及びデータ取得技術－ユニーク識別
－第 4 部：個々の製品及び包装物」

[kr] <JIS X0532-4:2018 정보기술 자동 식
별과 데이터 캡쳐 기술 유일 표시 제 4
부분: 개별 제품과 제품 패키지>

[pt] JIS X0532-4:2018 Tecnologia
da Informação - Tecnologias de
Identificação Automática e Captura
de Dados - Rotulagem Única - Parte
4: Produtos Individuais e Pacotes de
Produtos

[ru] JIS X0532-4:2018 Информационные
технологии. Методы автоматической
идентификации и сбора данных. Часть
4. Штучные изделия и упакованные

единицы продукции

[es] JIS X0532-4:2018 Tecnología de la Información. Técnicas de Identificación Automática y Captura de Datos. Identificación Única. Parte 4: Productos Individuales y Paquetes de Productos

74409 《JIS X0532-5-2018 信息技术 自动识别和数据捕获技术 唯一识别 第 5 部分：个人可退回运输物品》

[ar] تكنولوجيا المعلومات ـ تكنولوجيا التمييز الآلي والتقاط البيانات ـ العلامة الوحيدة ـ الجزء الخامس: المشحونات الشخصية الممكن استرجاعها JIS X0532-5:2018

[en] JIS X0532-5:2018 Information technology — Automatic identification and data capture techniques — Unique identification — Part 5: Individual returnable transport items (RTIs)

[fr] JIS X0532-5:2018 Technologies de l'information — Techniques automatiques d'identification et de capture des données — Identification unique — Partie 5 : Article de transport individuel retournable

[de] JIS X0532-5:2018 Informationstechnik - Automatische Identifikations- und Datenerfassungstechnik - Einzige Identifikation - Teil 5: Einzelne Mehrweg-transportgegenstände

[it] JIS X0532-5:2018 Tecnologia dell'informazione — Tecniche di identificazione automatica e acquisizione dei dati — Identificazione unica — Parte 5: Articoli di trasporto restituibili individuali

[jp] 「JIS X0532-5:2018 情報技術－自動認識及びデータ取得技術－ユニーク識別－第5部: 個々の繰返し利用輸送機材」

[kr] <JIS X0532-5:2018 정보기술 자동 식별과 데이터 캡쳐 기술 유일 표시 제 5 부분: 개인 반품 가능 운송 물품>

[pt] JIS X0532-5:2018 Tecnologia da Informação - Tecnologias de Identificação Automática e Captura de Dados - Rotulagem Única - Parte 5: Itens Individuais de Transporte Viáveis de Devolução

[ru] JIS X0532-5:2018 Информационные технологии. Методы автоматической идентификации и сбора данных. Уникальная идентификация. Часть 5. Индивидуальные возвратные транспортные упаковочные средства

[es] JIS X0532-5:2018 Tecnología de la Información. Técnicas de Identificación Automática y Captura de Datos. Identificación Única. Parte 5: Artículos de Transporte Retornables Individuales

74410 《JIS X9250-2017 3750 信息技术 安全技术 保密体系结构框架》

[ar] تكنولوجيا المعلومات ـ تكنولوجيا الأمن - الإطار الهيكلي لنظام حفظ الأسرار JIS X9250:2017 3750

[en] JIS X9250:2017 3750 Information technology — Security techniques — Privacy framework

[fr] JIS X9250:2017 3750 Technologies de l'information — Techniques de sécurité — Cadre de confidentialité

[de] JIS X9250:2017 3750 Informationstechnik - Sicherheitstechnik - Datenschutz-rahmen

[it] JIS X9250:2017 3750 Tecnologia dell'informazione — Tecniche di sicurezza — Struttura sulla privacy

[jp] 「JIS X9250:2017 3750 情報技術－セキュリティ技術－プライバシーフレームワーク」

[kr] <JIS X9250:2017 3750 정보기술 보안 기술 기밀 아키텍처 프레임워크>

[pt] JIS X9250:2017 3750 Tecnologia da

7.4

Informação - Tecnologias de Segurança - Estrutura de Privacidade

[ru] JIS X9250:2017 3750 Информационные технологии. Методы и средства обеспечения безопасности. Фреймворк конфиденциальности

[es] JIS X9250:2017 3750 Tecnología de la Información. Técnicas de Seguridad. Marco de Privacidad

74411 《JIS Q27017-2016 信息技术 安全技术 基于ISO/IEC 27002 的云服务信息安全控制的实施规程》

[ar] تكنولوجيا المعلومات ـ تكنولوجيا الأمن ـ التعليمات التنفيذية للتحكم في سلامة المعلومات المستندة إلى ISO/IEC 27002 الخدمة السحابية JIS Q27017:2016

[en] JIS Q27017:2016 Information technology — Security techniques — Code of practice for information security controls based on ISO/IEC 27002 for cloud services

[fr] JIS Q27017:2016 Technologies de l'information — Techniques de sécurité — Code de bonne pratique pour le contrôles de sécurité de l'information basé sur ISO/IEC 27002 pour les services de nuage

[de] JIS Q27017:2016 Informationstechnik - Sicherheitstechnik - Auf ISO/IEC 27002 basierende Implementierungsregeln für Kontrolle der Informationssicherheit von Cloud-Service

[it] JIS Q27017:2016 Tecnologia dell'informazione — Tecniche di sicurezza — Codice di condotta per i controlli di sicurezza delle informazioni basati su ISO/IEC 27002 per i servizi cloud

[jp] 「JIS Q27017:2016 情報技術－セキュリティ技術－ ISO/IEC 27002 に基づく

クラウドサービスのための情報セキュリティ管理策の実践の規範」

[kr] <JIS Q27017:2016 정보기술 보안기술 ISO/IEC 27002 기반 클라우드 서비스 정보 안전 제어의 실시 규정>

[pt] JIS Q27017:2016 Tecnologia da Informação - Tecnologias de Segurança - Código de Prática para Controlos de Segurança da Informação para Serviços em Nuvem Baseados na ISO / IEC 27002

[ru] JIS Q27017:2016 Информационные технологии. Методы и средства обеспечения безопасности. Свод правил по контролю информационной безопасности на основе ISO/IEC 27002 применительно к облачным услугам

[es] JIS Q27017:2016 Tecnología de la Información. Técnicas de Seguridad. Código de Prácticas Relativas a Controles de Seguridad de la Información Basadas en ISO/IEC 27002 para Servicios en la Nube

74412 《JIS X19790-2015 信息技术 安全技术 密码模块的安全性要求》

[ar] تكنولوجيا المعلومات ـ تكنولوجيا الأمن ـ المتطلبات الخاصة بمواصفات أمان الوحدة المبرمجة المشفرة JIS X19790:2015

[en] JIS X19790:2015 Information technology — Security techniques — Security requirements for cryptographic modules

[fr] JIS X19790:2015 Technologies de l'information — Techniques de sécurité — Exigence de sécurité pour les modules cryptographiques

[de] JIS X19790:2015 Informationstechnik - Sicherheitstechnik - Anforderungen an Sicherheit kryptografischer Module

[it] JIS X19790:2015 Tecnologia

dell'informazione — Tecniche di
sicurezza — Requisiti di sicurezza per
moduli crittografici

[jp] 「JIS X19790:2015 情報技術ーセキュリ
ティ技術ー暗号モジュールのセキュリ
ティ要求事項」

[kr] <JIS X19790:2015 정보기술 보안기술
암호 모듈의 안전성 요구>

[pt] JIS X19790:2015 Tecnologia da
Informação - Tecnologias de Segurança
- Requisitos de Segurança para Módulos
Criptográficos

[ru] JIS X19790:2015 Информационные
технологии. Методы и средства
обеспечения безопасности.
Требования безопасности к
криптографическим модулям

[es] JIS X19790:2015 Tecnología de la
Información. Técnicas de Seguridad.
Requisitos de Seguridad para Módulos
Criptográficos

74413 《JIS X0512-2015 信息技术 自动识别
和信息采集技术 数据矩阵条形码符号
规范》

[ar] تكنولوجيا المعلومات ـ تكنولوجيا التمييز الآلي وجمع
المعلومات ـ مواصفات الرمز الشريطي لمصفوفة
البيانات JIS X0512:2015

[en] JIS X0512:2015 Information technology
— Automatic identification and data
capture techniques — Data matrix bar
code symbology specification

[fr] JIS X0512:2015 Technologies
de l'information — Techniques
automatiques d'identification et de
capture des données — Spécifications
de symbologie des codes à barres de
matrice de données

[de] JIS X0512:2015 Informationstechnik
- Automatische Identifikations- und
Datenerfassungstechnik - Spezifikation

der Symbologie von Data Matrix-Strich-
code

[it] JIS X0512:2015 Tecnologia
dell'informazione — Tecniche di
identificazione automatica e acquisizione
dati — Specificazione di simbologia del
codice a bar Data Matrix

[jp] 「JIS X0512:2015 情報技術ー自動認識
及びデータ取得技術ーバーコードシン
ボル体系仕様ーデータマトリックス」

[kr] <JIS X0512:2015 정보기술 자동 식별
과 정보 수집 기술 데이터 매트릭스 바코
드 부호 규범>

[pt] JIS X0512:2015 Tecnologia da
Informação - Tecnologias de
Identificação Automática e Captura de
Dados - Especificação de Simbologia de
Código de Barras Data Matrix

[ru] JIS X0512:2015 Информационные
технологии. Методы автоматической
идентификации и сбора данных.
Спецификация символики штрихового
кода QR-кода

[es] JIS X0512:2015 Tecnología de la
Información. Técnicas de Identificación
Automática y Captura de Datos.
Especificación de la Simbología de
Códigos de Barras para Matrices de
Datos

74414 《JIS X9401-2016 信息技术 云计算 综
述和词汇》

[ar] تكنولوجيا المعلومات ـ الحوسبة السحابية ـ ملخّص
ومفردات JIS X9401:2016

[en] JIS X9401:2016 Information technology
— Cloud computing — Overview and
vocabulary

[fr] JIS X9401:2016 Technologies de
l'information — Informatique en nuage
— Synthèse et vocabulaire

[de] JIS X9401:2016 Informationstechnik

7.4

- Cloud Computing - Überblick und Terminologie

[it] JIS X9401:2016 Tecnologia dell'informazione — Cloud computing — Panoramica e vocabolario

[jp] 「JIS X9401:2016 情報技術－クラウドコンピューティング－概要及び用語」

[kr] <JIS X9401:2016 정보기술 클라우드 컴퓨팅 총론과 용어>

[pt] JIS X9401:2016 Tecnologia da Informação - Computação em Nuvem - Visão Geral e Vocabulário

[ru] JIS X9401:2016 Информационные технологии. Облачные вычисления. Обзор и словарь

[es] JIS X9401:2016 Tecnología de la Información. Computación en la Nube. Descripción General y Vocabulario

74415 《JIS Q27001-2014 信息技术 安全技术 信息安全管理系统 要求》

[ar] تكنولوجيا المعلومات ـ تكنولوجيا الأمن ـ نظام إدارة أمن المعلومات ـ متطلبات JIS Q27001:2014

[en] JIS Q27001:2014 Information technology — Security techniques — Information security management systems — Requirements

[fr] JIS Q27001:2014 Technologies de l'information — Techniques de sécurité — Système de gestion de la sécurité de l'information — Exigence

[de] JIS Q27001:2014 Informationstechnik - Sicherheitstechnik - Informationssicherheitsmanagementsystem - Anforderungen

[it] JIS Q27001:2014 Tecnologia dell'informazione — Tecniche di sicurezza — Sistemi di gestione della sicurezza delle informazioni — Requisiti

[jp] 「JIS Q27001:2014 情報技術－セキュリティ技術－情報セキュリティマネジ

メントシステム－要求事項」

[kr] <JIS Q27001:2014 정보기술 보안기술 정보 보안 관리 시스템 요구>

[pt] JIS Q27001:2014 Tecnologia da Informação - Tecnologias de Segurança - Sistemas de Gestão de Segurança da Informação - Requisitos

[ru] JIS Q27001:2014 Информационные технологии. Методы и средства обеспечения безопасности. Системы управления информационной безопасностью. Требования

[es] JIS Q27001:2014 Tecnología de la Información. Técnicas de Seguridad. Sistemas de Gestión de la Seguridad de la Información. Requisitos

74416 《JIS Q27002-2014 信息技术 安全技术 信息安全控制的实施规程》

[ar] تكنولوجيا المعلومات ـ تكنولوجيا الأمن ـ اللائحة التنفيذية بشأن التحكم في سلامة المعلومات JIS Q27002:2014

[en] JIS Q27002:2014 Information technology — Security techniques — Code of practice for information security controls

[fr] JIS Q27002:2014 Technologies de l'information — Techniques de sécurité — Code de bonne pratique pour le contrôles de sécurité de l'information

[de] JIS Q27002:2014 Informationstechnik - Sicherheitstechnik - Verhaltenskodex für Informationssicherheitskontrolle

[it] JIS Q27002:2014 Tecnologia dell'informazione — Tecniche di sicurezza — Codice di condotta per i controlli di sicurezza di informazioni

[jp] 「JIS Q27002:2014 情報技術－セキュリティ技術－情報セキュリティ管理策の実践のための規範」

[kr] <JIS Q27002:2014 정보기술 보안기술

정보 보안 제어의 실시 규정>

[pt] JIS Q27002:2014 Tecnologia da Informação - Tecnologias de Segurança - Regras de Prática para Controlos de Segurança da Informação

[ru] JIS Q27002:2014 Информационные технологии. Методы и средства обеспечения безопасности. Свод правил по контролю информационной безопасности

[es] JIS Q27002:2014 Tecnología de la Información. Técnicas de Seguridad. Código de Prácticas Relativas a los Controles de Seguridad de la Información

74417 《JIS X5070-1-2011 信息技术 安全技术 IT安全性评价标准 第 1 部分：引言和一般模式》

[ar] تكنولوجيا المعلومات - تكنولوجيا الأمن - معايير تقييم معايير الأمان - الجزء الأول: مقدمة ونمط عام JIS X5070-1:2011

[en] JIS X5070-1:2011 Information technology — Security techniques — Evaluation criteria for IT security — Part 1: Introduction and general model

[fr] JIS X5070-1:2011 Technologies de l'information — Techniques de sécurité — Critères d'évaluation de la cybersécurité — Partie 1 : Introduction et modèle général

[de] JIS X5070-1:2011 Informationstechnik - Sicherheitstechnik - Bewertungskriterien für IT-Sicherheit - Teil 1: Einführung und allgemeines Modell

[it] JIS X5070-1:2011 Tecnologia dell'informazione — Tecniche di sicurezza — Criteri di valutazione per la sicurezza IT — Parte 1: Introduzione e modello generale

[jp] 「JIS X5070-1:2011 情報技術－セキュ

リティ技術－ ITセキュリティの評価基準－第 1 部：総則及び一般モデル」

[kr] <JIS X5070-1:2011 정보기술 보안기술 IT 안전성 평가 표준 제 1 부분: 서언과 일반 모델>

[pt] JIS X5070-1:2011 Tecnologia da Informação - Tecnologias de Segurança - Critérios de Avaliação para Segurança IT - Parte 1: Introdução e Modelo Geral

[ru] JIS X5070-1:2011 Информационные технологии. Методы и средства обеспечения безопасности. Критерии оценки безопасности ИТ. Часть 1. Введение и общая модель

[es] JIS X5070-1:2011 Tecnología de la Información. Técnicas de Seguridad. Criterios de Evaluación de la Seguridad en Tecnología de Información. Parte 1: Introducción y Modelo General

74418 《JIS Q20000-1-2012 信息技术 服务管理 第 1 部分：服务管理系统要求》

[ar] تكنولوجيا المعلومات - نظام إدارة الخدمة - الجزء الأول: متطلبات نظام إدارة الخدمة JIS Q20000-1:2012

[en] JIS Q20000-1:2012 Information technology — Service management — Part 1: Service management system requirements

[fr] JIS Q20000-1:2012 Technologies de l'information — Gestion de services — Partie 1 : Exigence applicable au système pour la gestion de services

[de] JIS Q20000-1:2012 Informationstechnik - Servicemanagement - Teil 1: System-anforderungen an Servicemanagement

[it] JIS Q20000-1:2012 Tecnologia dell'informazione — Gestione dei servizi — Parte 1: Requisiti di sistema per la gestione dei servizi

[jp] 「JIS Q20000-1:2012 情報技術－サービ

スマネジメントー第 1 部: サービスマ
ネジメントシステム要求事項」

[kr] <JIS Q20000-1:2012 정보기술 서비스
관리 제 1 부분: 서비스 관리 시스템 요
구>

[pt] JIS Q20000-1:2012 Tecnologia da
Informação - Gestão de Serviços - Parte
1: Requisitos do Sistema de Gestão de
Serviços

[ru] JIS Q20000-1:2012 Информационные
технологии. Управление услугами.
Часть 1. Требования к системе
управления услугами

[es] JIS Q20000-1:2012 Tecnología de la
Información. Gestión de Servicios. Parte
1: Requisitos para Sistemas de Gestión
de Servicios

74419 《JIS Q20000-2-2013 信息技术 服务管
理 第 2 部分: 服务管理系统应用导则》

[ar] تكنولوجيا المعلومات - نظام إدارة الخدمة - الجزء
الثاني: التعليمات التنفيذية الخاصة بنظام إدارة الخدمة
JIS Q20000-2:2013

[en] JIS Q20000-2:2013 Information
technology — Service management —
Part 2: Guidance on the application of
service management systems

[fr] JIS Q20000-2:2013 Technologies de
l'information — Gestion de services —
Partie 2 : Conseils sur l'application de
système de gestion de services

[de] JIS Q20000-2:2013 Informationstechnik
- Servicemanagement - Teil 2: Anleitung
zur Anwendung von Servicemanage-
mentsystemen

[it] JIS Q20000-2:2013 Tecnologia
dell'informazione — Gestione dei servizi
— Parte 2: Guida all'applicazione di
sistemi di gestione di servizi

[jp] 「JIS Q20000-2:2013 情報技術ーサービ
スマネジメントー第 2 部: サービスマ

ネジメントシステムの適用の手引」

[kr] <JIS Q20000-2:2013 정보기술 서비스
관리 제 2 부분: 서비스 관리 시스템 응
용 가이드라인>

[pt] JIS Q20000-2:2013 Tecnologia da
Informação - Gestão de Serviços - Parte
2: Guia sobre a Aplicação de Sistemas
de Gestão de Serviços

[ru] JIS Q20000-2:2013 Информационные
технологии. Управление услугами.
Часть 2. Руководство по применению
системы управления услугами

[es] JIS Q20000-2:2013 Tecnología de la
Información. Gestión de Servicios. Parte
2: Directrices para la Aplicación de
Sistemas de Gestión de Servicios

7.4.5 其他国家标准化组织相关标准

[ar] المعايير المعتمدة من قبل منظمات التوحيد القياسي
للدول الأخرى

[en] Standards of Other National
Standardization Organizations

[fr] Normes d'autres organisations
nationales de normalisation

[de] Normen anderer nationalen
Normungsorganisationen

[it] Standard di altre organizzazioni
nazionali di standardizzazione

[jp] その他の国家標準化組織の諸規格

[kr] 기타 국가 표준화 기구 관련 표준

[pt] Norma de Outros Organizações
Nacionais de Normalização

[ru] Стандарты других национальных
организаций по стандартизации

[es] Normas de Otras Organizaciones
Nacionales de Normalización

74501 《GOST ISO/IEC 15419-2018 信息技
术 自动识别和数据捕获技术 条形码数
字成像和打印性能测试》

[ar] تكنولوجيا المعلومات - تكنولوجيا التمييز الآلي

7.4

والتقاط البيانات ـ اختبار أداء التصوير الرقمي والطباعة للرمز الشريطي

GOST ISO/IEC 15419:2018

[en] GOST ISO/IEC 15419:2018 Information technology — Automatic identification and data capture techniques — Bar code digital imaging and printing performance testing

[fr] GOST ISO/IEC 15419:2018 Technologies de l'information — Techniques d'identification et de capture des données automatiques — Essai d'imagerie numérique et de performance d'impression de codes à barres

[de] GOST ISO/IEC 15419:2018 Informationstechnik - Automatische Identifizierungs- und Datenerfassungstechnik - Prüfung der Leistung von Barcode-Digitalbildern und -Druckern

[it] GOST ISO/IEC 15419:2018 Tecnologia dell'informazione — Tecniche di identificazione automatica e acquisizione dei dati — Test delle prestazioni di immagini digitali e stampa di codici a barre.

[jp] 「GOST ISO/IEC 15419:2018 情報技術－自動認識とデータ取得技術－バーコードのデジタル方式画像化及び印刷性能試験」

[kr] <GOST ISO/IEC 15419:2018 정보기술 자동 식별과 데이터 캡쳐 기술 바코드 디지털 이미징 및 프린팅 성능 테스트>

[pt] GOST ISO/IEC 15419:2018 Tecnologiada Informação - Tecnologias de Identificação Automática e Captura de Dados - Teste de Desempenho de Impressão e Imagiologia Digital com Código de Barras

[ru] ГОСТ ISO/IEC 15419:2018 Информационные технологии. Методы автоматической идентификации и сбора данных.

Тестирование рабочих характеристик при цифровом представлении и печати штрихового кода

[es] GOST ISO/IEC 15419:2018 Tecnología de la Información. Técnicas de Identificación Automática y Captura de Datos. Captura de Imágenes Digitales de Códigos de Barras y Pruebas de Rendimiento de Impresión

74502 《GOST ISO/IEC 15424-2018 信息技术 自动识别和数据捕获技术 数据载体标识符(包括符号系统标识符)》

[ar] تكنولوجيا المعلومات ـ تكنولوجيا التمييز الآلي والتقاط البيانات ـ علامة تحديد ناقل البيانات (بما في ذلك علامات تحديد نظام الرموز)

GOST ISO/IEC 15424:2018

[en] GOST ISO/IEC 15424:2018 Information technology — Automatic identification and data capture techniques — Data carrier identifiers (including symbology identifiers)

[fr] GOST ISO/IEC 15424:2018 Technologies de l'information — Techniques d'identification et de capture des données automatiques — Identificateur de support de données (y compris les identificateur de symbologie)

[de] GOST ISO/IEC 15424:2018 Informationstechnik - Automatische Identifikations- und Datenerfassungstechnik - Datenträger-Identifikator (einschl. Symbologie-IDs)

[it] GOST ISO/IEC 15424:2018 Tecnologia dell'informazione — Tecniche di identificazione automatica e acquisizione dei dati — Identificatori del supporto dei dati (inclusi identificativi della simbologia)

[jp] 「GOST ISO/IEC 15424:2018 情報技術－自動認識とデータ取得技術－データ

7.4

キャリア識別子 (シンボル体系識別子
を含む)」

[kr] <GOST ISO/IEC 15424:2018 정보기술
자동 식별과 데이터 캡쳐 기술 데이터 저
장 장치 식별 부호(부호 시스템 식별 부
호 포함)>

[pt] GOST ISO/IEC 15424:2018
Tecnologiada Informação - Tecnologias
de Identificação Automática e Captura
de Dados - Identificadores de Portador
de Dados (Incluindo Rótulos de
Simbologia)

[ru] ГОСТ ISO/IEC 15424:2018
Информационные технологии.
Методы автоматической
идентификации и сбора данных.
Идентификаторы носителей данных
(включая идентификаторы символик)

[es] GOST ISO/IEC 15424:2018 Tecnología
de la Información. Técnicas de
Identificación Automática y Captura
de Datos. Identificadores de Portadores
de Datos (incluye identificadores de
simbología)

74503 《GOST ISO/IEC 17788-2016 信息技
术 云计算 综述和词汇》

[ar] تكنولوجيا المعلومات ـ الحوسبة السحابية ـ ملخص
ومفردات GOST ISO/IEC 17788:2016

[en] GOST ISO/IEC 17788:2016 Information
technology — Cloud computing —
Overview and vocabulary

[fr] GOST ISO/IEC 17788:2016
Technologies de l'information —
Informatique en nuage — Synthèse et
vocabulaire

[de] GOST ISO/IEC 17788:2016 Informations-
technik - Cloud Computing - Übersicht
und Terminologie

[it] GOST ISO/IEC 17788:2016 Tecnologia
dell'informazione — Cloud computing

— Panoramica e vocabolario

[jp] 「GOST ISO/IEC 17788:2016 情報技術
ークラウドコンピューティングー概要
と用語」

[kr] <GOST ISO/IEC 17788:2016 정보기술
클라우드 컴퓨팅 총론과 용어>

[pt] GOST ISO/IEC 17788:2016
Tecnologiada Informação - Computação
em Nuvem - Visão Geral e Vocabulário

[ru] ГОСТ ISO/IEC 17788:2016
Информационные технологии.
Облачные вычисления. Обзор и
словарь

[es] GOST ISO/IEC 17788:2016 Tecnología
de la Información. Computación
en la Nube. Descripción General y
Vocabulario

74504 《GOST R 43.0.8-2017 设备和操作活
动的信息保障 人与信息交互的人工智
能 通用原则》

[ar] إجراءات حماية سلامة نظام المعلومات للأجهزة
والأنشطة التشغيلية ـ الذكاء الاصطناعي التفاعلى
بين الإنسان والمعلومات ـ مبادئ عامة
GOST R 43.0.8-2017

[en] GOST R 43.0.8-2017 Informational
ensuring of equipment and operational
activity — Artificial intellect on
interaction man and information —
General principles

[fr] GOST R 43.0.8-2017 Assurance de
l'information de l'équipement et de
l'activité opérationnelle — Intelligence
artificielle sur l'interaction homme —
information — Principes généraux

[de] GOST R 43.0.8-2017 Informationssiche-
rung der Ausrüstung und betrieblichen
Tätigkeit - Künstliche Intelligenz für
Interaktion zwischen Mensch und Infor-
mation - Allgemeine Grundsätze

[it] GOST R 43.0.8-2017 Assicurazione

informativa di attrezzature e attività operativa — Intelligenza artificiale sull'interazione umane e informazione — Principi generali

[jp] 「GOST R 43.0.8-2017 装置と操作活動の情報保障－ヒューマンインフォメーションインタラクション人工知能－共通原則」

[kr] <GOST R 43.0.8-2017 설비와 운영의 정보 보장 인간과 정보의 상호 연결 인공지능 통용 원칙>

[pt] GOST R 43.0.8-2017 Garantia Informativa de Equipamentos e Atividade Operacional - Inteligência Artificial Nainteração entre Homem e Informação - Princípios Gerais

[ru] ГОСТ Р 43.0.8-2017 Информационное обеспечение техники и операторской деятельности. Искусственно-интеллектуализированное человекоинформационное взаимодействие. Общие принципы

[es] GOST R 43.0.8-2017 Aseguramiento de la Información en Equipos y Actividades Operativas. Inteligencia Artificial para la Interacción entre Personas e Información. Principios Generales

74505 《GOST R 53632-2009 互联网接入服务的质量参数 一般要求》

[ar] بارامترات جودة الوصول إلى الإنترنت ‐ متطلبات عامة GOST R 53632-2009

[en] GOST R 53632-2009 Parameters of quality of service of the Internet access — General requirements

[fr] GOST R 53632-2009 Paramètres de qualité de service de l'accès à l'Internet — Exigence générale

[de] GOST R 53632-2009 Parameter der Servicequalität des Internetzugangs - Allgemeine Anforderungen

[it] GOST R 53632-2009 Parametri di qualità dei servizi di accesso a Internet — Requisiti generali

[jp] 「GOST R 53632-2009 インターネットアクセスサービスの品質パラメーター一般要求事項」

[kr] <GOST R 53632-2009 인터넷 액세스 서비스 품질 파라미터 일반 요구>

[pt] GOST R 53632-2009 Parâmetros de Qualidade dos Serviços "Acesso à Internet"- Requisitos Gerais

[ru] ГОСТ Р 53632-2009 Показатели качества услуг доступа в Интернет. Основные требования

[es] GOST R 53632-2009 Parámetros de Calidad de los Servicios en el Acceso a Internet. Requisitos Generales

74506 《GOST R 55387-2012 互联网接入服务质量 质量指标》

[ar] وصول إلى الإنترنت ‐ جودة الخدمة ‐ معايير الجودة GOST R 55387-2012

[en] GOST R 55387-2012 Quality of service "Internet access" — Quality indices

[fr] GOST R 55387-2012 Qualité de service de l'accès à l'Internet — Indices de qualité

[de] GOST R 55387-2012 Internetzugang Servicequalität - Qualitätsindizes

[it] GOST R 55387-2012 Accesso a Internet Qualità del servizi — Indici di qualità

[jp] 「GOST R 55387-2012 インターネットアクセスサービス品質－品質指標」

[kr] <GOST R 55387-2012 인터넷 액세스 서비스 품질 품질 지표>

[pt] GOST R 55387-2012 Qualidade de Serviço "Acesso à Internet"- Índices de Qualidade

[ru] ГОСТ Р 55387-2012 Качество услуги «Доступ в Интернет». Показатели качество Показатели качества

[es] GOST R 55387-2012 Calidad de los Servicios "Acceso a Internet". Índices de Calidad

74507 《KS X ISO/IEC 2382-34-2003 信息技术 词汇 第 34 部分:人工智能神经网络》

[ar] مفردات تكنولوجيا المعلومات – الجزء الـ34: الشبكة العصبونية للذكاء الاصطناعي
KS X ISO/IEC 2382-34:2003

[en] KS X ISO/IEC 2382-34:2003 Information technology — Vocabulary — Part 34: Artificial intelligence — Neural networks

[fr] KS X ISO/IEC 2382-34:2003 Technologies de l'information — Vocabulaire — Partie 34 : Intelligence artificielle — Réseau de neurones

[de] KS X ISO/IEC 2382-34:2003 Informationstechnik - Terminologie - Teil 34: Künstliche Intelligenz - Neuronetzwerk

[it] KS X ISO/IEC 2382-34:2003 Tecnologia dell' informazione — Vocabolario — Parte 34: Intelligenza artificiale — Reti Neurali

[jp] 「KS X ISO/IEC 2382-34:2003 情報技術ー用語ー第 34 部: 人工知能ニューラルネットワーク」

[kr] <KS X ISO/IEC 2382-34:2003 정보기술 용어 제 34 부분: 인공지능 신경망>

[pt] KS X ISO/IEC 2382-34:2003 Tecnologia da Informação - Vocabulário - Parte 34: Inteligência Artificial - Redes Neurais

[ru] KS X ISO/IEC 2382-34:2003 Информационные технологии. Словарь. Часть 34. Искусственный интеллект. Нейронные сети

[es] KS X ISO/IEC 2382-34:2003 Tecnología de la Información. Vocabulario. Parte 34: Inteligencia Artificial. Redes Neuronales

74508 《KS X ISO/IEC 15408-1-2014 信息技术 安全技术 IT安全的评估标准 第 1 部分:简介和总模式》

[ar] تكنولوجيا المعلومات ـ تكنولوجيا الأمن ـ معايير تقييم الأمن والسلامة ـ الجزء الأول: موجز ونمط
KS X ISO/IEC 15408-1:2014 عام

[en] KS X ISO/IEC 15408-1:2014 Information technology — Security techniques — Evaluation criteria for IT security — Part 1: Introduction and general model

[fr] KS X ISO/IEC 15408-1:2014 Technologies de l'information — Techniques de sécurité — Critères d'évaluation de la cybersécurité — Partie 1 : Introduction et modèle général

[de] KS X ISO/IEC 15408-1:2014 Informationstechnik - Sicherheitstechnik - Bewertungskriterien für die IT-Sicherheit - Teil 1: Einführung und allgemeines Modell

[it] KS X ISO/IEC 15408-1:2014 Tecnologia dell'informazione — Tecniche di sicurezza — Criteri di valutazione per la sicurezza IT — Parte 2: Introduzione e modello generale

[jp] 「KS X ISO/IEC 15408-1:2014 情報技術ーセキュリティ技術ー ITセキュリティの評価基準ー第 1 部: 概要及び一般モデル」

[kr] <KS X ISO/IEC 15408-1:2014 정보기술 보안기술 IT보안 평가 표준 제 1 부분: 개요와 전체 모델>

[pt] KS X ISO/IEC 15408-1:2014 Tecnologia da Informação - Tecnologias de Segurança - Critérios de Avaliação para Segurança IT - Parte 1: Introdução e Modelo Geral

[ru] KS X ISO/IEC 15408-1:2014 Информационные технологии. Методы и средства обеспечения безопасности. Критерии для оценки

безопасности ИТ. Часть 1. Введение и общая модель

[es] KS X ISO/IEC 15408-1:2014 Tecnología de la Información. Técnicas de Seguridad. Criterios de Evaluación de la Seguridad en Tecnología de Información. Parte 1: Introducción y Modelo General

74509 《KS X ISO/IEC 15408-2-2014 信息技术 安全技术 IT安全的评估标准 第 2 部分:安全功能要求》

[ar] تكنولوجيا المعلومات ـ تكنولوجيا الأمن ـ معايير تقييم الأمن ـ الجزء الثاني: متطلبات الوظائف الأمنية KS X ISO/IEC 15408-2:2014

[en] KS X ISO/IEC 15408-2:2014 Information technology — Security techniques — Evaluation criteria for IT security — Part 2: Security functional components

[fr] KS X ISO/IEC 15408-2:2014 Technologies de l'information — Techniques de sécurité — Critères d'évaluation de la cybersécurité — Partie 2 : Composants fonctionnels de sécurité

[de] KS X ISO/IEC 15408-2:2014 Informationstechnik - Sicherheitstechnik - Bewertungskriterien für die IT-Sicherheit - Teil 2: Anforderungen an Sicherheitsfunktionskomponenten

[it] KS X ISO/IEC 15408-2:2014 Tecnologia dell'informazione — Tecniche di sicurezza — Criteri di valutazione per la sicurezza IT — Parte 2: Componenti di garanzia della sicurezza

[jp] 「KS X ISO/IEC 15408-2:2014 情報技術ーセキュリティ技術ー ITセキュリティの評価基準ー第 2 部: セキュリティ機能コンポーネント」

[kr] <KS X ISO/IEC 15408-2:2014 정보기술 보안기술 IT보안 평가 표준 제 2 부분: 보안 기능 요구>

[pt] KS X ISO/IEC 15408-2:2014 Tecnologia da Informação - Tecnologias de Segurança - Critérios de Avaliação para Segurança IT - Parte 2: Exigências de Funções de Segurança

[ru] KS X ISO/IEC 15408-2:2014 Информационные технологии. Методы и средства обеспечения безопасности. Критерии для оценки безопасности ИТ. Часть 2. Функциональные компоненты безопасности

[es] KS X ISO/IEC 15408-2:2014 Tecnología de la Información. Técnicas de Seguridad. Criterios de Evaluación de la Seguridad en Tecnología de Información. Parte 2: Componentes Funcionales de Seguridad

74510 《KS X ISO/IEC 24745-2014 信息技术 安全技术 生物识别信息保护》

[ar] تكنولوجيا المعلومات ـ تكنولوجيا الأمن ـ نظام التمييز والحماية للمعلومات البيولوجية KS X ISO/IEC 24745:2014

[en] KS X ISO/IEC 24745:2014 Information technology — Security techniques — Biometric information protection

[fr] KS X ISO/IEC 24745:2014 Technologies de l'information — Techniques de sécurité — Protection de l'information biométrique

[de] KS X ISO/IEC 24745:2014 Informationstechnik - Sicherheitstechnik - Schutz biometrischer Identifizierungsinformationen

[it] KS X ISO/IEC 24745:2014 Tecnologia dell'informazione — Tecniche di sicurezza — Protezione delle informazioni biometriche

[jp] 「KS X ISO/IEC 24745:2014 情報技術ーセキュリティ技術ー生体認証情報保護」

[kr] \<KS X ISO/IEC 24745:2014 정보기술
보안기술 바이오 인식 정보 보호\>

[pt] KS X ISO/IEC 24745:2014 Tecnologia
da Informação - Tecnologias de
Segurança - Proteção das Informações
Biométricas

[ru] KS X ISO/IEC 24745:2014
Информационные технологии.
Методы и средства обеспечения
безопасности. Биометрическая защита
информации

[es] KS X ISO/IEC 24745:2014 Tecnología
de la Información. Técnicas de
Seguridad. Protección de la Información
Biométrica

74511 《KS X ISO/IEC 27002-2014 信息技术
安全技术 信息安全管理实施规程》

[ar] تكنولوجيا المعلومات ـ تكنولوجيا الأمن ـ الإجراءات
التنفيذية لإدارة أمن المعلومات
KS X ISO/IEC 27002:2014

[en] KS X ISO/IEC 27002:2014 Information
technology — Security techniques —
Code of practice for information security
management

[fr] KS X ISO/IEC 27002:2014 Technologies
de l'information — Techniques de
sécurité — Code de bonne pratique pour
la gestion de la sécurité de l'information

[de] KS X ISO/IEC 27002:2014 Informa-
tionstechnik - Sicherheitstechnik - Leit-
faden für Informationssicherheitsma-
nagement

[it] KS X ISO/IEC 27002:2014 Tecnologia
dell'informazione — Tecniche di sicurezza
— Codice di condotta per la gestione della
sicurezza delle informazioni

[jp] 「KS X ISO/IEC 27002:2014 情報技術ー
セキュリティ技術ー情報セキュリティ
管理策の実践のための規範」

[kr] \<KS X ISO/IEC 27002:2014 정보기술

보안기술 정보 보안 관리 실시 규정\>

[pt] KS X ISO/IEC 27002:2014 Tecnologia
da Informação - Tecnologias de
Segurança - Código de Prática para
Gestão de Segurança da Informação

[ru] KS X ISO/IEC 27002:2014
Информационные технологии. Методы
и средства обеспечения безопасности.
Свод правил по управлению
информационной безопасностью

[es] KS X ISO/IEC 27002:2014 Tecnología
de la Información. Técnicas de
Seguridad. Código de Prácticas Relativas
a la Gestión de la Seguridad de la
Información

74512 《KS X ISO/IEC 27032-2014 信息技术
安全技术 网络安全指南》

[ar] تكنولوجيا أمن ـ تكنولوجيا المعلومات ـ تعلميات
الأمن السيبراني
KS X ISO/IEC 27032:2014

[en] KS X ISO/IEC 27032:2014 Information
technology — Security techniques —
Guidelines for cybersecurity

[fr] KS X ISO/IEC 27032:2014 Technologies
de l'information — Techniques de
sécurité — Lignes directrices pour la
cybersécurité

[de] KS X ISO/IEC 27032:2014 Informa-
tionstechnik - Sicherheitstechnik - Richt-
linien für Cybersicherheit

[it] KS X ISO/IEC 27032:2014 Tecnologia
dell'informazione — Tecniche di
sicurezza — Linea guida per la sicurezza
dell'informazione

[jp] 「KS X ISO/IEC 27032:2014 情報技術ー
セキュリティ技術ーサイバーセキュリ
ティガイドライン」

[kr] \<KS X ISO/IEC 27032:2014 정보기술
보안기술 네트워크 보안 가이드라인\>

[pt] KS X ISO/IEC 27032:2014 Tecnologia

7.4

da Informação - Tecnologias de
Segurança - Diretrizes da Cibersegurança

[ru]   KS X ISO/IEC 27032:2014
Информационные технологии.
Методы и средства обеспечения
безопасности. Руководство по
кибербезопасности

[es]   KS X ISO/IEC 27032:2014 Tecnología
de la Información. Técnicas
de Seguridad. Directrices para
Ciberseguridad

74513   《KS X ISO/IEC 27033-1-2014 信息技
术 安全技术 网络安全 第 1 部分:概要
与概念》

[ar]   تكنولوجيا المعلومات ـ تكنولوجيا الأمن ـ الأمن
السيبراني ـ الجزء الأول: موجز ومفاهيم
KS X ISO/IEC 27033-1:2014

[en]   KS X ISO/IEC 27033-1:2014
Information technology — Security
techniques — Network security — Part
1: Overview and concepts

[fr]   KS X ISO/IEC 27033-1:2014 Technologies
de l'information — Techniques de sécurité
— Sécurité de réseau — Partie 1 : Vue
d'ensemble et concepts

[de]   KS X ISO/IEC 27033-1:2014 Informa-
tionstechnik - Sicherheitstechnik - Netz-
werksicherheit - Teil 1: Überblick und
Begriff

[it]   KS X ISO/IEC 27033-1:2014 Tecnologia
dell'informazione — Tecniche di
sicurezza — network sicurezza — Parte
1: panoramica e concetti

[jp]   「KS X ISO/IEC 27033-1:2014 情報技術
ーセキュリティ技術ーサイバーセキュ
リティー第 1 部: 概要と概念」

[kr]   <KS X ISO/IEC 27033-1:2014 정보기
술 보안기술 네트워크 보안 제 1 부분:
개요와 개념>

[pt]   KS X ISO/IEC 27033-1:2014 Tecnologia

da Informação - Tecnologias de
Segurança - Segurança de Rede - Parte 1:
Visão Geral e Conceitos

[ru]   KS X ISO/IEC 27033-1:2014
Информационные технологии.
Методы и средства обеспечения
безопасности. Сетевая безопасность.
Часть 1. Обзор и концепции

[es]   KS X ISO/IEC 27033-1:2014
Tecnología de la Información. Técnicas
de Seguridad. Seguridad de Red. Parte 1:
Descripción General y Conceptos

74514   《KS X ISO/IEC 27033-2-2014 信息技
术 安全技术 网络安全 第 2 部分:网络
安全的设计及构筑指南》

[ar]   تكنولوجيا المعلومات ـ تكنولوجيا الأمن ـ الأمن
السيبراني ـ الجزء الثاني: دليل التصميم والبناء
للأمن السيبراني
KS X ISO/IEC 27033-2:2014

[en]   KS X ISO/IEC 27033-2:2014
Information technology — Security
techniques — Network security —
Part 2: Guidelines for the design and
implementation of network security

[fr]   KS X ISO/IEC 27033-2:2014
Technologies de l'information —
Techniques de sécurité — Sécurité des
réseaux — Partie 2 : Lignes directrices
pour la conception et l'implémentation
de la sécurité de réseau

[de]   KS X ISO/IEC 27033-2:2014 Infor-
mationstechnik - Sicherheitstechnik -
Netzwerksicherheit - Teil 2: Richtlinien
für Entwurf und Implementierung von
Netzwerksicherheit

[it]   KS X ISO/IEC 27033-2:2014 Tecnologia
dell'informazione — Tecniche di
sicurezza — network sicurezza —
Parte 2: Linea guida per progettazione
e implementazione della sicurezza di

7.4

network

[jp] 「KS X ISO/IEC 27033-2:2014 情報技術
ーセキュリティ技術ーサイバーセキュ
リティー第2部 サイバーセキュリティ
設計と実装ガイドライン」

[kr] <KS X ISO/IEC 27033-2:2014 정보기술
보안기술 네트워크 보안 제 2 부분: 네트워
크 보안의 디자인 및 구축 가이드라인>

[pt] KS X ISO/IEC 27033-2:2014 Tecnologia
da Informação - Tecnologias de
Segurança - Segurança de Rede - Parte 2:
Guia para o Design e Implementação de
Segurança de Rede

[ru] KS X ISO/IEC 27033-2:2014
Информационные технологии.
Методы и средства обеспечения
безопасности. Сетевая безопасность.
Часть 2. Руководство по
проектированию и внедрению
системы обеспечения сетевой
безопасности

[es] KS X ISO/IEC 27033-2:2014
Tecnología de la Información. Técnicas
de Seguridad. Seguridad de Red. Parte
2: Directrices para el Diseño y la
Implementación de Seguridad de Redes

74515 《KS X ISO/IEC 11179-1-2011 信息技
术 元数据注册系统(MDR) 第 1 部分:
框架》

[ar] تكنولوجيا المعلومات ـ نظام تسجيل البيانات الوصفية
(MDR) ـ الجزء الأول: إطار
KS X ISO/IEC 11179-1:2011

[en] KS X ISO/IEC 11179-1:2011
Information technology — Metadata
registries (MDR) — Part 1: Framework

[fr] KS X ISO/IEC 11179-1:2011
Technologies de l'information —
Registres de métadonnées — Partie 1 :
Cadre de référence

[de] KS X ISO/IEC 11179-1:2011 Informa-

tionstechnik - Metadatenregister (MDR)
- Teil 1: Rahmen

[it] KS X ISO/IEC 11179-1:2011 Tecnologia
dell'informazione — Registri dei
metadati (MDR) — Parte 1: Struttura di
normalizzazione e standardizzazione dei
metadati

[jp] 「KS X ISO/IEC 11179-1:2011 情報技術
ーメタデータ登録システムー第 1 部:
フレームワーク」

[kr] <KS X ISO/IEC 11179-1:2011 정보기
술 메타데이터 등록 시스템(MDR) 제 1
부분: 프레임워크>

[pt] KS X ISO/IEC 11179-1:2011 Tecnologia
da Informação - Especificação e
Padronização de Metadados - Parte
1: Estrutura de Especificação e
Padronização de Metadados

[ru] KS X ISO/IEC 11179-1:2011
Информационные технологии.
Регистры метаданных (MDR). Часть 1.
Фреймворк

[es] KS X ISO/IEC 11179-1:2011 Tecnología
de la Información. Registros de Metadatos.
Parte 1: Marco de Referencia

74516 《KS X 0001-28-2007 信息处理术语 第
28 部分:人工智能基本概念和专家系
统》

[ar] مصطلحات معالجة المعلومات ـ الجزء الـ28:
المفاهيم الأساسية للذكاء الاصطناعي ونظام الخبراء
KS X 0001-28:2007

[en] KS X 0001-28:2007 Information
technology — Vocabulary — Part 28:
Artificial intelligence — Basic concept
and expert systems

[fr] KS X 0001-28:2007 Technologies de
l'information — Vocabulaire — Partie
28 : Intelligence artificielle — Concepts
de base et système d'experts

[de] KS X 0001-28:2007 Informationstech-

nik - Terminologie - Teil 28: Künstliche
Intelligenz - Grundbegriff und Experten-
system

[it] KS X 0001-28:2007 Tecnologia
dell'informazione — Vocabolario —
Parte 28: Intelligenza artificiale —
Concetto di base e sistemi esperti

[jp] 「KS X 0001-28:2007 情報処理用語－第
28 部: 人工知能－基本概念及びエキス
パートシステム」

[kr] <KS X 0001-28:2007 정보 처리 전문용
어 제 28 부분: 인공지능 기본 개념과 전
문가 시스템>

[pt] KS X 0001-28:2007 Tecnologia da
Informação - Terminologia - Parte 28:
Inteligência Artificial - Conceito Básico
e Sistemas Especialistas

[ru] KS X 0001-28:2007 Информационные
технологии. Словарь. Часть 28.
Базовые понятия и экспертные
системы

[es] KS X 0001-28:2007 Tecnología de
la Información. Vocabulario. Parte
28: Inteligencia Artificial. Conceptos
Básicos y Sistemas Expertos

74517 《KS X 0001-31-2009 信息处理术语 第
31 部分: 人工智能 机器学习》

[ar] مصطلحات معالجة المعلومات - الجزء الـ31: الذكاء
الاصطناعي ، تعلم الآلة KS X 0001-31:2009

[en] KS X 0001-31:2009 Information
technology — Vocabulary — Part 31:
Artificial intelligence — Machine learning

[fr] KS X 0001-31:2009 Technologies
de l'information — Vocabulaire —
Partie 31 : Intelligence artificielle —
Apprentissage automatique

[de] KS X 0001-31:2009 Informationstech-
nik - Terminologie - Teil 31: Künstliche
Intelligenz - Maschinelles Lernen

[it] KS X 0001-31:2009 Tecnologia

dell'informazione — Vocabolario —
Parte 31: Intelligenza artificiale —
Apprendimento automatico

[jp] 「KS X 0001-31:2009 情報処理用語－第
31 部: 人工知能－機器学習」

[kr] <KS X 0001-31:2009 정보 처리 전문용
어 제 31 부분:인공지능 머신 러닝>

[pt] KS X 0001-31:2009 Tecnologia da
Informação - Terminologia - Parte 31:
Inteligência Artificial - Aprendizagem de
Máquina

[ru] KS X 0001-31:2009 Информационные
технологии. Словарь. Часть 31.
Искусственный интеллект. Машинное
обучение

[es] KS X 0001-31:2009 Tecnología de la
Información. Vocabulario. Parte 31:
Inteligencia Artificial. Aprendizaje de
Máquinas

74518 《CAN/CSA-ISO/IEC 27001-2014 信
息技术 安全技术 信息安全管理系统
要求》

[ar] تكنولوجيا المعلومات- تكنولوجيا الأمن- نظام إدارة
أمن المعلومات- المتطلبات
CAN/CSA-ISO/IEC 27001:2014

[en] CAN/CSA-ISO/IEC 27001:2014
Information technology — Security
techniques — Information security
management systems — Requirements

[fr] CAN/CSA-ISO/IEC 27001:2014
Technologies de l'information —
Techniques de sécurité — Système de
gestion de la sécurité de l'information —
Exigence

[de] CAN/CSA-ISO/IEC 27001:2014 In-
formationstechnik - Sicherheitstechnik
- Informationssicherheitsmanagement-
system - Anforderungen

[it] CAN/CSA-ISO/IEC 27001:2014
Tecnologia dell'informazione —

7.4

Tecniche di sicurezza — Sistemi di gestione della sicurezza delle informazioni — Requisiti

[jp] 「CAN/CSA-ISO/IEC 27001:2014 情報技術－セキュリティ技術－情報セキュリティマネジメントシステム－要求事項」

[kr] <CAN/CSA-ISO/IEC 27001:2014 정보기술 보안기술 정보 보안 관리 시스템 요구>

[pt] CAN/CSA-ISO/IEC 27001:2014 Tecnologia da Informação - Tecnologia de Segurança - Sistema de Gestão de Segurança da Informação - Requisitos

[ru] CAN/CSA-ISO/IEC 27001:2014 Информационные технологии. Методы и средства обеспечения безопасности. Системы управления информационной безопасностью. Требования

[es] CAN/CSA-ISO/IEC 27001:2014 Tecnología de la Información. Técnicas de Seguridad. Sistemas de Gestión de la Seguridad de la Información. Requisitos

74519 《CAN/CSA-ISO/IEC 18033-3-2012 信息技术 安全技术 加密算法 第 3 部分: 分组密码》

[ar] تكنولوجيا المعلومات ـ تكنولوجيا الأمن- خوارزمية التشفير ـ الجزء الثالث: كتلة التشفير CAN/CSA-ISO/IEC 18033-3:2012

[en] CAN/CSA-ISO/IEC 18033-3:2012 Information technology — Security techniques — Encryption algorithms — Part 3: Block ciphers

[fr] CAN/CSA-ISO/IEC 18033-3:2012 Technologies de l'information — Techniques de sécurité — Algorithmes de chiffrement — Partie 3 : Chiffrement par blocs

[de] CAN/CSA-ISO/IEC 18033-3:2012 Informationstechnik - Sicherheitstechnik - Verschlüsselungsalgorithmus - Teil 3:

Gruppenchiffren

[it] CAN/CSA-ISO/IEC 18033-3:2012 Tecnologia dell'informazione — Tecniche di sicurezza — Algoritmi di crittografia — Parte 3: crittografia a blocchi

[jp] 「CAN/CSA-ISO/IEC 18033-3:2012 情報技術－セキュリティ技術－暗号化アルゴリズム－第 3 部: ブロック暗号」

[kr] <CAN/CSA-ISO/IEC 18033-3:2012 정보기술 보안기술 암호화 알고리즘 제 3 부분: 블록 암호>

[pt] CAN/CSA-ISO/IEC 18033-3:2012 Tecnologia da Informação - Tecnologia de Segurança - Algoritmo de Criptografia - Seção 3: Cifras de Bloco

[ru] CAN/CSA-ISO/IEC 18033-3:2012 Информационные технологии. Методы и средства обеспечения безопасности. Криптоалгоритмы. Часть 3. Блочное шифрование

[es] CAN/CSA-ISO/IEC 18033-3:2012 Tecnología de la Información. Técnicas de Seguridad. Algoritmos de Encriptación. Parte 3: Cifradores de Bloques

74520 《CAN/CSA-ISO/IEC 18033-4-2013 信息技术 安全技术 加密算法 第 4 部分: 流密码》

[ar] تكنولوجيا المعلومات ـ تكنولوجيا الأمن - خوارزمية التشفير – الجزء الرابع: شفرة الدفق CAN/CSA-ISO/IEC 18033-4:2013

[en] CAN/CSA-ISO/IEC 18033-4:2013 Information technology — Security techniques — Encryption algorithms — Part 4: Stream ciphers

[fr] CAN/CSA-ISO/IEC 18033-4:2013 Technologies de l'information — Techniques de sécurité — Algorithmes de chiffrement — Partie 4 : Cryptages de flux

[de] CAN/CSA-ISO/IEC 18033-4:2013

Informationstechnik - Sicherheitstechnik
- Verschlüsselungsalgorithmus - Teil 4:
Stream-Chiffren

[it] CAN/CSA-ISO/IEC 18033-4:2013
Tecnologia dell'informazione — Tecniche
di sicurezza — Algoritmi di crittografia —
Parte 4: crittografia a flusso

[jp] 「CAN/CSA-ISO/IEC 18033-4:2013 情報
技術－セキュリティ技術－暗号化アル
ゴリズム－第４部：ストリーム暗号」

[kr] <CAN/CSA-ISO/IEC 18033-4:2013 정
보기술 보안기술 암호화 알고리즘 제 4
부분: 스트림 암호>

[pt] CAN/CSA-ISO/IEC 18033-4:2013
Tecnologia da Informação - Tecnologia
de Segurança - Algoritmo de Criptografia
- Parte 4: Cifras em Fluxo

[ru] CAN/CSA-ISO/IEC 18033-4:2013
Информационные технологии.
Методы и средства обеспечения
безопасности. Криптоалгоритмы.
Часть 4. Поточное шифрование

[es] CAN/CSA-ISO/IEC 18033-4:2013
Tecnología de la Información.
Técnicas de Seguridad. Algoritmos de
Encriptación. Parte 4: Cifradores de
Flujos

74521 《CAN/CSA-ISO/IEC 27000-2014 信
息技术 安全技术 信息安全管理系统
概述和词汇》

[ar] تكنولوجيا المعلومات - تكنولوجيا الأمن- نظام إدارة
أمن المعلومات- موجز ومفردات
CAN/CSA-ISO/IEC 27000:2014

[en] CAN/CSA-ISO/IEC 27000:2014
Information technology — Security
techniques — Information security
management systems — Overview and
vocabulary

[fr] CAN/CSA-ISO/IEC 27000:2014
Technologies de l'information —

Techniques de sécurité — Systèmes de
gestion de la sécurité de l'information —
Vue d'ensemble et vocabulaire

[de] CAN/CSA-ISO/IEC 27000:2014 In-
formationstechnik - Sicherheitstechnik
- Informationssicherheitsmanagement-
system - Überblick und Terminologie

[it] CAN/CSA-ISO/IEC 27000:2014
Tecnologia dell'informazione —
Tecniche di sicurezza — Sistemi di
gestione della sicurezza di informazione
— Panoramica e vocabolario

[jp] 「CAN/CSA-ISO/IEC 27000:2014 情報技
術－セキュリティ技術－情報セキュリ
ティマネジメントシステム－概説と用
語」

[kr] <CAN/CSA-ISO/IEC 27000:2014 정보
기술 보안기술 정보 보안 관리 시스템 약
술과 용어>

[pt] CAN/CSA-ISO/IEC 27000:2014
Tecnologia da Informação - Tecnologia
de Segurança - Sistema de Gestão de
Segurança da Informação - Visão Geral
e Vulcabulário

[ru] CAN/CSA-ISO/IEC 27000:2014
Информационные технологии.
Методы и средства обеспечения
безопасности. Системы управления
информационной безопасностью.
Обзор и словарь

[es] CAN/CSA-ISO/IEC 27000:2014
Tecnología de la Información. Técnicas
de Seguridad. Sistemas de Gestión
de la Seguridad de la Información.
Descripción General y Vocabulario

74522 《ABNT NBR ISO/IEC 27004-2017 信
息技术 安全技术 信息安全管理 监视、
测量、分析与评价》

[ar] تكنولوجيا المعلومات - تكنولوجيا الأمن - نظام إدارة
أمن المعلومات - عمليات الرصد والقياس والتحليل

7.4

ABNT NBR ISO/IEC 27004:2017 والتقييم

[en] ABNT NBR ISO/IEC 27004:2017
Information technology — Security
techniques — Information security
management — Monitoring,
measurement, analysis and evaluation

[fr] ABNT NBR ISO/IEC 27004:2017
Technologies de l'information —
Techniques de sécurité — Management
de la sécurité de l'information —
Surveillance, mesurage, analyse et
évaluation

[de] ABNT NBR ISO/IEC 27004:2017
Informationstechnik - Sicherheitstechnik
- Informationssicherheitsmanagement -
Überwachung, Messung, Analyse und
Bewertung

[it] ABNT NBR ISO/IEC 27004:2017
Tecnologia dell'informazione —
Tecniche di sicurezza — Gestione
della sicurezza dell'informazione —
Monitoraggio, misurazione, analisi e
valutazione

[jp] 「ABNT NBR ISO/IEC 27004:2017 情報
技術ーセキュリティ技術—情報セキュ
リティマネジメントー監視、測定、分
析及び評価」

[kr] <ABNT NBR ISO/IEC 27004:2017 정
보기술 보안기술 정보 보안 관리 모니터
링, 측정, 분석과 평가>

[pt] ABNT NBR ISO/IEC 27004:2017
Tecnologia da Informação - Tecnologia
de Segurança - Gestão de Segurança de
Informação - Monitoramento, Medição e
Avaliação

[ru] ABNT NBR ISO/IEC 27004:2017
Информационные технологии. Методы
и средства обеспечения безопасности.
Управления информационной
безопасностью. Мониторинг,
измерение, анализ и оценка

[es] ABNT NBR ISO/IEC 27004:2017
Tecnología de la Información. Técnicas
de Seguridad. Gestión de la Seguridad
de la Información. Monitoreo, Medición,
Análisis y Evaluación

74523 《ABNT NBR ISO/IEC 27005-2019 信
息技术 安全技术 信息安全风险管理》

[ar] تكنولوجيا المعلومات ـ تكنولوجيا الأمن- نظام إدارة
مخاطر أمن المعلومات
ABNT NBR ISO/IEC 27005:2019

[en] ABNT NBR ISO/IEC 27005:2019
Information technology — Security
techniques — Management of
information security risks

[fr] ABNT NBR ISO/IEC 27005:2019
Technologies de l'information —
Techniques de sécurité — Gestion des
risque lié à la sécurité de l'information

[de] ABNT NBR ISO/IEC 27005:2019
Informationstechnik - Sicherheitstechnik
- Management von Informationssicher-
heitsrisiken

[it] ABNT NBR ISO/IEC 27005:2019
Tecnologia dell'informazione —
Tecniche di sicurezza — Gestione dei
rischi per la sicurezza dell'informazione

[jp] 「ABNT NBR ISO/IEC 27005:2019 情報
技術 セキュリティ技術 情報セキュリ
ティリスクマネジメント」

[kr] <ABNT NBR ISO/IEC 27005:2019 정보
기술 보안기술 정보 보안 리스크 관리>

[pt] ABNT NBR ISO/IEC 27005:2019
Tecnologia da Informação - Tecnologia
de Segurança - Gestão de Riscos de
Segurança de Informação

[ru] ABNT NBR ISO/IEC 27005:2019
Информационные технологии.
Методы и средства обеспечения
безопасности. Управление рисками
информационной безопасности

[es]   ABNT NBR ISO/IEC 27005:2019
Tecnología de la Información. Técnicas de
Seguridad. Gestión de los Riesgos para la
Seguridad de la Información

74524   《SNI ISO/IEC 27034-1-2016 信息技
术 安全技术 应用安全 第 1 部分:概述
与概念》

[ar]   تكنولوجيا المعلومات ـ تكنولوجيا الأمن ـ أمان
التطبيق ـ الجزء الأول: موجز ومفاهيم
SNI ISO/IEC 27034-1:2016

[en]   SNI ISO/IEC 27034-1:2016 Information
technology — Security techniques —
Application security — Part 1: Overview
and concepts

[fr]   SNI ISO/IEC 27034-1:2016
Technologies de l'information —
Techniques de sécurité — Sécurité des
applications — Partie 1 : Aperçu général
et concepts

[de]   SNI ISO/IEC 27034-1:2016 Informations-
technik - Sicherheitstechnik - Anwen-
dungssicherheit - Teil 1: Überblick und
Begriff

[it]   SNI ISO/IEC 27034-1:2016 Tecnologia
dell'informazione — Tecniche di
sicurezza — Sicurezza d'applicazioni —
Parte 1: panoramica e concetti

[jp]   「SNI ISO/IEC 27034-1:2016 情報技術－
セキュリティ技術－アプリケーション
セキュリティ－第 1 部: 概要と概念」

[kr]   <SNI ISO/IEC 27034-1:2016 정보기술 보안
기술 응용 안전 제 1 부분:약술과 개념>

[pt]   SNI ISO/IEC 27034-1:2016 Tecnologia
da Informação - Tecnologias de
Segurança - Segurança de Aplicativos -
Parte 1: Visão Geral e Conceitos

[ru]   SNI ISO/IEC 27034-1:2016
Информационные технологии.
Методы и средства обеспечения
безопасности. Безопасность

приложений. Часть 1. Обзор и
концепции

[es]   SNI ISO/IEC 27034-1:2016 Tecnología
de la Información. Técnicas de Seguridad.
Seguridad de Aplicaciones. Parte 1:
Descripción General y Conceptos

74525   《SNI ISO/IEC 27002-2014 信息技术
安全技术 信息安全管理行为守则》

[ar]   تكنولوجيا المعلومات ـ تكنولوجيا الأمن ـ قواعد
السلوكيات الإدارية لأمن المعلومات
SNI ISO/IEC 27002:2014

[en]   SNI ISO/IEC 27002:2014 Information
technology — Security techniques —
Code of practice for information security
management

[fr]   SNI ISO/IEC 27002:2014 Technologies
de l'information — Techniques de
sécurité — Code de bonne pratique
pour le management de la sécurité de
l'information

[de]   SNI ISO/IEC 27002:2014 Informations-
technik - Sicherheitstechnik - Verhaltens-
kodex für das Informationssicherheitsma-
nagement

[it]   SNI ISO/IEC 27002:2014 Tecnologia
dell'informazione — Tecniche di
sicurezza — Codice di condotta per
gestione di sicurezza d'informazioni

[jp]   「SNI ISO/IEC 27002:2014 情報技術－
セキュリティ技術－情報セキュリティ
管理策の実践のための規範」

[kr]   <SNI ISO/IEC 27002:2014 정 보 기 술
보안기술 정보 보안 관리 행위 수칙>

[pt]   SNI ISO/IEC 27002:2014 Tecnologia da
Informação - Tecnologias de Segurança
- Código de Prática para Gestão de
Segurança da Informação

[ru]   SNI ISO/IEC 27002:2014
Информационные технологии.
Методы и средства обеспечения

7.4

безопасности. Свод правил для
управления информационной
безопасностью

[es] SNI ISO/IEC 27002:2014 Tecnología de
la Información. Técnicas de Seguridad.
Código de Prácticas Relativas a
la Gestión de la Seguridad de la
Información

74526 《SNI ISO/IEC 27001-2013 信息技术
安全技术 信息安全管理体系 要求》

[ar] تكنولوجيا المعلومات ـ تكنولوجيا الأمن ـ نظام إدارة
أمن المعلومات ـ متطلبات

SNI ISO/IEC 27001:2013

[en] SNI ISO/IEC 27001:2013 Information
technology — Security techniques
— Information security management
systems — Requirement

[fr] SNI ISO/IEC 27001:2013 Technologies
de l'information — Techniques de
sécurité — Systèmes de management de
la sécurité de l'information — Exigences

[de] SNI ISO/IEC 27001:2013 Informations-
technik - Sicherheitstechnik - Informa-
tionssicherheitsmanagementsystem -
Anforderungen

[it] SNI ISO/IEC 27001:2013 Tecnologia
dell'informazione — Tecniche di
sicurezza — Sistemi di gestione di
sicurezza d'informazioni — Requisiti

[jp] 「SNI ISO/IEC 27001:2013 情報技術―
セキュリティ技術―情報セキュリティ
マネジメントシステム―要求事項」

[kr] <SNI ISO/IEC 27001:2013 정보기술
보안기술 정보 보안 관리 시스템 요구>

[pt] SNI ISO/IEC 27001:2013 Tecnologia da
Informação - Tecnologias de Segurança
- Sistemas de Gestão de Segurança da
Informação - Requisitos

[ru] SNI ISO/IEC 27001:2013
Информационные технологии.

Методы и средства обеспечения
безопасности. Системы управления
информационной безопасностью.
Требования

[es] SNI ISO/IEC 27001:2013 Tecnología de
la Información. Técnicas de Seguridad.
Sistemas de Gestión de la Seguridad de
la Información. Requisitos

74527 《SNI ISO/IEC 27003-2013 信息技术
安全技术 信息安全管理体系实施指南》

[ar] تكنولوجيا المعلومات ـ تكنولوجيا الأمن ـ التعليمات
التنفيذية لنظام إدارة أمن المعلومات

SNI ISO/IEC 27003:2013

[en] SNI ISO/IEC 27003:2013 Information
technology — Security techniques
— Information security management
system implementation guidance

[fr] SNI ISO/IEC 27003:2013 Technologies
de l'information — Techniques de
sécurité — Systèmes de management
de la sécurité de l'information Lignes
directrices

[de] SNI ISO/IEC 27003:2013 Informations-
technik - Sicherheitstechnik - Anleitung
zur Implementierung des Informations-
sicherheitsmanagementsystems

[it] SNI ISO/IEC 27003:2013 Tecnologia
dell'informazione — Tecniche di
sicurezza — Guida all'implementazione
del sistema di gestione di sicurezza
d'informazioni

[jp] 「SNI ISO/IEC 27003:2013 情報技術―
セキュリティ技術―情報セキュリティ
マネジメントシステム実装ガイドライ
ン」

[kr] <SNI ISO/IEC 27003:2013 정보기술
보안기술 정보 보안 관리 시스템 실시 가
이드라인>

[pt] SNI ISO/IEC 27003:2013 Tecnologia da
Informação - Tecnologias de Segurança

7.4

- Guia de Implementação do Sistema de
Gestão de Segurança da Informação

[ru] SNI ISO/IEC 27003:2013
Информационные технологии.
Методы и средства обеспечения
безопасности. Руководство по
внедрению системы управления
информационной безопасностью

[es] SNI ISO/IEC 27003:2013 Tecnología de
la Información. Técnicas de Seguridad.
Orientación para la Implementación de
Sistemas de Gestión de la Seguridad de
la Información

74528 《SNI ISO/IEC 27007-2017 信息技术
安全技术 信息安全管理体系审核指
南》

[ar] تكنولوجيا المعلومات - تكنولوجيا الأمن - دليل
مراجعة نظام إدارة أمن المعلومات
SNI ISO/IEC 27007:2017

[en] SNI ISO/IEC 27007:2017 Information
technology — Security techniques —
Guidelines for information security
management system auditing

[fr] SNI ISO/IEC 27007:2017 Technologies
de l'information — Techniques de
sécurité — Lignes directrices pour l'audit
des systèmes de management de la
sécurité de l'information

[de] SNI ISO/IEC 27007:2017 Informations-
technik - Sicherheitstechnik - Richtlinien
für Prüfung von Informationssicherheits-
managementsystem

[it] SNI ISO/IEC 27007:2017 Tecnologia
dell'informazione — Tecniche di
sicurezza — Linee guida per il controllo
dei sistemi di gestione di sicurezza
d'informazioni

[jp] 「SNI ISO/IEC 27007:2017 情報技術－セ
キュリティ技術－情報セキュリティマネ
ジメントシステム監査のための指針」

[kr] <SNI ISO/IEC 27007:2017 정보기술
보안기술 정보 보안 관리 시스템 심사 가
이드라인>

[pt] SNI ISO/IEC 27007:2017 Tecnologia da
Informação - Tecnologias de Segurança
- Guia para a Auditoria de Sistemas de
Gestão de Segurança da Informação

[ru] SNI ISO/IEC 27007:2017
Информационные технологии.
Методы и средства обеспечения
безопасности. Руководство по аудиту
систем управления информационной
безопасностью

[es] SNI ISO/IEC 27007:2017 Tecnología de
la Información. Técnicas de Seguridad.
Orientación para la Auditoría de
Sistemas de Gestión de la Seguridad de
la Información

74529 《TCVN 9801-1-2013 信息技术 安全
技术 网络安全 第 1 部分:概述和概念》

[ar] تكنولوجيا المعلومات - تكنولوجيا الأمن - الأمن
السيبراني - الجزء الأول: نظرة عامة ومفاهيم
TCVN 9801-1:2013

[en] TCVN 9801-1:2013 Information
technology — Security techniques —
Network security — Part 1: Overview
and concepts

[fr] TCVN 9801-1:2013 Technologies de
l'information — Techniques de sécurité
— Cybersécurité — Partie 1 : Vue
d'ensemble et concepts

[de] TCVN 9801-1:2013 Informationstechnik
- Sicherheitstechnik - Netzwerksicher-
heit - Teil 1: Überblick und Begriff

[it] TCVN 9801-1:2013 Tecnologia
dell'informazione — Tecniche di
sicurezza — Sicurezza network — Parte
1: panoramica e concetti

[jp] 「TCVN 9801-1:2013 情報技術－セキュ
リティ技術－サイバーセキュリティー

第 1 部: 概要と概念」

[kr] <TCVN 9801-1:2013 정보기술 보안기술 네트워크 보안 제 1 부분: 약술과 개념>

[pt] TCVN 9801-1:2013 Tecnologia da Informação - Tecnologias de Segurança - Segurança da Rede - Parte 1: Visão Geral e conceitos

[ru] TCVN 9801-1:2013 Информационные технологии. Методы и средства обеспечения безопасности. Сетевая безопасность. Часть 1. Обзор и концепции

[es] TCVN 9801-1:2013 Tecnología de la Información. Técnicas de Seguridad. Seguridad de Red. Parte 1: Descripción General y Conceptos

7.5 大数据标准化

[ar] التوحيد القياسي للبيانات الضخمة

[en] Big Data Standardization

[fr] Normalisation des mégadonnées

[de] Big Data-Normung

[it] Standardizzazione dei Big Data

[jp] ビッグデータの標準化

[kr] 빅데이터 표준화

[pt] Padronização de Big Data

[ru] Стандартизация больших данных

[es] Normalización de Big Data

· ·

7.5.1 数据标准化需求

[ar] متطلبات التوحيد القياسي للبيانات

[en] Data Standardization Requirement

[fr] Exigences de normalisation de données

[de] Nachfrage nach der Datennormung

[it] Requisiti di standardizzazione dei dati

[jp] データ標準化の需要

[kr] 데이터 표준화 수요

[pt] Requisitos para Padronização de Dados

[ru] Требования к стандартизации данных

[es] Requisitos de Normalización de Datos

75101 元数据标准

[ar] معايير البيانات الوصفية

[en] metadata standard

[fr] norme de métadonnées

[de] Metadatennormen

[it] standard dei metadati

[jp] メタデータス

[kr] 메타데이터 표준

[pt] padões de metadados

[ru] стандарты метаданных

[es] normas de metadatos

75102 数据元标准

[ar] معايير عناصر البيانات

[en] data element standard

[fr] norme d'élément de données

[de] Datenelementnormen

[it] standard degli elementi di dati

[jp] データ要素の基準

[kr] 데이터 셀 표준

[pt] padrões de elemento de dados

[ru] стандарты элементов данных

[es] normas de elementos de datos

75103 信息分类编码标准

[ar] معايير تصنيف وترميز المعلومات

[en] standard for information coding classification

[fr] norme de codage de classification de l'information

[de] Normen für Informationsklassifizierung und -codierung

[it] standard di classificazione della codifica delle informazioni

[jp] 情報の分類・符号化標準

[kr] 정보 분류 코딩 표준

[pt] padrões de classificação e codificação da informação

[ru] стандарты классификации для кодирования информации

[es] normas de clasificación de codificación de información

75104 数据交换格式标准

[ar] معايير صيغة تبادل البيانات

[en] standard for data exchange format

[fr] norme de format pour l'échange de données

[de] Normen für Format des Datenaustauschs

[it] standard di formato per la commutazione dei dati

[jp] データ交換のフォーマットスタンダード

[kr] 데이터 교환 포맷 표준

[pt] normas de formato para intercâmbio de dados

[ru] стандарты формата обмена данными

[es] normas de formato para conmutación de datos

75105 业务过程规范类标准

[ar] معايير توحيد مقاييس العمليات

[en] business process specification

[fr] norme de spécification de processus d'affaires

[de] Spezifikationsnormen für Geschäftsprozesse

[it] standard di specifica del processo operativo

[jp] 業務過程の仕様基準

[kr] 업무 과정 규범류 표준

[pt] padrões de especificação do processo de negócios

[ru] спецификация бизнес-процессов

[es] normas de especificación de procesos de negocio

75106 系统安全实施过程标准化

[ar] تقييس العملية التطبيقية لأمن النظام

[en] standardization of system security implementation

[fr] normalisation de l'application de la sécurité du système

[de] Normung der Implementierung der Systemsicherheit

[it] standardizzazione dell'implementazione della sicurezza del sistema

[jp] システム安全実施過程の標準化

[kr] 시스템 보안 실시 과정 표준화

[pt] padronização do processo de implementação de segurança do sistema

[ru] стандартизация процессов внедрения безопасности системы

[es] normalización de la implementación de seguridad de sistemas

75107 中文字符编码标准

[ar] معايير ترميز الرموز اللغوية للكلمات الصينية

[en] Chinese character encoding standard

[fr] norme de codage des caractères chinois

[de] Codierungsnormen für chinesische Schriftzeichen

[it] standard di codifica dei caratteri cinesi

[jp] 中国語の文字エンコーディング標準

[kr] 중문 문자 부호 코딩 표준

[pt] padrões de codificação de caráteres chineses

[ru] стандарты кодирования китайских символов

[es] normas de codificación de caracteres chinos

75108 信息交换用汉字编码字符集

[ar] مجموعة الرموز اللغوية للكلمات الصينية المستخدمة لتبادل المعلومات

[en] Chinese ideogram coded character set for information exchange

[fr] jeu de caractères codés en caractères chinois pour l'échange d'informations

[de] chinesischer Schriftzeichensatz für Informationsaustausch

[it] set di caratteri in codice cinese per lo scambio di informazioni

[jp] 情報交換用漢字コードセット

[kr] 정보 교환용 한자 문자 부호 코딩 세트

[pt] conjunto de caráteres codificados de ideograma chinês para o intercâmbio de informações

[ru] набор кодированных знаков идеограммы китайских иероглифов для обмена информацией

[es] juego de caracteres chinos codificados para el intercambio de información

75109 产品数据标准化

[ar] تقييس بيانات المنتج

[en] product data standardization

[fr] normalisation de données de produit

[de] Normung der Produktsdaten

[it] standardizzazione dei dati di prodotto

[jp] 製品データ標準化

[kr] 제품 데이터 표준화

[pt] padronização de dados de produto

[ru] стандартизация данных продуктов

[es] normalización de datos de producto

75110 数据质量标准

[ar] معايير جودة البيانات

[en] data quality standard

[fr] norme de qualité de données

[de] Normen für Datenqualität

[it] standard di qualità dei dati

[jp] データ品質基準

[kr] 데이터 품질 표준

[pt] padrões de qualidade de dados

[ru] стандарты качества данных

[es] normas de calidad de datos

75111 数据域定义标准

[ar] معايير تعريف مجال البيانات

[en] data field definition standard

[fr] norme de définition de champ de données

[de] Normen für Datenfelddefinition

[it] standard di definizione del campo dei dati

[jp] データフィールドの定義基準

[kr] 데이터 도메인 정의 표준

[pt] padrões de definição de domínio de dados

[ru] стандарты определений полей данных

[es] normas de definición de campos de datos

75112 数据类型标准

[ar] معايير أصناف البيانات

[en] data type standard

[fr] norme de type de données

[de] Normen für Datentyp

[it] standard di tipo di dati

[jp] データタイプ標準

[kr] 데이터 유형 표준

[pt] padrões de tipo de dados

[ru] стандарты типов данных

[es] normas de tipos de datos

75113 数据结构标准

[ar] معايير هياكل البيانات

[en] data structure standard

[fr] norme de structure de données

[de] Normen für Datenstruktur

[it] standard di struttura dei dati

[jp] データ構造標準

[kr] 데이터 구조 표준

[pt] normas de estrutura de dados

[ru] стандарты структуры данных

[es] normas de estructura de datos

7.5

75114　数据语义标准

[ar]　معايير دلالية للبيانات

[en]　data semantics standard

[fr]　norme de sémantique des données

[de]　Normen für Datensemantik

[it]　standard semantici di dati

[jp]　データ意味基準

[kr]　데이터 어의 표준

[pt]　padrões semânticos de dados

[ru]　семантические стандарты данных

[es]　normas de semántica de datos

75115　数据库语言标准

[ar]　معايير لغة قاعدة البيانات

[en]　database language standard

[fr]　norme de langage de base de données

[de]　Normen für Datenbanksprache

[it]　standard di linguaggio di database

[jp]　データベース言語基準

[kr]　데이터베이스 언어 표준

[pt]　padrões de linguagem de base de dados

[ru]　стандарты языков базы данных

[es]　normas de lenguajes de bases de datos

75116　数据建模标准

[ar]　معايير نمذجة البيانات

[en]　data modeling standard

[fr]　norme de modélisation des données

[de]　Normen für Datenmodellierung

[it]　standard di modellizzazione dei dati

[jp]　データモデリングスタンダード

[kr]　데이터 모델링 표준

[pt]　padrões de modelagem de dados

[ru]　стандарты моделирования данных

[es]　normas de modelización de datos

75117　数据预处理标准

[ar]　معايير المعالجة المتقدمة للبيانات

[en]　data pre-processing standard

[fr]　norme de prétraitement des données

[de]　Normen für die Datenvorverarbeitung

[it]　standard di pre-elaborazione dei dati

[jp]　データ前処理の基準

[kr]　데이터 전처리 표준

[pt]　padrões de pré-processamento de dados

[ru]　стандарты предварительной обработки данных

[es]　normas de preprocesamiento de datos

75118　多媒体资源元数据标准

[ar]　معايير البيانات الوصفية لموارد الوسائط المتعددة

[en]　metadata standard for multimedia resource

[fr]　norme de métadonnées pour les ressources multimédias

[de]　Normen für Metadaten der Multimedien-ressourcen

[it]　standard di metadati per risorse multimediali

[jp]　マルチメディアリソースのメタデータ標準

[kr]　멀티미디어 리소스 메타데이터 표준

[pt]　padrão de metadados para recursos multimídia

[ru]　стандарты метаданных мультимедийных ресурсов

[es]　normas de metadatos para recursos multimedia

75119　数据交换管理标准

[ar]　معايير إدارة عملية تبادل البيانات

[en]　management standard for data switching

[fr]　norme de gestion d'échange de données

[de]　Normen für Datenaustauschmanagement

[it]　standard di gestione per la commutazione dei dati

[jp]　データ交換の管理基準

[kr]　데이터 교환 관리 표준

[pt]　padrão de gestão para intercâmbio de dados

[ru]　стандарты управления обменом данными

[es] normas de gestión para conmutación de datos

75120 非结构化数据管理术语
[ar] مصطلحات إدارة البيانات غير المهيكلة
[en] unstructured data management terminology
[fr] terminologie de gestion de données non structurées
[de] Terminologie für unstrukturiertes Daten-management
[it] terminologia di gestione di dati non strutturati
[jp] 非構造化データ管理用語
[kr] 비구조화 데이터 관리 전문용어
[pt] terminologia de gestão de dados não estruturados
[ru] терминология управления неструктурированными данными
[es] terminología de gestión de datos no estructurados

75121 网络数据分析标准
[ar] معايير تحليل البيانات الشبكية
[en] standard for network data analysis
[fr] norme d'analyse pour les données du réseau
[de] Analysenormen für Netzwerkdaten
[it] standard di analisi per i dati di rete
[jp] ネットワークデータの分析基準
[kr] 네트워크 데이터 분석 표준
[pt] padrões de análise dos dados da rede
[ru] стандарты анализа сетевых данных
[es] normas de análisis de datos de red

7.5.2 数据标准化过程
[ar] **عملية تقييس البيانات**
[en] **Data Standardization Process**
[fr] **Processus de normalisation de données**
[de] **Datenstandardisierungsprozess**

[it] **Processo di standardizzazione dei dati**
[jp] **データ標準化のプロセス**
[kr] **데이터 표준화 과정**
[pt] **Processo de Padronização de Dados**
[ru] **Процесс стандартизации данных**
[es] **Proceso de Normalización de Datos**

75201 标准规划指南
[ar] دليل التخطيط القياسي
[en] standards planning guidelines
[fr] guide de planification de norme
[de] Leitfaden für Normenplanung
[it] guida per la pianificazione degli standard
[jp] 基準計画ガイドライン
[kr] 표준 계획 가이드라인
[pt] guia para planejamento de padrão
[ru] руководство по планированию стандартов
[es] guía de planificación de normas

75202 数据标准总则
[ar] قواعد عامة لتقييس البيانات
[en] general rules for data standards
[fr] règle générale de norme de données
[de] allgemeine Regeln der Datennormung
[it] regole generali di standard dei dati
[jp] データ標準の一般原則
[kr] 데이터 표준 총칙
[pt] regras gerais das normas de dados
[ru] общие правила стандартов данных
[es] reglas generales de las normas de datos

75203 数据术语标准
[ar] معايير مصطلحات البيانات
[en] data terminology standard
[fr] norme de terminologie de données
[de] Normen der Datenterminologie
[it] standard di terminologia dei dati
[jp] データ用語基準
[kr] 데이터 전문용어 표준
[pt] normas de terminologia de dados

7.5

[ru] стандарты терминологии данных

[es] normas de terminología de datos

75204　质量模型定义

[ar] تعريف نموذج الجودة

[en] quality model definition

[fr] définition du modèle de qualité

[de] Definition des Qualitätsmodells

[it] definizione del modello di qualità

[jp] 品質モデルの定義

[kr] 품질 모델 정의

[pt] definição do modelo de qualidade

[ru] определение модели качества

[es] definición de modelos de calidad

75205　易用性说明

[ar] تعليمات الاستخدام الأكثر سهولية

[en] usability instruction

[fr] instruction d'utilisabilité

[de] Benutzbarkeitsanweisung

[it] istruzioni di usabilità

[jp] ユーザビリティ説明

[kr] 사용성 설명

[pt] instrução de usabilidade

[ru] инструкция по юзабилити

[es] instrucción de usabilidad

75206　用户文档要求

[ar] متطلبات خاصة بملفات المستخدم

[en] user documentation requirement

[fr] exigence de documentation d'utilisateur

[de] Anforderungen an die Benutzerdokumentation

[it] requisiti di documentazione per l'utente

[jp] ユーザードキュメントの要件

[kr] 사용자 파일 요구

[pt] requisitos de arquivo de usuário

[ru] требования к пользовательской документации

[es] requisitos de documentación de usuario

75207　数据格式

[ar] صيغ البيانات

[en] data format

[fr] format de données

[de] Daten-Format

[it] formato dei dati

[jp] データフォーマット

[kr] 데이터 형식

[pt] formato de dados

[ru] формат данных

[es] formato de datos

75208　数据使用策略

[ar] استراتيجية استخدام البيانات

[en] data usage strategy

[fr] stratégie d'utilisation de données

[de] Datennutzungsstrategie

[it] strategia di utilizzo dei dati

[jp] データの使用策略

[kr] 데이터 사용 전략

[pt] estratégia de utilização de dados

[ru] стратегия использования данных

[es] estrategia de uso de datos

75209　数据更新模式

[ar] نمط تحديث البيانات

[en] data update mode

[fr] mode de mise à jour de données

[de] Datenaktualisierungsmodus

[it] modalità di aggiornamento dei dati

[jp] データ更新モデル

[kr] 데이터 업데이트 모델

[pt] modo de atualização de dados

[ru] модель обновления данных

[es] modo de actualización de datos

75210　数据参考模型

[ar] نموذج مرجعي للبيانات

[en] data reference model

[fr] modèle référentiel de données

[de] Datenreferenzmodell

[it] standard di base per il modello di riferimento dei dati

[jp] データ参考モデル

[kr] 데이터 참고 모델

[pt] modelo de referência de dados

[ru] эталонная модель данных

[es] modelo de referencia de datos

75211 平台技术运维

[ar] عمليات التشغيل والصيانة لتكنولوجيا المنصة

[en] technical operation and maintenance of platforms

[fr] technologie, opération et maintien de plate-forme

[de] Operation und Wartung der Plattform-technologie

[it] funzionamento e gestione tecnica della piattaforma

[jp] プラットフォーム技術の運用保守

[kr] 플랫폼 기술 운영 관리

[pt] operação e gestão técnica de plataforma

[ru] техническое обслуживание и эксплуатация платформы

[es] operación y mantenimiento tecnológicos de plataformas

75212 标准主体定义

[ar] تعريف الكيان القياسى

[en] definition of standard subjects

[fr] définition d'objet de norme

[de] Definition des Normengegenstands

[it] definizione del soggetto standard

[jp] 標準主体の定義

[kr] 표준 주체 정의

[pt] definição do sujeito de padrão

[ru] определение субъектов стандартов

[es] definición de sujeto de normas

75213 信息项标准文档

[ar] ملف قياسي لبند المعلومات

[en] information item standard document

[fr] fichier normatif d'élément d'information

[de] Standardbeleg von Informationsposten

[it] documento standard dell'information item

[jp] 情報項目標準文書

[kr] 정보 항목 표준 파일

[pt] documento padronizado do item informático

[ru] стандартный документ информационных единиц

[es] documento de normas de elementos de información

75214 数据编码设计

[ar] تصميم ترميز البيانات

[en] data coding design

[fr] conception du codage de données

[de] Datencodierungsdesign

[it] progettazione della codifica dei dati

[jp] データコーディングデザイン

[kr] 데이터 코딩 디자인

[pt] projeto de codificação de dados

[ru] дизайн кодирования данных

[es] diseño de codificación de datos

75215 标准编制依据

[ar] مرجعية الإعداد القياسية

[en] basis for standards compilation

[fr] fondement de l'élaboration de norme

[de] Grundlage für Normenerstellung

[it] fondamento per la compilazione standard

[jp] 標準作成の根拠

[kr] 표준 편성 근거

[pt] fundamentos para elaboração de padrões

[ru] основа составления стандартов

[es] fundamentos de la compilación normas

75216 标准编制原则

[ar] مبادئ الإعداد القياسية

[en] principle of standards compilation

[fr] principes de l'élaboration de norme

7.5

[de] Prinzipien der Normenerstellung

[it] principi di compilazione standard

[jp] 標準作成の原則

[kr] 표준 편성 원칙

[pt] princípios para elaboração de padrões

[ru] принципы составления стандартов

[es] principios de la compilación de normas

75217　关键数据资源整合

[ar] تكامل موارد البيانات الرئيسية

[en] integration of key data resource

[fr] intégration des ressources de données clés

[de] Integration von Schlüsseldatenressourcen

[it] integrazione di risorse dei dati chiave

[jp] コアデータリソースの統合

[kr] 핵심 데이터 리소스 통합

[pt] integração do recursos de dados chave

[ru] интеграция ресурсов ключевых данных

[es] integración de recursos de datos clave

75218　标准体系树形框架

[ar] إطار على شكل الشجرة للنظام القياسي

[en] tree-shaped framework for standards system

[fr] cadre en arbre du système de normes

[de] baumförmiger Rahmen für Normensystem

[it] struttura a forma di albero del sistema standard

[jp] 基準システムの樹状枠組み

[kr] 표준 시스템 트리형 프레임워크

[pt] estrutura de árvore de sistema de padrão

[ru] древовидный фреймворк для системы стандартов

[es] marco de referencia en árbol para sistema de normas

75219　大数据标准服务体系

[ar] نظام خدمي قياسي للبيانات الضخمة

[en] big data standard service system

[fr] système de service normatif basé sur les mégadonnées

[de] Servicesystem für Big Data-Normung

[it] sistema di servizio degli standard dei Big Data

[jp] ビッグデータ標準サービスシステム

[kr] 빅데이터 표준 서비스 시스템

[pt] sistema de serviço para padrões de big data

[ru] стандартная сервисная система больших данных

[es] sistema de servicios de normas de Big Data

75220　多媒体分析标准框架

[ar] إطار قياسي لتحليل الوسائط المتعددة

[en] standards framework for multimedia analysis

[fr] cadre de normes pour l'analyse multimédia

[de] Normensrahmen für Multimedia-Analyse

[it] struttura standard per analisi multimediali

[jp] マルチメディア分析の標準フレームワーク

[kr] 멀티미디어 분석 표준 프레임워크

[pt] estrutura de padrões para análise multimídia

[ru] стандартный фреймворк для мультимедийного анализа

[es] marco de referencia de normas para el análisis multimedia

75221　开放数据标准框架

[ar] إطار قياسي للبيانات المفتوحة

[en] open data standards framework

[fr] cadre de normes de données ouvertes

[de] Open Data-Normensrahmen

[it] struttura standard dei dati aperti

[jp] オープンデータ標準フレームワーク

[kr] 오픈 데이터 표준 프레임워크

[pt] estrutura de padrões dos dados abertos

[ru] стандартная структура открытых данных

[es] marco de referencia de normas de datos abiertos

75222 非结构化数据管理体系

[ar] نظام إدارة البيانات غير المهيكلة

[en] unstructured data management system

[fr] système de gestion de données non structurées

[de] unstrukturiertes Datenmanagementsystem

[it] sistema di gestione di dati non strutturati

[jp] 非構造化データ管理システム

[kr] 비구조화 데이터 관리 시스템

[pt] sistema de gestão de dados não estruturados

[ru] система управления неструктурированными данными

[es] sistema de gestión de datos no estructurados

75223 垂直行业平台互操作标准

[ar] معايير التشغيل البيني للمنصات المهنية العمودية

[en] platform interoperability standard for vertical industries

[fr] norme d'interopérabilité de plate-forme pour les secteurs verticaux

[de] Normen für Plattform-Interoperabilität vertikaler Branchen

[it] standard di interoperabilità della piattaforma per le industrie verticali

[jp] 垂直的産業プラットフォーム相互操作基準

[kr] 수직적 산업 플랫폼 상호 운용 표준

[pt] padrão de interoperabilidade das

plataformas de indústrias verticais

[ru] стандарты интероперабельности платформ для вертикально организационных предприятий

[es] normas de interoperabilidad entre plataformas para sectores verticales

7.5.3 标准组织实施

[ar] الإجراءات التنظيمية لعمليات التوحيد القياسي

[en] **Standards Implementation**

[fr] **Application des normes**

[de] **Implementierung von Normen**

[it] **Implementazione standard**

[jp] **標準の実施**

[kr] **표준 실시**

[pt] **Implementação Organizada dos Padrões**

[ru] **Внедрение стандартов**

[es] **Implementación de Normas**

75301 信息化标准体系

[ar] نظام قياسي للمعلوماتية

[en] information standards system

[fr] système de normes d'informatisation

[de] Normenssystem der Informatisierung

[it] sistema standard di informazione

[jp] 情報標準システム

[kr] 정보화 표준 시스템

[pt] sistema de padrão de informatização

[ru] информационная система стандартов

[es] sistema de normas de información

75302 标准系统

[ar] نظام قياسي

[en] standards system

[fr] système de normes

[de] Normenssystem

[it] sistema standard

[jp] 標準システム

[kr] 표준 시스템

[pt] sistema padrão

[ru] система стандартов

[es] sistema de normas

75303 标准化形式

[ar] شكل المعلوماتية

[en] form of standardization

[fr] forme normalisée

[de] Normungsform

[it] forma standardizzata

[jp] 標準化フォーム

[kr] 표준화 형식

[pt] forma padronizada

[ru] форма стандартизации

[es] formulario normalizado

75304 标准化过程控制

[ar] تحكم في عمليات التوحيد القياسي

[en] standardization process control

[fr] commande de processus normalisée

[de] Kontrolle des Normungsprozesses

[it] controllo del processo standardizzato

[jp] 標準化プロセス管理

[kr] 표준화 과정 제어

[pt] controlo do processo de padronização

[ru] управление процессом стандартизации

[es] control normalizado de procesos

75305 标准化评估改进

[ar] تحسين وتقييم عملية التوحيد القياسي

[en] standardization evaluation and improvement

[fr] évaluation et amélioration normalisées

[de] Bewertung und Verbesserung der Normung

[it] valutazione e miglioramento della normazione

[jp] 標準化評価及び改善

[kr] 표준화 평가 개선

[pt] avaliações e otimizações do processo de padronização

[ru] стандартизированная оценка и

улучшение

[es] evaluación y mejora de la normalización

75306 标准化过程评估

[ar] تقييم عملية التوحيد القياسي

[en] standardization process assessment

[fr] évaluation de processus normalisée

[de] Bewertung des Normungsprozesses

[it] valutazione del processo standardizzato

[jp] 標準化プロセス評価

[kr] 표준화 과정 평가

[pt] avaliação do processo de padronização

[ru] оценка процессов стандартизации

[es] evaluación de procesos de normalización

75307 标准化三角形

[ar] مثلث التوحيد القياسي

[en] standardization triangle

[fr] triangle de normalisation

[de] Normungsdreieck

[it] triangolo standardizzato

[jp] 標準化三角形

[kr] 표준화 트라이앵글

[pt] triângulo de normalização

[ru] треугольник стандартизации

[es] triángulo normalizado

75308 标准化金字塔

[ar] هرم التوحيد القياسي

[en] standardization pyramid

[fr] pyramide de normalisation

[de] Normungspyramide

[it] piramide standardizzata

[jp] 標準化プラミッド

[kr] 표준화 피라미드

[pt] pirâmide de normalização

[ru] пирамида стандартизации

[es] pirámide normalizada

75309 标准系统管理

[ar] إدارة النظام القياسي

[en] standards system management
[fr] gestion de système de normes
[de] Normenssystemsmanagement
[it] gestione sistema standard
[jp] 標準システム管理
[kr] 표준 시스템 관리
[pt] gestão do sistema padrão
[ru] управление системой стандартов
[es] gestión de sistemas de normas

75310 信息资源标准
[ar] معايير موارد المعلومات
[en] information resource standard
[fr] norme relative aux ressources d'information
[de] Normen für Informationsressourcen
[it] standard delle risorse informative
[jp] 情報リソース標準
[kr] 정보 리소스 표준
[pt] padrões de recursos de informação
[ru] стандарты информационных ресурсов
[es] normas de recursos de información

75311 网络通信标准
[ar] معايير الاتصالات الشبكية
[en] network communication standard
[fr] normes de cybercommunication
[de] Normen für die Netzwerkkommunikation
[it] standard di comunicazione di rete
[jp] ネット通信基準
[kr] 네트워크 통신 표준
[pt] padrões de comunicação por redes
[ru] стандарты сетевой связи
[es] normas de comunicación en la red

75312 标准系统有序性度量
[ar] قياس مرتب للنظام القياسي
[en] orderliness metrics for standards system
[fr] mesure ordonnée du système de normes
[de] geordnete Metrologie des Normenssys-

tems
[it] misurazione d'ordine per sistema standard
[jp] 標準システムの秩序ある測定
[kr] 표준 시스템 질서적 측정
[pt] medição ordenada no sistema de padronização
[ru] создание измерительных показателей для упорядоченности системы стандартов
[es] métricas ordenadas para el sistema de normas

75313 数据标准化整体规划
[ar] تخطيط شامل لعملية تقييس البيانات
[en] overall planning for data standardization
[fr] planification globale de la normalisation de données
[de] Gesamtplanung der Datennormung
[it] pianificazione generale per la standardizzazione dei dati
[jp] データ標準化の全体企画
[kr] 데이터 표준화 전체 계획
[pt] planejamento global para padronização de dados
[ru] общее планирование стандартизации данных
[es] planificación global de la normalización de datos

75314 数据标准现状调研
[ar] تحقيق وبحث الأوضاع القائمة لمعايير البيانات
[en] data standards situation survey
[fr] enquête sur la situation des normes de données
[de] Untersuchung der Datennormungssituation
[it] indagine sulla situazione delle norme sui dati
[jp] データ標準現状調査
[kr] 데이터 표준 현상 조사 및 연구

7.5

[pt] estudo e investigação da situação dos
padrões de dados

[ru] обследование текущего положения
стандартов данных

[es] análisis de la situación de normas de datos

75315 数据标准设计和定义

[ar] تصميم معايير البيانات وتعريفها

[en] data standards design and definition

[fr] conception et définition des normes de
données

[de] Design und Definition von Datennormen

[it] progettazione e definizione di standard
dei dati

[jp] データ標準の設計と定義

[kr] 데이터 표준 디자인과 정의

[pt] projeto e definição de padrões de dados

[ru] проектирование и определение
стандартов данных

[es] diseño y definición de normas de datos

75316 标准实施映射

[ar] تطبيق منعكس التنفيذ القياسي

[en] standards implementation mapping

[fr] cartographie de l'application des normes

[de] Spiegelung der Normenimplementierung

[it] mappatura dell'implementazione
standard

[jp] 基準実行マッピング

[kr] 표준 실행 매핑

[pt] mapeamento da implementação de
padrões

[ru] отображение реализации стандартов

[es] mapeo de implementación de normas

75317 标准执行检查

[ar] فحص تطبيق المعايير القياسي

[en] standards implementation check

[fr] contrôle de l'application des normes

[de] Überprüfung der Normenumsetzung

[it] controllo di implementazione standard

[jp] 標準実施審査

[kr] 표준 실행 검사

[pt] verificação de execução dos padrões

[ru] проверка выполнения стандартов

[es] comprobación de la implementación de
normas

75318 标准维护增强

[ar] صيانة المعايير وتعزيزها

[en] standards maintenance and enhancement

[fr] maintien et renforcement des normes

[de] Normenpflege und -erweiterung

[it] manutenzione e rafforzamento standard

[jp] 標準維持増強

[kr] 표준 유지 및 강화

[pt] fortalecimento e manutenção de padrão

[ru] поддержание и усиление стандартов

[es] mantenimiento y mejora de normas

75319 标准互操作

[ar] عملية تشغيلية بينية حسب بنية المعايير

[en] interoperability of standards

[fr] interopérabilité des normes

[de] Normen-Interoperabilität

[it] interoperabilità standard

[jp] 標準の相互運用

[kr] 표준 상호 운용

[pt] interoperabilidade de padrão

[ru] интероперабельность стандартов

[es] interoperabilidad de normas

75320 标准可移植性

[ar] قابلية زراعة المعايير

[en] portability of standards

[fr] portabilité de norme

[de] Normen-Portabilität

[it] trasportabilità standard

[jp] 標準の移植性

[kr] 표준 이식성

[pt] portabilidade de padrão

[ru] переносимость стандартов

[es] portabilidad de normas

75321 标准可用性

[ar] احتمالية استخدام المعايير

[en] applicability of standards

[fr] disponibilité de norme

[de] Normen-Verfügbarkeit

[it] disponibilità standard

[jp] 標準の可用性

[kr] 표준 사용 가능성

[pt] aplicabilidade de padrão

[ru] применимость стандартов

[es] disponibilidad de normas

75322 标准扩展性需求

[ar] متطلبات توسعية المعايير

[en] scalability of standards

[fr] exigence d'évolutivité de norme

[de] Nachfrage nach Erweiterungsmöglich-
keit der Normen

[it] requisiti di scabilità standard

[jp] 標準拡張性要求

[kr] 표준 확장성 요구

[pt] requerimento de escalabilidade de
padrão

[ru] возможность для расширения
стандартов

[es] requisitos de la escalabilidad de normas

75323 安全有效性标准

[ar] معايير فعالية الأمان

[en] criteria of security and effectiveness

[fr] sécurité et efficacité de norme

[de] Normen für Sicherheit und Effektivität

[it] standard di efficacia di siurezza

[jp] セキュリティ有効性基準

[kr] 보안 유효성 표준

[pt] padrões de eficácia e segurança

[ru] стандарты эффективности и
безопасности

[es] normas de eficacia y seguridad

75324 大数据公共工作组

[ar] فريق العمل العام للبيانات الضخمة

[en] NIST Big Data Public Working Group
(NBD-PWG)

[fr] groupe de travail public sur les
mégadonnées

[de] Big Data öffentliche Arbeitsgruppe

[it] gruppo di lavoro di Big Data pubblici

[jp] ビッグデータ公開ワーキンググループ

[kr] 빅데이터 공공 워킹그룹

[pt] grupo de trabalho público de big data

[ru] общественная рабочая группа по
большим данным

[es] grupo de trabajo de Big Data públicos

75325 标准培训

[ar] نشاط التدريب القياسي

[en] standards training

[fr] formation sur la normalisation

[de] Ausbildung in Normen

[it] formazione standard

[jp] 基準トレーニング

[kr] 표준 육성

[pt] formação de padrões

[ru] обучение по толкованию содержания
стандартов

[es] formación de normas

75326 标准宣贯

[ar] عمليات دعائية وتنفيذية للمعايير

[en] standards publicity and implementation

[fr] promotion et implémentation des normes

[de] Öffentlichkeitsarbeit und -umsetzung
von Normen

[it] pubblicità e implementazione standard

[jp] 基準の宣伝と実施

[kr] 표준 홍보 및 실행

[pt] publicidade e implementação de padrões

[ru] распространение и внедрение
стандартов

[es] publicidad e implementación de normas

7.5

75327 标准试验验证

[ar] تحقق من عملية اختبارية للمعايير

[en] standards testing and verification

[fr] essai et vérification de norme

[de] Prüfung und Verifizierung von Normen

[it] test e verifica standard

[jp] 基準テストと立証

[kr] 표준적 시험 검증

[pt] teste e verificação de padrões

[ru] тестирование и проверка стандартов

[es] pruebas y verificación de normas

75328 行业优秀标准标杆

[ar] نموذج قياسي متميز للمهنة

[en] benchmark industrial standard

[fr] exemple de normalisation du secteur

[de] Standard und Benchmark für Branchen-spitze

[it] standard di eccellenza del settore

[jp] 業界ベンチマーク

[kr] 산업 우수 표준 및 벤치마크

[pt] paradigma industrial de padrão

[ru] критерии сравнительной оценки отраслевых стандартов

[es] referencia del sector en normalización

75329 术语定义工作组

[ar] فريق عمل لتعريف المصطلحات

[en] Definitions and Taxonomies Working Group

[fr] Sous-groupe de définition et de taxonomie des mégadonnées

[de] Arbeitsgruppe für Definition der Termi-nologie

[it] Gruppo lavorativo di definizione dei termini

[jp] 用語定義ワーキンググループ

[kr] 전문용어 정의 워킹그룹

[pt] Grupo de Trabalho de Definições e Terminologias

[ru] Рабочая группа по определению терминов

[es] Grupo de Trabajo de Definición y Terminología de Big Data

75330 用例需求工作组

[ar] فريق عمل لطلبات الأمثلة التطبيقية

[en] Use Cases and Requirements Working Group

[fr] Sous-groupe de cas d'utilisation et d'exigences

[de] Arbeitsgruppe für Nachfrage nach An-wendungsfall

[it] Gruppo di lavoro sui requisiti del caso d'uso

[jp] ユースケース要件ワーキンググループ

[kr] 용례 수요 워킹그룹

[pt] grupo de trabalho de requisitos e casos de uso

[ru] Рабочая группа по прецедентам использования и требованиям

[es] Subgrupo de Casos de Uso y Requisitos

75331 安全隐私工作组

[ar] فريق عمل خاص بالأمن والخصوصية

[en] Security and Privacy Working Group

[fr] Sous-groupe de sécurité et de confidentialité

[de] Arbeitsgruppe für Privatdatenschutz und -sicherheit

[it] Gruppo di lavoro su privacy e sicurezza

[jp] セキュリティとプライバシーのワーキンググループ

[kr] 보안 프라이버시 워킹그룹

[pt] grupo de trabalho para a segurança e privacidade

[ru] Рабочая группа по безопасности и конфиденциальности

[es] Subgrupo de Seguridad y Privacidad

75332 参考体系结构工作组

[ar] فريق عمل خاص ببنية النظام المرجعي

[en] Reference Architecture Working Group

7.5

[fr] Sous-groupe d'architecture de référence

[de] Arbeitsgruppe für Referenzarchitektur-system

[it] grupo de trabalho para a arquitetura de referência

[jp] 参照アーキテクチャのワーキンググループ

[kr] 참고 아키텍처 워킹그룹

[pt] Grupo de Trabalho para a Arquitetura de Referência

[ru] Рабочая группа по эталонной архитектуре

[es] Subgrupo de Arquitecturas de Referencia

75333 技术路线图工作组

[ar] فريق عمل خاص برسم خارطة الطريق التكنولوجية

[en] Standards Roadmap Working Group

[fr] Sous-groupe de la feuille de route des normes

[de] Arbeitsgruppe für technische Roadmap

[it] Gruppo di lavoro sulla roadmap tecnologica

[jp] 技術ロードマップワーキンググループ

[kr] 기술 로드맵 워킹그룹

[pt] grupo de trabalho para roadmap tecnológico

[ru] Рабочая группа по дорожной карте стандартов

[es] Subgrupo de Hoja de Ruta de Técnicas

75334 云计算工作组

[ar] فريق عمل خاص بالحوسبة السحابية

[en] Cloud Computing Working Group

[fr] groupe de travail de l'informatique en nuage

[de] Arbeitsgruppe für Clould-Computing

[it] gruppo di lavoro di cloud computing

[jp] クラウドコンピューティングワーキンググループ

[kr] 클라우드 컴퓨팅 워킹그룹

[pt] grupo de trabalho para a computação em nuvem

[ru] Рабочая группа по облачным вычислениям

[es] Grupo de Trabajo de Computación en la Nube

75335 传感器网络工作组

[ar] فريق عمل خاص بجهاز الاستشعار الشبكي

[en] Sensor Network Working Group

[fr] groupe de travail sur le réseau de capteurs

[de] Arbeitsgruppe für Sensor-Netzwerk

[it] gruppo del lavoro della rete di sensore

[jp] センサーネットワークワーキンググループ

[kr] 센서 네트워크 워킹그룹

[pt] grupo de trabalho para a rede de sensores

[ru] Рабочая группа по сенсорной сети

[es] Grupo de Trabajo en una Red de Sensores

75336 专业标准化技术归口

[ar] جهة مسؤولة عن تكنولوجيا التقييس المتخصص

[en] coordinated and unified management of technical standards

[fr] gestion coordonnée et unifiée des technologies normalisées

[de] koordinierte und einheitliche Verwaltung der technischen Normen

[it] gestione complessiva su tecnologie standardizzate e professionali

[jp] 専門化・標準化技術の集中管理

[kr] 전문 표준화 기술 소속 분야

[pt] gestão coordenada e unificada de padrões técnológicos

[ru] скоординированное и единое управление специализированными и стандартизированными технологиями

[es] gestión coordinada y unificada de tecnologías profesionales y de normas

7.5

75337 分技术委员会国内归口

[ar] جهة مسؤولة محلية تنتمي إليها اللجنة الفرعية

[en] coordinated and unified management of sub-committees

[fr] gestion coordonnée et unifiée domestique du sous-comité technique national en matière de la normalisation des technologies de l'information

[de] koordinierte und einheitliche Verwaltung von technischen Unterausschüssen

[it] gestione unificata del comitato tecnico SOA della Cina

[jp] 中国 NITS SOA 部門の全体管理

[kr] 분과 기술 위원회 국내 소속 분야

[pt] gestão coordenada e unificada de sub-comissões da SOA

[ru] внутреннее скоординированное и единое управление подкомиссией

[es] gestión coordinada y unificada de sub-Comité Técnico Nacional de Estandarización de la Tecnología de la Información

75338 软件构件标准化推动

[ar] دفع عملية تقييس مكونات البرمجيات

[en] promotion of software component standardization

[fr] promotion de la normalisation des composants logiciels

[de] Förderung der Normung von Software-komponenten

[it] promozione della standardizzazione dei componenti software

[jp] ソフトウェアコンポーネント標準化の推進

[kr] 소프트웨어 컴포넌트 표준화 추진

[pt] promoção de padronização dos componentes de software

[ru] содействие стандартизации · программных компонентов

[es] promoción de la normalización de componentes de software

75339 云计算技术标准化推动

[ar] دفع عملية تقييس تكنولوجيا الحوسبة السحابية

[en] promotion of cloud computing standardization

[fr] promotion de la normalisation des technologies de l'informatique en nuage

[de] Förderung der Cloud-Computing-Normung

[it] promozione della normazione del cloud computing

[jp] クラウドコンピューティング技術標準化の推進

[kr] 클라우드 컴퓨팅 표준화 추진

[pt] promoção da padronização da computação em nuvem

[ru] содействие стандартизации технологий облачных вычислений

[es] promoción de la normalización de la computación en la nube

75340 智慧城市标准化推动

[ar] دفع عملية تقييس المدينة الذكية

[en] promotion of smart city standardization

[fr] promotion de la normalisation des villes smart

[de] Förderung der Normung von intelligenten Städten

[it] promozione della normazione delle città intelligenti

[jp] スマートシティ標準化の推進

[kr] 스마트 시티 표준화 추진

[pt] promoção da padronização das cidades inteligentes

[ru] содействие стандартизации умного города

[es] promoción de la normalización de las ciudades inteligentes

75341 大数据标准宣传推广

[ar] عملية الترويج والدعاية لمعايير البيانات الضخمة

[en] promotion of big data standards

[fr] promotion des normes des mégadonnées

[de] Förderung und Vermarktung von Big Data-Normen

[it] promozione e propaganda degli standard di Big Data

[jp] ビッグデータ標準プロモーション

[kr] 빅데이터 표준 홍보 보급

[pt] promoção de padrões de big data

[ru] распространение стандартов больших данных

[es] promoción de normas de Big Data

75342 大数据重点标准应用示范

[ar] نموذج تطبيقي للمعايير الهامة للبيانات الضخمة

[en] model application of key standards for big data

[fr] démonstration de l'application de normes clé des mégadonnées

[de] Standardanwendung und -demonstration für Big Data-Schlüssel-Normen

[it] dimostrazione ed applicazione standard chiave di Big Data

[jp] ビッグデータ重点標準の応用と示範

[kr] 빅데이터 중요 표준 응용 시범

[pt] aplicações modelo de padrões chave de big data

[ru] демонстрация применения основных стандартов больших данных

[es] aplicación y demostración de la norma clave de Big Data

75343 数据治理领域大数据标准化

[ar] تقييس البيانات الضخمة في مجال حوكمة البيانات

[en] big data standardization in data governance

[fr] normalisation des mégadonnées dans la gouvernance des données

[de] Big Data-Normung in Datenmanage-

ment

[it] standardizzazione dei Big Data nella governance dei dati

[jp] データガバナンス分野におけるビッグデータの標準化

[kr] 데이터 거버넌스 분야 빅데이터 표준화

[pt] padronização de big data na governação de dados

[ru] стандартизация больших данных в управлении данными

[es] normalización de Big Data para la gobernanza de datos

75344 大数据标准化人才队伍培养

[ar] إعداد الأكفاء العاملين في مجال تقييس البيانات الضخمة

[en] big data standardization talents training

[fr] formation des professionnels de la normalisation des mégadonnées

[de] Talentsausbildung in Big Data-Normung

[it] formazione dei talenti della standardizzazione di Big Data

[jp] ビッグデータ標準化人材養成

[kr] 빅데이터 표준화 인재 양성

[pt] formação de talento para a padronização de big data

[ru] подготовка специалистов по стандартизации больших данных

[es] formación de talentos en normalización de Big Data

75345 大数据标准国际化

[ar] تدويل معايير البيانات الضخمة

[en] internationalization of big data standards

[fr] internationalisation des normes des mégadonnées

[de] Internationalisierung für Big Data-Normen

[it] internazionalizzazione degli standard di Big Data

[jp] ビッグデータ標準の国際化

7.5

[kr] 빅데이터 표준 국제화

[pt] internacionalização de padronização de
big data

[ru] интернационализация стандартов
больших данных

[es] internacionalización de normas de Big
Data

7.5.4　数据标准化管理

[ar] عملية تقييس البيانات

[en] **Data Standardization Management**

[fr] **Gestion de la normalisation des
données**

[de] **Management der Datennormung**

[it] **Gestione della standardizzazione dei
dati**

[jp] **データ標準化の管理**

[kr] **데이터 표준화 관리**

[pt] **Gestão de Padronização de Dados**

[ru] **Управление стандартизацией
данных**

[es] **Gestión de la Normalización de Datos**

75401　管理体系标准

[ar] معايير النظام الإداري

[en] management system standard

[fr] normes de système de gestion

[de] Managementsystem-Normen

[it] standard di sistema di gestione

[jp] 管理システム標準

[kr] 관리 시스템 표준

[pt] padrão do sistema de gestão

[ru] стандарты системы управления

[es] normas de sistemas de gestión

75402　管理工作标准

[ar] معايير الأعمال الإدارية

[en] management work standard

[fr] normes de travail de gestion

[de] Managementsarbeitsnormen

[it] standard di lavoro di gestione

[jp] 管理作業標準

[kr] 관리 업무 표준

[pt] padrão do trabalho de gestão

[ru] стандарты работы управления

[es] normas de trabajo de gestión

75403　标准情报管理

[ar] إدارة الاستخبارات القياسية

[en] standards intelligence management

[fr] gestion de reseignement sur la
normalisation

[de] Management der Normeninformationen

[it] gestione delle informazioni standard

[jp] 標準情報管理

[kr] 표준 정보 관리

[pt] gestão de inteligência de padrões

[ru] управление научно-технической
информацией в области
стандартизации

[es] gestión de la inteligencia de normas

75404　标准文献

[ar] وثائق قياسية

[en] standards literature

[fr] littérature sur les normes

[de] Standardliteratur

[it] letteratura standard

[jp] 標準文献

[kr] 표준 문헌

[pt] documentação normativa

[ru] литература по стандартам

[es] literatura sobre normas

75405　标识管理

[ar] إدارة علامات التمييز

[en] labelling management

[fr] gestion de labellisation

[de] Beschriftungsmanagement

[it] gestione di etichettatura

[jp] ラベル管理

[kr] 표시 관리

[pt] gestão de rotulagem

[ru] управление метками и обозначениями

[es] gestión de identificación de etiquetas

75406 标准化大规模定制

[ar] تحديد التقييس الواسع النطاق

[en] standardized mass customization

[fr] personnalisation normalisée à grande échelle

[de] Normierte Massenansonderanfertigung

[it] personalizzazione standardizzata di massa

[jp] 標準化されたマスカスタマイゼーション

[kr] 표준화 대규모 맞춤형 제작

[pt] personalização padronizada em massa

[ru] стандартизированное массовое изготовление по заказу

[es] personalización masiva de normalización

75407 非结构化数据模型标准

[ar] معايير نموذج البيانات غير المهيكلة

[en] unstructured data model standard

[fr] norme de modèle de données non structurées

[de] Normen für unstrukturierte Datenmodelle

[it] standard di modello dei dati non strutturati

[jp] 非構造化データモデル標準

[kr] 비구조화 데이터 모델 표준

[pt] padrões de modelo de dados não estruturados

[ru] стандарты неструктурированных моделей данных

[es] normas de modelos de datos no estructurados

75408 结构化查询语言（SQL）标准

[ar] معايير لغة الاستعلامات الهيكلية (SQL)

[en] structured query language (SQL)

standard

[fr] norme de langue de requête structurée

[de] Normen für strukturierte Abfragesprachen

[it] standard del linguaggio di richiesta strutturato

[jp] 構造化照会言語（SQL）標準

[kr] 구조화 조회언어SQL표준

[pt] padrões da Linguagem de Consulta Estruturada

[ru] стандарты языка структурированных запросов

[es] normas del lenguaje estructurado de consultas

75409 数据挖掘技术标准

[ar] معايير فنية لاستخراج البيانات

[en] technical standard for data mining

[fr] norme technique de minage de données

[de] Normen für Data-Miningtechnik

[it] standard tecnici di estrazione dei dati

[jp] データマイニング技術基準

[kr] 데이터 마이닝 기술 표준

[pt] normas tecnológicas de mineração de dados

[ru] технические стандарты на извлечение данных

[es] normas técnicos de minería de datos

75410 系统集成标准化

[ar] تقييس وحدة النظام المتكاملة

[en] system integration standardization

[fr] normalisation de l'intégration de système

[de] Normung der Systemintegration

[it] standardizzazione di integrazione di sistema

[jp] システム集約標準化

[kr] 시스템 통합 표준화

[pt] padronização de integração de sistemas

[ru] стандартизация интеграции на уровне системы

[es] normalización de la integración de
sistemas

75411 云数据存储和管理标准
[ar] معايير تخزين وإدارة البيانات السحابية
[en] standard for cloud data storage and
management
[fr] norme de stockage et de gestion des
données en nuage
[de] Normen für Cloud-Datenspeicherung
und -verwaltung
[it] memorizzazione dei dati cloud e
standard di gestione
[jp] クラウドデータストレージおよび管理
標準
[kr] 클라우드 데이터 저장과 관리 표준
[pt] padrões de armazenamento e gestão de
dados em nuvem
[ru] стандарты хранения и управления
облачными данными
[es] normas de gestión y almacenamiento de
datos en la nube

75412 非结构化数据表示规范
[ar] مواصفات تمثيل البيانات غير المهيكلة
[en] unstructured data expression
specification
[fr] spécification de représentation des
données non structurées
[de] Spezifikation für Darstellung von un-
strukturierten Daten
[it] specifiche di espressione dei dati non
strutturati
[jp] 非構造化データ表示仕様
[kr] 비구조화 데이터 표현 규범
[pt] especificação de expressão de dados não
estruturados
[ru] спецификация выражения
неструктурированных данных
[es] especificación de expresiones de datos
no estructurados

75413 非结构化数据管理系统技术要求
[ar] متطلبات فنية لنظام إدارة البيانات غير المهيكلة
[en] technical requirement for unstructured
data management systems
[fr] exigence technique pour le système de
gestion de données non structurées
[de] technische Anforderungen an Manage-
mentssystem von unstrukturierten Daten
[it] requisiti tecnici per sistema di gestione
dei dati non strutturati
[jp] 非構造化データ管理システムの技術要
件
[kr] 비구조화 데이터 관리 시스템 기술 요구
[pt] requisitos técnicos para o sistema de
gestão de dados não estruturados
[ru] технические условия для системы
управления неструктурированными
данными
[es] requisitos técnicos para sistemas de
gestión de datos no estructurados

75414 大数据基础类标准
[ar] معايير أساسيات البيانات الضخمة
[en] basic standard for big data
[fr] norme de base des mégadonnées
[de] Big Data-Grundnormen
[it] standard di base dei Big Data
[jp] ビッグデータ基礎標準
[kr] 빅데이터 기초류 표준
[pt] padrões básicos de big data
[ru] базовые стандарты больших данных
[es] normas básicas de Big Data

75415 大数据技术类标准
[ar] معايير تقنيات البيانات الضخمة
[en] technical standard for big data
[fr] norme technique des mégadonnées
[de] Big Data-Technologienormen
[it] standard di tecnologia dei Big Data
[jp] ビッグデータ技術標準
[kr] 빅데이터 기술류 표준

[pt] padrões tecnológicos de big data

[ru] технические стандарты больших данных

[es] normas de tecnologías de Big Data

75416 大数据安全类标准

[ar] معايير أمان البيانات الضخمة

[en] standard for big data security

[fr] norme de sécurité des mégadonnées

[de] Big Data-Sicherheitsnormen

[it] standard di sicurezza dei Big Data

[jp] ビッグデータセキュリティ基準

[kr] 빅데이터 보안류 표준

[pt] padrões para segurança de big data

[ru] стандарты на безопасность больших данных

[es] normas de seguridad de Big Data

75417 大数据工具类标准

[ar] معايير أدوات البيانات الضخمة

[en] standard for big data tools

[fr] norme d'outils des mégadonnées

[de] Normen für Big Data-Werkzeuge

[it] standard di strumenti dei Big Data

[jp] ビッグデータツール標準

[kr] 빅데이터 도구류 표준

[pt] padrões para ferramentas de big data

[ru] стандарты для инструментов больших данных

[es] normas de herramientas de Big Data

75418 大数据产品和平台标准

[ar] معايير المنتجات والمنصات للبيانات الضخمة

[en] standard for big data products and platforms

[fr] norme de produits et de plate-formes des mégadonnées

[de] Normen für Big Data-Produkte und -Plattform

[it] prodotti e standard di piattaforma dei Big Data

[jp] ビッグデータ製品とプラットフォーム標準

[kr] 빅데이터 제품과 플랫폼 표준

[pt] padrões de produtos e plataforma de big data

[ru] стандарты на результаты обработки больших данных и платформы работы с ними

[es] normas de productos y plataformas de Big Data

75419 大数据应用服务类标准

[ar] معايير خدمة تطبيق منصة البيانات الضخمة

[en] standard for big data application and services

[fr] norme de service d'application des mégadonnées

[de] Service-Normen für Big Data-Anwendungen

[it] standard di servizio applicativo dei Big Data

[jp] ビッグデータ応用のサービス標準

[kr] 빅데이터 응용 서비스류 표준

[pt] padrões de serviço de aplicativos de big data

[ru] стандарты на применение и услуги передачи больших данных

[es] normas de servicios de aplicación de Big Data

75420 数据处理与分析关键技术标准

[ar] معايير فنية محورية لمعالجة البيانات وتحليلها

[en] key technical standard for data processing and analysis

[fr] norme technique clé pour le traitement et l'analyse des données

[de] Normen für Schlüsseltechnologie der Datenverarbeitung und -analyse

[it] standard tecnici chiave per l'elaborazione e l'analisi dei dati

[jp] データ処理と分析におけるコア技術標準

7.5

[kr] 데이터 처리 및 분석 핵심기술 표준

[pt] normas tecnológicas chave para o tratamento e análise dos dados

[ru] стандарты ключевых технологий для обработки и анализа данных

[es] normas técnicas clave para el procesamiento y el análisis de datos

75421 数据检测与评估技术标准

[ar] معايير فنية لاختبار البيانات وتقييمها

[en] technical standard for data detection and evaluation

[fr] norme technique pour la vérification et l'évaluation des données

[de] technische Normen für Datendetektion und -auswertung

[it] standard tecnici per il rilevamento e la valutazione dei dati

[jp] データ検出・評価の技術的標準

[kr] 데이터 검측 및 평가 기술 표준

[pt] normas tecnológicas para a detecção e avaliação de dados

[ru] технические стандарты на детектирование и оценку данных

[es] normas técnicas para la detección y la evaluación de datos

75422 数据平台基础设施标准

[ar] معايير البنية التحتية لمنصة البيانات

[en] standard for data platform infrastructure

[fr] norme d'infrastructure de plate-forme de données

[de] Normen für Datenplattform-Infrastruktur

[it] standard di infrastruttura della piattaforma dati

[jp] データプラットフォームのインフラ標準

[kr] 데이터 플랫폼 인프라 표준

[pt] normas de infraestrutura da plataforma de dados

[ru] стандарты инфраструктуры

платформы для работы с данными

[es] normas de infraestructuras de plataformas de datos

75423 数据预处理工具标准

[ar] معايير أدوات المعالجة المتقدمة للبيانات

[en] standard for data pre-processing tools

[fr] norme d'outils de prétraitement de données

[de] Normen für Datenvorverarbeitungswerkzeuge

[it] standard degli strumenti di pre-elaborazione dei dati

[jp] データ前処理ツール標準

[kr] 데이터 전처리 툴 표준

[pt] padrões sobre ferramenta de pré-processamento de dados

[ru] стандарты инструментов для предварительной обработки данных

[es] normas de herramientas de preprocesamiento de datos

75424 数据存储类工具标准

[ar] معايير أدوات تخزين البيانات

[en] standard for data storage tools

[fr] norme d'outils de stockage de données

[de] Normen für Datenspeichungswerkzeuge

[it] standard degli strumenti di memorizzazione dei dati

[jp] データ保存用ツール標準

[kr] 데이터 저장류 툴 표준

[pt] padrões sobre ferramentas de armazenamento de dados

[ru] стандарты инструментов для хранения данных

[es] normas de herramientas de almacenamiento de datos

75425 数据分布式计算工具标准

[ar] معايير أدوات الحوسبة الموزعة للبيانات

[en] standard for distributed data computing

tools

[fr] norme d'outils informatiques distribués
de données

[de] Normen für Werkzeuge der dezentralen
Datenverarbeitung

[it] standard per strumenti di elaborazione
dati distribuiti

[jp] データ分散型計算ツールの標準

[kr] 데이터 분산형 컴퓨팅 툴 표준

[pt] normas sobre ferramentas informáticas
de dados distribuídos

[ru] стандарты инструментов вычислений
распределенных данных

[es] normas para las herramientas de
computación de datos distribuidos

75426 数据应用分析工具标准

[ar] معايير أدوات تحليل تطبيق منصة البيانات

[en] standard for data application and
analysis tools

[fr] normes d'outils d'analyse des
applications des données

[de] Normen für Datenanwendungen-Analy-
sewerkzeuge

[it] standard degli strumenti di analisi delle
applicazioni dei dati

[jp] データ応用分析ツールの標準

[kr] 데이터 응용 분석 툴 표준

[pt] padrões sobre ferramentas de análise de
aplicação de dados

[ru] стандарты инструмента для
применения и анализа данных

[es] normas para las herramientas de análisis
de aplicaciones de datos

75427 大数据可视化工具标准

[ar] معايير أدوات مرئية للبيانات الضخمة

[en] standard for big data visualization tools

[fr] normes d'outils de visualisation des
mégadonnées

[de] Normen für Big Data-Visualisierungs-

werkzeuge

[it] standard per gli strumenti di
visualizzazione di Big Data

[jp] ビッグデータ可視化ツール標準

[kr] 빅데이터 가시화 툴 표준

[pt] padrões sobre ferramentas de
visualização de big data

[ru] стандарты средств визуализации
больших данных

[es] normas para las herramientas de
visualización de Big Data

75428 数据中心运维管理技术要求

[ar] متطلبات فنية لإدارة التشغيل والصيانة لمركز
البيانات

[en] technical requirement for data center
operation and maintenance management

[fr] exigence technique de la gestion
d'opérations et de maintien de centre de
données

[de] technische Anforderungen an Opera-
tions- und Wartungsmanagement des
Datenzentrums

[it] requisiti tecnici per le operazioni e la
gestione della manutenzione del centro
dei dati

[jp] データセンターの運用・保守管理技術
の要求事項

[kr] 데이터 센터 운영 관리 기술 요구

[pt] requisitos técnicos para gestão de
operações e manutenção de centro de
dados

[ru] технические требования к управлению
эксплуатацией и техническим
обслуживанием центра обработки данных

[es] requisitos técnicos de la gestión de
operación y mantenimiento de un centro
de datos

75429 非结构化应用模式标准

[ar] معايير نمط التطبيق غير المهيكل

7.5

[en] standard for unstructured application
models

[fr] norme de modèle d'application non
structurée

[de] Normen für unstrukturierte Anwen-
dungsmodelle

[it] standard per modello di applicazione
non strutturato

[jp] 非構造化応用モデル標準

[kr] 비구조화 응용 모델 표준

[pt] padrões sobre modelos de aplicações não
estruturadas

[ru] стандарты модели
неструктурированных приложений

[es] normas de modelos de aplicaciones no
estructuradas

75430 数据库标准

[ar] معايير قاعدة البيانات

[en] database standard

[fr] norme de base de données

[de] Datenbanknormen

[it] standard di database

[jp] データベーススタンダード

[kr] 데이터베이스 표준

[pt] padrões de banco de dados

[ru] стандарты базы данных

[es] normas de bases de datos

75431 网络基础设施标准

[ar] معايير البنية التحتية الشبكية

[en] network infrastructure standard

[fr] norme de cyberinfrastructure

[de] Normen für Netzwerkinfrastruktur

[it] standard di infrastruttura di rete

[jp] ネットワークインフラ標準

[kr] 네트워크 인프라 표준

[pt] padrões de infraestrutura de rede

[ru] стандарты сетевой инфраструктуры

[es] normas de infraestructuras de red

75432 数据导入导出标准

[ar] معايير إدخال البيانات وإخراجها

[en] data import and export standard

[fr] norme d'importation et d'exportation de
données

[de] Normen für Datenimport- und export

[it] importazione ed esportazione dei dati

[jp] データの導入と導出に関する標準

[kr] 데이터 도입 및 도출 표준

[pt] normas de importação e exportação de
dados

[ru] стандарты на ввод и вывод данных

[es] normas de importación y exportación de
datos

75433 安全框架标准

[ar] معايير إطار الأمن

[en] security framework standard

[fr] norme de cadre de sécurité

[de] Normen für Sicherheitsrahmen

[it] standard di struttura di sicurezza

[jp] セキュリティフレームワーク基準

[kr] 보안 프레임워크 표준

[pt] padrões de estrutura de segurança

[ru] стандарты фреймворка безопасности

[es] normas de marcos de seguridad

75434 隐私访问控制类标准

[ar] معايير التحكم في الوصول إلى الخصوصية

[en] privacy access control standard

[fr] norme de contrôle d'accès à la
confidentialité

[de] Normen für Zugangskontrolle zu Privat-
datenschutz

[it] standard di controllo dell'accesso alla
privacy

[jp] プライバシーアクセスコントロール標
準

[kr] 프라이버시 접근 제어 표준

[pt] padrões de controlo de acesso à
privacidade

[ru] стандарты контроля доступа к конфиденциальности

[es] normas de control del acceso a la privacidad

75435 持久存储技术标准

[ar] معايير تقنية التخزين طويل الأمد

[en] technical standard for persistent storage

[fr] norme technique de stockage persistant

[de] Technische Normen für dauerhafte Speicherung

[it] standard tecnico per la memorizzazione persistente

[jp] 永続性記憶技術基準

[kr] 지속 저장 기술 표준

[pt] padrão de tecnologia para armazenagem permanente

[ru] технические стандарты постоянного хранения

[es] normas técnicos para almacenamiento persistente

75436 数据库并发控制协议标准

[ar] معايير اتفاقية التحكم التزامني في قاعدة البيانات

[en] standard for database concurrency control protocol

[fr] normes de protocole de contrôle d'accès simultané aux bases de données

[de] Normen für das Datenbank-Parallelitäts-kontrollprotokoll

[it] standard per il protocollo di controllo della concorrenza di database

[jp] データベース並行制御プロトコル基準

[kr] 데이터베이스 동시 발생 제어 협약 표준

[pt] normas para o protocolo de controlo de concordância de bases de dados

[ru] стандарты для протокола управления многозадачностью базой данных

[es] normas para el protocolo de control de concurrencia de bases de datos

---

7.5.5 标准化示范项目

[ar] المشروعات النموذجية للتوحيد القياسي

[en] Demonstration Projects in Standardization

[fr] Projet de démonstration de normalisation

[de] Normungs-Demonstrationsprojekt

[it] Progetto di dimostrazione standardizzato

[jp] 標準化モデルプロジェクト

[kr] 표준화 시범 프로젝트

[pt] Projeto Demonstrativo de Padronização

[ru] Демонстрационные проекты стандартизации

[es] Proyecto de Demostración de Normalización

75501 贵阳大数据交易所"大数据交易标准试点基地"

[ar] قاعدة تجريبية قياسية لتجارة البيانات الضخمة التابعة لبورصة التبادل العالمي (قوييانغ ، الصين)

[en] Big Data Trading Standardization Pilot Site of Global Big Data Exchange (Guiyang, China)

[fr] Base pilote de normalisation du trading des mégadonnées de la Bourse internationale de mégadonnées (Guiyang, Chine)

[de] „Normungspilotbasis für Big Data-Transaktion" von Globaler Big Data-Börse (Guiyang, China)

[it] Pilota di standardizzazione del commercio dei Big Data della Global Big Data Exchange (Guiyang, Cina)

[jp] ビッグデータ取引所「ビックデータ取引標準試験地」(中国貴陽)

[kr] 빅데이터 거래소 '빅데이터 거래 표준 시범 기지' (중국 구이양)

[pt] Big Data Exchange - Base Piloto de Padronização de Transações de Big Data

7.5

(Guiyang, China)

[ru] Пилотный участок для стандартов обмена большими данными при Гуйянском центре обмена большими данными (Гуйян, Китай)

[es] Base Piloto de Normas de Comercio de Big Data para la Bolsa de Big Data (Guiyang, China)

75502 徐州智慧城市信息资源枢纽

[ar] مركز موارد المعلومات لمدينة شيتشو الذكية

[en] Smart City Information Resource Hub of Xuzhou City

[fr] Centre de ressources d'information de la ville smart de Xuzhou

[de] Informationsressourcenknotenpunkt für intelligente Stadt Xuzhou

[it] Hub delle risorse di informazioni sulla città intelligente di Xuzhou

[jp] 徐州スマートシティ情報リソースハブ

[kr] 쉬저우시 스마트 시티 정보 자원 센터

[pt] Centro de Recursos de Informações da Cidade Inteligente de Xuzhou

[ru] Сюйчжоуский муниципальный узел информационных ресурсов умного города

[es] Centro de recursos de información para la ciudad inteligente de Xuzhou

75503 昆明国家经开区城市智能运营中心 (IOC)

[ar] مركز التشغيل الذكي الحضري لمنطقة التنمية الاقتصادية الوطنية لمدينة كونمينغ

[en] Intelligent Operations Center (IOC) of State-Level Kunming Economic and Technological Development Zone

[fr] Centre d'opérations intelligent de la Zone nationale de développement technologique et économique de Kunming

[de] Intelligentes Operationszentrum der Nationalen Wirtschafts- und Technolo- gieentwicklungszone Kunming

[it] Centro di operazioni intelligenti della zona nazionale di svilppo dell'economia e tecnologia di Kunming

[jp] 昆明国家経済技術開発区都市のインテ リジェントオペレーションセンター

[kr] 쿤밍 국가 경제개발구 도시 지능화 운영 센터

[pt] Centro de Operações Inteligentes (IOC) da Zona Nacional de Desenvolvimento Tecnológico e Econômico de Kunming

[ru] Интеллектуальный операционный центр (IOC) Куньминской зоны экономического и технологического развития государственного уровня

[es] Centro de Operaciones Inteligentes de la Zona Nacional de Desarrollo Económico y Tecnológico de Kunming

75504 "数控金融"互联网金融大数据监管

[ar] رقابة على البيانات الضخمة المالية لإنترنت "مالية التحكم الرقمي"

[en] Digital Controlled Finance: big data- based regulation of Internet finance

[fr] « finance numériquement contrôlée » : régulation des mégadonnées de la cyberfinance

[de] digital kontrollierte Finanz: Big Data- Regulierung der Internetfinanz

[it] finanza controllata digitale: regolamento di Big Data dell'Internet finance

[jp] 「デジタル制御金融」インターネット金 融ビッグデータ管理

[kr] '디지털 금융' 인터넷 금융 빅데이터 감 독 관리

[pt] Finanças controladas digitais: supervisão de big data de finanças da Internet

[ru] Финансы с цифровым управлением: регулирование интернет-финансов на основе больших данных

7.5

[es] Finanzas Controladas Digitalmente: regulación de finanzas en Internet mediante Big Data

75505 农业部农批市场价格挖掘及可视化平台

[ar] منصة مرئية لوزارة الزراعة لاستخراج أسعار المنتجات الزراعية في سوق الجملة

[en] Ministry of Agriculture's Agricultural Product Wholesale Market Price Mining and Visualization Platform

[fr] Plate-forme de surveillance et de visualisation des prix des produits agricoles du marché de gros sous la tutelle du Ministère de l'Agriculture de Chine

[de] Plattform zur Überwachung und Visualisierung der Großhandelspreise der Agrarerzeugnisse, getrieben durch Landwirtschaftsministerium China

[it] Ministero dell'agricoltura della Cina — Piattaforma di visualizzazione e monitoraggio dei prezzi di mercato all'ingrosso dei prodotti agricoli

[jp] 中国農業部農産品卸売市場価格マイニング・ビジュアライゼーションプラットフォーム

[kr] 농업부 농산물 도매시장 가격 마이닝 및 가시화 플랫폼

[pt] Ministério da Agricultura da China - Plataforma de Visualização e Mineração de Preços de Mercado Atacadista de Produtos Agrícolas

[ru] Платформа для извлечения информации из данных об оптовых рыночных ценах на рынках сельскохозяйственной продукции и их визуализация Министерства сельского хозяйства Китая

[es] Plataforma de Minería y de Visualización de Precios de Mercado Mayoristas de Productos Agrícolas del Ministerio Agricultura de China

75506 海尔COSMOPlat空调噪音大数据智能分析

[ar] تحليل ذكي للبيانات الضخمة عن معامل ضوضاء مكيف الهواء COSMOPlat لشركة هاير

[en] Haier COSMOPlat intelligent big data analysis of air conditioner noise

[fr] analyse intelligente des mégadonnées du bruit du climatiseur COSMOPlat de Haier

[de] intelligente Big Data-Analyse des Geräusches der Klimaanlage COSMOPlat von Haier

[it] analisi intelligente di Haier COSMOPlat sui Big Data del rumore da aria condizionanata

[jp] ハイアールCOSMOPlatエアコン騒音に対するインテリジェントビッグデータ分析

[kr] 하이얼 COSMOPlat 에어컨 소음 빅데이터 스마트 분석

[pt] Haier COSMOPlat - Análise inteligente de big data do ruído de ar condicionado

[ru] Интеллектуальный анализ больших данных о шуме кондиционера Haier COSMOPlat

[es] análisis inteligente de Big Data del ruido del acondicionador de aire COSMOPlat de Haier

75507 长安汽车智能制造大数据项目

[ar] مشروع البيانات الضخمة للتصنيع الذكي لشركة تشانغآن للسيارات

[en] Chang'an Automobile Intelligent Manufacturing Big Data Project

[fr] Projet de mégadonnées sur la fabrication intelligente du Groupe d'automobile de Chang'an

[de] Big Data-Projekt der intelligenten Ferti-

7.5

gung von Chang'an Automobil

[it] Progetto dei Big Data della Chang'an automobile intelligent manufacturing

[jp] 長安自動車インテリジェント製造ビッグデータプロジェクト

[kr] 창안 자동차 스마트 제조 빅데이터 프로젝트

[pt] Projeto de Big Data de Fabricação Inteligente da Chang'an Automobile

[ru] Интеллектуальный производственный проект использования больших данных компании Chang'an Automobile

[es] Proyecto de Big Data de Fabricación Inteligente de Automóviles Chang'an

75508 江苏工业大数据重点标准编制

[ar] إعداد المعايير الرئيسية للبيانات الصناعية الضخمة لمقاطعة جيانغسو

[en] compilation of industrial big data key standards of Jiangsu Province

[fr] élaboration des normes clés de mégadonnées industrielles de la Province du Jiangsu

[de] Zusammenstellung industrieller Big Data-Schlüsselnormen der Provinz Jiangsu

[it] compilazione degli standard chiave dei Big Data industriali della provincia del Jiangsu

[jp] 江蘇省の産業用ビッグデータの重点標準編集

[kr] 지앙쑤 산업 빅데이터 중요 표준 편성

[pt] compilação de padrões importantes de big data industrial da Província de Jiangsu

[ru] составление основных стандартов больших данных промышленности провинции Цзянсу

[es] compilación de normas clave de Big Data industriales de la provincia de Jiangsu

75509 国网电力大数据应用案例

[ar] قضايا تطبيق البيانات الضخمة للطاقة الكهربائية للشبكة الوطنية

[en] application cases of electricity big data of State Grid Corporation of China

[fr] cas d'application des mégadonnées de l'électricité de la State Grid Corporation de Chine

[de] Anwendungsfälle von Big Data der State Grid Corporation von China

[it] casi applicativi di Big Data dell'elettricità della state grid corporation cinese

[jp] 中国国家電力公司の電力ビッグデータのユースケース

[kr] 차이나 스테이트 그리드 전력 빅데이터 응용 사례

[pt] casos de aplicação de big data de electricidade da State Grid Corporation of China

[ru] прецеденты использования больших данных корпорацией State Grid Corporation of China

[es] casos de uso de Big Data de electricidad de la Corporación Estatal de la Red Eléctrica de China

75510 浙江移动"天盾"反欺诈系统

[ar] نظام "تيان دونغ" مكافحة الاحتيال للاتصالات المحمولة لشركة تشجيانغ

[en] Sky Shield Anti-Fraud System of China Mobile Zhejiang

[fr] Système anti-fraude Sky Shield de China Mobile du Zhejiang

[de] Mobiles „Sky Shield"-Betrugsbekämp-fungssystem der Provinz Zhejiang

[it] Sistema antifrode dello Zhejiang Mobile Sky Shield

[jp] 浙江省モバイル「スカイシールド」詐欺対策システム

[kr] 저장 모바일 '스카이 쉴드' 안티 사기 시

스템

[pt] sistema móvel de anti-fraude "Escudo Celestial" da Província de Zhejiang

[ru] Система защиты от мошенничества «Sky Shield» для провинционной мобильной компании Чжэцзян

[es] Tiandun, (literalmente significa escudo del cielo), sistema antifraude de Big Data desarrollado por la sucursal provincial de Zhejiang de China Mobile

75511　国家邮政局数据管控系统

[ar] نظام الإدارة والتحكم في بيانات مكتب البريد الوطني

[en] Data Management and Control System of the State Post Bureau of China

[fr] Système de gestion et de contrôle de données de l'Office national des postes

[de] Datenmanagements- und Kontrollsystem des Staatlichen Postamtes von China

[it] Sistema di gestione e controllo dei dati dell'Ufficio Postale Statale della Cina

[jp] 中国国家郵政局データ管理制御システム

[kr] 국가 우체국 데이터 관리 제어 시스템

[pt] Sistema da Gestão e Controlo de Dados da Administração Estatal dos Correios da China

[ru] Система управления и контроля данных Государственного управления почты и связи Китая

[es] Sistema de Gestión y Control de Datos del Buró Estatal Postal de China

75512　重庆两江大数据双创孵化基地

[ar] حاضنة البيانات الضخمة عن الإبداع الثنائي التابعة لمنطقة ليانغجيانغ الجديدة في مدينة تشونغتشينغ

[en] Chongqing Liangjiang Incubator for Big Data Mass Innovation and Entrepreneurship

[fr] Incubateur Liangjiang de Chongqing pour l'innovation et l'entrepreneuriat de masse des mégadonnées

[de] Inkubationsbasis für Big Data-Innovation und Unternehmertum im Bezirk Liangjiang der Stadt Chongqing

[it] Incubatore di Chongqing Liangjiang per l'innovazione di massa e l'imprenditoria dei Big Data

[jp] 重慶両江ビッグデータ二重創造インキュベーション基地

[kr] 충칭 량쟝 빅데이터 혁신 창업 인큐베이터 기지

[pt] Base Incubadora para Inovação em Massa de Big Data e Empreendedorismo de Chongqing Liangjiang

[ru] Инкубатор массовых инноваций и предпринимательства в сфере больших данных для района Лянцзяна города Чунцин

[es] Incubadora de Empresas de para la Innovación y el Emprendimiento Masivos en Big Data de la Nueva Área Liangjiang, Chongqing

75513　本溪大健康服务平台

[ar] منصة ضخمة للخدمة الصحية في مدينة بنشي

[en] Healthcare Service Platform of Benxi City

[fr] Grande plate-forme de service médical de Benxi

[de] Große Serviceplattform für Gesundheitswesen der Stadt Benxi

[it] Piattaforma del Servizio Saniatario Municipale di Benxi

[jp] 本渓大健康サービスプラットフォーム

[kr] 번시 대건강 서비스 플랫폼

[pt] Plataforma de Serviços de Big Health de Benxi

[ru] Платформа Big Health Service в городе Бэньси

[es] Plataforma integral de servicios médicos en Benxi

7.5

75514　CCDI版权监测案例

[ar] قضية مراقبة سحابة حقوق النشر CCDI

[en] China Culture Data Industry (CCDI) copyright monitoring case

[fr] cas de surveillance du droit d'auteur de la China Culture Data Industry

[de] Urheberrechtsüberwachungsfall der chinesischen Kulturdatenindustrie

[it] casi di monitoraggio di copyright dell'Industria dei Dati sulla Cultura della Cina

[jp] CCDI 著作権モニタリングケース

[kr] 중국 문화 데이터 산업(CCDI) 저작권 모니터링 사례

[pt] Casos do Monitoramento do Direito Autoral da Indústria dos Dados Culturais da China

[ru] прецеденты мониторинга авторских прав China Culture Data Industry

[es] caso de monitoreo de derechos del autor del Sector de los Datos Culturales en China

75515　山东警务云计算项目

[ar] مشروع الحوسبة السحابية الشرطية لمقاطعة شانغدونغ

[en] Shandong Provincial Policing Cloud Computing Project

[fr] Projet d'informatique en nuage du maintien de l'ordre dans le Shandong

[de] Cloud-Computingprojekt der Polizei-dienst der Provinz Shandong

[it] Progetto di cloud computing di polizia di Shandong

[jp] 山東省警務クラウドコンピューティングプログラム

[kr] 산동 경찰 업무 클라우드 컴퓨팅 프로젝트

[pt] Projeto de computação em nuvem de trabalhos policiais de Shandong

[ru] Шаньдунский провинционный проект облачных вычислений для полицейской службы

[es] Proyecto de computación en la nube para asuntos de policía de Shandong

75516　国家电网公司非结构化大数据管理平台

[ar] منصة إدارة البيانات الضخمة غير المهيكلة التابعة لشركة الشبكة الكهربائية الوطنية

[en] unstructured big data management platform of State Grid Corporation of China

[fr] plate-forme de gestion des mégadonnées non structurées de la State Grid Corporation de Chine

[de] unstrukturierte Big Data-Managements-plattform der State Grid Corporation von China

[it] piattaforma non strutturata per la gestione di Big Data di state grid corporation della china

[jp] 中国国家電網公司の非構造化ビッグデータ管理プラットフォーム

[kr] 차이나 스테이트 그리드 회사 비구조화 빅데이터 관리 플랫폼

[pt] Plataforma da Gestão de Big Data não Estruturado da State Grid Corporation of China

[ru] платформа управления неструктурированными большими данными для корпорации State Grid Corporation of China

[es] plataforma de gestión de Big Data no estructurados de la Corporación Estatal de la Red Eléctrica de China

75517　京东全业务数据分析与应用

[ar] تحليل وتطبيق بيانات الأعمال الشاملة لشركة جينغدونغ

[en] full-business data analysis and application of JD.com

[fr] analyse et application de données de l'ensemble des activités du Goupe JD

7.5

[de] Analyse und Anwendung der vollständigen Geschäftsdaten von JD.com

[it] analisi e applicazione dei dati dell'intera azienda di JD.com

[jp] 京東のフルビジネスデータ分析と応用

[kr] 징둥 풀 비즈니스 데이터 분석과 응용

[pt] Análise e aplicação de dados do negócio completo da JD.com

[ru] анализ и применение полных бизнес-данных для компании JD.com

[es] análisis de datos de negocios completos y aplicación de JD.com

75518 重庆智能交通物联网大数据服务平台

[ar] منصة خدمة البيانات الضخمة لإنترنت الأشياء لقطاع النقل الذكي بمدينة تشونغتشينغ

[en] Chongqing Municipal RFID-Based Transportation Database Platform

[fr] plate-forme de service de mégadonnées sur l'Internet des objets du transport commun intelligent de Chongqing

[de] Big Data und IoT-Serviceplattform für intelligenten Verkehr der Stadt Chongqing

[it] piattaforma IoT sul trasporto intelligente di Chongqing

[jp] 重慶インテリジェント交通 IoT ビッグデータサービスプラットフォーム

[kr] 충칭 스마트 교통 사물 인터넷 빅데이터 서비스 플랫폼

[pt] Plataforma de serviço de big data da Internet das coisas do transporte inteligente de Chongqing

[ru] Интеллектуальная муниципальная транспортная платформа базы данных на основе радиочастотной идентификации в городе Чунцина

[es] Plataforma de servicios de Big Data de Internet de las Cosas de transporte inteligente de Chongqing

75519 海南区域医疗大数据平台

[ar] منصة البيانات الضخمة الطبية الإقليمية بمقاطعة هاينان

[en] Hainan's regional health big data platform

[fr] plate-forme de mégadonnées sur la santé publique régionale du Hainan

[de] regionale Big Data-Plattform für Gesundheitswesen der Provinz Hainan

[it] piattaforma di Big Data sul servizio sanitario regionale di Hainan

[jp] 海南地域医療ビッグデータプラットフォーム

[kr] 하이난 지역 의료 빅데이터 플랫폼

[pt] Plataforma de big data de serviço médico regional de Hainan

[ru] Региональная платформа для работы с клиническими большими данными в провинции Хайнань

[es] plataforma de Big Data de la Salud regional de Hainan

75520 星网视易跨媒体大数据云服务产业化

[ar] تصنيع الخدمة السحابية للبيانات الضخمة عابرة وسائل الإعلام لشركة شينغوانغشيبي

[en] Starnet eVideo's industrialization of cross-media big data cloud service

[fr] industrialisation des services de nuage des mégadonnées cross-média du Starnet eVideo

[de] medienübergreifende Industrialisierung von Big Data-Cloud-Service beim Starnet e Video

[it] industrializzazione del servizio cloud di Big Data su media dati starnet eVideo

[jp] 星網視易(情報システム社)のクロスメディアビッグデータクラウドサービスの産業化

[kr] 싱왕스이(星网视易) 크로스 미디어 빅데이터 클라우드 서비스 산업화

[pt] industrialização de serviço em nuvem de

7.5

big data trans-mídia do Star-net eVideo

[ru] индустриализация облачных услуг межсредовых больших данных для компании Starnet eVideo

[es] industrialización de servicios en la nube de Big Data de distintos medios Starnet eVideo (una empresa información de videos)

7.5

8 大数据安全

8.1　安全基础

[ar] الأساس الأمني

[ar] الأساس الأمني

[en] **Security Foundation**

[fr] **Fondement de sécurité**

[de] **Sicherheitsgrundlage**

[it] **Fondamenta di sicurezza**

[jp] **安全基礎**

[kr] **보안 기초**

[pt] **Base de Segurança**

[ru] **Основы безопасности**

[es] **Fundamento de Seguridad**

8.1.1　设施平台

[ar] منصة المنشأة

[en] **Facility Platform**

[fr] **Plate-forme d'installation**

[de] **Einrichtungsplattform**

[it] **Piattaforma della struttura**

[jp] 施設プラットフォーム

[kr] 시설 플랫폼

[pt] **Plataforma de Instalações**

[ru] **Инфраструктура и платформа**

[es] **Plataforma de Instalaciones**

81101　公钥基础设施

[ar] بنية تحتية للمفتاح العام

[en] public key infrastructure (PKI)

[fr] infrastructure à clé publique

[de] Infrastruktur öffentlicher Schlüssel

[it] infrastruttura a chiave pubblica

[jp] 公開鍵基盤

[kr] 공개키 인프라

[pt] infraestrutura da chave pública

[ru] инфраструктура открытых ключей

[es] infraestructura de clave pública

81102　基础网络系统

[ar] نظام الشبكة الأساسية

[en] basic network system

[fr] système de réseau de base

[de] grundlegendes Netzwerksystem

[it] sistema delle reti di base

[jp] 基礎ネットワークシステム

[kr] 기본 네트워크 시스템

[pt] sistema da rede básica

[ru] базовая сетевая система

[es] sistema de red básica

81103　关键信息基础设施安全

[ar] أمن البنية التحتية للمعلومات المحورية

[en] critical information infrastructure security

[fr] sécurité de l'infrastructure critique d'information

[de] Sicherheit der Schlüsselinformationsinfrastruktur

[it] sicurezza dell'infrastruttura di informazione critica

[jp] 重要情報インフラのセキュリティ

[kr] 핵심 정보 인프라 보안

[pt] segurança da infraestrutura de informações chave

[ru] безопасность критически важной информационной инфраструктуры

[es] seguridad de infraestructuras de información críticas

81104 互联网接入

[ar] وصول إلى الإنترنت

[en] Internet access

[fr] accès à Internet

[de] Internet-Zugang

[it] accesso ad Internet

[jp] インターネット接続

[kr] 인터넷 접속

[pt] acesso à Internet

[ru] доступ в Интернет

[es] acceso a Internet

81105 服务器托管

[ar] استضافة الخادم

[en] server hosting

[fr] hébergement de serveur

[de] Server-Treuhandschaft

[it] server hosting

[jp] サーバー管理委託

[kr] 서버 호스팅

[pt] hospedagem de servidores

[ru] хостинг сервера

[es] alojamiento de servidores

81106 网络交换设备

[ar] معدات التبادل الشبكي

[en] network switching equipment

[fr] commutateur réseau

[de] Netzwerk-Kopplungsgeräte

[it] apparecchiature di commutazione di rete

[jp] ネットワーク交換装置

[kr] 네트워크 교환 장치

[pt] equipamento de comutação em rede

[ru] сетевое коммутационное оборудование

[es] equipos de conmutación de redes

81107 网络产品

[ar] منتجات الشبكة

[en] network product

[fr] produit de réseau

[de] Netzwerkprodukt

[it] prodotti di rete

[jp] ネット製品

[kr] 네트워크 제품

[pt] produto de rede

[ru] коммерческие сетевые средства

[es] productos de red

81108 网络服务

[ar] خدمة الشبكة

[en] network service

[fr] service de réseau

[de] Netzwerkservice

[it] servizio di rete

[jp] ネットワークサービス

[kr] 네트워크 서비스

[pt] serviço de rede

[ru] сетевая услуга

[es] servicios en red

81109 网络存储

[ar] تخزين على الإنترنت

[en] network storage

[fr] stockage en réseau

[de] Netzwerkspeicherung

[it] memorizzazione di rete

[jp] ネットストレージ

[kr] 네트워크 저장

[pt] armazenamento em rede

[ru] сетевое хранилище

[es] almacenamiento en red

81110 通信传输

[ar] نقل الاتصالات

[en] communication
[fr] transmission de communication
[de] Kommunikationsübertragung
[it] trasmissione della comunicazione
[jp] 通信伝送
[kr] 통신 전송
[pt] transmissão de comunicação
[ru] коммуникация
[es] transmisión de comunicaciones

81111 全源网络情报
[ar] مخابرات شبكة كاملة المصدر
[en] all-source network intelligence
[fr] centre de renseignement de toutes sources en réseau
[de] Netzwerknachrichten aus allen Quellen
[it] intelligenza di rete all-source
[jp] オールソースネットワーク情報
[kr] 올소스 네트워크 정보
[pt] inteligência de rede de todas as fontes
[ru] данные сетевой разведки из всех источников
[es] inteligencia de red para todas las fuentes

81112 软件闭锁
[ar] قفل البرنامج
[en] software hoarding
[fr] vérouillage par logiciel
[de] Software-Sperre
[it] accaparramento del software
[jp] ソフトウェアホーディング
[kr] 소프트웨어 락킹
[pt] software de bloqueio
[ru] присвоение программного обеспечения
[es] acumulación de software

81113 交换机设备
[ar] جهاز التبديل
[en] switch
[fr] commutateur

[de] Vermittlungsanlage
[it] commutatore
[jp] スイッチ装置
[kr] 교환기 설비
[pt] dispositivo de comutação
[ru] коммутационное устройство
[es] dispositivo conmutador

81114 数字用户线路
[ar] خط مستخدم الأرقام
[en] digital subscriber line
[fr] ligne d'abonné numérique
[de] digitaler Teilnehmeranschluss
[it] linea abbonati digitale
[jp] デジタル加入者線
[kr] 디지털 사용자 라인
[pt] linha de assinante de dados
[ru] цифровая абонентская линия
[es] línea de abonado digital

81115 专用网到网接口
[ar] واجهة توصيل الشبكة الخاصة بالإنترنت
[en] private network-to-network interface (PNNI)
[fr] interface réseau à réseau privée
[de] private Netzwerk-zu-Netzwerk-Schnitt-stelle
[it] interfaccia rete-rete privata
[jp] プライベートネットワーク間インターフェース
[kr] 사설 네트워크-네트워크 인터페이스
[pt] interface de rede privada a rede
[ru] частный межсетевой интерфейс
[es] interfaz privada de red a red

81116 公共交换电信网
[ar] شبكة اتصالات التبادل العامة
[en] public switched telephone network
[fr] réseau téléphonique commuté public
[de] Telekommunikationsnetz für den öffent-lichen Austausch

8.1

[it] rete telefonica pubblica commutata

[jp] 公衆交換電話網

[kr] 공공 교환 통신망

[pt] rede de telecomunicações comutada pública

[ru] телекоммуникационная сеть общего пользования

[es] red de telecomunicación conmutada pública

81117 无线接入设备

[ar] جهاز الوصول اللاسلكي

[en] wireless access device

[fr] dispositif d'accès sans fil

[de] drahtloses Zugangsgerät

[it] dispositivo di accesso senza fili

[jp] 無線アクセスデバイス

[kr] 무선 액세스 설비

[pt] equipamento de acesso sem fio

[ru] устройство беспроводного доступа

[es] dispositivo de acceso inalámbrico

81118 工业控制系统

[ar] نظام التحكم الصناعي

[en] industrial control system

[fr] système de contrôle industriel

[de] industrielle Steuerungssystem

[it] sistema di controllo industriale

[jp] 産業用制御システム

[kr] 산업 제어 시스템

[pt] sistema de controlo industrial

[ru] система промышленного контроля

[es] sistema de control industrial

81119 WiFi保护设置

[ar] إعدادات حماية WiFi

[en] WiFi Protected Setup

[fr] configuration de protection de Wi-Fi

[de] WiFi-geschützte Installation

[it] configurazione protetta Wi-Fi

[jp] WiFi 保護設置

[kr] WiFi 보호 설치

[pt] configuração protegida de Wi-Fi

[ru] защищенная установка Wi-Fi

[es] Configuraciones Protegida de Wi-Fi

81120 安全建设

[ar] إنشاء أمني

[en] security improvement

[fr] construction de la sécurité

[de] Sicherheitsaufbau

[it] costruzione di sicurezza

[jp] セキュリティ建設

[kr] 보안 구축

[pt] construção de segurança

[ru] повышение уровня безопасности

[es] construcción de la seguridad

81121 安全整改

[ar] تصحيح أمني

[en] security hazard elimination

[fr] renforcement de la sécurité

[de] Sicherheitsverstärkung

[it] rafforzzamento di sicurezza

[jp] セキュリティ対策

[kr] 보안 강화

[pt] fortalecimento de segurança

[ru] устранение угроз безопасности

[es] rectificación y mejora de la seguridad

8.1.2   风险识别

[ar] **تمييز المخاطر**

[en] **Risk Identification**

[fr] **Identification des risques**

[de] **Risiko-Erkennung**

[it] **Identificazione del rischio**

[jp] **リスク識別**

[kr] **리스크 식별**

[pt] **Identificação de Risco**

[ru] **Идентификация риска**

[es] **Identificación de Riesgos**

81201 可信软件设计

[ar] تصميم البرنامج الموثوقة

[en] trusted software design

[fr] développement de logiciel fiable

[de] zuverlässiges Software-Design

[it] progettazione software affidabile

[jp] 信頼できるソフトウェア設計

[kr] 신뢰 소프트웨어 디자인

[pt] desenho de software confiável

[ru] достоверный дизайн программного обеспечения

[es] diseño de software de confianza

81202 可信人工智能

[ar] ذكاء اصطناعي موثوق

[en] trusted AI

[fr] intelligence artificielle fiable

[de] zuverlässige KI

[it] intelligenza artificiale affidabile

[jp] 信頼できる人工知能

[kr] 신뢰 인공지능

[pt] inteligência artificial confiável

[ru] доверенный интеллектуальный интеллект

[es] inteligencia artificial de confianza

81203 人工智能社交网络攻击

[ar] هجمات على مواقع التواصل الاجتماعي عبر تكنولوجيا الذكاء الاصطناعي

[en] AI-powered social network attack

[fr] cyberattaque au réseau social basée sur l'intelligence artificielle

[de] KI-basierte Angriffe auf soziales Netzwerk

[it] attacchi ai social network basati sull'intelligenza artificiale

[jp] 人工知能によるSNS 攻撃

[kr] 인공지능 소셜 네트워크 공격

[pt] ataques de redes sociais com inteligência artificial

[ru] атаки на социальные сети с использованием интеллектуального интеллекта

[es] ataques a redes sociales impulsados por inteligencia artificial

81204 人工智能金融攻击

[ar] هجمات مالية عبر تكنولوجيا الذكاء الاصطناعي

[en] AI-powered financial attack

[fr] attaque financière basée sur l'intelligence artificielle

[de] KI-basierte finanzielle Angriffe

[it] attacchi finanziari basati sull'intelligenza artificiale

[jp] 人工知能による金融攻撃

[kr] 인공지능 금융 공격

[pt] ataques financeiros com inteligência artificial

[ru] финансовые атаки при поддержке интеллектуального интеллекта

[es] ataques financieros impulsados por inteligencia artificial

81205 威胁识别

[ar] تمييز مكان التهديد

[en] threat identification

[fr] identification de menace

[de] Erkennung der Bedrohung

[it] identificazione della minaccia

[jp] 脅威識別

[kr] 위협 식별

[pt] identificação de ameaças

[ru] идентификация угрозы

[es] identificación de amenazas

81206 网络身份识别

[ar] تمييز الهوية السيبرانية

[en] electronic identification (eID)

[fr] identification électronique

[de] elektronische Identifikation

[it] identificazione elettronica

[jp] ネットワークID 識別

8.1

929

8.1

[kr] 네트워크 신분 식별

[pt] identificação eletrónica

[ru] электронная идентификация

[es] identificación electrónica

81207 个人信息安全影响评估

[ar] تقييم تأثير أمن المعلومات الشخصية

[en] impact assessment for personal information security

[fr] évaluation de l'impact sur la sécurité des informations personnelles

[de] Folgenabschätzung für die Sicherheit persönlicher Informationen

[it] valutazione d'impatto per la sicurezza di informazioni personali

[jp] 個人情報セキュリティの影響評価

[kr] 개인 정보 보안 영향 평가

[pt] avaliação de impacto para segurança de informações pessoais

[ru] оценка воздействия на безопасность личной информации

[es] evaluación del impacto para la seguridad de la información personal

81208 杂凑值

[ar] قيمة مزيجة

[en] hash value

[fr] valeur de hachage

[de] Hashwert

[it] valore hash

[jp] ハッシュ値

[kr] 해시값

[pt] valor de hash

[ru] хэш-значение

[es] valor hash

81209 恶意软件

[ar] برامج خبيثة

[en] malware

[fr] logiciel malveillant

[de] Malware

[it] software dannoso

[jp] マルウェア

[kr] 악성 소프트웨어

[pt] software malicioso

[ru] вредоносное программное обеспечение

[es] software malicioso

81210 漏洞补丁

[ar] إصلاح الثغرات

[en] vulnerability patch

[fr] correctif pour une vulnérabilité

[de] Schwachstellen-Patch

[it] patch di vulnerabilità

[jp] 脆弱性パッチ

[kr] 버그 패치

[pt] patch para vulnerabilidade

[ru] патч уязвимости

[es] parche de vulnerabilidad

81211 垃圾邮件

[ar] بريد مزعج

[en] spam

[fr] pourriel

[de] Spam

[it] spam

[jp] 迷惑メール

[kr] 스팸 메일

[pt] correioemail de lixo

[ru] спам

[es] correo basura

81212 搜索污染

[ar] تلوث البحث

[en] search pollution

[fr] référencement abusif

[de] Suchverschmutzung

[it] ricerca inquinamento

[jp] 検索汚染

[kr] 검색 오염

[pt] poluição nos motores de busca

[ru] поисковое загрязнение
[es] contaminación de búsquedas

81213 信息泄露
[ar] إفشاء المعلومات
[en] information leakage
[fr] fuite d'information
[de] Verrat von Informationen
[it] perdita delle informazioni
[jp] 情報漏洩
[kr] 정보 유출
[pt] divulgaçãovazamento de informação
[ru] раскрытие информации
[es] revelación de información

81214 身份盗窃
[ar] سرقة الهوية
[en] identity theft
[fr] vol d'identité
[de] Identitätsdiebstahl
[it] furto d'identità
[jp] アイデンティティ盗難
[kr] 신분 도용
[pt] roubo de identidade
[ru] кража личности
[es] robo de identidad

81215 数据滥用
[ar] إساءة استخدام البيانات
[en] data abuse
[fr] abus de données
[de] Datenmissbrauch
[it] abuso dei dati
[jp] データ濫用
[kr] 데이터 남용
[pt] abuso de dados
[ru] злоупотребление данными
[es] abuso de datos

81216 数据窃取
[ar] سرقة البيانات

[en] data theft
[fr] vol de données
[de] Datendiebstahl
[it] furto dei dati
[jp] データ窃盗
[kr] 데이터 도난
[pt] roubo de dados
[ru] кража данных
[es] robo de datos

81217 数据篡改
[ar] تحريف البيانات
[en] data tampering
[fr] falsification de données
[de] Manipulation von Daten
[it] manomissione dei dati
[jp] データの改ざん
[kr] 데이터 왜곡
[pt] alteração de dados
[ru] подделка данных
[es] manipulación no autorizada de datos

81218 非法使用
[ar] استخدام غير قانوني
[en] illegal use
[fr] utilisation illégale
[de] illegale Verwendung
[it] uso illegale
[jp] 違法利用
[kr] 불법 사용
[pt] uso ilegal
[ru] незаконное применение
[es] uso ilegal

81219 计算机病毒
[ar] فيروس الحاسوب
[en] computer virus
[fr] virus informatique
[de] Computervirus
[it] computer virus
[jp] コンピュータウイルス

[kr] 컴퓨터 바이러스

[pt] vírus de computador

[ru] компьютерный вирус

[es] virus informático

81220 数据监听

[ar] تنصت على البيانات

[en] data monitoring

[fr] surveillance de données

[de] Datenüberwachung

[it] monitoraggio dei dati

[jp] データのモニタリング

[kr] 데이터 모니터링

[pt] monitorização de dados

[ru] мониторинг данных

[es] escucha de datos

81221 旁路控制

[ar] تحكم دائرة جانبية

[en] by-pass control

[fr] commande de dérivation

[de] Bypass-Steuerung

[it] controllo di by-pass

[jp] バイパス制御

[kr] 바이패스 제어

[pt] controlo de derivação do by-pass

[ru] обходной контроль

[es] control de derivación

81222 授权侵犯

[ar] هجوم مصرّح به

[en] authorization infringement

[fr] violation d'autorisation

[de] Berechtigungsverletzung

[it] violazione dell'autorizzazione

[jp] 権利侵害

[kr] 허가권 침해

[pt] violação de autorização

[ru] нарушение установления полномочий

[es] infracción de la autorización

81223 恶意代码防范

[ar] وقاية من الكود الخبيث

[en] malicious code prevention

[fr] prévention des codes malveillants

[de] Prävention vor Schadcode

[it] prevenzione di codice dannoso

[jp] 悪意のあるコードの防止

[kr] 악성코드 예방

[pt] prevenção de códigos maliciosos

[ru] предотвращение вредоносного кода

[es] prevención de código malicioso

81224 不可抵赖性

[ar] غير قابل للفسخ

[en] non-repudiation

[fr] non-répudiation

[de] Unleugbarkeit

[it] non disconoscibilità

[jp] 否認不可

[kr] 부인 방지

[pt] não-repúdio

[ru] неопровержение

[es] no repudio

81225 用户画像

[ar] صورة المستخدم

[en] user persona

[fr] porfilage d'utilisateur

[de] Benutzerprofil

[it] ritratto dell'utente

[jp] ユーザーペルソナ

[kr] 사용자 화상

[pt] retrato do usuário

[ru] портрет пользователя

[es] perfil del usuario

81226 非接触性犯罪

[ar] ارتكاب الجريمة عن بعد

[en] non-contact crime

[fr] crime sans contact

[de] berührungsloses Verbrechen

8.1

[it] reato senza contatto

[jp] 非接触型犯罪

[kr] 비접촉 범죄

[pt] crime sem contato

[ru] бесконтактное преступление

[es] delito sin contacto

8.1.3　防范认知

[ar] الوقاية والإدراك

[en] **Security Awareness**

[fr] **Conscience de prévention**

[de] **Präventionsbewusstsein**

[it] **Consapevolezza della prevenzione**

[jp] **予防意識**

[kr] **예방 인식**

[pt] **Conscientização de Prevenção**

[ru] **Осведомленность о рисках безопасности**

[es] **Conciencia de la Prevención**

81301　安全虚拟化

[ar] افتراضية الأمن

[en] security virtualization

[fr] virtualisation de la sécurité

[de] Sicherheitsvirtualisierung

[it] virtualizzazione di sicurezza

[jp] セキュリティ仮想化

[kr] 보안 가상화

[pt] virtualização de segurança

[ru] виртуализация безопасности

[es] virtualización de la seguridad

81302　安全即服务

[ar] أمن هو خدمة

[en] Security as a Service (SaaS)

[fr] Sécurité en tant que service

[de] Sicherheit als Service

[it] Sicurezza-come-servizio

[jp] サービスとしてのセキュリティ

[kr] 보안 즉 서비스

[pt] segurança como Serviço

[ru] Безопасность как услуга

[es] Seguridad como Servicio

81303　信息安全素养

[ar] كفاءة أمن المعلومات

[en] information security literacy

[fr] connaissance de la sécurité de l'information

[de] Informationssicherheitskompetenz

[it] alfabetizzazione per la sicurezza delle informazioni

[jp] 情報セキュリティリテラシー

[kr] 정보 보안 소양

[pt] alfabetização em segurança informática

[ru] грамотность по вопросам информационной безопасности

[es] preparación en seguridad de la información

81304　网络诚信

[ar] صدق الشبكة

[en] integrity in cyberspace

[fr] intégrité en réseau

[de] Integrität im Cyberspace

[it] integrità della rete

[jp] ネット信用

[kr] 네트워크 신의

[pt] integridade da rede

[ru] честность в киберпространстве

[es] integridad de Internet

81305　高优容差

[ar] درجة عالية من التسامح

[en] highly optimized tolerance (HOT)

[fr] tolérance hautement optimisée

[de] hochoptimierte Toleranz

[it] tolleranza altamente ottimizzata

[jp] 最適許容差

[kr] 최적화 수용

[pt] tolerância altamente otimizada

[ru] высокооптимизированная толерантность

8.1

[es] tolerancia altamente optimizada

81306 跨站脚本

[ar] برمجة نصية عبر المواقع

[en] cross-site scripting

[fr] scriptage intersite

[de] Cross-Site-Script

[it] scripting tra siti

[jp] クロスサイトスクリプティング

[kr] 크로스 사이트 스크립팅

[pt] roteiro entre sitescross-site scripting

[ru] межсайтовый скриптинг

[es] guión entre sitios distintos

81307 跨站请求伪造

[ar] طلب تزوير عبر المواقع

[en] cross-site request forgery

[fr] falsification de requête intersite

[de] Cross-Site-Anfragenfälschung

[it] falsificazione di richiesta tra siti

[jp] クロスサイトリクエストフォージェリ

[kr] 크로스 사이트 요청 위조

[pt] falsificação de solicitação entre sites

[ru] подделка межсайтовых запросов

[es] falsificación de solicitudes entre sitios
distintos

81308 弱密码

[ar] كلمات مرور ضعيفة

[en] weak password

[fr] mot de passe faible

[de] schwache Passwörter

[it] password deboli

[jp] 弱いパスワード

[kr] 취약 패스워드

[pt] senha fraca

[ru] легко раскрываемый пароль

[es] contraseñas poco seguras

81309 硬编码加密密钥

[ar] مفتاح سري مشفّر للترميز الثابت

[en] hard-coded encryption key

[fr] clé de chiffrement codée en dur

[de] fest codierter Verschlüsselungsschlüssel

[it] chiave di crittografia codificata

[jp] ハードコードされた暗号キー

[kr] 하드코드 암호화 키

[pt] chave de criptografia codificada

[ru] жестко закодированный ключ
шифрования

[es] clave de encriptación incluida en
codificación dura

81310 零日漏洞

[ar] ثغرات يوم الصفر

[en] zero-day vulnerability

[fr] vulnérabilité zero-day

[de] Zero-Day-Schwachstelle

[it] vulnerabilità zero-day

[jp] ゼロデイ脆弱性

[kr] 제로 데이 버그

[pt] vulnerabilidade Dia Zero

[ru] уязвимость нулевого дня

[es] vulnerabilidad de día cero

81311 虚拟机逃逸

[ar] هرب الآلة الافتراضية

[en] virtual machine escape

[fr] évasion de machine virtuelle

[de] Virtuelle-Computer-Flucht

[it] fuga dalla macchina virtuale

[jp] 仮想マシンのエスケープ

[kr] 가상 머신 탈출

[pt] escape da máquina virtual

[ru] побег виртуальной машины

[es] escape de máquinas virtuales

81312 傀儡机

[ar] حاسوب عميل

[en] zombie computer

[fr] ordinateur zombie

[de] Zombie-Computer

[it] computer zombi
[jp] ゾンビコンピュータ
[kr] 좀비 컴퓨터
[pt] computador zumbi
[ru] компьютер-зомби
[es] computadora zombi

81313 跨站脚本攻击
[ar] هجوم برمجة نصية عبر المواقع
[en] cross-site scripting attack
[fr] attaque de scriptage intersite
[de] Cross-Site-Scripting-Angriff
[it] attacco di scripting tra siti
[jp] クロスサイトスクリプティング攻撃
[kr] 크로스 사이트 스크립팅 공격
[pt] ataque de roteiro entre sites
[ru] межсайтовая скриптовая атака
[es] ataque de guiones entre sitios distintos

81314 千年虫问题
[ar] مشكلة علة الألفية
[en] Millennium Bug
[fr] bug de l'an 2000
[de] Millennium-Bug
[it] Baco del millennio
[jp] 2000 年問題（ミレニアム・バグ）
[kr] 이천년 문제(Y2K문제)
[pt] problema Bug Y2K bug do milénio
[ru] проблема «жук тысячелетия»
[es] Error del milenio

81315 迹象发现和预警
[ar] كشف عن آثار وتحذيرها
[en] sign detection and warning
[fr] détection et avertissement d'indice
[de] Zeichenerkennung und Warnung
[it] rilevazione di segni e allarme tempestivo
[jp] 兆候の検出と警告
[kr] 흔적 발견과 경고
[pt] deteção e alerta dos sinais
[ru] определение и предупреждение знака

[es] detección de indicios y advertencias temprana

81316 信息系统生命周期
[ar] دورة الحياة لنظام المعلومات
[en] information system lifecycle
[fr] cycle de vie du système d'information
[de] Lebenszyklus des Informationssystems
[it] ciclo di vita del sistema informativo
[jp] 情報システムのライフサイクル
[kr] 정보시스템 라이프 사이클
[pt] ciclo de vida do sistema informático
[ru] жизненный цикл информационной системы
[es] ciclo de vida de los sistemas de información

81317 漏洞扫描
[ar] مسح الثغرات
[en] vulnerability scanning
[fr] recherche de vulnérabilité
[de] Schwachstellen-Scanning
[it] scansione delle vulnerabilità
[jp] 脆弱性スキャン
[kr] 버그 스캐닝
[pt] escaneamento de vulnerabilidade
[ru] сканирование уязвимостей
[es] análisis de vulnerabilidades

81318 容错计算
[ar] حوسبة متسامحة
[en] fault-tolerant computing
[fr] informatique tolérante aux pannes
[de] fehlertolerantes Computing
[it] computing di tolleranza ai guasti
[jp] フォールトトレラントコンピューティング
[kr] 장애 내성 컴퓨팅
[pt] computação de tolerância a falhas
[ru] отказоустойчивые вычисления
[es] computación tolerante frente a fallos

8.1

81319　网络容错路由
[ar] جهاز توجيه بديل عن مثيلة العاطل
[en] network fault-tolerant routing
[fr] routage tolérant aux pannes du réseau
[de] fehlertolerantes Netzwerk-Routing
[it] routing con tolleranza agli errori di rete
[jp] ネットワークフォールトトレラント
　　　ルーティング
[kr] 네트워크 장애 내성 라우팅
[pt] roteamento tolerante a falhas na rede
[ru] отказоустойчивая маршрутизация
　　　сети
[es] enrutamiento tolerante a fallos en la red

81320　硬件冗余设计技术
[ar] تقنية تصميم الأجهزة المتكررة
[en] hardware redundancy design technology
[fr] conception de redondance des matériels
[de] Designtechnik der Hardware-Redundanz
[it] ridondanza hardware
[jp] ハードウェア冗長設計技術
[kr] 하드웨어 여분 디자인 기술
[pt] tecnologia de design para redundância
　　　de hardware
[ru] технология проектирования
　　　аппаратного резервирования
[es] diseño técnica de redundancia de
　　　hardware

81321　故障检测及信息编码技术
[ar] تكنولوجيا اكتشاف الأخطاء وترميز المعلومات
[en] fault detection and information coding
　　　technology
[fr] technologie de détection de défaut et de
　　　codage d'informations
[de] Fehlererkennungs- und Informationsco-
　　　dierungstechnik
[it] tecnologia di rilevamento di guasti e
　　　codifica di informazione
[jp] 故障検出および情報コーディング技術
[kr] 고장 검측 및 정보 코딩 기술

[pt] tecnologia de deteção de falhas e
　　　codificação de informações
[ru] технология обнаружения
　　　неисправностей и кодирования
　　　информации
[es] tecnología de detección de fallas y
　　　codificación de la información

81322　软件测试容错技术
[ar] تكنولوجيا تسامح الأخطاء عند اختبار البرمجيات
[en] software testing and fault tolerance
　　　technology
[fr] technologie de tolérence aux pannes
　　　d'essai de logiciel
[de] Softwaretest- und Fehlertoleranztechnik
[it] test di software e tecnologia di tolleranza
　　　ai guasti
[jp] ソフトウェアテスティングのフォール
　　　トトレラント技術
[kr] 소프트웨어 테스트 장애 내성 기술
[pt] técnicas de tolerância a falhas de teste de
　　　software
[ru] технология отказоустойчивости
　　　тестирования программного
　　　обеспечения
[es] técnicas de tolerancia a fallas para
　　　ensayos de software

81323　可信计算组
[ar] مجموعة الحوسبة الموثوقة
[en] Trusted Computing Group (TCG)
[fr] Trusted Computing Group
[de] Zuverlässige Computing-Gruppe
[it] Gruppo di computing affidabile
[jp] 信頼可能コンピューティンググループ
[kr] 신뢰 컴퓨팅 그룹
[pt] grupo da computação confiável
[ru] Доверенная вычислительная группа
[es] grupo de computación de confianza

81324 注册信息安全员

[ar] ضابط الأمن المسجّل للمعلومات

[en] certified information security member (CISM)

[fr] agent agréé de la sécurité de l'information

[de] zertifizierter Informationssicherheitsmanager

[it] gestore della sicurezza delle informazioni certificate

[jp] 登録情報セキュリティ管理者

[kr] 국제 공인 정보 보호 관리자

[pt] membro de segurança da informação certificado

[ru] сертифицированный менеджер по информационной безопасности

[es] administrador de seguridad de la información registrada

81325 全方位信息保证认证

[ar] ضمان وتوثيق شامل للمعلومات

[en] overall information assurance and authentication

[fr] assurance et authentification complètes des informations

[de] umfassende Informationssicherung und Authentifizierung

[it] assicurazione e autenticazione complete delle informazioni

[jp] 包括的な情報の保証と認証

[kr] 전방위 정보 보증 및 인증

[pt] autenticação de garantia pela informação global

[ru] всесторонняя гарантия и аутентификация информации

[es] aseguramiento y autenticación completa de información

81326 信息系统安全等级保护

[ar] حماية مصنفة لأمن نظام المعلومات

[en] classified protection of information

system security

[fr] protection hiérarchisée de la sécurité du système d'information

[de] klassifizierter Schutz der Informationssystemsicherheit

[it] protezione classificata della sicurezza del sistema informativo

[jp] 情報システムのセキュリティの分類保護

[kr] 정보시스템 보안 등급별 보호

[pt] proteção classificada para a segurança do sistema informático

[ru] классификационная защита безопасности информационной системы

[es] seguridad basada en la clasificación para sistemas de información

8.1.4 黑客攻击

[ar] هجمات القراصنة

[en] **Hacker Attack**

[fr] **Attaque hacker**

[de] **Hackerangriff**

[it] **Attacco hacker**

[jp] **ハッカー攻撃**

[kr] **해커 공격**

[pt] **Ataque de Hacker**

[ru] **Хакерская атака**

[es] **Ataque de Hacker**

81401 黑客

[ar] قرصان

[en] hacker

[fr] hacker

[de] Hacker

[it] hacker

[jp] ハッカー

[kr] 해커

[pt] hacker

[ru] хакер

[es] hacker

81402　黑客圈

[ar]　دائرة قراصنة

[en]　hackerdom

[fr]　communauté des hackers

[de]　Hackerdom

[it]　hackerdom

[jp]　ハッカー界

[kr]　해커 그룹

[pt]　hackerdom

[ru]　круг хакеров

[es]　hackerdom

81403　白帽子

[ar]　قبعة بيضاء

[en]　white hat

[fr]　white hat

[de]　Weißer Hut

[it]　white hat

[jp]　ホワイトハット

[kr]　화이트 해커

[pt]　white hat

[ru]　этичный хакер («Белая шляпа»)

[es]　sombrero blanco

81404　提权

[ar]　رفع مستوى الحقوق في الخادم

[en]　system permission upgrade

[fr]　mise à niveau des autorisations du système

[de]　Upgrade der Systemberechtigung

[it]　aggiornamento delle autorizzazioni di sistema

[jp]　権限昇格

[kr]　시스템 권한 업그레이드

[pt]　atualização de permissão do sistema

[ru]　повышение полномочий системы

[es]　ampliación de permisos de sistema

81405　黑客工具

[ar]　أدوات قراصنة

[en]　hacker tool

[fr]　outil de hacking

[de]　Hacker-Werkzeug

[it]　strumento di hacker

[jp]　ハッカーツール

[kr]　해커 툴

[pt]　ferramenta hacker

[ru]　хакерский инструмент

[es]　herramienta de hacker

81406　黑帽安全技术大会

[ar]　مؤتمر أمن تكنولوجيا القبعة السوداء

[en]　Black Hat Conference

[fr]　Conférence Black Hat

[de]　Schwarzer-Hut-Konferenz

[it]　Conferenza Black Hat

[jp]　ブラックハットセキュリティ会議

[kr]　블랙 햇 보안 기술 대회

[pt]　conferência de Black Hat

[ru]　Конференция специалистов по информационной безопасности Black Hat («Черная шляпа»)

[es]　Conferencia de Black Hat

81407　拒绝服务攻击

[ar]　هجوم تعليق الخدمة

[en]　denial-of-service (DoS) attack

[fr]　attaque par déni de service

[de]　DoS-Angriff

[it]　attacco di rifiuto al servizio

[jp]　サービス拒否（DoS）攻撃

[kr]　서비스 거부 공격

[pt]　ataque de negação de serviço

[ru]　атака типа «отказ в обслуживании»

[es]　ataque de denegación de servicio

81408　分布式拒绝服务攻击

[ar]　هجوم موزع لتعليق الخدمة

[en]　distributed denial-of-service (DDoS) attack

[fr]　attaque par déni de service distribué

[de]　DDoS-Angriff

[it] attacco di rifiuto-al-servizio distribuito

[jp] 分散型サービス拒否(DDoS)攻撃

[kr] 분산형 서비스 거부 공격

[pt] ataques de negação de serviço distribuídos

[ru] распределенная атака типа «отказ в обслуживании»

[es] ataque distribuido de denegación de servicio

81409 社会工程学攻击

[ar] هجوم من خلال الهندسة الاجتماعية

[en] social engineering attack

[fr] attaque par ingénierie sociale

[de] Sozial-Engineering-Angriff

[it] attacco di ingegneria sociale

[jp] ソーシャル エンジニアリング攻撃

[kr] 사회 공학 공격

[pt] ataque de engenharia social

[ru] атака социальной инженерии

[es] ataque de ingeniería social

81410 SQL注入

[ar] حقن SQL

[en] SQL injection

[fr] injection SQL

[de] SQL-Injektion

[it] iniezione SQL

[jp] SQLインジェクション

[kr] SQL 주입

[pt] Injeção de SQL

[ru] внедрение SQL-кода

[es] inyección de lenguaje de consulta estructurado

81411 节点攻击

[ar] هجوم عقدي

[en] node attack

[fr] attaque de nœud

[de] Knotenangriff

[it] attacco ai nodi

[jp] ノード攻撃

[kr] 노드 공격

[pt] ataque aos nodos de rede de comunciação

[ru] узловая атака

[es] ataque de nodo

81412 虫洞攻击

[ar] هجوم الدودة

[en] wormhole attack

[fr] attaque par trou de ver

[de] Wurmlochangriff

[it] attacco wormhole

[jp] ワームホール攻撃

[kr] 웜홀 공격

[pt] Ataque wormhole

[ru] атака червоточины

[es] ataque por agujero de gusano

81413 口令入侵

[ar] هجوم من خلال فك كلمة المرور

[en] password intrusion

[fr] intrusion par mot de passe

[de] Passworteingriff

[it] intrusione di password

[jp] パスワード侵入

[kr] 패스워드 침입

[pt] intrusão de senhas

[ru] вторжение в пароль

[es] intrusión de contraseñas

81414 人肉搜索

[ar] بحث من أجل إهدار الدم

[en] human flesh search engine

[fr] renrou sousuo (recherche des informations personnelles par des groupes d'internautes pour exercer des pressions sur des individus)

[de] Online-Aufspürung

[it] ricerca di carne umana

[jp] 人肉検索

[kr] 신상털기
[pt] busca de carne humana
[ru] поисковая система человеческой
плоти
[es] doxing

81415 嵌入脚本
[ar] نص مضمن
[en] embedded script
[fr] scriptage intégré
[de] eingebettetes Skript
[it] script incorporato
[jp] 埋め込みスクリプト
[kr] 임베디드 스크립트
[pt] roteiro embarcado
[ru] встроенный сценарий
[es] guión integrado

81416 信息隐藏
[ar] إخفاء المعلومات
[en] information hiding
[fr] dissimulation d'informations
[de] Informationsversteckung
[it] incapsulamento
[jp] 情報隠蔽
[kr] 정보 은닉
[pt] ocultação de informações
[ru] скрытие информации
[es] ocultación de información

81417 DNS解析故障
[ar] فشل تحليل DNS
[en] DNS resolution failure
[fr] échec de la résolution DNS
[de] DNS-Auflösungsfehler
[it] fallimento della risoluzione di DNS
[jp] DNS 解決エラー
[kr] DNS 확인 실패
[pt] falha de resolução de DNS
[ru] неисправность в разрешении DNS
[es] falla en la resolución de Sistemas de

Nombres de Dominio

81418 网络水军
[ar] متصيد على الإنترنت
[en] paid poster
[fr] troll
[de] Internet-Trolle
[it] troll di Internet
[jp] ネット水軍
[kr] 댓글 알바
[pt] trolls da Internet
[ru] платный тролль
[es] escritor fantasma en Internet

81419 不兼容分时系统
[ar] نظام تقاسم الوقت غير المتوافق
[en] Incompatible Timesharing System (ITS)
[fr] système à temps partagé incompatible
[de] inkompatibles Timesharing-System
[it] Sistema timesharing incompatibile
[jp] 互換性のないタイムシェアリングシス
テム
[kr] 비호환 시분할 시스템
[pt] sistema de tempo compartilhado
incompatível
[ru] несовместимая система с разделением
времени
[es] Sistema de Tiempo Compartido
Incompatible

81420 冰刀
[ar] سيف جليدي
[en] IceSword
[fr] IceSword
[de] IceSword
[it] IceSword
[jp] アイスソード
[kr] 아이스 스워드
[pt] software IceSword
[ru] утилита IceSword
[es] IceSword (un escritorio remoto)

8.1

8.1.5 骇客破坏

[ar] تدمير القراصنة

[en] **Cracker Attack**

[fr] **Attaque craqueur**

[de] **Cracker-Angriff**

[it] **Attacco cracker**

[jp] **クラッカー攻撃**

[kr] **크래커 공격**

[pt] **Ataque de Cracker**

[ru] **Крекерская атака**

[es] **Ataque de Cracker**

81501 骇客

[ar] قرصان

[en] cracker

[fr] craqueur

[de] Cracker

[it] cracker

[jp] クラッカー

[kr] 크래커

[pt] hacker

[ru] крекер

[es] cracker

81502 漏洞

[ar] ثغرة

[en] bug

[fr] bogue

[de] Lücke

[it] baco

[jp] バグ

[kr] 버그

[pt] falha

[ru] ошибка

[es] error de software (bicho)

81503 脆弱性

[ar] هشاشة

[en] vulnerability

[fr] vulnérabilité

[de] Sicherheitsanfälligkeit

[it] vulnerabilità

[jp] 脆弱性

[kr] 취약성

[pt] vulnerabilidade

[ru] уязвимость

[es] vulnerabilidad

81504 网络蠕虫

[ar] دودة الشبكة

[en] network worm

[fr] ver informatique

[de] Netzwerkwurm

[it] worm di rete

[jp] ネットワークワーム

[kr] 인터넷 웜

[pt] worm da rede

[ru] сетевой червь

[es] gusano de red

81505 流氓软件

[ar] برامج مارقة

[en] rogue software

[fr] logiciel véreux

[de] Schurken-Software

[it] software canaglia

[jp] 不正なソフトウェア

[kr] 악성 소프트웨어

[pt] software desonesto

[ru] вредоносное программное
обеспечение

[es] malware

81506 恶意代码

[ar] كود خبيث

[en] malicious code

[fr] code malveillant

[de] Schadcode

[it] codice dannoso

[jp] 悪意のあるコード

[kr] 악성코드

[pt] códigos maliciosos

[ru] вредоносный код

[es] código malicioso

81507 手机病毒

[ar] فيروس الهاتف المحمول

[en] mobile phone virus

[fr] virus de téléphone portable

[de] Handy-Virus

[it] virus di cellulare

[jp] 携帯電話ウイルス

[kr] 휴대폰 바이러스

[pt] vírus do telemóvel

[ru] вирус мобильного телефона

[es] virus de teléfono móvil

81508 特洛伊木马

[ar] حصان طروادة

[en] Trojan Horse

[fr] cheval de Troie

[de] Trojanisches Pferd

[it] cavallo di Troia

[jp] トロイの木馬

[kr] 트로이목마

[pt] Trojan

[ru] Троянский конь

[es] Caballo de Troya

81509 后门程序

[ar] برنامج مستتر

[en] backdoor program

[fr] porte dérobée

[de] Backdoor-Programm

[it] programma di porta sul retro

[jp] バックドアプログラム

[kr] 백도어 프로그램

[pt] programa de backdoor

[ru] бэкдор-программа

[es] programa de puerta trasera

81510 勒索软件

[ar] برامج فدية

[en] ransomware

[fr] rançongiciel

[de] Ransomware

[it] ransomware

[jp] ランサムウェア

[kr] 랜섬 웨어

[pt] ransomware

[ru] программа-вымогатель

[es] ransomware

81511 间谍软件

[ar] برامج تجسس

[en] spyware

[fr] logiciel espion

[de] Spyware

[it] spyware

[jp] スパイウェア

[kr] 스파이웨어

[pt] programa espião

[ru] программа-шпион

[es] software espía

81512 恶意共享软件

[ar] برامج تشاركية خبيثة

[en] malicious shareware

[fr] partagiciel malveillant

[de] bösartige Shareware

[it] shareware dannoso

[jp] 悪意のあるシェアウェア(マルシェアウエア)

[kr] 악성 공유 소프트웨어

[pt] software de patilha maliciosa

[ru] вредоносное программное обеспечение

[es] shareware malicioso

81513 口令窃取程序

[ar] برنامج سرقة كلمة المرور

[en] password stealing program

[fr] programme de vol de mot de passe

[de] Programm zum Stehlen von Passwörtern

[it] programma di furto di password
[jp] パスワード盗みプログラム
[kr] 패스워드 도용 프로그램
[pt] programa de roubo de senhas
[ru] программа кражи паролей
[es] programa de robo de contraseñas

81514 脚本病毒

[ar] فيروس نصي
[en] script virus
[fr] virus de scriptage
[de] Skriptvirus
[it] virus di script
[jp] スクリプトウイルス
[kr] 스크립트 바이러스
[pt] vírus de roteiro
[ru] вирусы-сценарии
[es] virus de script

81515 网络钓鱼

[ar] تصيد شبكي
[en] phishing
[fr] hameçonnage
[de] Phishing
[it] phishing
[jp] フィッシング
[kr] 인터넷 피싱
[pt] phishing
[ru] фишинг в сети
[es] captación ilegítima de datos
      confidenciales

81516 特权滥用

[ar] إساءة استخدام حق الامتياز
[en] privilege abuse
[fr] abus de privilège
[de] Missbrauch von Privilegien
[it] abuso di privilegi
[jp] 特権濫用
[kr] 특권 남용
[pt] abuso de privilégio

[ru] злоупотребление привилегиями
[es] abuso de privilegios

81517 僵尸网络

[ar] بوتنيت
[en] botnet
[fr] botnet
[de] Botnetz
[it] botnet
[jp] ボットネット
[kr] 봇네트
[pt] botnet
[ru] ботнет
[es] botnet

81518 系统劫持

[ar] اختطاف النظام
[en] system hijacking
[fr] détournement de système
[de] Systementführung
[it] dirottamento del sistema
[jp] システムハイジャック
[kr] 시스템 하이재킹
[pt] sequestro de sistema
[ru] угон системы
[es] secuestro de sistemas

81519 网络窃听

[ar] تنصت شبكي
[en] network eavesdropping
[fr] écoute du réseau
[de] Netzwerk-Abhören
[it] intercettazione su rete
[jp] ネットワーク盗聴
[kr] 네트워크 도청
[pt] escuta em rede
[ru] подслушивание сети
[es] espionaje en la red

81520 伪基站

[ar] محطة قاعدية زائفة

[en] pseudo base station
[fr] intercepteur d'IMSI
[de] Pseudo-Basisstation
[it] pseudo stazione base
[jp] 擬似基地局
[kr] 허위 기지국
[pt] estação base pseuda
[ru] псевдобазовая станция
[es] pseudo estación base

81521 飓风熊猫
[ar] إعصار الباندا
[en] Hurricane Panda
[fr] Ouragan Panda
[de] Hurrikan Panda
[it] Panda di uragano
[jp] ハリケーンパンダ
[kr] 허리케인 판다
[pt] grupo de hacker Hurricane Panda
[ru] хакерская группировка Hurricane Panda
[es] Hurricane panda

81522 震网病毒事件
[ar] ستوكسنت

[en] Stuxnet event
[fr] ver Stuxnet
[de] Stuxnet-Vorfall
[it] Stuxnet
[jp] イランのスタックスネットウイルス事件
[kr] 스턱스넷
[pt] stuxnet
[ru] событие Stuxnet
[es] evento del virus Stuxnet

81523 熊猫烧香病毒
[ar] فيروس بخور الباندا
[en] Panda Burning Incense virus
[fr] virus Panda Burning Incense
[de] Panda Burning Incense-Virus
[it] Virus Panda Burning Incense
[jp] お祈りパンダウイルス
[kr] 판다 버닝 인센스 바이러스
[pt] vírus de Panda Burining Incense
[ru] вирус Panda Burining Incense
[es] virus Panda Burning Incense

8.2　安全体系

[ar]　نظام الأمن

[en]　**Security System**

[fr]　**Système de sécurité**

[de]　**Sicherheitssystem**

[it]　**Sistema di sicurezza**

[jp]　**セキュリティシステム**

[kr]　**보안 체계**

[pt]　**Sistema de Segurança**

[ru]　**Система безопасности**

[es]　**Sistema de Seguridad**

8.2.1　安全框架

[ar]　إطار الأمن

[en]　**Security Framework**

[fr]　**Infrastructure de sécurité**

[de]　**Sicherheitsrahmen**

[it]　**Struttura di sicurezza**

[jp]　**セキュリティフレームワーク**

[kr]　**보안 프레임워크**

[pt]　**Estrutura de Segurança**

[ru]　**Фреймворк безопасности**

[es]　**Marco de Seguridad**

82101　安全体系结构

[ar]　هيكل نظام الأمن

[en]　data-oriented security architecture (DOSA)

[fr]　architecture de sécurité orientée vers les données

[de]　datenorientierte Sicherheitsarchitektur

[it]　architettura della sicurezza orientata ai dati

[jp]　セキュリティアーキテクチャ

[kr]　보안 아키텍처

[pt]　arquitetura de segurança orientada a dados

[ru]　Информационно-ориентированная архитектура безопасности

[es]　arquitectura de seguridad orientada a los datos

82102　COBIT模型

[ar]　نموذج COBIT

[en]　Control Objectives for Information and Related Technology (COBIT) model

[fr]　modèle d'objectifs de contrôle de l'information et des technologies associées

[de]　Modell der Kontrollziele für Informationen und verwandte Technologien

[it]　modello di obiettivi di controllo per le informazioni e tecnologie correlate

[jp]　COBITモデル

[kr]　COBIT 모델(정보 및 관련 기술 제어 목표 모델)

[pt]　modelo de controlo dos objectivos para informação e tecnologias relacionadas

[ru]　задачи управления для информационных и смежных

технологий

[es] modelo de objetivos de control para la información y tecnologías relacionadas

82103 可信云计算技术

[ar] تكنولوجيا الحوسبة السحابية الموثوقة

[en] trusted cloud computing technology

[fr] technologie d'informatique en nuage fiable

[de] zuverlässige Cloud-Computing-Technologie

[it] tecnologia affidabile per cloud computing

[jp] 信頼できるクラウドコンピューティング技術

[kr] 신뢰 클라우드 컴퓨팅 기술

[pt] tecnologia de computação da nuvem confiável

[ru] доверенные технологии облачных вычислений

[es] tecnología de computación en la nube de confianza

82104 入侵检测控制器

[ar] جهاز اختبار وتحكم في عملية التسلل

[en] intrusion detection controller

[fr] contrôleur de détection d'intrusion

[de] Kontroller für Intrusionsdetektion

[it] controller di rilevamento delle intrusioni

[jp] 侵入検知コントローラー

[kr] 침입 검측 컨트롤러

[pt] controlador de detecção de intrusão

[ru] контроллер обнаружения вторжений

[es] controlador de detección de intrusiones

82105 数据库安全

[ar] أمن قاعدة البيانات

[en] database security

[fr] sécurité de base de données

[de] Datenbanksicherheit

[it] sicurezza di database

[jp] データベースセキュリティ

[kr] 데이터베이스 보안

[pt] segurança de base de dados

[ru] безопасность базы данных

[es] seguridad de bases de datos

82106 深度包检测

[ar] تفتيش الباكيت العميق

[en] deep packet inspection

[fr] inspection approfondie des paquets

[de] tiefe Paketinspektion

[it] ispezione profonda di pacchetti

[jp] ディープ・パケット・インスペクション

[kr] 심층 패킷 분석

[pt] inspeção profunda de pacotes

[ru] глубокая проверка пакетов

[es] inspección profunda de paquetes

82107 主机入侵侦测系统

[ar] نظام كشف الهجوم على المضيف

[en] host-based intrusion detection system (HIDS)

[fr] système de détection d'intrusion au niveau de l'hôte

[de] Host-basiertes Intrusion-Detektion-System

[it] sistema di rilevamento delle intrusioni basato su host

[jp] ホスト侵入検知システム

[kr] 호스트 침입 탐지 시스템

[pt] sistema de detecção de intrusão baseado em host

[ru] хостовая система обнаружения вторжений

[es] sistema de detección de intrusiones basado en host

82108 数字产权管理

[ar] إدارة حقوق الملكية الرقمية

[en] digital rights management (DRM)

[fr] gestion de droit numérique

[de] Management von digitalen Rechten
[it] gestione delle proprietà digitale
[jp] デジタル財産権管理
[kr] 디지털 소유권 관리
[pt] gestão de direitos digitais
[ru] управление цифровыми правами
[es] gestión de derechos digitales

82109 异常行为标识器
[ar] محدد السلوكيات الشاذة
[en] abnormal behavior identifier
[fr] identificateur de comportement anormal
[de] Marker für abnormales Verhalten
[it] identificatore di comportamento anomalo
[jp] 異常行動識別子
[kr] 이상 행위 식별기
[pt] identificador de comportamento anormal
[ru] идентификатор ненормального поведения
[es] identificador de comportamiento anómalo

82110 恶意代码扫描
[ar] مسح الكود الخبيث
[en] malicious code scanning
[fr] recherche de code malveillant
[de] Scannen von Schadcode
[it] scansione di codice dannoso
[jp] 悪意のあるコードのスキャン
[kr] 악성코드 스캔
[pt] leitura de código malicioso
[ru] сканирование вредоносного кода
[es] escaneo de código malicioso

82111 信息安全应急响应
[ar] آلية تجابه الطوارئ في مجال أمن المعلومات
[en] information security emergency response
[fr] réponse d'urgence à la sécurité de l'information
[de] Notfallmaßnahmen für Informationssicherheit

[it] risposta alle emergenze sulla sicurezza delle informazioni
[jp] 情報セキュリティ緊急対応
[kr] 정보 보안 비상 대응
[pt] resposta a emergências de segurança da informação
[ru] аварийное реагирование для информационного обеспечения
[es] respuesta de emergencia para la seguridad de la información

82112 数据传输安全
[ar] أمن نقل البيانات
[en] data transmission security
[fr] sécurité de la transmission de données
[de] Sicherheit der Datenübertragung
[it] sicurezza della trasmissione dei dati
[jp] データ伝送セキュリティ
[kr] 데이터 전송 보안
[pt] segurança na transmissão de dados
[ru] безопасность передачи данных
[es] seguridad en la transmisión de datos

82113 数据存储安全
[ar] أمن تخزين البيانات
[en] data storage security
[fr] sécurité du stockage de données
[de] Sicherheit der Datenspeicherung
[it] sicurezza della memorizzazione dei dati
[jp] データ保存セキュリティ
[kr] 데이터 저장 보안
[pt] segurança de armazenamento de dados
[ru] безопасность хранения данных
[es] seguridad del almacenamiento de datos

82114 数据应用安全
[ar] أمن تطبيق البيانات
[en] data application security
[fr] sécurité de l'applications de données
[de] Sicherheit der Datenanwendungen
[it] sicurezza delle applicazioni dei dati

8.2

[jp] データ応用セキュリティ

[kr] 데이터 응용 보안

[pt] segurança da aplicação de dados

[ru] безопасность применения данных

[es] seguridad de aplicaciones de datos

82115　数据管理安全

[ar] أمن إدارة البيانات

[en] data management security

[fr] sécurité de la gestion de données

[de] Sicherheit des Datenmanagements

[it] sicurezza della gestione dei dati

[jp] データ管理セキュリティ

[kr] 데이터 관리 보안

[pt] segurança da gestão de dados

[ru] безопасность управления данными

[es] seguridad de la gestión de datos

82116　硬件安全机制

[ar] آلية ضمان أمان الوحدات الحاسوبية

[en] hardware security mechanism

[fr] mécanisme de sécurité de matériel

[de] Hardware-Sicherheitsmechanismus

[it] meccanismo di sicurezza hardware

[jp] ハードウェアセキュリティメカニズム

[kr] 하드웨어 보안 메커니즘

[pt] mecanismo de segurança baseado em hardware

[ru] механизм защиты, обеспечиваемой аппаратными средствами

[es] mecanismo de seguridad de hardware

82117　可信通道

[ar] قناة موثوق بها

[en] trusted channel

[fr] canal fiable

[de] zuverlässiger Kanal

[it] canale affidabile

[jp] 信頼できるチャネル

[kr] 신뢰 채널

[pt] canal confiável

[ru] доверенный канал

[es] canal de confianza

82118　隐蔽存储通道

[ar] قناة التخزين السرية

[en] covert storage channel

[fr] canal de stockage caché

[de] versteckter Speicherkanal

[it] canale d'immagazzinamento nascosto

[jp] カバート保存チャネル

[kr] 은닉 저장 채널

[pt] canal oculto de armazenamento

[ru] скрытый канал с памятью

[es] canal de almacenamiento convertido

82119　隐蔽定时通道

[ar] قناة التوقيت السرية

[en] covert timing channel

[fr] canal de synchronisation caché

[de] versteckter Timing-Kanal

[it] canale di temporizzazione nascosto

[jp] カバート定時チャネル

[kr] 은닉 정시 채널

[pt] canal oculto de temporização

[ru] скрытый канал синхронизации

[es] canal de temporización convertido

82120　隐蔽信道

[ar] قناة سرية

[en] covert channel

[fr] canal caché

[de] versteckter Kommunikationskanal

[it] canale nascosto

[jp] カバートチャネル

[kr] 은닉 채널

[pt] canal oculto

[ru] скрытый канал

[es] canal encubierto

82121　对象重用保护

[ar] حماية إعادة استخدام الكائن

[en] object reuse protection (ORP)
[fr] protection de la réutilisation des objets
[de] Objektwiederverwendungsschutz
[it] protezione di riutilizzo di oggetti
[jp] オブジェクト再利用保護
[kr] 객체 재사용 보호
[pt] protecção da reutilização de objetos
[ru] обеспечение безопасности повторного использования объекта
[es] protección de la reutilización de objetos

82122 数据库加密
[ar] تشفير قاعدة البيانات
[en] database encryption
[fr] chiffrement de base de données
[de] Datenbankverschlüsselung
[it] crittografia di database
[jp] データベースの暗号化
[kr] 데이터베이스 암호화
[pt] criptografia de base de dados
[ru] шифрование базы данных
[es] encriptación de bases de datos

82123 移动终端安全
[ar] أمان المحطات الطرفية المتنقلة
[en] mobile terminal security
[fr] sécurité des terminaux mobiles
[de] Sicherheit der mobilen Endgeräte
[it] sicurezza del terminale mobile
[jp] モバイル端末のセキュリティ
[kr] 모바일 단말기 보안
[pt] segurança de terminal móvel
[ru] безопасность мобильного терминала
[es] seguridad de terminales móviles

82124 网络设备安全
[ar] أمان تجهيزات شبكية
[en] network device security
[fr] sécurité des équipements réseau
[de] Sicherheit der Netzwerkgeräte
[it] sicurezza dei dispositivi di rete

[jp] ネットワークデバイスセキュリティ
[kr] 네트워크 설비 보안
[pt] segurança do dispositivo de rede
[ru] безопасность сетевого устройства
[es] seguridad de dispositivos en la red

82125 SDN安全
[ar] أمن SDN
[en] software-defined networking (SDN) security
[fr] sécurité du réseau défini par logiciel
[de] Sicherheit des Software-definierten Netzwerks
[it] sicurezza di rete definito da software
[jp] SDNセキュリティ
[kr] 소프트웨어 정의 네트워킹(SDN) 보안
[pt] segurança de rede definida por software
[ru] безопасность программно-определяемых сетей
[es] seguridad para conexiones de red definidas por software

82126 CPS安全
[ar] أمن CPS
[en] cyber-physical system (CPS) security
[fr] sécurité du système cyber-physique
[de] Sicherheit des Cyber-Physikalischen Systems
[it] sicurezza di sistema cyberfisico
[jp] CPSセキュリティ
[kr] 사이버 물리 시스템(CPS) 보안
[pt] segurança do Sistema Ciberfísico
[ru] безопасность кибер-физической системы
[es] seguridad en sistemas ciberfísicos

82127 工业互联网安全
[ar] أمن الإنترنت الصناعي
[en] industrial Internet security
[fr] sécurité de l'Internet industriel
[de] Sicherheit des industriellen Internets

8.2

[it] sicurezza dell'Internet industriale

[jp] 産業用インターネットセキュリティ

[kr] 산업 인터넷 보안

[pt] segurança da Internet industrial

[ru] безопасность промышленного Интернета

[es] seguridad de Internet industrial

8.2.2 系统属性

[ar] صفات النظام

[en] **System Property**

[fr] **Propriété de système**

[de] **Systemeigenschaft**

[it] **Proprietà di sistema**

[jp] システムプロパティ

[kr] 시스템 속성

[pt] **Propriedades do Sistema**

[ru] **Свойство системы**

[es] **Propiedad del Sistema**

82201 安全审计

[ar] محاسبة مأمونة

[en] security audit

[fr] audit de sécurité

[de] Sicherheitsaudit

[it] audit sulla sicurezza

[jp] セキュリティ監査

[kr] 보안 심사

[pt] auditoria de segurança

[ru] аудит безопасности

[es] auditoría de seguridad

82202 数据防泄漏

[ar] منع تسرب البيانات

[en] data leakage prevention

[fr] prévention des fuites de données

[de] Verhinderung von Datenindiskretion

[it] prevenzione della perdita di dati

[jp] データの漏洩防止

[kr] 데이터 유출 방지

[pt] prevenção de vazamento de dados

[ru] предотвращение утечки данных

[es] prevención de fugas de datos

82203 身份鉴别

[ar] تمييز الهوية

[en] identity authentication

[fr] authentification d'identité

[de] Identitätsdifferenzierung

[it] autenticazione dell'identità

[jp] アイデンティティ認証

[kr] 신분 확인

[pt] autenticação da identidade

[ru] идентификация личности

[es] autenticación de identidad

82204 自主访问控制

[ar] تحكم في الوصول الاختياري

[en] discretionary access control (DAC)

[fr] contrôle d'accès discrétionnaire

[de] diskretionäre Zugangskontrolle

[it] controllo di accesso discrezionale

[jp] 任意アクセス制御

[kr] 자율 방문 제어

[pt] controlo de acesso discricionário

[ru] дискреционное управление доступом

[es] control de accesos discrecional

82205 强制访问控制

[ar] تحكم في الوصول الإلزامي

[en] mandatory access control (MAC)

[fr] contrôle d'accès obligatoire

[de] obligatorische Zugangskontrolle

[it] controllo di accesso obbligatorio

[jp] 強制アクセス制御

[kr] 강제 방문 제어

[pt] controlo de acesso obrigatório

[ru] мандатное управление доступом

[es] control de accesos obligatorio

82206 可信路径

[ar] مسار معتمد

[en] trusted path (TP)
[fr] chemin fiable
[de] zuverlässiger Pfad
[it] percorso affidabile
[jp] 信頼できるパス
[kr] 신뢰 경로
[pt] caminho confiável
[ru] защищенный канал
[es] ruta de confianza

82207 加密搜索
[ar] بحث مشفر
[en] encrypted search
[fr] recherche chiffrée
[de] verschlüsselte Suche
[it] ricerca crittografica
[jp] 暗号化検索
[kr] 암호화 검색
[pt] pesquisa encriptada
[ru] зашифрованный поиск
[es] búsqueda criptográfica

82208 证书撤销列表
[ar] قائمة شهادات ملغاة
[en] certificate revocation list
[fr] liste de révocation de certificats
[de] Zertifikatssperrliste
[it] elenco di revoche di certificati
[jp] 証明書失効リスト
[kr] 인증서 폐기 목록
[pt] lista de revogação de certificados
[ru] список отозванных сертификатов
[es] lista de revocación de certificados

82209 漏洞隔离
[ar] عزل الثغرة
[en] vulnerability isolation
[fr] isolement de vulnérabilité
[de] Schwachstellenisolation
[it] isolamento della vulnerabilità
[jp] 脆弱性隔離

[kr] 버그 차단
[pt] isolamento de vulnerabilidade
[ru] изоляция уязвимости
[es] aislamiento de vulnerabilidad

82210 审计取证
[ar] أخذ أدلة محاسبية
[en] audit forensics
[fr] collecte de preuves pour audit
[de] Audit-Nachweissammlung
[it] analisi forense
[jp] 監査証拠収集
[kr] 심사 및 증거 수집
[pt] auditoria forense
[ru] криминалистика для аудита
[es] auditoría forense

82211 非授权用户
[ar] مستخدم غير مفوّض
[en] unauthorized user
[fr] utilisateur non autorisé
[de] nichtlizenzierter Benutzer
[it] utente senza licenza
[jp] 無免許ユーザー
[kr] 무허가 사용자
[pt] usuário não autorizado
[ru] нелицензированный пользователь
[es] usuario no autorizado

82212 网络可控
[ar] قابلية الشبكة للتحكم
[en] network controllability
[fr] contrôlabilité de réseau
[de] Netzwerk-Kontrollierbarkeit
[it] controllabilità della rete
[jp] ネットワーク可制御性
[kr] 네트워크 제어 가능
[pt] controlabilidade de redes
[ru] управляемость сети
[es] capacidad de control de red

82213 报文加密
- [ar] تشفير الرسائل
- [en] message encryption
- [fr] chiffrement de message
- [de] Textverschlüsselung
- [it] crittografia di messaggio
- [jp] メッセージ暗号化
- [kr] 보고 문서 암호화
- [pt] criptografia de mensagem
- [ru] шифрование сообщений
- [es] criptografía de mensajes

82214 CA认证
- [ar] توثيق CA
- [en] certificate authority (CA)
- [fr] Autorité de Certification
- [de] Zertifizierungsstelle
- [it] Autorità Certificativa
- [jp] CA 認証
- [kr] 인증 기관(CA) 인증
- [pt] autoridade Certificadora
- [ru] центр сертификации
- [es] Autoridad de Certificación

82215 属性加密
- [ar] تشفير الصفة
- [en] attribute encryption
- [fr] chiffrement d'attribut
- [de] Attributverschlüsselung
- [it] crittografia degli attributi
- [jp] 属性暗号化
- [kr] 속성 암호화
- [pt] criptografia de atributos
- [ru] шифрование атрибута
- [es] criptografía de atributos

82216 图灵完备
- [ar] تورننج كاملة
- [en] Turing completeness
- [fr] Turing-complet
- [de] Turing-Komplett
- [it] complete Turing
- [jp] チューリング完全
- [kr] 튜링 완전
- [pt] Turing-completude
- [ru] полнота по Тьюрингу
- [es] completo conforme a Turing

82217 语法糖
- [ar] سكر نحوي
- [en] syntactic sugar
- [fr] sucre syntaxique
- [de] syntethischer Zucker
- [it] zucchero sintattico
- [jp] 糖衣構文
- [kr] 문법적 설탕
- [pt] açúcar sintático
- [ru] синтаксический сахар
- [es] azúcar sintáctico

82218 无私编程
- [ar] برمجة بلا أنانية
- [en] egoless programming
- [fr] programmation sans ego
- [de] sebstlose Programmierung
- [it] programmazione senza ego
- [jp] エゴレスプログラミング
- [kr] 비자아적 프로그래밍
- [pt] programação sem ego
- [ru] обезличенное программирование
- [es] programación sin ego

82219 传输控制协议
- [ar] بروتوكول التحكم في عملية النقل
- [en] Transmission Control Protocol (TCP)
- [fr] protocole de contrôle de transmission
- [de] Übertragungssteuerungsprotokoll
- [it] protocollo del controllo di trasmissione
- [jp] 伝送制御プロトコル
- [kr] 전송 제어 프로토콜
- [pt] protocolo de controlo de transmissão
- [ru] Протокол управления передачей

[es] protocolo de control de transmisión

82220 广域增强系统

[ar] نظام تكبير النطاق الواسع

[en] wide area augmentation system (WAAS)

[fr] système de renforcement à couverture étendue

[de] Großflächen-Augmentationsystem

[it] sistema di ampiamento di ampia area

[jp] 広域増強システム

[kr] 광역 보강 시스템

[pt] sistema de aumento de área extensa

[ru] широкозонная усиливающая система

[es] Sistema de Aumentación Basado en Satélites

82221 服务集标识

[ar] محدد مجموعة خدمية

[en] service set identifier (SSID)

[fr] identifiant d'ensemble de service

[de] Service Set Identifier

[it] service set identifier

[jp] サービスセット識別子

[kr] 서비스 세트 표시

[pt] identificador do conjunto de serviços

[ru] идентификатор набора услуг

[es] identificador de conjunto de servicios

82222 可信计算基

[ar] قاعدة حوسبة موثوقة

[en] trusted computing base (TCB)

[fr] base informatique de confiance

[de] zuverlässige Computing-Basis

[it] base di computing affidabile

[jp] 信頼できるコンピュータ処理基盤

[kr] 신뢰 컴퓨팅 기반

[pt] base da computação confiável

[ru] доверенная вычислительная база

[es] base de computación de confianza

82223 通用串行总线

[ar] ناقل تسلسلي عام

[en] universal serial bus (USB)

[fr] bus série universel

[de] universeller Serieller Bus

[it] universal serial bus

[jp] ユニバーサル・シリアル・バス

[kr] 범용 직렬 버스

[pt] barramento serial universal

[ru] универсальная последовательная шина

[es] bus universal en serie

82224 有线等效加密

[ar] تشفير خط سلكي مكافىء

[en] wired equivalent privacy (WEP)

[fr] confidentialité équivalente aux transmissions par fil

[de] verdrahtete äquivalente Verschlüsselung

[it] wired equivalent privacy

[jp] 有線同等機密

[kr] 유선 동등 프라이버시

[pt] privacidade equivalente a rede cabeada

[ru] эквивалент конфиденциальности проводных сетей

[es] privacidad equivalente a cableado

82225 去标识化技术

[ar] تكنولوجيا إزالة الهوية

[en] de-identification technique

[fr] désidentification

[de] Entidentifizierung

[it] de-identificazione

[jp] 非特定化技術

[kr] 비표시화 기술

[pt] Tecnologia de desidentificação

[ru] технология деидентификации

[es] desidentificación

8.2.3 风险评估

[ar] تقييم المخاطر

[en] Risk Assessment

[fr] Évaluation des risques

[de] Risikobewertung

[it] Valutazione di rischio

[jp] リスク評価

[kr] 리스크 평가

[pt] Avaliação de Risco

[ru] Оценка рисков

[es] Evaluación de Riesgos

82301 信息安全管理体系

[ar] نظام إدارة أمن المعلومات

[en] information security management system (ISMS)

[fr] système de gestion de la sécurité de l'information

[de] Informationssicherheitsmanagementsystem

[it] sistema di gestione della sicurezza delle informazioni

[jp] 情報セキュリティ管理システム

[kr] 정보 보안 관리 체계

[pt] sistema de gestão de segurança da informação

[ru] система управления информационной безопасностью

[es] sistema de gestión de la seguridad de la información

82302 数据安全屋

[ar] بيت أمن البيانات

[en] UCloud SafeHouse

[fr] maison sécurisée pour les données Ucloud

[de] Ucloud-Datensicherhaus

[it] casa sicura UCloud

[jp] データセーフハウス

[kr] 데이터 세이프 하우스

[pt] casa segura de dados

[ru] техническое решение UCloud SafeHouse

[es] casa segura para datos

82303 信息安全风险评估

[ar] تقييم مخاطر مهددة لأمن المعلومات

[en] information security risk assessment

[fr] évaluation des risques de la sécurité de l'information

[de] Bewertung des Informationssicherheitsrisikos

[it] valutazione del rischio per la sicurezza delle informazioni

[jp] 情報セキュリティリスク評価

[kr] 정보 보안 리스크 평가

[pt] avaliação de risco de segurança da informação

[ru] оценка рисков для информационной безопасности

[es] evaluación de riesgos para la seguridad de la información

82304 域名系统安全

[ar] سلامة نظام اسم النطاق

[en] domain name system security

[fr] sécurité du système des noms de domaine

[de] Domänen-Systemsicherheit

[it] sicurezza del sistema dei domini

[jp] ドメイン名システムのセキュリティ

[kr] 도메인 네임 시스템 보안

[pt] segurança do sistema de nomes de domínio

[ru] безопасность системы доменных имен

[es] seguridad de sistemas de nombres de dominio

82305 安全管理评估

[ar] تقييم إدارة الأمن

[en] security management assessment

[fr] évaluation de gestion de sécurité

[de] Sicherheitsmanagementbewertung

[it] valutazione della gestione di sicurezza

[jp] セキュリティ管理評価
[kr] 보안 관리 평가
[pt] avaliação do gestão de segurança
[ru] оценка управления безопасностью
[es] evaluación de la gestión de la seguridad

82306 独立系统评估
[ar] تقييم النظام المستقل
[en] independent system assessment
[fr] évaluation de système indépendant
[de] Unabhängigkeitssystembewertung
[it] valutazione di sistema indipendente
[jp] 独立システム評価
[kr] 독립 시스템 평가
[pt] sistema independente de avaliação
[ru] оценка независимой системы
[es] evaluación de sistemas independientes

82307 安全策略模型
[ar] نموذج الاستراتيجية الأمنية
[en] security policy model
[fr] modèle de politique de sécurité
[de] Sicherheitspolitik-Modell
[it] modello di politica di sicurezza
[jp] セキュリティ対策モデル
[kr] 보안 전략 모형
[pt] modelo de política de segurança
[ru] модель стратегии безопасности
[es] modelo de política de seguridad

82308 信用评估
[ar] تقييم درجة الائتمان
[en] credit assessment
[fr] évaluation du crédit
[de] Bonitätsprüfung
[it] valutazione del credibilità
[jp] 信用評価
[kr] 신용 평가
[pt] avaliação de crédito
[ru] оценка кредита
[es] evaluación crediticia

82309 白名单
[ar] قائمة بيضاء
[en] whitelist
[fr] liste blanche
[de] Weißliste
[it] lista bianca
[jp] ホワイトリスト
[kr] 화이트리스트
[pt] lista branca
[ru] белый список
[es] lista blanca

82310 安全成熟度模型
[ar] نموذج نضوج أمني
[en] security maturity model
[fr] modèle de maturité de sécurité
[de] Sicherheits-Reifegradsmodell
[it] modello di maturità di sicurezza
[jp] セキュリティ成熟度モデル
[kr] 보안 성숙도 모델
[pt] modelo de maturidade de segurança
[ru] модель по зрелости защиты
[es] modelo de madurez de seguridad

82311 安全管理评估准则
[ar] معايير تقييم نظام إدارة الأمن
[en] security management assessment guideline
[fr] directives d'évaluation de gestion de sécurité
[de] Bewertungsrichtlinien für Sicherheits-management
[it] linea guida per valutazione della gestione di sicurezza
[jp] セキュリティ管理評価基準
[kr] 보안 관리 평가 준칙
[pt] diretrizes para avaliação de gestão de segurança
[ru] правила оценки управления безопасностью
[es] directrices de evaluación de la gestión de seguridad

82312 安全评估方案

[ar] خطة تقييم الأمن

[en] security assessment scheme

[fr] plan d'évaluation de sécurité

[de] Sicherheitsbewertungsschema

[it] piano di valutazioine di sicurezza

[jp] セキュリティ評価スキーム

[kr] 보안 평가 방안

[pt] esquema de avaliação de segurança

[ru] схема оценивания защищенности

[es] esquema de evaluación de seguridad

82313 Web安全应用测试工具

[ar] أدوات اختبار تطبيق أمن Web

[en] Web application security testing tool

[fr] outil d'essai des applications de sécurité Web

[de] Testwerkzeug für Web-Applikationssicherheit

[it] strumenti di test della sicurezza delle applicazioni Web

[jp] Webセキュリティ応用テストツール

[kr] 웹 보안 응용 테스트 툴

[pt] Ferramentas para testar aplicativos de segurança da Web

[ru] инструмент для тестирования безопасности веб-приложений

[es] herramientas de prueba de aplicaciones de seguridad web

82314 安全管理PDCA模型

[ar] نموذج إدارة أمن PDCA

[en] plan-do-check-act (PDCA) model for security management

[fr] modèle de gestion de la sécurité PDCA

[de] Plan-Do-Check-Sicherheitsmanagementsmodell

[it] modello di gestione di sicurezza pianificare — fare — verificare — agire (PDCA)

[jp] セキュリティ管理 PDCAモデル

[kr] 보안 관리 계획-실행-평가-개선(PDCA) 모델

[pt] modelo de PDCA para a gestão de segurança

[ru] модель управления безопасностью PDCA

[es] modelo Planificar-Hacer-Comprobar-Actuar para la gestión de la seguridad

82315 漏洞评估系统

[ar] نظام تقييم الثغرات

[en] vulnerability assessment system

[fr] système d'évaluation de vulnérabilité

[de] Schwachstellen-Bewertungssystem

[it] sistema di valutazione della vulnerabilità

[jp] 脆弱性評価システム

[kr] 버그 평가 시스템

[pt] sistema de avaliação de vulnerabilidade

[ru] система оценки уязвимости

[es] sistema de evaluación de la vulnerabilidad

82316 数据分析层

[ar] طبقة تحليل البيانات

[en] data analysis layer

[fr] couche d'analyse de données

[de] Datenanalyseschicht

[it] livello di analisi dei dati

[jp] データ分析層

[kr] 데이터 분석층

[pt] camada de análise de dados

[ru] уровень анализа данных

[es] capa de análisis de datos

82317 敏感数据隔离交互层

[ar] طبقة عازلة للتفاعل بين البيانات الحساسة

[en] sensitive data isolation and interaction layer

[fr] couche d'isolation et d'interaction des données sensibles

[de] Isolations- und Interaktionsschicht der

sensiblen Daten

[it] livello di interazione ed isolamento dei dati sensibili

[jp] 機密データの隔離・相互作用層

[kr] 민감 데이터 분리 상호 작용층

[pt] isolamento de dados sensíveis e camada de interativa

[ru] уровень изоляции и обмена чувствительными данными

[es] capa de aislamiento e interacción con datos sensibles

82318　数据防泄露层

[ar] طبقة منع تسرب البيانات

[en] data leakage prevention layer

[fr] couche de prévention de fuite de données

[de] Schutzschicht gegen Datenindiskretion

[it] livello di prevenzione della perdita dei dati

[jp] データ漏えい防止層

[kr] 데이터 유출 방지층

[pt] camada de prevenção de vazamento de dados

[ru] уровень предотвращения утечки данных

[es] capa de prevención de fuga de datos

82319　数据脱敏层

[ar] طبقة تبييض البيانات

[en] data masking layer

[fr] couche de masquage de données

[de] Datendesensibilierungsschicht

[it] livello di mascheramento dei dati

[jp] データマスキング層

[kr] 데이터 마스킹층

[pt] camada de mascaramento de dados

[ru] уровень маскировки данных

[es] capa de enmascaramiento de datos

82320　数据匿名化算法

[ar] خوارزمية إخفاء هوية البيانات

[en] data anonymization algorithm

[fr] algorithme d'anonymisation des données

[de] Anonymisierungsalgorithmus der Daten

[it] algoritmo di anonimizzazione dei dati

[jp] データ匿名化アルゴリズム

[kr] 데이터 익명화 알고리즘

[pt] algoritmo de anonimização de dados

[ru] алгоритм анонимизации данных

[es] algoritmo de anonimización de datos

8.2.4　系统保护

[ar] حماية النظام

[en] **System Protection**

[fr] **Protection de système**

[de] **Systemschutz**

[it] **Protezione di sistema**

[jp] **システム保護**

[kr] **시스템 보호**

[pt] **Proteção do Sistema**

[ru] **Защита системы**

[es] **Protección de Sistemas**

82401　OSI安全体系结构

[ar] هيكل نظام أمن OSI

[en] OSI security architecture

[fr] architecture de sécurité OSI

[de] Open-System-Interkonnektivitäts-Si-cherheitsarchitektur

[it] architettura della sicurezza OSI

[jp] OSIセキュリティアーキテクチャ

[kr] OSI 보안 아키텍처

[pt] arquitectura de segurança OSI

[ru] архитектура безопасности OSI

[es] Arquitectura de seguridad de Interconexión de Sistema Abierto

82402　数据加密存储

[ar] تشفير وتخزين البيانات

[en] encrypted data storage

[fr] stockage de données chiffré

[de] verschlüsselte Datenspeicherung

[it] immaggazinamento dati criptati

[jp] データの暗号化保存

[kr] 데이터 암호화 저장

[pt] armazenamento de dados criptografados

[ru] зашифрованное хранение данных

[es] almacenamiento criptográfico de datos

82403 数据安全交换

[ar] تبادل أمني للبيانات

[en] secure data exchange

[fr] échange de données sécurisé

[de] sicherer Datenaustausch

[it] scambio di sicurezza dei dati

[jp] データセキュリティ交換

[kr] 데이터 보안 교환

[pt] intercâmbio eletrónico de dados de segurança

[ru] защищенный обмен данными

[es] intercambio asegurado de datos

82404 可视密码

[ar] تشفير مرئي

[en] visual cryptography

[fr] cryptographie visuelle

[de] visuelle Kryptographie

[it] crittografia visuale

[jp] 可視暗号

[kr] 시각적 암호

[pt] criptografia visual

[ru] визуальная криптография

[es] criptografía visual

82405 网络可信接入

[ar] وصول موثوق إلى الشبكة

[en] trusted network access

[fr] accès fiable au réseau

[de] zuverlässiger Netzwerk-Zugang

[it] accesso sicuro alla rete

[jp] ネットワークの信用可能なアクセス

[kr] 네트워크 신뢰 인터페이스

[pt] acesso confiável à rede

[ru] доверенный доступ к сети

[es] acceso de confianza a la red

82406 虚拟补丁

[ar] ترميم افتراضي للثغرة

[en] virtual patch

[fr] correctif virtuel

[de] virtueller Patch

[it] patch virtuale

[jp] 仮想パッチ

[kr] 가상 패치

[pt] patch virtual

[ru] виртуальный патч

[es] parche virtual

82407 数据链路层

[ar] طبقة ربط البيانات

[en] data link layer

[fr] couche de liaison de données

[de] Datenübertragungsebene

[it] livello di collegamento dei dati

[jp] データリンクレイヤー

[kr] 데이터 링크 계층

[pt] camada de ligação de dados

[ru] уровень канала передачи данных

[es] capa de enlace de datos

82408 数据封装

[ar] تغليف البيانات

[en] data encapsulation

[fr] encapsulation de données

[de] Datenverkapselung

[it] incapsulamento dei dati

[jp] データのカプセル化

[kr] 데이터 캡슐화

[pt] encapsulamento de dados

[ru] инкапсуляция данных

[es] encapsulamiento de datos

82409 报文认证

[ar] توثيق الرسالة

[en] message authentication

[fr] authentification de message

[de] Nachrichtenauthentifizierung

[it] autenticazione dei messaggi

[jp] メッセージ認証

[kr] 보고 문서 인증

[pt] autenticação de mensagem

[ru] аутентификация сообщения

[es] autenticación de mensajes

82410 数据压缩

[ar] ضغط البيانات

[en] data compression

[fr] compression de données

[de] Datenkompression

[it] compressione dei dati

[jp] データ圧縮

[kr] 데이터 압축

[pt] compressão de dados

[ru] сжатие данных

[es] compresión de datos

82411 哈希时间锁定协议

[ar] اتفاقية تحديد مدة هاشي

[en] Hashed-Timelock Agreements (HTLAs)

[fr] Contrat sécurisé par le système de hashage et d'irréversibilité de transaction

[de] Hash-Timelock-Vertrag

[it] Accordi Hash Time-locked

[jp] ハッシュ化されたタイムロック契約

[kr] 해시 타임락 협약

[pt] acordo de Hash Time-locked

[ru] Договоры Hashed TimeLock

[es] Contrato de Bloqueo de Tiempo con Hash

82412 数字控制系统

[ar] نظام التحكم الرقمي

[en] numerical control system

[fr] système de contrôle numérique

[de] digitales Steuersystem

[it] sistema di controllo numerico

[jp] デジタル制御システム

[kr] 디지털 제어 시스템

[pt] sistema de controlo digital

[ru] цифровая система управления

[es] sistema de control digital

82413 漏洞扫描工具

[ar] ماسحة ثغرات

[en] vulnerability scanner

[fr] outil de recherche de vulnérabilité

[de] Schwachstellen-Abtastungswerkzeug

[it] strumento di scansione delle vulnerabilità

[jp] 脆弱性スキャンツール

[kr] 버그 스캔 툴

[pt] ferramenta de scaneamento de vulnerabilidade

[ru] инструмент сканирования уязвимостей

[es] herramienta de escaneo de vulnerabilidades

82414 沙箱

[ar] صندوق الرمل

[en] sandbox

[fr] bac à sable

[de] Sandkasten

[it] sandbox

[jp] サンドボックス

[kr] 샌드박스

[pt] programa sandbox

[ru] песочница

[es] caja de arena

82415 边界控制强逻辑隔离

[ar] عازل منطقي إلزامي لمراقبة الحدود

[en] strong logical isolation for border control

[fr] isolation logique forte pour le contrôle de limite

[de] starke logische Isolation für Grenzkont-

8.2

rolle

[it] forte isolamento logico per il controllo di confini

[jp] エッジコントロールのための強い論理的隔離

[kr] 엣지 제어 강제 로직 분리

[pt] isolamento lógico forte para controlo de borda

[ru] логически сильное разграничение для приграничного контроля

[es] aislamiento lógico fuerte para control de fronteras

82416 漏洞预警

[ar] إنذار مبكر من الثغرات

[en] vulnerability warning

[fr] alerte de vulnérabilité

[de] Verwundbarkeitsvorwarnung

[it] allarme di vulnerabilità

[jp] 脆弱性警告

[kr] 버그 조기 경보

[pt] alerta de vulnerabilidade

[ru] предупреждение об уязвимости

[es] advertencia temprana de vulnerabilidad

82417 病毒预警

[ar] إنذار مبكر من الفيروسات

[en] virus warning

[fr] alerte de virus

[de] Virus-Vorwarnung

[it] allarme di virus

[jp] ウイルス警告

[kr] 바이러스 조기 경보

[pt] alerta de vírus

[ru] предупреждение о вирусе

[es] advertencia temprana de virus

82418 隐写分析

[ar] تحليل إخفاء المعلومات

[en] steganalysis

[fr] analyse stéganographique

[de] steganographische Analyse

[it] analisi steganografica

[jp] ステガノグラフィー解析

[kr] 스테가노그래피 분석

[pt] análise esteganográfica

[ru] стеганографический анализ

[es] análisis de esteganografía

82419 多媒体信息隐藏技术

[ar] إخفاء معلومات الوسائط المتعددة

[en] multimedia information hiding technology

[fr] technologie de dissimulation d'information multimédia

[de] Technologien zum Verbergen von Multi-medien-Informationen

[it] tecnologie per nascondere informazioni multimediali

[jp] マルチメディア情報隠蔽技術

[kr] 멀티미디어 정보 은폐

[pt] tecnologia de ocultar informações de multimédia

[ru] технологии скрытия мультимедийной информации

[es] tecnologías para ocultar información multimedia

82420 隐写术

[ar] علم إخفاء المعلومات

[en] steganography

[fr] stéganographie

[de] Steganographie

[it] steganografia

[jp] ステガノグラフィー

[kr] 스테가노그래피

[pt] esteganografia

[ru] стеганография

[es] esteganografía

82421 数字水印

[ar] علامة مائية رقمية

[en] digital watermark

[fr] filigrane numérique

[de] digitales Wasserzeichen

[it] filigrana digitale

[jp] 電子透かし

[kr] 디지털 워터마크

[pt] marca de água digital

[ru] цифровой водяной знак

[es] filigrana digital

82422 数字证书强认证

[ar] تصديق إلزامي للشهادات الرقمية

[en] strong authentication of digital certificates

[fr] authentification forte par certification numérique

[de] starke Authentifizierung des digitalen Zertifikats

[it] autenticazione forte di certificato digitale

[jp] デジタル証明書の強力認証

[kr] 디지털 인증서 강력 인증

[pt] certificado digital para autenticação forte

[ru] строгая аутентификация для цифрового сертификата

[es] certificado digital para autenticación fuerte

82423 数据安全风险信息

[ar] معلومات عن مخاطر سلامة البيانات

[en] data security risk information

[fr] information sur les risques de sécurité de données

[de] Informationen über Datensicherheitsrisi-ko

[it] informazioni sul rischio per la sicurezza dei dati

[jp] データセキュリティリスク情報

[kr] 데이터 보안 리스크 정보

[pt] informações de riscos para a segurança de dados

[ru] информация о риске безопасности

данных

[es] información de riesgos para la seguridad de datos

8.2.5　可靠服务

[ar] خدمة موثوقة

[en] **Reliable Service**

[fr] **Service fiable**

[de] **Zuverlässiger Service**

[it] **Servizio affidabile**

[jp] **信頼できるサービス**

[kr] **신뢰 서비스**

[pt] **Serviço Confiável**

[ru] **Надежная служба**

[es] **Servicio Fiable**

82501 认证服务

[ar] خدمة التوثيق

[en] authentication service

[fr] service d'authentification

[de] Authentifizierungsdienst

[it] servizio di autenticazione

[jp] 認証サービス

[kr] 인증 서비스

[pt] serviço de autenticação

[ru] служба аутентификации

[es] servicio de autenticación

82502 机密性服务

[ar] خدمة سرية

[en] confidentiality service

[fr] service de confidentialité

[de] Vertraulichkeitsdienst

[it] servizio di riservatezza

[jp] 機密性サービス

[kr] 기밀성 서비스

[pt] serviço de confidencialidade

[ru] служба сохранения конфиденциальности информации

[es] servicio de confidencialidad

8.2

8.2

82503 完整性服务
[ar] خدمة متكاملة
[en] integrity service
[fr] service d'intégrité
[de] Integritätsdienst
[it] servizio di integrità
[jp] 完全性サービス
[kr] 완전성 서비스
[pt] serviço de integridade
[ru] служба обеспечения целостности
данных
[es] servicio de integridad

82504 抗否性服务
[ar] خدمة مضادة للنفي
[en] non-repudiation service
[fr] service de non-répudiation
[de] Non-Repudiations-Service
[it] servizio non ripudio
[jp] 否認防止サービス
[kr] 부인봉쇄 서비스
[pt] serviço de não repúdio
[ru] неопровержимая услуга
[es] servicio de no repudio

82505 远程登录
[ar] تسجيل عن بعد
[en] remote login
[fr] connexion à distance
[de] Fernanmeldung
[it] accesso a distanza
[jp] 遠隔ログイン
[kr] 원격 로그인
[pt] login remoto
[ru] дистанционный вход в систему
[es] inicio de sesión remoto

82506 数字化操作
[ar] عملية تشغيلية إلكترونية
[en] digital operation
[fr] opération numérique

[de] digitale Operation
[it] operazione digitale
[jp] 電子方式操作
[kr] 디지털 오퍼레이션
[pt] operação digital
[ru] цифровая операция
[es] operación digital

82507 密制消息验证码
[ar] رمز التحقق للرسالة المشفرة
[en] encrypted message authentication code
[fr] code d'authentification de message
chiffré
[de] Authentifizierungscode für verschlüssel-
te Nachrichten
[it] codice di autenticazione del messaggio
crittografico
[jp] 暗号化メッセージ認証コード
[kr] 암호화 메시지 인증 코드
[pt] código de autenticação de mensagem
criptografada
[ru] код аутентификации зашифрованного
сообщения
[es] código de autenticación de mensaje
encriptado

82508 数据隔离与交换系统
[ar] نظام عزل وتبادل البيانات
[en] data isolation and switching system
[fr] système d'isolation et d'échange de
données
[de] Datenisolation und -austauschsystem
[it] sistema di isolamento e commutazione
dei dati
[jp] データの隔離と交換システム
[kr] 데이터 분리와 교환 시스템
[pt] isolamento de dados e sistema de
comutação
[ru] система изоляции и обмена данными
[es] sistema de aislamiento y la conmutación
de datos

82509 加密机制

[ar] آلية التشفير

[en] encryption mechanism

[fr] mécanisme de chiffrement

[de] Verschlüsselungsmechanismus

[it] meccanismo di crittografia

[jp] 暗号化メカニズム

[kr] 암호화 메커니즘

[pt] mecanismo de encriptação

[ru] механизм шифрования

[es] mecanismo de criptología

82510 路由控制

[ar] تحكم في جهاز التوجيه

[en] routing control

[fr] contrôle de routage

[de] Routing-Kontrolle

[it] controllo del routing

[jp] ルーティング制御

[kr] 라우팅 제어

[pt] controlo de roteamento

[ru] управление маршрутизацией

[es] control de enrutamiento

82511 信息流填充

[ar] تغذية تدفق المعلومات

[en] traffic padding

[fr] remplissage de trafic

[de] Informationszulauf

[it] flusso del traffico

[jp] 情報フロー補填

[kr] 트래픽 패딩

[pt] preenchimento do fluxo de informações

[ru] заполнение трафика

[es] relleno de flujo informativo

82512 纠错编码

[ar] أكواد تصحيح الخطأ

[en] error correction code (ECC)

[fr] code de correction d'erreur

[de] Fehlerkorrekturcode

[it] codice di correzione dell'errore

[jp] エラー修正コード

[kr] 오류 정정 코드

[pt] código de correção de erro

[ru] кодирование с исправлением ошибок

[es] código de corrección de errores

82513 差错控制编码

[ar] ترميز نظام التحكم في الخطأ

[en] error control coding

[fr] codage de contrôle d'erreur

[de] Fehlerkontrollcodierung

[it] codifica di controllo d'errore

[jp] エラー制御コーディング

[kr] 에러 제어 코드

[pt] código para controlo de erros

[ru] кодирование с контролем ошибок

[es] codificación para control de errores

82514 站点鉴别

[ar] تمييز مواقع الإنترنت

[en] site identification

[fr] identification du site

[de] Standortidentifikation

[it] identificazione del sito

[jp] サイト認証

[kr] 사이트 식별

[pt] identificação do site

[ru] идентификация сайта

[es] identificación de sitios

82515 共享秘钥

[ar] مفتاح سري تشاركى

[en] shared key

[fr] clé partagée

[de] Sharing-Schlüssel

[it] chiave condivisa

[jp] 共有キー

[kr] 공유 키

[pt] chave partilhada

[ru] ключ коллективного пользования

8.2

[es] clave compartida

82516 仲裁数字签名

[ar] توقيع رقمي للمحكم

[en] arbitrated digital signature

[fr] signature numérique arbitrée

[de] digitale Signatur bei Arbitrage

[it] firma digitale arbitrata

[jp] 仲裁デジタル署名

[kr] 중재 디지털 서명

[pt] assinatura digital arbitrada

[ru] арбитражная цифровая подпись

[es] firma digital de arbitraje

82517 深度数据包检测

[ar] فحص حزمة البيانات العميقة

[en] deep packet inspection (DPI)

[fr] inspection approfondie des paquets de données

[de] tiefe Datenpaketinspektion

[it] ispezione approfondita dei pacchetti

[jp] ディープ・パケット・インスペクション

[kr] 심층 데이터 패킷 분석

[pt] inspecção profunda de pacote de dados

[ru] углубленная проверка пакетов

[es] inspección profunda de paquetes de datos

82518 公开密钥密码体制

[ar] نظام تشفير المفتاح السري العام

[en] public-key cryptosystem

[fr] cryptosystème à clé publique

[de] Kryptosystem mit öffentlichem Schlüssel

[it] sistema crittografico a chiave pubblica

[jp] 公開鍵暗号システム

[kr] 공개 키 암호 시스템

[pt] sistema de criptografia de chave pública

[ru] криптосистема с открытым ключом

[es] sistema criptográfico de clave pública

82519 虚拟机镜像安全

[ar] سلامة صورة الآلة الافتراضية

[en] virtual machine mirroring security

[fr] sécurité du miroitage des machines virtuelles

[de] Spiegelungssicherheit für virtuelle Maschinen

[it] sicurezza del mirroring della macchina virtuale

[jp] 仮想マシンのミラーリングセキュリティ

[kr] 가상 머신 미러링 보안

[pt] segurança de espelhamento de máquina virtual

[ru] безопасность зеркалирования виртуальных машин

[es] seguridad en espejo para máquinas virtuales

8.3 多维防护

[ar] نظام الوقاية متعددة الأبعاد

[en] Multidimensional Protection

[fr] Protection multidimensionnelle

[de] Mehrdimensionaler Schutz

[it] Protezione multidimensionale

[jp] 多次元保護

[kr] 다차원 방호

[pt] Proteção Multidimensional

[ru] Многомерная защита

[es] Protección Multidimensional

8.3.1 渗透测试

[ar] اختبار الاختراق

[en] Penetration Test

[fr] Essai de pénétration

[de] Penetrationstest

[it] Test di penetrazione

[jp] 侵入テスト

[kr] 침투 테스트

[pt] Teste de Penetração

[ru] Тест на проникновение

[es] Prueba de Penetración

83101 防火墙

[ar] جدار ناري

[en] firewall

[fr] pare-feu

[de] Brandmauer

[it] firewall

[jp] ファイアウォール

[kr] 방화벽

[pt] guarda-fogo

[ru] межсетевой экран

[es] cortafuegos

83102 漏洞利用

[ar] استغلال الثغرة

[en] vulnerability exploitation

[fr] exploitation de vulnérabilité

[de] Ausnutzung von Sicherheitslücken

[it] sfruttamento della vulnerabilità

[jp] 脆弱性の悪用

[kr] 버그 악용

[pt] exploração de vulnerabilidade

[ru] эксплуатация уязвимостей

[es] explotación de la vulnerabilidad

83103 NSA武器库

[ar] ترسانة NSA

[en] NSA's arsenal

[fr] arsenal de l'Agence nationale de la sécurité

[de] Arsenal der NSA

[it] arsenale di NSA

[jp] NSAアーセナル

[kr] NSA 무기고

[pt] arsenal do NSA

[ru] арсенал Агентства национальной безопасности

[es] arsenal de la Agencia de Seguridad
Nacional

83104 安全熵

[ar] انتروبيا الأمن

[en] security entropy

[fr] entropie de sécurité

[de] Sicherheitsentropie

[it] entropia di sicurezza

[jp] セキュリティエントロピー

[kr] 보안 엔트로피

[pt] entropia de segurança

[ru] энтропия безопасности

[es] entropía de seguridad

83105 客体重用

[ar] إعادة استخدام الموضوع

[en] object reuse

[fr] réutilisation de l'objet

[de] Wiederverwendung von Objekten

[it] riutilizzo dell'oggetto

[jp] オブジェクトの再利用

[kr] 객체 재사용

[pt] reuso do obejto

[ru] повторное использование объекта

[es] reutilización de objetos

83106 剩余信息保护

[ar] حماية المعلومات المتبقية

[en] residual information protection

[fr] protection des informations résiduelles

[de] Schutz der restlichen Informationen

[it] protezione delle informazioni residue

[jp] 余剰情報保護

[kr] 잉여 정보 보호

[pt] proteção da informação residual

[ru] защита остаточной информации

[es] protección de la información residual

83107 多重宿主主机

[ar] مضيف متعدد الوصلات

[en] multi-homed host

[fr] serveur hôte multi-connecté

[de] Multi-Homed-Host

[it] host multi-homed

[jp] マルチホームホスト

[kr] 멀티 홈드 호스트

[pt] multihoming

[ru] компьютер, присоединенный к
нескольким физическим линиям
данных

[es] computadora central multienlace

83108 包过滤技术

[ar] تكنولوجيا تصفية الحزمة

[en] packet filtering technology

[fr] technique de filtrage de paquet

[de] Paketfilterungstechnik

[it] tecnica di filtraggio di pacchetti

[jp] パケットフィルタリング技術

[kr] 패킷 필터링 기술

[pt] técnica de filtragem de pacotes

[ru] методика фильтрации пакетов

[es] técnica de filtrado de paquetes

83109 代理技术

[ar] تكنولوجيا وكيلة

[en] proxy technology

[fr] technique d'agent

[de] Agententechnik

[it] tecnologia di proxy

[jp] エージェント技術

[kr] 대리 기술

[pt] tecnologia de agente

[ru] технология прокси

[es] tecnología de agentes

83110 状态检测技术

[ar] تكنولوجيا اختبار الحالات القائمة

[en] state detection technology

[fr] technique de détection d'état

[de] Zustandserkennungstechnik

[it] tecnologia di rilevamento dello stato
[jp] 状態検出技術
[kr] 상태 검측 기술
[pt] tecnologia de detcção de estado
[ru] технология контроля состояния
[es] tecnología de detección de estados

83111 地址翻译技术
[ar] تكنولوجيا ترجمة العناوين
[en] network address translation (NAT) technology
[fr] technique de traduction d'adresse
[de] Netzwerk-Adressenübersetzungstechnik
[it] tecnologia di traduzione d'indirizzo di rete
[jp] アドレス翻訳技術
[kr] 주소 번역 기술
[pt] tecnologia de tradução de endereços
[ru] технология трансформации сетевых адресов
[es] tecnología de traducción de direcciones

83112 网络安全扫描
[ar] تكنولوجيا مسح أمن الشبكة
[en] network security scanning
[fr] balayage de la sécurité du réseau
[de] Abtastung der Netzwerksicherheit
[it] scansione di sicurezza della rete
[jp] サイバーセキュリティスキャン
[kr] 네트워크 보안 스캐닝
[pt] scaneamento de segurança da rede
[ru] сканирование для определения сетевой безопасности
[es] escaneo de la seguridad de red

83113 端口扫描
[ar] تكنولوجيا مسح المنفذ
[en] port scanning
[fr] balayage de ports
[de] Port-Abtastung
[it] scansione di porta

[jp] ポートスキャン
[kr] 포트 스캔
[pt] scaneamento de portas
[ru] сканирование портов
[es] escaneo de puertos

83114 网络扫描器
[ar] ماسحة الشبكة
[en] network scanner
[fr] balayeur de réseau
[de] Netzwerksabtaster
[it] scanner di rete
[jp] ネットワークスキャナー
[kr] 네트워크 스캐너
[pt] scanner de rede
[ru] сетевой сканер
[es] escáner de red

83115 数据安全能力
[ar] قدرة أمان البيانات
[en] data security capability
[fr] capacité de sécurité des données
[de] Datensicherheitsfunktion
[it] capacità di sicurezza dei dati
[jp] データセキュリティ能力
[kr] 데이터 보안 능력
[pt] capacidade de segurança de dados
[ru] возможность обеспечения и повышения безопасности данных
[es] capacidad de seguridad de datos

83116 高级可持续性攻击
[ar] هجوم مستدام رفيع المستوى
[en] advanced persistent threat (APT)
[fr] menace persistante avancée
[de] erweiterte persistente Bedrohung
[it] minaccia persistente avanzata
[jp] 高級持続性脅威
[kr] 지능형 지속 공격
[pt] ameaça persistente avançada
[ru] постоянная угроза повышенной

8.3

сложности

[es] amenaza persistente avanzada

с автоблокированием

[es] red Banyan integrada de ataque-defensa

83117　单挑盲对抗

[ar] مواجهة ندية عمياء

[en] single-blind confrontation

[fr] confrontation à simple insu

[de] Single-Blind-Konfrontation

[it] confronto single-blind

[jp] 一重盲検対抗

[kr] 단일 맹점 대결

[pt] confronto de single-blind

[ru] слепая конфронтация один на один

[es] confrontación ciega simple

83118　攻防一体星状网

[ar] شبكة تكامل هجومي - دفاعي على الشكل الشعاعي

[en] attack-defense integrated star network

[fr] réseau en étoile intégré attaque-défense

[de] integriertes Sternnetzwerk für integrierte Angriff und Verteidigung

[it] rete stella integrata di attacco-difesa

[jp] 攻撃防御一体スターネットワーク

[kr] 공방일체 스타형 네트워크

[pt] rede star com ataque-defesa integrada

[ru] интегрированная сеть атаки и защиты со звездообразной топологией

[es] estelar integrada de ataque-defensa

83119　攻防一体榕树网

[ar] شبكة تكامل هجومي - دفاعي على شكل شجرة بانيان

[en] attack-defense integrated banyan network

[fr] réseau banyan intégré attaque-défense

[de] Banyan-Netzwerk für integrierte Angriff und Verteidigung

[it] rete banyan integrata di attacco-difesa

[jp] 攻撃防御一体バンヤンネットワーク

[kr] 공방일체 반얀 네트워크

[pt] rede banyan com ataque-defesa integrada

[ru] интегрированная сеть атаки и защиты

83120　数据灾难恢复

[ar] تعافي البيانات من الكوارث

[en] data disaster recovery

[fr] reprise de données après sinistre

[de] Wiederherstellung im Daten-Notfall

[it] recupero dal disastro

[jp] データの災害復旧

[kr] 데이터 재해 복구

[pt] recuperação de desastre de dados

[ru] аварийное восстановление данных

[es] recuperación de datos ante desastres

8.3.2　攻防对抗

[ar] **التجابه بين المهاجم والمهجوم عليه**

[en] **Attack-Defense Confrontation**

[fr] **Confrontation attaque-défense**

[de] **Angriff-Verteidigung-Konfrontation**

[it] **Confronto attacco-difesa**

[jp] **攻撃防御の対抗**

[kr] **공방 대항**

[pt] **Confronto entre Ataque e Defesa**

[ru] **Противостояние атаки и защиты**

[es] **Confrontación Ataque-Defensa**

83201　暴力攻击

[ar] هجمات عنيفة

[en] brute-force attack

[fr] attaque en force brutale

[de] gewaltiger Angriff

[it] attacco a forza bruta

[jp] ブルートフォースアタック

[kr] 폭력 공격

[pt] ataque a força bruta

[ru] атака методом «грубой силы»

[es] ataque por fuerza bruta

83202 缓冲区溢出攻击
[ar] هجوم تجاوز سعة المخزن المؤقت
[en] buffer overflow attack
[fr] attaque par débordement de tampon
[de] Pufferüberlauf-Angriff
[it] attacco di buffer overflow
[jp] バッファオーバーフロー攻撃
[kr] 버퍼 오버플로우 공격
[pt] ataque no buffer
[ru] атака путем переполнения буфера
[es] ataque por desbordamiento de búfer

83203 信息对抗
[ar] تجابه في مجال المعلومات
[en] information countermeasure
[fr] contre-mesure d'information
[de] Informationskonfrontation
[it] contromisura informativa
[jp] 情報対抗
[kr] 정보 대결
[pt] contramedida de informações
[ru] информационное противодействие
[es] contramedida de información

83204 通信对抗
[ar] تجابه في مجال المراسلات
[en] communication countermeasure
[fr] contre-mesure de communication
[de] Kommunikationskonfrontation
[it] contromisura di comunicazione
[jp] 通信対抗
[kr] 통신 대결
[pt] contramedida de telecomunicação
[ru] радиоэлектронное подавление средств связи
[es] contramedida de comunicaciones

83205 雷达对抗
[ar] هجوم وهجوم مضاد عن طريق الرادار
[en] radar countermeasure
[fr] confrontation de radar
[de] Radarkonfrontation
[it] confronto radar
[jp] レーダー対抗
[kr] 레이더 대결
[pt] confronto do radar
[ru] радиолокационное противодействие
[es] contramedida de radar

83206 光电对抗
[ar] تجابه في مجال الأجهزة الكهروضوئية
[en] electro-optical countermeasure
[fr] contre-mesure électro-optique
[de] photoelektrische Konfrontation
[it] contromisura elettro-ottica
[jp] 電気光学対抗
[kr] 광전 대결
[pt] confontro eletro-óptico
[ru] радиоэлектронное подавление электрооптическими средствами
[es] contramedida electroóptica

83207 蜜罐技术
[ar] تكنولوجيا وعاء العسل
[en] honeypot technology
[fr] technologie « pot de miel »
[de] Honigtopf-Technologie
[it] tecnologia honeypot
[jp] ハニーポット技術
[kr] 허니팟 기술
[pt] tecnologia do Honeypot
[ru] технология Honeypot
[es] tecnología de señuelos

83208 计算机网络对抗
[ar] تدابير مضادة لشبكة الحاسوب
[en] computer network countermeasure
[fr] contre-mesure de réseau informatique
[de] Konfrontation zwischen Computer-Netzwerken
[it] contromisura di rete di computer
[jp] コンピュータネットワーク対抗

[kr] 컴퓨터 네트워크 대결
[pt] contramedida da rede de computadores
[ru] противодействие с помощью информационной вычислительной сети
[es] contramedida de red informática

83209 网络空间安全对抗
[ar] تجابه في مجال الأمن السيراني
[en] cybersecurity countermeasure
[fr] contre-mesures de cybersécurité
[de] Gegenmaßnahmen zur Cybersicherheit
[it] contromisura di sicurezza dell'informazione
[jp] サイバー空間の安全対抗
[kr] 사이버 공간 보안 대결
[pt] contramedida de segurança no ciberespaço
[ru] противостояние по защите кибербезопасности
[es] contramedidas en ciberseguridad

83210 盲对抗
[ar] مجابهة عمياء
[en] blind confrontation
[fr] confrontation aveugle
[de] blinde Konfrontation
[it] confronto cieco
[jp] 盲目的な対抗
[kr] 블라인드 대결
[pt] confronto cego
[ru] слепая конфронтация
[es] confrontación ciega

83211 非盲对抗
[ar] مجابهة غير عمياء
[en] non-blind confrontation
[fr] confrontation non-aveugle
[de] nichtblinde Konfrontation
[it] confronto non cieco
[jp] 非盲目的な対抗

[kr] 비블라인드 대결
[pt] confronto não cego
[ru] неслепая конфронтация
[es] confrontación no ciega

83212 攻击防护技术
[ar] تكنولوجيا الهجوم والدفاع
[en] attack protection technology
[fr] technologie de protection contre les attaques
[de] Schutz-Technik gegen Angriff
[it] tecnologia di protezione dagli attacchi
[jp] 攻撃防御技術
[kr] 공격 예방 및 보호 기술
[pt] tecnologia de defesa contra ataques
[ru] технология защиты от атак
[es] técnicas defensivas y ofensivas

83213 拟态防御
[ar] دفاع مقلد
[en] cyber mimic defense (CMD)
[fr] cyberdéfense mimétique
[de] Cyber-Mimik-Verteidigung
[it] difesa cyber-mimic
[jp] 擬態防御
[kr] 사이버 미믹 방어
[pt] Defesa Cibernética Mímica
[ru] мимическая киберозащита
[es] defensa cibernética

83214 行为检测
[ar] اختبار سلوكيات
[en] behavior detection
[fr] détection de comportement
[de] Verhaltenserkennung
[it] monitoraggio di comportamento
[jp] 行動検知
[kr] 행위 검측
[pt] detecção de comportamento
[ru] поведенческие методы детектирования

[es] detección de comportamiento

83215 病毒攻击武器

[ar] سلاح هجوم الفيروس

[en] virus attack weapon

[fr] arme d'attaque virale

[de] Virusangriffswaffe

[it] arma di attacco virus

[jp] ウイルス攻撃ウエポン

[kr] 바이러스 공격 무기

[pt] arma de ataque à vírus

[ru] оружие вирусной атаки

[es] arma de ataque con virus

83216 网络攻击

[ar] هجوم سيبراني

[en] cyber-attack

[fr] cyberattaque

[de] Netzwerk-Angriff

[it] attacco di rete

[jp] ネット攻撃

[kr] 사이버 공격

[pt] ataque à rede

[ru] сетевая атака

[es] ataques en red

83217 漏洞探测扫描工具

[ar] أدوات اكتشاف ومسح الثغرة

[en] vulnerability detection and scanning tool

[fr] outil de détection et de recherche de vulnérabilité

[de] Schwachstellenerkennung- und Abtastungswerkzeug

[it] strumento di rilevamento e scansione delle vulnerabilità

[jp] 脆弱性検出とスキャンツール

[kr] 버그 탐측 및 스캐닝 툴

[pt] ferramenta de deteção e scaneamento de vulnerabilidade

[ru] инструмент детектирования и сканирования уязвимостей

[es] herramienta de detección y escaneo de vulnerabilidades

83218 实网攻防演练

[ar] مناورة سيبرانية لعمليتي الهجوم والدفاع

[en] attack and defense walkthrough based on real network environment

[fr] exercice d'attaque et de défense basé sur un réseau réel

[de] auf realer Netzwerkumgebung basierende Komplettlösung für Angriff und Verteidigung

[it] esercitazione di attacco e difesa di rete

[jp] 実践的サイバー攻撃・防御演習

[kr] 실제 네트워크 공격 방어 훈련

[pt] ensaio de ataque e defesa em ambiente verdadeiro da rede

[ru] прохождение игры в сетевую атаку-защиту на основе реальной сетевой среды

[es] ciberejercicio defensivo y ofensivo basado en un entorno de red real

83219 攻防一体全连通网络

[ar] شبكة متكاملة للهجوم والدفاع

[en] attack-defense integrated network

[fr] réseau intégré attaque-défense

[de] integriertes Netzwerk für integrierte Angriff und Verteidigung

[it] rete integrata attacco-difesa

[jp] 攻撃防御一体ネットワーク

[kr] 공격 방어 통합 네트워크

[pt] rede de ataque-defesa integrada

[ru] интегрированная сеть атаки и защиты

[es] red integrada de ataque-defensa

83220 无线局域网安全性

[ar] أمان الشبكة المحلية اللاسلكية

[en] wireless local area network (WLAN) security

[fr] sécurité du réseau local sans fil

8.3

[de] Sicherheit des drahtlosen lokalen Netz-
werks

[it] sicurezza della rete locale wireless

[jp] 無線 LANセキュリティ

[kr] 무선 로컬 영역 네트워크 안전성

[pt] segurança em rede local sem fio

[ru] безопасность беспроводной локальной
сети

[es] seguridad de red de área local
inalámbricas

83221 蓝牙安全性

[ar] أمن البلوتوث

[en] Bluetooth security

[fr] sécurité bluetooth

[de] Bluetooth-Sicherheit

[it] sicurezza bluetooth

[jp] ブルートゥースセキュリティ

[kr] 블루투스 보안성

[pt] segurança do bluetooth

[ru] безопасность Bluetooth

[es] seguridad de Bluetooth

83222 移动自组网安全性

[ar] مواصفات الأمان للشبكة المتنقلة الذاتية الحكم

[en] security in mobile ad-hoc network
(MANET)

[fr] sécurité du réseau ad-hoc mobile

[de] Sicherheit im mobilen Ad-hoc-Netzwerk

[it] sicurezza nella rete mobile ad-hoc

[jp] モバイルアドホックネットワークセ
キュリティ

[kr] 이동 애드혹 네트워크 안전성

[pt] segurança na rede móvel ad-hoc

[ru] безопасность мобильной
самоорганизующейся сети

[es] seguridad en redes ad hoc móviles

83223 无线传感器安全性

[ar] مواصفات الأمان لجهاز الاستشعار اللاسلكي

[en] wireless sensor security

[fr] sécurité du capteur sans fil

[de] Sicherheit der drahtlosen Sensoren

[it] sicurezza del sensore senza fili

[jp] 無線センサーセキュリティ

[kr] 무선 센서 안전성

[pt] segurança do sensor sem fio

[ru] безопасность беспроводного датчика

[es] seguridad de sensores inalámbricos

8.3.3 安全协议

[ar] بروتوكولات الأمن

[en] **Security Protocol**

[fr] **Protocole de sécurité**

[de] **Sicherheitsprotokoll**

[it] **Protocollo di sicurezza**

[jp] セキュリティプロトコル

[kr] 보안 프로토콜

[pt] **Protocolo de Segurança**

[ru] **Протокол безопасности**

[es] **Protocolo de Seguridad**

83301 协议逻辑

[ar] منطق بروتوكول

[en] protocol logic

[fr] logique de protocole

[de] Protokolllogik

[it] logica del protocollo

[jp] プロトコルロジック

[kr] 프로토콜 로직

[pt] lógica de protocolo

[ru] логика протокола

[es] lógica de protocolos

83302 BAN类逻辑

[ar] منطق فئة BAN

[en] Burrows-Abadi-Needham (BAN) logic

[fr] logique Burrows-Abadi-Needham

[de] BAN-Logik

[it] logica Burrows-Abadi-Needham

[jp] BANロジック

[kr] BAN 로직

[pt] Lógica de Burrows-Abadi-Needham

[ru] логика Барроуза-Абади-Нидхэма

[es] lógica BAN

83303 Bieber逻辑

[ar] منطق Bieber

[en] Bieber logic

[fr] logique Bieber

[de] Bieber-Logik

[it] logica Bieber

[jp] Bieberロジック

[kr] 비버(Bieber) 로직

[pt] Lógica de Bieber

[ru] логика Бибера

[es] lógica de Bieber

83304 Dolev-Yao模型

[ar] منطق Dolev-Yao

[en] Dolev-Yao model

[fr] modèle Dolev-Yao

[de] Dolev-Yao-Modell

[it] logica Dolev-Yao

[jp] Dolev-Yaoロジック

[kr] Dolev-Yao 로직

[pt] modelo Dolev-Yao

[ru] модель Долева-Яо

[es] lógica Dolev-Yao

83305 串空间

[ar] فضاءات متسلسلة

[en] strand space

[fr] espace de brins

[de] Strang-Raum

[it] spazi del filo

[jp] ストランド空間

[kr] 스트랜드 공간

[pt] espaço de strand

[ru] пространство нитей

[es] espacios de hebras

83306 进程代数

[ar] جبر العملية

[en] process algebra

[fr] algèbre de processus

[de] Prozessalgebra

[it] algebra di processo

[jp] プロセス代数

[kr] 프로세스 대수

[pt] álgebra de processo

[ru] алгебра процессов

[es] álgebra de procesos

83307 Fail-stop方法

[ar] طريقة Fail-stop

[en] fail-stop method

[fr] arrêt sur panne

[de] Fail-Stop-Methode

[it] metodo fail-stop

[jp] Fail-stop 方法

[kr] 페일-스톱(Fail-stop) 방법

[pt] método Fail-stop

[ru] метод Fail-stop

[es] método fallo-parada

83308 层次化方法

[ar] نهج هرمي

[en] hierarchical approach

[fr] approche hiérarchique

[de] hierarchischer Ansatz

[it] approccio gerarchico

[jp] 階層的アプローチ

[kr] 계층적 접근 방법

[pt] método de hierarquização

[ru] иерархический подход

[es] enfoque jerárquico

83309 认证测试方法

[ar] طريقة اختبار وتوثيق

[en] authentication testing method

[fr] approche d'essai d'authentification

[de] Authentifizierungstestmethode

[it] metodo di test di autenticazione
[jp] 認証テスト方法
[kr] 인증 테스트 방법
[pt] método de teste de autenticação
[ru] метод проверки аутентификации
[es] método de pruebas de autenticación

83310 伪随机数生成器
[ar] مولد الأرقام العشوائية الزائفة
[en] pseudorandom number generator
[fr] générateur de nombre pseudo-aléatoire
[de] Pseudozufallszahlengenerator
[it] generatore di numeri pseudo-casuali
[jp] 擬似乱数生成器
[kr] 의사 난수 생성기
[pt] gerador de número pseudo-aleatório
[ru] генератор псевдослучайных чисел
[es] generador de números pseudoaleatorios

83311 认证协议
[ar] بروتوكول التوثيق
[en] authentication protocol
[fr] protocole d'authentification
[de] Authentifizierungsprotokoll
[it] protocollo di autenticazione
[jp] 認証プロトコル
[kr] 인증 프로토콜
[pt] protocolo de autenticação
[ru] протокол аутентификации
[es] protocolo de autenticación

83312 签名协议
[ar] بروتوكول التوقيع
[en] signature protocol
[fr] protocole de signature
[de] Signaturprotokoll
[it] protocollo di firma
[jp] 署名プロトコル
[kr] 서명 프로토콜
[pt] protocolo da assinatura
[ru] протокол подписи

[es] protocolo de firma

83313 隐私属性
[ar] صفات الخصوصية
[en] privacy attribute
[fr] attribut de confidentialité
[de] Datenschutzattribute
[it] proprietà di privacy
[jp] プライバシー属性
[kr] 프라이버시 속성
[pt] atributos de privacidade
[ru] атрибуты конфиденциальности
[es] atributos de privacidad

83314 零知识证明
[ar] دليل على المعرفة الصفرية
[en] zero-knowledge proof
[fr] preuve de connaissance zéro
[de] Null-Wissen-Nachweis
[it] prova a conoscenza zero
[jp] ゼロ知識証明
[kr] 영지식 증명
[pt] prova de conhecimento-zero
[ru] доказательство с нулевым разглашением
[es] prueba de conocimiento cero

83315 消息交换协议
[ar] بروتوكول تبادل الرسائل
[en] message exchange protocol
[fr] protocole d'échange de messages
[de] Protokoll für Nachrichtenaustausch
[it] protocollo di scambio di messaggi
[jp] 情報交換協議
[kr] 정보 교환 프로토콜
[pt] protocolo de troca de mensagens
[ru] протокол обмена сообщениями
[es] protocolo de intercambio de mensajes

83316 电子商务协议
[ar] بروتوكول التجارة الإلكترونية

[en] e-commerce protocol

[fr] protocole de commerce électronique

[de] E-Commerce-Protokoll

[it] protocollo di e-commerce

[jp] 電子ビジネス協議

[kr] 전자상거래 프로토콜

[pt] Protocolo de comércio electrónico

[ru] протокол электронной коммерции

[es] protocolo de comercio electrónico

83317 互联网协议

[ar] بروتوكول الإنترنت

[en] Internet protocol

[fr] protocole de l'Internet

[de] Internetprotokoll

[it] protocollo Internet

[jp] インターネットプロトコル

[kr] 인터넷 프로토콜

[pt] protocolo da Internet

[ru] протокол Интернета

[es] protocolo de Internet

83318 秘钥管理协议

[ar] بروتوكول إدارة المفتاح السري للخصوصية

[en] privacy key management (PKM) protocol

[fr] protocole de gestion de clé de confidentialité

[de] Schlüsselmanagement-Protokoll

[it] protocollo PKM

[jp] プライバシーキー管理プロトコル

[kr] 암호 키 관리 프로토콜

[pt] protocolo de gestão de chaves de privacidade

[ru] протокол управления закрытыми ключами

[es] protocolo de gestión de claves

83319 应急预案管理

[ar] إدارة سيناريو احتياطي لمواجهة الطوارئ

[en] emergency plan management

[fr] gestion de plan d'urgence

[de] Notfallplansmanagement

[it] gestione del piano di emergenza

[jp] 緊急時対応計画管理

[kr] 응급 대비책 관리

[pt] gestão do plano de emergência

[ru] управление противоаварийным планом

[es] gestión de planes de emergencia

83320 安全超文本传输协议

[ar] بروتوكول نقل نص تشعبي الأمن

[en] Secure HyperText Transfer Protocol (S-HTTP)

[fr] Protocole de transfert hypertexte sécurisé

[de] Protokoll für sichere HyperText-Übertragung

[it] Protocollo di trasferimento sicuro di ipertesto

[jp] セキュアハイパーテキスト転送プロトコル

[kr] 하이퍼텍스트 보안 전송 프로토콜

[pt] Protocolo de transferência de hipertexto seguro

[ru] Протокол защищенной пересылки гипертекста

[es] Protocolo Seguro de Transferencia de Hipertexto

83321 安全套接层协议

[ar] بروتوكول طبقة التوصيل الآمنة

[en] secure sockets layer (SSL) protocol

[fr] protocole de couche de sockets sécurisés

[de] Protokoll für Transportschichtsicherheit

[it] protocollo SSL

[jp] SSLプロトコル

[kr] 보안 소켓 계층 프로토콜

[pt] Protocolo de Secure Sockets Layer

[ru] протокол «уровень защищенных сокетов»

[es] protocolo de capa de sockets seguros

8.3

83322　通用安全服务应用程序接口

[ar]　واجهة البرنامج التطبيقية لخدمة الأمان العامة

[en]　Generic Security Service Application
　　　Program Interface (GSS-API)

[fr]　Interface de programmation logicielle du
　　　service de sécurité générique

[de]　Allgemeiner Sicherheitsserviceanschluss

[it]　Interfaccia di applicazione di programma
　　　del servizio di sicurezza generale

[jp]　汎用セキュリティサービスアプリケー
　　　ション・プログラミング・インター
　　　フェース

[kr]　범용 보안 서비스 인터페이스

[pt]　interface de programa de aplicativo de
　　　serviço de segurança geral

[ru]　Интерфейс безопасности GSS-API

[es]　Interfaz de Programa de Aplicaciones de
　　　Servicios de Seguridad Genéricos

83323　安全交易技术协议

[ar]　بروتوكول تكنولوجيا المعاملات الآمنة

[en]　Secure Transaction Technology (STT)
　　　Protocol

[fr]　Protocole sur la technologie de
　　　transaction sécurisée

[de]　Protokoll für sichere Transaktionstech-
　　　nologie

[it]　Protocollo della tecnologia di transazione
　　　sicura

[jp]　SETプロトコル

[kr]　안전 거래 기술 프로토콜

[pt]　Protocolo de Tecnologia de Transação
　　　Segura

[ru]　Протокол «безопасные электронные
　　　транзакции»

[es]　Protocolo de Tecnología de Transacción
　　　Electrónica Segura

8.3.4　认证加密

[ar]　توثيق وتشفير

[en]　**Authenticated Encryption**

[fr]　**Chiffrement authentifié**

[de]　**Authentifizierte Verschlüsselung**

[it]　**Crittografia autenticata**

[jp]　**認証暗号化**

[kr]　**인증 암호화**

[pt]　**Criptografia de Autenticação**

[ru]　**Аутентичное шифрование**

[es]　**Criptografia de Autenticación**

83401　密码技术

[ar]　تكنولوجيا التشفير

[en]　cryptographic technology

[fr]　technologie cryptographique

[de]　Kryptografische Technologien

[it]　tecnologia crittografica

[jp]　暗号技術

[kr]　암호 기술

[pt]　tecnologias criptográficas

[ru]　криптографические технологии

[es]　tecnologías criptográficas

83402　安全认证

[ar]　توثيق الأمن السيبراني

[en]　security authentication

[fr]　authentification de sécurité

[de]　Sicherheitsauthentifizierung

[it]　autenticazione di sicurezza

[jp]　セキュリティ認証

[kr]　보안 인증

[pt]　autenticação de segurança

[ru]　аутентификация безопасности

[es]　autenticación de seguridad

83403　分组密码

[ar]　تشفير مجمَّع

[en]　block cipher

[fr]　chiffrement par bloc

[de]　Blockchiffre

[it]　cifratura a blocchi

[jp]　ブロック暗号

[kr]　블록 암호

[pt] cifra de bloco
[ru] блочные шифры
[es] cifradores de bloques

83404 序列密码

[ar] كلمة المرور المتسلسلة
[en] stream cipher
[fr] chiffrement de flux
[de] Stream-Chiffre
[it] codice di flusso
[jp] ストリーム暗号
[kr] 스트림 암호
[pt] cifra serial
[ru] потоковый шифр
[es] cifradores de flujos

83405 RSA密码体制

[ar] نظام تشفير لـ RSA
[en] RSA cryptosystem
[fr] chiffrement Rivest-Shamir-Adleman
[de] RSA-Verschlüsselung
[it] crittografia Rivest–Shamir–Adleman
[jp] RSA 暗号体制
[kr] RSA 암호 시스템
[pt] sistema de criptografia de chave pública
[ru] криптосистема Ривеста-Шамира-Адлемана
[es] criptosistema RSA

83406 设备认证

[ar] توثيق الأجهزة
[en] type approval
[fr] certification d'équipement
[de] Gerätezertifizierung
[it] certificazione dell'attrezzatura
[jp] 設備の認証
[kr] 장비 인증
[pt] certificação de equipamentos
[ru] утверждение типа
[es] ID del dispositivo del Internet

83407 数字签名技术

[ar] تكنولوجيا التوقيع الرقمي
[en] digital signature technology
[fr] technologie de signature numérique
[de] Technologie der digitalen Signatur
[it] tecnologia di firma digitale
[jp] デジタル署名技術
[kr] 디지털 서명 기술
[pt] tecnologia de assinatura digital
[ru] технология цифровой подписи
[es] tecnología de firma digital

83408 量子密码

[ar] تشفير كمومي
[en] quantum cryptograph
[fr] codes secrets quantiques
[de] Quanten-Chiffre
[it] crittogramma quantistica
[jp] 量子暗号
[kr] 양자 암호
[pt] criptografia quântica
[ru] квантовая криптограмма
[es] criptograma cuántica

83409 DNA密码

[ar] كلمة السر لـ DNA
[en] DNA cryptography
[fr] cryptographie ADN
[de] DNA-Chiffre
[it] crittografia di DNA
[jp] DNA 暗号
[kr] DNA 암호
[pt] código de DNA
[ru] ДНК-криптография
[es] cifradores de ADN

83410 数字摘要

[ar] موجز رقمي
[en] digital abstract
[fr] résumé numérique
[de] digitale Zusammenfassung

[it] estratto digitale
[jp] デジタル要旨
[kr] 디지털 요약
[pt] resumo digital
[ru] цифровой абстракт
[es] abstracto digital

83411 数字信封
[ar] مغلف رقمي
[en] digital envelope
[fr] enveloppe numérique
[de] digitaler Umschlag
[it] busta digitale
[jp] デジタルエンベロープ
[kr] 전자 봉투
[pt] envelope digital
[ru] цифровой конверт
[es] envolvente digital

83412 数字时间戳
[ar] ختم زمني رقمي
[en] digital timestamping
[fr] horodatage numérique
[de] digitaler Zeitstempel
[it] marca digitale di tempo
[jp] デジタルタイムスタンプ
[kr] 디지털 타임스탬프
[pt] selo temporal digital
[ru] цифровая метка времени
[es] marca de tiempo digital

83413 公钥密码
[ar] تشفير المفتاح السري العام
[en] public key cipher
[fr] clé publique
[de] Asymmetrisches Kryptosystem
[it] chiave pubblica
[jp] 公開鍵
[kr] 공개키 암호
[pt] criptografia de chave pública
[ru] шифр с открытым ключом

[es] criptografía asimétrica

83414 消息鉴别码
[ar] كود تمييز رسالة
[en] message authentication code (MAC)
[fr] code d'authentification de message
[de] Nachrichtenauthentifizierungscode
[it] codice di autenticazione del messaggio
[jp] メッセージ認証コード
[kr] 정보 인증 코드
[pt] código de autenticação de mensagem
[ru] код аутентификации сообщения
[es] código de autenticación de mensajes

83415 数据备份
[ar] نسخة احتياطية للبيانات
[en] data backup
[fr] sauvegarde de données
[de] Datensicherung
[it] backup dei dati
[jp] データバックアップ
[kr] 데이터 백업
[pt] cópia de segurança de dados
[ru] резервное копирование данных
[es] copias de seguridad de datos

83416 数据镜像
[ar] صورة البيانات
[en] data mirroring
[fr] miroitage de données
[de] Datenspiegelung
[it] mirroring dei dati
[jp] データミラーリング
[kr] 데이터 미러링
[pt] espelhamento de dados
[ru] зеркалирование данных
[es] espejo de datos

83417 日志记录
[ar] تسجيل يوميات
[en] log record

[fr] enregistrement de journal

[de] Protokollsatz

[it] registro log

[jp] ログレコード

[kr] 일지 기록

[pt] registro de logs

[ru] запись журнала

[es] registros diarios

83418　数据水印技术

[ar] تكنولوجيا علامة مائية للبيانات

[en] data watermarking

[fr] filigrane de données

[de] Datenwasserzeichen

[it] filigrana dei dati

[jp] データ透かし技術

[kr] 데이터 워터마킹 기술

[pt] marca de água de dados

[ru] технология «водяных знаков» данных

[es] técnica de filigrana de datos

83419　变换域隐秘技术

[ar] تكنولوجيا إخفاء الأسرار في المجال المتغير

[en] transform-domain techniques for steganography

[fr] techniques de transformation de domaine pour la stéganographie

[de] Transformations-Domänen-Technik für Steganographie

[it] tecnica della trasformazione di dominio per la steganografia

[jp] 変換ドメインステガノグラフィ技術

[kr] 변환 도메인 은닉 기술

[pt] técnicas de esteganografia no domínio de transformação

[ru] методы преобразования домена для стеганографии

[es] técnicas de dominios de transformación para esteganografía

83420　密码体制

[ar] نظام التشفير

[en] cryptosystem

[fr] cryptosystème

[de] Chiffriersystem

[it] crittosistema

[jp] 暗号システム

[kr] 암호 체계

[pt] criptosistema

[ru] криптосистема

[es] sistema criptográfico

83421　对称密码

[ar] كلمة السر المتناظرة

[en] symmetric cipher

[fr] chiffrement symétrique

[de] symmetrische Chiffre

[it] crittografia simmetrica

[jp] 対称暗号

[kr] 대칭 암호 기법

[pt] criptografia simétrica

[ru] симметричный шифр

[es] cifrador simétrico

83422　单向函数

[ar] دالة أحادية الاتجاه

[en] one-way function

[fr] fonction unidirectionnelle

[de] Einwegfunktion

[it] funzione senso-unico

[jp] 一方向性関数

[kr] 일방향 함수

[pt] função unidirecional

[ru] односторонняя функция

[es] función unívoca

8.3.5　数据靶场

[ar] مجال البيانات

[en] **Data Range**

[fr] **Plate-forme d'entraînement à l'attaque et à la défense informatiques**

[de] Datenschießstand
[it] Data range
[jp] データレンジ
[kr] 데이터 레인지
[pt] Campos de Dados
[ru] Полигон данных
[es] Plataforma de Entrenamiento a la Ataque y la Defensa Informativas

83501 实网演练

[ar] مناورة سيبرانية
[en] walkthrough based on real network environment
[fr] entraînement à l'attaque et à la défense informatiques basé sur le réseau réel
[de] Netzwerk-Komplettlösung
[it] esercitazione di rete
[jp] サイバー攻撃対応演習
[kr] 실제 네트워크 훈련
[pt] ensaio ambiente verdadeito da rede
[ru] прохождение игры в реальной сетевой среде
[es] recorrido basado en un entorno de red real

83502 红客

[ar] قرصان أحمر
[en] Honker
[fr] honker
[de] Honker
[it] Honker
[jp] ホンカー
[kr] 홍커(紅客)
[pt] Honker
[ru] Красный хакер
[es] Honker

83503 蓝客

[ar] قرصان أزرق
[en] Lanker
[fr] lanker

[de] Lanker
[it] Lanker
[jp] ランカー
[kr] 난커(蓝客)
[pt] Lanker
[ru] Синий хакер
[es] Lanker

83504 大数据安全靶场

[ar] مجال أمان البيانات الضخمة
[en] big data security range
[fr] plate-forme d'entraînement à l'attaque et à la défense informatiques basée sur les mégadonnées
[de] Big Data-Sicherheitsschießstand
[it] range della sicurezza di Big Data
[jp] ビッグデータセキュリティレンジ
[kr] 빅데이터 보안 레인지
[pt] campos de segurança de big data
[ru] полигон для отработки вопросов по безопасности больших данных
[es] plataforma de entrenamiento a la ataque y la defensa informativas de la seguridad de Big Data

83505 网络战靶场

[ar] مجال الحرب السيبرانية
[en] cyberwar range
[fr] plate-forme d'entraînement à la cyberguerre
[de] Cyberkrieg-Schießstand
[it] range di guerra cybernetica
[jp] サイバー戦レンジ
[kr] 사이버 전쟁 레인지
[pt] campos de guerra cibernética
[ru] полигон кибервойн
[es] plataforma de entrenamiento a la ataque y la defensa informativas de la guerra cibernética

83506 国家网络靶场
[ar] مجال سيبرانية وطنية
[en] national cyber range (NCR)
[fr] plate-forme nationale d'entraînement à l'attaque et à la défense informatiques
[de] nationaler Cyber-Schießstand
[it] range cyber-nazionale
[jp] 国立サイバーレンジ
[kr] 국가 사이버 레인지
[pt] campo cibernético nacional
[ru] национальный «кибер-полигон»
[es] plataforma de entrenamiento a la ataque y la defensa informativas cibernética nacional

83507 军民融合靶场
[ar] مجال الانصهار العسكري والمدني
[en] cyber range for military and civilian purposes
[fr] plate-forme militaro-civile d'entraînement à l'attaque et à la défense informatiques
[de] Militärisch-zivile Fusionsschießstand
[it] range di fusione militare-civile
[jp] 軍民融合レンジ
[kr] 군민융합 레인지
[pt] campo da fusão militar-civil
[ru] полигон для проведения испытаний технических средств как результатов военно-гражданской интеграции
[es] plataforma de entrenamiento a la ataque y la defensa informativas de fusión civil-militar

83508 关键基础设施专业靶场
[ar] مجال متخصص للبنية التحتية الحيوية
[en] dedicated range for critical infrastructure
[fr] plate-forme professionnelle d'entraînement à l'attaque et à la défense informatiques au service des infrastructures critiques

[de] professioneller Schießstand für Schlüsselinfrastruktur
[it] range professionale di infrastruttura critica
[jp] 重要なインフラストラクチャ専門レンジ
[kr] 핵심 인프라 전문 레인지
[pt] campo profissional de infraestrutura crítica
[ru] специализированный полигон для важной инфраструктуры
[es] plataforma de entrenamiento a la ataque y la defensa informativas profesional de infraestructuras críticas

83509 新兴网络靶场
[ar] مجال الإنترنت حديث النشأة
[en] emerging cyber range
[fr] plate-forme d'entraînement à l'attaque et à la défense informatiques au service des nouvelles technologies de l'information
[de] Aufstrebender Cyber-Schießstand
[it] cyber-range emergente
[jp] 新興サイバーレンジ
[kr] 신흥 사이버 레인지
[pt] campo cibernético emergente para tecnologia nova
[ru] перспективный кибер-диапазон
[es] plataforma de entrenamiento a la ataque y la defensa informativas cibernética emergente

83510 城市网络安全仿真靶场
[ar] مجال محاكى للأمن السيبراني الحضري
[en] simulated range for urban cybersecurity
[fr] plate-forme de simulation à l'attaque et à la défense informatiques au service de la cybersécurité urbaine
[de] Simulierter Schießstand für städtische Cybersicherheit
[it] range simulato per la sicurezza

dell'informazione urbana

[jp] 都市サイバーセキュリティ模擬レンジ

[kr] 도시 사이버 보안 복제 레인지

[pt] campo simulado de testes para cibersegurança urbana

[ru] имитируемый полигон для отработки вопросов по городской кибербезопасности

[es] plataforma de entrenamiento a la ataque y la defensa informativas simulado para la ciberseguridad urbana

83511 多级靶标系统

[ar] نظام مستهدف متعدد المستويات

[en] multi-stage range system

[fr] système de stand de tir automatisé à multi-niveaux

[de] mehrstufiges Schießzielsystem

[it] sistema multistadio di range

[jp] 多段レンジシステム

[kr] 다단계 타깃 시스템

[pt] sistema de alvo multinível

[ru] многоступенчатая полигонная система

[es] sistema de multietapa

83512 网络攻防演练

[ar] مناورة الهجوم والدفاع على الإنترنت

[en] network attack and defense drill

[fr] exercice d'attaque et de défense en réseau

[de] Cyber-Angriff-und-Verteidigungsübung

[it] esercitazione di attacco-difesa di rete

[jp] ネットワーク攻撃防御訓練

[kr] 사이버 공격 방어 훈련

[pt] manobra de defesa a ataques à rede

[ru] практическая отработка сетевой атаки и защиты

[es] simulacro de ataque y defensa en red

83513 美国国家网络靶场

[ar] مجال سيبراني وطني أمريكي

[en] National Cyber Range (USA)

[fr] National Cyber Range (États-Unis)

[de] Nationaler Cyber-Schießstand (USA)

[it] Range Ciber-Nazionale (US)

[jp] アメリカ国家サイバーレンジ

[kr] 미국 국가 사이버 레인지

[pt] Campo Cibernética Nacional (EUA)

[ru] Национальный киберполигон (США)

[es] National Cyber Range (EE.UU.)

83514 英国"蜜罐"系统

[ar] نظام "وعاء العسل" البريطاني

[en] Honeypot System (UK)

[fr] système Honeypot (Royaume-Uni)

[de] Honeypot-System (UK)

[it] sistema Honeypot (UK)

[jp] イギリス「ハニーポット」システム

[kr] 영국 '허니팟' 시스템

[pt] Sistema Honeypot (Reino Unido)

[ru] Система Honeypot (Великобритания)

[es] sistema Honeypot (Reino Unido)

83515 美国"网络风暴"演习

[ar] مناورة "العاصفة السيبرانية " الأمريكية

[en] CyberStorm maneuver (USA)

[fr] exercice CyberStorm (États-Unis)

[de] CyberStorm-Manöver (USA)

[it] esercitazione di CyberStorm (US)

[jp] アメリカ「サイバーストーム」演習

[kr] 미국 '사이버 스톰' 훈련

[pt] manobra de CyberStorm (EUA)

[ru] маневр CyberStorm (США)

[es] maniobra CyberStorm (EE.UU.)

83516 欧盟"网络欧洲"演习

[ar] مناورة "أوروبا السيبرانية " للاتحاد الأوروبي

[en] Cyber Europe exercise (EU)

[fr] exercice Cyber Europe (UE)

[de] CyberEurope-Manöver (EU)

[it] esercitazione Cyber-Europa (UE)

[jp] EU「サイバー・ヨーロッパ」演習

[kr] 유럽 연합 '사이버 유럽' 훈련

[pt] manobra Ciber-Europa (UE)

[ru] учение «Кибер Европа» (ЕС)

[es] ejercicio Cyber Europe (UE)

83517 北约"锁定盾牌"演习

[ar] مناورة "درع مغلق" للناتو

[en] Locked Shield exercise (NATO)

[fr] exercice Locked Shield (OTAN)

[de] Locked Shield-Manöver (NATO)

[it] esercitazione Scudo Bloccato (NATO)

[jp] NATO「ロックシールド」演習

[kr] 나토 '락드 실즈' 훈련

[pt] manobra de Escudo Fechado da OTAN

[ru] учение «Запертый щит» (НАТО)

[es] ejercicio Locked Shield (OTAN)

83518 网络安全攻防演练

[ar] مناورة الهجوم والدفاع للأمن السيبراني

[en] cybersecurity attack and defense drill

[fr] exercice d'attaque et de défense en cybersécurité

[de] Angriff-und-Verteidigungsmanöver für Cybersicherheit

[it] esercitazione di attacco-difesa di cyber-sicurezza

[jp] サイバーセキュリティ攻撃防御訓練

[kr] 사이버 보안 공격 방어 훈련

[pt] manobra de defesa a ataques de segurança cibernética

[ru] практическая отработка атаки и защиты для кибербезопасности

[es] simulacro de ataque y defensa en ciberseguridad

83519 网络安全靶场实验室

[ar] مختبر مجال الأمن السيبراني

[en] Cybersecurity Range Laboratory

[fr] laboratoire de plate-forme d'entraînement à l'attaque et la défense informatiques au service de la cybersécurité

[de] Schießstand-Labor für Cybersicherheit

[it] laboratorio di range della sicurezza dell'informazione

[jp] サイバーセキュリティレンジ実験室

[kr] 사이트 보안 레인지 실험실

[pt] laboratório de campo de cibersegurança

[ru] Лаборатория полигона для отработки вопросов по кибербезопасности

[es] laboratorio de plataforma de entrenamiento a la ataque y la defensa informativas de ciberseguridad

83520 贵阳国家大数据安全靶场（中国）

[ar] مجال وطني لأمن البيانات الضخمة بقويبانغ (الصين)

[en] Guiyang National Big Data Security Range (China)

[fr] Plate-forme nationale d'entraînement à l'attaque et la défense informatiques au service des mégadonnées de Guiyang (Chine)

[de] Nationaler Big Data-Sicherheitsschieß-stand Guiyang (China)

[it] Range di sicurezza di Big Data nazionale Guiyang (Cina)

[jp] 貴陽国家ビッグデータセキュリティレンジ（中国）

[kr] 구이양 국가 빅데이터 보안 레인지(중국)

[pt] Campo Nacional de Segurança de Big Data em Guiyang (China)

[ru] Национальный полигон для отработки вопросов по безопасности больших данных государственного значения в городе Гуйян (Китай)

[es] Plataforma de Entrenamiento a la Ataque y la Defensa Informativas de Seguridad de Big Data Nacional de Guiyang (China)

83521 大数据安全示范试点城市

[ar] مدن التجربة النموذجية لأمن البيانات الضخمة

8.3

[en] big data security demonstration pilot city

[fr] ville pilote de démonstration de la sécurité des mégadonnées

[de] Demonstrationspilotstadt für Big Data-Sicherheit

[it] città pilota per la dimostrazione della sicurezza di Big Data

[jp] ビッグデータ安全示範都市

[kr] 빅데이터 보안 시범 시험 도시

[pt] cidade piloto para testar a segurança de big data

[ru] демонстрационный «пилотный» город для вопросов по безопасности больших данных

[es] ciudad piloto para la demostración de seguridad de Big Data

[en] big data security certification demonstration zone

[fr] zone de démonstration de certification de la sécurité des mégadonnées

[de] Demonstrationszone für Zertifizierung der Big Data-Sicherheit

[it] zona dimostrativa per la certificazione della sicurezza di Big Data

[jp] ビッグデータ安全認証示範区

[kr] 빅데이터 보안 인증 시범구

[pt] zona pilota de autendicar a segurança de big data

[ru] демонстрационная зона для сертификации безопасности больших данных

[es] zona de demostración de la certificación de la seguridad de Big Data

83522　大数据安全认证示范区

[ar] منطقة نموذجية لتوثيق سلامة البيانات الضخمة

8.4　安全管理

[ar] إدارة الأمن

[en] Security Management

[fr] Gestion de sécurité

[de] Sicherheitsmanagement

[it] Gestione di sicurezza

[jp] セキュリティ管理

[kr] 보안 관리

[pt] Gestão de Segurança

[ru] Управление безопасностью

[es] Gestión de la Seguridad

8.4.1　灾备系统

[ar] النظام الاحتياطى من الكوارث

[en] Disaster Recovery and Backup System

[fr] Système de sauvegarde et de récupération de données après sinistre

[de] Notfallwiederherstellung- und Backup-System

[it] Sistema di ripristino di emergenza e backup

[jp] 災害復旧システム

[kr] 재해 복구 및 백업 시스템

[pt] Sistema de Recuperação de Desastres e de Backup

[ru] Система аварийного восстановления и резервного копирования

[es] Sistema de Recuperación y Respaldo de Datos ante Desastres

84101　信息安全规划

[ar] تخطيط أمن المعلومات

[en] information security planning

[fr] planification de la sécurité de l'information

[de] Informationssicherheitsplanung

[it] pianificazione della sicurezza delle informazioni

[jp] 情報セキュリティ計画

[kr] 정보 보안 계획

[pt] planeamento de segurança da informação

[ru] планирование обеспечения информационной безопасности

[es] planificación de la seguridad de la información

84102　数据恢复技术

[ar] تكنولوجيا استعادة البيانات

[en] data recovery technology

[fr] technologie de récupération de données

[de] Datenrettungstechnik

[it] tecnologia di recupero dei dati

[jp] データ復旧技術

[kr] 데이터 복원 기술

[pt] tecnologia de recuperação de dados

[ru] технология восстановления данных

[es] tecnología de recuperación de datos

84103　网络可生存性

[ar]　قابلية الشبكة للبقاء

[en]　network survivability

[fr]　capacité de survie du réseau

[de]　Netzwerks-Überlebensfähigkeit

[it]　sopravvivenza in rete

[jp]　ネットワーク可生存性

[kr]　네트워크 생존 가능성

[pt]　capacidade de sobrevivência em rede

[ru]　живучесть сети

[es]　capacidad de supervivencia de red

84104　灾难切换

[ar]　تحويل الكوارث

[en]　disaster switch

[fr]　basculement en cas de catastrophe

[de]　Schalter des Notfallwiederherstellung-
　　　und Backup-Systems

[it]　commutazione di emergenza

[jp]　災害切り替え

[kr]　재난 전환

[pt]　troca de desastres

[ru]　аварийный переключатель

[es]　conmutador para caso de desastre

84105　数据文件备份

[ar]　نسخ احتياطي لملفات البيانات

[en]　data file backup

[fr]　sauvegarde de fichier de données

[de]　Datensicherung

[it]　backup di documenti dei dati

[jp]　データファイルのバックアップ

[kr]　데이터 파일 백업

[pt]　backup de segurança do arquivo de
　　　dados

[ru]　резервное копирование файла данных

[es]　copia de seguridad de archivos de datos

84106　归档备份

[ar]　أرشفة ونسخ احتياطية

[en]　archiving and backup

[fr]　archivage et sauvegarde

[de]　Archivierung und Sicherung

[it]　archiviazione e backup

[jp]　アーカイブとバックアップ

[kr]　아카이빙 백업

[pt]　arquivamento e backup

[ru]　архивация и резервное копирование

[es]　archivado y copia de seguridad

84107　ASM存储镜像

[ar]　صورة تخزين ASM

[en]　ASM mirroring

[fr]　miroitage d'ASM

[de]　ASM-Speicherungsspiegelung

[it]　ASM mirroring

[jp]　ASMのミラーリング

[kr]　ASM 저장 미러링

[pt]　espelhamento de ASM

[ru]　ASM-зеркалирование

[es]　espejo de Gestión de Almacenamiento
　　　Automático

84108　定期数据导出备份

[ar]　إخراج نسخ احتياطية دورية للبيانات

[en]　regular data export and backup

[fr]　exportation et sauvegarde réguières de
　　　données

[de]　regelmäßiger Datenexport und Backup

[it]　esportazione e backup regolare dei dati

[jp]　定期的なデータのエクスポートとバッ
　　　クアップ

[kr]　정기 데이터 도출 및 백업

[pt]　exportação e backup periódico de dados

[ru]　регулярный экспорт и резервное
　　　копирование данных

[es]　exportación y copias de seguridad de
　　　datos periódicas

84109　关键表的细粒度备份

[ar]　تنسيخ الحبيبات للجداول المحورية

[en]　fine-grained backup of key tables

[fr]　sauvegarde fine des tables clés

[de]　fein abgestimmte Sicherung von Schlüsseltabellen

[it]　backup a grana fine di tabelle chiavi

[jp]　キーテーブルのきめ細かいバックアップ

[kr]　키 데이블 세립질 백업

[pt]　backup refinado de tabelas principais

[ru]　мелкомодульное резервное копирование таблиц ключей

[es]　copia de seguridad de las tablas clave de grano refilado

84110　数据结构元备份

[ar]　نسخ احتياطي لعناصر البيانات

[en]　data structure meta backup

[fr]　méta-sauvegarde de la structure de données

[de]　Meta-Backup der Datenstruktur

[it]　meta backup della struttura dei dati

[jp]　データ構造のメタバックアップ

[kr]　데이터 구조 메타 백업

[pt]　metabackup para estrutura de dados

[ru]　резервное копирование структуры метаданных

[es]　meta copias de seguridad de estructuras de datos

84111　重点闪回归档

[ar]　أرشفة البيانات فلاش باك

[en]　flashback data archive

[fr]　archivage de données flashback

[de]　Flashback-Datenarchiv

[it]　archivio dati flashback

[jp]　キーフラッシュバックアーカイブ

[kr]　플래시백 데이터 보존

[pt]　arquivo de dados Flash Back

[ru]　архивирование ретроспективных данных

[es]　archivo de datos retrospectivos

84112　延长闪回时间

[ar]　إطالة زمن فلش باك

[en]　extended flashback time

[fr]　prolongation de durée de flashback

[de]　verlängerte Flashback-Zeit

[it]　prolungamento del tempo di flashback

[jp]　フラッシュバック時間延長

[kr]　플래시백 시간 연장

[pt]　prorrogação da Flash Back

[ru]　отмена повторного вызова

[es]　prolongación de tiempo retrospectivo

84113　备份加密

[ar]　تشفير النسخ الاحتياطي

[en]　backup encryption

[fr]　chiffrement de sauvegarde

[de]　Backup-Verschlüsselung

[it]　crittografia di backup

[jp]　バックアップ暗号化

[kr]　백업 암호화

[pt]　criptografia de backup

[ru]　резервное шифрование

[es]　criptología de copias de seguridad

84114　备份销毁

[ar]　تدمير النسخ الاحتياطي

[en]　backup and destruction

[fr]　destruction de sauvegarde de données

[de]　Backup und Vernichtung

[it]　backup e distruzione dei dati

[jp]　データのバックアップと破壊

[kr]　백업 삭제

[pt]　backup e destruição de dados

[ru]　резервное копирование и уничтожение

[es]　copias de seguridad y destrucción de datos

84115　数据追溯闪回

[ar]　فلاش باك لتتبع البيانات

[en]　data retrospective flashback

[fr]　flashback rétrospectif de données

8.4

[de] Flaschback nach Daten-Rückblick
[it] flashback retrospettivo dei dati
[jp] データ追跡のフラッシュバック
[kr] 데이터 추적 플래시백
[pt] Flash Back de rastreabilidade de dados
[ru] ретроспективный флэшбэк данных
[es] retrospectiva de datos

84116 数据变更追溯
[ar] تتبع تغيير البيانات
[en] data change traceability
[fr] traçage de changement de données
[de] Rückverfolgung von Datenänderungen
[it] tracciabilità del cambiamento dei dati
[jp] データ変更の追跡
[kr] 데이터 변경 추적
[pt] rastreabilidade das alterações de dados
[ru] прослеживаемость изменений данных
[es] trazabilidad de cambios en datos

84117 告警日志监控
[ar] رصد يوميات التبليغ
[en] alarm log monitoring
[fr] surveillance de journal d'alerte
[de] Überwachung von Alarmprotokoll
[it] monitaggio del registro degli allarmi
[jp] アラームログ監視
[kr] 알람 일지 모니터링
[pt] monitoramento de log de alarme
[ru] мониторинг журнала тревоги
[es] monitoreo de registros de alarmas

84118 基础平台连续性
[ar] استمرارية المنصة الأساسية
[en] basic platform continuity
[fr] continuité de plate-forme de base
[de] Kontinuität der Basisplattform
[it] continuità di piattaforma di base
[jp] 基礎プラットフォーム継続性
[kr] 기초 플랫폼 연속성
[pt] continuidade da plataforma básica

[ru] непрерывность базовой платформы
[es] continuidad de la plataforma básica

84119 系统升级补丁
[ar] ترميم تحسين النظام
[en] system upgrade patch
[fr] correctif de mise à jour du système
[de] System-Upgrade-Patch
[it] patch di aggiornamento del sistema
[jp] システムアップグレードパッチ
[kr] 시스템 업그레이드 패치
[pt] patch de atualização do sistema
[ru] патч для обновления системы
[es] parche de actualización de sistema

84120 灾难检测技术
[ar] تكنولوجيا اختبار الكوارث
[en] disaster detection technology
[fr] technique de détection de sinistre
[de] Katastrophenerkennungstechnik
[it] tecnologia di rilevamento di disastri
[jp] 災害検知技術
[kr] 재난 검측 기술
[pt] tecnologia para deteção de desastres
[ru] технология обнаружения аварий
[es] tecnología de detección de desastres

84121 系统迁移技术
[ar] تكنولوجيا نقل النظام
[en] system migration technology
[fr] technique de migration de système
[de] Systemmigrationstechnik
[it] tecnologia di trasportazione del sistema
[jp] システム移行技術
[kr] 시스템 이전 기술
[pt] tecnologia de migração do sistema
[ru] технология миграции системы
[es] tecnología de la migración de sistemas

84122 本地容灾
[ar] تعاف محلي من الكوارث

[en]　local disaster tolerance

[fr]　récupération locale après sinistre

[de]　lokale Notfallwiederherstellung

[it]　tolleranza disastro locale

[jp]　ローカルディザスタリカバリ

[kr]　현지 재해 내성

[pt]　recuperação de desastre local

[ru]　локальное формирование
катастрофоустойчивости данных

[es]　solución local de tolerancia a desastres
de datos

84123　近距离容灾

[ar]　تعاف من الكوارث من قرب

[en]　short-distance disaster tolerance

[fr]　récupération après sinistre à courte
portée

[de]　Notfallwiederherstellung an nahen
Standorten

[it]　tolleranza disastro a distanza vicina

[jp]　近距離ディザスタリカバリ

[kr]　근거리 재해 내성

[pt]　recuperação de desastre no alcance perto

[ru]　формирование
катастрофоустойчивости данных с
короткой дистанции

[es]　solución de tolerancia a desastres de
datos a corta distancia

84124　异地数据冷备份

[ar]　نسخ احتياطي بارد عن بعد

[en]　offsite cold backup

[fr]　sauvegarde à froid à distance

[de]　Remote-Cold-Backup

[it]　backup freddo remoto

[jp]　遠隔データのコールドバックアップ

[kr]　타지 데이터 콜드백업

[pt]　backup remoto em camada fria

[ru]　внеобъектное холодное резервное
копирование

[es]　copia de seguridad remota en frío

84125　异地数据热备份

[ar]　نسخ احتياطي حار عن بعد

[en]　offsite hot backup

[fr]　sauvegarde à chaud à distance

[de]　Remote-Hot-Backup

[it]　backup caldo remoto

[jp]　遠隔データのホットバックアップ

[kr]　타지 데이터 핫백업

[pt]　backup remoto em camada quente

[ru]　внеобъектное горячее резервное
копирование

[es]　copia de seguridad remota en caliente

84126　远距离容灾

[ar]　تعاف من الكوارث عن بعد

[en]　long-distance disaster tolerance

[fr]　récupération après sinistre à distance

[de]　Notfallwiederherstellung an fernen
Standorten

[it]　tolleranza a disastro remoto

[jp]　遠距離ディザスタリカバリ

[kr]　원격 재해 내성

[pt]　recuperação remota à desastres

[ru]　формирование
катастрофоустойчивости данных с
дальней дистанции

[es]　solución de tolerancia a desastres de
datos a larga distancia

8.4.2　安全技术

[ar]　**تكنولوجيا الأمن**

[en]　**Security Technology**

[fr]　**Techniques de sécurité**

[de]　**Sicherheitstechnik**

[it]　**Tecnologia di sicurezza**

[jp]　**セキュリティ技術**

[kr]　**보안기술**

[pt]　**Tecnologia de Segurança**

[ru]　**Технология обеспечения
безопасности**

[es]　**Tecnología de la Seguridad**

8.4

84201　身份认证管理

[ar]　إدارة الهوية

[en]　identity authentication management

[fr]　gestion d'identité

[de]　Identitätsauthentifizierungsmanagement

[it]　gestione dell'identità

[jp]　アイデンティティ管理

[kr]　신분 인증 관리

[pt]　gestão de autenticação de identidade

[ru]　управление идентификационной
информацией

[es]　gestión de identidad

84202　可信计算

[ar]　حوسبة معتمدة

[en]　trusted computing

[fr]　informatique fiable

[de]　zuverlässiges Computing

[it]　computing affidabile

[jp]　信頼できるコンピューティング

[kr]　신뢰 컴퓨팅

[pt]　computação confiável

[ru]　доверенные вычисления

[es]　computación de confianza

84203　数据备份技术

[ar]　تقنية أعداد النسخ الاحتياطى للبيانات

[en]　data backup technology

[fr]　technique de sauvegarde des données

[de]　Datensicherungstechnik

[it]　tecnologia di backup dei dati

[jp]　データバックアップテクノロジー

[kr]　데이터 백업 기술

[pt]　tecnologia de backup de dados

[ru]　технология резервного копирования
данных

[es]　tecnología de copias de seguridad de
datos

84204　容灾备份系统

[ar]　نظام أعداد النسخ الاحتياطي من التعافي من الكوارث

[en]　disaster tolerance and backup system

[fr]　système de sauvegarde et de récupération
après sinistre

[de]　System für Notfallwiederherstellung und
Datensicherung

[it]　sistema di recupero dal disastro

[jp]　ディザスタリカバリ・バックアップシ
ステム

[kr]　재해 내성 백업 시스템

[pt]　sistema de backup de recuperação de
desastres

[ru]　система катастрофоустойчивости и
резервного копирования

[es]　sistema de copias como solución de
tolerancia a desastres

84205　实时远程复制

[ar]　استنساخ فوري عن بعد

[en]　real-time remote replication

[fr]　réplication à distance en temps réel

[de]　echtzeitige Fern-Replikation

[it]　replica remota in tempo reale

[jp]　リアルタイム遠距離複製

[kr]　실시간 원격 복제

[pt]　replicação remota em tempo real

[ru]　удаленная репликация в реальном
времени

[es]　duplicación remota en tiempo real

84206　灾难恢复级别

[ar]　مستوى التعافي من الكوارث

[en]　disaster recovery level

[fr]　niveau de récupération après sinistre

[de]　Notfall-Wiederherstellungsstufe

[it]　livello di ripristino di disastro

[jp]　災害復旧レベル

[kr]　재해 복구 등급

[pt]　nível de recuperação de desastres

[ru]　уровень аварийного восстановления

[es]　niveles de recuperación de desastres

84207 批量存取访问方式

[ar] أسلوب الوصول الدفعي

[en] pickup truck access method (PTAM)

[fr] méthode d'accès aux camionnettes

[de] Batch-Zugriffsmodus

[it] modalità di accesso batch

[jp] バッチアクセスモード

[kr] 액세스 방법

[pt] método de acesso em volume

[ru] метод доступа пикап грузовик

[es] método de acceso a camión de recogida

84208 双重在线存储

[ar] تخزين مزدوج على الإنترنت

[en] double online storage

[fr] double stockage en ligne

[de] doppelte Online-Speicherung

[it] doppio spazio di memorizzazione online

[jp] ダブルオンライン保存

[kr] 이중 온라인 저장

[pt] armazenamento duplo online

[ru] двойное оперативное хранение

[es] almacenamiento en línea doble

84209 零数据丢失

[ar] عدم فقدان البيانات

[en] zero data loss

[fr] zéro perte de données

[de] Null-Datenverlust

[it] perdita zero dei dati

[jp] データ損失ゼロ

[kr] 제로 데이터 분실

[pt] zero-perda de dados

[ru] нулевая потеря данных

[es] cero pérdidas de datos

84210 隐私同态加密

[ar] تشفير تماثلي للخصوصية

[en] privacy homomorphic encryption

[fr] chiffrement homomorphique de confidentialité

[de] homomorphe Verschlüsselung der persönlichen Daten

[it] crittografia omomorfa sulla privacy

[jp] プライバシー準同型暗号化

[kr] 프라이버시 준동형 암호화

[pt] criptografia homomórfica de privacidade

[ru] гомоморфное шифрование личной информации

[es] criptografía homomórfica de la privacidad

84211 安全多方计算

[ar] حوسبة متعددة الأحزاب الآمنة

[en] secure multi-party computation (SMPC)

[fr] calcul multi-partie sécurisé

[de] sichere mehrseitige Berechnung

[it] computing multi-parte sicuro

[jp] セキュアマルチパーティ計算

[kr] 다자간 보안 컴퓨팅

[pt] computação multipartidária segura

[ru] безопасное многостороннее вычисление

[es] computación segura multipartita

84212 信息存储虚拟化

[ar] افتراضية تخزين المعلومات

[en] information storage virtualization

[fr] virtualisation de stockage des informations

[de] Visualisierung der Informationsspeicherung

[it] virtualizzazione di memorizzazione delle informazioni

[jp] 情報保存の仮想化

[kr] 정보 저장 가상화

[pt] virtualização de armazenamento de informações

[ru] виртуализация хранения информации

[es] virtualización del almacenamiento de información

8.4

84213 网络控制技术
[ar] تكنولوجيا التحكم في شبكة الإنترنت
[en] network control technology
[fr] technique de contrôle par réseau
[de] Netzleittechnik
[it] tecnologia di controllo della rete
[jp] ネットワーク制御技術
[kr] 네트워크 제어 기술
[pt] tecnologia de controle de rede
[ru] технология управления сетью
[es] tecnología de control de red

84214 反病毒技术
[ar] تكنولوجيا مكافحة الفيروسات
[en] anti-virus technology
[fr] technique d'antivirus
[de] Antiviren-Technik
[it] tecnologia anti-virus
[jp] アンチウイルス技術
[kr] 안티 바이러스 기술
[pt] antivírus
[ru] антивирусная технология
[es] tecnología antivirus

84215 电磁屏蔽技术
[ar] تكنولوجيا التدريع الكهرومغناطيسي
[en] electromagnetic shielding technology
[fr] technique de blindage électromagnétique
[de] Elektromagnetische Abschirmtechnik
[it] tecnologia di schermatura elettromagnetica
[jp] 電磁シールド技術
[kr] 전자파 차폐 기술
[pt] blindagem eletromagnética
[ru] технология электромагнитного экранирования
[es] tecnología de blindaje electromagnético

84216 加扰技术
[ar] تكنولوجيا الهرولة
[en] scrambling technology

[fr] technique de brouillage
[de] Verschlüsselungstechnik
[it] tecnologia di criptazione
[jp] スクランブル技術
[kr] 스크램블링 기술
[pt] tecnologia de cifragem
[ru] технология скремблирования
[es] tecnología de interferencia digital

84217 加固技术
[ar] تكنولوجيا التصلب
[en] hardening technology
[fr] technique de renforcement
[de] Härtungstechnik
[it] tecnologia di rinforzo
[jp] 硬化技術
[kr] 강화 기술
[pt] tecnologia de reforço de segurança
[ru] технология усиления защиты
[es] tecnología de fortalecimiento

84218 防伪技术
[ar] تكنولوجيا مكافحة التزييف
[en] anti-counterfeiting technology
[fr] technique anti-contrefaçon
[de] Antifälschungstechnik
[it] tecnologia anticontraffazione
[jp] 偽造防止技術
[kr] 위조 방지 기술
[pt] tecnologia de antifalsificação
[ru] технология защиты от подделки
[es] tecnología antifalsificación

84219 内存擦除技术
[ar] تقنية تنقية الذاكرة
[en] memory scrubbing technology
[fr] technique d'effacement de mémoire
[de] Speicherbereinigungstechnik
[it] tecnologia di pulizia della memoria
[jp] メモリ消去技術
[kr] 메모리 스크러빙 기술

[pt] tecnologia de purificação de memória

[ru] технология необратимого удаления

[es] tecnología de limpiado de memoria

84220 数字加密技术

[ar] تكنولوجيا التشفير الرقمية

[en] data encryption technology

[fr] technique de chiffrement

[de] digitale Verschlüsselungstechnik

[it] tecnologia di crittografia

[jp] デジタル暗号化技術

[kr] 디지털 암호화 기술

[pt] tecnologia de criptografia digital

[ru] технология шифрования данных

[es] tecnología de criptografía

84221 数据防泄露技术

[ar] تكنولوجيا منع تسرب البيانات

[en] data leakage prevention technology

[fr] technique de prévention de fuite de données

[de] Schutztechnik vor Datenleck

[it] tecnologia di prevenzione della perdita di dati

[jp] データ漏えい防止技術

[kr] 데이터 유출 방지 기술

[pt] tecnologias de prevenção de fugas de dados

[ru] технология предотвращения утечки данных

[es] tecnologías de prevención de fuga de datos

84222 云平台数据安全

[ar] أمن معلومات منصة سحابية

[en] cloud platform data security

[fr] sécurité des données de la plate-forme de nuage

[de] Datensicherheit auf Cloud-Plattform

[it] sicurezza dei dati della piattaforma cloud

[jp] クラウドプラットフォームのデータセ

キュリティ

[kr] 클라우드 플랫폼 데이터 보안

[pt] segurança de dados da plataforma em nuvem

[ru] безопасность данных облачной платформы

[es] seguridad de datos de plataformas en la nube

84223 自动存储管理

[ar] إدارة التخزين الأوتوماتيكي

[en] automated storage management (ASM)

[fr] gestion automatique de stockage

[de] automatisches Speichermanagement

[it] gestione automatica della memoria

[jp] 自動保存管理

[kr] 자동 저장 관리

[pt] geração automática de armazenamento

[ru] автоматическое управление хранением

[es] gestión de almacenamiento automático

84224 审计追查技术

[ar] تكنولوجيا المراجعة المحاسبية

[en] audit trail technology

[fr] technique de suivi d'audit

[de] Audit-Verfolgungstechnik

[it] tecnologia di audit trail

[jp] 監査追跡技術

[kr] 심사 추적 기술

[pt] tecnologia de rastreamento de auditoria

[ru] технология аудиторского следа

[es] tecnología de seguimiento de auditoría

84225 结构化保护技术

[ar] تكنولوجيا الحماية المهيكلة

[en] structured protection technology

[fr] technique de protection structurée

[de] strukturierte Schutztechnik

[it] tecnologia di protezione strutturata

[jp] 構造化保護技術

[kr] 구조화 보호 기술

8.4

[pt] tecnologia de proteção estruturada

[ru] технология структурированной защиты

[es] tecnología de protección estructurada

84226　多级互联技术

[ar] تقنية التفاعل المتعدد الدرجات

[en] multi-stage interconnection technology

[fr] technique d'interconnexion à multi-niveaux

[de] mehrstufige Verbindungstechnik

[it] tecnologia di interconnessione multi-stadio

[jp] 多段相互接続技術

[kr] 다단계 상호 연결 기술

[pt] redes de interconexão de multinível

[ru] многоступенчатая технология формирования межсоединений

[es] tecnología de interconexión multietapa

84227　攻击源定位隔离技术

[ar] تكنولوجيا تحديد وعزل مصادر الهجوم

[en] IP traceback and isolation technology

[fr] technique de localisation et d'isolement de sources d'attaque

[de] Lokalisierungs- und Isolierungstechnik der Angriffsquellen

[it] tecnologia di localizzazione e isolamento IP

[jp] 攻撃元の測位・隔離技術

[kr] 공격 근원 위치 측정 및 격리 기술

[pt] tecnologia de localização e isolação de fonte de ataque

[ru] технология прослеживание IP-адреса и изоляция

[es] tecnología de localización y aislamiento de fuentes de ataques

8.4.3　信任保障

[ar] ضمان الثقة

[en] **Trust Assurance**

[fr] **Assurance de fiabilité**

[de] **Vertrauenssicherung**

[it] **Garanzia di fiducia**

[jp] **信頼保証**

[kr] **신뢰 보장**

[pt] **Garantia de Confiança**

[ru] **Обеспечение доверия**

[es] **Aseguramiento de la Confianza**

84301　网络信任

[ar] ثقة سيبرانية

[en] trust in network

[fr] fiabilité du réseau

[de] Netzwerk-Vertrauen

[it] fiducia nella rete

[jp] ネットワーク信頼

[kr] 네트워크 신뢰

[pt] confiança na rede

[ru] доверие к сети

[es] confianza en red

84302　可信网络环境支撑技术

[ar] تكنولوجيا داعمة للبيئة السيبرانية الموثوقة

[en] trusted network environment (TNE) technology

[fr] technologie de soutien à l'environnement de réseau fiable

[de] Technologie für zuverlässige Netzwerk-umgebung

[it] tecnologia di supporto per un ambiente di rete affidabile

[jp] 信頼できるネットワーク環境のサポートテクノロジー

[kr] 신뢰 네트워크 환경 지지 기술

[pt] tecnologia auxiliada para rede com ambiente confiável

[ru] технология доверенной сетевой среды

[es] tecnologías de apoyo para un entorno de red de confianza

84303　认证授权技术
[ar] تكنولوجيا توثيق تفويضات
[en] authentication and authorization technology
[fr] technologie d'authentification et d'autorisation
[de] Authentifizierungs- und Autorisierungs-technik
[it] tecnologia di identificazione e autenticazione
[jp] 認証と認可技術
[kr] 인증 수권 기술
[pt] tecnologia de autenticação e autorização
[ru] технология аутентификации и авторизации
[es] tecnología de autenticación y autorización

84304　自动信任协商技术
[ar] تكنولوجيا التفاوض حول تبادل الثقة تلقائيا
[en] automatic trust negotiation technology
[fr] technologie de négociation de la confiance automatique
[de] Technologie für automatische Zuverläs-sigkeitsverhandlung
[it] tecnologia di negoziazione automatica della fiducia
[jp] 自動的な信頼交渉技術
[kr] 자동 신뢰 협상 기술
[pt] tecnologia de negociação automática para confiança
[ru] технология согласования о доверии в автоматическом режиме
[es] tecnología de negociación automática de la confianza

84305　最小化授予原则
[ar] مبدأ تضييق نطاق التفويض إلى أبعد الحدود
[en] principle of least privilege (POLP)
[fr] principe de droit d'accès minimal
[de] Grundsatz des geringsten Privilegs

[it] principio del privilegio minimo
[jp] 最小権限の原則
[kr] 최소화 수여 원칙
[pt] princípio do menor privilégio
[ru] принцип наименьших привилегий
[es] principio de mínimo privilegio

84306　强化口令管理
[ar] تعزيز إدارة كلمة المرور
[en] enhanced password management
[fr] gestion renforcée de mot de passe
[de] erweitertes Passwort-Management
[it] gestione avanzata delle password
[jp] 暗号管理の強化
[kr] 패스워드 관리 강화
[pt] reforço de gestão de senhas
[ru] усиленное управление паролями
[es] gestión mejorada de contraseñas

84307　明确权限授予
[ar] منح صلاحية صريحة
[en] explicit permission grant
[fr] octroi de permission explicite
[de] ausdrückliche Erlaubniserteilung
[it] concessione esplicita dell'autorizzazione
[jp] 明確な権限付与
[kr] 권한 부여 명확
[pt] concessão de permissão explícita
[ru] предоставление явного разрешения
[es] concesión de permisos explícita

84308　单点登录
[ar] تسجيل دخول أوحد
[en] single sign-on (SSO)
[fr] authentification unique
[de] Single Sign-On
[it] accesso singolo
[jp] シングルサインオン
[kr] 싱글 사인 온
[pt] logon único
[ru] единая регистрация

8.4

[es] inicio de sesión único

84309 核心对象（表）精简隔离存储

[ar] تخزين عازل مبسّط للمستهدف المحوري (الجدول)

[en] core-object (table) thin quarantine storage

[fr] stockage isolé et simplifié d'objet ou de table des objets de base

[de] Kernobjekt (Tabelle) Dünne-Quarantä-ne-Speicherung

[it] memoria di isolamento sottile di oggetto (tabella) principale

[jp] コアオブジェクト（テーブル）シンプル隔離ストレージ

[kr] 핵심 대상(리스트) 간소화 격리 저장

[pt] armazenamento quarentenário simples do objeto principal

[ru] упрощенное карантинное хранение базовых объектов (таблицы)

[es] almacenamiento en cuarentena leve de objetos esenciales (tabla)

84310 库内对象备份隔离

[ar] عزل نسخ احتياطي للمستهدف داخل المستودع

[en] backup and isolation of repository objects

[fr] sauvegarde et isolation des objets dans la base de référence

[de] Sicherung und Isolierung von Reposito-ry-Objekten

[it] backup e isolamento degli oggetti del deposito

[jp] リポジトリオブジェクトのバックアップと隔離

[kr] 저장소 대상 백업 분리

[pt] cópia de segurança e isolamento dos objectos do base de dados

[ru] резервное копирование и изоляция объектов репозитария

[es] copia de seguridad y aislamiento de objetos de repositorio

84311 审计代码数据传播

[ar] نشر بيانات مراجعة الكود

[en] dissemination of audit code data

[fr] diffusion des données de code d'audit

[de] Verbreitung von Prüfcode-Daten

[it] diffusione dei dati del codice di audit

[jp] 監査コードデータの配信

[kr] 심사 코드 데이터 전파

[pt] divulgação de dados do codificação de auditoria

[ru] распространение данных кода аудита

[es] divulgación de datos de códigos de auditoría

84312 网络征信体系

[ar] نظام معالجة وإعلان المعلومات الائتمانية على الشبكة

[en] online credit reference system

[fr] système de vérificaiton de crédit en ligne

[de] Online-Bonitätssystem

[it] sistema di credito di rete

[jp] ネットワーク信用調査システム

[kr] 네트워크 신용 조회 시스템

[pt] sistema de crédito da rede

[ru] онлайн система кредитной информации

[es] sistema de registros crediticios en línea

84313 可信互联网连接

[ar] وصول إلى إنترنت موثوق

[en] trusted Internet connection

[fr] connexion de l'Internet fiable

[de] zuverlässige Internetverbindung

[it] connessione Internet affidabile

[jp] 信頼できるインターネット接続

[kr] 신뢰 인터넷 접속

[pt] conexão da Internet confiável

[ru] доверенное интернет-соединение

[es] conexión a Internet de confianza

84314 授权管理基础设施
[ar] بنية تحتية للجهة المخول لها حق الإدارة
[en] privilege management infrastructure (PMI)
[fr] infrastructure de gestion d'autorisation
[de] Ermächtigungsmanagementsinfrastruk- tur
[it] infrastruttura di gestione dei privilegi
[jp] 権限認可管理インフラストラクチャ
[kr] 수권 관리 인프라
[pt] infraestrutura de gestão de privilégios
[ru] инфраструктура управления привилегиями
[es] infraestructura de gestión de privilegios

84315 桥接CA技术
[ar] تكنولوجيا توصيل قنطرى بـ CA
[en] bridge certification authority (BCA) technology
[fr] technologie de Bridging Certification Authority
[de] Technik der Bridging Certification Authority
[it] tecnologia bridge certification authority
[jp] ブリッジングCA 技術
[kr] 브릿지 인증 기관(CA) 기술
[pt] tecnologia de Bridging Certification Authority
[ru] технология «Мост центр сертификации»
[es] Tecnología de Autoridad de Certificación Puente

84316 电子签名
[ar] توقيع إلكتروني
[en] e-signature
[fr] signature électronique
[de] E-Unterschrift
[it] firma elettronica
[jp] 電子署名
[kr] 전자 사인

[pt] assinatura electrónica
[ru] электронная подпись
[es] firma electrónica

84317 准入控制
[ar] تحكم في عتبة القبول
[en] admission control
[fr] contrôle d'admission
[de] Zugangskontrolle
[it] controllo di ammissione
[jp] 参入制御
[kr] 접근 제어
[pt] controlo de admissão
[ru] контроль допуска
[es] control de admisión

84318 Web信誉服务
[ar] خدمة Web للتحقق من المصداقية
[en] Web reputation service (WRS)
[fr] service de réputation Web
[de] Web-Reputations-Service
[it] servizi di reputazione Web
[jp] Webレピュテーションサービス
[kr] 웹 평판 서비스
[pt] Serviços de Reputação Web
[ru] служба Web Reputation
[es] servicios de reputación web

84319 可信访问控制
[ar] تحكم في وصول موثوق
[en] trusted access control
[fr] contrôle d'accès fiable
[de] zuverlässige Zugangskontrolle
[it] controllo di accesso affidabile
[jp] 信頼できるアクセス制御
[kr] 신뢰 접근 제어
[pt] controlo de acesso confiável
[ru] доверенное управление доступом
[es] control de accesos de confianza

8.4

84320 数字证书认证中心
[ar] مركز التوثيق للشهادة الرقمية
[en] certificate authority center
[fr] centre d'authentification de certificat numérique
[de] Authentifizierungszentrum für digitales Zertifikat
[it] centro di autenticazione per certificato digitale
[jp] デジタル証明書認証センター
[kr] 디지털 증서 인증 센터
[pt] centro de autenticação para certificado digital
[ru] центр аутентификации цифрового сертификата
[es] centro de autenticación de certificados digitales

84321 权限密码管理制度
[ar] نظام إدارة كلمة مرور الصلاحية
[en] permission password management system
[fr] système de gestion des mots de passe de permission
[de] Managementssystem von Erlaubnispasswort
[it] sistema di gestione password di autorizzazione
[jp] 承認パスワード管理制度
[kr] 권한 암호 관리 제도
[pt] sistema de gestão de senha concetida
[ru] система управления паролями ограничений
[es] sistema de gestión de contraseñas de permisos

84322 信息安全产业信用体系
[ar] نظام الائتمان لصناعة أمان المعلومات
[en] information security industry credit system
[fr] système de crédit de l'industrie de la sécurité de l'information
[de] Kreditsystem der Informationssicherheitsbranche
[it] sistema di credito del settore della sicurezza delle informazioni
[jp] 情報セキュリティ産業クレジットシステム
[kr] 정보 보안 산업 신용 시스템
[pt] sistema de crédito da indústria de segurança informática
[ru] кредитная система для индустрии, занимающейся защитой информации
[es] sistema de créditos de sectores de la seguridad de la información

84323 适度防范原则
[ar] مبدأ الوقاية المعتدلة
[en] rightsizing
[fr] principe de contrôle approprié
[de] Prinzip angemessener Prävention
[it] principío di razionalizzazione
[jp] ライトサイジング
[kr] 적당 방어 원칙
[pt] princípio rightsizing
[ru] принцип «выбор оптимальной конфигурации»
[es] adecuación de tamaño (un principio)

84324 信息安全管理体系审核
[ar] مراجعة نظام إدارة أمن المعلومات
[en] information security management system (ISMS) auditing
[fr] audit du système de gestion de la sécurité de l'information
[de] Prüfung des Informationssicherheits-Managementsystems
[it] audit ISMS (sistema di gestione della sicurezza delle informazioni)
[jp] 情報セキュリティ管理システム審査
[kr] 정보 보안 관리 시스템 심사
[pt] auditorias do sistema de gestão de

segurança informática

[ru] аудит системы управления
информационной безопасностью

[es] auditorías de sistemas de gestión de la
seguridad de la información

84325 信息安全管理体系认证

[ar] توثيق نظام إدارة أمن المعلومات

[en] information security management system
(ISMS) certification

[fr] certification du système de gestion de la
sécurité de l'information

[de] Zertifizierung des Informationssicher-
heits-Managementsystems

[it] certificazione ISMS (sistema di gestione
della sicurezza delle informazioni)

[jp] 情報セキュリティ管理システム認証

[kr] 정보 보안 관리 시스템 인증

[pt] certificação sistema de gestão de
segurança informática

[ru] сертификация системы управления
информационной безопасностью

[es] certificación de sistemas de gestión de la
seguridad de la información

8.4.4 安全机制

[ar] آلية ضمان الأمن

[en] **Security Mechanism**

[fr] **Mécanisme de sécurité**

[de] **Sicherheitsmechanismus**

[it] **Meccanismo di sicurezza**

[jp] **セキュリティメカニズム**

[kr] **보안 메커니즘**

[pt] **Mecanismo de Segurança**

[ru] **Механизм безопасности**

[es] **Mecanismo de Seguridad**

84401 入侵检测系统

[ar] نظام كشف التسلل

[en] intrusion detection system

[fr] système de détection d'intrusion

[de] Invasionerkennungssystem

[it] sistema di rilevamento delle intrusioni

[jp] 侵入検知システム

[kr] 침입 탐지 시스템

[pt] sistema de deteção de intrusão

[ru] система обнаружения вторжений

[es] sistema de detección de intrusiones

84402 业务连续性管理

[ar] إدارة إستمرارية للأعمال

[en] business continuity management

[fr] gestion de la continuité des activités

[de] Geschäftskontinuitätsmanagement

[it] gestione della continuità operativa

[jp] 事業継続マネジメント

[kr] 업무 연속성 관리

[pt] gestão de continuidade de negócios

[ru] управление непрерывностью бизнеса

[es] gestión de la continuidad de negocio

84403 可信恢复

[ar] انتعاش موثوق

[en] trusted recovery

[fr] restauration de fiabilité

[de] zuverlässige Wiederherstellung

[it] recupero affidabile

[jp] 信頼できる回復

[kr] 신뢰 복구

[pt] recuperação confiável

[ru] доверенное восстановление

[es] recuperación de confianza

84404 数据溯源

[ar] تتبع مصدر البيانات

[en] data traceability

[fr] traçage de données

[de] Rückverfolgung der Daten

[it] tracciabilità dei dati

[jp] データトレーサビリティ

[kr] 데이터 소급

[pt] rastreabilidade dos dados

8.4

[ru] прослеживаемость данных

[es] trazabilidad de datos

84405 数据血缘追踪技术

[ar] تكنولوجيا تتبع سلالة البيانات

[en] data lineage tracing technique

[fr] technologie de suivi de la parenté de données

[de] Verfolgungstechnik für Verwandtschafts-daten

[it] tecnica di tracciamento della progenie dei dati

[jp] データリネージュ追跡技術

[kr] 데이터 혈연 추적 기술

[pt] tecnologia de rastreamento de parentesco de dados

[ru] технология отслеживания прохождения данных

[es] tecnología de seguimiento de datos parentescos

84406 系统补丁控制

[ar] تحكم في ترميم ثغرة النظام

[en] system patch control

[fr] contrôle de correctif de système

[de] System-Patch-Kontrolle

[it] controllo patch di sistema

[jp] システムパッチ制御

[kr] 시스템 패치 제어

[pt] controle de patches do sistema

[ru] контроль системных заплаток

[es] control de parches de sistema

84407 RPO评价标准

[ar] مواصفات تقييم RPO

[en] RPO evaluation criteria

[fr] critères d'évaluation de point de reprise

[de] Bewertungskriterien für Objekt des Wie-derherstellungspunkts (RPO)

[it] criterio di valutazione RPO

[jp] RPO 評価基準

[kr] RPO 평가 표준

[pt] critérios de avaliação do RPO

[ru] оценочные критерии допустимого времени восстановления

[es] criterios de evaluación objeto de punto de recuperación

84408 数据容灾

[ar] تعافي البيانات من الكوارث

[en] data disaster tolerance

[fr] récupération de données après sinistre

[de] Notfallwiederherstellung der Daten

[it] tolleranza di disastro dei dati

[jp] データのディザスタリカバリ

[kr] 데이터 재해 내성

[pt] recuperação de desastres de dados

[ru] формирование катастрофоустойчивости данных

[es] soluciones de tolerancia a desastres de datos

84409 应用容灾

[ar] تعافي التطبيقات من الكوارث

[en] application disaster tolerance

[fr] récupération de données après sinistre par application

[de] Notfallwiederherstellung der Applika-tion

[it] tolleranza di disastro dell'applicazione

[jp] アプリケーションの災害復旧

[kr] 응용 재해 내성

[pt] recuperação de desastre para aplicativos

[ru] формирование катастрофоустойчивости к приложениям

[es] soluciones de tolerancia a desastres de aplicaciones

84410 安全威胁情报

[ar] معلومات استخبارية عن تهديدات أمنية

[en] security threat intelligence

[fr] renseignement sur les menaces de sécurité

[de] Sicherheitsbedrohungsnachricht

[it] informazioni sulle minacce alla sicurezza

[jp] セキュリティ脅威情報

[kr] 보안 위협 정보

[pt] inteligência de ameaças à segurança

[ru] разведка угроз безопасности

[es] inteligencia de amenazas para la seguridad

84411 信息安全等级保护测评系统

[ar] نظام حماية وتقييم درجة أمان المعلومات

[en] evaluation system of classified protection of information security

[fr] système d'évaluation de la protection hiérarchisée de la sécurité de l'information

[de] Test- und Bewertungssystem für klassifizierten Schutz der Informationssicherheit

[it] sistema di valutazione della protezione del livello di sicurezza delle informazioni

[jp] 情報セキュリティ分類保護評価システム

[kr] 정보 보안 등급 보호 평가 시스템

[pt] sistema de avaliação da proteção do nível de segurança da informação

[ru] оценочная система для классифицированной защищенности информации

[es] sistema de evaluación de la protección de los niveles de seguridad de la información

84412 数据安全风险评估

[ar] تقييم مخاطر أمان البيانات المغادرة البلاد

[en] data security risk assessment

[fr] évaluation de risque pour la sécurité des données

[de] Bewertung des Datensicherheitsrisikos

[it] valutazione di rischio per la sicurezza dei dati

[jp] データセキュリティのリスク評価

[kr] 데이터 안전 리스크 평가

[pt] avaliação dos riscos em matéria de segurança dos dados

[ru] оценка рисков безопасности данных

[es] evaluación de riesgos para la seguridad de datos

84413 数据出境安全评估

[ar] تقييم درجة أمان البيانات المغادرة البلاد

[en] security assessment for outbound cross-border data transfer

[fr] évaluation de sécurité pour l'exportation de données

[de] Bewertung der Datenexportsicherheit

[it] valutazione della sicurezza per il trasferimento transfrontaliero dei dati

[jp] データ国外移転のセキュリティ評価

[kr] 데이터 출경 보안 평가

[pt] avaliação da segurança para a emigração de dados

[ru] оценивание защищенности выездной передачи данных

[es] evaluación de la seguridad para exportación de datos

84414 数据跨境流动安全评估

[ar] تقييم أمان البيانات المتنقلة خارج البلاد

[en] security assessment for cross-border data transfer

[fr] évaluation de sécurité pour le transfert transfrontalier de données

[de] Sicherheitsbewertung für grenzüberschreitende Datenübermittlung

[it] valutazione della sicurezza per il trasferimento transfrontaliero dei dati

[jp] データ越境移転に対する安全性評価

[kr] 데이터 크로스보더 이동 보안 평가

[pt] avaliação da segurança para a emigração

8.4

de dados

[ru] оценивание защищенности трансграничной передачи данных

[es] evaluación de la seguridad para la transferencia transfronteriza de datos

84415　可靠性及安全性评测

[ar] تقييم واختبار مواصفات الأمان والموثوقية

[en] reliability and security evaluation

[fr] évaluation de fiabilité et de sécurité

[de] Zuverlässigkeits- und Sicherheitsbewertung

[it] valutazione di affidabilità e sicurezza

[jp] 信頼性とセキュリティの評価

[kr] 신뢰성 및 안전성 평가

[pt] avaliação de confiabilidade e segurança

[ru] оценка криптостойкости и безопасности

[es] evaluación de la fiabilidad y la seguridad

84416　数据安全应急处置

[ar] معالجة طوارىء أمنية للبيانات

[en] data security emergency response

[fr] réponse d'urgence à la sécurité de données

[de] Notfallreaktion zur Datensicherheit

[it] risposta alle emergenze sulla sicurezza dei dati

[jp] データセキュリティ応急処置

[kr] 데이터 보안 응급 처치

[pt] resposta às emergências de segurança de dados

[ru] экстренное реагирование на чрезвычайные ситуации в области безопасности данных

[es] respuesta de emergencia para seguridad de datos

84417　中国信息安全专业教育

[ar] تعليم متخصص صيني لأمان المعلومات

[en] China's higher education in information

security

[fr] formation professionnelle sur la sécurité de l'information de Chine

[de] Chinas Hochschulbildung in Informationssicherheit

[it] formazione professionale in materia di sicurezza dell'informazione in Cina

[jp] 中国情報セキュリティ専門教育

[kr] 중국 정보 보안 전문 교육

[pt] educação profissional sobre a segurança da informação da China

[ru] высшее образование по информационной безопасности в Китае

[es] educación sobre seguridad de la información en China

84418　系统安全实践者

[ar] ممارس معتمد لأمن النظام

[en] system security practitioner

[fr] praticien de sécurité de systèmes

[de] Systemsicherheitspraktiker

[it] professionista della sicurezza del sistema

[jp] システムセキュリティ実践者

[kr] 시스템 보안 운영자

[pt] praticante de segurança do sistema

[ru] специалист-практик по системной безопасности

[es] practicador de seguridad de sistemas

84419　信息安全管理控制规范

[ar] مواصفات ادارة وتحكم في أمن المعلومات

[en] information security management and control specification

[fr] spécifications de gestion et de contrôle de la sécurité de l'information

[de] Spezifikationen für Verwaltung und Kontrolle der Informationssicherheit

[it] specifiche di gestione e di controllo della sicurezza delle informazioni

[jp] 情報セキュリティ管理制御基準

[kr] 정보 보안 관리 제어 규범

[pt] especificações de gestão e controle de segurança da informação

[ru] технические требования к системе управления и контроля информационной безопасности

[es] especificaciones de la gestión y el control de la seguridad de la información

84420 PDCA安全管理体系

[ar] نظام إدارة الأمن لـ PDCA

[en] plan-do-check-act (PDCA) security management system

[fr] Système de gestion de la sécurité PDCA

[de] PDCA-Sicherheitsmanagementsystem (Planen-Tun-Überprüfen-Umsetzen-Sicherheitsmanagementsystem)

[it] sistema di gestione della sicurezza PDCA (Pianificare-fare-verificare-agire)

[jp] PDCAセキュリティマネジメントシステム

[kr] 계획-실행-평가-개선(PDCA) 보안 관리 시스템

[pt] sistema de gestão da segurança do ciclo

[ru] система управления безопасностью «Планируй-Делай-Изучай-Действуй»

[es] Sistema de gestión de la seguridad Planificar-Hacer-Comprobar-Actuar

8.4.5 安全中心

[ar] مركز الأمن

[en] **Security Center**

[fr] **Centre de sécurité**

[de] **Sicherheitszentrum**

[it] **Centro di sicurezza**

[jp] **セキュリティセンター**

[kr] **보안 센터**

[pt] **Centro de Segurança**

[ru] **Центр безопасности**

[es] **Centro de Seguridad**

84501 云安全联盟

[ar] اتحاد أمن السحابة

[en] Cloud Security Alliance (CSA)

[fr] Alliance de sécurité de nuage

[de] Cloud-Sicherheitsallianz

[it] Alleanza di sicurezza cloud

[jp] クラウドセキュリティアライアンス

[kr] 클라우드 보안 연합

[pt] aliança de segurança da nuvem

[ru] Альянс облачной безопасности

[es] Alianza para la Seguridad en la Nube

84502 网络安全态势分析

[ar] تحليل مستجدات أوضاع الأمن السيبراني

[en] cybersecurity situation analysis

[fr] analyse de la situation de la cybersécurité

[de] Analyse der Cybersicherheit

[it] analisi della situazione della cyber-sicurezza

[jp] サイバーセキュリティの態勢分析

[kr] 네트워크 보안 상황 분석

[pt] análise da situação de segurança cibernética

[ru] анализ ситуации в области кибербезопасности

[es] análisis de la situación en ciberseguridad

84503 安全通用要求

[ar] متطلبات أمنية عامة

[en] general requirement for security

[fr] exigence générale de sécurité

[de] allgemeine Sicherheitsanforderungen

[it] requisiti generali di sicurezza

[jp] セキュリティ一般要求事項

[kr] 보안 통용 요구

[pt] requisitos gerais de segurança

[ru] общие требования к безопасности

[es] requisitos generales de seguridad

84504 安全扩展要求

[ar] متطلبات توسيع أمن

8.4

[en] special requirement for security

[fr] exigence supplémentaire de sécurité

[de] erweiterte Sicherheitsanforderungen

[it] requisiti speciali di sicurezza

[jp] セキュリティ拡張要求事項

[kr] 보안 확장 요구

[pt] requisitos extendidos de segurança

[ru] специальные требования к
безопасности

[es] requisitos de ampliación de la seguridad

84505 信息安全产业基地

[ar] قاعدة صناعة أمان المعلومات

[en] information security industry base

[fr] base de l'industrie de la sécurité de
l'information

[de] Basis der Informationssicherheitsbranche

[it] base del settore della sicurezza delle
informazioni

[jp] 情報セキュリティ産業基地

[kr] 정보 보안 산업 기지

[pt] base da indústria de segurança da
informação

[ru] база индустрии, занимающейся
защитой информации

[es] base del sector de la seguridad de la
información

84506 未知威胁监测平台

[ar] منصة رقابة تهديدات مجهولة المصدر

[en] monitoring platform for unknown threats

[fr] plate-forme de surveillance de menace
inconnue

[de] Überwachungsplattform für unbekannte
Bedrohungen

[it] piattaforma di monitoraggio per minacce
sconosciute

[jp] 未知脅威に対する監視プラットフォー
ム

[kr] 미지 리스크 모니터링 플랫폼

[pt] plataforma de monitoramento para
ameaças desconhecidas

[ru] платформа мониторинга неизвестных
угроз

[es] plataforma de monitoreo de amenazas
desconocidas

84507 IBM大数据安全智能系统

[ar] نظام ذكي لسلامة البيانات الضخمة لـ IBM

[en] IBM Security Guardium Big Data
Intelligence

[fr] IBM Security Guardium Big Data
Intelligence

[de] IBM Intelligentes Big Data-Sicherheits-
chutzsystem

[it] Sistema intelligente di sicurezza di Big
Data IBM

[jp] IBM Security Guardium ビックデータ
インテリジェンス

[kr] IBM 빅데이터 보안 스마트 시스템

[pt] IBM Inteligência Vigilente de Segurança
para Big Data

[ru] Интеллектуальная система
безопасности больших данных
компании IBM

[es] IBM Security Guardium Big Data
Intelligence

84508 国家密码管理部门

[ar] مكتب وطني لإدارة كلمات المرور

[en] State Cryptography Administration

[fr] administration d'État de la cryptographie

[de] Staatliches Verwaltungsamt für Krypto-
graphie

[it] Ufficio amministrativo nazionale di
crittografia

[jp] 国家暗号管理局

[kr] 국가 암호 관리 부문

[pt] Administração Estatal da Criptografia

[ru] Государственное управление
криптографией

[es] Oficina Estatal de Administración de Criptografía

84509 数据安全监测预警制度

[ar] نظام الرقابة والإنذار المبكر لأمن البيانات

[en] data security monitoring and early warning mechanism

[fr] mécanisme de surveillance et d'alerte de la sécurité des données

[de] Datensicherheitsüberwachungs- und -frühwarnmechanismus

[it] monitoraggio della sicurezza dei dati e preallarme

[jp] データセキュリティモニタリング早期警報メカニズム

[kr] 데이터 보안 모니터링 조기 경보 제도

[pt] mecanismo de alerta precoce para monitoramento de segurança dos dados

[ru] механизм мониторинга безопасности данных и раннего предупреждения

[es] mecanismo de monitoreo y advertencia temprana para la seguridad de datos

84510 数据安全信息通报制度

[ar] نظام تعميم معلومات أمان البيانات

[en] data security reporting system

[fr] système de notification d'information sur la sécurité des données

[de] Informationbenachrichtigungsmechanismus zur Datensicherheit

[it] sistema di notifica delle informazioni sulla sicurezza dei dati

[jp] データセキュリティ情報通報制度

[kr] 데이터 보안 정보 통보 제도

[pt] sistema de notificação de informações de segurança de dados

[ru] система оповещения о безопасности данных

[es] sistema de notificación de información sobre seguridad de datos

84511 国际信息安全测评认证

[ar] مواصفات عالمية لتقييم و توثيق أمان المعلومات

[en] Common Criteria (CC) for Information Security Evaluation and Certification

[fr] critère commun pour l'évaluation et la certification de la sécurité de l'informations

[de] Allgemeine Kriterien für die Bewertung und Zertifizierung der Informationssicherheit

[it] Criteri comuni (CC) per la valutazione e la certificazione della sicurezza delle informazioni

[jp] 情報セキュリティの評価・認証に関する共通基準

[kr] 정보 보안 평가 인증

[pt] Avaliação e Certificação da Segurança Informática

[ru] Общие критерии для оценки и сертификации информационной безопасности

[es] criterios comunes para la evaluación y certificación de la seguridad de la información

84512 中国信息安全测评认证

[ar] مركز صيني لتقييم وتوثيق أمان المعلومات

[en] China Information Technology Security Evaluation Center (CNITSEC)

[fr] Centre d'évaluation de la sécurité des technologies de l'information de Chine

[de] Evaluierungszentrum für Sicherheit der Informationstechnik in China

[it] Criteri communi (CC) per la valutazione e la certificazione della sicurezza delle informazioni in Cina

[jp] 中国情報技術セキュリティ評価と認証センター

[kr] 중국 정보 보안 평가 인증

[pt] Avaliação e Certificação da Segurança Informática da China

8.4

[ru] Китайский центр оценки безопасности информационных технологий

[es] Centro Chino de Evaluación de la Seguridad de las Tecnologías

[pt] Associação de Segurança Ciberespacial da China

[ru] Ассоциация кибербезопасности Китая

[es] Asociación de Ciberseguridad de China

84513 国家互联网应急中心

[ar] مركز وطني لطوارىء شبكة الإنترنت

[en] National Computer Network Emergency Response Technical Team/Coordination Center of China (CNCERT/CC)

[fr] Équipe d'intervention / Centre de coordination en cas d'urgence informatique de Chine

[de] Nationales technisches Notfallteam/ Ko-ordinierungszentrum des Computernetz-werks von China

[it] Centro di coordinamento del network nazionale cinese per la risposta alle emergenze

[jp] 国家インターネット緊急対応

[kr] 국가 컴퓨터 네트워크 응급 기술 처리 협조 센터

[pt] Centro da Resposta de Emergência da Internet da China

[ru] Техническая группа по реагированию на чрезвычайные ситуации в Национальной компьютерной сети/ Координационный центр Китая

[es] Equipo Técnico/Centro de Coordinación Nacional de Respuesta de Emergencia de Redes de Computadoras

84514 中国网络空间安全协会

[ar] جمعية صينية لأمن الفضاء السيبراني

[en] CyberSecurity Association of China (CSAC)

[fr] Association de la cybersécurité de Chine

[de] Cybersicherheitsvereinigung Chinas

[it] Associazione cinese di cyber-sicurezza

[jp] 中国サイバーセキュリティ協会

[kr] 중국 사이버 공간 보안 협회

84515 ITUT云计算焦点组

[ar] مجموعة بؤر حسوبة سحابية ITUT

[en] ITU-T Focus Group on Cloud Computing

[fr] Groupe de discussion de l'UIT-T sur l'informatique en nuage

[de] Fokusgruppe für Cloud-Computing von Sektor für Telekommunikationsnormung der Internationalen Fernmeldeunion

[it] ITU-T Gruppo focus sul cloud computing

[jp] ITU-T クラウドコンピューティング フォーカスグループ

[kr] ITUT 클라우드 컴퓨팅 포커스 팀

[pt] ITU-T Group de Foco sobre Computação em Nuvem

[ru] Фокус-группа по облачным вычислениям ITU-T

[es] Grupo focal sobre computación en la nube del Sector de Normalización de las Telecomunicaciones de la UIT

84516 云安全控制矩阵

[ar] مصفوفة التحكم في أمان السحابة

[en] Cloud Controls Matrix (CCM)

[fr] Matrice de contrôle de nuage

[de] Cloud-Kontroll-Matrix

[it] Matrice di controllo cloud

[jp] クラウド・セキュリティ・コントロー ル・マトリックス

[kr] 클라우드 보안 제어 메트릭스

[pt] Matriz de Controles de Nuvem

[ru] Облачная матрица управления

[es] matriz de controles en la nube

84517 苹果iCloud数据中心

[ar] مركز iCloud للبيانات التابعة لشركة أبل

[en] Apple's iCloud Data Center

[fr] iCloud

[de] Apples iCloud-Datenzentrum

[it] Centro data iCloud di Apple

[jp] アップルiCloudデータセンター

[kr] 애플 iCloud 데이터 센터

[pt] Centro de dados iCloud da Apple

[ru] Дата-центр iCloud компании Apple

[es] centro de datos iCloud de Apple

84518 国家信息安全漏洞库

[ar] قاعدة وطنية لثغرة أمن المعلومات

[en] China National Vulnerability Database (CNVD)

[fr] Base de données nationale de vulnérabilités de la sécurité de l'information de Chine

[de] Nationale Schwachstellendatenbank für Informationssicherheit

[it] Database nazionale di vulnerabilità cinese della sicurezza di informazione

[jp] 国家情報セキュリティ脆弱性データベース

[kr] 국가 정보 보안 버그 데이터베이스

[pt] Base de Dados Nacional da China sobre Vulnerabilidade da Segurança Informática

[ru] Китайская национальная база данных о уязвимостях информационной безопасности

[es] base de datos nacional de vulnerabilidades en la seguridad de la información de China

84519 国家信息安全漏洞共享平台

[ar] منصة تشاركية وطنية لثغرة أمن المعلومات

[en] China National Vulnerability Database (CNNVD) platform

[fr] Plate-forme de partage nationale de vulnérabilités de la sécurité de l'information de Chine

[de] Nationale Sharing-Plattform für Informationssicherheitsschwachstellen

[it] Database nazionale di vulnerabilità cinese

[jp] 国家情報脆弱性共有プラットフォーム

[kr] 국가 정보 보안 버그 데이터베이스 공유 플랫폼

[pt] Plataforma Partilhada de Vulnerabilidades de Segurança Informática da China

[ru] платформа Китайской национальной базы данных о уязвимостях информационной безопасности

[es] base de datos nacional de vulnerabilidades de China

84520 信息安全公共服务平台

[ar] منصة الخدمات العامة المتعلقة بسلامة المعلومات

[en] information security public service platform

[fr] plate-forme de services publics de la sécurité de l'information

[de] Informationssicherheitsplattform für öffentlichen Dienst

[it] piattaforma di servizio pubblico di sicurezza delle informazioni

[jp] 情報セキュリティ公共サービスプラットフォーム

[kr] 정보 보안 공공 서비스 플랫폼

[pt] plataforma de serviço público de segurança informátia

[ru] платформа общественных услуг в области информационной безопасности

[es] plataforma de servicios públicos para la seguridad de la información

84521 第三方电子认证服务

[ar] خدمة التوثيق الإلكتروني للطرف الثالث

8.4

[en] third-party e-authentication service

[fr] service d'authentification électronique de tierce personne

[de] E-Authentifizierungsdienst eines Drittanbieters

[it] servizio di autenticazione elettronica della terza parte

[jp] 第三者電子認証サービス

[kr] 제 3 자 전자 인증 서비스

[pt] serviço de autenticação digital pela parte terceira

[ru] третьесторонняя служба электронной аутентификации

[es] servicio de autenticación electrónica de terceros

8.4

8.5　安全战略

[ar]　استراتيجية الأمن

[en]　**Security Strategy**

[fr]　**Stratégie de sécurité**

[de]　**Sicherheitsstrategie**

[it]　**Strategia di sicurezza**

[jp]　**セキュリティ戦略**

[kr]　**보안 전략**

[pt]　**Estratégia de Segurança**

[ru]　**Стратегия безопасности**

[es]　**Estrategia de Seguridad**

8.5.1　安全等级保护

[ar]　حماية مستوى الأمان

[en]　**Classified Protection of Security**

[fr]　**Protection hiérarchisée de la sécurité des données**

[de]　**Klassifizierter Schutz der Sicherheit von Informationssystemen**

[it]　**Processo di classificazione dei dati per sicurezza**

[jp]　**セキュリティ等級保護**

[kr]　**보안 등급 보호**

[pt]　**Classificação de Dados para Segurança de Dados**

[ru]　**Классификация защиты безопасности**

[es]　**Protección de Seguridad Clasificada de Datos**

85101　安全保护能力

[ar]　قدرة على حماية الأمن

[en]　security protection capability

[fr]　capacité de protection de sécurité

[de]　Sicherheitsschutzfähigkeit

[it]　abilità della protezione di sicurezza

[jp]　セキュリティ保護能力

[kr]　보안 보호 능력

[pt]　capacidade de proteção de segurança

[ru]　способность защиты безопасности

[es]　capacidad de protección de la seguridad

85102　信息安全产品认证

[ar]　توثيق منتج أمن المعلومات

[en]　information security product certification

[fr]　certification de produit de sécurité de l'information

[de]　Zertifizierung von Informationssicherheitsprodukten

[it]　certificazione del prodotto di sicurezza delle informazioni

[jp]　情報セキュリティ製品認証

[kr]　정보 보안 제품 인증

[pt]　certificação de produtos de segurança informática

[ru]　сертификация продукции информационной безопасности

[es]　certificación de productos de seguridad de la información

85103　等级保护对象

[ar] هدف متمتع بالحماية المصنفة

[en] target of classified protection

[fr] cible de la protection hiérarchisée

[de] Ziel des klassifizierten Schutzes

[it] obiettivo di protezione classificata

[jp] 等級保護対象

[kr] 등급 보호 대상

[pt] objeto de proteção classificada

[ru] объект классифицированной защиты

[es] objetivo de protección clasificada

85104　定级结果组合

[ar] مجموعة نتائج تحديد الدرجات

[en] combination of classification results

[fr] combinaison des résultats hiérarchisés

[de] Kombinationen von Einstufungsergebnissen

[it] combinazione di risultati di classificazione

[jp] 等級付けの結果の組み合わせ

[kr] 등급 확정 결과 조합

[pt] combinatória dos resultados de classificação

[ru] комбинация результатов классификации

[es] combinaciones de resultados de calificación

85105　定级备案

[ar] خطة إعدادية لتقييم الدرجة

[en] classification and filing

[fr] hiérarchisation et enregistrement

[de] Einstufung und Einreichung

[it] classificazione e archiviazione

[jp] 等級付けファイリング

[kr] 등급 확정 신고

[pt] registro e classificação

[ru] классификация и регистрация

[es] calificación y presentación

85106　等级测评

[ar] تقييم الدرجات

[en] classification evaluation

[fr] évaluation de niveau

[de] Stufenbewertung

[it] valutazione di livello

[jp] 等級評価

[kr] 등급 평가

[pt] avaliação de níveis

[ru] оценка квалификации

[es] evaluación de grado

85107　虚拟机监视器

[ar] جهاز مراقبة الآلة الافتراضية

[en] virtual machine monitor

[fr] moniteur de machine virtuelle

[de] Virtuelle-Maschine-Monitor

[it] monitor di macchine virtuali

[jp] 仮想マシンモニター

[kr] 가상 머신 모니터

[pt] monitor de máquina virtual

[ru] монитор виртуальной машины

[es] monitor de máquinas virtuales

85108　镜像和快照保护

[ar] حماية صور ولقطات سريعة

[en] mirroring and snapshot protection

[fr] protection de miroitage et d'instantané

[de] Spiegelungs- und Snapshot-Schutz

[it] protezione mirroring e snapshot

[jp] ミラーリングとスナップショット保護

[kr] 미러링 및 스냅샷 보호

[pt] proteção do espelhamento e captura instânea

[ru] зеркалирование и защита моментальных снимков

[es] protección mediante copias en espejo e instantáneas

85109　云服务商选择

[ar] اختيار مزودي الخدمات السحابية

[en] cloud service provider selection

[fr] sélection de prestataire de services de nuage

[de] Auswahl des Cloud-Dienstanbieters

[it] selezione del fornitore di servizi cloud

[jp] クラウドサービスプロバイダーの選択

[kr] 클라우드 서비스 업체 선택

[pt] seleção de fornecedores de serviços em nuvem

[ru] выбор поставщика облачных услуг

[es] selección de proveedores de servicios en la nube

85110 云计算环境管理

[ar] إدارة بيئة الحوسبة السحابية

[en] cloud computing environment management

[fr] gestion de l'environnement d'informatique en nuage

[de] Cloud Computing-Umgebungsverwaltung

[it] gestione dell'ambiente di cloud computing

[jp] クラウドコンピューティング環境の管理

[kr] 클라우드 컴퓨팅 환경 관리

[pt] gestão de ambiente de computação em nuvem

[ru] управление средой облачных вычислений

[es] gestión de entornos de computación en la nube

85111 移动终端管控

[ar] إدارة وتحكم في محطات طرفية متنقلة

[en] mobile terminal management

[fr] gestion et contrôle de terminal mobile

[de] mobiles Endgerätsmanagement

[it] controllo terminale mobile

[jp] モバイル端末管理制御

[kr] 모바일 단말 관리 및 제어

[pt] controlo de terminal móvel

[ru] управление мобильным терминалом

[es] control de terminales móviles

85112 移动应用管控

[ar] إدارة وتحكم في تطبيقات متنقلة

[en] mobile application management (MAM)

[fr] gestion et contrôle d'application mobile

[de] Management mobiler Applikation

[it] gestione delle applicazioni mobili

[jp] モバイルアプリの管理制御

[kr] 모바일 응용 관리 및 제어

[pt] gestão de aplicativos móveis

[ru] управление мобильными приложениями

[es] gestión de aplicaciones móviles

85113 感知节点物理防护

[ar] حماية مادية لعقدة استشعارية

[en] physical safeguard of sensor node

[fr] protection physique de nœud de capteur

[de] physikalische Sicherung für Sensorknoten

[it] protezione fisica del nodo sensore

[jp] センサーノードの物理的保護

[kr] 센서 노드 물리 방어 및 보호

[pt] proteção física para nó de sensor

[ru] физическая защита сенсорного узла

[es] protección física de nodo de sensor

85114 感知节点设备安全

[ar] سلامة جهاز عقدة استشعارية

[en] sensor node security

[fr] sécurité de nœud de capteur

[de] Sicherheit der Sensorknotenanlage

[it] sicurezza del dispositivo del nodo sensore

[jp] センサーノードのデバイスセキュリティ

[kr] 센서 노드 설비 보안

[pt] segurança de nó de sensor

8.5

[ru] безопасность сенсорного узла

[es] seguridad de equipos de nodo de sensor

85115 感知网关节点设备安全

[ar] سلامة جهاز عقدة استشعارية للبوابة الشبكية

[en] sensor layer gateway security

[fr] sécurité de passerelle de capteur

[de] Sicherheit der Gateway-Sensorknoten-anlage

[it] sicurezza del dispositivo di gateway e sensore

[jp] センサーゲートウェイセキュリティ

[kr] 센서 게이트웨이 보안

[pt] segurança do gateway do sensor

[ru] безопасность сенсорного шлюза

[es] sensor de puerta de enlace de seguridad

85116 感知节点的管理

[ar] إدارة عقدة استشعارية

[en] sensor node management

[fr] gestion de nœud de capteur

[de] Verwaltung des Sensorknotens

[it] gestione dei nodi di sensore

[jp] センサーノード管理

[kr] 센서 노드의 관리

[pt] gestão de nó de sensor

[ru] управление сенсорным узлом

[es] gestión de nodo de sensor

85117 数据融合处理

[ar] تكنولوجيا معالجة دمج البيانات

[en] data fusion processing

[fr] traitement de fusion de données

[de] Datenfusionsbearbeitung

[it] elaborazione della fusione dei dati

[jp] データ融合処理

[kr] 데이터 융합 처리

[pt] processamento de fusão de dados

[ru] обработка для слияния данных

[es] procesamiento de la fusión de datos

85118 室外控制设备防护

[ar] حماية أجهزة التحكم في الهواء الطلق

[en] protection of outdoor control equipment

[fr] protection d'équipement de contrôle extérieur

[de] Schutz der Außensteueranlagen

[it] protezione delle apparecchiature di controllo esterne

[jp] 室外制御設備の保護

[kr] 실외 제어 설비 보호

[pt] proteção do equipamento de controlo exterior

[ru] защита наружного контрольного оборудования

[es] protección de equipos de control al aire libre

85119 工业控制系统网络架构安全

[ar] سلامة الهيكل السيبرانى لنظام التحكم الصناعي

[en] network architecture security of industrial control systems

[fr] sécurité de l'architecturale de réseau du système de contrôle industriel

[de] Netzwerk-Architektur-Sicherheit des industriellen Steuerungssystems

[it] sicurezza architettonica informatica del sistema di controllo industriale

[jp] 産業用制御システムのネットワークアーキテクチャセキュリティ

[kr] 산업 제어 시스템 네트워크 아키텍처 보안

[pt] segurança de arquitetura de rede de sistema de controlo industrial

[ru] сетевая архитектурная безопасность системы промышленного контроля

[es] seguridad de arquitecturas de red en sistemas de control industrial

85120 拨号使用控制

[ar] تحكم في الوصول عن طريق إدخال الرقم

[en] dial-up access control

[fr] contrôle d'accès commuté

[de] Wähl-Zugangskontrolle

[it] controllo dell'accesso tramite linea commutata

[jp] ダイアルアップアクセスコントロール

[kr] 다이얼 업 사용 제어

[pt] controlo de acesso discado

[ru] управление доступом с набором номера

[es] control de acceso telefónico

85121 无线使用控制

[ar] تحكم في الوصول عن طريق الاتصالات اللاسلكية

[en] wireless access control

[fr] contrôle d'utilisation du réseau sans fil

[de] Nutzungskontrolle des drahtlosen Netz-werks

[it] controllo dell'utilizzo della rete wireless

[jp] 無線ネットワークの使用制御

[kr] 무선 사용 제어

[pt] controle de uso da rede sem fio

[ru] беспроводное управление доступом

[es] control del uso de redes inalámbricas

85122 跨定级系统安全管理中心

[ar] مركز عابر الدرجات المحددة لإدارة الأمن

[en] cross-classified-system security management center

[fr] centre de gestion de sécurité de système aux classements hétérogènes

[de] Sicherheitsmanagementszentrum für klassifikationsübergreifende Systeme

[it] centro di gestione della sicurezza per sistema di classificazione incrociata

[jp] クロス分類システムのセキュリティ管理センター

[kr] 크로스 등급 시스템 보안 관리 센터

[pt] centro de gestão da segurança para sistema de classficação cruzada

[ru] центр управления безопасностью для кросс-классифицированной системы

[es] centro de gestión de la seguridad de interconexión de nivel cruzado

85123 温湿度控制

[ar] تحكم في درجة الحرارة والرطوبة

[en] temperature and humidity control

[fr] contrôle de température et d'humidité

[de] Temperatur- und Feuchtigkeitskontrolle

[it] controllo della temperatura e dell'umidità

[jp] 温度と湿度のコントロール

[kr] 온도 및 습도 제어

[pt] controlo de temperatura e umidade

[ru] контроль температуры и влажности

[es] control de la temperatura y la humedad

85124 控制设备安全

[ar] أمن أجهزة التحكم

[en] control equipment security

[fr] sécurité d'équipement de contrôle

[de] Sicherheit des Kontrollgeräts

[it] sicurezza delle apparecchiature di controllo

[jp] 制御機器のセキュリティ

[kr] 제어 설비 보안

[pt] segurança de equipamento do controlo

[ru] контроль безопасности оборудования

[es] seguridad de equipos de control

8.5.2 数据恐怖主义

[ar] إرهاب البيانات

[en] **Data Terrorism**

[fr] **Terrorisme basé sur les données**

[de] **Datenterrorismus**

[it] **Terrorismo dei dati**

[jp] **データテロリズム**

[kr] **데이터 테러리즘**

[pt] **Terrorismo Digital**

[ru] **Терроризм данных**

[es] **Terrorismo de Datos**

8.5

85201 网络犯罪

[ar] جريمة سيبيرانية

[en] cybercrime

[fr] cybercriminalité

[de] Cyberkriminalität

[it] crimine informatico

[jp] サイバー犯罪

[kr] 사이버 범죄

[pt] cibercrime

[ru] киберпреступление

[es] delito cibernético

85202 网络恐怖主义

[ar] إرهاب سيبيراني

[en] cyber terrorism

[fr] cyber-terrorisme

[de] Cyber-Terrorismus

[it] cyber-terrorismo

[jp] サイバーテロリズム

[kr] 사이버 테러리즘

[pt] terrorismo cibernético

[ru] кибертерроризм

[es] terrorismo cibernético

85203 网络极端主义

[ar] تطرف سيبيراني

[en] cyber extremism

[fr] cyberextrémisme

[de] Cyber-Extremismus

[it] estremismo in rete

[jp] ネットワーク過激主義

[kr] 네트워크 극단주의

[pt] extremismo cibernético

[ru] киберэкстремизм

[es] extremismo en línea

85204 网络文化殖民主义

[ar] استعمار ثقافي سيبيراني

[en] cyber cultural colonialism

[fr] colonialisme de la cyberculture

[de] kultureller Kolonialismus im Cyberspace

[it] cybercolonialismo culturale

[jp] ネット文化殖民主義

[kr] 인터넷 문화 식민주의

[pt] colonialismo da cultura cibernética

[ru] колониализм киберкультуры

[es] colonialismo cultural en línea

85205 信息恐怖主义

[ar] إرهاب المعلومات

[en] information terrorism

[fr] terrorisme de l'information

[de] Informationsterrorismus

[it] terrorismo dell'informazione

[jp] 情報テロ

[kr] 정보 테러리즘

[pt] terrorismo da informação

[ru] информационный терроризм

[es] terrorismo de información

85206 信息霸权主义

[ar] هيمنة المعلومات

[en] information hegemonism

[fr] hégémonisme de l'information

[de] Informationshegemonismus

[it] egemonismo dell'informazione

[jp] 情報覇権主義

[kr] 정보 패권주의

[pt] hegemonismo da informação

[ru] информационный гегемонизм

[es] hegemonía de la información

85207 信息封建主义

[ar] إقطاعية المعلومات

[en] information feudalism

[fr] féodalisme de l'information

[de] Informationsfeudalismus

[it] feudalesimo dell'informazione

[jp] 情報封建主義

[kr] 정보 봉건주의

[pt] feudalismo da informação

[ru] информационный феодализм

[es] feudalismo de la información

85208 数据对抗

[ar] تجابه البيانات

[en] data confrontation

[fr] confrontation des données

[de] Datenkonfrontation

[it] confronto dei dati

[jp] データ対抗

[kr] 데이터 대결

[pt] confronto digital

[ru] противостояние данных

[es] confrontación de datos

85209 数据攻击

[ar] هجوم البيانات

[en] data attack

[fr] attaque aux données

[de] Datenangriff

[it] attacco dei dati

[jp] データ攻撃

[kr] 데이터 공격

[pt] ataque digital

[ru] атака данных

[es] ataque de datos

85210 数据战争

[ar] حرب البيانات

[en] data war

[fr] guerre de données

[de] Datenkrieg

[it] guerra dei dati

[jp] データ戦争

[kr] 데이터 전쟁

[pt] guerra digital

[ru] война данных

[es] guerra de datos

85211 数据霸权

[ar] هيمنة البيانات

[en] data hegemony

[fr] suprématie de données

[de] Datenhegemonie

[it] egemonia dei dati

[jp] データ覇権

[kr] 데이터 패권

[pt] hegemonia digital

[ru] гегемония данных

[es] hegemonía de datos

85212 数字边疆

[ar] حدود رقمية

[en] data-based borderland

[fr] frontière basée sur les données

[de] datenbasiertes Grenzgebiet

[it] terra di confine basata sui dati

[jp] デジタル国境

[kr] 디지털 국경

[pt] fronteira digital

[ru] основанное на данных приграничье

[es] frontera basada en datos

85213 数据保护主义

[ar] نزعة حماية البيانات

[en] data protectionism

[fr] protectionnisme de données

[de] Datenprotektionismus

[it] protezionismo dei dati

[jp] データ保護主義

[kr] 데이터 보호주의

[pt] protecionismo digital

[ru] протекционизм данных

[es] proteccionismo de datos

85214 数据资本主义

[ar] رأسمالية البيانات

[en] data capitalism

[fr] capitalisme de données

[de] Datenkapitalismus

[it] capitalismo dei dati

[jp] データ資本主義

[kr] 데이터 자본주의

[pt] capitalismo digital

[ru] капитализм данных

[es] capitalismo de datos

85215 网络反恐

[ar] مكافحة الإرهاب على الإنترنت

[en] counter-terrorism in cyberspace

[fr] antiterrorisme réseau

[de] Netzwerk-Terrorismusbekämpfung

[it] rete antiterrorismo

[jp] ネットワークテロ対策

[kr] 네트워크 반테러

[pt] antiterrorismo cibernético

[ru] борьба с терроризмом в киберпространстве

[es] antiterrorismo en línea

85216 网络武器

[ar] أسلحة سيبرانية

[en] cyber weapon

[fr] arme cybernétique

[de] Cyber-Waffen

[it] arma informatica

[jp] サイバー武器

[kr] 사이버 무기

[pt] armas cibernéticas

[ru] кибероружие

[es] armas cibernéticas

85217 反恐合作网络

[ar] شبكة التعاون لمكافحة الإرهاب

[en] counter-terrorism cooperation network

[fr] réseau de coopération antiterroriste

[de] Anti-Terror-Kooperationsnetzwerk

[it] rete di cooperazione antiterrorismo

[jp] テロ対策協力ネットワーク

[kr] 반테러 협력 네트워크

[pt] rede de cooperação antiterrorista

[ru] сеть антитеррористического сотрудничества

[es] red de cooperación antiterrorista

85218 反恐安全防线

[ar] خط دفاعي لأمن مكافحة الإرهاب

[en] counter-terrorism defense line

[fr] ligne de front antiterroriste

[de] Anti-Terror-Verteidigungslinie

[it] linea di difesa antiterrorismo

[jp] テロ対策セーフティネット

[kr] 반테러 안전 방어선

[pt] rede de segurança antiterrorista

[ru] антитеррористическая линия безопасности

[es] línea de defensa antiterrorista

85219 棱镜计划

[ar] مشروع الزجاج الموشوري

[en] PRISM Surveillance Program

[fr] programme de surveillance PRISM

[de] PRISM Überwachungsprogramm

[it] programma di sorveglianza PRISM

[jp] PRISM(監視プログラム)

[kr] 프리즘 계획

[pt] Programa de Vigilância Prism

[ru] Программа PRISM Surveillance

[es] programa de vigilancia PRISM

85220 信息安全威胁

[ar] تهديد أمن المعلومات

[en] information security threat

[fr] menace de la sécurité de l'information

[de] Bedrohung der Informationssicherheit

[it] minaccia alla sicurezza delle informazioni

[jp] 情報セキュリティの脅威

[kr] 정보 보안 위협

[pt] ameaça em segurança informática

[ru] угроза информационной безопасности

[es] amenaza a la seguridad de la información

8.5.3 数据主权保护

[ar] حماية سيادة البيانات

[en] **Data Sovereignty Protection**

[fr] Protection de la souveraineté de données

[de] Datensouveränitätsschutz

[it] Protezione della sovranità dei dati

[jp] データ主権保護

[kr] 데이터 주권 보호

[pt] Proteção de Soberania de Dados

[ru] Защита суверенитета данных

[es] Protección de la Soberanía de Datos

85301 网络安全共同体

[ar] مجتمع الأمن السيبراني

[en] cybersecurity community

[fr] communauté de cybersécurité

[de] Cybersicherheitsgemeinschaft

[it] comunità di sicurezza informatica

[jp] サイバーセキュリティ共同体

[kr] 사이버 보안 공동체

[pt] comunidade de cibersegurança

[ru] сообщество кибербезопасности

[es] comunidad de la ciberseguridad

85302 数据安全防护体系

[ar] نظام حماية أمن البيانات

[en] data security defense system

[fr] système de protection de la sécurité de données

[de] Datensicherheitsschutzsystem

[it] sistema di difesa della sicurezza dei dati

[jp] データセキュリティ保護体系

[kr] 데이터 보안 예방 보호 시스템

[pt] sistema de proteção da segurança dos dados

[ru] система защиты безопасности данных

[es] sistema de protección de la seguridad de datos

85303 数据跨境管理制度

[ar] آلية إدارة لنقل البيانات عبر الحدود

[en] management mechanism for cross-border data transfer

[fr] mécanisme de gestion du transfert transfrontalier de données

[de] Managementsystem für grenzüber-schreitende Übermittlung von Daten

[it] meccanismo di gestione per il trasferimento transfrontaliero dei dati

[jp] データ越境移転に関する管理制度

[kr] 데이터 크로스보더 관리 제도

[pt] mecanismo de gestão para emigração de dados

[ru] механизм управления трансграничной передачей данных

[es] mecanismo de gestión para la transferencia transfronteriza de datos

85304 云数据中心安全

[ar] أمن مركز البيانات السحابية

[en] cloud data center security

[fr] sécurité de centre de données de nuage

[de] Cloud-Datenzentrumssicherheit

[it] sicurezza del centro dei dati cloud

[jp] クラウドデータセンターのセキュリティ

[kr] 클라우드 데이터 센터 보안

[pt] segurança do centro de dados em nuvem

[ru] безопасность облачного центра обработки данных

[es] seguridad de centros de datos en la nube

85305 网络域名解析主导权

[ar] حق التصرف في تحليل اسم النطاق على الإنترنت

[en] ownership of domain name resolution

[fr] propriété de la résolution des noms de domaine

[de] Kontrollrecht der Auflösung von Do-männamen

[it] proprietà della risoluzione dei nomi dei domini

[jp] ドメイン名の解析主導権

[kr] 네트워크 도메인 해석 주도권

[pt] propriedade da resolução de nomes de

8.5

domínio da Internet

[ru] лидерство разрешения доменного имени

[es] propiedad de la resolución de nombres de dominio

85306 数据安全监管

[ar] رقابة على أمن البيانات

[en] data security supervision

[fr] supervision de la sécurité de données

[de] Überwachung der Datensicherheit

[it] supervisione della sicurezza dei dati

[jp] データセキュリティ監督管理

[kr] 데이터 보안 감독 관리

[pt] supervisão da segurança dos dados

[ru] надзор за безопасностью данных

[es] supervisión de seguridad de datos

85307 数据全球化

[ar] عولمة البيانات

[en] data globalization

[fr] mondialisation des données

[de] Datenglobalisierung

[it] globalizzazione dei dati

[jp] データのグローバル化

[kr] 데이터 글로벌화

[pt] globalização de dados

[ru] глобализация данных

[es] globalización de datos

85308 数据跨境监管

[ar] رقابة على نقل البيانات العابرة الحدود

[en] supervision of cross-border data transfer

[fr] supervision de transfert transfrontalier de données

[de] Überwachung der grenzüberschreitenden Übermittlung von Daten

[it] supervisione del trasferimento transfrontaliero dei dati

[jp] データ越境移転の監督管理

[kr] 데이터 크로스보더 감독 관리

[pt] supervisão da emigração de dados

[ru] надзор за трансграничной передачей данных

[es] supervisión de la transferencia transfronteriza de datos

85309 领地公开共享

[ar] انتفاح وتشارك في المجال الخاص

[en] open and shared territory

[fr] ouverture et partage du territoire

[de] Öffnung und Sharing des Territoriums

[it] condivisione aperta del territorio

[jp] 領土のオープン共有

[kr] 영지 공개 공유

[pt] partilha aberto do território

[ru] открытое разделение территории

[es] uso compartido abierto del territorio

85310 制数据权

[ar] حق الهيمنة على البيانات

[en] data dominance

[fr] dominance des données

[de] Daten-Herrschaft

[it] dominio dei dati

[jp] データ支配権

[kr] 데이터 도미넌스

[pt] domínio de dados

[ru] доминирование данных

[es] predominio de datos

85311 安全港隐私保护原则

[ar] اتفاقية الملاذ الأمن للبيانات

[en] Safe Harbor Privacy Principles

[fr] Principes de la sphère de sécurité

[de] „Safe Harbor"-Datenschutzgrundsätze

[it] Principi di porto sicuro sulla privacy

[jp] 「セーフハーバー」協定

[kr] 데이터 보안 허브 협약

[pt] Princípios de Confidencialidade do Porto Seguro

[ru] Принципы сохранения

конфиденциальности «Безопасной Гавани»

[es] Principios de Puerto Seguro

85312 欧美"隐私保护协议"

[ar] اتفاقية حماية الخصوصية (الاتحاد الأوروبي والولايات المتحدة)

[en] Privacy Protection Agreement (EU-USA)

[fr] Bouclier de protection des données UE-États-Unis

[de] Datenschutzabkommen (EU-USA)

[it] Accordo sulla protezione della privacy (UE e US)

[jp] 欧米間「プライバシー保護協定」

[kr] 구미 '프라이버시 보호 협정'

[pt] Acordo de Proteção de Privacidade (UE e EUA)

[ru] Соглашение о защите конфиденциальной информации (ЕС-США)

[es] Acuerdo de la Protección de Privacidad (UE y EE.UU.)

85313 互联网名称与数字地址分配机构

[ar] مؤسسة توزيع أسماء الإنترنت والعناوين الرقمية

[en] Internet Corporation for Assigned Names and Numbers (ICANN)

[fr] Société pour l'attribution des noms de domaine et des numéros sur Internet

[de] Internet Corporation für zugewiesene Namen und Nummern

[it] Internet corporation for Assigned Names and numbers

[jp] アイキャン

[kr] 국제 인터넷 주소 관리 기구

[pt] Sociedade Internet para a Atribuição de Nomes e Números

[ru] Корпорация по присвоению имен и адресов в Интернете

[es] Corporación de Internet para la Asignación de Nombres y Números

85314 地区性互联网注册管理机构

[ar] مؤسسة إدارية لتسجيل شبكة الإنترنت في الأقاليم الخمسة الكبرى

[en] regional Internet registry (RIR) system

[fr] Registre d'Internet régional

[de] regionales Internet-Registrierungssystem

[it] Sistema regionale di registro Internet

[jp] 五大の地域インターネットレジストリ

[kr] 대륙별 인터넷 레지스트리

[pt] Sistema de Registro Regional da Internet

[ru] система региональных интернет-регистраторов

[es] sistema de registro regional de Internet

85315 国际互联网协会

[ar] جمعية عالمية لشبكة الإنترنت

[en] Internet Society (ISOC)

[fr] Internet Society

[de] Internet-Gesellschaft

[it] Associazione Internet

[jp] インターネットソサエティ

[kr] 국제인터넷학회

[pt] Sociedade da Internet

[ru] Общество Интернета

[es] Internet Society

85316 互联网架构委员会

[ar] لجنة هيكلة شبكة الإنترنت

[en] Internet Architecture Board (IAB)

[fr] Conseil d'architecture de l'Internet

[de] Internet-Architektur-Komitee

[it] Comitato di Architettura Internet

[jp] インターネットアーキテクチャ委員会

[kr] 인터넷아키텍처위원회

[pt] Conselho de Arquitectura da Internet

[ru] Совет по архитектуре Интернета

[es] junta de arquitectura de Internet

85317 国际互联网工程任务组

[ar] فرقة هندسة الشبكة العنكبوتية العالمية

[en] Internet Engineering Task Force (IETF)

8.5

[fr] Groupe de travail d'ingénierie Internet

[de] Internet-Engineering-Arbeitsgruppe

[it] Internet engineering task force

[jp] インターネット技術特別調査委員会

[kr] 국제 인터넷 엔지니어링 태스크 포스

[pt] Força-tarefa de Engenharia de Internet

[ru] Инженерный совет Интернета

[es] Grupo de Trabajo de Ingeniería de Internet

85318 互联网研究专门工作组

[ar] فريق العمل المتخصص لدراسة شبكة الإنترنت

[en] Internet Research Task Force (IRTF)

[fr] Groupe de travail sur la recherche sur Internet

[de] Arbeitsgruppe für Internetnachforschung

[it] Internet research task force

[jp] インターネット研究特別調査委員会

[kr] 인터넷 연구 태스크 포스

[pt] Força-tarefa de Pesquisa da Internet

[ru] Исследовательская группа Интернет-технологий

[es] Fuerza de Tareas de Investigaciones de Internet

85319 万维网联盟

[ar] اتحاد شبكة الويب العالمية

[en] World Wide Web Consortium (W3C)

[fr] World Wide Web Consortium

[de] World Wide Web Konsortium

[it] Consorzio World Wide Web

[jp] ワールド・ワイド・ウェブ・コンソーシアム

[kr] 월드 와이드 웹 컨소시엄

[pt] Consórcio World Wide Web

[ru] Консорциум Всемирной паутины

[es] Consorcio World Wide Web

85320 互联网运营者联盟

[ar] اتحاد مشغلي الإنترنت

[en] Internet Network Operators Group

(INOG)

[fr] Groupe d'opérateurs de réseau de l'Internet

[de] Internet-Netzwerkbetreibergruppe

[it] Gruppo di operatori di rete Internet

[jp] インターネットネットワークオペレータグループ

[kr] 인터넷 네트워크 운영자 연합

[pt] Groupo dos Operadores da Rede da Internet

[ru] Группа сетевых операторов Интернета

[es] Grupo de Operadores de Red de Internet

8.5.4　国家网络安全

[ar] الأمن السيبراني الوطني

[en] **National Cybersecurity**

[fr] **Cybersécurité nationale**

[de] **Nationale Cybersicherheit**

[it] **Sicurezza informatica nazionale**

[jp] **国家サイバーセキュリティ**

[kr] **국가 사이버 보안**

[pt] **Cibersegurança Nacional**

[ru] **Национальная кибербезопасность**

[es] **Ciberseguridad Nacional**

85401 网络威慑战略

[ar] استراتيجية الردع السيبراني

[en] cyber deterrence strategy

[fr] stratégie de cyber dissuasion

[de] Cyber-Abschreckungsstrategie

[it] strategia di deterrenza informatica

[jp] サイバー抑止戦略

[kr] 네트워크 위협 전략

[pt] estratégia de dissuasão cibernética

[ru] стратегия киберустрашения

[es] estrategia de disuasión cibernética

85402 信息国防

[ar] دفاع وطني معلوماتي

[en] IT-based national defense

[fr] défense nationale informatisée

[de] informatisierte Landesverteidigung

[it] informazione della difesa nazionale

[jp] 情報化国防

[kr] 정보화 국방

[pt] defesa nacional da informação

[ru] национальная оборона на основе информационных технологий

[es] defensa nacional de informatización

85403 信息战争

[ar] حرب المعلومات

[en] information warfare

[fr] guerre de l'information

[de] Informationskrieg

[it] guerra dell'informazione

[jp] 情報戦争

[kr] 정보화 전쟁

[pt] guerra de informação

[ru] информационная война

[es] guerra de información

85404 军民融合大数据

[ar] بيانات ضخمة عسكرية ـ مدنية

[en] military-civilian big data

[fr] mégadonnées sur l'intégration militaro-civile

[de] Militärisch-zivile Big Data

[it] Big Data militari-civili

[jp] 軍民融合ビッグデータ

[kr] 군민융합 빅데이터

[pt] big data militar-civil

[ru] военно-гражданские интегрированные большие данные

[es] Big Data en uso de fusión civil-militar

85405 国防敏感信息

[ar] معلومات حساسة للدفاع الوطني

[en] national defense sensitive information

[fr] informations sensibles de la défense nationale

[de] sensible Informationen zur Landesver-teidigung

[it] informazione sensibile sulla difesa nazionale

[jp] 国防機密情報

[kr] 국방 민감 정보

[pt] informações sensíveis à defesa nacional

[ru] чувствительная информация в национальной обороне

[es] información confidencial de defensa nacional

85406 国防信息数据

[ar] معلومات وبيانات الدفاع الوطني

[en] national defense information and data

[fr] informations et données de la défense nationale

[de] Informationen und Daten zur Landesver-teidigung

[it] dati e informazioni sulla difesa nazionale

[jp] 国防情報データ

[kr] 국방 정보 데이터

[pt] informações e dados da defesa nacional

[ru] информация и данные о национальной обороне

[es] información y datos de defensa nacional

85407 国防动员数据

[ar] بيانات تعبئة الدفاع الوطني

[en] national defense mobilization data

[fr] données de mobilisation de la défense nationale

[de] Mobilisierungsdaten zur Landesverteidi-gung

[it] dati di mobilitazione della difesa nazionale

[jp] 国防動員データ

[kr] 국방 동원 데이터

[pt] dados de mobilização da defesa nacional

[ru] данные о мобилизации национальной обороны

[es] datos de movilización de defensa

8.5

nacional

85408　恶意流量
[ar]　تدفق خبيث
[en]　malicious traffic
[fr]　trafic malveillant
[de]　böswilliger Verkehr
[it]　traffico dannoso
[jp]　悪意のあるトラフィック
[kr]　악성 트래픽
[pt]　fluxo da rede malicioso
[ru]　вредоносный трафик
[es]　tráfico malicioso

85409　国防工业安全
[ar]　أمن صناعة الدفاع الوطني
[en]　national defense industry security
[fr]　sécurité d'industrie de la défense nationale
[de]　Sicherheit der Landesverteidigungsindustrie
[it]　sicurezza dell'industria della difesa nazionale
[jp]　国防産業の安全
[kr]　국방 산업 보안
[pt]　segurança da indústria de defesa nacional
[ru]　безопасность оборонной промышленности
[es]　seguridad de industria de defensa nacional

85410　国防动员数据库
[ar]　قاعدة بيانات تعبئة الدفاع الوطني
[en]　National Defense Mobilization Database
[fr]　base de données de mobilisation de la défense nationale
[de]　Mobilisierungsdatenbank der Landesverteidigung
[it]　database di mobilitazione della difesa nazionale

[jp]　国防動員データベース
[kr]　국방 동원 데이터베이스
[pt]　base de dados de mobilização de Defesa Nacional
[ru]　База данных о мобилизации национальной обороны
[es]　Base de datos de movilización de defensa nacional

85411　军地信息交流平台
[ar]　منصة تبادل المعلومات العسكرية ـ المدنية
[en]　military-civilian information exchange platform
[fr]　plate-forme d'échange d'informations militaro-civiles
[de]　Militärisch-zivile Informationsaustauschplattform
[it]　piattaforma di scambio di informazioni militare-civile
[jp]　軍民情報交換プラットフォーム
[kr]　군대와 민간의 정보 교류 플랫폼
[pt]　plataforma de intercâmbio da informação militar-civil
[ru]　платформа обмена военно-гражданской информацией
[es]　plataforma de intercambio de información civil-militar

85412　军地对接平台
[ar]　منصة التواصل العسكري-المدني
[en]　military-civilian docking platform
[fr]　plate-forme de partage de ressources militaro-civiles
[de]　Militärisch-zivile Andockplattform
[it]　piattaforma di aggancio militare-civile
[jp]　軍民ドッキングプラットフォーム
[kr]　군대와 민간의 도킹 플랫폼
[pt]　plataforma comunicativa miltar-civil
[ru]　военно-гражданская стыковочная платформа
[es]　plataforma de atraque civil-militar

85413　军民融合

[ar]　اندماج عسكري - وطني

[en]　military-civilian integration

[fr]　intégration militaro-civile

[de]　Militärisch-zivile Fusion

[it]　fusione militare-civile

[jp]　軍民融合

[kr]　군민융합

[pt]　fusão militar-civil

[ru]　военно-гражданская интеграция

[es]　fusión civil-militar

85414　钱学森数据推进实验室

[ar]　مختبر تشيان شيوا شينغ لتعزيز علم البيانات

[en]　Qian Xuesen Data Propulsion Laboratory

[fr]　Laboratoire Qian Xuesen de propulsion par données

[de]　Qian Xuesen-Datenantriebslabor

[it]　Laboratorio di propulsione di dati Qian Xuesen

[jp]　銭学森データ推進実験室

[kr]　첸쉐썬 데이터 추진 실험실

[pt]　laboratório de propulsão aos dados de Qian Xuesen

[ru]　Лаборатория продвижения развития науки о данных имени Цянь Сюэсэнь

[es]　Laboratorio de Qian Xuesen de Propulsión por Datos

85415　广域信源深度融合

[ar]　اندماج عميق بين مصادر البيانات واسعة النطاق

[en]　deep integration of data sources on wide area network

[fr]　intégration profonde de sources de données sur un réseau étendu

[de]　tiefe Integration von Datenquellen im Weitverkehrsnetz

[it]　integrazione profonda delle fonti dei dati su una vasta area di rete

[jp]　広域ネットワーク上のデータソースの深い統合

[kr]　광역 정보원 심층 융합

[pt]　integração profunda de fontes de dados em redes de longa distância

[ru]　глубокая интеграция источников данных в глобальной сети

[es]　integración profunda de fuentes de datos en una red de gran área

85416　"梯队"全球监控系统

[ar]　نظام "النسق" الأمريكى للرقابة العالمية

[en]　ECHELON Global Monitoring System

[fr]　système de surveillance global ECHELON

[de]　Globales Überwachungssystem von ECHELON

[it]　Sistema ECHELON di monitoraggio globale

[jp]　「エシェロン」通信傍受システム

[kr]　'에셜론' 글로벌 모니터링 시스템

[pt]　Sistema de Monitoramento Global ECHELON

[ru]　Глобальная система мониторинга «Эшелон»

[es]　sistema de monitorización global ECHELON

85417　美国国家信息安全保障联盟

[ar]　اتحاد أمريكي وطني لضمان أمان المعلومات

[en]　National Information Assurance Partnership (USA)

[fr]　Partenariat national pour l'assurance de l'information (États-Unis)

[de]　Nationale Informationssicherungspartnerschaft (USA)

[it]　Collaborazione di sicurezza di informazione nazionale (US)

[jp]　国家情報保証パートナーシップ

[kr]　미국 국가 정보 보증 협회

[pt]　Parceria Nacional de Garantia da Informação (EUA)

[ru]　Национальное партнерство

обеспечения информации (США)

[es] Colaboración Nacional para el Aseguramiento de la Información (EE. UU.)

85418 防御性信息作战

[ar] حرب المعلومات الدفاعية

[en] defensive information warfare

[fr] guerre de l'information défensive

[de] defensive Informationskriegsführung

[it] guerra d'informazione difensiva

[jp] 防衛情報戦

[kr] 방어성 정보전

[pt] guerra de informação defensiva

[ru] оборонительная информационная война

[es] guerra de información defensiva

85419 国防信息动员与应急保障

[ar] تعبئة معلومات الدفاع الوطني والاستعداد للطوارئ

[en] information mobilization and emergency support for national defense

[fr] mobilisation et assurance en cas d'urgence des informations de la défense nationale

[de] Mobilisierung und Notfallgewährleistung der Landesverteidigungsinformationen

[it] mobilitazione di informazione sulla difesa nazionale e assicurazione di emergenza

[jp] 国防情報の動員・応急案

[kr] 국방 정보 동원 및 응급 보장

[pt] mobilização nacional de informações à defesa nacional e garantia de emergência

[ru] информационная мобилизация и обеспечение в чрезвычайной обстановке для национальной обороны

[es] movilización de información y aseguramiento de emergencias de

defensa nacional

85420 国家网络安全技术支撑体系

[ar] نظام دعم تكنولوجيا الأمن السيبراني الوطني

[en] technical support system for national cybersecurity

[fr] système de soutien technique de la cybersécurité nationale

[de] technisches Unterstützungssystem für nationale Cybersicherheit

[it] sistema nazionale di supporto tecnico alla cyber-sicurezza

[jp] 国家サイバーセキュリティ技術支援システム

[kr] 국가 사이버 보안 기술 지원 시스템

[pt] Sistema Nacional de Apoios Técnicos para Cibersegurança

[ru] система технической поддержки для защиты национальной кибербезопасности

[es] sistema nacional de soporte técnico sobre ciberseguridad

8.5.5 国际数据安全

[ar] أمن البيانات الدولية

[en] **International Data Security**

[fr] **Sécurité de données internationale**

[de] **Internationale Datensicherheit**

[it] **Sicurezza dei dati internazionali**

[jp] **国際データセキュリティ**

[kr] **국제 데이터 보안**

[pt] **Segurança Internacional de Dados**

[ru] **Международная безопасность данных**

[es] **Seguridad de Datos Internacional**

85501 联合国"信息社会世界峰会"信息安全框架

[ar] إطار أمن المعلومات لـ" القمة العالمية للمجتمع المعلوماتي" للأمم المتحدة

[en] information security framework for

World Summit on the Information Society (UN)

[fr] Cadre de sécurité de l'information pour le Sommet mondial sur la société de l'information (ONU)

[de] Informationssicherheitsrahmen für „Weltgipfel über Informationsgesell-schaft" (UN)

[it] Struttura di sicurezza delle informazioni per il vertice mondiale sulla società dell'informazione (ONU)

[jp] 国連「世界情報社会サミット」情報セキュリティフレームワーク

[kr] 유엔 '정보 사회 세계 정상 회담' 정보 보안 프레임워크

[pt] estrutura da segurança informática para Comité Mundial sobre Sociedade Informática (ONU)

[ru] фреймворк информационной безопасности Всемирного саммита по информационному обществу (ООН)

[es] marco de seguridad de la información para la Cumbre Mundial de la Sociedad de la Información (ONU)

85502 《信息安全国际行为准则》

[ar] القواعد السلوكية الدولية لأمن المعلومات

[en] International Code of Conduct for Information Security

[fr] Code de conduite international pour la sécurité de l'information

[de] Internationaler Verhaltenskodex für Informationssicherheit

[it] Norma internazionale sulla condotta della sicurezza dell'informazione

[jp] 情報セキュリティのための国際規範

[kr] <정보 보안 국제 행위 준칙>

[pt] Código Internacional do Comportamento para Segurança Informática

[ru] Международные правила поведения в области информационной безопасности

[es] Código de Conducta Internacional para la Seguridad de la Información

85503 国际电信联盟《网络安全信息交换框架》

[ar] إطار تبادل معلومات الأمن السيبراني للاتحاد الدولي للاتصالات

[en] Cybersecurity Information Exchange Framework (International Telecommunication Union)

[fr] Cadre d'échange d'informations sur la cybersécurité (Union internationale des télécommunications)

[de] Rahmen für Informationsaustausch im Bereich Cybersicherheit (Internationale Fernmeldeunion)

[it] Struttura di scambio di informazioni sulla sicurezza informatica (Unione internazionale delle telecomunicazioni)

[jp] 国際電気通信連合「サイバーセキュリティ情報交換フレームワーク」

[kr] 국제전기통신연합 <네트워크 보안 정보 교환 프레임워크>

[pt] Estrutura de Troca de Informações sobre Segurança Cibernética da União Internacional das Telecomunicações (União Internacional de Telecomunicações)

[ru] Фреймворк обмена информацией о кибербезопасности (Международный союз электросвязи)

[es] Marco de Referencia de Intercambio de Información sobre Ciberseguridad (Unión Internacional de Telecomunicaciones)

85504 亚太经济合作组织《数字APEC战略》

[ar] استراتيجية APEC الرقمية لمنظمة التعاون الاقتصادي لمنطقة آسيا ـ الباسيفيك

[en] E-APEC Strategy (Asia-Pacific

Economic Cooperation)

[fr] Stratégie numérique de l'APEC (Coopération économique pour l'Asie-Pacifique)

[de] E-APEC-Strategie (Asien-Pazifik-Wirt-schaftskooperation)

[it] Cooperazione economica Asia-Pacifico (Strategia E-APEC)

[jp] アジア太平洋経済協力会議「デジタル APEC 戦略」

[kr] 아시아태평양경제협력체 <디지털APEC 전략>

[pt] Estratégia Digital da APEC da Cooperação Económica Ásia-Pacífico

[ru] Стратегия E-APEC (Азиатско-Тихоокеанское экономическое сотрудничество)

[es] Estrategia de E-APEC (Cooperación Económica Asia-Pacífico)

85505 经济合作与发展组织《信息系统和网络安全指南》

[ar] تعليمات حول أمان نظام المعلومات والأمن السيبراني لمنظمة التعاون الاقتصادي والتنمية

[en] Guidelines for the Security of Information Systems and Networks: Towards a Culture of Security (Organization for Economic Co-operation and Development)

[fr] Ligne directrice pour la sécurité des systèmes et réseaux d'information : vers une culture de la sécurité (Organisation de coopération et de développement économiques)

[de] Leitlinien für Sicherheit von Informa-tionssystemen und -netzen (Organisation für wirtschaftliche Zusammenarbeit und Entwicklung)

[it] Linee Guida per la sicurezza dei sistemi e delle reti d'informazione: Verso una cultura della sicurezza (Organizzazione

per la cooperazione economica e lo sviluppo)

[jp] 経済協力開発機構の「情報システム及びネットワークのセキュリティのためのガイドライン」

[kr] 경제협력과 발전조직 <정보시스템과 네트워크 보안 가이드라인>

[pt] Directrizes para a Segurança dos Sistemas e Redes de Informação: Perante à Cultura de Segurança (Organização para a Cooperação e Desenvolvimento Económico)

[ru] Руководство по безопасности информационных систем и сетей (Организация экономического сотрудничества и развития)

[es] Directrices de Seguridad para Redes y Sistemas de Información: hacia la Cultura de la Seguridad (Organización para la Cooperación y el Desarrollo Económicos)

85506 《网络空间国际战略》(美国)

[ar] استراتيجية دولية للفضاء السيبراني (الولايات المتحدة)

[en] International Strategy for Cyberspace (USA)

[fr] Stratégie internationale pour le cyberespace (États-Unis)

[de] Internationale Strategie für Cyberspace (USA)

[it] Strategia internazionale per cyber-spazio (US)

[jp] 「サイバー空間の国際戦略」(アメリカ)

[kr] <사이버 공간 국제 전략> (미국)

[pt] Estratégia Internacional para o Ciberespaço (EUA)

[ru] Международная стратегия киберпространства (США)

[es] Estrategia Internacional para el Ciberespacio (EE.UU.)

85507 《网络空间行动战略》(美国)

[ar] استراتيجية العمل للفضاء السيبراني (الولايات المتحدة)

[en] Strategy for Cyberspace (USA)

[fr] Plan d'action pour le cyberespace (États-Unis)

[de] Aktionsstrategie für Cyberspace (USA)

[it] Strategia di attività per cyber-spazio (US)

[jp] 「サイバー空間の行動戦略」(アメリカ)

[kr] <사이버 공간 행동 전략> (미국)

[pt] Estratégia de Ação para o Ciberespaço (EUA)

[ru] Стратегия действий в киберпространстве (США)

[es] Estrategia para el Ciberespacio (EE. UU.)

85508 《关于建立欧洲网络信息安全文化的决议》(欧盟)

[ar] قرار إنشاء ثقافة أمان معلومات الشبكة الأوروبية (الاتحاد الأوروبي)

[en] Resolution on the Establishment of European Network Information Security Culture (EU)

[fr] Résolution sur l'établissement d'une culture européenne de sécurité de la cyber-information (UE)

[de] Entschließung zur Schaffung der europäischen Netzwerksinformationssicherheitskultur (EU)

[it] Risoluzione sull'istituzione della cultura della sicurezza delle informazioni nella rete europea (UE)

[jp] 「欧州ネットワーク情報セキュリティ文化の構築に関する決議」(EU)

[kr] <유럽 사이버 정보 보안 문화 구축 결의> (유럽 연합)

[pt] Resolução sobre a Criação de Uma Cultura Europeia de Segurança Informática nas Redes(UE)

[ru] Резолюция о формировании европейской культуры безопасности сетевой информации (EC)

[es] Resolución sobre el Establecimiento de la Cultura de la Seguridad de la Información en las Redes Europeas (UE)

85509 《关于建立欧洲信息社会安全战略的决议》(欧盟)

[ar] قرار وضع استراتيجية أمان مجتمع المعلومات الأوروبي (الاتحاد الأوروبي)

[en] Resolution on the Establishment of European Information Society Security Strategy (EU)

[fr] Résolution sur l'établissement d'une stratégie européenne de sécurité de la société informatique (UE)

[de] Entschließung zur Schaffung der Sicherheitsstrategie für europäische Informationsgesellschaft (EU)

[it] Risoluzione sull'istituzione di una strategia di sicurezza della società dell'informazione europea (UE)

[jp] 「欧州情報社会セキュリティー戦略の構築に関する決議」(EU)

[kr] <유럽 정보 사회 보안 전략 구축 결의> (유럽 연합)

[pt] Resolução sobre o estabelecimento da Estratégia Europeia de Segurança da Sociedade Informática (UE)

[ru] Резолюция о разработке стратегии безопасности европейского информационного общества (EC)

[es] Resolución sobre el Establecimiento de la Estrategia de la Seguridad de la Sociedad de la Información Europea (UE)

85510 《国家网络安全战略：在数字世界中保护和促进英国的发展》(英国)

[ar] استراتيجية الأمن السيبراني: حماية وتعزيز المشروع التنموي للمملكة المتحدة في ظل العالم الرقمي

[en] Cyber Security Strategy: Protecting and

8.5

Promoting the UK in a Digital World (UK)

[fr] Stratégie nationale de cybersécurité : protéger et promouvoir le développement du Royaume-Uni dans un monde numérique (Royaume-Uni)

[de] Cybersicherheitsstrategie: Schutz und Förderung der britischen Entwicklung in einer digitalen Welt (UK)

[it] Strategia di cyber-sicurezza: proteggere e promuovere il Regno Unito in un mondo digitale (UK)

[jp] 「国家サイバーセキュリティ戦略・デジタル世界における英国の発展を保護し促進する」（イギリス）

[kr] <국가 네트워크 보안 전략:디지털 세계에서의 영국 발전 보호 및 추진> (영국)

[pt] Estratégia Nacional de Cibersegurança: Proteger e Promover o Reino Unido no Mundo Digital (Reino Unido)

[ru] Национальная стратегия кибербезопасности: защита и продвижение развития Великобритании в цифровом мире (Великобритания)

[es] Estrategia de Seguridad Cibernética: Proteger y Promover el Reino Unido en un Mundo Digital (Reino Unido)

85511 《德国网络安全战略》

[ar] استراتيجية الأمن السيبراني (ألمانيا)

[en] Cyber Security Strategy for Germany

[fr] Stratégie de la cybersécurité

[de] Cyber-Sicherheitsstrategie für Deutschland

[it] Strategia Nazionale della Sicurezza Informatica per la Germania

[jp] ドイツサイバーセキュリティ戦略

[kr] 독일 네트워크 보안 전략

[pt] Estratégia Nacional de Cibersegurança para Alemanha

[ru] Национальная стратегия кибербезопасности Германии

[es] Estrategia de ciberseguridad para Alemania

85512 《信息系统防御和安全战略》（法国）

[ar] استراتيجية الدفاع والأمن لنظام المعلومات (فرنسا)

[en] Information Systems Defense and Security Strategy (France)

[fr] Stratégie de défense et de sécurité des systèmes d'information (France)

[de] Verteidigungs- und Sicherheitsstrategie für Informationssysteme (Frankreich)

[it] Strategia di difesa e sicurezza dei sistemi di informazione (Francia)

[jp] 「情報システムの防衛およびセキュリティ戦略」（フランス）

[kr] <정보시스템 방어 보안 전략> (프랑스)

[pt] Estratégia da Informação e Segurança no Ciberespaço (França)

[ru] Стратегия защиты и безопасности информационных систем (Франция)

[es] Estrategia de Seguridad y Defensa de Sistemas de Información (Francia)

85513 《国家信息安全学说》（俄罗斯）

[ar] نظرية أمن المعلومات الوطني (روسيا)

[en] Doctrine of Information Security (Russia)

[fr] Doctrine de la sécurité de l'information (Russie)

[de] Doktrin der Informationssicherheit (Russische Föderation)

[it] Dottrina della sicurezza dell'informazione (Federazione Russa)

[jp] 「ロシア連邦情報セキュリティ学説」（ロシア）

[kr] <국가 정보 보안 학설> (러시아)

[pt] Doutrina de Segurança da Informaçã (Rússia)

[ru] Доктрина национальной

информационной безопасности
(Российская Федерация)

[es] Doctrina sobre Seguridad de la
Información (Rusia)

85514 《信息安全综合战略》(日本)

[ar] استراتيجية شاملة لأمن المعلومات (اليابان)

[en] Comprehensive Strategy for Information
Security (Japan)

[fr] Stratégie globale de sécurité de
l'information (Japon)

[de] Umfassende Strategie für Informations-
sicherheit (Japan)

[it] Strategia globale per la sicurezza
(Giappone)

[jp] 「情報セキュリティ総合戦略」(日本)

[kr] <정보 보안 종합 전략> (일본)

[pt] Estratégia Abrangente de Segurança da
Informação (Japão)

[ru] Комплексная стратегия
информационной безопасности
(Япония)

[es] Estrategia Detallada de Seguridad de la
Información (Japón)

85515 《保护国民信息安全战略》(日本)

[ar] استراتيجية حماية أمن معلومات المواطنين (اليابان)

[en] Protection of National Information
Security Strategy (Japan)

[fr] Stratégie nationale de sécurité de
l'information (Japon)

[de] Nationale Informationssicherheitsstrate-
gie (Japan)

[it] Strategia nazionale per la sicurezza
dell'informazione (Giappone)

[jp] 「国民を守る情報セキュリティ戦略」
(日本)

[kr] <국민 정보 보안 보호 전략> (일본)

[pt] Estratégia Nacional de Segurança da
Informação (Japão)

[ru] Стратегия защиты гражданской

информационной безопасности
(Япония)

[es] Estrategia de Protección de la Seguridad
de la Información (Japón)

85516 《国家网络安全综合计划》(韩国)

[ar] خطة وطنية لأمن الشبكة (كوريا الجنوبية)

[en] Comprehensive National Cybersecurity
Initiative (South Korea)

[fr] Initiative nationale globale en matière de
cybersécurité (Corée du Sud)

[de] Umfassende nationale Initiative für
Cybersicherheit (Südkorea)

[it] Iniziativa completa nazionale della
sicurezza dell'informazione (Corea del
Sud)

[jp] 「包括的国家サイバーセキュリティイ
ニシアチブ」(韓国)

[kr] <국가 네트워크 보안 종합 계획> (한국)

[pt] Iniciativa Abrangente Nacional de
Cibersegurança (Coreia do Sul)

[ru] Комплексный национальный план по
кибербезопасности (Южная Корея)

[es] Iniciativa Nacional de Ciberseguridad
Integral (Corea del Sur)

85517 《国家网络安全战略》(加拿大)

[ar] استراتيجية وطنية للأمن السيراني (كندا)

[en] National Cyber Security Strategy
(Canada)

[fr] Stratégie nationale de cybersécurité
(Canada)

[de] Nationale Strategie für Cybersicherheit
(Kanada)

[it] Strategia nazionale della sicurezza
dell'informazione (Canada)

[jp] 「国家サイバーセキュリティ戦略」(カ
ナダ)

[kr] <국가 네트워크 보안 전략> (캐나다)

[pt] Estratégia da Cibersegurança Nacional
(Canadá)

8.5

[ru] Национальная стратегия
кибербезопасности (Канада)

[es] Estrategia Nacional de Ciberseguridad
(Canadá)

85518 《网络安全战略》(澳大利亚)

[ar] استراتيجية الأمن السيبراني (استراليا)

[en] Cyber Security Strategy (Australia)

[fr] Stratégie de cybersécurité (Australie)

[de] Australische Cyber-Sicherheitsstrategie
(Australien)

[it] Strategia della sicurezza
dell'informazione (Australia)

[jp] 「サイバーセキュリティ戦略」(オース
トラリア)

[kr] <네트워크 보안 전략> (오스트레일리아)

[pt] Estratégia de Segurança Cibernética
(Austrália)

[ru] Стратегия кибербезопасности
(Австралия)

[es] Estrategia de Ciberseguridad (Australia)

85519 APEC跨境隐私规则体系

[ar] قواعد APEC بشأن الخصوصيات العابرة الحدود

[en] Cross-Border Privacy Rules (Asia-
Pacific Economic Cooperation)

[fr] Règles de confidentialité transfrontalières
(Coopération économique pour l'Asie-
Pacifique)

[de] Grenzüberschreitende Datenschutzbe-
stimmungen (Asien-Pazifik Wirtschaft-
liche Zusammenarbeit)

[it] Regole in materia di privacy
transfrontaliera (Cooperazione
Economica Asia-Pacifico)

[jp] 「APEC 越境プライバシールールシステ
ム」

[kr] APEC 크로스보더 프라이버시 규칙 체계

[pt] Sistema de Regras Transfronteiriças de
Privacidade (Cooperação Econômica
Ásia-Pacífico)

[ru] Система правил трансграничной
конфиденциальности (Азиатско-
Тихоокеанское экономическое
сотрудничество)

[es] Sistema de Reglas de Privacidad
Transfronteriza (Cooperación Económica
Asia-Pacífico)

85520 《网络与信息安全指令》(欧盟)

[ar] تعليمات بشأن الأمن السيبراني وأمان المعلومات
(الاتحاد الأوروبي)

[en] Network and Information Security
Directive (EU)

[fr] Directive sur la cybersécurité et la
sécurité de l'information (UE)

[de] Richtlinien für Netz- und Informations-
sicherheit (EU)

[it] Direttiva sulla sicurezza delle reti e di
informazione (UE)

[jp] 「ネットワークおよび情報セキュリ
ティ指令」(EU)

[kr] <네트워크와 정보 보안 명령>(유럽 연
합)

[pt] Directiva da Segurança da Rede e
Informação (UE)

[ru] Директива о сетевой и
информационной безопасности (ЕС)

[es] Directiva sobre Ciberseguridad (UE)

85521 《2010 年网络安全法案》(美国)

[ar] مشروع الأمن السيبراني 2010 (الولايات المتحدة)

[en] Cybersecurity Act of 2010 (USA)

[fr] Loi de 2010 sur la cybersécurité (États-
Unis)

[de] Gesetz zur Cyber-Sicherheit 2010 (USA)

[it] Legge del 2010 sulla cyber-sicurezza
(US)

[jp] 「2010 年サイバーセキュリティ法」(ア
メリカ)

[kr] <2010 년 사이버 보안법>(미국)

[pt] Lei de Cibersegurança de 2010 (EUA)

[ru] Законопроект о кибербезопасности 2010 года (США)

[es] Acto de Ciberseguridad de 2010 (EE. UU.)

85522 《国家网络基础设施保护法案 2010》（美国）

[ar] مشروع حماية البنية التحتية السيبرانية الوطنية 2010 (الولايات المتحدة)

[en] National Cyber Infrastructure Protection Act 2010 (USA)

[fr] Loi nationale de 2010 sur la protection des infrastructures cybernétiques (États-Unis)

[de] Nationales Gesetz zum Schutz der Cyberinfrastruktur 2010 (USA)

[it] Legge del 2010 per la protezione della cyberinfrastruttura nazionale (US)

[jp] 「国家インフラ防護計画 2010」（アメリカ）

[kr] <국가 네트워크 인프라 보호법>(미국)

[pt] Lei de Proteção da Infraestrutura Cibernética Nacional de 2010 (EUA)

[ru] Национальный законопроект о защите киберинфраструктуры 2010 года (США)

[es] Acto Nacional de Protección de Infraestructuras Cibernéticas de 2010 (EE.UU.)

85523 《网络空间作为国有资产保护法案 2010》（美国）

[ar] مشروع حماية الفضاء السيبراني بصفته كالممتلكات العامة 2010 (الولايات المتحدة)

[en] Protecting Cyberspace as a National Asset Act of 2010 (USA)

[fr] Projet de loi 2010 sur la cyberespace en tant qu'actif appartenant à l'État (États-Unis)

[de] „Cyberspace als National-Asset"-Schutzgesetz 2010 (USA)

[it] Legge del 2010 sulla protezione del cyberspazio come bene nazionale (US)

[jp] 「国有財産としてのサイバー空間の保護法案 2010」（アメリカ）

[kr] <사이버 공간 국유 자산 보호법 2010>(미국)

[pt] Decreto-Lei da Protecção do Ciberespaço como Bens Nacionais 2010 (EUA)

[ru] Законопроект о защите киберпространства как национальных активов 2010 года (США)

[es] Acto de Protección del Ciberespacio como Activo Nacional de 2010 (EE. UU.)

85524 《网络空间可信身份国家战略》（美国）

[ar] استراتيجية وطنية للهويات الموثوقة في الفضاء السيبراني (الولايات المتحدة)

[en] National Strategy for Trusted Identities in Cyberspace (USA)

[fr] Stratégie nationale sur des identités de confiance dans le cyberespace (États-Unis)

[de] Nationale Strategie für zuverlässige Identitäten im Cyberspace (USA)

[it] Strategia nazionale per le identità affidabili nel cyber-spazio (US)

[jp] 「サイバースペースにおける信頼性できるアイデンティティ のための国家戦略」（アメリカ）

[kr] <사이버 공간 신뢰 신분 국가 전략>(미국)

[pt] Estratégia Nacional para Identidades Confiadas no Ciberespaço (EUA)

[ru] Национальная стратегия для доверенных лиц в киберпространстве (США)

[es] Estrategia Nacional de las Identidades de Confianza en el Ciberespacio (EE.UU.)

8.5

85525 《2005 年个人数据隐私与安全法》（美国）

[ar] قانون الخصوصية والأمان للبيانات الشخصية لعام 2005 (الولايات المتحدة)

[en] Personal Data Privacy and Security Act of 2005 (USA)

[fr] Loi de 2005 sur la confidentialité et la sécurité des données personnelles (États-Unis)

[de] Datenschutz- und Sicherheitsgesetz 2005 (USA)

[it] Legge sulla sicurezza della privacy dei dati personali 2005 (US)

[jp] 「2005 年個人情報プライバシーとセキュリティ法」（アメリカ）

[kr] <2005 년 개인 데이터 프라이버시와 보안법>(미국)

[pt] Lei de Privacidade e Segurança de Dados Pessoais de 2005 (EUA)

[ru] Закон о конфиденциальности и безопасности личных данных 2005 года (США)

[es] Acto sobre Privacidad y Seguridad de Datos Personales de 2005 (EE.UU.)

85526 《2018 年加利福尼亚州消费者隐私法案》（美国）

[ar] قانون خصوصية المستهلكين في كاليفورنيا عام 2018 (الولايات المتحدة)

[en] California Consumer Privacy Act of 2018 (USA)

[fr] Loi de 2018 sur la protection des consommateurs en Californie (États-Unis)

[de] Kalifornien Konsumentendatenschutz-gesetz 2018 (USA)

[it] Legge sulla Privacy dei consumatori in California 2018 (US)

[jp] 「カリフォルニア州消費者プライバシー法 2018 年」（アメリカ）

[kr] <2018 년 캘리포니아 소비자 개인 정보 보호법>(미국)

[pt] Lei da Privacidade de Consumidores de California, 2018 (EUA)

[ru] Калифорнийский закон о конфиденциальности потребителей 2018 года (США)

[es] Acto de Privacidad del Consumidor de California de 2018 (EE.UU.)

85527 《反互联网犯罪法》（巴西）

[ar] قانون مكافحة جرائم الإنترنت (البرازيل)

[en] Anti-Internet Crimes Act (Brazil)

[fr] Loi contre la criminalité sur Internet (Brésil)

[de] Anti-Internet-Kriminalitätsgesetz (Brasilien)

[it] Legge sui crimini Anti-Internet (Brasile)

[jp] 「サイバー犯罪防止法」（ブラジル）

[kr] <사이버 법죄 방지법>(브라질)

[pt] Lei Anti-Crime na Internet (Brasil)

[ru] Закон о борьбе с интернет-преступлениями (Бразилия)

[es] Acto contra Delitos en Internet (Brasil)

85528 《紧急通信与互联网数据保留法案》（英国）

[ar] قانون حفظ المراسلات والبيانات الطارئة عبر شبكة الإنترنت (بريطانيا)

[en] Emergency Communications and Internet Data Retention Act (UK)

[fr] Loi sur les communications d'urgence et la conservation des données de l'Internet (Royaume-Uni)

[de] Notfallkommunikations- und Internet-Datenaufbewahrungsgesetz (UK)

[it] Legge sulla Comunicazione di Emergenza e sulla Riserva dei Dati Digitali (UK)

[jp] 「緊急通信とインターネットデータ保存法」（イギリス）

[kr] <긴급 통신과 인터넷 데이터 보관법>

(英国)

[pt] Lei de Comunicações de Emergência e Retenção de Dados da Internet (Reino Unido)

[ru] Закон об экстренной связи и удерживании данных в Интернете (Великобритания)

[es] Acto sobre Comunicaciones de Emergencia y Retención de Datos de Internet (Reino Unido)

85529 《电信传输法》(澳大利亚)

[ar] قانون نقل الاتصالات (أستراليا)

[en] Telecommunications Act 1997 (Australia)

[fr] Loi sur la transmission des télécommunications (Australie)

[de] Telekommunikationsgesetz 1997 (Australien)

[it] Legge Telecommunicazione 1997 (Australia)

[jp] 「電気通信法」（オーストラリア）

[kr] <전기 통신법>(오스트레일리아)

[pt] Lei Geral de Telecomunicações de 1997 (Austrália)

[ru] Закон о телекоммуникациях (Австралия)

[es] Acto de Telecomunicaciones de 1997 (Australia)

85530 《数字保护法》(澳大利亚)

[ar] قانون الحماية الرقمية (أستراليا)

[en] Digital Protection Act (Australia)

[fr] Loi sur la protection numérique (Australie)

[de] Datenschutzgesetz (Australien)

[it] Legge Protezione Digitale (Australia)

[jp] 「デジタル保護法」（オーストラリア）

[kr] <디지털 보호법>(오스트레일리아)

[pt] Lei de Proteção Digital (Austrália)

[ru] Закон о цифровой защите (Австралия)

[es] Acto de Protección Digital (Australia)

85531 《网络安全战略》(日本)

[ar] استراتيجية الأمن السيبراني (اليابان)

[en] Cyber Security Strategy (Japan)

[fr] Stratégie de cybersécurité (Japon)

[de] Australische Cyber-Sicherheitsstrategie (Japan)

[it] Strategia della sicurezza dell'informazione (Giappone)

[jp] 「サイバーセキュリティ戦略」（日本）

[kr] <네트워크 보안 전략>（일본）

[pt] Estratégia de Segurança Cibernética (Japão)

[ru] Стратегия кибербезопасности (Япония)

[es] Estrategia de Ciberseguridad (Japón)

85532 《信息技术法》(印度)

[ar] قانون تكنولوجيا المعلومات (الهند)

[en] Information Technology Act (India)

[fr] Loi sur les technologies de l'information (Inde)

[de] Gesetz über Informationstechnik (Indien)

[it] Legge sulla Tecnologia di informazione (India)

[jp] 「情報技術法」（インド）

[kr] <정보 기술법>(인도)

[pt] Lei da Tecnologia da Informação (Índia)

[ru] Закон об информационных технологиях (Индия)

[es] Acto de Tecnología de la Información (India)

8.5

9 大数据法律

[ar] حقوق البيانات

[en] **Data Rights**

[fr] **Droits des données**

[de] **Datenrecht**

[it] **Diritti dei dati**

[jp] データ権利

[kr] 데이터 권리

[pt] **Direitos de Dados**

[ru] **Права на данные**

[es] **Derechos Relativos a Datos**

9.1.1 数权哲学

[ar] فلسفة حقوق البيانات

[en] **Data Rights Philosophy**

[fr] **Philosophie des droits des données**

[de] **Datenrecht-Philosophie**

[it] **Filosofia dei diritti dei dati**

[jp] データ権利の哲学

[kr] 데이터 권리 철학

[pt] **Filosofia de Direitos de Dados**

[ru] **Философия прав на данные**

[es] **Filosofia de los Derechos Relativos a Datos**

91101 人格

[ar] شخصية

[en] personality

[fr] personnalité

[de] Persönlichkeit

[it] personalità

[jp] 人格

[kr] 인격

[pt] personalidade

[ru] личность

[es] personalidad

91102 财产

[ar] ممتلكات

[en] property

[fr] propriété

[de] Eigentum

[it] proprietà

[jp] 財産

[kr] 재산

[pt] propriedade

[ru] имущество

[es] propiedad

91103 隐私

[ar] خصوصية

[en] privacy

[fr] confidentialité

[de] Privatsphäre

[it] privacy

[jp] プライバシー

[kr] 프라이버시

[pt] privacidade

[ru] конфиденциальность

[es] privacidad

9.1

91104　自然权利学说

[ar] نظرية حقوق طبيعية

[en] theory of natural rights

[fr] théorie du droit naturel

[de] Theorie der Naturrechte

[it] teoria dei diritti naturali

[jp] 自然権論

[kr] 천부인권설

[pt] teoria dos direitos naturais

[ru] учение о естественных правах человека

[es] teoría de los derechos naturales

91105　意志学说

[ar] نظرية الإرادة

[en] will theory

[fr] théorie de la volonté

[de] Willenstheorie

[it] teoria di volontà

[jp] 意志理論

[kr] 의사설

[pt] teoria da vontade

[ru] учение о воле

[es] teoría de la voluntad

91106　正义论

[ar] نظرية العدالة

[en] theory of justice

[fr] théorie de la justice

[de] Theorie der Gerechtigkeit

[it] teoria di giustizia

[jp] 正義論

[kr] 정의론

[pt] teoria da justiça

[ru] учение о справедливости

[es] teoría de la justicia

91107　进化论

[ar] نظرية التطور

[en] evolutionism

[fr] théorie évolutionniste

[de] Evolutionstheorie

[it] evoluzionismo

[jp] 進化論

[kr] 진화론

[pt] evolucionismo

[ru] теория эволюции

[es] teoría de la evolución

91108　资本论

[ar] نظرية رأس المال

[en] Das Kapital

[fr] théorie du capitalisme

[de] Kapitaltheorie

[it] Il capitale

[jp] 資本論

[kr] 자본론

[pt] Das Kapital

[ru] теория капитала

[es] El Capital

91109　博弈论

[ar] نظرية اللعبة

[en] game theory

[fr] théorie des jeux

[de] Spieltheorie

[it] teoria dei giochi

[jp] ゲーム理論

[kr] 게임 이론

[pt] teoria dos jogos

[ru] теория игр

[es] teoría de juegos

91110　本体论

[ar] نظرية الوجود

[en] ontology

[fr] ontologie

[de] Ontologie

[it] ontologia

[jp] 存在論

[kr] 온톨로지

[pt] ontologia

[ru] онтология

[es] ontología

91111 社会契约论

[ar] نظرية العقد الاجتماعي

[en] The Social Contract

[fr] théorie du contrat social

[de] Gesellschaftsvertrag

[it] teoria del contratto sociale

[jp] 社会契約論

[kr] 사회 계약론

[pt] O Contrato Social

[ru] теория «общественный договор»

[es] El Contrato Social

91112 社会失范论

[ar] نظرية الخلل الاجتماعي

[en] anomie theory

[fr] théorie de l'anomie

[de] Anomietheorie

[it] teoria delle anomie

[jp] アノミー理論

[kr] 아노미이론

[pt] teoria da anomia

[ru] теория «социальная аномия»

[es] teoría de la anomía social

91113 独处权理论

[ar] نظرية حقوق العزلة

[en] theory of right to be let alone

[fr] théorie du droit à la vie privée

[de] Theorie des Rechts auf In-Ruhe-gelas-sen-werden

[it] teoria del diritto di essere lasciato solo

[jp] 一人でいさせてもらう権利理論

[kr] 독거 권리 이론

[pt] teoria do direito à individualidade

[ru] теория о праве быть оставленным в одиночестве

[es] teoría de ser dejado solo

91114 有限接近理论

[ar] نظرية التقريب المحدود

[en] finite approximation theory

[fr] théorie de la différence finie

[de] Finite-Approximations-Theorie

[it] teoria dell'approssimazione finita

[jp] 有限アプローチ理論

[kr] 유한 접근 이론

[pt] teoria da aproximação finita

[ru] теория о конечной аппроксимации

[es] teoría de la aproximación finita

91115 秘密理论

[ar] نظرية الأسرار

[en] theory of the Secret

[fr] théorie du secret

[de] Theorie des Geheimnisses

[it] teoria del segreto

[jp] 秘密理論

[kr] 비밀 이론

[pt] teoria do segredo

[ru] теория о тайнах

[es] teoría de El Secreto

91116 个人信息控制权理论

[ar] نظرية حقوق السيطرة على المعلومات الشخصية

[en] theory on the right of control over personal information

[fr] théorie sur le droit de contrôle des données personnelles

[de] Theorie zum Kontrollrecht über perso-nenbezogene Daten

[it] teoria sul diritto del controllo su informazione personale

[jp] 自己情報コントロール権

[kr] 개인 정보 제어권 이론

[pt] teoria do direito de controlo sobre informações pessoais

[ru] теория о праве контроля над личной информацией

[es] teoría del derecho al control sobre la

información personal

91117 所有权理论

[ar] نظرية الملكية

[en] ownership theory

[fr] théorie de la propriété

[de] Eigentumstheorie

[it] teoria della proprietà

[jp] 所有権理論

[kr] 소유권 이론

[pt] teorias da propriedade

[ru] теория о собственности

[es] teoría de la propiedad

91118 知情权理论

[ar] نظرية حق المعرفة

[en] right-to-know theory

[fr] théorie du droit à l'information

[de] Recht des Mitwissenrechts

[it] teoria di diritto alla conoscenza

[jp] 知る権利理論

[kr] 알 권리 이론

[pt] teoria de direito de saber

[ru] теория о праве на получение информации

[es] teoría del derecho a saber

91119 权利冲突

[ar] صراع الحقوق

[en] conflict of rights

[fr] conflit de droits

[de] Rechtskonflikt

[it] conflitto dei diritti

[jp] 権利の衝突

[kr] 권리 충돌

[pt] conflito de direitos

[ru] столкновение прав

[es] conflicto de derechos

91120 权利让渡

[ar] تنازل عن الحقوق

[en] alienation of rights

[fr] aliénation de droit

[de] Rechtsveräußerung

[it] alienazione dei diritti

[jp] 権利の譲渡

[kr] 권리 양도

[pt] alienação de direito

[ru] отчуждение прав

[es] alienación de derechos

91121 物尽其用

[ar] استفادة قصوى من الأشياء

[en] make the best use of everything

[fr] exploiter les choses au maximum

[de] Alles zur Wirkung kommen lassen

[it] sfruttamento al massimo delle cose

[jp] 最大限にものを活用する

[kr] 사물 활용 최대화

[pt] tirar o máximo proveito das coisas

[ru] максимально использовать имеющиеся ресурсы

[es] hacer el mejor uso de cada cosa

91122 权利泛化

[ar] تعميم الحقوق

[en] generalization of rights

[fr] généralisation des droits

[de] Verallgemeinerung von Rechten

[it] generalizzazione dei diritti

[jp] 権利の一般化

[kr] 권리 일반화

[pt] generalização de direitos

[ru] генерализация прав

[es] generalización de derechos

91123 法理泛在

[ar] تعميم تواجد نظرية القانون

[en] ubiquitous jurisprudence

[fr] jurisprudence omniprésente

[de] Allgegenwart des Rechtsgrundsatzes

[it] giurisprudenza onnipresente

[jp] 遍在する法学
[kr] 법리 보편화
[pt] jurisprudência ominipresente
[ru] повсеместная юриспруденция
[es] jurisprudencia ubicua

9.1.2 法律基础

[ar] الأسس القانونية
[en] **Legal Basics**
[fr] **Base juridique**
[de] **Rechtsgrundlage**
[it] **Base giuridica**
[jp] **法的基礎**
[kr] **법률 기초**
[pt] **Fundamentos Jurídicos**
[ru] **Правовая база**
[es] **Base Legal**

91201 自然人
[ar] شخص طبيعي
[en] natural man
[fr] personne physique
[de] natürliche Person
[it] persona fisica
[jp] 自然人
[kr] 자연인
[pt] homem natural
[ru] физическое лицо
[es] persona natural

91202 公民
[ar] مواطن
[en] citizen
[fr] citoyen
[de] Bürger
[it] cittadino
[jp] 市民
[kr] 공민
[pt] cidadão
[ru] гражданин
[es] ciudadano

91203 法人
[ar] شخص اعتباري
[en] legal person
[fr] personne morale
[de] juristische Person
[it] persona giuridica
[jp] 法人
[kr] 법인
[pt] pessoa jurídica
[ru] юридическое лицо
[es] persona jurídica

91204 人权
[ar] حقوق الإنسان
[en] human rights
[fr] droits de l'homme
[de] Menschenrecht
[it] diritti umani
[jp] 人権
[kr] 인권
[pt] direitos humanos
[ru] права человека
[es] derechos humanos

91205 物权
[ar] حقوق عينية
[en] real right
[fr] droit réel
[de] Sachenrecht
[it] diritti reali
[jp] 物権
[kr] 물권
[pt] direito real
[ru] вещные права
[es] derecho real

91206 债权
[ar] حق الدائن
[en] creditors' rights
[fr] créance
[de] Obligationsrecht

9.1

[it] diritti dei creditori

[jp] 債権

[kr] 채권

[pt] direitos dos credores

[ru] права кредиторов

[es] derechos de crédito

91207 知识产权

[ar] ملكية فكرية

[en] intellectual property

[fr] propriété intellectuelle

[de] geistiges Eigentum

[it] proprietà intellettuale

[jp] 知的財産権

[kr] 지적 재산권

[pt] propriedade intelectual

[ru] интеллектуальная собственность

[es] propiedad intelectual

91208 商业秘密

[ar] أسرار تجارية

[en] trade secret

[fr] secret commercial

[de] Geschäftsgeheimnisse

[it] segreti commerciali

[jp] 企業秘密

[kr] 상업 기밀

[pt] segredos comerciais

[ru] коммерческая тайна

[es] secretos comerciales

91209 人身权

[ar] حقوق آدمية

[en] personal rights

[fr] droit de la personne

[de] Personenrecht

[it] diritti personali

[jp] 人身権

[kr] 인신권

[pt] direitos pessoais

[ru] личные неимущественные права

[es] derechos personales

91210 人格权

[ar] حق الشخصية

[en] personality rights

[fr] droit de la personnalité

[de] Persönlichkeitsrecht

[it] diritti della personalità

[jp] 人格権

[kr] 인격권

[pt] direitos da personalidade

[ru] права личности

[es] atributo de la personalidad

91211 财产权

[ar] حقوق الملكية

[en] property rights

[fr] droit à la propriété

[de] Eigentumsrecht

[it] diritto di proprietà

[jp] 財産権

[kr] 재산권

[pt] direito de propriedade

[ru] имущественные права

[es] derechos de propiedad

91212 隐私权

[ar] حق الخصوصية

[en] right to privacy

[fr] droit à la vie privée

[de] Recht auf Privatsphäre

[it] diritto alla privacy

[jp] プライバシー権

[kr] 프라이버시 권리

[pt] direito à privacidade

[ru] право на неприкосновенность частной жизни

[es] derecho a la privacidad

91213 公民权

[ar] حق المواطن

[en] citizen's rights
[fr] droit civique
[de] Bürgerrecht
[it] diritti civili
[jp] 市民権
[kr] 公民権
[pt] direitos civis
[ru] права гражданина
[es] derechos civiles

91214 平等権
[ar] حق المساواة
[en] right of equality
[fr] droit à l'égalité
[de] Gleichberechtigungsrecht
[it] diritto all'uguaglianza
[jp] 平等権
[kr] 평등권
[pt] direito de igualdade
[ru] право на равенство
[es] derecho a la igualdad

91215 人身自由権
[ar] حق في حرية شخصية
[en] right to personal liberty
[fr] droit à la liberté de sa personnne
[de] Recht auf persönliche Freiheit
[it] diritto alla libertà personale
[jp] 人身の自由権
[kr] 인신자유권
[pt] direito de liberdade pessoal
[ru] право на личную свободу
[es] derecho a la libertad personal

91216 私権利
[ar] حقوق خاصة
[en] private rights
[fr] droits privés
[de] privates Recht
[it] diritti privati
[jp] 私権

[kr] 사권
[pt] direitos privados
[ru] частные права
[es] derechos privados

91217 公权力
[ar] سلطة عامة
[en] public power
[fr] pouvoir public
[de] öffentliche Macht
[it] potere pubblico
[jp] 公権力
[kr] 공권력
[pt] poder público
[ru] служебные полномочия
[es] poder público

91218 公法
[ar] قانون عام
[en] public law
[fr] droit public
[de] öffentliches Recht
[it] diritto pubblico
[jp] 公法
[kr] 공법
[pt] direito público
[ru] публичное право
[es] derecho público

91219 私法
[ar] قانون خاص
[en] private law
[fr] droit privé
[de] Privatrecht
[it] diritto privato
[jp] 私法
[kr] 사법
[pt] direito privado
[ru] частное право
[es] derecho privado

9.1

91220 法律人格

[ar] شخصية اعتبارية

[en] legal personality

[fr] personnalité juridique

[de] Rechtspersönlichkeit

[it] personalità giuridica

[jp] 法的人格

[kr] 법인격

[pt] personalidade jurídica

[ru] правосубъектность

[es] personalidad legal

91221 有限法律人格

[ar] شخصية اعتبارية محدودة

[en] finite legal personality

[fr] personnalité juridique limitée

[de] begrenzte Rechtspersönlichkeit

[it] personalità giuridica limitata

[jp] 有限法的人格

[kr] 유한 법인격

[pt] personalidade jurídica finita

[ru] ограниченная правосубъектность

[es] personalidad legal finita

91222 法律主体

[ar] فاعل قانوني

[en] subject of the law

[fr] sujet de droit

[de] Subjekt des Rechtsverhältnises

[it] soggetto del rapporto giuridico

[jp] 法律の主体

[kr] 법률 주체

[pt] entidade jurídica

[ru] субъект правоотношений

[es] sujeto de relaciones legales

91223 法律客体

[ar] مفعول قانوني

[en] object of the law

[fr] objet de droit

[de] Objekt des Rechtsverhältnises

[it] oggetto del rapporto giuridico

[jp] 法的関係の対象

[kr] 법률 객체

[pt] objeto jurídico

[ru] объект правоотношений

[es] objeto de relaciones legales

91224 宪法权利

[ar] حقوق دستورية

[en] constitutional rights

[fr] droit constitutionnel

[de] Verfassungsrecht

[it] diritti costituzionali

[jp] 憲法権利

[kr] 헌법 권리

[pt] direito constitucional

[ru] конституционное право

[es] derechos constitucionales

91225 民事权利

[ar] حقوق مدنية

[en] civil rights

[fr] droit civil

[de] bürgerliches Recht

[it] diritti civili

[jp] 公民権

[kr] 시민권

[pt] direitos civis

[ru] гражданские права

[es] derechos civiles

9.1.3 数据人假设

[ar] فرضية الإنسان البياناتي

[en] **Data Man Hypothesis**

[fr] **Hypothèse de l'homme de données**

[de] **Daten-Person-Hypothese**

[it] **Ipotesi di data man**

[jp] **データメン仮説**

[kr] **데이터 인간 가설**

[pt] **Hipótese do Homem dos Dados**

[ru] **Гипотеза о человеке данных**

[es] **Hipótesis del Hombre de Datos**

91301 人性

[ar] طبيعة بشرية

[en] human nature

[fr] nature humaine

[de] Menschlichkeit

[it] natura umana

[jp] 人間性

[kr] 인간성

[pt] natureza humana

[ru] природа человека

[es] naturaleza humana

91302 霍布斯丛林

[ar] غابة هوبس

[en] Hobbesian jungle

[fr] jungle hobbesienne

[de] Hobbesscher Dschungel

[it] giungla hobbesiana

[jp] ホッブジャンジャングル

[kr] 토마스 홉스 정글

[pt] Selva Hobbesiana

[ru] джунгли Гоббса

[es] jungla hobbesiana

91303 群体协作

[ar] تعاون جماهيري

[en] Internet-based mass collaboration

[fr] collaboration de masse sur Internet

[de] Internetbasierte Massenzusammenarbeit

[it] collaborazione di massa basata su Internet

[jp] マス・コラボレーション

[kr] 집단 협력

[pt] trabalho em equipe

[ru] основанное на использовании Интернета массовое сотрудничество

[es] colaboración en masa basada en Internet

91304 互惠利他

[ar] منفعة متبادلة

[en] reciprocal altruism

[fr] altruisme réciproque

[de] gegenseitiger Altruismus

[it] altruismo reciproco

[jp] 互恵的利他主義

[kr] 상호적 이타성

[pt] altruísmo recíproco

[ru] взаимный альтруизм

[es] altruismo recíproco

91305 亲缘选择

[ar] اختيار الأقرباء

[en] kin selection

[fr] sélection de parentèle

[de] Verwandtschaftswahl

[it] selezione parentale

[jp] 血縁選択

[kr] 혈연 선택

[pt] seleção de parentesco

[ru] родственный отбор

[es] selección de parentesco

91306 利己主义

[ar] أنانية

[en] egoism

[fr] égoïsme

[de] Egoismus

[it] egoismo

[jp] エゴイズム

[kr] 이기주의

[pt] egoísmo

[ru] эгоизм

[es] egoísmo

91307 合作主义

[ar] تعاونية

[en] spirit of cooperation

[fr] corporatisme

[de] Korporativismus

9.1

[it] corporativismo
[jp] コーポラティズム
[kr] 협력주의
[pt] espírito de cooperação
[ru] дух сотрудничества
[es] corporativismo

91308　利他主义
[ar] إيثارية
[en] altruism
[fr] altruisme
[de] Altruismus
[it] altruismo
[jp] 利他主義
[kr] 이타주의
[pt] altruísmo
[ru] альтруизм
[es] altruismo

91309　代际正义
[ar] عدالة بين أجيال
[en] intergenerational justice
[fr] justice intergénérationnelle
[de] Generationengerechtigkeit
[it] giustizia intergenerazionale
[jp] 世代間正義
[kr] 세대 간 정의
[pt] justiça intergeracional
[ru] межпоколенческая справедливость
[es] justicia intergeneracional

91310　非人类中心主义
[ar] مركزية غير بشرية
[en] non-anthropocentrism
[fr] non-anthropocentrisme
[de] Nicht-Anthropozentrismus
[it] non antropocentrismo
[jp] 人間非中心主義
[kr] 비인간중심주의
[pt] não antropocentrismo
[ru] неантропоцентризм

[es] no antropocentrismo

91311　虚拟世界
[ar] عالم افتراضي
[en] virtual world
[fr] monde virtuel
[de] virtuelle Welt
[it] mondo virtuale
[jp] 仮想世界
[kr] 가상 세계
[pt] mundo virtual
[ru] виртуальный мир
[es] mundo virtual

91312　虚拟主体
[ar] موضوع افتراضي
[en] virtual identity
[fr] identité virtuelle
[de] virtuelle Identität
[it] identità virtuale
[jp] 仮想アイデンティティ
[kr] 가상 주체
[pt] sujeito virtual
[ru] виртуальный субъект
[es] sujeto virtual

91313　自我赋权
[ar] تمكين ذاتي
[en] self-empowerment
[fr] autonomisation
[de] Selbstermächtigung
[it] auto-responsabilizzazione
[jp] セルフ・エンパワメント
[kr] 셀프 임파워먼트
[pt] auto-capacitação
[ru] самостоятельное расширение возможностей
[es] autoempoderamiento

91314　代码负载
[ar] حمولة الرمز

9.1

[en] code load
[fr] charge de code
[de] Code-Belastung
[it] caricamento del codice
[jp] コードロード
[kr] 코드 부하
[pt] carregamento de código
[ru] загрузка кода
[es] carga de código

91315 法律虚拟
[ar] افتراضية قانونية
[en] legal virtualization
[fr] virtualité juridique
[de] juristische Virtualisierung
[it] virtualità legale
[jp] 法的仮想性
[kr] 법률 가상화
[pt] ficção jurídica
[ru] правовая виртуализация
[es] ficción legal

91316 超有机体
[ar] كائن فائق
[en] superorganism
[fr] superorganisme
[de] Superorganismus
[it] superorganismo
[jp] スーパーオーガニズム
[kr] 슈퍼 유기체
[pt] superorganismo
[ru] суперорганизм
[es] superorganismo

91317 公共池塘资源
[ar] موارد الحوض العام
[en] common-pool resources
[fr] ressources en propriété commune
[de] Common-Pool-Ressourcen
[it] risorse della piscina comune
[jp] 共通プールリソース

[kr] 공공 풀 리소스
[pt] recurso de piscinas comuns
[ru] ресурсы общего пула
[es] recursos comunes

91318 多中心治理理论
[ar] نظرية الحكم متعددة المراكز
[en] theory of polycentric governance
[fr] théorie de la gouvernance polycentrique
[de] Theorie der polyzentrischen Governace
[it] teoria della governance policentrica
[jp] 多中心ガバナンスの理論
[kr] 다중심 거버넌스 이론
[pt] teoria da governação policéntrica
[ru] теория о полицентрическом управлении
[es] teoría de la gobernanza policéntrico

91319 政治人假设
[ar] فرضية السياسيين
[en] political man hypothesis
[fr] hypothèse de l'homo politicus
[de] Homo-Politicus-Hypothese
[it] ipotesi di uomo politico
[jp] 政治家仮設
[kr] 정치인 가설
[pt] hipótese do homem político
[ru] гипотеза о политическом человеке
[es] hipótesis del hombre político

91320 经济人假设
[ar] فرضية الاقتصاديين
[en] homo economicus hypothesis
[fr] hypothèse de l'homo oeconomicus
[de] Homo-Economicus-Hypothese
[it] ipotesi di uomo economico
[jp] 経済人仮説
[kr] 경제인 가설
[pt] hipótese do homem económico
[ru] гипотеза об экономическом человеке
[es] hipótesis del homore económico

9.1

91321 社会人假设
- [ar] فرضية الاجتماعيين
- [en] social man hypothesis
- [fr] hypothèse de l'homo socialis
- [de] Gesellschaftsvertragshypothese
- [it] ipotesi di uomo sociale
- [jp] 社会人仮説
- [kr] 사회인 가설
- [pt] hipótese do homem social
- [ru] теория об общественном человеке
- [es] hipótesis del hombre social

91322 文化人假设
- [ar] فرضية المثقفين
- [en] cultural man hypothesis
- [fr] hypothèse de l'homme culturel
- [de] Alphabetisierungshypothese
- [it] ipotesi di uomo colto
- [jp] 文化人仮説
- [kr] 문화인 가설
- [pt] hipótese do homem cultural
- [ru] гипотеза о культурном человеке
- [es] hipótesis del hombre cultural

9.1.4 数据赋权
- [ar] **تمكين البيانات**
- [en] **Data Empowerment**
- [fr] **Autonomisation par les données**
- [de] **Datenermächtigung**
- [it] **Abilitazione dei dati**
- [jp] **データエンパワーメント**
- [kr] **데이터 권한 부여**
- [pt] **Capacidação de Dados**
- [ru] **Расширение возможностей данных**
- [es] **Empoderamiento de Datos**

91401 数字化人格
- [ar] شخصية رقمية
- [en] digital personality
- [fr] personnalité numérique
- [de] digitale Persönlichkeit
- [it] personalità digitale
- [jp] デジタル化人格
- [kr] 디지털 인격
- [pt] personalidade digital
- [ru] цифровая личность
- [es] personalidad digital

91402 虚拟财产
- [ar] أموال افتراضية
- [en] virtual property
- [fr] propriété virtuelle
- [de] virtuelles Eigentum
- [it] proprietà virtuale
- [jp] 仮想財産
- [kr] 가상 재산
- [pt] propriedade virtual
- [ru] виртуальная собственность
- [es] propiedad virtual

91403 数据资源权益
- [ar] حقوق ومصالح في موارد البيانات
- [en] rights and interests concerning data resource
- [fr] droits et intérêts sur les ressources de données
- [de] Rechte und Interessen der Datenressourcen
- [it] diritti e interessi delle risorse dei dati
- [jp] データリソースの権益
- [kr] 데이터 자원 권익
- [pt] direitos e interesses de recursos de dados
- [ru] права и интересы ресурсов данных
- [es] derechos e intereses sobre recursos de datos

91404 数据增长
- [ar] نمو البيانات
- [en] data growth
- [fr] croissance des données
- [de] Datenwachstum
- [it] crescita dei dati

9.1

[jp] データの成長
[kr] 데이터 성장
[pt] crescimento de dados
[ru] рост данных
[es] crecimiento de datos

91405 数据悖论
[ar] مفارقة البيانات
[en] data paradox
[fr] paradoxe sur les données
[de] Datenparadoxon
[it] paradosso dei dati
[jp] データパラドックス
[kr] 데이터 패러독스
[pt] paradoxo dos dados
[ru] парадокс данных
[es] paradoja de datos

91406 数据失序
[ar] بيانات خارج الترتيب
[en] data disorder
[fr] désordre des données
[de] Daten außer Sequenz
[it] dati fuori servizio
[jp] データの順不同
[kr] 데이터 무질서
[pt] dados desordem
[ru] разупорядоченность данных
[es] desorden de datos

91407 技术赋权
[ar] تمكين تكنولوجي
[en] technological empowerment
[fr] autonomisation par technologie
[de] technologische Ermächtigung
[it] abilitazione tecnologica
[jp] 技術的エンパワーメント
[kr] 기술 권리 부여
[pt] capacidação tecnológica
[ru] технологическое расширение возможностей

[es] empoderamiento tecnológico

91408 算法权力
[ar] سلطة خوارزمية
[en] algorithm power
[fr] pouvoir d'algorithme
[de] Algorithmusleistung
[it] potere dell'algoritmo
[jp] アルゴリズムパワー
[kr] 알고리즘 파워
[pt] poder do algoritmo
[ru] мощность алгоритма
[es] potencia de algoritmo

91409 算法黑洞
[ar] ثقب أسود خوارزمي
[en] algorithm blackhole
[fr] trou noir d'algorithme
[de] algorithmisches schwarzes Loch
[it] buco nero dell'algoritmo
[jp] アルゴリズムブラックホール
[kr] 알고리즘 블랙홀
[pt] buraco negro de algoritmo
[ru] черная дыра алгоритма
[es] algoritmo como agujero negro

91410 信息自由
[ar] حرية المعلومات
[en] freedom of information
[fr] liberté d'information
[de] Informationsfreiheit
[it] libertà di informazione
[jp] 情報の自由
[kr] 정보 자유
[pt] liberdade de informação
[ru] свобода информации
[es] libertad de información

91411 私权利扁平化
[ar] تسطيح الحقوق الخاصة
[en] flattening of private rights

9.1

[fr] aplatissement des droits privés

[de] Abflachung der privaten Rechte

[it] appiattimento dei diritti privati

[jp] 私的権利の平坦化

[kr] 사적 권리 편평화

[pt] achatamento dos direitos privados

[ru] уплощение частных прав

[es] aplanamiento de derechos privados

91412 个人信息权

[ar] حق المعلومات الشخصية

[en] rights to personal information

[fr] droit aux informations personnelles

[de] Rechte auf personenbezogene Informa-tionen

[it] diritto di informazione personale

[jp] 個人情報権

[kr] 개인정보권

[pt] direito de informações pessoais

[ru] права на личную информацию

[es] derechos de información personal

91413 个人信息控制权

[ar] حق السيطرة على المعلومات الشخصية

[en] right of control over personal information

[fr] droit de contrôle des données personnelles

[de] Kontrollrecht über personenbezogene Informationen

[it] diritto di controllo su informazione personale

[jp] 個人情報の管理権

[kr] 개인 정보 제어권

[pt] direito de controlo sobre informações pessoais

[ru] право контроля над личной информацией

[es] derecho al control sobre la información personal

91414 个人标记商品化

[ar] تسويق العلامات الشخصية

[en] personal tag merchandising

[fr] commercialisation de balises personnelles

[de] Kommerzialisierung von persönlichen Etiketten

[it] commercializzazione di tag personali

[jp] 個人タグの商品化

[kr] 개인 태그 상품화

[pt] comercialização de tags pessoais

[ru] коммерциализация личных меток

[es] comercialización de etiquetas personales

91415 数据库权

[ar] حقوق قاعدة البيانات

[en] database right

[fr] droit de base de données

[de] Datenbankrecht

[it] diritti di database

[jp] データベース権

[kr] 데이터베이스권

[pt] direitos de base de dados

[ru] права на базу данных

[es] derechos de bases de datos

91416 数据产权

[ar] حقوق ملكية البيانات

[en] data property right

[fr] droit de propriété de données

[de] Dateneigentumsrecht

[it] diritti di proprietà dei dati

[jp] データ財産権

[kr] 데이터 재산권

[pt] direitos de propriedade de dados

[ru] права на свойства данных

[es] derechos de propiedad de datos

91417 代码空间权

[ar] حقوق فضاء الرمز

[en] code space right

[fr] droit d'espace de code
[de] Code-Raum-Recht
[it] diritti di spazio di codice
[jp] コードスペース権利
[kr] 코드 영역권
[pt] direitos de espaço de código
[ru] права пространства кода
[es] derechos de espacio de código

91418　准立法权
[ar] سلطة شبه تشريعية
[en] quasi-legislative power
[fr] pouvoir quasi législatif
[de] Quasi-Gesetzgebungsgewalt
[it] potere quasi legislativo
[jp] 準立法権
[kr] 준입법권
[pt] poder quase-legislativo
[ru] квазизаконодательная власть
[es] poder cuasi legislativo

91419　准司法权
[ar] سلطة شبه قضائية
[en] quasi-judicial power
[fr] pouvoir quasi judiciaire
[de] Quasi-Jurisdiktion
[it] potere quasi giudiziario
[jp] 準司法権
[kr] 준사법권
[pt] poder quase-judicial
[ru] квазисудебная власть
[es] pode cuasi judicial

91420　数据人格权
[ar] حقوق الشخصية للبيانات
[en] right of data personality
[fr] droit à la personnalité de données
[de] Datenpersönlichkeitsrecht
[it] diritto alla personalità dei dati
[jp] データの人格権
[kr] 데이터 인격권

[pt] direito de personalidade dos dados
[ru] право на личность данных
[es] derecho de personalidad de datos

91421　数据财产权
[ar] حقوق الملكية للبيانات
[en] data asset right
[fr] droit à la propriété de données
[de] Dateneigentumsrecht
[it] diritto di proprietà dei dati
[jp] データの財産権
[kr] 데이터 재산권
[pt] dados direitos de propriedade
[ru] имущественные права данных
[es] derechos de propiedad de datos

91422　数据隐私权
[ar] حق الخصوصية للبيانات
[en] right of privacy in data
[fr] droit à la confidentialité de données
[de] Datenschutzrecht
[it] diritto alla privacy dei dati
[jp] データのプライバシー権
[kr] 데이터 프라이버시 권리
[pt] direito de privacidade de dados
[ru] право на конфиденциальность данных
[es] derecho de privacidad de datos

9.1.5　数权观
[ar] **نظرية حقوق البيانات**
[en] **Data Rights Viewpoint**
[fr] **Opinions sur les droits des données**
[de] **Datenrecht-Ansicht**
[it] **Osservazioni sui diritti dei dati**
[jp] **データ権の視点**
[kr] **데이터 권리 관점**
[pt] **Visãode Direitos e Dados**
[ru] **Мнения о праве на данные**
[es] **Punto de Vista de los Derechos Relativos a Datos**

9.1

91501　一数多权

[ar]　حقوق متعددة للبيانات

[en]　multi-ownership of data

[fr]　données à multi-propriété

[de]　Multi-Eigentum von Daten

[it]　multiproprietà dei dati

[jp]　データの複数所有権

[kr]　데이터 다중 권리

[pt]　propriedade múltipla de dados

[ru]　многообразие прав данных

[es]　propiedades múltiples de datos

91502　数尽其用

[ar]　استفادة مثلى من الرقم

[en]　make the best use of data

[fr]　exploiter les données au maximum

[de]　Daten zur Wirkung kommen lassen

[it]　corretto utilizzo dei dati

[jp]　データを最大に活用する

[kr]　데이터 사용 최대화

[pt]　aproveitar dados ao máximo

[ru]　наилучшим образом использовать число

[es]　hacer el mejor uso de todos los datos

91503　数据法律属性

[ar]　سمات قانونية للبيانات

[en]　legal attributes of data

[fr]　attribut juridique de données

[de]　rechtliche Eigenschaften von Daten

[it]　attributi legali dei dati

[jp]　データの法律属性

[kr]　데이터 법적 속성

[pt]　atributos legais dos dados

[ru]　юридические атрибуты данных

[es]　atributos legales de los datos

91504　数据中间商

[ar]　وسيط البيانات

[en]　data intermediary

[fr]　intermédiaire de données

[de]　Datenvermittler

[it]　intermediario dei dati

[jp]　データ仲介業者

[kr]　데이터 브로커

[pt]　intermediário de dados

[ru]　посредник данных

[es]　intermediario de datos

91505　立法大数据系统

[ar]　نظام البيانات الضخمة التشريعية

[en]　legislative big data system

[fr]　système de mégadonnées législatives

[de]　gesetzgebendes Big Data-System

[it]　sistema legislativo di Big Data

[jp]　立法ビッグデータシステム

[kr]　입법 빅데이터 시스템

[pt]　sistema legislativo de big data

[ru]　законодательная система больших данных

[es]　sistema de Big Data legislativos

91506　信息资产权益保护制度

[ar]　نظام حماية حقوق أصول المعلومات

[en]　information asset protection (IAP) system

[fr]　système de protection d'actifs d'information

[de]　Schutz von Informationseigentum

[it]　protezione delle risorse informative

[jp]　情報資産保護

[kr]　정보 자산 권익 보호 제도

[pt]　proteção de ativos de informação

[ru]　система защиты информационных активов

[es]　protección de activos de información

91507　"黑名单"制度

[ar]　نظام "قائمة الأسماء السوداء"

[en]　blacklisting system

[fr]　système de liste noire

[de]　System der Schwarzen Liste

[it]　sistema di lista nera

[jp] 「ブラックリスト」制度
[kr] '블랙리스팅' 시스템
[pt] sistema de Lista Negra
[ru] система «черного списка»
[es] sistema de listas negras

91508 数据仿真模型
[ar] نموذج محاكاة البيانات
[en] data simulation model
[fr] modèle de simulation de données
[de] Datensimulationsmodell
[it] modello di simulazione dei dati
[jp] データシミュレーションモデル
[kr] 데이터 시뮬레이션 모델
[pt] modelo de simulação de dados
[ru] имитационная модель данных
[es] modelo de simulación de datos

91509 居民身份电子凭证
[ar] بطاقة إلكترونية لهوية المواطن
[en] e-ID
[fr] e-ID
[de] e-KTP
[it] carta d'identità elettronica
[jp] 電子身分証明書
[kr] 전자 주민 등록증
[pt] e-KTP
[ru] электронное удостоверение личности
[es] e-ID

91510 区块链遗嘱设计
[ar] تصميم وصايا على سلسلة الكتلة
[en] wills and testaments on the blockchain
[fr] volonté et testament sur la chaîne de blocs
[de] Willen und Testamente auf Blockchain
[it] testamenti sulla catena di blocco
[jp] ブロックチェーンベース遺言ソリューション
[kr] 블록체인 유언장 디자인
[pt] projeto de testamento de blockchain
[ru] воли и заветы на блокчейне
[es] testamentos en cadenas de bloques

91511 个人数据利用
[ar] استغلال البيانات الشخصية
[en] personal data utilization
[fr] utilisation de données personnelles
[de] Nutzung personenbezogener Daten
[it] utilizzo dei dati personali
[jp] 個人データの利用
[kr] 개인 데이터 활용
[pt] utilização de dados pessoais
[ru] использование персональных данных
[es] utilización de datos personales

91512 电子人格
[ar] شخصية إلكترونية
[en] e-personality
[fr] personnalité électronique
[de] E-Persönlichkeit
[it] personalità elettronica
[jp] 電子人格
[kr] 전자 인격
[pt] personalidade eletrónica
[ru] электронная правосубъектность
[es] personalidad electrónica

91513 数字人权
[ar] حقوق الإنسان الرقمية
[en] digital human rights
[fr] droit de l'homme numérique
[de] digitales Menschenrecht
[it] diritti umani digitali
[jp] デジタル人権
[kr] 디지털 인권
[pt] direitos humanos digitais
[ru] цифровые права человека
[es] derechos humanos digitales

91514 时间戳
[ar] طابع زمني
[en] timestamping
[fr] horodatage
[de] Zeitstempel

[it] marca temporale

[jp] タイムスタンプ

[kr] 타임스탬프

[pt] selo temporal

[ru] отметка времени

[es] marca de tiempo

91515 法律移植

[ar] نقل قانوني

[en] law transplant

[fr] transplantation de règles juridiques

[de] Rechtstransplantation

[it] trasferimento legale

[jp] 法律移植

[kr] 법률 이식

[pt] transplante jurídico

[ru] пересадка закона

[es] trasplante de la ley

91516 法律进化

[ar] تطور قانوني

[en] evolution of the law

[fr] évolution juridique

[de] Gesetzesentwicklung

[it] evoluzione legale

[jp] 法律の進化

[kr] 법률 진화

[pt] evolução jurídica

[ru] эволюция закона

[es] evolución de la ley

91517 法律趋同化

[ar] تقارب قانوني

[en] legal assimilation

[fr] assimilation de règles juridiques

[de] rechtliche Konvergenz

[it] assimilazione legale

[jp] 法的同化

[kr] 법률 동질화

[pt] convergência jurídica

[ru] правовая ассимиляция

[es] asimilación legal

91518 法律多元主义

[ar] تعددية قانونية

[en] legal pluralism

[fr] pluralisme juridique

[de] Rechtspluralismus

[it] pluralismo legale

[jp] 法的多元主義

[kr] 법률 다원주의

[pt] pluralismo jurídico

[ru] правовой плюрализм

[es] pluralismo legal

91519 法系融合

[ar] انصهار قانوني

[en] legal system integration

[fr] intégration des systèmes juridiques

[de] Integration des Rechtssystems

[it] integrazione di sistemi giuridici

[jp] 法系の統合

[kr] 법체계 융합

[pt] integração do sistema jurídico

[ru] интеграция правовых систем

[es] integración de sistemas legales

91520 未来法治

[ar] سيادة القانون المستقبلية

[en] future rule of law

[fr] état de droit de l'avenir

[de] zukünftige Rechtsstaatlichkeit

[it] legislazione futura

[jp] 未来の法治

[kr] 미래 법치

[pt] estado de direito no futuro

[ru] будущий правопорядок

[es] imperio de la ley del futuro

91521 机器人法

[ar] قانون الروبوت

[en] robot law

[fr] loi sur les robots

[de] Robotergesetz

[it] legge sui robot

[jp] ロボット法

[kr] 로봇법

[pt] leis da robótica

[ru] закон о роботах

[es] ley de robots

91522　网络法学

[ar] علم قانون سيبراني

[en] cyber jurisprudence

[fr] cyber jurisprudence

[de] Cyber-Rechtswissenschaft

[it] giurisprudenza informatica

[jp] ネットワーク法学

[kr] 사이버 법학

[pt] jurisprudência cibernética

[ru] киберюриспруденция

[es] jurisprudencia cibernética

91523　数据法学

[ar] علم قانون البيانات

[en] data jurisprudence

[fr] jurisprudence de données

[de] Daten-Rechtswissenschaft

[it] giurisprudenza dei dati

[jp] データ法学

[kr] 데이터 법학

[pt] jurisprudência de dados

[ru] юриспруденция данных

[es] jurisprudencia de datos

91524　计算法学

[ar] علم قانون حسابي

[en] computational jurisprudence

[fr] jurisprudence de calcul

[de] Computing-Rechtswissenschaft

[it] giurisprudenza computazionale

[jp] 計算法学

[kr] 컴퓨팅 법학

[pt] jurisprudência computacional

[ru] вычислительная юриспруденция

[es] jurisprudencia sobre computación

91525　未来法学家

[ar] قانوني مستقبلي

[en] future jurist

[fr] futur juriste

[de] zukünftiger Jurist

[it] futuro giurista

[jp] 未来の法学家

[kr] 미래 법학가

[pt] jurista do futuro

[ru] будущий юрист

[es] jurista del futuro

91526　数字独裁

[ar] ديكتاتورية رقمية

[en] digital dictatorship

[fr] dictature numérique

[de] digitale Diktatur

[it] dittatura digitale

[jp] デジタル独裁

[kr] 디지털 독재

[pt] ditadura digital

[ru] цифровая диктатура

[es] dictadura digital

91527　数字正义

[ar] عدالة رقمية

[en] digital justice

[fr] justice numérique

[de] digitale Gerechtigkeit

[it] giustizia digitale

[jp] デジタル正義

[kr] 디지털 정의

[pt] justiça digital

[ru] цифровое правосудие

[es] justicia digital

[ar]　نظام حقوق البيانات
[en]　**Data Rights System**
[fr]　**Système de droits des données**
[de]　**Datenrechtssystem**
[it]　**Sistema dei diritti dei dati**
[jp]　**データ権制度**
[kr]　**데이터 권리 제도**
[pt]　**Sistema de Direitos de Dados**
[ru]　**Система прав на данные**
[es]　**Sistema de Derechos Relativos a Datos**

9.2.1　数权法定

[ar]　حقوق البيانات القانونية
[en]　**Legislative Confirmation of Data Rights**
[fr]　**Légistation des droits des données**
[de]　**Gesetzliche Festlegung des Datenrechts**
[it]　**Diritto alla protezione dei dati**
[jp]　**データ権法定**
[kr]　**데이터 권리 법정**
[pt]　**Sistema de Direitos de Dados**
[ru]　**Законодательное подтверждение прав на данные**
[es]　**Confirmación Legislativa del Derecho a los Datos**

92101　数据合规

[ar]　امتثال البيانات
[en]　data compliance
[fr]　conformité de données
[de]　Datenkonformität
[it]　conformità dei dati
[jp]　データコンプライアンス
[kr]　데이터 컴플라이언스
[pt]　conformidade dos dados
[ru]　соответствие данных
[es]　cumplimiento de datos

92102　应然数权

[ar]　حقوق البيانات المثالية
[en]　ideal data rights
[fr]　droits des données idéaux
[de]　ideales Datenrecht
[it]　diritti ideali dei dati
[jp]　理想的なデータ権
[kr]　희망 데이터 권리
[pt]　direitos de dados ideais
[ru]　идеальные права на данные
[es]　derechos ideales relativos a datos

92103　法定数权

[ar]　حقوق البيانات القانونية
[en]　statutory data rights
[fr]　droits des données statutaires
[de]　gesetzliches Datenrecht
[it]　diritti digitali legali
[jp]　法定のデータ権
[kr]　법정 데이터 권리

[pt] direitos digitais estatutários

[ru] установленные законодательством
права на данные

[es] derechos digitales estatutarios

92104 实然数权

[ar] حقوق البيانات الفعلية

[en] actual data rights

[fr] droits des données réels

[de] tatsächliches Datenrecht

[it] diritti di dati effettivi

[jp] 実際のデータ権

[kr] 실제 데이터 권리

[pt] direitos de dados reais

[ru] фактические права на данные

[es] derechos de datos reales

92105 种类法定

[ar] تشريع التصنيف

[en] statutory types

[fr] catégorie statuaire

[de] Typenzwang

[it] numerus clausus

[jp] 種類法定

[kr] 종류 법정

[pt] numerus clausus

[ru] установление законодательством вида

[es] numerus clausus

92106 内容法定

[ar] تشريع المحتويات

[en] statutory content

[fr] contenu statutaire

[de] Typenfixierung

[it] contenuto statuario

[jp] 内容法定

[kr] 내용 법정

[pt] conteúdo estatutário

[ru] установление законодательством
содержания

[es] contenido estatutario

92107 效力法定

[ar] تشريع الصلاحية القانونية

[en] statutory validity

[fr] validité statuaire

[de] gesetzliche Festlegung der Gültigkeit

[it] validità statuaria

[jp] 効力法定

[kr] 효력 법정

[pt] validade estatutária

[ru] установление законодательством силы

[es] validez estatutaria

92108 公示方式法定

[ar] تشريع طريقة الإعلان القانونية

[en] statutory form of public announcement

[fr] méthode de démonstration statutaire

[de] gesetzliche Festlegung der Publitätsart

[it] metodo di dimostrazione statuaria

[jp] 開示方式の法定

[kr] 공시 방식 법정

[pt] metodo de demonstração estatuário

[ru] установление законодательством
метода демонстрации

[es] método de demostración estatutaria

92109 数据所有权

[ar] ملكية البيانات

[en] data ownership

[fr] propriété de données

[de] Dateneigentum

[it] proprietà dei dati

[jp] データ所有権

[kr] 데이터 소유권

[pt] propriedade de dados

[ru] право собственности на данные

[es] propiedad de datos

92110 他数权

[ar] حق على بيانات الغير

[en] rights over the data of others

[fr] droit réel sur les données d'autrui

9.2

[de] Datenrecht eines Anderen
[it] proprio sopra i dati di un altro
[jp] 他人データに対する権利
[kr] 타인 데이터 권리
[pt] direto sobre os dados de outro
[ru] права на данные других
[es] derecho sobre los datos de otros

92111 用益数权
[ar] حقوق البيانات الانتفاعية
[en] usufructuary rights of data
[fr] usufruit sur les données
[de] Nießbrauch von Daten
[it] diritti dei dati usufruttuari
[jp] データの用益権
[kr] 용익 데이터 권리
[pt] direitos de dados usufrutuários
[ru] права пользования данными
[es] derechos usufructuarios sobre datos

92112 公益数权
[ar] حقوق بيانات المصلحة العامة
[en] usufructuary rights of public data
[fr] usufruit sur les données publiques
[de] Nießbrauch von öffentlichen Daten
[it] diritti dei dati di interesse pubblico
[jp] データの公益権
[kr] 공익 데이터 권리
[pt] direitos de dados de interesse público
[ru] права пользования общедоступными данными
[es] derechos sobre datos de interés público

92113 数据共享权
[ar] حقوق التشارك في البيانات
[en] right to data sharing
[fr] droit de partage de données
[de] Recht auf Datensharing
[it] diritto alla condivisione dei dati
[jp] データ共有権
[kr] 데이터 공유권

[pt] direito à partilha de dados
[ru] право на совместное использование данных
[es] derecho al uso compartido de datos

92114 合法正当
[ar] شرعية من الناحية القانونية
[en] legality and legitimacy
[fr] légalité et légitimité
[de] Legalität und Legitimität
[it] legalità e legittimità
[jp] 合法性と正当性
[kr] 합법성 및 정당성
[pt] legalidade e legitimidade
[ru] законность и легальность
[es] legalidad y legitimidad

92115 知情同意
[ar] موافقة مستنيرة
[en] informed consent
[fr] consentement éclairé
[de] Einverständniserklärung
[it] consenso informato
[jp] インフォームドコンセント
[kr] 사전동의
[pt] consentimento informado
[ru] согласие, основанное на полученной информации
[es] consentimiento informado

92116 目的明确
[ar] غرض صريح
[en] explicit purpose
[fr] objectif explicite
[de] expliziter Zweck
[it] scopo esplicito
[jp] 明確な目的
[kr] 목적 명확
[pt] propósito explícito
[ru] явная цель
[es] propósito explícito

92117 限制利用
[ar] استغلال مقيّد
[en] limitations in the utilization
[fr] limite d'utilisation
[de] eingeschränkte Verwendung
[it] controllo della copia
[jp] 制限のある使用
[kr] 이용 제한
[pt] limitações à utilização
[ru] ограничение пользования
[es] utilización restringida

92118 公开告知
[ar] إشعار علني
[en] public notice
[fr] avis au public
[de] öffentliche Bekanntmachung
[it] avviso pubblico
[jp] 公告
[kr] 공개 고지
[pt] aviso público
[ru] публичное извещение
[es] aviso público

92119 个人同意
[ar] موافقة شخصية
[en] personal consent
[fr] consentement personnel
[de] persönliche Zustimmung
[it] consenso personale
[jp] 個人同意
[kr] 개인 동의
[pt] consentimento pessoal
[ru] личное согласие
[es] consentimiento personal

92120 质量保证
[ar] ضمان الجودة
[en] quality assurance
[fr] assurance de qualité
[de] Qualitätsgarantie

[it] garanzia di qualità
[jp] 品質保証
[kr] 품질 보증
[pt] garantia da qualidade
[ru] гарантия качества
[es] garantía de la calidad

92121 安全保障
[ar] ضمان الأمن
[en] security assurance
[fr] assurance de sécurité
[de] Sicherheitsgarantie
[it] garanzia di sicurezza
[jp] セキュリティ保障
[kr] 보안 보장
[pt] garantia de segurança
[ru] гарантия безопасности
[es] garantía de la seguridad

92122 可异议
[ar] قابل للاعتراض
[en] right to challenge
[fr] droit de contester
[de] Widerspruchsrecht
[it] diritto di opposizione
[jp] 反対可能
[kr] 반대 가능
[pt] direito de oposição
[ru] право на оспаривание
[es] derecho a objetar

92123 可纠错
[ar] قابل للتصحيح
[en] right to error correction
[fr] droit de rectifier
[de] Korrektursrecht
[it] diritto alla rettifica
[jp] 修正可能
[kr] 교정 가능
[pt] direito de rectificação
[ru] право на самоисправление

[es] derecho a rectificar

9.2.2 数据权利

[ar] حقوق البيانات
[en] **Data Rights**
[fr] **Droits relatifs aux données**
[de] **Datenrecht**
[it] **Diritti dei dati**
[jp] **データ権**
[kr] **데이터 권리**
[pt] **Direitos de Dados**
[ru] **Права данных**
[es] **Derechos de Datos**

92201 数据主体

[ar] موضوع البيانات
[en] data subject
[fr] sujet de données
[de] Datensubjekt
[it] soggetto dei dati
[jp] データ主体
[kr] 데이터 주체
[pt] titular dos dados
[ru] субъект данных
[es] sujeto de datos

92202 控制者

[ar] متحكم
[en] controller
[fr] contrôleur
[de] Regler
[it] controllore
[jp] コントローラー
[kr] 관리자
[pt] controlador
[ru] контроллер
[es] controlador

92203 处理者

[ar] معالج
[en] processor

[fr] processeur
[de] Prozessor
[it] processore
[jp] プロセッサー
[kr] 처리자
[pt] processador
[ru] процессор
[es] procesador

92204 接受者

[ar] مستلم
[en] recipient
[fr] destinataire
[de] Empfänger
[it] ricevente
[jp] 受取人
[kr] 수령자
[pt] recipiente
[ru] получатель
[es] destinatario

92205 第三方

[ar] طرف ثالث
[en] third party
[fr] tiers
[de] dritte Partei
[it] terza parte
[jp] 第三者
[kr] 제 3 자
[pt] a terceira parte
[ru] третья сторона
[es] el tercero

92206 数据集

[ar] مجموعة البيانات
[en] data set
[fr] jeu de données
[de] Datensatz
[it] set di dati
[jp] データセット
[kr] 데이터 세트

[pt] conjunto de dados

[ru] набор данных

[es] conjunto de datos

92207　敏感数据

[ar]　　　　　　　　　　　　بيانات حساسة

[en] sensitive data

[fr] données sensibles

[de] sensible Daten

[it] dati sensibili

[jp] 機密データ

[kr] 민감 데이터

[pt] dados sensíveis

[ru] конфиденциальные данные

[es] datos confidenciales

92208　数据私权

[ar]　　　　　　　　حق البيانات الخاصة

[en] private right in data

[fr] droits privés de données

[de] privates Datenrecht

[it] diritto private sui dati

[jp] データの私権

[kr] 데이터 사권

[pt] direito privado de dados

[ru] частные права данных

[es] propiedad privada de los datos

92209　数据公权

[ar]　　　　　　　　حق البيانات العامة

[en] public right in data

[fr] droits publics de données

[de] öffentliches Datenrecht

[it] diritto pubblico sui dati

[jp] データの公権

[kr] 데이터 공권

[pt] direito público de dados

[ru] публичные права данных

[es] propiedad pública de los datos

92210　数据访问权

[ar]　　　　　　حق الوصول إلى البيانات

[en] right to data access

[fr] droit d'accès aux données

[de] Datenzugriffsrecht

[it] diritto d'accesso ai dati

[jp] データアクセス権

[kr] 데이터 접근권

[pt] direito de acesso aos dados

[ru] право на доступ к данным

[es] derecho al acceso a datos

92211　纠正权

[ar]　　　　　　　　　　حق التصحيح

[en] right to correction

[fr] droit à la rectification

[de] Berichtigungsrecht

[it] diritto alla correzione

[jp] 訂正権

[kr] 교정권

[pt] direito de correção

[ru] право на исправление

[es] derecho a ser corregido

92212　被遗忘权

[ar]　　　　　　　　　　حق النسيان

[en] right to be forgotten

[fr] droit à l'oubli

[de] Recht auf Vergessenwerden

[it] diritto all'oblio

[jp] 忘れられる権利

[kr] 잊혀질 권리

[pt] direito ao esquecimento

[ru] право быть забытым

[es] derecho a ser olvidado

92213　限制处理权

[ar]　　　　　　حق تقييد المعالجة

[en] right to restrict processing

[fr] droit à la restriction du traitement

[de] Recht auf Einschränkung der Verarbei-

9.2

9.2

tung

[it] diritto di limitare l'elaborazione

[jp] 処理制限権利

[kr] 처리 제한권

[pt] direito de restrição do processamento

[ru] право на ограничение обработки

[es] derecho a restringir el procesamiento

92214 反对权

[ar] حق الاعتراض

[en] right to object

[fr] droit à l'objection

[de] Widerspruchsrecht

[it] diritto di opposizione

[jp] 反対権

[kr] 반대권

[pt] direito de objeção

[ru] право на возражение

[es] derecho a objetar

92215 拒绝权

[ar] حق الرفض

[en] right to reject

[fr] droit au rejet

[de] Verweigerungsrecht

[it] diritto di rifiuto

[jp] 拒否権利

[kr] 거부권

[pt] direito a recusa

[ru] право на отказ

[es] derecho a rechazar

92216 自主决定权

[ar] حق التقرير الذاتي

[en] right to self-determination

[fr] droit à l'autodétermination

[de] Selbstbestimmungsrecht

[it] diritto all'autodeterminazione

[jp] 自主決定権

[kr] 자기결정권

[pt] direito à autodeterminação

[ru] право на самоопределение

[es] derecho de autodeterminación

92217 数据保密权

[ar] حق سرية البيانات

[en] right to data confidentiality

[fr] droit à la confidentialité des données

[de] Datenvertraulichkeitsrecht

[it] diritto alla riservatezza dei dati

[jp] データ守秘権

[kr] 데이터 비밀 유지 권리

[pt] direito à confidencialidade dos dados

[ru] право на конфиденциальность данных

[es] derecho a la confidencialidad de los datos

92218 数据查询权

[ar] حق بحث البيانات

[en] right to data inquiry

[fr] droit à la consultation des données

[de] Datenanfragerecht

[it] diritto di ricerca dei dati

[jp] データの検索権

[kr] 데이터 조사 권리

[pt] direito de inquérito dos dados

[ru] право на запрос данных

[es] derecho a la consulta de datos

92219 数据报酬请求权

[ar] حق طلب مكافأة البيانات

[en] right to data-generated remuneration

[fr] droit à la rémunération

[de] Anspruch auf datengenerierte Vergütung

[it] diritto alla remunerazione dei dati

[jp] データ報酬請求権

[kr] 데이터 보수청구권

[pt] direito à remuneração

[ru] право на вознаграждение за данные

[es] derecho de remuneración por datos

92220 数据知情权

[ar] حق اطلاع البيانات

[en] right to be informed

[fr] droit à l'information de données

[de] Datenauskunftsrecht

[it] diritto di essere informato

[jp] データの「知る権利」

[kr] 데이터 알권리

[pt] direito de ser informado

[ru] право быть информированным

[es] derecho a saber a los datos

92221 数据可携权

[ar] حق حمل البيانات

[en] right to data portability

[fr] droit à la portabilité de données

[de] Datentragbarkeitsrecht

[it] diritto alla portabilità dei dati

[jp] データ可搬権

[kr] 데이터 이동권

[pt] direito à portabilidade dos dados

[ru] право на переносимость данных

[es] derecho a la portabilidad de datos

92222 数据采集权

[ar] حق جمع البيانات

[en] right to data acquisition

[fr] droit à l'acquisition de données

[de] Datenerfassungsrecht

[it] diritto all'acquisizione dei dati

[jp] データ収集権

[kr] 데이터 수집권

[pt] direito à aquisição de dados

[ru] право на сбор данных

[es] derecho a la adquisición de datos

92223 数据使用权

[ar] حق استخدام البيانات

[en] right to data use

[fr] droit à l'utilisation des données

[de] Datennutzungsrecht

[it] diritto all'utilizzo dei dati

[jp] データの使用権

[kr] 데이터 사용권

[pt] direito de utilização dos dados

[ru] право на использование данных

[es] derecho al uso de datos

92224 数据处分权

[ar] حق التصرف في البيانات

[en] right to data disposition

[fr] droit à la disposition des données

[de] Datenverfügungsrecht

[it] diritto alla disposizione dei dati

[jp] データの処分権

[kr] 데이터 처리권

[pt] direito à disposição dos dados

[ru] право распоряжения данными

[es] derecho a la disposición de datos

92225 数据限制处理权

[ar] حق تقييد معالجة البيانات

[en] right to restrict data processing

[fr] droit à la restriction du traitement des données

[de] Recht auf Einschränkung der Datenverarbeitung

[it] diritto di limitare l'elaborazione dei dati

[jp] データの処理制限権

[kr] 데이터 제한 처리권

[pt] direito de restrição do tratamento de dados

[ru] право на ограничение обработки данных

[es] derecho a restringir el procesamiento de datos

9.2.3 数据主权

[ar] سيادة البيانات

[en] **Data Sovereignty**

[fr] **Souveraineté des données**

[de] **Datensouveränität**

9.2

[it] Sovranità dei dati
[jp] データ主権
[kr] 데이터 주권
[pt] Soberania de Dados
[ru] Суверенитет данных
[es] Soberanía de Datos

92301 主权国家
[ar] دولة ذات سيادة
[en] sovereign state
[fr] État souverain
[de] souveräner Staat
[it] stato sovrano
[jp] 主権国家
[kr] 주권 국가
[pt] estado soberano
[ru] суверенное государство
[es] estado soberano

92302 非国家行为体
[ar] جهات فاعلة غير حكومية
[en] non-state actor
[fr] acteur non étatique
[de] nichtstaatliche Akteure
[it] attore non statale
[jp] 非国家主体
[kr] 비국가행위자
[pt] atores não estatais
[ru] негосударственный актер
[es] actor sin estado

92303 管辖权
[ar] حقوق الاختصاص القضائي
[en] jurisdiction
[fr] juridiction
[de] Zuständigkeit
[it] giurisdizione
[jp] 管轄権
[kr] 관할권
[pt] jurisdição
[ru] юрисдикция

[es] jurisdicción

92304 独立权
[ar] حق الاستقلال
[en] right of data sovereignty
[fr] droit à la souveraineté des données
[de] Datensouveränitätsrecht
[it] diritto di sovranità dei dati
[jp] 独立権
[kr] 독립권
[pt] direito de independência
[ru] право на суверенитет данных
[es] derecho de independencia

92305 自卫权
[ar] حق الدفاع الذاتي
[en] right of self-defense
[fr] droit à la défense légitime
[de] Selbstverteidigungsrecht
[it] diritto all'autodifesa
[jp] 自衛権
[kr] 자위권
[pt] direito de defesa
[ru] право самозащиты
[es] derecho de autodefensa

92306 参与权
[ar] حق المشاركة
[en] participation right
[fr] droits à la participation
[de] Beteiligungsrecht
[it] diritti di partecipazione
[jp] 参加権
[kr] 참여권
[pt] direito de participação
[ru] права на участие
[es] derechos de participación

92307 治理权
[ar] حق الإدارة
[en] governance right

[fr] droit à la gouvernance

[de] Governance-Recht

[it] diritto alla governance

[jp] ガバナンス権

[kr] 거버넌스권

[pt] direito de governação

[ru] право управления

[es] derecho de gobernanza

92308 网络空间主权

[ar] سيادة الفضاء السيبراني

[en] cyberspace sovereignty

[fr] souveraineté du cyberespace

[de] Cyberspace-Souveränität

[it] sovranità del cyber-spazio

[jp] サイバー空間主権

[kr] 사이버 공간 주권

[pt] soberania do ciberespaço

[ru] суверенитет в киберпространстве

[es] soberanía en el ciberespacio

92309 网络物理层

[ar] طبقة فيزيائية للشبكة

[en] physical layer of the network

[fr] couche physique du réseau

[de] physikalische Schicht des Netzwerks

[it] strato fisico della rete

[jp] ネットワークの物理層

[kr] 네트워크 물리 계층

[pt] camada física da rede

[ru] физический уровень сети

[es] capa física de la red

92310 网络代码层

[ar] طبقة الكود للشبكة

[en] code layer of the network

[fr] couche de code du réseau

[de] Codeschicht des Netzwerks

[it] strato di codice della rete

[jp] ネットワークコードレイヤー

[kr] 네트워크 코드 계층

[pt] camada de código da rede

[ru] кодовый уровень сети

[es] capa de código de la red

92311 网络内容层

[ar] طبقة المحتوى للشبكة

[en] content layer of the network

[fr] couche de contenu du réseau

[de] Inhaltsschicht des Netzwerks

[it] livello di contenuto della rete

[jp] ネットワークのコンテンツレイヤー

[kr] 네트워크 내용 계층

[pt] camada de conteúdo da rede

[ru] уровень контента сети

[es] capa de contenido de la red

92312 信息主权

[ar] سيادة المعلومات

[en] information sovereignty

[fr] souveraineté de l'information

[de] Informationssouveränität

[it] sovranità delle informazioni

[jp] 情報主権

[kr] 정보 주권

[pt] soberania da informação

[ru] информационный суверенитет

[es] soberanía de la información

92313 数据封锁

[ar] حصار البيانات

[en] data locking

[fr] blocus de données

[de] Datenblockade

[it] blocco dei dati

[jp] データ閉鎖

[kr] 데이터 봉쇄

[pt] bloqueio de dados

[ru] блокировка данных

[es] bloqueo de datos

9.2

92314　数据本地化

[ar]　توطين البيانات

[en]　data localization

[fr]　localisation de données

[de]　Datenlokalisierung

[it]　localizzazione dei dati

[jp]　データローカリゼーション

[kr]　데이터 현지화

[pt]　localidade de dados

[ru]　локализация данных

[es]　localización de datos

92315　多利益攸关方

[ar]　أطراف المصالح المتعددة

[en]　multiple stakeholders

[fr]　parties prenantes multiples

[de]　Multi-Interessenmithaber

[it]　multi-stakeholder

[jp]　複数の利害関係者

[kr]　다중 이해 관계자

[pt]　múltiplas parte interessadas

[ru]　несколько заинтересованных сторон

[es]　múltiples interesados

92316　数据长臂管辖

[ar]　اختصاص طويل الذراع للبيانات

[en]　long-arm jurisdiction of data

[fr]　juridiction à bras long des données

[de]　Langarm-Datengerichtsbarkeit

[it]　giurisdizione extraterritoriale dei dati

[jp]　データのロングアーム管轄

[kr]　데이터 확대관할법

[pt]　jurisdição de dados de longo braço

[ru]　«длиннорукая» юрисдикция данных

[es]　jurisdicción de datos de brazo largo

92317　数据寡头

[ar]　محتكر البيانات

[en]　data oligarchy

[fr]　monopoles de données

[de]　Daten-Oligarchie

[it]　oligarchia dei dati

[jp]　データ寡頭

[kr]　데이터 과두

[pt]　monopólios de dados

[ru]　олигарх данных

[es]　oligarquía de datos

92318　网络中心国家

[ar]　دولة محورية شبكية

[en]　core nation in cyberspace

[fr]　pays central dans le réseau

[de]　Kernland im Cyberspace

[it]　paese principale della rete

[jp]　ネットワーク中心国家

[kr]　네트워크 핵심 국가

[pt]　país principal da rede

[ru]　центральная страна в киберпространстве

[es]　país central en el ciberespacio

92319　网络半边缘国家

[ar]　دولة شبكية

[en]　semi-peripheral nation in cyberspace

[fr]　pays en réseau

[de]　semi-peripheres Land im Cyberspace

[it]　paese semi-periferico nel ciberspazio

[jp]　ネットワーク化国家

[kr]　네트워크화 국가

[pt]　nação semi-periférica no ciberespaço

[ru]　страна полупериферии в киберпространстве

[es]　país semiperiférico en el ciberespacio

92320　网络边缘国家

[ar]　دولة طرفية على الإنترنت

[en]　peripheral nation in cyberspace

[fr]　pays périphérique dans le réseau

[de]　Peripherieland im Cyberspace

[it]　paese periferico della rete

[jp]　ネットワーク周辺国家

[kr]　네트워크 소외 국가

[pt] país periférico da rede

[ru] периферийная страна в киберпространстве

[es] país periférico en el ciberespacio

92321 主权让渡

[ar] تنازل عن السيادة

[en] sovereignty transfer

[fr] transfert de souveraineté

[de] Souveränitätsübertragung

[it] trasferimento di sovranità

[jp] 主権譲渡

[kr] 주권 양도

[pt] transferência de soberania

[ru] передача суверенитета

[es] transferencia de soberanía

9.2.4 共享制度

[ar] **النظام التشاركي**

[en] **Sharing System**

[fr] **Système de partage**

[de] **Sharing-System**

[it] **Sistema di condivisione**

[jp] **共有制度**

[kr] **공유 제도**

[pt] **Sistema Partilhado**

[ru] **Система совместного использования**

[es] **Sistema de Compartición**

92401 数据共享

[ar] تبادل البيانات

[en] shared data

[fr] partage des données

[de] Daten Sharing

[it] condivisione dei dati

[jp] データ共有

[kr] 데이터 공유

[pt] dados partilhados

[ru] совместное использование данных

[es] uso compartido de datos

92402 开放存取

[ar] مفتوح في التخزين والحصول

[en] open storage and retrieval

[fr] ouverture au stockage et à l'acquisition

[de] offener Zugang

[it] ritiro e stoccaggio aperto

[jp] 記録・検索(機能)開放

[kr] 오픈 저장 인출

[pt] armazenamento e recuperação abertos

[ru] открытое хранение и поиск

[es] depósito y retiro abiertos

92403 非物质性

[ar] لامادية

[en] immateriality

[fr] immatérialité

[de] Immaterialität

[it] immaterialità

[jp] 非物質性

[kr] 비물질성

[pt] imaterialidade

[ru] невещественность

[es] inmaterialidad

92404 可复制性

[ar] قابلية للاستنساخ

[en] replicability

[fr] réplicabilité

[de] Reproduzierbarkeit

[it] duplicità

[jp] 可複製性

[kr] 복제 가능성

[pt] replicabilidade

[ru] воспроизводимость

[es] reproductibilidad

92405 非消耗性

[ar] عدم قابلية للاستهلاك

[en] non-consumability

[fr] non consommable

[de] Nichtverbrauchbarkeit

9.2

[it] non consumabile
[jp] 非消耗性
[kr] 비소모성
[pt] não consumível
[ru] нерасходуемость
[es] no consumible

92406 可分割性
[ar] قابلية للتجزئة
[en] severability
[fr] séparabilité
[de] Trennbarkeit
[it] separabilità
[jp] 可分割性
[kr] 분할 가능성
[pt] separabilidade
[ru] отделимость
[es] divisibilidad

92407 非排他性
[ar] غير حصري
[en] non-excludability
[fr] non-exclusion
[de] Nichtausschließbarkeit
[it] non escludibilità
[jp] 非排除性
[kr] 비배제성
[pt] não exclusibilidade
[ru] неэксклюзивность
[es] no excluibilidad

92408 可克减性
[ar] قابلية للانتقاص
[en] derogation
[fr] dérogation
[de] Schmälerbarkeit
[it] deroga
[jp] 可制限性
[kr] 삭감 가능성
[pt] derrogação
[ru] дерогация

[es] derogación

92409 占有权
[ar] حيازة
[en] right of possession
[fr] droit de propriété
[de] Besitzrecht
[it] diritto di occupazione
[jp] 占有権
[kr] 점유권
[pt] direito de posse
[ru] право владения
[es] derecho de propiedad

92410 共同共有
[ar] حيازة مشتركة
[en] joint possession
[fr] possession collective
[de] gemeinsamer Besitz
[it] possesso congiunto
[jp] 共同所有
[kr] 공동 소유
[pt] posse conjunta
[ru] совместное владение
[es] posesión conjunta

92411 共同控制者
[ar] متحكم مشترك
[en] joint controller
[fr] contrôleur collectif
[de] gemeinsamer Kontroller
[it] controllore congiunto
[jp] 共同コントローラー
[kr] 공동 관리자
[pt] controlador conjunto
[ru] совместный контролер
[es] controlador conjunto

92412 重用主义理论
[ar] نظرية إعادة الاستعمال
[en] reuse theory

[fr] théorie de la réutilisation
[de] Wiederverwendungstheorie
[it] teoria del riutilizzo
[jp] 再利用理論
[kr] 재사용주의 이론
[pt] teoria de reutilização
[ru] теория о повторном использовании
[es] teoría de la reutilización

92413 分享盈余
[ar] مشاركة في الحصة الفائضة
[en] surplus of sharing
[fr] partage du surplus
[de] Überschussteilung
[it] condivisione del surplus
[jp] 余剰の共有
[kr] 잉여 공유
[pt] compartilhamento de excedente
[ru] распределение излишков
[es] compartición de excedentes

92414 增值利用
[ar] إعادة تدوير القيمة
[en] information reuse
[fr] recyclage de l'information
[de] Wiederverwendung von Informationen
[it] riciclo delle informazioni
[jp] 付加価値リサイクル
[kr] 정보 재활용
[pt] reciclagem de informações
[ru] повторное использование информации
[es] uso del valor agregado

92415 双重产权
[ar] ملكية مزدوجة
[en] dual property rights
[fr] double droit de propriété
[de] doppelte Eigentumsrechte
[it] diritti di doppia proprietà
[jp] 二重財産権
[kr] 이중 재산권

[pt] direitos de propriedade dupla
[ru] двойные права собственности
[es] derechos de propiedad dual

92416 脱域技术
[ar] تكنولوجيا إزالة النطاق
[en] disembedding
[fr] déracinement
[de] Entbettungstechnik
[it] disaggregazione
[jp] 脱埋め込み技術
[kr] 이탈 기술
[pt] tecnologia de disembedding
[ru] технология отделения от территорий
[es] deshacer la integración

92417 连续转移
[ar] نقل مستمرّ
[en] continuous transfer
[fr] transfert continu
[de] kontinuierliche Übertragung
[it] trasferimento continuo
[jp] 連続転送
[kr] 연속 전환
[pt] transferência contínua
[ru] непрерывная передача
[es] transferencia continua

92418 开源
[ar] مصدر مفتوح
[en] open source
[fr] source ouverte
[de] Open Source
[it] risorsa aperta
[jp] オープンソース
[kr] 오픈 소스
[pt] recurso aberto
[ru] открытый источник
[es] código abierto

92419 数据许可协议

[ar] اتفاقية ترخيص البيانات

[en] data license agreement

[fr] accord de licence de données

[de] Datenlizenzvertrag

[it] accordo di licenza dei dati

[jp] データライセンスアグリーメント

[kr] 데이터 라이센스 계약

[pt] contrato de licença de dados

[ru] лицензионное соглашение данных

[es] acuerdo de licencia de datos

92420 数据资源公用化

[ar] استخدام عام لموارد البيانات

[en] data resource for public use

[fr] ressources de données à usage public

[de] Datenressourcen für öffentliche Nutzung

[it] risorse dei dati per uso pubblico

[jp] データリソースの公用化

[kr] 데이터 자원 공용화

[pt] recursos de dados para uso público

[ru] ресурсы данных для публичного использования

[es] recursos de datos de uso público

9.2.5 数权规制

[ar] **الأنظمة والقواعد لحقوق البيانات**

[en] **Data Rights Regulation**

[fr] **Réglementation des droits des données**

[de] **Datenrechtsbestimmungen**

[it] **Regolamento sui diritti dei dati**

[jp] **データ権規制**

[kr] **데이터 권리 규제**

[pt] **Regulamentação de Direitos de Dados**

[ru] **Регулирование прав на данные**

[es] **Regulación de los Derechos Relativos a Datos**

92501 完全支配权

[ar] حق السيطرة التامة

[en] right to complete dominance

[fr] droit à la domination complète

[de] vollständiges Dominanzrecht

[it] diritto al completo dominio

[jp] 完全支配権

[kr] 완전 지배권

[pt] direito de dominância completa

[ru] право полного распоряжения

[es] derecho de dominio completo

92502 无体物

[ar] أشياء غير ملموسة

[en] res incorporales

[fr] incorporel

[de] Res Incorporales

[it] res incorporales

[jp] 無体物

[kr] 무체물

[pt] substância incorpórea

[ru] нетелесные вещи

[es] res incorporales

92503 许可使用

[ar] استخدام مرخص

[en] licensed use

[fr] utilisation sous licence

[de] lizenzierte Nutzung

[it] uso autorizzato

[jp] ライセンス使用

[kr] 허가 사용

[pt] uso licenciado

[ru] лицензированное использование

[es] uso con licencia

92504 特许使用

[ar] استخدام امتيازي

[en] franchised use

[fr] franchise

[de] sondergenehmigte Nutzung

[it] franchigia

[jp] 特殊許可使用

[kr] 특허 사용

[pt] franquia

[ru] франчайзинговое использование

[es] franquicia

92505　自由使用

[ar] استخدام حري

[en] free use

[fr] utilisation libre

[de] freie Benutzung

[it] uso gratuito

[jp] 自由使用

[kr] 자유 사용

[pt] uso livre

[ru] свободное использование

[es] uso gratuito

92506　定限数权

[ar] حقوق البيانات المحدودة

[en] limited data rights

[fr] droits des données limités

[de] eingeschränktes Datenrecht

[it] diritti limitati dei dati

[jp] 制限付きデータ権

[kr] 제한 데이터 권리

[pt] direito de dados limitados

[ru] ограниченные права на данные

[es] derechos de datos limitados

92507　有期数权

[ar] حقوق البيانات القابلة للإنهاء

[en] terminable data rights

[fr] droits des données résiliables

[de] kündbares Datenrecht

[it] diritti sui dati risolvibili

[jp] 期限付きデータ権利

[kr] 유한 데이터 권리

[pt] direitos termináveis de dados

[ru] права на данные со сроком

[es] derechos de datos rescindibles

92508　权能分离

[ar] فصل بين الملكية والسيطرة

[en] separation of property ownership and control

[fr] séparation de la propriété et du contrôle

[de] Trennung von Eigentum und Kontrolle

[it] separazione tra proprietà e controllo

[jp] 権利分立

[kr] 소유권 및 지배권 분리

[pt] separação entre propriedade e controlo

[ru] разделение собственности и контроля

[es] separación de propiedad y control

92509　群己界分

[ar] تمييز بين السلطة والفردية

[en] distinction between authority and individuality

[fr] séparation de l'autorité et de l'individualité

[de] Unterscheidung zwischen Autorität und Individualität

[it] distinzione tra autorità e individualità

[jp] 公的領域と私的領域の分界

[kr] 군체 및 개인 구분

[pt] distinção entre grupo e indivíduo

[ru] различие между публичностью и индивидуальностью

[es] distinción entre autoridad e individualidad

92510　公物法

[ar] قانون الملكية العامة

[en] law of public property

[fr] loi sur la propriété publique

[de] Recht des öffentlichen Eigentums

[it] legge di proprietà pubblica

[jp] 公物法

[kr] 공물법

[pt] lei da propriedade pública

[ru] право публичной собственности

[es] ley de la propiedad pública

9.2

92511 公法性

[ar] طبيعة القانون العام

[en] nature of public law

[fr] nature du droit public

[de] Natur des öffentlichen Rechts

[it] natura di diritto pubblico

[jp] 公法の性質

[kr] 공법성

[pt] natureza do direito público

[ru] природа публичного права

[es] naturaleza del derecho público

92512 公共福利性

[ar] طبيعة الرفاهية العامة

[en] nature of public welfare

[fr] nature du bien-être public

[de] Charakter des Gemeinwesens

[it] natura di benessere pubblico

[jp] 公共福祉性

[kr] 공공 복지성

[pt] natureza do bem-estar público

[ru] характер общественного
благосостояния

[es] naturaleza de la asistencia pública

92513 公益界定

[ar] تعريف المصلحة العامة

[en] public interest definition

[fr] définition d'intérêt public

[de] Definition der öffentlichen Interessen

[it] definizione di interesse pubblico

[jp] 公益の定義

[kr] 공익 정의

[pt] definição de interesse público

[ru] определение общественных интересов

[es] definición de interés público

92514 公益诉讼

[ar] مقاضاة المصلحة العامة

[en] public interest litigation

[fr] litiges d'intérêt public

[de] Rechtsstreitigkeiten von öffentlichen
Interessen

[it] contenzioso di interesse pubblico

[jp] 公益訴訟

[kr] 공익 소송

[pt] litígio de interesse público

[ru] судебный процесс в интересах
общества

[es] litigios de interés público

92515 公数

[ar] بيانات عامة

[en] public number

[fr] données publiques

[de] öffentliche Daten

[it] dati pubblici

[jp] パブリックデータ

[kr] 퍼블릭 데이터

[pt] dados públicos

[ru] общедоступные данные

[es] datos públicos

92516 私数

[ar] بيانات خاصة

[en] private number

[fr] données privées

[de] private Daten

[it] dati privati

[jp] プライベートデータ

[kr] 프라이빗 데이터

[pt] dado privado

[ru] личные данные

[es] datos privados

92517 公共信托

[ar] ائتمان عام

[en] public trust

[fr] fiducie publique

[de] öffentliches Treuhand

[it] fiducia pubblica

[jp] 公共の信託

[kr] 공공 신탁
[pt] fundo pública
[ru] общественное доверие
[es] confianza pública

92518 公民参与
[ar] مشاركة المواطنين
[en] citizen participation
[fr] participation citoyenne
[de] Bürgerbeteiligung
[it] partecipazione dei cittadini
[jp] 市民参加
[kr] 공민 참여
[pt] participação do cidadão
[ru] гражданское участие
[es] participación ciudadana

92519 算法规制
[ar] قواعد الخوارزمية
[en] algorithm regulation
[fr] réglementation des algorithmes
[de] Rechtsbestimmungen über Algorithmus
[it] regolamento sull'algoritmo
[jp] アルゴリズム規制
[kr] 알고리즘 규제
[pt] regulamentos de algoritmo

[ru] правила алгоритма
[es] regulaciones de algoritmos

92520 数据保护官
[ar] ضابط حماية البيانات
[en] data protection officer
[fr] agent de protection des données
[de] Datenschutzbeauftragter
[it] responsabile della protezione dei dati
[jp] データ保護者
[kr] 데이터 보호 책임자
[pt] oficial de proteção de dados
[ru] сотрудник по защите данных
[es] responsable de protección de datos

92521 中立仲裁者
[ar] محكم محايد
[en] neutral arbiter
[fr] arbitre neutre
[de] neutraler Schiedsrichter
[it] arbitro neutrale
[jp] 中立的仲裁者
[kr] 중립 중재자
[pt] árbitro neutro
[ru] нейтральный арбитр
[es] árbitro neutral

9.2

9.3 数权法

[ar] قانون حقوق البيانات

[en] **Data Rights Law**

[fr] **Lois sur les droits des données**

[de] **Datenschutzgesetz**

[it] **Legge sui diritti dei dati**

[jp] **データ権法**

[kr] **데이터 권리 법**

[pt] **Lei de Direitos de Dados**

[ru] **Закон о правах на данные**

[es] **Ley de Derechos Relativos a Datos**

9.3.1 数权立法

[ar] تشريع حقوق البيانات

[en] Legislation on Data Rights

[fr] Législation sur les droits des données

[de] Gesetzgebung des Datenrechtes

[it] Legislazione sui diritti dei dati

[jp] データ権の法整備

[kr] 데이터 권리 입법

[pt] Legislação sobre Direitos de Dados

[ru] Законодательство о правах на данные

[es] Legislación sobre Derechos Relativos a Datos

93101 《中华人民共和国网络安全法》

[ar] قانون الأمن السيبراني لجمهورية الصين الشعبية

[en] Cybersecurity Law of the People's Republic of China

[fr] Loi sur la cybersécurité de la République populaire de Chine

[de] Cybersicherheitsgesetz der Volksrepublik China

[it] Legge sulla cyber-sicurezza della Repubblica Popolare Cinese

[jp] 「中華人民共和国サイバーセキュリティ法」

[kr] <중화인민공화국 네트워크 안전법>

[pt] Lei da Cibersegurança da República Popular da China

[ru] Закон о кибербезопасности Китайской Народной Республики

[es] Ley sobre Ciberseguridad de la República Popular China

93102 《中华人民共和国电子商务法》

[ar] قانون التجارة الإلكترونية لجمهورية الصين الشعبية

[en] E-Commerce Law of the People's Republic of China

[fr] Loi sur le commerce électronique de la République populaire de Chine

[de] E-Commerce-Gesetz der Volksrepublik China

[it] Legge sull'e-commerce della Repubblica Popolare Cinese

[jp] 「中華人民共和国電子商取引法 」

[kr] <중화인민공화국 전자상거래법>

[pt] Lei de Comércio Electróncio da República Popular da China

[ru] Закон об электронной коммерции Китайской Народной Республики

[es] Ley sobre Comercio Electrónico de la República Popular China

93103 《中华人民共和国电子签名法》

[ar] قانون التوقيع الإلكتروني لجمهورية الصين الشعبية

[en] Electronic Signature Law of the People's Republic of China

[fr] Loi sur la signature électronique de la République populaire de Chine

[de] Gesetz zur elektronischen Signatur der Volksrepublik China

[it] Legge su firma elettronica della Repubblica Popolare Cinese

[jp] 「中華人民共和国電子署名法」

[kr] <중화인민공화국 전자 서명법>

[pt] Lei de Assinatura Electrónica da República Popular da China

[ru] Закон об электронной подписи Китайской Народной Республики

[es] Ley sobre Firma Electrónica de la República Popular China

93104 《中华人民共和国政府信息公开条例》

[ar] لوائح جمهورية الصين الشعبية بشأن الإفصاح عن المعلومات الحكومية

[en] Regulations of the People's Republic of China on Open Government Information

[fr] Règlement sur la divulgation de l'information gouvernementale de la République populaire de Chine

[de] Verordnung über Offenlegung der Regierungsinformationen der Volksrepublik China

[it] Regolamento sull'informazione governativa aperta della Repubblica Popolare Cinese

[jp] 「中華人民共和国政府情報公開条例」

[kr] <중화인민공화국 정부 정보 공개 조례>

[pt] Regulamentos sobre a Abertura da Informação Governmental da República Popular da China

[ru] Положение об открытии правительственной информации Китайской Народной Республики

[es] Reglamentos sobre información del gobierno Abierta de la República Popular China

93105 《中华人民共和国计算机信息系统安全保护条例》

[ar] لوائح جمهورية الصين الشعبية لحماية أمن نظام المعلومات الحاسوبية

[en] Regulations of the People's Republic of China for Safety Protection of Computer Information Systems

[fr] Règlement sur la protection de la sécurité des systèmes informatiques de la République populaire de Chine

[de] Verordnung über Schutz von Computerinformationssystemen der Volksrepublik China

[it] Regolamento sulla protezione di sicurezza del sistema informatico di computer della Repubblica Popolare Cinese

[jp] 「中華人民共和国コンピュータ情報システムセキュリティ保護条例」

[kr] <중화인민공화국 컴퓨터 정보시스템 안전 보호 조례>

[pt] Regulamentos para Proteção da Segurança dos Sistemas da Informação de Computador da República Popular da China

[ru] Положение о защите безопасности компьютерных информационных систем Китайской Народной Республики

[es] Reglamentos de la República Popular China para la Protección de la Seguridad de Sistemas de Información Computadorizados

93106 《科学数据管理办法》(中国)

[ar] تدابير إدارية للبيانات العلمية (الصين)

[en] Measures for the Management of Scientific Data (China)

[fr] Réglementation sur les données scientifiques (Chine)

[de] Managementmaßnahmen der wissenschaftlichen Daten (China)

[it] Misure sulla gestione dei dati scientifici (Cina)

[jp] 「科学データ管理弁法」(中国)

[kr] <과학 데이터 관리 방법>(중국)

[pt] Medidas para a Gestão de Dados Científicos(China)

[ru] Метод управления научными данными (Китай)

[es] Medidas para la Gestión de Datos Científicos (China)

93107 《互联网信息服务管理办法》(中国)

[ar] تدابير إدارية لخدمات معلومات الإنترنت (الصين)

[en] Regulations on Internet Information Service (China)

[fr] Règlementation sur le service d'information sur Internet (Chine)

[de] Managementmaßnahmen des Internetinformationsdienstes (China)

[it] Regolamento del Servizio d'Informazione su Internet (Cina)

[jp] 「インターネット情報サービス管理弁法」(中国)

[kr] <인터넷 정보 서비스 관리 방법>(중국)

[pt] Regulamento sobre o Serviço Informativo da Internet (China)

[ru] Метод управления информационными услугами Интернета Китайской Народной Республики (Китай)

[es] Regulación del Servicio de Información en Internet (China)

93108 《信息网络传播权保护条例》(中国)

[ar] لوائح حماية حق نشر المعلومات عبر الإنترنت (الصين)

[en] Regulations on the Protection of the Right to Communicate Works to the Public over Information Networks (China)

[fr] Règlement sur la protection du droit de communication des œuvres au public sur les réseaux d'information (Chine)

[de] Verordnung über Schutz des Rechts auf öffentliche Verbreitung von Werken über Informationsnetz (China)

[it] Regolamento sulla protezione del diritto della comunicazione tramite la rete di informazione (Cina)

[jp] 「情報ネットワーク伝播権保護条例」(中国)

[kr] <정보 네트워크 전파권 보호 조례>(중국)

[pt] Regulamento sobre a Proteção do Direito de Comunicação ao Público sob Redes Informáticas (China)

[ru] Положение об охране права на представление произведений на общественное ознакомление через информационные сети (Китай)

[es] Reglamento sobre la Protección del Derecho de Comunicación de Obras al Público mediante Redes de Información (China)

93109 《天津市促进大数据发展应用条例》

[ar] لوائح تيانجين بشأن تعزيز تطوير البيانات الضخمة وتطبيقها

[en] Regulations of Tianjin Municipality on Promoting the Development and Application of Big Data

[fr] Règlement sur la promotion du développement et de l'application des mégadonnées de Tianjin

9.3

[de] Bestimmungen über Förderung der Big
Data-Entwicklung und -anwendung der
Stadt Tianjin

[it] Disposizione sulla promozione dello
sviluppo e dell'applicazione di Big Data
della municipalità di Tianjin

[jp] 「天津市ビッグデータの発展を促進す
る応用条例」

[kr] <톈진시 빅데이터 발전 추진 응용 조례>

[pt] Disposições para a Promoção do
Desenvolvimento e Aplicação de Big
Data da Cidade de Tianjin

[ru] Положение о содействии развитию и
применению больших данных города
Тяньцзинь

[es] Disposiciones de Tianjin sobre la
Promoción del Desarrollo y las
Aplicaciones de Big Data

93110 《上海市政务数据资源共享管理办法》

[ar] تدابير إدارية للتشارك في موارد بيانات بلدية
شانغهاي

[en] Measures of Shanghai Municipality for
the Management of Government Affairs-
Related Data Resources Sharing

[fr] Règlementation sur la gestion du partage
des ressources de données liées aux
affaires administratives de Shanghai

[de] Managementmaßnahmen zum Sharing
von Datenressourcen der Regierungsan-
gelegenheiten in Shanghai

[it] Misure sulla gestione della condivisione
di risorse dati relative ad affari
governativi della municipalità di
Shanghai

[jp] 「上海市政務データ資源の共有に関す
る管理弁法」

[kr] <상하이시 정무 데이터 자원 공유 관리
방법>

[pt] Medidas para a Gestão do Partilha de
Recursos de dados Relacionados a

Assuntos Governamentais da Cidade de
Xangai

[ru] Метод управления совместным
использованием правительственных
информационных ресурсов города
Шанхай

[es] Medidas de Shanghai para la Gestión del
Uso Compartido de Recursos de Datos
Relacionados con Asuntos del Gobierno

93111 《广东省政务数据资源共享管理办法
（试行）》

[ar] تدابير إدارية للتشارك في موارد البيانات الحكومية
في مقاطعة قوانغدونغ (الإصدار التجريبي)

[en] Measures of Guangdong Province
for Government Affairs-Related Data
Resources Sharing (Trial)

[fr] Règlementation sur le partage des
ressources de données liées aux affaires
administratives de la Province du
Guangdong (essai)

[de] Managementmaßnahmen zum Sharing
von Datenressourcen der Regierungs-
angelegenheiten der Provinz Guangdong
(in Probephase)

[it] Regolamento provinciale sulla
condivisione di risorse di dati relativi
agli affari governativi di Guangdong
(Prova)

[jp] 「広東省政務データ資源の共有に関す
る管理弁法（試行）」

[kr] <광둥성 정무 데이터 자원 공유 관리 방
법(연습 실행)>

[pt] Medidas para a Partilha de Recursos
de Dados Relacionados a Assuntos
Governamentais da Província de
Guangdong (Julgamento)

[ru] Метод управления совместным
использованием правительственных
информационных ресурсов
провинции Гуандун (предлагаемый)

[es] Reglamentos Provinciales de Guangdong sobre el Uso Compartido de Recursos de Datos Relacionados con Asuntos del Gobierno (Prueba)

93112 《浙江省公共数据和电子政务管理办法》

[ar] تدابير إدارية للبيانات العامة والحكومة الإلكترونية في مقاطعة تشجيانغ

[en] Measures of Zhejiang Province for the Management of Public Data and E-Government

[fr] Règlementation sur la gestion des données publiques et l'administration en ligne de la Province du Zhejiang

[de] Managementmaßnahmen der öffentlichen Daten und elektronischer Regierungsverwaltung der Provinz Zhejiang

[it] Misure amministrative provinciali su dati pubblici e e-goverment della provincia dello Zhejiang

[jp] 「浙江省公共データと電子政務管理弁法」

[kr] <저장성 공공 데이터와 전자 정무 관리 방법>

[pt] Medidas para a Gestão dos Dados Públicos e E-Governo da Província de Zhejiang

[ru] Метод управления общедоступными данными и электронным правительством провинции Чжэцзян

[es] Medidas Provinciales de Zhejiang para la Gestión de Datos Públicos y Gobierno Electrónico

93113 《海南省公共信息资源管理办法》

[ar] تدابير إدارية للموارد المعلومات العامة في مقاطعة هاينان

[en] Measures of Hainan Province for the Management of Public Information Resources

[fr] Règlementation sur la gestion des

ressources d'information publique de la Province du Hainan

[de] Managementmaßnahmen der öffentlichen Informationsressourcen der Provinz Hainan

[it] Misure provinciale per gestione di risorse di informazione pubblica della provincia di Hainan

[jp] 「海南省公共情報資源管理弁法」

[kr] <하이난성 공공 정보 지원 관리 방법>

[pt] Medidas para a Gestão de Recursos de Informação Pública da Província de Hainan

[ru] Метод управления общественными информационными ресурсами провинции Хайнань

[es] Medidas Provinciales de Hainan para la Gestión de Recursos Públicos de Información

93114 《贵州省大数据发展应用促进条例》

[ar] لوائح مقاطعة قويتشو بشأن تعزيز وتطبيق البيانات الضخمة

[en] Regulations of Guizhou Province on Promoting the Development and Application of Big Data

[fr] Règlement sur la promotion du développement et de l'application des mégadonnées de la Province du Guizhou

[de] Bestimmungen über Förderung der Big Data-Entwicklung und -Anwendung der Provinz Guizhou

[it] Disposizioni sulla promozione dello sviluppo e dell'applicazione di Big Data della provincia del Guizhou

[jp] 「貴州省ビッグデータ発展応用促進条例」

[kr] <구이저우성 빅데이터 발전 응용 추진 조례>

[pt] Disposições para a Promoção do Desenvolvimento e Aplicação de Big

9.3

Data da Província de Guizhou

[ru] Положение о содействии развитию и применению больших данных провинции Гуйчжоу

[es] Disposiciones Provinciales de Guizhou sobre la Promoción del Desarrollo y las Aplicaciones de Big Data

93115 《贵州省大数据安全保障条例》

[ar] لوائح مقاطعة قويتشو لضمان أمن البيانات الضخمة

[en] Regulations of Guizhou Province on Big Data Security Control

[fr] Règlement sur la protection de la sécurité des mégadonnées de la Province du Guizhou

[de] Bestimmungen über Big Data-Sicherheitsschutz der Provinz Guizhou

[it] Disposizione provinciale sulla sicurezza di Big Data della provincia del Guizhou

[jp] 「貴州省ビックデータセキュリティ保障条例」

[kr] <구이저우성 빅데이터 안전 보장 조례>

[pt] Disposições para a Segurança de Big Data da Província de Guizhou

[ru] Положение об обеспечении безопасности больших данных провинции Гуйчжоу

[es] Disposiciones Provinciales de Guizhou sobre la Seguridad de Big Data

93116 《云南省科学数据管理实施细则》

[ar] لوائح مقاطعة يوننان لإدارة البيانات العلمية

[en] Detailed Rules of Yunnan Province for the Management of Scientific Data

[fr] Règles d'application sur la gestion des données scientifiques de la Province du Yunnan

[de] Durchführungsbetimmungen über Management der wissenschaftlichen Daten der Provinz Yunnan

[it] Regole dettagliate provinciali sulla gestione di dati scientifici della provincia dello Yunnan

[jp] 「雲南省科学データ管理実施細則」

[kr] <윈난성 과학 데이터 관리 실시 세칙>

[pt] Regras Detalhadas para a Gestão dos Dados Científicos da Província de Yunnan

[ru] Подробные правила управления научными данными провинции Юньнань

[es] Reglamento Provincial Detallado de Yunnan para la Gestión de Datos Científicos

93117 《杭州市政务数据资源共享管理暂行办法》

[ar] تدابير مؤقتة لإدارة موارد البيانات الحكومية التشاركية في مدينة هانغتشو

[en] Interim Measures of Hangzhou City for the Management of Government Affairs-Related Data Resources Sharing

[fr] Réglementation provisoire sur la gestion du partage des ressources de données liées aux affaires administratives de Hangzhou

[de] Provisiorische Managementmaßnahmen zum Sharing von Datenressourcen der Regierungsangelegenheiten der Stadt Hangzhou

[it] Misura amministrativa provvisoria sulla condivisione di risorse dei dati relativi agli affari governativi di Hangzhou

[jp] 「杭州市政務データ資源の共有管理に関する暫定弁法」

[kr] <항저우시 정무 데이터 자원 공유 관리 잠정 방법>

[pt] Medidas para a Gestão do Partilha de Recursos de Dados Relativos a Assuntos Governamentais da Cidade de Hangzhou

[ru] Временные меры по управлению совместным использованием

правительственных информационных ресурсов города Ханчжоу

[es] Medidas Provisionales de Hangzhou para la Gestión del Uso Compartido de Recursos de Datos Relacionados con Asuntos del Gobierno

93118 《武汉市政务数据资源共享管理暂行办法》

[ar] تدابير مؤقتة لإدارة موارد البيانات الحكومية التشاركية في مدينة ووهان

[en] Interim Measures of Wuhan City for the Management of Government Affairs-Related Data Resources Sharing

[fr] Règlementation provisoire sur la gestion du partage des ressources de données liées aux affaires administratives de Wuhan

[de] Provisiorische Managementmaßnahmen zum Sharing von Datenressourcen der Regierungsangelegenheiten der Stadt Wuhan

[it] Misura amministrativa provvisoria sulla condivisione di risorse dei dati relativi agli affari governativi di Wuhan

[jp] 「武漢市政務データ資源共有管理暫定弁法」

[kr] <우한시 정무 데이터 자원 공유 관리 잠정 방법>

[pt] Medidas Interinas para a Gestão da Partilha dos Recursos de Dados Relacionados aos Assuntos Governamentais da Cidade de Wuhan

[ru] Временные меры по управлению совместным использованием правительственных информационных ресурсов города Ухань

[es] Medidas Provisionales de Wuhan para la Gestión del Uso Compartido de Recursos de Datos Relacionados con Asuntos del Gobierno

93119 《贵阳市政府数据共享开放条例》

[ar] لوائح افتتاح البيانات الحكومية التشاركية في مدينة قوييانغ

[en] Regulations of Guiyang City on Open and Shared Government Data

[fr] Règlement sur l'ouverture et le partage des données liées aux affaires administratives de Guiyang

[de] Managementmaßnahmen zum Sharing und Öffnung von Regierungsdaten der Stadt Guiyang

[it] Disposizione sull'apertura e la condivisione dei dati governativi di Guiyang

[jp] 「貴陽市政府データの共有と公開に関する条例」

[kr] <구이양시 정부 데이터 공유 공개 조례>

[pt] Disposições sobre Abertura e Partilha de Dados Governamentais da Cidade de Guiyang

[ru] Положение об открытии и совместном использовании правительственных данных города Гуйян

[es] Disposiciones de Guiyang sobre la Apertura y el Uso Compartido de Datos del Gobierno

93120 《贵阳市政府数据资源管理办法》

[ar] تدابير إدارة موارد البيانات الحكومية في مدينة قوييانغ

[en] Measures of Guiyang City for the Management of Government Data

[fr] Règlementation sur la gestion des ressources de données liées aux affaires administratives de Guiyang

[de] Managementmaßnahmen von Regierungsdatenressourcen der Stadt Guiyang

[it] Regolamento amministrativo sulle risorse di dati governativi di Guiyang

[jp] 「貴陽市政府データ資源管理弁法」

[kr] <구이양시 정부 데이터 자원 관리 방법>

[pt] Medidas para a Gestão de Dados Governamentais da Cidade de Guiyang

[ru] Метод управления правительственными информационными ресурсами города Гуйян

[es] Reglamentos de Guiyang sobre la Administración de Datos del Gobierno

93121 《贵阳市大数据安全管理条例》

[ar] لوائح إدارة أمن البيانات الضخمة بمدينة قوييانغ

[en] Regulations of Guiyang City on Big Data Security Management

[fr] Règlement sur la gestion de la sécurité des mégadonnées de Guiyang

[de] Managementsverordnungen über Big Data-Sicherheit der Stadt Guiyang

[it] Disposizione amministrativa sulla sicurezza di Big Data di Guiyang

[jp] 「貴陽市ビッグデータセキュリティ管理条例」

[kr] <구이양시 빅데이터 보안 관리 조례>

[pt] Disposições para a Gestão da Segurança de Big Data da Cidade de Guiyang

[ru] Положение управления безопасностью больших данных города Гуйян

[es] Disposiciones de Guiyang sobre la Gestión de la Seguridad de Big Data

93122 《西安市政务数据资源共享管理办法》

[ar] تدابير إدارة موارد البيانات الحكومية التشاركية في مدينة شيآن

[en] Measures of Xi'an City for the Management of Government Affairs-Related Data Resources Sharing

[fr] Règlementation sur la gestion du partage des ressources de données liées aux affaires administratives de Xi'an

[de] Managementmaßnahmen zum Sharing von Datenressourcen der Regierungsangelegenheiten der Stadt Xi'an

[it] Misura amministrativa sulla condivisione di risorse dei dati relativi agli affari governativi di Xi'an

[jp] 「西安市政務データ資源共有管理弁法」

[kr] <시안시 정무 데이터 자원 공유 관리 방법>

[pt] Medidas de Gestão para a Partilha dos Recursos de Dados Relacionado aos Assuntos Governamentais da Cidade de Xi'an

[ru] Метод управления совместным использованием правительственных информационных ресурсов города Сиань

[es] Medidas de Xi'an para la Gestión del Uso Compartido de Recursos de Datos Relacionados con Asuntos del Gobierno

9.3.2 数据开放立法

[ar] تشريع انفتاح البيانات

[en] **Legislation on Open Data**

[fr] **Législation sur l'ouverture des données**

[de] **Gesetzgebung zur Datenöffnung**

[it] **Legislazione sui dati aperti**

[jp] データ公開の法整備

[kr] 데이터 공개 입법

[pt] **Legislação de Abertura de Dados**

[ru] **Законодательство об открытии данных**

[es] **Legislación de Apertura de Datos**

93201 政府数据资源管理

[ar] إدارة موارد البيانات الحكومية

[en] management of government data

[fr] gestion des ressources de données gouvernementales

[de] Verwaltung der Regierungsdatenressourcen

[it] gestione delle risorse dei dati governativi

[jp] 政府データリソース管理

9.3

[kr] 정부 데이터 자원 관리

[pt] gestão de recursos de dados governamentais

[ru] управление правительственными данными

[es] gestión de recursos de datos del gobierno

93202 资源目录

[ar] دليل الموارد

[en] resource directory

[fr] répertoire de ressources

[de] Ressourcenverzeichnis

[it] elenco delle risorse

[jp] リソース目録

[kr] 자원 목록

[pt] diretório de recursos

[ru] каталог ресурсов

[es] directorio de recursos

93203 共享目录

[ar] دليل التشارك

[en] shared directory

[fr] répertoire de partage

[de] Sharing-Verzeichnis

[it] elenco di condivisione

[jp] 共有ディレクトリ

[kr] 공유 목록

[pt] diretório partilhado

[ru] общий каталог

[es] directorio compartido

93204 开放目录

[ar] دليل مفتوح

[en] Open Directory

[fr] Répertoire d'ouverture

[de] Freigegebenes Verzeichnis

[it] Elenco aperto

[jp] オープンディレクトリ

[kr] 개방 목록

[pt] Directório Aberto

[ru] Открытый каталог

[es] Directorio Abierto

93205 数据采集汇聚

[ar] حصول على البيانات وتجميعها

[en] data acquisition and aggregation

[fr] acquisition et groupement de données

[de] Datenerfassung und -aggregation

[it] acquisizione ed aggregazione dei dati

[jp] データの収集と集約

[kr] 데이터 수집 및 집합

[pt] aquisição e agregação de dados

[ru] сбор и агрегация данных

[es] adquisición y agregación de datos

93206 一数一源

[ar] بيان واحد من مصدر واحد

[en] source-controlled collection of e-government data

[fr] collecte des données du gouvernement électronique via les sources contrôlées

[de] quellengesteuerte Erfassung von E-Government-Daten

[it] raccolta controllata da fonti dei dati di e-government

[jp] 「一つのデータソース、一回の収集」（一つのデータは一回しか収集できない。）

[kr] 데이터 및 데이터 송신부 일일 대응

[pt] coleta de dados do E-governo por recurso controlado

[ru] сбор данных об электронном правительстве с контролируемым источником

[es] recopilación de datos de una sola fuente

93207 一源多用

[ar] مصدر واحد لتعدد الاستخدامات

[en] multiple uses of data collected from a single source

[fr] source unique à l'usage multiple

[de] Mehrzwecknutzung von Daten aus einer Quelle

[it] fonte multiuso

[jp] 「一つのデータソース、多数の共有者」
（一回しか収集できないデータは多部
門間で共有できる。）

[kr] 데이터 송신부 다중 적용

[pt] um recuso para multiuso

[ru] универсальное использование данных
от одного из источников

[es] multiuso de una sola fuente

93208 无条件共享

[ar] تشارك غير مشروط

[en] unconditional sharing of government
resources

[fr] partage inconditionnel

[de] bedingungsloses Sharing

[it] condivisione incondizionata

[jp] 無条件共有

[kr] 무조건 공유

[pt] partilha incondicional

[ru] безусловное разделение

[es] uso compartido incondicional

93209 有条件共享

[ar] تشارك مشروط

[en] conditional sharing of government
resources

[fr] partage conditionnel

[de] bedingtes Sharing

[it] condivisione condizionale

[jp] 条件付き共有

[kr] 조건부 공유

[pt] partilha condicional

[ru] условное разделение

[es] uso compartido condicional

93210 不予共享

[ar] عدم السماح بالتشارك

[en] no sharing of government resources

[fr] ressources gouvernementales non-
partageables

[de] Nicht-Sharing staatlicher Mittel

[it] condivisione condizionale delle risorse
governative

[jp] 共用不可

[kr] 공유 거부

[pt] não-partilhável de recursos do governo

[ru] отказать в разделении
правительственных ресурсов

[es] uso compartido no permitidos de
recursos del gobierno

93211 无条件开放

[ar] انفتاح بدون شروط

[en] unconditional access

[fr] ouverture inconditionnelle

[de] bedingungslose Öffnung

[it] accesso incondizionato

[jp] 無条件開放

[kr] 무조건 공개

[pt] abertura incondicional

[ru] безусловное открытие

[es] apertura incondicional

93212 依申请开放

[ar] انفتاح حسب الطلب

[en] access on request

[fr] ouverture à la demande

[de] Öffnung auf Antrag

[it] accesso su richiesta

[jp] 申請に従って公開すること

[kr] 신청에 의한 공개

[pt] abertura ao pedido

[ru] открытие по запросу

[es] abierto bajo petición

93213 依法不予开放

[ar] ممنوع الفتح وفقا للقانون

[en] access rejected according to the law

[fr] accès refusé conformément à la loi

[de] Nicht-zu-Öffnen nach dem Gesetz

[it] accesso negato ai sensi di legge

[jp] 法律に従って公開しないこと

[kr] 법에 의한 공개 거부

[pt] fechamento conforme a lei

[ru] отказать в открытии правительственных данных на основании законов

[es] no apertura conforme a la ley

93214 政府数据分级分类

[ar] تصنيف البيانات الحكومية

[en] classification of government data

[fr] classification des données gouvernementales

[de] Einstufung und Klassifizierung von Regierungsdaten

[it] classificazione dei dati governativi

[jp] 政府データの等級付けと分類

[kr] 정부 데이터 분급 분류

[pt] classificação de dados governamentais

[ru] классификация правительственных данных

[es] calificación y clasificación de datos del gobierno

93215 政府数据共享开放考核

[ar] تقييم مدى مشاركة وانفتاح البيانات الحكومية

[en] assessment of government data accessibility

[fr] évaluation du partage et de l'ouverture des données gouvernementales

[de] Bewertung des Sharing und der Öffnung von Regierungsdaten

[it] valutazione sulla condivisione e l'accesso ai dati governativi

[jp] 政府のデータ共有と公開に関する評価

[kr] 정부 데이터 공유 공개 심사

[pt] avaliação sobre partilha e abertura de dados governamentais

[ru] оценка совместного использования и открытия правительственных данных

[es] evaluación del uso compartido y la apertura de datos del gobierno

93216 数据资产登记

[ar] تسجيل أصول البيانات

[en] data asset registration

[fr] enregistrement des actifs de données

[de] Registrierung der Datenbestände

[it] registrazione degli asset dei dati

[jp] データ資産の登録

[kr] 데이터 자산 등록

[pt] registro de ativos de dados

[ru] регистрация активов данных

[es] registro de activos de datos

93217 脱敏脱密审核

[ar] مراجعة فك تبييض البيانات

[en] review of data masking and decryption

[fr] approbation de masquage et de décryptage des données

[de] Überprüfung der Desensibilisierung und Entschlüsselung von Daten

[it] revisione di disensibilizzazione e revisione dei dati

[jp] マスキングと暗号解読の審査

[kr] 민감성 및 기밀성 해탈 심사

[pt] revisão de desensitização e descriptografia de dados

[ru] рассмотрение маскировки и дешифрования данных

[es] revisión de la desensibilización y desencriptación de datos

93218 公共信息资源目录管理制度

[ar] نظام إدارة كتالوج موارد المعلومات العامة

[en] management system for public information resource directory

[fr] système de gestion du répertoire de ressources d'informations publiques

[de] Managementsystem für Ressourcenver-zeichnis der öffentlichen Informationen

[it] sistema di gestione del elenco delle

risorse di informazione pubblica

[jp] 公共情報資源の目録管理システム

[kr] 공공 정보 자원의 목록 관리 제도

[pt] sistema de gestão para o diretório de recursos de dados públicos

[ru] система управления каталогом ресурсов публичной информации

[es] sistema de gestión de directorios de recursos de información pública

93219 应汇尽汇原则

[ar] مبدأ جمع كل البيانات الواجب جمعها

[en] principle of collecting all data that ought to be collected

[fr] principe de collecte de toutes les données à collecter

[de] Prinzip der Sammlung aller zu-sam-melnden-Daten

[it] principio di raccolta di tutti i dati che necessitano di essere raccolti

[jp] 「収集すべき情報をすべて収集する」原則

[kr] 데이터 수집 최대화 원칙

[pt] princípio de Recolha de Todos os Dados a ser Recolhidos Devidamente

[ru] принцип сбора всех данных надлежащим образом

[es] principios de recopilación de todos los datos que se debería recopilar

93220 信息追溯体系

[ar] نظام تتبع المعلومات

[en] information traceability system

[fr] système de traçage des informations

[de] Informationsrückverfolgungssystem

[it] sistema di tracciabilità delle informazioni

[jp] 情報追跡システム

[kr] 정보 추적 시스템

[pt] sistema de rastreabilidade da informação

[ru] система прослеживаемости информации

[es] sistema de trazabilidad de información

93221 公共信息资源分级分类标准

[ar] معيار تصنيف مصادر المعلومات العامة

[en] standard for public information resource classification

[fr] norme de classification de ressources d'informations publiques

[de] Einstufungs- und Klassifizierungsnorm für öffentliche Informationsressourcen

[it] standard di classificazione delle risorse di informazione pubblica

[jp] 公共情報リソースの等級付けと分類基準

[kr] 공공 정보 자원 분급 분류 표준

[pt] padrão de classificação dos recursos de dados públicos

[ru] стандарты классификации публичных информационных ресурсов

[es] estándares de calificación y clasificación de recursos de información públicos

93222 公共数据采集制度

[ar] نظام جمع البيانات العامة

[en] public data collection system

[fr] système de collecte de données publiques

[de] Erfassungssystem der öffentlichen Daten

[it] sistema di racolta dei dati pubblici

[jp] 公共データ収集制度

[kr] 공공 데이터 수집 제도

[pt] sistema de coleção de dados públicos

[ru] система сбора публичных данных

[es] sistema de recogida de datos públicos

93223 公共数据开放负面清单制度

[ar] نظام القائمة السلبية لفتح البيانات العامة

[en] negative list system for open public data

[fr] système de liste négative pour l'ouverture des données publiques

[de] Negativlistensystem zur öffentlichen

9.3

Dateneröffnung

[it] sistema di elenco negativo per l'apertura dei dati pubblici

[jp] 公共データ公開のためのネガティブリストシステム

[kr] 공공 데이터 개방의 네거티브 리스트 제도

[pt] sistema de lista negativa para publicação de dados públicos

[ru] система негативных списков для открытия публичных данных

[es] sistema de listas negativas para la apertura de datos públicos

93224 公共数据共享开放风险评估制度

[ar] نظام تقييم مخاطر التشارك والانفتاح للبيانات العامة

[en] risk assessment system for open and shared public data

[fr] système d'évaluation des risques de partage et d'ouverture des données publiques

[de] Risikobewertungssystem für Sharing und Öffnung öffentlicher Daten

[it] sistema di valutazione di rischio di condivisione e apertura dei dati pubblici

[jp] 公共データ共有・公開のリスク評価システム

[kr] 공공 데이터 공개 개방의 리스크 평가 제도

[pt] sistema de avaliação de risco do partilha e publicação de dados públicos

[ru] система оценки рисков совместного использования и открытия публичных данных

[es] sistema de evaluación de riesgos del uso compartido y la apertura de datos públicos

93225 痕迹化管理

[ar] إدارة التتبع

[en] trace management

[fr] gestion de traces

[de] Spur-Management

[it] gestione della traccia

[jp] トレース管理

[kr] 흔적화 관리

[pt] gestão de traço de trabalhos

[ru] управление трассировкой

[es] administración de rastros

93226 比对验证模式

[ar] نمط التحقق من خلال المقارنة

[en] comparison and verification mode

[fr] mode de vérification par comparaison

[de] Vergleichs- und Verifikationsmodus

[it] modalità di verifica comparativa

[jp] 比較検証モード

[kr] 비교 인증 모델

[pt] modo de verificação e comparação

[ru] режим сравнения и проверки

[es] modo de verificación de comparaciones

93227 查询引用模式

[ar] نمط الاستعلام والاقتباس

[en] query reference mode

[fr] mode de référence par requête

[de] Abfragereferenzmodus

[it] modalità di riferimento del query (interrogazione)

[jp] クエリリファレンスパターン

[kr] 조회 인용 모델

[pt] modo de consulta de referência

[ru] модель запроса и ссылки

[es] patrón de referencia de consultas

93228 批量复制模式

[ar] نمط استنساخي على دفعة

[en] bulk copy mode

[fr] mode de réplication en bloc

[de] Massenkopiermodus

[it] modalità di copia di massa

[jp] バルクコピーモード

[kr] 벌크 복제 모델

[pt] modo de cópia em massa

[ru] модель массового копирования

[es] modo de copias masivas

93229 按需共享

[ar] تشارك حسب الحاجة

[en] on-demand sharing

[fr] partage sur le besoin

[de] Sharing auf Nachfrage

[it] condivisione su richesta

[jp] オンデマンド・シェアリング

[kr] 수요에 따른 공유

[pt] partilha sob demanda

[ru] обмен по требованию

[es] uso compartido bajo demanda

93230 物理分散、逻辑集中原则

[ar] مبدأ اللامركزية المادية والمركزية المنطقية

[en] principle of physical decentralization and logical centralization

[fr] principe de décentralisation physique et de centralisation logique

[de] Prinzip der physischen Dezentralisierung und logischen Zentralisierung

[it] principio di decentramento fisico e di centralizzazione logica

[jp] 「物理的分散、論理的集中」原則

[kr] 물리 분산, 논리 집중 원칙

[pt] princípio de descentralização física e centralização lógica

[ru] принцип физической децентрализации и логической централизации

[es] principio de la descentralización física y la centralización lógica

93231 普遍开放

[ar] انفتاح عام

[en] universal access

[fr] accès universel

[de] allgemeine Öffnung

[it] accesso universale

[jp] 普遍的公開

[kr] 보편적 공개

[pt] disponibilidade universal de dados do governo eletrónico

[ru] общий доступ

[es] acceso universal a los datos del gobierno electrónico

93232 授权开放

[ar] انفتاح مصرّح

[en] authorized access

[fr] accès autorisé

[de] berechtigte Öffnung

[it] accesso autorizzato

[jp] 承認的公開

[kr] 수권 공개

[pt] autorização aberta

[ru] доступ с авторизацией

[es] apertura de autorización

93233 原始数据不离平台原则

[ar] مبدأ حفظ البيانات الأصلية داخل المنصة

[en] principle of keeping raw data within the platform

[fr] principe de conservation des données brutes sur la plate-forme

[de] Prinzip der Einbehaltung der Stammdaten innerhalb der Plattform

[it] principio di conservazione dei dati grezzi all'interno della piattaforma

[jp] プラットフォーム内に生データを保持する原則

[kr] 라우 데이터 전이 불발생 원칙

[pt] princípios de manter os dados brutos dentro da plataforma

[ru] принцип хранения сырых данных внутри платформы

[es] principio de conservación de los datos en bruto en la plataforma

93234 应用日志审计

[ar] تدقيق يوميات التطبيق

[en] application log auditing

[fr] audit du journal d'application

[de] Prüfung des Anwendungsprotokolls

[it] revisione di accesso all'applicazione

[jp] アプリケーションログ監査

[kr] 응용 일지 심사

[pt] auditoria de logs do aplicativo

[ru] аудит журнала приложений

[es] auditoría de registros de aplicaciones

93235 政府信息发布协调机制

[ar] آلية التنسيق لإصدار المعلومات الحكومية

[en] coordination mechanism for government information release

[fr] mécanisme de coordination pour la diffusion d'informations gouvernementales

[de] Koordinierungsmechanismus für die Veröffentlichung von Regierungsinformationen

[it] meccanismo di coordinamento per il rilascio di informazioni governative

[jp] 政府情報発表のための協調メカニズム

[kr] 정부 정보 발표 협조 메커니즘

[pt] mecanismo de coordenação para divulgação de informações do governo

[ru] координационный механизм публикации правительственной информации

[es] mecanismo de coordinación para la divulgación de información del gobierno

93236 政府信息发布保密审查机制

[ar] آلية المراجعة السرية لإصدار المعلومات الحكومية

[en] confidentiality review mechanism for the release of government information

[fr] mécanisme d'examen de la confidentialité pour la publication d'informations gouvernementales

[de] Mechanismus zur Überprüfung der Vertraulichkeit für die Veröffentlichung von Regierungsinformationen

[it] meccanismo di revisione della riservatezza per il rilascio di informazioni governative

[jp] 政府情報発表のための守秘審査メカニズム

[kr] 정부 정보 발표 보안 심사 메커니즘

[pt] mecanismo de revisão de confidencialidade para a divulgação de informações governamentais

[ru] механизм проверки конфиденциальности при публикации правительственной информации

[es] mecanismo de revisión de la confidencialidad para la divulgación de información del gobierno

93237 政府数据分级分类目录管理

[ar] إدارة قائمة تصنيف البيانات الحكومية

[en] management of government data classification directories

[fr] gestion du répertoire de données gouvernementales catégorisées

[de] Verzeichnismanagement der Einstufung und Klassifizierung der Regierungsdaten

[it] elenco dei dati governativi

[jp] 政府データの等級付け及び分類の目録管理

[kr] 정부 데이터 분급 분류 목록 관리

[pt] gestão de catálogo de dados governamentais em forma de classificações respetivas

[ru] управление каталогом классификации правительственных данных

[es] gestión de lista de calificación y clasificación de los datos del gobierno

93238 共享开放保密审查机制

[ar] آلية المراجعة السرية للانفتاح والتشارك

9.3

[en] confidentiality review mechanism for shared and open data

[fr] mécanisme d'examen de confidentialité pour le partage et l'ouverture

[de] Vertraulichkeitsprüfungsmechanismus zum Sharing und zur Öffnung der Daten

[it] meccanismo di revisione della riservatezza per la condivisione e l'apertura

[jp] 共有・公開の守秘審査メカニズム

[kr] 공유 공개 보안 심사 메커니즘

[pt] mecanismo de revisão de confidencialidade para partilha e publicação

[ru] механизм проверки конфиденциальности обмена и открытия

[es] mecanismo de revisión de la confidencialidad para la compartición y la apertura

93239 政府数据共享开放工作评估

[ar] تقييم عملية تشارك وفتح البيانات الحكومية

[en] appraisal of open and shared government data

[fr] évaluation du partage et de l'ouverture des données gouvernementales

[de] Bewertung des Sharing und der Öffnung von Regierungsdaten

[it] valutazione sulla condivisione e l'accesso dei dati governativi

[jp] 政府データの共有と公開に対する評価

[kr] 정부 데이터 공유 공개 업무 평가

[pt] avaliação sobre patilha e abertura de dados do governo

[ru] оценка работы по обмену и открытию правительственных данных

[es] evaluación del uso compartido y la apertura de datos del gobierno

9.3.3 数据交易立法

[ar] تشريع عملية تعامل البيانات

[en] Legislation on Data Trading

[fr] Législation sur l'échange de données

[de] Gesetzgebung des Datenhandels

[it] Legislazione per lo scambio dei dati

[jp] データ取引の法整備

[kr] 데이터 거래 입법

[pt] Legislação Relativa à Negociação de Dados

[ru] Законодательство о торговли данными

[es] Legislación sobre el Comercio de Datos

93301 数据交易市场

[ar] سوق تعامل البيانات

[en] data trading market

[fr] marché des données

[de] Datenhandelsmarkt

[it] mercato di scambio dei dati

[jp] データ取引市場

[kr] 데이터 거래 시장

[pt] mercado de negociação de dados

[ru] рынок торговли данными

[es] mercado de comercio de datos

93302 交易价格

[ar] سعر التعامل

[en] trading price

[fr] prix de trading

[de] Transaktionspreis

[it] prezzo di scambio

[jp] 取引価格

[kr] 거래 가격

[pt] preço da transação

[ru] цена сделки

[es] precio de transacción

93303 数据用途

[ar] فوائد البيانات

[en] data usage

[fr] usage de données

[de] Datenbenutzungsbereich

[it] utilizzo dei dati

[jp] データの用途

[kr] 데이터 용도

[pt] uso de dados

[ru] применение данных

[es] uso de datos

93304 数据交易合同示范文本

[ar] عقد نموذجي لتعامل البيانات

[en] data trading contract template

[fr] modèle de contrat sur le trading de données

[de] Mustertext des Datenhandelsvertrags

[it] modello di contratto per lo scambio dei dati

[jp] データ取引契約書書式

[kr] 데이터 거래 계약 시범 문서

[pt] modelo do contrato comercial de dados

[ru] образец договора о торговле данными

[es] modelo de contrato de comercio de datos

93305 数据交易当事人

[ar] أطراف في تداول البيانات

[en] party in data trading

[fr] intéressé du trading de données

[de] Parteien im Datenhandel

[it] comparenti di scambio dei dati

[jp] データ取引当事者

[kr] 데이터 거래 당사자

[pt] partes na negociação de dados

[ru] стороны торговли данными

[es] partes en el comercio de datos

93306 数据交易服务机构

[ar] هيئات خدمة تعامل البيانات

[en] data trading service institution

[fr] prestataire de services du trading de données

[de] Datenhandelsdienststelle

[it] agenzia di servizio di scambio dei dati

[jp] データ取引サービス機構

[kr] 데이터 거래 서비스 기구

[pt] instituição de serviços de negociação de dados

[ru] учреждение услуг по торговле данными

[es] servicios de comercio de datos

93307 数据交易规则

[ar] قواعد تعامل البيانات

[en] data trading rule

[fr] règle de trading de données

[de] Datenhandelsregeln

[it] regolamento di scambio dei dati

[jp] データ取引規則

[kr] 데이터 거래 규칙

[pt] regras de negociação de dados

[ru] правила торговли данными

[es] reglas de comercio de datos

93308 数据交易备案登记

[ar] حفظ سجل تعامل البيانات

[en] filing of data trading

[fr] enregistrement des trading de données

[de] Datenhandelsregistrierung

[it] registrazione del deposito di scambio dei dati

[jp] データ取引の保存と登録

[kr] 데이터 거래 백업 등록

[pt] registro de negociação de dados

[ru] регистрация торговли данными

[es] archivado de comercio de datos

93309 涉农数据交换与共享平台

[ar] منصة تبادل وتشارك البيانات الزراعية

[en] agricultural data exchange and sharing platform

[fr] plate-forme d'échange et de partage de données agricoles

[de] Austausch- und Sharingsplattform der landwirtschaftsrelevanten Daten

[it] piattaforma di scambio e condivisione dei dati agricoli

[jp] 農業関係データの交換・共有プラットフォーム

[kr] 농사 관련 데이터 교환 및 공유 플랫폼

[pt] plataforma de intercâmbio e partilha de dados agrícolas

[ru] платформа совместного использования и обмена сельскохозяйственными данными

[es] plataforma de intercambio y uso compartido de datos agrícolas

93310　公共数据共享开放风险评估

[ar] تقييم المخاطر لتشارك وانفتاح البيانات العامة

[en] risk assessment for public data sharing and access

[fr] évaluation des risques de partage et d'ouverture de données publiques

[de] Risikobewertung des Sharings und der Öffnung von öffentlichen Daten

[it] valutazione di rischio di condivisione e apertura dei dati pubblici

[jp] 公開データの共有・公開のリスク評価

[kr] 공공 데이터 공유 공개 리스크 평가

[pt] avaliação de risco da partilha e publicação de dados públicos

[ru] оценка рисков обмена и открытия публичных данных

[es] evaluación de riesgos del uso compartido y la apertura de datos públicos

93311　数据安全防护管理

[ar] إدارة حماية أمن البيانات

[en] data security management

[fr] gestion de la sécurité de données

[de] Datensicherheitsmanagement

[it] gestione della protezione della sicurezza dei dati

[jp] データセキュリティマネジメント

[kr] 데이터 안전 보호 관리

[pt] gestão da segurança dos dados

[ru] управление защитой безопасности данных

[es] gestión de prevención y protección de la seguridad de datos

93312　数据风险信息共享

[ar] تشارك معلومات مخاطر البيانات

[en] data risk information sharing

[fr] partage d'informations sur les risques liés aux données

[de] Datenrisiko-Informationssharing

[it] condivisione delle informazioni sul rischio dei dati

[jp] データリスクの情報共有

[kr] 데이터 리스크 정보 공유

[pt] partilha de informação sobre risco de dados

[ru] обмен информацией о рисках данных

[es] uso compartido de información sobre riesgo de datos

93313　数据交易所

[ar] بورصة البيانات

[en] data exchange center

[fr] bourse des données

[de] Datenbörse

[it] mercato di scambio dei dati

[jp] データ取引所

[kr] 데이터 거래소

[pt] bolsa de dados/big data

[ru] центр обмена данными

[es] centro de intercambio de datos

93314　协议定价

[ar] تسعير تشاوري

[en] conference pricing

9.3

[fr] tarification par convention
[de] koordinierte Preisgestaltung
[it] prezzi concordati
[jp] 協議価格
[kr] 협의 정가
[pt] percificação por negóciação
[ru] договорная цена
[es] fijación conjunta de precios

93315 固定定价
[ar] تسعير ثابت
[en] fixed pricing
[fr] tarification fixe
[de] feste Preisgestaltung
[it] prezzi fissi
[jp] 固定価格
[kr] 고정 정가
[pt] percificação fixo
[ru] фиксированная цена
[es] precios fijos

93316 实时定价
[ar] تسعير فوري
[en] real-time pricing
[fr] tarification en temps réel
[de] echtzeitige Preisgestaltung
[it] prezzi in tempo reale
[jp] リアルタイムプライシング
[kr] 실시간 정가
[pt] percificação em tempo real
[ru] цены в реальном времени
[es] fijación de precios en tiempo real

93317 网络商品交易
[ar] تداول السلع عبر الإنترنت
[en] online commodity transaction
[fr] trading des marchandises en ligne
[de] Online-Warenhandel
[it] scambio merci online
[jp] オンライン商品取引
[kr] 온라인 상품 거래

[pt] transação online de mercadorias
[ru] онлайн-торговля товарами
[es] comercio de productos básicos en línea

93318 第三方交易平台
[ar] منصة المعاملة التجارية للطرف الثالث
[en] third-party transaction platform
[fr] plate-forme de trading de tierce personne
[de] Handelsplattform eines Drittanbieters
[it] piattaforma di scambio della terza parte
[jp] 第三者取引プラットフォーム
[kr] 제 3 자 거래 플랫폼
[pt] plataforma de intermediação terceirizada
[ru] третьесторонняя транзакционная платформа
[es] plataforma de transacciones de terceros

93319 网络商品经营者
[ar] ممارس السلع على الإنترنت
[en] online vendor
[fr] commerçant en ligne
[de] Online-Warenbetreiber
[it] operatori di prodotti online
[jp] オンライン商品経営者
[kr] 온라인 상품 경영자
[pt] operadores de mercadorias online
[ru] онлайн-оператор
[es] operadores de productos básicos en línea

93320 信用披露制度
[ar] نظام الكشف عن الائتمان
[en] credit disclosure system
[fr] système de divulgation du crédit
[de] Kreditsoffenlegungssystem
[it] sistema di informativa creditizia
[jp] クレジット開示システム
[kr] 신용 공표 제도
[pt] sistema de divulgação de crédito
[ru] система раскрытия кредитной информации
[es] sistema de revelación del crédito

93321 公共资源交易公告
[ar] إعلان معاملة الموارد العامة
[en] announcement of public resource
transaction
[fr] avis au public sur le trading des
ressources publiques
[de] Ankündigung von Transaktionen mit
öffentlichen Mitteln
[it] annuncio di scambio di risorse pubbliche
[jp] 公共資源取引公告
[kr] 공공 자원 거래 공고
[pt] notificação de transações de recursos
públicos
[ru] объявление о торговли
общественными ресурсами
[es] anuncio de transacciones de recursos
públicos

93322 资格审查结果
[ar] نتيجة مراجعة الأهلية
[en] qualification review result
[fr] résultat de l'examen de qualification
[de] Ergebnis der Qualifikationsprüfung
[it] esito della revisione della qualifica
[jp] 資格審査結果
[kr] 자격 심사 결과
[pt] resultado da revisão de qualificação
[ru] результат после проверки
квалификации
[es] resultado de la revisión de cualificación

93323 交易过程信息
[ar] معلومات عملية التعامل
[en] information on the trading process
[fr] information sur le processus de trading
[de] Informationen über Handelsprozess
[it] informazione del processo di scambio
[jp] 取引プロセスの情報
[kr] 거래 과정 정보
[pt] informação dos processos de transação
[ru] информация о торговом процессе

[es] información del proceso de comercio

93324 成交信息
[ar] معلومات المعاملة
[en] transaction information
[fr] information sur la transaction
[de] Information über abschlossene Transak-
tion
[it] informazione sulla transazione
[jp] 取引情報
[kr] 거래 정보
[pt] informações de transações
[ru] информация о транзакции
[es] información de transacción

93325 履约信息
[ar] معلومات وفاء الوعد
[en] contract performance information
[fr] information sur la performance
[de] Information über Vertragserfüllung
[it] informazione sulle prestazioni
[jp] パフォーマンス情報
[kr] 계약 이행 정보
[pt] informação de cumprimento
[ru] информация об исполнении договоров
[es] información de rendimiento

93326 信息资源共享
[ar] تشارك في موارد المعلومات
[en] information resource sharing
[fr] partage de ressources d'information
[de] Sharing von Informationsressourcen
[it] condivisione delle risorse informative
[jp] 情報リソースの共有
[kr] 정보 자원 공유
[pt] partilha de recursos de informações
[ru] обмен информационными ресурсами
[es] uso compartido de recursos de
información

9.3

93327 数据交换

[ar] تبادل البيانات

[en] data exchange

[fr] échange de données

[de] Datenaustausch

[it] scambio dei dati

[jp] データ交換

[kr] 데이터 교환

[pt] intercâmbio de dados

[ru] обмен данными

[es] intercambio de datos

93328 数据资源流通

[ar] تداول موارد البيانات

[en] circulation of data resource

[fr] circulation de ressources de données

[de] Kreislauf von Datenressourcen

[it] circolazione delle risorse dei dati

[jp] データリソースの流通

[kr] 데이터 자원 유통

[pt] circulação de recursos de dados

[ru] обращение ресурсов данных

[es] circulación de recursos de datos

93329 数据保护关键技术

[ar] تكنولوجيا دعم نظام رقابة أمن البيانات

[en] key technology for data protection

[fr] technologie clé de la protection des
données

[de] Schlüsseltechnik für den Datenschutz

[it] tecnologia chiave per la protezione dei
dati

[jp] データ保護のコア技術

[kr] 데이터 보호 핵심기술

[pt] tecnologias-chave de protecção de dados

[ru] ключевые технологии защиты данных

[es] tecnologías clave de protección de datos

93330 数据安全监管支撑技术

[ar] تكنولوجيا داعمة خاصة بالإشراف على أمن البيانات

[en] data security supervision technology

[fr] technologie de soutien à la surveillance
de la sécurité des données

[de] Technik für Überwachung der Datensi-
cherheit

[it] supervisione e supporto delle tecnologie
per la sicurezza dei dati

[jp] データセキュリティモニタリングサ
ポート技術

[kr] 데이터 보안 감독관리 지원 기술

[pt] supervisão e apoio às tecnologias da
segurança dos dados

[ru] технология контроля и управления
безопасностью данных

[es] tecnologías complementarias de
supervisión para la seguridad de datos

93331 电子商务经营者

[ar] مدير التجارة الإلكترونية

[en] e-vendor

[fr] exploitant de commerce électronique

[de] E-Commerce-Betreiber

[it] operatore di e-commerce

[jp] Eコマース経営者

[kr] 전자상거래 경영자

[pt] operador do comércio electrónico

[ru] оператор электронной коммерции

[es] operador de comercio electrónico

93332 电子商务平台经营者

[ar] مدير منصة التجارة الإلكترونية

[en] e-commerce platform operator

[fr] exploitant de plate-forme de commerce
électronique

[de] E-Commerce-Plattform-Betreiber

[it] operatore di piattaforma di e-commerce

[jp] Eコマーススプラットフォーム経営者

[kr] 전자상거래 플랫폼 경영자

[pt] operador da plataforma de comércio
electrónico

[ru] оператор платформы электронной
коммерции

[es] operador de plataforma de comercio electrónico

93333 平台服务协议和交易规则
[ar] اتفاقية الخدمة على المنصة وقواعد المعاملة
[en] platform service agreement and trading rule
[fr] protocole de service de plate-forme et règle d'échange
[de] Plattform-Servicevereinbarung und Transaktionsregeln
[it] accordo per il servizio su piattaforma e regole di scambio
[jp] プラットフォームサービス協議及び取引規則
[kr] 플랫폼 서비스 협약과 거래 규칙
[pt] acordo de serviços de plataforma e regras de intercâmbio
[ru] соглашение об услугах платформы и правила торговли
[es] acuerdo de servicio para plataforma y reglas de intercambio

93334 电子支付服务提供者
[ar] مزوّد خدمة الدفع الإلكتروني
[en] e-payment service provider
[fr] prestataire de services de paiement électronique
[de] E-Zahlung-Dienstleister
[it] fornitore di servizio di pagamento elettronico
[jp] 電子決済サービス提供者
[kr] 전자 결제 서비스 제공자
[pt] fornecedor de serviço de pagamento eletrónico
[ru] поставщик услуг электронных платежей
[es] proveedor de servicios de pago electrónico

93335 电子商务争议解决
[ar] حل منازعات التجارة الإلكترونية
[en] e-commerce dispute resolution
[fr] résolution de différend de commerce électronique
[de] E-Commerce-Streitschlichtung
[it] risoluzione delle controversie e-commerce
[jp] 電子ビジネス紛争解決
[kr] 전자상거래 분쟁 해결
[pt] resolução conflitos no comércio electrónico
[ru] разрешение споров в сфере электронной коммерции
[es] resolución de disputas de comercio electrónico

93336 电子商务促进
[ar] تنمية التجارة الإلكترونية
[en] e-commerce promotion
[fr] promotion du commerce électronique
[de] E-Commerce-Förderung
[it] promozione dell'e-commerce
[jp] 電子ビジネ促進
[kr] 전자상거래 추진
[pt] promoção do comércio electrónico
[ru] продвижение электронной коммерции
[es] promoción de comercio electrónico

93337 电子商务统计制度
[ar] نظام إحصاءات التجارة الإلكترونية
[en] e-commerce statistical system
[fr] système statistique du commerce électronique
[de] E-Commerce-Statistiksystem
[it] sistema statistico e-commerce
[jp] 電子ビジネス統計制度
[kr] 전자상거래 통계 제도
[pt] sistema estatístico do comércio electrónico
[ru] статистическая система электронной коммерции

9.3

[es] sistema estadístico para comercio electrónico

93338 电子商务标准体系
[ar] نظام قياسي للتجارة الإلكترونية
[en] e-commerce standards system
[fr] système de normes du commerce électronique
[de] E-Commerce-Normensystem
[it] sistema degli standard dell'e-commerce
[jp] 電子ビジネス標準システム
[kr] 전자상거래 표준 체계
[pt] sistema padronizado de comércio electrónico
[ru] стандартная система электронной коммерции
[es] sistema estándar de comercio electrónico

93339 电子商务数据开发应用
[ar] تطوير وتطبيق بيانات التجارة الإلكترونية
[en] e-commerce data development and application
[fr] développement et application de données du commerce électronique
[de] E-Commerce-Datenentwicklung und-anwendung
[it] sviluppo e applicazione dei dati di e-commerce
[jp] 電子ビジネスデータ開発とアプリケーション
[kr] 전자상거래 데이터 개발 응용
[pt] aplicativo para desenvolvimento dos dados do comércio electrónico
[ru] разработка и применение данных электронной коммерции
[es] desarrollo y aplicación de datos de comercio electrónico

93340 电子商务数据依法有序自由流动
[ar] تنقل حرّ منظّم لبيانات التجارة الإلكترونية وفقا للقانون

[en] legal, orderly and free flow of e-commerce data
[fr] circulation légale, ordonnée et libre de données du commerce électronique
[de] legaler, ordentlicher und freier E-Commerce-Datenfluss
[it] flusso legale, regolare e libero dei dati e-commerce
[jp] 電子ビジネスデータが法に基づき秩序正しく自由に流通する
[kr] 전자상거래 데이터 의법, 질서, 자유 유동
[pt] fluxo livre ordenado dos dados de comércio electrónico conforme a lei
[ru] легальное, упорядоченное и свободное обращение данных электронной коммерции
[es] flujo legal, ordenado y libre de datos de comercio electrónico

93341 公共数据共享机制
[ar] آلية التشارك في البيانات العامة
[en] public data sharing mechanism
[fr] mécanisme de partage de données publiques
[de] Mechanismus für öffentliches Datensharing
[it] meccanismo della condivisione dei dati pubblici
[jp] 公共データの共有メカニズム
[kr] 공공 데이터 공유 메커니즘
[pt] mecanismo de partilha de dados públicos
[ru] механизм обмена публичными данными
[es] mecanismo de uso compartido de datos públicos

93342 电子商务信用评价
[ar] تقييم الائتمان للتجارة الإلكترونية
[en] e-commerce credit rating
[fr] notation du crédit de commerce électronique

9.3

[de] E-Commerce-Bonitätsprüfung

[it] valutazione del credito e-commerce

[jp] 電子ビジネスの信用評価

[kr] 전자상거래 신용 평가

[pt] avaliação de credibilidade do comércio electrónico

[ru] оценка кредита электронной коммерции

[es] calificación de crédito para comercio electrónico

9.3.4 数据安全立法

[ar] تشريع أمن البيانات

[en] **Legislation on Data Security**

[fr] **Législation sur la sécurité des données**

[de] **Gesetzgebung der Datensicherheit**

[it] **Legislazione sulla sicurezza dei dati**

[jp] **データセキュリティの法整備**

[kr] **데이터 보안 입법**

[pt] **Legislação de Segurança de Dados**

[ru] **Законодательство о безопасности данных**

[es] **Legislación de Seguridad de Datos**

93401 人机系统

[ar] نظام الإنسان والآلة

[en] human-machine system

[fr] système homme-machine

[de] Mensch-Maschine-System

[it] sistema uomo-macchina

[jp] ヒューマンマシンシステム

[kr] 인간-기계 시스템

[pt] sistema homem-máquina

[ru] человеко-машинная система

[es] sistema hombre-máquina

93402 大数据安全保障

[ar] ضمان أمن البيانات الضخمة

[en] big data security assurance

[fr] protection de la sécurité des mégadonnées

[de] Big Data-Sicherheitsschutz

[it] protezione della sicurezza di Big Data

[jp] ビッグデータセキュリティ保障

[kr] 빅데이터 보안 보장

[pt] segurança de big data

[ru] обеспечение безопасности больших данных

[es] garantía seguridad de Big Data

93403 大数据安全责任人

[ar] شخص مسؤول عن أمن البيانات الضخمة

[en] responsible person for big data security

[fr] responsable de la sécurité des mégadonnées

[de] Verantwortlicher für Big Data-Sicherheit

[it] responsabile della sicurezza di Big Data

[jp] ビッグデータセキュリティ責任者

[kr] 빅데이터 보안 책임자

[pt] responsável de segurança de big data

[ru] ответственное лицо за безопасность больших данных

[es] persona responsable de la seguridad de Big Data

93404 大数据安全责任

[ar] مسؤولية أمن البيانات الضخمة

[en] big data security responsibility

[fr] responsabilité de la sécurité des mégadonnées

[de] Verantwortung für Big Data-Sicherheit

[it] responsabilità della sicurezza di Big Data

[jp] ビッグデータセキュリティ責任

[kr] 빅데이터 보안 책임

[pt] responsabilidade de segurança de big data

[ru] ответственность за безопасность больших данных

[es] responsabilidad de la seguridad de Big Data

9.3

93405 大数据全生命周期安全
[ar] أمن دورة حياة البيانات الضخمة
[en] full-lifecycle security of big data
[fr] sécurité du cycle de vie complet des mégadonnées
[de] Big Data-Sicherheit im ganzen Lebens-zyklus
[it] sicurezza di ciclo di vita di Big Data
[jp] ビッグデータライフサイクルの安全
[kr] 빅데이터 풀 라이프 사이클 보안
[pt] segurança do ciclo de vida de big data
[ru] безопасность полного жизненного цикла больших данных
[es] seguridad del ciclo de vida de Big Data

93406 数据安全能力成熟度
[ar] نضج قدرة أمن البيانات
[en] data security capability maturity
[fr] maturité de la capacité de sécurité des données
[de] Reifegrad der Datensicherheitskapazität
[it] maturità della capacità di sicurezza dei dati
[jp] データセキュリティ能力成熟度
[kr] 데이터 보안 능력 성숙도
[pt] maturidade da capacidade de segurança de dados
[ru] зрелость по функции безопасности данных
[es] madurez de la capacidad de seguridad de datos

93407 系统配置技术管理规程
[ar] إجراءات الإدارة التقنية لإعدادات النظام
[en] technical management procedure for system configuration
[fr] procédure de gestion technique pour la configuration du système
[de] technisches Verwaltungsverfahren für Systemkonfiguration
[it] procedure di gestione tecnica per la configurazione del sistema
[jp] システム配置技術管理規程
[kr] 시스템 배치 기술 관리 규정
[pt] procedimentos de gestão técnica de configuração do sistema
[ru] процедуры технического управления конфигурацией системы
[es] procedimientos de gestión técnica de la configuración de sistemas

93408 软件采购使用限制策略
[ar] استراتيجية تقييد شراء واستخدام البرمجيات
[en] software purchase and use restriction policy
[fr] mesure de restriction de l'achat et de l'utilisation de logiciels
[de] Einschänkungsrichtlinien zum Erwerb und zur Nutzung von Software
[it] politica di restrizione di acquisto e utilizzo di software
[jp] ソフトウェア購入と使用の制限方策
[kr] 소프트웨어 구매 사용 제한 전략
[pt] políticas de restrição para compra e uso de software
[ru] стратегия ограничения покупки и использования программного обеспечения
[es] políticas de adquisición y restricción de uso de software

93409 外部组件使用安全策略
[ar] استراتيجية أمنية لاستخدام المكونات الخارجية
[en] policy for safe use of external components
[fr] mesure de sécurité de l'utilisation des composants externes
[de] Sicherheitsrichtlinien für Nutzung von externen Komponenten
[it] politica di sicurezza dei componenti esterni
[jp] 外部部品使用のセキュリティポリシー

[kr] 외부 조립품 사용 안전 전략

[pt] política de segurança do uso de componentes externos

[ru] стратегия безопасности использования внешних компонентов

[es] política para el uso de seguridad de componentes externos

93410 访问控制策略

[ar] استراتيجية التحكم في الوصول

[en] access control policy

[fr] mesure de contrôle d'accès

[de] Zugriffsteuerungsrichtlinie

[it] politica di controllo di accesso

[jp] アクセス制御策略

[kr] 액세스 컨트롤 전략 전략

[pt] política do controlo de acesso

[ru] стратегия контроля доступа

[es] política de control de acceso

93411 大数据安全审计制度

[ar] نظام تدقيق أمن البيانات الضخمة

[en] auditing system for big data security

[fr] système d'audit pour la sécurité des mégadonnées

[de] Auditsystem für Big Data-Sicherheit

[it] sistema di audit per la sicurezza di Big Data

[jp] ビッグデータセキュリティ監査制度

[kr] 빅데이터 보안 심사 제도

[pt] sistema de auditoria para segurança de big data

[ru] система аудита безопасности больших данных

[es] sistema de auditoría para la seguridad de Big Data

93412 大数据安全投诉举报制度

[ar] نظام الشكاوى والإبلاغ عن أمن البيانات الضخمة

[en] complaining and reporting system for big data security issues

[fr] système de plainte et de signalement pour la sécurité des mégadonnées

[de] Beschwerde- und Meldesystem für Big Data-Sicherheit

[it] sistema di denuncia e segnalazione per la sicurezza di Big Data

[jp] ビッグデータセキュリティ苦情と告発制度

[kr] 빅데이터 보안 신고 제도

[pt] sistema de reclamação e denúncia para segurança de big data

[ru] система жалоб и отчетности для защиты больших данных

[es] sistema de quejas y notificaciones para la seguridad de Big Data

93413 大数据安全保护标准体系

[ar] نظام قياسي لحماية أمن البيانات الضخمة

[en] big data security standards system

[fr] système de normes de sécurité des mégadonnées

[de] Normensystem für Big Data-Sicherheitsschutz

[it] sistema standard della sicurezza di Big Data

[jp] ビッグデータセキュリティ保護基準システム

[kr] 빅데이터 보안 보호 표준 체계

[pt] sistema padrão de segurança de big data

[ru] стандартная система защиты безопасности больших данных

[es] sistema estándar de seguridad de Big Data

93414 大数据安全事件预警通报制度

[ar] نظام تحذير لحوادث أمن البيانات الضخمة

[en] early warning system for big data security incidents

[fr] système d'alerte des incidents de sécurité des mégadonnées

[de] Benachrichtigungssystem für Big Data-

9.3

Sicherheitsvorfallsfrühwarnung

[it] sistema di allarme per incidenti della sicurezza di Big Data

[jp] ビッグデータセキュリティ事件警戒通報制度

[kr] 빅데이터 보안 사건 조기 경고 통보 제도

[pt] sistema de aviso precoce para incidentes de segurança de big data

[ru] система раннего предупреждения и оповещения об инцидентах безопасности больших данных

[es] sistema de advertencias tempranas de incidentes de seguridad de Big Data

93415 大数据安全防护管理制度

[ar] نظام إدارة أمن البيانات الضخمة

[en] big data security management system

[fr] système de gestion de protection de la sécurité des mégadonnées

[de] Big Data-Sicherheitsschutzmanage-ments-system

[it] sistema di gestione per la protezione della sicurezza di Big Data

[jp] ビッグデータセキュリティ管理制度

[kr] 빅데이터 보안 방호 관리 제도

[pt] sistema de gestão para a segurança de big data

[ru] система управления защитой безопасностью больших данных

[es] sistema de gestión de la seguridad de Big Data

93416 大数据安全应急预案

[ar] خطة طوارئ لأمن البيانات الضخمة

[en] contingency plan for big data security

[fr] plan d'urgence pour la sécurité des mégadonnées

[de] Big Data-Sicherheitsnotfallplan

[it] piano di emergenza per la sicurezza di Big Data

[jp] ビッグデータセキュリティ応急対応策

[kr] 빅데이터 보안 긴급 대응안

[pt] plano de emergência para segurança de big data

[ru] план действий в чрезвычайных ситуациях для обеспечения безопасности больших данных

[es] plan de contingencia para la seguridad de Big Data

93417 大数据安全监管平台

[ar] منصة الرقابة على أمن البيانات الضخمة

[en] big data security supervision platform

[fr] plate-forme de surveillance de la sécurité des mégadonnées

[de] Big Data-Sicherheitsüberwachungs-plattform

[it] piattaforma di supervisione della sicurezza di Big Data

[jp] ビッグデータセキュリティ監視測定プラットフォーム

[kr] 빅데이터 보안 감독 관리 플랫폼

[pt] plataforma de supervisão de segurança de big data

[ru] платформа контроля и управления безопасностью больших данных

[es] plataforma de supervisión de la seguridad de Big Data

93418 大数据安全监测预警平台

[ar] منصة الرصد والتحذير لأمن البيانات الضخمة

[en] monitoring and early warning platform for big data security

[fr] plate-forme de surveillance et d'alerte de la sécurité des mégadonnées

[de] Big Data-Sicherheitsüberwachungs- und Warnplattform

[it] piattaforma di monitoraggio e allarme per la sicurezza di Big Data

[jp] ビッグデータセキュリティ監視測定警戒プラットフォーム

[kr] 빅데이터 보안 모니터링 조기 경고 플랫폼

[pt] plataforma de monitoramento e alarme para segurança de big data

[ru] платформа мониторинга и предупреждения о безопасности больших данных

[es] plataforma de monitoreo y advertencias tempranas para la seguridad de Big Data

93419 大数据安全情况报告制度

[ar] نظام الإبلاغ عن الوضع الأمني للبيانات الضخمة

[en] reporting system for big data security

[fr] système de rapport sur la sécurité des mégadonnées

[de] Big Data-Sicherheitsmeldungsystem

[it] sistema di reporting per la sicurezza di Big Data

[jp] ビッグデータセキュリティ情報報告制度

[kr] 빅데이터 보안 상황 보고 제도

[pt] sistema de relatório para segurança de big data

[ru] система оповещения о безопасности больших данных

[es] sistema de notificación para la seguridad de Big Data

93420 主题信息资源目录

[ar] دليل موارد معلومات الموضوع

[en] themed information resource catalog

[fr] répertoire de ressources d'informations thématiques

[de] Ressourcenverzeichnis der thematischen Informationen

[it] catalogo di risorse tematiche delle informazioni

[jp] テーマ情報リソース目録

[kr] 주제 정보 자원 목록

[pt] diretório de recursos de informações temáticas

[ru] каталог ресурсов тематической информации

[es] catálogo de recursos de informaciones temáticas

93421 安全态势监管

[ar] إشراف على الوضع الأمني

[en] security situation supervision

[fr] surveillance de la situation de sécurité

[de] Aufsicht der Sicherheitssituation

[it] supervisione di sicurezza

[jp] セキュリティ監督管理

[kr] 보안 상황 감독 관리

[pt] supervisão de situação de segurança

[ru] контроль и управление ситуациями безопасности

[es] supervisión de situación de seguridad

93422 内容安全监管

[ar] إشراف على أمن المحتوى

[en] content security supervision

[fr] surveillance de la sécurité du contenu

[de] Überwachung der Inhaltssicherheit

[it] supervisione della sicurezza dei contenuti

[jp] コンテンツセキュリティモニタリング

[kr] 콘텐츠 보안 감독 관리

[pt] supervisão de segurança de conteúdo

[ru] контроль и управление безопасностью контента

[es] supervisión de seguridad de contenido

93423 失泄密监管

[ar] إشراف على تسرّب السر

[en] supervision on secret divulging and betraying

[fr] supervision de la fuite et de la trahison de secret

[de] Aufsicht über Geheimnisverlust und -verrat

[it] supervisione sulla divulgazione e sulla

perdita di segreti

[jp] 秘密の遺失及び漏洩に対する監督管理

[kr] 비밀 누설 감독 관리

[pt] supervisão da divulgação e traição de
segredos

[ru] контроль и управление разглашением
конфиденциальной информации

[es] supervisión de la divulgación y la
traición de secretos

93424 公共数据容灾备份中心

[ar] مركز النسخ الاحتياطي لاسترداد البيانات العامة

[en] disaster tolerance and backup center for
public data

[fr] centre de sauvegarde et de récupération
après sinistre des données publiques

[de] Notfallwiederherstellungszentrum für
öffentliche Daten

[it] centro di tolleranza di disastro e recupero
dei dati pubblici

[jp] 公共データの災害復旧およびバック
アップセンター

[kr] 공공 데이터 재해 복구 백업 센터

[pt] centro cópia de segurança e recuperação
de desastre dos dados públicos

[ru] центр формирования
катастрофоустойчивости и резервного
копирования общедоступных данных

[es] centro de respaldo y recuperación ante
desastre de datos públicos

93425 安全等级保护制度

[ar] نظام حماية مستوى الأمن

[en] system of classified protection of
security

[fr] système de protection hiérarchisée de la
sécurité des données

[de] Mechanismus für klassifizierten Daten-
sicherheitsschutz

[it] sistema di protezione classificata di
sicurezza

[jp] セキュリティ等級保護制度

[kr] 보안 등급 보호 제도

[pt] mecanismo de classificação para
segurança de dados

[ru] механизм классификации для защиты
данных

[es] mecanismo de protección de
clasificación para la seguridad de datos

93426 国际联网备案制度

[ar] نظام تسجيل الوصول إلى الشبكات الدولية

[en] international networking filing system

[fr] système d'enregistrement des réseaux
internationaux

[de] internationales Netzwerk-Ablagesystem

[it] sistema internazionale di archiviazione
informatica

[jp] 国際ネットワーキングファイリング制
度

[kr] 국제 네트워킹 백업 제도

[pt] sistema de registro da rede internacional

[ru] международная сетевая система
регистрации

[es] sistema internacional de archivado en
red

93427 许可制度

[ar] نظام الترخيص

[en] licensing system

[fr] système de licence

[de] Lizenzsystem

[it] sistema di licenze

[jp] 許可制度

[kr] 허가 제도

[pt] sistema de licenciamento

[ru] система лицензирования

[es] sistema de licencias

93428 备案制度

[ar] نظام التسجيل

[en] filing system

[fr] système d'enregistrement

[de] Ablagesystem

[it] sistema di archiviazione

[jp] ファイリング制度

[kr] 신고 제도

[pt] sistema de registro

[ru] система регистрации

[es] sistema de archivado

93429 网站安全保障措施

[ar] إجراءات ضمان أمن موقع الشبكة

[en] website security measures

[fr] mesure de protection de la sécurité du site Web

[de] Sicherheitsschutzmaßnahmen für Webseite

[it] misure di sicurezza del sito web

[jp] ウェブサイトのセキュリティ保障措置

[kr] 웹사이트 보안 보장 조치

[pt] medidas de segurança do site

[ru] меры обеспечения безопасности сайта

[es] medidas de garantía de seguridad de sitios web

93430 信息安全保密管理制度

[ar] نظام إدارة أمن المعلومات وصيانة سرّها

[en] information security and confidentiality management system

[fr] système de gestion de la sécurité et la confidentialité de l'information

[de] Managementsystem für Informationssicherheits- und -vertraulichkeit

[it] sistema di gestione della sicurezza e della riservatezza delle informazioni

[jp] 情報セキュリティ管理制度

[kr] 정보 보안 비밀 관리 제도

[pt] sistema de gestão de segurança e confidencialidade da informação

[ru] система управления и конфиденциальности информационной безопасности

[es] sistema de gestión de la seguridad y la confidencialidad de la información

93431 用户信息安全管理制度

[ar] نظام إدارة أمن معلومات المستخدم

[en] user information security management system

[fr] système de gestion de la sécurité des informations d'utilisateur

[de] Managementsystem der Benutzerinformationssicherheit

[it] sistema di gestione della sicurezza delle informazioni dell'utente

[jp] ユーザー情報セキュリティ管理システム

[kr] 사용자 정보 보안 관리 제도

[pt] sistema de gestão de segurança das informações de usuários

[ru] система менеджмент информационной безопасности пользователей

[es] sistema de gestión de la seguridad de la información de usuario

93432 互联网信息服务提供者

[ar] مزوّد خدمة معلومات الإنترنت

[en] Internet information service provider

[fr] prestataire de services d'information de l'Internet

[de] Internet-Informationsdienstanbieter

[it] fornitore di servizio di informazione via Internet

[jp] インターネット情報サービスプロバイダー

[kr] 인터넷 정보 서비스 제공자

[pt] fornecedor dos serviços informáticos da Internet

[ru] поставщик услуг сетевой информации

[es] proveedor de servicios de información en Internet

9.3

9.3

93433 互联网接入服务提供者
[ar] مزوّد خدمة الوصول إلى الإنترنت
[en] Internet access service provider
[fr] prestataire de services d'accès à l'Internet
[de] Internet-Zugangsdienstanbieter
[it] fornitore di servizio di accesso a Internet
[jp] インターネットアクセスサービスプロバイダー
[kr] 인터넷 접속 서비스 제공자
[pt] fornecedor dos serviços de acesso à Internet
[ru] поставщик услуг доступа к Интернету
[es] proveedor de servicios de acceso a Internet

93434 电子签名人
[ar] موقع إلكتروني
[en] e-signatory
[fr] signataire électronique
[de] elektronischer Unterzeichner
[it] firmatario elettronico
[jp] 電子署名者
[kr] 전자 서명인
[pt] signatário digital
[ru] подписывающее электронной подписью лицо
[es] firmante electrónico

93435 数据汇交制度
[ar] نظام جمع وتسليم البيانات
[en] data collection and delivery system
[fr] système de collecte et de livraison des données
[de] Datenerfassungs- und -austauschssystem
[it] sistema di raccolta e consegna dei dati
[jp] データ収集と配信制度
[kr] 데이터 집합교부 제도
[pt] sistema de troca de dados
[ru] система сбора и доставки данных
[es] sistema de recopilación y suministro de datos

93436 数据恶意使用
[ar] استخدام خبيث للبيانات
[en] malicious use of data
[fr] utilisation malveillante des données
[de] böswillige Datenbenutzung
[it] uso maligno dei dati
[jp] データの悪用
[kr] 데이터 악용
[pt] uso malicioso de dados
[ru] злонамеренное использование данных
[es] uso malicioso de datos

93437 数字化形式复制
[ar] استنساخ بنمط رقمي
[en] digital copy
[fr] réplication numérique
[de] digitale Kopie
[it] copia digitale
[jp] デジタル化複製
[kr] 디지털화 형식 복제
[pt] cópia digital
[ru] цифровая копия
[es] copia digital

9.3.5 立法比较
[ar] **المقارنة بين التشريعات**
[en] **Legislation Comparison**
[fr] **Comparaison des lois**
[de] **Gesetzgebungsvergleich**
[it] **Comparazione legislativa**
[jp] **法律の比較**
[kr] **입법 비교**
[pt] **Comparação Legislativa**
[ru] **Сравнение законодательства**
[es] **Comparación de Legislación**

93501 《网络安全加强法》(美国, 2012 年)
[ar] قانون تعزيز الأمن السيبراني (الولايات المتحدة، 2012)
[en] Cyber Security Enhancement Act (USA, 2012)
[fr] Loi sur l'amélioration de la cybersécurité

(États-Unis, 2012)

[de] Vollzugsmaßnahme zur Cybersicherheit (USA, 2012)

[it] Legge sul rafforzamento della cyber-sicurezza (US, 2012)

[jp] 「サイバーセキュリティ強化法」（アメリカ、2012）

[kr] <네트워크 보안 강화법>(미국, 2012)

[pt] Lei de Reforço da Cibersegurança (EUA, 2012)

[ru] Закон об усилении кибербезопасности (США, 2012 г.)

[es] Acto de Mejora de la Ciberseguridad (EE.UU., 2012)

93502 《网络安全基本法》（日本，2014 年）

[ar] قانون أساسي للأمن السيبراني (اليابان، 2014)

[en] Cyber Security Basic Act (Japan, 2014)

[fr] Loi fondamentale sur la cybersécurité (Japon, 2014)

[de] Grundgesetz zur Cybersicherheit (Japan, 2014)

[it] Legge fondamentale della cyber-sicurezza (Giappone, 2014)

[jp] 「サイバーセキュリティ基本法」（日本、2014）

[kr] <네트워크 보안 기본법>(일본, 2014)

[pt] Lei Básica da Cibersegurança (Japão, 2014)

[ru] Основной закон о кибербезопасности (Япония, 2014 г.)

[es] Acto Básico de Ciberseguridad (Japón, 2014)

93503 《网络犯罪法令》（巴布亚新几内亚, 2016 年）

[ar] قانون الجرائم الإلكترونية (بابوا غينيا الجديدة، 2016)

[en] Cybercrime Code Act (Papua New Guinea, 2016)

[fr] Loi sur la cybercriminalité (Papouasie-Nouvelle-Guinée, 2016)

[de] Gesetz der Cyberkriminalität (Papua-Neuguinea, 2016)

[it] Decreto sul cyber-crimine (Papua Nuova Guinea, 2016)

[jp] 「サイバー犯罪法」（パプアニューギニア、2016）

[kr] <사 이 버 범 죄 법 령>(파 푸 아 뉴 기 니, 2016)

[pt] Decreto de Cibercrime (Papua Nova Guiné, 2016)

[ru] Закон о киберпреступности (Папуа-Новая Гвинея, 2016 г.)

[es] Acto Código de Ciberdelincuencia (Papúa Nueva Guinea, 2016)

93504 《反网络及信息技术犯罪法》（埃及, 2018 年）

[ar] قانون مكافحة جرائم الإنترنت وتكنولوجيا المعلومات (مصر، 2018)

[en] Anti-Cyber and Information Technology Crimes Law (Egypt, 2018)

[fr] Loi sur la lutte contre la cybercriminalité et la criminalité informatique (Égypte, 2018)

[de] Anti-Cyber- und Informationstechnik-Verbrechensgesetz (Ägypten, 2018)

[it] Legge contro i cyber-crimini (Egitto, 2018)

[jp] 「サイバー及び情報技術犯罪防止法」（エジプト、2018）

[kr] <사이버 및 정보기술 범죄 방지법>(이집트, 2018)

[pt] Lei contra Crimes Cibernéticos e Crimes de Tecnologia da Informação (Egipto, 2018)

[ru] Закон о борьбе с кибернетическими преступлениями и информационно-технологическими преступлениями (Египет, 2018 г.)

[es] Ley contra Delitos Cibernéticos y de

9.3

Tecnología Informáticas (Egipto, 2018)

93505 《个人信息保护法》(韩国，2011 年)
[ar] قانون حماية المعلومات الشخصية(كوريا الجنوبية،2011)
[en] Personal Information Protection Act (South Korea, 2011)
[fr] Loi sur la protection des informations personnels (Corée du Sud, 2011)
[de] Gesetz zum Schutz personenbezogener Daten (Südkorea, 2011)
[it] Legge sulla protezione delle informazioni personali (Corea del Sud, 2011)
[jp] 「個人情報保護法」（韓国、2011）
[kr] <개인 정보 보호법>(한국, 2011)
[pt] Lei de Proteção de Informações Pessoais (Coreia do Sul, 2011)
[ru] Закон о защите личной информации (Южная Корея, 2011 г.)
[es] Ley de Protección de la Información Personal (Corea del Sur, 2011)

93506 《网络信息安全法》(越南，2015 年)
[ar] قانون أمن المعلومات السيبرانية (فيتنام، 2015)
[en] Law on Network Information Security (Vietnam, 2015)
[fr] Loi sur la sécurité des informations sur les réseaux (Vietnam, 2015)
[de] Gesetz zur Netzinformationssicherheit (Vietnam, 2015)
[it] Legge fondamentale della cyber-sicurezza (Vietnam, 2015)
[jp] 「ネットワーク情報保護法」（ベトナム、2015）
[kr] <네트워크 정보 보안법>(베트남, 2015)
[pt] Lei de Segurança Informática da Rede (Vietname, 2015)
[ru] Закон о сетевой информационной безопасности (Вьетнам, 2015 г.)
[es] Ley sobre la Seguridad de la Información en la Red (Vietnam, 2015)

93507 《个人信息保护法》(新加坡，2017 年)
[ar] قانون حماية المعلومات الشخصية (سنغافورة، 2017)
[en] Personal Data Protection Act (Singapore, 2017)
[fr] Loi sur la protection des informations personnelles (Singapour, 2017)
[de] Datenschutzgesetz (Singapur, 2017)
[it] Legge sulla protezione dei dati personali (Singapore, 2017)
[jp] 「個人情報保護法」（シンガポール、2017）
[kr] <개인 정보 보호법>(싱가포르, 2017)
[pt] Lei de Proteção dos Dados Pessoais (Singapore, 2017)
[ru] Закон о защите личных данных (Сингапур, 2017 г.)
[es] Acto de Protección de Datos Personales (Singapur, 2017)

93508 《获取信息法扩展令》(加拿大，2018 年)
[ar] أمر توسيع قانون الوصول إلى المعلومات (كندا، 2018)
[en] Access to Information Act Extension Order (Canada, 2018)
[fr] Décret d'extension de la Loi sur l'accès à l'information (Canada, 2018)
[de] Erweiterungsverordnung zum Informationszugangsgesetz (Kanada, 2018)
[it] Regolamento esteso sul diritto di accesso all'informazione (Canada, 2018)
[jp] 「行政機関の保有する情報の公開に関する法律」（カナダ、2018）
[kr] <정보 획득법 확장 명령>(캐나다, 2018)
[pt] Ordem de Extensão da Lei de Acesso à Informação (Canadá, 2018)
[ru] Указ о продлении срока действия Закона о доступе к информации (Канада, 2018 г.)
[es] Orden de Ampliación del Acto de Acceso a la Información (Canadá, 2018)

9.3

93509 《隐私法案》(美国, 1974 年)

[ar]　　　　قانون الخصوصية (الولايات المتحدة، 1974)

[en]　Privacy Act (USA, 1974)

[fr]　Loi sur la protection des renseignements personnels (États-Unis, 1974)

[de]　Datenschutzgesetz (USA, 1974)

[it]　Legge sulla Privacy (US, 1974)

[jp]　「プライバシー法」(アメリカ、1974)

[kr]　<프라이버시 법안>(미국, 1974)

[pt]　Lei de Privacidade (EUA, 1974)

[ru]　Законопроект о конфиденциальной информации (США, 1974 г.)

[es]　Acto sobre Privacidad (EE.UU., 1974)

93510 《消费者隐私权利法案》(美国, 2012 年)

[ar]　قانون حقوق خصوصية المستهلك (الولايات المتحدة، 2012)

[en]　Consumer Privacy Bill of Rights (USA, 2012)

[fr]　Charte des droits de consommateurs en matière de confidentialité (États-Unis, 2012)

[de]　Gesetz zum Konsumentendatenschutz (USA, 2012)

[it]　Decreto dei diritti di privacy di consumatore (US, 2012)

[jp]　「消費者プライバシー権利章典」(アメリカ、2012)

[kr]　<소비자 프라이버시 권리 법안>(미국, 2012)

[pt]　Lei sobre Direitos de Privacidade dos Cosumidores (EUA,2012)

[ru]　Законопроект о правах конфиденциальности потребителей (США, 2012 г.)

[es]　Declaración de Derechos de Privacidad de los Consumidores (EE.UU., 2012)

93511 《隐私法扩展令》(加拿大, 2018 年)

[ar]　　　　أمر تمديد قانون الخصوصية (كندا، 2018)

[en]　Privacy Act Extension Order (Canada,

2018)

[fr]　Décret d'extension de la Loi sur la protection des renseignements personnels (Canada, 2018)

[de]　Erweiterungsverordnung zum Daten-schutzgesetz (Kanada, 2018)

[it]　Regolamento esteso sulla legge sulla privacy (Canada, 2018)

[jp]　「プライバシー法拡張命令」(カナダ、2018)

[kr]　<프라이버시 법령 확장 명령>(캐나다, 2018)

[pt]　Ordem de Extensão da Lei de Privacidade (Canadá, 2018)

[ru]　Указ о продлении срока действия Закона о конфиденциальности (Канада, 2018 г.)

[es]　Orden de Ampliación del Acto sobre Privacidad (Canadá, 2018)

93512 《数据保护法》(英国, 1998 年)

[ar]　　　　قانون حماية البيانات (بريطانيا، 1998)

[en]　Data Protection Act (UK, 1998)

[fr]　Loi sur la protection des données (Royaume-Uni, 1998)

[de]　Datenschutzgesetz 1998 (UK)

[it]　Legge sulla protezione dei dati (UK, 1998)

[jp]　「データ保護法 1998」(イギリス、1998)

[kr]　<데이터 보호법>(영국, 1998)

[pt]　Lei de Proteção de Dados (Reino Unido, 1998)

[ru]　Закон о защите данных (Великобритания, 1998 г.)

[es]　Acto de Protección de Datos de 1998 (Reino Unido)

93513 《个人数据保护法典》(意大利, 2003 年)

[ar]　　　قانون حماية البيانات الشخصية (إيطاليا، 2003)

[en]　Personal Data Protection Code (Italy,

2003)

[fr] Code de protection des données
personnelles (Italie, 2003)

[de] Gesetzbuch zum Schutz personenbezo-
gener Daten (Italien, 2003)

[it] Codice in materia di protezione dei dati
personali (Italia, 2003)

[jp] 「個人データ保護法典」（イタリア、
2003)

[kr] <개인 데이터 보호 법전>(이탈리아,
2003)

[pt] Código de Proteção de dados Pessoais
(Itália, 2003)

[ru] Кодекс защиты персональных данных
(Италия, 2003 г.)

[es] Código de Protección de Datos
Personales (Italia, 2003)

93514 《个人数据保护法》（日本，2003 年）

[ar] قانون حماية البيانات الشخصية (اليابان، 2003)

[en] Act on the Protection of Personal
Information (Japan, 2003)

[fr] Loi sur la protection des données à
caractère personnel (Japon, 2003)

[de] Gesetz zum Schutz personenbezogener
Daten (Japan, 2003)

[it] Legge sulla protezione dei dati personali
(Giappone, 2003)

[jp] 「個人情報の保護に関する法律」（日本、
2003)

[kr] <개인 데이터 보호법>(일본, 2003)

[pt] Lei de Proteção de Informações Pessoais
(Japão, 2003)

[ru] Закон о защите персональных данных
(Япония, 2003 г.)

[es] Acto sobre Protección de Información
Personal (Japón, 2003)

93515 《德国联邦数据保护法》（德国, 2006 年）

[ar] قانون حماية البيانات الفيدرالي الألماني (ألمانيا،
2006)

[en] Federal Data Protection Act (Germany,
2006)

[fr] Loi fédérale allemande sur la protection
des données (Allemagne, 2006)

[de] Bundesdatenschutzgesetz (Deutschland,
2006)

[it] Legge federale tedesca sulla protezione
dei dati (Germania, 2006)

[jp] 「ドイツ連邦データ保護法」（ドイツ、
2006)

[kr] <독일 연방 데이터 보호법>(독일,
2006)

[pt] Lei da República Federal da Alemanha
sobre proteção de dados (Alemanha,
2006)

[ru] Федеральный закон о защите данных
(Германия, 2006 г.)

[es] Acto Alemana Federal de Protección de
Datos (Alemania, 2006)

93516 《通信数据法案》（英国，2012 年）

[ar] قانون بيانات الاتصالات (بريطانيا، 2012)

[en] Communications Data Bill (UK, 2012)

[fr] Projet de loi sur les données de
communication (Royaume-Uni, 2012)

[de] Gesetzesvorlage zu Kommunikations-
daten (UK, 2012)

[it] Decreto dei dati di comunicazione (UK,
2012)

[jp] 「通信データ法案」（イギリス、2012）

[kr] <통신 데이터 법안>(영국, 2012)

[pt] Lei dos Dados de Comunicação (Reino
Unido, 2012)

[ru] Законопроект о коммуникационных
данных (Великобритания, 2012 г.)

[es] Propuesta de Datos de Comunicaciones
(Reino Unido, 2012)

93517 《个人数据处理中的个人保护公约》
（欧洲委员会，2012 年）

[ar] اتفاقية حماية الأفراد في معالجة البيانات الشخصية

(المجلس الأوروبي، 2012)

[en] Convention for the Protection of Individuals with regard to Automatic Processing of Personal Data (Council of Europe, 2012)

[fr] Convention pour la protection des personnes dans le traitement des données personnelles (Commission européenne, 2012)

[de] Übereinkommen zum Personenschutz bei automatischer Verarbeitung personenbezogener Daten (Europarat, 2012)

[it] Convenzione sulla protezione delle persone rispetto al trattamento automatizzato dei dati a carattere personale (Consiglio d'Europa, 2012)

[jp] 「個人データの自動処理に係る個人の保護に関する条約」（欧州委員会、2012）

[kr] <개인 데이터 처리 중의 개인 보호 공약> (유럽위원회, 2012)

[pt] Convenção para a Protecção das Pessoas Relativa ao Tratamento Automatizado de Dados Pessoais (Conselho da Europa, 2012)

[ru] Конвенция о защите физических лиц в отношении обработки персональных данных (Совет Европы, 2012 г.)

[es] Convenio para la Protección de las Personas con Respecto al Tratamiento Automatizado de Datos de Carácter Personal (Consejo de Europa, 2012)

93518 《开放数据宪章》（G8，2013 年）

[ar]   ميثاق البيانات المفتوحة (2013 ،G8)

[en] Open Data Charter (G8, 2013)

[fr] Charte des données ouvertes (G8, 2013)

[de] Open Data-Charter (G8, 2013)

[it] Carta dei dati aperti (G8,2013)

[jp] 「G8 オープンデータ憲章」（G8、2013）

[kr] <오픈 데이터 제도>(G8, 2013)

[pt] Carta dos Dados Abertos (G8, 2013)

[ru] Хартия открытых данных (G8, 2013 г.)

[es] Estatuto de Datos Abiertos (G8, 2013)

93519 《数据本土化法》（俄罗斯，2014 年）

[ar]   قانون توطين البيانات (روسيا، 2014)

[en] Data Localization Law (Russia, 2014)

[fr] Loi fédérale sur la localisation des données (Russie, 2014)

[de] Bundesgesetz Nr. 526-FZ (Russland, 2014)

[it] Legge sulla localizzazione dei dati (Russia, 2014)

[jp] 「ロシア連邦法第 242-FZ 号」（ロシア、2014）

[kr] <데이터 현지화 법령>(러시아, 2014)

[pt] Lei Federal de Localidade de Dados da Rússia nº 242-FZ (Rússia, 2014)

[ru] Закон о полной локализации персональных данных (Россия, 2014 г.)

[es] Localización de Datos (Rusia, 2014)

93520 《网络安全和个人数据保护公约》（非洲联盟，2014 年）

[ar]   اتفاقية الأمن السيبراني وحماية البيانات الشخصية (الاتحاد الأفريقي، 2014)

[en] Convention on Cyber Security and Personal Data Protection (African Union, 2014)

[fr] Convention sur la cybersécurité et la protection des données personnelles (Union africaine, 2014)

[de] Konvention über Cybersicherheit und Schutz personenbezogener Daten (Afrikanische Union, 2014)

[it] Convenzione sulla cyber-sicurezza e la protezione dei dati personali (Unione Africana, 2014)

[jp] 「サイバーセキュリティと個人情報保

9.3

護公約」（アフリカ連合、2014）

[kr] <네트워크 보안과 개인 데이터 보호 공약>(아프리카 연합, 2014)

[pt] Convenção sobre Cibersegurança e Proteção de Dados Pessoais (União Africana, 2014)

[ru] Конвенция о кибербезопасности и защите персональных данных (Африканский союз, 2014 г.)

[es] Convenció sobre Ciberseguridad y Protección de Datos Personales (Unión Africana, 2014)

93521 《个人数据通知和保护法案》（美国, 2015 年）

[ar] قانون إعلام وحماية البيانات الشخصية (الولايات المتحدة، 2015)

[en] Personal Data Notification and Protection Act (USA, 2015)

[fr] Loi sur la notification et la protection des données personnelles (États-Unis, 2015)

[de] Gesetz zur Benachrichtigung und zum Schutz personenbezogener Daten (USA, 2015)

[it] Legge sulla notifica e la protezione dei dati personali (US, 2015)

[jp] 「個人データの通知と保護法」（アメリカ、2015）

[kr] <개인 데이터 통지와 보호 법안>(미국, 2015)

[pt] Lei de Proteção e Notificação de Dados Pessoais (EUA, 2015)

[ru] Закон об уведомлении и защите персональных данных (США, 2015 г.)

[es] Acto de Protección y Notificación de Datos Personales (EE.UU., 2015)

93522 《个人数据保护法》（俄罗斯, 2015 年）

[ar] قانون اتحادي بشأن البيانات الشخصية (روسيا، 2015)

[en] Federal Law on Personal Data (Russia, 2015)

[fr] Loi fédérale sur la protection des données à caractère personnel (Russie, 2015)

[de] Bundesgesetz über personenbezogene Daten (Russland, 2015)

[it] Legge sui dati personali (Russia, 2015)

[jp] 「個人情報保護法」（ロシア、2015）

[kr] <개인 데이터 보호법>(러시아, 2015)

[pt] Lei Federal Relativa a Dados Pessoais nº 152- FZ (Rússia, 2015)

[ru] Федеральный закон о защите персональных данных (Россия, 2015 г.)

[es] Ley Federal de Datos Personales (Rusia, 2015)

93523 《数字共和国法》（法国, 2016 年）

[ar] قانون الجمهورية الرقمية (فرنسا، 2016)

[en] Digital Republic Law (France, 2016)

[fr] Loi pour une République numérique (France, 2016)

[de] Digital-Republik-Gesetz (Frankreich, 2016)

[it] Legge sulla Repubblica Digitale (Francia, 2016)

[jp] 「デジタル共和国法案」（フランス、2016）

[kr] <디지털 공화국 법령>(프랑스, 2016)

[pt] Lei da República Digital (França, 2016)

[ru] Закон «Цифровая республика» (Франция, 2016 г.)

[es] Ley de la República Digital (Francia, 2016)

93524 《新数据保护法案：改革计划》（英国, 2017 年）

[ar] قانون حماية البيانات الجديد: خطة الإصلاح (بريطانيا، 2017)

[en] A New Data Protection Bill: Our

Planned Reforms (UK, 2017)

[fr] Un nouveau projet de loi sur la protection des données : nos réformes prévues (Royaume-Uni, 2017)

[de] Ein neues Datenschutzgesetz: Unsere geplanten Reformen (UK, 2017)

[it] Nuovo codice sulla protezione dei dati: Progetto di riforma (UK, 2017)

[jp] 「新データ保護法：改革計画」（イギリス、2017）

[kr] <신 데이터 보호 법안: 개혁 계획>(영국, 2017)

[pt] Projeto de Lei de Protecção de Dados Novos: As Nossas Reformas Planeadas (Reino Unido, 2017)

[ru] Новый законопроект о защите данных: наши запланированные реформы (Великобритания, 2017 г.)

[es] Una Nueva Declaración de Protección de Datos: Reformas Planeadas (Reino Unido, 2017)

93525 《执法领域的数据保护指令》（欧盟, 2016 年）

[ar] توجيه حماية البيانات لسلطات الشرطة والعدالة الجنائية (الاتحاد الأوروبي، 2016)

[en] Data Protection Directive for Police and Criminal Justice Authorities (EU, 2016)

[fr] Directive sur la protection des données pour les autorités de police et de justice pénale (UE, 2016)

[de] Datenschutzrichtlinien für Polizei- und Justizbehörden (EU, 2016)

[it] Direttiva sulla protezione dei dati per autorità di polizia e di giustizia penale (UE, 2016)

[jp] 「警察司法分野に係る指令」（EU、2016）

[kr] <집법 영역의 데이터 보호 명령>(유럽 연합, 2016)

[pt] Directiva da Proteção de Dados para

Autoridades Policiais e Judiciárias (UE, 2016)

[ru] Директива о защите данных для полиции и органов правосудия по уголовным делам (ЕС, 2016 г.)

[es] Directiva sobre Protección de los Datos Personales cuando Son Utilizados por las Autoridades Policiales y de Justicia Penal (UE, 2016)

93526 《澄清境外数据合法使用法案》（美国, 2018 年）

[ar] قانون توضيح الاستخدام الشرعي للبيانات الشرعية في الخارج (الولايات المتحدة،2018)

[en] Clarifying Lawful Overseas Use of Data Act (USA, 2018)

[fr] Loi clarifiant l'utilisation illégale des données à l'étranger (États-Unis, 2018)

[de] Gesetz zur Klärung der rechtmäßigen Nutzung von Daten im Ausland (USA, 2018)

[it] Legge chiarificatrice sull'uso legale dei dati all'estero (US, 2018)

[jp] 「データの海外における合法的使用の明確化法」（アメリカ、2018）

[kr] <경외 데이터 합법 사용 명확 법안>(미국, 2018)

[pt] Lei de Esclarecimento sobre Uso Legal de Dados no Exterior (EUA, 2018)

[ru] Акт, разъясняющий законное использование данных за рубежом (США, 2018 г.)

[es] Aclaración sobre el Uso del Acto de Datos en el Extranjero (EE.UU., 2018)

93527 《经济与工业领域个人数据保护指南》（日本，2018 年）

[ar] مبادئ توجيهية بشأن حماية المعلومات الشخصية في مجالات الاقتصاد والصناعة (اليابان، 2018)

[en] Guidelines on the Act on Protection of Personal Information in the Areas of

9.3

Economy and Industry (Japan, 2018)

[fr] Guide sur la protection des données personnelles dans le secteur économique et industriel (Japon, 2018)

[de] Leitlinien zum Schutz personenbezogener Daten in den Bereichen Wirtschaft und Industrie (Japan, 2018)

[it] Linea guida sulla protezione dei dati personali nei settori dell'economia e dell'industria (Giappone, 2018)

[jp] 「個人情報の保護に関する法律についての経済産業分野を対象とするガイドライン」（日本、2018）

[kr] <경제와 공업 영역 개인 데이터 보호 가이드라인>(일본, 2018)

[pt] Diretrizes sobre a Lei de Proteção de Informações Pessoais nos Setores de Economia e Indústria (Japão, 2018)

[ru] Руководство по защите личной информации в сферах экономики и промышленности (Япония, 2018 г.)

[es] Directrices sobre el Acto de Protección de la Información Personal en las Áreas de la Economía y la Industria (Japón, 2018)

93528 《非个人数据自由流动条例》（欧盟，2018 年）

[ar] لوائح التدفق الحر للبيانات غير الشخصية (الاتحاد الأوروبي، 2018)

[en] Regulation on the Free Flow of Non-Personal Data (EU, 2018)

[fr] Règlement sur la libre circulation des données à caractère non personnel (UE, 2018)

[de] Regulierung des freien Verkehrs mit nicht personenbezogenen Daten (EU, 2018)

[it] Regolamento sulla circolazione libera dei dati non personali (UE, 2018)

[jp] 「非個人データのEU 域内自由流通枠組規則」（EU、2018）

[kr] <비개인적 데이터 자유 유동 조례>(유럽연합, 2018)

[pt] Regulamento para o Fluxo Livre de Dados Não Pessoais (UE, 2018)

[ru] Положение свободного обращения данных неличного характера (ЕС, 2018 г.)

[es] Reglamento sobre Circulación Libre de Datos No Personales (UE, 2018)

[ar] حماية حقوق البيانات

[en] **Data Rights Protection**

[fr] **Protection des droits des données**

[de] **Datenrechtsschutz**

[it] **Protezione dei diritti dei dati**

[jp] **データ権保護**

[kr] **데이터 권리 보호**

[pt] **Proteção de Direitos de Dados**

[ru] **Защита прав на данные**

[es] **Protección de los Derechos Relativos a Datos**

9.4.1 数权自律

[ar] الانضباط الذاتي لحقوق البيانات

[en] **Self-Regulation and Professional Ethics for Data Rights**

[fr] **autorégulation et éthique professionnelle des droits sur les données**

[de] **Selbstregulierung und Berufsethik für Datenrecht**

[it] **auto-regolamentazione ed etica professionale per i diritti dei dati**

[jp] **データ権自律**

[kr] **데이터 권리 자율**

[pt] **Auto-Regulação e Ética Profissional para Direitos de Dados**

[ru] **Саморегулирование и профессиональная этика прав на данные**

[es] **Autorregulación y Ética Profesional sobre Derechos Relativos a Datos**

94101 《中国互联网行业自律公约》

[ar] تعهد بالانضباط الذاتي لقطاع الإنترنت في الصين

[en] Public Pledge of Self-Regulation and Professional Ethics for China's Internet Industry

[fr] Convention d'autodiscipline de l'industrie de l'Internet de la Chine

[de] Übereinkommen der Selbstregulierung und Berufsethik für chinesische Internet-branche

[it] Impegno pubblico di autoregolamentazione ed etica professionale per l'industria Internet della Cina

[jp] 「中国インターネット業自律公約」

[kr] <중국 인터넷 업계 자율 공약>

[pt] Compromisso Público da Auto-regulação e Éticas Profissionais para Indústria de Internet da China

[ru] Публичные заверения о саморегулировании и профессиональной этике для интернет-индустрии Китая

[es] Compromiso Público de Autorregulación y Ética Profesional para el Sector de Internet (China)

94102　《贵阳大数据交易所 702 公约》

[ar]　تعهد 702 حول بورصة البيانات الضخمة (قوييانغ

، الصين)

[en]　Global Big Data Exchange 702
Convention for Big Data Trading
(Guiyang, China)

[fr]　Convention 702 du centre d'échange des
mégadonnées (Guiyang, Chine)

[de]　702-Übereinkommen für Globale Big
Data-Börse (Guiyang, China)

[it]　Convenzione 702 per il commercio
globale dei Big Data (Guiyang, Cina)

[jp]　「貴陽ビッグデータ 取引所 702 公約」
（中国貴陽）

[kr]　<빅데이터 거래소 702 공약>(중국 구이
양)

[pt]　Convenção 702 para Bolsa de Big Data
(Guiyang, China)

[ru]　Конвенция 702 Гуйянского центра
обмена большими данными

[es]　Convención Global Big Data Exchange
702 para el Comercio Basado en Big
Data (Guiyang, China)

94103　《中关村大数据产业联盟行业自律公
约》（中国）

[ar]　تعهد بالانضباط الذاتي لتحالف صناعة البيانات
الضخمة في تشونغ قوان تسون (الصين)

[en]　Public Pledge of Self-Regulation and
Professional Ethics for Zhongguancun
Big Data Industry Alliance (China)

[fr]　Convention d'autorégulation pour
l'alliance industrielle des mégadonnées
de Zhongguancun (Chine)

[de]　Übereinkommen der Selbstregulierung
und Berufsethik für Big Data-Industrie-
allianz in Zhongguancun (China)

[it]　Impegno pubblico di
autoregolamentazione ed etica
professionale per l'alleanza d'industria
Big Data di Zhongguancun (Cina)

[jp]　「中関村ビッグデータ産業連盟産業自
律公約」（中国）

[kr]　<중관춘 빅데이터 산업 연합 업계 자율
공약>(중국)

[pt]　Compromisso Público da Auto-regulação
e Éticas Profissionais para Aliança da
Indústria de Big Data de Zhongguancun
(China)

[ru]　Публичные заверения
о саморегулировании и
профессиональной этике для
Альянса индустрии больших данных
Чжунгуаньцунь (Китай)

[es]　Compromiso Público de Autorregulación
y Ética Profesional para la Alianza del
Sector de los Big Data de Zhongguancun
(China)

94104　《线下大数据行业自律公约》（中国）

[ar]　تعهد بالانضباط الذاتي للبيانات الضخمة غير
المتصلة بالإنترنت (الصين)

[en]　Public Pledge of Self-Regulation and
Professional Ethics for the Offline Big
Data Industry (China)

[fr]　Convention sur l'autorégulation de
l'industrie des mégadonnées hors ligne
(Chine)

[de]　Übereinkommen der Selbstregulierung
und Berufsethik für Offline-Big Data-
Branche (China)

[it]　Impegno pubblico di
autoregolamentazione ed etica
professionale per l'industria di Big Data
Offline (Cina)

[jp]　「オフラインビッグデータ業に関する
自律条約」（中国）

[kr]　<오프라인 빅데이터 업계 자율 공약>(중
국)

[pt]　Compromisso Público da Auto-regulação
e Éticas Profissionais para a Indústria de
Big Data Offline (China)

[ru] Публичные заверения
о саморегулировании и
профессиональной этике для офлайн-
индустрии больших данных (Китай)

[es] Compromiso Público de Autorregulación
y Ética Profesional para el Sector de los
Big Data sin Conexión (China)

94105 《国家大数据综合试验区建设正定共
识》（中国）

[ar] رؤية مشتركة لمنطقة تشنغ دينغ بشأن إنشاء المنطقة
التجريبية العامة للبيانات الضخمة الوطنية (الصين)

[en] Zhengding Consensus on the
Construction of the National Big Data
Comprehensive Pilot Zone (China)

[fr] Consensus de Zhengding sur la
construction de la zone expérimentale
nationale globale des mégadonnées
(Chine)

[de] Konsens über Errichtung der Nationalen
Umfassenden Big Data-Testzone der
Stadt Zhengding (China)

[it] Consenso sulla costruzione della zona
pilota globale di Big Data di Zhengding
(Cina)

[jp] 「国家ビッグデータ総合実験区建設に
関するる正定共通認識」（中国）

[kr] <국가 빅데이터 종합 시험단지 구축 정
딩 합의>(중국)

[pt] Consenso para a Construção da Zona
Experimental Integral de Big Data da
Cidade de Zhengding (China)

[ru] Чжэндинский консенсус по созданию
национальной универсальной
пилотной зоны больших данных
(Китай)

[es] Consenso de Zhengding sobre la
Construcción de la Zona Experimental
Integral Nacional sobre Big Data (China)

94106 《中国大数据行业自律公约》

[ar] تعهد بالانضباط الذاتي للقطاع الصيني للبيانات
الضخمة

[en] Public Pledge of Self-Regulation and
Professional Ethics for China's Big Data
Industry

[fr] Convention d'autodiscipline de
l'industrie des mégadonnées de la Chine

[de] Übereinkommen der Selbstregulierung
und Berufsethik für Chinas Big Data-
Branche

[it] Impegno pubblico di
autoregolamentazione ed etica
professionale per l'industria Big Data
della Cina

[jp] 「中国ビッグデータ業自律公約」

[kr] <중국 빅데이터 업계 자율 공약>

[pt] Compromisso Público da Auto-regulação
e Éticas Profissionais para a Indústria de
Big Data da China

[ru] Публичные заверения
о саморегулировании и
профессиональной этике для
индустрии больших данных в Китае

[es] Compromiso Público de China para la
Autorregulación y Ética Profesional para
el Sector de los Big Data

94107 《大数据与信息化安全自律标准化文
件》（中国）

[ar] وثيقة تقييس الانضباط الذاتي للبيانات الضخمة وأمن
المعلومات (الصين)

[en] Standardization Document of Self-
Regulation and Professional Ethics for
Big Data and Informatization Security
(China)

[fr] Document de normalisation sur
l'autorégulation et l'éthique
professionnelle pour la sécurité des
mégadonnées et de l'informatisation
(Chine)

9.4

[de] Normungsdokument für Selbstregulierung und Berufsethik der Big Data- und Informatisierungssicherheit (China)

[it] Documento di standardizzazione di autoregolamentazione ed etica professionale per la sicurezza di Big Data e delle informazioni (Cina)

[jp] 「ビッグデータと情報化セキュリティに関するる自律基準化書類」（中国）

[kr] <빅데이터와 정보화 보안 자율 표준화 문건>(중국)

[pt] Documento padronizado de Autoregulação e Ética Profissional para Segurança de Big Data e Informatização (China)

[ru] Стандартный документ о саморегулировании и профессиональной этике в области безопасности больших данных и информатизации (Китай)

[es] Documento de Estandarización de la Autorregulación y la Ética Profesional para los Big y la Seguridad de la Información (China)

94108 《数据流通行业自律公约》（中国）

[ar] تعهد بالانضباط الذاتي لقطاع تداول البيانات (الصين)

[en] Public Pledge of Self-Regulation and Professional Ethics for the Data Transfer Service Industry (China)

[fr] Engagement public d'autodiscipline et d'éthique professionnelle pour l'industrie des services de circulation de données (Chine)

[de] Übereinkommen der Selbstregulierung und Berufsethik für Datenübertragungsbranche (China)

[it] Impegno pubblico di autoregolamentazione ed etica professionale per l'industria di trasferimento dei dati (Cina)

[jp] 「データ流通業自律公約」（中国）

[kr] <데이터 유통 업계 자율 공약>(중국)

[pt] Compromisso Público de Auto-regulação e Ética Profissional para a Indústria de Serviços de Transferência de Dados (China)

[ru] Публичные заверения о саморегулировании и профессиональной этике в области передаче данных (Китай)

[es] Compromiso Público de Autorregulación y Ética Profesional para el Sector de los Servicios de Transferencia de Datos (China)

94109 《数据保护倡议书》（中国）

[ar] مبادرة حماية البيانات (الصين)

[en] Data Protection Pact (China)

[fr] Proposition sur la protection des données (Chine)

[de] Datenschutz-Initiative (China)

[it] Proposta di protezione dei dati (Cina)

[jp] 「データ保護イニシアティブ」（中国）

[kr] <데이터 보호 이니셔티브>(중국)

[pt] Iniciativa de Proteção de Dados (China)

[ru] Пакт о защите данных (Китай)

[es] Pacto de Protección de Datos (China)

94110 《网络营销与互联网用户数据保护自律宣言》（中国）

[ar] إعلان بالانضباط الذاتي للتسويق عبر الإنترنت وحماية بيانات مستخدمي الإنترنت (الصين)

[en] Declaration of Self-Regulation and Professional Ethics for Online Marketing and Internet User Data Protection (China)

[fr] Déclaration sur l'autoréglementation du marketing en ligne et la protection des données des utilisateurs de l'Internet (Chine)

[de] Erklärung zur Selbstregulierung und

9.4

Berufsethik für Online-Marketing und Datenschutz der Internetnutzer (China)

[it] Dichiarazione di autoregolamentazione ed etica professionale sulla protezione dei dati di e-commerce e di utenti di Internet (Cina)

[jp] 「インターネットマーケティングとインターネットユーザーデータセキュリティ保護に関する自律宣言」（中国）

[kr] <인터넷 마케팅과 인터넷 사용자 데이터 보호 자율 선언>(중국)

[pt] Declaração de Auto-regulação e Éticas Profissionais para Marketing Online e Proteção do Uso dos Dados de Usários da Internet (China)

[ru] Декларация о саморегулировании и профессиональной этике в области защиты данных о интернет-маркетинге и пользователях интернета (Китай)

[es] Declaración de Autorregulación y Ética Profesional sobre Marketing en Línea y Protección de Datos de Usuarios en Internet (China)

94111 《人工智能行业自律公约》（中国）

[ar] تعهد بالانضباط الذاتي لصناعة الذكاء الاصطناعي (الصين)

[en] Public Pledge of Self-Regulation and Professional Ethics for the AI Industry (China)

[fr] Engagement public d'autodiscipline et d'éthique professionnelle pour l'industrie de l'intelligence artificielle (Chine)

[de] Übereinkommen der Selbstregulierung und Berufsethik für Künstliche Intelligenz-Branche (China)

[it] Impegno pubblico di autoregolamentazione ed etica professionale per l'industria di AI (Cina)

[jp] 「人工知能業自律公約」（中国）

[kr] <인공지능 업계 자율 공약>(중국)

[pt] Compromisso Público de Auto-regulação e Ética Profissional para a Indústria de Inteligência Artificial (China)

[ru] Публичные заверения о саморегулировании и профессиональной этике для индустрии искусственного интеллекта (Китай)

[es] Compromiso Público de Autorregulación y Ética Profesional para el Sector de la Inteligencia Artificial (China)

94112 《中国数据中心行业自律公约》

[ar] تعهد بالانضباط الذاتي لقطاع المركز الصيني للبيانات

[en] Public Pledge of Self-Regulation and Professional Ethics for China's Data Center Industry

[fr] Convention d'autorégulation pour l'industrie des centres de données chinoise

[de] Chinas Übereinkommen der Selbstregulierung und Berufsethik für Datenzentrumsbranche

[it] Impegno pubblico di autoregolamentazione ed etica professionale per l'industria di centro dei dati

[jp] 「中国データセンター業自律公約」

[kr] <중국 데이터 센터 업계 자율 공약>

[pt] Compromisso Público da Auto-regulação e Éticas Profissionais para as Empresas-pilotos de Dados da China

[ru] Публичные заверения о саморегулировании и профессиональной этике для индустрии центров обработки данных в Китае

[es] Compromiso Público de China para la Autorregulación y Ética Profesional para el Sector de Centros de Datos

9.4

94113 《互联网终端安全服务自律公约》(中国)

[ar] تعهد بالانضباط الذاتي لخدمات أمن الإنترنت الطرفية (الصين)

[en] Public Pledge of Self-Regulation and Professional Ethics for Internet Terminal Security Services (China)

[fr] Engagement public d'autodiscipline et d'éthique professionnelle pour les services de sécurité des terminaux de l'Internet (Chine)

[de] Übereinkommen der Selbstregulierung und Berufsethik für Internetsendgeräte-Sicherheitsservice (China)

[it] Impegno pubblico di autoregolamentazione ed etica professionale per servizio di sicurezza dei terminali Internet (Cina)

[jp] 「インターネット端末セキュリティサービス自律条約」(中国)

[kr] <인터넷 단말 보안 서비스 자율 공약>(중국)

[pt] Compromisso Público de Auto-regulação e Ética Profissional para Serviços de Segurança de Terminais da Internet (China)

[ru] Публичные заверения о саморегулировании и профессиональной этике в области безопасности интернет-терминалов (Китай)

[es] Compromiso Público de Autorregulación y Ética Profesional para Servicios de Seguridad para Terminales de Internet (China)

94114 《移动通信转售企业自律公约》(中国)

[ar] تعهد بالانضباط الذاتي لمؤسسات إعادة بيع الاتصالات المتنقلة (الصين)

[en] Public Pledge of Self-Regulation and Professional Ethics for Mobile Communication Resale Enterprises (China)

[fr] Convention d'autorégulation pour les entreprises de revente de communication mobile (Chine)

[de] Übereinkommen der Selbstregulierung und Berufsethik für Wiederverkaufsunternehmen in der Mobilkommunikation (China)

[it] Impegno pubblico di autoregolamentazione ed etica professionale per le imprese di rivendita della comunicazione mobile (Cina)

[jp] 「移動通信転売企業自律条約」(中国)

[kr] <모바일 통신의 기업 대상 전매 자율 공약>(중국)

[pt] Compromisso Público da Auto-regulação e Éticas Profissionais para as Empresas de Revenda da Telecomunicações Móveis (China)

[ru] Публичные заверения о саморегулировании и профессиональной этике для предприятий перепродажи мобильной связи (Китай)

[es] Compromiso Público de Autorregulación y Ética Profesional para Empresas Revendedoras de Comunicaciones Móviles (China)

94115 《互联网搜索引擎服务自律公约》(中国)

[ar] تعهد بالانضباط الذاتي لخدمات محركات البحث على الإنترنت (الصين)

[en] Public Pledge of Self-Regulation and Professional Ethics for Internet Search Engine Services (China)

[fr] Engagement public d'autodiscipline et d'éthique professionnelle pour les services de moteur de recherche sur l'Internet (Chine)

[de] Übereinkommen der Selbstregulierung und Berufsethik für Internet-Suchmaschinenservice (China)

[it] Impegno pubblico di autoregolamentazione ed etica professionale per servizio di motore di ricerca sull'Internet (Cina)

[jp] 「インターネット検索エンジンサービス自律公約」（中国）

[kr] <인터넷 검색 엔진 서비스 자율 공약> (중국)

[pt] Compromisso Público de Auto-regulação e Ética Profissional para os Serviços de Motor de Pesquisa da Internet (China)

[ru] Публичные заверения о саморегулировании и профессиональной этике для служб поиска в Интернете (Китай)

[es] Compromiso Público de Autorregulación y Ética Profesional para Servicios de Motores de Búsqueda en Internet (China)

94116 《中国互联网协会抵制网络谣言倡议书》

[ar] مبادرة جمعية الإنترنت الصينية لمقاومة شائعات الإنترنت

[en] Internet Society of China's Initiative on Boycotting Internet Rumors

[fr] Initiative de l'Association chinoise de l'Internet sur la lutte contre des rumeurs sur Internet

[de] Initiative der chinesischen Internet-Gesellschaft zum Boykott gegen Internet-Gerüchte

[it] Iniziativa sul boicotaggio di diceria su Internet dall'associazione Internet

[jp] 「中国インターネット協会によるネットデマ阻止に関するイニシアティブ」

[kr] <중국 인터넷 협회 인터넷 루머 보이컷 이니셔티브>

[pt] Iniciativa contra Rumores na Rede da Sociedade da Internet da China

[ru] Инициатива Китайского общества Интернет по бойкотированию интернетных слухов

[es] Iniciativa China sobre el Boicoteo de los Rumores en Internet por la Sociedad de Internet

94117 《中国跨境数据通信业务产业自律公约》

[ar] تعهد بالانضباط الذاتي لقطاع الاتصالات الرقمية عبر الحدود بالصين

[en] Public Pledge of Self-Regulation and Professional Ethics for China's Cross-border Data and Telecommunications Industry

[fr] Convention d'autorégulation pour l'industrie du service transfrontalier des données et des télécommunications

[de] Übereinkommen der Selbstregulierung und Berufsethik für Chinas grenzüber-schreitendes Daten- und Telekommuni-kationsgeschäft

[it] Impegno pubblico di autoregolamentazione ed etica professionale per i dati transfrontalieri nell'industria di telecomunicazione della Cina

[jp] 「中国越境データ通信業務産業自律公約」

[kr] <중국 크로스보더 데이터 통신 업무 산업 자율 공약>

[pt] Compromisso Público da Auto-regulação e Éticas Profissionais para Indústria de Dados e Telecomunicações Transfronteiriços da China

[ru] Публичные заверения о саморегулировании и профессиональной этике для китайской трансграничной индустрии передачи данных и телекоммуникации

[es] Compromiso Público de China para la Autorregulación y Ética Profesional para el Sector de las Telecomunicaciones y

los Datos Transfronterizos

94118　《共建推送内容安全生态倡议书》(中国)

[ar]　مبادرة البناء المشترك للإيكولوجيا الأمنية لمحتويات
البيانات المنشورة (الصين)

[en]　Initiative on Jointly Building Security
Ecology for Content Push (China)

[fr]　Initiative sur la construction conjointe de
l'écologie de la sécurité du contenu push
(Chine)

[de]　Initiative zum gemeinsamen Aufbau von
Sicherheitsökologie für Content Push (China)

[it]　Iniziativa sulla costruzione congiunta
della sicurezza ecologica per contenuto
pubbblico (Cina)

[jp]　「プッシュコンテンツの安全生態共同
建設に関するイニシアティブ」(中国)

[kr]　<푸시 콘텐츠 보안 상태 공동 구축 창의
서>(중국)

[pt]　Iniciativa para a Criação Conjunta de
Ecologia de Segurança para Envio de
Conteúdo (China)

[ru]　Инициатива по совместному созданию
среды для обеспечения безопасности
пуш-контента (Китай)

[es]　Iniciativa de Construcción Conjunta
de Ecología de Seguridad para la
Publicación de Contenido (China)

94119　《乌镇倡议》(中国)

[ar]　مبادرة بلدة وتشن (الصين)

[en]　Wuzhen Initiative (China)

[fr]　Initiative de Wuzhen (Chine)

[de]　Wuzhen Initiative (China)

[it]　Iniziativa di Wuzhen (Cina)

[jp]　「烏鎮イニシアティブ」(中国)

[kr]　<우전 이니셔티브> (중국)

[pt]　Iniciativa Wuzhen (China)

[ru]　Учжэньская инициатива (Китай)

[es]　Iniciativa de Wuzhen (China)

94120　《深圳开放数据倡议书》(中国)

[ar]　مبادرة فتح البيانات بشنتشن (الصين)

[en]　Shenzhen Open Data Initiative (China)

[fr]　Proposition de Shenzhen sur des données
ouvertes (Chine)

[de]　Shenzhen Open Data Initiative (China)

[it]　Iniziativa sull'apertura dei dati di
Shenzhen (Cina)

[jp]　「深センオープンデータイニシアティ
ブ」(中国)

[kr]　<선전 오픈 데이터 이니셔티브>(중국)

[pt]　Iniciativa de Dados Abertos da Cidade
Shenzhen (China)

[ru]　Шэньчжэнская инициатива по
открытым данным (Китай)

[es]　Iniciativa de Shenzhen sobre Datos
Abiertos (China)

94121　《跨省区数据共享倡议》(中国)

[ar]　مبادرة مشاركة البيانات عبر المقاطعات (الصين)

[en]　Inter-Provincial Data Sharing Initiative
(China)

[fr]　Initiative de partage interprovincial de
données (Chine)

[de]　Interprovinzielle Initiative zum Daten-
sharing (China)

[it]　Iniziativa sulla condivisione dei dati
Inter-provinciali (Cina)

[jp]　「多省間データ共有イニシアティブ」
(中国)

[kr]　<성(省) 간 데이터 공유 이니셔티브>(중국)

[pt]　Iniciativa de Partilha Interprovincial de
Dados (China)

[ru]　Инициатива по обмену данными
между провинциями (Китай)

[es]　Iniciativa de Uso Compartido
Interprovincial de Datos (China)

9.4.2　数据秩序

[ar]　نظام البيانات

[en]　**Data Rules and Order**

[fr] **Ordre de données**

[de] **Datenordnung**

[it] **Ordinamento dei dati**

[jp] **データ秩序**

[kr] **데이터 질서**

[pt] **Ordem dos Dados**

[ru] **Правила и порядок в индустрии данных**

[es] **Orden Social Empoderado Mediante la Digitalización**

94201 大数据行业秩序

[ar] نظام قطاع البيانات الضخمة

[en] order of the big data industry

[fr] ordre de l'industrie des mégadonnées

[de] Ordnung der Big Data-Industrie

[it] ordine del settore di Big Data

[jp] ビッグデータ業界秩序

[kr] 빅데이터 업계 질서

[pt] ordem industrial de big data

[ru] правила и порядок в индустрии больших данных

[es] orden industrial de Big Data

94202 大数据行业自律机制

[ar] آلية الانضباط الذاتي لقطاع البيانات الضخمة

[en] mechanism of self-regulation and professional ethics for the big data industry

[fr] mécanisme d'autorégulation et de déontologie de l'industrie des mégadonnées

[de] Mechanismus der Selbstregulierung und Berufsethik für Big Data-Industrie

[it] meccanismo di autoregolamentazione e di etica professionale per l'industria di Big Data

[jp] ビッグデータ業界自律メカニズム

[kr] 빅데이터 업계 자율 메커니즘

[pt] mecanismo de auto-regulação e ética profissional para a indústria de big data

[ru] механизм саморегулирования и профессиональной этики для индустрии больших данных

[es] mecanismo de autorregulación y ética profesional para el sector de los Big Data

94203 大数据安全自律公约

[ar] تعهد الانضباط الذاتي لأمن البيانات الضخمة

[en] public pledge of self-regulation and professional ethics for big data security

[fr] convention de l'autorégulation et la déontologie de la sécurité des mégadonnées

[de] Übereinkommen der Selbstregulierung und Berufsethik für Big Data-Sicherheit

[it] patto di autoregolamentazione e di etica professionale della sicurezza di Big Data

[jp] ビッグデータセキュリティ自律公約

[kr] 빅데이터 보안 자율 공약

[pt] convenção de auto-regulação para a segurança de big data

[ru] публичные заверения о саморегулировании и профессиональной этике для защиты больших данных

[es] compromiso público para la autorregulación y ética profesional para la seguridad de Big Data

94204 保护公民数据隐私

[ar] حماية خصوصية بيانات المواطن

[en] protection of citizens' data privacy

[fr] protection de la confidentialité des données des citoyens

[de] Schutz der Bürgerdaten

[it] protezione della privacy dei dati dei cittadini

[jp] 国民データプライバシー保護

[kr] 공민 데이터 프라이버시 보호

[pt] proteção de privacidade de dados dos cidadãos

9.4

[ru] защита конфиденциальности данных
граждан

[es] protección de la privacidad de datos para
ciudadanos

94205 互联网行业职业道德建设

[ar] بناء الأخلاقيات المهنية في صناعة الإنترنت

[en] development of professional ethics in
the Internet industry

[fr] développement de la déontologie de
l'industrie de l'Internet

[de] Entwicklung der Berufsethik in der
Internetbranche

[it] sviluppo di etica professionale in settore
Internet

[jp] インターネット業界での職業倫理構築

[kr] 인터넷 업계 직업 도덕 구축

[pt] desenvolvimento da ética profissional da
indústria da Internet

[ru] развитие профессиональной этики в
интернет-индустрии

[es] desarrollo de la ética profesional en el
sector de Internet

94206 大数据责权观

[ar] نظرية الحقوق والمسؤوليات المتعلقة بالبيانات
الضخمة

[en] views on big data rights and obligations

[fr] opinion sur les droits et obligations des
mégadonnées

[de] Ansichten zu Big Data-Rechten und
-Pflichten

[it] asserzione di diritti e obbligazioni di Big
Data

[jp] ビッグデータの責任感と権力感

[kr] 빅데이터 책임 권리 관념

[pt] ponto de vista sobre direitos e obrigações
de big data

[ru] взгляды на права и обязательства в
отношении больших данных

[es] declaraciones de derechos y obligaciones

relativos a Big Data

94207 数据资产安全管理制度

[ar] نظام إدارة سلامة أصول البيانات

[en] data asset security management
mechanism

[fr] système de gestion de la sécurité des
actifs de données

[de] Managementsmechanismus für Daten-
eigentum-Sicherheit

[it] meccanismo di gestione della sicurezza
delle risorse dei dati

[jp] データ資産のセキュリティ管理制度

[kr] 데이터 자산 보안 관리 제도

[pt] mecanismo de geração de segurança de
ativos de dados

[ru] механизм управления безопасностью
активов данных

[es] mecanismo de gestión de la seguridad de
activos de datos

94208 数据脱敏管理规范

[ar] لوائح تبييض البيانات

[en] data masking regulation

[fr] réglementation sur le masquage des
données

[de] Vorschriften zur Datenmaskierung

[it] regolamenti di mascheramento dei dati

[jp] データマスキング管理規範

[kr] 데이터 민감성 해탈 관리 규범

[pt] regulamentode camuflagemde dados

[ru] правила маскировки данных

[es] regulaciones del enmascaramiento de
datos

94209 数据黑市

[ar] سوق سوداء للبيانات

[en] black market for data

[fr] marché noir de données

[de] Daten-Schwarzmarkt

[it] mercato nero dei dati

[jp] データの闇市場
[kr] 데이터 암시장
[pt] mercado negro de dados
[ru] черный рынок данных
[es] mercado negro de datos

94210 数据安全保护不力和泄露隐私惩处机制

[ar] آلية معاقبة الحماية الغير فعالة لأمن المعلومات وتسريب الخصوصيات

[en] punishment mechanism for ineffective protection of data security and leakage of privacy

[fr] mécanisme de sanction pour protection inefficace et fuite de la confidentialité des données

[de] Strafmechanismus für unwirksamen Datenschutz und Datenleck

[it] meccanismo di punizione per protezione inefficace e perdita di privacy dei dati

[jp] データセキュリティの保護不足及び秘密漏洩の処罰メカニズム

[kr] 데이터 보안 보호 미비와 프라이버시 누설 징계 시스템

[pt] mecanismo de punição para a proteção ineficazdos dados e a fuga da privacidade

[ru] механизм наказания за неэффективную защиту данных и разглашение конфиденциальной информации

[es] mecanismo de sanción de la protección ineficaz de seguridad y el filtrado contra la privacidad de datos

94211 合规采集

[ar] جمع قانوني للبيانات المتوافقة

[en] compliant data collection
[fr] collecte de données conforme
[de] konforme Datensammlung
[it] raccolta regolare dei dati

[jp] 準拠データ収集
[kr] 합법 데이터 수집
[pt] coleção de dados adequados
[ru] легальный сбор данных
[es] recogida de datos en cumplimiento

94212 流向管控

[ar] تحكم في التدفق

[en] flow control
[fr] contrôle de flux de données
[de] Flusskontrolle
[it] controllo di flusso (dati)
[jp] フロー制御
[kr] 데이터 흐름 제어
[pt] controlo de fluxo (dados)
[ru] управление потоком
[es] control de flujo

94213 权益协调

[ar] تنسيق أصحاب المصلحة

[en] stakeholder coordination
[fr] coordination des parties prenantes
[de] Koordination zwischen Interessengruppen
[it] coordinamento delle parti interessate
[jp] 権益の協調
[kr] 권익 조정
[pt] coordenação de partes interessadas
[ru] координация действий заинтересованных сторон
[es] coordinación de partes interesadas

94214 网络营销标准化

[ar] تقييس معايير التسويق عبر الإنترنت

[en] online marketing standardization
[fr] normalisation du marketing en ligne
[de] Online-Marketing-Normung
[it] standardizzazione del commercio online
[jp] ネットマーケティングの標準化
[kr] 온라인 마케팅 표준화
[pt] padronização de marketing online

9.4

[ru] стандартизация интернет-маркетинга

[es] normalización de mercadotecnia en línea

94215 个人信息申诉

[ar] شكوى ضد الاستغلال غير المشروع للمعلومات الشخصية

[en] complaint against illegal use of personal information

[fr] plainte contre l'utilisation illégale de données personnelles

[de] Beschwerde gegen rechtswidrige Verwendung personenbezogener Daten

[it] denuncia contro l'uso illegale di informazioni personali

[jp] 個人情報の違法使用に対する申立

[kr] 개인 정보 제소

[pt] reclamação contra o uso ilegal de informações pessoais

[ru] жалоба на незаконное использование личной информации

[es] queja solicitada sobre el uso ilegal de información personal

94216 用户信息安全屏障

[ar] تدابير أمن معلومات المستخدم

[en] user information security fence

[fr] barrière de sécurité de l'information d'utilisateur

[de] Schutzgitter für Benutzerinformationssicherheit

[it] barriera protettiva delle informazioni dell'utente

[jp] ユーザー情報セキュリティ防壁

[kr] 사용자 정보 보안 방어벽

[pt] barreira de segurança das informações de usuário

[ru] охранное ограждение для защиты информации пользователя

[es] medidas de seguridad de la información de usuario

94217 数据内控制度

[ar] نظام الرقابة الداخلية للبيانات

[en] internal control system for data

[fr] système de contrôle interne des données

[de] internes Kontrollsystem für Daten

[it] sistema di controllo interno per i dati

[jp] データ内部制御システム

[kr] 데이터 내부 제어 제도

[pt] sistema de controlo interno de dados

[ru] система внутреннего контроля данных

[es] sistema interno de control de datos

94218 数据导入安全相关的授权策略

[ar] سياسة التخويل المتعلقة بأمن إدخال البيانات

[en] data import security-related authorization policy

[fr] mesure d'autorisation liée à la sécurité de l'importation des données

[de] sicherheitsrelevante Berechtigungsrichtlinie für Datenimport

[it] politica di autorizzazione relativa alla sicurezza dell'importazione dei dati

[jp] データ導入の安全性に関する授権策略

[kr] 데이터 도입 보안 관련 수권 전략

[pt] política de autorização relacionada à segurança de importação de dados

[ru] политика авторизации, связанная с безопасностью импорта данных

[es] política de autorizaciones relativas a la seguridad en la importación de datos

94219 数据访问控制规则

[ar] قواعد التحكم في الوصول إلى البيانات

[en] data access control rule

[fr] règle de contrôle d'accès aux données

[de] Regeln für Datenzugriffskontrolle

[it] regole di controllo dell'accesso ai dati

[jp] データ訪問の制御規則

[kr] 데이터 액세스 제어 규칙

[pt] regras de controlo do acesso aos dados

[ru] правила контроля доступа к данным

[es] reglas de control del acceso a datos

94220　数据存储转移安全规则

[ar] قواعد الأمن لتخزين البيانات ونقلها

[en] security rule for data storage and transfer

[fr] règle de sécurité pour le stockage et le transfert de données

[de] Sicherheitsregeln für Speicherung und Übertragung von Daten

[it] regole di sicurezza per l'archiviazione e il trasferimento dei dati

[jp] データのストレージと移転の安全性に関する規則

[kr] 데이터 저장 전이 보안 규칙

[pt] regras de segurança para armazenamento e transferência de dados

[ru] правила безопасности в области хранения и передачи данных

[es] reglas de seguridad para el almacenamiento y la transferencia de datos

94221　多副本一致性管理规则

[ar] قواعد إدارة التناسق متعدد النسخ

[en] management rule for consistency of replications

[fr] règle de gestion pour la cohérence de plusieurs duplicata de données

[de] Managementsregeln für Konsistenz mehrerer Datenkopien

[it] regole di gestione per la coerenza di multi-copie dei dati

[jp] 複数のデータコピーの一貫性管理規則

[kr] 다중 부본 일치성 관리 규칙

[pt] regras de gestão para consistência de cópia multíplas de dados

[ru] правила управления согласованностью нескольких копий данных

[es] reglas de gestión para la coherencia entre distintas copias de datos

94222　重要数据加密规则

[ar] قواعد تشفير البيانات الهامة

[en] rule for encrypting important data

[fr] règle de chiffrement des données importantes

[de] Regeln zur Verschlüsselung wichtiger Daten

[it] regole per la crittografia dei dati importanti

[jp] 重要データの暗号化ルール

[kr] 중요 데이터 암호화 규칙

[pt] regras de criptografia dos dados importantes

[ru] правила шифрования важных данных

[es] reglas para encriptar datos importantes

9.4.3　数权救济

[ar] دعم حقوق البيانات

[en] **Legal Remedies for Data Rights**

[fr] **Recours juridique pour les droits des données**

[de] **Rechtsbehelf für Datenrecht**

[it] **Rimedio legale per i diritti dei dati**

[jp] **データ権救済**

[kr] **데이터 권리 구제**

[pt] **Apoio Jurídico aos Direitos de Dados**

[ru] **Средства юридической защиты прав на данные**

[es] **Alivio Legal para Derechos Relativos a Datos**

94301　司法救济

[ar] دعم قضائي

[en] judicial remedy

[fr] aide juridictionnelle

[de] Rechtsbehelf

[it] rimedio giudiziario

[jp] 司法救済

[kr] 사법 구제

[pt] alívio judicial

[ru] средства судебной защиты

9.4

[es] reparación judicial

94302 行政救济

[ar] دعم إداري

[en] administrative remedy

[fr] aide administrative

[de] verwaltungstechnischer Rechtsbehelf

[it] rimedio amministrativo

[jp] 行政救済

[kr] 행정 구제

[pt] alívio administrativo

[ru] средства административной защиты

[es] remedio administrativo

94303 社会救济

[ar] دعم اجتماعي

[en] social remedy

[fr] aide sociale

[de] sozialer Rechtsbehelf

[it] rimedio sociale

[jp] 社会救済

[kr] 사회 구제

[pt] alívio social

[ru] средства социальной защиты

[es] alivio social

94304 事前救济

[ar] دعم قبل وقوع الواقعة

[en] remedy in advance

[fr] remède préventif

[de] Rechtsbehelf im Voraus

[it] rimedio in anticipo

[jp] 事前救済

[kr] 사전 구제

[pt] alívio antecipado

[ru] средства предварительной защиты

[es] alivio previo

94305 事后救济

[ar] دعم بعد وقوع الواقعة

[en] remedy afterwards

[fr] recours après coup

[de] Rechtsbehelf im Nachhinein

[it] post rimedio

[jp] 事後救済

[kr] 사후 구제

[pt] alívio posterior

[ru] средства защиты впоследствии

[es] alivio posterior

94306 通知原则

[ar] مبدأ الإخطار

[en] notification principle

[fr] principe de notification

[de] Benachrichtigungsprinzip

[it] principio di notifica

[jp] 通知原則

[kr] 통지 원칙

[pt] princípio de notificação

[ru] принцип уведомления

[es] principio de notificación

94307 选择原则

[ar] مبدأ الاختيار

[en] selection principle

[fr] principe de sélection

[de] Auswahlprinzip

[it] principio di selezione

[jp] 選択原理

[kr] 선택 원칙

[pt] princípio de seleção

[ru] принцип выбора

[es] principio de selección

94308 转移原则

[ar] مبدأ تحول البيانات

[en] transfer principle

[fr] principe de transfert de données

[de] Datenübertragungsrichtlinie

[it] politica di trasferimento dei dati

[jp] データ転送原則

[kr] 전이 원칙

9.4

[pt] princípio de transferência de dados
[ru] политика передачи
[es] principio de transferencias

94309 安全原则
[ar] مبدأ الأمن
[en] security principle
[fr] principe de sécurité
[de] Sicherheitsprinzip
[it] principio di sicurezza
[jp] セキュリティ原則
[kr] 보안 원칙
[pt] princípio da segurança
[ru] принцип безопасности
[es] principio de seguridad

94310 准入原则
[ar] مبدأ الدخول
[en] access principle
[fr] principe d'admission
[de] Zugriffsprinzip
[it] principio di accesso
[jp] 参入原則
[kr] 준입 원칙
[pt] princípio de acesso
[ru] принцип доступа
[es] principio de acceso

94311 执行原则
[ar] مبدأ التنفيذ
[en] implementation principle
[fr] principe d'application
[de] Umsetzungsprinzip
[it] principio di attuazione
[jp] 執行原則
[kr] 집행 원칙
[pt] princípio de implementação
[ru] принцип реализации
[es] principio de implementación

94312 和解
[ar] تصالح
[en] reconciliation
[fr] réconciliation
[de] Versöhnung
[it] reconciliazione
[jp] 和解
[kr] 화해
[pt] reconciliação
[ru] примирение
[es] reconciliación

94313 调解
[ar] وساطة
[en] mediation
[fr] médiation
[de] Vermittlung
[it] mediazione
[jp] 調停
[kr] 조정
[pt] mediação
[ru] посредничество
[es] mediación

94314 仲裁
[ar] تحكيم
[en] arbitration
[fr] arbitrage
[de] Schiedsgerichtsbarkeit
[it] arbitrato
[jp] 仲裁
[kr] 중재
[pt] arbitragem
[ru] арбитраж
[es] arbitraje

94315 诉讼
[ar] دعوى
[en] litigation
[fr] litige
[de] Rechtsstreitigkeiten

9.4

[it] lite
[jp] 訴訟
[kr] 소송
[pt] litígio
[ru] судебный процесс
[es] litigación

94316 申诉

[ar] طعن
[en] appeal
[fr] appel
[de] Beschwerde
[it] appello
[jp] 異議申し立て
[kr] 제소
[pt] reclamação
[ru] апелляция
[es] apelación

94317 替代性纠纷解决机制

[ar] آلية التسوية البديلة للمنازعات
[en] alternative dispute resolution mechanism
[fr] mécanisme de résolution de différend alternative
[de] Mechanismus für alternative Streitver-schlichtung
[it] risoluzione alternativa delle controversie
[jp] 代替的紛争解決メカニズム
[kr] 대체적 분쟁 해결 메커니즘
[pt] resolução alternativa de disputa
[ru] механизм альтернативного разрешения спора
[es] mecanismo de resolución alternativa de disputas

94318 强制性仲裁

[ar] تحكيم إجباري
[en] compulsory arbitration
[fr] arbitrage obligatoire
[de] Zwangsschlichtung
[it] arbitrato obbligatorio

[jp] 強制的仲裁
[kr] 강제적 중재
[pt] arbitragem obrigatória
[ru] обязательный арбитраж
[es] arbitraje obligatorio

94319 预仲裁

[ar] تحكيم مسبق
[en] pre-arbitration
[fr] pré-arbitrage
[de] Vor-Schiedsspruch
[it] pre-arbitrato
[jp] 事前仲裁
[kr] 조기 중재
[pt] pré-arbitragem
[ru] предварительный арбитраж
[es] arbitraje previo

94320 线上仲裁

[ar] تحكيم عبر الإنترنت
[en] online arbitration
[fr] arbitrage en ligne
[de] Online-Schiedsverfahren
[it] arbitrato online
[jp] オンライン仲裁
[kr] 온라인 중재
[pt] arbitragem online
[ru] онлайн-арбитраж
[es] arbitraje en línea

94321 行政诉讼

[ar] مقاضاة إدارية
[en] administrative litigation
[fr] contentieux administratif
[de] Verwaltungsstreitigkeit
[it] lite amministrativa
[jp] 行政訴訟
[kr] 행정 소송
[pt] litígio administrativo
[ru] административное судопроизводство
[es] litigación administrativa

94322 停止侵害

[ar] وقف الانتهاك

[en] cessation of infringement

[fr] cessation de l'infraction

[de] Unterbruch der Zuwiderhandlung

[it] cessazione della violazione

[jp] 侵害停止

[kr] 침해 정지

[pt] cessação da infração

[ru] прекращение нарушения

[es] cese de infracción

94323 损害赔偿

[ar] تعويض الخسائر

[en] damages

[fr] dommages-intérêts

[de] Entschädigung

[it] compensazione dei danni

[jp] 損害賠償

[kr] 손해 배상

[pt] danos

[ru] компенсация убытков

[es] compensación para daños

94324 国家赔偿

[ar] تعويض حكومي

[en] state compensation

[fr] indemnisation par État

[de] staatliche Entschädigung

[it] compensazione statale

[jp] 国家賠償

[kr] 국가 배상

[pt] indemnização estatal

[ru] государственная компенсация

[es] compensación estatal

9.4.4 法条关联

[ar] ما يتعلق بالبنود القانونية

[en] **Related Legal Provisions**

[fr] **Association des articles de loi**

[de] **Relevante Rechtsartikeln**

[it] provvedimenti di legge

[jp] 法律条文関連

[kr] 법률 조항 관련

[pt] Disposições Legais Relacionadas

[ru] **Соответствующие правовые нормы**

[es] **Asociación de Artículos Legales**

94401 违规披露、不披露重要信息罪

[ar] جريمة تقديم معلومات كاذبة أو معلومات تخفي الوقائع الهامة

[en] crime of submitting false reports or reports concealing important facts

[fr] crime de divulgation de fausses informations ou de dissimulation d'informations importantes

[de] Straftat der Einreichung von falschen Berichten bzw. Verbergung von wichtigen Informationen

[it] reato di presentazione di rapporti falsi o nascondenti dei fatti importanti

[jp] 違法提供・重要情報隠蔽罪

[kr] 중요 정보 공개·비공개 규정 위반죄

[pt] crime de apresentar ou esconder fatos importantes

[ru] преступление в виде представления недостоверных отчетов или представления отчетов, скрывших важные факты

[es] delito de enviar informes falsos o informes que oculten hechos importantes

94402 内幕交易、泄露内幕信息罪

[ar] جريمة تنفيذ التداول من وراء الستار أو الكشف عن معلومات من وراء الستار

[en] crime of performing insider trading or divulging insider information

[fr] délit d'initié ou de divulgation d'informations privilégiées

[de] Straftat des Insiderhandels oder der Offenlegung von Insiderinformationen

[it] reato di insider trading o diffusione di

9.4

informazioni privilegiate

[jp] インサイダー取引・内部情報漏洩罪

[kr] 내부자 거래, 내부 정보 누설죄

[pt] crime de realizar operações de iniciados ou de divulgar informações privilegiadas

[ru] преступление в виде инсайдерской торговли или разглашения инсайдерской информации

[es] delito de uso de información privilegiada o divulgar información privilegiada

94403 利用未公开信息交易罪

[ar] جريمة التربح بمعلومات غير معلنة

[en] crime of trading with undisclosed information

[fr] crime de commerce des informations non divulguées

[de] Straftat des Handels mit nichtfreigege-benen Informationen

[it] reato di attività con informazioni non pubblicate

[jp] 非公開情報利用取引罪

[kr] 미공개 정보 이용 거래죄

[pt] crime do transação com informações não divulgadas

[ru] преступление в виде торговли с использованием нераскрытой информации

[es] delito de comercio de información no revelada

94404 编造并传播证券、期货交易虚假信息罪

[ar] جريمة حبك ونشر معلومات كاذبة عن تداول الأوراق المالية والعقود الآجلة

[en] crime of fabricating and disseminating false information about securities and futures trading

[fr] délit de fabrication et de diffusion de fausses informations sur les négociations de titres et les contrats à terme

[de] Straftat der Fälschung und Verbreitung von falschen Informationen über Handel mit Wertpapieren und Terminkontrakten

[it] reato di fabbricazione e diffusione di informazioni false su titoli e commerci futuri

[jp] 証券・先物取引虚偽情報捏造散布罪

[kr] 증권 거래, 선물 거래 관련 허위 정보 조작 및 전파죄

[pt] crime de criação e propagação de informações falsas sobre a transação dos título de investimento e instrumento financeiro a prazo

[ru] преступление в виде создания и распространения ложной информации о торговле ценными бумагами и фьючерсами

[es] delito de elaboración y divulgación de información falsa sobre la comercio de valores y futuros

94405 诱骗投资者买卖证券、期货合约罪

[ar] جريمة إغرام المستثمرين على شراء وبيع الأوراق المالية والعقود الآجلة

[en] crime of inveigling investors into buying and selling securities and futures contract

[fr] crime de duper les investisseurs en les incitant à acheter et à vendre des titres et des contrats à terme

[de] Straftat der Verlockung der Investoren zum Kauf und Verkauf von Wertpapieren und Terminkontrakten

[it] reato di abduzione agli investitori nella compra-vendita dei titoli e contratti a termini

[jp] 証券先物取引詐欺罪

[kr] 투자자 증권, 선물 매매 유도죄

[pt] crime de induzir investidores a comprar e vender título de investimento e instrumento financeiro a prazo

[ru] преступление в виде вовлечения инвесторов в покупку и продажу ценных бумаг и фьючерсных контрактов

[es] delito de engañar a inversores para comprar y vender valores y contratos de futuros

94406 侵犯公民个人信息罪

[ar] جريمة انتهاك المعلومات الشخصية للمواطنين

[en] crime of infringement of citizens' personal information

[fr] crime d'atteinte aux informations personnelles des citoyens

[de] Straftat der Verletzung personenbezoge-ner Bürgerdaten

[it] reato di violazione delle informazioni personali dei cittadini

[jp] 公民個人情報侵害罪

[kr] 공민 개인 정보 침범죄

[pt] crime de violação de informações individuais dos cidadãos

[ru] преступление в виде посягательства на личную информацию граждан

[es] delito de infracción sobre información personal de ciudadanos

94407 非法侵入计算机信息系统罪

[ar] جريمة التعدي على نظام معلومات الكومبيوتر بطريقة غير شرعية

[en] crime of illegally intruding into computer information system

[fr] crime d'intrusion illégale dans un système informatique

[de] Straftat des illegalen Hack ins Compu-terinformationssystem

[it] reato di intromissione illegale nel sistema informatico

[jp] コンピュータ情報システムの不法侵入罪

[kr] 컴퓨터 정보시스템 불법 침입죄

[pt] crime de invasão ilegal de sistema informatica de computador

[ru] преступление в виде вторжения в компьютерную информационную систему

[es] delito de intrusión ilegal en sistemas de información por computadora

94408 非法获取计算机信息系统数据、非法控制计算机信息系统罪

[ar] جريمة الحصول على بيانات نظام معلومات الحاسوب والتحكم في نظامها بشكل غير شرعي

[en] crime of illegally obtaining computer information system data and controlling computer information system

[fr] crime d'obtenir illégalement des données de système d'information et de contrôler illégalement le système d'information

[de] Straftat des illegalen Erwerbs von Com-puterinformationssystemdaten und der Kontrolle von Computerinformations-systemen

[it] reato di detenzione illegale dei dati di sistema informatico e controllo illegale di sistema informatico

[jp] コンピュータ情報システムデータの不法取得罪・コンピュータ情報システムデータの不法管理罪

[kr] 컴퓨터 정보시스템 데이터 불법 획득, 컴퓨터 정보시스템 불법 제어죄

[pt] crime de aquisição ilegal de dados de sistema de informações e controlo ilegal de sistema de informações

[ru] преступление в виде незаконного получения данных компьютерной информационной системы и управления компьютерной информационной системой

[es] delito de obtención ilegal de datos de sistemas de información por computadora y de control de sistemas de

9.4

información por computadora

94409 提供侵入、非法控制计算机信息系统
程序、工具罪

[ar] جريمة توفير البرامج والأدوات الخاصة بالتسلل إلى
نظام معلومات الكمبيوتر والتحكم فيه

[en] crime of providing programs and
tools specifically for the purpose of
intruding into and controlling computer
information system

[fr] délit de fournir des programmes et des
outils spécifiquement destinés à pirater
et à contrôler les systèmes informatiques

[de] Straftat der Bereitzustellung von Pro-
grammen und Werkzeugen zum Hack in
und zur Steuerung von Computerinfor-
mationssystemen

[it] reato di fornitura di programmi e
strumenti specificamente allo scopo
di intromettersi e controllare i sistemi
informatici

[jp] コンピュータ情報システムの侵入、違
法コントロールに用いるプログラムと
ツールを提供する罪

[kr] 컴퓨터 정보시스템 프로그램, 툴 불법 침
입, 불법 제어죄

[pt] crime de fornecer programas e
ferramentas especificos para invadir
e controlar sistemas informátivo de
computador

[ru] преступление в виде предоставления
программ и инструментов для
проникновения в компьютерные
информационные системы и
незаконного управления ими

[es] delito de proporcionar programas y
herramientas destinados específicamente
a la intrusión y el control en sistemas de
información basados en computadoras

94410 破坏计算机信息系统罪

[ar] جريمة تخريب نظام معلومات الكمبيوتر

[en] crime of sabotaging computer
information system

[fr] crime de sabotage d'un système
informatique

[de] Straftat der Sabotage von Computerin-
formationssystemen

[it] reato di sabotaggio del sistema
informatico

[jp] コンピュータ情報システム破壊罪

[kr] 컴퓨터 정보시스템 파괴죄

[pt] crime de sabotagem do sistema
informático de computador

[ru] преступление в виде саботажа
компьютерной информационной
системы

[es] delito de sabotaje de sistemas de
información por ordenador

94411 网络服务渎职罪

[ar] جريمة التقصير في أداء الخدمة الشبكية

[en] crime of dereliction of duty in network
service

[fr] forfaiture dans le service de réseau

[de] Straftat der Pflichtverletzung im Netz-
dienst

[it] reato di abbandono del dovere nel
servizio di rete

[jp] ネットワークサービスの職務怠慢罪

[kr] 네트워크 서비스 독직죄

[pt] crime de negligência da responsabilidade
no serviço de rede

[ru] преступление в виде неисполнения
обязанностей в сетевой службе

[es] delito de negligencia de las obligaciones
de servicio en la red

94412 拒不履行信息网络安全管理义务罪

[ar] جريمة رفض الوفاء بالواجب في إدارة أمن شبكة
المعلومات

[en] crime of refusing to fulfill duty
of information network security
management

[fr] délit de refus de s'acquitter de son devoir
de gestion de la sécurité des réseaux
d'information

[de] Straftat der Verweigerung der Erfüllung
seiner Pflicht zur Verwaltung der Sicher-
heit der Informationsnetze

[it] reato di rifiuto di adempiere al proprio
dovere di gestione della rete di
informazione

[jp] ネットワーク情報セキュリティ管理の
義務の履行を拒否する犯罪

[kr] 정보 네트워크 보안 관리의무 이행 거부
죄

[pt] crime de recuso de cumprimir os
deveres da gestão da segurança de rede
informática

[ru] преступление в виде отказа от
исполнения своих обязанностей
по управлению безопасностью
информационной сети

[es] delito de no cumplir las obligaciones
propias de gestionar la seguridad de una
red de información

94413　非法利用信息网络罪

[ar] جريمة استخدام شبكة المعلومات بشكل غير قانوني

[en] crime of illegally utilizing information
network

[fr] crime d'utilisation illégale d'un réseau
d'information

[de] Straftat der illegalen Nutzung des Infor-
mationsnetzes

[it] reato di utilizzo illegale di reti
informatici

[jp] 情報ネットワークの不正利用罪

[kr] 정보 네트워크 불법 이용죄

[pt] crime de utilização ilegal da rede de
informações

[ru] преступление в виде незаконного
использования информационной сети

[es] delito de uso ilegal de redes de
información

94414　帮助信息网络犯罪活动罪

[ar] جريمة مساعدة شبكة المعلومات المخالفة الإجرامية

[en] crime of assistance in information
network-related criminal act

[fr] délit d'aide aux activités de
cybercriminalité informatique

[de] Straftat der Unterstützung der Informa-
tionsnetzwerkskriminalität

[it] reato di aiuto alla criminalità della rete
di informazione

[jp] 情報インターネット犯罪活動幇助罪

[kr] 정보 네트워크 범죄 활동 협조죄

[pt] crime de ajuda aos atos criminosos da
rede de informações

[ru] преступление в виде оказания
содействия уголовным деяниям,
связанным с информационной сетью

[es] delito de complicidad en actos criminales
en redes de información

94415　编造、故意传播虚假信息罪

[ar] جريمة اختلاق ونشر معلومات كاذبة عن عمد

[en] crime of fabricating and spreading false
information

[fr] délit de fabrication et de diffusion de
fausses informations

[de] Straftat der Erstellung und Verbreitung
von falschen Informationen

[it] reato di fabbricazione e diffusione
intenzionale di informazioni false

[jp] 虚偽情報捏造散布罪

[kr] 허위 정보 조작, 고의 전파죄

[pt] crime de criação e propagação de
informações falsas

[ru] преступление в виде создания и
умышленного распространения

ложной информации

[es] delito de elaboración y divulgación de información falsa

94416　泄露不应公开的案件信息罪

[ar] جريمة إفشاء المعلومات حول القضية ممنوع نشرها

[en] crime of divulging case information that should not be made public

[fr] crime de divulgation d'informations sur les cas qui ne devraient pas être divulgués

[de] Straftat der Weitergabe der nicht-zu-veröffentlichenden Fallinformationen

[it] reato di divulgazione di informazioni su un caso che non dovrebbe essere reso pubblico

[jp] 公表すべきでない案件情報の漏えい罪

[kr] 비공개 안건 정보 누설죄

[pt] crime de divulgação de informações dos casos que não devem ser tornadas públicas

[ru] преступление в виде разглашения информации о деле, неподлежащем раскрытию

[es] delito de revelación de información sobre un caso que no debería haberse hecho pública

94417　故意泄露国家秘密罪

[ar] جريمة إفشاء أسرار الدولة عمدا

[en] crime of intentionally divulging state secret

[fr] crime de divulgation intentionnelle de secrets d'État

[de] Straftat der absichtlichen Preisgabe von Staatsgeheimnissen

[it] reato di rilevazione intenzionale di segreti di stato

[jp] 国家秘密の故意漏えいの犯罪

[kr] 국가 기밀 고의 누설죄

[pt] crime de divulgação intencional de

segredos do estado

[ru] преступление в виде умышленного разглашения гостайн

[es] delito de divulgación intencionada de secretos estatales

94418　披露、报道不应公开的案件信息罪

[ar] جريمة الكشف عن معلومات القضية وما لا يجب نشره

[en] crime of disclosing and reporting case information that should not be disclosed

[fr] crime de divulgation et de communication d'informations sur les cas qui ne devraient pas être divulgués

[de] Straftat der Offenlegung und Meldung der nicht-zu-veröffentlichenden Fallinformationen

[it] reato di divulgazione e segnalazione di informazioni sui casi che non si dovrebbero divulgare

[jp] 非公開情報の開示及び報道罪

[kr] 비공개 안건 정보 공표, 보도죄

[pt] crime de divulgação e comunicação de informações de casos que não devem ser divulgadas

[ru] преступление в виде разглашения и сообщения в прессе информации о деле, неподлежащем раскрытию

[es] delito de revelar y notificar información de casos que no se debería revelar

94419　侵犯商业秘密罪

[ar] جريمة التعدي على الأسرار التجارية

[en] crime of infringement of trade secret

[fr] crime d'atteinte au secret commercial

[de] Straftat der Verletzungvon Geschäftsgeheimnissen

[it] reato di violazione del segreto commerciale

[jp] 企業秘密侵害罪

[kr] 상업 비밀 침범죄

[pt] crime de violação de segredo comercial

[ru] преступление в виде посягательства на коммерческую тайну

[es] delito de infracción de secretos comerciales

94420 为境外窃取、刺探、收买、非法提供国家秘密、情报罪

[ar] جريمة سرقة أو تجسس أو شراء أو تقديم أسرار الدولة والمعلومات الاستخباراتية بشكل غير شرعي إلى الجهات الأجنبية

[en] crime of stealing, spying, buying, or illegally providing state secrets or information for foreign agency

[fr] crime de vol, d'espionnage, d'achat ou de divulgation illégale de secrets ou d'informations nationaux à des agences étrangères

[de] Straftat des Diebstahls, Ausspionierung, Kaufens oder illegalen Bereitstellung von Staatsgeheimnissen oder -informationen für ausländische Behörden

[it] reato di furto, spionaggio, acquisto o fornitura illegale di segreti o informazioni nazionali per agenzie straniere

[jp] 外国機関に国家機密・情報の窃盗、探知、買収または違法に提供する罪

[kr] 국가 기밀 정보 도취·정탐·수매 불법 경외 제공죄

[pt] crime de roubo, espionagem, compra ou fornecimento ilegal de segredos ou informações nacionais a agências estrangeiras

[ru] преступление в виде кража, шпионажа, покупки или незаконного предоставления гостайн или информации для иностранных агентств

[es] delito de robar, espiar, comprar o proporcionar ilegalmente secretos o información nacionales para agencias extranjeras

94421 非法获取国家秘密罪

[ar] جريمة الحصول على أسرار الدولة بطريقة غير مشروعة

[en] crime of illegally obtaining state secret

[fr] crime d'obtention illégale de secrets d'État

[de] Straftat der illegalen Verschaffung von Staatsgeheimnissen

[it] reato di acquisizione illegale di segreti di stato

[jp] 国家機密の不法取得罪

[kr] 국가 비밀 불법 획득죄

[pt] crime de aquisição ilegal de segredos nacionais

[ru] преступление в виде незаконного получения гостайны

[es] delito de obtención ilegal de secretos estatales confidenciales

94422 非法持有国家绝密、机密文件、资料、物品罪

[ar] جريمة الحيازة غير المشروعة لأسرار الدولة والمستندات السرية والمعلومات والمواد

[en] crime of illegally holding the documents, material or other objects classified as strictly confidential or confidential state secret

[fr] crime de détention illégale de documents, matériels ou autres objets qualifiés de secrets strictement confidentiels ou de secrets d'État

[de] Straftat der rechtswidrigen Aufbewahrung von staatlichen topgeheimen und vertraulichen Dokumenten, Unterlagen oder anderen Gegenständen

[it] reato di detenzione illegale di documenti, materiali o altri oggetti classificati come segreti strettamente confidenziali o segreti confidenziali di stato

[jp] 国家極秘・機密文書・資料・物品の不法所持罪

9.4

[kr] 국가 극비 문건·기밀 문건·자료·물품 불법 소유죄

[pt] crime de posse ilegal de documentos, materiais ou outros objetos extritamente confidenciais e confidenciais do Estado

[ru] преступление в виде незаконного хранения документов, материалов или иных предметов, классифицируемых как строго конфиденциальная или конфиденциальная гостайна

[es] delito de retención ilegal de documentos, materiales u otros objetos clasificados como estrictamente confidenciales o secretos estatales confidenciales

94423 过失泄露国家秘密罪

[ar] جريمة إفشاء أسرار الدولة عن غير عمد

[en] crime of negligently betraying state secret

[fr] crime de divulgation de secrets nationaux par imprudence

[de] Straftat des fahrlässigen Verrats der Staatsgeheimnisse

[it] reato di divulgazione negligente di segreti di stato

[jp] 過失で国家秘密を漏洩する犯罪

[kr] 국가 비밀 과실 누설죄

[pt] crime de traição negligente dos secretos do Estado

[ru] преступление в виде предательства гостайны по небрежности

[es] delito de traición negligente de secretos estatales

94424 非法获取军事秘密罪

[ar] جريمة الحصول على أسرار عسكرية بطريقة غير مشروعة

[en] crime of illegally obtaining military secret

[fr] crime d'obtention illégale de secrets militaires

[de] Straftat der illegalen Verschaffung von Militärgeheimnissen

[it] reato di ottenere illegalmente i segreti militari

[jp] 軍事秘密違法取得罪

[kr] 군사 비밀 불법 획득죄

[pt] crime de aquisição de segredos militares

[ru] преступление в виде незаконного получения военной тайны

[es] delito de obtención ilegal de secretos militares

94425 为境外窃取、刺探、收买、非法提供军事秘密罪

[ar] جريمة سرقة أو تجسس أو شراء أو توفير أسرار عسكرية بشكل غير قانوني لجهات أجنبية

[en] crime of stealing, spying, buying, or illegally providing military secrets for foreign agency

[fr] crime de vol, d'espionnage, d'achat ou de divulgation illégale de secrets militaires à des agences étrangères

[de] Straftat des Diebstahls, der Ausspionierung, des Kaufs oder der illegalen Bereitstellung von Militärgeheimnissen an ausländische Behörden

[it] reato di furto, spionaggio, acquisto o fornitura illegale dei segreti militari per agenzie straniere

[jp] 外国機関に軍事機密の窃盗、探知、買収または違法に提供する罪

[kr] 군사 기밀 도취·정탐·수매 불법 경외 제공죄

[pt] crime de roubo, espionagem, compra ou fornecimento ilegal de segredos militares a agências estrangeiras

[ru] преступление в виде кража, шпионажа, покупки или незаконного предоставления военной тайны иностранным агентствам

[es] delito de robar, espiar, comprar o proporcionar ilegalmente secretos

militares para agencias extranjeras

94426　故意泄露军事秘密罪

[ar]　جريمة إفشاء أسرار عسكرية عمدا

[en]　crime of intentionally divulging military secret

[fr]　crime de divulgation intentionnelle de secrets militaires

[de]　Straftat der absichtlichen Preisgabe von Militärgeheimnissen

[it]　reato di rilevazione intenziale dei segreti militari

[jp]　軍事秘密故意漏洩罪

[kr]　군사 비밀 고의 누설죄

[pt]　crime de divulgação intencional de segredos militares

[ru]　преступление в виде умышленного разглашения военной тайны

[es]　delito de divulgación intencionada de secretos militares

94427　过失泄露军事秘密罪

[ar]　جريمة إفشاء أسرار عسكرية عن غير عمد

[en]　crime of negligently betraying military secret

[fr]　crime de divulgation des secrets militaires par imprudence

[de]　Straftat des fahrlässigen Verrats von Militärgeheimnissen

[it]　reato di divulgazione negligente di segreti militari

[jp]　過失で軍事秘密を漏洩する犯罪

[kr]　군사 비밀 과실 누설죄

[pt]　crime de traição negligente dos segredos militares

[ru]　преступление в виде предательства военной тайны по небрежности

[es]　delito de traición negligente de secretos militares

9.4.5　数权保护组织

[ar]　منظمات حماية حقوق البيانات

[en]　**Data Rights Protection Organizations**

[fr]　**Organisation de protection des droits des données**

[de]　**Datenrechtsschutzorganisation**

[it]　**Organizzazione per la protezione dei diritti dei dati**

[jp]　**データ権保護機構**

[kr]　**데이터 권리 보호 조직**

[pt]　**Organização de Proteção de Direitos de Dados**

[ru]　**Организация по защите прав на данные**

[es]　**Organizaciones encargadas de Protección de los Derechos Relativos a Datos**

94501　中华人民共和国国家互联网信息办公室

[ar]　مكتب الفضاء الإلكتروني لجمهورية الصين الشعبية

[en]　Cyberspace Administration of China

[fr]　Administration chinoise du cyberespace

[de]　Cyberspace-Administration von VR China

[it]　Amministrazione Cyberspazio della Cina

[jp]　中華人民共和国国家インターネット弁公室

[kr]　중화인민공화국 국가 인터넷 정보 사무실

[pt]　Administração Nacional do Ciberespaço da República Popular da China

[ru]　Канцелярия по национальному киберпространству КНР

[es]　Administración del Ciberespacio de China

94502　中华人民共和国工业和信息化部

[ar]　وزارة الصناعة وتكنولوجيا المعلومات لجمهورية

9.4

الصين الشعبية

[en] Ministry of Industry and Information
     Technology of China

[fr] Ministère chinois de l'industrie et de
     l'informatisation

[de] Ministerium für Industrie und Informa-
     tionstechnik von VR China

[it] Ministero dell'industria e
     dell'informazione tecnologica della Cina

[jp] 中華人民共和国工業情報部

[kr] 중화인민공화국 공업 정보화부

[pt] Ministério da Indústria e Tecnologia da
     Informação da República Popular da
     China

[ru] Министерство промышленности и
     информатизации КНР

[es] Ministerio de Industria y Tecnología de
     la Información de China

94503 欧盟数据保护委员会

[ar] مجلس حماية البيانات الأوروبي

[en] European Data Protection Board (EDPB)

[fr] Comité européen de la protection des
     données (UE)

[de] Datenschutzkomitee (EU)

[it] Comitato per la Protezione dei Dati (UE)

[jp] 欧州データ保護会議

[kr] 유럽 연합 데이터 보호 위원회

[pt] Comité Europeu para a Proteção de D
     ados

[ru] Совет по защите данных (ЕС)

[es] Comité Europeo de Protección de Datos

94504 法国数据保护局

[ar] هيئة فرنسية لحماية البيانات

[en] Data Protection Authority (France)

[fr] Commission nationale de l'informatique
     et des libertés (France)

[de] Datenschutzamt (Frankreich)

[it] Autorità per la Protezione dei Dati
     (Francia)

[jp] フランスデータ保護機関

[kr] 프랑스 데이터 보호국

[pt] Agência de Proteção de Dados (França)

[ru] Орган защиты данных (Франция)

[es] Autoridad de Protección de Datos
     (Francia)

94505 英国政府数字服务小组

[ar] فريق الخدمة الرقمية للحكومة البريطانية

[en] Government Digital Service (UK)

[fr] Service numérique du gouvernement
     (Royaume-Uni)

[de] Government Digital Service (UK)

[it] Servizio Digitale di Governo (UK)

[jp] イギリス政府デジタルサービスグルー
     プ

[kr] 영국 정부 디지털 서비스팀

[pt] Serviço Digital do Governo (Reino
     Unido)

[ru] Правительственная цифровая служба
     (Великобритания)

[es] Servicio Digital Gubernamental (Reino
     Unido)

94506 德国数据保护局

[ar] إدارة حماية البيانات الألمانية

[en] Data Protection Authority (Germany)

[fr] Autorité pour la protection des données
     (Allemagne)

[de] Datenschutzamt (Deutschland)

[it] Autorità per la Protezione dei Dati
     (Germania)

[jp] ドイツデータ保護機関

[kr] 독일 데이터 보호국

[pt] Agência de Proteção de Dados
     (Alemanha)

[ru] Орган защиты данных (Германия)

[es] Autoridad de protección de datos
     (Alemania)

9.4

94507 奥地利数据保护局

[ar] إدارة حماية البيانات النمساوية

[en] Data Protection Office (Austria)

[fr] Bureau de protection des données (Autriche)

[de] Datenschutzamt (Österreich)

[it] Autorità per la Protezione dei Dati(Austria)

[jp] オーストリアデータ保護機関

[kr] 오스트리아 데이터 보호국

[pt] Agência de Proteção de Dados (Áustria)

[ru] Офис по защите данных (Австрия)

[es] Oficina de Protección de Datos (Austria)

94508 荷兰数据保护局

[ar] إدارة حماية البيانات الهولندية

[en] Data Protection Authority (the Netherlands)

[fr] Autorité de protection des données (Pays-Bas)

[de] Datenschutzamt (Niederlande)

[it] Autorità per la Protezione dei Dati (Olanda)

[jp] オランダデータ保護機関

[kr] 네덜란드 데이터 보호국

[pt] Agência de Proteção de Dados (Países Baixos)

[ru] Орган защиты данных (Нидерланды)

[es] Autoridad de Protección de Datos (Países Bajos)

94509 爱尔兰数据保护委员会

[ar] لجنة حماية البيانات الإيرلندية

[en] Data Protection Commission (Ireland)

[fr] Commissaire à la protection des données (Irlande)

[de] Datenschutzkommission (Irland)

[it] Commissione per la Protezione dei Dati (Irlanda)

[jp] アイルランドデータ保護委員会

[kr] 아일랜드 데이터 보호 위원회

[pt] Comissão de Proteção de Dados (Irlanda)

[ru] Комиссия по защите данных (Ирландия)

[es] Comisión de protección de datos (Irlanda)

94510 西班牙数据保护局

[ar] وكالة حماية البيانات الأسبانية

[en] Data Protection Agency (Spain)

[fr] Agence de protection des données (Espagne)

[de] Datenschutzamt (Spanien)

[it] Autorità per la Protezione dei Dati (Spagna)

[jp] スペインデータ保護機関

[kr] 스페인 데이터 보호국

[pt] Agência de Proteção de Dados (Espanha)

[ru] Агентство по защите данных (Испания)

[es] Agencia de Protección de Datos (España)

94511 挪威数据保护局

[ar] إدارة حماية البيانات النرويجية

[en] Data Protection Authority (Norway)

[fr] Autorité de protection des données (Norvège)

[de] Datenschutzamt (Norwegen)

[it] Autorità per la Protezione dei Dati (Norvegia)

[jp] ノルウェーデータ保護機関

[kr] 노르웨이 데이터 보호국

[pt] Agência de Proteção de Dados (Noruega)

[ru] Орган защиты данных (Норвегия)

[es] Autoridad de Protección de Datos (Noruega)

94512 希腊数据保护局

[ar] هيئة حماية البيانات اليونانية

[en] Data Protection Authority (Greece)

[fr] Autorité de protection des données (Grèce)

[de] Datenschutzamt (Griechenland)

9.4

[it] Autorità per la Protezione dei Dati (Grecia)

[jp] ギリシャのデータ保護機関

[kr] 그리스 데이터 보호국

[pt] Agência de Proteção de Dados (Grécia)

[ru] Орган защиты данных (Греция)

[es] Autoridad de Protección de Datos (Grecia)

94513 捷克个人数据保护办公室

[ar] المكتب التشيكي لحماية البيانات الشخصية

[en] Office for Personal Data Protection (Czech Republic)

[fr] Bureau de protection des données personnelles (Tchèque)

[de] Amt für Schutz personenbezogener Daten (CZ)

[it] Ufficio per la Protezione dei Dati Personali (CZ)

[jp] チェコ個人情報保護局

[kr] 체코 개인 데이터 보호 오피스

[pt] Agência de Proteção dos Dados Pessoais (República Tcheca)

[ru] Офис защиты личных данных (Чехия)

[es] Oficina para la Protección de Datos Personales (República Checa)

94514 美国大数据研发高级指导小组

[ar] المجموعة القيادية الأمريكية الرفيعة المستوى لبحث وتطوير البيانات الضخمة

[en] Big Data Senior Steering Group (USA)

[fr] Groupe des guides supérieur pour les recherches et développements des mégadonnées (États-Unis)

[de] Big Data leitende Lenkungsgruppe (USA)

[it] Gruppo superiore per la ricerca e lo sviluppo di Big Data (US)

[jp] アメリカビッグデータシニアステアリンググループ

[kr] 미국 빅데이터 연구 개발 고위 지도 그룹

[pt] Grupo de Alto Nível de Direção de Big Data (EUA)

[ru] Старшая руководящая группа по большим данным (США)

[es] Grupo Directivo General de Big Data (EE.UU.)

94515 美国国家安全局网络安全委员会

[ar] لجنة تعزيز الأمن السيبراني الوطني التابع للمكتب الأمريكي للأمن القومي

[en] NSA's Cybersecurity Directorate (USA)

[fr] Agence nationale de la sécurité des systèmes d'information (États-Unis)

[de] Kommission zur Verbesserung der nationalen Cybersicherheit der NSA (USA)

[it] Commissione per il Miglioramento della Sicurezza Informatica dell'agenzia per la Sicurezza Nazionale (US)

[jp] アメリカ国家安全保障局サイバーセキュリティ委員会

[kr] 미국 국가 보안국 네트워크 보안 위원회

[pt] Comissão da Cibersegurança Nacional de Agência Nacional de Segurança (EUA)

[ru] Комиссия по кибербезопасности Агентства национальной безопасности (США)

[es] Comisión para la Mejora de la Ciberseguridad Nacional, Agencia de Seguridad Nacional (EE.UU.)

94516 加拿大开放数据交换中心

[ar] المركز الكندي لتبادل البيانات المفتوحة

[en] Open Data Exchange (Canada)

[fr] Échange de données ouvertes (Canada)

[de] Open Data-Austauschzentrum (Kanada)

[it] Centro di Scambio dei Dati Aperti (Canada)

[jp] カナダオープンデータ交換センター

[kr] 캐나다 오픈 데이터 교환 센터

[pt] Centro de Intercâmbio dos Dados

9.4

Abertos (Canadá)

[ru] Центр обмена открытыми данными
(Канада)

[es] Intercambio de Datos Abiertos (Canadá)

94517 日本个人信息保护委员会

[ar] اللجنة اليابانية لحماية المعلومات الشخصية

[en] Personal Information Protection
Commission (Japan)

[fr] Commission de protection des
informations personnelles (Japon)

[de] Datenschutzkommission (Japan)

[it] Commissione per la Protezione delle
Informazioni Personali (Giappone)

[jp] 日本個人情報保護委員会

[kr] 일본 개인 정보 보호 위원회

[pt] Comité de Proteção dos Dados Pessoais
(Japão)

[ru] Комиссия по защите персональных
данных (Япония)

[es] Comisión para la Protección de la
Información Personal (Japón)

94518 新加坡公共机构数据安全检讨委员会

[ar] اللجنة السنغافورية لمراجعة أمن البيانات للمؤسسات
العامة

[en] Public Sector Data Security Review
Committee (Singapore)

[fr] Comité d'examen de la sécurité des
données du secteur public (Singapour)

[de] Ausschuss für Überprüfung der Datensi-
cherheit des öffentlichen Sektors (Singa-
pur)

[it] Commissione di Revisione della
Sicurezza dei Dati del Settore Pubblico
(Singapore)

[jp] シンガポール公共機関のデータセキュ
リティー検討委員会

[kr] 싱가포르 공공 기구 데이터 보안 검토
위원회

[pt] Comité de Revisão de Segurança de

Dados do Setor Público (Cingapura)

[ru] Комитет по рассмотрению
безопасности данных в
государственном секторе (Сингапур)

[es] Comité de Revisión de la Seguridad de
Datos en el Sector Público (Singapur)

94519 新加坡个人信息保护委员会

[ar] اللجنة السنغافورية لحماية البيانات الشخصية

[en] Personal Data Protection Commission
(Singapore)

[fr] Commission de protection des données
personnelles (Singapour)

[de] Datenschutzkommission (Singapur)

[it] Commissione per la Protezione dei Dati
Personali (Singapore)

[jp] シンガポールの個人情報保護委員会

[kr] 싱가포르 개인 정보 보호 위원회

[pt] Comité de Proteção de Dados Pessoais
(Cingapura)

[ru] Комиссия по защите персональных
данных (Сингапур)

[es] Comisión para la Protección de Datos
Personales (Singapur)

94520 印度数据安全委员会

[ar] المجلس الهندي لحماية أمن البيانات

[en] Data Security Council (India)

[fr] Commission de la sécurité des données
(Inde)

[de] Datenschutzrat (Indien)

[it] Commissione per la Sicurezza dei Dati
(India)

[jp] インドデータセキュリティ委員会

[kr] 인도 데이터 보안 위원회

[pt] Comité de Segurança de Dados (Índia)

[ru] Совет по безопасности данных
(Индия)

[es] Consejo de Seguridad de Datos (India)

9.4

94521 巴西国家个人数据保护局

[ar] المكتب البرازيلي الوطني لحماية البيانات الشخصية

[en] National Authority for Personal Data
Protection (Brazil)

[fr] Agence nationale de protection des
données personnelles (Brésil)

[de] Staatsamt für Schutz personenbezogener
Daten (Brasilien)

[it] Autorità nazionale per la protezione dei
dati personali (Brasile)

[jp] ブラジル個人情報保護委員会

[kr] 브라질 국가 개인 데이터 보호국

[pt] Agência Nacional de Proteção de Dados
Pessoais do Brasil

[ru] Национальный орган по защите
персональных данных (Бразилия)

[es] Autoridad Nacional para la Protección
de Datos Personales (Brasil)

9.5 政法大数据

[ar] البيانات الضخمة عن القوانين

[en] Big Data on Public Security, Procuratorial and Judicial Affairs

[fr] Mégadonnées politico-juridiques

[de] Politik- und Recht-Big Data

[it] Big Data su politica e diritto

[jp] 政治と法律のビッグデータ

[kr] 정법 빅데이터

[pt] Big Data sobre Política e Direito

[ru] Большие данные о политике и праве

[es] Big Data sobre Política y Justicia

9.5.1 智慧警务

[ar] الشرطة الذكية

[en] Smart Policing

[fr] Police intelligente

[de] Intelligente Polizeiarbeit

[it] Sorveglianza intelligente

[jp] スマート警務

[kr] 스마트 경찰 업무

[pt] Serviços Policiais Inteligentes

[ru] Умный полицейский контроль

[es] Asuntos de Policía Inteligente

95101 《智慧警务倡议》(中国)

[ar] مبادرة الشرطة الذكية (الصين)

[en] Smart Policing Initiative (China)

[fr] Initiative de police intelligente (Chine)

[de] Initiative für intelligente Polizeiarbeit (China)

[it] Iniziativa di servizi di polizia intelligente (Cina)

[jp] 「スマート警務イニシアティブ」(中国)

[kr] <스마트 경찰 업무 창의>(중국)

[pt] Iniciativa de Serviços Policiais Inteligentes (China)

[ru] Инициатива об умном полицейском контроле (Китай)

[es] Iniciativa de Asuntos de Policía Inteligentes (China)

95102 《关于推进公安信息化发展若干问题的意见》(中国)

[ar] آراء حول العديد من القضايا في تعزيز تطوير المعلوماتية للأمن العام (الصين)

[en] Opinions on Several Issues Concerning IT-Based Development of the Police (China)

[fr] Opinions sur certaines questions concernant la promotion du développement de l'informatisation de la sécurité publique (Chine)

[de] Meinungen zu bestimmten Fragen im Zusammenhang mit der Förderung der Entwicklung der informationsgestützten öffentlichen Sicherheit (China)

[it] Opinioni sulle questioni relative alla promozione dello sviluppo IT della polizia (Cina)

[jp] 「公安情報化の発展の推進に係る若干

の問題に関する意見」（中国）

[kr] <공안 정보화 발전 추진 약간 문제에 관한 의견> (중국)

[pt] Diretrizes sobre Várias QuestõesRelativas à Promoção do Desenvolvimento de Informatização da Polícia (China)

[ru] Мнения о некоторых вопросах содействия развитию информатизации в поддержании общественного порядка (Китай)

[es] Opiniones sobre Distintos Temas relativos a la Promoción del Desarrollo de la Policía Basado en la Informatización (China)

95103 《关于大力推进基础信息化建设的意见》（中国）

[ar] آراء حول الترويج بقوة لبناء تكنولوجيا المعلومات الأساسية (الصين)

[en] Opinions on Vigorously Promoting Basic Information Infrastructure Construction (China)

[fr] Opinions sur la promotion vigoureuse de la construction de l'informatisation de base (Chine)

[de] Meinungen zur kräftigen Förderung des Aufbaus grundlegender Informationsinfrastruktur (China)

[it] Opinioni sulla costruzione di infrastruttura di base dell' informazione (Cina)

[jp] 「基礎情報化建設を強力的な推進することに関する意見」（中国）

[kr] <기초 정보화 건설 강력 추진에 관한 의견>(중국)

[pt] Opiniões sobre a Promoção Vigorosa da Construção de Infraestrutura de Informatização Básica (China)

[ru] Мнения об активном продвижении строительства базовой

информационной инфраструктуры (Китай)

[es] Opiniones sobre la Promoción Decidida de la Construcción de Infraestructuras de la Informatización (China)

95104 《公安科技创新"十三五"专项规划》（中国）

[ar] الخطة الخمسية الثالثة عشرة لعلوم الأمن العام والابتكار التكنولوجي (الصين)

[en] Special Plan on Scientific and Technological Innovation of Public Security During the 13th Five-Year Plan Period (China)

[fr] Programme pour l'innovation scientifique et technologique dans le domaine de la sécurité publique au cours du 13ᵉ plan quinquennal (Chine)

[de] Programm für wissenschaftliche und technologische Innovation im Bereich der öffentlichen Sicherheit im Zeitraum des 13. Fünfjahresplans (China)

[it] XIII piano quinquennale speciale sull'innovazione scientifica e tecnologica della sicurezza pubblica (Cina)

[jp] 「中国公安機関科学技術イノベーション『第13次5カ年計画』特別企画」（中国）

[kr] <공안 과학 기술 혁신 '제 13 차 5 개년 계획' 전문 계획>(중국)

[pt] 13º Plano Quinquenal Especial de Inovação de Ciências e Tecnologias da Segurança Pública (China)

[ru] Целевой план по научно-техническим инновациям в поддержание общественного порядка в период 13-ой пятилетки (Китай)

[es] El XIII Plan Quinquenal Especial sobre la Innovación Científica y Tecnológica de la Seguridad Pública (China)

95105 犯罪热点图

[ar] خريطة النقاط الساخنة للجريمة

[en] heat map of crimes

[fr] carte thermique des crimes

[de] Heereskarte der Verbrechen

[it] mappa del crimine

[jp] 犯罪のヒートマップ

[kr] 범죄 히트 맵

[pt] mapa de calor de crime

[ru] тепловая карта преступлений

[es] mapa de calor de delitos

95106 警情云图

[ar] منصة شرطة متكاملة

[en] integrated policing platform

[fr] plate-forme intégrée des affaires
policières

[de] integrierte Überwachungsplattform

[it] piattaforma integrata di polizia

[jp] 警察情報クラウドチャート

[kr] 통합적 경비 정보 플랫폼

[pt] plataforma policial integrada

[ru] интегрированная полицейская
платформа

[es] plataforma de policías integrada

95107 警务千度

[ar] محرك البحث المحمول لشؤون الشرطة

[en] police-affairs mobile search engine

[fr] moteur de recherche mobile des affaires
policières

[de] mobile Polizeisuchmaschine

[it] motore di ricerca mobile degli affari
polizieschi

[jp] 警務千度(警察業務用モバイル検索エ
ンジン)

[kr] 경찰 클라우드 플랫폼

[pt] motor de pesquisa móvel de assuntos
policiais

[ru] мобильный поисковик для
полицейской службы

[es] motor de búsqueda móvil para asuntos
de policía

95108 数码警察

[ar] شرطة رقمية

[en] automatic e-camera for traffic violations

[fr] policier numérique

[de] digitale Polizei

[it] polizia digitale

[jp] デジタル警察官

[kr] 디지털 경찰

[pt] polícia digital

[ru] автоматическая электронная камера
для контроля над соблюдением правил
дорожного движения

[es] policía digital

95109 机器人警察

[ar] شرطي روبوت

[en] police robot

[fr] policier robot

[de] Polizeiroboter

[it] polizia robot

[jp] ロボット警察官

[kr] 로봇 경찰

[pt] robô policial

[ru] робот-полицейский

[es] policía robot

95110 网上公安局

[ar] مكتب الأمن العام على الإنترنت

[en] online public security bureau

[fr] bureau de sécurité publique en ligne

[de] Online-Büro für öffentliche Sicherheit

[it] ufficio di pubblica sicurezza online

[jp] オンライン警察署

[kr] 온라인 경찰서

[pt] políciaonline

[ru] онлайн-служба общественной
безопасности

[es] oficina de seguridad pública en línea

95111 单警可穿戴装备体系

[ar] نظام معدات اللبس للشرطي الفردي

[en] wearable set for individual police officers

[fr] système individuel d'équipement portable pour le policier

[de] tragbares Ausrüstungssystem für einzelnen Polizisten

[it] sistema dei dispositivi indossabili per la polizia individuale

[jp] 警察個人のウェアラブル装置体系

[kr] 경찰 웨어러블 디바이스 시스템

[pt] sistema de equipamentos vestíveis para policiais

[ru] комплект оснащения, предназначенный для надевания на индивидуального полицейского

[es] sistema individual de dispositivos portátiles para la policía

95112 预警指令

[ar] تعليمات الإنذار المبكر

[en] early warning instruction

[fr] instruction d'alerte

[de] Frühwarnanweisung

[it] istruzioni di allarme tempestivo

[jp] 早期警戒指令

[kr] 조기 경보 지령

[pt] instrução de alerta precoce

[ru] инструкция раннего предупреждения

[es] instrucción de advertencia temprana

95113 智能提醒

[ar] تذكير ذكي

[en] smart reminder

[fr] rappel intelligent

[de] intelligente Erinnerung

[it] promemoria intelligente

[jp] スマートリマインダー

[kr] 스마트 알림

[pt] avisointeligente

[ru] умное напоминание

[es] recordatorio inteligente

95114 轨迹分析

[ar] تحليل المسار

[en] trajectory analysis

[fr] analyse de trajectoire

[de] Flugbahnanalyse

[it] analisi di traiettoria

[jp] 軌跡分析

[kr] 궤적 분석

[pt] análise de trajetória

[ru] анализ траектории

[es] análisis de trayectoria

95115 关系挖掘

[ar] اكتشاف علائقي

[en] relationship mining

[fr] minage de relation

[de] Beziehung-Mining

[it] mining di relazioni

[jp] 関係マイニング

[kr] 관계 마이닝

[pt] mineração de relações

[ru] майнинг отношений

[es] minería de relaciones

95116 智慧侦查

[ar] استقصاء ذكي

[en] intelligent investigation

[fr] enquête intelligente

[de] intelligente Untersuchung

[it] indagine intelligente

[jp] スマート捜査

[kr] 스마트 수사

[pt] investigação inteligente

[ru] умное расследование

[es] investigación inteligente

95117 调查对象数据库

[ar] قاعدة بيانات المستطلعين

[en] respondents database

[fr] base de données des interrogés

[de] Datenbank der Befragten

[it] database degli intervistati
[jp] 調査対象のデータベース
[kr] 조사 대상 데이터베이스
[pt] base de dados de respondentes
[ru] база данных респондентов
[es] base de datos de respondedores

95118 行贿人信息数据库
[ar] قاعدة بيانات لمعلومات مقدمي الرشوة
[en] briber information database
[fr] base de données d'informations sur les corrupteurs
[de] Bestechungsdatenbank
[it] database di informazione di corruttori
[jp] 賄賂者情報データベース
[kr] 뇌물공여자 정보 데이터베이스
[pt] base de dados sobre informações dos subornadores
[ru] база данных взяткодателей
[es] base de datos de información sobre sobornadores

95119 已办案件信息数据库
[ar] مستودع البيانات للقضايا المغلقة
[en] closed case information database
[fr] base de données des dossiers clôturés
[de] Datenbank für geschlossene Fälle
[it] database di casi chiusi
[jp] 解決済み案件情報データベース
[kr] 종결 사건 정보 데이터베이스
[pt] base de dados de casos fechados
[ru] база данных закрытых дел
[es] base de datos de casos cerrados

95120 犯罪情报分析
[ar] تحليل الاستخبارات الجنائية
[en] criminal intelligence analysis
[fr] analyse de renseignement criminel
[de] strafrechtliche nachrichtendienstliche Analyse
[it] analisi di intelligenza criminale

[jp] 犯罪情報分析
[kr] 범죄 정보 분석
[pt] análise da informação criminal
[ru] анализ криминальной разведки
[es] análisis de inteligencia criminal

95121 犯罪预防
[ar] وقاية الجريمة
[en] crime prevention
[fr] prévention du crime
[de] Kriminalprävention
[it] prevenzione di crimine
[jp] 犯罪予防
[kr] 범죄 예방
[pt] prevenção ao crime
[ru] предотвращение преступления
[es] prevención de la criminalidad

95122 协同化犯罪防控机制
[ar] آلية منسقة لمنع الجريمة
[en] mechanism for coordinated crime prevention and control
[fr] mécanisme coordonné de prévention du crime
[de] koordinierter Mechanismus für Kriminalprävention und -kontrolle
[it] meccanismo coordinato per la prevenzione della criminalità
[jp] 犯罪予防のための協同化メカニズム
[kr] 협동화 범죄 방지 및 제어 메커니즘
[pt] mecanismo coordenado de prevenção ao crime
[ru] механизм скоординированного предупреждения преступности
[es] mecanismo coordinado de prevención de delitos

95123 DIKI链
[ar] سلسلة DIKI
[en] DIKI chain
[fr] Chaîne DIKI

9.5

[de] DIKI-Kette
[it] catena DIKI
[jp] DIKIチェーン
[kr] DIKI 체인
[pt] cadeia DIKI
[ru] цепь DIKI
[es] Cadena DIKI

[it] Lavoro procuratorio intelligente
[jp] スマート検察業務
[kr] 스마트 검찰 업무
[pt] Trabalho de Procuratoria Inteligente
[ru] Умная прокурорская работа
[es] Trabajo de Asuntos de Fiscal Inteligente

95124 易感人群
[ar] سكان عرضة لشيء ما
[en] susceptible population
[fr] population sensible
[de] anfällige Gruppe
[it] popolazione sensibile
[jp] 感染しやすい個体群
[kr] 감염 용이자 군체
[pt] população suscetível
[ru] восприимчивое население
[es] población susceptible

95125 数据画像技术
[ar] تكنولوجيا التصوير بالبيانات
[en] data-driven persona development technology
[fr] technique de profilage basée sur les données
[de] Technologie für Datenprofil
[it] tecnologia di ritratti dei dati
[jp] データに基づくペルソナ技術
[kr] 데이터 화상 기술
[pt] tecnologia de retrato digital
[ru] технология разработки «имиджа» на основе данных
[es] técnica de dibujar el retrato basada en datos

9.5.2 智慧检务
[ar] النيابة الذكية
[en] **Smart Prosecutorial Work**
[fr] **Travail de procureur intelligent**
[de] **Intelligente Staatsanwaltschaft**

95201 "科技强检"战略(中国)
[ar] استراتيجية زيادة الكفاءة النيابية من خلال الوسائل العلمية والتكنولوجية (الصين)
[en] strategy of building strong procuratorates through science and technology (China)
[fr] stratégie de « construction de parquets forts à travers la science et la technologie » (Chine)
[de] Strategie des Aufbaus starker Staats-anwaltschaft durch Wissenschaft und Technologie (China)
[it] strategia di costruzione di forti procuratori attraverso scienza e tecnologia (Cina)
[jp] 「科学技術による検察強化」戦略(中国)
[kr] '과학 기술에 의한 검찰 강화' 전략(중국)
[pt] estratégia de reforço de procuradoria por ciências e tecnologias (China)
[ru] стратегия повышения способности прокуратуры за счет научно-технического прогресса (Китай)
[es] estrategia de construcción de asuntos de fiscal fuertes mediante la ciencia y la tecnología (China)

95202 《"十三五"时期科技强检规划纲要》(中国)
[ar] منهاج تخطيطي لزيادة الكفاءة النيابية من خلال الوسائل العلمية والتكنولوجية في فترة تنفيذ "الخطة الخمسية الثالثة عشرة" (الصين)
[en] Plan for Building Strong Procuratorates Through Science and Technology During the 13th Five-Year Plan Period (China)

[fr] Programme de construction de parquets forts à travers la sciences et la technologie au cours du 13ᵉ plan quinquennal (Chine)

[de] Richtlinien für den Aufbau starker Staatsanwaltschaft durch Wissenschaft und Technologie im Zeitraum des 13. Fünfjahrplans (China)

[it] Il 13 ° piano quinquennale per la costituzione di procuratori forti attraverso la scienza e la tecnologia (Cina)

[jp] 「『第 13 次 5 カ年計画』期間中における科学技術による検察強化の指針」（中国）

[kr] <'제 13 차 5 개년 계획' 기간 과학기술 강검 계획 요강>(중국)

[pt] Directriz de Reforço de Procuradoria por Ciências e Tecnologias no Período do 13º Plano Quinquenal (China)

[ru] Программа по повышению способности прокуратуры за счет научно-технического прогресса в период 13-ой пятилетки (Китай)

[es] Directriz del XIII Plan Quinquenal para la Construcción de Procuradurías Fuertes mediante Ciencia y Tecnología (China)

95203　《检察大数据行动指南(2017–2020)》(中国)

[ar] دليل إجراءات البيانات الضخمة للنيابات العامة (2017-2020) (الصين)

[en] Guidance on Prosecutorial Big Data Action (2017–2020) (China)

[fr] Guide d'action des mégadonnées pour les poursuites (2017-2020) (Chine)

[de] Leitfaden für Big Data-Maßnahmen der Staatsanwaltschaft (2017-2020) (China)

[it] Guida all'azione di procura su Big Data (2017-2020) (Cina)

[jp] 「検察ビッグデータ行動指南(2017~2020)」（中国）

[kr] <검찰 빅데이터 행동 가이드라인(2017-2020)>(중국)

[pt] Guia de Ação de Procuratoria para Big Data (2017-2020) (China)

[ru] Руководство по действиям с большими данными прокурорской работы (2017–2020 гг.) (Китай)

[es] Guía de Acción sobre Big Data de Fiscal (2017-2020) (China)

95204　检务大数据

[ar] بيانات ضخمة نيابية

[en] prosecutorial big data

[fr] mégadonnées des parquets

[de] Big Data-Staatsanwaltschaft

[it] Big Data di affari di procura

[jp] 検察業務のビッグデータ

[kr] 검찰 업무 빅데이터

[pt] big data para os assuntos de procuratoria

[ru] большие данные прокурорской работы

[es] Big Data de asuntos de fiscal

95205　检察大数据共享交换平台

[ar] منصة تبادل وتشارك البيانات الضخمة النيابية

[en] platform for prosecutorial big data sharing and exchange

[fr] plate-forme de partage et d'échange pour les mégadonnées des parquets

[de] Plattform für Sharing und Austausch von Big Data-Staatsanwaltschaft

[it] piattaforma di condivisione e scambio per Big Data di procura

[jp] 検察ビッグデータの共有および交換プラットフォーム

[kr] 검찰 업무 빅데이터 공유 및 교환 플랫폼

[pt] plataforma de partilha e intercâmbio de big data para o uso de procuratoria

[ru] платформа обмена и совместного использования больших данных прокурорской работы

9.5

[es] plataforma de uso compartido e intercambio para Big Data de fiscal

95206 检务大数据资源库
[ar] قاعدة موارد البيانات الضخمة النيابية
[en] prosecutorial big data repository
[fr] base de donnée de référence des mégadonnées des parquets
[de] Big Data-Staatsanwaltschaftsarchiv
[it] deposito di Big Data di procura
[jp] 検察業務ビッグデータベース
[kr] 검찰 업무 빅데이터 데이터베이스
[pt] banco de big data para os assuntos de procuratoria
[ru] хранилище больших данных прокурорской работы
[es] base de Big Data de asuntos de fiscal

95207 智慧检务办案系统
[ar] نظام معالجة القضايا للنيابة الذكية
[en] smart procuratorate system
[fr] système intelligent de traitement des dossiers des parquets
[de] intelligentes Rechtsfallhandlungssystem der Staatsanwaltschaft
[it] sistema intelligente di gestione dei casi di procura
[jp] スマート検察業務処理システム
[kr] 스마트 검찰 업무 사건 처리 시스템
[pt] sistema de tratamento de casos de procuradoria inteligente
[ru] система умной прокуратуры
[es] sistema de gestión de casos para asuntos de fiscal inteligentes

95208 检察大数据标准体系
[ar] نظام قياسي للبيانات الضخمة النيابية
[en] standards system for prosecutorial big data
[fr] système de normes des mégadonnées des parquets

[de] Normenssystem der Big Data-Staatsan-waltschaft
[it] sistema standard di Big Data di procura
[jp] 検察ビッグデータ標準システム
[kr] 검찰 빅데이터 표준 체계
[pt] sistema padrão de big data para o uso de procuratoria
[ru] система стандартов больших данных прокуратуры
[es] sistema estándar de Big Data de fiscal

95209 检察大数据应用体系
[ar] نظام تطبيق لمراقبة البيانات الضخمة النيابية
[en] application system for prosecutorial big data
[fr] système d'application des mégadonnées des parquets
[de] Anwendungssystem der Big Data-Staats-anwaltschaft
[it] sistema di applicazione per Big Data di procura
[jp] 検察ビッグデータアプリケーションシステム
[kr] 검찰 빅데이터 응용 체계
[pt] sistema de aplicação para big data para o uso de procuratoria
[ru] прикладная система больших данных прокуратуры
[es] sistema de aplicaciones para Big Data de fiscal

95210 检察大数据管理体系
[ar] نظام إدارة البيانات الضخمة النيابية
[en] management system for prosecutorial big data
[fr] système de gestion des mégadonnées des parquets
[de] Managementssystem der Big Data-Staatsanwaltschaft
[it] sistema di gestione di Big Data di procura

[jp] 検察ビッグデータ管理システム

[kr] 검찰 빅데이터 관리 체계

[pt] sistema de gestão de big data para o uso de procuratoria

[ru] система управления большими данными прокуратуры

[es] sistema de gestión de Big Data de fiscal

95211 检察大数据科技支撑体系

[ar] نظام الدعم العلمي والتكنولوجي للبيانات الضخمة النيابية

[en] science and technology support system for prosecutorial big data

[fr] système de soutien scientifique et technologique pour les mégadonnées des parquets

[de] Wissenschafts- und Technologieunter-stützungssystem der Big Data-Staatsan-waltschaft

[it] sistema di supporto scientifico e tecnologico per Big Data di procura

[jp] 検察ビッグデータのための科学技術支援システム

[kr] 검찰 빅데이터 과학 기술 지원 체계

[pt] sistema de suporte científico e tecnológico de big data para o uso de procuratoria

[ru] научно-техническая система поддержки больших данных прокуратуры

[es] sistema de soporte para ciencia y tecnología de Big Data de fiscal

95212 检察业务知识图谱

[ar] أطلس معرفة الأعمال النيابية

[en] knowledge graph of prosecutorial work

[fr] graphe de connaissance pour le travail des parquets

[de] Wissensgraph der Staatsanwaltschafts-arbeit

[it] grafico informativo sull 'operazione di

procura

[jp] 検察業務の知識グラフ

[kr] 검찰 업무 지식 그래프

[pt] gráfico de conhecimento para os trabalhos de procuradoria

[ru] график знаний о работе прокуратуры

[es] grafo de conocimientos de operaciones de fiscal

95213 检察大数据应用生态链

[ar] سلسلة أيكولوجية تطبيقية للبيانات الضخمة النيابية

[en] ecological chain of prosecutorial big data application

[fr] chaîne écologique d'application des mégadonnées des parquets

[de] Anwendungsökologische Kette der Big Data-Staatsanwaltschaft

[it] catena ecologica di applicazione per Big Data di procura

[jp] 検察ビッグデータのための応用生態系連鎖

[kr] 검찰 빅데이터 응용 생태 체인

[pt] cadeia ecológica de aplicação de big data para o uso de procuratoria

[ru] экологическая цепочка для применения больших данных прокуратуры

[es] cadena ecológica de aplicaciones para Big Data de fiscal

95214 远程侦查指挥

[ar] قيادات التحقيق عن بعد

[en] remote investigation command

[fr] commande d'enquête à distance

[de] Fernvernehmung

[it] ricognizione e comando remoto

[jp] 遠隔偵察指揮

[kr] 원격 수사 지휘

[pt] comando remoto de investigação

[ru] дистанционное командование расследованием

9.5

[es] comando de investigación remoto

95215 远程提讯

[ar] استدعاء أمام المحكمة عن بعد

[en] remote arraignment

[fr] interrogation à distance

[de] Fernanklageerhebung

[it] allineamento remoto

[jp] 遠隔事情聴取

[kr] 원격 심문

[pt] acusação remota

[ru] дистанционное предъявление
обвинения в суде

[es] acusación remota

95216 远程接访

[ar] استقبال عن بعد

[en] remote reception

[fr] réception à distance

[de] Fernempfang

[it] ricezione remota

[jp] 遠隔レセプション

[kr] 원격 방문 접대

[pt] receção remota

[ru] дистанционный прием лиц,
обращающихся к органам
прокуратуры за помощью

[es] recepción remota

95217 远程出庭

[ar] مثول أمام المحكمة عن بعد

[en] remote court appearance

[fr] comparution à distance devant un
tribunal

[de] Ferngespräch vor Gericht

[it] presenza in tribunale remoto

[jp] 遠隔出廷

[kr] 원격 출정

[pt] comparecimento remoto em tribunal

[ru] дистанционное участие на суде

[es] comparecencia remota

95218 远程听证

[ar] جلسات الاستماع للشهادة عن بعد

[en] remote hearing

[fr] audition à distance

[de] Fernanhörung

[it] udienza remota

[jp] 遠隔ヒアリング

[kr] 원격 증언 청취

[pt] audição remota

[ru] дистанционное слушание дела в суде

[es] audiencia remota

95219 远程案件会商

[ar] تشاور القضية عن بعد

[en] remote case consultation

[fr] consultation de dossier à distance

[de] Fernfallberatung

[it] consultazione remota del caso

[jp] 遠隔ケース相談

[kr] 안건 원격 협상

[pt] consulta remota de caso

[ru] дистанционная консультация по делу

[es] consulta remota de casos

95220 同步录音录像

[ar] تسجيل متزامن بالصوت والفيديو

[en] synchronous audio and video recording

[fr] enregistrement audio et vidéo synchrone

[de] synchrone Audio- und Videoaufnahme

[it] registrazione audio e video sincrona

[jp] 同時録音録画

[kr] 동시 녹음 녹화

[pt] gravação síncrona de áudio e vídeo

[ru] синхронная аудио-и видеозапись

[es] grabación síncrona de audio y vídeo

95221 智能讯问

[ar] استجواب ذكي

[en] intelligent interrogation

[fr] interrogatoire intelligent

[de] intelligente Befragung

9.5

[it] interrogatorio intelligente

[jp] スマート尋問

[kr] 스마트 심문

[pt] questionário inteligente

[ru] интеллектуальный допрос

[es] interrogación inteligente

95222 智能卷宗管理平台

[ar] منصة ذكية لإدارة الملفات

[en] intelligent file management platform

[fr] plate-forme de gestion de fichiers intelligente

[de] intelligente Aktenmanagementsplattform

[it] piattaforma di gestione documento intelligente

[jp] インテリジェントなファイル管理プラットフォーム

[kr] 스마트 사건서류 관리 플랫폼

[pt] plataforma inteligente de gestão de arquivos

[ru] интеллектуальная платформа управления делами

[es] plataforma inteligente de gestión de archivos

95223 智慧检务智库

[ar] خلية العقل للنيابة الذكية

[en] smart procuratorate think tank

[fr] thinktank intelligent du parquet

[de] intelligente staatsanwaltschaftliche Ideentank

[it] deposito intelligente del procuratore

[jp] スマート検察シンクタンク

[kr] 스마트 검찰 업무 싱크탱크

[pt] grupo de reflexão de procuradoria inteligente

[ru] мозговой центр умной прокуратуры

[es] tanque de pensamiento para los asuntos de fiscal inteligentes

95224 控申机器人

[ar] روبوت الاتهام والطعن

[en] accusation and appeal robot

[fr] robot au service de l'accusation et de l'appel

[de] Anklage- und Einspruchsroboter

[it] robot per accusa ed appello

[jp] 制御応用ロボット

[kr] 공소 항소 협조로봇

[pt] robô para acusação e apelação

[ru] робот, занимающийся работой по обвинению и апелляции

[es] robot para acusación y apelación

95225 人像识别技术

[ar] تقنية التعرف على الوجه

[en] facial recognition technology

[fr] technologie de reconnaissance faciale

[de] Gesichtserkennungstechnologie

[it] tecnologia di riconoscimento facciale

[jp] 顔認識技術

[kr] 인간 이미지 인식 기술

[pt] tecnologia de reconhecimento facial

[ru] технология распознавания лиц

[es] tecnología de reconocimiento facial

95226 智慧公诉

[ar] نيابة عامة ذكية

[en] smart public prosecution

[fr] action publique intelligente

[de] intelligente öffentliche Anklage

[it] accusa pubblica intelligente

[jp] スマート公訴

[kr] 스마트 공소

[pt] acusação pública inteligente

[ru] умное государственное обвинение

[es] procesamiento público inteligente

95227 检务云

[ar] سحابة النيابة العامة

[en] prosecutorial cloud

9.5

[fr] parquet en nuage

[de] Staatsanwaltschaft-Cloud

[it] cloud procura

[jp] 検察業務クラウド

[kr] 검찰 업무 클라우드

[pt] nuvem dos trabalhos de procuradoria

[ru] облачная система прокурорской деятельности

[es] nube de asuntos de fiscal

95228 检务机器人

[ar] روبوت النيابة العامة

[en] prosecutorial robot

[fr] robot pour affaires de parquet

[de] Staatsanwaltschaft-Roboter

[it] robot procura

[jp] 検察作業ロボット

[kr] 검찰 업무 로봇

[pt] robô dos trabalhos de procuradoria

[ru] робот для прокурорской работы

[es] robot de asuntos de fiscal

95229 国家检察大数据异地灾备中心（中国）

[ar] مركز وطني للتعافي من الكوارث خارج الموقع للبيانات الضخمة للنيابة العامة (الصين)

[en] National Offsite Disaster Recovery Center for Prosecutorial Big Data (China)

[fr] Centre national de récupération après sinistre hors site des mégadonnées des parquets (Chine)

[de] Nationales Notfallwiederherstellungszentrum der Big Data-Staatsanwaltschaft (China)

[it] Centro nazionale di recupero di disastro esterno per Big Data procuratoria (Cina)

[jp] 検察ビッグデータの国立オフサイト災害復旧センター（中国）

[kr] 국가 검찰 업무 빅데이터 타지 재해 복구 백업 센터(중국)

[pt] Centro Nacional de Cópias de Segurança

e Recuperação Remota dos Desastres de Big Data para o Uso de Procuratoria (China)

[ru] Национальный центр внеобъектного аварийного восстановления больших данных прокурорской работы (Китай)

[es] Centro Nacional de Recuperación en caso de Desastres Ex-situ para Big Data de Fiscal (China)

95230 技术性证据审查

[ar] مراجعة الأدلة التقنية

[en] review of technical evidence

[fr] examen de preuve technique

[de] Überprüfung der technischen Nachweise

[it] revisione di prove tecniche

[jp] 技術的証拠の審査

[kr] 기술적 증거 심사

[pt] revisão técnica da evidência

[ru] рассмотрение технических доказательств

[es] revisión de testimonios técnicos

95231 检察服务公共平台

[ar] منصة عامة لخدمة النيابة

[en] public platform for prosecutorial service

[fr] plate-forme publique de service des parquets

[de] öffentliche Plattform für Strafverfolgungservice

[it] piattaforma pubblica per servizio di procura

[jp] 検察サービスの公共プラットフォーム

[kr] 검찰 빅데이터 공공 플랫폼

[pt] plataforma pública para serviços de procuradoria

[ru] общественная платформа для прокурорской службы

[es] plataforma pública para servicios de fiscal

9.5

95232 多媒体示证
[ar] تقديم الأدلة للوسائط المتعددة
[en] multimedia demonstration of evidence
[fr] démonstration multimédia de preuves
[de] Multimedien-Demonstration von Nach-weisen
[it] dimostrazione multimediale delle prove
[jp] マルチメディアによる証拠開示
[kr] 멀티미디어 증거 제시
[pt] certificação de provas em multimídia
[ru] мультимедийная демонстрация доказательств
[es] demostración multimedia de evidencias

95233 远程无纸化换押
[ar] تغيير الإجراءات الادعائية اللاورقية عن بعد
[en] remote paperless custody transfer
[fr] transfert de la garde sans papier à distance
[de] papierlose Übermittlung per Fernzugriff
[it] trasferimento di custodia remoto virtuale
[jp] 遠隔ペーパーレス移送
[kr] 원격 전자문서화 구치소 전환
[pt] transferência de custódia remota sem papel
[ru] дистанционный безбумажный прием и сдача заключенных подозреваемых
[es] transferencia de custodia remota sin papeles

95234 远程帮教系统
[ar] نظام التقويم والتأديب عن بعد
[en] remote correction system
[fr] système correctionnel à distance
[de] Fernkorrektursystem
[it] sistema di correzione remota
[jp] 遠隔ヘルプシステム
[kr] 원격 교육 교화 시스템
[pt] sistema correcional remoto
[ru] система исправительных мер с дальней дистанции

[es] sistema penitenciario remoto

95235 多元化检索
[ar] بحث متعدد العناصر
[en] multi-channel retrieval
[fr] récupération à multi-canal
[de] Mehrkanal-Suche
[it] recupero multicanale
[jp] マルチチャンネル検索
[kr] 다원화 검색
[pt] busca diversificada
[ru] многоканальный поиск
[es] búsqueda multicanal

95236 智能证据摘录
[ar] اقتطاف الأدلة الذكية
[en] intelligent evidence directory
[fr] répertoire de preuves intelligent
[de] intelligente Beweisexzerption
[it] estratto delle prove intelligenti
[jp] インテリジェント証拠ディレクトリ
[kr] 스마트 증거 적록
[pt] extrato de provas inteligentes
[ru] интеллектуальная засвидетельствованная выписка из судебного документа
[es] directorios inteligentes de testamentos

95237 江苏"苏检掌上通"
[ar] نيابة كفية لمقاطعة جيانغسو (تطبيق جوال)
[en] Procuratorate at Hand App of Jiangsu Province
[fr] application « parquet à portée de main » de la Province du Jiangsu
[de] Staatsanwaltschaft der Provinz Jiangsu
[it] Procura "a portata di mano" App della provincia del Jiangsu
[jp] 江蘇省の「手上の江蘇検察官」（モバイルアプリ）
[kr] 지앙쑤성 '지앙쑤성 검찰 모바일' 앱
[pt] Aplicativo Procuradoria na Mão da

9.5

Província de Jiangsu

[ru] мобильное приложение провинции Цзянсу «Прокуратура в руках»

[es] Fiscalía a Mano de la Provincia de Jiangsu

95238　河南"检务通"

[ar] تطبيق المعلومات لمقاطعة خنان

[en] Cloud Procuratorate Platform of Henan Province

[fr] plate-forme d'informations de parquet de la Province du Henan

[de] Staatsanwaltschaft der Provinz Henan

[it] Piattaforma di cloud procura della provincia dello Henan

[jp] 河南省の「検務通」（アプリ）

[kr] 허난성 '검무통(檢務通)' 앱

[pt] Aplicativo Serviço de Procuradoria da Província de Henan

[ru] мобильное приложение провинции Хэнань «Прокурорская облачная платформа»

[es] Información Fiscal de la Provincia de Henan

95239　北京"检立方"

[ar] منصة "مكعب بكين" للمعلومات النيابية

[en] Procuratorate Cube Information Platform of Beijing Municipality

[fr] plate-forme de mégadonnées « parquet cube » de Pékin

[de] Staatsanwaltschaft-Kubik Beijing

[it] Piattaforma cubo di procura di Pechino

[jp] 北京「検立方」（検察キューブビッグ データプラットフォーム）

[kr] 베이징 '검입방(檢立方)' 정보 플랫폼

[pt] Aplicativo Cubo de Procuradoria de Pequim

[ru] информационная платформа города Пекин «Прокурорский куб»

[es] Plataforma Cube para Big Data de Fiscal de Beijing

95240　浙检云图

[ar] خريطة سحابية لنيابات تشجيانغ

[en] Procuratorate's Cloud Map of Zhejiang Province

[fr] nuage de parquet de la Province du Zhejiang

[de] Staatsanwaltschaftscloud-Diagramm der Provinz Zhejiang

[it] Mappa cloud di procura dello Zhejiang

[jp] 浙江省検察クラウドチャート

[kr] 저장성 검찰 클라우드 플랫폼

[pt] Gráfico de Nuvem de Procuradoria da Província de Zhengjiang

[ru] График облачных вычислений провинции Чжэцзян

[es] Gráfico de Nube de Fiscalía de la Provincia de Zhejiang

95241　多维度推送

[ar] إخطار متعدد الأبعاد

[en] multidimensional push notification

[fr] notification push multidimensionnelle

[de] mehrdimensionale Push-Benachrichti-gung

[it] notifica push multidimensionale

[jp] 多次元プッシュ通知

[kr] 다차원 푸시

[pt] envio multidimensional

[ru] многомерное пуш-уведомление

[es] notificación automática multidimensional

95242　案件评查辅助系统

[ar] نظام المساعدة في مراجعة القضية

[en] auxiliary system for case evaluation

[fr] système auxiliaire d'évaluation de cas

[de] Hilfssystem zur Fallbewertung

[it] sistema ausiliario per la valutazione dei casi

[jp] 案件評価補助システム

[kr] 사건 평가 보조 시스템

9.5

[pt] sistema auxiliar para avaliação e revisão de casos

[ru] вспомогательная система оценки качества производства по заключенному делу после его заключения

[es] sistema auxiliar para la evaluación de casos

95243 流程监控辅助系统

[ar] نظام المساعدة لمراقبة العملية

[en] auxiliary system for process monitoring

[fr] système auxiliaire de surveillance de processus

[de] Hilfssystem zur Prozessüberwachung

[it] sistema ausiliario di monitoraggio del processo

[jp] プロセス監視補助システム

[kr] 프로세스 모니터링 시스템

[pt] sistema auxiliar de monitoramento de processos

[ru] вспомогательная система контроля процедуры

[es] sistema auxiliar de monitoreo de procesos

95244 案件受理辅助系统

[ar] نظام المساعدة لقبول القضية

[en] auxiliary system for case acceptance

[fr] système auxiliaire de réception de cas

[de] Hilfssystem zur Fallanerkennung

[it] sistema ausiliario per l'accettazione dei casi

[jp] 案件受理補助システム

[kr] 사건 수리 보조 시스템

[pt] sistema auxiliar para aceitação de casos

[ru] вспомогательная система для принятия дела к рассмотрению

[es] sistema auxiliar para la aceptación de casos

95245 检察知识图谱

[ar] رسم بياني لمعارف النيابة العامة

[en] prosecutorial knowledge graph

[fr] graphe de connaissance de parquet

[de] Wissensdiagramm der Staatsanwalt-schaft

[it] grafico della conoscenza della procura

[jp] 検察知識グラフ

[kr] 검찰 지식 그래프

[pt] gráfico de conhecimento de procuradoria

[ru] график знаний о прокуратуре

[es] grafo de conocimientos de fiscal

9.5.3 智慧法院

[ar] **المحكمة الذكية**

[en] **Smart Court**

[fr] **Cour intelligente**

[de] **Intelligentes Gericht**

[it] **Tribunale intelligente**

[jp] **スマート裁判所**

[kr] **스마트 법원**

[pt] **Tribunal Inteligente**

[ru] **Умный суд**

[es] **Tribunal Inteligente**

95301 机器人法官

[ar] قاضي الروبوت

[en] robot judge

[fr] robot juge

[de] Roboter-Richter

[it] giudice robot

[jp] ロボット裁判官

[kr] 로봇 법관

[pt] juíz robótico

[ru] робот-судья

[es] juez robótico

95302 互联网法院

[ar] محكمة الإنترنت

[en] Internet court

[fr] tribunal en ligne

9.5

[de] Internet-Gericht

[it] tribunale su Internet

[jp] インターネット裁判所

[kr] 인터넷 법원

[pt] tribunal da Internet

[ru] интернет-суд

[es] Tribunal de Internet

95303 在线法庭

[ar] محكمة على الإنترنت

[en] online court

[fr] tribunal en ligne

[de] Online-Gericht

[it] tribunale online

[jp] オンライン法廷

[kr] 온라인 법정

[pt] tribunal online

[ru] онлайновый суд

[es] tribunal en línea

95304 在线庭审

[ar] محاكمة على الإنترنت

[en] online trial

[fr] procès en ligne

[de] Online-Gerichtsverhandlung

[it] sentenza online

[jp] オンライン法廷審問

[kr] 온라인 법정 심문

[pt] julgamento online

[ru] судебное разбирательство онлайн

[es] juicio en línea

95305 电子诉讼

[ar] مقاضاة إلكترونية

[en] e-litigation

[fr] litiges électroniques

[de] elektronische Rechtsstreitigkeiten

[it] lite elettronico

[jp] 電子訴訟

[kr] 전자 소송

[pt] litígio electrónico

[ru] электронная жалоба

[es] litigios electrónicos

95306 网上立案

[ar] إقامة القضية على الإنترنت

[en] online docketing

[fr] ouverture de dossier en ligne

[de] Online-Fallregistrierung

[it] registrazione dei casi online

[jp] オンライン立案

[kr] 온라인 입건

[pt] registo de casos online

[ru] ведение досье судопроизводства онлайн

[es] expediente en línea

95307 跨域立案

[ar] تسجيل القضية عبر الأقاليم

[en] cross-jurisdictional docketing

[fr] ouverture de dossier trans-régional

[de] gebietübergreifende Fallregistrierung

[it] registrazione dei casi intergiurisdizionali

[jp] クロスドメインファイリング

[kr] 다지역 입건

[pt] registo de casos intermunicipal

[ru] межрегиональное ведение досье судопроизводства

[es] expediente interjurisdiccional

95308 网上诉讼

[ar] مقاضاة عبر الإنترنت

[en] cybercourt

[fr] litige en ligne

[de] Online-Rechtsstreitigkeiten

[it] lite online

[jp] ネット訴訟

[kr] 온라인 소송

[pt] litígio online

[ru] онлайновая жалоба

[es] litigios en línea

95309　案件画像

[ar]　رسم القضية

[en]　case profiling

[fr]　profilage de cas

[de]　Fallprofil

[it]　ritratto del caso

[jp]　容疑者似顔絵

[kr]　사건 프로파일

[pt]　retrato de caso

[ru]　составление «портрета» дела

[es]　perfil de caso

95310　天平链

[ar]　منصة سلسلة الكتل لمحكمة بكين على الإنترنت

[en]　Tianping blockchain platform

[fr]　plate-forme de chaîne de blocs du tribunal en ligne de Beijing

[de]　Blockchain-Plattform von Beijinger Internet-Gericht

[it]　piattaforma di catena di blocco Tianping

[jp]　天平チェーン（電子証拠プラットフォーム）

[kr]　천평 체인(베이징 법정 블록체인 플랫폼)

[pt]　cadeia jurídica para justiça social

[ru]　платформа «Блокчейн Тяньпин»

[es]　plataforma de cadenas de bloques Tianping

95311　电子卷宗

[ar]　ملف إلكتروني

[en]　electronic case file

[fr]　fichier de dossier électronique

[de]　elektronische Akte

[it]　fascicolo elettronico

[jp]　電子公文書

[kr]　전자 사건서류

[pt]　dossiê eletrónico

[ru]　электронное досье по делу

[es]　expediente electrónico

95312　智慧审判

[ar]　محاكمة ذكية

[en]　smart trial

[fr]　procès intelligent

[de]　intelligentes Gerichtsurteil

[it]　sentenza intelligente

[jp]　スマート審判

[kr]　스마트 재판

[pt]　julgamento inteligente

[ru]　умное разбирательство

[es]　juicio inteligente

95313　移动微法院

[ar]　محكمة صغيرة متنقلة

[en]　mobile WeCourt

[fr]　micro tribunal mobile

[de]　mobiles Mikro-Gericht

[it]　micro-tribunale mobile

[jp]　モバイルマイクロ裁判所

[kr]　모바일 마이크로 법원

[pt]　micro tribunal móvel

[ru]　мобильный микросуд

[es]　microtribunal móvil

95314　智能案例推送

[ar]　نشر ذكي للحالات

[en]　intelligent case-push

[fr]　push intelligent de cas

[de]　intelligente Fall-Benachrichtigung

[it]　notifica push dei casi intelligente

[jp]　インテリジェント案件プッシュ

[kr]　스마트 판례 푸시

[pt]　envio de caso inteligente

[ru]　интеллектуальный пуш случаев

[es]　notificación inteligente de casos

95315　自动生成判决书

[ar]　قرار المحكمة الذي تمت صيانته تلقائيا

[en]　automatically generated court judgement

[fr]　jugement automatiquement généré

[de]　automatisch generiertes Urteil

9.5

[it] sentenze automaticamente generate

[jp] 判決書の自動作成

[kr] 판결서 자동 생성

[pt] sistema de análise inteligente de condenação

[ru] автоматически сгенерированный судебный приговор

[es] sentencias generadas automáticamente

95316　裁判文书智能分析系统

[ar] نظام تحليل ذكي لوثائق الحكم

[en] intelligent analysis system for judgement documents

[fr] système d'analyse intelligent pour les documents de jugement

[de] intelligentes Analysesystem für Urteile

[it] sistema di analisi intelligente per documenti di giudizio

[jp] 裁判文書知能分析システム

[kr] 재판 문서 스마트 분석 시스템

[pt] ata de julgamento

[ru] интеллектуальная система анализа судебных документов

[es] sistema de análisis inteligente para documentos de juicio

95317　AI侦查员助理

[ar] مساعد المحقق بالذكاء الاصطناعي

[en] AI assistant to investigator

[fr] assistant enquêteur d'intelligence artificielle

[de] KI-Assistent der Ermittler

[it] assistente investigatore AI

[jp] AI 捜査官助手

[kr] AI 수사관 조수

[pt] assistante de Inteligente Artificial do investigador

[ru] помощник ИИ для следователя

[es] asistente de investigador de inteligencia artificial

95318　AI检察官助理

[ar] مساعد المدعي العام بالذكاء الاصطناعي

[en] AI assistant to procurator

[fr] assistant procureur d'intelligence artificielle

[de] KI-Assistent der Staatsanwalten

[it] assistente procuratore AI

[jp] AI 検察官助手

[kr] AI 검찰관 조수

[pt] assistante de Inteligente Artificial do procurador

[ru] помощник ИИ для прокурора

[es] asistente de procurador de inteligencia artificial

95319　AI法官助理

[ar] مساعد القاضي بالذكاء الاصطناعي

[en] AI assistant to judge

[fr] assistant juge d'intelligence artificielle

[de] KI-Assistent der Richter

[it] assistente giudice AI

[jp] AI 裁判官助手

[kr] AI 법관 조수

[pt] assistante de Inteligente Artificial do juíz

[ru] помощник ИИ для судьи

[es] asistente de juez de inteligencia artificial

95320　《关于互联网法院审理案件若干问题的规定》(中国)

[ar] أحكام بشأن العديد من القضايا في محكمة الإنترنت (الصين)

[en] Provisions of the Supreme People's Court on Several Issues Concerning the Trial of Cases by Internet Courts (China)

[fr] Dispositions de la Cour populaire suprême sur plusieurs questions concernant le jugement des affaires par les tribunaux en ligne (Chine)

[de] Bestimmungen des Obersten Volksgerichtshofs zu mehreren Fragen im Zusammenhang mit der Gerichtsver-

handlung vor Internetgerichten (China)

[it] Disposizione della corte popolare suprema su diverse quetioni relative al processo giuridico da tribunale Internet (Cina)

[jp] 「インターネット法院による事件審理に係る若干の問題に関する最高人民法院の規定」（中国）

[kr] <인터넷 법원 사건 심리의 약간 문제에 관한 규정>(중국)

[pt] Disposições sobre Diversas Questões Relativas ao Julgamento de Casos por Tribunais da Internet (China)

[ru] Положение Высшего народного суда о ряде вопросов рассмотрения дел интернет-судами (Китай)

[es] Disposiciones sobre Distintas Cuestiones Relativas al Juicio de Casos mediante Tribunales de Internet por el Tribunal Supremo del Pueblo (China)

95321 电子笔录

[ar] سجل إلكتروني

[en] e-record

[fr] procès-verbal électronique

[de] E-Aufzeichnungen

[it] record elettronici

[jp] 電子記録

[kr] 전자 조서

[pt] transcrição electrónica

[ru] электронные записи

[es] registros electrónicos

95322 电子档案

[ar] ملف إلكتروني

[en] e-archive

[fr] dossier électronique

[de] E-Archiv

[it] archivio elettronico

[jp] 電子プロフィール

[kr] 전자 기록 서류

[pt] arquivo digital

[ru] электронный профиль

[es] archivo electrónico

95323 在线调解平台

[ar] منصة التوسط على الإنترنت

[en] online mediation platform

[fr] plate-forme de médiation en ligne

[de] Online-Vermittlungsplattform

[it] piattaforma di conciliazione online

[jp] オンライン調停プラットフォーム

[kr] 온라인 조정 플랫폼

[pt] plataforma de mediação online

[ru] онлайн платформа примирения

[es] plataforma de mediación en línea

95324 大数据量刑

[ar] تحديد العقوبة بالبيانات الكبرى

[en] big data-assisted sentencing

[fr] condamnation aidée par les mégadonnées

[de] Big Data-gesteuerte Verurteilung

[it] condanna basata su Big Data

[jp] ビッグデータ量刑

[kr] 빅데이터 양형

[pt] sentença calculada por big data

[ru] вынесение приговора на основе больших данных

[es] condena basada en Big Data

95325 智慧调解

[ar] مصالحة ذكية

[en] smart mediation

[fr] conciliation intelligente

[de] intelligente Vermittlung

[it] conciliazione intelligente

[jp] スマート調停

[kr] 스마트 조정

[pt] mediação inteligente

[ru] умное примирение

[es] conciliación inteligente

9.5

95326 《人民法院信息化建设五年发展规划（2016–2020)》(中国)

[ar] خطة التنمية الخمسية لبناء المعلوماتية في محكمة الشعب (2016-2020) (الصين)

[en] Five-Year Development Plan for IT-Based Development of the People's Court (2016–2020) (China)

[fr] Plan de développement quinquennal pour la construction de l'informatisation des cours populaires (2016-2020) (Chine)

[de] Fünfjahresentwicklungsplan für Informatisierung des Baus von Volksgerichten (2016-2020) (China)

[it] Piano di sviluppo quinquennale per la costruzione informatizzata delle corti popolari (2016-2020) (Cina)

[jp] 「人民法院の情報化建設に関する５カ年発展計画(2016~2020)」(中国)

[kr] <인민법원 정보화 건설 5 개년 발전 계획(2016-2020)>(중국)

[pt] O Plano Quinquenal de Desenvolvimento para Construção de Informatização dos Tribunais Populares (2016-2020) (China)

[ru] Пятилетний план развития по информатизации народных судов (2016–2020 гг.) (Китай)

[es] Plan Quinquenal de Desarrollo para la Construcción de la Informatización de los Tribunales del Pueblo (2016-2020) (China)

95327 人民法院信息化

[ar] معلوماتية من محكمة الشعب

[en] IT-based development of the people's court

[fr] informatisation des cours populaires

[de] Informatisierung des Volksgerichts

[it] informalizzazione delle corti popolari

[jp] 中国人民法院の情報化

[kr] 인민법원 정보화

[pt] informatização dos tribunais populares

[ru] информатизация народного суда

[es] informatización del Tribunal del Pueblo

95328 科技法庭

[ar] محكمة العلوم والتكنولوجيا

[en] digital court hearing system

[fr] tribunal technologique

[de] digitales Gerichtsverhandlungssystem

[it] sistema digitale di udienza giudiziaria

[jp] e-サポート・システム

[kr] 디지털 법정 방청 시스템

[pt] sistema digital de audiência

[ru] цифровая система судебного слушания

[es] sistema de tribunales digitales

95329 智慧法庭

[ar] محكمة ذكية

[en] smart court

[fr] tribunal intelligente

[de] intelligenter Gerichtssaal

[it] tribunale intelligente

[jp] スマート法廷

[kr] 스마트 법정

[pt] tribunal inteligente

[ru] умный суд

[es] sala de juicios inteligente

95330 数字审判委员会

[ar] لجنة قضائية رقمية

[en] digital judicial committee

[fr] comité judiciaire numérique

[de] digitaler gerichtlicher Ausschuss

[it] comitato giudiziario digitale

[jp] デジタル審査委員会

[kr] 디지털 심사위원회

[pt] comissão judicial digital

[ru] цифровой судебный комитет

[es] comité judicial digital

9.5

9.5.4 智慧司法

[ar] العدالة الذكية

[en] Smart Justice

[fr] Justice intelligente

[de] Intelligente Justiz

[it] Giustizia intelligente

[jp] スマート司法

[kr] 스마트 사법

[pt] Justiça Inteligente

[ru] Умное правосудие

[es] Justicia Inteligente

95401 机器人律师

[ar] محامي الروبوت

[en] Aiwa the robot lawyer

[fr] robot avocat Aiwa

[de] Roboter-Anwalt

[it] avvocato robot

[jp] ロボット弁護士

[kr] 로봇 변호사

[pt] advogado robótico

[ru] робот-юрист Aiwa

[es] abogado robótico

95402 法律服务大脑

[ar] دماغ الخدمات القانونية

[en] smart "brain" for legal counsel

[fr] cerveau pour le service juridique

[de] intelligentes juristisches Konsultations-hirn

[it] servizi legali intelligenti

[jp] 法的サービスブレイン

[kr] 법률 서비스 브레인

[pt] inteligência de serviços jurídicos

[ru] умный «мозг» для юридических консультаций

[es] cerebral inteligente de consejos legales

95403 接近正义

[ar] اقتراب من العدالة

[en] access to justice

[fr] accès à la justice

[de] Annäherung der Gerechtigkeit

[it] accesso alla giustizia

[jp] 正義へのアクセス

[kr] 정의 접근

[pt] acesso à justiça

[ru] доступ к правосудию

[es] acceso a la justicia

95404 数字法治

[ar] حكم القانون الرقمي

[en] digital rule of law

[fr] État de droit numérique

[de] digitalisierte Rechtsstaatlichkeit

[it] legalità digitale

[jp] デジタル法治

[kr] 디지털 법치

[pt] estado de direito digitalizado

[ru] цифровой правопорядок

[es] gobernanza digital basada en las leyes

95405 类案推荐

[ar] توصية قضية مماثلة

[en] precedent recommendation

[fr] recommandation de cas similaire précédent

[de] Empfehlung ähnlicher Fälle

[it] raccomandazione di casi

[jp] 同様のケースの推薦事項

[kr] 유사 사례 추천

[pt] recomendação de caso similar

[ru] представление аналогических дел

[es] recomendación de casos similares

95406 量刑辅助

[ar] مساعدة في تحديد العقوبة

[en] sentencing assistance

[fr] assistance à la condamnation

[de] Unterstützung der Verurteilung

[it] assistenza nella sentenza

[jp] 量刑支援

9.5

[kr] 양형 보조

[pt] auxiliar de sentença

[ru] содействие вынесению приговора

[es] asistencia para condenas

95407　偏离预警

[ar] نظام تحذير الانحراف

[en] deviation warning

[fr] système d'alerte de déviation de peine

[de] Strafabweichungswarnung

[it] preavviso di deviazione

[jp] 偏差警告

[kr] 이탈 경보

[pt] sistema de alerta de desvio de sentença

[ru] предупреждение об отклонении приговора

[es] sistema de advertencia temprana en desviación de sentencias

95408　图谱构建

[ar] بناء الخريطة

[en] knowledge graph building

[fr] construction de graphe

[de] Aufbau eines Wissensgraphen

[it] costruzione di grafici

[jp] マップ構築

[kr] 그래프 구성

[pt] construção de gráficos

[ru] построение графика знаний

[es] construcción de mapas

95409　情节提取

[ar] استرجاع العرضية

[en] circumstance retrieval and reorganization

[fr] récupération et réorganisation de données

[de] Umstandsermittlung und -reorganisation

[it] prelievo episodico

[jp] エピソード抽出

[kr] 스토리 인출

[pt] recuperação e reorganização dos dados

[ru] поиск и реорганизация информации о положениях дел

[es] extracción de circunstancias para la sentencia

95410　类案识别

[ar] تمييز قضية مماثلة

[en] case categorization and identification

[fr] identification de cas similaire précédent

[de] Fallkategorisierung und -identifizierung

[it] identificazione dei casi

[jp] 類似判例識別

[kr] 유사 사례 식별

[pt] categorização e identificação

[ru] категоризация и идентификация аналогичности дел

[es] identificación de casos similares

95411　模型训练

[ar] تدريب نموذجي

[en] model training

[fr] entraînement de modèle

[de] Modell-Training

[it] formazione modello

[jp] モデルトレーニング

[kr] 모형 훈련

[pt] treinamento de modelo

[ru] модельное обучение

[es] formación de modelos

95412　量刑预测

[ar] تنبأ العقوبة

[en] sentencing predication

[fr] prédiction de condamnation

[de] Verurteilungsprädikation

[it] previsione di sentenza

[jp] 量刑予測

[kr] 양형 예측

[pt] previsão de sentença

[ru] предположение о приговоре

[es] predicación para condenas

9.5

95413 偏离度测算

[ar] حساب الانحراف

[en] deviation measuring

[fr] mesure de l'écart

[de] Abweichungsberechnung

[it] valutazione della deviazione

[jp] 偏差計算

[kr] 이탈 정도 계산

[pt] cálculos de desvio

[ru] определение отклонения приговора

[es] medición de desviaciones

95414 案管机器人

[ar] روبوت إدارة القضية

[en] robot assistant for procuratorate

[fr] robot assistant de parquet

[de] Roboterassistent für Staatsanwaltschaft

[it] robot per la gestione dei casi

[jp] 案件管理アシスタントロボット

[kr] 사건 관리 로봇

[pt] assistente robótico para a procuradoria

[ru] робот-помощник прокуратуры

[es] asistente robótico para fiscal

95415 智慧监狱

[ar] سجن ذكي

[en] smart prison

[fr] prison intelligente

[de] intelligentes Gefängnis

[it] prigione intelligente

[jp] スマート刑務所

[kr] 스마트 감옥

[pt] prisão inteligente

[ru] умная тюрьма

[es] prisión inteligente

95416 智慧戒毒

[ar] إقلاع ذكي عن المخدرات

[en] smart drug rehabilitation

[fr] désintoxication intelligente

[de] intelligente Drogenrehabilitation

[it] riabilitazione farmacologica intelligente

[jp] スマート薬物依存治療

[kr] 스마트 마약 중독 치료

[pt] reabilitação de drogas inteligente

[ru] умное лечение наркомании

[es] rehabilitación inteligente de drogodependencias

95417 智慧普法

[ar] تعميم ذكي للمعارف القانونية

[en] smart law popularization

[fr] sensibilisation intelligente à la loi

[de] intelligente Popularisierung der Rechts-staatlichkeit

[it] divulgazione della legge intelligente

[jp] スマート法律普及

[kr] 스마트 법률 상식 보급

[pt] popularização da lei inteligente

[ru] умная популяризация законов

[es] popularización inteligente de la ley

95418 智慧监所云

[ar] سحاب السجن الذكي

[en] smart prison cloud

[fr] prison intelligente en nuage

[de] intelligente Gefängnis-Cloud

[it] prigione intelligente cloud

[jp] スマート刑務所クラウド

[kr] 스마트 감금소 클라우드

[pt] nuvem de prisão inteligente

[ru] облачная «умная тюрьма»

[es] nube de prisiones inteligentes

95419 智能移动调解

[ar] مصالحة متنقلة ذكية

[en] smart mobile conciliation

[fr] conciliation mobile intelligente

[de] intelligente Mobile Schlichtung

[it] conciliazione mobile intelligente

[jp] スマートモバイル調停

[kr] 스마트 모바일 조정

9.5

[pt] conciliação móvel inteligente

[ru] умное мобильное примирение

[es] conciliación móvil inteligente

95420 社区矫正远程视频督察

[ar] مراقبة عملية التقويم المجتمعي عن بعد عبر كاميرا الفيديو

[en] remote video monitoring of community correction

[fr] vidéosurveillance à distance des services correctionnels communautaires

[de] Fernvideoüberwachung für Community-Korrektur

[it] videosorveglianza di quartiere

[jp] コミュニティ矯正のための遠隔動画監視

[kr] 커뮤니티 교정 원격 영상 모니터링

[pt] monitoramento remoto de vídeo para correções na comunidade

[ru] дистанционное видеонаблюдение за квартальными исправительными наказаниями

[es] monitoreo remoto en vídeo de correcciones comunitarias

95421 法律援助智能保障

[ar] ضمان ذكي للمعونة القانونية

[en] AI-backed legal aid

[fr] assistance juridique aidée par intelligence artificielle

[de] KI-gestützte Rechtshilfe

[it] assistenza legale sostenuto da AI

[jp] AI 支援の法的援助

[kr] 법률 지원 스마트 보증

[pt] garantia de assitência jurídica por inteligência artificial

[ru] юридическая помощь при поддержке ИИ

[es] asistencia legal con el soporte de inteligencia artificial

95422 法律咨询智能机器人

[ar] روبوت ذكي للاستشارات القانونية

[en] Sanbo the robot for legal consultancy

[fr] robot pour consultations juridiques

[de] Roboter-Anwalt für Rechtsberatung

[it] avvocato robot per la consulenza legale

[jp] 法律相談を提供するロボット弁護士

[kr] 법률 상담 스마트 로봇

[pt] robôs inteligentes para a consultoria jurídica

[ru] робот-юрист для юридических консультаций

[es] abogado robótico para consultoría legal

95423 数字化法医学技术

[ar] تكنولوجيا الطب الشرعي الرقمي

[en] digital forensic technology

[fr] technique de médecine légale numérisée

[de] digitalisierte forensische Medizintechnik

[it] tecnologia di medicina legale digitale

[jp] デジタル化法医学技術

[kr] 디지털화 법의학 기술

[pt] tecnologia de medicina forense digitalizada

[ru] оцифрованные технологии судебной медицины

[es] tecnología médica forense digitalizada

95424 司法行政科技

[ar] تكنولوجيا إدارة العدل

[en] technology for administration of justice

[fr] technologie de l'administration judiciaire

[de] Technologien für Rechtspflege

[it] tecnologia per l'amministrazione della giustizia

[jp] 司法行政科学技術

[kr] 사법 행정 과학 기술

[pt] tecnologias para a administração da justiça

[ru] технологии по судебной администрации

[es] tecnologías para la administración de justicia

95425 《"十三五"全国司法行政科技创新规划》(中国)

[ar] خطة الابتكارات التكنولوجية الوطنية للأعمال العدلية والقضائية في فترة "الخطة الخمسية الثالثة عشرة" (الصين)

[en] The National Plan on Technological Innovations for the Administration of Justice During the 13th Five-Year Plan Period (China)

[fr] Programme d'innovation scientifique technologique pour l'administration judiciaire au cours du 13ᵉ plan quinquennal (Chine)

[de] Nationale Technologische Innovationen für Justizverwaltung im Zeitraum des 13. Fünfjahresplans (China)

[it] XIII piano quinquennale nazionale sulle innovazioni tecnologiche per l'amministrazione giudiziaria (Cina)

[jp] 「『第13次5カ年計画』全国司法行政科学技術イノベーション計画」(中国)

[kr] <'제13차 5개년 계획' 전국 사법 행정 과학 기술 혁신 계획>(중국)

[pt] 13º Plano Quinquenal Nacionalde Inovações Tecnológicas para a Administração Judicial (China)

[ru] Национальный план по технологическим инновациям судебной администрации в период 13-ой пятилетки (Китай)

[es] Plan Nacional de la Innovación Tecnológica de la Administración Judicial del XIII Plan Quinquenal (China)

95426 矫正戒治科技支撑技术

[ar] تكنولوجيا الدعم العلمي والتكنولوجي لإعادة تأهيل المجرمين ومدمني المخدرات

[en] technology for rehabilitation of criminals

and drug addicts

[fr] technologie de soutien à la réhabilitation de criminels et de drogués

[de] Technik für Rehabilitation von Kriminellen und Drogenabhängigen

[it] tecnologie per la riabilitazione di criminali e tossicodipendenti

[jp] 矯正及び薬物依存症治療のための支援技術

[kr] 교정 및 중독 치료 과학 기술 지원 기술

[pt] tecnologias auxiliares para reabilitação dos criminosos e viciosos de drogas

[ru] средства технической поддержки для реабилитации преступников и наркоманов

[es] soporte tecnológico a la rehabilitación de criminales y abstinencia de drogadictos

95427 法律服务科技支撑技术

[ar] تكنولوجيا الدعم العلمي والتكنولوجي للخدمة القانونية

[en] technology for legal service

[fr] technologie de soutien aux services juridiques

[de] Technik für juristische Dienstleistungen

[it] tecnologie per servizi legali

[jp] 法律サービスのための技術支援

[kr] 법률 서비스 과학 기술 지원 기술

[pt] tecnologia auxiliar para serviços jurídicos

[ru] средства технической поддержки для юридических услуг

[es] soporte tecnológico a servicios legales

95428 法治宣传科技支撑技术

[ar] تكنولوجيا الدعم العلمي والتكنولوجي لدعاية سيادة القانون

[en] technology for legal publicity

[fr] technologie de soutien à la promotion juridique

[de] Technik für Publizität der Rechtsstaatlichkeit

9.5

[it] tecnologie per la divulgazione legale

[jp] 法治宣伝のための技術支援

[kr] 법치 홍보 과학 기술 지원 기술

[pt] tecnologia auxiliar para a divulgação do sistema jurídico

[ru] средства технической поддержки для правовой пропаганды

[es] soporte tecnológico a la propaganda legal

95429 法律职业资格考试科技支撑技术

[ar] تكنولوجيا الدعم العلمي والتكنولوجي لامتحان التأهيل المهني القانوني

[en] technology for legal professional qualification examination

[fr] technologie de soutien à l'examen de qualification professionnelle juridique

[de] Technik für Prüfung der juristischen Berufsqualifikation

[it] tecnologie per l'esame di qualifica professionale legale

[jp] 法律専門資格試験のための技術支援

[kr] 법률 직업 자격 고시 과학 기술 지원 기술

[pt] tecnologia auxiliar para exames de qualificação aos profissionais na área do direito

[ru] средства технической поддержки для профессиональных юридических квалификационных экзаменов

[es] tecnologías para el examen de calificación profesional legal

95430 在线法律服务

[ar] خدمات قانونية على الإنترنت

[en] online legal service

[fr] services juridiques en ligne

[de] Online-Rechtsberatung

[it] servizi legali online

[jp] オンライン法律サービス

[kr] 온라인 법률 서비스

[pt] serviços jurídicos online

[ru] юридические услуги онлайн

[es] servicios legales en línea

95431 普法大数据

[ar] بيانات ضخمة لتعميم القانون

[en] big data for law popularization

[fr] mégadonnées pour la sensibilisation à la loi

[de] Big Data der Popularisierung der Rechts-staatlichkeit

[it] Big Data per la promozione della conoscenza della legge

[jp] 法律普及のためのビッグデータ

[kr] 법률 상식 보급 빅데이터

[pt] big data para a popularização jurídica

[ru] большие данные для популяризации законов

[es] Big Data para la popularización de la ley

95432 智能法律检索

[ar] بحث قانوني ذكي

[en] intelligent legal search

[fr] recherche juridique intelligente

[de] intelligente juristische Suche

[it] ricerca legale intelligente

[jp] インテリジェントな法的検索

[kr] 스마트 법률 검색

[pt] pesquisa inteligente de leis

[ru] интеллектуальный законный обыск

[es] búsqueda legal inteligente

95433 法律文件处理自动化

[ar] أتمتة الوثائق القانونية

[en] automation of legal document processing

[fr] automatisation de documents juridiques

[de] Automatisierung von Rechtsdokumenten

[it] automazione di documenti legali

[jp] 法的文書の自動化

[kr] 법률 문서 자동화

[pt] automação de documentos jurídicos

[ru] автоматизация обработки
юридических документов

[es] automatización de redacción de
documentos legales

95434 机器人法律服务
[ar] خدمات قانونية عن طريق الروبوت
[en] legal service by robot
[fr] service juridique par robot
[de] juristische Dienstleistungen durch Robo-
ter
[it] servizi legali di robot
[jp] ロボットによる法的サービス
[kr] 로봇 법률 서비스
[pt] serviços judiciais robóticos
[ru] юридические услуги, представленные
роботом
[es] servicios legales por robots

95435 法律机器人
[ar] روبوت قانوني
[en] robot lawyer
[fr] robot pour services juridiques
[de] juristischer Roboter
[it] avvocato robot
[jp] 法律ロボット
[kr] 법률 로봇
[pt] robô de serviço jurídico
[ru] робот-юрист
[es] abogado robótico

95436 在线法律援助系统
[ar] نظام المساعدة القانونية على الإنترنت
[en] online legal aid system
[fr] système d'aide judiciaire en ligne
[de] Online-Rechtshilfesystem
[it] sistema di assistenza giudiziaria online
[jp] オンライン法的支援システム
[kr] 온라인 법률 지원 시스템
[pt] sistema de assistência jurídica online
[ru] система юридической помощи онлайн

[es] sistema de ayuda legal en línea

95437 司法鸿沟
[ar] فجوة العدل
[en] justice gap
[fr] écart de justice
[de] Gerechtigkeitslücke
[it] divario di giustizia
[jp] 司法ギャップ
[kr] 사법 격차
[pt] lacuna na justiça
[ru] разрыв в правосудии
[es] brecha judicial

95438 计算法律
[ar] قانون الحساب
[en] computational law
[fr] justice basée sur l'informatique
[de] Computing-Gesetz
[it] legge di computazione
[jp] 計算法律
[kr] 컴퓨팅 법률
[pt] direito computacional
[ru] законодательство вычислений
[es] ley sobre computación

95439 算法裁判
[ar] تحكيم قائم على الخوارزمية
[en] algorithm-based judgement
[fr] arbitrage basé sur un algorithme
[de] algorithmisches Urteil
[it] giudizio basato su algoritmo
[jp] アルゴリズム裁判
[kr] 알고리즘 재판
[pt] julgamento baseado em algoritmo
[ru] решение на основе алгоритма
[es] juicio basado en algoritmos

95440 法律服务自动化
[ar] أتمتة الخدمات القانونية
[en] automation of legal service

9.5

[fr] automatisation de service juridique
[de] Automatisierung der Rechtsdienstleis-
tung
[it] automazione di servizi legali
[jp] 法的サービスの業務自動化
[kr] 법률 서비스 자동화
[pt] automação de serviços jurídicos
[ru] автоматизация юридических услуг
[es] automatización de servicios legales

9.5.5 法律科技

[ar] علوم وتكنولوجيا قانونية
[en] **Lawtech**
[fr] **Technologie de la loi**
[de] **Rechtstechnologie**
[it] **Lawtech**
[jp] リーガルテクノロジー
[kr] 법률 과학 기술
[pt] **Tecnologia Jurídica**
[ru] **Юридические технологии**
[es] **Tecnología Legal**

95501 数字化法律服务平台

[ar] منصة الخدمات القانونية الرقمية
[en] digital legal service platform
[fr] plate-forme numérique de services
juridiques
[de] Plattform für Digitale Rechtsdienstleis-
tung
[it] piattaforma di servizi legali digitali
[jp] デジタル法律サービスプラットフォー
ム
[kr] 디지털화 법률 서비스 플랫폼
[pt] plataforma de serviço jurídico digital
[ru] платформа цифровых юридических
услуг
[es] plataforma digital de servicios legales

95502 综合性泛法律服务

[ar] خدمات قانونية معممة شاملة
[en] multidisciplinary practices (MDPs)

[fr] service pan-juridique intégral
[de] umfassende Pan-Rechtsdienstleistung
[it] servizi legali multidisciplinari
[jp] 総合的汎化法律サービス
[kr] 종합적 범 법률 서비스
[pt] serviços pan-legais práticas
multidisciplinares
[ru] многодисциплинарная практика
[es] servicios completos legales

95503 法律服务使能技术

[ar] تكنولوجيا تمكين الخدمات القانونية
[en] enabling technology for legal services
[fr] technologie habilitante de service
[de] Ermöglichungstechnologie für Rechts-
dienstleistung
[it] tecnologie di promozione da servizi
legali
[jp] 法律サービスの実現に向けた技術
[kr] 법률 서비스 합법화 기술
[pt] tecnologia de habilidação de serviços
jurídicos
[ru] технология, позволяющая
предоставлять юридические услуги
[es] tecnología habilitadora para servicios
legales

95504 法律行业资讯服务

[ar] خدمات استعلامية في المجال القانوني
[en] information service for the legal industry
[fr] service d'informations sur le secteur
juridique
[de] juristischer Informationsdienst
[it] servizi di informazione nel settore legale
[jp] 法律業界の情報サービス
[kr] 법률 업계 정보 서비스
[pt] serviços de informações do setor jurídico
[ru] информационные услуги в
юридической отрасли
[es] servicios de información en el sector
legal

95505　法律电商服务

[ar] تجارة إلكترونية في المجال القانوني

[en] online legal service provider

[fr] prestataire de services juridiques en ligne

[de] E-Commerce-Rechtsdienstleistung

[it] servizi legali di e-commerce

[jp] 法律Eコマースサービス

[kr] 법률 전자상거래 서비스

[pt] serviços jurídicos do comércio electrónico

[ru] электронная коммерция для юридических услуг

[es] servicios legales para comercio electrónico

95506　替代性法律服务

[ar] خدمات قانونية بديلة

[en] alternative legal service

[fr] service juridique alternatif

[de] alternative Rechtsdienstleistung

[it] servizi legali alternativi

[jp] 代替的法律サービス

[kr] 대체적 법률 서비스

[pt] serviços jurídicos alternativos

[ru] альтернативные юридические услуги

[es] servicios legales alternativos

95507　法律大数据检索技术

[ar] تكنولوجيا استرجاع البيانات الضخمة القانونية

[en] big data retrieval technique for legal services

[fr] technique de recherche basée sur les mégadonnées pour le secteur juridique

[de] juristische Big Data-Recherchen-Technik

[it] tecnologie di recupero di Big Data nel settore legale

[jp] 法律業界におけるビッグデータ検索技術

[kr] 법률 빅데이터 검색 기술

[pt] técnicas de pesquisa de big data jurídico

[ru] методы извлечения больших данных в юридической отрасли

[es] técnicas de búsqueda de Big Data para el sector legal

95508　法律云服务技术

[ar] تكنولوجيا الخدمة السحابية القانونية

[en] cloud technology for legal services

[fr] technologie de nuage de service juridique

[de] juristische Cloud-Service-Technik

[it] tecnologia cloud per servizi legali

[jp] 法律のクラウドサービス技術

[kr] 법률 클라우드 서비스 기술

[pt] tecnologia de serviço jurídico em nuvem

[ru] облачные технологии юридических услуг

[es] tecnología para servicios legales en la nube

95509　法律人工智能技术

[ar] تكنولوجيا الذكاء الاصطناعي القانوني

[en] AI technology for legal services

[fr] technologie d'intelligence artificielle dans le secteur juridique

[de] juristische KI-Technik

[it] tecnologia AI nel settore legale

[jp] 法律人工知能技術

[kr] 법률 인공지능 기술

[pt] Inteligência Artificial no setor jurídico

[ru] технологии ИИ для юридических услуг

[es] tecnología de inteligencia artificial en el sector legal

95510　数字签名

[ar] توقيع رقمي

[en] digital signature

[fr] signature numérique

[de] digitale Unterschrift

9.5

[it] firma digitale

[jp] デジタル署名

[kr] 디지털 사인

[pt] assinatura digital

[ru] цифровая подпись

[es] firma digital

95511 网络远程勘验

[ar] تفتيش عبر الإنترنت عن بعد

[en] online forensics

[fr] inspection en ligne à distance

[de] Online-Ferninspektion

[it] ispezione online remota

[jp] オンライン遠隔検証

[kr] 온라인 원격 검증

[pt] investigação e inspeção remota online

[ru] онлайн-осмотр

[es] inspección remota en línea

95512 电子证据

[ar] أدلة إلكترونية

[en] e-evidence

[fr] preuve électronique

[de] elektronischer Beweis

[it] prova elettronica

[jp] 電子証拠

[kr] 전자 증거

[pt] prova digital

[ru] электронное доказательство

[es] testimonio electrónico

95513 计算机证据

[ar] أدلة الحاسوب

[en] computer evidence

[fr] preuve informatique

[de] Computer-Beweis

[it] prova di computer

[jp] コンピュータ証拠

[kr] 컴퓨터 증거

[pt] prova computacional

[ru] компьютерные доказательства

[es] testimonio informático

95514 区块链证据

[ar] أدلة سلسلة الكتلة

[en] blockchain evidence

[fr] preuve de chaîne de blocs

[de] Blockchain-Beweis

[it] prova di catena di blocco

[jp] ブロックチェーン証拠

[kr] 블록체인 증거

[pt] prova de blockchain

[ru] доказательства блокчейна

[es] testimonio de cadenas de bloques

95515 数据电文证据

[ar] أدلة بيانات على شكل نص البرقية

[en] data message evidence

[fr] preuve de messages de données

[de] Datentextbeweis

[it] prova di messaggi dei dati

[jp] データメッセージ証拠

[kr] 데이터 전자문서 증거

[pt] prova de mensagens de dados

[ru] доказательства сообщений данных

[es] testimonio de mensajes de datos

95516 数字取证

[ar] جمع الأدلة بالوسائط الرقمية

[en] digital forensics

[fr] collecte de preuve numérique

[de] digitale Forensik

[it] forense legale digitale

[jp] デジタルフォレンジック

[kr] 디지털 증거 수집

[pt] forense digital

[ru] цифровая криминалистическая экспертиза

[es] análisis forense digital

95517 计算机鉴识

[ar] مساعدة وتمييز بواسطة الحاسوب

[en] computer forensics

[fr] collecte de preuve assistée par ordinateur

[de] computergestützte Forensik

[it] forense legale assistita da computer

[jp] コンピュータ・フォレンジック

[kr] 컴퓨터 검증 식별

[pt] forense auxiliado por computador

[ru] компьютерная криминалистика

[es] ciencia forense asistida por computadora

95518　计算机法医学

[ar] طب شرعي بواسطة الحاسوب

[en] computer forensic science

[fr] médecine légale assistée par ordinateur

[de] computergestützte Rechtsmedizin

[it] medicina forense del computer

[jp] コンピュータ法医学

[kr] 컴퓨터 법의학

[pt] medicina forense computacional

[ru] компьютерная судебная медицина

[es] medicina forense informática

95519　声像取证技术

[ar] تكنولوجيا جمع الأدلة الصوتية والمرئية

[en] audio & video forensics

[fr] technique de collecte de preuve d'audio et d'image

[de] Audio- und Video-Forensik

[it] analisi forense di immagini e audio

[jp] 音声映像採証技術

[kr] 오디오와 이미지 증거 수집 기술

[pt] forense de áudio e imagem

[ru] аудио-и видео-криминалистика

[es] análisis forense de audio e imágenes

95520　电子公证

[ar] توثيق إلكتروني

[en] e-notarization

[fr] certification électronique

[de] elektronische notarielle Beglaubigung

[it] certificazione notarile elettronica

[jp] 電子公証

[kr] 전자 공증

[pt] autenticação digital

[ru] электронное нотариальное заверение

[es] notarización electrónica

95521　公证取证技术

[ar] تكنولوجيا جمع وتوثيق الأدلة

[en] technology for taking notarized evidence

[fr] technique de collecte de preuve notariée

[de] Beweissammlungstechnik zur notariellen Beglaubigung

[it] tecnologie per prendere prove notarili

[jp] 公証採証技術

[kr] 공증 증거 수집 기술

[pt] tecnologia para obtenção de provas autenticadas de documentos

[ru] технология получения нотариально заверенных доказательств

[es] tecnología para recoger evidencias notarizadas

95522　公证证据保全技术

[ar] تكنولوجيا الحفاظ على الأدلة الموثقة

[en] technology for preserving notarized evidence

[fr] technique de préservation de preuve notariée

[de] Technik zur Absicherung von notariell beglaubigten Beweismitteln

[it] tecnologie per conservare prove notarili

[jp] 公証証拠の保存技術

[kr] 공증 증거 보전 기술

[pt] tecnologia para preservação de provas autenticadas de documentos

[ru] технология сохранения нотариально заверенных доказательств

[es] tecnología para conservar evidencias notarizadas

9.5

95523 公证证据交换技术

   [ar] تكنولوجيا تبادل الأدلة الموثقة

   [en] technology for exchanging notarized evidence

   [fr] technique d'échange de preuve notariée

   [de] Technik zum Austausch von notariell beglaubigten Beweismitteln

   [it] tecnologie per scambiare prove notarili

   [jp] 公証証拠の交換技術

   [kr] 공증 증거 교환 기술

   [pt] tecnologia para troca de de provas autenticadas de documentos

   [ru] технология обмена нотариально заверенными доказательствами

   [es] tecnología para intercambiar evidencias notarizadas

9.5

汉语索引

A

B

E

F

G

H

K

M

N

拟态防御 / 83213

逆变换采样法 / 34114

匿名数据 / 15214

匿名性 / 23113

凝聚层次聚类 / 13223

牛顿法 / 11118

农产品配送网络化转型 / 45106

农村电商 / 42311

农村合作金融 / 54224

农村青年电商培育工程 / 44405

农业部农批市场价格挖掘及可视化平台 / 75505

农业产业链融资 / 51514

农业产业链线上金融产品 / 53404

农业大脑 / 42308

农业大数据 / 42306

农业机器人 / 42309

农业金融创新服务 / 51513

农业物联网 / 42307

挪威数据保护局 / 94511

O

欧美"隐私保护协议" / 85312

欧盟"活地球模拟器"项目 / 35127

欧盟人工智能需求平台 / 24507

欧盟人工智能战略 / 24511

欧盟数据保护委员会 / 94503

欧盟"网络欧洲"演习 / 83516

《欧洲标准化联合倡议》 / 71102

欧洲标准化委员会 / 71406

欧洲标准化组织相关标准 / 7.4.2

欧洲地平线 / 21416

欧洲电工标准化委员会 / 71407

欧洲电信标准学会 / 71408

欧洲工业数字化战略 / 42120

欧洲健康电子数据库 / 15219

欧洲开放科学云计划 / 35505

欧洲开放项目 / 35524

欧洲科研基础设施战略论坛 / 35509

《欧洲区块链伙伴关系宣言》 / 51104

P

帕累托最优 / 22218

拍卖理论 / 65213

排队论 / 11316

排污权 / 54318

排污权交易市场 / 54331

排序融合算法 / 65111

排序算法 / 13108

排序学习 / 34209

庞氏骗局模式 / 53418

旁路控制 / 81221

陪聊机器人 / 64515

彭博终端 / 52512

批处理 / 33317

批量存取访问方式 / 84207

批量复制模式 / 93228

披露、报道不应公开的案件信息罪 / 94418

匹配质量 / 43318

偏好管理 / 33524

偏离度测算 / 95413

偏离预警 / 95407

拼接缝合 / 14316

贫困现象全要素分析 / 44311

贫困主因集 / 44312

平安城市 / 63502

平安银行水电扶贫模式 / 44520

平等权 / 91214

平台包络 / 43320

平台服务协议和交易规则 / 93333

平台化交易 / 43310

平台即服务 / 72217

平台技术运维 / 75211

Q

S

W

Z

以数字起首的词目

以英文字母起首的词目

阿拉伯语索引

استخراج المعارف / 34422   احتيال العملة الافتراضية / 55132

استخراج المعلومات / 31109   احتيال جمع المال / 55125

استخراج تزايدي / 31319   اختبار ابرة بوفون / 34118

استخراج كامل / 31318   اختبار الاختراق / 8.3.1

استدعاء أمام المحكمة عن بعد / 95215   اختبار الإدراك الحسي التكاملي / 15111

استدلال سببي / 34101   اختبار الإنترنت الكمومية الجديدة / 25520

استراتيجية 2025 التحول الرقمي الحكومي (أستراليا) / 62116   اختبار البرامج / 12312

استراتيجية APEC الرقمية لمنظمة التعاون الاقتصادي لمنطقة آسيا -   اختبار الفرضية / 11212

الباسيفيك / 85504   اختبار تورنغ / 24109

استراتيجية i-Japan / 62118   اختبار سلوكيات / 83214

استراتيجية ابتكار العلوم والتكنولوجيا المالية (بريطانيا) / 51111   اختبار فوتون مفرد / 25318

استراتيجية استخدام البيانات / 75208   اختصاص طويل الذراع للبيانات / 92316

استراتيجية الاتحاد الأوروبي لرقمنة الصناعة / 42120   اختطاف النظام / 81518

استراتيجية الأمن / 8.5   اختيار الأقرباء / 91305

استراتيجية الأمن السيبراني: حماية وتعزيز المشروع التنموي للمملكة   اختيار الراوتر / 12112

المتحدة في ظل العالم الرقمي / 85510   اختيار مزودي الخدمات السحابية / 85109

استراتيجية الأمن السيبراني (ألمانيا) / 85511   ارتكاب الجريمة عن بعد / 81226

استراتيجية الأمن السيبراني (استراليا) / 85518   ازدحام البيانات / 22420

استراتيجية الأمن السيبراني (اليابان) / 85531   ازدحام الشبكة / 12104

استراتيجية الأمن الوطني للفضاء السيبراني (الصين) / 21503   استبانة زاوية / 14309

استراتيجية البنية التحتية للبحوث التعاونية الوطنية   استبعاد مالي / 54202

الأسترالية / 35510   استثمار داخل وخارج الميزانية العمومية / 53107

استراتيجية البيانات الضخمة / 2   استثمار عبر إنترنت الأشياء / 53320

استراتيجية التحكم في الوصول / 93410   استثمار عبر حدود في الاقتصاد الرقمي / 41409

استراتيجية التعاون الدولي للفضاء السيبراني (الصين) / 21504   استثمار في البحث والتطوير للعلوم والتكنولوجيا المالية / 54520

استراتيجية التوحيد القياسي / 7.1.1   استثمار وتمويل وثائقي / 53325

استراتيجية الحكومة الرقمية / 6.2.1   استجواب ذكي / 95221

استراتيجية الحكومة الرقمية (الولايات المتحدة) / 62113   استخدام الخدمة الضخمة حسب الطلب / 43412

استراتيجية الحكومة الرقمية (بريطانيا) / 62111   استخدام امتيازي / 92504

استراتيجية الحوسبة عالية الأداء / 22309   استخدام أمثل للعملية التشغيلية / 51210

استراتيجية الدفاع والأمن لنظام المعلومات (فرنسا) / 85512   استخدام حري / 92505

استراتيجية الذكاء الاصطناعي (الاتحاد الأوروبي) / 24511   استخدام خبيث للبيانات / 93436

استراتيجية الردع السيبراني / 85401   استخدام عام لموارد البيانات / 92420

استراتيجية الريف الرقمي / 42305   استخدام غير قانوني / 81218

استراتيجية السيطرة الذاتية / 21406   استخدام مرخص / 92503

استراتيجية الشمول الرقمي / 23515   استخراج البيانات / 31317

استراتيجية الشؤون الحكومية المتنقلة / 62110   استخراج البيانات: المفاهيم والتكنولوجيا (جياوي هان ، ميشلين كامبر ،

استراتيجية العمل للفضاء السيبراني (الولايات المتحدة) / 85507   الولايات المتحدة) / 15404

إمدادات الطاقة غير المنقطعة / 32516	إنترنت الطاقة / 21318
إمكان تحويل المعلومات الجينية إلى صور للتحليل	إنترنت الفضاء / 21117
DeepVariant / 35310	إنترنت القيمة / 23511
إمكانيات مالية / 54212	إنترنت الكم / 2.5.5
إنتاج الابتكار المشترك المتناظر / 65113	إنترنت المركبات / 42406
إنتاج المحتوى / 14307	إنترنت المعلومات / 23510
إنتاج خال من القلق / 41218	إنترنت ذكي / 21220
إنتاج ذكي / 24409	الإنترنت الصناعي / 4.2.4
إنتاج ذكي لمحتوى الوسائل الإعلامية / 65303	إنترنت صناعي / 42105
إنتاج مدفوع بطلب المستهلكين / 45109	إنترنت متنقل / 12502
إنتاجية البيانات / 4.1.2	إنترنت مستقبلي / 12506
إنتاجية المعلومات / 21208	الإنترنت النظامي / 2.3.5
إنتاجية قصوى / 41209	إنتروبيا المعلومات / 31103
الإنترنت / 2.1	إنذار مبكر للبطالة / 64218
إنترنت / 12119	إنذار مبكر من الثغرات / 82416
الإنترنت + / 2.1.3	إنذار مبكر من الفيروسات / 82417
إنترنت + إدارة الموارد البشرية والضمان الاجتماعي / 64201	إنستغرام / 65411
إنترنت + شؤون حكومية / 62419	إنشاء أمني / 81120
إنترنت + مساعدة مستهدفة للفقراء / 44310	إنفاق مزدوج / 21211
إنترنت + رعاية المسنين / 64504	إيثارية / 91308
إنترنت الاستهلاك / 21310	إيثيريوم / 23313
إنترنت الأشياء / 21112	إيجاد حلول فورية للمخاطر المالية / 55208
إنترنت الأشياء - المتطلبات العامة لمنصة تشارك وتبادل	إيجاد حلول فورية لمخاطر التكنولوجيا المالية الجديدة / 55237
المعلومات 20174080-T-469 / 73138	إيصال استلام البطاقة البنكية / 52109
إنترنت الأشياء - الوصول إلى أجهزة الاستشعار والتحكم —الجزء الثاني-	إيكولوجيا الجمع بين الصناعة والمالية / 53114
متطلبات إدارة البيانات 20182302-T-469 / 73304	إيكولوجية التضافر بين خدمات الإنتاج والتجارة العالمية / 45213
إنترنت الأشياء - تشارك وتبادل المعلومات - الجزء الثاني: المتطلبات	إينياك - أول حاسوب إلكتروني يستخدم للأغراض العامة / 15501
الفنية العامة GB/T 36478.2-2018 / 73139	أبراج الأقمار الصناعية لجمع البيانات / 45312
إنترنت الأشياء - متطلبات واجهة	أتمتة الخدمات القانونية / 95440
النظام GB/T 35319-2017 / 73258	أتمتة العقد / 51313
إنترنت الأشياء -قابلية التشغيل البيني - الجزء الأول:	أتمتة الوثائق القانونية / 95433
الإطار 20192144-T-469 / 73260	أتمتة تجهيزات البناء / 63311
إنترنت الأشياء الزراعي / 42307	أثاث ذكي / 64416
إنترنت الأشياء الصناعية- مواصفات الوصف المهيكل لعملية جمع	أثر رقمي / 62509
البيانات 20184722-T-469 / 73205	أجندة بالي فينتك (البنك الدولي) / 51101
إنترنت الأشياء المالي / 53319	أجندة تونس لمجتمع المعلومات / 65524
إنترنت الأشياء ضيق النطاق / 12521	أجهزة استشعار الروبوت / 14401
إنترنت الخدمات / 41217	أجهزة الاختبارات الطبية ذاتية الخدمة / 64517

ب

بيانات جغرافية / 31314

بيانات ضخمة للهيدرولوجية / 63423

بيانات جغرافية مقدمة من قبل جمهور المتطوعين / 35116

بيانات ضخمة نيابية / 95204

بيانات حساسة / 92207

بيانات ضخمة وتأثيرات كبيرة (منتدى دافوس للاقتصاد العالمي

بيانات خارج الترتيب / 91406

بسويرا) / 15508

بيانات خاصة / 92516

بيانات ضخمة: مجال جديد في ظل الابتكار والمنافسة والقوى المنتجة

بيانات خام / 33111

(معهد ماكينزي العالمي للبحوث) / 15507

بيانات رقمية / 41108

بيانات ضمنية / 22413

بيانات رئيسية / 33518

بيانات عامة / 41107

بيانات زائدة / 33116

بيانات عامة / 61121

بيانات شبكية غير مرئية / 31303

بيانات عامة / 92515

بيانات شبه هيكلية / 31503

بيانات عددية / 31506

بيانات صغيرة / 22403

بيانات عشوائية / 33113

بيانات صورية / 31510

بيانات علمية / 35201

البيانات الضخمة / 0

البيانات العلمية الصينية / 35438

بيانات ضخمة - المتطلبات والإمكانيات للبيانات الضخمة المستندة إلى

البيانات العلمية الضخمة / 3.5

الحوسبة السحابية ITU-T Y.3600:2015 / 74121

بيانات على الإنترنت / 43216

بيانات ضخمة - إطار تبادل البيانات

بيانات غير عامة / 61122

ومتطلباتها ITU-TY.3601 / 74120

بيانات غير متجانسة / 31512

بيانات ضخمة (توزي بي، الصين) / 15417

بيانات غير مهيكلة / 31502

بيانات ضخمة بيئية / 63421

بيانات فيزيائية / 32102

بيانات ضخمة زراعية / 42306

بيانات قاعدة معلومات المؤسسة / 43504

بيانات ضخمة زمكانية / 31315

بيانات قذرة / 33112

بيانات ضخمة صناعية / 43507

بيانات كبرى حضرية / 43508

بيانات ضخمة عسكرية ـ مدنية / 85404

بيانات لاحدودية / 15312

البيانات الضخمة عن القوانين / 9.5

بيانات مالية عالية التردد / 55232

بيانات ضخمة لتعميم القانون / 95431

بيانات متبينة / 22412

بيانات ضخمة لحماية البيئة / 63422

بيانات متدفقة / 22111

بيانات ضخمة لسلامة الغذاء والدواء / 63510

بيانات مترابطة / 22406

بيانات ضخمة للاختبارات الجينية / 64106

بيانات متغيرة مع مرور الوقت / 31511

بيانات ضخمة للائتمان / 62504

بيانات متكاملة / 31507

بيانات ضخمة للأنشطة العلمية / 35204

بيانات مجردة / 22401

بيانات ضخمة للتعدين / 63425

بيانات مجهولة / 15214

بيانات ضخمة للرعاية الصحية / 64105

بيانات مرتبة / 33119

بيانات ضخمة للسلامة العامة / 63506

بيانات مستمرة / 31505

بيانات ضخمة للشؤون الحكومية / 62208

بيانات مظلمة / 11509

بيانات ضخمة للطاقة / 63424

بيانات مفتوحة / 61112

البيانات الضخمة للمشهد / 4.3

بيانات مفتوحة FAIR / 35410

بيانات ضخمة للمعارف العلمية / 35203

بيانات مفتوحة محدودة FAIR / 35409

....

ت

....

تداول عابر المناطق الإدارية لحق تصريف الملوثات / 54330		ترقية التحول الذكي للصناعة / 24406
تداول عبر إنترنت / 45409		تركيب صوتي / 14417
تداول عبر إنترنت كامل العملية / 45415		رياضيات تركيبية / 11104
تداول عدم الشخصية / 54404		ترميز البرامج / 12311
تداول موارد البيانات / 93328		ترميز المصدر / 31106
تداولات غير شفافة / 55135		ترميز بصري / 34308
تدخل الذرة الباردة / 25305		ترميز عملية الدفع / 65209
تدرج طبيعي / 14225		ترميز كمي / 25205
تدريب المساعدات الخارجية لتخفيف حدة الفقر / 44208		ترميز مكثف للكم / 25404
تدريب المهارات الرقمية / 45107		ترميز نظام التحكم في الخطأ / 82513
تدريب مهني عبر الإنترنت / 64208		ترميم تحسين النظام / 84119
تدريب نموذجي / 95411		ترميم افتراضي للثغرة / 82406
تدفق اتفاق الإنترنت العالمي / 41109		التزام عالمي بالتعاون الرقمي / 41414
تدفق البيانات / 33408		تسامح مع خطأ معالجة التدفق / 33413
تدفق التحكم / 33409		تسجيل القضية عبر الأقاليم / 95307
تدفق التعليمات / 33407		تسجيل أصول البيانات / 93216
تدفق المعلومات الفضائية / 43112		تسجيل دخول أوحد / 84308
تدفق خبيث / 85408		تسجيل عن بعد / 82505
تدقيق البيانات / 33101		تسجيل متزامن بالصوت والفيديو / 95220
تدقيق يوميات التطبيق / 93234		تسجيل واعتماد أصول البيانات / 41120
تدمير القراصنة / 8.1.5		تسجيل يوميات / 83417
تدمير النسخ الاحتياطي / 84114		تسرب المعلومات المالية / 55221
تدمير عملة البيتكوين / 23412		تسريع عملية تصيير الوحدات الحاسوبية / 14333
تدويل أعمال المضمونات المعممة / 45418		تسطيح الحقوق الخاصة / 91411
تدويل معايير البيانات الضخمة / 75345		تسطيح إقليمي للمشتري / 45204
تذكير ذكي / 95113		تسطيح عملية التبادل / 41211
ترابط الشبكات / 12120		تسعير أصول البيانات / 41318
ترابط عاطفي / 43105		تسعير تشاوري / 93314
تراسل بين الإنسان والآلة / 34419		تسعير ثابت / 93315
تراكب الكم / 25304		تسعير فائدة القروض الاستهلاكية حسب المخاطر / 53415
تراكب وتفعيل / 14316		تسعير فوري / 93316
ترتيب البيانات / 33102		تسليف عبر الإنترنت / 51503
ترتيب خفي / 11511		تسليف معروف بـ وي لي داي / 52418
ترجمة آلية / 24216		تسهيل التجارة عبر الحدود / 45420
ترحيل البيانات / 22505		تسوية المنازعات على الإنترنت / 65219
ترسانة NSA / 83103		تسوية إلكترونية / 52119
ترشيح النقاط المثيرة للاهتمام / 34517		تسوية مالية عن بعد / 53318
ترفيه رقمي / 42217		تسويق اجتماعي عبر الإنترنت للمنتجات المالية / 51507

البيانات الضخمة 2019-37722 GB/T / 73206

تكنولوجيا المعلومات ـ المرافق والبنية التحتية لمركز البيانات

ونظام الأمن BS PD ISO/IEC TS 22237-6:2018 / 74224

تكنولوجيا المعلومات ـ المرافق والبنية التحتية لمركز البيانات ونظام

الأمن BS PD ISO/IEC TS 22237-1:2018 / 74225

تكنولوجيا

المعلومات ـ المفردات ـ الجزء الـ28: الذكاء الاصطناعي ـ المفاهيم الأساسية

ونظام الخبراء ANSI/INCITS/ISO/IEC 2382-28:1995 / 74303

تكنولوجيا المعلومات ـ المفردات ـ الجزء الـ28: الذكاء

الاصطناعي ـ المفاهيم الأساسية ونظم الخبراء المعتمدة من

قبل INCITS ANSI ISO/IEC 2382-28:1995 / 74304

تكنولوجيا المعلومات ـ المفردات ISO/IEC 2382:2015 / 74106

تكنولوجيا المعلومات ـ النموذج المرجعي لإدارة

البيانات GB/Z 18219-2008 / 73303

تكنولوجيا المعلومات ـ الهيكل المرجعي للبيانات الضخمة ـ الجزء الأول:

الإطار والتطبيق ISO/IEC 20547-1 / 74108

تكنولوجيا المعلومات ـ الهيكل المرجعي للبيانات الضخمة ـ الجزء

الثالث: الهيكل المرجعي ISO/IEC 20547-3 / 74110

تكنولوجيا المعلومات ـ الهيكل المرجعي للبيانات الضخمة ـ الجزء

الرابع: الأمان والخصوصية ISO/IEC 20547-4 / 74111

تكنولوجيا المعلومات ـ الواقع

المعزز ـ المصطلحات GB/T 38247-2019 / 73103

تكنولوجيا المعلومات ـ الوحدات المبرمجة لنظام تسجيل البيانات

الوصفية GB/T 30881-2014 (MDR) / 73125

تكنولوجيا المعلومات ـ الوسيط التسجيلي الرقمي لتبادل وتخزين

المعلومات ـ طريقة التقييم والاختبار لعمر القرص المدمج الطويل

الخازن للبيانات لأمد طويل JIS X6256:2019 / 74402

تكنولوجيا المعلومات ـ الوصول إلى الإنترنت ـ الجزء الثاني:

تصنيف DIN 66274-2:2012 / 74226

تكنولوجيا المعلومات ـ إدارة الخدمات ـ الجزء الأول:

المواصفات GB/T 24405.1-2009 / 73338

تكنولوجيا المعلومات ـ إدارة أصول البرمجيات ـ التعليمات

التنفيذية SJ/T 11622-2016 / 73310

تكنولوجيا المعلومات ـ إدارة أصول البرمجيات ـ الجزء الأول:

العمليات GB/T 26236.1-2010 / 73309

تكنولوجيا المعلومات ـ إدارة أصول البرمجيات ـ إدارة

التفويضات GB/T 36329-2018 / 73307

تكنولوجيا المعلومات ـ إدارة أصول البرمجيات ـ مواصفات العلامات

الانفتاح 20171069-T-469 / 73503

تكنولوجيا المعلومات ـ البيانات الضخمة ـ المتطلبات العامة لنظام

الحوسبة 20171066-T-469 / 73133

تكنولوجيا المعلومات ـ التخزين الاحتياطي ـ المتطلبات لتطبيق تقنية

إعداد النسخ الاحتياطي GB/T 36092-2018 / 73248

تكنولوجيا المعلومات ـ التخزين المحمول ـ المواصفات العامة لبطاقات

التخزين SJ/T 11528-2015 / 73211

تكنولوجيا المعلومات ـ التعلم والتعليم والتدريب ـ عناصر

بيانات الإدارة التعليمية ـ الجزء الثاني: عناصر البيانات

العامة GB/T 36351.2-2018 / 73535

تكنولوجيا المعلومات ـ الحوسبة الحدية ـ الجزء الأول: متطلبات

عامة 20192140-T-469 / 73137

تكنولوجيا المعلومات ـ الحوسبة

السحابية ـ الخدمات السحابية والأجهزة: تدفق البيانات وأنواعها

ووسائل استخدامها BS ISO/IEC 19944:2017 / 74217

تكنولوجيا المعلومات ـ الحوسبة السحابية ـ المتطلبات العامة لتشغيل

الخدمات السحابية GB/T 36326-2018 / 73145

تكنولوجيا المعلومات ـ الحوسبة السحابية ـ المتطلبات العامة لمراقبة

الموارد السحابية GB/T 37736-2019 / 73144

تكنولوجيا المعلومات ـ الحوسبة السحابية ـ المتطلبات الفنية العامة لنظام

تخزين الكتلة الموزعة GB/T 37737-2019 / 73134

تكنولوجيا المعلومات ـ الحوسبة السحابية ـ الهيكل

المرجعي GB/T 32399-2015 / 73113

تكنولوجيا المعلومات ـ الحوسبة السحابية ـ الهيكل المرجعي للحوسبة

السحابية المشتركة 20190847-T-469 / 73114

تكنولوجيا المعلومات ـ الحوسبة السحابية ـ الهيكل المرجعي للمنصة

كالخدمة GB/T 35301-2017 (PaaS) / 73115

تكنولوجيا المعلومات ـ الحوسبة السحابية ـ قابلية التشغيل البيني

والنقل BS ISO/IEC 19941:2017 / 74215

تكنولوجيا المعلومات ـ الحوسبة السحابية ـ متطلبات تقديم خدمة الحوسبة

السحابية GB/T 37741-2019 / 73146

تكنولوجيا المعلومات ـ الحوسبة السحابية ـ ملخّص

ومفردات JIS X9401:2016 / 74414

تكنولوجيا المعلومات ـ الذكاء

الاصطناعي ـ المصطلحات 20190851-T-469 / 73102

تكنولوجيا المعلومات ـ المتطلبات الوظيفية لنظام تحليل البيانات

الضخمة GB/T 37721-2019 / 73131

تكنولوجيا المعلومات ـ المتطلبات الوظيفية لنظام تخزين ومعالجة

تكنولوجيا المعلومات - تكنولوجيا الأمن - خوارزمية التشفير - الجزء الثالث: كتلة التشفير CAN/CSA-ISO/IEC 18033-3:2012 / 74519

تكنولوجيا المعلومات - تكنولوجيا الأمن - نظام إدارة أمن المعلومات - موجز ومفردات CAN/CSA-ISO/IEC 27000:2014 / 74521

تكنولوجيا المعلومات - تكنولوجيا الأمن - نظام إدارة مخاطر أمن المعلومات ABNT NBR ISO/IEC 27005:2019 / 74523

تكنولوجيا المعلومات - تكنولوجيا الأمن - اللائحة التنفيذية بشأن التحكم في سلامة المعلومات JIS Q27002:2014 / 74416

تكنولوجيا المعلومات - تكنولوجيا الأمن - المتطلبات الخاصة بالهيئات المسؤولة عن التدقيق والتوثيق لنظام إدارة أمن المعلومات JIS Q27006:2018 / 74403

تكنولوجيا المعلومات - تكنولوجيا الأمن - الإجراءات التنفيذية لإدارة أمن المعلومات KS X ISO/IEC 27002:2014 / 74511

تكنولوجيا المعلومات - تكنولوجيا الأمن - الإطار الهيكلي لنظام حفظ الأسرار JIS X9250-2017 3750 / 74410

تكنولوجيا المعلومات - تكنولوجيا الأمن - الإطار الهيكلي لنظام حماية الخصوصية ISO/IEC 29101:2013 / 74103

تكنولوجيا المعلومات - تكنولوجيا الأمن - الأمن السيبراني - الجزء الأول: موجز ومفاهيم KS X ISO/IEC 27033-1:2014 / 74513

تكنولوجيا المعلومات - تكنولوجيا الأمن - الأمن السيبراني - الجزء الأول: نظرة عامة ومفاهيم TCVN 9801-1:2013 / 74529

تكنولوجيا المعلومات - تكنولوجيا الأمن - التعليمات التنفيذية لنظام إدارة أمن المعلومات SNI ISO/IEC 27003:2013 / 74527

تكنولوجيا المعلومات - تكنولوجيا الأمن - التعليمات التنفيذية لعملية حماية PII في الحوسبة السحابية العامة التى يقوم بها معالج المعلومات الشخصية الممكن تمييزها (PII) ISO/IEC 27018:2014 / 74104

تكنولوجيا المعلومات - تكنولوجيا الأمن - المتطلبات الخاصة بمواصفات أمان الوحدة المبرمجة المشفرة JIS X19790:2015 / 74412

تكنولوجيا المعلومات - تكنولوجيا الأمن - إدارة المفتاح المشفر - الجزء الأول: الإطار 20141156-T-469 / 73457

تكنولوجيا المعلومات - تكنولوجيا الأمن - أمان التطبيق - الجزء الأول: موجز ومفاهيم SNI ISO/IEC 27034-1:2016 / 74524

تكنولوجيا المعلومات - تكنولوجيا الأمن - خوارزمية التشفير - الجزء الرابع: شفرة الدفق CAN/CSA-ISO/IEC 18033-4:2013 / 74520

تكنولوجيا المعلومات - تكنولوجيا الأمن - دليل تقييم تأثيرات الخصوصية ISO/IEC 29134:2017 / 74114

تكنولوجيا المعلومات - تكنولوجيا الأمن - دليل مراجعة نظام إدارة أمن

التعريفية GB/T 36328-2018 / 73308

تكنولوجيا المعلومات - إدارة نظام التخزين - الجزء الثاني: هيكل عام 20190810-T-469 / 73117

تكنولوجيا المعلومات - إنترنت الأشياء - الأمثلة التطبيقية لانترنت الأشياء BS PD ISO/IEC TR 22417:2017 / 74221

تكنولوجيا المعلومات - أصول البيانات الخدمية - متطلبات الإدارة 20173825-T-469 / 73306

تكنولوجيا المعلومات - ألعاب شبكية - المصطلحات GB/T 32626-2016 / 73107

تكنولوجيا المعلومات - بطاقة الهوية الشخصية - رخصة القيادة المتطابقة مع معايير ISO - الخواص الفيزيائية ومجموعة البيانات الأساسية BS ISO/IEC 18013-1:2018 / 74223

تكنولوجيا المعلومات - بنية البيانات - علامة وحيدة لإنترنت الأشياء BS ISO/IEC 29161:2016 / 74220

تكنولوجيا المعلومات - تخزين البيانات السحابية وإدارتها - الجزء الأول: المبادىء العامة GB/T 31916.1-2015 / 73143

تكنولوجيا المعلومات - تخزين البيانات السحابية وإدارتها - الجزء الثالث: واجهة تطبيق تخزين الملفات الموزعة GB/T 31916.3-2018 / 73207

تكنولوجيا المعلومات - تدمير ناقل البيانات - عملية تدمير ناقل البيانات BS ISO/IEC 21964-3:2018 / 74214

تكنولوجيا المعلومات - تدمير ناقل البيانات - التطلبات الخاصة بجهاز تدمير ناقل البيانات BS ISO/IEC 21964-2:2018 / 74213

تكنولوجيا المعلومات - تدمير ناقل البيانات - المبادئ والتعريفات BS ISO/IEC 21964-1:2018 / 74212

تكنولوجيا المعلومات - تشغيل وصيانة عن بعد - النموذج المرجعي التقني 20173836-T-469 / 73118

تكنولوجيا المعلومات - تعقب مصادر البيانات - نموذج الوصف GB/T 34945-2017 / 73257

تكنولوجيا المعلومات - تقنية حماية الأمن - أمن شبكة تكنولوجيا المعلومات - الجزء الأول: إدارة أمن الشبكة GB/T 25068.1-2012 / 73331

تكنولوجيا المعلومات - تقنية حماية الأمن - معايير التقييم لأمن تكنولوجيا المعلومات - الجزء الثالث: وحدات الضمان الأمني GB/T 18336.3-2015 / 73333

تكنولوجيا المعلومات - تكنولوجيا الأمان - إطار ضمان أمن العمل - الجزء الأول: ملخص وإطار العمل GB /Z 29830.1-2013 / 73120

تكنولوجيا النمذجة الذكية للواقع الافتراضي / 24210

الاختبار والتقييم لمنتجات النسخ الاحتياطي للبيانات

تكنولوجيا الهرولة / 84216

واستعادتها 2013-29765 GB/T / 73241

تكنولوجيا إخفاء الأسرار في المجال المتغير / 83419

تكنولوجيا أمن المعلومات ـ النموذج التشغيلي لخوارزمية التشفير

تكنولوجيا إدارة العدل / 95424

المجمّع 2008-17964 GB/T / 73452

تكنولوجيا إزالة النطاق / 92416

تكنولوجيا الأمن ذات الصلة 2018-25056 GB/T / 73449

تكنولوجيا إزالة الهوية / 82225

تكنولوجيا أمن المعلومات ـ دليل الإنذار المفكر للأمن

تكنولوجيا أمان المعلومات ـ المتطلبات الفنية لشبكة تخزين IP القائمة

السيبراني 2016-32924 GB/T / 73417

على أساس IPSec 2016-33131 GB/T / 73421

تكنولوجيا أمن المعلومات ـ دليل التقييم العام لضمان سلامة نظام

تكنولوجيا أمن ـ تكنولوجيا المعلومات ـ تعليمات الأمن

المعلومات 2013-30273 GB/T / 73322

السيبراني 2014:27032 KS X ISO/IEC / 74512

تكنولوجيا أمن المعلومات ـ دليل التكنولوجيا العامة لحماية تصنيف

تكنولوجيا أمن المعلومات ـ مواصفات صيغة المعلومات المهددة للأمن

سلامة نظام البرامج التطبيقية 2007-711 GA/T / 73461

السيبراني 2018-36643 GB/T / 73416

تكنولوجيا أمن المعلومات ـ دليل إدارة أمن البيانات

تكنولوجيا أمن المعلومات ـ التمييز والتفويض ـ مواصفات الواجهة لتقدير

الضخمة 2019-37973 GB/T / 73425

تفويضات البرامج التطبيقية 2015-31501 GB/T / 73435

تكنولوجيا أمن المعلومات ـ دليل إدارة علميات التشغيل والصيانة لسلامة

تكنولوجيا أمن المعلومات ـ المتطلبات الأساسية والتعليمات التنفيذية

نظام المعلومات 2018-36626 GB/T / 73327

لمراقبة الأمن السيبراني 2018-36635 GB/T / 73418

تكنولوجيا أمن المعلومات ـ دليل إزالة علامة التميز للمعلومات

تكنولوجيا أمن المعلومات ـ المتطلبات الفنية لسلامة نظام البرامج

الشخصية 2019-37964 GB/T / 73429

التطبيقية 2012-28452 GB/T / 73460

تكنولوجيا أمن المعلومات ـ دليل تفتيش سلامة البنية التحتية للمعلومات

تكنولوجيا أمن المعلومات ـ المتطلبات الفنية لأمن منتجات مسح قواعد

الأساسية وتقييمها 469-T-20173587 / 73319

البيانات 2014-1139 GA/T / 73212

تكنولوجيا أمن المعلومات ـ دليل تقنيات تحديد العلامة الموثوقة للمواقع

تكنولوجيا أمن المعلومات ـ المتطلبات الفنية لأمن نقل بيانات إنترنت

الشبكية 2017-35287 GB/T / 73329

الأشياء 2018-37025 GB/T / 73221

تكنولوجيا أمن المعلومات ـ دليل تقييم الانعكاسات السلبية على أمن

تكنولوجيا أمن المعلومات ـ المتطلبات الفنية لتطبيق تشفير نظام تحديد

المعلومات الشخصية 469-T-20180840 / 73428

التردد الرادي الجزء الثالث: المتطلبات الفنية لإدارة المفتاح

تكنولوجيا أمن المعلومات ـ دليل عملية الاختبار والتقييم للحماية المصنفة

المشفر 2018-37033.3 GB/T / 73451

للأمن السيبراني 2018-28449 GB/T / 73413

تكنولوجيا أمن المعلومات ـ المتطلبات الفنية لسلامة المفتاح الذكي

تكنولوجيا أمن المعلومات ـ متطلبات اختبار الأمن للوحدات المبرمجة

المشفر 2019-1545 GA/T / 73455

المشفرة 469-T-20173869 / 73454

تكنولوجيا أمن المعلومات ـ المتطلبات الفنية لسلامة برمجيات تدمير

تكنولوجيا أمن المعلومات ـ متطلبات القدرة الخدماتية المأمونة للبيانات

البيانات 2014-1143 GA/T / 73256

الضخمة 2017-35274 GB/T / 73317

تكنولوجيا أمن المعلومات ـ المتطلبات الفنية لسلامة نظام إدارة قواعد

تكنولوجيا أمن المعلومات ـ متطلبات إدارة سلامة نظام المعلومات

البيانات 2019-20273 GB/T / 73214

2006-20269 GB/T / 73326

تكنولوجيا أمن المعلومات ـ المتطلبات الفنية ووسائل الاختبار

تكنولوجيا أمن المعلومات ـ متطلبات إمكانيات هيئات الاختبار

والتقييم لأمن تخزين بيانات المحطة الطرفية الذكية

والتقييم للحماية المصنفة للأمن السيبراني ومواصفات

المحمولة 2017-34977 GB/T / 73217

تقييمها 2018-36959 GB/T / 73412

تكنولوجيا أمن المعلومات ـ المتطلبات الفنية ووسائل

تكنولوجيا أمن المعلومات ـ متطلبات خدمة استعادة البيانات لوسائط

الاختبار والتقييم لمنتجات استعادة بيانات

التخزين 2015-31500 GB/T / 73216

المواقع 2013-29766 GB/T / 73242

تكنولوجيا أمن المعلومات ـ متطلبات سلامة تشفير الوحدات

تكنولوجيا أمن المعلومات ـ المتطلبات الفنية ووسائل

المبرمجة   GB/T 37092-2018   / 73453

تكنولوجيا أمن المعلومات - معايير التقييم لسلامة نظام إدارة قواعد البيانات   GB/T 20009-2019   / 73323

تكنولوجيا أمن المعلومات - معايير تقييم القدرة الخدماتية المأمونة للمعلومات   GB/T 30271-2013   / 73321

تكنولوجيا أمن المعلومات - مواصفات الحوسبة الموثوقة - منصة الدعم الموثوقة للخادم   GB/T 36639-2018   / 73324

تكنولوجيا أمن المعلومات - مواصفات الوظائف والواجهة لمنصة الدعم المشفر للحوسبة الموثوقة   GB/T 29829-2013   / 73325

تكنولوجيا أمن المعلومات - مواصفات إدارة عمليات البناء والتشغيل والصيانة لمركز التعافي من الكوارث   GB/T 30285-2013   / 73328

تكنولوجيا أمن المعلومات - مواصفات تحديد علامة المعلومات لمنصات مواقع التواصل الاجتماعي   469-T-20173590   / 73330

تكنولوجيا أمن المعلومات - مواصفات تحديد ووصف ثغرات الأمن السيبراني   469-T-20190910   / 73415

تكنولوجيا أمن المعلومات - مواصفات تقييم المخاطر لأمن المعلومات   469-T-20173857   / 73318

تكنولوجيا أمن المعلومات - مواصفات سلامة المعلومات الشخصية   GB/T 35273-2017   / 73427

تكنولوجيا أمن المعلومات - نموذج درجة نضوج قدرة أمن المعلومات   GB/T 37988-2019   / 73316

تكنولوجيا أمن المعلومات - وإدارة سلامة الشبكات والمتطلبات الفنية لنظام الدعم   469-T-20130334   / 73332

تكنولوجيا أمن المعلومات – التعليمات التنفيذية لتقييم مخاطر أمن المعلومات   GB/T 31509-2015   / 73320

تكنولوجيا أمن المعلومات – القواعد النحوية للرسالة الموقّعة المشفرة بخوارزمية التشفير SM2   GB/T 35275-2017   / 73450

تكنولوجيا أمن المعلومات – مبادئ التحديد والتقييم لمنتجات حماية النهاية الطرفية المحمولة للقاصرين   GA/T 1537-2018   / 73430

تكنولوجيا أمن المعلومات -المتطلبات الفنية لسلامة المنتجات الخاصة بمراجعة أمن قاعدة البيانات   GA/T 913-2019   / 73213

تكنولوجيا أمن المعلومات - الهيكل المرجعي لأمن الحوسبة السحابية   GB/T 35279-2017   / 73119

تكنولوجيا تبادل الأدلة الموثقة   / 95523

تكنولوجيا تتبع سلالة البيانات   / 84405

تكنولوجيا تحديد وعزل مصادر الهجوم   / 84227

تكنولوجيا تحليل العلامة   / 12524

تكنولوجيا تخزين ذكي للطاقة   / 63411

تكنولوجيا ترجمة العناوين   / 83111

تكنولوجيا تزميع عملية الدفع   / 54103

تكنولوجيا تسامح الأخطاء عند اختبار البرمجيات   / 81322

تكنولوجيا تصفية الحزمة   / 83108

تكنولوجيا تكوين بيئة سريعة الاستجابة وصالحة للمعيشة   / 64413

تكنولوجيا تمكين الخدمات القانونية   / 95503

تكنولوجيا التمييز للحيوية السلوكية   / 51305

تكنولوجيا تواصل دفع الرمز الشريطي   / 54104

تكنولوجيا توثيق تفويضات   / 84303

تكنولوجيا توصيل قنطرى بـ CA   / 84315

تكنولوجيا جمع الأدلة الصوتية والمرئية   / 95519

تكنولوجيا جمع وتوثيق الأدلة   / 95521

تكنولوجيا داعمة خاصة بالإشراف على أمن البيانات   / 93330

تكنولوجيا داعمة للبيئة السيبرانية الموثوقة   / 84302

تكنولوجيا دعم نظام رقابة أمن البيانات   / 93329

تكنولوجيا دمج البيانات الضخمة   / 35303

تكنولوجيا ذكية للأنظمة غير المأهولة المستقلة   / 24209

تكنولوجيا رقمية   / 41204

تكنولوجيا رقمية متاحة   / 44112

تكنولوجيا طبيعية   / 61204

تكنولوجيا عابرة سلاسل الكتل   / 23121

تكنولوجيا علامة مائية للبيانات   / 83418

تكنولوجيا عميقة للتعرف على الكلام   / 24218

تكنولوجيا متعددة الإدخال والإخراج   / 12523

تكنولوجيا متعددة الإيجار   / 72205

تكنولوجيا محورية للذكاء الجماعي   / 24207

تكنولوجيا مسح المنفذ   / 83113

تكنولوجيا مسح أمن الشبكة   / 83112

تكنولوجيا معرفية   / 61211

تكنولوجيا مفتوحة المصدر   / 3.5.3

تكنولوجيا مكافحة التزييف   / 84218

تكنولوجيا مكافحة الفيروسات   / 84214

تكنولوجيا منع تسرب البيانات   / 84221

تكنولوجيا نقل النظام   / 84121

تكنولوجيا وعاء العسل   / 83207

تكنولوجيا وكيلة   / 83109

تكنولوخيا أمان المعلومات – تعليمات حماية المعلومات

ج

حوسبة كمومية ذكية / 24223

حوسبة كمومية طوبولوجية / 25220

حوسبة كمومية عالية أيونية / 25218

حوسبة مالية / 51201

حوسبة متسامحة / 81318

حوسبة متعددة الأحزاب الأمنة / 84211

حوسبة متوازية / 13416

حوسبة مصيرة / 14330

حوسبة معتمدة / 84202

حوسبة معرفية / 13407

حوسبة معززة هجينة / 24222

حوسبة معممة / 13415

حوسبة منتشرة / 13412

حوكمة البيانات / 3.3.5

حوكمة البيانات الضخمة / 6

حوكمة التكنولوجيا / 61201

حوكمة الشبكة العالمية / 6.5

حوكمة أصحاب المصلحة المتعددين / 61510

حوكمة أصول البيانات / 41111

حوكمة تعاونية / 61508

حوكمة تكثيفية / 61220

الحوكمة الذكية / 6.2.3

حوكمة ذكية رشيدة / 62302

حوكمة سحابية / 62304

حوكمة شبكية / 61206

حوكمة على السلسلة / 23518

حوكمة مالية دولية / 55501

حوكمة متشاركة / 61509

حوكمة متعددة المراكز / 61511

حوكمة متعددة المستويات / 61512

حوكمة مستهدفة / 62305

حوكمة مشتركة متعددة عناصر / 61505

حوكمة وطنية في عصر البيانات الضخمة (تشن تان وآخرون، الصين) / 15418

حياة اصطناعية / 14211

حياة رقمية / 24305

حيادية البيانات / 15206

حيادية الشبكة / 21216

حيازة / 92409

حيازة مشتركة / 92410

خ

خادم / 32507

خادم Apache Solr / 31408

خادم ElasticSearch / 31410

خادم Solr / 31409

خادم WEB / 32509

خادم اسم الجذر / 21107

خادم التطبيق / 32510

خادم الملفات / 32511

خادم بيانات الثقة / 15215

خادم قاعدة البيانات / 32508

خارطة الطريق لتقييس البيانات الضخمة ITU-T SERIES Y.SUPP 40-2016 / 74122

خارطة الطريق الألمانية للتوحيد القياسي 4.0 للصناعة / 71206

خارطة الطريق للعلوم والتكنولوجيا المالية (الهيئة المصرفية الأوروبية) / 51105

خازن الحاسوب / 12410

خازن شبه موصل / 42112

خازن ضوئي / 12412

خازن متنقل / 32108

خازن مغناطيسي / 12411

ختم زمني رقمي / 83412

خدمات استعلامية في المجال القانوني / 95504

خدمات الضمان والتمويل للعلوم والتكنولوجيا / 54522

خدمات المراجعة لأصول البيانات / 41125

خدمات الواجهة / 33416

خدمات ائتمانية للبيانات الضخمة / 51321

خدمات تكنولوجيا المعلومات - الحوكمة - الجزء الخامس: مواصفات حوكمة البيانات GB/T 34960.5-2018 / 73305

خدمات تكنولوجيا المعلومات - عمليتا التشغيل والصيانة – الجزء الأول: متطلبات عامة GB/T 28827.1-2012 / 73336

خدمات تكنولوجيا المعلومات – نموذج درجة النضوج للقدرة الخدمية لمركز البيانات GB/T 33136-2016 / 73252

دالة تكرارية / 13311
دالة قابلية للحوسبة / 13310
دالة موجية / 25102
دائرة البيئة الرقمية / 2.2.5
دائرة إيكولوجية للمالية التكنولوجية / 54419
دائرة عصبونية دقيقة / 14522
دائرة قراصنة / 81402
دائرة متكاملة لشبه الموصلة / 12401
دبلوماسية رقمية / 65501
دبلوماسية عامة رقمية / 65505
دخل أساسي لعامة الشعب / 41227
دراسة ذكية / 64318
دراسة ذكية للاستثمار / 54125
درجة / 34503
درجة الرضاء عن الاستهلاك المالي / 53416
درجة تحمل القروض المتعثرة / 54228
درجة عالية من التسامح / 81305
درجة مركزية طيفية / 34505
دعم اجتماعي / 94303
دعم الابتكار المسؤول في النظام المصرفي الفيدرالي (الولايات المتحدة) / 51116
دعم العلوم والتكنولوجيا المالية / 5.1.4
دعم إداري / 94302
دعم بعد وقوع الواقعة / 94305
دعم تسوية حساب الأدوية عبر الإنترنت / 64215
دعم جماهيري / 15307
دعم حقوق البيانات / 9.4.3
دعم سلسلة المحتوى الكامل / 45417
دعم قبل وقوع الواقعة / 94304
دعم قضائي / 94301
دعم مستهدف للتوظيف / 64220
دعوى / 94315
دفاع مقلد / 83213
دفاع وطني معلوماتي / 85402
دفتر الحسابات العالمي / 23507
دفع استشعاري / 53310
دفع إلكتروني / 52108
دفع ببطاقة مسبقة الدفع / 52112

دفع بديل / 54101
دفع سلس / 54102
دفع عبر الهاتف النقال / 52111
دفع عبر الإنترنت / 52105
دفع عبر الإنترنت / 52110
دفع عبر التلفاز الرقمي / 52114
دفع عبر الحساب الشخصي / 52107
دفع عبر الهاتف الرقمي / 52113
دفع عملية تقييس المدينة الذكية / 75340
دفع عملية تقييس تكنولوجيا الحوسبة السحابية / 75339
دفع عملية تقييس مكونات البرمجيات / 75338
دفع قائم على المشهد / 51512
دفع من خلال بصمات الأصابع / 52116
دفع من خلال بصمة العين / 52118
دفع من خلال تكنولوجيا التعرف على الوجه / 52117
دفع من خلال رمز الاستجابة السريعة / 52115
الدفع من الطرف الثالث / 5.2.1
دفع موزع / 53204
دفع وتحصيل غير نقدي / 54208
دقة البيانات / 33528
دقة المسار / 72418
دقة سرعة المسار / 72420
دليل التخطيط القياسي / 75201
دليل التشارك / 93203
دليل الكشف عن المعلومات الحكومية / 61111
دليل الموارد / 93202
دليل انفتاح البيانات الحكومية / 61116
دليل إجراءات البيانات الضخمة للنيابات العامة (2017-2020) (الصين) / 95203
دليل بناء نظام التقييس للصناعة الذكية الوطنية (الصين) / 71323
دليل تالين / 21510
دليل سياسي لـ G20: الرقمنة والاقتصاد غير النظامي / 51122
دليل على المعرفة الصفرية / 83314
دليل مفتوح / 93204
دليل موارد معلومات الموضوع / 93420
دليل مواضيع الخدمة للشؤون الحكومية / 62217
دليل موجي ضوئي / 14310
دماغ ET / 63106

سحابة العلامة / 34311	سلسلة القيم الافتراضية / 22201
سحابة النيابة العامة / 95227	سلسلة القيمة الاجتماعية / 53105
سحابة مالية / 51304	سلسلة القيمة الاقتصادية التشاركية / 42515
سحابة موثوقة / 51308	سلسلة الكتل السيادية / 2.3
سرعة ابتكار / 43408	سلسلة الكتلة / 2.3.1
سرقة البيانات / 81216	سلسلة الكتلة IPO / 23325
سرقة الهوية / 81214	سلسلة الكتلة الخاصة / 23202
سريان العمل الذاتي للبيانات / 22409	سلسلة الكتلة العامة / 23201
سريع وواسع الانتشار / 61402	سلسلة الكتلة كخدمة / 23120
سطح المشي / 72422	سلسلة الكتلة لمكافحة الفساد / 23216
سعر البيانات / 41302	سلسلة أيكولوجية تطبيقية للبيانات الضخمة النيابية / 95213
سعر التعامل / 93302	سلسلة بونزي الجديدة / 55122
سعر أصلي / 41515	سلسلة خدمة كاملة للبيانات الضخمة / 22217
سفر تشاركي / 42521	سلسلة صناعة كاملة للبيانات الضخمة / 22216
سكان عرضة لشيء ما / 95124	سلسلة صناعية للذكاء الاصطناعي / 24407
سكر نحوي / 82217	سلسلة قيمة البيانات / 2.2.2
سكرتارية الهيئة التقنية لمنظمة التقييس / 71507	سلسلة كتلة بوبي / 23219
سكن تشاركي / 42522	سلسلة لوجستية كاملة لسلسلة التبريد / 42318
سلاح هجوم الفيروس / 83215	سلسلة مترابطة / 23114
سلامة الهيكل السيبراني لنظام التحكم الصناعي / 85119	سلطة خوارزمية / 91408
سلامة جهاز عقدة استشعارية / 85114	سلطة شبه تشريعية / 91418
السلامة للمعدات وتكنولوجيا المعلومات الجزء الـ23: أجهزة تخزين البيانات الضخمة 2012-GB 4943.23 / 73403	سلطة شبه قضائية / 91419
سلامة نظام اسم النطاق / 82304	سلطة عامة / 91217
سلامة المعدات وتكنولوجيا المعلومات الجزء الأول: متطلبات عامة 2011-GB 4943.1 / 73402	سلع بياناتية / 41301
سلامة جهاز عقدة استشعارية للبوابة الشبكية / 85115	سلع عامة رقمية / 41415
سلامة صورة الآلة الافتراضية / 82519	سلوك الترفع عن المصالح المتبادلة / 41404
سلسلة DIKI / 95123	سلوك الشبكة / 6.5.2
سلسلة الاتحاد / 23203	سلوك تشاركي / 41511
سلسلة التزويد الذكية / 21309	سلوك تعاقدي / 65322
سلسلة التوريد الرقمية / 42201	سمات قانونية للبيانات / 91503
سلسلة الحقوق / 23206	سندات الابتكار وريادة الأعمال / 54517
سلسلة الحوكمة الشاملة للبيانات الضخمة / 23520	سندات الانبعاثات الكربونية / 54325
سلسلة الصناعة الرقمية / 42202	سندات الأثر الاجتماعي لمساعدة الفقراء / 44514
سلسلة الصناعة للعلوم والتكنولوجيا المالية / 51404	سندات الكوارث المروعة / 54306
سلسلة الطقوس التفاعلية / 65315	سندات خضراء / 54302
سلسلة الطلب للعملاء / 43221	سندات طاولة خاصة لمساعدة الفقراء عن طريق الانتقال / 44515
	سواسية في حقوق البيانات / 15205
	سوبر ماركت خيري لمساعدة الفقراء / 44513

شبكة الحاسوب / 1.2

شبكة الحوسبة الكمومية / 25507

شبكة الخدمات التشاركية للمعلومات الفضائية / 45315

شبكة الخدمة الذكية للرعاية الصحية للمسنين / 64513

شبكة الخدمة المنزلية لرعاية المسنين / 64512

شبكة الذاكرة الكمومية / 25505

شبكة الساعة الكمومية / 25510

شبكة الصندوق الأمريكي القومي للعلوم / 21104

شبكة دراسة النظام الإيكولوجي (الصين) / 35120

شبكة العولمة / 2.1.1

الشبكة المتقدمة / 1.2.5

شبكة المرحل الموثوق بها / 25502

شبكة المشاركة الاجتماعية لمساعدة الفقراء / 44517

شبكة المعرفة / 14121

شبكة المعلومات العالمية عن التنوع الحيوي / 35123

شبكة المعلومات الفضائية / 12505

شبكة المعلومات الفضائية / 12508

شبكة المعلومات المتكاملة الفضائية ـ الأرضية / 12504

شبكة المناطق الحضرية / 12118

شبكة المنطقة الحضرية المالية / 55233

شبكة المؤسسة الافتراضية / 61315

شبكة النقل الضوئي / 12520

شبكة إلكترونية خارجية للشؤون الحكومية / 62203

شبكة إلكترونية داخلية للشؤون الحكومية / 62202

شبكة بمثابة الوسائط الإعلامية / 21204

شبكة تجربة الاتصالات الآمنة (الولايات المتحدة) / 25415

شبكة ترابطية / 14217

شبكة تعريف البرامج / 72117

شبكة تكامل هجومي ـ دفاعي على الشكل الشعاعي / 83118

شبكة تكامل هجومي ـ دفاعي على شكل شجرة بانيان / 83119

شبكة توزيع التشابك الكمي / 25504

شبكة حتمية / 12511

شبكة خاصة افتراضية / 12510

شبكة خاصة للشؤون الحكومية / 62204

شبكة خالية من التدرج / 11405

شبكة دلالية / 14102

شبكة رصد البيئة الأيكولوجية / 63413

شبكة سرير اختبار الاتصال لاحتجاب كوانتا في طوكيو

(اليابان) / 25417

شبكة عالمية لمشروع الجينات الشخصية / 35418

شبكة عالمية لهوت سبوت الواي فاي / 21425

شبكة عريضة النطاق بحجم غيغابايت / 12509

شبكة عصبونية متكررة / 34216

شبكة عصبونية غامضة / 14227

شبكة عصبونية اصطناعية / 14502

شبكة عصبونية تكيفية / 14505

شبكة عصبونية تلافيفية / 14511

شبكة عصبونية تلافيفية / 34215

شبكة عصبونية ذاتية التنظيم / 14506

شبكة عصبونية للانتشار العكسي / 34213

شبكة علائقية المستخدمين / 51417

شبكة قضايا مطروحة / 65326

شبكة كخدمة / 72216

شبكة كهربائية ذكية / 63404

شبكة لاسلكية معممة / 12503

شبكة لاسلكية منخفضة القدرة / 12512

شبكة مالية معتمدة / 23413

شبكة متكاملة للهجوم والدفاع / 83219

شبكة محلية / 21102

شبكة مشاريع البحوث المتقدمة / 21103

شبكة معرفية للمستخدمين / 51416

شبكة معقدة / 11501

شبكة معلومات وطنية لمساعدة الفقراء / 44321

شبكة ند للند / 65106

شبكة نقطة الثقة / 25501

شبكة هوبفيلد العصبونية / 14504

شبكة واسعة النطاق / 12117

شبكة واسعة النطاق لأجهزة الاستشعار / 35102

شجرة Merkle / 23108

شجرة B / 32208

شجرة اجتياز / 11519

شجرة الانحدار / 13208

شجرة البادئة / 32211

شجرة البحث / 72304

شجرة التصنيف / 13207

شجرة دمج هيكل اليوميات / 32210

متطلبات فنية للواجهات المتعلقة بالاتصال الفوري والاتصال الصوتي
لنظام الاتصالات الموحدة   YD/T 2305-2011   / 73409
متطلبات فنية لنسخ البيانات الاحتياطي من الكوارث على أساس تكنولوجيا
التخزين والاستنساخ YD/T 2916-2015   / 73247
متطلبات فنية لنظام إدارة البيانات
العلائقية   GB/T 28821-2012   / 73208
متطلبات فنية لنظام إدارة البيانات غير المهيكلة   / 75413
متطلبات فنية لنظام إدارة البيانات غير
المهيكلة   GB/T 32630-2016   / 73209
متطلبات فنية وقواعد التصنيف الخاصة لمركز بيانات
الإنترنت   20171054-T-339   / 73254
متطلبات محددة للبيانات الضخمة وإمكانيات إنترنت
الأشياء   ITU-T Y.4114:2017   / 74123
متطلبات وطرق الاختبار لأدوات النسخ ووسائط تخزين البيانات
الإلكترونية   GA/T 754-2008   / 73210
متطلبات وظائف أنظمة المراقبة والقياس لجمع البيانات
وتحليلها 20180973-T-604   / 73202
متغير متعدد الأبعاد   / 22108
مثلث التوحيد القياسي   / 75307
مثلث مستحيل   / 23102
مثول أمام المحكمة عن بعد   / 95217
مجابهة عمياء   / 83210
مجابهة غير عمياء   / 83211
مجال الانصهار العسكري والمدني   / 83507
مجال الإنترنت حديث النشأة   / 83509
مجال البيانات   / 22103
مجال البيانات   / 8.3.5
مجال الحرب السيبرانية   / 83505
مجال أمان البيانات الضخمة   / 83504
مجال سيبراني وطني أمريكي   / 83513
مجال سيبرانية وطنية   / 83506
مجال صوتي غاطس   / 14321
مجال متخصص للبنية التحتية الحيوية   / 83508
مجال محاكى للأمن السيبراني الحضري   / 83510
مجال وطني لأمن البيانات الضخمة بقويانغ (الصين)   / 83520
مجالات عامة عالمية   / 23505
مجتمع Apache   / 35322
مجتمع Google Source   / 35323

متطلبات أمن سيبراني IP العامة – الإطار
الأمني   YD/T 1613-2007   / 73411
متطلبات أمنية عامة   / 84503
متطلبات توسعية المعايير   / 75322
متطلبات توسيع آمن   / 84504
متطلبات خاصة بملفات المستخدم   / 75206
متطلبات خاصة بواجهة الحصول على المعلومات الأمنية
لمنصة مواجهة الطوارئ الخاصة بالأمن السيبراني
الوطني YD/T 2251-2011   / 73422
متطلبات فنية العامة للوحدات المبرمجة السابقة التجهيز لمركز البيانات
73251   /   YD/T 3291-2017
متطلبات فنية عامة لمركز بيانات الإنترنت
73253   /   20171055-T-339 (IDC)
متطلبات فنية لاستعادة البيانات الإلكترونية
وتدميرها   DL/T 1757-2017   / 73255
متطلبات فنية لإدارة التشغيل والصيانة لمركز البيانات   / 75428
متطلبات فنية لإدارة خدمة التشغيل والصيانة ـ الجزء الثاني: تعريف
الخدمة الإدارية YD/T 1926.2-2009   / 73337
متطلبات فنية لبروتوكول تطبيق
الاتصالات YD/T 2399-2012 M2M   / 73408
متطلبات فنية لتبادل بيانات النسخ الاحتياطي من الكوارث للطرف
الثالث   YD/T 2393-2011   / 73244
متطلبات فنية لتوثيق هوية شبكة خدمات الويب
المتنقلة – الجزء الثالث: الإطار المشترك للهوية
الشبكية   YD/T 2127.3-2010   / 73434
متطلبات فنية لجودة الخدمة لشبكة عملاء النطاق العريض القائمة على
شبكة الاتصالات العامة GB/T 33852-2017   / 73423
متطلبات فنية لحماية المعلومات الشخصية على المحطات الذكية
المتنقلة   YD/T 3082-2016   / 73433
متطلبات فنية لعمليات النقل والتبادل والتحكم في
المعلومات لنظام شبكات رقابة الأمن العام عبر
الفيديوهات GB/T 28181-2016   / 73407
متطلبات فنية لعمليات إدارة وتشغيل مركز بيانات
الإنترنت   YD/T 2727-2014   / 73335
متطلبات فنية للحماية المستمرة للبيانات (CDP) والنسخ الاحتياطي من
الكوارث YD/T 2705-2014   / 73245
متطلبات فنية للنسخ الاحتياطي المتمركز للبيانات عن
بعد   YD/T 2915-2015   / 73246

مجموعة الحوسبة الموثوقة / 81323
مجموعة الرموز اللغوية للكلمات الصينية المستخدمة لتبادل
المعلومات / 75108
مجموعة الصناعة الرقمية / 42210
المجموعة القيادية الأمريكية الرفيعة المستوى لبحث وتطوير البيانات
الضخمة / 94514
مجموعة النملة للخدمات المالية / 52419
مجموعة بؤر حسوبة سحابية ITUT / 84515
مجموعة بيانات عالية القيمة / 22215
مجموعة دبلين للبيانات الوصفية الأساسية / 41117
مجموعة صناعة خدمات المعلومات المالية / 52509
مجموعة مستضعفة في مجال الخدمات المالية / 54213
مجموعة نتائج تحديد الدرجات / 85104
محاسبة مأمونة / 82201
محاضرات ذكية / 64312
محاضرات على الإنترنت / 64313
محاضرات مصغرة / 64302
محاكاة التخطيط الحضري / 63121
محاكاة رقمية / 31119
محاكاة الشعور / 43120
محاكاة الكم / 25210
محاكاة الوظيفة المعرفية / 14517
محاكاة عشوائية / 34112
محاكاة مونت كارلو / 34113
المحكمة الذكية / 9.5.3
محاكمة ذكية / 95312
محاكمة على الإنترنت / 95304
محامي الروبوت / 95401
محتكر البيانات / 92317
محتوى ترفيهي مهني / 43211
محتوى ينتجه المستخدم / 43210
محتويات البيانات غير القابلة للتكرار / 35217
محدّد / 11106
محدد التمييز الوحيد للموارد الرقمية / 35426
محدد السلوكيات الشاذة / 82109
محدد مجموعة خدمية / 82221
محرّر المعرفة / 14116
محرك Apache Drill / 31405

مجتمع الأمن السيبراني / 85301
المجتمع التشاركي / 6.1.5
المجتمع الذكي / 6.4
مجتمع الصين مفتوح المصدر / 35325
مجتمع المصير المشترك للفضاء السيبراني / 21502
مجتمع المطورين بايدو AI / 35327
مجتمع المطورين لسحابة علي بابا / 35326
مجتمع المعلومات / 2.1.2
مجتمع ائتماني / 2.3.4
مجتمع حياتي مشترك / 61516
مجتمع دولي مفتوح المصدر / 22514
مجتمع ذكي / 24401
مجتمع سلسلة الكتلة / 23411
مجتمع سلسلة الكتلة / 23420
مجتمع شبكة المعلومات والاتصالات المتقدمة (اليابان) / 21420
مجتمع علمي مشترك / 35210
مجتمع فائق الذكاء 5.0 (اليابان) / 24517
مجتمع فني ريادي / 22318
مجتمع قابل للبرمجة / 23410
مجتمع معرفي مشترك / 35211
مجتمع مفتوح لويتشات / 35328
مجلس الاستقرار المالي / 55505
مجلس حماية البيانات الأوروبي / 94503
مجلس عالمي لسلسلة الكتل / 23208
مجلس عالمي للبيانات العلمية / 35439
المجلس الهندي لحماية أمن البيانات / 94520
مجمع الاحتياجات الخدمية / 42504
مجمع الموارد للبيانات الضخمة للشؤون الحكومية / 62219
مجمع إمداد طاقة الإنتاج / 42503
مجمع براءات الاختراع العام للذكاء الاصطناعي / 24318
مجمع موارد البيانات / 35214
مجمعات سكنية شبكية / 65104
مجموعة / 11101
مجموعة اقتصادية لعلي بابا / 45205
مجموعة الأسباب الرئيسية للفقر / 44312
مجموعة البيانات / 15313
مجموعة البيانات / 92206
مجموعة البيانات الموزعة الدولية / 35216

مركز البيانات الضخمة للحوكمة الوطنية (الصين) / 62301	مدينة ذكية - منصة دعم المعلومات والخدمات العامة – الجزء الأول:
مركز البيانات المالية / 52515	المتطلبات العامة GB/T 36622.1-2018 / 73518
مركز البيانات النمطية / 32505	مدينة رقمية / 63102
مركز التبادل للإنترنت / 44104	مدينة مركزية للعلوم والتكنولوجيا المالية / 54525
مركز التشغيل الذكي الحضري لمنطقة التنمية الاقتصادية الوطنية لمدينة	مدينة هي منصة / 43401
كونمينغ / 75503	مذهب ترابطي / 24106
مركز التعافي من كوارث البيانات / 32504	مذهب رمزي / 24105
مركز التوثيق للشهادة الرقمية / 84320	مذهب سلوكي / 24107
مركز النسخ الاحتياطي لاسترداد البيانات العامة / 93424	مراجحة تنظيمية / 55138
مركز بيانات الإنترنت / 32502	مراجعة الأدلة التقنية / 95230
مركز بيانات البحوث العلمية الكندية / 35518	مراجعة داخلية لأمن المعلومات المالية / 55224
مركز تسعير الانبعاثات الكربونية / 54322	مراجعة دقيقة لقاعدة بيانات جميع المشتركين في الضمان
مركز تطبيقات الأقمار الصناعية الموزعة / 45313	الاجتماعي / 64212
مركز توثيق CA / 53121	مراجعة فك تبييض البيانات / 93217
مركز صيني لتقييم وتوثيق أمان المعلومات / 84512	مراجعة مالية / 54408
مركز عابر الدرجات المحددة لإدارة الأمن / 85122	مراجعة نظام إدارة أمن المعلومات / 84324
المركز الكندي لتبادل البيانات المفتوحة / 94516	مرافق بلدية ذكية عامة / 63116
مركز مشروع الاحتضان القياسي / 71122	مرافق حضرية ذكية عامة / 63117
مركز موارد المعلومات لمدينة شيتشو الذكية / 75502	المرافق الذكية / 6.3.1
مركز وطني لطوارىء شبكة الإنترنت / 84513	مراقب منظمة التقييس الدولية / 71503
مركز وطني للتعافي من الكوارث خارج الموقع للبيانات الضخمة للنيابة	مراقبة البيانات / 35403
العامة (الصين) / 95229	مراقبة الرأي العام / 63505
مركز وطني للحوسبة الفائقة / 32501	مراقبة العلوم والتكنولوجيا / 51310
مركزية غير بشرية / 91310	مراقبة عملية التقويم المجتمعي عن بعد عبر كاميرا الفيديو / 95420
مركزية مخففة / 54417	مراقبة وتشخيص حالات
مرئية الحجم / 34307	الآلات - معالجة البيانات والاتصالات والتمثيل- الجزء الثاني:
مرئية بياناتية / 34301	معالجة المعلومات GB/T 22281.2-2011 / 73239
مرئية علمية / 34302	مراقبة وتشخيص حالات
مرئية فورية للأوضاع الكاملة الحضرية / 61414	الآلات - معالجة البيانات والاتصالات والتمثيل- الجزء الثاني:
مرئية مجال التدفق / 34305	معالجة المعلومات GB/T 25742.2-2013 / 73240
مرئية معلوماتية / 34303	مراقبة ورعاية عن بعد / 64501
مرئية وضع الشبكة / 34306	مرجع الوقت الكمومي / 25314
مزارع رقمي / 42310	مرجعية الإعداد القياسية / 75215
مزوّد البيانات / 72103	مرحلة التحضير والقياس / 25503
مزوّد الخدمات السحابية / 72203	مركز iCloud للبيانات التابعة لشركة أبل / 84517
مزوّد إطار البيانات الضخمة / 72105	مركز الأمن / 8.4.5
مزوّد تطبيق البيانات الضخمة / 72104	مركز البيانات / 3.2.5
مزوّد خدمة الدفع الإلكتروني / 93334	مركز البيانات الخضراء / 32503

مزوّد خدمة الوصول إلى الإنترنت / 93433

مزوّد خدمة رعاية المسنين / 64519

مزوّد خدمة معلومات الإنترنت / 93432

مزود خدمة المعلومات المالية / 52503

مسابقة الباحث عن مواضع الشكوى / 15303

مسابقة البحث والتطوير للعلوم والتكنولوجيا المالية / 51414

مساحة البيانات / 22113

مساحة كاملة الأبعاد / 31121

مسار معتمد / 82206

مساعد القاضي بالذكاء الاصطناعي / 95319

مساعد المحقق بالذكاء الاصطناعي / 95317

مساعد المدعي العام بالذكاء الاصطناعي / 95318

مساعدات مشاريع تخفيف حدة الفقر / 44207

مساعدة الفقراء "الخطة المئوية المزدوجة" بواسطة سونينغ في مجال التجارة الإلكترونية / 44410

مساعدة الفقراء بالصناعة / 44301

مساعدة الفقراء بتدابير مستهدفة / 4.4.3

مساعدة الفقراء عبر الاستهلاك / 44304

مساعدة الفقراء عبر التمويل الصغير / 44213

مساعدة الفقراء على نمط O2O مزدوج الخط / 44408

مساعدة الفقراء عن طريق التعليم / 44308

مساعدة الفقراء عن طريق التمويل / 44305

مساعدة الفقراء عن طريق الدخل من الأصول / 44303

مساعدة الفقراء عن طريق العناية الصحية / 44309

مساعدة الفقراء عن طريق إعادة النقل والتوظيف / 44302

مساعدة الفقراء عن طريق تحسين البيئة / 44307

مساعدة خارجية على أساس العلاقات الاجتماعية الضعيفة / 44508

مساعدة شاملة للفقراء بالقطاعات المتعددة / 44211

مساعدة في تحديد العقوبة / 95406

مساعدة مستدامة الفاعلية للفقراء / 44503

مساعدة مستهدفة للفقراء / 44313

مساعدة مستهدفة للفقراء / 44502

مساعدة وتمييز بواسطة الحاسوب / 95517

مسألة الجنرال البيزنطي / 23405

مسألة حقيبة الظهر / 11314

مسبار الإنترنت / 31323

مستثمر على شبكة التواصل الاجتماعي / 53516

مستجيب الروبوت / 14402

مستجيب نهائي / 72405

مستخدم المعرفة / 14110

مستخدم غير مفوّض / 82211

مستشار ذكي للاستثمار / 54124

مستشعر السيارة / 63216

مستشعر ذكي / 42114

مستشفى تشاركي / 64109

مستشفى ذكي / 64108

مستشفى رقمي / 64107

مستقبل التعاون في مجال الإنترنت ـ بيان مونتيفيديو / 65525

مستقبل العلوم والتكنولوجيا المالية: بريطانيا بصفتها رائدة العلوم والتكنولوجيا المالية العالمية (بريطانيا) / 51112

مستلم / 92204

مستهلك البيانات / 72106

مستودع استشعاري لانترنت الأشياء / 53307

مستودع البيانات / 32311

مستودع البيانات السحابية / 32310

مستودع البيانات العلمية / 35513

مستودع البيانات للقضايا المغلقة / 95119

مستودع خارجي لتساينياو / 45405

مستودع معتمد / 35436

مستوى التجربة / 43104

مستوى التعافي من الكوارث / 84206

مستوى تعميم الأفضليات الرقمي / 44117

مستوى معلوماتية قطاع التصنيع المتباعد / 41221

مسح الثغرات / 81317

مسح الكود الخبيث / 82110

مسؤول الهيئة التقنية لمنظمة التقييس / 71506

مسؤول أو عضو الهيئات الإدارية المركزية لمنظمة التقييس / 71505

مسؤول أول للبيانات / 22213

مسؤولية أمن البيانات الضخمة / 93404

مسؤولية رئيسية عن الوقاية من المخاطر والسيطرة عليها / 53108

مسؤولية قانونية خاصة ببيئية للمقرض / 54315

مشاركة اجتماعية لمساعدة الفقراء / 44501

مشاركة المواطنين / 92518

مشاركة في الحصة الفائضة / 92413

مشاركة في مساعدة الفقراء / 44212

م

معيار نموذج البيانات / 33512

مغلف رقمي / 83411

مفارقة البيانات / 91405

مفارقة سيمبسون / 34110

مفتاح سري مشفّر للترميز الثابت / 81309

مفتاح سري تشاركي / 82515

مفتوح في التخزين والحصول / 92402

مفردات تكنولوجيا المعلومات – الجزء الـ34: الشبكة العصبونية للذكاء الاصطناعي KS X ISO/IEC 2382-34:2003 / 74507

مفردات معالجة البيانات ـ الجزء الـ21 : الواجهة بين نظام الكمبيوتر العملي والعملية التقنية GB/T 12118-1989 / 73230

مفردات معالجة البيانات ـ الجزء الـ22 : الآلات الحاسبة GB/T 5271.22-1993 / 73232

مفردات معالجة البيانات الجزء الثاني: الرياضيات والعملية الحسابية المنطقية GB/T 5271.2-1988 / 73234

مفعول قانوني / 91223

مفهوم DevOps / 15309

مفهوم الحوكمة العالمية / 23501

مقاضاة المصلحة العامة / 92514

مقاضاة إلكترونية / 95305

مقاضاة عبر الإنترنت / 95308

مقاضاة إدارية / 94321

مقاطعة فوجيان الرقمية / 62309

مقاطعة قويتشو على السحاب / 62310

المقارنة بين التشريعات / 9.3.5

مقاييس أساسية للتكنولوجيا المحورية للمكونات الإلكترونية العالية الأداء وخواصها المشتركة / 71209

مقترحات حول مجالات أعمال التكنولوجيا الحديثة / 71510

مقترحات حول مشاريع أعمال جديدة للمعايير الدولية / 71509

مقدمة في البيانات الضخمة (مي هونغ، الصين) / 15420

مقدمة في الخوارزميات (توماس هـ. كورمين ، الولايات المتحدة) / 15407

مكافحة الاحتيال في المالية الاستهلاكية / 55240

مكافحة الاحتيال في المالية الرقمية / 55239

مكافحة الإرهاب على الإنترنت / 85215

مكافحة الفساد التقنية / 62510

مكافحة غسل الأموال / 52122

مكتب الأمن العام على الإنترنت / 95110

المكتب البرازيلي الوطني لحماية البيانات الشخصية / 94521

المكتب التشيكي لحماية البيانات الشخصية / 94513

مكتب الفضاء الإلكتروني لجمهورية الصين الشعبية / 94501

مكتب تشاركي / 42523

مكتب تقييس الاتصالات التابع للاتحاد الدولي للاتصالات / 71405

مكتب وطني لإدارة كلمات المرور / 84508

مكتبة استهداف الجمهور العالمي / 45305

مكتبة رقمية / 64305

مكشاف الدخان / 64408

مكعب زمكاني / 34317

مكونات كهرلكترونية / 24302

مكونات منطقية / 12409

ملاحة بالقصور الذاتي الكمومي / 25310

ملخص عن إنترنت الأشياء ITU-T Y.2060:2012 / 74116

ملخص معلومات مواقع الإنترنت / 31328

ملف XML / 31310

ملف إلكتروني / 95311

ملف إلكتروني / 95322

ملف قياسي لبند المعلومات / 75213

ملفات صحية إلكترونية / 64114

ملكية البيانات / 92109

ملكية فكرية / 91207

ملكية مزدوجة / 92415

ممارس السلع على الإنترنت / 93319

ممارس معتمد لأمن النظام / 84418

ممارسة الحكم عبر الإنترنت / 62415

ممارسة تعاونية / 72402

ممتلكات / 91102

ممتلكات الشبكة / 23323

ممر اقتصادي للجسر الأرضي الأوراسي الجديد / 45116

ممر المعلومات الفضائية لـ"الحزام والطريق" / 45307

ممنوع الفتح وفقا للقانون / 93213

مناورة الهجوم والدفاع على الإنترنت / 83512

مناورة الهجوم والدفاع للأمن السيبراني / 83518

مناورة سيبرانية لعمليتي الهجوم والدفاع / 83218

مناورة "العاصفة السيبرانية " الأمريكية / 83515

مناورة "أوروبا السيبرانية " للاتحاد الأوروبي / 83516

مناورة "درع مغلق" للناتو / 83517

منصة الدعم للتطبيق / 43515

منصة برامج الحوسبة الكمية بالمصدر المفتوح (جوجل) / 25215

منصة الدفع / 52104

منصة تبادل البيانات / 12518

منصة الدفع اللاضريبية / 62210

منصة تبادل المعلومات العسكرية ـ المدنية / 85411

منصة الرصد والتحذير لأمن البيانات الضخمة / 93418

منصة تبادل وتشارك البيانات الزراعية / 93309

منصة الرقابة الذكية لسلامة الأغذية / 63511

منصة تبادل وتشارك البيانات الضخمة النيابية / 95205

منصة الرقابة بـ"أخذ عينة التفتيش واختيار المفتش بصورة عشوائية

منصة تحليل البيانات الضخمة لعلوم المحيطات

وإعلان نتائج التفتيش للجميع" / 62512

الجيوفيزيائية SDAP / 35309

منصة الرقابة على أمن البيانات الضخمة / 93417

منصة تسجيل البيانات العلمية المفتوحة / 35416

منصة الرقابة والإدارة الذكية لبيئة الأعمال / 63415

منصة تسجيل العمالة على الإنترنت / 64210

المنصة الرقمية الأمريكية للعينات / 35125

منصة تشاركية / 42508

منصة الشؤون الحكومية على الإنترنت / 62205

منصة تشاركية للبيانات الحكومية / 61119

منصة الطلب على الذكاء الاصطناعي للاتحاد الأوروبي / 24507

منصة تشاركية وطنية لثغرة أمن المعلومات / 84519

منصة العلوم والتكنولوجيا ـ المبادئ والأساليب الأساسية لتقييس البيانات

منصة تطبيق مساعدة الفقراء للبيانات الضخمة / 44320

الوصفية GB/T 30522-2014 / 73124

منصة تطبيقات للشؤون الحكومية المتنقلة / 62211

منصة العنونة لنظام نهر المجرة / 35117

منصة تطوير البيانات الضخمة لمساعدة الفقراء / 44322

منصة الكشف عن المعلومات الحكومية / 61110

منصة تمويل جماعي / 52302

منصة المالية / 5.3.1

منصة حضانة العلوم والتكنولوجيا المالية / 51402

منصة المعالجة الوسيطة AI / 43414

منصة خدمات المعلومات المالية بين الصين ـ آسيان / 52517

منصة المعالجة الوسيطة للبيانات / 4.3.4

منصة خدمة البيانات الضخمة لإنترنت الأشياء لقطاع النقل الذكي بمدينة

منصة المعالجة الوسيطة للبيانات الحضرية / 63114

تشونغتشينغ / 75518

منصة المعالجة الوسيطة للتطبيق / 43415

منصة خدمة المعلومات الفضائية / 45314

منصة المعالجة الوسيطة للشؤون الحكومية / 62405

منصة خدمة المؤسسة / 43505

منصة المعالجة الوسيطة لمجموع الوحدات المبرمجة / 43413

منصة خدمة ذكية للعملاء / 62212

منصة المعاملات بالتجزئة / 54415

منصة خدمة سلسلة الكتلة المالية العابرة الحدود / 52507

منصة المعاملة التجارية للطرف الثالث / 93318

منصة ذكية / 43516

منصة المعلومات المالية لسلسلة التوريد / 53208

منصة ذكية لإدارة الملفات / 95222

منصة المعلوماتية المنزلية / 63312

منصة رقابة تهديدات مجهولة المصدر / 84506

منصة المنشأة / 8.1.1

منصة سحابة الكم HIQ (هواوي) / 25222

منصة النشر المفتوح للبيانات العلمية / 35435

منصة سحابية لـ"المراقبة الذكية للبيانات" (قوييانغ، الصين) / 62517

منصة النظام الأساسي المتكامل للشؤون الحكومية عبر

منصة سحابية للحوسبة الكومية(علي بابا) / 25217

الإنترنت / 62412

منصة سحابية للحوكمة الاجتماعية (قوييانغ، الصين) / 62311

منصة انفتاح البيانات الحكومية / 61117

منصة سلسلة الكتل لمحكمة بكين على الإنترنت / 95310

منصة إدارة الائتمان الشخصي / 51506

منصة شبكة الإنترنت + التفتيش لمقاطعة تشجيانغ / 62515

منصة إدارة البيانات / 51319

منصة شبكية للطرف الثالث / 53101

منصة إدارة البيانات الضخمة غير المهيكلة التابعة لشركة الشبكة

منصة شبكية للمعلومات الخاصة بالمعايير القياسية / 71120

الكهربائية الوطنية / 75516

منصة شرطة متكاملة / 95106

منصة إدارة حكومية للطوارئ / 63514

منصة ضخمة للخدمة الصحية في مدينة بنشي / 75513

منصة إدراك الوضع الأمني للشبكة المالية / 55219

منصة عامة لخدمة النيابة / 95231

منصة عامة لخدمة تكنولوجيا المعلومات / 71319

منصة عامة وطنية لإيصال المعلومات إلى كل قرية و كل عائلة / 42321

منصة قيادة متنقلة لمواجهة الطوارئ / 63515

منصة كخدمة / 72217

منصة مالية / 51221

منصة مالية لسلسلة التوريد المفتوحة / 53210

منصة متجاورة / 43317

منصة مراقبة المخاطر المالية / 55209

منصة مراقبة مساعدة الفقراء عبر البيانات الضخمة / 44205

منصة مرئية لوزارة الزراعة لاستخراج أسعار المنتجات الزراعية في سوق الجملة / 75505

منصة مطور Hadoop لميكروسوفت REEF / 35324

منصة معلومات الائتمان الاستهلاكي / 53505

منصة معلومات الإنترنت / 12515

منصة معلومات تعاونية موحدة لعدة قنوات / 63128

منصة معلومات صحة السكان / 64101

منصة معلومات للتنبؤ والإنذار المبكر لوقاية الكوارث وتقليل خسائرها / 63520

منصة مفتوحة لإعادة هيكلة أصول البيانات / 41124

منصة مفتوحة للذكاء الاصطناعي (الصين) / 24501

منصة موارد البيانات / 43517

منصة نادي الإقراض Lending Club / 52207

منصة وطنية لتشارك المعلومات الائتمانية / 62506

منصة وطنية مفتوحة لتجربة الابتكار والتحقق منه (الصين) / 22303

منصة وطنية مفتوحة للبيانات الحكومية (الصين) / 22304

منطق Bieber / 83303

منطق Dolev-Yao / 83304

منطق استنتاجي / 24112

منطق بروتوكول / 83301

منطق فئة BAN / 83302

منطقة اختبار eWTP / 45402

منطقة تجريبية عامة وطنية (قويتشو) للبيانات الضخمة / 15516

منطقة تجريبية لتطوير ابتكار الذكاء الاصطناعي للجيل الجديد (الصين) / 24505

منطقة تجريبية وطنية عامة للبيانات الضخمة (الصين) / 22511

منطقة نموذجية لتوثيق سلامة البيانات الضخمة / 83522

منطقة نموذجية وطنية للابتكار المستقل / 22302

منظم فريق العمل أو خبير مسجل / 71508

منظمات التوحيد القياسي / 7.1.4

منظمات حماية حقوق البيانات / 9.4.5

منظمات قائمة على نظام السحابة / 21314

منظمة افريقية للتوحيد القياسي / 71421

منظمة الجمارك العالمية / 45207

منظمة المنصة / 61301

منظمة بلا حدود / 61307

منظمة بيئية / 61305

منظمة تشاركية / 61304

منظمة دولية للمعايير / 71401

منظمة دولية لهيئات تنظيم الأوراق المالية / 55509

منظمة ذاتية الحكم اللامركزية / 23514

منظمة ذاتية لامركزية على سلسلة الكتلة / 23418

منظمة ذكية / 61306

منظمة رشيقة / 61308

منظمة سحابية / 61309

منظمة عربية للمواصفات والمقاييس / 71422

منظمة مسطحة / 61303

منظمة موجهة نحو التعلم / 61302

منع الأسر الفقيرة من العودة إلى الفقر / 44504

منع تسرب البيانات / 82202

منفعة متبادلة / 91304

منهاج تخطيطي لزيادة الكفاءة النيابية من خلال الوسائل العلمية والتكنولوجية في فترة تنفيذ "الخطة الخمسية الثالثة عشرة" (الصين) / 95202

منهاج تنفيذي لتعزيز تطور البيانات الضخمة (الصين) / 15515

منهج تايلور الرقمي / 41223

مهندس المجال / 14111

مهندس المعرفة / 14108

مواجهة ندية عمياء / 83117

مواد أساسية للذكاء الاصطناعي / 24314

موارد البيانات / 22206

موارد الحوض العام / 91317

موارد بيانات الشؤون الحكومية / 62218

موارد تشاركية / 42501

موارد مهملة / 42502

موازنة زمكانية / 13122

مواصفات صيغة الشهادة الرقمية القائمة على أساس خوارزمية

تشفير GM/T 0015-2012 SM2 / 73444

مواصفات عالمية لتقييم و توثيق أمان المعلومات / 84511

مواصفات عامة لجهاز إرسال واستقبال البيانات

الراديوية GB/T 16611-2017 / 73218

مواصفات عامة للمنصة العامة للشؤون الحكومية الإلكترونية

القائمة على الحوسبة السحابية ـ الجزء الأول: المصطلحات

والتعاريف GB/T 34078.1-2017 / 73520

مواصفات عرض صور منتجات التجارة

الإلكترونية 20184856-T-469 / 73512

مواصفات فنية لمنصة بيانات انترنت GM/T 0024-2014 SSL VPN / 73441

مواصفات فنية لمنصة بيانات انترنت

الطاقة 20160504-T-524 / 73527

مواصفات قياسية لدورة حياة كاملة للمعلومات المالية / 55309

مواصفات محددة لتطبيق التشفير GM/T 0006-2012 / 73448

المواصفات المعنية للمنظمة الدولية للتوحيد القياسي / 7.4.1

مواصفات منتجات البوابة GM/T 0023-2014 IPSec VPN / 73442

مواصفات واجهة البيانات لمنصة صفقة بيانات التجارة

الإلكترونية 20154004-T-469 / 73510

مواصفات واجهة الخدمة المتكاملة لتطبيق

الشهادات GM/T 0020-2012 / 73443

مواصفات واجهة الوصول للبيانات غير

المهيكلة GB/T 32908-2016 / 73259

المواصلات الذكية / 6.3.2

مواصلات ذكية / 63208

مواصلات عامة ذكية / 63210

مواطن / 91202

مواطن هو مستخدم / 43403

موافقة شخصية / 92119

موافقة مستنيرة / 92115

موانع ائتمانية / 54204

موجات جاذبية البيانات / 2.2.1

الموجة الثالثة (ألفين توفلر، الولايات المتحدة) / 15401

موجة ثقالية / 25107

موجز رقمي / 83410

موسيقى على الإنترنت / 65307

موضوع افتراضي / 91312

موضوع البيانات / 92201

موازية IO / 32406

مواصفات اختبار تشفير الرقاقة الآمنة IC

GM/T 0008-2012 / 73447

مواصفات إدارة وتحكم في أمن المعلومات / 84419

مواصفات الاختبار لنظام إدارة قاعدة البيانات

العلائقية GB/T 30994-2014 / 73215

مواصفات الأمان للشبكة المتنقلة الذاتية الحكم / 83222

مواصفات الأمان لجهاز الاستشعار اللاسلكي / 83223

مواصفات البيانات الوصفية العامة للملفات

الإلكترونية 20100028-T-241 / 73123

مواصفات الخدمة للمنصة العامة للشؤون الحكومية الإلكترونية

القائمة على الحوسبة السحابية ـ الجزء الأول: تصنيف وترميز

الخدمة 20132196-T-339 / 73521

مواصفات الخدمة لمعاملات التجارة الإلكترونية العابرة

الحدود 20141727-T-469 / 73508

مواصفات المراقبة عبر الانترنت على جودة السلع المباعة عبر التجارة

الإلكترونية GB/T 37538-2019 / 73513

مواصفات الهيكل العام لنظام البيانات الضخمة الخاصة بسلامة المنتجات

الاستهلاكية 20190963-T-469 / 73533

مواصفات الوصول إلى منصة الخدمات الإدارية

الحكومية 20192100-T-469 / 73517

مواصفات إدارة البيانات الخاصة بدورة حياة

المنتج GB/T 35119-2017 / 73301

مواصفات إدارية للمنصة العامة للشؤون الحكومية الإلكترونية

القائمة على الحوسبة السحابية ـ الجزء الأول: تقييم جودة

الخدمة GB/T 34077.1-2017 / 73519

مواصفات بروتوكول تشفير نظام توثيق الشهادة

الرقمية GM/T 0014-2012 / 73445

مواصفات بيانات المعلومات المتشاركة لموارد

المراعي GB/T 24874-2010 / 73526

مواصفات تطبيق خوارزمية التشفير SM2

GM/T 0009-2012 / 73446

مواصفات تقييم RPO / 84407

مواصفات تمثيل البيانات غير المهيكلة / 75412

مواصفات تمثيل البيانات غير المهيكلة ـ نموذج مراجع لنظام

الإدارة GB/T 34950-2017 / 73141

مواصفات جودة بيانات خريطة الملاحة الإلكترونية

المحمولة GB/T 28441-2012 / 73532

موقع الشبكة الذكية / 54112

موقع الشؤون الحكومية / 62201

موقع إلكتروني / 93434

موقع صفحات الويب / 31327

موقف ذكي للسيارات / 63308

مولد الأرقام العشوائية الزائفة / 83310

مؤتمر أكاديمي لعلم تشفير الحوسبة الكمومية المضادة / 25512

مؤتمر أمن تكنولوجيا القبعة السوداء / 81406

مؤتمر تعاون جنوب آسيا للتوحيد القياسي / 71517

مؤتمر دارتموث / 24108

مؤتمر دولي ثامن IEEE للعلوم المرئية / 15503

مؤتمر عالمي للإنترنت (الصين) / 21506

مؤتمر عالمي للبرنامج العلمي لـ"الحزام والطريق الرقمي" / 15519

مؤتمر عالمي للذكاء الاصطناعي (الصين) / 24506

مؤتمر منطقة المحيط الهادئ للمعايير / 71419

مؤتمر منظمة التقييس الدولية / 71501

مؤسسات العلوم والتكنولوجيا المالية / 51403

مؤسسات الوساطة لتقديم معلومات الإقراض عبر الإنترنت / 52216

مؤسسات خدمة المعلومات الفضائية / 45319

مؤسسة إدارية لتسجيل شبكة الإنترنت في الأقاليم الخمسة الكبرى / 85314

مؤسسة بلا حدود / 41207

مؤسسة بياناتية / 42203

مؤسسة توزيع أسماء الإنترنت والعناوين الرقمية / 85313

مؤسسة ذكية / 24405

مؤسسة رقمية / 21209

مؤشر اتصال التجارة الإلكترونية عبر الحدود ECI / 45103

مؤشر الأسهم الخضراء / 54309

مؤشر البيئة الحافة / 34509

مؤشر التوصيلية القنطرية / 34511

مؤشر السندات الخضراء / 54310

مؤشر المعلوماتية لكوريا الجنوبية / 45219

مؤشر المعلوماتية للتصنيع / 41219

مؤشر إقراض عبر الإنترنت / 52215

مؤشر بايدو / 11420

مؤشر بيانات الوقاية من مخاطر الأعمال المالية والسيطرة عليها / 55204

مؤشر تطور البيانات الضخمة / 22319

مؤشر تنمية معلومات الاتحاد الدولي للاتصالات / 45221

مؤشر جاكار / 34510

مؤشر جاهزية شبكة المنتدى الاقتصادي العالمي / 45220

مؤشر مجتمع المعلومات لمؤسسة المعلومات الدولية الأمريكية / 45216

مؤشر مستوى تطور البنية التحتية للمعلومات / 45215

مؤشر مكتب الاقتصاد المعلوماتي الأسترالي / 45217

مؤهلات رقمية / 15301

مؤهلات رقمية: موجز استراتيجي لمشروع الأفق NMC / 44421

مؤهلات علم البيانات / 22308

مؤهلات مالية / 54211

ميثاق البيانات المفتوحة (2013، G8) / 93518

ميثاق أوكيناوا بشأن مجتمع المعلومات العالمي / 44118

ميشي / 65413

ميكانيكا الكم / 25105

ميم الإنترنت / 65316

ميناء ذكي / 63203

....

....

ناتج إجمالي للبيانات / 22320

نادي المستثمرين / 52318

ناقل تسلسلي عام / 82223

ناقل معلومات الشبكة / 12105

نبض عالمي / 21401

نتيجة مراجعة الأهلية / 93322

نجم الشبكة الاجتماعية / 65203

نزاعات الفضاء السيبراني / 65512

نزاعات مسلّحة في الفضاء السيبراني / 65511

نزاهة على سلسلة الكتلة / 62505

نزعة النقرة على المفتاح / 65218

نزعة حماية البيانات / 85213

نزعة حوسبية / 22120

نسب متعدد الحدود / 13318

نسبة التوسع / 32402

نسبة تسريع / 32401

نسبة توفير الطاقة / 54319

نظام الرقابة المالية عبر الحدود   / 55429
نظام الرقابة على العلوم والتكنولوجيا المالية   / 5.5.4
نظام الرقابة على العلوم والتكنولوجيا المالية   / 5.5.3
نظام الرقابة على مالية الإنترنت   / 55314
نظام الرقابة والإنذار المبكر لأمن البيانات   / 84509
نظام الشبكة الأساسية   / 81102
نظام الشكاوى والإبلاغ عن أمن البيانات الضخمة   / 93412
نظام العد   / 11103
نظام الفضاء السيبراني   / 6.5.5
نظام الفهرس   / 32420
نظام القائمة السلبية لفتح البيانات العامة   / 93223
نظام القواعد الدولية للفضاء السيبراني   / 21519
نظام الكشف عن الائتمان   / 93320
النظام المالي الأخضر   / 5.4.3
النظام المالي الرقمي المعمم الأفضليات   / 5.4.2
النظام المالي اللامركزي   / 5.4.4
نظام المراقبة الإلكترونية لسلامة مياه الشرب   / 63420
نظام المراقبة على الإنترنت لتصريف ملوثات الشركات   / 63418
نظام المساعدة الإنمائية الدولية   / 44203
نظام المساعدة القانونية على الإنترنت   / 95436
نظام المساعدة في مراجعة القضية   / 95242
نظام المساعدة لقبول القضية   / 95244
نظام المساعدة لمراقبة العملية   / 95243
نظام المستثمر المؤهل   / 55316
نظام المشاركة   / 41514
نظام المشاركة الاجتماعية لمساعدة الفقراء   / 4.4.5
نظام المعادلات الخطية   / 11107
نظام المعالجة المتوازية   / 12217
نظام المعالجة الموزعة   / 12218
نظام المعايير القياسية للبيانات الضخمة   / 71119
نظام المعلومات الإدارية للمدينة الرقمية – المعلومات الأساسية للغطاء
الذكي   20180019-T-469   / 73522
نظام المعلومات الجغرافية GIS   / 63517
نظام الملاحة المحمول   / 63217
نظام الملفات الموزعة   / 32114
نظام الملفات الموزعة KASS   / 32117
نظام المواصلات الذكية   / 63220
نظام النسخ الاحتياطي لمواجهة كوارث القطاع المالي   / 55217

نظام التشغيل   / 12316
نظام التشفير   / 83420
نظام التطبيق المصرفي المفتوح   / 51413
نظام التطبيق لتمييز تردد الراديو   / 63315
نظام التعامل الخوارزمي   / 41424
نظام التعاون   / 41405
نظام التعاون والتنسيق في الرقابة العلمية والتكنولوجية   / 55313
نظام التعلم الذاتي   / 24203
نظام التعليمات   / 12212
نظام التفتيش الإلكتروني   / 62511
نظام التقويم والتأديب عن بعد   / 95234
نظام التكنولوجيا المصرفية   / 51412
نظام التكيف المعقد   / 11514
نظام التمويل المباشر في مجال العلوم والتكنولوجيا   / 54503
نظام التمييز والتتبع للأملاك المنقولة المرهونة   / 53304
نظام التوجيه المروري   / 63222
نظام الحاسوب   / 1.2.2
نظام الحوكمة العالمية للإنترنت   / 62320
نظام الخازن الخارجي الفرعي   / 12413
نظام الخبراء   / 14107
نظام الخدمات المالية الحديثة   / 5.4.1
نظام الخدمة العامة لإدارة الجودة البيئية   / 63417
نظام الدعم العلمي والتكنولوجي للبيانات الضخمة النيابية   / 95211
نظام الدفع الرقمي   / 54219
نظام الدفع العالمي   / 23316
نظام الدفع عبر الحدود   / 23315
نظام الذكاء الاصطناعي لصنع القرار للسلسلة الصناعية
الكاملة   / 43509
النظام الذكي لإدارة الموارد البشرية والضمان الاجتماعي   / 6.4.2
النظام الذكي لحماية البيئة   / 6.3.4
النظام الذكي لرعاية المسنين   / 6.4.5
نظام الرصد الشامل للكرة الأرضية   / 45311
نظام الرصد المحمول (OBD)   / 53328
نظام الرعاية الصحية العائلية   / 64104
نظام الرعاية الصحية على الإنترنت   / 64110
نظام الرقابة الداخلية للبيانات   / 94217
نظام الرقابة المالية السلطوية   / 55428
نظام الرقابة المالية حسب تقسيم العمل   / 55427

نظام بيدو للملاحة عبر الأقمار الصناعية / 31221

نظام بيني Hadoop / 15504

نظام بيني ابتكاري للبيانات الضخمة / 22509

نظام بيني رقمي / 43514

نظام بيني لتكنولوجيا البيانات الضخمة / 22508

نظام بيني للمنصة / 43313

نظام تتبع المعلومات / 93220

نظام تتبع سلامة الأغذية / 63512

نظام تحديد المواقع العالمي / 31220

نظام تحديد الهوية الرقمية / 54216

نظام تحذير الانحراف / 95407

نظام تحذير لحوادث أمن البيانات الضخمة / 93414

نظام تحكم ذكي لحركة المرور / 63224

نظام تحكم ذكي للإضاءة / 64404

نظام تحكم ذكي للأجهزة الكهربائية / 64405

نظام تحليل ذكي لحركة المرور / 63225

نظام تحليل ذكي للمعلومات البيئية / 63416

نظام تحليل ذكي لوثائق الحكم / 95316

نظام تدقيق أمن البيانات الضخمة / 93411

نظام ترخيص إلكتروني موثوق / 62209

نظام تسجيل الوصول إلى الشبكات الدولية / 93426

نظام تشارك البيانات / 43421

نظام تشغيل البيانات / 41317

نظام تشفير المفتاح السري العام / 82518

نظام تشفير لـ RSA / 83405

نظام تشفير مقاوم الكم / 25509

نظام تطبيق لمراقبة البيانات الضخمة النيابية / 95209

نظام تعزيز الأقمار الصناعية للملاحة / 45310

نظام تعميم معلومات أمان البيانات / 84510

نظام تفاعلي بين الإنسان والآلة / 12320

نظام تقاسم الوقت غير المتوافق / 81419

نظام تقييس عملية الرقابة على العلوم والتكنولوجيا المالية / 55311

نظام تقييم الثغرات / 82315

نظام تقييم مخاطر التشارك والانفتاح للبيانات العامة / 93224

نظام تكاملي استخباري – قيادي / 63518

نظام تكبير النطاق الواسع / 82220

نظام تمكين بيانات الحلقة المغلقة / 61410

نظام تنسيقي ذكي للمركبات والطرق / 63226

نظام النقل الذكي FLIR / 63219

نظام الوقاية متعددة الأبعاد / 8.3

نظام الوقاية من مخاطر الأعمال المالية والسيطرة عليها / 55203

نظام الوكالة لتخزين الموارد الاندماجية / 35312

نظام إبداعي للنموذج الاقتصادي للتكنولوجيا الرقمية / 42208

نظام إحصاءات التجارة الإلكترونية / 93337

نظام إدارة كلمة مرور الصلاحية / 84321

نظام إدارة الأمن لـ PDCA / 84420

نظام إدارة البيانات الضخمة النيابية / 95210

نظام إدارة البيانات العلمية الضخمة / 35318

نظام إدارة البيانات غير المهيكلة / 75222

نظام إدارة الحساب الفرعي الافتراضي / 45414

نظام إدارة المعايير القياسية الموصى بها / 71307

نظام إدارة الموارد الهامة على الإنترنت / 21514

نظام إدارة أمن البيانات الضخمة / 93415

نظام إدارة أمن المعلومات / 82301

نظام إدارة أمن المعلومات وصيانة سرّها / 93430

نظام إدارة أمن معلومات المستخدم / 93431

نظام إدارة تجهيزات المباني / 63318

نظام إدارة دورة حياة كاملة للمعلومات الحساسة / 65210

نظام إدارة دورة حياة كاملة للمعلومات المالية / 55308

نظام إدارة ذكي للمبنى / 63316

نظام إدارة سلامة أصول البيانات / 94207

نظام إدارة طوارئ أمن شبكة المالية / 55216

نظام إدارة علاقات العملاء / 43218

نظام إدارة كتالوج موارد المعلومات العامة / 93218

نظام إدارة مخاطر العلوم والتكنولوجيا المالية والسيطرة عليها / 55302

نظام إشراف وتحكم ذكي للعمارة / 63317

نظام إغاثة رقمية لكارثة الزلزال / 63516

نظام إنذار ذكي ضد السرقة للأحياء السكنية / 63314

نظام إيداع أرصدة تسوية معاملات العملاء في الطرف الثالث / 55319

نظام إيداع أموال العملاء في الطرف الثالث / 55317

نظام أتمتة الصناعة وتكاملها - البيانات الإدارية لقطاع التصنيع: تطبيق إدارة الموارد - الجزء الـ: 32 النموذج المفهومي للبيانات الإدارية لتطبيق إدارة الموارد GB/T 19114.32-2008 / 73531

نظام أعداد النسخ الاحتياطي من التعافي من الكوارث / 84204

نظام رقمي   /   23503

نظام توسط وتحكيم عبر الإنترنت   /   64207

نظام رهن البضائع   /   53309

نظام جمع البيانات العامة   /   93222

نظام سيادة القانون المالي   /   51405

نظام جمع وتسليم البيانات   /   93435

نظام صيني للتنازل عن حصص الأسهم للشركات المتوسطة

نظام حفظ ومراقبة لاسلكي للأمن   /   64412

والصغيرة   /   52421

نظام حقوق البيانات   /   9.2

نظام عالمي لتتبع الجودة   /   42420

نظام حماية الأمن الذكي   /   6.3.5

نظام عزل وتبادل البيانات   /   82508

نظام حماية البنية التحتية للمعلومات الهامة   /   21515

نظام عناية معاد الهيكلة   /   64520

نظام حماية أمن البيانات   /   85302

نظام غرفة المقاصة الآلية   /   52123

نظام حماية حقوق أصول المعلومات   /   91506

نظام قاعدة البيانات   /   12318

نظام حماية مستوى الأمن   /   93425

نظام قاعدة البيانات الموزعة   /   23101

نظام حماية وتقييم درجة أمان المعلومات   /   84411

نظام قائمة الحسابات للتسليف   /   53203

نظام حوسبي متألف من عدة كيانات ذكية   /   15114

نظام قطاع البيانات الضخمة   /   94201

نظام حوكمة التكنولوجيا   /   6.1.2

نظام قواعد البيانات الموزعة وغير المتجانسة   /   32418

نظام حوكمة العلوم والتكنولوجيا المالية   /   55403

نظام قيادة مركّبة لمكافحة الجرائم   /   63519

نظام حوكمة الفضاء السيبراني العالمي   /   65520

نظام قياسي   /   75302

نظام خدمات المعلومات البحري مجسم النمط   /   45316

نظام قياسي لحماية أمن البيانات الضخمة   /   93413

نظام خدمة المنتج   /   42505

نظام قياسي للبيانات الضخمة النيابية   /   95208

نظام خدمي قياسي للبيانات الضخمة   /   75219

نظام قياسي للتجارة الإلكترونية   /   93338

نظام دعم اتخاذ القرار الإضافي السريري   /   64102

نظام قياسي للتكنولوجيا المالية   /   51409

نظام دعم تكنولوجيا الأمن السيبراني الوطني   /   85420

نظام قياسي للذكاء الاصطناعي   /   24317

نظام دعم تكنولوجيا المعلومات لإدارة سلسلة التوريد   /   53207

نظام قياسي للمعلوماتية   /   75301

نظام ذكي للأرصاد الجوية   /   63401

نظام قياسي وطني لتكنولوجيا مراجعة الأمن السيبراني (الصين)   /   71322

نظام ذكي لاستخدام الطاقة   /   63412

نظام كشف التسلل   /   84401

نظام ذكي لإدارة الأحياء السكنية   /   63319

نظام كشف الهجوم على المضيف   /   82107

نظام ذكي لإدارة المياه بكامل الحلقات   /   63419

نظام مال احتياطي على الإنترنت   /   55315

نظام ذكي لإمداد التيار الكهربائي   /   63307

نظام مأمون وممكن ضبطه لتوثيق الهوية   /   65211

نظام ذكي لإمداد المياه   /   63403

نظام متعدد الأجسام   /   11516

نظام ذكي لإمداد المياه والغاز الطبيعي   /   63306

نظام متعدد الروبوتات   /   14421

نظام ذكي لتصنيف المخلفات   /   63409

نظام متعدد العناصر لتوثيق الهوية   /   65105

نظام ذكي لسلامة البيانات الضخمة لـ IBM   /   84507

نظام متعدد الوكالات Agent   /   24417

نظام ذكي للرعاية الصحية   /   64103

نظام متعدد قواعد البيانات   /   32419

نظام ذكي لمراقبة التأمين العمالي   /   64214

نظام محاكاة الدماغ البيولوجي   /   14513

نظام ذكي مستقل   /   24225

نظام مراقبة الأمن   /   64406

نظام ذكي عام لتمديد خطوط المبنى   /   63313

نظام مراقبة مخاطر الخدمات المالية الشخصية   /   51515

نظام رعاية وإشراف المسنين   /   64503

نظام مستهدف متعدد المستويات   /   83511

نظام رقابة ثنائية الخط و متعددة الأطراف   /   55431

نظام مصادقة هوية الشبكة   /   51306

نظام رقابة ذكية للتأمين الصحي   /   64213

نظام معالجة MillWheel   /   33213

نظام رقابة موحدة الخط ومتعددة الأطراف   /   55430

نظرية الحكم متعددة المراكز / 91318
نظرية الحكومة غير الملحومة / 61218
نظرية الحوسبة / 1.3.3
نظرية الخلل الاجتماعي / 91112
نظرية الدوران الفائقة / 11504
نظرية الرسم البياني / 11105
نظرية الرنين التكيفي / 14508
نظرية العدالة / 91106
نظرية العقد الاجتماعي / 91111
نظرية القيمة التشاركية / 41510
نظرية الكارثة / 11505
نظرية اللانظام / 11506
نظرية اللعبة / 11318
نظرية اللعبة / 91109
نظرية اللغة الصورية / 13308
نظرية المخزون / 11317
نظرية المزاد / 65213
نظرية الملكية / 91117
نظرية المنفعة الحدية للقيمة / 41507
نظرية النموذج / 11111
نظرية الهيكل التبديدي / 11502
نظرية الوجود / 91110
نظرية إعادة الاستعمال / 92412
نظرية أساسية للذكاء الاصطناعي / 24311
نظرية أمن المعلومات الوطني (روسيا) / 85513
نظرية تطبيق العلوم والتكنولوجيا المالية / 51401
نظرية تهديد الذكاء الاصطناعي / 24518
نظرية حق المعرفة / 91118
نظرية حقوق البيانات / 9.1.5
نظرية حقوق السيطرة على المعلومات الشخصية / 91116
نظرية حقوق العزلة / 91113
نظرية حقوق طبيعية / 91104
نظرية رأس المال / 91108
نظرية ربط العقدة الحبلية للشبكة / 23220
نظرية سلسلة القيمة الحضرية / 22205
نظرية سلسلة القيمة العالمية / 22204
نظرية شانون / 13302
نظرية شبكة القيمة / 22203

نظام معالجة القضايا للنيابة الذكية / 95207
نظام معالجة اللغات / 12317
نظام معالجة وإعلان المعلومات الائتمانية على الشبكة / 84312
نظام معايرة وتقييم للمخاطر الديناميكية للأعمال المالية / 55305
نظام معدات اللبس للشرطي الفردي / 95111
نظام معلومات التخطيط الحضري / 63127
نظام معلومات ملاحة نهر اليانغتسي - مواصفات تبادل وتشارك البيانات JT/T 1206-2018 / 73528
نظام مفتوح / 12219
نظام ملفات الشبكة / 32115
نظام ملفات أندرو / 32116
نظام موارد معلومات الشؤون الحكومية / 62215
نظام مؤشر التقييم للبناء المعلوماتي في مناطق مختلفة من الاتحاد الروسي / 45218
نظام مؤشرات التقييم لأصول بيانات التجارة الإلكترونية GB/T 37550-2019 / 73514
نظام وضع علامة على الألفاظ الخادشة للحياء / 65116
نظرية BASE (المتوفرة أساسا والمرنة والمتناسقة في النهاية) / 32314
نظرية اكتمال NP / 13319
نظرية الاصطفاف / 11316
نظرية الإرادة / 91105
نظرية الإعداد / 11116
نظرية الأسرار / 91115
نظرية البحث / 11315
نظرية البيانات الضخمة / 1.5.4
نظرية الترفع عن المصالح المتبادلة / 41403
نظرية التطور / 91107
نظرية التطور للبيانات / 22515
نظرية التعقيد / 1.1.5
نظرية التعقيد الحوسبي / 13305
نظرية التقريب المحدود / 91114
نظرية التقريب والتغليب / 14512
نظرية التنظيم التعاوني / 41407
نظرية التوازن العام / 41508
نظرية الجهاز الذاتي / 13307
نظرية الجهاز الذاتي للخلية المستقلة / 11508
نظرية الحقوق والمسؤوليات المتعلقة بالبيانات الضخمة / 94206

ي

英语索引

A

analog circuit   / 12408

analog complement   / 44110

analog computer   / 12202

analog signal   / 31113

analog-to-digital conversion   / 31112

analysis of digital pathological images   / 64121

analysis of social behavior   / 11414

analysis of variance (ANOVA)   / 11215

Andrew file system (AFS)   / 32116

angel investment risk compensation policy   / 54516

angel particle   / 25116

angular resolution   / 14309

announcement of public resource transaction   / 93321

anomie theory   / 91112

anonymity   / 23113

anonymous data   / 15214

ANSI INCITS 378-2009 Information technology — Finger minutiae format for data interchange   / 74311

ANSI INCITS 475-2011 Information technology — Fibre channel — Inter-fabric routing (FC-IFR)   / 74305

ANSI ISO/IEC 11179-4:1995 Information technology — Specification and standardization of data elements — Part 4: Rules and guidelines for the formulation of data definitions adopted by INCITS   / 74313

ANSI ISO/IEC 2382-28:1995 Information technology — Vocabulary — Part 28: Artificial intelligence — Basic concepts and expert systems adopted by INCITS   / 74304

ANSI/IEEE 1016-2009 Standard for information technology — Systems design — Software design descriptions   / 74306

ANSI/IEEE 1232-2010 Artificial intelligence exchange and service tie to all test environments (AI-ESTATE)   / 74302

ANSI/IEEE 2003-2003 Standard for Information technology — Requirements and guidelines for test methods specifications and test method implementations for measuring conformance to POSIX standard   / 74307

ANSI/INCITS/ISO/IEC 13888-1:2009 Information technology — Security techniques — Non-repudiation — Part 1: General   / 74308

ANSI/INCITS/ISO/IEC 2382:2015 Information technology — Vocabulary   / 74301

ANSI/INCITS/ISO/IEC 2382-28:1995 Information technology — Vocabulary — Part 28: Artificial intelligence — Basic concepts and expert systems   / 74303

ANSI/INCITS/ISO/IEC 29500-1:2009 Information technology — Document description and processing languages — Office open XML file formats — Part 1: Fundamentals and markup language reference   / 74310

ANSI/UL 60950-1-2011 Standard for safety for information technology equipment — Safety — Part1: General requirements   / 74309

ant colony optimization algorithm   / 13119

Ant Financial Services Group   / 52419

anti-counterfeiting technology   / 84218

Anti-Cyber and Information Technology Crimes Law (Egypt, 2018)   / 93504

Anti-Internet Crimes Act (Brazil)   / 85527

anti-money laundering   / 52122

anti-money laundering instrument   / 51517

anti-money laundering supervision   / 55424

anti-virus technology   / 84214

Apache Chukwa platform   / 31419

Apache community   / 35322

Apache Drill engine   / 31405

Apache Mahout project   / 33420

Apache Pig platform   / 33419

Apache Solr server   / 31408

Apex processing framework   / 33216

B

C

China's higher education in information security
/ 84417

China-ASEAN Financial Information Service Platform
/ 52517

China-ASEAN Forum on Social Development and
Poverty Reduction   / 44218

China-ASEAN Maritime Cooperation Fund   / 45210

China-Central and Eastern Europe Investment
Cooperation Fund   / 45211

China-Eurasian Economic Cooperation Fund   / 45212

China-UK Standardization Cooperation Commission
Meeting   / 71514

Chinese character encoding standard   / 75107

Chinese ideogram coded character set for information
exchange   / 75108

Chongqing Liangjiang Incubator for Big Data Mass
Innovation and Entrepreneurship   / 75512

Chongqing Municipal RFID-Based Transportation
Database Platform   / 75518

Church-Turing thesis   / 13309

circulation of data resource   / 93328

circumstance retrieval and reorganization   / 95409

citizen   / 91202

Citizen as a User   / 43403

citizen participation   / 92518

citizen science   / 35305

citizen's rights   / 91213

City as a Platform (CaaP)   / 43401

city brain   / 63104

city health examination   / 63124

city value chain theory   / 22205

civil rights   / 91225

Clarifying Lawful Overseas Use of Data Act (USA,
2018)   / 93526

classification and filing   / 85105

classification evaluation   / 85106

classification of government data   / 93214

classification tree   / 13207

classified protection of information system security
/ 81326

classified protection of IoT security   / 72512

Classified Protection of Security   / 8.5.1

clean data   / 33118

clickstream data   / 31313

clicktivism   / 65218

client-server architecture   / 32404

clinical decision support system (CDSS)   / 64102

closed case information database   / 95119

closed process plus big data   / 51322

closed-loop data empowerment system   / 61410

closeness centrality   / 34504

cloud application capabilities   / 72209

cloud application portability   / 72220

cloud auditor   / 72219

cloud brain age   / 15105

cloud capabilities   / 72208

cloud computing   / 21111

Cloud Computing Action Program (Germany)   / 21414

cloud computing environment management   / 85110

Cloud Computing Reference Architecture Project
(China)   / 71519

Cloud Computing Terminology   / 7.2.2

Cloud Computing Working Group   / 75334

Cloud Controls Matrix (CCM)   / 84516

cloud data center security   / 85304

cloud data portability   / 72221

cloud database   / 32310

cloud deployment model   / 72222

cloud governance   / 62304

cloud government   / 62107

cloud infrastructure capabilities   / 72210

cloud manufacturing   / 42405

cloud organization   / 61309

cloud platform capability   / 72211

cloud platform data security   / 84222

Cloud Procuratorate Platform of Henan Province   / 95238

Cloud Security Alliance (CSA)　/ 84501

cloud service customer　/ 72201

cloud service partner　/ 72202

cloud service provider　/ 72203

cloud service provider selection　/ 85109

cloud storage　/ 32113

cloud technology for legal services　/ 95508

cloud transaction　/ 51309

cloud-centric organization　/ 21314

cluster analysis　/ 34205

cluster computing　/ 13409

cluster innovation　/ 11518

cluster management　/ 72115

Code Is Law　/ 23513

code layer of the network　/ 92310

code load　/ 91314

code politics　/ 65503

code space right　/ 91417

cognitive computing　/ 13407

cognitive computing and intelligent service　/ 24415

cognitive science　/ 72316

cognitive semiotics　/ 15212

cognitive surplus　/ 61501

cognitron　/ 14226

cold atom interferometry　/ 25305

cold atomic fountain clock (China)　/ 25323

collaborative and innovative network for big data application　/ 22510

collaborative computing technology　/ 61420

collaborative consumption　/ 42514

collaborative governance　/ 61508

collaborative lifestyle　/ 42507

collaborative operation　/ 72402

collaborative robot　/ 14420

collective intelligence　/ 14209

collective support　/ 15307

collective wisdom　/ 61502

column family database　/ 32304

column storage　/ 32216

combination of classification results　/ 85104

combination of medical and health care　/ 64509

combinatorial algorithm　/ 13107

combinatorial optimization　/ 11302

combinatorics　/ 11104

combined evolution　/ 22518

command pose　/ 72408

Commercial Quantum Key Distribution Protected Network (USA)　/ 25416

Committee on Data for Science and Technology (CODATA)　/ 35439

Committee on Payments and Market Infrastructures (CPMI)　/ 55511

commodity warehouse receipt transaction　/ 53308

Common Body of Knowledge　/ 35211

Common Criteria (CC) for Information Security Evaluation and Certification　/ 84511

common-pool resources　/ 91317

communication　/ 81110

Communication as a Service (CaaS)　/ 72212

communication countermeasure　/ 83204

communication reference architecture interface　/ 72508

Communications Data Bill (UK, 2012)　/ 93516

community dynamics　/ 43106

community economy　/ 65120

community feedback loop　/ 43306

community mining algorithm　/ 11413

community network forum　/ 65416

community with a shared future in cyberspace　/ 21502

comparison and verification mode　/ 93226

compilation of industrial big data key standards of Jiangsu Province　/ 75508

complaining and reporting system for big data security issues　/ 93412

complaint against illegal use of personal information　/ 94215

consensus mechanism / 23117

constitutional rights / 91224

constrained extreme-value problem / 11313

consumer credit information platform / 53505

consumer demand-driven manufacturing / 45109

Consumer Electronics Show (CES) / 45206

consumer finance company / 53401

consumer Internet / 21310

consumer loan / 53402

Consumer Privacy Bill of Rights (USA, 2012) / 93510

consumer protection framework in digital financial
service / 54210

consumer surplus / 41520

contactless payment / 53310

containerized virtualization / 72121

content creation / 14307

content layer of the network / 92311

content management framework / 33510

content security supervision / 93422

context-free language / 13321

contingency plan for big data security / 93416

continuous data / 31505

continuous transfer / 92417

contract automation / 51313

contract performance information / 93325

contractual access / 61128

contractual behavior / 65322

contractual cooperation / 61513

Contributor License Agreement (CLA) / 41423

control equipment security / 85124

control flow / 33409

control flow graph (CFG) / 33405

Control Objectives for Information and Related
Technology (COBIT) model / 82102

control program / 72413

control system in a smart building / 63317

controller / 92202

Convention for the Protection of Individuals with

regard to Automatic Processing of Personal Data
(Council of Europe, 2012) / 93517

Convention on Cyber Security and Personal Data
Protection (African Union, 2014) / 93520

Conversation AI / 65116

convex optimization / 11304

convolutional network / 14511

convolutional neural network / 34215

cooling system / 32515

Cooperation in Poverty Reduction / 4.4.2

cooperative order / 41405

cooperative organization theory / 41407

cooperative poverty reduction framework / 44202

cooperative systems theory / 41406

coordinated and unified management of sub-
committees / 75337

coordinated and unified management of technical
standards / 75336

coordination and promotion mechanism of local
governments for standardization / 71310

coordination mechanism for government information
release / 93235

core interaction / 43307

core nation in cyberspace / 92318

core-object (table) thin quarantine storage / 84309

corporate average data center efficiency (CADE) / 32520

corporate data / 31304

corpus / 34401

correctness of algorithm / 13101

correlation analysis / 11216

correlation coefficient / 34103

cost-per-sale advertising / 43215

counter-terrorism cooperation network / 85217

counter-terrorism defense line / 85218

counter-terrorism in cyberspace / 85215

country with a strong digital culture / 22310

Countrywide Internet Finance Committee (CIFC)
/ 55514

D

data asset management (DAM) / 41110

data asset operation / 41113

data asset pricing / 41318

data asset processing service / 41312

data asset quality / 41122

data asset registration / 93216

data asset registration and right verification / 41120

data asset right / 91421

data asset security management mechanism / 94207

data asset security service / 41126

data asset trading / 41314

data assetization / 43405

data attack / 85209

data audit / 33101

data backup / 83415

data backup technology / 84203

data bank / 51415

data broker / 61125

data cage (Guiyang, China) / 62516

data capability / 22114

Data Capital / 4.1.1

Data Capitalism / 4.1

data capitalism / 85214

data capitalization / 41128

Data Capture / 3.1.4

Data Center / 3.2.5

data center network topology / 32518

data center switch / 32514

data change traceability / 84116

data circulation / 41308

data cleansing / 33103

data clustering / 22507

data coding design / 75214

data collaboration / 22504

Data Collection / 3.1.3

data collection and delivery system / 93435

data communication interface / 12109

data community / 15313

data compliance / 92101

data compression / 82410

Data Computing / 3.3.4

data confrontation / 85208

data congestion / 22420

Data Conservancy Project (USA) / 35521

data consistency / 23118

data consumer / 72106

data contract / 15319

data conversion / 33105

Data Culture / 1.5.3

data curation / 35403

data delivery architecture / 33507

data deluge / 35209

data development / 43420

data differentiation / 61105

data disaster recovery / 83120

data disaster recovery and backup center / 32504

data disaster tolerance / 84408

data disorder / 91406

data dominance / 85310

data element / 31513

data element standard / 75102

data empowerment / 22502

Data Empowerment / 9.1.4

data encapsulation / 82408

data encryption technology / 84220

Data Ethics / 1.5.2

data exchange / 93327

data exchange center / 93313

data exchange platform / 12518

data exchange unit / 13516

data explosion / 22104

data extraction / 31317

data factory / 41230

data field / 22112

data field definition standard / 75111

data file backup / 84105

data flow   / 33408

data flow diagram (DFD)   / 33406

data format   / 75207

data freshness   / 65110

data fusion   / 22506

data fusion and open access   / 61126

data fusion processing   / 85117

data game theory   / 23512

data globalization   / 85307

Data Governance   / 3.3.5

Data Gravitational Wave   / 2.2.1

data growth   / 91404

data hegemony   / 85211

data import and export standard   / 75432

data import security-related authorization policy
   / 94218

data in enterprise information database   / 43504

data insight   / 22117

data integration   / 33104

data integration architecture   / 33509

data integrity   / 33529

data intermediary   / 91504

data island   / 61103

data isolation and switching system   / 82508

data item   / 31514

data jurisprudence   / 91523

data label   / 51320

data labor   / 41203

data lake   / 32312

data layout   / 32214

data leakage prevention   / 82202

data leakage prevention layer   / 82318

data leakage prevention technology   / 84221

data license agreement   / 92419

data lineage tracing technique   / 84405

data link control   / 12110

data link layer   / 82407

data loading   / 31324

data localization   / 92314

Data Localization Law (Russia, 2014)   / 93519

data locking   / 92313

data man   / 15101

Data Man Hypothesis   / 9.1.3

Data Management and Control System of the State Post
   Bureau of China   / 75511

Data Management and Interchange Subcommittee
   (ISO/IEC JTC1/SC32)   / 71402

data management plan (DMP)   / 35401

data management platform (DMP)   / 51319

data management security   / 82115

data mapping   / 31101

data masking   / 33106

data masking layer   / 82319

data masking regulation   / 94208

data mass   / 22109

data message evidence   / 95515

Data Middle Office   / 4.3.4

data migration   / 22505

Data Mining: Concepts and Techniques (Jiawei Han &
   Micheline Kamber, USA)   / 15404

data mirroring   / 83416

data model   / 43418

data model standard   / 33512

data modeling   / 31115

data modeling standard   / 75116

data modulation and encoding   / 12108

data monitoring   / 81220

data monopoly   / 61104

data nature   / 22103

data network   / 12517

data neutrality   / 15206

data news   / 11418

data object   / 31515

data oligarchy   / 92317

Data Openness and Sharing   / 6.1.1

data operation system   / 41317

Definitions and Taxonomies Working Group   / 75329

degree   / 34503

de-identification technique   / 82225

Demonstration Projects in Standardization   / 7.5.5

denial-of-service (DoS) attack   / 81407

dense market   / 41231

density plot   / 34315

density-based spatial clustering of applications with
noise (DBSCAN)   / 13221

depth-first search   / 72305

derogation   / 92408

descriptive analysis   / 34201

descriptive statistics   / 11209

design knowledge modeling   / 14112

Detailed Rules of Yunnan Province for the
Management of Scientific Data   / 93116

determinant   / 11106

deterministic networking (DetNet)   / 12511

detrust architecture   / 23404

development of professional ethics in the Internet
industry   / 94205

development of the national satellite system   / 45308

Development Plan for Standardization in National
Strategic Emerging Industries During the 13th
Five-Year Plan Period (China)   / 71204

Development Plan for the Standardization System for
the Financial Sector (2016–2020) (China)   / 51108

Development Strategy of Financial Technology
Industry (Singapore)   / 51117

development-oriented finance   / 54518

development-oriented poverty reduction mechanism
/ 44201

deviation measuring   / 95413

deviation warning   / 95407

DevOps concept   / 15309

dialog and consultation mechanism on cyberspace
/ 21517

dial-up access control   / 85120

differentiated incentives for financial regulation   / 54227

digital abstract   / 83410

digital academy   / 22314

digital affordability   / 44116

digital archives   / 64306

digital asset trading platform   / 23320

digital asset transfer   / 51521

digital assistant   / 42103

digital banking   / 54107

digital base   / 63113

Digital Belt and Road (DBAR) Program Science Plan
/ 35128

Digital Belt and Road Initiative Meeting   / 15519

digital bill trading platform   / 23321

digital blind spot   / 44105

Digital Canada 150 Strategy   / 21419

Digital China   / 21403

digital city   / 63102

digital civilization   / 23502

digital claims assessment   / 54119

digital collection   / 42220

Digital Competitiveness   / 2.2.3

digital computer   / 12201

digital content industry   / 42216

digital content management   / 41115

Digital Controlled Finance: big data-based regulation
of Internet finance   / 75504

Digital Cooperation   / 4.1.4

digital copy   / 93437

digital copyright   / 65320

Digital Countryside   / 4.2.3

digital countryside strategy   / 42305

digital court hearing system   / 95328

digital credit scoring   / 54223

digital currency   / 23303

digital data   / 41108

digital democracy   / 65504

digital dictatorship   / 91526

dynamic programming / 11310

dynamic programming method / 13116

dynamic risk scoring system for financial business
/ 55305

E

E-APEC Strategy (Asia-Pacific Economic Cooperation)
/ 85504

e-archive / 95322

early warning instruction / 95112

early warning system for big data security incidents
/ 93414

EarthCube Project (USA) / 35126

e-banking / 54106

ECHELON Global Monitoring System / 85416

echo chamber effect / 65205

ecological capital / 54509

ecological chain of prosecutorial big data application
/ 95213

ecological contract / 22520

ecological model for organization / 61305

ecological operation platform / 22521

ecological theology / 15204

ecology of industry-finance integration / 53114

E-commerce Connectivity Index (ECI) / 45103

e-commerce cooperation / 45419

e-commerce cooperation empowerment / 45110

e-commerce credit rating / 93342

e-commerce data development and application
/ 93339

e-commerce dispute resolution / 93335

e-commerce full-link solution / 45416

E-Commerce Law of the People's Republic of China
/ 93102

e-commerce platform operator / 93332

e-commerce promotion / 93336

e-commerce protocol / 83316

e-commerce small loan / 52407

e-commerce small loan from commercial banks
/ 52412

e-commerce standards system / 93338

e-commerce statistical system / 93337

Economic Brain / 4.3.5

economic map / 43501

economic panorama / 43502

Ecosystem Research Network (China) / 35120

edge betweenness index / 34509

edge computing / 13401

edge-cloud collaborative computing / 63130

"Education and Training 2020" (ET 2020) / 44417

e-evidence / 95512

effective algorithm / 13103

egoism / 91306

egoless programming / 82218

e-government / 21315

E-Government Action Plan / 62103

e-government thinking / 62401

eHub / 45303

e-ID / 91509

e-inclusion / 62417

e-Krona (Sweden) / 23310

ElasticSearch server / 31410

elderly care app / 64503

elderly care service provider / 64519

electromagnetic shielding technology / 84215

electron spin / 25307

electronic case file / 95311

electronic currency / 23302

electronic digital computer / 21101

electronic fence / 53306

electronic government (e-government) / 62102

electronic health record (EHR) / 64114

electronic identification (eID) / 81206

electronic information manufacturing industry

/ 42205

electronic license and permit   / 62413

electronic medical record (EMR)   / 64112

Electronic Numerical Integrator and Computer

(ENIAC)   / 15501

electronic permanent student record   / 64322

electronic product code (EPC) system   / 15112

Electronic Signature Law of the People's Republic of

China   / 93103

electronic Silk Road   / 45102

electronic supervision (e-supervision) system   / 62511

electronic tag   / 31216

electronic toll collection (ETC)   / 63223

electronic transaction document   / 45422

electronic water safety monitoring system   / 63420

Electronic World Trade Platform (eWTP)   / 45401

electro-optical countermeasure   / 83206

e-litigation   / 95305

e-mail   / 31309

embedded script   / 81415

embedded software   / 42117

emergence   / 11517

Emergency Communications and Internet Data

Retention Act (UK)   / 85528

emergency management system for financial network

security   / 55216

emergency plan management   / 83319

emerging AI industry   / 24408

emerging cyber range   / 83509

emission right   / 54318

emission trading across administrative divisions

/ 54330

emission trading market   / 54331

emotional connection   / 43105

empathic civilization   / 15317

EN ISO/IEC 15438:2010 Information technology

— Automatic identification and data capture

techniques   / 74210

EN ISO/IEC 27000:2018 Information technology

— Security techniques — Information security

management systems — Overview and vocabulary

/ 74201

EN ISO/IEC 27001:2017 Information technology

— Security techniques — Information security

management systems — Requirements   / 74202

EN ISO/IEC 27002:2017 Information technology

— Security techniques — Code of practice for

information security controls   / 74203

EN ISO/IEC 27038:2016 Information technology —

Security techniques — Specification for digital

redaction   / 74204

EN ISO/IEC 27040:2016 Information technology —

Security techniques — Storage security   / 74205

EN ISO/IEC 27041:2016 Information technology —

Security techniques — Guidance on assuring

suitability and adequacy of incident investigative

method   / 74206

EN ISO/IEC 27042:2016 Information technology —

Security techniques — Guidelines for the analysis

and interpretation of digital evidence   / 74207

EN ISO/IEC 27043:2016 Information technology —

Security techniques — Incident investigation

principles and processes   / 74208

EN ISO/IEC 30121:2016 Information technology —

Governance of digital forensic risk framework

/ 74209

enabling technology for legal services   / 95503

encrypted data storage   / 82402

encrypted message authentication code   / 82507

encrypted search   / 82207

encryption mechanism   / 82509

end-effector   / 72405

end-to-end principle   / 43308

energy Internet   / 21318

energy savings   / 54319

energy savings trading market   / 54332

energy-level structure of a quantum system　/ 25302

enhanced mobile broadband (eMBB)　/ 12124

enhanced password management　/ 84306

e-notarization　/ 95520

ensemble learning algorithm　/ 13215

entanglement distribution network　/ 25504

enterprise credit cultivation　/ 54521

enterprise digital service and result　/ 43510

enterprise information value chain model　/ 22202

enterprise service platform　/ 43505

enterprise without borders　/ 41207

entity identity　/ 33531

entrepreneurial employee　/ 61313

enumeration method　/ 13110

environment monitoring network　/ 63413

Environmental Change Network (UK)　/ 35119

environmental cognition　/ 72425

e-payment　/ 52108

e-payment service provider　/ 93334

e-personality　/ 91512

e-portfolio of the Ministry of Human Resources and
　　Social Security　/ 64204

e-prescription　/ 64113

equal rights to data　/ 15205

Equalization of Digital Opportunity　/ 4.4.1

equity diversification of consumer finance company
　　/ 53413

equity risk　/ 55110

equity-based crowdfunding　/ 52306

era of big science　/ 23506

era of data capitalism　/ 41129

e-record　/ 95321

e-Residency (Estonia)　/ 15513

error control coding　/ 82513

error correction code (ECC)　/ 82512

e-schoolbag　/ 64320

e-settlement　/ 52119

e-signatory　/ 93434

e-signature　/ 84316

ET agricultural brain　/ 63109

ET brain　/ 63106

ET city brain　/ 63107

ET industrial brain　/ 63108

Ethereum　/ 23313

ethical algorithm　/ 15211

ethical data management protocol　/ 15218

Ethically Aligned Design　/ 15221

ETL (extraction transformation loading) tools　/ 31316

EUDAT Collaborative Data Infrastructure　/ 35514

Euro-Asian Council for Standardization, Metrology
　　and Certification (EASC)　/ 71423

European Blockchain Partnership Declaration　/ 51104

European Committee for Electrotechnical
　　Standardization (CENELEC)　/ 71407

European Committee for Standardization (CEN)
　　/ 71406

European Data Protection Board (EDPB)　/ 94503

European Health for All database　/ 15219

European Open Science Cloud　/ 35505

European Open Up Project　/ 35524

European Policy Principles on International
　　Standardization (EU)　/ 71524

European Strategy Forum for Research Infrastructure
　　(ESFRI)　/ 35509

European Telecommunications Standards Institute
　　(ETSI)　/ 71408

evaluation index system for informatization in various
　　regions of the Russian Federation　/ 45218

evaluation system of classified protection of
　　information security　/ 84411

e-vendor　/ 93331

everyone-to-everyone (E2E) economy　/ 43312

evolution of the law　/ 91516

evolutional learning　/ 14223

evolutionary algorithm　/ 24309

evolutionary robot　/ 24307

F

financial business risk early warning and intervention mechanism   / 55304

financial business risk emergency response   / 55208

financial business risk information disclosure   / 55211

financial business risk information sharing   / 55212

financial business risk monitoring and early warning mechanism   / 55303

financial business risk prevention and control analysis model   / 55205

financial business risk prevention and control data indicators   / 55204

financial business risk prevention and control system   / 55203

financial business security monitoring and protection   / 55210

financial capability   / 54212

financial cloud   / 51304

financial computerization   / 51201

financial consumer education   / 53506

financial consumer protection   / 55231

financial consumer satisfaction   / 53416

financial corruption   / 55127

financial crisis   / 55139

financial data center   / 52515

financial datamation   / 51218

financial democracy   / 54416

financial discrimination   / 54203

financial disintermediation   / 52218

Financial Ecosystem   / 5.1.2

financial exclusion   / 54202

financial globalization   / 52501

financial inclusion   / 51216

financial information   / 52502

financial information abuse   / 55222

financial information leakage   / 55221

financial information security   / 55223

financial information security risk assessment   / 55225

Financial Information Service   / 5.2.5

financial information service industry   / 52504

financial information service industry cluster   / 52509

financial information service license   / 52506

financial information service provider   / 52503

financial innovation for Internet enterprises   / 51205

financial intermediary   / 52505

financial IoT   / 53319

financial law system   / 51405

financial leasing company   / 53406

financial leasing of green assets   / 54334

financial literacy   / 54211

financial metropolitan area network   / 55233

financial mismatch   / 52319

Financial Model Innovation   / 5.3

financial network security risk management   / 55214

financial network security situation awareness platform   / 55219

financial platformization   / 51221

financial regulatory framework   / 55401

financial review   / 54408

financial risk monitoring platform   / 55209

financial risk of adverse selection   / 55140

financial scenario   / 51206

financial service for micro and small enterprises   / 51509

financial service rights and interests of special consumer groups   / 54226

Financial Stability and Development Committee under the State Council   / 55513

Financial Stability Board (FSB)   / 55505

financial supermarket   / 52518

financial support based on strong social tie   / 44509

Financial System Innovation   / 5.4

financial technicalization   / 51217

financial technology (Fintech)   / 51203

Financial Technology Innovation Strategy (UK)   / 51111

Financial Technology Protection Act (USA)   / 51115

G

H

I

industrial control system / 81118

Industrial Digitization / 4.2.1

Industrial Digitization Alliance / 42102

industrial Internet / 42105

Industrial Internet / 4.2.4

industrial Internet security / 82127

industrial IoT finance / 53327

Industrial Strategy: Artificial Intelligence Sector Deal
(UK) / 24516

industrial upgrade driven by intelligent technology
/ 24406

Industry 4.0 / 42119

industry big data / 43507

industry vertical community / 65119

inferential statistics / 11210

information / 31102

information and communication industry / 42204

Information and Intelligent Systems (IIS): Core
Programs (USA) / 24514

information asset protection (IAP) system / 91506

information cascade / 11408

Information Communication / 1.2.1

information countermeasure / 83203

Information Development Index (IDI) of International
Telecommunication Union (ITU) / 45221

information digitization / 21218

information disclosure / 52516

information entropy / 31103

information extraction / 31109

information feudalism / 85207

information hegemonism / 85206

information hiding / 81416

information highway / 21106

information industrialization / 42215

Information Infrastructure Development Index (IIDI)
/ 45215

information item standard document / 75213

information leakage / 81213

information mobilization and emergency support for
national defense / 85419

information monetization / 53106

information monopoly / 21201

information on the trading process / 93323

information platform for collaborative planning
/ 63128

information productivity / 21208

information quantity / 31104

information reference architecture interface / 72509

information resource sharing / 93326

information resource standard / 75310

information reuse / 92414

information security and confidentiality management
system / 93430

information security emergency response / 82111

information security framework for World Summit on
the Information Society (UN) / 85501

information security industry base / 84505

information security industry credit system / 84322

information security literacy / 81303

information security management and control
specification / 84419

information security management system (ISMS)
/ 82301

information security management system (ISMS)
auditing / 84324

information security management system (ISMS)
certification / 84325

information security planning / 84101

information security product certification / 85102

information security public service platform / 84520

information security risk assessment / 82303

information security threat / 85220

information service for the legal industry / 95504

information sharing rate / 62306

information Silk Road / 45101

Information Society / 2.1.2

J

K

Kabbage Inc.　/ 52417

KANO model　/ 22219

key AI equipment　/ 24312

key factor of production　/ 22317

key opinion leader (KOL) incubator　/ 43212

key process numerical control rate for manufacturer　/ 41220

key technical and general basic standards for big data　/ 71218

key technical and general basic standards for cloud computing　/ 71217

key technical and general basic standards for cybersecurity review　/ 71226

key technical and general basic standards for digital home　/ 71220

key technical and general basic standards for distributed storage　/ 71215

key technical and general basic standards for e-commerce　/ 71221

key technical and general basic standards for e-government　/ 71222

key technical and general basic standards for high-performance electronic components　/ 71209

key technical and general basic standards for human-machine interaction　/ 71214

key technical and general basic standards for integrated circuits　/ 71208

key technical and general basic standards for intelligent terminals　/ 71211

key technical and general basic standards for Internet of Things　/ 71216

key technical and general basic standards for new display technology　/ 71210

key technical and general basic standards for next-generation mobile communication　/ 71223

key technical and general basic standards for operating systems　/ 71213

key technical and general basic standards for personal information protection　/ 71225

key technical and general basic standards for satellite navigation　/ 71212

key technical and general basic standards for smart city building　/ 71219

key technical and general basic standards for ultra-wideband (UWB) communication　/ 71224

key technical standard for data processing and analysis　/ 75420

key technology for data protection　/ 93329

key-value data model　/ 32226

key-value database　/ 32303

key-value store　/ 32215

Kibana platform　/ 31416

Kickstarter platform　/ 52316

kin selection　/ 91305

Kineograph framework　/ 33219

K-means clustering　/ 13219

knapsack problem　/ 11314

k-nearest neighbor (KNN) algorithm　/ 13213

knot theory　/ 23220

knowledge base　/ 14114

knowledge community　/ 65118

knowledge computing　/ 34421

knowledge computing engine and knowledge service technology　/ 24205

knowledge discovery　/ 14104

knowledge editor　/ 14116

knowledge engineer　/ 14108

Knowledge Engineering　/ 1.4.1

knowledge extraction　/ 34422

knowledge graph　/ 14101

knowledge graph building　/ 95408

knowledge graph of prosecutorial work　/ 95212

knowledge grid　/ 14121

knowledge industry　/ 14115

L

M

Metropolis-Hastings algorithm   / 34120

metropolitan area network (MAN)   / 12118

micro and small enterprise (MSE)   / 52401

micro communication   / 65419

micro lecture   / 64302

microcontroller   / 12403

microinsurance   / 54222

microprocessor   / 12402

military-civilian big data   / 85404

military-civilian docking platform   / 85412

military-civilian information exchange platform
    / 85411

military-civilian integration   / 85413

Millennium Bug   / 81314

MillWheel processing system   / 33213

mind map   / 34310

Minister of State for Artificial Intelligence (UAE)
    / 15520

Ministry of Agriculture's Agricultural Product
    Wholesale Market Price Mining and Visualization
    Platform   / 75505

Ministry of Culture's Action Plan on Belt and Road
    Culture Development (2016–2020)   / 45506

Ministry of Industry and Information Technology of
    China   / 94502

mirror world   / 15106

mirroring and snapshot protection   / 85108

missing value   / 33114

mixed reality (MR)   / 14302

Mixi   / 65413

mobile application management (MAM)   / 85112

mobile banking digital certificate   / 53503

Mobile Black Spot Program (Australia)   / 21417

mobile cloud computing   / 13404

mobile communication chip   / 42111

mobile communication network   / 12507

mobile computing architecture   / 13522

mobile e-commerce   / 21313

mobile emergency command platform   / 63515

mobile government (m-government)   / 62109

mobile government application platform   / 62211

mobile government strategy   / 62110

mobile Internet   / 12502

mobile Internet consumer group identification   / 45301

mobile payment   / 52111

mobile payment technology   / 51323

mobile phone virus   / 81507

mobile storage   / 32108

mobile terminal management   / 85111

mobile terminal security   / 82123

mobile wealth management   / 54123

mobile WeCourt   / 95313

model application of key standards for big data
    / 75342

model online store for poverty alleviation through
    e-commerce   / 44403

model theory   / 11111

model training   / 95411

model-based learning   / 34218

model-based scientific decision-making   / 61408

model-free learning   / 34219

Modern Financial Service System   / 5.4.1

modernization of the retail payment system
    infrastructure   / 54209

modular data center   / 32505

modular design   / 42211

modular middle office   / 43413

modular provision of public services   / 22220

modularity of financial service   / 51220

modularization   / 43309

module technology   / 13505

MongoDB   / 32318

monitoring and early warning platform for big data
    security   / 93418

monitoring platform for unknown threats   / 84506

Monte Carlo simulation   / 34113

N

network vulnerability / 65208

network worm / 81504

network-based governance / 62415

networked collaboration / 42401

networked governance / 61206

networked integrity / 23416

networked social interaction / 65101

networking rate of manufacturing enterprises above
designated size / 41222

neural computing / 14501

neural microcircuit / 14522

neural network algorithm / 13216

neural network chip / 12405

neural network language model / 34407

neural network learning / 14216

neurodynamics / 14407

neuromorphic chip / 14518

neuromorphic computing / 14516

neutral arbiter / 92521

new architecture and technology for hybrid-augmented
intelligence / 24208

new business entity / 44505

new competition paradigm / 41521

new cybercrime / 65206

new display industry / 42109

New Eurasia Land Bridge Economic Corridor / 45116

new globalization / 45105

new intelligent economy / 41206

new model of major-country relations in cyberspace
/ 21520

new Moore's law / 13501

new Ponzi scheme / 55122

new quantum Internet experiment / 25520

new quantum sensor / 25315

new real economy / 41205

New Regulation for Digital Currency Exchanges
(Australia) / 51119

new surveying and mapping facilities / 63118

new surveying and mapping technology / 61418

New Trade Revolution / 4.5.4

new trading technology / 51301

new work item proposal for international standard
/ 71509

new-generation AI governance / 24519

new-generation artificial intelligence / 24101

New-generation Artificial Intelligence Development
Plan (China) / 24503

new-generation information technology / 21110

new-generation IT standardization project / 71121

news feed advertising / 34519

NewSQL database / 32307

Newton's method / 11118

Next-generation Cybersecurity Solution (China)
/ 24504

Next-generation Information Infrastructure
Construction Project / 44103

NIST Big Data Public Working Group (NBD-PWG)
/ 75324

no sharing of government resources / 93210

no-boundary proposal / 11513

node attack / 81411

node link method / 34312

noisy data / 33117

non-anthropocentrism / 91310

non-blind confrontation / 83211

non-cash payment / 54208

non-consumability / 92405

non-contact crime / 81226

non-excludability / 92407

non-exclusive multiplexing / 42511

non-interventional care / 64502

non-John von Neumann architecture / 13521

nonlinear programming / 11307

nonlinear structure / 31520

non-litigation third-party dispute resolution mechanism
/ 53412

O

public data collection system / 93222

public data sharing mechanism / 93341

public interest definition / 92513

public interest litigation / 92514

public key cipher / 83413

public key infrastructure (PKI) / 81101

public law / 91218

public notice / 92118

public number / 92515

public opinion monitoring / 63505

public platform for information technology service / 71319

public platform for prosecutorial service / 95231

public pledge of self-regulation and professional ethics for big data security / 94203

Public Pledge of Self-Regulation and Professional Ethics for China's Big Data Industry / 94106

Public Pledge of Self-Regulation and Professional Ethics for China's Cross-border Data and Telecommunications Industry / 94117

Public Pledge of Self-Regulation and Professional Ethics for China's Data Center Industry / 94112

Public Pledge of Self-Regulation and Professional Ethics for China's Internet Industry / 94101

Public Pledge of Self-Regulation and Professional Ethics for Internet Search Engine Services (China) / 94115

Public Pledge of Self-Regulation and Professional Ethics for Internet Terminal Security Services (China) / 94113

Public Pledge of Self-Regulation and Professional Ethics for Mobile Communication Resale Enterprises (China) / 94114

Public Pledge of Self-Regulation and Professional Ethics for the AI Industry (China) / 94111

Public Pledge of Self-Regulation and Professional Ethics for the Data Transfer Service Industry (China) / 94108

Public Pledge of Self-Regulation and Professional Ethics for the Offline Big Data Industry (China) / 94104

Public Pledge of Self-Regulation and Professional Ethics for Zhongguancun Big Data Industry Alliance (China) / 94103

public power / 91217

public right in data / 92209

Public Sector Data Security Review Committee (Singapore) / 94518

public security management / 63501

public security risk prevention and control / 63507

Public Service Digitization Program / 42104

public service platform for bank-enterprise communication / 54524

public service platform for cloud service security / 71320

public service platform for data sharing / 71317

public service platform for interoperability of China-made software and hardware / 71316

public service platform for national information security standardization (China) / 71315

public service platform for office system security / 71321

public service platform for software products and system testing / 71318

public service system for environmental quality management / 63417

public switched telephone network / 81116

public trust / 92517

public value / 61523

public-key cryptosystem / 82518

punishment mechanism for ineffective protection of data security and leakage of privacy / 94210

purchase order financing & factoring / 53216

pure online mode / 52209

pure platform mode / 52213

pushdown automaton / 13323

reserve for risks　/ 52217

residual information protection　/ 83106

resilient overlay network　/ 12514

Resolution on the Establishment of European

　　Information Society Security Strategy (EU)

　　/ 85509

Resolution on the Establishment of European Network

　　Information Security Culture (EU)　/ 85508

resource directory　/ 93202

resource exchange domain　/ 72517

resource management framework　/ 72110

resource pool of government services big data　/ 62219

resource pooling　/ 72207

resource sharing　/ 61522

respondents database　/ 95117

responsible person for big data security　/ 93403

responsive regulatory approach　/ 54418

restricted space　/ 72411

retail algorithmic trading platform　/ 54415

Retainable Evaluator Execution Framework (REEF)

　　/ 35324

reuse of scientific data　/ 35431

reuse theory　/ 92412

revenue sharing　/ 52308

review of data masking and decryption　/ 93217

review of technical evidence　/ 95230

RFID application system　/ 63315

RFID label　/ 63513

RFID-based logistics information management

　　/ 53312

right of control over personal information　/ 91413

right of data personality　/ 91420

right of data sovereignty　/ 92304

right of equality　/ 91214

right of possession　/ 92409

right of privacy in data　/ 91422

right of self-defense　/ 92305

right to be forgotten　/ 92212

right to be informed　/ 92220

right to challenge　/ 92122

right to complete dominance　/ 92501

right to correction　/ 92211

right to data access　/ 92210

right to data acquisition　/ 92222

right to data confidentiality　/ 92217

right to data disposition　/ 92224

right to data inquiry　/ 92218

right to data portability　/ 92221

right to data sharing　/ 92113

right to data use　/ 92223

right to data-generated remuneration　/ 92219

right to error correction　/ 92123

right to information dissemination through network

　　/ 65324

right to object　/ 92214

right to personal liberty　/ 91215

right to privacy　/ 91212

right to reject　/ 92215

right to restrict data processing　/ 92225

right to restrict processing　/ 92213

right to self-determination　/ 92216

right to standards formulation and revision　/ 71512

rights and interests concerning data resource　/ 91403

rights over the data of others　/ 92110

rights to personal information　/ 91412

rightsizing　/ 84323

right-to-know theory　/ 91118

Ri-Man　/ 64514

Risk Assessment　/ 8.2.3

risk assessment for new credit customers　/ 53113

risk assessment for public data sharing and access

　　/ 93310

risk assessment system for open and shared public data

　　/ 93224

risk control system for personal financial service　/ 51515

risk emergency response for use of new technology in

S

T

technical operation and maintenance of platforms / 75211

technical requirement for data center operation and maintenance management / 75428

technical requirement for unstructured data management systems / 75413

technical risk / 55113

technical secretariat of standardization organization / 71507

technical standard for big data / 75415

technical standard for data detection and evaluation / 75421

technical standard for data mining / 75409

technical standard for persistent storage / 75435

Technical Standards / 7.3.2

technical support system for national cybersecurity / 85420

Technical Verification and Application Demonstration Project for the Beijing-Shanghai Quantum Communication Network (China) / 25419

technique facilitating socialized property management / 61215

technium / 22517

technological empowerment / 91407

technological force of scenario / 43111

Technological Singularity / 2.4.2

technological totalitarianism / 61208

technological unemployment / 44113

technology facilitating democratic consultation and participation / 61217

technology facilitating multi-level administration / 61207

technology facilitating specialized social work / 61216

technology for administration of justice / 95424

technology for exchanging notarized evidence / 95523

technology for legal professional qualification examination / 95429

technology for legal publicity / 95428

technology for legal service / 95427

technology for preserving notarized evidence / 95522

technology for rehabilitation of criminals and drug addicts / 95426

technology for taking notarized evidence / 95521

technology governance / 61201

Technology Open Source / 3.5.3

technology, media and telecom (TMT) industry / 21304

technology-aided anti-corruption efforts / 62510

technology-driven guarantee and financing service / 54522

technology-patent-standard synchronous R&D model / 71311

Telecommunication Standardization Sector of the International Telecommunication Union (ITU-T) / 71405

Telecommunications Act 1997 (Australia) / 85529

telecommunications industry / 42206

telemedicine / 21316

telemonitoring / 64501

telephone payment / 52113

teleportation protocol / 25410

temperature and humidity control / 85123

terminable data rights / 92507

terminal device / 12416

ternary world (consisted of physical space, human space and information space) / 21206

Terrestrial Ecosystem Research Network (Australia) / 35122

terrorist financing / 55128

Text Big Data Analytics / 3.4.4

text clustering / 34419

text data / 31509

text generation / 34416

text matching / 34412

text representation / 34403

three-dimensional scatter plot / 34318

Tianjic chip / 15108

Tianping blockchain platform / 95310

Tianwang ("Skynet") Project / 63504

tidy data / 33119

time and space continuity / 35221

time complexity / 13316

time series analysis / 11220

time-sensitive networking (TSN) / 42419

timestamping / 91514

time-varying data / 31511

Title III crowdfunding / 52312

tokenization / 54412

tokenized payment technology / 54103

Tokyo QKD Network (Japan) / 25417

tolerance for non-performing loans / 54228

too-big-to-fail risk / 55119

topological quantum computing / 25220

topological quantum field theory (TQFT) / 25117

topology / 33410

total-factor analysis of poverty / 44311

total-factor digital representation technology / 61421

trace management / 93225

traceability / 23112

tracking and positioning / 14318

trade secret / 91208

trading market for environmental rights and interests / 54329

trading price / 93302

traffic bonus / 65115

traffic guidance system / 63222

traffic padding / 82511

trajectory analysis / 95114

transaction coordinator / 32415

transaction data asset security / 55230

transaction information / 93324

transaction manager / 32414

transfer learning / 14221

transfer learning algorithm / 24117

transfer principle / 94308

transformation towards networked agricultural product distribution / 45106

transform-domain techniques for steganography / 83419

Transmission Control Protocol (TCP) / 82219

transmission medium / 12105

transnational financial regulatory system / 55429

transparency of information disclosure / 51213

transparency of supply chain finance (SCF) transactions / 53209

transparent computing / 13417

transportation problem / 11311

trapped ion quantum computing / 25218

travel surface / 72422

tree traversal / 11519

tree-planting via Internet / 63410

tree-shaped framework for standards system / 75218

triadic closure / 43304

trigger / 31320

triple-network convergence / 21219

Trojan Horse / 81508

Trust Assurance / 8.4.3

trust gap / 21203

trust in network / 84301

trust machine / 23408

trust mechanism / 41513

trust network / 23403

trust transfer / 23409

trusted access control / 84319

trusted AI / 81202

trusted channel / 82117

trusted cloud / 51308

trusted cloud computing technology / 82103

trusted computing / 84202

trusted computing base (TCB) / 82222

Trusted Computing Group (TCG) / 81323

trusted electronic license system (ELS) / 62209

trusted environment for supply chain finance (SCF) / 53211

trusted financial network / 23413

trusted Internet connection / 84313

trusted network access / 82405

trusted network environment (TNE) technology / 84302

trusted path (TP) / 82206

trusted recovery / 84403

trusted repository / 35436

trusted software design / 81201

trusted third party (TTP) / 65109

trusted-repeater network / 25502

trust-node network / 25501

Tunis Agenda for the Information Society / 65524

Turing completeness / 82216

Turing machine / 13301

Turing test / 24109

twin peaks model / 55412

Twitter / 65410

two-way peg / 23205

type approval / 83406

U

Uber / 42524

ubiquitous and high-speed information infrastructure / 61402

ubiquitous computing / 13415

ubiquitous content business internationalization / 45418

ubiquitous education / 64316

ubiquitous intelligent municipal facilities / 63116

ubiquitous intelligent urban components / 63117

ubiquitous jurisprudence / 91123

ubiquitous media / 65301

ubiquitous wireless network / 12503

UCloud SafeHouse / 82302

UK Data Service / 35517

ultimate scenario / 43122

ultra-reliable & low-latency communication (URLLC) / 12126

unauthorized user / 82211

unauthorized wiretapping / 65521

unbounded retail / 21307

uncertainty principle / 11510

unconditional access / 93211

unconditional sharing of government resources / 93208

unconstrained problem / 11312

undifferentiated access / 61127

unemployment early warning / 64218

unequal financial services / 54407

Unicode Consortium / 65117

unified access / 35226

unified data dictionary / 65319

unified namespace / 32118

unified regulatory model / 55411

unified service platform for electronic channel and Internet finance / 53403

uniform resource locator (URL) / 31327

uninterruptible power supply / 32516

United States Standards Strategy (USSS) / 71104

universal access / 93231

universal approximation theorem / 14512

universal basic income / 41227

universal serial bus (USB) / 82223

universal telecommunication service / 21405

unlimited online small loans with fixed quota / 53202

unmanned factory / 42416

unmanned workshop / 42418

unstructured big data management platform of State Grid Corporation of China / 75516

unstructured data / 31502

V

virtual presence / 65321

virtual private network (VPN) / 12510

virtual property / 91402

Virtual Reality / 1.4.3

virtual reality interaction / 61423

virtual scenario / 43108

virtual sub-account management system / 45414

virtual value chain / 22201

virtual world / 91311

virus attack weapon / 83215

virus warning / 82417

visible and controllable / 61401

Vision and Action on Jointly Promoting Agricultural
    Cooperation on the Belt and Road / 45513

Vision and Actions on Energy Cooperation in Jointly
    Building Silk Road Economic Belt and 21st-
    Century Maritime Silk Road / 45501

Vision and Actions on Jointly Building Silk Road
    Economic Belt and 21st-Century Maritime Silk
    Road / 45502

Vision for Maritime Cooperation under the Belt and
    Road Initiative / 45509

visual analytics / 34304

visual coding / 34308

visual cryptography / 82404

visualized urban data / 63125

voice interaction / 14324

voice synthesis / 14417

volume visualization / 34307

volunteered geographic information (VGI) / 35116

voting and commenting on international
    standardization documents / 71511

vulnerability / 81503

Vulnerability (Qi Xiangdong, China) / 15421

vulnerability assessment system / 82315

vulnerability detection and scanning tool / 83217

vulnerability exploitation / 83102

vulnerability isolation / 82209

vulnerability patch / 81210

vulnerability scanner / 82413

vulnerability scanning / 81317

vulnerability warning / 82416

W

walkthrough based on real network environment
    / 83501

warehouse based on IoT perception technology
    / 53307

warehouse-scale computer / 32512

water right / 54320

water right trading market / 54333

wave function / 25102

weak artificial intelligence / 24102

weak password / 81308

wearable device / 12417

wearable set for individual police officers / 95111

weather derivatives / 54308

Web application security testing tool / 82313

web collaboration / 61514

web crawler / 31322

Web reputation service (WRS) / 84318

Web server / 32509

WeBank / 52405

website security measures / 93429

WeChat / 65401

WeChat Open Community / 35328

WeChat red packet / 53512

Weibo / 65402

weight decay process / 14224

Weilidai / 52418

We-Media / 43219

white hat / 81403

White Spaces / 21424

whitelist / 82309

X

Y

20141727-T-469 Service specification for cross-border electronic commerce transactions / 73508

20152348-T-339 Smart city — Cross-system interaction — Part 1: Overall framework / 73261

20154004-T-469 Data interface specification for e-commerce data transaction platform / 73510

20160504-T-524 Technical specifications for data platform of energy Internet / 73527

20170573-T-469 Information security technology — Glossary / 73109

20171054-T-339 Classful Technology Specification of IDC / 73254

20171055-T-339 Telecommunication Internet data center (IDC) technology specification / 73253

20171065-T-469 Information technology — Big data — Functional testing requirements for analytic system / 73132

20171066-T-469 Information technology — General requirements for big data computing systems / 73133

20171067-T-469 Information technology — Big data — Government data opening and sharing — Part 1: General principles / 73501

20171068-T-469 Information technology — Big data — Government data opening and sharing — Part 2: Basic requirement / 73502

20171069-T-469 Information technology — Big data — Government data opening and sharing — Part 3: Open degree evaluation / 73503

20171070-T-469 Information technology service — Service security specification / 73346

20171072-T-469 Information technology — Gesture interaction system — Part 1: General technical requirements / 73135

20171081-T-469 Information technology — Big data — Functional testing specification for storage and processing systems / 73130

20171082-T-469 Information technology — Big data —

Guide for data classification / 73311

20171083-T-469 Information technology — Big data — Interface basic requirements / 73111

20171084-T-469 Information technology — Big data — Basic requirements for big data systems / 73129

20173587-T-469 Information security technology — Guide to security inspection and evaluation of critical information infrastructure / 73319

20173590-T-469 Information security technology — Social network platform information identification specification / 73330

20173817-T-469 Information technology — Wearable device — Terminology / 73105

20173818-T-469 Information technology — Big data — Functional requirement for system operation and management / 73334

20173819-T-469 Information technology — Big data — Industrial application reference architecture / 73112

20173820-T-469 Information technology — Big data — Core metadata for industrial product / 73401

20173824-T-469 Information technology — Blockchain and distributed ledger technology — Reference architecture / 73116

20173825-T-469 Information technology service — Data asset — Management requirements / 73306

20173830-T-469 Information technology service — Outsourcing — Part 6: General specification for client / 73343

20173836-T-469 Information technology — Remote operation and maintenance — Technical reference model / 73118

20173857-T-469 Information security technology — Risk assessment specification for information security / 73318

20173860-T-469 Information technology — Security techniques — Network security — Part 2: Guidelines for the design and implementation of network security   / 73419

20173869-T-469 Information security technology — Security test requirement for cryptographic modules   / 73454

20174080-T-469 Internet of things — General requirements for information sharing and interchange platform   / 73138

20174084-T-469 Information technology — Automatic identification and data capture techniques — Data carrier identifiers   / 73203

20180019-T-469 Information system for digitized supervision and management of city — Basic information of intelligent manhole covers   / 73522

20180840-T-469 Information security technology — Security impact assessment guide of personal information   / 73428

20180973-T-604 Performance requirements of monitoring and measuring systems used for data collection and analysis   / 73202

20180974-T-604 Performance and calibration methods for data acquisition software   / 73201

20181941-T-604 Intelligent manufacturing — Industrial data collection specification   / 73204

20182117-T-469 Traceability control points and evaluation criteria for e-commerce transaction product   / 73515

20182200-T-414 Interactive advertising — Part 6: Audience data protection requirement   / 73432

20182302-T-469 Internet of Things — Access of sensing and controlling device — Part 2: Data management requirements   / 73304

20184722-T-469 Industrial Internet of Things — Specification of structured description for data acquisition   / 73205

20184856-T-469 Specification for e-commerce transaction image display   / 73512

20190805-T-469 Information technology — Computer vision — Terminology   / 73104

20190810-T-469 Information technology — Storage management — Part 2: Common architecture   / 73117

20190841-T-469 Information technology — Big data — Technical requirements for analysis-oriented data storage and retrieval   / 73140

20190847-T-469 Information technology — Cloud computing — Reference architecture of joint cloud computing   / 73114

20190851-T-469 Information technology — Artificial intelligence — Terminology   / 73102

20190857-T-469 Cross-border e-commerce — Guideline for sharing of products traceability information   / 73509

20190910-T-469 Information security technology — Vulnerability identification and description specification   / 73415

20190963-T-469 General structure specification for big data system of consumer product safety   / 73533

20192100-T-469 Access specifications of government administrative service platform   / 73517

20192140-T-469 Information technology — Edge computing — Part 1: General requirements   / 73137

20192144-T-469 Internet of Things (IoT) — Interoperability for Internet of Things systems — Part 1: Framework   / 73260

20192221-T-469 Space data and information transfer systems — Proximity-1 space link protocol — Physical layer   / 73404

2025 Government Digital Transformation Strategy (Australia)   / 62116

21st Century Skills Framework (USA)   / 44416

21st-century Maritime Silk Road spatial information industry cooperation   / 45320

24/7 financial service   / 51518

3A revolution: factory automation, office automation and home automation   / 21114

3C revolution: computer, control and communication
/ 21115

3D cityscape data / 63120

3D map / 34320

3D stacking / 13503

4K TV / 42411

4V's of big data (volume, variety, velocity and veracity)
/ 22107

5G revolution / 21116

5th generation of mobile technologies (5G technologies)
/ 12522

5W (whoever, wherever, whenever, whomever,
whatever) goals in communication / 12516

法语索引

analyse d'apprentissage profond / 34203

analyse d'échantillons / 34102

analyse de chaîne de valeur / 33506

analyse de corrélation / 11216

analyse de la situation de la cybersécurité / 84502

analyse de la variance / 11215

analyse de lien / 34507

analyse de régression / 11214

analyse de renseignement criminel / 95120

analyse de trajectoire / 95114

analyse des besoins / 12309

analyse des composantes principales / 11217

analyse des données en temps réel / 61407

Analyse des données et des décisions / 1.1.3

Analyse des données par visualisation / 3.4.3

analyse des émotions / 11411

Analyse des mégadonnées de texte / 3.4.4

analyse des réseaux sociaux / 11403

Analyse des réseaux sociaux / 3.4.5

analyse des séries chronologiques / 11220

analyse descriptive / 34201

Analyse du comportement social / 1.1.4

analyse du comportement social / 11414

analyse en composantes indépendantes / 13203

analyse et application de données de l'ensemble des
    activités du Goupe JD / 75517

analyse factorielle / 13202

analyse graphique numérique de la pathologie / 64121

analyse intelligente des mégadonnées du bruit du
    climatiseur COSMOPlat de Haier / 75506

analyse par regroupement / 34205

analyse prédictive / 34202

analyse séquentielle / 11213

analyse sociologique des données des cyber-utilisateurs
    / 11410

Analyse statistique des mégadonnées / 3.4.1

analyse stéganographique / 82418

analyse visualisée / 34304

Analyses des mégadonnées / 3.4

ancrage bidirectionnel / 23205

animation en ligne / 65306

annotation des données / 33107

anonymat / 23113

ANSI INCITS 378-2009 Technologies de l'information
    — Format d'empreintes digitales pour l'échange
    des données / 74311

ANSI INCITS 475-2011 Technologies de l'information
    — Canal à fibre optique — Routage interréseau
    / 74305

ANSI ISO/IEC 11179-4:1995 Technologies de
    l'information — Spécifications et normalisation
    d'éléments de données — Partie 4 : Règles et guide
    pour la formulation des définitions de données
    adoptées par INCITS / 74313

ANSI ISO/IEC 2382-28:1995 Technologies de
    l'information — Vocabulaire — Partie 28 :
    Intelligence artificielle — Concepts de base et
    système d'experts adoptés par INCITS / 74304

ANSI/IEEE 1016-2009 Normes pour les technologies
    de l'information — Conception de système —
    Description de conception de logiciels / 74306

ANSI/IEEE 1232-2010 Échange et service
    d'intelligence artificielle liés à tous les
    environnements d'essai / 74302

ANSI/IEEE 2003-2003 Normes pour les technologies
    de l'information — Exigence et guide sur les
    spécifications et applications de la méthode d'essai
    pour le mesurage conforme aux normes POSIX
    / 74307

ANSI/INCITS/ISO/IEC 13888-1:2009 Technologies de
    l'information — Techniques de sécurité — Non-
    répudiation — Partie 1 : Dispositions générales
    / 74308

ANSI/INCITS/ISO/IEC 2382:2015 Technologies de
    l'information — Vocabulaire / 74301

ANSI/INCITS/ISO/IEC 2382-28:1995 Technologies

approbation de masquage et de décryptage des données / 93217

approbation en ligne / 62408

approbation en ligne à hors ligne / 62319

approche d'essai d'authentification / 83309

approche hiérarchique / 83308

approvisionnement fragmenté / 45406

arbitrage / 94314

arbitrage basé sur un algorithme / 95439

arbitrage en ligne / 94320

arbitrage obligatoire / 94318

arbitrage réglementaire / 55138

arbitre neutre / 92521

arbre B / 32208

arbre de classification / 13207

arbre de fusion à structure de journal / 32210

arbre de Merkle / 23108

arbre de préfixes / 32211

arbre de recherche / 72304

arbre de régression / 13208

architecture centralisée / 32403

architecture client-serveur / 32404

architecture d'affaires / 33503

architecture d'application / 33504

architecture d'entrepôt de données / 33508

architecture d'intégration de données / 33509

architecture de base de données distribuée / 32411

architecture de base de données parallèle / 32405

architecture de données / 33501

architecture de gestion de contenu / 33510

architecture de Harvard / 13519

architecture de John von Neumann / 13303

architecture de livraison de données / 33507

architecture de métadonnées / 33511

architecture de processus / 33502

Architecture de régulation fintech / 5.5.4

architecture de réseau / 12501

architecture de sécurité orientée vers les données / 82101

architecture de sécurité OSI / 82401

architecture de stockage / 13508

architecture de système ouvert / 13523

architecture de technique / 33505

architecture définie par logiciel / 13524

architecture des référentiels des mégadonnées / 72101

architecture distribuée de l'industrie financière / 51307

Architecture du gouvernement numérique / 6.2.2

architecture du système / 13506

architecture en couches / 13526

architecture informatique / 12214

Architecture informatique / 1.3.5

architecture informatique distribuée ouverte / 13520

architecture informatique mobile / 13522

architecture non John von Neumann / 13521

architecture orientée vers l'interconnexion / 13507

architecture orientée vers les services / 13527

architecture référentielle d'information de l'Internet des objets / 72505

architecture référentielle de communication de l'Internet des objets / 72504

architecture référentielle de fonction de l'Internet des objets / 72506

architecture référentielle de l'Internet des objets / 72502

architecture référentielle de système d'application de l'Internet des objets / 72503

architecture sans confiance / 23404

archivage de données flashback / 84111

archivage des données / 35404

archivage et sauvegarde / 84106

Archives de données des sciences sociales / 35422

Archives de données ISPS de l'Université de Yale / 35421

archives numériques / 64306

arme cybernétique / 85216

arme d'attaque virale / 83215

arrêt sur panne   / 83307

arsenal de l'Agence nationale de la sécurité   / 83103

ASME Y14.41-2012 Pratiques de données de définition
des produit numérique   / 74314

assimilation de règles juridiques   / 91517

assistance à la condamnation   / 95406

Assistance ciblée aux démunis   / 4.4.3

assistance ciblée aux démunis par Internet Plus
   / 44310

assistance juridique aidée par intelligence artificielle
   / 95421

assistant enquêteur d'intelligence artificielle   / 95317

assistant juge d'intelligence artificielle   / 95319

assistant numérique   / 42103

assistant procureur d'intelligence artificielle   / 95318

Association chinoise de la normalisation   / 71425

Association chinoise des institutions de microfinance
   / 52420

Association de la cybersécurité de Chine   / 84514

Association des articles de loi   / 9.4.4

association des données à multisources et découverte
de connaissances   / 35302

association et fusion   / 22415

Association française de normalisation   / 71417

Association internationale des contrôleurs d'assurances
   / 55508

Association japonaise de normalisation   / 71416

Association nationale de la finance sur Internet de
Chine   / 55517

assurance basée sur Internet des objets   / 53321

assurance de catastrophe   / 54307

Assurance de fiabilité   / 8.4.3

assurance de garantie   / 53109

assurance de qualité   / 92120

assurance de sécurité   / 92121

assurance et authentification complètes des
informations   / 81325

assurance Internet   / 54116

assurance pour l'innovation scientifique et
technologique   / 54505

assurance verte   / 54304

assurtech   / 54510

AstroML (Apprentissage automatique pour
l'astrophysique)   / 35308

atelier automatique   / 42418

atelier numérique   / 42417

atelier sur la normalisation en soutien à la numérisation
de l'industrie européenne   / 71103

atlas du cerveau humain   / 14514

Atlas of Living Australia   / 35124

attaque aux données   / 85209

Attaque craqueur   / 8.1.5

attaque de nœud   / 81411

attaque de scriptage intersite   / 81313

attaque en force brutale   / 83201

attaque financière basée sur l'intelligence artificielle
   / 81204

Attaque hacker   / 8.1.4

attaque par débordement de tampon   / 83202

attaque par déni de service   / 81407

attaque par déni de service distribué   / 81408

attaque par ingénierie sociale   / 81409

attaque par trou de ver   / 81412

attraction d'investissement ciblé   / 43506

attribut de confidentialité   / 83313

attribut juridique de données   / 91503

audit de sécurité   / 82201

audit des données   / 33101

audit du journal d'application   / 93234

audit du système de gestion de la sécurité de
l'information   / 84324

audit interne de la sécurité des informations financières
   / 55224

auditeur de nuage   / 72219

audition à distance   / 95218

audition par ordinateur   / 31209

authenticité de l'identité et de la volonté du client / 53112

authentification d'identité / 82203

authentification d'identité sécurisée et contrôlable / 65211

authentification de message / 82409

authentification de sécurité / 83402

authentification forte par certification numérique / 82422

authentification par chaîne de blocs / 23414

authentification unique / 84308

auto-activation des données / 22408

auto-apprentissage / 72312

auto-association visuelle de robot / 14411

autofinancement / 51214

autofinancement / 54402

automate à pile / 13323

automate cellulaire / 24303

automate fini / 13322

automatisation de contrat / 51313

automatisation de documents juridiques / 95433

automatisation de service juridique / 95440

automatisation des équipements dans le bâtiment / 63311

automobile intelligent / 63211

autonomisation / 91313

Autonomisation fintech / 5.1.5

autonomisation numérique / 42101

autonomisation par le réseau / 21217

autonomisation par le scénario / 43115

Autonomisation par les données / 9.1.4

autonomisation par technologie / 91407

auto-organisation des données / 22411

autorégulation de l'industrie fintech / 55406

autorégulation et éthique professionnelle des droits sur les données / 9.4.1

autorisation du partage progressif de données / 41102

Autorité de Certification / 82214

Autorité de protection des données (Grèce) / 94512

Autorité de protection des données (Norvège) / 94511

Autorité de protection des données (Pays-Bas) / 94508

Autorité pour la protection des données (Allemagne) / 94506

autoroute de l'information / 21106

autoroute intelligente / 63205

auto-traitement des données / 22409

avatar / 14312

Avenir fintech : Royaume-Uni en tant que leader mondial des jintech (Royaume-Uni) / 51112

aviation intelligente / 63204

avis au public / 92118

avis au public sur le trading des ressources publiques / 93321

Avis de l'Administration nationale pour les affaires fiscales sur la mise en œuvre de l'initiative « la Ceinture et la Route » et sur la gestion efficace du service et de l'administration fiscaux / 45520

Avis du Ministère de l'industrie et de l'informatisation en matière de la mise en œuvre de la normalisation de l'industrie et de la communication au service de la construction de « la Ceinture et de la Route » / 45517

Avis sur le lancement d'une campagne ciblée pour aider les petites et moyennes entreprises à participer à l'initiative « la Ceinture et la Route » / 45518

B

bac à sable / 82414

balayage de la sécurité du réseau / 83112

balayage de ports / 83113

balayeur de réseau / 83114

bande passante internationale / 21109

banque basée sur Internet des objets   / 53301

banque de financement pour la chaîne
   d'approvisionnement   / 53201

banque de monnaie numérique   / 23307

Banque des règlements internationaux   / 55506

banque électronique   / 54106

banque numérique   / 54107

barrière de sécurité de l'information d'utilisateur
   / 94216

basculement en cas de catastrophe   / 84104

Base de conférence sur la normalisation internationale
   / 71516

base de connaissance de données Dryad   / 35427

base de connaissance de données Figshare   / 35428

base de connaissances   / 14114

base de connaissances de données de catalogue à accès
   ouvert   / 35417

base de connaissances de données scientifiques
   / 35425

base de connaissances fiable   / 35436

base de donnée de référence des mégadonnées des
   parquets   / 95206

Base de données   / 3.2.3

base de données   / 51415

base de données Amazon RDS   / 32320

base de données clé-valeur   / 32303

base de données d'informations sur les corrupteurs
   / 95118

base de données d'informations sur les titulaires de la
   carte de la protection sociale   / 64203

base de données de ciblage d'audience mondiale
   / 45305

base de données de fichier   / 32305

base de données de mobilisation de la défense nationale
   / 85410

base de données de nuage   / 32310

base de données des dossiers clôturés   / 95119

base de données des interrogés   / 95117

base de données des personnes en situation précaire
   / 44316

base de données des responsables de la lutte contre la
   pauvreté   / 44317

base de données distribuée   / 32308

base de données élémentaires d'informations du crédit
   financier   / 51406

Base de données européenne Santé pour tous   / 15219

Base de données Global Findex (Banque mondiale)
   / 51102

base de données GraphDB   / 32319

base de données graphique   / 32306

base de données Hbase   / 32317

Base de données mondiale sur les protéines   / 35115

base de données MongoDB   / 32318

base de données MySQL   / 32315

Base de données nationale de vulnérabilités de la
   sécurité de l'information de Chine   / 84518

base de données NewSQL   / 32307

base de données non relationnelle   / 32302

base de données orientée colonnes   / 32304

base de données ouverte des spectres   / 35420

base de données parallèle   / 32309

base de données Redis   / 32316

base de données relationnelle   / 32301

base de données sur les protéines   / 35423

base de l'industrie de la sécurité de l'information
   / 84505

base de mégadonnées pour la gouvernance sociale
   / 62213

Base de normalisation   / 7.1

base de recherche Lucene   / 31407

base de ressources des données fondamentales (Chine)
   / 21407

base des technologies de l'information et des
   communications   / 45112

base industrielle internationale des services
   d'informations financières   / 52510

base informatique de confiance   / 82222

Base juridique   / 9.1.2

base nationale de démonstration de la nouvelle
    industrialisation de mégadonnées   / 22513

base nationale de l'industrie de mégadonnées   / 22512

base numérique   / 63113

Base pilote de normalisation du trading des
    mégadonnées de la Bourse internationale de
    mégadonnées (Guiyang, Chine)   / 75501

Bases des mégadonnées   / 1

Bâtiment intelligent   / 6.3.3

bâtiment smart   / 63302

bibliothèque numérique   / 64305

biens publics numériques   / 41415

bioinformatique   / 14208

biométrie comportementale   / 51305

Bit par bit : La recherche sociale à l'ère numérique
    (Matthew J. Salganik, États-Unis)   / 15414

bit quantique   / 25201

Bitcoin   / 23304

blanchiment d'argent en ligne   / 55123

bloc de genèse   / 23215

blocus de données   / 92313

blog   / 65403

bogue   / 81502

bonne gouvernance intelligente   / 62302

bonus de scénario   / 43203

bonus de trafic   / 65115

botnet   / 81517

boucle de rétroaction de la communauté   / 43306

Bouclier de protection des données UE-États-Unis   / 85312

bourse de mégadonnées   / 41310

bourse des données   / 93313

Bourse internationale de mégadonnées de Guiyang
    / 41311

boutique de démonstration en ligne pour lutte contre la
    pauvreté par le commerce électronique   / 44403

BS IEC 62243:2005 Échange et services d'intelligence

artificielle liés à tous les environnements d'essai
    / 74219

BS ISO/IEC 18013-1:2018 Technologies de
    l'information — Identification des personnes —
    Permis de conduire conforme à l'ISO — Partie 1 :
    Caractéristiques physiques et jeu de données de
    base   / 74223

BS ISO/IEC 19941:2017 Technologies de l'information
    — Informatique en nuage — Interopérabilité et
    portabilité   / 74215

BS ISO/IEC 19944:2017 Technologies de l'information
    — Informatique en nuage — Services et dispositifs
    en nuage : Débits, catégories et utilisation des
    données   / 74217

BS ISO/IEC 21964-1:2018 Technologies de
    l'information — Destruction de véhicules de
    données — Partie 1 : Principes et concepts
    / 74212

BS ISO/IEC 21964-2:2018 Technologies de
    l'information — Destruction de véhicules de
    données — Partie 2 : Exigences aux machines de
    destruction de véhicules de données   / 74213

BS ISO/IEC 21964-3:2018 Technologies de
    l'information — Destruction de véhicules de
    données — Partie 3: Processus de destruction des
    supports de données   / 74214

BS ISO/IEC 29147:2018 Technologies de l'information
    — Techniques de sécurité — Divulgation de
    vulnérabilité   / 74211

BS ISO/IEC 29151:2017 Technologies de l'information
    — Techniques de sécurité — Code de bonne
    pratique pour la protection des données à caractère
    personnel   / 74218

BS ISO/IEC 29161:2016 Technologies de l'information
    — Structure de données — Identification unique
    pour l'Internet des Objets   / 74220

BS PD ISO/IEC TR 22417:2017 Technologies de
    l'information — Internet des Objets — Cas

C

de l'information — Techniques de sécurité —
Algorithmes de chiffrement — Partie 4 : Cryptages
de flux   / 74520

CAN/CSA-ISO/IEC 27000:2014 Technologies de
l'information — Techniques de sécurité —
Systèmes de gestion de la sécurité de l'information
— Vue d'ensemble et vocabulaire   / 74521

CAN/CSA-ISO/IEC 27001:2014 Technologies de
l'information — Techniques de sécurité —
Système de gestion de la sécurité de l'information
— Exigence   / 74518

Canada numérique 150   / 21419

canal caché   / 82120

canal de communication   / 31110

canal de financement vert   / 54316

canal de stockage caché   / 82118

canal de synchronisation caché   / 82119

canal fiable   / 82117

capacité d'application de nuage   / 72209

capacité d'application des données   / 22305

capacité d'infrastructure de nuage   / 72210

capacité d'utilisation de technologie numérique
/ 41410

capacité de création de scénario   / 43114

capacité de données   / 22114

capacité de gouvernance régionale de la pauvreté
/ 44209

capacité de plate-forme de nuage   / 72211

capacité de protection de sécurité   / 85101

capacité de sécurité des données   / 83115

capacité de survie du réseau   / 84103

capacité de traitement des données multimédias
financières   / 54114

capacité du gouvernement en service d'innovation
numérique   / 22311

capacité du nuage   / 72208

capacité financière   / 54212

Capital de données   / 4.1.1

capital écologique   / 54509

capitalisation des données   / 41128

capitalisation des données   / 43405

Capitalisme de données   / 4.1

capitalisme de données   / 85214

capteur   / 31213

capteur à bord   / 63216

capteur de gravité   / 53305

capteur de robot   / 14401

capteur intelligent   / 42114

capture de paquets   / 31326

Capture des données   / 3.1.4

caractéristiques 4V des mégadonnées (volume, variété,
vélocité et véracité)   / 22107

cartable électronique   / 64320

carte 3D   / 34320

carte auto-adaptative   / 14505

carte auto-organisatrice   / 14506

carte conceptuelle   / 14118

carte d'attributs   / 32204

carte d'identité numérique   / 44111

carte de flux   / 34314

carte de libellés   / 32203

carte de santé de résident   / 64115

carte économique   / 43501

carte heuristique   / 34310

carte médicale multifonctionnelle   / 64217

carte simple   / 32202

carte thermique des crimes   / 95105

cartographie   / 11102

cartographie de l'application des normes   / 75316

cartographie des données   / 31101

cartographie des relations   / 43119

cartographie en temps réel   / 15110

cas d'application des mégadonnées de l'électricité de la
State Grid Corporation de Chine   / 75509

cas de surveillance du droit d'auteur de la China
Culture Data Industry   / 75514

chaîne de blocs en tant que service   / 23120

chaîne de blocs gérée par chaîne de blocs   / 23207

chaîne de blocs privée   / 23202

chaîne de blocs publique   / 23201

chaîne de demande de client   / 43221

chaîne de gouvernance complète des mégadonnées   / 23520

chaîne de loi   / 23206

chaîne de services complète de mégadonnées   / 22217

chaîne de valeur de l'économie de partage   / 42515

Chaîne de valeur des données   / 2.2.2

chaîne de valeur sociale   / 53105

chaîne de valeur virtuelle   / 22201

Chaîne DIKI   / 95123

chaîne écologique d'application des mégadonnées des parquets   / 95213

chaîne industrielle complète de mégadonnées   / 22216

chaîne industrielle d'intelligence artificielle   / 24407

chaîne industrielle fintech   / 51404

chaîne industrielle numérique   / 42202

chaîne rituel-interaction   / 65315

champ de données   / 22112

champ de vision   / 14308

champ sonore immersif   / 14321

changement de domaine   / 22522

chaos quantique   / 25508

charge de code   / 91314

chargement de données   / 31324

Charte d'Okinawa sur la société mondiale de l'information   / 44118

Charte des données ouvertes (G8, 2013)   / 93518

Charte des droits de consommateurs en matière de confidentialité (États-Unis, 2012)   / 93510

chat de Schrödinger   / 25103

chemin fiable   / 82206

cheval de Troie   / 81508

Chiffrement authentifié   / 8.3.4

chiffrement d'attribut   / 82215

chiffrement de base de données   / 82122

chiffrement de flux   / 83404

chiffrement de message   / 82213

chiffrement de sauvegarde   / 84113

chiffrement homomorphique de confidentialité   / 84210

chiffrement par bloc   / 83403

chiffrement Rivest-Shamir-Adleman   / 83405

chiffrement symétrique   / 83421

Chine numérique   / 21403

chômage technique   / 44113

ciblage de réduction de la pauvreté   / 44315

cible de la protection hiérarchisée   / 85103

cinématique de robot   / 14404

cinquième territoire   / 21501

circuit analogique   / 12408

circuit fermé + mégadonnées   / 51322

circuit intégré à semi-conducteur   / 12401

circulation de ressources de données   / 93328

circulation des données   / 41308

circulation légale, ordonnée et libre de données du commerce électronique   / 93340

citation de données scientifiques   / 35512

citoyen   / 91202

citoyen en tant qu'utilisateur   / 43403

civilisation de l'empathie   / 15317

civilisation numérique   / 23502

classe en ligne   / 64313

classe intelligente   / 64312

classe inversée   / 64304

classification bayésienne   / 13209

classification des données gouvernementales   / 93214

classification floue   / 13211

clé de chiffrement codée en dur   / 81309

clé partagée   / 82515

clé publique   / 83413

clictivisme   / 65218

client de services en nuage   / 72201

Conscience de prévention   / 8.1.3

conscience du service public de la normalisation
     / 71302

conscience et capacité de protection de la cybersécurité
     / 65216

Conseil canadien des normes   / 71418

Conseil chinois pour la promotion des services
     bénévoles pour la lutte contre la pauvreté   / 44516

Conseil d'architecture de l'Internet   / 85316

Conseil de stabilité financière   / 55505

Conseil euro-asiatique de normalisation, métrologie et
     certification   / 71423

conseil médical en ligne   / 64118

Conseil mondial de la chaîne de blocs   / 23208

Consensus de Zhengding sur la construction de la zone
     expérimentale nationale globale des mégadonnées
     (Chine) / 94105

consentement éclairé   / 92115

consentement personnel   / 92119

consommateur de données   / 72106

consommation à barrière aplanie   / 45204

consommation collaborative   / 42514

consommation diversifiée   / 41213

consommation énergétique intelligente   / 63412

consommation expérientielle pour la lutte contre la
     pauvreté   / 44407

Consortium Unicode   / 65117

constellation de satellites de collecte de données
     / 45312

Construction conjointe de « la Ceinture et la Route
     » : conception, pratique et contribution chinoise
     / 45512

construction d'un réseau ubiquitaire (Singapour)
     / 21421

construction de cyberinfrastructure mondiale   / 65516

construction de données de crédit   / 23406

construction de graphe   / 95408

construction de la capacité numérique   / 45108

construction de la sécurité   / 81120

construction de salle informatique   / 32506

construction de site Web multilingue   / 45304

construction du système légal de la normalisation
     / 71118

construction du système national de satellites   / 45308

Construire conjointement la Ceinture économique de
     la Route de la soie et la Route de la soie maritime
     du 21e siècle — Perspectives et actions   / 45502

consultation de dossier à distance   / 95219

consultation et gouvernance conjointes   / 61506

consultation politique en ligne   / 62414

contentieux administratif   / 94321

contenu de divertissement généré par professionnel
     / 43211

contenu généré par utilisateur   / 43210

contenu statutaire   / 92106

continuité de plate-forme de base   / 84118

continuité des opérations du système d'information de
     l'industrie financière   / 55218

continuité temporelle et spatiale   / 35221

contrainte juridique fintech   / 55404

contrat de licence de contributeur   / 41423

contrat écologique   / 22520

contrat électronique de chaîne de blocs   / 23217

contrat intelligent   / 23106

Contrat sécurisé par le système de hashage et
     d'irréversibilité de transaction   / 82411

contrats de données   / 15319

contre-mesure d'information   / 83203

contre-mesure de communication   / 83204

contre-mesure de réseau informatique   / 83208

contre-mesure électro-optique   / 83206

contre-mesures de cybersécurité   / 83209

contrôlabilité de réseau   / 82212

contrôle automatique de véhicule   / 63218

contrôle autonome   / 24120

contrôle d'accès commuté   / 85120

Coopération sur la réduction de la pauvreté / 4.4.2

coordinateur de la cybersécurité / 21511

coordinateur de transactions / 32415

coordinateur du système / 72102

coordination des parties prenantes / 94213

coordination en réseau / 42401

coordination est-ouest sur la réduction de la pauvreté / 44214

coordination homme-machine / 24119

coordonnée parallèle / 34319

co-production par les pairs / 65113

copropriété / 72205

corporatisme / 91307

corpus / 34401

correctif de mise à jour du système / 84119

correctif pour une vulnérabilité / 81210

correctif virtuel / 82406

correspondance de texte / 34412

corruption financière / 55127

couche d'analyse de données / 82316

couche d'isolation et d'interaction des données sensibles / 82317

couche de code du réseau / 92310

couche de contenu du réseau / 92311

couche de liaison de données / 82407

couche de masquage de données / 82319

couche de prévention de fuite de données / 82318

couche physique du réseau / 92309

couloir d'information spatiale dans le cadre de l'initiative « la Ceinture et la Route » / 45307

Cour intelligente / 9.5.3

courriel / 31309

course aux armements dans le cyberespace / 65510

courtier en données / 61125

courtier en ressources de stockage / 35312

coût d'autorisation / 61312

coût d'information sur l'organisation / 61311

coût intermédiaire partagé / 41516

coût marginal zéro / 41208

craqueur / 81501

créance / 91206

création assistée par ordinateur / 65302

création de contenu / 14307

création de crédit / 51212

création de valeur / 41504

créature virtuelle / 24308

crédit à l'emballage dans le cadre de la lettre de crédit domestique / 53217

crédit chiffré / 23415

crédit consommation / 53402

crédit décentralisé / 54411

crédit en ligne / 51503

crédit fintech / 54501

crédit généré par algorithme / 51311

crédit vert / 54312

creditchina.gov.cn / 23421

crime d'atteinte au secret commercial / 94419

crime d'atteinte aux informations personnelles des citoyens / 94406

crime d'intrusion illégale dans un système informatique / 94407

crime d'obtenir illégalement des données de système d'information et de contrôler illégalement le système d'information / 94408

crime d'obtention illégale de secrets d'État / 94421

crime d'obtention illégale de secrets militaires / 94424

crime d'utilisation illégale d'un réseau d'information / 94413

crime de commerce des informations non divulguées / 94403

crime de détention illégale de documents, matériels ou autres objets qualifiés de secrets strictement confidentiels ou de secrets d'État / 94422

crime de divulgation d'informations sur les cas qui ne devraient pas être divulgués / 94416

crime de divulgation de fausses informations ou de
dissimulation d'informations importantes / 94401

crime de divulgation de secrets nationaux par
imprudence / 94423

crime de divulgation des secrets militaires par
imprudence / 94427

crime de divulgation et de communication
d'informations sur les cas qui ne devraient pas être
divulgués / 94418

crime de divulgation intentionnelle de secrets d'État
/ 94417

crime de divulgation intentionnelle de secrets
militaires / 94426

crime de duper les investisseurs en les incitant à
acheter et à vendre des titres et des contrats à terme
/ 94405

crime de sabotage d'un système informatique / 94410

crime de vol, d'espionnage, d'achat ou de divulgation
illégale de secrets militaires à des agences
étrangères / 94425

crime de vol, d'espionnage, d'achat ou de divulgation
illégale de secrets ou d'informations nationaux à
des agences étrangères / 94420

crime sans contact / 81226

crise financière / 55139

critère commun pour l'évaluation et la certification de
la sécurité de l'informations / 84511

Critère d'intelligence artificielle (IBM) / 24320

critères d'évaluation de point de reprise / 84407

croissance des données / 91404

cryptographie ADN / 83409

cryptographie post-quantique / 25511

cryptographie quantique / 25111

cryptographie visuelle / 82404

cryptosystème / 83420

cryptosystème à clé publique / 82518

Cube australien de données de géoscience / 35109

cube espace-temps / 34317

cuisine intelligente / 64410

culture altruiste / 41523

culture d'harmonie / 41527

culture de l'entrepreneuriat de masse / 41525

culture de la source ouverte / 15308

Culture des données / 1.5.3

Culture et éducation intelligentes / 6.4.3

culture informatique / 15302

culture intensive / 41524

culture populaire / 65314

culturomique / 15311

cyber jurisprudence / 91522

cyberattaque / 83216

cyberattaque au réseau social basée sur l'intelligence
artificielle / 81203

Cybercommunauté / 6.5.1

Cybercommunication / 6.5.4

cybercriminalité / 85201

Cyberculture / 6.5.3

cyberdéfense mimétique / 83213

cyberdépendance / 65204

Cyberespace / 2.1.5

cyberespace / 65414

cyberespace sain / 65330

cyberéthique / 65328

cyberextrémisme / 85203

cyberfinance / 51202

cybernétique sociale / 11404

cyberpolitique / 65502

cyberpromoteur / 65318

Cyberpuissance / 2.1.4

Cybersécurité nationale / 8.5.4

cybersouveraineté / 65506

cyber-terrorisme / 85202

cycle de vie de plate-forme / 43316

cycle de vie du logiciel / 12307

cycle de vie du système d'information / 81316

cygne noir / 11512

D

données dispersées   / 22405

données douteuses   / 33112

données du web profond   / 31303

données du web surfacique   / 31302

données en bande   / 22406

Données en bloc   / 2.2

données en ligne   / 43216

données en virgule flottante   / 31508

données explicites   / 22412

données FAIR à ouverture limitée   / 35409

données FAIR ouvertes   / 35410

données financières à haute fréquence   / 55232

données générales   / 41107

données géographiques   / 31314

données gouvernementales   / 31305

données gouvernementales ouvertes à guichet unique
   / 61130

données hétérogènes   / 31512

données implicites   / 22413

données intégrées   / 31507

données lentes   / 22404

données massives   / 22101

données non publiques   / 61122

données non structurées   / 31502

données numériques   / 31506

données numériques   / 41108

données ouvertes   / 61112

données physiques   / 32102

données privées   / 92516

données propres   / 33118

données publiques   / 61121

données publiques   / 92515

données rangées   / 33119

données redondantes   / 33116

données sans frontières   / 15312

données scientifiques   / 35201

Données scientifiques de Chine   / 35438

données semi-structurées   / 31503

données sensibles   / 92207

données sociales   / 11401

données sombres   / 11509

données structurées   / 31501

données variant dans le temps   / 31511

dossier de santé électronique   / 64114

dossier électronique   / 95322

dossier électronique d'inscription scolaire à vie
   / 64322

dossier médical électronique   / 64112

double dépense   / 21211

double droit de propriété   / 92415

double stockage en ligne   / 84208

droit à l'acquisition de données   / 92222

droit à l'autodétermination   / 92216

droit à l'eau   / 54320

droit à l'égalité   / 91214

droit à l'énergie   / 54319

droit à l'information de données   / 92220

droit à l'objection   / 92214

droit à l'oubli   / 92212

droit à l'utilisation des données   / 92223

droit à la confidentialité de données   / 91422

droit à la confidentialité des données   / 92217

droit à la consultation des données   / 92218

droit à la défense légitime   / 92305

droit à la disposition des données   / 92224

droit à la domination complète   / 92501

droit à la gouvernance   / 92307

droit à la liberté de sa personnne   / 91215

droit à la personnalité de données   / 91420

droit à la portabilité de données   / 92221

droit à la propriété   / 91211

droit à la propriété de données   / 91421

droit à la rectification   / 92211

droit à la rémunération   / 92219

droit à la restriction du traitement   / 92213

droit à la restriction du traitement des données   / 92225

E

— Techniques automatiques d'identification et de capture des donnée / 74210

EN ISO/IEC 27000:2018 Technologies de l'information — Techniques de sécurité — Systèmes de management de la sécurité de l'information — Vue d'ensemble et vocabulaire / 74201

EN ISO/IEC 27001:2017 Technologies de l'information — Techniques de sécurité — Systèmes de management de la sécurité de l'information — Exigences / 74202

EN ISO/IEC 27002:2017 Technologies de l'information — Techniques de sécurité — Code de bonne pratique pour le management de la sécurité de l'information / 74203

EN ISO/IEC 27038:2016 Technologies de l'information — Techniques de sécurité — Spécifications pour la rédaction numérique / 74204

EN ISO/IEC 27040:2016 Technologies de l'information — Techniques de sécurité — Sécurité de stockage / 74205

EN ISO/IEC 27041:2016 Technologies de l'information — Techniques de sécurité — Guide de la garantie d'aptitude à l'emploi et d'adéquation des méthodes d'investigation sur incident / 74206

EN ISO/IEC 27042:2016 Technologies de l'information — Techniques de sécurité — Lignes directrices pour l'analyse et l'interprétation des preuves numériques / 74207

EN ISO/IEC 27043:2016 Technologies de l'information — Techniques de sécurité — Principes et processus d'investigation sur incident / 74208

EN ISO/IEC 30121:2016 Technologies de l'information — Gouvernance du cadre de risque forensique numérique / 74209

En ligne à hors ligne / 21312

encapsulation de données / 82408

enchevêtrement quantique / 25303

enchevêtrement quantique entre deux photons (France) / 25411

encombrement des données / 22420

énergie intelligente / 63402

enfant du numérique / 21214

Engagement international de la confiance et la sécurité numériques / 41421

Engagement international de la coopération numérique / 41414

Engagement public d'autodiscipline et d'éthique professionnelle pour l'industrie de l'intelligence artificielle (Chine) / 94111

Engagement public d'autodiscipline et d'éthique professionnelle pour l'industrie des services de circulation de données (Chine) / 94108

Engagement public d'autodiscipline et d'éthique professionnelle pour les services de moteur de recherche sur l'Internet (Chine) / 94115

Engagement public d'autodiscipline et d'éthique professionnelle pour les services de sécurité des terminaux de l'Internet (Chine) / 94113

enquête intelligente / 95116

enquête sur la situation des normes de données / 75314

enregistrement audio et vidéo synchrone / 95220

enregistrement de journal / 83417

enregistrement des actifs de données / 93216

enregistrement des trading de données / 93308

enregistrement en mosaïque / 32109

enregistrement et validation des droits des actifs de données / 41120

enregistrement magnétique en bardeaux / 32110

enseignement intelligent / 64317

ensemble des causes principales de la pauvreté / 44312

Ensemble des éléments de métadonnées Dublin Core / 41117

entraînement à l'attaque et à la défense informatiques basé sur le réseau réel / 83501

entraînement de modèle / 95411

entrée intelligente du trafic de la clientèle / 51420

F

finance programmable / 23319

Finance sociale / 5.3.5

Finance sur plate-forme / 5.3.1

finance verte / 54301

financement à fort effet de levier / 55130

financement basé sur la documentation / 53324

financement communautaire / 52301

financement de commande + financement d'affacturage / 53216

financement de la chaîne d'approvisionnement / 51519

financement de la chaîne industrielle agricole / 51514

financement des comptes clients / 52204

financement des comptes débiteurs / 53214

financement direct / 52320

financement du terrorisme / 55128

financement en ligne / 52303

financement en nature / 52309

financement et location des actifs verts / 54334

financement illégal en ligne / 55131

financement par confirmation bancaire d'entrepôt / 52202

financement par mise en gage de biens meubles par Internet des objets / 53317

financement par nantissement de biens meubles / 53206

financement par nantissement de brevets / 53417

financement par prépaiement / 53205

Financement participatif / 5.2.3

financement participatif basé sur l'équité / 52306

financement participatif basé sur l'inscription / 52313

financement participatif basé sur la dette / 52307

financement participatif basé sur la donation / 52304

financement participatif basé sur la pré-vente / 52305

financement participatif de recherche scientifique / 35306

financement participatif PIPRs / 52311

financement participatif pour la lutte contre la pauvreté / 44512

financement participatif title III / 52312

financement pour la finance, le logistique et l'entrepôt / 52203

financiarisation du capital humain / 51505

Fintech / 51203

flashback rétrospectif de données / 84115

flexibilité statique / 72421

flux d'information dans l'espace / 43112

flux d'instructions / 33407

flux de contrôle / 33409

flux de données / 33408

fonction BM25 / 34413

fonction calculable / 13310

fonction d'activation / 11112

fonction d'onde / 25102

fonction de hachage / 23103

fonction récursive / 13311

fonction unidirectionnelle / 83422

fondation au service du développement vert / 54303

fondement de l'élaboration de norme / 75215

Fondement de sécurité / 8.1

fonds carbone / 54327

fonds d'indemnités de risque de crédit fintech / 54511

Fonds de coopération économique Chine-Eurasie / 45212

Fonds de coopération maritime Chine-ASEAN / 45210

Fonds de coopération pour l'investissement Chine-Europe centrale et orientale / 45211

fonds de garantie pour le financement politique aux micro, petites et moyennes entreprises / 54512

Fonds de la Route de la soie / 45209

fonds de provisionnement contre les risques pour l'application financière des nouvelles technologies / 55235

fonds national de garantie de financement / 53115

fonds pour l'innovation et l'industrie créé par le gouvernement / 54514

G

GB/T 14805.7-2007 Échange de données informatisées pour l'administration, le commerce et les transports (EDIFACT) — Règles de syntaxe au niveau de l'application Règles de syntaxe au niveau de l'application (numéro de version : 4. numéro de publication : 1) — Partie 7 : Règles de sécurité pour l'échange de données électroniques par lot (confidentialité) / 73228

GB/T 15278-1994 Traitement d'information — Chiffrement de données — Exigence d'interopérabilité de la couche physique / 73231

GB/T 15852.1-2008 Technologies de l'information — Technologie de la sécurité — Codes d'authentification de message — Partie 1 : Mécanisme utilisant un chiffrement par bloc / 73456

GB/T 16264.8-2005 Technologies de l'information — Interconnexion de systèmes ouverts — Annuaire — Partie 8 : Cadres de clé publique et de certificat d'attribut / 73458

GB/T 16611-2017 Spécifications générales d'émetteur-récepteur de transmission de données par radio / 73218

GB/T 16684-1996 Technologies de l'information — Spécifications d'un fichier descriptif de données pour l'échange d'informations / 73127

GB/T 17142-2008 Technologies de l'information — Interconnexion de systèmes ouverts — Aperçu de la gestion de système / 73136

GB/T 17964-2008 Technologie de la sécurité de l'information — Techniques de sécurité — Modes d'opération pour un chiffrement par bloc / 73452

GB/T 18142-2017 Technologies de l'information — Représentation des valeurs des éléments de données — Notation du format / 73142

GB/T 18336.3-2015 Technologies de l'information — Technologie de la sécurité — Critères d'évaluation de la sécurité des technologies de l'information — Partie 3 : composants d'assurance de sécurité / 73333

GB/T 18794.6-2003 Technologies de l'information — Interconnexion de systèmes ouverts — Cadre de sécurité pour les systèmes ouverts — Partie 6 : Cadre d'intégrité / 73504

GB/T 19114.32-2008 Système et intégration d'automatisation industrielle — Données de gestion de fabrication industrielle : Gestion de l'utilisation des ressources — Partie 32 : Modèle conceptuel pour les données de gestion de l'utilisation des ressources / 73531

GB/T 19668.1-2014 Service des technologies de l'information — Surveillance — Partie 1 : Dispositions générales / 73348

GB/T 20009-2019 Technologie de la sécurité de l'information — Critères d'évaluation de sécurité d'un système de gestion de bases de données / 73323

GB/T 20269-2006 Technologie de la sécurité de l'information — Exigence de gestion de la sécurité du système d'information / 73326

GB/T 20273-2019 Technologie de sécurité de l'information — Exigence technique de sécurité du système de gestion de bases de données / 73214

GB/T 20533-2006 Métadonnées des données écologiques / 73523

GB/T 21715.4-2011 Informatique de santé — Données sur la santé du patient — Partie 4 : Données cliniques étendues / 73534

GB/T 22281.2-2011 Surveillance et diagnostic de l'état de machine — Traitement, communication et présentation de données — Partie 2 : Traitement de données / 73239

GB/T 24405.1-2009 Technologies de l'information — Gestion des services — Partie 1 : Spécifications / 73338

GB/T 24874-2010 Spécifications de données pour le

partage d'informations spatiales des ressources herbagères / 73526

GB/T 25000.12-2017 Ingénierie des systèmes et du logiciel — Exigence de qualité et d'évaluation des systèmes et du logiciel (SQuaRE) — Partie 12 : Modèle de qualité des données / 73314

GB/T 25056-2018 Technologie de la sécurité de l'information — Spécifications de cryptographie et de technologie de sécurité concernée pour le système d'authentification par certificat / 73449

GB/T 25068.1-2012 Technologies de l'information — Technologie de la sécurité — Sécurité du réseau informatique — Partie 1 : Gestion de la sécurité du réseau / 73331

GB/T 25068.2-2012 Technologies de l'information — Technologie de la sécurité — Sécurité du réseau informatique — Partie 2 : Architecture de la cybersécurité / 73420

GB/T 25742.2-2013 Surveillance et diagnostic de l'état de machine — Traitement, communication et présentation de données — Partie 2 : Traitement de données / 73240

GB/T 26236.1-2010 Technologies de l'information — Gestion des actifs logiciels — Partie 1 : Processus / 73309

GB/T 26816-2011 Métadonnées de base des ressources d'information / 73122

GB/T 28181-2016 Exigence technique de transport, d'échange et de contrôle des informations du système de réseau de vidéosurveillance pour la sécurité publique / 73407

GB/T 28441-2012 Spécifications de qualité des données de la carte électronique de navigation à bord / 73532

GB/T 28449-2018 Technologie de la sécurité de l'information — Guide de procédure d'essai et d'évaluation de la protection hiérarchisée de la cybersécurité / 73413

GB/T 28452-2012 Technologie de la sécurité de l'information — Exigence de technologie de la sécurité générale pour le système de logiciel d'application / 73460

GB/T 28517-2012 Format de description et d'échange des incidents de la cybersécurité / 73424

GB/T 28821-2012 Exigence technique pour le système de gestion de base de données relationnelle / 73208

GB/T 28827.1-2012 Service informatique — Opération et maintien — Partie 1 : Exigence générale / 73336

GB/T 29264-2012 Service des technologies de l'information — Classification et code / 73349

GB/T 29360-2012 Spécifications techniques de récupération de données forensiques électroniques / 73243

GB/T 29765-2013 Technologie de sécurité de l'information — Exigence technique et méthode d'essai et d'évaluation de produit de sauvegarde et de récupération de données / 73241

GB/T 29766-2013 Technologie de sécurité de l'information — Exigence technique et méthode d'essai et d'évaluation de produit de récupération de données de site Web / 73242

GB/T 29829-2013 Technologie de la sécurité de l'information — Spécifications de fonctionnalité et d'interface d'une plate-forme d'assistance cryptographique pour l'informatique fiable / 73325

GB/T 30271-2013 Technologie de la sécurité de l'information — Critères d'évaluation de la capacité de service de la sécurité de l'information / 73321

GB/T 30273-2013 Technologie de la sécurité de l'information — Méthodologie commune pour l'évaluation de l'assurance de la sécurité des systèmes d'information / 73322

GB/T 30285-2013 Technologie de la sécurité de l'information — Spécifications de gestion de la construction, de l'opération et du maintien de centre de reprise après sinistre / 73328

GB/T 30522-2014 Infrastructure scientifique et technologique — Principe et méthode de normalisation des métadonnées / 73124

GB/T 30881-2014 Technologies de l'information — Registres des métadonnées (MDR) Modules / 73125

GB/T 30994-2014 Spécifications d'essai pour le système de gestion de base de données relationnelle / 73215

GB/T 30998-2014 Technologies de l'information — Spécifications d'assurance de la sécurité de logiciel / 73459

GB/T 31500-2015 Technologie de sécurité de l'information — Exigence de service de récupération de données depuis le véhicule de stockage / 73216

GB/T 31501-2015 Technologie de la sécurité de l'information — Authentification et autorisation — Spécifications d'interface de décision de programmation de l'application d'autorisation / 73435

GB/T 31509-2015 Technologie de la sécurité de l'information — Guide d'application de l'évaluation des risques de sécurité de l'information / 73320

GB/T 31782-2015 Exigence relative aux transactions fiables de commerce électronique / 73511

GB/T 31916.1-2015 Technologies de l'information — Stockage et gestion des données en nuage — Partie 1 : Dispositions générales / 73143

GB/T 31916.3-2018 Technologies de l'information — Stockage et gestion de données en nuage — Partie 3 : interface d'application de stockage de fichiers distribués / 73207

GB/T 32399-2015 Technologies de l'information — Informatique en nuage — Architecture référentielle , adoption de normes) / 73113

GB/T 32626-2016 Technologies de l'information — Jeux en ligne — Vocabulaire / 73107

GB/T 32627-2016 Technologies de l'information — Exigence de description des données d'adresse / 73128

GB/T 32630-2016 Exigence technique pour le système de gestion des données non structurées / 73209

GB/T 32908-2016 Spécifications d'interface d'accès aux données non structurées / 73259

GB/T 32924-2016 Technologies de la sécurité de l'information — Guide d'alerte de la cybersécurité / 73417

GB/T 33131-2016 Technologie de la sécurité de l'information — Spécifications de sécurité du réseau IP de stockage basée sur IPSec / 73421

GB/T 33136-2016 Service de technologie de l'information — Modèle de maturité de la capacité de service du centre de données / 73252

GB/T 33847-2017 Technologies de l'information — Terminologie de l'intergiciel / 73106

GB/T 33850-2017 Service des technologies de l'information — Système d'indice d'évaluation de la qualité du service / 73350

GB/T 33852-2017 Exigence technique de qualité de service de réseau pour les clients du reseau à large bande basé sur le réseau de télécommunications public / 73423

GB/T 33863.8-2017 Architecture unifiée OPC — Partie 8 : Accès aux données / 73436

GB/T 34077.1-2017 Spécifications de gestion de la plate-forme publique du gouvernement électronique basée sur l'informatique en nuage — Partie 1 : Spécifications d'évaluation de la qualité de service / 73519

GB/T 34078.1-2017 Spécifications générales de plate-forme publique du gouvernement électronique basée sur l'informatique en nuage — Partie 1 : Terminologie et définition   / 73520

GB/T 34941-2017 Service des technologies de l'information — Marketing numérisé — Exigence technique du marketing programmatique   / 73344

GB/T 34945-2017 Technologies de l'information — Modèle descriptif de la provenance de données   / 73257

GB/T 34950-2017 Modèle référentiel d'un système de gestion de données non structurées   / 73141

GB/T 34960.1-2017 Service des technologies de l'information — Gouvernance — Partie 1 : Exigence générale   / 73339

GB/T 34960.5-2018 Service des technologies de l'information — Gouvernance — Partie 5 : Spécifications de gouvernance des données   / 73305

GB/T 34977-2017 Technologie de sécurité de l'information — Exigence technique de sécurité et méthodes d'essai et d'évaluation du stockage de données sur le terminal intelligent mobile   / 73217

GB/T 34982-2017 Exigence de base du centre de données de l'informatique en nuage   / 73249

GB/T 35119-2017 Spécifications de gestion des données dans le cycle de vie de produit   / 73301

GB/T 35273-2017 Technologie de la sécurité de l'information — Spécifications de sécurité des informations personnelles   / 73427

GB/T 35274-2017 Technologie de la sécurité de l'information — Exigence de capacité de sécurité pour les services de mégadonnées   / 73317

GB/T 35275-2017 Technologie de la sécurité de l'information — Spécifications de syntaxe du message de signature chiffrée par algorithme cryptographique SM2   / 73450

GB/T 35279-2017 Technologie de la sécurité de l'information — Architecture référentielle de la

sécurité de l'informatique en nuage , adoption de normes   / 73119

GB/T 35287-2017 Technologie de la sécurité de l'information — Guide technique des technologies d'identité fiable pour le site Web   / 73329

GB/T 35295-2017 Technologies de l'information — Mégadonnées — Terminologie   / 73101

GB/T 35301-2017 Technologies de l'information — Informatique en nuage — Architecture référentielle de la plate-forme en tant que service , adoption de normes   / 73115

GB/T 35319-2017 Internet des objets — Exigence d'interface de système   / 73258

GB/T 35589-2017 Technologies de l'information — Mégadonnées — Modèle référentiel technique   / 73110

GB/T 36073-2018 Modèle d'évaluation de la maturité de la capacité de gestion des données   / 73302

GB/T 36092-2018 Technologie de l'information — Stockage de sauvegarde — Exigence d'application de la technologie de sauvegarde de données   / 73248

GB/T 36318-2018 Ouverture des données de la plate-forme de commerce électronique — Exigence générale   / 73516

GB/T 36326-2018 Technologies de l'information — Informatique en nuage — Exigence opérationnelle générale du service de nuage   / 73145

GB/T 36328-2018 Technologies de l'information — Gestion des actifs logiciels — Spécifications d'identification   / 73308

GB/T 36329-2018 Technologies de l'information — Gestion des actifs logiciels — Gestion des droits   / 73307

GB/T 36343-2018 Technologies de l'information — Plate-forme de services de trading de données — Description des données de trading   / 73505

GB/T 36344-2018 Technologies de l'information —

Indices d'évaluation de la qualité des données / 73313

GB/T 36351.2-2018 Technologies de l'information — Apprentissage, éducation et formation — Éléments de données de gestion de l'éducation — Partie 2 : Éléments de données communs / 73535

GB/T 36463.1-2018 Service des technologies de l'information — Conseil et conception — Partie 1 : Exigence générale / 73341

GB/T 36478.2-2018 Internet des objets — Partage et échange d'informations — Partie 2 : exigence technique générale / 73139

GB/T 36478.3-2019 Internet des objets — Partage et échange d'informations — Partie 3 : Métadonnées / 73126

GB/T 36622.1-2018 Ville smart — Plate-forme de soutien à l'information et aux services publics — Partie 1 : Exigence générale / 73518

GB/T 36626-2018 Technologie de la sécurité de l'information — Guide de gestion pour l'opération et le maintien sécurisés des systèmes d'information / 73327

GB/T 36635-2018 Technologie de la sécurité de l'information — Exigence de base et guide d'application de la surveillance de la cybersécurité / 73418

GB/T 36639-2018 Technologie de la sécurité de l'information — Spécifications d'informatique fiable — Plate-forme d'assistance fiable pour serveur / 73324

GB/T 36643-2018 Technologie de la sécurité de l'information — Format de l'information sur les menaces de la cybersécurité / 73416

GB/T 36959-2018 Technologie de la sécurité de l'information — Exigence de capacité et Spécifications d'évaluation pour l'organisation de l'évaluation de la protection hiérarchisée de la cybersécurité / 73412

GB/T 36962-2018 Classification et codes de perception de données / 73312

GB/T 37025-2018 Technologie de sécurité de l'information — Exigence technique de sécurité de la transmission de données sur l'Internet des objets / 73221

GB/T 37033.3-2018 Technologies de la sécurité de l'information — Exigence technique d'application cryptographique des systèmes d'identification par radiofréquence — Partie 3 : Exigence technique de gestion des clés / 73451

GB/T 37092-2018 Technologie de la sécurité de l'information — Exigence de sécurité pour les modules cryptographiques / 73453

GB/T 37373-2019 Transport intelligent — Service de sécurité des données / 73426

GB/T 37538-2019 Spécifications de surveillance en ligne de la qualité de produit de transaction de commerce électronique / 73513

GB/T 37550-2019 Système d'indices d'évaluation des actifs de données de commerce électronique / 73514

GB/T 37696-2019 Service des technologies de l'information — Exigence d'évaluation de la capacité des praticiens / 73351

GB/T 37721-2019 Technologies de l'information — Exigence fonctionnelles pour les systèmes d'analyse des mégadonnées / 73131

GB/T 37722-2019 Technologies de l'information — Exigence fonctionnelle pour le système de stockage et de traitement de mégadonnées / 73206

GB/T 37736-2019 Technologies de l'information — Informatique en nuage — Exigence générale en matière de surveillance des ressources en nuage / 73144

GB/T 37737-2019 Technologies de l'information — Informatique en nuage — Exigence technique générale des systèmes de stockage en bloc distribué / 73134

GB/T 37741-2019 Technologies de l'information — Informatique en nuage — Exigence de prestation de service de nuage / 73146

GB/T 37779-2019 Directives de mise en œuvre du système de gestion d'énergie dans un centre de données / 73250

GB/T 37961-2019 Service des technologies de l'information — Exigence de base pour le service / 73342

GB/T 37964-2019 Technologie de la sécurité de l'information — Guide d'anonymisation des informations personnelles / 73429

GB/T 37973-2019 Technologie de la sécurité de l'information — Guide de gestion de la sécurité des mégadonnées / 73425

GB/T 37988-2019 Technologie de la sécurité de l'information — Modèle de maturité de la capacité de sécurité des données / 73316

GB/T 38247-2019 Technologies de l'information — Réalité augmentée — Terminologie / 73103

GB/T 4087-2009 Interprétation statistique de données — Limite inférieure de fiabilité de la confiance unilatérale pour la distribution binomiale / 73237

GB/T 4089-2008 Interprétation statistique de données — Évaluation et test d'hypothèse de paramètre suivant la loi de Poisson / 73238

GB/T 5271.10-1986 Traitement de données — Vocabulaire — Partie 10 : Techniques et installations d'exploitation / 73235

GB/T 5271.1-2000 Technologies de l'information — Vocabulaire — Partie 1 : termes fondamentaux / 73108

GB/T 5271.18-2008 Technologies de l'information — Vocabulaire — Partie 18 : Traitement de données distribué / 73233

GB/T 5271.2-1988 Traitement de données — Vocabulaire — Partie 2 : Opération arithmétique et logique / 73234

GB/T 5271.22-1993 Traitement de données — Vocabulaire — Partie 22 : Calculatrice / 73232

GB/Z 18219-2008 Technologies de l'information — Modèle référentiel de la gestion des données / 73303

GB/Z 28828-2012 Technologie de la sécurité de l'information — Guide de protection des informations personnelles dans le système d'information des services publics et commerciaux / 73437

GB/Z 29830.1-2013 Technologies de l'information — Technologies de la sécurité — Un cadre pour l'assurance de la sécurité informatique — Partie 1 : aperçu et cadre , adoption de normes / 73120

généralisation de conception / 72318

généralisation des droits / 91122

générateur de nombre pseudo-aléatoire / 83310

génération de langage naturel / 34417

génération de texte / 34416

génie logiciel / 12306

géométrie de calcul / 11115

Gephi / 33417

gérabilité mathématique / 15304

gestion à verrou distribuée / 32417

gestion à verrou unique / 32416

gestion automatique de stockage / 84223

gestion auto-organisée / 61316

gestion coordonnée et unifiée des technologies normalisées / 75336

gestion coordonnée et unifiée domestique du sous-comité technique national en matière de la normalisation des technologies de l'information / 75337

gestion d'identité / 84201

gestion de contenu numérique / 41115

gestion de droit numérique / 82108

gestion de l'environnement d'informatique en nuage / 85110

gestion de la continuité des activités   / 84402

Gestion de la normalisation des données   / 7.5.4

gestion de la sécurité de données   / 93311

gestion de la sécurité de l'Internet des objets   / 72511

gestion de labellisation   / 75405

gestion de nœud de capteur   / 85116

gestion de perte de clientèle   / 33520

gestion de pipeline   / 35225

gestion de plan d'urgence   / 83319

gestion de préférence   / 33524

gestion de projet logiciel   / 12314

gestion de regroupement   / 72115

gestion de reseignement sur la normalisation   / 75403

Gestion de sécurité   / 8.4

gestion de système de normes   / 75309

gestion de traces   / 93225

gestion des actifs de données   / 41110

gestion des connaissances   / 14106

gestion des données de recherche   / 35402

gestion des données de référence   / 33519

gestion des données relationnelles d'HyperScale   / 35301

Gestion des données scientifiques   / 3.5.4

gestion des droits numériques   / 41119

Gestion des mégadonnées   / 3.2

gestion des ressources de données gouvernementales   / 93201

gestion des risques   / 33521

gestion du cycle de vie complet des informations sensibles   / 65210

gestion du cycle de vie complet des sources de pollution   / 63414

gestion du partage   / 35405

gestion du répertoire de données gouvernementales catégorisées   / 93237

gestion du transfert de données transfrontalier   / 21516

gestion en mode grille   / 61205

gestion et contrôle d'application mobile   / 85112

gestion et contrôle de terminal mobile   / 85111

gestion et contrôle des risques   / 51209

gestion financière basée sur un scénario   / 54126

gestion financière des effets sur Internet   / 54127

gestion financière mobile   / 54123

gestion financière numérique de petite somme   / 54221

gestion informatique de logistique par la radio-identification   / 53312

gestion informatique de logistique par le code à barres   / 53313

gestion informatique de logistique par le code QR   / 53314

gestion intelligente de l'eau   / 63403

gestion intelligente de l'énergie   / 63411

gestion intelligente de propriété   / 63303

gestion modérée   / 61320

gestion renforcée de mot de passe   / 84306

gestionnaire de transactions   / 32414

Glass Earth   / 35129

GM/T 0001.1-2012 Algorithme de chiffrement de flux ZUC — Partie 1 : Description de l'algorithme   / 73439

GM/T 0003.1-2012 Algorithme cryptographique à clé publique SM2 basé sur des courbes elliptiques — Partie 1 : Dispositions générales   / 73440

GM/T 0006-2012 Spécifications d'identificateur de l'application cryptographique   / 73448

GM/T 0008-2012 Critères d'essai cryptographique de puce pour la sécurité   / 73447

GM/T 0009-2012 Spécifications d'application de l'algorithme de cryptographie SM2   / 73446

GM/T 0014-2012 Spécifications de protocole de cryptographie du système d'authentification par certificat numérique   / 73445

GM/T 0015-2012 Spécifications de format de certificat numérique basé sur l'algorithme cryptographique SM2   / 73444

GM/T 0020-2012 Spécifications d'interface de service

intégrée de l'application de certificat   / 73443

GM/T 0023-2014 Spécifications de produit de
  passerelle VPN IPSec   / 73442

GM/T 0024-2014 Spécifications de technique VPN
  SSL   / 73441

Google   / 65408

Google Tendances   / 11419

GOST ISO/IEC 15419:2018 Technologies de
  l'information — Techniques d'identification
  et de capture des données automatiques —
  Essai d'imagerie numérique et de performance
  d'impression de codes à barres   / 74501

GOST ISO/IEC 15424:2018 Technologies de
  l'information — Techniques d'identification et de
  capture des données automatiques — Identificateur
  de support de données (y compris les identificateur
  de symbologie)   / 74502

GOST ISO/IEC 17788:2016 Technologies de
  l'information — Informatique en nuage —
  Synthèse et vocabulaire   / 74503

GOST R 43.0.8-2017 Assurance de l'information de
  l'équipement et de l'activité opérationnelle —
  Intelligence artificielle sur l'interaction homme —
  information — Principes généraux   / 74504

GOST R 53632-2009 Paramètres de qualité de service de
  l'accès à l'Internet — Exigence générale   / 74505

GOST R 55387-2012 Qualité de service de l'accès à
  l'Internet — Indices de qualité   / 74506

goût par ordinateur   / 31211

gouvernance à multi-niveaux   / 61512

gouvernance ciblée   / 62305

gouvernance concertée   / 61508

Gouvernance d'État à l'ère des mégadonnées (Chen
  Tan et al., Chine)   / 15418

gouvernance de la pauvreté aux échelons de base
  / 44510

gouvernance de plate-forme   / 43315

gouvernance des actifs de données   / 41111

Gouvernance des données   / 3.3.5

Gouvernance des mégadonnées   / 6

Gouvernance du réseau mondial   / 6.5

gouvernance en ligne   / 62415

gouvernance en mode réseau   / 61206

gouvernance en nuage   / 62304

gouvernance financière internationale   / 55501

gouvernance fine   / 61220

Gouvernance intelligente   / 6.2.3

gouvernance multicentrique   / 61511

gouvernance multipartite   / 61510

gouvernance par l'intelligence artificielle de nouvelle
  génération   / 24519

gouvernance par la chaîne de blocs   / 23518

gouvernance participative   / 61509

gouvernance sociale intelligente   / 24403

gouvernance technologique   / 61201

Gouvernement 3.0 (Corée du Sud)   / 62115

gouvernement à source ouverte   / 62108

gouvernement d'ensemble   / 23517

gouvernement en nuage   / 62107

gouvernement en tant que plate-forme   / 43402

Gouvernement en tant que plate-forme (Royaume-Uni)
  / 62112

gouvernement intelligent   / 62104

Gouvernement numérique   / 6.2

gouvernement ouvert   / 62101

gouvernement sur la plate-forme   / 62106

gouvernement virtuel   / 62105

gradient naturel   / 14225

Grand collisionneur d'hadrons   / 35112

grand pays de la culture numérique   / 22310

grand pays des normes   / 71112

Grand télescope d'étude synoptique   / 35104

Grande Grille Globale   / 15109

grande installation scientifique   / 35101

Grande plate-forme de service médical de Benxi
  / 75513

H

I

informatique collaborative nuage-bord / 63130

informatique de connaissances / 34421

Informatique des données / 3.3.4

informatique en brouillard / 13402

informatique en grappes / 13409

informatique en grilles / 13410

informatique en mer / 13403

informatique en nuage / 21111

informatique en nuage mobile / 13404

informatique en périphérie / 13401

Informatique en tant que service / 72213

informatique exascale / 13418

informatique fiable / 84202

informatique granulaire / 13419

informatique hétérogène / 13413

informatique hybride augmentée / 24222

informatique inspirée du cerveau / 13408

informatique intelligente / 13406

informatique omniprésente / 13412

informatique orienté vers le service / 13411

informatique parallèle / 13416

Informatique quantique / 2.5.2

informatique quantique à ions piégés / 25218

informatique quantique intelligente / 24223

informatique quantique topologique / 25220

informatique reconfigurable / 13414

informatique scientifique / 35213

informatique tolérante aux pannes / 81318

informatique transparente / 13417

informatique ubiquitaire / 13415

Informatique : Un aperçu (J. Glenn Brookshear et al., États-Unis) / 15413

informatisation de la distribution des produits agricoles / 45106

informatisation de la finance / 51201

informatisation de la régulation du marché / 43503

informatisation des cours populaires / 95327

Informatisation du système des ressources humaines et de la protection sociale / 64202

informatisation et gestion ouverte des affaires administratives / 62216

infrastructure à clé publique / 81101

Infrastructure Apache Samza / 33212

infrastructure clé des informations pour le secteur financier / 55215

infrastructure commerciale inclusive / 51419

infrastructure d'information critique / 21105

infrastructure d'information mondiale / 21513

Infrastructure de données de recherche / 35508

infrastructure de gestion d'autorisation / 84314

infrastructure de régulation financière / 55401

Infrastructure de sécurité / 8.2.1

Infrastructure de traitement / 3.3.2

infrastructure de traitement Apex / 33216

infrastructure du réseau de communication quantique / 25515

Infrastructure en tant que service / 72215

infrastructure Flink / 33222

infrastructure Galaxy / 33220

infrastructure Hadoop / 33201

infrastructure Hadoop MapReduce / 33202

infrastructure Hama / 33207

infrastructure informatique Apache Storm / 33209

infrastructure informatique distribuée Dryade / 33203

infrastructure informatique Druid / 33217

infrastructure informatique Gearpump / 33215

infrastructure informatique Giraph / 33206

infrastructure informatique Heron / 33214

infrastructure informatique PowerGraph / 33208

infrastructure informatique Pregel / 33205

infrastructure informatique Tez / 33204

infrastructure informatique ubiquitaire à haut débit / 61402

infrastructure Kineograph / 33219

infrastructure nationale des données spatiales / 21408

Sécurité et confidentialité des mégadonnées —
Processus / 74113

ISO/IEC 29100:2011 Technologies de l'information —
Techniques de sécurité — Cadre privé / 74101

ISO/IEC 29101:2013 Technologies de l'information
— Techniques de sécurité — Architecture de
référence de la protection de la vie privée / 74103

ISO/IEC 29134:2017 Technologies de l'information —
Techniques de sécurité — Lignes directrices pour
l'évaluation d'impacts sur la vie privée / 74114

ISO/IEC 29190:2015 Technologies de l'information —
Techniques de sécurité — Modèle d'évaluation de
l'aptitude à la confidentialité / 74105

ISO/IEC 29191:2012 Technologies de l'information
— Techniques de sécurité — Exigences pour
l'authentification partiellement anonyme,
partiellement non reliable / 74102

isolation logique forte pour le contrôle de limite
/ 82415

isolement de vulnérabilité / 82209

ITU-T SERIES Y.SUPP 40:2016 Feuille de route de
normalisation des mégadonnées / 74122

ITU-T X.1601:2015 Cadre de sécurité applicable à
l'informatique en nuage / 74115

ITU-T Y.2060:2012 Présentation générale de l'Internet
des objets / 74116

ITU-T Y.2063:2012 Cadre applicable au web des objets
/ 74117

ITU-T Y.2069:2012 Termes et définitions applicables à
l'Internet des objets / 74118

ITU-T Y.3500:2014 Technologies de l'information —
Informatique en nuage — Présentation générale et
vocabulaire / 74119

ITU-T Y.3600:2015 Mégadonnées — Exigences et
capacités basées sur l'informatique en nuage
/ 74121

ITU-T Y.3601 Mégadonnées — Cadre et exigences
pour l'échange de données / 74120

ITU-T Y.4114:2017 Exigences et capacités spécifiques
de l'Internet des objets pour les mégadonnées
/ 74123

James Gray / 15506

jeu / 24212

jeu de caractères codés en caractères chinois pour
l'échange d'informations / 75108

jeu de données / 92206

jeu de données de grande valeur / 22215

jeu de données distribuées international / 35216

jeu mobile en ligne / 65305

jeu numérique / 42218

JIS Q20000-1:2012 Technologies de l'information
— Gestion de services — Partie 1 : Exigence
applicable au système pour la gestion de services
/ 74418

JIS Q20000-2:2013 Technologies de l'information
— Gestion de services — Partie 2 : Conseils sur
l'application de système de gestion de services
/ 74419

JIS Q27000:2019 Technologies de l'information —
Techniques de sécurité — Système de gestion de la
sécurité de l'information — Présentation générale
et vocabulaire / 74401

JIS Q27001:2014 Technologies de l'information —
Techniques de sécurité — Système de gestion de la
sécurité de l'information — Exigence / 74415

JIS Q27002:2014 Technologies de l'information —
Techniques de sécurité — Code de bonne pratique
pour le contrôles de sécurité de l'information
/ 74416

JIS Q27006:2018 Technologies de l'information —
Techniques de sécurité — Exigence d'organismes
procédant à l'audit et à la certification des systèmes

M

marché des droits d'émission de matières polluantes / 54331

marché des droits et intérêts à l'environnement / 54329

marché des quotas d'émission de carbone   / 54321

marché fintech   / 51411

marché noir de données   / 94209

marginalisme   / 41507

marketing ciblé   / 51208

marketing communautaire en ligne   / 65102

marketing social en ligne des produits financiers / 51507

masquage des données   / 33106

matériaux de base de l'intelligence artificielle   / 24314

Matériel informatique   / 1.2.4

mathématiques combinatoires   / 11104

mathématiques computationnelle   / 11114

mathématiques discrètes   / 11119

Mathématiques statistiques   / 1.1.2

matrice   / 11108

Matrice de contrôle de nuage   / 84516

matrice Jacobienne de robotique   / 14409

maturité de la capacité de sécurité des données / 93406

maximisation de bénéfice des actifs de données / 41114

mécanique quantique   / 25105

mécanisme coordonné de prévention du crime / 95122

mécanisme d'absorption de perte de risque   / 53409

mécanisme d'alerte et d'intervention des risques liés aux opérations financières   / 55304

mécanisme d'amélioration du crédit   / 54508

mécanisme d'approbation de demande de l'ouverture des données   / 35413

mécanisme d'autorégulation et de déontologie de l'industrie des mégadonnées   / 94202

mécanisme d'échange de données obligatoire   / 35411

mécanisme d'échange régional sur la réduction de la pauvreté   / 44210

mécanisme d'échange spécifique de l'alliance des données   / 35412

mécanisme d'évaluation écologique de la banque / 54311

mécanisme d'examen de confidentialité pour le partage et l'ouverture   / 93238

mécanisme d'examen de la confidentialité pour la publication d'informations gouvernementales / 93236

mécanisme d'intégration dans les réseaux social et industriel   / 44507

mécanisme d'intégration des normes militaro-civile / 71312

mécanisme d'investissement diversifié à la normalisation   / 71313

mécanisme de chiffrement   / 82509

mécanisme de conférence conjointe pour la normalisation   / 71308

mécanisme de confiance   / 41513

mécanisme de confiance et reconnaissance mutuelles / 41412

mécanisme de confiance mutuelle de la chaîne d'approvisionnement   / 51520

mécanisme de consensus   / 23117

mécanisme de coordination et promotion des autorités locales pour la normalisation   / 71310

mécanisme de coordination pour la diffusion d'informations gouvernementales   / 93235

mécanisme de coordination régionale pour la normalisation   / 71309

mécanisme de correspondance non-numérique / 44110

mécanisme de dialogue et de consultation sur le cyberespace   / 21517

mécanisme de gestion de répliques   / 32120

mécanisme de gestion des normes nationales

mégadonnées sur l'intégration militaro-civile / 85404

mégadonnées sur la sécurité sanitaire des aliments et des médicaments / 63510

mégadonnées urbaines / 43508

Mégadonnées : la prochaîne frontière pour l'innovation, la concurrence et la productivité (McKinsey Global Institute) / 15507

Mégadonnées : Une révolution qui transformera notre façon de vivre, de travailler et de penser (Viktor Mayer-Schönberger, Kenneth Cukier, Royaume-Uni) / 15408

Mégadonnées, méga-impact (Forum économique mondial tenu à Davos en Suisse) / 15508

membre général de l'Oragnisation internationale de la normalisation / 71504

mème Internet / 65316

mémoire à semi-conducteur / 42112

mémoire associative / 14509

mémoire flash / 32112

mémoire non volatile / 32111

mémoire non volatile rapide / 13513

mémoire numérique / 15121

mémoire vive / 32106

menace de l'intelligence artificielle / 24518

menace de la sécurité de l'information / 85220

menace persistante avancée / 83116

messagerie instantanée / 31312

mesure d'autorisation liée à la sécurité de l'importation des données / 94218

mesure de champ magnétique quantique / 25311

mesure de contrôle d'accès / 93410

mesure de gravité quantique / 25312

mesure de l'écart / 95413

mesure de protection de la sécurité du site Web / 93429

mesure de restriction de l'achat et de l'utilisation de logiciels / 93408

mesure de sécurité de l'utilisation des composants

externes / 93409

mesure ordonnée du système de normes / 75312

Mesure quantique / 2.5.3

Mesurer l'économie numérique : Un nouveau regard (OCDE) / 15411

méta-connaissance / 14103

métadonnées / 32103

métadonnées d'affaires / 33515

métadonnées FAIR / 35408

métadonnées techniques / 33514

méta-sauvegarde de la structure de données / 84110

météorologie intelligente / 63401

méthode d'accès aux camionnettes / 84207

méthode de démonstration statutaire / 92108

méthode de dénombrement / 13110

méthode de liaison de nœuds / 34312

méthode de mémorandum / 13120

méthode de Newton / 11118

méthode de programmation dynamique / 13116

méthode des k plus proches voisins / 13213

méthode du gradient de stratégie de profondeur / 34221

méthode itérative / 11117

méthode Monte Carlo par chaîne de Markov / 34117

méthode orientée vers la structure de données / 12305

méthode structurée / 12304

méthodes d'élaboration des politiques économiques numériques / 45104

méthodologie logicielle / 12303

meuble intelligent / 64416

m-gouvernement / 62109

micro et petite entreprises / 52401

micro tribunal mobile / 95313

micro-assurance / 54222

microcircuit neuronal / 14522

micro-communication / 65419

microcontrôleur / 12403

micro-cours / 64302

modèle de bazar   / 35321

modèle de boîte noire   / 31117

modèle de calcul parallèle et synchrone en bloc
   / 33403

modèle de cathédrale   / 35320

modèle de chaîne de valeur de l'information
   d'entreprise   / 22202

modèle de contrainte coïncidente   / 24418

modèle de contrat sur le trading de données   / 93304

modèle de crédit alternatif   / 54405

modèle de cycle de vie de données scientifiques
   / 35437

modèle de cycle de vie de système   / 33513

modèle de déploiement de nuage   / 72222

modèle de développement logiciel   / 12308

modèle de diagramme de cause et effet   / 34109

modèle de données   / 43418

modèle de données clé-valeur   / 32226

modèle de données de stockage   / 32222

modèle de données en bloc   / 22407

modèle de données logiques   / 32101

modèle de facteur de production de l'intelligence
   artificielle   / 24410

modèle de fichier   / 32227

modèle de gestion de la sécurité PDCA   / 82314

modèle de gestion en mode grille basé sur les unités de
   10 000m² / 61219

modèle de langage de réseau de neurones   / 34407

modèle de lutte contre la pauvreté de la Ping An Bank
   axé sur l'hydroélectricité   / 44520

modèle de maturité de sécurité   / 82310

modèle de niveau de mot   / 34408

modèle de politique de sécurité   / 82307

modèle de pool de fonds   / 53419

modèle de profit PGC (contenu généré par les
   professionnels)   / 21320

Modèle de programmation   / 3.3.3

modèle de réseau   / 32224

modèle de réseau cérébelleux   / 14510

modèle de réseau Q profond   / 34220

modèle de sac de mot   / 34409

modèle de service financier léger   / 54115

modèle de simulation de données   / 91508

modèle de transmission de l'information   / 34515

modèle Dolev-Yao   / 83304

modèle du cerveau   / 14515

modèle du tas de sable   / 11520

modèle dynamique   / 31118

modèle économique du robot-conseiller en gestion
   d'actifs   / 51511

modèle graphique   / 32228

modèle hiérarchique   / 32223

modèle hybride   / 52310

modèle KANO   / 22219

modèle LogP   / 33404

modèle M-P (McCulloch-Pitts)   / 14219

modèle multipartite   / 23519

modèle physique   / 31116

modèle référentiel de données   / 75210

modèle relationnel   / 32225

modèle Seq2Seq   / 34418

modèle UGC (contenu généré par l'utilisateur)   / 21319

modèle vraisemblance de la requête   / 34414

modélisation basée sur agent   / 11409

modélisation des connaissances   / 14120

modélisation des connaissances pour la conception
   technique   / 14112

modélisation des données   / 31115

modélisation sémantique   / 61417

modernisation de l'infrastructure du système de
   paiement de détail   / 54209

modernisation technologique de l'exportation de
   commerce électronique transfrontalier   / 45203

modularisation de la finance   / 51220

modularité   / 43309

modulation et encodage de données   / 12108

module optique   / 12122

molécule de données   / 31514

monde ternaire composé des trois dimensions de la
   géologie, de l'humanité et de l'information   / 21206

monde virtuel   / 91311

monde-miroir   / 15106

mondialisation de l'innovation fintech   / 51410

mondialisation des données   / 85307

mondialisation des ressources fournies   / 45208

mondialisation financière   / 52501

monétisation de l'information   / 53106

moniteur de machine virtuelle   / 85107

monnaie de compensation décentralisée   / 54406

monnaie de crédit   / 23301

monnaie électronique   / 23302

Monnaie fiduciaire numérique   / 2.3.3

monnaie numérique   / 23303

monnaie numérique de la banque centrale   / 23306

monnaie numérique supersouveraine   / 23314

monnaie programmable   / 23318

monopole de l'information   / 21201

monopoles de données   / 92317

monopolisation de données   / 61104

montée en gamme industrielle orientée vers
   l'intelligence   / 24406

MOOC   / 64303

mot de passe faible   / 81308

moteur Apache Drill   / 31405

moteur de recherche   / 31321

moteur de recherche mobile des affaires policières
   / 95107

moteur Google Earth   / 35108

moteur informatique de connaissances et technologie
   de service de connaissances   / 24205

moteur Logstash   / 31415

moteur Nutch   / 31406

moteur Presto   / 31402

moteur SenseiDB   / 31412

moteur Sphinx   / 31411

mouvement d'ouverture de données   / 22211

mouvement de l'ouverture de sources   / 22307

moyen de gouvernance   / 61210

multi-agent   / 15114

multiculture   / 41526

multidimensionalité   / 15316

multidimensionnalité spectrale   / 35222

multimédia en temps réel   / 31311

multiplexage   / 12107

multiplexage non-exclusif   / 42511

multiplexage spatial   / 21120

musée numérique   / 64307

musique en ligne   / 65307

N

nantissement de créance   / 53213

nantissement de récépissé d'entreposage standard
   / 53215

National Computational Infrastructure (Australie)
   / 35522

National Cyber Range (États-Unis)   / 83513

National Data Service (États-Unis)   / 35516

National Data Service (Suède)   / 35520

nature des données   / 22103

nature du bien-être public   / 92512

nature du droit public   / 92511

nature humaine   / 91301

navigation à l'estime   / 72423

navigation inertielle quantique   / 25310

nettoyage des données   / 33103

neurodynamique   / 14407

neutralité des données   / 15206

neutralité du réseau   / 21216

niveau d'expérience   / 43104

niveau d'inclusion numérique   / 44117

O

offre publique initiale de chaîne de blocs   / 23325

olfaction par ordinateur   / 31210

onde gravitationnelle   / 25107

Onde gravitationnelle de données   / 2.2.1

ondulation de données   / 22105

ontologie   / 91110

OpenFermion : le package de chimie à source ouverte
pour les ordinateurs quantiques (Google)   / 25215

opérateur virtuel   / 65215

opération conjointe   / 72402

opération logique   / 24111

opération numérique   / 82506

opération quasi-financière   / 53102

opinion sur les droits et obligations des mégadonnées
/ 94206

Opinions politiques sur la promotion de la construction
de la zone pilote du développement conduit par
l'innovation le long de la Ceinture économique de
la Route de la soie   / 45523

Opinions sur certaines questions concernant la
promotion du développement de l'informatisation
de la sécurité publique (Chine)   / 95102

Opinions sur la promotion vigoureuse de la
construction de l'informatisation de base (Chine)
/ 95103

Opinions sur les droits des données   / 9.1.5

opportunité numérique   / 41416

opportunités numériques mondiales   / 44101

optimisation   / 11301

optimisation combinatoire   / 11302

optimisation convexe   / 11304

optimisation d'opération   / 51210

optimisation de graphe et de réseau   / 11303

optimisation de rendu   / 14331

optimisation des colonies de fourmis   / 13119

optimisation génétique   / 13118

optimisation heuristique   / 13117

optimisation robuste   / 11305

optimum de Pareto   / 22218

option carbone   / 54323

ordinateur à l'échelle de l'entrepôt   / 32512

ordinateur à usage spécifique   / 12204

ordinateur analogique   / 12202

ordinateur central   / 12209

ordinateur de contrôle de processus   / 12211

ordinateur hybride   / 12203

ordinateur numérique   / 12201

ordinateur numérique électronique   / 21101

ordinateur portable   / 12208

ordinateur quantique   / 25204

ordinateur quantique à tolérance aux fautes de peu de
bits quantiques   / 25506

ordinateur universel   / 12205

ordinateur zombie   / 81312

ordre caché   / 11511

ordre coopératif   / 41405

Ordre dans le cyberespace   / 6.5.5

Ordre de données   / 9.4.2

ordre de l'industrie des mégadonnées   / 94201

ordre numérique   / 23503

organisateur du groupe de travail ou expert inscrit
/ 71508

Organisation africaine de normalisation   / 71421

Organisation arabe pour la normalisation et la
métrologie   / 71422

organisation autonome décentralisée   / 23514

organisation autonome décentralisée basée sur la
chaîne de blocs   / 23418

organisation axée sur apprentissage   / 61302

organisation axée sur plate-forme   / 61301

organisation axée sur un écosystème   / 61305

organisation centrée sur le nuage   / 21314

Organisation de données en bloc   / 6.1.3

organisation de normalisation   / 7.1.4

organisation de partage   / 61304

Organisation de protection des droits des données   / 9.4.5

Organisation des données / 3.2.1

organisation en nuage / 61309

organisation habile / 61308

organisation horizontale / 61303

organisation intelligente / 61306

Organisation internationale de normalisation / 71401

Organisation internationale des commissions de
valeurs / 55509

Organisation mondiale des douanes / 45207

organisation sans limites / 61307

Organisme de normalisation britannique / 71412

orientation d'opinion publique en ligne / 65327

Ouragan Panda / 81521

outil d'essai des applications de sécurité Web / 82313

outil de détection et de recherche de vulnérabilité / 83217

outil de hacking / 81405

outil de recherche de vulnérabilité / 82413

outil ETL / 31316

outil Larbin / 31418

outil Shark / 31403

ouverture / 23111

ouverture à la demande / 93212

ouverture au stockage et à l'acquisition / 92402

ouverture contractuelle / 61128

ouverture de capacité visuelle de l'intelligence
artificielle / 43519

ouverture de compte à distance / 54108

ouverture de données / 61114

ouverture de dossier en ligne / 95306

ouverture de dossier trans-régional / 95307

ouverture de plate-forme / 43314

ouverture de plate-forme informatique à source ouverte
/ 43520

ouverture de service de recherche / 43521

ouverture des données gouvernementales / 61115

Ouverture et partage des données / 6.1.1

ouverture et partage des données gouvernementales
/ 61107

ouverture et partage du territoire / 85309

ouverture inconditionnelle / 93211

ouverture non discriminatoire / 61127

ouverture payante des données / 61131

P

paiement + réseau social / 53502

paiement alternatif / 54101

paiement dans les scénarios / 51512

paiement distribué / 53204

paiement électronique / 52108

paiement en ligne / 52105

paiement mobile / 52111

paiement par carte prépayée / 52112

paiement par code QR / 52115

paiement par compte virtuel / 52107

paiement par empreinte digitale / 52116

paiement par iris / 52118

paiement par reconnaissance faciale / 52117

paiement par téléphone / 52113

paiement par télévision / 52114

paiement sans contact / 53310

paiement sans intermédiaire / 54102

paiement sur Internet / 52110

pan-communication / 15116

panoptique / 15202

panorama économique / 43502

panorama mondial des meilleurs talents d'intelligence
artificielle / 24315

paquet de données / 12102

paquet rouge WeChat / 53512

paradigme de partage du développement social
/ 61504

paradigme de science expérimentale / 35206

paradigme de science informatique / 35208

paradigme de science théorique / 35207

personnalisation / 42402

personnalisation normalisée à grande échelle / 75406

personnalité / 91101

personnalité électronique / 91512

personnalité juridique / 91220

personnalité juridique limitée / 91221

personnalité numérique / 91401

personnalité virtuelle / 15213

personne morale / 91203

personne physique / 91201

petit crédit en ligne / 52406

petit crédit et microcrédit / 52402

petit crédit pour le commerce électronique / 52407

petit crédit pour le commerce électronique proposé par
les banques commerciales / 52412

petit crédit proposé par la tierce personne / 52409

petit crédit proposé par le prestataire du service de
tiers payant / 52408

petit dépôt et petit emprunt / 53520

petit électroménager intelligent / 64420

petit et micro financement en ligne / 54220

petit prêt en ligne illimité avec quota fixe / 53202

pétition en ligne / 62418

Petro (Vénézuela) / 23308

phénomène de minidonnées / 43121

phénomène du petit monde / 65212

philosophie de gouvernance / 61209

Philosophie des données / 1.5

Philosophie des droits des données / 9.1.1

piège de mégadonnées / 41401

pilotage automatique / 63214

pionnier de l'entrepreneuriat dans lutte contre la
pauvreté par le commerce électronique / 44404

pixels par degré / 14309

plainte contre l'utilisation illégale de données
personnelles / 94215

Plan ACE de Baidu / 63110

plan d'action de l'e-gouvernement / 62103

Plan d'action de l'ISO pour les pays en développement
2016-2020 / 71202

Plan d'action de réduction de la pauvreté par Internet
/ 44318

Plan d'action Fintech (UE) / 51103

Plan d'action mondial concernant les données du
développement durable / 44120

Plan d'action pour l'éducation numérique (UE)
/ 24509

Plan d'action pour l'informatique en nuage
(Allemagne) / 21414

Plan d'action pour la promotion du développement des
mégadonnées (Chine) / 15515

Plan d'action pour le cyberespace (États-Unis)
/ 85507

Plan d'action sur la connectivité des normes dans le
cadre de « la Ceinture et la Route » (2018-2020)
/ 71513

Plan d'action sur le développement culturel dans le
cadre de l'initiative « la Ceinture et la Route »
(2016-2020) / 45506

Plan d'action sur le développement du tourisme sportif
dans le cadre de l'initiative « la Ceinture et la
Route » (2017-2020) / 45522

plan d'évaluation de sécurité / 82312

plan d'urgence pour la sécurité des mégadonnées
/ 93416

Plan de base pour les normes nationales (Corée du Sud)
/ 71205

Plan de coopération écologique et environnemental de
« la Ceinture et la Route » / 45511

Plan de coordination de la construction de « la
Ceinture économique de la Route de la soie » avec
la nouvelle politique économique du Kazakhstan, «
Voie vers l'avenir » / 45515

Plan de développement fintech (2019-2021) (Chine)
/ 51106

Plan de développement pour la construction du système

plate-forme d'information sur la santé de la population / 64101

plate-forme d'informations d'Internet / 12515

plate-forme d'informations de parquet de la Province du Henan / 95238

plate-forme d'informations en collaboration de plusieurs planifications / 63128

plate-forme d'informations financières de chaîne d'approvisionnement / 53208

plate-forme d'informations sur le crédit de la consommation / 53505

plate-forme d'inspection en nuage intelligente et numérique (Guiyang, Chine) / 62517

plate-forme d'inspection Internet Plus / 62513

plate-forme d'inspection Internet Plus de la province du Zhejiang / 62515

Plate-forme d'installation / 8.1.1

plate-forme d'investissement et de financement de récépissé d'entreposage basée sur Internet des objets / 53326

plate-forme d'opération écologique / 22521

plate-forme d'ouverture des données gouvernementales / 61117

plate-forme de chaîne de blocs du tribunal en ligne de Beijing / 95310

plate-forme de commerce électronique B2B transfrontalier / 45408

plate-forme de contrôle sur échantillon basé sur sur le tirage au sort de l'entreprise et du contrôleur et sur la publication immédiate des résultats de l'examen et du traitement / 62512

plate-forme de diffusion en direct / 43209

plate-forme de divulgation d'information gouvernementale / 61110

plate-forme de financement participatif / 52302

plate-forme de gestion de crédit personnel / 51506

plate-forme de gestion de fichiers intelligente / 95222

plate-forme de gestion de paiement / 52104

plate-forme de gestion des données / 51319

plate-forme de gestion des mégadonnées non structurées de la State Grid Corporation de Chine / 75516

plate-forme de gouvernance en mode grille / 62214

plate-forme de médiation en ligne / 95323

plate-forme de mégadonnées « parquet cube » de Pékin / 95239

plate-forme de mégadonnées pour la lutte contre la pauvreté orientée vers le développement / 44322

plate-forme de mégadonnées spatio-temporelles urbaines / 63115

plate-forme de mégadonnées sur la santé publique régionale du Hainan / 75519

plate-forme de nuage d'informatique quantique (Alibaba) / 25217

plate-forme de nuage quantique HiQ (Huawei) / 25222

plate-forme de paiement non fiscal / 62210

plate-forme de partage / 42508

plate-forme de partage de données gouvernementales / 61119

plate-forme de partage de ressources militaro-civiles / 85412

plate-forme de partage et d'échange pour les mégadonnées des parquets / 95205

Plate-forme de partage nationale de vulnérabilités de la sécurité de l'information de Chine / 84519

plate-forme de perception des situations sécuritaires du réseau financier / 55219

plate-forme de ressources de données / 43517

plate-forme de service client intelligente / 62212

plate-forme de service d'information spatiale / 45314

plate-forme de service de mégadonnées sur l'Internet des objets du transport commun intelligent de Chongqing / 75518

plate-forme de service fintech / 54513

plate-forme de service public pour la communication

banque-entreprise   / 54524

plate-forme de service transfrontalier de chaîne de
blocs financière   / 52507

plate-forme de service unifiée pour le canal
électronique et la cyberfinance   / 53403

plate-forme de services administratifs à guichet unique
/ 62312

plate-forme de services aux entreprises   / 43505

Plate-forme de services d'informations financières
Chine-ASEAN   / 52517

plate-forme de services et de stockage ouvert des
données scientifiques   / 35419

plate-forme de services publics de la sécurité de
l'information   / 84520

plate-forme de services publics sur l'interopérabilité du
matériel et du logiciel fabriqués en Chine   / 71316

plate-forme de services publics sur la normalisation
de la sécurité de l'informations nationale (Chine)
/ 71315

plate-forme de services publics sur la sécurité des
services en nuage   / 71320

plate-forme de services publics sur la sécurité des
systèmes de bureau   / 71321

plate-forme de services publics sur le partage de
données   / 71317

plate-forme de services publics sur les tests de système
et de produit logiciel   / 71318

plate-forme de simulation à l'attaque et à la défense
informatiques au service de la cybersécurité
urbaine   / 83510

plate-forme de soutien d'application   / 43515

plate-forme de surveillance de la sécurité des
mégadonnées   / 93417

plate-forme de surveillance de menace inconnue   / 84506

plate-forme de surveillance de réduction de la pauvreté
par les mégadonnées   / 44205

plate-forme de surveillance des risques financiers
/ 55209

plate-forme de surveillance et d'alerte de la sécurité
des mégadonnées   / 93418

Plate-forme de surveillance et de visualisation des
prix des produits agricoles du marché de gros sous
la tutelle du Ministère de l'Agriculture de Chine
/ 75505

plate-forme de test de l'intelligence artificielle
/ 24319

plate-forme de tierce personne   / 53101

plate-forme de trading d'actifs numériques   / 23320

plate-forme de trading d'effets numériques   / 23321

plate-forme de trading de tierce personne   / 93318

plate-forme de trading social   / 54414

plate-forme de vente au détail basée sur l'algorithme
/ 54415

plate-forme des affaires administratives en ligne
/ 62205

plate-forme des services publics en ligne   / 62407

plate-forme en libre-service d'enregistrement de gage
de biens meubles   / 53410

plate-forme en libre-service d'enregistrement des
droits nantis et engagés   / 53411

plate-forme en ligne d'information sur les normes
/ 71120

plate-forme en ligne pour l'inscription à l'emploi
/ 64210

plate-forme en nuage pour la gouvernance sociale
(Guiyang, Chine)   / 62311

Plate-forme en tant que service   / 72217

plate-forme européenne d'intelligence artificielle à la
demande   / 24507

plate-forme gouvernementale de gestion des urgences
/ 63514

plate-forme IndieGoGo   / 52317

plate-forme intégrée des affaires policières   / 95106

plate-forme intelligente   / 43516

plate-forme intelligente de supervision de la gestion de
l'environnement   / 63415

plate-forme intelligente de supervision de la sécurité
    alimentaire / 63511

plate-forme Internet basée sur l'espace / 21118

plate-forme Kibana / 31416

plate-forme Kickstarter / 52316

plate-forme Lending Club / 52207

plate-forme militaro-civile d'entraînement à l'attaque
    et à la défense informatiques / 83507

plate-forme mobile de commandement en cas d'urgence
    / 63515

Plate-forme mondiale de partage des ressources
    culturelles numérisées de Wang Yangming
    / 15310

plate-forme mondiale de services de technologie
    numérique / 41417

Plate-forme mondiale du commerce électronique
    / 45401

plate-forme nationale d'entraînement à l'attaque et à la
    défense informatiques / 83506

Plate-forme nationale d'entraînement à l'attaque et la
    défense informatiques au service des mégadonnées
    de Guiyang (Chine) / 83520

Plate-forme nationale de partage d'informations sur le
    crédit / 62506

plate-forme nationale de promotion des services
    d'information dans les zones rurales / 42321

plate-forme nationale de services administratifs en
    ligne / 62412

plate-forme nationale ouverte de vérification des essais
    d'innovation (Chine) / 22303

plate-forme nationale ouverte pour les données
    gouvernementales (Chine) / 22304

plate-forme numérique de services juridiques / 95501

plate-forme ouverte d'intégration des actifs de données
    / 41124

Plate-forme ouverte d'intelligence artificielle (Chine)
    / 24501

plate-forme ouverte de données de recherches de

l'Université de Pékin / 35424

plate-forme ouverte de finance de chaîne
    d'approvisionnement / 53210

plate-forme professionnelle d'entraînement à l'attaque
    et à la défense informatiques au service des
    infrastructures critiques / 83508

plate-forme Prosper / 52206

plate-forme publique de service des parquets / 95231

plate-forme publique de service informatique / 71319

plate-forme Zopa / 52205

plate-formes de prêt P2P / 53103

plateformisation de la finance / 51221

plates-formes informatiques intégrées / 43518

pluralisme juridique / 91518

point d'échange Internet / 44104

point de connexion directe de dorsale Internet / 21108

point de données / 22109

point de vente intelligent / 54112

police d'assurance pour le système informatique
    embarqué de véhicule / 53219

Police intelligente / 9.5.1

policier numérique / 95108

policier robot / 95109

politique d'intégration des normes nationales,
    européennes et internationales (Allemagne)
    / 71523

politique de code / 65503

politique de compensation des risques liés aux
    investissements providentiels / 54516

politique de synchronisation des normes britanniques
    et des normes internationales / 71522

politisation du problème de la cybersécurité / 65513

pool de brevets ouverts en intelligence artificielle
    / 24318

pool de capacité d'approvisionnement / 42503

pool de demande de service / 42504

pool de ressources de données / 35214

pool de ressources de mégadonnées des affaires

prévisions du marché   / 51211

principe CAP (cohérence, disponibilité et résistance de
  partition)   / 32313

principe d'admission   / 94310

principe d'application   / 94311

principe d'incertitude   / 11510

principe de bout en bout   / 43308

principe de collecte de toutes les données à collecter
  / 93219

principe de conservation des données brutes sur la
  plate-forme   / 93233

principe de contrôle approprié   / 84323

principe de décentralisation physique et de
  centralisation logique   / 93230

principe de droit d'accès minimal   / 84305

principe de maîtrise des risques autonome   / 53110

principe de non-malfaisance   / 15210

principe de notification   / 94306

principe de sécurité   / 94309

principe de sélection   / 94307

principe de transfert de données   / 94308

principe multilingue   / 44114

Principes avancés du G20 en matière de finance
  inclusive numérique   / 51120

Principes d'intégration de normes industrielles
  japonaise et les normes internationales   / 71521

Principes d'orientation sur le financement du
  développement de « la Ceinture et la Route »
  / 45510

Principes de haut niveau sur les stratégies nationales
  pour l'éducation financière   / 51124

principes de l'élaboration de norme   / 75216

Principes de la politique européenne relative à la
  normalisation internationale (UE)   / 71524

Principes de la sphère de sécurité   / 85311

principes et normes de transparence et d'impartialité
  pour les systèmes intelligents autonomes   / 41420

principes FAIR (trouvable, accessible, interopérable,

réutilisable)   / 35407

prise de décision basée sur les données   / 62313

prise de décision scientifique basée sur un modèle
  / 61408

prise de décision selon les données   / 11320

prise de rendez-vous et tirage médical en ligne
  / 64119

prise de vue panoramique   / 14314

prison intelligente   / 95415

prison intelligente en nuage   / 95418

prix d'origine   / 41515

prix de données   / 41302

prix de trading   / 93302

Prix mondial de financement des PME   / 52413

probabilité   / 11201

problème de correspondance de Post   / 13315

problème de havresac   / 11314

problème de l'arrêt   / 13314

problème de transport   / 11311

problème de valeur extrême sous contrainte   / 11313

problème des généraux byzantins   / 23405

problème sans contrainte   / 11312

procédure de gestion technique pour la configuration
  du système   / 93407

procédures de vigilance à l'égard de la clientèle
  / 54215

Procédures pour la participation des États-Unis aux
  activités de la normalisation internationale de
  l'Organisation internationale de normalisation
  / 71520

procès en ligne   / 95304

procès intelligent   / 95312

processeur   / 92203

processeur de robot   / 14403

processeur de signal numérique   / 12207

processeur inspiré du cerveau   / 14519

processeur quantique   / 25203

processus de décroissance du poids   / 14224

Processus de normalisation de données   / 7.5.2

processus stochastique   / 11205

procès-verbal électronique   / 95321

production intelligente   / 24409

production intelligente de contenu médiatique   / 65303

production mondialisée   / 41210

production participative   / 14117

production sans souci   / 41218

productisation des services   / 43406

productivité de l'information   / 21208

Productivité des données   / 4.1.2

productivité extrême   / 41209

produit de données   / 41301

produit de données brut   / 22320

produit de réseau   / 81107

produit dérivé climatique   / 54308

produit en tant que scénario   / 43204

produit et service de SMS en ligne   / 65309

produit financier de chaîne d'approvisionnement pour
    les entreprises de commerce électronique   / 53220

produit financier en ligne de la chaîne industrielle
    agricole   / 53404

produit majeur de l'intelligence artificielle   / 24313

produits financiers et dérivés du carbone   / 54328

profilage de cas   / 95309

profilage précis d'utilisateur   / 34523

programmation déclarative   / 33302

programmation dynamique   / 11310

programmation entière   / 11308

programmation fonctionnelle   / 33304

programmation impérative   / 33301

programmation linéaire   / 11306

programmation logique   / 33303

programmation multi-objectif   / 11309

programmation non linéaire   / 11307

programmation sans ego   / 82218

programme   / 12302

Programme « Point noir mobile » (Australie)   / 21417

Programme Connect 2020   / 44119

Programme d'échange des responsables de villages «
    ASEAN+3 »   / 44220

programme d'éducation et de formation de conscience
    de la normalisation (Europe)   / 71301

Programme d'inclusion numérique (Royaume-Uni)
    / 21411

Programme d'innovation scientifique technologique
    pour l'administration judiciaire au cours du 13e
    plan quinquennal (Chine)   / 95425

Programme de construction de parquets forts à travers
    la sciences et la technologie au cours du 13e plan
    quinquennal (Chine)   / 95202

programme de contrôle   / 72413

Programme de formation sur le commerce électronique
    pour les jeunes des zones rurales   / 44405

programme de surveillance PRISM   / 85219

programme de tâche   / 72412

programme de vol de mot de passe   / 81513

Programme des 1.000 districts et 100.000 villages
    d'Alibaba   / 44409

Programme Fintech de Bali (Banque mondiale)   / 51101

Programme national des technologies quantiques
    (Royaume-Uni)   / 25123

Programme pour l'innovation scientifique et
    technologique dans le domaine de la sécurité
    publique au cours du 13e plan quinquennal (Chine)
    / 95104

Programme pour une Europe numérique (UE)   / 21415

Programme-cadre pour le développement des
    recherches scientifiques et des technologies (UE)
    / 71207

Projet « Découverte des connaissances des
    mégadonnées » (Australie)   / 35504

Projet « Des mégadonnées aux connaissances » (États-
    Unis)   / 35502

Projet « Loon » de Google   / 21423

Projet « Nuage européen pour la science ouverte »   / 35505

Projet « Printemps des données de recherche »
(Royaume-Uni) / 35503

Projet « SHE CAN » d'autonomisation numérique des
entrepreneuses / 44411

projet Apache Mahout / 33420

Projet d'accélération du dédouanement du commerce
électronique transfrontalier / 45201

Projet d'alphabétisation numérique / 44413

Projet d'architecture référentielle de l'informatique en
nuage (Chine) / 71519

Projet d'architecture référentielle de l'Internet des
objets (Chine) / 71518

Projet d'informatique en nuage du maintien de l'ordre
dans le Shandong / 75515

Projet d'usine numérique / 44415

Projet de construction d'infrastructure d'information
de nouvelle génération / 44103

Projet de coopération internationale sur le séquençage
de 10 mille souches dans le cadre du Catalogue
mondial des micro-organismes / 35131

Projet de démonstration de normalisation / 7.5.5

projet de démonstration de vérification et d'application
de la technologie de communication quantique
sécurisée Pékin-Shanghai (Chine) / 25419

Projet de loi 2010 sur la cyberespace en tant qu'actif
appartenant à l'État (États-Unis) / 85523

Projet de loi sur les données de communication
(Royaume-Uni, 2012) / 93516

projet de lutte contre la pauvreté par le commerce
électronique / 44401

Projet de mégadonnées scientifiques (Chine) / 35506

Projet de mégadonnées sur la fabrication intelligente
du Groupe d'automobile de Chang'an / 75507

Projet de mégadonnées sur la planète (Chine) / 35507

projet de mise à niveau des normes / 71115

projet de modernisation des infrastructures rurales
/ 42319

projet de normalisation des technologies de

l'information de nouvelle génération / 71121

Projet de numérisation du service public / 42104

projet de partage des données scientifiques / 35501

projet de reconnaissance mutuelle des normes
nationales et étrangères / 71117

Projet du cerveau humain / 2.4.5

Projet du génome humain / 35110

Projet européen Open Up / 35524

projet Impala / 31404

Projet Internet.org / 21422

Projet national clé de recherche et de développement du
contrôle quantique et de l'information quantique
(Chine) / 25124

Projet national de crypto-monnaie (Iran) / 23311

Projet national de la monnaie numérique « Estcoin »
(Estonie) / 23309

projet Phoenix / 31401

projet pilote de normalisation pour les industries
émergeantes / 71116

Projet scientifique international de l'initiative « la
Ceinture et la Route numériques » / 35128

projet Skynet (système de surveillance) / 63504

projet Xueliang de sécurité des zones rurales / 63503

prolongation de durée de flashback / 84112

promenade quantique / 25211

promotion de la normalisation des composants logiciels
/ 75338

promotion de la normalisation des technologies de
l'informatique en nuage / 75339

promotion de la normalisation des villes smart
/ 75340

promotion des normes des mégadonnées / 75341

promotion du commerce électronique / 93336

promotion et implémentation des normes / 75326

proposition d'un nouveau domaine de travail technique
/ 71510

proposition d'un nouveau projet de travail sur une
norme internationale / 71509

puce d'intelligence artificielle / 12406

puce de communication mobile / 42111

puce de mémoire à semi-conducteur / 12404

puce de réseau neuronal / 12405

puce de traitement d'image / 42113

puce DSP (Digital Signal Process) / 13511

puce FPGA (field programmable gate array) / 13510

puce graphique / 13509

puce haut de gamme / 24301

puce informatique / 24411

puce intelligente pour la sécurité / 12407

puce neuromorphique / 14518

puce Tianjic / 15108

puissance de calcul / 13304

puissance de données / 41201

puissance de la technologie de mise en situation / 43111

push intelligent de cas / 95314

pyramide de normalisation / 75308

Q

qualité correspondante / 43318

qualité des actifs de données / 41122

qualité des données / 33110

quantité d'informations / 31104

quantum / 25104

Quatrième paradigme / 3.5.2

qutrit / 25518

R

radar à enchevêtrement quantique (États-Unis) / 25321

Radiotélescope sphérique de 500 mètres d'ouverture / 35103

Rafales : Le modèle caché derrière tout ce que nous faisons (Albert-László Barabási, États-Unis) / 15412

raisonnement déductif / 24112

rançongiciel / 81510

rangement des données / 33102

rappel intelligent / 95113

ratio d'accélération / 32401

ration d'extension / 32402

rayon de confiance / 23401

réalité augmentée / 14301

réalité mixte / 14302

Réalité virtuelle / 1.4.3

réception à distance / 95216

réception et mesurage du réseau quantique / 25503

recherche best-first / 72308

recherche chiffrée / 82207

recherche de code malveillant / 82110

recherche de données / 22414

recherche de données / 31325

recherche de vulnérabilité / 81317

recherche en largeur d'abord / 72306

recherche en profondeur d'abord / 72305

recherche financière intelligente / 54125

recherche heuristique / 72307

Recherche intégrée sur les risques de catastrophes naturelles / 35113

recherche intellisense / 14303

recherche juridique intelligente / 95432

recherche sémantique / 14122

recommandation de cas similaire précédent / 95405

recommandation de point d'intérêt / 34517

réconciliation / 94312

reconnaissance d'image de télédétection / 31329

reconnaissance de cible quantique / 25313

reconnaissance de formes / 72311

reconnaissance faciale / 14416

reconnaissance mutuelle de l'authentification

numérique / 45423

reconstruction de scénario / 14313

reconstruction des intermédiaires / 43321

reconstruction holographique numérique / 22419

record mondial de précision de test de champ
magnétique (États-Unis) / 25319

record mondial de sensibilité de détection de gravité
(États-Unis) / 25320

recours après coup / 94305

Recours juridique pour les droits des données / 9.4.3

recouvrement de créance par violence / 55134

recouvrement des créances ciblé / 54117

recréation en ligne / 65311

récupération à multi-canal / 95235

récupération après sinistre à courte portée / 84123

récupération après sinistre à distance / 84126

récupération de données après sinistre / 84408

récupération de données après sinistre par application
/ 84409

récupération et réorganisation de données / 95409

récupération locale après sinistre / 84122

récursion / 13113

récursivité / 13111

recyclage de l'information / 92414

redondance / 32104

réductibilité / 13313

réduction de hotspot / 22416

Réduction de la pauvreté par la technologie numérique
/ 4.4

réduction des données / 33109

REEF (plate-forme de Microsoft pour les développeurs
d'Hadoop) / 35324

référence de temps quantique / 25314

référencement abusif / 81212

réflexion basée sur les données / 22119

réforme « guichet unique » / 62406

réforme du droit de propriété / 41519

regarantie fintech / 54507

régime d'assurance contre les risques pour l'application
financière des nouvelles technologies / 55236

Registre d'Internet régional / 85314

registre de base de connaissances de données de
recherche (re3data) / 35513

Registre mondial / 23507

règle de chiffrement des données importantes / 94222

règle de contrôle d'accès aux données / 94219

règle de gestion pour la cohérence de plusieurs
duplicata de données / 94221

règle de sécurité pour le stockage et le transfert de
données / 94220

règle de trading de données / 93307

règle générale de norme de données / 75202

règle heuristique / 14113

règle internationale de sécurité de l'information
/ 21505

règlement bancaire contre les reçus de carte bancaire
/ 52109

règlement électronique / 52119

règlement financier à distance / 53318

Règlement général sur la protection des données (UE)
/ 15521

Règlement pour les services de portefeuille
cryptographique (Japon) / 51118

règlement sans espèce / 54208

Règlement sur l'ouverture et le partage des données liées
aux affaires administratives de Guiyang / 93119

Règlement sur la divulgation de l'information
gouvernementale de la République populaire de
Chine / 93104

Règlement sur la gestion de la sécurité des
mégadonnées de Guiyang / 93121

Règlement sur la libre circulation des données à
caractère non personnel (UE, 2018) / 93528

Règlement sur la promotion du développement et de
l'application des mégadonnées de la Province du
Guizhou / 93114

régulation des services fintech   / 55415

régulation des techniques fintech   / 55416

régulation du crédit   / 62503

régulation du taux de concentration des prêts   / 55421

régulation financière internationale   / 55502

Régulation fintech   / 5.5

Régulation internationale fintech   / 5.5.5

régulation perçante   / 55202

régulation réactive   / 54418

relation de données   / 41202

relation publique en ligne   / 65317

relation sociale basée sur un scénario   / 43208

Remarques de l'Office national des postes sur la promotion du service postal pour la construction de « la Ceinture et la Route »   / 45514

Remarques de la Commission de contrôle des assurances de Chine sur les services d'assurances pour la construction de « la Ceinture et la Route »   / 45519

Remarques de la Cour populaire suprême sur la mise à disposition des services et garanties judiciaires pour la construction de « la Ceinture et de la Route » par les cours populaires   / 45521

Remarques sur la mise en place du mécanisme et des institutions de règlement des différends commerciaux internationaux dans le cadre de l'initiative « la Ceinture et la Route »   / 45524

Remarques sur la promotion de la construction de « la Ceinture et la Route » verte   / 45505

Remarques sur la promotion de la coopération internationale en matière de la capacité de production et de l'industrie équipementière   / 45503

Remarques sur la promotion du développement sain de la cyberfinance (Chine)   / 51107

remède préventif   / 94304

remise en circulation des marchandises   / 42409

remixage   / 15104

remplissage de trafic   / 82511

rendu à multirésolution   / 14332

rendu par accélération matérielle   / 14333

rendu photoréaliste   / 14305

renforcement de la sécurité   / 81121

renforcement par les données   / 22502

renouvellement urbain   / 63123

renrou sousuo (recherche des informations personnelles par des groupes d'internautes pour exercer des pressions sur des individus)   / 81414

renseignement sur les menaces de sécurité   / 84410

réorganisation des procédures de services administratifs   / 62220

Répertoire d'ouverture   / 93204

répertoire de divulgation d'information gouvernementale   / 61111

répertoire de partage   / 93203

répertoire de preuves intelligent   / 95236

répertoire de ressources   / 93202

répertoire de ressources d'informations thématiques   / 93420

répertoire des données gouvernementales ouvertes   / 61116

répertoire des services administratifs   / 62217

répétabilité de chemin   / 72419

réplicabilité   / 92404

réplication à distance en temps réel   / 84205

réplication numérique   / 93437

réponse d'urgence à la sécurité de données   / 84416

réponse d'urgence à la sécurité de l'information   / 82111

réponse d'urgence aux risques de l'application financière des nouvelles technologies   / 55237

réponse d'urgence aux risques des opérations financières   / 55208

représentation de texte   / 34403

représentation des connaissances   / 14105

représentation sous-symbolique   / 72321

reprise de données après sinistre / 83120

requête distribuée / 32322

requête parallèle / 32407

Research Data Australia / 35523

Research Data Centers Program (Canada) / 35518

réseau « petit monde » / 34501

réseau à haut débit gigabit / 12509

réseau associatif / 14217

Réseau australien de recherche sur les écosystèmes
 terrestres / 35122

Réseau avancé / 1.2.5

réseau banyan intégré attaque-défense / 83119

Réseau chinois de recherche sur les écosystèmes
 (Chine) / 35120

réseau commercial de distribution quantique de clé
 (États-Unis) / 25416

réseau complexe / 11501

réseau convolutionnel / 14511

réseau d'accès à large bande / 12111

réseau d'agglomération / 12118

réseau d'agglomération financier / 55233

réseau d'expérimentation de communication quantique
 sécurisée (États-Unis) / 25415

réseau d'express / 45302

réseau d'horloge quantique / 25510

réseau d'information basé sur l'espace / 12505

Réseau d'information d'intégration espace-sol
 / 12504

réseau d'informations espace-ciel / 12508

réseau d'informatique quantique / 25507

réseau d'innovation commune pour l'application de
 mégadonnées / 22510

Réseau d'un kilomètre carré / 35111

réseau de banc d'essai de distribution quantique de clé
 de Tokyo (Japon) / 25417

réseau de capital-risque / 54504

réseau de capteurs / 31207

réseau de capteurs à grande échelle / 35102

réseau de capteurs multimédia sans fil / 15113

réseau de capteurs sans fil / 31202

Réseau de changement environnemental (Royaume-
 Uni) / 35119

réseau de collaboration scientifique basée sur les
 données / 35215

réseau de communication mobile / 12507

réseau de communication quantique en espace libre
 / 25408

réseau de communication quantique sécurisée
 (Royaume-Uni) / 25418

réseau de confiance / 23403

réseau de connaissances des utilisateurs / 51416

réseau de coopération antiterroriste / 85217

réseau de croyances profondes / 34214

réseau de distribution d'enchevêtrement quantique
 / 25504

réseau de données / 12517

Réseau de l'Agence des projets de recherche avancée
 / 21103

Réseau de la Fondation nationale pour la science
 (États-Unis) / 21104

réseau de mémoire quantique / 25505

réseau de neurones à convolution / 34215

réseau de neurones à rétropropagation / 34213

réseau de neurones artificiels / 14502

réseau de neurones de Hopfield / 14504

réseau de neurones flou / 14227

réseau de neurones récurrents / 34216

réseau de participation sociale à la lutte contre la
 pauvreté / 44517

réseau de relation des utilisateurs / 51417

réseau de satellites de communication à haut débit
 / 45309

réseau de service domestique aux personnes âgées
 / 64512

réseau de service médical et de service aux personnes
 âgées intelligents / 64513

réseau de service partagé de l'information spatiale / 45315

réseau de sujets de discussion / 65326

réseau de superposition résilient / 12514

réseau de surveillance de l'environnement écologique / 63413

réseau de transmission optique / 12520

réseau défini par logiciel / 72117

réseau des nœuds de confiance / 25501

réseau des organisations virtuelles / 61315

réseau des répéteurs de confiance / 25502

réseau déterministe / 12511

réseau distribué de capteurs de comportement à domicile / 64415

réseau dynamique P2P / 23107

réseau électrique intelligent / 63404

réseau en étoile intégré attaque-défense / 83118

réseau en pair à pair / 65106

réseau en tant que média / 21204

Réseau en tant que service / 72216

réseau étendu / 12117

réseau financier de confiance / 23413

réseau hotspot mondial / 21425

Réseau informatique / 1.2

réseau intégral espace-sol / 61403

réseau intégré attaque-défense / 83219

réseau local / 21102

Réseau mondial / 2.1.1

Réseau mondial de recherche écologique à long terme / 35118

Réseau mondial des projets de génome personnel / 35418

réseau national d'information sur la lutte contre la pauvreté / 44321

Réseau national d'observation écologique (États-Unis) / 35121

Réseau optique 2.0 / 21409

réseau optique passif / 12513

Réseau pour l'océanographie géostrophique en temps réel / 35105

réseau privé virtuel / 12510

réseau sans échelle / 11405

réseau sans fil à basse consommation / 12512

réseau sans fil omniprésent / 12503

réseau sémantique / 14102

réseau social / 65112

réseau social + paiement / 53501

réseau social basé sur l'emplacement / 34516

réseau spécial des affaires administratives / 62204

réseau téléphonique commuté public / 81116

réseautage sensible au temps / 42419

réservation de VTC en ligne / 63201

réserve de talents d'intelligence artificielle / 24316

Résidence électronique (Estonie) / 15513

résidu de Solow / 41103

résolution de différend de commerce électronique / 93335

résolution de problème / 72310

résolution des différends en ligne / 65219

Résolution sur l'établissement d'une culture européenne de sécurité de la cyber-information (UE) / 85508

Résolution sur l'établissement d'une stratégie européenne de sécurité de la société informatique (UE) / 85509

résonance magnétique nucléaire / 25308

responsabilité de la sécurité des mégadonnées / 93404

responsabilité juridique environnementale du débiteur / 54315

responsabilité première de la prévention et du contrôle des risques / 53108

responsable de la sécurité des mégadonnées / 93403

ressource de données / 22206

ressource inactive / 42502

ressource partagée / 42501

ressources de données à usage public / 92420

ressources de données des affaires administratives / 62218

ressources en propriété commune / 91317

ressources gouvernementales non-partageables / 93210

restauration de fiabilité / 84403

restauration des données / 22116

résultat de l'examen de qualification / 93322

résultats et services numériques d'entreprise / 43510

résumé numérique / 83410

retard de réseau / 12103

retour en arrière / 13115

retour haptique / 14323

retour sur trace des cyberattaques de l'industrie financière / 55220

rétroaction / 41106

Réunion de la Commission de coopération sino-britannique sur la normalisation / 71514

réutilisation de l'objet / 83105

réutilisation des données / 61124

réutilisation des données scientifiques / 35431

revenu de base universel / 41227

Révolution 3A : automatisation d'usine, automatisation de bureautique et automatisation de domotique / 21114

Révolution 3C : ordinateur, contrôle et communication / 21115

Révolution 5G / 21116

Révolution de la technologie quantique / 2.5.1

risque d'opération mixte / 55116

risque de « trop grand pour faire faillite » / 55119

risque de change / 55109

risque de crédit / 55101

risque de devise / 55111

risque de données / 55107

risque de gestion / 55105

risque de liquidité / 55115

risque de marché / 55102

risque de règlement / 55106

risque de taux d'intérêt / 55112

risque financier d'antisélection / 55140

risque financier non-systématique / 55118

risque financier systématique / 55117

risque fiscal / 55108

risque juridique / 55114

risque lié aux actions / 55110

risque opérationnel / 55103

risque politique / 55104

risque technique / 55113

robot / 22516

robot à intelligence inspirée du cerveau / 14419

robot agricole / 42309

robot assistant de parquet / 95414

robot au service de l'accusation et de l'appel / 95224

robot avocat Aiwa / 95401

robot d'indexation / 31322

robot de service du foyer / 64419

robot de service intelligent / 64403

robot évolutif / 24307

robot humanoïde / 14418

robot humanoïde Ri-Man / 64514

Robot intelligent / 1.4.4

robot juge / 95301

robot pour affaires de parquet / 95228

robot pour consultations juridiques / 95422

robot pour services juridiques / 95435

robot-conseiller / 54124

robot-conseiller financier / 54122

robot-enseignant / 64321

robotique (UE) / 24508

ROOT (programme informatique de programmation développé par le CERN) / 35307

routage tolérant aux pannes du réseau / 81319

route de la soie de l'information / 45101

route de la soie électronique / 45102

référence / 33527

service de gestion de cycle de vie / 33525

service de l'Internet des objets / 72519

service de non-répudiation / 82504

service de normalisation / 71314

service de prêt basé sur les données / 52214

service de réputation Web / 84318

service de réseau / 81108

service de réseau d'information domestique / 64508

service de réseautage social / 34521

service de télécommunication universel / 21405

service de transformation des actifs de données / 41312

Service fiable / 8.2.5

service financier 24/24 / 51518

service financier basé sur un scénario / 51502

service financier inégal / 54407

service financier intelligent / 54111

service financier omnicanal / 54105

service financier personnalisé / 51508

Service fintech / 5.2

service innovant pour le financement agricole / 51513

service intellectualisé / 62316

service intelligent / 24402

service juridique alternatif / 95506

service juridique communautaire / 65122

service juridique par robot / 95434

service mesurable / 72204

service national de données de recherches / 35515

service numérique / 41304

Service numérique du gouvernement (Royaume-Uni) / 94505

service pan-juridique intégral / 95502

service panoramique d'informations financières personnelles / 51504

service par contournement / 21321

service personnalisé / 42213

service personnalisé / 62317

Service social intelligent / 6.4.2

services administratifs Internet Plus / 62419

services bancaires intelligents / 54110

services de garantie et de financement pour l'innovation scientifique et technologique / 54522

services de sécurité des actifs de données / 41126

services financiers intégrés tout au long de la vie d'entreprise / 51501

services financiers les micro et petites entreprises / 51509

services juridiques en ligne / 95430

services massifs à la demande / 43412

Sésame crédit / 53104

set / 11101

seuil numérique / 44106

Shenzhen Qianhai Weizhong Bank / 53518

signal analogique / 31113

signal numérique / 31114

signalement des infractions en ligne / 62507

signataire électronique / 93434

signature électronique / 84316

signature numérique / 95510

signature numérique arbitrée / 82516

signature numérique post-quantique / 25517

simulation de la fonction cognitive / 14517

simulation de Monte Carlo / 34113

simulation de planification urbaine / 63121

simulation numérique / 31119

simulation quantique / 25210

simulation stochastique / 34112

Singularité technologique / 2.4.2

site Web des affaires administratives / 62201

SJ/T 11528-2015 Technologies de l'information — Stockage mobile — Spécifications générales de carte mémoire / 73211

SJ/T 11622-2016 Technologies de l'information — Gestion des actifs logiciels — Guide d'application / 73310

SJ/T 11674.2-2017 Services des technologies de

l'information — Application intégrée — Partie 2 :
Spécifications d'application du projet   / 73345

SJ/T 11676-2017 Technologies de l'information —
attributs des métadonnées   / 73121

SJ/T 11684-2018 Service des technologies de
l'information — Spécifications de surveillance du
service de système d'information   / 73347

SJ/T 11691-2017 Service des technologies de
l'information — Guide d'accord sur les niveaux de
service   / 73352

SJ/T 11693.1-2017 Service des technologies de
l'information — Gestion des services — Partie 1 :
Exigence générale   / 73340

SNI ISO/IEC 27001:2013 Technologies de
l'information — Techniques de sécurité —
Systèmes de management de la sécurité de
l'information — Exigences   / 74526

SNI ISO/IEC 27002:2014 Technologies de
l'information — Techniques de sécurité — Code
de bonne pratique pour le management de la
sécurité de l'information   / 74525

SNI ISO/IEC 27003:2013 Technologies de
l'information — Techniques de sécurité —
Systèmes de management de la sécurité de
l'information Lignes directrices   / 74527

SNI ISO/IEC 27007:2017 Technologies de l'information
— Techniques de sécurité — Lignes directrices pour
l'audit des systèmes de management de la sécurité de
l'information   / 74528

SNI ISO/IEC 27034-1:2016 Technologies de
l'information — Techniques de sécurité —
Sécurité des applications — Partie 1 : Aperçu
général et concepts   / 74524

Société américaine des ingénieurs en mécanique
/ 71410

Société américaine pour les essais et les matériaux
/ 71411

société avancée des réseaux d'information et de

télécommunications (Japon)   / 21420

société de chaîne de blocs   / 23411

Société de crédit   / 2.3.4

société de crédit à la consommation   / 53401

société de financement et de location   / 53407

Société de l'information   / 2.1.2

société de location financière   / 53406

Société de partage   / 6.1.5

société de petit prêt   / 53405

Société du gouvernement numérique   / 62119

société financière automobile   / 53408

société intelligente   / 24401

Société intelligente   / 6.4

Société Kabbage   / 52417

Société pour l'attribution des noms de domaine et des
numéros sur Internet   / 85313

Société pour la télécommunication financière
interbancaire mondiale   / 55510

société programmable   / 23410

Société superintelligente 5.0 (Japon)   / 24517

soin à distance   / 64506

soin à domicile   / 64507

soin intégré   / 64520

soin intelligent   / 64505

soin sans intervention   / 64502

solution de cybersécurité de nouvelle génération
(Chine)   / 24504

solution de la chaîne complète du commerce
électronique   / 45416

solution de scénario de données   / 22306

solution intégrale pour la chaîne d'approvisionnement
/ 53212

Solutions de finance numérique pour les femmes
/ 51123

Sommet Fintech de LendIt   / 53514

Sommet mondial sur la Société de l'Information (ONU)
/ 21508

sonde d'Internet   / 31323

science et la technologie » (Chine)   / 95201

Stratégie de coopération internationale sur le
    cyberespace (Chine)   / 21504

stratégie de cyber dissuasion   / 85401

Stratégie de cybersécurité (Australie)   / 85518

Stratégie de cybersécurité (Japon)   / 85531

Stratégie de défense et de sécurité des systèmes
    d'information (France)   / 85512

Stratégie de développement de l'industrie fintech
    (Singapour)   / 51117

stratégie de gestion des métadonnées   / 33516

Stratégie de l'ISO 2016-2020   / 71201

Stratégie de la cybersécurité   / 85511

Stratégie de la normalisation des États-Unis   / 71104

stratégie de la numérisation de la zone rurale   / 42305

Stratégie de mégadonnées   / 2

stratégie de normalisation   / 7.1.1

stratégie de normalisation internationale   / 71111

Stratégie de numérisation de l'industrie européenne
    / 42120

Stratégie de numérisation du gouvernement (États-
    Unis)   / 62113

stratégie de plate-forme   / 43305

Stratégie de sécurité   / 8.5

stratégie de suivi des normes internationales   / 71105

Stratégie de transformation numérique du
    gouvernement 2025 (Australie)   / 62116

stratégie du calcul à haute performance   / 22309

Stratégie du gouvernement numérique   / 6.2.1

stratégie du m-gouvernement   / 62110

Stratégie fintech   / 5.1.1

Stratégie globale de sécurité de l'information (Japon)
    / 85514

Stratégie globale des normes internationales (Japon)
    / 71108

Stratégie i-Japan   / 62118

Stratégie industrielle : Plan d'action du secteur de
    l'intelligence artificielle (Royaume-Uni)   / 24516

Stratégie internationale pour le cyberespace (États-
    Unis)   / 85506

Stratégie internationale sur le cyberespace (États-Unis)
    / 21410

Stratégie nationale d'infrastructure de recherches
    concertées (Australie)   / 35510

Stratégie nationale de cybersécurité (Canada)   / 85517

Stratégie nationale de cybersécurité : protéger et
    promouvoir le développement du Royaume-
    Uni dans un monde numérique (Royaume-Uni)
    / 85510

Stratégie nationale de sécurité de cyberespace (Chine)
    / 21503

Stratégie nationale de sécurité de l'information (Japon)
    / 85515

Stratégie nationale pour la science de l'information
    quantique (États-Unis)   / 25121

Stratégie nationale spéciale pour la normalisation
    (Japon)   / 71107

Stratégie nationale sur des identités de confiance dans
    le cyberespace (États-Unis)   / 85524

Stratégie numérique de l'APEC (Coopération
    économique pour l'Asie-Pacifique)   / 85504

Stratégie numérique du gouvernement (Royaume-Uni)
    / 62111

Stratégie officielle et civile pour la normalisation
    (Japon)   / 71109

Stratégie pour l'intelligence artificielle (UE)   / 24511

Stratégie sectorielle fintech du gouvernement
    (Royaume-Uni)   / 51110

stratégie Smart Beta   / 53517

structuration des données   / 22402

structure chaîne-réseau   / 23116

structure de la valeur des données   / 41320

structure de niveau d'énergie de système quantique
    / 25302

structure de stockage   / 31516

Structure des données   / 3.1.5

syndicat   / 53513

syndication réellement simple   / 31328

synergie cerveau-ordinateur   / 24416

synergie des données   / 22504

synthèse vocale   / 14417

système à temps partagé incompatible   / 81419

système adaptatif complexe   / 11514

Système anti-fraude Sky Shield de China Mobile du
  Zhejiang   / 75510

système automatisé de chambre de compensation
  / 52123

système auxiliaire d'évaluation de cas   / 95242

système auxiliaire de réception de cas   / 95244

système auxiliaire de surveillance de processus
  / 95243

système correctionnel à distance   / 95234

Système d'aide à la décision clinique   / 64102

système d'aide internationale au développement
  / 44203

système d'aide judiciaire en ligne   / 95436

système d'alarme antivol du quartier intelligent
  / 63314

système d'alerte basé sur les mégadonnées   / 62502

système d'alerte de déviation de peine   / 95407

système d'alerte des incidents de sécurité des
  mégadonnées   / 93414

système d'analyse intelligent des informations sur
  l'environnement   / 63416

système d'analyse intelligent pour les documents de
  jugement   / 95316

système d'application de l'identification par
  radiofréquence   / 63315

système d'application des mégadonnées des parquets
  / 95209

système d'audit pour la sécurité des mégadonnées
  / 93411

système d'authentification d'identité diversifiée   / 65105

système d'authentification d'identité numérique   / 51306

système d'auto-apprentissage   / 24203

système d'autonomisation des données en boucle
  fermée   / 61410

système d'enregistrement   / 93428

système d'enregistrement des réseaux internationaux
  / 93426

système d'équations linéaires   / 11107

système d'évaluation de la protection hiérarchisée de
  la sécurité de l'information   / 84411

système d'évaluation de vulnérabilité   / 82315

système d'évaluation des risques de partage et
  d'ouverture des données publiques   / 93224

système d'exploitation   / 12316

système d'exploitation de contrôle industriel   / 42116

système d'exploitation des données   / 41317

système d'identification et de suivi des biens meubles
  nantis   / 53304

système d'identification numérique   / 54216

système d'indice pour l'évaluation de l'informatisation
  dans les régions de la Fédération de Russie
  / 45218

système d'information géographique   / 63517

système d'informations de planification urbaine
  / 63127

système d'infrastructure intelligente (Chine)   / 24502

système d'innovation du paradigme techno-
  économique numérique   / 42208

système d'instruction   / 12212

système d'investisseurs accrédités   / 55316

système d'isolation et d'échange de données   / 82508

système de base de données   / 12318

système de base de données distribuée   / 23101

système de base de données distribuée hétérogène
  / 32418

système de câblage intégré du bâtiment intelligent
  / 63313

système de catalogue   / 32420

système de collaboration en matière de la technologie

Système de gestion et de contrôle de données de l'Office national des postes   / 75511

système de gestion et de contrôle du bâtiment smart   / 63317

système de gouvernance du cyberespace mondial   / 65520

système de gouvernance fintech   / 55403

système de gouvernance mondiale d'Internet   / 62320

système de guidage de trafic   / 63222

système de licence   / 93427

système de liste négative pour l'ouverture des données publiques   / 93223

système de liste noire   / 91507

système de mégadonnées législatives   / 91505

système de minage des mégadonnées terrestres   / 35311

système de mise en gage de marchandises   / 53309

système de navigation à bord   / 63217

Système de navigation par satellite Beidou   / 31221

système de neurones urbain   / 63112

système de normalisation de la régulation fintech   / 55311

système de normes   / 75302

système de normes d'informatisation   / 75301

système de normes de sécurité des mégadonnées   / 93413

système de normes des mégadonnées des parquets   / 95208

système de normes des techniques d'examen pour la cybersécurité nationale (Chine)   / 71322

système de normes du commerce électronique   / 93338

système de notation des risques dynamiques liés aux opérations financières   / 55305

système de notification d'information sur la sécurité des données   / 84510

système de numération   / 11103

système de paiement global   / 23316

système de paiement numérique   / 54219

système de paiement transfrontalier   / 23315

système de partage   / 41514

Système de partage   / 9.2.4

système de partage de données   / 43421

système de plainte et de signalement pour la sécurité des mégadonnées   / 93412

système de Ponzi   / 53418

Système de positionnement global   / 31220

système de prévention et de contrôle des risques des opérations financières   / 55203

système de protection d'actifs d'information   / 91506

système de protection de la sécurité de données   / 85302

système de protection hiérarchisée de la sécurité des données   / 93425

système de rapport sur la sécurité des mégadonnées   / 93419

système de recherches et de développement de la normalisation   / 71304

système de refroidissement   / 32515

système de régulation à deux niveaux et prise en charge par plusieurs institutions   / 55431

système de régulation centralisée et prise en charge par plusieurs institutions   / 55430

système de régulation de la cyberfinance   / 55314

système de régulation financière centralisée   / 55428

système de régulation financière distribuée   / 55427

système de régulation financière internationale   / 55429

Système de régulation fintech   / 5.5.3

système de renforcement à couverture étendue   / 82220

système de renforcement des satellites de navigation   / 45310

système de réseau de base   / 81102

système de réserves sur Internet   / 55315

système de ressources d'informatisation administrative   / 62215

système de santé familiale   / 64104

T

technique de filtrage de paquet   / 83108

technique de gestion de la propriété socialisée   / 61215

technique de gestion des services en mode grille   / 61214

technique de gouvernance   / 61202

technique de localisation et d'isolement de sources
    d'attaque   / 84227

technique de médecine légale numérisée   / 95423

technique de migration de système   / 84121

technique de participation et de consultation
    démocratisées   / 61217

technique de préservation de preuve notariée   / 95522

technique de prévention de fuite de données   / 84221

technique de profilage basée sur les données   / 95125

technique de protection structurée   / 84225

technique de recherche basée sur les mégadonnées
    pour le secteur juridique   / 95507

technique de reconnaissance vocale « Deep Speech »
    / 24218

technique de renforcement   / 84217

technique de sauvegarde des données   / 84203

technique de suivi d'audit   / 84224

technique de traduction d'adresse   / 83111

technique spécialisée pour le travail social   / 61216

techniques de gestion administrative bureaucratique
    / 61207

Techniques de sécurité   / 8.4.2

techniques de transformation de domaine pour la
    stéganographie   / 83419

technium   / 22517

technologie « pot de miel »   / 83207

Technologie à source ouverte   / 3.5.3

technologie à usage général   / 24201

technologie clé de l'intelligence en essaim   / 24207

technologie clé de la protection des données   / 93329

technologie cryptographique   / 83401

technologie d'analyse et de raisonnement cross-média
    / 24206

technologie d'assemblage   / 14316

technologie d'assistance à l'autonomie à domicile
    / 64413

technologie d'authentification et d'autorisation   / 84303

technologie d'échange entre les chaînes   / 23121

technologie d'horodatage numérique   / 23109

technologie d'informatique en nuage fiable   / 82103

technologie d'informatique quantique à semi-
    conducteur   / 25219

technologie d'intelligence artificielle   / 24202

technologie d'intelligence artificielle dans le secteur
    juridique   / 95509

technologie d'interconnexion de paiement par code à
    barres   / 54104

technologie d'observation intégrée ciel-espace-sol
    / 35304

technologie de bit quantique supraconducteur (IBM)
    / 25221

technologie de Bridging Certification Authority
    / 84315

technologie de composants   / 13504

technologie de conformité financière   / 55426

technologie de détection de défaut et de codage
    d'informations   / 81321

technologie de détection et de mesure   / 25301

technologie de dissimulation d'information multimédia
    / 82419

technologie de fusion des mégadonnées   / 35303

technologie de gestion de la conformité réglementaire
    / 51310

technologie de gestion de la conformité réglementaire
    financière   / 55425

Technologie de gouvernance   / 6.1

technologie de jeton de paiement de sécurité   / 54103

technologie de l'administration judiciaire   / 95424

technologie de l'information numérique   / 61213

Technologie de l'information pour tous (Royaume-Uni)
    / 21412

technologie de l'information quantique   / 25119

Technologie de la loi   / 9.5.5

technologie de modélisation intelligente de la réalité
virtuelle   / 24210

technologie de modules   / 13505

technologie de négociation de la confiance automatique
/ 84304

technologie de nuage de service juridique   / 95508

technologie de paiement mobile   / 51323

technologie de percption d'étiquette   / 61419

technologie de petit crédit de microcrédit de 3e
génération   / 52414

technologie de protection contre les attaques   / 83212

technologie de reconnaissance faciale   / 95225

technologie de récupération de données   / 84102

technologie de registres distribués   / 23104

technologie de représentation numérique de l'ensemble
des facteurs   / 61421

technologie de résolution d'identité   / 12524

technologie de signature numérique   / 83407

technologie de simulation   / 61422

technologie de soutien à l'environnement de réseau
fiable   / 84302

technologie de soutien à l'examen de qualification
professionnelle juridique   / 95429

technologie de soutien à la promotion juridique
/ 95428

technologie de soutien à la réhabilitation de criminels
et de drogués   / 95426

technologie de soutien à la surveillance de la sécurité
des données   / 93330

technologie de soutien aux services juridiques
/ 95427

technologie de suivi de la parenté de données   / 84405

technologie de tolérence aux pannes d'essai de logiciel
/ 81322

technologie des connaissances   / 61211

Technologie des mégadonnées   / 3

technologie habilitante de service   / 95503

technologie informatique   / 13502

technologie informatique collaborative   / 61420

technologie intelligente pour le système autonome sans
pilote   / 24209

technologie mettable   / 42407

technologie naturelle   / 61204

technologie numérique   / 41204

technologie numérique accessible   / 44112

technologie opérationnelle   / 61212

Technologie pilotée par algorithme   / 1.3

technologie robotique   / 24215

technologie sociale   / 61203

technologie spatiale basée sur l'intelligence artificielle
/ 24217

technologie, opération et maintien de plate-forme
/ 75211

télécommunications   / 42206

téléconsultation   / 64117

télémédecine   / 21316

téléportation quantique   / 25401

télésurveillance médicale   / 64501

téléviseur 4K   / 42411

Tendances de la grippe Google   / 15505

terme en vogue en ligne   / 65313

terminal Bloomberg   / 52512

terminal intelligent   / 21113

terminal mobile intelligent   / 31203

terminologie de gestion de données non structurées
/ 75120

Terminologie de l'informatique en nuage   / 7.2.2

Terminologie de l'intelligence artificielle   / 7.2.3

Terminologie de l'Internet des objets   / 7.2.5

Terminologie de la robotique   / 7.2.4

Terminologie des mégadonnées   / 7.2.1

Terminologie des normes   / 7.2

Terre numérique   / 21402

Terrorisme basé sur les données   / 8.5.2

terrorisme de l'information   / 85205

test d'hypothèse   / 11212

test de logiciel   / 12312

test de photon unique   / 25318

test de Turing   / 24109

théologie écologique   / 15204

théorème d'approximation universel   / 14512

théorème d'impossibilité du clonage quantique
       / 25109

Théorie BASE (fondamentalement disponible, état
       souple, cohérence éventuelle)   / 32314

théorie d'application fintech   / 51401

théorie d'inventaire   / 11317

théorie d'organisation coopérative   / 41407

théorie de base de l'intelligence artificielle   / 24311

Théorie de calcul   / 1.3.3

théorie de calculabilité   / 13306

théorie de chaîne de valeur mondiale   / 22204

théorie de chaîne de valeur urbaine   / 22205

théorie de forte réciprocité   / 41403

théorie de Hebb   / 24204

théorie de l'anomie   / 91112

théorie de l'hypercycle   / 11504

théorie de l'information de Shannon   / 13302

Théorie de la complexité   / 1.1.5

théorie de la complexité du calcul   / 13305

théorie de la décision   / 11319

théorie de la différence finie   / 91114

théorie de la distorsion de débit   / 31108

théorie de la gouvernance polycentrique   / 91318

théorie de la justice   / 91106

théorie de la propriété   / 91117

théorie de la récursivité   / 11110

théorie de la résonance adaptative   / 14508

théorie de la réutilisation   / 92412

théorie de la volonté   / 91105

théorie de recherche   / 11315

théorie de réseau de valeur   / 22203

théorie de système coopératif   / 41406

théorie de valeur partagée   / 41510

théorie des automates   / 13307

théorie des automates cellulaires   / 11508

théorie des enchères   / 65213

théorie des files d'attente   / 11316

théorie des graphes   / 11105

théorie des jeux   / 11318

théorie des jeux   / 91109

théorie des jeux des données   / 23512

théorie des langages formels   / 13308

Théorie des mégadonnées   / 1.5.4

théorie des modèles   / 11111

théorie des mutations   / 11505

théorie des nœuds   / 23220

théorie des nombres   / 11116

théorie des structures dissipatives   / 11502

théorie du capitalisme   / 91108

théorie du chaos   / 11506

théorie du contrat social   / 91111

théorie du droit à l'information   / 91118

théorie du droit à la vie privée   / 91113

théorie du droit naturel   / 91104

théorie du secret   / 91115

théorie du service public à guichet unique   / 61218

théorie évolutionniste   / 91107

théorie fractale   / 11507

théorie quantique des champs topologique   / 25117

théorie sur le droit de contrôle des données
       personnelles   / 91116

théorie synergétique   / 11503

thèse de Church-Turing   / 13309

thinktank intelligent du parquet   / 95223

Thomson Reuters   / 52511

tierce personne fiable   / 65109

tiers   / 92205

Tiers payant   / 5.2.1

titrisation des actifs carbone   / 54326

titrisation des actifs de crédit pour les prêts aux

particuliers   / 53504

titrisation des actifs du crédit vert   / 54314

tokenisation   / 54412

tokenisation de paiement   / 65209

tolérance au prêt non performant   / 54228

tolérance aux pannes du traitement de flux   / 33413

tolérance hautement optimisée   / 81305

topologie   / 33410

topologie de réseau de centre de données   / 32518

totalitarisme technologique   / 61208

Tout est lié par Internet   / 43323

Tout est nombre   / 22501

traçabilité   / 23112

traçage de changement de données   / 84116

traçage de données   / 84404

traçage de source de maladie par les mégadonnées
      / 64120

trace numérique   / 65217

trading automatisé   / 51312

trading des droits d'émission de matières polluantes
      entre les zones administratives   / 54330

trading des marchandises en ligne   / 93317

trading en nuage   / 51309

traduction automatique   / 24216

traduction automatique neuronale profonde   / 45111

trafic IP global   / 41109

trafic malveillant   / 85408

traitement de dossier à guichet unique   / 62409

traitement de flux   / 33318

traitement de fusion de données   / 85117

Traitement des données   / 3.3.1

Traitement des mégadonnées   / 3.3

traitement des risques des opérations financières
      / 55206

traitement distribué   / 33402

traitement en mémoire   / 13518

traitement en temps réel   / 33315

traitement évolutif de flux   / 72113

traitement graphique   / 33320

traitement interactif   / 33319

traitement par lots   / 33317

traitement parallèle   / 33401

transaction basée sur la plate-forme   / 43310

transaction de récépissé d'entreposage de stock en vrac
      / 53308

transaction globale   / 32413

transaction illégale   / 55136

transaction impersonnelle   / 54404

transaction locale   / 32412

transaction trans-opérateur   / 54206

transfert continu   / 92417

transfert d'actifs numériques   / 51521

transfert de confiance   / 23409

transfert de la garde sans papier à distance   / 95233

transfert de souveraineté   / 92321

transformation de Fourier   / 25213

transformation numérique   / 21302

Transformation numérique   / 4.4.4

transformation numérique de l'industrie de fabrication
      / 42107

transformation numérique de l'industrie traditionnelle
      / 43512

transformation secondaire des actifs de données
      / 41127

transition de phase quantique   / 25110

transmission d'information   / 31107

transmission de communication   / 81110

transmission de données   / 12101

transmission sans fil   / 12106

transmission sans zone morte   / 14329

transparence de la divulgation d'information   / 51213

transparence des données   / 61101

transparence des transactions de finance de chaîne
      d'approvisionnement   / 53209

transplantation de règles juridiques   / 91515

Transport intelligent   / 6.3.2

U

W

X

Y

tierce personne et le système de production / 73244

YD/T 2399-2012 Exigence technique de protocole de communication de service M2M / 73408

YD/T 2705-2014 Exigence technique de protection continue de données dans le système de secours et de sauvegarde / 73245

YD/T 2707-2014 Format de description des attributs de la sécurité du réseau hôte / 73410

YD/T 2727-2014 Exigence technique d'opération, de maintien et de gestion de centre de données de l'Internet / 73335

YD/T 2781-2014 Services de télécommunications et d'Internet — Protection des informations personnelles d'utilisateur — Définitions et catégories / 73438

YD/T 2915-2015 Exigence technique de sauvegarde centralisée de données à distance / 73246

YD/T 2916-2015 Exigence technique de reprise après sinistre basée sur la réplication du stockage / 73247

YD/T 3082-2016 Exigence technique de protection des informations personnelles sur un terminal mobile intelligent / 73433

YD/T 3291-2017 Spécifications techniques de module préfabriqué dans un centre de données / 73251

YD/T 3399-2018 Méthode d'essai d'équipement réseau d'un centre de données d'Internet de télécommunications / 73405

Z

zéro perte de données / 84209

zombie de données / 15207

zone de démonstration de certification de la sécurité des mégadonnées / 83522

zone morte numérique / 44105

zone nationale de démonstration de l'innovation / 22302

zone pilote de développement innovant de l'intelligence artificielle de nouvelle génération (Chine) / 24505

zone pilote de la coopération économique de « la Route de la soie numérique » / 45214

zone pilote eWTP / 45402

zone pilote nationale de mégadonnées (Chine) / 22511

Zone pilote nationale des mégadonnées (Guizhou) / 15516

Zone rurale numérisée / 4.2.3

Entrées commencées par un chiffre

13e plan quinquennal sur l'information de l'éducation (2016-2020) / 44418

20100028-T-241 Spécifications relatives aux métadonnées générales des enregistrements électroniques / 73123

20102365-T-449 Éléments de données de la logistique des céréales — Éléments de données de base de l'activité de stockage / 73529

20130061-T-469 Normes de transfert et d'échange de données sur l'Internet des objets en matière de machine agricole / 73220

20130334-T-469 Technologie de la sécurité de l'information — Exigence technique relative au système d'assistance pour la gestion de la cybersécurité / 73332

20132196-T-339 Spécifications de service de la plate-forme publique du gouvernement électronique basée sur l'informatique en nuage — Partie 1 : Catalogue et codage de services / 73521

20141156-T-469 Technologies de l'information — Technologie de la sécurité — Gestion des clés — Partie 1 : Cadre / 73457

20141727-T-469 Spécifications de service pour les transactions de commerce électronique transfrontalier / 73508

20152348-T-339 Ville smart — Interaction entre systèmes — Partie 1 : Cadre général   / 73261

20154004-T-469 Spécifications d'interface de données de la plate-forme de trading de données de commerce électronique   / 73510

20160504-T-524 Spécifications techniques de plate-forme de données de l'Internet d'énergie   / 73527

20170573-T-469 Technologie de la sécurité de l'information — Glossaire   / 73109

20171054-T-339 Spécifications techniques de classification de centre de données de l'Internet   / 73254

20171055-T-339 Spécifications techniques de centre de données de l'Internet   / 73253

20171065-T-469 Technologies de l'information — Mégadonnées — Exigence d'essai fonctionnel des systèmes d'analyse   / 73132

20171066-T-469 Technologies de l'information — Exigence générale relative aux systèmes informatiques de mégadonnées   / 73133

20171067-T-469 Technologies de l'information — Mégadonnées — Ouverture et partage des données gouvernementales — Partie 1 : Dispositions générales   / 73501

20171068-T-469 Technologies de l'information — Mégadonnées — Ouverture et partage des données gouvernementales — Partie 2 : Exigence fondamentale   / 73502

20171069-T-469 Technologies de l'information — Mégadonnées — Ouverture et partage des données gouvernementales — Partie 3 : Évaluation de niveau d'ouverture   / 73503

20171070-T-469 Service des technologies de l'information — Spécifications de sécurité du service   / 73346

20171072-T-469 Technologies de l'information — Système d'interaction de gestes — Partie 1 : exigence technique générale   / 73135

20171081-T-469 Technologies de l'information —

Mégadonnées — Exigence d'essai fonctionnel des systèmes de stockage et de traitement   / 73130

20171082-T-469 Technologies de l'information — Mégadonnées — Guide de classification de données   / 73311

20171083-T-469 Technologies de l'information — Mégadonnées — Exigence de base pour l'interface   / 73111

20171084-T-469 Technologies de l'information — Mégadonnées — Exigence de base pour les systèmes de mégadonnées   / 73129

20173587-T-469 Technologie de la sécurité de l'information — Guide d'inspection et d'évaluation de la sécurité de l'infrastructure critique de l'information critique   / 73319

20173590-T-469 Technologie de la sécurité de l'information — Spécifications d'identification des informations des plate-formes de réseau social   / 73330

20173817-T-469 Technologies de l'information — Appareils portables — Terminologie   / 73105

20173818-T-469 Technologies de l'information — Mégadonnées — Exigence fonctionnelle d'opération, de maintien et de gestion du système   / 73334

20173819-T-469 Technologies de l'information — Mégadonnées — Architecture référentielle des applications industrielles   / 73112

20173820-T-469 Technologies de l'information — Mégadonnées — Métadonnées de base pour les produits industriels   / 73401

20173824-T-469 Technologies de l'information — Technologies de la chaîne de blocs et du registre distribué — Architecture référentielle   / 73116

20173825-T-469 Service de technologies de l'information — Actifs de données — Exigence de gestion   / 73306

20173830-T-469 Service des technologies de

l'information — Sous-traitance — Partie 6 : Exigence générale pour le client / 73343

20173836-T-469 Technologie de l'information — Opération à distance — Modèle référentiel technique / 73118

20173857-T-469 Technologie de la sécurité de l'information — Spécifications de l'évaluation des risques de la sécurité de l'information / 73318

20173860-T-469 Technologies de l'information — Technologie de la sécurité — Cybersécurité — Partie 2 : Guide de conception et de réalisation de la cybersécurité / 73419

20173869-T-469 Technologie de la sécurité de l'information — Exigence d'essai de sécurité pour les modules cryptographiques / 73454

20174080-T-469 Internet des objets — Exigence générale pour la plate-forme de partage et d'échange d'informations / 73138

20174084-T-469 Technologies de l'information — Techniques d'identification et de collecte automatiques de données — Identificateurs de véhicule de données / 73203

20180019-T-469 Services d'installations publiques urbaines — Informations de base sur les plaques d'égout intelligentes / 73522

20180840-T-469 Technologie de la sécurité de l'information — Guide d'évaluation de l'impact sur la sécurité des informations personnelles / 73428

20180973-T-604 Exigence de performance de système de surveillance et de mesure pour la collecte et l'analyse de données / 73202

20180974-T-604 Performance et méthodes d'étalonnage des logiciels de collecte de données / 73201

20181941-T-604 Fabrication intelligente — Spécifications de collecte de données industrielles / 73204

20182117-T-469 Points de contrôle de la traçabilité et

critères d'évaluation pour le produit de transaction de commerce électronique / 73515

20182200-T-414 Publicité interactive — Partie 6 : Exigence de protection des données d'utilisateur / 73432

20182302-T-469 Internet des objets — Accès aux dispositifs de perception et de contrôle — Partie 2 : Exigence de gestion des données / 73304

20184722-T-469 Internet des objets industriels — Spécifications descriptives de structuration de la collecte de données / 73205

20184856-T-469 Spécifications d'affichage des images de produit de transaction de commerce électronique / 73512

20190805-T-469 Technologies de l'information — Vision par ordinateur — Terminologie / 73104

20190810-T-469 Technologies de l'information — Gestion du stockage — Partie 2 : architecture commune / 73117

20190841-T-469 Technologies de l'information — Mégadonnées — Exigence technique pour le stockage et la récupération de données à des fins d'analyse / 73140

20190847-T-469 Technologies de l'information — Informatique en nuage — Architecture référentielle de l'informatique en nuage associé / 73114

20190851-T-469 Technologies de l'information — Intelligence artificielle — Terminologie / 73102

20190857-T-469 Commerce électronique transfrontalier — Guide de partage d'informations sur la traçabilité des produits / 73509

20190910-T-469 Technologie de la sécurité de l'information — Spécifications d'identification et de description de la vulnérabilité du réseau / 73415

20190963-T-469 Spécifications de structure générale du système de mégadonnées de la sécurité des produits de consommation / 73533

20192100-T-469 Spécifications d'accès à la plate-forme de services administratifs   / 73517

20192140-T-469 Technologies de l'information — Informatique en périphérie — Partie 1 : exigence générale   / 73137

20192144-T-469 Internet des objets — Interopérabilité des systèmes de l'Internet des objets — Partie 1 : Cadre   / 73260

20192221-T-469 Systèmes de transfert d'informations et de données spatiales — Protocole de liaison spatiale Proximité-1 — Couche physique   / 73404

424ᵉ session de la Conférence scientifique de Xiangshan (Chine)   / 15510

8e édition de la Conférence internationale de l'IEEE sur la visualisation de l'information   / 15503

德语索引

A

B

BS ISO/IEC 19941:2017 Informationstechnik - Cloud Computing - Interoperabilität und Portabilität / 74215

BS ISO/IEC 19944:2017 Informationstechnik - Cloud Computing - Cloud-Service und -Geräte: Datenfluss, Datenkategorie und Datennutzung / 74217

BS ISO/IEC 21964-1:2018 Informationstechnik - Zerstörung von Datenträgern - Grundsätze und Definitionen / 74212

BS ISO/IEC 21964-2:2018 Informationstechnik - Zerstörung von Datenträgern - Anforderungen an Geräte zur Zerstörung von Datenträgern / 74213

BS ISO/IEC 21964-3:2018 Informationstechnik - Zerstörung von Datenträgern - Prozess der Zerstörung von Datenträgern / 74214

BS ISO/IEC 29147:2018 Informationstechnik - Sicherheitstechnik - Offenlegung von Sicherheitslücken / 74211

BS ISO/IEC 29151:2017 Informationstechnik - Sicherheitstechnik - Verhaltenskodex für persönlichen Identitätsdatenschutz / 74218

BS ISO/IEC 29161:2016 Informationstechnik - Datenarchitektur - Einzige Identifikation für das IoT / 74220

BS PD ISO/IEC TR 22417:2017 Informationstechnik - Internet der Dinge (IoT) - IoT-Anwendungsfälle / 74221

BS PD ISO/IEC TR 29181-9:2017 Informationstechnik - Zukunftsnetzwerk - Problemstellung und Anforderungen - Vernetzung von Allem / 74222

BS PD ISO/IEC TR 38505-2:2018 Informationstechnik - IT-Governance - Daten-Regulierung / 74216

BS PD ISO/IEC TS 22237-1:2018 Informationstechnik - Anlagen und Infrastruktur des Datenzentrums - Allgemeine Begriffe / 74225

BS PD ISO/IEC TS 22237-6:2018 Informationstechnik - Anlagen und Infrastruktur des Datenzentrums - Sicherheitssystem / 74224

Bubbe-Blockchain / 23219

Buffonsches Nadelproblem / 34118

Bulletscreen-Interaktion / 65420

Bundesdatenschutzgesetz (Deutschland, 2006) / 93515

Bundesgesetz Nr. 526-FZ (Russland, 2014) / 93519

Bundesgesetz über personenbezogene Daten (Russland, 2015) / 93522

Bürger / 91202

Bürger als Benutzer / 43403

Bürgerbeteiligung / 92518

bürgerliches Recht / 91225

Bürgerrecht / 91213

Bürgerwissenschaft / 35305

Bursts: Das verborgene Muster hinter allem, was wir tun (Albert-László Barabási, USA) / 15412

Business Intelligence / 15118

Bypass-Steuerung / 81221

Byzantinischer Fehler / 23405

C

Cache-Kohärenz / 32408

CAN/CSA-ISO/IEC 18033-3:2012 Informationstechnik - Sicherheitstechnik - Verschlüsselungsalgorithmus - Teil 3: Gruppenchiffren / 74519

CAN/CSA-ISO/IEC 18033-4:2013 Informationstechnik - Sicherheitstechnik - Verschlüsselungsalgorithmus - Teil 4: Stream-Chiffren / 74520

CAN/CSA-ISO/IEC 27000:2014 Informationstechnik - Sicherheitstechnik - Informationssicherheitsmanagementsystem - Überblick und Terminologie / 74521

CAN/CSA-ISO/IEC 27001:2014 Informationstechnik - Sicherheitstechnik - Informationssicherheitsmanagementsystem - Anforderungen / 74518

CAP (Konsistenz, Verfügbarkeit und Partitionsbestän-

Code-Politik / 65503

Code-Raum-Recht / 91417

Codeschicht des Netzwerks / 92310

Co-Design von Software und Hardware / 12310

Codierungsnormen für chinesische Schriftzeichen
/ 75107

Cognitron / 14226

Common-Pool-Ressourcen / 91317

Community-Dynamik / 43106

Community-Feedback-Schleifen / 43306

Community-Mining-Algorithmus / 11413

Community-Netzwerk-Forum / 65416

Community-Wirtschaft / 65120

Computationalismus / 22120

Computer im Lagermaßstab / 32512

Computer-Beweis / 95513

computergestützte Forensik / 95517

computergestützte Rechtsmedizin / 95518

Computerhardware / 1.2.4

Computerherstellung / 12419

Computerkultur / 15302

Computermathematik / 11114

Computernetzwerk / 1.2

Computerraumbau / 32506

Computersoftware / 1.2.3

Computersozialwissenschaften / 11402

Computer-Speichergerät / 12410

Computersystem / 1.2.2

Computersystemarchitektur / 12214

Computersysteme der fünften Generation (Japan)
/ 24110

Computertechnik und Design / 12418

Computertechnologie / 13502

Computervirus / 81219

Computing als Service / 72213

Computing-Architektur / 1.3.5

Computing-Gesetz / 95438

Computing-Intelligenz / 1.4

Computing-Rechtswissenschaft / 91524

containerisierte Virtualisierung / 72121

Cracker / 81501

Cracker-Angriff / 8.1.5

creditchina.gov.cn / 23421

Cross-Site-Anfragenfälschung / 81307

Cross-Site-Script / 81306

Cross-Site-Scripting-Angriff / 81313

Crowdsourcing / 14117

Culturomics / 15311

Cyber-Abschreckungsstrategie / 85401

Cyber-Analphabeten / 44107

Cyber-Angriff-und-Verteidigungsübung / 83512

CyberEurope-Manöver (EU) / 83516

Cyber-Extremismus / 85203

Cyberkrieg-Schießstand / 83505

Cyberkriminalität / 85201

Cyber-Mimik-Verteidigung / 83213

Cyberpolitik / 65502

Cyber-Rechtswissenschaft / 91522

Cybersicherheitsgemeinschaft / 85301

Cybersicherheitsgesetz der Volksrepublik China
/ 93101

Cybersicherheitslösung der nächsten Generation
(China) / 24504

Cyber-Sicherheitsstrategie für Deutschland / 85511

Cybersicherheitsstrategie: Schutz und Förderung der
britischen Entwicklung in einer digitalen Welt (UK)
/ 85510

Cybersicherheitsvereinigung Chinas / 84514

Cyber-Souveränität / 65506

Cyberspace / 2.1.5

Cyberspace / 65414

„Cyberspace als National-Asset"-Schutzgesetz 2010
(USA) / 85523

Cyberspace-Administration von VR China / 94501

Cyberspace-Ordnung / 6.5.5

Cyberspace-Souveränität / 92308

digitale Zivilisation / 23502

Digitale Zusammenarbeit / 4.1.4

digitale Zusammenfassung / 83410

digitale Zwillinge / 31120

Digitale Zwillinge-Städte / 6.1.4

digitaler Arzt / 64111

digitaler Assistent / 42103

digitaler Bauer / 42310

digitaler Computer / 12201

digitaler Fußspur / 62509

digitaler gerichtlicher Ausschuss / 95330

digitaler Haushalt / 64402

digitaler Personalausweis / 44111

digitaler Signalprozessor / 12207

digitaler Taylorismus / 41223

digitaler Teilnehmeranschluss / 81114

digitaler Umschlag / 83411

digitaler virtueller Bildraum / 61425

digitaler Zeitstempel / 83412

digitales Archiv / 64306

Digitales Banking / 54107

Digitales China / 21403

Digitales Fabrikprojekt / 44415

Digitales Finanzinklusionssystem / 5.4.2

digitales Gerichtsverhandlungssystem / 95328

digitales Identifikationssystem / 54216

Digitales Indien-Programm / 21418

digitales Inhaltsmanagement / 41115

digitales Inklusionsniveau / 44117

digitales inklusives Finanzwesen / 54201

Digitales inklusives Finanzwesen: Neue Politik und
    Ansätze / 51121

digitales Kaufhaus / 41305

digitales Kompetenztraining / 45107

digitales Krankenhaus / 64107

digitales Leben / 24305

digitales Lernen / 15120

digitales Menschenrecht / 91513

digitales Museum / 64307

digitales Ökosystem / 21212

Digitales Ökosystem / 2.2.5

digitales Ökosystem / 43514

digitales Spiel / 42218

digitales Steuersystem / 82412

digitales Unternehmen / 21209

digitales Untersuchungslabor / 64308

digitales Urheberrecht / 65320

digitales Wasserzeichen / 82421

digitales Wirtschaftssystem / 43511

digitales Zahlungssystem / 54219

digitales Zertifikat des Browsers / 53116

digitales Zertifikat für mobiles Banking / 53503

digitalisierte forensische Medizintechnik / 95423

digitalisierte Rechtsstaatlichkeit / 95404

Digitalisierung / 31111

Digitalisierung der staatlichen Überweisung / 54207

Digitalisierung von Informationen / 21218

Digital-Republik-Gesetz (Frankreich, 2016) / 93523

Digitalsignal / 31114

Digitaltechnik für Zivildienst / 42104

Digitaltechnik-Fähigkeit / 41410

DIKI-Kette / 95123

DIN 16587:2016 Informationstechnik - Automatische
    Identifikation und Datenerfassungsverfahren -
    Rechteckige Erweiterung des Data Matrix Codes
    / 74227

DIN 66274-2:2012 Informationstechnik - Internetzu-
    gänge - Teil 2: Klassifikation / 74226

direkte Finanzierung / 52320

direkter Internet-Backbone-Verbindungspunkt
    / 21108

Direktzugriffsspeicher / 32106

diskrete Daten / 31504

diskrete Mathematik / 11119

diskrete Struktur / 22418

diskretionäre Zugangskontrolle / 82204

E

der Eignung und Angemessenheit von Vorfall-
Untersuchungsmethoden   / 74206

EN ISO/IEC 27042:2016 Informationstechnik - IT-Si-
cherheitsverfahren - Leitfaden für die Analyse und
Interpretation digitaler Beweismittel   / 74207

EN ISO/IEC 27043:2016 Informationstechnik - IT-Si-
cherheitsverfahren - Grundsätze und Prozesse für
die Untersuchung von Vorfällen   / 74208

EN ISO/IEC 30121:2016 Informationstechnik - Leitfaden
für die Betriebsführung digitaler Forensik   / 74209

Endeffektor   / 72405

Endgerät   / 12416

endlicher Automat   / 13322

End-to-End-Prinzip   / 43308

Energie-Big Data   / 63424

Energieeinsparung   / 54319

Energie-Internet   / 21318

Energieniveaustruktur des Quantensystems   / 25302

Energiesparungshandelsmarkt   / 54332

Engelspartikel   / 25116

Engineering von Big Data   / 72111

Ensemble-Lernalgorithmus   / 13215

Entbettungstechnik   / 92416

Entfernungskorrelationskoeffizient   / 34106

Entfernungszentralität   / 34504

Entidentifizierung   / 82225

Entschädigung   / 94323

Entscheidbarkeit   / 13312

Entscheidungsbaum-Lernen   / 14213

Entscheidungstheorie   / 11319

Entschließung zur Schaffung der europäischen Netz-
werksinformationssicherheitskultur (EU)   / 85508

Entschließung zur Schaffung der Sicherheitsstrategie
für europäische Informationsgesellschaft (EU)
  / 85509

Entwickler von Wissenssystemen   / 14109

Entwicklung der Berufsethik in der Internetbranche
  / 94205

Entwicklung der Datenbeständen   / 41118

entwicklungsbasierter Mechanismus zur
Armutsminderung   / 44201

Entwicklungsfinanzierung   / 54518

Entwicklungsindex der Informationsinfrastruktur
  / 45215

Entwicklungskonzept des Nationalen Normungssys-
tems der Russischen Föderation 2020   / 71110

Entwicklungsplan der Identifikation   / 54217

Entwicklungsplan für den Aufbau des Normungssystems
fürs Finanzwesen (2016-2020) (China)   / 51108

Entwicklungsplan für den Bau nationales Normungs-
systems (2016-2020) (China)   / 71203

Entwicklungsplan für künstliche Intelligenz der neuen
Generation (China)   / 24503

Entwicklungsplan für Normung in nationalen strate-
gischen aufstrebenden Industrien während des 13.
Fünfjahresplanzeitraums (China)   / 71204

Entwicklungsstrategie der FinTech-Industrie
(Singapur)   / 51117

EPC-System (Electronischer-Produktscode-System)
  / 15112

E-Persönlichkeit   / 91512

E-Polizeisystem   / 63215

E-Portfolio des Ministeriums für Humanressourcen
und soziale Sicherheit   / 64204

Erde-Big Data-Miner   / 35311

E-Regierungsaktionsplan   / 62103

e-Residency (Estland)   / 15513

Erfahrung der Armenhilfe durch Konsum   / 44407

Erfahrungsebene   / 43104

Erfassungssystem der öffentlichen Daten   / 93222

Ergebnis der Qualifikationsprüfung   / 93322

Erkennung der Bedrohung   / 81205

Erklärung von Montevideo zur Zukunft der Internet-
Zusammenarbeit   / 65525

Erklärung zur europäischen Blockchain-Partnerschaft
  / 51104

F

3: Spezifische Syntaxregeln für interaktives EDI / 73224

GB/T 14805.4-2007 Elektronischer Datenaustausch in Verwaltung, Handel und Verkehr (EDIFACT) - Syntaxregeln auf Anwendungsebene (Syntaxversionsnummer: 4, Syntaxfreigabenummer: 1) - Teil 4: Syntax- und Serviceberichtsnachricht für Batch-EDI (Nachrichtentyp: CONTRL) / 73225

GB/T 14805.5-2007 Elektronischer Datenaustausch in Verwaltung, Handel und Verkehr (EDIFACT) - Syntaxregeln auf Anwendungsebene (Syntaxversionsnummer: 4, Syntaxfreigabenummer: 1) - Teil 5: Sicherheitsregeln für Batch-EDI (Authentizität, Integrität und Quellwiderstands-Bestreibarkeit) / 73226

GB/T 14805.6-2007 Elektronischer Datenaustausch in Verwaltung, Handel und Verkehr (EDIFACT) - Syntaxregeln auf Anwendungsebene (Syntaxversionsnummer: 4, Syntaxfreigabenummer: 1) - Teil 6: Sichere Textauthentifizierung und -bestätigung (Texttyp - AUTACK) / 73227

GB/T 14805.7-2007 Elektronischer Datenaustausch in Verwaltung, Handel und Verkehr (EDIFACT) - Syntaxregeln auf Anwendungsebene (Syntaxversionsnummer: 4, Syntaxfreigabesnummer: 1) - Teil 7: Sicherheitsregeln für Batch-EDI (Vertraulichkeit) / 73228

GB/T 15278-1994 Informationsverarbeitung - Datenverschlüsselung - Anforderungen an Interoperabilität auf physischer Schicht / 73231

GB/T 15852.1-2008 Informationstechnik - Sicherheitstechnik - Nachrichten-authentifizierungscodes (MACs) - Teil 1: Mechanismus unter Verwendung der Gruppenverschlüsselung / 73456

GB/T 16264.8-2005 Informationstechnik - Vernetzung offener Systeme - Verzeichnis - Teil 8: Rahmen für Zertifikate mit öffentlichen Schlüsseln und Attributen / 73458

GB/T 16611-2017 Allgemeine Spezifikation für Funkdatenübertragungs-Transceiver / 73218

GB/T 16684-1996 Informationstechnik - Spezifikation für Datenbeschreibungsdatei im Informationsaustausch / 73127

GB/T 17142-2008 Informationstechnik - Offene Systemkopplung - Übersicht über die Systemverwaltung / 73136

GB/T 17964-2008 Informationssicherheitstechnik - Betriebsmodell für Gruppenchiffre - Algorithmus / 73452

GB/T 18142-2017 Informationstechnik - Darstellung von Datenelementwerten - Notation des Formats / 73142

GB/T 18336.3-2015 Informationstechnik - Sicherheitstechnik - Bewertungskriterien für die IT-Sicherheit - Teil 3: Komponenten der Sicherheitsgarantie / 73333

GB/T 18794.6-2003 Informationstechnik - Interconnection des Open Systems - Sicherheitsrahmen für offene Systeme - Teil 6: Integritätsrahmen / 73504

GB/T 19114.32-2008 Industrielle Automatisierungssysteme und -integration - Daten zum industriellen Fertigungsmanagement: Ressourcenverbrauchsmanagement - Teil 32: Konzeptmodell für Daten zum Ressourcenverbrauchsmanagement / 73531

GB/T 19668.1-2014 Informationstechnikservice - Überwachung - Teil 1: Allgemeine Regeln / 73348

GB/T 20009-2019 Informationssicherheitstechnik - Sicherheitsbewertungskriterien für Datenbankverwaltungssystem / 73323

GB/T 20269-2006 Informationssicherheitstechnik - Anforderung an das Management der Sicherheit des Informationssystems / 73326

GB/T 20273-2019 Informationssicherheitstechnik - Sicherheitstechnische Anforderungen an

Datenbankmanagementsystem / 73214

GB/T 20533-2006 Metadaten der ökologischen Daten / 73523

GB/T 21715.4-2011 Gesundheitsinformatik - Daten der Patientenkarte - Teil 4: Erweiterte klinische Daten / 73534

GB/T 22281.2-2011 Maschinenzustandsüberwachung und -diagnose - Datenverarbeitung, Kommunikation und Ausdruck - Teil 2: Datenverarbeitung / 73239

GB/T 24405.1-2009 Informationstechnik - Servicemanagement - Teil 1: Spezifikation / 73338

GB/T 24874-2010 Datennormen für die gemeinsame Nutzung von Geodaten über Grünlandressourcen / 73526

GB/T 25000.12-2017 System- und Software-Engineering - Anforderung und Bewertung der System- und Software-Qualität (SQuaRE) - Teil 12: Datenqualitätsmodell / 73314

GB/T 25056-2018 Informationssicherheitstechnik - Spezifikationen der Kryptografie und zugehörigen Sicherheitstechnik für Zertifikat-Authentifizierungssystem / 73449

GB/T 25068.1-2012 Informationstechnik - Sicherheitstechnik - IT-Netzwerksicherheit - Teil 1: Netzwerksicherheitsmanagement / 73331

GB/T 25068.2-2012 Informationstechnik - Sicherheitstechnik - IT-Netzwerksicherheit - Teil 2: Netzwerksicherheitsarchitektur / 73420

GB/T 25742.2-2013 Maschinenzustandsüberwachung und -diagnose - Datenverarbeitung, Kommunikation und Präsentation - Teil 2: Datenverarbeitung / 73240

GB/T 26236.1-2010 Informationstechnik - Software Asset Management - Teil 1: Prozesse / 73309

GB/T 26816-2011 Kernmetadaten der Informationsressource / 73122

GB/T 28181-2016 Technische Anforderungen an Informationstransport, -vermittlung und -steuerung des Videoüberwachungsnetzwerks für die öffentliche Sicherheit / 73407

GB/T 28441-2012 Spezifikation der Datenqualität für elektronische Navigationskarte im Fahrzeug / 73532

GB/T 28449-2018 Informationssicherheitstechnik - Leitfaden für Test- und Bewertungsverfahren zum klassifizierten Schutz der Cybersicherheit / 73413

GB/T 28452-2012 Informationssicherheitstechnik - Universale sicherheitstechnische Anforderungen an Anwendungssoftwaresysteme / 73460

GB/T 28517-2012 Beschreibungs- und Austauschformat des Netzwerkvorfallobjekts / 73424

GB/T 28821-2012 Technische Anforderungen ans relationale Datenbankverwaltungssystem / 73208

GB/T 28827.1-2012 Informationstechnischer Service - Operation und Wartung - Teil 1: Allgemeine Anforderungen / 73336

GB/T 29264-2012 Informationstechnikservice - Klassifizierung und Code / 73349

GB/T 29360-2012 Technische Spezifikation für die Datenwiederherstellung in der elektronischen Forensik / 73243

GB/T 29765-2013 Informationssicherheitstechnik - Technische Anforderungen sowie Test- und Bewertungsmethode für Datensicherungs- und Wiederherstellungsprodukte / 73241

GB/T 29766-2013 Informationssicherheitstechnik - Technische Anforderungen sowie Test- und Bewertungsansätze für Produkte zur Wiederherstellung von Website-Daten / 73242

GB/T 29829-2013 Informationssicherheitstechnik - Funktionalität und Schnittstellenspezifikation der kryptografischen Unterstützungsplattform für zuverlässiges Computing / 73325

GB/T 30271-2013 Informationssicherheitstechnik - Bewertungskriterien für Informationssicherheitsservi cefähigkeit / 73321

GB/T 30273-2013 Informationssicherheitstechnik - Allgemeine Methode zur Bewertung der Sicherheitsgarantie des Informationssystems / 73322

GB/T 30285-2013 Informationssicherheitstechnik - Spezifikation für Bau und Operations- und Wartungsmanagement des Wiederherstellungszentrums im Notfall / 73328

GB/T 30522-2014 Wissenschafts- und Techniksplattform - Grundprinzipien und Methoden der Metadatennormung / 73124

GB/T 30881-2014 Informationstechnik - Modul des Metadatenregistrierungssystems (MDR) / 73125

GB/T 30994-2014 Testspezifikation für relationales Datenbankmanagementsystem / 73215

GB/T 30998-2014 Informationstechnik - Software-Sicherheitsspezifikation / 73459

GB/T 31500-2015 Informationssicherheitstechnik - Anforderung an Datenwiederherstellungsservice für Speichermedien / 73216

GB/T 31501-2015 Informationssicherheitstechnik - Authentifizierung und Autorisierung - Spezifikation für Schnittstelle der Autorisierungsanwendungsprogrammentscheidung / 73435

GB/T 31509-2015 Informationssicherheitstechnik - Leitfaden zur Implementierung der Bewertung des Informationssicherheitsrisikos / 73320

GB/T 31782-2015 Anforderungen an den zuverlässigen Handel im elektronischen Geschäftsverkehr / 73511

GB/T 31916.1-2015 Informationstechnik - Cloud-Datenspeicherung und -verwaltung - Teil 1: Allgemeines / 73143

GB/T 31916.3-2018 Informationstechnik - Cloud-Datenspeicherung und -verwaltung - Teil 3: Schnittstelle für verteilte Dateispeicherungsanwendungen / 73207

GB/T 32399-2015 Informationstechnik - Cloud Computing - Referenzarchitektur / 73113

GB/T 32626-2016 Informationstechnik - Onlinespiel - Terminologie / 73107

GB/T 32627-2016 Informationstechnik - Anforderungen an Beschreibung der Adressdaten / 73128

GB/T 32630-2016 Technische Anforderungen an unstrukturiertes Datenmanagementsystem / 73209

GB/T 32908-2016 Spezifikation der unstrukturierten Datenzugriffsschnittstelle / 73259

GB/T 32924-2016 Informationssicherheitstechnik - Richtlinie für Cybersicherheitsvorwarnung / 73417

GB/T 33131-2016 Informationssicherheitstechnik - Technische Anforderung an die auf IPSec basierende IP-Speichernetzwerksicherheit / 73421

GB/T 33136-2016 Informationstechnikservice - Reifegradmodell der Servicefähigkeit des Datenzentrums / 73252

GB/T 33847-2017 Informationstechnik - Terminologie der Mittelteile / 73106

GB/T 33850-2017 Informationstechnikservice - Bewertungsindikatorsystem für die Dienstqualität / 73350

GB/T 33852-2017 QoS-technische Anforderungen an das auf öffentlichem Telekommunikationsnetz basierende Breitband-Kundennetz / 73423

GB/T 33863.8-2017 OPC Einheitliche Architektur - Teil 8: Datenzugriff / 73436

GB/T 34077.1-2017 Verwaltungsspezifikation für die auf Cloud Computing basierende öffentliche Plattform des elektronischen Regierungsservices - Teil 1: Bewertung der Servicequalität / 73519

GB/T 34078.1-2017 Allgemeine Spezifikation für die auf Cloud Computing basierende öffentliche Plattform des elektronischen Regierungsservices - Teil 1: Terminologie und Definition / 73520

GB/T 34941-2017 Informationstechnikservice - Digitalisiertes Marketing - Technische Anforderungen an

GB/T 4087-2009 Statistische Bearbeitung und Inter-
pretation von Daten - Untergrenze der einseitigen
Zuverlässigkeit der Binomialverteilung / 73237

GB/T 4089-2008 Statistische Bearbeitung und Inter-
pretation von Daten - Schätzung und Hypothesen-
test von Parametern in der Poisson-Verteilung
/ 73238

GB/T 5271.10-1986 Datenverarbeitung - Termino-
logie - Abschnitt 10: Betriebstechnik und -anlage
/ 73235

GB/T 5271.1-2000 Informationstechnik - Terminologie
- Teil 1: Grundbegriff / 73108

GB/T 5271.18-2008 Informationstechnik - Termino-
logie - Teil 18: Dezentrale Datenverarbeitung
/ 73233

GB/T 5271.2-1988 Datenverarbeitung - Termino-
logie - Abschnitt 02: Arithmetische und logische
Operationen / 73234

GB/T 5271.22-1993 Datenverarbeitung - Terminologie
- Abschnitt 22: Taschenrechner / 73232

GB/Z 18219-2008 Informationstechnik - Referenzmo-
dell des Datenmanagements / 73303

GB/Z 28828-2012 Informationssicherheitstechnik -
Leitlinie zum Schutz personenbezogener Daten im
Informationssystem für öffentlichen und kommer-
ziellen Service / 73437

GB/Z 29830.1-2013 Informationstechnik - Sicherheits-
technik - Rahmen der Gewährleistung der IT-Si-
cherheit - Teil 1: Überblick und Rahmen / 73120

Gearpump Computingsrahmen / 33215

Gebäudeanlagenmanagementsystem / 63318

Gebäudeautomation / 63311

gebietübergreifende Fallregistrierung / 95307

Gefühlsnachahmung / 43120

Gegenmaßnahmen zur Cybersicherheit / 83209

gegenseitige Anerkennung der digitalen
Authentifizierung / 45423

gegenseitiger Altruismus / 91304

gegnerisches Training / 14206

Gehirn-Computer-Fusion / 14520

Gehirn-Computer-Schnittstelle / 2.4.3

Gehirn-Computer-Synergie / 24416

gehirninspirierte Intelligenz / 24413

Gehirninspirierte Wissenschaft / 1.4.5

gehirninspirierter Prozessor / 14519

gehirninspiriertes Computing / 13408

Gehirnmodell / 14515

geistiges Eigentum / 91207

Geldautomat / 52101

Geldwäschebekämpfung / 52122

Geldwäschebekämpfungsregulierung / 55424

gemeinnützige Plattform für Bürosystemssicherheit
/ 71321

gemeinnützige Plattform für Cloud-Service-Sicherheit
/ 71320

gemeinnützige Plattform für Datensharing / 71317

gemeinnützige Plattform für Interoperabilität von
in China hergestellter Software und Hardware
/ 71316

gemeinnützige Plattform für Softwareprodukte und
Systemtests / 71318

gemeinsame Governance mit mehreren Teilnehmern
/ 61505

gemeinsame Konstruktion und Nutzung / 61507

gemeinsame Konsultation und Verwaltung / 61506

Gemeinsame Normungsinitiative (EU) / 71102

gemeinsamer Besitz / 92410

gemeinsamer Kontroller / 92411

gemeinsamer Präventions- und Kontrollmechanismus
für finanzielle Geschäftsrisiken / 55307

gemeinsames Konferenzsystem für Normung / 71308

Gemeinsamkeitsnormen für IT neuer Generation
/ 71123

gemischte Realität / 14302

Gen-bearbeitete Person / 15102

Gen-Bearbeitung / 15209

kryptografischen Anwendung   / 73448

GM/T 0008-2012 Testkriterien für Sicherheit-IC-
Kryptographie   / 73447

GM/T 0009-2012 Spezifikation der Anwendung von
SM2-Krypto-Algorithmus   / 73446

GM/T 0014-2012 Spezifikation für Kryptoprotokoll
über digitales Zertifikatauthentifizierungssystem
/ 73445

GM/T 0015-2012 Auf SM2-Verschlüsselungsalgo-
rithmus basierende Spezifikation des Formats von
digitalem Zertifikat   / 73444

GM/T 0020-2012 Spezifikation der Schnittstelle
zum Universalservice für Zertifikatsanwendung
/ 73443

GM/T 0023-2014 IPSec VPN Gateway
Produktspezifikation   / 73442

GM/T 0024-2014 SSL VPN-Spezifikation   / 73441

Go Sprache   / 33312

Google   / 65408

Google Earth Engine   / 35108

Google Grippe-Trends   / 15505

Google Source-Community   / 35323

Google Trends   / 11419

GOST ISO/IEC 15419:2018 Informationstechnik -
Automatische Identifizierungs- und Datenerfas-
sungstechnik - Prüfung der Leistung von Barcode-
Digitalbildern und -Druckern   / 74501

GOST ISO/IEC 15424:2018 Informationstechnik
- Automatische Identifikations- und Datenerfas-
sungstechnik - Datenträger-Identifikator (einschl.
Symbologie-IDs)   / 74502

GOST ISO/IEC 17788:2016 Informationstechnik -
Cloud Computing - Übersicht und Terminologie
/ 74503

GOST R 43.0.8-2017 Informationssicherung der Aus-
rüstung und betrieblichen Tätigkeit - Künstliche
Intelligenz für Interaktion zwischen Mensch und
Information - Allgemeine Grundsätze   / 74504

GOST R 53632-2009 Parameter der Servicequalität
des Internetzugangs - Allgemeine Anforderungen
/ 74505

GOST R 55387-2012 Internetzugang Servicequalität -
Qualitätsindizes   / 74506

Governance-Philosophie   / 61209

Governance-Recht   / 92307

Governance-Technik   / 61202

Governance-Technologie   / 6.1

Government Digital Service (UK)   / 94505

GovTech-System   / 6.1.2

GPU-Chip (Graphen-Verarbeitung-Einheit-Chip)
/ 13509

Grad   / 34503

Grafik- und Netzwerkoptimierung   / 11303

Grafikspeicherung   / 32221

Grafikverarbeitung   / 33320

granulares Computing   / 13419

Graph-Community-Erkennung   / 13224

Graphdatenbank   / 32306

GraphDB Datenbank   / 32319

Graphenstruktur   / 33414

Graphentheorie   / 11105

Graphmodell   / 32228

Graphpartitionierung   / 33415

Graswurzelkultur   / 65314

Gravitationswelle   / 25107

greifbares und erreichbares Geschäftsmodell   / 51314

Grenze der Datenöffnung   / 61106

grenzenlose Organisation   / 61307

Grenznutzentheorie   / 41507

grenzüberschreitende B2B-E-Commerce-Plattform
/ 45408

Grenzüberschreitende Datenschutzbestimmungen
(Asien-Pazifik Wirtschaftliche Zusammenarbeit)
/ 85519

grenzüberschreitende Durchdringung des E-
Commerce-Exports   / 45203

H

I

J

K

L

langfristige Armenhilfe / 44503

langsame Daten / 22404

Langzeitspeicherung wissenschaftlicher Daten
/ 35432

Lanker / 83503

Larbin Werkzeug / 31418

Large Synoptic Survey Telescope / 35104

latente Dirichlet-Zuordnung / 34406

latenter Semantik-Index / 34405

Laufffläche / 72422

Laufzeitinkongruenz / 55133

Leasing und Factoring / 53218

Lebensgemeinschaft / 61516

lebenslanges elektronisches Schulzugehörigkeitsachiv
/ 64322

Lebenszyklus des Informationssystems / 81316

Lebenszyklusmanagement-Service / 33525

Leerraum-Spektrum / 21424

legaler, ordentlicher und freier E-Commerce-
Datenfluss / 93340

Legalisierung der globalen Governance des Internets
/ 23508

Legalität und Legitimität / 92114

leichte Informatisierung / 21207

leichter Finanzdienstleistungsmodus / 54115

leichtgewichtiges Verzeichniszugriffsprotokoll
/ 32421

Leichtmanagement / 61320

Leistungsbewertung von ökologischem Kredit
/ 54313

Leiter der Armutsbeseitigung im Bereich E-
Commerce-Unternehmertum / 44404

Leitfaden für Big Data-Maßnahmen der Staatsanwalt-
schaft (2017-2020) (China) / 95203

Leitfaden für Normenplanung / 75201

Leitlinien der Chinesischen Versicherungsaufsichts-
kommission für Dienstleistungen der Versiche-
rungswirtschaft für den „Gürtel und Straße"-

Aufbau / 45519

Leitlinien des Staatlichen Postamtes zur Förderung der
Entwicklung des „Gürtel und Straße"-Postservices
/ 45514

Leitlinien für Sicherheit von Informationssystemen
und -netzen (Organisation für wirtschaftliche Zu-
sammenarbeit und Entwicklung) / 85505

Leitlinien zum Schutz personenbezogener Daten in den
Bereichen Wirtschaft und Industrie (Japan, 2018)
/ 93527

Leitlinien zur Förderung der internationalen Zusam-
menarbeit in Produktionskapazität und Anlagenbau
/ 45503

Leitlinien zur Förderung des Aufbaus vom ökologi-
schen „Gürtel und Straße" / 45505

Leitlinien zur Förderung einer gesunden Entwicklung
der Internetfinanzierung (China) / 51107

Lending Club Plattform / 52207

LendIt-Gipfel / 53514

Lernen auf Nachfrage / 64301

lernenorientierte Organisation / 61302

Lernstrategie / 72313

Libra / 23312

Lidar / 31219

Lieferkette-Finanz / 5.3.2

Lieferkette-Finanzierung / 51519

Lieferkettenfinanzierungsbank / 53201

Lieferkettenfinanzprodukt für E-Commerce-
Unternehmens / 53220

lineare Programmierung / 11306

lineare Struktur / 31519

lineares Gleichungssystem / 11107

Link-Analyse / 34507

Liquidität des nicht standardmäßigen Lagerscheins
/ 53323

Liquiditätsrisiko / 55115

Live-Streaming / 65304

Live-Streaming der Regierungsangelegenheiten / 65421

M

Management-Risiko   / 55105

Managementsarbeitsnormen   / 75402

Managementsmechanismus für Dateneigentum-
  Sicherheit   / 94207

Managementsregeln für Konsistenz mehrerer
  Datenkopien   / 94221

Managementssystem   / 3.2.4

Managementssystem der Big Data-Staatsanwaltschaft
  / 95210

Managementssystem der empfohlenen Normen
  / 71307

Managementssystem der nationalen obligatorischen
  Normen   / 71306

Managementssystem für grenzüberschreitende Über-
  mittlung von Daten   / 85303

Managementssystem von Erlaubnispasswort   / 84321

Managementsverordnungen über Big Data-Sicherheit
  der Stadt Guiyang   / 93121

Managementsystem der
  Benutzerinformationssicherheit   / 93431

Managementsystem der wissenschaftlichen Big Data
  / 35318

Managementsystem für den gesamten Lebenszyklus
  von Finanzinformationen   / 55308

Managementsystem für Informationssicherheits- und
  -vertraulichkeit   / 93430

Managementsystem für Ressourcenverzeichnis der
  öffentlichen Informationen   / 93218

Managementsystem wichtiger Internetressourcen
  / 21514

Managementsystem-Normen   / 75401

Mandantenfähigkeit   / 72205

Manifest für digitale Kompetenz der Internationalen
  Vereinigung Bibliothekarischer Verbände und Ein-
  richtungen (IFLA)   / 44419

Manipulation von Daten   / 81217

Mapping   / 11102

Mapping-Beziehungen   / 43119

Marker für abnormales Verhalten   / 82109

Markov-Ketten-Monte-Carlo-Verfahren   / 34117

Markteinheiten   / 43319

Marktprognose   / 51211

Marktrisiko   / 55102

Marktversagensausgleich   / 41522

maschineller Geruch   / 31210

maschineller Geschmack   / 31211

maschinelles Hören   / 31209

Maschinelles Lernen   / 1.4.2

maschinelles Sehen   / 14413

maschinelles Sehen   / 31208

maschinelles Tasten   / 31212

Maschinenentdeckung   / 72315

maschinengestützte Schöpfung   / 65302

Maschinenperzeption   / 31204

Maschinensprache   / 12322

Maschinenübersetzung   / 24216

Massenfinanzierung   / 5.2.3

Massenfinanzierung   / 52301

Massenfinanzierung für wissenschaftliche Forschung
  / 35306

Massenfinanzierung vor dem Verkauf   / 52305

Massenfinanzierung zur Armenhilfe   / 44512

Massenfinanzierung-Betrug   / 55125

Massenfinanzierung-Plattform   / 52302

Massengut-Lagerscheinstransaktion   / 53308

Masseninnovation (Innovation und Existenzgründung
  durch breiteste Volksmassen)   / 15306

Massenkopiermodus   / 93228

massensynchrones paralleles Computing-Modell
  / 33403

maßgeschneiderte Fertigung   / 42402

maßgeschneiderte Finanzdienstleistung   / 51508

maßgeschneiderter Service   / 42213

massive Daten   / 22101

massive Datenetikett für Finanzgeschäfte   / 51418

massive Datenexplosion   / 43324

N

Nationales Basisdatenachiv (China) / 21407

Nationales Big Data-Governancezentrum (China)
/ 62301

Nationales Gesetz zum Schutz der Cyberinfrastruktur
2010 (USA) / 85522

nationales Informationsnetz zur Armenhilfe / 44321

Nationales Netzwerk für ökologische Beobachtung
(USA) / 35121

Nationales Netzwerk für Wissenschaftsstifung (USA)
/ 21104

Nationales Notfallwiederherstellungs-zentrum der Big
Data-Staatsanwaltschaft (China) / 95229

Nationales Quantentechnologie-Programm (UK)
/ 25123

Nationales Regieren im Big Data-Zeitalter (Chen Tan
et al., China) / 15418

Nationales Schlüsselforschungs- und Entwicklungspro-
jekt für Quantenkontrolle und Quanteninformation
(China) / 25124

Nationales Supercomputing-Zentrum / 32501

Nationales System zur Übertragung von KMU-
Anteilen / 52421

Nationales technisches Notfallteam/ Koordinierungs-
zentrum des Computernetzwerks von China
/ 84513

Natur des öffentlichen Rechts / 92511

natürliche Person / 91201

natürliche Technologie / 61204

natürlicher Gradient / 14225

Navigationssatelliten-Erweiterungssystem / 45310

Negativlistensystem zur öffentlichen Dateneröffnung
/ 93223

NET Probe / 31323

Netizen / 65201

Netz für geostrophische Ozeanographie in Echtzeit
/ 35105

Netzleittechnik / 84213

Netzneutralität / 21216

Netzüberlastung / 12104

Netzwerk als Service / 72216

Netzwerk audiovisueller Betrieb / 65312

Netzwerk der globalen Biodiversitätsinformationen
/ 35123

Netzwerk der langfristigen ökologischen Forschung
/ 35118

Netzwerk für Ökosystemforschung (China) / 35120

Netzwerk für terrestrische Ökosystemforschung
(Australien) / 35122

Netzwerk für Umweltveränderungen (UK) / 35119

Netzwerk kleiner Welt / 34501

Netzwerk-Abhören / 81519

Netzwerk-Adressenübersetzungstechnik / 83111

Netzwerkanfälligkeit / 65208

Netzwerk-Angriff / 83216

Netzwerkarchitektur / 12501

Netzwerk-Architektur-Sicherheit des industriellen
Steuerungssystems / 85119

netzwerkbasierte Governance / 62415

netzwerkbasierter Investor / 53516

Netzwerk-Bereitschaftsindex des
Weltwirtschaftsforums / 45220

Netzwerk-Clustering / 34512

Netzwerk-Community / 6.5.1

Netzwerk-Computing-Modus / 12116

Netzwerkdarstellungs-Lernen / 34514

Netzwerk-Dateisystem / 32115

Netzwerk-Effekt / 41105

Netzwerkeigentum / 23323

Netzwerkengineering / 12121

Netzwerk-Ermächtigung / 21217

Netzwerkexternalität / 43303

Netzwerkfunktionsvirtualisierung / 72118

Netzwerk-Identität / 65202

Netzwerkidentitätsauthentifizierungssystem / 51306

Netzwerk-Komplettlösung / 83501

Netzwerk-Kontrollierbarkeit / 82212

O

Produktservicesystem / 42505

professionell erstellter Unterhaltungsinhalt / 43211

professioneller Schießstand für Schlüsselinfrastruktur / 83508

Programm / 12302

Programm „Digitales Europa" (EU) / 21415

Programm für Digitale Inklusivität (UK) / 21411

Programm für wissenschaftliche und technologische Innovation im Bereich der öffentlichen Sicherheit im Zeitraum des 13. Fünfjahresplans (China) / 95104

Programm zum Stehlen von Passwörtern / 81513

Programmcodierung / 12311

programmierbare Finanz / 23319

programmierbare Gesellschaft / 23410

programmierbares Geld / 23318

Programmiermodell / 3.3.3

Programmierpose / 72409

Programmiersprache / 33307

Projekt „Wissenschaftliche Big Data" (China) / 35506

Projekt der gegenseitigen Anerkennung chinesischer und internationaler Normen / 71117

Projekt Loon (Google) / 21423

Projekt zum Sharing wissenschaftlicher Daten / 35501

Projekt zur Digitalenkompetenz / 44413

Pro-Macher-Mitarbeiter / 61313

Prosper Plattform / 52206

Prosumer / 43220

Protein-Datenbank / 35423

Protokoll / 31308

Protokoll der sicheren elektronischen Transaktion / 55318

Protokoll für Nachrichtenaustausch / 83315

Protokoll für sichere HyperText-Übertragung / 83320

Protokoll für sichere Transaktionstechnologie / 83323

Protokoll für Transportschichtsicherheit / 83321

Protokolllogik / 83301

Protokollsatz / 83417

Protokollzusammenführungs-Baum / 32210

Provisiorische Managementmaßnahmen zum Sharing von Datenressourcen der Regierungsangelegenheiten der Stadt Hangzhou / 93117

Provisiorische Managementmaßnahmen zum Sharing von Datenressourcen der Regierungsangelegenheiten der Stadt Wuhan / 93118

Prozessalgebra / 83306

Prozessarchitektur / 33502

Prozessleitrechner / 12211

Prozessor / 92203

Prozessübergreifende Kommunikation / 52415

Prüfung des Anwendungsprotokolls / 93234

Prüfung des Informationssicherheits-Managementsystems / 84324

Prüfung und Verifizierung von Normen / 75327

Pseudo-Basisstation / 81520

Pseudozufallszahlengenerator / 83310

Pufferüberlauf-Angriff / 83202

Punktdaten / 22405

Pushdown-Automat / 13323

Python Sprache / 33309

Q

Qian Xuesen-Datenantriebslabor / 85414

QKD-Netzwerküberprüfung / 25516

QR-Code / 31218

QR-Code-basiertes Logistikinformatisierungsmanagement / 53314

Quadratkilometer-Array-Projekt / 35111

Qualität der Datenbeständen / 41122

Qualitätsgarantie / 92120

Quantenalgorithmus-Software / 25206

Quantenbit / 25201

Quantenchaos / 25508

Quanten-Chiffre / 83408

Quantencodierung / 25205

Quantencomputer / 25204

Quantencomputerlabor (Alibaba) / 25216

Quantencomputernetzwerk / 25507

Quanten-Computing / 2.5.2

Quanten-Computing-Cloud-Plattform (Alibaba) / 25217

Quantendichte-Codierung / 25404

Quanteneffekt / 25108

Quanten-Fourier-Transformation / 25213

Quantengravitation / 25106

Quantengravitationsmessung / 25312

Quanteninformationstechnologie / 25119

Quanteninformationswissenschaft / 2.5

Quanten-Internet / 2.5.5

Quanten-Internet-Experiment / 25513

Quantenkohärenz / 25207

Quantenkommunikation / 2.5.4

Quantenkommunikationsnetz-infrastruktur / 25515

Quantenkryptographie / 25111

Quantenkryptographie-Kommunikation / 25403

Quantenmagnetfeldmessung / 25311

Quantenmanifest (EU) / 25120

Quantenmechanik / 25105

Quantenmessung / 2.5.3

Quantenphasenübergang / 25110

Quantenprozessor / 25203

quantenresistente Codesignierung / 25517

quantenresistentes Kryptografiesystem / 25509

Quantenschlüsselverteilung / 25402

Quantensimulation / 25210

Quantenspeicher-Netzwerk / 25505

Quantenspin-Hall-Effekt / 25115

Quantensprung / 25113

Quantenteleportation / 25401

Quantenträgheitsnavigation / 25310

Quantentunneleffekt / 25114

Quantenüberlagerung / 25304

Quantenüberlegenheit / 25212

Quantenuhr-Netzwerk / 25510

Quantenverschränkung / 25303

Quantenverschränkung des Photonensystems (Frankreich) / 25411

Quantenverschränkungsradar (USA) / 25321

Quantenverschränkungsverteilungsnetz / 25504

Quantenwanderung / 25211

Quantenzeitreferenz / 25314

Quantenzielerkennung / 25313

Quantenzustand / 25202

Quantum / 25104

quasi-finanzielles Geschäft / 53102

Quasi-Gesetzgebungsgewalt / 91418

Quasi-Jurisdiktion / 91419

Quellcode / 31106

quellengesteuerte Erfassung von E-Government-Daten / 93206

Qutrit / 25518

R

R Sprache / 33308

R3CEV Blockchain-Allianz (USA) / 23209

Radarkonfrontation / 83205

Radiofrequenz-Identifikation / 31215

Rahmen für die kooperative Armutsminderung / 44202

Rahmen für die regionale Zusammenarbeit im Bereich FinTech / 54519

Rahmen für Informationsaustausch im Bereich Cybersicherheit (Internationale Fernmeldeunion) / 85503

Rahmen für Ressourcenmanagement / 72110

Rahmengesetz über nationale Normen (Südkorea) / 71106

Schmälerbarkeit / 92408

Schmerzpunkt-Sucher-Wettbewerb / 15303

schmutzige Daten / 33112

schneller nichtflüchtiger Speicher / 13513

Schnittstelle der Anwendungssystemsreferenzarchitekt
ur / 72507

Schnittstelle der Informationsreferenzarchitektur
/ 72509

Schnittstelle der Kommunikationsreferenzarchitektur
/ 72508

Schnittstellenservice / 33416

Schrödingers Katze / 25103

schuldenbasiertes Massenfinanzierung / 52307

Schule der Symbolik / 24105

Schule des Behaviorismus / 24107

Schule des Konnektivismus / 24106

Schurken-Software / 81505

Schutz der Außensteueranlagen / 85118

Schutz der Bürgerdaten / 94204

Schutz der Finanzinformationssicherheit / 55223

Schutz der Rechte und Interessen der
Finanzkonsumenten / 51408

Schutz der Rechte und Interessen der
Kreditinformationsträger / 51407

Schutz der restlichen Informationen / 83106

Schutz von Informationseigentum / 91506

Schutzgitter für Benutzerinformationssicherheit
/ 94216

Schutzschicht gegen Datenindiskretion / 82318

Schutz-Technik gegen Angriff / 83212

Schutztechnik vor Datenleck / 84221

schwache KI / 24102

schwache Passwörter / 81308

Schwachstellen-Abtastungswerkzeug / 82413

Schwachstellen-Bewertungssystem / 82315

Schwachstellenerkennung- und Abtastungswerkzeug
/ 83217

Schwachstellenisolation / 82209

Schwachstellen-Patch / 81210

Schwachstellen-Scanning / 81317

Schwarmintelligenz-Perzeption / 31205

Schwarze-Kiste-Modell / 31117

Schwarzer-Hut-Konferenz / 81406

Schwedisches Institut für Normung / 71414

Schwerkraft-Sensor / 53305

Schwervermögen-Sharing / 42513

SciDB System / 35314

Scrapy Rahmenstruktur / 31417

SDAP (Analyseplattform der wissenschaftlichen Big
Data für die Geophysik und Ozeanologie) / 35309

Sea-Computing / 13403

sebstlose Programmierung / 82218

Seidenstraßen-Fonds / 45209

sektorübergreifende umfassende Armenhilfe
/ 44211

Sekundärverarbeitung der Datenbeständen / 41127

Selbstbedienung auf Nachfrage / 72206

Selbstbedienungs-Gesundheitstestsgerät / 64517

Selbstbedienungsplattform für die Registrierung von
Rechtsverpfändung / 53411

Selbstbedienungsplattform für die Registrierung von
Verpfändung von Mobilien / 53410

Selbstbestimmungsrecht / 92216

Selbstermächtigung / 91313

Selbstfinanzierung / 54402

Selbst-Finanzierung / 51214

Selbstkompetenzaufbau von Zielgruppe der
Armutskämpfung / 44506

Selbstlernen / 72312

selbstlernendes System / 24203

Selbstmedien / 43219

selbstorganisierendes Management / 61316

selbstorganisierendes Neuronetzwerk / 14506

Selbstregulierung und Berufsethik für Datenrecht
/ 9.4.1

Selbstständigkeitsstrategie / 21406

S

Selbstverteidigungsrecht   / 92305

selbstverwaltendes Datenöffnungsmodus   / 61129

semantische Äquivalenz   / 33517

semantische Modellierung   / 61417

semantische Suche   / 14122

semantisches Netzwerk   / 14102

semiologischer Kognitivismus   / 15212

semi-peripheres Land im Cyberspace   / 92319

semistrukturierte Daten   / 31503

SenseiDB Engine   / 31412

sensible Daten   / 92207

sensible Informationen zur Landesverteidigung
    / 85405

Sensor   / 31213

Sensor- und Messtechnik   / 25301

Sensorfusion   / 72424

Sensornetzwerk   / 31207

separater Regulierungsmodus   / 55410

Seq2Seq-Modell   / 34418

sequentielle Analyse   / 11213

SERF-Gyroskop   / 25317

Server   / 32507

Server-Treuhandschaft   / 81105

Service Set Identifier   / 82221

Service-Computing   / 13411

Service-Erweiterung   / 42403

Service-Nachfragespool   / 42504

Service-Normen für Big Data-Anwendungen   / 75419

serviceorientierte Fertigung   / 42404

Service-Plattform der räumlichen Information
    / 45314

Servicesystem für Big Data-Normung   / 75219

Sesam-Kredit   / 53104

Set   / 11101

Shannon-Hartley-Gesetz   / 13302

Share-Lock   / 32409

Sharing auf Nachfrage   / 93229

Sharing bringt Gewinn   / 43205

Sharing Finanz   / 53521

Sharing Gesellschaft   / 6.1.5

Sharing und Austausch   / 61519

Sharing von Finanzeschäftsrisikoinformationen
    / 55212

Sharing von Informationsressourcen   / 93326

Sharing von Regierungsdaten   / 61118

Sharing-Büro   / 42523

Sharing-Krankenhaus   / 64109

Sharing-Lebenskreis   / 61517

Sharing-Management   / 35405

Sharing-Organisation   / 61304

Sharing-Plattform   / 42508

Sharingplattform von Regierungsdaten   / 61119

Sharing-Reise   / 42521

Sharing-Ressource   / 42501

Sharingsanwendung von Kreditinformation   / 65107

Sharing-Schlüssel   / 82515

Sharing-Service-Netzwerk für räumliche Information
    / 45315

Sharing-System   / 41514

Sharing-System   / 9.2.4

Sharing-Unterkunft   / 42522

Sharing-Verhalten   / 41511

Sharing-Verzeichnis   / 93203

Sharing-Wert   / 4.1.5

Sharing-Wertanschauung   / 15318

Sharing-Wertschöpfung   / 41518

Sharing-Werttheorie   / 41510

Sharing-Wirtschaft   / 4.2.5

Sharing-Zwischenkosten   / 41516

Shark Werkzeug   / 31403

„SHE CAN" - Digitales Befähigungsprojekt für
    Unternehmerinnen   / 44411

Shenzhen Open Data Initiative (China)   / 94120

Shenzhen Qianhai WeBank   / 53518

Shor-Algorithmus   / 25208

sichere mehrseitige Berechnung   / 84211

System für Notfallwiederherstellung und
 Datensicherung / 84204

System zum Schutz kritischer
 Informationsinfrastrukturen / 21515

Systemarchitektur / 13506

systematisches Finanzrisiko / 55117

Systemeigenschaft / 8.2.2

Systementführung / 81518

System-Koordinator / 72102

Systemmigrationstechnik / 84121

System-Patch-Kontrolle / 84406

Systemschutz / 8.2.4

Systemsicherheitspraktiker / 84418

System-Upgrade-Patch / 84119

Szenario / 43101

Szenario-Anwendung / 4.3.1

szenariobasierte Dienstleistung / 62314

szenariobasierte Finanz / 51219

szenariobasierte Finanzdienstleistungen / 51502

szenariobasierte Finanzierung / 54126

szenariobasierte gesellschaftliche Interaktion / 43208

szenariobasierte Überweisung / 53509

szenariobasierte Zahlung / 51512

szenariobasiertes Geschäft / 43202

szenariobasiertes wirtschaftliches Paradigma / 43201

Szenariobasierung / 43102

Szenario-Befähigung / 43115

Szenario-Big Data / 4.3

Szenariobonus / 43203

Szenarioeinstellung und -rekonstruktion / 14327

Szenario-Erfahrung / 43103

Szenario-Industrialisierung / 4.3.2

Szenariokommunikation / 43207

Szenario-Labor / 43116

Szenariorekonstruktion / 14313

Szenariosegmentierung und -identifikation / 14328

Szenarioskapazität / 43114

Szenariotriekraftsmodell / 43113

T

Talentsausbildung in Big Data-Normung / 75344

Tallinn Handbuch / 21510

Taobao-Dorf / 42312

tatsächliches Datenrecht / 92104

Tauschwert / 41502

TCVN 9801-1:2013 Informationstechnik - Sicherheits-
 technik - Netzwerksicherheit - Teil 1: Überblick
 und Begriff / 74529

TechFin-Ökosystem / 54419

TechFin-Service-Plattform / 54513

Technik der Bridging Certification Authority / 84315

Technik für juristische Dienstleistungen / 95427

Technik für Prüfung der juristischen
 Berufsqualifikation / 95429

Technik für Publizität der Rechtsstaatlichkeit / 95428

Technik für Rehabilitation von Kriminellen und
 Drogenabhängigen / 95426

Technik für Überwachung der Datensicherheit
 / 93330

Technik zum Austausch von notariell beglaubigten
 Beweismitteln / 95523

Technik zur Absicherung von notariell beglaubigten
 Beweismitteln / 95522

Technik zur Förderung der demokratischen Konsulta-
 tion und Öffentlichkeitsbeteiligung / 61217

Technik zur Förderung der professionellen Sozialarbeit
 / 61216

Technik zur Förderung des sozialisierten
 Immobilienmanagements / 61215

technische Anforderungen an Managementssystem
 von unstrukturierten Daten / 75413

technische Anforderungen an Operations- und War-
 tungsmanagement des Datenzentrums / 75428

technische Architektur / 33505

technische Elemente / 22517

technische Gemeinschaft / 65114

U

W

Wahrhaftigkeit der Kundenidentität und -wille / 53112

Wahrnehmung von Zahlen / 15315

Wahrscheinlichkeit / 11201

Wahrscheinlichkeitsalgorithmus / 13106

Wahrscheinlichkeitsverteilung / 11202

Währung für nicht zentrale Verrechnung / 54406

Währungsrisiko / 55109

Warenpfandsystem / 53309

Warteschlangentheorie / 11316

Wasserkraftorientiertes Modell zur Armenhilfe (Ping'an-Bank) / 44520

Wasserrecht / 54320

Wasserrechtshandelsmarkt / 54333

Web Server / 32509

WeBank / 52405

Webcrawler / 31322

Web-Marketer / 65318

Web-Reputations-Service / 84318

Website für Regierungsangelegenheiten / 62201

Web-Zusammenarbeit / 61514

WeChat / 65401

WeChat offene Community / 35328

WeChat roter Umschlag / 53512

Wechselkusrisiko / 55111

Weibo / 65402

Weilidai / 52418

Weißbuch des FinTech-Rahmens (USA) / 51114

Weißbuch über Open Data (UK) / 15511

Weißer Hut / 81403

Weißliste / 82309

Weitverkehrsnetz / 12117

Wellenfunktion / 25102

Weltdatensystem / 35114

Weltgipfel zur Informationsgesellschaft (UN) / 21508

Welt-Internet-Konferenz (China) / 21506

Weltkonferenz für künstliche Intelligenz (China) / 24506

weltraumgestützte Internetplattform / 21118

Weltrekord für die Genauigkeit des Magnetfeldtests (USA) / 25319

Weltrekord für Quantengravitationser-kennungsempfindlichkeit (USA) / 25320

Weltstandard-Großmacht / 71112

Weltweite Interoperabilität für den Mikrowellenzugang / 65407

Weltweite Proteindatenbank / 35115

Weltweiter Ledger / 23507

Weltzollorganisation / 45207

Wert / 41501

Werteinheit / 43322

Werteverteilung / 41505

Wert-Funktionsschätzung / 34217

Wertnetzwerktheorie / 22203

Wertschöpfung / 41504

Wertschöpfungskette der Sharing-Wirtschaft / 42515

Wetterderivate / 54308

Wichtigkeitsprobenahme / 34116

wichtigste Software- und Hardwareinformationsinfrastruktur der Finanzbranche / 55215

Widerspruchsrecht / 92122

Widerspruchsrecht / 92214

Wiederherstellung im Daten-Notfall / 83120

wiederkehrendes Neuronetzwerk / 34216

Wiederverwendung von Informationen / 92414

Wiederverwendung von Objekten / 83105

Wiederverwendung wissenschaftlicher Daten / 35431

Wiederverwendungstheorie / 92412

WiFi-geschützte Installation / 81119

Wikipedia / 65404

Willen und Testamente auf Blockchain / 91510

Willenstheorie / 91105

Wind / 52514

Winkelauflösung / 14309

Wireshark Software / 31420

wirklich einfache Syndikation / 31328

X

Y

Z

Mit Ziffer beginnende Einträge

20100028-T-241 Spezifikationen für die allgemeinen
Metadaten von elektronischen Aufzeichnungen
/ 73123

20102365-T-449 Getreidelogistik-Datenelemente -
Grunddatenelemente für Lagergeschäft / 73529

20130061-T-469 Datenübertragungs- und Aus-
tauschnormen für Internet der Dinge von
Landwirtschaftsmaschinen / 73220

20130334-T-469 Informationssicherheitstechnik -
Technische Anforderungen an Unterstützungssys-
tem für Cybersicherheitsmanagement / 73332

20132196-T-339 Leistungsbeschreibung für die auf
Cloud Computing basierende öffentliche Plattform
des elektronischen Regierungsservices - Teil 1:
Leistungskatalog und Codierung / 73521

20141156-T-469 Informationstechnik - Sicherheits-
technik - Schlüsselverwaltung - Teil 1: Rahmen
/ 73457

20141727-T-469 Spezifikation für Handelsser-
vice im grenzüberschreitenden elektronischen
Geschäftsverkehr / 73508

20152348-T-339 Smart City - Systemübergreifende
Interaktion - Teil 1: Gesamtrahmen / 73261

20154004-T-469 Spezifikation für Datenschnittstel-
le der E-Commerce-Datentransaktionsplattform
/ 73510

20160504-T-524 Technische Spezifikation zur Daten-
plattform im Energie-Internet / 73527

20170573-T-469 Informationssicherheitstechnik -
Terminologie / 73109

20171054-T-339 Technische Anforderungen und Klas-
sifizierungskriterien für Internet-Datenzentrum
(IDC) / 73254

20171055-T-339 Allgemeine technische Anforderungen
an Internet-Datenzentrum für Telekommunikation
/ 73253

20171065-T-469 Informationstechnik - Big Data -
Anforderungen an die Funktionsprüfung von
Analysensystem / 73132

20171066-T-469 Informationstechnik - Allgemeine
Anforderungen an Big Data-Computing-System
/ 73133

20171067-T-469 Informationstechnik - Big Data -
Öffnung und Sharing von Regierungsdaten - Teil 1:
Allgemeine Grundsätze / 73501

20171068-T-469 Informationstechnik - Big Data -
Öffnung und Sharing von Regierungsdaten - Teil 2:
Grundlegende Anforderungen / 73502

20171069-T-469 Informationstechnik - Big Data -
Öffnung und Sharing von Regierungsdaten - Teil 3:
Bewertung des Offenheitsgrades / 73503

20171070-T-469 Informationstechnikservice - Spezi-
fikation für Servicesicherheit / 73346

20171072-T-469 Informationstechnik - Gesteninte-
raktionssystem - Teil 1: Allgemeine technische
Anforderungen / 73135

20171081-T-469 Informationstechnik - Big Data - Spe-
zifikation für Funktionsprüfung von Speicherungs-
und Verarbeitungssystem / 73130

20171082-T-469 Informationstechnik - Big Data - Leit-
faden zur Datenklassifizierung / 73311

20171083-T-469 Informationstechnik - Big Data -
Grundlegende Anforderungen an Schnittstelle
/ 73111

20171084-T-469 Informationstechnik - Big Data
- Grundlegende Anforderungen an Big Data-
Systeme / 73129

20173587-T-469 Informationssicherheitstechnik - Leit-
faden zur Sicherheitsüberprüfung und -bewertung
der Schlüsselinformationsinfrastruktur / 73319

20173590-T-469 Informationssicherheitstechnik -
Spezifikation für Informationsidentifizierung auf
Plattformen sozialer Netzwerke / 73330

20173817-T-469 Informationstechnik - Terminologie

des tragbaren Gerätes / 73105

20173818-T-469 Informationstechnik - Big Data - Funktionale Anforderungen an Systemsoperation und -wartung und Management / 73334

20173819-T-469 Informationstechnik - Big Data - Referenzarchitektur für industrielle Anwendungen / 73112

20173820-T-469 Informationstechnik - Big Data - Kernmetadaten der Industrieprodukte / 73401

20173824-T-469 Informationstechnik - Blockchain und verteiltes Ledger-Technik - Referenzarchitektur / 73116

20173825-T-469 Informationstechnik - Datengut - Anforderungen an das Management / 73306

20173830-T-469 Informationstechnikservice - Auslagerung - Teil 6: Allgemeine Anforderungen an Servicenachfrageseite / 73343

20173836-T-469 Informationstechnik - Fernoperation und -wartung - Technisches Referenzmodell / 73118

20173857-T-469 Informationssicherheitstechnik - Risikobewertungsspezifikation für Informationssicherheit / 73318

20173860-T-469 Informationstechnik - Sicherheitstechnik - Netzwerksicherheit - Teil 2: Leitlinien für Entwurf und Implementierung der Netzwerksicherheit / 73419

20173869-T-469 Informationssicherheitstechnik - Sicherheitstestanforderungen an kryptografische Module / 73454

20174080-T-469 Internet der Dinge - Allgemeine Anforderungen an Plattform für Informationssharing und -austausch / 73138

20174084-T-469 Informationstechnik - Automatische Identifizierungs- und Datenerfassungstechnik - Datenträgerkennungen / 73203

20180019-T-469 Digitalisiertes Stadtverwaltungsinformationssystem - Grundlegende Informationen über

intelligente Kanalabdeckung / 73522

20180840-T-469 Informationssicherheitstechnik - Leitfaden zur Sicherheitsfolgenabschätzung von persönlichen Informationen / 73428

20180973-T-604 Leistungsanforderungen an Überwachungs- und Messsysteme zur Datenerfassung und -analyse / 73202

20180974-T-604 Leistungs- und Kalibrierungsmethoden für Datenerfassungssoftware / 73201

20181941-T-604 Intelligente Fertigung - Spezifikation für industrielle Datenerfassung / 73204

20182117-T-469 Kontrollpunkte für Rückverfolgbarkeit und Bewertungskriterien für E-Commerce-Transaktionsprodukte / 73515

20182200-T-414 Interaktive Werbung - Teil 6: Anforderungen an den Schutz von Benutzerdaten / 73432

20182302-T-469 Internet der Dinge - Zugang zu Erfassungs- und Steuergeräten - Teil 2: Anforderungen an Datenmanagement / 73304

20184722-T-469 Industrielles IoT - Spezifikation für Beschreibung der Datenerfassungsstrukturierung / 73205

20184856-T-469 Spezifikation für Anzeige von E-Commerce-Transaktionsbildern / 73512

20190805-T-469 Informationstechnik - Computervision - Terminologie / 73104

20190810-T-469 Informationstechnik - Speicherungsmanagement - Teil 2: Allgemeine Architektur / 73117

20190841-T-469 Informationstechnik - Big Data - Technische Anforderungen an analyseorientierte Datenspeicherung und -abfrage / 73140

20190847-T-469 Informationstechnik - Cloud Computing - Referenzarchitektur des gemeinsamen Cloud Computing / 73114

20190851-T-469 Informationstechnik - Künstliche Intelligenz - Terminologie / 73102

20190857-T-469 Grenzüberschreitender elektronischer

意大利语索引

A

aggregazione del mercato   / 43319

aggrovigliamento quantistico   / 25303

aggrovigliamento quantistico di sistema fotone
    (Francia)   / 25411

agilità dell'innovazione   / 43408

agonismo del potere dell'algoritmo   / 15208

agricoltura creativa digitale   / 42304

agricoltura digitale   / 42301

agricoltura intelligente   / 42303

agricoltura mirata   / 42302

AI ufficio centrale   / 43414

Airbnb   / 42525

albero dei prefissi   / 32211

albero di classificazione   / 13207

albero di regressione   / 13208

albero di ricerca   / 72304

albero Merkle   / 23108

alfabetizzazione digitale   / 15301

alfabetizzazione per la sicurezza delle informazioni
    / 81303

alfabetizzazione scientifica dei dati   / 22308

algebra di processo   / 83306

algebra numerica   / 11120

algoritmo   / 13201

algoritmo combinatorio   / 13107

algoritmo di anonimizzazione dei dati   / 82320

algoritmo di apprendimento di trasferimento   / 24117

algoritmo di apprendimento intensivo   / 24116

algoritmo di apprendimento profondo   / 24115

algoritmo di approssimazione   / 13104

algoritmo di boosting   / 13214

algoritmo di crittografia asimmetrica   / 23105

algoritmo di estrazione della comunità   / 11413

algoritmo di Grover   / 25209

algoritmo di k-nearest neighbors   / 13213

algoritmo di MDS (scaling multidimensionale)
    / 13205

algoritmo di ordinamento   / 13108

algoritmo di ordinamento   / 65111

algoritmo di ordinamento distribuito   / 34210

algoritmo di ordinamento e apprendimento   / 34415

algoritmo di posizionamento di pubblicità su motore di
    ricerca   / 34522

algoritmo di raggruppamento gerarchico   / 13218

algoritmo di rete neurale   / 13216

algoritmo di Shor   / 25208

algoritmo divide et impera   / 13112

algoritmo efficace   / 13103

algoritmo etico   / 15211

algoritmo evolutivo   / 24309

algoritmo genetico   / 13217

algoritmo greedy   / 13114

algoritmo iterativo   / 43117

algoritmo Metropolis   / 34119

algoritmo Metropolis-Hastings   / 34120

algoritmo PageRank   / 34508

algoritmo parallelo   / 13105

algoritmo probabilistico   / 13106

algoritmo sulla teoria dei grafi   / 13109

algoritmo TF-IDF   / 34410

alienazione dei diritti   / 91120

AliExpress   / 45404

alimentazione elettrica non interrompibile   / 32516

alimentazione intelligente   / 63307

Alipay   / 52121

allarme di caduta   / 64414

allarme di virus   / 82417

allarme di vulnerabilità   / 82416

Alleanza China Ledger   / 23212

Alleanza dei dati di ricerca   / 35511

Alleanza dell'industria di comunicazione quantistica
    della Cina   / 25519

Alleanza dello sviluppo digitale rurale della Cina
    / 42320

Alleanza di catena di blocchi R3CEV (US)   / 23209

Alleanza di sicurezza cloud   / 84501

Alleanza per la connettività dell'infrastruttura globale / 45117

Alleanza per la digitalizzazione industriale / 42102

allevamento intelligente / 42317

alleviamento classificato della povertà / 44502

alleviamento compressivo multisettoriale della povertà / 44211

alleviamento della povertà a lungo termine / 44503

alleviamento della povertà ai diversamente abili attraverso e-commerce / 44406

alleviamento della povertà attraverso consumo / 44304

alleviamento della povertà attraverso educazione / 44308

alleviamento della povertà attraverso finanziamento / 44305

alleviamento della povertà attraverso industria / 44301

alleviamento della povertà attraverso la microfinanza / 44213

alleviamento della povertà attraverso reddito da beni / 44303

alleviamento della povertà attraverso trasferimento / 44306

alleviamento della povertà attraverso trasferimento e reimpiego / 44302

alleviamento ecologico della povertà / 44307

Alleviamento mirato alla povertà / 4.4.3

alleviamento mirato della povertà / 44313

alleviamento partecipativo della povertà / 44212

alleviamento sanitario della povertà / 44309

allineamento remoto / 95215

allocazione latente di Dirichlet / 34406

alloggio condiviso / 42522

AlphaGo / 15517

altruismo / 91308

altruismo reciproco / 91304

ambiente affidabile della catena di approvvigionamento

finanziario / 53211

ambiente ecologico digitale / 24306

ambiente non strutturato / 72429

ambiente strutturato / 72428

American Society for Testing and Materials / 71411

Amministrazione Cyberspazio della Cina / 94501

Amministrazione della standardizzazione della Repubblica Popolare Cinese / 71424

amministrazione intelligente / 62302

ammodernamento dell'infrastruttura del sistema di pagamento al dettaglio / 54209

analisi a grappolo / 34205

Analisi dei Big Data / 3.4

analisi dei componenti principali / 11217

Analisi dei dati e delle decisioni / 1.1.3

analisi dei dati in tempo reale / 61407

analisi dei requisiti / 12309

Analisi del comportamento sociale / 1.1.4

analisi del comportamento sociale / 11414

analisi dell'algoritmo / 13102

analisi dell'apprendimento intensivo / 34204

analisi dell'immagine della patologia digitale / 64121

analisi della regressione / 11214

analisi della situazione della cyber-sicurezza / 84502

analisi della varianza / 11215

Analisi della visualizzazione dei dati / 3.4.3

analisi delle componenti indipendenti / 13203

analisi delle emozioni / 11411

analisi delle serie storiche / 11220

analisi descrittiva / 34201

analisi di apprendimento approfondito / 34203

analisi di campionamento / 34102

analisi di collegamento / 34507

analisi di correlazione / 11216

analisi di intelligenza criminale / 95120

analisi di social network / 11403

analisi di traiettoria / 95114

analisi e applicazione dei dati dell'intera azienda di

assistenza integrata   / 64520

Assistenza intelligente agli anziani   / 6.4.5

assistenza legale sostenuto da AI   / 95421

assistenza nella sentenza   / 95406

assistenza online   / 62407

Assistenza sanitaria intelligente   / 6.4.1

assistenza sanitaria su Internet   / 64110

Associazione americana degli ingegneri meccanici   / 71410

Associazione cinese della standardizzazione   / 71425

Associazione cinese di cyber-sicurezza   / 84514

Associazione delle Istituzioni dei Piccoli Crediti della Cina   / 52420

associazione di dati multi-risorse e scoperta della conoscenza   / 35302

associazione e fusione   / 22415

Associazione francese di normazione   / 71417

Associazione giapponese degli standard   / 71416

Associazione internazionale dei supervisori assicurativi   / 55508

Associazione Internet   / 85315

AstroML (Apprendimento automatico per astrofisica e packaging algoritmo di estrazione dei dati)   / 35308

atlante del cervello umano   / 14514

Atlas of Living Australia   / 35124

attacchi ai social network basati sull'intelligenza artificiale   / 81203

attacchi finanziari basati sull'intelligenza artificiale   / 81204

attacco a forza bruta   / 83201

attacco ai nodi   / 81411

Attacco cracker   / 8.1.5

attacco dei dati   / 85209

attacco di buffer overflow   / 83202

attacco di ingegneria sociale   / 81409

attacco di rete   / 83216

attacco di rifiuto al servizio   / 81407

attacco di rifiuto-al-servizio distribuito   / 81408

attacco di scripting tra siti   / 81313

Attacco hacker   / 8.1.4

attacco wormhole   / 81412

Attività di standardizzazione internazionale   / 7.1.5

Atto fondamentale sugli standard nazionali (Corea del Sud)   / 71106

attore economico informale   / 54214

attore non statale   / 92302

attraversamento di un albero binario   / 11519

attrezzatura chiave dell'intelligenza artificiale   / 24312

attrezzatura di mega scienza   / 35101

attributi legali dei dati   / 91503

attuatore robotico   / 72403

audit interno della sicurezza delle informazioni finanziarie   / 55224

audit ISMS (sistema di gestione della sicurezza delle informazioni)   / 84324

audit sulla sicurezza   / 82201

auditore cloud   / 72219

aula intelligente   / 64311

aula online   / 64313

autenticazione dei messaggi   / 82409

autenticazione dell'identità   / 82203

autenticazione di catena di blocco   / 23414

autenticazione di sicurezza   / 83402

autenticazione forte di certificato digitale   / 82422

autenticazione sicura e controllabile dell'identità   / 65211

auto-adattamento dei dati   / 22410

auto-apprendimento   / 72312

auto-associazione visuale robot   / 14411

auto-attivazione dei dati   / 22408

auto-elaborazione dei dati   / 22409

autofinanza   / 51214

autofinanziamento   / 54402

automa a spinta   / 13323

B

automa cellulare / 24303

automa finito / 13322

automazione degli edifici / 63311

automazione di contratto / 51313

automazione di documenti legali / 95433

automazione di servizi legali / 95440

auto-organizzazione dei dati / 22411

autoregolamentazione del settore fintech / 55406

auto-regolamentazione ed etica professionale per i diritti dei dati / 9.4.1

auto-responsabilizzazione / 91313

Autorità Certificativa / 82214

Autorità nazionale per la protezione dei dati personali (Brasile) / 94521

Autorità per la Protezione dei Dati (Francia) / 94504

Autorità per la Protezione dei Dati (Germania) / 94506

Autorità per la Protezione dei Dati (Grecia) / 94512

Autorità per la Protezione dei Dati (Norvegia) / 94511

Autorità per la Protezione dei Dati (Olanda) / 94508

Autorità per la Protezione dei Dati (Spagna) / 94510

Autorità per la Protezione dei Dati(Austria) / 94507

autorizzazione alla condivisione progressiva dei dati / 41102

autostrada dell'informazione / 21106

autostrada intelligente / 63205

avatar / 14312

aviazione intelligente / 63204

Avviso dell'Amministrazione statale della fiscalità sull'attuazione del sevizio e gestione fiscale secondo la richiesta strategica dello sviluppo di una Cintura e una Via / 45520

Avviso dello svolgimento della campagna speciale per sostenere la partecipazione dell'imprese piccole e medie all'iniziativa di una Cintura e una Via / 45518

avviso pubblico / 92118

avvocato robot / 95401

avvocato robot / 95435

avvocato robot per la consulenza legale / 95422

avvolgimento della piattaforma / 43320

azione di allineamento e raggiungimento degli standard / 71113

azione di standardizzazione plus / 71114

azione standardizzata della promozione per la riduzione e l'alleviamento internazionale della povertà / 45115

B

backup a grana fine di tabelle chiavi / 84109

backup caldo remoto / 84125

backup dei dati / 83415

backup di documenti dei dati / 84105

backup e distruzione dei dati / 84114

backup e isolamento degli oggetti del deposito / 84310

backup freddo remoto / 84124

baco / 81502

Baco del millennio / 81314

bagno intelligente / 64411

Baidu AI CITY / 63111

B-albero / 32208

banca dei dati / 51415

Banca della liquidazione internazionale / 55506

Banca delle cose / 53301

banca di finanziamento di catena di approvvigionamento / 53201

banca di moneta digitale / 23307

Banca di Shenzhen Qianhai Weizhong / 53518

banca digitale / 54107

banca elettronica / 54106

banca intelligente / 54110

banca ombra / 55120

bancomat / 52101

1670

C

catena di alleanze   / 23203

catena di approvvigionamento intelligente   / 21309

catena di blocchi di Bubi   / 23219

catena di blocchi gestita da catena di blocco   / 23207

catena di blocchi pubblica   / 23201

Catena di blocco   / 2.3.1

catena di blocco come servizio   / 23120

catena di blocco IPO   / 23325

Catena di blocco sovrano   / 2.3

catena di esigenza di clienti   / 43221

catena di fornitura digitale   / 42201

catena di governance completa dei Big Data   / 23520

catena di servizio completa dei Big Data   / 22217

catena di valore di economia condivisa   / 42515

catena DIKI   / 95123

catena ecologica di applicazione per Big Data di
      procura   / 95213

catena industriale completa dei Big Data   / 22216

catena industriale di fintech   / 51404

catena industriale di intelligenza artificiale   / 24407

catena industriale digitale   / 42202

catena intera della logistica della catena del freddo
      / 42318

catene rituali interattivi   / 65315

cavallo di Troia   / 81508

cavo in fibra ottica transfrontaliera   / 65518

cavo in fibra ottica transfrontaliero terrestre   / 21512

cavo sottomarino internazionale   / 65519

cellulare Internet.org   / 21422

centrale elettrica fotovoltaica intelligente   / 63408

centralina automatica   / 54113

centralità della distanza   / 34504

centralità intermedia   / 34505

centralità spettrale   / 34506

Centro data iCloud di Apple   / 84517

Centro dei dati   / 3.2.5

Centro dei dati di ricerca (Canada)   / 35518

centro dei dati finanziari   / 52515

centro dei dati Internet   / 32502

centro dei dati modulari   / 32505

centro dei dati verdi   / 32503

centro di applicazioni di satelliti distribuiti   / 45313

centro di autenticazione per certificato digitale
      / 84320

centro di autorità certificativa   / 53121

Centro di Big Data di controllo nazionale (Cina)
      / 62301

Centro di coordinamento del network nazionale cinese
      per la risposta alle emergenze   / 84513

centro di gestione della sicurezza per sistema di
      classificazione incrociata   / 85122

Centro di ingegneria standard di incubazione   / 71122

Centro di operazioni intelligenti della zona nazionale
      di svilppo dell'economia e tecnologia di Kunming
      / 75503

centro di ripristino di emergenza dei dati   / 32504

Centro di Scambio dei Dati Aperti (Canada)   / 94516

Centro di sicurezza   / 8.4.5

centro di tolleranza di disastro e recupero dei dati
      pubblici   / 93424

Centro nazionale di recupero di disastro esterno per
      Big Data procuratoria (Cina)   / 95229

Centro nazionale di supercomputing   / 32501

centro tariffario sul carbonio   / 54322

certificato assicurativo online   / 64211

certificato dell'operazione di informazione di credito
      personale   / 53421

certificato digitale del browser   / 53116

certificato digitale di mobile banking   / 53503

certificato elettronico   / 62413

certificazione del prodotto di sicurezza delle
      informazioni   / 85102

certificazione dell'attrezzatura   / 83406

certificazione digitale USBKey   / 53117

certificazione ISMS (sistema di gestione della
      sicurezza delle informazioni)   / 84325

certificazione notarile elettronica   / 95520

cervello agricolo   / 42308

cervello agricolo ET   / 63109

cervello artificiale   / 24304

Cervello economico   / 4.3.5

cervello ET   / 63106

cervello industriale ET   / 63108

Cervello mediatico   / 65417

cervello urbano ET   / 63107

cessazione della violazione   / 94322

Chatbot   / 64515

chiave condivisa   / 82515

chiave di crittografia codificata   / 81309

chiave pubblica   / 83413

chief data officer   / 22213

China green fondazione   / 54303

China international Big Data industry Expo   / 15514

chip del computing   / 24411

chip di AI ASIC (Application-Specific Integrated
    Circuit)   / 13512

chip di comunicazione mobile   / 42111

chip di DSP (Digital Signal Process)   / 13511

chip di elaborazione delle immagini   / 42113

chip di fascia alta   / 24301

chip di FGPA (gate array programmabile su campo)
    / 13510

chip di intelligenza artificiale   / 12406

chip di memoria a semiconduttore   / 12404

chip di rete neurale   / 12405

chip di unità di elaborazione grafica   / 13509

chip intelligente per la sicurezza   / 12407

chip neuromorfi   / 14518

chip Tianjic   / 15108

chiusura triadica   / 43304

cibo e farmaci intelligenti   / 63509

ciclo di feedback dalla comunità   / 43306

ciclo di gravità quantistica   / 25112

ciclo di vita del sistema informativo   / 81316

ciclo di vita del software   / 12307

ciclo di vita della piattaforma   / 43316

cifratura a blocchi   / 83403

Cina banda larga   / 21404

Cina digitale   / 21403

cinematica robotica   / 14404

circolazione dei dati   / 41308

circolazione delle risorse dei dati   / 93328

circolo di vita condiviso   / 61517

circuito analogico   / 12408

circuito integrato a semiconduttore   / 12401

citazione dei dati scientifici   / 35512

città centrale di fintech   / 54525

Città come piattaforma   / 43401

città digitale   / 63102

Città digitali gemellate   / 6.1.4

Città intelligente   / 6.3

città intelligente   / 63101

città pilota per la dimostrazione della sicurezza di Big
    Data   / 83521

città sicura   / 63502

cittadini del cyberspazio   / 65201

cittadino   / 91202

Cittadino come utente   / 43403

citybrain   / 63104

civiltà digitale   / 23502

civiltà empatica   / 15317

classe capovolta   / 64304

classe intelligente   / 64312

classificatore bayesiano   / 13209

classificazione dei dati governativi   / 93214

classificazione e archiviazione   / 85105

classificazione sfocata   / 13211

clearing house automatizzato   / 52123

cliccativismo   / 65218

cliente del servizio cloud   / 72201

cloud affidabile   / 51308

cloud computing   / 21111

C

cloud database   / 32310

cloud dei servizi governativi   / 62207

cloud finanziario   / 51304

cloud procura   / 95227

cloud-edge e collaborative computing   / 63130

Club investitori   / 52318

cluster del settore dei servizi di informazione
finanziaria   / 52509

cluster satellitare di acquisizione dati   / 45312

Coalizione per le competenze e professioni digitali
(UE)   / 24510

co-costruzione e condivisione   / 61507

codice a barre   / 31217

codice dannoso   / 81506

codice di alleviamento mirato alla povertà   / 44518

codice di autenticazione del messaggio   / 83414

codice di autenticazione del messaggio crittografico
/ 82507

codice di correzione dell'errore   / 82512

codice di flusso   / 83404

Codice è la legge   / 23513

Codice in materia di protezione dei dati personali
(Italia, 2003)   / 93513

codice QR   / 31218

codifica di controllo d'errore   / 82513

codifica di fonte d'informazione   / 31106

codifica quantistica   / 25205

codifica quantistica densa   / 25404

codifica visiva   / 34308

codificazione di programma   / 12311

coefficiente di adeguatezza della perdita di attività
/ 53414

coefficiente di correlazione   / 34103

coefficiente di correlazione di distanza   / 34106

coefficiente di informazione massima   / 34105

coerenza dei dati   / 23118

coerenza di cache   / 32408

coerenza quantistica   / 25207

cognitron   / 14226

cognizione ambientale   / 72425

co-governance composito di multisoggetto   / 61505

collaborazione dei dati   / 22504

collaborazione di massa basata su Internet   / 91303

Collaborazione di sicurezza di informazione nazionale
(US)   / 85417

collaborazione di uffici centrali multipli   / 43411

collaborazione est-ovest sulla riduzione della povertà
/ 44214

collaborazione in rete   / 42401

collaborazione interattiva   / 61521

collaborazione internazionale di fintech   / 55503

collaborazione Internet   / 61514

collaborazione pan organizzativa   / 61317

collegamento omnicanale   / 43214

collegamento prestito-investimento   / 54515

collezione digitale   / 42220

coltivazione del credito d'impresa   / 54521

coltivazione di capacità della forza principale per
alleviamento di povertà   / 44506

coltivazione di franchising di credito   / 54523

combinazione di assistenza medica e sanitaria
/ 64509

combinazione di risultati di classificazione   / 85104

Comitato canadese di normazione   / 71418

Comitato congiunto dei sistemi di informazione (UK)
/ 44420

Comitato di lavoro per le finanze nazionali su Internet
/ 55514

Comitato di normazione della tecnologia
dell'informazione di Cina   / 71427

Comitato europeo di normalizzazione   / 71406

Comitato europeo di normazione elettrotecnica
/ 71407

Comitato giapponese per gli standard industriali
/ 71415

comitato giudiziario digitale   / 95330

1676

consulente finanziaria robot   / 54122

consulenza medica online   / 64117

consultazione di salute su Internet   / 64118

consultazione remota del caso   / 95219

consumatore dei dati   / 72106

consumo collaborativo   / 42514

consumo di energia intelligente   / 63412

contadini digitali   / 42310

contenuto di intrattenimento professionalmente
     generato   / 43211

contenuto generato dall'utente   / 43210

contenuto statuario   / 92106

contenzioso di interesse pubblico   / 92514

continuità di piattaforma di base   / 84118

continuità operativa del sistema di informazione nel
     settore finanziario   / 55218

continuità temporale e spaziale   / 35221

conto ufficiale   / 65405

contratti sui dati   / 15319

contratto ecologico   / 22520

contratto elettronico di catena di blocchi   / 23217

contratto intelligente   / 23106

controllabilità della rete   / 82212

controller di rilevamento delle intrusioni   / 82104

controllo a distanza   / 62520

controllo antiriciclaggio   / 55424

controllo automatico del veicolo   / 63218

controllo autonomo   / 24120

controllo aziendale   / 55420

controllo dei dati   / 33101

controllo dei derivati finanziari   / 55423

controllo del collegamento dati   / 12110

Controllo del fintech   / 5.5.4

controllo del processo standardizzato   / 75304

controllo del routing   / 82510

controllo dell'accesso tramite linea commutata
     / 85120

controllo dell'adeguatezza patrimoniale   / 55418

controllo dell'utilizzo della rete wireless   / 85121

controllo della concentrazione dei prestiti   / 55421

controllo della copia   / 92117

controllo della temperatura e dell'umidità   / 85123

controllo di accesso affidabile   / 84319

controllo di accesso con riconoscimento dell'iride
     / 64407

controllo di accesso discrezionale   / 82204

controllo di accesso intelligente   / 63305

controllo di accesso obbligatorio   / 82205

controllo di ammissione   / 84317

controllo di by-pass   / 81221

controllo di flusso (dati)   / 94212

controllo di implementazione standard   / 75317

controllo intelligente   / 42115

controllo intelligente degli apparecchi elettrici
     / 64405

controllo intelligente del rischio   / 55201

controllo intelligente del traffico   / 63209

controllo intelligente dell'illuminazione   / 64404

Controllo internazionale nel settore fintech   / 5.5.5

controllo interno di sistema fintech   / 55407

controllo patch di sistema   / 84406

controllo per la liquidazione di istituti bancari
     internazionali   / 55519

controllo robot   / 14408

controllo terminale mobile   / 85111

controllore   / 92202

controllore congiunto   / 92411

contromisura di comunicazione   / 83204

contromisura di rete di computer   / 83208

contromisura di sicurezza dell'informazione   / 83209

contromisura elettro-ottica   / 83206

contromisura informatica   / 83203

controversie sul cyber-spazio   / 65512

convenienza digitale   / 44116

Convenzione 702 per il commercio globale dei Big
     Data (Guiyang, Cina)   / 94102

convenzione internazionale contro il terrorismo nel cyber-spazio / 21518

Convenzione sulla cyber-sicurezza e la protezione dei dati personali (Unione Africana, 2014) / 93520

Convenzione sulla protezione delle persone rispetto al trattamento automatizzato dei dati a carattere personale (Consiglio d'Europa, 2012) / 93517

convergenza dei media / 62420

convergenza su tre reti / 21219

Conversazione AI / 65116

conversione analogico-digitale / 31112

conversione dei dati / 33105

convocatore o esperto registrato del gruppo di lavoro / 71508

cooperazione contrattuale / 61513

Cooperazione dell'industria di informazione spaziale della via della seta marittima del 21° secolo / 45320

cooperazione della standardizzazione internazionale / 41411

cooperazione di abilitazione e-commerce / 45110

Cooperazione digitale / 4.1.4

cooperazione e-commerce / 45419

Cooperazione economica Asia-Pacifico (Strategia E-APEC) / 85504

cooperazione internazionale in materia di sicurezza dei dati / 65517

cooperazione internazionali degli organi di vigilanza finanziaria / 55520

cooperazione multiparte sulla riduzione di povertà attraverso lo sviluppo industriale / 44215

cooperazione nazionale di controllo finanziario regionale / 55522

Cooperazione per la riduzione della povertà / 4.4.2

cooperazione robot / 72404

cooperazione tra organizzazioni internazionali di supervisione finanziaria / 55521

coordinamento delle parti interessate / 94213

coordinamento uomo-macchina / 24119

coordinata parallela / 34319

coordinatore delle transazioni / 32415

coordinatore di sistema / 72102

coordinatore nazionale di cyber-sicurezza / 21511

copia digitale / 93437

coproduzione tra pari / 65113

coprogettazione di hardware e software / 12310

corpo / 34401

corporativismo / 91307

correttezza dell'algoritmo / 13101

corretto utilizzo dei dati / 91502

corridoio di informazione spaziale di una Cintura e una Via / 45307

corruzione finanziaria / 55127

corsa agli armamenti nel cyber-spazio / 65510

costi dell'organizzazione per informazioni / 61311

costi di autorizzazione / 61312

costo intermedio in condivisione / 41516

costo marginale zero / 41208

costruzione dei dati di credito / 23406

costruzione del sistema satellitare nazionale / 45308

costruzione della sala di computer / 32506

costruzione di civiltà online / 65329

costruzione di grafici / 95408

costruzione di infrastrutture per la rete globale / 65516

costruzione di reti a forma di U (Singapore) / 21421

costruzione di sicurezza / 81120

costruzione di siti web multilingue / 45304

Costruzione di una Cintura e una Via: Concetto, pratica e contributo della Cina / 45512

costruzione standardizzata dello stato di diritto / 71118

cracker / 81501

crawler di rete / 31322

creatore / 15305

creatura virtuale / 24308

creazione assistita da macchina / 65302

creazione di contenuti / 14307

creazione di credito / 51212

creazione di valore / 41504

creazione secondaria online / 65311

creditchina.gov.cn / 23421

crediti online / 51503

credito Big Data / 62504

credito cittografico / 23415

credito fintech / 54501

credito generato dall'algoritmo / 51311

credito P2P / 52410

Credito Sesame / 53104

credito verde / 54312

crescita dei dati / 91404

crimine informatico / 85201

Criptovaluta nazionale Estcoin (Estonia) / 23309

crisi finanziaria / 55139

Criteri communi (CC) per la valutazione e la certificazione della sicurezza delle informazioni in Cina / 84512

Criteri comuni (CC) per la valutazione e la certificazione della sicurezza delle informazioni / 84511

Criterio di intelligenza artificiale (IBM) / 24320

criterio di valutazione RPO / 84407

Crittografia autenticata / 8.3.4

crittografia degli attributi / 82215

crittografia di backup / 84113

crittografia di database / 82122

crittografia di DNA / 83409

crittografia di messaggio / 82213

crittografia omomorfa sulla privacy / 84210

crittografia post-quantistica / 25511

crittografia quantistica / 25111

crittografia Rivest–Shamir–Adleman / 83405

crittografia simmetrica / 83421

crittografia visuale / 82404

crittogramma quantistica / 83408

crittosistema / 83420

Crowdfunding / 5.2.3

crowdfunding / 52301

crowdfunding basato sul credito / 52307

crowdfunding basato sulla donazione / 52304

crowdfunding basato sulla prevendita / 52305

crowdfunding basato sulla registrazione / 52313

crowdfunding basato sulle azioni / 52306

crowdfunding di PIPRs / 52311

crowdfunding per alleviamento della povertà / 44512

crowd-sourcing / 14117

crowfunding Title III / 52312

Cubo dei dati di geoscienza australiano / 35109

cubo spazio-temporale / 34317

cucina intelligente / 64410

cultura altruistica / 41523

cultura computazionale / 15302

Cultura dei dati / 1.5.3

cultura dell'imprenditoria di massa / 41525

cultura della gente comune / 65314

cultura di armonia / 41527

Cultura di Internet / 6.5.3

cultura di sorgente aperta / 15308

Cultura e istruzione intelligenti / 6.4.3

cultura intensiva / 41524

culturomica / 15311

cura dei dati / 35403

cura intelligente / 64505

cure domiciliari / 64507

cure non interventistiche / 64502

custodia di fondi della piattaforma di commercio online / 53420

cyber-analfabetico / 44107

cybercolonialismo culturale / 85204

cyber-politica / 65502

cyber-range emergente / 83509

cyberspazio / 65414

quetioni relative al processo giuridico da tribunale Internet (Cina) / 95320

Disposizione provinciale sulla sicurezza di Big Data della provincia del Guizhou / 93115

Disposizione sull'apertura e la condivisione dei dati governativi di Guiyang / 93119

Disposizione sulla promozione dello sviluppo e dell'applicazione di Big Data della municipalità di Tianjin / 93109

Disposizioni sulla promozione dello sviluppo e dell'applicazione di Big Data della provincia del Guizhou / 93114

distanza zero dagli utenti / 61518

distinzione tra autorità e individualità / 92509

distribuzione delle chiavi quantistiche / 25402

distribuzione di probabilità / 11202

distribuzione di valore / 41505

distribuzione gaussiana / 14228

distribuzione intelligente / 63207

dittatura digitale / 91526

divario di fiducia / 21203

divario di giustizia / 95437

divario digitale / 21202

diversificazione azionaria della società di finanziamento al consumo / 53413

diversificazione dei consumi / 41213

diversità dei soggetti / 61520

dividendo digitale sull'accessabilità di Internet / 44109

dividendo sul traffico / 65115

divulgazione della legge intelligente / 95417

divulgazione di informazioni finanziarie / 55221

divulgazione di informazioni sui rischi dei business finanziari / 55211

dizionario dei dati unificati / 65319

DL/T 1757-2017 Requisiti tecnici per recupero e distruzione dei dati elettronici / 73255

DNA dei dati di credito / 51421

Documento di standardizzazione di autoregolamentazione ed etica professionale per la sicurezza di Big Data e delle informazioni (Cina) / 94107

documento elettronico di transazione / 45422

documento standard dell'information item / 75213

documento XML / 31310

dominio dei dati / 85310

dominio del fornitore di servizi / 72518

dominio di controllo O&M / 72516

dominio di controllo percettivo / 72513

dominio di scambio di risorse / 72517

dominio obbiettivo / 72514

dominio utente / 72515

domotica / 64401

doppio spazio di memorizzazione online / 84208

Dottrina della sicurezza dell'informazione (Federazione Russa) / 85513

droni intelligenti / 42410

Dublin Core Metadata Element Set / 41117

duplicità / 92404

E

ecologia della buona rete / 65330

ecologia della combinazione tra industria e finanza / 53114

Ecologia politica di una Cintura e una Via / 4.5.5

e-commerce mobile / 21313

e-commerce mobile transfrontaliero / 45202

e-commerce rurale / 42311

Economia condivisa / 4.2.5

economia creditizia / 42516

Economia dei Big Data / 4

economia dei concerti / 41229

economia dei dati di blocco / 41214

economia della comunità / 65120

F

G

G20 guida politica: digitalizzazione e informalità
 / 51122

G20 Principi inclusivi di alto livello per finanza
 digitale / 51120

GA/T 1139-2014 Tecnologia di sicurezza
 dell'informazione — Requisiti tecnici di sicurezza
 per i prodotti di scansione di database / 73212

GA/T 1143-2014 Tecnologia di sicurezza
 dell'informazione — Requisiti tecnici di sicurezza
 per i prodotti software di distruzione dei dati
 / 73256

GA/T 1537-2018 Tecnologia di sicurezza
 dell'informazione — Criteri di prova e valutazione
 per prodotti terminali mobili per protezione di
 minori / 73430

GA/T 1545-2019 Tecnologia di sicurezza
 dell'informazione — Requisiti tecnici di sicurezza
 per token intelligenti / 73455

GA/T 711-2007 Tecnologia di sicurezza
 dell'informazione — Guida tecnica comune per
 protezione di classificazione di sicurezza per
 sistema software applicativo / 73461

GA/T 754-2008 Requisiti e metodo di prova di
 strumento elettronico di duplicazione di stoccaggio
 dei dati / 73210

GA/T 913-2019 Tecnologia di sicurezza
 dell'informazione — Requisiti tecnici di sicurezza
 per prodotti di controllo di sicurezza di database
 / 73213

Gabbia dati (Guiyang, Cina) / 62516

GalaxyZoo / 35117

garage intelligente / 63308

garanzia della scienza e tecnologia / 54506

Garanzia di fiducia / 8.4.3

garanzia di qualità / 92120

garanzia di sicurezza / 92121

gateway di pagamento / 52106

gateway di pagamento multipiattaforma / 53120

GB 4943.1-2011 Apparecchiatura per tecnologia
 dell'informazione — Sicurezza — Parte 1:
 Requisiti generali / 73402

GB 4943.23-2012 Apparecchiatura per tecnologia
 dell'informazione — Sicurezza — Parte 23:
 Apparecchiatura per memorizzazione dei dati di
 grandi dimensioni / 73403

GB/T 10092-2009 Interpretazione statistica dei dati —
 Confronto multiplo per risultati di test / 73236

GB/T 11598-1999 Sistema di segnalazione a
 commutazione di pacchetto tra reti pubbliche che
 forniscono servizi di trasmissione dei dati / 73219

GB/T 12054-1989 Elaborazione dei dati — Procedura
 per la registrazione di sequenze di escape / 73229

GB/T 12118-1989 Elaborazione dei dati. Vocabolario
 — Parte 21: Interfacce tra sistemi informatici di
 processo e processi tecnici / 73230

GB/T 12460-2006 Modelli di registrazione dei dati
 oceanografici / 73524

GB/T 14805.1-2007 Interscambio dei dati elettronici
 per amministrazione, commercio e trasporti
 (EDIFACT) — Regole di sintassi a livello di
 applicazione (versione di sintassi n.: 4, rilascio di
 sintassi n.: 1) — Parte 1: Regole comuni di sintassi
 a tutte le parti / 73222

GB/T 14805.2-2007 Interscambio di dati elettronici
 per amministrazione, commercio e trasporti
 (EDIFACT) — Regole di sintassi a livello di
 applicazione (versione di sintassi n.: 4, rilascio
 di sintassi n.: 1) — Parte 2: Regole specifiche di
 sintassi per batch EDI / 73223

GB/T 14805.3-2007 Interscambio di dati elettronici
 per amministrazione, commercio e trasporti
 (EDIFACT) — Regole di sintassi a livello di
 applicazione (versione di sintassi n.: 4, rilascio
 di sintassi n.: 1) — Parte 3: Regole specifiche di

di sicurezza / 73447

GM/T 0009-2012 normativa sulle informazioni di criptaggio dell'algoritmo SM2 / 73446

GM/T 0014-2012 Specificazione del protocollo di crittografia del sistema di autenticazione con certificato digitale / 73445

GM/T 0015-2012 Certificato digitale basato sull'algoritmo SM2 / 73444

GM/T 0020-2012 Specificazione dell'interfaccia di servizio integrata dell'applicazione di certificato / 73443

GM/T 0023-2014 Specificazione prodotto gateway IPSec VPN / 73442

GM/T 0024-2014 Specificazione SSL VPN / 73441

Google / 65408

Google Earth Engine / 35108

Google Flu Trends / 15505

GOST ISO/IEC 15419:2018 Tecnologia dell'informazione — Tecniche di identificazione automatica e acquisizione dei dati — Test delle prestazioni di immagini digitali e stampa di codici a barre. / 74501

GOST ISO/IEC 15424:2018 Tecnologia dell'informazione — Tecniche di identificazione automatica e acquisizione dei dati — Identificatori del supporto dei dati (inclusi identificativi della simbologia) / 74502

GOST ISO/IEC 17788:2016 Tecnologia dell'informazione — Cloud computing — Panoramica e vocabolario / 74503

GOST R 43.0.8-2017 Assicurazione informativa di attrezzature e attività operativa — Intelligenza artificiale sull'interazione umane e informazione — Principi generali / 74504

GOST R 53632-2009 Parametri di qualità dei servizi di accesso a Internet — Requisiti generali / 74505

GOST R 55387-2012 Accesso a Internet Qualità del servizi — Indici di qualità / 74506

governance basata sulla rete / 62415

governance collaborativa / 61508

Governance dei Big Data / 6

Governance dei dati / 3.3.5

governance dei dati asset / 41111

governance del cloud / 62304

governance dell'intelligenza artificiale di nuova generazione / 24519

governance della piattaforma / 43315

governance di multi-stakeholder / 61510

governance di povertà a livello di comunità / 44510

governance di precisione / 62305

governance di tecnologia / 61201

governance finanziaria internazionale / 55501

governance in rete / 61206

Governance intelligente / 6.2.3

governance multicentrica / 61511

governance multilivello / 61512

Governance nazionale nell'era di Big Data (Chen Tan, et al, Cina) / 15418

governance participativa / 61509

governance prudente / 61220

governance sociale intelligente / 24403

governance su catena / 23518

Governo 3.0 (Corea del Sud) / 62115

governo aperto / 62101

governo cloud / 62107

Governo come piattaforma / 43402

governo della piattaforma / 62106

governo di risorsa aperta / 62108

Governo digitale / 6.2

governo integrale / 23517

governo intelligente / 62104

governo mobile / 62109

governo virtuale / 62105

GovTech / 6.1

gradiente naturale / 14225

grado / 34503

grafico a dispersione tridimensionale / 34318

grafico della conoscenza / 14101

grafico della conoscenza della procura / 95245

grafico informativo sull 'operazione di procura
/ 95212

grafico semplice / 32202

gravità quantistica / 25106

Great Global Grid / 15109

gregge di relazione / 53510

griglia di conoscenza / 14121

grilletto / 31320

grupo de trabalho para a arquitetura de referência
/ 75332

Gruppo BSI / 71412

gruppo del lavoro della rete di sensore / 75335

Gruppo di azione finanziaria antiriciclaggio / 55512

Gruppo di computing affidabile / 81323

Gruppo di lavoro di Big Data / 71403

gruppo di lavoro di Big Data pubblici / 75324

gruppo di lavoro di cloud computing / 75334

gruppo di lavoro specifico per la normazione / 71303

Gruppo di lavoro su privacy e sicurezza / 75331

Gruppo di lavoro sui requisiti del caso d'uso / 75330

Gruppo di lavoro sulla roadmap tecnologica / 75333

Gruppo di operatori di rete Internet / 85320

Gruppo di sevizi finanziali della formica / 52419

Gruppo economico Alibaba / 45205

Gruppo lavorativo di definizione dei termini / 75329

gruppo privo di servizi finanziari / 54213

Gruppo superiore per la ricerca e lo sviluppo di Big
Data (US) / 94514

guerra d'informazione difensiva / 85418

guerra dei dati / 85210

guerra dell'informazione / 85403

Guida all'azione di procura su Big Data (2017-2020)
(Cina) / 95203

Guida alla creazione di un sistema standard nazionale
di intelligente manufacturing (Cina) / 71323

guida autonoma / 63214

guida d'onda ottica / 14310

guida dell'opinione pubblica online / 65327

guida per la pianificazione degli standard / 75201

guidata dall'innovazione / 21301

guidato dai dati / 22118

Guizhou-Cloud Big Data / 62310

gusto di macchina / 31211

H

hacker / 81401

hackerdom / 81402

Hardware del computer / 1.2.4

Honker / 83502

host multi-homed / 83107

Hub delle risorse di informazioni sulla città intelligente
di Xuzhou / 75502

hub internazionale di super logistica / 45403

I

IceSword / 81420

identificatore di comportamento anomalo / 82109

identificatore unico di oggetto digitale / 35426

identificazione a radiofrequenza / 31215

identificazione accurata della previdenza sociale
nazionale / 64212

identificazione biometrica / 14414

identificazione d'alleviamento della povertà orientato
allo sviluppo / 44314

identificazione dei casi / 95410

identificazione del gruppo di consumatori Internet
mobile / 45301

Identificazione del rischio / 8.1.2

identificazione del rischio di credito / 53507

J

K

L

Via verde / 45505

linea guida per valutazione della gestione di sicurezza
/ 82311

Linea guida sul finanziamento dello sviluppo di una
Cintura e una Via / 45510

Linea guida sulla promozione di sviluppo sano di
finanza Internet (Cina) / 51107

Linea guida sulla protezione dei dati personali nei
settori dell'economia e dell'industria (Giappone,
2018) / 93527

linea verde dei servizi governativi / 62206

Linee Guida per la sicurezza dei sistemi e delle reti
d'informazione: Verso una cultura della sicurezza
(Organizzazione per la cooperazione economica e
lo sviluppo) / 85505

linguaggio assemblatore / 33305

linguaggio del software / 12301

linguaggio di programmazione / 33307

linguaggio di programmazione di robot / 14422

linguaggio di programmazione logica / 24114

linguaggio Go / 33312

linguaggio informatico avanzato / 33306

linguaggio Java / 33310

linguaggio Julia / 33311

linguaggio macchina / 12322

linguaggio Python / 33309

linguaggio R / 33308

linguaggio regolare / 13320

linguaggio robotico / 72414

linguaggio Scala / 33313

linguaggio senza contesto / 13321

linguaggio SQL / 33314

liquidazione elettronica / 52119

liquidazione finanziario a distanza / 53318

liquidità della ricevuta di magazzino non standard
/ 53323

lista bianca / 82309

lite / 94315

lite amministrativa / 94321

lite elettronico / 95305

lite online / 95308

livello di analisi dei dati / 82316

livello di collegamento dei dati / 82407

livello di contenuto della rete / 92311

livello di esperienza / 43104

livello di inclusione digitale / 44117

livello di interazione ed isolamento dei dati sensibili
/ 82317

livello di mascheramento dei dati / 82319

livello di prevenzione della perdita dei dati / 82318

livello di ripristino di disastro / 84206

livello informativo della produzione discreta
/ 41221

localizzazione dei dati / 92314

localizzazione intelligente di persone / 63309

locazione di carbonio / 54324

log / 31308

logica Bieber / 83303

logica Burrows-Abadi-Needham / 83302

logica del protocollo / 83301

logica Dolev-Yao / 83304

logistica intelligente / 63206

LSM-albero / 32210

LY/T 2921-2017 Qualità dei dati forestali — Elementi
di base / 73525

M

macchina agricola intelligente / 42313

macchina di Boltzmann / 14507

macchina di fiducia / 23408

macchina di riciclaggio intelligente / 63406

macchina di Turing / 13301

macchina punto di vendita / 52102

macchina vettoriale di supporto parallelo / 34208

modello gerarchico / 32223

modello grafico / 32228

modello LogP / 33404

modello M-P (McCulloch-Pitts) / 14219

modello normativo unificato / 55411

modello relazionale / 32225

modello Seq2Seq / 34418

modello sincrono di ricerca e sviluppo di tecnologia, brevetto e standard / 71311

Moderno sistema di servizi finanziari / 5.4.1

modularità / 43309

modularizzazione finanziaria / 51220

modulazione e codifica dei dati / 12108

modulo ottico / 12122

mondo specchio / 15106

mondo ternario (costruito da tre dimensioni di geologia, umanità e informazione) / 21206

mondo virtuale / 91311

moneta di compensazione decentralizzata / 54406

moneta di credito / 23301

moneta digitale / 23303

moneta digitale della banca centrale / 23306

Moneta digitale legale / 2.3.3

moneta digitale supersovrana / 23314

moneta elettronica / 23302

moneta programmabile / 23318

moneta stabile / 54409

monetizzazione delle informazioni / 53106

monitaggio del registro degli allarmi / 84117

monitor di macchine virtuali / 85107

monitoraggio a distanza / 64501

monitoraggio dei dati / 81220

monitoraggio del rischio nel settore finanziario e meccanismo di allarme tempestivo / 55303

monitoraggio dell'opinione pubblica / 63505

monitoraggio della sicurezza dei dati e preallarme / 84509

monitoraggio delle informazioni sulla domanda e

sull'offerta per il mercato delle risorse umane / 64216

monitoraggio di comportamento / 83214

monitoraggio e certificazione della conformità del sistema dell'intelligenza artificiale / 41419

monitoraggio e protezione della sicurezza finanziaria / 55210

monitoraggio intelligente per l'assicurazione medica / 64213

monitoraggio intelligente per la sicurezza sul lavoro / 64214

monitoraggio IoT / 53303

monopolio dei dati / 61104

monopolio dell'informazione / 21201

MOOC / 64303

motore Apache Drill / 31405

motore di knowledge computing e tecnologia dei servizi di conoscenza / 24205

motore di ricerca / 31321

motore di ricerca mobile degli affari polizieschi / 95107

motore Logstash / 31415

motore Nutch / 31406

motore Presto / 31402

motore SenseiDB / 31412

motore Sphinx / 31411

movimento dei dati aperti / 22211

Movimento dei dati scientifici / 3.5.5

movimento di risorse aperte / 22307

Mozi QUESS (Cina) / 25412

multi-agente / 15114

multicultura / 41526

multidimensionalità / 15316

multidimensionnalità spettrale / 35222

multimedia in tempo reale / 31311

multiplazione / 12107

multiplazione non esclusiva / 42511

multiplazione spaziale / 21120

P

pianificazione digitale / 63126

pianificazione generale per la standardizzazione dei dati / 75313

pianificazione logistica / 24214

pianificazione urbana digitale / 63103

Piano d'azione d'Internet per alleviamento della povertà / 44318

Piano d'azione del governo digitale come piattaforma (UK) / 62112

Piano d'azione del ministero della cultura per lo sviluppo culturale di una Cintura e una Via (2016-2020) / 45506

piano d'azione e-government / 62103

Piano d'azione Fintech (UE) / 51103

Piano d'azione globale dei dati per lo sviluppo sostenibile / 44120

Piano d'azione per l'istruzione digitale (UE) / 24509

Piano d'azione per la costruzione congiunta di"One Belt One Road" (2018-2020) / 71513

Piano d'azione per la promozione dello sviluppo di Big Data (Cina) / 15515

Piano d'azione per lo sviluppo del turismo sportivo di una Cintura e una Via (2017-2020) / 45522

Piano di base per gli standard nazionali (Corea del Sud) / 71205

Piano di condivisione e sviluppo dei dati dell'industria bancaria (UK) / 51109

Piano di cooperazione ecologica ed ambientale di una Cintura e una Via / 45511

Piano di doppio cento per alleviamento della povertà attraverso e-commerce di Suning / 44410

piano di emergenza per la sicurezza di Big Data / 93416

piano di gestione dei dati / 35401

Piano di governo intelligente (Corea del Sud) / 62114

piano di rete commerciale della costruzione di distribuzione chiave quantistica (US) / 25416

Piano di supervisione per servizio di portafoglio crittografico(Giappone) / 51118

Piano di sviluppo dell'intelligenza artificiale di nuova generazione (Cina) / 24503

Piano di sviluppo della costruzione del sistema di standardizzazione nazionale (2016-2020) (Cina) / 71203

Piano di sviluppo della medicina tradizionale cinese di una Cintura e una Via (2016-2020) / 45507

Piano di sviluppo fintech(2019-2021) (Cina) / 51106

Piano di sviluppo per la costituzione del sistema di standardizzazione del settore finanziario (2016-2020) (Cina) / 51108

Piano di sviluppo quinquennale per la costruzione informatizzata delle corti popolari (2016-2020) (Cina) / 95326

Piano di sviluppo standardizzato / 7.1.2

piano di valutazioine di sicurezza / 82312

Piano nazionale di criptovaluta (Iran) / 23311

Piano per coordinamento della costruzione della cintura economica della Via della Seta e la Via luminosa Kazakistan con la nuova politica economica / 45515

piano per l'educazione alla normazione e alla formazione alla consapevolezza (Europa) / 71301

Piano quadro per la ricerca e lo sviluppo tecnologico (UE) / 71207

Piano scientifico di Via della Seta digitale / 35128

Piano strategico nazionale di ricerca e sviluppo dell'intelligenza artificiale (US) / 24512

piattaforma adiacente / 43317

piattaforma Apache Chukwa / 31419

piattaforma Apache Pig / 33419

piattaforma aperta d'integrazione dei dati asset / 41124

Piattaforma aperta dell'intelligenza artificiale (Cina) / 24501

piattaforma aperta della catena di approvvigionamento finanziario / 53210

piattaforma di streaming diretto / 43209

piattaforma di supervisione della sicurezza alimentare
intelligente / 63511

piattaforma di supervisione della sicurezza di Big Data
/ 93417

piattaforma di supervisione e gestione dell'ambiente
aziendale intelligente / 63415

piattaforma di supporto dell'applicazione / 43515

piattaforma di test per l'intelligenza artificiale
/ 24319

piattaforma di trading di fatture digitali / 23321

piattaforma globale di servizi tecnologici digitali
/ 41417

piattaforma IndieGoGo / 52317

piattaforma integrata di polizia / 95106

piattaforma intelligente / 43516

piattaforma Internet basata sullo spazio / 21118

piattaforma Internet della terza parte / 53101

piattaforma IoT sul trasporto intelligente di Chongqing
/ 75518

piattaforma Kibana / 31416

piattaforma Kickstarter / 52316

Piattaforma Lending Club / 52207

piattaforma mobile di applicazioni governative
/ 62211

Piattaforma nazionale di condivisione delle
informazioni sul credito / 62506

piattaforma nazionale integrata di servizi governativi
online / 62412

piattaforma nazionale per la promozione di servizi di
informazione nelle zone rurali / 42321

piattaforma non strutturata per la gestione di Big Data
di state grid corporation della china / 75516

piattaforma online per la registrazione dell'impiego
/ 64210

piattaforma operativa ecologica / 22521

piattaforma Prosper / 52206

piattaforma pubblica per il servizio di tecnologia

dell'informazione / 71319

piattaforma pubblica per lo scambio tra banche e
imprese / 54524

piattaforma pubblica per servizio di procura / 95231

piattaforma transfrontaliero di e-commerce B2B
/ 45408

piattaforma unita di servizio per canale elettronica e
finanza informatica / 53403

piattaforma Zopa / 52205

piattaforme informatiche integrate / 43518

piattaformizzazione finanziaria / 51221

piccola e micro finanza / 5.2.4

piccola e micro impresa / 52401

piccole e micro filiali bancarie / 52404

piccoli crediti di e-commerce dalla banca commerciale
/ 52412

piccoli crediti di Internet non P2P / 52411

piccoli finanziamenti e microfinanziamenti online
/ 54220

piccolo credito / 52403

piccolo credito della terza parte / 52409

piccolo credito di e-commerce / 52407

piccolo credito online / 52406

piccolo credito pagato dalla terza parte / 52408

piccolo deposito e piccolo prestito / 53520

piccolo e micro credito / 52402

piccolo elettrodomestico intelligente / 64420

Pilota di standardizzazione del commercio dei Big
Data della Global Big Data Exchange (Guiyang,
Cina) / 75501

Pincipio di livello alto sulla strategia nazionale
dell'educazione finanziaria / 51124

piolo a due vie / 23205

piramide standardizzata / 75308

pluralismo legale / 91518

politica d'integrazione di standard nazionali, europei e
internazionali (Germania) / 71523

politica dei codici / 65503

punteggio del credito digitale / 54223

punti ciechi digitali / 44105

punti di interscambio / 44104

punto dati / 22109

punto di connessione diretta dorsale Internet / 21108

punto di vendita intelligente / 54112

Q

qualità dei dati / 33110

qualità dei dati asset / 41122

qualità di abbinamento / 43318

quantità del risparmio energetico / 54319

quantità di informazione / 31104

quanto / 25104

quantum bit / 25201

Quarto paradigma / 3.5.2

quinto territorio / 21501

Qutrit / 25518

R

raccolta controllata da fonti dei dati di e-government / 93206

Raccolta dei dati / 3.1.3

raccolta differenziata intelligente / 63409

raccolta illegale di fondi / 55129

raccolta regolare dei dati / 94211

raccomandazione di casi / 95405

raccomandazione sul punto di interesse / 34517

radar di aggrovigliamento quantistico (US) / 25321

Radiotelescopio sferico con apertura di cinquecento metri / 35103

rafforzzamento di sicurezza / 81121

raggio di fiducia / 23401

raggruppamento concettuale / 72314

raggruppamento DBSCAN (densità a base di clustering spaziale di applicazioni con rumore) / 13221

raggruppamento dei dati / 22507

raggruppamento dei turni medi / 13220

raggruppamento dell'industria digitale / 42210

raggruppamento di K-Means / 13219

Raggruppamento di massimizzazione d'aspettazione / 13222

raggruppamento di rete / 34512

raggruppamento di testi / 34419

raggruppamento gerarchico agglomerativo / 13223

ragionamento deduttivo / 24112

Range Ciber-Nazionale (US) / 83513

range cyber-nazionale / 83506

range della sicurezza di Big Data / 83504

range di fusione militare-civile / 83507

range di guerra cybernetica / 83505

Range di sicurezza di Big Data nazionale Guiyang (Cina) / 83520

range professionale di infrastruttura critica / 83508

range simulato per la sicurezza dell'informazione urbana / 83510

ransomware / 81510

rapporto di accelerazione / 32401

rapporto di espansione / 32402

rappresentazione del testo / 34403

rappresentazione della conoscenza / 14105

rappresentazione sub-simbolica / 72321

really simple syndication / 31328

realtà aumentata / 14301

realtà ibrida / 14302

Realtà virtuale / 1.4.3

reato di abbandono del dovere nel servizio di rete / 94411

reato di abduzione agli investitori nella compra-vendita dei titoli e contratti a termini / 94405

reato di acquisizione illegale di segreti di stato / 94421

reato di aiuto alla criminalità della rete di informazione / 94414

comunicare con qualsiasi persona sotto qualsiasi forma, in ogni momento e in ogni luogo) / 12516

regola euristica / 14113

regolamentazione internazionale per il cyber-spazio / 65515

regolamenti di mascheramento dei dati / 94208

Regolamento amministrativo sulle risorse di dati governativi di Guiyang / 93120

Regolamento del Servizio d'Informazione su Internet (Cina) / 93107

regolamento della rete / 62414

regolamento di scambio dei dati / 93307

Regolamento esteso sul diritto di accesso all'informazione (Canada, 2018) / 93508

Regolamento esteso sulla legge sulla privacy (Canada, 2018) / 93511

Regolamento generale sulla protezione dei dati (UE) / 15521

Regolamento nuovo per gli scambi di moneta digitale (Australia) / 51119

Regolamento provinciale sulla condivisione di risorse di dati relativi agli affari governativi di Guangdong (Prova) / 93111

Regolamento sui diritti dei dati / 9.2.5

regolamento sull'algoritmo / 92519

Regolamento sull'informazione governativa aperta della Repubblica Popolare Cinese / 93104

Regolamento sulla circolazione libera dei dati non personali (UE, 2018) / 93528

Regolamento sulla protezione del diritto della comunicazione tramite la rete di informazione (Cina) / 93108

Regolamento sulla protezione di sicurezza del sistema informatico di computer della Repubblica Popolare Cinese / 93105

regolatore del fintech / 55402

Regole dettagliate provinciali sulla gestione di dati scientifici della provincia dello Yunnan / 93116

regole di associazione / 13225

regole di controllo del rischio livellate e classificate per le attività finanziarie / 55306

regole di controllo dell'accesso ai dati / 94219

regole di gestione per la coerenza di multi-copie dei dati / 94221

regole di sicurezza per l'archiviazione e il trasferimento dei dati / 94220

regole generali di standard dei dati / 75202

Regole in materia di privacy transfrontaliera (Cooperazione Economica Asia-Pacifico) / 85519

regole per i diritti umani digitali / 41418

regole per la crittografia dei dati importanti / 94222

regressione logistica parallela / 34207

relazioni dei dati / 41202

relazioni di mappatura / 43119

rendering multi-risoluzione / 14332

repertorio attendibile / 35436

repertorio dei dati scientifici / 35513

replica remota in tempo reale / 84205

repository digitale Dryad / 35427

repository digitale Figshare / 35428

requisiti di documentazione per l'utente / 75206

requisiti di scabilità standard / 75322

Requisiti di standardizzazione dei dati / 7.5.1

requisiti generali di sicurezza / 84503

requisiti speciali di sicurezza / 84504

requisiti tecnici per le operazioni e la gestione della manutenzione del centro dei dati / 75428

requisiti tecnici per sistema di gestione dei dati non strutturati / 75413

res incorporales / 92502

Residenza digitale (Estonia) / 15513

residuo Solow / 41103

responsabile della protezione dei dati / 92520

responsabile della sicurezza di Big Data / 93403

responsabilità ambientale del prestatore / 54315

responsabilità della sicurezza di Big Data / 93404

S

servizi di interfaccia / 33416

servizi di reputazione Web / 84318

servizi e risultati digitali aziendali / 43510

servizi finanziari 24/7 / 51518

servizi finanziari integrati per l'intero ciclo di vita / 51501

servizi governativi digitali / 62402

Servizi governativi intelligenti / 6.2.4

servizi governativi intelligenti / 62403

servizi innovati della finanza agricola / 51513

servizi legali alternativi / 95506

servizi legali di e-commerce / 95505

servizi legali di robot / 95434

servizi legali intelligenti / 95402

servizi legali multidisciplinari / 95502

servizi legali online / 95430

Servizi sociali intelligenti / 6.4.2

servizio a portata di mano / 62315

Servizio affidabile / 8.2.5

servizio API dei dati / 43409

servizio basato su scenari / 62314

servizio dei dati / 43419

Servizio dei dati di ricerca (US) / 35516

servizio di acquisizione di carta bancaria / 52109

servizio di audit dei dati asset / 41125

servizio di autenticazione / 82501

servizio di autenticazione elettronica della terza parte / 84521

servizio di commercio intensivo / 45407

servizio di finanza micra e piccola / 51509

servizio di garanzia del credito / 45411

servizio di garanzia e finanziamento per la scienza e tecnologia / 54522

servizio di gestione degli eventi dati anagrafici / 33527

servizio di gestione del ciclo di vita / 33525

Servizio di informazione finanziaria / 5.2.5

servizio di integrità / 82503

Servizio di Internet / 41217

servizio di precisione / 62318

servizio di prestito online basato sui dati / 52214

servizio di previdenza sociale online / 64219

servizio di rete / 81108

servizio di riservatezza / 82502

servizio di sicurezza dei dati asset / 41126

servizio di social network / 34521

Servizio di volontariato per la promozione di alleviamento della povertà di Cina / 44516

servizio digitale / 41304

Servizio Digitale di Governo (UK) / 94505

servizio enorme su richesta / 43412

servizio fai da te su richiesta / 72206

servizio finanzario disuguale / 54407

servizio finanziario basato su scenari / 51502

servizio finanziario intelligente / 54111

servizio finanziario omnicanale / 54105

servizio finanziario personalizzato / 51508

Servizio fintech / 5.2

servizio informazioni sulla rete domestica / 64508

servizio intelligente / 24402

servizio IoT / 72519

servizio misurabile / 72204

Servizio nazionale dei dati di ricerca (Svezia) / 35520

servizio nazionale dei dati su ricerca / 35515

servizio non ripudio / 82504

servizio online di prenotazione taxi / 63201

servizio operativo audiovisivo online / 65312

servizio over-the-top / 21321

servizio panoramico di informazioni finanziarie personali / 51504

servizio personalizzato / 42213

servizio personalizzato / 62317

servizio smart / 62316

Servizio UK dei dati di ricerca / 35517

servizio universale di telecomunicazione / 21405

set / 11101

sistema aperto di applicazione bancario / 51413

sistema ausiliario di monitoraggio del processo / 95243

sistema ausiliario per l'accettazione dei casi / 95244

sistema ausiliario per la valutazione dei casi / 95242

sistema centralizzato di supervisione finanziaria / 55428

sistema completo di gestione intelligente dell'acqua / 63419

Sistema compressivo di osservazione globale della terra / 35107

sistema condiviso / 41514

sistema crittografico a chiave pubblica / 82518

sistema d' identificazione a radiofrequenza / 63315

sistema decisionale dell'intelligenza artificiale per l'intera catena industriale / 43509

sistema degli standard dell'e-commerce / 93338

Sistema dei dati mondiali / 35114

Sistema dei diritti dei dati / 9.2

sistema dei dispositivi indossabili per la polizia individuale / 95111

sistema del diritto finanziario / 51405

sistema delle reti di base / 81102

sistema di abilitazione dei dati ad anello chiuso / 61410

sistema di allarme antifurto per quartiere intelligente / 63314

sistema di allarme per incidenti della sicurezza di Big Data / 93414

sistema di allarme tempestivo di Big Data / 62502

sistema di ampiamento di ampia area / 82220

sistema di analisi di trasporto intelligente / 63225

sistema di analisi intelligente per documenti di giudizio / 95316

sistema di applicazione per Big Data di procura / 95209

sistema di archiviazione / 93428

sistema di assicurazione dei rischi per l'applicazione finanziaria delle nuove tecnologie / 55236

sistema di assistenza allo sviluppo internazionale / 44203

sistema di assistenza giudiziaria online / 95436

sistema di audit per la sicurezza di Big Data / 93411

sistema di autenticazione dell'identità Internet / 51306

sistema di autenticazione delle identità multiple / 65105

sistema di auto-apprendimento / 24203

sistema di backup delle catastrofi del settore finanziario / 55217

sistema di catalogo / 32420

sistema di collaborazione di SupTech / 55313

sistema di comando di conflitto sintetizzato / 63519

sistema di comando di reazioni a catena / 63518

Sistema di condivisione / 9.2.4

sistema di condivisione dei dati / 43421

sistema di contabilità del credito / 53203

sistema di controllo del rischio di cambio / 55422

sistema di controllo del traffico intelligente / 63224

sistema di controllo di processo / 12211

sistema di controllo di rischio per servizi finanziari personali / 51515

sistema di controllo e gestione per edifici / 63318

sistema di controllo e sorveglianza della sicurezza / 64406

sistema di controllo industriale / 81118

sistema di controllo interno per i dati / 94217

sistema di controllo numerico / 82412

sistema di correzione remota / 95234

sistema di credito del settore della sicurezza delle informazioni / 84322

sistema di credito delle risorse umane e sicurezza sociale / 64205

sistema di credito di rete / 84312

sistema di credito oggettivo / 53302

sistema di crittografia quantistica resistente / 25509

sistema di database / 12318

sistema di database distribuito   / 23101

sistema di database distribuito eterogeneo   / 32418

sistema di denuncia e segnalazione per la sicurezza di Big Data   / 93412

sistema di deposito contoterzi per finanziamenti a clienti   / 55317

sistema di deposito contoterzi per liquidazione dei clienti   / 55319

sistema di difesa della sicurezza dei dati   / 85302

sistema di elaborazione del linguaggio   / 12317

sistema di elaborazione distribuita   / 12218

sistema di elaborazione MillWheel   / 33213

sistema di elaborazione parallela   / 12217

sistema di elenco negativo per l'apertura dei dati pubblici   / 93223

sistema di EPC (codice prodotto elettronico)   / 15112

sistema di equazioni lineari   / 11107

sistema di estrazione e analisi di Big Data della Terra   / 35311

sistema di e-supervisione   / 62511

sistema di file a KASS   / 32117

sistema di finanziamento diretto fintech   / 54503

sistema di garanzia di merci   / 53309

Sistema di gestione   / 3.2.4

sistema di gestione automatica del traffico   / 63222

sistema di gestione dei conti secondari virtuali   / 45414

sistema di gestione del elenco delle risorse di informazione pubblica   / 93218

sistema di gestione del rischio nel settore finanziario   / 55302

sistema di gestione della sicurezza delle informazioni   / 82301

sistema di gestione della sicurezza delle informazioni dell'utente   / 93431

sistema di gestione della sicurezza e della riservatezza delle informazioni   / 93430

sistema di gestione della sicurezza PDCA (Pianificare-fare-verificare-agire)   / 84420

sistema di gestione delle emergenze di sicurezza della rete finanziaria   / 55216

sistema di gestione delle relazioni con i clienti   / 43218

sistema di gestione delle risorse chiave su Internet   / 21514

sistema di gestione di Big Data di procura   / 95210

sistema di gestione di Big Data scientifici   / 35318

sistema di gestione di dati non strutturati   / 75222

Sistema di gestione e controllo dei dati dell'Ufficio Postale Statale della Cina   / 75511

sistema di gestione intelligente degli edifici   / 63316

sistema di gestione intelligente dei palazzi   / 63317

sistema di gestione intelligente di quartiere   / 63319

sistema di gestione password di autorizzazione   / 84321

sistema di gestione per la protezione della sicurezza di Big Data   / 93415

sistema di governance fintech   / 55403

sistema di identificazione digitale   / 54216

sistema di identificazione e tracciamento di pegno di proprietà mobile   / 53304

Sistema di inclusione finanziaria digitale   / 5.4.2

sistema di indice di valutazione per la costruzione di informazioni in varie regioni della federazione russa   / 45218

sistema di informativa creditizia   / 93320

sistema di informazione geografica GIS   / 63517

sistema di informazione nazionale per alleviamento della povertà   / 44321

Sistema di infrastruttura intelligente (Cina)   / 24502

sistema di innovazione del paradigma tecnico-economico digitale   / 42208

sistema di investitore accreditato   / 55316

sistema di isolamento e commutazione dei dati   / 82508

sistema di istruzioni   / 12212

sistema di licenza elettronica affidabile   / 62209

sistema di licenze   / 93427

Strategia del governo digitale (US) / 62113

Strategia dell'industria fintech (UK) / 51110

Strategia dell'innovazione fintech (UK) / 51111

strategia della piattaforma / 43305

Strategia della sicurezza dell'informazione (Australia) / 85518

Strategia della sicurezza dell'informazione (Giappone) / 85531

Strategia della standardizzazione / 7.1.1

Strategia della trasformazione digitale del governo 2025 (Autralia) / 62116

strategia di apprendimento / 72313

Strategia di attività per cyber-spazio (US) / 85507

strategia di autosufficienza / 21406

strategia di costruzione di forti procuratori attraverso scienza e tecnologia (Cina) / 95201

Strategia di cyber-sicurezza: proteggere e promuovere il Regno Unito in un mondo digitale (UK) / 85510

strategia di deterrenza informatica / 85401

Strategia di difesa e sicurezza dei sistemi di informazione (Francia) / 85512

strategia di gestione dei metadati / 33516

strategia di inclusione digitale / 23515

Strategia di intelligenza artificiale (UE) / 24511

strategia di monitoraggio degli standard internazionali / 71105

Strategia di sicurezza / 8.5

Strategia di standard degli Stati Uniti / 71104

strategia di standardizzazione internazionale / 71111

Strategia di sviluppo dell'industria fintech (Singapore) / 51117

strategia di utilizzo dei dati / 75208

Strategia digitale del governo (UK) / 62111

Strategia globale per gli standard internazionali (Giappone) / 71108

Strategia globale per la sicurezza (Giappone) / 85514

Strategia i-Japan / 62118

Strategia industriale: Attività del settore

dell'intelligenza artificiale (UK) / 24516

Strategia internazionale di cooperazione sul cyber-spazio (Cina) / 21504

Strategia internazionale per cyber-spazio (US) / 85506

Strategia internazionale per il cyber-spazio (US) / 21410

strategia mobile per il governo federale / 62110

Strategia nazionale australiana delle infrastrutture di ricerca collaborativa / 35510

Strategia nazionale della sicurezza dell'informazione (Canada) / 85517

Strategia Nazionale della Sicurezza Informatica per la Germania / 85511

Strategia nazionale di sicurezza del cyber-spazio (Cina) / 21503

Strategia nazionale per la sicurezza dell'informazione (Giappone) / 85515

Strategia nazionale per le identità affidabili nel cyber-spazio (US) / 85524

Strategia nazionale speciale per la normativa (Giappone) / 71107

strategia per la campagna digitale / 42305

Strategia per la digitalizzazione dell'industria europea / 42120

strategia scientifica di decisione basata su modelli / 61408

Strategia ufficiale e civile standardizzazione (Giappone) / 71109

Strategie di fintech / 5.1.1

strato di codice della rete / 92310

strato fisico della rete / 92309

streaming in diretta / 65304

streaming in diretta di servizi governativi / 65421

strumenti di antiriciclaggio / 51517

strumenti di test della sicurezza delle applicazioni Web / 82313

strumento di hacker / 81405

strumento di rilevamento e scansione delle
vulnerabilità   / 83217

strumento di scansione delle vulnerabilità   / 82413

strumento Gephi   / 33417

strumento Larbin   / 31418

strumento Shark   / 31403

strumento Splunk   / 33418

struttura a forma di albero del sistema standard
/ 75218

struttura catena-rete   / 23116

struttura cooperativa per la riduzione della povertà
/ 44202

struttura definita dal software   / 13524

Struttura dei dati   / 3.1.5

struttura dei dati   / 31516

struttura del business   / 33503

struttura del computer   / 12214

Struttura del governo digitale   / 6.2.2

struttura del grafico   / 33414

struttura del livello di energia del sistema quantistico
/ 25302

struttura del valore dei dati   / 41320

struttura della piattaforma dei dati   / 72108

struttura della rete   / 12501

Struttura delle abilità nel 21° secolo (US)   / 44416

struttura di computing di Druid   / 33217

struttura di computing distribuito Dryad   / 33203

struttura di computing Gearpump   / 33215

struttura di computing Giraph   / 33206

struttura di computing Heron   / 33214

struttura di computing PowerGraph   / 33208

struttura di computing Pregel   / 33205

struttura di computing Storm   / 33209

struttura di computing Tez   / 33204

struttura di cooperazione regionale fintech   / 54519

struttura di descrizione delle risorse dei dati   / 41116

Struttura di elaborazione   / 3.3.2

struttura di elaborazione Apex   / 33216

struttura di gestione delle risorse   / 72110

struttura di protezione dei consumatori per i servizi
finanziari digitali   / 54210

struttura di riferimento della funzione IoT   / 72506

struttura di riferimento per Big Data   / 72101

Struttura di scambio di informazioni sulla sicurezza
informatica (Unione internazionale delle
telecomunicazioni)   / 85503

Struttura di sicurezza   / 8.2.1

Struttura di sicurezza delle informazioni per il vertice
mondiale sulla società dell'informazione (ONU)
/ 85501

struttura di sistema aperto   / 13523

Struttura di supervisione fintech (US)   / 51113

struttura discreta   / 22418

struttura dissipativa di multicentro   / 21215

struttura fisica   / 31518

struttura Flink   / 33222

struttura Galaxy   / 33220

struttura gerarchica e servizio di relazioni   / 33526

struttura Hadoop   / 33201

struttura Hadoop MapReduce   / 33202

struttura Hama   / 33207

struttura infrastrutturale   / 72107

struttura Kineograph   / 33219

struttura lineare   / 31519

struttura logica   / 31517

struttura messaggi/comunicazione   / 72109

struttura non lineare   / 31520

struttura Percolator   / 33218

struttura Samza   / 33212

struttura Spark   / 33221

struttura Spark Streaming   / 33211

struttura standard dei dati aperti   / 75221

struttura standard per analisi multimediali   / 75220

strutturazione dei dati   / 22402

strutture intelligenti   / 61412

Strutture intelligenti   / 6.3.1

T

totale / 61421

tecnologia di recupero dei dati / 84102

tecnologia di regolamentazione / 51310

tecnologia di riconoscimento facciale / 95225

tecnologia di rilevamento dello stato / 83110

tecnologia di rilevamento di disastri / 84120

tecnologia di rilevamento di guasti e codifica di
informazione / 81321

tecnologia di rilevamento e misurazione / 25301

tecnologia di rinforzo / 84217

Tecnologia di risorsa aperta / 3.5.3

tecnologia di ritratti dei dati / 95125

tecnologia di schermatura elettromagnetica / 84215

Tecnologia di sicurezza / 8.4.2

tecnologia di supervisione finanziaria / 55425

tecnologia di supporto per un ambiente di rete
affidabile / 84302

tecnologia di tokenizzazione di pagamenti / 54103

tecnologia di traduzione d'indirizzo di rete / 83111

tecnologia di trasportazione del sistema / 84121

tecnologia digitale / 41204

tecnologia digitale accessibile / 44112

tecnologia honeypot / 83207

tecnologia informatica collaborativa / 61420

tecnologia intelligente per sistema autonomo / 24209

tecnologia naturale / 61204

tecnologia operativa / 61212

tecnologia per gli ambienti di vita assistita / 64413

tecnologia per l'amministrazione della giustizia
/ 95424

tecnologia per la partecipazione e la consultazione del
pubblico / 61217

tecnologia per tutti gli usi / 24201

tecnologia robot / 24215

tecnologia sociale / 61203

tecnologia specializzata per il lavoro sociale / 61216

tecnologie di promozione da servizi legali / 95503

tecnologie di recupero di Big Data nel settore legale

/ 95507

tecnologie di telefonia mobile di quinta generazione (5G
tecnologie) / 12522

tecnologie per conservare prove notarili / 95522

tecnologie per l'esame di qualifica professionale legale
/ 95429

tecnologie per la divulgazione legale / 95428

tecnologie per la riabilitazione di criminali e
tossicodipendenti / 95426

tecnologie per nascondere informazioni multimediali
/ 82419

tecnologie per prendere prove notarili / 95521

tecnologie per scambiare prove notarili / 95523

tecnologie per servizi legali / 95427

telemedicina / 21316

telescopio per indagini sinottiche di grandi dimensioni
/ 35104

teletrasporto quantistico / 25401

tempestività dei dati / 33530

Tendenza Google / 11419

teologia ecologica / 15204

teorema di approssimazione universale / 14512

teorema di non-cloning quantistico / 25109

teoria applicata di fintech / 51401

teoria BASE (fondamentalmente disponibile, stato
morbido, consistenza eventuale) / 32314

teoria degli automi / 13307

teoria degli automi cellulari / 11508

Teoria dei Big Data / 1.5.4

teoria dei campi quantistici topologici / 25117

teoria dei diritti naturali / 91104

teoria dei giochi / 11318

teoria dei giochi / 91109

teoria dei giochi di dati / 23512

teoria dei grafi / 11105

teoria dei nodi / 23220

teoria dei numeri / 11116

teoria dei sistemi cooperativi / 41406

teoria del caos / 11506

teoria del cigno nero / 11512

teoria del contratto sociale / 91111

teoria del diritto di essere lasciato solo / 91113

teoria del linguaggio formale / 13308

teoria del modello / 11111

teoria del riutilizzo / 92412

teoria del seamless government / 61218

teoria del segreto / 91115

teoria del valore-lavoro / 41506

teoria dell'approssimazione finita / 91114

teoria dell'equilibrio economico generale / 41508

teoria dell'informazione di Shannon / 13302

teoria dell'iperciclo / 11504

teoria dell'organizzazione cooperativa / 41407

teoria dell'utilità marginale / 41507

teoria della catena globale di valore / 22204

teoria della catena urbana di valore / 22205

Teoria della complessità / 1.1.5

teoria della decisione / 11319

teoria della distorsione dei tassi / 31108

teoria della governance policentrica / 91318

teoria della proprietà / 91117

teoria della rete di valore / 22203

teoria della ricerca / 11315

teoria della ricorsività / 11110

teoria della risonanza adattativa / 14508

teoria della struttura dissipativa / 11502

teoria delle anomie / 91112

teoria delle aste / 65213

teoria delle catastrofi / 11505

teoria delle code / 11316

teoria delle scorte / 11317

teoria dellla complessità computazionale / 13305

teoria di base dell'intelligenza artificiale / 24311

teoria di calcolabilità / 13306

Teoria di computazione / 1.3.3

teoria di diritto alla conoscenza / 91118

teoria di giustizia / 91106

teoria di reciprocità forte / 41403

teoria di valore condiviso / 41510

teoria di volontà / 91105

teoria frattale / 11507

teoria Hebbian / 24204

teoria NP-completo / 13319

teoria sul diritto del controllo su informazione personale / 91116

terminale di Bloomberg / 52512

terminale intelligente / 21113

terminale mobile intelligente / 31203

Terminologia dei Big Data / 7.2.1

Terminologia dell'intelligenza artificiale / 7.2.3

Terminologia di cloud computing / 7.2.2

terminologia di gestione di dati non strutturati / 75120

Terminologia IoT / 7.2.5

Terminologia robotica / 7.2.4

Terminologia standard / 7.2

terra di confine basata sui dati / 85212

terra digitale / 21402

Terrorismo dei dati / 8.5.2

terrorismo dell'informazione / 85205

terza parte / 92205

terza parte affidabile / 65109

tesi di Church-Turing / 13309

tessera sanitaria / 64217

tessera sanitaria per residenti / 64115

test del software / 12312

test di fotone singolo / 25318

Test di penetrazione / 8.3.1

test di software e tecnologia di tolleranza ai guasti / 81322

test di Turing / 24109

test e verifica standard / 75327

testamenti sulla catena di blocco / 91510

Thomson Reuters / 52511

U

V

W

X

Entrate che cominciano con un numero

20173587-T-469 IT di sicurezza — Guida all'ispezione di sicurezza e valutazione dell'infrastruttura di informazione critica   / 73319

20173590-T-469 Tecnologia dell'informazione di sicurezza — Norme di identificazione della piattaforma di social network   / 73330

20173817-T-469 IT — Dispositivo indossabile — Terminologia   / 73105

20173818-T-469 Tecnologia dell'informazione — Big Data — Requisiti per il funzionamento e la gestione di sistema (In corso di approvazione)   / 73334

20173819-T-469 IT — Big Data — Architettura di riferimento di applicazione industriale   / 73112

20173820-T-469 Tecnologia dell'informazione — Big Data — Metadati di base per prodotti industriali   / 73401

20173824-T-469 IT — catena di blocco e tecnologia di libro mastro distribuito — Architettura di riferimento   / 73116

20173825-T-469 Tecnologia dell'informazione — data asset — Parte 1: Specificazione di gestione   / 73306

20173830-T-469 Servizio di IT — Esternalizzazione — Parte 6: Normativa per cliente   / 73343

20173836-T-469 IT — Gestione a distanza — Modello di riferimento tecnico   / 73118

20173857-T-469 IT di sicurezza — Specifiche di valutazione del rischio per la sicurezza delle informazioni   / 73318

20173860-T-469 Tecnologie dell'informazione — Tecniche di sicurezza — network sicurezza — Parte 2: Linea guida per la progettazione e l'implementazione sicurezza della rete   / 73419

20173869-T-469 Tecnologia dell'informazione di sicurezza — Requisiti dei test di sicurezza per i moduli crittografici   / 73454

20174080-T-469 Internet delle cose — requisiti generali per piattaforma di condivisione e scambio di informazione   / 73138

20174084-T-469 IT — Identificazione automatica e tecniche di acquisizione dei dati — Identificatori del vettore dei dati   / 73203

20180019-T-469 Sistema informatico per la supervisione e gestione digitalizzate della citta — Informazioni di base sui tombini intelligenti   / 73522

20180840-T-469 Tecnologia di sicurezza dell'informazione — Guida alla valutazione dell'impatto della sicurezza delle informazioni personali   / 73428

20180973-T-604 Requisiti di prestazione dei sistemi di monitoraggio e misurazione utilizzati per la raccolta e l'analisi dei dati   / 73202

20180974-T-604 Metodi di prestazione e calibrazione per acquisizione data software   / 73201

20181941-T-604 Fabbricazione intelligente — specifica di raccolta di data industriale   / 73204

20182117-T-469 Punti di controllo della tracciabilità e criteri di valutazione per i prodotti di e-commerce   / 73515

20182200-T-414 Pubblicità interattiva — Parte 6: Requisiti di protezione dei dati dell'utente   / 73432

20182302-T-469 Internet delle cose — Accesso ai dispositivi di sensing e controllo — Parte 2: Requisiti di gestione dei dati   / 73304

20184722-T-469 Internet delle cose industriale — Specifica della descrizione strutturata per l'acquisizione dei dati   / 73205

20184856-T-469 Specifiche delle immagini dei prodotti nell' e-commerce (in corso di revisione)   / 73512

20190805-T-469 IT — visione artificiale — Terminologia   / 73104

20190810-T-469 IT — Gestione dello stoccaggio — Parte 2: Architettura comune   / 73117

20190841-T-469 Tecnologia dell'informazione — Big

日语索引

A

B

C

E

G

H

I

J

K

N

O

P

R

S

S

T

U

W

Y

アルファベットが頭文字である語句

「る電子データ交換（EDIFACT）－業務レベル構文規則（構文バージョン番号：4，構文公布番号：1）－第5部：バッチEDI用セキュリティ規則（真実性、完全性および発生源否認不可性）」／73226

「GB/T 14805.6-2007 行政、商業及び輸送業における電子データ交換（EDIFACT）－業務レベル構文規則（構文バージョン番号：4，構文公布番号：1）－第6部：セキュア認証と承認メッセージ（メッセージ種別－AUTACK）」／73227

「GB/T 14805.7-2007 行政、商業及び輸送業における電子データ交換（EDIFACT）－業務レベル構文規則（構文バージョン番号：4，構文公布番号：1）－第7部：バッチEDI用セキュリティ規則（機密性）」／73228

「GB/T 15278-1994 情報処理－データ暗号－物理層相互運用性の要求事項」／73231

「GB/T 15852.1-2008 情報技術－セキュリティ技術－メッセージ認証コード－第1部：ブロック暗号を利用するメカニズム」／73456

「GB/T 16264.8-2005 情報技術－開放型システム間相互接続－目次－第8部：公開鍵と属性証明書フレームワーク」／73458

「GB/T 16611-2017 無線データ伝送用送受信機の共通規範」／73218

「GB/T 16684-1996 情報技術－情報交換用データの記述ファイルの仕様」／73127

「GB/T 17142-2008 情報技術－開放型システム間相互接続－システムマネジメント概要」／73136

「GB/T 17964-2008 情報セキュリティ技術－ブロック暗号アルゴリズムの作動モード」／73452

「GB/T 18142-2017 情報技術－データ要素値表示－フォーマット表記法」／73142

「GB/T 18336.3-2015 情報技術－セキュリティ技術－情報技術セキュリティ評価基準－第3部：セキュリティ保障コンポーネント」／73333

「GB/T 18794.6-2003 情報技術－開放型システム間相互接続－開放型システムセキュリティフレームワーク－第6部：完全性フレームワーク」／73504

「GB/T 19114.32-2008 産業オートメーションシステム及びその統合－産業製造管理データ：資源運用管理－第32部：資源運用管理データのコンセプトモデル」／73531

「GB/T 19668.1-2014 情報技術サービス－監督管理－第1部：総則」／73348

「GB/T 20009-2019 情報セキュリティ技術－データベースマネジメントシステムのセキュリティ評価準則」／73323

「GB/T 20269-2006 情報セキュリティ技術－情報システムセキュリティマネジメントの要求事項」／73326

「GB/T 20273-2019 情報セキュリティ技術－データベースマネジメントシステムのためのセキュリティに関する技術的要求事項」／73214

「GB/T 20533-2006 生態科学データのメタデータ」／73523

「GB/T 21715.4-2011 健康情報学－患者の健康カードデータ－第4部：拡張医療データ」／73534

「GB/T 22281.2-2011 機械の状態監視と診断－データ処理、通信及び表現－第2部：データ処理」／73239

「GB/T 24405.1-2009 情報技術－サービス管理－第1部：規範」／73338

「GB/T 24874-2010 草地資源の空間情報共有データ規範」／73526

「GB/T 25000.12-2017 システムとソフトウェア工学－システム及びソフトウェア製品の品質要求及び評価（SQuaRE）－第12部：データ品質モデル」／73314

「GB/T 25056-2018 情報セキュリティ技術－証明書認証システムの暗号及び関係セキュリティ技術規範」／73449

「GB/T 25068.1-2012 情報技術－セキュリティ技術－ITサイバーセキュリティ－第1部：サイバーセキュリティマネジメント」／73331

「GB/T 25068.2-2012 情報技術－セキュリティ技術－ITサイバーセキュリティ－第2部：サイバーセ

キュリティ体系構造」 / 73420

「GB/T 25742.2-2013 機械の状態監視と診断－データ処理、通信と表示－第2部：データ処理」 / 73240

「GB/T 26236.1-2010 情報技術－ソフトウェア資産管理－第1部：プロセス」 / 73309

「GB/T 26816-2011 情報資源コアメタデータ」 / 73122

「GB/T 28181-2016 公共安全のビデオ監視ネットワークシステムにおける情報伝送、交換及びコントロールのための技術的要求事項」 / 73407

「GB/T 28441-2012 カーナビゲーションにおける電子マップデータ品質規範」 / 73532

「GB/T 28449-2018 情報セキュリティ技術－サイバーセキュリティ等級保護のテスト及び評価プロセス指南」 / 73413

「GB/T 28452-2012 情報セキュリティ技術－アプリケーションシステムの共通セキュリティに関する技術的要求事項」 / 73460

「GB/T 28517-2012 サイバーセキュリティ事件の記述と交換フォーマット」 / 73424

「GB/T 28821-2012 関係データ管理システムの技術的要求事項」 / 73208

「GB/T 28827.1-2012 情報技術サービス－運用と保守－第1部：共通要求」 / 73336

「GB/T 29264-2012 情報技術サービス－分類とコード」 / 73349

「GB/T 29360-2012 電子証拠データ復旧の検証規程」 / 73243

「GB/T 29765-2013 情報セキュリティ技術－データバックアップと復旧製品の技術的要求事項とテスト評価方法」 / 73241

「GB/T 29766-2013 情報セキュリティ技術－ウェブサイトデータ復旧製品の技術的要求事項とテスト評価方法」 / 73242

「GB/T 29829-2013 情報セキュリティ技術－信頼できるコンピューティング暗号サポートプラットフォーム機能とインターフェース規範」 / 73325

「GB/T 30271-2013 情報セキュリティ技術－情報セキュリティサービス能力の評価準則」 / 73321

「GB/T 30273-2013 情報セキュリティ技術－情報システムセキュリティ保障の共通評価指南」 / 73322

「GB/T 30285-2013 情報セキュリティ技術－ディザスタリカバリセンターの建設とメンテナンスマネジメント規範」 / 73328

「GB/T 30522-2014 科学技術プラットフォーム－メタデータ基準化の基本原則と方法」 / 73124

「GB/T 30881-2014 情報技術－メタデータ登録簿（MDR）モジュール」 / 73125

「GB/T 30994-2014 関係データベース管理システムテスト規範」 / 73215

「GB/T 30998-2014 情報技術－ソフトウェアセキュリティ保障規範」 / 73459

「GB/T 31500-2015 情報セキュリティ技術－記憶媒体データ復旧サービスの要求事項」 / 73216

「GB/T 31501-2015 情報セキュリティ技術－鑑別と認証－認証アプリケーション判定インタフェース規範」 / 73435

「GB/T 31509-2015 情報セキュリティ技術－情報セキュリティリスク評価実施ガイドライン」 / 73320

「GB/T 31782-2015 電子商取引信頼できる取引要求事項」 / 73511

「GB/T 31916.1-2015 情報技術－クラウドデータの記憶とマネジメント－第1部：総則」 / 73143

「GB/T 31916.3-2018 情報技術－クラウドデータの保存と管理－第3部：分散型ファイルのストレージアプリケーションインタフェース」 / 73207

「GB/T 32399-2015 情報技術－クラウドコンピューティング－参照アーキテクチャ」 / 73113

「GB/T 32626-2016 情報技術－オンラインゲーム－専門用語」 / 73107

「GB/T 32627-2016 情報技術－アドレスデータ記述の要求事項」 / 73128

「GB/T 32630-2016 非構造化データ管理システムの

理－識別規則」 /73308

「GB/T 36329-2018 情報技術－ソフトウェア資産管理－承認管理」 /73307

「GB/T 36343-2018 情報技術－データ取引サービスプラットフォーム－取引データ記述」 /73505

「GB/T 36344-2018 情報技術－データ品質評価指標」 /73313

「GB/T 36351.2-2018 情報技術－学習、教育と研修－教育管理データ要素－第2部：共通データ要素」 /73535

「GB/T 36463.1-2018 情報技術サービス－コンサルティングとデザイン－第1部：共通要求事項」 /73341

「GB/T 36478.2-2018 IoT －情報交換と共有－第2部：共通技術的要求事項」 /73139

「GB/T 36478.3：2019 IoT －情報交換と共有－第3部：メタデータ」 /73126

「GB/T 36622.1-2018 スマートシティー公共情報とサービスサポートプラットフォーム－第1部：一般要求事項」 /73518

「GB/T 36626-2018 情報セキュリティ技術－情報システムの安全的な運用・保守のためのマネジメントガイドライン」 /73327

「GB/T 36635-2018 情報セキュリティ技術－サイバーセキュリティ監視のための基本要求事項と実施ガイドライン」 /73418

「GB/T 36639-2018 情報セキュリティ技術－信頼できるコンピューティング規範－サーバー信頼できるサポートプラットフォーム」 /73324

「GB/T 36643-2018 情報セキュリティ技術－サイバーセキュリティ脅威情報フォーマット規範」 /73416

「GB/T 36959-2018 情報セキュリティ技術－サイバーセキュリティ等級保護のテスト・評価機構の能力要求事項と評価規範」 /73412

「GB/T 36962-2018 センサーデータの分類とコード」 /73312

「GB/T 37025-2018 情報セキュリティ技術－ IoTデー

タ伝送セキュリティの技術的要求事項」 /73221

「GB/T 37033.3-2018 情報セキュリティ技術－ RFIDシステム暗号適用の技術的要求－第3部：秘密鍵管理の技術的要求事項」 /73451

「GB/T 37092-2018 情報セキュリティ技術－暗号モジュールセキュリティ要求事項」 /73453

「GB/T 37373-2019 インテリジェント交通－データセキュリティサービス」 /73426

「GB/T 37538-2019 電子商取引製品品質のオンラインモニタリング規範」 /73513

「GB/T 37550-2019 Eコマースデータ資産評価指標体系」 /73514

「GB/T 37696-2019 情報技術サービス－従業者能力評価要求事項」 /73351

「GB/T 37721-2019 情報技術－ビッグデータ分析システム基本機能的要求」 /73131

「GB/T 37722-2019 情報技術－ビッグデータ保存・処理システムのための機能的要求」 /73206

「GB/T 37736-2019 情報技術－クラウドコンピューティング クラウドリソースのモニタリングに関する一般要求事項」 /73144

「GB/T 37737-2019 情報技術－クラウドコンピューティング－分散型ブロックストレージシステムに関する一般技術的要求事項」 /73134

「GB/T 37741-2019 情報技術－クラウドコンピューティング－クラウドサービスの配信要求事項」 /73146

「GB/T 37779-2019 データセンターにおけるエネルギーマネジメントシステム実装ガイドライン」 /73250

「GB/T 37961-2019 情報技術サービス－サービス共通要求事項」 /73342

「GB/T 37964-2019 情報セキュリティ技術－個人情報非特定化ガイドライン」 /73429

「GB/T 37973-2019 情報セキュリティ技術－ビッグデータセキュリティマネジメントガイドライン」 /73425

「GB/T 37988-2019 情報セキュリティ技術－データセキュリティ能力成熟度モデル」 /73316

「プライバシーフレームワーク」 / 74410

「JIS X9401:2016 情報技術ークラウドコンピューティング—概要及び用語」 / 74414

JOBS 法 / 52314

「JR/T 0016-2014 先物取引データ交換プロトコル」 / 73506

「JR/T 0022-2014 証券取引データ交換プロトコル」 / 73507

JSONドキュメントストア / 32220

「JT/T 1206-2018 揚子江水上輸送システム データ交換共有規範」 / 73528

Julia 言語 / 33311

Kabbage 会社 / 52417

KASS 分散ファイルシステム / 32117

K 平均法 / 13219

Kibanaプラットフォーム / 31416

Kickstarterプラットフォーム / 52316

Kineographフレームワーク / 33219

「Kiva 機構」（P2Pソーシャルレンディングプラットフォームの名称） / 52208

k 近傍法 / 13213

「KS X 0001-28:2007 情報処理用語—第 28 部：人工知能—基本概念及びエキスパートシステム」 / 74516

「KS X 0001-31:2009 情報処理用語—第 31 部：人工知能—機器学習」 / 74517

「KS X ISO/IEC 11179-1:2011 情報技術 — メタデータ登録システム—第 1 部：フレームワーク」 / 74515

「KS X ISO/IEC 15408-1:2014 情報技術—セキュリティ技術 — ITセキュリティの評価基準—第 1 部：概要及び一般モデル」 / 74508

「KS X ISO/IEC 15408-2:2014 情報技術—セキュリティ技術 — ITセキュリティの評価基準—第 2 部：セキュリティ機能コンポーネント」 / 74509

「KS X ISO/IEC 2382-34:2003 情報技術 — 用語 — 第 34 部：人工知能ニューラルネットワーク」 / 74507

「KS X ISO/IEC 24745:2014 情報技術—セキュリティ技術—生体認証情報保護」 / 74510

「KS X ISO/IEC 27002:2014 情報技術—セキュリティ技術—情報セキュリティ管理策の実践のための規範」 / 74511

「KS X ISO/IEC 27032:2014 情報技術—セキュリティ技術—サイバーセキュリティガイドライン」 / 74512

「KS X ISO/IEC 27033-1:2014 情報技術—セキュリティ技術—サイバーセキュリティ—第 1 部：概要と概念」 / 74513

「KS X ISO/IEC 27033-2:2014 情報技術—セキュリティ技術—サイバーセキュリティ—第 2 部：サイバーセキュリティ設計と実装ガイドライン」 / 74514

Larbinツール / 31418

「Lending Clubフラットフォーム」（P2Pソーシャルレンディングプラットフォームの名称） / 52207

LendIt Fintech / 53514

LogPモデル / 33404

Logstashエンジン / 31415

Lucene 検索データベース / 31407

「LY/T 2921-2017 林業データ品質 基本要素」 / 73525

MDSアルゴリズム / 13205

MillWheel 処理システム / 33213

mMTC・eMTC / 12125

MongoDBデータベース / 32318

MySQLデータベース / 32315

NATO 「ロックシールド」演習 / 83517

NewSQLデータベース / 32307

NP 完全性の理論 / 13319

NSAアーセナル / 83103

Nutchエンジン / 31406

O&M 管理ドメイン / 72516

O2O 貧困救済モード / 44408

O2Oオンライン・ツー・オフライン / 21312

O2O 承認モード / 62319

「YD/T 2781-2014 テレコムとインターネットサービスー
ユーザー個人情報保護－定義及び分類」 / 73438

「YD/T 2915-2015 集中型遠隔データバックアップの
技術的要求事項」 / 73246

「YD/T 2916-2015 保存と複製技術に基づくデータ災
害復旧の技術的要求事項」 / 73247

「YD/T 3082-2016 モバイルスマートデバイスにお
ける個人情報保護のための技術的要求事項」
/ 73433

「YD/T 3291-2017 データセンターにおけるプレハブ
モジュールの一般技術的要求事項」 / 73251

「YD/T 3399-2018 テレコムインターネットデータセ
ンター（IDC）ネットワーク装置のテスト方法」
/ 73405

「Zopa プラットフォーム」（P2Pソーシャルレンディン
グプラットフォームの名称） / 52205

韩语索引

ㄴ

ㄹ

□

ㅂ

온라인 민원 / 62418

온라인 법률 서비스 / 95430

온라인 법률 지원 시스템 / 95436

온라인 법정 / 95303

온라인 법정 심문 / 95304

온라인 병력 / 64112

온라인 보험 가입 증명 / 64211

온라인 분쟁 해결 / 65219

온라인 불법 융자 / 55131

온라인 사회 보험 서비스 / 64219

온라인 상품 거래 / 93317

온라인 상품 경영자 / 93319

온라인 생방송 / 65304

온라인 서비스 플랫폼 / 62407

온라인 소송 / 95308

온라인 소액 융자 / 54220

온라인 수업 / 64313

온라인 신고 / 62507

온라인 신용 대출 / 51503

온라인 실크로드 / 45102

온라인 심사 / 62408

온라인 애니메이션 / 65306

온라인 약물 구매 결산 지지 / 64215

온라인 예약 진료 배정 / 64119

온라인 원격 검증 / 95511

온라인 원스톱 정무처리 서비스 / 62312

온라인 융자 / 52303

온라인 인재 녹색 채널 / 64209

온라인 입건 / 95306

온라인 정무 서비스 플랫폼 / 62205

온라인 정무 수행 / 62415

온라인 정무 컨설팅 / 62414

온라인 조정 중재 / 64207

온라인 조정 플랫폼 / 95323

온라인 중개 서비스 플랫폼 / 62411

온라인 중재 / 94320

온라인 직업 훈련 / 64208

온라인 진료 상담 / 64117

온라인 처방 / 64113

온라인 카 헤일링 / 63201

온라인 커뮤니티 / 65104

온라인 학력증서 / 64323

온체인 감독 검사 / 62514

온체인 거버넌스 / 23518

온톨로지 / 91110

올소스 네트워크 정보 / 81111

와이드 우선 검색 / 72306

와이맥스 / 65407

와이어샤크 소프트웨어 / 31420

완전성 서비스 / 82503

완전 지배권 / 92501

왕홍(网红) / 65203

외부저장 서브 시스템 / 12413

외부 조립품 사용 안전 전략 / 93409

외환 업무 리스크 감독 관리 / 55422

요소 기술 / 13504

요식 체계 행정 관리 기술 / 61207

용례 수요 워킹그룹 / 75330

용수권 / 54320

용수권 거래 시장 / 54333

용익 데이터 권리 / 92111

우버 / 42524

<우전 이니셔티브> (중국) / 94119

우주-공중-지상 멀티스케일 관측 기술 / 35304

우주-공중-해상 입체화 해상 공간정보 서비스 시스템 / 45316

우주 양자 통신 / 25407

우주 인터넷 / 21117

<우한시 정무 데이터 자원 공유 관리 잠정 방법> / 93118

운동 검측 / 14415

운송 문제 / 11311

운영 관리 및 제어 도메인 / 72516

운영 기술 / 61212

운영 시스템 / 12316

운영 최적화 / 51210

워드 클라우드 / 34311

점 대 점 보안 양자 통신　/ 25405

점 연결 방법　/ 34312

점유권　/ 92409

점직적인 데이터 공유 수권　/ 41102

접근 제어　/ 84317

정규 언어　/ 13320

정기 데이터 도출 및 백업　/ 84108

정렬 알고리즘　/ 13108

정렬 융합 알고리즘　/ 65111

정무 공개 정보화　/ 62216

정무 광역 통신망　/ 62203

정무 데이터 자원　/ 62218

정무 랜　/ 62202

정무 마트　/ 62404

정무 미들 오피스　/ 62405

정무 빅데이터　/ 62208

정무 빅데이터 자원 풀　/ 62219

정무 서비스망　/ 62201

정무 서비스 사항 목록　/ 62217

정무 서비스 프로세스 재편　/ 62220

정무 인터넷 사유　/ 62401

정무 인터넷 생방송　/ 65421

정무 전용 네트워크　/ 62204

정무 정보 자원 시스템　/ 62215

정무 클라우드　/ 62207

정무 핫라인　/ 62206

정밀 농업　/ 42302

정밀화 감독　/ 62519

정밀화 거버넌스　/ 61220

정밀화 거버넌스　/ 62305

정밀화 마케팅　/ 51208

정밀화 빈곤구제　/ 4.4.3

정밀화 빈곤구제 빅데이터 국가 표준　/ 44319

정밀화 빈곤구제 코드　/ 44518

정밀화 사용자 화상　/ 34523

정밀화 서비스　/ 62318

정밀화 의료　/ 64116

정밀화 재무 징수　/ 54117

정밀화 투자 유치　/ 43506

정법 빅데이터　/ 9.5

정보　/ 31102

정보 격차　/ 21202

정보 고속도로　/ 21106

정보 공유율　/ 62306

정보 공표　/ 52516

정보 공표 투명도　/ 51213

정보 교환용 한자 문자 부호 코딩 세트　/ 75108

정보 교환 프로토콜　/ 83315

<정보 기술법>(인도)　/ 85532

정보 기술 서비스 공공 플랫폼　/ 71319

정보 네트워크 범죄 활동 협조죄　/ 94414

정보 네트워크 보안 관리의무 이행 거부죄　/ 94412

정보 네트워크 불법 이용죄　/ 94413

<정보 네트워크 전파권 보호 조례>(중국)　/ 93108

정보 네트워크 홍보 전파권　/ 65324

정보 대결　/ 83203

정보 독점　/ 21201

정보 디지털화　/ 21218

정보량　/ 31104

정보 리소스 표준　/ 75310

정보-명령 연동 지휘 시스템　/ 63518

정보 보안 계획　/ 84101

정보 보안 공공 서비스 플랫폼　/ 84520

정보 보안 관리 시스템 심사　/ 84324

정보 보안 관리 시스템 인증　/ 84325

정보 보안 관리 제어 규범　/ 84419

정보 보안 관리 체계　/ 82301

정보 보안 국제규약　/ 21505

<정보 보안 국제 행위 준칙>　/ 85502

정보 보안 등급 보호 평가 시스템　/ 84411

정보 보안 리스크 평가　/ 82303

정보 보안 비밀 관리 제도　/ 93430

정보 보안 비상 대응　/ 82111

정보 보안 산업 기지　/ 84505

정보 보안 산업 신용 시스템　/ 84322

정보 보안 소양　/ 81303

ㅊ

E

ㅎ

숫자로 시작하는 단어

<20171072-T-469 정보기술 제스처 인터랙티브시스템 제 1 부분: 범용 기술 요구> / 73135

<20171081-T-469 정보기술 빅데이터 저장과 처리 시스템 기능 테스트 규범> / 73130

<20171082-T-469 정보기술 빅데이터 분류 가이드라인> / 73311

<20171083-T-469 정보기술 빅데이터 인터페이스 기본요구> / 73111

<20171084-T-469 정보기술 빅데이터 빅데이터 시스템 통용 규범> / 73129

<20173587-T-469 정보 보안 기술 핵심 정보 인프라 안전 검사 평가 가이드라인> / 73319

<20173590-T-469 정보 보안 기술 소셜 네트워크 플랫폼 정보 식별 규범> / 73330

<20173817-T-469 정보기술 웨어러블 디바이스 전문용어> / 73105

<20173818-T-469 정보기술 빅데이터 시스템 운영과 관리 기능 요구> / 73334

<20173819-T-469 정보기술 빅데이터 산업 응용 참고 아키텍처> / 73112

<20173820-T-469 정보기술 빅데이터 산업제품 핵심 메타데이터> / 73401

<20173824-T-469 정보기술 블록체인과 분산형 장부 기술 참고 아키텍처> / 73116

<20173825-T-469 정보기술 서비스 데이터 자산 관리 요구> / 73306

<20173830-T-469 정보기술 서비스 아웃소싱 제 6 부분: 서비스 수요자 통용 요구> / 73343

<20173836-T-469 정보기술 원격 조작 기술 참고 모델> / 73118

<20173857-T-469 정보 보안 기술 정보 보안 리스크 평가 규범> / 73318

<20173860-T-469 정보기술 보안기술 네트워크 보안 제 2 부분: 네트워크 보안 디자인과 실현 가이드라인> / 73419

<20173869-T-469 정보 보안 기술 암호 모듈 보안 검측 요구> / 73454

<20174080-T-469 사물 인터넷 정보 공유와 교환 플랫폼 통용 요구> / 73138

<20174084-T-469 정보기술 자동 인식과 데이터 수집 기술 데이터 케리어 표시 부호> / 73203

<20180019-T-469 디지털화 시티 관리 정보시스템 스마트 맨홀 커버 기본 정보> / 73522

<20180840-T-469 정보 보안 기술 개인 정보 보안 영향 평가 가이드라인> / 73428

<20180973-T-604 데이터 수집과 분석에 적용하는 모니터링과 측정 시스템의 성능 요구> / 73202

<20180974-T-604 데이터 수집 스프트웨어 성능 및 교정 방법> / 73201

<20181941-T-604 스마트 제조 산업 데이터 수집 규범> / 73204

<20182117-T-469 전자상거래 제품 추적성 제업 포인트 및 평가 지표> / 73515

<20182200-T-414 인터렉티브 광고 제 6 부분: 사용자 데이터 보호 요구> / 73432

<20182302-T-469 사물 인테넷 감지 제어 장치의 접속 제 2 부분: 데이터 관리 요구> / 73304

<20184722-T-469 산업 사물 인터넷 데이터 수집 구조화 기술 규범> / 73205

<20184856-T-469 전자상거래 제품 이미지 전시 규범> / 73512

<2018 년 캘리포니아 소비자 개인 정보 보호법>(미국) / 85526

<20190805-T-469 정보기술 컴퓨터 비전 전문용어> / 73104

<20190810-T-469 정보기술 저장 관리 제 2 부분: 범용 아키텍처> / 73117

<20190841-T-469 정보기술 빅데이터 분석 지향 데이터의 저장과 검색 기술 요구> / 73140

<20190847-T-469 정보기술 클라우드 컴퓨팅 클라우드 컴퓨팅 참고 아키텍처> / 73114

<20190851-T-469 정보기술 인공지능 전문용어> / 73102

<20190857-T-469 크로스보더 전자상거래 제품 추적 정보 공유 가이드라인> / 73509

<20190910-T-469 정보 보안 기술 네트워크 보안 버그

로마자로 시작하는 단어

4. 문법 발표 번호: 1) 제 7 부분: 배치 전자 데이터 교환 보안 규칙(기밀성)> / 73228

<GB/T 15278-1994 정보 처리 데이터 암호화 물리층 상호운영성에 관한 요구> / 73231

<GB/T 15852.1-2008 정보기술 보안기술 정보 식별 코드 제 1 부분: 블록 암호 적용 메커니즘> / 73456

<GB/T 16264.8-2005 정보기술 공개 시스템 상호 연결 목록 제 8 부분: 공개키와 속성 인증서 프레임워크> / 73458

<GB/T 16611-2017 무선 데이터 전송 트랜스시버 통용 규범> / 73218

<GB/T 16684-1996 정보기술 정보 교환용 데이터 기술 파일 규범> / 73127

<GB/T 17142-2008 정보기술 개방 시스템 상호 연결 시스템 관리 총론> / 73136

<GB/T 17964-2008 정보 보안 기술 블록 암호 알고리즘 작동 모델> / 73452

<GB/T 18142-2017 정보기술 데이터 요소값 표시 서식 표기범> / 73142

<GB/T 18336.3-2015 정보기술 보안기술 정보기술 보안 평가 준칙 제 3 부분: 안전 보장 컴포넌트> / 73333

<GB/T 18794.6-2003 정보기술 공개 시스템 상호 연결 공개 시스템 보안 프레임워크 제 6 부분: 완전성 프레임워크> / 73504

<GB/T 19114.32-2008 산업 자동화 시스템과 집적 산업 제조 관리 데이터: 자원 응용 관리 제 32 부분: 자원 응용 관리 데이터 컨셉 모델> / 73531

<GB/T 19668.1-2014 정보기술 서비스 감독 감리 제 1 부분: 총칙> / 73348

<GB/T 20009-2019 정보 보안 기술 데이터베이스 관리 시스템 안전 평가 준칙> / 73323

<GB/T 20269-2006 정보 보안 기술 정보시스템 보안 관리 요구> / 73326

<GB/T 20273-2019 정보 보안 기술 데이터베이스 관리 시스템 보안 기술 요구> / 73214

<GB/T 20533-2006 생태 과학 데이터 메타데이터> / 73523

<GB/T 21715.4-2011 의료 정보학 환자 건강 카드 데이터 제 4 부분: 임상 데이터 확장> / 73534

<GB/T 22281.2-2011 기계 상태 모니터링과 진단 데이터 처리, 통신과 표현 제 2 부분: 데이터 처리> / 73239

<GB/T 24405.1-2009 정보기술 서비스 관리 제 1 부분: 규범> / 73338

<GB/T 24874-2010 초지 자원 공간정보 공유 데이터 규범> / 73526

<GB/T 25000.12-2017 시스템과 소프트웨어 공학 시스템과 소프트웨어 품질 요구와 평가(SQuaRE) 제 12 부분: 데이터 품질 모델> / 73314

<GB/T 25056-2018 정보 보안 기술 인증서 인증 시스템 암호 및 관련 보안 기술 규범> / 73449

<GB/T 25068.1-2012 정보기술 보안기술 IT 네트워크 보안 제 1 부분: 네트워크 보안 관리> / 73331

<GB/T 25068.2-2012 정보기술 보안기술 IT네트워크 보안 제 2 부분: 네트워크 보안 시스템 아키텍처> / 73420

<GB/T 25742.2-2013 기계 상태 모니터링과 진단 데이터 처리, 통신과 표시 제 2 부분: 데이터 처리> / 73240

<GB/T 26236.1-2010 정보기술 소프트웨어 자산 관리 제 1 부분: 과정> / 73309

<GB/T 26816-2011 정보 자원 핵심 메타데이터> / 73122

<GB/T 28181-2016 공공 안전 영상 모니터링 네트워크 시스템 정보 전송, 교환, 통제 기술 요구> / 73407

<GB/T 28441-2012 차량 탑재 내비게이션 전자 지도 데이터 품질 규범> / 73532

<GB/T 28449-2018 정보 보안 기술 네트워크 보안 등급 보호 테스트 과정 가이드라인> / 73413

<GB/T 28452-2012 정보 보안 기술 응용 소프트웨어 시스템 통용 보안 기술 요구> / 73460

<GB/T 28517-2012 네트워크 보안 사건 기술과 교환 서식> / 73424

<GB/T 28821-2012 관계형 데이터베이스 관리 시스템 기술 요구> / 73208

<GB/T 28827.1-2012 정보기술 서비스 운영 유지 제1 부분: 통용 요구> / 73336

<GB/T 29264-2012 정보기술 서비스 분류와 코드> / 73349

<GB/T 29360-2012 전자 물증 데이터 복원 점검 규정> / 73243

<GB/T 29765-2013 정보 보안 기술 데이터 백업과 제품 복원 기술 요구와 테스트 평가 방법> / 73241

<GB/T 29766-2013 정보 보안 기술 웹 사이트 데이터 제품 복원 기술 요구와 테스트 평가 방법> / 73242

<GB/T 29829-2013 정보 보안 기술 신뢰 컴퓨팅 비밀번호 지원 플랫폼 기능과 인터페이스 규범> / 73325

<GB/T 30271-2013 정보 보안 기술 정보 보안 서비스 능력 평가 준칙> / 73321

<GB/T 30273-2013 정보 보안 기술 정보시스템 안전 보장 통용 평가 가이드라인> / 73322

<GB/T 30285-2013 정보 보안 기술 재해 복구 센터 구축과 운영 관리 규범> / 73328

<GB/T 30522-2014 과학기술 플랫폼 메타데이터 표준화 기본 원칙과 방법> / 73124

<GB/T 30881-2014 정보기술 메타데이터 등록 시스템 (MDR) 모듈> / 73125

<GB/T 30994-2014 관계형 데이터베이스 관리 시스템 검측 규범> / 73215

<GB/T 30998-2014 정보기술 소프트웨어 보안 보장 규범> / 73459

<GB/T 31500-2015 정보 보안 기술 저장 매체 데이터 복원 서비스 요구> / 73216

<GB/T 31501-2015 정보 보안 기술 감별과 수권 수권 응용 프로그램 인터페이스 판정 규범> / 73435

<GB/T 31509-2015 정보 보안 기술 정보 보안 리스크 평가 실시 가이드라인> / 73320

<GB/T 31782-2015 전자상거래 신뢰 거래 요구> / 73511

<GB/T 31916.1-2015 정보기술 클라우드 데이터 저장 과 관리 제1 부분: 총칙> / 73143

<GB/T 31916.3-2018 정보기술 클라우드 데이터 저장 과 관리 제3 부분: 분산형 파일 저장 응용 인터페이스> / 73207

<GB/T 32399-2015 정보기술 클라우드 컴퓨팅 참고 아키텍처> / 73113

<GB/T 32626-2016 정보기술 온라인 게임 전문용어> / 73107

<GB/T 32627-2016 정보기술 주소 데이터 기술 요구> / 73128

<GB/T 32630-2016 비구조화 데이터 관리 시스템 기술 요구> / 73209

<GB/T 32908-2016 비구조화 데이터 액세스 인테페이스 규범> / 73259

<GB/T 32924-2016 정보 보안 기술 네트워크 보안 조기 경고 가이드라인> / 73417

<GB/T 33131-2016 정보 보안 기술 IPSec 기반 IP 저장 네트워크 보안 기술 요구> / 73421

<GB/T 33136-2016 정보기술 서비스 데이터 센터 서비스 능력 성숙도 모델> / 73252

<GB/T 33847-2017 정보기술 미들웨어 전문용어> / 73106

<GB/T 33850-2017 정보기술 서비스 품질 평가 지표 시스템> / 73350

<GB/T 33852-2017 공중 통신망 기반 광대역 고객 네트워크 서비스 품질 기술 요구> / 73423

<GB/T 33863.8-2017 OPC 통일 아키텍처 제8 부분: 데이터 액세스> / 73436

<GB/T 34077.1-2017 클라우드 컴퓨팅 기반 전자 정무 공용 플랫폼 관리 규범 제1 부분: 서비스 품질 평가> / 73519

<GB/T 34078.1-2017 클라우드 컴퓨팅 기반 전자 정무 공용 플랫폼 총체 규범 제1 부분: 전문용어와 정의> / 73520

<GB/T 34941-2017 정보기술 서비스 디지털화 마케팅 서비스 프로세스화 마케팅 기술 요구> / 73344

<GB/T 34945-2017 정보기술 데이터 유래 기술모델> / 73257

<GB/T 34950-2017 비구조화 데이터 관리 시스템 참고모델> / 73141

<GB/T 34960.1-2017 정보기술 서비스 거버넌스 제 1 부분: 통용 요구> / 73339

<GB/T 34960.5-2018 정보기술 서비스 거버넌스 제 5 부분: 데이터 거버넌스 규범> / 73305

<GB/T 34977-2017 정보 보안 기술 모바일 스마트 단말기 데이터 저장 보안 기술 요구 및 테스트 평가 방법> / 73217

<GB/T 34982-2017 클라우드 데이터 센터 기본 요구> / 73249

<GB/T 35119-2017 제품 라이프 사이클 데이터 관리 규범> / 73301

<GB/T 35273-2017 정보 보안 기술 개인 정보 보안 규범> / 73427

<GB/T 35274-2017 정보 보안 기술 빅데이터 서비스 보안 능력 요구> / 73317

<GB/T 35275-2017 정보 보안 기술 SM2 암호 알고리즘 암호화 사인 정보 문법 규범> / 73450

<GB/T 35279-2017 정보 보안 기술 클라우드 컴퓨팅 보안 참고 아키텍처> / 73119

<GB/T 35287-2017 정보 보안 기술 웹사이트 신뢰 식별 기술 가이드라인> / 73329

<GB/T 35295-2017 정보기술 빅데이터 전문용어> / 73101

<GB/T 35301-2017 정보기술 클라우드 컴퓨팅 플랫폼 즉 서비스(PaaS) 참고 아키텍처> / 73115

<GB/T 35319-2017 사물 인터넷 시스템 인터페이스 요구> / 73258

<GB/T 35589-2017 정보기술 빅데이터 기술 참고 모델> / 73110

<GB/T 36073-2018 데이터 관리 능력 성숙도 평가 모델> / 73302

<GB/T 36092-2018 정보기술 백업 저장 백업 기술 응용 요구> / 73248

<GB/T 36318-2018 전자상거래 플랫폼 데이터 공개 총체 요구> / 73516

<GB/T 36326-2018 정보기술 클라우드 컴퓨팅 클라우드 서비스 운영 통용 요구> / 73145

<GB/T 36328-2018 정보기술 소프트웨어 자산 관리 표시 규범> / 73308

<GB/T 36329-2018 정보기술 소프트웨어 자산 관리 수권 관리> / 73307

<GB/T 36343-2018 정보기술 데이터 거래 서비스 플랫폼 거래 데이터 기술> / 73505

<GB/T 36344-2018 정보기술 데이터 품질 평가 지표> / 73313

<GB/T 36351.2-2018 정보기술 학습, 교육과 훈련 교육 관리 데이터 요소 제 2 부분: 공공 데이터 요소> / 73535

<GB/T 36463.1-2018 정보기술 서비스 컨설팅 디자인 제 1 부분: 통용 요구> / 73341

<GB/T 36478.2-2018 사물 인터넷 정보 교환과 공유 제 2 부분: 통용 기술 요구> / 73139

<GB/T 36478.3-2019 사물 인터넷 정보 교환과 공유 제 3 부분: 메타데이터> / 73126

<GB/T 36622.1-2018 스마트 시티 공공 정보와 서비스 지원 플랫폼 제 1 부분: 총체 요구> / 73518

<GB/T 36626-2018 정보 보안 기술 정보시스템 안전 운영 관리 가이드라인> / 73327

<GB/T 36635-2018 정보 보안 기술 네트워크 보안 모니터링 기본 요구와 실시 가이드라인> / 73418

<GB/T 36639-2018 정보 보안 기술 신뢰 컴퓨팅 규범 서버 신뢰 지원 플랫폼> / 73324

<GB/T 36643-2018 정보 보안 기술 네트워크 보안 위협 정보 서식 규범> / 73416

<GB/T 36959-2018 정보 보안 기술 네트워크 보안 등급 보호 테스트 기구 능력 요구와 평가 규범> / 73412

<GB/T 36962-2018 감지 데이터 분류와 코드> / 73312

<GB/T 37025-2018 정보 보안 기술 사물 인터넷 데이터 전송 보안 기술 요구> / 73221

<GB/T 37033.3-2018 정보 보안 기술 주파수 인식 시스템 암호 응용 기술 요구 제 3 부분: 암호 키 관리 기술 요구> / 73451

<KS X ISO/IEC 27033-2:2014 정보기술 보안기술 네트워크 보안 제 2 부분: 네트워크 보안의 디자인 및 구축 가이드라인> / 74514

k-최근접 이웃 알고리즘 / 13213

K-평균 군집화 / 13219

LogP 모델 / 33404

<LY/T 2921-2017 임업 데이터 품질 기본 요소> / 73525

NewSQL 데이터베이스 / 32307

NP 완전성 이론 / 13319

NSA 무기고 / 83103

O2O 승인 모델 / 62319

O2O 온라인 및 오프라인 일체화 / 21312

O2O 이중 빈곤구제 모델 / 44408

Open API 모드 / 41315

OSI 보안 아키텍처 / 82401

OTT 업무 / 21321

P2P 네트워크 / 65106

P2P 동적 네트워킹 / 23107

P2P 인터넷 대출 / 52201

P2P 인터넷 대출 / 52410

PageRank 알고리즘 / 34508

PGC 수익 모드 / 21320

PIPRs 크라우드 펀딩 / 52311

POS단말기 / 52102

QR코드 / 31218

QR코드 결제 / 52115

QR코드 물류 정보화 관리 / 53314

R3CEV 블록체인 연맹(미국) / 23209

RFID 물류 정보화 관리 / 53312

RPO 평가 표준 / 84407

RSA 암호 시스템 / 83405

RSCoin 시스템 / 23317

R 프로그래밍 언어 / 33308

SciDB 시스템 / 35314

Seq2Seq 모형 / 34418

SERF 자이로스코프 / 25317

SHE CAN 여성 기업가 디지털화 임파워먼트 프로젝트

/ 44411

<SJ/T 11528-2015 정보기술 모바일 저장 메모리 카드 통용 규범> / 73211

<SJ/T 11622-2016 정보기술 소프트웨어 자산 관리 실시 가이드라인> / 73310

<SJ/T 11674.2-2017 정보기술 서비스 집합 실시 제 2 부분: 프로젝트 실시 규범> / 73345

<SJ/T 11676-2017 정보기술 메타데이터 속성> / 73121

<SJ/T 11684-2018 정보기술 서비스 정보시스템 서비스 감독 관리 규범> / 73347

<SJ/T 11691-2017 정보기술 서비스 서비스 등급 협약 가이드라인> / 73352

<SJ/T 11693.1-2017 정보기술 서비스 서비스 관리 제 1 부분: 통용 요구> / 73340

<SNI ISO/IEC 27001:2013 정보기술 보안기술 정보 보안 관리 시스템 요구> / 74526

<SNI ISO/IEC 27002:2014 정보기술 보안기술 정보 보안 관리 행위 수칙> / 74525

<SNI ISO/IEC 27003:2013 정보기술 보안기술 정보 보안 관리 시스템 실시 가이드라인> / 74527

<SNI ISO/IEC 27007:2017 정보기술 보안기술 정보 보안 관리 시스템 심사 가이드라인> / 74528

<SNI ISO/IEC 27034-1:2016 정보기술 보안기술 응용 안전 제 1 부분: 약술과 개념> / 74524

SQL 주입 / 81410

<TCVN 9801-1:2013 정보기술 보안기술 네트워크 보안 제 1 부분: 약술과 개념> / 74529

Title III 크라우드 펀딩 / 52312

TMT 산업 / 21304

t-분포 확률적 임베딩(t-SNE) 비선형 차원 축소 알고리즘 / 13206

USB키 디지털 증명서 / 53117

u형 네트워크 구축(싱가포르) / 21421

VR 스티칭 기술 / 14316

WiFi 보호 설치 / 81119

<YC/T 451.2-2012 연초업 데이터 센터 인적 자원 데이터 셀 제 2 부분: 코드 세트> / 73530

<YD/T 1613-2007 공중 IP 네트워크 보안 요구 ― 보안 프레임워크> / 73411

<YD/T 1765-2008 통신 안전 방호 전문 용어> / 73406

<YD/T 1926.2-2009 IT 운영 서비스 관리 기술 요구 제 2 부분: 관리 서비스 정의> / 73337

<YD/T 2127.3-2010 모바일 Web 서비스 네트워크 신분 인증 기술 요구 제 3 부분: 네트워크 신분 연합 프레임워크> / 73434

<YD/T 2251-2011 국가 네트워크 보안 응급 처리 플랫폼 보안 정보 액세스 인터페이스 요구> / 73422

<YD/T 2252-2011 네트워크와 정보 보안 리스크 평가 서비스 능력 평가 방법> / 73315

<YD/T 2305-2011 통일 통신 중 실시간 통신 및 음성 통신 관련 인터페이스 기술 요구> / 73409

<YD/T 2361-2011 모바일 사용자 개인 정보 관리 업무 단말기 설비 테스트 방법> / 73431

<YD/T 2392-2011 IP저장 네트워크 보안 테스트 방법> / 73414

<YD/T 2393-2011 제 3 자 재해 백업 데이터 교환 기술 요구> / 73244

<YD/T 2399-2012 M2M 응용 통신 협약 기술 요구> / 73408

<YD/T 2705-2014 데이터 지속 보호(CDP) 재해 지원 기술 요구> / 73245

<YD/T 2707-2014 인터넷 호스트 네트워크 보안 속성 기술 서식> / 73410

<YD/T 2727-2014 인터넷 데이터 센터 운영 관리 기술 요구> / 73335

<YD/T 2781-2014 전기 통신과 인터넷 서비스 사용자 개인 정보 보호 정의 및 분류> / 73438

<YD/T 2915-2015 집중식 원격 데이터 백업 기술 요구> / 73246

<YD/T 2916-2015 저장 복제 기술 기반 데이터 재해 지원 기술 요구> / 73247

<YD/T 3082-2016 모바일 스마트 단말기 개인 정보 보호 기술 요구> / 73433

<YD/T 3291-2017 데이터 센터 조립식 모듈 전체 기술 요구> / 73251

<YD/T 3399-2018 통신 인터넷 데이터 센터(IDC) 네트워크 설비 테스트 방법> / 73405

葡萄牙语索引

A

Administração Estatal da Criptografia / 84508

Administração Nacional do Ciberespaço da República
  Popular da China / 94501

admissão em um balcão só / 62409

advogado robótico / 95401

agência bancária inteligente / 54112

Agência de Proteção de Dados (Alemanha) / 94506

Agência de Proteção de Dados (Áustria) / 94507

Agência de Proteção de Dados (Espanha) / 94510

Agência de Proteção de Dados (França) / 94504

Agência de Proteção de Dados (Grécia) / 94512

Agência de Proteção de Dados (Noruega) / 94511

Agência de Proteção de Dados (Países Baixos)
  / 94508

Agência de Proteção dos Dados Pessoais (República
  Tcheca) / 94513

agência intermediária de comércio de dados / 41309

Agência Nacional de Proteção de Dados Pessoais do
  Brasil / 94521

Agenda Conectar 2020 / 44119

Agenda de Bali Fintech (Banco Mundial) / 51101

Agenda de Tunes para a Sociedade Informática
  / 65524

agendamento conforme demanda / 61404

agendamento de tarefas / 33411

agente comportamental / 65323

agilização da inovação / 43408

agregação de mercado / 43319

agricultura criativa digital / 42304

agricultura de precisão / 42302

agricultura digital / 42301

agricultura inteligente / 42303

agrupamento conceitual / 72314

agrupamento da indústria digital / 42210

agrupamento de dados / 22507

agrupamento de deslocamento médio / 13220

agrupamento de recursos / 72207

agrupamento de textos / 34419

agrupamento espacial de aplicativos com ruído
  baseado em densidade (DBSCAN) / 13221

agrupamento esperança-maximização (EM) / 13222

agrupamento hierárquico aglomerado / 13223

agrupamento industrial dos serviços da informação
  financeira / 52509

agrupamento K-means / 13219

Airbnb / 42525

alarme detecção de queda / 64414

aldeia global / 21205

aldeias Taobao / 42312

alerta de vírus / 82417

alerta de vulnerabilidade / 82416

alerta do desemprego / 64218

alfabetização digital / 15301

Alfabetização Digital: Resumo Estratégico do Projeto
  Horizonte NMC / 44421

alfabetização em ciências dos dados / 22308

alfabetização em segurança informática / 81303

álgebra de processo / 83306

álgebra numérica / 11120

algoritimo de agrupamento hierárquico / 13218

algoritimo iterativo / 43117

algoritmo / 13201

algoritmo aprendizagem conjunta / 13215

algoritmo Boosting / 13214

algoritmo de agregação de posições / 65111

algoritmo de anonimização de dados / 82320

algoritmo de aprendizagem de classificação / 34415

algoritmo de aprendizagem por reforço / 24116

algoritmo de aprendizagem profunda / 24115

algoritmo de aproximação / 13104

algoritmo de associação / 13225

algoritmo de classificação de publicidade em motor de
  pesquisa / 34522

algoritmo de classificação distribuída / 34210

algoritmo de criptografia assimétrica / 23105

Algoritmo de Grover / 25209

arquitectura de cliente-servidor   / 32404

Arquitectura de Computação   / 1.3.5

arquitectura de processos   / 33502

arquitectura de segurança OSI   / 82401

arquitectura distribuída na indústria financeira
   / 51307

arquitectura do sistema aberto   / 13523

arquitectura Harvard   / 13519

arquitectura orientada à interconexão   / 13507

arquitectura técnica   / 33505

arquitecturas e tecnologias novas para inteligência
   híbrido-aumentada   / 24208

arquitetura de aplicação   / 33504

arquitetura de armazém de dados   / 33508

arquitetura de armazenamento de dados   / 13508

arquitetura de banco de dados distribuído   / 32411

arquitetura de computadores   / 12214

arquitetura de dados   / 33501

arquitetura de entrega de dados   / 33507

arquitetura de integração de dados   / 33509

arquitetura de metadados   / 33511

arquitetura de rede   / 12501

arquitetura de referência da função Internet das Coisas
   / 72506

arquitetura de Referência da Internet das Coisas
   / 72502

arquitetura de referência de big data   / 72101

arquitetura de referência de comunicação da Internet
   das Coisas   / 72504

arquitetura de referência de informações da Internet
   das Coisas   / 72505

arquitetura de referência do sistema de aplicativos da
   Internet das Coisas   / 72503

arquitetura de segurança orientada a dados   / 82101

arquitetura definida por software   / 13524

Arquitetura do Governo Digital   / 6.2.2

arquitetura do sistema   / 13506

arquitetura em camadas   / 13526

arquitetura John von Neumann   / 13303

arquitetura não-John von Neumann   / 13521

arquitetura orientada a serviços (SOA)   / 13527

arquitetura para computação móvel   / 13522

arquivamento de dados   / 35404

Arquivamento de Dados e Serviços de Rede (Países
   Baixos)   / 35519

arquivamento e backup   / 84106

Arquivo de Dados de Ciências Sociais   / 35422

arquivo de dados Flash Back   / 84111

arquivo digital   / 95322

arquivos digitais   / 64306

arrendamento de carbono   / 54324

arrumação de dados   / 33102

arsenal do NSA   / 83103

árvore B   / 32208

árvore de busca   / 72304

árvore de classificação   / 13207

árvore de mesclagem estruturada por log   / 32210

árvore de prefixos   / 32211

árvore de regressão   / 13208

árvore Merkle   / 23108

ASME Y14.41-2012 Regras de implementação para
   dados de definição de produtos digitais   / 74314

assinatura digital   / 95510

assinatura digital arbitrada   / 82516

assinatura electrónica   / 84316

assistante de Inteligente Artificial do investigador
   / 95317

assistante de Inteligente Artificial do juíz   / 95319

assistante de Inteligente Artificial do procurador
   / 95318

assistência médica domiciliar   / 64507

assistência para redução da pobreza   / 44207

assistente digital   / 42103

assistente robótico para a procuradoria   / 95414

associação de dados de recursos múltiplos e descoberta
   de conhecimento   / 35302

Associação de Entidades de Micro e Pequenas
    Finanças da China   / 52420

Associação de Normalização da China   / 71425

Associação de Padrões Japoneses   / 71416

Associação de Padronização da Alemanha   / 71413

Associação de Segurança Ciberespacial da China
    / 84514

Associação dos Governos Digitais Internacional
    / 62119

associação e fusão   / 22415

Associação Francesa de Normalização   / 71417

Associação Internacional de Supervisores de Seguros
    / 55508

Associação Nacional de Finanças da Internet da China
    / 55517

assuntos marítimos inteligentes   / 63202

AstroML (Estuda de Máquia para Astrofísica)
    / 35308

ata de julgamento   / 95316

ataque a força bruta   / 83201

ataque à rede   / 83216

ataque aos nodos de rede de comunciação   / 81411

Ataque de Cracker   / 8.1.5

ataque de engenharia social   / 81409

Ataque de Hacker   / 8.1.4

ataque de negação de serviço   / 81407

ataque de roteiro entre sites   / 81313

ataque digital   / 85209

ataque no buffer   / 83202

Ataque wormhole   / 81412

ataques de negação de serviço distribuídos   / 81408

ataques de redes sociais com inteligência artificial
    / 81203

ataques financeiros com inteligência artificial   / 81204

ativação de dados   / 43405

atividades de experiência de alívio da pobreza através
    do consumo   / 44407

Atividades de Padronização Internacional   / 7.1.5

ativo de dados   / 22207

atlas computadorizado do cérebro humano   / 14514

Atlas of Living Austrália   / 35124

atores não estatais   / 92302

atração de investimento de precisão   / 43506

atraso na rede   / 12103

atributos de privacidade   / 83313

atributos legais dos dados   / 91503

atuador do robô   / 72403

atualização de permissão do sistema   / 81404

audição de máquina   / 31209

audição interna da segurança da informação financeira
    / 55224

audição remota   / 95218

auditor de nuvem   / 72219

auditoria de dados   / 33101

auditoria de logs do aplicativo   / 93234

auditoria de segurança   / 82201

auditoria forense   / 82210

auditorias do sistema de gestão de segurança
    informática   / 84324

aula inteligente   / 64312

aula invertida   / 64304

autenticação da identidade   / 82203

autenticação de blockchain   / 23414

autenticação de garantia pela informação global
    / 81325

autenticação de identidade segura e controlável
    / 65211

autenticação de mensagem   / 82409

autenticação de segurança   / 83402

autenticação digital   / 95520

auto-adaptação de dados   / 22410

auto-aprendizagem   / 72312

auto-atendimento conforme demanda   / 72206

auto-ativação de dados   / 22408

auto-capacitação   / 91313

auto-estrada de informação   / 21106

auto-finanças   / 51214

autofinanciamento   / 54402

automação de documentos jurídicos   / 95433

automação de serviços jurídicos   / 95440

automação predial   / 63311

automatização de contratos   / 51313

autómato celular   / 24303

autómato com pilha   / 13323

autómato finito   / 13322

auto-organização de dados   / 22411

auto-processo de dados   / 22409

Auto-Regulação e Ética Profissional para Direitos de
    Dados   / 9.4.1

autoregulação industrial da tecnologia financeira
    / 55406

auto-relacionamento visual do robô   / 14411

autoridade Certificadora   / 82214

Autoridade de Certificação   / 53121

autorização aberta   / 93232

autorização da partilha progressiva de dados   / 41102

auxiliar de sentença   / 95406

avaliação da qualidade de dados científicos   / 35433

avaliação da segurança para a emigração de dados
    / 84413

avaliação da segurança para a emigração de dados
    / 84414

avaliação de ativos de dados   / 41123

avaliação de confiabilidade e segurança   / 84415

avaliação de credibilidade do comércio electrónico
    / 93342

avaliação de crédito   / 82308

avaliação de crédito por big data   / 53519

avaliação de desempenho do crédito verde   / 54313

avaliação de impacto para segurança de informações
    pessoais   / 81207

avaliação de níveis   / 85106

Avaliação de Risco   / 8.2.3

avaliação de risco da partilha e publicação de dados

públicos   / 93310

avaliação de risco da segurança da informação
    financeira   / 55225

avaliação de risco de segurança da informação
    / 82303

avaliação de risco para novos clientes de concessão de
    crédito   / 53113

avaliação digital de reivindicações   / 54119

avaliação do desempenho do computador   / 12221

avaliação do gestão de segurança   / 82305

avaliação do processo de padronização   / 75306

avaliação dos riscos em matéria de segurança dos
    dados   / 84412

Avaliação e Certificação da Segurança Informática
    / 84511

Avaliação e Certificação da Segurança Informática da
    China   / 84512

avaliação inteligente de perdas   / 54118

avaliação sobre partilha e abertura de dados
    governamentais   / 93215

avaliação sobre patilha e abertura de dados do governo
    / 93239

avaliações e otimizações do processo de padronização
    / 75305

avatar   / 14312

aviação inteligente   / 63204

Aviso da Administração Estatal Tributária sobre
    Implementação do Plano de Ação da Iniciativa
    "Faixa e Rota" e Condução Efectiva do Serviço e
    Administração Tributária   / 45520

Aviso para a Promoção do Comércio Internacional
    sobre o Lançamento de Uma Campanha Especial
    para Apoiar Pequenas e Médias Empresas a
    Participar na Iniciativa "Faixa e Rota"   / 45518

aviso público   / 92118

avisointeligente   / 95113

Azul Profundo   / 15502

B

bolha de blockchain / 55121

bolsa de dados/big data / 93313

bônus de carbono / 54325

bônus de tráfego de média / 65115

bônus do cenário / 43203

botnet / 81517

BS IEC 62243:2005 Intercâmbio e Serviço de Inteligência Artificial Relacionados com Todos os Ambientes de Testes / 74219

BS ISO/IEC 18013-1:2018 Tecnologia da Informação - Identidade Pessoal - Carta de Condução Cmpatível com ISO - Características Físicas e Conjuntode Dados Básicos / 74223

BS ISO/IEC 19941:2017 Tenologia da Informação - Computação em Nuvem - Interoperalidade e Portabilidade / 74215

BS ISO/IEC 19944:2017 Tecnologia da Informação - Computação em Nuvem - Serviço e Dispositivo de Nuvem: Fluxo de Dados, Categoria de Dados e Uso de Dados / 74217

BS ISO/IEC 21964-1:2018 Tecnologia da Informação - Destruição de Portadores de Dados - Princípios de Definições / 74212

BS ISO/IEC 21964-2:2018 Tecnologia da Informação - Destruição de Portadores de Dados - Requisitos para Equipamentos à Destruição de Portador de Dados / 74213

BS ISO/IEC 21964-3:2018 Tecnologia da Informação - Destruição de Portadores de Dados - Processo de Destruição de Portadores de Dados / 74214

BS ISO/IEC 29147:2018 Tecnologia da Informação - Tecnologias de Segurança - Anúncio de Vulnerabilidade / 74211

BS ISO/IEC 29151:2017 Tecnologia da Informação - Tecnologia de Segurança - Código de Atividade para a Protecção de Informação Pessoal Identificável / 74218

BS ISO/IEC 29161:2016 Tecnologia da Informação - Estrutura de Dados - Rotulagem Única da Internet das Coisas / 74220

BS PD ISO/IEC TR 22417:2017 Tecnologia da Informação - Internet das Coisas (IoT) - Casos de uso da Internet das Coisas / 74221

BS PD ISO/IEC TR 29181-9:2017 Tecnologia da Informação - Rede Futura - Descriçãoe Requisitos de Problemas e - Ligar Tudo à Rede / 74222

BS PD ISO/IEC TR 38505-2:2018 Tecnologia da Informação - Governação de IT - Governação de Dados - Gestão de Dados / 74216

BS PD ISO/IEC TS 22237-1:2018 Tecnologia da Informação - Instalações e Infraestruturas de Centro de Dados - Conceito Geral / 74225

BS PD ISO/IEC TS 22237-6:2018 Tecnologia de Informação - Instalações e Infraestruturas de Centro de Dados - Sistema de Segurança / 74224

buraco negro de algoritmo / 91409

buracos estruturais / 11407

busca de carne humana / 81414

busca diversificada / 95235

busca em largura-primeiro / 72306

busca em profundidade-primeiro / 72305

busca em qualidade-primeira / 72308

busca heurística / 72307

C

cabo de fibra óptica transfronteiriço / 65518

cabo de fibra óptica transfronteiriço baseada em terra / 21512

cabo submarino internacional / 65519

cadeia completa de logísticas de cadeia de frio / 42318

cadeia da indústria digital / 42202

cadeia de aliança / 23203

cadeia de demanda dos clientes / 43221

cadeia de fornecimento inteligente / 21309

cadeia de governação completa de big data   / 23520

cadeia de produção completa de big data   / 22216

cadeia de serviço completa de big data   / 22217

cadeia de suprimentos digital   / 42201

Cadeia de Valor de Dados   / 2.2.2

cadeia de valor social   / 53105

cadeia de valor virtual   / 22201

cadeia de valores da economia partilhada   / 42515

cadeia DIKI   / 95123

cadeia ecológica de aplicação de big data para o uso de
     procuratoria   / 95213

cadeia industrial de inteligência artificial   / 24407

cadeia jurídica para justiça social   / 95310

cadeia produtiva da tecnologia financeira   / 51404

Cadeias de Interação Ritual   / 65315

caixa automática   / 52101

cálculo em tempo real para a correspondência entre a
     oferta e a procura   / 43118

cálculo offline   / 33316

cálculos de desvio   / 95413

camada de análise de dados   / 82316

camada de código da rede   / 92310

camada de conteúdo da rede   / 92311

camada de ligação de dados   / 82407

camada de mascaramento de dados   / 82319

camada de prevenção de vazamento de dados   / 82318

camada física da rede   / 92309

Câmara de Compensação Automatizada   / 52123

caminhada quântica   / 25211

caminho confiável   / 82206

campanha de abertura de dados governamentais
     / 62307

Campo Cibernética Nacional (EUA)   / 83513

campo cibernético emergente para tecnologia nova
     / 83509

campo cibernético nacional   / 83506

campo da fusão militar-civil   / 83507

campo de dados   / 22112

campo de visão   / 14308

Campo Digital   / 4.2.3

Campo Nacional de Segurança de Big Data em
     Guiyang (China)   / 83520

campo profissional de infraestrutura crítica   / 83508

campo simulado de testes para cibersegurança urbana
     / 83510

campo sonoro imersivo   / 14321

camponês digital   / 42310

Campos de Dados   / 8.3.5

campos de guerra cibernética   / 83505

campos de segurança de big data   / 83504

campus de tecnologia de dados   / 22315

campus inteligente   / 64309

campus wireless   / 64310

CAN/CSA-ISO/IEC 18033-3:2012 Tecnologia da
     Informação - Tecnologia de Segurança - Algoritmo
     de Criptografia - Seção 3: Cifras de Bloco   / 74519

CAN/CSA-ISO/IEC 18033-4:2013 Tecnologia da
     Informação - Tecnologia de Segurança - Algoritmo
     de Criptografia - Parte 4: Cifras em Fluxo   / 74520

CAN/CSA-ISO/IEC 27000:2014 Tecnologia da
     Informação - Tecnologia de Segurança - Sistema de
     Gestão de Segurança da Informação - Visão Geral
     e Vulcabulário   / 74521

CAN/CSA-ISO/IEC 27001:2014 Tecnologia da
     Informação - Tecnologia de Segurança - Sistema de
     Gestão de Segurança da Informação - Requisitos
     / 74518

Canadá Digital 150   / 21419

canais de comunicação   / 31110

canal confiável   / 82117

canal do financiamento verde   / 54316

canal oculto   / 82120

canal oculto de armazenamento   / 82118

canal oculto de temporização   / 82119

canal verde online para talentos   / 64209

caos quântico   / 25508

Centro de dados iCloud da Apple / 84517

centro de dados modular / 32505

centro de dados verdes / 32503

Centro de Engenharia Incubadora de Padrões / 71122

centro de gestão da segurança para sistema de
classficação cruzada / 85122

Centro de Intercâmbio dos Dados Abertos (Canadá)
/ 94516

Centro de Operações Inteligentes (IOC) da Zona
Nacional de Desenvolvimento Tecnológico e
Económico de Kunming / 75503

centro de preços de carbono / 54322

Centro de programador da Alibaba Nuvem / 35326

Centro de Recursos de Informações da Cidade
Inteligente de Xuzhou / 75502

Centro de Segurança / 8.4.5

centro de transação descentralizada / 54410

centro de transações de big data / 41310

Centro de Transações de Big Data de Guiyang / 41311

centro internacional de super logística / 45403

Centro Nacional da governação com Big Data (China)
/ 62301

Centro Nacional de Cópias de Segurança e
Recuperação Remota dos Desastres de Big Data
para o Uso de Procuratoria (China) / 95229

Centro Nacional de Supercomputação / 32501

cerca electrónica / 53306

cérebro agrícola / 42308

Cerébro Agrícola ET / 63109

cérebro artificial / 24304

Cérebro Económico / 4.3.5

Cerébro ET / 63106

Cerébro Industrial ET / 63108

cérebro urbano / 63104

Cerébro Urbano ET / 63107

certificação de equipamentos / 83406

certificação de produtos de segurança informática
/ 85102

certificação de provas em multimídia / 95232

certificação e monitoramento de conformidade do
sistema de inteligência artificial / 41419

certificação sistema de gestão de segurança
informática / 84325

certificado de operação de informações de crédito
pessoal / 53421

certificado digital de banco móvel / 53503

Certificado digital de Chave USB / 53117

certificado digital do navegador / 53116

certificado digital para autenticação forte / 82422

certificado eletrônico de particpação de previdência
social / 64211

certificados de blockchain para contratos digitais
/ 23211

cessação da infração / 94322

chamada de robôs / 54113

chamada distribuição gaussiana / 14228

Chatbots / 64515

chave de criptografia codificada / 81309

chave partilhada / 82515

chavões de rede / 65313

checkup urbano / 63124

China Digital / 21403

chipe de alta qualidade / 24301

chipe de Arranjo de Portas Programáveis em Campo
(FPGA) / 13510

chipe de computação / 24411

chipe de comunicação móvel / 42111

chipe de inteligência artificial / 12406

chipe de Inteligente Artificial dos circuitos integrados
de aplicação especifica (AI CIAE Chips) / 13512

chipe de memória semicondutora / 12404

chipe de Processamento Digital de Sinal (DSP) / 13511

chipe de rede neural / 12405

chipe de Tianji / 15108

chipe de Unidade de Processamento Gráfico (GPU)
/ 13509

Computação de Dados / 3.3.4

computação de mar-nuvem / 13403

computação de renderização / 14330

computação de serviço / 13411

computação de tolerância a falhas / 81318

computação do conhecimento / 34421

computação em grade / 13410

computação em memória / 13517

computação em névoa / 13402

computação em nuvem / 21111

computação em nuvem móvel / 13404

computação em tempo real / 33315

computação granular / 13419

computação híbrido-aumentada / 24222

computação inspirada no cérebro / 13408

computação inteligente / 13406

computação inteligente quântica / 24223

computação multipartidária segura / 84211

computação omnipresente / 13415

computação paralela / 13416

Computação Quântica / 2.5.2

computação quântica de íons presos / 25218

computação quântica topológica / 25220

computação reconfigurável / 13413

computação transparente / 13417

computação ubíqua / 13412

computacionalismo / 22120

computador analógico / 12202

computador central de processamento / 12209

computador de aplicação geral / 12205

computador de controlo de processo / 12211

computador de escala-armazém / 32512

computador de utilização específica / 12204

computador digital / 12201

computador digital eletrónico / 21101

Computador e Integrador Numérico Eletrónico
    / 15501

computador híbrido / 12203

computador para mineração de bitcoins / 23305

computador portátil / 12208

computador quântico / 25204

computador quântico tolerante a falhas de elemento
    digital / 25506

computador zumbi / 81312

computarização financeira / 51201

Comunicação como Serviço / 72212

comunicação de baixa latência e ultraconfiável
    / 12126

Comunicação de Informações / 1.2.1

comunicação do cenário / 43207

Comunicação entre Processos / 52415

comunicação interactiva / 65418

Comunicação na Internet / 6.5.4

comunicação por campo de proximidade / 42412

Comunicação Quântica / 2.5.4

comunicação quântica com segurança peer-to-peer
    / 25405

comunicação quântica de fibra / 25406

comunicação quântica satélite-terra / 25407

Comunicação Segura Baseada em Criptografia
    Quântica (UE) / 25420

comunicações massivas de tipo-máquina e tipo-
    máquina melhorado / 12125

Comunidade aberta WeChat / 35328

comunidade Apache / 35322

comunidade científica / 35210

Comunidade da Software Aberto da China / 35325

comunidade de blockchain / 23420

comunidade de cibersegurança / 85301

comunidade de código aberto internacional / 22514

comunidade de conhecimentos / 65118

comunidade de destino compartilhado no ciberespaço
    / 21502

comunidade de experiência jurídica / 65122

Comunidade de programadores de Intelegência
    Artificial da Baidu / 35327

Integral de Big Data da Cidade de Zhengding
(China) / 94105

consentimento informado / 92115

consentimento pessoal / 92119

consistência de dados / 23118

Consórcio World Wide Web / 85319

constelação de satélites para aquisição de dados
/ 45312

construção da sala de informática / 32506

construção de civilização na rede / 65329

construção de dados de crédito / 23406

construção de gráficos / 95408

construção de infraestrutura de rede global / 65516

construção de segurança / 81120

construção do sistema jurídico de padronização
/ 71118

construção do sistema nacional de satélites / 45308

Construir a "Faixa e Rota": Conceito, Prática e
Contribuição da China / 45512

consulta de saúde pela Internet / 64118

consulta distribuída / 32322

consulta do modelo probabilístico / 34414

consulta médica online / 64117

consulta paralela / 32407

consulta política online / 62414

consulta remota de caso / 95219

consultor robótico para investimento / 54124

consultor robótico para negócios de investimento
/ 51511

consumidor de dados / 72106

consumo colaborativo / 42514

consumo inteligente de energia / 63412

Conta Oficial / 65405

conteúdo de entretenimento gerado profissionalmente
/ 43211

conteúdo estatutário / 92106

conteúdo gerado pelo usuário / 43210

continuidade da plataforma básica / 84118

continuidade de negócios do sistema de informação da
indústria financeira / 55218

continuidade temporal e unidade espacial / 35221

contramedida da rede de computadores / 83208

contramedida de informações / 83203

contramedida de segurança no ciberespaço / 83209

contramedida de telecomunicação / 83204

contrangimento do direito da tecnologia financeira
/ 55404

Contrato de Licença de Colaborador / 41423

contrato de licença de dados / 92419

contrato eletrónico de blockchain / 23217

contrato inteligente / 23106

contratos de dados / 15318

controlabilidade de redes / 82212

controlador / 92202

controlador conjunto / 92411

controlador de detecção de intrusão / 82104

controlador inteligente / 42115

controlável e visuável / 61401

controle de patches do sistema / 84406

controle de uso da rede sem fio / 85121

controlo automático de veículo / 63218

controlo autónomo / 24120

controlo de acesso confiável / 84319

controlo de acesso discado / 85120

controlo de acesso discricionário / 82204

controlo de acesso obrigatório / 82205

controlo de acesso por reconhecimento de íris
/ 64407

controlo de acesso predial inteligente / 63305

controlo de admissão / 84317

controlo de derivação do by-pass / 81221

controlo de fluxo (dados) / 94212

controlo de ligação de dados / 12110

controlo de risco inteligente / 55201

controlo de roteamento / 82510

controlo de temperatura e umidade / 85123

controlo de terminal móvel   / 85111

controlo do processo de padronização   / 75304

controlo e equilíbrio multicolaborativo   / 61515

controlo e gestão de riscos   / 51209

controlo inteligente de aparelhos elétricos   / 64405

controlo inteligente de congestionamento de tráfego
   / 63209

controlo inteligente de iluminação   / 64404

controlo interno da instituição da tecnologia financeira
   / 55407

controlo robótico   / 14408

Convenção 702 para Bolsa de Big Data (Guiyang,
   China)   / 94102

convenção de auto-regulação para a segurança de big
   data   / 94203

convenção internacional contra o terrorismo no
   ciberespaço   / 21518

Convenção para a Protecção das Pessoas Relativa
   ao Tratamento Automatizado de Dados Pessoais
   (Conselho da Europa, 2012)   / 93517

Convenção sobre Cibersegurança e Proteção de Dados
   Pessoais (União Africana, 2014)   / 93520

convergência de rede tripla   / 21219

convergência jurídica   / 91517

convergência midiática   / 62420

Conversa de Inteligência Artificial   / 65116

conversão de dados   / 33105

conversor analógico-digital   / 31112

convocador de grupo de trabalho ou especialista
   registado   / 71508

cooperação contratual   / 61513

Cooperação da Indústria de Informação Espacial na
   Rota da Seda Marítima do Século XXI   / 45320

cooperação de comércio electrónico   / 45419

cooperação de organizações internacionais de
   regulação financeira   / 55521

Cooperação Digital   / 4.1.4

cooperação do robô   / 72404

cooperação entre leste e oeste no alívio da pobreza
   / 44214

cooperação internacional de matéria de segurança dos
   dados   / 65517

cooperação internacional de padronização   / 41411

cooperação internacional em regulamentação
   financeira regional   / 55522

cooperação multilateral no alívio da pobreza através do
   desenvolvimento industrial   / 44215

Cooperação Para Redução da Pobreza   / 4.4.2

cooperação regulatória de organizações internacionais
   de regulação financeira   / 55520

coordenação de partes interessadas   / 94213

coordenação homem-máquina   / 24119

coordenada paralela   / 34319

coordenador da cibersegurança nacional   / 21511

coordenador de transações   / 32415

coordenador do sistema   / 72102

cópia de segurança de dados   / 83415

cópia de segurança e isolamento dos objectos do base
   de dados   / 84310

cópia digital   / 93437

corporação autónoma descentralizada de blockchain
   / 23419

corpus   / 34401

corredor de informação espacial sob a Iniciativa "Faixa
   e Rota"   / 45307

correio electrónico   / 31309

correioemail de lixo   / 81211

correspondência de texto   / 34412

corretor de dados   / 61125

corrida armamentista no ciberespaço   / 65510

corrupção financeira   / 55127

cozinha inteligente   / 64410

creditchina.gov.cn   / 23421

crédito da tecnologia financeira   / 54501

Crédito de Gergelim (produto da Ant Financial
   Service)   / 53104

crédito direito ao consumidor   / 53402

crédito gerado por algoritmo   / 51311

crédito online   / 51503

crédito verde   / 54312

créditos criptografados   / 23415

crescimento de dados   / 91404

criação automática   / 65302

criação de conteúdo   / 14307

criação de crédito   / 51212

criação de sites multilíngues   / 45304

criação de U-Net (Singapura)   / 21421

criação do valor   / 41504

criação secundária online   / 65311

criatura virtual   / 24308

crime de ajuda aos atos criminosos da rede de informações   / 94414

crime de apresentar ou esconder fatos importantes / 94401

crime de aquisição de segredos militares   / 94424

crime de aquisição ilegal de dados de sistema de informações e controlo ilegal de sistema de informações   / 94408

crime de aquisição ilegal de segredos nacionais / 94421

crime de criação e propagação de informações falsas / 94415

crime de criação e propagação de informações falsas sobre a transação dos título de investimento e instrumento financeiro a prazo   / 94404

crime de divulgação de informações dos casos que não devem ser tornadas públicas   / 94416

crime de divulgação e comunicação de informações de casos que não devem ser divulgadas   / 94418

crime de divulgação intencional de segredos do estado / 94417

crime de divulgação intencional de segredos militares / 94426

crime de fornecer programas e ferramentas especificos

para invadir e controlar sistemas informátivo de computador   / 94409

crime de induzir investidores a comprar e vender título de investimento e instrumento financeiro a prazo / 94405

crime de invasão ilegal de sistema informatica de computador   / 94407

crime de negligência da responsabilidade no serviço de rede   / 94411

crime de posse ilegal de documentos, materiais ou outros objetos extritamente confidenciais e confidenciais do Estado   / 94422

crime de realizar operações de iniciados ou de divulgar informações privilegiadas   / 94402

crime de recuso de cumprir os deveres da gestão da segurança de rede informática   / 94412

crime de roubo, espionagem, compra ou fornecimento ilegal de segredos militares a agências estrangeiras / 94425

crime de roubo, espionagem, compra ou fornecimento ilegal de segredos ou informações nacionais a agências estrangeiras   / 94420

crime de sabotagem do sistema informático de computador   / 94410

crime de traição negligente dos secretos do Estado / 94423

crime de traição negligente dos segredos militares / 94427

crime de utilização ilegal da rede de informações / 94413

crime de violação de informações individuais dos cidadãos   / 94406

crime de violação de segredo comercial   / 94419

crime do transação com informações não divulgadas / 94403

crime sem contato   / 81226

criptografia de atributos   / 82215

Criptografia de Autenticação   / 8.3.4

D

dados de ponto   / 22405

dados de pontos flutuantes   / 31508

dados de redundância   / 33116

dados de texto   / 31509

dados desordem   / 91406

dados digitais   / 41108

dados direitos de propriedade   / 91421

dados discretos   / 31504

dados do governo   / 31305

dados em massa   / 22101

dados escuros   / 11509

dados estruturados   / 31501

dados explícitos   / 22412

dados financeiros de alta frequência   / 55232

dados físicos   / 32102

dados geográficos   / 31314

dados gerais   / 41107

dados heterogêneos   / 31512

dados implícitos   / 22413

dados integrais   / 31507

dados lentos   / 22404

dados limpos   / 33118

dados mestres   / 33518

dados não estruturados   / 31502

dados não públicos   / 61122

dados no base de dados de informações empresariais   / 43504

dados numéricos   / 31506

dados online   / 43216

dados organizados   / 33119

dados partilhados   / 92401

dados públicos   / 61121

dados públicos   / 92515

dados sem fronteiras   / 15311

dados semiestruturados   / 31503

dados sensíveis   / 92207

dados sociais   / 11401

dados sujos   / 33112

dados variáveis no tempo   / 31511

danos   / 94323

Das Kapital   / 91108

datalização financeira   / 51218

decidibilidade   / 13312

Declaração de Alfabetização Digital da Federação Internacional de Associações e Instituições de Bibliotecas   / 44419

Declaração de Auto-regulação e Éticas Profissionais para Marketing Online e Proteção do Uso dos Dados de Usários da Internet (China)   / 94110

Declaração de Montevidéu sobre o Futuro da Cooperação na Internet   / 65525

Declaração de Parceria Blockchain Europeia   / 51104

Declaração de Princípios de Genebra   / 65523

decomposição de matriz   / 34206

decomposição em valor singular   / 13204

Decreto de Cibercrime (Papua Nova Guiné, 2016)   / 93503

Decreto-Lei da Protecção do Ciberespaço como Bens Nacionais 2010 (EUA)   / 85523

DeepVariant (transforma informações genéticas ao gráfico)   / 35310

Defesa Cibernética Mímica   / 83213

defesa nacional da informação   / 85402

definição de interesse público   / 92513

definição do modelo de qualidade   / 75204

definição do sujeito de padrão   / 75212

definido por software   / 61424

degrau   / 34503

deliberações baseada em dados   / 62313

deliberações científicas baseadas em modelos   / 61408

democracia digital   / 65504

democratização das finanças   / 54416

demonstração do serviço de informação espacial à logística aérea   / 45317

demonstração geral do ingresso do comércio electrónico na zona rural   / 44402

Tecnologias no Período do 13º Plano Quinquenal (China)   / 95202

directrizes da indústria da tecnologia financeira   / 55310

Directrizes para a Segurança dos Sistemas e Redes de Informação: Perante à Cultura de Segurança (Organização para a Cooperação e Desenvolvimento Económico)   / 85505

direito à aquisição de dados   / 92222

direito à autodeterminação   / 92216

direito à confidencialidade dos dados   / 92217

direito à disposição dos dados   / 92224

direito à partilha de dados   / 92113

direito à portabilidade dos dados   / 92221

direito à privacidade   / 91212

direito a recusa   / 92215

direito à remuneração   / 92219

direito ao esquecimento   / 92212

direito computacional   / 95438

direito constitucional   / 91224

direito de acesso aos dados   / 92210

direito de consumo de energia   / 54319

direito de controlo da marca do usuário   / 43217

direito de controlo sobre informações pessoais   / 91413

direito de correção   / 92211

direito de dados limitados   / 92506

direito de defesa   / 92305

direito de disseminação de informação através da rede   / 65324

direito de dominância completa   / 92501

direito de emissão de carbono   / 54317

direito de formulação e de revisão dos padrões   / 71512

direito de governação   / 92307

direito de igualdade   / 91214

direito de independência   / 92304

direito de informações pessoais   / 91412

direito de inquérito dos dados   / 92218

direito de liberdade pessoal   / 91215

direito de objeção   / 92214

direito de oposição   / 92122

direito de participação   / 92306

direito de personalidade dos dados   / 91420

direito de posse   / 92409

direito de privacidade de dados   / 91422

direito de propriedade   / 91211

direito de rectificação   / 92123

direito de restrição do processamento   / 92213

direito de restrição do tratamento de dados   / 92225

direito de ser informado   / 92220

direito de utilização dos dados   / 92223

direito privado   / 91219

direito privado de dados   / 92208

direito público   / 91218

direito público de dados   / 92209

direito real   / 91205

direitos autorais digitais   / 65320

direitos civis   / 91213

direitos civis   / 91225

direitos da água   / 54320

direitos da personalidade   / 91210

direitos de base de dados   / 91415

Direitos de Dados   / 9.1

Direitos de Dados   / 9.2.2

direitos de dados de interesse público   / 92112

direitos de dados ideais   / 92102

direitos de dados reais   / 92104

direitos de dados usufrutuários   / 92111

direitos de espaço de código   / 91417

direitos de livre inspecção de mercadorias   / 45410

direitos de poluição   / 54318

direitos de propriedade de dados   / 91416

direitos de propriedade dupla   / 92415

direitos digitais estatutários   / 92103

direitos dos credores   / 91206

E

a Adequação e Conveniência de Método de Investigação de Incidentes / 74206

EN ISO/IEC 27042:2016 Tecnologia da Informação - Ténica de Segurança - Guia para Análise e Interpretação de Prova Digital / 74207

EN ISO/IEC 27043:2016 Tecnologia da Informação - Ténica de Segurança - Pincípios e Processos de investigação de incidentes / 74208

EN ISO/IEC 30121:2016 Tecnologia da Informação - Governação Estruturada de Riscos de Forense Digital / 74209

encapsulamento de dados / 82408

end-efetor / 72405

energia inteligente / 63402

engenharia de big data / 72111

Engenharia de Conhecimentos / 1.4.1

engenharia de protocolo de redes / 12115

engenharia de rede / 12121

engenharia de software / 12306

Engenharia Digital de Serviços Públicos / 42104

engenharia e design de computadores / 12418

engenheiro de conhecimentos / 14108

engenheiro do domínio / 14111

enquadramento regulador financeiro / 55401

ensaio ambiente verdadeito da rede / 83501

ensaio de ataque e defesa em ambiente verdadeiro da rede / 83218

entendimento de imagem / 14412

entidade jurídica / 91222

entrada inteligente de tráfego de clientes / 51420

entrada móvel integrada / 43417

entrega inteligente / 63207

entrelaçamento quântico / 25303

entretenimento digital / 42217

entropia de informações / 31103

entropia de segurança / 83104

envelopamento da plataforma / 43320

envelope digital / 83411

envelope vermelho WeChat / 53512

envio de caso inteligente / 95314

envio multidimensional / 95241

equalização de direitos de dados / 15205

Equilíbrio de Nash / 61503

equipamento de acesso sem fio / 81117

equipamento de comutação em rede / 81106

equipamento de fabricação inteligente / 24414

equipamento de teste de saúde de autoatendimento / 64517

equipamento essencial de inteligência artificial / 24312

equipamento inteligente de monitoramento para os idosos / 64518

equipamento para gravação magnética / 32107

equipamento portátil para monitoramento de saúde / 64516

equipamento terminal / 12416

equivalência semântica / 33517

era da Big Science / 23506

era de cérebro em nuvem / 15105

era do capitalismo de big data / 41129

era do cenário móvel / 43109

Era Inteligente: Big Data e Revolução Inteligente Redefinir o Futuro (Wu Jun, China) / 15419

era multi-tela / 21303

escala dinâmica / 35224

escaneamento de vulnerabilidade / 81317

escape da máquina virtual / 81311

escola de simbolismo / 24105

escola do behaviorismo / 24107

escola do conexionismo / 24106

escritório central de dados urbanos / 63114

escritório central de serviços governamentais / 62405

escritório intermediário de aplicativos / 43415

Escritório Intermediário de Inteligência Artificial / 43414

escritório intermediário modular / 43413

escritório partilhado   / 42523

escuta em rede   / 81519

escutas telefónicas não autorizadas   / 65521

espaço de busca   / 72301

espaço de dados   / 22113

espaço de imagem virtual digital   / 61425

espaço de problema   / 72302

espaço de solução   / 72303

espaço de strand   / 83305

espaço para nome unificado   / 32118

espaço público de propriedade privada   / 42509

espaço restrito   / 72411

espaço totalmente dimensional   / 31121

espaço vetorial   / 11109

especificação de expressão de dados não estruturados
      / 75412

especificação padrão para o cíclo de vida completo da
      informação financeira   / 55309

especificações de gestão e controle de segurança da
      informação   / 84419

Espectro em Branco   / 21424

espelhamento de ASM   / 84107

espelhamento de dados   / 83416

espetáculo digital   / 42221

espírito de cooperação   / 91307

esquema de avaliação de segurança   / 82312

Esquema de Modulação de Estado de Chamariz de
      Intensidades Variadas (China)   / 25414

esquema de notarização   / 23417

esquema de pirâmide online   / 65207

Esquema Ponzi   / 53418

estabilidade digital   / 41422

estação base pseuda   / 81520

estação de informação   / 45306

estação de tratamento de água inteligente   / 63405

estacionamento inteligente   / 63212

estado de direito digitalizado   / 95404

estado de direito no futuro   / 91520

estado Hall de spin quântico   / 25115

estado quântico   / 25202

estado soberano   / 92301

estado supercrítico   / 22421

estatística inferencial   / 11210

estatísticas Bayesianas   / 11219

estatísticas de alta dimensão   / 11221

estatísticas descritivas   / 11209

estatísticas não paramétricas   / 11218

esteganografia   / 82420

estilo de vida colaborativo   / 42507

estimação de função de valor   / 34217

estimação de navegação   / 72423

estimativa de parâmetros   / 11211

Estratégia Abrangente de Normas Internacionais
      (Japão)   / 71108

Estratégia Abrangente de Segurança da Informação
      (Japão)   / 85514

Estratégia Colaborativa para Infraestruturas de
      Pesquisa (Austrália)   / 35510

Estratégia da Cibersegurança Nacional (Canadá)
      / 85517

Estratégia da Informação e Segurança no Ciberespaço
      (França)   / 85512

Estratégia da Tecnologia Financeira   / 5.1.1

Estratégia de Ação para o Ciberespaço (EUA)   / 85507

estratégia de aprendizagem   / 72313

estratégia de autoconfiança   / 21406

Estratégia de Big Data   / 2

Estratégia de Campo Digital   / 42305

estratégia de computação de alto desempenho   / 22309

Estratégia de Desenvolvimento da Indústria de Fintech
      (Cingapura)   / 51117

Estratégia de Digitalização da Indústria Europeia
      / 42120

estratégia de dissuasão cibernética   / 85401

estratégia de gestão de metadados   / 33516

Estratégia de Governo Digital   / 6.2.1

Estratégia de Governo Digital (EUA) / 62113

estratégia de inclusão digital / 23515

Estratégia de Inovação em Tecnologia Financeira
(Reino Unido) / 51111

estratégia de inteligência artificial (UE) / 24511

Estratégia de Padrões dos Estados Unidos / 71104

estratégia de padrões internacionais para rastreamento
/ 71105

Estratégia de Padronização para Autoridade e Civil
(Japão) / 71109

estratégia de plataforma / 43305

estratégia de reforço de procuradoria por ciências e
tecnologias (China) / 95201

Estratégia de Segurança / 8.5

Estratégia de Segurança Cibernética (Austrália)
/ 85518

Estratégia de Segurança Cibernética (Japão) / 85531

estratégia de serviços governamentais móveis / 62110

estratégia de utilização de dados / 75208

Estratégia Digital da APEC da Cooperação Económica
Ásia-Pacífico / 85504

Estratégia Digital do Governo (Reino Unido) / 62111

Estratégia i-Japão / 62118

Estratégia Industrial: Acordo do Setor de Inteligência
Artificial (Reino Unido) / 24516

Estratégia Internacional da Cooperação no Ciberespaço
(China) / 21504

estratégia internacional de padronização / 71111

Estratégia Internacional para o Ciberespaço (EUA)
/ 21410

Estratégia Internacional para o Ciberespaço (EUA)
/ 85506

Estratégia Nacional de Cibersegurança para Alemanha
/ 85511

Estratégia Nacional de Cibersegurança: Proteger e
Promover o Reino Unido no Mundo Digital (Reino
Unido) / 85510

Estratégia Nacional de Segurança Ciberespacial

(China) / 21503

Estratégia Nacional de Segurança da Informação
(Japão) / 85515

Estratégia Nacional Especial de Padronização (Japão)
/ 71107

Estratégia Nacional para Identidades Confiadas no
Ciberespaço (EUA) / 85524

Estratégia Padronizada / 7.1.1

Estratégia Setorial de Fintech (Reino Unido) / 51110

estrutura cooperativa da redução da pobreza / 44202

estrutura da corda / 23116

estrutura da segurança informática para Comité
Mundial sobre Sociedade Informática (ONU)
/ 85501

estrutura de armazenamento dados / 31516

estrutura de árvore de sistema de padrão / 75218

estrutura de cooperação regional da Fintech / 54519

Estrutura de Dados / 3.1.5

estrutura de gestão de recursos / 72110

estrutura de gráfico / 33414

estrutura de indigno de confiança / 23404

estrutura de infraestrutura / 72107

estrutura de mensagem/comunicação / 72109

estrutura de negócios / 33503

estrutura de padrões dos dados abertos / 75221

estrutura de padrões para análise multimídia / 75220

estrutura de plataforma de dados / 72108

estrutura de proteção ao consumidor para serviços
financeiros digitais / 54210

Estrutura de Segurança / 8.2.1

Estrutura de Troca de Informações sobre Segurança
Cibernética da União Internacional das
Telecomunicações (União Internacional de
Telecomunicações) / 85503

estrutura de valor de dados / 41320

estrutura discreta / 22418

estrutura do nível energético do sistema quântico
/ 25302

F

financiamento colaborativo PIPRs   / 52311

financiamento colaborativo Título III   / 52312

financiamento da cadeia da indústria agrícola   / 51514

financiamento da cadeia de fornecimentos   / 51519

financiamento de armazém garantido   / 52202

financiamento de contas a receber   / 52204

financiamento de encomendas + financiamento de
   factoring   / 53216

financiamento de facturas via Internet   / 54127

financiamento de penhor de patente   / 53417

financiamento de pré-pagamento   / 53205

financiamento direto   / 52320

financiamento do terrorismo   / 55128

financiamento em espécie   / 52309

financiamento FTW (Finance-Transportation
   Warehouse)   / 52203

financiamento ilegal online   / 55131

Financiamento Inclusivo Digital: Abordagens Políticas
   Emergentes   / 51121

financiamento online   / 52303

financiamento para desenvolvimento   / 54518

financiamneto colectivo baseado na doação   / 52304

FinSupermarket   / 52518

fiscalização pública da tecnologia financeira   / 55408

Flash Back de rastreabilidade de dados   / 84115

flexibilidade estática   / 72421

floresta aleatória   / 13212

fluxo da rede malicioso   / 85408

fluxo de controlo   / 33409

fluxo de dados   / 33408

fluxo de informação espacial   / 43112

fluxo de instruções   / 33407

fluxo livre ordenado dos dados de comércio electrónico
   conforme a lei   / 93340

fonte de alimentação ininterrupta   / 32516

fonte de dados   / 31301

fonte de informação   / 31105

força da tecnologia de cenário   / 43111

força de cenário   / 43114

Força-tarefa de Engenharia de Internet   / 85317

Força-tarefa de Pesquisa da Internet   / 85318

forense auxiliado por computador   / 95517

forense de áudio e imagem   / 95519

forense digital   / 95516

forma padronizada   / 75303

formação de padrões   / 75325

formação de talento para a padronização de big data
   / 75344

formação profissional online   / 64208

formato de dados   / 75207

fornecedor de aplicativos de big data   / 72104

fornecedor de dados   / 72103

fornecedor de estrutura de big data   / 72105

fornecedor de serviço de pagamento eletrónico
   / 93334

fornecedor de serviços digitais   / 41232

fornecedor dos serviços da informação financeira
   / 52503

fornecedor dos serviços de acesso à Internet   / 93433

fornecedor dos serviços informáticos da Internet
   / 93432

fornecedores de serviços em nuvem   / 72203

fornecimento de sistema de serviço cultural   / 44511

fornecimento de valor partilhado   / 41518

fortalecimento de segurança   / 81121

fortalecimento e manutenção de padrão   / 75318

Fórum China-ASEAN para Desenvolvimento Social e
   Redução da Pobreza   / 44218

Fórum da "Faixa e Rota"para Cooperação Internacional
   em Redução da Pobreza   / 44217

fórum da rede comunitária   / 65416

Fórum de Cooperação de Padronização Intermunicpal
   Sino-Alemão   / 71515

Fórum de Governação da Internet (ONU)   / 21507

Fórum Estratégico Europeu para as Infraestruturas de
   Pesquisa   / 35509

Fórum Internacional para Redução da Pobreza da China / 44216

fosso de confiança / 21203

fosso digital / 21202

franquia / 92504

fraude de angariação do fundo / 55125

fraude de empréstimo / 55126

fraude na Internet / 55124

frescura de dados / 65110

fronteira digital / 85212

Fujian Digital / 62309

função BM25 / 34413

função computável / 13310

função de ativação / 11112

função de onda / 25102

função hash / 23103

função recursiva / 13311

função unidirecional / 83422

Fundação Nacional de Ciência (EUA) / 21104

Fundamentos Jurídicos / 9.1.2

fundamentos para elaboração de padrões / 75215

Fundo da Rota da Seda / 45209

fundo de capital de risco patrocinado pelo governo / 54514

fundo de carbono / 54327

fundo de compensação dos riscos de crédito da tecnologia financeira / 54511

Fundo de Cooperação Económica China-Eurásia / 45212

Fundo de Cooperação Marítima China-ASEAN / 45210

Fundo de Cooperação para Investimentos China-Europa Central e Oriental / 45211

fundo de garantia de financiamento de políticas para micro, pequenas e médias empresas / 54512

fundo de provisão de riscos para aplicação financeira de novas tecnologias / 55235

Fundo Nacional da Garantia de Financiamento / 53115

Fundo Nacional de Desenvolvimento Verde / 54303

fundo pública / 92517

fundo social / 53515

fusão cérebro-computador / 14520

fusão de dados / 22506

fusão de informações multi-sensor / 31214

fusão de sensores / 72424

fusão militar-civil / 85413

Futuro das Fintechs: O Reino Unido como Líder Mundial em Tecnologias Financeiras (Reino Unido) / 51112

G

GA/T 1139-2014 Tecnologia de Segurança de Informação - Requisito de Tecnologia de Segurança para Produtos de Digitalização de Base de Dados / 73212

GA/T 1143-2014 Tecnologia de Segurança da Informação - Requisito Técnico de Segurança para os Produtos Software de Destruição dos Dados / 73256

GA/T 1537-2018 Tecnologia de Segurança da Informação. - Critério de Testes e Avaliação sobre Produtos de Proteção de Terminais Móveis dos Menores / 73430

GA/T 1545-2019 Tecnologia de Segurança da Informação - Requisito Técnico de Segurança para Cifra Inteligente / 73455

GA/T 711-2007 Tecnologia de Segurança da Informação - Guia Comum de Tecnologia da Proteção da Classificação de Segurança do Sistema de Aplicação Software / 73461

GA/T 754-2008 Os Requisitos e Método de Teste da Ferramenta Duplicadora para Intermediário de Armazenamento dos Dados Eléctricos / 73210

GA/T 913-2019 Tecnologia de Segurança da

Integridade e Não Repudiação da Origem)
/ 73226

GB/T 14805.6-2007 Intercâmbio dos Dados Eléctricos
sobre Administração, Comércio e Transporte
(EDIFACT) - Regras Sintácticas do Nível Aplicável
(Número da Versão de Sintaxe: 4, Número do
Lançamento de Sintaxe: 1) - Parte 6:Autenticação
Segura e Reconhecimento da Mensagem (Tipo de
Mensagem: AUTACK) / 73227

GB/T 14805.7-2007 Intercâmbio dos Dados Eléctricos
sobre a Administração, Comércio e Transporte
(EDIFACT) - Regras Sintácticas do Nível Aplicável
(Número da Versão de Sintaxe: 4, Número do
Lançamento de Sintaxe: 1) - Parte 7: Regras de
Segurança do IDE de Séries (Confidencialidade)
/ 73228

GB/T 15278-1994 Processamento de Informação
- Encriptação dos Dados - Requisito da
Interoperabilidade na Camada Física / 73231

GB/T 15852.1-2008 Tecnologia da Informação
-Tecnologia de Segurança - Códigos da
Autenticação de Mensagem (MACs) - Parte 1:
Mecanismo da Cifra de Bloco / 73456

GB/T 16264.8-2005 Tecnologia da Informação -
Interligação dos Sistemas Abertos - O Directório
- Parte 8: Estrutura sobre Certificado de Chave
Pública e de Atributo / 73458

GB/T 16611-2017 Especificação Geral para Transceptor
da Transmissão dos Dados de Rádio / 73218

GB/T 16684-1996 Tecnologia da Informação -
Especificação do Ficheiro Descritivo dos Dados
para Intercâmbio de Informação / 73127

GB/T 17142-2008 Tecnologia da Informação -
Interligação dos Sistemas Abertos - Visão Geral da
Gestão dos Sistemas / 73136

GB/T 17964-2008 Tecnologia da Informação -
Tecnologias de Segurança - Modos da Operação
para Uma Cifra de Bloco / 73452

GB/T 18142-2017 Tecnologia da Informação -
Representação dos Valores dos Metadados -
Notação do Formato / 73142

GB/T 18336.3-2015 Tecnologia da Informação -
Tecnologias de Segurança - Critério de Avaliação
para a Segurança da Tecnologia da Informação -
Parte 3: Componentes da Garantia de Segurança
/ 73333

GB/T 18794.6-2003 Tecnologia da Informação -
Interligação dos Sistemas Abertos - Estrutura
de Segurança para Os Sistemas Abertos - Part 6:
Estrutura de Integridade / 73504

GB/T 19114.32-2008 Sistema e Integração da
Automatização Industrial - Dados de Gestão da
Fabricação Industrial: Gestão da Uso dos Recursos
- Parte 32: Modelo Conceptual para os Dados da
Gestão da Aplicação dos Recursos / 73531

GB/T 19668.1-2014 Serviço da Tecnologia da
Informação - Fiscalização - Parte 1: Regras Gerais
/ 73348

GB/T 20009-2019 Tecnologia de Segurança da
Informação - Critérios de Avaliação de Segurança
para o Sistema de Gestão de Base de Dados
/ 73323

GB/T 20269-2006 Tecnologia de Segurança da
Informação - Requisitos da Gestão da Segurança
do Sistema Informático / 73326

GB/T 20273-2019 Tecnologia de Segurança da
Informação - Requisitos Técnicos de Segurança
para o Sistema de Gestão de Base de Dados
/ 73214

GB/T 20533-2006 Metadados para Dados Ecológicos
/ 73523

GB/T 21715.4-2011 Informática de Saúde - Dados do
Cartão de Saúde dos Pacientes - Parte 4: Dados
Clínicos Amplificados / 73534

GB/T 22281.2-2011 Monitoramento e Diagnósticos
de Condição das Máquinas - Processamento,

Comunicação e Apresentação de Dados, - Parte 2: Processamento de Dados   / 73239

GB/T 24405.1-2009 Tecnologia da Informação - Gestão de Serviços - Parte 1: Especificação   / 73338

GB/T 24874-2010 Especificação de Dados para a Informação Compartilhada do espaço dos Recursos de Pastagem   / 73526

GB/T 25000.12-2017 Sistema e Engenharia de Software - Requisitos de Qualidade e Avaliação dos Sistemas e Software (SQuaRE) - Parte 12: Modelo da Qualidade dos Dados   / 73314

GB/T 25056-2018 Tecnologia de Segurança da Informação - Especificações Tecnologias da Criptografia e Tecnologia Relativa de Segurança para Sistema da Autenticação de Certificado   / 73449

GB/T 25068.1-2012 Tecnologia da Informação -Tecnologias de Segurança - Segurança das Redes TI - Parte 1: Gestão da Segurança da Rede   / 73331

GB/T 25068.2-2012 Tecnologia da Informação -Tecnologias de Segurança - Segurança da Rede TI - Parte 2: Arquitectura da Segurança da Rede   / 73420

GB/T 25742.2-2013 Monitoramento e Diagnósticos de Condição das Máquinas - Processamento, Comunicação e Apresentação de Dados, - Parte 2: Processamento de Dados   / 73240

GB/T 26236.1-2010 Tecnologia da Informação - Gestão dos Ativo de Software - Parte 1: Processos   / 73309

GB/T 26816-2011 Metadados Centrais dos Recursos Informáticos   / 73122

GB/T 28181-2016 Requisitos Técnicos para Transmissão, comutação e Controlo de Informações em Sistemas de Rede de Vigilância por Vídeo para a Segurança Pública   / 73407

GB/T 28441-2012 Especificação de Qualidade dos

Dados de Mapa Eletrônico para a Navegação em Veículos   / 73532

GB/T 28449-2018 Tecnologia de Segurança da Informação - Guia sobre Processos de Avaliação para a Protecção Classificada da Cibersegurança   / 73413

GB/T 28452-2012 Tecnologia de Segurança da Informação - Requisito Comum das Tecnologias de Segurança para Sistema de Software da Aplicação   / 73460

GB/T 28517-2012 Descrição e Formas de Intercâmbios sobre Incidentes da Segurança de Rede   / 73424

GB/T 28821-2012 Requisitos Técnicos do Sistema de Gestão da Base dos Dados Relacionais   / 73208

GB/T 28827.1-2012 Serviço da Tecnologia da Informação - Operação e Manutenção - Parte 1: Requisitos Gerais   / 73336

GB/T 29264-2012 Serviço da Tecnologia da Informação - Classificação e Código   / 73349

GB/T 29360-2012 Especificação para Recuperação dos Dados das Provas Forenses Electrónicas   / 73243

GB/T 29765-2013 Tecnologia de Segurança da Informação - Método de Avaliação de Requisitos Técnicos e de Testes para os Produtos de Cópia e Recuperação dos Dados   / 73241

GB/T 29766-2013 Tecnologia de Segurança da Informação - Método de Avaliação de Requisitos Técnicos e de Testes para os Produtos de Recuperação de Dados de Website   / 73242

GB/T 29829-2013 Tecnologia de Segurança da Informação - Especificação de Interface e funções da Plataforma de Suporte Criptográfico para Computação Confiável   / 73325

GB/T 30271-2013 Tecnologia de Segurança da Informação - Critério de Avaliação para Capacidade de Serviços sobre Segurança da Informação   / 73321

GB/T 30273-2013 Tecnologia de Segurança da

Informação - Metodologia Comum de Avaliação para Garantia de Segurança dos Sistemas da Informação / 73322

GB/T 30285-2013 Tecnologia de Segurança da Informação - Especificações da Construção e Gestão,de Operação e Manutenção do Centro de Recuperação do Desastre / 73328

GB/T 30522-2014 Infraestrutura Científica e Tecnologia - Princípios e Métodos Básicos da Padronização dos Metadados / 73124

GB/T 30881-2014 Tecnologia da Informação - O Sistema de Registos dos Metadados (MDR) Módulos / 73125

GB/T 30994-2014 Especificação de Testes para o Sistema de Gestão de Base de Dados Relacional / 73215

GB/T 30998-2014 Tecnologia da Informação - Especificação da Garantia de Segurança de Software / 73459

GB/T 31500-2015 Tecnologia de Segurança da Informação - Requisito de Serviço de Recuperação de Dados para Intermediário de Armazenamento / 73216

GB/T 31501-2015 Tecnologia de Segurança da Informação - Autenticação e Autorização - Especificação para a Autorização das Aplicações na Programação de Decisão de Interface / 73435

GB/T 31509-2015 Tecnologia de Segurança da Informação - Guia da Implementação para Avaliação dos Riscos da Segurança da Informação / 73320

GB/T 31782-2015 Requisitos para a Transacção Confiável do Comércio Electrónico / 73511

GB/T 31916.1-2015 Tecnologia da Informação - Armazenamento e Gestão dos Dados em Nuvem - Parte 1: Gerais / 73143

GB/T 31916.3-2018 Tecnologia da Informação - Armazenamento e Gestão dos Dados em

Nuvem - Parte 3: Interface de Aplicação para Armazenamento do Ficheiro Distribuído / 73207

GB/T 32399-2015 Tecnologia da Informação - Computação em Nuvem - Arquitectura de Referências / 73113

GB/T 32626-2016 Tecnologia da Informação - Jogos Online - Terminologia / 73107

GB/T 32627-2016 Tecnologia da Informação - Requisito da Descrição para os Dados de Endereço / 73128

GB/T 32630-2016 Requisitos Técnicos para o Sistema da Gestão dos Dados Não Estruturados / 73209

GB/T 32908-2016 Especificação de Interface para Acesso aos Dados Desestruturados / 73259

GB/T 32924-2016 Tecnologia de Segurança da Informação - Guia para Alerta da Cibersegurança / 73417

GB/T 33131-2016 Tecnologia de Segurança da Informação - Especificação para a Segurança das Redes do Armazenamento IP Baseado em IPSec / 73421

GB/T 33136-2016 Serviços da Tecnologia da Informação - Modelo de Maturidade da Capacidade de Serviço do Centro de Dados / 73252

GB/T 33847-2017 Tecnologia da Informação- Terminologia de Middlewares / 73106

GB/T 33850-2017 Serviço da Tecnologia da Informação - Sistema dos Indicadores de Avaliação de Qualidade de Serviço / 73350

GB/T 33852-2017 Requisitos Técnicos de Qualidade de Serviço para Rede de Clientes de Banda Larga com Base em Rede Pública de Telecomunicações / 73423

GB/T 33863.8-2017 Arquitetura Unificada OPC - Parte 8: Acesso a Dados / 73436

GB/T 34077.1-2017 Especificação de Gestão da Plataforma Comum do Serviços Governamentais Eletrónicos Baseado na Computação em Nuvem

GB/T 36351.2-2018 Tecnologia da Informação - Aprendizagem, Educação e Formação - Elementos de Dados de Gestão Educacional - Parte 2: Elementos de Dados Públicos / 73535

GB/T 36463.1-2018 Serviço de Tecnologia da Informação - Consultoria e Concepção - Parte 1: Requisitos Gerais / 73341

GB/T 36478.2-2018 Internet das Coisas - Partilha e Transação de Informações - Parte 2: Requisitos Técnicos Gerais / 73139

GB/T 36478.3-2019 Internet das Coisas - Partilha e Transação de Informações - Parte 3: MetaDados / 73126

GB/T 36622.1-2018 Cidade Inteligente - Plataforma de Suporte a Informações e Serviços Públicos - Parte 1: Requisitos Gerais / 73518

GB/T 36626-2018 Tecnologia de Segurança da Informação - Guia de Gestão para Operação e Manutenção Seguras de Sistemas de Informação / 73327

GB/T 36635-2018 Tecnologia de Segurança da Informação - Guia de Implementação e Requisitos Básicos de Monitoramento de Segurança da Internet / 73418

GB/T 36639-2018 Tecnologia de Segurança da Informação - Especificação de Computação Confiável - Plataforma de Suporte Confiável para Servidor / 73324

GB/T 36643-2018 Tecnologia de Segurança da Informação - Especificação de Formato de Informação sobre a Ameaça à Cibersegurança / 73416

GB/T 36959-2018 Tecnologia de Segurança de Informação - Requisitos de Capacidade e Especificação de Avaliação para as Instituições de Avaliação de Proteção Classificada de Cibersegurança / 73412

GB/T 36962-2018 Classificação e Códigos de Dados de Sensoriamento / 73312

GB/T 37025-2018 Tecnologia de Segurança da Informação - Requisitos Técnicos de Segurança da Transmissão de Dados para Internet das Coisas / 73221

GB/T 37033.3-2018 Tecnologia de Segurança da Informação - Requisitos Técnicos de Aplicação Criptográfica para Sistemas de Identificação por Radiofrequência - Parte 3: Requisitos Técnicos para Gestão de Chaves Criptográficas / 73451

GB/T 37092-2018 Tecnologia de Segurança da Informação - Requisitos de Segurança para Módulos Criptográficos / 73453

GB/T 37373-2019 Transporte Inteligente - Serviço de Segurança de Dados / 73426

GB/T 37538-2019 Especificação para Monitoramento Online de Produtos Transacionados de Comércio Electrónico / 73513

GB/T 37550-2019 Sistema de Índice de Avaliação de Ativo de Dados do Comércio Electrónico / 73514

GB/T 37696-2019 Serviço de Tecnologia da Informação - Requisitos para Avaliação da Capacidade dos Trabalhadores no Ramo / 73351

GB/T 37721-2019 Tecnologia da Informação - Requisitos Funcionais Básicos para Sistemas Analíticos de Big Data / 73131

GB/T 37722-2019 Tecnologia da Informação - Requisitos Funcionais para Sistemas de Armazenamento e Processamento de Big Data / 73206

GB/T 37736-2019 Tecnologia da Informação - Computação em Nuvem - Requisitos Gerais de Monitoramento de Recursos em Nuvem / 73144

GB/T 37737-2019 Tecnologia da Informação - Computação em Nuvem - Requisitos Técnicos Gerais do Sistema de Armazenamento em Bloco Distribuído / 73134

GB/T 37741-2019 Tecnologia da informação -

gestão de conteúdo digital / 41115

gestão de continuidade de negócios / 84402

Gestão de Dados Científicos / 3.5.4

gestão de dados de pesquisa científica / 35402

gestão de dados mestres / 33519

gestão de direitos digitais / 41119

gestão de direitos digitais / 82108

gestão de informações de logística baseada em RFID / 53312

gestão de inteligência de padrões / 75403

gestão de linha de produção / 35225

gestão de nó de sensor / 85116

Gestão de Padronização de Dados / 7.5.4

gestão de patrimonial móvel / 54123

gestão de preferências / 33524

gestão de projetos de software / 12314

gestão de recursos de dados governamentais / 93201

gestão de risco dos negócios financeiros / 55206

gestão de riscos / 33521

gestão de riscos para segurança da rede financeira / 55214

gestão de rotatividade dos clientes / 33520

gestão de rotulagem / 75405

Gestão de Segurança / 8.4

gestão de segurança da Internet das coisas / 72511

gestão de traço de trabalhos / 93225

gestão digital de micro-riquezas / 54221

gestão distribuída de bloqueio / 32417

gestão do ciclo de vida completo da fonte de poluição / 63414

gestão do ciclo de vida completo de informações sensíveis / 65210

gestão do plano de emergência / 83319

gestão do sistema padrão / 75309

gestão ds conhecimentos / 14106

gestão em GRID / 61205

gestão informatizada de logística por código bidimensional / 53314

gestão informatizadade logística por código de barras / 53313

gestão inteligente da água / 63403

gestão inteligente de propriedades / 63303

gestão leve / 61320

gestão matemática / 15304

gestão partilhada / 35405

gestor de transações / 32414

giroscópio da ressonância magnética nuclear / 25316

Giroscópio SERF / 25317

Global Findex Database (Banco Mundial) / 51102

globalização da inovação da tecnologia financeira / 51410

globalização da produção / 41210

globalização de dados / 85307

globalização de recursos fornecidos / 45208

globalização financeira / 52501

GM/T 0001.1-2012 Algoritmo de Cifra de Fluxo ZUC - Parte 1: Descrição do Algoritmo / 73439

GM/T 0003.1-2012 Algoritmo Criptográfico de Chave Pública SM2 com Base em Curvas Elípticas - Parte 1: Regras Gerais / 73440

GM/T 0006-2012 Especificação de Rotulagem de Aplicação Criptográfica / 73448

GM/T 0008-2012 Critérios de Teste de Criptografia para Segurança IC / 73447

GM/T 0009-2012 Especificação de Aplicação do Algoritmo de Criptografia SM2 / 73446

GM/T 0014-2012 Especificação do Protocolo de Criptografia do Sistema de Autenticação de Certificado Digital / 73445

GM/T 0015-2012 Formato de Certificado Digital Baseado no Algoritmo SM2 / 73444

GM/T 0020-2012 Especificação da Interface de Serviço Integrada da Aplicação de Certificado / 73443

GM/T 0023-2014 Especificação do Produto de Gateway VPN IPSec / 73442

GM/T 0024-2014 Especificação Tecnologias de VPN
SSL   / 73441

golpe de moeda virtual   / 55132

Google   / 65408

Google Balloon   / 21423

Google Flu Trends   / 15505

gorvenança populista   / 61505

GOST ISO/IEC 15419:2018 Tecnologiada Informação -
Tecnologias de Identificação Automática e Captura
de Dados - Teste de Desempenho de Impressão
e Imagiologia Digital com Código de Barras
/ 74501

GOST ISO/IEC 15424:2018 Tecnologiada Informação -
Tecnologias de Identificação Automática e Captura
de Dados - Identificadores de Portador de Dados
(Incluindo Rótulos de Simbologia)   / 74502

GOST ISO/IEC 17788:2016 Tecnologiada Informação
- Computação em Nuvem - Visão Geral e
Vocabulário   / 74503

GOST R 43.0.8-2017 Garantia Informativa de
Equipamentos e Atividade Operacional -
Inteligência Artificial Nainteração entre Homem e
Informação - Princípios Gerais   / 74504

GOST R 53632-2009 Parâmetros de Qualidade dos
Serviços "Acesso à Internet"- Requisitos Gerais
/ 74505

GOST R 55387-2012 Qualidade de Serviço "Acesso à
Internet"- Índices de Qualidade   / 74506

governaça em nuvem   / 62304

governação colaborativa   / 61508

governação com precisão   / 62305

governação com tecnologias   / 61201

governação da pobreza no nível de comunidade   / 44510

governação de ativos de dados   / 41111

Governação de Big Data   / 6

Governação de Dados   / 3.3.5

governação de inteligência artificial da nova geração
/ 24519

governação de múltiplas partes interessadas   / 61510

governação de plataforma   / 43315

governação eletrónica   / 21315

governação em rede   / 61206

governação em redes   / 62415

governação fina   / 61220

governação financeira internacional   / 55501

Governação Global da Internet   / 6.5

Governação Inteligente   / 6.2.3

governação multinível   / 61512

Governação Nacional na Era de Big Data (Chen Tan,
etc. China)   / 15418

governação onchain   / 23518

governação participativa   / 61509

governação policêntrica   / 61511

Governo 3.0 (Coreia do Sul)   / 62115

Governo Aberto   / 62101

Governo como Plataforma   / 43402

governo de plataforma   / 62106

governo de recursos abertos   / 62108

Governo Digital   / 6.2

Governo Digital como Plataforma (Reino Unido)
/ 62112

governo electrónico   / 62102

governo em nuvem   / 62107

governo inteligente   / 62104

governo virtual   / 62105

gradiente descendente online   / 34212

gradiente natural   / 14225

gráfico de colunas empilhadas   / 34316

gráfico de conhecimento de procuradoria   / 95245

gráfico de conhecimento para os trabalhos de
procuradoria   / 95212

gráfico de conhecimentos   / 14101

gráfico de dispersão tridimensional   / 34318

gráfico de fluxo de controlo   / 33405

Gráfico de Nuvem de Procuradoria da Província de
Zhengjiang   / 95240

H

integração transfronteiriça   / 24118

integridade da rede   / 81304

integridade dos dados   / 33529

integridade em rede   / 23416

integridade na cadeia   / 62505

intelectualização das instituições financeiras
   tradicionais   / 51204

intelectualização de deliberações em gestão urbana
   / 61415

Inteligência Artificial   / 2.4

inteligência artificial confiável   / 81202

inteligência artificial de nova geração   / 24101

inteligência artificial distribuída   / 43410

inteligência artificial forte   / 24103

inteligência artificial fraca   / 24102

Inteligência Artificial no setor jurídico   / 95509

Inteligência Artificial: Uma Abordagem Moderna
   (Stuart J. Rossell, EUA)   / 15409

inteligência brain-like   / 24413

inteligência colectiva   / 14209

inteligência colectiva   / 61502

Inteligência Computacional   / 1.4

inteligência de agrupamento   / 22417

inteligência de ameaças à segurança   / 84410

inteligência de governação social   / 24403

inteligência de negócios   / 15118

inteligência de rede de todas as fontes   / 81111

inteligência de serviços jurídicos   / 95402

inteligência híbrida   / 14521

inteligência híbrido-aumentada   / 24224

inteligencialização de plataformas   / 43407

interação danmaku   / 65420

interação de sensores   / 14306

interação entre realidade e virtualidade   / 61423

interação multicanal   / 14319

interação multisensorial   / 14317

interação por voz   / 14324

interação principal   / 43307

interação social em rede   / 65101

interacção por meio de gestos de mãos   / 14325

intercadeia   / 23114

intercâmbio de dados   / 93327

intercâmbio do valor   / 21210

intercâmbio eletrónico de dados de segurança   / 82403

intercâmbio internacional da tecnologia financeira
   / 55504

intercepção automática das transações suspeitosas dos
   negócios financeiros   / 55207

interconexãoda comunicação internacional   / 45114

Interface Cérebro-Computador   / 2.4.3

interface de arquitetura de referência de comunicação
   / 72508

interface de arquitetura de referência de informações
   / 72509

interface de arquitetura de referência do sistema de
   aplicativos   / 72507

interface de comunicação de dados   / 12109

interface de programa de aplicativo de serviço de
   segurança geral   / 83322

interface de rede privada a rede   / 81115

interface homem-máquina   / 12321

interferência do átomos frios   / 25305

interligação dos canais   / 51303

intermediação financeira   / 52505

intermediário de dados   / 91504

intermediários de informação de empréstimos peer to
   peer   / 52216

internacionalização de negócios pan-conteúdo
   / 45418

internacionalização de padronização de big data
   / 75345

internautas   / 65201

Internet   / 12119

Internet   / 2.1

Internet da energia   / 21318

Internet da Informação   / 23510

J

de Dados - Especificação de Simbologia de Código de Barra e de QR / 74404

JIS X0512:2015 Tecnologia da Informação - Tecnologias de Identificação Automática e Captura de Dados - Especificação de Simbologia de Código de Barras Data Matrix / 74413

JIS X0532-1:2018 Tecnologia da Informação - Tecnologias de Identificação Automática e Captura de Dados - Rotulagem Única - Parte 1: Unidades de Transporte Individuais / 74405

JIS X0532-2:2018 Tecnologia da Informação - Tecnologias de Identificação Automática e Captura de Dados - Rotulagem Única - Parte 2: Procedimentos de Registro / 74406

JIS X0532-3:2018 Tecnologia da Informação - Tecnologias de Identificação Automática e Captura de Dados - Rotulagem Única - Parte 3: Regras Comuns / 74407

JIS X0532-4:2018 Tecnologia da Informação - Tecnologias de Identificação Automática e Captura de Dados - Rotulagem Única - Parte 4: Produtos Individuais e Pacotes de Produtos / 74408

JIS X0532-5:2018 Tecnologia da Informação - Tecnologias de Identificação Automática e Captura de Dados - Rotulagem Única - Parte 5: Itens Individuais de Transporte Viáveis de Devolução / 74409

JIS X19790:2015 Tecnologia da Informação - Tecnologias de Segurança - Requisitos de Segurança para Módulos Criptográficos / 74412

JIS X5070-1:2011 Tecnologia da Informação - Tecnologias de Segurança - Critérios de Avaliação para Segurança IT - Parte 1: Introdução e Modelo Geral / 74417

JIS X6256:2019 Tecnologia da Informação - Intermediário de Registro Digital para Troca e Armazenamento de Informações - Método de Teste para Avaliação da Vida Útil dos Discos Ópticos para Armazenamento de Dados a Longo Prazo / 74402

JIS X9250:2017 3750 Tecnologia da Informação - Tecnologias de Segurança - Estrutura de Privacidade / 74410

JIS X9401:2016 Tecnologia da Informação - Computação em Nuvem - Visão Geral e Vocabulário / 74414

jogo digital / 42218

jogo online para telemóvel / 65305

jogos / 24212

JR/T 0016-2014 Protocolo de Transação de Dados de Futuros / 73506

JR/T 0022-2014 Protocolo de Transação de Dados de Negociação de Valores / 73507

JT/T 1206-2018 Sistema de Informações de Transporte Marítimo do Rio Yangtze — Especificações para Transação e Partilha de Dados / 73528

juíz robótico / 95301

julgamento baseado em algoritmo / 95439

julgamento inteligente / 95312

julgamento online / 95304

jurisdição / 92303

jurisdição de dados de longo braço / 92316

jurisprudência cibernética / 91522

jurisprudência computacional / 91524

jurisprudência de dados / 91523

jurisprudência ominipresente / 91123

jurista do futuro / 91525

justiça digital / 91527

justiça distributiva / 41228

Justiça Inteligente / 9.5.4

justiça intergeracional / 91309

K

k-nearest neighbor / 13213

línguagem de montagem   / 33305

linguagem de programação   / 33307

linguagem de programação em robótica   / 14422

linguagem de software   / 12301

linguagem Golang   / 33312

linguagem Java   / 33310

linguagem Julia   / 33311

linguagem livre de contexto   / 13321

linguagem Python   / 33309

linguagem R   / 33308

linguagem regular   / 13320

linguagem robótica   / 72414

linguagem Scala   / 33313

linguagem SQL   / 33314

linha de assinante de dados   / 81114

linha de produção inteligente   / 42414

liquidação electrónica   / 52119

liquidação financeira remota   / 53318

liquidez do recibo de armazém fora do padrão   / 53323

lista branca   / 82309

lista de revogação de certificados   / 82208

literacia financeira   / 54211

litígio   / 94315

litígio administrativo   / 94321

litígio de interesse público   / 92514

litígio electrónico   / 95305

litígio online   / 95308

Livro Branco sobre Dados Abertos (Reino Unido)
   / 15511

Livro de Capa Branca sobre o Quadro para Fintech
   (EUA)   / 51114

locação e factoring   / 53218

locação financeira de activos verdes   / 54334

localidade de dados   / 92314

localização e pose   / 72407

localizador de recursos uniforme   / 31327

Log de dados   / 31308

Lógica de Bieber   / 83303

Lógica de Burrows-Abadi-Needham   / 83302

lógica de protocolo   / 83301

login remoto   / 82505

logística inteligente   / 63206

logon único   / 84308

loja digital   / 41305

loja online demosntrativa de combate à pobreza através
   do comércio electrónico   / 44403

loops de feedback da comunidade   / 43306

louças sanitárias inteligentes   / 64417

luta de poderes algonrítmicos   / 15208

LY/T 2921-2017 Qualidade dos Dados Florestais -
   Elementos Básicos   / 73525

M

mais-valia   / 41509

maker   / 15305

maldição da dimensionalidade   / 35223

manada relacional   / 53510

Manifesto Quântico (UE)   / 25120

manobra Ciber-Europa (UE)   / 83516

manobra de CyberStorm (EUA)   / 83515

manobra de defesa a ataques à rede   / 83512

manobra de defesa a ataques de segurança cibernética
   / 83518

manobra de Escudo Fechado da OTAN   / 83517

Manual Tallinn   / 21510

manufatura auxiliada por computador   / 12419

manutenção do software   / 12313

mão-de-obra de dados   / 41203

mapa conceitual   / 14118

mapa de atributos   / 32204

mapa de calor de crime   / 95105

mapa de densidade   / 34315

mapa de fluxo   / 34314

mapa económico   / 43501

mapa em 3D / 34320

mapa etiquetas / 32203

mapa mental / 34310

mapeamento / 11102

mapeamento da implementação de padrões / 75316

mapeamento de dados / 31101

mapeamento em tempo real / 15110

mapeamento virtual de objeto-relacional / 61411

máquina de confiança / 23408

máquina de ponto de venda / 52102

máquina de reciclagem inteligente / 63406

máquina de Turing / 13301

máquina de vetor de suporte / 13210

máquina de vetores de suporte paralelo / 34208

maquinaria agrícola inteligente / 42313

máquinas de Boltzmann / 14507

marca de água de dados / 83418

marca de água digital / 82421

marcação e triagem online / 64119

marketing da comunidade online / 65102

marketing de precisão / 51208

marketing social dos produtos financeiros online / 51507

mascaramento de dados / 33106

matemática combinatória / 11104

matemática computacional / 11114

matemática discreta / 11119

Matemática Estatística / 1.1.2

materiais básicos de inteligência artificial / 24314

matriz / 11108

matriz de causa e efeito / 34107

Matriz de Controles de Nuvem / 84516

Matriz Quilometrica Quadrada / 35111

maturidade da capacidade de segurança de dados / 93406

maximização do lucro de ativos de dados / 41114

mecânica quântica / 25105

mecanismo aberto para aplicação de dados e auditoria

de dados / 35413

mecanismo coordenado de prevenção ao crime / 95122

mecanismo da confiança mútua e do reconhecimento mútuo / 41412

mecanismo de absorção de perda de risco / 53409

mecanismo de alerta precoce e intervenção de riscos dos negócios financeiros / 55304

mecanismo de alerta precoce e monitoramento de riscos dos negócios financeiros / 55303

mecanismo de alerta precoce para monitoramento de segurança dos dados / 84509

mecanismo de auto-regulação e ética profissional para a indústria de big data / 94202

mecanismo de avaliação verde do banco / 54311

mecanismo de classificação para segurança de dados / 93425

mecanismo de confiança / 41513

mecanismo de confiança mútua da cadeia de fornecimentos / 51520

mecanismo de consenso / 23117

mecanismo de coordenação e promoção de padronização do governo local / 71310

mecanismo de coordenação para divulgação de informações do governo / 93235

mecanismo de coordenação regional para a padronização / 71309

mecanismo de diálogo e consulta no ciberespaço / 21517

mecanismo de encriptação / 82509

mecanismo de geração de segurança de ativos de dados / 94207

mecanismo de gestão de bloqueio / 32119

mecanismo de gestão de réplicas / 32120

mecanismo de gestão para emigração de dados / 85303

mecanismo de incorporação de rede dupla / 44507

mecanismo de matching não digital / 44110

mecanismo de melhoria de crédito　/ 54508

mecanismo de móvel omnidirecional　/ 72406

mecanismo de padronização da fusão militar-civil
　/ 71312

mecanismo de participação do público no partilha de
　dados　/ 35415

mecanismo de partilha de dados públicos　/ 93341

mecanismo de partilha e troca de dados para o alívio à
　pobreza　/ 44206

mecanismo de planejamento e coordenação para a
　padronização　/ 71305

mecanismo de prevenção e controlo conjunto de riscos
　dos negócios financeiros　/ 55307

mecanismo de proteção da infraestrutura de
　informações críticas　/ 21515

mecanismo de punição para a proteção ineficazdos
　dados e a fuga da privacidade　/ 94210

mecanismo de redução da pobreza baseada no
　desenvolvimento　/ 44201

mecanismo de revisão de confidencialidade para
　a divulgação de informações governamentais
　/ 93236

mecanismo de revisão de confidencialidade para
　partilha e publicação　/ 93238

Mecanismo de Segurança　/ 8.4.4

mecanismo de segurança baseado em hardware
　/ 82116

mecanismo de verificação por cartão de senha
　descartável　/ 53118

mecanismo do protocolo de segurança de blockchain
　/ 23115

mecanismo especial de intercâmbio da aliança de
　dados　/ 35412

mecanismo não litigioso de terceiros para resolução de
　disputas　/ 53412

mecanismo obrigatório de troca de dados　/ 35411

mecanismo para promoção da abertura e partilha dos
　dados baseados em pontos　/ 35414

mecanismo regional de intercâmbio de redução da
　pobreza　/ 44210

mecanismos de cooperação digital global　/ 41413

mecanismos de múltiplos investimentos para a
　padronização　/ 71313

média digital　/ 15115

Média Particular　/ 43219

mediação　/ 94313

mediação e arbitragem online　/ 64207

mediação inteligente　/ 95325

medição da gravitação quântica　/ 25312

medição do campo magnético quântico　/ 25311

medição ordenada no sistema de padronização
　/ 75312

Medição Quântica　/ 2.5.3

medicina de precisão　/ 64116

medicina forense computacional　/ 95518

médico digital　/ 64111

Medidas de Gestão para a Partilha dos Recursos de
　Dados Relacionado aos Assuntos Governamentais
　da Cidade de Xi'an　/ 93122

medidas de segurança do site　/ 93429

Medidas Interinas para a Gestão da Partilha dos
　Recursos de Dados Relacionados aos Assuntos
　Governamentais da Cidade de Wuhan　/ 93118

Medidas para a Gestão de Dados Científicos(China)
　/ 93106

Medidas para a Gestão de Dados Governamentais da
　Cidade de Guiyang　/ 93120

Medidas para a Gestão de Recursos de Informação
　Pública da Província de Hainan　/ 93113

Medidas para a Gestão do Partilha de Recursos de
　dados Relacionados a Assuntos Governamentais da
　Cidade de Xangai　/ 93110

Medidas para a Gestão do Partilha de Recursos de
　Dados Relativos a Assuntos Governamentais da
　Cidade de Hangzhou　/ 93117

Medidas para a Gestão dos Dados Públicos e

E-Governo da Província de Zhejiang / 93112

Medidas para a Partilha de Recursos de Dados
Relacionados a Assuntos Governamentais da
Província de Guangdong (Julgamento) / 93111

Medindo a economia digital: uma perspetiva nova
(OECD) / 15411

meio de transmissão / 12105

meios de comunicação sociais / 11417

meios de governação / 61210

melhoria da inteligência industrial / 24406

membro de segurança da informação certificado
/ 81324

membros gerais da ISO / 71504

Meme da Internet / 65316

memória associativa / 14509

memória de acesso aleatório / 32106

memória digital / 15121

memória flash / 32112

memória não volátil rápida / 13513

memória semicondutora / 42112

menos-centralização / 54417

mensagem instantâneo / 31312

mercado da tecnologia financeira / 51411

mercado de comércio de direitos da água / 54333

mercado de comércio de emissões de carbono / 54321

mercado de comércio do direito de consumo de energia
/ 54332

mercado de comércio para os direitos ambientais
/ 54329

mercado de negociação de dados / 93301

mercado de partilha dos direitos de utilização / 42510

mercado de redistribuição / 42506

mercado de transação de direitos de poluição / 54331

mercado denso / 41231

mercado negro de dados / 94209

mercados de vasto de volume de dados / 22210

metabackup para estrutura de dados / 84110

metaconhecimentos / 14103

metadados / 32103

metadados de negócios / 33515

metadados técnicos / 33514

meteorologia inteligente / 63401

método branch-and-bound / 13121

método de "dividir e conquistar" / 13112

método de acesso em volume / 84207

metodo de demonstração estatuário / 92108

método de enumeração / 13110

método de hierarquização / 83308

método de ligação entre nós diversos / 34312

método de memorando / 13120

método de Newton / 11118

método de programação dinâmica / 13116

método de recorrência / 13111

método de teste de autenticação / 83309

método do gradiente de estratégia de profundidade
/ 34221

método estruturado / 12304

método Fail-stop / 83307

método iterativo / 11117

método orientado à estrutura de dados / 12305

método recursivo / 13113

método regulador responsivo / 54418

metodologia de software / 12303

métodos de formulação de políticas económicas
digitais / 45104

micra aula / 64302

micro e pequena empresa / 52401

micro e pequenas agências bancárias / 52404

Micro e Pequenas Finanças / 5.2.4

micro e pequeno empréstimo / 52402

micro e pequeno financiamento on-line / 54220

micro tribunal móvel / 95313

microcircuito neural / 14522

microcontrolador / 12403

microcrédito / 52403

microcrédito de bancos comerciais para comércio

eletrónico / 52412

microcrédito de terceiros / 52409

microdados / 22403

microfinanças de rede não P2P / 52411

microprocessador / 12402

micropropagação / 65419

microserviços em massa / 43416

microsseguros / 54222

Mídia Cérebro / 65417

mídia ubíqua / 65301

migração de dados / 22505

MIMO de larga escala / 12123

Mineiro de Dados do Big Earth / 35311

Mineração de dados: Conceitos e Técnicas (Jiawei
     Han, Micheline Kamber, EUA) / 15404

mineração de opiniões / 11412

mineração de relações / 95115

Ministério da Agricultura da China - Plataforma de
     Visualização e Mineração de Preços de Mercado
     Atacadista de Produtos Agrícolas / 75505

Ministério da Indústria e Tecnologia da Informação da
     República Popular da China / 94502

Ministro de Estado da Inteligência Artificial dos
     Emirados Árabes Unidos / 15520

mira no alivio à pobreza / 44315

MiXi / 65413

mobilidade inteligente / 63208

mobilização inteligente / 62308

mobilização nacional de informações à defesa nacional
     e garantia de emergência / 85419

mochila digital / 64320

modelação da informação da construção / 63310

modelagem baseada em agentes / 11409

modelagem de conhecimentos / 14120

modelagem de conhecimentos para projetos de
     engenharia / 14112

modelagem de dados / 31115

modelagem semântica / 61417

modelo algorítmico / 24412

modelo analisador de controlo e prevenção de riscos
     dos negócios financeiros / 55205

modelo básico de gestão de área urbana em GRID de
     dez mil metros / 61219

modelo caixa preta / 31117

modelo catedral / 35320

modelo causal de Rubin(RCM) / 34108

modelo de abertura dos dados autónomos / 61129

modelo de armazenamento de dados / 32222

modelo de bazar / 35321

modelo de bens móveis como garantia financeira
     / 53206

modelo de cadeia de valor da informação empresarial
     / 22202

modelo de centralização de saldos / 53419

modelo de cérebro / 14515

Modelo de Ciclo de Vida de Desenvolvimento do
     Sistema / 33513

modelo de computação paralela síncrona em massa
     / 33403

modelo de conceito da Internet das Coisas / 72501

modelo de conteúdo gerado pelo usuário / 21319

modelo de controlo dos objectivos para informação e
     tecnologias relacionadas / 82102

modelo de crédito alternativo / 54405

modelo de dados / 43418

modelo de dados de bloco / 22407

modelo de dados do valor-chave / 32226

modelo de dados lógicos / 32101

modelo de dados Resource Description Framework
     / 41116

modelo de desenvolvimento de software / 12308

modelo de documento / 32227

modelo de fator de produção de inteligência artificial
     / 24410

modelo de força motriz do cenário / 43113

modelo de implanmentação em nuvem / 72222

N

não exclusibilidade / 92407

não-partilhável de recursos do governo / 93210

não-repúdio / 81224

nativos digitais / 21214

natureza de bens imóveis atribuídas aos bens móveis / 53316

natureza do bem-estar público / 92512

natureza do direito público / 92511

natureza dos dados / 22103

natureza humana / 91301

navegação inercial quântica / 25310

negociação online all-link / 45409

negociação online de processo completo / 45415

negócio de penhor habilitado para Internet das coisas / 53322

negócio na nuvem / 21311

negócios quase-financeiros / 53102

Network File System / 32115

neurociência computacional / 14501

neurodinâmica / 14407

neutralidade da rede / 21216

neutralidade de dados / 15206

nível de experiência / 43104

nível de inclusão digital / 44117

nível de informatização da manufatura discreta / 41221

nível de recuperação de desastres / 84206

Noções Básicas de Big Data / 1

Norma de Outros Organizações Nacionais de Normalização / 7.4.5

Normas da China 2035 / 71101

normas de estrutura de dados / 75113

normas de formato para intercâmbio de dados / 75104

normas de importação e exportação de dados / 75432

normas de infraestrutura da plataforma de dados / 75422

normas de terminologia de dados / 75203

normas para o protocolo de controlo de concordância

de bases de dados / 75436

Normas Relacionadas da Associação de Normalização Japonesa / 7.4.4

Normas Relativas do Comissão Europea de Normalização / 7.4.2

Normas Relativas do Instituto de Padronização Americano / 7.4.3

normas sobre ferramentas informáticas de dados distribuídos / 75425

normas tecnológicas chave para o tratamento e análise dos dados / 75420

normas tecnológicas de mineração de dados / 75409

normas tecnológicas para a detecção e avaliação de dados / 75421

notícia basiada com dados / 11418

notificação de transações de recursos públicos / 93321

nova economia inteligente / 41206

nova economia real / 41205

nova entidade comercial / 44505

nova geração de tecnologia da informação / 21110

nova globalização / 45105

nova indústria de displays / 42109

nova lei de Moore / 13501

nova tecnologia de transações / 51301

Nova Zona-Piloto de Desenvolvimento Inovador de Inteligência Artificial (China) / 24505

novas instalações de levantamento topográfico / 63118

Novo Corredor Económico da Ponte Continental Ásia-Europa / 45116

novo crime cibernético / 65206

novo esquema Ponzi / 55122

novo experimento da Internet quântica / 25520

novo paradigma de competição / 41521

Novo Regulamento para Transaçõesde Moeda Digital (Austrália) / 51119

novo relacionamento dos países grandes no ciberespaço / 21520

O

P

paradigma da economia de cenário / 43201

paradigma de ciência da computação / 35208

paradigma de ciência teórica / 35207

paradigma de desenvolvimento compartilhado social
/ 61504

paradigma industrial de padrão / 75328

paradoxo de Simpson / 34110

paradoxo dos dados / 91405

parceiro de serviços de nuvem / 72202

parceria de habilidades digitais / 22313

parceria governamental digital / 23516

Parceria Nacional de Garantia da Informação (EUA)
/ 85417

parque eólico inteligente / 63407

partes na negociação de dados / 93305

participação do cidadão / 92518

Participação Social em Alívio da Pobreza e
Desenvolvimento da China / 44517

participante de economia informal / 54214

partícula anjo / 25116

partícula de dados / 22110

partilha aberto do território / 85309

partilha condicional / 93209

partilha da informação de riscos dos negócios
financeiros / 55212

partilha de conhecimentos / 14119

partilha de dados / 61123

partilha de dados do governo / 61118

partilha de informação sobre risco de dados / 93312

partilha de receitas / 52308

partilha de recursos de informações / 93326

partilha dos direitos de utilização / 41512

partilha e abertura de dados do governo / 61107

Partilha é Ganha / 43205

partilha incondicional / 93208

partilha sob demanda / 93229

partilhade ativos pesados / 42513

patch de atualização do sistema / 84119

patch para vulnerabilidade / 81210

patch virtual / 82406

PayPal / 52120

peças vestíveis inteligentes / 42407

pecuária inteligente / 42317

peer-to-peer / 52201

pegada digital / 62509

penetração da exportação do comércio electrónico
transfronteiriço / 45203

penhora de contas a receber / 53213

Pensamento Computacional / 1.3.1

pensamento da Internet em serviços governamentais
/ 62401

Pequeno Depósito e Pequeno Empréstimo / 53520

pequeno empréstimo online / 52406

percepção de cidade inteligente / 63129

percepção de dados / 22117

percepção de inteligência de agrupamento / 31205

percepção de máquina / 31204

percepção do número / 15314

percepção e detecção integradas / 15111

percepção inteligente / 62303

percepção multimodal / 31206

percepção robótica / 14410

perceptron / 31201

percificação em tempo real / 93316

percificação fixo / 93315

percificação por negóciação / 93314

percpetron multicamadas / 14207

perfeição NP / 13319

personagem virtual / 65103

personalidade / 91101

personalidade digital / 91401

personalidade eletrónica / 91512

personalidade jurídica / 91220

personalidade jurídica finita / 91221

personalidade virtual / 15213

personalização / 42402

novas tecnologias / 55236

Plano Estratégico Nacional de Pesquisa e
Desenvolvimento em Inteligência Artificial (EUA)
/ 24512

plano Internet.org / 21422

Plano Nacional de Criptomoeda (Irã) / 23311

Plano Nacional de Desenvolvimento para a
Padronização das Indústrias Emergentes
Estratégicas do 13º Plano Quinquenal (China)
/ 71204

Plano Nacional de Desenvolvimento para as TIC
na Educação durante o Período do 13º Plano
Quinquenal (2016-2020) / 44418

Planos Básicos para Padrões Nacionais(Coreia do Sul)
/ 71205

plataforma aberta de integração de ativos de dados
/ 41124

Plataforma Aberta de Inteligência Artificial (China)
/ 24501

plataforma aberta financeira da cadeia do fornecimento
/ 53210

plataforma aberta nacional de verificação e ensaio para
inovação (China) / 22303

plataforma aberta nacional dos dados govermentais
(China) / 22304

plataforma adjacente / 43317

plataforma Apache Chukwa / 31419

plataforma Apache Pig / 33419

plataforma automatizada de gestão de patrimônio
/ 54413

plataforma Big Data Guizhou em Nuvem / 62310

Plataforma como Serviço / 72217

Plataforma Compartilhada Global de Base de Recursos
Digitais de Wang Yangming / 15310

plataforma comunicativa miltar-civil / 85412

Plataforma da Gestão de Big Data não Estruturado da
State Grid Corporation of China / 75516

plataforma da Internet baseada no espaço / 21118

plataforma de abertura de dados do governo / 61117

Plataforma de Aplicativos de Big Data para Alívio da
Pobreza com Precisão / 44320

plataforma de aplicativos para serviços governamentais
móveis / 62211

plataforma de aprovação inteligente para planejamento,
construção e administração urbana digital / 63131

plataforma de autoatendimento de registo baseada em
penhor de direitos / 53411

plataforma de autoatendimento de registro de penhor
de propriedade móvel / 53410

Plataforma de big data de serviço médico regional de
Hainan / 75519

Plataforma de Big Data para Desenvolvimento de
Alívio da Pobreza / 44322

plataforma de big data urbano espaço-temporal
/ 63115

plataforma de comércio electrónico transfronteiriço
B2B / 45408

plataforma de computação quântica de nuvem (Alibaba)
/ 25217

plataforma de financiamento colaborativo / 52302

plataforma de gestão de crédito pessoal / 51506

plataforma de gestão de dados / 51319

plataforma de gestão de emergências do governo
/ 63514

plataforma de gestão e supervisão inteligente do
ambiente / 63415

plataforma de governação abrangente em GRID
/ 62214

plataforma de governação Sociadade de Nuvem
Harmoniosa (Guiyang, China) / 62311

plataforma de informação colaborativa com
planejamento múltiplo integrado / 63128

plataforma de informação de saúde da população
/ 64101

plataforma de informação financeirada cadeia de
suprimentos / 53208

interoperabilidade de software e hardware da China / 71316

plataforma de serviços públicos para a padronização da segurança informática nacional (China) / 71315

plataforma de serviços públicos para a partilha de dados / 71317

plataforma de serviços públicos para a segurança do sistema de escritório / 71321

plataforma de serviços públicos para produtos de software e testes de sistema / 71318

plataforma de serviços públicos para segurança de serviços da nuvem / 71320

plataforma de serviços unificada para canais de comércio electrónico e financiamentos na Internet / 53403

plataforma de supervisão de segurança de big data / 93417

plataforma de supervisão por meio de inspeção por inspetores selecionados aleatoriamente de entidades selecionadas aleatoriamente e divulgação pública dos resultados da inspeção / 62512

plataforma de suporte a aplicativos / 43515

plataforma de teste para inteligência artificial / 24319

plataforma de transação de ativos digitais / 23320

plataforma de transação de contas digitais / 23321

plataforma de transmissão ao vivo / 43209

Plataforma Eletrónica de Comércio Mundial / 45401

Plataforma Europeia de Demanda de Inteligência Artificial / 24507

plataforma incubadora da tecnologia financeira / 51402

plataforma IndieGoGo / 52317

plataforma informática da família / 63312

plataforma Inspetoria da Internet Plus / 62513

Plataforma Integrada de Biocolheitas Digitalizadas (EUA) / 35125

plataforma inteligente / 43516

plataforma inteligente de atendimento ao cliente / 62212

plataforma inteligente de gestão de arquivos / 95222

plataforma inteligente de supervisão de segurança de alimentos / 63511

Plataforma Intermédia de Dados / 4.3.4

plataforma Kibana / 31416

plataforma Kickstarter / 52316

plataforma Kiva / 52208

plataforma Lending Club / 52207

plataforma móvel de comando de emergência / 63515

Plataforma Nacional de Compartilhamento de Informações sobre Crédito / 62506

Plataforma Nacional de Serviços de Informação em Áreas Rurais / 42321

Plataforma Nacional Integrada de Serviços Governamentais Online / 62412

Plataforma Nuvem de Inspeção de Inteligência Digital (Guiyang, China) / 62517

plataforma online para registro de emprego / 64210

plataforma online terceirizada / 53101

plataforma partilhada / 42508

Plataforma Partilhada de Vulnerabilidades de Segurança Informática da China / 84519

plataforma policial integrada / 95106

plataforma Prosper / 52206

plataforma púbica para serviços da tecnologia da informação / 71319

plataforma pública para serviços de procuradoria / 95231

plataforma Zopa / 52205

plataformas de empréstimo peer to peer / 53103

plataformas integradas de computação / 43518

plataformatização financeira / 51221

pluralismo jurídico / 91518

poda / 72309

Poder Cibernético / 2.1.4

poder do algoritmo / 91408

poder público / 91217

poder quase-judicial / 91419

processamento em lote   / 33317

processamento em memoria   / 13518

processamento escalável em stream   / 72113

processamento gráfico   / 33320

processamento interactivo   / 33319

processamento paralelo   / 33401

processamento secundário de ativos de dados   / 41127

processo de decaimento de direito   / 14224

Processo de Padronização de Dados   / 7.5.2

processo estocástico   / 11205

processo fechado + big data   / 51322

produção entre homólogos   / 65113

produção intelectual   / 24409

produção inteligente de conteúdos midiáticos   / 65303

produção livre de preocupações   / 41218

produção motivada pela demanda do consumidor
   / 45109

produtividade da informação   / 21208

Produtividade dos Dados   / 4.1.2

produtividade extrema   / 41209

produtização de serviços   / 43406

Produto Bruto de Dados   / 22320

Produto como Cenário   / 43204

produto de dados   / 41301

produto de rede   / 81107

produto e serviço online de mensagens curtas   / 65309

produto financeiro online da cadeia industrial agrícola
   / 53404

produto principal de inteligência artificial   / 24313

produtos financeiros da cadeia de suprimeto para
   empresas de comércio electrónico   / 53220

produtos financeiros e derivados de carbono   / 54328

professor robô   / 64321

programa   / 12302

programa da Primavera de Dados de Pesquisa (Reino
   Unido)   / 35503

Programa de 1.000 Concelhos e 100.000 Aldeias de
   Alibaba   / 44409

Programa de Ação de Computação em Nuvem
   (Alemanha)   / 21414

programa de backdoor   / 81509

programa de controlo   / 72413

Programa de Cooperação Internacional de Catálogo de
   Microorganismos Globais   / 35130

Programa de Formação em Comércio Eletrónico Para
   Jovens Rurais   / 44405

programa de inclusão digital (Reino Unido)   / 21411

programa de intercâmbio dos oficiais de aldeias
   ASEAN+3   / 44220

programa de Rede de Observação do Oceano Global
   / 35105

programa de roubo de senhas   / 81513

programa de tarefas   / 72412

Programa de Vigilância Prism   / 85219

programa espião   / 81511

Programa Europa Digital (UE)   / 21415

Programa Internacional de Ciência da Faixa e Rota
   Digital   / 35128

Programa Nacional de Tecnologias Quânticas (Reino
   Unido)   / 25123

programa para a educação de padronização e formação
   de consciência de padronização (Europa)   / 71301

Programa Ponto Preto Móvel (Austrália)   / 21417

programa sandbox   / 82414

programação de dados   / 33412

programação de muilti objetivos   / 11309

programação declarativa   / 33302

programação densa quântica   / 25404

programação dinâmica   / 11310

programação funcional   / 33304

programação imperativa   / 33301

programação inteira   / 11308

programação linear   / 11306

programação lógica   / 33303

programação não linear   / 11307

programação quântica   / 25205

programação sem ego / 82218

Programa-Estrutura para Pesquisa e Desenvolvimento Tecnológico (UE) / 71207

Programas Principais: Sistemas da Informação e Inteligência (EUA) / 24514

projecto da partilha de dados científicos / 35501

Projecto de Simulador Living Earth (UE) / 35127

Projecto Demonstrativo de Verficação e Aplicação Técnica para Rede da Comunicação Quântica Secura Beijing-Xangai (China) / 25419

projecto do reconhecimento mútuo entre os padrões chineses e internacionais / 71117

projeto "Big Data KnowledgeDiscovery" (Austrália) / 35504

Projeto Abrangente de Aceleração do Desembaraço Aduaneiro para Comércio Electrónico Transfronteiriço / 45201

projeto Apache Mahout / 33420

Projeto Big Data Científico (China) / 35506

Projeto Científico Big Data Terra (China) / 35507

Projeto de Alfabetização Digital / 44413

Projeto de Algoritmo / 1.3.2

projeto de alívio da pobreza através do comércio electrónico / 44401

projeto de atualização dos padrões / 71115

Projeto de Big Data de Fabricação Inteligente da Chang'an Automobile / 75507

projeto de codificação de dados / 75214

Projeto de computação em nuvem de trabalhos policiais de Shandong / 75515

projeto de conservação de dados (EUA) / 35521

Projeto de Construção de Infraestrutura de Informação da Novageração / 44103

Projeto de Desenvolvimento para Verificação de Identificação / 54217

Projeto de Empoderamento Digital Para Empreendedoras She Can / 44411

Projeto de Fábrica Digital / 44415

Projeto de Lei de Protecção de Dados Novos: As Nossas Reformas Planeadas (Reino Unido, 2017) / 93524

projeto de padronização de tecnologia da informação de nova geração / 71121

Projeto de Padronização Internacional de Arquitetura de Referência à Computação em Nuvem (China) / 71519

Projeto de Padronização Internacional de Arquitetura de Referência à Internet das Coisas (China) / 71518

projeto de testamento de blockchain / 91510

Projeto Demonstrativo de Padronização / 7.5.5

projeto do Big Data aos Conhecimentos (EUA) / 35502

Projeto do Cérebro Humano / 2.4.5

projeto e definição de padrões de dados / 75315

Projeto Earthcube (EUA) / 35126

Projeto Europeu de Abertura / 35524

Projeto Genoma Humano / 35110

Projeto Global de Sequenciação de Deformação de Catálogo de Microrganismos de Tipo 10K / 35131

projeto Impala / 31404

Projeto Nacional de Pesquisa e Desenvolvimento Chave de Controlo Quântico e Informação Quântica (China) / 25124

projeto Nuvem Europeia para Ciência Aberta / 35505

Projeto Phoenix / 31401

projeto piloto de padrão das novas indústrias / 71116

Projeto Skynet / 63504

Projeto Terra de Vidro / 35129

Projeto Xueliang / 63503

promoção da padronização da computação em nuvem / 75339

promoção da padronização das cidades inteligentes / 75340

promoção de padrões de big data / 75341

promoção de padronização dos componentes de

Q

R

reciclagem de informações / 92414

recipiente / 92204

reciprocidade forte / 41404

recirculação de mercadorias / 42409

reclamação / 94316

reclamação contra o uso ilegal de informações pessoais / 94215

Recolha de Dados / 3.1.3

recomendação de caso similar / 95405

recomendação de pontos de interesse / 34517

reconciliação / 94312

reconfigurable computing / 13414

reconhecimento de modelos / 72311

reconhecimento do objectivo quântico / 25313

reconhecimento em imagem de sensoriamento remoto / 31329

reconhecimento mútuo de autenticação digital / 45423

reconstrução de posicionamento do cenário / 14327

reconstrução do cenário / 14313

reconstrução holográfica digital / 22419

reconstrução intermediária / 43321

recorde mundial de sensibilidade à detecção de gravidade quântica (EUA) / 25320

recorde mundial para precisão do teste de campo magnético (EUA) / 25319

recuperação confiável / 84403

recuperação de dados / 31325

recuperação de desastre de dados / 83120

recuperação de desastre local / 84122

recuperação de desastre no alcance perto / 84123

recuperação de desastre para aplicativos / 84409

recuperação de desastres de dados / 84408

recuperação e reorganização dos dados / 95409

recuperação remota à desastres / 84126

recurso aberto / 92418

recurso de dados / 22206

recurso de piscinas comuns / 91317

recursos de dados de serviços governamentais / 62218

recursos de dados para uso público / 92420

recursos ociosos / 42502

recursos partilhados / 42501

rede associativa / 14217

Rede Australiana de Pesquisa em Ecossistemas Terrestres / 35122

Rede Avançada / 1.2.5

rede banyan com ataque-defesa integrada / 83119

rede colaborativa e inovadora para aplicação de big data / 22510

Rede como Média / 21204

Rede como Serviço / 72216

rede complexa / 11501

rede confiável financeira / 23413

rede convolucional / 14511

Rede da Agência para Projetos de Pesquisa Avançada / 21103

rede de acesso à banda larga / 12111

rede de alargada / 12117

rede de área local / 21102

rede de área metropolitana / 12118

rede de área metropolitana financeira / 55233

rede de assuntos / 65326

rede de ataque-defesa integrada / 83219

rede de banda larga gigabit / 12509

rede de capital de risco / 54504

rede de colaboração em ciência da informação / 35215

rede de computação quântica / 25507

Rede de Computadores / 1.2

rede de comunicação quântica de espaço livre / 25408

rede de comunicação quântica segura (Reino Unido) / 25418

rede de comunicações móveis / 12507

rede de confiança / 23403

rede de conhecimento de usuários   / 51416

rede de conhecimentos   / 14121

rede de cooperação antiterrorista   / 85217

rede de crenças profundas   / 34214

rede de dados   / 12517

rede de distribuição de entrelaçamento quântico   / 25504

rede de electricidade inteligente   / 63404

Rede de Informações de Integração Espaço-Terreno   / 12504

rede de informações espaçadas   / 12505

rede de informações espaço-aérea   / 12508

rede de memória quântica   / 25505

rede de monitoramento ambiental ecológico   / 63413

Rede de Mudança Ambiental (Reino Unido)   / 35119

rede de organizações virtuais   / 61315

Rede de Pesquisa Ecológica de Longo Prazo   / 35118

rede de pesquisa em ecossistemas (China)   / 35120

rede de ponto de confiança   / 25501

rede de repetidor confiável   / 25502

rede de satélite de comunicação da banda larga   / 45309

rede de segurança antiterrorista   / 85218

rede de sensores   / 31207

rede de sensores de casa distribuída   / 64415

rede de sensores multimédia sem fios   / 15113

rede de sensores sem fio   / 31202

rede de serviço da assistência domiciliar para os idosos   / 64512

rede de serviço para partilha de informação espacial   / 45315

rede de sobreposição resiliente   / 12514

rede de telecomunicações comutada pública   / 81116

rede de transmissão ótica   / 12520

rede de usuário   / 51417

rede definida por software   / 72117

rede deterministica   / 12511

rede dinâmica P2P   / 23107

Rede do Correio Expresso   / 45302

rede do relógio quântico   / 25510

rede experimental da comunicação quântica segura (EUA)   / 25415

Rede Global   / 2.1.1

rede global de hotspot Wi-Fi   / 21425

Rede Global do Projeto Genoma Pessoal   / 35418

rede integrada de espaço-terreno   / 61403

rede inteligente de serviços de saúde e assistência a idosos   / 64513

rede nacional de observatórios ecológicos (EUA)   / 35121

rede neura recorrente   / 34216

rede neural adaptativa   / 14505

rede neural artificial   / 14502

rede neural auto-organizada   / 14506

rede neural convolucional   / 34215

rede neural de retropropagação   / 34213

rede neural difusa   / 14227

rede neutral Hopfield   / 14504

Rede Óptica 2.0   / 21409

rede ótica passiva   / 12513

rede privada de serviços governamentais   / 62204

Rede Protegida para Distribuição de Chave Quântica Comercial (EUA)   / 25416

rede sem fios de baixa potência   / 12512

rede sem fios omnipresente   / 12503

rede semântica   / 14102

rede sensível ao tempo   / 42419

rede social   / 65112

rede social+pagamento   / 53501

rede star com ataque-defesa integrada   / 83118

rede virtual privada   / 12510

Rede-Comunidade   / 6.5.1

redes de interconexão de multinível   / 84226

redes de pequeno mundo   / 34501

redes de sensores de larga escala   / 35102

redes móveis de 5ª geração (tecnologia 5G)   / 12522

regulamentode camuflagemde dados   / 94208

regulamentos de algoritmo   / 92519

Regulamentos para Proteção da Segurança dos Sistemas da Informação de Computador da República Popular da China   / 93105

Regulamentos sobre a Abertura da Informação Governmental da República Popular da China   / 93104

relacionamentos de mapeamento   / 43119

relações de dados   / 41202

relações públicas na rede   / 65317

relatório do visto de crédito de gergelim   / 53511

relógio de estrutura óptica de atômico de estrôncio (EUA)   / 25322

relógio de fonte atómica fria (China)   / 25323

remixagem   / 15104

renderização   / 14305

renderização de multi-resolução   / 14332

rendimento básico universal   / 41227

renovação urbana   / 63123

repetibilidade de caminho   / 72419

replicabilidade   / 92404

replicação remota em tempo real   / 84205

repositório confiável   / 35436

Repositório de Dados Abertos da Instituição de Estudos Sociais e de Políticas da Universidade de Yale   / 35421

repositório de dados científicos   / 35513

repositório de dados de pesquisa   / 35425

repositório de dados do directório de acesso aberto   / 35417

Repositório de Dados Figshare   / 35428

Repositório Digital Dryad   / 35427

representação de conhecimentos   / 14105

representação de texto   / 34403

representação sub-simbólica   / 72321

requerimento de escalabilidade de padrão   / 75322

requisitos de arquivo de usuário   / 75206

requisitos extendidos de segurança   / 84504

requisitos gerais de segurança   / 84503

Requisitos para Padronização de Dados   / 7.5.1

requisitos técnicos para gestão de operações e manutenção de centro de dados   / 75428

requisitos técnicos para o sistema de gestão de dados não estruturados   / 75413

Research Data Austrália   / 35523

reserva de talentos inteligência artificial   / 24316

reservatório de patentes públicas de inteligência artificial   / 24318

reservatório de recursos de dados   / 35214

Residência electrónica (Estônia)   / 15513

Resíduo de Solow   / 41103

resolução alternativa de disputa   / 94317

resolução conflitos no comércio electrónico   / 93335

resolução de disputas online   / 65219

resolução de problemas   / 72310

Resolução sobre a Criação de Uma Cultura Europeia de Segurança Informática nas Redes(UE)   / 85508

Resolução sobre o estabelecimento da Estratégia Europeia de Segurança da Sociedade Informática (UE)   / 85509

Resource Broker Armazenamento   / 35312

responsabilidade ambiental do credor legal   / 54315

responsabilidade de segurança de big data   / 93404

responsabilidade primária pela prevenção e controlo de riscos   / 53108

responsável de segurança de big data   / 93403

responsável do departamento técnico da ISO   / 71506

resposta a emergências de segurança da informação   / 82111

resposta a riscos emergentes para aplicação financeira de novas tecnologias   / 55237

resposta às emergências de segurança de dados   / 84416

resposta de emergência de riscos dos negócios financeiros   / 55208 resposta de emergência digital após terremoto / 63516

ressonância magnética nuclear / 25308

restauração de dados / 22116

resultado da revisão de qualificação / 93322

resumo digital / 83410

retrato da cidade / 63125

retrato de caso / 95309

retrato do usuário / 81225

retrato do utilizador financeiro / 51207

retrato preciso do usário / 34523

Reunião da Comissão de Cooperação de Padronização
    China-Reino Unido / 71514

reunião da ISO / 71501

reuso de dados científicos / 35431

reuso do obejto / 83105

reutilização de dados / 61124

revisão de desensitização e descriptografia de dados
    / 93217

revisão financeira / 54408

revisão técnica da evidência / 95230

revolução 3A: automatização de fábrica, automatização
    de escritório e automatização residencial / 21114

revolução 3C:computador,controlo e comunicação
    / 21115

revolução 5G / 21116

Revolução de Tecnologia Quântica / 2.5.1

Revolução do Novo Comécio / 4.5.4

risco "Grande Demais para Falir" / 55119

risco cambial / 55111

risco das políticas / 55104

risco de crédito / 55101

risco de dados / 55107

risco de gestão / 55105

risco de liquidação / 55106

risco de liquidez / 55115

risco de mercado / 55102

risco de operação mista / 55116

risco de taxa de juro / 55112

risco financeiro da seleção adversa / 55140

risco jurídico / 55114

risco monetário / 55109

risco não sistemático em finanças / 55118

risco operacional / 55103

risco patrimonial / 55110

risco sistemático financeiro / 55117

risco tecnológico / 55113

risco tributário / 55108

robô / 22516

robô agrícola / 42309

robô colaborativo / 14420

robô com inteligência brain-like / 14419

robô conselheiro de gestão patrimonial / 54122

robô de cuidado Ri-Man / 64514

robô de serviço jurídico / 95435

robô dos trabalhos de procuradoria / 95228

robô evolucionário / 24307

robô humanoide / 14418

Robô Inteligente / 1.4.4

robô inteligente de serviços / 64403

robô para acusação e apelação / 95224

robô policial / 95109

robô Sophia / 15518

robôs domésticos / 64419

robôs inteligentes para a consultoria jurídica / 95422

robóticas (UE) / 24508

rodovia inteligente / 63205

ROOT(software aberto desenvolvido pelo Centro
    Europeu de Pesquisa Nuclear) / 35307

Rota da Seda de informação / 45101

Rota da seda Digital / 4.5

Rota da Seda online / 45102

rotação de átomo térmica / 25306

roteamento tolerante a falhas na rede / 81319

roteiro embarcado / 81415

roteiro entre sitescross-site scripting / 81306

Roteiro Padronizado da Indústria Alemã 4.0 / 71206

S

a cadeia da indústria   / 43509

sistema de deteção de intrusão   / 84401

sistema de detecção de intrusão baseado em host   / 82107

Sistema de Direitos de Dados   / 9.2

Sistema de Direitos de Dados   / 9.2.1

sistema de divulgação de crédito   / 93320

sistema de dupla regulação com múltiplos reguladores   / 55431

Sistema de Empoderamento de Dados de Ciclo Fechado   / 61410

sistema de equações lineares   / 11107

sistema de equipamentos vestíveis para policiais   / 95111

Sistema de Finanças Inclusivas Digitais   / 5.4.2

Sistema de Finanças Verdes   / 5.4.3

sistema de financiamento directo da tecnologia financeira   / 54503

Sistema de Gestão   / 3.2.4

sistema de gestão da emergência para segurança da rede financeira   / 55216

sistema de gestão da segurança do ciclo   / 84420

Sistema de Gestão de Big Data Científico   / 35318

sistema de gestão de big data para o uso de procuratoria   / 95210

sistema de gestão de conjunto habitacional inteligente   / 63319

sistema de gestão de dados não estruturados   / 75222

sistema de gestão de prédios inteligentes   / 63317

sistema de gestão de riscos da tecnologia financeira   / 55302

sistema de gestão de segurança da informação   / 82301

sistema de gestão de segurança das informações de usuários   / 93431

sistema de gestão de segurança e confidencialidade da informação   / 93430

sistema de gestão de senha concetida   / 84321

sistema de gestão de subconta virtual   / 45414

sistema de gestão do cíclo de vida completo para informação financeira   / 55308

Sistema de Gestão do Relacionamento com o Cliente   / 43218

sistema de gestão inteligente de água para o processo pleno   / 63419

sistema de gestão para a segurança de big data   / 93415

sistema de gestão para o diretório de recursos de dados públicos   / 93218

sistema de gestões de padrões recomendadas   / 71307

sistema de governação da tecnologia financeira   / 55403

sistema de governança global do ciberespaço   / 65520

sistema de Guia de tráfegos   / 63222

sistema de identificação digital   / 54216

sistema de identificação e rastreamento dos bens móveis garantidos   / 53304

sistema de índices de avaliação para construção de informatização em regiões da República Federativa Russa   / 45218

Sistema de Informação de Planejamento Urbano   / 63127

sistema de informação geográfica   / 63517

Sistema de Infraestrutura Inteligente (China)   / 24502

sistema de inovação de paradigma tecno-económico digital   / 42208

sistema de instruções   / 12212

Sistema de Licença Electrónicas Confiáveis   / 62209

sistema de licenciamento   / 93427

sistema de lista negativa para publicação de dados públicos   / 93223

sistema de Lista Negra   / 91507

sistema de monitoramento de veículos OBD   / 53328

sistema de monitoramento electrónico para segurança da água potável   / 63420

Sistema de Monitoramento Global ECHELON   / 85416

sistema de monitorização online das emissões de poluentes pelas empresas   / 63418

sistema de multi corpos   / 11516

sistema de navegação automotiva   / 63217

sistema de negociação algorítmica   / 41424

Sistema de Norma Global para Rastreamento   / 42420

sistema de notificação de informações de segurança de dados   / 84510

sistema de numeração   / 11103

sistema de operação de dados   / 41317

sistema de P&D de padronização   / 71304

sistema de padrão de big data   / 71119

sistema de padrão de informatização   / 75301

sistema de padronização da regulação da tecnologia financeira   / 55311

sistema de pagamento digital   / 54219

sistema de pagamento global   / 23316

sistema de pagamento transfronteiriço   / 23315

sistema de partilha de dados   / 43421

sistema de penhor das mercadorias   / 53309

Sistema de Posicionamento Global   / 31220

sistema de processamento da linguagem   / 12317

sistema de processamento distribuído   / 12218

sistema de processamento MillWheel   / 33213

sistema de processamento paralelo   / 12217

sistema de proteção da segurança dos dados   / 85302

sistema de rastreabilidade da informação   / 93220

sistema de rastreabilidade da segurança alimentar   / 63512

sistema de reclamação e denúncia para segurança de big data   / 93412

Sistema de Recuperação de Desastres e de Backup   / 8.4.1

sistema de recursos de informação governamental   / 62215

sistema de rede nacional de informações para o alívio da pobreza   / 44321

sistema de refrigeração   / 32515

sistema de registro   / 93428

sistema de registro da rede internacional   / 93426

Sistema de Registro Regional da Internet   / 85314

Sistema de Regras Transfronteiriças de Privacidade (Cooperação Econômica Ásia-Pacífico)   / 85519

sistema de regulação centralizado com múltiplos reguladores   / 55430

sistema de regulação de finanças distribuídas   / 55427

sistema de regulação financeira transnacional   / 55429

sistema de relatório para segurança de big data   / 93419

sistema de reserva baseado na Internet   / 55315

sistema de RSCoin   / 23317

Sistema de Salvaguarda Inteligente   / 6.3.5

Sistema de Satélites de Navegação BeiDou   / 31221

sistema de saúde da família   / 64104

sistema de saúde inteligente   / 64103

Sistema de Segurança   / 8.2

sistema de segurança e vigilância sem fio   / 64412

sistema de sensor de estrada   / 63221

sistema de serviço de informações espaciais, marítimas e aéreas ao mar   / 45316

Sistema de Serviço Financeiro Moderno   / 5.4.1

sistema de serviço para padrões de big data   / 75219

sistema de software   / 12315

sistema de software distribuído   / 12319

sistema de supervisão digital   / 62511

sistema de suporte à tecnologia de informação para o gestão da cadeia de suprimentos   / 53207

sistema de suporte científico e tecnológico de big data para o uso de procuratoria   / 95211

sistema de tecnologia bancária   / 51412

Sistema de Tecnologia de Governação Científica   / 6.1.2

sistema de tempo compartilhado incompatível   / 81419

Sistema de Tradução Automática Neural de Nível Profundo   / 45111

sistema de transporte inteligente   / 63220

sistema de tratamento de casos de procuradoria
inteligente / 95207

sistema de troca de dados / 93435

sistema de vigilância e controlo de segurança / 64406

sistema digital de audiência / 95328

sistema dissipativo multicêntrica / 21215

sistema diversificado de autenticação de identidade
/ 65105

Sistema do Computador / 1.2.2

sistema do depositário da terceira parte para os fundos
do cliente / 55317

sistema do depositório da terceira parte para os fundos
de liquidação da transação do cliente / 55319

sistema do investidor credenciado / 55316

sistema do padrão de tecnologia da revisão de
cibersegurança nacional (China) / 71322

sistema dos serviços públicos para gestão da qualidade
ambiental / 63417

sistema económico digital / 43511

sistema especialista / 14107

sistema estatístico do comércio electrónico / 93337

sistema Facebook Scribe / 31413

Sistema Financeiro Descentralizado / 5.4.4

sistema flexível de manufatura / 42212

sistema Flume / 31414

Sistema Global de Informação sobre A Biodiversidade
/ 35123

Sistema Global dos Sistemas de Observação da Terra
/ 35107

sistema Hama / 35315

sistema homem-máquina / 93401

Sistema Honeypot (Reino Unido) / 83514

sistema independente de avaliação / 82306

sistema integrado de observação da terra / 45311

sistema inteligente autónomo / 24225

sistema inteligente de gestão predial / 63316

sistema interativo homem-máquina / 12320

sistema jurídico financeiro / 51405

sistema legal de padronização dos dados financeiros
/ 55312

sistema legislativo de big data / 91505

sistema móvel de anti-fraude "Escudo Celestial" da
Província de Zhejiang / 75510

sistema multiagente / 24417

sistema multi-robô / 14421

Sistema Nacional de Apoios Técnicos para
Cibersegurança / 85420

Sistema Nacional de Transferência de Ações para
Pequenas e Médias Empresas / 52421

sistema nervoso urbano / 63112

sistema obrigatório de gestão de padrões nacionais
/ 71306

sistema operacional de controlo industrial / 42116

sistema operativo / 12316

sistema padrão / 75302

sistema padrão da tecnologia financeira / 51409

sistema padrão de big data para o uso de procuratoria
/ 95208

sistema padrão de inteligência artificial / 24317

sistema padrão de segurança de big data / 93413

sistema padronizado de comércio electrónico / 93338

sistema para fiação integrada de edifício inteligente
/ 63313

sistema partilhado / 41514

Sistema Partilhado / 9.2.4

sistema produto-serviço / 42505

sistema reforçado de navegação via satélite / 45310

Sistema Regulador da Tecnologia Financeira / 5.5.3

sistema regulador das finanças na Internet / 55314

sistema SciDB / 35314

sistema SkyServer / 35316

Sistema Social de Alívio da Pobreza / 4.4.5

Sistemas Cooperativos Inteligentes entreInfraestrutura
e Veículos / 63226

sistemas de computação da quinta geração do Japão
/ 24110

sistemas FLIR do transporte inteligente   / 63219

site de serviços gvernamentais   / 62201

SJ/T 11528-2015 Tecnologia da Informação - Armazenamento Móvel - Especificação Geral de Cartões de Memória   / 73211

SJ/T 11622-2016 Tecnologia da Informação - Gestão de Ativo de Software - Guia de Implementação   / 73310

SJ/T 11674.2-2017 Serviços de Tecnologia da Informação - Implementação Integrada - Parte 2: Especificação de Implementação do Projeto   / 73345

SJ/T 11676-2017 Tecnologia da Informação - Atributos de Metadados   / 73121

SJ/T 11684-2018 Serviço de Tecnologia da Informação - Especificação de Vigilância de Serviço do Sistema de Informação   / 73347

SJ/T 11691-2017 Serviço de Tecnologia da Informação - Guia sobre Acordo de Nível de Serviço   / 73352

SJ/T 11693.1-2017 Serviço de Tecnologia da Informação - Gestão de Serviços - Parte 1: Requisitos Gerais   / 73340

skiplist   / 32209

SNI ISO/IEC 27001:2013 Tecnologia da Informação - Tecnologias de Segurança - Sistemas de Gestão de Segurança da Informação - Requisitos   / 74526

SNI ISO/IEC 27002:2014 Tecnologia da Informação - Tecnologias de Segurança - Código de Prática para Gestão de Segurança da Informação   / 74525

SNI ISO/IEC 27003:2013 Tecnologia da Informação - Tecnologias de Segurança - Guia de Implementação do Sistema de Gestão de Segurança da Informação   / 74527

SNI ISO/IEC 27007:2017 Tecnologia da Informação - Tecnologias de Segurança - Guia para a Auditoria de Sistemas de Gestão de Segurança da Informação   / 74528

SNI ISO/IEC 27034-1:2016 Tecnologia da Informação - Tecnologias de Segurança - Segurança de Aplicativos - Parte 1: Visão Geral e Conceitos   / 74524

soberania cibernética   / 65506

soberania da informação   / 92312

Soberania de Dados   / 9.2.3

soberania do ciberespaço   / 92308

soberania nacional dos dados   / 65507

sobreposição quântica   / 25304

sociadade de blockchain   / 23411

socialização baseada em cenário   / 43208

Sociedade Americana de Engenheiros Mecânicos   / 71410

Sociedade Americana de Ensaios e Materiais   / 71411

Sociedade da Informação   / 2.1.2

Sociedade da Internet   / 85315

Sociedade de Crédito   / 2.3.4

sociedade de Informações avançadas e rede de telecomunicações (Japão)   / 21420

Sociedade de Telecomunicações Financeiras Interbancárias Mundiais   / 55510

sociedade inteligente   / 24401

Sociedade Inteligente   / 6.4

Sociedade Internet para a Atribuição de Nomes e Números   / 85313

Sociedade Partilhada   / 6.1.5

sociedade programável   / 23410

Sociedade Super Inteligente 5.0 (Japão)   / 24517

sociocibernética   / 11404

Software como Serviço   / 72218

software de algoritmo quântico   / 25206

software de bloqueio   / 81112

Software de Computador   / 1.2.3

software de patilha maliciosa   / 81512

software de plataforma de recursos abertos   / 71125

software desonesto   / 81505

software IceSword   / 81420

software incorporado   / 42117

software iRODS / 35313

software malicioso / 81209

software Sniffer / 31421

software social / 11416

software Wireshark / 31420

solução da cadeia completa para comércio electrónico / 45416

solução de cenário de dados / 22306

Solução de Cibersegurança de Próxima Geração (China) / 24504

solução integrada da cadeia de suprimentos / 53212

Soluções Digitais Financeiras para Promover a Participação Económica das Mulheres / 51123

sonda da Internet / 31323

spin eletrónico / 25307

Strom Trident / 33210

stuxnet / 81522

Sub-Comissão de Gestão e Intercâmbio de Dados / 71402

subsistema de armazenamento externo / 12413

subsistência digital / 21213

substância incorpórea / 92502

sujeito adaptável / 11515

sujeito virtual / 91312

super carta de crédito / 45413

super inteligência artificial / 24104

super-cérebro urbano / 63105

supercomputador / 12210

supercomputador / 32513

superfície de corrida / 72422

supermercado de alivio à pobreza sem fins lucrativos / 44513

supermercado de serviços governamentais / 62404

supermercado de serviços intermediários online / 62411

supermercado financeiro online / 54109

superorganismo / 91316

supervisão com precisão / 62519

supervisão da concentração de empréstimos / 55421

supervisão da divulgação e traição de segredos / 93423

supervisão da emigração de dados / 85308

supervisão da segurança dos dados / 85306

supervisão da solvência / 55419

supervisão de adequação de capital / 55418

supervisão de anti-lavagem do dinheiro / 55424

supervisão de negócios / 55420

supervisão de segurança de conteúdo / 93422

supervisão de situação de segurança / 93421

supervisão de toda a cadeia / 62514

supervisão do risco cambial / 55422

supervisão e apoio às tecnologias da segurança dos dados / 93330

supervisão financeira internacional / 55502

Supervisão Inteligente / 6.2.5

supervisão inteligente da segurança de alimentos e medicamentos / 63509

supervisão remota / 62520

suporte à cadeia de conteúdo completo / 45417

Suporte da Tecnologia Financeira / 5.1.4

suporte de armazenamento de dados / 32105

suporte online para liquidação de compra de medicamentos / 64215

suporte preciso ao emprego / 64220

supremacia quântica / 25212

T

tacto da máquina / 31212

talentos digitais / 44412

tamanho dos dados / 22115

taxa de adequação da provisão para perda de ativos / 53414

taxa de compartilhamento de informações / 62306

taxa de controle numérico do processo chave para

tecnologia de migração do sistema   / 84121

tecnologia de modelagem inteligente da realidade
virtual   / 24210

tecnologia de módulos   / 13505

tecnologia de negociação automática para confiança
/ 84304

tecnologia de observação integrada céu-espaço-terra
/ 35304

tecnologia de ocultar informações de multimédia
/ 82419

tecnologia de pagamento móvel   / 51323

tecnologia de proteção estruturada   / 84225

tecnologia de purificação de memória   / 84219

tecnologia de rastreamento de auditoria   / 84224

tecnologia de rastreamento de parentesco de dados
/ 84405

tecnologia de reconhecimento facial   / 95225

tecnologia de recuperação de dados   / 84102

tecnologia de reforço de segurança   / 84217

tecnologia de representação digital de fatores
completos   / 61421

tecnologia de resolução de identidade   / 12524

tecnologia de retrato digital   / 95125

Tecnologia de Segurança   / 8.4.2

tecnologia de seguro   / 54510

tecnologia de selos temporais digitais   / 23109

tecnologia de sensor de medição   / 25301

tecnologia de serviço jurídico em nuvem   / 95508

tecnologia de simulação   / 61422

tecnologia de tokenização de pagamento   / 54103

tecnologia de tradução de endereços   / 83111

tecnologia de uso geral   / 24201

tecnologia digital   / 41204

tecnologia digital acessível   / 44112

tecnologia do conhecimento   / 61211

tecnologia do Honeypot   / 83207

tecnologia dos componentes   / 13504

tecnologia espacial de inteligência artificial   / 24217

tecnologia financeira   / 51203

tecnologia inteligente para autónomo não tripulado
/ 24209

Tecnologia Jurídica   / 9.5.5

tecnologia natural   / 61204

tecnologia nova de levantamento topográfico   / 61418

tecnologia operacional   / 61212

Tecnologia Orientada por Algoritmos   / 1.3

tecnologia para a participação e consulta do público
/ 61217

tecnologia para deteção de desastres   / 84120

tecnologia para obtenção de provas autenticadas de
documentos   / 95521

tecnologia para preservação de provas autenticadas de
documentos   / 95522

tecnologia para troca de de provas autenticadas de
documentos   / 95523

tecnologia Qubit supercondutora (IBM)   / 25221

tecnologia robótica   / 24215

tecnologia social   / 61203

tecnologia socializada de gestão da propriedade
/ 61215

tecnologia supervisória   / 51310

tecnologia supervisória em sector financeiro   / 55425

tecnologias auxiliares para reabilitação dos criminosos
e viciosos de drogas   / 95426

tecnologias criptográficas   / 83401

tecnologias de gestão adminitstrativa burocrática
/ 61207

tecnologias de prevenção de fugas de dados   / 84221

tecnologias especializadas de trabalho social   / 61216

tecnologias para a administração da justiça   / 95424

tecnologias principais de inteligência de agrupamento
/ 24207

tecnologias-chave de protecção de dados   / 93329

tecnologização financeira   / 51217

telemedicina   / 21316

teletransporte quântico   / 25401

teletransporte quântico   / 25403

televisão 4K   / 42411

Tendências do Google   / 11419

teologia ecológica   / 15204

teorema da aproximação universal   / 14512

teorema de não-clonagem   / 25109

teoria aplicada da tecnologia financeira   / 51401

teoria básica da inteligência artificial   / 24311

teoria da anomia   / 91112

teoria da aproximação finita   / 91114

teoria da cadeia de valor global   / 22204

teoria da cadeia de valor urbana   / 22205

teoria da catástrofe   / 11505

teoria da complexidade computacional   / 13305

Teoria da Computação   / 1.3.3

teoria da decisão   / 11319

teoria da governação policéntrica   / 91318

teoria da informação de Shannon   / 13302

teoria da justiça   / 91106

teoria da pesquisa   / 11315

teoria da reciprocidade forte   / 41403

teoria da recursão   / 11110

teoria da rede de valor   / 22203

teoria da ressonância adaptativa   / 14508

teoria da vontade   / 91105

teoria das filas   / 11316

teoria de BASE   / 32314

Teoria de Big Data   / 1.5.4

Teoria de Complexidade   / 1.1.5

teoria de computabilidade   / 13306

teoria de direito de saber   / 91118

teoria de distorção da taxa   / 31108

teoria de estrutura dissipativa   / 11502

teoria de modelos   / 11111

teoria de nós de Blockchain   / 23220

teoria de organização cooperativa   / 41407

teoria de reutilização   / 92412

teoria do caos   / 11506

teoria do direito à individualidade   / 91113

teoria do direito de controlo sobre informações
    pessoais   / 91116

teoria do equilíbrio de preço   / 41508

teoria do hiperciclo   / 11504

teoria do inventário   / 11317

Teoria do Leilão   / 65213

teoria do segredo   / 91115

teoria do valor da utilidade marginal   / 41507

teoria do valor partilhado   / 41510

teoria do valor-trabalho   / 41506

teoria dos autómatos   / 13307

teoria dos autómatos celulares   / 11508

teoria dos direitos naturais   / 91104

teoria dos jogos   / 11318

teoria dos jogos   / 91109

teoria dos jogos de dados   / 23512

teoria dos números   / 11116

teoria dos sistemas cooperativos   / 41406

teoria formal da linguagem   / 13308

teoria fractal   / 11507

teoria governo integrado   / 61218

teoria gráfica   / 11105

teoria Hebbiana   / 24204

teoria topológica dos campos quânticos   / 25117

teorias da propriedade   / 91117

terceira geração da tecnologia de empréstimos de
    microcréditos   / 52414

terceira parte confiável   / 65109

terminal Bloomberg   / 52512

terminal inteligente   / 21113

terminal móvel inteligente   / 31203

Terminologia da Internet das Coisas   / 7.2.5

Terminologia de Big Data   / 7.2.1

Terminologia de Computação em Nuvem   / 7.2.2

terminologia de gestão de dados não estruturados
    / 75120

Terminologia de Inteligência Artificial   / 7.2.3

U

W

X

Y

YD/T 2705-2014 Requisitos Técnicos para a Proteção
Contínua de Dados (CDP) em Sistemas de Desastre
e Backup   / 73245

YD/T 2707-2014 Formato Descritivo do Atributo de
Segurança da Rede de Host da Internet   / 73410

YD/T 2727-2014 Requisitos Técnicos para Gestão de
Operações e manutenção do Centro de Dados na
Internet   / 73335

YD/T 2781-2014 Serviço de Telecomunicações e
Internet - Proteção de Informações Pessoais de
Usuários - Definição e Categoria   / 73438

YD/T 2915-2015 Requisitos Técnicos para Backup
Remoto Centralizado de Dados   / 73246

YD/T 2916-2015 Requisitos Técnicos para Recupcração
de Desastres de Dados com Base na Replicação de
Armazenamento   / 73247

YD/T 3082-2016 Requisitos Técnicos de Proteção de
Informações do Usuário no Terminal Inteligente
Móvel   / 73433

YD/T 3291-2017 Especificações Tecnologias Gerais
do Módulo Pré-fabricado no Centro de Dados
/ 73251

YD/T 3399-2018 Método de Teste de Equipamento
de Rede do Centro de Dados da Internet de
Telecomunicações   / 73405

Z

zero-perda de dados   / 84209

zona abrangente nacional de teste de big data (China)
/ 22511

zona demonstrativa nacional de inovação   / 22302

zona experimental eWTP   / 45402

zona pilota de autendicar a segurança de big data
/ 83522

Zona Piloto Abrangente Nacional de Big
Data(Guizhou)   / 15516

Zona-Piloto da Rota da Seda Digital para Cooperação
Económica   / 45214

zumbi de dados   / 15207

Entradas iniciadas com um número

13º Plano Quinquenal Especial de Inovação de
Ciências e Tecnologias da Segurança Pública
(China)   / 95104

13º Plano Quinquenal Nacionalde Inovações
Tecnológicas para a Administração Judicial (China)
/ 95425

20100028-T-241 Especificações para os Mctadados
Genéricos de Registros Eletrónicos   / 73123

20102365-T-449 Metadados de Logística de Grãos -
Metadados Básicos de Negócio de Armazenamento
/ 73529

20130061-T-469 Padrão de Transmissão e Transação de
Dados Internet das Coisas de Máquinas Agrícolas
/ 73220

20130334-T-469 Tecnologia de Segurança da
Informação - Requisitos Técnicos para o Sistema
de Suporte ao Gestão de Cibersegurança   / 73332

20132196-T-339 Especificação de Serviço da
Plataforma Comum de Serviços Governamentais
Eletrónicos com Base na Computação em Nuvem
- Parte 1: Classificação e codificação de Serviço
/ 73521

20141156-T-469 Tecnologia da Informação -
Tecnologias de Segurança - Gestão de Chaves -
Parte 1: Estrutura   / 73457

20141727-T-469 Especificação de Serviço
para Transações de Comércio Electrónico
Transfronteiriço   / 73508

20152348-T-339 Cidade Inteligente - Interaçuão entre
Sistemas - Parte 1: Estrutura Global   / 73261

20154004-T-469 Especificação da Interface de

Dados da Plataforma de Transações de Dados de Comércio Electrónico / 73510

20160504-T-524 Especificações Tecnologias da Plataforma de Dados da Internet de Energia / 73527

20170573-T-469 Tecnologia de Segurança da Informação - Terminologia / 73109

20171054-T-339 Requisito de Tecnologia e Especificação de classificação do Centro de Dados da Internet / 73254

20171055-T-339 Especificação Geral da Tecnologia do Centro de Dados da Internet para Telecomunicações / 73253

20171065-T-469 Tecnologia da Informação - Big Data - Requisitos de Teste Funcional para Sistema Analítico / 73132

20171066-T-469 Tecnologia da Informação - Big Data Requisitos Básicos de desempenho para a Plataforma de Computação Fundamental Orientada ao Aplicativo / 73133

20171067-T-469 Tecnologia da Informação - Big Data - Abertura e partilha de Dados do Governo - Parte 1: Princípios Gerais / 73501

20171068-T-469 Tecnologia da Informação - Big Data - Abertura e partilha de Dados do Governo - Parte 2: Requisitos Básicos / 73502

20171069-T-469 Tecnologia da Informação - Big Data - Abertura e Partilha de Dados do Governo - Parte 3: Avaliação de Nível de Abertura / 73503

20171070-T-469 Serviço de Tecnologia informática - Especificação de Segurança de Serviço / 73346

20171072-T-469 Tecnologia da Informação - Sistema de Interação Gestual - Seção 1: Requisitos de Tecnologia Geral / 73135

20171081-T-469 Tecnologia da Informação - Big Data - Requisitos de Teste Funcional para Sistemas de Armazenamento e Processamento / 73130

20171082-T-469 Tecnologia da Informação - Big Data -

Guia de Classificação de Dados / 73311

20171083-T-469 Tecnologia da Informação - Big Data - Requerimentos Básicos de Interface / 73111

20171084-T-469 Tecnologia da Informação - Big Data - Requisitos Genéricos para Sistemas de Big Data / 73129

20173587-T-469 Tecnologia de Segurança da Informação - Guia para Inspeção e Avaliação de Segurança de Infraestrutura de Informações Críticas / 73319

20173590-T-469 Tecnologia de Segurança da Informação - Especificação de Rotulagem de Informações de Plataforma da Rede Social / 73330

20173817-T-469 Tecnologia da Informação - Dispositivo Vestível - Terminologia / 73105

20173818-T-469 Tecnologia da Informação - Big Data - Requisitos Funcionais para a Gestão, Operação e Manutenção dos Sistemas / 73334

20173819-T-469 Tecnologia da Informação - Big Data - Arquitectura de Referência de Aplicações Industriais / 73112

20173820-T-469 Tecnologia da Informação - Big Data - Metadados Núcleo para Produtos Industriais / 73401

20173824-T-469 Tecnologia da Informação - Blockchain e Tecnologia de Contabilidade Distribuída - Arquitectura de Referência / 73116

20173825-T-469 Tecnologia da Informação - Ativo de Dados - Especificação de Gestão / 73306

20173830-T-469 Serviço de Tecnologia da Informação - Terceirização - Seção 6: Especificação geral para clientes / 73343

20173836-T-469 Tecnologia da Informação - Operação Remota - Modelo de Referência Tecnologia / 73118

20173857-T-469 Tecnologia de Segurança da Informação - Especificação de Avaliação de Riscos para Segurança da Informação / 73318

20173860-T-469 Tecnologia da Informação - Tecnologia de Segurança - Segurança da Rede - Seção 2: Guia para Desenho e Implementação de Segurança da Rede / 73419

20173869-T-469 Tecnologia de Segurança da Informação - Requisitos de Testes de Segurança para Módulos Criptográficos / 73454

20174080-T-469 Internet das Coisas - Requisitos Gerais de Plataforma para Partilha e Intercâmbios de Informações / 73138

20174084-T-469 Tecnologia da Informação - Tecnologias de Identificação Automática e Captura de Dados - Rótulos dc Portador dc Dados / 73203

20180019-T-469 Cidade Digital Sistema de Informações Adminisrativas - Informação Básica da Tampa de Poço Inteligente / 73522

20180840-T-469 Tecnologia de Segurança da Informação - Guia para a Avaliação de Impacto de Segurança às Informações Pessoais / 73428

20180973-T-604 Requisitos de Desempenho de Sistemas de Monitoramento e Medição Aplicados para Coleção e Análise de Dados / 73202

20180974-T-604 Desempenho e Método de Calibração para Software de Aquisição de Dados / 73201

20181941-T-604 Fabricação Inteligente - Especificação de Coleção de Dados Industriais / 73204

20182117-T-469 Pontos Crítico de Controlo de Rastreabilidade e Critérios de Avaliação para Produtos Negociados por Comércio Eletrónico / 73515

20182200-T-414 Publicidade Interativa - Seção 6: Requisitos de Proteção de Dados de Usários / 73432

20182302-T-469 Internete das Coisas - Acesso a Dispositivos Sensores e Controladores - Parte 2 : Requisitos de Gestão de Dados / 73304

20184722-T-469 Internet das Coisas Industrial -

Especificação de Descrição Estruturada para Aquisição de Dados / 73205

20184856-T-469 Especificação para Exibição de Imagem de Produtos Transacionados por Comércio Eléctrico / 73512

20190805-T-469 Tecnologia da Informação - Visão por Computador - Terminologia / 73104

20190810-T-469 Tecnologia da Informação - Gestão de Armazenamento - Parte 2: Arquitectura Comum / 73117

20190841-T-469 Tecnologia da Informação - Big Data - Requisitos Técnicos de Armazenamento e Recuperação de Dados para Análises / 73140

20190847-T-469 Tecnologia da Informação - Computação em Nuvem - Arquitectura de Referência de Computação em Nuvem Conjunta / 73114

20190851-T-469 Tecnologia da Informação - Inteligência Artificial - Terminologia / 73102

20190857-T-469 Comércio Elétrico Transfronteiriço - Guia de Partilha de Informações de Rastreabilidade de Produtos / 73509

20190910-T-469 Tecnologia de Segurança da Informação - Especificação de Rotulagem e Descrição de Vulnerabilidade / 73415

20190963-T-469 Especificação de Estrutura Geral para o Sistema de Big Data de Segurança de Produtos de Consumo / 73533

20192100-T-469 Especificação de Acesso a Plataforma de Serviço Governamental / 73517

20192140-T-469 Tecnologia da Informação - Computação na Borda - Seção 1: Requisitos Gerais / 73137

20192144-T-469 Internet das Coisas (IoT) - Interoperalidade de Sistemas - Seção 1: Estrutura / 73260

20192221-T-469 Sistema de Transmissão de Dados e Informações Espaciais - Proximidade-1 Protocolo de Conexão Espacial - Camada Física   / 73404

2025 Estratégia da Transformação Digital do Governo
   (Austrália)   / 62116

3D empilhamento   / 13503

4V do big data (volume, variedade, velocidade, e
   veracidade)   / 22107

俄语索引

А

Б

В

Г

Д

Е

Ж

З

И

К

Л

М

машинный перевод   / 24216

машинный слух   / 31209

машинный язык   / 12322

медиаконвергенция   / 62420

Медиа-мозг   / 65417

медицинская карта «все в одном»   / 64217

медицинская консультация онлайн   / 64117

медицинское устройство самообслуживания
       / 64517

медленные данные   / 22404

Международная ассоциация страховых надзоров
       / 55508

Международная база индустрий финансовых
       информационных услуг   / 52510

Международная безопасность данных   / 8.5.5

Международная выставка потребительской
       электроники   / 45206

Международная деятельность по стандартизации
       / 7.1.5

международная конвенция о борьбе с терроризмом
       в киберпространстве   / 21518

Международная конференция «Цифровой пояс и
       путь»   / 15519

Международная организация комиссий по ценным
       бумагам   / 55509

Международная организация по стандартизации
       / 71401

международная сетевая система регистрации
       / 93426

международная система содействия развитию
       / 44203

Международная стратегия киберпространства
       (США)   / 21410

Международная стратегия киберпространства
       (США)   / 85506

международная стратегия стандартизации   / 71111

Международная электротехническая комиссия
       / 71404

международное налогообложение электронной
       коммерции   / 45424

международное нормотворчество для
       киберпространства   / 65515

Международное регулирование финансовых
       технологий   / 5.5.5

международное сообщество открытого исходного
       текста   / 22514

международное сотрудничество в области
       безопасности данных   / 65517

международное сотрудничество в области
       стандартизации   / 41411

международное сотрудничество в области
       финансовых технологий   / 55503

международное сотрудничество организаций
       финансового регулирования   / 55521

международное финансовое регулирование
       / 55502

международное финансовое управление   / 55501

Международные правила поведения в области
       информационной безопасности   / 85502

Международные стандарты   / 7.4

международный обмен в области финансовых
       технологий   / 55504

международный подводный кабель   / 65519

международный распределенный набор данных
       / 35216

Международный семинар по постквантовой
       криптографии   / 25512

Международный форум по поддержке малоимущих
       людей Китая   / 44216

Международный форум по сотрудничеству
       в снижении уровня бедности в рамках
       инициативы «Один пояс, один путь»   / 44217

международный центр суперлогистики   / 45403

межпоколенческая справедливость   / 91309

межрегиональное ведение досье судопроизводства
       / 95307

механизм диалога и консультаций по вопросам
киберпространства   / 21517

механизм дифференцированных стимулов для
финансового регулирования   / 54227

механизм доверия   / 41513

механизм защиты критической информационной
инфраструктуры   / 21515

механизм защиты, обеспечиваемой аппаратными
средствами   / 82116

механизм классификации для защиты данных
/ 93425

механизм консенсуса   / 23117

механизм координации и продвижения местных
органов власти по вопросам стандартизации
/ 71310

механизм мониторинга безопасности данных и
раннего предупреждения   / 84509

механизм мониторинга финансовых рисков и
раннего предупреждения   / 55303

механизм наказания за неэффективную защиту
данных и разглашение конфиденциальной
информации   / 94210

механизм нецифрового сопоставления   / 44110

механизм обмена публичными данными   / 93341

механизм общественного участия в обмене
данными   / 35415

механизм обязательного обмена данными   / 35411

механизм открытия рассмотренных данных
/ 35413

механизм планирования и координации по
вопросам стандартизации   / 71305

механизм повышения кредитного рейтинга
/ 54508

механизм поглощения риска   / 53409

механизм подтверждения с динамическим
верификационным кодом   / 53118

механизм проверки конфиденциальности обмена и
открытия   / 93238

механизм проверки конфиденциальности при
публикации правительственной информации
/ 93236

механизм раннего предупреждения и
вмешательства финансовых бизнес-рисков
/ 55304

механизм распространения интегрирующей
системы открытия и совместного
использования данными   / 35414

механизм саморегулирования и профессиональной
этики для индустрии больших данных   / 94202

механизм скоординированного предупреждения
преступности   / 95122

механизм совместного использования данными по
поддержке малоимущих людей   / 44206

механизм совместного предотвращения и контроля
финансовых бизнес-рисков   / 55307

механизм совместной конференции по вопросам
стандартизации   / 71308

механизм специального обмена данными между
альянсами   / 35412

механизм стандартизации военно-гражданского
взаимодействия   / 71312

механизм управления безопасностью активов
данных   / 94207

механизм управления замком   / 32119

механизм управления обязательными
государственными стандартами   / 71306

механизм управления рекомендуемыми
стандартами   / 71307

механизм управления репликами   / 32120

механизм управления трансграничной передачей
данных   / 85303

механизм финансирования по стандартизации с
использованием многих источников   / 71313

механизм финансового регулирования   / 55401

механизм шифрования   / 82509

Микроблог   / 65402

микро-и малые предприятия   / 52401

микрокоммуникация   / 65419

микроконтроллер   / 12403

микролекция   / 64302

микропроцессор   / 12402

микрострахование   / 54222

микрофинансирование   / 52403

мимическая киберозащита   / 83213

Министерство промышленности и
  информатизации КНР   / 94502

Мировая система данных   / 35114

мировой IP-трафик   / 41109

мировой рекорд по точности измерения магнитного
  поля (США)   / 25319

мировой рекорд по чувствительности к измерению
  квантовой гравитации (США)   / 25320

Мнения Верховного народного суда Китая о
  предоставлении народными судами судебных
  услуг и гарантий для строительства «Одного
  пояса, одного пути»   / 45521

Мнения Министерства промышленности и
  информатизации КНР о продвижении
  стандартизации в отрасли промышленных
  коммуникаций для содействия строительству
  «Одного пояса, одного пути»   / 45517

Мнения о некоторых вопросах содействия
  развитию информатизации в поддержании
  общественного порядка (Китай)   / 95102

Мнения о праве на данные   / 9.1.5

Мнения о создании механизма и учреждений
  по урегулированию международных
  коммерческих споров в рамках инициативы
  «Один пояс, один путь»   / 45524

Мнения об активном продвижении строительства
  базовой информационной инфраструктуры
  (Китай)   / 95103

многоагентная система   / 15114

многоагентная система   / 24417

многодисциплинарная практика   / 95502

многоканальный поиск   / 95235

многократное сотрудничество средних офисов
  / 43411

Многомерная защита   / 8.3

многомерная переменная   / 22108

многомерное пуш-уведомление   / 95241

многомерность   / 15316

многоначальная коллаборация и сдержки и
  противовесы   / 61515

многообразие прав данных   / 91501

многоотраслевая комплексная поддержка
  малоимущих людей   / 44211

многослойный персептрон   / 14207

многостороннее сотрудничество в поддержке
  малоимущих людей путем промышленного
  развития   / 44215

многостороннее управление   / 61510

многоступенчатая полигонная система   / 83511

многоступенчатая технология формирования
  межсоединений   / 84226

многоуровневая архитектура   / 13526

многоуровневое управление   / 61512

многоцелевое программирование   / 11309

многоцентровая диссипативная структура   / 21215

многочастичная система   / 11516

многоэкранная эпоха   / 21303

многоязычный принцип   / 44114

множественная аренда   / 72205

мобильная система командования в чрезвычайных
  ситуациях   / 63515

мобильная система хранения   / 32108

мобильная электронная коммерция   / 21313

мобильное правительство   / 62109

мобильное приложение провинции Хэнань
  «Прокурорская облачная платформа»   / 95238

мобильное приложение провинции Цзянсу
  «Прокуратура в руках»   / 95237

интеллекта / 24410

модель финансирования авансовых платежей / 53205

модель финансирования залога движимого имущества / 53206

модель хранения данных / 32222

модель цепочки создания ценности информации предприятий / 22202

модель чистой платформы / 52213

модельное обучение / 34218

модельное обучение / 95411

модернизация инфраструктуры розничной платежной системы / 54209

модульная конструкция / 42211

модульная технология / 13505

модульное предоставление государственных услуг / 22220

модульный средний офис / 43413

модульный центр обработки данных / 32505

модуляризация / 43309

модуляризация финансовых услуг / 51220

модуляция и кодирование данных / 12108

мозг ET / 63106

мозг-компьютерное взаимодействие / 24416

мозг-компьютерное объединение / 14520

Мозг-компьютерный интерфейс / 2.4.3

мозговой центр умной прокуратуры / 95223

Мозгоподобная наука / 1.4.5

мозгоподобные вычисления / 13408

мозгоподобный интеллект / 24413

мозгоподобный интеллектуальный робот / 14419

мозгоподобный процессор / 14519

монетизация информации / 53106

монитор виртуальной машины / 85107

мониторинг данных / 81220

мониторинг журнала тревоги / 84117

мониторинг и защита безопасности финансового бизнеса / 55210

мониторинг и сертификация соответствия системы искусственного интеллекта / 41419

мониторинг Интернета вещей / 53303

мониторинг общественного мнения / 63505

монополия данных / 61104

морские вычисления / 13403

мошенничество посредством виртуальной валюты / 55132

мошенничество посредством краудфандинга / 55125

мошенничество посредством кредитования / 55126

мощность алгоритма / 91408

мощность данных / 41201

мультикультурализм / 41526

мультимедиа в реальном времени / 31311

мультимедийная демонстрация доказательств / 95232

мультимодальное взаимодействие / 14319

мультимодальное восприятие / 31206

мультиплексирование / 12107

мультироботная система / 14421

мультисенсорное взаимодействие / 14317

мультисенсорное слияние информации / 31214

мульти-субъектное совместное управление / 61505

мутационная теория / 11505

Мы-медиа / 43219

мышление электронного правительства / 62401

Н

набор / 11101

набор данных / 92206

набор кодированных знаков идеограммы китайских иероглифов для обмена информацией / 75108

набор ценных данных / 22215

Навигационная спутниковая система «Бэйдоу»
/ 31221

надежная система электронной лицензии   / 62209

Надежная служба   / 8.2.5

надежная среда для финансирования цепочки
поставок   / 53211

надежность компьютерного аппаратного
обеспечения   / 12420

надежность компьютерной системы   / 12220

надзор за безопасностью данных   / 85306

надзор за валютным риском   / 55422

надзор за достаточностью капитала   / 55418

надзор за концентрацией кредита   / 55421

надзор за операциями бизнеса   / 55420

надзор за отмыванием денег   / 55424

надзор за платежеспособностью   / 55419

надзор за поведением финансовых технологий
/ 55414

надзор за производными финансовыми
инструментами   / 55423

надзор за трансграничной передачей данных
/ 85308

надзор за услугами финансовых технологий
/ 55415

надзор за учреждениями финансовых технологий
/ 55417

надзор за финансовыми технологиями на
техническом уровне   / 55416

надзор за функциями финансовых технологий
/ 55413

надзорные технологии в области финансов
/ 55425

надлежащая проверка клиентов   / 54215

Наземно-космическая интегрированная
информационная сеть   / 12504

наземный трансграничный волоконно-оптический
кабель   / 21512

наивный байесовский классификатор   / 13209

наилучшим образом использовать число   / 91502

налог на роботов   / 41226

налоговый риск   / 55108

нарушение установления полномочий   / 81222

Наука о данных   / 1.1

наука о соединении   / 72320

Наука об активации данных   / 2.2.4

Наукоемкая наука   / 3.5.1

наукоемкая научная парадигма   / 35205

научная визуализация   / 34302

научная грамотность в области данных   / 22308

Научная программа «Цифровой пояс и путь»
/ 35128

научное открытие   / 35202

научное сообщество   / 35210

научно-техническая система поддержки больших
данных прокуратуры   / 95211

научные вычисления   / 35213

научные данные   / 35201

Научный проект «Большие данные о Земле»
(Китай)   / 35507

Национальная ассоциация интернет-финансов
Китая   / 55517

национальная база основных данных (Китай)
/ 21407

Национальная вычислительная инфраструктура
(Австралия)   / 35522

национальная демонстрационная база
индустриализации больших данных   / 22513

национальная инновационная демонстрационная
зона   / 22302

национальная интегрированная онлайн-платформа
правительственных услуг   / 62412

национальная инфраструктура пространственных
данных   / 21408

Национальная кибербезопасность   / 8.5.4

национальная комплексная экспериментальная
зона больших данных (Китай)   / 22511

квантовой информатики (США)   / 25121

Национальный стратегический план исследований и разработок в области искусственного интеллекта (США)   / 24512

национальный суверенитет данных   / 65507

Национальный суперкомпьютерный центр   / 32501

Национальный центр внеобъектного аварийного восстановления больших данных прокурорской работы (Китай)   / 95229

неантропоцентризм   / 91310

небольшая кредитная компания   / 53405

небольшие данные   / 22403

небольшой депозит и малый кредит   / 53520

невещественность   / 92403

невозможная троица   / 23102

негосударственный актер   / 92302

недифференцированная открытость   / 61127

недостающее значение   / 33114

незадействованные ресурсы   / 42502

незаконная сделка   / 55136

незаконное применение   / 81218

незаконное финансирование онлайн   / 55131

незаконный сбор средств   / 55129

неинтервенционная помощь   / 64502

нейродинамика   / 14407

нейроморфные вычисления   / 14516

нейроморфный чип   / 14518

нейронная сеть Хопфилда   / 14504

нейронные вычисления   / 14501

нейронные микросхемы   / 14522

неисключительное мультиплексирование   / 42511

неисправность в разрешении DNS   / 81417

нейтральность данных   / 15206

нейтральный арбитр   / 92521

некоммерческая организация Кива   / 52208

неконтролируемое обучение   / 14203

нелинейная структура   / 31520

нелинейное программирование   / 11307

нелицензированный пользователь   / 82211

Немецкий институт по стандартизации   / 71413

необеспеченная финансовыми услугами группа   / 54213

необработанные данные   / 33111

неограниченная розничная торговля   / 21307

неопровержение   / 81224

неопровержимая услуга   / 82504

непараметрическая статистика   / 11218

неповторимость содержания данных   / 35217

непрерывная передача   / 92417

непрерывность базовой платформы   / 84118

непрерывность бизнеса информационной системы в финансовой индустрии   / 55218

непрерывные данные   / 31505

непубличные данные   / 61122

неравные финансовые услуги   / 54407

нерасходуемость   / 92405

нереляционная база данных   / 32302

несанкционированное прослушивание   / 65521

несистематический финансовый риск   / 55118

несколько заинтересованных сторон   / 92315

неслепая конфронтация   / 83211

несовместимая система с разделением времени   / 81419

несоответствие сроков погашения   / 55133

неструктурированная среда   / 72429

неструктурированное хранилище документов   / 32218

неструктурированные данные   / 31502

нетелесные вещи   / 92502

не-фон-Неймановская архитектура   / 13521

неформальный экономический участник   / 54214

нефтекоин (Венесуэла)   / 23308

нечеткая классификация   / 13211

нечеткая нейронная сеть   / 14227

неэксклюзивность   / 92407

....

П

....

платформа обмена и сотрудничества по снижению уровня бедности / 44204

платформа обслуживания предприятий / 43505

платформа общественных услуг в области информационной безопасности / 84520

платформа открытых правительственных данных / 61117

платформа потоковой передачи / 43209

платформа при поддержке приложений / 43515

платформа приложений для адресной поддержки малоимущих людей на основе больших данных / 44320

платформа раскрытия правительственной информации / 61110

платформа ресурсов данных / 43517

платформа розничной сделки / 54415

платформа самообслуживания для регистрации залога движимого имущества / 53410

платформа самообслуживания для регистрации залога прав / 53411

платформа сделки сообщества / 54414

платформа совместного использования и обмена сельскохозяйственными данными / 93309

платформа социальных услуг в области безопасности облачной услуги / 71320

платформа социальных услуг в области безопасности офисной системы / 71321

платформа социальных услуг в области программных обеспечений и системного тестирования / 71318

платформа социальных услуг для информационных технологий / 71319

платформа социальных услуг для обмена между банками и предприятиями / 54524

платформа социальных услуг по вопросам взаимодействия программного и аппаратного обеспечения китайского производства / 71316

платформа социальных услуг по совместному

использованию данных / 71317

платформа управления данными / 51319

платформа управления неструктурированными большими данными для корпорации State Grid Corporation of China / 75516

платформа управления персональными кредитами / 51506

платформа услуг блокчейна трансграничных финансов / 52507

Платформа услуг финансовой информации Китай-АСЕАН / 52517

платформа финансовой информации о цепочках поставок / 53208

платформа цифровых юридических услуг / 95501

платформенно-ориентированная организация / 61301

плоская организация / 61303

плоский опыт покупателя / 45204

плотность значений данных / 41319

плотный рынок / 41231

побег виртуальной машины / 81311

Поведение в Интернете / 6.5.2

поведение сильной взаимности / 41404

поведение совместного использования / 41511

поведенческая биометрия / 51305

поведенческие методы детектирования / 83214

поведенческий агент / 65323

поверхность переноса / 72422

Повестка дня Connect 2020 / 44119

повсеместная юриспруденция / 91123

повторная гарантия технологических компаний / 54507

повторное использование данных / 61124

повторное использование информации / 92414

повторное использование научных данных / 35431

повторное использование объекта / 83105

повторяемость пути / 72419

повышение полномочий системы / 81404

Р

С

сетевая кредитная платформа   / 53103

сетевая модель   / 32224

сетевая собственность   / 23323

сетевая сортировка   / 34502

сетевая услуга   / 81108

сетевая уязвимость   / 65208

сетевая файловая система   / 32115

сетевая экономика   / 21119

сетевое коммутационное оборудование   / 81106

Сетевое сообщество   / 6.5.1

сетевое сотрудничество   / 42401

сетевое социальное взаимодействие   / 65101

сетевое управление   / 61206

сетевое хранилище   / 81109

сетевой зонд   / 31323

сетевой идентификатор   / 65202

сетевой нейтралитет   / 21216

сетевой протокол   / 12113

сетевой сканер   / 83114

сетевой уровень производственных предприятий
    выше установленного размера   / 41222

сетевой червь   / 81504

сетевой Шелковый путь   / 45102

сетевой эффект   / 41105

сетевые вычисления   / 13410

сетевые модные слова   / 65313

сетка знаний   / 14121

сеть антитеррористического сотрудничества
    / 85217

сеть венчурного капитала   / 54504

сеть виртуального предприятия   / 61315

сеть воздушно-космической информации   / 12508

сеть глубоких убеждений   / 34214

сеть доверия   / 23403

Сеть долгосрочных экологических исследований
    / 35118

Сеть защищенной квантовой связи
    (Великобритания)   / 25418

сеть знаний пользователей   / 51416

Сеть испытательного стенда распределения
    квантовых ключей Токио (Япония)   / 25417

Сеть исследований наземных экосистем
    (Австралия)   / 35122

Сеть исследований экосистем (Китай)   / 35120

Сеть как услуга   / 72216

сеть квантовых вычислений   / 25507

сеть квантовых часов   / 25510

сеть малого мира   / 34501

сеть мобильной связи   / 12507

сеть мониторинга окружающей среды   / 63413

Сеть Национального научного фонда (США)
    / 21104

сеть обслуживания престарелых на дому   / 64512

сеть передачи данных   / 12517

Сеть по изменению окружающей среды
    (Великобритания)   / 35119

сеть пользовательских отношений   / 51417

сеть с квантовой памятью   / 25505

сеть сотрудничества по науке о данных   / 35215

Сеть социального участия в поддержке
    малоимущих людей и развитии Китая   / 44517

сеть точек доверия   / 25501

Сеть Управления перспективных
    исследовательских проектов Министерства
    обороны США   / 21103

сеть широкополосного доступа   / 12111

сеть экспресс-доставки   / 45302

сжатие данных   / 33109

сжатие данных   / 82410

сигнализационная система умного микрорайона
    / 63314

сигнализация о падении   / 64414

силлогизм   / 24113

сильно оцифрованный сценарий   / 43110

сильные и слабые связи   / 11406

сильный искусственный интеллект   / 24103

средства судебной защиты / 94301

средства технической поддержки для правовой
пропаганды / 95428

средства технической поддержки для
профессиональных юридических
квалификационных экзаменов / 95429

средства технической поддержки для
реабилитации преступников и наркоманов
/ 95426

средства технической поддержки для юридических
услуг / 95427

средства управления / 61210

Средства юридической защиты прав на данные
/ 9.4.3

стадные отношения / 53510

стандарт открытых данных / 61113

стандарт проектирования интеллектуального
здания / 63320

стандарт управления полным жизненным циклом
финансовой информации / 55309

стандарт ценообразования на данные / 41303

стандарт цифровых услуг / 22312

Стандартизация больших данных / 7.5

стандартизация больших данных в управлении
данными / 75343

Стандартизация в поддержке инициативы по
оцифровке европейской промышленности
/ 71103

стандартизация данных продуктов / 75109

стандартизация интеграции на уровне системы
/ 75410

стандартизация интернет-маркетинга / 94214

стандартизация процессов внедрения безопасности
системы / 75106

стандартизация технологий квантовой связи
/ 25421

стандартизированная оценка и улучшение / 75305

стандартизированное массовое изготовление по

заказу / 75406

стандартная сервисная система больших данных
/ 75219

стандартная система защиты безопасности
больших данных / 93413

стандартная система финансовых технологий
/ 51409

стандартная система электронной коммерции
/ 93338

стандартная структура открытых данных / 75221

Стандартная терминология / 7.2

стандартный документ информационных единиц
/ 75213

Стандартный документ о саморегулировании
и профессиональной этике в области
безопасности больших данных и
информатизации (Китай) / 94107

стандартный фреймворк для мультимедийного
анализа / 75220

Стандарты Американского национального
института стандартов / 7.4.3

стандарты анализа сетевых данных / 75121

стандарты базы данных / 75430

Стандарты безопасности / 7.3.4

Стандарты больших данных / 7

стандарты для инструментов больших данных
/ 75417

стандарты для протокола управления
многозадачностью базой данных / 75436

Стандарты других национальных организаций по
стандартизации / 7.4.5

Стандарты Европейских организаций по
стандартизации / 7.4.2

стандарты инструмента для применения и анализа
данных / 75426

стандарты инструментов вычислений
распределенных данных / 75425

стандарты инструментов для предварительной

Т

У

Ф

X

Ц

Ч

экспресс-кредиты с кредитными гарантиями / 45412

экстрасеть правительственных услуг / 62203

экстремальная задача с ограничениями / 11313

экстремальная производительность / 41209

экстренная помощь в случае землетрясения при помощи цифровых технологий / 63516

экстренное реагирование на риски применения новых технологий в финансовой области / 55237

экстренное реагирование на финансовые бизнес-риски / 55208

экстренное реагирование на чрезвычайные ситуации в области безопасности данных / 84416

эластичная наложенная сеть / 12514

электронная валюта / 23302

электронная жалоба / 95305

электронная идентификация / 81206

электронная коммерция для юридических услуг / 95505

электронная крона (Швеция) / 23310

электронная медицинская история / 64114

электронная медицинская карта / 64112

электронная метка / 31216

электронная подпись / 84316

электронная почта / 31309

электронная правосубъектность / 91512

электронная система контроля безопасности питьевой воды / 63420

электронная школьная сумка / 64320

электронное включение / 62417

электронное голосование / 62416

электронное доказательство / 95512

электронное досье по делу / 95311

электронное нотариальное заверение / 95520

электронное правительство / 62102

электронное удостоверение личности / 91509

электронные записи / 95321

электронные лицензии и разрешения / 62413

электронные правительственные услуги / 21315

электронный банкинг / 54106

электронный договор на блокчейне / 23217

электронный документ транзакции / 45422

электронный забор / 53306

электронный платеж / 52108

электронный портфель Министерства трудовых ресурсов и социального обеспечения / 64204

электронный профиль / 95322

электронный расчет / 52119

электронный рецепт / 64113

электронный цифровой компьютер / 21101

Электронный числовой интегратор и вычислитель / 15501

элемент данных / 31513

эмиссионная сеть / 65326

эмоциональная связь / 43105

эмпатическая цивилизация / 15317

энергетические большие данные / 63424

энергетический Интернет / 21318

энергонезависимая память / 32111

энтропия безопасности / 83104

эпоха капитализма данных / 41129

эпоха мобильного сценария / 43109

эра большой науки / 23506

эра облачного мозга / 15105

эталонная архитектура больших данных / 72101

эталонная архитектура Интернета вещей / 72502

эталонная архитектура информации Интернета вещей / 72505

эталонная архитектура прикладной системы Интернета вещей / 72503

эталонная архитектура связи Интернета вещей / 72504

эталонная архитектура функций Интернета вещей / 72506

эталонная модель данных / 75210

Ю

Я

Статьи, начинающиеся с цифры

промышленного применения / 73112

20173820-Т-469 Информационные технологии. Большие данные. Основные метаданные для промышленного продукта / 73401

20173824-Т-469 Информационные технологии. Технология блокчейна и распределенной книги. Эталонная архитектура / 73116

20173825-Т-469 Информационно-технологические услуги. Актив данных. Требования управления / 73306

20173830-Т-469 Информационно-технологические услуги. Аутсорсинг. Часть 6. Общие требования потребителей услуг / 73343

20173836-Т-469 Информационные технологии. Дистанционная эксплуатация и обслуживание. Техническая эталонная модель / 73118

20173857-Т-469 Технологии информационной безопасности. Спецификация оценки рисков информационной безопасности / 73318

20173860-Т-469 Информационные технологии. Технологии безопасности. Кибербезопасность. Часть 2. Руководство по разработке и внедрению кибербезопасности / 73419

20173869-Т-469 Технологии информационной безопасности. Требования по тестированию безопасности криптографических модулей / 73454

20174080-Т-469 Интернет вещей. Общие требования к платформе обмена информацией и ее совместному использованию / 73138

20174084-Т-469 Информационные технологии. Методы автоматической идентификации и сбора данных. Идентификаторы носителей данных / 73203

20180019-Т-469 Информационная система для коммунальных услуг города на основе цифровых технологий. Основные сведения об интеллектуальных крышках канализационных

люков / 73522

20180840-Т-469 Технологии информационной безопасности. Руководство по оценке воздействия на безопасность личной информации / 73428

20180973-Т-604 Требования к эксплуатационным характеристикам систем мониторинга и измерений, используемых для сбора и анализа данных / 73202

20180974-Т-604 Характеристики программного обеспечения для сбора данных и методы их калибровки / 73201

20181941-Т-604 Интеллектуальное производство. Спецификация сбора промышленных данных / 73204

20182117-Т-469 Контрольные точки прослеживаемости и индексы оценки транзакционных продуктов для электронной коммерции / 73515

20182200-Т-414 Интерактивная реклама. Часть 6. Требования к защите данных пользователей / 73432

20182302-Т-469 Интернет вещей. Доступ к чувствительным и контролирующим устройствам. Часть 2. Требования к управлению данными / 73304

20184722-Т-469 Промышленный Интернет вещей. Спецификация структурированного описания для сбора данных / 73205

20184856-Т-469 Спецификация воспроизведения изображений транзакционных продуктов для электронной коммерции / 73512

20190805-Т-469 Информационные технологии. Компьютерное зрение. Терминология / 73104

20190810-Т-469 Информационные технологии. Управление хранением. Часть 2. Универсальная архитектура / 73117

20190841-Т-469 Информационные технологии.

Статьи, начинающиеся с английской буквы

технологии. Объекты и инфраструктура центров обработки данных.. Общие понятия / 74225

BS PD ISO/IEC TS 22237-6:2018 Информационные технологии. Объекты и инфраструктура центров обработки данных. Системы безопасности / 74224

CAN/CSA-ISO/IEC 18033-3:2012 Информационные технологии. Методы и средства обеспечения безопасности. Криптоалгоритмы. Часть 3. Блочное шифрование / 74519

CAN/CSA-ISO/IEC 18033-4:2013 Информационные технологии. Методы и средства обеспечения безопасности. Криптоалгоритмы. Часть 4. Поточное шифрование / 74520

CAN/CSA-ISO/IEC 27000:2014 Информационные технологии. Методы и средства обеспечения безопасности. Системы управления информационной безопасностью. Обзор и словарь / 74521

CAN/CSA-ISO/IEC 27001:2014 Информационные технологии. Методы и средства обеспечения безопасности. Системы управления информационной безопасностью. Требования / 74518

creditchina.gov.cn / 23421

DeepVariant (инструмент для преобразования геномных данных в изображения) / 35310

DIN 16587:2016 Информационные технологии. Методы автоматической идентификации и сбора данных. Прямоугольное расширение матрицы данных / 74227

DIN 66274-2:2012 Информационные технологии. Доступ в Интернет. Часть 2. Классификация / 74226

DL/T 1757-2017 Технические требования к восстановлению и уничтожению электронных данных / 73255

EN ISO/IEC 15438:2010 Информационные технологии. Методы автоматической идентификации и сбора данных / 74210

EN ISO/IEC 27000:2018 Информационные технологии. Методы и средства обеспечения безопасности. Системы управления информационной безопасностью. Обзор и словарь / 74201

EN ISO/IEC 27001:2017 Информационные технологии. Методы и средства обеспечения безопасности. Системы управления информационной безопасностью. Требования / 74202

EN ISO/IEC 27002:2017 Информационные технологии. Методы и средства обеспечения безопасности. Свод правил по контролю информационной безопасности / 74203

EN ISO/IEC 27038:2016 Информационные технологии. Методы и средства обеспечения безопасности. Требования и методы электронного цензурирования / 74204

EN ISO/IEC 27040:2016 Информационные технологии. Методы и средства обеспечения безопасности. Безопасность хранения / 74205

EN ISO/IEC 27041:2016 Информационные технологии. Методы и средства обеспечения безопасности. Руководство по предоставлению гарантий пригодности и адекватности методов расследования инцидентов / 74206

EN ISO/IEC 27042:2016 Информационные технологии. Методы и средства обеспечения безопасности. Руководство по анализу и интерпретации цифровых доказательств / 74207

EN ISO/IEC 27043:2016 Информационные технологии. Методы и средства обеспечения безопасности. Принципы и процессы расследования инцидентов / 74208

EN ISO/IEC 30121:2016 Информационные
технологии. Управление цифровыми
криминалистическими рисками   / 74209

Facebook   / 65409

GA/T 1139-2014 Технологии информационной
безопасности. Технические требования
безопасности к продуктам сканирования баз
данных   / 73212

GA/T 1143-2014 Технологии информационной
безопасности. Технические требования
безопасности программных продуктов
уничтожения данных   / 73256

GA/T 1537-2018 Технологии информационной
безопасности. Критерии тестирования и оценки
мобильных терминальных продуктов для
защиты несовершеннолетних   / 73430

GA/T 1545-2019 Технологии информационной
безопасности. Технические требования по
безопасности смарт-токенов   / 73455

GA/T 711-2007 Технологии информационной
безопасности. Общее руководство по технике
защиты классификации безопасности системы
прикладных программных обеспечений
/ 73461

GA/T 754-2008 Требования к инструментам
дублирования электронного носителя
информации и метод их испытания   / 73210

GA/T 913-2019 Технологии информационной
безопасности. Технические требования
безопасности к продуктам аудита по
безопасности баз данных   / 73213

Galaxy Zoo   / 35117

GB 4943.1-2011 Информационно-технологическое
оборудование. Безопасность. Часть 1. Общие
требования   / 73402

GB 4943.23-2012 Информационно-технологическое
оборудование. Безопасность. Часть 23. Большое
оборудование для хранения данных   / 73403

GB/T 10092-2009 Статистическая интерпретация
данных и ее обработка. Многократное
сравнение результатов испытаний   / 73236

GB/T 11598-1999 Система сигнализации с
коммутацией пакетов между сетями общего
пользования, предоставляющими услуги
передачи данных   / 73219

GB/T 12054-1989 Обработка данных.
Процедура регистрации экранированных
последовательностей   / 73229

GB/T 12118-1989 Обработка данных. Словарь.
Часть 21. Интерфейсы между процессными
компьютерными системами и техническими
процессами   / 73230

GB/T 12460-2006 Форматы записи об
использовании океанографических данных
/ 73524

GB/T 14805.1-2007 Обмен электронными данными в
области администрации, торговли и транспорта
(EDIFACT). Синтаксические правила уровня
приложения (№ версии синтаксиса: 4. №
выпуска синтаксиса: 1). Часть 1. Общие
синтаксические правила   / 73222

GB/T 14805.2-2007 Обмен электронными данными
в области администрации, торговли и транспорта
(EDIFACT). Синтаксические правила уровня
приложения (№ версии синтаксиса: 4. №
выпуска синтаксиса: 1). Часть 2. Синтаксические
правила, специфичные для пакетного обмена
электронными данными   / 73223

GB/T 14805.3-2007 Обмен электронными
данными в области администрации, торговли
и транспорта (EDIFACT). Синтаксические
правила уровня приложения (№ версии
синтаксиса: 4. № выпуска синтаксиса: 1). Часть
3. Синтаксические правила, специфичные
для интерактивного обмена электронными
данными   / 73224

GB/T 20009-2019 Технологии информационной безопасности. Критерии оценки безопасности системы управления базами данных   / 73323

GB/T 20269-2006 Технологии информационной безопасности. Требования к управлению безопасностью информационных систем   / 73326

GB/T 20273-2019 Технологии информационной безопасности. Технические требования безопасности к системе управления базами данных   / 73214

GB/T 20533-2006 Метаданные для данных экологических наук   / 73523

GB/T 21715.4-2011 Медицинская информатика. Данные медицинской карты пациента. Часть 4. Расширение клинических данных   / 73534

GB/T 22281.2-2011 Мониторинг состояния и диагностика машин. Обработка, передача и представление данных. Часть 2. Обработка данных   / 73239

GB/T 24405.1-2009 Информационные технологии. Управление услугами. Часть 1. Спецификация   / 73338

GB/T 24874-2010 Нормы обмена данными пространственной информации о пастбищных ресурсах   / 73526

GB/T 25000.12-2017 Системы и программная инженерия. Требования к качеству систем и программного обеспечения и их оценка (SQuaRE). Часть 12. Модель качества данных   / 73314

GB/T 25056-2018 Технологии информационной безопасности. Техническая спецификация криптографии системы аутентификации сертификата и связанной технологии безопасности   / 73449

GB/T 25068.1-2012 Информационные технологии. Технологии безопасности. Кибербезопасность информационных технологий. Часть 1. Управление безопасностью сети   / 73331

GB/T 25068.2-2012 Информационные технологии. Технологии безопасности. Кибербезопасность информационных технологий. Часть 2. Архитектура системы кибербезопасности   / 73420

GB/T 25742.2-2013 Мониторинг состояния и диагностика машин. Обработка, передача и представление данных. Часть 2. Обработка данных   / 73240

GB/T 26236.1-2010 Информационные технологии. Управление программными активами. Часть 1. Процессы   / 73309

GB/T 26816-2011 Основные метаданные информационных ресурсов   / 73122

GB/T 28181-2016 Технические требования к передаче, коммутации и управлению информацией в сетевой системе видеонаблюдения для общественной безопасности   / 73407

GB/T 28441-2012 Спецификация качества данных для бортовой навигационной электронной карты в автомобиле   / 73532

GB/T 28449-2018 Технологии информационной безопасности. Руководство по процессу тестирования и оценки для секретной защиты кибербезопасности   / 73413

GB/T 28452-2012 Технологии информационной безопасности. Общие технические требования к безопасности системы прикладных программных обеспечений   / 73460

GB/T 28517-2012 Описание инцидентов кибербезопасности и формат обмена   / 73424

GB/T 28821-2012 Технические требования к системе управления реляционными базами данных   / 73208

GB/T 28827.1-2012 Информационно-технологические услуги. Эксплуатация и техническое обслуживание. Часть 1. Общие требования   / 73336

GB/T 29264-2012 Информационно-технологические услуги. Классификация и код   / 73349

GB/T 29360-2012 Техническая спецификация восстановления данных электронной криминалистики   / 73243

GB/T 29765-2013 Технологии информационной безопасности. Технические требования продуктов резервного копирования и восстановления данных и методы их тестирования и оценки   / 73241

GB/T 29766-2013 Технологии информационной безопасности. Технические требования продуктов восстановления данных на веб-сайте и методы их тестирования и оценки   / 73242

GB/T 29829-2013 Технологии информационной безопасности. Функциональные возможности и спецификация интерфейса платформы криптографической поддержки для доверенных вычислений   / 73325

GB/T 30271-2013 Технологии информационной безопасности. Критерии оценки возможностей услуги информационной безопасности   / 73321

GB/T 30273-2013 Технологии информационной безопасности. Общее руководство по оценке обеспечения безопасности информационных систем   / 73322

GB/T 30285-2013 Технологии информационной безопасности. Спецификация управления строительством и эксплуатацией центра аварийного восстановления   / 73328

GB/T 30522-2014 Научно-технологическая инфраструктура. Основные принципы и метод стандартизации метаданных   / 73124

GB/T 30881-2014 Информационные технологии. Реестры метаданных (MDR) Модули   / 73125

GB/T 30994-2014 Спецификация тестирования системы управления реляционными базами данных   / 73215

GB/T 30998-2014 Информационные технологии. Спецификация обеспечения безопасности программного обеспечения   / 73459

GB/T 31500-2015 Технологии информационной безопасности. Требования к услугам восстановления данных носителей   / 73216

GB/T 31501-2015 Технологии информационной безопасности. Аутентификация и авторизация. Спецификация по интерфейсам определения авторизованной прикладной программы / 73435

GB/T 31509-2015 Технологии информационной безопасности. Руководство по оценке рисков информационной безопасности   / 73320

GB/T 31782-2015 Требования к доверительным транзакциям электронной коммерции   / 73511

GB/T 31916.1-2015 Информационные технологии. Облачное хранение данных и их управление. Часть 1. Общие положения   / 73143

GB/T 31916.3-2018 Информационные технологии. Облачное хранилище данных и управление ими. Часть 3. Интерфейс приложения хранилища распределенных файлов   / 73207

GB/T 32399-2015 Информационные технологии. Облачные вычисления. Эталонная архитектура / 73113

GB/T 32626-2016 Информационные технологии. Онлайн-игры. Терминология   / 73107

GB/T 32627-2016 Информационные технологии. Требование к описанию адресных данных   / 73128

GB/T 32630-2016 Технические требования к неструктурированной системе управления данными   / 73209

GB/T 32908-2016 Спецификация интерфейса доступа к неструктурированным данным   / 73259

GB/T 37033.3-2018 Технологии информационной безопасности. Технические требования к криптографическому приложению в системах радиочастотной идентификации. Часть 3. Технические требования к управлению ключами   / 73451

GB/T 37092-2018 Технологии информационной безопасности. Требования по безопасности криптографических модулей   / 73453

GB/T 37373-2019 Интеллектуальный транспорт. Услуга защиты данных   / 73426

GB/T 37538-2019 Спецификация онлайн-мониторинга качества транзакционных продуктов для электронной коммерции / 73513

GB/T 37550-2019 Система индексов оценки информационных активов для электронной коммерции   / 73514

GB/T 37696-2019 Информационно-технологические услуги. Требования к оценке способностей работников   / 73351

GB/T 37721-2019 Информационные технологии. Большие данные. Функциональные требования к аналитическим системам   / 73131

GB/T 37722-2019 Информационные технологии. Технические требования к системам хранения и обработки больших данных   / 73206

GB/T 37736-2019 Информационные технологии. Облачные вычисления. Общие требования к мониторингу облачных ресурсов   / 73144

GB/T 37737-2019 Информационные технологии. Облачные вычисления. Общие технические требования к распределенной блочной системе хранения   / 73134

GB/T 37741-2019 Информационные технологии. Облачные вычисления. Требования к предоставлению облачных услуг   / 73146

GB/T 37779-2019 Руководство по внедрению

системы энергоменеджмента в центрах обработки данных   / 73250

GB/T 37961-2019 Информационно-технологические услуги. Основные требования к услугам / 73342

GB/T 37964-2019 Технологии информационной безопасности. Руководство по деидентификации личной информации / 73429

GB/T 37973-2019 Технологии информационной безопасности. Руководство по управлению безопасностью больших данных   / 73425

GB/T 37988-2019 Технологии информационной безопасности. Модель зрелости возможностей защиты данных   / 73316

GB/T 38247-2019 Информационные технологии. Дополненная реальность. Терминология / 73103

GB/T 4087-2009 Статистическая интерпретация данных и ее обработка. Односторонний достоверный нижний предел надежности для биномиального распределения   / 73237

GB/T 4089-2008 Статистическая интерпретация данных и ее обработка. Оценка и проверка параметра распределения Пуассона   / 73238

GB/T 5271.10-1986 Обработка данных. Словарь. Часть 10. Методы и средства работы   / 73235

GB/T 5271.1-2000 Информационные технологии. Словарь. Часть 1. Основные термины   / 73108

GB/T 5271.18-2008 Информационные технологии. Словарь. Часть 18. Распределенная обработка данных   / 73233

GB/T 5271.2-1988 Обработка данных. Словарь. Часть 2. Арифметические и логические операции   / 73234

GB/T 5271.22-1993 Обработка данных. Словарь. Часть 22. Калькуляторы   / 73232

GB/Z 18219-2008 Информационные технологии.

сбора данных. Спецификация символики штрихового кода QR-кода   / 74413

JIS X0532-1:2018 Информационные технологии. Методы автоматической идентификации и сбора данных. Уникальная идентификация. Часть 1. Индивидуальные транспортные единицы   / 74405

JIS X0532-2:2018 Информационные технологии. Методы автоматической идентификации и сбора данных. Уникальная идентификация. Часть 2. Процедуры регистрации   / 74406

JIS X0532-3:2018 Информационные технологии. Методы автоматической идентификации и сбора данных. Уникальная идентификация. Часть 3. Общие правила   / 74407

JIS X0532-4:2018 Информационные технологии. Методы автоматической идентификации и сбора данных. Часть 4. Штучные изделия и упакованные единицы продукции   / 74408

JIS X0532-5:2018 Информационные технологии. Методы автоматической идентификации и сбора данных. Уникальная идентификация. Часть 5. Индивидуальные возвратные транспортные упаковочные средства   / 74409

JIS X19790:2015 Информационные технологии. Методы и средства обеспечения безопасности. Требования безопасности к криптографическим модулям   / 74412

JIS X5070-1:2011 Информационные технологии. Методы и средства обеспечения безопасности. Критерии оценки безопасности ИТ. Часть 1. Введение и общая модель   / 74417

JIS X6256:2019 Информационные технологии. Записанные цифровым способом носители для обмена и хранения информации. Тестовый метод оценки срока службы оптических дисков для долговременного хранения данных   / 74402

JIS X9250:2017 3750 Информационные технологии. Методы и средства обеспечения безопасности. Фреймворк конфиденциальности   / 74410

JIS X9401:2016 Информационные технологии. Облачные вычисления. Обзор и словарь   / 74414

JR/T 0016-2014 Протокол обмена данными по торговле фьючерсами   / 73506

JR/T 0022-2014 Протокол обмена данными по торговле ценными бумагами   / 73507

JT/T 1206-2018 Спецификация обмена и совместного использования данных информационной системы о судоходстве по реке Янцзы   / 73528

KS X 0001-28:2007 Информационные технологии. Словарь. Часть 28. Базовые понятия и экспертные системы   / 74516

KS X 0001-31:2009 Информационные технологии. Словарь. Часть 31. Искусственный интеллект. Машинное обучение   / 74517

KS X ISO/IEC 11179-1:2011 Информационные технологии. Регистры метаданных (MDR). Часть 1. Фреймворк   / 74515

KS X ISO/IEC 15408-1:2014 Информационные технологии. Методы и средства обеспечения безопасности. Критерии для оценки безопасности ИТ. Часть 1. Введение и общая модель   / 74508

KS X ISO/IEC 15408-2:2014 Информационные технологии. Методы и средства обеспечения безопасности. Критерии для оценки безопасности ИТ. Часть 2. Функциональные компоненты безопасности   / 74509

KS X ISO/IEC 2382-34:2003 Информационные технологии. Словарь. Часть 34. Искусственный интеллект. Нейронные сети   / 74507

KS X ISO/IEC 24745:2014 Информационные технологии. Методы и средства обеспечения безопасности. Биометрическая защита информации   / 74510

KS X ISO/IEC 27002:2014 Информационные технологии. Методы и средства обеспечения безопасности. Свод правил по управлению информационной безопасностью   / 74511

KS X ISO/IEC 27032:2014 Информационные технологии. Методы и средства обеспечения безопасности. Руководство по кибербезопасности   / 74512

KS X ISO/IEC 27033-1:2014 Информационные технологии. Методы и средства обеспечения безопасности. Сетевая безопасность. Часть 1. Обзор и концепции   / 74513

KS X ISO/IEC 27033-2:2014 Информационные технологии. Методы и средства обеспечения безопасности. Сетевая безопасность. Часть 2. Руководство по проектированию и внедрению системы обеспечения сетевой безопасности   / 74514

LY/T 2921-2017 Качество данных лесного хозяйства. Базовые элементы   / 73525

Mixi   / 65413

MOOC   / 64303

NP-полная задача   / 13319

OTT-услуги   / 21321

PayPal   / 52120

POS-терминал   / 52102

Qianhai WeBank   / 53518

QR-код   / 31218

SDAP (платформа для анализа научных больших данных в области морской геофизики)   / 35309

SJ/T 11528-2015 Информационные технологии. Мобильное хранение. Общие правила карт памяти   / 73211

SJ/T 11622-2016 Информационные технологии. Управление программными активами. Руководство по внедрению   / 73310

SJ/T 11674.2-2017 Информационно-технологические услуги. Комплексное внедрение. Часть 2. Спецификация реализации проекта   / 73345

SJ/T 11676-2017 Информационные технологии. Атрибуты метаданных   / 73121

SJ/T 11684-2018 Информационно-технологические услуги. Спецификация надзора за услугами информационных систем   / 73347

SJ/T 11691-2017 Информационно-технологические услуги. Руководство по соглашению об уровне сервиса   / 73352

SJ/T 11693.1-2017 Информационно-технологические услуги. Управление услугами. Часть 1. Общие требования   / 73340

SNI ISO/IEC 27001:2013 Информационные технологии. Методы и средства обеспечения безопасности. Системы управления информационной безопасностью. Требования   / 74526

SNI ISO/IEC 27002:2014 Информационные технологии. Методы и средства обеспечения безопасности. Свод правил для управления информационной безопасностью   / 74525

SNI ISO/IEC 27003:2013 Информационные технологии. Методы и средства обеспечения безопасности. Руководство по внедрению системы управления информационной безопасностью   / 74527

SNI ISO/IEC 27007:2017 Информационные технологии. Методы и средства обеспечения безопасности. Руководство по аудиту систем управления информационной безопасностью   / 74528

SNI ISO/IEC 27034-1:2016 Информационные технологии. Методы и средства обеспечения безопасности. Безопасность приложений. Часть 1. Обзор и концепции   / 74524

TCVN 9801-1:2013 Информационные технологии.

YD/T 3291-2017 Общая спецификация сборного
модуля в центре обработки данных   / 73251
YD/T 3399-2018 Метод тестирования сетевого

оборудования Центра телекоммуникационных
интернет-данных   / 73405

西班牙语索引

Acto Marco de Estándares Nacionales (Corea del Sur) / 71106

Acto Nacional de Protección de Infraestructuras Cibernéticas de 2010 (EE.UU.) / 85522

Acto sobre Comunicaciones de Emergencia y Retención de Datos de Internet (Reino Unido) / 85528

Acto sobre Privacidad (EE.UU., 1974) / 93509

Acto sobre Privacidad y Seguridad de Datos Personales de 2005 (EE.UU.) / 85525

Acto sobre Protección de Información Personal (Japón, 2003) / 93514

actor sin estado / 92302

actuador final / 72405

actualización industrial orientada a la inteligencia / 24406

Acuerdo de la Protección de Privacidad (UE y EE.UU.) / 85312

Acuerdo de Licencia de Contribuyente / 41423

acuerdo de licencia de datos / 92419

acuerdo de servicio para plataforma y reglas de intercambio / 93333

acuerdo de supervisión digital / 55301

acumulación de software / 81112

acusación remota / 95215

adaptación automática de datos / 22410

adaptación en red / 65311

adecuación de tamaño (un principio) / 84323

adicción a Internet / 65204

Administración de Normalización de la República Popular China / 71424

administración de rastros / 93225

Administración del Ciberespacio de China / 94501

administrador de seguridad de la información registrada / 81324

ADN de datos de crédito / 51421

Adquisición de Big Data / 3.1

adquisición de datos de señales biológicas / 31330

adquisición de sonido panorámica / 14315

adquisición y agregación de datos / 93205

adquisiciones fragmentadas / 45406

advertencia temprana de desempleo / 64218

advertencia temprana de virus / 82417

advertencia temprana de vulnerabilidad / 82416

agencia de intercambio de datos / 41309

Agencia de Protección de Datos (España) / 94510

Agenda Conectar 2020 / 44119

Agenda de Bali sobre Tecnofinanzas (Banco Mundial) / 51101

Agenda de Túnez para la Sociedad de la Información / 65524

agente conductual de computación / 65323

agilidad de la innovación / 43408

aglomeración de datos / 22507

agonismo derivado del poder de los algoritmos / 15208

agricultor digital / 42310

agricultura creativa digital / 42304

agricultura de precisión / 42302

agricultura digital / 42301

agricultura inteligente / 42303

agrupación de fondos / 53419

agrupación de recursos / 72207

agrupamiento de K-Means / 13219

agrupamiento de red / 34512

agrupamiento de textos / 34419

agrupamiento EM (maximización de las expectativas) / 13222

agrupamiento jerárquico aglomerativo / 13223

agrupamiento por desplazamiento medio / 13220

agujero estructural / 11407

ahorro energético / 54319

Airbnb / 42525

aislamiento de vulnerabilidad / 82209

aislamiento del riesgo de quiebra / 52219

aislamiento lógico fuerte para control de fronteras / 82415

auditoría forense / 82210

auditoría interna de la seguridad de la información
financiera / 55224

auditorías de sistemas de gestión de la seguridad de la
información / 84324

aula inteligente / 64311

autenticación de cadena de bloques / 23414

autenticación de identidad / 82203

autenticación de identidad segura y controlable
/ 65211

autenticación de mensajes / 82409

autenticación de seguridad / 83402

autoaprendizaje / 72312

autoempoderamiento / 91313

autofinanciación / 54402

autofinanciamiento / 51214

autómata celular / 24303

autómata con pila / 13323

autómata finito / 13322

automatización de datos financieros / 51218

automatización de edificios / 63311

automatización de redacción de documentos legales
/ 95433

automatización de servicios legales / 95440

automatización doméstica / 64401

autopista de la información / 21106

Autoridad de Certificación / 82214

Autoridad de protección de datos (Alemania) / 94506

Autoridad de Protección de Datos (Francia) / 94504

Autoridad de Protección de Datos (Grecia) / 94512

Autoridad de Protección de Datos (Noruega) / 94511

Autoridad de Protección de Datos (Países Bajos)
/ 94508

Autoridad Nacional para la Protección de Datos
Personales (Brasil) / 94521

autorización progresiva de intercambio de datos / 41102

autorregulación del sector tecnofinanciero / 55406

Autorregulación y Ética Profesional sobre Derechos

Relativos a Datos / 9.4.1

autoservicio bajo demanda / 72206

avatar / 14312

aviación inteligente / 63204

Aviso de la Administración Tributaria del Estado
sobre la Implementación del Plan de Acción
de la Iniciativa de la Franja y la Ruta y el
Funcionamiento Eficaz de la Administración y el
Servicio Tributarios / 45520

Aviso del Ministerio de Industria y Tecnología de
la Información y el Consejo de China para la
Promoción del Comercio Internacional sobre
el Lanzamiento de una Campaña Especial para
Apoyar a la Participación de Empresas Pequeñas
y Medianas en la Iniciativa de la Franja y la Ruta
/ 45518

aviso público / 92118

ayuda externa basada en lazos sociales débiles
/ 44508

ayuda para la reducción de la pobreza / 44207

azúcar sintáctico / 82217

B

Baidu AI CITY / 63111

banca digital / 54107

banca electrónica / 54106

banca en la sombra / 55120

banca inteligente / 54110

banco de datos / 51415

Banco de Datos de Proteínas / 35115

banco de financiación para la cadena de suministro
/ 53201

banco de las cosas conectadas / 53301

Banco de Pagos Internacionales / 55506

banco de patentes públicos de inteligencia artificial
/ 24318

C

cadena de gobernanza completa de Big Data   / 23520

cadena de la industria digital   / 42202

cadena de suministro digital   / 42201

cadena de suministro inteligente   / 21309

Cadena de Valor de Datos   / 2.2.2

cadena de valor en la economía compartida   / 42515

cadena de valor social   / 53105

cadena de valor virtual   / 22201

cadena del sector tecnofinanciero   / 51404

Cadena DIKI   / 95123

cadena ecológica de aplicaciones para Big Data de
    fiscal   / 95213

cadena industrial de inteligencia artificial   / 24407

cadena legal   / 23206

cadenas rituales de interacción   / 65315

caja de arena   / 82414

cajero automático   / 52101

cálculo en tiempo real de la correspondencia entre
    oferta y demanda   / 43118

cálculo sin conexión   / 33316

calidad de activos de datos   / 41122

calidad de coincidencia   / 43318

calidad de datos   / 33110

calificación de crédito para comercio electrónico
    / 93342

calificación inteligente de residuos   / 63409

calificación y clasificación de datos del gobierno
    / 93214

calificación y presentación   / 85105

cámara de compensación automatizada   / 52123

caminata cuántica   / 25211

campo de datos   / 22112

campo de visión   / 14308

campo sonoro inmersivo   / 14321

campus de tecnología de datos   / 22315

campus inalámbrico   / 64310

campus inteligente   / 64309

CAN/CSA-ISO/IEC 18033-3:2012 Tecnología de la

Información. Técnicas de Seguridad. Algoritmos
de Encriptación. Parte 3: Cifradores de Bloques
/ 74519

CAN/CSA-ISO/IEC 18033-4:2013 Tecnología de la
Información. Técnicas de Seguridad. Algoritmos
de Encriptación. Parte 4: Cifradores de Flujos
/ 74520

CAN/CSA-ISO/IEC 27000:2014 Tecnología de la
Información. Técnicas de Seguridad. Sistemas
de Gestión de la Seguridad de la Información.
Descripción General y Vocabulario   / 74521

CAN/CSA-ISO/IEC 27001:2014 Tecnología de la
Información. Técnicas de Seguridad. Sistemas
de Gestión de la Seguridad de la Información.
Requisitos   / 74518

canal   / 31110

canal de almacenamiento convertido   / 82118

canal de confianza   / 82117

canal de financiación ecológico   / 54316

canal de temporización convertido   / 82119

canal encubierto   / 82120

canal verde para talentos en línea   / 64209

cantidad de información   / 31104

caos cuántico   / 25508

capa de aislamiento e interacción con datos sensibles
/ 82317

capa de análisis de datos   / 82316

capa de código de la red   / 92310

capa de contenido de la red   / 92311

capa de enlace de datos   / 82407

capa de enmascaramiento de datos   / 82319

capa de prevención de fuga de datos   / 82318

capa física de la red   / 92309

capacidad de aplicación de datos   / 22305

capacidad de aplicaciones en la nube   / 72209

capacidad de control de red   / 82212

capacidad de datos   / 22114

capacidad de escenarios   / 43114

capacidad de gobernanza de la pobreza regional
/ 44209

capacidad de infraestructuras en la nube / 72210

capacidad de plataformas en la nube / 72211

capacidad de procesamiento de datos multimedia
financieros / 54114

capacidad de protección de la seguridad / 85101

capacidad de seguridad de datos / 83115

capacidad de servicios digitales innovadores de
gobierno / 22311

capacidad de supervivencia de red / 84103

capacidad de tecnología digital / 41410

capacidad en la nube / 72208

capacidad financiera / 54212

Capital de Datos / 4.1.1

capital ecológico / 54509

Capitalismo de Datos / 4.1

capitalismo de datos / 85214

capitalización de datos / 41128

captación ilegítima de datos confidenciales / 81515

Captura de Datos / 3.1.4

captura de paquetes / 31326

carácter virtual / 65103

características 4V de Big Data (Volumen, Variedad,
Velocidad y Veracidad) / 22107

carga de código / 91314

carga de datos / 31324

carrera armamentística en el ciberespacio / 65510

carretera inteligente / 63205

Carta de Okinawa sobre la Sociedad de Información
Global / 44118

casa segura para datos / 82302

cascadas de información / 11408

caso de monitoreo de derechos del autor del Sector de
los Datos Culturales en China / 75514

casos de uso de Big Data de electricidad de la
Corporación Estatal de la Red Eléctrica de China
/ 75509

catálogo de recursos de informaciones temáticas
/ 93420

Catálogo Global de Microorganismos / 35130

categoría / 11113

central eléctrica fotovoltaica inteligente / 63408

centralidad de distancia / 34504

centralidad de intermediación / 34505

centralidad espectral / 34506

Centro Chino de Evaluación de la Seguridad de las
Tecnologías / 84512

centro de aplicaciones de satélites distribuidos
/ 45313

centro de autenticación de certificados digitales / 84320

centro de autoridad de certificación / 53121

Centro de Datos / 3.2.5

centro de datos de Internet / 32502

centro de datos ecológico / 32503

centro de datos financieros / 52515

centro de datos iCloud de Apple / 84517

centro de datos modular / 32505

Centro de desarrolladores de Alibaba Cloud / 35326

centro de fijación de precios del carbono / 54322

centro de gestión de la seguridad de interconexión de
nivel cruzado / 85122

Centro de Ingeniería para la Incubación Estándar
/ 71122

centro de intercambio de datos / 93313

Centro de Operaciones Inteligentes de la Zona
Nacional de Desarrollo Económico y Tecnológico
de Kunming / 75503

centro de recuperación de desastres de datos / 32504

Centro de recursos de información para la ciudad
inteligente de Xuzhou / 75502

centro de respaldo y recuperación ante desastre de
datos públicos / 93424

Centro de Seguridad / 8.4.5

Centro Nacional de Big Data de Gobernanza (China)
/ 62301

controlador / 92202

controlador conjunto / 92411

controlador de detección de intrusiones / 82104

controlador inteligente / 42115

Convenció sobre Ciberseguridad y Protección de Datos Personales (Unión Africana, 2014) / 93520

Convención Global Big Data Exchange 702 para el Comercio Basado en Big Data (Guiyang, China) / 94102

convención internacional contra el terrorismo de ciberespacio / 21518

Convenio para la Protección de las Personas con Respecto al Tratamiento Automatizado de Datos de Carácter Personal (Consejo de Europa, 2012) / 93517

convergencia de redes triples / 21219

convergencia mediática / 62420

conversión de analógico al digital / 31112

conversión de crédito ecológico en valores basada en activos / 54314

conversión de datos / 33105

conversión de datos en activos / 43405

conversión de servicios en productos / 43406

convocante o experto registrado de grupo de trabajo / 71508

cooperación contractual / 61513

cooperación de robots / 72404

cooperación de sectores de la información espacial en la Ruta de la Seda Marítima del siglo XXI / 45320

cooperación de supervisión entre organizaciones reguladoras financieras internacionales / 55520

Cooperación Digital / 4.1.4

cooperación empoderadora en comercio electrónico / 45110

cooperación en comercio electrónico / 45419

cooperación entre organizaciones reguladoras financieras internacionales / 55521

cooperación internacional de normalización / 41411

cooperación internacional en seguridad de datos / 65517

cooperación nacional para la supervisión financiera regional / 55522

Cooperación para la Reducción de la Pobreza / 4.4.2

coordenada paralela / 34319

coordinación de partes interesadas / 94213

coordinación persona-máquina / 24119

coordinador de sistemas / 72102

coordinador de transacciones / 32415

coordinador nacional de ciberseguridad / 21511

copia de seguridad de archivos de datos / 84105

copia de seguridad de las tablas clave de grano refilado / 84109

copia de seguridad remota en caliente / 84125

copia de seguridad remota en frío / 84124

copia de seguridad y aislamiento de objetos de repositorio / 84310

copia digital / 93437

copias de seguridad de datos / 83415

copias de seguridad y destrucción de datos / 84114

copyright digital / 65320

corporación autónoma descentralizada en la cadena de bloques / 23419

Corporación de Internet para la Asignación de Nombres y Números / 85313

corporativismo / 91307

corpus lingüístico / 34401

corredor de información espacial de la Franja y la Ruta / 45307

Corredor Económico del Nuevo Puente Intercontinental de Eurasia / 45116

correo basura / 81211

correo electrónico / 31309

corrupción financiera / 55127

cortafuegos / 83101

coste intermedio compartido / 41516

coste marginal cero / 41208

costo de información de la organización / 61311

D

E

G

Información. Requisitos Técnicos y Enfoques de Pruebas y Evaluación de Productos de Copia de Seguridad y Recuperación de Datos de Sitios Web / 73242

GB/T 29829-2013 Técnicas de Seguridad de la Información. Especificación de Funcionalidad e Interfaz de una Plataforma de Soporte Criptográfico para Computación de Confianza / 73325

GB/T 30271-2013 Tecnología de la Seguridad de la Información. Criterios de Evaluación de Capacidades de Servicios de Seguridad de la Información / 73321

GB/T 30273-2013 Tecnología de la Seguridad de la Información. Metodología Común para la Evaluación del Aseguramiento de la Seguridad de Sistemas de Información / 73322

GB/T 30285-2013 Tecnología de la Seguridad de la Información. Especificaciones para la Construcción y la Gestión Sostenida de Centros de Recuperación de Desastres / 73328

GB/T 30522-2014 Infraestructura de Ciencia y Tecnología. Principio y Método de Normalización de Metadatos / 73124

GB/T 30881-2014 Tecnología de la Información. Registros de Metadatos Módulos / 73125

GB/T 30994-2014 Especificación de Pruebas de Sistemas de Gestión de Bases de Datos Relacionales / 73215

GB/T 30998-2014 Servicio de Tecnología de la Información. Especificación del Aseguramiento de la Seguridad del Software / 73459

GB/T 31500-2015 Tecnología de la Seguridad de la Información. Requisitos del Servicio de Recuperación de Datos para Soportes de Almacenamiento / 73216

GB/T 31501-2015 Tecnología de la Seguridad de la Información. Autenticación y Autorización.

Especificación de la Interfaz de Toma de Decisiones de Programación de Aplicaciones de Autorización / 73435

GB/T 31509-2015 Tecnología de Seguridad de la Información. Guía de Implementación de la Evaluación de Riesgos para la Seguridad de la Información / 73320

GB/T 31782-2015 Requisitos para el Intercambio Comercial de Confianza en Comercio Electrónico / 73511

GB/T 31916.1-2015 Tecnología de la Información. Almacenamiento y Gestión de Datos en la Nube. Parte 1: Generalidad / 73143

GB/T 31916.3-2018 Tecnología de la Información. Almacenamiento y Gestión de Datos en la Nube. Parte 3: Interfaz de Aplicación de Almacenamiento de Archivos Distribuidos / 73207

GB/T 32399-2015 Tecnología de la Información. Computación en la Nube. Arquitectura de Referencia / 73113

GB/T 32626-2016 Tecnología de la Información. Juegos en Línea. Terminología / 73107

GB/T 32627-2016 Tecnología de la Información. Requisitos de Descripción de Datos de Direcciones / 73128

GB/T 32630-2016 Requisitos Técnicos para Sistemas de Gestión de Datos No Estructurados / 73209

GB/T 32908-2016 Especificación de Interfaz de Accesos a Datos No Estructurados / 73259

GB/T 32924-2016 Tecnología de Seguridad de la Información. Directrices sobre Advertencias de Ciberseguridad / 73417

GB/T 33131-2016 Tecnología de Seguridad de la Información. Especificación de la Seguridad de Red de Almacenamiento Protocolo de Internet Basada en la Seguridad de Protocolo de Internet / 73421

GB/T 33136-2016 Servicio de Tecnología de la

H

I

J

K

L

M

medidas de seguridad de la información de usuario / 94216

Medidas de Shanghai para la Gestión del Uso Compartido de Recursos de Datos Relacionados con Asuntos del Gobierno / 93110

Medidas de Xi'an para la Gestión del Uso Compartido de Recursos de Datos Relacionados con Asuntos del Gobierno / 93122

Medidas para la Gestión de Datos Científicos (China) / 93106

Medidas Provinciales de Hainan para la Gestión de Recursos Públicos de Información / 93113

Medidas Provinciales de Zhejiang para la Gestión de Datos Públicos y Gobierno Electrónico / 93112

Medidas Provisionales de Hangzhou para la Gestión del Uso Compartido de Recursos de Datos Relacionados con Asuntos del Gobierno / 93117

Medidas Provisionales de Wuhan para la Gestión del Uso Compartido de Recursos de Datos Relacionados con Asuntos del Gobierno / 93118

medio de almacenamiento de datos / 32105

medio de transmisión / 12105

medios de comunicación sociales / 11417

medios de gobernanza / 61210

medios digitales / 15115

medios ubicuos / 65301

meme en Internet / 65316

memoria asociativa / 14509

memoria de acceso aleatorio / 32106

memoria de semiconductor / 42112

memoria digital / 15121

memoria flash / 32112

memoria magnético / 12411

memoria no volátil / 32111

memoria óptica / 12412

memoria rápida no volátil / 13513

menos-centralización / 54417

mensajería instantánea / 31312

mercado de ahorro energético / 54332

mercado de comercio de datos / 93301

mercado de derecho al agua / 54333

mercado de derechos medioambientales / 54329

mercado de redistribución / 42506

mercado de sumidero de carbono / 54321

mercado de sumidero de contaminantes / 54331

mercado de uso compartido de derecho de uso / 42510

mercado espeso / 41231

mercado internacional de tecnofinanzas / 55504

mercado negro de datos / 94209

mercado tecnofinanciero / 51411

mercados ricos en datos / 22210

mercadotecnia de precisión / 51208

mercadotecnia en comunidades en red / 65102

mercadotecnia social en línea de productos financieros / 51507

meta copias de seguridad de estructuras de datos / 84110

metaconocimiento / 14103

metadatos / 32103

metadatos de FAIR / 35408

metadatos de negocios / 33515

metadatos técnicos / 33514

meteorología inteligente / 63401

método de acceso a camión de recogida / 84207

método de demostración estatutaria / 92108

método de enlace de nodo / 34312

método de enumeración / 13110

método de gradiente de estrategia de profundidad / 34221

Método de Monte Carlo / 34113

Método de Monte Carlo por cadenas de Markov / 34117

método de Newton / 11118

método de planificación dinámica / 13116

método de pruebas de autenticación / 83309

método de ramificación y poda / 13121

método de recurrencia / 13111

método estructurado / 12304

método fallo-parada / 83307

método iterativo / 11117

método orientado a la estructura de datos / 12305

método recursivo / 13113

metodología de software / 12303

métodos de elaboración de políticas de economía
digital / 45104

métricas ordenadas para el sistema de normas / 75312

micomecenazgo para el alivio de la pobreza / 44512

micro curso / 64302

Micro y Pequeñas Finanzas / 5.2.4

microcircuitos neuronales / 14522

microcomunicación / 65419

microcontrolador / 12403

microcrédito / 52403

microcrédito de comercio electrónico / 52407

microcrédito de terceros / 52409

microcrédito en línea / 52406

microcrédito proporcionado por tercero para pagos
/ 52408

microcréditos de comercio electrónico de banco
comercial / 52412

microcréditos en línea ilimitados con cuota fija
/ 53202

microdatos / 22403

microdepósitos y microcréditos / 53520

microempresas y pequeñas empresas / 52401

microfinanciación de redes no P2P / 52411

micromecenazgo / 52301

micromecenazgo basado en derecho de crédito
/ 52307

micromecenazgo basado en donativos / 52304

micromecenazgo basado en el registro / 52313

micromecenazgo basado en equidades / 52306

micromecenazgo basado en preventas / 52305

micromecenazgo de investigación científica / 35306

micromecenazgo PIPRs / 52311

micromecenazgo Title III / 52312

micropréstamos y pequeños préstamos / 52402

microprocesador / 12402

microseguro / 54222

microservicios masivos / 43416

microtribunal móvil / 95313

Miembro general de Organización Internacional de
Normalización / 71504

Miembro participante de Organización Internacional
de Normalización / 71502

migración de datos / 22505

Minería de Datos de la Tierra / 35311

Minería de datos: conceptos y técnicas (Jiawei Han,
Micheline Kamber, EE.UU.) / 15404

minería de opiniones / 11412

minería de relaciones / 95115

Ministerio de Industria y Tecnología de la Información
de China / 94502

Ministro de Estado de Inteligencia Artificial (los EAU)
/ 15520

mitigación de la pobreza mediante la reubicación
/ 44306

Mixi / 65413

mobiliario inteligente / 64416

mochila escolar electrónica / 64320

modelización basada en agentes / 11409

modelización de conocimientos / 14120

modelización de conocimientos para el diseño de
ingeniería / 14112

modelización de datos / 31115

modelización de informaciones de edificios / 63310

modelización semántica / 61417

modelo abeliano de pilas de arena / 11520

modelo causal de Rubin / 34108

modelo cerebral / 14515

modelo de "bolsa de palabras" / 34409

gestión de la seguridad / 82314

modelo relacional / 32225

modelo Seq2Seq / 34418

modelo sindicado / 53513

modelo trustless (sin confianza) / 23404

modelo unificado de supervisión / 55411

modernización de la infraestructura de sistemas de
pago minoristas / 54209

modo de actualización de datos / 75209

modo de alivio de la pobreza O2O / 44408

Modo de Apertura de Datos Públicos: Agregación,
Circulación, Utilización (Guiyang, China) / 41313

modo de aprobación O2O / 62319

modo de computación en red / 12116

modo de cooperación de multipartida de datos / 41316

modo de copias masivas / 93228

modo de crédito alternativo / 54405

modo de garantía / 52211

modo de plataforma para pequeños préstamos / 52212

modo de plataforma puro / 52213

modo de Storm Trident / 33210

modo de transferencia de derechos de acreedores
/ 52210

modo de verificación de comparaciones / 93226

modo en línea puro / 52209

modo escalable / 13525

modo ligero de servicios financieros / 54115

modos híbridos / 52310

modulación y codificación de datos / 12108

modularidad / 43309

modularidad de las finanzas / 51220

módulo óptico / 12122

moneda de tipo de liquidación descentralizada
/ 54406

moneda digital / 23303

moneda digital del banco central / 23306

Moneda Digital Fiduciaria / 2.3.3

moneda digital súper soberana / 23314

moneda electrónica / 23302

moneda estable / 54409

monetización de información / 53106

monitor de máquinas virtuales / 85107

monitoreo de Internet de las Cosas / 53303

monitoreo de la información de oferta y demanda del
mercado de los recursos humanos / 64216

monitoreo de la opinión pública / 63505

monitoreo de registros de alarmas / 84117

monitoreo inteligente de la seguridad en el trabajo
/ 64214

monitoreo inteligente de seguros médicos / 64213

monitoreo remoto / 64501

monitoreo remoto en vídeo de correcciones
comunitarias / 95420

monitoreo y protección de la seguridad en el negocio
financiero / 55210

monitorización y certificación del cumplimiento de
sistemas de inteligencia artificial / 41419

monopolio de datos / 61104

monopolio de información / 21201

MOOC / 64303

motor Apache Drill / 31405

motor de búsqueda / 31321

motor de búsqueda móvil para asuntos de policía
/ 95107

motor del Google Earth / 35108

motor Logstash / 31415

motor Nutch / 31406

motor Presto / 31402

motor SenseiDB / 31412

motor Sphinx / 31411

movilidad inteligente / 63208

movilización de información y aseguramiento de
emergencias de defensa nacional / 85419

movilización inteligente / 62308

movimiento de código abierto / 22307

movimiento de datos abiertos / 22211

N

P

participación ciudadana   / 92518

participación social en el alivio de la pobreza   / 44501

participante económico informal   / 54214

partícula de ángel   / 25116

partícula de datos   / 22110

pasarela de pagos   / 52106

pasarela de pagos entre plataformas distintas   / 53120

patrimonio mundial   / 23505

patrón de referencia de consultas   / 93227

PayPal   / 52120

penetración de la exportación de comercio electrónico transfronterizo   / 45203

Pensamiento Computacional   / 1.3.1

pensamiento de datos   / 22119

pequeña y microfinanciación en línea   / 54220

pequeños aparatos inteligentes   / 64420

Percepción de Datos   / 3.1.2

percepción de la inteligencia de enjambre   / 31205

percepción de la situación   / 72426

percepción de máquinas   / 31204

percepción de número   / 15315

percepción multimodal   / 31206

percepción y detección integradas   / 15111

perceptrón   / 31201

perceptrón multicapa   / 14207

perfil de caso   / 95309

perfil de ciudad   / 63125

perfil del usuario   / 81225

perfil del usuario financiero   / 51207

perfil preciso del usuario   / 34523

permisos y licencias de negocios electrónicos   / 62413

persona jurídica   / 91203

persona natural   / 91201

persona responsable de la seguridad de Big Data   / 93403

personalidad   / 91101

personalidad digital   / 91401

personalidad electrónica   / 91512

personalidad legal   / 91220

personalidad legal finita   / 91221

personalidad virtual   / 15213

personalización a medida   / 42402

personalización masiva de normalización   / 75406

pesca inteligente   / 42315

petición en línea   / 62418

Petro (Venezuela)   / 23308

pirámide normalizada   / 75308

Plan ACE de Baidu: conducción autónoma, carretera conectada y ciudad eficiente   / 63110

Plan Científico Internacional de la Ruta de la Seda Digital   / 35128

Plan de Acción de Alivio de la Pobreza en la Red   / 44318

Plan de Acción de Computación en la Nube (Alemania)   / 21414

Plan de Acción de Desarrollo del Turismo Deportivo para el Proyecto de la Franja y la Ruta (2017-2020)   / 45522

Plan de Acción de Educación Digital (UE)   / 24509

plan de acción de gobierno electrónico   / 62103

Plan de acción de la conectividad estándar para la Franja y la Ruta (2018-2020)   / 71513

Plan de Acción de Tecnofinanza (UE)   / 51103

Plan de Acción del Gobierno Digital como Plataforma (Reino Unido)   / 62112

Plan de Acción Global para Datos de Desarrollo Sostenible   / 44120

Plan de Acción para Países en Desarrollo de ISO 2016-2020   / 71202

Plan de acción para promover el desarrollo de Big Data (China)   / 15515

Plan de Acciones del Ministerio de Cultura para el Desarrollo Cultural de la Franja y la Ruta (2016-2020)   / 45506

plan de contingencia para la seguridad de Big Data   / 93416

plataforma de Big Data de la Salud regional de Hainan / 75519

plataforma de Big Data del desarrollo para el alivio de la pobreza / 44322

plataforma de Big Data espacio-temporal urbana / 63115

plataforma de cadenas de bloques Tianping / 95310

plataforma de comando de emergencia móvil / 63515

plataforma de comercio electrónico B2B transfronteriza / 45408

plataforma de concienciación situacional de seguridad en redes financieras / 55219

Plataforma de Datos para Investigación Abierta de la Universidad de Pekín / 35424

plataforma de divulgación de información del gobierno / 61110

Plataforma de Entrenamiento a la Ataque y la Defensa Informativas / 8.3.5

plataforma de entrenamiento a la ataque y la defensa informativas cibernética emergente / 83509

plataforma de entrenamiento a la ataque y la defensa informativas cibernética nacional / 83506

plataforma de entrenamiento a la ataque y la defensa informativas de fusión civil-militar / 83507

plataforma de entrenamiento a la ataque y la defensa informativas de la guerra cibernética / 83505

plataforma de entrenamiento a la ataque y la defensa informativas de la seguridad de Big Data / 83504

Plataforma de Entrenamiento a la Ataque y la Defensa Informativas de Seguridad de Big Data Nacional de Guiyang (China) / 83520

plataforma de entrenamiento a la ataque y la defensa informativas profesional de infraestructuras críticas / 83508

plataforma de entrenamiento a la ataque y la defensa informativas simulado para la ciberseguridad urbana / 83510

plataforma de gestión de Big Data no estructurados de la Corporación Estatal de la Red Eléctrica de China / 75516

plataforma de gestión de crédito personal / 51506

plataforma de gestión de datos / 51319

plataforma de gestión de emergencias del gobierno / 63514

plataforma de gobernanza integral de enrejado / 62214

plataforma de incubación de tecnofinanzas / 51402

plataforma de IndieGoGo / 52317

plataforma de información con planificación múltiple y una integrada / 63128

plataforma de información de créditos de consumos / 53505

plataforma de información de Internet / 12515

plataforma de información familiar / 63312

plataforma de información para las Finanzas de la Cadena de Suministro / 53208

plataforma de información para prevención, mitigación, pronóstico y alertas tempranas de desastres / 63520

plataforma de información sanitaria de la población / 64101

plataforma de inspección en Internet Plus / 62513

Plataforma de Instalaciones / 8.1.1

plataforma de intercambio de activos digitales / 23320

plataforma de intercambio de datos / 12518

plataforma de intercambio de facturas digitales / 23321

plataforma de intercambio de información civil-militar / 85411

plataforma de intercambio y cooperación para la reducción de la pobreza / 44204

plataforma de intercambio y uso compartido de datos agrícolas / 93309

plataforma de Internet basada en el espacio / 21118

plataforma de inversión y financiación de recibos de
  depósito de Internet de las cosas / 53326

plataforma de Kickstarter / 52316

plataforma de Lending Club / 52207

plataforma de mediación en línea / 95323

plataforma de micromecenazgo / 52302

Plataforma de Minería y de Visualización de Precios
  de Mercado Mayoristas de Productos Agrícolas del
  Ministerio Agricultura de China / 75505

plataforma de monitoreo de amenazas desconocidas
  / 84506

plataforma de monitoreo de riesgos financieros
  / 55209

plataforma de monitoreo y advertencias tempranas
  para la seguridad de Big Data / 93418

plataforma de monitorización de datos sobre el alivio
  de la pobreza / 44205

Plataforma de Nube de Computación Cuántica
  (Alibaba) / 25217

plataforma de operaciones ecológicas / 22521

plataforma de pago no tributario / 62210

plataforma de pagos / 52104

plataforma de policías integrada / 95106

plataforma de Prosper / 52206

plataforma de pruebas para inteligencia artificial
  / 24319

plataforma de publicación y acceso abierto a datos
  científicos / 35435

plataforma de recursos de datos / 43517

plataforma de red de información estándar / 71120

plataforma de red de terceros / 53101

plataforma de registro abierta de datos científicos
  / 35416

plataforma de registro de hipoteca de derechos en
  régimen de autoservicio / 53411

plataforma de registro de hipoteca mobiliaria en
  régimen de autoservicio / 53410

Plataforma de servicios de Big Data de Internet de

las Cosas de transporte inteligente de Chongqing
  / 75518

plataforma de servicios de cadena de bloques
  financieros transfronterizos / 52507

plataforma de servicios de información espacial / 45314

Plataforma de Servicios de Información Financiera
  China-ASEAN / 52517

plataforma de servicios del gobierno en línea / 62205

plataforma de servicios del gobierno todo en uno
  / 62312

plataforma de servicios global para la tecnología digital
  / 41417

plataforma de servicios para empresas / 43505

plataforma de servicios para empresas tecnofinancieras
  / 54513

plataforma de servicios públicos para el uso
  compartido de datos / 71317

plataforma de servicios públicos para intercambios
  banca-empresa / 54524

plataforma de servicios públicos para la
  interoperabilidad de software y hardware hechos
  en China / 71316

plataforma de servicios públicos para la normalización
  nacional de la seguridad de la información (China)
  / 71315

plataforma de servicios públicos para la seguridad de
  la información / 84520

plataforma de servicios públicos para la seguridad de
  servicios en la nube / 71320

plataforma de servicios públicos para la seguridad de
  sistemas ofimáticos / 71321

plataforma de servicios públicos para productos de
  software y ensayos de sistemas / 71318

plataforma de soporte de aplicaciones / 43515

plataforma de supervisión de la seguridad de Big Data
  / 93417

plataforma de supervisión mediante la inspección por
  parte de inspectores seleccionados aleatoriamente

de entidades seleccionadas aleatoriamente y
publicación de los resultados de las inspecciones
/ 62512

plataforma de transacción minorista   / 54415

plataforma de transacción social   / 54414

plataforma de transacciones de terceros   / 93318

plataforma de transmisión en directo   / 43209

plataforma de uso compartido   / 42508

plataforma de uso compartido de datos del gobierno
/ 61119

plataforma de uso compartido de información de
crédito   / 65107

plataforma de uso compartido e intercambio de
información de crédito   / 54225

plataforma de uso compartido e intercambio para Big
Data de fiscal   / 95205

Plataforma de Uso Compartido Global Digital de
Recursos Culturales de Wang Yangming   / 15310

plataforma de Zopa   / 52205

plataforma digital de servicios legales   / 95501

Plataforma en la Nube de Inspección mediante
inteligencia Digital (Guiyang, China)   / 62517

Plataforma en la nube del gobierno social (Guiyang,
China)   / 62311

Plataforma en la Nube HiQ Cuántica (Huawei)   / 25222

plataforma en línea para registros de empleo   / 64210

Plataforma Europea de Demanda de Inteligencia
Artificial   / 24507

plataforma financiera para la cadena de suministro
abierta   / 53210

Plataforma integral de servicios médicos en Benxi
/ 75513

plataforma inteligente   / 43516

plataforma inteligente de gestión de archivos   / 95222

plataforma inteligente de gestión y supervisión del
entorno empresarial   / 63415

plataforma inteligente de servicios al cliente   / 62212

plataforma inteligente de supervisión de la seguridad

alimentaria   / 63511

plataforma Kabbage   / 52417

plataforma Kibana   / 31416

Plataforma Mundial de Comercio Electrónico   / 45401

plataforma nacional abierta de datos de gobierno
(China)   / 22304

plataforma nacional abierta de ensayos y verificación
de innovación (China)   / 22303

Plataforma Nacional de Información Compartida sobre
Crédito   / 62506

plataforma nacional integrada en línea de servicios
gubernamentales   / 62412

Plataforma Nacional para la Promoción de Servicios de
Información en Áreas Rurales   / 42321

plataforma pública para servicios de fiscal   / 95231

plataforma pública para servicios de tecnología
informativa   / 71319

plataforma unificada de servicios para canales
electrónicos y finanzas basadas en Internet   / 53403

plataformas de préstamo P2P   / 53103

plataformas integradas de computación   / 43518

plataformización financiera   / 51221

pluralismo legal   / 91518

población   / 11206

población susceptible   / 95124

poda   / 72309

pode cuasi judicial   / 91419

poder cuasi legislativo   / 91418

poder de datos   / 41201

poder público   / 91217

policía digital   / 95108

policía electrónica   / 63215

policía robot   / 95109

política cibernética   / 65502

política de autorizaciones relativas a la seguridad en la
importación de datos   / 94218

política de compensación de riesgos de inversor ángel
/ 54516

política de control de acceso   / 93410

política de integración de estándares nacionales,
    estándares europeos y estándares internacionales
    (Alemania)   / 71523

política de sincronización de estándares británicos y
    estándares internacionales   / 71522

política para el uso de seguridad de componentes
    externos   / 93409

políticas de adquisición y restricción de uso de
    software   / 93408

políticas de código   / 65503

politización de las cuestiones de ciberseguridad
    / 65513

póliza de sistemas de información en vehículos
    / 53219

Popularidad Atrae Tráfico   / 43206

popularización inteligente de la ley   / 95417

portabilidad de aplicaciones en la nube   / 72220

portabilidad de datos en la nube   / 72221

portabilidad de normas   / 75320

portabilidad informática   / 72112

portal de finanzas en Internet   / 52508

pose   / 72407

pose de comando   / 72408

pose de programación   / 72409

pose obtenida   / 72410

posesión conjunta   / 92410

posicionamiento por sónar   / 31222

potencia de algoritmo   / 91408

potencia de computación   / 13304

potencia de la cultura digital   / 22310

Potencias Cibernéticas   / 2.1.4

practicador de seguridad de sistemas   / 84418

precio de datos   / 41302

precio de transacción   / 93302

precio original   / 41515

precios fijos   / 93315

precisión de datos   / 33528

precisión de rutas   / 72418

predicación para condenas   / 95412

predominio de datos   / 85310

Premio Global de Financiación a las Pymes   / 52413

preparación en seguridad de la información   / 81303

presencia virtual   / 65321

prestación modular de servicios públicos   / 22220

préstamo de consumo   / 53402

préstamo de paquete bajo carta de crédito doméstica
    / 53217

préstamo en línea   / 5.2.2

préstamo en red entre iguales   / 52201

préstamo P2P   / 52410

préstamos descentralizados   / 54411

préstamos exprés con garantía de crédito   / 45412

prevención de código malicioso   / 81223

prevención de fugas de datos   / 82202

prevención de la criminalidad   / 95121

prevención de riesgos de aplicaciones financieras de
    las nuevas tecnologías   / 55234

prevención del blanqueo de dinero   / 52122

prevención y control de la seguridad pública   / 63501

Prevención y Control de Riesgos de Tecnofinanza
    / 5.5.2

prevención y control de riesgos para la seguridad
    pública   / 63507

prevención y control del riesgo crediticio para clientes
    corporativos   / 51516

prevención y control inteligentes   / 62501

prevenir que los hogares con menos recursos regresen
    a la pobreza   / 44504

previsión de mercados   / 51211

principio CAP (consistencia, disponibilidad y
    tolerancia de partición)   / 32313

principio de acceso   / 94310

principio de conservación de los datos en bruto en la
    plataforma   / 93233

principio de control autónomo de riesgos   / 53110

Q

R

red de transporte exprés / 45302

red de usuarios / 51417

red determinística / 12511

red distribuida de sensores de comportamiento
    doméstico / 64415

red eléctrica inteligente / 63404

red entre iguales / 65106

red financiera de confianza / 23413

Red Global / 2.1.1

Red Global de Proyectos de Genoma Personal / 35418

red global de puntos de acceso Wi-Fi / 21425

red inalámbrica de bajo consumo de energía / 12512

red inalámbrica ubicua / 12503

red integrada de ataque-defensa / 83219

red integrada espacio-tierra / 61403

red inteligente de servicios para la atención sanitaria y
    el cuidado de personas mayores / 64513

red nacional de información para el alivio de la pobreza
    / 44321

Red Nacional de Observación Ecológica (EE.UU.)
    / 35121

red neuronal adaptativo / 14505

red neuronal artificial / 14502

red neuronal autoorganizada / 14506

red neuronal convolucional / 34215

red neuronal de retropropagación / 34213

red neuronal difusa / 14227

red neuronal recurrentes / 34216

Red Óptica 2.0 / 21409

red óptica pasiva / 12513

red privada de servicios del gobierno / 62204

red privada virtual / 12510

red semántica / 14102

red social / 65112

red social + pago / 53501

red superpuesta elástica / 12514

redes de canales / 51303

redes definidas por software / 72117

redes sensibles al tiempo / 42419

redes sin escala / 11405

redes sociales basadas en la ubicación / 34516

rediseño del proceso de servicios gubernamentales
    / 62220

reducción de datos / 33109

reducción de la pobreza con orientación / 44313

Reducción de la Pobreza con Tecnología Digital / 4.4

reducción de puntos de acceso / 22416

reducibilidad / 13313

redundancia / 32104

REEF (plataforma de desarrollador de Microsoft
    Hadoop) / 35324

refactorización de intermediarios / 43321

referencia de tiempo cuántica / 25314

referencia del sector en normalización / 75328

reforma de derechos de propiedad / 41519

reforma hacia un servicio gubernamental de "resolver
    de una sola vez" / 62406

regadío inteligente / 42314

regarantía para ciencia y tecnología / 54507

régimen de gestión de estándares nacionales
    obligatorios / 71306

régimen de gestión de estándares recomendados
    / 71307

registro / 31308

registro de activos de datos / 93216

registro electrónico de matrículas escolares de toda la
    vida / 64322

registro electrónico de salud / 64114

registro médico electrónico / 64112

registro y aprobación de activos de datos / 41120

registros diarios / 83417

registros electrónicos / 95321

regla heurística / 14113

Reglamento general de protección de datos (UE)
    / 15521

Reglamento Provincial Detallado de Yunnan para la

S

T

U

V

W

X

Y

Z

Entradas encabezadas con un número

20171084-T-469 Tecnología de la Información. Big
Data. Requisitos Básicos para Sistemas de Big
Data   / 73129

20173587-T-469 Tecnología de la Seguridad de la
Información. Guía de Inspección de la Seguridad
y Evaluación de Infraestructuras de Información
Críticas   / 73319

20173590-T-469 Tecnología de la Seguridad de la
Información. Especificación de la Identificación
de Información de Plataformas de Redes Sociales
/ 73330

20173817-T-469 Tecnología de la Información.
Terminología de Dispositivos Vestibles   / 73105

20173818-T-469 Tecnología de la Información. Big
Data. Requisitos Funcionales para el Uso y la
Gestión del Sistema   / 73334

20173819-T-469 Tecnología de la Información. Big
Data. Arquitectura de Referencia para Aplicaciones
Industriales   / 73112

20173820-T-469 Tecnología de la Información.
Big Data. Metadatos Básicos para Productos
Industriales   / 73401

20173824-T-469 Tecnología de la Información.
Tecnología de Cadena de Bloques y de Registro
Distribuido. Arquitectura de Referencia   / 73116

20173825-T-469 Tecnología de la Información. Activo
de Datos. Parte 1: Especificación de Gestión
/ 73306

20173830-T-469 Servicio de Tecnología de la
Información. Subcontratación. Parte 6:
Especificación General para el Cliente   / 73343

20173836-T-469 Tecnología de la Información.
Funcionamiento Remoto. Modelo de Referencia
Técnica   / 73118

20173857-T-469 Tecnología de la Seguridad de la
Información. Especificación de la Evaluación
de Riesgos para la Seguridad de la Información
/ 73318

20173860-T-469 Tecnología de la Información.
Técnicas de Seguridad. Ciberseguridad. Parte 2:
Directrices para el Diseño y la Implementación de
Ciberseguridad   / 73419

20173869-T-469 Tecnología de la Seguridad de
la Información. Requisitos de las Pruebas de
Seguridad para Módulos Criptográficos   / 73454

20174080-T-469 Internet de las Cosas. Requisitos
Generales de la Plataforma de Intercambio y Uso
Compartido de Información   / 73138

20174084-T-469 Tecnología de la Información.
Técnicas de Identificación Automática y Captura
de Datos. Identificadores para Portadores de Datos
/ 73203

20180019-T-469 Servicio de Instalaciones Públicas
Urbanas. Información Básica de Tapas Inteligentes
para Pozos de Registro   / 73522

20180840-T-469 Tecnología de Seguridad de la
Información. Guía de Evaluación del Impacto de la
Seguridad para Información Personal   / 73428

20180973-T-604 Requisitos de Rendimiento para
Sistemas de Monitorización y Medida Utilizados
para la Recopilación y el Análisis de Datos
/ 73202

20180974-T-604 Métodos de Rendimiento y
Calibración para Software de Adquisición de Datos
/ 73201

20181941-T-604 Fabricación Inteligente. Especificación
de la Recopilación de Datos Industriales   / 73204

20182117-T-469 Puntos de Control de la Trazabilidad
y Criterios de Evaluación para Productos de
Transacciones de Comercio Electrónico   / 73515

20182200-T-414 Publicidad Interactiva. Parte 6:
Requisitos de la Protección de Datos de Público
/ 73432

20182302-T-469 Internet de las Cosas. Acceso de
los Dispositivos de Detección y Control. Parte 2:
Requisitos de Gestión de Datos   / 73304

20184722-T-469 Internet de las Cosas Industrial. Especificación de la Descripción Estructurada para la Adquisición de Datos   / 73205

20184856-T-469 Especificación de la Visualización de Imágenes de Transacciones de Comercio Electrónico   / 73512

20190805-T-469 Tecnología de la Información. Visión por Computador. Terminología   / 73104

20190810-T-469 Tecnología de la Información. Gestión del Almacenamiento. Parte 2: Arquitectura Común   / 73117

20190841-T-469 Tecnología de la Información. Big Data. Requisitos Técnicos para el Almacenamiento y la Búsqueda de Datos Orientados al Análisis   / 73140

20190847-T-469 Tecnología de la Información. Computación en la Nube. Arquitectura de Referencia de la Computación Conjunta en la Nube   / 73114

20190851-T-469 Tecnología de la Información. Inteligencia Artificial. Terminología   / 73102

20190857-T-469 Comercio Electrónico Transfronterizo. Directriz para el Uso Compartido de la Información sobre Trazabilidad de Productos   / 73509

20190910-T-469 Tecnología de la Seguridad de la Información. Especificación de la Identificación y Descripción de Vulnerabilidades   / 73415

20190963-T-469 Especificación de la Estructura General para Sistemas de Big Data sobre Seguridad de Productos de Consumo   / 73533

20192100-T-469 Especificaciones de Acceso de la Plataforma de Servicios Administrativos del Gobierno   / 73517

20192140-T-469 Internet de las Cosas. Computación en el Perímetro. Parte 1: Requisitos Generales   / 73137

20192144-T-469 Internet de las Cosas. Interoperabilidad para Sistemas de Internet de las Cosas. Parte 1: Marco de Referencia   / 73260

20192221-T-469 Sistemas de Transmisión de Información y Datos Espaciales. Protocolo del Enlace Espacial Proximidad-1. Capa Física   / 73404